DICCIONARIO DE BIOLOGIA ANIMAL

DICCIONARIO DE BIOLOGIA ANIMAL

CARLOS G. AGUAYO
VIRGILIO BIAGGI

DICCIONARIO DE BIOLOGIA ANIMAL

EDITORIAL DE LA UNIVERSIDAD
DE PUERTO RICO

1982

Primera Edición, 1982

Portada: Rafael Rivera Rosa

Catalogación de la Biblioteca del Congreso
Library of Congress Cataloging in Publication Data

Aguayo, Carlos Guillermo, (1899-1982)
Diccionario de biología animal.

Bibliography: p.
1. Zoology —Dictionaries—Spanish. 2. Spanish Language —Dictionaries—English. I. Biaggi, Virgilio, joint author. II. Title.

QL9.A38 591'.03 76-41882
ISBN 0-8477-2318-6

Tipografía y Montaje por:
Master Typesetting of P.R., Inc.
Mezzanine, Banco de Ponce
Hato Rey, P.R.

Editorial Universitaria, Apartado de Correos X,
Estación de la Universidad de Puerto Rico,
Río Piedras, Puerto Rico 00931

Dedicado a nuestras respectivas esposas, tan pacientes como abnegadas, Avelina *(In Memoriam)* y Thelma, por su eficaz contribución a nuestra tarea.

INTRODUCCION

La expansión extraordinaria de las ciencias manifestada explosivamente en los últimos veinte años, ha tenido auge especial en algunas ramas de la biología, como la genética, la ecología, la biología molecular, la bacteriología y la taxonomía. El caudal de nuevos conocimientos ha obligado a emplear gran número de neologismos, así como la rectificación de términos conocidos, cuyas prístinas acepciones ahora resultan obsoletas. Han contribuido a llenar estas necesidades los glosarios que aparecen en los textos de diversas especialidades biológicas, pero el escaso número y la brevedad de sus definiciones no han marchado al ritmo del expansible campo de la terminología científica, aunque los diccionarios especializados, que en varios idiomas aparecen con frecuencia, han logrado cumplir tan necesaria misión.

En español contamos con el magnífico y erudito *Diccionario de Botánica* de Font Quer, que puede parangonarse con los primeros de su clase en todo el mundo. No podemos decir otro tanto en el campo de la biología animal, pues con excepción del *Diccionario Tecnológico de Biología* de Fuset Tubiá, escrito hace ya más de 40 años, no parece existir ninguno que cubra extensamente el dilatado campo de la zoología.

Es por estos motivos que se ha hecho una necesidad, cada vez más imperiosa, la publicación de un diccionario de zoología en español que no se limite tan solo a la parte taxonómica. Tenemos pues la convicción de que cumplimos un deber, como maestros de zoología, al ofrecer a los estudiosos el presente *Diccionario de Biología Animal* como modesta contribución a la divulgación del léxico tecnológico en nuestro idioma.

En esta obra nos hemos apartado del punto de vista enciclopédico y en manera alguna se trata de sustituir los textos de zoología, a los cuales pueden referirse quienes deseen obtener información más completa acerca de los vocablos en que estén interesados. Nuestra intención ha sido mucho más modesta: la de hacer llegar al interesado, la ortografía del vocablo biológico traducido al español, ofrecer su equivalente en el idioma inglés, dar una breve definición del término e indicar el aspecto general de su etimología.

La preparación de un vocabulario de esta índole presenta numerosas dificultades, etimológicas unas, científicas otras y subjetivas las más.

La ortografía y la etimología han sido buscadas en el *Diccionario de la Lengua Española* de la Academia, así como en diversas enciclopedias y en diccionarios especiales de otras ramas, como el citado *Diccionario de Botánica* de Font Quer. Por otra parte, léxicos semejantes en el idioma inglés, nos han permitido superar esas dificultades.

Lo subjetivo del diccionario, se echa de ver en las palabras seleccionadas para que el mismo sea manejable en un solo volumen. La inclusión de todos los vocablos que aparecen en diccionarios zoológicos especiales, como los de herpetología, entomología, genética, etc., así como los nombres usados en español para todos los animales, elevaría la entrada de un diccionario a unos 150,000 vocablos. Por ello hemos tratado de resolver tales dificultades, escogiendo los términos utilizados en textos de zoología y de biología y no necesariamente todos los de los textos especializados. Hemos agregado además su equivalente en el idioma inglés, colocado entre paréntesis después del nombre en español y antes de la definición del vocablo, por ejemplo: *costilla* (rib). . . .

Etimología. La etimología escogida no es para eruditos y se expone con un carácter fundamentalmente ideológico más bien que escolástico. En el caso de expresiones griegas se usan letras romanas en vez de griegas porque muchos de los que pudieran beneficiarse con esa etimología tienen poca preparación en ese idioma. También se ha eludido precisar si los términos clásicos son formas verbales o desinencias gramaticales y se indica simplemente el equivalente en el idioma correspondiente. Así, en la voz *artrópodos* se expresa la etimología como sigue: (Gr. *arthron*, junta; *podos*, pie) sin tratar de acentuar que el genitivo *podos* proviene del nominativo *pous*, pie. Lo mismo puede decirse con los afijos *-geno*, *génesis*, *génico*, etc., todos los cuales llevan la connotación de algo que se refiere al origen, descendencia, reproducción, sexo, linaje, etc.

En ocasiones, la etimología se expresa por la acepción usual en vez de la original del vocablo. Así la voz griega *kytos*, cavidad, se traduce a veces por su significado *célula*. Por ejemplo, la voz *hematocito* se explica como sigue: (Gr. *haima*, sangre; *kytos*, "célula"; *citología*, del gr. *kytos*, "célula"; *logos*, tratado). De haber usado la acepción original, *hematocito*, hubiera significado cavidad de la sangre y *citología*, tratado de las cavidades.

En el caso del latín se prefiere usar la voz en el nominativo. Las palabras de origen indoamericano se designan simplemente como "voces indígenas".

Las siguientes abreviaturas son algunas de las que más se emplean:

Gr. *oxy*, agudo, rápido, ácido. Ej. *oxígeno*, *oxitocina*
Lat. *cellula*, celdilla. Ej. *célula*
Gr. *pyrene*, grano, hueso de fruta. Ej. *núcleo*
Lat. *nucleus*, nuececilla. Ej. *núcleo*
Gr. *kytos*, una cavidad. Ej. *célula*
Gr. *scopeo*, ver. Ej. *examinar*
Gr. *karyon*, nuez. Ej. *núcleo*
Gr. *logos*, discurso. Ej. *tratado*
Lat. *cilium*, borde del párpado. Ej. *pestaña*, *cilio*

El *asterisco* que acompaña ciertas voces indica que el citado vocablo se encuentra en el *Diccionario de la Lengua Española* de la Academia o en algún buen diccionario de la lengua española en lo referente a su ortografía, pero no necesariamente con la misma acepción.

Los vocablos relacionados con la anatomía y fisiología humana, así como los de parasitología y medicina se han reducido a los que, por algún motivo, se encuentran en las obras de biología general, zoología y fisiología elemental. Generalmente se citan los organismos a los que se refieren dichas voces, pero cuando han sido omitidos, ha de entenderse que se aplican a la especie humana.

Aprovechamos la oportunidad para insistir en la conveniencia de uniformar la desinencia de ciertos nombres de taxones animales traducidos al español, entre los cuales sobresalen los que llevan los sufijos *-saurios* e *-ites*.

Las terminaciones *-sauros* y *-saurios* provienen del griego *sauros*, lagarto, reptil, latinizada en *saurus* y españolizada en *-saurio*. Nos parece conveniente que, así como la Academia acepta *dinosaurio**, otros grupos de reptiles extintos deberían terminar de la misma manera: *alosaurio*, *brontosaurio*, *tiranosaurio*, etc. . .

Las voces terminadas en *ites*, *-yta*, *-ithes*, etc., usadas en paleontología y mineralogía, se escriben en inglés terminadas en *-ite*, como *calcite*, *dolomite*, *ammonite*, *belemnite*, etc. En español se dice *dolomita*, *calcita*, *amonita**. Nos parece que simplificaría la ortografía si se dijera también, *belemnita*, *ceratita*, *trilobita*, etc.

Como se expresa el Webster Dictionary: "los diccionarios modernos deben ser descriptivos más que prescriptivos."

Taxonomía. La terminología taxonómica se ha limitado a las grandes agrupaciones o taxones zoológicos y solamente llegamos a la categoría familia cuando son de gran importancia económica. La descripción es muy breve y tiene más bien la función de indicar un carácter sobresaliente para poder referirla a las obras especiales consiguientes. Empleamos la ortografía clásica de los taxones, pero al mismo tiempo usamos la traducción española, muchas veces autorizada por la Academia. Así del fílum *Coelenterata* damos la definición, etimología, etc., pero su traducción *celentéreos* la referimos al vocablo citado.

La posición de los taxones en una categoría determinada sólo expresa que en *un sistema de clasificación* el expresado taxón se considera con un rango determinado. Así del taxón *Nematoda* se expresa que es una clase en el fílum Aschelminthes para un autor, aunque para otros es considerado como un Fílum aparte.

INTRODUCCION

La expansión extraordinaria de las ciencias manifestada explosivamente en los últimos veinte años, ha tenido auge especial en algunas ramas de la biología, como la genética, la ecología, la biología molecular, la bacteriología y la taxonomía. El caudal de nuevos conocimientos ha obligado a emplear gran número de neologismos, así como la rectificación de términos conocidos, cuyas prístinas acepciones ahora resultan obsoletas. Han contribuido a llenar estas necesidades los glosarios que aparecen en los textos de diversas especialidades biológicas, pero el escaso número y la brevedad de sus definiciones no han marchado al ritmo del expansible campo de la terminología científica, aunque los diccionarios especializados, que en varios idiomas aparecen con frecuencia, han logrado cumplir tan necesaria misión.

En español contamos con el magnífico y erudito *Diccionario de Botánica* de Font Quer, que puede parangonarse con los primeros de su clase en todo el mundo. No podemos decir otro tanto en el campo de la biología animal, pues con excepción del *Diccionario Tecnológico de Biología* de Fuset Tubiá, escrito hace ya más de 40 años, no parece existir ninguno que cubra extensamente el dilatado campo de la zoología.

Es por estos motivos que se ha hecho una necesidad, cada vez más imperiosa, la publicación de un diccionario de zoología en español que no se limite tan solo a la parte taxonómica. Tenemos pues la convicción de que cumplimos un deber, como maestros de zoología, al ofrecer a los estudiosos el presente *Diccionario de Biología Animal* como modesta contribución a la divulgación del léxico tecnológico en nuestro idioma.

En esta obra nos hemos apartado del punto de vista enciclopédico y en manera alguna se trata de sustituir los textos de zoología, a los cuales pueden referirse quienes deseen obtener información más completa acerca de los vocablos en que estén interesados. Nuestra intención ha sido mucho más modesta: la de hacer llegar al interesado, la ortografía del vocablo biológico traducido al español, ofrecer su equivalente en el idioma inglés, dar una breve definición del término e indicar el aspecto general de su etimología.

La preparación de un vocabulario de esta índole presenta numerosas dificultades, etimológicas unas, científicas otras y subjetivas las más.

La ortografía y la etimología han sido buscadas en el *Diccionario de la Lengua Española* de la Academia, así como en diversas enciclopedias y en diccionarios especiales de otras ramas, como el citado *Diccionario de Botánica* de Font Quer. Por otra parte, léxicos semejantes en el idioma inglés, nos han permitido superar esas dificultades.

Lo subjetivo del diccionario, se echa de ver en las palabras seleccionadas para que el mismo sea manejable en un solo volumen. La inclusión de todos los vocablos que aparecen en diccionarios zoológicos especiales, como los de herpetología, entomología, genética, etc., así como los nombres usados en español para todos los animales, elevaría la entrada de un diccionario a unos 150,000 vocablos. Por ello hemos tratado de resolver tales dificultades, escogiendo los términos utilizados en textos de zoología y de biología y no necesariamente todos los de los textos especializados. Hemos agregado además su equivalente en el idioma inglés, colocado entre paréntesis después del nombre en español y antes de la definición del vocablo, por ejemplo: *costilla* (rib). . . .

Etimología. La etimología escogida no es para eruditos y se expone con un carácter fundamentalmente ideológico más bien que escolástico. En el caso de expresiones griegas se usan letras romanas en vez de griegas porque muchos de los que pudieran beneficiarse con esa etimología tienen poca preparación en ese idioma. También se ha eludido precisar si los términos clásicos son formas verbales o desinencias gramaticales y se indica simplemente el equivalente en el idioma correspondiente. Así, en la voz *artrópodos* se expresa la etimología como sigue: (Gr. *arthron*, junta; *podos*, pie) sin tratar de acentuar que el genitivo *podos* proviene del nominativo *pous*, pie. Lo mismo puede decirse con los afijos *-geno*, *génesis*, *génico*, etc., todos los cuales llevan la connotación de algo que se refiere al origen, descendencia, reproducción, sexo, linaje, etc.

En ocasiones, la etimología se expresa por la acepción usual en vez de la original del vocablo. Así la voz griega *kytos*, cavidad, se traduce a veces por su significado *célula*. Por ejemplo, la voz *hematocito* se explica como sigue: (Gr. *haima*, sangre; *kytos*, "célula"; *citología*, del gr. *kytos*, "célula"; *logos*, tratado). De haber usado la acepción original, *hematocito*, hubiera significado cavidad de la sangre y *citología*, tratado de las cavidades.

En el caso del latín se prefiere usar la voz en el nominativo. Las palabras de origen indoamericano se designan simplemente como "voces indígenas".

Las siguientes abreviaturas son algunas de las que más se emplean:

Gr. *oxy*, agudo, rápido, ácido. Ej. *oxígeno*, *oxitocina*

Lat. *cellula*, celdilla. Ej. *célula*

Gr. *pyrene*, grano, hueso de fruta. Ej. *núcleo*

Lat. *nucleus*, nuececilla. Ej. *núcleo*

Gr. *kytos*, una cavidad. Ej. *célula*

Gr. *scopeo*, ver. Ej. *examinar*

Gr. *karyon*, nuez. Ej. *núcleo*

Gr. *logos*, discurso. Ej. *tratado*

Lat. *cilium*, borde del párpado. Ej. *pestaña*, *cilio*

El *asterisco* que acompaña ciertas voces indica que el citado vocablo se encuentra en el *Diccionario de la Lengua Española* de la Academia o en algún buen diccionario de la lengua española en lo referente a su ortografía, pero no necesariamente con la misma acepción.

Los vocablos relacionados con la anatomía y fisiología humana, así como los de parasitología y medicina se han reducido a los que, por algún motivo, se encuentran en las obras de biología general, zoología y fisiología elemental. Generalmente se citan los organismos a los que se refieren dichas voces, pero cuando han sido omitidos, ha de entenderse que se aplican a la especie humana.

Aprovechamos la oportunidad para insistir en la conveniencia de uniformar la desinencia de ciertos nombres de taxones animales traducidos al español, entre los cuales sobresalen los que llevan los sufijos *-saurios* e *-ites*.

Las terminaciones *-sauros* y *-saurios* provienen del griego *sauros*, lagarto, reptil, latinizada en *saurus* y españolizada en *-saurio*. Nos parece conveniente que, así como la Academia acepta *dinosaurio**, otros grupos de reptiles extintos deberían terminar de la misma manera: *alosaurio*, *brontosaurio*, *tiranosaurio*, etc. . .

Las voces terminadas en *ites*, *-yta*, *-ithes*, etc., usadas en paleontología y mineralogía, se escriben en inglés terminadas en *-ite*, como *calcite*, *dolomite*, *ammonite*, *belemnite*, etc. En español se dice *dolomita*, *calcita*, *amonita**. Nos parece que simplificaría la ortografía si se dijera también, *belemnita*, *ceratita*, *trilobita*, etc.

Como se expresa el Webster Dictionary: "los diccionarios modernos deben ser descriptivos más que prescriptivos."

Taxonomía. La terminología taxonómica se ha limitado a las grandes agrupaciones o taxones zoológicos y solamente llegamos a la categoría familia cuando son de gran importancia económica. La descripción es muy breve y tiene más bien la función de indicar un carácter sobresaliente para poder referirla a las obras especiales consiguientes. Empleamos la ortografía clásica de los taxones, pero al mismo tiempo usamos la traducción española, muchas veces autorizada por la Academia. Así del fílum *Coelenterata* damos la definición, etimología, etc., pero su traducción *celentéreos* la referimos al vocablo citado.

La posición de los taxones en una categoría determinada sólo expresa que en *un sistema de clasificación* el expresado taxón se considera con un rango determinado. Así del taxón *Nematoda* se expresa que es una clase en el fílum Aschelminthes para un autor, aunque para otros es considerado como un Fílum aparte.

Los nombres vulgares han sido reducidos a los de conocimiento universal aunque no tengan vocablo en español como, por ejemplo, la mosca *tsetse*. Como los vocablos empleados en Hispanoamérica, son a veces de origen indígeno, español y portugués, hemos reducido su número al de los más citados en obras de zoología. Esta selección es muy subjetiva y son muchas las voces omitidas. Nos hemos extendido más en las voces nativas de Cuba y de Puerto Rico sin que hayamos tratado de hacer una exposición exhaustiva. Las definiciones son muy breves y sólo tienen por finalidad indicar algún carácter sobresaliente, pues una descripción completa que permita reconocer la especie en cuestión, alargaría innecesariamente este diccionario. Las descripciones prolijas que aparecen en algunos diccionarios no permiten reconocer la especie en la mayoría de los casos y solo les sirven al especialista o conocedor, es decir, a los que no necesitan consultar tales diccionarios. Ejemplo: *canguro* (kangaroo). Nombre común a varias especies de marsupiales australianos saltadores, que se incluyen en la familia Macropodidae, orden Marsupialia (Ej. *Macropus* giganteus). Los nombres científicos que se exponen al final de la descripción solamente indican un ejemplo vulgar y no indican que se trata de una sola especie.

Vocabulario inglés-español. Termina el diccionario con un vocabulario inglés-español en el que se recogen la mayoría de los vocablos citados y en donde se ofrecen, a veces, dos o más equivalentes españoles de las voces inglesas.

ABREVIATURAS

Las siguientes abreviaturas son las comúnmente empleadas en esta obra. Otras, menos utilizadas, pueden encontrarse por orden alfabético en el presente diccionario.

a, adj., adjetivo
abr., abreviatura
al., alemán
ant., voz anticuada
antr., antropología
apl., el término se aplica a . . .
ár., árabe
Arg., Argentina
b.l., bajo latín
bot., botánica
c.u., cada uno
cont., contrario
des., voz desusada
Ec., Ecuador
esp., español
fr., francés
gen., genética
geol., geología
germ., germánico
gr., griego
hab., que habita en determinada región geográfica- (no habitat, q.v.)
ingl., inglés
lat., latín
Mex., México, Méjico
n.c., nombre común a . . .
n.l., neolatín
obs., término obsoleto
onomat., onomatopéyico
op.; opuesto
pal., paleontología
pert., perteneciente
pl., plural
p.o.r., perteneciente o relacionado con. . .
port., portugués
q.v., quod vide, véase
Urug., Uruguay
v., ver el vocablo citado
Ven., Venezuela
v.e., vide etiam, ver también
zool., zoología
♂ Macho, estructura masculina.
♀ Hembra, estructura femenina.
☿ Hembras estériles y obreras en insectos coloniales.
⚥ Hermafrodita.
♃ Soldado en los insectos sociales.

Expresiones de agradecimiento o reconocimiento.

Queremos consignar en este lugar nuestro profundo reconocimiento a todas las entidades y personas que en alguna forma contribuyeran a la eficaz realización de este diccionario. Deseamos expresar nuestro más sincero agradecimiento a cuantos nos han estimulado en nuestro esfuerzo para terminar esta obra, así como a los que nos han sugerido la inclusión de algunos vocablos, y la redefinición de otros. En ningún caso son ellos responsables de cualquier error que se pueda advertir. Nos ayudaron particularmente en este renglón, José A. Ramos, Juan A. Rivero, Jenaro y Carmen Maldonado, Fernando Cofresí Salas, Angel Berrios, Luis A. Rodríguez, Ramón Seda y otros compañeros del Departamento de Biología del Recinto Universitario de Mayaguez. Asimismo nuestro agradecimiento a la señora Blanca Detrés de Miró, secretaria de esa dependencia universitaria y a la señora Thelma Biaggi de Racines.

Agradecemos también a la señora Carmen Rosa Díaz Olano y a la señorita Zelmira Biaggi la destacada labor efectuada en las correcciones de estilo y forma en este libro.

Queremos también significar y agradecer profundamente la labor editorial hecha por Juan Martínez Capó, Brunhilda Rexach y Wanda C. Liaño de la Editorial Universitaria.

A

A. Grupo sanguíneo A, q.v.

a-* (a-). (Del gr. a, privativo, no, sin.) // (Del lat. **ad**, de afuera.) // (Del gr. **ana**, con, junto a.) // Se emplea para formar también voces verbales. // Se emplea sin significado especial, usada por eufonía.

aardvark **(aardvark)**. *Oricteropo* o *cerdo terrero* del Africa austral, mamífero del orden *Tubulidentata*, del tamaño y aspecto de un cerdo y de hábitos cavadores **(Orycteropus capensis)**. (Sudafr. **aard**, tierra; **vark**, cerdo.)

AB (AB). Grupo sanguíneo AB, q.v.

ab- (ab-). (Del lat. ab, fuera, desde, de lejos de.)

abactinal **(abactinal)**. La superficie del cuerpo que está opuesta a la boca en los animales de simetria radiada. // El área en los equinoideos en donde no hay ambulacros. (Lat. **ab**, lejos de; gr. **aktis**, rayo.)

abada **(rhinocerus)**. V. *rinoceronte.*

abadejo* **(cod)**. *Bacalao*, q.v. // *Cuba:* pez marino del orden *Perciformes*, familia *Serranidae* **(Mycteroperca dimidiata)**. // *Carraleja*, insecto coleóptero, q.v. // **(Spanish fly.)** El coleóptero llamado *cantárida.* // El ave llamada reyezuelo.

abalón **(abalone)**. Nombre que dan en California a varios moluscos gasterópodos denominados tambien *orejas de mar*, de pie ancho y concha aplanada de colores vivos en la superficie interna. Se aprovecha la carne y el nácar. Una especie común es *Haliotis cracherodii.*

abalone*. V. *abalón.*

abambulacral **(ambulacral)**. *Abactinal*, q.v.

abando. V. *alimoche.*

abanico de mar **(sea fan)**. Especie de celenterado antozoario de la subclase *Alcyonaria* que tiene aspecto de abanico **(Gorgonia flabellum)**.

abaniqueo **(fanning)**. Movimiento periódico de las branquias externas en las salamandras del género *Necturus.*

abanto* **(buzzard)**. *Buitre negro*, ave falconiforme de la familia *Accipitridae* **(Aegypius monachus)**, de España, Europa Central y norte de Africa.=*Alimoche.*

abapical **(abapical)**. Alejado del ápice. (Lat. *ab*, lejos de, y *apex*, ápice.)

abatimiento **(abatement)**. Intensidad disminuda de un síntoma. (De **abatir.**)

abaxial **(abaxial)**. Se aplica al órgano o estructura alejado de un eje de referencia. (Neolat. **abaxialis.**) (Lat. **ab**, lejos; **axis**, eje.)

abazón* **(cheekpouch)**. Bolsas que algunos mamíferos poseen en las mejillas y les sirve para guardar alimentos (monos, marmotas). (Lat. **abacus**, aparador para vajilla, fuente o plato hondo, o del lat. **gabata**, recipiente.)

abdomen* **(abdomen)**. Región de un animal posterior al tórax. (Lat. **abdo**, ocultar.) *Adj.* ***abdominal****.

Abdominalia. Un suborden de *Cirripedia* de manto voluminoso y desprovisto de concha. (De **abdomen.**)

abducción* **(abduct)**. Movimiento por el cual un órgano se aleja del plano medio del cuerpo. (Lat. **abductio**, separación.)

abducente **(abducens)**. El sexto nervio craneal, que inerva el músculo recto externo de los ojos. (Lat. **abducere**, conducir.)

abductor* **(abductor)**. Que separa. // Músculo que separa las valvas en los moluscos bivalvos y en los braquiópodos. (Lat. **abductor**, que aparta.)

abeja* **(bee)**. Insecto himenóptero sociable que vive en colonias llamadas colmenas y produce miel y cera. // Colectivamente otras especies de himenópteros de la familia *Apidae* y las afines. (Lat. **apicula.**) *Adj.* ***abejuno****. // ***a. melífica***, la productora de miel; // ***a. neutra u obrera***, cada una de las hembras infecundadas de las cuales hay miles en cada colmena y son las que elaboran la cera y la miel; // ***a. reina***, hembra fecunda, única en cada colmena, también llamada *machiega, maesa, maestra.*

abejar*. Colmenar.

abejarrón*. **(bumble bee)**. V. *abejorro.*

abejarruco*. V. *abejaruco.*

abejaruco* **(bee eater)**. Ave trepadora del sur de Europa del orden *Coraciiformes*, familia *Meropidae*, de colores vivos, pico largo y curvado **(Merops apiaster)**. (De **abeja.**)

abejera* **(bee hive)**. Colmenar.

abejero* **(bee eater)**. Que come abejas. // Que cuida las colmenas.

abejón* **(drone)**. Macho de la abeja o *Zángano.* // *Abejorro.* (Aum. de **abeja.**)

abejorreo* **(Hum)**. Zumbido de las abejas. (De **abejas.**)

Abejorro* **(bumble bee)**. Insecto himenóptero, velludo, con la trompa muy desarrollada que vive en enjambres poco numerosos y zumba mucho al volar. (Gen. **Bombus.**) // Insecto coelóptero que roe las hojas de las plantas cuando adulto y o en estado de larva, sus raíces **(Melolontha vulgaris)**.

abejuela*. Dim. de *abeja.*

aberración* **(aberration)**. Cualquier entidad sistemática que se separa del carácter común fundamental. (Font Quer.) (Lat. **aberratio.**) // ***a. cromosómica***, anormalidades en la estructura de los cromosomas, tales como duplicaciones, deleciones, translocaciones, inversiones, etc. *Adj.* **aberrante***.

abertura* **(aperture)**. Un agujero, espacio, hendidura, etc.

(Lat. **apertura.**) // *a.* ***branquiales***, v. *hendiduras branquiales.* // *a.* ***bucal***, la distancia entre las ramas de las mandíbulas abiertas en los vertebrados. // *a.* ***cloacal***, abertura posterior en el tubo digestivo de los vertebrados cuando elimina orinas y productos reproductores además de las heces. Ano. // *a.* ***nasal***, abertura de los conductos aéreos, tanto interna como externa, en la cabeza de los vertebrados. // *a.* ***opercular***, comunicación con el exterior de la cámara opercular de los renacuajos de anuros. // *a.* ***piriforme***, la abertura nasal anterior del cráneo.

abiente **(abient).** Que evita los estímulos. *Fugirreacción.* (Lat. **abire**, apartarse.)

abigarrado* **(variegated).** Que muestra varios colores distribuidos irregularmente. (Dialect. **bigarro** urraca.)

Abildgaard, P. El primero en realizar experimentos sobre el ciclo vital de las tenias. (1781)

abioceno **(abiocoen).** Factores no bióticos del ambiente. (Gr. **a**, sin; **bios**, vida; **koinos**, común.)

abiogenesia **(abiogenesis).** V. *abiogénesis.*

abiogénesis* **(abiogénesis).** Generación espontánea; es decir, sin intervención de otro ser vivo. (Gr. **a-**, negación; **bios**, vida; **genesis**, origen.) *Adj.* ***abiogenético.***

abiología **(abiology).** El estudio de los organismos no vivientes. Nombre desusado actualmente (Gr. **a**, no; **bios**, vida; **logos**, tratado.)

abioseston **(abioseston).** V. *tripton.*

abiosis* **(abiosis).** Suspensión aparente de la vida. (Gr. **a-**, privativo; **bios**, vida; **-osis**, proceso o acción.) *Adj.* ***abiótico****.

abiótico* **(abiotic).** Se aplica a condiciones ambientales que no son favorables a la vida. (Gr. **a-**, negación; **biótico**, propio de la vida.)

abisal* **(abyssal).** Perteneciente a las profundidades. Se aplica principalmente al plancton y demás organismos que habitan a grandes profundidades por debajo de los 1,000 metros. (Gr. **abyssos**, la profundidad de mar.)

abismal*=*abisal.*

abismo **(abism).** La región de las aguas por debajo de 1,000 m. Para algunos el término debe significar por debajo de los 4,000 m. (Gr. **abyssos**, profundidad.)

abisobentos **(abyssobenthos).** Se dice del conjunto de organismos que viven en el fondo marino a profundidades de más de 1,000 m. // Para algunos el término se restringe para profundidades de más de 4,000 m. (Gr. **abyssos**, profundidad; **benthos**, fondo.)

abisopelágico **(abyssopelagic).** Lo que pertenece a la región marina bajo los 1,000 metros de profundidad o bajo la zona batipelágica. (Gr. **abyssos**, sin fondo; **pelagos**, el mar.)

ablación* **(ablation).** Separación, extirpación o remoción de un órgano, especialmente por medio de un corte. (Lat. **ablatio.**)

ablactación **(ablactation).** Supresión de la secreción láctea. *Destete.* (Lat. **ab-**, fuera de; **lactare**, dar leche.)

ablefaria **(ablefaron).** Falta congénita de los párpados. (Gr. **ablefaros**, sin párpado.)

ablepsia* **(ablepsia).** Ceguera. (Gr. **a-**, sin; **blepsis**, vista.)

abneural **(abneural).** Situado a cierta distancia de un nervio. (Lat. **ab-**, fuera; **neural.**)

aboli. Especie de primate lemuroideo de la Guinea **(Euoticus elegantulus).**

abomaso* **(abomasum).** El cuajar o verdadero estómago de los rumiantes. V. (**Lat. ab**, lejos de; **omasum**, panza.)

aboral* **(aboral).** La superficie o región opuesta a la boca en los equinodermos. *Abactinal.* (lat. **ab**, lejos; **os, oris**, boca.)

aborción **(abortion).** V. *aborto.*

aborigen* **(aborigine).** V. *autóctono.* (Lat. **ab-**, desde; **origo**, origen.)

aborto* **(abort).** La expulsión del feto antes de su completo desarrollo. // Se aplica también a los órganos que no se desarrollan por completo. (Lat. **abortare.**) *Adj.* ***abortado****.

aborto*. Acción de abortar.

abporal **(abporal).** Alejado de un poro. (Lat. **ab-**, lejos; **porus**, poro.)

abrajín **(muricid).** V. *abrojón*, gasterópodo marino de la familia *Muricidae* **(Murex brandaris).**

Abramidina. Grupo de peces de agua dulce que tienen la aleta anal alargada y el abdomen comprimido, pertenecientes al orden *Ostariophysi.*

abranquio **(abranchiate).** Sin branquias. (gr. **a-**, sin; **branchia**, branquia.)

abrasión* **(abrasion).** Rozadura o desgaste de una superficie. (Lat. **abradere**, raer.)

abrochadores **(claspers).** Organos copuladores formados por modificaciones de las aletas pelvianas de ciertos peces holocéfalos, elasmobranquios y teleósteos. V. *pterigopodio.*

absorber* **(absorb).** Penetrar el agua y los solutos en la célula. (Lat. **absorbere**, tragar.)

abrojón* **(muricid).** Cañadilla, molusco gasterópodo marino del género *Murex.*

absorción* **(absorption).** Acción de *absorber.*

abú **(red mite).** Acaro del género *Trombicula* cuyas larvas parasitan el hombre. V. *abuje.* (Voz **indígena**, H.A.)

abubilla* **(hoopoe).** Especie de ave europea del orden *Coraciiformes*, familia *Upupidae*, notable por sus plumas eréctiles en la cabeza y su mal olor **(Upupa epops).** (Lat. **upupella.**)

abuje* **(red mite).** Cuba: especie de ácaro de color rojo del género *Trombicula* cuyas larvas se crían en la hierba y suelen causar un gran escozor en la piel humana. En Puerto Rico *abu*, *abuse*, q.v. (Voz **indígena.**)

abuse* **(red mite).** Nombre dado en Puerto Rico a una especie de ácaro. G. *Trombicula.* V. *abuje.*

AC **(ACH).** Siglas de la acetilcolina, neurohumor secretado por la extremidad de los axones, principalmente en el sistema parasimpático.

acaca **(woodpecker).** Argent.: especie de pájaro carpintero adaptado a la vida terrícola **(Colaptes rupicola).**

acalaca. Hormiga sudamericana del tamaño de la langosta **(Dinoponera sp.)**

acálefo* **(acaleph).** Se dice de un miembro de las *Escifomedusas.* (Gr. akalephe, ortiga.)

Acalephae. Nombre, poco empleado actualmente, para designar una clase del fílum *Coelenterata* que comprende las medusas libres. Es equivalente a la clase *Scyphozoa*, q.v. (Gr. **akalephe, ortiga.**)

acalíptero. Díptero perteneciente a la división *Acalyptera*, q.v.

acalote **(wood ibis).** Especie de ave americana del orden *Ciconiiformes*, familia *Threskiornithidae* **(Tantalus mexicanus).**

acaltetepon. Méx.: *escorpión*, lagarto.)

acama. V. *chinchir*

acant- **(acantho-).** (Del gr. **akantha**, espina.) V. *acanto.*

acantela **(acanthela).** Un estado embrionario en los acantocéfalos de forma ya parecida al adulto. (Gr. **akantha**, espina.)

Acantharia. Un orden de protozarios de la clase *Sarcodina* subclase *Actinopoda.* Cápsula central con membrana tenue y provista de numerosos poros; espículas de sulfato de estroncio. (Gr. **akantha** espina.)

Acanthocotyloidea. Un orden de trematodos de la subclase *Monopisthocotylea.*

Acanthobdellida. Un orden de anélidos de la clase *Hirudinea.* Sin ventosa anterior, ni trompa ni mandíbulas, con dos pares de setas en las somitas II - IV y celoma segmentado. (Gr. **akantha**, espina; **bdella**, sanguijuela.)

Acanthocephala. Un fílum de invertebrados seudocelomados de cuerpo aplanado y áspero, cutícula delgada, extremo anterior con una probóscide retráctil y provista de espinas curvadas, sin tubo digestivo. Parásitos, con las larvas en artrópodos y los adultos en vertebrados. (Gr. **akantha**, espina; **kephale**, cabeza.)

Acanthodi. Una subclase de peces fósiles placodermos. Cuerpo armado con escamas ganoides, aletas precedidas por una espina. Del Devoniano al Permiano. (Gr. **akantha**, espina.)

Acanthopterygii. V. *acanthodi*. Un taxón empleado a veces para reunir los peces con radios espinosos en la aleta dorsal. (Gr. **akantha**, espina; **pteryx**, ala.)

Acanthuroidea. Un suborden de peces óseos del orden Perciformes, cuerpo comprimido, aleta caudal lunulada, aberturas branquiales inferiores, boca pequeña y con uno o dos espinas en el pedúnculo caudal. (Del género Acanthurus.) (Gr. kantha, espina; oura, cola.)

acantina **(acanthin)**. Substancia que forma el esqueleto de los radiolarios del grupo *Actinopylea*, impregnada de sulfato de estroncio. (Gr. **akantha**, espina.)

acantio **(acanthion)**. Punto craneométrico situado en lo más prominente de la espina nasal anterior. (Gr. **akanthion**, espina pequeña.)

acantocéfalo* **(acanthocephalous)**. Que tiene la trompa espinosa. // Un miembro del fílum *Acanthocephala*, q.v.

acantocisto **(acanthocyst)**. Una bolsa que almacena los estiletes en los nemertinos. (Gr. **akantha**, espina; **kystis**, vejiga.)

acantodio **(acanthodion)**. Una seta tarsal sensorial en *Acarina*. (Gr. **akanthodes**, espinoso.)

acantóforo **(acanthophore)**. Que lleva espinas. // *Sust.* Zoecio de algunos briozoarios fósiles que portan una espina junto a la abertura. // La base cónica del estilete mediano en los nemertinos. (Gr. **akantha**, espina; **phoreus**, portador.)

acantoide **(acanthoid)**. Que tiene forma de espina. Espinoso. (Gr. **akantha**, espina; **oides**, similar.)

acántolis. Cuba: reptil saurio que tiene el lomo cubierto de tubérculos puntiagudos **(Leiocephalus sp)**.

acantomeridio. V. *acantozoide*. (Gr. **akantha**, espina; **meros**, parte; **idion**, dim.)

acantóporo **(acanthopore)**. Una espina tubular de algunos briozoarios. (Gr. **akantha**, espina; **poros**, poro.)

acantopterigio* **(acanthopterygian)**. Se dice de los peces del orden *Acanthopterygia*.

acantor **(acanthor)**. Estado larval microscópico espinoso en los acantocéfalos, cubierto por una cáscara. (Gr. **akantha**, espina.)

acantosfenota **(acanthosphenote)**. Se aplica a las espinas hechas de piezas cuneiformes halladas en ciertos equinoideos. (Gr. **akantha**, espina; **sphen**, cuña.)

acantosoma **(acanthosome)**. Estado larval de ciertos decápodos marinos. (Gr. **acanthos**, espina; **soma**, cuerpo.)

acantostilo **(acanthostyle)**. Espícula de esponjas redondeada en una punta y aguzada en la otra y cubierta de espinas. (Gr. **acanthos**, espina; **stylos**, varilla.)

acantozoide **(acanthozooid)**. Pólipo de una colonia de hidroideos de forma de espina, que sirve para la defensa pasiva. // Parte terminal del pre-escólice de los cestodos. (Gr. **acantha**, espina; **zoon**, animal; **eidos**, aspecto.)

acapnia **(acapnia)**. Un bajo contenido de bióxido de carbono en la sangre. (Gr. **akapnos**, sin humo.)

acaraira*. V. *caraïra*.

Acari. V. *Acarina*.

acariasis **(acariasis)**. Infestación por ácaros. *Acarosis*.

acárido* **(acarid)**. Miembro del orden *Acarina*.

acarima* **(lion marmoset)**. Especie de mono de la familia *Hapalidae* **(Leontocebus rosaliae)**. (Voz **caribe**.)

Acarina. Un orden de arácnidos pequeños o diminutos que incluye las garrapatas, ácaros, aradores, etc. Cefalotórax y abdomen soldados en una sola masa y sin segmentación. Usualmente con larvas de tres pares de patas. (Gr. **akares**, diminuto ácaro.)

acario, acariota **(akariota)**. Sin núcleo. (Gr. **a-**, sin; **karyon**, núcleo.)

acariocito **(akariocyte)**. V. *acario* y *eritrocito*.

ácaro* **(mite)**. Vocablo muy general que se aplica a la mayor parte de los artrópodos de la clase *Arachnida*, orden *Acarina*, con excepción de los ixódios o garrapatas. (Gr. **akari**, insecto pequeño; lat. **acarus**.) *Adj.* ***acaroide**** .. // *a. folicular*, ácaro que se alberga en los folículos pilosos y en las secreciones sebáceas y produce la sarna folicular en el perro **(Demodex folliculorum)**.

acarocecidio **(acarocecidium)**. Agalla debida al parasitismo de un ácaro. (Neolat. **cecidio**, agalla.)

acarofilia **(acarophily)**. La adaptación de una planta a la vida con los ácaros. (De **ácaro** y **philos**, amante.)

acarofitosis **(acarophythosis)**. Una simbiosis entre ácaros y plantas. (De **ácaro** y **gr. phyton**, planta.)

Acaroidea. Una superfamilia de ácaros terrestres, muchas veces parásitos. (Gr. **akares**, ácaro.)

acarología **(acarology)**. El estudio de los ácaros. (Gr. **akares**, ácaro; **logos**, tratado.)

acarosis **(acariasis)**. Enfermedad de la planta producida por ácaros. (Gr. **akares**, ácaro; **-osis**, condición.)

acasanate **(blackbird)**. México: "pájaro negro, del tamaño del estornino, que hace estragos en las milpas". **(Diccion.)**

acatalasia **(acatalase)**. La ausencia congénita de catalasa, carácter recesivo. (Gr. **a**, negación; + **catalasa**.)

acatechitli **(a finch)**. "Pájaro mexicano muy parecido al verderón." **(Diccion.)**

acaude **(acaudal)**. *Anuro*. Sin cola. (Gr. **a-**, sin; **cauda**, cola.)

accesorio* **(accessory)**. Que es secundario o auxiliar. // Se aplica al músculo que asiste a otro. // El XI° nervio craneal o *espinal accesorio*. (Lat. **acceso**.)

Accipitres. V. *Falconiformes*.

Accipitriformes. Un orden de aves. V. *Falconiformes*.

accipitrino **(accipitrine)**. Lo perteneciente a los halcones y otras aves de rapiña diurnas. (Lat. **accipiter**, un halcón.)

-acea **(-acea)**. Sufijo empleado en zoología para indicar clase y otros taxones. Ej. *Crustacea*. (Lat. **-aceus**, de la naturaleza de.)

acéfalo* **(acephalous)**. Que no tiene cabeza. // Cualquier miembro de la clase *Bivalvia* o *Acephala* del fílum *Mollusca*. (Lat. **acephalus**; **gr. akephalos**, sin cabeza.)

aceleración **(aceleration)**. Se aplica al carácter que, en la ontología, aparece más temprano en el descendiente que en el antepasado.

acelerador **(accelerator)**. Se aplica al músculo o al nervio que incremente el ritmo de una acción. (Lat. **accelerar**, apresurar.)

acedía **(tongue sole)**. Cuba: pez marino del orden *Pleuronectiformes*, familia *Cynoglossidae* **(Symphurus plagusia)**.

acélico **(acoelus)**. Sin cavidad. // Se aplica a las vértebras *anfiplanas* q.v. (Gr. **a-**, sin; **koilos**, hueco.)

acelo **(acoelus)**. *Acelomado*. (Gr. **a-**, sin; **koilos**, hueco.)

aceloides **(acoceloides)**. Una forma hipotética que, según los proponentes de la teoría planuloide sobre el origen de los metazoarios, se produjo por transformación de la plánula y originó los organismos bilaterales. (De **acelo**, sin cavidad; **oides**, parecido.)

acelomado **(acoelomate)**. Sin celoma. (Gr. **a-**, sin: **koilos**, cavidad.)

acelular **(acelular)**. Que no tiene células, porque la multiplicación de los núcleos no va seguida de una tabicación. Mejor sería acelulado. (Gr. **a-**, sin; lat. **cellula**.)

acelularidad. Se dice de la doctrina de que muchos protistas no son seres unicelulares, sino acelulares u organismos en los que se ha efectuado fragmentación nuclear sin tabicación celular. Otros llaman a estas formas de vida "no-tabicadas" o "aseptadas".

acenafteno **(acenaphtene).** Un agente químico que induce mutaciones; pero de acción menos marcada que la colchicina.

acentor **(accentor).** Se aplica a las especies europeas de aves del orden *Passeriformes*, familia *Prunellidae*, de aspecto de gorrión, pero de andar arrastrando los pies **(Prunella collaris).**

acéntrico **(acentric).** Sin centro. // Las vértebras de ciertos peces que tienen notocordios persistentes y sin centros. (Gr. **a**, sin; **kentron**, punto, centro.)

Acephala. Una clase del fílum *Mollusca* mejor conocida por *Bivalvia*, q.v. (Gr. **a-**, sin; **kephale**, cabeza.)

Acephalina. Un grupo de *Sporozoa*, del orden *Eugregarina*, también llamado *Monocystidae*. Tabique divisorio entre el epimerito y el resto del cuerpo ausente. (Gr. **a-**, sin; **kephale**, cabeza.)

aceptador* **(aceptor).** *Aceptor*, q.v.

aceptante* **(acceptant).** Que acepta. V. *aceptor.*

aceptor* **(aceptor).** *Aceptador, receptor.* Substancia que recibe y se une con otra, como en una reacción de reducción-oxigenación o redox. (Lat. **accipere.**) // ***a. de hidrógeno***, substancia que, en el metabolismo, se combina con el hidrógeno que se desprende de una reacción, tales como el oxígeno, los citocromos, el NAD, los flavonoides, etc.

acerado* **(acerate).** Puntiagudo, agudo, áspero. (Lat. **acer**, puntiagudo.)

Acerata. Antiguo taxón en los artrópodos que incluía los arácnidos y merostomáceos por carecer de antenas. (Gr. **a**, sin; **keras**, cuerno.)

acéreo **(acerous).** Sin cuernos. (Gr. **a-**, sin; **keras**, cuerno.)

aceroso **(acerose).** Que tiene asperezas o puntas agudas. (Lat. **acer**, agudo.)

acervado **(acervate).** Amontonado, aglomerado. (Lat. **acervatus**, amontonado.)

acérvula* **(acervulus cerebri).** V. *corpus arenaceus.* (Lat. **acervatus**, apilado.)

acervulino **(acervuline).** Aglomerado irregularmente. (Bajo lat., dim. de **acervus.**)

aceso **(panting).** V. *jadeo.*

acetábulo* **(acetabulum).** La cavidad en la cintura pélvica de los tetrápodos donde se articula el fémur. // Cavidad en la base de las radiolas de los equínidos. // Las ventosas del escólice de las tenias. // Ventosas en los brazos de los cefalópodos. // Cotiledón placental en los rumiantes. (Lat. **acetabulum**, botella de vinagre.) *Adj.* ***acetabular, acetabulado.***

acetilcolina **(acetylcholine).** Un éster del ácido acético con la base orgánica colina segregada normalmente por la extremidad de las axonas de muchas neuronas. Es responsable de la trasmisión del impulso nervioso a través de una sinapsis.

acetilcolinesterasa **(acetylcholinesterase).** Enzima segregada por las fibras nerviosas que hidrolisa la acetilcolina. *Colinesterasa.*

acetilo **(acetyl).** Un grupo de dos carbonos (CH_3CO-), de importancia en los procesos de respiración y síntesis, que se combina con la CoA formando la acetil CoA.

acetona **(acetone).** Líquido volátil e incoloro de olor "sui generis" que se produce en el organismo por oxidación incompleta de las grasas y se elimina en la orina. (Lat. **acetum**, vinagre.)

acetonuria* **(acetonuria).** Presencia de acetona en la orina. (De **acetona** y **ouros**, orina.)

acicalamiento* **(preen).** La acción de alisar y arreglar las plumas con el pico, en las aves. (Ar., **as-sigal**, el pulimiento.)

acículo **(acicula).** Cerda en forma de aguja en el parapodio de los anélidos poliquetos, // Un *escafocerito*, q.v. de forma aguda hallado en los crustáceos anomuros. // Cerda rígida basal en los parápodos de los anélidos poliquetos. (Lat. **aciculum**, dim. de **acus**, aguja pequeña.) *Adj.* ***aciculado*, acicular.***

acidemia **(acidemia).** Descenso en el valor normal del pH en los tejidos o en los fluídos del cuerpo. (De **ácido**; **aima**, sangre.)

acídico **(acidic).** Se aplica a los colorantes cuya parte activa es ácida.

ácido* **(acid).** Que tiene sabor agrio. // Una substancia que en el agua desprende iones de hidrógeno. Muestra un pH menor de 7. (Lat. **acidus**, agrio.) // ***a. acético***, un ácido graso muy sencillo, ingrediente activo del vinagre. // ***a. alfacetoglutárico***, un ácido de 5 carbonos que forma parte del ciclo de Krebs. // ***a. araquídico***, un ácido esencial que se encuentra en la lecitina del huevo de ave. // ***a. arginososuccínico***, un compuesto formado en el ciclo de la urea que se descompone produciendo ácido fumárico y arginina. // ***a. ascórbico***, ácido componente de la vitamina C, o antiescorbútica, abundante en las frutas cítricas y, sobre todo, en la acerola. // ***a. aspártico***, un aminoácido natural. // ***a. carbónico***, ácido inestable formado por la unión del bióxido de carbono con el agua. // ***a. caprílico***, un ácido graso. // ***a. caproico***, un ácido graso. // ***a. cetoglutárico***, v. ***a. alfacetoglutárico.*** // ***a. cetónico***, ácido orgánico con un grupo cetona, como el ácido pirúvico. // ***a. cevitámico, ácido ascórbico o Vit. C.*** // ***a. clorhídrico***, un ácido inorgánico, importante en el metabolismo, un constituyente del jugo gástrico. // ***a. condritinsulfúrico***, grupo prostético de la proteína del tejido cartilaginoso, o condroproteína. // ***a. difosfoglicérico***, un ácido de 3 carbonos que en la glicólisis es un intermediario entre el fosfato de triosa y el ácido fosfoglicérico. // ***a. fólico***, una vitamina que interviene en la formación de los eritrocitos. // ***a. fórmico***, uno de los componentes del veneno del aparato venenoso de las hormigas. // ***a. fosfoglicérico***, un ácido de 3 carbonos intermediario entre el ácido difosfoglicérico y el *a. pirúvico* en el proceso de la glicólisis. // ***a. fumárico***, compuesto metabólico intermediario que se forma en el ciclo de Krebs. // ***a. glutámico***, ácido que constituye uno de los aminoácidos esenciales en el hombre. // ***a. glutámico***, un aminoácido que interviene en el metabolismo de la transaminación del grupo NH2. // ***a. grasos***, los que se encuentran en las grasas formando esteres con la glicerina. // ***a. hialurónico***, ácido que forma parte del cemento que mantiene unidos los restos de los folículos en donde se desarrollan los óvulos en los mamíferos. // ***a. hidroxyglutámico***, un aminoácido. // ***a. hipúrico***, producto formado en el hígado y los riñones del ácido benzoico y glicerina. // ***a. homogentísico***, v. *alcaptón.* // ***a. isocítrico***, un ácido isómero del cítrico que forma parte del ciclo de Krebs. // ***a. láctico***, un ácido orgánico de composición sencilla que se forma durante la oxidación anerόbica de la glucosa por reducción del ácido pirúvico, en muchas células animales. // ***a. linoleico***, un ácido graso no saturado, considerado como esencial en la dieta de muchos animales. // ***a. linolénico***, un ácido graso no saturado esencial en la dieta. // ***a. málico***, un ácido, eslabón intermediario entre el ácido succínico y el oxalacético en el ciclo de Krebs. // ***a. nicotínico***, la vitamina llamada *niacina*, de función enzimática en el metabolismo. // ***a. nucleicos***, clase de moléculas compuestas de nucleótidos: *Acido ribonucleico, ácido desoxiribonucleico.* // ***a. orgánicos***, compuestos orgánicos que generalmente poseen un grupo carboxilo (COOH). // ***a. ósmico***, un agente de fijación histológica muy rápido, sumamente tóxico. // ***a. oxalacético***, un ácido de cuatro carbonos que, en el ciclo de Krebs se une al grupo acetilo para formar ácido cítrico. // ***a. oxalsuccínico***, un ácido de 6 carbonos que da lugar al ácido alfacetoglutárico en el ciclo de Krebs. // ***a. paraminobenzoico***, un factor o vitamina. // ***a. pantoténico***, vitamina B_3, responsable de una normal función nerviosa. // ***a. pirúvico***, ácido orgánico que resulta de la oxidación anaeróbica de la glucosa y puede originar ácido láctico, ácido acético, glicerol, alcohol etílico, etc. // ***a. succínico***, un ácido de 4 carbonos intermediarios entre el ácido alfacetoglutárico y el málico en el ciclo de Krebs. // ***a. teroglutámico***, *ácido fólico*, o vitamina M. // ***a. úrico***, un ácido orgánico, producto del metabolismo de los aminoácidos que se excreta por las orinas, principalmente en los animales uricotélicos, como las aves y los reptiles. // *a. urónicos*, derivados de hidratos de carbono en los que el hidróxilo terminal es sustituido por un grupo carboxilo. // *a. yodogorgoico*, un aminoácido de los corales y esponjas.

acidófilo **(acidophilus)**. Se aplica en citología a las estructuras que tienen afinidad para los colorantes ácidos. (De lat. **acidus**; gr. **philos**, amigo.)

acidosis* **(acidosis)** Condición patológica resultante de la acumulación de iones de hidrógeno en los fluídos del cuerpo, con un pH bajo.

acidúrico **(aciduric)**. Se dice del organismo que tolera un medio ácido. (Lat. **acidus**, agrio; **durus**, resistente.)

aciforme **(aciform)**. En forma de aguja. (Lat. **acus**, aguja.)

ácigo **(azygous)**. Impar. (Gr. **a-**, sin; **zygos**, yugo, par.)

acigobranquio **(azygobranchiate)**. Que tiene una sola branquia. V. *azygobranchiata*.

acigoide **(azygoid)**. *Haploide* // Partenogenético. (Gr. **a-**, sin; **zygos**, unión.)

acigomático **(azygomatous)**. Sin arco cigomático. (Gr. **a-**, sin **zygomatos**, pómulo.)

ácigos* **(azygos)**. Vena de los mamíferos que corre a lo largo del lado derecho de la columna vertebral y entra en la vena cava anterior junto al corazón. Es un remanente de la vena cardinal posterior de otros vertebrados. (Gr. **azygos**, impar.)

acigosis **(azygosis)**. Falta de conjugación. (Gr. **a-**, sin; **cigosis**.)

acigoto **(azygote)**. Organismo haploide nacido por partenogénesis (Gr. **a-**, sin; + **cigoto**.)

acigomélico **(azygomelous)**. Que no tiene apéndices pares, como las lampreas. (Gr. **a-**, sin; **zygos**, yugo; **melos**, miembro.)

aciguatarse*. Contraer el envenenamiento por ingestión de un marisco o pez ciguato. V. *ciguatera*.

acímico **(azymic)**. Lo relativo al ácimo.

ácimo*. V. *ázimo*.

acinesia* **(acinesia)**. Ausencia o privación de movimiento. // Intervalo entre sístole y diástole. (Gr. **akinesia**.) *Adj. acinético*.

Acineta. Un orden de protozoarios ciliados de la subclase *Holotricha*. V. *Suctorida*. (Gr. **a-**, sin; **kinetes**, movimiento.)

acineto. Fijo, inmóvil. (Gr. **akinetos**, inmóvil.)

acino **(acinus)**. Lobulillo de las glándulas racimosas. // Idem de las glándulas hermafroditas de ciertos moluscos, que diferencian sectores masculinos o femeninos en las mismas. (Lat. **acimus**, uva; **forma**, forma.). *Adj. aciniforme, acinoso*.

acintado **(ribbon-like)**. Que tiene forma alargada y estrecha como una cinta.

Acipenseriformes. Orden de peces osteictios de la subclase *Actinopterygii*, de hocico largo, cola heterocerca, esqueleto cartilaginoso y vértebras sin centro. Del Jurásico al reciente. (Ej. los esturiones, **Acipenser sp.**)

aclámido **(achlamydate)**. Sin manto, como algunos moluscos. (Gr. **a-**, sin; **chlamys**, manto.)

acleido* Dícese del mamífero sin clavículas, como los cetáceos. (Gr. **a-**, sin; **kleis**, clavícula.)

aclimatación* **(acclimatation)**. Ajuste fisiológico y de conducta de un organismo a un nuevo ambiente. // Acción y efecto de aclimatar. (De Lat. **clima**.)

aclimatar* **(acclimate)**. Hacer que un organismo se adapte a un clima distinto del de su lugar de origen. (Lat. **clima**, **climatis**.)

aclorhidria* **(achlorydria)**. Ausencia de ácido clorhídrico en las secreciones estomacales. *Adj. aclorhídrico*. (Gr. **a-**, negación; + **clorhidria**.)

acloropsia **(achloropsia)**. Defecto de la visión que incapacita para distinguir el color verde. (Gr. **a-**, negación; **chloros**, verde; **opsis**, visión.)

acmé* **(acme)**. Un punto o saliente de una curva. // La culminación de un fenómeno. (Gr. **akme**, punta,borde.)

Acnidaria. Término obsoleto empleado para distinguir el grupo *Ctenophora*. (Gr. **a-**, sin; **cnide**, ortiga.)

Acnidosporidia. Una subclase de protozoarios en la clase *Sporozoa*. Esporos simples, sin filamentos polares. (Gr. **a-**, sin; **cnide**, ortiga; **spora**, espora; **-idio**, dim.)

acocil* **(mexican crayfish)**. Acocile. México: nombre dado a los cangrejos de río o camarones de los géneros *Cambarus*, *Cambarella*, etc. (Cambarus monctezumae). Méx.: acuitzilli.

acocolote **(wood ibis)**. Nombre dado en algunas partes de América al *tuyuyú* o *cayama*, especie de cigüeña de cabeza pelada **(Mycteria americana)**, del orden *Ciconiiformes*, familia *Threskiornithidae*.

Acochlidacea. Un orden de moluscos de la clase *Gastropoda*, subclase *Opisthobranchia*. Tamaño pequeño, sin branquias, ni concha ni escudo cefálico, pero con rinóforos y masa visceral distinta del pie; sin mandíbula, pero con rádula; sin escudo gástrico. (Gr. **a-**, sin: lat. **cochlea**, pequeña concha; **-arca**, sufijo taxonómico.)

acodado **(bent in an elbow)**. Estructura que forma un codo. *Geniculado*.

Acoela. Un orden de platelmintos marinos de la clase *Turbellaria*. Cuerpo pequeño, con boca y faringe, pero sin intestino, ni protonefridios ni gónadas definidas. Todos marinos. (Gr. **a-**, sin; **koilos**, cavidad.)

Acoelomata. Una división de los metazoarios triploblásticos que incluye los grupos que carecen de celoma. (Gr. **a-**, sin; **koilos**, cavidad.)

ácolo **(acolous)**. Que carece de miembros. (Gr. **a**, sin; **kólon**, miembro.)

acollarado **(collared)**, Dícese del animal que tiene el cuello de color distinto que el resto del cuerpo. (De **cuello**.)

acomodación* **(accommodation)**. El ajuste automático de los ojos para la visión de objetos situados a diversas distancias. // La adaptación de un receptor a estímulos distintos. (Lat. **accomodatio**.)

acontio **(acontium)**. Cada uno de los filamentos finos provistos de nematocistos situados en la región basal de la cavidad gastrovascular de los antozoarios, que son expulsados con fuerza. (Gr. **akontion**, dardo.)

acóndilo **(acondylous)**. Sin nodos o juntas. (Gr. **a-**, sin; **kondylos**, protuberancia.)

acondroplasia* **(achondroplasia)**. Una condición hereditaria, que se debe a desarreglos en el crecimiento y maduración de los huesos, con subsiguientes malformaciones. Ejemplo: ciertos casos de enanismo. (Gr. **a-**, negación; **chondros**, cartílago; **plasseis**, formar.)

ácono **(acone)**. Ojo compuesto de ciertos artrópodos en donde las células cristalinas no forman los conos. (Gr. **a**, sin; **konos**, cono.)

acoplado **(coupled)**, Lo que está dispuesto por parejas o coplas. (Lat. **ad**, junto; **copulare**, juntar.)

acoplamiento* **(coupling)**. La acción de acoplarse. // En genética, una forma de ligamiento en la que los genes mutados se encuentran en el mismo cromosoma. (De **acoplar**.)

acorazonado **(heart shaped)**. En forma de corazón. *Cordiforme*.

acordios **(achordate)**. Sin cuerda dorsal. // Nombre con el que se reúnen todos los animales que carecen de notocordio. (Gr. **a**, sin; **chorde**, cuerda.)

acostillado **(ribbed)**. Que tiene costillas o rebordes. (Gr. **a**, sin; **costa**, costado.)

Acotylea. Un suborden de platelmintos de la clase *Turbellaria*, orden *Polycladida*. Sin ventosas. (Gr. **a-**, sin; **kotyle**, "ventosa".)

acral **(acral)**. Lo perteneciente a las extremidades. (Gr. **akros**, punta.)

Acraniata. *Acrania,* un taxón en los cordados que comprende los subfilumes *Cephalochordata* y *Urochordata,* desprovistos de cráneo. (Gr. **a,** sin; **kranion,** cráneo.)

acráspeda (acraspedote). Medusa *acraspedota,* q.v.

acraspedota (acraspedote). Que no tiene borde. // Se aplica a las medusas de los escifozoarios que carecen de reborde o velo. (Gr. **a,** sin; **kraspedon,** orla.)

acre-* (acre-). (Del gr. **akros,** cima, final.)

acreción (acretion). Crecimiento por yuxtaposición o adición de materiales externamente. Op. *intususcepción* o incorporación. (Lat. **accrescens.** aumentar.)

acreína. Substancia acretada por ciertas mariposas africanas que se supone es desagradable para las aves, constituyendo un medio de protección.

Acridoidea. Una división en el orden *Orthoptera* que comprende los grillos y los saltamontes. Patas posteriores dispuestas para el salto y macho con órganos estridulantes. (Gr. **acris,** saltamontes.)

acribeladas (acribellate). Se dice de las arañas que carecen de cribelo y calamistro. (Lat. **a,** sin: **cribellum,** q.v.)

acribillado (cribrose). Que tiene criba. (Lat. **cribrum,** tamiz.)

acrídido*. Dícese del insecto ortóptero saltador de antenas y artejos en los tarsos.

acridiófago (acridophagous). Que se alimenta de saltamontes, langostas y otros insectos similares. (Gr. **akris,** langosta; **phago,** comer).

acrilio. Ave africana del orden Galliformes parecida a la gallina de Guinea, pero con plumaje más coloreado. (**Acryllium vulturinum**).

acroacito (achroacyte). Linfocito. // Una célula incolora. (Gr. **a-,** no; **chros,** color; **kytos,** célula.)

acróbata* (flying phalanger). Pequeño marsupial arbóreo australiano de la familia *Phalangeridae* (**Acrobates pygmaeus.**)

acroblasto (acroblast). Parte del esperma que forma el acrosoma. (Gr. **akros,** punta; **blastos,** brote.)

acrocefalia (acrocephalia). La condición de tener la cabeza convexa.(Gr. **achros,** arriba; **kephale,** cabeza.)

acrocéntrico (acrocentric). Se aplica a los cromosomas con centriolos en una extremidad. (Gr. **akros,** arriba; + **centriolo.**)

acrocisto (acrocyst). Saco quitinoso en el gonangio de ciertos Hydrozoos que contiene la plánula. (Gr. **akros,** cima; **kystis,** vejiga.)

acrocoracoides (acrocoracoid). Una estructura o apófisis en la punta del coracoides en las aves. (Gr. **akros,** cima; + **coracoides.**)

acrocordal (acrochordal). Se aplica a un cartílago frontal en el cráneo de las aves. (Gr. **akros, punta; chorde,** cordón.)

acrodinia (acrodynia). Deficiencia de piridoxina, que se manifiesta por inflamación de manos y pies y otros disturbios metabólicos. (Gr. **akros,** extremo,cima; **dynia,** dolor.)

acrodonte (acrodont). Que tiene los dientes fijos al borde de los huesos en vez de situados en alveolos. (Gr. **akros,** cima; **oduus, odontos,** diente.)

acroglobina (achroglobin). Un pigmento respiratorio de algunos tunicados y moluscos. (Gr. **a-,** sin; **chros,** color; **globina.**)

acroico (achroic). Incoloro. (Gr. **a-,** sin; **chros,** color.)

acromasta (achromasie). La emisión de la cromatina por el núcleo. (Gr. **a,** no; **chroma,** color.)

acromático* (achromatic). Que no lleva color. // Se aplica a las partículas celulares que no se tiñen por los colorantes que colorean la cromatina. (Gr. **a-,** sin; **chroma,** color.)

acromatina (achromatine). Substancia en los filamentos del retículo nuclear que no se tiñe con los colorantes y en donde se encuentran los gránulos de cromatina. (Gr. **a-,** sin; **chroma,** color.) *Adj.* ***acromático.***

acromatopsia* (achromatopsia). *Daltonismo,* q.v.

acromegalia* (acromegaly). Condición caracterizada por un excesivo crecimiento óseo, especialmente de las extremidades, producido por una hipersecreción hormonal de la pituitaria. (Gr. **akros,** encima; **megalos** grande.) *Adj.* ***acromegálico.***

acrómico (achromic). Incoloro. (Gr. **a-,** sin; **chroma,** color.)

acromio*. V. *acromion.*

acromion* (acromion). La porción proyectada lateral superior aplanada de la escápula. También *acromion.* (Gr. **ackromion.**) *Adj.* ***acromial*.***

acromioclavicular (acromio-clavicular). Se aplica a los ligamentos entre el acromio y la clavícula.

acromita (achromite). *Centrómero,* q.v.

acrón (acron). La región anterior del embrión de los artrópodos que produce los ojos y las anténulas. // La región prostomial en las larvas trocóforas de ciertos moluscos. (Gr. akron, pico, extremidad.)

acronura (acronoura). Larva de los peces acanturioideos, que se distingue por los salientes verticales del cuerpo. (Gr. **akros,** extremo; **oura,** cola.)

acrópodo (acropodium). El esqueleto de los dedos de las extremidades de los tetrápodos. (Gr. **akros,** extremo; **pous,** pie.)

acrorrago (acrorhagus). Un tubérculo cubierto por nematocistos situado en la periferia del disco oral en muchas anémonas de mar. (Gr. **akron,** extremo; **rhax,** uva.)

acroscópico (acroscopic). Que se enfrenta al ápice. (Gr. **akros,** punta; **skopein,** mirar.)

acrosoma (acrosome). Estructura en el extremo de la cabeza del esperma que hace contacto con el óvulo durante la fecundación. (Gr. **akros,** extremo; **soma,** cuerpo.)

acróstico (acronym). Palabra formada por la unión de las letras o sílabas iniciales de las sucesivas palabras que forman una frase. Los acrósticos se aceptan en la nomenclatura de los animales. (Gr. **akros,** extremidad; **stichos,** fila.)

acrotérico (acroteric). Perteneciente a las extremidades de la nariz, dedos, cola, orejas. (Gr. **akroterion,** punta saliente.)

Acrothoracica. Un orden de artrópodos de la subclase *Cirripedia.* Con manto y pocos apéndices. (Gr. **akros,** punta; + **thorax.**)

acrotrófico (acrothrophic). Que tiene células vitelinas en el ápice de los ovarios en ciertos insectos. // V. *meroístico.* (Gr. **akros,** encima; **trophos,** uno que alimenta.)

ACTH (ACTH). Siglas de la adenocorticotropina u hormona adrenocorticotrófica.

áctico (actic). Lo que pertenece a las costas rocosas. También se ha usado como sinónimo de litoral. (Gr. **akte,** promontorio rocoso.)

actina (actin). Una proteína de los músculos que, junto con la miosina, es responsable de la contracción muscular. (Gr. **aktis,** un rayo.)

actinal (actinal). Se aplica a la parte de los animales de simetría radial que contiene la boca, de la que irradian los brazos. (Gr. **aktis,** un rayo.)

Actináctidos. Un orden de antozoarios, sinónimo de *Zoantharia,* q.v.

Actinaria. Un suborden de celenterados del orden *Actiniaria.* Tiene los filamentos mesentéricos con áreas ciliadas. (Gr. **aktis,** un rayo.)

actinario. Pólipo del suborden *Actinaria,* q.v.

actinénquima (actinenchyma). Tejido de apariencia estrellada. (Gr. **aktis,** rayo; **enchima,** infusión.)

actinia* (actinia). Un miembro de la clase *Anthozoa,* orden *Actiniaria.* Anémona de mar. (Gr. **aktis,** rayo.)

Actiniaria. Un orden de celenterados zoantarios que comprende las anémonas de mar. (Gr. **aktis,** rayo; **-aria,** conjunto.)

actiniforme (**actiniform**). De forma estrellada. (Gr. **aktis**, rayo; lat. forma.)

Actiniphora. Orden de protozoarios de la clase *Ciliophora* que están provistos de tentáculos, carecen de órganos suctores y son fijos o parásitos.

actinípodos. V. *Actinopoda.*

Actinistia. Un orden de peces óseos, sarcopterigios casi todos extintos que comprende un género viviente: *Latimeria.* V. *Coelacanthiformes.*

actino- (**actino-**). (Del gr. **aktis**, radio, rayo de una rueda.)

actinobiología (**actinobiology**). Nombre obsoleto por *radiobiología*, q.v.

actinoblasto (**actinoblast**). Célula que forma las espículas en los poríferos. (Gr. **aktis**, radio; **blastos**, germen.)

actinobranquia (**actinobranch**). Apéndice en forma de branquia en algunos antozoarios. (Gr. **aktis**, radio; + **branquia.**)

actinocongestina (**actinocongestine**). Substancia tóxica hallada en el líquido urticante de los nematocitos, especialmente en los de las actinias o anémonas de mar. (De **actinias** y **congestión.**) = Hipnotoxina.

actinódromo (**actinodrome**). Se aplica a nerviaciones o venaciones de forma palmeada. (Gr. **aktis**, rayo; **dromos**, curso.)

actinofaringe (**actinopharynx**). El "esófago" de las anémonas de mar. (Gr. **aktis**, radio; **pharynx**, faringe.)

actinóforo (**actinophore**). Que lleva radios. Aplícase a los soportes óseos o cartilaginosos de las aletas de los peces. (Gr. **aktis**, radio; **phoreus**, **phoreo**, llevar.)

actinoide (**actinoid**). V. *actiniforme.*

actinología (**actinology**). Estudio de los animales de simetría radiada. // *Radiobiología.* (Gr. aktis, radio; +**biología.**)

actinómero (**actinomere**). Cada segmento de un animal de simetría radial. (Gr. **aktis**, radio; **meros**, parte.)

actinomicina D (**actinomycin D**). Un antibiótico obtenido de bacterias del suelo que interrumpe la secuencia del RNA.

actinomorfa* (**actinomorphic**). Se dice del tipo de simetría que muestra a un eje central por el que pueden pasar varios planos. (Gr. **aktis**, eje; **morphe**, forma.)

Actinomyxidia. Un orden de protozoarios de la clase *Sporozoa*, cuyas esporas tienen valvas y 3 filamentos polares y parasitan en el intestino de anélidos acuáticos. (Gr. **aktis**, radio; **myx**, mucus; **-idia**, dim.)

Actinopoda. Una subclase de protozoarios de la clase *Sarcodina* provistos de seudópodos delicados y radiantes, cada uno con un filamento central (**axópodos**). (Gr. **aktis**, radio; **pous**, **podos**, pie.)

actinópodos. V. *Actinopoda.*

actinopterigio. Un pez del taxón *Actinopterygii.*

Actinopterygii. Una subclase de peces óseos caracterizados por tener las aletas con radios, las fosas nasales sin comunicación con la cavidad bucal y una aleta dorsal. Del Devoniano hasta el reciente. (Gr. **akanthos**, espina; **pteron**, ala.)

actinoquitina (**actinochitin**). Una variedad de quitina birrefrigente. (Gr. **aktis**, rayo; **chiton**, túnica.)

actinosifonado (**actinosiphonate**). Se aplica a la concha de los nautiloideos paleozoicos en donde las expansiones del sifón presentan estructuras radiales características. (Gr. **aktis**, radio; **siphon** tubo.)

actinósteo (**actinost**). Hueso pequeño que se articula entre las cinturas y los radios de las aletas pares de los peces típicos. (Gr. **aktis**, radio; **osteon**, hueso.)

actinostoma (**actinostome**). La abertura bucal en las anémonas de mar. // La boca pentarradiada de las estrellas de mar. (Gr. **aktis**, rayo; **stoma**, boca.)

actinotriquios (**actinotrichia**). Radios córneos que forman parte de las aletas pectorales y pélvicas en los peces elasmobranquios. (Gr. **aktis**, rayo; **thrix**, pelo.)

actinotroca (**actinotrocha**). Larva trocófora modificada de los foronideos. (Gr. **aktis**, rayo; **trochos**, rueda.)

Actinozoa, Actinozoaria. V. *Anthozoa.*

actinozoario (**actinozoan**). Un miembro de la clase *Actinozoa.* V. *Anthozoa.*

actínula (**actinula**). Pólipo juvenil libre de ciertos celenterados hidrozoarios. (Gr. **aktis**, radio.)

Actipylaea. Un suborden de protozoarios del orden Radiolaria cuyo esqueleto está compuesto de sulfato de estroncio y cuyos poros de la cápsula central se reúnen en grupos: *Acantharia.*

activador (**activator**). Componente inorgánico de muchas reacciones enzimáticas. (De **activar.**)

acto reflejo (**reflex action**). Respuesta involuntaria a un estímulo en animales que poseen nervios, una cuerda nerviosa y sistema nervioso central.

actomiosina (**actomyosine**). Proteína formada durante la contracción muscular por la *actina* y la *miosina.*

acuario* (**aquarium**). Vivero de peces. // Depósito de agua en el que crían organismos. // El edificio que alberga acuarios. (Lat. **aquarium.**)

acuacultura. Ver acuicultura.

acuate (**a water snake**). Culebra acuática de México. **Méx.** *acoatl.*

acuático* (**acuatic**). Que vive en el agua o que frecuenta el agua. (Lat. **aquaticus.**)

acuátil*. V. *acuático*, organismo que se cría en el agua. (Lat. **aquatilis.**)

acuchí (**acouchi**). Mamífero sudamericano del orden *Rodentia*, parecido al agutí de la familia *Dasyproctidae* (**Myoprocta acouchi**).

acuecultura. V. *acuicultura.*

acueducto* (**aqueduct**). Un pasaje o canal. (Lat. **aqua**, agua; **ducere**, conducir.) // a. ***cerebral***, *v. acueducto de Silvio.* // a. ***de Silvio***, canal estrecho que en los vertebrados superiores se extiende desde el tercer ventrículo del encéfalo a través del mesencéfalo hasta el cuarto ventrículo. // a. ***vestibular***, un nombre empleado anteriormente para el conducto endolinfático.

acui- (**aqui-**). (Del lat. **aqui-**, ablativo de **agua**, agua.)

acuícola (**aquicolous**). Dícese del organismo que vive en el agua. (Lat. **aqua**, agua; neolat. **-icola**, **habitante.**)

acuicultura (**aquiculture**). La cría de organismos en un medio acuático. (Lat. **aqui-**, del agua; cultura, cuidado.) *Acuacultura.*

Aculeata. Suborden de insectos himenópteros cuyas hembras poseen aguijón. (Lat. **aculeus**, aguijón.)

acúleo (**aculeus**). Punta o espina. // Aguijón de las abejas. // Garfio o espina gruesa en el carapacho de los crustáceos macruros sobre los pedúnculos oculares. (Lat. **aceuleus**, aguijón, punta.) *Adj.* ***aculiforme****, ***aculeado.***

acumen* (**acumen**). Punta en que termina una estructura. // Espina en la extremidad del rostro de muchos crustáceos. (Lat. **acumen**, punta de una cosa.) *Adj.* ***acuminado****, ***acuminífero, acuminoso.***

acuminulado (**acuminulate**). Que tiene una punta aguda. (Lat. **acuminatus.**)

acuoso* (**aqueous**). Que tiene gran cantidad de agua. // Que está compuesto por agua. // Medio acuoso. (Lat. **aquosus.**)

acure (**Guinea pig**). Venez. y Colombia: *conejillo de Indias, cavia, cobayo.* // *Agutí.*

acúspide (**acuspidate**). Lo que no termina en cúspide, es decir: romo. (Lat. **acuspidatus.**)

acústico (**acoustic**). Lo relacionado con el sentido o con los órganos del oído. (Gr. **akoustikos**, perteneciente al oído.)

acuti* (**agouti**). Argentina: el roedor llamado *agutí*, q.v.

Acystosporidia. Un orden de esporozoarios parásitos.

Ach. (**Ach.**) Abreviatura de acetilcolina.

achocoya (opossum). Se aplica a varias pequeñas especies de marsupiales sudamericanos cercanos a las zarigüeyas (**Marmosa murina** y especies afines).

Achrothoracica. Un orden de crustáceos de la subclase *Cirripedia* que tienen sólo tres pares de apéndices torácicos carecen de concha, pero el manto está desarrollado. Perforan conchas de otros organismos. (Gr. **achros**, cima; **thorax**, tórax.)

achura* (gut). Argent.: intestino de un animal vacuno, ovino o cabrío.

ad-* (ad-). (Del lat. **ad**, hacia, contra, cercanía, contacto.)

adáctilo (adactylous). Sin dedos o sin pezuñas. (Gr. **a-**, sin; **dactylos**, dedo.)

adamantino (adamantine). De la dureza o la condición del diamante. Se emplea para ciertos tipos de esmalte dental (Lat. **adamantinus.**)

adamantoblasto (adamantoblast). Célula formativa del esmalte de los dientes. (Gr. **adamas**, diamante; **blastos**, brote.)

adambulacral (adambulacral). Se aplica a las placas que están situadas en el borde de los surcos ambulacrales en los asteroideos. (Lat. **ad-**, hacia; **ambulacral.**)

adapertural (adapertural). Que está junto a la abertura de una estructura. (Lat. **ad**, cerca; **apertura**, abertura.)

adapical (adapical). Lo que está próximo al ápice. (Lat. **ad-**, junto; +**apical.**)

adaptación* (adaptation). Proceso por el cual un órgano u organismo o una especie se acomoda a las condiciones del ambiente. (Lat. **adaptatum.**) // ***a. activa,*** la que se debe a la actividad propia del organismo como reacciones ante estímulos ambientales. // ***a. específica,*** la que se debe a la selección natural de las mutantes mejores adaptadas al ambiente. Es el funcionamiento del darwinismo. *Adj.* ***adaptativo.***

adaptiogénesis (adapptiogenesis). La supuesta génesis de formas nuevas por adaptación al medio. (Neolat. **adaptiogenesis.**)

adax (addax). Un antílope africano de gran tamaño y cuernos retorcidos (**Addax nasomaculalus**). Voz neolatina pero de origen africano.

adaxial (adaxial). Se aplica a la estructura más próxima a un eje de referencia. (Lat. **ad-**, hacia; **axialis**, axial.)

adeciduo (adeciduate). Que no se cae. // Que no tiene decidua. // Nombre dado a una división de mamíferos placentados cuyo embrión carece de la caduca o decidua. (Lat. **a-**, fuera; **decidere**, caer.)

adéctico (adecticous). Que no tiene mandíbulas funcionales. (Gr. **a-**, sin; **dektikos**, que muerde.)

adefagia* (adephaghy). Voracidad. (Gr. **adephagos**, voraz.)

adéfago. Voraz para comer. // Insecto del orden *Adephaga.* (*Gr.* **adephagos**, voraz.)

Adeleidea. Un suborden de esporozoarios de la subclase *Coccidomorpha*, orden *Eucoccidea.*

adelfo- (adelph-). (Del gr. **adelphos**, hermano.)

adelfofagia (adelphophagy). Tipo de nutrición de los embriones de ciertos selacios cuyo alimento proviene de los otros huevos. (Gr. **adelphos**, hermano; **phago**, comer.)

adelfogamia (adelphogamy). Apareamiento entre hermanos. Ej. ciertas hormigas. (Gr. **adelphos**, hermano; **gamos**, boda.)

adelo- (adelo-). (Del gr. **adelos**, invisible, escondido.)

adelocodónico (adelocodonic). Se aplica al zooide de celenterados coralinos que permanece adherido a las colonias. // Medusoide que se desprende en la gimnoblastea. (Gr. **adelos**, oculto; **kodon**, campaña.)

Adelochorda. V. *Hemichordata.*

adelomórfico (adelomorphic). De forma indefinible. (Gr. **adelos**, oculto; **morphe**, forma.)

aden- (adeno-). V. *adeno.*

adenasa (adenase). Una enzima encontrada en el hígado, bazo y páncreas. (Gr. **aden**, glándula; **-asa**, "enzima".)

adendroglia (adendroglia). Neuroglia sin procesos. (Gr. **a-**, sin; +**dendroglia.**)

adeniforme (adeniform). De forma glandular. (Gr. **a-**, sin; +**forma.**)

adenílico (adenilic). Acido que se produce por descomposición del ácido nucleico y del trifosfato de adenosina. Es un factor en el complejo vitamínico B.

adenina (adenine). Una de las purinas componentes de los nucleosidos en los ácidos nucleicos.

adeno-* (adeno-). (De. gr. **adenos**, glándula.)

adenoblasto (adenoblast). Célula ganglionar embrionaria. (Gr. **adenos**, glándula; **blastos**, brote.)

adenocito (adenocyte). Célula secretora de las glándulas. (Gr. **adenos**, glándula; **kytos**, célula.)

adenocromo (adenochrome). Pigmento rojo hallado en algunos moluscos cefalópodos. (Gr. **adenos**, glándula; **chroma**, color.)

adenohipófisis (adenohypophysis). Una evaginación del estomodeo embrionario, de la que se derivan los lóbulos anterior o intermedio de la hipófisis. También se llama *saco de Rathke.* (Gr. **adenos**, glándula; +**hipofisis.**)

adenoideo* (adenoid). Perteneciente al sistema linfático. (Gr. **adenos**, glándula; **oides**, parecido.)

adenoides (adenoid). Masa de tejido linfático situada detrás de la faringe y de las coanas que corresponde a la amígdala faríngea de los reptiles y algunos mamíferos. El nombre se aplica especialmente cuando dichas masas están hipertrofiadas. (Gr. **adenos**, glándula; **-oides**, similar.)

adenología* (adenology). El estudio de las glándulas. (Gr. **adenos**, glándula; **logos**, discurso.)

adenoma* (adenoma). Un tumor en los tejidos glandulares. (Gr. **adeno**, glándula; **-oma**, tumor.)

Adenophorea. Una subclase de *Nematoda.* Sin fásmidos (órganos sensoriales caudales), pero con varios ánfidos, sin canales excretores y con los celomocitos bien desarrollados. Machos generalmente desprovistos de aletas caudales. (Gr. **adenos**, glándula; **phoreus**, un portador.)

adenoquiro (adenocheiri). Organo copulador glanduloso hallado en los turbelarios. (Gr. **adenos**, glándula; **cheir**, mano.)

adenosina (adenosine). Un nucleósido formado por la unión de un azúcar y una base, la adenina. Asociada con radicales fosfatos origina nucleótidos como el ATP.

adenoso* (adenose.) *Glanduloso.*

Adephaga. Un taxón del orden *Coleoptera* cuyos miembros se alimentan de otros animales. (Gr. **adephagos**, voraz.)

adermina (adermin). Vitamina B_6 o *piridoxina.* Factor antidermatitis en las ratas. (De **dermis.**)

adesmia (adesmy). Ruptura de un órgano que usualmente está entero. (Gr. **adesmos**, desunido.) *Adj.* ***adésmico.***

adetopnéusticos (adetopneustic). Se aplica a los equinodermos que tienen branquias fuera de la superficie abactinal. (Gr. **adetos**, libre; **pneustikos**, para respirar.)

adfrontal (adfrontal). Se aplica a cada una de las placas de los lados de la frente en ciertos insectos. (Lat. **ad-**, a; **frons**, frente.)

adherencia (adherence). La soldadura o unión de dos órganos vecinos. (Lat. **adherentia.**)

adherente* (adherent). Que se adhiere o que adhiere. (Lat. **adherens.**)

adhesivo (adhesive). Se aplica a un tipo de nematocisto de muchos celenterados que sirven para la fijación momentánea del animal. (Lat. **adhaesio.**)

adiaforesis* (adiaphoresis). Ausencia o disminución de la transpiración cutánea. (Del griego **a**, privativo; **diaphoresis**, transpiración.)

adición terminal (terminal addition). Rasgos evolutivos nuevos añadidos al final de la ontogenia del organismo ancestral de manera que el estado adulto previo se convierte en el preadulto de los descendientes.

adiente (**adient**). Que se aproxima a las fuentes del estímulo. Op. fugirreacción. (Lat. **adire**, aproximación.)

adipo-* (**adipo-**). (Del lat. **adeps**, grasa; **adiposus**, grasiento.)

adipoblasto (**adipoblast**). Célula fija del tejido adiposo que tiene la propiedad de almacenar gotas de grasa en su interior. (Lat. **adeps**, grasa; gr. **blastos**, formación.)

adipócera (**adipocere**). Una sustancia cérea que se incrusta a veces en los animales muertos. (Lat. **adeps**, grasa; lat. **cera**, cera.)

adipocito (**adipocyte**). Célula del tejido adiposo de los insectos. (Gr. adeps, grasa; gr. **kytos**, célula.)

adipoide (**adipoid**). Lipoide, lípido.

adipoleucocito (**adipoleucocyte**) Leucocito con gotas de grasa (Lat. **adeps**, grasa; **leucocito.**)

adipólisis (**adipolysis**). La hidrólisis o digestión de las grasas por acción enzimática. (Lat. **adeps**, grasa; gr. lysis, de solución.)

adiposis* (**obesidad**). Gordura, obesidad. (Lat. **adeps**, grasa.) *Adj.* ***adiposo****.

adipsia (**adipsia**). Falta de sed. (Del gr. **a**, privativo; **dipso**, sed.)

ádito (**adit**). Estructura que forma la entrada a una parte. (Lat. **aditus**, entrada.)

adiuretina (**adiuretin**). Un nombre alterno para la hormona antidiurética o vasopresina. (Gr. a, sin; **diuretikos**, emisión de orina.)

adiva, adive* (**North African jackal**). Antiguo nombre castellano con el que se designaba el chacal grande del norte de Africa, que se domestica fácilmente (**Canis lupaster**). (De árabe, **ad-dib**, el lobo.)

adlagrimal (**adlacrimal**). El hueso lagrimal de los reptiles. (Lat. **ad-**, junto a;+**lágrima.**)

ad. lib. (**ad. lib.**). Abreviatura de la expresión latina *ad libitum*, como se desee, empleada en preparaciones químicas.

admarial (**adtidal**). Se aplica a los organismos que viven justamente por debajo del límite inferior de las mareas. (Lat. **ad-**, junto;+**mar.**)

admedial (**admedial**). Cerca del medio, hacia el medio. (Lat. **ad-**, a; **medius**, medio.)

adminículo (**adminicle**). Espina locomotora hallada en determinadas pupas. // Las fibras posteriores de la línea alba. (Lat. **adminiculum**, soporte.)

adnado (**adnate**). V. *adnato.*

adnasal (**adnasal**). Un huesecillo en frente de los nasales de ciertos peces. (Lat. **ad-**, cerca; **nasus**, nariz.)

adnato* (**adnate**). Adherente, como el peristoma de ciertas conchas. (Lat. **ad-**, cerca; **natus**, nacido.)

adnefrina (**adnephrine**). V. *adrenalina.*

adolescaria (**adolescaria**). El estado cercaria o metacercaria en el ciclo de una duela. (Lat. **adolescere**, crecer.)

adoral (**adoral**). Lo que está junto a la abertura. (Lat. **ad-**, junto; **os, oris**, la boca.)

ADP (**ADP**). Abreviatura del difosfato de adenosina o adenosina difosfatada.

adradial (**adradial**). Los radios de las medusas de los celentéreos situados entre los perradiales y los interradiales. (Lat. **ad-**, junto; +**radius.**)

adradio (**adradius**). Radios de tercer orden en los escifozoos, intercalados entre los radios de segundo orden o interradios. (Lat. **ad**, junto; + **radio.**)

adrectal (**adrectal**). Lo que está cerca del intestino recto o conectado a él. (Lat. **ad**, junto; **rectum**, recto.)

adrenal* (**adrenal**). Que está junto a los riñones, como las glándulas adrenales. (Gr. **ad**, junto; lat. **renalis.**)

adrenalina* (**adrenalin**). Ver epinefrina.

adrenérgica (**adrenergic**). Se dice de las fibras nerviosas que producen una substancia similar a la adrenalina en la punta del axón. (De **adrenalina** y gr. **ergon**, trabajo.)

adrenina (**adrenine**). Hormona de la médula de las glándulas suprarrenales. *Adrenalina.*

adrenocortical (**adrenocortical**). Lo que pertenece a la corteza suprarrenal. (De **adrenal** y **corteza.**)

adrenocorticotropina (**adrenocorticotropine**). ACTH. Hormona del lóbulo anterior de la pituitaria que regula la producción de hormonas de la corteza suprarrenal. (Lat. **ad-**, hacia: **cortex**; corteza; gr. **trophe**, nutrimento.) *Adj.* ***adrenocorticotrópico.***

adrenoglomerulotropina (**adrenoglomerulotropina**). Una hormona secretada por los cuerpos pineales que estimula la secreción de aldosterona.

adrenosterona (**adrenosterone**). Una hormona de la corteza suprarrenal relacionada con las hormonas sexuales. (Gr. **adreno-**, adrenal; **esterona**, de esterol.)

adrenotrópico (**adrenotropic**). *Adrenotrófico.* Se aplica a las hormonas de la pituitaria que actúan sobre la médula suprarrenal. (De **adrenal** y **gr. trophe**, nutrición.)

adrostral (**adrostral**). Cerca o hacia el rostro o pico. (Lat. **ad-**, junto; **rostrum**, pico.)

adsorber* (**adsorb**). Fenómeno de retención en la superficie exterior o interior de una substancia de iones o de otra substancia. (Lat. **adsorbere.**)

adsorción* (**adsorption**). Acción y efecto de adsorber. La adhesión de moléculas a la superficie de un sólido. La formación de una capa monomolecular. (Lat. **ad**, hacia; **sorber**, beber.)

aducción* (**adduction**). Movimiento dirigido hacia el eje medianero. (Lat. **ad-**, hacia; **ducere**, conducir.)

aductor* (**adductor**). Lo que lleva o conduce. // Músculo que cierra las valvas en los moluscos bivalvos, ostrácodos, braquiópodos, etc., y deja impresiones en la superficie interna de las conchas. (Gr. **ad-**, contra; lat. **ducere**, conductor.) // ***a. anterior***, en los moluscos bivalvos, el músculo que cierra las valvas que está situado antes del umbón o pico. // ***a. breve***, **un músculo corto del muslo que en algunos tetrápodos mueve la pierna.** // ***a. largo***, músculo del muslo que en algunos tetrápodos flexiona y rota la pierna. // ***a. magno***, el gran músculo aductor de la pierna en algunos tetrápodos.

adulto* (**adult**). Voz usual para indicar el organismo que ha llegado al término de su crecimiento o a la madurez sexual. (Lat. **adultus.**)

adultoide (**adultoid**). Se aplica a las ninfas de los insectos que muestran caracteres más avanzados que las ninfas normales. (Lat. **adultus**, adulto; **oides**, similar.)

adunco* (**aduncate**). *Arqueado.* (Lat. **aduncus.**)

adventicia (**adventitia**). Capa o túnica externa de las arterias, formada por un tejido conjuntivo laxo o por fibras colágenas y elásticas. // También la capa externa del tubo digestivo. (Lat. **adveno, advenedizo, extraño.**)

adventicio* (**adventitious**). Que se adquiere accidentalmente. // Estructura que aparece en una posición anormal o poco usada. // *Advenedizo.* En zoología lo que es accidental o adquirido. // Que no es hereditario. // Que ocurre en un lugar anormal. // (Lat. **adventicius**, lo que viene de afuera.)

adyacente* (**adjacent**). Inmediato o contiguo. Junto. (Lat. **adiacens.**)

adyuvante* (**adjuvant**). Se dice de cualquier substancia que aumenta la formación de los anticuerpos. (Lat. **adjuvans.**)

-ae (-ae). Un sufijo que se emplea en la nomenclatura zoológica para designar un nombre del grupo especie cuando ha sido dedicado a una mujer. Así de Rosa, rosae, de García, garciae.

Aëdes. Género de mosquitos que inlcuye especies transmisoras de la fiebre amarilla. (Ej. A. aegypti.) (Gr. **aedes**, desagradable.)

Aeluroidea. Una superfamilia de mamíferos del orden *Carnivora.* Comprende las familias *Felidae, Viverridae* y *Hyaenidae.* Se prefiere el término *Feloidea.* (Gr. **ailuros,** felino.)

Aepyornithiformes. Un orden de aves no voladoras que existieron en Madagascar en épocas históricas, que incluye las aves elefantes, 3 m. de alto, provistas de alas vestigiales y de 4 dedos.

-aer* (**-aer**). (Del lat. **aer, aeris,** aire y del gr. **aer, aeros,** el aire.)

aéreo* (**aerial**). Lo relativo al aire. // Sacos aéreos, de las aves y de los insectos, pero mejor es saco aerífero.

aerícola* (**aerial**). Dícese de los organismos que viven en el aire. (Lat. **aer,** aire; neolat., **-icola,** habitante.)

aerífero* (**aeriforous**). Que contiene aire. La expresión sacos aeríferos es más correcta que sacos aéreos. (Lat. **aer,** aire; **ferre,** llevar.)

aero* (**aero-**). (Del gr. **aer, aeros,** aire.) Se emplea para expresar lo que está lleno de aire o que vive en el aire.

aeróbico (**aerobic**). V. *aerobio.*

aerobio* (**aerobe**). Organismo que requiere aire (oxígeno) para su respiración. // Una forma de respiración que requiere oxígeno. (Gr. **aero,** aire; **bios,** vida.)

aerobiología (**aerobiology**). El estudio de la distribución de los organismos vivientes suspendidos en el aire. (Gr. **aer,** aire;+**biología.**)

aerobionte (**aerobiont**). Un organismo aerobio. (Lat. **aerobiontium.**)

aerobiosis (**aerobiosis**). La vida de los organismos aerobios. (Gr. **aer,** aire; **biosis,** modo de vivir.)

aerófobo (**aerophobic**). Se aplica a los organismos que no pueden subsistir en presencia del oxígeno. V. *anaerobio.* (Gr. **aeros,** aire; **phobos,** horror.)

aeroplancton (**aeroplankton**). Conjunto de microbios y partículas orgánicas que flotan en el aire. Mejor es *anemoplancton.* (Gr. **aero,** aire; **plankton,** errante.)

aerostático* (**aerostatic**). Se aplica a los organismos que contienen sacos aéreos u otras estructuras neumáticas. (Lat. **aer,** aire; **stare,** estar.)

aeróstato (**aerostat**). Saco aerífero en los insectos y de las aves. (Lat. **aer,** aire; **stare,** estar.)

aerotaxia (**aerotaxis**). Fenómeno de *quimotaxia* en el que el aire actúa como estímulo. *Aerotaxis, aerotaxismo.*

aestocito (**aesthocyte**). Célula fusiforme de función sensorial. (Gr. **aisthesis,** sensación.)

afaníptero.* Insecto del orden *Aphaniptera,* ahora *Siphonoptera.*

afantobionte (**aphanthobiont**). Un organismo ultramicroscópico. (Gr. **aphantos, invisible; bionai,** vivir.)

afasia* (**aphasia**). Condición mental caracterizada por pérdida de los poderes de expresión y comprensión. (Gr. **aphasia.**) *Adj.* ***afásico*.***

aferente* (**aferent**). Lo que conduce hacia un lugar. (Lat. **ad,** hacia; **ferre,** conducir.)

afgano (**afghan**). Natural de Afganistán. // Raza de perros lanudos parecidos a los galgos, pero de orejas pendulares.

áfido (**aphid**). *Afidio,* el insecto llamado pulgón, (Gr. **aphis,** pulgón.)

afín (**similar**). Parecido, similar, emparentado filogenéticamente. (Lat. **affinis.**)

afinidad (**affinity**). En biología, la semejanza estructural o de origen de una unidad taxonómica con otra unidad del mismo rango, como entre especies del mismo género. (Lat. **affinitas.**)

aflagelado (**aflagellated**). Que no tiene flagelos. (Lat. **a-,** sin; **flagellum,** flagelo.)

áfodo (**aphodus**). Canal entre las cámaras flagelíferas y los canales escurrentes en las esponjas del tipo leucón. (Gr. **aphodos,** ir afuera.) *Adj.* ***afodal.***

afótico (**aphotic**). Sin luz. Se aplica a la región de las aguas en donde por no existir suficiente iluminación solo pueden existir organismos heterótrofos. Generalmente se considera que está por debajo de los 200m., pero para otros está bajo los 800 m. (Gr. **a,** sin; **photos,** luz.)

afrodisiaco* (**aphrodisiac**). Substancia que acentúa los impulsos sexuales. (Lat. **aphrodisiacus.**)

agachadiza* (**snipe**). Se aplica a varias especies de aves limícolas europeas del orden *Charadriiformes,* familia *Scolopacidae,* famosas por su excelente carne (**Gallinago gallinago**).

agachona* (**snipe**). Méx.: especie de agachadiza.

afropavo (**African peacock**). Especie de pavo real africano que carece de adornos caudales (**Afropavo congensis**).

agalla* (**gill**). Estructura de forma globulosa que se forma de algunas plantas por la presencia de ciertos parásitos, entre los que sobresalen los himenópteros de la familia *Cynipidae.* V. *Cecidio.* // Cada uno de los costados de la cabeza del ave. // (**earlobe**) orejuela de las aves. (Lat. **galla,** agalla.) // (**gill**). *Branquia,* q.v.

agama*. Cuba: especie de cangrejo. (Acad.) // Guayana: especie de lagarto.

agámeon (**agameon**). Una especie formada solamente por individuos apomícticos (Gr. **a-,** sin; **gamos,** boda; **-on,** ser.)

agameto (**agamete**). Generación asexuada en ciertos casos de metagénesis como la de los mesozoos. (Gr. **a-,** sin;+**gameto.**)

agamia (**agamy**). Ausencia de órganos sexuales. Multiplicación asexual. (Gr. **a-,** sin; **gamos,** boda.)

agami* (**trumpeter**). Amer. Merid.: ave zancuda del orden *Gruiformes,* familia *Psophidae,* que se domestica (**Psophia crepitans**). Jacamin.

agammaglobulinemia (**agammaglobulinemia**). Rara anomalía hereditaria en la que la sangre humana carece de globulina gamma, por lo que el organismo no tiene defensa contra los agentes patógenos. (Gr. **a,** negacióin; **gammaglobulina; haima,** sangre.)

ágamo* (**agamic**). Que carece de órganos sexuales. // Que no se produce sexualmente. (Gr. **agamos,** soltero.) *Adj.* ***agámico.***

agamobio (**agamobium**). El estado o fase asexuada en la metagénesis. (Gr. **a-,** sin; **gamos,** boda; **bios,** vida.)

agamoespecie (**agamospecies**). Especie sin reproducción sexual. (Gr. **agamos,** soltero; + **species.**)

agamogénesis (**agamogenesis**). Generación agámica o asexual. (Gr. **a-,** sin; **gamos,** bodas; **genesis,** generación.) *Adj.* ***agamogenético.***

agamogonia (**agamogony**). División asexual múltiple. (Gr. **a-,** sin;, **gamos,** boda; **gone,** generación.)

agamonte (**agamont**). Individuos que se reproducen asexualmente. (Gr. **agamos,** soltero; **ontos,** ser.)

agarradero (**claspers**). V. *pterigopodio.*

Agassiz, Alexander. Naturalista norteamericano, hijo de Louis Agassiz, famoso por sus expediciones oceanográficas y por sus estudios sobre los arrecifes de coral. (1835-1910)

Agassiz, Jean Louis Rodolphe. Zoólogo suizo naturalizado en Estados Unidos. Notable por sus estudios sobre peces fósiles y por sus contribuciones a la historia natural de los Estados Unidos. Creó el Museo de Zoología Comparada de Harvard y estableció la doctrina de "Estudia la Naturaleza, no los libros". (1807-1873)

agástrico (**agastric**). Sin cavidad digestiva, como las tenias. (Gr. **a,** sin; **gaster,** estómago.)

agateador (**creeper**). Se aplica a varias aves europeas del orden *Passeriformes,* familia *Certhiidae.* Son pajarillos muy activos, con el pico largo. (Ej. **Certhia familiaris.**)

agatistégidos (**agathistegidae**). Nombre aplicado a los foraminíferos cuyas cámaras se disponen alrededor de un eje que varía sucesivamente, dando una forma de ovillo. (Gr. **agathis,** ovillo; **stege,** techo.)

agavanzo* (**barnacle**). Escaramujo, *crustáceo*.

agenesia* (**agennesis**). Impotencia. Esterilidad. // Desarrollo defectuoso. (Gr. a-, sin; **gennesis**, engendración.)

ageusia (**ageusia**). Carencia del sentido del gusto. (Gr. a-, sin; **geusis**, gusto.)

aglifos (**aglypha**). Se dice de los ofidios que carecen de dientes acanalados. (Gr. a, sin; **glypho**, gravar.)

aglomerular (**aglomerular**). Se dice de los riñones que carecen de glomérulos. (Gr. a-, sin; lat. **glomerare**, aglomerar.)

agloso (**aglossate**). Sin lengua. (Gr. a-, sin; **glossa**, lengua.)

Aglossa. En algunas clasificaciones de los anfibios, un suborden del orden *Anuros* que se caracteriza por la falta de lengua, como ocurre en las especies del género *Pipa*. (Gr. a-, sin; **glossa**, lengua.)

aglutinación* (**aglutination**). La unión adherente de partículas u organismos, como la de microbios, en presencia de anticuerpos y la de eritrocitos por mezcla de sangres incompatibles. // (Lat. **agglutinatio.**) *Adj.* ***aglutinado.***

aglutinante* (**glutinant**). Se aplica a un tipo de nematocisto que actúa por adherencia. (Lat. **agglutinare.**)

aglutinina* (**agglutinin**). Una substancia que puede aglutinar suspensiones bacterianas, de protozoos, antígenos, etc. específica en cada caso. (Lat. **agglutinare.**)

aglutinógeno (**agglutinogen**). Una clase de antígeno que origina la formación de una aglutinina específica para él. (Lat. **agglutinare**, **geno**, producir.)

Aglypha. Un conjunto de géneros de serpientes inofensivas de la familia *Colubridae* cuyos dientes carecen de canales. (Gr. a-, sin; **glypho**, gravar.)

Aglyphodonta. V. *Aglypha.*

agminado (**agminated**). Reunido en penacho. V. *glándulas de Peyer*. (Lat. **agmen**, multitud.)

Agnatha. Una superclase de vertebrados que no tienen mandíbulas, como las lampreas, que pertenecen a la clase *Cyclostomata* (Gr. a-, sin; **gnathos**, quijada.) *Marsupiobranchii.*

agnato. Pez de la clase **Agnatha**. V. *Cyclostomata.*

agnatostomado (**agnathostomatous**). Que tiene boca desprovista de mandíbulas, como las lampreas. // Un individuo de la clase *Agnatha* (Gr. a-, sin; **gnathos**, quijada; **stoma**, boca.)

agnosia* (**agnosia**). Pérdida de la habilidad para reconocer la significación del estímulo sensorio. (Gr. **agnosia**, desconocimiento.)

Agnotozoa. Un subreino del reino animal que comprende el fílum *Mezozoa.* (Gr. **agnos**, desconocido, incierto; **zoon**, ser viviente, animal.)

-agogo (**-agog**). (Del gr. **agoge**, lo que conduce hacia un lugar o desde un lugar.)

agon (**agon**). El principio activo de una enzima. (Gr. **agon**, lucha, torneo.)

agonía* (**agony**). Sufrimiento extremo. // Lucha antes de la muerte. (Gr. **agon**, lucha.)

agonista* (**agonist**). Se dice del músculo que es el principal responsable del cambio de posición de una estructura. (Gr. **agonistes**, combatiente.)

agonístico (**agonistic**). Lo relacionado con la conducta agresiva o con la respuesta a la agresión. (Gr. **agonistes**, combatiente.)

agranulocito (**agranulocyte**). Leucocito sin granulaciones citoplásmicas. (Gr. a-, sin;+**granulocito.**)

agranular (**agranular**). Que no tiene gránulos. (Lat. a-, sin; **granulum**, gránulo.)

agranulocitosis (**agranulocytosis**). Enfermedad humana que se caracteriza por la disminución en el número de granulocitos, por lo cual el organismo es incapaz de combatir adecuadamente las infecciones. (De **agranulicito**, y **-osis**, condición.)

agraulia. Mariposa migratoria que vive en casi toda la América, desde Argentina hasta el centro de los Estados Unidos. Familia *Nymphalidae* (**Dione vanillae**).

agregación (**agregation**). Conjunto de organismos similares que se agrupan en un habitáculo dado. (Lat. **aggregatio.**)

agregado (**agregate**). Que se junta o apiña, como ciertas glándulas de la seda en algunas arañas. (Lat. **aggregare.**)

agresión (**aggression**). Ataque no provocado de un animal contra otro miembro de la misma especie, usualmente asociado con la reproducción. (Lat. **aggressio.**)

agreste (**agrestic**). Se dice de los organismos que se desarrollan en terrenos cultivados. (Lat. **agrestis**, rudo, rural, campesino.)

agrimensora (**geometric**). Dícese de las orugas de lepidópteros de la familia *Geometridae* porque sus movimientos simulan los del agrimensor midiendo con la lienza. (Lat. **agrimensor.**)

agriotipo (**agriotype**). Especie salvaje de la cual se supone que deriva la especie doméstica correspondiente. El lobo parece ser el agriotipo del perro doméstico. (Gr. **agrios**, silvestre; **typos**, patrón.)

agrogeología (**agregeology**). Nombre que fue dado a la edafología. (De **agros**, campo; geología.)

agrumado (**grumous**). Que forma grumos. (a-, por eufonía; lat. **grumus**, grumo.)

agua metabólica (**metabolic water**). El agua formada en los tejidos como resultado de oxidaciones y otras reacciones fisiológicas.

aguadera* (**gray snapper**). Una especie de pargo, pez del orden *Perciformes*, familia *Lutjanidae* (**Lutjanus griseus**).

aguaitacaimán* (**green heron**). Ave zancuda antillana del orden *Ciconiiformes*, familia *Ardeidae* (**Butorides virescens**).

aguaitacamino* (**goatsucker**). V. *chotacabras.*

aguají* (**black grouper**). Pez antillano del orden *Perciformes*, que a veces produce ciguatera (**Mycteroperca bonaci**).

aguamala. V. *Medusa, aguamar.*

aguamar* (**jellyfish**). *Medusa.* Cualquier Celentéreo de la clase *Scyphozoa* (**Aurelia aurita**).

aguanieves*. V. *aguzanieves.*

aguapeazo (**jácana**). Nombre dado en Argentina a la jácana o gallito de agua, q.v.

aguará*, **aguaraguazú*** (**maned wolf**). Especie de mamífero carnívoro sudamericano de largas patas y color rojizo parecido a los lobos y a los zorros, de la familia **Canidae** (**Chrysocyon brachyurus**). También se conoce como *lobo rojo* y *lobo crinado.* (Voz **guaraní.**)

aguarachia*. Especie de zorro sudamericano, familia *Canidae. Aguaracay, aguacarachi.* (Voz **guaraní.**)

aguavina. Cuba: pez marino del orden *Perciformes*, familia *Centropomidae.*

aguaviva* (**jelly fish**). V. *medusa.*

agudo* (**acute**). Delgado, sutil, terminado en punta. (Lat. **acutus.**)

aguijón* (**sting**). Púa o dardo de algunos insectos, usualmente perforada para dar paso al veneno que inyectan con la picada. // Organo capaz de picar. (Lat. **aculcus.**)

águila* (**eagle**). Nombre que se les aplica a numerosas especies de aves del orden *Falconiformes* que son depredadoras o rapaces diurnas. El águila por antonomasia o *águila real* es la llamada *Aguila chrysaetus*, que vive en la región holoártica, también denominada *águila dorada.* La llamada *águila imperial* es el *Aguila heliaca*, emblema de los antiguos emperadores de Austria. La especie de águila, el emblema nacional de los Estados Unidos, es el águila cabeciblanca, *Haliaetus leucocephalus.* También son llamadas águilas en algunos lugares a cualquier falconiforme de gran tamaño. // *a. arpía* (**Harpia**). // *a. de mar*, nombre dado en Puerto Rico al guincho, ave que pertenece a la familia *Pandionidae* (**Pandion haliaetus**).

aguilera* **(eyrie).** Nido de águilas y de otras aves de rapiña. (Lat. **aquila, águila.**)

aguilucho* **(eiglet, harrier).** Además de la significación de águila joven, se aplica a varias especies de aves rapaces europeas del orden *Falconiformes*, familia *Accipitridae*, género *Circus*. En América existe *Circus cyaneus hudsonius*. // En Venezuela se emplea, en la cordillera de Mérida para designar al *cóndor*, q.v.

aguío*. Pájaro de Costa Rica de canto muy variado y agradable. (Gen. **Euphonia.**)

aguja* **(marlin).** Cuba, Puerto Rico: pez marino de corzo, de hocico prolongado en forma de espada. V. *marlín*. // ***a. blanca***, Cuba: pez marino tropical de carne muy apreciada y de pesca deportiva, orden *Perciformes*, familia *Histiophoridae* **(Makaira albida).** // ***a. voladora***, Cuba: pez marino del Atlántico occidental, provisto de una aleta dorsal alta como una vela, del orden *Perciformes*, familia *Histiophoridae* (Istiophorus americanus). // Un ave europea del orden *Charadriiformes*, familia *Scolopacidae*, de pico largo y delgado **(Limosa limosa).**

agujero* **(hole).** Abertura. // ***a. de Botal***, perforación interauricular en la vida fetal. // ***a. de Majendie***, agujero en el cuarto ventrículo de los mamíferos que permite el paso del líquido cerebroespinal. // ***a. de Monro***, foramen de Monro, v. *agujero interventricular*. // ***a. de Winslow***, abertura que comunica la cavidad peritoneal con la del *epiplón* o gran omento. // ***a. entepicondilar***, un foramen sobre el cóndilo interno del húmero en algunos mamíferos y reptiles. // ***a. epiploico***, abertura de la bolsa del omento. // ***a. ilioisquiático***, espacio en el sinsacro del esqueleto de las aves entre el isquio y el ílio. // ***a. interparietal***, espacio entre los parietales de algunos vertebrados inferiores, que deja paso al nervio que conecta el ojo pineal con el encéfalo. // ***a. interventricular***, orificio que conecta cada uno de los ventrículos cerebrales con el tercer ventrículo. También agujero de Monro. // ***a. intervertebral***, espacio formado por la posición de las escotaduras intervertebrales posterior y anterior de dos vértebras adyacentes, por donde pasa el nervio espinal. // ***a. isquipúbico***, una abertura situada entre el hueso isquio y el pubis en cada lado de la cintura pélvica de los vertebrados superiores. También *agujero obturador* o *foramen obturador*. // ***a. magno***, abertura grande del hueso occipital por la cual pasa la parte inferior de la médula oblongada. // ***a. maxilares***, perforaciones en la parte anterior de cada rama mandibular que permite el paso de los nervios mandibulares. // ***a. obturador***, v. *agujero isquipúbico*. // ***a. palatinos***, perforaciones en la bóveda palatina de los mamíferos, los anteriores en el maxilar y los posteriores en los palatinos. // ***a. transverso***, perforación en las apófisis transversas de las vértebras cervicales de las aves que dejan paso a las arterias y venaa vertebrales. También el espacio que queda entre dos articulaciones de las costillas con las vértebras cervicales por donde pasan las arterias, venas y nervios cervicales.

agujeta (dowitcher). Ave del orden *Charadriiformes*, familia *Scolopacidae*, género *Limnodromus*, de pico largo.

agujilla (glass snake). México: culebra inofensiva de pequeño tamaño y de aspecto de lombriz. Familia *Leptotyphlopsidae*. (Ej. **Leptotyphlops phenops.**)

agujón* **(needle fish).** Pez antillano del orden *Beloniformes*, familia *Belonidae* **(Strongylura acus y especies afines).**

agutí* **(agouti).** Cualquiera de los roedores americanos de la familia *Dasyproctidae*, cuyo pelaje es a veces de vivos colores. Sin rabo. La especie más bellas es el agutí dorado **(Dasyprocta agouti).**

aguzanieves* **(wagtail).** España: pájaro insectívoro de la familia Motacillidae **(Motacilla alba).** (**De auce de nieves.**)

ahu (goitred gazelle). Especie de gacela de Persia, Afghanistán, Turquestán y Altai **(Gazella subgutturosa).**

ahuatle. Los huevos de algunas especies de dípteros de la familia *Ephydridae*, usados como alimento en algunas partes de México.

ahuizote. Anfibio de México que, según creencia vulgar, era maléfico. (De Ahuitzotl, 8° rey de México.) (Diccion.)

ai (ai). Especie de perezoso de tres dedos de la América tropical **(Bradypus tridactylus).**

aigialio (aigialium). Una comunidad de organismos que habita en la playa. (Gr. **aigialos**, orilla del mar.)

ailurofobia (ailurophobia). Miedo a los gatos. (Gr. **ailurus**, gato;-+ **fobia**)

aimará. Pez carnívoro sudamericano de la familia *Characididae*. ((**Hoplias sp.**) (Voz **aimará.**)

aire* **(solenodon).** Cuba: *ayre*, mamífero insectívoro *Solenodon cubanus*. v. *almiquí*. (Voz **indígena.**) // La acepción común. // ***a. complementario***, la cantidad de aire que puede ser inspirado además del de una ventilación normal. // ***a. mínimo***, la pequeña cantidad de aire que permanece en los pulmones después de su completo colapso.

airón. Ave de Venezuela del orden *Trogoniformes* familia *Trogonidae*, próximo al quetzal **(Pharomacrus pavoninus).** // La garza real europea. (Fr. **hairon.**)

aislado* **(isolated).** Se dice de un grupo animal reproductivamente separado de otros. (De **aislar.**)

aislamiento* **(isolation).** La separación o prevención del cruzamiento entre dos especies o subespecies por algún obstáculo que impida la fecundación. (Barreras geográficas, climáticas, ecológicas, etológicas, morfológicas, fisiológicas, genéticas, etc.). // ***a. climático***, la prevención del cruzamiento entre poblaciones por tener preferencias distintas climáticas. // ***a. ecoclimático***, v. *aislamiento climático*. // ***a. etobiótico***, v. *aislamiento por la conducta*. // ***a. ecogeográfico***, v. *aislamiento geográfico*. // ***a. ecológico***, separación de grupos de organismos debido a cambios en sus hábitos o en las habitaciones. // ***a. ecotópico***, v. a. *ecológico*. // ***a. etológico***, prevención del cruzamiento entre poblaciones por sus diferencias de comportamiento. // ***a. reproductor***, por incapacidad de copular. // ***a. genético***, incompatibilidad reproductora de dos o más poblaciones debido a diferencias en los cromosomas y juego de genes. // ***a. geográfico***, la prevención del cruzamiento entre poblaciones por estar separadas por barreras geográficas. // ***a. psicosexual***, aislamiento genético entre dos especies que no se aparean en estado natural.

Aistopoda. Un grupo de anfibios ápodos del paleozoico superior, que a veces se incluyen en la subclase *Stegocephala*. (Gr. **aistos, invisible; pous, podos,** pies.)

aiyusá. Especie de tortuga fluvial comestible sudamericana de gran tamaño del grupo de los pleurodiros **(Podocnemys expansa).**

ajae (land crab). Cangrejo terrestre antillano **(Cardisoma guanhumi).** V. también *juey*. (Nombre **indígena** aún conservado en Cuba.)

ajaja* **(spoon bill).** V. *sevilla*.

ajobilla* **(coquina).** Molusco bivalvo común en los mares de España de valvas casi triangulares y con los bordes dentados. V. *coquina*.

ajol. Ver *cojolite*.

ajolote* **(axolotl).** V. *axolote*.

ajustador* **(ajutor).** Que ajusta. // Un músculo que conecta el tallo o con las valvas en los braquiópodos. // Una neurona que conecta el receptor con el efector en un arco reflejo. (Bajo lat. **adjustare.**)

ajuste* **(adjust).** Un cambio temporal en la fisiología y la conducta de un animal en respuesta a variaciones ambientales pasajeras.

Akariota. V. *Monera*.

Akeley, Carl E. Naturalista y escultor norteamericano. Desarrolló métodos de taxidermia que han hecho famosos los dioramas del American Museum of Natural History, del Field Museum of Natural History of Chicago, etc. (1864-1926)

akoma (black lemur). Especie de primate de Madagascar, de la familia *Lemuridae*, de color negro **(Lemur macaco)** también llamado *makí negro*.

ala* **(wing).** La definición usual. // Los apéndices laterales de los insectos. *Adj. alar*, alario. // a. bastarda*, V. *álula. // a. espúrea*, V. *álula. // a. heterónomas*, se dice de las alas de los insectos cuando las anteriores son diferentes a las posteriores en forma, estructura y dimensiones. // *a. homónimas*, nombre que se da a las alas de los insectos cuando las anteriores son similares a las posteriores, como las de las libélulas. // *a. temporal*, proceso por el cual la mandíbula superior está unida al neurocráneo en los embriones de mamíferos.

Alabetoidea. Un suborden de peces óseos del orden *Synbranchii.*

alacrán* **(scorpion).** Nombre con que en España y varias partes de América Latina se conocen los escorpiones, arácnidos del orden *Scorpionida.* (Arab., **al-agrab,** el escorpión.) // *a. cebollero**, especie de grillo con las patas anteriores torcidas hacia afuera, como las de los topos. Orden *Orthoptera*, familia *Gryllotalpidae.* También lo llaman *grillo topo.* En las Antillas es llamada *changa.* // *a. marino**, pez pescador.

alactaga **(fire-toed jerboa).** Especie de jerbo de Mongolia y China occidental, con 5 dedos en las patas **(Allactaga sibirica.)**

alada* **(wingy).** Movimiento que hacen las aves subiendo y bajando las alas.

alado* **(alate).** Que tiene alas o está provisto de expansiones aliformes.

aladroque*. El pez marino de España llamado *boquerón.*

alandrearse. Ponerse los gusanos de seda secos, tiesos y blancos.

alalia* **(alalia).** Pérdida del lenguaje producida por una afección de los órganos vocales. (Gr. **alalia,** mudez.)

alanina **(alanine).** Uno de los aminoácidos esenciales.

alano*. Raza de perros producida por el cruce entre el dogo y el lebrel. (Lat. **alanus.**)

alantocorion **(allantochorion).** Membrana fetal formada por la pared externa de la alantoides y por el corion. (De **alantoides** y **corion.**)

alantoides* **(allantois).** Una de las membranas extraembrionarias halladas en reptiles, aves y mamíferos. Funciona como vesícula urinaria, así como en el proceso respiratorio y como portadora de vasos sanguíneos entre el embrión y la placenta. (Gr. **allantoeides** en forma de salchicha). *Adj. alantoideo, alantoico.*

alantoína **(allantoin).** Producto del metabolismo de las purinas que ocurre en el líquido alantoideo y en las orinas de algunos mamíferos. (De **alantoides.**)

alarima **(alarima).** Hendidura entre las paraglosas de los insectos.

alario **(alarium).** Proyección del noto en la que se articula el ala de un insecto. (Lat. **ala.**)

alastrar **(cower).** Pegarse contra la tierra un animal, especialmente un ave, para no ser descubierto. // Echar atrás las aguas. (Gr. **a-,** junto; **lastra,** piedra plana.)

alauda*. V. *alondra.*

alavanco*. *Lavanco,* q.v.

alazán* **(sorrel horse).** De color parecido al de la canela. Se aplica especialmente a los caballos. (Ar. **al-hison,** el caballo de raza.)

alazo **(wing stroke).** Golpe que dan las aves con el ala.

albacora* **(albacore).** Este nombre se aplica a diversas especies de peces del orden *Perciformes*, suborden *Scombroidei*, especialmente a *Germo alalunga*, cuya carne es más blanca y apreciada que la del bonito común.

albañil* **(ovenbird).** Ave sudamericana del orden *Passeriformes*, familia *Furnariidae* **(Furnarius leucopus)** llamada también *hornero.*

albatrós* **(albatross).** Una cualquiera de las grandes especies de aves oceánicas del orden *Procelariiformes*, familia *Diomedidae*, de las que la más común en el Océano Atlántico es *Diomeda exulans.* (Lat. **albus,** blanco; ingl. **albatross.**)

Albertus Magnus. Filósofo y naturalista alemán. (1193-1280)

albescente **(albescent).** Que se vuelve blanco. (Lat. **albescens.**)

albinismo* **(albinism).** Mutación que se caracteriza por la ausencia del pigmento normal, quedando la piel, pelos, plumas u otras estructuras blancas o incoloras. Suele ser un carácter recesivo. (Lat. **albus,** blanco.)

albino* **(albino).** Se aplica a cualquier animal sin pigmentación.

albúfera* **(brackish water lagoon).** Laguna de agua salobre o salada comunicada con el mar por una boca estrecha o cerrada por un banco de arena. (Gr. **albuhaira,** el mar pequeño, laguna.)

albugínea **(albuginea).** Se aplica a ciertos tejidos o túnicas formadas por células intersticiales. // *Túnica albugínea*, tejido conjuntivo que rodea los testículos, los ovarios, los cuerpos cavernosos, el bazo, y el ojo. (Lat. **albuginis,** blancura.)

albugíneo* **(albugíneo).** Enteramente blanco. (Lat. **albuginis,** blancura.)

albumen* **(albumen).** El blanco de los huevos, especialmente de aves. Contiene una proporción elevada de proteínas. (Lat. **albumen,** clara de huevo.)

albúmina* **(albumin).** Una de las holoproteínas. Se caracterizan las albúminas por la ausencia de glicina. (Lat. **albumen,** clara de huevo.) // *a. de huevo, albumen*, el constituyente principal de la clara de huevo (glucoproteínas).

albuminoide* **(albuminoid).** Cualquiera de las substancias nitrogenadas que dan por hidrólisis aminoácidos sencillos.

albuminoso* **(albuminous).** Que tiene albumen. // Que es de la naturaleza de la albúmina. (De **albúmina.**)

albuminuria* **(albuminuria).** Presencia de albúminas en la orina. (Lat. **albumen, gr. ouros,** orina)

albura* **(white of eggs).** Blancura perfecta. // Clara de huevo. (Lat. **albus,** blanco.)

alca* **(auk).** Nombre aplicado a diversas especies de aves marinas del orden *Charadriiformes*, familia *Alcidae*, que son buenas nadadoras y débiles voladoras. El alca común es *Alca torda.* La especie de mayor tamaño, pero ya desaparecida fue el *Alca gigante* **(Plautus impennis)** incapaz de volar. (Neolat. **alca.**)

Alcae. Un suborden de aves del orden *Charadriiformes* que incluye las alcas.

alcalemia **(alkalemia).** Un incremento en el valor normal del pH en los fluídos del cuerpo, producido por aumento del ión bicarbonato.

alcalinidad* **(alkalinity).** Exceso de iones hidróxilos en una solución. El pH mayor de 7. (Ar. **al-qali,** cenizas de plantas.) Adj. *alcalino**.

alcalitrófico. Lo perteneciente a lagos excesivamente alcalinos. (De **alcalino** y **gr. trophe,** nutrición.)

alcaloide* **(alkaloid).** Substancia nitrogenada de origen vegetal de carácter básico y de actividades fisiológicas enérgicas. (Ar. **algali, alcali; oides,** parecido.)

alcalosis **(alkalosis).** Condición patológica debida a un exceso de iones alcalinos en la sangre o en el fluído extracelular.

alcaptona **(alkapton).** El ácido homogentísico, producto intermediario en la descomposición de la fenilamina que se excreta en las orinas como un pigmento negro en las personas que carecen de la enzima que completa la destrucción de la fenilamina.

alcaptonuria **(alkaptonuria).** Presencia del alcaptona en la orina. (De **alcaptón** y **ouros,** orina.)

alcaraván* **(stone curlew).** Especie de ave charadriiforme, de la familia *Burhinidae*, que habita en el sur de Europa y el Norte de Africa **(Burhinus oedicnemus).** (Ar. **al-karawan.**)

alcatán* **(hawk).** Ave rapaz diurna del orden *Falconiformes*, familia *Falconidae*, parecida al halcón **(Falco subbuteo).** (Ar. **alcatam.**)

alcatraz **(pelican).** Originalmente, el nombre se aplicaba al ave pelicaniforme, de la familia *Sulidae*, que vive en ambos lados del Atlántico del norte (**Sula bassan**). // En las Antillas aplican este nombre al pelícano gris común de esta región (**Pelecanus occidentalis**). // *a. blanco*, nombre dado a un ave de color blanco que pertenece a la familia *Pelecanidae* (**Pelecanus erythrorhynchos**). En Europa es *Pelecanus onocrotalus.*

alcaudón (**butcher**). Se aplica a varias aves passeriformes de la familia *Laniidae* de Europa y Africa, que tienen la costumbre de guardar sus presas clavándolas en los pinchos de plantas espinosas. El mayor de todos es *Lanius excubitor.*

alce (**moose**). Nombre dado a dos especies de rumiantes de la familia *Cervidae*, de grandes astas palmeadas, que habitan el norte de la región holoártica. La especie europea es el *Alces alces* y la norteamericana de mayor tamaño es *Alces americana.* También lo llaman *anta, danta* y *gran bestia.* El mismo nombre se ha aplicado erróneamente al antílope africano llamado *eland*, q.v. V. *anta.* // *a. africano*, v. *eland.* (Lat. **alce.**)

alcedón. V. *alción.*

alcélafo* (**bubal, hartebeast**). Se dice de los grandes antílopes africanos como *Alcelaphus boselaphus.* (De **alce** y **elephus**, ciervo.)

Alciformes. En una clasificación de las aves, un orden que comprende las alcas y especies afines, consideradas en otros casos como una familia en el orden *Charadriiformes*, q.v.

alción* (**king fisher**). El ave *martín pescador*, q.v. // Pólipo alcionario, (Gr. **alkayon**; de **als**, mar; **kyo**, concebir.)

alcionario. *Alcionio.* Individuo perteneciente a cualquier especie de celenterado de la subclase *Alcyonaria*, de la clase *Anthozoa.*

alcionio*. V. alcionario.

alcionito*. Alcionario fósil. (De **alción** y **lithos**, piedra.)

Alcmaeon de Croton. Médico griego. Ha sido acreditado como el primero que reconoció el cerebro como centro de las actividades mentales. (500 A.C.)

alco (**dog**). Nombre del perro indígena de Puerto Rico. (H.A.)

alcohol* (**alcohol**). Cualquiera de los compuestos orgánicos derivados de hidrocarburos por sustitución de un H por el grupo oxidreo OH. // El alcohol común o espíritu de vino o alcohol acético. (Arabe, **al-kuhl.**)

alcoholasa (**alcoholase**). Una enzima que convierte el ácido láctico en alcohol etílico. (De **alcohol** y **-asa**, enzima.)

alcoholemia (**alcoholemia**). Presencia de alcohol en la sangre. (**De alcohol; gr. haima**, sangre.)

Alcyonacea. Un orden de celenterados antozoarios, de la subclase *Alcyonaria*, que comprende los llamados corales blancos, cuyo esqueleto está formado por espículas calcáreas. (Gr. **alkyonion**, nombre de una clase de esponjas.)

Alcyonaria. Una subclase de Celenterados antozoarios cuyos pólipos tienen ocho tentáculos, ocho tabiques completos y un sifonoglifo. Comprende los llamados corales blandos y córneos.

aldolasa (**aldolase**). Una enzima que en la respiración anaerobia descompone el difosfato 1-6 de fructosa en fosfato de dihidroxiacetona.

aldosa (**aldose**). Un azúcar que posee un grupo aldehido terminal.

aldosterona (**aldosterone**). Una de las hormonas mineralocorticoides.

alece* (**anchovy**). *Anchoa*, q.v.

alecito (**alecithal**). Sin yema. Se aplica a los huevos con escaso vitelo. (Gr. **a-**, sin; **lekito**, yema.) // También se ha escrito *alecites* y *alecítico.*

alecrín* (**tiger shark**). Tiburón muy voraz y peligroso del Atlántico (**Galeocerdo cuvieri.**)

alectroideas. Un nombre que les ha sido aplicado a las aves zancudas del orden *Gruiformes.* También se les denominan *paludícolas.*

aleche* (**anchovy**). *Anchoa*, q.v.

alelismo (**allelism**). Las relaciones entre dos alelos. *Alelomorfismo.* (Gr. **allelon**, uno y otro.)

alelo- (**allelo-**). (Del gr. **allelos**, uno y otro, recíprocamente.)

alelo (**allele**). Apócope de *alelomorfo*, q.v. // a. múltiples, más de dos formas alternas o alelos en el mismo lugar (**locus**) de un cromosoma, afectando un mismo carácter.

alelocatálisis (**allelocatalysis**). Alteración del ritmo de una función por la influencia de las células contíguas. (Gr. **allelón**, uno y otro; **katalysis**, disolución.)

alelomorfo (**allelomorph**). *Alelo.* Cada una de las posibles formas mutantes de un gen dado. Cuando existen muchas formas de un gen se dice que muestra un alelomorfismo múltiple. (Gr. **allelon**, de uno y otro; **morphe**, forma.) *Adj. alelomórfico.* // *a. múltiples*, v. *alelos múltiples.*

alelotrofismo (**allelotrophism**). Tipo de mutualismo en el que ambos simbiontes obtienen beneficios de carácter nutricio. (Gr. **allelon-**, uno y otro; **trophe**, nutrición.)

alelotropismo (**allelotropism**). Atracción mutua entre dos células o dos organismos. (Gr. **allelos**, uno y otro; **trophe**, nutrición.)

aleosis. Interferencia. (Gr. **alloisis.**) alteración o cambio.

alepídota (**alepidote**). Que carece de escamas. (Gr. **a-**, privativo; **lepidos**, escama.)

Alepisauroidea. Un suborden de peces óseos del orden *Iniomi=Myctophiformes*, q.v.

alergeno* (**allergen**). Una substancia que provoca alergia. (De **alergia**; Gr. **genos**, engendrar.)

alergia* (**allergy**). Excesiva sensibilidad a determinada substancia, con diversas manifestaciones externas, producida por reacciones antígeno-anticuerpos, siendo los antígenos las substancias que inducen la alergia. (Gr. **allos**, otro; **ergon**, trabajo, acción.)

alero* (**fawn**). Ciervo joven.

alerón (**aileron**). // Escama en la base de las alas de los insectos. (Fr. **ailerón**, ala pequeña.)

alesnado* (**subulate**). Que termina en punta, como una lezna. *subulado*, aleznado.

aleta* (**fin, flipper**). Organo de forma laminar dispuesto para la natación que se encuentra en diversos animales acuáticos, como peces, cetáceos, etc. (Dim. de ala.) // *a. adiposa*, una aleta mediana dorsal carnosa situada por detrás de la dorsal principal de ciertos peces, como el salmón. // *a. anal*, impar inferior de los peces. // *a. caudal*, aleta impar que rodea la extremidad posterior del cuerpo: v. los términos *homocerca, heterocerca, dificerca* e *hipocerca.* // *a. dorsal* o *aleta impar* situada en el medio de la superficie dorsal del pez, a veces interrumpida. // *a. lobulada*, tipo de aleta de los peces coanictios que se inserta en un pedúnculo carnoso cubierto de escamas, que se destaca del cuerpo. El esqueleto de esta aleta se parece al de las extremidades de los tetrápodos. // *a. medianeras* o *aletas impares:* dorsal, anal y anal en los peces. // *a. pares*, que son las aletas pectorales y pélvicas de los peces, que representan órganos homólogos a las extremidades de los tetrápodos. // *a. pectorales*, o el par de aletas laterales de los peces, homólogas de las extremidades anteriores de los tetrápodos. // *a. pélvicas*, o *pelvianas*, las aletas pares ventrales que corresponden a las extremidades posteriores de los tetrápodos, las que están unidas a la columna vertebral y pueden variar en posición. // *a. ventrales abdominales*, que ocupan una posición posterior. // *a. ventrales torácicas*, que quedan bajo las aletas pares anteriores o pectorales. // *a. ventrales yugulares*, que están desplazadas muy por delante de las pectorales.

aletocito (**aletocyte**). Una célula errante. (Gr. **aletes**, errante; **kytos**, célula.)

alevilla* (**moths**). Falena. Mariposa nocturna pequeña de las familia *Noctuidae* y afines. (Lat. **levicula**, ligerilla.)

alevín*, alevino* (**alevin**). Cría de peces en estado postlarval. Generalmente son poco diferentes del adulto. (Del francés **alevín**; lat. **allevare**, criar.)

alevinar. Poblar un estanque de pescado menudo. (De **alevín.**)

alexina (alexin). Substancia presente en el suero sanguíneo capaz de destruir las bacterias por lisis. (Gr. alexo, hacer huir a los enemigos.)

alfana* (draft horse). Caballo corpulento, fuerte y brioso.

alfaneque* (hawk). Ave rapaz africana del orden *Falconiformes*, familia *Accipitridae* (Buteo luteo). (Lat. falcone.)

alfa tocoferol (alpha tocopherol). Vitamina E. V. *tocoferol.*

alfazaque* (scarab). *Escarabajo*, insecto coleóptero parecido al escarabajo común, pero de color negro azulado y con los élitros estriados. (Arabe, al-jassag, el malvado.) (Dicc.)

alfonsino*. Cuba: pez marino cosmopolita del orden *Stephanoberyciformes*, familia *Berycidae* (Beryx decadactylus).

alferaz. Ave faconiforme de plumaje ceniciento, que se empleó en cetrería. (Arabe: alferrac, devorador.)

algalia* (civet). Substancia empleada en perfumería como fijador de olores, que es secretada por las glándulas de la civeta (Civettictis civetta), del Africa tropical, también llamada *gato de Algalia*, o simplemente *algalia.*

algavaro (longicorn). Coleóptero que tiene las antenas más largas que el cuerpo. (Gen. Cerambyx.) (Arabe: al-gawwar, algarero.)

algesia (algesia). Sensibilidad al dolor. *Hiperestesia.*

algesirreceptor (algesiceptor). Terminación nerviosa sensible al dolor. (Gr. algos, dolor.)

algesis (algesis). El sentido del dolor. (Gr. algesis.)

-algia (-algia). (Del gr. algos, dolor.)

algícola (algicolous). Que vive o se cría sobre las algas. (De alga y neolat. -icola, que vive.)

alguacil* (libellula). Nombre dado a las libélulas en algunas partes de América del Sur. (Ar., al-wazir, el ministro.)

alguacilillo* (water spider). Araña acuática. Orden *Araneae* (Argyroneta aquatica).

alicántara (Spanish viper). Víbora muy venenosa (Viper latastei).

alicante* (viper). *Alicántara*, víbora, q.v.

alicuya (bladder worm). Cestodo parásito que produce quistes serosos en el hígado de mamíferos (Echinococcus granulosus).

alienícola. Se dice de la hembra partenogenética áptera y vivípara de los áfidos o pulgones, que origina hembras aladas llamadas sexúparas. (Lat. alienus, extraño; -icola, habitante.)

aliforme (aliform). Que tiene forma de ala. (De ala+lat. forma.)

aligátor* (alligator). *Aligador.* Especie de reptil del orden *Crocodilia* que habita el sur de los Estados Unidos, principalmente la Florida y el Mississipi, que se parece a los caimanes, pero su hocico es más ancho (Alligator mississipiensis). Hay otra especie en China. (Der. español, "el lagarto".)

alima (alima). El primer estado larval en ciertos crustáceos estomatópodos. (Gr. halios, perteneciente al mar.)

alimaña* (vermin). Animal dañino, especialmente si es de pequeño tamaño y es perjudicial a la caza menor. (Lat. animalia.)

alimentación* (alimentation). Los procesos concernientes a la ingestión, digestión, absorción y egestión de los alimentos. (Lat. alimentus.) *Adj. alimenticio*. // a. ciliar*, un método de captura de los alimentos valiéndose de las corrientes de aguas causadas por el movimiento de los cilios, que arrastra las partículas a la boca.

alimento* (food). Sustancia nutritiva que se ingiere para crecimiento y sostenimiento de los seres. (Lat. alimentus.)

alimoche* (Egyptian vulture). *Abanto.* Pequeño buitre de la provincia mediterránea, de color blanco y negro, de la familia *Accipitridae* (Neophron percnopterus).

alinoto (alinotum). Esclerito anterior en el noto del mesotórax y el metatórax en los insectos. (Lat. ala, ala; notum, dorso.)

alionín* (bottle tif). Ave de España del orden *Passeriformes*, familia *Certhiidae.* (Dicc.).

alípede*. *Quiróptero, alípedo*.*

alisfenoides (alisphenoid). Uno de los huesos craneales, situado en la pared lateral media de la bóveda craniana. (Lat. ala; gr. sphen, cuña; oides, forma parecido.)

alitán. Especie de tiburón de mares europeos llamado también gato marino. Orden *Lamniformes,* familia *Scylliorhinidae.* (Scylliorhinus stellaris.)

alitronco (alitrunk). Los dos últimos segmentos del tórax de los insectos, que llevan las alas. En los himenópteros se incluye el primer segmento abdominal que está soldado al tórax. (Lat. ala; truncus, tronco.)

alivincular (alivincular). Se aplica a un sistema de articulación en los moluscos bivalvos, en el que un ligamento acordonado se extiende de un umbón a otro, con su eje mayor perpendicular al plano de los márgenes de las valvas. (Lat. ala; vinculum, unión.)

aljaba (quiver) Carcaj. Caja para guardar flechas. // Se aplica a un tipo de habitáculo alargado de los insectos del orden *Trichoptera.* (Ar. al-yaba, el carcaj.)

aljorra. Insecto pequeñísimo de Cuba, muy dañino a la agricultura. (De diccionarios.)

alkermes*. Alquermes. V. *quermes.*

almeja* (clam). Nombre común aplicado a numerosas especies de moluscos bivalvos pertenecientes a diversas familias. (Ar. al, el; mitilus, marisco.) // Portugués, *ameijos.* (Ar. medjda, escupir, por el parecido del animal a un esputo.)

almejar*. Criadero de almejas.

almidón animal. V. *glucógeno.*

almiquí (solenodon). Cuba: mamífero del orden *Insectivora* que vive en algunas de las montañas de la provincia de Oriente. Familia *Solenodontidae* (Solenodon cubanus). Otra especie vive en la isla Española bajo el nombre de *jutía.*

almizclado (musk ox). Especie de rumiante de las regiones árticas, llamado toro almizclado, pero más cercano a las ovejas. Es de tamaño pequeño y largo pelaje. Los esquimales lo llaman *umingorok* (Ovibos moschatus).

almizcle* (musk). Secreción de varias clases de glándulas en diversas especies animales, como las glándulas anales de ciertos carnívoros; las bucales y cloacales en los cocodrilos; la del saco abdominal del ciervo almizclado, etc.

almizclera. Especie de topo europeo de hábitos acuáticos, familia *Talpidae* (Galemys pyrenaica). Especie de ratas [de la América septentrional] de hábitos acuáticos y productora de secreciones almizcladas (Ondatra zibethica.)

almizclero* (musk deer). Pequeño rumiante de la familia *Tragulidae* de las montañas elevadas de China e India, famoso por el almizcle que producen las glándulas situadas junto al ombligo. // (Muskrat), rata almizclera.

almocatí. Antig. La médula espinal y los sesos. (Ar. al-mojjat, los sesos.)

almohadilla* (pad). Cualquier estructura en forma de almohadilla. // *a. digitales*, estructuras abultadas en las puntas de los dedos de muchos anfibios y reptiles arbóreos.

almorrana* (hemorrhoid). Tumor o várice de las venas hemorroidales del ano. (Gr. haimorroides.)

alo- (allo-). (Del gr. allos, otro, diferente, extraño.)

alobiosis (allobiosis). Variaciones de la actividad de un organismo por cambios en el ambiente o en el medio interior. (Gr. allos, otro; biosis, modo de vida.)

alocelo. Un miembro de la clase de turbelarios *Allocoela*, q.v.

alocigoto (allozygote). Un homocigoto con caracteres recesivos. (Gr. allos, otro; cigoto.)

alocinesis (allokinesis). Movimiento involuntario, reflejo. (Gr. allos, otro; kinesis, movimiento.)

alocoro (alochore). Un organismo que vive en dos o más habitaciones de la misma región geográfica. (Gr. allos, diferente; choros, lugar.) // Se aplica a los organismos cuya dispersión se debe a fuerzas ajenas a sus propios medios de locomoción. *Adj. alocórico.*

alocríptico (allocrypt). Se aplica al modo empleado por ciertos animales para ocultarse, cubriéndose con varios materiales, incluso con otros animales. (Gr. allos, extraño; kryptos, escondido.)

alocroico (allochroic). Que cambia de color o que muestra variaciones de color. (Gr. allos, otro; chros, color.)

alócromo (allochrommous). Que tiene un color distinto del propio de la especie. (Gr. allos, otro; chroma, color.)

alocrónico (allochronic). *Anacrónico.* Que ocurre fuera de tiempo. (Gr. allos, otro; chronos, tiempo.)

alóctono (allochthonous). Especie animal que ha inmigrado de otra región. Material extraño que ha sido arrastrado a un habitáculo. (Gr. allos, otro; chton, chtonos, la tierra.)

alóforo (allophore). Se aplica a la célula que contiene pigmentos rojos, pero no hemoglobina. (Fr. allos, otro; phoreus, portador.)

alogamia (allogamy). Fecundación cruzada. (Gr. allos, otro; gamos, boda.)

alógamo (allogamous). Que se reproduce por fecundación cruzada. (Gr. allos, otro; gamos, boda.)

alogén (allogene). El gen recesivo en un par de genes alelos. (Gr. allos, otro; genos, descendiente.)

alogénico (allogenic). Se dice de lo que es producido por factores externos. (Gr. allos, otros; genos, descendencia.)

alogonia (allogony). Término propuesto como substituto de mutación. (Gr. allos, otro; -gonos, origen.)

aloiogénesis (alloiogenesis). *Metagénesis*, q.v. (Gr. allois, diferente; genesis, generación.)

alometría (allometry). Estudio de las relaciones entre el crecimiento de una parte y el crecimiento total del individuo. // Se aplica también al desarrollo filogenético, la especiación y el ciclo vital. (Gr. allos, otro; metreo, medir.) *Adj. alométrico.*

alomorfosis (allomorphosis). Relación entre una parte de un organismo y una parte homóloga de otro organismo de otro grupo, ambos de la misma edad. (Gr. allos, otro; morphosis, dar forma.)

alondra* (lark). Ave europea común del orden *Passeriformes*, familia *Alaudidae*, de canto alegre (Alauda arvensis). (Lat. alauda.)

aloparalectotipo (alloparalectotype). Un ejemplar de la serie original y de sexo opuesto al del holotipo, que ha sido descrito subsecuentemente a este. (Gr. allos, otro; para, al lado; lektos, escogido; tupos, patrón.)

alopátrida (allopatric). Se aplica a las especies, subespecies y poblaciones que habitan áreas geográficas distintas; pero generalmente adyacentes. (Gr. allos, otro; patrichos, patrio.)

alopecia* (alopecia). Caída del cabello. (Gr. alopecia, de alopex, zorra, animal que pierde el pelo con frecuencia.)

alopelágico (allopelagic). Se aplica a los organismos pelágicos que se encuentran en varios niveles no determinados por la temperatura. (Gr. allos, otro; pelagos, el mar.)

aloplasma (alloplasm). Diferenciaciones citoplásmicas que no forman verdaderos orgánulos. (Gr. allos, otro; plasma, moldeado.)

aloplasto (alloplast). Una unidad estructural formada por más de un tipo de tejidos. (Gr. allos, otro; plastos, formado.)

alopoliploidía (allopolyploidy). Un tipo de poliploidía en el que los cromosomas duplicados derivan por hibridación interespecífica. (Gr. allos, otro;+poliploidía.)

aloqueiro (allocheiral). Que tiene los lados del cuerpo en posición invertida. (Gr. allos, otro; cheir, mano.)

alosa (shad). *Sábalo.* Pez marino del orden Clupeiformes que remonta los ríos por el desove (Alosa alosa).

alosaurio. Reptil dinosaurio de gran tamaño, del Jurásico superior de Norteamérica. (Gr. allos, otro; sauros, lagarto.)

aloscudo (alloscutum). Una esclerita situada inmediatamente por detrás del escudo en algunas garrapatas. (Gr. allos, otro; lat. scutum, escudo.)

alosemático (allosematic). Que tiene marcas imitando los signos admonitorios en otra especie, generalmente peligrosa. (Gr. allos, otro; sema, señal.)

alósomo (allosome). Cromosoma impar presente en la mitad de los gametos producidos por un organismo. // Un cromosoma diferente de los normales. (Gr. allos, otro; soma, cuerpo.)

alóstosis (allostoses). Formación de huesos por osificación de tejidos conjuntivos en vez de cartílagos. (Gr. allos, otro; oseton, hueso.)

alosinapsis (allosynapsis). Apareamiento de cromosomas homólogos de los padres formando un poliploide. (Gr. allos, otro; sinapsis, q.v.)

alosindesis (allosyndesis). *Alosinapsis*, q.v.

alósteo. Se dice del hueso formado en una membrana. *Autósteo.* (Gr. allos, otro; osteon, hueso.)

alotermo (allotherm). *Homeotermo.*

alotetraploide (allotetraploid). *Antipoliploide.*

alotipo (allotype). Un paratipo de sexo opuesto al del holotipo. (Gr. allos, otro; typos, patrón.) *Adj. alotípico.*

alótrofo (allotrophic). Organismo que se alimenta de substancias formadas por otros. Pueden ser parásitos o saprófitos. (Gr. allos, otro; trophe, nutrición.) *Adj. alotrófico.*

alótropo (allotropic). Aplícase a los animales que muestran algún hábito que no es indispensable para su vida normal. (Gr. allos, otros; tropos, un cambio.)

alozooide (allozooid). Cualquier zooide que difiere de sus padres. (Gr. allos, otro;+zooide.)

alpaca* (alpaca). Mamífero rumiante de las altiplanicies sudamericanas de la familia *Camelidae*, cercano a llamas y famoso por su fina lana (Lama pacos). (Quichua, paco, rojizo.)

alpargata* (sole fish). Nombre que dan en algunas partes en Venezuela a una especie de lenguado, pez del orden *Pleuronectiformes*, también llamado *alrevés* (Achirus lineatus). (De abarca.)

alpestre (alpestrine). Se aplica a los organismos que viven en montañas elevadas, por debajo del nivel llamado alpino= subalpino. (Bajo lat. alpestris, perteneciente a los Alpes)

alpino* (alpine). Perteneciente a los habitáculos de las altitudes elevadas, especialmente los situados por encima de la línea de los bosques. (De los Alpes.)

alquermes. V. *quermes.*

alquiche. Insecto del orden *Hemiptera* de gran distribución en la América tropical (Edissa rufomarginata).

altacoya (stork). V. *cigüeña.*

alternancia de generaciones. V. *metagénesis.*

alti- (alti-). (Del lat. altus, alto.)

altícola. Que vive en lugares altos. (Lat. altus; -icola, habitante.)

altoceánico. Que vive en alta mar. (Lat. altus, océano.)

altrices (altrices). Dícese de las aves que nacen desnudas (prole inepta) y deben ser atendidas por sus padres en el nido. // Mamíferos que nacen ciegos y requieren un desarrollo posterior antes de poder moverse, como sucede con los ratones. (Lat. altrix, altricis, una alimentadora.) *Nidícolas. Adj. altricial.*

alúa* (fire beetle). Argent.: cocuyo, insecto.

aluate* (howling monkey). Nombre dado a varias especies de monos aulladores neotropicales, familia *Cebidae*, que habitan desde México hasta el norte de Argentina (Alouata sp.).

alucón*. El ave llamada *cárabo*, q.v.

álula (alula, winglet). El primer dígito o pulgar de las alas de las aves. // Estructura escamiforme entre la base y los balancines de ciertos dípteros. // Pequeño lóbulo basal posterior en las alas de ciertos dípteros. // El élitro de algunos coleópteros. V. *tegula*. (Dim. de ala.)

alutáceo (alutaceous). De aspecto o de color del cuero. (Lat. alutaceus.)

alútero* (file fish). Pez marino del orden *Tetrodontiformes*, familia *Monacanthidae*, provisto de escamas duras en una piel gruesa y una espina dorsal robusta. (Gr. alutera.)

aluvial* (alluvial). En el sentido geológico es una formación producida por el acarreo de las corrientes de agua o sus desbordamientos. (Lat. alluvio, desbordamiento.)

alveario*. Conducto auditivo externo.

álveo* (alveus). El *utrículo* del oído. // Capa en la superficie ventral de hipocampo. (Lat. alveus, cavidad, canal.)

alveolación (alveolation). El proceso de formación de alvéolos. (Lat. alveolatus, que tiene hoyuelos.)

alveolar* (alveolar). De estructura esponjosa, con numerosas celdas o cavidades. (Lat. alveolous, dim. de hueco.)

alvino*. Lo que pertenece al bajo vientre.

alveolo*, **alvéolo** (alveolus). Una cavidad pequeña o fosita. // Los sacos de aire de los pulmones. // Los alvéolos dentales. (Lat. dim. de alveus, un hueco.) *Adj.* ***alveolado, alveolar.***

Al-Yahiz. Naturalista árabe que, en el siglo IX, escribió el *Libro de los animales*, los que dividió en: "los que caminan, los que vuelan, los que se arrastran por el suelo y los que nadan", criterio simplista que prevaleció hasta principios del siglo XIX.

alzacola (rufous warble). Ave europea del orden *Passeriformes*, familia *Muscicapidae*, de pequeño tamaño y canto muy musical que recuerda a la alondra (Cercotrichas galactotes.).

Allee, Warder, C. Ecólogo norteamericano, investigador de poblaciones animales, dominancia social, etc. (1885-1955).

Allen, J.A. Mamalogista norteamericano. Expositor de la llamada *regla de Allen*, q.v.

Allocoela. Un orden del platelmintos, de la clase *Turbellaria*, de cuerpo generalmente cilíndrico de hasta 40 mm. de largo, cavidad gástrica con divertículos con 2 protonefridios y varios nefridioporos. Casi todos marinos. (Gr. allos, diferente; koilos, cavidad.)

Allotheria. Un orden de mamíferos fósiles que aparecieron en el Cretáceo Superior.

Allotriognathi. Un orden de peces. V. *Lampridiformes*.

Allotrionagthida. V. *Lampridiformes*.

ámacra (amacrine). Se dice de la neurona que carece de axona aparente. (Gr. a-, sin; makros, largo.)

Amaebozoa. Un grupo de *Sarcodina*. V. *Amebina*.

amadavat. Un pequeño pájaro canoro de la India que se utiliza también para peleas. (Dicc.)

amarillo visual (visual yellow). Resultado de la decoloración de la púrpura visual de la retina por la luz.

amaurosis* (amaurosis). Degeneración fatal de la retina y del nervio óptico. (Gr. amaurosis, de amauros, oscuro.)

ámbar* (ambar). Resina fósil de coníferas cenozoicas en donde se encuentran incluídos insectos, arañas y otros invertebrados. Son notables los ámbares del Báltico, de la República Dominicana y de Norteamérica. (Ar. ambar). // a. ***gris.***, especie de cálculo intestinal de los cachalotes, producido por mandíbulas o picos indigestos de cefalópodos. Se encuentra flotando sobre las olas y tiene gran valor en perfumería.

ambi- (ambi-). (Del lat. ambi-, en los dos lados.).

ambiens (ambiens). Músculo del muslo de las aves y reptiles que tiene su origen en la pelvis, su inserción en los dedos y contribuye a la presión de los dedos cuando están en la percha. (Lat. ambire, ir alrededor.)

ambiente*. (environment.). Lo que rodea o circunda. // En biología, cuando no se agrega ningún calificativo se entiende que es al ambiente externo. (Lat. ambiens, rodeado.) V. *medio*. // ***a. interno,*** los factores que correlacionan las células y tejidos en un organismo con los humores entrecelulares. // Los fluidos extracelulares que llenan los espacios intercelulares y los vasos del sistema circulatorio y linfático. *Medio interno*. (Claude Bernard).

ambilateral (ambilateral). Que pertenece a ambos lados. (Lat. ambo, ambos, latus, lado.)

ambio. Un modo de locomoción característico de los camellos y las jirafas, consiste en levantar simultáneamente las dos extremidades de un mismo lado, alternando con las del otro. (Lat. ambo, ambos.)

ambisexual (ambisexual). Que tiene los dos sexos. *Monoico*. (Lat. ambo, ambos;+ sexual.)

ambital (ambital). Se aplica a la superficie de los equinoideos, que comprende las placas radiales e interradiales. (Lat. ambitus.)

ámbito* (ambit). El margen de la concha de un equinoideo vista desde el lado apical. (Lat. ambitus, lo que rodea.)

ambli- (ambly-). (Del gr. amblys, embotado, débil, flaco, flojo, sin vigor.)

ambliopía (amblyopia). Disminución de la visión sin defecto orgánico aparente. (Neolat. Amblyopia.)*Adj.* ***ambliópico.***

Amblypigi. Orden de artrópodos, de la clase *Arachnida*. Pedipalpos prensores y primer par de patas largas y sensoriales. Habitan los bosques húmedos, tropicales y las cuevas. V. *guabá* (Gr. amblys, flaco; pyge, rabadilla.)

Amblypoda. Un orden de mamíferos plantígrados que vivieron en el océano de Europa y Norteamérica. Tenían cinco dedos con pezuñas y fueron probablemente ancestrales de los artiodáctilos. (Gr. amblys, débil; pous, pies.)

ambón* (ambon). Anillo cartilagíneo que rodea una concavidad articular. (Gr. ambon, plataforma.)

ambrosía* **ambrosia*** (ambrosia). Hongos cultivados por algunos insectos coleópteros en las galerías que abren en las maderas. (Gr. ambrosia, manjar de los dioses.)

Ambulacralia. Taxón que reúne los fílumes *Echinodermata* y *Enteropneusta*.

ambulacro* (ambulacrum). Cada una de las cinco áreas de los equinodermos relacionadas con el aparato ambulacral de esos animales. // Algunos (academia) han llamado ambulacros a los podios o pies ambulacrales. // Apéndice locomotor en ciertas larvas de insectos. (Lat. ambulacrum, callejuela, arbolada para pasar.) *Adj.* ***ambulacral.***

ambulatorio* (ambulatory). Que sirve para caminar. (Lat. ambulare, caminar.)

Ambystomatoidea. Un suborden de anfibios del orden *Caudata*. Prevómeres cortos; dientes a través del margen posterior de los vómeres. Con párpados; con pulmones. Del Cretáceo superior al reciente. (Gr. ambys, una taza; stoma, boca.)

Ambystomoidea. V. *Ambystomatoidea*.

ameba* (ameba). El género *Amoeba* en los protozoarios sarcodinos. // En general las especies de este último grupo que se mueven por medio de seudópodos, cambiando de forma. // Para ciertos adjetivos derivados de *ameba* ver también *amiba*. (Gr. amoibe, cambio.) *Adj.* ***amebiforme, ameboide, ameboideo.***

amebadiastasa (amoebadiastase). Nombre que se ha usado para indicar las enzimas de las amebas. (De ameba y diastasa, enzima.)

amebiasis. V. *amibiasis*.

Amébido* (amoebic). Dícese de los protozoarios del orden *Amebina*.

amebismo (Amoebism). Condición que muestran ciertas células, que tienen forma y comportamiento de amibas, como los leucocitos. (Gr. amoibe, cambio.)

amebocigoto (amoebozygote). La unión de dos células ameboides. *Amibocigoto*. (De ameba y cigoto.)

amebocito (**amebocito**). Célula móvil parecida a una ameba. (De **ameba** y gr. **kytos** célula.) = *Amibocito.*

amébula (**amebula**). Estado amebocito en el ciclo de los protozoos. (Dim. de **ameba.**)

Ameiosis (**ameiosis**). La ocurrencia de una sola división meyotica. (Gr. **a.-**, sin; ± **meiosis.**) *Adj. ameiótico.*

ameiva (**ameiva lizard**). Lagarto neotropical de lengua bífida (**Ameiva sp.**) (Voz **indígena.**)

ameloblasto (**amelloblast**). Célula que segrega el esmalte durante la formación de los dientes. *Adamantoblasto.* (Fran. ant. **amel**, esmalte.)

amensalismo (**amensalism**). Asociación de dos diferentes especies en la que una es dañada o perjudicada y la otra no es afectada. (Gr. **a-**, negativo; **mensa**, mesa.)

amerístico (**ameristic**). Insegmentado. (Gr. **a-**, sin; **meros**, parte.)

Ameria. Grupo propuesto por Kukenthal y Krumbach para reunir los invertebrados no segmentados: platelmintos, briozoos, nematodos, etc.)

Ametabola. Nombre aplicado a un grupo de órdenes de insectos que muestran un tipo de metamorfosis sin cambios externos visibles. V. *apterygonia.*

ametabólico (**ametabolic**). Que no cambia de forma. Insecto sin metamorfosis apreciable. (Gr. **a-**, sin; **metabole**, cambio.)

ametamórficc (**ametamorphic**). Que no tiene metamorfosis.

ametoico (**ametoecius**). Que parasita un solo hospedante durante un ciclo vital. (Gr. **a-**, sin; **meta**; después; **oikos**, casa.)

ametropía* (**ametropia**). Anomalía de la refracción en la que los rayos paralelos no llegan convergentes a la retina (Gr. **a-**, sin; **metrom**, medida; **oops**, ojo.)

amia (**bowfin**). Pez fluvial osteictio de Norteamérica. Orden *Amiiformes*, familia *Amiidae* (**Amia calva**)'

amiba* (**amoeba**). Ameba. Cualquier protozoo del género *Amoeba*, que fue originalmente nombrado *Amiba.* (Gr. **ameibe**, lo que cambia.) *Adj. amiboide*, amibiano*.*

amibiasis (**amebiasis**). Enfermedad producida por el protozoo sarcodino, *Endamoeba histolytica* u otro *amebino.* También *amebiasis.*

amibo* V. *amiba.*

amibocito (**amoebocyte**). Cualquier célula capaz de realizar movimientos por medio de seudópodos, como ciertos leucocitos. (De **amiba** y gr. **kytos**, célula.)

Amiboflagelados. Un nombre que fue propuesto para unir en un solo taxón los sarcodinos y los flagelados por el hecho de que en uno y otro grupo se observan a veces fases amibianas y fases flageladas. (De **amiba** y **flagelo.**)

amiboide (**amoeboid**). Lo que es propio o semejante a las amibas. (De **amiba** y **oides**, parecido.)

amicronucleado (**amicronucleate**). División que incluye algunos protozoarios ciliados en los que no aparecen micronúcleos. (Gr. **a-**, sin: **mikros**, pequeño; **nucleus**, núcleo.)

amíctico (**amictic**). Se aplica a las hembras de rotíferos que solo producen huevos diploides, incapaces de ser fecundados, así como a dichos huevos. (Gr. **a-**, sin; **mixis**, mezcla.)

amictogénesis (**amictogenesis**). La herencia de los caracteres de uno solo de los progenitores. (De **amixis**, sin mezcla; **genesis**, origen.)

amielinado (**amyelinic**). Que carece de mielina. (Gr. **a-**, sin; **myelos**, médula.)

amígdala (**tonsil**). Cada una de las dos porciones de tejido linfoide localizadas en la cavidad buco-faríngea de los vertebrados. Las hay faríngeas, linguales y palatinas. =tónsila (Gr. **amygdale**, almendra.)

Amiiformes. Un orden de peces óseos de la subclase *Actinopterygii.* Hocico de forma normal, aleta dorsal larga, aleta caudal corta y heterocerca, escamas delgadas y cicloides. Del Jurásico superior al reciente. Una sola especie, viviente en los lagos de los Estados Unidos: *Amia calva.*

amilasa* (**amylase**).Enzima que hidroliza o digiere el almidón. //Amilasa salivar es la *tialina*, la amilasa pancreática es *amilopsina.* (Lat. **amylum**, almidón; **-asa**, "enzima".)

amilo* (**amylum**). *Almidón.* (Lat. **amylum**, gr. **amylon.**)

amiloclástico (**amyloclastic**). Que disuelve el almidón. (Gr. **amylon**, almidón; **klastos**, destrucción.) = *amilolítico.*

amilólisis (**amylolysis**). La conversión del almidón en azúcares por vía enzimática. (Gr. **amylon** almidón; **lysis**, disolución.) *Adj. amilolítico.*

amilopsina (**amylopsin**). Enzima amilosa hallada en el jugo pancreático de los vertebrados que convierte los almidones en disacáridos. =*Amilasa pancreática.* (Gr. **amylon**, almidón; **opson**, sazonado.)

aminación (**amination**). Proceso metabólico inverso a la desaminación mediante el cual algunos aminoácidos se sintetizan.

aminoácidos (**aminoacid**). Substancia orgánica en cuya molécula figuran los grupos amino y carboxilo. El aminoácido más sencillo es la glicina. Las proteínas están formadas por cadenas de aminoácidos. // a. *esenciales*, reciben este nombre los que no pueden sintetizarse en el organismo humano y es necesario obtenerlos de proteínas que los contengan, como el *triptófano*, la *leucina*, etc.

aminopolipeptidasa (**aminopolipeptidase**), Una enzima segregada por el intestino delgado que actúa sobre los grupos aminos de los polipéctidos separando los aminoácidos.

aminopterina (**aminopterine**). Una antivitamina, antagonista del ácido fólico, empleada en el tratamiento de la leucemia.

Amioidea. Orden de peces =*Amiiformes*, q.v.

amitosis* (**amitosis**). División nuclear en la que no se aprecian las figuras de mitosis, característica de células viejas y de algunos organismos inferiores. (Gr. **a-**, sin; + **mitosis**, q.v.) *Adj. amitótico.*

amixta. Un estado o forma celular en el que no existe reproducción sexuada. (Gr. **a-**, no; **mixis**, mezcla.)

Ammonoideos. Orden de cefalópodos tetrabranquiales de concha externa tabicada. Fósiles desde el Paleozoico hasta el Mesozoico. (Del **amonita.**)

amnia. V. *amniota.*

amnícola* (**amnicolous**). Organismo que vive en las riveras. (Lat. **amnis**, corriente; **-icola**, habitante.) Molusco fluvial del género *Amnicola.*

amnios* (**amnion**). *Amnión.* Una de las membranas extraembrionarias que, en reptiles, aves y mamíferos, forman un saco que envuelve el embrión. (Gr. **amnion**, cabrito.) *Adj. amniótico.**

Amniota*. División de los vertebrados tetrápodos que comprende los reptiles, aves y mamíferos. Se caracteriza por la posesión de las membranas fetales ammnion, corion y alantoides. También se denomina *alantoidea. Adj. amniótico*.*

amoceta (**ammocoete**). Larva de lamprea. Vive enterrada en la arena a lo que alude su nombre. (Gr. **ammos**, arena **koite**, cama).

amodita* (**horned viper**). Alicante, víbora, serpiente venenosa de Egipto, Palestina, etc. (**Cerastes cornutus**). (Lat. **ammodytes.**)

Amoebida. El taxón *Amoebina*, q.v., cuando se le considera como clase.

Amoebina. Un orden en la clase Sarcodina que comprende los protozoos de seudópodos lobulados que están desprovistos de película y concha. Ej. *Amoeba* y *Entamoeba.* (De **Amoeba**')

Amoebosporidia. Una división de los protozoarios. V. *Cnidosporidia.*

amófilo. V. *psamófilo.* (Gr. **ammos**, arena.)

amonama. Panal de miel que hacen algunas especies de abejas bajo la tierra.

amonita* (**ammonite**). Nombre usado para designar las conchas de los cefalópodos fósiles también conocidos como *cuernos de Ammon.* (Gr. **ammón,** Júpiter en figura de carnero, en relación con la forma enroscada de algunas especies.)

amonitífero (**ammonitiferous**). Se aplica a los terrenos geológicos que llevan restos de *amonitas,* q.v.

amoniotélico (**ammoniotelic**). Animal que excreta amoniaco, como ocurre en varios invertebrados y en los vertebrados inferiores. (Gr. **ammoniakon,** sal amoniacal; **telos,** fin.)

amoqueta (**ammochaeta**). Cerdas rígidas que se encuentran en penachos en la cabeza de algunas hormigas usadas para limpiar las espuelas tibiales. (Gr. **ammos,** arena; **chaeta.** cerda.)

amorfía* (**amorphism**). Calidad de ser amorfo. // Deformación. (Gr. **amorphia.**)

amorfo* (**amorphous**). Sin forma. // Un alelo que no tiene efecto en la expresión de un carácter. (Gr. **a-,** sin; **morphe,** forma.)

AMP (**AMP**). Siglas del monofosfato de adenosina o *adenosina monofosfatada.*

ampalagua (**boa**). Argentina: el boa constrictor (**Constrictor constrictor**).

Amphibia. Clase de vertebrados tetrápodos que comprende las ranas, sapos, salamandras y cecilias. Tiene respiración branquial en estado larval y pulmonar en el adulto; corazón de tres cavidades, circulación doble e incompleta y cuerpo desprovisto de escamas. (Gr. **amphi,** de dos; **bios,** vida.) También *Batrachia.*

Amphicoela. Un orden de anfibios de la subclase *Salientia* de caracteres primitivos, como la posesión de vértebras anficélicas y la persistencia de los músculos para mover la cola aunque carecen de ella. (Gr. **amphi,** de dos; **koilos,** hueco.)

Amphidiscophora. Un orden de poríferos de la clase *Hexactinellida.* Espículas pequeñas en forma de anfidiscos, con ganchos en ambos extremos. Sin espículas de seis radios. (De *anfidiscos;* + **phoreus,** portador.)

Amphilinida. Un orden de platelmintos de la clase *Cestodaria.* Sin ventosas ni botridios, pero con probóscides.

Amphineura. Clase del fílum de los moluscos. Cuerpo alargado cubierto por ocho placas calcáreas; cabeza pequeña y oculta; pie ancho; rádula presente; tenidios numerosos; sistema nervioso primitivo, con anillos cefálicos y cuatro cordones longitudinales. Chitones. V. *Polyplacophora* y *Aplacophora* o *Solenogaster.* (Gr. **amphi** a ambos lados; **neuron,** nervio.)

Amphipoda. Un orden de crustáceos de la subclase *Malacostraca.* Cuerpo generalmente comprimido, sin carapacho, abdomen doblado ventralmente y telson distinto. Casi todos marinos. (Gr. **amphi,** a ambos lados; **pou, podos,** pie.)

Amphisbaenia. Un orden de reptiles o un infraorden en los saurios. Escamas reducidas, sin centros óseos, piel blanda, plegada en numerosos anillos, miembros degenerados, cinturas vestigiales, oído externo ausente, hábitos cavadores. Africa, Mediterráneo, América tropical. Del Eoceno al reciente. (Nombre basado en el género *Amphisbaena* o culebrita ciega.)

Amphistomata. Un suborden de trematodos que tienen la ventosa oral en posición anterior y el acetábulo en el extremo posterior. (Gr. **amphi-,** en ambos lados; **stoma,** abertura.)

Amphoridea. Un tipo de equinodermo primitivo del periodo Ordoviciano. Parecen un crinoideo sin pedúnculo. (Gr. **amphora,** ánfora.)

amplexo (**amplexus**). Voz anticuada que significa abrazo y se aplica actualmente al abrazo copulador de algunos anfibios. (Lat. **amplexus,** abrazado.)

amplificación (**amplification**). En biología, un cambio hacia una mayor complejidad en ontogenia o filogenia. (Lat. **amplificatio.**)

ampolla* (**blister, ampulla**). Una hinchazón subcutánea llena de un fluído. // Estructura abultada y hueca. Ver también *ámpula.* (Lat. **ámpulla.**) // ***a. seminífera,*** v. *túbulo seminífero.* // ***a. timpánica,*** que contiene los huesecillos del oído y es peculiar a los mamíferos. *Adj.* ***ampollar*.***

ámpula (**ampulla**). Vesícula o ampolla. Ver la voz *ampolla* para los términos no encontrados aquí. (Lat. **ampulla** vasija de vidrio de los romanos.) *Adj.* ***ampuláceo.*** // ***a. ambulacral,*** dilatación de los divertículos de los canales ambulacrales junto a los pies ambulacrales o podios. // ***a. de Lorenzini,*** cada uno de los receptores bulbosos situados en el rostro de los peces elasmobranquios. // ***a. de los equinodermos,*** ensanchamiento bulboso en la base de los podios del sistema ambulacral en los equinodermos. // ***a. del oído,*** cada una de las dilataciones de los canales semicirculares del oído interno en su comunicación con el sáculo. // ***a. de Rathke,*** una evaginación del estomodeo embrionario que originará los lóbulos anteriores e intermedios de la pituitaria. // ***a. de Saví,*** una estructura análoga a las ámpulas de Lorenzini en los torpedos y especies afines. // ***a. de Vater,*** dilatación del trayecto común de los conductos pancreáticos y biliar al llegar al duodeno. // ***a. madrepórica,*** dilatación del canal hidróforo o madrepórico que comunica con el exterior por la *madreporita.*

ampúlula (**ampullula**). Una ampolla pequeña, como la de los vasos linfáticos. (Lat. **ampullula, dim. de ampulla.**) // *Adj.* ***ampulario.***

amputar* (**amputate**). Cortar y separar un órgano del cuerpo. (Lat. **amputatio,** podar).

ana- (**ana-**) (Del gr. **ana,** empleado para indicar arriba, ascendente, atrás, completo, de nuevo, perteneciente, hacia atrás.) // (Del gr. **a-,** negación, privativo, sin.)

Anabantoidei. Un suborden de peces del orden *Perciformes.* Están provistos de un órgano respiratorio epibranquial para recibir el aire atmosférico.

anabas (**anabas**). Pez fluvial de la India. V. *coi.*

anabiosis* (**anabiosis**). Estado de vida latente o suspensión temporal de las actividades vitales como la de los tardígrados en desecación. (Gr. **anabiosis,** recobrar la vida.)

anablepo (**anableps**). *Uranoscopo.* Pez de agua dulce norteamericano notable por tener cada ojo dividido en dos regiones; una, dirigida hacia arriba, fuera del agua, y otra hacia abajo, dentro del agua. (Gr. **Anableps**).

anabolía (**anaboly**). Evolución por adición de nuevos rasgos al final del proceso de morfogénesis. (Gr. **anaboles,** hacia arriba.)

anabolismo* (**anabolism.**) Conjunto de reacciones biológicas que tienden a la producción de substancias o a la regeneración de las que fueron desechadas durante el metabolismo. *Metabolismo constructivo.* (Gr. **anaboles,** lanzar hacia arriba.) *Adj.* ***anabólico.***

anabolito (**anabolite**). Una sustancia que interviene en el metabolismo constructivo. (Gr. **ana,** hacia arriba; **bole,** tirar.)

anaca. Papagayo.

anacanteo (**anacanthous**). Sin espinas. (Gr. **an-,** sin; **akantha,** espina.)

Anacanthini. Un nombre que ha sido usado para el orden de peces llamado *Gadiformes,* q.v. (Gr. **ana,** ausente; **akantha, espinas.**)

anacanto*. Dícese de los peces óseos teleósteos de aletas de radios blandos, de las cuales las abdominales están bajo las pectorales. (Gr. **ana,** sobre; **akantha,** espina.)

anacarado* (**nacreous**). Que tiene aspecto de nácar. También *nacarado, nacáreo, nacarino* (Persa **nigar**).

anaconda* (**anaconda**). Enorme boa de hábitos acuáticos de la América tropical que alcanza más de ocho metros de largo. (**Eunectes murinus**).

anacrónico* (**anachronous**). Que no es contemporáneo. // Se emplea principalmente en biología con el significado de allocrónico. (Gr. **anachronikos.**)

ánade* (**duck**). El pato común, *Anas platyrhynchos* var. *domestica*, forma derivada del ánade salvaje (**Anas platyrhynchos**), llamado también *pato real, pato ingles* y *mallard*.

anadón* (**duckling**). Pollo de ánade. =*anadeja*.

anádromo (**anadromous**). Se aplica a los peces que remontan los ríos para desovar, como los salmones. // Se aplica también para los peces que migran de la orilla hacia mar afuera y viceversa. (Gr. **ana**, hacia arriba; **dromos**, un curso o carrera.)

anaero- (**anaero-**). (Del gr. **an**, privación; **aer**, aire.)

Anaerobio* (**anaerobic**). Organismo que vive sin la presencia del oxígeno. // a. ***obligado***, se dice cuando se trata de organismos que no pueden vivir en presencia del aire. // a. ***facultativo***, se dice cuando se trata de un organismo que si puede vivir en el aire aunque normalmente no lo haga.

anaerobionte. V. *anaerobio*.

anaerobiosis* (**anaerobiosis**). La vida sin aire de los organismos anaerobios. (Gr. **an**, sin; **aer**, aire; **biosis**, manera de vivir.) *Adj.* ***anaerobióntico***.

anafase*, **anáfase** (**anaphase**). Fase de la división célular que sigue a la metafase en la que los cromosomas hendidos se dirigen hacia los polos del huso. (Gr. **ana**, superior; + **fase.**)

anafilaxia* (**anaphylaxis**). Sensibilidad intensa que presentan ciertas personas a determinadas substancias, especialmente proteínas, resultante de una previa exposición hacia ellas. (Gr.**ana**, atrás; **phyllaxis**, protección.)

anafilaxis*. V. *anafilaxia*.

anaforesis (**anaphoresis**). Funcionamiento deficiente de las glándulas sudoríparas. (Gr. **a**, negativo; **phoresis**, que porta.)

anagénesis (**anagenesis**). Evolución progresiva. // Regeneración de tejidos. (Gr. **ana-**, hacia arriba; **genesis**, origen.)

anageotropismo (**anageotropism**). *Geotropismo negativo*.

Anaima. Una de las dos divisiones fundamentales de los animales propuesta por Aristóteles para incluir los considerados sin sangre (sin sangre roja), grupo que equivale al de *Invertebrados*. (Gr. **anaima**, sin sangre.)

anal* (**anal**). Lo relativo al ano. (Lat. **anus.**)

analantoideo. V. *anamniota*.

analéptico* (**analeptic**). Lo que estimula el sistema nervioso central. // Un cordial o droga restaurativa como la cafeína. (Gr. **ana-**, hacia arriba; **leptikos**, dispuesto a aceptar.)

analítico* (**analytic**). En la biología sistemática se aplica a las claves dicotómicas para la identificación de taxones. (Gr. **anlytikos.**)

analogía (**analogy**). Semejanza funcional entre estructuras u órganos debida a adaptación y no por su origen. (Lat. **analogía.**)

anaméstico (**anamestic**). Hueso pequeño intercalado entre otros mayores en el cráneo de los peces. (Gr. **ana**, arriba; **mestos**, rellenado.)

Anamnia. V. *Anamniota*.

Anamniota, anannioto. División de los vertebrados que comprende los peces y los anfibios, y se caracteriza por la ausencia de las membranas amnios. corion y alantoides. (Gr. **an-**, ausencia; + **amnion.**) También se llaman *analantoideos*.

anamorfa (**anamorpha**). Se dice de la larva con un número incompleto de segmentos. (Gr. **ana**, arriba; **morphe**, forma.)

anamórfico (**anamorphic**). Que muestra anomorfosis. // En los artrópodos un tipo de desarrollo que muestra al salir del huevo menor número de segmentos que el adulto. (Gr. **ana-**, arriba; **morphe**, forma.)

anamorfosis* (**anamorphosis**). Degeneración de una estructura que hace variar su forma. // Evolución por cambios graduales. (Gr. **anamorphosis**, transformar.)

Anamorpha. Una subclase de *Quilopoda* propuesta por Haase para incluir los grupos que muestran anamorfosis o aumento postembrionario de los segmentos. (Gr. **ana**, hacia arriba; **morphe**, forma.)

anancefalia (**anencephaly**). La carencia de encéfalo. (Gr. **an**, no; **enkephalos** encéfalo.)

anangiano (**anangian**), Sin sistema vascular, como ocurre a determinados vermes. (Gr. **a-**, sin; **angeion**, vaso.)

anaplasia (**anaplasia**). Sin diferenciar. Reversión a una forma menos diferenciada. (Gr. **ana**, de nuevo; **plassein**, formar.)

anapleurita (**anapleurite**). La pleurita torácica superior. (Gr. **ana**, hacia arriba; **pleura**, lado.)

anapófisis (**anapophysis**). Una pequeña proyección dorsal en las vértebras lumbares de algunos mamíferos. (Gr. **ana**, arriba; + **apófisis.**).

anopolístico. Se dice del cestodo que conserva los proglótidos posteriores durante toda su vida. (Gr. **ana-**, arriba; **poly**, mucho; **stichos**, hilera.)

Anapsida. Una de las subclases de la clase *Reptilia* que se caracteriza por la ausencia de aberturas temporales en el cráneo. Incluye las tortugas. (Gr. **an-**, sin; **apsida**, arcada.). *Adj.* ***anápsido***.

anártreo (**anarthrous**). Que no tiene juntas o articulaciones distintas. (Gr. **a-**, sin; **arthron**, junta.)

anártro (**anarthrous**). *Anártreo*.

anaschístico (**anaschistic**), Se aplica a las tétradas que se dividen longitudinalmente dos veces. (Gr. **ana**, hacia arriba; *schistos*, dividido.)

Anaspidacea. Un reducido orden de crustáceos de la sublclase *Malacostraca* hallado en las aguas dulces de Australia. (Deriv. del género **Anaspides**, del gr. **an-**, sin; **aspidos**, escudo.) V. Syncarida.

Anaspidea. Un orden de moluscos gasterópodos de la subclase *Opisthobranchia*. Concha pobremente desarrollada o ausente; parápodos natatorios, surco genital masculino abierto, varios escudos gástricos, rádula grande y masa visceral adherida al pie. (Gr. **anaspides**, sin escudo, concha.)

Anaspides. V. *Syncarida*.

anastomosis* (**anastomosis**) La unión de dos conductos y, por extensión, la de dos fibras. (Gr. **anastomosis**, acción de desembocar o desembocadura). *Adj.* ***anastomosado***. // ***a. arterio-venosas***, conexiones entre arterias y venas sin pasar por la red capilar.

anastral (**anastral**). Se aplica a los tipos de mitosis en los que no aparecen las estrellas alrededor de los centriolos. (Gr. **an-**, **astrum**; estrella.)

anatifa, anatife* (**goose barnacle**). Una especie de percebe, crustáceo cirrípedo pedunculado (**Lepas anatifera**). (Del lat. **anas**, ánade o pato silvestre, por la antigua creencia de que de dichas aves se producen los citados crustáceos, entonces considerados como plantas.)

anatoxina (**anatoxin**). V. **toxoide.**

anatomía* (**anatomy**). La estructura de un organismo. // Parte de la zoología que estudia las estructuras orgánicas que pueden apreciarse por cortes o disecciones. *Adj.* ***anatómico****. (Lat. **anatomia**; gr. **anatome**, disección; **anatemno**, cortar.) // ***a. comparada***, el estudio comparativo de los órganos y otras estructuras para tratar de descubrir en ellos las analogías y homologías. Tiene también una finalidad filogenética.

anatomista* (**anatomist**). El versado en la anatomía.

Anatosaurios. Grupo de dinosaurios del Cretáceo que se caracterizaron por la posesión de un hocico prolongado como el pico de los patos. (Gr. **anas**, patos; **sauros**, lagarto.)

anatrepsis (**anatrepsis**). Movimiento aumentado del embrión en el huevo. (Gr. **anatrepein**, revolverse.)

anatrienio (anatriaene). Espículas de esponjas del tipo trienio con ramas dirigidas hacia atrás. (Gr. **ana,** atrás; **triana,** tridente.)

anaxial (anaxial). Asimétrico o sin ejes de simetría. (Gr. **a-,** sin; **axis,** eje.)

Anaximandro. Filósofo griego, precursor de las teorías de la evolución orgánica. Creía que el hombre provenía de los peces. (611-547 A.C.)

anaxona (anaxon). Neurona sin axón evidente. (Gr. **a-,** sin, + axón.)

anay* (termite). Filipinas: *termite,* insecto.

anca* (croup). La parte superior y posterior de las caballerías. (Alemán antiguo, ancha, pierna.)

ancestral* (ancestral). Antepasado. Lo que pertenece a los antecesores o proviene de ellos. (Lat. **ante,** antes; **cedo,** marchar.) V. *atávico.*

ancéstrula (ancestrula). La primera larva en los briozoarios.

ancipital (ancipital). Con dos bordes. (Lat. **anceps,** con dos cabezas, doble.)

ancla* (anchor). Un tipo de osículo en los equinodermos. //*a. marginal,* tentáculo corto y adhesivo de ciertas medusas, como las estauromedusas.

ancón*, ancóneo (ancon). Músculo del brazo en el hombre y otros tetrápodos que extiende el antebrazo. (Gr. **ankon,** un doblez, el codo.) *Adj. anconeal.*

áncora (anchor). Estructura en forma de ancla. // Cuerpo calcáreo o esclerito del tegumento de los holoturioideos, que representan el dermato-esqueleto de otros equinodermos. (Lat. **ancora.**)

Ancylopoda. Grupo de mamíferos primitivos del Cretáceo y el Eoceno que parecen formar el eslabón entre los ungulados y los desdentados. (Gr. **ankylos,** curvado; **podos,** pie.)

Ancylostoma. Un género de nematodos parásitos, entre los que se encuentran *A. duodenale* causante de la anquilostomiasis humana en el Viejo Mundo, pero raro en América. V. *Necator.* (Gr. **ankylos,** doblado; **stoma,** boca.)

Anchitherio. Perisodáctilo fósil del Mioceno superior de Europa, al parecer descendiente del caballo fósil (**Mesohippus americanus**). (Gr. **anchi,** cerca; **therion,** bestia.)

anchoa* (anchovy). Nombre dado a varias especies de pececillos del orden *Clupeiformes,* familia *Engraulidae,* entre las cuales, la anchoa típica es *Engraulis encrasicholus,* que llaman *boquerón* en España. (Lat. **apiura,** anchoa.) // *a. pelada,* Cuba: especie de sardina pequeña o manjua (**Chirocentrodon bleekerianum**).

anchoveta* (anchoveta). Perú: especie de sardina muy abundante, alimento fundamental de los bonitos. // Varias especies de peces de la familia *Engraulidae.* (Dim de **anchoa.**)

andarríos. Aguzanieves. Nombre dado en España a una especie de ave charadriiforme,de la familia *Scolopacidae,* oriunda de Norteamérica, pero accidental en Europa (**Tringa solitaria**).

andrasa (andrase). Un factor determinante del sexo masculino. (Gr. **aner,** macho.)

Andrews, Roy Chapman. Zoólogo norteamericano, descubridor de huevos fósiles de dinosaurios. Mastozoólogo y ornitólogo. (1884-1960)

-andria. Forma sufija del gr. *aner, andros,* varón. Indica relación con el sexo masculino.

Andrias scheuchzeri. Especie de salamandra fósil europea cercana a la salamandra gigante asiática actual. Scheuchzer creyó que los restos encontrados pertenecían a un hombre muerto durante el diluvio y los llamó "Homo diluvii testis".

ándrico (andric). Macho. (Gr. **andrikos,** masculino.)

andrina (andrin). Cualquiera hormona testicular.

andro-* (andro-). (Del gr. **aner,** hombre, varón, genitivo **andros.**) También como sufijo *-andro, -andra.*

androcito (androcyte). Una espermátida. (Gr. **andros,** varón; **kytos,** célula.)

androconio (androconia). Escama modificada de las alas de algunas mariposas que produce un olor atractivo para el sexo contrario. (Gr. **aner, andros,**macho; **konios,** pulverulento.)

andróforo (androphore). El pedúnculo que porta los gonóforos masculinos en los sifonóforos. (Gr. **aner,** macho; **phoreus,** portador.)

androgameto (male gamete). Gameto masculino. Célula reproductora masculina.

androgamona (androgamon). Substancia secretada por las células masculinas en ciertos erizos de mar y de otros organismos que interviene en la motilidad de los gametos. (Gr. **aner,** macho; **gamos,** boda.)

androgénesis (androgenesis). El desarrollo haploide de un óvulo cuando el pronúcleo femenino no ha intervenido y, por lo tanto, el cigoto es haploide. *Efebogénesis.* (Gr. **andros,** macho; **genesis,** producción.)

andrógeno (androgen). Hormona que activa los caracteres masculinos. (Gr. **andros,** macho; **genesis,** producción.) *Adj. androgénico.*

andrógino* (androginous). *Hermafrodita,* que no puede autofecundarse. (Gr. **andros,** varón; **gyne,** hembra.)

androide* (android) En figura de hombre (Gr. **andros,** varón; **oides,** parecido.)

andrología (andrology). La ciencia de la naturaleza humana. (Gr. **andros,** varón; **logos,** discurso.)

androsoma (androsome). Un cromosoma limitado al sexo masculino. (Gr. **aner,** macho; **soma,** cuerpo.)

androsterona (androsterone). Hormona andrógena que se produce en la corteza suprarrenal de ambos sexos y se detecta en las orinas. (Gr. **andros,** varón; + esterol.)

androtipo (androtype). Un tipo taxonómico del sexo masculino. (Gr. **andros,** varón; **typos,** patrón.)

anébico (anebous). Prepubertal.(Gr. **anebos,** antes de la pubertad.)

anectente (annectent). Que pertenece a un grupo taxonómico intermediario entre otros. (Lat annectens, conectante.)

anejo* (annex). V. *anexo.* // *a. embrionarios,* v. *amnio, corion, alantoides.* (Lat. **annexus.**)

anelectrotono (anelectrotonus). Disminución de la irritabilidad de una fibra nerviosa en el ánodo durante el paso de una corriente eléctrica. (Gr. **ana,** hacia atrás; **elektron,** "electricidad".)

anélido* (annelid worm). Cualquier miembro del filum de los *Anélidos.* V. *Annelida.*

anemaspermios. *Alospermios.* Se aplica a los espermatozoos de movimientos amiboideos. (Gr. **a-,** sin; **nema,** hilo; **sperma,** semilla.)

anelidiana (annelidian). Se aplica a la hipótesis que supone el origen de los vertebrados por descendencia de antepasados del filum *Annelida.* (De **anélidos.**)

anemia* (anemia). Reducción del número de eritrocitos o de la cantidad de hemoglobina en la sangre. (Gr. **a-,** sin; **haima,** sangre.) // *a. esferocítica,* una anemia hemolítica caracterizada por eritrocitos de forma esférica.

anemina (anehaemin). Nombre que se aplicó a la substancia responsable de la regeneración de los eritrocitos o hematopoyética. (Gr. **ana-,** de nuevo; **haima,** sangre.)

anemocoría (anemochory). Dispersión de los organismos por el viento. (Gr. **anemos,** viento; **choreo,** esparcir.)

anémona. v. *anémona de mar.*

anémona de mar* (sea anemone). Nombre aplicado a las especies de celenterados marinos del orden *Actiniaria,* pues por sus colores vivos y sus largos tentáculos parecen flores. V. *Anthozoa.*

anémone*. *Anémona.*

anemoplancton (anemoplankton). Forma más correcta que *aeroplancton,* q.v. (Gr. **anemos,** viento; **plankton.**)

anemotaxia (anemotaxis). Movimiento dirigido en respuesta al movimiento del aire. (Gr. **anemos**, viento; **taxo**, ordenar.)

anentérico (anenterous). Que no tiene tubo digestivo. (Gr. **an-**, sin; **enteron**, intestino.)

aner (aner). El macho de los insectos y, en especial, el de las hormigas. (Gr. **aner**, macho.)

anestesia* (anesthesia). Pérdida de la sensibilidad. // Generalmente se emplea este nombre para anestesia inducida con fines quirúrgicos. (Gr. **an-**, sin; **aisthesis**, sensibilidad.)

anestro (anoestrus). Intervalo de inactividad entre dos estros. (Gr. **an-**, sin, **oistros**, calor sexual, seseo intenso.)

aneucéntrico (aneucentric). Translocación de los centrómeros de un cromosoma. (Gr. **an**, sin; **eu**, bien; **kentro**, centro.)

aneuploidía (aneuploid). Una condición de poliploidía en la que un número mayor o menor que un múltiplo exacto del haploide. (Gr. **aneu**, desigual; **aploos**, simple.)

aneurina (aneurine). Vitamina B_1 o *tiamina*, de acción antineurítica. (Gr. **a-**, sin; **neuron**, nervio.)

aneurisma* (aneurism). Una dilatación permanente localizada en un vaso sanguíneo. (Gr. **aneurysma**.)

aneurónico (aneuronic). Se dice del órgano o estructura sin inervación. (Gr. **a-**, sin; **neuron**, nervio.)

aneústico (apneustic). V. *apneústicos*.

anexa (adnexa). Apéndices. // Partes adjuntas, // Anexos, *anejos*. // Membranas fetales. (Lat. **ad**, hacia; **nectere**, reunir.)

anexo* (annexed). Unido a otra cosa. *Anejo*.

anfesibena* (amphisbaena). V. *anfisbena*.

anfi-* (amphi-). (Del gr. **amphi**, en ambos lados, doble, en cada extremidad, alrededor.)

anfiapomíctico (amphiapomictic). Un tipo biológico que proviene de formas sexuales facultativas. (Gr. **amphi**, ambos; + **apomíctico**, q.v.)

anfiartrosis (amphiarthrosis). Articulación que permite poco movimiento, como la de las vértebras entre sí. (Gr. **amphi**, de ambos lados; **arthros**, articulación.)

anfiáster (amphiaster). El uso acromático durante la mitosis con dos centriolos. // Tipo de espícula en las esponjas con terminaciones estrelladas. (Gr. **amphi**, ambos; **aster**, estrella.)

anfibio* (amphibian). Se dice de los miembros de la clase de los vertebrados llamada *Amphibia*. // Se aplica a los organismos que pueden acomodarse a medios terrestres y acuáticos. (Gr. **amphi**, ambos; **bios**, vida.)

anfibiótico (amphibiotic). Lo que pertenece a los huevos telolecitos con clivaje completo y desigual. (Gr. **amphi**, ambos; **blastos**, germen.)

anfiblástula (amphiblastula). Estado larval en ciertas especies de esponjas marinas con las células del polo animal muy pequeñas y flageladas y las del polo vegetal grandes y sin flagelos. (Gr. **amphi**, ambos; + **blastula**.)

anfibólico (amphibolous). Capaz de volverse hacia adelante y hacia atrás, como el dedo externo del pie de los búhos. (Gr. **amphi**, ambos; **ballo**, tirar.).

anficarion (amphikaryon). Núcleo con dos juegos de cromosomas haploides. (Gr. **amphi**, ambos; **karyon**, núcleo.)

anficélico (amphycoelous). Que tiene huecos en ambos lados. // Se aplica a las vértebras cuyos centros son cóncavos por ambas caras, como las de los peces. (Gr. **amphi**, en ambos lados; **koilos**, hueco.)

anficito (amphicyte). Célula endotelial que rodea las raíces de los ganglios dorsales. (Gr. **amphi**, ambos; **kytos**, célula.)

anficondíleo (amphicondylous). Que está provisto de dos cóndilos occipitales. (Gr. **amphi**, ambos; **kondylos**, protuberancia.)

anficono (amphicone). Una cúspide en los molares de mamíferos extintos que se cree dieron origen al metocono y al paracono. (Gr. **amphi**, ambos; **konos**, cono.)

anfidélfico (amphidelphic). Con un par de úteros. *Didélfico*, q.v. (Gr. **amphi**, ambos; **delphys**, matriz.)

anfidético (amphidetic). Se aplica a las conchas de los moluscos bivalvos que tienen el ligamento en ambos lados de los umbones. (Gr. **amphi**, a ambos lados; **desmos**, ligamentos.)

anfidial (amphidial). Que pertenece a los ánfidos de los nematodos. (Gr. **amphi**, ambos, q.v.)

anfidiploide (amphidiploid). Doblemente diploide o alotetraploide. Un híbrido que tiene genomas diploides procedentes de ambos padres. (Gr. **amphi**, ambos; **diploos**, doble.)

anfidisco (amphidisc). Espícula con rótulas en los extremos halladas en las gémulas de ciertas esponjas de agua dulce. (Gr. **amphi**, ambos; **diskos**, un disco.)

ánfido (amphid). Quimiorreceptor en los nematodos.

anficlexis (amphiclexis). Selección sexual. (Gr. **amphi**, ambos; **eklexis**, escoger.)

anfigástrula (amphigastrula). La gástrula que en ciertas esponjas se forma de una anfiblástula.

anfigea (amphigean). Se aplica a lo que pertence tanto al Viejo como al Nuevo Mundo. (Gr. **amphis**, en ambos lados; **ge**, la tierra)

anfigénesis (amphigenesis). Reproducción sexual. (Gr. **amphi**, ambos; **genesis**, origen.)

anfigénico (amphigenic). Que produce tanto machos como hembras. (Gr. **amphi**, ambos; **genes**, producir)

anfigonía (amphigony). Reproducción sexual por unión de gametos diferentes. (Gr. **amphi**, ambos; **gonos**, generación.) *Adj.* *anfigónico*.

anfilepsis (amphilepsis). Condición que ocurre en los híbridos, cuyo fenotipo tiene algo de ambos progenitores. (Gr. **amphi**, ambos; **lepsis**, hacer algo suyo.)

anfimíctico (amphimictic). Un biotipo producido por reproducción sexual. (Gr. **amphi**, ambos; **miktos**, mezclado.)

anfimixis (amphimixis). Acto por el que dos gametos se confunden en uno solo. (Gr. **amphi**, ambos; **mixis**, mezcla.)

anfimórula (amphimorula). Un estado de mórula derivado de un huevo anfiblástico. (Gr. **amphi**, ambos; + **mórula**.)

anfineuro* (amphineuran). Un molusco de la clase *Amphineura*.

anfinéustico (amphineustic). Se aplica a las larvas de insectos con espiráculos funcionales en el protórax y en el último segmento abdominal. Se aplica a los anfibios que tienen branquias y pulmones funcionales a la vez. (Gr. **amphi-**, ambos; **pneustikos**, para la respiración.)

anfinúcleo (amphinucleus). Un núcleo con dos juegos haploides de cromosomas. Anficarion. (Gr. **amphi**, de ambos; **nucleos**, núcleo.)

anfinucléolo (amphinucleolus). Un nucleolo que contiene tanto *plastina*, como *cromatina*. (Gr. **amphi**, de ambas partes; + **nucléolo**.)

anfionte (amphiont). V. *cigoto*.

anfioxo (amphioxus). Nombre basado en el desusado género *Amphioxus*, para las especies de cefalocordados de los géneros *Branchiostoma* y *Asymetrum*. (Gr. **amphi**, ambos; **oxis**, aguzado.)

anfipirenina (amphipyrenin). Nombre que se aplicó a la substancia que se supuso constituía especialmente la membrana nuclear. (Gr. **amphi**, alrededor; **pyreninon**, dim. de pyren, "núcleo".)

anfiplana (amphiplatyan). Se dice de las vértebras cuyos centros son planos por ambas caras. (Gr. **amphi**, por ambos lados; lat. **planus**, plano.) V. *acélica* o *anfiplática*.

anfiplático (amphiplatyan). Que es plano por ambos lados. // Se aplica a un tipo de vértebra que tiene planas las caras anteriores y posteriores del centro. También *anfiplana*.

anfiploidía (amphiploid). Organismo diploide para dos genomas, cada uno de una especie diferente.(Gr. **amphi**, ambos; + **ploidea**.)

anfípodo* **(amphipod).** Que tiene pies para caminar y otros para nadar. // Un crustáceo del orden *Amphipoda.* (Gr. **amphi,** ambos; **podos,** pie.)

anfirrino **(amphirhinal).** Que pertenece a las dos aberturas nasales. (Gr. **amphi,** ambos; **rhis,** nariz.)

anfisbénido* **(amphisbaenid).** Dícese de los reptiles ápodos del suborden *Sauria,* con escamas finas y el cuerpo marcado por cuadriláteros. (Gr. **amphisbaina,** especie de culebra.)

anfistílico **(amphistylic).** Se aplica a un tipo de suspensión del esplacnocráneo en el neurocráneo, a la vez por el hiomandibular y por un proceso del maxilar superior o por el hueso cuadrado. (Gr. **amphi,** a ambos lados; **stylos,** columna.)

anfiteno **(amphitene).** V. *cigoteno.*

anfitermo **(amphitermal).** Se aplica al animal euritermo que muestra clines o subespecies de diferente tolerancia térmica. (Gr. **amphi,** de ambos; **therme,** calor.)

anfístomo **(amphistomous).** Con ventosas situadas en ambos extremos del cuerpo. (Gr. **amphi,** ambos; **stoma,** boca.)

anfitoquia **(amphitoky).** La producción de machos y hembras partenogenéticamente. (Gr. **amphi,** ambos; **tokos,** nacimiento.)

anfitriena **(amphitriaene).** Espícula de esponjas con un doble tridente. (Gr. **amphi,** ambos; **triania,** tridente.)

anfitroca **(amphitrocha).** Larva trocófora de anélidos, provista de dos anillos ciliados. (Gr. **amphi,** ambos; **trochos,** rueda.)

anfiumo* **(congo eel, congo snake).** Una de las salamandras norteamericanas de la familia *Amphiumidae* (**Amphiuma** sp.)

anfocito **(amphocyte).** Célula que se tiñe con colorantes básicos y ácidos. (Gr. **amphi,** ambos; **kytos,** célula.)

anfractuosidad **(anfractuosity).** Cada uno de los surcos o circunvoluciones del encéfalo. // Las grietas más o menos sinuosas de ciertos órganos. (Lat. **anfractus,** vuelta,giro.) *Adj.* ***anfractuoso.***

Angaria **(Angaria).** Continente emergido durante el Paelozoico que, según Suess, comprendía el norte de Asia, este del Mar de Aral y norte del Mar de Tethys.

angelito. Especie de abeja sudamericana de la familia *Meliponidae* (**Melipona quinquefasciata**).

angelote* **(angel shark).** Cualquier pez marino del orden *Selachii,* suborden *Squali,* familia *Squatinidae.* Aletas pectorales y ventrales extendidas a la manera de alas. Habita el Atlántico septentrional. Género *Squatina.*

angina **(angina).** Una inflamación de la garganta. //a. de pecho, dolores espasmódicos en el pecho por obstrucción de la coronaria. (Lat. **angina,** de **angere,** sofocar.)

angio- **(angio-).** (Del gr. **angeion,** vaso.)

angioblasto **(angioblast).** Mesénquima embrionaria que origina los vasos sanguíneos. (Gr. **angeion,** vaso; **blastos,** brote.)

angiogénesis **(angiogenesis).** La formación y desarrollo de los vasos sanguíneos. (Gr. **angeion,** vaso; **genesis,** origen.)

angioma* **(angioma).** Tumor formado por vasos sanguíneos. (Gr. **angeion,** vaso.)

angiología **(angiology).** La parte de la anatomía que estudia los vasos sanguíneos y linfáticos. (Gr. **angeion,** vaso; **logos,** discurso.).

angiostomado **(angistomatous).** Que tiene la boca estrecha, como ciertas serpientes cuya boca no es extensible. (Gr. **angeion,** vaso; **stoma,** boca.)

angiotensina **(angiotensin).** Una proteína de la sangre que aumenta la presión sanguínea cuando esta decrece en los riñones. (Gr. **angeion,** vaso; lat. **tensio,** estirar.)

angiotonina **(angiotonin).** V. *angiotensina.*

angora **(angora cat).** Nombre empleado para conejos y gatos de pelo largo, sedoso y blanco. (De Angora o Ankara.)

anguatibo **(angwantibo).** Pequeño lemúrido de aspecto de zorro que vive en el Africa occidental. (**Arctocebus calabariensis**).

anguila* **(eel).** Pez catádromo que desova en el Mar de los Sargazos y sus crías emigran de dicho mar para remontar los ríos de Europa y la América en donde crecen y de allí retornan de nuevo a sus criaderos. Pertenecen al orden *Anguilliformes,* familia *Anguillidae.* Ej. *Anguilla anguilla.* (Lat. **anguilla.**) *Adj.* ***anguiliforme.*** // a. ***eléctrica,*** el mayor y más potente pez eléctrico del mundo. Habita los ríos del Orinoco y Amazonas (**Electrophorus electricus**) .

anguilera. Vivero de anguilas.

Anguiliformes. Un orden de peces óseos de la subclase *Actinopterygii.* Cuerpo largo y delgado, aletas dorsal, anal y caudal continuas; aletas pélvicas usualmente ausentes, aberturas branquiales pequeñas; escamas diminutas o ausentes, vejiga natatoria sin conducto. Del Cretáceo al reciente.

anguílula* **(eelworm).** Cualquiera de los diminutos vermes de la clase *Nematoda,* familia *Anguillulidae,* incluyendo la *anguilula del vinagre* (**Anguillula acete**). *Adj.* ***anguiluliforme*.***

anguilla. V. *anguila.*

anguilluloidea. Un orden de *Nematoda* de la subclase *Secernentea.* V. *Rhabditida.*

Anguimorpha. Un infraorden de reptiles del suborden *Sauria,* que comprende los anguidos, aniélidos y xenosauridos. (Basados en el género **Anguis.**)

Anguina*. Vena de las ingles de los cuadrúpedos. (Lat. **inguen,** ingle.)

angiotensinógeno **(angiotensinogen).** Proteína de la sangre que, activada por una proteasa, la *renina* secretada por el riñón, se transforma en *angiotensina.* (De **angiotensina** y gr. **genos,** producir.)

angula **(elver).** Estado en el ciclo de las anguilas intermedio entre las larvas y el adulto, que se transforma en anguila al entrar en los ríos. (De **anguila.**)

angular* **(angular).** Hueso de la parte posterior de la rama mandibular inferior en los vertebrados. En los mamíferos constituye el martillo del oído medio. (Lat. **angulus.**)

ángulo* **(angle).** La acepción común. *Adj.* ***angular, angulado, anguloso.*** // *a.* ***anal,*** el ángulo distal posterior en el ala de un insecto; // *a.* ***costal,*** la punta del ala de los insectos. // *a.* ***craneofacial,*** en antropología física, el ángulo que forma el eje besicraneal con el eje facial, que indica la posición relativa de la cara y el cráneo. // *a.* ***de Louis,*** el llamado también ángulo esternal, formado por la unión del manubrio con el cuerpo del esternón. // *a.* ***esternal,*** v. *ángulo de Luis* o *angulus Ludovici.* // *a.* ***facial,*** en craniometría, el ángulo que forma la recta que une el nasio y prostio con el plano aurículo orbitario. Sirve para medir el grado de prognatismo en los primates.

angulosplenial **(angulosplenial).** Un hueso que forma la mitad posterior de cada mandíbula en algunos vertebrados inferiores.

angusti- **(angusti-).** (Del lat. **angustus,** estrecho.)

angustirrostro **(angustirostrate).** Que tiene un pico o rostro estrecho. (Lat. **angustus,** estrecho; rostro, pico, hocico.)

angustitelado. Se aplica a los equinoideos cuyas zonas ambulacrales son mucho más estrechas que las interambulacrales. (Lat. **angustus,** estrecho; **stellatus,** estrellado.)

anhidrasa carbónica **(carbonic anhidrase).** Enzima respiratoria muy común que acelera la velocidad de la conversión del anhídrido carbónico en ácido carbónico.

anhidrosis* **(anhidrosis).** Ausencia anormal de sudor. // Ausencia de glándulas sudoríparas. (Gr. **an-,** sin; **hydor,** agua.)

anhima* **(screamer).** Cualquiera de las aves de Centro y Sudamérica de la familia *Anhimidae* (**Chauna chavaria**).

Anhimiae. Un orden de aves que fue propuesto como intermediario entre *Anseriformes* y *Ciconiiformes.*

anhinga **(snake bird).** Ave del orden *Pelecaniformes,* familia

Anhingidae de Africa y América, también llamada *marbella, corúa real, cotúa, agujita*, etc. (Vocablo **tupí.**)

anhisto **(anhist).** Que no tiene células y no forma tejidos. (Gr. **an-**, negativo; **histos**, tejido.)

anholocíclico **(anholocyclic).** Se aplica a los organismos que son permanentemente partenogenéticos por supresión de la parte sexual de su ciclo vital. (Gr. **an**, no; **holos**, completo; **kyklos**, círculo.)

aní **(ani)** Ave insectívora del orden *Cuculiformes*, familia *Cuculidae* que habita las regiones cálidas de América. V. *judío=garrapatero.*

ania **(ania).** Una proyección de la base del *culmen* del pico de las aves.

anidiano **(anidian).** Blastodermo sin eje embrionario observable. // = *Amorfo.* (Gr. **an-**, no; **eidos**, forma.)

anillete **(annulus).** Una estructura en forma de anillo pequeño. // Pieza de soporte del edeago en ciertos lepidópteros. // (Lat. **anellus**, anillo pequeño.)

anillo **(ring).** Estructura en forma de aro. (Lat. **annulus.**) // ***a. anal***, tracto de plumas en las aves alrededor del ano. // ***a. aquífero***, canal circular del aparato acuífero de los equinodermos del que parten los cinco canales radiales. // ***a. de Lowe***, anillo en el campo visual producido por la mancha amarilla o mácula lútea. // ***a. de Weismann***, anillo glandular que rodea la aorta en las larvas de los dípteros superiores, que es homólogo de los cuerpos alados de otros insectos. // ***a. exumbrelar***, estructura nerviosa en la parte periférica de las medusas que inerva los órganos de los sentidos. // ***a. germinal***, área que forman los márgenes del blastóporo de ciertas gástrulas, donde el epiblasto se continúa con el hipoblasto. // ***a. inguinal***, conducto que comunica cada escroto con la cavidad abdominal en los mamíferos y que, en el hombre, está casi completamente cerrado, dejando pasar solamente los vasos sanguíneos, el canal deferente y un ligamento. // ***a. nervioso***, un aro de tejido nervioso que rodea el esófago en muchos equinodermos y la faringe en los anélidos y los artrópodos. En los equinodermos hay otro anillo nervioso aboral alrededor del recto que inerva las gónadas. // ***a. parietal***, la parte media del cráneo de los mamíferos, compuesto de los parietales y los exoccipitales. //***a. polares***, dos masas citoplásmicas anulares junto a los polos de huevo fecundado. // ***a. sinusarios***, anillos en el sistema seudohenal de los equinodermos: uno oral y otro aboral. // ***a. subumbrelar***, anillo nervioso en la parte periférica de las medusas que inerva los haces musculares. // ***a. ventral***, receptáculo seminal en algunos crustáceos macruros fluviales.

ánima*. Parte basal del cañón o escapo de las plumas de las aves que está lleno de aire y dividido por tabiques córneos. (Lat. **anima**, soplo.)

animal* **(animal).** Ser viviente de nutrición heterótrofa, capaz de movimientos voluntarios y de sensaciones. // ***a. colonial***, el que vive en grupos, sea bien separados, incompletamente separados o adheridos unos a otros.

animalculista **(animalculist).** Sostenedor de la tesis de que en las células germinales (espermas o huevos) se encuentra preformado el individuo **(homúnculo).** Los espermistas creían que el homúnculo estaba situado en los espermatozoides, mientras que los ovistas lo alojaban en los óvulos. (Neolat. **animalculum**, animalillo.)

animálculo* **(animalcule).** Un animalillo invisible o casi invisible a simple vista. (Neolat, **animalculum**, dim. del lat. **animal.**) // ***a. musgos***, nombre dado a los animales del fílum *Bryozoa* por la semejanza externa de algunas colonias con los musgos.

animalejo*. Despectivo de *animal.*

Animalia. El reino animal.

animalia*. Anticuado de *animal.*

animalización* **(animalization).** Desarrollo de las estructuras derivadas del hemisferio animal de la gástrula, especialmente cuando se induce experimentalmente, como por acción del sulfocianuro de sodio.

animismo* **(animism).** Un sistema vitalista que considera el alma como principio de acción de los fenómenos vitales. (Lat. **anima**, alma: **-ismo**, estado.)

animita **(firefly).** Cuba: insecto lampírido luminoso. *Luciérnaga.*

aniridia **(aniridia).** La ausencia de iris en el ojo. (Gr. **an-**, **sin; iris.**)

aniso- **(aniso-).** (Del gr. **anisos**, desigual.)

anisocerca **(anisocercal).** Aleta caudal que tiene los dos lóbulos desiguales. (Gr. **anisos**, desigual; **kerkos**, cola.)

anisodáctilo **(anisodactylous).** Con los dedos desiguales. Se aplica a las aves que tienen los pies con tres dedos dirigidos hacia delante y uno hacia atrás. (Gr. **anisos**, desigual; **daktylos**, dedo.)

anisodonte* **(anisodont).** Se aplica a los animales que tienen dientes diferenciados en distintas regiones, como los mamíferos. También se aplica a los de la charnela de ciertos bivalvos de dientes desiguales. (Gr. **anisos**, desigual; **odous**, diente.)

anisogameto **(anisogamete).** V. *heterogameto.*

anisogamia **(anisogamy).** Unión de dos gametos desiguales en tamaño y estructura. (Gr. **anisos**, desigual; **gamos**, boda.) *Heterogamia.*

anisógamo **(anisogamous).** Que tiene gametos diferenciados. (Gr. **anisos**, diferente; **gamos**, boda.)

anisognato **(anisognathous).** Que tiene diferentes las dos mandíbulas en espesor o en dentición. (Gr. **anisos**, diferente; **gnathos**, mandíbulas.)

anisómero* **(anisomerous).** Se aplica al órgano que no tiene el mismo número de partes que otro órgano homólogo. (Gr. **anisos**, desigual; **meros**, parte.)

anisomerogamia **(anisomerogamy).** *Anisogamia.*

anisomiario **(anisomyarian).** Molusco bivalvo del orden *Anisomyaria*, q.v.

anisomórfico **(anisomorphic).** Que difiere en tamaño, forma o estructura. (Gr. **anisos**, diferente; **morphe**, forma.)

Anisomyaria. Un orden de moluscos bivalvos, empleado principalmente por los paleontólogos, que tienen el músculo aductor posterior grande y el anterior pequeño o ausente. (Gr. **aniso**, desigual; **mys**, músculo.)

anisopleural **(anisopleural).** Bilateralmente asimétrico. (Gr. **anisos**, desigual; **pleura**, lado.)

anisoploide **(anisoploid).** Con número impar de juegos de cromosomas en las células somáticas. (Gr. **anisos**, desigual; **haploos**, simple.)

Anisopoda. Un nombre alterno para los crustáceos malacostráceos del orden *Tanaidacea*, q.v.

anisopogóneo **(anisopogonous).** Desigualmente barbado. Se aplica a las plumas de las aves. (Gr. **anisos**, desigual; **pogon**, barba.)

Anisoptera. Un suborden de insectos del orden *Odonata*, en donde se incluyen las libélulas. Tienen las alas anteriores muy diferentes de las posteriores y ambas extendidas horizontalmente durante el reposo. (Gr. **anisos**, distinto; **pteron**, ala.)

anisóptero **(anisopterus).** De alas desiguales. (Gr. **anisos**; **pteron**, ala.) // Un miembro de la clase *Anisoptera*, q.v.

anisoquela **(anisochela).** Una quela con sus dos partes desigualmente desarrolladas. (Gr. **anisos**, desigual; **chele**, quela.)

anisospora **(anisospore).** V. *heterospora.*

anisotropía **(anisotropia).** Se aplica al hecho de que, durante la segmentación del huevo, se forman blastómeros con distinta capacidad de diferenciación, lo que ha permitido suponer que el huevo, aún antes de comenzar la segmentación, muestra territorios citoplásmicos diferentes. (Gr. **anisos**, diferente; **tropos**, un cambio.)

Anisozygoptera. Un suborden de insectos del orden *Odonata.* Una sola especie viviente, *Epiophlebia rupestris*, del Japón, considerada como una reliquia viviente de la Era Mesozoica.

ankola (ankole cattle). Raza africana del ganado vacuno, de enormes cuernos.

Ankylosauria. Un suborden de dinosaurios cretácicos del orden *Ornithischia.* Tenían hasta 7m. de largo y el cuerpo cubierto por placas óseas. (Gr. **ankylos**, doblado; sauros, "reptil".)

Annelida. Filum que comprende gusanos cilíndricos de cuerpo anillado, con segmentos homónimos que generalmente llevan tabiques internos. Comprende las lombrices de tierra, las sanguijuelas, los palolos, etc. // Superfilum que comprende los invertebrados con larva *trocófora* (**Annelida, Brachiopoda** y **Mollusca**). (Lat. **annelum**, anillo.)

anlage (anlage). Primordio embrionario. (Voz alemana empleada a veces en embriología en el sentido de precursor o rudimento.)

Annulata. Ver filum *Annelida.*

annulus (annulus). Palabra latina que significa *anillo.*

ano* (annus). Abertura terminal del tubo digestivo para la egestión de las heces. (Lat. anus.) *Adj.* ***anal*.***

anoa* (anoa). Búfalo enano de Celebes, de 1m. de alto (**Bubalus (Anoa) depressicornis**).

anobio*. Coleóptero xilófago llamado también *carcoma,* que perfora los libros.

anodonte (anodonta). Molusco bivalvo cuyo cuerpo sistemático esta protegido por dos valvas de conchas unidas por una charnela sin diente. (Gr. **an**, privativo; **odous, odontos**, diente.)

anófeles* (anopheles). Mosquito cuya hembra trasmite la malaria. (Del **griego anopheles**, importuno.)

anoftalmía (anophthalmia). Ausencia congénita de ojos. (Gr. **an**- sin; **ophthalmos**, el ojo.)

anolis (anolis). Reptil de la familia de los iguánidos, orden *Squamata.* Vive en América. *Sinónimo en España: lagarto, lagartija* (**lagarto pequeño**).

anom-. Sin ley. V. *anomo-*

anomalía* (anomaly). Irregularidad. Desviación de las características típicas. (Gr. **an**-, privativo; **omalos**, liso, unido.)

Anomalodsmacea. Un orden de moluscos bivalvos con valvas usualmente desiguales, bordes del manto unidos excepto por las aberturas de los sifones y por el pie. Casi todos marinos y perforantes. (Gr. **anomalos**, desigual; **desma**, ligamento.)

anómalo* (anomalous). Irregular. (Gr. **anomalos**, desigual.)

anomalodonte (anomalodont). Que tiene dientes anormales. Se aplica a las charnelas de los moluscos bivalvos que tienen dientes anormalmente pequeños. (Gr. **anomalos**, desigual; **odous**, diente.)

anomaluro (scaly-tail). Mamífero de la Isla de Fernando Poo, del orden *Rodentia,* familia *Anomaluridae* (**Anomalurus fraseri**).

anomo-*. (Del gr. **anomos**, sin ley.) Se emplea para indicar lo que está fuera de lo normal.

Anomocoela. Clase *Amphibia* del Suborden *Salientia.* Las vértebras sacras son procélicas y carecen de costillas libres. (Gr. **anomios**, desigual; **koilos**, cavidad.)

anomocélica (anomocoelous). Vértebra que tiene el centro cóncavo anteriormente y convexo por detrás. (Gr. **anomois**, desigual).

Anomodonta. Reptiles de los períodos Pérmico y Triásico que muestran ciertas características de mamíferos. = *Theromorpha,* q.v.

Anomopoda. Una división de los crustáceos cladóceros de la subclase *Branchiopoda.* Tienen 5-6 pares de patas, los dos primeros prensiles. (Gr. **anomos**, anormal; **pous, podos**, pie.)

Anomostraca. Un orden de crustáceos malacostráceos, también llamados *Anaspidacea,* q.v. (Gr. **anomos**, desigual; **ostrakos**, concha, crustáceo.)

anomostráceo. Un miembro del orden *Anomostraca,* q.v. (Gr. **anomos ostrakon**, concha, crustácea.)

Anomoura. Un suborden de crustáceos marinos decápodos de la sección *Reptantia* que comprende los cangrejos ermitaños y las formas afines. El abdomen es blando, doblado ventralmente y el tercer par de patas carece de quelas. (Gr. **anomos**, sin orden; **oura**, cola.)

anomoura* (anomoura). Dícese de los crustáceos malascostráceos del grupo *Anomoura,* q.v.

anónimo (anonym). En bibliografía se emplea para indicar que no se conoce la identidad del autor de una obra. (**Lat.a-**, negativo; **nomen**, nombre.)

Anopheles. Género de mosquitos. Muchas de cuyas especies son transmisoras del paludismo. En las Antillas es común *A. albimanus.*

Anopla. Una clase del filum *Nemertea.* Boca posterior al cerebro, sistema nervioso subepidérmico y proboscide desarmada. (Gr. **an**-, sin; **haplon**, armadura.)

Anoplophryinea. Un orden de ciliados holotricos. V. *Astomatida.*

anoplo. Un miembro de la clase de *Nemertinos* llamada *Anopla,* q.v.

Anoploterio. Mamífero fósil del Eoceno de París, que sirvió a Cuvier para demostrar la existencia de animales desaparecidos muy diferentes a los actuales. No tienen ningún diente desarrollado. (Gr. **an**-, sin; **aplon**, arma; **therion**, fiera.)

Anoplura. Un orden de insectos sin alas que incluye los llamados piojos chupadores, parásitos sobre los mamíferos. La boca es picadora y retráctil, las patas robustas con uñas fuertes y su metamorfosis es simple. (Gr. **anoplos**, desarmado; **oura**, cola.)

anopluro*. Cualquier insecto del orden *Anoplura,* q.v.

anorexia* (anorexia). Falta de ganas de comer. (Gr. **anorexia**, inapetencia.)

anorganología (anorganology). V. *abiología.*

anortogénesis (anorthogenesis). Tipo de evolución con cambio en la dirección de las diversas adaptaciones. Evolución en zigzag. (Gr. **an**-, no; **orthos**, recto; **genesis**, origen.)

anosmia (anosmia). Pérdida o disminución del sentido del olfato. (Gr. **an**-, sin; **osme**, olfato.) *Adj.* ***anosmático.***

Anostraca. Orden de crustáceos de la subclase *Branchiopoda.* Carecen de carapacho. Los ojos pedunculados y tienen 11 pares de apéndices nadadores. Ej. *Artemia.*

anoxemia* (anoxemia). Condición debida a insuficiente oxidación de la sangre. (Gr. **an**-, sin; **oxys**, oxígeno; **haima**, sangre.)

anoxia (anoxia). V. *hipoxia.*

anoxibionte (anoxybiotic). Organismo que puede vivir sin oxígeno ambiental, sustituyendo el oxígeno por oxidaciones internas. Ej. bacterias, vermes intestinales. (Gr. **a**-, sin; **oxys**, "oxígeno"; **bionte**, individuo vivo.)

anoxibiosis. *Anaerobiosis.* V. *anoxibionte.*

anquiloproglifo (ankyloproglyphi). V. *Proteroglifo.*

anquilos (ankylo-). (Del gr. **ankylos**, doblado, curvado; **ankylis**, un garfio.)

anquilosaurio (ankylosaurus). Reptil dinosaurio del grupo *Ornitischia,* con el cuerpo protegido por una coraza cubierta por placas óseas. Del Cretáceo superior de Norteamérica. (Gr. **ankylos**, curvado; **sauros**, lagarto.)

anquilosis* (anchylosis). Anormal inmovilidad y consolidación de una articulación. (Gr. **ankylos**, doblado, encorvado; **-osis**, dolencia.)

anquilostoma (hookworm). Verme nematodo parásito humano, ocasiona la enfermedad uncinariasis, caracterizada por una gran anemia. Filum *Aschelminthes,* Clase Nematoda (**Ancylostoma duodenale** y **Necator americanus**). (Gr. **ankylos**-, doblado; **stoma**, boca.)

anquilostomiasis* (ankylostomiasis). Enfermedad producida por el parasitismo de *Ancylostoma duodenale* o *Necator americanus,* especies de vermes nematodos. (Gr. **ankylos**, doblado; **stoma**, boca; **-iasis**, condición.)

anquiroide (ankyroid). Que tiene forma de anzuelo. (Gr. ankyra, anzuelo; eidos, forma.)

ansa* (handle). *Asa.* (Lat. ansa, asa.) *Adj. ansiforme.*

ánsar* (goose). Ganso, especialmente silvestre europeo (Anser anser). Ave del orden *Anseriformes* familia *Anatidae. Adj. ansarino**

ansarón. V. *ansar.*

Anseriformes. Orden de aves palmípedas. Pico ancho cubierto por epidermis y con los márgenes provistos de laminillas transversales, patas cortas, pies palmeados y cola corta. Nidifugos. *Patos, gansos, cisnes.* (Lat. anser, ganso; forma, forma.)

anserina (anserine). Un constituyente de los músculos de aves, reptiles y peces. (Lat. anser, ganso.)

ant- (ant-). Lo mismo que *anti-*, q.v.

anta* (moose). El *alce* o danta. // El danta o *tapir* americano, q.v.

antagonismo (antagonism). Lo relativo a los antagonistas, como él parásito y el hospedante. // Efectos opuestos de dos diferentes drogas. // La acción de dos músculos diferentes, como los flexores y extensores. // Inhibición en el crecimiento de un organismo por la presencia de otra especie. (Gr. Antagonisma.)

antagonista* (antagonist). Un músculo que se relaja mientras el músculo agonista se contrae y viceversa. *Adj. antagónico.*

antambulacral (antambulacral). Que no está en el área ambulacral de los equinoideos. *Abactinal.* (Gr. anti-, opuesto; Lat. ambulare, andar.)

antarctaliana (antarctalian). El equivalente en el hemisferio sur de *arctaliana.*

antarctogea (antarctogea). La región australiana, menos Nueva Zelandia y Polinesia. (Gr. antartus, sur; gea, tierra.)

ante* (moose). El anta o alce. // La piel de estos animales. // El búfalo.

ante-* (ante-). (Del lat. ante-, delante, en frente.)

anteado*. Del color del ante.

antebrazo* (forearm). La parte de las extremidades anteriores en los tetrápodos, entre el codo y la muñeca, cuyos huesos son el cúbito y el radio. *Adj. antebraquial.*

anteburro* (tapir). Especie de tapir americano que vive en América Central y sur de México (Tapirella bairdi). (De ante, alce; + burro.)

anteclípeo (anteclypeus). Porción del clípeo de ciertos insectos. Clipéolo. (Lat. ante, antes; clypeus, una forma de escudo.)

antecostado (antecosta). Reborde marginal anterior en la superficie interna del esternón o tergo de los insectos. (Lat. ante-, antes; costa, costado.)

antecubital (antecubita). Anterior al codo. (Lat. ante, antes; cubitus, codo.)

antediluviano* (antediluvian). Lo que existió antes del diluvio. (Lat. ante, delante; +diluvium.) *Antidiluviano* es menos correcto.

antedorsal (antedorsal). (Lat.delante; dorsum, dorso.)

antefrontal (antefrons). La porción de la frente anterior a la base de las antenas en ciertos insectos. (Lat. ante, delante; frons, frente.)

antefurca (antefurca). Proceso posternal en muchos insectos que sirve de inserción a ciertos músculos. (Lat. ante, delante; + furca, q.v.)

antehistórico. Prehistórico.

antelabro (antelabrum). La porción anterior del labro en ciertos insectos. (Lat. ante, delante; labrum, labro.)

antenario. V. *pescador*, pez.

antena* (antenna). Apéndices prebucales en los artrópodos, de funciones sensitivas. (Neolat. antenna, un perceptor.) *Adj. antenado*, antenal.*

antenífero (antennifer). La depresión que lleva la antena en los artrópodos. // Un miembro de los crustáceos del grupo Antennata.

Antennariodea. Un suborden de peces óseos del orden *Lophiiformes.* Incluye los peces llamados antenarios.

Antennata. Un subfílum de los *Artrópodos* que se caracteriza por tener antenas. V. *Mandibulata.*

anténula (antennule). El primer par de antenas en los crustáceos, generalmente más pequeña que las del segundo par. (Lat. dim. de antenna.)

anteorbital (antorbital). Lo que está situado frente a las órbitas. (Lat. ante, antes; orbis, círculo.)

antepigidial. Se aplica a las cerdas del séptimo segmento abdominal de las pulgas que se extienden al pigidio. (Lat. antes, delante; + pigidio.)

anter- (antero-). Forma prefija de *anterior.*

anterior (anterior). Lo que pertenece a la extremidad frontal del cuerpo, en donde está la cabeza. // En anatomía humana, la región de la cabeza es llamada *superior* y la parte ventral es la *anterior.* (Lat.anterior, por delante.)

anterolateral (anterolateral). V. *ventrolateral.*

anteroposterior (anteroposterior). Eje o plano desde la cabeza o cola desde el frente a la espalda. (Del lat. anterior.)

antesternito (anterosternite). La esclerita esternal anterior de los insectos. (Lat. ante, antes; + esternito.)

Anthomedusae. Un suborden de celenterados del orden *Hydroida.* Sin hidrotecas, sin estatocistos y con gonóforos desnudos. =*Gymnoblastea.* (Gr. anthos, flor; + medusa.)

Anthozoa. Clase del fílum *Celenterata* que se caracteriza por tener solo la forma pólipo. Los pólipos son de gran tamaño y tienen tabiques radiales mesentéricos. Comprende los corales rojos, blandos y córneos, las plumas de mar, abanicos de mar, etc. (Gr. anthos, flor; zoon, animal.)

Anthracosauria. Un orden de anfibios fósiles. V. *Lepospondyli.*

Anthracotherioidea. Una superfamilia en el orden *Artiodactyla* que comprende los mamíferos fósiles antracoterios y anaploterios así como los actuales hipopótamos. Fósiles desde el Eoceno. (Gr. anthrakos, carbón; therion, animal salvaje; oides, parecido.)

Anthriboidea. Superfamilia de insectos coleópteros.

Anthropoidea. Un suborden del orden *Primates* que comprende todos los monos excepto los llamados *Prosimios.* (Gr. anthropos, hombre; oides, similar.)

Anthuridea. Un suborden de crustáceos del orden *Isopoda.* Cuerpo cilíndrico y alargado; último segmento abdominal no fusionado con el telson; primer par de patas robustas y subqueladas, un opérculo formado por el primer par de pleópodos. (Der del género Anthura.)

anti-* (anti-). (Del gr. ant-, anti-, contra opuesto, en vez de, vuelta, resultado.)

antia*. El pez marino llamado *Lampuga,* q.v.

antía (hutia). Derivado posiblemente de la voz jutía q.v. (De Hernández Aquino.)

antiambulacral (anti-ambulacral). *Abactinal.* (Gr. anti, opuesto; + ambulacral.)

antiapical (anti-apical). En la región opuesta al ápice. (Gr. anti-, opuesto; lat. apex, punta.)

antiápice (antapex). En los dinoflagelados, el polo opuesto al ápice. (Gr. anti-, opuesto; apex, ápice.)

Antiarcha, Antiarchii. Un orden de peces de agua dulce placodermos del período Devónico. La cabeza y el tórax estaban cubiertos por una armadura ósea. (Gr. anti, opuesto; arache, empezando.)

antias (antial). El *copete* de las aves.

antibiosis (antibiosis). Una asociación antagónica de organismos. (Gr. anti, opuesto; biosis, manera de vivir.) V. *parasitismo.*

antibiótico* **(antibiotic).** Contrario a la vida. // Se aplica a las substancias producidas por diversas especies de microbios y por otros organismos, que son dañinas para algunos microbios. La penicilina fue el primer antibiótico que se descubrió. (Gr. **anti-; bios, vida.**)

antiblástico (antiblastic). Se aplica a las fuerzas que impiden el crecimiento de organismos patógenos. (Gr. **anti, opuesto; blastos, brote.**)

antibranquial (antibranchial). Error por *antebraquial,* q.v.

anticetogénico. Lo que pertenece a ciertos alimentos que son antagonistas de la cetogénesis, como la glucosa.

anticoagulina (anticoagulin). Anticoagulante. Una substancia que impide o retarda la coagulación sanguínea. (Gr. **anti, opuesto; lat. coagulum.**)

anticodón (anticodon). Secuencia de tres nucleótidos de A.R.N. *transferente* que complementa un codón de A.R.N. *mensajero.* (Gr. **anti, contra; +codón.**)

anticríptico (anticryptic). Una coloración protectora que facilita la agresión. (Gr. **anti-, contra;kryptos, escondido.**)

anticubital (anticubital). Error por *antecubital,* q.v.

anticuerpo* **(antibody).** Una substancia, producida en los fluídos de un animal, que se opone a la acción de otra substancia. // En sentido restringido, una globulina que se combina con un antígeno y lo hace inofensivo. (Gr. **anti-, contra; lat. corpus, cuerpo.**)

antidiurético (antidiuretic). Lo que reduce el volumen de la orina. V. *hormona antidiurética.*

antídoto (antidote). *Contraveneno.* (Lat. **antidotum, dado contra.**)

antidrómico (antidromic). Que se mueve en contra de la dirección normal. (Gr. **anti, contra; dromos, curso.**)

antienzima (anti-enzyme). Una substancia que envenena o inhibe la acción de una enzima. (Gr. **anti, contra; enzima.**)

antierguismo. La contracción simultánea de los músculos antagonistas. (Gr. **anti, contra; ergon, fuerza.**)

antiescama (antisquama). Un lóbulo basal junto a la escama en las alas de los insectos. (Gr. **anti, contra; lat. squama.**)

antiescorbútico* **(antiescorbutic).** Se aplica a la vitamina C o ácido ascórbico, que previene el escorbuto. (Gr. **anti, contra; + escorbuto.**)

antiespádice* **(antispadix).** Grupo de tentáculos en los lóbulos laterales de *Nautilus.* (Gr. **anti, contra; lat. spadice, ramo de palma.**)

antifertilicina (antifertilizin). Una mucoproteína de los espermatozoos que neutraliza durante la fecundación la fertilicina que rodea el óvulo. (Gr. **anti, contra; + fertilizina.**)

antigenia (antigeny). *Dimorfismo sexual,* q.v.

antígeno* **(antigen).** Una substancia extraña, generalmente una proteína o un polisacárido, que provoca la formación de anticuerpos específicos en el cuerpo de un animal. (Gr. **anti, contra; geno, producir.**)

antiglobulina (antiglobulin). Una precipitina que precipita las globulinas. (Gr. **anti, contra; + globulina.**)

antihélix (antihelix). Prominencia en la hélix de la oreja. (Gr. **anti-, frente; helix, hélice.**)

antihelmíntico* (antihelmintic). Drogra empleada para eliminación de vermes parásitos internos. (Gr.**anti, contra; helmins, lombriz.**)

antihemofílico (antihemophilic). Que impide la hemofilia. (Gr. **anti, contra; +hemofilic.**)

antihistamina (antihistamine). Droga que neutraliza la acción de la histamina. (Gr. **anti, contra; +histami.**)

antihormona (antihormone). Una substancia que contrarresta el efecto de una hormona. (Gr. **anti, contra; +hormona.**)

antilisina (antilysin). Una substancia que contrarresta la acción de una lisina. (Gr. **anti, contra; +lisina.**)

antilóbulo (antilobium). El trago de la oreja. (Gr. **anti, contra; +lóbulo.**)

antílope* **(antelope).** Nombre aplicado a una gran variedad de rumiantes cavicornios de la familia *Bovidae* que habita en Africa y, en menor número, en Asia, estando representadas por una especie en el sureste de Europa. Casi todos son de formas esbeltas y sumamente ágiles. // a. ***americano,*** v. *berrendo* (**Antilocapra americana**).

antilopino*. Dícese de los rumiantes del grupo *Antilopinae,* que comprende los antílopes, gacelas, gñúes, etc.

antillana* **(antillean).** Subregión o provincia de la región neotropical que comprende las islas antillanas, desde Trinidad, hasta Cuba y las Bahamas.

antímero (antimere). Cada una de las partes similares separadas por planos de simetría, como las mitades izquierda y derecha en un animal de simetría bilateral; los brazos o radios de uno de simetría radial. (Gr. **anti, opuesto; meros, parte.**)

antimetabolito (antimetabolite). Substancia que inhibe una enzima por su semejanza estructural con los substractos normales de dicha enzima. (Gr. **anti, opuesto; +metabolito.**)

antimorfo (antimorphic). Un alelo mutante que inhibe los efectos del alelo normal. (Gr. **anti, contra; morphe, forma.**)

antineurítico (antineuritic). Se aplica a la vitamina B_1 o tiamina. (Gr. **anti, contra; neuritis, inflamación de los nervios.**)

Antipatharia. Orden de celenterados zoantarios de la clase *Anthozoa.* El esqueleto es córneo, negro, espinoso y ramificado. En las Antillas existe el género *Antipathes.* (Gr. **anti, contra; pathos, enfermedad, por considerarlos antes como remedios para todas las enfermedades.**)

Antipathidea. *Antipatharia.*

antípatos. Nombre aplicable a las especies de celentéreos de la clase *Anthozoa,* orden *Antipatharia.* =*Corales negros.*

antipepsina (antipesin). Secreción o enzima estomacal que contrarresta la acción de la pepsina. (Gr. **anti, contra; + pepsina.**)

antiperistalsis* **(antiperistalsis).** Peristalsis que ocurre en dirección opuesta a la normal. (Gr. **anti, opuesto; +peristatus.**) *Adj. antiperistáltico.*

antipróstata (antiprostate). La glándula de Cowper, q.v.

antiprotrombina (antiprothrombin). *Heparina,* una substancia producida en el hígado que inhibe la transformación de protrombina en trombina. (Gr. **anti, contra; +protrombina.**)

antirraquítico* **(antirachitic).** Lo que cura el raquitismo, como la vitamina D, q.v. (Gr. **anti, contra, + raquitismo.**)

antiséptico* **(antiseptic).** Lo que previene la putrefacción. Desinfectante. (Gr. **anti, contra; sepsis, putrefacción.**)

antisifonal (antosiphonal). Región de la concha de las ammonitas opuesta al sifón. (Gr. **anti, opuesto; +sifón.**)

antistilo (antistyle). La proyección basal del estilifeno en ciertos insectos. (Gr. **anti, opuesto; stylos, pilar.**)

antisuero (antiserum). Suero o fluído extracelular que lleva los anticuerpos para un determinado antígeno. (Gr. **anti, opuesto; + suero.**)

antitégula (antitegula). La tégula superior o escama en los insectos. (Gr. **anti, opuesto; + tégula.**)

antitético* **(antithetic).** Se dice de una generación alternante en la que los alternos son de apariencia fundamentalmente diferente. (Gr. **anti-, cambio; thesis, proposición.**)

antitoxina* **(antitoxin).** Un tipo de anticuerpo que se produce por organimos patógenos o sus toxinas. (Gr. **anti, opuesto; + toxina.**)

antitrago* **(antitragus).** Prominencia de la oreja situada en la parte inferior del pabellón y opuesta al trago. (Gr. **anti-, opuesto; + trago'**)

antitrocánter (antitrochanter). La superficie articular del ilion y el fémur de las aves. (Gr. **anti, opuesto; trochanter, trocanter.**)

antitrombina* **(antithrombin).** Una substancia que previene la acción de la trombina *Heparina,* q.v.

antitrópico (antitropic). Curvado de manera de formar pares bilateralmente simétricos. (Gr. anti, opuesto; trope, vuelta.)

antitropina (antitropin). *Anticuerpo.*

antiveneno (antivenin). Un suero preparado con venenos animales, como los de las culebras venenosas.

antivitaminas (antivitamin). Substancias que compiten con las vitaminas, ocupando su lugar en las reacciones normales, perturbando el metabolismo y ocasionando enfermedades.

antlia (antlia). Estructura en la faringe de algunos insectos, adaptada a la succión de los alimentos. Espiritrompa. (Gr. antlia, bomba.)

anto- (antho-) (Del gr. anthos, flor.)

antoblasto (anthoblast). Estado durante el desarrollo de algunos corales. (De Antozoos +blastos, brote.)

antocodio (anthocodium). La parte de los pólipos alcionarios que se proyecta sobre el cenénquina. (Gr.anthos, flor (de antozoario); kodium, lanilla.)

antófago* (anthophagous). Dícese de los animales que se alimentan de flores. (Gr. anthos, flor; phago, comer.)

antófilo (anthophilous). Que se alimenta de flores o que es atraído por ellas. (Gr. anthos, flor; philos, amigo.)

antogénesis (anthogenesis). La producción de machos y hembras por individuos partenogenéticos en los insectos áfidos. (Gr. anthos, flor; genesis, descendiente.)

antomedusa (anthomedusa). Un individuo del taxón *Anthomedusae.*

antozoo* antozoario (anthozoa). Un miembro de la clase *Antozoos*, del fílum *Coelenterata. Actinozoo.* V. *Anthozoa.*

antro* (antrum). Una cavidad o seno en una estructura, como la que existe en los folículos de Graaf. (Lat. antrum, caverna.) // a. *de Highmore*, otro nombre para los senos maxilares de los mamíferos.

antropo-* (anthropo-). (Del gr. anthropos, hombre.) *Antropoide.*

antropocoría (anthropocory). La dispersión de los organismos por acción directa o indirecta del hombre.(Gr. Anthropos, el hombre; chros, lugar.)

antropogénesis (anthropogenesis). La descendencia u origen del hombre. (Gr. anthropos, hombre; genesis, origen.) *Adj. antropogenético.*

antropoico (anthropoic). Lo que se debe a la influencia del hombre. (Gr. anthropoeides.)

antropogénico (anthropogenic). Lo producido o causado por el hombre. (Gr. anthropos, hombre; genos, producción.)

antropoide* (anthropoid). Todo miembro de la suborden de primates *Anthropoidea.* //En sentido restringido se prefiere este nombre para los grandes monos de la familia *Pongidae:* gorila, chimpancé, orangután y gibón. // La grulla coronada o *zaida.*

antropología* (anthropology). La ciencia que trata del origen, desarrollo (físico, cultural, etc.) y variedades del hombre. (Gr. anthropos; -logos, ciencia.)

antropólogo* (antropologist). El que se dedica al estudio de la antropología. (Gr. anthropos, hombre; logos, discurso.)

antropometría* (anthropometry). La parte de la antropología que estudia las medidas y proporciones del cuerpo humano. (Gr. anthropos, hombre; metron, mensura.)

antropomorfismo* (anthropomorphism). Interpretación de la conducta animal en términos que implican emociones o atributos psíquicos u otras características humanas a los animales. (Gr. anthropos, hombre; morphe, forma; -ismo, condición.)

antropomorfo* (anthropoid). *Antropoide.* En forma de hombre. // El grupo de los grandes monos que anatómicamente se parecen más al hombre; chimpancé, gorila, orangután y gibón (Gr. anthropos, hombre; morphe, forma.)

antropopiteco* (anthropopithecus). Un simio que supuso Haeckel sería el antepasado del hombre. //El género *Anthropopithecus*, hoy día desechado, del llamado hombre de Java (Homo erectus). (Gr. anthropos, hombre; pithecos, mono.)

antroposfera. V. *noosfera.*

antropotomía (anthropotomy). Anatomía humana. Término desusado.

antropozoico (anthropozoic). *Sicozoico.* El período llamado Cuaternario, cuyo nombre es debido a la aparición del hombre. (Gr. anthropos, hombre; zoon, animal.)

antrorso (antrorse). Doblado o dirigido hacia delante o hacia arriba. (Neolat. antrorsus.)

anual* (annual). Estructura o función biológica que se realiza una vez al año. // Que vive un año. (Lat. annus, año.)

ánulo (annulus). Surco transversal situado espiralmente en ciertos dinoflagelados en donde se aloja el flagelo transverso. // Anillo estrecho intercalado entre los anillos principales de los anélidos de la clase Hirudinea. // Anillos concéntricos en ciertas estructuras de los vertebrados que indican el crecimiento estacional de las especies. Se aprecian en las escamas, otolitos, vértebras, barbas de ballena, opérculos, etc. (Lat. annuli, plural de annulus, anillo.) *Adj. anuloso*.*

anubis. Especie de mono cinocéfalo, familia *Cercopithecidae*, que habita gran parte del Africa al sur de Sahara desde el Nilo hasta la Costa de Oro (Papio anubis).

anular* (annular). En forma de anillo. Se aplica a ciertos ligamentos de la muñeca y el tobillo. // Perteneciente a un anillo. (Lat. annulare.)

Anura. =*Salientia.*

anuria (anuria). Supresión total de orinas. (Gr. a, sin; ouros, orina.)

Anuromorpha. Un taxón equivalente a *Anura* o *Salientia*, q.v. empleado para quienes los elevan a la categoría de superorden en la subclase *Batrachomorpha* de la clase *Amphibia.* (De anura y morphe, forma.)

anuros (anurian). Anfibio del orden *Anura* o *Salientia.*

añuma. Especie de ave sudamericana de la familia *Anhimidae* que habita toda la región del Amazonas (Anhima cornuta).

añil. Cuba: V. *vaca*, pez.

añojo* (yearling). Ganado de un año de edad. (De año.)

aón (dog). Uno de los nombres dados por el Padre Las Casas al perro indígena antillano. (Nombre indígena.)

aorta* (aorta). La gran arteria que, en aves y mamíferos, parte del ventrículo izquierdo y lleva sangre a todo el cuerpo, excepto a los pulmones. (Gr. aorte, la aorta; eiro, levantar.) *Adj. aórtico*. //a. caudal,* la gran arteria que irriga la porción posterior del cuerpo, especialmente en invertebrados; // *a. dorsal,* en los mamíferos, la aorta, en los peces, las arterias que provienen de las branquias; // *a. ventral,* en los peces, la arteria que lleva sangre a las branquias. El tronco aórtico.

aortitis* (aortitis). Inflamación de la aorta. (Gr. aorte, elevar; itis, inflamación.)

aouad (aoudad). Especie de carnero salvaje de gran tamaño de Africa del norte (Ammotragus lervia). Marroquí, audad.

aoul (Soemmerring's gazelle). Una especie de gacela africana que se encuentra desde el Nubia superior hasta el Mar Rojo, Abisinia y Somalilandia (Gazella soemmerringi).

aovado* (ovoid). De figura de huevo. *Oval, ovoide, ovoideo.*

aovar* (to lay). Poner huevo las aves. (De huevo.)

apancora* (spiny crab, sea hedgehog). Cangrejo espinoso de la familia *Mitridae.*

apar* (three banded armadillo). Nombre dado a varias especies de armadillos sudamericanos que ocurren desde las Guayanas hasta Patagonia (Tolypeutes tricinctus, etc.).

aparato* (apparatus). Conjunto de estructuras o de órganos que realizan una función determinada. Los términos *aparato* y *sistema* se usan muy libremente y apenas hay distinción entre ambos. Así, se dice *aparato digestivo* y *sistema digestivo*. Algunos estiman que *aparato* es más inclusivo que *sistema:* el aparato locomotor, por ej., incluiría los sistemas esquelético y muscular. Otros emplean el concepto de aparato para un conjunto de estructuras menores, como aparato lagrimal, etc. La costumbre es la única guía que se emplea aquí, por lo que deben verse también el vocablo *sistema* para ciertos casos. // *a. acromático,* V. *hueso acromático;* // *a. acuífero-ambulacral,* sistema de canales y otras estructuras que constituyen el aparato locomotor característico de los equinodermos. V. *madreporita, canal pétreo* o *de la arena, ampolla madrepórica,* etc.: // *a. canicular,* los corpúsculos de Golgi, a veces considerados como sitema de canales; *a. ciliar,* conjunto de músculos y tendones que forman parte del poder de acomodación del ojo en los tetrápodos acercando la córnea en los anfibios y variando la curvatura del cristalino en los mamíferos: // *a. de Golgi,* un nombre alterno para las estructuras citoplásmicas llamadas *Cuerpos de Golgi,* q.v. *a de Weber,* estructura en los peces Ostariophysi derivada en las cuatro vértebras anteriores, que comunica la vejiga natatoria con el oído interno y se le supone perceptoras de vibraciones y de la presión. Organo u osículos de Weber: // *a. digestivo,* aparato encargado de transformar los alimentos en compuestos solubles y asimilables; *a. epifisario,* conjunto de estructuras situadas por detrás de la tela coroidea del diencéfalo. Puede constar del cuerpo parietal anterior y de un cuerpo pineal o epífisis posterior, de los que el primero tiende a desaparecer; *a. estridulante,* estructura engrosada en ciertas nervuras de los falsos élitros de algunos insectos, como los grillos, que frotando con la de la otra ala produce el chirrido característico; // *a. hioideo,* conjunto de estructuras cartilaginosas, óseas o fibrosas que sirven de soporte a la lengua en los vertebrados tetrápodos y son los homólogos del arco viscercal o hioideo; *a. lagrimal,* el integrado por la glándula lagrimal, que segrega un líquido acuoso salino y un sistema de pequeños conductos que comunican el ángulo interno del ojo con las fosas nasales; // *a. locomotor,* conjunto de órganos pasivos o huesos y activo o músculos, que sirven para la locomoción; *a. micropilar,* estructuras a veces complicadas junto a la micropila en algunos huevos de insectos; // *a. neuromotor,* conjunto de estructuras fibrilares formado por un centro motor y una red de fibrillas citoplásmicas; =*a. sensomotor* // *a. parabasal,* conjunto de estructuras citoplásmicas relacionadas con el centrosoma en los zooflagelados. // *a. paragolgiano,* grupo de pequeños corpúsculos celulares en el aparato de Golgi. // *a. pineal,* asociación íntima entre el cuerpo pineal y el órgano parietal en ciertos peces y reptiles. // *a. respiratorio,* aquel que usan los animales para la inhalación rítmica del aire. // *a. reticular,* v. *cuerpo de Golgi* o *corpúsculos de Golgi.* // *a. rotatorio,* conjunto de estructuras en la parte anterior del cuerpo en los rotíferos que constituyen su medio de locomoción; discos retráctil, área peristomática, cíngulo, trica, etc. // *a. sensomotor, aparato neuromotor; a. urogenital,* conjunto de los dos sistemas excretor y genital.

apareamiento* **(pairing).** *Sinapsis.* (De **aparear.**)

aparear* **(mate).** Juntar las hembras y los machos de los animales para que críen. (De **par.**)

apasanga. Bolivia: *araña peluda,* q.v.

apático* **(apathetic).** Se aplica a un patrón de coloración protectora de animales que son víctimas de ciertos depredadores. (Gr. **apatetikos,** engañoso, falsa.)

Apathy, Iván. Zoólogo húngaro, famoso por sus trabajos sobre la fisiología del sistema nervioso. (1863-1922)

Apatosaurus. Un género de dinosaurios gigantescos de América del Norte. Alcanzaron más de 20m. de largo. (Gr. **apate,** error; **saurus,** reptil.)

apéndice* **(appendix).** Organo que se destaca del cuerpo y puede realizar o no una función: brazos, tentáculos, apéndice vermiforme. *Adj. pendicular*.* // *a. birrámeos,* los apéndices bifurcados típicos de los crustáceos, modificados para varias funciones, pero constituídos por dos ramas que parten de una porción basal o *protopodito:* el *endopodito* y el *exopodito.* // *a. caudales,* estructuras externas en la extremidad posterior del cuerpo en varios grupos de invertebrados, como los apéndices de los priapúlidos. // *a. colli,* apéndices o borlas en el cuello de algunos animales, como cabras, cerdos, carneros. // *a. copulador.* otro nombre para las agarraderas, abrochadores o gonopodios de los selacios. // *a. coriónicos,* proyecciones dorsales anteriores del huevo de *Drosophila* que funcionan con tubos respiratorios. // *a. epiploicos,* pequeñas porciones de grasas cubiertas por mesotelio que se encuentran a lo largo de la superficie externa del colon; *a. maxilares.* V. *palpos maxilares.* // *a. pilóricos,* v. *ciegos pilóricos; a. unirrameo,* apéndice de una sola rama. // *a. vermiforme,* divertículo del ciego humano en forma de gusano.

apendicularia (appendicularia). Estado larval en los tunicados, provisto de cola que se asemeja a la clase de tunicados llamada *Appendicularia* o *Larvacea.*

apertura (aperture). Abertura. Acción y efecto de abrir. // *a. sinoauricular,* abertura entre el seno venoso y la aurícula. Abertura sinuatrial.

apezonado*. De figura de pezón.

Aphaniptera. Nombre en desuso para el orden de insectos llamado *Siphonaptera.* (Gr. **aphanos,** no visible; **pteron,** ala.)

Aphasmidea. Una clase del fílum *Nematoda.* Carecen de fásmidos, pero con varios anfidios. Sistema excretor de una sola glándula ventral. Alas caudales ausentes. (Gr. **a,** sin; + **fásmidos.**) *Adenophorea.*

Aphetohyoidiaea. Una división de los vertebrados en la que el arco hioideo se separa del mandibular, dejando de funcionar la abertura branquial anterior a este. (Gr. **aphetos,** libre; **hioides.**) // Una clase de peces extintos. V. *Placodermo.*

Aphidioidea. Un grupo de insectos homópteros, llamados pulgones, que son partenogenéticos, muy prolíferos y dañinos a las plantas. (Lat. medio **aphis, aphidis,** pulgón; **-oidea,** terminación empleada en superfamilias.)

apiario* **(apiary).** Lugar en donde se crían las abejas. (Lat. **apis,** abeja; **-ario,** lugar.)

apicado (apiculate). Que tiene el ápice pronunciado. (Lat. **apex,** punta.)

apical* **(apical).** Lo relacionado o situado en el extremo de una estructura o del cuerpo de un animal. // Opuesto a la base. // En los equinodermos, opuesto a la boca. (Lat. **apex,** punta.)

ápice* **(apex).** La significación general. //Extremo de una estructura u órgano. (Lat. **apex,apicis.**)

apic- (apic-). (Del lat. **apex, apicis,** punto culminante.)

ápicotransversal (apicotransverse). Situado transversalmente cerca del ápice de una estructura. (De **ápice** y **transverso.**)

apículo* **(apiculus).** Una punta corta aguda. (Lat. dim. de **apex,** ápice.) *Adj. apiculado.*

apicultura* **(apiculture).** La cría comercial de las abejas. (Lat. **apis,** abeja; **cultura,** cría.)

apirénico (apyrenic). Sin núcleo. Se aplica a los espermatozoos desprovistos de núcleos. (Gr. **a-,** sin; **pyren,** nuez, "núcleo".)

apirexia*. Falta de fiebre. (Gr. **apyrexia.**)

apitoxina (antitoxin). La parte tóxica del veneno de las abejas. (Lat. **apis,** abeja; gr. **toxikon,** veneno.)

apituitarismo (apituitarism). Deficiencia en las secreciones de la pituitaria. Hiposecreción hipofisaria. (Gr. **a-,** sin; + **pituitaria.**)

apívoro. Que devora abejas. (Lat. **apis,** abeja; **vora,** devorar.)

aplacentario. Que no tiene placenta. // Grupo de mamíferos que no poseen placenta, órdenes *Monotremata* y *Marsupialia.* Esta agrupación no tiene valor taxonómico. (Gr. **a-,** sin; + **placenta.**)

Aplacophora. Una clase del fílum *Mollusca* o un orden en la clase *Amphineura.* Sin concha, pero con espículas calcáreas en el manto, superficie ventral acanalada. También *Solenogaster.* (Gr. **a-,** sin; **plakos,** placas; **phoreus,** portador.)

aplanogameto (**aplanogamete**). Un gameto no movible. (Gr. a, sin; **planos**, errante; **gametos**, esposo.)

aplanospora (**aplanospore**). Una espora inmóvil. (Gr. a, sin; **planos**, errante.)

aplasia (**aplasia**). Desarrollo detenido. (Gr. a, sin; **plessein**, moldear.)

aplisopurpurina. Substancia colorante producida por glándulas tegumentarias de los moluscos gasterópodos del género Aplysia que tiñen el agua de rojo.

aplo-. Incorrecto por *haplo*, q.v.

aplacóforo. Molusco de la clase *Aplacophora*, q.v.

Aplousobranchia. Un orden de ascidias. Tienen las branquias reducidas con relación al cuerpo, el abdomen bien desarrollado y muestran una activa reproducción asexuada por brotes o yemas. (Gr. **haploos**, simple; + **branchia.**)

apne-. (Del gr. **ápnoos**, falto de respiración.)

apnea* (**apnea**). Supresión temporaria de los movimientos respiratorios por exceso de ventilación pulmonar después de una respiración forzada. (Gr. a, sin; **pneo**, respirar.)

Apneumomorpha. Un suborden de arácnidos del orden *Araneae*. Sin pulmones. (Gr. a, sin; **pneumo**, pulmón.)

apneústico (**apneustic**). Se dice del insecto larval desprovisto de estigmas o espiráculos respiratorios. (Gr. a, sin; **pneustikos**, para la respiración.)

apo-* (**apo-**). (Del gr. **apo-**, **de**, separado de, lejos de, procedente de, fuera de; defecto, que falta algo.)

apobiótico (**apobiotic**). Que causa una disminución de energía en los tejidos. (Gr. **apo**, fuera; **bios**, vida.)

apocéntrico (**apocentric**). Que diverge del tipo original. (Gr. a, sin; **kentron**, centro.)

apocito (**apocyte**). Una célula multinucleada. Se emplea más en botánica. (Gr. **apo**, fuera; **kytos**, célula.)

apoclorosis (**apochlorosis**). Ausencia de clorofila en los flagelados que normalmente la tienen. (Gr. **apo-**, fuera; **chloros**, verde.)

Apocrita. Un suborden de *Hymenoptera*, también llamado *Clistogastra*, q.v.

Apoda. Un orden de equinodermos de la clase *Holothurioidea*. Cuerpo muy alargado, vermiforme; tentáculos ramificados; sin podios ni árbol respiratorio. // Un orden de anfibios llamado también *Gymnophiona*, q.v. // Un orden de crustáceos de la subclase *Cirripedia* sin manto ni apéndices en el tronco. v. *apodes*. (Gr. **a**, sin; **pous**, **podos**, pie.)

Apodacea. Subclase de *Holothuroidea*. Tienen los podios reducidos o no existen. (Gr. **a**, sin; **pous**, pies.)

apodema (**apodema**). Proyección interna del exoesqueleto en los artrópodos. (Gr. **apodemos**, lejos del hogar.)

apoderma (**apoderma**). Membrana que envuelve los estados de reposo en algunos ácaros. (Gr. **apo-**, fuera de; **derma**, piel.)

Apodes. Un orden de peces. V. *Anguiliformes*.

apodia* (**apodia**). Falta congénita de los pies. (Gr. a,, sin; **pous**, pie.)

Apodida. -*Apodes*. V. *Anguiliformes*.

Apodiformes. Un orden de aves. V. *Micropodiformes*.

ápodo* (**apoda**). Que carece de pie. // Ver *Apoda*.

apoenzima (**apoenzyme**). La parte proteínica de muchas enzimas. V. *coenzima*. (Gr. **po**, fuera;+**enzima.**)

apofisiario (**apophysiary**). Dícese de lo relativo a una apófisis. // En los braquiópodos, lo relativo a las *cruras* que forman el esqueleto de sostén a los brazos.

apófisis* (**apophysis**) Parte saliente en el esqueleto de los vertebrados y los invertebrados que sirve para la inserción de los músculos o para la articulación con otras partes del esqueleto. (Gr. **apo**, separado de; **physis**, crecimiento.) // ***a. calcaneana***, proyección del hueso calcáneo de los murciélagos. También se llama *calcar* o *espolón calcar*; // ***a. coracoides***, apófisis en el borde superior y posterior de las mandíbulas en los mamíferos; // ***a. espinosa***, reunión de los pedículos neurales de las vértebras, llamada también espinal neural, que forman el *arco neural*; // ***a. estiloides***, o cuernos anteriores del aparato hioideo en los mamíferos, que están unidos a la región ótica del cráneo; // ***a. mamilares***, metapófisis o apófisis dorsolaterales de las vértebras lumbares anteriores; // ***a. mastoides***, proceso del hueso mastoide en el cráneo de los mamíferos, situada anterolateralmente al cóndilo occipital correspondiente; // ***a. mióforas***, expansiones de las placas interambulacrales en donde se insertan músculos que mueven piezas de la linterna de Aristóteles en los equinoideos. También se llaman aurículas; // ***a. neurales***, placas neurales formadas por los cartílagos basidorsales que forman las vértebras de los peces cartilaginosos; ***a. odontoides***, apófisis estiliformes en la parte anterior de la vértebra axis que representa el centro del atlas. Se encuentra en aves y mamíferos; // ***a. pterigoides***, o procesos pterigoides, saliente del hueso esfenoides de forma de alas; // ***a. transversa***, diversos tipos de apófisis que se extienden a ambos lados de la vértebra en los tetrápodos: *diapófisis*, *parapófisis*, *basiapófisis*, peurapófisis e *hipapófisis*; // ***a. uncinadas***, proyección ósea posterior de las costillas de las aves. // ***a. xifoides***, proyección del extremo posterior del esternón en algunos mamíferos, como los primates, que es homóloga del xifisternón de otros tetrápodos.

apogamia (**apogamy**) Reproducción agámica. (Gr. **apo**, fuera de; **gamos**, boda.)

Apoidea. Una superfamilia de insectos himenópteros que incluye las abejas. (Lat. **apis**, abeja; **oides**, similar.)

apolar (**apolar**). Sin polos. // Se aplica al huso en la división celular, cuando las fibrillas no concurren a polo alguno. (Gr. a, sin; **polos**, polo.)

apolegámico (**apolegamic**). Apareamiento con selección sexual. (Gr. **apologein**, escoger; **gamos**, boda.)

apolísticos. Se dice de los cestodos que pierden periódicamente los últimos proglótidos. (Gr. **a-**, sin; **poly**, muchos; **stichos**, fila.)

apomeyosis (**apomeiosis**). Esporogénesis sin producción de individuos haploides. (Gr. **apo**, fuera de;+**meiosis.**)

apomíctico (**apomictic**). Se aplica a un tipo biológico resultante de apogamia y propagación vegetativa. (Gr. **apo**, fuera; **miktos**, mezclado.)

apomixis (**apomixis**). La producción de un embrión sin fecundación. Partenogénesis. (Gr. **apo**, separado, fuera; **myxis**, mezcla.)

aponeurosis* (**aponeurosis**). Lámina ancha de tejido conjuntivo fibroso que envuelve los músculos o los conecta con una parte movible. (Gr. **aponeurosis**, la extremidad de un músculo al pasar a un tendón.) *Adj.* ***aponeurótico****; // ***a. epicranial*** o galea aponeurótica o músculo occipitofrontal; // ***a. plantar***, almohadilla de tejidos bajo el tobillo en los reptiles.

apópilo (**apopyle**). Abertura posterior del surco en cada rama de los terigópodos o abrochadores de ciertos peces cartilaginosos. // Abertura escurrente de las cámaras flagelíferas de las esponjas. (Gr. **apo**, fuera de; **pyle**, puerta.)

apoplasmodial (**apoplasmodial**). Que no forma plasmodios típicos. (Gr. **apo**, fuera; **plasma**, moldeado.)

apoplejía* (**apoplexy**). Condición súbita morbosa debida a lesiones cerebrales producida por hemorragias, embolias, trombosis, etc., que origina parálisis y, a menudo, la muerte. (Gr. **apoplexia**, ataque.)

aporcelanado (**porcellanous**). Que tiene aspecto de porcelana. // Aplica a conchas de foraminíferos y moluscos. (Ital. **porcellana**, concha de superficie brillante.)

Aporidea. Un orden pequeño de platelmintos cestodos. Sin proglotis, con escólice con cuatro acetábulos y con un rostelo armado. (Gr. **a**, sin; **poros**, poro.)

aporino (**aporine**). *Aporo*. Que no tiene poros. Dícese del esqueleto de los coralinos y otros celenterados, cuyas trabéculas no dejan intersticios. (Gr. a, sin; **poros**, poro.)

aporrisa (**aporrhysa**). Los canales exhalantes en las esponjas. (Gr. **aporrehein**, fluir afuera.)

aposema (aposeme). Población animal cuyos componentes aunque taxonómicamente distintos, muestran la misma coloración aposemática. (Gr. **apo-**, fuera; **sema**, señal.)

aposemático (aposematic). Relativo a una coloración que sirve para ahuyentar los enemigos. (Gr. **apo**, encima; **sema**, señal.)

aposición (apposition). Crecimiento por depósitos de nuevas capas en la superficie, como el aumento en espesor del exoesqueleto de los artrópodos. (Gr. **apo-**, encima.)

apostasis (apostasis). Un absceso. // Una exfoliación. (Gr. **apo**, fuera; **stasis**, colocarse.)

apostaxis (apostaxis). Excesiva exhudación. (Gr. **apostaxis.**)

Apostomatida. Un orden de protozoarios de la clase *Ciliata.* Tienen una roseta cerca de un citostoma pequeño y cilios dispuestos espiralmente. En invertebrados marinos. (Gr. **apo-**, fuera de; **stoma**, boca.)

Apostomea. Un suborden de ciliados del orden *Holotricos.* Citostoma diminuto o una abertura en forma de roseta. Endoparásitos de invertebrados marinos. (Gr. **apo**, separado; **stoma**, boca.)

apotelio (apothelium). Tejido secundario derivado de otro primario. (Gr. **apo**, separado; **telio**, como epitelio, endotelio.)

apotipo (apotype). En taxonomía, un ejemplar usado para la descripción complementaria de una especie. (Gr. **apos**, separado; **typos**, patrón.) *Adj.* ***apotípico.***

Appendicularia. Clase del subfılum *Tunicata.* V. *Larvacea.*

aproterodonte (aproterodont). Sin dientes premaxilares. (Gr. **a-**, sin; **proteros**, primero; **odontos**, diente.)

-apsid (apsid-). (Del gr. **apsis**, lazo, rizo, arco.) Diapsida.

Apsidospondyli. Una subclase de anfibios empleada para incluir *Labyrintodonti* y *Salientia.* Los centros vertebrales están formados por los pleurocentros y los intercentros. (Gr. **apsida**, arco; **spondylos**, vértebra.)

Aptera. Un antiguo orden de insectos, ahora desmembrado en varios. V. *Apteryota* y, en especial, el orden llamado *Diplura*, q.v.

apterigia. Ave del orden *Apterygiformes*, q.v.

apterigial (apterygial). Sin alas o sin aletas. (Gr. **a**, sin; **pterigion**, diminutivo de **pterion**, ala.)

apterigoto (apterygotus). Lo que pertenece o se parece a los insectos primitivos sin alas.

apterio (apteria). Espacio desnudo entre áreas plumosas de piel de las aves. (Gr. **a**, sin; **pteron**, pluma.)

apterix (apteryx). Ave de Australia y Nueva Zelandia que sólo tienen rudimentos de alas y cuyas plumas parecen cerdas. V. *Kiwi.* (Del gr. **a**, sin; **pteryx**, ala.)

áptero (apterus). Sin alas. (Gr. **apteros**, sin alas.)

Apterygiformes. Un orden de aves no volantes que incluye el kiwi de Nueva Zelandia. Pico largo, alas atrofiadas, plumas filiformes. Son animalívoras y nocturnas, del tamaño de una gallina. (Del género **Apteryx** y **formes**, terminación empleada en los taxones de la categoría orden.)

Apterygogena. Una subclase de insectos que incluye algunos órdenes de especies primitivamente ápteras y con metamorfosis escasa o nula. (Gr. **apterygo**, sin alas; **genos**, generación.)

apterigógeno. Insecto que pertenece al grupo *Apetrygogena*, q.v.

Apterygota. Subclase de insectos. V. *Apterygogena.*

ápticus (aptychus). Pieza esquelética fósil que se supone sea el opérculo de las amonitas. (Gr. **a**, sin; **pthyche**, pliegue.)

aptitud* (fitness). En biología, la medida del grado de adaptación de un organismo expresada por su capacidad relativa de producir descendientes. (Lat. **aptitudo.**)

apud (apud). Preposición latina usada en citas bibliográficas con la significación de *en la obra de* o *en el libro de.*

apuranieves*. El ave *aguzanieves.*

aqueiroropodia (acheiropodia). Condición anormal hereditaria en la que brazos y piernas son breves muñones sin manos ni pies. (Gr. **a**, sin; **cheir**, manos; **podos**, pie.)

áqueta* (cricket). Grillo, chicharra. (Gr. **achetes**, cigarra.)

aqueto (achaetus). Sin setas o cerdas. (Gr. **a**, sin; neolat. **chaeta**, cerda.)

Aquiles.* V. *tendón de Aquiles.*

aquilino (aquiline). Parecido o de la naturaleza de las águilas. (Lat. **aquila**, águila.)

aquillado* (keeled). Se aplica a la estructura que tiene un saliente en forma de quilla o cresta. (Gr. **a**, sin;+ **quilla.**)

aquintocubitalismo. Ave que carece de la quinta pluma remera (pluma cubital) quedando un espacio entre la cuarta y la sexta pluma. (Gr. **a-**, sin; **quintus**, quinto; **cubitus**, cúbito.)

ara* (macaw). Nombre aplicado a las especies de guacamayos neotropicales de vistosos colores y cola larga. Especialmente al guacamayo azul y amarillo o *canindé.* // Género de dichas aves, orden *Psittaciformes.*

arabota. V. *mono aullador.*

aracanga* (macaw). Nombre empleado en Amazonas para el guacamayo rojo (**Ara macao**).

aracnactis (arachnactis). Un estado larval en los celenterados *Zoantarios.* (Gr. **arachne**, araña; **aktis**, rayo.)

aracnidiana (arachnidian). Se aplica a la hipótesis de que los vertebrados proceden de antepasados aracnoideos de la Era Paleozoica. (De **arácnido.**)

aracnidio (arachnidium). El aparato hilandero de las arañas. (Gr. **arachne**, araña; **-idion**, dim.)

arácnido* (arachnid). Cualquier miembro de la clase *Arachnida* del fılum *Arthropoda.* V. *Arachnida. Adj.* ***aracnoideo.***

aracnoides (arachnoids). Meninge muy vascularizada que cubre la piamadre y está por debajo de la duramadre en los tetrápodos. (Gr. **arachne**, tela de araña.)

aracnología* (arachnology). Ciencia que estudia los arácnidos. (Gr. **arachne**, araña; **logos**, discurso.) *Adj.* ***aracnológico****

Arachnida. Una clase del fılum *Arthropoda*, subfılum *Chelicerata*, (=**Arachnomorpha**) que se caracteriza por la ausencia de antenas y ojos compuestos, posesión de quelíceros, pedipalpos, cefalotórax y abdomen, cuatro pares de patas, cuatro pares de ojos y respiración por tráqueas, filotráqueas o sacos pulmonares. (Gr. **arachne**, araña.)

Arachnoidea. Para algunos zoólogos, una clase del fılum *Arthropoda*, para otros un subfılum de *Arthropoda.* V. *Chelicerata.*

Arachnomorpha. V. *Chelicerata.*

arador (itch mite). Nombre dado al ácaro que ocasiona la sarna (**Sarcoptes scabiei**). (Lat. **arator**, que ara.)

araguato* (wooly monkey; howling monkey). Se aplica a las especies de monos sudamericanos de la familia *Cebidae* de cuerpo robusto y largos pelos que habita el alto Amazonas (**Lagothrix poeppiggi**). // Barrigudo. // En Venezuela y otros lugares reciben este nombre los *monos aulladores* (**Alouatta seniculus**).

arandela*. *Golondrina.*

arandillo*. Ave de España del orden *Passeriformes.*

araguira. Pajarillo de la Argentina. (Guaraní, **ara** día; **guará**, pájaro.)

Araneae. Un orden de arácnidos que comprende las verdaderas arañas. Tienen el cefalotórax y el abdomen sin segmentar, separados ambos por una constricción, los quelíferos cortos con glándulas venenosas, los pedipalpos cortos en forma de patas y dos a cuatro librillos pulmonares. Muchas especies tejen telas. (Lat. **aranea**, araña.)

Aranei, Araneida. V. *Araneae.*

araneología (araneology). El estudio de las arañas.

Araneomorphae. Un orden de arañas. V. *Labidognatha.*

araña* (spider). Nombre aplicado usualmente a cualquier

especie del orden *Araneida*. Las arañas tienen el abdomen separado del tórax por un pedúnculo estrecho, queliceros ponzoñosos y en la parte ventral del abdomen junto al ano, tubérculos o hileras que desprenden hilos de seda. (Gr. **arachne, arañar.**) *a. de mar*, especie de cangrejo de la división Oxyrhyncha (**Stenorhynchus setiformis.**) *Adj. arañil.*

arañera. Uruguay: ave del orden *Passeriformes*, familia *Dendrocolaptidae* (**Drymornis bridgesii**).

arañuela*. Larva de algunos insectos dañinos. (Dicción).

arañuelo (red mite). Especie de ácaro que vive en las plantas y cuyas larvas atacan la piel humana. Familia *Trombiculidae*. Cuba: *abuje.*

arapaima (arapaima). Pez comestible del Amazonas y sus tributarios que alcanza más de cuatro metros de largo y se considera como el pez fluvial de mayor tamaño. Orden *Clupeiformes*. Familia *Osteoglosidae* (**Arapaima gigas**). También *piracucú.*

arao (guillemot). Nombre común a las especies de aves buceadoras del orden *Charadriiformes*, familia *Alcidae* de pico puntiagudo (**Uria aalge**).

arbaciode (arbacoid). Equinoideo del orden *Arbacioidea*, q.v.

Arbacioidea. Un orden de equinodermos de la clase *Echinoidea*, subclase *Euchinoidea*. Placas ambulacrales compuestas de una placa primaria y una placa corta a cada lado y tubérculos primarios imperforados. Del Cretáceo al reciente.

árbol* (tree). La acepción usual. (Lat. **arbor**). // *a. genealógico*, una manera de exponer gráficamente los diversos grupos animales de manera que ilustren su posible evolución. Es muy hipotética y a menudo se han criticado y juzgado como una labor ausente de realidad. // *a. respiratorio*, sistema respiratorio de los *holoturioideos.*

arbóreo* (arboroid). Que vive en los árboles. Lo que pertenece o se parece a los árboles. (Lat. **arbor.**)

arborescente* (arborescent). Que tiene aspecto de árbol, como ciertas colonias de corales. (Lat. **arborecens.**)

arborícola* (arboricolous). Que vive en los árboles. (Lat. **arbor, árbol; -icola, habitante.**)

arborización* (arborisation). Terminación de los axones de neuronas ramificadas tenuemente. *Telodendrón.* (Lat. **arbor, árbol.**)

arbor vitae (arbor vitae). Aspecto arbóreo que ofrece la materia gris del cerebelo examinada en sección transversal. (literalmente **árbol de la vida.**)

arca* (ark shell). Molusco marino bivalvo de concha transversal, alargada fijo al fondo por un *biso*. Orden *Filibranchiata*, famlia *Arcidae*. (Ej. **Arca zebra.**) (Lat. **arca.**)

arcada* (arcade). Un pasaje arqueado. // Un arco óseo como los arcos temporales. (Lat. **arcus, arco.**) // *a. infratemporal*, una barra ósea en el cráneo de algunos reptiles que une el hueso yugal con el cuadrado y forma el límite inferior de la fosa inferior del temporal.

arcalaxis (archallaxis). Cambios a partir de las etapas iniciales de la ontogenia. (Gr. **archaios, antiguo; allaxis, cambio.**)

arcellina. Un orden de protozoarios de la clase *Sarcodina*, también llamado *Testacea*, q.v.

arci– (arci-). (Del lat. **arcus, arco.**)

arcicéntrico (arcicentrous). Que tiene el centro arqueado. Se apl. a las vértebras cuyos centros están completamente cubiertos por los *arcos hemal* y *neural.*

Arcifera. Una división de los anfibios anuros. Lengua bien formada, tubos de Eustaquio separados, renacuajos con un solo espiráculo, epicoracoides de ambos lados imbricados. (Lat. **arcus, arco; ferre, llevar.**)

arcífero (arciferous). Un anfibio de la división *Arcifera*, q.v.

arciforme (arciform). En forma de arco o arqueado.

arciocrómico (arkychrome). Se aplica a los gránulos de Nissl dispuestos en forma de red. (Gr. **Arky, red; chroma, color.**)

arco (arch). Acepción común. // *a. aórtico*, cada uno de los seis pares de arterias que conectan la aorta ventral con la dorsal en el embrión de los vertebrados; // *a. branquial*, cualquiera de las estructuras cartilaginosas u óseas situadas a ambos lados de la faringe, que soportan las barras branquiales: // *a. carotídeo*, el tercer arco aórtico en el embrión de los vertebrados que da lugar a la carótida común de los adultos: // *a. cigomático*, arco óseo situado bajo las órbitas en el frente y lados del cráneo de muchos vertebrados: // *a. diastático*, arco reflejo nervioso formado por el conjunto de nervios sensitivos y motores unidos en la médula. Véase *Neurona de asociación; a. general*, la arteria que en los anfibios parte del corazón antes de bifurcarse en las dos arterias que forman el arco general de la circulación sistemática.: // *a. hemal*, arco formado por la apófisis hemales o ventrales en las vértebras de los peces, por donde pasan las arterias y venas: // *a. hioideo*, el segundo arco visceral de los peces, formada por piezas cartalaginosas u óseas que formarán el aparato hioideo en los tetrápodos: // *a. mandibular*, el primer arco visceral, que inicia la mandíbula en todos los vertebrados: // *a. maxilar*, arco de huesos de membrana que inicia la parte exterior de la barra palatocuadrada. Este arco da lugar a la mayoría de los huesos de la maxila superior: *pramaxilares, maxilares, yugales* y *supratemporales: a. neural*, arco formado por la apófisis neurales de las vértebras de los peces, por donde pasa el cordón nervioso dorsal: // *a. púbico*, el formado por las ramas del isquio y del pubis de cada lado: // *a. reflejo*, una unidad operacional del sistema nervioso formada por el menor número de estructuras que intervienen en un acto reflejo en la mayoría de los metazoarios son: un receptor, una neurona sensorial, una neurona motora y un efector: // *a. sistemático* o *sistémico* el cuarto arco aórtico del embrión, que lleva sangre a la mayor parte del cuerpo y persiste en el adulto de aves y mamíferos como la aorta: // *a. torácico*, V. *cintura torácica* o *escapular: // a. visceral*, uno de los arcos óseos o cartilaginosos de la pared faríngea que soporta las aberturas branquiales de los peces.

arcocéntrico. *Aricéntrico.*

arcocentro (arcocentrum). Un centro vertebral formado por partes de los arcos hemales y neurales.

arcoplasma (archoplasm). V. *centrosfera.*

Arcotogea (arcotogea). Una de las grandes áreas zoogeográficas que comprende las regiones *paleártica, etiópica* y *oriental*. (Gr. **arktikos, la región boreal o del oso.**)

Arctocyonoidea. Superfamilia de mamíferos fósiles, carnívoros primitivos del orden *Creodonta.*

Arctoidea. Una superfamilia de mamíferos del orden *Carnívora* que comprende las familias *Ursidae, Canidae, Mustelidae* y *Procyonidae*. Se prefiere el uso del nombre *Canoidea*. (Gr. **arctos, helado, frío, oso**).

arcual (arcual). Antig. en forma de arco. (Lat. **arco.**)

arcualios (arcualia). Estructuras en forma de bastoncillos situadas sobre el notocordio de las lampreas. // Los componentes de las vértebras. (Lat. **arco.**)

árculo (arculus). Vena cruzada arqueada entre el radio y el cúbito de las alas de las libélulas. (Lat. **arculus, dim. de arco.**)

Archaeoceti. Un suborden de cetáceos fósiles que vivieron del Eoceno al Oligoceno. V. *Zeuglodontes*. (Gr. **archaios, antiguo; ceti, ballena.**)

Archaeocyathacea. Un subfilum del filum *Porifera* del período Cambriano.

Archacogastropoda. Un orden de moluscos gasterópodos de la subclase *Prosonbranquia*. Sistema nervioso poco concentrado, con 1-2 branquias plumosas, 2 aurículas en el corazón, 2 nefridios y el borde de la concha escotado. Desde el Cambriano superior. También *Aspidobranchia* y *Diotocardia*,

Archaeopterygiformes. Un orden de aves extintas de la subclase *Archaeornithes.*

Archaeopteryx. Género de las aves más antiguas que se conocen como *A. lithographica*, del Jurásico superior de Alemania. *V. Archaeornithes.*

Archaeornis. Género de aves fósiles del Jurásico superior de Alemania. V. *Archaeornithes.*

Archaeornithes. Subclase de aves que conservan caracteres reptilianos por tener la mandíbula con dientes, extremidades anteriores tridáctilas, con plumas fuertes en una larga cola y en el borde posterior de las alas. Del Jurásico superior. (**Archaios**, antiguo, primitivo; + **ornithes.**)

archi- (**archi-**). (Del gr. **archi**, el primero.)

Archiacanthocephala. Una clase del filum *Acanthocephala.* Probóscide con espinas concéntricas, con protonefridio, machos con ocho glándulas de cemento. (Gr. **archi**, primero; + **Acanthocephala.**)

Archiannelida. Una clase poco numerosa en el fílum *Annelida.* Tamaño pequeño, segmentación principalmente interna, sistema nervioso en la epidermis, unisexuales, larva usualmente trocófora. Casi todos marinos. (Gr. **archi**, primero; + **Annelida.**)

archibebe (**redshank**). Avecilla europea del orden *Charadriiformes*, familia *Solopacidae* (**Tringa erythropus**).

Archigregarina. Un orden de esporozoarios de la subclase *Gregarinomorpha*, (orden **Gregarinida**, para los que consideran este grupo con categoría de orden).

Archiptera. Un orden obsoleto que comprende insectos primitivos de boca masticadora, metamorfosis incompleta y dos pares de alas membranosas. (Gr. **arche**, comienzo; **pteron**, ala.)

Archista. Un orden de peces óseos. Cabeza está cubierta por huesos. Escamas ganoideas, cola heterocera; dientes cónicos y vértebras sin centro. (Gr. **archi**, primero; **histion**, lámina.)

Archoophora. = *Aschelminthes.*

Archosauria. Subclase principal de reptiles mesozoicos o *reptiles dominantes.* En él están incluídos los cocodrilos, persistentes actualmente, los pitosaurios, los pterosaurios y los dinosaurios. Un carácter notable es el desarrollo de las extremidades posteriores y la correspondiente disminución de las anteriores, que les permite la actitud bípeda. (Gr. **archi**, primero; **saurios**, saurio.)

Archostemata. Un suborden de *Coleoptera.* (Gr. **archos**, el recto.)

Archypolypoda. Un orden de miriápodos del cuerpo cilíndrico, cercano a los diplópodos que existieron en la Era Paleozoica.

arda*. *Ardilla.*

árdea* (**heron**). *Alcaraván.* (Lat. **ardea.**)

ardeida* (**heron**). V. *garza.*

Ardeiformes. Un orden de aves. // En la clasificación actual, una familia (**Ardeidae**) en el orden *Ciconiformes.*

ardilla* (**squirrel**). Nombre dado a varias especies de mamíferos del orden *Rodentia*, familia *Sciuridae;* la mayoría de los cuales tiene la cola larga y peluda. La ardilla común eurásica es *Sciurus vulgaris.* (Lat. **arda**). Puerto Rico: la mangosta.

ardentía*. la fosforescencia del mar.

area. Puerto Rico: una especie de Liza (**Mugil curema**) V. *jarea.*

área* (**area**). Cualquier división estructural de un órgano. // Subdivisión biográfica de cualquier categoría. (Lat. **area**, espacio.) // ***a. aboral***, el área en los equinodermos opuesta donde está situada la boca. // ***a. ambulacrales***, las cinco hileras de placas que llevan los podios de los equinodermos, especialmente los equinoideos: // ***a. cerebrales***, regiones de la corteza cerebral en donde se localizan diversas funciones: motoras, auditivas, visuales, sensoriales generales, psíquicas, etc. // ***a. continuas***, son las que muestran la distribución de ciertos grupos animales cuando no existen interrupciones, como la de los perezosos neotropicales. // ***a. de asociación***, porciones de corteza cerebral que intervienen en la personalidad: // ***a. de Broca***, área parolfatoria del cerebro: // ***a. discontinua***, se dice de la distribución de aquellos grupos animales que ocupan extensiones separadas, como la de los elefantes actuales, encontrados en Africa y en el Asia: // ***a. gloso-cinestética***, un área cerebral en la circumvolución de Broca relacionada con la palabra: // ***a. motora***, la porción del cerebro anterior a la fisura central en donde se originan los impulsos nerviosos que van a los efectores: // ***a. opaca***, la parte externa opaca del blastodermo del huevo de las aves: // ***a. pelúcida***, área del blastodermo en huevo de las aves en la que las células periféricas están en continuidad con la yema: // ***a. peristomática***, la región del cuerpo en los rotíferos en donde se encuentra un disco retráctil y ciliado que forma parte del aparato rotatorio o corona: // ***a. petaloide***, área ambulacral en forma de pétalo en ciertos equinoideos: // ***a. prefrontal***, parte anterior del lóbulo frontal cerebral que interviene en la memoria, conciencia, etc. // ***a. vasculosa***, un espacio de islotes sanguíneos que rodea el embrión de los vertebrados amniotas en sus primeros estados. // ***a. vitelina***, región en el huevo de las aves que es la más periférica de la zona paraembrionaria. Eventualmente envuelve todo el vitelo y forma la vesícula vitelina.

área y edad. Correlación entre el área ocupada por un taxón y la edad del mismo. Mientras más viejo es el taxón más extensa es su área de dispersión.

ardora*. Fosforescencia del mar que indica un banco de sardina. (De **ardor.**)

arenáceo (**arenaceous**). *Arenoso.* Que tiene la apariencia o las propiedades de la arena. Cuerpos arenáceos. (Lat. **arena.**)

arenario (**arenicolous**). Que vive en la arena. *Psamófilo.*

arenícola (**arenicolous**). Que vive en la arena. // (**lugworm.**) Verme marino poliqueto del género *Arenicola*, (Ej. **A. piscatorium**, usado como carnada.) (Lat. **arena**; **-icola**, habitante.)

arenque* (**herring**). Especie de pez del orden *Clupeiformes*, familia Clupeidae que vive en grandes cardúmenes en varios mares europeos, especialmente el Mar del Norte (**Clupea harengus**). Su abundancia origina una de las grandes pesquerías del mundo.

areografía (**aerography**). El estudio de las árcas de distribución de los organismos. (Lat. **area**, **+graphein**, describir.)

areola*, **aréola** (**areola**). Un área pequeña. // El área pigmentada que rodea los pezones. // La parte del iris que bordea la pupila. // Una celdilla parda en las alas de algunos lepidópteros. // Superficie irregular engrosada en ciertas partes de la cutícula de los nematomorfos.

Areolaimoidea. Un orden de *Nematoda.* Cutícula lisa, generalmente con sedas cefálicas. (Lat. **area.**)

areolación (**areolation**). Una estructura de apariencia reticulada o areolar. (Lat. **areola**, espacio pequeño.)

arfango (**arfang**). Especie de búho. V. *harfango.*

argala. Especie de ave Ciconiiformes carroñera de la familia *Ciconiidae* que habita la India (**Leptoptilus dubius.**)

argalí (**aragali**). El mayor de los carneros, que alcanza más de 1.20 de alto. Vive en varias localidades de Asia central, hasta Kamchatka (**Ovis ammon**).

argalia*. V. *algalia.*

argentafino (**argentaffin**). Argirófilo.

argéntea (**argenteal**). Se dice de la capa de cristales plateados de guanina que rodea la zona externa de la úvea en los ojos de los peces óseos, carácter especialmente marcado en las crías. (Lat. **argentus**, plateado.)

argénteo* (**argenteous**). De aspecto plateado. Se aplica a una capa reflectoria plateada en la piel de los peces, formada por iridocitos que contienen cristales de guanina. (Lat. **argentus**, plateado.)

arginasa (**arginase**). Una enzima que desdobla la arginina en urea y ornitina en el proceso de la desaminación de los aminoácidos. (Ciclo de la **ornitina.**)

arginina (**arginine**). Un aminoácido.

Argir-, **argiro** (**argyro-**). (Del gr. **argyros**, plata.)

argirófilo (**argyrophil**). Que tiñe con sales de plata. (Gr. **argyros**, plata.)

argirosoma (**argyrosome**). Corpúsculos en el citoplasma de algunos flagelados que reducen el nitrato de plata. (Gr. **argyros**, plata; **soma**, cuerpo.)

argonauta* (**argonaut**). Concha ovígera apergaminada segregada por las hembras de cefalópodos del género *Argonauta.*

Arguloidea. Un grupo de crustáceos parásitos, a veces considerado como un suborden de *Copepoda.*

argos. Especie de faisán de la India y Malaca notable por la gran longitud de las plumas de la cola (**Argusiana argus**).

Arhynchobdellida. Un orden de anélidos de la clase *Hirudinea.*. Comprende sanguijuelas de boca grande, sin trompa, con unos ánulos por segmentos, sangre roja. Ej. *Hirudo medicinalis.* (Gr. **a-**, sin; **rhynchos**, trompa; **bdella**, sanguijuela.)

arigua (**yellow grouper**). Cuba: pez marino de carne tóxica. Orden Perciformes, familia *Serranidae:* (**Mycteroperca venenosa**). También *bonaci de piedra.* (Nombre indígena.)

arindí. Especie de mariposa de la India que produce una seda basta. Es parásito del ricino. (**Antherea mylitta.**)

-ario* (**-arius**). (Del lat. **-arius**, voz que agregada a un nombre, puede significar lo relacionado con ocupación, oficio, creencia, lugar.)

arista* (**arista**). Prolongación filiforme de ciertos órganos. // Borde agudo. (Lat. **arista**, espiga.) *Adj.* ***aristado, aristulado.***

aristogénesis (**aristogenesis**). Principio creativo en el origen de las especies. // El origen gradual, secular, contínuo, directo, reactivo y adaptativo de nuevos mecanismos biológicos. (**Osborn**). (Gr. **aristos**, mejor; **genesis**, descendencia.)

aristogénico (**aristogenic**). *Eugénico.*

Aristóteles. Filósofo y zoólogo griego, discípulo de Platón y maestro de Alejandro el Grande, padre de la zoología, expuso muchas observaciones originales y precisas sobre organismos. Escribió varias obras como: *Historia Animalium; On the Reproduction of Animals; On the Parts of Animals.* (384-322 A.C.)

aristopedia. Desarrollo anormal en ciertos dípteros en los que la arista es reemplazada por una pata más o menos perfecta. (De **arista**, extremo de la antena en los dípteros; lat. **pes, pedis**, pie.)

aritenoides (**arytaenoid**). En forma de cuchara. // Un par de cartílagos en el dorso de la laringe. (Gr. **arytainoides**, en forma de cuchara.)

Arixenina. Un suborden de insectos ectoparásitos del orden *Dermaptera.*

armadillo* (**armadillo**). Especies de mamíferos desdentados americanos de la familia *Dasypodidae.* Están provistos de una concha o carapacho de huesos dérmicos, generalmente dividido por surcos transversos de piel blanda. Las diversas especies se encuentran desde el sur de los Estados Unidos hasta Patagonia. (De **armado.**) // ***a. gigante*** o *Tatu guazú* (**Priodontes giganteus**).

armado* (**catfish**). Pez de agua dulce del orden *Siluriformes* de los ríos de La Plata y Paraná (**Rhinoderas d'orbignyi**). A este grupo pertenecen los bagres americanos o peces gatos. // Nombre dado por los colonizadores españoles a los *armadillos,* q.v.

armadura* (**armature**). Cualquier estructura defensiva. (Lat. **armatura.**) // El esqueleto óseo. (Lat. **armatura.**)

armazón ósea (**skeletal systems**). El endoesqueleto de los vertebrados superiores y el exoesqueleto o sea la porción desarrollada en el exterior del cuerpo.

armiño* (**ermine**). Especie de mamífero carnicero de la familia *Mustelidae,* de pelaje blanco en el invierno, cuya piel ha sido una de las más codiciadas en peletería (**Mustela erminea**).

arna (**buffaloe**). El búfalo salvaje de la India, que alcanza más de 2m. de alto. Muestra diversas subespecies, una de las cuales llega hasta Borneo (**Bubalus bubalis**).

ARNM (**MRNA**). Siglas del ácido ribonucleico mensajero.

ARNT (**TRNA**). Una tira del ARN que coloca correctamente los aminoácidos para su incorporación en otra molécula de proteína=ARN transferente.

arolio (**arolium**). Almohadilla terminal entre las uñas tarsales de algunos insectos y arácnidos. (Neolat. **arolium**, etim. desconocida.)

aromorfo (**aromorph**). Un carácter resultante del proceso de la aromorfosis, q.v.

aromorfosis (**aromorphosis**). Un cambio evolucionario que resulta en un aumento de energía.

arpella* (**harpy**). Ave rapaz falcónida europea que vive cerca de las lagunas. (**Circus aeruginosus**). (Gr. **harpe**, una clase de halcón.)

arpía* (**harpy**). *Harpía**. Monstruo fabuloso con el rostro de mujer y cuerpo de ave de rapiña. // (**harpy eagle.**) *Aguila arpía*, ave de rapiña del orden *Falconiformes,* de la región neotropical, que se alimenta de monos y otros animales (**Harpia harpya**). (Gr. **arpyia.**)

arque-. V. *arqueo.*

Arqueano (**Archean**). Era geológica anterior a la Paleozoica. (Gr. **archaios**, antiguo.)

arqueobiosis (**archeobiosis**). El origen de la vida. (Gr. **arche**, principio; **biosis**, viviente.)

arquecéntrico (**archecentric**). Que está conforme con el tipo original. (Gr. **arche**, principio; **kentron**, centro.)

arquedictio (**archedictyon**). Una red irregular de nervuras de las alas de insectos paleozoicos, como los palaeodictyopteros. En los actuales, los insectos efemerópteros poseen nervaduras similares. (Gr. **arche**, primitivo; **dictyon**, una red.)

arquencéfalo (**archencephalon**). El encéfalo primitivo. (Gr. **arche**, primitivo **enkephalon.**)

arquenterio* (**archenteron**). Cavidad (primordio intestinal) que se forma por el proceso de gastrulación mediante el cual la blástula se transforma en gástrula. También *gastrocelo.* (Gr. **archaios**, primitivo; **enteron**, intestino.)

arquéntero, arquenterón. V. *arquenterio.*

arqueo.- (Del gr. **archaios**. antiguo, primitivo.)

arqueocito (**archeocyte**). Célula en el mesénquima de las esponjas que digiere y hace circular el alimento y posiblemente, forma también la célula reproductiva. // Célula procedente de blastómeros indiferenciados que pueden originar gametos. (Gr. **arche**, primero.)

arqueoforaminíferos. Un grupo de foraminíferos que abarca formas primitivas de caparazón arenáceo. Desde el Paleozoico inferior.

arqueología (**archaeology**). Ciencia que estudia las culturas antiguas, especialmente por medio de los monumentos, objeto de arte, etc. (Gr. **archaiología**, tratado de lo antiguo.)

arqueoma. V. *ocelo.*

arqueopalio (**archaeopalium**). Parte media de la corteza cerebral en los vertebrados anamniotas en donde se encuentran las correlaciones olfativas. (Gr. **archaios**, primitivo; lat. **pallium**, manto.)

arqueopterigio (**archaeopteryx**). El ave fósil más antigua que se conoce hallada en el periodo Jurásico. V. *Archaeopteryx.*

arqueostoma (**archaeostomatous**). Boca derivada directamente del blastóporo del embrión. (Gr. **archaios**, primitivo; **stoma**, boca.) *Adj.* ***arquiostomado.***

Arqueozoica (**Archaeozoic**). Era o subera de la Era Precambriana en la que se han encontrado pocos fósiles, pero que se infiere la existencia de organismos por la composición de los terrenos y depósitos de materia orgánica, como el carbono.

arqueozoico (**archeozoic**). Perteneciente a la Era Arqueozoica.

arquetipo (**archetype**). Una forma primitiva, real o hipotética, que se considera ancestral o prototipo de un taxón determinado. (Gr. **arche**, primero; **typos**, patrón.)

arquero (**archerfish**). Pez osteictio del orden *Perciformes*, familia *Toxotidae*, que arroja por la boca chorros de agua para capturar insectos.

arqui-* (**archi-**). (Del gr. **archos**, jefe, el primero en mandar). Se emplea para denotar preeminencia, también para denotar muy.

arquianélidos (**archianelida**). Gusanos marinos, primitivos, pequeños y segmentados. (Del griego **arche**, primero; latín, **annulus**, anillito.)

arquianfiáster (**anchiamphiaster**). El anfiáster que forma el primero y segundo glóbulo polar en la maduración del óvulo. (Gr. **arche**; **anfiaster**.)

arquibéntico (**archibenthic**). Se dice del fondo marino desde el borde de la plataforma continental hasta el límite superior de la zona abisobental. (De **arche**, primero; **benthos**, fondo.)

arquibentos (**archibenton**). Los organismos que viven en el fondo a profundidades entre 200 y 1,000 metros. (Gr. **arche**, primero; **benthos**, fondo profundo.)

arquiblástico (**archiblastic**). Que tiene una segmentación primitiva total e igual. (Gr. **arche**, primero; **blastos**, brote.)

arquiblasto (**archiblast**). El protoplasma del óvulo. (Gr. **arche**, primitivo; **blastos**, brote.)

arquiblástula (**archiblastula**). Blástula típica procedente de huevos de segmentación total e igual. V. *celoblástula*. (Gr. **arche** primero; + **blástula**.)

arquicelo (**archicoel**). La cavidad original en el desarrollo de algunos animales o espacio entre el endodermo y ectodermo. Blastocelo. (Gr. **arche** primero; **koilos**, hueco.)

Arquicelomados. Nombre que ha sido propuesto para los filumes *Bryozoa*, *Phroronidea* y *Brachiopoda*, también llamados *Molluscoidea*. Cuerpo dividido, por lo menos en estado larval, en tres regiones. Han sido llamados Trimetámeros y Oligómeros y colocados en una posición intermedia entre los protostomados y los deuterostomados. (Gr. **arche** primero; + **celomados**.)

arquicerebro (**archicerebrum**). Las masas ganglionares del prostomio de los anélidos. // La masa ganglionar anterior al primer segmento verdadero en los artrópodos. // El cerebro primitivo de los vertebrados. (Gr. **arche**, primero; + **cerebro**.)

arquigástrula (**archigastrula**). La gástrula que se forma por invaginación que, según Haeckel, es el tipo más primitivo. (Gr. **arche**, primero; + **gástrula**.)

arquigénesis (**archigenesis**). V. **abiogénesis**.

arquigonia (**archigony**). El origen primordial de la vida. (Gr. **arche**, primero; **gonos**, producción.)

arquinefridio (**archinephridium**). Organos excretores primitivos en algunos estados larvales de ciertos invertebrados. Solenocitos. (Gr. **arche**, primero; + **nefridio**.) *Adj.* ***arquinéfrico***.

arquinefros (**archinephros**). Organo excretor que se admite en los precursores de los vertebrados y que de él derivaron los riñones primitivos o pronefros. (Gr. **arche**,, **nephron**, **riñón**.) **También** *holonefros*.

arquioma. V. *Ocelo*. (Gr. arche, primero; **omma**, ojo.)

arquipalio (**archipallium**). La región dorsomedial del *palio*, q.v., en el cerebro de los peces y anfibios. Tienen función esencialmente olfativa. y, en los mamíferos, comprende el hipocampus y el fórnix. (Gr. **archaios** antiguo; + **palio**.)

arquiplasma (**archiplasm**). La substancia que forma los centrosomas y los filamentos del huso. (Gr. **arche**, primitivo; **plasma**, formación.)

arquípodo (**prolegs**). Se aplica a las patas abdominales, carnosas y rudimentarias o primitivas, de las orugas de los insectos lepidópteros, que desaparecen en el imago. (Gr. **arche**, principio, comienzo, origen; **pous**, **podos**, pie.)

arquipterigio (**archipterygium**). Tipo primitivo de aleta, que tiene un eje central esquelético y radios articulados a cada lado. (Gr. **arche**, primero; **pteron**, ala.) El otro tipo es el *metapterigio*, q.v.

arquíptero*. Insecto primitivo del antiguo orden *Archiptera*, q.v.

arquisaurios (**archisauria**). Los llamados reptiles dominantes de la Era Secundaria.

arquisternón (**arquisternum**). Estructura cartilaginosa localizada en algunos de los miocomas del lado ventral de la región torácica de algunas salamandras. Está relacionada con el *paraesternón* de otras formas. Se considera como el esternón primitivo. (Gr. **archaios**, primitivo; + **esternón**.)

arquitomía (**architomy**). Un tipo de reproducción en los anélidos por fragmentación y posterior regeneración..(Gr. **arche**, **primero**; **tome**, un corte.)

arracimado (**clustered**). Que parece un racimo de uvas. Glándulas arracimadas. (De **racimo**.)

arraclán*. *Alacrán*.

arrangorrí. Pez europeo de color rojo de cabeza grande. Orden *Perciformes*. (Vasco, **arrain**, pez; **gorrí**, gorro.) (Dicc.)

arrastrapanza. Cuba: V. *bayoya*, lagarto.

arráu. Venezuela: especie de tortuga comestible del Orinoco y otros ríos de América del Sur. Orden *Chelonia*, familia *Pelomedusidae* (**Podocnemis expansa**).= *Aiyusá*.

arrector pili (**arrectores pilorum**). V. *músculos horripilantes*.

arrectores plumarum. Músculos en piel de las aves que son los que ocasionan el erguido de las plumas.

arrejaco. *Vencejo*, ave.

arrendajo* (**jay**). *Arrandajo*. En España recibe este nombre un ave del orden *Passeriformes*, familia *Corvidae* (**Garrulus glandarius**). // En Venezuela es una especie de ave de la familia *Icteridae*(**Cacicus cela**).

arrenogénico (**arrhenogenic**). Que produce una progenie preponderantemente masculina. (Gr. **arrhen**, macho; **genos**, descendencia.)

arrenoide (**arrhenoid**). Animales genéticamente femeninos que muestran caracteres masculinos. (Gr. **arrhen**, macho; **eidos**, forma.)

arrenoplasma (**arrhenoplasm**). El llamado plasma masculino para distinguirlo del plasma femenino o teliplasma (Gr. **arrhen**, macho; **plasma**, molde.)

arrenotoquia (**arrenotoky**). Producción de macho por hembras partenogenéticas. (Gr. **arrhen**, macho; **tokos**, dar a luz.)

arribazón*. Gran afluencia de peces a las aguas litorales. (De **arribar**.)

arritmia (**arrhythmia**). Irregularidad en el ritmo cardíaco. (De **a-**, y gr. **rhytmos**, compás.)

arroaz* (**dolphin**). *Delfín*.

arrollamiento*. Arrullo de la paloma.

arrosariado (**moniliform**). Organo que presenta sucesivas expansiones y estrechamientos, como un collar o rosario. *Moniliforme*.

arrostia (**arrostia**). Una condición normal en el desarrollo o en la evolución que parece una condición patológica. (Gr. **arrhostia**, mala salud.)

arruar*. Gruñir el jabalí perseguido.

arrugado (**wrinkled**). Con arrugas o pliegues. Lo mismo que *rugoso*, q.v.

arruí (**arui**). Especie de bovino parecido a las cabras y a las ovejas, que viven en las montañas del Africa del norte (**Ammontragus lervia**).

artefacto* (**artefact**). Una substancia o estructura no existente en un tejido sino formada por reacción, la muerte, etc. (Lat. **ars**, arte; **factors**, hecho.)

artejo (**segment**). Pieza esquelética de forma variable que forma los apéndices articulados de los artrópodos y el tallo y brazos de los equinodermos pelmatozoos. (Lat. **artus**, segmento, junta.)

artenkreis (**artenkreis**). Un grupo de especie alopátridas relacionadas filogenéticamente. Término propuesto por Rensch, que equivale al de superespecie de Mayr. (Alem. **círculo de especies.**)

arteria* (**artery**). Vaso que lleva a los tejidos sangre procedente del corazón. Generalmente las arterias son elásticas y de paredes musculosas. (Lat. **arteria.**) *Adj.* ***arterial*****, *arterioso:*** // ***a. antenales,*** un par de vasos que conducen sangre a las antenas, las glándulas verdes, el estómago y los músculos anteriores en algunos crustáceos malacostráceos: // ***a. braquicefálica,*** arteria que parte del arco aórtico derecho en los reptiles y distribuye la sangre por la parte anterior del cuerpo; // ***a. braquial,*** arteria que lleva sangre a los brazos en los vertebrados: // ***a. branquial aferente,*** una de las arterias que lleva sangre a las branquias en los peces: // ***a. carótida,*** arteria que suple sangre a la cabeza de un vertebrado. La arteria carótida común se bifurca en una rama interna y otra externa; // ***a. celíaca,*** arteria visceral anterior que irriga el estómago, el bazo, el páncreas y el duodeno: // ***a. celiacomesentérica,*** una arteria que envía ramas al estómago, bazo, páncreas, hígado e intestino en algunos vertebrados: // ***a. ciática,*** una de las ramas que se bifurca la arteria femoral: // ***a. cutánea,*** arteria que lleva sangre a la piel en los anfibios: // ***a. endostilar,*** otro nombre para la arteria braquial de los anfibios: // ***a. esplénica*** o lienal, rama de la arteria celíaca que irriga el bazo: ***a. estapediana,*** arteria derivada del segundo arco aórtico que irriga el estribo en los mamíferos y la columela en los reptiles: // ***a. esternal,*** una arteria en muchos crustáceos malacostráceos que se continua en las arterias dorsales, ventrales y abdominales: // ***a. hialoide,*** vaso que irriga el desarrollo del ojo: // ***a. ilíaca,*** ateria que irriga la pierna y la parte posterior del tronco de los vertebrados: // ***a. inominada,*** o tronco branquio cefálico: // ***a. lienal,*** o ***a. esplénica*** o ***del bazo;*** // ***a. lingual,*** que parte de la carótida externa; // ***a. mesentéricas,*** las que llevan sangre a diversas partes del intestino: *superior* o *inferior:* // ***a. oftálmica,*** arteria dorsal que, en muchos crustáceos, irriga los ojos, las antenas y el cerebro. Arteria de la cabeza que, en muchos vertebrados, irriga los ojos y la cara; // ***a. onfalomesentérica,*** v. *arteria vitelina:* // ***a. parietal,*** arterias segmentadas; // ***a. pulmocutánea,*** arteria que, en los anfibios, va a llevar sangre impura a los pulmones y a la piel en cuyos lugares es oxigenada; // ***a. pulmonar,*** la que originándose en el ventrículo derecho del corazón lleva la sangre a los pulmones; // ***a. segmentarias,*** arterias somáticas que distribuyen metaméricamente en la musculatura dorsal y la columna vertebral en el embrión de los vertebrados; // ***a. sistemática,*** o las que forman el arco llamado sistémico en los tetrápodos y que irrigan la parte posterior del tronco y las extremidades posteriores; // ***a. subclavia,*** que partiendo de las inominadas pasan por debajo de las clavículas; // ***a. umbilical,*** arteria que procede de las venas ilíacas del feto y van hasta la placenta, en donde se capilariza; // ***a. ventral abdominal,*** arteria en la parte ventral del abdomen y a los apéndices posteriores; // ***a. vetelina,*** arteria que lleva sangre al saco vitelino en aves y reptiles. En los mamíferos, aunque no tienen saco vitelino, existen dichas arterias que se continúan en el cordón umbilical.

arterio-*. Forma prefija de la voz *arteria.*

arteriola* (**arteriole**). Arteria de pequeño calibre, pero que conserva su carácter contráctil y se ramifica en las metarteriolas y los capilares. (Lat. **arteriola**, pequeña arteria.)

arteriología* (**arteriology**). El estudio de las arterias. (De **arteria y logos**, discurso.)

arteriosclerosis* (**arteriosclerosis**). Engrosamiento de las túnicas de las arterias con cambios inflamatorios. (Gr. **arteria; skleros**, duro.)

arteriovenular (**arterio-venular**). Perteneciente a las anastomosis de arterias y venas.

arteritis* (**arteritis**). Inflamación de las arterias.

Arthrodira. Un orden de peces placodermos. Cabeza y espalda armados de placas óseas robustas; sin espiráculos. Marinos y de agua dulce.

Arthrogastra. Arácnidos con el abdomen segmentado. (Gr. **arthros**, junta; **gaster**, vientre.)

Arthropleona. Un suborden de insectos del orden *Collembola.* Cuerpo bien segmentado. (Gr. **arthros**, articulación; **pleon**, abdomen.)

Arthropoda. Fílum de metazoarios celomáticos, de cuerpo segmentado, con anillos heterónomos. El cuerpo dividido generalmente en tres regiones. Poseen apéndices articulados y el tegumento está revestido en quitina, a veces impregnada de sales calcáreas. (Gr. **arthron**, articulación; **podos**, pies.)

Arthrostraca. Un taxón obsoleto en el que se incluían los *Anfípodos* y los *Isópodos.* (Gr. **arthros**, articulación; **ostrakos**, concha.)

ártico* (**arctic**). Lo referente a la parte más septentrional de la región holoártica. Su bioma es la tundra. (Lat. **arcticus.**)

articul- (**articul-**). (Del lat. **articulus**, una junta.) Dim. de **artus.**

articulación* (**articulation**). La unión de dos órganos o estructuras, como los huesos de los vertebrados, los segmentos de los artrópodos y las conchas de los moluscos bivalvos. (Lat. **articulus**, una junta.) // ***a. mesotarsal,*** el lugar por donde pueden doblarse los pies de los reptiles; es decir, entre los tarsos distales y proximales; // ***a. nodátil,*** la que forma huesos que entran en la cavidad del uno y la cabeza o nudo del otro; // ***a. pivotal,*** articulación de movimiento limitado a un plano; // ***a. xenatral,*** tipo de articulación de las vértebras toráxicas de los mamíferos del orden *Edentata* en las que existen apófisis accesorias.

articulado* (**articulated**). Que presenta articulaciones. (Lat. **articulatus.**)

articulamento (**articulamentum**). La capa interna de las placas calcáreas en los moluscos poliplacóforos. (Lat. **articulus**, parte; **amentum**, tira, faja.)

articular* (**articular**). Hueso que forma la parte posterior de la mandíbula en los vertebrados, menos en los mamíferos, que se articula con el cráneo. (Lat. **articulus**, parece.)

articulado. Un miembro del grupo *Articulata,* q.v.

Articulata. Uno de los tipos de organización en la clasificación de Cuvier que comprende los artrópodos y los anélidos. // Una clase del fílum *Brachiopoda* cuyas valvas están unidas por una charnela. // Un orden de la clase *Crinoidea,* cuyas placas del cáliz poseen superficies articulares. (Lat. **articulatus.**)

artículo* (**segment**). V. *artejo* y *articulación.*

artio- (**arti-**). (Del gr. **artios**, número par.)

artiodáctilo* (**artiodactyl**). Un miembro del orden *Artiodáctylas.* V. *Artiodactyla.*

Artiodactyla. Orden de mamíferos ungulados herbívoros caracterizados por tener un número par de dedos, y porque el eje de las extremidades pasa entre los dedos II y III. Comprende las vacas, antílopes, ciervos, cerdos, hipopótamos, etc. (Gr. **artios**, par; **dactylos**, dedos.)

Artiozoa. Nombre dado a los metazoos de simetría bilateral. *Bilateria.* (Gr. **artios**, par; **zoon**, animal.)

artocebo. Mono prosimio de la familia *Lorisidae,* nativo de Calabar, Nigeria (**Artocebus calabarensis.**)

artr*. V. *artro-.*

artralgia (**arthralgia**). Dolor de las articulaciones. (**arthoos**, junta; **algos**, dolor.)

artrio (**arthrium**). Segmento tarsal oculto de algunos coleópteros. (Gr. **arthros**, junta.)

artritis* (**arthritis**). Inflamación de las articulaciones. (Gr. **arthron**, articulación.) *Adj.* ***artrítico*****.*

artro-* (**arthro-**). (Gr. **arthron**, articulación, junta.)

artrobranquia (**arthrobranchial**). Branquias que, en ciertos crustáceos malacostracos, están situadas en la articulación del cuerpo con el primer segmento de las patas. (Gr. **arthros**, junta: + **branchia.**)

artrodia (**arthrodia**). Una articulación que solo permite un movimiento deslizante. (Gr. **arthron,** articulación; **dia,** a través.)

artrodial **(arthrodial).** Se aplica a las membranas que, en los artrópodos, unen los apéndices con el tórax. (Gr. **arthron,** junta.)

artrología* **(arthrology).** El estudio de las articulaciones.

artrómero **(arthromere).** V. *segmento.*

artropodina. Una proteína insoluble, componente de la cutícula de los artrópodos.

artrópodo* **(arthropod).** Un miembro del filum *Artrópodos.* V. *Arthropoda.*

artroptéreo **(arthropterous).** Que tiene radios segmentados, como los de las aletas de ciertos peces. (Gr. **arthron,** junta; **pteron,** ala.)

artrosis **(arthrosis).** Una articulación. // Una enfermedad de las articulaciones. (Gr. **arthron,** junta; **-osis,** condición.)

artrostráceo **(arthrostracous).** Que tiene un carapacho segmentado. (Gr. **arthros,** junta; **ostrakom,** concha.)

aruco* **(aruco).** Colombia y Venezuela: ave sudamericana del orden *Anseriformes,* familia *Anhimidae* **(Anhima cornuta.)**

arvense*. Que vive en los campos cultivados. (Lat. **arvensis.**)

arvicola* **(European vole).** Campañol. Cualquier de los roedores de hábitos acuáticos del género *Arvicola* **(Arvicola amphibius).** V. *Campañol.*

arvón. El *turón,* q.v. de Noruega.

-asa **(-ase).** Sufijo empleado para designar las enzimas, agregándoseles a las bases sobre las que actúan.

asa de Henle **(loop of Henle).** Curvatura en U del túbulo renal en la porción apical de la pirámide.

Ascalabota. Una división de los saurios que incluye las familias *Iguanidae, Geckonidae, Agamidae* y *Chamaeleonidae.* (Gr. **askalabos,** una especie de lagarto moteado.)

ascariasis **(ascariasis).** *Ascaridiasis.* Enfermedad debida al parásito intestinal *Ascaris lumbricoides.*

ascáride **(ascarid).** Lombriz intestinal, en especial la del género *Ascaris.* (Gr. **askaris.**)

Ascaridina. Un suborden de nematodos rabditoides parásitos. Boca con tres grandes labios; alas caudales con pápulas. Ej. *Ascaris.*

Ascaris. Género de nematodos parásitos en los mamíferos que incluye la lombriz intestinal común en el hombre, *Ascaris lumbricoides.* (Gr. **askaris,** un verme intestinal.)

Ascaroidea. Un orden de nematodos equivalente al suborden *Ascaridina,* q.v.

ascidia* **(ascidian).** Cualquier animal del grupo de los tunicados. Ascidiácea. (Gr. **askidion,** odre pequeño.)

Ascidiacea. Una clase de tunicados. Forma de saco; principalmente sesiles; simples o coloniales. Ej. *Ascidia.* (Gr. **askidion,** dim. de **askon,** saco o vejiga de cuero.)

ascidiáceos **(ascidians).** V. *Ascidiacea.* (Del griego **ascidion,** odrecito.)

ascidícola **(ascidicolous).** Que vive en las ascidias, como ciertos moluscos bivalvos y algunos copépodos marinos. (De **ascidia** y neolatin., **-icola,** que habita.)

ascidiozoide. Un individuo de una colonia de tunicados formada por multiplicación asexuada.

ascitis* **(ascites).** Acumulación anormal de fluídos en alguna cavidad del cuerpo. (Gr. **askos;** odre; **-itis,** inflamación.)

asco-* **(aoco-).** (Del gr. **askon,** vejiga de cuerpo.)

Ascoglossa. Un orden de moluscos gasterópodos de la subclase *Opisthobranchia.* V. *Sacoglossa.*

ascón* **(ascon).** Tipo de estructura en las esponjas que se caracteriza por la forma en bolsa del cuerpo, con los coanocitos restringidos al espongiocelo. (Gr. **askos,** saco.) *Adj.* ***asconoide.***

Asconosa. V. *Homocoela.*

Ascospermophora. Un orden de diplópodos mejor conocido por *Nematomorpha,* q.v.

Ascorhynchomorpha. Un orden de Cirrípedos. Sin concha y con seis pares de apéndices torácicos. Los adultos son parásitos, especialmente de antozoarios. (Gr. **askos,** saco; **thorakos,** tórax.)

Aschelminthes. Uno de los diversos fílumes de metazoarios que comprende vermes redondeados seudocelomados con sistema digestivo completo, ano posterior y generalmente sin cilios anteriores. (Gr. **askos,** saco o vejiga; **helminthes,** verme.) Comprende los *nematodos, nematomorfos, rotíferos, equinoderos, priapúlidos* y otros.

Aschiza. Un taxón en los dípteros del suborden *Cyclorrhapha* con una sutura alrededor de la base de la antena. (Gr. **a,** sin: **schizo,** hendir.)

Aselli, Gasparo. Anatomista italiano, el primero en estudiar los linfáticos como vasos de absorción y transportación de grasas. (1581-1626)

Aselloidea, Asellota. Un suborden de isópodos. Urópodos terminales; acuáticos. (Lat. **asellus,** anillo.)

asémico **(asemic).** Sin marcas o señales. (Gr. **asemos,** sin marcas.)

aseptado **(aseptate).** Sin tabiques. (Lat. **a,** sin; **septum,** tabique.)

aserrado. Serrado, q.v.

asexual* **(asexual).** Que carece de sexo. Aplícase a la reproducción sin el concurso de los sexos. (Gr. **a,** sin; lat. **sexus,** sexo.)

asexuado*.=*asexual**.

asfixia* **(asphyxea).** Suspensión de actividades vitales debido a sofocación o anoxia. // Inactividad en los tardígrados por falta de alimentos. (Gr. **asphyxia,** ahogo.)

asifonado **(asiphonate).** Nombre que se aplica a las conchas de los gasterópodos que carecen de sifón. // Larvas con tubos respiratorios abiertos. (Gr. **a-,** sin: **siphon,** tubo.)

asimetría* **(asymmetry).** Ausencia de simetría, como en algunos protozoarios y esponjas. (Gr. **a-,** sin; **metron,** medida.) *Adj.* ***asimétrico.***

asimilación* **(assimilation).** La recomposición de cuerpos complejos orgánicos derivados del material absorbido, convirtiéndolos en materia viviente. (Lat. **ad-,** a; **similis,** similar.) // ***a. genética,*** V. *efecto Baldwin.*

asinapsis **(asynapsis).** Falta de apareamiento de cromosomas durante la sinapsis. (Gr. **a-,** sin; **synapsis,** unión.)

asinino*. *Asnal.*

asistolia* **(asystole).** Insuficiencia de la sístole cardiaca. (Gr. **a-,** sin; **systole,** contracción.)

asna* **(jenny).** La hembra del asno.

asnillo* **(rove beetle).** Insecto depredador europeo de cuerpo estrecho y alargado y de élitros cortos. Orden *Coleoptera,* familia *Staphyllinidae* **(Staphylinus maxillosus).**

asno* **(ass).** El animal doméstico **(Equus asinus)** cuyo nombre se ha hecho extensivo a varias especies salvajes, como el *hemión* y el *onagro,* q.v. (Lat. **asinus.**) *Adj.* ***asnal.***

asociación* **(association).** La acepción usual. (Lat. **ad-,** a; **socius,** socio.) // ***a. biológica,*** v. *biocenosis.* // ***a. facultativa,*** simbiosis en la que dos organismos pueden entrar en relaciones biológicas, pero que pueden sobrevivir como formas libres. // ***a. obligada,*** simbiosis en la que los organismos componentes tienen necesidad de unirse para sobrevivir.

asocies **(associes).** Una asociación que representa un estado en el proceso de sucesión. (Lat. **ad-,** a;+**socius.**)

asparragina **(asparagine).** Un aminoácido.

aspección **(aspection).** La sucesión estacional de fenómenos ecológicos en una comunidad. (Lat. **aspicere,** mirar hacia.)

aspecto **(aspect).** La aparición estacional de una comunidad. // Posición en la que se examina parte de una superficie. // ***a. biológico,*** conjunto de atributos de una especie, tales como longitud, hábitos, alimentación, sitio de reproducción, en oposición al aspecto *morfológico-fisiológico.* (Lat. **aspectus**, vista.)

aspella (**marsh harrier**). Ave rapaz europea que frecuenta las lagunas y pantanos. Orden *Falconiformes* (**Circus aeruginosus**).

aspereza (**asperity**). Calidad de áspero.

áspero* (**asperate**). *Escabroso.*

asperolado (**asperulate**). Diminutamente áspero, como la concha de ciertos moluscos. (Lat. **asperitas.**)

ásperulo (**asperulate**). Ligeramente áspero. (Lat. **asperulus**, dim. de **asper**, áspero.)

áspid*, aspide* (**asp**). Especie de víbora europea, familia *Viperidae* (**Vipera aspis**). // Serpiente venenosa de Egipto y Asia (**Naje haje**). (Lat. **aspide.**)

aspido-. (Del gr. **aspis**, escudo.) Ej. Aspidobranquia. También como sufijo: *Anaspida.*

Aspidobothria. Una subclase de platelmintos en la clase *Trematoda. Aspidocotylea.* Carecen de órganos adhesivos anteriores, pero tienen una amplia ventosa ventral. (Gr. **aspis**, escudo; **bothrion**, agujerillo.)

Aspidobranchia. Un suborden de moluscos gasterópodos de la subclase *Prosobranchia.* Se caracteriza por la presencia de un par de branquias, un par de nefridios y un par de aurículas. También *Scutibranchia, Diotocardia* y *Archaeogastrópoda.* (Gr. **aspidos**, un escudo; **branchia**, branquia.)

Aspidocotylea. Un orden de platelmintos de la clase *Trematoda.* Sin ventosa oral; con ventosa ventral muy grande y a veces sin hospedantes intermedios. Parásitos en moluscos, peces y reptiles. (Gr. **aspis**, escudo; **kotyle**, en forma de copa, "ventosa".)

Aspidochirota. Un orden de *Echinodermata* de la clase *Holothurioidea.* Tienen los tentáculos protegidos por escudos, árbol respiratorio, cuerpo cilíndrico y podios reducidos. (Gr. **asois**, escudo; **cheir**, mano.)

Aspidogaster. V. *Aspidogastrea.* V. *Aspidocotylea.*

Aspidogastrea. Un orden de platelmintos en la clase *Trematoda* que porta fijadores ventrales robustos.

Aspidorhyncha. Peces extintos del período Cretáceo, de cuerpo comprimido, escamas romboides, cola homocerca y hocico largo y puntiagudo. (Gr. **aspis**, escudo; **rhynchos**, pico.)

Aspiriculata. Un suborden de *Tunicados* del orden *Pleurogona.*

Aspirigera. Una división de los protozoos ciliados. V. *Holotricha.*

asplácnico (**asplanchnic**). Sin canal alimenticio. (Gr. **a-**, sin; **splanchnon**, víscera.)

aspóndilas (**aspondylous**). Se dice de las vértebras desprovistas de centros (o **acéntricas**) como las de los peces dípnoos. (Gr. **a-**, sin; **spondylos**,, vértebra.)

asporocístido (**asporocystid**). Se aplica a los oocistos de esporozoarios que se dividen sin formación de esporocistos. (Gr. **a**, sin; **+esporocisto.**)

asta* (**antlers**). Palo de lanza, venablo, bandera. // Cornamenta de los ciervos y los bovinos. // Estructuras del encéfalo. (Lat. **hastile.**) V. *cuerno, cuerna. // a.* ***dorsales y ventrales,*** disposición de la materia gris, médula espinal de los vertebrados en forma de H. De las ramas o astas dorsales salen las raíces dorsales o sensitivas de los nervios, y de las ventrales las raíces ventrales o motoras de los nervios espinales.

astac-. (Del gr. **astakos**, una langosta.)

astaceno (**astacene**). Un pigmento carotenoide de ciertos crustáceos, equinodermos y peces. *Astacina.* (Lat. **astacus**, cangrejo de río.)

astacicultura. La cría de los cangrejos y camarones de agua dulce. (Del género **Astacus.**)

ástaco* (**craw fish**). Cangrejo o camarón de agua dulce de los géneros de *Astacus, Cambarus,* etc. (Lat. **astacus**, langosta.)

Astacura. Grupo de crustáceos reptantes macruros que comprende los bogavantes y los cangrejos de ríos y los ástacos. (Lat. **astacus**, cangrejo de río; **oura**, cola.)

astasia (**astasia**). Locomoción inestable. (Gr. **a-**, sin; **stasis**, postura.)

astaxantina (**astaxanthin**). Un pigmento hallado en la mancha ocular de los flagelados euglenoideos y en algunos crustáceos. Es la substancia que produce el color rojo de las langostas hervidas. (Gr. **astakos**, camarón; **xanthos**, amarillo.)

asten- (**asthen-**). (Del gr. **asthenos**, débil, debilidad.)

astenia* (**asthenia**). Debilidad en las contracciones musculares o en otra función fisiológica. (Gr. **asthenes**, débil.)

asténico (**asthenic**). Débil. // Alto y delgado. *Leptosómico.* (Gr. **asthenes**, débil.)

astenobiosis (**asthenobiosis**). Período inactivo que precede la formación de la pupa en ciertas larvas. (Gr. **asthenes**, débil; **bios**, manera de vivir.)

astenodonte (**asthenodont**). Se aplica a los moluscos bivalvos de hábitos cavadores en los que los dientes han desaparecido. (Gr. **asthenes**, débil; **odous**, **odontos.**)

aster-* (**aster-**). (Del gr. **aster**, estrella.)

áster (**aster**). Figura estrellada que se forma en la mitosis al extenderse penachos de filamentos radialmente desde el centriolo. (Gr. **aster**, estrella.) *Adj.* ***asteroide.***

asteria*. *Estrellamar.*

Asterias. Un género común de equinodermos asteroideos muy empleado en laboratorios de zoología. (Gr. **aster**, estrella.)

asterio (**asterion**). El punto craneométrico en donde se encuentran las suturas lamboidea, parieto-mastoidea y occipitomastoidea. (Gr. **aster**, estrella.)

asterisco* (**asterisk**). Otolito en la médula de la lagena en los peces teleósteos. (Gr. **aster**, estrella; **iskos**, dimin.)

asteritas. Nombre obsoleto dado a los fósiles de los coralarios. (Gr. **aster**, estrella.)'

asternal (**asternal**). Se aplica a las costillas que no se unen directamente al esternón.=Falsas costillas. (Lat. **a-**, sin; **+sternum.**)

Asteroidea. Clase del fílum *Echinodermata* de cuerpo estrellado, con los brazos acanalados en la superficie oral por donde se extienden los podios. En el interior de los brazos se prolongan expansiones del tubo digestivo y de los órganos sexuales. (Gr. **aster**, estrella; **oides**, similar.)

asteroideo (**asteroid**). Cualquier miembro de los equinodermos de la clase *Asteroidea*, q.v.

asterospondíleo (**asterospondylous**). Se aplica al tipo de vértebras de ciertos tiburones, en cuyo centro cartilaginoso contiene un anillo estrellado calcáreo. (Gr. **aster**, estrella; **spondylos**, vértebra.)

Asterozoa. **Una agrupación en los equinodermos que comprende los de forma estrellada:** *Asteroidea* y *Ophiuroidea.* También *Esteleroidea.* (Gr. **aster**, estrella; **zoon**, animal.)

ástico (**astichous**). Que no está situado en hileras. (Gr. **a-**, sin; **stichos**, hilera.)

Astigmata. Un suborden de *Acarina.* V. *Sarcoptiformes.*

astigmatismo* (**astigmatism**). Defecto de un lente o de los órganos refringentes del ojo, que consiste en no ser igualmente refringentes todos sus meridianos, lo que origina imágenes deformadas o visión confusa. (Gr. **a-** sin; **stigma**, **ator**, punto punzada.) *Adj.* ***astigmático*.***

astigmado (**astigmatous**). Sin estigmas o espiráculos. (Gr. **a-**, sin; **stigma**, marca.)

astil* (**rachis**). Raquis. El eje córneo de la pluma del ave. (Lat. **hastile.**)

astogenia (**astogeny**). El desarrollo de una colonia por gemación. (Gr. **astos**, ciudadano; **genos**, descendiente.)

Astomatida. Un orden de protozoarios de la clase *Ciliata.* Sin boca y con los cilios uniformemente distribuidos. (Gr. **a-**, sin; **stoma**, boca.)

ástomo* **(astomus).** Sin boca. Sin abertura que comunique con el exterior. (Gr. **a-**, sin; **stoma**, boca.)

astracán* **(astrakhan).** Piel o tejido hecho con el pelo de cabra de esa ciudad rusa. (De **Astrakhan**, ciudad rusa del Asia.)

astrágalo* **(astragalus).** Hueso del tarso que se articula con la tibia y el calcáneo. (Gr. **astragalos**, hueso del tobillo.)

astral* **(astral).** Se aplica principalmente al tipo de mitosis en el que se forman estrellas directrices alrededor del centriolo. (Lat. **astrum**, estrella.)

astro- **(astro-).** (Del gr. **astron**, astro.)

astroblasto **(astroblast).** Una célula que origina astrocitos protoplásmicos o fibrilares. (Gr. **aster**, estrella; **blastos**, brote.)

astrocentro **(astrocentre).** V. *centrosoma.*

astroglia **(astroglia).** Macroglia con núcleo grande y muchas fibras ramificadas. = *astrocito.*

Astromonaxopellida. Un nombre alterno para el orden de esponjas. *Hadromerina*'

astropilo **(astrophyle).** La abertura principal de la cápsula central en ciertos radiolarios. (Gr. **aster**, estrella; **pyle**, entrada.)

astroplancton **(astroplankton).** Gérmenes de vida que, según las "hipótesis de los cosmozoarios", han iniciado la vida en la tierra procedente de otros astros. (Gr. **astron**, una estrella; **+plancton.**)

astropodios **(astropodia).** Seudópodos finamente radiados de los radiolarios y heliozoarios. (Gr. **aster**, estrella; **pous**, pie.)

Astropotheria. Un orden de mamíferos sudamericanos extintos de tamaño grande, con quijadas prominentes. (Gr. **astropos**, de forma de estrella; **therion**, bestia salvaje.)

astrorriza. Conjunto de poros en forma estrellada de las colonias de las hidromedusas estromatopóridas. (Gr. **aster**, estrella; **rhyza**, raíz.)

astrosclereida **(astrosclereid).** Una esclereida multirradiada. (Gr. **aster**, estrella; **skleros**, duro; **eidos**, forma.)

Astrosclerophora. Un suborden de esponjas del orden *Tetraxonida.* (Gr. **aster**, estrella; **skleros**, duro; **phoreus**, portador.)

astrosfera **(astrosphere).** Estructura radiada que rodea el centrosoma y solo se hace visible en la división celular. // Un áster sin el centrosoma. (Gr. **aster**, estrella; **spharira**, esfera.)

aswoli **(honey bear).** Especie de oso negro de hocico largo y movible que se encuentra en varias partes de la India y Ceilán. *Oso bezudo, oso melero* **(Melursus ursinus).**

ata **(ata).** V. *goa*, rumiante.

-ata. Sufijo empleado en taxonomía para indicar ciertos taxones superiores.

atabrina **(atabrine).** Una droga sintética antimalaria que ofrece ciertas ventajas sobre la quinina.

atacto-. (Del gr. **atachtos**, desordenado.)

atadillo **(tricuspid pangolin).** Especie de pangolín de la Guinea, mamífero del orden *Pholidota*, de cola prensil y hábitos arbóreos **(Manis tricupis).**

atahorma. Ave rapaz europea que se alimenta especialmente de reptiles **(Circaetus gallicus).**

atavismo* **(atavism).** La recurrencia de un carácter ancestral no observable en los antepasados inmediatos. (Lat. **atavus**, cuarto abuelo, ancestral.) *Adj.* ***atávico****.*

ataxia* **(ataxia).** Irregularidad o falla en la contracción muscular. (Gr. **a-**, sin; **taxo**, poner en orden.) *Adj.* ***atáxico****; **a. espinal**,* degeneración de los tractos nerviosos.

atecado **(athecate).** Se aplica a los hidrozoarios que carecen de cubierta quitinosa en los hidrantes. (Gr. **a**, sin; **theke**, estuche.)

ateco. V. *atecado.*

atelectasis **(atelectasis).** Expansión incompleta de los pulmones al nacimiento. (Gr. **ateles**, incompleto.)

Ateleopiformes. Un orden de peces óseos de los mares profundos. Con aletas ventrales yugulares y sin aleta adiposa. El endocráneo en gran parte cartilaginoso. (Gr. **ateles**, imperfecto.)

ateleosis **(ateliosis).** Tipo de enanismo caracterizado por la retención de rasgos infantiles, que es debido a una hiposecreción de la pituitaria. (Gr. **ateles**, imperfecto.)

atelia **(atelia).** Desarrollo incompleto. // La inutilidad aparente de un carácter. (Gr. **ateles**, imperfecto.)

atelomítico **(atelomitic).** Unión no terminal del cromosoma con el huso. (Gr. **a-**, sin; **telos**, extremidad; **mitos**, hilo.)

Atelopida, Atelopii. Un orden de peces marinos de aguas profundas.

Atelostomata. Una división de equinodermos equinoideos de la subclase *Euechinoidea.* (Gr. **ateles**, incompleto; **stoma**, boca.)

atenuado **(attenuated).** Delgado, adelgazado. // De densidad o fuerza reducida. (Lat. **attenuatus**, debilitado.)

atenuar **(attenuate).** Disminuir la virulencia de un parásito. (Lat. **attenuare**, adelgazar.)

aterosclerosis **(atherosclerosis).** La forma más común del endurecimiento de las arterias, que se estrechan por depósitos de grasa bajo el endotelio. (Gr. **athere**, de la consistencia de papilla; **skleros**, duro.)

ateruro **(brush-tailed porcupine).** Se aplica a las especies de roedores africanos y asiáticos de cola escamosa y cuerpo con espinas **(Atherurus africanus).**

atetosis* **(athetosis).** Trastorno de origen nervioso caracterizado por movimientos contínuos desordenados. (Gr. **asthenos**, mal fijado.) // ***a. pupilar***, V. *hippus.*

Atheca. Un suborden de reptiles del orden *Chelonia*, que comprende tortugas marinas grandes, de costillas y vértebras separados del carapacho y sin placas córneas. (Gr. **a-**, sin; **theke**, caja.)

Athecata. Un taxón que incluye el grupo *Anthomedusae.* (Gr. **a-**, sin; **theke**, caja.)

Athecanephria. Un orden del fílum *Pogonophora.* Con pocas papilas, irregularmente esparcidas y sin pericardio. (Gr. **a-**, sin; **theke**, caja; **nephros**, riñón.)

ático* **(attic).** El receso o depresión epitimpánica. (Gr. **attikos**, buhardilla.)

-ático* **(-tic).** Sufijo empleado en adjetivos cultos como *acuático.*

atinga **(spotted boxfish).** Pez marino del Atlántico del orden *Tetrodontiformes*, familia *Diodontidae* **(Chilomycterus atinga).**

atípico **(atypical).** Que no es típico o difiere en algo de lo que es característico. (Gr. **a**, negativo;**+typos.**)

Atlantosaurio. Reptil dinosaurio del suborden *Sauropoda*, de gran tamaño. Del Jurásico superior de Norteamérica. (Gr. **atlantos**, dios gigantesco; **sauros**, lagarto.)

atlas* **(atlas).** La primera vértebra cervical en los vertebrados amniotas, que se articula directamente con el cráneo. (Gr. mitol. **Atlas.**)

atmobio **(atmobiosis).** Organismo que vive en el aire. (Gr. **atmos**, vapor, aire; **bios**, vida.)

atoca **(atoke).** La parte anterior de ciertos anélidos poliquetos marinos que se distingue de la parte posterior o epitoca en la época de la reproducción. (Gr. **atokos**, sin hijos.)

atocia **(atocia).** Esterilidad en la mujer. (Gr. **a-**, sin; **tokos**, dar a luz.)

átoco **(atokous).** Sin hijos. (Gr. **atokos**, sin hijos.)

atolón* **(atoll).** Conjunto de arrecifes de coral que circundan una laguna central en los mares tropicales. Algunos alcanza 50 millas de diámetro. (Malayo, **adal**, uniendo.)

atolote **(white pelican).** Especies de pelícanos blancos de la América del Norte y Central. Orden **Pelecaniformes**, familia *Pelecanidae* **(Pelecanus erythrorhynchus).**

atonía* **(atony).** Falta de fuerza normal en un órgano. (Gr. **atonia**, debilidad.)

atopia **(atopy).** Idiosincrasia. // Sensibilidad natural a los efectos tóxicos de los antígenos. // Alergia. (Gr. **atopia**, de naturaleza especial.)

ATP **(ATP).** Siglas del trifosfato de adenosina o adenosina trifosfatada.

atractoide **(atrctoid).** *Fusiforme.* (Gr. **atraktos**, huso.)

Atremata. Un orden de la clase *Brachiopoda*, caracterizado porque el pedúnculo sale al exterior entre las valvas, sin perforar la valva inferior. (Gr. **a-**, sin; **trema**, agujero.)

atresia* **(atresia).** La ausencia congénita de alguna abertura natural. // La degeneración de los folículos ováricos primarios en los mamíferos. (Gr. **a-**, sin; **tresis**, perforación.) *Adj.* ***atrético.***

atri- **(atri-).** (Del lat. **atrum**, neutro, negro.)

átrico **(atrichic).** Se aplica a las trocóforas que carecen de la rueda ciliada preoral. (Gr. **a**, sin; **thrix**, pelo.)

atrio* **(atrium).** Cada una de las cámaras del corazón que recibe la sangre del sistema o de los pulmones. =*Aurícula.* // Cavidad en muchos invertebrados en la que se abre el poro genital. // Cavidad atrial. // Cavidad en el cuerpo de los poríferos. (Lat. **atrium**, atrio.) *Adj.* ***atrial*.*** // *a. **genital***, espacio de bolsa anterior al poro genital en platelmintos y en otros invertebrados.

atriocelomático **(atriocoelomic).** Que conecta el atrio con el celoma.

atrióporo **(atriporo).** La abertura de la cavidad atrial en los cefalocordados. // El espiráculo de los renacuajos. (Lat. **atrium**, atrio; **porus**, poro.)

atrípedo*. Dícese de los animales que tienen negros los pies. (Lat. **ater**, negro; **-pedo**, pie.)

atroca **(atrochal).** Larva de poliquetos con el cuerpo uniformemente ciliado, pero sin banda ciliada preoral. (Gr. **a-**, sin; **trokos**, rueda.)

atrocito **(athrocyte).** Célula amiboide en los turbelarios que probablemente, recogen desperdicios y los depositan en los túbulos de los protonefridios. // Células grandes o nefrocitos de los briozoarios. (Gr. **athroos**, recoger; **kytos**, célula.)

atrocitosis **(athrocytosis).** La capacidad de las células de incorporar selectivamente partículas en suspensión en el medio. (Gr. **athroos**, recoger; **kytos**, célula.)

atrofia* **(atrophy).** Disminución del tamaño o de la función de un órgano por deficiencias nutricionales. (Gr. **atrophia**, sin nutrición.) *Adj.* ***atrofiado.***

atún* **(tunna).** Nombre aplicado a algunas de las grandes especies de peces del orden *Perciformes*, familia *Thunnidae*, de carne comestible y apreciada. El atún común alcanza más de 300 kg. de peso **(Thunnus thynnus).** (Ar. **at-tun**, del lat. **thunnus.**)

auca* **(goose).** *Oca.*

auct. **(auct.).** Abreviatura de la voz latina *auctor, acuctoris.* Se coloca después del nombre del taxón para aclarar quien es su autor. Ej. *Caracolus marginella* auct., non Gmelin.Es decir, que dicho nombre se ha tomado según lo ha interpretado algunos autores, no Gmelin.

Auchenorhyncha. Un suborden de insectos del orden *Homoptera.* El pico, parte de la base de la cabeza y las antenas son cortos. *Cigarras, saltahojas,* etc. (Gr. **auchen**, el cuello; **rhynchos**, pico.)

audición* **(audition).** La percepción del sonido. (Lat. **audion**, oír.) *Adj.* ***auditivo*, auditorio*.***

audiometría **(audiometry).** Mensura de la capacidad auditiva de una persona a diferentes frecuencias de los sonidos. (Lat. **audio**, oír gr. **metreo**, medir.)

audiómetro **(audiometer).** Instrumentos para medir la audición. (Lat. **audio**, oír; **metreo**, medir.)

Audubon, John James. Ornitólogo francoamericano y pintor de aves. Son famosos sus dibujos de aves en la obra *The Birds of America* en tamaño de folio. También escribió los *Cuadrúpedos vivíparos de Norteamérica.* (1780-1851)

aufwuchs **(aufwuchs).** Conjunto de organismo que están adheridos o que se mueven sobre objetos sumergidos, pero que no penetran en estos. (Alem. **aufwuchs**, crecimiento.)

Aulodonta. Un orden de equinoideos. La concha es rígida, las branquias son posteriores y los dientes están acanalados. Ej. *Diadema antillarum*, especie antillana. (Gr. **aulos**, tubo; **odous, odontos**, diente.)

aulodonte **(aulodont).** Un tipo de aparato masticador en ciertos equinoideos cuya linterna tiene epífisis muy separadas. (Gr. **aulos**, un tubo; **odous, odontos**, diente.)

aulostomático **(aulostomatous).** Que tiene una boca u hocico tubular. (Gr. **aulos**, tubo; **stoma**, boca.)

Aulostomiformes. Un orden de peces óseos, incluído por algunos ictiólogos en el orden *Gasterosteiformes*, q.v. (Gr. **aulos**, tubo, trompa; **stoma**, boca; lat. **forma.**)

aulladores* **(howling monkeys).** Nombre dado a varias especies de monos neotropicales de la familia *Cebidae*, que alcanzan buen tamaño y tienen la facultad de dar fuertes aullidos que más parecen bramidos. Pertenecen al género *Alouatta.* V. *aluate, carayá, guariba, araguato.*

aumentador **(augmenter).** Lo que aumenta. // Se aplica a los nervios antagonistas del nervio vago que aceleran el ritmo cardíaco. (Lat. **augere**, incrementar.)

aun. Especie de primate prosimio lemuroideo de la Guinea **(Perodicticus edwardsi).**

aura* **(turkey vulture).** *Aura tiñosa, gallinazo.* Ave rapaz del orden *Falconiformes*, familia *Cathartidae*, especie de buitre negro de América, de cabeza roja, sin plumas **(Cathartes aura)** (Voz indígena.)

aural **(aural).** Lo perteneciente al oído. (Lat. **auris**, oreja.)

aurícula* **(auricle).** Pabellón de la oreja. // Estructura en forma de orejilla. // Cada uno de los atrios del corazón de los mamíferos. // Especie de aletillas en el encéfalo posterior. // Aletillas laterales cerca de los ocelos de las planarias. // *Adj.* ***auricular*, auriforme.*** (Lat. **aurícula**, dim. de auris, oreja.)

auricular* **(auricular).** Cada uno de los músculos extrínsecos de la oreja: superior, anterior y posterior. (Lat. **aurícula**, oreja pequeña.)

auricularia **(auricularia).** Un estado larval en los equinodermos holoturioideos que lleva bandas ciliadas con lóbulos auriculares. (Lat. **auricula**, orejilla.)

auriculoventricular **(auriculo-ventricular).** Lo perteneciente a la aurícula y al ventrículo. // Válvula auricular.

auris. La oreja. (Lat. **auris.**)

auroch **(auroch).** Toro salvaje europeo extinto desde el siglo XVIII, agriótipo del ganado vacuno doméstico **(Bos primigenus).** V. *uro.*

austorio. V. *haustorio.*

australiana* **(Australian).** Región zoogeográfica que consiste de Australia, Tasmania, Nueva Zelandia, Nueva Guinea, Celebes, etc., separada de la región oriental por la llamada línea de Wallace.

Australopithecus. Género de antropomorfos fósiles del Africa del sur, de fines del Plioceno y, principalmente, del Pleistoceno. (Gr. **auster**, el sur; **pithekos**, mono.)

autacoide **(autacoid).** Glándula endocrina. // El principio activo de una hormona. (Neolat. **autacoid**, que se remedia a sí mismo.)

Autarchoglossa. Una subdivisión de los reptiles del orden *Sauria.* Con menos de cuatro hileras transversales de escamas por segmento. (Gr. **autarchos**, autocrático; **glossa**, lengua.)

autarticular **(autarticular).** El hueso de la mandíbula llamado también *gonial.* (Gr. **autos**, propio; lat. **articulus**, junta.)

autillo* **(scops owl).** Ave rapaz nocturna del orden *Strigiformes*, familia *Strigidae*, parecida a la mochuela, que anida en lugares habitados **(Otus scops).** (Lat. **otus.**)

autitilia. Autotomía. (Gr. autos, propio; tillo, arrancar.)

auto-* (auto-). (Del gr. autos, mismo, propio.)

autoantibiosis (autoantibiosis). Inhibición del crecimiento en un medio hecho inapropiado por el mismo organismo. (Gr. autos, propio; anti, contra; biosis, modo de vida.)

autobiología (autobiology). *Autoecología.* V. *idiobiología.*

autoblasto (autoblast). Una célula independiente. (Gr. autos, propio; blastos, brote.)

autocatálisis (autocatalysis). Reacción de una célula o de una substancia por la influencia de un producto propio. (Gr. autos, propio; catálisis.)

autocéntrica (acentric). Se dice del cuerpo vertebral de los peces teleósteos, formado por fuera de la cuerda dorsal y de sus vainas y que subsecuentemente las estrangula. (Gr. autos, uno mismo; kentron, centro.)

autocisto (autocyst). Una membrana en los neosporidios que los separa de los tejidos hospedantes. (Gr. autos, propio; kystis, "quiste".)

autocoide (autocoid). Un nombre, poco usado, aplicado a las secreciones hormonales. (Gr. autos, mismo; akos, remedio; eidos, forma.)

autocorología (autochorology). La parte de la biología que estudia la distribución de las unidades sistemáticas. (Gr. autos, el mismo; choros, lugar.)

autocopulación. Autofecundación. (Gr. autos, uno mismo; +copulación.)

autóctono* (autochthonous). Organismo que se ha originado en la región o país en donde se encuentra actualmente. (Gr. autos, mismo; Chthon, la Tierra.)

autodermales (autodermalia). Se aplica a las espículas situadas dentro de la membrana *dérmica.* (Gr. autos, propio; derma, piel.)

autodigestión (autodigestion). La destrucción de substancias de la estructura viviente por las propias enzimas del organismo. (Gr. autos, propio;+digestión.)

autodonto (autodont). Se aplica al diente no insertado directamente en las mandíbulas, como los dientes de los tiburones. (Gr. autos, propio; odontos, diente.)

autoecología (autoecology). Estudio ecológico centralizado en las actividades de un organismo o de una especie o grupo determinado. V. *sinecología.* (Gr. autos, por sí; oikos, casa; logo, tratado.)

autoesqueleto (autoskeleton). El verdadero esqueleto interno. (Gr. autos mismo;+esqueleto.)

autoesterilidad (autosterility). La imposibilidad de autofecundarse un individuo hermafrodita. =*Hermafrodita insuficiente* o dicógamo. (Gr. autos, mismo;+esterilidad.)

autofagia* (autophagy). La nutrición de un organismo a expensas de su propia substancia. (Gr. autos, propio; phago, comer.)

autófago (authophagous). Se aplica a las aves nidífugas o que son capaces de buscar alimentos por sí mismas desde el nacimiento. (Gr. autos, propio; phago, comer.)

autofecundación (self fertilization). La reproducción de un organismo por gametos masculinos y femeninos producidos en él. (Gr. auto, mismo; +fecundación.)

autofia (autophya). Conjunto de las substancias que forman la concha secretada por un animal. (Gr. autos, propio phye, crecimiento.)

autogamia (autogamy). = *Autofecundación.* // = *Alogamia.* // Reorganización nuclear dentro de un solo individuo en los protozoarios ciliados. (Gr. autos, él mismo; gamos, boda.) *Adj. autógamo.*

autogénesis* (autogenesis). *Ortogénesis.* // Generación espontánea. *Adj. autogenésico.*

autogénico (autogenous). Lo que se origina por reacciones del mismo organismo. (Gr. autos, mismo; neolat. -genico, originado.)=*Autógeno.*

autogonia (autogony). V. *autogénesis.*

autohemorragia (autohemorhagy). Hemorragia voluntaria, que ocurre por rupturas espontáneas de los vasos en las superficies externas. En los lagartos del género *Phrynosoma* ocurre junto a los ojos y en los ofidios del género *Tropidophis* en la boca y las aberturas nasales. (Gr. autos, mismo; +hemorragia.)

autoheteroploide (autoheteroploid). Heteroploide derivado de un simple genoma. (Gr. autos, propio; heteros, distinto; haploos, simple.)

autoico (autocecious). Que pasa el ciclo vital en el mismo hospedante. (Gr. autos, propio; oikos, casa.)

autoinfección* (autoinfection). Reinfección con los mismos parásitos del hospedante. (Gr. autos, propio; lat. inficere, contaminar.)

autointoxicación* (autointoxication). Término obsoleto con el que se indicaban presuntos trastornos producidos por constipación. // Reabsorción de substancias producidas por el cuerpo. (Gr. autos, mismo; +intoxicación.)

autólisis (autolysis). La desintegración de células o tejidos por enzimas producidas en ellas mismas. // *Autodigestión.* (Gr. autos, propio. lysis, desintegración.) *Adj. autolítico.*

autonarcosis (autonarcosis). Estado tóxico o durmiente debido a un exceso de bióxido de carbono producido en el mismo organismo. (Gr. autos, propio; narke, estupor.)

autónomo* (autonomous). Que se gobierna a sí mismo. // Se aplica al sistema nervioso involuntario. (Gr. autos, propio; nomos, ley.)

autopalatino (autopalatine). *Osificación del terigocuadrado en algunos peces teleósteos.* (Gr. autos, propio; lat. palatum, palatin.)

autoparásito (autoparasite). *Hiperparásito*, q.v.

autoplasma (autoplasma). El plasma de un animal empleado para cultivar sus propios tejidos. (Gr. autos, propio; plasma, moldeado.)

autoplastia* (autoplasty). Reconstitución de la parte de un organismo injertando una parte similar del mismo individuo. (Gr. autos, propio. plastos, formado.) *Adj. autoplástico*.*

autoteca (autotheca). Un teca que rodea los pólipos femeninos en las graptolitas. (Gr. autos, propio; thekes, estuche.)

autotetraploidía (autotetraploidy). Tetraploidía en la que los genomas son citológicamente idénticos y que, usualmente, se originan por fusión de gametos diploides. (Gr. autos, mismo; + tetraploidea.)

autotomía (autotomy). La amputación espontánea de un miembro por una acción refleja y como un acto defensivo. El desprendimiento de las patas en los cangrejos, del rabo en los saurios y de los brazos en las estrellas de mar son ejemplos de este fenómeno. (Gr. autos, el mismo; tome, cortar.)

autotrasplante (autotransplantation). Transplante de un tejido a otra parte del mismo individuo. (Gr. autos, mismo; +transplante.)

autotriploidía (autotriploidy). Triploidia en el que los tres genomas son citológicamente idénticos y se originan generalmente por fusión de un gameto haploide y otro gameto diploide. (Gr. autos, el mismo; +triploidía).

autótrofo (autotrophic). Dícese de los organismos que por tener clorofila u otro pigmento análogo pueden sintetizar hidratos de carbono a partir del bióxido de carbono. (Gr. autos, uno mismo; tropha, nutrición.)

autozooide (autozooid). Pólipos adultos independientes que se encuentran en los alcionarios. (Gr. autos, propio; +zooide.)

autoxénico (autoxenous). Que parasita el mismo hospendante en los diversos estados de su ciclo vital. (Gr. autos, propio; xenos, extraño.)

aux- (aux-). (Del gr. auxon, crecer, desarrollarse.)

auxesis (auxesis). Crecimiento. // Aumento en tamaño por incremento del tamaño de las células. // Incitación a la división celular. (Gr. auxesis, aumentar.) Gr. auxético.

auxiliares (auxilia). Se aplica a dos pequeñas escleritas en las uñas de los insectos. (Lat. auxilium, auxilio.)

auxocito (auxocyte). Un *oocito, espermatocito* o *esporocito.* (Gr. auxon, incrementar; kytos, célula.)

auxocitosis (auxocytosis). Momento en el que las células, al final del período de crecimiento, se disponen a llevar a cabo los procesos de la meyosis y formar los espermatocitos u oocitos de primer orden. (Gr. auxo-, crecer; +citosis.)

auxología (auxology). El estudio del crecimiento de los organismos. (Gr. auxo, crecer; logos, tratado.)

auxospirema (auxospireme). Una célula germinal durante su período de desarrollo. Ej. *oocito* o *espermatocito.*

avahi (avahi). Un lemuroideo de cola larga y pelos lanudos de Madagascar (Avahis laniger).

ave (bird). Un animal de la clase *Aves.* (Lat. avis, ave.) // a. *de caza,* la que sirve para ese deporte. // *a. elefante,* ave extinta parecida a los avestruces, que habitó Madagascar. V. *Neornithes.* // *a. lira,* cuaquiera de las dos especies de aves australianas de la familia *Menuridae.*

avecacina*. Amer.: *becada, becacina.*

avecasina*. Chile.: *Becada.*

avefría* (lapwing). *Ave fría*.* Especie de chorlito, ave europea del orden *Charadriiformes,* familia *Charadriidae* (Vanellus vanellus).

avecilla*. Dim. de *ave.* // Aguzanieves.

averrugado. *Verrugoso.*

Aves. Clase de vertebrados que se caracteriza por la posesión de alas, plumas, pico córneo, homotermia, esternón muy desarrollado y pelvis rígida. (Lat. avis.)

avestruz* (ostrich). Ave corredora africana de gran tamaño. Orden *Struthioniformes,* familia *Struthionidae* (Struthio camelus). (Lat. avis, ave; gr. struthion, strutio.)

avetarda*. *Avutarda,* q.v.

avetorillo (little bittern). Ave europea del orden *Ciconiiformes,* familia *Ardeidae,* de pequeño tamaño (Ixobrychus minutus).

avetoro* (bittern). Especie de garza europea de color leonado con puntos pardos, orden *Ciconiiformes,* familia *Ardeidae* (Botaurus stellaris). // Una especie americana similar es *Botaurus lentiginosus* (Etim. dudosa.)

aviario* (aviary). Lugar destinado a la cría de aves, especialmente enjauladas. (Lat. avis, ave: -ario, lugar o conjunto.)

Avicenna, Iben ben Sienna*. Médico árabe. Escribió libros sobre música, matemática, medicina y materias relacionadas. Su obra magna: *Canon de medicina.* (980-1038)

aviceptología. Cetrería. Arte o tratado de la caza de aves. (Lat. avis, ave; capere, coger.)

avícola* Lo perteneciente o relativo a la avicultura. (Lat. avis, ave.)

avicularia. V. *araña peluda.*

aviculario (avicularium). Nombre aplicado a las especies de madreperlas propias de los mares cálidos y templados, cuya concha asume la forma de la cabeza de un pájaro. Es un molusco parecido a la ostra. Orden *Filibrianchia,* familia *Isognomonidae.* (Ej., *Pteria colymbus* de las Antillas.) (Del latín avícula, avecilla.)

aviculario, avicularia (avicularium). Apéndice en forma de pico que se inserta junto a la abertura de las zoecias de los briozoarios y que se supone son zoecios modificados. (Lat. avicula, dim. de avis.)

aviculoide (aviculoid). En forma de avecilla. Se aplica a las conchas con expansiones alares. (Gr. avicula, avecilla; -oides, similar.)

avicultura* (aviculture). Arte de criar las aves. (Lat.avis; cultura, cultivo).

avidina (avidin). Una proteína particular de la clara del huevo crudo de las aves que se combina con la biotina impidiendo su absorción.

avifauna* (avifauna). Conjunto de aves de una región. *Adj. avifáunico.*

avión* (house martin). Una especie de vencejo grande, común en las ciudades europeas (Delichon urbica).

avipelvianos. Nombre dado a los dinosaurios de caderas similares a la de las aves. V. *Ornitischia.*

avispa* (wasp). Insecto del orden *Hymenoptera,* familia *Vespidae,* cuerpo amarillo con fajas negras. Viven en colonias y su picadura es dolorosa. Una especie común en Europa es *Vespa vulgaris.* (Lat. vespa.)

avispa marina (sea wasp). Pequeña medusa del Océano Pacífico cuya picadura puede ser mortal para el hombre. Clase *Scyphozoa* Orden *Cubomedusae.* (Cheironex bleckeri.)

avispero* (hornet nest). Panal que fabrican las avispas. // Conjunto de avispas. (De avispa.)

avispón* (hornet). Una avispa de gran tamaño (Vespa cabro).

avitaminosis* (avitaminosis). Una condición anormal producida por la falta de determinadas vitaminas; beriberi, escorbuto, etc. (Gr. a, sin; +vitamina.)

avitelado* Que contiene vitelo. // Que es parecido al vitelo. (Lat. a, sin; +vitelo.)

avoceta* (avocet). Especie de ave europea *Charadriiformes,* de la familia *Recurvirostridae,* de pico curvado hacia arriba (Recurvirostra avosetta). // En América (Recurvirostra americana).

avoem (white-nosed monkey). Especie de mono africano de la familia *Cercopithecidae* de pelaje negro (Cercopithecus nictitans).

avucasta* avucastro*. V. *avutarda,* ave.

avulsión* (avulsion). Extirpación, extracción. (Lat. avulsio, tirar hacia afuera.)

avutarda* (great bustard). Especie de ave paleártica del orden *Ciconiiformes,* familia *Otididae* (Otis tarda).

ax- (ax-). (Del lat. axis; del gr. axine, eje.) *Axonema.*

axénico (axenic). Que no tiene extraños. Se aplica a cultivos puros de uno o más individuos de una sola especie. (Gr. a-, sin; xenos, extranjero.)

axial* (axial). Lo relativo al eje o situado en un eje. *Axil.*

axil. V. *axial.*

axila* (axilla). *Sobaco.* Fondo del ángulo que forma el brazo con el tórax. // Una esclerita triangular a cada lado del escutelo de algunos himenópteros. (Lat. axila.) *Adj. axilar*.*

axilema (axilemma). La vaina que rodea las fibras nerviosas mielinadas. (Lat. axis, eje; lemma, "vaina".)

axioplasma (axioplasm). El citoplasma del cilindro eje de una neurona. (Gr. axis, eje; +plasma.)

axis (axis). Segunda vértebra cervical en los vertebrados amniotas, que se articula con el atlas por una apófisis prominente llamada odontoides. // Especie de ciervo asiático. V. *chital.* (Lat. axis, eje.) *Adj.* **axoideo.**

axoblasto (axoblast). Célula formada asexualmente de la célula axial de los nematógenos de los mesozoos, que origina nuevos nematógenos. (Gr. axis, eje; blastos, brote.)

axocelo (axocoel). Uno de los pares de vesículas celomáticas en las formas larvarias de equinodermos, cuya parte izquierda origina el órgano axial y el conducto de la arena. (Gr. axis, eje; koilos, cavidad.)

axodendrítico (axocendritic). Sinapsis en la que el pincel terminal del axón están en contacto con los procesos de la dendrita. (Gr. axis, eje, axón; dendrita.)

axoideo*. Perteneciente o relativo al axis. (Gr. axis, eje; oideo, parecido.)

axolote (axolote). *Ajolote*.* Especie de anfibio de la subclase *Caudata* que puede conservar sus branquias durante toda su vida y reproducirse en estado de apariencia larval, constituyendo un caso típico de neotenia. (Voz mexicana.)

axon-, axono-. (Del gr. axos, axonos, eje.)

axón (axon). *Axona*, cilindro, eje. La fibra nerviosa de una neurona que normalmente conduce los impulsos del centro de la célula hasta la extremidad. El nombre *axona*, aunque menos correcto que *axón*, se ha extendido. (Gr. axon, eje.)

axonema (axoneme). Fibrilla que se extiende desde la base de un flagelo hasta su blefaroplasto. // El hilo central en un cromosoma. // El haz central de fibrillas en un cilio o en un flagelo. // El cordón central del pedúnculo en los protozoarios pedunculados, como *Vorticella.* (Gr. axón, eje; nema, hilo.)

Axonolina. Una clase del grupo de las graptolitas que se caracteriza por el desarrollo centrífugo del rabdosoma y por la ausencia de vírgula. (Gr. axon, eje; leipo, carecer.)

Axonophora. Una clase del grupo de las *graptolitas* que se caracteriza por el desarrollo lineal del rabdosoma y por la presencia de vírgulas. (Gr. axon, eje; phoros, portador.)

axonópodo (axopodium). Pseudópodo con un filamento axial que le da cierta rigidez. (Gr. axon, eje; pous, podos, pie.)

Axonopterygia. Un nombre aplicado a los peces dípnoos cuando estos se consideran unidos a los crosopterigios.

axonósteo (axonost). El soporte óseo o cartilaginoso en la base de los radios de las aletas de los peces. (Gr. axon, eje; osteon, hueso.)

axoplasma (axoplasm). V. *axioplasma.*

axoplasto (axoplast). Un filamento que se extiende desde el cinetoplasto hasta el extremo del cuerpo en algunos tripanosomas. (Gr. axon, eje; +blastos.)

axopodo (axopodium). V. *axonópodo.*

axosomático (axosomatic). Sinapsis en la que el pincel terminal de axón toca el cuerpo de la neurona. (Gr. axon, eje; soma, cuerpo.)

axostilo (axostyle). Un vástago rígido en el interior de algunos flagelados. (Gr. axon, eje; stylos, columna.)

ayeaye* (aye-aye). Interesante primate lemuroideo de Madagascar, provisto de grandes orejas parecidas a las de los murciélagos (Daubentonia madagascariensis). (Voz onomatopéyica.)

azacuán. América Central: especie de milano. (Diccion.)

Azara, Félix de. Naturalista español que exploró parte de la América del Sur. Tuvo la intuición de las variaciones hereditarias cuando expresó "que era cosa perfectamente natural que, en una especie de animales, algún individuo fuera diferente a los demás, y que esta diferencia se perpetuase".

azimo* (azymic). Sin levadura. // Desprovisto de enzimas. (Gr. a-, sin; zyme, levadura.)

Azoica* (azoic). Se dice de las primeras fases de la historia de la Tierra, en donde no se han podido demostrar que haya existido vida. (Gr. a-, sin; zoon, animal, vida.)

azoico (azoic). Sin vida. // Relativo a la Era Azoica. (Gr. a-; sin; zoon, vida.)

azor* (goshawk). Una especie de halcón, ave del orden *Falconiformes*, familia *Accipitridae*, que se empleó mucho en cetrería (Accipiter gentilis). (Lat. acceptor).

aztor.* V. *azor.*

azúcar* (sugar). Además de su acepción vulgar, tiene la de un hidrato de carbono de sabor dulce. (Arabe, as-sukkar; lat. saccharum; gr. saccharon.) // a. sanguíneo, *dextrosa.*

azulejo (blue grosbeak). Nombre aplicado en América a diversas aves *Passeriformes* de color azul. // Ave de la familia *Fringillidae.* // Cuba: v. *vaca*, pez. (Dim. de azul.)

azulón* (mallard). Otro nombre para el *pato real* o *pato inglés* Anas platyrhynchos.)

azulona. Cuba: especie de paloma de las Antillas, llamada también *camao* (Geotrygon caniceps).

Azygobranchiata. Un orden obsoleto que incluye moluscos gasterópodos en lo que no se desarrollan las branquias de un lado del cuerpo. (Gr. azygos, impar; branchia, branquia.)

B

baba* **(cayman).** Venezuela: especie de caimán **(Caiman sclerops).** También se le conoce por *caimán de anteojos.*

babacoto (babakoto). Nombre que dan en Madagascar al prosimio lemuroideo llamado también *indri* **(Indri indri).**

babada*. V. *babilla.*

babaza* **(slug).** Babosa, molusco terrestre pulmonado. // Baba en su acepción vulgar. (De **baba.**)

babilla* **(stifle).** Parte de las extremidades posteriores en las reses y otros cuadrúpedos, formada por los músculos y estructuras que articulan el fémur con la tibia y la rótula. //Choquezuela o rótula de los cuadrúpedos. // Colombia: una especie de caimán **(Cayman sclerops).** //*Baba*, q.v. (Dim. de **baba.**)

babión (baboon). V. *babuino, cinocéfalo, papión.*

babirusa* **(babirussa).** Especie de jabalí de Celebes y Burú. Tiene patas largas y los caninos superiores están dirigidos hacia arriba y encorvados hacia atrás como ganchos **(Babyrussa babyrussa).** (Malayo, **babi rusa,** cerdo ciervo.).

babosa* **(land slug).** Nombre para diversas especies de moluscos gasterópodos terrestres desprovistos de concha externa o con las conchas muy rudimentarias. Fam. *Limacidae, Arionidae* y *Veronicellidae.*

baboso* **(driveling).** Que segrega mucha baba, como los moluscos gasterópodos terrestres. // *Budión*, especie de pez.

baboyana* **(ameiva lizard).** Cuba: especie de lagarto de la familia *Teidae.* **(Ameiva auberi.)** También se aplica a especies de saurios del género *Leiocephalus.*

babuino (baboon). Cualquiera de las especies de monos africanos conocidos también como cinocéfalos. Familia *Cercopithecidae*, género *Papio.* (Fr. antig. **babouin,** persona estúpida.)

bacalao* **(cod fish).** Pez marino de la clase *Osteichthyes*, familia *Gadidae*, del Atlántico del norte. Constituye uno de los grandes suministros de pescado en el mundo. Uno de los mayores pesqueros de esta especie están en los bancos de Terranova **(Gadus morrhua).** (Holandés, **Kabeljau.)** // Cuba: pez comestible del orden *Perciformes*, familia *Rachycentridae*, llamado también *peje palo* **(Rachycentron canadus).**

bacallao*. *Bacalao*, pez.

baccinoide (baccinoid). En forma de baya. (Lat. **bacca,** fruta pequeña.) También bacciforme.

baccivoro* **(baccivorous).** Que se alimenta de bayas. (Lat. **bacca,** baya; **voros,** devorar.)

bacilo* **(bacillus).** Bacteria en forma de bastoncillo. // Insecto hemíptero de la familia *Phasmidae.* (Lat. **bacillus,** varilla.) *Adj.* ***bacilar*, baciliforme.***

back cross (back cross). Expresión inglesa que se traduce como cruzamiento *retrógrado* o *retrocruce.*

Bacon, Francis. Filósofo inglés. Está considerado como el fundador del método científico y organizador de conceptos aún prevalecientes de la ciencia. Su obra maestra: *Novum Organum.* (1561-1626)

Bacon, Roger. Monje y científico inglés. Uno de los primeros en estudiar el cuerpo humano macerándolo en agua en vez de disecarlo. (1214-1294)

bacteriocito (bacteriocyte). Una célula fagocítica que engolfa bacterias. (De **bacteria,** bacteria; gr. **kylos,** célula.)

bacterioide (bacteroid). Cuerpo en forma de varilla en el tejido conectivo de los oligoquetos. (Lat. **bacteria,** bacteria; **oides,** similar.)

bactriano* **(bactrian).** Natural de Bactriana, antigua región del Asia occidental. V. *camello bactriano.*

báculo* **(baculum).** V. *hueso penial* u *os priapi.* (Lat. **baculum,** varilla.) *Adj.* ***baculiforme.***

bachaco. Venez.: Insecto parecido a la hormiga. Orden *Hymenoptera*, familia *Mutillidae.*

bada* **(rhinocerus).** V. *rinoceronte.* (Lat. **abada,** del malayo, **badag.)**

badana* **(sheepskin).** Piel curtida del carnero. (Ar. **bitana,** forro.)

Baer, Karl von. Embriologista alemán. Descubrió el óvulo de los mamíferos y estableció que los embriones de los animales inferiores y superiores son más parecidos entre sí que sus respectivos estados adultos **(Ley biogenética).** (1792-1876)

bagre* **(bagre).** Pez abundante en los ríos de América. Su carne es amarillenta, sabrosa y con pocas espinas **(Silurus bagre).** // ***b. marino.*** Un pez marino del Atlántico occidental del orden *Cypriniformes*, suborden *Siluroidei*, familia *Ariidae* **(Bagre marinus).**

bagual* **(mustang).** Argentina: caballo no domado. // Caballo cimarrón o revertido a la vida salvaje. (Guaraní, **bagua.)**

babualón*. Argentina. Caballo a medio domar.

baguarí* **(South American heron).** Ave sudamericana del orden *Ciconiiformes*, familia *Ardeidae* **(Ardea cocoi).**

bahari*. **(Sparrow hawk).** Especie de halcón de Asia y Africa. *Cernícalo.* (Ar. **bahari,** marino).

baila* **(hog fish).** El pez llamado *raño*, q.v.

bailer (bailer). V. *escafognatito.*

Baillarger, J.F.G. Neurólogo francés. V. *línea de Baillarger.*

baira (beira). *Beira.* Un antílope de las montañas de Somalilandia y Abisinia de largas orejas **(Dorcotragus megalotis).**

Baird, Spencer F. Zoólogo norteamericano que llevó a cabo importantes contribuciones a la zoología y la oceanografía. (1823-1887)

bajonado (jolt-head porgy). Cuba: un pez marino del Atlántico occidental del orden *Perciformes*, familia *Sparidae* **(Calamus bajonado).** (Voz **indígena.**)

bajonao. Puerto Rico: V. *bajonado.*

Balaenoidea. Un nombre alterno para nombrar el suborden de cetáceos sin dientes o *Mysticeti.* (De ballena.)

balajú (halfbeak). Puerto Rico: pez marino comestible, también conocido por el nombre de *escribano* **(Hemirhamphus brasiliensis).** (Voz **indígena**).

balance* (balance). Equilibrio de una función fisiológica. (Lat. **bilanx**, balanza con dos platillos.)

balancines* (balancers). *Halterios.* Un par de estructuras de los insectos dípteros, formada por modificaciones correspondientes al segundo par de alas, que actúan como órganos de equilibrio. // Apéndices larvales cefálicos de las salamandras. (Lat. **bilanx**, balanza con dos platillos.)

bálano*, balano* (balanus). *Glande.* // Cualquier crustáceo cirrípedo sin pedúnculo, que vive incrustado sobre las piedras, maderos y animales acuáticos. (Gr. **balanos**, bellota.) *Adj.* ***balanoide.***

Balanoglossida. Una clase del fílum *Hemichordata.* (Gr **balanos, glande; glossa,** lengua.)

Balanomorpha. Un suborden de *Cirrípedos*, del orden *Thoracica*, de hábitos sésiles, con la pared recubierta por tergitos y escudos pares. (Gr. **balanos**, bellota **morphe**, forma.)

Balantidium. Un género de protozoos del subfílum *Ciliophora* que incluye especies parásitas en el intestino humano. **(B. coli.)** (Gr. **balantium**, bolsa; **-idion**, dim.)

balao (halfbeak). Pez del género *Hemirhamphus*, llamado también *escribano*, q.v.

balaeárica (crown crane). V. *zaida* o *grulla coronada.*

balate (trepang). Holoturia seca preparada para comer. V. *trepang.*

Balbiani, Edouard Gerard. Histólogo italiano, el primero en estudiar los llamados cromosomas gigantes. (1825-1889)

balbusardo*. Aguila pescadora.

Baldwin, J.M. Autor de la hipótesis de que la selección genética puede ser canalizada en la misma dirección que las modificaciones adaptativas. (1896)

balénido*. Dícese de los cetáceos de la familia *Balaenidae.*

Balenocipitidae. Un notable grupo de aves ciconiformes caracterizado por el desarrollo del pico, que es ancho como un zapato. (Lat. **balaena**, ballena; **ceps**, cabeza.)

Balfour, Francis. Embriologista inglés, famoso por su tratado sobre *Comparative Embryology*. (1851-1882)

balido* (bleat). Voz del cordero, el carnero, la oveja, la cabra y el cervato. (De **balar.**)

balisauro (sandipig-badger). Una especie de tejón asiático, carnívoro, de la familia *Mustelidae* **(Arctonyx collaris).** (Indostánico, **Bhala-our.**)

Balistoidea. Una división de los peces óseos, ahora incluida en el orden *Tetrodontiformes* o *Plectognathi.* (Del género **Balistes.**)

Baltzer, F. Demostró (1925) experimentando con el verme marino *Bonelia*, que el sexo puede determinarse después del nacimiento.

baluquiterio (baluchitherium). Mamífero perisodáctilo, fósil, del Oligoceno y Mioceno. El mayor de los rinocerontes y de todos los mamíferos terrestres, pues alcanza unos 5-6m. de alto.

ballena* (whale). Cualquier miembro de los cetáceos del suborden *Mysticeti*, desprovistos de dientes y con placas córneas fijas a las ramas superiores de la boca **(Balaena mysticetus).** // Las placas córneas de la boca de las ballenas **(whale bone).** (Lat. **balaena.**)

ballenato* (calf of whale). Nombre aplicado a los jóvenes de las ballenas y en especial a los adultos del cachalote y del gubarte, q.v.

banano* (bonefish). Pez marino. V. *liza francesa.*

banco* (school). Grupo o cardumen de cetáceos o de grandes peces. (Germ. **bank.**)

banda* (ribbon). Faja o cinta. (Gótico, **bandi**, lazo.)

banda ciliada. Serie de cilios en disposición bilateral, especialmente en las larvas del tipo trocófora. // ***b. cnidoglandular***, v. *filamento septal.* // ***b. esternal***, cada una de las bandas de mesénquima situada oblicuamente en las paredes laterales del cuerpo de los embriones, cuya fusión origina el esternón. // ***b. perifaríngea***, un par de rebordes ciliados alrededor de la faringe de los tunicados.

bandada* (flock). Número crecido de aves que vuelan juntas. (Germ. **band**, faja, cinta.)

bandar (rhesus monkey). Nombre indostánico para el mono *rhesus*, q.v.

bandera española (Spanish flag). Un pez marino de las Antillas, de colores vivos, perteneciente a la familia *Serranidae*, orden *Perciformes* **(Goniplectrus hispanus).** // ***b. muscular*** **(muscular flag).** Pliegue en la mesoglea de algunos antozoarios.

bandicut (bandicoot). Marsupial australiano de la familia *Peramelidae*, de hábitos insectívoros y herbívoros. El verdadero bandicut pertenece al género *Perameles.* (Telugu, **pandikokku**, rata cerdo.)

bandurria* (ibis). Argentina: ave del orden *Ciconiiformes*, familia *Threskiornithidae*, llamadas también *ibis* **(Theristicus caudatus).**

bantin (banting). Un bovino salvaje de la región Oriental, doméstico en la isla de Bali **(Bos banteng).**

bankiva (jungle fowl). El gallo silvestre de la India, que para algunos es el antecesor del gallo doméstico **(Gallus bankiva o Gallus gallus bankiva).**

Banting, Frederick Grant. Bioquímico canadiense. Aisló, junto con Charles Best, la hormona insulina. (1891-1941)

baqueta* (drumstick). El muslo de las aves (Ital. **bacchetta**).

baracutey*. Cuba: ave que se cría sola o se queda sin compañera. (Voz **indígena.**)

barasinha (swamp deer). Un ciervo de las regiones pantanosas de la India **(Cervus duvauceli).**

barba* (barb). Cualquiera de los procesos delicados que se extienden oblicuamente desde el raquis de las plumas y forman la lámina. // Los pelos de la cara en los hombres. (Lat. **barba.**) *Adj.* ***barbado, barbudo*.***

barbada* (jaw). Quijada de los caballos. // Especie de pez del orden *Cypriniformes*, familia *Cyprinidae*, provisto de una barbilla en la quijada. V. *barbo.*

barbelas (barbels). Espinas táctiles o cerdas situadas en las quijadas de algunos peces. (Lat. **barbula**, barbilla.)

barbequejo. V. *barbiquejo.*

barbero* (surgeonfish). Pez del Atlántico del orden *Perciformes*, suborden *Acanthuroidei*, familia *Acanthuridae* **(Acanthurus coeruleus, etc.).** // Una de las piezas que forman el labio inferior de los insectos masticadores. (Lat. **barba.**)

barberol* (mentum). Pieza impar que, con otras, forma el labio inferior en los insectos. Equivale al mentum y submentum. (De **barba.**)

barbicela (barbicel). *Barbilla.* // Estructura en forma de gancho que une las barbillas de una barba con las de la barba opuesta en las plumas de las aves. (Lat. **barbula**, barbilla.)

barbicular. Escama impar situada en el extremo anterior de la barba o quijada de ciertas serpientes. (De barba.)

barbilla* (barbule). Procesos que parten de las barbas de las plumas de las aves. // Apéndices carnosos que tienen ciertos peces en la parte inferior de la cabeza, como los barbos, los salmonetes, etc. // La parte delantera de la quijada. (Lat. **barbula.**)

barbiquejo* **(quail dove).** Cuba: paloma silvestre de plumas verdes **(Geotrygon chrysia).**

barbo* **(barbel).** Especie de pez del orden *Cypriniformes*, familia *Cyprinidae*, de los ríos de Europa **(Barbus vulgaris).** (De **barba.**) // **b.** ***de mar***, v. *salmonete*, // *b.* ***eléctrico***. Pez fluvial africano que produce descargas eléctricas **(Malapterurus electricus).**

barbón* **(male bustard).** Macho de la avutarda común del sur de Europa, q.v. **(Otis tarda).** // **(goat).** Él macho de la cabra. (De **barba.**)

barbudo* **(catfish).** Puerto Rico: nombre común a varias especies de peces fluviales introducidos, procedentes de Norte América. Orden *Perciformes*, familia *Polymixiidae* **(Polymixia sp.). (Ictalurus sp.)** (De barbado.)

bárbula (barbule). Barba pequeña. La barbilla de las plumas de las aves. (Lat. **barbula**, **barbilla.**)

barcino* **(tabby).** Dícese del animal que tiene pelaje de colores blancos y pardos.

Bancroft, J. Fisiólogo inglés. Se le acredita el descubrimiento de las funciones del bazo. (1872-1947)

bardarola (yellow hammer). Ave europea paseriforme también llamada *cerillo*. Familia *Emberizidae* **(Emberiza citrinella).**

barestesia (baraesthesia). Sensación de presión. (Gr. **baros**, peso; **asithesis**, sensación.)

barga (godwit). Puerto Rico: nombre común del ave *Zarapico real* o chorlo **(Limosa fedoa).**

bar (bar). Unidad empleada en oceanografía física. Es la presión que ejerce una columna de agua de 10m. de altura. Se usa también el *decibario*.

baribá* V. *jutía*. **(Dicc.)**

baribal (black bear). El oso negro norteamericano, que a veces muestra una fase de color pardo **(Ursus americanus).**

barizo (squirrel monkey). Otro nombre para el monito común sudamericano de la familia *Cebidae* llamado también *saimirí* **(Saimiris sciureus).**

barjuleta*. Bolsa del estómago o de la matriz. (Bajo lat. **bursa**, bolsa.)

barnacla* **(goose barnacle).** Especie de ganso marino de la Hibernia, del cual se creyó que provenían las conchas y los crustáceos que viven adheridos a las plantas y objetos marinos **(Branta leucopsis).** (Neolat. bernicla, cirrípedo.) // *Bernacha.*

baroceptor (baroceptor). V. *barorreceptor*. (Gr. **baros**, peso.)

barófilo (barophilous). Que se desarrolla o es atraído por la presión. (Gr. **baros**, presión; **philos**, amigo.)

barorreceptor (baroceptor). Un receptor situado en la pared de un vaso sanguíneo que reacciona a los cambios de presión. (Gr. **baros**, presión; lat. **capere**, tomar.)

barotaxia (barotaxis). Reacción de un organismo debido a estímulos producidos por diferencias de presión. (Gr. baros, presión; taxis, arreglo.)

Barr, M.L. Encontró en 1949, junto con E.C. Bertram, los cuerpos llamados de Barr, un dimorfismo sexual en las células de los mamíferos.

barra* **(bar).** *Vástago.* // Espacio entre los caninos y premolares en algunos mamíferos (v. **diastema**): // ***b. coracoides***, segmento cartilaginoso en la cintura torácica de los peces cartilagíneos, que une la región escapular de las aletas pectorales. // ***b. acrocordal***, puente que comunica las trabéculas o cartílagos precordales en el condrocráneo. // ***b. branquial***, cada una de las diversas piezas cartilaginosas, quitinoides u óseas, que forman el esqueleto visceral o branquial de cefalocordios y peces: // ***b. horizontal***, vástago horizontal que en la faringe de anfioxos conecta cada barra primaria con la siguiente.// ***b. isquipúbica***, vástago de hueso o de cartílago que constituye una cintura pélvica simple en algunos peces cartilaginosos. // ***b. lingual***, vástago vertical que divide en dos cada cámara branquial primaria durante el desarrollo de la faringe en los cefalocordios. // ***b. palatopterigocuadrado***, porción dorsal del primer arco visceral o mandibular en el desarrollo del condrocráneo; // ***b. postorbital***, pieza ósea que separa la órbita de la fosa temporal en ciertos reptiles y mamíferos. // ***b. primaria***, vástago de consistencia quitinoide que separa las hendiduras branquiales en los cefalocordios. // ***b. secundaria***, v. *barra lingual.*

barracuda (barracuda). Pez carnicero, muy agresivo, de los mares tropicales. Orden *Perciformes*, familia *Sphyraenidae* **(Sphyraena barracuda).** También lo llaman *picuda*. Su carne es apetitosa, pero a veces produce ciguatera. (Voz **antillana.**)

barramunda (barramunde). Pez fluvial pulmonado australiano de la subclase *Choanichthyes*, superorden Dipnoi, orden *Ceratodontiformes* **(Neoceratodus forsteri).** (Voz **australiana.**)

barrancorríos (Cuban tody). Cuba: pajarillo del orden *Coraciiformes*, familia *Todidae*, que anida en los barrancos, especialmente de los ríos **(Todus multicolor).** También *pedorrera* y *cartacuba.*

barrera* **(barrier).** Obstáculos geográficos o ecológicos que limitan el área de dispersión de las especies. // ***b. climática***, factor físico que limita la distribución de los animales (temperatura, humedad, iluminación etc.) // ***b. geográfica***, accidente geográfico que limita la dispersión de la especie.

barreto (violet goby). Cuba: pez fluvial llamado también *esmeralda*. Orden *Perciformes*, familia *Gobioidae* **(Gobioides broussoneti).**=*Esmeralda.*

barriga blanca. Cuba: pez marino de Cuba y Puerto Rico de la familia *Sciaenidae* **(Corvula balabana).**

barrigudo* **(wooly monkey).** Cualquiera de los monos sudamericanos de la familia *Cebidae*, género *Lagothrix*, llamados también *caparros*. // (De **barriga.**)

barrilete (fiddler crab). España, cangrejo litoral del género *Uca*, llamado también violinista, q.v. // *Cuba*, una mariposa de la familia *Heliconidae* **(Heliconius charitonia).**

barrito* **(to bellow).** Berrido del elefante y del rinoceronte. (Lat. **barritus.**)

barro de globigerinas. Depósitos oceánicos muy extendidos, formados por esqueletos de foraminíferos, especialmente globigerinas, a profundidades entre 2000 y 5000m. // ***b. de radiolarios***, depósitos submarinos que forman grandes sedimentos oceánicos principalmente en el Pacífico y el Indico. // ***b. de terópodos***, depósitos submarinos formados por conchas de moluscos del orden *Pteropoda.*

barrueco* **(baroque pearl).** Perla irregular. (Lat. **verruca**, verruga.)

Bartholin, Thomas. Fisiólogo danés. Demostró en 1652 las relaciones entre los sistemas linfático y circulatorio. (1616-1680)

Bartolini, C. Anatomista italiano. V. *Conducto de Bartolini.*

barzoi* **(Russian wolfhound).** Perro de caza llamado *lobero* y *galgo ruso*. Error por **borzoi**, q.v.

basal (basal). Propio de la base o relativo a ella. (Lat. **basis.**)

basales (basal). Piezas esqueléticas en las que se insertan los huesos radiales de los miembros en los *Tetrapterigios.* (Lat. **basis**, base.)

basáride*. Mamífero del orden *Carnivora* de la región neotropical. Familia *Procyonidae.* (Lat. **bassaris**, vulpeja.)= *cacomiztle.*

basi- (basi-). (Del lat. **basis**, del gr. **basis**, base, pedestal.)

basialar (basialar). Que está situado en la base de las alas. // Esclerito en la base de las alas en los insectos. (Lat. **basis**, base;+**ala.**)

basiapófisis (basiapophysis). Apófisis que, en algunas vértebras, se extiende en dirección ventral desde la parte media del cuerpo vertebral. (Gr. **basis**, base; + **apófisis**, q.v.)

basibranquial (basibranchia). Segmento impar basal ventral en el esqueleto visceral de los peces y anfibios. (Gr. **basis**, base;+**branquia.**)

basicito (**basicyte**). Un corpúsculo de tejido conectivo con gránulos basófilos, relacionado con la deposición de lípidos (**Célula nutricia** o **Mastcell.**)

básico* (**basic**). Lo relativo a la base. // Lo que tiene un número normal de estructuras o elementos. // Lo que muestra una función normal. // Lo que tiene reacción o propiedades alcalinas. (Gr. **basis**, base.)

basicónico (**basi-conic**). Que tiene una forma cónica sobre la superficie general de una estructura. (Gr. **basis**, base; **konos**, cono.)

basicoxita (**basicoxite**). El anillo basal de una coxa. (Lat. **basis**, base;+**coxita** q.v.)

basicromatina (**basicromatine**). V. *cromatina.*

basidorsal (**basidorsal**). Uno del par de elementos en el desarrollo de las vértebras, de donde se forman los arcos neurales. (Lat. **basis**, base; **dorsum**, dorso.)

basifaringe (**basipharynx**). La unión de la epifaringe y la hipofaringe de ciertos insectos. (Gr. **basis**, base; **pharynx**, faringe.)

basifémur (**basifemur**). En ciertos acarinos, el segmento proximal del fémur, entre el trocánter y el telofémur. (Lat. **basis**, base;+**fémur.**)

basífilo (**basiphial**). Basófilo, q.v.

basihial (**basihyal**). Una estructura esquelética que forma la parte media del arco hioideo de los vertebrados, situada entre las dos ramas de la mandíbula. (Gr. **basis**, base; **hial**, q.v.)

basilabio (**basilabium**). Esclerito formado por la fusión de los labios y los estípites en los insectos. (Lat. **basis**, base; **labium**, labio.)

basilar* (**basilar**). Lo perteneciente o relativo a la base. (Neolat. **basilaris.**)

basilema (**basilemma**). La membrana basal o basilar, q.v. (Gr. **basis**, base; **lemma**, membrana.)

basílica* (**basilic**). Vena en el antebrazo de los mamíferos. (Gr. **basilikos**, regia.)

basilingual (**basilingual**). Lo referente o que está situado en la base de la lengua. // El cuerpo del hioides en algunos reptiles. (Lat. **basis**, base; **lingua**, lengua.)

basilisco* (**basilisk**). Especie de lagarto crestado de la familia *Iguanidae*, de la América Central y del Sur (**Basiliscus vittatus**). // Animal legendario de aliento ponzoñoso nacido o puesto por un gallo y empollado por una víbora. (Gr. **basiliskos.**)

basilosaurios. Un grupo de cetáceos extintos del Eoceno que se consideran ancestrales de las ballenas actuales. V. *Zeuglodonta.* (Gr. **basis**, base; **sauros**, saurio.)

basimandíbula (**basimandibula**). Una pieza en la cabeza de los insectos situada en la base de la mandíbula. (Gr. **basis**, base; **mandibula**, q.v.)

basimaxila (**basimaxila**). Una esclerita en la base de la maxila en los insectos. (Lat. **basis**, base;+**maxila**, q.v.)

basio (**basion**). Un punto craneométrico, situado en el medio del borde anterior del agujero occipital. (**Br. basis.**)

basioccipital (**basioocipital**). Un hueso basal en la región occipital del cráneo, que, en los mamíferos, se suelda con los exoccipitales. (Lat. **basis**, base;+**occipital**, q.v.)

basioftalmito (**basiophthalmite.**) El artejo proximal de los tallos oculares en los crustáceos. (Gr. **basis**, base; **ophthalmos**, ojo.)

basiósteo (**basiosteum**). Un elemento distal en los terigóforos de los peces teleósteos en donde se insertan los radios de las aletas. (Gr. **basis**, base; **osteon**, hueso.)

basiótico (**basiotic**). Un hueso de la región del oído. V. *mesótico.* (Gr. **basis**, base; **ous**, **otus**, oído.)

basipodito (**basipodite**). El segundo artejo en el protopodito de los apéndices de los crustáceos. (Gr. **basis**, base; **podito**, dim. de **podos**, pie.)

basípodo (**basipodium**). La región del carpo o del tarso en los miembros de los vertebrados tetrápodos. (Gr. **basis** base; **pous**, pie.)

basiprobóscide (**basiproboscis.**) La porción membranosa de la probóscide en los insectos . (Gr. **basis**, base; **proboskis**, trompa.)

basipterigio (**basipterygium**). Hueso grande y triángular situado en la base de las aletas pélvicas de los peces teleósteos. (Gr. **basis**, base; **pterygion**, aleta.)

basiscópico (**basiscopic**). Que mira hacia la base de una estructura. (Gr. **basis**, base; **skopein**, mirar.)

basisfenoides (**basisphenoid**). Un hueso en la base del cráneo, situado por delante del occipital. (Gr. **basis**, base;+ **esfenoides**, q.v.)

basisternón (**basisternum**). La pieza principal en el esternón de los insectos. (Lat. **basis**, base; **sternum**, esternón.)

basistilo (**basistylo**). La parte proximal o coxita en el gonostilo de los mosquitos. (Gr. **basis**, base; **stylos**, columna.)

basitarso (**basitarsus**). El metatarso en las arañas. (Gr. **basis**, base; **tarsus**, tarso.)

basitemporales (**basitemporal**). Un par de huesos de membrana en algunos reptiles y aves a cada lado del basifenoides. (Lat. **basis**, base;+**temporales**, q.v.)

basiventral (**basiventral**). Nombre equivalente al de arco hemal. Apófisis de las vértebras que circundan los grandes vasos longitudinales o axiales. (Gr. **basis**, base;+**ventrales**, q.v.)

basocito (**basocyte**). Una célula que se colorea fácilmente con tintes alcalinos. Como los leucocitos basófilos, q.v. (Gr. **basis**, base; **kytos**, célula.)

basófilo (**basophil**). Se aplica a lo que se tiñe con los colorantes básicos. (Gr. **basis**, base; **phylos**, amigo.)

Basommatophora. Orden de gasterópodos pulmonados de agua dulce que tienen los ojos situados en la base de los tentáculos. (Gr. **basis**, base; **omma** ojo; **phoreus**, portador.)

basoplasma (**basoplasm**). Citoplasma que se colorea rápidamente con los colorantes básicos. (Gr. **basis**, base;+**plasma**, q.v.)

bastardo* (**bastard**). Híbrido o mestizo. // Boa de gran tamaño. (Franc. antiguo, **fils de bast**, hijo de basto o de albarda.)

bastoncillo* (**rod**). Fotorreceptor de los ojos en los vertebrados capaz de percibir luces tenues, pero no los colores. // El pigmento sensible es la púrpura visual o rodopsina. // Un elemento del aparato de Golgi. (Dim. de **bastón.**) // ***b. de Corti*** (**Corti's rods**), bastoncillo arqueado situado en la membrana basilar de los órganos de Corti, // ***b. locomotor***, pequeño vástago, ganchuco o abultado hallado en la superficie ventral de algunos nematodos.

basurero* (**scavenger**). *Carroñero.* Se dice del animal que se alimenta de animales muertos o de otras substancias descompuestas. (De **basura.**)

batara (**antshrike**). Ave sudamericana del orden *Passeriformes*, familia *Formicariidae* (**Thamnophilus caerulescens**).

batata* (**crawfish**). Cuba: camarón de agua dulce de la familia *Astacidae* (**Cambarus cubensis**). (**Nombre indígena.**)

Bates, Henry Walter. Explorador inglés, autor de la obra *The Naturalist on the River Amazon* y expositor del tipo de mimetismo llamado *batesiano.* (1825-1892)

Bateson, William. Geneticista inglés. Descubrió (1906), junto con *R.C. Punnet*, la ligadura o "linkage" genético en los guisantes del jardín. (1861-1926)

Bathynellacea. Un pequeño orden de crustáceos cavernícolas pertenecientes al superorden *Syncarida.* (Basado en el género **Bathynella.**)

batial (**bathyal**). El fondo marino comprendido entre los 200 m. y los 2000 m. de profundidad. (Gr. **bathys**, profundo.)

batibio (**bathybius**). Material gelatinoso hallado en el fondo marino que, según Haeckel, era el protoplasma primitivo. (Gr. **bathys**, fondo; **bios**, vida.)

baticabeza*. Filipinas: nombre común de los insectos coleópteros de la familia *Elateridae*, por el modo como saltan y se colocan en actitud normal cuando caen sobre el dorso.

Baticlupeiformes. Un orden de peces abisales de los océanos Indico y Pacífico, afines a los clupeiformes, con aletas ventrales torácicas, una sola aleta dorsal y otra anal larga. (Gr. **bathys**, profundo; lat. **clupea**, sardina; **forma**, forma.)

batiestesia (**bathyaesthesia**). Sensación debida a estímulos dentro del cuerpo. (Gr. **bathys**, profundo; **aisthesis**, percepción.)

batilimnético (**bathylemnetic**). Que vive en el fondo de los lagos o pantanos. (Gr. **bathys**, profundo; **limne**, lago.)

batimétrico (**bathymetric**). Lo que pertenece a la distribución vertical de los organismos dentro del medio. (Gr. **bathys**, profundo; **metron**, mensura.)

batipelágico (**batypelagic**). Lo perteneciente a los mares profundos. (Gr. **bathys**, profundo; **pelagos**, el mar.) // El ambiente marino comprendido entre los 200 y los 2000 m. de profundidad. (Gr. **bathys**, profundo; **pelagos**, océano.)

batismal (**bathysmal**). Lo que pertenece a las mayores profundidades marinas. (Gr. **bathys**, profundo.)

batista (**Cuban crab hawk**). Cuba: especie de gavilán que se alimenta de cangrejos, (**Buteogallus anthracinus gundlachi.**)

batitú. Argen. Ave zancuda del orden *Charadriiformes*, familia *Scolopacidae* (**Bartramia longicauda**).

batmotrópico (**bathmotropic**). Lo que afecta la excitabilidad de los tejidos. (Gr. **bathmos**, grado; **tropikos**, volteando.)

Batoidea. Un orden de peces de la subclase *Selachii*, de cuerpo deprimido y hendiduras branquiales en posición ventral, como las rayas. (Gr. **batis**, una raya; **-oides**, similar.)

batoideo (**batoid**). Dícese de los peces selacios del orden *Batoidea*, q.v.

batracina (**batracin**). Toxina extraída de las glándulas de ciertos anfibios anuros sudamericanos del género *Phyllobates*. (Gr. **batrachos**, rana.)

batracio* (**batracian**). Cualquier miembro de la clase *Amphibia* o *Batrachia*. (Gr. **batrachos, rana.**) *Adj.* ***batracoide.***

batraco (**toadfish**). Cualquiera de los peces Batrachoidiformes de los mares tropicales, llamados también comúnmente *sapitos*. (Gr; **batrachos**, rana.)

batracóstomo (**frogmouth**). Ave de la India y de Australia del orden *Caprimulgiformes*, de boca muy ancha. Familia *Podargidae*. (**Batrachostomus sp.**)

Batrachia. Un nombre alterno para la clase *Amphibia*, q.v.

Batrachoidia. V. *Batrachoidiformes.*

Batrachoidiformes. Orden de peces llamados también *Haplodoci*, que incluye los llamados "sapos", de cabeza deprimida y boca ancha. Habitan los fondos de mares tropicales. (**Batrachos**, rana; lat. **oides**, parecido; **forma**, forma.)

Batyergomorpha. Un suborden de mamíferos africanos del orden *Rodentia*, de ojos pequeños, rabo corto y orejas atrofiadas. Son de hábitos cavadores, como los topos, por lo que los llaman *ratones topos.*

Bauer, H. Redescubrió (junto a T.S. Painter y E. Heitz) los cromosomas salivales gigantes de la mosca *Drosophila*, descubiertos por *Balbiani* en 1881.

baya* (**tree oyster**). Cuba: molusco marino antillano bivalvo comestible del orden *Filibranchia*, familia *Isognomonidae* (**Isognomon alatus**). // Un ave de la India del orden *Passeriformes*, familia *Ploceidae* (**Ploceus baya**). // La mariposa del gusano de seda. (Lat. **bacca.**)

bayo* (**bay**). De color blanco amarillento. Aplícase principalmente a los caballos. (Lat. **badius.**)

bayoneta* (**horseshoe crab**). Arácnido marino. V. *cacerola.*

bayosa*. V. *bayoya*, especie de lagarto de Cuba.

bayoya (**a kind of Lizard**). Cuba: lagarto de la familia *Iguanidae*, de cola encorvada (**Leicocephalus carinatus**). (Voz indígena.)

bazo (**spleen**). Organo hemolinfático en los vertebrados, productor de leucocitos y, en la vida embrionaria, de eritrocitos. Tiene también función eritroclástica, destruyendo los glóbulos rojos viejos. Produce anticuerpos, etc.

bdeloide (**bdelloid**). Que tiene la apariencia de una sanguijuela. (Gr. **bdella**, sanguijuela.)

Bdelloidea. Un orden de Rotífera desprovistos de antenas, y con glándulas pédicas numerosas. (Gr. **dbella**, sanguijuela; **oides**, similar).

Bdellomorpha. V. *Bdellonemertini.*

Bdellonemertini. Un orden de memertinos de la clase Enopla, desprovistos de estiletes en la trompa, tiene intestino, bolsas laterales y una ventosa caudal. (Gr. **bdella**, sanguijuela; **morphe**, forma.)

Beadle, G.W. Bioquímico americano. Demostró, junto con E.L. Tatum, en 1941, la existencia de mutaciones inducidas químicamente. (1903)

Beagle. Embarcación oceanográfica famosa en la que Darwin viajó durante su viaje por la América del Sur. (1831-1835) // Raza de perros de caza.

beata (**praying mantis**). El insecto ortóptero de la familia *Mantidae* llamado también *Santa Teresa*. V. *Santa Teresa*, mantis.

beatilla. Insecto díptero diminuto de la familia *Psychodidae*, que trasmite la enfermedad llamada *botón de Oriente* (**Phlebotomus papatasi**).

beatrix (**Arabian oryx**). Un antílope del grupo oryx de pequeño tamaño que habita el sur de Arabia y la Mesopotamia (**Oryx leucoryx**)

Beaumont, William. Cirujano norteamericano. Dio a conocer investigaciones pioneras en el campo de la digestión. (1785-1853)

Beauvais, Vicente de. Obispo francés, autor de uno de los bestiarios más conocidos llamado *Espejo de la Naturaleza*. En él se consigna la tradición de que los gansos marinos nacen de los frutos de ciertos árboles costeros.

becacina* (**common snipe**). El ave comúnmente llamada en España *agachadiza*, q.v. Orden *Charadriiformes*, familia *Scolopacidae*, muy apreciada por su carne (**Capella gallinago**).

becada (**woodcock**). V. el ave llamada *chocha perdiz* (**Scolopax rusticola**). (Celtolat. **beccus**, pico.)

becerra*. Hija de 1 a 2 años de la vaca.

becerrillo* (**calf skin**). Piel de becerro curtida.

becerro* (**calf**). Toro de menos de un año. *Adj.* ***becerril****; // ***b. marino***, *v. foca.* (Lat. **ibex**, becerro.)

becuna. V. *guaguancho*, pez.

beche (**goat**). Macho cabrío.

bêche-de-mer (**trepang**). La pared del cuerpo de ciertas holoturias que, secas y ahumadas, se venden en el mercado oriental para el consumo culinario. También se llama *trepang*. (Voz **francesa**).

bedén (**markhor**). Cabra montés de las montañas de Abisinia, alto Egipto y Arabia (**Capra nubiana**).

begre (**castor**). El *castor*, q.v.

behaviorismo (**behaviorism**). Doctrina que establece que el comportamiento animal puede ser explicado en términos de reflejos y de reacciones glandulares. (Voz **inglesa.**)

behemoth (**behemoth**). Monstruo mencionado en la Biblia, probablemente el hipopótamo.

beisa (**beisa**). Una especie de oryx, parecida al gemsbok, que se encuentra en Tangañica, Abisinia y Sudán (**Oryx beisa**).

belcebú. V. *marimonda*, mono araña.

belemnita*. Cefalópodo fósil de figura cónica o de maza, que es la extremidad de la concha parecida a la de los jibia. (Gr. **belemnon**, flecha.)

belemnoideo (belemnoid). En forma de dardo. (Gr. **belemnon,** flecha o dardo.) En plural, v. *Belemnoidea.*

Belemnoidea. Un orden de cefalópodos que existieron desde el Carbonífero hasta el Cretáceo, de concha muy complicada internamente. (Gr. **belemnon,** dardo.)

Belon, Pierre. Naturalista francés. Publicó una de las obras clásicas sobre los organismos marinos: *Histoire naturelle des étranges poissons marins.* Observó la correspondencia (homología) entre los huesos de ciertos peces óseos marinos, llamados *Synentognatha,* que comprende las agujitas, los peces voladores, etc., cuya aleta dorsal está situada sobre la anal y las pectorales en posición muy alta. (Gr. **belone,** aguja.) (1517-1574)

Beloniformes. Orden de peces osteictios que incluye las especies llamadas *agujones.*

belonoide (belonoide). En forma de aguja. (Gr. **belone,** aguja.)

Belonorhynchii. Orden de peces óseos extintos. (Gr. **belone,** aguja; **ichthyes,** pez.)

beluga (white whale). Especie de delfín ártico de tamaño grande, color blanco, sin aleta dorsal (**Delphinapterus leucas**). (Ruso, **bieluka,** de bielo, blanco.)

Bell, Charles. Fisiólogo inglés. Junto con F. Magendie, demostró las funciones de las raíces dorsales y ventrales de los nervios espinales, estableciendo la llamada "Ley de Bell-Magendie". (1783-1855)

Bellini, L. Anatomista italiano. V. *Conducto de Bellini.*

bellota de mar (barnacle). Crustáceo marino del orden *Cirripedia,* sin pedúnculo, que vive fijo a los objetos sumergidos, así como a los moluscos, crustáceos, tortugas y ballenas (**Balanus balanoides**). (**Bellota,** fruta de la encina.)

Benda, C. Citólogo italiano. Demostró, junto con C. Golgi (1898), las estructuras llamadas de Golgi.

Beneden, Eduard van. Geneticista belga. En 1887 constató la constancia de los filamentos nucleares (cromosomas) y la división reductora.

benépodo (baenepod). Pata torácica de los artrópodos. (Gr. **baino,** caminar.)

bengalí*. Ave pequeña de la región oriental, del orden *Passeriformes,* familia *Ploceidae.* Tiene colores vivos y se cría bien en cautividad. (Natural de Bengala.)

Bensley, R.R. Ver *Hoerr, N.L.*

bent- (benth-). (Del gr. **benthos,** profundidad.) Forma palabras que aluden al fondo marino o lacustre o a la profundidad.

benteveo*. Argent.: ave del orden *Passeriformes,* familia *Tyrannidae.* (Nombre onomatopéyico.) // *Bienteveo.*

béntico (benthic). Relativo al fondo de las aguas. (Gr. **benthos,** profundidad.) =*Bénsico*

bentohiponeuston (benthohyponeuston). Organismo que vive en el fondo marino, pero que surge a la superficie durante la noche. (Gr. **benthos,** profundidad; **hypo-,** por debajo; **neustos,** flotante.)

bentónico* (bentonic). Lo relativo al fondo de las aguas // Comunidad bentónica ligada a las proximidades del fondo. (Gr. **benthos,** profundidad.)

bentoplancton (benthoplancton). El plancton propio de las profundidades, ligado al fondo. (Gr. **benthos,** profundidad; **planktos,** errante.)

bentopotámico (benthopotamous). Dícese del organismo que habita el fondo de los cursos de agua. (Gr. **benthos,** fondo; **potamos,** río.)

bentos* (benthos). Conjunto de organismos que habitan sobre un substrato sólido, en oposición a los que viven en suspensión. (Gr. **benthos,** fondo.)

beorí* (American tapir). *Tapir americano.*

bequeruda. V. *agachadiza,* ave.

berberecho* (cockle). Nombre aplicado a varias especies de moluscos bivalvos de la familia *Cardiidae,* especialmente a los comestibles, como el berberecho común de Europa (**Cardium edule**). En las Antillas son comunes los de los géneros *Laevicardium* y *Trachycardium.* (Gr. **berbere,** ostra.)

Berger, Hans. Fisiólogo alemán. Inventó el electroencefalógrafo y demostró la existencia de ondas eléctricas cerebrales.

Bergmann, Ernst. Fisiólogo alemán. (1836-1907) V. *principio o regla de Bergmann.*

Bergson, Henri. Filósofo francés. Expositor de la teoría de la evolución creatriz. Premio Nobel 1927. (1859-1941)

beriberi (beriberi)). Una enfermedad debida a deficiencia en vitamina B_1 o tiamina que provoca, entre otros síntomas, fuerte neuritis y debilidad general. (Galés, **beri,** debilidad.)

Bericyformes. Un orden de peces óseos de la América del Norte, principalmente de aguas profundas. (Del género **Beryx.**)

Berlese, A. Zoólogo italiano. V. *órgano de Berlese.*

bermejizo. Murciélago frugívoro comestible de la región oriental, de la familia *Pteropidae* (**Pteropus edulis**), llamado también *panequé* y *zorro volador.*

bermejuela. Pez europeo de agua dulce, del orden *Cypriniformes,* familia *Cyprinidae* (**Rhodeus amarus**).

bernacla (goose barnacle). V. *barnacla.*

bernacha (goose barnacle). Se aplica a un grupo de gansos neárticos salvajes, entre los que se encuentran los del género *Branta.*

Bernard, Claude. Fisiólogo francés. Demostró en 1850 la irritabilidad independiente de cada fibra muscular. Descubrió (1851) el sistema vasomotor de los nervios simpáticos. En 1880 estableció el concepto del equilibrio del medio interno, después nombrado *homeostasis.* En 1857 demostró la conversión del glucógeno en el hígado. (1817-1878)

Beroidea. Un orden de *Ctenophora,* de la clase *Tentaculata,* de forma cónica, con la boca y la faringe muy amplia. (Gr. **Beroë,** una ninfa marina.)

berrendo (prong horn antilope). Mamífero rumiante norteamericano de la familia *Antilocapridae,* de características intermedias entre antílopes y bovinos (**Antilocapra americana**). *Adj.* de dos colores.

berrido* (bellow). La voz del becerro y de los animales que berrean. (Onomatopéyico, **berr.**)

Bertram, E.G. En 1949, junto con M.L. Barr, demostró la existencia de un dimorfismo sexual en las células de los mamíferos.

Berthold, A.A. Experimentó en el transplante de testículos. (1849)

Bertín, E.J. Anatomista francés. V. *huesos de Bertín.*

Berzelius, Jöna Jakob. Químico sueco. Estableció el concepto de los catalizadores de máxima importancia en el estudio de las enzimas. (1779-1848)

Best, Charles H. Bioquímico canadiense (1899). Ver *F. G. Banting.*

bestia* (beast). Cualquier animal cuadrúpedo, pero principalmente el de carga. (Lat. **bestia.**) *Adj.* **bestial*.**

bestiario* (bestiary). Libro medieval que describía e ilustraba animales, verdaderos unos y fantásticos otros, persiguiendo generalmente una finalidad moral o material.

besugo* (sea bream). Pez marino del orden *Perciformes,* familia *Sparidae,* de carne muy delicada (**Pagellus centrodontus**).

besuguete*. Dim. de *besugo.* // V. *pagel.*

betaína (betaine). Un producto de la descomposición de las lecitinas, que ocurre en la remolacha, la acelga, etc., y en algunos animales. (Del Gr. **beta,** remolacha.)

Betz, V.A. Histólogo ruso. V. *Células de Betz.*

Bewuchs. Vocablo germano que indica un complejo de microrganismos acuáticos vivientes en la superficie de objetos inanimados sumergidos. (Alemán)

bezo* **(blubber-lip).** Labio grueso. (Onomatopéyico, **bez.**) *Adj.* **bezudo***.

bezoar* **(bezoar).** Concreción formada frecuentemente en el estómago de los rumiantes, por ingestión repetida de substancias que no pasan por el píloro. (Ar. **bazahar,** contraveneno.)

bharal **(bharal).** Una cabra salvaje, intermedio morfológico con el carnero, que se encuentra en Tibet y China occidental **(Psedois mahoor).**

bi- **(bi-).** (Del latín **bis,** que significa dos veces.)

biacuminado **(biacuminate).** Que termina en dos puntas. (Lat. **biacuminatus.**)

biajaca. Viajaca, Cuba: pez de agua dulce, comestible, de la familia *Cichlidae* **(Cichlasoma tetracantha.)**

biajaiba* **(lane snapper).** Cuba: pez marino comestible de las aguas costeras antillanas de la familia *Lutjanidae* **(Lutjanus synagris).** En Puerto Rico lo llaman *rayado.*

bialado **(bialate).** Que tiene dos alas. (Lat. **bis,** dos; **ala,** ala.)

biangulado **(biangulate).** Que tiene dos ángulos o dos quillas. (Lat. **bis,** dos; **angulus,** ángulo.)

bianual **(biennal).** V. bienal*.

biarticulado **(biarticulated).** Que tiene dos articulaciones. (Lat. **bis,** dos veces; **articulus,** unión.)

biaural **(biaural).** Perteneciente a las dos orejas. (Lat. **bis,** dis; **auris,** oreja.)

biauricular* **(biauriculate).** Provisto de dos aurículas u orejillas. (Lat. **biauriculatus,** con dos orejillas.)

biaxial **(biaxial).** *Biáxico.* Provisto de dos ejes. (Lat. **biaxialis,** de dos ejes.)

bíbaro* **(beaver).** Castor. Nom. obsoleto. (Celtolat. **biber.**)

bibicho* **(cat).** Hond.: gato doméstico. (Tal vez de **micho.**)

bibijagua* **(parasol ant).** Cuba: especie grande de hormigas de la familia *Attidae* cortadora de hojas y cultivadora de hongos (**Atta insularis**). (Nombre *antillano.)*

bibijagüero **(nest of parasol ant).** Cuba: nido de *bibijagua.*

bical* **(salmon).** Salmón macho (Fr. **bécard.**)

bicarinado **(bicarinate).** Que tiene dos líneas o quilla de resalto. (Lat. **bicarinatus.**) (Lat. **bis,** dos; **carina** quilla.)

bicaudado **(bicaudate).** Bicaude, que tiene dos procesos en forma de cola. (Lat. **bis,** dos; **cauda,** cola.)

bicéfalo* **(bicephalous).** Que tiene dos cabezas. (Lat. **bis,** dos; gr. **kephale,** cabeza.)

bicelular **(bicellular).** Compuesto de dos células. (Lat. **bis,** dos;+**cellula.**)

bicéntrico **(bicentric).** Que pertenece a dos centros. Distribución de las especies en dos centros. (Lat. **bis,** dos; **centrum,** centro.)

bíceps* **(biceps).** Provisto de dos cabezas o terminaciones. // Un músculo del brazo humano que flexiona el antebrazo o *bíceps braquial.* // *bíceps terminal,* gran músculo en el muslo de ciertos vertebrados. (Lat. **bis,** dos veces; **ceps,** cabeza.)

bicerra* **(mountain goat).** Especie de cabra montés de cuernos levantados y ganchosos. (Dicc.)

bicíclico **(bicyclic).** Dispuesto en dos vueltas. (Lat. **bi,** dos; **cyclos,** rueda.)

bicigomorfo **(dicigomorph).** V. *dicigomorfo.*

bicipital. V. *bicipite.*

bicípite* **(bicipital).** Lo perteneciente al músculo bíceps. V. *aponeurosis bicipital,* surco bicipital, cresta bicipital. // Que tiene dos cabezas o apófisis en una extremidad. V. *costillas bicipitales.* (Lat. **bis,** dos; **ceps,** cabeza.)

bicoligado **(bicolligate).** Con dos tiras de membranas en los pies. (Lat. **bis,** dos veces; **cum,** junto; **ligare,** unir.)

biconjugado **(biconjugate).** Con dos series similares de pares. (Lat. **bis,** dos veces; **cum,** con; **jugum,** yugo.)

biconvexo* **(biconvex).** Que tiene dos superficies convexas. (Lat. **bis;** dos; **convexus,** convexo.)

bicorne* **(bicornute).** Provisto de dos puntas a modo de cuernos. Utero bicorne. (Lat. **bicornis.**)

bicúspide* **(bicuspid).** *Que tiene dos cúspides o puntas. V. válvula bicúspide,* diente bicúspide. (Lat. **bis,** dos veces; **cuspis,** punta.)

bicha* **(snake).** *Bicho.* // La serpiente (en sentido supersticioso).

bicharraco* **(bug).** Despectivo de bicho. (Lat. **bestulus.**)

Bichat, María Francisco Javier. Médico francés, fundador de la histología y expositor de una teoría sobre las propiedades vitales. Su obra más conocida fue la *Anatomía general* en la que estableció una clasificación de los tejidos animales. (1771-1802)

bichir **(bichir).** *Biquir* o *cascué,* pez africano de agua dulce de la subclase *Sarcopterygii* orden *Polypteriformes,* provisto de varias aletas dorsales y de vejiga natatoria en forma de pulmón **(Polypterus bichir).**

bicho* **(bug).** Cualquier animal pequeño o sabandija, especialmente un insecto o un arácnido. // El toro de lidia. (Lat. **bestulus,** bestezuela.)

Bidder, F.H. Anatomista estonio. V. *órgano de Bidder, ganglio de Bidder.*

bidente* **(bidental).** *Bidentado.* Con dos dientes o procesos dentiformes. (Lat. **bidentatus,** diente pequeño.)

bidenticulado **(bidenticulate).** Con dos dientecillos como los de ciertas escamas. (Lat. **bis,** dos veces; **denticulatus,** diente pequeño.)

bienal* **(biennial).** Que ocurre o se reproduce cada dos años. (Lat. **biennalis.**)

bienteveo* **(vireo).** Puerto Rico y Cuba: *vireo,* ave del orden *Passeriformes,* familia *Vireonidae* **(Vireo latimeri).** // *Argent.* ave llamada *candelucho,* q.v.

biestefánico **(bistephanic).** Que une los puntos por donde la sutura coronoide cruza el borde temporal superior. (Lat. **bis,** dos; **gr. stephanos,** corona.)

bifactorial **(bifactorial).** V. *herencia bifactorial.*

bífido* **(bifid).** Ahorquillado, dividido en dos partes. // *Pene bífido.* (Lat. **bi,** dos veces;, **findere,** hendir.)

bíforo **(biforous).** Que tiene dos puertas. // Ciertos espiráculos en larvas de insectos. (Lat. **biforus.**)

biflabelado **(biflabellate).** Que tiene estructura con expansiones a ambos lados de un eje, como las antenas de ciertos insectos. (Lat. **bis,** dos veces; **flabellum,** abanico.)

biflexo **(biflex).** Dos veces encorvado. (Lat. **bis,** dos; **flectere,** encorvar.)

bifurcado* **(bifurcate).** Que lleva dos ramas o prolongaciones como una horquilla. (Lat. **bi,** dos; **furca,** horquilla.)

bígaro* **(periwinkle).** España: molusco gasterópodo comestible de la familia *Littorinidae.* Entre ellos *Littorina littorea* del Atlántico del norte. En las Antillas no se utilizan usualmente las especies afines. (Lat. **angulifera.**)

bigémino **(bigeminus).** Se aplica a las estructuras pares. (Lat. **bis,** dos veces; **geminus,** doble.)

bigénere **(bigener).** Un híbrido entre dos géneros distintos (Lat. **bis,** dos veces **genus,** raza.) *Adj.* **bigenérico.**

bigonia. Carnero salvaje de cola corta y cuernos grandes **(Caprovis montana).**

bigote* **(mustache).** Pelos largos situados sobre el hocico de muchos mamíferos, de extraordinaria sensibilidad, que están mejor desarrollados en las especies nocturnas. V. *vibrisa.* (Alem., **bi God,** por Dios.)

bigotudo **(bearded reedling).** Avecilla europea paseriforme, de la familia *Paridae,* de rabo largo, color leonado, el macho con "bigotes negros" **(Panurus biarmicus).**

biguá*. Argent.: *cormorán,* ave marina palmípeda.

bijí. Nombre *indígena.* V. *bijirita.*

bijirita* **(warbler).** Cuba y Puerto Rico: nombre común a varias avecillas del orden *Passeriformes*, familia *Parulidae*, como *Dendroica petechia.* (Voz **indígena.**)

bilamelar **(bilamellar).** Dividido en dos láminas o que lleva dos láminas. (Lat. **bi,** dos veces; **lamella,** laminilla.)

bilaminar **(bilaminar).** Que tiene dos capas o láminas. Placa delgada. V. *diploblástico.* (Lat. **bis,** dos veces;+**lamina.**)

bilateral* **(bilateral).** Que tiene dos partes o lados iguales. // Aplícase a la simetría. (Lat. **bis,** dos; **latus,** lado.) // Perteneciente a los dos lados.

bilateralidad **(bilateralness).** Se aplica a una manifestación de anisotropía en los huevos llamados en mosaico. (Lat. **bis,** dos veces; **latus,** lado.)

Bilateria, Bilateriata. Una división de los metazoos basada en la simetría bilateral y la posesión de mesodermo, órganos y sistemas. (Lat. **bis,** dos; **latus,** lado.)

bilátero **(bilateral).** Que tiene simetría bilateral. // Que tiene dos lados.

bilharzia **(schistosome).** Nombre común aplicado al trematodo parásito de la sangre del hombre, antiguamente en el género de ese nombre. V. *Schistosoma.*

bilharziasis **(schistosomiasis).** Esquistosomiasis, enfermedad producida por parásitos trematodos del género *Schistosoma* (=**Bilharzia).**

bili-. (Del lat. **bilis,** bilis.)

biliación **(biliation).** Secreción de bilis. (Lat. **bilis.**)

biliar* **(biliary).** Perteneciente a la bilis.

bilicianina **(bilicyanin).** Pigmento azul formado por oxidación de la biliverdina. (Lat. **bilis, gr. kyanos,** azul.)

bilificación **(bilification).** La formación o secreción de la bilis. (Lat. **bilis,** bilis; **ficare,** hacer.)

bilifulvina **(bilifulvin).** V. *bilirrubina.*

bilifuscina **(bilifuscine).** Substancia de color pardo que acompaña a la bilirrubina en los cálculos hepáticos. (Lat. **bilis,** bilis.)

biligéneseis **(biligenesis).** La producción de bilis. (Lat. **bilis,** bilis; **genesis,** origen.)

bilineurina **(bilineurine).** V. *colina.*

bilirrubina **(bilirubin).** Un pigmento amarillo rojizo hallado en la bilis y en la sangre, producto del metabolismo de la hemoglobina. (Lat. **bilis,** bilis; **ruber,** rojo.)

bilis* **(bile).** Secreción alcalina producida en el hígado, que se almacena en la vesícula biliar. Asiste a la digestión saponificando las grasas. (Lat. **bilis.**) *Adj.* ***biliar*, bilioso*.***

biliverdina **(biliverdin).** Un pigmento biliar formado por oxidación de la *bilirrubina.* (Lat. **bilis,** bilis; **viridis,** verde.)

bilobulado **(bilobate).** Que tiene dos lóbulos. (Lat. **bis,** dos veces; **lobus,** lóbulo.)

bílobo **(bilobate).** Que tiene dos lobos. (Neolat. **bilobus).**

bilobulado* **(bilobular).** Que tiene dos lóbulos. (Lat. **bis,** dos; **lobulus,** lobulillo).

bilocular **(bilocular).** Que tiene dos celdas o compartimientos. (Lat. **bi,** dos; **loculus,** un lugar pequeño.)

bilofodonto **(bilophodont).** Diente que tiene dos salientes transversales en la corona. (Lat. **bis,** dos; **lofodonte,** q.v.)

bimaculado **(bimaculate).** Que lleva dos manchitas o motas. (lat. **bi,** dos; **macula,** mancha.)

bímano*, bimano* **(bimanous).** Que tiene dos manos. Se usa con referencia al género humano, en contraposición a los monos o cuadrumanos. (Lat. **bi,** dos; **manus,** mano.)

bimarginado **(bimarginate).** Que tiene dos márgenes. (Lat. **bis,** dos;+**margen.)**

bimástico **(bimastic).** Que tiene dos mamas. (Lat. **bi,** dos; **gr. mastos,** mama.)

binario* **(binary).** Compuesto de dos partes. V. *nomenclatura binaria.* (lat. **binarius,** de **bini,** un par.)

binocular **(binocular).** Relativo a los dos ojos. *Visión binocular.* (Lat. **bis,** dos veces; **oculus,** ojo.)

binomen **(binomen).** Un nombre binomial asignado a una especie, como *Felis catus* para el gato doméstico. (Lat. **bis,** dos; **nomen,** nombre.)

binomial **(binomial).** V. *binominal.*

binominal **(binomial).** Que lleva dos nombres. // Se dice de la nomenclatura con dos nombres: uno para el género y otro para la especie. *Binomial.* (Lat. **bi, dis; nomen,** nombre.)

binominalismo **(binomialism).** Sistema de nomenclatura biológica o binomial.

binturong, binturongo **(bearcat).** Especie de civeta arbórea de la región oriental que tiene el rabo prensil. Mamífero carnívoro de la familia *Viverridae* **(Arctitis binturong).**

binucleado **(binuclear).** Que tiene dos núcleos. *Binuclear,* (Lat. **bis,** dos; **nuclear,** relativo al núcleo.)

binza* **(pellicle).** La fárfara o película interior de la cáscara del huevo de gallina. **(De brinza.)**

bio- **(bio-).** (Del gr. **bios,** vida, prefijo.) Empleado en los términos que se relacionan con la vida.

bioblasto **(bioblast).** Unidad hipotética que, según la teoría granular del protoplasma de Altman, constituye la parte viviente de las células. (Gr. **bios,** vida; **blastos,** formación.)

biocarácter **(biocharacter).** Un carácter que es específico para un organismo viviente. (Gr. **bios,** vida;+ **character,** q.v.)

biocatalizador **(biocatalyst).** V. *enzima.*

biocelado **(biocellate).** Que tiene dos ocelos o dos manchas como ocelos. (Lat. **bis,** dos veces; **ocellum,** ojillo.)

biocenología **(biocoenology).** Parte de la biología que estudia las comunidades orgánicas naturales o biocenosis. Gr. **bios,** vida; **koinos,** repartir, compartir; **logos,** discurso.) *Adj.* ***biocenólogo.***

biocenosis **(biocoenosis).** Conjunto de organismos que habitan un biotopo o una unidad del ambiente. // Mutualismo entre plantas y animales. // Comunidad animal. (Gr. **bios** vida; **koinoo,** reunir; **-osis,** condición o estado.) *Adj.* ***biocenótico.***

biociclo **(biocycle).** Una de las tres divisiones primarias de la biosfera marina dulciacuícola y terrestre. (Gr. **bios,** vida; **kyklos,** círculo.)

biocinética **(biocinetic).** La ciencia que estudia el movimiento de los seres vivos. (Gr. **bios,** vida; **kinetika,** movimiento.)

biocito **(biocyte).** Una célula viva en general. (Gr. **bios,** vida· **kytos,** célula.)

bioclima **(bioclime).** Cada uno de los tipos de clima que se establecen atendiendo al complejo de factores que afectan el desarrollo de los organismos. (Gr. **bios,** vida;+**clima,** q.v.)

biocoloide **(biocoloid).** Coloides de la materia viviente. (Gr. **bios,** vida;+**coloide,** q.v.)

bióc oro **(biocore).** Región biológica determinada por los organismos que la pueblan. Ej. Orilla de mar. (Gr. **bios,** vida; **choros,** lugar.)

biocromo **(biocrome).** Cualquier pigmento colorante de origen animal o vegetal. (Gr. **bios,** vida; **chroma,** color.)

biodemografía **(biodemography).** La ciencia que trata de la integración de la ecología con la genética de poblaciones. (Gr. **bios,** vida; **demos,** pueblo; **graphein,** escribir.)

biodinámica* **(biodynamic).** La ciencia o doctrina que estudia los fenómenos vitales activos de los organismos. (Gr. **bios,** vida; **dynamis,** fuerza.)

bioecología **(bioecology).** La ecología de las plantas y de los animales en su conjunto. (Gr. **bios,** vida;+**ecologia,** q.v.)

bioelectricidad **(bioelectricity).** Electricidad considerada como un fenómeno general de las actividades vitales en donde intervengan iones. (Gr. **bios,** vida;+**electricidad.)**

bioelemento* **(bioelement).** Cualquiera de los elementos químicos que son indispensables para el desarrollo normal de un organismo. (Gr. **bios,** vida;+**elemento.)**

bioenergética (bioenergetics). El estudio de las transformaciones de la energía en los organismos. (Gr. **bios**, vida;+**energética**, q.v.)

bioensayo (bioessay). El uso de organismos vivos para determinar la cantidad de una substancia presente. (Gr. **bios**, vida;+**ensayo**.)

bioética (bioethics). Una disciplina que, según van Rensselaer Potter, sería "el puente que pudiera unir la cultura de la ciencia con la cultura de las humanidades". (Gr. **bios**, vida; **etikos**, conducta, moral, carácter.)

biófago (biophagous). Que se nutre de organismos vivos. (Gr. **bios**, vida; **phagein**, comer.)

biófilo (biophilous). Que vive sobre materia viviente. (**bios**, vida; **philos**, amigo.)

biofísica (biophysics). Aplicación de la física al estudio de los fenómenos vitales. (Gr. **bios**, vida;+**física**.)

bioflavonoides (bioflavonoides). Previamente la vitamina P. // Compuestos hallados en varios organismos, que mantienen la permeabilidad de los capilares. (Gr. **bios**, vida; lat. **flavus**, amarillo; gr. **eidos**, forma.)

bióforo (biophore). Según Weismann, cada uno de los grupos moleculares que constituyen el soporte de la vida. Una unidad hipotética. (Gr. **bios**, **phoros**, portador.)

biofotogénesis (biophotogenesis). La producción de luz por un organismo viviente. (Gr. **bios**, vida; **photos**, luz; **genesis**, producción.)

biogén (biogene). Una unidad hipotética o molécula grande, precursora del *bios* o materia orgánica. (Gr. **bios**, vida; **genos**, descendiente.)

biogénesis (biogenesis). Teoría que sostiene la procedencia de los organismos de otros seres vivos semejantes. De ahí el aforismo *(Omne vivo ex vivo)*. (Gr. **bios** vida; **génesis**, origen.)

biogenético* (biogenetic). Lo relativo a la biogénesis. // La "ley" biogenética fundamental que afirma que la "ontogenia recapitula la filogenia". (Gr. **bios**, vida; **genesis**, origen.)

biogenia (biogeny). La ciencia que estudia la evolución de los organismos, abarcando la ontogenia y la filogenia. (Gr. **bios**, vida; **genos**, descendencia.)

biógeno (biogenous). Se dice del parásito que habita el interior de un organismo. // Producido por la acción de seres vivos. // *Bioplasma*. (Gr. **bios**, vida; **genos**, descendencia.)

biogeografía* (biogeography). Estudio de la distribución geográfica de los organismos, así como de las causas que la han producido. (Gr. **bios**, vida; + **organismo**.)

biogeoquímica (biogeochemistry). El estudio de la distribución de los elementos presentes en los organismos e interacción con el ambiente. (Gr. **bios**, vida; **ge**, la tierra; **chemeia**, transmutación.)

biólisis (biolysis). La descomposición de la materia viviente por la actividad de organismos vivientes. (Gr. **bios**, vida; **lysis**, desintegración.) *Adj.* ***biolítico.***

biolito (biolith). Acumulación orgánica en los sedimentos, que pueden ser combustibles, como los carbones, y no combustibles, como los calcáreos. (Gr. **bios**, vida; **lithos**, piedra.)

biología* (biology). La ciencia de la vida. / En sentido general, según Treviranus, todos los conocimientos sobre los organismos vivientes. // En sentido restringido (Lamarck), la teoría sobre la vida o los principios generales que gobiernan las actividades de todos los organismos. (Gr. **bios**, vida; **logos**, discurso.) *Adj.* ***biológico.*** // ***b. animal,*** la que estudia los fenómenos y las manifestaciones de la vida de los animales. // ***b. isleña,*** descripción de la fauna y de la flora de las islas, bien sean éstas continentales u oceánicas. // ***b. molecular,*** el aspecto de la biología que trata de las propiedades últimas, físicas y químicas, de los seres vivientes. // ***b. poblacional,*** el estudio de los patrones de relación de los organismos en el espacio v en el tiempo. *Adj.* ***biológico.***

biologista (biologista). V. *biólogo.*

biólogo* (biologist). El versado en la biología y si en especial se dedica a sus investigaciones (Gr. **bios**, vida; **logos**, tratado.)

bioluminescencia* (bioluminescence). La emisión de luz por seres vivos; peces, moluscos, crustáceos, insectos, mirápodos, protozoos, bacterias, etc. (Gr. **bios**, vida; + **luminescencia**.)

bioma (biome). Una comunidad biótica compleja y extensa, de uniformidad fisionómica, que ha llegado a su clímax. (Gr. **bios**, vida; **-oma**, generalización de un concepto.)

biomasa (biomass). Masa vital, la cantidad de la substancia viviente en una fase de la cadena alimenticia. La cantidad total de material viviente en un área. // El número total de miembros de una especie en un área. (Gr. **bios**, vida; + **masa**.)

biomecánica (biomecanic). Mecánica biológica o estudio de las fuerzas mecánicas en los organismos vivos. (Gr. **bios**, vida; + **mecánica**.)

biometeorología (biometeorology). El estudio de los efectos atmosféricos en los organismos. (Gr. **bios**, vida; + **metereología**.)

biometría (biometry). La aplicación de la estadística al estudio de los fenómenos vitales o biología cuantitativa. (Gr. **bios**, vida; **metron**, medida.) *Adj.* ***biométrico.***

biomineralogía (biomineralogy). Estudio de la formación de cálculos en los órganos humanos. (Gr.**bios**, vida; + **mineralogía**.)

biomio (biome). V. *bioma.*

bión (bion). El individuo considerado fisiológicamente en oposición al *metrón* o individuo morfológico.(Gr. **bios**, vida.)

bionergía (bionergy). Fuerza vital. (Gr. **bios**, vida; + **energía**, q.v.)

biónica (bionic). La ciencia que estudia los fenómenos vitales en su aplicación a la electrónica y a otros aspectos de la física y la ingeniería. (Gr. **bios**, vida; **-onica**, de electrónica.)

bionomía (bionomy). La ciencia de las leyes de la vida, que viene a ser la biología en el sentido lamarckiano. // *Ecología* y, en especial, la ecología esperimental. (Gr. **bios**, vida; **nomos**, ley.)

bionómica (bionomics).=*Autecología.* (Gr. **bios**, vida; **nomos**, ley.)

bionosis (bionosis). Cualquier enfermedad producida por agentes vivientes. (Gr. **bios**, vida; **-osis**, condición.)

bionte (biont). Un ser viviente. (Gr. **bios**, vida; **-onte**, el ser.). *Adj.* ***bióntico.***

biontología (biontology). Biología en el sentido más amplio. (Gr. **bios**, vida; **onto**, ser; **logos**, discurso.)

bioplasma (bioplasm). La parte esencial del protoplasma, es decir: excluyendo los corpúsculos o inclusiones no vivientes. (Gr. **bios**, vida; **plasma**, formación.) *Adj.* ***bioplasmático.***

bioplasto (bioplast). Una porción diminuta de protoplasma capaz de reproducirse. // Una célula viva. (Gr. **bios**, vida; **plastos**, modelado.) *Adj.* ***bioplástico.***

biopsia* (biopsy). Examen de tejidos removidos del cuerpo vivo, especialmente en la investigación de tumores. (Gr. **bios**, vida; **opsis**, ver.)

biopoyesis (biopoiesis). El origen de la vida. (Gr. **bios**, vida.)

bioquímica* (biochemistry). El estudio químico de los seres vivos. (Gr. **bios**, vida; + **química**.) *Adj.* ***bioquímico*.***

biórgano (biorgan). El órgano tomado como parte orgánica dotada de una función. (Font Quer.) V. *idórgano.* (Gr. **bios**, vida; + **órgano**.)

bios (bios). Lo viviente. // Una mezcla de vitaminas. // El complejo B. (Gr. **bios**, vida.)

biosa (biose). Un azúcar disacárido. // Un glúcido. (Gr. **bios**, vida.)

bioserie (**bioserie**). Una sucesión de cambios en un rasgo heredable. (Gr. **bios**, vida; lat. **series**, hilera.)

biosfera (**biosphere**). La parte de la Tierra que contiene los organismos vivientes (Gr. **bios**, vida; **sphaira**, esfera.)

biosis (**biosis**). La manera de vivir. // Vitalidad. Usase como sufijo. (Gr. **bios**, vida; **-osis**, estado de una cosa.) *Adj.* ***biótico.***

biosistema (**biosistem**). *Ecosistema*, vocablo éste mejor aceptado. (Gr. **bios**, vida; + **sistema.**)

biosistemática (**biosistematic**). *Taxonomía y nomenclatura de los seres vivientes. (Gr.* **bios**, vida; + **sistemática.**)

biosociología (**biosociology**). La parte de la biología que estudia las asociaciones de los seres vivientes. (Gr. bios, vida; + **sociología.**)

biosoma (**biosoma**). Cualquier unidad estructural y funcional del citoplasma: mitocondrios, ribosomas, etc. (Gr. **bios**, vida; **stoma**, cuerpo.)

biosonar (**biosonar**) Sistema de ondas ultrasónicas por medio del cual se guían ciertos animales (**murciélagos, guácharos, etc.**). (Gr. **bios**, vida; + **sonar.**)

biostática (**biostatic**). El estudio de la morfología y de los cuerpos vivientes en relación con sus funciones. (Gr. **bios**, vida; **statos**, estática.)

biota (**biota**). El conjunto de organismos vivientes de una región o localidad. (Gr. **biote**, naturaleza.)

biotaxis (**biotaxis**). El poder selectivo de los organismos vivientes. // La clasificación sistemática de los organismos. (Gr. **bios**, vida; **taxis**, arreglo orden.

biotecnia (**biotechnics.**). La utilización de los animales y plantas. (Gr. **bios**, vida; **techne**, arte, técnica.)

bioterapia (**bioterapy**). Método terapéutico que utiliza cultivos de organismos vivos o productos orgánicos. (Gr. **bios**, vida; + **terapia.**)

biótica (**biotic**). La suma de los conocimientos relativos a las funciones y cualidades de los organismos. (Gr. **bios**, **vida.**)

biótico (**biotic**). Lo perteneciente a los organismos vivos. (Gr. **bios**, vida.)

biotina (**biotin**). Un factor de crecimiento previamente llamado vitamina H, que forma parte del complejo B. (Gr. **bios**, vida.)

biotipo* (**biotype**). Conjunto de fenotipos que tienen el mismo genotipo. // El tipo de una especie taxonómica. (Gr. **bios**, vida; **typos**, patrón.)

biotipología (**biotipology**). Ciencia que estudia los diversos tipos o categorías de la especie humana. (Gr. **bios**, vida; **typos**, patrón; **logos**, discurso.)

biotomía (**biotomy**). *Vivisección.* Disección de animales vivos. (Gr. **bios**, vida; **tome**, un corte.)

biótono (**biotonous**). El estado de un organismo apreciado por la relación entre la asimilación y desasimilación. (Gr. **bios**, vida; **tonos**, tenso.)

biotopo (**biotope**). Unidad ambiental con características propias. (Gr. **bios**, vida; **topos**, lugar.)

biotoxina (**biotoxine**). Toxina formada en organismos vivos. (Gr. **bios**, **vida**; + **toxina.**)

biotrofía (**biothrophic**). Condición relativa a los parásitos biótrofos. (Font Quer.) (Gr. **bios**, vida; **trophe**, nutrición.)

biótrofo (**biothophe**). Parásito que se alimenta de las células vivas del hospedante. (Gr. **bios**, vida; **trophe**, alimentación.)

biparietal (**biparietal**). Que está conectado con dos eminencias parietales. (Lat. **bis**, dos; **paries**, pared.)

bíparo (**biparous**). Que tiene dos hijos al mismo tiempo. *Dicótomo.* (Lat. **bis**, dos veces; **parere**, parir.)

bipartición* (**bipartition**). División celular por la que por mitosis se producen dos células de igual tamaño. (Lat. **bis**, dos veces; **partitus**, dividido.)

bipectinado (**bipectinate**). Que tiene ambos bordes provistos de dientes. (Lat. **bis**, dos veces; **pecten**, peine.)

bípede*. V. *bípedo.*

bípedo* (**biped**), **adj.**, **sust.** Se aplica a los animales con dos pies. (Lat. **bis**, dos veces; **pes**, pie.)

bipennado (**bipennate**). Que es penniforme por dos lados. (Lat. **bis**, dos; **penna**, pluma.) *Bipenniforme.*

bipinnaria (**bipinnaria**). Un estado larval en los asteroideos con bandas ciliadas lobuladas. (Lat. **bis**, dos veces; **pinna**, aleta.)

biplano (**biplane**). Que tiene dos superficies planas. V. *vértebras anfiplanas* o *acélicas.*

biplegado (**biplicate**). Que tiene dos pliegues. (Lat. **bis**, dos veces; **plicare**, plegar.)

bipocillo (**bipocillus**). Una microsclera con eje encorvado y terminaciones en forma de copilla. (Lat. **bis**, dos veces; **pocillum**, tacilla.)

bipolaridad (**bipolary**). La condición de tener dos procesos polares o dos polos distintos en los huevos. // La presencia de especies similares en ambas regiones polares de la Tierra. (Lat. **bis**, dos veces; **polus**, polo.) *Adj.* ***bipolar*.***

bíporo (**biporus**). Que tiene dos poros. (Lat. **biporus.**)

biporoso (**biporous**). *Bíporo.*

biquir. V. *bichir.*

birradiado (**biradiate**). Que tiene dos rayos. (Lat. **bis**, dos veces, **radius**, radio.)

birrámeo (**birramous**). *Birramoso.* Formado por dos ramas. (Lat **bi**, dos; **ramus**, rama.)

birrostre (**birostrate**). Provisto de dos procesos en forma de pico. (Lat. **bis**, dos; **rostrum**, pico.)

bispita (**pipit**). Nombre común de varias especies de aves europeas paseriformes de la familia *Motacillidae*, género *Anthus* (**Anthus campestris.**)

biseptado (**biseptate**). Con dos tabiques. (Lat. **bis**, dos; + **tabique.**)

biseriado (**biseriate**). *Biserial.* Dispuesto en dos filas. (Neolat. **biseriatus.**) (Lat. **bis**, dos; **series**, serie.)

biserrado (**biserrate**). Que tiene los bordes con dientes que, a su vez, son denticulados. (Lat. bis, dos; **serratus**, aserrado.)

bisexual* (**bisexed**). *Hermafrodita.* Que tiene los dos sexos. (Lat. **bis**, dos; **sexus**, sexo.)

bisimétrico (**bisimetric**). Simétrico con respecto a dos planos. (Neolat. **bisymmetricum.**)

biso* (**byssus**). Penacho de filamentos fuertes secretados por glándulas situadas en el pie de ciertos moluscos bivalvos, como los mejillones. (Gr. **byssos**, lienzo de hebras muy finas.) *Adj.* ***bisífero, bisógeno, bisoide.***

bisonte* (**wisent**, **bison**). Especie de bovino salvaje de Europa y América del Norte. La especie americana ha recibido el nombre de *búfalo* (**Bison bison**) y pululaba en las praderas por millones en tiempos de la conquista, ahora están reducido a algunos millares en parques de Canadá y Estados Unidos. El bisonte europeo (**Bison bonasus**). recibe el nombre de *wisent*, q.v. (Lat. **bison**, toro salvaje.)

bisulco* (**bisulcate**). De pezuñas partidas. (Lat. **bis**, dos; **sulcus**, surco).

biteca (**bitheca**). Una teca de las graptolitas. (Lat. **bis**, dos; **theca**, cápsula).

bitemporal (**bitemporal**). Relativo a los dos huesos temporales. (Lat. bis, dos; + **temporal**, q.v.)

bivalente (**bivalent**). Aplíquese a los cromosomas homólogos. (Lat. **bivalentis.**)

bivalvo* (**bivalve**). Provisto de dos valvas. // Molusco de la clase *Bivalvia.* (Lat. **bis**, dos; + **valva.**)

Bivalvia. Una clase de moluscos acuáticos, también llamada *Pelecypoda* y *Lamellibranchia*, que comprende las ostras, almejas, etc. La concha es de dos piezas, el pie usualmente afilado, la rádula está ausente, carecen de cabeza definida y las branquias son generalmente laminares. (Lat. **bis**, dos; **valva**, puerta.)

biventral (**biventral**). Se aplica a los músculos con dos vientres. V. *digástrico.* // (*Lat.* **bis**, dos, **venter**, vientre.)

bivio (**bivium**). Los dos rayos de una estrella de mar (o las dos bandas ambulacrales) entre los que se encuentra la madreporita. (Lat. **bivium**, punto de divergencia de dos caminos.)

bivoltino (**bivoltine**). Que tiene dos crías al año. (Lat. **bis**, dos; ital. **volta**, tiempo.)

biyugado (**bijugate**). En dos pares. (Lat. **bis**, dos; **jugum**, par.)

biza* (**stripped tunny**). El pez llamado *bonito*, q.v.

Black, Davidson. Médico norteamericano. Dio a conocer el hombre fósil de Pekín, que denominó *Homo pekinensis.*

Blainville, Herny, María Ducrotay de. Zoólogo francés. Renombrado malacólogo y estudioso de la anatomía comparada. (1777-1850)

Blakesle, A.F. Geneticista norteamericano. Descubrió la inducción artificial de la poliploidía usando la colchicina. (1874)

Blandin, P.F. Cirujano francés. V. *glándulas de Blandín.*

blanquillo* (**ocean whitefish**). Pez marino del Atlántico occidental del orden *Perciformes*, familia *Latilidae* (**Branchiostegidae**).

blasto- (**blasto-**). (Del gr. **blastos**, formación, germen, vástago, brote, yema.) Se emplea en voces que implican lo que brota o germina.

blastea (**blastea**). Un antepasado hipotético de los celenterados, formado por una gastrulación de invaginación. (Gr. **blastos**, yema, brote.)

blastelasma (**blastelasma**). Cualquier capa germinal formada después del epiblasto y el hipoblasto. (Gr. **blastos**, yema; **elasma**, placa.)

blastema* (**blastem**). La sustancia formativa en un huevo. // El primordio o embrión de un órgano. // Materia viscosa interpuesta entre los tejidos, capaz de organizarse en células conjuntivas. (Gr. blastema, germen.) *Adj.* ***blastemático, blastémico.***

blástico (**blastic**). Lo relativo a la germinación. // Tejido embrionario. // Lo que estimula el crecimiento por división celular. (Gr. **blastikos**, germinar hacia arriba.)

blastocelo (**blastocoele**). La cavidad de segmentación o de la blástula. (Gr. **blastos**, brote; **koilos**, cavidad.)

blastócero (**marsh deer**). Un mamífero de la familia *Cervidae* de la América del Sur, parecido a los corzos (**Blastocerus dichotomus**). (Gr. **blastos**, brote; **kerkos**, cuerno.)

blastocinesis (**blastokinesis**). Movimiento de rotación del embrión en el huevo, especialmente en el de los insectos. (Gr. **blastos**, brote; **kinesis**, movimiento.

blastocisto (**blastocyst**). Estado en el desarrollo del mamífero que es equivalente aproximadamente al de blástula. (Gr. **blastos**, yema; **kystis**, quiste.) // El embrión de los mamíferos en el momento de su implantación en la pared interna. (Gr. **blastos**, brote; **kystis**, vínculo.)

blastocito (**blastocyte**). V. *blastómero.*

blastocono (**blastocone**). Una célula grande en la segmentación de ciertos huevos (Gr. **blastos**, brote; **konos**, cono.)

blastoderma*. V. *blastodermo.*

blastodermo* (**blastoderm**). El disco germinal. // Una hoja germinal. (Gr. **blastos**, yema; **derma**, piel.)

blastodisco (**blastodisc**). Area germinal o disco germinativo de la yema de los huevos, que habrá de dar origen al embrión. *Cicatrícula.* (Gr. **blastos**, yema, **diskos**, platillo.)

blastóforo (**blastophore**). El origen de la plúmula. // El cuerpo reproductivo en los alcionarios. // Parte central del espermatocito en los oligoquetos. (Gr. **blastos**, brote, **phoreus**, portador.)

blastogén (**blastogen**). V. *plasmagén.*

blastogénesis (**blastogenesis**). Génesis de las yemas. // Transmisión de caracteres que se heredan por el plasma germinal solamente. (Gr. **blastos**, yema; **genesis**, origen.) *Adj.* ***blastogenético.***

blastogénico (**blastogenic**). Que se origina por cambios en el plasma germinal. (Gr. **blastos**, yema; **genos**, origen.)

Blastoidea. Una clase de Echinodermata Pelmatozoa, de cáliz en forma de yema o botón. Fósiles desde el Ordoviciano al Devoniano. (Gr. **blastos**, botón; **oides**, parecido.)

blastoideo (**blastoid**). Que pertenece a la clase *Blastoidea*, q.v.

blastómero (**blastomere**). Una de las primeras células formadas por la división del huevo o cigoto. (Gr. **blastos**, germen; **meros**, parte.)

blastoneuróporo (**blastoneuropore**). Un pasaje que comunica temporalmente el blastóporo con el neuróporo. (Gr. **blastos**, yema; **neuron**, nervio; **poros**, canal.)

Blastophaga. Un género de himonópteros de la familia *Chalcidae*, algunas de cuyas especies son agentes principales en la fecundación de las higueras. (Gr. **blastos**, yema; **phago**, comer.)

blastóporo (**blastopore**). La abertura en forma de boca o canal de la gástrula. (Gr. **blastos**, yema; **poros**, canal.)

blastoquemo (**blastocheme**). El individuo reproductor de ciertas medusas. (Gr. **blastos**, yema; **ochema**, vaso.)

blastoquilo (**blastochyle**). El fluido dentro del blastocelo o cavidad de segmentación. (Gr. **blastos**, yema; **chylos**, jugo.)

blastosfera (**blastosphere**). V. *blástula.*

blastostilo (**blastostyle**). Zooide de forma columnar de los hidrozoos que lleva los gonóforos. (Gr. **blastos**, yema; **stylos**, pilar.)

blastovariación (**blastovariation**). Variación hereditaria, *mutación.* (Gr. **blastos**, yema; **variación**, q.v.)

blastotomía (**blastotomy**). La separación de los blastómeros durante los primeros estados de la embriogénesis. (Gr. **blastos**, yema; **tomé**, corte.)

blastozoito (**blastozoite**). Un individuo producido por gemación. (Gr. **blastos**, yema; **zoon**, animal; **-ito**, dimin.)

blastozooide (**blastozooid**). En los tunicados, los individuos formados por yemas del estolón, que a veces funcionan como gastrozooides. // También hay individuos llamados blastozoides en colonias de celenterados. (Gr. **blastos**, yema; **zoon**, animal; **oides**, similar.)

blástula (**blastula**). Fase primitiva de un embrión que consiste generalmente en una esfera hueca con paredes celulares. (Gr. **blastos**, germen.)

blastulación (**blastulation**). La formación de la blástula. (Gr. **blastos**, germen.)

blata (**cockroach**). Cucaracha, q.v.

Blattaria. Un grupo de insectos del período Permiano muy cercano a las cucarachas actuales. (Lat. **blatta**, cucaracha.)

Blattoidea. Un superorden de insectos de la subclase *Pterigota* que comprende los órdenes *Mantoidea, Blattaria, Isoptera* y *Zoraptera.* (Lat. **blatta**, cucaracha.)

blauboc (**blaubok**). Un antílope extinto del grupo *Orygine* que habitó en la antigua colonia del Cabo (**Hippotragus leucophaeus**).

blefar- (**blepharo-**). (Gr. **blepharis** cilio o pestaña, **blepharon**, párpado.)

blefariplasto (**blephariplast**). V. *blefaroplasto.*

blefaritis* (**blepharitis**). Inflamación de los párpados. (Gr. **blepharon**, párpado; **-itis**, sufijo que indica enfermedad.)

blefaroplastia (**blepharoplasty**). Restauración del párpado por métodos quirúrgicos. (Gr. **blepharon**, párpado; **plasse**, formar.)

blefaroblasto (**blepharoplast**). V. *blefaroplasto.*

blefaroplasto (**blepharoplast**). El gránulo basal en el citoplasma, relacionado con los orgánulos motores, como los cilios y flagelos. (**blepharis**, pestaña; **plastos**, moldeado.) *Adj.* ***blefaroplástico.***

blen-. (Del griego **blennos**, descarga mucosa.)

blenia (blenny). Cualquier especie de pez del orden *Blenniformes* o yugulares. (Gr. **blennos**, mocoso.)

Blenniformes. Un nombre alternativo para los peces llamados yugulares, por la posesión anterior o yugular de las aletas pélvicas. (Gr. **blennos**, mucoso.)

blenoide (blennoid). Que parece mucus. (Gr. **blennos**, mucoso.)

blesboc (blesbok). Un antílope del sur de Africa que solo se encuentra ahora en los parques nacionales (**Dammaliscus albifrons**).

blesmol (blesmol). Roedor africano de hábitos cavadores, de la familia *Bathyerigidae* (**Bathyergos maritimus**).

Bloch, N. Descubrió las reacciones de la enzima *dopa* en los melanoblastos. (1917)

boa* (boa). Nombre colectivo aplicado a muchas serpientes constrictoras de la familia *Boidae*, principalmente de la región Netropical. V. *anaconda, majá, culebrón.* // El boa, por antonomasia, es la especie común de la América tropical (**Constrictor constrictor**).

boba (booby). Nombre dado a varias especies de aves de Puerto Rico que pertenecen a la familia *Sulidae* (**Sula sula**). // Puerto Rico: serpiente común (**Alsophis**).

bobac (bobac). Especie de marmota, roedor del orden *Rodentia*, familia *Sciuridae*, de Polonia, Hungría, sur de Rusia y Asia (**Marmota bobak**).

bobito (Puerto Rican Wood Pewee). Puerto Rico y Cuba: nombre dado a un ave del orden *Passeriformes*, familia *Tyrannidae* (**Contopus latirostris blancoi**).

boca* (mouth). La abertura anterior del tubo digestivo en la mayoría de los animales. // La cavidad bucal. // Las mejillas y otras partes que determinan la cavidad bucal. (Lat. **bucca**, mejilla, cavidad bucal.) // ***b. ambulacral***, la armadura bucal formada por osículos ambulacrales en los asterioideos.

bocado de Adán (Adam's apple). V. *nuez de Adán.*

bocadulce* (smooth dogfish). Cuba: especie de tiburón de dientes pequeños y cola larga (**Mustelus canis**).

bocante* (fry of sardine). Cría de la sardina.

bocina* (trumpet). La *caracola.* Caracol marino de gran tamaño que soplando en él produce un sonido como una trompeta. Se aplica en especial a los del género *Septa.* También lo llaman en las Antillas *guamo* y *fotuto.*

bocio* (goiter). Engrosamiento de la glándula tiroides. // ***b. lingual***, hipertrofia de los pequeños restos de tejido tiroideo que han quedado englobados en la lengua. // ***b. simple***, condición patológica humana debida a una hiposecreción de la glándula tiroides, casi siempre acompañada de una hipertrofia de la misma. // ***b. exoftálmico***, condición debida a hipersecreción de la tiroides caracterizada por una protrusión de los ojos.

bocón (Cuban anchovy). Cuba: nombre dado a varias especies de anchoas, peces marinos del orden *Clupleiformes*, familia *Engraulidae* (**Anchoa cubana**).

bofe (lung). *Pulmón.* (Onomat. de buf.)

boga* (white grunt). Cuba: pez marino comestible del orden *Perciformes*, familia *Pomadasyidae* (**Haemulum striatum**). // Pez marino de la familia *Coryphaenidae* que vive en los mares de Europa meridional (**Inesmia virtuta**).

bogovante* (lobster). Crustáceo decápodo macruro de la familia *Homaridae* de los mares europeos, parecidos a la langosta, pero con muelas en el primer par de patas (**Homarus gammarus**). La especie americana es *H. americanus*. También *crabajo.* (De **bogar.**)

bohor (redbuck). Antílope que vive en el Africa tropical, al norte de Zambezi. (**Redunca redunca**).

boiquira (rattle snake). Uno de los nombres de la serpiente cascabel.

Bojanus, L.H. Zoólogo francés (1776-1827). V. *órgano de Bojanus.*

boletoide (boletoid). Que tiene forma de boleto o seta. (Lat. **boletus**, un hongo.)

bolonchaco (spotted wood quail). Méx.: especie de codorniz, ave del orden *Galliformes*, familia *Phasianidae.*

bolsa* (pouch). Bolso, Saco o cápsula, como las bolsas sinoviales de las articulaciones. (Lat. **bursa**, bolsa.) Ver también *bursa y saco.* // ***b. arquentérica***, cada uno de los dos sacos situados en el extremo anterior del arquenterio, que originan la cavidad preoral; // ***b. bucal***, v. *abazón;* // ***b. celómica***, cada uno del par de sacos embrionarios que se forman como evaginaciones del endodermo en ciertos cordados. // ***b. copulatriz***, especie de vagina de algunos insectos. // especie de saco en donde se alojan las espículas copuladoras de algunos nematodos. // ***b. del cirro***, órgano en el que confluyen los conductos deferentes del aparato sexual de los trematodos y de los cestodos; // ***b. gástrica***, cada una de las cuatro divisiones de la cavidad gastrovascular de los pólipos de los escifozoos. // ***b. de la tinta***, saco situado en el tramo terminal del intestino de los cefalópodos dibranquios que secreta una substancia destinada a enturbiar el agua y es usada con fines defensivos y ofensivos. // ***b. de los espermatóforos***, saco o bolsa de Needham en donde se alojan los espermatóforos de algunos cefalópodos. // ***b. de Luschka***, bolsa faríngea de los niños. // ***b. de Seessel***, una depresión, de función desconocida, que aparece en la parte dorsal de la boca durante el desarrollo embrionario de los vertebrados. // ***b. heterocélica***, somito mesodérmico que brota a cada lado del arquenterio de Amphioxus. // ***b. escrotal***, saco que, para contener los testículos, se forma durante el desarrollo embrionario, los que se fusionan y quedan separados por el *septum scroti* o tabique escrotal. // ***b. espiracular***, saco embrionario originado de las bolsas branquiales a ambos lados de la faringe en los vertebrados terrestres. // ***b. estercoral***, ciego rectal de muchos arácnidos; ***b. genital, b. escrotal, b. gular***, saco en la garganta de las aves del orden *Pelecaniformes.* // ***b. hiomandibular***, invaginación en cada lado de la faringe embrionaria de los vertebrados, entre el primer y segundo arco branquial. // ***b. incubatriz***, saco en donde los huevos se incuban en los machos de peces *Syngnathiformes.* // Bolsa en la piel de ciertos anfibios. // Espacio bajo el carapacho de ciertos crustáceos (**Daphnia**) formado por piezas llamadas *ostegitos*, unidas en los apéndices. // ***b. marsupial***, saco en el vientre de los mamíferos marsupiales en donde se encuentran las mamas y en la que se desarrolla el *feto suctor*, que está sostenido por los huesos marsupiales o epipúbicos y también se llama *marsupio.* // ***b. mesodérmica***, saco del mesodermo dispuestos segmentariamente a cada lado del notocordio en el embrión de los vertebrados. // ***b. omental***, saco celómico situado por detrás del estómago, epiplón menor y el hígado. // ***b. pituitaria***, especie de saco en el fondo del órgano olfatorio de los peces ciclóstomos que se pone en contacto con el infundíbulo y forma la adenohipófisis. // ***b. sinovial***, bolsa o saco de tejido conjuntivo lleno de sinovia que rodea las dos extremidades articulares de los huesos largos.

bolo (bolus). Porción de alimento masticado e insalivado que, después de la deglución, es arrastrado por la peritalsis a lo largo del canal alimenticio. // Animal sin cola. (Gr. **bolos**, bulto, borujo.)

bomba espermática (sperm pump). Organo que empuja la esperma en el pene de ciertos insectos.

bombita (pompetta). =*Bomba espermática.*

bonasa (grouse). Nombre común aplicado a un grupo de aves del orden *Galliformes* familia *Tetraonidae* que viven en Europa y América del Norte.

bonací. V. *bonasí.*

bonasí* (black grouper). *Bonací.* Cuba, Puerto Rico: pez antillano del orden *Perciformes*, familia *Serranidae*, que puede producir ciguatera (**Mycteroperca bonaci**). (Voz indígena. H.A.)

boneleína (bonellein). Pigmento de las hembras de los equiuroideos del género *Bonellia* que inhibe el desarrollo larval de los individuos en contacto y los transforma en machos.

Bonet, Charles. Filósofo y naturalista suizo. Descubrió la partenogénesis en los áfidos y publicó estudios sobre metamorfosis y la teoría de la preformación. (1720-1793)

bonete* **(reticulum).** El segundo compartimento del llamado estómago en los rumiantes, llamado también *redecilla* o *retículo.* **(Fr. bonet, del lat. abonnis.)**

bongo* **(bongo).** Antílope africano de pelaje rayado de blanco **(Taurotragus eurycerus.)**

bonitalo* **(bonito fish).** El pez llamado *bonito*, q.v.

bonito* **(bonito).** Nombre general que se aplica en diversos países a varias especies de peces marinos comestibles y bellos del orden *Thunniformes,* familia *Thunnidae,* entre ellos a *Sarda sarda* y *Katsuwomus pelamis.* El nombre de *albacora,* q.v., se intercambia frecuentemente con el de *bonito.*

bonobo **(pigmy chimpanzee).** El chimpancé enano, que habita al sur del Congo **(Pan troglodytes paniscus).**

bonteboc **(bontebok).** Un antílope africano del grupo de los *hartebeest*, de la región del Cabo **(Damaliscus pygargus).**

bontecuaga **(botequagga).** Se aplica a las cebras de los llanos del Africa del sur y del este, del grupo de la extinta quagga **(Equus quagga).**

boquerón* **(anchovy).** Pez marino comestible de la familia *Engraulidae* que es muy común en el Mediterráneo, cuya boca está hundida hasta más atrás de los ojos **(Engraulis** *ercrasicholus). //* Cuba: varias especies de peces del orden *Perciformes,* familia *Carangidae,* género *Seriola.* (Lat. **boa,** culebra.)

boquidulce **(sevengill shark).** España: especie de tiburón provisto de siete aberturas branquiales. **(Heptranchias perlo).**

boquineto **(harelipped).** Dícese de la persona que tiene labios leporinos, q.v.

borborigmo **(borborygmus).** Ruido producido por los gases intestinales. (Gr. **borborygmios,** ruido en los intestinos.)

borde precontinental **(precontinental edge).** El límite entre el precontinente y la llanura oceánica en la topografía submarina.

boreal* **(boreal).** Perteneciente al Norte. // Región biogeográfica del Hemisferio Norte. Para algunos solamente la región neártica. (Lat. **borealis.**)

borealpino **(borealpine).** Relativo a la disyunción entre las zonas glaciales y templadas como consecuencia del retroceso de las glaciaciones, dando lugar a que especies de orígenes distintos se movieran a las altas montañas, como los Alpes o a las regiones de altas latitudes. (Gr. **boreas,** el Norte; **Alpes.**)

boricua **(marbled grouper).** Puerto Rico: pez marino del orden *Perciformes,* familia *Serranidae* **(Dermatolepis inermis).**

Born, G. Logró realizar injertos heteroplásticos en embriones de ranas (1897).

borní* **(lanner).** Ave rapaz del sur de Europa. Orden *Falconiformes,* familia *Falconidae* **(Falco biarmicus).** (AR. **burni,** halcón.)

boroché* **(maned wolf).** Boliv.: el aguaraguazú o "lobo" rojo de América meridional **(Chrysocyon brachyurus).**

bororo **(ankole cattle).** Ganado vacuno del Africa cuyos cuernos son de grandes dimensiones.

boroschi. V. *boroché.*

borra* **(underfur).** Pelaje corto, denso y fino cubierto por la capa de pelos largos en los mamíferos. (Lat. **burra.**)

borregada* **(flock of sheeps).** Rebaño de borregos o corderos.

borrego* **(lamb).** Cordero de uno o dos años. *Adj.,* ***borreguil**** **(De borra.)**

borrico* **(ass).** El *asno. Adj.* ***borriqueño*, borriquero*.***

borro. *Borrego.*

borzoi **(borzoi).** Perro de caza llamado también *lobero* o *galgo ruso.*

boselafo. V. *nilgai,* antílope indio.

Botallo, L. Cirujano italiano. V. *conducto o agujero de Botal.*

botauro. **(bittern).** Grupo de aves del orden *Ciconiiformes,* familia *Ardeidae* que incluye las especies llamadas *ave toro* y *alcaraván.*

botete **(porcupine fish).** Otro nombre para el pez llamado también *tambor, puerco espín, guanábana,* etc. Orden *Tetraodontiformes,* familia *Diodontidae* **(Diodon hystrix).**

Bothriocephaloidea. V. *Pseudophyllidea.* Un orden de *Platelmintos,* de la clase *Cestoda,* que comprende una de las grandes tenias parásitas del hombre. (Gr. **bothros,** zanja; **kephale,** cabeza; **oides,** parecido.)

Bothriocidarida. Una subclase de *Echinoidea,* fósil en el Ordoviciano. (Gr. **bothros,** surco; **kidaris,** turbante; **-ida,** terminación de un taxón.)

botón* **(bouton).** Sinónimo de yema, brote. // Bulbo terminal de un axón. // Fleco terminal de la lígula en los himenópteros. (De **botar.**) // ***b. apendicular,*** protuberancia que aparece en determinado momento del embrión, a partir del mesénquima de donde comienzan a diferenciarse los músculos. Estas yemas penetran en los primordios de las aletas o miembros pares. // ***b. de Oriente,*** una ulceración de la piel producida por el protozoo mastigóforo *Leishmania tropica,* trasmitida por insectos dípteros del género *Phlebotomus.* // ***b. embrionario,*** masa celular en el trofoblasto en los mamíferos en donde se localiza la formación del embrión. // ***b. de medusa,*** protuberancia o brote en un hidrozoario que se desarrolla en una medusa natante. // ***b. osteogénico,*** pequeña masa de tejido embrionario, que da lugar a las células que forman los osteoblastos. // ***b. gustativos,*** o receptores del sentido del gusto, llamados también *papilas gustativas que, en los peces, están en la superficie del cuerpo, pero en la* mayoría de los vertebrados se encuentran en la cavidad oral, principalmente en la lengua. // ***b. muscular,*** V. *botón apendicular.*

botri- **(bothri-).** (Del gr. **botrys,** racimo; **bothros,** depresión, zanja.)

botridios **(bothridium);** *Botrio.* Expansiones laminares de los cestodos subdivididas en fositas, a veces pedunculadas, provistas de musculatura propia. (Gr. **bothros,** hoyo, zanja; **-idion,** dim.) *Adj.,* ***botrioide.***

botuliforme **(botuliform).** En forma de salchicha. // Células y estructuras de forma rolliza. (Lat. **botulus,** embutido.)

boutu **(bouto).** El delfín de los ríos Amazonas y Orinoco. Familia *Platanistidae.* **(Inia geoffroyensis).**

botuto* **(queen conch).** Trompa o corneta hecha con caracoles marinos grandes, como *Strombus gigas.* V. *fotuto* y *guamo.* (Voz **caribe.**)

bóveda*, bóveda craneana* **(cranial vault).** La parte superior del cráneo, formada por los huesos parietales, frontales, occipitales y temporales **(Calota craneana.)**

Boveri, Theodor. Geneticista italiano. Estableció en 1903, junto con W.S. Sutton, las bases citológicas de la segregación mendelina. También probó la necesidad de que exista un cromosoma de cada par para que se desarrolle el embrión. (1862-1915)

bóvido* **(bovid).** Un miembro de la familia *Bovidae*, mamífero rumiante de cuernos no caedizos, como los toros, los búfalos, los antílopes. Se llaman también *cavicornios.*

bovino* **(bovine).** Perteneciente al buey o a la vaca. Aplícase a los mamíferos de la familia *Bovidae,* de cuernos lisos, hocico ancho y desnudo y cola larga. (Gr. **boo, bos,** el buey.)

Bovoidea. Un suborden de mamíferos del orden *Artiodáctilos* que es el grupo dominante actualmente. Comprende toros, ovejas, cabras, cabras antílopes, búfalos, etc., que se caracterizan por tener las cuernas óseas recubiertas por un estuche córneo, que es el verdadero cuerno. También *Cavicornia.*

Bowditch, Henry P. Fisiólogo norteamericano. Descubrió la ley del todo o nada en la contracción muscular. (1840-1911)

Bowman, William. Histólogo inglés. Dio a conocer en 1842 la

estructura histológica del nefrón. V. cápsula de Bowman y *glándulas de Bowman.* (1816-1892)

boyada* (drove of oxen). Manada de bueyes. (Lat. **bos**, buey.)

boyal* (relating to cattle). Relativo a los bueyes. (**Bos**, buey.)

boyé* (boa). Especie de culebra sudamericana grande que se tiene en las plantaciones para matar alimañas (**Spilotes variabilis.**)

boyero*. En América del Sur, un ave *Passeriformes* de la familia *Ploceidae* que construye nidos muy grandes (**Schiplanus solitarius**). // (ruddy quail dove) Cuba: una de las palomas terrestres más comunes (**Geotrygon montana.**)

boyuno*. Lo relativo al buey.

Bozler, E. Demostró la naturaleza de la red nerviosa en los celenterados. (1927)

bracada (braccate). *Calzada.* Se aplica a los pies plumosos de las aves.

braceo* (to brace). Acción de bracear o mover los brazos. (Lat. **brachium**, brazo.)

brachia (brachia). Los dos brazos o estructuras enrrolladas en los braquiópodos. Es el plural de la voz latina *brachium*, brazo.

Brachiata. Un fílum de invertebrados deuterostomados. V. *Pogonophora.*

Brachioganoidea. Orden de peces osteictios. V. *Crossopterigii.*

braco* (bracco). Raza de perros perdigueros, generalmente de color canela, parecido al "pointer". (Alem. **brakko**, perro de caza.)

Brachiopoda. Fílum de invertebrados provistos de dos conchas calizas, una dorsal y otra ventral, animal con dos brazos espirales (lofóforos) que portan tentáculos ciliados; celoma bien desarrollado. (Gr. **brachys**, brazo; **pous**, pie.) El nombre *Brachipoda*, a veces usado para este grupo, es incorrecto.

Brachiopterygii. Una subclase de peces de la clase *Osteichthyes.* V. *Polypteriformes.*

Brachycera. Una división de los insectos del orden *Diptera*, de antenas cortas con tres segmentos. (Gr. **brachys**, corto; **keras**, un cuerno.)

Brachygnatha. Una división de los crustáceos decápodos, de la sección *Brachyura*, de marco bucal cuadrado y último par de patas sin especializar en tamaño y posición. (Gr. **brachys**, corto; **gnathos**, quijada.)

Brachyrhyncha. Una superfamilia de crustáceos braquiuros, de carapacho no aguzado anteriormente y de cuerpo transversalmente oval. (Gr. **brachys**, corto; **rhynchos**, trompa.)

Brachyura. Una subdivisión del orden de los *Crustáceos Decápodos* que tienen el abdomen corto y usualmente corvado bajo el tórax. (Gr. **brachys**, corto; **aura**, cola.)

bráctea* (bract). Un hidrofilio de los sifonóforos de carácter protector. (Lat. **bractea**, chapita.) *Adj.* ***bractial.***

bradi- (brady-). (Del gr. **bradys**, lento.)

bradiauxesis (bradyauxesis). De crecimiento relativo lento. // Crecimiento de una parte a un ritmo menor que el todo. (Gr. **bradys**, lento; **auxesis**, crecimiento.)

bradicardia* (bradycardia). Ritmo lento de los latidos del corazón. (Gr. **bradys**, lento; **kardia**, corazón.)

bradigénesis (bradygenesis). Retardamiento anormal de ciertos estados embrionarios. // En filogenia, la evolución lenta de ciertas líneas filéticas. (Gr. **bradys**, lento; **génesis**, origen.)

bradilalia* (bradylalia). Emisión lenta de las palabras. (Gr. **bradys**, lento; **laleo**, hablar.)

bradipepsia* (bradypepsia). Digestión lenta. (Gr. **bradys**, lento; **pesso**, digerir.)

bradipo. V. *perezoso*, mamífero.

braditelia (bradytelya). Fenómeno biológico por el que ciertos grupos evolucionan lentamente y persisten más tiempo de lo que pudiera esperarse. (Gr. **bradys**, lento; **telos**, fin.) *Adj.* ***braditélico.***

Bradyodonti. Un grupo aberrante de peces condrictios fósiles del Carbonífero provistos de dientes en forma de grandes placas firmemente adheridas a las mandíbulas. (Gr. **bradys**, lento; **odous**, diente.)

Bradypodoidea. Una superfamilia de desdentados del orden *Edentata* que comprende los perezosos vivientes en la región Neotropical, que se caracterizan por sus movimientos lentos y por permanecer colgados de las ramas por sus uñas largas. (Gr. **bradys**, lento; **pous**, pies.)

braga. Conjunto de plumas que cubren las patas de las aves llamadas calzadas. (Celtolat. **braca**, calzones.) *Adj.* ***bragado.***

bragada* Cara interna del muslo de los animales. (Lat. **braccatus.**)

brama* (rut). Grito que emiten los ciervos y otros mamíferos salvajes durante la época del celo. // La época del celo en los ciervos. (De **gramar.**)

bramadero*. Lugar adonde acuden algunos mamíferos salvajes durante la época del celo. (De **bramar.**)

bramido* (bellow). La voz del toro y de otros machos de animales salvajes. (De **bramar.**)

branca*. V. *branquia.*

Branchiata. Una subdivisión de los artrópodos que comprende las especies provistas de branquias, como los crustáceos y las trilobitas, que es poco aceptada actualmente. (Gr. **branchia**, branquia.)

Branchiobellida. Orden de anélidos oligoquetos altamente especializados, que viven en las branquias o sobre el cuerpo de los camarones. (Gr. **branchia**, branquia; **bdella**, sanguijuela.)

Branchiopoda. Una subclase de crustáceos primitivos que tienen branquias en los apéndices torácicos. (Gr. **branchia**, branquia; **pous**, pie.)

Branchiosaurus. Pequeños anfibios del Carbonífero y Permiano que parecen salamandras, pero con hileras de escamas en la región ventral. (Gr. **branchia**, branquia; **sauros**, lagarto, reptil.)

Branchiostoma. Un género de cefalocordios que tiene algunas especies en mares cálidos y templados. Se emplean mucho para la enseñanza experimental de la zoología. (Gr. **branchia**, branquia; **stoma**, boca.)

Branchitremata. V.=Fílum *Hemichordata.* (Gr. **branchia**, branquia; **trema**, un agujero.)

Branchiura, Branchiurida. Una subclase de *Crustáceos* parásitos de peces, de cuerpo aplastado, carapacho discoidal y ojos compuestos sésiles. (Gr. **branchia**, branquia; **oura**, cola.)

Brandt, K. Introdujo en 1878 el uso de los colorantes vitales en las células, permitiendo el estudio de ciertas estructuras en células vivientes.

branqui- (branchi). (Del gr. **branchia**, agalla o branquia.)

branquia* (gill). Organo para la respiración acuática en peces, moluscos, crustáceos, etc. (Gr. **branchia.**) *Adj.* ***branquial****, ***branquiado****. // ***b. anal***, o branquias relacionadas con el ano de muchas ninfas de insectos acuáticos, que a veces son órganos osmorreguladores. // ***b. dérmica***, pápulas del epitelio dérmico en equinodermos y de los moluscos nudibranquios, que sirven de aparato respiratorio. // ***b. esternal***, branquia digitiforme en algunos somitos torácicos de los crustáceos antípodos. // ***b. externas***, o expansiones tegumentarias respiratorias halladas en ciertos animales acuáticos, como renacuajos y muchos invertebrados. // ***b. falsas***, V. *seudobranquias.* // ***b. hioidea***, la hemibranquia más anterior de los elasmobranquios, situada en el ceratohial, // ***b. interna***, situada en el interior del cuerpo y que forma parte de la faringe que recibe el agua procedente de la boca. // ***b. opercular***, branquia o seudobranquia que se encuentra en el lado posterior del arco hioideo, recibe sangre oxigenada y se ha desplazado hacia el opérculo. // ***b. paleal***, órgano respiratorio formado por dobleces del manto del molusco. // ***b. peris-***

tomal, penacho de podios modificados en ciertos equinoideos situado alrededor de la boca. // ***b. rectal***, v. *b. anal.* // ***b. sanguíneas***, sacos de paredes delicadas que contienen redes de capilares sanguíneos. Branquias delicadas halladas en larvas de insectos acuáticos. Filamentos branquiales de salamandras acuáticas inmaduras.

branquicardíaco (**brachicardiac**). Lo perteneciente a las branquias y al corazón. (Gr. **branchia**, branquia; **kardia**, corazón.)

branquícola (**branchicolous**). Que parasita las branquias de los peces. (Gr. **branchia**, branquia, **-icola**, habitante.)

branquiespina (**branchispina**). Espina situada en los huesos llamados cópulas de los arcos branquiales de los peces. (Gr. **branchia**, branquia; lat. **spina**.)

branquífero* (**branchiferous**). Que lleva branquias. *Branquiado.* (Gr. **branchia**, branquia; lat., **ferre**, llevar.)

branquiforme (**branquiform**). De forma de branquia. (Gr. **branchia**, branquia; **forma**, forma.)

branquihial (**branchihyal**). Una estructura del arco hioideo. // Una de las piezas esqueléticas que componen un arco branquial. (Gr. **branchia**, branquia; **hyal**, hueso hial.)

branquiola (**branchiole**). Lámina respiratoria de los tenidios de los gasterópodos, dispuestas en un solo lado o en los dos lados de estos. (Gr. **branchia**, branquia; **-ola**, dim.)

branquiómero (**branchiomere**). Un segmento branquial. // Estructura embrionaria de la que deriva cada arco branquial. (Gr. **branchia**, branquia; **meros**, parte.) *Adj.* ***branquiomérico.***

branquiopalial (**branchiopallial**). Que pertenece a las branquias y a la cavidad palial en los moluscos. (Gr. **branchia**, branquia; lat. **pallium**, manto.)

branquióstego (**branchiostege**). La membrana que cubre los radios branquiales de los peces. (Gr. **branchia**, **stege**, techo.)

branquiostegito (**branchiostegite**). Una extensión lateral del carapacho de los crustáceos que cubre las branquias. (Gr. **branchia**, branquia; **stege**, techo.)

branquióstomo (**branchiostome**). Un grupo de los cefalocordios que tiene el notocordio persistente. (Gr. **branchia**, branquia; **stoma**, boca.)

branquirrémeo (**branchireme**). Un apéndice provisto de branquias. // Apéndice locomotor y respiratorio de los braquiópodos. (Gr. **branchia**, branquia; **remus**, remo.)

branta (**Brant, Canada Goose**). Especie de ganso silvestre como el ganso de corbata, *Branta canadensis* del Hemisferio Norte.

braquélitro (**brachelytrous**). Que tiene el élitro corto, como los insectos coleópteros de la familia *Staphylinidae.* (Gr. **brachys**, corto; **elytros**, estuche.)

braqui- (**brachy-**). (Del gr. **brachion**, brazo.) // (Del gr. **brachys**, corto.) (Del gr. **brachion**, brazo.)

braquiación (**brachiation**). *Braceo*, método de progresión impulsándose el cuerpo con los brazos y saltando a cierta distancia entre las ramas. (Lat. **brachium**, brazo.) *Adj.* ***braquiador.***

braquiado (**brachiate**). *Ramificado.* (Gr. **brachion**, brazo.) // Un miembro del fílum *Brachiata.*

braquial* (**brachial**). Un músculo flexor del antebrazo, que se extiende desde el húmero hasta el cúbito. // Referente a los brazos o a las extremidades anteriores. (Lat. **brachium**, antebrazo.)

braquiales (**brachialis**). Placas situadas en series articuladas en los brazos de los crinoideos. (Gr. **brachis**, brazo.)

Brachiata (**beard worm**). V. *Pogonophora.*

braquicefalia* (**brachycephaly**). Condición de tener la cabeza ancha. Indice cefálico mayor de 80. (Gr. **brachys**, ancho; **kephale**, cabeza.) *Adj.* ***braquicéfalo****.

braquicefálico (**branchiocephalic**). Que pertenece al brazo y a la cabeza. (Arterias, venas, etc.) (Gr. **brachion**, brazo; **kephale**, cabeza.)

braquícero* (**brachicerous**). Que tiene los cuernos o antenas cortos. V. *Brachycera.* (Gr. **brachys**, breve; **kephale**, cabeza.)

braquicnémico (**brachycnemic**). Se aplica a los mesenterios cortos en los zoantarios. (Gr. **brachys**, corto; **kneme**, tibia.)

braquidactilia (**brachydactyly**). V. *braquifalangia.*

braquidáctilo (**brachydactyle**). Dícese de los animales que tienen los dedos cortos. (Gr. **brachys**, corto; **dactylus**, dedo.)

braquidio (**brachidia**). Esqueleto calcáreo que, en los braquiópodos, soporta los brazos. (Gr. **brachys**, brazos; **-idio**, dim.)

braquidonto (**brachidont**). Diente de corona corta o baja, como los molares humanos. (Gr. **brachys**, corto; **odous**, diente.)

braquiélitro (**brachelitrous**). V. *braquélitro*

braquifalangia (**brachyphalangia**). Condición humana hereditaria que consiste en tener los dedos anormalmente cortos. El carácter parece ser dominante y letal en estado homócigo. (Gr. **brachys**, corto;+**falange.**)

braquífero (**brachiferous**). Que lleva brazos. *Ramificado.* (Gr. **brachion**, brazo; lat. **ferre**, llevar.)

braquignato (**brachygnathia**). Mandíbula anormalmente corta. (Gr. **brachys**, corto; **gnathos**, mandíbula.)

braquiocefálico (**brachycephalic**). Relativo a la cabeza y a los brazos. (Gr. **brachion**, brazo; **kephale**, cabeza.)

branquiocráneo (**branchiocranium**). La región del cráneo que, en los peces, comprende los arcos mandibular e hial.

braquiocubital (**brachiocubital**). Lo perteneciente al brazo y al antebrazo. (Lat **brachium**, brazo; **cubitum**, **codo**, antebrazo.)

braquiolaria (**brachiolaria**). Estado larval en los asteroideos, en el que las bandas ciliadas muestran grandes digitaciones o brazos. (Lat. **bracchiolum**, brazo pequeño.)

braquiolo (**brachiole**). Estructura a modo de pínula hallada en ciertos equinodermos *pelmatozoos* extintos. V. *Cystidea.* (Lat. **bracchiolum**, brazo pequeño.)

braquiópodo* (**lamp shell**). Perteneciente al fílum **Brachiopoda**, q.v.

braquiorradial (**branchioradialis**). Músculo que, en los mamíferos, se origina en el húmero y se inserta en el radio. // Perteneciente al brazo y al radio. // El músculo supinador largo del antebrazo. (Gr. **brachion**, brazo; **radius**, radio.)

braquiorraquídeo (**brachiorachidian**). Perteceiente al brazo y a la columna vertebral. (Lat. **brachium**, brazo; **rhachis**, espina dorsal.)

braquipleural (**brachypleural**). Que tiene los lados o las placas laterales cortas. (Gr. **brachys**, corto; **pleuron**, lado.)

braquípodo (**brachypodous**). Con patas o extremidades cortas. // Sinónimo de *braquiópodo*, pero se prefiere esta última grafía. (Gr. **brachys**, breve; **podos**, pie.)

braquipterismo (**brachypterism**). En los insectos, la condición de tener las alas reducidas. (Gr. **brachys**, corto; **pteron**, ala.)

braquíptero (**brachyterous**). Que tiene alas cortas, como ciertas aves. (Gr. **brachys**, corto; **pteron**, ala.)

braquiqueilia (**brachicheily**). Acortamiento de los labios. (Gr. **brachys**, corto; **cheilos**, labio.)

braquistomado (**brachystomatous**). Braquístomo. Que tiene la boca o la probóscide corta. (Gr. **brachys**, corto; **stoma**, boca.)

braquiuria (**brachyury**). La condición de tener rabo corto. (Gr. **brachys**, corto; **oura**, cola.) *Adj.* ***braquiúrico, braquiuro.***

braquiuro* (**brachiourus**). Dícese de los crustáceos decápodos del suborden *Brachyura.* (Gr. **brachys**, corto; **oura**, cola.)

brasmología* (**brasmology**). Estudio de las mareas. (Gr. **brasma**, agitación; **logos**, tratado).

brazo* **(arm).** Parte de las extremidades anteriores del hombre desde hombro hasta la mano y, en especial, desde el hombro hasta el codo. (Lat. **brachium.**) // ***b. orales,*** o *lóbulos orales,* largas proyecciones alrededor del área bucal de las medusas.

brazuelo* **(forearm).** Parte de la pata delantera de los mamíferos que comprende desde el codo hasta la rodilla. (Dim. de brazo.)

bréfica **(brephic).** Una fase larval anterior a la adulta. *Neánico.* (Gr. **brephikos,** niñez.)

bregma **(bregma).** Punto craniométrico situado en la reunión de la sutura coronaria con la sagital. (Gr. **bregma,** frente.)

Brehm, Alfred Edmund. Naturalista alemán, autor de la clásica historia natural *"Die Tierleben".* (1829-1884)

bremo. Pez de las aguas dulces de Europa y Norteamérica **(Abramis bliica).**

brescar*. Castrar las colmenas. (Galo, **brisca.**)

brevi- **(brevi-).** (Del lat. **brevis,** breve, corto.) Equivalente al gr. *brachys.*

brevicaudado **(brevicaudate).** *Brevicaude,* que tiene una cola corta. (Lat. **brevis,** breve; **cauda,** cola.)

breviecaude. V. *brevicaudado.*

brevilingüe **(brevilingual).** Que tiene la lengua corta, gruesa en la base y delgada en la punta. (Lat. **brevis,** breve; **lingua,** lengua.)

brevípedo **(breviped).** Que tiene piernas cortas. (Lat. **brevis,** breve; **pedus,** pie.)

brevipenne* **(brevipennate).** Se aplica a las aves de alas cortas. (Lat. **brevis,** breve; **penna,** ala, pluma.)

brevirrostro **(brevirostrate).** Que tiene el pico o el rostro corto. (Lat. **brevis,** breve; **rostrum,** pico, rostro.)

brevispino **(brevispine),** Con espinas cortas. Se aplica a las conchas de los moluscos. (Lat. **brevispinus.**)

brevissimus oculi **(brevissimus oculi).** El músculo oblicuo inferior del ojo humano. (Expresión latina que significa el muy pequeño del ojo.)

Bridges, Calvin B. Geneticista norteamericano. Sus trabajos con la mosca *Drosophila* promovieron muchos adelantos en la genética moderna. (1889-1938)

Briggs, R. **Demostró la posibilidad de genotipos nucleares diferenciados, en colaboración con J.T. King.(1952)**

brio- **(bryo-).** (Del gr. **bryon,** musgo.)

briófilo **(bryophilous).** Que vive en los musgos, como ciertas especies de tardígrados, de moluscos, etc. (Gr. **bryon,** musgo, **philos,** amigo.)

briozoario,briozoo **(bryozoan).** Se dice de los miembros del fílum de invertebrados coloniales que a veces se asemejan a una vegetación de musgos. V. *Bryozoa.* (Gr. **bryon,** musgo; **zoarion,** animálculo.)

brit **(britt).** Uno de los principales alimentos de los arenques y ballenas. *Crustáceo* copépodo **(Calanus finmarchicus).**

Broca, Pablo. Cirujano y antropólogo francés, creador de la escuela de antropología física.

brocha ocular **(eye brush).** Penacho de cerdas rígidas en las patas anteriores de muchos insectos, empleado para limpiar los ojos compuestos.

Broili, F. Geólogo alemán. Descubrió los restos fósiles de *Seymouria* (1917), supuesto intermediario entre anfibios y reptiles. (1874-1946).

brolga **(brolga).** Especie de grulla australiana **(Grus rubicunda).**

broma* **(teredo).** *Taraza.* Cualquiera de los moluscos bivalvos de concha pequeña y áspera y cuerpo cilíndrico alargado que perfora los maderos sumergidos en el mar; pilotes, embarcaciones, etc. Ej. los géneros *Teredo, Bankia,* etc. (Gr. **broma,** teredón.)

bromatología* **(bromatology).** Ciencia que trata de los alimentos. (Gr. **broma,** alimento; **logos,** discurso.)

bronco* **(bronco).** Caballo cerril o mesteño del Oeste norteamericano. (Lat. **broncus,** dentón.)

bronquio* **(bronchus).** Cada una de las dos grandes ramas en que se divide la tráquea. (Gr. **bronchos.**) *Adj.* ***bronquial.*** // ***b. apical,*** un bronquio suplementario en ciertos mamíferos (cerdos, cetáceos, algunos rumiantes, etc.). Rama del lado derecho de la tráquea o rama principal del bronquio derecho. // ***b. epiarterial,*** v. *bronquio apical.* // ***b. recurrente,*** conducto delgado que, en el aparato respiratorio de las aves, comunica los sacos aéreos con la porción adyacente del pulmón. //***b. secundario,*** la primera ramificación de uno de los dos troncos bronquiales primarios. // ***b. terciario,*** ramificación de los bronquios secundarios.

bronquiolo*, bronquíolo* **(bronchiole).** Cada una de las subdivisiones de los bronquios, de varios órdenes de magnitud, que termina en los bronquiolos respiratorios y estos, a su vez, en los conductos alveolares. (Dim. de **bronquio)**

bronquiotraqueal **(bronchiotracheal).** Que pertenece a los bronquios y a la tráquea.

bronquiopulmonar **(bronchopulmonary).** Perteneciente a los bronquios y a los pulmones.

bronquiovesicular **(bronchovesicular).** Perteneciente a los bronquiolos y a las celdas pulmonares. (Gr. **bronchos,** bronquio; + **vesícula,** q.v.).

bronquitis* **(bronchitis).** Inflamación aguda o crónica de la membrana mucosa de los bronquios. (Gr. **bronchos,** bronquio; **-itis,** inflamación.)

brontosaurio **(brontosaurus).** Un grupo de dinosaurios herbívoros, del orden *Saurischia,* que alcanzaron una longitud de más de 25m. Desinencia usada por analogía con *dinosaurio*,* pero la Academia emplea *brontosauro.* (Gr. **bronte,** truene; **sauros,** lagarto.)

brontosauro*. V. *brontosaurio.*

Brontotheroidea. Una superfamilia de perisodáctilos del suborden *Hippomorpha,* que comprende las especies mayores del orden. Aparecieron en el Eoceno y alcanzaron su mayor tamaño en el Oligoceno. También han sido llamados *titanoterios.* (Gr. **bronte,** trueno; **theria,** bestia o "mamífero".)

Brooks, William Keith. Zoólogo y maestro norteamericano. Fundó el laboratorio marino de Chesapeake. Su obra notable: *The Foundations of Zoology.* (1848-1908)

broquelona* **(tick).** *Boliv.: garrapata,* q.v.

brote* **(bud).** Protuberancia que se produce axialmente y forma un nuevo individuo. (De **brotar.**)

brótola* **(blenny).** Pez marino del orden *Perciformes,* familia *Blenniidae* **(Blennius pavo).**

brótula. Pez marino del Atlántico occidental del orden *Perciformes,* familia *Brotulidae* **(Brotula barbata).**

Brown, Robert. Botánico inglés. Descubridor del núcleo celular en 1831. En 1828 descubrió los movimientos brownianos al observar los movimientos de las esporas en el agua. (1773-1858)

bruango **(bruang).** Es el oso malayo **(Helarctos malayensis),** Es de pequeño tamaño habita Malaca, Sumatra y Borneo. (Nombre **malayo.**)

Bruce, D. Médico inglés. Demostró que la mosca tsetsé sirve de vector a los protozoos patógenos del género *Trypanosoma* en Africa.

Brusch, C.W.I. Anatomista alemán. V. *membrana de Brusch.*

brugo* **(weevil).** *Gorgojo.* // También *oruga* de lepidópteros. (Lat. **bruchus.**)

bruja*. V. *lechuza,* ave. // Cuba: mariposa nocturna de la familia *Noctuidae,* de gran tamaño **(Erebus odora).**

Bruta. Uno de los órdenes en que Linneo clasificó los mamíferos, que incluía los actuales desdentados. (Lat. **brutus.**)

Bryozoa. Un fílum de metazoos coloniales eucelomados de apariencia musgosa, llamado también *Ectoprocta.* Son sésiles en rocas y plantas acuáticas. Cada individuo vive en un alojamiento separado o zoecio. Los tentáculos son ciliados, alrededor de la boca; el tubo digestivo es en forma de U y el ano está por fuera del lofóforo. (Gr. **bryon**, musgo; **zoon**, animal.)

buarro* **(scups owl)**. *Corneja*, q.v.

bub-. (Del gr. **boubón**, ingle, una hinchazón de la ingle.)

búbalo* **(buffalo)**. *Búfalo asiático.* // **(bubal)**. Especie de antílope de buen tamaño de Arabia y Norte de Africa **(Bubalus bucelaphus)**.

bubi **(booby)**. Ver *pájaro bobo.* **(Sula leucogaster.)**

bubia **(gannet)**. Méx. ave marina del orden *Pelecaniformes*, familia *Sulidae* **(Sula sula)**. // **(cormorant)**. El cuervo marino o *corua*, q.v.

bubón* **(bubo)**. Inflamación de los ganglios linfáticos. (Gr. **boubon**, ingle.)

bucal **(buccal)**, Referente a la boca o a los carrillos. (Lat. **bucca**, boca, mejillas.)

buccino*. Caracol marino que usaban los antiguos para teñir las telas. (Lat. **buccinus.**) V. también *cañadilla.*

bucero **(hound)**. Se dice del perro sabueso que tiene el hocico largo. // *Sust.* **(calao)**. Ave del orden *Coraciiformes*, familia *Bucerotidae*, de pico grande con una protuberancia carnosa en la parte superior. Habita las Islas Filipinas. V. *cálao*, (Gr. **bous**, buey; **keros**, cuerno.)

buco* **(buck)**. *Cabrón.* // Por extensión, el macho del ciervo, antílope y oveja, etc. (Lat. **bucus.**)

buche* **(crop)**. Una porción ensanchada del tubo digestivo en las aves, a continuación del esófago, en donde se almacenan y maceran los alimentos. // Una porción análoga en el tubo digestivo de diversos invertebrados. // Borrico que aún mama. (Fr. **poche.**)

Buchner, E. Químico alemán. Descubridor de la enzima de las levaduras llamada *zimasa.* Premio Nobel en 1907. (1860-1917)

buchón* **(pelican)**. En Venezuela al *alcatraz*, q.v.

bucinador **(buccinator)**. Músculo delgado y ancho de los cachetes, que interviene en los movimientos de los labios. (Lat. **buccinator**, trompetero.)

buchona* **(pigeon)**, Aplíquese a una raza de palomas que infla el buche exageradamente durante la corte.

bucofaríngeo **(buccopharyngeal)**. Perteneciente a las mejillas y a la faringe, como membranas y aponeurosis. (Lat. **bucca**, boca; **pharynx**, faringe.)

bucolabial **(boccolabial)**. Perteneciente a la cavidad bucal y a los labios. (Lat. **bucca**, boca; **labium**, labio.)

bucolingual **(buccolingual)**. Perteneciente a las mejillas y a la lengua. (Lat. **bucca**, boca; **lingua**, lengua.)

buconasal **(buconasal)**. Perteneciente a la boca y a la nariz. (Lat. **buccus**, boca; **lingua**, lengua.)

budión **(peacockfish)**. Pez del orden *Perciformes*, familia *Blennidae*, común en los mares de España, que llaman también *doncella* **(Blennius pavo)**.// **(Bahama parrotfish)**, un pez del Atlántico occidental del orden *Perciformes*, familia *Scaridae* **(Scarus croicensis)**.

budorcas **(takin)**. Especie de cabra del Tibet y de Assam que muestra características del antílope, el carnero y el buey **(Budorcas taxicolor)**.

bueitre* **(vulture)**. Forma antigua de *buitre.*

buéis*. Plural antiguo de *buey.*

buey* **(ox)**. Toro castrado. // El macho de especies de bovinos salvajes. (Gr. **bous**, un buey, toro.) // ***b. almisclero***, especie de bovino salvaje del Artico americano de pequeño tamaño y pelo largo **(Ovibos moschatus)**.

búfalo* **(buffalo)**. Nombre que se aplica a especies muy diferentes de bovinos salvajes, desde el búfalo común de la India **(Bubalus bubalis)** hasta el bisonte norteamericano. V. *carabao, tamarao, bisonte, wisent.*

búfano*. **Antig.** *búfalo.*

bufeo* **(dolfin)**. Nombre de diferentes especies de cetáceos y, en especial, del delfín del Amazonas, *Inia geoffroyeneis.*

Buffon, Jorge Leclerc, Conde de. Naturalista francés, uno de los precursores de las teorías de la evolución. (1707-1788)

bufotoxina **(bufotoxine)**. Bufonina. Toxina obtenida de la piel de los sapos. (**Bufo**, sapo.)

Bugula. Un género de Bryozoarios de la clase *Stelmatopora* **(Gymnolaemata)** muy usado en los cursos de zoología.

buharro* **(scops owl)**. *Corneja*, q.v. **(Otus scops.)**

búho* **(eagle owl)**. Ave de rapiña nocturna, del orden *Strigiformes*, familia *Strigidae*, que porta plumas en la cabeza como orejillas, El búho grande o *búho real* **(Bubo bubo)** es la especie europea de mayor tamaño. (Lat. **bubo.**) // ***b. de las nieves***, v. *harfang.*

buitre* **(vulture)**. Nombre aplicado indistintamente a cualquier especie de aves de rapiña comedora de carroña y caracterizada por tener la cabeza desnuda. Orden *Falconiformes*, familia *Falconidae.* // El buitre común de Europa o *abanto* es el *Gyps fulvus.* V. *aura, cóndor, caraira, zopilote, alimoche.* (Lat. **vulture**).

buitrón* **(fan-tailed warbler)**. Ave del sur de Europa del orden *Passeriformes*, familia *Muscicapidae* **(Cisticola juncidis)**. = *Trepatroncos.*

bula **(bulla)**. Estructura en forma de ampolla o ámpula. // Nombre que se le dá en Malaca al roedor del grupo de los *Gymnauros.* (Lat. **bulla**, burbuja.) *Adj.* ***bulado.***

bulbillo **(bulbil)**. Dilatación contráctil en la base de las arterias branquiales aferentes de los cefalocordados. (Lat. **bulbillus**, dim. de bulbo.)

bulbilo **(bulbil)**. Una pequeña dilatación o estructura en forma bulbar. (Lat. **bulbillus**, bulbo pequeño.)

bulbo* **(bulb)**. Una estructura en forma globosa. // Una dilatación en una estructura. // La parte basal del órgano copulador en arañas. (Lat. **bulbus**, cebolla.) *Adj.* ***bulboso* bulbar*.*** // ***b. aórtico***, *b. arterial* o *b. arterioso*, ensanchamiento en el extremo proximal de la aorta ventral en los cordados inferiores después del cono arterial. // ***b. carotídeo***, red capilar que forma un abultamiento en la unión de las carótidas externas e internas. // ***b. contráctil***, prominencia pulsátil, que a veces contiene válvulas, hallada en algunas de las arterias de los animales que no tienen corazón verdadero. // ***b. copulador***, un ensanchamiento de los tarsos en los pedipalpos de los machos de las arañas que contiene estructuras relacionadas con la transferencia de esperma durante la cópula. // ***b. de Krause***, terminación sensorial en la piel en los mamíferos que se considera como *frigorreceptora* // ***b. dentario***, una de las estructuras germinales del diente. // ***b. flamífero***, o *célula flamígera*, estructura hueca con una sola célula flagelífera interna o con un penacho de cilios que forma la unidad excretora de muchos invertebrados **(Pronefridos)** // ***b. olfativo***, región del cerebro en los peces ciclóstomos relacionada con la olfación, en la parte anterior de cada hemisferio cerebral. // ***b. oviductal***, una gran porción bulbosa del oviducto de algunos moluscos gasterópodos. // ***b. piloso***, la porción ensanchada del fondo del folículo piloso. // ***b. raquídeo***, parte posterior del encéfalo. o *médula oblongada.* // ***b. terminal***, corpúsculo del tacto o *bulbo terminal de Krause.*

bulbocavernoso **(bulbocavernosus)**. Un músculo perineal relacionado con la eyaculación de la orina. (Lat. **bulbus**, bulbo; + **caverna.**)

bulbonuclear **(bulbonuclear)**. Perteneciente a la médula oblongada y a los núcleos de los nervios craneales. (Lat. **bulbus**, bulbo; **nucleus**, núcleo.)

bulbouretral **(bulbo urethral)**. Relacionado con el bulbo de la uretra. V. *glándulas de Bartolini* y *glándulas de Cowper.*

bulbul **(bulbul)**. Ave asiática y africana, accidental en España. // Nombre que le dieron los persas a un ave canora del orden *Passeriformes*, de la familia *Pycnonotidae* **(Pycnonotus barbatus)**.

bulbus caroticus. V. *laberinto carótido.* // ***b. cordis*** V. *bulbo arterial.*

buliforme (**bulliform**) En forma de ampolla o de burbuja. (Lat. **bulliformis.**)

bulimia* (**bulimy**). Hambre desmesurada. (Gr. **boulimus**, hambre.)

bulla (**bulla**). Una prominencia redondeada o *ampolla.* (Lat. **bulla**, burbuja.) V. *ampula* y *ampolla.* // ***b. ósea.*** V. *ampolla timpánica.*

bullón. V. *budión.*

buni (**giant ant**). Bolivia: una especie de hormiga gigante de la subfamilia *Ponerinae* (**Paraponera clavata**).

buna (**ant**). *Colomb.:* Hormiga picadora.

buno-. Del gr. **bounos**, colina.

bunodonte (**bunodont**). Que tiene los dientes molares con cúspides cónicas bajas. (Gr. **bounos**, colina; **odous**, diente.)

Bunodontia. Un nombre alterno para el suborden *Suiformes*, del orden *Artiodáctyla*, que comprende los cerdos, pecaríes e hipopótamos. (Gr. **bounos**, montículo; **odous**, diente.)

bunoide (**bunoid**), Parecido a una colina. V. *bunodonte.*

bunolofodonte (**bunolophodont**). Que tiene dientes molares con cúspides intermedias entre las de los bunodontes y lofodontes. (Gr. **bounos**, colina; **lophos**, cresta; **odous**, diente.)

bunoselenodonte (**bunoselenodonte**). Que tiene los dientes. molares con las cúspides formando colinas y semilunas. (Gr. **bounos**, colina; **selene**, luna; **odous**, diente.)

bura (**mule deer**). Venado mulo, especie de venado de la parte oriental de Norteamérica, de cola negra. Familia *Cervidae* (**Odocoileus hemionus**).

burdégano* (**hinny**). Híbrido entre el caballo y la burra. Se emplea principalmente en el Oriente (Lat. **burdiculus**, de **burdo**, mulo.)

bureteado (**barred grunt**). Pez marino del Atlántico occidental, orden *Perciformes*, familia *Pomadasydae* (**Conodon nobilis**).

burgado* (**top shell**). *Puerto Rico:* molusco gasterópodo marino de la familia *Trochidae* (**Cittarium pica**) y el de la familia *Turbinidae* (**Astraea tuber**). // Cuba: especies de la familia *Muricidae* (**Murex brevifrons**). // España: caracol terrestre.

burra* (**jenny**). La hembra del burro.

burreño* (**hinny**). *Burdégano*, q.v.

burrito (**crake**). *Urug.* Ave sudamericana del orden *Gruiformes*, familia *Rallidae* (**Laterallus leucopyrrhus**).

burro* (**donkey**). El équido doméstico llamado *asno* (De borrico).) // Un pez marino del Atlántico occidental del orden *Perciformes*, familia *Pomadasyidae* del grupo de los roncadores (**Pomadasys crocro**).

bursa (**bursa**). La palabra latina *bursa* se emplea en anatomía para indicar bolsa. q.v. *Adj.* ***bursiforme;*** // ***b. entiana***, un ensanchamiento breve de la parte anterior del intestino de los peces, a veces llamado *duodeno.* // ***b. Fabricii***, *bolsa de Fabricio*, un saco que se abre en la parte posterior de la cloaca en las aves. // ***b. omental***, un saco formado por pliegues del omento en la región del estómago que comunica con la cavidad peritoneal por el *agujero de Winslow.*

bursicona. Una hormona que aparece en la sangre de los insectos después de la muda e interviene en el endurecimiento de la cutícula. (Lat. **bursa**, piel).

bursícula (**bursicule**). Una bolsa o saco pequeño. (Lat. **bursicula.**) *Adj.* ***bursicular.***

burunduc (**Asiatic chipmunk**). Pequeña ardilla terrera del norte de Asia y los Urales. (**Eutamias asiaticus**).

buruquena (**fresh water crab**) Puerto Rico: una especie de cangrejo decápodo de agua dulce de la familia *Potamonidae* (**Epilobocera sinuatifrons**). (**Burichena.**) *Nombre indígena* de la isla Borinquen, Puerto Rico.)

busardo (**hawk**). Ave del orden *Falconiformes*, del género *Buteo.* Se llama también *buzo* y *águila ratonera.*

buscarla (**warbler**). Nombre común a varias aves europeas del orden *Passeriformes*, familia *Muscicapidae.* (**Locustella naevia**).

Butenant, A. Bioquímico americano. Aisló (1929) la estrona, hormona sexual femenina, en colaboración con E.A. Doisy.

butirina (**butyrine**). Líquido aceitoso que se halla en la manteca rancia y en el cuerpo de algunos insectos.

butirinasa (**butyrinasa**). Una enzima del suero sanguíneo. (Lat. **butyrum**, mantequilla.)

Butschli, Otto. Zoólogo alemán. Famoso por sus estudios sobre la embriología de los moluscos, insectos y nematodos. (1848-1920)

buyón (**Bahama parrotfish**). Puerto Rico: pez marino comestible en la familia *Scaridae.* V. *budión.*

buzo* (**least grebe**). Ave americana del orden *Podicipediformes*, familia *Podicipedidae*, llamada en Puerto Rico y en Cuba *zaramaguyón* (**Podiceps dominicus**).

Bythina. Un género de los moluscos prosobranquios, hospedantes del trematodo parásito en el hígado del hombre, *Clonorchis sinensis.*

C

ca. (ca). Abreviatura de la voz latina *circa*, cerca. Se emplea comunmente en relación con citas de fechas.

caama (**hartebeest**). Especie de antílope del Africa del sur (**Alcelaphus caama**) llamado también *ciervo del Cabo.*

cabalgadura* (**pack horse**). Bestia de carga o de montar. (De **cabalgar**, montar a caballo.)

cabalo*. Voz anticuada para el *caballo.*

caballa* (**mackerel**). Nombre común a varios peces óseos comestibles del orden *Perciformes,* suborden *Scombroidei,* familia *Scombridae.* En el Atlántico occidental se cita *Scomber japonicus.* (Lat. **caballa**, yegua.)

caballada* (**drove of horses**). Manada de caballos.

caballería* (**mount**). Animal cuadrúpedo que sirve para cabalgar en él, especialmente el caballo, el mulo y el asno. (Lat. **caballarius.**)

caballero* (**yellow legs**). Puerto Rico: nombre de algunas especies de aves del orden *Charadriiformes,* familia *Charadriidae* (**Totanus melanoleucus**).

caballerote* (**gray snapper**). Cuba: pez marino litoral comestible del orden *Perciformes,* familia *Lutjanidae* (**Lutjanus griseus**).

caballeta* (**grasshopper**). V. *saltamontes,* insecto.

caballito* (**pony**). Diminutivo de caballo. // ***c. del diablo****, España: *libélula. // Cuba: una especie de insecto himenóptero de gran tamaño del género *Pepsis,* // ***c. de mar,*** una cualquiera de las especies de peces óseos del orden *Sygnathiformes,* género *Hippocampus,* // ***c. de San Vicente****, Cuba y Honduras: *libélula.*

caballo* (**horse**). El mamífero perisodáctilo doméstico (**Equus caballus**). (Lat. **caballus**; gr. **kaballes.**) *Adj.* ***caballar****.

cabañota (**sixgill cowshark**). España: especie de tiburón cosmopolita provisto de seis aberturas branquiales. Familia *Hexanchidae* (**Hexanchus griseus**). Cuba: *cañabota, marrajo.*

cabasú (**giant armadillo**). Especie de desdentado sudamericano de la familia *Dasypodidae* (**Xenurus unicintus**). // Se aplica también a una gran especie de armadillo de los bosques desde las Guayanas a Argentina (**Priodontes gigantus**).

cabellera* (**mane**). El pelo de la cabeza. // ***c. de medusa,*** una de las grandes medusas (**Cyanea capillacea**) famosa por las potentes descargas de sus nematocistos.

cabello* (**hair**). Cada uno de los pelos de la cabeza humana. (Lat. **capillus.**) *Adj.* ***cabelloso****, ***cabelludo****.

caberú (**Abyssinian wolf**). Mamífero del orden Carnívora, familia *Canidae,* de aspecto entre lobo y chacal, que vive en Etiopía. (**Simeria simensis.**)

cabeza* (**head**). Parte superior del hombre, separada del tronco por el cuello. // La parte superior o anterior del cuerpo de muchos animales, en donde se encuentran los principales centros nerviosos y órganos de los sentidos. (Lat. caput.) *Adj.* ***cabezón****. // ***c. cobriza,*** *mocasin,* culebra venenosa norteamericana de la familia *Crotalidae* (**Agkistrodon mokasen**). // ***c. de batea,*** Cuba: el tiburón llamado también *alecrín* o *tigre,* (**Galeocerdo arcticus**).

cabezón. Cuba: pez marino del orden *Perciformes,* familia *Sciaenidae* (**Larimus breviceps**). // Puerto Rico: especie de pato, ave de la familia *Anatidae.*

cabezote. Cuba: pez marino del orden *Mugiliformes,* familia *Atherinidae* (**Alepidomus evermanni**).

cabezuela*. La parte del cuerpo de los cirrópodos cubierta por la concha (Diminutivo de cabeza).

cabiayo (**capybara**). V. *capibara,* roedor.

cabio (**sergeantfish**). Cuba: V. *peje palo, cobia, bacalao.*

cabra* (**goat**) Mamífero doméstico del orden *Artiodactyla,* familia *Bovidae* (**Cabra hircus**). (Lat. capra.) *Adj.* ***cabrío****, ***cabrero****, ***cabruno****, ***caprino****. // ***c. bezoar****, el *íbice,* q.v. // ***c. mora,*** pez marino tropical comestible. Orden *Perciformes,* familia *Serranidae* (**Epinephelus adscensonius**).

cabrajo*. (**lobster**). = *Bogavante,* q.v.

cabracho. Pez osteictio del Mediterráneo, del orden *Perciformes,* familia *Scorpaenidae,* parecido al llamado rascacio, q.v., (**Scorpaena scrofa**).

cabrero* (**tanager**). Cuba: ave de canto agradable y plumaje vistoso, del orden *Passeriformes,* familia *Thraupidae* (**Spindalis pretrei**).

cabreta (**crab louse**). V. *ladilla.*

cabrilla* (**cabrilla**). Nombre común a varios peces comestibles del orden *Perciformes,* familia *Serranidae.* En las Antillas se cría **Epinephelus guttatus.** (Diminutivo de *cabra).*

cabrito* (**kit**). Cría de la cabra.

cabro* (**he goat**). En América: el macho de la cabra. // Puerto Rico: v. *gallareta azul,* ave.

cabrón* (**he goat**). Macho de la cabra.

cabruna*. *Anticuado,* piel de cabra.

caburé* (**pigmy owl**). Argentina: ave de rapiña de pequeño tamaño del orden *Strigiformes,* familia *Strigidae* (**Glaucidium brasilianum**). (Voz **guaraní.**)

cacalote* (**crow**). *Cuervo.* (Méx.: **cacalote.**)

cacatillo* (**cockateel**). Ave australiana del orden *Psittaciformes,* familia *Psittacide* (**Leptolophus hollandicus**).

cacatúa* (**cockatoo**). Nombre común a varias especies de aves del orden *Psittaciformes*, familia *Psittacidae*, que habitan las regiones australianas y oriental y se caracterizan por un moño de plumas eréctiles en la cabeza. (Gr. **kakotoe.**)

cacerola* **(horseshoe crab).** Aracnoideo marino del Atlántico, de la clase *Xiphosurida* **(Limulus polyphemus)** considerado como uno de los "fósiles vivientes". =*Bayoneta.* (De **cazo**, vasija metálica.)

cacique **(cacique).** Se aplica a varias aves neotropicales del orden *Passeriformes*, familia *Icteridae*, que tienen el pico largo y ensanchado en la base. (Voz **araucana.**)

caco- **(caco-).** (Gr. **kako**, malo.)

cacogénesis **(cacogenesis).** Inhabilidad para hibridizar. (Gr. **kakos**, malo; **genesis**, descendencia.) *Adj.* *cacogénico.*

cacomiztle* **(cacomistle). (ring-tailed cat).** Méx.: *basáride*, mamífero del orden *Carnivora*, familia *Procyonidae* **(Bassariscus astutus).**

caconeta **(shark).** Puerto Rico: especie de tiburón. (Voz **indígena**, H.A.).

cachalote* **(sperm whale).** Cetáceo marino de gran tamaño poderosamente armado con grandes dientes en la mandíbula. Suborden *Odontoceti*, familia *Physeteridae* **(Physeter catodon).** Se aprovecha la grasa, el espermaceti y el ámbar gris. (Fr. **cachalot.**)

cachazudo*. Nombre dado a las orugas de varias especies de mariposas de la familia *Noctuidae*, algunas de las cuales son dañinas a plantas cultivadas **(Feltia annexa).**

cachicamo* **(armadillo).** El armadillo *Dasypus novemcinctus.*

cachicata **(grunt).** Puerto Rico: v. *ronco* o *roncador*, pez.

cachipolla* **(mayfly).** *Efímera*, insecto neuróptero de la familia *Ephemeridae.*

cachiporra* **(stilt).** Cuba: ave zancuda del orden *Charadriiformes*, familia *Recurvirostridae* **(Himantopus mexicanus).**

cacho* **(horn).** Asta o cuerno. // Pez marino muy común en los ríos de España **(Mullus barbatus).**

cachorro* **(cub).** Vocablo aplicado a los jóvenes de varias especies de mamíferos, especialmente de perros, lobos, osos, leones, focas, etc. (Lat. **catalus.**)

cachucho* **(rubby snapper).** Pez óseo comestible de las Antillas, océanos Atlántico, y Pacífico, del orden *Perciformes*, familia *Lutjanidae* **(Etelis carbunculus).**

cachuelo*. Pez de río comestible, algo parecido a la boga. (Gen. **Leuciscus.**) **(De cacho.)**

cadáver* **(cadaver).** Cuerpo humano después de muerto. // Por extensión, un animal muerto. (Lat. **cadaver.**)

cadena alimenticia **(food chain).** La serie de organismos encadenados entre sí por la alimentación, dependientes todos en definitiva del eslabón primario; las plantas. // *c.transportadora electrónica*, una serie de moléculas localizadas en los mitocondrios que actúan como aceptadoras de electrones.

cadera* **(hip).** Cada una de las regiones del cuerpo humano formada por los huesos superiores de la pelvis. // *coxa*, primer segmento de las patas de los insectos, que se articula con el tórax. (Lat. **cathedra.**)

cadóforo **(cadaphore).** Crecimiento dorsal en los tunicados, que lleva yemas. (Gr. **kados**, casco; **phoreus**, portador.)

caducibranquiado **(caducibranchiate).** Que tiene branquias transitorias. (Lat. **caducus**, que se cae; **+branchia.**)

caducicordado **(caducichordate).** Se dice del urocordado que pierde el notocordio en el estado adulto. (Lat. **caducus**, caedizo; **chorda**, cuerda.)

caduco* **(caducous).** Dícese del órgano que se desprende naturalmente en un período determinado de la vida. (Lat. **caducus.**)

caecum capulare **(caecum capulare).** La terminación apical del canal o rampa coclear.

Caelifera. Un suborden de insectos ortópteros que incluye los saltamontes de antenas cortas. (Lat. **cael**; **ferre**, llevar.)

Caenagnathiformes. Un orden de aves fósiles. (Gr. **kainos**, reciente; **gnathos**, mandíbula; **formes**, forma.)

Caenolestoidea. Un orden o superfamilia de marsupiales neotropicales diprotodontes con marsupio vestigial. Casi todos son fósiles, pero hay dos especies vivientes en Ecuador y Colombia.

Caesalpinus, Andreas. Botánico y fisiólogo italiano. Demostró que la sangre fluía en las venas hacia el corazón (1519-1603).

cafuche* **(pecary).** V. *saino* o *pécari*, q.v.

cagaceite* **(thrush).** Pájaro europeo de la familia *Turdidae* **(Turdus viscivorus).**

cagachín* **(mosquito).** Una especie de mosquito pequeño **(Culex ciliaris).**

cagarria*. Colmenilla.

cagarrutas* **(castings).** Bolillas de excremento expulsadas por ciertos invertebrados como las lombrices de tierra.

caguama* **(loggerhead turtle).** Tortuga tropical marina de gran tamaño cuya carne es poco apreciada, pero sus huevos son muy solicitados. Orden *Chelonia*, familia *Chelonidae* **(Caretta caretta).** (Voz **caribe.**)

caguán **(flying lemur).** Nombre común de un mamífero del orden *Dermoptera*, de la Malasia **(Cynocephalus volans).**

caguane **(land snail).** Nombre con el que designaban los indios de Cuba a los caracoles terrestres.

caguanero* **(snail kite).** Ave de rapiña de Cuba del orden *Falconiformes*, familia *Accipitridae*, que se alimenta de moluscos: caguanes y caguaráes **(Chondrohyerax wilsoni).**

caguará **(sea shell).** Cuba: nombre indígena antillano con el que se designaban varias especies de moluscos.

caguaré **(anteater).** Una especie de hormiguero sudamericano. Orden *Edentata*, familia *Myrmecophagidae* **(Myrmecophaga tetradactyla).** (Voz **guaraní**).

caguaya **(lizard).** Puerto Rico: especie de lagarto del género *Anolis.* V. *Caguayo.* (Voz **indígena.**)

caguayo. Cuba: especie de lagarto de rabo enroscado de la familia *Anolidae*, llamado también *perico* e *iguana rabienroscada* **(Leiocephalus carinatus).** // Lagartija del género *Anolis.*

cagüe* **(wild goose).** Especie de ganso silvestre sudamericano. Orden *Anseriformes*, familia *Anatidae* **(Anser antarcticus).** (Araucano: **caghe**, pato).

cagüil. V. *cáhuil.*

cáhuil **(sea gull).** Especie de gaviota de Chile, orden *Charadriiformes*, familia *Laridae* **(Larus cirrocephalus).** (Voz **araucana.**)

cai* **(capuchin monkey).** En Argentina, Perú, Uruguay y Venezuela: especie de mono del género *Cebus.* V. *capuchino.* (Voz **guaraní.**)

caiarara **(ring tailed monkey).** Mono ceboideo sudamericano del alto Amazonas **(Cebus gracilis).**

caimán* **(cayman).** Reptil del orden *Crocodilia* de los ríos de América del Sur y Central, del género *Caiman* **(Caribe acagoumán).** // Cuba: *cocodrilo.* // Cuba: especie de lagarto de hábitos acuáticos **(Deiroptyx vermiculatus).**

Cainotherioidea. Una superfamilia de mamíferos fósiles del orden *Artiodactyla.* (Gr. **kainos**, nuevo; **therum**, bestia salvaje).

caisson **(caisson).** La disposición en forma de caja o cámara de los músculos longitudinales en las lombrices de tierra. (Fr. **caisson**, area, cofre.)

caivana. V. *caguama*, tortuga marina.

caja craniana **(brain case).** Región del cráneo formada por los huesos que envuelven el encéfalo = *Calota craniana.* // *c. timpánica*, parte inferior del hueso timpánico, de forma hemisférica.

cajaya* **(great blue shark).** Puerto Rico: especie de tiburón que habita mares tropicales y templados (Prionace glauca). (Voz **indígena**, H.A.)

cají* **(school master).** Cuba: pez marino antillano del orden *Perciformes,* familia *Lutjanidae* **(Lutjanus apodus).** (Voz *indígena).*

cajisote. Cuba: v. *cají,* pez.

caladre* **(lark).** *Alondra,* q.v.

calafate (black oldwife). Cuba: v. *galafate,* pez.

calamar* **(squid).** Nombre común a varias especies de moluscos cefalópodos comestibles del orden *Decapoda,* pero se aplica en especial a las del género *Lóligo.* En el Caribe una especie común es *Lóligo brasiliensis.* (Lat. **calamarius.**)

calambres* **(cramps).** Contracciones espasmódicas de los músculos, especialmente de la pantorilla y del estómago, debido a veces a fatiga de las fibras por falta de oxígeno. (Alem. **krampt.**)

calamistro* **(calamistrum).** Una o dos hileras de espinas encorvadas en el metatarso de ciertas arañas. (Lat. **calamistrum,** hierro para rizar el cabello.)

calamita. Pez fluvial africano osteictio de varias aletas dorsales, parecido al *biquir.* Orden *Polypteriformes* **(Calamichthyes calabaricus).** (Lat. **calamus,** pluma.)

calamite* **(tree frog).** Rana pequeña, europea de color verde con las uñas planas y redondeadas. **(Hyla arborea).**

cálamo* **(calamus, quill).** Se emplea con la acepción literal: pluma del ave y con la especial, de *cañon de la pluma.* (Lat. **calamus,** pluma.) *Adj.* calamiforme.

calamón* **(Purple gallinule).** Ave zancuda marina europea del orden *Ciconiformes,* familia *Rallidae* **(Porphyrio porphyrio.)**

calandraca*. Cuba: especie de anélido marino poliqueto de cuerpo grueso y espinas tóxicas **(Hermodice carunculata).**

calandria* **(calander).** Ave canora europea del orden *Passeriformes,* familia *Alaudidae* **(Melanocorypha calandra).** //Ave sudamericana del orden *Passeriformes,* familia *Mimidae* **(Mimus saturninus).** // Puerto Rico: ave passeriformes de la familia *Icteridae* **(Icterus dominicensis portoricensis).**

cálano (krill). Crustáceo copépodo de los mares boreales que sirve de alimento a peces y ballenas **(Calanus finmarchicus).**

Calanoida. Un subgrupo de crustáceos copépodos marinos planctónicos que constituyen parte fundamental del alimento de muchos peces. (Der. del género **Calanus,** de etim. desconocida.)

cálao* **(Hornbill).** Nombre común a varias especies de aves coraciformes de las regiones etiópicas y oriental, caracterizadas por una cresta córnea en el culmen **(Rhytidoceros plicatus).**

calastrogastros. V. *Chalastrogastra.*

calavera* **(skull).** El esqueleto de la cabeza. (Lat. **calvaria,** cráneo.)

cálazo (chalaza). Según Font Quer este debe ser la grafía del vocablo *chalaza,* q.v.

calcáneo* **(calcaneus).** Hueso del tarso que forma el talón y donde se inserta el tendón de Aquiles. (Lat. **calcaneus.**)

calcañal* **(heel).** Parte posterior de la planta del pie. *Talón, astrágalo.* (Lat. *calcaneum.)*

cálcar* **(calcar).** Espuela. // Elevación en el piso de los ventrículos laterales del cerebro. // Hueso pequeño accesorio de la base del primer metatarso de algunos vertebrados. (Lat. **calc,** espolón.) // *c. avis,* una fisura de la parte superior media del cerebro.

Calcarea. Clase del fílum *Porífera.* V. *Calcispongiae.*

calcáreo (calcareous). Formado por cal. // Lo relativo a la cal. // Lo perteneciente a las rocas calizas. (Lat. **calcarius.**)

calcariforme (calcariform). Que tiene forma de espolón (lat. **calcar,** espuela; **+forma.**)

calcarino (calcarine). Lo perteneciente a la fisura llamada *calcar avis* de la superficie media del cerebro. (Lat. **calcar,** espolón.)

calci- (calci-). (Del lat. **calx, calcis,** cal.)

cálcico* **(calcic).** Perteneciente o relativo al calcio.

calcícola (calcicole). Que vive o prefiere un substrato calizo, como muchos caracoles. (lat. **calx, calcis,** cal; **-icola,** que habita.)

calcífero (calciferous). Que contiene o produce sales de calcio. (lat. **calx,** cal; **ferré,** llevar.)

calciferol (calciferol). Vitamina D_2, producida por irradiación del ergosterol.

calcificación* **(calcification).** Endurecimiento de un tejido por depósito patológico de sales insolubles, o por la incorporación de calcio en un cartílago en la formación normal del hueso. (Lat. **calx,** cal; **facio,** hacer.)

calcífico (calcific). // Que produce cal. // Que transforma los tejidos, tumores, etc. por depósitos de sales de calcio. (Lat. **calx,** cal; **facio,** hacer.)

calcífilo (calciphile). Se aplica a los organismos que se desarrollan en terrenos calizos. (Lat. **calx,** cal; gr. **philo,** amigo.)

Calcispongiae. Clase de fílum *Porífera.* Espículas calcáreas, monaxónidas o de 3 ó 4 radios. = *Calcarea.*

calcitonina (calnitonin). Hormona producida por los cuerpos último branquiales o células C de la tiroides, que inhibe la separación del calcio de los huesos y evita su acumulación excesiva en la sangre. (Lat. **calx,** cal; **tonus,** tensión.)

calcoblasto (calcoblast). Amibocito que, en las esponjas, manufactura espículas del carbonato de calcio. (Lat. **calx,** cal; **blastos,** brote.)

calcosferitas (calcospherites). Gránulos de carbonato de calcio en los tubos de Malpigio de algunos insectos. (Lat. **calx,** cal; **sphaera,** globo.)

cálculo* **(calculus)** Material pétreo formado en una cavidad orgánica, como la vesícula biliar, la vejiga urinaria, los conductos salivares, etc. (Lat. **calculus,** piedrecita.)

calcha* Chile: *cerneja.* // Pluma que tienen algunas aves en los tarsos (Arauc. **calcha,** pelos.)

calderón* **(black fish, pilot whale).** Cetáceo del suborden *Odontoceti,* especie de delfín de tamaño intermedio, de la familia *Delphinidae,* de hábitos muy sociables **(Globicephalus melas).**

calendario geológico (geological time table). Las principales divisiones de tiempos pasados de acuerdo con los acontecimientos geológicos, los sedimentos y los fósiles.

calic- (calyc-). (Del gr. **kalyx,** lat. **calyx,** el botón o cáliz de una flor, una copa.)

caliciforme* **(calyciform).** De forma de cáliz. (Lat. **calix,** copa; **+forma.**)

calicófilo (calicophilous). Que habita en terrenos de guijarros. (Gr. **akalix,** guijarro; **phylein,** amar.)

calicóforos. V. *Calycophora.*

calicreína (kallikrein). Enzima proteolítica hallada en la orina, páncreas y riñones, que pueden inducir "shock".

caliculada (caliculate). Se dice de la antena de los insectos cuyos segmentos, de forma de copa, están dispuestos uno dentro de otro. (Lat. **caliculus,** copilla.)

calículo (calyculus). Estructura pequeña en forma de copa o de brote. (Lat. **calyculus,** copilla.) c. gustatorio, un bulbo gustativo; // *c. oftálmico,* invaginación del bulbo óptico que desarrollará una retina.

caliche* **(barnacle).** Venez.: crustáceo de la subclase *Cirripedia.* **(Balanus sp.)**

californiana (californian). División zoogeográfica de la región neártica, que incluye California, Oregón, Washington y suroeste de Canadá.

Caligoida. Suborden de crustáceos copépodos marinos. Cuerpo deprimido, con el metasoma y urosoma distintos. Adultos parásitos en peces, mamíferos e invertebrados.

calima (calymma). Substancia cromática que envuelve los

cromonemas, actualmente considerada sinónimo de *cromatina.* // Zona vacuolar de la capa externa de ciertos radiolarios. (Gr. **kalymma,** cubierta.)

calimico **(Goeldi's monkey).** Rara especie de mono del alto Amazonas con características intermedias entre cébidos y calitrícidos. Familia *Cebidae* **(Callimico goeldi).**

calimmocito **(kalymmocyte).** Ciertas células de las ascidias que penetran en los óvulos después de la maduración. (Gr. **kalymma,** cubriendo.)

calipe **(calipee).** Substancia gelatinosa que llena los espacios interósicos del carapacho de la tortuga verde **(Chelonia mydas)** con lo que se prepara una sopa apreciada.

calípedes* **(sloth).** V. *perezoso.*

calíptero **(calypter).** Lóbulo membranoso situado en el ángulo posterior de cada ala en los insectos dípteros. También *tégula, escama, escamilla,* etc. (Gr. **kalypter,** una vaina o cubierta.)

caliptoblástico **(calyptoblastic).** Pólipo hidroideo en el cuál el gonóforo está protegido por una gonoteca. (Gr. **kalyptos,** escondido; **blastos,** botón.)

caliptobranquio **(calyptobranchiate).** Que tiene branquias no visibles al exterior. (Gr. calyptos, oculto; **branchia,** branquia.)

caliptopsis **(calyptopsis).** Un tipo de larva ósea característica de los eufasiáceos. (Gr. **kalyptos,** cubierto.)

caliptrado **(calyptrate).** Que está cubierto. // Se aplica a los dípteros provistos de halterios. (Gr. **kalyptos,** cubierto.)

calisozoos. V. *Chalysozoa* o *Ectoprocta.*

cáliz **(calyx).** Cavidad en forma de copa en una estructura animal. // Parte esquelética de los celenterados coralarios (=**polípero**). // Parte central del esqueleto de los equinodermos del subfilum *Pelamtozoos.* // Masa visceral de los entoproctos. // Cavidad de la pelvis renal. // ***c. gustativa,*** terminación nerviosa del gusto alojada en una depresión o copilla. // ***c. ovígero,*** dilatación del oviducto en ciertos insectos. *Adj.* ***caliciforme.***

calona **(chalone).** Una secreción interna de acción inhibidora, como la enterogastrona. (Gr. **chalao,** relajador.)

calóptero. Se dice del animal que tiene hermosas alas. (Gr. **kalos,** bello; **pteron,** ala.)

caloricidad **(caloricity).** La facultad que tienen algunos animales de mantener un cierto grado de calor. (Lat. **calere,** estar caliente.)

calorigénico **(calorogenic).** Que tiene la facultad de producir y mantener calor. (Lat. **calor,** calor; **genere,** producir.)

calostro* **(colostrum).** Primera leche de la hembra de los mamíferos después de parida. (Lat. **colostrum.**)

calota **(calotte).** La parte superior del cráneo. // El conjunto de células polares en ciertos mesozoos. // Un disco en las larvas de los briozoos. (Fr. **calotte,** gorra; el domo del cráneo.)

cals **(calx).** *Talón.* (Lat. **calx,** piedra pequeña.)

calvario* **(calvarium).** El domo del cráneo en los antropoides, situado sobre los ojos, orejas y protuberancia occipital. (Lat. **calvarium,** el cráneo.)

Calycophora. Suborden del fílum *Siphonophora.* Los pólipos están dispuestos en un tallo largo y tienen copillas natatorias. (Gr. **kalyx, kalykos,** un cáliz o copilla.)

Calyptoblastea. Un orden de celenterados hidroideos. Ver *Leptomedusae.*

Calyptomera. Un suborden de crustáceos del orden *Cladocera.* Cuerpo cubierto por una concha bivalva, bolsa dorsal incubadora, patas foliáceas. (Gr. **Kalyptos,** cubierto; **meros,** parte.)

Calyptratae. Un grupo de familias de insectos dípteros. Poseen una costura en el segundo segmento antenal. (Gr. **kalyptra,** una cubierta.)

Calyssozoa. El fílum llamado también *Entoprocta* o *Kamptozoa.*

calzado **(booted).** Se aplica a las aves que tienen los pies cubiertos por placas córneas levantadas. (De calzar).

Callionymoidea. Un suborden de peces del orden *Perciformes.*

callo* **(callus).** La interpretación usual, empleada para indicar el endurecimiento de la superficie externa de una estructura. (Lat. **callum,** callo o dureza.) *Adj.* calloso.

callosidad **(callosity).** Endurecimiento del tegumento en varias regiones de la piel de los mamíferos. (De **callo.**) // ***c. isquiáticas,*** cada una de las dos excrecencias existentes en la región glútea de los monos cercopitecoideos. // ***c. plantares,*** endurecimiento de la planta de los pies de los mamíferos . // ***c. cubitales*** , endurecimiento en el codo de los camellos.

calloso **(callose).** Que tiene callosidades. // Que pertenece al cuerpo calloso. (Lat. **callosus,** duro.)

cama* **(cultch).** Conjunto de conchas, piedras y otros residuos empleados por los ostricultores como substrato para el crecimiento de las ostras. (Lat. **cama,** por camba.)

camachuelo* **(bulfinch).** Ave europea del orden *Passeriformes,* familia *Fringillidae,* de vivos colores (Pyrrhula pyrrhula).

camada* **(brood).** Todos los hijos que tienen a la vez los animales. *Cría.*

camaleón* **(chameleon).** Nombre común de varias especies de reptiles del suborden *Sauria,* familia *Chamaeleontidae,* notables por su cambios de coloración y por su lengua extremadamente protráctil. **(Chamaeleon sp.)** // Cuba: se aplica a varias especies de reptiles de la familia *Iguanidae,* especialmente del género *Anolis.* V. *chipojo.*

Camallanina. Un suborden de nematodos del orden *Spirurida.* Tienen glándulas esofágicas uninucleadas, fásmidos en el estado larval grandes. Sus hospedantes intermedios son copépodos. **(Dracunculus medinensis).**

camao **(ground pigeon).** Cuba: paloma silvestre llamada también *azulona* **(Geotrygon caniceps).** (Voz **indígena.**)

camanay **(booby).** Perú: ave palmípeda marina del orden *Pelencaniformes* **(Sula nebouxii.)**

cámara* **(chamber, camara).** Término usual con el que se indica un espacio o hueco (Lat. **camara,**) // ***c. acuosa,*** espacio del ojo que contiene el humor acuoso, dividido por el iris en cámara anterior y cámara posterior. // ***c. aeríferas,*** compartimientos llenos de gas en la concha de los Nautilus. // ***c. anterior,*** la cavidad anterior del ojo, entre la córnea y el iris, llena del humor acuoso. // ***c. atrial,*** v. *cavidad atrial.* // ***c. branquial,*** una cavidad formada por el carapacho de los crustáceos, que rodea las branquias. // La gran faringe de los tunicados cuyas paredes están perforadas por numerosas hendiduras. // ***c. cardiaca,*** parte del estómago en los crustáceos decápodos. // ***c. cloacal,*** v. *cavidad atrial.* // ***c. del corazón,*** nombre de las cavidades de las aurículas y ventrículos. // ***c. epibranquial,*** v. *cámara suprabranquial.* // ***c. flagelífera,*** una de las muchas cavidades de las esponjas, tapizada por coanocitos. // ***c. genital,*** espacio que, en los cefalocordados, rodea las gónadas. // ***c. incubadora,*** porción ensanchada de las branquias en algunos bivalvos de agua dulce en donde se fijan los huevos. // ***c. nupcial,*** agujeros pequeños que hacen la pareja de termites al comienzo de una nueva colonia. // ***c. ocular*** del ojo, en el que un sistema de lentes que hacen convergir los rayos luminosos en una retina sensible. // ***c. ovígera,*** folículo en los ovarios de los insectos // *c. peribranquial,* espacio entre las aberturas branquiales de los tunicados y la cámara atrial. // ***c. pilórica,*** la parte posterior del estómago en los crustáceos malacostráceos, donde se aloja el molino gástrico. // ***c. posterior,*** la mayor cavidad del ojo, situada entre el cristalino y la retina, llena del humor vítreo. // ***c. suprabranquial,*** espacio que se separa de la cavidad palial en algunos bivalvos y se continúa en el sifón exhalante. // ***c. vibrátiles,*** v. *cámaras flagelíferas.*

camarilla* **(coterie).** Un grupo social de animales que defienden su territorio contra la invasión de otros grupos similares. (Dim. de **cámara.**)

camaro, camarón* **(shrimp).** Nombre común a varias especies de crustáceos decápodos macruros, pero especialmente los marinos del género *Penaeus* y los de agua dulce del género *Palaemonetes.* // En Cuba y Puerto Rico dan ese nombre a los de agua dulce del género *Macrobrachium.* // Cuba: crustáceo fluvial del género *Cambarus.* (Lat. **cammarus, gr. kammaros.)**

Camarodonta. V. Orden de *Echinoidea.* Concha rígida, branquias externas, dientes aquillados. (Gr. **kamara,** cámara; **odoues,** diente.)

camaronero*. V. *martin pescador,* ave.

camata. Venez.: ave del orden *Galliformes,* familia *Cracidae* **(Penelope argyrotis).**

Cambalida. Un orden de diplópodos *Juliformia.*

cámbara*. V. *centolla,* cangrejo.

cámbaro* **(crab).** España: Especie de cangrejo marino comestible de color verde **(Cancer sp.).** // El cangrejo *centoya.*

Cambriano* **(Cambrian).** Se dice del primero de los periodos geológicos de la Era Paleozoica, caracterizado por el desarrollo de los invertebrados marinos. (Ing. **Cambria,** nombre antiguo del país del Gales.)

Cambrico*. = *Cambriano*

camélido* **(camelid).** Nombre común a cualquier especie de rumiante de la familia *Camelidae,* como los camellos, las llamas, etc.

camelopardal (cameloparda). *Jirafa.* (Lat. **camelus,** camello; **pardalis,** leopardo.)

camella* **(female camel).** Hembra del camello. // ***c. del mar,*** nombre que dan en Arabia al *dugón* o dudongo, q.v. (Ar. **naga del bahar.)**

camello* **(camel).** Nombre común a las dos especies de rumiantes de la familia *Camelidae* que habitan partes de Asia y Africa. // ***c. árabe,*** el camello de una sola giba, también denominado *dromedario* **(Camelus dromedarius).** // ***c.bactriano,*** especie de camello de dos jorobas y pelo largo, de las altiplanicies asiáticas **(Camelus bactrianus).** (Lat. **camellus;** ar. **gamal;** gr. **kamelos.)**

camera*. Colombia: una especie de roedor silvestre. (Dicción.)

cameración (cameration). La división de una estructura en cierto número de cámaras separadas. (Lat. **cameratio,** vaulting.)

Camerata. Orden de los equinodermos crinoideos caracterizado por la presencia de una *cúpula,* q.v.

camerostoma (camerostome). Abertura a través de la cual se proyecta la cabeza en algunos ácaros. (Gr. **Kamara,** camara; **stoma,** boca.)

camoatí* **(a bee).** Abeja sudamericana del género *Polybia.*

campana* **(bell).** La cápsula o pared de ciertos órganos que tienen dicha forma. *Adj.* campaniforme*. (Lat. **campana.)** ***c. de Haller,*** // c. natatoria, estructura dispuesta para la natación, en forma de umbela, en las colonias de ciertos sifonóforos. // ***c. timpánica,*** la caja del tímpano de los reptiles. // ***c. uterina,*** estructura en forma de campana que se haya en las hembras de algunos vermes nematodos, que comunica con el celoma y el útero.

campanero* **(bellbird).** Venez.: ave del orden *Passeriformes,* familia *Cotingidae* **(Procnias averano).** Nombre que alude al sonido de su voz.

campanilla* **(uvula).** V. *úvula.* // Cuba: ranita del género *Eleutherodactylus.*

campánula (campanula) Estructura en forma de campana pequeña. (Lat. **campanula,** dim. de **campana.)** // ***c. de Haller,*** expansión del proceso falciforme en el cristalino de muchos peces.

Campanulariae. Orden de celenterados. V. *Leptomedusae.*

campañol* **(vole).** Nombre que se le da a varios mamíferos roedores de la familia *Cricetidae* que viven en galerías cerca de estanques. Se aplica es especial a la llamada *arvícola de las nieves,* que vive en los Alpes, los Pirineos y otras montañas europeas **(Microtus nivalis).**

campéfilo (ivory billed woodpecker). Especie de pájaro carpintero de gran tamaño y plumaje negro con moño rojo. Vive en los Estados Unidos y Cuba **(Campephilus principalis.)**

campilopegmato* **(campylopegmate).** Dícese de un tipo de aparato braquial de los braquiópodos terebratuláceos en el que las cruras están unidas por una lámina en forma de lazo. (Gr. **kampylos,** curvado; **pegma,** lo que está unido.)

campo* **(field).** Cada una de las áreas que, en las alas de los insectos, está limitada por las nervaduras principales. (Lat. **campus.)** // ***c. blastémico,*** territorio en el cual un agente morfogenético actúa de manera coordinada en el desarrollo embrionario, = *campo de individuación;* // ***c. de Conheim,*** grupos de fibrillas contráctiles longitudinales en los músculos estriados.

campodeiforme (campodeiform). Larva de ciertos insectos que tiene la forma de los adultos de la familia *Campodeidae,* orden *Thysanura.*

campto- (campto-). (Del gr. **kampto,** curvar, arquear, flexar.)

camptótrico (camptotrichial). Se dice de los radios flexibles de las aletas en ciertos peces primitivos. (Gr. **kamptos,** flexible; **thrix,** pelo.)

camptozoos. V. *kamptozoa.*

camuatí (wasp). Argent.: especie de avispa social que hace nidos globosos **(Polybia scutellaris).**

camuflaje* **(camouflage).** Disfraz resultante de la coloración, la forma o la combinación de carácteres que ocultan a un organismo confundiéndole con el fondo. Puede ser útil tanto a los animales depredadores como a las presas. (Fr. **camouflage,** disfraz.)

camungo*. V. *Chajá,* ave.

camuza*. *Gamuza,* mamífero.

can* **(dog).** *Perro.* especialmente el doméstico. (Lat. **canis.)**

canacuate. Méx.: cierta serpiente acuática de gran tamaño. (Azteca: canautti, pato; coatt, culebra.)

canagüey. Puerto Rico: dícese del color de algunas aves, especialmente de los gallos blancos y rubios. (Voz **indígena, H.A.)**

canal* **(canal).** Cavidades alargadas o tubulosas que comunican dos estructuras. (Lat. **canalis,** der. de **canna,** caña.) V. también los términos *conducto, tubo,* que se intercambian en ciertas estructuras anatómicas. // ***c. adradiales,*** canales gastrovasculares que, en algunas medusas, se extienden radialmente hasta el canal circular. // ***c. alimenticio,*** un tubo o cavidad en un animal relacionado con la digestión y absorción de los alimentos. // ***c. alisfenoideo,*** un tubo por el que pasa la carótida externa a través del hueso alisfenoides. // ***c. ambulacral,*** cada uno de los tubos que conducen al agua del canal circular hasta los pares de pies ambulacrales en los equinodermos. // ***c. auditivo,*** conducto que, en el oído de los mamíferos, comunica el pabellón con la membrana del tímpano. // ***c. branquial,*** el canal situado en los brazos orales de los escifozoarios. // ***c. carotídeo,*** el pasaje por donde entra la carótida interna en el cráneo. // ***c. central,*** el canal cerebrospinal de la médula espinal de los vertebrados. // ***c. centrípedos,*** tubos ciegos que se extienden hacia atrás, desde el canal curcular de ciertas traquimedusas. // ***c. circular,*** canal que rodea la boca en el sistema hidrovascular de los equinodermos. // Canal en el borde de las medusas. // ***c. coclear,*** v. *rampa coclear.* // ***c. deferente,*** conducto excretor del testículo. // ***c. de Gärtner,*** estructura formada por los rudimentos mesonéfricos de los vertebrados amniotas. // ***c. de Havers,*** canales longitudinales vasculares de los huesos. // ***c. de Köliker,*** un canal que va desde el otocisto al exterior. // ***c. de Kuptter,*** rama del conducto mesonéfrico procedente de unidades metanéfricas. // ***c. de Laurer-Stieda,*** un canal desde el oviducto a la superficie dorsal en algunos trematodos. // ***c. de Leuckart,*** canal utero-vaginal. // ***c. de nacimiento,*** colectivamente la continuación del útero, la vagina y la vulva. // ***c. de Petit,*** =*spatia zonularia.* // ***c. de Schlemm,*** canal circular cerca de la unión esclero-corneal. // ***c. de Volkmann,*** canales en los huesos que conducen los vasos sanguíneos de la periferia a los canales de Harvers. // *c. de Williamson*, tubo que penetra en los dentículos de las escamas ganoideas. // *c. de la arena*, canal pétreo. // *c. digestivo**, tubo digestivo. // *c. endolinfático*, evaginación dorsoventral del otocito que se une con el sáculo del oído interno. // *c. epineurales*, tubillos que, en los equinodermos, se encuentran entre los nervios radiales y la dermis. // *c. escurrente*, canal radial. // *c. espinal*, canal neural. // *c. ginecofórico*, surco ventral en los machos de los trematodos del género *Schistosoma* en donde se aloja la hembra. // *c. hermofrodita*, tubo que conduce espermas y óvulos en los moluscos pulmonados. // *c. hialoide*, canal estrecho a través del humor vítreo, desde la lente al punto ciego. // *c. hidróforo*, canal pétreo o de la arena. // *c. hipofisiario*, tubo que se abre en el saco olfativo de los peces ciclóstomos. // *c. incurrente*, uno de los numerosos tubos que en las esponjas llevan agua del exterior a las cámaras flagelíferas. // *c. interradiales*, canales que se extienden de la cavidad gastrovascular de los celentéreos hasta el canal circular. // *c. madrepórico*, v. *canal pétreo* o *hidrofórico*. // *c. marginal*, canal formado por la unión de los conductos mesonéfricos que se dirigen a los testículos. // *c. medular*, depresión en la línea dorsal del tubo neural embrionario. // la cavidad de los huesos largos. // *c. meridional*, uno de los ocho canales dispuestos axialmente en los tenóforos. // *c. mesonéfrico*, el útero embrionario. // *c. mucoso*, la línea lateral en la superficie de la cabeza en los peces. v. *línea lateral* y *ámpulas de Lorenzini*. // *c. nasohipofisiario*, tubo que comunica la abertura nasal con el saco olfativo en los peces ciclóstomos. // *c. neural*, la cavidad del sistema nervioso embrionario. // *c. neurentérico*, remanente del blastóporo entre el arquenterio y el canal ventral. // *c. pardos*, un par de órganos situados dorsalmente en el extremo posterior de la faringe de los *Amphioxus*. // *c. pericardioperitoneal*, comunicación entre la cavidad perocárdica y la peritoneal en los peces condrictios. // *c. perradial*, uno de los canales radiales de las medusas. // *c. pétreo*, tubo que comunica el sistema hidrovascular de los equinodermos con la madreporita. // *c. porales*, túbulos espirales que pasan a través de la cutícula, pero no de la epicutícula de los insectos. // *c. radial*, canal que irradia del celenterón de las medusas. // *c. radiantes*, canales temporales diminutos asociados con las vacuolas contráctiles de ciertos protozoos ciliados. // *c. radicular*, conducto en las raíces dentarias por donde penetran los nervios y vasos sanguíneos. // *c. semicirculares*, diminutos tubos semicirculares dispuestos en las tres dimensiones de espacio dentro del oído interno de la mayoría de los vertebrados, que funcionan como detectores del equilibrio y de la posición. // *c. suborbitario*, la parte de la línea lateral en los selacios que se extienden bajo los ojos. // *c. supraorbitario*, la parte de la línea lateral que, en los selacios, se extienden sobre los ojos. // *c. tentacular*, canal que parte del canal perradial y llega a la base de los tentáculos en los tenóforos. // *c. torácico**, el gran vaso linfático que desemboca en la vena subclavial izquierda. // *c. urinario*, tubo que comunica la vejiga urinaria con la cloaca de los monotremas. // *c. venenoso*, conducto entre el estilete y las lancetas en los himenópteros picadores. // *c. vertebroarterial*, tubo formado por la continuación de los agujeros transversos o vertebroarteriales en la región cervical de los tetrápodos. // *c. vestibular*, v. *rampa vestibular*, región del oído interno.

canaliculado (**canaliculate**). Que tiene canales o surcos pequeños. (De **canal.**)

canalículo (**canaliculus**). Un canal diminuto. (Lat. dim. de **canalis.**) Cada uno de los canales pequeños en el sistema de canales de Havers de los huesos. // *Adj.* *canalicular.* // *c. renales*, túbulos renales o nefrones, q.v.

canaliforme (**canaliform**). Que tiene forma de canal. (Lat. **canalis, canal;+forma.**)

canario* (**canary bird**). Natural de las Islas Canarias. Se aplica al pájaro canoro doméstico bien conocido (**Serinus canarius.**) // Puerto Rico, ave de la familia *Thraupidae* (**Tanagra musica sclateri**). // *c. de mangle*, nombre dado a un ave de Puerto Rico que pertenece a la familia *Parulidae* (**Dendroica petechia cruciana**).

canastera (**patrincole**). Ave vadeadora europea del orden *Charadriiformes*, familia *Glareolidae* (**Glareola pratincola**).

canasto marino (**basket star**). Equinodermo de la clase *Ophiuroidea*, de brazos ramificados (**Astrophyton muricatum**). También *cáncer de mar* y *cabeza de medusa*.

cáncano* (**louse**). V. *piojo humano*, insecto.

cancelado (**cancellate**). De estructura esponjosa, entrecruzada o reticulada. (Lat. **cancellatus.**)

cáncer* (**cancer**). Tumor maligno. // Cangrejo. (Lat. **cancer,** cangrejo, tumor.) // *c. de mar*, nombre común antillano a varias especies de ofiuroideos del orden *Euryalae* (**Astrophyton muricatum**).

canceriforme* (**cancerous**). De forma parecida a la de un cáncer. (Neolat. **cancriforme.**)

cancriforme, De forma de cangrejo. V. *canceriforme*.

cancrisocial (**cancrisocial**). Se aplica a los comensales con los cangrejos. (Lat. **cancer,** cangrejo; **socius,** socio.)

cancroide* (cancroid). Tumor parecido al cáncer.

cancroideo*. V. *cancroide*.

candelabro (**candelabrum**). Espícula de las esponjas tetraxónidas que están provistas de radios ramificados. // Nombre común a especies de madréporas ramificadas, como *Acropora cervicornis*.

candelilla* (**American redstart**). Cuba: ave residente invernal del orden *Passeriformes*, familia *Parulidae* (**Setophaga ruticilla**). // Luciérnaga. (Lat. **candela,** cirio, flama.)

candelita* (**American redstart**). Puerto Rico: v. *candelilla*, ave.

candil*. Cuba: pez marino del orden *Beryciformes*, familia *Holocentridae*, género **Ostichthys** y *Myripristis*. // Rama de las cuernas de los ciervos. (Lat. **candela,** cirio.)

candirú. Pez fluvial sudamericano de la familia *Trichonyeteridae* (**Vandellia cirrhosa**), que penetra en los genitales de los humanos cuando se bañan en los ríos.

canero. Perú: pez fluvial de pequeño tamaño y muy delgado que se introduce por las aberturas naturales de los bañistas provocando graves lesiones (**Vandellia plazai**).

cangrejero. El que coge o vende cangrejos. // Cuba: el *gavilán batista*, del orden *Falconiformes*, familia *Accipitridae*, que se alimenta de cangrejos *(Buteogallus gundlachi)*. // Guatemala: mamífero carnívoro de la familia *Canidae* que se alimenta de cangrejos.

cangrejo* (**crab**). Nombre común a varias especies de crustáceos decápodos. // España: el decápodo macruro de agua dulce (**Astacus fluviatilis**). // Antillas: nombre común a varias especies de crustáceos braquiuros, marinos y terrestres. (Lat. **cancriculus,** dim. de **cancer.**) // *c. araña*, nombre de varias especies de cangrejos de la serie *Oxyrhyncha*, notables por su carapacho aguzado y sus largas patas (**Stenorhynchus** *sp.)* // *c. ladrón*, especie de crustáceo decápodo anomuro de la oceanía que sube los cocoteros para hacer caer los cocos (**Birgus latro**).

cangüeso*. Pez acantopterigio de mar, de color pardo aceitunado con manchas obscuras, cabeza ancha y cola redondeada. (Dicc.)

canguro* (**kangaroo**). Nombre de varias especies de marsupiales australianos saltadores del género *Macropus* y sus vecinos (**Macropus giganteus**). (Austral.: **kanguru,** allá va.)

caníbal* (**cannibal**). Se aplica en zoología a los animales que devoran los de su especie. (Voz **caribe.**)

canibalismo* (**cannibalism**). La antropofagia atribuída a los indios caribes. // La acción de comer animales de su especie, sea normal, accidental o patológicamente.

caniche (**poodle**). Raza de perros lanudos, originalmente de caza, pero ahora de adorno. Se le esquila la parte posterior del cuerpo.

cánido* (**canidae**). Nombre dado a los animales que se semejan al perro: lobo, zorro, chacal. (Lat. **can,** perro.)

canilla (**cannon bone**). Cualquiera de los huesos largos de la pierna o del brazo. (Lat. **cannella,** dim. de **canna,** caña.)

canindé (**macaw**). Nombre común del guacamayo azul y amarillo (**Ara ararauna**).

canino* (canine). Lo relativo al can. // Que se parece al perro. // *Sust.* El diente agudo llamado también *colmillo* situado entre los incisivos y los premolares. // Uno de los músculos elevadores del ángulo de la boca. (Lat. **canis.**)

canna. Antílope de Africa meridional, de cuernos rectos con una quilla espiral **(Oreas orca).**

cano* (hoary). Canoso, que tiene canas o de aspecto canoso. (Lat. **canus.**)

Canoidea. Superfamilia de mamíferos en el orden *Carnivora*, suborden *Fissipedia.* V. *Arctoidea.*

canon* (canon). Una regla o ley. // *c. de Morgan*, principio que afirma que las actividades de los animales debieran ser interpretadas en términos de los más simples procesos mentales.

canoso* (hoary). Que tiene canas.

canquén (a wild goose). Sudamér.: *cauquén*, ganso silvestre que tiene la cabeza y el cuello cenicientos, el pecho, plumas y cola bermejos, y las patas negras y anaranjadas **(Chloephaga poliocephala).**

cantal (canthal). Que pertenece al *canto* del ojo, q.v. (Gr. **kanthos**, el ángulo del ojo.)

cantarera*. Hueso supraclavicular.

cantárida* (Spanish fly). Insecto coleóptero de la familia *Meloidae*, empleado como vejigatorio **(Lytta vesicatoria).**

cantaridina (cantharidin). Substancia muy vesicante que se extrae de los fluidos orgánicos de la cantárida y de otros coleópteros de la familia *Meloidae.*

Cantharoidea. Una superfamilia de insectos coleópteros.

canto* (canthus). Se dice de los ángulos interno y externo en la comisura de los párpados. (Gr. **kanthos**, esquina de los ojos.)

caña* (cannon bone). La canilla o hueso de la pierna en los mamíferos. // Cualquier hueso largo y hueco de los mamíferos. (Lat. **canna.**)

cañabota. El tiburón llamado *marrajo*, q.v.

cañadilla* (purple shell). Múrice, molusco marino europeo espinoso de la calse *Gastropoda*, familia *Muricidae* (Murex brandaris).

cañón* (quill). La pluma de las aves cuando empieza a nacer y la parte de la misma desprovista de barbas. // La parte recia de las barbas humanas, junto a la raíz.

cao* (crow). Cuba: especie de *cuervo.* Orden *Passeriformes*, familia *Corvidae* **(Corvus nassicus). (Voz indígena.)**

capa* (guard hairs). Los pelos gruesos que forman la capa externa del pelaje en muchos mamíferos. // La connotación usual del vocablo. // *c. aporcelanada*, capa caliza externa de la concha de los moluscos formada por prismas de calcita. // *c. córnea*, el estrato de la piel de los vertebrados, formado por células muertas. // *c. cutígera*, v. *dermatomo*, // *c. de discontinuidad* = *Termoclinal.* // *c. de Henle*, un estrato de células cúbicas en la vaina de los folículos pilíferos. // *c. de Huxley*, una capa interna de células que rodea la caña del pelo en el folículo. // *c. de Langerhans*, citotrofoblasto. // *c. de Malpigio*, capa basal de la epidermis o *red de Malpigio.* // *c. de Rauber*, capa celular del trofoblasto de los mamíferos situada inmediatamente sobre la placa embrionaria. // *c. esclerógena*, faja de esclerótomos a lo largo del tubo neural. // *c. germinal*, cada una de las dos o tres capas de células embrionarias de donde derivan los tejidos. // *c. molecular*, capa externa de la corteza cerebral, la capa plexiforme; // *c. monomolecular*, una lámina de un compuesto orgánico en la interfase entre aire y agua o entre aceite y agua, ácidos, grasos, proteínas y algunos alcoholes comúnmente forman esa capa. Ocurre naturalmente en la superficie de lagos. // *c. del manto*, una capa de la médula espinal que representa las futuras columnas grises. // *c. trofolítica*, estrato en el fondo de los lagos en donde los detritos orgánicos son mineralizados por acción microbiana.

capacho (Puerto Rican grossbeak). Puerto Rico: ave nativa del orden *Passeriformes*, familia *Fringillidae* **(Loxigilla portoricensis).** // Puerto Rico: V. *querequeté*, ave.// España: *chotacabras*, ave.

capacidad vital (vital capacity). La cavidad máxima de aire en los pulmones humanos.

caparachón*. Cuba: *caparazón.*

caparazón* (Carapace). *Carapacho.* // El esqueleto del ave quitadas en la cabeza, el cuello y las extremidades. // Exoesqueleto de algunos animales, como ciertos crustáceos, equinodermos y quelonios. V. *concha. (De* **capa.)**

caparra* (tick). *Garrapata*, ácaro.

caparro* (wooly monkey). Mono lanudo de color grisáceo. Familia *Cebidae.* **(Lagothrix lagotricha).**

capasurí*. Costa Rica: venado que tiene las cuernas cubiertas por la piel.

capelán*. Pez de la familia *Salmonidae* de los mares septentrionales, de color verde oscuro, con las aletas muy grandes; se usa como cebo para la pesca del bacalao **(Mollotus villogús).**

capibara (capybara). Argent.: mamífero sudamericano de hábitos acuáticos, del orden *Rodentia*, familia *Hydrochoeridae.* El mayor de los roedores vivientes. **(Hydrochoerus hydrochoerus).** También *capincho, chigüiro*, etc. (Voz **Guaraní).**

capiguara*. Variante de *capibara*, roedor.

capiláceo (capillaceous). *Capilar.* Que pertenece o que tiene la forma de un cabello. (Lat. **capillus**, cabello.)

capilar* (capilar). Lo relativo a los capilares. // Se aplica a la humedad entre las partículas del suelo. (Lat. **capillus**, cabello.) // *c. aéreos*, túbulos diminutos que en el pulmón de las aves se anastomosan y comunican con los parabronquios. // *c. bilares*, tubillos anastosomados situados entre las células hepáticas, que conducen la bilis a los conductos biliares mayores. // *c. linfáticos*, tubos muy finos, ciegos en sus extremos libres que drenan los espacios tisulares y comunican con los vasos linfáticos.

capilla* (hood). Capucho sujetado al cuello de las capas y gabanes. (Lat. **capella.**) Estructura de ciertos animales que rodea la boca o la parte anterior del cuerpo, como en los cefalocordados.

capincho*. V. *capibara*, roedor.

capitado (capitate). Ensanchado en la extremidad. // *Sust.* El tercer hueso carpal. (lat. **caput**, cabeza.)

capitélidos (capitellids). Organos peculiares de la nuca de ciertos anélidos situados en tallos protráctiles, semejantes a los rinoforos de algunos moluscos de función quimiorreceptora. (Lat. **caput**, cabeza.)

Capitelliformia. Un orden de anélidos poliquetos. Prostomio cónico sin procesos posteriores.

capitán (Puerto Rican yellow-shouldered black bird). Puerto Rico: ave nativa del orden *Passeriformes*, familia *Icteridae* **(Agelaius xanthomus).**

capitiforme. De forma parecida a la de una cabeza humana. (Lat. **capitiformis.**)

capítulo* (capitulum). Protuberancia ósea. // La parte de los cirrípedos incluida en el manto. // La porción anterior de la cabeza de las garrapatas. (Lat. **capitulum, dim. caput**, cabeza.)

capón* (capon). El gallo castrado. (Lat. **capo, caponis.**)

capr-. (Del lat. **caper**, una cabra.)

caprélido. Se aplica a los crustáceos marinos anfípodos de la familia *Caprellidae.*

Caprellida. Un suborden de crustácoes anfípodos. Cuerpo alargado. encorvado, con seis segmentos torácicos libres: (Lat. **caprella, dim. de capra**, cabra.)

capricornio* (capricornus). Además de su connotación mitológica, el nombre se aplica a ciertos rumiantes asiáticos intermedios entre cabras y antílopes.

caprificación. (caprification). El proceso de polinización de la higuera silvestre por insectos de la familia *Cynipidae*, género *Blastophaga.* (De **caprificus, cabra higo.**)

Caprimulgiformes. Un orden de aves que incluye las chotacabras guabairos, etc. Pico corto, boca ancha marginada por plumas cerdeñas. Piernas y pies pequeños y plumaje suave. Son crepusculares. (Del género **Caprimulgus.**)

caprino* **(pertaining to the goat).** *Cabruno.* Se aplica al ganado de la cabra.

caprípede*. *Caprípedo.*

caprípedo* **(goat footed).** Que tiene pies de cabra.

Capsaloidea. Un orden de platelmintos del orden *Monogenea.*

cápsula* **(capsule).** Membrana en forma de bolsa que encierra una cavidad o un órgano. (lat. dim. de **capsa**, caja.)*Adj.* capsular. // ***c. auditiva,*** región en el cráneo de los vertebrados que encierra el órgano del oído. // ***c. cefálica,*** el cráneo de los insectos. // ***c. craneal,*** la parte de la cabeza que rodea el cráneo; // ***c. de Bowman,*** vesícula del nefrón en donde se alojan los glomérulos de Malpigio. // ***c. de Glisson,*** cápsula fibrosa que abarca la arteria hepática, la vena porta, los conductos biliares y los vasos linfáticos. // ***c. de Tenon,*** membrana que rodea el glóbulo ocular desde el nervio óptico hasta la región ciliar. // ***c. glomerular,*** v. *cápsula de Bowman.* // ***c. incubatriz,*** pliegue que, en los quistes hidáticos, contiene muchos escólices de tenias, // ***c. nasal,*** la parte del condrocráneo que incluye los órganos nasales. // ***c. olfativas,*** v. *cápsulas nasales.* // ***c. óptica,*** estructura que rodea el ojo en el desarrollo del condrocráneo. // ***c. ótica,*** la porción lateral del condrocráneo que rodea el oído interno = *c. auditiva.* // ***c. polar,*** estructura en las esporas de ciertos esporozoarios que contienen generalmente un filamento espiral que les sirve de anclaje. // ***c. renal,*** envoltura resistente de tejido conjuntivo que rodea cada riñón. // ***c. sensoriales,*** nombre común a las estructuras sensoriales en el condrocráneo: ópticas; óticas y nasales. // ***c. sinovial,*** o bolsa que contiene el líquido sinovial. // ***c. suprarrenales,*** las *glándulas suprarrenales.* // ***c. urticante,*** el nidocisto de los nidoblastos en los celentéreos. ***c. uterina,*** porción desprendida del útero de los cestodos, que contiene varios embriones.

captáculo (captaculum). Cada uno de los tentáculos contráctiles y ciliados con puntas ensanchadas situados alrededor de la boca en los moluscos de la clase *Scaphopoda.* (Lat. **captus**, capturado.)

Captorhinomorpha. Un suborden de reptiles en el orden *Cotylosauria.*

capuchino* **(capuchin).** Nombre común a varias especies de monos americanos de la familia *Cebidae* y, en especial, a *Cebus capucinus.* (Ital. **cappuccino.**)

capuchón oral (oral hood). Capa del tegumento que, en los cefalocordados, rodea la cavidad bucal.

capul* **(dragon fly).** Colomb.: *libélula.*

cápulo* **(cap-shell).** *Capúlido*.* Molusco gasterópodo marino de concha cónica en forma de gorro. Familia *Capulidae.* (En las Antillas, **Capulus intortus.**)

capullo* **(cocoon).** Cubierta mucosa que envuelve los huevos de varios invertebrados, como la lombriz de tierra. // Una cubierta de hilos de seda con la que muchos insectos (gusanos de seda) se envuelven y pasan el estado pupal. V. *crisálida.* // Prepucio. (Lat. **cappubulum**, de **cappa.**)

caput (caput). Cabeza o ensanchamiento terminal de una estructura. // ***c. caecum coli,*** un nombre antiguo para el ciego intestinal. // ***c. epididymus,*** ensanchamiento del epidídimo. (Lat. **katina** que significa cabeza.)

caquexia* **(cachexia).** Alteración intensa de la nutrición debida a causas diversas. (Gr. **kachexia**, mala constitución.)

cara* **(face).** La parte anterior de la cabeza en el hombre, y, por extensión, de algunos animales. // El frente de alguna estructura orgánica. // Rostro, hocico, jeta. (Lat. **cara.**)

Carabaeoidea. Superfamilia de insectos del orden *Coleoptera.*

carabalí*. Cuba: especie de jutía arbórea, roedor de la familia *Capromyidae* de rabo largo, peludo y prensil (**Capromys prehensilis**).

caracará (caracara). *Caracara, caraira, carancho* Ave falconiforme, familia *Falconidae* de la América tropical (**Polyborus sp.**).

caracatey* **(night hawk).** Cuba: el ave mejor conocida por *crequeté* y *querequeté.*

caracino, Dícese de los peces fluviales de América tropical y de Africa, de la familia *Characinidae.* No los hay de las Antillas. Muchas especies son comestibles, entre ellas la piranha (**Serrasalmus sp.**)

caracol* **(snail).** Nombre común a los moluscos gasterópodos de concha espiral. (se relaciona con lat. **scarabaeus**, escarabajo.)

caracola* **(triton shell).** Caracol marino europeo de gran tamaño y forma cónica alargada empleado como trompa. En las Antillas la especie correspondiente es *Charonia variegata.*

caracolejo*. Dim. de *caracol.*

caracolera (redeer sunfish). Puerto Rico: pez de agua dulce de la familia *Centrarchidae*(**Lepomis mucrolophus**) introducido de Norteamérica para combatir el caracol *Biomphalaria glabrata.*

caracolero* **(oyster catcher).** Puerto Rico: v. *ostrero.* // Cuba: especie de gavilán que come caracoles fluviales del género *Pomacea* (**Rosthramus sociabilis**).

carácter* **(character).** Un rasgo o atributo que distingue un organismo // ***c. adquiridos,*** modificaciones estructurales o funcionales llevadas a cabo durante la vida del organismo debido a la acción ambiental o a traumas o enfermedades. // ***c. cariológico,*** un carácter que depende del número o estructura de los cromosomas. // ***c. cenogenéticos,*** procedimiento del desarrollo modificado por la adaptación. // ***c. distintivo,*** el que permite reconocer de una manera cierta un taxón determinado. // ***c. dominado,*** v. *carácter recesivo.* // ***c. dominante,*** la expresión fenotípica de un genotipo dominante. // ***c. epigámico,*** los ragos reproductivos de un animal con exclusión de los caracteres sexuales primarios. // ***c. epistático,*** el que se manifiesta en un híbrido heterocigo impidiendo la del carácter recesivo. // ***c. específicos,*** los peculiares a la especie. // ***c. eusexuales,*** caracteres sexuales secundarios que dependen de actividades endocrinas. // ***c. fluctuante,*** el que muestra variabilidad contínua fenotípica; // ***c. genéricos,*** los propios del género. // ***c. hereditario,*** el que procede de los antepasados, transmitido por herencia. // ***c. hipostático,*** el que no se manifiesta en un híbrido heterócigo, a causa de la presencia de un gen dominante. // ***c. latente,*** el que permanece oculto por dominación epistásica. // ***c. ligado al sexo,*** el determinado por genes situado en los heterosomas. // ***c. recesivo,*** carácter que se expresa fenotípicamente solamente en individuos homócigos. // ***c. sexuales primarios,*** las gónadas masculinas y femeninas. // ***c. sexuales secundarios,*** caracteres que distinguen los sexos, pero que no estan ligados al aparato reproductor propiamente dicho. En otra clasificación, son los órganos relacionados con la fecundación: pene en el macho. mamas en las hembras, plumaje en las aves. v. ***c. sexuales terciarios*** de otra clasificación. // ***c. somatogénico,*** carácter adquirido // ***c. somatosexuales,*** caracteres sexuales secundarios que no dependen de las actividades endocrinas. // ***c. unitario,*** el que se comporta en los cruzamientos como unidad que se hereda con independencia.

características adquiridas (acquired characteristics) Aquellas que, se supone, un individuo ha desarrollado durante su vida y que han sido heredadas por su progenie = la teoría de Lamarck en su forma original. // ***c. palingenética,*** repetición ancestrales en generaciones sucesivas.

característico* **(characteristic).** Lo relativo a un carácter. // Lo que distingue un organismo.

caracul (karakul). Especie de astracán de lana menos rizada que se obtiene de la piel del vientre del cordero astracán nonato. (De la ciudad **karakul.**)

carachi. Perú: pex osteictio existente en el Lago Titicaca cuvos huesos faríngeos forman una figura triangular. (**Orestias tshudi**).

carachupa* **(opposum).** =*Zarigüeya.*

caraguay* **(a large lizard).** Nombre dado en Bolivia a los lagartos grandes. (Dicc.)

caraira* **(caracara).** Cuba: especie de caracará, ave del orden *Falconiformes,* familia *Falconidae,* también llamada *rey de las auras* **(Polyborus cheriwayi auduboni).** Nombre onomatopéyico.

carairi (caracara). V. *caraira.*

carajuelo. Cuba: v. *matejuelo,* pez.

caramel (Kindof sardine). Variedad de sardina propia del Mediterráneo.

caramujo* **(barnacle).** Crustáceo que se pega a los buques. **(Balanus sp.).**

caramuru (lungfish). Nombre común del pez dipnoo sudamericano llamado también *lepidosirena* **(Lepidosiren paradoxa).**

carancho* **(crested caracara).** Ave del orden *Falconiformes,* que viven en América del Sur. **(Polyborus plancus.)**

carángano*. Piojo *humano,* q.v.

carapacho* **(carapace).** Carapazón de las tortugas y los crustáceos. (Lat. **carabus** langosta.)

carapopela* **(carapopela).** Especie de lagarto del Brasil. (Dicc.)

Carassius auratus (golden carp). Nombre científico del pez dorado criado desde tiempo inmemorial por sus numerosas variedades que han sido objeto de estudios genéticos. *Carpa dorada.*

caráu* **(limpkin).** Uruguay: ave gruiformes, familia *Aramidae* **(Aramus guarauna).** (=Guareao, carra).

caravela. Cuba: una especie de lagarto **(Anolis lucius).** V. *coronel.*

carayá (black howling monkey). Especie de mono ceboideo aullador de Brasil, Paraguay y Argentina **(Alouata caraya).**

carayaca. Venez.: el mono llamado *carayá.*

carbaminohemoglobina (carbaminohemoglobin). Combinación del bióxido de carbono de la sangre con los aminogrupos de la hemoglobina.

carbodioxihemoglobina. *Carbaminohemoglobina.*

carbohidrasas (carbohydrases). Enzimas intestinales que hidrolisan los disacáridos a monosacáridos: lactasa, maltasa, sacarasa.

carbohidrato (carbohydrate). V. *hidrato de carbono.*

carbonero (great lit). Ave europea del orden *Passeriformes,* familia *Paridae* **(Parus major).**

carbonífero* **(carboniferous).** Período de la Era Paleozoica en cuyas rocas abunda el carbón. Se subdivide en Pennsylvaniano y Misisípiano. Sigue al Devoniano y precede al Permiano.

carboxilasa (carboxilase). Enzima que escinde el grupo carboxido del ácido pirúvico y de otros ácidos orgánicos.

carboxipepsidasas (carboxipeptidases). Enzimas pancreáticas que hidratan las proteínas separando el grupo carboxilo terminal.

carbunco*. Costa Rica: *cocuyo,* insecto.

carcajas. Ciertas conchillas o estructuras fabricados por las larvas de los insectos tricópteros. (Franc. **carcas,** aljaba.)

carcajú (carcajou) El glotón americano **(Gulo luscus),** mamífero carnívoro de la familia *Mustelidae.* (Ind. amér. **karkaju.)**

carcañal*. V. *calcañal.*

carcino-*. **(carcino-).** (Del gr. **karkinos,** cangrejo.)

carcinógeno (carcinogen). Agente físico o químico que induce cáncer. (Lat. **cancer; geno,** producir.)

carcinología* **(carcinology).** El estudio de los cangrejos y otros crustáceos. (Gr. **karkinos,** cangrejo; **logos,** discurso.) *Adj.* **carcilologico.**

carcinoma* **(carcinoma).** Tumor canceroso.

carcoma* **(wood lice).** Nombre común de varios insectos pertenecientes a órdenes diferentes que roen y taladrán la madera. // *Termites, anobios,* etc. // Avispa que hace nidos de barro y los llena con arañas paralizadas **(Pelopoeus cementarius).**

card-. (Del gr. **kardia,** corazón.)

cardado (cardate). Que tiene bisagra. Se emplea para designar un tipo de *mastax* en los rotíferos.

cardador* **(millipid).** Especie de milípedo europeo **(Julus terrestris).**

cardario*. Pez condrictio del orden *Rajiiformes* que tiene en el dorso de la cola numerosas espinas a la manera de *carda.* (Dicc..)

cardela (cardelle). Cada uno del par de cóndilos laterales que articulan el opérculo al zoecio de algunos brizoarios (Lat. **cardo,** bisagra.)

cardelina*. V. *jilguero.*

cardenal* **(cardinal).** Nombre común de varias especies de aves americanas de color rojo con moño de plumas. Orden *Passeriformes,* familia *Fringillidae.* Una especie común en América del Norte es *Richmondena cardinalis.* // Puerto Rico: ave inmigrante, cuyo macho es de color rojo escarlata. Orden *Passeriformes* familia *Thraupidae* **(Piranga olivacea)** // V. *equimosis.*

-cardia* **(cardi—).** (Del gr. **kardia,** corazón, estómago.)

cardiaco*. cardíaco* **(cardiac).** Perteneciente o relativo al corazón. (Gr. **kardiakos.)**

cardialgia* **(cardialgia).** Dolor en el músculo cardíaco, localizado a nivel de la región precordial o de la epigástrica.

cardias* **(cardias).** La válvula que comunica el esófago con el estómago. // Orificio superior del tubo digestivo de los insectos que conecta con el ventrículo e interviene en la formación de la membrana peritrófica. (Gr. **kardia,** estómago, corazón.)

cardinal* **(cardinal).** Tiene la acepción vulgar. // Los dientes principales umbonales en la concha de los moluscos bivalvos. (Lat. **cando,** bisagra.)

cardinales (cardinalia). Conjunto de estructuras esqueléticas en el umbo de los braquiópodos. (Lat. **cardinalis,** principal.)

cardio-* **(cardio-).** (Del gr. **kardía,** corazón.)

cardioblasto (cardioblast). Célula embrionaria que formará parte del corazón. (Gr. **kardia,** corazón; **blasto,** brote.)

cardiobranquial (cardiobranquial). Lo referente al corazón y a las branquias, como el cartílago ventral al corazón en los selacios. (Gr. **kardia,** corazón; **branchia,** branquia.)

cardiografía* **(cardiography).** Estudio y descripción del corazón. (Gr. **kardia,** corazón; **graphos;** escribir.)

cardiólogo* **(cardiologist).** Médico especialista en enfermedades del corazón. (Gr. **kardias,** corazón; **logos,** tratado.)

cardiotoxina (cardiotoxin). Una substancia, como ciertos venenos de serpientes, que baja la presión sanguínea y colapsa el corazón. (Gr. **kardias,** corazón; **toxikon,** veneno.)

cardo* **(cardo).** Pieza basal en las maxilas de los insectos. // Anillo basal en las piezas genitales de los himenópteros. // La articulación entre las conchas de los moluscos bivalvos. // Segmento proximal en los apéndices de ciertos crustáceos. (Lat. **cardo,** articulación.)

cardosantera (Zenaida dove) **Puerto Rico: especie de tórtola americana (Zenaida aurita zenaida).** De la planta cardosanto.)

carena* **(keel).** V. *quilla, carina, Adj.* **carenado, carenal.**

carenadas. Nombre dado a las aves que poseen quilla o carina en el esternón. Op. *rátidas.*

Carettochelyoidea. Una superfamilia de reptiles del orden *Chelonia,* suborden *Cryptodira.* Comprende la *caguama* **(Caretta caretta)** y especies afines.

carey* **(hawksbill turtle).** Tortuga marina de placas imbricadas dorsales que permiten gran pulimento y carne poco estimada **(Eretmochelys imbricata).** // **En Puerto Rico hacen extensivo el nombre** *carey,* a la *tortuga común o* verde **(Chelonia mydas).** (Voz **indígena.)**

cariaco. Venado americano (Odocoileus sp.)

cariapiri. Colombia: especie de lagarto de la familia *Teidae* (Tupinambis teguixan).

cariáster (karyaster). Conjunto de cromosomas dispuestos en forma de estrella durante la mitosis. (Gr. karyon, nuez; "núcleo"; aster, estrella.)

caribe* (piranha). El pez caracino sudamericano llamado también *piranña* o *piraña* (Serrasalmus nattereri.)

cariblanco* (capucin monkey). El mono capuchino, familia *Cebidae* (Cebus capucinus). // El pécari de labio blanco pécari labiado, mamífero artiodáctilo de la familia *Tayassuidae* (Tayassu pecari).

caribú* (caribou). Especie de reno del Canadá. Orden *Artiodactyla*, familia *Cervidae* (Rengifer tarandus caribou)

caricari* (caracara). Ave sudamericana falconiforme, de la familia *Falconidae* (Polyborus plancus). V. *caraira*.

Caridea. Suborden de crustáceos malacostráceos del taxón *Natantia*. Tercer par de patas sin quelas, pleuras del segundo segmento abdominal imbricando las del primero. (Lat. caris, caridis, un camarón.)

caridioide (caridioid). Se aplica al tipo morfológico que incluye los crustáceos malacostráceos adaptado a la vida pelágica.

cariénquima (karyenchyma). Jugo nuclear. (Gr. karyon, "núcleo"; enchyma, infusión.)

caries* (caries). Destrucción del material óseo. // Se aplica especialmente a las caries de las piezas dentales. (Lat. caries.)

carin-. (Del lat. carina, quilla.)

carina (keel). Estructura en forma de quilla de navío. (Lat. carina, quilla.) *Adj. carinado, cariniforme.*

Carinatae. Taxón obsoleto que incluía las aves provistas de quilla en el esternón. Op. Ratitas, q.v.

carinulado. Con una carina muy fina. (Lat. carinulatus.)

cario- (karyo-)(Del gr. karyon, nuez, el centro o parte principal de una estructura.) Se emplea principalmente para indicar el *núcleo celular*.

cariocinesis* (karyokinesis). Proceso por el cual el núcleo celular se divide en dos. *Mitosis*. (Gr. karyon, "núcleo"; kinesis, movimiento.) *Adj. cariocinético**.

carioclasis (karyoclasis). Destrucción del núcleo celular. (Gr. karyon, núcleo; klasis, ruptura.) *Adj. carioclástico.*

cariodiéresis. Cariocinesis. La división del núcleo celular. (Gr. karyon, núcleo; diairesis división).

cariogamia (karyogamy). Fusión de dos núcleos o pronúcleos. Reproducción sexual. (Gr. karyon, núcleo; -gamia, unión sexual.)

cariograma (karyogram). Fórmula que expresa el número, tamaño y forma de los cromosomas de un organismo o de un linaje. (Gr. karyon, núcleo; diagrama, diseño.)

cariolinfa (karyolymph). *Nucleoplasma*. El contenido acuoso coloidal del núcleo, en donde están los cromosomas y nucléolos. (Gr. karyon, núcleo; linfa, agua clara.)

cariólisis (karyolisis). Proceso de degeneración nuclear en el que se desintegra la cromatina. (Gr. karyon, núcleo; lysis, desintegración.)

cariolito (caryolite). Fragmento muscular en fagocitosis durante el desarrollo de los insectos. (Gr. Karyon, núcleo; lytikos, aflojamiento.)

cariología (kariology). Citología nuclear. (Gr. karyon, núcleo; logia, estudio.)

cariómero (karyomere). Vesícula diminuta, resultado de la conversión de un cromosoma, en ciertos casos de mitosis. (Gr. karyon, "núcleo"; meros, parte.)

cariomicrosoma (karyomicrosome). *Microsoma nuclear.*

cariómito (caryomite). *Cromosoma*, (Gr. karyon, núcleo; mitos, hilo.)

cariomitosis (karyomitosis). *Mitosis.*

cariomixis (karyomyxis). *Cariogamia.*

carión (karyon). Núcleo celular. (Gr. karyon, nuez.)

cariónido (karionide). Un linaje de paramecios cuyo macronúcleo se deriva de un solo micronúcleo primordial. (Gr. karyon, núcleo.)

carioplasma (karyoplasm). Nucleoplasma.

carioplasto (karyoplast). El núcleo celular, // término propuesto por el botánico Strasburger como contrapartida de protoplasto. (Gr. karyon, núcleo; plasto, formado.)

carioquilema. = *Cariolinfa.*

carioquinesis*.= *Cariocinesis.*

cariosfera (karyosphere). Masa de DNA observable en la porción anterior dorsal de los oocitos primarios maduros. (Gr. karyon, núcleo; spharia, esfera.)

cariosoma* (karyosome). Cualquier corpúsculo dentro del núcleo, especialmente un corpúsculo Feulgen - positivo en el núcleo de los oocitos de Drosophila. (Gr. Karyon, núcleo; soma, cuerpo.)

cariota (karyota). Se dice de la célula nucleada (Del gr. karyon, núcleo.)

carioteca. (karyotheca). Cubierta nuclear (Gr. karyon, núcleo; theke, caja.)

cariótico. Lo que es propio del núcleo

cariotina (karyotin). Nombre propuesto para designar conjuntamente a la cromatina y a la linina del núcleo.

cariotipo (karyotype). Apariencia de los cromosomas somáticos en lo referente al tamaño, número y forma. // Conjunto de cariogramas similares en las especies de un mismo género. // El complemento cromosómico somático de un individuo o una especie. // El vocablo se usa a menudo para las fotomicrografías de la metafase de los cromosomas. (Gr. karyon, núcleo; typos, patrón.)

carita (Spanish mackerel). Pez óseo comestible del Atlántico Occidental y del Este del Pacífico. Orden Scombriformes, familia Scombridae (Scomberomorus maculatus). *Sierra*, serrucho.

carite* (cero). Puerto Rico: péz óseo de carne muy apreciada, de las Antillas y Oceáno Atlántico. Orden *Perciformes*, suborden *Scombroidei*, familia Scombridae (Scomberomorus regalis). = *Pintada*.

carlen (pug). Perro pequeño, originario de China, de cuerpo maciso, hocico corto y piel con amplias arrugas.

carmes*.= *Quermes*, insecto.

carnadura*. Vulgar por musculatura.

carnaza*. Cara de las pieles que ha estado en contacto con los músculos.

carne* (flesh). Parte del cuerpo constituída por los músculos. *Adj. carnoso*, carnudo*.*

carnero* (ram). Mamífero doméstico de la familia *Bovidae* (Ovis aries). // En algunos lugares de Sudamérica: la *llama*. *Adj. carneril**. // *c. llano*, *carnero* castrado.

carni-*. (Del lat. caro, carnis, carne.)

carnicero* (carnivorous). Animal que mata a otros para comérselos. Carnívoro.

carnicol*. V. *pesuño*.

carnina*. Principio amargo contenido en el extracto de carne.

carnitina (carnitine). Un compuesto nutricionalmente necesario para completar el ciclo vital de muchos insectos. //

Carnívora. Un orden de mamíferos euterios del cohorte *Ferungulata*. Tamaño pequeño a grande, generalmente con 5 dedos en cada extremidad, todos con garras, incisivos pequeños, caninos muy desarrollados, útero bicorne, placenta zonaria. (Lat. carnis, carne; voros; devorar.)

carnívoro* (carnivorous). Que se alimenta de carne. // Un mamífero del orden *Carnivora*, q.v.

Carnosa. Un orden de poríferos de la clase *Demospongiae*. Espículas presentes de 4 radios, sin espongina.

Carnosauria. Un grupo de dinosaurios carnívoros de dientes en forma de daga.

carnosidad* **(carnosity).** Carne superflua o que sobresale en alguna parte de cuerpo. (De **carne.**)

carnosina **(Carnosine).** Un aminoácido encontrado en el tejido muscular de los vertebrados.

carnoso* **(fleshy).** Provisto de carne. // Que tiene consistencia de carne. (De **carne.**)

caro* **(crab roe).** Cuba: la hueva de los cangrejos terrestres del género *Gecarcinus* con la que se prepara un plato del mismo nombre. (Voz **indígena.**)

caroncho*. V. *carcoma*, insecto.

carotenalbúmina. El pigmento azul o *astaxantina* de ciertos cromatóforos de los crustáceos.

carotenasa **(carotenase).** Una enzima hepática que activa la formación de vitamina A partiendo de carotenos. (De **caroteno.**)

caroteno **(carotene).** Pigmento de color amarillo o rojizo que se encuentra en muchos vegetales y se transforma en vitamina A. (De lat. **carota**, zanahoria, por tener esta planta gran cantidad de caroteno en su tallo subterráneo.)

carotenoides **(carotenoids).** Compuestos orgánicos hallados en todos los grandes grupos de plantas y animales responsables por la mayoría de los colores que exhiben los organismos. (De **caroteno.**)

carótida* **(carotid artery).** Cada una de las arterias del cuello que según los antiguos, cuando se apretaban adormecía al individuo. (Gr. **karotides**, de **karon**, adormecer.)

carotino*. V. *caroteno.*

carpo-*. (Del gr. **karpo**, fruto.) /// (Del lat. **carpus**, la muñeca.)

carpa* **(carp).** Nombre común a varios peces comestibles de agua dulce del orden *Cypriniformes*, familia *Cyprinidae.* (Ej. **Cyprinus carpius.**) (Visigot. **carpa.**)

carpincho* **(capybara).** V. *capibara.*

carpín dorado **(goldfish).** Pez de agua dulce de la familia *Carpidae*, oriundo del Asia y propagado en cautividad bajo una gran variedad de formas. **(Carasius auratus).** = *carpa dorada.*

carpintero* **(woodpecker).** Nombre común a varias especies de aves del orden *Piciformes*, familia *Picidae.* (Lat. **carpintarius.**)

carpintesa*. =*Santateresa*, insecto.

carpo* **(carpals).** Región del esqueleto de la mano correspondiente a la muñeca, compuesta en el hombre de dos filas de huesos que se articulan con el antebrazo y los metacarpos. // Región similar en los tetrápodos. (Lat. **carpus**, muñeca; gr. **karpos.**) *Adj.* ***carpal****.

carpocerito **(carpocerite).** El quinto segmento antenal en algunos crustáceos. (Lat. **carpus**, muñeca; gr. **keras**, cuerno.)

carpófago* **(carpophagous).** Que se alimenta de frutas. (Gr. **karpos**, fruta; **phagein**, comer.)

Carpoidea. Grupo de equinodermos fósiles del Cambriano y el Siluriano, similares a los crinoideos; pero comprimidos lateralmente.

carpometacarpo **(carpometacarpus).** Hueso de la pierna de las aves formado por la fusión de algunos huesos carpales con los tres metacarpos.

capopodito **(carpopodite).** El tercer segmento del endopodito en ciertos crustáceos. (Gr. **karpos**, muñeca; **pous**, pie.)

carraca* **(roller).** Ave europea del orden *Coraciformes*, familia *Coraciidae* **(Coracias garrulus).**

carraco* **(turkey buzzard).** Colomb.: el ave llamada *aura*, q.v.

carraleja* **(black beetle).** Insecto coleóptero europeo de la familia *Meloididae* que segrega una substancia de propiedades similares a la que produce la cantárida. **(Meloe sp.)**

carrao **(limpkin).** Puerto Rico y Venez.: ave del orden **Gruiformes**, familia *Aramidae* **(Aramus guarauna).** *V. guareao.* (Nombre **guaraní.**)

Carrel, Alexis. Cirujano y fisiólogo franco-americano. Notable por sus cultivos de tejidos y trasplantes de órganos. Premio Nobel en 1921. (1873-1944)

carricerín **(sedge warbler).** Ave europea del orden *Passeriformes*, familias *Muscicapidae* **(Acrocephalus schoenobaenus).**

carrillo* **(cheek).** La parte carnosa de la boca. // Los lados de la cara. // La porción lateral de la cabeza en los invertebrados. (De **carro.**)

carrocha*. Huevecillos de los insectos. (De **carocha**, carcomido.)

carroncho **(catfish).** Venez.: nombre común de varias especies de peces de agua dulce del orden *Cypriniformes*, familia *Catastomidae.* (G. **Catastomus.**)

carroña* **(carrion).** Carne corrompida, podredumbre, inmundicia. (Lat. **caronia**, de **caro**, carne.) *Adj.* ***carroñoso****.

carroñero **(scavenger).** Que se alimenta de carroña. Carroñoso. // Cualquier animal que se alimenta de animales muertos que no han sido matados por ellos.

carroño. Lo que está podrido o corrompido.

carrucho **(queen conch.)** Puerto Rico: el caracol marino llamado *cobo*, q.v. // Venez.: Nombre de varias especies de moluscos.

cartacuba **(Cuban toddy).** Cuba: avecilla de color verde con garganta roja, conocida como *pedorrera* y *barrancorríos* **(Todus multicolor).**

cartilágine* **(gristle).** *Cartílago.*

cartílago* **(cartilage).** Una variedad de tejido conectivo cuyas células segregan una substancia intercelular (matriz) que contiene una proteína llamada *colágeno* y un polisacárido. la condroitina, *Adj.* ***cartilagíneo****, ***cartilaginoso**** // ***c. alares***, los cartílagos que, en los mamíferos, protegen los agujeros nasales. // ***c. amarillo***, cartílago con abundante tejido conjuntivo amarillo. // ***c. articular***, cartílago hialino de las juntas con los huesos. // ***c. branquiales***, los que, en el condrocráneo de los ciclóstomos, protegen las branquias. // ***c. branquiales***, piezas cartilaginosas anulares que rodean los bronquios en aves y mamíferos. // ***c. calcificado***, cartílago endurecido por la inclusión de sales de calcio, como en los tiburones. // ***c. corniculados***, dos pequeños cartílagos cónicos que se articulan con el aritenoides, // ***c. de Meckel***, rama inferior cartilaginosa de la mandíbula derivada del arco branquial o visceral que persiste en los peces cartilaginosos y es transitorio en los demás vertebrados, en donde forma el articular de los peces, reptiles y aves y el martillo de los mamíferos. // ***c. de Reichert***, cartílago suelto en el aritenoides de ciertos anuros. // ***c. elástico***, tipo de cartílago que adquiere flexibilidad por la presencia de muchas fibras elásticas, como las de las orejas. // ***c. ensiforme***, cartílago xifoides. // ***c. estapedial***, pieza cartilagínea que, en el oído medio de las aves, se encuentra entre la columnela y la membrana del tímpano. // ***c. fibroso***, una transición entre tejido conjuntivo y cartílago, frecuente en los tendones y articulaciones. // ***c. heterotópicos***, son los formados en lugares en donde normalmente solo existen otros tejidos conjuntivos // ***c. hialino***, tipo de cartílago blanco y translúcido que cubre superficies articulares, parte de la nariz, anillos de la tráquea, etc. // ***c.labiales***, estructuras esqueléticas cartilaginosas situada en los ángulos de la boca en algunos peces. // ***c. laríngeos***, nombre común de los cartílagos tiroides, cricoides y aritenoides de la laringe. // ***c. laterales***, un par de cartílagos que rodea la glotis en algunos anfibios. // ***c. mandibular***, el cartílago que origina la mandíbula en los vertebrados. Se osifica en los peces óseos y en los tetrápodos. // ***c. orbital***, la parte del condrocráneo que forma el fondo de la órbita ocular. // ***c. palatocuadrado***, una de las estructuras superiores en los selacios V. *Pterigocuadrado.* // ***c. palato-pterigo cuadrado***, cartílago que, en el condrocráneo, se extiende de los lados a la parte ventral. // ***c. paracordal***, v. *paracordales.* // ***c. pericardial***, estructura que rodea el corazón en el condroesqueleto de los peces ciclóstomos. // ***c. permanente***, cartílago que no se osifica. // ***c. polar***, porción posterior de la trabécula. // ***c. traqueales***, anillos cartilagíneos que soportan la tráquea de los vertebrados tetrápodos. // ***c.***

upsiloide cartílago hallado en ciertas salamandras, que insertado en el pubis, permite la inserción de músculos relacionados con la respiración. // ***c. xifoides,*** el cartílago *ensiforme,* q.v.

cartilágine*, cartilagineo* **(gristle).** De la naturaleza del cartílago.

carúncula* **(caruncle).** Excrecencia. Estructura carnosa, como las crestas y barbas en las aves o las almohadillas entre las uñas de ciertos ácaros. (Lat. **caruncula**, dim. de **caro**, carne). // ***c. lacrimal,*** pequeña proyección carnosa cónica en el ángulo interno que forman los párpados. // ***c. ovular,*** protuberancia córnea en el pico de los quelonios y cocodrilos utilizada para romper el huevo.

Carybdeida. =*Cubomedusae,* q.v.

casabe* **(yellow tail).** Cuba: pez marino del orden *Perciformes,* familia *Carangidae* **(Chloroscombrus chrysurus).**

cascabela* **(rattle snake).** Crótalo, serpiente de cascabel. Familia *Crotalidae* **(Crotalus durissus).** // ***c. muda,*** v. *surucucú.*

cascanueces **(nutcracker).** Ave europea del orden *Passeriformes,* familia *Corvidae* **(Nucifraga caryocatactes).**

cáscara **(shell).** El término en sentido usual. Cascarón*. (De cascar, quebrantar.)

casco* **(hoot)** Cráneo. // Uña de las extremidades del ganado caballar. // Especie de molusco del género *Cassis.* // Los huesos dérmicos de la cabeza de ciertos peces extintos ostracodermos. // Escudo o proceso en el pico de ciertas aves, como el cálao. (De cascar.) // ***c. de mula**,** Cuba: caracol marino de la familia *Melongenidae* **(Melongena melongena).**

cascué*. V. *biquir,* pez.

case-*. (Del lat. **caseus**, queso.)

caseasa **(rennin).** Enzima soluble que coagula la caseína de la leche. También *cuajo, quimosina* y *labfermento.*

caseína* **(casein)** Proteína contenida en la leche. (Lat. **caseus**, queso.)

caseinógeno **(caseinogen).** Una proteína de la leche que se convierte en caseína por acción del cuajo del estómago.

cáseo*, caseoso*. Perteneciente o relativo al queso. // Parecido al queso. // Cuajada.

casídeo **(cassideous).** En forma de casco. (Lat. **cassis**, casco.) *Casidiforme.*

casquito **(mud turtle).** México: se aplica a varias especies de tortugas de agua dulce de peto movible que puede cubrir la cabeza y las patas. Familia *Kinosternidae* **(Kinosternum cruentatura).**

casis **(king conch).** Molusco gasterópodo marino del orden *Mesogastropoda,* familia *Cassididae,* del Mediterráneo, las Indias y las Antillas. (Lat. **cassis**, casco.)

castoplasma **(chasmatoplasm).** Una forma expandida de un *plasón,* q.v., o substancia formativa. (Gr. **chasma**, expander; **plasma**, molde.)

caspa* **(dandruff).** Escamilla de la piel. (Lat. **scabie**, sarna.)

Cassiduloida. Un orden de equinodermos de la clase *Echinoidea.* Concha redonda, a veces deprimida o discoidal, sin linterna de Aristóteles. (Lat. **cassis, cassidis**, casco.)

casta* **(caste).** Cada una de los distintos tipos de individuos que forman las colonias polimórficas de ciertos insectos sociales: machos, hembras, obreras, soldados. // Linaje, cepa, estirpe. (Lat. **castus**, puro.)

castañas. Placas córneas de la cara interna de las regiones carpianas y tarsianas de los caballos.

castañero* **(diver).** Colimbo, nombre común de diversas aves del orden *Gaviiformes,* género *Gavia.*

castañela **(bittersweet).** Argent.: molusco bivalvo del género *Glycymeris.*

castañeta. V. *reyezuelo,* ave.

castañola* **(common pomfret).** Pez marino cosmopólita del orden *Perciformes* familia *Bramidae* **(Brama rayi).**

castero **(blue marlin).** Cuba: pez marino tropical. Orden *Perciformes,* familia *Histiophoridae* **(Makaira ampla).**

Castle, William E. Zoologo americano. Estudioso de la genética en los mamíferos y de los transplantes ováricos. (1897-1962)

castoroides. Especie de castor gigante del Pleistoceno de Norteamérica. **(Gastoroides sp.)**

castor* **(beaver).** Mamífero del orden *Rodentia,* familia *Castoridae,* famoso por su excelente piel y por su habilidad de construir viviendas a las orillas de los ríos y los lagos con tallos y hojas en los árboles (**Castor faber** de Eurasia). ***C. canadensis*** de Norteamérica. // ***c. montés,*** especie de roedor, esciuromorfo, de los Estados Unidos. Orden *Rodentia,* familia *Aplodontidae* **(Aplodonta rufa).**

castóreo* **(castoreum).** Glándulas prepuciales de los castores. (Lat. **castor.**)

castración* **(castration).** La acción y efecto de castrar. (Lat. **castratio.**) Puede ser natural o inducida. // ***c. parasitaria,*** la debida a la presencia de ciertos parásitos, como la producida en ciertos crustáceos por los cirrípedos del género *Sacculina.*

castrazón*. Acción y efecto de castrar las colmenas.

castrón* **(castrated goat).** Macho cabrío castrado. // Cuba: *cerdo castrado.*

Casuariformes. Orden de aves corredoras, sin quilla en el esternón, que comprende los *emúes y casuarios* de la región australiana.

casuárida. Dícese del ave del orden *Casuariformes,* familia *Casuaridae.*

casuario* **(cassowary).** Nombre común a varias especies de aves corredoras de la región australiana. Orden *Casuariformes,* familia *Casuaridae* (Malayo, **kasuvari**).

cata- **(cata-).** (Del gr. **kata**, hacia abajo.) Se emplea para indicar la idea de descenso o cambio a una posición inferior, lejana u opuesta.

cata. Cuba: *catey.* // Argentina: *cotorra,* o especie común de loro (**Myiopsitta monacha**).

catabiosis **(catabiosis).** Cambios degenerativos que acompañan a la senescencia celular. (Gr. **kata**, hacia abajo; + **osis**, condición).

catabolismo* **(catabolism).** La fase del metabolismo en la que determinadas substancias son reducidas a otras más sencillas por oxidación con liberación de energía. (Gr. **kataballo**, lanzar hacia abajo.) *Adj.* ***catabólico.***

catabolito **(catabolite).** Los productos o substancias que se forman durante el catabolismos, como la *urea,* etc.

catacuche. Cuba: pez marino del orden *Mugiiformes,* familia *Atherinidae* **(Allanetta harringtonensis araca).**

catádromo **(catadrome).** Dícese de los peces que descienden de los ríos para desovar en la desembocadura o en el mar, como, por ej., las anguilas. (Gr. **kata**, hacia abajo; **dromeus** corredor.)

catafilaxia **(cataphylaxis).** Transporte de leucocitos y anticuerpos hacia el lugar de una infección. (Gr. **kata**, hacia abajo; **phyllaxo**, exuberancia.)

cataforesis **(cataphoresis).** Movimiento de partículas en suspensión bajo la influencia de un agente, como la corriente eléctrica. V. *electroforesis.* (Gr. **kataphorein**, arrastrar hacia abajo.)

catalasa **(catalase).** Una enzima normalmente presente en muchas células, que descompone el peróxido de hidrógeno en agua y oxígeno.

catalepsia **(catalepsy).** Un reflejo que ocasiona la llamada imitación de la muerte en algunos animales, como las arañas. (Gr. **katalepsis**, ataque de enfermedad.)

catalineta* **(porkfish).** Nombre común a varias especies de peces marinos antillanos del orden *Perciformes* **(Anisostremus virginicus** y **Holacanthus tricolor).**

catálisis* **(catalysis.)** La modificación de la velocidad de una reacción química por un agente catalizador. (Gr. **katalysis**, disolviendo.)

cátalo (**cattalo**). Híbrido del bisonte y el ganado vacuno. (De **cattle**, ganado y **buffalo**, bisonte.)

catalufa* (**bigeye**). Cuba: pez marino del orden *Perciformes*, familia *Priacanthidae* (**Priacanthus cruentatus**). // *c. de lo alto*, Cuba: pez marino del orden *Perciformes*, familia *Pempheridae* (**Pempheris mülleri**).

cataluja*. *Catalineta*, pez.

catamenia (**catamenia**). *Menstruación*, el fluído menstrual. (Gr. **kata**, descarga hacia abajo; **men**, mes.) *Adj.* ***catamenial****.

catanga*. Argentina: *escarabajo*.

Cataphracti. Un orden de peces, llamado también *Scleroparei* y *Loricati*. Con espinas en la cabeza. (Gr. **kata**, abajo; **phraktos**, protegido.)

Cataplasia. Atrofia del contenido celular por deficiencia funcional (Gr. **kata**, descenso; **plasso**, forma.)

cataplasia (**cataplasis**). Regresión que sigue a un periodo de madurez o metaplasia, q.v. (Gr. **kata**, hacia abajo; **plasis**, moldeado.)

catapleurito (**catapleurite**). Un pleurito torácico en ciertos insectos tisanuros. (Gr. **kata**, abajo; **pleuro**, lado.)

catarañа* (**sheldrake**). Ave zancuda, variedad de garza, con el cuerpo blanco y los ojos, el pico y los pies de color verde rojizo. (Dicc.)

catarata* (**cataract**). Opacidad que se desarrolla en el cristalino del ojo. Es de origen metabólico y está formada por agujas fibrosas. (Lat. **cataracta**, del gr. **kataractes**, caer con fuerza.)

catarinita* (**parraket**). México: ave del orden *Psittaciformes*, especie de cotorra (**Bolborhynchus lineolatus**).

catarobio (**katarobic**). Que habita en aguas limpias, con poca materia orgánica. (Gr. **katharos**, puro: **bios**, vida.)

catarrino* (**catarrihinii**). Dícese de los monos del antiguo continente, caracterizados por tener tabique nasal estrecho y cola no prensil. V. *Cercopithecoidea*. (Gr. **kata**, hacia abajo; **rhinos**, nariz.)

catarriño* V. *catarrino*, primate.

catártico* (**cathartic**). Medicamento que acentúa los movimientos intestinales y produce efectos purgativos. (Gr. **cata**, hacia abajo.)

catartoidea. Nombre común a las especies de aves rapaces del orden *Falconiformes*, familia *Cathartidae*, que incluye las *auras*, *zopilotes*, *cóndores*, etc.

catastrofismo (**catastrophism**). Doctrina geológica obsoleta, sostenida por Cuvier, d'Orbigny y otros, quienes mantenían que la Tierra ha sufrido cataclismos periódicos, que destruyeron por completo la vida existente en ese tiempo.

categoría taxonómica (**taxonomic category**). Cualquier nivel jerárquico al cual se le asignen los taxones. Ej. fílum, clase, orden, etc.

catelectrotono (**catelectrotonus**). Incremento en la irritabilidad de un nervio bajo la influencia de una corriente eléctrica. (Gr. **kata**, abajo; **elektron**, ambar, "electricidad"; **tonos**, tensión.)

catenular* (**catenular**). *Catenoide*. De forma de cadena. (Lat. **catena**.)

catepsina (**cathepsine**). Cualquiera de un grupo de enzimas que se supone residen en los lisosomas y son de acción proteolítica.

Catesby, Mark. Naturalista inglés. Escribió la primera historia natural norteamericana, con referencia a las Carolinas, Florida y Bahamas. (1679-1749)

catéter* (**catheter**). Sonda empleada para introducir o extraer líquidos de cavidades orgánicas. (Lat. **catheter**, introducir.)

catey* (**parrakeet**). Cuba: especie de periquito, ave del orden *Psittaciformes* (**Aratinga euops**). (**Nombre indígena.**)

catibo* (**a water snake**). Cuba: especie de culebra acuática de la familia *Natricidae* (**Tretanorhinus variabilis**).

catodonte*. V. *cachalote*.

catraca*. Méx.: ave semejante al faisán. (Dicc.)

Catosteomi. V. *Gasterosteiformes*.

catuán. Rep. Dom.: macho de la *jicotea* (**Pseudemys nugosa**).

catorra*. Chile: *loro pequeño*. (Dicc.)

cauda* (**cauda**). Cola // Un tubo en el extremo del abdomen de algunos insectos. // La parte posterior de un órgano. // La cola del espermatozoo. (Lat. **cauda**.) *Adj.* ***caudado***, ***caudal****. // *c. epidymis*, ensanchamiento distal de los epidídimos. // *c. equina*, v. *cola de caballo*.

caudado. Se dice del anfibio de la subclase *Caudata*, q.v. = *Urodela*.

Caudata. Un orden de anfibios del superorden *Lyssamphibia*, que comprende las salamandras. Cabeza, tronco y cola distintos, extremidades subiguales, cinturas cartilaginosas, larvas similares en forma a los adultos. Del Mioceno al reciente. =*Urodela*. (Lat. **cauda**, cola).

caude-*, **caudi-** (**caudi-**). (**Del lat. cauda**, **cola**.)

caudifemoralis (**caudifemoralis**). Músculo en las extremidades posteriores de reptiles y algunos anfibios. (Lat. **cauda**, cola; +**fémur**.)

caudihemal (**caudihemal**). La porción posterior e inferior de un esclerótomo. (Lat. **cauda**, cola; gr. **haima**, sangre.)

caudimano (**caudimanus**). Dícese del animal que tiene cola prensil y del que se sirve de ella como instrumento de trabajo.

caudineural (**caudineural**). La porción posterior y superior de un esclerótomo. (Lat. **cauda**, cola; **neuron**, nervio.)

Caudofoveata. V. *Chaetodermatidae*. Clase de *Mollusca*.

caudostilo (**caudostyle**). Estructura terminal de ciertas amibas parásitas. (Lat. **cauda**, cola; gr. **stylos**, pilar.)

caudotibialis (**caudotibialis**). Un músculo que une las vértebras caudales con la tibia, como en las focas. (Lat. **cauda**, cola; +**tibia**.)

Cauduriiformes. Un orden de peces óseos. Una sola especie, *Chauduria caudata*, del Lago Inglés, Birmania.

caule-* (**caul-**). (Del gr. **kaulos**, tallo.) Usase también como sufijo.

Cauligastra. Un grupo de órdenes de arácnidos en los que no hay constricción entre el prosoma y el mesosoma. (Gr. **kaulos**, tallo; **gaster**, vientre.)

cauloma (**caulome**). El tallo o sostén de los celenterados hidrozoarios. (Gr. **kaulos**, tallo.)

cauquén* (**goose**). Especie de oca de gran tamaño de la región de Magallanes (**Chloëphaga picta**).

caural. Ave zancuda de la familia *Ardeidae*. (Dicc.)

caurí (**cowrie**). Nombre común de las conchas de los moluscos gasterópodos del género *Cypraea*, especialmente la que fue empleada en Africa como moneda (**Cypraea moneta**).

causalidad* (**causalism**). Doctrina, opuesta a la teleología, que niega las causas finales o propósitos y sostiene que los eventos naturales muestran una secuencia y que los estados finales son la consecuencia de estados anteriores y no la finalidad de ellos.

cáustico* (**caustic**). Dícese de lo que quema y desorganiza los tejidos animales. (Lat. **causticus**, que proviene del gr. **kaio**, quemar.)

cava*. *Vena cava*.

cavador* (**burrowing**). Que horada el terreno para hacer su madriguera, como el conejo, la zorra y la marmota. // Se dice del organismo o de la estructura adaptada para escavar. V. *Zapador*. (Lat. **fossor**, cavador.)

cavalla (**howling monkey**). Especie de mono aullador, llamado *mono negro* (**Allouata nigra**).

cavaria*. Ave americana que defiende a las demás de ciertas aves de rapiña. (Dicc.)

cavernario* (cavernous). Propio de las cavernas. V. *cavernícola.*

cavernícola* (cavernicolous). Que vive en las cavernas. (Lat. caverna;-icola, que habita.)

cavernoso* (cavernosus). Que está lleno de cavidades. // Relativo a la caverna. (Lat. cavernosus.)

cavia* (cavy). Nombre de un género de mamíferos roedores (Rodentia), sudamericanos de la familia *Caviidae* que comprende el *conejillo de Indias*, el *apereá*, y otras especies silvestres. V. *conejillo de India, curiel, güimo.*

caviar* (caviar). Preparación hecha con las huevas de las hembras de los esturiones y peces afines. (Ital. caviaro, del turco khaviar.)

cavicornio* (cavicorn). Que tiene los cuernos huecos. // Bóvido. (Lat. cavus, hueco; cornus, córneo.)

cavidad* (cavity). Espacio del cuerpo o de un órgano. (Lat. cavitus, cavidad.) // *c. abdominal*, la cavidad principal en la región abdominal en los vertebrados y en los artrópodos y que, en los mamíferos, está separada de la cavidad torácica por el diafragma. // *c. amniótica*, espacio entre el embrión y el amnios. // *c. atrial*, gran cámara peribranquial no celomática de los tunicados y cefalocordados // *c. bucal*, la cavidad de la boca, que contiene los dientes, la lengua, etc. // *c. oral*, v. *boca.* // *c. celomática*, =*celoma.* // *c. de Baer*, = *blastocelo.* // *c. de segmentación*, = *blastocelo.* // *c. del cuerpo*, el *celoma*, el *seudoloma* // *c. del manto*, = *cavidad palial*, // *c. espláncnica*, cualquiera de las tres grandes cavidades del cuerpo de los vertebrados; craneal, torácica y abdominal. // *c. folicular*, espacio en el interior del folículo de Graaf, lleno de un líquido semiviscoso. // *c. gástrica*, el espongiocelo de los poríferos. // *c. gastrovascular*, el celenterón o cavidad general en los celentéreos. // *c. glenoidea*, la concavidad del cráneo en donde se articula el cóndilo mandibular. // *c. medular*, espacio central en los huesos largos que contiene la médula amarilla. // *c. nasal*, cavidad en la nariz de los tetrápodos que contiene las terminaciones de los nervios olfativos y comunica con la faringe. // *c. palial*, espacio en los moluscos y braquiópodos, tapizada por la epidermis, a donde penetra el aire o agua ambiental y a donde pueden abrirse los orificios de ciertos órganos. // *c. peribranquial*, que rodea las branquias en Amphioxus y Tunicados. // *C. pericárdica* o *seno pericárdico, espacio que contiene el corazón v. espacio celomático* del embrión situado alrededor del corazón. // *c. peritoneal*, en los mamíferos, la parte de la cavidad celómica posterior al diafragma. // *c. perivisceral*, la cavidad celómica de los vertebrados. // *c. pleural*, parte de la cavidad celomática en los vertebrados que rodea los pulmones. // *c. precerebral*, depresión del condrocráneo anterior al cerebro. // *c. pulmonar*, v. *saco, pulmonar.* // *c. resonantes*, cavidades que resuenan los sonidos producidos por las cuerdas vocales: boca, nariz, faringe, laringe, tráquea y pulmones. // *c. seudocelomática*, la cavidad del cuerpo de ciertos invertebrados. Su origen no es bien definido, pero no corresponde al celoma verdadero. // *c. sinovial*, bolsa sinovial. // *c. timpánica*, la cavidad del oído medio. // *c. vítrea*, cámara del humor vítreo del ojo.

Caviodea. Una superfamilia de mamíferos americanos en el orden *Rodentia.* Comprende los conejillos de Indias, jutías, capibaras, puercos espines, etc.

Caviomorpha. Un suborden de mamíferos americanos en el orden *Rodentia.*

cavo* (den). Madriguera o huronera.

cavum (cavum). (En lat. cavidad.) Se aplica a un cierto número de cavidades, como las de la oreja, la boca, la laringe, etc.

cay* (ring tailed monkey). *Caí*, mono americano del género *Cebus.* V. *capuchino.*

cayado* (sheephook). Palo o bastón curvo en la parte superior. // *c. de la aorta**, curvatura hacia la izquierda de la arteria aorta de los mamíferos después de salir del ventrículo izquierdo. En las aves se encorva hacia la derecha. // *c. branquiales*, los arcos esqueléticos soportan las branquias, por lo menos en estado embrionario. // *c. de la carótida*, la rama anterior del tronco arterioso.

cayama* (wood ibis). Cuba: ave del orden *Ciconiformes*, familia *Ciconidae.* (Mycteria americana.)

cayarí* (fresh water crab). Cuba: cangrejo de agua dulce (Epilobocera cubensis). (Dicc.)

cazón (small shark). España: especie de tiburón de tamaño pequeño (Mustelus vulgaris). // Cuba: tiburón de pequeño tamaño. // *c. de playa.* (Eulamia falciformes). // *c. de la ley* (Scoliodon terranovae).

cayote*. V. *coyote.*

cebellina* (sable). *Cebelina.* Especie de marta (Martes zibellina) de Siberia, famosa por su piel. (Ital. zibellino, del eslavo -oboli.)

cebique* (pigeon milk). Líquido lechoso regurgitado por las palomas para alimentar a sus crías. (De cebo.)

Ceboidea. Una superfamilia de primates del suborden *Anthropoidea*, también llamada *Platyrhina.* Comprende los monos americanos, cuya nariz tiene el tabique ancho. Carecen de abazones y tienen 3 premolares. (Del género Cebus.)

cebra* (zebra). Nombre común de varias especies de mamíferos perisodáctilos africanos cercanos a los asnos y caballos, cuyo pelaje tiene rayas negras. Familia *Equidae.* Ejemplos *Equus zebra.* (Voz congoleña.)

cebrallo (zebrorse). Híbrido de la cebra y el caballo.

cebrión*. Nombre de varias especies de insectos coleópteros de cuerpos prolongado y élitros blandos. (Dicc.)

cebruno*. Del color del ciervo.

cebú* (zebu). Mamífero rumiante de la familia *Bovidae* nativo de la región oriental (Bos indicus). Algunos lo consideran como una subespecie de ganado bovino (Bos taurus).

cecal* (caecal). Lo relativo al ciego, intestinal. // Lo que termina en fondo de saco. (Lat. caecus, ciego.)

cecidio. Agalla de las plantas. (Neolat. cicidium; der. del gr. kekis, agalla.)

ceci*. Pez marino. V. *sesí.*

cicial*. V. *merluza.*

cecidiozoo (cecidiozoon). Insecto productor de agallas en las plantas. Se aplica generalmente a los dípteros e himenópteros. (Gr. kekis, agalla; zoon, animal.)

cecidiógeno (cecidiogen). Que forma agallas. (Gr. kekis, agalla; geno, engendrar.)

cecilia (caecilian). Nombre que se aplica a cualquier miembro del orden *Apoda* o *Gymnophiona* de la clase *Amphibia*, (Lat. caeco, ciego.)

ceda*. V. *cerda.* (De seda.)

cedilla* (cedilla). Virgulita empleada en algunas lenguas modernas bajo la letra ce. Su empleo se suprime en los nombres de taxones zoológicos derivados de esos idiomas (francés, portugués, catalán).

cefa. V. *cefo*, mono africano. También *mustak.*

cefal-*, céfalo-* (cephal-). (Del gr. kephale, cabeza.) También se usa como sufijo.

cefalenterio (cephalenteron). La parte posterior de la néurula que se enrolla alrededor de la región anterior. (Gr. kephale, cabeza; enteron, intestino.)

cefáleo (cephalic). Perteneciente a la cabeza. // El pez llamado *róbalo*, q.v.

cefaletrón (kephaletron). La región anterior de los artrópodos de la clase *Merostomata*, subclase de los *Xiphosoura.* (Gr. kephale, cabeza; etron, abdomen.)

cefálico* (cephalic). Lo relativo a la cabeza, a la parte anterior del animal o al encéfalo. (Gr. kephale, cabeza.)

cefalina (cefaline). Dícese de la gregarina cuyo cuerpo está dividido en varios *meritos.* // Un fosfolípido hallado en nervios y músculos de los animales. (Gr. kephale, cabeza.)

cefalión (**cephalion**). Una escama en la parte anterior de la boca en los vermes gastrótricos. (Gr. **kephale**, cabeza.)

cefalización (**cephalization**). Tendencia a concentrar en la cabeza los órganos de los sentidos, el sistema nervioso y los apéndices. (Gr. **kephale**, cabeza.)

cefalis (**cephalis**). La cámara superior de las conchas *monaxonias* de los radiolarios.

céfalo* (**mullet, snook**). Se dice de la liza y del róbalo.

cefalocono (**cephalocone**). Una de las proyecciones cefálicas de ciertos moluscos terópodos. (Gr. **kephale**, cabeza; **conos**, cono.)

cefalocordado (**cephalochord**). Dícese de cualquier animal del subfílum *Cephalochordata*, *cefolocordio.*

cefaloide. Estructura orgánica ensanchada . // De forma de cabeza o parecido a una cabeza. //Que termina en una estructura de forma de cabeza. (Gr. **kephaloides.**)

cefalóforos (**cephalophore**). Dícese de los moluscos provistos de cabeza bien distinta, como los gasterópodos y los cefalópodos. (Gr. **kephale**, cabeza; **phoreus**, portador.)

cefalómero (**cephalomere**). Cada uno de los somitos que forman la cabeza de los artrópodos (gr. **kephale**, cabeza; **meros**, parte.)

cefalómetro (**cephalometer**). Un aparato para tomar medidas de la cabeza. (Gr. **kephale**, cabeza; **metra**, medida.)

cefalón (**cephalon**). La región cefálica de las trilobitas, q.v. (Gr. **kephale**, cabeza.)

cefalonte (**cephalont**). Un esporozoario en proceso de formar esporos. (Gr. **kephale**, cabeza.)

cefalopodio (**cephalopodium**). La región anterior en los cefalópodos, formada por la cabeza y los brazos. (Gr. **kephale**; **pous, podos**, pie.)

cefalópodo* (**cephalopod**). Cualquier molusco de la clase *Cephalopoda*, q.v.

cefalopsina (**cephalopsin**). Un pigmento parecido a la rodopsina hallado en los ojos de los cefalópodos. (Gr. **kephale**, cabeza;+**opsina.**)

cefalorraquídeo* (**cephalorhachidea**). Relativo a la cabeza y al raquis o espina dorsal. V. *líquido cefalorraquídeo.*

cefalosoma (**cephalosoma**). La región anterior de un artrópodo. (Gr. **kephale**, cabeza; **soma**, cuerpo.)

cefalostegito (**cephalostegite**). La parte anterior del escudo cefalotorácico. (Gr. **kephale**, cabeza, **stego**, techo.)

cefalostilo (**cephalostyle**). La parte anterior del notocordio envainado en el condrocranio. (Gr. **kephale**, cabeza; **stylos**, columna.)

cefaloteca (**cephalotheca**). La cubierta de la cabeza de la pupa de los insectos. (Gr. **kephale**, cabeza; **theke**, caja.)

cefalotórax* (**cephalothorax**). Región del cuerpo de los arácnidos y muchos crustáceos formada por la reunión de la cabeza y el tórax. (Gr. **kephale**, cabeza;+**thorax.**)

cefalotroco (**cephalotroch**). Estado larval de tipo trocófora de ciertos platelmintos turbelarios. (Gr. **kephale**, cabeza; **trochos**, rueda.)

cefálula (**cephalula**). Estado embrionario libre en algunos braquiópodos. (Gr. **kephale**, cabeza.)

cefo* (**cephus**). Mono africano de la familia *Cercopithecidae* (**Cercopithecus cephus**). (Lat. **cephus**, gr. **kepos**, mono de cola larga.)

cegajo*. Macho cabrío de dos años. (Lat. **caecaculus**, der. de **caecus**, ciego.)

ceguera nocturna (**night blindness**). Condición por la que se tiene dificultad en la visión nocturna debido a deficiencia de vitamina A. // *c. para los colores*, v. *daltonismo.* // *c. para los sabores*, incapacidad de percibir ciertos sabores como el PTC (**feniltiocarbamida**).

ceja* (**eye brow**). La acepción usual. // Se usa como sinónimo de *cilio* o *pestaña.* (Lat. **cilia**, cejas.)

cel-, celo- (**coel-**). (Del gr. **koilos**, hueco, vacío, cóncavo.)

celacanto (**coelacanth**). Dícese de la especie viviente de un antiguo grupo de peces óseos crosopterigios cercanos a los peces pulmonados. V. *Latimeria.* (Gr. **koilos**, hueco; **acantha**, espina.)

celario (**coelarium**).=*Epitelio celómico.*

celda* (**cell**). *Celdilla* o espacio. (Lat. **cellula.**) // *c. acuíferas*, celda en el estómago de los camellos que contienen agua. // *c. aeríferas*, cavidades en el etmoides y mastoides y en los alvéolos pulmonares. // *c. calcáreas*, corpúsculos esféricos en los tejidos de las tenias, compuestos de carbonato de calcio. // *c. discal*, celda grande que, en muchos insectos, se extiende desde la base de las alas hacia el centro. // *c. mastoideas*, cavidades pequeñas en el proceso mastoide del temporal en los vertebrados superiores.

celdilla* (**cell**). Diminutivo de *celda.* // Area cerrada por nervuras en las alas de los insectos. // Cada uno de las casillas que componen los panales de las abejas y avispas. (Lat. **cellula**, dim. de **celda.**) // *c. acuíferas*, divertículos vesiculares de la panza y retículo de los camellos, que almacenan agua de origen metabólico. // *c. reales*, las que en el panal usa la abeja reina para criar las ninfas.

celelmintos (**coelelminth**). Nombre aplicado al grupo de vermes más conocido como *nematelmintos*, q.v.

celénquima (**coelenchyma**). Tipo de mesodermo que se forma por disociación de la capa mesodérmica epitelial. V. *parénquima.* (Gr. **koilos**, cavidad; **enchyma**, infusión.)

celenterado. *Celentéreo*, q.v.

celentereado. Mejor es celentéreo*, q.v.

celentéreo* (**coelenterate**). Celenterado. Un miembro del fílum *Coelenterata* o *Cnidaria.*

celenterio. V. celentéreo*.

celenterón (**coelenteron**). La cavidad gastrovascular en los celenterados. // Arquenterio. (Gr. **koilos**, cavidad; **enteron**, intestino.) = *Celenteron.*

celerípedo (**cursorial**). Animal dotado de patas adaptadas para la marcha rápida.

celestita (**celestite**). Sulfato de estroncio, substancia que compone las espículas de los protozoos sarcodinos del orden *Radiolarida*, suborden *Acantharia.*

celíaco* (**coeliac**). Perteneciente o relativo al abdomen o a las vísceras (Lat. **coeliacus**; gr. **koilia**, vientre.)

celima (**celime**). *Espermaceti* o esperma de la ballena. (Lat. **cetu**, cetáceo.)

celo* (**rut**). Epoca de impulso sexual en ciertos mamíferos. Estro. (Gr. **zelos**, celo, emulación.)

celoblasto (**coeloblast**). = *Mesoblasto.*

celobástula (**coeloblastula**). La blástula simple, cuyo blastodermo se forma por separación y división de células que forman una sola capa celular alrededor de una cavidad o blastocelo. (Gr. **koilos**, cavidad; **blastos**, brote.)

celodonte (**coeldont**). Que tiene dientes huecos. (Gr. **koilos**, hueco; **odous**, diente.)

celogástrula (**coelgastrula**). La gástrula típica, derivada de una celoblástula. (Gr. **koilus**, hueco; + **gástrula.**)

Celoidea. Un nombre alterno para los cefalópodos del orden *Dibranchia.* (Gr. **koilos**, hueco.)

celogenio. *Paca*, roedor.

celoma* (**coelom**). Cavidad general del cuerpo de un animal, de origen mesodérmico, tapizada por hojas parietales y viscerales. (Gr. **koilos**, cóncavo.) // *c. extraembrionario*, una extensión del celoma entre el amnios y el corion. // *c. perihemal*, conjunto de vasos circulares y radiales en los cuales descansan las llamadas "fibras sanguíneas" de las estrellas de mar y otros equinodermos. // *c. perivisceral*, la parte de la cavidad del cuerpo en donde están las vísceras principales.

celomado* (**coelomate**). Dícese de los animales provistos de celoma.

celomático (**coelomatic**). Perteneciente o realtivo al celoma. Cavidad celomática. (De **celoma.**)

celomesoblasto (coelomesoblast). Bandas mesoblásticas destinadas a formar las paredes celomáticas. (Gr. koilos, hueco; meses, medio; blastos, brote.)

celómico (coelomic). Lo que pertenece al celoma. (Gr. koiloma, hueco.)

celomocelos (coelomocoela). Literalmente un hueco dentro de otro. // Se dice de los animales que tienen una separación entre el conducto alimenticio y las paredes del cuerpo. (Del gr. koilos, cavidad, hueco.)

celomocitos (coelomocytes). Corpúsculos, usualmente amiboides, hallados en el fluido del celoma o en el seudoceloma de los invertebrados. (Gr. koilos, cavidad; kytos, célula.)

Celomocoela. Nombre con el que se agrupan los animales con celoma verdadero, con excepción de los del grupo *Enterocoela.*

celomoducto (coelomoduct). Un conducto de origen mesodérmico que lleva al exterior los gametos o las excreciones. (Gr. koilos, cavidad; lat. duco, conducir.)

celomoporos (coelomopore). Cada uno de los poros que comunican al exterior la cavidad de la trompa en los hemicordados. // Poros que comunican con el exterior el celoma en los briozoarios. (Gr. koylos, cavidad; poros, canal.) = *Celomóporos.*

celomostoma (coelomostoma). La abertura interna de un celomoducto. (Gr. koilos, cavidad; stoma, boca.)

celotelio (coelothelium). Término propuesto por Gravilov para el revestimiento superficial libre de las membranas cerosas. (Gr. koilos, cavidad.)

celozoico (coelozoic). Que habita una cavidad interna de un animal. (Gr. koilos, cavidad; zoon, animal.)

célula* (cell). Término propuesto por Hooke (1667) para las pequeñas cavidades que observó en cortes de corcho, a las que comparó con las celdas de un panal. // Unidad estructural y funcional de la mayoría de los organismos vivientes. (Lat. cellula, dim. de cella, hueco, la celdilla de los panales.) *Adj. celular*, celulario*; // c. adhesivas,* células glandulares destinadas a segregar substancias que permiten la fijación de estructuras, como las del disco basal de los hidroideos. // *c. alfa,* células en los islotes de Langerhans del páncreas que segregan la hormona glucagon. // *c. aracnoideas,* neuroglias con procesos celulares o *astroglia.* // *c. atrocíticas,* masas de *atrocitos* que ocurren en varias partes de algunos crustáceos y actúan como estructuras excretoras, a veces organizadas en sistemas en las especies que carecen de glándulas maxilares o antenales. // *c. axiales,* células que forman una sola hilera dentro de algunas especies de mesozoarios, como en *Dicyema.* // *c. basófila,* cualquier célula que se colorea fácilmente con tintes básicos. // *c. Beta,* células en los islotes de Langerhans del páncreas que secretan insulina. // Célula cromófila en el lóbulo anterior de la pituitaria con menos mitocondrios que las alfas. // *c. bipolares,* v. *neuronas bipolares.* // *c. botridiales,* células homólogas a las cloragógenas, de las sanguijuelas. // *células en los islotes de Langerhans* que probablemente originan las células alfas del páncreas. // *c. caliciformes,* células secretoras de mucus de los epitelios columnares, de forma de cáliz o copilla. // *c. centroacinares,* pequeñas células pancreáticas no secretoras. // *c. ciliada,* cada una de las células ciliadas situadas en la rampa media del oído interno. // *c. cistógenas,* células que secretan las substancias que forman los quistes. // *c. cloragógenas,* células especiales de color amarillo que envuelven el tubo digestivo de algunos anélidos, e intervienen en la distribución de las grasas y en la excreción. // *c. coloides,* v. *células oxífilas.* // *c. columnar,* célula prismática cuya altura excede al ancho. // *c. corneágenas,* células epiteliales modificadas que segregan la córnea de los omatidios de los insectos. // *c. corpórea,* una célula somática, para distinguirla de las germinales. // *c. cristalina,* v. *vitrela.* // *c. cuboide,* célula cuyas tres dimensiones son casi iguales. // *c. de Betz,* célula piramidal en los hemisferios cerebrales. // *c. de Boettcher,* células granulares en los órganos de Corti del oído interno. // *c. de Claudius,* célula prismática cercana a las de Hansen en los órganos de Corti. // *c. de collar,* v. *coanocito.* // *c. de Deiters,* que actúan de soporte en los órganos de Corti. // *c. de Dogiel,* neuronas en los ganglios espinales con axonas ramificadas en su base. // *c. de fertilidad,* células oxifilas modificadas que pertenencen al lóbulo anterior de la hipófisis, las cuales se multiplican durante la preñez. // *c. de Golgi,* v *atrocitos.* // *c. de Hensen,* células columnares de soporte en la membrana basilar de los órganos de Corti. // *c. de Hesse,* células fotosensoriales posteriores en el tubo neural de los cefalocordados. // *c. de Kultschitzky,* células que se encuentran en el estómago, intestino y conducto pancreático de algunos vertebrados, que contienen gran número de gránulos basófilos (Kultschitzky). // *c. de Küpfer,* célula reticuloendotelial en el hígado de algunos vertebrados. // *c. de Langerhans,* células gigantes de la capa interna del trofoblasto. = melanoblasto. // *c. de Leidig,* tipo de tejido conjuntivo en los crustáceos. // *c. de Leydi,* células intersticiales de los testículos, de función endocrina. // *c. de luteína.* células granulosas modificadas durante la formación de los cuerpos amarillos. // *c. de Martinoti,* las células nerviosas piramidales de la corteza cerebral. // *c. de Mauthner,* un par de células nerviosas gigantes de la lamprea, con las dendritas entre las fibras del octavo nervio craneal y la axona en el lado opuesto, células que existen en los primeros estados de casi todos los peces y anfibios. // *c. de neuroglia,* uno de los tipos de células de sostén halladas entre las células nerviosas, de forma estrellada, más o menos ramificada. // *c. de Paneth* , célula grande en el fondo de la glándula de Lieberkuhn del intestino delgado. // *c. de Purkinje,* estado celular entre las capas molecular y nuclear de la corteza cerebelar. // *c. de Retzius,* células nucleadas rígidas y delgadas que se encuentran entre las células ciliadas del caracol en el oído de los mamíferos. *c. de Rhode,* células dispuestas segmentariamente en el tubo neural de los anfioxus. // *c. de Rouget,* células apoyadas sobre las paredes de los capilares en los vertebrados. // *c. de Schwann,* células que envuelven o se enrrollan alrededor de las fibras nerviosas mielinadas. // *c. de Semper,* células del cono cristalino de los insectos. // *c. de Sertoli,* grandes células epiteliales unidas a grupos de espermatozoos en desarrollo en los testes que sirven de sostén y nutrición // *c. de Verson,* células grandes en los folículos testiculares de algunos insectos, cuya función no se conoce. // *c. de la preñez,* células del lóbulo anterior de la hipófisis que se multiplican durante la preñez. // *c. de la vaina,* células que componen la vaina de Schwann de las fibras nerviosas. // *c. del esmalte,* v. *adamantoblastos.* // *c. de los uratos,* células excretoras en los cuerpos grasos de algunos artrópodos. // *c. delomorfa,* = *c. parietal.* // *c. enterocromafines,* formaciones glandulares en el intestino de los mamíferos. // *c. ependimales,* células epiteliales que tapizan las cavidades del sistema nervioso central. // *c. epiteliomuscular,* células epitelial de los metazoarios inferiores cuya porción basal está diferenciada en un fascículo de miofibrillas; células musculares epiteliales en los celenterados. // *c. escamosas,* células muy aplastadas, características de las superficies en donde ocurren fenómenos osmóticos de importancia, llamadas también *planas.* // *c. espinosas,* las células de las capas internas del epitelio escamoso estratificado que tienen fibrillas finas, cortas conectadas marginalmente. // *c. en lazo,* v. *coloblastos.* // *c. excitadoras,* células motoras en el sistema nervioso simpático. // *c. falciforme,* célula en forma de hoz, especialmente en los eritrocitos. // *c. fibrosas contráctiles* o fibras musculares lisas. // *c. flamígeras,* células flageladas del sistema excretor de los vermes platelmintos. // *c. formativas,* células especiales esparcidas entre los órganos de ciertos invertebrados inferiores que producen nuevas estructuras. // *c. fotorreceptora,* células en el epitelio de ciertos anélidos, capaces de percibir estímulos luminosos. // *c. fusiformes,* especie de trombocitos que, en ciertos vertebrados, representa el equivalente de las plaquetas de la sangre de los mamíferos. // *c. germinal,* una gameta. // *c. germinales* primordiales, las células germinales epiteliales o protogonias de los testículos y ovarios. // *c. hermanas,* las descendientes de una célula madre. // *c. huevo,* óvulo. // *c. imaginal,* células que, en el desarrollo de los moluscos, originan las bandas mesodérmicas, formativas estas del endomesodermo. // *c. intersticiales,* células que ocupan los intesticios entre otras células, como las de los testículos y ovarios, que segregan las hormonas sexuales, las de las paredes de las hidras, etc. // *c. litorales*, grandes células fagocíticas que tapizan los sinusoides de la médula ósea. // *c. madre*, v. *teleoblasto* // *c. migratoria*, un amibocito o leucocito de la sangre. // *c. mioepitelial*, célula estrellada bajo la membrana basal de algunas glándulas. // *c. mitrales*, células piramidales del bulbo olfativo. // *c. mucíparas*, v. *células caliciformes* // *c. musgosas*, astrocitos protoplásmicos. // *c. nerviosa*, v. *neurona*. // *c. neuroepiteliales*, elementos receptores y conductores en el ectodermo de los celentereos. // *c. neurosecretoras*, células que segregan hormonas, localizadas en lóbulo posterior de la pituitaria. // *c. nodrizas*, células que nutren las células adyacentes como las de los folículos de los ovarios, = *trofoblasto* //*c. nutricia*, corpúsculo amiboide basófilo de los tejidos conjuntivos, relacionados con la deposición de grasas. // *c. olfatoria*, una célula nerviosa bipolar en el epitelio nasal. // *c. oxífila*, células halladas en la paratiroides. // *c. oxínticas*, células que, en el estómago de los anfibios, segregan el pepsinógeno y el mucus. // *c. pericárdicas*, células, que en ciertos artrópodos, funcionan como riñones de acumulación. // *c. pigmentadas*, células obscuras en los onmatidios de los insectos. // *c. pilíferas*, células ciliadas en las manchas o máculas de las ampollas, los conductos semicirculares del oído interno, que intervienen en el sentido del equilibrio. // *c. planas*, v. *c. escamosas*. // *c. polar*, v. *glóbulo polar* o *corpúsculo polar*, células en el extremo anterior de los mesozoos; teloblastos de los anélidos y moluscos. // *c. primordial*, una célula germinal. // *c. reticulares*, células del mesénquima en la médula roja de los huesos, nódulos linfáticos y bazo que originan los granulocitos, los linfocitos y los monocitos. // *c. sanguíneas*, los hemoblastos primitivos, eritrocitos, leucocitos y trombocitos, etc. //*c. sensitivas*, receptores sensoriales relacionadas con neuronas nerviosas o constituyendo terminaciones nerviosas libres. // *c. serígenas*, células que secretan la seda en ciertos insectos. // *c. sexuales*, óvulos y espermatozoos. // *c. somáticas*, todas las células del cuerpo que no son las germinales o sexuales. // *c. testáceas*, v. *calimnocitos*. // *c. urticante*, v. *nematocisto*. // *c. visuales*, células fotorreceptoras subcutáneas en los anélidos.

celulado* **(cellular).** Provisto de células o dispuesto en forma de células. (De **célula.**)

celular* **(celular)** Perteneciente o relativo a las células.

celulario*, *adj.* Que está compuesto de muchas células.

celulasa **(cellulase).** Una enzima que digiere la celulosa. (De **célula** y **-asa**, "enzima".)

celuliforme. En forma de célula. (Lat. **cellula** y **forma.**)

celulífuga. V. *centrífuga.*

celulípeta. v. *centrípeta.*

celulitis **(cellulitis).** Inflamación del tejido conjuntivo. (Lat. **cellula**, célula; **-itis**, inflamación.)

celulosa* **(cellulose).** Polisacárido que se encuentra en las paredes celulares de las plantas y de algunos protistas. Entre los animales, los tunicados muestran la túnica impregnada por un isómero de la celulosa. (Lat. **cellula.**)

celuloso*. **Que tiene muchas células.**

cemento* **(cement).** Capa de material que cubre las raíces y el cuello de las piezas dentarias en los mamíferos. // Substancia presente entre las células de un epitelio. (Lat. **caemetum**, piedrecillas utilizadas en el mortero.)

cementocitos **(cementocytes).** Células especiales halladas en las lagunas del cemento de los dientes. (Lat. **caementum**; gr. **kylos**, célula).

cen-, ceno- **(coen-).** (Del gr. **kainos**, nuevo.) // (Del gr. **kenos**, vacío.) // (Del gr. **koinos**, común.)

cuenca* **(comb of fowls).** Perú: cresta de las aves.

cencuate*. Méx.: culebra venenosa de más de un metro de largo y muy pintada. (Dicc.)

cenénquima **(coenenchyma).** Tipo de tejido que se encuentra entre los individuos de las colonias de los celentéreos. (Gr. **koinos**, común; **enkima**, jugo.)

cenestesia* **(coenesthesia).** Conjunto de sensaciones que percibimos por nuestros órganos internos. (Gr. **koinos**, común; **aisthesis**, sensación.)

cenobio* **(coenobium).** Agregados coloniales de organismos unicelulares provistos de una envoltura común y cuyas células están dispuestas según cierto patrón. (Gr. **koinos**, común; **bios**, vida.)

cenoblasto **(coenoblast).** La capa germinal que dará origen al mesodermo y al endodermo. (Gr. **koinos**, común; **blastos**, yema.)

cenocigoto **(coenozygote).** Un cigoto formado por *cenogametos*, q.v. (Gr. **koino**; común; **zygon**, yugo.)

cenocito **(coenocyte).** Masa protoplásmica multinucleada debido a divisiones nucleares no acompañadas de divisiones del citoplasma. (Gr. **koinos**, común; **kytos**, célula.)

cenoecio **(coenoecium).** Estructuras agregadas en donde viven un conjunto de organismos, como los pterobranquios y los briozoarios. (Gr. **koinos**, común; **oikos**, casa.)

cenoespecie **(coenospecies).** Término empleado en taxonomía experimental, equivalente al de sección o subsección de un género. El híbrido entre cenoespecies diferentes es estéril. (Gr. **koinos**, común; + **especies.**)

cenogameto **(coenogamete).** Un gameto multinucleado. (Gr. **koinos**, común; **gametes**, esposo.)

Cenogea **(caenogea).** Una región zoogeográfica que incluye las regiones holártica y oriental. (Gr. **koinos**, común; **gaia**, la tierra.)

cenogénesis **(coenogenesis).** Descendencia del mismo ancestral. // Lo que es origen reciente. // El desarrollo de un individuo sin repetir la filogenia. // Adaptaciones en los estados juveniles que no afectan el curso de la ontogenia. (Gr. **koinos**, común; **génesis**, origen.)

cenoma. V. *vacuoma.*

cenosarco **(coenosarc).** Porción viviente del tallo de los celenterados, interior al perisarco. (Gr. **koinos**, común; **sarx**, carne.)

cenosis **(coenosis).** Una comunidad animal con dos o más especies dominantes. // Un sistema de poblaciones unidas por factores ecológicos en estado de equilibrio inestable. (Gr. **koinos**, común.)

cenosito **(coenosite).** Un comensal que es capaz de vivir independientemente. (Gr. **koinos**, común; **sitos**, grano, alimento.)

cenósteo **(coenosteum).** El esqueleto común en una colonia de celenterados. (Gr. **koinos**, común; **osteon**, hueso, esqueleto.)

cenote* **(cenota).** Cueva o excavación vertical de boca estrecha, como las famosas cenotes de Yucatán, habitadas por una fauna muy peculiar.

Cenotecata. Una división de los antozoarios alcionarios que comprende los corales azules. (Gr. **koinos**, común; **theke**, cápsula.)

cenótropo **(coenotrope).** La conducta común a un grupo de organismos. (Gr. **koino**, común; **trope**, vuelta.)

Cenozoica* **(Caenozoic).** La era geológica más reciente, caracterizada por el desarrollo de los mamíferos y las aves y la disminución de los reptiles. (Gr. **kainos**, nuevo; **zoon**, animal, vida; **-ica.**)

cenozoide **(coenozoid).** Tipo de zooide modificado o heterozoide de los briozoos, representados por los estolones, anclas, rizoides, etc. V. *cenozoide.*

censonte* **(mocking bird).** Hond. y Méx.: V. *sinsonte.*

centauro* **(centaur).** Monstruo fabuloso, mitad hombre y mitad caballo. (Lat. **centaurus.**)

centimorganio **(centimorgan).** Unidad hipotética para expresar la distancia que apartan los genes de un cromosoma. Un centimorganio representa un valor de entrecruzamiento de 1%. (Dedicada a A.T. Morgan.)

centípedo **(centipede).** V. *ciempiés.*

centolla* **(spider crab).** Cuba: cangrejo marino braquiuro de gran tamaño, de color de coral y de carapacho granuloso

(Mithrax spinossissimus.) // Otras especies del mismo grupo.

centradenia (centradenia). La colonia característica de los sifonóforos del grupo *Disconectae.*

central* (central). Lo relativo al centro o que ocupa una posición media entre otras estructuras. // Uno de los huesos del carpo en los reptiles y mamíferos.

Centrechinoidea. V. *Diadematoidea.*

céntrico* (centric). Lo perteneciente al centro.

centriformio (centrophormium). Corpúsculos de Golgi de forma de cesto redondeado. (Gr. Kentron, centro; phormis, cestillo.)

centrífugo* (centrifugal). Lo que se aparta o se distingue desde el centro a la periferia. (Lat. centrum, centro; fugere, huir.)

centríolo* (centriole). Orgánulo celular que organiza el sistema mitótico durante la división celular. Los centriolos son cilindros cortos provistos de nueve pares de microtúbulos. (Lat. cetrolum, dim. de centro.)

centrina* (dogfish). Especie de tiburón del Atlántico provisto de una espina en la aleta dorsal. (Squalus sp.) (Gr. kentron, aguijón.)

centrípeto* (centripetal). Lo que se dirige o avanza hacia el centro de una estructura o región, como los impulsos nerviosos sensoriales. (Lat. centrum, centro; petere, buscar.)

centrisco*. V. trompetero, pez.

centro- (centr-). (Del gr. kentron, centro.)

centro* (centrum). Parte central o media de un órgano. // La parte osificada de las vértebras o cuerpo de donde parten la expansiones o apófisis. (Lat. center.) // *c. activo,* se aplica a la parte de la molécula de una enzima que se combina con el substrato. // *c. acelerador,* el centro cardioacelerador. // *c. cardiaco,* v. *centro cardioacelerador.* // *c. cardioacelerador,* cada uno de un par de centros medulares que aceleran el ritmo cardiaco a través del simpático. // *c. cruciformes,* centros de ciertas vértebras en donde, bandas calcificadas de fibricartílago, se extienden por fuera del pericondrio, dando a la sección transversal la apariencia de una cruz. // *c. de diferenciación,* un área de tejidos organizadores desde donde se extienden la diferenciación de las estructuras en un embrión. // *c. de dispersión,* lugar geográfico desde donde se ha dispersado una especie bien establecida, aunque no se haya originado allí. // *c. de distribución,* una región donde se cruzan las áreas de varias especies. // *c. de organización,* v. *organizador.* // *c. de origen,* el área en donde aparece y desde donde se dispersa una especie. // *c. inhibidor,* centro *cardio inhibidor.* // *c. neumotáxico,* parte del centro respiratorio situado en la protuberancia del encéfalo que regula la exhalación del aire. // c. primario, parte del sistema nervioso central conectado por fibras nerviosas con los órganos. // *c. respiratorio,* grupo de células reguladoras de los movimientos respiratorios que se encuentran en la médula oblongada.

centroblefaroplasto (centroblefaroplast). Corpúsculo que, en algunos flagelados, desempeña el papel del centríolo.

centrodesmos (centrodesmo). Fibrillas que unen temporalmente los centrosomas durante la mitosis. (Gr. kentron, centro; desmos, filamento, ligadura.)

centrodesmosis (centrodesmosis). Conexión entre los dos centríolos que se separan en la mitosis. (Gr. kentron, centro; desmos, filamento.)

centrodorsal (centrodorsal). Se aplica a una placa que ocupa una posición central y dorsal en el cáliz de los crinoideos.

centrogén (centrogen). Según Darlington, el centrómero podría constar de un cromómero homólogo a un gen. (De centrómero y gen.)

centrogona (centrogona). Larva en los cirrípedos del orden *Rhizocephala.* (Lat. centrum, centro; gonos, angular.)

centrolecito (centrolecithal). Dícese de los huevos cuyo vitelo nutritivo se encuentra en el centro, como sucede en los artrópodos. (Gr. kentron, centro; lekithos, yema de huevo.)

centrómero (centromere). Punto donde el cromosoma se une al huso acromático. (Gr. kentron, centro; meros, parte.) *Adj. centromérico.*

centrón (centron). V. *citón.*

centroplasma (centroplasm). La substancia de la centrosfera. (Gr. kentron, centro; plasma, molde.)

centros (centers). Agregados de cuerpos de neuronas en el encéfalo de los vertebrados. (Lat. centrum.)

centrosfera (centrosphere). La masa central del aster y *centrosoma. Astrosfera.* (Gr. kentron, sphaira, esfera.)

centrosoma (centrosome). Región diferenciada de protoplasma que contiene el centríolo. Algunos han confundido ambos términos. (Gr. kentron, centro; soma, cuerpo.) // *c. nucleolar,* un corpúsculo nuclear que puede actuar como centrosoma durante la mitosis.

centroteca (centrotheca). V. *Idiosoma.*

cenuro (coenurus). Estado larval complejo de ciertas tenias, consistentes en una vejiga grande con numerosos escólices internos. (Gr. Koinos, común; oava, cola.)

cénzalo* (mosquito). *Mosquito,* insecto.

cenzonte* (mocking bird). Méx.: v. *sinsonte.*

ceo* (zeus). Gallo, pez marino del orden *Perciformes,* provisto de dos aletas anales, la anterior con un radio espinoso (Zeus faber).

cepa* (stock). Tronco u origen de un linaje. Se aplica principalmente a los cultivos de microorganismos. (Lat. ceppa, tronco.)

Cepaea. Género de moluscos gasterópodos pulmonados europeos polimórficos que han sido estudiados extensamente por ecólogos y geneticistas. Dos especies: *C. nemoralis* y *C. hortensis.*

Cephalaspida. Un orden de peces fósiles de la clase *Agnatha.* Comprende los ostracodermos armados con escudo cefálico deprimido. (Gr. kephale, cabeza; aspis, especies, un escudo.)

Cephalaspidea. Un nombre alterno para la clase de peces fósiles llamada *Ostracoderma,* q.v.

Cephalaspidomorpha. Una subclase de peces fósiles ostracodermos de la clase *Agnathi.* Un agujero nasal entre los ojos. (Gr. kephalê, cabeza; aspidos, escudo; morphe, forma.)

Cephalina. Una división de los eugregarinas con un septo divisorio entre el epimerito y el resto del cuerpo. (Gr. kephale, cabeza.)

Cephalobaenida. Un orden de artrópodos quelicerados, clase *Pentastomida.* Garfios bucales sin brazos basales, abertura sexual anteriores en ambos sexos, desarrollo directo, sin hospedantes intermedios. (Gr. kephale, cabeza; baino, andar.)

Cephalocanthida. Un suborden de peces en el orden *Scleroparei* (=Cataphracti = Loricati).

Cephalocarida. Una subclase de crustáceos marinos. Cuerpo pequeño. Antenas pequeñas, segundas maxilas bien desarrolladas; con nueve pares de apéndices postcefálicos trirrámeos, sin ojos ni carapacho. Monoicos, Son los crustáceos vivientes más primitivos. Desde el Devoniano medio. (Gr. kephale, cabeza; caridis, un camarón.)

Cephalochordata. Un subfílum del fílum *Chordata* que comprende las lancetas o anfioxos; muchas aberturas branquiales; cuerpo pisciforme, no segmentado. También *Leptocardii.* (Gr. kephale, cabeza; chorda, cuerda.)

Cephalosdiscida. Un orden en el fílum *Hemichordata.* Lofóforo de varios brazos, con 2 aberturas branquiales, dos gónadas. Individuos separados o agrupados. (Gr. kephale, cabeza; diskos, disco.)

Cephalopoda. Una clase del fílum *Mollusca.* Cabeza rodeada por tentáculos o brazos, concha externa, interna o ausente, cabeza y ojos grandes protegidos por una cápsula cartilaginoide. Dioicos. Pulpos, calamares, nautilos, etc. Todos marinos. (Gr. kephale, cabeza; pous, podos, pie.)

cepillos polínicos (pollen brush). Pelos rígidos en la parte interna del fémur de las abejas con los que recogen el polen. (de cepo.)

cepola*. Se aplica a ciertos peces marinos del Mediterráneo y del Atlántico, de cuerpo acintado, ojos grandes y escamas pequeñas. Orden *Perciformes.* (Cepola sp.)

ceptor (ceptor). Estructura orgánica capaz de percibir los estímulos. Se usa como sufijo. (Lat. recepto.) *Receptor.*

cera (cere). Acepción usual. // Piel engrosada en la base del pico de ciertas aves, como las de rapiña. (Lat. cera, la cera de abejas.) // *c. aleda,* v. *propóleo.*

ceráceo (ceraceous). V. *céreo.*

Ceractinomorpha. Una subclase de esponjas en la clase *Demospongiae.*

ceral (ceral). Perteneciente a la cera del pico de las aves. (Lat. cera.)

cerasta* (viper). Especie de áspid o *víbora cornuda* de Egipto. Familia *Viperidae* (Cerastes cornutus).

cerástide*. Insecto lepidóptero nocturno propio de Europa. (Gr. keras, cuerno; -ide, del gr. eidos, forma, apariencia.) (Dicc.)

cerat-*. V. *queras.*

ceratina (ceratine). Substancia córnea secretada por ciertos celenterados antozoarios. (Gr. keras, cuerno.)

Ceratioidea. Un suborden de peces osteictios del orden *Lophiiformes* o *Pediculati.*

ceratíos (ceratae). Cornículos, branquias externas de algunos moluscos nudibranquios y sacoglosos a la manera de cuernos. (Gr. Keras, cuernos.)

ceratita. V. *Ceratites.*

Ceratites*. Amonitas típicos del Triásico, con sutura y ornamentación características.

ceratitiode. Dícese de lo relativo a los cefalópodos triásicos llamados *ceratitas* y, en especial, lo que se refiere a sus suturas.

ceratobranquiales (ceratobranquials). Huesos de los arcos branquiales de los peces, situados bajo sus ángulos laterales. (Gr. keras, cuernos; branquia, branquia.)

Ceratodiformes. *Ceratodontiformes.*

Ceratodontiformes. Un orden de peces pulmonados del superorden *Dipnoi,* de la subclase *Coanichthyes,* que han existido desde el Triásico. Una sola especie actual : la *barramunda* (Neoceratodus forsteri) de Australia. (Gr. keratos, cuerno: odontos, diente; + formas.)

Ceratodus. El pez pulmonado australiano (Neoceratodus o Epiceratodus).

ceratohial (ceratohyal). Uno de los huesos del arco hioideo. // Una de las proyecciones del hioides de los mamíferos. (Gr. keras, cuerno; +hioides.)

ceratoide (ceratoid). Parecido al cuerno. (Gr. keras, cuerno; oides, forma.)

Ceratomorpha. Un suborden en el orden de mamíferos perisodáctilos que comprende los tapires y rinocerontes. Piel gruesa, dentición reducida, con tres dígitos por lo menos, pero el del medio de mayor tamaño. (Gr. keras, cuerno; aludiendo a los rinocerontes.)

Ceratopsia. Un suborden de dinosaurios cornudos del orden *Ornithischia.* (Gr. keras, cuerno.)

ceratosa. Una esponja de la clase *keratosa* o *Demospongiae.*

ceratospongias. Nombre común de las esponjas con esqueleto córneo. V. *Demospongiae.* (Gr. Keras, cuerno; +spongia.)

ceratoteca (ceratotheca). La parte de la envoltura pupal que cubre las antenas. (Gr. keras, cuerno, "antena"; theke, caja).

ceratotricos (ceratotrichia). Rayos largos córneos que soportan las aletas de los selácios. (Gr. keras, cuerno; thrix, trichas, un pelo.)

cerc-, cerco- (cerc-). (Del gr. kerkos, una cola.)

cercal (cercal). Lo relativo a la cola. Lo relativoa a los cercos. (Gr. kerkos, cola.)

cercaria* (cercaria). Una fase larval en el ciclo de los trematodos que sucede a la redias y se caracteriza por tener un cuerpo abultado o cordiforme con una cola delgada. (Gr. kerkos, cola.)

cercarieo. Conjunto de cercarias que se han enquistado en túbulos dentro del caracol hospedante.

cerceta* (teal). Especie de pato europeo (Anas querquedula). // En América hay una especie de cerceta *Anas discors.* // Pitón blando que nace en la frente de los ciervos. (Lat. cercedula, de querquedula.)

cércido (cercid). Célula errante diminuta de ciertas esponjas. (Gr. kerkidion dim. de kerkis, peine.)

cerco- (cerco-). (Del gr. kerkos, rabo.) Usase también como sufijo.

cerco (cercus). Cada uno de los apéndices del tergo de los últimos urómeros. (Gr. kerkos, rabo.)

cercoides (cercoid). Apéndices pares en los segmentos 9 y 10 de ciertas larvas de insectos. (Gr. kerkos, cola.)

cercopiteco*. Nombre aplicado a cualquiera de los monos africanos del género *Cercophithecus,* los cuales están provistos de abazones y callosidades isquiáticas. (Gr. kerkos, rabo; pithecos, mono.)

Cercopithecoidea. Una superfamilia de primates del suborden *Anthropoidea,* llamado también *Catarrhini.* Comprende los monos del antiguo continente, de aberturas nasales cercanas, con tabique estrecho, a menudo con abazones, con 2 premolares y rabo nunca prensil. (Gr. kerkos, rabo; pithecos, mono.)

cercópodos (cercopods). Largos procesos terminales del abdomen de los crustáceos branquiópodos.) (Gr. kerkos, cola; podos, pie.)

cercos (cerci). Un par de espinas o proyecciones situadas detrás del 10° segmento abdominal de ciertos insectos, relicto de un par de apéndices. (Gr. kerkos, cola.) = *c. anales.*

cerda* (bristle). Pelo de la cola y crin de los caballos. // Pelo o seda de alguna rigidez. // Pluma filiforme y rígida. (Lat. setacea, der. de seta, pelo grueso.) // *c. acrósticas,* sedas diminutas situadas en hileras longitudinales en la superficie dorsal torácica de ciertas moscas. // *c. penial,* estructura en forma de aguja que se encuentra cerca del ano en los nematodos. *Ad. cerdoso*.*

cerdo* (hog). Mamífero doméstico derivado probablemente del jabalí. Cochino, guarro, marrano, puerco, (Sus scropha domesticus). (Vasc. zerri.)

cerebelo* (cerebellum). La parte anterior del rombencéfalo o encéfalo posterior, principal centro coordinador de los movimientos. (Lat. dim. de cerebrum.) *Adj. cerebelar.*

cerebral* (cerebral). Lo perteneciente al cerebro en particular o al encéfalo en general. (Lat. cerebrum).

cerebriforme (cerebriform). Que tiene forma de cerebro. (Lat. cerebriformis.)

cerebrina (crebrin). Lípido de los tejidos cerebrales.

cerebrífuga (cerebrifugae). Se aplica a las fibras nerviosas que van del cerebro a la médula espinal. (Lat. cerebrum; fugere, huir.)

cerebro* (cerebrum). En sentido vulgar, todo el encéfalo. En sentido anatómico, la parte del encéfalo formada por dos hemisferios situados anteriormente o, en el hombre, superiormente. (Lat. cerebrum.)

cerebroespinal* (cerebroespinal). Lo que pertenece al encéfalo y a la médula espinal.

cerebroide (cerebroid). Semejante al cerebro en forma o en función. // Ganglios cerebroides de ciertos invertebrados. (Lat. cerebrum, cerebro; neolat, oides, parecido.)

cerebropedal (cerebropedal). Se dice de cada uno de los dos conectivos nerviosos que unen los ganglios cerebrales y pedales en los moluscos.

cerebrósido (cerebroside). Glicolípido formado por ácidos grasos, azúcares y esfingosina (un amino dialcohol) abundante en el cerebro y en muchas otras células.

cerebroso (cerebrose). Que se asemeja a las circumvoluciones cerebrales. (De cerebro.)

cerebrovisceral (cerebrovisceral). Cada uno de los conectivos nerviosos que unen los ganglios cerebrales y viscerales en los moluscos.

céreo* (cereous). De lustre parecido al de la cera. Se aplica al tegumento de los insectos y a la concha de caracoles. (Lat. cereus.)

ceriantario. Se aplica a los miembros del orden *Ceriantaria.* q.v.

Ceriantharia. Un orden de celenterados marinos solitarios de la subclase *Zoantharia.* Cuerpo alargado, en forma de anémona, con muchos tentáculos en dos círculos, sin disco pédico y un solenoglifo.

Ceriantipatharia. Una subclase de antozoos que comprende los antipatarios y los ceriantarios.

cerífero* (cerifous). Que produce cera. (Lat. cera ferre, llevar).

cerínula (cerinula). Larva flotante de los ceriantarios, posterior a la aracnactis. (Lat. cerinus, de color de cera.)

cerneja* (fetlock). Mechón de pelo que tienen los caballos detrás del menudillo, encima de los cascos. (Lat. cerniculum.)

cernícalo* (Kestrel). Nombre común a varias especies de aves del orden *Falconiformes* de pequeño tamaño que viven cerca de las ciudades. La especie antillana es *Falco sparverius.*

cero-* (cero-). (Del gr. keros, cera.)

cero*. V. *pintada,* pez.

cerodecito (cerodecyte). Un tipo de enocito en los insectos, que interviene en la producción de la cera. (Gr. keros, cera; kytos, célula.)

ceroleína*. Una de las tres substancias que forman la cera de las abejas.

ceroma* (ceroma). La *cera,* q.v., de las aves.

ceroso* (cerous). Que tiene la estructura de la cera. (Lat. cera.)

cerrero* (untamed). Que vaga por los cerros. *Cerril.* // Ganado indómito. (De cerro.)

cerumen* (cerumen). Secreciones cerosas de las glándulas ceruminosas del conducto auditivo externo. *Adj.* ***ceruminoso.***

ceruplasmina (ceruplasmin). Una proteína de color azul presente en la globulina alfa del plasma. (Lat. caeruleus, azul).

cerval*. Perteneciente al ciervo.

cervantes (jaguarundi). Venezuela: v. *yaguarundi,* carnívoro.

cervática*. *Almizclero,* rumiante.

cervato* (fawn). Ciervo menor de seis meses.

cervera (noddy tern). Puerto Rico: *gaviota boba,* ave del orden *Charadriiformes.* familia *Laridae* (Anous stolidus).

cervic-, cervico, (cervic-). (Del. lat. cervix, cervicis, el cuello.)

cervicabra*. Se dice de las especies de antílopes de Africa y Asia que tienen características aparentes de ciervo y cabra. (Cervicapra sp.) *Cervicaprinae.* De cuernos largos y encorvados hacia delante en la punta.

cérvico (cervicum). Se dice de la región del cuello de los *artrópodos.* (Lat. cervix, cuello.)

cerviculado (cerviculate). Que tiene cuello largo. (Lat. cervix, cuello.)

cervicular*. Perteneciente a la cerviz.

cérvido* (deer). Nombre aplicado a muchas de las especies de rumiantes de la familia *Cervidae,* como el ciervo, el gamo, corzo, etc.

cervigón*. Parte exterior de la cerviz.

cerviguillo*. V. *cervigón.*

cervino*. V. *cerval.*

cerviz* (cervix). Parte posterior del cuello del hombre y de los demás mamíferos. Región membranosa que forma el cuello en los insectos. Microtórax. (Lat. cervices.) *Adj.* cervical*, cervicular*.

Cervoidea. Una superfamilia de mamíferos en el orden *Artiodactyla,* suborden *Ruminantia.* Comprende los ciervos, venados, gamos, corzos, alces, renos.

cespitoso* (cespitose). Lo que pertenece a un crecimiento denso y corto, como el del césped. //Que tiene penachos. (Lat. caespitosus.)

cesta branquial (branquial basket). La faringe branquial perforada de los tunicados. V. *arcos branquiales.*

Cestida. Un orden del fílum *Ctenophora,* clase *Tentaculata.* Cuerpo alargado y comprimido en forma de cinta. Viven en mares tropicales. Ej.: el "cinturón de Venus" (Cestum veneris). (Gr. kestos, cinturón.)

cestillos polínicos (pollen basket). Cavidades en las tibias de las patas posteriores de las abejas en donde almacenan el polen. (Lat. cestus, cesto.) ***c. branquiales,*** v. ***arcos branquiales.***

Cestoda. V. *Cestoidea.*

Cestodaria. Una subclase de vermes de la clase *Cestoidea.* Cuerpo indiviso, sin escólice, embrión con 10 garfios.

Cestodo* (cestode). Cualquier verme platelminto de la clase *Cestoidea,* q.v.

Cestoidea. Clase del fílum *Platyhelminthes* que incluye las tenias. Cuerpo con cutícula, sin cilios, sin tubo digestivo ni órganos de los sentidos en el estado adulto, con un órgano de fijación o escólice anterior y una serie de segmentos o proglótidos que contienen los órganos sexuales hermafroditas. Endoparásitos con generaciones alternantes. (Gr. kestos, cinturón.)

cestos branquiales. v. Arcos branquiales. // ***c. vibrátiles,*** v. ***cámaras vibrátiles.***

Cetacea. Orden de mamíferos acuáticos que incluye ballenas, delfines, cachalotes, etc. (Lat. cetus; gr. ketos, ballena.)

cetáceo* (cetaecous). Dícese de los mamíferos acuáticos del orden *Cetacea,* v.

cetaria* (cetaris). Estanque para la conservación de animales marinos. (Lat. cetus, cetáceo.)

cetario* (rockery). Lugar donde los mamíferos marinos suelen parir y criar sus hijos. (Lat. cetus, ballena; -ario, lugar reunión.)

cetí (sirajo gobby). Puerto Rico: teti, pececillo comestible, transparente que llega a la desembocadura de los ríos. Es el estado juvenil del *sirajo* (Sicydium plumieri.)

cetina* (spermaceti). Esperma de ballena. (Lat. cetus, cetáceo.)

ceto-. (Del gr. ketos.) Prefijo para indicar cetonas.

cetogénico (kelogenic). Perteneciente a los alimentos que como las grasas pueden formar cetonas en su metabolismo.

cetolito (cetolith). Se aplica a los huesos timpánicos y petrosos de las ballenas que se encuentran en el fondo del mar. (Gr. ketos, ballena: lithos, piedra.)

cetonuria (ketonuria). Presencia anormal de cuerpos cetónicos en la orina. (De cetona o acetona).

cetrería* (falconry). Arte de amaestrar aves que sirvan para la caza de volatería. (Lat. cetrero.)

Cetunculi. Un orden de peces osteíctios.

cf. (cf.). Abreviatura de la voz latina *conferre* comparar. Se emplea en relación con taxones para indicar que deben compararse con el que se indica después.

-cia. (Del gr. kia, keia, sufijo que denota oficio, calidad, estado de una cosa.)

cia* (hip-bone). Hueso de la cadera. (Lat. scia; del gr. ischion.)

ciáfilo (scyaphilous). Se aplica a los organismos que viven a la sombra. (Gr. skya, sombra; philos, amante.)

ciáfobo (scyaphobe). Que rehúye de la sombra. (Gr. skya, sombra; phobos, horror.)

cian-, ciano- (cyan-). (Del gr. kyanos, de color azul obscuro.)

cianela. Término en diminutivo formado, según Margalef, para las cianofitas endosimbióticas. (Lat. cyaneus; gr. cyaneos, azul obscuro.)

ciánico* Azuloso. Se aplica a los huevos de ciertas aves. (Gr. kyanos, azul obscuro.)

cianocobalamina. V. cobalamina.

cianófilo (cyanophil). Que tiene afinidad para los tintes azules y verdes. (Gr. kyanos, azul; philein, amar.)

cianolabeo (cyanolabe). Pigmento en la retina que determina la percepción de los colores azules. (Gr. kyanos, azul; labé, aceptando.)

cianopsina (cyanopsin). Pigmento azuloso en los conos de los ojos de los vertebrados. (Gr. kyanos, azul; + opsina, q.v.)

cianosis* (cyanosis). Coloración azulosa de la piel de los labios, etc., usualmente debida a problemas cardiovasculares. (Gr. kyano, azul.)

ciático* (sciatic). Perteneciente a la cadera o al isquio (hueso cia). (Lat. sciaticus.)

ciatozoario (cyathozoon). Se aplica a los tunicados ascidiáceos coloniales de cuerpo de forma de copa pedunculada, provistos de numerosos zooides y de una cloaca común. (Gr. kyathos, copa; zoario, conjunto de zooides.)

ciatozoide (cyathozooid). El vástago primario de ciertos tunicados coloniales. (Gr. kyathos, una copilla; + zooide.)

cibario (cibarium). Cavidad alimenticia situada bajo el clípeo y anterior a la faringe de ciertos insectos. (Lat. cibarius, de ciba, comida.)

cibelina*. V. *cebellina*, mamífero.

cibernética* (cybernetics). En biología, la ciencia de la comunicación y la regulación del cuerpo, principalmente por el sistema nervioso. (Gr. kybernernetes, timonel.)

cibí* (runner). Cuba: pez marino del orden *Perciformes*, familia *Carangidae* (Caranx ruber). (Nombre indígena.)

cíbola*, cíbolo* (bison). Hembra y macho del bisonte.

cicatrícula (cicatricle). Parte del huevo de las aves que comprende el núcleo y el citoplasma, en donde se forma el disco germinal. (Lat. cicatrix, cicatriz.)

cicatriz* (scar). Señal que permanece en un órgano después de curada una rasgadura o lesión. (Lat. cicatrix.) // *c. muscular*, área ligeramente deprimida en la superficie interna de la concha de los moluscos bivalvos que indica la inserción de los músculos.

cicindela* (tiger beetle). Insecto coleóptero de la familia *Cicindelidae*, de hábitos rapaces. (Cicindela sp.)

cicl-, ciclo- (cycl-). (Del gr. kyklos, círculo.)

ciclartrosis (cyclartrosis). Articulación rotatoria. (Gr. kyklos, círculo; arthon, articulación.)

cíclico* (cyclic). Lo relativo al ciclo. Lo dispuesto circularmente. (Lat. cyclicus.)

ciclo* (cycle). Período de tiempo en el que se verifican fenómenos hasta llegar al punto en que se repiten. (Gr. kyklos, círculo.) // *c. vital*, la totalidad de los cambios que sufre un organismo entre la fecundación y la producción de sus células germinales. Procesos metabólicos que se repiten. // *c. anovulatorio*, menstruación sin ovulación. // *c. biquímico*, la circulación en el organismo de elementos químicos del ambiente y viceversa. // *c. de abundancia*, v. *ciclos de población.* // *c. de Cori*, el paso de la glucosa en la sangre al glucógeno en los músculos, a ácido láctico y a glucógeno en el hígado. // *c. de Krebs*, v. *ciclo del ácido cítrico.* // *c. de Krebs-Henseleit*, ciclo de la urea. // *c. del ácido cítrico*, un ciclo de reacciones controladas por enzimas situadas en los mitocondrios y mediante el cual se oxida la acetilcoenzima A, procedente del catabolismo de azúcares, lípidos y proteínas, y la energía desprendida se emplea en formar moléculas de ATP. // *c. del carbono*, la circulación y reutilización universal del carbono en la naturaleza, debido principalmente a procesos metabólicos. // *c. del glicoxalato*, el mecanismo de las grasas a carbohidratos incluyendo la entrada del glioxalato en el ciclo del ácido cítrico. // *c. del nitrógeno*, la fijación del nitrógeno atmósferico en los organismos, la síntesis de los compuestos orgánicos nitrogenados y la reversión del nitrógeno a la atmósfera. // *c. de la arginina*, v. *ciclo de la urea.* // *c. de la energía*, una expresión de los sucesivos procesos de anabolismo y catabolismo. // *c. de la energía*, una expresión de los sucesivos procesos de anabolismo y catabolismo. // *c. de la ornitina*, ciclo de la urea. // *c. de la urea*, la formación de la urea por hidrólisis de la arginina con estados intermedios de ornitina y citrulina. // *c. estacional*, ciclos biológicos rítmicos asociados con la precesión de los equinoxios. // *c. estral*, el ciclo de la maduración de los óvulos en la mayoría de los mamíferos, sin desprendimiento de tejidos del endometrio. // *c. menstrual*, ciclo de la maduración y ovulación en la mujer, regulado hormonalmente, con desprendimiento hemorrágico de tejidos del endometrio. *Menstruación.* // *c. poblacional*, serie de cambios oscilatorios en la densidad de una especie. // *c. sexual*, la aparición y regresión de caracteres sexuales relacionados con la estación reproductiva. // *c. vital*, cambios morfológicos y fisiológicos que sufre un organismo o una sucesión lineal de organismos desde el cigoto hasta la muerte.

ciclocélico (cyclocoelic). Que tiene los intestinos enrrollados en espirales. (Gr. kyklos, círculo; koilia, intestino.)

cicloforasa (cyclophorase). Una enzima en el ciclo del ácido cítrico.

ciclogenia (cyclogeny). La aparición de diferentes tipos morfológicos en el ciclo vital de una especie. (Gr. kiklos, círculo; genea, origen.)

cicloidea* (cycloid). Se aplica a las escamas delgadas, transparentes y redondeadas, propias de muchos peces óseos teleósteos. (De kyklos, círculo.)

ciclomería (cyclomery). Repetición de estructuras alrededor de un eje de simetría. Comp. *metamería.* (Gr. kyklos, círculo; meros, parte.)

ciclomiario. Tunicado perteneciente al suborden *Cyclomiaria.*

ciclomorfosis (cyclomorphosis). Variación fenotípica de una especie condicionada a los cambios periódicos climáticos. (Gr. kyklos, ciclo; morfosis, modificación de estructura.)

ciclomorial (cyclomorial). Se aplica a las escamas que, en ciertos selacios fósiles, crecen por aposición de zonas marginales. (Gr. kiklos, círculo; morion, parte.)

cicloneurio (cycloneurian). Se dice del metazoo con el sistema nervioso central alrededor del esófago. (Gr. kyklos, círculo.)

ciclopía (cyclopia). Condición anormal en los vertebrados que se manifiesta por la posesión de un solo ojo en posición medianera. (Gr. kyklos, círculo; ops ojo.) *Adj. ciclópeo*.*

ciclops* (cyclops). Crustáceo del orden *Copepoda* común en aguas dulces. (Gr. kyklops, cíclope.)

ciclorrafa. Dícese de la mosca que pertenece al suborden *Cyclorrhapha.*

ciclosis (cyclosis). Movimiento cíclico del protoplasma. (Gr. kyklos, círculo; lysis, disolver, desatar.)

ciclospóndila* (cyclospondylous). Dícese de las vértebras anficélicas calcificadas que forman un anillo que rodea el notocordio.

ciclospóndilo*. Que pertenece al grupo *Cyclospondylii.*

ciclóstoma*. Se aplica a varios moluscos gasterópodos terrestres que tienen la abertura de la concha circular y provista de un opérculo córneo. (Gr. kylos, ciclo; stoma, boca.)

ciclóstomo* (cyclostome). Nombre común a los peces de la clase *Cyclostomata.* (Gr. kyklos, ciclo; stoma, boca.)

Ciconiiformes. Un orden de aves que comprende las garzas, cigüeñas, ibises y flamencos. Cuello y patas largas, pico largo o encorvado abruptamente, membranas interdigitales pequeñas o ausentes. Principalmente tropicales y subtropicales. (Lat. **ciconia, cigüeña.**)

Cidaroida. Un orden de Equinoideos de la clase *Echinoidea.* Concha globular; madreporita interambulacral, interambúlacros de 2 ó 4, y ambúlacros de dos hileras de placas, cada una con una espina grande. Del Carbonífero al reciente. = *Cidaroidea.*

cidípide (cydippid). Larva de vida libre propia del fílum *Ctenophora.*

ciego* (caecum). Una bolsa o extensión en el tubo digestivo cerrada en la extremidad. (Lat. **caecum.**) // *c. capilares*, grupo numeroso de vasos contráctiles capilares en los foronídeos. // *c. cólico*, el ciego por antonomasia del intestino grueso de los mamíferos. // *c. copular*, la terminación apical cerrada de la rampa coclear del oído interno. // *c. dorsales*, divertículos ciegos en el intestino de las aves. // *c. entérico*, cualquier divertículo posterior al estómago en ciertos animales. // *c. estomacales*, pares de tubos ciegos en el intestino de los nemertinos. // *c. gástricos*, varios pares de glándulas digitiformes en el estómago o ventrículo de los insectos. // *c. hepático*, bolsa rudimentaria embrionaria de que se desarrolla el hígado. // Cada uno de los cinco pares de glándulas digestivas que desembocan en el estómago de las estrellamares. // *c. pilórico*, divertículo que, en ciertos peces, parte de la unión del estómago con el intestino. // *c. rectales*, un par de tubos ciegos en la unión del intestino delgado y el grueso de las aves. // Un par de tubos cortos en el instestino de las estrellas de mar. // *c. vestibular*, la parte ingeferior de la rampa vestibular del oído interno.

ciempiés* (centiped). *Escolopendra.* Un miembro de la clase *Quilopoda*, q.v.

cien chavos por el (black-whiskered vireo). Puerto Rico: ave paseriformes que pertenece a la familia *Vireonidae* (**Vireo altiloquus.**)

ciencia* (science). Conocimiento cierto de las cosas por sus principios y causas. (Dicc.) // La búsqueda o indagación de la razón de las cosas. (Lat. **scientia, conocimiento.**)

cientopies. V. *ciempiés.*

cierva* (doe). Hembra del ciervo.

ciervo* (deer). En general cualquier especie de la familia *Cervidae.* En especial, mamífero rumiante de la familia *Cervidae* de la región holoártica (**Cervus elaphus: C. canadiensis**). (Lat. **cervus.**) *Adj. cerval*, cervuno*, cervino*.* // *c. de las pampas*, ver *guasú.* // *c. del Cabo*, v. *caama.* // *c. mulo** (**Odocoileus hemionus**). // *c. volante*, insecto europeo de grandes mandíbulas ramificadas como en las astas del ciervo, Orden *Coleoptera*, familia *Lucanidae* (**Lucanus cervus**).

ciesis (cyesis). Embarazo o preñez.

cifonauta (cyphonautes). Larva trocófora marina, pelágica y ciliada de ciertos briozoarios. (Gr. **kyphos**, curvado; **nautes**, marinero.)

cifosis* (kyphosis). Curvatura defectuosa de la columna vertebral. (Gr. **kyphos**, convexo.) *Giboso.*

cig-, cigo- (zygo-). (Del gr. **zygón**, yugo, pareja.) Más correcto sería emplear *zig-, zigo-*; pero el uso ha venido imponiendo la grafía *cigo-*, para dichas voces.

cigala* (squill). Crustáceo decápodo macruro de la familia *Scyllaridae*, del Atlántico (**Nephrops norvegicus**). (Fr. **cigale.**)

cigallo*. V. *cigala.*

cigantro (zygantrum). Articulación adicional que se encuentra en las vértebras de algunos lagartos y serpientes, constituida por facetas en la superficie posterior del arco neural. (Gr. **zygon**, yugo; gr. **antron**, cueva; lat. **antrum**, cavidad.)

cigapófisis (zygapophysis). Las apófisis articulares de las vértebras. (Gr. **zygos**, yugo;+**apófisis.**)

cigarra* (cicad). Nombre común de muchas especies de insectos hemípteros de la familia *Cicadidae*, cuyo canto es estridente (**Cicada plebeia**).

Cigarra de mar. Nombre común a varias especies de crustáceos del orden *Decapoda*, familia *Scyllariidae*, (**Scyllarus aequinoctialis**, de las Antillas.)

cigarrón* (grasshopper). Saltamontes. // Cigarra grande. // Venezuela: especie de abejorro, (**Bombus sp.**)

cigobranchia (zygobranchia). Lo mismo que *Zeugobanchia*, q.v.

cigocardiacos (zygocardiac). Se aplica a las piezas laterales u osículos situados en el molino gástrico de ciertos crustáceos. (Gr. **zygon, cardia**, corazón, estómago.)

cigodáctila (zygodacty). Se dice del ave que tiene en los pies dos dedos dirigidos hacia adelante y dos vueltos hacia atrás, como los carpinteros. (Gr. **zygon**, un yugo; **dactylos**, dedo.)

cigodactilia (zygodactyly). Condición de tener los dedos unidos. // Sindactilia. (Gr. **zygos**, yugo; **odous**, diente.)

cigodonto (zygodont). Se dice de los molares cuyas cúspides están unidas en pares. (Gr. **zygon**, yugo; **odous**, diente.)

cigofase (zygophase). Estado diploide, en el ciclo vital de un organismo. *Diplofase.* (Gr. **zygon**, yugo; **phasis**, apariencia.)

cigofiuro. Un miembro del orden *Zygophiurae* de los ofiuroideos.

cigogénesis. Que se origina por fecundación o cigosis. (Gr. **zygon**, yugo; **genesis**, origen.) *Adj. cigogenético.*

cigoide (zygoid). =*diploide.*

cigólito. Disyunción caracterizada por la separación de los componentes de un par de factores genéticos. (Gr. **zygon**, yugo; **lytos**, soluble, separable.)

cigólobo. Se dice del prostomio en los anélidos que está provisto de lóbulos que se unen al peristomio. (Gr. **zygon**, yugo; **lobos**, lóbulo.)

cigoma (zygoma). *Arco zigomático.* // *Hueso malar*, q.v. (Gr. **zigon**, enyugado.)

cigomático* (zygomatic). Relativo o perteneciente al pómulo o a la mejilla. V. *arco cigomático.* (Gr. **zygon**, yugo.) // *c. facial*, foramen en la parte malar del hueso cigomático, por el que pasan nervios y vasos. // Rama del *nervio cigomático o temporomalar.* // *c. mayor*, músculo que parte del hueso cigomático y se confunde con orbicular bucal y otros. // *c. temporal*, nombre que se aplica a los nervios, suturas y fosas en la región temporal del cigomático. (Gr. **zygon**, yugo; lat. **tempora**, sienes.)

cigómelo (zygomelous). Se dice del animal que tiene miembros (principalmente aletas) pares. (Gr. **zygon**, yugo; **melos**, miembro.)

cigomórfico, cigomorfo (zygomorphic). Nombre aplicado a cualquier estructura, órgano u organismo que muestra simetría bilateral. (Gr. **zygon**; **morphe**, forma.)

cigón (zygon). Las dos porciones simétricas de un órgano u organismo de simetría bilateral. (Gr. **zigon**, yugo o pareja.)

cigonema (zygonema). Este nombre se aplica tanto a los cromosomas durante la fase cigoténica como a dicha fase en su conjunto. (Gr. **zygon**, yugo; **nema**, filamento.)

cigoneuria (zygoneury). Condición existente en algunos moluscos gasterópodos en la que los nervios de los ganglios pleurales de cada lado se unen a los correspondientes de la comisura visceral opuesta. Cf. *dialineuria.* (Gr. **zygon**, yugo; **neurón**, un nervio.)

cigoñino. Pollo de la cigüeña.

cigoñuela* **(stilt).** Cigüeñuela, ave zancuda europea del orden *Charadriiformes*, familia *Recurvirostridae* **(Himantopus himantopus).** (De **cigüeña.**)

cigopleuria (zygopleural). Término que indica simetría bilateral. (Gr. **zygon**, yugo; **pleurá**, costilla, lado.)

cigósfena (zygosphene). Una articulación adicional en las vértebras de culebras y lagartos que consiste en un proceso de la superficie anterior del arco neural. Ver lo dicho para *cigantro.* (Gr. **zygon**, yugo; **sphēn** cuña.)

cigosis (zygosis). Conjugación o ayuntamiento, q.v. (Gr. **zigosis**, ayuntamiento.) *Adj.* ***cigótico.***

cigosoma (zygosome). Ver *mixocrosoma.*

cigospora (zygospore). Voz equivalente a la de *cigoto*, pero según Margalef se aplica en especial al resultado de la fusión de isogametos. (Gr. **zigos spora.**)

cigota. Ver *cigoto.* (Gr. **zigote**, femenino de **zigotón.**)

cigote. V. *cigoto.*

cigóteno (zygotene). Período de la profase de la meyosis durante el cual se aparean los cromosomas homólogos. (Gr. **zigos**, tiene, estirar.) *Adj.* ***cigoténico.***

cigoto* **(zygote).** Célula resultante de la unión de dos gametos o de un espermatozoo y de un óvulo. (Gr. **zygotos**, unido por un yugo.) De la forma femenina, *zygote*, se ha derivado la voz *cigota* y de la forma neutral, *zygoton*, se ha adoptado *cigote. Adj.* ***cigótico.***

cigotoblasto (zygotoblast). Esporozoito que se produce al segmentarse el zigotómero en las hemamebas. (Gr. **zygotos**, enyugado; **blastos**, brote.)

cigotómero (zygotomere). Célula que se produce al segmentarse el cigoto en las hemamebas. (Gr. **zygotos**, enyuntado; **meros**, parte.)

cigotonúcleo (zygotonucleus). Un núcleo resultante de la unión de dos gametonúcleos. (Gr. **zygon**, yugo;+**núcleo.**)

cigua* **(West Indian top shell).** Cuba: molusco marino comestible de la zona litoral rocosa. Clase *Gastropoda*, familia *Trochidae* **(Cittarium pica).** Nombre **indígena.**) =*Sigua.* // En Puerto Rico lo llaman *burgao.*

ciguapa* **(Devil Owl).** Cuba: ave de rapiña del orden *Strigiformes*, familia *Strigidae* **(Asio stygius).** = *Siguapa.* (Voz **indígena.**)

ciguatera* **(ciguatera).** Enfermedad producida al ingerir ciertos pescados, por las toxinas que se producen en algunas especies de peces tropicales, como la picuda o barracuda. Los peces, a su vez, adquieren ese estado tóxico por ingestión de organismos de arrecifes coralinos. *Adj.* ***ciguato*.***

cigüecita. Lagarto europeo de aspecto de lombriz **(Blanus cinercus).**

cigüeña* **(stock).** Ave zancuda del orden *Ciconiiformes* familia *Ciconidae* que anida en ciudades europeas **(Ciconia ciconia).** (Lat. **ciconia.**) //Puerto Rico: *ibis, coco prieto*, ave del orden *Ciconiiformes*, familia *Threskiornithidae* **(Plegadis falcinellus).**

cigüeñino (young stork). *Cigoñino.* El pollo de la cigüeña. (Lat. **ciconia**, cigüeña; **-ino**, diminutivo.)

cili-*. (Del lat. **cilium**, pestaña.)

Ciliata. Clase de protozoos del subfílum *Ciliophora.* Comprende los llamados infusorios, cuyo cuerpo tiene numerosos cilios. *Paramoecium*, etc. = *Ciliatea.*

cilindro-eje* **(axon).** El filamento central de las fibras nerviosas. La *axona.*

cilio* **(cilium).** Pelo fino. // Expansiones protoplásmicas cortas y delgadas de células y protistas. (Lat. **cilium**, ceja y pestaña, borde del párpado superior, el párpado donde se insertan las pestañas. // *Adj.* ***ciliado, ciliar.***

cilioflagelados. Antiguo nombre para los *dinoflagelados.*

ciliógrado (ciliograde). Locomoción debida al movimiento ciliar. (Lat. **cilium**, "cilio"; **gradus**, paso.)

ciliola. Forma incorrecta de cilio. (Font-Quer.)

ciliolo (ciliolum). Un cilio diminuto. (Lat. dim. de **cilium.**)

Ciliophora. Subfílum del fílum *Protozoa.* Con cilios o tentáculos suctores, por lo menos en un estado del ciclo vital.

ciliospora (ciliospores). Espora ciliada de algunos protozoos. (Lat. **cilia**, pestañas; **spora**, una semilla.)

cim-, cimo (zym-). Prefijo empleado en las voces que se relacionan con la fermentación y las levaduras. (Gr. **zyme** fermento o levadura.) Ver lo dicho en *zig-, zigo-.*

cimarrón*. Amér.: Dícese del animal mamífero doméstico que se ha revertido al estado salvaje. // Puerco cimarrón.

cimasa (zymase). Conjunto de enzimas de las levaduras que producen la fermentación de los azúcares produciendo alcohol y anídrido carbónico. Fue descubierta por E. Buschner en 1898.

cimba (cymba). La parte superior de la concha de la oreja. // Una espícula en forma de bota. (Gr. **kymbe**, barquichuelo.)

cimbiforme (cymbiform). En forma de barco. Escafoide, navicular.

cimbio (cymbium). Tarso en forma de barco de los pedipalpos de ciertas arañas. (Gr. **kymbion**, barco.)

cimicina. Secreción desagradable que secretan ciertos insectos del orden *Hemiptera.* (Lat. **cimex**, chinche.)

cimina (zymin). Cualquier enzima o fermento. (Gr. **zymē**, levadura.)

cimocito (zymocyte). Célula que produce una enzima. (Gr. **zymē**, levadura;+**célula.**)

cimoconto (zymocont). Condriosoma cilindráceo de las células pancreáticas. (Gr. **zymē**, levadura; **kontos**, polo.)

cimoexcitante (zymo-excitor). Cualquier sustancia capaz de activar un zimógeno.

cimogénesis (zymogenesis). La formación de una enzima cuando es activada por una sustancia excitadora o *kinasa*, q.v. (Gr. **zymē**, levadura; **genesis**, origen.) *Adj.* ***cimogénico*.***

cimógeno* **(zymogen).** Precursor de una enzima, como el pepsinógeno. (Gr. **zymē**, fermento; **geno**, producir.)

cimohidrólisis (zymohydrolysis). Hidrólisis debida a una enzima. (Gr. **zyme**, levadura; **hydro**, agua.)

cimólisis (zymolysis). La acción producida por las enzimas en la fermentación. (Gr. **zyme**, levadura; **lysis**, descomposición.)

cimoproteína (zymoprotein). Nombre que se le da a cualquier proteína que muestra acción catalítica. (Gr. **zymē**, levadura; **proteion**, primero.)

cimosis (zymosis). Fermentación. // Un proceso mórbido análogo a la fermentación debido a una enfermedad infecciosa. (Gr. **zymosis**, fermentación.) *Adj.* ***cimótico.***

cimosténica (zymosthenic). Se dice de la sustancia capaz de reforzar la acción de una enzima. (Gr. **zyme**, levadura; **sthenein**, ser fuerte.)

cimótrico (cymotrichous). Que tiene el pelo rizado. (Gr. **kyma**, onda; **thrix**, cabello.)

cinasa (kinase). Substancia específica que puede transformar las enzimas inactivas en enzimas operantes. (Gr. **kineo**, mover.)

cincel* **(scalprum).** El borde cortante de los incisivos. (Lat. **scindere**, hender.)

cinclidios (cinclides). Poros que atraviesan la pared del cuerpo de las anémonas de mar por donde expelen el agua y los productos metabólicos y lanzan los acontios. (Gr. **kinklis**, reja, cancela.)

cinclo (dipper). *Mirlo acuático*, ave europea del orden *Passeriformes*, de color negruzco con el pecho blanco, que vive cerca de los cuerpos de agua. Familia *Cinclidae* **(Cinclus cinclus).**

cine- (kine-). (Del gr. **kineo**, mover; **kineais**, movimiento.)

cinérea (cinerea). La materia gris del sistema nervioso central. (Lat. **cinerea.**)

cinéreo* (ashy). Ceniciento. (Lat. cinereus.)

cinesia. Estado morboso debido al movimiento.

cinesis* (kinesis). Excitabilidad de un organismo móvil por estímulos externos que determinan una traslación o una modificación de la velocidad del movimiento, que es obligado y desordenado. (Gr. kinesis, movimiento.) *Adj. cinético**.

cinestesia (kinesthesis). Sentido interno por el que se perciben sensaciones de peso, equilibrio, posición y movimiento. Los receptores se encuentran en los músculos, tendones, articulaciones. (Gr. kinesis, movimiento.)

cinet-, cineto- (kinet-). (Del gr. kinetikos, que causa movimiento.)

cinetia (kinetia). Hilera de cinetosomas intercomunicados, situada en la base de los cilios en los protozoos ciliados.

cinético* (kinetic). Aquí se emplea en lo relativo a la cinesis.

cinetina (kinetin). Una substancia mitógena, la furfurilaminopurina.

cinetocoro (kinetochore). = *Centrómero.*

cinetodesmas (kinetodesma). Filamentos que unen los gránulos basales de los cilios. (Gr. kinesis, movimiento; desmos, una banda.)

cinetonúcleo (kinetonucleus). =Blefaroplasto. // Cinetoplasto o cuerpo parabasal de ciertos flagelados. (Gr. kinetos, mover;+núcleo.)

cinetoplasto (kinetoplast). Complejo citoplásmico accesorio de algunos protozoos, compuestos del blefaroplasto, el corpúsculo parabasal y las fibrillas que los unen. (Gr. kinesis, movimiento; plastos, formación.)

cinetosoma (kinetosoma). Gránulo autoduplicable en la base de los cilios en los protozoos ciliados. (Gr. kinesis, movimiento; soma, cuerpo.)

cinetotropoglifo (kinetotropoglyph). Ver *Solenoglifo.*

Cingulata. Una división de los mamíferos del orden *Edentata* que comprende los armadillos y los gliptodontes. (Lat. cingulum, cinturón.)

cíngulo* (cingulum). Cualquier órgano en forma de cinturón. // Un reborde en la base de la corona dental de ciertos molares. // El borde externo de los dos anillos ciliados situados alrededor de la boca en muchos rotíferos. (Lat. cingulum, de cingere, ceñir.)

cínife* (mosquito). V. *mosquito.* (Gr. knips.) // Género de insectos himenópteros.

cino-*. (Del gr. kyon, kynos, perro.) // (Del gr. kinetos, mover.)

cinocéfalo* (baboon). Que tiene cabeza de perro. // Dícese de los monos africanos de hocico parecido al del perro. V. *papión.* (Gr. kynos, perro; kephalē, cabeza.)

cinocentro (kinocentrum). Centro del movimiento. // Cariocinesis. (Gr. kinesis, movimiento; kentron, centro.)

cinodontes (cynodont). Grupo de reptiles triásicos teromorfos con dientes diferenciados como caninos. Fueron probablemente los antepasados de los mamíferos. (Gr. kyon, perro, odous, diente.)

cinomolgo (long tailed macaque). Especie de mono macaco asiático cercophiteco de rabo largo (Macaca irus).

cinomorfo* (cynomorph). Parecido a un perro. // Dícese de los monos africanos llamados también *cinocéfalos.* (Gr. kynos, perro; morphe, forma.)

cinopiteco (black ape). Mono de la isla de Celebes, de gran tamaño, color negro y cara como la de los cinocéfalos africanos (Cynopithecus niger).

cinopitecos (baboons). Se aplica a los monos con hocico de perro, llamados también *cinocéfalos.* (Gr. kyon, perro; pithekos, mono.)

cinópodo (cynopodous). Que tiene pies como los perros, con las uñas no retráctiles. (Gr. kyon, perro; pous, pie.)

cinoplasma (kinoplasm). Término obsoleto para expresar la parte formativa del protoplasma en vez de la nutritiva. (Gr. kinēin, mover;+plasma.)

cinosfera (kinosphaera). Esfera directriz o áster. (Gr. kineo, mover; sphaira, esfera.)

cinta de Venus (Venus girdle). Especie de tenóforo provisto de dos grandes bandas de cada lado del cuerpo (Cestus veneris). // *c. clavicular*, la parte dérmica de la cintura pectoral en ciertos peces (Clavícula, cleitero, supracleitero y post-membrana).

cintura escapular (scapular girdle). V. *c. pectoral.* // *c. pélvica*, el arco que comprende los huesos de la pelvis. // *c. pectoral*, soporte esquelético en la pared del cuerpo que sirve para el agarre de las costillas y de las aletas pectorales de los vertebrados.

cinturón* (girdle). La porción del manto no cubierta por las placas de los moluscos poliplacóforos. // *c. de Venus* o *cinta de Venus*, especie del fílum *Ctenophora* provista de largas expansiones laterales acintadas (Cestum veneris). // *c. pectoral*, soporte esquelético en la pared del cuerpo que sirve para el agarre de las costillas y de las aletas pectorales de los vertebrados.

Cinura. Un orden de insectos llamado también *Thysanura.*

ciogénica (kiogenic). Se dice de la hormona del lóbulo anterior de la hipófisis que estimula la secreción de la progesterona. V. *hormona ciogénica.* (Gr. kyesis, preñez.)

ciprinodonte. Que tiene dientes parecidos a los de las carpas. // Se dice del pez que pertenece al orden *Cyprinodontes.* (De cyprinus, carpa; gr. odontos, diente.)

cipris (cypris). Larva libre de los crustáceos cirrípedos.

circadiano (circadian). Que ocurre en un ritmo de unas 24 horas (23-25). V. *ritmo circadiano.* (Lat. circa, cerca; diem, día.)

circinado (circinate). Enrrollado con un anillo. (Lat. circinatus.)

circulación* (circulation). Movimiento cíclico de fluído animal. // El movimiento del citoplasma dentro de una célula. V. *ciclosis.* (Lat. circulatio, una revolución.) // *c. doble*, tipo de circulación de las aves y mamíferos en la que hay dos circuitos circulatorios separados: pulmonar y sistemático.

círculo arterial (circulus arteriosus), v. *c. de Willis.* // *c. cefálico*, un vaso circular formado por las dos aortas que se unen en frente y por detrás de las branquias en ciertos peces. // *c. de especies*, v. *Artenkreis.* // *c. de formas*, v. *Formenkreis.* //*c. de razas*, v. *Rassenkreis.* // *c. de Willis*, anillo arterial en la base del cerebro. // *c. venoso*, vena circular que rodea la masa visceral de ciertos moluscos gasterópodos.

circum-* (circum-). (Del lat. circum, alrededor.) También como sufijo.

circumboreal (circumboreal). Se aplica a la distribución de los organismos en las áreas comprendidas entre los paralelos 45° y 50° N. (Lat. circum, alrededor; gr. boreas, el viento norte.)

circumpolar* (circumpolar). Se aplica a la flora y fauna alrededor de los polos (Lat. circum, alrededor; polos, polo.)

circumpulpar (circumpulpar). Se aplica a la capa alrededor de la pulpa dentaria. (Lat. circum, alrededor; + pulpa.)

circuncidar* (circumcise). Cortar circularmente una porción del prepucio. (Lat. circumcidere.)

circuncincto (circumcinctum). Que está rodeado por una banda o cinturón. (Lat. circum, alrededor.)

circunducción (circumduction). Forma en que se mueve un hueso largo cuando gira desde su extremidad articular. (Lat. circum, alrededor; ductus, conducir.)

circunesofágico (circumesophageal). Se aplica al par de nervios que parten del cerebro de los artrópodos y anélidos, rodean el esófago y se unen al ganglio subesofágico. También circumfaríngeo.

circunferente (circumferencial). Se aplica al canal circular de los equinodermos. (Lat. circum, alrededor; ferentis, que lleva.)

circunflejo (circumflex). Doblado alrededor. Se aplica a arterias, venas nervios, etc. (Lat. circum, alrededor; flectere, doblar.)

circunfluencia (circumfluent). La ingestión de alimentos por circumvalación rodeando las partículas, como en las amibas. (Lat. circum, alrededor; fluens, fluir.)

circungenital (circumgenital). Que rodea el poro genital. (Lat. circum, alrededor; + genitales.)

circunvalación (circumvallation). Captura de partículas alimenticias por los seudópodos, pero sin contacto con ellas. (Lat. circum, alrededor; vallatus, con vallas.)

circunvalado (circumvallate). Estructura o depresión rodeada de un borde o valla. (Lat. circum, alrededor; vallatus, con vallas.)

circunvascular (circumvascular). Lo que rodea un vaso. (Lat. circum, alrededor; vasculum, vaso.)

circunvolución* (convolution). Vuelta o rodeo de una cosa. c. *cerebral*, cada uno de los relieves de la superficie del cerebro. // *c. cerebelar*, o c. del cerebelo. // *c. de Broca*, circunvolución frontal inferior izquierda, supuesto centro de la palabra hablada.

cirrado (cirratus). Que lleva cirros. (Lat. cirrus, rizo, fleco.)

cirral (cirral). Lo relativo a los cirros. Se aplica a los osículos situados en los cirros de los crinoideos. (Lat. cirrus, rizo.)

cirri-* (cirri-). (Del lat. cirrus, rizo, fleco.)

cirrífero (cirrouse). Que está provisto de cirros. (Lat. cirrus, cirro; ferre, llevar.)

cirriforme. Enroscado en forma de zarcillo. En forma de cirro.

Cirripedia. Una subclase de la clase *Crustacea*, que comprende los escaramujos, percebes, etc. Los adultos son sésiles o parásitos y tienen el carapacho formando un manto que rodea el cuerpo, generalmente con placas calizas, con seis pares o menos de apéndices birrámeos y abdomen vestigial. Casi siempre son monoicos. (Lat. cirrus, rizo; pedis, pies.)

cirrípedo* (cirriped). Un miembro de los crustáceos de la clase *Cirripedia*, = *Cirrópodo*.

cirro- (cirro-). (Del gr. kirros, amarillento.) // Del lat. cirrus, fleco.)

cirro* (cirrus). Proyección flexible, a menudo táctil, en general más corta que un fleco y más larga que una papila. // En algunos invertebrados es sinónimo de *pene*. (Lat. cirrus, rizo de pelo.) *Adj. cirroso.* //*c. anales* o par de filamentos en el último segmento abdominal de algunos anélidos poliquetos. // *c. bucales*, tentáculos breves en el extremo anterior de los cefalocordios. // Estructura locomotora de ciertos protozoos ciliados formada por cilios fusionados. (Lat. cirrus, rizo.)

cirtocito (cyrtocyte).Célula provista de collar o de una extensión tubular que encierra un flagelo o un penacho de cilios. (Gr. chyrtus, arte de pesca o burrón; kytos, célula.)

cirrópodo*. V. *cirrípedo*

cirtopia (cyrtopia). El estado postlarval de los crustáceos eufasiáceos. (Gr. kyrtos, encorvado.)

cirujano* (jacana). Méx.: el ave llamada también *gallito del río* o *jacana*.

cis* (cis). Del lado de acá. // Se emplea en la nomenclatura de la química orgánica en oposición a *trans*, del lado de allá. // Se emplea para designar ciertas regiones geográficas como *cisalpino*.

cisípedo* (finger-footed). Que tiene el pie dividido en dedos. (Lat. caesus, cortado; pedis, pie.)

cisne* (swan). Nombre común de varias aves palmípedas de las regiones templadas del cuello largo y flexible. Orden *Anseriformes*, familia *Anatidae*. (Cygnos olor y especies vecinas.)

cist-, cisto-* (cyst-). (Del gr. kystis, vejiga.) Se usa también como sufijo.

cisteína (cystein). Un aminoácido sulfurado no esencial en la dieta humana, producto de la reducción de la cistina. Hallado en cálculos biliares, etc.

cistenocito (cystencyte). Colenocito que en ciertas esponjas ha adquirido estructura vesicular. (Gr. kystis, vesícula; kytos, hueco.)

cisténquima (cystenchyma). Tipo de parénquima de las esponjas con células muy vacuoladas. (Gr. kystis, vesícula; enchyma, infusión.)

cisterna* (cisterna). Un depósito o bolsa aplanada llena de fluido y envuelta por una membrana. (Lat. cisterna.) // Cisterna del quilo, espansión del conducto linfático torácico de ciertos vertebrados. // *c. de Pecquet*, cisterna o receptáculo del quilo. // *c. linfática*, expansiones de paredes delgadas en el sistema linfático. // *c. magna*, receptáculo subaracnoidal entre el cerebelo y la médula oblongada.

cisticerco* (cysticercus). Estado larval de las tenias que se enquistan en los músculos y otros tejidos de vertebrados. (Gr. kystis, vejiga; kerkos, cola.)

cisticercoide (cysticercoid). Se aplica a un estado larval de ciertas tenias parecido al *cisticerco*, pero sin líquido en la cavidad. (De cisticerco y -oides, forma.)

cisticercosis* (cysticercosis). Estado patológico producido por la presencia de cisticercos en los tejidos.

cístico* (cystic). Que tiene forma de vejiga. // Relativo a la vejiga. // Dícese del conducto que, desde la vesícula biliar, va a unirse con el conducto hepático. (Gr. kystis, vejiga.)

cistícola (cysticolous). Que vive dentro de un quiste. (Gr. kystis, quiste; lat. -icola, habitar.)

cístido (cystid). Formación saculoide de ciertos briozoos de agua dulce que origina determinados zooides. (Gr. kystis, quiste.)

cistina (cystina). Un aminoácido abundante en el pelo, las uñas y otros derivados epidérmicos, clara de huevo, etc.

cistitis* (cystitis). Inflamación de la vejiga. (Gr. cistis, vejiga; -itis, inflamación.)

cisto- (cysto-). (Del gr. kystis, vejiga, saco, quiste.)

cistoario (cystoarian). Se aplica a las gónadas incluidas en sacos celómicos, como la de los peces teleósteos. (Gr. kystis, quiste; neolat. oario, ovario.)

cistoblastema (cystoblastema). Materia intercelular que consolida las células (Font-Quer.) (Gr. kystys, quiste; blastema, germen.)

cistocito (cystocyte). Una de las células que forman una cubierta protectiva alrededor de las células germinales. // *Coagulocito*. (Gr. kystis, vesícula; kytos, célula.)

cistoflagelado (cystoflagellate). Un miembro del taxón *Cystoflagellata*, q.v.

cistógeno (cystogeneous). Que forma quistes. (Gr. kystis, quiste; geneos origen, producción.)

cistoideo. Se dice de los equinodermos crinoideos de la clase *Cystoidea*.

cistolito (cystolith). Un cálculo vesical. (Gr. kystos, vejiga; lithos, piedra.)

cistón (cyston). Un dactilozoide excretor de los sinfonóforos. (Gr. kystis, vejiga.)

cistozoide (cystozooid). La porción del cuerpo de un metacestodo. // Los individuos de algunas colonias polimorfas de celentéreos sifonóforos que parecen asumir una función excretora. (Gr. kystis, quiste; + zooide.)

cistrón (cistron.) La parte de una molécula de DNA que determina la formación de una cadena de polipéptidos determinada. // El gen fundamental o la totalidad de los sitios en el locus de un gen que conjuntamente regulan una función unitaria.

cisura* (cisure). Rotura o hendidura estrecha. // Rasgadura de un órgano o estructura producida accidentalmente o quirúrgicamente. // Los términos *cisura* y *fisura* se intercambian debido al uso, pero aquí restringimos el vocablo *fisura* para las rasgaduras o hendiduras naturales de los órganos, como la fisura de Rolando del cerebro. (Lat. caesura, herida.)

citasa (cytase). Enzima que digiere la celulosa. (Gr. kytos, célula.)

citáster (cytaster). Fisura estrellada formada de la centrosfera y los rayos del áster. (Gr. kytos, célula; aster, estrella.)

citidina (cytidine). Uno de los ribósidos, q.v.

citígradas (citigrad). Dícese del modo de correr propio de ciertas arañas (Lat. citus, rápido.)

-citio. Sufijo empleado para indicar célula, como *sincitio*, q.v.

citioplasma. V. *citoplasma.*

cito-* (cyto-). (Del gr. kyton, hueco, equivalente al latín cellula. En este léxico la voz griega kyton se interpreta como célula en el sentido biológico.)

citos (cytes). Células madres de los espermatozoos o de los óvulos, los primeros se llaman *espermatocitos* y los otros *oocitos*, (Gr. kytos, célula.)

citobiotaxia (cytobiotaxis). v. *citotaxia.*

citoblastema (cytoblastema). Substancia fundamental hipotética que, según Schleiden y Schwann, forma las células. (Gr. kytos, célula; blastos, formación, brote.)

citoblasto (cytoblast). El núcleo celular. // Una unidad hipotética. (Gr. kytos, célula; blastos, formación.)

citocentro (cytocentrum). *Centrosoma.* = *Idiosoma.* (Gr. kytos, célula; kentron centro.)

citocinesis* (cytokinesis). La división de protoplasma celular para formar las células hijas. (Gr. kytos, célula; kinesis, movimiento.)

citocisto (cytocyst). La cubierta dentro de la cual se multiplican los protozoos parásitos. (Gr. kytos, célula; kystis, vejiga.)

citoclesis (cytoclesis). La influencia de un grupo de células vecinas durante el desarrollo embrionario. (Gr. kytos, célula; klesis, citar, ordenar.)

citococo (cytococcus). El núcleo de un cigoto. (Gr. kytos, célula; kokkos, el hueso de una fruta, núcleo.)

citocorismo (cytochorism). El proceso de la división celular. (Gr. kytos, célula; chorismos, en lugar aparte.)

citocroico (cytochroic). Que tiene citoplasma pigmentado. Gr. kytos, célula; chroic, coloreado.)

citocromo (cytochromus). Se aplica a cualquiera de los compuestos, muy distribuidos en plantas y animales, que intervienen en el metabolismo celular como aceptores de hidrógeno, se nombran por las letras *a, b, c, f.* // ***c. oxidasa,*** la porción de la cadena de electrones en el ciclo respiratorio que se extiende desde el citocromo reductasa hasta el oxígeno molecular. // ***c. reductasa,*** la porción del sistema de transferencia de electrones en la cadena respiratoria que se extiende desde el NAD hasta el citocromo c.

citoda (cytode). Célula sin núcleo. *Plasón.* // Término a veces empleado en vez de *célula* (Gr. kytos, célula; eidos, parecido.)

citoderma (cytoderm). Membrana celular. (Gr. kytos, célula; derma, piel.)

citodiéresis (cytodiaeresis). División del citoplasma celular durante la mitosis y la meyosis. (Gr. kytos, célula; diairesis, división.)

citodo. V. *citoda.*

citoesqueleto. V. *hialoplasma.*

citofaringe (citopharynx). Embudo que, en ciertos flagelados, comunica el *citostoma* con el interior de la célula. (Gr. kytos, célula; pharynx, faringe.)

citófilo (cytophil). Que tiene afinidad por las células. *Haptóforo.* (Gr. kytos, célula; philein, amar.)

citogamia (cytogamy). Conjugación celular. (Gr. kytos, célula; gamos, boda.)

citogén (cytogene). V. *plasmagén.*

citogénesis (cytogenesis). Formación y desarrollo de las células. (Gr. kytos, célula; genesis, origen.)

citogenética (cytogenetic). La ciencia que unifica los métodos de estudio y los hallazgos de la citología con los de la genética. (Gr. kytos, célula; + genética.)

citógeno (cytogenous). Que produce células. (Gr. kyton, célula; genos, descendiente.)

citoglobina (cytoglobin). Nombre dado a una substancia que retarda la coagulación sanguínea, (Gr. kytos, célula; + globina.)

citogonía. V. *citógeno.*

citohialoplasma (citohyaloplasm). = *Hialoplasma.* (Gr. kytos, célula; hyalos, vidrio; plasma, molde.)

citolisina (cytolisine). Una substancia que induce citólisis.(Gr. kytos, célula; lysis, aflojamiento.)

citólisis (cytolysis). Disgregación de las células. (Gr. kytos, célula; lysis, desintegración.) *Adj.* ***citolítico.***

citología* (cytology). Parte de la biología que estudia integralmente las células. (Gr. kytos, célula; + logía.) *Adj.* ***citológico.***

citoma (cytome). El conjunto de citosomas o condriosomas. *Condrioma.* (Gr. kytos, célula; -oma, generalización.)

citomembrana (cytomembrane). Término que incluye el retículo endoplásmico y demás estructuras membranosas del citoplasma. (Gr. kytos, célula; + membrana.)

citómero (cytomere). Célula formada por división del esquizonte que origina el merozoito en ciertos esporozoos. (Gr. kytos, célula; meros, parte.)

citometría (cytometry). Conteo celular. (Gr. kytos, célula; metreo, computar.)

citomicrosoma (cytomicrosome). Un microsoma citoplásmico. (Gr. kytos, célula; mikros, pequeño; soma, cuerpo.)

citomitoma (cytomitome). El retículo citoplásmico. (Gr. kytos, célula; mitos, hilo.)

citomixis (cytomyxis). Durante la meyosis, el fenómeno de la mezcla de la cromatina nuclear con el citoplasma. (Font Quer.)

citomorfosis (cytomorfosis). El ciclo vital de las células. // Cambio celular. (Gr. kytos, célula; morfosis, dar forma.)

citón (cyton). La parte de una neurona que contiene el núcleo. (Gr. kytos, célula.)

citopenia (cytopenia). Disminución de glóbulos rojos por la falta de ácido fólico. (Gr. kytos, célula; penia, empobrecer.)

citopigio, citopigo (cytopyge). Un lugar en la superficie de los ciliados por donde se expulsan los residuos de la vacuola digestiva. (Gr. kytos, célula; pygos, nalga.) Mejor es *citoprocto.*

citoplasma* (cytoplasm). El protoplasma celular exclusivo del núcleo y de los orgánulos. (Gr. kytos, célula; plasma, formación.) *Adj.* ***citoplasmático.***

citoplasto (cytoplastid). El contenido de la célula con exclusión del núcleo. Se emplea mejor en botánica. (Gr. kytos, célula; plastos, formado.) *Adj.* citoplástico.

citoprocto (cytoproct). Vocablo más preciso que *citopigio*, q.v. (Gr. kytos, célula; proctos, ano.)

citoquilema (cytochylema). V. *citolinfa.*

citorretículo (cytoreticulum). El *retículo endoplásmico*, q.v.

citos (cytes). V. *auxocitos.*

citosina (cytosine). Una de las bases pirimidínicas halladas en DNA y RNA.

citosis (cytosis). Actividades de la célula. (Gr. kytos, célula; -osis, condición.)

citosoma (citosome). = *Citoplasma.* (Gr. kylos, célula; soma, cuerpo.)

citostoma (cytostome). La abertura para la ingestión de los alimentos de ciertos protozoos. // Abertura que comunica con el canal que llega al reservorio de ciertos flagelados. (Gr. kytos, célula; stoma, abertura.)

citotactismo. V. *citotaxia.*

citotaxia (**cytotaxis**). = *Citotaxis.* Tactismo en el que el estímulo proviene de una célula cercana. (Gr. **kytos**, célula; **taxis**, ordenación, movimiento.) *Adj.* citotáctico.

citotaxonomía (**citotaxonomy**). Rama de la taxonomía basada en estudios de los genotipos. (Gr. **kytos**, célula más taxonomía).

citotesis (**cytothesis**). La tendencia regenerativa que muestra una célula. (Gr. **kytos**, célula; **thesis**, disponiendo.)

citotoxina (**cytotoxin**). Substancia formada en el suero sanguíneo capaz de envenenar las células. (Gr. **kytos**, célula; **toxikon**, veneno).

citotrofoblasto (**cytotrophoblast**). V. *citotrofodermo.*

citotrofodermo (**cytotrophoderm**). Capa interna gruesa en el trofoblasto de los primeros estados del embrión en los mamíferos. (Gr. **kytos**, célula; **trophe**, nutrición; **derma**, piel)

citotropismo (**cytotropism**). La atracción mutua entre las células. (Gr. **kytos**, célula; **trope**, volviendo.)

citozima (**cytozyme**). V. *tromboquinasa.*

citozoico (**cytozoic**). Se aplica a los organismos que viven en células hospedantes. (Gr. **kytos**, célula; **zoon**, animal.)

citrina (**citrin**). V. *vitamina P.*

citrulina (**citruline**). Un aminoácido no esencial que forma parte del ciclo de la ornitina y se encontró originalmente en la sandía. (Neolat. **citrullus**, **el melón de agua o sandía.**)

citula (**cytula**). El óvulo fertilizado o cigoto. (Gr. **kytos**, célula.)

civeta* (**civet cat**). Mamífero carnívoro de la familia *Viverridae* (**Civetictis civetta**), cuyas secreciones anales se emplean en perfumería. = *Gato de Algalia.* (Arab. *zabada*, algalia, almizcle.)

civeto*. Substancia de la bolsa de la civeta.

Cladistia. Un nombre alterno para el orden de peces *Polypteriformes*, q.v.

clado- (**clado-**). (Del gr. **klades**, brote.)

clado (**cladus**). Un ramo o ramificación de una estructura. (Gr. **klados**, rama.)

Cladocera. Un orden de crustáceos de la subclase *Branchiopoda* que comprende las llamadas pulgas de agua (**Daphnia** sp). Son especies diminutas de carapacho generalmente bivalvo con ojos pares fusionados y sésiles y de 4 a 6 apéndices del tronco. La segunda antena es natatoria. (Gr. **klados**, rama; **keros**, cuerno.)

cladócero*. Dícese de los crustáceos del orden *Cladocera*, q.v.

Cladocopa. Orden de crustáceos marinos de la subclase *Ostracoda.* Carapacho sin escotadura, ambas antenas natatorias, segundo par con dos ramas.

cladodonto (**cladodont**). Se dice del diente que tiene cúspides laterales. (Gr. **klados**, rama; **odontos**, diente.)

cladóforo (**cladophorous**). Prolongación dorsal del cuerpo de los tunicados donde se insertan las yemas que dan origen a los blastozoides. (Gr. **klados**, rama; **phoreus**, portador.)

cladogénesis (**cladogenesis**). Rama de las líneas filogenéticas que producen nuevos tipos. (Gr. **klados**, retoño; **genesis**, origen.)

cladograma (**cladogram**). Un diagrama que expresa la secuencia de un árbol evolucionario. (Gr. **klados**, rama; **gramma**, un escrito.)

Cladophiurae. Un orden de la clase de los ofiuroides. Brazos muy flexibles, a menudo ramificados, tegumento poco calcificado. (Gr. **klados**, rama; **ophis**, serpiente; **oides**, forma.)

Cladoselachii. Subclase de peces marinos extintos de la clase *Chondrichthyes*, de aspecto de tiburón, con las pectorales anchas en la base. Del Devoniano al Carbonífero superior. (Gr. **klados**, rama; **selachii**, tiburón.)

clamid-, clámido- (**chlamydo-**). (Del gr. **klamys**, clámide, túnica, vestido.)

clamidado (**chlamydate**). Qué está provisto de un manto, como los moluscos. (Gr. **chlamys**, clámide, capa.)

clámide*. *Capa.* (Gr. **chlamys.**)

clamidosaurio. *Clamidosauro.* Especie de saurio australiano provisto de un repliegue a manera de gorguera (**Chlamydosaurus kinguii**). (Gr. **klamys**, clámide; **sauros**, lagarto.)

clamidosporo (**chlamydospore**). Término empleado para designar al esporo envuelto en una cápsula. (Gr. **chlamydos**, clámide, capa.)

clan* (**clan**). En ecología, un grupo local de organismos de tipo intermedio entre colonia y sociedad. (**Celta**, **clann**, familia, hijo.)

clandestino* (**clandestine**). Se aplica a las estructuras evolutivas que no aparecen en los estados adultos. (Lat. **clandestinus**, de clam, secretamente.)

clángula. V. *havelda*, ave.

Claparede, Edouard. Anatomista suizo. Reconoció las fibras nerviosas gigantes de los anélidos, asociándolas con las contracciones musculares. (1832-1870).

clara* (**egg white**). Substancia albuminoide que rodea la yema del huevo. (De **claro.**)

clase* (**class**). En taxonomía, un rango entre el filum y el orden. En zoología no existe una desinencia universalmente adoptada para unificar los nombres de las clases. (lat. **classis.**)

clásico* (**classical**). En taxonomía se refiere a los vocablos de origen griego o de latín antiguo. (Lat. **classicus.**)

clasificación* (**classification**). Acción de disponer los animales en "clases" o grupos. No debe confundirse con determinación o identificación de un ejemplar. El fin de la clasificación es agrupar, el de la identificación tiene por objeto encasillar en taxones, o darle un nombre científico. // ***c. artificial,*** un sistema taxonómico que se basa en caracteres arbitrarios sin considerar relaciones filogenéticas. // ***c. natural,*** una clasificación basada en caracteres que supuestamente representan sus relaciones filogenéticas.

clasificar* (**classify**). Disponer en clases.

clasmatoblasto (**clasmatoblast**). Una célula nutricia, mast zellen o *basicito.* (Gr. **klasma**, fragmento; **blastos**, yema.)

clasmatocitos (**clasmatocytes**). Grandes fagocitos irregulares hallados en la linfa, sangre y tejidos conjuntivos de los mamíferos. (Gr. **klasma**, **klasmatos**, remanente; **kytos**, célula.)

-clasto. (del gr. **klastos**, desbaratar.) Se usa también como prefijo.

Clathrinida. Un orden de esponjas en la clase *Calcispongiae.*

clatrado (**clathrate**). En forma de encaje o celosía. (Gr. **klethra**, encaje, celosía.)

claustro* (**claustrum**). Uno de los osículos de Weber en ciertos peces. (Lat. **claustrum**, barra.)

clava* (**clava**). Extremidad ensanchada de las antenas de ciertos insectos. (Lat. **clava**, maza.) *Adj.* ***claviforme.***

claval*. Se dice de la juntura o *articulación claval*, q.v.

clave analítica (**analytical key**). Medio empleado para la determinación de los diversos taxones del reino animal mediante el uso de proposiciones contradictorias, correspondientes a dos o más caracteres opuestos, entre los que hay que elegir con exclusión de las otras. // ***c. dicotómica,*** clave analítica.

clavi-* (**clavi-**) Prefijo que denota algo relacionado con la clavícula.

Clavicornia. Un taxón que incluye varias familias de insectos coleópteros que tiene antenas en forma de maza. (Lat. **clava**, maza; **cornu**, cuernos.)

clavícula*. Cada uno de los huesos situados en la parte anterior y superior del tórax en el hombre, articulados con el esternón y con el acromio. // Hueso de la cintura torácica que ocupa una posición equivalente en otros tetrápodos. = *Islilla.* (Lat. **clavis**, clavija.) *Adj.* ***claviculado*, clavicular*.***

clavicularío (**clavicularium**). El epiplastrón de los quelonios que corresponde tal vez a la clavícula de otros reptiles. (De **clavícula.**)

clavo (**clavus**). La parte del hemiélitro de un hemíptero junto al escutelo. (Lat. **clavus**, clavo.)

clávola (**clavola**). La porción flagelar en la antena de los insectos. (Lat. **clava**, maza.)

clavotrapecio (**clavotrapezius**). Ancha faja muscular en el cuello de algunos mamíferos. (De **clavícula** y **trapecio.**)

clávulos (**clavula**). Espinas diminutas de ciertos equinoideos, aplanadas en la extremidad que, aparentemente, provocan corrientes de agua. (Lat. **clavus**, clávulo.)

cleido- (**cleido**). (Del gr. **kleidos**, llave.) Se emplea para indicar lo relacionado con las clavículas.

cleidoico (**cleidoic**). Que pertenece a un huevo cubierto por una cáscara. (Gr. **kleis, kleidoo**, cerrar; **oon**, huevo.)

cleidomastoideo (**cleidomastoid**). Una porción del músculo esternocleidomastoideo, q.v.

cleist-, cleisto-. (Del gr. **kleistós**, cerrado.)

cleitro (**cleithrum**). Un hueso dérmico superpuesto al hueso cartilaginoso original a cada lado de la cintura pectoral en muchos peces y anfibios. (Gr. **kelithron**, barra.)

cleptobiosis (**cleptobiosis**). Una forma de simbiosis en la que algunas hormigas pequeñas roban alimentos de otras especies mayores. (**klepsia**, robo; **biosis**, forma de vida.)

cleptoparasitismo (**cleptoparasitism**). Tipo de asociación en la que un animal roba algo al otro. (Gr. **klepto**, robo; + **parasitismo.**) *Adj.* **cleptoparásito**.

clérigo (**fly catcher**). Puerto Rico: ave paseriforme de la familia *Tryannidae*, parecido al pitirre *(Tyrannus caudifasciatus)*.

Cleveland, L.R. Protozoólogo y parasitólogo norteamericano, notable por sus trabajos de la simbiosis entre protozoos y termites. (1892)

clica (**bittersweet**). España: molusco bivalvo de valvas iguales acorazonadas y provistas de surcos radiales (Gen. **Glycymeris**). (Onomat. clic.)

clima* (**climate**). Conjunto de fenómenos meteorológicos en un área determinada de la tierra. *Adj.* **climático**.

climácico (**climactic**). Lo relativo al *clímax*, q.v. *Se prefiere a climáxico*, por analogía con *tórax, torácico*.

climaterio* (**climacteric**). Período crítico de la vida y, en especial, el comienzo de la menopausia. (Lat. **climaterius**, gr. **klymakter**, escalón.) *Adj.* **climatérico***.

climatipo (**climatype**). Biotipo debido al clima. *Ecotipo climático*.

clímax* (**climax**). Gradación. // Etapa final de equilibrio en una sucesión geobotánica o una comunidad. (Gr. **klimax**, etapa; culminación de las etapas.) *Adj.* **climácico**.

climógrafo (**climograph**). Diagrama en el que la temperatura media mensual se expresa en relación con la humedad media mensual.

climograma. V. *climógrafo*.

clin (**cline**). Un cambio gradual en las características fenotípicas de una población o de una serie de poblaciones contiguas, que se aprecia en diferentes partes de su distribución geográfica. (Gr. **klinein**, inclinar.)

clin-, clino-*. (Del gr. **klino, klinein**, inclinar.) Se usa también como sufijo.

clina = *clin*.

clinoide (**clinoid**). Que tiene forma de diván, como ciertos procesos de la silla turca. (Gr. **kline**, diván.)

clinología (**clinology**). El estudio de la declinación de los organismos después de su madurez sexual o después de su mayor desarrollo filogenético. (Gr. **klinei**, declinar.)

clípeo* (**clypeus**). = *Escudo*. Esclerito situado en la parte anterior media de la cabeza de los insectos. (Lat. **clypeus**, escudo.) *Adj.* **clipeal**.

clipeolabral (**clypeo-labral**). Se aplica a la sutura entre el labro y el clípeo de los insectos.

clipéolo (**clypeole**). El anteclípeo en los insectos. (Diminutivo de **clypeus**, escudo.)

clisere (**clisere**). La sucesión de comunidades debida a cambios climáticos. (Lat. **clima** y **sere**, q.v.)

Clistogastra. Un suborden de insectos himenópteros. = *Apocrita*. (Gr. **kleistos**, cerrado; **gaster**, abdomen.)

Clitelados. Una división en el fílum *Annelida* que incluye las clases *Oligochaeta* e *Hirudinea* por la posesión del *clitelo*.

clitelo (**clitellum**). Un grupo de anillos en las lombrices de tierra que segrega una substancia mucosa en donde se recogen las células sexuales, se realiza la fecundación y se forma el capullo. (Lat. **clitellum**, albarda.)

clitio (**clition**). El punto medio del borde anterior del *clivus*, o superficie ósea inclinada de la fosa pituitaria.

clítoris* (**clitoris**). Cuerpo carnoso eréctil en el ángulo anterior de la vulva, homólogo del pene. (Gr. **kleitoris.**)

clivaje (**cleavage**). *Segmentación*. V. *segmentación del huevo*. (Anglosajón, **cleofan**, separar.)

clivo (**clivus**). Una superficie inclinada. (Lat. **clivus**, inclinación.) Adj. **clivoso**. // **c. blumenbachii**, superficie inclinada en la fosa pituitaria.

cloaca* (**cloaca**). Porción terminal del intestino en los animales en la que desembocan conjuntamente las aberturas genitales y urinarias. (Lat. **cloaca.**)

clon* (**clone**). Un grupo de células o de protistos, genéticamente idénticos, que descienden por mitosis de un solo ancestral común. (Gr. **klon**, retoño.)

clono (**clonus**). Contracción refleja irregular de los músculos esqueléticos. // Clon.(Gr. **klonos**, agitación.)

Clonorchis. Un género de trematodos del orden *Digenea*. *C. sinensis* es la duela común del hígado en el Oriente.

cloqueo*. Cacareo de la gallina clueca. (Onomatopéyico.)

cloquera* Estado y conducta de las aves que quieren empollar. (De **cloquear.**)

clor-*, cloro-* (**chlor-**). (Del gr. **chloros**, verde amarillento.)

clorágeno (**choragen**). V. *cloragógeno*.

cloragógeno (**chloragogen**). Células amarillas halladas en conexión al aparato digestivo de los anélidos. (Gr. **chloros**, verde; **genos**, producción.)

cloragocito (**chloragocyte**). Una célula cloragógena. (Gr. **chloros**, verde amarillento; **kytos**, célula.)

cloragosoma (**chloragosome**). Corpúsculo excretor amarillento o parduzco que aparece en las células coloragógenas. (Gr. **chloros**, verde amarillento; **soma**, cuerpo.)

clorocito (**chloride cell**). Célula columnar hallada en las branquias de los peces para la excreción de cloruros. (Gr. **chloros**, verde; **kytos**, célula.)

clorocruorina. (**chlorocruorine**). Pigmento respiratorio en la plasma de algunos anélidos poliquetos, relacionado químicamente con la hemoglobina. (Gr. **chloros**, verde; **cruor**, sangre.)

clorofila* (**chlorophyl**). Pigmento verde localizado en los cloroplastidios de las células de las plantas y en determinados protistos. (Gr. **chloros**, verde; **phyllon**, hoja.)

clorofitos. Una división de los protistos, propuesta por Iwoff, para los que puede utilizar los nitratos como fuente de nitrógeno. V. *leucofitos* y *protozoos*.

cloróforo (**chlorophore**). Gránulo de clorofila en algunos protistas. (Gr. **chloros**, verde; **phoreus**, portador.)

clorolabeo (**chlorolabe**). Pigmento retinal que permite la percepción de los colores verdes. (Gr. **chloros**, verde; **labé**, que acepta.)

cloromonadinos. V. *Chloromonadina*.

clorostatolito (**chlorostatolith**). Un cloroplasto que, en un estatocisto, se mueve bajo la influencia de la gravedad. (De **cloroplasto** y **estatolito.**)

clunes (**buttocks**). *Nalgas.* // Grupa del caballo. (Lat. **clunis**, nalga.)

Clupeiformes. Un orden de peces actinopterigios que comprende sardinas, salmones, truchas, etc. Cola homocerca, con los radios sin espinas, aletas pélvicas abdominales y vejiga natatoria comunicada con la faringe. Del Jurásico al Reciente. (Lat. **clupea**, sardina.)

clupeoide (**clupeoid**). Cualquier miembro del orden *Clupeiformes*, q.v.

Clupeoidei. Un taxón de peces clupeiformes que incluye las familias *Elopidae, Clupeidae, Engraulidae*, etc.

Clymenoidea. Suborden del orden *Ammonoidea*, de la clase *Cephalopoda*, caracterizado por la posición interna del sifón.

Clypeasterina. Un suborden de equinodermos equinoideos en el orden *Clypeasteroidea.* (De **clypeaster**, género de equinoideos.)

Clypeasteroidea. Un orden de equinodermos de la clase *Echinoidea.* Concha irregular, con linterna de Aristóteles, ambúlacros más anchos que los interambúlacros. Del Jurásico al Reciente.

cnemidio (**cnemidium**). Greba o canillera. // La parte inferior de la pierna de las aves, a menudo escamosa. (Gr. **knemis**, una polaina; **knêmê**, rodilla, pierna.) *Adj.* **cnemial.**

cnida. V. nematocisto.

Cnidaria. Un nombre alterno para el del fílum *Coelenterata*, q.v., basado en que la descripción original de éste incluía también a los tenóforos. (De **knidê**, ortiga.)

cnidario (**cnidarian**). V. *Cnidaria* y *Coelenterata.*

cnidoblasto (**cnidoblast**). Célula de los celentéreos que contiene una cápsula redondeada o nematocisto. (Gr. **cnide**, ortiga; **blastos**, brote.) = *Cnidocito*

cnidóforo (**cnidophore**). Pólipo en una colonia de celenterados provisto de abundantes nematocistos. (Gr. **cnidê**, ortiga; **phoreys**, llevar.)

cnidocilio (**cnidocil**). Proyección espinosa del cnidoblasto. (Gr. **cnide**, ortiga; + **cilio**.)

cnidópodo (**cnidopod**). La parte saliente de un nematocisto. (Gr. **cnidê**, ortiga; **pous**, pies.)

cnidorrago (**cnidorhagus**). Una proyección fuera del anillo tentacular en Brantharia.

cnidosaco (**nidosac**). Abultamiento con nematocistos encontrado en los dactilozoides de los sifonóforos. (Gr. **cnidê**, ortiga; **saccus**, bolsa.)

Cnidosporidia. Un subfílum de *Protozoa* cerca de *Sporozoa.* Esporos con 1-4 filamentos polares para fijarse al huésped. (Gr. **knidê**, ortiga. **spores**, esporo; **-idion**, diminutivo.)

cnidosporidio. V. *Cnidosporidea.*

co- (**co-**). (Lat. **cum**, junto, con.)

coacción (**coaction**). Complejas reacciones ecológicas que ejercen entre si las plantas, los animales o las plantas con los animales.

coactado (**coactate**). Apretadamente felpudo, pero liso. (Lat. **coacta**, felpa.)

coadaptación (**coadaptation**). Variaciones correlativas entre dos órganos dependientes uno de otro. (Lat. **cum**, con; +**adaptación**.)

coagulación* (**clotting**). Procesos envueltos en la formación del coágulo sanguíneo que se inician con la ruptura de los trombocitos.

coagulasa (**coagulasse**). Una enzima que coagula la albúmina. (De **coagular**, **-asa**, enzima.)

coagulina (**coagulin**). Cualquier agente capaz de coagular. =*Precipitina.* (Lat. **coagulum**, cuajo.)

coágulo* (**clot**). Masa grande coagulada con suero, linfa, células, etc., en que se producen los vertebrados y algunos invertebrados. (Lat. **coagulum**.)

coagulocito (**coagulocyte**) Un hemocito granular de los insectos. (Lat. **coagulum**; gr. **kytos**, célula.)

coaita* (**spider monkey**). Nombre común a varias especies de monos del género *Ateles.* También *mono araña* (**Ateles paniscus**).

coala (**koala**). V. *koala.*

coalescencia* (**coalescence**). Propiedad de unirse dos o más cosas. (Lat. **coalescens**, juntarse.)

coalla* (**woodcock**). V. *choena.* (Lat. **cuacula**, codorniz.)

coanas (**choanae**). Los orificios posteriores de las fosas nasales. // Cualquier cavidad en forma de embudo. // Nares internas. (Gr. **choanos**, embudo.)

coandú (**tree porcupine**). Especie de puerco espín sudamericano de cola larga y prensil. Orden *Rodentia*, familia *Erethizontidae* (**Coendou prehensilis**).

coanicties. V. *Choanichthyes.*

coanocito (**choanocyte**). Célula acollarada típica de las cámaras flagerîferas de las esponjas. Algunos protozoarios poseen la forma general de un coanocito. (Gr. **choanos**, embudo.)

coanoflagelado (**choanoflagellate**). Nombre de ciertos protozoos coloniales provistos de un flagelo rodeado por un collar. V. *Choanoflagelata.*

coanoide (**choanoid**). En forma de embudo. // *Sust.* Músculo ocular, retractor del bulbo, presente en algunos vertebrados. (Gr. **choanos**, embudo; **oides**, forma.)

coanosoma (**choanosome**). Endosoma. // Parte del cuerpo de las esponjas en donde se encuentran las *cámaras* o *celdillas vibrátiles.* (Gr. **koanos**, embudo; **soma**, cuerpo.)

coaptación* (**coaptation**). El ajuste mutuo entre las partes para una función. (Lat. **cum**, **aptare**, ser apto.)

coartado* (**coarctate**). Que tiene la base estrecha y la extremidad ancha. Estrechado, oprimido. (Lat. **coarctatus**.)

coaso (**red brocket**). Especie de cérvido sudamericano de color pardo rojizo, de pequeño tamaño y cuernos rectos, que habita Guyana, Brasil, Paraguay y Perú (**Mazama americana.**)

coatí*, **coatimundi** (**coati**). *Pisote.* Nombre común de ciertas especies de mamíferos carnívoros sudamericanos de la familia *Procyonidae*, género *Nasua* (**Nasua rufa**). (Nombre **guaraní.**)

cob (**waterbuck, kob**). Nombre de varias especies de antílopes de las sabanas africanas (**Kobus kob.**)

cobalamina (**cobalamine**). Vitamina B_{12}, coenzima para varias enzimas.

cobaya. V. *cobayo.*

cobayo* (**Guinea pig**). Nombre arbitrario dado por Palas al conejillo de Indias, q.v.

Cobb, N.A. Nematólogo norteamericano. Realizó importantes contribuciones sobre la biología de los nematodos. (1859-1932)

cobego (**cobego**). V. *colugo*, mamífero dermáptero.

cobela. Puerto Rico: una especie de culebra. (Sec. H. Aquino)

coberteras* (**contour feathers**). Las plumas que cubren todo el cuerpo de las aves y determina su forma general.

cobia (**sergeant fish**). Cuba: v. *bacalao*, pez.

cobija. Cada una de las plumas pequeñas que cubren las bases de las penas de las aves. (Lat. **cubiclia.**)

cobo* (**queen conch**). Nombre común de varias especies de caracoles marinos de las Antillas, especialmente del género *Strombus.* // Puerto Rico: los crustáceos ermitaños que habitan las conchas vacías de *Strombus* y otros géneros. V. *carrucho.* (Voz **indígena.**)

cobra* (**cobra**). Serpiente venenosa de la familia *Elapidae*, de Asia y Africa. Se aplica en especial a la *Naja tripudians.* En Brasil, cualquier serpiente. (Port. **cobra**, culebra.)

coccidea. Lo relativo o parecido a la cochinilla.

Coccidia. Un suborden (u orden) de esporozos del orden *Coccidiomorpha.* Tiene cigotos inmóviles que producen sporozoitos. (Gr. **kokkos,** grano.)

Coccidiomorpha. Un orden de esporozos telosporidios que son parasitos intracelulares. Incluye *Coccidia* y *Haemosporidia.*

coccidiosis (coccidiosis). Infección de protozoarios esporozos del grupo de los coccidios en los tejidos epiteliales de varios vertebrados e invertebrados.

coccígeo* (coccygeal). Que pertenece a la región del *coxis,* q.v.

coccigeofemoralis. Un músculo de la pata de las aves.

coccigeosacro (coccygeosacralis) Músculo plano en el dorso de ciertos vertebrados.

coccinela* (lady bug). Insecto coleóptero de la familia *Coccinellidae,* llamado también *cotorrita de jardín, vaquita de San Antón.* (Lat. **Coccincus,** escarlata.)

coccíneo (coccineous). De color escarlata. (Lat. **coccincus,** escarlata.)

cóccix* (coccyx). Hueso formado por la fusión de las últimas vértebras de la columna vertebral en el hombre, las cuales son el rudimento de las vértebras caudales de otros mamíferos. *Coxis.* (Lat. **coccyx;** gr. **kokkyx.**)

Coccolithophorida. Orden de *Flagellata* o Mastigophora. Protozoos de células aisladas y planctónicas provistas de uno o dos flagelados, de cromatóforos amarillos y de una cubierta formada por pequeñas piezas calizas. (Lat. **kokkos,** grano; **lithos,** piedra; **phoreus,** portador.)

Coccostei. Una subclase de peces fósiles de la clase *Placodermi* que comprende los arthrodires, etc. Armadura ósea en dos partes; cabeza y región branquial unida al cuerpo, mandíbulas masivas. Del Devoniano. (Gr. **kokkos,** grano; **osteon,** hueso.)

Coccosteomorphi. Gran pez extinto de la clase *Arthrodira.*

cociente respiratorio (respiratory quotient). La relación entre el volumen de anhídrido carbónico expirado y el de oxígeno inspirado.

cocimasa (cozymase). Nucleótido de fosfopiridina.

cóclea* (cochlea). Estructura u órgano de forma espiral. // El caracol del oído interno de los mamíferos. // La concha de moluscos. (Lat. **cochlea;** gr. **kochlos.**)*Adj.* ***coclear*; cocleariforme.***

cocleario. Ave zancuda sudamericana del orden *Ciconiiformes,* familia *Cochlearidae,* de pico ancho (**Cochlearius cochlearius**). // Lugar para criar caracoles terrestres. (Lat. **cochlearium.**)

coco* (ibis). Antill.: nombre común a las especies de aves *Ciconiiformes* de la familia *Treskiornithidae.* // ***c. blanco.*** (**Guara alba.**) // ***c. prieto*** (**Plegadis antumnalis**). // España: *gorgojo,* insecto coleóptero.

cocodrilo* (crocodyle). Nombre común de varias especies de reptiles del orden Crocodilia. *Adj.* ***cocodriliano*.***

cocolía (blue crab). Puerto Rico: jaiba, cangrejo nadador del orden *Decapoda,* familia *Postunidae* (**Callinectes danae.**)

cocolito* (coccolith). Globulillo calcáreo que forma parte del esqueleto de los flagelados del orden *Cocolithophorida.*

cócono. V. *guajolote,* ave.

cocosferas (coccospheres). Restos duros de radiolarios y algas. (Gr. **kokkos,** baya: **lithos,** piedra.)

cocuí, cocuy*. Cocuyo, insecto.

cocuyo* (fire beetle). Insecto coleóptero de la familia *Elateridae* que posee órganos luminosos en el protórax y en el abdomen, cuyas larvas son carnívoras (**Pyrophorus noctilocus** y afines). // Cuba: v. *sobaco,* pez.

cochinilla* (pill bug). Nombre común de diversas especies de crustáceos terrestres del orden Isopoda de los géneros *Porcellio, Cubaris, Armadillium, Oniscus,* etc. *Cochinilla de humedad,* // Insecto homóptero de la familia *Coccidae,* originario de México que se cría en el nopal y del que se extrae una materia colorante.

cochinillo de Indias (guinea pig). V. *Conejillo de Indias.* (Un anglicismo.)

cochino* (queen triggerfish). Cuba: pez marino litoral. Orden *Tetrodontiformes,* familia *Balistidae* (**Balistes vetula**). // *Cerdo.*

cochorro*. Abejorro, insecto coleóptero.

codehidrogenasa (codehydrogenase). Otro nombre para el DPN o TPN.

código genético (genetic code). Los tripletes de DNA y RNA, que llevan la información para la formación de proteínas. // ***c. internacional de la nomenclatura zoológica,*** conjunto de disposiciones adoptadas en congresos internacionales de zoología, desde el primero (París, 1889) hasta el que decidió el actual código, (Londres, 1964). Contiene reglas de aplicación obligatoria y recomendaciones de empleo potestativo, que tienen por finalidad lograr una mayor uniformidad en los nombres científicos de los animales.

codillo* (elbow of animals). En los cuadrúpedos, la articulación de las extremidades anteriores, cercanas al pecho. (Dim. de codo.)

codo* (elbow).Articulación del húmero con el cúbito.

codominancia (codominance). Dominancia incompleta por lo que ciertos genes alelos originan caracteres intermedios.

codón (codon). Un triple nucleótido en el RNA mensajero, que codifica cada uno de los aminoácidos que deben insertarse en una posición dada para formar un polipéptido. // La umbella de las medusas de los *hidrozoarios. Adj.* ***codónico.***

codorniz* (quail). España: ave *Galliformes* de la familia *Phasianidae* (**Coturnix coturnix**). // Cuba: (**bob white**), ave de la misma familia, llamada también *colín* (**Colinus cubanensis**).

coeficiente* (coefficient). Que produce un efecto en unión de otra cosa. // ***c. de destrucción,*** tanto por ciento de las crías de un animal que deben desaparecer normalmente (enfermedades, parásitos, depredadores, etc.) para mantener constante la población. // ***c. económico,*** el peso producido por el consumo de 100 partes de alimento.

Coelacanthiformes. Un orden de peces de la clase *Osteichthyes,* subclase *Choanichthyes.* Tienen aletas lobuladas, premaxilares y maxilares, cabeza corta, dientes solo en la punta de los premaxilares y dentarios, sin ojo pineal y con la cola trilobulada. Del Devoniano al Cretáceo, así como en el Reciente (**Latimeria**).

Coelacanthini. V. *Coelacanthiformes.*

Coelenterata. Un fílum de metazoos de la rama o división *Enterozoa.* Con cavidad digestiva sacular, simetría radial, con nematocitos, sin ano, cabeza ni sistema de órganos. Son acuáticos, casi todos marinos, solitarios o coloniales, fijos o flotantes. (Gr. **koilos,** cavidad; **énteron,** intestino.)

Coelelminthes. Una división en los metazoos que comprende los fílumes *Aschelminthes* y *Acanthocephala.*

Coelolepida. Un orden de peces fósiles de la clase *Agnatha,* desprovistos de armadura y con dentículos tegumentarios. Del Siluriano y el Devoniano. (Gr. **koilos,** hueco; **lepis,** escama.)

Coelomata. Un superfílum que comprende los animales que están provistos de *celoma,* q.v.

Coelomyaria. Un taxón a veces empleado en la clase de los nematodos. Las células mioepiteliales se proyectan en el seudocelo. (Gr. **koilos,** hueco; **mys.** músculo.)

Coeluroidea. Una superfamilia de reptiles fósiles carniceros del orden *Saurischia.*

coendú*. V. *coandú,* roedor.

Coenothecalida. Un orden de celenterados de la clase *Anthozoa,* subclase *Alcyonaria.* Esqueleto masivo, formado por fibras calcáreas cristalinas. Son los *Corales azules.* (Gr. **koinos,** común; **thêkê,** caja.)

coenzima (coenzyme). Substancia que activa una enzima o acelera su acción. (Lat. **cum,** con; **gr. en,** en; **zyme,**

levadura.) // *c. A.*, una coenzima formada por difosfato de adenosina, ácido pantoténico y mercaptoetilamina. La acetilcoenzima A interviene en el ciclo del ácido cítrico. // *c. I*, difosfato de niacina y adenina (NAD) o nucléotido de difosfopiridina, un aceptor de hidrógeno en la respiración celular. // *c. II*, nucléotido de trifosfopiridina. // *c. Q*, un aceptor y donante de hidrógeno en la cadena de transportación de electrones. También *ubiquinona*. // *c. R*, nombre obsoleto para *biotina*.

cofactor (**cofactor**). Coenzima o ion metálico requerido para que una enzima acelere una reacción determinada.

cofermento (**coferment**). = *Coenzima*.

Coghill, G.E. Biólogo norteamericano. En 1927 demostró la presencia de conductas innatas en las salamandras.

cognado* (**cognate**). Relacionado con la línea materna. *Adj. cognático**.

cogollero* (**budworm**). Cuba: oruga de cierta mariposa de la familia *Noctuidae* que ataca el tabaco (**Heliothis virescens**).

cogote* (**back of the head**). Parte posterior superior del cuello. *Cerviz*. (Lat. **cucutia**.)

cogujada* (**crested lark**). Especie de alondra crestada, ave paseriforme de la familia *Alaudidae* (**Galerida cristata**).

coherente* (**coherent**). Adherente. Con partes similares unidas. (Lat. **cohaerere**, unirse.)

cohibí. Rep. Dominic: nombre indígena de las perlas rojas que se forman en los moluscos gasterópodos llamados *cobos* (**Strombus sp.**)

cohobo*. República Domin.: *cobo*, caracol. (Nombre indígena.)

cohombro de mar (**sea cucumber**). Nombre común de varias especies de equinodermos de la clase *Holothurioidea*. (**Holothuria mexicana**, en el Mar Caribe.)

cohorte* (**cohort**). En taxonomía zoológica, un taxón de rango intermedio entre orden y superorden. (Lat. **cohors**, la cohorte de una legión romana.)

coi (**climbing fish**). Pez fluvial de la India, de hábitos trepadores, provisto de branquias pequeñas que no le bastan para respirar , pero en cambio tienen sobre ellas una cámara vascularizada que funciona como pulmón, con la que absorben el aire atmosférico cuando salen fuera del agua (**Anabas scandens**).

coicoy*. Chile: sapo pequeño (**Cystignathus bibroni**).

coipo* (**coypu**). *Coipu*. Argent. y Chile: mamífero del orden *Rodentia* de hábitos acuáticos. Familia *Capromyidae* (**Myocastor coypu**).

coito* (**coitus**). Intercurso sexual. Cópula. (Lat. **coire**, unirse.)

cojijo* (**bug**). Sabandija, bicho. (Lat. **culiculus**, dim. de **culex**, mosquito).

cojinete* (**small cuchion**). Prominencia a manera de almohadilla. *Pulvinulo*. // *c. adhesivo*, masa adhesiva en el extremo de los tentáculos de algunas medusas de hidrozoarios. (De cojín.)

cojinoba. Perú: pez marino litoral osteictio. Orden *Perciformes* (**Neptumerus crassus**).

cojinúa* (**blue runner**). Cuba y Puerto Rico: pez del orden *Perciformes*, suborden *Scombroidei*, de carne apreciada (**Caranx chrysos**).

cojobeo (**horse-eye jack**). Puerto Rico: pez marino del orden *Perciformes*, familia *Carangidae*. V. *jurel*.

cojudo* (**not castrated**). Dícese del animal no castrado. (Lat. **coleus**, testículo.)

-cola (**-colous**). (Del lat. **colere**, habitar.) Establece la idea de habitación en algún lugar.

cola* (**tail**). Parte posterior del cuerpo en algunos animales. // En los vertebrados la cola es postnatal y está sostenida por las vértebras caudales. // En las aves, las plumas timoneras insertadas en la rabadilla. // *Rabo* en los cuadrúpedos. (Lat. **cauda**, dim. de **caudula**.) // *c. de caballo*, haz de raíces nerviosas que parten de la región lumbar de la médula espinal y se asemeja a la cola del caballo. // *c. dificerca*, la cola primitiva de los peces en donde el eje esquelético y el notocordio se prolongan hasta el extremo. // *c. heterocerca*, cola hallada principalmente en los selacios, en la que el eje esquelético se dobla hacia arriba y penetra en el lóbulo dorsal de la cola, que es mucho mayor que el ventral. // *c. hipocerca*, tipo de cola hallada principalmente en los reptiles marinos fósiles, en la que el lóbulo ventral es mayor que el dorsal. // *c. homocerca*, tipo muy común en los peces, cuyos lóbulos dorsal y ventral son simétricos aunque el extremo del eje esquelético está doblado hacia arriba. // *c. proterocerca*, cola parecida a la dificerca, pero no primitiva, sino derivada de la heterocerca.

colágena* (**collagen**). Relativo a la cola. // Se dice de la proteína principal en la matriz de los tejidos conjuntivos, de la que se extrae la gelatina. (Gr. **kolla**, cola; **genos**, producción.)

colagenasa (**collagenase**). Una enzima que digiere el colágeno.

colangiola (**cholangiole**). Un capilar biliar. (Gr. **chole**, bilis; **angeion**, vaso.)

colateral* (**collateral**). Que está lado a lado. Se aplica a las ramillas de las axonas que van a los ganglios prevertebrales. (Lat. **collateralis**.)

colas. V. *rabirrubia*, pez.

colchicina (**colchicine**). Incorrecto por *colquicina*.

colecisto (**cholecyst**). La vesícula biliar. Se emplea en palabras compuestas. Ej. *colecistitis**. (Gr. **chole**, bilis; **kystis**, vejiga.)

colecistoquinina (**cholecystokinin**). Hormona liberada por la mucosa intestinal por la influencia de los lípidos que provoca la contracción de la vesícula biliar. (Gr. **chole**, bilis; **kystos**, vejiga; **kineo**, mover.)

colédoco* (**choledoc**). Conducto que recibe la bilis de los conductos hepático y cístico y la vierte en el duodeno. (Gr. **chole**, bilis.)

colefeína. V. *bilirrubina*.

coléico (**choleic**). Lo que pertenece a la bilis. (Gr. **chole**, bilis.)

colenocito (**collencyte**). Célula de tejido conjuntivo de forma amiboide en el mesenquima de los espongiarios. (Gr. **kolla**, cola; **kytos**, célula.)

colénquima (**collenchyme**). Mesénquima gelatinoso que forma la tercera capa en la pared de los celenterados. // Tejido embrionario formado por células flojamente embebidas en una matriz gelatinosa. (Gr. **kolla**, cola; **enchyma**, infusión.)

coleo- (**coleo-**). (Del gr. **koleós**, vaina.)

Coleoidea. Un orden de cefalópodos, también llamado *Dibranchia*, q.v.

Coleoptera. Un orden de insectos que comprende los escarabajos, gorgojos, etc. Cutícula gruesa, boca masticadora, alas anteriores espesas, córneas y sin nervaduras (élitros), alas posteriores membranosas y doblables bajo los élitros, antenas generalmente de 11 segmentos, protórax grande, movible, metatórax unido al abdomen, metamorfosis completa. Es el orden más numeroso. Del Permiano al Reciente. (Gr. **koleos**, vaina; **pteron**, ala.)

colémbolo. V. *Collembola*, orden de insectos.

coleóptero*. Un insecto del orden *Coleoptera*.

coleopterófilo. Se aplica a las flores visitadas por insectos coleópteros. (De **coleóptero**; **philos**, amigo.)

Coleopteroidea. Un superorden en los insectos que comprende los coleópteros.

colepirrina (**colepyrrhin**). =*Bilirrubina*.

coleritrina (**cholerythrin**). =*Bilirrubina*.

colesterina. V. *colesterol*.

colesterol* (**cholesterol**). Un esterol común en las células animales, especialmente las nerviosas. Su exceso puede ocasionar arteriosclerosis y cálculos biliares. (Gr. **chole**, bilis;+**esterol.**)

coleterio (**colleterium**). Glándula colateral mucosa del aparato femenino de ciertos insectos. (Gr. **kolla**, cola.)

colibrí* (**hummingbird**). Nombre común de las especies de aves del orden Apodiformes, familia *Trochilidae, Zunzún, pájaro mosca, picaflor, chupaflor*, etc. (Voz **caribe.**)

cólico (**colic**). Lo perteneciente al colon. (Lat. **colicus.**)

colículo* (**colliculus**). Prominencia en una estructura. // Cada una de las prominencias de los tubérculos o cuerpos cuadrigéminos. (Lat. **colliculus**, loma pequeña.) *Adj. coliculado.*

coligaucho* (**horse fly**). Chile: insecto negro, del orden *Diptera* de la familia *Tabanidae* (**Tabanus depressus**). *Coliguacho.*

Coliiformes. Un orden de aves africanas del superorden *Neognathae.* Pequeñas aves parecidas a los pájaros; con los dedos 1 y 4 reversibles, cola muy larga.

colilarga*. Chile: ave del orden *Passeriformes*, de pequeño tamaño que tiene en la cola las plumas más largas (**Synallaxis sp.**)

colimbo* (**diver**). Nombre dado a varias especies de aves palmípedas del orden *Podicipediformes*, familia *Podicipedidos.*

colín* (**bobwhite**). México: una especie de ave galliformes, familia *Phasianidae* parecida a la codorniz. // Cuba: especie de codorniz (**Colinus cubanensis**). // Cuba: una especie de ranita del género *Eleutherodactylus.*

colina (**choline**). Un miembro del complejo vitamínico B cuya deficiencia en algunos animales ocasiona depósitos de grasa en el hígado. No ocurre en el hombre.

colinearidad (**colinearity**). La correspondencia entre la secuencia linear de los nucléoticos y la de los polipéptidos correspondientes. (Lat. **co**, junto;+ **línea.**)

colinesterasa (**cholinesterase**).=*Acetilcolinesterasa.* Enzima que destruye la acetilcolina.

coliona (**kolione**). Sustancia que inhibe o disminuye la función de ciertos tejidos. (Gr. **kolyein**, ocultar.)

colipavo*, va*. Dícese de una raza de paloma doméstica que tiene la cola ancha como un abanico.

colirrojo (**black redstart**). Un ave del orden *Passeriformes*, familia *Muscicapidae* (**Phoenicurus ochruros**), de la Europa occidental, Africa del norte y China occidental. // America, *candelilla*, q.v.

colirrubia (**yellow tail**). Puerto Rico: pez marino de carne muy apreciada. Orden *Perciformes*, familia *Lutjanidae* (**Ocyurus chrysurus**).=*Rabirrubia.*

colisable (**sword tail**). Nombre vernáculo para los peces tropicales fluviales de aleta anal muy alargada. Orden **Cyprinodontiformes** (**Xiphophorus** sp.)

colite (**crested guan**). Méx.: ave de la familia *Cracidae*, orden *Galliformes* (**Penelope purpurascens**).

colmena* (**beehive**). Caja o vaso que sirve de albergue a una colonia de abejas domésticas. // Por extensión, al refugio de ciertas especies de abejas silvestres. (Lat. **columella**, columnita.)

colmenar* (**apiary**). Lugar donde se encuentran las colmenas de abejas.

colmillo* (**fang**). Pieza dentaria en forma de cono alargado y puntiagudo. En general es sinónimo de *canino*, pero se aplica también a las defensas o incisivos superiores de los elefantes y a los dientes aguzados de ciertas serpientes. (Lat. **colmellus.**)

coloblasto (**colloblast**). Célula adhesiva en los dos tentáculos de los tenóforos. (Gr. **kolla**, pegamento; **blastos**, brote.)

colobo* (**colobo**). Mono del Africa centroriental, de cola negra y crin blanca (**Colobus polykomos**).

Colobognatha. Un orden de artrópodos de la clase *Diplopoda.* Con 30-60 segmentos del cuerpo, gonopodios masculinos formados por el segundo par de patas del 7° segmento y primero del 8° segmento.

colocolo*. Chile: especie de gato montés, familia *Felidae* (**Herpailurus colocollo**).

colocromo (**cholochrome**). Un pigmento biliar. (Gr. **chole**, bilis; **chroma**, color.)

colodrillo* (**nape**). Parte posterior de la cabeza. (De **colodra**, especie de vasija de madera.)

colóforo (**collophore**). Estructura ventral tubular del primer segmento abdominal de los insectos colémbolos. (Gr. **kolla**, pegamento; **phoreus**, portador.)

colohematina. V. *fitoeritrina.*

colombicultura*. Arte de criar y fomentar la reproducción de las palomas. (Lat. **columba**, paloma.)

colon* (**colon**). El intestino grueso de los vertebrados, excluyendo el ciego, el recto y la cloaca. (Gr. **kolon.**) // *c. ascendente*, la primera porción del colon en el hombre, desde la válvula ileocecal. // *c. descendente*, la tercera porción del colon, desde el transverso a la *ese ilíaca.* // *c. sigmoide*, porción terminal del colon, o *ese ilíaca*, // *c. transverso*, la porción del intestino grueso entre el colon ascendente y el descendente que ocupa una posición transversal al vientre.

colonia* (**colony**). Reunion de individuos de la misma especie. Término aplicado en zoología de una manera poco precisa, pues se emplea tanto para las agrupaciones de insectos que se asocian por instinto, cual las abejas, como para los reunidos en un cormo comun, como los corales. (Lat. **colonus**, de **colere**, cultivar.) *Adj. colonial*.*

colonizador* (**pioneer**). La primera especie animal que se establece en un área deshabitada. (De **colonia.**)

colonizadores (**colonici**). Insectos que inician o viven en una colonia.

colópodo. Un penacho de seudópodos viscosos que se forman atrás en las amibas en movimiento. (Gr. **kolla**, cola; **pous**, pie.)

coloración* (**coloration**). Acción y efecto de colorear. // *c. adaptativa*, patrón de coloración que, en ciertos animales, hace mas eficiente su adaptación al ambiente. // *c. admonitoria*, coloración muy conspicua que poseen ciertos animales para advertir su prsencia. // *c. aposemática*, v. *coloración admonitoria.* // *c. críptica*, patrón de coloración que se cofunde con el fondo del habitáculo en que vive un animal. // *c. disruptiva*, tipo de coloración en algunos animales que se supone ejerce función protectora confundiendo el depredador, que no acierta a precisar la identidad de su posible presa. // *c. protectora*, patrón de coloración que permite al animal confundirse en el ambiente. = *Homocromía.*

Colossendeomorpha. Un orden de artrópodos de la clase *Pycnogonida.*

colquicina (**colchicine**). Alcaloide contenido en el cólquico, muy empleado en genética por su acción poliploidógena en la mitosis.

Colubroidea. Una superfamilia de ofidios que incluye la familia *Colubridae* y otras afines.

colugo (**flying fox**). *Cobego.* Mamífero del orden *Dermaptera*, de Filipinas, Indonesia y Ceilán, del tamaño de un gato. Es llamado también *lémur volador* (**Galeopithecus volans**).

cólulo (**colulus**). Estructura cónica anterior a las hileras de ciertas arañas. (Lat. **colum**, tamiz.)

columbácea (**columbid**). Se dice del ave del orden *Columbiformes*

Columbiformes. Un orden de aves en el superorden *Neognathae.* Pico corto y delgado con cera en la base, tarsos más cortos que los dedos, buche grande, pichones desnudos. Comprende las palomas, que son de distribución universal. (Lat. **columba**, paloma.)

columbino* (**columbine**). Lo perteneciente a la paloma o que es parecido a ella. (Lat. **columba**, paloma.)

columela (**columella**). *Columnilla.* Hueso del oído medio en los anfibios, reptiles y aves homólogo del hiomandibular de los peces y del estribo de los mamíferos. // Eje de la concha de los moluscos gasterópodos. *Adj.* ***columelar****. (Lat. **columella**, columnilla.) // ***c. auris***, v. *columela.* // ***c. cranii***, el hueso epipterigoideo.

columnal (**columnal**). Cada uno de los osículos del tallo de los crinoideos. (De **columna.**)

columna* (**column**). La acepción usual. // ***c. de Bertini***, v. *columnas renales.* // ***c. de Morgagni***, pliegues que se observan en el recto en su unión con el anus. // ***c. espinal***, columna vertebral. // ***c. muscular***, v. *sarcostilo.* // ***c. rectales***, pliegues longitudinales en el intestino recto del hombre. // ***c. renales***, haces de tubillos de la médula renal.

columnela. *Columnilla, columela*, q.v.

columnilla* (**columella**). Proyección saliente en el centro del cáliz de algunos coralarios. // *Columela*, eje de arrollamiento de la concha de los moluscos gasterópodos. (Dim. de **columna.**)

Colymbiformes. Un nombre obsoleto para las aves del orden *Podicipediformes.*

collalba (**wheatear**). Nombre de varias aves *Paseriformes* europeas de la familia *Muscicapidae* (**Oenanthe deserti**).

collar* (**collar**). Lámina delgada protoplásmica que a la manera de gorguera rodea el flagelo en los coanoflagelados, q.v. // La región en los hemicordados que separa el prosoma del metasoma. // La periferia de la abertura del zoecio de los briozoos. (Lat. **collare**, de **collum**, cuello.)

collarín (**collarette**). Línea de unión entre las zonas pupilar y ciliar del iris. // Collar de los coanocitos y de los coanoflagelados. // Cuello de los quetognatos. (Dim. de **collar.**)

Collembola. Un orden de insectos ápteros diminutos. Antenas de 4-6 segmentos, boca masticadora, sin ojos compuestos ni tubos de Malpigio, con aparato saltador ventral (**furcula**) y un tubo ventral pegajoso en el tercer segmento abdominal. (Gr. **kolla**, cola; **embolos**, lo que se tira.)

Collocephali. Un taxón de peces osteictios que incluye las típicas morenas. Tienen colores brillantes y son muy voraces. Mares tropicales y subtropicales. (Gr. **kolla**, cola; **kephale**, cabeza.) V. *Anguiliformes.*

Collothecacea. Un orden de rotíferos en la clase *Monogonata.* Son sésiles, sin loriga, a menudo con tubo y con corona grande. (Gr. **kolla**, pegamento; **thêkê**, caja.)

com- (**com-**). (Del latín, con, com, que significa junto o unido.)

coma (**coma**). *Estupor.* (Gr. **koma**, sopor.) // c. (**comma**). Un sarcómero. // Un tracto. (Gr. **komma**, un fragmento.)

comadreja* (**weasel**). Mamífero nocturno europeo del orden *Carnivora*, familia *Mustelidae*, muy dañino. (**Mustela nivalis**). V. *armiño* y *visón.* // Venez.: mamífero de la familia *Mustelidae* (**Tayra barbara**). (Lat. **commater**, **tris** comadre.)

comátula (**comatula, sea lily**). Nombre común de varias especies de equinodermos del orden *Crinoidea* (**Antedon mediterranea**). *Lirio de mar.* (Lat. **comatus**, pelo largo.)

Comatulida. Un suborden de crinoideos de la clase *Crinoidea*, que comprende las llamadas estrellas plumosas, con tallos solamente en estado juvenil. (Lat. **comatus**, de pelo largo.)

come gandul (**Puerto Rican grosbeak**). Nombre dado a un ave de Puerto Rico que pertenece a la familia *Fringillidae* (**Loxigilla portoricensis**). // ***c. ñame***, = *comegandul.*

comedón* (**comedo**). Grano sebáceo cilíndrico de punta negra que llena los conductos excretores de glándulas cutáneas.

comején* (**termite**). Nombre común de varias especies de insectos sociales del orden *Isoptera*, familia *Termitidae*, algunas de las cuales son perjudiciales a las construcciones de madera.=*Termes, hormigas blancas*, etc.

comejenera* (**termitarium**). *Termitario.* Lugar o nido donde se crían las colonias de comejenes. (De **comején.**)

comensal* (**commensal**). Uno de los dos miembros de un *comensalismo*, q.v. (Lat. **co-**, junto; **mensa**, mesa, comida.)

comensalismo (**commensalism**). Asociación de dos especies en la que una se beneficia y la otra es indiferente al parecer.

comes (**comes**). Compañero. Se aplica a la arteria o vena que acompaña un tronco nervioso. (Lat. **comes**, compañero.)

comevíveres (**little tuna**). Cuba: especie de bonito. Orden *Thunniformes*, familia *Thunnidae* (**Euthynnus alleteratus**).

comevén. V. *comején* o *termite.* (Nombre **indígena.**)

comisura* (**comissure**). Borde que se advierte en el ángulo de los labios con la boca cerrada. // La línea que se ve en el pico cerrado de las aves. // Haz de fibras nerviosas que conectan dos ganglios o dos estructuras homólogas. (Lat. **commisura.**) // ***c. blanda***, masa intermedia que comunica los dos lados o tálamos del diencéfalo. // ***c. de Jacobson***, una conexión entre el 5° y el 9° nervio cranial en los vertebrados inferiores. // ***c. hipocampal***, conexión ventral entre los dos hemisferios cerebrales: la superior es el cuerpo calloso o gran comisura. // ***c. palial***, v. *cuerpo calloso* o *comisura grande.* // ***c. tritocerebral***, comisura que conecta el anillo nervioso por delante del ganglio subesofágico de algunos artrópodos.

commiscio (**commiscium**). Conjunto real o postulado de todos los miembros de un taxón que son capaces de cruzarse. (Lat. **commiscere**, mezclar.)

comoso (**comose**). Piloso. (Gr. **kome**, pelo.)

compañero* (**comes**). Vaso sanguíneo situado a lo largo de un nervio. (Lat. **comes**, compañero.)

compario (**comparium**). Unidad biosistemática compuesta de una o más cenoespecies capaces de cruzarse. // Término empleado en taxonomía experimental equivalente al del género. (Lat. **comparo**, comparar.)

compás* (**compass**). Una de las piezas horizontales de la linterna de Aristóteles de los equinoideos. (lat. **cum**, con; **passus**, paso.)

competencia* (**competence**). En ecología se emplea este vocablo en el sentido de lucha por el medio. Se usa también el término concurrencia. // Aprovechamiento excluyente de un recurso alimenticio limitado, de un territorio, etc. (Lat. **cum**, con; **peto**, pedir.)

complejo* (**complex**). Un agregado. // En zoología se emplea en el sentido de reunión de varios organismos o estructuras, como el *complejo sexual* de los moluscos, el *c. cromosómico.* (Lat. **complexus**, enlazado.) // ***c. B.***, conjunto de factores de la nutrición que al principio se llamó vitamina B, como la tiamina, riboflavina, piridoxina, niacina, inositol, ácido pantoténico, colina, acido paraaminobenzoico, cobalamina, // ***c. de Golgi***, v. *aparato de Golgi.* // ***c. palial***, en los moluscos, el conjunto del pericardio, el corazón, las branquias, los riñones, las gónadas y, a veces, los osfradios.

complementario* (**complementary**). El hueso coronoides de algunos vertebrados. (Lat. **complere**, **llevar.**)

complemento* (**complement**). Proteína no específica del plasma sanguíneo o del citoplasma que contribuye a la inactivación o destrucción de los antígenos correspondientes. (Lat. **complere**, llevar.)

complexo* (**complex**). Se dice del músculo que se extiende desde vértebras cervicales hasta el occipucio y mueve la cabeza. (Lat **complexo**, complejo.)

complicado* (**complicate**). Doblado, plegado. Se aplica a las alas de los insectos. (Lat **complicatus**).

complexión* (**complexion**). Naturaleza, constitución y relación orgánica de cada individuo. // Apariencia, aspecto. (Lat. **complexo.**)

complicante (**complicant**). Que complica. // Que se pliega uno sobre otro. Se aplica a los élitros de los coleópteros. (Lat. **cum**, con; **plicare**, plegar.)

comprachilla*. Guatemala: pájaro parecido al mirlo. (Dicc.)

compresor* **(compressor).** Que comprime. Se aplica a determinados músculos. como el compresor de la nariz. (**Lat. cum,** con; **premere,** apretar.) // *c. polínico,* espacio en la unión de la metatibia y el metatarso de las abejas.

comprimido* **(compressed).** Se aplica al órgano o estructura que muestra una sección más o menos elíptica, preferentemente cuando la compresión es en sentido lateral, como en la mayoría de los peces, reservándose la expresión *deprimido,* cuando la comprensión se ha realizado en sentido dorsoventral o vertical, como las rayas. (**Lat. cum,** junto; **premo,** apretar.)

Comstock, John Henry. Entomólogo norteamericano. Son notables sus textos de entomología. (1844-1919)

Comte, August. Filósofo francés de la escuela positivista, sugirió que las leyes de la astronomía, biología, química y matemática deben existir solo como contribuciones para el establecimiento de una gran ciencia de la sociedad. (1778-1857)

comtoc (African lungfish). Pez pulmonado dípneo africano de las cuencas del Congo y del Nilo Blanco. (**Protopterus annectens**).

comunalismo (communalism). Una asociación de tres o más castas de insectos en una colonia permanente. (De **común.**)

comunicación* **(communication).** Proceso por el cual cierta información se traspasa entre los organismos por medio de sonidos, olores, tacto, movimiento, luces, etc.

comunidad* **(community).** Un grupo de individuos de varias especies que viven juntos, relacionadas por las condiciones ambientales. (**Lat. communis,** común.) // *c. abierta,* cualquier comunidad en la que hay nichos sin ocupar. // *c. animal,* todos los animales que conviven en una comunidad. // *c. biótica,* una comunidad de plantas y animales tomada en su conjunto. V. *ecosistema.* // *c. cerrada,* una comunidad en la que todos los nichos disponibles se encuentran ocupados.

con- (con-). Preposicion usada como prefijo, que indica reunión, agregación, cooperación. (**Lat. cum.**)

conario (conarium). Estado larval transparente de los sifonóforos del género *Velella.* // Otro nombre para el órgano pineal.

concavidad* **(concavity).** Pequeña depresión redondeada que se presenta en la superficie. (**Lat. punctura,** picadura.)

concéntrico* **(concentric).** Que tienen un centro común. V. *corpúsculo. de Hassall.* (**Lat. cum,** con; **centrum,** centro.)

conceptivo* **(conceptive).** Que puede ser fecundado y producir embriones. (**Lat. concipere,** concebir.)

concoideo* **(conchoid).** Semejante a una concha. (**Gr. konchoides.**)

concoloro (concolorate). Se aplica a lo que tiene un color uniforme. (**Lat. concolorus.**)

concomitante* **(concomitant).** Lo que acompaña a otra cosa, u ocurre al mismo tiempo. (**Lat. concomitatis.**)

concón* **(screech owl).** Chile: especie de *autillo,* ave Strigiformes, de la familia *Strigidae* (**Otus sp.**). [Dicc.]

concostráceo. Un crustáceo del orden *Conchostraca.*

concreción* **(concretion).** Acumulación de cristales u otras partículas en algunas estructuras animales, formando masas, particularmente en los turbelarios.

concrescencia* **(concrescence).** Tipo modificado de epibolia que ocurre durante la gastrulación en el embrión de las aves.

concreto* **(concrete).** Que se desarrolla junto a otro y forma una misma estructura. (**Lat. concretus,** que crece junto.)

concha* **(conch, concha).** *Caparazón.* Cubierta caliza segregada por el manto de los moluscos, así como por los braquiópodos. // La parte de la oreja en los mamíferos que se proyecta fuera de la cabeza. // Los huesos de las fosas nasales. (**Lat. concha,** concha.) *Adj. conchiforme, conchado.* // *c. embrionaria,* la que se forma en el embrion de los moluscos y suele mostrar características de sus antepasados.

conchícola. Que vive en una concha. (**Lat. concha,** concha; **icola,** habitante.)

conchífero* **(conchiferous).** Animal que tiene conchas, Dícese también de los terrenos geológicos sedimentarios que se caracterizan por la abundancia de conchas de moluscos fósiles. (Lat. *concha* y *ferre,* llevar.)

conchil* **(rock shell).** Se aplica a las especies de moluscos gasterópodos marinos de la familia *Muricidae* de donde extraían la púrpura los fenicios. (De **concha.**)

conchina. *Conquiolina,* q.v.

conchología (conchology). El estudio de las conchas de los moluscos.

Conchorhagea. Un orden en la clase *Kinorhyncha.* Anillos cefálicos retráctiles, el primer anillo del tronco con 2 alillas laterales. (**Gr. konche,** una concha; **rhagos,** roto.)

Conchostraca. Un orden de crustáceos en la subclase *Branchiopoda.* Carapacho bivalvo que envuelve el cuerpo, ojos pares fusionados, medianos y sésiles; con 4-6 pares de apéndices; segundo par de antenas natantes. (**Gr. konche,** una concha; **ostrakon,** una concha.)

conchudo* **(conchiferous).** Dícese del animal cubierto de conchas.

conchuela (fluke). Duela o estado adulto de los trematodos. // Dim. de *concha.* // Fondo del mar cubierto de conchas rotas.

cónchula (conchule). Una extensión o saliente del sifonoglifo.(Dim. del **lat. concha.**)

condiciones óptimas (optimum condition). El conjunto de las condiciones ecológicas más favorables que permiten a un organismo completar su potencialidad biótica.

cóndilo* **(condyl).** Prominencia redondeada de la extremidad de un hueso que articula encajando la cavidad glenoidea de otro hueso. // Eminencia similar en las conchas de los moluscos bivalvos. (**Gr. kondylos,** nudillo.) *Adj. condilar.* // *c. occipital,* prominencia en los huesos occipitales que se articulan con la primera vértebra cervical o atlas. // En los mamíferos y en los anfibios hay dos cóndilos, pero en los reptiles y aves uno solo.

condoma. Especie de antílope africano de El Cabo, con los cuernos en espiral.

cóndor* **(condor).** Ave de rapiña del orden *Falconiformes,* familia *Cathartidae* que habita en los Andes, (**Sarcaramphus gryphus**). (Quichua, cuntur).

condr- (chondr-). Del griego **chondros,** dim., **chondrion,** algo granular, un terrón de sal, un cartílago.)

condrictios. Un pez dé la clase *Chondrichthyes,* q.v.

condrificación (chondrification). La conversión de un tejido en cartílago. (**Gr. chondros,** cartílago; **lat. fic, facio,** hacer.)

condrígeno (chondrigen). Se dice de la matriz de los cartílagos. (**Gr. chondros,** cartílago; **geno,** producir.)

condrina (chondrin). La matriz gelatinosa del cartílago. (**Gr. chondros.**)

condrio- (chondro-). (Del griego **chondros,** grano, cuerpo pequeño y redondo.) También cartílago.

condrión (chondrion). Inclusión intracelular. V. *mitocondrio.* (**Gr. chondrion,** gránulo.)

condriocinesis (chondrokinesis). La division de los condriosomas (mitocondrios) en la mitosis y meyosis. (**Gr. chondros,** grano; **cinesis,** movimiento.)

condrioconto (chondriocont). Condriosoma en forma de bastoncillo. (**Gr. kondrion,** gránulo; **kontos,** bastón.)

condrioma* **(chondrioma).** Conjunto de condriosomas o aparato mitocondrial.

condriómero (chondriomere). *Mitocondrio, plastómero.*

condriomito (chondriomite). Disposición lineal de los mitocondrios. (**Gr. chondros,** grano; **mitos,** hilo.)

condrioplasto (chondrioplast). Formación reticular en el citoplasma. (**Gr. chondros,** grano; **plastos,** formado.)

condriosfera (**chondriosphere**). Formacion de mitocondrios coalescentes. (Gr. **chondros**, grano; **sphaira**, esfera.)

condriosoma* (**chondriosome**). Corpúsculos de forma variable, que se encuentran en el citoplasma. V. *mitocondrio*. (Gr. **kondrion**, gránulo; **soma**, cuerpo.)

condritis (**chondritis**). Inflamación del tejido cartilaginoso.

condroblasto (**chondroblast**). Célula embrionaria engendradora de cartílago. (Gr. **kondros**, cartílago; **blastos**, formación.)

condrocito (**chondrocyte**). Una célula cartilaginosa. // Un tipo especial de rabdoide. (Gr. **chondros**, cartílago; **kytos**, célula.)

condroclasto (**chondroclast**). Célula grande que destruye la matriz de los cartílagos. (Gr. **chondros**, cartílago; **klastos**, roto.)

condrocráneo (**chondrocranium**). El cráneo cartilaginoso de ciclóstomos y condrictios. // La parte del cráneo embrionario de los vertebrados superiores que se preforma en cartílago. (Gr. **chondros**, cartílago; **kranion**, cráneo.)

condrodistrofia (**chondrodystrophy**). Una condición hereditaria de retardo en crecimiento de los huesos. (De **chondros**, cartílago; + **distrofia**.)

condroesqueleto (**chondroskeleton**). Esqueleto cartilagíneo.

condróforo (**chondrophore**). Estructura que soporta el cartílago articular interno de la charnela de los moluscos bivalvos. (Gr. **chondros**, cartílago; **phoreus**, portador.)

condrogénesis (**chondrogenesis**). La formacion del cartílago. (Gr. **chondros**, cartílago; **genesis**, origen.)

condroide (**chondroid**). Que parece cartílago. (Gr. **chondros**, cartílago; **eidos**, en forma de.)

condrología* (**chondrologia**). Parte de la anatomía que trata de los cartílagos. (Gr. **chondros**, cartílago; **logos**, tratado.)

condroma* (**chondroma**). Tumor producido a expensas del tejido cartilaginoso. (Gr. **chondros**, cartílago; **-oma**, tumor.)

condromucoide (**chondromucoid**). Proteína que, junto con el colágeno, forma la matriz del cartílago. (Gr. **chondros**, cartílago; lat. **mucus**, moco.)

condroproteína (**chondroprotein**). Substancia fundamental del tejido cartilaginoso, que es una proteína conjugada. (Gr. **chondros**, cartílago; + **proteína**.)

condrorrinco (**sloth bear**). El oso bezudo de India y Ceilán (**Melursus ursinus**).

condrosepto (**chondroseptum**). El cartílago nasal. (Gr. **chondros**, cartílago; lat. **septum**, tabique.)

condrosis (**chondrosis**). Articulación cartilaginosa. (Gr. **chondros**, cartílago; **-osis**, condición.)

condrósteo (**chondrosteus**). Que tiene esqueleto cartilagíneo. // Pez del orden *Chondrostei*. (Gr. **chondros**, cartílago; **osteon**, hueso.)

condrosternal (**chondrosternal**). Que pertenece a los cartílagos costales y al esternón. (Gr. **chondros**, cartílago; **sternum**, pecho.)

conducción* (**conduction**). Se emplea para la función del sistema nervioso y del sistema circulatorio. (Lat. **conducere**, llevar junto.)

conducta* (**behavior**). Las acepciones usuales. (Lat. **conducta**, conducida.) // *c. encadenada*, una serie de actos, cada uno de los cuales ha sido inducido por uno anterior, conduciendo en su totalidad a una acción coordinada. Ej. la deglución, la nidificación.

conductillo. Diminut. de *conducto*, q.v.

conductividad* (**conductivity**). La facultad de trasmitir un impulso.

conducto* (**duct**). Canal o tubo que permite el paso de una estructura al exterior o comunica un órgano con otro. (Lat. **conductus**, conducido.) *Conducto*, *canal* y *tubo* son vocablos que se usan libremente e intercambian su significado. // *c. aberrantes*, uno de los vestigios del mesonefros. // *c. aboral*, conducto que, en los ctenóforos, va desde el órgano apical hasta el estómago. // *c. acuífero*, los dos conductos excretores de los nematodos. // *c. aerífero*, tubo que comunica la vejiga natatoria de los peces con el tubo digestivo en ciertos grupos. // *c. aferente*, conductos que van de los poros inhalantes a las cámaras flageladas de las esponjas. // *c. alveolares*, ramificaciones de los bronquiolos respiratorios de las que surgen los alvéolos pulmonares. // *c. arquinéfrico*, tubo en el riñón hipotético (arquinefros) que comunica este con la cloaca. // *c. arterioso* que, en los anfibios, forma la porción del sexto arco aórtico que se encuentra entre la raíz del arco y la vena pulmonar, y que desaparece durante la metamorfosis. En los mamíferos, un conducto que en el feto comunica la arteria pulmonar con la vena pulmonar el cual se cierra al nacer. // *c. auditivo* tubo que en el oído externo comunica el exterior con la membrana del tímpano. // *c. biliares*, conductos por donde fluyen la bilis desde la vesícula al duodeno, cuya primera sección es el conducto hepático y la terminal es el conducto común o colédoco. // *c. biliar común*, v. *conducto colédoco*. // *c. branquiales*, tubos que, en los peces ciclóstomos, comunican la faringe con las bolsas branquiales y estas con el exterior. // *c. braquiales*, conductos que en ciertos braquiópodos constituyen una prolongación, del celoma en los brazos. // *c. calcóforos*, canalillos en el sistema de Havers de los huesos por donde penetran las prolongaciones de los osteocitos. // *c. circular*, conducto que rodea el margen de la umbrela de los escifozoarios. = *c. marginal*. // *c. cístico*, tubo que comunica la vesícula biliar con los conductos hepáticos y colédoco. // *c. coclear*, la escala o rama media del oído interno de los mamíferos. // *c. colectores*, tubos que reciben la orina de los nefrones y la vierten en la pelvis renal. Conductillos que comunican el opistonefros de los anfibios urodelos con el arquinefros. // *c. colédoco* conducto que recoge la bilis del conducto hepatico o del cístico y la vierte en el duodeno. // *c. de Aranzio*, vena de la vida fetal en los mamíferos que, a través del hígado, lleva la sangre a la vena posterior. // *c. de Bartolini*, el mayor de los conductos de las glándulas sublinguales. // *c. de Bellini*, tubos abiertos en el ápice de las papilas renales. // *c. de Botal* o *conducto arterioso*, que comunica la aorta con la arteria pulmonar en el feto. = *c. arterial*. // *c. de Cuvier*, vena cardinal común, formada por la fusión de las venas cardinales anteriores y posteriores, que comunica con el seno venoso en los vertebrados inferiores. // *c. de Gardner*, rudimentos de las vías genitales femeninas que se conservan en los machos de los reptiles. // *c. de Leyding*, v. *conducto de Wolff*; // *c. de Müller*, el conducto del pronefros en los embriones. En los adultos este conducto forma el oviducto, pero en los machos se atrofia o desaparece por completo V. *útero masculino*. // *c. de Rivinus*, cada uno de los conductos de las partes más pequeñas de las glándulas sublinguales. // *c. de Santorini*, conducto pancreático dorsal y accesorio que se abre independientemente en el duodeno. // *c. de Stenone*, v. *conducto nasopalatino*. // *c. de Stensen*, v. *conducto parotídeo*. *c. de Wharton*, el conducto que conduce las secreciones de la glándula submaxilar. = *c. submaxilar*. // *c. de Wirsung*, conducto pancreático ventral que se une al biliar y juntos se abren en el duodeno. // *c. de Wolff*, tubos que comunican los mesonefros con el seno urogenital, que desaparecen en las hembras reptiles, aves y mamíferos, pero persisten en los machos como espermiductos. // *c. deferente*, v. *vaso deferente*, // c. del epidídimo, tubo tortuoso en el interior de los epidídimos. // *c. eferente*, pequeños túbulos renales modificados que, en los machos de los vertebrados, comunican los testículos en el conducto arquinéfrico (que luego se transforma en el conducto deferente). // Conductos que, en las esponjas, comunican las cámaras flageladas con el espongiocelo. // *c. endolinfático*, uno del par de conductos, que en los peces comunica el sáculo del oído interno con el exterior. // *c. esofagocutaneo*, comunicación que en los peces ciclóstomos mixinoides, comunica el esófago con el exterior. // *c. espermático*, conducto que conduce el semen en los monotremas y en los quelonios, y equivale a la uretra de los mamíferos superiores. Cualquier conducto que conduce la esperma. // *c. eyaculador*, tubo contráctil que conduce los espermatozoos al exterior en los invertebrados. // *c. faríngeos*, tubos ciegos que se abren en el embudo o estómago de los ctenóforos. // *c. génito-intestinal*, comunicación del aparato genital femenino de algunos turbelarios con el intestino // *c. hepático*, conducto que recoge la bilis de los canales biliares y la lleva al colédoco y al cístico. // *c. hepatopancreático*, conducto común en el que se reúnen los de la vesícula y del páncreas en los anfibios y otros vertebrados // *c. hermafrodita*, que en los moluscos gasterópodos pulmonados, forma un conducto que comunica el ovotestis con la glándula del albumen y el vaso deferente. // *c. hidróforo*, v. *canal pétreo* o *de la arena*. // *c. infraorbitario*, canal o espacio debajo de las órbitas en los mamíferos, que en algunos roedores adquiere gran tamaño. // *c. inguinal*, canal por donde descienden los testículos en muchos mamíferos. // *c. linfático*, los vasos del sistema linfático. // *c. mandibular*, uno de los tubos de la línea lateral en la región de la mandíbula en los peces. // *c. marginal*, v. *conducto circular*. // *c. meridianos*, ocho tubos que, en los ctenóforos, corren paralelamente a las series de láminas vibrátiles. // *c. mesonéfrico*, conducto de Wolff o parte funcional del mesonefros en los peces y anfibios que también lleva la esperma. Es el vaso deferente funcional en los machos adultos de reptiles, aves y mamíferos. // *c. metanéfrico*, el uréter de los reptiles, aves y mamíferos que va del riñón a la vejiga urinaria. // *c. nasofaríngeo*, canal breve que, en las lampreas, comunica el orificio nasal con la foseta olfatoria. // *c. nasolacrimal*, tubo que comunica el ángulo interno de los ojos con las fosas nasales, en donde conduce las lágrimas. // *c. nasopalatino*, comunicación entre el órgano de Jacobson y la cavidad bucal en algunos mamíferos. = *Conducto de Stenone*. // *c. neumático*, tubo que pone en comunicación la vejiga natatoria de los peces fisóstomos con el tubo digestivo. // *c. neural*, canal formado por la continuidad de los arcos neurales de las vértebras, por donde pasa la médula espinal. Conducto vertebral. // *c. óseos*, conductillos que irradian de las lagunas óseas y contienen prolongaciones de los osteocitos. // *c. pancreático*, *c. de Wirsung*, // *c. parotídeo*, el conducto secretor de las glándulas parótidas. // *c. peritoneales*, tubos que, en los cocodrilos, comunican la cavidad peritoneal con la cloaca. // *c. perorbitario*, o conducto infraorbitario de los primates. // *c. pronéfrico*, pequeños tubos que forman el pronefros de los anamniotas y que comunican con el conducto arquinéfrico. // *c. radiales*, conductos que irradian de la cavidad gastrovascular de los nidarios hasta el canal circular. // *c. semicirculares*, v. *canales semicirculares*. // *c. submaxilar*, v. *conducto de Wharton*. // *c. tirogloso*, que, durante cierto tiempo, comunica la tiroides con la faringe en los mamíferos. // *c. torácico*, el vaso linfático principal del tronco que vierte la linfa en la vena subclavia izquierda // *c. transversos*, un par de conductos breves que, en los tenóforos, se divide dicotómicamente y forma los conductos interradiales que, a su vez, originan los conductos meridianos. // *c. urinarios*, tubos accesorios que llevan los productos excretores hacia el exterior. // *c. venoso*, venas que en el embrión de los vertebrados, reúne las venas umbilicales y comunica con el seno venoso. // Vena en la pared del saco vitelino en el embrión de las aves. *c. vertebral*, conducto neural. // *c. vesicular*, v. *conducto cístico*.

conductor* **(conductor).** Que conduce. // Lo que puede trasmitir algo. // Protuberancia en el émbolo de las arañas. **(Lat. conductor.)**

Condylarthra. Un orden de mamíferos euterios fósiles que existieron en el Paleoceno y en el Eoceno.

conectivo* **(connective).** Que conecta o establece una conexión. *Tejido conectivo.* **(Lat. connectivum.)** // *c. nerviosos*, nervios que unen los ganglios nerviosos de un mismo lado del cuerpo en anélidos, artrópodos, moluscos, etc. // *c. paraesofágico*, *comisura circum -esofágica.*

conejera* **(warren).** Madriguera de conejos

conejillo* **(bunny).** Diminutivo de *conejo*. // *c. de Indias*, el cori, curiel, curí, cavia, etc. Mamífero del orden *Rodentia*, familia Caviidae, oriundo de la América del Sur y hoy solo se encuentra en estado doméstico **(Cavia porcellus).**

conejo* **(rabbit).** Mamífero roedor de carne apreciada del orden *Lagomorpha*, familia *Leporidae*, que se domestica fácilmente (Orictolagus cuniculus). // Otras especies del mismo género y otros grupos cercanos. **(Lat. cuniculus.)** // Cuba: pez de profundidad de cuerpo alargado, orden *Clupeiformes*, familia *Alepisauridae* **(Alepisaurus altivelis).** //Cuba: pez marino del orden *Perciformes*, familia *Gempylidae* **(Promethichthys prometheus).** *Adj.* *conejuno**. // *c. del alto*, *conejo de mar*, v. *quimera*.

conescudo **(conscutum).** Gran escudo dorsal en ciertas garrapatas formado por unión del escudo y el aloscudo. **(Lat. con, junto; scutum, escudo.)**

conespecie **(conspecies).** Una subespecie o variedad. **(Lat. con, junto; + especie.)** *Adj. conespecífico.*

conexivo* **(connexivum).** Porción aplanada en el abdomen de ciertos insectos hemípteros. **(Lat. connexivus.)**

conjugación* **(conjugation).** Fusión de los núcleos de los gametos. // Proceso de reproducción por parejas en organismos unicelulares, como *Paramoecium*. **(Lat. conjugatio, union.)**

conjugante **(conjugant).** Cada uno de los dos paramecios apareados durante la conjugación.

conjuntiva* **(conjuntive).** Membrana mucosa que cubre la cara posterior de los párpados y la parte anterior del globulo ocular. **(Lat. conjuntivus.)**

conjuntivitis* **(conjunctivitis).** Inflamación de la conjuntiva.

conjuntivo* **(conjunctive).** Que junta. // Tejido de conexión o conectivo **(Lat. conjuntivus.)**

Conklin, Edwin G. Biólogo norteamericano, notable por sus contribuciones a la citología, la embriología y la genética. (1863-1952)

conminador* **(coonminator).** Se aplica a los músculos que unen las piezas de la linterna de Aristóteles. **(Lat. cum, con; minare, atenazar.)**

conmiscio **(commiscium).** Los miembros de un taxón genéticamente capaces de interfecundarse. **(Lat. con, junto; misceo, mexclar.)**

connivente* **(connivent).** = *Convergente*. // Que pertenece al párpado. **(Lat. connivens, guiñar.)**

connubio* **(connubium).** *Matrimonio*. // *Adj. connubial.* **(Lat. connubium, matrimonio.)** *c. confuso*, Una sociedad de diferentes especies reunidas durante la estación reproductora. // *c. simple*, agrupación en la cual el apareamiento ocurre entre animales de la misma especie.

cono* **(cone).** Cada uno de los fotorreceptores unicelulares de la retina que percibe la luz intensa y los colores. // Grupo de moluscos gasterópodos marinos, algunos de los cuales son altamente venenosos. **(Gr. konos, cono.)** *Adj. conoideo*, coniforme.* // *c. anal*, prominencia en donde se encuentra el ano en algunos crinoideos. // *c. arterial*, ensanchamiento posterior al ventrículo en el corazón embrionario, que persiste en algunos vertebrados inferiores. // *c. cristalino*, estructura en los onmatidios de los insectos en forma de cono alargado formada por dos células transparentes, que funcionalmente equivalen al cristalino de los ojos de los vertebrados. // *c. de atracción*, elevación que se forma en el punto en que el espermatozoo encuentra la superficie del óvulo. = *Tubérculo de fecundación*. // *c. de Doyére*, placa terminal de las fibras nerviosas que se apoya en el neurilema. // *c. de fecundación*, *cono* o *tubérculo de fecundación*. // *c. de orígen*, área en el extremo de una axona. // *c. papilar*, saliente vascular en el área del nervio óptico en el humor vítreo de los reptiles. // *c. paraoral*, una protuberancia en la región oral de los ciliados conjugantes.

conodonto* **(conodont).** Fósil microscópico de forma de diente o de peine, constituido por fosfato de calcio. **(Gr. konos, cono; odous, diente.)**

conoideo* **(conoid).** De figura de cono. Se aplica a ciertas conchas de moluscos gasterópodos. **(Lat. conus, cono.)**

conoteca **(conotheca).** Tegumento delgado del fragmocono. **(Gr. konos, cono; theke, caja.)**

Conotrichida. En una clasificación de los protozoos ciliados, un orden que se caracteriza por tener el peristoma rodeado de un collarete de cilios y con un citostoma profundo. **(Gr. konos, cono; thrix, pelo.)**

conqui- (conch-) (Del gr. konche, concha; y del lat. concha.)

conquiforme* (conchiform). En forma de concha. (Neolat. conchiformis.)

conquilífero. *Conchífero.*

conquiliforme. *Conquiforme.* (Neolat. conchyliformis.)

conquiolina (conchiolin). Proteína que constituye gran parte de la materia orgánica de la concha de los moluscos. (De concha.)

conquiliología (conchology). El estudio de las conchas de los moluscos. V. *conquiología.*

conquiología (conchology). El estudio de las conchas de los moluscos, y por extensión, del animal completo. *Malacología.* (Gr. konchion, concha; logos, discurso.)

consanguinidad* (consanguinity). Relaciones genéticas debidas a tener un ancestral común en las generaciones precedentes cercanas. (Lat. consanguinitus.)

consenso* (consensus). Una acción involuntaria correlacionada con otra voluntaria. Una reacción debida a una excitación en un órgano correspondiente. (Lat. consensus, acuerdo.)

conservación* (conservation). Utilización de los recursos naturales renovables de manera que no desaparezcan y puedan seguir utilizándose. Cf. *preservación.* // Esfuerzo para evitar el deterioro en determinadas áreas de la tierra. (Lat. conservatio.)

conservador* (curator). El que conserva. // V. *curador.* (Lat. conservator.)

consociación (consociation). Una asociación caracterizada por una sola especie dominante. (Lat. consociatio.)

consocio* (consocies). Un estado en el proceso de la asociación. // Comunidad en desarrollo con un solo dominante. (Lat. consocius.) *Adj. consocial.*

consortes* (consortes). Organismos asociados de diferentes especies que no constituyen una simbiosis. (Lat. consors, consortis, compañero.)

consortismo. = *Simbiosis.*

consperso (consperse). Esparcido densamente. (Lat. conspersus.)

constancia celular (cell constancy). Uniformidad en el número y distribución de las células de ciertos animales adultos, como los rotíferos.

constantino (Cuban snook). Cuba: especie de róbalo, pez del orden *Perciformes,* familia Centropomidae (Centropomus pectinatus).

constitutivo* (constitutive). Que forma parte integrante de un organismo. (Lat. constituere.)

constricción* (constriction). Encogimiento, estrangulación. (Lat. constrictio.) *Adj. constrictio.*

constrictor* (constrictor). Que produce constricción. // Se dice del músculo que comprime un órgano. (Lat. constrictus.)

consumidor* (consumer). Se dice del organismo de un ecosistema que se alimenta de otros organismos o de sus restos y productos. Op.: *productor.*

contagio* (contagion). Transmisión por contacto de una enfermedad específica. (Lat. contagium.) *Adj. contagioso*.*

contaminación* (contamination). En ecología, la alteración del ambiente por la acción de las actividades humanas. (Lat. contaminatio.) *Adj. contaminador.*

contenencia* (soaring). Parada o suspensión que hacen algunas aves, especialmente las de rapiña, en el aire. (De contener.)

continuidad* (continuity). Sucesión sin interrupción. (Lat. continitas.) // *c. de la vida,* concepto de que la vida procede de una vida anterior, enunciado por Harvey (1651) con el aforismo "Omne vivum ex vivo". // *c. del plasma germinal,* proposición de Weismann de que las células germinales se perpetúan de padres a hijos sin ser afectadas por la células somáticas.

continuo* (continuum). El área en que superponen dos poblaciones continuas. (Lat. contrumum.)

contorneado. Dícese de las conchas cuya espiral tiene por lo menos una vuelta. (De contorno.)

contorno* (contour). El conjunto de líneas que limita un cuerpo o una estructura. (De con, junto y torno.)

contorsión* (twitch). Movimientos irregulares que contraen y extienden el cuerpo y, por extensión, de cualquier estructura. (Lat. contorsionis.) // *c. muscular,* la contracción y extensión de un músculo provocado por un estímulo.

contracción* (contraction). Disminución en la longitud de una estructura. // La retirada de una estructura de su punto de contacto. (Lat. contractus.) // *c. isométrica,* contracción muscular en la que músculo no se acorta y toda la energía se transforma en calor.

contracepción (contraception). Prevención de la concepción o fecundación. (Lat. contra, y lat. concepto, concebir.)

contractibilidad*. V. *contractilidad.*

contractilidad* (contractility). La capacidad de llevar a efecto movimientos de contracción. La facultad de ciertas estructuras contraerse o de alterar la forma. *Adj. contráctil.* (Lat. contractus.)

contractina (contractin). Humor que se presume provoca la contracción de los cromatóforos de los crustáceos. (De contraer.)

contracto* (contracted). De *contraer.* // Estrechado, *contraído.* (Lat. contractus.)

contractura (contracture). La contracción muscular persistente después que ha desaparecido el estímulo. (Lat. contractus.)

contradecidua (contradeciduate). Se aplica a la placenta fetal y la parte distal de la alantoides.

contranatátil (contranatant). Que nada contra la corriente. (Lat. contra; natare, nadar.)

contrasombrero (countershading). Tipo de coloración caracterizado por mostrar matices claros ventrales y oscuros dorsales, como se observa en muchos peces y ciertos cetáceos pelágicos.

control* (control). Un patrón de comparación. // Un ensayo o experimento que se realiza para comprobar otros experimentos, efectuado con una sola condición o variable distinta. (Del francés, controle.) // *c. biológico,* la reducción de la población de una especie indeseable utilizando otros organismos (depredadores, parásitos,etc).

conuláridos (conularid). Grupo de fósiles paleozoicos (del Siluriano y Devoniano) de categoría indecisa que se presenta en forma de pirámide.

conúlido (conulid). Cúspide de un molar inferior. (Diminutivo de cono.)

cónulo (conule). Cúspide de un molar superior. // Proyección en la superficie de las esponjas córneas. (Lat. conulus, cono pequeño.)

convección* (convection). La transmisión de calor en un fluído por medio de capas de temperatura desigual. (Lat. convectionis.)

convergencia* (convergence). Fenómeno biológico por el que, animales de grupos alejados, adquieren tipos morfológicos similares. Indica semejanza por adaptación a las mismas condiciones ambientales. (Lat. convergens.) // *c. adaptativa,* semejanza en la forma del cuerpo, la fisiología o la conducta de grupos zoológicos muy diferentes.

convergente* (convergent). Que se aproxima uno a otro hacia un punto común. (Lat. convergen.)

convivio (convivium). Los miembros de un *commiscio* separados por una barrera. (Lat. convivium, convite.)

convoluta (convolute). Especie de planaria marina, verme platelminto de la clase *Turbellaria,* orden *Rhabdocoela,* que a menudo lleva algas simbióticas (Convoluta viridis).

convoluto (convuluted). Que está torcido o enrollado. (Lat. convolo, enrrollarse.)

conyugación. V. *conjugación.*

coordinado* **(co-ordinate).** En taxonomía se llaman coordinados taxones que tienen el mismo tratamiento según el código de nomenclatura, como los géneros y subgéneros. (Lat. **coordinatio.**)

copa* **(gobblet, cup).** Cualquier estructura que se asemeja una copa. Se usa también en diminutivo. // *copilla,* (Lat. **cupa,** copa.) // ***c. de Neptuno,*** gran especie de esponja de la clase *Demospongiae* de los Mares del Sur que llega a medir más de un metro de altura (**Poterium neptunii**).

Cope, Edward D. Paleóntologo norteamericano. V. *regla de Cope.* (1840-1897)

Copelata. Una de las clases en que se dividen los tunicados. V. *Appendiculariae.*

Copeognatha. Un orden de insectos llamado también *Psocoptera, Psocoidea* y *Corrodentia.*

Copepoda. Una subclase de crustáceos con 9 segmentos libres en el tronco, los 4 últimos sin apéndices; cabeza fusionada con uno o dos segmentos del tórax, apéndices usualmente birrámeos, nadadores, tres ocelos a veces fusionados en un solo ojo y sin ojos compuestos. Son acuáticos, a veces parásitos. (Gr. **kope,** remo; **podos,** pie.)

copepódido **(copepodid).** Uno de los instares al estado adulto de los crustáceos copépodos.

copépodo **(copepod).** Dícese del crustáceo del orden *Copepoda.*

copete* **(tuft, forelock).** Moño o penacho de plumas que tienen ciertas aves en lo alto de la cabeza. // Mechón de crin en la frente del caballo. (Dim. de **copa.**) // ***c. apical,*** penacho de cilios largos en la región aboral de las larvas pilidio de los nemertinos.

copetona*. Dícese del ave que ostenta copete, moño o penacho.

copetuda*. V. *alondra.*

copr-, copro-. (Del gr. **kopros,** estiércol.)

coprobionte **(coprobiont).** Un organismo coprozoico. (Gr. **Kopros,** estiércol: **bionai,** vivir.)

coprodeo **(coprodeum).** La porción interna o dorsal de la cloaca en reptiles, aves y monotremas, en donde se abre el intestino. (Gr. **kopros,** estiércol; neolat. **-deum,** vía.)

coprofagia* **(coprophagy).** Inclinación a comer excrementos. (Gr. **kopros,** excremento; **phagein,** comer.)

coprófago* **(coprophagous).** Que se alimenta de heces fecales. (Gr. **kopros,** estiércol; **phago,** comer.)

coprófilo **(coprophilous).** Organismo que vive en el estiércol. (Gr. **kopros,** estiércol; **philos,** amigo.)

coprolito* **(coprolite).** Excremento fósil o petrificado. (Gr. **kopros,** excremento; **lithos,** piedra.)

coproporfirina **(coproporphyrin).** Pigmento hallado en la pared intestinal de los anélidos. (Gr. **kopros,** excremento; **+porfirina.**)

coprozoico **(coprozoic).** V. *copró filo.*

coprozoito **(coprozoite).** Animal que habita en las heces. (Gr. **kopros,** excremento: **zoon,** animal.)

cópula* **(copula).** Unión sexual por parejas. // Ligamento de una cosa a otra. // *Basibranquial,* q.v. *Adj.* ***copulativo.*** (Lat. **copula,** unión.)

copular* **(copulate).** Acoplarse los gametos. (Lat. **copulare.**)

copulario **(copularium).** Un quiste formado alrededor de los gametocistos de las gregarinas. (Lat. **copula,** unión; **-arium,** lugar.)

coquí **(Puerto Rican tree frog).** Puerto Rico: especie de rana arbórea de canto fuerte y agradable. Familia *Leptodactylidae* (**Eleutherodactylus coqui**). // Rep. Dominic.: especie de grillo (**Gryllus assimilis**). (Nombre onomatop.: **co-quí, co-quí.**)

coquina* **(coquina).** Molusco bivalvo de la familia *Donacidae.* En las Antillas es frecuente *Donax denticulata.* (Lat. **concha.**)

coracidio **(coracidium).** Primer estado larval de ciertas tenias, como *Dibothriocephalus latus.*

Coraciiformes. Un orden de aves, *Neognathae,* que incluye el martín pescador, el cálao, etc. Tienen los dedos 3 y 4 fusionados en la base y el pico robusto. (Gr. **korax, cuervo, +formes.**)

coracirrostro **(coracirostral).** Se dice del ave paseriforme de pico largo y robusto, como el de los cuervos. (Gr. **korax,** cuervo; lat. **rostrum,** rostro.)

coracoarcual **(coracoarcual).** Se aplica a la masa ventral muscular hallada en la garganta de los peces. (De **coracoides** y **arco.**)

coracobraquial **(coracobrachialis).** Músculo de los tetrápodos entre el coracoides y el húmero que flexiona y abduce el brazo. (De **coracoides,** y lat. **brachium,** brazo.)

coracoidea. Se dice del ave del orden *Coraciiformes.*

coracoides* **(coracoid).** Aplícase al hueso de las aves y reptiles de la cintura torácica que está en la parte ventral posterior. // Apófisis que forma la parte prominente del hombro en los mamíferos. (Gr. **korax,** cuervo; **oides,** forma, en alusión al pico de cuervo que forma la apófisis **coracoides.**) *Adj.* ***coracoideo.***

corada* **(entrails).** Entrañas de una res.

coral* **(coral.** Esqueleto duro, principalmente de carbonato de calcio, segregado por ciertos celenterados de las clases *Hydrozoa* y *Anthozoa.* Algunos de los corales coloniales son constituyentes principalmente de los arrecifes de coral. (Lat. **corallium.**) // ***c. blando,*** miembro del orden *Alcyonaria* con esqueleto gelatinoso. // ***c. córneo,*** un miembro del orden *Gorgonacea,* cuyo esqueleto está endurecido por material córneo (gorgonina) y espículas calizas. // ***c. rojo,*** corales del grupo *Octocoralarios,* orden *Gorgonacea,* de color rojo = ***c. noble.*** // ***c. azul,*** coral del orden *Coenothecalia* (**Heliopora caerulea**). // ***c. hermatípico,*** corales de arrecifes con algas simbióticas. // ***c. no hermatípico,*** *o sin algas simbióticas.* // ***c. martilino,*** un coral de la familia Oculinidae. // ***c. negros,*** los miembros de los celenterados del orden *Antipatharia.* // ***c. órganos,*** esqueleto calizo de los celenterados coloniales alcionarios del orden *Stolonifera, Tubipora.*

coralario* **(coralarian).** Dícese de los pólipos coloniales de los antozoos alcionarios, como los corales y sus afines. (Lat. **corallium.**) V. *Anthozoa.*

coralífero*. Que tiene corales. Se aplica al fondo del mar, a las islas, etc.

coralígeno*. Que produce corales.

coralillo* **(coral snake).** Amér. Merid.: La serpiente *coral,* sumamente venenosa. Orden *Squamata,* del suborden *Ophidia,* familia *Elapidae* (**Micrurus fulvius**).

coralina* **(coraline).** Cualquier organismo que muestra semejanza superficial con los corales, como algunos hidrozoarios, briozoarios, algas coralinas, etc. // Celentéreo de la clase *Anthozoa* cuyo esqueleto forma el coral.

coralito* **(corallite).** Cada cúpula simple de un coral. // La serpiente *coral.*

Coralliomorpharia. Un suborden de zoantharios del orden *Actiniaria.* Sin areas ciliadas en los filamentos y con tentáculos capitados. (Gr. **korallion;** coral; morphe, forma.)

corasí* **(mosquitoe).** Cuba: especie de mosquito de color pardo que pica muy fuertemente (**Aedes solicitans**).

coraza* **(cuirass).** Estructura protectora. Ej. el tórax de muchos animales, la concha de los quelonios. (Lat. **coriacea,** de cuero.)

corazón* **(heart).** Organo impulsor de la circulación sanguínea que puede variar de la simpe dilatación contráctil de un vaso hasta la complicación del órgano musculoso de tres o cuatro cavidades. (Lat. **cor;** gr. **kardia,** corazón). // ***c. auxiliares,*** centros motores de la sangre, de posición periférica, que se encuentran en algunos invertebrados y en las anguilas. // ***c. branquiales,*** corazones accesorios en los cefalópodos que bombean la sangre a las branquias. // ***c. frontal,*** ensanchamiento de la arteria oftálmica de los crustáceos malacostráceos. // *c. linfáticos,* vasos linfáticos ensanchados capaces de bombear linfa por sus contracciones musculares. // *c. portal* dilatación contráctil de la vena porta hepática de los ciclóstomos. // *c. sistémico,* corazón asimétrico en los cefalópodos que recibe sangre de las branquias y la impulsa a todo el cuerpo.

corbego (**colugo**). Nombre nativo aplicado a los mamíferos del orden *Dermoptera.* V. *colugo.*

corbejo, corbelo (**corbel**). Area con cerdas en el extremo distal de la tibia en ciertos coleópteros. (Lat. **corbis,** cesto.)

corbícula (**pollent basket**). Cestilla o depresión que poseen las abejas obreras en las tibias de las patas posteriores que les sirve para recoger el polen. (Del francés **corbeil** canasta; del lat. **corbicula.**)

corbino. Cuba: v. *cabezón,* pez.

corbujo. V. *corbejo.*

córbula (**corbula**). Estructura protectiva foliácea que cubre los pólipos en ciertos hidroides. (Lat. **corbula,** dim. de **corbis,** un cesto.)

corcino*. Corzo pequeño.

corcobado. V. jorobado, pez.

córculo (**corculum**). Las cámaras del vaso sanguíneo dorsal de los insectos. (Lat. **corculum,** corazón pequeño.)

corchete* (**umbo**), Umbo, parte curvada de la concha de los moluscos bivalvos y de los branquiópodos (=**gancho,** pico, umbo).

cordacéntrica (**chordacentric**). Se dice de la vértebra que tiene el centro reducido a un anillo que rodea el notocordio, como en los peces clamidoselacios. (Gr. **chorda,** cuerda; **kentron,** centro.)

Cordados. V. *Chordata.*

cordal* (**chordal**). Lo relativo a una cuerda. // Lo perteneciente al notocordio. // El tercer molar en la dentición humana. // Se aplica también a las vertebras cordales o cordacéntricas.

cordato*. =*Cordiforme.*

cordero* (**lamb**). La cría de la oveja de menos de un año.

cordi- (**cordi-**). (Del lat. **cod, cordis,** corazón.)

cordíaco*. *Cardíaco.*

cordiforme* (**cordiform**). De forma de corazón. (Lat. **cordiformis.**)

cordila*. Atún recién nacido. (Lat. **cordyla;** gr. **kordyle.**)

cordobán* (**cordovan**). Piel curtida de la cabra. (De **Córdoba,** Andalucía.)

cordomesodermo (**chordomesoderm**). Capa celular derivada del labio del blastóporo, que dará origen al mesodermo y al notocordio en los embriones de los vertebrados.

cordón* (**cord**). Estructuras filamentosas como nervios, vasos, fibras musculares, etc. // *c. ambulacral,* reborde interno a lo largo de la pared oral de cada brazo de los asteroides. // *c. Pflüger,* conjunto de prolongaciones digitiformes que en el desarrollo de los ovarios de los mamíferos están cargadas de gonocitos. // *c. genital,* abultamiento en el peritoneo embrionario que determinan la localización de las futuras gónadas. // *c. pardos,* estructuras alargadas a las que se les atribuye funciones excretoras en los cefalocordados. // *c. umbilical,* la conexión entre el feto y la placenta en los mamíferos.

cordoncillo*. Cuba: especie de culebra pequeña de la familia *Colubridae* (**Dromicus andraeae peninsulae**).

cordotonal (**chordotonal**). Organo receptor de vribraciones, localizado en varias partes del cuerpo de los insectos. (Gr. **chorde, cordon; tonos,** algo que se tensa.)

corezuelo* (**piglet**). *Lechoncito.*

cori-, coris-. (Del gr. **koris,** separadamente.)

cori* (**Guinea pig**). Nombre que emplearon los primeros historiadores de las Indias para el roedor llamado *conejillo de Indias* o *curiel* (**Cavia porcellus**). (Voz **indígena.**)

coriáceo* (**coriaceous**). De consistencia recia y flexible, como la del cuero. *Alas coriáceas.* (Lat. **coriaceus,** der. de **corión,** cuero.)

corifodonte (**coryphodont**). Que tiene dientes que disminuyen gradualmente en longitud del frente a atrás. (Gr. **koryphe,** cabeza, principal; **odous,** diente.)

coriocapilar (**choriocapillaris**). La parte vascular más intensa de la coroides. (De **coroides** y **capilar.**)

corioides. V. *coroides.*

corio. V. *corion*.*

corion* (**chorion**). La envoltura externa del feto. // Una envoltura del huevo de los insectos. // La dermis de la piel. (Gr. **chorion,** membrana, lat. **corium,** piel cuero.) // *c. frondoso,* la parte vellosa de la placenta. // *c. liso,* la parte lisa o no vellosa de la placenta.

coriónico (**chorionic**). Se aplica a la hormona gonadotrópica. *Prolán.* // Lo relativo al corion. (Lat. **corium.**)

coriorretinal (**chorioretinal**). Lo que pertenece a la coroides y a la retina.

coristerio (**corysterium**). Glandula sexual accesoria femenina de algunos insectos que segregan una cubierta suplementaria de los huevos. (Gr. **korys,** casco.)

corístidas*. Nombre que se ha dado también a las esponjas tetractinélidas.

cormidio (**cormidium**). Conjunto de zooides que ocurren a intervalos en los vastagos de los sifonóforos coloniales. (Gr. **kormos,** tronco; **-idion,** diminutivo.)

cormo (**cormus**). Esqueleto o material común que une los individuos de animales coloniales, como los corales. // Cualquier eje engrosado en forma de tallo. (Neolat. **cormus,** der. del **gr. kormos,** tronco de árbol.) *Adj. cormoide.*

cormofilogenia (**cormophylogeny**). El origen y desarrollo de las familias o de las razas. (Gr. **kormos,** tronco; **phyle,** raza; **genos,** descendiente.)

cormoide (**cormoid**). Que tiene aspecto de tallo.

cormorán* (**cormorant**). Nombre común a varias aves del orden *Pelecaniformes,* género *Phalacrocorax,* llamadas también *cuervos, auras, corúas,* etc. (**Galicismo,** corcomán.)

cormos. V. *cormo.*

córnea* (**cornea**). Membrana transparente y discoidal que se halla delante de la pupila o abertura de los ojos. (Lat. **tunica cornea.**) *Adj.* corneal.

corneja* (**crow**). Nombre común de varias especies de cuervos europeos (**Corvus corone**). (Dim. de **cornix**).

córneo* (**corneous**). De consistencia dura, como la del cuerno. (Lat. **corneus.**)

corneoscudo (**corneoscute**). Una escama o escudo epidérmico. (Lat. **corneus,** escudo.)

cornetes* (**conchae**). Extensiones encorvadas de las paredes laterales de las fosas nasales. Hay *c. nasales, etmoidales* y *maxilares.* (Del lat. **cunu,** cuerno.)

corni- (**corni-**). (Del lat. **cornus,** cuerno.)

corniculado (**corniculate**). Que tiene cuernos pequeños. (Lat. **corniculum.**)

cornículo (**cornicle**). Tubo por el cual ciertos insectos (áfidos) secretan un material céreo. // (Lat. **corniculum,** cuernecillo.) // V. también *queros.*

cornificación (**cornification**). Depósito de queratina en una célula o tejido.

corniforme* (**corniform**). De figura de cuerno. (**corni-,** lat. **forma.**)

corno-*. *Cornejo.* V. corneja, ave.

cornu (**horn**). V. *cuerno.* (Lat. **cornu,** cuerno: pl. **cornua.**)

cornucopia* (**cornucopia**). Una parte de la *tenia,* q.v., del cuarto ventrículo del encéfalo. (Lat. **cornu,** cuerno; **copia,** abundante.)

cornuda (**hammerhead**). *Pez martillo.* Nombre común a varias especies de peces selácios de la familia *Sphyrnaeidae* (**Sphyrna zygaena**).

cornudilla*. V. *cornuda*, pez.

cornudo* (**cornute**). Que tiene procesos parecidos a los cuernos. (Lat. **cornutus.**)

córnulo (**cornule**). Estructura o proyección pequeña parecida a un cuerno. (Lat. **cornulum** dim. de **cornus**, cuerno.)

cornúpeta (**bull**). = Toro.

cornúpeto. Honduras: *mono.* (Dicc.)

-coro- (**-chore**). Del gr. **koreo**, cambiar de lugar.) Se emplea para indicar la dispersión de las esporas.

corocoro (**red ibis**). Venez.: ave del orden *Ciconiiformes* de la familia *Threskiornithidae* llamada *Coco rojo* (**Eudocimus rubrus**). // Cuba: *tocororo*, q.v. // V. *ronco* pez.

corocha*. Larva del *escarabajuelo* de la vid..(Dicc.)

coroidal (**choroidal**). Que pertenece a la coroides. (De **coroides**, q.v.).

coroides* (**choroid**). Se dice de la capa delgada vascular que tapiza la esclerótica de los ojos de los vertebrados y que forma el iris y los musculos ciliares. (Gr. **chorion**, piel; **eidos**, forma.)

corología (**chorology**). Parte de la biología que estudia las leyes que rigen la distribución de los organismos en la Tierra. Equivale a biogeografía. (Gr. **choros**, sitio determinado.)

coromorfos (**choromorphs**). Se dice de las especies o subespecies afines halladas en regiones geográficas cercanas. (Gr. **choros**, lugar; **morphe**, forma.)

corona* (**crown**). Parte superior de los dientes de los vertebrados que sobresalen fuera de la encía. // Conjunto de placas u osículos que forma el caparazón de los equinoideos. // Los brazos de los crinoideos. // Borde ciliado en la parte anterior de los rotíferos. *Adj.* ***coronado, coronario.*** (Lat. **corona.**) // ***c. radiata***, capa de células que rodean el óvulo humano maduro. // ***c. tentacular***, el lofóforo de los briozoarios.

coronado* (**amberjack**). Cuba: pez marino tropical de carne tóxica. Orden *Perciformes*, familia *Carangidae* (**Seriola dumerili**).

coronal* (**coronal**). Lo perteneciente a la corona. // El hueso frontal. // La sutura entre los huesos frontal y parietales. (Lat. **corona.**)

coronaria* (**coronary**). De forma de corona. Aplícase a venas, arterias, senos, etc. que rodean el corazón. (Lat. **corona.**)

Coronatae. Un orden de la clase *Scyphozoa.* Umbela de la medusa esta rodeada por un surco encima de un borde festonado. (De **corona.**)

coronel.* Cuba: especie de lagarto de color gris claro que habita preferentemente las escarpas. Familia *Iguanidae* (**Anolis lucius**). =*caravela* y *caravelita.*

coronímico (**choronomic**). Lo que es influenciado por el ambiente. (Gr. **choros**, lugar; **nomos**, ley.)

coronoide (**coronoid**). Que tiene forma de pico. // En plural se aplica al hueso coronario de la mandíbula de los reptiles. (Gr. **koronis**, pico encorvado.)

corónula (**coronula**). Una corona de espinas en la parte distal de la tibia en los insectos. (Lat. **coronula**, dim. de **corona.**)

corota*. Boliv.: *cresta del gallo.*

corotipos (**chorotypes**). Tipo de carácter local o *topotipo.* (Gr. **choros**, lugar; **typos**, patrón.)

corpozoario. Dícese de los animales que poseen los órganos de la nutrición en su estado completo de desarrollo. (Lat. **corpus**, cuerpo; **zoon**, animal; **-ario**, conjunto.)

corpúsculo* (**corpuscle**). Literalmente *cuerpecillo.* Se aplica a estructuras subcelulares. Los vocablos *cuerpos* y *corpúsculos* se intercambian, pero parece mas razonable emplear la voz *cuerpo* para las estructuras multicelulares y la de *corpúsculo para las subcelulares. (Lat.* **corpusculum.**) // ***c. accesorios***, partículas en el aparato de Golgi de los espermatocitos que se tiñen con plata. // ***c. amiboides***, v. *leucocitos granulocitos.* // ***c. basales***; c. blancos o leucocitos. // ***c. central***,=*centrosoma.* // ***c. cromatoides***, estructuras refringentes de ciertos protozoarios hallados especialmente durante los estados enquistados. // ***c. de Barr***, v. *corpusculos heteropicnóticos.* // ***c. de Gluge***, fagocitos producidos en la microglia bajo estados patológicos. // ***c. de Golgi***, v. *aparato de Golgi.* // ***c. de Golgi-Mazzonia***, pequeños corpúsculos de Paccini en la unión de tendones y músculos. // ***c. de Grandy***, tubo especializado de los corpusculos de Merkel hallados en la piel de las aves anseriformes. // ***c. de Herbst***, corpúsculos sensoriales en la dermis de las aves, parecidos a los de Paccini, que pueden ser receptores de vibraciones y se encuentran en lugares varios, como el pico, la punta de la lengua, los folículos plumíferos, etc. // ***c. concéntricos de Hassall***, grupo de células epiteliales en la médula del timo. // ***c. de Krause***, terminaciones nerviosas sensibles al frío. // ***c. de Malpigio***, nódulos de tejido linfoide en el bazo, = *glomerulos de Malpigio.* // ***c. meconianos***, gránulos en el epitelio intestinal del embrión de los vertebrados. // ***c. de Meissner***, cuerpos perceptores del tacto, situados principalmente en los dedos, labios, pezones, etc. // ***c. de Merkel***, receptor del tacto en la piel y en la submucosa de la boca. // ***c. de Neuman***, eritrocitos nucleados encontrados en la sangre humana después de un proceso regenerador. // ***c. de Nissl***, gránulos que se colorean con azul de metileno en el citoplasma de las neuronas, // ***c. de Paccini***, terminaciones nerviosas sensibles a la presión. // ***c. de Rainey***, esporos en forma de hoz de ciertos sarcosporidios que se enquistan en los músculos. // ***c. de Ruffini***, terminaciones sensoriales situadas en el tejido subcutáneo, que algunos suponen son sensibles al calor. // ***c. de Stanius***, estructuras de posible funcion endocrina de los riñones de los peces actinopterigios. // ***c. de Vater***, v. *corpusculos de Paccini.* // ***c. falciformes***, esporozoitos en forma de hoz en ciertos esporozoos. // ***c. genitales***, tipos especiales de corpúsculos de Vater hallados en las zonas erotogénicas de la piel. // ***c. heteropicnóticos***, la llamada *cromatina del sexo*, que aparece adherida a la membrana nuclear, como masas obscuras diminutas en la superficie interna de las membranas nuclear de las células en las hembras de los mamíferos. // ***c. notocordales***, células en la vaina del notocordio de los precordados. // ***c. picneado***, terminacion nerviosa sensorial rodeada por capas concéntricas de tejido fibroso, que forma una estructura parecida a un bulbo, que puede encontrarse en la piel y dondequiera. // ***c. polar***, corpusculo que se separa del óvulo durante la meyosis. // ***c. rojos***, eritrocitos. // ***c. táctil***, = ***c. de Meissner.***

correal* (**velvet**). Envoltura orgánica vascularizada y caduca de las astas de los ciervos.=*Terciopelo.*

corre-caminos. Urug.: ave del orden *Passeriformes*, familia *Furnariidae* (**Geositta cunicularia**). V. *hornero.*

correcosta (**ameiva lizard**). Cuba: v. *culebrina*, lagarto.

corredera*. V. *cucaracha.*

corredor* (**Wilson's Plover**). Puerto Rico: ave del orden *Charadriiformes*, familia *Charadriidae* (**Charadrius wilsonia**).

correlación* (**correlation**). La relación entre órganos homólogos o entre órganos distintos de un mismo animal. (Neolat. **correlatio**, de **relatio**, relación y **cor-**, comunidad.)

correlimos (**sandpiper**). Nombre de varias especies de aves europeas litorales del orden *Charadriiformes*, familia *Scolopacidae* (**Calidris maritima**).

correndera. Especie de quilópodo de patas muy largas. (**Scutigera coleoptrata**).

Correns, Karl Erich. Botánico alemán. Uno de los redescubridores y conformadores de las reglas de Mendel en 1900, independientemente de Tschermak y de Vries. (1864-1923)

corriente citoplásmica (**cytoplasmic current**). Movimiento endocelular vital, evidente principalmente en las células vegetales y en los protistas. // ***c. de acción***, flujo de iones resultantes de una diferencia de potencial en un tejido mientras trasmite un estímulo.

corrodentes. V. *Corrodentia*, orden de insectos.

Corrodentia. Un orden de insectos que comprende los piojos de los libros o psocidos. Son diminutos, de antenas delgadas, boca masticadora, protórax pequeño, ápteros o con 4 alas membranosas, sin ovipositor y de metamorfosis gradual. (Lat. **corrido**, roce.) =*Psocoptera* = *Copeognatha*.

corrugador (**corrugator**). Que forma arrugas. // Que produce contracción con encogimiento. // Músculos corrugadores. (Lat. **corrugare**, arrugar.)

corselete (**corselet**). Area escamosa bajo las aletas pectorales de los peces de la familia *Scombridae*. // Quillas óseas no articuladas del esqueleto de algunas tortugas. // El *coselete* o protórax de los coleópteros. (Fr. **corselet**, coselete.)

cortapicos* (**earwig**). V. *tijereta*, insecto.

cortejo nupcial (**nuptial courtship**). Conducta determinada genéticamente, que origina y recibe estímulos en la pareja antes de la union sexual.

córtex (**cortex**). Corteza, capa cortical o externa de un órgano. (Lat. **cortex**, corteza.)

corteza* (**cortex**). Parte externa de un órgano. (Lat. **corticea**.) // **c. cerebelar**, cerebelar, renal, suprarrenal, ovárica, adrenal. // **c. cerebral**, capa externa del cerebro formada por la llamada materia gris o centros de neuronas. // **c. visual**, la parte posterior de la corteza cerebral, relacionada con la visión. *Adj.* **cortical***.

Corti, A. Histólogo italiano. V. *órganos de Corti, tubos de Corti.*

corticalización (**corticalization**). Aumento en el grado de centralización de la corteza cerebral en la serie de los vertebrados.

corticícola (**corticicolous**). Organismo que se cría sobre la corteza de los arboles. (Lat. **cortex**, corteza; **-cola**, habitante.)

corticoides (**corticoids**). V. *adrenocorticoides*.

corticospinal (**corticospinal**). Lo que pertenece a la corteza cerebral y a la medula espinal.

corticosteroides (**corticosteroids**). Nombre colectivo aplicado a varias hormonas producidas en la corteza suprarrenal. Intervienen en el metabolismo de las proteínas y aumentan la cantidad de glucógeno en los tejidos.

corticosterona (**corticosterone**). Una de las hormonas de la corteza suprarrenal que interviene en el metabolismo de la glucosa.

corticostriado (**corticostriate**). Se aplica a las fibras que unen el cuerpo estriado con la corteza cerebral. (Lat. **cortex**, corteza; **stria**, canal.)

corticotrofina (**coricotrophin**).=ACTH

cortina* (**cortin**). Nombre colectivo aplicado previamente al conjunto de hormonas de la corteza suprarrenal. (De **corteza**.)

cortinado (**cortinate**). Que tiene un velo. (Lat. **cortina**.)

cortisol (**cortisol**). Hormona suprarrenal llamada *hidrocortisona*, q.v.

cortisona* (**cortisone**). Hormona suprarrenal del grupo de los glucocortidoides, empleado en el tratamiento de la artritis y de ciertas alergias.

cortón* (**mole cricket**). El *alacrán cebollero, grillotalpa* y *changa*.

corúa* (**cormorant**). *Cuba:* cormorán, ave palmípeda del orden *Pelecaniformes*, familia *Phalacrocoracidae*, genero *Phalacrocorax*. =*Cuervo marino*. (Nombre derivado de *corva*, o cuerva.)

coruja* (**owl**). *Curuja, lechuza.* // Puerto Rico: especie de ave rapaz nocturna del orden *Strigiforme*, familia *Strigidae* (**Asio flammeus**). También *múcaro de sabana*. (**Coruja**, lechuza.)

coruscación (**coruscation**). Las rápidas fluctuaciones de la luz de ciertos animales, como las luciérnagas. (Lat. **coruscatio**, **relámpago**.)

corva* (**ham**). Parte de la pierna detrás de la rodilla. (Lat. **curva**.)

corvato*. Pollo del cuervo.

corvejón* (**hock**). Articulación en las extremidades posteriores de los cuadrúpedos entre la pierna y la caña. (De **corvo**.) // *Cormorán* o cuervo marino. // *Cuervo*.

corvido* (**corvine**). Se dice del ave del orden *Passeriformes*, familia *Corvidae*, que se parece al cuervo.

corvina* (**ground drummer**). Cuba: pez óseo del orden *Perciformes*, familia *Sciaenidae* (**Bairdiella ronchus**).

corvino (**corvine**). Perteneciente al cuervo.

corzo* (**roebuck**). Mamífero rumiante de la familia *Cervidae*, menor que el ciervo (**Capreolus capreolus**). // En América del Sur se llama *corzo* al *Odocoileus rufus*.

corzuela (**brocket**). Argent: mamífero artiodáctilo de la familia *Cervidae*, de tamaño pequeño (**Mazama americana**).

coscinoide (**coscinoid**). Que tiene forma de tamiz. (Gr. **koskinon**, tamiz; **eidos**, parecido.)

coscoroba*. Especie de ganso pequeño sudamericano. (**Coscoroba**). (**Onomatopéyico**)

coselete* (**escutcheon**). Parte dorsal diferenciada del tórax de los hemípteros y coleópteros. // Región posterior de la concha en los moluscos bivalvos en el lado posterior al umbo que está parcialmente ocupada por el ligamento. Algunos escriben *corselete*.

cosmina (**cosmine**). Material endurecido que forma las escamas, llamadas *cosmoides*, de los peces dípnoos y crosopterigios. (Gr. **kosmos**, orden ornamento.)

cosmobiología (**cosmobiology**). Estudio de la vida en el universo, especialmente el que se ocupa del efecto de las radiaciones cósmicas sobre los organismos. (Gr. **kosmos**, universo;+*biología*.)

cosmognosis. Conocimiento de los factores cósmicos que influyen la vida terrestre. (Gr. **kosmos**, universo; **gnoso**, conoceré.)

cosmogonía (**cosmogony**). Teoría sobre el origen de la Tierra y del universo. (Gr. **kosmos**, el orden del universo; **gonia**, origen.)

cosmoidea (**cosmoid**). Se dice de la escama que en los peces crosopterigios y dipneos fósiles, tiene forma laminar, con estrato óseo interno de isopedina y de cosmina. (Gr. **kosmos**, ornamento, orden.)

cosmopolita* (**cosmopolitan**). Dícese de los animales que se encuentran naturalmente en muchas y diversas regiones geográficas. Los verdaderos cosmopolitas son los organismos *ubícuitas*, que viven en todo el globo y, especialmente, en todos los climas. (Gr. **kosmos**, universo; **polites**, ciudadano.)

coso. V. *carcoma*.

costa (**costa**). Costilla. // Una estructura en forma reborde elevado y curvo. // Nervadura que en las alas de los insectos forma el borde anterior. (Lat., **costa**, costilla.) *Adj.* **costal, costado**.

costado* (**flank**). Los lados del cuerpo. (Lat. **costa**, lado, costilla.)

costales (**costalia**). Las placas que cubren las costillas en los quelonios.

costero. Que habita las costas. Sinónimo de *nerítico*.

costilla* (**ribs**). Cada uno de los huesos largos del esqueleto axil de los tetrápodos, que se articula con las vértebras y, cuando lo hay, con el esternón. (Lat. **costa**.) *Adj.* **costilludo**. // **c. abdominales**, osificaciones con aspecto de costilla en el tejido conjuntivo de la pared abdominal de algunos reptiles. // **c. bicipital**, v. *costillas dicocéfalas*. // **c. cervicales**, costillas cortas acopladas a las vértebras cervicales. En los mamíferos están soldadas a las vértebras. // **c. dérmicas**, son las costillas ventrales, de origen dérmico, que se encuentran en *Sphenodon*, cocodrilos, algunos saurios y ciertos anfibios extintos. También gastralia. // *c. dicocefala*, tipo de costilla hallada en los mamíferos, aves y algunos reptiles provista de dos cabezas articulares: el tubérculo y el capítulo. // ***c. dorsales***, prolongaciones de las apófisis transversas de las vértebras que separan los músculos epaxiales de los hipaxiales. // ***c. epipleurales***, son las costillas dorsales, persistentes en los peces selacios y en los tetrápodos. // ***c. falsas***, son aquellas cuyos cartílagos costales se unen a los cartílagos costales del último par de las costilas verdaderas. // ***c. flotantes***, son las que se terminan libremente sin unirse al externón. // ***c. holocéfalas***, costillas que se articulan con las vértebras torácicas por una sola cabeza en los anfibios y reptiles primitivos. // ***c. pleurales***, son las costillas ventrales, que a veces coexisten con las dorsales en algunos peces, como los polípteros y los teleósteos, pero desaparecen en los selacios y en los tetrápodos. // ***c. sacras***, las que corresponden al sacro, soldadas con las apófisis transversas. // ***c. torácicas***, son las que se articulan con las vértebras torácicas. En el hombre se dividen en verdaderas, falsas y flotantes. // *c. ventrales*, v. *costillas pleurales*. // ***c. verdaderas***, aquellas cuyos cartílagos costales se unen directamente al esternón.

costillaje*. Conjunto de las costillas del cuerpo.

costoscapular (**costoscapular**). Que pertenece a las costillas y a la escápula. (Lat. **costa**, cortado; **scapula**, omóplato.)

costra* (**crusta**). Corteza, caparazón. // Cubierta exterior que se endurece. // La parte ventral de los pedúnculos cerebrales. (Lat. **crusta**.)

coterminal (**coterminous**). De distribución similar. (Lat. **cum**, con; **terminus**, fin.)

cotil-. (Del gr. **kotyle**, una copa o una depresión en forma de copa.)

cotila* (**cotyle**). Cavidad de un hueso en que entra la cabeza de otro. // Cavidad en forma de copilla. // La articulación de los apéndices de los artrópodos. (Gr. **kotyle**, depresiva.)

cotiledón* (**cotyledon**). Un arco o conjunto de vellos en la placenta de los mamíferos. (Gr. **kotyledon**, cada uno de los vasos del útero; **kotyle**, copilla.) *Adj.* ***cotiledóneo***.

cotilóforo (**cotylophorus**). Que lleva cotiledones. // Se aplica a la placenta cotiledónea*. // Se dice del rumiante con placenta cotiledónea. (Gr. **kotyle**, copa; **phoreus**, portador.)

cotilosaurio (**cotylosaur**). Reptil permiano del grupo *Cotylosauria*, que procede de anfibios laberintodontes considerados ancestrales de los demás reptiles. Desinencia *-saurio* por analogía con *dinosaurio*. (Gr. **kotyle**, hueco; **sauros**, reptil.)

cotinga*. Nombre de varias especies de aves americanas del orden *Passeriformes*, familia *Cotingidae*.

cotipo (**cotype**). Cada uno de los ejemplares que han servido para la descripción de una especie, cuando no ha sido designado el holotipo. Se prefiere el término *sintipo*. (Gr. **co-**, algo común; **typos**, patrón.)

coto. V. *cotomono*.

cotomono*. Perú: *mono aullador* sudamericano (**Alouatta seniculus**).

cotorra* (**parrot**). Nombre común de varias especies de papagayos, ave *Psittaciformes*, familia *Psittacidae*, de la América tropical de los géneros, *Amazona, Conurus*, etc. (**Amazona leucocephala**).

cotorro (**vermillion snapper**). Cuba: pez del orden *Perciformes*, familia *Lutjanidae* (**Rhomboplites aurorubens**).

cotúa* (**snake bird**). Venez.: el ave pelecaniformes llamada *anhinga* (**Anhinga anhinga**).

cotunto (**owl**). Cuba: especie de mochuelo, ave del orden *Strigiformes*, familia *Strigidae* (**Gymnoglaux lawrencii**).

Cotylea. Un suborden de *Turbelarios*, con ventosas ventrales y poros genitales anteriores. (Gr. **cotyledon**, cavidad.)

Cotylosauria. Un orden de reptiles fósiles de la subclase *Anaspida*, del Permiano y el Triásico, que parecen representar el tronco basal de la clase *Reptilia*.

cotilosaurio. Reptil fósil del orden *Cotylosauria*.

covariación (**covariation**). V. *correlación*.

coxa* (**coxa**). Primer segmento de la pata de los insectos por la que se une al tórax. (Lat. **coxa**, cadera, la parte superior del muslo.) *Adj.* ***coxal****.

coxal (**coxal**). Hueso de la cintura pélvica de los vertebrados superiores, formado por la unión del ilion, el isquion y pubis. = *Inominado*.

coxis* (**coccyx**). V. *cóccix*.

coxisternón (**coxosternum**). Placa formada por la fusión de los coxitos y el esternón de los insectos. *Vinculum*. (Lat. **coxa**, cadera; **sternum**, esternón.)

coxito (**coxite**). El segmento basal de los apéndices de los artrópodos. // Placa abdominal lateral en los tisanuros. (Lat. **coxa**, cadera.)

coxo- (**coxo-**). (Del lat. **coxa**, cadera.)

coxocerito (**coxocerite**). El artejo basal de la antena de los insectos. (Lat. **coxa**, cadera; gr. **keras**, cuerno, antena.)

coxopleurito (**coxopleurite**). *Catapleurito*, q.v.

coxopodito (**coxopodite**). Segmento basal de los apéndices del pereión de los crustáceos. (Lat. **coxa**, cadera; **podos**, pies; **-ito**, dim.)

coyote* (**coyote**). Especie de perro salvaje, parecido al chacal, de la América (**Canis latrans**). (Méx. **Coyote**.)

coyuntura* (**conjuncture**). Articulación movible de un hueso. (Lat. **co**, **junctum**, unión.)

coyuntero* (**shrimp**). Puerto Rico: especie de camarón o langostino de agua dulce de la familia *Palaemonidae* (**Macrobrachium faustinus**).

coyuyo* (**insect**). Argent. y Boliv.: *cigarra grande*, insecto. (Dicc.)

crabajo (**lobster**). V. *bogavante*, crustáceo.

cabrón* (**hornet**). *Avispón* (**Vespa cabro**). (Lat. **cabrone**.)

crabrudo (**dogfish**). España: el pequeño tiburón de la familia *Squalidae* (**Squalus acanthias**).

cranco (**crab**). España: especie de cangrejo litoral de carapacho cuadrangular (**Grapsus marmoratus**).

craneano. Lo relativo al cráneo.

cráneo* (**skull**). Caja ósea o cartilaginosa que envuelve el encéfalo. (Gr. **kranion**.) *Adj.* ***craneal****, ***craniado, craniano****. // ***c. anfistílico***, articulado y móvil de ciertos selácios. // ***c. cartilaginoso***, condrocráneo. // ***c. cigocotrafo***, cráneo en el que la fosa temporal está atravesada por el arco cigomático. // ***c. estegocrótafo***, en el que la región temporal está completamente cubierta por huesos de revestimiento. // ***c. estreptostílico***, cráneo móvil por tener los huesos pterigoideos y palatinos articulados en el cuadrado. // ***c. gimnocrótafo***, en que la fosa temporal está totalmente descubierta, como en los ofidios. // ***c. hiostílico***, cráneo articulado por interposición del hueso hiomandibular entre el palatocuadrado y el neurocráneo, como en ciertos peces condrictios. // ***c. membranoso***= dermatocráneo. // ***c. monimostílico***, en el que el hueso cuadrado está firmemente unido al cráneo, como en los cocodrilos. // ***c. primordial*** = *condrocráneo*. // ***c. secundario***. = *dermocráneo*. *Adj.* ***craneal***.

craneología* (**craniology**). El estudio del cráneo en las diversas razas humanas. (Gr. **kranion**, cráneo; **logos**, discurso.)

craneometría* (**craneometry**). Parte de la antropología física que estudia comparativamente el cráneo humano. (Gr. **kranion**, cráneo; **metron**, una mensura.)

craneómetro (**craniometer**). Instrumento para tomar medidas del cráneo.

craneosacro (**craniosacral**). Lo que pertenece al cráneo y al sacro, como los nervios parasimpáticos. (Gr. **kranion**, cráneo; **sacer**, el hueso sacro.)

crángano* (**louse**). V. *piojo*.

craniad (**craniad**). Hacia la cabeza o la parte anterior de un animal.

craniano. V. *craneal.*

Craniata. Una división del fílum *Chordata* caracterizada por la presencia de un cráneo. = *Vertebrata*, q.v.

cranidio (cranidium). Parte central del escudo cefálico de las trilobitas.

cranineural (cranineural). Se aplica a la porción anterior y posterior del esclerótomo. (Gr. **kranion**, cráneo; **neuron**, nervio.)

Craniota. = *Craniata.*

cranteriano (cranterion). Lo que pertenece a los espacios entre los dientes.

crasi-. (Lat. **crassus**, craso.)

crascitar. V. *Crocitar*, graznar el cuervo.

crasilingüe (crassilingual). Nombre poco usado que se ha aplicado a los saurios de lengua gruesa, como las iguanas. (Lat. **crassus**, grueso;+**lengua**.)

crasis (crasis). La calidad de la sangre. (Gr. **krasis**, contracción.)

craspedódromo (craspedodromous). Se aplica a los nervios situados radialmente en el diafragma. (Gr. **kraspedon**, borde, orla; **dromein**, correr.)

Craspedomonadina. Un taxón de protozoos flagelados. =*Choanoflagellata.* (Gr. **kraspedon**, orla, velo; **monas**, simple, unidad.)

craspedon (craspedum). El velo de las medusas de los escifozoarios, llamadas por ese motivo *craspedotas.* // Filamento mesentérico de las anémonas de mar. (Gr. **kraspedon**, orla, borde.)

craspedota (craspedote). Se dice de la medusa de celenterados provista de velo. (Gr. **kraspedon**, borde.)

Crasterostigomorpha. Un suborden de quilópodos en el orden *Heterostigmata.*

creacionismo* (creationism). Doctrina que sostiene la aparición de cada especie por un acto de creación especial, o sea, que no hay más especies que las que creó al principio del mundo el Ser Infinito.

creatina (creatine). Substancia nitrogenada hallada en el músculo y fluidos cerebrales de los vertebrados, cuyas formas fosfatadas son ricas en energía.

creatinina (creatinine). Un producto catabólico nitrogenado que se excreta en las orinas.

creciente* (crescent). Que crece. // Estructura de forma semilunar. *Lúnula.* (De **crecer**.) // ***c. gris***, *lúnula gris*, área semilunar estrecha en la superficie de los huevos fecundados de anfibios, opuesta al punto de entrada del esperma. // ***c. de Guianuzzi***, cuerpos pequeños semilunares en las glándulas salivares. *Lúnulas de Heidenhaim* o *lúnulas de Gianuzzi.* // ***c. de la malaria***, el gameto del plasmodio de la malaria. // ***c. mesodérmico***, citoplasma de forma semilunar visible en los primeros estados del huevo del tipo mosaico, que luego originará el mesodermo.

crecimiento (growth). Incremento gradual. Desarrollo. (De **crecer**.) Crecimiento en el que las diversas partes siguen un incremento diferente. = *Alometría.* // ***c. interposicional***, crecimiento debido a la interposición de células entre las células vecinas. = *Crecimiento intrusivo.*

cremáster (cremaster). Músculo que retrae los testículos en ciertos mamíferos. // Espina abdominal en ciertas pupas de insectos. // Garfio suspensorio anal de algunas pupas. (Gr. **kremaster**, un suspensor.)

crema* (cream). Substancia grasa contenida en la leche. (Lat. **cremum**, nata.)

crena (crena). Una escotadura marginal. // Una hendidura o surco. (Lat. **crena**, escotadura.)

crenación (crenation). Encogimiento anormal de los eritrocitos en soluciones hipertónicas. (Neolat. **crenatus**, escotado.)

crenado (crenate). Orlado con festones. (Lat. **crena**, muesca, hendidura.)

crenícola (crenicolous). Que vive en arroyos formados por fuentes de agua. (Gr. **krene**, manantial.)

crenio (crenium). La comunidad de un manantial. (Gr. **krene**.)

crenocito (crenocyte). Eritrocito con el borde escotado. (Neolat. **crenatus**, escotado; gr. **kytos**, célula.)

crenulado (crenulate). Que tiene pequeñas escotaduras redondeadas. (Neolat. **crenula**, escotadura pequeña.)

Creodonta. Un suborden de mamíferos primitivos en el orden *Carnivora*, con caracteres de insectívoros y carnívoros, que existió desde el Eoceno al Mioceno. (Gr. **kreas**, carne; **odous**, diente.)

Crepipoda. Una clase o subclase del fílum *Mollusca* (=**Solenogaster**= **Aplacophora**). (Gr. **krepes**, arrastrarse, **podos**, pie.)

crepitación (crepitation). En medicina, ruido que producen al rozarse los extremos de un hueso fracturado. (Lat. **crepitare**, los chasquidos de la leña al quemarse.)

crepón* = Rabadilla de las aves.

crepuscular* (crepuscular). Lo relacionado con el crepúsculo. // Se aplica a los organismos que están activos con iluminación débil. (Lat. **crepusculum**.)

crequete*. Cuba: v. *querequeté* o *caracatey.*

cresa* (maggot). Los huevos puestos por la reina de las abejas. // Larva de moscas. V. *moscardón.*

crespín. Argent: ave del orden *Cuculiformes*, parecida al cuculIo. (Dicc.)

cresta* (comb). Carnosidad que tienen los gallos en la cabeza. // Protuberancia estrecha que muestran algunas estructuras animales. (Lat. **crista**.) *Adj.* ***crestado**** // ***c. acústica***, engrosamiento en la membrana de las ampollas de los canales semicirculares // ***c. ampular***, engrosamiento de las membranas en las ámpulas de los canales semicirculares. // ***c. cnemial***, un reborde en el margen fontal de la tibia de los tetrápodos. // ***c. de gallo***, proceso mediano anterior de la lámina cribiforme del hueso etmoides. // ***c. de Wolff***, rebordes que aparecen a cada lado de la línea media en los primeros estados del embrión, sobre las cuales se forman los botones de los futuros miembros. // ***c. ganglionar***, cordón que, en el desarrollo embrionario, se forma por proliferación del surco neural, el que se segmenta metaméricamente en ganglios. // ***c. genitales***, los primordios de las gónadas, procedentes del tejido mesenquimatoso situado entre el mesenterio dorsal del tubo digestivo y los mesonefros. // ***c. lambdoidea***, cresta prominente en la línea de unión del supraoccipital y el parietal en el cráneo de las aves: // ***c. neurales***, masas dorsoventrales de células ectodérmicas entre el tubo neural y el ectodermo que intervienen en la formación de ganglios nerviosos y cromatóforos. // ***c. occipital***, elevación longitudinal en la cara dorsal posterior del condrocráneo de los selácios. // ***c. sagital***, cresta mediana en la cara superior del occipital de los mamíferos. // ***c. sexual***, hilera de cerdas dispuestas como un peine en las patas anteriores de *Drosophila.* // ***c. supraorbital***, reborde del condrocráneo de los selacios sobre las órbitas. // ***c. tibial***, el borde de la tibia o canilla.// ***c. uretral***, = *veromontanum* // ***c. urogenital***, un par de rebordes embrionarios de donde se desarrollan los sistemas excretor y genital.

Cretáceo* (cretaceous). Parecido a la creta. *Cretácico.* Período final de la Era *Mesozoica* o *Secundaria.* (De la isla de Creta.) // = *Cretácico*

cretinismo* (cretinism). Enfermedad congénita caracterizada por retardo físico y mental, hipertrofia de las tiroides, en hiposecreción de torixina, durante la niñez o la pubertad. (Fr. **crétin**.)

cretino (cretin). Que padece de cretinismo. (Fran. **crétin**.)

cría* (brood). Acción y efecto de criar animales. // Animal mientras se está criando. // Conjunto de hijos que tienen en un parto o en un nido.

criadilla* (testicle). Testículos de los mamíferos de matadero. // Tunicado solitario o *ascidia.*

críalo (great spotted cuckoo). Especie de cuclillo europeo. Familia *Cuculidae* (**Clamator glandarius**).

criba* (**sieve**). Un tabique o placa perforada. (Lat. **cribrum.**) *Adj. criboso, cribado*,cribiforme.*

cribelo* (**cribellum**). Placa ovalada transversal porosa entre las hileras posteriores de ciertas arañas. // Placa cribosa en la mandíbula de ciertos insectos. // Red que conecta los individuos de una colonia de Volvox.(Lat. **cribellum,** dim. de **cribum, tamiz.**)

cribiforme (**cribriform**). De forma de tamiz. V. *cribelo.* (Lat **cribrum, tamiz.**)

criceto. V. *hámster.*

Crick, F.H.C. Bioquímico inglés. Junto con J.D. Watson, pudo determinar en 1953 las estructuras de la molécula de DNA. Premio Nobel.

cricoides (**cricoid**). Cartílago anular situado en la parte inferior de la laringe. (Gr. **krikoeides,** de forma anular.)

Cricobranchia. Un orden de urocordados ascidiáceos. V. *Aplousobranchia.*

Crinoidea. Una clase de equinodermos del subfílum *Pelmatozoa,* que comprende los lirios de mar y palmas marinas. Cálix en forma de copa y simétrico, brazos ramificados y unidos por un tallo o libres, boca y ano en la superficie oral. Desde el Cambriano al reciente. (Gr. **krinon,** un lirio; **eidos,** parecido.)

crinoideo* (**crinoid**). Dícese de un animal perteneciente a la clase *Crinoidea,* q.v.

crimófilo (**crymophil**). = *Criófilo.*

crimnio (**crymnion**). *Crioplancton,* q.v.

crin* (**mane**). Cuerdas gruesas que tienen algunos animales en la cerviz y en la cola. (Lat. **crines.**)

-crin-* (**crino-**). (Del gr. **krino,** separar.) Se emplea en el sentido de secreción glandular.

crinogénico (**crinogenic**). Que provoca la secreción glandular. (Gr. **krino.** segregar; **geneo,** producir.)

crinología (**crinology**). Parte de la fisiología que estudia las glándulas y sus secreciones. (Gr. **krino,** separar, segregar.)

crinoma (**crinome**). Nombre dado a la red citoplásmica que se forma al reaccionar con tintes vitales. (Lat. **crinos,** pelo; gr. **-oma,** común.)

crio- (**cryo-**). (Del gr. **kryos,** frío.) // Del gr. **krios,** carnero.)

criocono* (**cricone**). Concha de ciertos amonitas arrollados en una espiral plana como la espiral de un reloj. (Gr. **krios,** carnero; **konos,** cono.)

criofiláctico (**cryophylactic**). Que resiste las bajas temperaturas. (Gr. **kryos,** frío; **philein,** amar.)

crioplancton (**cryoplancton**). El plancton nival. Cryoplancton. (De **kryos,** frío; + **plancton.**)

criogenesia (**cryogenic**). Investigaciones sobre el efecto de las bajas temperaturas en el organismo, especialmente en lo referente a la animación suspendida. (Gr. **kryos,** frío; **genesis,** origen.)

cripsis (**crypsis**). Forma de defensa pasiva por la que el organismo evita ser reconocido confundiéndose con el fondo o acercándose a un objeto menos atractivo a los depredadores. (Gr. **crypsis,** lugar oculto.)

cripto-* (**crypto-**). (Del gr. **cryptos,** oculto.)

cripta* (**crypta**). Espacio o hueco en los órganos. (Lat. **crypta;** gr. **kryptos,** oculto.) // *c. de Lieberkuhn,* v. *glándulas de Lieberkuhn.* // *c. uterinas,* las depresiones en la mucosa uterina que alojan los vellos del corión.

críptico* (**cryptic**). Oculto (Gr. **kryptos,** oculto.)

criptocisto (**cryptocyst**). Un escudo calcáreo situado bajo la membrana frontal en algunos briozoarios queilostomados. (Gr. **kryptos,** oculto; **kystis,** vejiga.)

criptodonte (**cryptodont**). Dícese de la charnela de los moluscos bivalvos que no tiene dientes verdaderos. (Gr. **kryptos,** oculto; **odous,** diente.) // Molusco bivalvo del orden *Cryptodonta.*

criptoflagelado (**cryptoflagellate**). Miembro del taxón *Cryptoflagellata* o *Cryptomonadina.* (Gr. **crypto,** oculto; + **flagellata.**)

criptógeno* (**cryptogene**). De filogenia imprecisa. (Gr. **kryptos,** oculto; **genos,** origen.)

criptohaplomitosis (**cryptohaplomítosis**). División celular sin formación de espirema. (Gr. **kryptos,** oculto; **haploos,** simple; **mitosis.**)

criptohíbrido (**criptohybrid**). Dícese del híbrido que no muestra caracteres morfológicos de tal híbrido; pero que pueden aparecer en sus descendientes. (Font Quer.) (Gr. **cryptos,** oculto; + **híbrido.**)

criptomedusoide (**cryptomedusoid**). Medusas sésiles de ciertos hidrozoarios en las que han desaparecido los canales radiales y el velo. (Gr. **kryptos,** oculto; **medusoide,** parecido a una medusa.)

criptómero (**cryptomere**). Organismos que tienen en potencia un carácter o rasgo no manifiesto; pero que pueden aparecer en su descendencia. (Gr. **cryptos,** oculto; **meros,** parte.)

criptomitosis (**cryptomitosis**). Tipo de división nuclear en ciertos protozoos en la que los cromosomas no se colocan en un plano ecuatorial. (Gr. **kryptos,** oculto; + **mitosis.**)

criptomonadino (**cryptomonadin**). Se aplica a los miembros del orden *Cryptomonadina.*

criptoneuro (**cryptoneurous**). Sin sistema nervioso definido o distinguible. (Gr. **kryptos,** oculto; **neuron,** nervio.)

criptoplasma (**cryptoplasm**). La porción no granular del protoplasma. Nombre obsoleto. (Gr. **kryptos,** oculto; **plasma,** moldeado.)

criptópodo. Que tiene las patas ocultas.

criptoprocta (**fossa**). *Fossa,* mamífero carnicero exclusivo de Madagascar. Familia *Viverridae* (**Cryptoprocta ferox**).

criptóptilo (**cryptoptile**). Un filamento plumoso. (Gr. **kryptos,** oculto; **ptilon,** pluma.)

criptorquidia* (**cryptorchid**). Retención natural o anormal de uno o de los dos testículos de los mamíferos. (Gr. **kryptos,** oculto; **orchis,** un testículo.)

criptorrético (**cryptorhetic**). Que secreta internamente. = *Endocrino.* (Gr. **kryptos,** oculto; **rhein,** fluir.)

criptozoico (**cryptozoic**). Se dice de los animales que viven bajo piedras, hojas, etc. (Gr. **kryptos,** oculto; **zoon,** animal; **oikos,** casa.)

criptozoito (**cryptozoite**). Estado en el ciclo vital de los plasmodios en el que los esporozoitos entran en las células del hígado y sufren una división múltiple. (Gr. **kryptos,** oculto; **zoon,** animal; **-ito,** diminutivo.)

cripturas. Nombre que se ha aplicado a las aves del orden *Tinamiformes.*

crisálida* (**chrysalis**). La pupa de los lepidópteros que no tejen capullos. (Lat. **chrysallis,** de **chrysos,** oro.)

criso- (**chryso-**). (Del gr. **chrysos,** oro.)

criso (**crissum**). El área alrededor de la abertura cloacal en las aves. // Las plumas de dicha región. (Lat. **crisso,** mover las caderas; neolat. **crissum.**) *Adj. crisal*

crisocromo (**chrysochrome**). El pigmento pardo verdoso de los flagelados crisomonadinos. (Gr. **chrysos,** oro; **chroma,** cola.)

crisomonadino (**chrysomonadin**). Un miembro del orden *Chrysomonadina,* q.v.

criss-cross. Vocablo inglés empleado en genética para designar un tipo de herencia llamada en zigzag. Es un cruzamiento alternativo. // Patrón de herencia en el que la hembra es una portadora heteróciga de un carácter recesivo ligado al sexo cuyos efectos solo se perciben en los hijos. (Voz *inglesa* generalizada.)

crista* **(crista).** *Cresta.* // En especial, cada una de las invaginaciones de la membrana interna de los mitocondrios. (Lat. **crista.**)

cristal* **(crystal).** Vidrio transparente. // *c. sanguíneos,* cristales de hemoglobina, etc. *Adj. cristalino.*

cristalina* **(crystallin).** Una globulina que constituye el componente principal del cristalino. (Gr. **krystallos,** hielo, cristal.)

cristalino* **(crystalline).** Estructura de forma lenticular que concentra los rayos luminosos en la retina del ojo de los vertebrados y de algunos invertebrados. (De **cristal.**)

critidia **(chrithidia).** Tipo o fase de algunos protozoarios hemoflagelados caracterizada por una membrana ondulante corta. (Gr. **krithe,** cebada.)

croar* **(croak).** Cantar de la rana. (Onomatop.)

crocitar* **(to crow).** *Graznar.* V. *graznido.*

Crocodilia. Un orden de reptiles de la infraclase *Archosauria,* que comprende los cocodrilos, caimanes, gaviales y aligatores. Cuerpo largo, cabeza grande y largas mandíbulas poderosas, con dientes cónicos, cuatro extremidades, cola larga, piel gruesa y coriácea, con huesos dérmicos, lengua no extensible, corazón con 4 cavidades separadas. Ovíparos. Del Triásico al Reciente, = *Loricata* = *Emidosaurios.*

crocodilo* **(crocodyle).** V. *cocodrilo.* (Gr. **krokódeilos.**)

croché **(crochets).** Garfio o espina diminuta. // Seta bifurcada de los oligoquetos. // Proyección en los molares lofodontos. (Galicismo, del fr. **crochet, ganchillo, aguja.**)

croma **(chroma).** El matiz, saturación o intensidad de un color. (Gr. **chroma,** cola.)

cromáfila **(chromaphil).** V. *cromafin.*

cromafín **(chromaffin).** Que tiene afinidad con las sales del ácido crómico, como las células de la médula suprarrenal y de los cuerpos carotídeos. (De **crómico;** + Lat. **affinis,** que significa atracción.)

Cro-Magnon*. Raza de hombre **(Homo sapiens sapiens).** que vivió en el Pleistoceno superior, sucediendo al *hombre de Neandertal.* (Encontrado en la cueva de Cro-Magnon, Dordoña, Francia.)

cromasia **(chromasie).** Aumento de cromatina en el núcleo. Formación del nucléolo. (Gr **chroma,** color.)

cromat- **(chromat-).** (De. **gr. kroma, kromatos,** color.)

cromaticidad. Sensación de color debida a la luz, la que depende de la longitud de onda..

cromático* **(chromatic).** Que tiene color. Lo que es propio del color. (Gr. **chromatikos.**)

cromátidas **(chromatids).** Los filamentos del cromosoma duplicado que permanecen unidos por el centrómero. // Cada uno de los componentes de una tétrada. // *c. acéntrica,* una cromátida simple con dos centrómeros.

cromatidio. = *Cromátida.* (Gr. **chroma,** color; **idion,** dim.)

cromatina* **(chromatin).** La substancia coloreable que comunica sus caracteres a los cromosomas. Tiene afinidad a los colorantes básicos, debido a la presencia del complejo *desoxirribonucleico-histona.* (Gr. **chroma,** color.) *Adj. cromatínico* // *c. sexual* = *corpúsculo heteropicrótico.,*

cromatinosoma. *Cariosoma.*

cromato- **(chromato-).** (Del gr. **chroma,** color.)

cromatocito **(chromatocyte).** Célula pigmentada. (Gr. **chroma,** color; **kytos,** célula.)

cromatófilo **(chromatophill).** Que se tiñe fácilmente. (Gr. **chroma,** color; **phylos,** amigo.)

cromatófora. V. *cromatóforo.*

cromatóforo* **(chromatophore).** *Cloroplastidio.* // Célula pigmentada o grupo de células, que pueden alterarse por acción del sistema nervioso, produciendo cambios de color (Gr. **chroma,** color; **phoreus,** portador.) *Adj. cromatofórico.*

cromatoforotropinas **(chromatophorotrophins).** Nombre común de varias hormonas que influyen en la migración de los pigmentos de los cromatóforos, condicionando la coloración del cuerpo a cambios fisiológicos. También *hormonas cromatoforoactivas* o *cromoactivas.*

cromatólisis **(chromatolysis).** Alteraciones en las neuronas caracterizadas por la desaparición de los corpúsculos de Nisse. (Gr. **chroma,** color; **lysis,** disolución.)

cromatoplasma **(chromatoplasm).** La materia pigmentada de la célula. (Gr. **chroma,** color; **plasma,** molde.)

cromatosfera **(chromatosphere).** Inclusión celular propia de algunos dinoflagelados. (Gr. **chroma,** color; **sphaira,** esfera.)

cromatosferita **(chromatopherite).** Un nucléolo. (Gr. **chroma,** color; **spharia,** esfera; **-ito,** dim.)

cromatosis **(chromatosis).** La pigmentación anormal de un órgano.

cromatosoma **(chromatosome).** V. *cromosoma.*

cromidio **(chromidia).** Corpúsculos protoplásmicos coloreables por tintes básicos, supuestamente representativos de la substancia nuclear o *cromatina.* (Gr. **chroma,** color; **-idion,** dim.)

cromidiogamia **(chromidiogamy).** La unión de dos cromidios de dos células conjugantes. (De **cromidio** y **gamos,** boda.)

cromidiosoma **(chromidiosome).** Cada una de las partículas componentes de los cromidios. (De **cromidio** y **soma,** cuerpo.)

cromíolo **(chromiole).** Cada uno de los corpúsculos de cromatina que han sido considerado constituyentes de los cromómeros. (Gr. **chroma,** color.)

cromo-* **(chromo-).** (Del gr. **kroma,** color.) =*Cromato-.*

cromoblasto **(chromoblast).** Célula embrionaria que produce una célula pigmentaria. (Gr. **chroma,** color; **blastos,** yema.)

cromocentro **(chromocentre).** Un agregado central de cromosomas heterocromáticos en las células de las glándulas salivares. // Región heterocromática en un cromosoma a ambos lados de un centrómero. (Gr. **chroma,** color; **kentros,** centro.)

cromocito **(chromocyte).** Célula pigmentada. (Gr. **chroma,** color; **kytos,** célula.)

cromocondrios **(chromochondria).** Mitocondrios cromógenos.

cromófanos **(chromofanes).** Glóbulos oleaginosos coloreados hallados en la retina de ciertos vertebrados. (Gr. **chroma,** color; **phainein,** mostrar.)

cromófilo **(chromophil).** Se dice del gránulo citoplásmico que fija un colorante nuclear. (Gr. **chroma,** color; **phylos,** amante.)

cromófobo **(chromophobe).** Se aplica a las células que no se tiñen fácilmente con colorantes biológicos. (Gr. **chroma,** color; **phobos,** horror.)

cromóforo. *Cromatóforo,* q.v.

cromogénesis **(chromogenesis).** La producción de un color o pigmento. (Gr. **chroma,** color; **genesis,** origen.)

cromógeno* **(chromogen).** Célula capaz de producir una substancia colorante. (Gr. **chroma,** color; **geno, producir.**)

cromolema **(chromolemma).** Membrana del cromosoma. (Gr. **chroma,** color; **lemma,** envoltura.)

cromolípidos **(chromolipids).** = *Carotenoides.* (Gr. **chroma,** color;+**lípidos.**)

cromómero **(chromomere).** Supuesto gránulo diminuto, muy coloreable, dispuesto linealmente con otros en el cromosoma. (Gr. **chroma,** color; **meros,** parte.)

cromonema **(chromoneme).** El hilo de cromosomas. (Gr. **chroma,** color; **soma,** cuerpo.)

cromoplastidio* **(chromoplast).** *Cromoplasto.* Plastidio que se impregna de carotina o xantofila. (Gr. **chroma**, color; **plastos**, formado.)

cromoproteína (**chromoprotein**). Proteína cuyas moléculas contienen un grupo pigmentado, como la hemoglobina. (Gr. **chroma**, color;+**proteína**.)

cromosina. Nombre obsoleto para una supuesta proteína aislada en los cromosomas.

cromosoma* (**chromosome**). Orgánulo en el núcleo celular con afinidad para colorantes básicos, formado por DNA-histona. Cada especie o variedad tiene un número constante de cromosomas. *Adj.* *cromosomático, cromosómico.* (Gr. **chroma**, color; *soma*, cuerpo.) // *c. accesorios*, v. *cromosomas sexuales* o *heterocromosomas.* // *c. acéntrico*, cromatida que carece de centriolos. // *c. gigantes*, cromosomas muy grandes hallados principalmente en las glándulas salivares de ciertos dípteros. // *c. hijos*, par de cromosomas resultantes de la separación de cada par durante la meiosis. // *c.M.*, V. *microromosoma* o *cromosoma mediocéntrico.* // *c. telocéntrico*, o cromosoma con centrómero central. // *c. w, z*, cromosomas sexuales en los organismos en que la hembra es el sexo heterosómico. // *c. X*, cromosoma asociado con la determinación del sexo en muchos animales. // *c. Y.*; cromosoma ligado a la determinación del sexo en muchos animales, que parea con el cromosoma X y ambos se llaman *heterocromosomas.* Ver *cromosoma X.*

cromosomina (**chromosomin**). Una proteína del núcleo celular. (De **cromosoma**.)

cron-, crono-* (**chron-**). (Del gr. **kronos**, estación del año; tiempo; lat. **chrono-**.) // También como sufjio *-crono.*

cronaxia (**chronaxie**). Período latente entre el estímulo eléctrico y la respuesta muscular. (Gr. **chronos**, tiempo; **axia**, valor.)

crónico* (**chronic**). Lo que pertenece al tiempo.

cronoclín (**chronocline**). Un gradiente de carácter manifestado a través del tiempo. Término empleado en paleontología. (Gr. **kronos**, tiempo; + **clin**, q.v.)

cronotrópico (**chronotropic**). Lo que afecta el rito de un fenómeno. (Gr. **chronos**, tiempo; **trope**, vuelta.)

crosopterigio (**crossopterigian**). Un miembro del superorden de peces. *Crossopterygii*, q.v.

crossing-over. Expresión inglesa, de empleo universal en genética, que se ha traducido por *entrecruzamiento.*

Crossopterygii. Un superorden de peces de la clase *Osteichythyes.* Tienen aletas lobuladas, con premaxilares y maxilares. Se originaron en el Paleozoico y se han considerado ancestrales de los anfibios.

Crossopterygiida. V. *Crossopterygii.*

crótalo* (**rattle snake**). Nombre común a varias especies de serpientes venenosas americanas llamadas cascabelas que producen un ruido particular al agitar los discos córneos que tienen en el extremo de la cola. (Lat. **crotalus**; gr. **krotalon**, cascabel, castañuela.)

cruce* (**cross**). Acción de cruzar. Término empleado como sinónimo de *cruzamiento.* (De **cruz**.)

cruciforme* (**cruciform**). En forma de cruz. (Lat. **crux**, **crucis**, cruz.)

crumen (**crumen**). Glándula sebácea situada en una depresión del lagrimal en los antílopes y ciervos. (Lat. **crumen**, cavidad.)

crumena (**crumena**). Vaina en donde se retraen los estiletes en los hemípteros. (Lat. **crumena**, bolsa.)

crúor* (**cruor**). Principio colorante de la sangre o hemoglobina. // Glóbulos sanguíneos. (Lat. **cruor**, sangre derramada.) *Adj.* *cruórico**.

cruorina (**cruorin**). Pigmento de la sangre. (Gr. **cruor**, sangre.)

crura* (**crura**). Las piernas. // Cada una de las láminas de la valva superior de los braquiópodos que sirven de inserción a los brazos. (Lat. **crus**, **crura**, pierna.)

crural* (**crural**). Lo relativo al muslo. (Lat. **cruralis**.)

crurococcígeo (**crurococcigeus**). Músculo ventral de las extremidades posteriores de los mamíferos. (Lat. **crus**, pierna.; **coxis**, cadera.)

cruropegmático (**cruropegmatic**). Dícese del aparato branquial en los braquiópodos formado por dos láminas simples independientes. (Lat. **crus**, pierna; gr. **pegma**, lo que está unido.)

crus (**crus**). V. *crura.*

Crustacea. Clase en el fílum Artropoda cuyos miembros son en su mayoría acuáticos. Tienen boca masticadora, dos pares de antenas y, frecuentemente, cefalotórax y abdomen (Lat. **crusta**, corteza.)

crustáceo* (**crustacean**). Que tiene crusta o costra. // Un miembro de la clase *Crustacea*, q.v. (Lat. **crusta**, costra, corteza.)

cruz* (**withers**). Parte en el lomo de los cuadrúpedos donde se cruzan los huesos de las extremidades anteriores con la columna vertebral. (Lat. **crux**, la cruz.) // *c. de los moluscos*, distribución en forma de cruz de ciertos blastómeros en la blástula de los moluscos.

cruzamiento*(**cross**). Acción y efecto de cruzar los organismos. // Unión sexual entre especies, variedades o genotipos diferentes. // *crossing over.* // *c. recíproco*, cruce de las formas A x B x A. // *c. retrógrado*, apareamiento de un heterocigoto. = *test cross.* // *c. selectivo*, tendencia de ciertos tipos de machos a aparearse con determinados tipos de hembras.

cruzar* (**to cross**). Mezclar variedades especies para obtener mestizos o híbridos. (De **cruz**.)

Cryptobranchoidea. Un suborden de anfibios del orden *Caudata.* Sin branquias en el adulto, con dientes vomerinos en las nares internas y fertilización externa. Desde el Mioceno. (Gr. **kryptos**, oculto; **branchia**, branquia; **oides**, forma.)

Cryptocephala. Subclase en los anélidos de la clase *Polychaeta.* La cabeza está oculta por el peristomio. (Gr. **kryptos**, oculto; **kēphale**, cabeza.)

Cryptocerata. Un suborden de insectos del orden *Hemiptera.* Tienen antenas ocultas y son depredadores. (Gr. **kryptos**, oculto; **kēras**, cuerno.)

Cryptocysta. Un orden de esporozoos mejor conocido por *Microsporidia.* (Gr. **kryptos** oculto; **kysis**, quiste.)

Cryptodira. Un suborden de reptiles del orden *Chelonia.* El cuello se dobla en una S vertical y la pelvis no está fusionada con el peto. (Gr. **kryptos**, oculto.)

Cryptodonta. Un orden poco empleado en la clase de los moluscos bilvalvos, caracterizado por la charnela de tipo criptodonte, cuyos dientes son simples repliegues de la concha. (Gr. **kryptos**, oculto; **edous**, diente.)

Cryptomonadida Un orden de protozoos flagelados de la subclase *Phytomastigina.* Son pequeños, deprimidos, con 2 flagelos, 1-2 cromatóforos y, generalmente, con citofaringe. Algunos son simbiontes. (Gr. **kryptos**, oculto; + **monadina**.)

Cryptoniscina. Una división en los crustáceos del orden *Isopoda.* Parásitos en otros crustáceos. (Gr. **kryptos**, oculto (lat. **oniscos**, "cochinilla de humedad".)

Cryptosomata. Orden de briozoarios paleozoicos cuyas zoecias quedan englobadas en un esqueleto general. (Gr. **kryptos**, oculto; **soma**, cuerpo.)

Cryptostigmata. Un suborden de arácnidos del orden *Acarina.* Ver *Sarcoptiformes.*

Cryptostomata. Un orden de briozoos extintos del Paleozoico. (Gr. **kryptos**, oculto; **stoma**, abertura.)

Crypturi. Un orden de aves, también llamado *Tinamiformes*, q.v. (Gr. **kryptos**, oculto; **ouros**, cola.)

cten- (**cten-**). (Del gr. **ctenos**, peine.) Ver también los vocablos que empiezan con *ten-.*

ctenario (**ctenarian**). V. *tenario* y *Ctenophora.* (Gr. **kteis**, **ktenôs**,, peine.)

ctenidios (**ctenidium**). *Tenidio.* Branquia de ciertos invertebrados, especialmente de los moluscos, que tienen una fila de flecos en forma de peine. (Gr. ctenos, peine; -idion; dimin.)

Ctenobranquios. *Tenobranquios*, un grupo de moluscos gasterópodos prosobranquios provistos de branquia pectiniformes. (Gr. ctenos, peine; branchia, branquia.)

ctenocisto (ctenocyst). *Tenocisto.* Un órgano sensorial aboral en los ctenóforos (Gr. ctenos, peine; kustis, vesícula.)

Ctenodactyloidea. Una superfamilia de mamíferos en el orden *Rodentia.* Comprende las ratas desertícolas africanas. (Gr. ctenos, peine; dactylos, dedo; oidea, terminación que indica superfamilia en taxonomía.)

Ctenodipterini. Un orden de peces pulmonados extintos.

ctenóforo (ctenophoral). *Tenóforo.* Un organismo del fílum *Ctenophora*, q.v.

ctenoides* (ctenoid). *Tenoide.* Que tiene forma de peine. (Gr. ctenos, peine; eidos, similar.)

Ctenophora. Un fílum de animales de simetría birradial. Cuerpo esferoide con mesoglea gruesa o deprimida, con 8 filas externas de placas ciliadas locomotoras y sin nematocistos. (Gr. ctenos, peine; phoreys, llevar.)

Ctenoplana. Un orden de ctenóforos de la clase *Tentaculata.* V. *Platyctenea.*

Ctenopoda. Una tribu de crustáceos en el orden *Cladocera*, suborden *Calyptomera.* Con seis pares de patas foliáceas, el segundo no prensil. (Gr. ctenos, peine; podos, pie.)

ctenos (ctene). Los *peines* o paletas natatorias de los ctenóforos, formadas por hileras transversales de pestañas vibrátiles. // También *peines.* // Tipos de setas. (Gr. ctenos, peine.)

Ctenostomata. Un orden de briozoos de la clase *Gymnolaemata.* Zoecios quitinosos o gelatinosos. Orificio cerrado por un pliegue ciliado. Colonias incrustantes. Del Ordoviciano al Reciente. (Gr. ctenos, peine; stoma, boca.)

ctetología (ctetology). Parte de la biología que estudia los caracteres adquiridos. (Gr. ktetos, adquirido; logos, discurso.)

ctetosoma (ctetosome). Autosomas supernumerarios asociados con los heterosomas durante la meyosis. (Gr. ktetos, adquirido; soma, cuerpo.)

cuaco (night heron). Sudamérica: V. *guanabá*, ave ciconiforme.

cuadrado* (quadrate). Hueso del cráneo de los vertebrados por medio del cual se articula con la mandíbula. En los mamíferos se ha transformado en el yunque. // El hueso mayor o grande del carpo. (Lat. quadratus.)

cuadradoyugal (quadratojugal). Hueso del cráneo de ciertos vertebrados situado entre el yugal y el cuadrado.

cuadri- (quadri-) (Del lat. quatour, cuatro.) Se emplea para dar la idea de cuadruplicidad.

cuadriceps* (quadriceps). De cuatro cabezas. // Dícese de un músculo del muslo que presenta cuatro inserciones independientes en su extremidad distal. (De Lat. quatuor, cuatro; caput, cabeza.)

cuadril (rump, buttock). *Anca,* cadera. (Por cadril, de cadera.)

cuadritubercular* (quadritubercular). Tipo de molar en los mamíferos provistos de cuatro cúspides (protocono, metacono, paracono e hipocono).

cuadrumano* (quadrumanous). *Cuadrúmano*.* Que tiene cuatro manos. Dícese de los monos, porque tienen pulgar oponible en las cuatro extremidades. (Lat. quatour, cuatro; manus, mano.)

cuadrúpede*. V. *cuadrúpedo.*

cuadrúpedo* (quadruped). *Cuadrupedal*.* La acepción vulgar aplicada a los vertebrados de cuatro extremidades, mamíferos y muchos reptiles. (Lat. cuadrupedus.)

cuaga (cuagga). Especie de cebra sudafricana extinta desde fines del siglo XIX, que tenía rayas solamente en el cuarto posterior (Equus cuagga.)

cuaima* (bush-master). Venez.: especie de serpiente venenosa de la familia *Crotalidae*, llamada también cascabela muda (Lachesis muta).

cuajá (quaha). Una especie de chacal (Canis lateralis).

cuajada* (cuaa). Parte grasa de la leche que se separa del suero y sirve para hacer queso o requesón. *Requesón.*

cuajar* (abomasum). La última de las cavidades del estómago de los rumiantes, que es el verdadero estómago. (De cuajo.)

cuajicote*. Méx.: especie de abeja silvestre. (Dicc.)

cuajo* (rennet). Substancia del cuajar de los rumiantes y del estómago de otros mamíferos que transforma el caseigógeno de la leche en caseína y la prepara para que sea digerida por la pepsina. (Lat. coagulum.)

cuapactol. Méx.: ave trepadora del orden *Cuculiformes.* (Dicc.)

cuartilla* (pastern). La parte del pie de los caballos entre el menudillo y el casco. (Dim. de cuarta.)

cuarto ventrículo (fourth ventricule). La cavidad de la médula oblongada.

cuataquil (cacomixtle). Nombre común a las especies de carnívoros americanos del género *Bassariscus.* [V. *olingo* mamífero prociónido parecido al Kinkajou.]

cuaternario* (quaternary). Dícese del período superior de la Era Cenozoica, inmediatamente después del Plioceno. Comprende dos épocas: Pleistoceno y Holoceno o actual. Duró más de 1.5 millones de años y se caracterizó por la irradiación evolutiva de los primates. (Lat. quartus.)

cuatí*. V. *coatí.*

cuatronarices (bush-master). Venez.: *macagua*, especie de serpiente venenosa de la familia *Crotalidae* (Bothrops atrox.)

cuatuza (agaute). Méx.: el agutí (Dasiprocta). Guatuza.

cubanita (white-winged dove). Puerto Rico: especie de tórtola, llamada en Cuba *aliblanca* (Zenaida asiatica).

cubera* (Cuban snapper). Cuba: pez óseo del orden *Perciformes*, familia *Lutjanidae* (Lutjanus cyanopterus.)

cubereta. Cuba: v. *cubera*, pez.

cubia (groove). *Ranura*, q.v.

cubierta* (cover). La vegetación, desperdicios e irregularidades del substrato utilizadas por algunos animales para ocultarse, dormir, comer o reproducirse. (Lat. coopertus.) // Cubierta, tapadera. // Empollar, ponerse las aves sobre los huevos para sacar cría. // Cubrir, juntarse el macho de algunos animales con la hembra. // *c. branquial*, el opérculo de los peces.

cubillo. *Carraleja*, insecto.

cubital* (cubital). Lo relativo al cúbito. // Hueso del carpo en los mamíferos situado entre el semilunar y el pisiforme (=piramidal y cuneiforme). (Lat. cubitalis.) // La quinta nervadura en el ala de los insectos y el área limitada por ella.

cúbito* (ulna) Hueso del brazo de los mamíferos que se articula con el húmero. // Ulna. // Nervadura en las alas de los insectos. (Lat. cubitus, codo.) *Adj.* cubital*.

cuboide* (cuboid). Hueso del tarso de los mamíferos que es el más interno de los que se articulan con el calcáneo. *Adj.* cuboidal.

Cubomedusae. Un orden de celenterados de la clase *Scyphozoa.* Umbela cuboide, con el margen doblado hacia dentro. Tentáculos 4 ó en grupos de 4. De aguas tropicales y subtropicales.

cubonavicular* (cubonavicular). Hueso del tarso en los artiodáctilos formado por la fusión cuboide con el escafoides o navicular.

cubrejunta (carp). *Carpa*, pez.

cubridoras. v. *coberteras*, plumas.

cucán (coucang). Especie de prosimio de la familia *Lorisidae* que vive en la India (Nycticebus coucang).

cucaracha* **(cockroach).** Nombre común a numerosas especies de insectos ortópteros de la familia *Blattidae*, cuyas formas caseras son altamente nocivas. La *c. alemana* **(Blatella germanica).** y la *c. americana* **(Periplaneta americana)** son especies casi cosmopolitas. (De cuco, insecto.)

cucarachero **(wren).** Venez.: ave del orden *Passeriformes*, familia *Troglodytidae* **(Troglodytes musculus).**

cuclillo* **(cuckoo).** Ave trepadora del orden *Cuculiformes*, familia *Cuculidae*, que pone los huevos en los nidos de otras aves, que los empollan. (Lat. **cuculellus.**)

cuco* **(cuckoo).** Cuclillo // Ave Cuculiforme de la familia *Cuculidae* **(Cuculus canorus),** especie poliándrica de cria parásita. // Oruga de ciertas mariposas. (Lat. **cucus.**)

cucubá*. Cuba: voz indígena que designa una especie del orden *Strigiformes*. (Dicc.)

cucubano **(fire beetle).** Puerto Rico: *cucuyo*, insecto.

Cucujoidea. Una gran superfamilia de insectos coleópteros polífagos.

cuculado **(cucullatus).** Encapuchado. En forma de cogulla. (Lat. **cucullatus.**)

cuculi. Chile y Perú: paloma silvestre. Muy solicitada por su canto armonioso **(Columba melodia).**

cuculiforme. V. *cuculado.* // V. *Cuculiformes.*

Cuculiformes. Un orden de aves que comprende los cuclillos, los anís, etc. Dedos 2 en frente y 2 detrás, el extremo reversible, cola larga, pico moderado.

cúculo **(cucullus).** La parte terminal de la valva genital de los lepidópteros. (Lat. **cucullus).**

cucurbitino. Dícese del segmento o proglótido de las tenias que está cargado de huevos. (Lat. **cucurbita,** calabasa.)

cucurú. Especie de sapo de la familia *Pipidae*, de cabeza pequeña, piel granulada. El macho coloca la puesta sobre la piel de la hembra, en donde se forman alvéolos y allí permanecen los renacuajos hasta el fin de la metamorfosis **(Pipa surinamensis.)**

cucuy, cucuyo* **(fire beetle).** V. cocuyo.

cuchareta* **(roseate spoonbill).** Sevilla. Puerto Rico: ave del orden *Ciconiiformes*, familia *Trheskiornithidae* **(Ajaja ajaja).** // *c.* **(shoveller).** Cuba, Puerto Rico: especie de ave de pico ancho **(Spatula clypeata).** // Especie de escama que cubre los halterios de los insectos dípteros. // *Renacuajo* **(Dim. de cuchara).** Argent. // Puerto Rico: molusco bivalvo grande de forma triangular, orden *Filibranchia*, familia *Pinnidae* **(Pinna carnea).**

cucharilla* **(cuiller).** La porción terminal de los gonapófisis de los insectos machos. // Lorica. (Dim. de **cuchara.**)

cuchi. Pez osteictio de Birmania en la familia *Symbranchiidae*, con sacos pulmonares **(Amphiomus cuchia).**

cuchicuchi **(kinkajou).** Venez.: especie de mamífero carnívoro neotropical de la familia *Procyonidae* **(Potos flavus).**

cuello* **(neck).** La parte entre la cabeza y el tórax. // La porción estrecha de un órgano. // Placa dorsal del primer segmento del cuerpo de los diplópodos. // Cuello del útero **(cervix)** o extremidad posterior del útero de los mamíferos. (Lat. **collum.**)

cuerda* **(chord).** Nombre aplicado en anatomía a diversas estructuras de aspecto filiforme o cilindráceo como la cuerda dorsal o notocordio, las cuerdas vocales, las cuerdas nerviosas, etc. (Lat. **chorda;** gr. **chorde.**) // *c. de Pfuger*, células columnares que, en el epitelio germinal, originan las gónadas. // *c. del tímpano*, rama del nervio facial que pasa a través del oído medio. // *c. de Willis*, bandas fibrosas en el seno de la dura madre. // *c. espinal*,=médula espinal. // *c. nerviosa dorsal*, invaginación ectodérmica embrionaria que habrá de formar el cordón nervioso dorsal en los cordados. // *c. tendinosas*, las cuerdas que unen las válvulas del corazón con los músculos papilares de los ventrículos. // *c. testiculares*, tiras de células ramificadas halladas en los testículos embrionarios, especialmente en los mamíferos. // *c. vocales*, el mecanismo de la fonación de los mamíferos, situado en la laringe.

cuerna* **(antler).** Cada una de las astas de los ciervos que están desprovistas de estuches córneos, pero envueltas en una capa orgánica llamada terciopelo o *correal.*

cuernecillo. Tentáculo cefálico de los moluscos gasterópodos.

cuerno* **(horn).** Cada una de las prolongaciones frontales de los ciervos y bóvidos. // Prolongación o defensa nasal de los rinocerontes. // Las antenas de los insectos. // Los tentáculos de los moluscos. // Cualquier proyección corniforme. // El verdadero cuerno es la cubierta orgánica que cubre el centro óseo de las astas de los bóvidos. Las astas de los cérvidos se denominan *cuernas.* (Lat. **cornus.**) // *c. de Ammón*, el hipocampo mayor del cerebro. // *c. del hioides*, procesos que parten del aparato hioide de los tetrápodos. // *c. xifosternales*, las proyecciones posteriores del esternón de los cocodrilos.

cuero* **(hide).** Piel del buey y otros animales después de curtida. Corresponde al corion o dermis de la piel. (Lat. **corius.**) // *c. cabelludo*, la piel y el tejido subcutáneo de la superficie pilífera de la cabeza.

cuerpo **(body, corpus).** La parte principal de una estructura. // Término empleado libremente para diversas estructuras orgánicas de formas, funciones y origen distintos. La voz *corpúsculo* se emplea más bien para estructuras subcelulares o muy pequeñas. (Lat. **corium.**) // *c. adrenales*, formaciones endocrinas unidas al sistema nervioso visceral periférico en los vertebrados inferiores que corresponde a las médulas de las suprarrenales. // *c. alados*, glándula hormonal situada por detrás del cerebro de los insectos que inhibe la metamorfosis. // *c. amarillos*, restos de los folículos de Graaf de los ovarios de los mamíferos después de la ovulación que segregan progesterona. // *c. amiloides*, concreciones en la próstata de los adultos. =*c. amiláceos.* // *c. apical*, el acrosoma de los espermatozoos. // *c. aórticos*, grupitos de células cromafines de cada lado de la aorta fetal abdominal que regulan el contenido de oxígeno. *cuerpos de Zuckerkandl.* // *c. arenáceos*, concreciones salinas de la glándula pineal de las personas de edad. // *c. atréticos*, v. *atresia.* // *c. basales, corpúsculos basales.* // *c. bigéminos*, v. tubérculos bigéminos. // *c. blancos*, masas de tejido fibroso que van remplazando los cuerpos amarillos del ovario. // *c. calcáreos*, substancias que en los anuros rodean los ganglios espinales. // *c. calloso*, bandas transversales de fibras nerviosas o gran comisura que conectan los hemisferios cerebrales en los mamíferos. // *c. cardiacos*, un órgano endocrino de los insectos formado por axonas que penetran en los cuerpos alados. // *c. carotideo*, el laberinto carotídeo de los anfibios o glándulas carotídeas, una estructura junto al seno carotídeo de los mamíferos, inervada por el nervio glosofaríngeo, que interviene en el ritmo respiratorio. // *c. cavernosos*, dos cilindros de tejido esponjoso que forman la porción superior del pene y del clítoris. // *c. celular*, se aplica a la parte principal de la célula, que contiene el núcleo, distinguiéndola de las ramificaciones y fibras. // *c. cetónicos*, substancias orgánicas que se forman por oxidación incompleta de los ácidos grasos. // *c. ciliar*, estructuras en la zona de unión de la caroides con el cristalino. // *c. corticales*, cuerpos interrenales. // *c. coccígeo*, estructura pequeña delante del ápice del coxis en los grandes monos antropomorfos. // *c. cromafines*, estructuras que, en los vertebrados inferiores, son homólogas de la médula de las glándulas suprarrenales. =*c. adrenales.* // *c. cuadrigéminos*, v. *tubérculos cuadrigéminos.* // *c. del esternón*, fusión de las esternebras en un solo hueso mesoesternal. =*Gladiolo.* // *c. de Hassal*, grupo de células acidófilas típicas de la médula del timo. // *c. de Highmore*, el mediastino de los testículos. // *c. de Lallemand*, concreciones en las vesículas seminales. // *c. de Müller*, estructuras de la base de los peciolos de ciertas hojas que segregan substancias que buscan las hormigas. // *c. de Pacchioni*, granulaciones de la aracnoides. // *c. de Stannius*, estructuras anexas a los riñones en algunos peces óseos, que parecen ser de función endocrina. // *c. de Tiedmann*, estructuras linfoides anexas al canal circular ambulacral en algunos equinodermos. // *c. de Wolff*, los elementos que forman el mesonefros. // *c. de Zuckerkandal*, formaciones endocrinas situadas a lo largo de la aorta de ciertos vertebrados. // *c. epiteliales*, nombre con que se conocen colectivamente algunas estructuras derivadas de los sacos faríngeos embrionarios: timo, amígdalas, paratiroides y cuerpos ulimobranquiales. // *c. escolopal*, invaginación quitinosa que, en el cuerpo de los insectos, penetra en el *sensilio* y constituye un receptor de vibraciones. // *c. esponjoso*, masas esponjosas erectiles de la porción media inferior del pene. // *c. estriados*, un par de ganglios basales de los hemisferios cerebrales. // *c. fibrosos*, tejido fibroso que permanece después de la desintegración de los cuerpos lúteos de los ovarios. // *c. fungosos*, los cuerpos pedunculados. // *c. graso*, una masa especial de tejido subcutáneo o visceral, con gran cantidad de grasa almacenada, hallado principalmente en anfibios y saurios. // *c. habenular*, centro nervioso en el hipotálamo. // *c. hemorrágico*, coágulo sanguíneo formado dentro del folículo de Graaf vacío después de la ovulación. // *c. interrenales*, estructuras que, en los vertebrados inferiores, son homólogas de la corteza suprarrenal. =*c. corticales*. // *c. intervertebrales* o *meniscos*, los discos cartilagíneos intervertebrales. // *c. latentes*, estado de reposo en ciertos hemoflagelados. // *c. mamilares*, un par de pequeños abultamientos en la pared ventral de infundíbulo del encéfalo de los mamíferos. // *c. parabasal*, gránulo basal secundario. // Cuerpo pequeño de función dudosa conectado por hilos de protoplasma al gránulo basal de un flagelo en los protozoarios. // *c. pardos*, un polipoide degenerado de una colonia de briozoarios que forma una masa de color pardo alojada dentro del zoecio o pared del cuerpo, del que puede formarse un nuevo polipoide. // *c. pares*, lóbulos en la cadena simpática que, en los selácios, representa la médula suprarrenal. // *c. parietal*, v. *órgano parietal* u *órgano parapineal*. // *c. pedunculados*, estructuras del protocerebro de los insectos que intervienen en las funciones de relación. // *c. pineal*, v. *órgano pineal, glándula pineal*. // *c. pituitarios*, v. *glándula pituitaria*. // *c. polar*, una de las dos células que se dividen del huevo durante la maduración que luego se expulsan. // *c. postbranquiales*, cuerpos ultimobranquiales. // *c. reduccionales*, estados de regresión que se forman en algunas esponjas bajo condiciones desfavorables ambientales, quedando en estado de vida latente. // *c. restiformes*, los lóbulos auriculares junto a la médula oblongada de ciertos peces. Son centros de equilibrio que forman parte del cerebelo. // *c. rojos*, formación reticulada que, en las vejigas natatorias de algunos peces óseos, funciona como glándula de secreción de gases. // *c. suprarrenales*, grupo de células que, en los vertebrados inferiores, corresponde a la médula de las glándulas suprarrenales. // *c. vitelino*, formación que se presenta en algunos ovocitos. = *Cuerpos de Balbiani*. // *c. vítreo*, = *humor vítreo*. // cuerpos ultimobranquiales (**ultimobranquial bodies**) estructura glandular situada en la tiroides, originada por el quinto par de bolsas. Se estima que produce la hormona calcitonina.

cuerudo (**cutworm**). Puerto Rico: V. *cachazudo*, insecto.

cuerva*. *Graja*, hembra del cuervo.

cuervo* (**crow**). Nombre común de varias especies de aves *passeriformes*, de la familia *Corvidae*, de distribución casi universal (**Corvus corax** de Europa y *C. nasicus* y de las Antillas). (Lat. **corvus.**) // Colombia, Venez.: *buitre*. // *Cuervo marino*, v. *cormorán*.

cugajada*. V. *cogujada*, alondra.

cuino* (**pig**). *Cerdo*. (**Onomatop.**)

cuitacoche. Méx.: ave del orden *Passeriformes*, familia *Mimidae* (**Toxostoma curvirostre**).

culata* (**croup**). *Anca*. Parte posterior de una caballería.

culebra* (**snake**). Nombre común de los reptiles del orden *Squamata*, suborden *Ophidia*. (Lat. **colubra.**)=*Serpiente*. // *c. de agua*, v. *anaconda*.

culebrilla*. V. *anfisbena*, reptil.

culebrina* (**ameiva lizard**). Cuba: especie de lagarto de la familia *Teiidae*, de color azul y amarillo y lengua bífida (**Ameiva auberi**).

culebrita de dos cabezas (**amphisbaena**). Cuba: *anfisbena*, se aplica a las especies de saurios americanos ápodos de la familia *Amphisbaenidae* (Género **Amphisbaena** y **Cadea**). // *c. de la crin*, nombre común a las especies del fílum Nematomorpha.

culebrón* (**Puerto Rican boa**). Puerto Rico: especie de ofidio de la familia *Boidae* (**Epicrates inornatus**). (Aum. de **culebra.**)

culícido* (**culicid**). Mosquito. Dícese de los insectos picadores del orden *Diptera*, familia *Culicidae*.

culmen (**culmen**). Reborde dorsal del pico de las aves. (Lat. **culmen**, la cima de una cosa.)

-culo (**cle**). (Del lat. **culus**, pequeño, diminuto.)

culpeo* (**cordillera fox**). Chile: especie de carnicero sudamericano llamado también *zorra roja* (**Pseudalopex culpaeus**).

cultelo (**cultellus**). Estructura afilada de las piezas bucales de algunos insectos chupadores. (Lat. **cultellus**, navaja.)

cultivo* (**culture**). Una población de microbios o de células disociadas que crecen en un medio nutritivo. (Lat. **cultura.**) // *c. axénico*, cultivo que consiste en organismos de una sola especie. // *c. celular*, crecimiento de las células *in vitro*. // *c. monoxénico*, cultivo consistente en uno o dos individuos de una especie. // *c. tisular*, el mantenimiento de tejidos vivos *in vitro*.

Cumacea. Orden de crustáceos de la subclase *Malacostraca*. Son pequeños, de carapacho con 2 placas anteriores, abdomen delgado, urópodos delgados y boca incubadora formada por apéndices llamados *ostegitos*. Casi todos son marinos. (Gr. **kyma, kymatus**, ola, onda.)

cúmulo* (**cumulus**). La masa de células que, en los folículos de los ovarios, aloja un óvulo. (Lat. **cumulus.**)

cunaguaro* (**tiger cat**). Venez.: mamífero carnívoro de la familia *Felidae*, cercano al ocelote (**Felis tigrina**).

cuncuna* (**caterpillar**). Nombre dado en algunas partes de América del Sur a las orugas de los lepidópteros. // Colombia: *paloma silvestre*.

cuneiforme* (**cuneiform**). Que tiene forma de cuña. // Hueso del carpo en los mamíferos situado entre el semilunar y el pisiforme. = *Cubital* = *piramidal*. (Lat. **cuneiformis**, en forma de cuña.)

cúneo* (**cuneus**). Una de las divisiones en los élitros o hemélitros de ciertos insectos. (Lat. **cuneus**, cuña.)

cuniculino. Relacionado con los conejos.

cunículo (**cuniculus**). Galería que abren los ácaros en la piel. (Lat. **cuniculus**, conejo, camino subterráneo.)

cunuaru* (**cunnuaru**). Especie de rana brasileña que fabrica nidos en los árboles aprovechando la resina de la corteza (**Hyla resinifictrix**).

cupido (**praire chicken**). Ave galliforme de la América del Norte de color rojo, negro y blanco. Familia *Tetraonidae* (**Tympanuchus cupido**).

cuña*. Cada uno de los huesos cuneiformes que forma parte del carpo o del tarso de los mamíferos. (Lat. **cuneus**, **cuna.**)

cúpula* (**cupula**). Materia gelatinosa en el extremo de cada órgano de la línea lateral de los peces. // Inclusión citoplásmica diminuta de algunos protozoos. // El ápice óseo del caracol del oído interno. // La parte de la pleura sobre el ápice del pulmón. // Ventosa pequeña. // Cubierta del cáliz de los crinoideos en cuyo interior están la boca y los canales ambulacrales. (Lat. **cupula**, dim. de **cupa**, cuba.) // *c. ópticas*, evaginaciones de los pliegues neurales embrionarios que constituyen organizadores del desarrollo del cristalino.

curadillo* (**cod**). =*Bacalao*.

curador* (**curator**). En museología, el conservador de una colección o de una sala de un museo. (Lat. **curatore.**)

curansi* (**fire beetle**). Boliv.: *cocuyo*.

curare* (**curare**). Alcaloide tóxico empleado en fisiología experimental que interrumpe las uniones entre las fibras nerviosas motoras y las fibras musculares estriadas. Extraído del *Strychnos toxifera* y *Chondroandrum tomentosum* (Carib. **kurare.**)

curcusilla* **(rump).** Rabadilla de las aves. (De **corcus.**)

curí **(guinea pig).** Variante de la voz *cori*, conejillo de Indias. V. *curiel.*

curiana* **(cockroach).** *Cucaracha.*

curiel **(guinea pig).** =Conejillo de Indias.

curies **(guinea pig).** Variante de la voz *cori* o *curiel.*

curiquinque. Ecuador: ave del orden *Falconiformes* parecida a la caracará considerada sagrada por los Incas. (Dicc.)

curiyú* **(boa).** Argent.: boa de gran tamaño. **(Desus.)**

curnuaru. Especie de rana sudamericana que pone sus huevos en depósitos que fabrica con resina de ciertos árboles **(Hyla resinifictrix).**

curruca* (warbler). Nombre de varias especies de pájaros españoles de la familia *Muscicapidae* **(Sylvia communis).** (Lat. **curruca.**)

cursor* **(cursorial).** Dícese de los animales de locomoción especializada para la carrera, como el perro, el caballo, el avestruz. (Lat. **cursor**, corredor.)

Cursoria. Un orden de insectos formado por la unión de los grupos *Dyctioptera* y *Phasmoidea.*

curú*. Perú: gusano o larva de la polilla.

curúa. Puerto Rico: *corúa*, ave.

curuca* **(barn owl).** =*Lechuza.*

curucú* **(quetzal).** Nicaragua: el *quetzal.*

curuja* **(barn owl).** = *Lechuza.*

cururo*. Sudamér.: el roedor histricomorfo *Spalacopus poeppigi.*

curvidonte **(curvidont).** Que tiene dientes curvados. (Lat. **curvus**, curva; **odous**, diente.)

cuscungo* **(owl).** Ecuador: especie de búho.

cuscus* **(cuscus).** Australia: mamífero marsupial del género *Phalanger.*

cusí. Puerto Rico: una especie de gusano comestible. (Según Hernández Aquino.)

cúspide* **(cusp).** Extremidad de una cosa que tiende a formar una punta. *Adj.* **cuspidado.** (Lat. **cuspis, cuspidis**, punta.)

cusú* **(Australian opossum).** Australia: el zorro marsupial o *Trichosurus.*

cusuco **(armadillo).** El Salvador: *armadillo.*

cusumbe* **(coati).** Ecuador: *coatí.*

cutete*. Guatemala: se aplica a varios saurios de la familia *Iguanidae.*

cutícula **(cuticle).** Película anhista que recubre el tegumento de algunos invertebrados. (Lat. **cuticula**, dim. de **cutis**). *Adj.* ***cuticular***, V. *epidermis.*

cuticulina **(cuticuline).** La substancia que constituye la epicutícula de los artrópodos. (Lat. **cuticula.**)

cutis* **(skin).** La piel del hombre, especialmente la de la cara. (Lat. **cutis.**) *Adj.* ***cutáneo.***

cutusa* **(turtle dove).** Colombia: *tórtola.*

Cuvier, George F. Zoólogo francés, fundador de la anatomía comparada de los vertebrados y de la paleontología de los vertebrados. Sus obras famosas: *Reino animal, Lecciones de anatomía comparada, Historia natural de los peces.* Fue partidario de la fijeza de las especies y del catastrofismo. (1869-1932)

cuxiú **(saki monkey).** Cuxuí, especie de mono sudamericano de la familia *Cebidae* **(Chiropotes satanas).**

cuy **(kerodon).** Argent.: se aplica a varias especies de roedores de la familia *Caviidae*, relacionados con el conejillo de India. // Perú: *conejillo de Indias.*

cuzco* **(small dog).** Gozque, perro pequeño. (De cuz, voz con que se llama a los perros.)

Cyclobranquia. Un suborden de moluscos gasterópodos de la subclase *Prosobranchia* cuyas branquias bordean el manto a todo lo largo. (**=Hetercardia**). (Gr. **kyclos**, círculo; **branchia**, branquia.)

Cyclomyaria. Un suborden de tunicados pelágicos. Cuerpo en forma de barril. (Gr. **kyklos**, círculo; **mys**, músculo.)

Cyclophyllidea. Un orden de platelmintos de la clase *Cestoidea.* Escólice con 4 ventosas; aberturas sexuales laterales.=*Taenioidea.* (Gr. **kyclos**, círculo; **phyllon**, hojas.)

Cyclopoida. Un orden de crustáceos de la subclase *Copepoda.* Cuerpo estrechado entre los segmentos de las patas 4ª y 5ª. Algunos parásitos. (Gr. **kyclos**, círculo; **pous**, pie.)

Cyclorhagea. Un orden en el fílum (o clase) *Kinorhyncha.* Con solo el primer anillo cefálico retráctil. (Gr. **kyklos**, círculo; **rhagas**, ruptura.)

Cyclorrhapha. Un suborden de insectos del orden *Diptera.* Los adultos tienen la lúnula frontal sobre las antenas, que son de 3 artejos y con arista en la punta y la pupa se abre por un labio circular. (Gr. **kyklos**, círculo;+**rhapi.**)

Cyclospondyli. Taxón de peces condrictios que incluye ciertos tiburones que poseen una sencilla vaina calcificada alrededor del notocordio en cada centro ventral. (Gr. **kyklos**, círculo; **spondylos**, vértebra.)

Cyclostomata. Un orden de briozoos. V. *Stenostomata.* // Una clase de peces del subfílum *Agnatha* que comprende las lampreas. Cuerpo cilíndrico, sin aletas pares, piel lisa, sin escamas, boca suctora con dientes córneos, una sola abertura nasal, 5-16 bolsas branquiales. (Gr. **kyklos**, círculo; **stoma**, boca.)

Cycnodoidea. Una superfamilia de insectos del orden *Lepidoptera.* Comprende especies diminutas cuyas orugas son llamadas *minadoras.*

Cydippida. Un orden de *Ctenophora* en la clase *Tentaculata.* Cuerpo esferoidal, tentáculos ramificados y retráctiles. (Gr. **kydippe**, una nereida.)

Cymothoidea. Un suborden de crustáceos del orden *Isopoda.* Primer par de patas no queladas, urópodos más o menos deprimidos. (Gr. **kyma**, una hinchazón.)

Cynipoidea. Una subfamilia de *Himenópteros* cuyo abdomen está muy comprimido lateralmente. (Gr. **skinips**, un insecto que vive bajo cortezas.)

Cynodontoidea. Superfamilia de reptiles del período Triásico, del orden *Therapsida*, provistos de dientes caninos y de otras características de los mamíferos. (Gr. **kynos**, perro; **odous**, diente.)

Cynoidea. Un superorden de mamíferos en el orden *Carnivora.* V. *Arctoidea.* (Gr. **kynos**, perro; **oides**, similar.)

Cypriniformes. Un orden de peces óseos, también llamado *Ostariophysi*, que incluye las carpas, etc. (Lat. **cyprinus**, carpa; **formes**, forma.)

Cyprinodontes. V. *Cyprinodontiformes.*

Cyprinodontiformes. Orden de pececillos, casi todos de agua dulce, que comprende los gambusinos, guajacones, gupíes, etc. Boca protáctil, línea lateral débil y aletas pélvicas abdominales. Muchos son vivíparos y algunos poseen gonópodos. =*Mycrocyprini.*

Cyprinodontida. V. *Cyprinodontiformes.*

Cyprinoidei. Un suborden de peces óseos que incluye las familias *Catastomidae* y *Cyprinidae.* (Lat. **cyprinus**, carpa; **oides**, parecido).

Cypseli. Un taxón de aves que incluía los vencejos y colibríes. = (Gr. **kypselos**, vencejo.)

Cystidea. V. *Cystoidea.*

Cystoidea. Clase de equinodermos caracterizada por tener el cáliz formado por un cierto número de placas. (Gr **kystos**, bolsa.)

Cystoflagellata. Un orden de flagelados de células vesiculosas Incluye las especies luminescentes como las noctílucas (Gr. **kystos**, vejiga; lat. **flagellum.**)

CH

chacal* **(jackal)** Se aplica a varias especies de mamíferos carniceros cánidos de Europa, Africa y Asia **(Canis aureus)**. (Arabe, **yagual**.)

chacalaca* **(chachalaca)**. V. chachalaca, ave.

chacalillo V. *Zorro gris americano.*

chacalín* **(crawfish)** V. *camarón.*

chacarona*. Pescado crudo. // Pez marino osteictio del orden *Perciformes,* parecido al dentón. Familia *Sparidae* **(Dentex filosus)**

chacma **(chacma baboon)**. Especie de mono cinocéfalo africano **(Papio comatus)**

chacón* **(tokey)** Lagartija de la familia *Geckonidae,* de la región oriental. V. *tokey* o *toquei.* (Onamat.)

chacha. Guatemala: *chachalaca.*

chachalaca* **(chachalaca)**. Ave de caza neotropical de la familia *Cracidae* de grito fuerte **(Ortalis vetula)**. (Onomat.)

chacharita **(pecary)**. Guayana: *pécari.*

chácaro **(collared pecary)**. Venez: pécari de collar **(Tagassu tajacu)**.

Chágara. Puerto Rico: ver *guábara,* cangrejo de río.

Chaetognatha. Fílum de invertebrados marinos de forma de gusano aplastado provisto de aletas laterales. (Gr. **chaite**, cerda; **gnathos**, mandíbula.)

Chaetonotoidea. Un orden de vermes en el fílum *Gastrotricha.* (Gr. **chaite** cerda; **notum**, dorso; **-oides**, forma.)

Chaetodermatidea (Chaetodermomorpha). Un orden de moluscos de la clase *Aplacophora,* que están desprovistos de quilla dorsal. = **(Caudofoveata = Chrystallophissonida)**. (Gr. **chaite**, cerda; **derma**, pie.)

chagrén, chagrín **(shagreen)**. Galicismo por *tafilete.* // Zapa. // Piel curtida de tiburón. (Fr. **chagrin**, turco; **sagri**, cuero granulado.)

Chagas, Carlos. Médico brasileño, descubridor del ciclo vital del protozoo *Trypanosoma cruzi,* parásito productor de la enfermedad del sueño sudamericana, transmitida por insectos de la familia *Reduviidae.* (1879-1934)

Chalastogastra. = *Symphyta.* Un suborden de insectos en el orden *Hymenoptera* cuyas larvas son eruciformes. (Gr. **chalastós**, suelto; **gaster**, vientre.)

chaina **(goldfinch)**. V. *jilguero.*

chajá*, chaja* **(screamer)**. Sudamér.: ave del orden *Anseriformes,* familia *Anhimidae* del tamaño de un pavo y con espolones en las alas **(Chauna chavaria)**.

chalaza* **(chalaza)**. Cordón de albúmina en cada extremidad del huevo de las aves que sirve de suspensor a la yema. Font Quer expresa que el nombre español de este vocablo debe ser *cálazo.* (Gr. **chalaza**, granizo, tubérculo.) *Adj. chalazífero.*

Chalcidoidea. Superfamilia de insectos himenópteros parásitos, a veces hiperparásitos y poliembriónicos. (Neolat. **chalcis**, un género de himenópteros parásitos).

Chalicotheria. Un orden de mamíferos fósiles perisodáctilos provistos de garras. Desde el Eoceno hasta el Pleistoceno. (Gr. **chalix**, grava; **therion**, bestia.)

chalona* **(chalone)**. Una hormona que ejerce acción inhibitoria en ciertos procesos metabólicos. // Bolivia: carne de oveja salada y seca. (Gr. **chaloon**, aflojar.)

Challenger. Expedición oceanográfica del vapor inglés 'Challenger', que duró cinco años y visitó todos los mares. Puede decirse que estableció la oceanografía (1872).

chamariz* **(greenfinch serin)**, Pajarillo de color verdoso común en España y Africa que, para algunos, es el agriotipo del canario doméstico. **(Serinus serinus)**. (Arab.: **camariz**, canario campestre.)

chambergo **(bobolink)**. Ave americana migratoria del orden *Passeriformes,* familia *Icteridae,* muy dañina a los arrozales **(Dolichonyx oryzivorus)**.

Chamberlin, T. C. Biólogo norteamericano, sostenedor de la hipótesis del origen de los vertebrados partiendo de invertebrados de agua dulce. (1843-1928)

chameck **(spider monkey)** Una especie de mono araña de cara rojiza.

Chamoidea. Una superfamilia de moluscos bivalvos cuya concha es muy inequivalva, una de ellas fija al substratum. (Lat. **chama**, un berberecho.)

chamón **(ani)**. Venez.: ave de color negro. V. *judío* y *aní.*

chamorro* **(yellow faced grassquit)**. Puerto Rico: ave nativa de la familia *Fringillidae* (Tiaris olivacea).

chanc **(chank)**. Caracol sagrado de la India **(Xancus pyrum)**.

chanchito de humedad **(pill bug)**. Argent.: *cochinilla de humedad.*

chancho* **(swine)**. Sudamérica: *cerdo.* // *ch. de monte.* V. *pécari.*

changa* **(mole cricket)**. Puerto Rico y Cuba: insecto del orden *Orthoptera,* familia *Gryllotalpidae,* parecido al grillo-topo europeo. **(Scapteriscus vicinus)**.

Channoidea. Un suborden de peces osteictios de agua dulce del orden *Perciformes,* que tienen la cabeza como las culebras = *Ophiocephaloidea.* (Gr. **chango**, la boca abierta).

chao **(chaw)**. Raza de perros lanudos parecidos al perro esquimal, de color pardo o negro y con la lengua negra.

Chaos. Un género de amebas multinucleadas. V. *Pelomyxa.*

chapanero. Colombia: tortuga fluvial del suborden *Pleurodira*, que incluye la mayor de las tortugas fluviales **(Podocnemis expansa).**

chaparrudo. Pez marino tropical del orden *Gobiiformes.* (Diccion.)

chapín* (trunkfish) Se aplica a varios peces marinos comestibles del Atlántico tropical, de cuerpo encerrado en una caja sólida de sección triangular. Orden *Tetrodontiformes*, familia *Ostraciontidae* **(Lactophrys triqueter).**

chapul*. Colomb.: *libélula.*

chapulín*. *Langosta, cigarrón*, insectos.

charabón* Cría del *ñandú.*

Characiniformes. Una división de los peces osteictios que, para algunos, es un orden y para otros una familia de *Cypriniformes.* Son de las aguas dulces neotropicales e incluyen las *pirañas* o *caribes.*

charadria, charadrio (plover). Cualquier ave del orden *Charadriiformes*, suborden *Charadrii*, como las *becacinas, agachadizas, zarapitos, chorlos.*

Charadrii. Un suborden de aves del orden *Charadriiformes*, que comprende las aves de ribera: zarapitos, frailecillos, becacinas, etc.

Charadriiformes. Un orden de aves acuáticas que comprende las gaviotas, las aves de ribera, etc. (Gr. **charadrios**, ave que anida en las hendiduras.)

charapa*. Sudamérica: especie de tortuga pequeña comestible del género *Podocnemis.*

charata*. (chachalaca). Argentina: una especie de chachalaca **(Ortalis canicollis).**

charlatán* V. *chambergo*, ave.

charnela* (hinge). Gozne o bisagra. // Area articular de las valvas de los moluscos bivalvos. (Fr. **charniere.**)

charquecillo*. Perú: pescado congrio salado y seco.

charrán (tern). Se aplica a varias especies de golondrinas de mar **(Sterna sp.).**

Chaudurida. Un orden de peces que comprende especies de agua dulce, de pequeño tamaño, de la región oriental.

chauna. Perú: *chajiol*, ave.

chaus* Especie de *lince* de Abisinia, Egipto y Cáucaso. Tiene pelaje de color pardo.

Chavos por él (black whiskered vireo). Puerto Rico: ave del orden *Passeriformes*, familia *Vireonidae* **(Vireo altiloquus).**

checeba (grasshopper), Venez.: saltamontes, insecto ortóptero de la familia *Acrididae* **(Schistocerca sp).**

chego (chimpanzee). V. *chimpancé.*

Cheilostomata. Un orden de vermes del fílum *Bryozoa* que tienen la abertura del zoecio obturable por un opérculo. (Gr. **cheilos**, un labio; **stoma**, boca, abertura.)

Cheiroptera. = *Chiroptera*, q. v.

cheita. Venez.: ave del orden *Passeriformes*, familia *Fringillidae* **(Zonotrichia capensis).**

chel-. (Del gr. **chele**, garra, pinzas; pezuña, partido.)

chelense. Tipo de cultura prehistórica en la edad de piedra tallada hallada originalmente cerca de Cheles, Francia. A ella pertenece el *Homo transvaalensis.*

Cheleupteroptera. = *Phasmida*, insectos. (Gr. **chele**, partido; **pteron** ala.)

Chelicerata. Un subfílum del fílum *Arthropoda.* Carecen de antenas, pero tienen quelíceros. (Gr. **chele**, garra; **keras**, cuerno.)

Chelodina. Un suborden de anfineuros fósiles, del Ordoviciano inferior hasta el Cretáceo superior. Pertenece al orden *Paleoloricata.*

Chelonethi Chelonethida. Un orden de arácnidos. =*Pseudoscorpionida.* (Gr. **chele**, pinzas.)

Chelonia. Un orden de reptiles que comprende las tortugas. Cuerpo provisto de un carapacho dorsal y de un peto plano ventral. Tienen pico sin dientes y hueso cuadrado inmóvil. Del Jurásico al reciente. = *Testudinata.* (Gr. **chelone**, una tortuga.)

Chelonoidea. Una superfamilia de quelonios marinos que incluye todas las especies marinas vivientes menos el tinglado o laúd. (Gr. **chelone**, tortuga.)

Chelonomorpha. Un superorden de reptiles de la subclase *Anapsida* derivados de los cotilosurios primitivos. Incluye las tortugas. (Gr. **chelone**, tortuga.)

cheltopusic. Especie de reptil saurio de cuerpo cilíndrico, sin extremidades torácicas y con las abdominales atrofiadas. Vive en Europa, Asia y Africa. (Dicc.)

chenchena (hoatzin). Venez.: V. *hoacín*, ave.

chercán* Chile: pajarillo insectívoro de la familia *Troglodytidae* **(Troglodytes aedon).** (Arauc.: **chedean.**)

cherna* (grouper). Se aplica a varios peces marinos tropicales del orden *Perciformes*, familia *Serranidae*, de carne apreciada **(Epinephelus morio).**

Chernetes, Chernetida. Un orden de arácnidos, también llamado *Chelonethi* y *Pseudoscorpionida.* (Gr. **chernes**, jornalero.)

cherno (black grouper). Cuba: especie de mero, pez del orden *Perciformes*, familia *Serranidae*, de carne muy apreciada. **(Epinephelus mystacinus).** Puerto Rico: *chernas*, q.v.

chevrotín (chevrotain). Pequeño rumiante sin cuernos de la familia *Tragulidae* del Africa occidental y Malaya. Machos con caninos muy desarrollados. (Ej. **Tragulus javanicus.**)

chiasma, chiasmatipia. V. *quiasma, quiasmatipia.*

chibí (runner) Puerto Rico: *cibi*, pez marino comestible.

chibiguazú (ocelot). V. *ocelote.*

chicada. Rebaño de corderos enfermos.

chicagüire (screamer). Ave del grupo de los *chajáes.*

chiclé (spine tail). Ave sudamericana del orden *Passeriformes*, familia *Furnariidae* **(Certhiaxis cinnamomea).**

chico fraco (walking stick). Brasil, insecto ortóptero de la familia *Phasmidae.*

chicolae. V. *escolar*, pez.

chicuaco (night heron) Venez.: especie de garza nocturna. Orden *Ciconiformes.* **(Butorides striatus).**

chicuilote. Méx.: V. *chichicuilote.*

chicura. Méx.: V. **guaco**, ave.

chichac (chichak). Especie de lagartija de la familia *Geckonidae* de la región oriental **(Hemidactylus frenatus).** (Onomat.)

chicharra* (cicada). V. *cigarra*, insecto homóptero. // Cuba: grillo de la familia *Gryllidae* **(Acheta assimilis).** // Perú: insecto del orden *Homoptera*, familia *Laternariidae* **(Laternaxia servillei).**

chicharro* (goffler). Pez marino osteictio del orden *Perciformes*, familia *Carangidae*, de distribución tropicopolita **(Selar crumenophthalmus).**

chicharrón* (June beetle). Cuba: se aplica a varios insectos coleópteros de la familia *Scarabaeidae*, género *Phyllophaga.*

chichí (longhorned beetle) Cuba: se aplica a numerosas especies de insectos coleópteros de la familia *Cerambycidae.*

chichica (South American opossum). Especie de zarigüeya sudamericana **(Metachirus opossum).**

chichico (pygmy marmoset). La especie de mono tití más pequeña que se conoce, que habita el Amazonas Superior en Colombia. Familia *Callithricidae* **(Cebuella pygmaea).**

chichicuilote. Méx.: Ave charadriiforme, familia *Scolopacidae.* **(Tringa solitaria).**

chichilasa. Méx.: pequeña hormiga de color rojo muy maligna. (Dicc.)

chichilo (lion marmoset) Especie de mono tití del alto

Amazonas (**Leontocebus lagonotus**), notable por sus bellos colores.

chichilote Méx.: ave del orden *Passeriformes*.

chiflón* Ave zancuda neotropical del orden *Ciconiformes*, familia *Ardeidae*, cuyo grito es un agudo silvido. (Dicc.)

chigatei (**kulan**) Asno salvaje de las estepas de Transbaikal y Mongolia.

chigüire, chigüiro* Venez.: V. *capibara*, roedor.

chihuahua* **chiguahua** (**chihuahua**). Raza de perros oriunda de México, de tamaño mínimo, de orejas grandes y ojos abultados. (Méx., estado de Chihuahua.)

Child, Charles Manning. Zoólogo norteamericano, famoso por sus trabajos sobre los gradientes axiales y sobre la conducta de algunos invertebrados. (1869-1954).

chilile (**chilile**). El fondo de las aguas someras de los lagos (hasta 6 m.).

Chilognatha. Subclase de la clase *Diplopoda*, en el fílum *Arthropoda*. Poseen gnathoquilarios. (Gr. **cheilos**, labio; **gnathos**, mandíbula.)

Chilopoda. Clase del fílum *Arthropoda* que comprende los ciempiés. Cuerpo multisegmentado (hasta 180 anillos) con garfios en el primer segmento del tronco. (Gr. **cheilos**, garra; **pous**, pie.)

Chilostomata. = *Cheilostomata*.

chilú. Especie de ardilla de Abisinia. (Dicc.)

chillo (**red snapper**). Puerto Rico: pez marino tropical del orden *Perciformes*, familia *Lutjanidae*, de carne muy apreciada (**Lutjanus vivanus**). = *pargo del alto*.

chimachimá (**yellow-headed caracara**). Sudamérica: ave rapaz del orden *Falconiformes* (**Milvago chimachima**).

Chimacriformes. Orden de peces condrictios de la subclase *Holocephali* que incluye las quimeras. Tienen las aberturas branquiales con opérculo y la piel sin escamas. Del Devoniano al reciente. (Gr. **chimaera**, un monstruo mitológico.)

Chimaerocoloidea. Un orden de vermes del fílum *Platyhelminthes*, de la clase *Trematoda*, orden *Monogenea*, parásitos en peces chimaeriformes. (Del género **Chimaera** + lat. -**icola**, habitante.)

chimbilá (**bat**). Colombia: *murciélago*.

chimbolo. Cuba: *maporro*, pez fluvial.

chimpancé* (**chimpanzee**) Mono antropoide africano de cerca de 1 m. 40 de alto y unas 200 libras de peso (90.8 k.) de cráneo deprimido, orejas grandes y piernas cortas. Familia *Pongidae* (**Pan troglodytes**).

chinango (**chinango**). Sudamérica: ave del orden *Falconinformes*, familia *Falconidae* (**Milvago chimango**).

chincara* (**chinkara**). Especie de gacela de la India (**Gazella benneti**).

chincha* (**bed bug**). América: *chinche de las camas*.

chinche* (**bug**) Nombre común de varias especies de insectos hemípteros. // ***ch. común***, insecto de la familia *Cimicidae* que parasita el hombre (**Cimex rotundatus**). // ***ch. de monte***, nombre común de varias especies de insectos del orden *Hemiptera* que parasitan las plantas. // ***ch. hedionda***, hemíptero de la familia *Pentatomidae*. // ***ch. de agua***, se aplica a varios insectos hemípteros acuáticos de las familias *Nepidae*, *Notonectidae*, *Hydrobatidae*, etc.

chinchemolle*. Chile: insecto petrícola de olor nauseabundo. (Dicc.)

chinchiguaco (**blackbird**). Cuba: ave de color negro con la cola formando una quilla. Orden *Passeriformes*, familia *Icteridae* (**Quiscalus niger**). También *chinchinguaco* y *hachuela*. V. *mozambique*.

chinchilín (**blackbird**) Rep. Dominic.: ave de color negro de la familia *Icteridae* (**Quiscalus niger**).

chinchilla* (**chinchilla**). Roedor de la región andina. Orden *Rodentia*, familia Chinchillidae. Tienen pelaje blando y suave, muy apreciado en peletería (**Chinchilla laniger**).

Chinchilloidea. Superfamilia de mamíferos del orden *Rodentia*, suborden Caviomorpha. Comprende las chinchillas y vizcachas.

chinchillón. V. *vizcacha*.

chinchimón* Especie de nutria marina.

chinchinén. Chile: especie de nutria marina, mamífero de la familia *Mustelidae* en el orden *Carnivora*. (**Lutra felina.**)

chinchorro (**corne nose**). Insecto hemíptero de la familia Reduviidae que hospeda *Trypanosoma cruzi*. (**Triatoma sp.**)

chiné (**skunk**). Bolivia: *mofeta*, carnívoro.

chingo* Amér. Central: dícese del animal sin rabo.

chongolito (**sparrow**). Ave del orden *Passeriformes*, familia *Fringillidae* (**Melospiza melodia**).

chingolo. Se aplica a varias especies de aves norteamericanas del orden *Passeriformes* de los géneros *Zonotrichia* y *Passerella*.

chingue* (**skunk**). Chile: Especie de *zorrino* o *mofeta*, q.v. (**Conepatus rex.**)

chino* (**lizard**). Cuba: especie de lagartija común. Familia *Iguanidae* (**Anolis sagrae**) de color pardo con pliegue gular anaranjado.

chinuco (**chinook**). Especie de salmón, pez de gran tamaño del Pacífico norteamericano. Orden *Clupeiformes*, familia *Salmonidae* (**Oncorhynchus tshawyscha**). (**Tsinuk**, nombre indio.)

chipichipi (**coquina**). Venez.: molusco bivalvo pequeño y comestible. Subclase *Eulamellibranchia*, familia *Donnacidae* (**Donax denticulata**).

chipojo* (**giant anolis**). Cuba: lagarto de gran tamaño de color verde. Familia *Iguanidae* (**Anolis equestris**). // ***ch. pardo***, Cuba: Idem. (**Chamaelolis chamaleontides**).

chipo. Venez.: Insecto hemíptero, de la familia *Reduviidae*, trasmisor de *Trypanosoma cruzi*, agente de la enfermedad del sueño o mal de Chagas (**Rhodnus prolixus**).

chiquijuan (**snapping turtle**). Tortuga de agua dulce muy agresiva que vive desde Canadá hasta América del Sur. Familia *Chelydridae*. (**Chelydra serpentina**).

chiquirin* Conejillo de Indias.

chircote (**rail**). Ave sudamericana del orden *Gruiformes*, familia *Rallidae* (**Aramides cajanea**).

chiridium. V. *quiridio*.

chirino*. Honduras: cangrejillo. (Dicc.)

chiricuare, chirguare* Venez.: especie de gavilán o caracara (**Milvago chimachima**).

chiritona. V. *lavandera*, ave.

chiriguajú. V. *ocelote*.

chirivín* (**wagtail**) Pájaro pequeño

chirla*. Especie de almeja de España. (Dicc.)

chirlomirlo* (**trush**). V. *tordo*, ave.

chiro (**tenpounder**). Puerto Rico: pez marino comestible, llamado en Cuba lisa francesa (**Elops saurus**). (**Voz indígena.**)

chirpe (**prawm**). Puerto Rico: pequeño crustáceo macruro transparente de agua dulce. Familia *Atyidae* (**Xiphicaris elongata**).

chirigüe*. Chile: avecilla común de color aceitunado (**Sicalis auriventris**). (Dicc.)

Chiroptera. Un orden de mamíferos que comprende los murciélagos. Extremidades anteriores en forma de ala que se extiende hasta las posteriores. Desde el Paleoceno hasta el reciente. (Gr. **cheir**, mano; **pteron**, ala.)

chirú (**chiru**). Especie de antílope de las alturas del Tibet, parecido al *saiga* (**Panthalops hodgsoni.**)

chirulí*. Venezuela: pajarillo común en campos y jardines, de color negro con visos azules. Orden *Passeriformes* familia *Fringillidae* (**Spinus psaltria**). (Onamat.)

chisa*. Colombia: larva de escarabajo. (Dicc.)

chita* (**cheetah**). Mamífero carnívoro de Africa y Asia de carrera muy rápida. Se domestica y emplea para la caza de antílopes. Familia *Felidae* (**Acynonyx jubatus**). También *guepardo* y *onza*. (**indost. chita.**)

chitagongo (**chittagong**). Especie de rinoceronte de la región de Assam. de orejas peludas (**Rhinocerus sumatrensis lasiotis**).

chital (**axis deer**) Ciervo común de la India, de pelaje rojizo moteado de blanco. *Chitra*. (**Axis axis.**)

chitón* V. *quitón*, molusco poliplacóforo. (Gr. una **cota.**)

Chitonida. Un orden de moluscos de la clase *Polyplacophora*, en la que se encuentran los quitones.

chitra. V. *chital.*

chiriría (**tree duck**). Puerto Rico: ave del orden *Anseriformes*, famila *Anatidae* (**Dendrocygna arborea**). = *Yaguaza.*

chirre (**yellow-billed tropic bird**) Puerto Rico: ave marina del orden *Pelecaniformes*, familia *Phaethontidae*, llamada tambien *rabijunco* (**Phaethon lepturus catesbyi**).

chiva* (**she goat**). Hembra del chivo o cabra.

chiu (**leopard**). Nombre del leopardo africano en el lenguaje swahilli.

chival* (**herd of goats**). Hato de chivos.

chivato*. Cría de la cabra.

chiviriguahú. V. *ocelote.*

chivirica, chivirita (**angelfish**). Cuba: se aplica a varios peces marinos del orden *Perciformes*, familia *Chaetodontidae* (**Pomacentrus arcuatus**).

chivizcoyo (**singing quail**). Méx.: ave del orden *Galliformes*, familia *Phasianidae* (**Dactylortyx thoracicus**).

chivo (**kid**). Cría de la cabra. Cuba: *macho cabrío.*

Chiamydoselachus. Grupo de peces condrictios primitivos, especies de tiburones con seis aberturas branquiales cubiertas por festones. (Gr. **chlamydos**, manto; **selache**, tiburón.)

Chloromonadida. Un orden de protozoos de la clase *Mastigophora*, provistos de cromatóforos y de dos flagelos. (Gr. **chloros**, verde; **monás**, simple, unidad.)

Choanata. Una división del subfílum *Vertebrata*. V. *Tetrapoda.* (Gr. **choane**, embudo.)

Choanichthyes. Una subclase de peces osteictios que comprende los peces pulmonados y los de aletas lobuladas. Tienen las fosas nasales comunicadas con la cavidad bucal por las coanas. = *Sarcopterygii.* (Gr. **choane**, embudo; **ichthyes**, pez.)

Choanoflagellida. Orden de mastigóforos zoomastiginos. Poseen un flagelo anterior rodeado de un collarete delicado. (Gr. **choane**, embudo; lat. **flagellum.**)

chocayo. Guatem.: "Ave trepadora de canto agradable." (Dicc.).

choco*. Jibia pequeña. // Perro de aguas.

chocha* (**woodchock**). *Choca perdiz**. Ave zancuda europea de carne estimada. Orden *Charadriiformes*, familia *Scolopacidae* (**Scolopax rusticola**).

chochín (**wren**). Ave europea del orden *Passeriformes*, familia *Troglodytidae* (**Troglodytes troglodytes**).

choique moro. Patagonia y Bolivia: especie de ñandú (*Pterocnemia pennata*) llamado también *ñandú petizo*. (Voz **araucana.**)

cholga (**mussell**). Chile: *mejillón*, molusco bivalvo.

choluga. Méx.: *coatí* o *pisote.*

chombo (**turkey buzzard**). Perú: *aura* y *zopilote.*

chondr-, chondro-. (Del gr. **chondros**, cartílago.)

Chondrencheliformes. Orden de peces condrictios extintos de la subclase *Holocephala.*

Chondrichthyes. Clase de peces de esqueleto cartilaginoso, boca ventral, escamas placoides y machos con terigópodos. (Gr. **chondros**, cartílago; **ichthyes**, pez.)

Chondrobrachii. Orden de peces óseos. (Gr. **chondros**, cartílago; **brachion**, brazo.) = *Ateleopiformes.*

Chondrophora. Un suborden de celenterados hidroideos polimórficos que son coloniales y flotantes. = *Physophora.* Ej. *Velella*, *Porpita.* (Gr. **chondros**, cartílago; **phoreus**, portador.) // Un taxón que incluye los moluscos cefalópodos del suborden *Decapoda* que tienen concha interna, como los calamares.

Chondropterygii. = *Chondrichthyes*, peces cartilagíneos.

Chondrostei, Chondrosteica. Un orden de peces óseos. = *Accipenseriformes.*

Chonetacea. Una superfamilia de braquiópodos fósiles de distribución mundial. Desde el Ordoviciano al Permiano. (Gr. **chone**, tubo, embudo.)

chongo* (**chongo**). Especie de mono macaco de cola larga. Familia *Cercopithecidae.* (**Macacca philippinensis**).

Chonotrichida. Orden de protozoos cilióforos holotricos. Sin cilios en estado adulto. (Gr. **chone**, embudo; **thrix**, pelo.)

chopa*. Nombre de varias especies de peces marinos y de agua dulce. Cuba: pez del orden *Perciformes*, familia *Pomacentridae* (**Pomacentrus otophorus**).

chopo* (**squid**). Cuba: especie de calamar grande de cuerpo deprimido (**Sepiotuethis sepioidea**). // Puerto Rico: pez fluvial introducido procedente de Norteamérica, familia *Centrarchidae.* (**Lepomis sp.**)

choque* (**shock**) Represión de las funciones vitales, usualmente asociada con baja presión sanguínea sin pérdida de la conciencia, producida por varias causas: alérgicas, anafiláxicas, insulínicas, quirúrgicas.

choquezuela*. V. *rótula*, hueso.

chorato*. Cría de la vaca.

chorcha*. Guatemala: pájaro similar a la oropéndola. (Dicc.)

chorda (**chorda**). Cuerda nerviosa, nervio. (Lat **chorda**, cordón.) // *ch. tendinae*, cuerdas tendinosas que conectan los músculos pabillares con las válvulas del corazón.

Chordata. Fílum animal de la división *Deuterosotomata* caracterizado por la posesión de notocordio, cuerda nerviosa dorsal tubular, cola postanal y faringe branquial. (Neolat. **chordata**, **chorda**, cuerda.)

Chordeumida. Un orden de los artrópodos de la clase *Diplopoda.* = *Nematophora.*

Chordonia. = *Chordata.*

Choritida. Orden de espongiarios tetractinélidos.

chorito (**mussell**). Chile: *mejillón*. (**Brachydontes rodriguezon.**)

chorlitejo (**ringed plover**) Nombre de varias aves del orden *Charadriiformes*, familia *Charadriidae*, género *Charadrius.*

chorlito* (**plover**). Nombre de varias aves del orden *Charadriiformes*, familia *Charadriidae*, especialmente del género *Pluvialis.* // *ch. real* (**Orepholus ruficollis.**)

chorlo (**greater yellow legs**). Puerto Rico: nombre común de varias aves charadriiformes, familia *Charadriidae* (**Totanus melanoleucus**). // Peru: molusco bivalvo (**Aulacomya magallanica**).

choro (**mussell**). Perú: Molusco bivalvo marino que vive en el litoral rocoso. Orden *Fillibranchiata*, familia *Mytilidae* (**Chloromytilus choro**).

chota. Sudamér.: ave del orden *Passeriformes*, familia *Furnariidae* (**Schoeniophylax phryganophi**).

chotacabras* (**goatsucker**). Nombre de varias especies de aves del orden *Caprimulgiformes.* Tienen la boca amplia, bordeada de cerdas (**Caprimulgus carolinensis**).

choto* (**kid**). Cabrito, cría de la cabra, mientras mama.

chouka, chousinga. Antílope de la India provisto de cuatro cuernos (**Tetraceros quadricornis**).

chova* (**chough**). Se aplica a las aves europeas del orden *Passeriformes*, familia *Corvidae*, parecidas al cuervo y a la corneja (**Pyrrhocorax pyrrhocorax**).

chozchorito. Roedor de los Andes del tamaño de la rata. Orden *Rodentia,* familia *Octodontomyidae* (**Octodontomys gliroides**).

Chromadorida. Orden de *Nematoda Adenophora.* Esófago de tres regiones. (Gr. **chroma,** color; **doridos,** puñal.)

Chromadorina. Un suborden de *Chromadorida.*

Chromadoroidea. = *Chromadorida.*

Chrysidoidea. Una superfamilia de insectos del orden *Hymenoptera.*

Chrysochloroidea. Una superfamilia de mamíferos del orden *Insectivora* que comprende los llamados *topos dorados* del Africa central y meridional (**Chrysochloris aurea**), (Gr. **chrysos,** oro; **chloros,** verde.)

Chrysomeloidea. Superfamilia de insectos del orden *Coleoptera.* Incluye muchas especies fitófagas. (Del género **Chrysomela** y del neolat. **-oidea,** forma.)

Chrysomonadida. Orden de protozoos de la clase *Mastigophora.* Cromatóforos amarillos y pardos. (Gr. **chrysos,** dorado, **monas,** simple, unidad.)

Chrystallophrissoidea. = *Chaetodermatida,* moluscos poliplacóforos.

chucar (**chukar**). Especie de perdiz nativa del Asia y del Sur de Europa (**Alectoris chukar**).

chucuto*. Venez: especie de mono de la familia Cebidae. (**Cacajao melanocephalus**). También lo llaman *mono rabón.*

chucho* (**spotted sting ray**). Cuba: obispo, pez condrictio del orden *Rajiiformes,* familia *Myliobatidae* (**Aetobatus narinari**). // Cuba: *lebiza,* pez. // Puerto Rico: ave de la familia *Mimidae.*

chuchube. Venez.: ave del orden *Passeriformes,* familia *Mimidae,* parecida al sinsonte (**Mimus gilvus**).

chucuri* Ecuador: mamífero parecido a la comadreja. (Dicc.)

chueca*. Parte redondeada de un hueso que encaja en el hueco de otro.

chirita (**cormorant**). Perú: especie de cormorán (**Phalacroconax gaimardi**).

chulengo. Cría de guanaco.

chulo (**buzzard**). Colombia: *aura,* ave.

chumpipe* Guatemala: *pavo.*

chuna*. Ave zancuda sudamericana del orden *Gruiformes* (**Chunga burmeisteri**).

chungungo. Chile: *coipú,* roedor. // Nutria sudamericana (**Nutra felina**).

chuña*. V. *chuna.*

chupacacao (**caracara**). Sudamérica: ave del orden *Falconiformes,* familia *Falconidae* (**Daptrius americanus**).

churra. Perú: especia de *mono araña* (**Ateles** sp.).

churo. Ecuador: *caracol.*

churrea (**road runner**). Ave del orden *Cuculiformes,* familia *Cuculidae,* llamada también correcaminos (**Geococcyx californianus**). Vive en los Estados Unidos y México.

churrinche. Argent.: *cardenal,* ave.

churucu*. Mono barrigudo de los Andes. Familia *Cebidae* (**Lagothrix lagotricha**).

chuva (**spider monkey**). Especie de mono araña de color negro que vive en el nordeste de Brasil, así como en Colombia, Ecuador y Perú. Familia *Cebidae* (**Ateles belzebuth**).

D

dab (dabb). Especie de saurio de la familia *Agamidae* que vive en el norte del Sahara (**Uromastix acanthinurus**). // (**dab**). Especie de lenguado europeo (**Limanda limanda**).

daboia (Russell's viper). Especie de víbora, ofidio asiático de la familia *Viperidae* (**Vipera russelli**).

dacri- (dacryo-). (Del gr. **dakryon**, lágrima.)

dacrio (dacryon). *Dacrión.* Punto craniométrico situado en la unión de los huesos lagrimal, frontal y maxilar. (Gr. **dakryon**, lágrima.)

dacriocisto (dacryocyst). El saco lacrimal. (Gr. **dacryon**, lágrima; **kystis**, vejiga.)

dacrioide (dacryoid). Que tiene forma más o menos redondeada en un extremo y puntiaguda en el otro, como una lágrima. (Gr. **dakryon**, lágrima; neolat. **oides**, parecido.)

dactil- (dactyl-). (Del Gr. **dactylos**, dedo.) También usado como sufijo.

dáctilo* (dactylar). Una parte del tarso en los insectos. // El dáctilo de los escorpiones. // Un dedo. // Dedo de las aves. *Adj.* **dactiloide. dactilado*, dactilar*, dactilino.**

Dactylochirota. Un orden de equinodermos en la clase *Holothuroidea.* (Gr. **dactylos**, dedo.)

dactilóforo (dactylophore). Abertura por donde se proyectan los dactilozoides en el esqueleto de los celenterados del orden *Milleporina.* (Gr. **dactylos**, dedo; **phoreus**, un portador.)

dactilognatito (dactylognathite). El segmento terminal de un maxilípedo. (Gr. **dactylos**, dedos; **gnathos**, mandíbula.)

dactilopatagio (dactylopatagium). Parte externa de la membrana alar en los murciélagos. =*Ectopatagio.* (Gr. **dactylos**, dedo; lat. **patagium**, borde de un vestido.)

dactilopodito (dactylopodite). El quinto segmento (terminal) de las patas de los crustáceos decápodos, a veces de forma de quela. (Gr. **dactylos**, dedo; **podos**, pie.)

dactilóporo (dactylopore). Abertura en el esqueleto de las miléporas. (Gr. **dactylos**, dedo; **poros**, canal.)

dactilóptero (dactylopterous). Pez teleósteo que tiene algunos rayos libres en las aletas pectorales. También se llama *murciélago.* (Gr. **dactylos**, dedo; **pteron**, ala.)

dactiloscopia* (dactyloscopy). El examen de las impresiones digitales para la identificación forense. (Gr. **dactylos**, dedo; **skopeo**, mirar, examinar.)

dactilozoide (dactylozoid). *Dactilozooide.* Un hidroide modificado para la captura de las presas en ciertas colonias de celenterados. (Gr. **dactylos**, dedo; **zoon**, animal.)

Dactylifera. Un orden de *Platelmintos.* Ver *Temnocephaloidea.* (Gr. **dactylos**, dedo; lat. **ferre**, llevar.)

Dactyloda. Un orden de Platelmintos. Ver *Temmocephalidae.* (Gr. **dactylos**, dedo; **oides**, parecido.)

Dactylopteriformes. Un orden de peces teleósteos cuyas aletas pectorales están divididas en dos partes, la superior grande y aliforme, con la cual pueden salir fuera del agua. (Gr. **dactylos**, dedo; **pteron**, ala; lat. **forma**.)

Dactylopteroidea. Un suborden de peces óseos. V. *Thoracosteiformes.*

dafnia. Nombre de los crustáceos cladóceros del género *Daphnia* y sus afines, llamados también *pulgas de agua.*

daieli (dailei). El pez dipneo australiano llamado también *barramunda*, q.v.

dajao* (fresh water mullet). Cuba y Puerto Rico: pez fluvial de las aguas tropicales de la América. Orden *Mugiliformes*, familia *Mugilidae* (**Agonostomus monticola**). (Voz **indígena.**)

dalgety (dalgety). Nombre comercial para las pieles del *bandicut* o conejo marsupial.

dálmata* (Dalmatian). Se dice de una raza de perros de color blanco y motas negras irregulares, empleado originalmente para acompañar a los carruajes. (De **Dalmacia.**)

Dalton, John. Físico inglés, sostenedor de la teoría atómica. Estudió la condición de la vista que él padecía, la que luego se llamó *daltonismo*, q.v. (1766-1844)

daltonismo* (daltonism). Una condición anormal del sentido de la vista por la que no se distinguen ciertos colores, especialmente se confunden el rojo con el verde. (De **Dalton.**) *Adj.* **daltoniano*.**

dama* (fallow deer). Nombre que también se aplica al *gamo.* // Una especie de gacela (**Gazella dama**). // Un uálabi (**Macropus eugenii**). Una especie de dik-dik (**Rhychotragus damarensis**).

damalisco. Nombre aplicado a los antílopes del género *Damaliscus*, que habitan las sabanas africanas. V. *topi.*

damán* (cony). Nombre común de varios mamíferos parecidos a los roedores. Orden *Hyrocoidea*, familia *Hyracidae.* Nombre equivalente al de *safán* que cita la Biblia. Los damanes están más relacionados con los elefantes que con los roedores. Viven en Africa, Arabia y Siria. El de Siria es el *Heterohyrax syriacus.* (Arab., abrev. de daman **israil**, cordero de Israel.)

damero (petrel). Una especie de petrel pintado, ave procelariiforme de la familia *Procelariidae* que vive en el Atlántico meridional (**Daption capensis**).

damisela* (demoiselle crane). Especie de grulla europea (**Anthropoides virgo**). (**Fr. demoiselle.**)

Damm, H. En colaboración con **E.A. Doisy**, identificó (1934) la vitamina K, a la que se le asigna importancia en el proceso de la coagulación.

Dan, J.C. Descubrió las reacciones producidas por el acrosoma de los espermatozoos para lograr la entrada en el óvulo.

dandie dinmont. Un pequeño perro terrero de pelo suave, sedoso y largo.

danta* **(tapir).** Venezuela: nombre dado por los primeros colonizadores al tapir americano (**Tapirus terrestris**).

dante* *Anta,* **danta, tapir.** // **Búbalo, un antílope. (Arabe, lamt.)**

dantía **(hutia).** Puerto Rico: variante de la voz *jutía,* q.v.

danto* **(umbrella bird).** Pájaro centroamericano de color anaranjado y de copete largo que llega al extremo del pico y asemeja la trompa del tapir o danta (**Cephalopterus ornatus**). (De **danta,** tapir.)

danzas nupciales **(nuptial dance).** Exhibición de movimientos rítmicos asociados con la reproducción por muchos animales. Ej. pavorreales, grullas, arañas, etc.

dardabasi*. Ave de rapiña africana del orden *Falconiformes.*

dardo* **(dart).** Estructura en forma puntiaguda generalmente relacionada con la reproducción, como en los nematodos y moluscos pulmonados. (Gr. **dartos,** dardo.)

Darlington, Cyril Dean. Citólogo y geneticista inglés. Especialista en citogenética. (1903)

Dart, Raymond. Descubridor del antropoide fósil *Australopithecus africanus,* que se creyó el eslabón perdido entre monos y hombres.

dartos **(dartos).** La túnica dartos, capa delgada de músculos lisos unida al escroto o a los labios mayores. (Gr. **dartos,** excoriado.) *Adj.* ***dartoide.***

darvinismo*. V. *darwinismo. Adj.* ***darviniano****.

darvinista*. **(darwinist).** V. *darwinista.*

Darwin, Charles Robert. Naturalista inglés. Propulsor de una teoría de la evolución basada en la selección natural (1859), en cuyo pensamiento influyó notablemente su viaje en el Beagle alrededor del mundo. Su obra maestra es *El origen de las especies.* (1809-1882)

Darwin, Erasmo. Médico y poeta inglés, abuelo de Charles Darwin. Reconoció que varias formas de organismos provienen de otras y acentuó que la respuesta del animal al ambiente era la base para las modificaciones orgánicas. (1731-1802)

darwiniano **(Darwinian).** Lo referente al *darwinismo.*

darwinismo **(Darwinism).** *Darvinismo**, teoría de la evolución orgánica expuesta por Charles Darwin, basada en la selección natural.

darwinista **(Darwinian).** Darvinista*. Partidario de la doctrina del *darwinismo.*

Dascilloidea. Una superfamilia de insectos coleópteros. (De **Dascyllus,** género de insectos; oides, forma.)

dasi- **(dasy-).** (Del gr. **dasys,** peludo, espeso, velludo, denso, cubierto.)

dasi **(dassies).** Ver *damán.*

dasipedes **(dasypaedes).** Las aves que al nacer están completamente cubiertas de plumones. (Gr. **dasys,** denso; **pais,** niño.)

dasípodo. Dícese de los animales que tienen las patas vellosas. (Gr. **dasys,** peludo; **pous,** pie.)

dasiuro **(dasyure).** Uno cualquiera de los pequeños marsupiales canívoros australianos del género *Dasyurus.* (Gr. **dasys,** peludo; **oura,** cola.)

Dasypodoidea. Superfamilia de desdentados del orden *Edentata,* de cuerpo cubierto de escamas y extremidades cortas con uñas robustas y cavadoras. (Gr. **dasys,** peludo; **podos,** pies.)

Dasyuroidea. Una superfamilia del orden *Marsupiales* que comprende, entre otros, el llamado *lobo de Tasmania.* (Gr. **dasys,** espeso; **oura,** cola.)

dátil de mar* **(date mussel).** Molusco bivalvo comestible, perforador de rocas de los géneros Lithophaga y afines (**Lithophaga antillarum**).

Daubentonoidea. Una superfamilia de primates prosimios del suborden *Prosiinii* propios de Madagascar, cuya dentadura es semejante a la de los roedores y poseen garras en casi todos los dedos. Se conocen con el nombre local de *aye-aye.* (Dedicada a Mr. Daubenton.)

Davemport, Charles Benedict. Zoólogo norteamericano. Fue notable por sus estudios en genética humana, eugenesia y antropometría. (1866-1944)

Da Vinci, Leonardo. Pintor, escultor, arquitecto, ingeniero, científico, etc., italiano. Notable por sus estudios en anatomía humana. (1452-1519)

daw **(daw).** Especie de cebra de la Abisinia hasta Transvaal, llamada también *cebra de Burchell* (**Equus burchelli.**)

de- **(de-).** (Del lat. **de-,** procedente, fuera, bajo.)

dec-, deca- **(deca-).** (Del gr. **deka,** diez.)

Decabrachia. Un nombre sustituto para designar el orden de cefalópodos llamado *Decapoda* (no **Decapoda: Crustacea**). (Gr. **deka,** diez; **brachium,** brazo.)

Decapoda. Un orden de crustáceos malacostráceos de la división *Eucarida,* que comprende los cangrejos, camarones, langostas, etc., y se caracteriza por apéndices unirrámeos y por tener usualmente 5 pares de apéndices locomotores. // Un suborden de moluscos cefalópodos del orden *Dibranquia,* que comprende los pulpos y especies afines, caracterizado por tener 8 brazos o tentáculos con ventosas. Por homonimia con el orden *Decapoda* en los crustáceos, se ha propuesto el nombre substituto de *Decabrachia.* (Gr. **deka,** diez; **podos,** pies.)

decápodo* **(decapod).** Que tiene 10 patas. // Un miembro del taxón *Decapoda* (en la clase **Crustacea**), q.v.

decapododiforme **(decapodiform).** Se aplica a la larva de ciertos insectos que se asemeja a un crustáceo decápodo. (De **decápodo**; lat. **forma,** forma.)

deci- **(deci-).** (Del lat. **decimus,** una décima parte.)

decibel **(decibel).** La décima parte de un bel, unidad que mide la intensidad del sonido.

decidua **(decidua).** *Endometrio.* El tapiz membranoso del útero que se desprende después del parto o durante la menstruación. (Lat. **deciduus,** caduco.) *Adj.* ***deciduado, decidual.*** // ***d. capsular,*** la porción de la decidua sobre el óvulo. // ***d. parietal,*** la decidua verdadera que tapiza el cuerpo del útero. // ***d. placental,*** la decidua entre el miometrio y el óvulo. // ***d. basal=d. placenta.***

decíduo **(deciduous).** *Caduco.* Que no es permanente o que se desprende a la madurez o terminación de una función. *Placenta decidua.* (Lat. **deciduus,** caduco.)

decimorganio **(decimorgan).** Unidad empleada para representar la distancia entre los genes en un cromosoma, equivalente a un 10% de entrecruzamiento. (**A.T. Morgan,** un geneticista norteamericano.)

Declinida. Un orden de equinodermos paleozoicos de la clase *Crinoidea.*

declive continental **(continental slope).** La porción del mar y su fondo desde la plataforma hasta unas 1000 brazas. (Lat. **declivis.**)

declivis **(declivis).** *Declive.* // Parte superior del verme del cerebelo. (Lat. **declivis,** declive.)

déctico **(decticous).** Se aplica al insecto que usa las mandíbulas para abrir el capullo. (Gr. **dektikos,** que muerde.)

decúbito* **(decubitus).** Posición del cuerpo tendido sobre un plano horizontal. // ***d. supino,*** boca arriba. // ***d. prono*** o ***ventral,*** *Adj.* ***decubital.***

decumbente* **(decumbent).** Lo que está inclinado hacia un substrato. (Lat. **decumbens.**)

decusación **(decussation).** Cruzamiento de las fibras nerviosas de ambos lados del sistema nervioso central. (Lat. **decussatum,** entrecruzados.) // ***d. piramidal,*** cruzamiento de las fibras nerviosas de ambos lados de la pirámides de la médula espinal.

decusado* **(decussated).** Que está provisto de una estructura en la que dos series se entrecruzan en forma de X. V. *cancelado.* (Lat. **decussatum,** entrecruzado.)

decuso* **(decussate).** *Decusado.*

DDT. Siglas de uno de los insecticidas más enérgicos, el dicloro-tricloro, etano, sintetizado en 1874 por Othmat Leidler. Es especialmente útil contra piojos, mosquitos y moscas, pero gran contaminador ambiental.

dediferenciación **(dedifferentiation).** Reversión de una célula especializada más generalizada. (Lat. **de-,** fuera;+**diferenciación.**)

dedo* **(finger).** Además de la acepción vulgar, tiene la de apéndice alargado que muestran varios grupos animales, como los "dedos" terminales de rotíferos y gastrotricos. (Lat. **digitus.**)

defasa **(defassa).** Un antílope corpulento del Africa del sur del Sahara **(Kobus defassa).**

defecación* **(defecation).** La descarga de los residuos de la digestión. (Lat. **de,** fuera; **faex,** estiércol excremento.)

defensa* **(tusk).** Cualquier órgano que sirve para fines agresivos en los mamíferos, como los cuernos de los ungulados, los caninos de los carnívoros, los dientes de los elefantes, el diente alargado de los narvales, etc. (Lat. **defensa.**)

deferente* **(deferent).** Que conduce hacia afuera o hacia abajo. V. *conducto, vaso,* etc. (Lat. **deferre, llevar afuera.**)

deficiencia* **(deficiency).** En genética, la pérdida de parte de un cromosoma. // En ecología, la falta de un tipo de localización en una biocenosis a pesar de existir el nicho correspondiente. (Lat. **deficientia.**) *Adj. deficiente.*

definitivo* **(definitive).** Aplícase al órgano y al individuo que tiene un límite de crecimiento. (Lat. **definitus,** limitado.)

deflexo **(deflect).** Encorvado hacia la parte inferior. (Lat. **deflectus,** doblar.)

defoliación* **(defoliation).** Aquí se emplea para indicar la caída prematura de las hojas, provocada por organismos animales. (Lat. **defoliatus,** defoliado.)

degeneración* **(degeneration).** Alteración de un tejido o una estructura de una forma superior a otra inferior. (Lat. **degeneratus,** apartado de su raza.) *d. waleriana*, desintegración de la parte distal de la vaina de mielina en los nervios seccionados o aplastados.

deglingüe. Una especie de cetáceo del suborden *Odontoceti,* familia *Xiphidae* **(Hiperoodon ampullatus).**

deglución* **(deglution).** El proceso de tragar el bolo alimenticio. (Lat. **de,** abajo; **glutere,** tragar.)

degollado* **(grosbeak).** Ave norteamericana de paso en las Antillas y Sudamérica. Familia *Fringillidae* **(Pheucticus ludovicianus).**

degu* **(degu).** *Ratón de tapias.* Una especie de roedor de Perú y Chile, del orden *Rodentia*, familia *Octodontidae* **(Octodon degus).**

dehiscencia* **(dehiscence).** Modo de abrirse naturalmente un órgano cerrado. (Lat. **dehiscens.**) *Adj. dehiscente.*

Deinotherioidea Dinoterios. Un suborden que agrupa los grandes proboscidios fósiles provistos de colmillos en la mandíbula, pero sin defensas superiores. Se han encontrado en el Mioceno de Europa. (Gr. **deinos,** terrible; **theria,** bestia.)

deiridas **(deirids).** Pápulas cervicales de ciertos nematodos. (Gr. **deiras,** una cadena de lomas.)

Deiters, O.F.C. Anatomista alemán. V. *células de Deiters.*

delaminación **(delamination).** Proceso de gastrulación que se realiza por proliferación de las células del blastodermo, que forman una lámina endodérmica.

delantal* **(gular fold).** Pliegue gular transverso en algunos anfibios y reptiles. (De delante.)

dele* **(dele).** Signo que se emplea en las pruebas de imprenta para indicar que debe suprimirse una letra o una palabra. Se abrevia con la letra griega delta minúscula. (Lat. **dele,** de **deleo,** borrar, destruir.)

deleción **(deletion).** La pérdida de un segmento cromosómico durante el entrecruzamiento de los pares homólgos, lo que origina alteraciones fenotípicas. *Extinción.* (Lat. **deleo,** destruir).

délfico **(delphic),** *adj.* Que pertenece a los órganos femeninos. (Gr. **delphys,** matriz.)

delfín* **(delphin).** Mamífero acuático del orden *Cetácea,* suborden *Odontoceti,* familia *Delfinidae.* El delfín típico es *Delphinus delphis,* pero el nombre se aplica a toninas, bufeos, marsopas, etc. (Neolat. **delphin, delfín.**)

delicuescencia* **(deliquessency).** Proceso de volverse líquida una substancia por absorción de agua. // Rápida degeneración de los tejidos en una masa amorfa. (Lat. **deliquescere.**) *Adj. delicuescente*.*

delitescencia* **(delitescense).** El período latente de un veneno o de incubación de un microbio. (Lat. **delitescere,** estar escondido.)

Delobranchiata. Clase de arácnidos acuáticos primitivos que respiran por librillos branquiales e incluye los extintos eurypyeridos y los actuales *Xiphosurida.* (Gr. **delos,** visible; **branchia,** branquia.)

Deloideos. Un orden de rotíferos. V. *Bdelloidea.*

delomórfico **(delomorphic).** Que tiene forma definida. (Gr. **delos,** visible; **morphe,** forma.)

Delomorfos. Un orden de nemertinos de la clase *Enopla.* Trompa inerme e intestino sin bolsas laterales. V. *Bdellomorpha.* (Gr. **delos,** visible; **morphe,** forma.)

Delphinoidea. Un nombre alterno para el suborden de mamíferos cetáceos llamado también *Odontoceti.* (Neolat. **delphin,** delfín.)

deltaico **(deltoid).** En forma de letra delta, *deltoideo.*

Deltatherioidea. Una superfamilia de insectívoros que comprende los más primitivos y ancestrales. Hallados en el Cretáceo y Terciario inferior de Mongolia. (Gr. **delta,** letra delta; **theria,** bestia; **oides,** parecido.)

deltidio **(deltidium).** Placa que cubre el deltirio, q.v. (Gr. **delos,** visible; **-idion,** diminutivo.)

deltirio **(delthyrium).** La abertura en la articulación de la concha en los braquiópodos para la salida del pedúnculo. (Gr. **delos,** visible; **thyrion,** puerta pequeña.)

deltoideo. Triangular. (Gr. **delta,** la cuarta letra del alfabeto griego, de forma de triángulo.)

deltoides* **(deltoid).** En forma de delta mayúscula. // El músculo de forma triangular del hombro. (Gr. **deltoides,** en forma de delta.)

demaniano **(demanian).** Sistema de tubos conectados al útero de los nematodos, asociados con la producción de un moco que protege los huevos. (Del zoólogo francés J.G. De Man.)

deme **(deme).** Una población de organismos similares que se entrecruzan naturalmente y ocupan un área restringida. // Una subpoblación aislada de una especie. (Gr. **deme;** división administrativa, pueblo.)

demecología **(demecology).** Ecología poblacional. (Gr. **demos,** pueblo; **logos,** discurso.)

demergido* **(demersal).** Que vive sumergido en el mar, en el fondo o cerca de este. (Lat. **demergere,** sumergirse.)

demi- **(demi-).** Prefijo empleado a veces para indicar la mitad o casi. (Del lat. **dimidius,** mitad. Se considera un galicismo, del fr. **demi-.** V. **hemi-, semi-.**)

demódice **(demodex).** Una especie de ácaro que parasita los folículos pilíferos del perro y, a veces, el hombre produciendo la llamada *sarna folicular* **(Demodex folliculorum).**

Demodicoidea. Superfamilia de arácnidos del orden *Acarina* que comprende los parásitos de la piel del género *Demodex.*

demografía* **(demography).** Estudio estadístico de las poblaciones. (Gr. **demos,** pueblo; **grapho,** describir.)

demoide **(demoid).** *Abundante.* (Gr. **demos,** pueblo, multitud.)

demospongia (**demosponge**). Esponja de la clase *Demospongiae*.

Demospongiae. Una clase del fílum *Porífera* cuyas esponjas se caracterizan por tener espículas silíceas, de fibras de spongina o de ambos tipos. Han existido desde el Cambriano. Ej. la esponja de baño *Spongia officinalis*. (Gr. **demos**, pueblo, común; **spongia**, esponja.)

den- (**denti-**). (Del lat. **dens**, **dentis**, diente.) También empleado como sufijo.

denatante (**denatant**). Que nada débilmente o deriva con la corriente. (Lat. **de**, de; **natare**, nadar.)

dendr- (**dendr-**). (Del gr. **dendron**, árbol, un palo.)

dendrícola (**dendricolous**). Que habita en los árboles. Voz híbrida. Mejor es *arborícola*. (Gr. **dendron**, árbol; lat. **-icola**, habitante.)

dendriforme* (**dendriform**). En forma de árbol. Mejor es dendromorfo. (Gr. **dendron**, árbol; lat. **forma**, forma.)

dendrita* (**dendrite**). Un proceso de la neurona que conduce el impulso nervioso hacia el centro o cuerpo celular. (Gr. **dendron**, un árbol.) *Adj.* ***dendriforme****, ***dendrítico****.

dendrobátidos (**Dendrobatidae**). Grupo de anfibios anuros de Madagascar y América del Sur, algunos de los cuales secretan por la piel substancias sumamente tóxicas. (Gr. **dendron**, árbol; **bates**, trepador.)

dendrocélidos (**dendrocoelids**). Vermes platelmintos turbelarios que tienen el tubo intestinal dividido en ramificaciones numerosas. (Gr. **dendron**, árbol; **koilos**, cavidad.)

Dendroceratinas. Un grupo peculiar de esponjas córneas muy ramificadas. (Gr. **dendron**, árbol; **keratos**, cuerno, "córneo".)

Dendrochirota. Un orden de equinodermos holoturioideos provistos de 10-30 tentáculos arborescentes, muchos podios y un árbol respiratorio. (Gr. **dendron**, árbol; **cheiros**, brazos.)

dendrodonto (**dendrodont**). Se dice del diente de los peces crosopterigios cuya ortodentina forma pliegues arborescentes. (Gr. **dendron**, árbol; **odous**, diente.)

dendrófago (**dendrophagous**). Que se alimenta de árboles. Se aplica especialmente a ciertos insectos. (Gr. **dendron**, árbol; **phago**, comer.)

dendrófilo (**dendrophilous**). Se aplica a los animales que viven en los árboles. (Gr. **dendron**, árbol; **philos**, amigo.)

dendrogea. Región biogeográfica que abarca la región neotropical menos la parte templada de la América del Sur. (Gr. **dendron**, árbol; **ge**, **gaia**, la tierra.)

dendrograma (**dendrogram**). Un diagrama que muestra las relaciones filogenéticas entre ciertos taxones. Arbol genealógico. (Gr. **dendron**, árbol; **gramme**, marca o línea.)

dendroide (**dendroid**). *Dendroideo*, parecido a un árbol. (Gr. **dendron**, árbol; **-oide**, parecido.)

dendrolago (**dendrolagus**). Grupo de marsupiales de la familia *Macropodidae* que tiene hábitos arbóreos. (**Dendrolagus** sp.)

dendrolimneta (**dendrolimneta**). Organismo especialmente adaptado para vivir en el agua acumulada en cavidades de las plantas. (Margalef.) (Gr. **dendro** árbol; **limne**, estanque.)

dendrolimnófilo (**dendrolimnophilus**). Organismo que se encuentra en las aguas recogidas en cavidades de los árboles. (Gr. **dendron**, árbol; **limne**, charco; **philos**, amante.)

dendrolimnoxeno (**dendrolimnoxenus**). Organismo que se encuentra accidentalmente en las aguas recogidas en troncos de árboles. (Gr. **dendron**, árbol; **limne**, charco; **xenos**, extranjero.)

dendromorfo (**dendromorphic**). En forma de árbol. (Gr. **dendron**, árbol; **morphe**, forma.)

dendrón (**dendron**). V. *dendrita*.

dendrotráquea*. La tráquea ramificada de los insectos. (Gr. **dendron**, árbol;+tráquea.)

denervación (**denervation**). Interrupción de la conexión entre un nervio y un órgano o una estructura. (Lat. **de**, fuera; **nervus**, nervio.) // *Adj.* ***denervado***.

dengue* (**dengue**). Enfermedad contagiosa febril de los países cálidos que se trasmite por los mosquitos del género *Aédes*.

dens (**dens**). Diente o proceso dentiforme. El proceso odontoide de la vértebra axis. (Lat. **dens**, diente.) *Adj.* ***dental***. // ***d. serotinus***, el tercer molar en el hombre o muela del juicio.

densi-. (Del lat. **densus**, denso y por extensión abundante, compacto.)

densidad* (**density**). En ecología, la cantidad de organismos de una población por unidad de área. La cantidad total de organismos en un lugar. (Lat. **densus**, denso, compacto.) // ***d. de mantenimiento***, la máxima cantidad de individuos de una especie que puede ser mantenida en un hábitat sin depleción del alimento. // ***d. económica***, en ecología, el número de individuos de una población por unidad de área habitada.

dentado* (**dentate**). Que está provisto de dientes, especialmente en el margen de una estructura. (Lat. **dens**, diente.)

dentadura (**dentary**). Conjuntos de piezas dentarias de un vertebrado. (Lat. **dentalis**.) // ***d. cerrada***, se dice cuando los dientes están distribuidos en una serie continua.

dental* (**dental**). Perteneciente a los dientes. // Hueso único de la mandíbula de los mamíferos. (Lat. **dens**, **dentis**.)

dentalio (**tusk shell**). Nombre dado a la concha cónica alargada de los moluscos de la clase *Scaphopoda*, familia *Dentaliidae*. Una especie común en el Caribe es *Dentalium antillarum*. También se le llama *colmillito*. (Lat. **dens**, diente.)

dentar*. Formar o poner dientes en una cosa. (Lat. **dens**, diente.)

dentario* (**dentary**). Relativo o perteneciente a los dientes. *Dental-*. // El hueso de la mandíbula que lleva los dientes.

dentellado (**denticulated**). *Serrado*. Que tiene dientes como un serrucho.

denticétidos. Cetáceos con dientes. V. *Odontoceti*.

dentición* (**dentition**). La clase, número y forma de los dientes que caracterizan a los mamíferos. // El proceso de erupción de los dientes en el hombre. (Lat. **dens**, diente.) // ***d. acrodonta***, que tiene los dientes implantados en la superficie de los huesos subyacentes. // ***d. difiodonta***, que ocurre en los mamíferos que mudan de dientes una vez, como los que tienen dos denticiones, la primera de las cuales se llama de *leche* y la segunda *permanente*. // ***d. heterodonta***, tipo de dentadura en la que existen dientes de varios tipos: incisivos, caninos, premolares y molares. // ***d. monofiodonta***, mostrada por las especies que no cambian dientes durante su vida. // ***d. pleurodonta***, tipo de implantación dental en la que los dientes están unidos al lado interior de los huesos de la quijada. // ***d. polifiodonta***, tipo de dentadura que se puede mudar varias veces durante la vida, como la de los cocodrilos. // ***d. preláctea***, los dientes que aparecen en la vida fetal y son sustituidos posteriormente como sucede en algunos marsupiales. // ***d. tecodonta***, que tiene dientes en depresiones o alvéolos, como los de los mamíferos.

denticulación* (**denticulation**). Conjunto de dientecillos de algunos órganos de ciertos animales. (Lat. **denticulus**, dientecillo.)

dentículo* (**denticle**). Diente pequeño, nombre que comúnmente se les aplica a las escamas placoides de los tiburones y rayas. (Lat. **denticulus**, dientecillo.) // ***d. dérmico***, v. *escama placoide*. *Adj.* ***denticulado****, ***denticular****.

dentiforme (**dentiform**). Que tiene forma de diente.

dentina* (**dentine**). La porción de los dientes cubierta por el esmalte en la corona y por el cemento en la raíz. (Lat. **dens**, diente.) *Adj.* ***dentinal***.

dentípedo (**dentipes**). Se aplica a los insectos cuyas patas están provistas de dientes. (Lat. **dens**, dientes; **pes**, pie.)

dentirrostro* (**dentirrostral**) Se dice de un grupo de aves passeriformes que tienen el pico más o menos denticulado antes de la extremidad. (Lat. dens, diente; rostrum, pico.)

dentón* (Dentex). Dentudo, pez marino comestible del Mediterráneo, provisto de dos dientes muy salientes (Dentex vulgaris).

dentudo*. Que tiene dientes largos e irregulares. // Cuba: *dientuso, mako,* tiburón de dientes largos y estrechos (Isurus oxyrhynchus). (Lat. dens, diente.)

depauperación* (depauperation). Debilitación del organismo, enflaquecimiento, extenuación. *Adj. depauperado.*

dependencia* (dependence). Una relación entre individuos o entre especies en la que uno de los componentes recibe beneficios por la asociación. V. *comensalismo.* (Lat. de, procedencia; pendeo, colgar.)

depigmentación (depigmentation). La pérdida de la coloración normal de una estructura. (Neolat. depigmentatio, sin pigmentos.)

depilar* (to depilate). Quitar el vello. (Lat. depilare, sin vello o pelo.)

deplanado (deplanate). Nivelado o aplastado. (Lat. deplanare, nivelar.)

deplasmólisis (deplasmolysis). El recobramiento de la turgencia normal de una célula que la había perdido. (Lat. de, fuera; abajo;+*plasmólisis,* q.v.)

depredación* (predation). Robo, saqueo, rapiña del animal rapaz o de presa. (Lat. depraedon, saqueador.) *Adj. depredador*.*

depresor* (depressor). Se dice del músculo que deprime una estructura. (Lat. depressio, apretar.) // *d. mandibular* músculo que mueve hacia abajo la mandíbula y abre la boca.

deprimente* (depressant). Se dice de lo que baja una actividad vital. (Lat. deprimere, apretar.)

deprimido* (depressed). Aplastado verticalmente. Op. *comprimido.* (Lat. de, hacia abajo; premo, apretar.)

depresomotor (depressomotor). Se aplica al nervio que baja la actividad muscular. (Lat. deprimere, deprimir; movere, mover.)

dépula (depula). La blástula invaginada que precede al estado de gástrula. (Gr. depas, copilla.)

Dercetiformes. Un orden de peces fósiles. V. *Heteromi.* (Gr. Derkitis, una diosa representada por mitad mujer y mitad pez.)

derecho* (right side). Lado de la concha en los moluscos gasterópodos cercano a la parte derecha del animal cuando está extendido. // El lado derecho de la abertura cuando la concha se examina con el ápice hacia arriba y la abertura de frente al observador. (Lat. directus, directo.)

dérico (deric). Sinónimo de *dérmico.* (Gr. deros, piel.)

deriva continental (continental drift). Teoría del origen de los continentes propuesta por Alfred Wegener en 1915 que sostiene la existencia en un principio de un continente único, la Pangea, que luego se fue escindiendo y derivando, separándose la América, Africa, India y Australia. // *d. genética,* teoría de Seawal Wright sobre comportamiento poblacional, que explica el cambio irregular en la frecuencia de los genes de una población pequeña como resultado de un proceso realizado al azar. // *d. branquiales,* órganos y estructuras que se derivan de las bolsas branquiales embrionarias de los vertebrados: el timo, la paratiroides y los cuerpos prosobranquiales.

derm-, derma-, dermis-. (Del gr. derma, piel.) Empleado también como sufijo.

derma (derma). La *dermis* o *corio,* o verdadera piel, situada bajo la epidermis. (Gr. derma, piel.) *Adj. dérmico*.*

Dermacentor. Un género de garrapatas (Ixodidae) que parasita la piel de varios animales domésticos y el hombre. (Gr. derma, piel; kenteo, picar.)

dermales (dermalia). Las microscleras de la membrana dérmica de las esponjas. (Gr. derma, piel.)

Dermanyssus. Un género de ácaros que parasita las aves. D. *gallinae.* (Gr. derma, piel; nysso, picar.)

Dermaptera. Un orden de insectos masticadores cuyas alas anteriores son muy cortas y coriáceas, los cercos anales forman pinzas poderosas y la metamorfosis es gradual. (Gr. derma, piel; pteron, ala.)

Dermapteroidea. Un superorden de insectos que comprenden el orden *Dermaptera,* q.v. (Gr. derma, piel; pteron, ala; oides, similar.)

dermarticular (dermarticular). V. *gonial,* un hueso de la mandíbula. (Gr. derma, piel;+articular.)

Dermatobia. Género de dípteros de la familia *Oestridae* que parasita la piel del hombre. D. *hominis.* (Gr. derma, piel; bios, vida.)

dermatitis (dermatitis) Inflamación de la piel. (Gr. derma, piel; -itis, inflamación.)

dermatocráneo (dermatocranium). Los huesos de membrana que forman la bóveda del condrocráneo. (Gr. derma, piel; kranion, cráneo.)

dermatoesqueleto* (dermatoskeleton). El esqueleto externo o cutáneo, situado en el exterior de muchos animales, como las langostas, los insectos, etc. *Exosqueleto.* (Gr. derma, piel; skeleton, cuerpo seco.)

dermatófilo (dermatophyl). Que vive en la piel. Se aplica especialmente a ciertos ácaros. (Gr. derma, piel; philos, amante.)

dermatófito (dermatophyte). Hongo que se desarrolla en la piel del hombre y de los animales. (Gr. derma, piel; phyton, planta.)

dermatógeno (dermatogen). Un antígeno de ciertas enfermedades de la piel. (Gr. derma, piel; genos, originar.)

dermatoglifia (dermatoglyphy). El estudio de las impresiones digitales, palmares, etc. (Gr. derma, piel; glyphein, engravar.) *Adj. dermatoglífico.*

dermatoide (dermatoid). Que parece o funciona como la piel. (Gr. derma, piel; oides, similar.)

dermatología* (dermatology). Estudio de las enfermedades de la piel. (Gr. derma, piel; logos, tratado.)

dermátomo (dermatome). El mesénquima lateral que durante la organogénesis va a producir la dermis. (Gr. derma, piel; tome, cortado.)

dermatoplasma (dermatoplasm). Parte del protoplasma que penetra en la membrana celular. (Gr. derma, piel;+plasma.)

dermatoplasto (dermatoplast). Célula cubierta por una membrana. Op. *gimnoplasto.* (Gr. derma, piel; plastos, moldeado.)

Dermatophilus. Un género (o subgénero) de pulgas al que pertenece la nigua, cuyas larvas viven bajo la piel del hombre y de algunos mamíferos (Tunga penetrans).

dermatópodo. Dícese de los animales que tienen desnuda la piel de las patas. // Dícese de las aves que tienen las patas cubiertas de piel áspera. (Gr. derma, piel; podos, pie.)

dermatopsia (dermatopsy). La condición de tener la piel sensible a la luz. (Gr. derma, piel; opsis, vista.)

Dermatóptera.=*Dermaptera,* q.v.

dermatosis* (dermatosis). Enfermedad de la piel. (Gr. derma, piel; -osis, enfermedad.)

dermatozoo (dermatozoon). Animal parásito de la piel. =*Ectozoo.*

dermatogloso (dermatoglossum). Un hueso que cubre el *entogloso,* q.v., de ciertos peces. (Gr. derma, piel; entos, dentro; glossa, lengua.)

dermesto* (dermestid) Insecto coleóptero que ataca las pieles. Familia *Dermestidae* (Dermestes lardarius).

dermis* (dermis). *Corion,* la porción interna de la piel en los vertebrados cubierta por la epidermis. (Gr. derma, piel.) *Adj. dérmico*.*

dermoblasto (dermoblast). La capa del mesoblasto que origina la dermis. (Gr. derma, piel; blasto, brote.)

dermoccipital (dermoccipitals). Un par de huesos de membrana que en los vertebrados inferiores y en el embrión de los superiores ocupa el lugar del interparietal. (Gr. **derma**, piel;+**occipital**.)

dermocráneo (**dermocranium**). La masa de mesénquima que envuelve la extremidad craneal del notocordio y es la primera indicación de la formación del cráneo en los embriones. (Gr. **derma**, piel; **kranion**, cráneo.)

Dermochelyoidea. Una superfamilia de tortugas del orden *Chelonia* que comprende el *tinglado* o *laúd* (**Dermochelys coriacea**) que es la mayor de las tortugas vivientes (1600 libras) y cuya piel es dura y sin escamas. (Gr. **derma**, piel; **chelys**, tortuga; **oides**, similar.)

dermoesqueleto (**dermoskeleton**). V. *dermatoesqueleto, exoesqueleto*.

dermoetmoides. V. *supraetmoides*.

dermofaríngeo (**dermopharyngeal**). La parte del hueso de membrana que soporta los dientes faríngeos de algunos peces. (Gr. **derma**, piel; **pharynx**, garganta.)

Dermomiaria. Grupo de tunicados taliáceos pelágicos coloniales, como las salpas y los doliolos. (Gr. **derma**, piel; **miys**, músculos; **-ario**, conjunto.)

dermomiótomo (**dermomyotome**). La parte dorsolateral de los somitos mesodérmicos. (Gr. **derma**, piel;+**miótomo**.)

Dermoptera. Un orden de mamíferos euterios llamados *lémures volantes* que se caracterizan por poseer una membrana o patagio entre las extremidades. Su dentición se parece a la de los insectívoros. (Gr. **derma**, piel; **pteron**, ala.)

dermoscleritos (**dermosclerites**). Masas de espículas de los tejidos de los alcionarios. (Gr. **derma**, piel;+**esclerito**.)

dermosificación (**dermo-ossification**). La formación de huesos en la piel. (Gr. **derma**, piel; lat. **os**, hueso; *fic* (**facio**), hacer.)

dermotismo (**dermotism**). La propiedad de percibirse la luz en áreas de la piel no provista por fotorreceptores conocidos. (Gr. **derma**, piel.)

dermotriquio (**dermotrichia**). *Lepidotriquios*. Vástagos o rayos dérmicos que soportan las aletas impares en los peces. (Gr. **derma**, piel; **trhrix**, pelo.)

dermozoo (**dermozoon**). V. *dermatozoo*.

dero- (**dero-**). (Del gr. **deros**, **deras**, **deratos**, forma poética de **derma**, piel.)

Derocheilocardia. Un orden de crustáceos de la subclase *Copepoda*. (Gr. **deros**, piel; **cheilos**, labio; **carida**, un crustáceo.)

Deroptera. *Orthoptera*.

derotrema (**derotreme**). Un opérculo formado por la piel. (Gr. **deros**, piel; **trema**, abertura.)

dertro (**dertrum**). El gancho del pico de las aves. (Gr. **dertron**, pico.)

dertroteca (**dertrotheca**). La cubierta córnea del pico de las aves. (Gr. **dertron**, pico; **theke**, estuche.)

des-. Prefijo o preposición inseparable que denota negación, oposición o privación. (Lat. **dis**.)

desalar* (**dealate**). La acción de perder las alas en hormigas y termites después de la fecundación. (Lat. **de**, fuera; **alatus**, alado.)

desaminación (**deamination**). La remoción del grupo amínico $-NH_2$ de un aminoácido durante el metabolismo de las proteínas. (Lat. **de**, fuerza; + **amina**.)

desaminasa (**deaminase**). Enzima que cataliza la desaminación.

Desmodáctilos. En una clasificación de las aves, un suborden de *Passeriformes*, en donde el dedo medio está soldado al externo por casi la mitad de su largo. (Gr. **desmos**, unión; **dactylos**, dedo.)

desanidar*. Abandonar el nido las aves ya crecidas.

desarrollo* (**development**). La serie progresiva de características fenotípicas en un organismo. (Lat. de, fuera;+arrolar.) // *d. en mosaico*, tipo embriológico que origina una diferenciación independiente en cada parte.

desarticular* (**to disarticulate**). Separar por las juntas o articulaciones. (Lat. **dis**, separar; **articulatus**, unido.)

desasimilación*. Catabolismo, desintegración química del protoplasma durante el metabolismo destructivo. (Lat. **dis**, fuera; **assimilis**, semejante.)

descamación* (**desquamation**). El desprendimiento de las cutículas o la epidermis en forma de flecos. (Lat. **dis**, fuera; **squama**, escama.)

descarboxilasa (**descarboxylase**). Un enzima que cataliza la descarboxilación oxidativa del ácido pirúvico en la respiración aeróbica.

Descartes, René. Filósofo francés, autor del *Discurso sobre el método*, que trata de la filosofía de la ciencia. Postuló los primeros conceptos sobre el acto reflejo. (1596-1650)

descerebración (**decerebration**). La excisión del cerebro para la interrupción de su influencia por sección de la médula espinal. (Lat. **dis**, fuera; **cerebrum**, cerebro.)

descolado* (**decolated**). Se aplica a la pérdida de las primeras vueltas de la concha, lo que ocurre en algunos moluscos gasterópodos después que el animal ha cesado de ocuparlas.

descomposición* (**decomposition**). La disolución o separación química de una substancia que se resuelve en otra más simple. (Lat. **dis**, separación, **composición**.)

descompositores (**decomposers**). Organismos (principalmente bacterias y hongos) que reducen la materia orgánica a moléculas más simples. (De **descomponer**.) = *Reductores*.

descompuesto*. Se aplica a las barbas de las plumas que no están en contacto. (Lat. **de**, fuera; **compositus**, unido.)

desconjugación (**disconjugation**). La separación de los cromosomas apareados. (Lat. **dis**, afuera; **conjugare**, unir.)

descornado* (**pollard**). Animal cornudo que ha perdido los cuernos. (Lat. **dis**, fuera; **cornu**, cuerno.)

descortezar* (**descorticate**). Suprimir la capa externa de un órgano como el periostraco de los moluscos. (Lat. **decorticare**.) *Adj.* *descortado**. (Descortizado es incorrecto.)

descripción* (**description**). En taxonomía, exposición de aquellos caracteres que permiten reconocer un taxón. (Lat. **descriptio**.)

desdentado* (**edentate**). Que no tiene dientes incisivos. // V. *Desdentados*.

Desdentados. Un antiguo orden de mamíferos caracterizados por la ausencia de los incisivos y caninos. Hoy en día se ha desmembrado en los órdenes *Edentata* (=**Xenarthra**), *Normarthra* (= **Pholidata**) y *Tubilidentata*. (Lat. **dis.**, sin; **dens**, diente.)

desegmentación (**desegmentation**). La fusión de segmentos originalmente separados. (Lat. **dis**, fuera; **segmentum**, segmentos.)

desertícola* (**deserticolous**). Que habita en los desiertos. (Lat. **desertus**, desierto. neola., **-icola**, habitante.)

desfibrinación (**desfibrination**). Destrucción o separación de la fibrina de la sangre. (Lat. **dis**, no; + **fibrina**.)

desfosforilasa (**dephosphorylase**). Una enzima precursora, catalíticamente inerte que activada por la epinefrina interviene en el metabolismo de glucógeno. (Lat. **dis**, sin; + **fosforilasa**, q.v.)

deshidrasa (**dethydrase**). Un fermento que cataliza la deshidrogenación de un compuesto. *Deshidrogenasa*.

deshidratar (**dehydrate**). Privar de agua a un organismo o a una cosa. (Lat. **-dis**, sin; **hydor**, agua.)

deshidroandrosterona. (**dehydro-androsterone**). Una forma de colesterol que se transforma por la acción de los rayos ultravioletas en la vitamina D3 antirraquítica.

deshidrocorticosterona (**dehydrocorticosterone**). Un esteroide de la corteza suprarrenal.

deshidroepiandrosterona (**dehydro-epiandrosterone**). Una hormona de la corteza suprarrenal, producida en el hombre y la mujer con actividades sexuales masculinas.

deshidrogenación (dehydrogenation). Una forma de oxigenación en la que se desprende un átomo de hidrógeno de una molécula.

deshidrogenasa (dehidrogenase). Enzima que cataliza la transferencia de electrones (e hidrógeno) de una substancia a otra.

deshidrosis (dehydrosis). Deshidratación de un tejido. (Gr. des, sin; hydor, agua.)

desinapsis (desynapsis). La falla en realizarse la sinapsis, causada por la disyunción de cromosoma homólogo. (Lat. de, fuera; gr. synapsis, unión.)

desinencia* (desinence). En la taxonomía zoológica las partículas que se agregan al nombre de un taxón seleccionado para nombrar determinada categoría. Así la terminación *-idae*, significa el rango familia; *-inae*, subfamilia. Se recomienda las desinencias *-iodea* para la superfamilia e *-ini*, para las tribus. Algunos adoptan *-formes* e *-ida* para las órdenes.

desinergate (desinergate). Una casta de hormigas que proviene de la forma soldado. (Lat. desinens, que cesa; ergates, un obrero.)

desintoxicar (desintoxicate). Combatir la intoxicación o sus efectos en el organismo. (Lat. de-, fuera; +intoxicar.)

desm- (desm-). (Del gr. desma, desmos, enlace, faja, cadena, atadura, ligadura, haz, gavilla, fascículo, cuerda y todo cuando sirve para atar.)

desma (desma). Espícula de esponja irregularmente ramificada. // Una ligadura. (Gr. desma, enlace.)

desmactínico (desmactinic). Aplícase a los equinodermos cuyos podios se continúan hasta la placa apical. (Gr. desma, enlace; aktis, rayo.)

desmergate (desmergate). Un tipo de hormiga intermedio entre obrera y soldado. (Gr. desma, enlace; ergates, obrero.)

desmineralización (demineralization). La reducción o pérdida de minerales en una estructura orgánica, como la que ocurre en los huesos por excesiva producción de la hormona de la paratiroides. (Lat. des, fuera; mineralización.)

desmocito (desmocyte). Una célula de tejido conectivo o fibroblasto. (Gr. desmos, enlace; kytos , célula.)

Desmocolecoidea. Según la clasificación de Filipjev, un orden de Nematoda que tienen la cutícula muy anillada y con sedas. Para algunos es un suborden de *Chromadorina*, (Gr. desmos, atadura; skolex, un gusano.)

desmocondrio (desmochondrium). Cada una de las proyecciones granulares citoplásmicas encontradas en la superficie de ciertas células epiteliales. // Mitocondrio. (Gr. desmos, enlace; chondros, cartílago.)

desmocráneo (desmocranium). La primera indicación del cráneo en los vertebrados primitivos. (Gr. desma, cuerda; kranion, cráneo.)

Desmodus. Un género de murciélagos neotropicales de fuertes incisivos. Son chupadores de sangre y potenciales trasmisores de la rabia. (D. rotundus.)

desmognato (desmognathous). Tipo de paladar en algunas aves, como las de los órdenes *Falconiformes*, *Ciconiiformes*, *Anseriformes*, etc., en los que los maxilopalatinos se unen en la línea media y los prevómeres son pequeños o están ausentes, (Gr. desmos, unión; gnathos, mandíbula.)

desmología (desmology). La parte de la anatomía que estudia los ligamentos. (Gr. desmos, unión; logos, tratado.)

Desmomyaria. Un orden de tunicados de la clase *Thaliacea*. V. *Salpida*. (Gr. desmos, unión; mys, músculo.)

desmonas (desmones). Substancias que se intercambian por vías de las conexiones protoplásmicas entre las células. (Gr. desmos, enlace.)

desmosa (desmose). Fascículo que une los blefaroplastos durante la mitosis. (Gr. desmos, atadura.)

desmonema (desmonema). Un tipo de nematocisto que tiene un tubo largo que se extiende como un lazo. (Gr. desmos, unión; nema, hilo.)

desmopélmico (desmopelmous).Un tipo de pie en las aves cuyo dedo posterior no puede doblarse independientemente. (Gr. desmos, unión; pelma planta del pie.)

desmosis (desmosis). Una junta o unión. // Enfermedad de un tejido. (Gr. desmos, atadura, conexión; -osis, condición.)

desmosoma (desmosome). Un engrosamiento de las conexiones intercelulares de los epitelios. (Gr. desmos, unión; soma, cuerpo.)

desnaturalización* (denaturalization). Alteración de las propiedades físicas y estructuras de una proteína u otra macromolécula. (Lat. des, fuera; naturalis, natural.)

desnitrificación (denitrification). La conversión de los nitratos a nitritos o a nitrógeno atmosférico por la acción de las bacterias desnitrificantes. (Lat. des, fuera; + nitrificar, q.v.)

desnudo* (naked) Se aplica al órgano desprovisto de los pelos, sedas u otras estructuras que generalmente lo cubren. (Lat. nudus, desnudo.)

desnutrición* (denutrition). Desorden muy grave de la nutrición en que la desasimilación es mayor que la asimilación. (Lat. des, fuera; + nutrición.)

desor (desor). Larva de ciertos nemertinos que permanece en el huevo y no desarrolla cilios apicales ni lóbulos orales.

desollador* (butcher-bird). Ave carnívora de la familia *Laniidae* (Lanius sp). (De desollar.)

desovar* (to spawn). Soltar sus huevos las hembras de los peces y los anfibios. (Lat. de, fuera; ovum, huevo.)

desove* Acción y efecto de desovar.

desoxicorticosterona (deoxycorticosterone). Una hormona de la corteza de la suprarrenal que regula el metabolismo de las sales y del agua. Tiene efectos similares a la aldosterona.

desoxirribonucleosa. Una enzima pancreática que cataliza la digestión del ácido desoxirribonucléico.

desoxirribosa (deoxyribose). Una pentosa que forma parte de los nucleótidos del ácido desoxirribonucléico.

desoxirribótido (deoxyribotia). Cualquiera de los diferentes nucleótidos que forman el ácido desoxirribunucléico: adenina, guanina, citosina y timina.

despertador. Ave paseriforme de la familia *Corvidae*.

desplazamiento genético. V. *deriva genética*.

destetar* (wean). Hacer que deje la mama el niño o las crías de animales. (De dis, fuera; germ. titta, teta.)

destorsión* (detorsion). La corrección de un efecto o torcedura. // En los moluscos gasterópodos, el enderezamiento de los conectivos paleoviscerales por un giro de 180°, como ocurre en los Nudibranquios. (Lat. de, fuera; torquere, torcer.)

destoxicación (detoxication). La anulación de las propiedades tóxicas de una substancia. (Lat. des, afuera; gr. toxikos, veneno.)

desviación* (deviation). Lo que se aparta del patrón usual de una especie, género, etc. (Lat. desviatio.)

determinación* (determination). El proceso que ajusta el desarrollo de las partes por su posición relativa. (Lat. determinatio, frontera.) // *d. sexual*, el mecanismo por el cual se determina el sexo en una especie, como en el caso de los heterocromosomas X e Y.

determinado* (determinate). Que ocurre dentro de ciertos límites. // En evolución, la *ortogénesis*.

determinante* (determinant). En la teoría de Weisman, cada una de las partículas u orgánulos del plasma que determinan la existencia y la naturaleza de las estructuras reguladas por ellas. Este concepto tiene solo valor histórico y queda sustituído por el del gen. (Lat. de, terminus, término.) // *d. sexual*, establecimiento del sexo por los cromosomas sexuales al momento de la formación del cigoto.

detorsión* (detorsion). Extensión violenta, torcedura de un músculo, nervio o ligamento (Lat. detorquere.)

detrito* **(detritus).** Residuo de la disgregación de un cuerpo. // Partículas o moléculas de materia orgánica en las aguas marinas. (Lat. **detritus.**)

detrívoro (detrivorus). Que se alimenta de detritus orgánicos. (Lat. **detritus,** detrito; **voro,** devorar.)

detrusor (detrusor). Músculo de la pared de la vejiga urinaria que mantiene suficiente tono para acomodar adicionales cantidades de orina. (Lat. **detrudere,** empujar.)

deuda de oxígeno (oxygen debt). Deficiencia de oxígeno que ocurre después de ejercicios violentos, durante los que el glicógeno es degradado a ácido láctico más aprisa que lo que este puede ser oxidado, resultando en su acumulación en los tejidos hasta que pueda ser adquirida una cantidad extra de oxígeno.

deut- (deutero-). (Del gr. **deuteros,** segundo, secundario.)

deutenteron (deutenteron). El labio dorsal del blastóporo del embrión. (Gr. **deuteros,** segundo; **enteron,** intestino.)

deuterocelo (deuterocoele). El *celoma.* (Gr. **deuteros,** segundo; **koilos,** cavidad.)

deuterocerebro (deuterocerebrum). El cerebro intermedio de los artrópodos, que inerva las antenas. (Gr. **deuteros,** segundo; lat. **cerebrum.**)

deuterocono (deuterocone). Cúspide de premolar en los mamíferos que corresponde al protocono de los molares. (Gr.**deutero,** otro; **konos,** cono, cúspide.)

deuterogénesis (deuterogenesis). Segunda fase del desarrollo embrionario que envuelve el crecimiento en longitud. (Gr. **deuteros,** segundo; **genesis,** origen.)

deuteroplasma (deuteroplasm). V. *deutoplasma.*

deuteroproteosas (deuteroproteose). Productos secundarios de la digestión de las proteínas. (Gr. **deuteros,** segundo; + **proteosa.**)

Deuterosotomata. Animales metazoos en los que el blastóporo del embrión no forma la boca del adulto sino el ano o una estructura de la región cercana. La boca es una nueva formación. (Gr. **deuteros,** segundo; **stoma,** boca.)

deuterotipo (deuterotype). En taxonomía, *ectotipo,* q. v. (Gr. **deuteros,** segundo; **typos,** patrón.)

deuterotoquia (deuterotoky). Tipo de partenogénesis en los áfidos que se realiza durante el otoño, en donde se producen machos y hembras. (Gr. **deuteros,** otro; **tokos,** progenie.)

deuterozoico (deuterozoic). El Paleozoico superior, que comprende Permiano, Carbonífero y Devoniano. (Gr. **deuteros,** segundo; **zoico,** sufijo que expresa una era geológica.)

deuterozoide (deuterozooid). Un zooide secundario producido por germación de un zooide primario.

deutohialosoma (deuthyalosome). El núcleo que permanece en el huevo después de la formación del primer glóbulo polar. (Gr. **deuteros,** segundo; **hyalosoma,** corpúsculo transparente.)

deutolecito (deutolecithe). Sustancia de reserva alimenticia acumulada en el huevo fecundado. (Gr. **deutero,** segundo; **lekitos,** yema de huevo.)

deutomalar (deutomalar). Una pieza en el segundo par de apéndices bucales de ciertos quilópodos. (Gr. **deuteros,** segundo; **mala,** mejilla.)

deutomerito (deutomerite). Porción posterior del cuerpo de las gregarinas en donde se encuentra el núcleo. (Gr. **deutos,** segundo; **meros,** parte.)

deutonefros (deutonephros). *Mesonefros,* q.v.

deutoninfa (deutonymph). Uno de los instares en el desarrollo de los pseudoscorpiones y los ácaros. (Gr. **deutos,** segundo; + **ninfa.**)

deutoplasma (deutoplasm). Substancia en la célula aparte del núcleo y el citoplasma (Gr. **deuteros,** segundo; **plasma,** moldeado.) *Adj.* ***deutoplasmático.***

deutoplasmogénesis (deutoplasmogenesis). Proceso de formación del deutoplasma o vitelo nutritivo en los huevos. (De **deutoplasma; génesis,** formación.)

deutoscólice (deutoscolex). Un escólice secundario que brota del cisticerco. (Gr. **deuteros,** segundo; **scolex,** escólex.)

deutosomas (deutosomes). Gránulos del núcleo que son expulsados al citoplasma de los óvulos. (Gr. **deuteros,** segundo, **sternum;** esternón.)

deutovo (deutovum). Un estado en el desarrollo de los ácaros. (Gr. **deuteros,** segundo; **ovum,** huevo.)

Devoniano* **(Devonian).** Período geológico dela Era Paleozoica, posterior al Siluriano y anterior al Carbonífero, llamado Edad de Los Peces. En él aparecieron los primeros vertebrados terrestres. (Devon, región de Inglaterra en donde fueron hallados por vez primera dichos estratos.)

devónico*. V. *devoniano.*

Dévove, M.G. Histólogo francés. V. *membrana de Dévove.*

de Vries, Hugo. Botánico holandés, uno de los propulsores de la teoría de las mutaciones en la evolución y uno de los redescubridores de las leyes propuestas por Mendel para la herencia. (1848-1935)

de-vriesianismo (De- Vriesianism) La proposición de que la evolución y la especiación son el resultado de mutaciones bruscas (Saltaciones). (Por el biólogo **De Vries.**)

dexiocardia* **(dexiocardia).** Desviación del corazón hacia la derecha. (Gr. **dexios,** del lado derecho; **kardia,** corazón.)

dexiotrópico (dexiotropic). Que gira de izquierda a derecha, como en las vueltas de ciertas conchas. (Gr. **dexios,** del lado derecho; **trope,** vuelta.)

dext-, dextro-. (Del gr. **dexia,** la mano derecha.) (Lat. **dexter,** derecho, en el lado derecho.)

dextral (dextral). V. dexiotrópico.

dextrán (dextran). Carbohidrato encontrado en la leche, remolacha, mieles, etc., usado como sustituto del plasma en el tratamiento de quemaduras.

dextrorso* **(dextrorse).** Que gira hacia la derecha. (Lat. **dextrorsum).**

dextrosa* **(dextrose).** Sinónimo de d-glucosa.

deyección* **(deyection).** La descarga de las heces, (Lat. **dejectus,** arrojado hacia abajo.)

dhero (pelzelnis gazelle). Nombre aplicado a algunas especies de gacelas, como *Gazella pelzelni.*

dhole (dhole). Especie de perro salvaje de los bosques de la India, que es sumamente agresivo (Cuon dukhumensis).

di-* **(di-).** (Del gr. **dis,** dos veces, dos). Equivalente al prefijo latino **bis.** // (Del lat. **di,dis,** denota negación, oposición.)

dia-* **(dia-).** (Del gr. **dia,** a través, del otro lado.)

diabetes* **(diabetes).** Un aumento desordenado y persistente de la secreción urinaria. (Gr. **diabaino,** atravesar.) *Adj.* ***diabético****. // ***d. mellitus,*** una enfermedad caracterizada por la inhabilidad del cuerpo de oxidar o acumular carbohidratos, debida a una insuficiencia de insulina. Esta es la condición comúnmente conocida por *diabetes.* // ***d. insípida,*** una condición caracterizada por la emisión de grandes cantidades de orina (20 ó más litros diarios) debida a insuficiencia de la hormona *antidiurética* o *vasopresina.*

diabetogénico (diabetogenic). Que causa diabetes, como la *hormona diabetogénica.* (De **diabetes, genos,** producir.)

diablito* **(hooded weaver finch).** Puerto Rico; ave paseriforme que pertenece a la familia *Ploceidae* **(Lonchura cucullata).**

diablo* **(batfish).** Pez del Atlántico occidental del orden *Lophiiformes,* familia *Ogcocephalidae.* **(Ogcocephalus vespertilio).** // ***d. Formosa,*** v. *pangolín de la India* **(Manis pentadactyla),** // ***d. Tasmania,*** marsupial carnicero de gran voracidad que habita la isla de Tasmania (Sarcophilus harrsi).

diablotín (Audubon's Shearwater). Nombre dado a un ave americana del orden *Procellariiformes,* familia *Procellariidae* **(Puffinus lherminieri).**

diacelo (diacoel). El tercer ventrículo del encéfalo. (Gr. **dia**, a través; **koilos**, cavidad.)

diacinesis (diakinesis). Ultimo estado en la profase de la meyosis inmediatamente anterior a la desaparición de la membrana nuclear. (Gr. **dia**, a través; **cinesis**, movimiento.)

diácmico (diacmic). Se dice del plancton con dos máximas de florecimiento en la misma estación. (Gr. **dis**, dos, **acme**, cuña o pico.)

diacrantérico (diacranteric). Que tiene una diastema entre los dientes delanteros y traseros. Ej. ciertas serpientes. (Gr. **dia**, a través; **kranteres**, muela del juicio.)

diacrónico* (diachronous). Que ocurre en áreas diferentes, pero del mismo período, como ciertos fósiles. (Gr. **dia**, a través; **chronos**, tiempo.)

diactínico (diactinal). *Diactinal*, que tiene dos radios. Dícese de las espículas de esponjas con dos actinas.

díada (diade). Diade. En el proceso de la meyosis, el par de cromátidas que se separan de cada tétrada y emigran a cada polo de la célula.

Diadematacea. Un superorden de equinodermos de la clase *Echinoidea* de concha regular y con linterna de Aristóteles. (Basada en el género **Diadema**, der. lat. **diadema.**)

Diadematoida. Un orden de equinodermos de la subclase *Euechinoidea*, superorden *Diadematacea*, de espinas finamente dentadas y tóxicas. En el Caribe una especie común es *Diadema antillarum*, de espinas muy largas. Aparecieron en el Cretáceo.

diádromo (diadromous). Se dice del pez que alterna su vida en mares y aguas dulces siguiendo su ciclo reproductor. V. *anádromo* y catádromo.

diáfano* (diaphanous). Que es transparente. (Gr. **dia**, a través; **phanein**, parecer.)

diáfisis* (diaphysis). El vástago principal de los huesos largos, como el fémur que encierra el tuétano o médula blanca. (Gr. **dia**, a través, **physis**, crecimiento.)

diaforesis* (diaphoresis). Sudoración profusa. (Gr. **dia**, a través; **phoreys**, portador.) *Adj.* ***diaforético****.

diafórica. Dícese de la simetría bilateral, cuando es imperfecta. (Gr. **diaphora**, diferencia.)

diafragma* (diaphragm). Un músculo de forma laminar que, en los mamíferos, separa la cavidad torácica de la abdominal y regula la entrada y salida del aire en los pulmones. // Cualquier tabique divisorio entre dos estructuras. (Gr. **dia**, a través; **phragmos**, tabique.)

diagénesis (digenesis). *Metagénesis*, q.v.

diagnosis* (diagnosis). Descripción abreviada de una especie, generalmente acentuando las diferencias con las vecinas. // Conocimiento de los signos de una enfermedad. (Gr. **diagnosis**, diferenciación.)

diagnóstico* (diagnostic). En taxonomía, lo que distingue un taxón de otro cercano o similar. (Lat. **diagnosis**, discriminación.)

diágrafo* (diagraph). Un instrumento para proyectar perfiles, empleado en cranimetría. (Gr. **dia**, a través; **graphe**, línea.)

diagrama* (diagram). Una figura o un esquema para ilustrar una afirmación o un principio. (Gr. **dia**, a través; **gramma**, una marca o escrito.)

diahaca* (triple tail). Puerto Rico: pez marino comestible, llamado en Cuba *viajaca de la mar*, orden *Perciformes*, familia *Lutjanidae* **(Lobotes surinamensis)**. (Voz **indígena.**)

diajaca. V. *diahaca.*

dial* (dial). Relativo a un día. (Lat. **dialis.**)

diali-. (Del gr. **dialyo**, disolver, separar.)

dialineuria (dialyneury). La condición de tener unidos los ganglios pleurales con el nervio visceral del lado opuesto en el sistema nervioso de ciertos moluscos gasterópodos. (Gr. **dialyein**, reconciliar; **neuron**, nervio.)

diamante* (diamond). Excrecencia en la extremidad de la mandíbula de ciertas especies de saurios que les sirve para romper el huevo antes de la eclosión. (Lat. **adamas**, diamante.) Adj. ***diamantino**** V. **adamantino.)**

diana* (Diana monkey). Mono africano de la familia *Cercopithecidae*, de frente blanca y largas patillas **(Cercopithecus diana)**. // **(phoebe)**. Pez del Atlántico occidental del orden *Perciformes*, familia *Serranidae* **(Prionodes phoebe).**

diancistrón* (diancistron). Una espícula de forma de sigma gruesa, pero con un borde cortante y escotado. (Gr. **dis**, dos veces; **ankistros**, anzuelo.)

diapausa (diapause). Estado pasivo de una población durante ciertos momentos desfavorables ambientales. // Estado inactivo de un insecto durante el estado pupal. (Gr. **diapauein**, cesar.)

diapédesis* (diapedesis). El pasaje de leucocitos a través de la membrana de los capilares. // La migración de células al exterior en ciertas larvas de esponjas. (Gr. **diapedesis**, un salto.)

diaplexo (diaplexus). El plexo coroides del tercer ventrículo. (Gr. **dia**, a través; lat. **plexus**, entretejido.)

diapófisis (diapophysis). Apófisis transversal que sale de la base del arco neural y sirve para la inserción del tubérculo de una costilla bicipital. (Gr. **dia**, a través; + **apófisis.)**

Diapsida. Una de las subclases en que se dividen los reptiles, caracterizada por la presencia de dos aberturas o ventanas temporales, por donde se pueden ensanchar los músculos temporales. Incluye los saurios, ofidios, cocodrilos actuales, así como los dinosaurios, etc. (Gr. **dis**, dos; **apsis**, arco.)

diaquinesis. V. *diacinesis.*

diario (daily). Que ocurre en un período de 24 horas. (Gr. **dies**, día.)

diártrico (diarthric). Que tiene dos articulaciones. = *Biarticulado.* (Gr. **dis**, dos veces; **arthron**, junta.)

diartrosis* (diarthrosis). Un tipo de articulación en la que los huesos son muy movibles, como la que existe entre el fémur y la cadera. (Gr. **dis**, dos veces: **arthron**, **junta.)**

diáspora* (diaspore). La dispersión del pueblo judío y, por extensión, la de cualquier población humana y de otros organismos. (Gr. **diaspora**, dispersión.)

diasquístico (diaschistic). Aplícase a un tipo de tétradas que se divide una vez trasversalmente y otra longitudinalmente. (Gr. **dis**, dos veces, **schistos**, separado.)

diastalasia. Interrupción en las plumas remeras del antebrazo de algunas aves.

diastasa* (diastase). Una enzima que cataliza la hidrólisis de los almidones. *Amilasa.* (Gr. **diastanai**, separar.)

diastasis (diastasis) Período de reposo que precede a la sístole cardíaca. (Gr. **diastasis**, intervalo.) *Adj.* ***diastático.***

diastatáxica (diastataxic). Se dice del ala que tiene un espacio sobre las plumas secundarias 4 y 5.

diastema (diastem). Espacio natural situado entre dos dientes, especialmente entre los de tipos diferentes. // Una modificación ecuatorial del citoplasma que precede a la división celular. (Gr. **diastema**, intervalo.)

diáster (diaster). El doble áster correspondiente a los dos centriolos, una vez situados en ambos polos, (Gr. **di**, dos; **aster**, estrella.)

diástole* (diastole). Relajación de los músculos del corazón, especialmente del ventrículo, por lo que la cavidad se llena de sangre. (Gr. **diastole**, dilatación.)*Adj.* ***diastólico****.

diastrofia* (diastrophy). Dislocación de un hueso, un músculo, etc. (Gr. **dia**, a través; **strophe** un giro.)

diatela (diatela). El techo del tercer ventrículo del encéfalo. (Gr. **dia**, a través.)

diatesis* (diathesis). Predisposición constitucional a una enfermedad o a un tipo de desarrollo. (Gr. **diatesis**, disposición.)

diatropismo (diatropism). La tendencia de ciertos organismos a colocarse en ángulo recto a la dirección del estímulo. (Gr. **dia**, a través; **tropé**, una vuelta.)

Diatrymiformes, Grupo que comprende grandes aves de alas atrofiadas y enorme pico que vivieron en el Eoceno del Oeste de los Estados Unidos. (Del género **Dyatryma**, del gr. **diatrisis**, perforación.)

diaxona (diaxone). Una célula nerviosa con dos axonas o cilindros ejes. (Gr. **dis**, dos; **axon**, eje.) *Adj.* ***diaxónico.***

diazona (diazone). Una de las bandas obscuras que se observan en la sección transversal de los dientes. // Tunicado ascidiáceo colonial (**Diazona violacea**)

dib (a jackal). Especie de chacal grande del norte de Africa (**Canis lupaster**). (Arab. **dib.**) También *adive.*

dibásico (dibasic). Con dos componentes cromosómicos básicos. (Gr. **dis**, dos;+ **básico.**)

dibatag (dibatag). Una especie de gacela africana parecida al gerenuc (**Ammodorcas clarkei**).

Diblásticos (diblasteric). Una división de los metazoarios cuyos miembros están constituídos únicamente por dos hojas celulares. (Gr. **di-**, dos; **blastos**, germen.)

diblástula (diblastula). Estado embrionario de algunos invertebrados, consistente en dos capas celulares que rodean una cavidad central. (Gr. **dis**, dos; +**blástula**, q.v.)

Dibranchia, Dibranchiata. Orden de moluscos de la clase *Cephalopoda* cuyas especies actuales carecen de concha externa. Poseen 8 ó 10 brazos con ventosas, un sifón tubular y un saco de la tinta. Comprende los pulpos, los calamares, las sepias, etc., así como los fósiles belemnitas. (= **Celoidea**). (Gr. **dis**, dos; + **branchia.**)

dibranchial*. Se dice del molusco del orden *Dibranchia.*

dibraquial (dibrachial). Que tiene dos brazos. Se aplica a los cromosomas que presentan una constricción que los divide en dos porciones. (Gr. **dis**, dos; lat. **brachium**, brazo.)

dicariocito (dicaryocite). Una célula con dos núcleos. (Gr. **dis**, dos; **karyon**, núcleo; **kytos**, célula.)

dic-dic (dik-diks). Cada uno de los miembros de una subfamilia de antílopes africanos que incluye el *beira*, el *damara*, etc.

dicelo (decoelus). Que tiene dos cavidades. (Gr. **di-**, dos; **koilis**, cavidad.)

dicentral (dicentral). A través del centro. Se aplica al canal situado en el centro de las vértebras de los peces; (Gr. **dia-**, a través; **kentron**, centro.)

dicéntrico (dicentric). Que tiene dos centros. Se aplica a la existencia de dos centrómeros en las células. (Gr. **dis**, dos veces; **kentro**, centro.)

dicérico (dicerous). Que tiene dos cuernos o dos antenas. Mejor es *bicorne.* (Gr. **dikeros**, bicorne.)

dicíclico (dicyclic). Que tiene dos ciclos sexuales al año, uno en la primavera y otro en el otoño. (Gr. **dis**, dos veces; **kyklos**, círculo.)

Dicíclicos. Una división que incluye los equinodermos crinoideos que tienen dos círculos de placas: cinco infrabasales y cinco basales por delante de las radiales. (Gr. **di**, dos; **kyklos**, círculo.)

dicigocrótafo. Se dice del cráneo que en ciertos reptiles que tiene dos arcos cigomáticos. (Gr. **dis**, dos; **zygos**, yunta; **cigo**, de cigomático; **krotaphos**, el lado de la cara.)

dicigomorfo (dizygomorphic). Que tiene dos planos de simetría. (Gr. **dis**, dos; + **cigomorfo.**)

dicigótico (dizygotic). Originado por dos óvulos fecundados. (Gr. **dis**, dos veces; **zygotes**, con yema.)

dicístico (dicystic). Con dos estados de enquistamiento. (Gr. **dis**, dos; **kystis**, vesícula.)

dico-*. (Del gr. **diko**, **dika**, en dos, diferentemente separado.)

dicocéfala (dichocephalous). Dícese de la costilla que tiene dos cabezas: un tubérculo y un capítulo. (Gr. **dicho**, dos; **kephale**, cabeza.)

dicócero (calao). Ave que vive en la India y en otras partes de la región oriental. Se caracteriza por una prominencia en el primer tercio del pico. V. *cálao.* (Gr. **dicho**, dos; **keros**, cuerno.)

dicogamia (dichogamy). La maduración de los gametos en momentos diferentes. V. *protandria, protoginia.* (Gr. **dicha**, en dos; **gamos**, bodas.)

dicógamo. V. *hermafroditismo insuficiente.*

dicondíleo (dicondylian). Que tiene dos cóndilos occipitales. (Gr. **dis**, dos; **kondylos**, cóndilo.)

diconto (dikont). Con dos flagelos. Mejor es *biflagelado.* (Gr. **dis**, dos veces; **kontos**, varilla puntiaguda.)

dicóptico (dichoptic). Con los ojos muy separados. (Gr. **dicha**, en dos; **opsis**, vista.)

dicotomía* (dichotomy). Repetida bifurcación en un patrón de ramificaciones. // Las divisiones alternas de los grupos en que se subdividen las claves taxonómicas. (Gr. **dicha**, en dos; **tome**, un corte.) *Adj.* ***dicotómico*, dicótomo.***

dicranócero*. V. *berrendo.*

dicranteriano. V. *diacranteriano.*

dicromatismo (dichromatism). La presencia de dos fases coloreadas en la misma especie, a veces asociadas con el sexo, pero a menudo como un simple dimorfismo. (Gr. **dis**, dos; **chroma**, **chromatos**, color del cuerpo.) *Adj. dicromático*.*

dicroico* (dichroic). De dos colores. (Gr. **dichroos.**)

dictio-. (Del **gr. dyction**, red, retículo.)

dictiosoma (dictyosome). Un elemento del aparato de **Golgi.** (Gr. **diktyon**, red; **soma**, cuerpo.)

Dictyobranchia. Un orden de ascidiáceos en donde la red sanguínea primitiva se une a otra red branquial secundaria, formando senos sanguíneos dobles. (Gr. **diktyon**, red;+**branquia.**)

Dictyoptera. Una antigua división u orden de insectos ortópteros que comprendía los actuales *blatoideos* y los *mantoideos* (Gr. **diktyron**, red; **pteron**, ala.)

Dictyoceratida. Un orden de esponjas en la clase Demospongiae que incluye las de baño. (Gr. **dictyon**, red; **keros**, cuerno.)

dicumarol (dicumarol). Dicumarina. Un anticoagulante orgánico.

Dicyemida. Un orden de mesozoos cuyos adultos tienen cilios por toda la superficie. (Gr. **dis**, dos; **kyema**, embrión.)

Dicynodontoidea. Una agrupación de reptiles del Permiano y del Triásico provistos de un par de colmillos maxilares como única pieza dentaria y con la boca terminada en un pico. (Gr. **dis**, dos; **cynos**, perro, **odontos**, diente.)

Dichobunoidea. Una subfamilia de artiodáctilos del suborden *Suina.* Pueden ser considerados como ancestrales de los cerdos. (Gr. **dicha**, en dos; **bunos**, colina (aludiendo a los dientes); **eidos**, similar.)

didáctilo* (didactyl). Que tiene dos dedos. (Gr. **dis**, dos; **dactylos**, dedo.)

Didactyla. Grupo de marsupiales que posee dos dedos grandes en las extremidades posteriores sindactilias, ej. los canguros.

didelfo* (didelphic). Que tiene dos úteros. // Se dice de los mamíferos del orden *Didelpha* o *Marsupialia.* (Gr. **dis**, dos; **delphys**, matriz.)

Didelpha. Un nombre alternativo para el orden *Marsupiales.* (Gr. **dis**, dos; **delphys**, útero.)

Didelphidae. Una familia de marsupiales americanos que incluye las zarigüeyas y que contiene, además, los marsupiales más antiguos que se conocen. Del Eoceno de Norteamérica al reciente. (Gr. **dis**, dos; **delphys**, útero.)

Dididae. Familia de aves del orden *Columbiformes*, que comprende los *dodos* o *drontes* de la isla Mauricio.

dídimo* (didymous). Gemelos // Que tiene dos estructuras similares y contiguas. // Testículo. // Que muestra dos manchas semejantes contiguas. (Gr. **didymos**, doble.)

dido. Ave columbiforme extinta de las Islas Mascareñas. V. *dodó* y *dronte.*

diductor (diductor). Músculo que separa las conchas de los braquiópodos. (Gr. **dis**, dos; lat. **ducere**, conducir.)

diecdisis (diecdysis). Período entre el final de la metecdisis y el comienzo de la siguiente proecdisis. (Gr. **dic**, dos;+**ecdisis.**)

diel (diel). Que pertenece a un período de 24 horas. (Lat. **dies**, día.)

diencéfalo (diencephalon). Porción del encéfalo que se diferencia en la parte posterior del prosencéfalo, la que lleva encima la epífisis y estructuras relacionadas, y debajo el hipotálamo y el lóbulo posterior de la hipófisis. (Gr. **di**, doble;+**enkephalos.**)

diente* (tooth). Cada una de las piezas que, engastadas en las ramas mandibulares, sirven como órganos de la masticación. // Cualquier saliente que presente la charnela de los moluscos bivalvos. // Cualquier punta o resalto de una estructura orgánica. (Lat. **dens**, *diente.*) // *d. articulado*, el que puede ser abatido hacia la faringe, y luego recuperar su posición primitiva, como los de ciertos peces y culebras. // *d. auditorio* o *de Huschke*, proyección en la lámina ósea de caracol del oído interno. // *d. bicúspide*, el que tiene forma de pequeños mamelones en la corona. // *d. canino*, el llamado colmillo, de forma cónica. // *d. cardinal*, estructura dentiforme que irradia del umbón o pico en la charnela de los moluscos bivalvos. // *d. carnicero*, o muela especial de los mamíferos del orden *Carnivora*, dispuesta para el desagarre de las carnes (el último premolar superior y el primer molar inferior). // *d. columelar*, v.d. *canino.* // *d. cutáneo*, v. *d. epidérmico.* // *d. charnelar*, pequeña proyección de las charnelas de los moluscos bivalvos que encaja en una depresión de la valva opuesta. // *d. deciduo*, v. *diente de leche.* // *d. de leche*, cada uno de las piezas de la primera dentición en el hombre. // *d. epidérmico*, protuberancia epitelial dura y aguzada que a veces existe en algunos vertebrados y no homóloga de los verdaderos dientes. Existen en los peces ciclóstomos, en las larvas de los anfibios y en el ornitorrinco. // *d. esfenoidal*, cada uno de los dientecillos situados en el esfenoides de ciertos vertebrados inferiores. // *d. faríngeo*, excrecencia en los huesos faríngeos de ciertos peces que frotan sobre una placa ósea del paladar. // *d. homodonto*, característico de los vertebrados inferiores que tienen un solo tipo de dientes y de algunos mamíferos, como los cetáceos. // *d. laberintino*, diente en el que el esmalte y la dentina muestran pliegues complejos. // *d. lateral*, pliegue o estructura dentiforme situado a ambos lados de los dientes cardinales en la charnela de los moluscos bivalvos. // *d. lofodonto*, molar con un complicado sistema de repliegues que forman crestas transversales. // *d. mamón*, diente de leche. // *d. maxilar*, diente en el borde los maxilares de ciertos vertebrados inferiores. // *d. ovírrago*, v. *diente ovular.* // *d. ovular*, pequeña proyección córnea en el pico de las aves juveniles usada para romper la cáscara del huevo en la eclosión. // *d. palatino*, pequeño diente en los huesos palatinos de algunos vertebrados inferiores. // *d. permanente*, o el de la segunda dentición en los mamíferos que sigue a la de leche. // *d. pseudocardinal*, que pertenece al juego de dientes internos situados bajo los umbones de la charnela de muchos bivalvos. // *d. secodonto*, diente cuya corona tiene ciertas cortantes. // *d. selendonto*, tipo de molar provisto de crestas semilunares de esmalte que separan áreas más blandas de dentina, como en los caballos. // *d. transitorio* o *diente de leche*, que cae y es sustituido por un diente permanente. En el hombre comprende los incisivos, caninos y premolares son caducos. // *d. verdadero*, el constituido por una disposición estructural de esmalte, dentina y cemento. // *d. vomerino*, el situado en el vómer de los anfibios y es útil en la clasificación de éstos.

dientecillo (tusk shell). Dentalio. Molusco en forma de colmillo de elefante. Clase *Scaphopoda* (**Dentalium antillarum**). (Lat. **dens**, diente.)

dientón (gray snapper). Nombre dado en Venezuela al pez llamado también *pargo de piedra y aguadera.* Su carne, aunque comestible, es de mediana calidad (**Lutjanus griseus**).

dientuso (mako). Dentudo. Especie de tiburón del Océano Atlántico, del orden *Lamniformes*, familia *Lamnidae*, llamado también *mackerel shark* (**Isurus oxyrhinchus**). (Diente desproporcionado.)

dientudo*. *Dientado.*

diéresis* (dieresis). La separación de partes normalmente unidas. (Gr. **dieres**, doble.)

diestro* (dioestrus). Período de reposo entre los estros de los mamíferos poliestros. (Gr. **di-**, dos; **oistros**, deseo intenso.)

dietética* (dietetics). Ciencia que tiene por objeto el estudio del valor nutritivo de los alimentos, las enfermedades causadas por la nutrición y la determinación racional de los regímenes alimenticios convenientes a cada persona. (De **dieta.**)

difásico (diphasic). Organismo que se muestra bajo dos apariencias distintas, como los mamíferos que tienen pelaje invernal distinto del estival. (Gr. **dis**, dos; **phainein**, aparecer.)

diferenciación* (differentiation). Desarrollo hacia un estado más maduro. // El proceso por el que una célula relativamente generalizada cambia a otra más especializada. // *d. celular*, proceso de desarrollo por el que los descendientes de las mismas células se especializan en estructura y función. // *d. dependiente*, la formación de un órgano solamente bajo la influencia de un organizador.

difi- (diphy-). (Del gr. **diphyes**, doble.)

dificerca (diphycercal). Se dice de la aleta caudal de los peces cuando está dividida en lóbulos iguales: dorsal y ventral. (Gr. **diphyes**, doble; **kerkos**, cola.)

difigénico (diphygenic). Con dos tipos de desarrollo o de embriones. (Gr. **diphyes**, doble; **genos**, descendencia.) *Adj. difigenético.*

difilético (diphyletic). Que se ha originado por dos líneas diferentes filogenéticas. (Gr. **dis**, dos; **phyletikos**, de tribu o raza.)

difiodonte (diphyodont). Se dice del mamífero que, como el hombre, tiene dos denticiones durante su vida. (Gr. **dis**, dos veces; **odous**, diente.)

difluencia* (diffluence). Desintegración por vacuolización. (Lat. **dis**, afuera; **fluere**, fluir.)

difluente* (diffluent). Que se extiende o se derrama, como ciertas masas protoplásmicas desnudas. (Lat. **diffluere.**)

difosfoglicérico (diphosphoglyceric). Acido que se forma durante el proceso de la glicólisis.

difusión* (diffusion). Movimiento de moléculas de una región de mayor concentración a otra de menor concentración. // La acción de difundir. // La distribución de una substancia en el organismo. (De **difuso.**)

difuso* (diffuse). Lo que es ancho o dilatado. // Lo relativo a la difusión. (Lat. **diffusus**, extendido.)

digamético (digametic). Que tiene dos tipos de gametos. *Heterogamético.* (Gr. **dis**, dos veces; **gametes**, esposos.)

digástrico (digastric). En los mamíferos, uno de los músculos depresores de la mandíbula, provisto de dos vientres y derivado del músculo hioides. (Gr. **dis**, dos; **gaster**, vientre.)

Digenea. En una clasificación de los platelmintos, un orden de *Trematodos* que necesitan dos hospedantes para completar su ciclo vital. (Gr. **dis**, dos; **genea**, movimiento.)

digénesis (digenesis). Alternacia de reproducciones sexual y asexual. (Gr. **di**, dos; **genesis**, origen.) *Adj. digenético.*

digénico (digenic). Que tiene dos genes o es regulado por dos genes. (Gr. **dis**, dos veces; **genos**, nacimiento.)

digenóporo (digenoporous). V. *digonóporo.*

digestión* (digestion). la acción de digerir. (Lat. **digertus**, separado.) // La ruptura enzimática de los alimentos produciendo substancias aptas para su asimilación por el cuerpo. // *d. gástrica*, que se efectúa en el estómago. // *d. intestinal*, efectuada en el intestino. // *d. intracelular*, realizada dentro de la célula. // *d. salival*, que transforma el almidón en maltosa por la acción de la saliva.

digestivo* (digestive). Relacionado con la digestión. (Gr. **digestivas**; lat. **digestus**, separado.)

digit- (digit-). (Del lat. **digitus**, un dedo.)

digitado* **(digitate).** Que tiene dedos o expansiones en forma de dedos.

digitiforme* **(digitiform).** En forma de dedo. (Lat. **digitus**, dedo; **forma**, forma.)

digitígrado* **(digitigrade).** Que camina apoyándose en los dedos, como los perros. (Lat. **digitus**, dedo; **gradus**, caminante.)

digitiplantígrado **(digitiplantigrade).** Se dice de la disposición del pie de los elefantes, cuyos dedos se apoyan en un cojinete plantar, tomando una posición intermedia en relación con los verdaderos digitígrados. También se llama *subplantígrado* y *rectígrado. (Lat.* **digitus**, dedo; **planta**, planta del pie; **gradior**, caminar.)

dígito* **(digit).** Un dedo de la mano o del pie. // Una de las divisiones terminales de las extremidades en los tetrápodos. (Lat. **digitus.**) *Adj. digital, digitado.*

digítulo **(digitule).** Un pequeño proceso en el torso en algunos insectos. (Lat. **digitulus**, dedito.)

diglicérido **(diglicerid).** Grasa incompletamente hidrolizada durante la digestión, que conserva dos enlaces con ácidos grasos.

diglífico **(diglyphic).** Antozoo con dos sifonoglifos. (Gr. **dis**, dos veces; **glyphein**, gravar.)

digonéutico **(digoneutic).** Que se reproduce dos veces al año. (Gr. **dis**, dos veces, **goneuo**, generar.)

digónico **(digonic).** Que produce gametos masculinos y femeninos en diferentes gonias del mismo individuo. (Gr. **dis**, dos veces; **gone**, progenie.)

Digononta. Una de las dos clases del fílum *Rotífera.* (Gr. **dis**, dos; **gonos**, reproducir; **onto**, ser.)

digonóporo **(digonoporous).** Con dos aberturas genitales distintas, una para cada sexo. (Gr. **dis**, doble; **gonos**, reproducción; **poros**, poro.)

diheterócigo. =*Dihíbrido.*

diheteroterma **(diheterothermal).** Se aplica al tipo de hibernación en el que la temperatura del cuerpo está siempre bajo regulación termostática, con dos patrones: uno más alto durante el verano y otro más bajo en el invierno. Ej. el *erizo* y el *lirón europeos.* (Gr. **dis**, doble; **heteras**, diferente; **therme**, caliente.)

dihibridismo **(dihybridism).** Cruzamiento de razas diferenciadas en las que se estudian dos pares de caracteres alelomórficos. (Gr. **dis**, doble; **hybris**, mestizo.)

dihíbrido **(dihybrid).** En genética, un organismo que es híbrido o heterócigo para dos rasgos. (Gr. **dis**, doble; **hybris**, mestizo.) // Individuo nacido de padres que difieren por dos clases de caracteres. (Gr. **dis**, dos veces; **hybris**, mestizo.)

dihidrotaquisterol **(dihydrotachysterol).** Vitamina D_4. Sirve para contrarrestar deficiencias paratiroideas.

dihidroxiacetona. Una triosa del grupo *Ketosa.*

Dilambdota. Una división de los insectívoros que se distingue por tener los molares superiores con crestas en forma de W o de doble L. (Gr. **dis**, dos; **lambda**, letra L; **odontos**, diente.)

dilatado* **(dilated).** Ensanchado, aplastado. (Lat. **dilatare**, expandir.)

dilatador* **(dilator).** Un músculo que ensancha o dilata un órgano. (Lat. **dilatare**, expandir.)

dilema* **(dilemma).** Distinción entre estímulos alternos. (Gr. **dis**, doble; **lemma**, una suposición.)

dilófico **(dilophous).** Espículas provistas de dos radios como una cresta. (Gr. **dis**, doble; **lophos**, cresta.)

diluvial* **(diluvial).** Lo perteneciente al diluvio. (Lat. **diluvium**, inundación.)

dimastigota **(dimastigote).** =*Biflagelado.* (Gr. **dis**, doble; **mastix**, látigo.)

dimegalia **(dimegaly).** La presencia de espermatozoos de distintos tamaños en ciertos insectos. (Gr. **dis**, dos; **megalos**, grande.)

dímero **(dimerous).** Que está formado por dos partes o miembros. (Gr. **dis**, dos; **meros**, parte.)

dimiario* **(dimyaric).** Que tiene dos músculos, como los moluscos bivalvos que poseen dos músculos aductores. (Gr. **dis**, doble; **mys**, músculo.)

dimidiado **(dimidiate).** Que está partido por la mitad. (Lat. **dimidiatus**).

dimorfismo* **(dimorphism).** Condición que muestra dos formas en el adulto. *Adj. dimorfo*.* (Gr. **dis**, dos; **morphe**, forma.) // *d. sexual*, formas diferentes para cada sexo. // *d. estacional*, que ocurre en relación con las estaciones anuales.

din-, dino-. (Del gr. **deinos**, terrible, poderoso, grandioso y, por extensión, bestia o animal de gran tamaño.)

dinámico* **(dynamic).** Lo que produce o manifiesta una actividad. (Gr. **dynamis**, fuerza.)

dinámica poblacional **(population dynamic).** Estudio cuantitativo y, si es posible, causal de los cambios que experimenta el número de individuos de una especie o de un conjunto de especies. (Margalef.)

dinamoneura **(dynamoneura).** Una neurona motora. (Gr. **dynamis**, fuerza; **neuron**, nervio.)

dinamoplástico **(dynamoplastic).** Una formación que produce energía. (Gr. **dynamis**, fuerza; **plastos**, formado.)

dindón **(turkey).** Nombre dado por los franceses al pavo común, que los colonizadores españoles llamaron *gallo de Indias.*

dinergate **(dinergate).** Casta de hormigas de cabeza muy grande, comúnmente llamada *Soldado.* (Gr. **deinos**, terrible; **ergates**, un obrero.)

dineurónico **(dineuronic).** Que tiene doble inervación. (Gr. **dis**, doble; **neuron**, nervio.)

dingo **(dingo).** Perro salvaje australiano, probablemente introducido por los aborígenes **(Canis familiaris dingo).**

Dinichthys. Uno de los peces placodermos del período Devoniano, del grupo de los *Artrodiros.* (Gr. **deinos**, poderoso; **ichtyes**, pez.)

Dinocerata. Un orden de mamíferos euterios ungulados del tamaño y forma de los rinocerontes, pero con grandes caninos. **Uintatheria.** Del *Paleoceno* al *Oligoceno* de la América del Sur. (Gr. **deinos**, bestia; **keras**, cuerno.)

dinoflagelado **(dinoflagellate).** *Dinoflagellata.* Un miembro del orden *Dinoflagellida*, q.v.

Dinoflagellida. = *Dinoflagellata.* Grupo de protistos que muestran características tanto animales como vegetales, provistos de dos flagelos que parten de un surco en el cuerpo, uno lo impulsa y el otro lo hace girar. Frecuentemente llevan, además de la clorofila, pigmentos coloreados de rojo y muchos son luminescentes. Los botánicos suelen llamarlos algas *pirrofitas.* (Gr. **deinos**, **dine**, que gira, **flagelados.**)

dinómico **(dinomic).** Un organismo de área restringida a dos regiones biogeográficas. (Gr. **di**, dos; **nomos**, morada.)

dinóporo **(deinopore).** Unión o puente celular. (Gr. **deinos**, urna; **poros**, canal.)

dinornis* **(moa).** Moas, aves gigantes fósiles de Nueva Zelandia, que existieron en épocas históricas. (Gr. **dinos**, poderoso; **ornithes**, ave.)

Dinornithiformes. Grandes aves extintas de la subclase *Neornithes*, que incluye las moas. Eran corredoras, no volantes, y con el esternón sin quilla. Habitaron la Nueva Zelandia hasta épocas históricas. *Dinornis.* (Gr. **dinos**, poderoso; **ornithes**, ave.)

dinosaurio* **(dinosaur).** Un nombre que, en el concepto popular, significa reptil enorme ya extinto. Zoológicamente comprende dos órdenes de reptiles de la Era Secundaria. V. *Saurischia* y *Ornitischia.* (Gr. **demos**, poderoso; **sauros**, reptil.) *Adj. dinosauriano.*

dinoterio* **(dinothere).** V. *Deinotherioidea.*

dinucleótido **(dinucleotid).** Término restringido ahora para designar ciertos nucleótidos como el de la nicotinamida adenina (NAD) y el de la nicotinamida adenina fosfatada (NADP). Previamente se designaban con las siglas DPN y TPN.

diocelo **(diocoel).** El lumen del diencéfalo. (Gr. **dis,** dos; **koilos,** cavidad.)

Dioctophymatina. Un suborden de nematodos del orden *Enoplida* que incluye algunas especies parásitas de animales domésticos, como *Dioctophyme renale,* verme de gran tamaña hallado en la cavidad del cuerpo de los mamíferos. (Hembras de hasta 900mm. de largo.) (Gr. **dis,** dos; **octo,** ocho + el género **Phymatina.**)

Dioctophymoidea. En la clasificación de Filipjev, un orden de nematodos parásitos de aves y mamíferos cuya boca carece de labios, la faringe es cilíndrica y alargada y los machos tienen una bolsa muscular *Dioctophymatina.*

diodonte **(diodon).** Ave de rapiña sudamericana del orden *Falconiformes.* // Pez del orden *Perciformes* de cuerpo espinoso que se hincha al dilatarse la vejiga natatoria.

Diógenes de Apollonia. Filósofo griego. Realizó una descripción del sistema venoso de algunos animales y puede considerarse la primera obra de anatomía de que se tenga noticia. (Siglo V antes de Cristo.)

dioico* **(dioic).** Se dice del organismo que posee los órganos masculinos y femeninos en individuos diferentes. = *Unisexual.* (Gr. **dis,** doble; **oikos,** casa.)

diónico **(dionychous).** Que tiene dos uñas. (Gr. **dis,** doble; **onyx,** uña.)

dioptro **(dioptrate).** Que tiene los ojos separados por una línea estrecha. (Gr. **dis,** dos; **ops,** ojo.)

dióptrico* **(dioptric).** Lo perteneciente a la transmisión y refracción de la luz. (Gr. **dioptra,** instrumento óptico.)

diórquico **(diorchic).** Con dos testículos. (Gr. **dis,** dos; **orchis,** testículo.)

Diostedé* **(toucan).** Ave americana del orden *Piciformes,* familia *Ramphastidae* **(Ramphastos ambiguus).** También *piapoco.* V. *tucán.*

Diotocardia. Una división de la clase *Gastropoda* en la que el corazón tiene típicamente dos aurículas. Es equivalente al orden *Archaeogastropoda,* de la subclase *Prosobranchia.* (Gr. **dis,** doble; **Kardia,** corazón.)

dipeptidasa **(dipeptidase).** Enzima digestiva que convierte los dipéptidos en aminoácidos.

dipéptido **(dipeptid).** Compuesto formado por unión de dos aminoácidos que se enlazan por remoción de un (OH) del grupo ácido y un (H) del grupo amino (NH_2).

Diphyllidea. Un orden de platelmintos de la clase *Cestoda,* de escólice grande, lobulado y con dos botridios. (Gr. **dis,** doble; **phyllon,** hoja.)

Diphyllobothrium. Un género de tenias que parasitan al hombre, pasando estado intermediarios en peces de agua dulce. (D. **latum.**) (Gr. **dis,** dos; **phyllon,** hoja; **bothrium,** botridio.)

dipl-, diplo-. (Del gr. **diploos,** doble.)

diplartro **(diplarthrous).** Se dice de un tipo de pie en el que el astrálago está articulado tanto con el navicular como con el cuboides. (Gr. **diploos,** doble; **arthros,** articulación.)

diplasia. La división de un órgano axial en dos partes. (Gr. **diplasios,** doble.)

Diplasiocela. Un orden de anfibios anuros que comprende especies con dientes maxilares, lengua bifurcada y cintura pectoral unida en el esternón. Vértebras con dos tipos de centros. (=**Firmisternal.**) (Gr. **diplasios,** doble; **koilos,** cavidad.)

dipleuro **(dipleural).** Se aplica al animal bilateralmente simétrico. (Gr. **dis,** dos; **pleura,** lado.)

dipléurula **(dipleurula).** Tipo de larva hipotética, de simetría bilateral, alargada, sin esqueleto, con sistema digestivo completo y tres pares de sacos celomáticos. De ella se supone que han derivado las larvas de los equinodermos y los hemicordados. (Gr. **dis,** doble; **pleuron,** lado.)

diplobionte **(diplobiont).** Organismos con individuos sexuales y asexuales. (Gr. **diploos,** doble; **bion,** viviente.) *Adj. diplobióntico.*

diplobióntico **(diplobiontic).** Se aplica al ciclo en que la meyosis precede inmediatamente a la fecundación.

diploblástico **(diploblastic).** Que se deriva de dos capas embrionarias: ectodermo y endodermo. (Gr. **diploos,** doble; **blastos,** germen.)

diploblástula **(diploblastula).** Larva de ciertas esponjas de la clase Demospongiae que tienen dos capas de células flageladas. = parenquímula. (Gr. **diploos,** doble; + **blastula.**)

diplocardiaco **(diplocardiac)** Que tiene los dos lados del corazón bien distintos. (Gr. **diploos,** doble; **kardia,** corazón.)

diplocarion **(diplokaryon).** Un núcleo con dos series diploides de cromosomas. (Gr. **diploos,** doble; **karyon,** núcleo.)

diplocito **(diplocyte).**= Célula diploide. (Gr. **diploos,** doble; **kytos,** célula.)

diplocromosoma **(diplochromosome).** Cromosomas con cuatro cromátidas. (Gr. **diploos,** doble; **cromosoma.**)

diplodoco* **(diplodocus).** Gran dinosaurio hallado en el Jurásico superior de Colorado, cuyas vértebras caudales tienen dos estiletes. (Gr. **diploos,** doble; **dokos,** viga, estilo.)

diploe **(diploe).** Cosa doble o dividida en dos partes. // Tejido esponjoso que se encuentra entre las láminas o tablas de tejido compacto de ciertos huesos planos. // La cola de los escorpiones. (Gr. **diploe,** doble.)

diplofase **(diplophase).** Estado en el ciclo de los organismos con 2 cromosomas o de núcleo diploide. // Estado diploteno en la meyosis. (Gr. **diploos,** doble; lat. **phasis,** fase.)

diplofenotípica **(diplophenotipic).** Se aplica a la determinación postnatal del sexo por influencia ambiental. (Gr. **diploos,** doble; + **fenotipo,** q.v.)

diplogangliado **(diplogangliate).** Con los ganglios dispuestos en pares, como en los anélidos. (Gr. **diploos,** doble; **ganglion,** ganglio.)

Diplogangliata. V. *Annelida* y *Arthropoda.*

diplogénesis **(diplogenesis).** El supuesto cambio en las células germinales que acompañaría los cambios sufridos en los tejidos somáticos por el uso y desuso de los órganos. // Duplicación del origen de los organismos. (Gr. **diploos,** doble; **genesis,** descendencia.)

Diploglossata. = *Hemimerina.*

diplohaplóntico **(diplohaplontic).** Ciclo reproductivo en los foraminíferos, caracterizado por mostrar meyosis en la formación de los esporos y que envuelve una alternación de dos generaciones dimórficas en el adulto. Corresponde al ciclo encontrado en muchas plantas. (Gr. **diploos,** doble; **haplos,** simple.)

diploico **(diploic).** Que se encuentra en los espacios del tejido esponjoso de los huesos. (Gr. **diplon,** pliegue, de **diploe,** substancia esponjosa.)

diploide **(diploid).** Célula que contiene un par de cromosomas (2N) de cada tipo, como las células somáticas. (Gr. **diploos,** doble.) //*d. múltiple,* v. *alopoliploide.*

diploidía **(diploidy).** El fenómeno de la duplicación de los cromosomas. V. *diploide.*

Diplomonadina. Un orden de *Mastigophora,* de la subclase *Zoomoastigina,* que ofrece simetría bilateral y 4 pares de flagelos. Comprende especies parásitas en el hombre, como *Giardia.* (Gr. **diploos,** doble; **monada,** simple, unitario.)

diplonefridio **(diplonephridium).** Nefridio derivado del ectodermo y del mesodermo. (Gr. **diploos,** doble; + **nefridio,** q.v.)

diplonema **(diplonema).** En la profase de la meyosis, se aplica al espirema en estado diplóteno. (Gr. **diploos,** doble; **nema,** filamento.)

diploneural **(diploneural).** Inervado por dos nervios.

diplonte (diplont). Nombre aplicado a los organismos con reducción cromosómica gamética. V. *haplonte.* (Gr. **diploos,** doble; **ontos,** ser.)

diplopía* (diplopia). Visión con dos imágenes. (Gr. **diploos,** doble; **ops,** vista.)

diploplácula (diploplacula). Blástula deprimida provista de dos capas celulares. (Gr. **diploos,** doble; **plakos,** plato aplastado.)

Diplopoda. Una clase de artrópodos que comprende los milípedos. El cuerpo es cilíndráceo y está provista de 2 pares de patas en cada segmento abdominal. Son terrestres y generalmente fitófagos. (Gr. **diploos,** doble; **podos,** pie.)

Diploporida. Un orden de equinodermos de la clase *Crinoidea* que tienen diplóporos. (Gr. **diploos,** doble; lat. **poros,** canal.)

diplóporo (diplopore). Cada uno de los poros dispuestos por pares, que perforan las placas dérmicas de algunos crinoideos. (Gr. **diploos,** doble; lat. **poros,** canal.)

diplópteras. Se dice de las alas de las avispas porque se pliegan longitudinalmente. (Gr. diploos, doble; **pteron,** ala.)

diplóptilo (diploptile). Una pluma del tipo nesóptilo, sin raquis. (Gr. **diploos,** doble; **ptilon,** pluma.)

diplosegmento. El segmento doble en los *diplópodos,* que lleva dos pares de patas y dos pares de ganglios, por lo que parece derivar de la fusión de dos segmentos originalmente separados.

diplosfeno (diplosphene). Proceso en forma de cuña del arco neural en algunos reptiles. (Gr. diploos, doble; sphen, cuña.)

diplosis (diplosis). La duplicación del número de cromosomas en la fecundación del huevo. (Gr. **diploos,** doble; **-osis,** aumento.)

diplosoma (diplosome). El centrosoma con su centrículo duplicado. (Gr. **diploos,** doble; **soma,** cuerpo.)

diplosomito (diplosomite). Un segmento en el cuerpo de los diplópodos formado por dos anillos. (Gr. **diploos,** doble; **soma,** cuerpo.)

diplospondílico (diplospondylic). Se aplica a la presencia de dos centros en las vértebras de ciertos peces, como Amia calva, algunos tiburones, etc. En algunos, solamente el cuerpo posterior lleva los arcos neural y hemal. (Gr. **diploos,** doble; **spondylos,** vértebra.)

diplostíqueo (diplostichous). Que está disperso en dos filas o series. (Gr. **diploos,** doble; **stichos,** fila.)

Diplostraca. Un orden de crustáceos de la subclase *Branquiopoda* en el que el cuerpo está parcialmente o totalmente incluído en un carapacho bivalvo. (Gr. **diploos,** doble; **ostrakon,** una concha.)

diplóteno (diplotene). Estado durante la meyosis en el que los cromosomas se han duplicado y están arrollados entre sí en ciertos puntos y separados en otros. (Gr. **diploos,** doble; **teino,** extender.) *Adj. diploténico.*

Diplovertebron. Uno de los anfibios paleozoicos más primitivos, pertenecientes a los laberintodontes. (Gr. **diploos,** doble; + **vértebra.**)

diplozoico (diplozoic). De simetría bilateral. (Gr. **diploos,** doble; **zoon,** animal.)

Diplozoos. Un orden de *Mastigophora* que muestra extructuras pares. Su nombre alterno es *Diplomonadina.* (Gr. **diploos,** doble; **zoon,** animal.)

Diplura. Un orden de insectos de la subclase *Apterigota,* de pequeño tamaño, antenas largas, sin ojos, boca masticadora y hundida y con dos cercos delgados o un par de pinzas abdominales. También *Entotrophi.* (Gr. **diploos,** doble; **oura,** cola.)

dipneo* (dipnoan). Dícese de los animales que tienen respiración branquial y pulmonar. (**Dis,** dos; **pnoe,** respiración.)

Dipneumones. V. *Dipnoi.* (peces) y *Dipulmonata* (araneidos).

Dipneumonomorphae. Un suborden de arañas en el orden *Araneida* que poseen dos pulmones. (Gr. **dis,** dos; **pne,** respirar.)

dipneustos (Lungfishes). Peces que tienen y usan tanto los pulmones como las agallas o branquias para respirar. (Gr. **dis,** dos; **pneusis,** respiración.)

Dipnoi (Dipneusti). Un superorden de peces de la clase *Osteichthyes,* subclase *Choanichthyes.* Son peces pulmonados, de cuerpo alargado, sin premaxilares ni maxilares, con placas duras en el borde de la boca, vejiga natatoria en forma de pulmón. Fósiles desde el Devoniano. Viven ahora en Africa, América del Sur y Australia. (Gr. **dis,** dos; **pnoe,** respirar.)

dipnoo* (dipnoan). V. *Dipnoi.*

dipódidas. Grupo de roedores del orden *Rodentia* que habita en el Norte de Africa y la Arabia. Las patas posteriores están dispuestas para el salto, como los jerbos. (Gr. **dis,** dos; **pous,** pies.)

Dipodoidea. Una superfamilia de mamíferos del orden *Myomorpha,* que comprende los jerbos de Africa y Asia y los ratones saltadores de América. Se caracterizan por sus largas extremidades posteriores, dispuestas para el salto. (Gr. **dis,** dos; **podos,** pies.)

diporpa (diporpa). Estado embrionario en los trematodos del género *Diplozoon* que se une a otro embrión. (Gr. **dis,** doble; **porpe,** hebilla.)

Diprotodonta. Un grupo de marsupiales caracterizados por tener dos incisivos enormes inferiores, como el canguro, en contraposición a los que tienen seis incisivos en la mandíbula. (Gr. **dis,** dos; **protos,** por delante; **odous,** diente.)

Diptera. Un orden de insectos provistos solamente de las alas anteriores, que son transparente, boca dispuesta para picar, chupar o lamer y larvas usualmente sin patas. Desde el Permiano hasta la era actual. Comprende las moscas, mosquitos, tábanos, etc. (Gr. **dis,** dos; **pteron,** ala.)

Dipteriforme. Un orden de peces dípnoos que comprende los géneros recientes de agua dulce: *Protopterus, Neoceratodus* y *Lepidosiren.* (Gr. **dis,** dos; **pteron,** ala; lat. **forma.**)

díptero* (dipterous). Se dice del insecto que tiene dos alas. // Un insecto del orden *Diptera,* q.v. (Gr. **dis,** dos; **pteron,** ala.)

dipterocecidio (dipterocecidium). Agalla causada por insectos del orden *Diptera.* (De **dipteros** y gr. **kekis,** agalla; **idion,** diminutivo.)

Dipterus. El tipo de peces pulmonados más antiguo, que existió en el periodo Devoniano. (Gr. **dis,** dos; **pteron,** ala, aleta.)

Dipulmonata. Una división de los araneidos que solo tienen dos sacos pulmonares y comprende la gran mayoría de las arañas. (Gr. **dis,** dos; lat **pulmo,** pulmón.)

diquelado (dicellate). Que tiene dos puntas. (Gr. **dikella,** una azada de dos puntas.)

directivos* (directives). Se aplica a los pares de mesenterios primarios en los antozoarios. (Lat. **directus.**)

dirrínico (dirhinic). Con dos aberturas nasales. (Gr. **dis,** dos; **rhines, narices.**)

dis- (dis-). (Del gr. **dys-,** que expresa la idea de malo, diferente, débil. Opuesto a eu-.) // (Del lat. **dis,** aparte, separado, cortado, negación.)

disacarasas (disaccharase). Enzimas intestinales que catalizan la descomposición de los disacáridos: sacarasa, maltasa, lactasa.

disacáridos (disaccharides). Hidratos de carbono de 12 átomos de carbono, que por hidrólisis dan hexosas: sacarosa, maltosa, lactosa.

disartria* (dysarthria). Dificultad de articulación. (Gr. **dys,** malo; **arthros,** articulación.)

discal (discal). Discoidal. Lo que parece un disco. // Una gran celda o espacio en la base de las alas de los lepidópteros y moscas. (Lat. **discus.**)

disciforme (disciform). En forma de disco. (Lat. **discus,** disco; **forma,** forma.)

disclímax (disclimax). Clímax resultante de un disturbio ocasionado por el hombre o los animales domésticos. (Gr. **dys,** disturbios; + **clímax,** q.v.)

disco* (disk). Cualquier estructura delgada, aplanada y circular. (Lat. **discus,** disco.) *Adj. discoidal*, discoideo*.* // *d. A.*, v. disco anisotrópico. // *d. anisótropo,* banda transversal de color obscuro en las fibras musculares estriadas, también llamada disco I, atravesada por las líneas Z. // *d. coronal,* la parte anterior de la cabeza en los rotíferos, que lleva los cilios. // *d. de Merkel* o *corpúsculo de Merkel,* que está situado en la piel y actúa como perceptor del tacto o tangorreceptor. // *d. eléctrico,* cada una de las placas que forman las columnas u órganos eléctricos de ciertos peces como la anguila eléctrica de la América del Sur. // *d. embrionario,* el blastodermo, el disco celular en un lado del saco vitelino de donde se desarrolla el embrión; disco celular en el blastocisto de los mamíferos. // *d. espiracular,* estructura discoidal lobulada que rodea los espiráculos posteriores de muchas larvas acuáticas de insectos dípteros. // *d. fijador,* lóbulo preoral por medio del cual las larvas de los crinoideos y asteroideos se fijan al fondo. // *d. germinativo,* la zona en el huevo fecundado en el que aparecen los primeros indicios del embrión. // *d.H.* la región más clara de las bandas anisotrópicas de las miofibrillas. Línea del Howsen. // *d.I.* V. *discos obscuros.* // *d. imaginal,* grupo de células en las larvas de los insectos, formadas directamente del huevo, del cual se forman o desarrollan los diversos órganos durante la pupación. // d. *intercalar,* marca transversal, de función desconocida, situada a través de las fibras musculares cardiacas. // d. *intervertebral,* almohadillas de fibricartílago entre los centros de vértebras adyacentes en muchos vertebrados. En el centro de cada disco se encuentra un núcleo blando, *nucleus pulposus,* que representa un vestigio del notocordio embrionario. También se denomina *menisco.* // *d. J.*, el disco isotrópico o *disco I,* q.v. // *d. M,* una línea en medio de la línea de Hensen. *Mesofragma.* // *d. N.*, bandas estriadas, llamdo discos Z en las fibras musculares estriadas, llamado también *Q.* // *d. proligero,* parte de los folículos de Graaf que probablemente es la que segrega la hormona estrógena estradiol. // *d. Q.*, disco A, anisotrópico, en las fibras musculares estriadas. // // *d. trocal,* v. *disco coronal.* // *d. vertebral,* v. *disco inververtebral.*

discoblástico (discoblastic). Huevo con el área de segmentación en forma de disco. (Gr. **diskos,** disco; **blastos,** formación.)

discoblástula (discoblastula). Un tipo de blástula resultante de una segmentación discoidal, como en los huevos de las aves.

Discocephali. Un orden de peces óseos llamados rémoras, ahora denominado el orden *Echeniformes.* (Gr. **diskos,** disco; kephale, cabeza.)

discoctáster (discoctasters). Espícula de esponja con ocho radios terminados en discos. (Lat. **discus,** disco; **octus,** ocho; **aster,** estrella.)

discodáctilo (discodactylous). Que tiene los dedos terminados en ensanchamientos discoidales. (Gr. **diskos,** disco; **dactylos,** dedo.)

discoglósidos (discoglossidae). Grupo de anfibios anuros que tienen la lengua en forma de disco. (Gr. **diskos,** disco; **glossa,** lengua.)

discohexactina (dixohexactine). Espícula de esponjas que tienen seis radios iguales. (Gr. **diskos,** disco; + **hexactina,** q.v.)

discohexáster (discohexaster). Espícula de esponjas provista de seis radios terminados en discos. (Gr. **diskos,** disco; + **hexáster,** q.v.)

discoidal* (discoidal). Que tiene forma de disco. (Lat. **discus.**)

discoideo (discoid). Mejor es *discoidal*.*

Discomedusae. Un orden de celenterados de la clase *Scyphozoa* que comprende las medusas de forma discoidal, provistas de 4 brazos orales acanalados. Ej. el agua mala *Aurelia aurita.* (Gr. **diskos,** disco; + **medusa,** q.v.).

discomórula (discomorula). Mórula derivada de un huevo mesoblástico. (Gr. **diskos,** disco; + **mórula.**)

discónula (disconula). Un estado larval de ocho radios de ciertos celenterados. (Lat. **discus.**)

discoplacenta (discoplacenta). V. *placenta discoidal.*

discoplasma (discoplasm). Formación incolora en los eritrocitos. (Gr. **diskos,** disco; plasma, forma.)

discorrabdito (discorhabd). Una espícula en las esponjas con crecimientos discoidales. (Gr. **diskos,** disco; **rhabdos,** varilla.)

discordante (discordant). Que discuerda, discrepa o diverge de una estructura o función. (Lat. **discordare.**)

discotos (discota). Se dice de los insectos cuyos órganos adultos se originan de los discos imaginales. (Gr. **diskos,** disco.)

Discotricha. Un nombre alterno para el orden *Cilióforos* llamado *Perithichida,* q.v.

discreto* (discrete). Separado, no unido. // En estadísticas se dice de los caracteres o unidades no continuas, como el número de vértebras, de escamas, de espinas, etc. (Lat. **discretus,** separado, discontínuo.)

discromatopsia (dyschromatopsia). Incapacidad para distinguir los colores. (Gr. **dys,** incapacidad; **chroma,** color; **opsis,** vista.)

Disculiceptidea. Un orden de platelmintos de la clase *Cestoidea,* de escolex grande sin ventosas ni garfios y proglótides cuadrados. (Gr. **diskos,** disco; ceps cabeza; **idea,** una terminación de nombres zoológicos.)

disecar* (dissect). Abrir un animal muerto para estudiar su estructura. (Lat. **dissecare,** cortar.)

disección* (dissection). Acción y efecto de disecar. (Lat. **dissecare.**)

disecea*. Torpeza de oído. (Gr. **dys,** mal; **akoyóo,** oír.)

disector* (dissector). El que diseca y ejecuta ciertas operaciones anatómicas. (Lat. **dissertare,** disectar.)

diseminación* (dissemination). La acción de esparcir las esporas y otros medios de propagación en los organismos animales. (Lat. **disseminare.**)

disentería* (dysentery). Inflamación intestinal, frecuentemente producida por parásitos, virus, bacterias, protozoos, vermes. (Gr. **dys,** malo; entero, intestino.) // *d. amibiana,* enfermedad producida por un protozoo sarcodino: *Entamaeba hystolitica.* // *d. balantidiana,* producida por el protozoo ciliόforo *Balantidium coli.*

disepimento (dissepiment). Tabique. // Lo que separa dos cosas. Término muy usado en el estudio de los corales blancos. (Lat. **dissepimentum.**)

disestesia* (dysesthesia). Percepción de la sensibilidad. (Gr. **dys,** mal; **aisthesis,** sensibilidad.)

disfagia* (dysphagia). Dificultad o imposibilidad de tragar. (Gr. **dys,** mal; (Gr. **dys,** mal; **phagein,** comer.)

disfasia* (dysphasia). Alteración del habla por lesión cerebral. (Gr. **dys,** mal; **phanai,** hablar.)

disfonía* (dysphonia). Disturbio en el funcionamiento de la producción del sonido. (Gr. **dys,** malo; **phonos,** sonido.) *Adj. disfónico.*

disforia (dysphoria). Estado de ansiedad o inquietud. (Neolat. **agitación.**)

disforme* (dysform). Que se aparta de la forma regular. (Gr. **dys,** malo; **forma,** forma.)

disfótico (dysphotic). La zona de la penumbra en los ambientes acuáticos. En ella las macrofitas se desarrollan pobremente. (Gr. **dys,** malo; **photos,** luz.)

disgénesis (dysgenesis). Infertilidad entre los híbridos, aunque estos sean fértiles con sus progenitores. //Degeneración racial. (Gr. **dysgenesis,** disminución.) *Adj. disgénico.*

disgregador* **(splitter).** En taxonomía, se dice del que subdivide innecesariamente los taxones. (Gr. **dys,** malo; + **agregado.**)

disharmonía de crecimeinto. V. *alometría.*

disharmónico. V. *alometría.*

disimetría* **(bisymmetry).** Presencia de dos planos de simetría normales uno al otro y no equivalentes. También simetría bilateral doble. (Gr. **dys-,** diferente; **metron,** medida.) *Adj.* ***disimétrico.***

dismenorrea (dysmenorrhoea). Menstruación dolorosa o difícil. (Gr. **dys, difícil,** malo; **men,** mes; **reo,** fluir.)

dismerismo (dysmerism). Un conjunto de partes desiguales. (Gr. **dys,** malo; **meros,** parte.)

dismarogénesis (dysmarogenesis). Segmentación que produce partes desiguales. (Gr. **dys,** malo; **meros,** parte; **genesis,** origen.)

dismnesia* **(dysmnesia).** Debilidad de la memoria. (Gr. **dys,** difícil, mal; **mneine,** memoria.)

disnea* **(dyspnoea).** Respiración dificultosa o irregular. (Gr. **dispnoia,** de **dys,** malo, y **pneo,** respirar.) *Adj.* ***disnético.***

disoconcha (dissoconch). La concha larval de la larva velígera en los Moluscos. (Gr. **dissos,** doble; **konche,** una concha).

disogenia (dissogeny). Posesión de dos períodos sexuales; uno en el estado larval y otro en el adulto. (Gr. **dissos,** doble; **-geno,** engendración.)

disogonía (dissogony). La maduración sexual en dos estados separados de la vida de un organismo con un periodo intermediario sin producción de gametos. (Gr. **dissos,** doble; **gone,** producir.) = *Disogenia.*

disoperación (disoperation). Coacción que ocasiona una influencia mutua perjudicial de un organismo sobre otro. (Lat. **dis,** aparte; lat. **operatio,** trabajo.)

disosmia* **(dysosmia).** Disminución del olfato. Gr. **dys,** difícil; **oseme,** oler.)

disospóndilas (disospondily). Se dice de las vértebras de ciertos peces en las que el centro se suelda con los arcos. (Gr. **dis,** suelto; **spondylos,** vértebra.)

dispepsia* **(dyspepsy).** Digestión dificultosa o imperfecta. (Gr. **dys,** mal; **peptoo,** digerir.) *Adj.* ***dispérmico.***

dispermia (dispermy). La entrada de dos espermas en un óvulo. (Gr. **dis,** dos; **sperma,** espermatozoo.) *Adj.* ***dispérmico.***

dispersión* **(dispersion).** La distribución o esparcimiento de los organismos. // La amplitud de los valores o ambos lados de la media aritmética. (Lat. **dispergere.**)

displasia (dysplasia). Anomalía en el desarrollo. //Estructura anatómica que presenta alguna alteración o desequilibrio. (Gr. **dys,** malo; **plasis,** que está moldeado.)

disploide (dysploid). V. *aneuploide.*

disporocístido (disporocystid). Que tiene dos esporocistos.

distad (distad). En dirección distal. (Lat. **distare,** apartarse.)

distal (distal). Remoto. Alejado de un punto de origen o de referencia. (Lat. **distare,** estar aparte.)

distales (distalia). La tercera fila de huesos carpales o tarsales, en posición distal. (Lat. **distare,** estar aparte.)

distancia (distance). Espacio entre dos puntos. // ***d. basialveolar,*** la distancia entre el basio el extremo inferior de la sutura intermaxilar. // ***d. basinasal,*** la distancia entre el basio y el centro de la sutura situada entre los huesos nasal y frontal. // ***d. focal,*** la que existe entre un lente y el punto en el que los rayos de la luz que le llegan paralelos convergen en un punto.

disteleología (disteleology). Teoría proclamada por Haeckel sobre la ausencia de finalismo o propósito de la naturaleza (Gr. **dys,** contrario, + **teleología.**)

Distichodontia. Grupo de peces fluviales del Africa tropical de gran aleta dorsal, vientre redondeado y aparato de Weber.

distifaringe (distipharynx). Un tubo formado por la unión de la epifaringe y la hipofaringe en los insectos. (Lat. **distans,** aparte; **pharynx,** faringe.)

distiprobóscide (distiprobosis). La porción distal de la probóscide en los insectos. (Lat. **distans,** aparte; gr. **probos,** trompa.)

dististilo (dististyle). La parte distal del basistilo en el genostilo de los mosquitos. (Lat. **distans,** distante; gr. **stylos,** pilar.)

distitarso (distitarsus). El último artejo de los tarsos o *tarsómero.*

distomatosis* **(fascioalasis).** *Fasciolasis,* q.v. Enfermedad parasitaria producida por *Fasciola hepatica.* (De **Distoma,** género desechado, sinónimo de fasciola.)

distomia (distomy). La presencia de dos bocas o aberturas. (Gr. **dis,** dos; **stoma,** boca.)

distómidos (Distomidae). Un nombre obsoleto para los trematodos del orden *Digenea.*

dístomo* **(distomun).** Que tiene dos bocas. // **(fluke).** V. *duela,* (Gr. **dis,** dos; **stoma,** boca.)

distorreceptor (distoceptor). Un receptor a distancia. (Lat. **distare,** aparte; **recipere,** recibir.)

distribución*. (distribution). En zoogeografía, sinónimo de estudiar las áreas de dispersión de los animales, las cuales dependen de la geografía y la ecología actuales, así como de la paleogeografía, la paleoecología y la evolución de los grupos. // ***d. continua,*** áreas zoogeográficas de dispersión sin notables soluciones de continuidad. Ej. las familias *Cervidae, Canidae,* etc. // ***d. discontinua,*** la ocurrencia de una especie o de especies relacionadas en dos o más áreas distantes. // ***d. ecológica,*** la clase de habitación ocupada por una especie o un taxón determinado. // ***d. estacional,*** la incidencia natural de animales en una región o área en relación con las estaciones. // ***d. geográfica,*** el área que una especie u otro taxón ocupa naturalmente. // ***d. geológica,*** la ocurrencia de un grupo particular durante épocas geológicas pasadas.

distrofia* **(dystrophy).** Nutrición deficiente. (Gr. **dys,** malo; **trophe,** nutrición.) *Adj.* ***distrófico.***

distrófico (dystrophic). Se dice del lago viejo saturado de vegetación y con gran sedimento (Gr. dys. **trophi,** alimento.)

disuria* **(dysuria).** Expulsión dificultosa, dolorosa e incompleta de la orina. (Gr. dys, mal; **ouron,** orina.)

disyunción* **(disjunction).** Fenómeno biogeográfico por el que especies de amplia dispersión quedan reducidas a poblaciones alejadas unas de otras. //Acción y efecto de separar lo que está normalmente unido. // La separación de los cromosomas después de la sinapsis. (Lat. **disjunctus.**) *Adj,* ***disyuncto.***

diticon (dyticon). Conjunto de organismos que habitan la porción acuosa de un medio parcialmente móvil como el cieno. (Gr. **dytikos,** capaz de **bucear.**)

Ditmars, Raymond Lee. Zoólogo. Herpetólogo norteamericano. Autoridad mundial en el estudio de los reptiles. (1876-1942).

dítoco (ditokous). Que produce sólo dos huevos o dos hijos al año. (Gr. **dis,** dos; **tokos,** progenie.)

ditremado (ditrematous). Con aberturas sexuales distintas para los órganos masculinos y femeninos. (Gr. **dis,** dos veces; **trematos,** abertura.)

Ditremata. Una división de mamíferos que comprende los marsupiales y los euterios, nombrada por la posesión de abertura anal independiente de la urogenital. // Un taxón de moluscos gasterópodos pulmonados que tienen las aberturas masculina y femenina separadas. V. *Stylommatophora.* (Gr. **dis,** dos; **trematos,** agujero.)

dítroco (ditrochous). Que tiene el trocánter dividido. (Gr. **dis,** dos; **trochos,** polea, "trocanter".)

diuca*. Especie de gorrión, ave passeriforme, familia *Fringillidae,* de Chile y Argentina. (Voz **araucana.**) (Dicc.)

diuresis* **(diuresis).** Aumento en la cantidad de orinas, especialmente después de tomar mucha agua. (Gr. **día,** a través; **ouros,** orina.) *Adj.* ***diurético*.***

diurno* **(diurnal).** Que ocurre de día. Que pertenece al día. V. *diel,* // La parte del día que no incluye los crepúsculos. (Lat. **diurnus.**)

divaricado (divaricate). Muy divergente. Bífido. (Lat. **divaricatus,** apartado.)

divaricadores (divaricators). Músculos que abren las valvas de las conchas de los braquópodos. (Lat. **divarico,** apartar.)

divergencia* **(divergence).** Situación en que dos líneas se apartan una de otra. // Un patrón de evolución en que grupos se distinguen por selección natural, debido a diferentes ambientes. (Lat. **divergere.**) // *d. ecogeográfica,* la evolución, desde un solo ancestral, de dos o más especies en diferentes áreas geográficas, adaptadas cada una a habitaciones peculiares.

Diversicornia. Una división poco útil de los celeópteros del suborden *Polyphaga,* que comprende unas 40 familias que no pueden alojarse en otros grupos. (Lat. **diversus,** varios, **cornu,** cuerno.)

divertículo* **(diverticulum).** Una bolsa o tubo pequeño y ciego que se comunica con una cavidad mayor. (Lat. **devertere.** volverse hacia afuera.) // *d. de Meckel.* Una estructura o modo de foseta que a veces se encuentra en el íleon de los mamíferos y que representa el pedúnculo vitelino persistente.

división* **(division).** En taxonomía, una categoría convencional entre dos principales como entre fílum y clase, etc. // *d. celular,* proceso de multiplicación celular. // *d. mitósica,* v. *mitosis.* // *d. indirecta,* v. *mitosis.* // *d. ecuacional.* v. mitosis. // *d. reduccional,* v. *meyosis. d. heterotípica.* v. *meyosis.* // *d. trabajo,* especialización de las funciones orgánicas. // *d. binaria,* división de una célula que da origen a dos células nuevas. // *d. determinada* o *limitada,* condición en que la división se produce siguiendo pasos y planos predeterminados y concluyentes que obligan de antemano, a cada blastómero, a producir sólo ciertos y determinados tejidos del embrión. // *d. de maduración,* la formación de gametos maduros por el proceso de la meyosis. // *d. ecuacional,* la división de cada cromosoma en dos mitades que se incorporan a las células hijas en la meyosis. // *d. meyótica,* o reducción cromática o división reduccional. // *d. reduccional* o primera división meiótica.

divisor (splitter). Taxónomo que tiende a subdividir los grupos zoológicos en mayor número de categorías que la generalidad de los especialistas.

diyodotirosina (diiodotirosine). Un precursor de la tiroxina hallado en las glándulas tiroides.

dizoico (dizoic). Se aplica a esporas que contienen dos esporozoitos.

DNA. Siglas de la expresión inglesa del ácido desoxiribonucleico que se ha generalizado en español. Debieran ser ADN.

DNA-polimerasa (DNA-polimerase). Una enzima que enlaza los grupos de nucleótidos para formar una nueva cadena de DNA, durante la duplicación.

doblado (bent). Encorvado hacia abajo.

doblete* **(doublet).** Cromosoma duplicado que se forma durante la profase (o durante la interfase) del proceso de la mitosis. (De doble.)

Dobzhansky, Theodosius. Genetecista ruso-americano, conocido por sus estudios sobre la genética de la Drosophila, la genética poblacional y la evolución. (1900)

DOCA. Abreviatura de la hormona desoxicorticosterona.

docimasta. Ave del orden Apodiformes, familia *Trochilidae,* especie de colibrí, de tamaño pequeño y pico muy largo, de Venezuela y Ecuador.

Docodonta. Una orden de mamíferos fósiles del Triásico superior de Norte América y de Inglaterra que poseen un esqueleto similar al de los monotremas, pero con un aspecto más reptiliano. (Gr. dokos, una viga; **odontos,** diente.)

docoglosa (docoglossate). Aplícase a un tipo de rádula en ciertos gastrópodos, con dientes en forma de viga. (Gr. **dokos,** viga; **glossa,** lengua.)

Docoglossa. Una subdivisión de la clase *Gastropoda,* definida por la rádula docoglosa, que es equivalente a la superfamilia *Patellacea de Archaeogastropoda* o *Cyclobranchia.* (Gr. **dokos,** viga; **glossa,** lengua.)

dodo (dodo). *Dodó, dronte, dido,* especie de paloma del tamaño de un pavo que existió en la Isla de Mauricio hasta el siglo XVIII. No se conserva ningún ejemplar en los museos, pero se ha hecho una reconstrucción basada en dibujos y en los huesos recogidos. (**Rhaphus cucullatus**).

Dogiel, G.S. Neurólogo ruso. V. *células de Dogiel.*

dogo* Dícese de una raza de perro de cuerpo robusto, cabeza grande y hocico chato, empleado como guardían. (Ing. **dog,** perro.)

Dohrn, Anton. Zoólogo alemán , creador de la famosa estación biológica marina de Nápoles. (1872)

Doisy, E.A. Fisiólogo norteamericano. Junto con A. Butenandt, aisló (1929), la hormona sexual femenina llamada estrona. Premio Nobel en 1943. (1893)

dolabriforme (dolabriform). Que tiene forma de hacha o de azuela, como ocurre con el pie de los moluscos bivalvos. (Gr. **dolabra,** hachuela.)

dolico-. (Del gr. **dolikos,** largo.)

dolicocefalia* **(Dolichocephaly).** La condición de tener la cabeza alargada: con un índice cefálico de 75% o menos. *Adj. dolicocéfalo*.*

dolicohiérico (dolichohieric). Con un índice sacral inferior a 100. (Gr. **dolicos,** largo; **hierros,** sagrado.)

doliforme (dolioform). En forma de barril. (Lat. **dolium,** tonel.)

doliolaria (doliolaria). Un estado larval avanzado en los equinodermos holoturoideos y crinoideos, de forma de tonel. (Lat. **dolium,** dim, un pote.)

Doliolida. Un orden de *Tunicados,* de la clase *Thaliacea* de forma de barril, con bandas musculares completas que recuerdan los aros de un tonel. Larva provista de cola. (Gr. **doliolum,** un pote.)

dóllimo* Chile: molusco bivalvo de agua dulce. (Dicc.)

Dollo, Louis. Paleontólogo belga, propulsor del principio de la irreversabilidad de la evolución. (1857-1931)

domesticación* **(domestication).** Hacer que el crecimiento y la reproducción de animales queden regulados y se conviertan en útiles al hombre. (Lat. **domesticus,** que pertenece a la casa.)

dominancia (dominance). El grado de influencia que ejerce una especie en una comunidad. // La preponderancia de un gen sobre otro en la apariencia de los fenotipos. // *d. incompleta,* un tipo de dominancia en la que los híbridos muestran caracteres intermediarios entre los de los padres para un rasgo determinado. // *d. parcial* o *semidominancia,* q.v.

dominante*. **(dominant)** En genética, un término que indica un alelo que siempre se expresa en condición heterócigа. // Una especie prevaleciente en una comunidad en un período dado. (Lat. **dominans,** gobernante.)

dómine. Pez tropicopolita del orden *Perciformes,* familia *Genpylidae* (**Epinnula magistralis**).

dominiquito (red siskin). Puerto Rico: ave que pertenece a la familia *Fringillidae* (**Spinus cucullatus**).

dominio* **(realm).** Cada una de las grandes divisiones ecológicas: *d. marino, d. dulcícula* y *d. terrícola.*

donaca (coquina). Molusco bivalvo marino llamado también *chipe* en Puerto Rico y *coquina* en Cuba, El vocablo es una adaptación al español del nombre genérico *Donax.*

donador* **(donor).** *Donante.* Persona de la que se obtiene sangre para transfusiones o tejidos para trasplantes. (Lat. **donare.**)

donante* **(donor).** El que dona. Usese para designar a los que donan sangre o parte de su cuerpo para transfusiones o trasplantes de tejidos. (Lat. **donare.**)

doncella* **(wrase).** Nombre aplicado en la América tropical a varios peces *Perciformes* de la familia *Labridae*, de colores vivos y carne poco apreciada (**Halichoeres sp.**) // En España recibe el nombre de *budión*, q.v.

dopa (**dopa**). Siglas del aminoácido 3, 4-Dihidroxifenilalinina, que interviene en la formación de la melanina de la piel.

dorada* (**gill-head**). Pez marino de color azul con una mancha dorada entre los ojos (**Chrysophris aurata**). // Especie de mosca. (Lat. **aurata**, dorada.) //Cuba: especie de tábano de color pardo amarillento (**Chrysops sp**).

dorado* (**dolfin**). Pez marino de carne excelente, del orden *Perciformes*, familia *Coryphaenidae* (**Coryphaena hippurus**). // En el Río Panamá un pez fluvial de carne apreciada (**Salminus maxillosus**). (Lat. **auratus**, dorado.)

doral* (**Fly-catcher**). Pájaro, especie de papamoscas. (Dicc.).

dorífero (**doryphora**) Insecto coleóptero de la familia *Chrysomelidae*, parásito de la patata. (Gr. **doriphorus**, porta lanza.)

doriláner (**dorilaner**). Un macho de tamaño excepcional en las hormigas legionarias. (Gr. **dory**, lanza; **aner**, macho.)

dormancia (**dormancy**). Estado de un animal en el que las actividades metabólicas son mínimas y le permite sobrevivir en condiciones adversas. (De **dormir**.)

dormilón* (**band-winged nightjar**). Ave sudamericana del orden *Caprimulgiformes*, familia *Caprimulgidae* (**Caprimulgus longirostris**). // (**dark-faced ground tyrant**). Pajarillo sudamericano que mantiene la cola en contínuo movimiento, orden *Passeriformes*, familia *Tyrannidae* (**Muscisaxicola macloviana**). // (**Douroucouli**). Mono sudamericano de la familia *Cebidae* o cara rayada (**Aotus trivirgatus**).

dormilona* (**Cuban gecko**). Especie de salamanquesa, lagartija de la familia *Geckonidae* (**Tarentola americana**). // (**least seedsnipe**), *canastita*, ave sudamericana del orden *Charadriiformes*, familias *Thinocoridae* (**Thinocorus rumicivorus**). // Méx.: culebra inofensiva de color similar al de las corales. Familia *Colubridae* (**Nivia sebae**).

dors-. (Del lat. **dorsum**, la espalda.)

dorsad (**dorsad**). Hacia la espalda o la superficie dorsal. (Lat. **dorsum**, espalda.)

dorsales. V. *arcuales.*

dorsalis trunci (**dorsalis trunci**). Músculo epaxial constituído por una columna maciza segmentada situada a lo largo de la columna vertebral de los peces, pero muy reducida en los vertebrados terrestres.

dorsiflexión (**dorsiflexion**). En el hombre, la posición anatómica del pie, en oposición a la extensión del mismo. (Lat. **dorsum**, dorso; + **flexión**, q.v.)

dorsígrado (**dorsigrade**). Que apoya el dorso de los dedos en el suelo al caminar. (Lat. **dorsum**, dorso; **gradus**, paso.)

dorsilateral (**dorsilateral**). Perteneciente al dorso y a los lados. (Lat. **dorsum**, dorso; **latus**, lado.)

dorsimesón (**dorsimeson**). La línea media dorsal de la espalda. (Lat. **dorsum**, dorso; **gr. messos**, el medio.)

dorsispinal (**dorsipinal**). Lo que se refiere a la espalda y a la espina dorsal. (Lat. **dorsum**, dorso; **spina**, espinazo.)

dorsiventral* (**dorsiventral**). Que tiene las superficies superior e inferior distintas. (Lat. **dorsum**, espalda; **venter**, vientre.)

dorso* (**back**). La espalda. // La superficie superior o posterior del cuerpo. // El noto de los insectos y crustáceos. // La superficie superior de la lengua. (Lat. **dorsum**.) *Adj.* ***dorsal.****

dorsocentral (**dorsocentral**). Lo perteneciente al centro de la superficie dorsal. (Lat. **dorsum**, dorso; **centrum**, centro.)

dorsolumbar (**dorsolumbar**). Lo que se refiere a la porción lumbar del dorso. (Lat. **dorsum**, dorso; **lumbus**, lomo.)

dorsoumbonal (**dorsoumbonal**). Relativo a la región dorsal situada junto al umbo en los moluscos bivalvos. (lat. **dorsum**, dorso; **umbo**, umbón.)

dorsoventral (**dorsoventral**). Lo referente a las estructuras que se extienden desde el dorso a la superficie ventral. (Lat. **dorsum**, dorso; **venter**, vientre.)

dórsulo (**dorsulum**). En los insectos, la superficie dorsal que se extiende desde el collar al escutelo. (Lat. **dorsulum**, dim. de **dorso**.)

Dorylaima. Un suborden de nematodos del orden *Enoplida* cuyo intestino carece de músculos y no tiene ventosas caudales ni glándula. Incluye especies que parasitan el hombre, como *Trichinella spiralis* o *Trichuris trichiura*. También se denomina *Trichurata*. (Gr. **trichos**, espina; **laimos**, garganta.)

Dorylaimina. Un suborden de nematodos enóplidos. (Gr. **dory**, lanza; **laimos**, **garganta**.)

dosel* (**canopy**). Las capas superiores de la copa de los árboles, que forman un hábitat particular. (Lat. **dorsum**, espalda.)

dosis* (**dose**) Porción de un agente terapéutico que se administra a la vez. (Gr. **dosis**, donación.) // *d.* ***umbrálica*** (**threshold dose**). la dosis de radiación bajo la cual no se producen efectos discernibles.

dotación* (**set**). *Juego* o conjunto de elementos o estructuras localizadas. // *d.* ***cromosómica***, la totalidad de los cromosomas de un núcleo. // *d.* ***génica***, número genes que contribuyen a un carácter.

doublure (**doublure**). El margen doblado del carapacho en *Trilobites* y los *Xiphosoura*. (Fr. **doublure**, forro.)

Douroucoulis. Un grupo de monos sudamericanos de la familia *Cebidae* que comprende los únicos monos de hábitos nocturnos. (Género **Aotus**.)

Doyére, L. Fisiólogo francés. V. *cono de Doyére.*

DPN. Abreviatura inglesa del nuclétido de difosfopiridina. En español debiera ser NDP.

Dracunculoideoa. Un orden de nematodos filiformes sin cápsula bucal y con abertura femenina anterior o no funcional. Ej. *Dracunculus medinensis* o serpiente de fuego o lombriz de Guinea.

dracunculosis (**dracunculosis**). Enfermedad producida por el nematodo parásito *Dracunculus medinensis.*

dragón* (**dragon**). Animal fabuloso, especie de serpiente con pies y alas. // Reptil saurio de la familia *Varanidae*. (Lat. **dracone**.) *Adj.* ***dragontino****. // *d. de Komodo*, especie de saurio de la familia *Varanidae* de la Isla de Komodo. Es el mayor de los lagartos vivientes, alcanzando casi 4m de largo (**Varanus komodoensis**) *d. volante*, especie de saurio del Archipiélago Malayo, de la familia *Agamidae*, provisto de patagios (**Draco volans**).

dragoncillos*. Nombre aplicable a las especies de vermes acuático nematomorfos de la familia *Gordiacidae*, llamados también *culebritas de la crin*. Una especie común en las Antillas es *Paragordius violaceus*. La especie más grande es el *Gordius robustus*, mientras que una especie marina es *Nectonema agile.*

depranocito (**drepanocyte**). Eritrocito falcifome, característico de una anemia que depende de la presencia de hemoglobina S. (Gr. **drepanon**, hoz; **kytos**, célula.)

drepanoide (**drepanoid**) Falciforme, falcado. (Gr. **drepanoides**, en forma de hoz.)

Driesch, H. Citólogo alemán. Sostuvo la tesis de que todos los núcleos de los organismos son equipotenciales, pero que varían en las diferentes células en los diferentes tejidos. (1867-1941)

dril* (**drill**). Especie de mono grande cinocéfalo africano de la familia *Cercopithecidae* cercano al mandril (**Mandrillus sylvicola**). (Ingl. **drill**.)

drom-. (Del gr. **dromein**, correr, **dromos**, **un curso de carrera**; **dromikos**, veloz, etc.)

dromeognato (**dromaeognathous**). Se dice del tipo de paladar en las aves en donde los palatinos están separados y los prevómeres se extienden muy posteriormente, como en las aves ratidas. (Gr. **dromos**, **carrera**; **gnathos**, **mandíbula**.)

Dromaterios. Marsupiales primitivos del Triásico superior, a veces considerados como reptiles.

dromedario* **(arabian camel).** Es el *camello de Arabia* o de una jiba, que habita Asia, parte de Africa y ha sido introducido en Australia y Canarias. El nombre *dromedario* se aplicó originalmente a la raza empleada para la carrera, que en Argelia llaman *mehari*, pero luego fue extendida a todas las variedades de la especie **(Camelus dromedarius).** (Lat. **dromos**, curso.)

Dromiacea. Una subsección en crustáceos de la sección *Brachyura*, del orden *Decapoda.* Las especies son marinas y tienen el último par de patas en posición dorsal.

dromotrópico (dromotropic). Doblado en espiral. (Gr. **dromos**, curso; **trope**, una vuelta.)

drongo (King crow). Dicruro, nombre común de varias aves passeriformes de la familia *Dicruridae* que habitan en Africa, Asia y Australia. El nombre científico **(Dicrurus** sp.) alude a las dos plumas muy largas de la cola.

dronta, dronte-. (dodo). El *dodo*, q.v.

Drosophila. Género de pequeñas moscas de las frutas, de la familia *Drosophilidae*, orden *Diptera*, que son muy empleadas en estudios de genética por la facilidad de su cría, la rapidez de reproducción, la frencuencia de sus mutaciones, el corto número de cromosomas (4 pares) y la presencia de cromosomas gigantes en las glándulas salivares.

Dryopithecus. Un mono antropoide fósil del tamaño del chimpancé que muestra caracteres hominoides o prehumanos y cuyos restos han sido hallados en el Mioceno y Plioceno de Europa, Asia y Africa. (Gr. **drys, dryos**, un árbol.)

Dryopoidea. Pequeña superfamilia de insectos que contiene la mayoría de los coleópteros acuáticos no carnívoros.

Dubois, Eugene. Naturalista y oficial del ejercito holandés. Descubrió los restos del *Pithecantropus erectus.* (1858)

Dubois, E.R. Fisiólogo francés. Explicó en 1885 el mecanismo de la biolumninescencia, basado en la oxidación de la luciferina por la enzima luciferasa.

Du Bois-Reymond, Emil. Fisiólogo alemán. Uno de los primeros refutadores del vitalismo. (1818-1896).

dúctulo (ductule). Un conducto de muy pequeño diámetro. (Lat. **ductulus**, dim. de **dcutus**, conducto.)

ducto (duct). V. *Conducto.* // ***d. pancreático.*** El conducto por donde las enzimas fluyen del páncreas hacia el duodeno.

ductus (ductus). Voz latina empleada en anatomía para indicar un conducto, *vía, vaso*, etc. Para estructuras que llevan esta palabra ver *conducto*, vaso, etc. // ***d. reuniens***, túbulo que conecta el sáculo con el utrículo en el laberinto del oído interior. // **(ductus arteriosus).** Continuación del sexto arco aórtico en el feto de los mamíferos que comunica el arco pulmonar con la aorta dorsal.

duela* **(fluke).** Estado adulto de varios vermes parásitos del filum *Phatyhelminthes*, clase *Trematoda.* (Lat. **doga**, doga.) // ***d. del hígado***, verme trematodo parásito en el hígado de varios mamíferos, incluyendo el hombre. El estado larval lo pasa en moluscos fluviales de los géneros *Lymnaea, Physa*, etc. En otros lugares lo llaman *babosa del hígado* y *cucaracha del hígado* **(Fasciola hepatica).** // Hay otra duela del hígado, de la región oriental **(Clonorchis sinensis)** cuyo estado larval se encuentra en moluscos y peces fluviales. // ***d. de la sangre***, el parásito trematodo de la sangre del hombre llamado *Schistosoma mansoni*, u otras especies del mismo género. Ver *bilharzia.* // ***d. del pulmón***, trematodo parásito en el pulmón del hombre **(Paragonimus westermani).** // ***d. intestinal***, un parásito trematodo del intestino del hombre en muchas partes del Asia **(Fasciolopis buski).**

Dufour, L. Entomólogo francés. V. *glándula de Dufour.*

dugongo (dugong). *Dugón*, mamífero marino del orden *Sirenia*, familia *Dugongidae*, que habita las costas del Mar Rojo, la India y la Australia. Los árabes lo llaman *naga el bahar*, o sea camella del mar **(Dugong dugong).** (Malayo, **dugong.**)

duiker (duiker) Cualquier de los pequeños antílopes africanos que forman la subfamilia *Cephalophinae* que habitan los bosques (Género **Cephalophus).**

Dujardin, Félix. Microscopista francés. Reconoció en 1835 el material básico de la célula, llamándolo *sarcoda*, que más tarde fue denominado *protoplasma.* (1801-1860)

dulceacuícola. Que vive en aguas dulces. (Lat. **dulcis**, dulce; **acuicola**, que vive en el agua.)

dulcícola. V. *dulceaquícola.*

dulosis (dulosis). Esclavismo entre hormigas. V. *helotismo.*

duma. Nombre del guepardo en el lenguaje swahalí.

Dumas, André. En colaboración con J.L. Prevost, describió la segmentación del huevo de la rana. (1800-1884)

duodeno* **(duodenum).** La parte más corta del intestino delgado, que está en comunicación directa con el píloro. (Neolat. **duodenum.**)

duende* **(armadillo).** Especie de armadillo sudamericano que carece de armadura completa **(Chalmydophorus sp.).**

dúplice* **(duplex).** Doble, diploide, que consiste en dos estructuras. (Lat. **duplex.**)

duplicación* **(duplication).** En genética, mutación caracterizada por repetición de un segmento cromosómico en el mismo cromosoma. (Lat. **duplicatio.**) // ***d. nuclear*** **(nuclear duplication).** =*Milosis.*

duplicatura* **(duplicature).** *Dobladura.* Un pliegue circular junto a la base de la porción protráctil de los briozoos. (Lat. **duplicare**, doblar.)

duplicidad* **(duplicity).** La condición de ser doble. (Lat. **duplicare.**)

duplicidentado (duplicident). Con dos pares de incisivos. V. *Duplicidentata.*

Duplicidentata. Una antigua división del orden *Roedores* que incluía los conejos, las liebres y los pikas, ahora considerados como un orden aparte: *Lagomorpha*, q.v. (Lat. **duplex**, doble; **dens**, diente.)

dur-. Prefijo tomado del Lat. **durus.**

dura (dura). La meninge externa. V. *dura madre. Adj.* ***dural.*** // ***d. espinal***, la dura madre que envuelve la médula espinal.

duramadre*. La meninge externa.

duramater. *V. Duramadre.*

duvet* **(feathery).** Plumoso. (Galicismo.)

durina* **(dourine).** Una enfermedad de los órganos genitales de los équidos debida al flagelado *Trypanosona equiperdum.*

durmiente* **(dormant).** Estado de reposo con metabolismo relativamente inactivo. (Lat. **dormire**, dormir.)

DuShane, Graham P. Descubrió en 1935 el origen de las células segmentadas de los anfibios que parten de la cresta neural. (1910-1936)

dúrmili. Argent.: ave del orden *Piciformes*, familia *Bucconidae* **(Nystalus maculatus).**

Dutrochet, René. Anatomista francés. Enunció en 1824 que las plantas y los animales estaban formados por células unidas entre sí. (1776-1847)

Duvernoy, Jorge Luis. Anatomista y zoólogo francés. (1824-1907)

du Vigneaud, Vincent. Bioquímico norteamericano. Hizo importantes descubrimientos sobre la insulina, biotina y proteínas. Premio Nobel. (1901-).

dy (dy). Apócope de *dygyttja.* Sedimento lacustre en aguas humosas de origen alóctono y orgánico. (Voz **sueca.)**

Dyatrima. Un grupo de grandes aves carniceras no volantes del Eoceno de Europa y de Norte América.

Dytrisia. Una división poco usada de los insectos lepidópteros que comprende las especies que tienen dos orificios genitales femeninos. (Gr. **di**, dos; **trissos**, triple.)

dzo- (zobo). Bestia de carga, producto del cruce del yac con la vaca.

E

e- (**e-**). (Del lat. **e-**, fuera de; que carece de.) Se emplea delante de una consonante.

eborario*. Relativo al marfil. (Lat. **eborarius.**)

Ebriaceae. V. *Ebriideae.*

Ebriideae. Una subdivisión de los protozoos de la clase *Mastigophora,* subclase *Phytomastigina,* generalmente considerados como plantas.

eburnación*. Aumento de la densidad de un hueso o un cartílago que toma aspecto semejante al marfil. (Lat. **eburneus.**)

ebúrneo*. De *marfil.*

eburno*. Antic. *marfil.*

ec- (**ec-**). (Del gr. **ektos**, por fuera, fuera de.)

écada (**oecad, ecad**). Modificación somática, no hereditaria, producida por influencia ambiental. (Gr. **oikade**, hacia el hogar.)

écado(**ecad.**) Se dice del animal sésil que vive asociado a un determinado hábitat, pero presumiblemente de vida libre. (Gr. **oikos**, casa.)

ecalcarado (**ecalcarate**). Que carece de espolones o procesos similares. (Lat. **e-**, sin; espuela.)

Ecardina. Clase del fílum *Brachiopoda.* V. *Inarticulata.* (Lat. **e-**, sin; **cardo**, bisagra.)

ecardinal (**ecardinal**). Que no tiene charnela o bisagra. (Lat. **e**, sin; **cardo**, bisagra.)

ecardino. Un braquiópodo de la clase *Ecardina.*

ecarinado (**ecarinate**). Desprovisto de quilla. (Lat. **e-**; **carina**, quilla.)

Ecaudata. Nombre desusado para designar los anfibios de la subclase *Salienta.* (Lat. **ex-**, fuera; **cauda**, cola.)

ecaude (**ecaudate**). Sin cola. (Lat. **ecaudatus.**

ecdémico (**ecdemic**). Que no es nativo. (Gr. **ek-**, por fuera; **demos**, pueblo.)

ecderon (**ecderon**). La capa externa o epidérmica de la piel. (Gr. **ek-**, fuera; **deros**, piel.) *Adj.* ***ecderónico.***

ecdisis (**ecdysis**). La emergencia del insecto adulto (**imago**) de la pupa. // La muda del exoesqueleto en un estado o instar (**ekdysis**). *Adj.* ***ecdisial.***

ecdisona (**ecdysone**). Una hormona secretada por la glándula protorácica en los insectos. V. *hormona de la muda.* (Gr. **ek**, fuera; **cysis**, que desciende.)

ecesis (**ecesis**). Introducción y establecimiento de un organismo en un área que no había sido ocupada previamente por esa especie. (Gr. **oikesis**, acto de no habitar.)

EGG. (**EGG**). Siglas de electroencefalograma.

-ecio (**-oecium**). (Del gr. **oikos**, casa; lat. **-oecium.**)

eclipse (**eclipse**). La pérdida del plumaje realizada por los machos de la mayoría de los patos y otras aves, mientras desarrollan nuevas plumas de vuelo. (Gr. **eklipse**, pérdida, deficiencia.)

eclosión* (**eclosion**). La emergencia del organismo del huevo o de la envoltura pupal. // La acción de abrirse una crisálida. (Lat. **e-**, fuera; **clausus**, cerrado.)

eco- (**eco-**). (Del gr. **oikos**, casa, hogar.) *Ecología.*

ecobiótico (**ecobiotic**). Se dice del organismo adaptado a una manera propia de vivir en determinado hábitat. (Gr. **oikos**, casa;+**biótico.**)

ecoclima (**ecoclimate**). El clima actual de un hábitat. (Gr. **oikos**, casa; **clima.**) *Adj.* ***ecoclimático.***

ecoclín (**ecocline**). Un clin debido a la influencia del medio. (Gr. **oikos**, casa; **clin.**)

ecodeme (**ecodeme**). Un deme que ocupa un hábitat particular. (Gr. **oikos**, casa; **demos**, pueblo.)

ecofeno (**ecophene**). Conjunto de fenotipos producidos por un genotipo en cierto lugar. (Gr. **oikos**, casa; **phaino**, aparecer.)

ecofenotipo (**ecophenotype**). Modificación fenotípica, no genética, como respuesta a cambios ambientales. (Gr. **oikos**, morada;+**fenotipo.**)

ecogénesis (**ecogenesis**). El origen de nuevas formas por acción del ambiente. // El origen de los factores ecológicos. (Gr. **oikos**, casa; gr. **genesis**, origen.)

ecoespecie (**ecospecies**). Población adaptada a un medio determinado que, si se cruza con poblaciones vecinas, da híbridos más o menos estériles. // Un grupo de poblaciones relacionadas que pueden intercambiar genes sin pérdida de fertilidad en sus descendientes. (Gr. **oikos**, casa; lat. **species.**)

ecolocación (**echo-location**). La detección de objetos por ultrasonidos producidos y recibidos por estructuras especiales. Ej. en los murciélagos, los guácharos y los cetáceos.

ecología* (**ecology**). El estudio de las interrelaciones de los organismos con el ambiente. (Gr. **oikos**, la casa; **logos**, discurso.) *Adj.* ***ecológico****.

economía* (**economy**). Funcionamiento adecuado de un organismo. (Gr. **oikonomia.**) Economía animal.

econtía. Relación entre los seres acuáticos y el medio. (Gr. **oikos**, morada; **on, ontos**, ser.)

ecosistema (**ecosystem**). Una unidad natural de seres vivientes y no vivientes, cuyas interacciones producen un sistema estable con intercambio cíclico de materia y energía entre sus componentes. (De **ecología** y **sistema.**)

ecosonda*. Aparato para medir las profundidades del mar y para detectar bancos de peces por medio de sonidos (de eco y sonda).

ecostillado (ecostate). Sin costillas. (Lat. **e-**, sin; **costa**, costilla

ecotipo (ecotype). Término empleado en taxonomía experimental que es equivalente al de subespecie. // Cada una de las poblaciones intrafértiles separadas por barreras ecológicas. (Gr. **oikos**, casa; **typos**, patrón.)

ecotono (ecotone). Región transitoria entre dos biomas o comunidades con organismos de ambas y con especies peculiares. (Gr. **oikos**, casa; **tonos**, tensión.)

ecotopo (ecotone). Un hábitat particular dentro de una región. (Gr. **oikos**, morada; **topos**, lugar.)

ecrinología. Parte de la medicina que trata de las secreciones.

ecrónico (ecronic).=*Estaurino*, q.v.

ecsoma- (ecsome). La parte posterior retráctil de ciertos trematodos. (Gr. **ek-**, fuera; **soma**, cuerpo.)

ectadeno (ectadenia). Glándula ectodérmica genital accesoria en los insectos. (Gr. **ektos**, fuera; **adenos**, glándula.)

ectamnios (ectamnion). Engrosamiento ectodérmico del proamio. (Gr. **ektos**, fuera; **+amnios.**)

ectángial (ectangial). Por fuera de un vaso. (Gr. **ektos**, fuera; **angeion**, vaso.)

ectasia* (ectasia). Dilatación de un órgano hueco. (Gr. **ektasis.**)

ectecmoides (ectetmoid). Hueso etomoidal lateral. (Gr. **ektos**, fuera; **+ etmoides.**)

ectepicóndilo (ectepicondyle). El menor de los cóndilos distales del húmero. (Gr. **ectos**, fuera; **epi**, sobre; **kondylos**; abultamiento.)

Ecterocoelia. = *Protostomia.*

ecterorreceptores (ecteroceptors). Receptores somáticos que reciben estímulos del ambiente. (Gr. **ecto**, fuera; **= receptor.**)

ecto- (ecto). (Del gr. **ektos**, por fuera, en el lado de afuera.)

ectobático (ectobatic). Eferente, centrífugo. (Gr. **ektos**, fuera; **bainein**, ir.)

ectoblasto (ectoblast). *Ectodermo, epiblasto.* // *e. notogenético*, parte del ectoblasto que ejerce un papel importante en la formación del surco medular.

ectobronquio (ectobronchus). Rama lateral del bronquio principal en las aves. (Gr. **ektos**, fuera; **bronchos**, bronquio.)

ectocélico (ectocoelic). Se aplica a la estructura situada fuera del *celenteron.* (Gr. **extos**, fuera; **koylos**, hueco.)

ectocisto (ectocyst). La capa exterior del zoecio en los briozoos. (Gr. **ektos**, fuera, **cystis**, vejiga.)

ectocoma (ectochone). Cámara en forma de embudo que sigue a los poros en ciertas esponjas. (Gr. **ektos**, fuera; **chone**, embudo.)

ectocondróstosis (ectochondrostosis). Deposición de sales de calcio en los cartílagos, empezando en el pericondrio. (Gr. **ektos**, fuera; **chondros**, cartílago.)

ectocono (ectocone). La cúspide externa de la rádula de los moluscos. (Gr. **ektos**, fuera; **konos**, cono.) *Adj. ectocónico.*

ectocotíleo (ectocotyle). Un brazo que, en los cefalópodos, se modifica como agente portador de los espermatóforos. (Gr. **ektos**, por fuera; **kotyle**, en forma de copa.)

ectocraneal (ectocranial). Que está fuera de cráneo. (Gr. **ektos**, fuera; **kranion**, cráneo.)

ectocrina (ectocrine). V. *feromona, exocrina.*

ectocroico (ectochroic). Que tiene pigmentos en la superficie de la célula. (Gr. **ektos**, fuera; **chroico**, coloreado.)

ectocuneiforme* (ectocuneiform). Dícese del hueso cuneiforme externo del tarso de los mamíferos. (Gr. **ektos**, por fuera;**+cuneiforme.**)

ectodermo* (ectoderm). La capa externa de tejidos en los primeros estados embrionarios. (Gr. **ektos**, fuera; **derma**, piel.) *Adj. ectodérmico*.*

ectoenzima (ectoenzyme). Cualquier enzima extracelular. (Gr. **ektos**, fuera;**+enzyma.**)

ectoesqueleto. V. *exoesqueleto.*

ectogénesis (ectogenesis). Desarrollo embrionario fuera del organismo materno. (Gr. **ektos**, fuera; **genesis**, creación.)

ectogénico (ectogenous). De vida independiente. // Que se origina fuera del organismo materno. (Gr. **ektos**, fuera; **génesis**, creación.)

ectoglia (ectoglia). Capa externa del sistema nervioso central. (Gr. **ektos**, fuera; **glia**, cola.)

ectoglifo. V. *opistoglifo.*

Ectognatha*. Una división en los insectos del orden *Thysanura*, que tienen las piezas bucales bien desarrolladas y proyectadas hacia fuera. (Gr. **ektos**, fuera; **gnathos**, mandíbula.)

ectolecítico (ectolecithal). Que pertenece al tipo de huevo que tiene el vitelo en posición periférica, con segmentación central. (Gr. **ektos**, fuera; **lekitos**, yema.)

ectolofo (ectoloph). Cresta entre el paracono y el metacono de un molar lofodonto. (Gr. **ektos**, fuera; **lophos**, cresta.)

ectómero (ectomere). Célula epiblástica que origina el ectodermo. (Gr. **ektos**, fuera; **meros**, parte.)

ectomesoblasto (ectomesoblast). Capa embrionaria destinada a producir el ectoblasto y el mesoblasto. (Gr. **ektos**, fuera;**+mesoblasto.**)

ectomesodermo (ectomesoderm). Mesodermo derivado principalmente del ectodermo en *Porifera, Coelenterata, Ctenophora*, en moluscos y anélidos. (Gr. **ektos**, fuera; **+mesodermo.**)

ectomía- (ectomy). Sufijo que significa excisión. (Gr. **ek-**, fuera; **tome**, corte.)

ectomicrópilo (ectomicrophyle). Orificio que atraviesa el cono del huevo de los insectos múscidos. (Gr. **ektos**, fuera; **+ micropilo.**)

ectoneural (ectoneural). Sistema de anillo oral, radial y nervioso subepidérmico en los equinodermos. (Gr. **ektos**, fuera; **neuron**, nervio.)

ectosoma (ectosomal). Tejido trabercular con espículas en las esponjas de la clase *Hexactinellida.* (Gr. **ektos**, por fuera; **soma**, cuerpo.)

ectópago (ectopagous). Dícese de los gemelos unidos por el tórax. (Gr. **ektos**, por fuera; **pagos**, unido.)

ectoparásito (ectoparasite). Un parásito del exterior del hospedante. (Gr. **ektos**, por fuera;**+parásito.**)

ectopatagio (ectopatagium). La parte del ala de los quirópteros soportada por los metacarpos y las falanges. (Gr. **ektos**, fuera;**+ patagio.**)

ectopia* (ectopy). Alejamiento de un órgano de su posición normal. (Gr. **ectopios**, alejado.) *Adj. ectópico.*

ectopista. La paloma migratoria norteamericana ya desaparecida (**Ectopistes migratorius.**)

ectoplasma (ectoplasm). La capa externa del citoplasma en una célula. (Gr. **ektos**, por fuera; **plasma**, molde.)

ectoprión*. Inversión hacia afuera del párpado inferior. (Gr. **ektoprion.**)

Ectoprocta. Un fílum del reino animal. V. *Bryozoa*, (Gr. **ektos**, por fuera; **proctos**, ano.)

ectoptigma (ectoptygma). La membrana que rodea el embrión de los insectos. (Gr. **ecto-**, por fuera; **ptysoma**, pliegue.)

ectoretina (ectoretina). Capa externa pigmentada en la retina. (Gr. **ektos**, fuera;**+retina.**)

ectopterigoides (ectopterygoid). El más externo de los huesos pterigoides en el cráneo de los peces. Corresponde al transpalatino de los reptiles. (Gr. **ektos**, fuera; **+ pterigoides.**)

ectosarco (ectosarc). El ectoplasma de un protozoo. (Gr. **ektos**, fuera; **sarcoda**, protoplasma.)

ectosito (ectosite). Un ectoparásito. (Gr. ektos, fuera; sitos, alimento.)

ectosoma (ectosome). Porción externa de esponjas hexactinélidas, de estructura trabecular y con espículas. (Gr. ektos, fuera; soma, cuerpo.)

ectóstosis (ectostosis). Osificación que comienza bajo el pericondrio. (Gr. ektos, fuera; osteon, hueso.)

ectostraco (ectostracum). La exocutícula en los ácaros. (Gr. ektos, fuera; ostrakon, concha.)

ectoteca (ectotheca). La capa externa de la gonoteca de ciertos hidroides. (Gr. ektos, fuera; theke, caja.) *Adj. ectotecal.*

ectotermo (ectotherme). Poicilotermo. Que tiene sangre fría y temperatura variable, según la del ambiente. Se aplica a todos los animales menos a las aves y los mamíferos. (Gr. ektos, por fuera; therme, calor.) *Adj. ectotérmico.*

ectotráquea (ectotrachea). Capa epitelial en el lado externo de las tráqueas de los insectos. (Gr. ektos, fuera;+tráquea.)

ectotrófico (ectotroph). Un parásito que se alimenta del exterior de un hospedante. (Gr. ektos, fuera; trophe, nutrición.)

ectoturbinal (ectoturbinal). Una división del hueso etmoturbinal. (Gr. ektos, fuera;+turbinal.)

ectozoo (ectozoon). Un animal ectoparásito. (Gr. ektos, fuera; zoon, animal.)

ectozooario (ectozoon).=*Ectozoo.*

ecuorina (aequorine). Una fotoproteína que es el material luminescente de la medusa Aequoria forskalis.

ecúmeno (ecumene). Cualquier región habitada. // *Biosfera.* (Gr. oikoumene, el mundo habitable.)

echadura*. Nidada de pollos.

echazón* (drift line). Línea que forma en la playa los desperdicios que arrojan las olas del mar. (Echazón, acción de echar.)

Echinacea. Un superorden de equinodermos en la clase *Echinoidea*, subclase *Euchinoidea.*

Echeneiformes. Un orden de peces osteictios, de la subclase *Actinopterygii*, superorden *Holostei*, cuyas aletas dorsales están modificadas en forma de disco adhesivo. (De echeneis, la némona; +forma.)

Echinodera, Echinoderida. *Kinorhyncha*, q.v.

Echinodermata. Fílum que comprende animales marinos de simetría pentarradiada en el adulto; sin segmentación, con esqueleto de placas calcáreas endodérmicas y con espinas y aparato locomotor hidrovascular. Estrella de mar, erizos de mar, etc. (Gr. echinos, espinoso, erizo; derma, piel.)

Echinoide. Un orden de equinodermos en la clase *Echinoidea*, superorden *Echinacea.* (Gr. echinos, espinoso; oides, parecido.)

Echinoidea. Clase en el fílum *Echinodermata.* Comprende los erizos de mar, de concha usualmente globular, espinas movibles y pedicelarias de tres mandíbulas. Del Ordoviciano al Reciente. (Gr. ekinos, erizo; oides, similar.)

Echinoineina. Un suborden de equinodermos de la subclase *Euechinoidea*, orden *Holectypoda.*

Echinothurioida. Un orden de equinodermos en la subclase *Echinoidea*, subclase *Euchinoidea*, superorden *Diademataсea.*

Echinozoa. Una división del fílum *Echinodermata* que comprende *Echinoidea* y *Holothuroidea.*

Echiuroidea. Fílum de invertebrados marinos. Forma tubulosa, proboscide elástica, intestino en espiral, ano posterior, sistema circulatorio con un vaso dorsal y otro ventral y adulto no segmentado. (Gr. ek, etc.; oura, cola; eidos, parecido.)

Echiuroinea. Un orden en el fílum *Echiuroidea.*

edad* (age). *E. ecológica.* Uno cualquiera de los tres estados siguientes en un ciclo vital: prerreproductivo, reproductivo y postreproductivo; // *e. de los anfibios*, nombre dado colectivamente a los períodos Permiano y Carbonífero, caracterizados por la abundancia de anfibios. // *e. del hombre*, este nombre abarca todo el Cuaternario, caracterizado por la aparición del hombre y de los monos antropoides. // *e. de los invertebrados*, se aplica colectivamente a los períodos Silúrico, Ordoviciano y Cámbrico en donde hubo un acentuado dominio de fílumes de invertebrados, principalmente marinos. // *e. de los mamíferos*, se aplica este nombre a la época Terciaria, caracterizada por la especiación y dominio de los mamíferos y plantas angiospermas. // *e. de los peces*, se aplica principalmente al período Devoniano, caracterizado por la abundancia de peces cartilaginosos y de los placodermos. // *e. de los reptiles*, nombre aplicado a la era Mesozoica, en la cual es de notar la marcada evolución de los reptiles.

edaf-, edafo-. (edaph). (Del gr. edaphos, suelo, terreno.)

edáfico* (edaphic). Lo perteneciente o influenciado por el suelo. (Gr. edaphos, terreno.)

edafología* (edaphology). El estudio de los suelos desde los puntos de vista geológico, físico, químico y biológico. (Gr. edaphos, suelo; logos, discurso.) *Adj. edafológico.*

edafón (edaphon). La fauna del suelo o fauna edáfica, q.v. (Gr. edaphos, suelo.)

edafonecton (edaphonekton). El conjunto de los organismos vivientes en el agua del suelo. (Gr. edaphos, suelo; nekton, natante.)

edea (edea). Los órganos genitales. (Gr. aidois, partes pudendas.)

edeago (aedeagus). Organo copulador en ciertos machos de insectos. (Neolat. aedeagus; gr. aidois, los genitales; agos, conductor.)

edeología (aedoegology). Estudio de los genitales. (Neolat. aedeagus; gr. aidois, genitales; logos, tratado.)

edema* (edema). Acumulación de fluidos (linfa) en los espacios intercelulares. (Gr. oidema, hinchazón.)

edentado (edentate). Que carece de dientes. (Lat. e, sin; dens, diente.)

Edentata. Un orden de mamíferos euterios desprovistos de incisivos. Originalmente comprendía los desdentados neotropicales (Xenarthra), los africanos y asiáticos (Nomarthra) y los *Tubulidentada* de Africa del sur, pero hoy día el grupo ha sido restringido a los de la América. (Lat. e,, sin; dens, diente.)

edéntulo (adentulous). Que está desprovisto de dientes. (Lat. e-, sin; dens, diente.)

eder-. V. *eider.*

Ediacarano (Ediacaran). Período de la era Precámbrica, hace unos 700 millones de años, en donde aparecieron los primeros animales, (De Ediacana Hills, Australia.)

edmi (edmi gazelle). Una especie de gacela de Africa del norte. (Gazella cuvieri.)

edominante (edominant). Se dice de las especies secundarias o accesorias que ejercen poco o ningún dominio en la comunidad. (Lat. e, sin;+dominante.)

edredón* (eiderdrown). Plumón del ave palmípeda llamada, *éider* y de otras parecidas. (Franc. édredon.)

Edrioastroidea. Grupo de equinodermos paleozoicos parecidos a los crinoideos, pero sin brazos ni tallos. (Gr. edrios, sentado; aster, estrella.)

edrioftalmo (edriophthalmous). Se dice del crustáceo que tiene los ojos sentados. (Gr. edrion, silla; ophthalmos, ojo.) *Adj. edrioftálmico.**

edwardsia (Edwardsia). Estado larval de los antozoos que poseen 8 pares de tabiques.

***EEG** (EEG). Siglas de electroencefalograma, q.v.

efapse (ephapse). Región de continuidad entre dos axonas. (Gr. ephaptun, alcanzar.) *Adj. efápsico.*

efarmosis (epharmosis). Proceso de adaptación del organismo a nuevas condiciones ambientales. V. *convergencia.* (Gr. epi-, hacia; harmos, adaptado.) *Adj. efarmónico.*

efebo* (ephebe). Nombre que daban los atenienses al joven de 18 a 20 años. Se emplea para indicar el comienzo del estado adulto. (Del gr. **ephebos.**) Adj. *efébico.*

efecto* **(effect).** El resultado de una acción. // Cuando el resultado de la acción es constante y frecuente tiene un nombre especial. // *e. Baldwin,* las variaciones hereditarias que coincidieran con modificaciones adquiridas serían favorecidas por la selección natural. V. *asimilación genética.* // *e. de posición,* diferente efecto genotípico por cambio de posición de un gen en el cromosoma. // *e. génicos aditivos,*, graduaciones en un rasgo debidos al número relativo de factores múltiples, dominantes y recesivos, como la estatura en el hombre. // *e. marginal,* la tendencia para variar y aumentar en densidad poblacional donde las comunidades se tocan. // La tendencia de las zonas fronterizas entre comunidades a tener mayor variedad y densidad de individuos. // *e. Pasteur,* inhibición de la fermentación por el oxígeno. // *e. posicional,* efecto debido a la posición de los genes en un cromosoma. // *e. Sewall Wright,* el resultado de una deriva genética producida al azar.

efector **(effector).** Estructura por medio de la cual un organismo reacciona a un estímulo: músculos, glándulas. (Lat. **effectus.**)

efemeroideo*. Un miembro del orden *Ephemeroptera,* q.v. También *efemeróptero* y *efemóptero.*

eferente* **(efferent).** Que conduce algo fuera de un órgano. (Lat. **e-,** fuera; **ferre,** llevar.

efeta **(effete).** La edad en que la reproducción de un organismo ya es posible. (Fr. **effete,** efecto.)

Effodientia. Nombre alterno para los desdentados de los órdenes *Nomarthra* o *Pholidota* y *Tubulidentata.* (Lat. **e,** fuera, sin; **dens, dentis,** diente.)

eficiencia ecológica **(ecological efficiency).** Energía requerida por un organismo para producir una unidad determinada de protoplasma.

efímera* **(may fly).** Insecto del orden *Ephemeroptera.* También *cachipolla.* (Gr. **ephemeros.**)

efímero* **(ephimerus).** Que solo dura un día. // Organismo que introducido en un nuevo ambiente desaparece rápidamente. (Gr. **ephemeros.**)

efipio **(ephippium).** La cáscara externa en los huevos invernales de los crustáceos. //fosa pituitaria. (Gr. **ephippios,** silla de montar.) *Adj. efipial.*

efira **(ephyra).** Larva libre de los celenterados escifozoarios. (Gr. **ephyra,** ninfa.)

efírula **(ephyrule).** *Efira.*

efuso* **(effused).** Derramado o desparramado. (Lat. **effusum.**)

e.g. **(e.g.)** Abreviatura de *exempli gratia,* voces latinas que quieren decir *por ejemplo.*

egagro **(aegagros).** Cabra salvaje de la parte suboccidental de Asia y de muchas islas mediterráneas. Se considera agriotipo de la cabra doméstica. (Gr. **aigagros,** cabra salvaje.)

egagrópilo **(aegagropilae).** Concreción gástrica o intestinal formada por pelos ingeridos, hallada en rumiantes y caballos. *Bezoar.* (Gr. **agagros,** cabra salvaje, **pilos,** fieltro.)

egesta **(egesta).** Las descargas del cuerpo. (Lat. **egestas,** descargado.)

egestión **(egestion).** Expulsión del material no digerido. *Defecación.* (Lat. **egestas,** descargado.)

Eggleton, G.P. Pudo probar, junto con sus colaboradores, el papel de la fosfocreatina en la contracción muscular.

egialita. Dícese del ave que vive en las playas. (Gr. **aigialos,** la orilla del mar.)

egitognato **(aegithognathous).** Tipo de paladar en las aves del orden *Passeriformes,* caracterizado por tener los maxilopalatinos separados y los vómeres fusionados y truncados anteriormente. (Gr. **aigithos,** una especie de gorrión, **gnathos,** mandíbula.)

eglefino* **(haddock).** Especie de bacalao, pez del orden *Gadiiformes,* familia *Gadidae* (**Melanogramus aeglefinus**).

egópsido. Que pertenece al taxón *Oegospsida.*

egretas **(aigrette).** Las plumas nupciales de la corona y la espalda de las garzas. (**Galicismo,** de Aigrette, penacho de plumas.)

Ehremberg, Christian Gottfried. Zoólogo alemán. Contribuyó grandemente al estudio de los protozoos. (1795-1876)

Ehrlich, Paul. Bacteriólogo alemán. Llevó a cabo valiosas contribuciones a la hematología, la patología y las coloraciones biológicas. (1854-1915) Premio Nobel en 1908.

éider* **(eider).** Ave anseriforme europea cuyo suave plumón se emplea para rellenar almohadones (**Somateria mollissima**). (**Voz escandinava.**)

eido-. (Del gr. **eidos,** forma, apariencia.)

eidos. Ideas o tipos fijos que, según Platón, eran el fundamento de la aparente variabilidad de los fenómenos. En ese concepto se basaba la teoría tipológica de la antigua sistemática.

Eigenmann, Carl H. Zoólogo americano, autoridad en peces de agua dulce y cavernícolas. (1863-1927)

Eijkman, Christian. Médico holandés. // Aisló la vitamina tiamina y probó que su deficiencia en la dieta humana producía el beriberi. (1858-1930)

eiloide **(eiloid).** Que tiene forma espiral. (Gr. **eilei,** enrollarse.)

Eimeriidea. Un suborden de esporozoos en la subclase *Coccidiomorpha* que contiene especies parásitas en aves y mamíferos (**Eimeria stiediae.**)

eira **(eyra).** Mamífero neotropical del orden *Carnivora,* familia *Felidae,* de color variable de pardo a casi negro (**Herpailurus eyra**). Algunos consideran que el eira es solo una fase de color del *yaguarundi.*

eje* **(axis).** En zoología, una línea de referencia para situar las estructuras. // *e. cefalocaudal* o *longitudinal, e. dorsoventral, e. transverso* o *prelateral.*

ejemplar tipo **(type specimen).** Ejemplar que sirve de base o patrón para describir y nombrar una especie.

elafocaris **(elaphocaris).** Estado larval postnauplio hallado en ciertos crustáceos decápodos. (Gr. **elaphos,** ciervo; **caris,** camarón.)

élan vital **(élan vital).** Una supuesta fuerza vital, que según Bergson, es característica de los organismos vivientes. (Fr. **élan,** impulso.)

elande **(eland).** *Alce africano.* El mayor de los antílopes, de carne muy apreciada. Vive en Africa, desde Kalahari a Angola, Sudán, Kenya y Senegal. La variedad mayor es *Taurotragus derbianus derbianus.*

*elanio **(black-winged kite).** Ave falconiforme, especie de milano europeo (**Elanus caeruleus**).

Elasipoda. Un orden de equinodermos de la clase *Holothuroidea,* de tentáculos peltados, numerosos podios y boca ventral. (Gr. **elasis,** punzar; **pous,** pie.)

elasípodo. Cualquier miembro del orden *Elasipoda,* q.v.

Elasmobranchii. Clase de los vertebrados que incluye los peces cartilagíneos. V. *Chondrichthyes.* (Gr. **elasma,** lámina; **branchia,** branquia.)

elasmobranquio* **(elasmobranch).** V. *Elasmobranchii* y *Chondrichthyes.*

elástica **(elastica).** Cada uno de los tejidos fibrosos que rodean el notocordio de los vertebrados. (Gr. **elastikos,** que empuja. // *e. externa.* La capa exterior de la vaina notocordal. // *e. interna,* la capa interior epiteloide de las células notocordicales.

elastina* **(elastin).** Una proteína (**escleroproteína**) presente en varios tejidos elásticos del cuerpo humano, tendones, arterias, etc. (Neolat. **elastes,** elasticidad.)

elaterio* **(elater).** La *fúrcula* o resorte saltador de los insectos colémbolos. (Gr. **elatér,** un conductor.)

elateroide* **(elateroid).** Se dice de las alas anteriores de ciertos insectos como los grillos, que se asemejan a los verdaderos élitros de los *Coleópteros.* (Gr. **elytron**, cubierta, estuche; **oides**,, similar.)

Elateroidea. Una superfamilia de insectos coleópteros que incluye los cocuyos y grupos aliados. (Basada en la familia **Elateridae.**)

electosoma (**electosom**). Nombre obsoleto. Corpúsculo que elabora los constituyentes del protoplasma. (Gr. **elektikos**, escoger; **soma**, cuerpo.)

electroblasto (**eletroblasto**). Fibra muscular modificada que origina una electroplaca. (Gr. **elecktron**; **blastos**, formación.)

electrocardiograma (**electrocardiogram**). La gráfica de los impulsos cardíacos trazada por el electrocardiógrafo. (Gr. **elektron**, ambar, electricidad, **kardia**, corazón; **gramma**, escribir.)

electrocortina. La hormona *aldosterona.*

electroencéfalograma (**electroencephalogram**). La gráfica de los ritmos cerebrales registrados por un electroencefalógrafo. (Gr. **elektros**, ambar, electricidad; **enkephale**, encéfalo, **gramma**, escrito.)

electrofisiología (**electrophysiology**). Estudio de las estructuras sensoriales por medio de impulsos eléctricos. (Gr. **elektron**, "electricidad" + **fisiología.**)

electroforesis (**electrophoresis**). Movimiento de partículas (por ejemplo, proteína) en un campo eléctrico que se dirigen a los polos. (Gr. **elektron**, ambar, electricidad; **phoresis**, que lleva.)

electrolema (**electrolemna**). La membrana que rodea una electroplaca. (Gr. **elektron**, ambar, electricidad; **lemma**, **membrana.**)

electrogastrograma (**electrogastrogram**). Gráfica obtenida por el registro de las actividades mecánicas y eléctricas del estómago. (De **electricidad** y gr. **gramma**, escrito.)

electromiograma (**electromyogram**). Gráfica de los impulsos eléctricos producidos por la contracción muscular. (De **electricidad** y gr. **mys**, músculo; **gramma**, una marca, escrito.)

electroplaca (**electroplax**). Cada lámina constituyente de un organo eléctrico. (Gr. **elektron**, ámbar; **plax**, placa.)

electrotaxia (**electrotaxis**). *Electrotaxis.* Orientación del movimiento de un organismo a un estímulo eléctrico. (Gr. **elektron**, ámbar; **taxis**, arreglo.)

electrotono (**electrotonus**). Modificación en un nervio sujeto a una corriente eléctrica. (Gr. **elektron**, ámbar, **tonos**, tensión.) *Adj. **electrotónico.***

electrotropismo (**electrotropism**). Reacción de un organismo a un estímulo eléctrico. (Gr. **elektron**, ámbar; **trope**, vuelta.)

elefancia*. *Elefantiasis.*

elefante* (**elephant**). Nombre común a las especies de proboscídios vivientes. La especie africana, la mayor de todas, alcanza casi 12' de alto (**Loxodonta africana**). // La especie asiática llega a poco más de 10' de alto, y ocurre en la India, Indochina, Ceilán, Birmania, Siam, Malasia, Sumatra y Borneo (**Elephas maximus**). (Lat. **elephas**, elefante.) // *e. **marino***, especie de foca del Océano Pacífico oriental, de gran tamaño. Familia *Phocidae* (**Mirounga angustirrostris**).

elefantiasis* (**elephantiasis**). Hinchazón edematosa de las extremidades o de los genitales causada por la obstrucción de los vasos linfáticos por la filaria *Wuchereria bancrofti.* Adj. ***elefantiásico*.***

eleo* (**elaeo**). (Del gr. **elaia**, oliva, **elaion**, aceite; lat. **elaeo-**, que sugiere la idea de grasa.)

eleoblasto (**elaeoblasto**). Masa de nutrientes en ciertos tunicados. (Gr. **elaion**, aceite; **blastos**, formación.)

eleocito (**elaeocyte**). Una célula oleífera en el fluído celomático de los anélidos. (Gr. **elaion**, aceite, **kytos**, célula.)

eleodoco (**elaeodochon**). La glándula oleoginosa de las aves. (Gr. **eleo-**, oliva; **dochos**, que contiene.)

eleoplancton (**elaioplancton**). El plancton que flota por su contenido en gotillas de grasa. (Gr. **elaion**, grasa; + **plancton.**)

eleoplastidio (**elaioplast**). Un plastidio rico en aceite. (Gr. **elaion**, aceite; + **plastidio.**)

Elephantoidea. Un suborden en el orden *Proboscidea*, los elefantes, los mastodontes y los gonfilenos.

eleutero- (**eleuther-**). (Del **gr. eleutheros**, libre.)

eleuterodáctilo (**eleutherodacty**). Que tiene los dedos libres. // Género de ranas neotropicales. (Gr. **eleutheros**, libre; **dakylos**, dedo.)

Eleutherata. Orden de insectos.=*Coleoptera.*

Eleutherozoa. Un subfílum en los equinodermos de vida libre, sin tallo y con la boca en la superficie inferior. (Gr. **eleutheros**, libre.)

eleuterozoo*. Equinodermo del subfílum *Eleutherozoa.*

elevado* (**elevated**). Se dice del *hallux* o dedo posterior de la pata de las aves cuando está sobre el nivel de los dedos anteriores. (De **elevar.**)

elevador* (**elevator**). Nombre dado a cualquier músculo que levanta una parte. (Lat. **elevare.**) Engrosamiento de las arteriolas en el bazo. (Gr. **elleipsis**, que deja atrás; **oides**, forma.)

elitoral (**ellitoral**). Perteneciente a la región litoral, desde la parte sublitoral hasta donde penetra la luz solar. (Lat. **e-**, fuera; **litoral.**)

élitro* (**elytrum**). Las alas anteriores endurecidas de los insectos coleópteros. El vocablo se hace extensivo a las alas de algunos ortópteros. // La vaina del notopodio de algunos poliquetos. (Gr. **elythron**, vaina.) *Adj. **elitroide, elitróforo, elitriforme.***

elitroide* (**elitroid**). Cada una de las dos alas anteriores de los insectos ortópteros, las cuales se hallan endurecidas por una capa de quitina que no llega a ocultar la nervadura. (Gr. **elythron**, estuche; **eidos**, forma.)

-elo (**-ellus**). (Del lat. **-ellus**, diminutivo.)

Elton, Charles. Ecólogo inglés, expositor de la estructura de los ciclos de abundancia y cadenas alimenticias, pirámides de los números, etc. (1900-   )

em-. Ver *en-.*

emán (**galago**). Especie de galago, prosimio de la Guinea española (**Galago alleni**).

emarginado (**emarginate**). Escotado. // Que tiene la punta o los lados escotados. (Lat. **emarginatus**, dentado.)

emasculación* (**emasculation**). Castración o remoción de los órganos genitales. (Lat. **emasculare**, castrar.)

embalsamar* (**enbalm**). Preparar un cadáver con substancias balsámicas o antisépticas para evitar su putrefacción. (De **en**, dentro; y **bálsamo.**)

embarazo* (**pregnancy**). V. *gestación.*(Arabe, **baraza**, oponerse.) // *e. **ectotipo***, embarazo extrauterino, por la implantación y desarrollo embrionario en el oviducto de un mamífero.

Embden-Meyerhof. Nombre dado al proceso de la respiración anerobica, glicólisis o fermentación, en honor a sus elucidadores.

Embioidea.=*Embioptera*, orden de insectos.

Embioptera. Un orden de insectos de la subclase *Pterygota.* Cuerpo diminuto y blando, boca masticadora, tarsos inflados, 2 cercos y hembras ápteras. Del Oligoceno al Reciente. (Gr. **embios**, vivaz; **pteron**, ala.)

embocadura* (**gape**). El ancho de la boca abierta (en especial de las aves) medido entre las comisuras. (De **boca.**)

embolia* (**embolism**). La obstrucción de un vaso sanguíneo debido a un coágulo arrastrado por la sangre. (Gr. **emballein**, acción de tirar.) *Adj. **embólico.***

embolio (**embolium**). La parte costal de un hemiélitro. (lat. **embolus**, pistón.)

émbolo (**embolus**). Coágulo sanguíneo u otro material que

obstruye un vaso. // Porción apical del palpo de ciertas arañas. (Gr. **embolos**, algo que se empuja, émbolo.)

Embolobranchiata. Grupo que incluye los arácnidos terrestres que respiran por tráqueas, librillos pulmonares o ambos. (Arañas, escorpiones, garrapatas, etc.). (Gr. **embolus**, pistón; **branchie**, branquia.)

Embolomeri. Un grupo de anfibios extintos primitivos, usualmente incluidos en los laberintodontes. (Gr. **embolos**, pistón. **meros**, parte.)

embolómero (**embolomerus**). Que tiene dos anillos vertebrales en cada segmento. (Lat. **embolus**, pistón; **meros**, parte.)

embrióforo (**embryophore**). Se aplica a cualquier estructura de donde se desarrolla el futuro embrión. (Gr. **embryon**, embrión; **phoreus**, portador.)

embriogenia (**embryogeny**). La génesis del embrión, su origen y desarrollo. = *Embriogénesis*. (Gr. **embryon**, embrión; **génea**, nacimiento.) *Adj. embriogénico**.

embriología* (**embriology**). El estudio de los embriones. *Adj. embriológico**. // *e. experimental*, el estudio de los mecanismos que dan origen al desarrollo embrionario tanto desde el punto de vista molecular como del orgánico.

embrión* (**embryo**). Los primeros estados del organismo en desarrollo. (Gr. **embryon**.) *Adj. embriónico*. // *e. primario*, embrión interno que, en ciertos bryozoos, se origina por generación larval libre.

embrionario* (**embryonary**). Se emplea a veces como sinónimo de rudimentario. (De **embrión**.)

embrionía (**embryony**). La condición de tener o producir un embrión. (De **embrión**.)

embrionomía (**embryonomy**). Las leyes del desarrollo embrionario. // La clasificación de los embriones. (Gr. **embryon**; **nomos**, ley.)

embriotectónica (**embryotectonics**). El patrón celular del embrión. (Gr. **embryon**, embrión, **tekton**, constructor.)

embriotrofia (**embriotrophy**). La nutrición del embrión. (Gr. **embryon**, embrión; **trophe**, nutrimiento.)

embriótrofo (**embryotroph**). Restos de la pared uterina que, al principio del embarazo, sirve de nutrición al embrión. (Gr. **embryon**, embrión; **trophe**, nutrición.)

Embriothopoda. Un orden de mamíferos subungulados fósiles del Oligoceno de Egipto. (Gr. **embrithes**, grave, pesado; **podos**, piel.)

embudo* (**funnel**) Organo musculoso que, en los cefalópodos, es homólogo del pie, mediante el que expulsa violentamente el agua de la cavidad del manto, provocando un movimiento retrógrado. // *e. bucal*, cavidad bucal cónica en los vertebrados sin mandíbula como las lampreas. // *e. ovárico*, ensanchamiento de la parte anterior del oviducto en muchos animales que sirve para recoger los óvulos.

emeiocitosis (**emeocytosis**). La expulsión de partículas por las células. (Gr. **emeo**, vomitar; **citosis**, actividad de célula.)

emenina (**emmeneine**). Estrógeno obtenido de la placenta humana. (Gr. **emmenos**, mensual.)

emergido (**emersed**). Que se levanta fuera del agua. (Lat. **emergerse**, venir.)

emeritrina (**emeritrin**). Pigmento rojo hallado en células celómicas de los sipuncúlidos. (Gr. **em-**, **en-**, dentro; **erythros**, rojo.)

emetropía* (**emmetropia**). Estado normal del ojo con respecto a la refracción, de manera que los rayos se concentran en la retina. (Gr. **emmetros**, medir; **-opia**, vista.)

emeu (**emeu**). V. *emú*.

EMG. Siglas de *Electromiograma*.

-emia. (Del gr. **haima**, sangre.) Indica condición de la sangre, como en *anemia*.

emídido* (**tortoise**). Dícese de los quelonios de agua dulce. (Gr. **emys**, quelonio.)

Emidosauria. Nombre previamente aplicado al grupo de los cocodrilos. V. *Crocodilia* (Gr. **emys**, tortuga; **suros**, saurio.)

emidosaurio*. Dícese de los reptiles del orden *Emydosauria* o *Croccodylia*, q.v.

emigración (**emigration**). Acción de cambiar periódicamente de clima o localidad algunas especies animales. *Adj. emigratorio.**

eminencia* (**eminence**). Proyección en la superficie de un órgano. (Lat. **eminens**.) // *e. de Müller*, una elevación en la cloaca entre las aberturas de los conductores de Wolff. // *e. nerviosa*, órgano sensorial epitelial de muchos peces y anfibios.

eminencia de Doyers (**Doyer's eminence**). Elevación que se forma en el punto donde una axona penetra en el sarcolema.

emisario* (**emissary**). Se dice del vaso sanguíneo que conecta los senos óseos con las venas exteriores. (Lat. **emissarius**, mensajero.)

empalizada* (**palisade**). Conjunto de laminillas que suelen existir en el interior del cáliz de los coralarios, relacionadas con la columnilla.

Empédocles. Filósofo y físico griego. Uno de los primeros en enunciar lo que puede considerarse como ideas evolucionistas. (490-430 A.C.)

empennado (**empennate**). *Pinnado*.

emperador* (**swordfish**). Cuba: el *pez espada*, pez osteictio del orden *Perciformes*, suborden *Scombroidei*, familia *Xiphidae*. Cosmopolita en mares tropicales y subtropicales (**Xiphias gladius**).

empiema* (**empyema**). Pus en una cavidad. (Gr. **empyema**, supuración.)

empírico* (**empirical**). Que no se basa en hechos científicos conocidos, sino en la experiencia. (Gr. **empeiros**, experiencia.)

empliang-arrang (**gibbon**). Especie de gibón de color ceniciento que vive en Borneo. Orden *Primates*, familia *Hylobatidae* (**Hylobates moloch**).

emplumar* (**fledge**). La adquisición de pluma por un ave juvenil. (Lat. **in**; **pluma**.)

empodio (**empodium**). Una cerda situada entre las dos uñas del tarso de los insectos. (Gr. **en**, **em-**, entre; **podion**, pie.)

empotrado (**embedded**). Se dice de la estructura que se incrusta entre dos. (Lat. **en**, **em**, dentro; **potra**, hernia.)

empusa* (**praying mantis**). V. *Santateresa*. (Gr. **empousa**, espectro, vampiro.)

emú (**emu**). Una de las dos grandes aves rátidas del orden *Casuariiformes*. Habita Australia y Tasmania (**Dromiceus novaehollandiae**).

emulgente* (**emulgent**). Que drena. Se dice de los vasos sanguíneos que drenan una estructura, como los riñones. (Lat. **emulgere**, ordeñar.)

emulsina (**emulsine**). Una enzima hidrolítica hallada en algunas plantas e invertebrados. (Lat. **emulgere**, ordeñar.)

emulsión* (**emulsion**). Un sistema coloidal formado por la dispersión de un líquido en otro líquido. (Lat. **emulgere** ordeñar.)

en- (**en**). (Del lat. **en**, dentro.)

enalostégido*. Dícese del caparazón de los foraminíferos cuando está formado por dos filas alternantes de cámaras. (Gr. **enallos**, contrario; **stegos**, techo.)

enancio- (**enanthio**). (Del gr. **enanthios**, opuestos, al revés, contrario, en forma de.)

enanismo* (**nanism**). Trastorno del crecimiento caracterizado por una talla inferior a la media propia de los individuos de la misma edad, sexo y especie. (Lat. **nanus** enano.)

enanciobiosis (**enantiobiosis**). Simbiosis antagónica. (Gr. **enantios**, opuesto; **biosis**, forma de vida.)

enartrosis* (**enarthrosis**). Articulación entre dos huesos, en e que uno forma un cóndilo que penetra en la cavidad del otro. (Gr. en, en; arthron, junta.)=*Articulación nodílica* =*Enartrodia.*

encadenamiento (catenation). Disposición en cadena de los cromosomas. (Lat. catena, cadena.)

encapillado (hooded). Que tiene las plumas de la cabeza contrastando notablemente con el resto del plumaje.

encebra*. Antic., *cebra.*

encefalización (encephalization). Formación del encéfalo por el desplazamiento hacia delante de neuronas coordinadas. (Gr. enkephalos, encéfalo; meros, parte.)

encéfalo* (encephalon). El cerebro de los insectos. La parte del sistema nervioso contenida en la cavidad del cráneo. (De en, dentro; gr. kephale; cabeza.) // *Adj. encefálico*. // e. anterior*=*prosencéfalo.* // *e. intermedio*=*diencéfalo.* // *e. medio*, la zona media del encéfalo primitivo o mesencéfalo del adulto. // *e. ocular*, v. *lóbulos ópticos.* // *e. posterior*, la parte posterior del encéfalo o *rombencéfalo*, que comprende el cerebelo, la médula oblongada y el *puente* de *Varolio.* // *e. terminal* o *telencéfalo*, que comprende el cerebro y el encéfalo intermedio.

encefalocelo (encephalocoel). Cada una de las cavidades del encéfalo. Ventrículos del encéfalo. (Gr. enkephalos, encéfalo; koilos, cavidad.)

encefalómero (encephalomere). Un segmento del encéfalo. (Gr. enkephalos, meros, parte.)

encefalospinal (encephalospinal). = *Cefalorraquídeo.* (Gr. enkephalos; lat. spina, espinazo.)

encía* (gums). Porción de la mucosa bucal que cubre la parte alveolar de las mandíbulas y adhiere al cuello de los dientes. (Lat. gingiva.) *Adj. gingival.*

encreción (encretion).=*Hormona.*

encrinitos. Nombre obsoleto dado a los segmentos del tallo de los crinoideos.

end-, endo-. (endo). (Del gr. endon, dentro.)

Endamaeba. Género de sarcodinos parásitos de invertebrados. Ej. *Eniamaeba histolytica.*

endaspidea (endaspidean). Se dice del ave que tiene los escudos anteriores extendidos hasta la parte interna de los tarsos. (Gr. endon, dentro; aspias, escudo.)

endemismo (endemism). Dícese de la condición de la especie, género, etc., que vive exclusivamente en un país y ha sido formada por evolución de especies previamente existentes en él. (Gr. endon; dentro; demos, pueblo.) *Adj. endémico*.*

enderon (enderon). La capa endodérmica de la piel. (Gr. endon, dentro; deros, piel.) *Adj. enderónico.*

endisis (endysis). El desarrollo de nuevas estructuras tegumentarias. (Neolat. endysis, ponerse algo.)

endito (endite). Cualquier segmento o artejo de los apéndices de los artrópodos. (Gr. endon, por dentro.)

endo-* (endo). (Del gr. endon, por dentro.)

endobático (endobatic). Aferente, centrífugo. (Gr. endon, dentro; bainein, ir.)

endobentos (endobenthos). Comunidad formada por organismos acuáticos que disuelven las rocas y las conchas, estableciéndose en las cavidades así formadas. (Gr. endon, dentro, benthos, fondo.)

endobiótico (endobiotic). Que vive dentro de las células del hospedante (Gr. endon, por dentro; bios, vida.)

endoblasto (endoblast). = *Hypoblasto.* (Gr. endon, dentro, blastos, formación.)

endocardio* (endocardium). Endotelio que tapiza las cavidades del corazón. (Gr. endon, dentro; kardia, el corazón.) *endocardiaco.*

endocarditis* (endocarditis). Inflamación del endocardio. (Gr. endo-, dentro, en el interior; kardia, el corazón.)

endocelo (endocoelus).=*Esplacnopleura.* // Cada una de las cavidades de los antozoos que están entre los tabiques pares. (Gr. endon, dentro; koilos, cavidad.)

endocelular (endocellular). Propio del interior de la célula. (Gr. endon, dentro;+célula.)

endocíclico (endocyclic). Se dice de los equinoides que tienen el periprocto apical y de los crinoideos cuya boca está situada centralmente. (Gr. endon, dentro; kyklos, círculo.)

endocisto (endocyst). La pared del cuerpo de un zooide de briozoario. (Gr. endon; kystis, vejiga.)

endocitosis (endocytosis). La captura por la célula de partículas sólidas o fluídas por fagocitosis o pinocitosis. (Gr. endon, dentro; kytos , células; -osis, estado de.)

endocomensal (endocommensal). Un comensal que vive dentro del cuerpo del hospedante. (Gr. endon, por dentro; + comensal.)

endocondral (endochondral). *Intracartilagíneo.* Que se forma dentro de un cartílago. (Gr. endon, dentro; chondros, cartílago.)

endocono (endocone). Estructura cónica en ciertas conchas de cefalópodos. // La cúspide interna de la rádula de los moluscos. (Gr. endon, dentro; konos, cono.)

endocorion (endochorion). La lámina interna del corion del huevo de insectos. (Gr. endon, dentro; chorion, corio.)

endocráneo* (endocranium). La parte del esqueleto óseo que deriva de la osificación del condrocráneo embrionario. // La parte o cara interna del cráneo. (Gr. endon, dentro;+ cráneo.)

endocría (inbreeding). Apareamiento de dos individuos cercanamente emparentados. Contrario: *exocria.*

endocrino* (endocrine). V. *glándula endocrina.* (Gr. endon, dentro, krinos, separar.)

endocrinología* (endocrinology). El estudio de las glándulas endocrinas y sus efectos. (Gr. endon, dentro; krinein, separar; logos, discurso.)

endocutícula (endocuticle). La capa interior en la cutícula de ciertos artrópodos, compuesta principalmente de proteínas. (Gr. endon, dentro;+cutícula.)

endocromo (endochrome). Cualquier pigmento interno de una célula. (Gr. endon, dentro; chroma, color.) *Adj. endocrónico.*

Endocyclica*. Subclase de equinodermos de la clase *Echinoidea.* Periprocto en posición central dentro del aparato apical y situado en la región aboral.= *Equinoideos regulares.*

endodermo* (endoderm). La capa interna de las tres fundamentales que forman los tejidos de algunos embriones. (Gr. endon, por dentro; derma, piel.)

endoenzima (endoenzyme). Enzima intracelular. (Gr. endon, dentro;+enzima.)

endoesqueleto* (endoskeleton). Estructura ósea o cartilaginosa que da soporte al cuerpo y sirve de fijación a los músculos esqueléticos. (Gr. endon, por dentro;+esqueleto.)

endofalo (endophallous). El interior del pene. // En los artrópodos, una invaginación anterior del *edeago.* (Gr. endon, dentro; phallos, pene.)

endófilo (endophyllous). Aplícase a los parásitos de las hojas. (Gr. endon, dentro; phyton, planta.)

endofragma (endophragm). Esqueleto interior de muchos crustáceos formado por *apodemas* que sirven de inserción a los músculos. (Gr. endon, dentro; phragma, partición.)

endogamia* (inbreeding). Cruzamiento entre individuos muy cercanos racial o familiarmente. // Matrimonio entre los del mismo grupo. // Heterogamia en la que los gametos proceden de una línea filética común. (Gr. endon, dentro; gamos, boda.)

endogénesis* (endogenesis). Reproducción por escisión de primordios en el interior de un órgano. (Gr. endon, dentro; génesis, origen.)

endogenia (endogeny).= *Endogénesis,* q.v.

endógeno* (endogenous). Que se produce dentro del cuerpo. (Gr. endon, dentro; genos, producción.)

endognatio (endognathion). El segmento medio del premaxilar humano. (Gr. endon, dentro; gnathos, mandíbula.)

endognato (endognath). Proceso medio de un apéndice oral en los crustáceos. (Gr. endon, dentro; gnathos, mandíbula.)

endolabio (endolabium). Lóbulo membranoso interno situado en frente del labio de los insectos. (Gr. endon, dentro; labium, labio.)

endolaríngeo (endolaryngeal). Que pertenece a la laringe. (Gr. endon, dentro; larynx,, laringe.)

endolinfa* (endolymph). El fluido contenido en el laberinto membranoso del oído interno. (Gr. endon, dentro: + linfa.)

endolisina (endolysin). Sustancia que, en los leucocitos, destruye bacterias. (Gr. endon, dentro; lysis, disolución.)

endólisis (endolysis). Disolución intracelular. (Gr. endon, dentro; lysis, disolución.)

endómero (endomere). Cada una de las células del hipoblasto que originan el endodermo. (Gr. endon, dentro; meros, parte.)

endomesodermo (endomesoderm). Mesodermo derivado principalmente del endodermo. (Gr. endon, dentro;+mesodermo.)

endometrio (endometrium). El epitelio interno del útero de los mamíferos. (Gr. endon, dentro; metra, el útero.)

endomisio (endomysium). El tejido conjuntivo que une las fibras musculares. (Gr. endon, dentro; mys, músculo.)

endomitosis (endomitosis). División mitósica sin desaparición de la membrana nuclear. (Gr. endon, por dentro; + mitosis.)

endomixia, endomixis (endomixis). Un proceso de autofecundación o reorganización nuclear en el que se unen núcleos masculinos y femeninos de la misma célula. (Gr. endon, dentro; mixis, mezcla.)

endoneurio (endoneurium). El tejido conjuntivo que une los nervios en las columnas medulares. (Gr. endon, dentro; neuron, nervio.)

endonúcleo.=*Nucleolo.*

endoparásito (endoparasite). Parásito que vive en el interior de los órganos del hospedante. (Gr. endon, dentro;+parásito.)

endoplasma (endoplasm). La porción central del citoplasma, menos hialina que el ectoplasma o corteza. (Gr. endon, dentro;+plasma.)

endoplasto (endoplast). Núcleo celular. (Gr. endon, dentro; plastos, formado.)

endoplastrón (endoplastron). Placa anterior media del plastrón de los quelonios. (Gr. endon, dentro;+plastrón.)

endoplástulo (endoplastule). El micronúcleo de ciertos protozoos. (Gr. endon, dentro; plastos, moldeado.)

endopleurito (endopleurite). La porción epímera, en forma de Y, de un apodema. (Gr. endon, dentro; pleura, lado.)

endopodio (endopodium).=*Endopodito.*

endopodito* (endopodite). La parte distal de los tres componentes del apéndice birrámeo de un artrópodo. (Gr. endon, dentro; podos, pie; -ito, diminutivo.)

endópodo (endopod). V. *endopodito.*

endopoliploidía (endopolyphloidy). Poliploidía por replicación cromosómica sin mitosis normal. (Gr. endon, dentro;+poliploidia.)

endoprocto. Un miembro del fílum Entoprocta.

Endopterygota. Una división de los insectos de la subclase *Pterygota* cuyas alas se desarrollan internamente. *Holometabola.* (Gr. endon, dentro; pteron, ala.)

endoquiloso (endochylous). Que tiene celdas acuosas en los tejidos internos. (Gr. endon, dentro, chylos, jugo.)

endorradiosonda (endoradiosonde). Un radio transmisor en miniatura que puede ser tragado y así transmitir informaciones internas en cuanto a temperatura, pH, presión, etc.

endoral (endoral). Que está dentro de la boca. Aplícase a la membranela interna de la citofaringe de los ciliados. (Gr. endon, dentro; os, oris, la boca.)

endorfinas (endorfins). Sustancias producidas en el cuerpo humano que son analgésicos poderosos. (Gr. endo, por dentro y morfina.)

endorraquis (endorhaquis). El periósteo que tapiza las cavidades craneales y vertebrales. (Gr. endon, dentro; rhachis, espinazo.)

endosarco (endosarc). = *Endoplasma.* (Gr. endon, dentro; sarx, carne.)

endosclerito (endosclerite). Un esclerito del endoesqueleto de los artrópodos. (Gr. endon, dentro;+esclerito.)

endoscopio* (endoscope). Instrumento óptico para alumbrar y examinar las cavidades naturales del cuerpo humano, como por ejemplo, el *broncoscopio*, etc. (Gr. endon, dentro; scopeo, mirar.)

endosifón* (endosiphon). Tipo de sifón en los cefalópodos nauitiloides palaeozoicos en el que los golletes de los sifones, se unen unos a otros formando un tubo. (Lat. endon, dentro;+sifón.)

endosifonado* (endosiphonate). Dícese de los nautiloideos que tienen endosifón. (Gr. endon, dentro;+sifón.)

endosifúnculo (endosiphuncle). Tubo que parte de la protoconcha de los cefalópodos. (Gr. endon, dentro; sifúnculo, pequeño sifón.)

endosito (endosite). Un *endoparásito.* (Gr. endon, dentro; sitos, alimento.)

endosoma (endosome). *Nucléolo, cariosoma* o una masa de cromatina dentro del núcleo. (Gr. endon, dentro; soma, cuerpo.)

endósteo (endosteum). *Membrana medular.* (Gr. endon, dentro; osteon, hueso.) *Adj. endóstico.*

endosternito (endosternite). Placa interna esquelética de ciertos artrópodos. (Gr. endon, dentro; lat. sternum.)

endostilo (endostyle) Surco ciliado en la parte ventral de la faringe de los tunicados y cefalocordios. (Gr. endon, dentro; stylos, pilar.)

endóstosis (endostosis). Osificación que se origina en el cartílago. (Gr. endon, dentro; osteon, hueso.)

endostraco (endostracum). *Hipostraco.* La capa interna nacarada de la concha de los moluscos. (Gr. endon, dentro; ostrakon, concha.)

endoteca (endotheca). Dícese del conjunto de tabiques o disepimentos en el interior de los cálices de los coralarios. (Gr. endon, dentro; theke, estuche.) *Adj. endotecal*.*

endotelio* (endothelium). Epitelio de células muy planas que tapiza cavidades y vasos. (Gr. endon, dentro; thele, pezón, tejido de cubierta.)

endoteliocito (endotheliocyte). Un fagocito derivado del endotelio. (De endotelio y gr. kytos, célula)

endotergito (endotergite) Pliegue interno en el tergito de los insectos. (Gr. endon, dentro; lat. tergum, dorso.)

endotermo (endotherm). Animal de temperatura constante u *homotermo.* Solo son endotermos las aves y los mamíferos. (Gr. endon, dentro; therme, calor.) *Adj. endotérmico.*

endotórax (endothorax). Conjunto de apodemas en los artrópodos. (Gr. endon, dentro;+thorax.)

endotráquea (endotrachea). Capa quitinosa interna de las tráqueas de los insectos. (Gr. endon, dentro;+tráquea.)

endotrófico (endotrophic). Que se nutre por dentro. Aplícase al espacio dentro de la membrana peritrófica de los insectos. (Gr. endon, dentro; trophe, nutrición.)

endovenoso*=*Intravenoso.*

endoturbinal (endoturbinated bone). Parte más interna y diferenciada de los cornetes etmoidales o etmoturbinales, q.v. (Gr. endon, dentro;+turbinales.)

endozoico (endozoico). Que vive en el interior de un animal. (Gr. endon, dentro; zoon, animal.) = *Enterozoo.*

endozoócoro (endozoochore). Organismo disperso dentro de un animal. (Gr. **endon**, dentro, **zoon**, animal **choros**, lugar.)

endozoófito (endozoophyte). Protisto que vive en un organismo animal. (Gr. **endon**, dentro; **zoophyton**, zoófito.)

endrino. Que tiene color negro. (Del fruto de la **endrina**.)

energesis (energeis). Conjunto de procesos que proporciona a la célula energía necesaria para la vida. (Gr. **energeo**, activar.)

enérgida (energid). Unidad vital constituida por un núcleo y cierta masa protoplásmica envolvente, con o sin membrana celular. (Gr. **energos**, activo.)

enfermedad de Caison (bends). Condición que se presenta por descompresión brusca del cuerpo en los buzos, aviadores, etc., al retornar a la presión normal, y se debe al desprendimiento de nitrógeno disuelto en la sangre. // *e. de Addison*, dolencia humana resultante de una deficiencia en las secreciones de la corteza suprarrenal. // *e. del sueño*, enfermedad de los humanos producida por flagelados del género *Trypanosoma*, que los trasmiten las moscas *tsetsé*.

enfisema* (enphysema). Una condición anormal en los pulmones debida a reducción de la superficie destinada al intercambio de gases. (Gr. **emphysema**, hinchazón del cuerpo.) *Adj. enfisémico.*

engrama (engram). Alteración perdurable que puede producirse en la materia viviente como consecuencia de los estímulos. (Gr. **en-**, dentro; **gramma**, escrito.)

engullidor (gulper). Se dice de los animales que tragan las presas enteras, como las serpientes. (Lat. **en**, dentro; **gula**, garganta.)

enjambre* (swarm). Aglomeración de abejas con su reina que salen juntas de una colmena. // Aglomeración de anélidos poliquetos epitocos. // Cuba: pez semejante a la cabrilla (**Epinephelus apairus**). // Pez osteictio del orden *Perciforme*, familia *Serranidae*, del Atlántico tropical (**Petrometopon cruentatus**).

enlace* (linkage). La condición de estar varios genes en el mismo cromosoma. (Lat. **inlaqueare**.)

enmienda* (emendation). En taxonomía, todo cambio intencional en la ortografía original de un taxón.

enocitoide (oenocytoid). Célula de la sangre de los insectos semejante a un *enocito*. (De **enocito** + griego **oides**, forma.)

enocito. (oenocyte). Célula grasa amarillenta que ocurre por pares en el cuerpo de los insectos. (Gr. **oenos**, vino; **kytos**, célula.)

enolasa (enolase). Una de las enzimas del ciclo de la glicólisis.

Enopla. Una subclase en el fílum *Nemertinea*, de trompa armada, boca anterior al cerebro y sistema nervioso dentro de la pared muscular. (Gr. **enoplos**, armado.)

Enoplida. Un orden de *Nematoda* con el esófago dividido en dos partes, ánfidos en forma de bolsa o alargados o en forma de esporos. (Gr. **enoplos**, armado; **-ida**, sufijo empleado para indicar orden.)

Enoplidea. Clase de los nematodos de cutícula cerdosa, ánfidos ciatiformes y 6 papilas labiales.

Enoplina. Un suborden de nematodos en el orden *Enoplida*, con el intestino sin músculos. Sin estiletes ni ventosas caudales.

enoploideo. Se dice el nemertino de la clase *Enoplidea*.

enocrino. V. *palma marina*.

enquilema (enchylema). Nombre anteriormente usado para indicar la parte más líquida del citoplasma que, según hipótesis, estaba incluida en una masa esponjosa llamada *espongioplasma*. (Gr. **en**, dentro; **chylos**, jugo.)

enquima- (enchyme). (Del gr. **en**. dentro; **chylos**, jugo.)

enquistamiento (encystment). El proceso de la formación de un *quiste*.

enquistar* (encyst). Formar o quedar incluido en un quiste. (Gr. **en-**, dentro; **kystis**, vejiga.) // *Adj. enquistado.*

ensalivación (insalivation). El flujo de la saliva en la cavidad bucal. (Lat. **saliva**.)

Ensifera. Un suborden de insectos en el orden *Orthoptera*, que comprende los grillos y los saltamontes de antenas largas. (Lat. **ensis**, espada; **ferre**,, llevar.)

ensiforme* (ensiform). Que tiene la forma de espada. (Lat. **ensis**, espada;+**forma**.)

ental (ental). *Interno*. (Gr. **endos**, interno.)

Entamaeba. Género de protozoos sarcodinos parásitos en vertebrados. *E. histolytica*, causante de la disentería. (Gr. **entos**, dentro;+**amaeba**.)

entelequia* (enthelechy). Según Aristóteles, una cualidad del organismo viviente gracias a la cual la materia prima, desprovista de forma, recibe su configuración bella. // En la filosofía vitalista de Leibnitz, las mónadas o principio que dirige el crecimiento y la vida. (Gr. **entelechea**.)

entelo (entellus). Mono de cola larga de las Indias Orientales, de la familia *Cercopithecidae* (**Entellus**).

entepicondilar (entepicondylar). Cóndilo en el extremo distal inferior del húmero. (Gr. **entos**, dentro; **epi-**, sobre; **kondylos**, protuberancia.)

enter-, entero- (entero-). (Del gr. **enteron**, intestino.)

entérico* (enteric). Perteneciente o relativo al intestino. (Gr. **enteron**, intestino.)

enterobiasis (enterobiasis). Infección por el verme nematodo *Enterobius vermicularis*.

enteroblástico (enteroblast). El hipoblasto, después de formado el mesoblasto. (Gr. **enteron**, intestino; **blastos**, botón.)

enterocele (entorocele). Hernia del intestino delgado. (Gr. **enteron**, intestino; **kele**, tumor.)

enterocelo (enterocoel). Celoma derivado de las cavidades evaginadas del arquenterio. (Gr. **entestino**, interno; **koylos**, cavidad.)

enterocelomado (enterocoelomate). Nombre aplicado a los animales del grupo *Coelomata*, cuyo celoma se forma por evaginación del endodermo. (Gr. **enteron**, intestino; **koilos**, cavidad, celoma.)

Enterocoela. Conjunto de fílumes que muestran mesodermos enterocélicos. (Gr. **enteron**, intestino; **koilos**, hueco.)

Enterocoelia.=*Deuterostoma*, q.v.

enterocrinina (enterocrinin). Hormona secretada por la mucosa intestinal que regula la tasa de la producción y concentración de las enzimas intestinales. (Gr. **enteron**, intestino; **krino**, separar.)

enterodeo (enterodeum).=*Mesodeo*. Parte medial del tubo digestivo. (Gr. **enteron**, intestino.)

enterodermo (enteroderm). Parte del endodermo que da origen al intestino. (Gr. **enteron**, intestino; **derma**, piel.)

enterogastrona (enterogastrone). Una hormona de la mucosa duodenal que, por la influencia de las grasas del quimo, regula los movimientos estomacales. (Gr. **enteron**, intestino; **gaster**, vientre, estómago.)

Enterogona. Un orden de tunicados de la calse *Ascidiacea*, de cuerpo a veces dividido en tórax y abdomen, con una sola gónada en posición intestinal y larva con dos órganos de los sentidos. (Gr. **enteron**, intestino; **gonos**, sexo.)

enterogonio. Un ascidiáceo, del orden *Enterogona*.

enterología (enterology). El estudio del canal digestivo. (Gr. **enteron**, intestino; **logos**, tratado.)

enteromiasis (enteromyasis). Presencia de larvas de moscas en el intestino. (Gr. **enteron**, intestino; **myia**, mosca.)

enteron (enteron). // La cavidad gastrovascular de los pólipos de los celentéreos. // El tubo digestivo. (Gr. **enteron**, intestino.)

enteronefridio (enteronephric). Se dice de los nefridios abiertos dentro del intestino. (Gr. **enteron**, intestino; **nephros**, riñón.)

Enteropneusta. Una clase de los cordados en el fílum

Hemichordata, de cuerpo largo, tubo digestivo recto, con probóscide, collar y tronco, y hendiduras branquiales pares. (Gr. enteron, intestino; pneo, respirar.)

enteroprocto (enteroproct). La abertura entre el intestino mesodeo y el proctodeo. (Gr. enteron, intestino; proktos, ano.)

enteroquinasa (entrokinase). Enzima del intestino de los vertebrados que convierte el tripsinógeno en tripsina. (Gr. enteron, intestino;-asa, enzima.)

enterorreceptores (enteroceptors). Receptores nerviosos en el tubo digestivo. (Gr. enteron, intestino;+receptor.)

enterosimpático (enterosimpathetic). Aplícase a la parte del sistema nervioso que inerva el intestino. (Gr. enteron, intestino;+simpático.)

enterostoma (enterostoma). La abertura entre el estomodeo y el intestino endodérmico. (Gr. enteron, intestino; stoma, boca.)

Enterozoa. Una rama del subreino *Metazoa* que comprende los animales con tubo o cavidad digestiva. (Gr. enteron, intestino; zoon, animal.)

enterozoo (enterozoon). *Enterozoario.* Animal parásito que vive en el intestino. (Gr. enteron, intestino; zoon, animal.) *Adj. enterozoico.*

enterrador*. Insecto coleóptero. V. *necróforo.*

entético (enthetic). Introducido, implantado. (Gr. enthelos, poner dentro.)

ento- (ento-). (Del gr. entos, dentro.)

entobronquio (entobronchus). Cada una de las ramas dorsales en los bronquios de las aves. (Gr. entos, dentro; bronchos, bronquio.)

entocelo (entocoel). Espacio entre un par de mesenterios en *Anthozoa.* (Gr. entos, dentro; kiolos, cavidad.)

entociemado (entocyemate). Que tiene embriones con amnios y alantoides. (Gr. entos, dentro; kyema, embrión.)

entocodón (entocodon). Brote que, en el desarrollo de las medusas, forma el manubrio. (Gr. entos, dentro; codon, boca de trompeta.)

entocóndilo (entocondyle). Cóndilo en la superficie media de un hueso. (Gr. entos, dentro; kondylos, protuberancia.)

entoncondrito (entochondrite). El endosternón de los arac-noideos marinos del género *Limulus.* (Gr. entos, dentro; chondros, cartílago.)

entocondrostosis (entochondrostosis).Osificación de adentro a fuera. (Gr. entos, dentro; chondros, cartílago; osteon, hueso.)

entocónido* (entoconid). La cúspide posterior interna en los molares de ciertos mamíferos. (Gr. entos, dentro; konos, cono.)

entocuneiforme* (entocuneiform). Hueso interno de la fila distal del tarso de los mamíferos. (Gr. entos, dentro; +cuneiforme.)

Entodiniomorphida. Un orden de protozoos de la clase *Ciliata,* subclase *Spirotricha,* que son simbióticos en el sistema digestivo de los rumiantes. (Gr. endos, dentro; +diniomorpha.)

entogástrico (entogastric). Que pertenece al estómago. (Gr. entos, dentro; gaster,vientre.)

entogloso (entoglossum). Extensión del basihial hacia dentro de la lengua de algunos peces. // Que está dentro de la lengua. (Gr. entos, dentro; glossa, lengua.)

Entognatha. Subdivisión en la clase *Insecta* que tiene las piezas bucales alojadas en bolsas, pero protráctiles. =*Diplura.* (Gr. entos, dentro; gnathos, quijada.)

entognato. Un insecto del grupo *Entognatha.*

entoma.=Insectos. *Adj. entómico.*

entomo-* (entomo-). (De. gr. entomos, cortado, dividido en segmentos.)

entomocecidio (entomocecidium). Cecidio producido por insectos. (Gr. entomon, insecto; kekis, agalla.)

entomocórico (entomochoric). Que es dispersado por los insectos. (Gr. entomon, insectos; choreos, dispersar.)

entomio (entomion). *Entomion,* punto craneométrico en el vértice del ángulo mastoideo del parietal. (Gr. entome, mueca.)

entomófago (entomophagous). Que devora insectos.=*Insectívoro.* (Gr. entomon, insecto; phagein, comer.)

entomofilia (entomophily). Polinización de las flores por insectos. (Gr. entomon,, insecto; philein, amar.) *Adj. entomófilo.*

entomofito* (entomphyte.) Planta entomófila. // Hongo que crece en los insectos. (Gr. entomon, insecto; phyton, planta.)

entomogamia (entomogamy).=*Entomofila.*

entomógeno (entomogenous). Que se cría en los insectos. (Gr. entomon, insecto; genos, nacimiento.)

entomolites. V. *trilobitas.*

entomología (entomology). El estudio de los insectos. (Gr. entomon, insecto; logos, discurso.) *Adj. entomológico*.*

entomosis. Enfermedad o condición provocada por insectos. (Gr. entomon, insecto; -iasis, condición.)

entomostégico*. Dícese de un tipo de concha en los foraminíferos formada por cámaras alternas.

Entomostraca. Nombre que se aplicó durante algún tiempo a los crustáceos de pequeño tamaño. (Gr. entomon, insecto; ostrakos, concha, en el sentido de crustáceo.)

entomostráceo (entomostracan). Un crustáceo de la clase *Entomostraca,* q.v.

entomourocromo (entomo-urochrome). Pigmento de un color verdoso, hallado en la orina de los insectos. (Gr. entomon, insecto; chroma, color.)

entoparásito (entoparasite).=*Endoparásito.*

entoplastrón* (entoplastron). Placa ósea del peto de los quelonios, situada entre el epiplastrón y el hipoplastrón. (Gr. ento-, dentro; gr. plastron, peto.)

Entoprocta. Un fílum de invertebrados seudocelomados, en un tiempo considerado como una división de los briozoarios, cuyo ano queda dentro del área de los tentáculos y el seudoceloma está lleno de parénquima. De aguas dulces y marinas. (Gr. ento, dentro; proctos, ano.)

entoproctos. V. *Entoprocta.*

entopterigoides (entopterigoid). Hueso situado detrás del palatino en algunos peces. (Gr. entos, dentro;+pterigoides.)

entorretina (entoretina). La capa interna de la retina, o retina propia. (Gr. entos, dentro;+retina.)

entosternito (entosternite).=*Endosternito.*

entosternón (entosternum). V. entoplastrón.

entotimpánico (entotympanic). Se aplica a un hueso aparte del timpánico hallado en algunos vertebrados. (Gr. entos, dentro;+tympánico.)

entotórax (entothorax). V. *endotórax.*

Entotrophi. Un orden de insectos. V. *Diplura.* (Gr. entos, dentro; trophe, alimento.)

entoturbinales (entoturbinales). Una parte de los *etmoturbinales,* q.v.

entozoo. V. *entozoario.*

entozoario* (entozoon).=*Entozoo.* Parásito interno. (Gr. entos, dentro; zoon, animal.) *Adj. entozoico.*

entraña* (gut). *Víscera.* Cada uno de los órganos contenidos en las cavidades del tórax y del vientre. (Bajo lat. intralia.)

entre- (Del lat. inter, situación o calidad intermedia, o que está en medio dos o más cosas.)

entrecejo*. Espacio que hay entre las cejas. (Lat. intercilium.)

entrecruzamiento (crossing over). *Quiasma.* Entrecruzamiento de cromosomas durante la mitosis.

entrenudo. = *Internudos.*

entrepechuga*. Pequeña porción muscular que tienen las aves entre la pechuga y la quilla del esternón.

entroquito (**entrochite**). Nombre obsoleto para cada una de las piezas que forman el tallo de los crinoideos. (Gr. **en**, en; **trochos**, rueda.)

enucleado (**enucleated.**) Que no tiene núcleo. (Lat. **e-**, sin; + **núcleo.**)

envajinado (**invaginate**). Que está cubierto por una vaina. (Lat. **in**, dentro; **vagina**, vaina.)

envejecimiento* (**aging**). (De **envejecer.**)

envergadura*. Distancia que hay entre las alas abiertas de las aves. (De **envergar.**)

enzima* (**enzyme**). Una proteína, producida en un organismo, capaz de catalizar una reacción química particular. (Gr. **en**, dentro; **zyme**, fermento.) *Adj.* ***enzimático***. // ***e. glucolítica***, la que cataliza la oxidación del azúcar. // ***e. hidrolítica***, una enzima que cataliza la hidrólisis. // ***e. proteolítica***, la que cataliza la disolución de las proteínas. // ***e. respiratorias***, una serie de enzimas que catalizan las reacciones que remueven hidrógeno del substrato.

enzimo. V. *enzima.*

enzootia* (**enzootic**). Se aplica a la enfermedad que es habitual en una o más especies animales. V. *epizootia.* (Gr. **en**, dentro; **zoon**, animal.)

eo- (**eo-**). (Del gr. **eos**, aurora y, por extensión, primero, primitivo, antiguo.)

Eoacanthocephala. Un orden en el fílum *Acanthocephala.* Las espinas de la trompa están dispuestas radialmente, carecen de protonefridios y tienen la glándula del cemento sincitial. (Gr. **eoa**, aurora, primitivo;+**acantocephala.**)

eobionte (**eobiont**). Primer estado en la biopoyesis que puede interpretarse como un ser viviente. (Gr. **eos**, aurora; **bios**, vida.)

Eoceno* (**eocene**). Se dice del período geológico de la Era Secundaria entre el Paleoceno y el Oligoceno. (Gr. **eos**, aurora; **kainos**, común.) *Eocénico.*

Eogea (**eogea**). División zoogeográfica que incluye Africa, Sudamérica y Australia. (Gr. **eos**, aurora; antiguo; **gaia**, la Tierra.)

Eohippos. V. *Hyracotherion.*

eólico (**eolic**). Que ha sido originado por el viento. Se aplica a ciertos terrenos geológicos. (Lat. **Aeolus**, el dios de los vientos.)

eosinófilo (**eosinophil**). Que se tiñe con la eosina. // Leucocito con afinidad para el tinte eosina. (De **eosina** y gr. **phillos**, amante.)

Eosuchia. Reptiles parecidos a los cocodrilos, que existieron desde el Permiano al Eoceno. (Gr. **eos**, antiguo; **souchos**, cocodrilo.)

Eotheria. Un suborden de mamíferos eocénicos del orden *Sirenia*, que tenían la pelvis bien desarrollada, pero carecían de extremidades posteriores. (Gr. **eos**, primitivo; **ther**, bestia.)

Eozoica (**Eozoic**). Una era o un período geológico anterior al Cambriano. (Gr. **eos**, antiguo, aurora; **zoe**, vida.)

epacme (**epacme**). Fase de una población que muestra un incrementado vigor. // Fase explosiva de la filogenia, durante la cual se produce una gran diversidad de formas nuevas. (Gr. **epi**, sobre; **akme**, lo primero, la flor de la edad.)

epactal (**epactal**). Se aplica al hueso supernumerario intercraneano. *Hueso wormiano.* (Gr. **epaktos**, adventicio.)

epáctil (**epactile**). Se aplica a la zona litoral superior. (Gr. **epi**, sobre; **aktios**, la orilla del mar.)

epalpado (**epalpate**). Sin palpos. (Lat. **e**, sin **palpus**, palpo.)

epapilado (**epapillate**). Que no tiene papilas. (Lat. **e**, sin;+**papilas.**)

epapófisis (**epapophysis**). Un proceso en el arco neural vertebral. (Gr. **epi**, sobre; **apophysis**, rama.)

epaulette (**epaulette**). *Espaldilla.* La primera escama de la base de la nervadura costal de los insectos del orden *Diptera.* (Fr. **epaulette**, espalda.)

epecha*. *Reyezuelo*, pájaro.

epencéfalo (**epencephalon**). El *cerebelo.* (Gr. **epi**; **enkephalos.**)

epéndimo* (**ependym**). Membrana que tapiza los ventrículos del encéfalo y el conducto medular. (Gr. **ependyma**, revestimiento.) *Adj.* ***ependimal.***

eperlano* Pez de la familia de los salmónidos de la desembocadura de los grandes ríos de Europa. (Gr. **eperlan.**) (Dicc.)

epiandrio. Noveno tergito de los esclerogenitales masculinos de ciertos insectos dípteros. (Gr. **epi**, sobre; **andros**, macho.)

Ephemeroptera. Un orden de insectos en la subclase *Pterygota*, de cuerpo blando, boca masticadora vestigial, antenas cortas y branquias laterales. Los adultos viven pocas horas. Del Permiano al Reciente. (Del género **Ephemera**, efímera; **pteron**, ala.)

epi-. (Del gr. **epi**, sobre, encima.)

epiarterial (**eparterial**). Que está sobre una arteria. (Gr. **epi**, sobre; **lat. arteria.**)

epibentos (**epibenthos**). Conjunto de organismos bentónicos que se encuentran entre la marea baja y unos 200 metros. (Gr. **epi**, sobre; **benthos**, profundidad.)

epibionte (**epibiont**). Especie de reliquia o fósil viviente. // Animal que vive en la superficie de otro animal. (Gr. **epi**, sobre; **bios**, vida.) *Adj.* ***epibiótico.***

epibiosis (**epibiosis**). La condición de vivir en la superficie de otro organismo. (Gr. **epi**, por encima;+**biosis**, condición de vida.)

epibiota (**epibiota**). La *biota* superficial. *Adj.* ***epibiótica.*** (Gr. **epi**. sobre; **bionai**, sobrevivir.)

epiblasto (**epiblast**). Capa de células pequeñas externas situadas en el polo animal de la gástrula. (Gr. **epi**, sobre; **blastos**, botón.)

epibolia (**epibology**). Gastrulación por crecimiento del polo animal sobre el polo vegetal del embrión. (Gr. **epibole**, encima.) *Adj.* ***epibólico.***

epibranquial (**epibranchial**). Que está situado sobre las branquias, como ciertas arterias de los peces. // Espacio en los moluscos bivalvos y en los crustáceos. // Huevos de ciertos peces. (Gr. **epi**, sobre;+**brankia.**)

epicanto (**epicanthus**). Pliegue del párpado superior situado sobre el ángulo interno de los ojos, característico de las razas mongoloides. (Gr. **epi**, sobre; **kanthos**, el ángulo de los ojos.)

epicardias (**cardia**). Porción gástrica del estómago. (Gr. **epi**, sobre; **kardias**, estómago.)

epicardio (**epicardium**). Pericardio o membrana que rodea el corazón. (Gr. **epi**, sobre; **kardia**, corazón.)

Epicaridea. Suborden de crustáceos parásitos en el orden *Isopoda.* (Gr. **epi**, sobre; **lat. caris**, un camarón.)

epicarideo. Un miembro del suborden *Epicaridea*, q.v.

epicelo (**epicoel**). La cavidad del mesencéfalo en los vertebrados inferiores. // Cavidad perivisceral. // Cavidad atrial. (Gr. **epi**, sobre; **koilos**, hueco.)

epicentral (**epicentral**). Que pertenece a los centros vertebrales. (Gr. **epi**, sobre; **kentron**, centro.)

epicerebral (**epicerebral**). Que está sobre el cerebro. (Gr. **epi**, sobre; **lat. cerebrum.**)

epiciemado (**epicyemate**). Que tiene el embrión situado en el saco vitelino. (Gr. **epi**, sobre; **kyema**, embrión.)

epicito (**epicyte**). La capa externa o ectoplasma de los protozoos. (Gr. **epi**, sobre; **kytos**, hueco.)

epicisto (**epecyst**). El quiste externo de ciertos protozoos. (Gr. **epi**, sobre; **kystis**, vejiga.)

epiclísilo (**epiclysile**). Poza marina algo alejada de la orilla y sujeta a grandes cambios de salinidad y temperatura, la que se eleva a más de 3° sobre la del mar. (Gr. **epi**, sobre; gr. **klyzo**; neolat. **clysium**, inundar.)

epicnemis (**epicnemis**). Una articulación en la base de la tibia en muchos arácnidos. (Gr. **epi**, sobre; encima; **cmemis**, polaina, tibia.)

epicóndilo (**epicondyle**). Protuberancia en la parte distal del húmero y el fémur. (Gr. **epi**, sobre; **kondylos**, protuberancia.) *Adj.* *epicondilar.*

epicono (**epicone**). La parte de los protozoos dinoflagelados anterior al surco ecuatorial. (Gr. **epi**, encima; **konos**, cono.)

epicoracoides* (**epicoracoids**). Un par de cartílagos o de huesos en la superficie ventral del coracoides de los anfibios. (Gr. **epi**, sobre;+**coracoides**.)

epicordal (**epichordal**). Que está sobre el notocordio. (Gr. **epi**, sobre; **chorde**, cuerda.)

epicoxito (**epicoxite**). Proceso en la coxa de los euriptéridos. (Gr. **epi**, encima;+**coxito**.)

epicráneo (**epicranium**). La región entre los ojos y por detrás de ellos en los insectos. // Músculo del cuero cabelludo. (Gr. **epi**, sobre; **kranion**, cráneo.) *Adj.* *epicraneal.*

epicrina (**epicrine**). Aplícase a las glándulas que no se desintegran durante la secreción. (Gr. **epi**, sobre; **krinein**, separar.)

epicroico *Discolorado.* (Gr. **epi**, sobre; **chorus**, color.)

epictesis (**epiktesis**). Capacidad de una célula de concentrar soluciones salinas en su interior. (Gr. **epiktesis**, ganancia.)

epicutícula (**epicuticle**). La capa externa de la cutícula en los artrópodos, que es impermeable al agua. (Gr. **epi**, sobre;+**cutícula**.)

epidema (**epideme**). Pieza relacionada con la articulación alar en los insectos. (Gr. **epi**, sobre; **demas**, cuerpo.)

epidemia* (**epidemy**). Enfermedad que transitoriamente ataca a gran número de personas en una región o localidad. (Gr. **epi**, sobre; **demos**, pueblo.) *Adj.* *epidémico.*

epidemiología (**epidemiology**). El estudio de las enfermedades epidémicas. (De **epidemia** y **logos**, tratado.)

epidermis* (**epidermis**). Conjunto de capas celulares más externas de un organismo. (Gr. **epi**, sobre; **derma**, piel.) *Adj.* *epidérmico.*

epidídimo (**epididymis**). La porción enrrollada del conducto espermático en cada testículo de los mamíferos. (Gr. **epi**, sobre; **dydimos**, testículo.)

epidural (**epidural**). Lo que pertenece a la duramadre. (Gr. **epi**; lat. **dura**, duro.)

epiedáfico (**epiedaphic**). Que se refiere a condiciones climáticas. (Gr. **epi**, sobre; **edaphos**, suelo.)

epifaringe (**epipharynx**). El techo membranoso de la boca de los insectos. (Gr. **epi**, sobre; **pharynx**, faringe.) *Adj.* *epifaríngeo.*

epifauna (**epifauna**). La fauna de la superifice del fondo marino. (Gr. **epi**, encima;+**fauna**.)

epífisis* (**epiphysis**). Las extremidades de los huesos largos. // Glándula en el diencéfalo. (Gr. **epi**, sobre; **physis**, ensanchamiento.) *Adj.* *epifisial.*

epifita. Se dice del organismo que vive sobre las plantas (Gr. **epi**, sobre; **phyton**, planta.)

epifiton (**epiphyton**). Un *perifiton* en el que los organismos están dispersos. (Gr. **epi**, sobre; **phyton**, planta.)

epifragma (**epiphragma**). Lámina, generalmente impregnada de fosfato de calcio, que en muchos moluscos terrestres obtura la abertura de la concha durante la hibernación o la estivación. (Gr. **epi**, sobre; **phragma**, tabique.)

epigámico (**epigamic**). Que acontece después de la fecundación. // Que atrae al sexo opuesto. (Gr. **epi**, sobre; **gamos**, boda.)

epígamo (**epigamous**). Estado en el ciclo vital de los anélidos poliquetos, cuyas formas jóvenes son del tipo heteronereis. (Gr. **epi**, sobre; **gamos**, boda.)

epigastrio* (**epigastrius**). Región del abdomen, desde el extremo del esternón hasta el ombligo. (Gr. **epigastrion**.) *Adj.* *epigástrico.**

epigénesis (**epigenesis**). Doctrina, opuesta a la de la preformación, según la cual el desarrollo procede de células sin estructuras que por sucesivas formaciones, preexisten en las células germinales. // Concepto teórico de acuerdo con el cual el embrión se forma por series de nuevas formaciones o deformaciones sucesivas. (Gr. **epi**, sobre; **génesis**, origen.) // Proposición de que las estructuras se desarrollan gradualmente desde un huevo amorfo. // Originalmente representaba la teoría de que la complejidad era debida a una fuerza vital que actuaba desde el huevo.

epigenética (**epigenetics**). El estudio del mecanismo que produce los efectos fenotípicos. (Gr. **epi**, sobre; **genesis**, descendencia.)

epigenotipo (**epigenotype**). Estado en los procesos que enlazan el genotipo con el fenotipo. (Gr. **epi**, sobre; +**genotipo**.)

epigeo (**epigeal**). Que vive junto al suelo. // Que nace sobre la tierra. (Gr. **epi**, sobre; **gea**, la tierra.)

epigino (**epigynum**). Pliegue sobre el poro genital en arañas hembras. (Gr. **epi**, sobre; **gyne**, hembra.)

epiglosis*. **Parte de la boca de los insectos himenópteros.** (Lat. **epiglossis**.)

epiglotis* (**epiglottis**). Un pliegue de tejido cartilaginoso que obtura la glotis. (Gr. **epi**, sobre; **glottis**, abertura de la tráquea.)

epignato (**epignathous**). Que tiene la rama superior del pico curvado en la punta sobre la rama inferior. (Gr. **epi**, sobre; **gnathos**, mandíbula.)

epilabro (**epilabrum**). Un proceso al lado del labio de los miriápodos. (Gr. **epi**, sobre; **labrum**, labio.)

epilemal (**epilemmal**). Fibra sensorial terminada en la superficie del sarcolema. (Gr. **epi**, sobre; **lemma**, piel.)

epilimnio (**epilimnion**). Capa superior del agua en los lagos, sobre el termoclinal. (Gr. **epi**, sobre; **lemne**, lago,)

epilitoral (**epilittoral**). Se dice de la zona faunística, encima del nivel de la pleamar, que recibe el influjo de las salpicaduras del mar. (Gr. **epi**, sobre; + *litoral.)*

epímaco. Especie de ave del paraíso, de color negro, de la Nueva Guinea (**Epimachus fastosus**).

epimandibular (**epimandibular**). Se aplica a un hueso situado en la mandíbula de los vertebrados. (Gr. **epi**, sobre; + **mandíbula**.)

epimelético (**epimeletic**). Se dice de la conducta animal relacionada con el cuidado de otro. (Gr. **epimeles**, cuidadoso.)

epimembranal (**epimembranal**). Que se refiere a la membrana celular. (Gr. **epi**, sobre; + **membrana**.)

epimerito (**epimerite**). El segmento anterior o fijador de ciertos protozoos parásitos, como las gregarinas. (Gr. **epi**, sobre, **meros**, parte; **-ito**, dim.)

epímero (**epimere**). Una división embrionaria del mesodermo segmentario que origina la dermis y los músculos voluntarios. // Placa coxal en los insectos. // Porción lateral posterior en muchos artrópodos. (Gr. **epi**, por encima; **dermis**, piel— *Adj.* *epimeral.*

epimiocardio (**epimyocardium**). El tejido que forma el bulto del corazón embrionario. (Gr. **epi**, sobre; + **miocardio**, q.v.)

epimisio (**epimysium**). Vaina fibrosa de un núcleo. (Gr. **epi**, sobre, **mya**, músculo.)

epimorfa (**epimorpha**). Se dice del desarrollo directo de larvas que nacen con los apéndices ya formados. (Gr. **epi**, sobre; **morphe**, forma.)

epimórfico (**epimorphic**). Que mantiene la misma forma en varios estados de crecimiento. (Gr. **epi**, sobre; **morphe**, forma.)

epimorfosis (**epimorfosis**). Regeneración con proliferación previa al desarrollo de nuevas partes. (Gr. epi, sobre; + morfosis, dar forma.

Epimorpha. Una subclase de artrópodos en la clase Chilopoda.

epinefrina (epinephrine). Hormona secretada por la médula adrenal que aumenta la presión sanguínea, estimula el corazón y dilata los vasos periféricos. = Adrenalina. (Gr. epi, sobre; nephros, riñón.)

epinefro (epinephros). La glándula suprarrenal o adrenal. (Gr. epi, sobre; nephros, riñón.)

epineural (epineural). Aplícase a los animales que tienen el sistema nervioso central en posición dorsal. Ej. *Chordata.* // Que se forma del arco neutral. (Gr. epi, sobre; neuron, nervio.)

epineurio (epineurium). Vaina fibrosa de un nervio. (Gr. epi, sobre; neuron; nervio.)

epineuros (epineurous). Se dice de los metazoos que tienen el sistema nervioso central sobre el tubo digestivo.

epinoto (epinotum). V. *propodeo.* (Gr. epi, sobre; noton, espalda.)

epioóforo (epioophore). Rudimento mesonéfrico en las hembras de los vertebrados superiores. (Gr. epi, sobre; + oóforo.)

epiodonte — Especie de delfín que tiene la mandíbula más larga que los maxilares.

epióptico (epiopticon). El segundo ganglio del tracto óptico en los insectos. (Gr. epi, sobre; optikos, para la vista.)

epiorganismo (epiorganism). V. *superorganismo.*

epiornis* (aepyornis). Ave rátida de Madagascar, extinta en tiempos históricos, conocida en las leyendas como *ave roc.* Orden *Aepyornithiformes.* (Aepyornis).

epiostraco (epiostracum). = *periostraco.*

epiótico (epiotic bone). Se aplica a uno de los huesos que forman la región ótica de los peces. // Pieza superior de la cápsula ósea del oído. (Gr. epi, sobre; otos, oído.)

epiparásito* (epiparasite). Un parásito de otro parásito. (Gr. epi, sobre; + parásito.)

epipelágico (epipelagic). Se dice del conjunto de organismos que habita entre la superficie y los 200 m. // Las aguas pelágicas entre la superficie y los 200 m. (Gr. epi, sobre; pelagos, el océano.)

epiprecoracoides (epiprecoracoid). Pequeño cartílago en el extremo ventral del precoracoides de algunos quelonios. (Gr. epi, sobre; pre, anterior; + coracoides.)

epiplancton (epiplankton). El plancton que vive desde la superficie hasta unos 100 metros. (Gr. epi, sobre; + plancton.)

epiplastrón* (epiplastron). Hueso par anterior del plastrón o peto de los quelonios. // Placa epidérmica en posición similar al hueso anteriormente citado del peto. // Ver *claviculares.* (Gr. epi, sobre; + plastrón.)

epipleura (epipleura). Borde doblado del élitro de los coleópteros. // El proceso uncinado de las aves. // Espina que, en ciertos peces, se extiende entre dos costillas. (Gr. epi, sobre; pleura, lado.) *Adj.* ***epipleural.***

epiplón* (epiploon). El omento, especialmente el mayor. V. *omento.* (Gr. epi, sobre; ploon, entrañas.)

epipodio (epipodium). Pliegue o lóbulo en el borde inferior del pie en ciertos moluscos. / Anillo de una placa ambulacral en equinoideos. (Gr. epi, sobre; podos, pie. *Adj.* ***epipódico.***

epipodito* (epipodite). Endito lateral inserto en el coxopodito de ciertos artrópodos. (Gr. epi, sobre, podos, pie.)

Epipolasida. Un orden de esponjas de la clase *Demospongiae* subclase *Monaxonia.*

epiprocto (epiproct). Una placa o tergito sobre el ano del insecto. (Gr. epi, sobre; proktos, ano.)

epipterigoides (epipterygoid). V. *epitergoideo.*

epipubis* (epipubis). Hueso impar de la cintura pélvica de los reptiles y otros vertebrados. Adj. ***epipúbico.***

epirriso (epirrhysa). Cada uno de los canales inhalantes de las esponjas. (Gr. epirrhein, fluir en.)

episclerótica (episclera). El tejido entre la esclerótica y la conjuntiva. (Gr. epi, sobre; skleros, duro.)

episema (episeme). Una señal o color que ayuda al reconocimiento. (Gr. epi, sobre; sema, signo.) *Adj.* ***episemático.***

episoma (episome). Partícula hereditaria de origen posiblemente extraño que existe en el citoplasma libre o adherida a un cromosoma. (Gr. epi, sobre; soma, cuerpo.)

episquelético (episkeletal). Por fuera del endosqueleto. (Gr. epi, sobre; + esqueleto.)

epistasia (epistasy). Ocultamiento de un carácter por otro. // El mayor grado de modificación en la filogénesis. (Gr. epi, sobre, stasis, colocado.)

epístasis (epistasis). El predominio de la acción de un gen sobre otro no alelomórfico. (Gr. epistasis, mantenerse encima.) *Adj.* ***epistático.***

epistaxis* (epistaxis). Hemorragia nasal. (Gr. epi, sobre; staxo, huir.)

epistelar (epistellar). Que está situado sobre un ganglio estrellado. / Aplícase a un órgano secretor en los cefalópodos. (Gr. epi, sobre; lat. stella, una estrella.)

episternito (episternite). Una porción del ovipositor formado por un lado del somito. (Gr. epi, sobre; + esternito.)

episternón* (episternum). Hueso situado delante de las clavículas. // Piezas que forman los lados del omosternón de los anfibios y que en los reptiles se llama también *interclavícula.* (Gr. epi, sobre; sternum, esternón.)

epistoma (epistome). Una placa en frente de la boca en ciertos crustáceos branquiuros. // Estructura sobre la boca en otros invertebrados. (Gr. epi, sobre; stoma, boca.)

epistrófeo (epistropheus). La segunda vértebra cervical o *axis.* (Gr. epistrophe, que se mueve alrededor.)

epitálamo (epithalamus). El techo del diencéfalo. (Gr. epi, sobre; thalamos, cámara.)

epiteca* (epitheca). Cubierta calcárea que envuelve el cáliz de los coralarios y de los briozoos. (Gr. epi, sobre; theke, caja.)

epitelio* (epithelium). La capa de tejido plano que tapiza los vasos y las cavidades internas. (Gr. epi, sobre; thele, pezón.) *Adj.* ***epitelial.*** // ***e. celomático,*** epitelio mesodérmico que tapiza los órganos en el celoma. // ***e. ciliado,*** tipo de epitelio que tapiza varios conductos y exhibe en su cara libre. // ***e. cilíndrico,*** *V. e. columnar* o *prismático.*// ***e. columnar,*** epitelio formado por células que generalmente son de dos a tres veces tan largas como anchas. // ***e. cuboidal,*** epitelio formado por células de forma cuboidal, que a veces son cilindros // ***e. de revestimiento,*** el que ejerce una función de protección y de absorción y no glandular.// ***e. estratificado,*** células epitelales diferentes en capas superpuestas.// ***e. flagelado,*** formado por células que tienen un flagelo en su parte libre, como los coanocitos de las esponjas. // ***e. germinal,*** capa externa de células en los testículos, túbulos testiculares y ovarios y el tapiz interno de los quistes hidáticos.// ***e. germinativo de Waldeyer,*** porción del epitelio en la cavidad celómica en la que se dessarrollan el testículo y el ovario. // ***e. glandular,*** el tejido o las glándulas cuyo protoplasma elabora el material que va a ser secretado. // ***e. pavimentoso,*** el formado por células planas, = *e. escamoso.* // ***e. primario,*** = *blastodermo.* // ***e. simple,*** es el formado por un solo estrato celular. // ***e. sensorial,*** o *sensitivo,* es el formado por células sensitivas y de sostén.

epiteliofibrillas. Fibrillas reticulares análogas a las *miofribillas.*

epitema (epithem). Excrecencia formada en el pico. (Gr. epithema.)

epiterigoideo (epipterygoid). Pequeño hueso sobre el terigoideo en el paladar de los vertebrados inferiores. (Gr. epi, sobre; pterigoides.)

epíteto* (epitheton). En taxonomía, un nombre específico o sobrepuesto que se agrega al nombre genérico. (Lat. epitheton; gr. epitheton, agregado.)

epitiflón (epityphlon.) El apéndice vermiforme. (Gr. epi, sobre; typhlon, ciego.)

epitimpánico (epitympanic.) Que está situado sobre el tímpano. (Gr. epi, sobre; + tímpano.)

epitoca (epitoke). La región posterior del cuerpo en los anélidos poliquetos que contiene las gónadas. (Gr. epi, sobre; tokos. hijos.)

Epitonoidea. Una superfamilia de moluscos gasterópodos en el suborden *Heterosgastropoda.* = *Ptenoglossa.*

epitoquia (epitoky). La formación de individuos reproductivos que difieren de la forma normal, como sucede en ciertos anélidos poliquetos. (Gr. epi, sobre; tokos, hijos.)

epitremático (epitrematic). La barra superior en la cesta branquial de las lampreas. (Gr. epi, sobre; trema, agujero.)

epitriquio (epitrichium). Capa externa de la epidermis fetal de muchos mamíferos. (Gr. epi, sobre; thrix, pelo.) *Adj. epitriquial.*

epitrocla (epitrocla). El cóndilo distal interno del húmero. (Gr. epi, sobre; trochlea, polea.)

epitroclancóneo (epitrochleoanconeal). Músculo del brazo en los mamíferos y reptiles, desde el cóndilo interno del húmero hasta el olecráneo.

epivalva (epivalve). Parte apical de ciertos dinoflagelados. (Gr. epi, sobre; lat. valva, pliegue.)

epixíleo (epixyleus). Que vive sobre la madera. (Gr. epi, sobre; xylon, madera.)

epizoario* (epizoarious). Animal que vive parásito o crece sobre otro. (Gr. epi, sobre; zoon, animal.)

epizoico (epizoic). Que vive o se adhiere a un animal. (Gr. epi, sobre; zoon, animal; -ico, que vive.)

epizoito (epizoito). Un animal no parásito que vive fijo sobre otro. (Gr. epi, sobre; zoon, animal- ito, dim.)

epizoócoro (epizoochore). Organismo dispersado en la superficie de otro animal. (Gr. epi, sobre; zoon, animal; chore, dispersar.)

epizootia* (epizooty). Enfermedad que ataca transitoriamente un gran número de animales de una especie en una región. (Gr. epi, sobre; zoon, animal.) *Adj. epizoótico.*

época (epoch). Subdivisión de un periódo geológico.

epónimo* (eponym). Nombre patronímico empleado en la designación de una estructura, órgano o taxón. // Que da un nombre a un pueblo o ciudad. (Gr. epi, por; onyma, nombre.)

eponiquio (eponychium). Pliegue cuticular de la uña que envuelve la lúnula. (Gr. epi, sobre; onyx, uña.)

epornitología (epornithology). Estudio de las enfermedades de las aves. (Gr. epi, sobre; + ornitología.)

epulosis (epulosis). La formación de una cicatriz. (Gr. epi, sobre; oule, cicatriz.)

equi *(equi-). (Del lat. eaquus, igual.)

equicelular (equicellular). Que está formado por células iguales. (Lat. aequus, igual; cellula, célula.)

equidna* (echidna). Mamífero del orden *Monotremata* nativo de Australia y Nueva Guinea. cuyo cuerpo es espinoso y la cara en forma de trompa (Tachyglossus aculeatus). (Gr. echidna, víbora.)

equidnina (echidnin). Principio venenoso que existe en la ponzoña de ciertas serpientes. (Gr. echidna, una víbora.)

équido* (equine). Dícese del mamífero perisodáctilo del grupo de los caballos, que tiene un solo dedo en las extremidades. = *Solípedo.* (Lat. equus, caballo.)

equilátero* (equilateral). De lados iguales. (Lat. aequilaterus.)

equilenina (equilenine). Hormona estrógena de la orina de las yeguas preñadas. (Lat. equus, caballo.)

equilibrio* (equilibrium). Estado de compensación de fuerzas opuestas. (Lat. aequilibrium). // *e. ácido básico,* el balance normal entre los iones de los órganos, tejidos o fluídos del cuerpo. // *e. biológico,* el estado de una región en la cual no ha habido intromisión de nuevas formas de vida. // *e. génico,* la interación armónica entre los genes. // *e. osmótico,* estado de igualdad de las presiones osmóticas de dos líquidos separados por una membrana.

equimosis* (echymosis). Mancha de la piel que resulta de la sufución de sangre a consecuencia de un golpe, ligadura, etc. (Gr. ekchymosis.)

equin- equino- (echin-). (Del gr. echinos, espina.) // (Del lat. equus, caballo.)

equinado* (echinate). Provisto de púas o cerdas. (Lat. echinatus, echinus, erizo.)

equinenona (echinenone). Pigmento carotenoide de las gónadas de los erizos de mar. (De equinodermo; erizo de mar.)

equino (equine). Erizo de mar. // Relativo o perteneciente al caballo. *Caballar.* (Lat. equus; gr. echinos.)

equino (echino-). (Del gr, echinos, erizo.) Se aplica con la significación de espinoso.

equinococo* (echinococcus). Pequeña tenia parásita del perro, cuyas larvas cisticercos se pueden encontrar en el hombre y otros animales. Quistes hidáticos muy grandes (Echinococcus granulosus).

equinocromo (echinochrome). Pigmento pardo hallado en los equinodermos. (De equinodermo y chroma, color.)

equinoide (echinoid). Lo que pertenece o se parece a los erizos de mar. (Gr. ekinos, erizo; oides, parecido.)

Equinoidea. Una superfamilia de mamíferos del orden *Perissodactyla,* suborden *Hippomorpha,* Comprende los paleoterios y los équidos. (Lat. equus, caballo.)

equinoideo. Cada uno de los miembros de la clase *Echinoidea,* q.v.

equinopedio (echinopeadium). *Equinopluteus,* larva. (De equinodermos y gr. paidos, niño.)

equinopluteus, echinopluteus (echinopluteus). Larva *pluteus* de los erizos de mar. (De equinodermos y pluteus).

equinulado (echinulate). Que tiene espinas muy pequeñas. (Gr. echinus, espina.)

equipotente (equipotent). V. *Totipotente.* (Gr. aequus, igual; potens, poderoso.)

equis*. Colombia y Perú: serpiente venenosa que lleva a lo largo del espinazo marcas en forma de equis.

equistosomiasis (schistomiasis). La infestación humana con vermes del género *Schistosoma.* También se ha llamado *bilharziasis.*

equivalente (equivalent)*. Que equivale a otra cosa.// *e. ecológico,* se dice de las especies diferentes que ocupan nichos similares. Ej.: canguros en Australia y rumiantes en América del Norte.

equiuroideo (spoon worm). Que pertenece al fílum *Echiuroidea.*

equivalvo* (equivalve). Se aplica a la concha de los animales formada por valvas iguales. (Gr. aequus, igual; + valva.)

era* (era). Una de las grandes divisiones primarias del candelario geológico que muestra la edad de las capas sucesivas de la Tierra. V. *Azoica, Cenozoica, Mesozoica, Paleozoica,* etc.

eral* (two year old bull). Res vacuna que no pasa de dos años.

erección* (erection). Acción y efecto de levantarse o enderezarse.// Enderezarse o ponerse rígida una cosa.// La distensión y endurecimiento de órganos copuladores masculinos. (Lat. erectionis.)

eréctil* (erectile). Capaz de enderezarse o ponerse en erección. (Lat. erectus, derecho; vertical.)

erector* (erector). Se dice de un músculo que levanta un órgano. (Lat. erigene, levantarse.)

ereidesmo (ereidesm). Una fibra epitelial intracelular. (Lat. ereidein, soportar; desma, enlace.)

-erem- (erem-). (Del gr. eremos, solitario; eremites, del desierto.)

eremiana (eremian.) La parte de la región paleártica que incluye los desiertos de Africa del norte y de Asia. (Gr. eremites, del desierto.)

eremio (eremium). Comunidad desertícola. (Gr.. eremos, solitario, -icola, habitante.) *Adj.* ***erémico.***

eremófilo (eremophilus). Organismo que vive en los desiertos. (Gr. eremos, desierto; philos, amigo.)

eremoquético (eremochaetous). Que tiene las cerdas dispuestas irregularmente. (Gr. eremos, solitario; chaite, cabello.)

erepsina* (erepsin). Conjunto de enzimas proteolíticas secretadas por el intestino. (Lat. eripere, liberar.)

Erethizontoidea. Superfamilia de mamíferos del orden *Rodentia.* Comprende los puercospines de la América.

eretismo* (erethism). Exaltación de las propiedades vitales de un órgano. (Gr. erethismos, irritación.)

eretrizón. V. *ursón* o puerco espín americano.

ergástico (ergástico). Lo perteneciente al metaplasma o a inclusiones no vivientes. (Gr. ergastikos, trabajador.)

erga- (erga-). (De. gr. ergates, operario.)

ergastoplasma (ergatoplasm). La parte del citoplasma que tiene la facultad formativa de la célula. // Retículo endoplásmico de apariencia rugosa por la presencia de ribosomas. (Gr. ergastikos, trabajador; + plasma.) *Adj.* ***ergastoplásmico.***

ergatandria (ergatandrous). Hormiga macho parecida a una obrera. (Gr. ergates, obrero; amer, macho.)

ergatandromorfa (ergatandromorph). Hormiga obrera con caracteres masculinos. (Gr. ergates, obrero; andros, macho; morphe, forma.)

ergate (ergate). Hormiga obrera. (Gr. ergates, obrera.)

ergatogina (ergatogyne). Se dice de la hormiga hembra con característica de obrera. (Gr. ergatos, obrera; gyne, hembra.)

ergatoide (ergatoid). Una hormiga obrera fértil. (Gr. ergates, obrero; neolat, oides, parecido.)

ergesis. La capacidad o virtud formativa o reactiva de un individuo ante determinado estímulo. (Massart.) (Gr. ergon, obra, trabajo.)

erginas. *Ergonas,* q.v.

ergonas (ergones). Substancias orgánicas que pueden regular un proceso fisiológico, como las vitaminas, las hormonas, etc. (Gr. ergon, trabajo.)

ergología (ergology). *Biología.*

ergonomía (ergonomy). Diferenciación fisiológica asociada con especialización morfológica. (Gr. ergon, trabajo; nomos, ley.)

ergoplasma (ergoplasma). *Quinoplasma,* q.v.

ergosterol (esgosterol). Un esterol natural de la piel que, bajo la influencia de la luz solar, se transforma en vitamina D_2. (Gr. ergon, trabajo, + esterol.)

ergosoma. V. *Polisoma,* q.v.

ericto (erichtus). Estado larval libre en los estomatópodos. (Gr. erechto, romper.)

erictoidina (erichthoidina). Estado larval de los crustáceos estomatópodos. (Gr. erechtein, romper.)

erináceo (erinaceous). Que se parece al mamífero insectívoro llamado *erizo.* (Lat. erinaceus, erizo.)

Erinacoidea. Una superfamilia de mamíferos del orden *Insectivora.* Comprende los erizos. (Del lat. erinacus, erizo.)

erineo (erineum). Masa de pelos flojos producida en una planta por el ataque de ciertos ácaros. (Gr. erineos, lanoso.)

erinosis (erinoseo). Enfermedad de algunas plantas producida por ácaros del género *Eriophys.*

erio- (erio). (Del gr. erion, erineos, lana, lanoso.)

eriócomo (eriocomus). Que tiene pelo lanoso. (Gr. erion, lana; kome, pelo.)

eritema* (erythema). Enrojecimiento de la piel debido a la congestión de los capilares. (Gr. erythema, rubicundez.)

eritrismo (erythrism). Presencia anormal de coloración roja en las plumas o en los pelos. (Gr. erythros, rojo.)

eritro-* (erythro-). (Del gr. erythros, rojo.)

eritroblasto (erythroblasts). Célula que origina los eritrocitos. (Gr. erythros, blastos, brote.)

eritroblastosis (erythroblastosis). Descarga de eritoblastos en la sangre periférica. (Gr. eritroblastos; -osis, enfermedad, exceso de producción.) // ***e. fetal.*** Enfermedad hemolítica en los infantes debida a incompatibilidad entre el factor Rh. negativo de la madre y positivo del feto.

eritrocito* (erytrocyte). Glóbulo rojo sanguíneo de los vertebrados. (Gr. erythros, rojo; kytos, célula.)

eritrocitólisis. V. *hemólisis.*

eritrocroismo. V. *eritrismo.*

eritrocruorina (erithrocruorin). Substancia parecida a la hemoglobina hallada en la sangre de muchos oligoquetos, poliquetos y de varios moluscos. (Gr. erythros, rojo; cruor, sangre.)

eritrodextrina (erythrodextrin). Polisacárido producido durante la digestión de la maltosa.

eritrófilo (erithropillous). Con afinidad para tintes rojos. (Gr. erythros, rojo; philein, amar.)

eritróforo (erithophore). Cormatóforo de color rojo hallado en los peces. (Gr. erythros, rojo; phoreus, portador.)

eritron (erythron). Nombre colectivo para las células rojas de la médula y de la sangre. (Gr. erythros, rojo; on, ser.)

eritroplastidio (erythroplastid). Eritrocito de los mamíferos. (Gr. erythros, rojo; plastidion, formación pequeña.)

eritropoyesis (erythospoiesis). Producción de eritrocitos. (Gr. erythros, rojo; poiesis, producción.)

eritropoyetina (erythropoietin). Substancias producida en el riñón y otros órganos de los mamíferos que estimula la formación de los eritrocitos. (Gr. erythros, rojo; poiesis, producción.)

eritropsina (erythropsin). Pigmento rojo hallado en los ojos de los insectos. (Gr. erythros, rojo; opsis, vista.)

eritrotina (erythrotin). Vitamina B_{12}. (Gr. erythros, rojo.)

erizado* (spiny, bristly). Cubierto de púas como el erizo. (De erizo.)

erizo* (hedgehog). Mamífero europeo del orden *Insectivora*, familia *Erinaceidae*, con el cuerpo cubierto de púas (Erinaceus europaeus). // Nombre común de las especies de equinodermos del orden *Echinoidea.* // Cuba: nombre común de varias especies de peces cubiertos de espinas del orden *Tetrodontiformes*, suborden *Tetrodontoidea*, familia *Diodontoidae*, género *Diodon.* // ***e. hormiguero,*** v. *equidna.*

ermitaño* (hermit crab). Nombre común de varias especies de crustáceos decápodos anomuros, en especial los de la familia *Paguridae* (Coenobita clypeatus, de las Antillas.)

erosión* (erosion). Desgaste de un cuerpo por el roce con otro o por acción de otros agentes. (Lat. erosus, desgastado.) *Adj.* ***erosionado.***

erp- (herp-). (Del gr. herpo, arrastrarse.) Se emplea generalmente la grafía *-herp.*

erpetología. V. *herpetología.*

errantes. V. *Errantia.*

Errantia. Un orden de anélidos de la clase *Polychaeta* con segmentos similares, parapodios similares, faringe protráctil y vida libre o en tubos. (Lat. erro, errante.)

error* (error). En taxonomía, un cambio inadvertido en la ortografía de un nombre, como un error tipográfico o de transcripción. // V. *enmienda.*

ersecoma (**ersacome**). Se dice de la generación libre y monogástrica de los sifonóforos. (Gr. erse, joven.)

eruciforme (**eruciform**). En forma de oruga. Se aplica a larvas de insectos lepidópteros y de algunos himenópteros. (Lat. eruca, oruga.)

erucívoro (**erucivorous**). Que devora orugas. (Lat. eruca, oruga; voro, devorar.)

eruga*. Antic. *oruga.*

eruginoso* (**aeruginous**). Mohoso, con orín, *ruginoso.* (Lat. aeruginosus.)

erupción poblacional (**eruptive population**). Súbito aumento en la densidad de una población animal, como ocurre en las langostas, los lemingos, etc.

Erynoidea. Superfamilia de crustáceos decápodos del suborden *Reptantia,* sección *Macrura.*

esbardo* (**bear cub**). Osezno o cachorro del oso.

escabiosis* (**scabies**). Sarna. (Lat. scabies, sarna.) *Adj. escabioso.*

escabriúsculo (**scaberculous**). Apenas escabroso. (Lat. scabriusculus.)

escabro. Roña en las ovejas que echa a perder la lana. (Lat. scabrus.)

escabroso* (**scabrous**). *Escábrido.* Lleno de asperezas. (Lat. escabrosus.)

escabusó (**crested grebe**). España: especie de somormujo común en el litoral del Mediterráneo. Orden *Podicipediformes*, familia *Podicipedidae* (**Podiceps fluviatilis**).

escafo (**escapha**). Depresión entre la hélix y la antihélix de la oreja humana. (Gr. scaphe, barco.)

escafio (**scaphium**). Proceso en el noveno segmento copulador de los machos de las mariposas. // El *osículo weberiano anterior.* (Gr. scaphe, barco.)

escafitoide (**scaphitoid**). Se aplica a un tipo de concha que, en ciertas amonitas, tiene forma de esquife. (Gr. scaphe, barco; oides, forma.)

escafocéfalo (**scaphocephalous**). Cráneo alargado. (Gr. skaphe, barco; kephale, cabeza.) *Adj. escafocefálico.*

escafocerito (**scaphocerite**). El exopodito de las antenas de los crustáceos decápodos. (Gr. scaphe, barco; keras, cuerno.)

escafognatito (**scaphognatite**). Epipodito de las segundas maxilas de los crustáceos decápodos. (Gr. skaphe, barco; gnathos, mandíbula.)

escafoides* (**scaphoid**). Se dice del hueso de la primera fila del carpo de los tetrápodos. (Gr. scaphe, barco.)

escafolunar* (**scapholunar**). Hueso de la primera fila del carpo de ciertos mamíferos. (Gr. scaphe, barco; + lunar.)

escafópodo* (**scaphopod**). Molusco de la clase *Scaphopoda*, q.v.

escala* (**scala**). *Escalera.* // Cada una de las rampas del oído interno. V. *rampa.* (Lat. scala, escalera.) *Adj. escaliforme, escalariforme, escaleriforme.*

escaleno* (**scalene**). Uno cualquiera de los músculos que se extienden desde las vértebras cervicales hasta la primera y segunda costilla. (Gr. skalenos, desigual.)

escalpelo* (**scalpel**). Cuchilla de cirugía con el borde curvo. (Lat. scalphellum, cuchillo pequeño.) // Plural: un par de procesos puntiagudos en las maxilas de los dípteros. (Lat. scalpellum, cuchillo pequeño.)

escalpriforme (**scalpriform**). En forma de cincel, como los incisivos. (Lat. scalprum, cincel, forma.)

escalpro (**escalprum**). Borde cortante de los incisivos. (Lat. scalprum, cincel.)

escama* (**scale**). Cada una de las piezas dermoesqueléticas que recubren el cuerpo de muchos animales. *Adj. escamado, escamoso, escamífero, escamiforme.* // *e. cicloide,* la de borde redondeado, enclavada en la dermis. // *e. córnea*, escama dura y flexible de aspecto de cuerno, como las de las aves y reptiles. // *e. cosmoidea*, escama de los peces pulmonados y de los celacantos provista de una capa externa de cosmina. // *e. ctenoidea*, escama de peces, con el borde dentado, especialmente encontradas en los acantopterigios. // *e. dérmica*, la escama formada a expensas de la dermis o corion de la piel, como la de los peces. // *e. epidérmica*, la formada a expensas de la epidermis de la piel, como las de los reptiles, aves y mamíferos. // *e. ganoidea*, escama juxtapuesta como baldosas en hileras diagonales, cubiertas por un esmalte duro y brillante, de origen membranoso, la *ganoína.* // *e. lepidosteoidea,* un tipo de escama ganoidea encontrada en *Lepidosteus*, formada por una gruesa capa de ganoína que cubre una capa de isopedina o hueso laminado. // *e. óseas*, grandes escamas carinadas dispuestas longitudinalmente en los esturiones. // *e. paleoniscoide*, tipo de escama ganoide, que se conserva en el *bichir* actual, pero fue común en los peces del género *Palaeoniscus.* // *e. placoidea*, escama típica de los peces condrictios que está formada por una lámina basal de la que sale una espícula dirigida hacia la parte posterior y compuesta de dentina cubierta por una capa dura de vitronodentina. // *e. tenoidea,* la semejante a la cicloidea, pero con el borde libre provisto de espinas. (Gr. ktenos, peine.)

escamación* (**squamation**). La distribución de las escamas. (Lat. squama, escama.)

escamocho*. V. *jabardo.*

escamoso* (**scaly**). *Escamudo.* Que tiene escama. // Hueso del cráneo de los vertebrados, situado a ambos lados de los temporales. // Animal que tiene escamas. V. *Squamata.*

Escamosos. V. *Squamata.*

escámula (**squamata**).=*Escamilla.* Cada una de las pequeñas escamas que cubren el cuerpo de muchos insectos. (Lab. squamula, escama pequeña.)

escansor (**scansorial**). Que trepa. (Lat. scandere, trepar.)

escapo* (**scape**). Estructura formada por los dos segmentos basales de la antena de los insectos dípteros. // El eje o vástago de las plumas de las aves. (Gr. skapos, lat. scapus, fuste de la columna.) *Adj. ascapiforme.*

escápula* (**scapula**). Hueso dorsal de la cintura escapular de los tetrápodos que, fundido con el coracoides, forma el omóplato o espaldilla. *Adj. escapular*.*

escara* (**scar**). Costra que resulta de alteración de un tejido vivo por la gangrena, una quemadura, etc. *Cicatriz.* (Gr. eschara, costra.) // *e. muscular*, V. *cicatriz muscular.*

escarabajo* (**beetle**). Nombre común de varias especies de insectos coleópteros de la familia *Scarabaeidae* y, por extensión, a otros coleópteros. (Lat. scarabaeus.) // *e. pelotero*, el que pone los huevos en pelotas que hace con estiércol (**Scarabaeus sacer**), que es el escarabajo sagrado de Egipto.

escarabajuelo. Insecto coleóptero que ataca la vid. (Dim. de escarabajo.) (Dicc.)

escarabeiforme (**scarabaeiform**). En forma de escarabajo o de sus larvas. (Lat scarabaeus.)

escaramujo* (**goose barnacle**). Nombre común de varias especies de crustáceos cirrípedos que se desarrollan sobre fondos de barcos y otros objetos sumergidos. V. *caramujo.*

escarioso* (**scarious**). Escamoso, que es delgado y seco. (Neolat. scarious.)

escato* (**scato**). (Del gr. skatos, excremento.) // (Del gr. schatos, último.)

escatófago* (**scatophagous**). Que se alimenta de excrementos. (Gr. skathos, excremento; phagein, comer.)

escatófilo (**scatophil**). Que vive o se desarrolla en los excrementos. (Gr. skatos, excremento; philos, amante.)

escatología* (**escatology**). El estudio de los excrementos. (Gr. skatos, excremento; logos, discurso.) *Adj. escatológico.*

-escente (**-escen**). (Del lat. -escens, -escentis.) Sufijo empleado en formas verbales incoactivas que expresan la idea de algo incipiente o débil. Ej. *luminescente.*

escinco* (**skink**). Reptil del suborden *Sauria*, familia *Scincidae* (**Scincus officinalis**).

escifistoma (**scyphistoma**). Estado polipoide en el desarrollo de las medusas acraspedotas. (Lat. **scyphus**, copa;+**forma**.)

escifoide (**scyphoid**). En forma de copa. (Gr. **skyphos**, copa, vaso, taza.)

escifomedusa (**scyphomedusa**). Medusa propia de los escifozoos, llamada también *acraspedota* o *acráspeda*.

escifozario (**scyphozoan**). Se aplica al organismo de la clase *Scyphozoa*.

escifozoo. V.*Scyphozoa*.

escífula (**scyphula**). V. *scifistoma*.

escisiparidad (**scissiparity**). Esquizogénesis o división asexual en los metazoos. (Lat. **scissus**, dividido; **parere**, producir.)

escisión (**scission**). Reproducción agámica. // (Lat. **scissio**, división.) // *e. celular*, la división de las células.

esciuroide (**sciuroid**). Que tiene forma de ardilla. (Lat. **sciurus**, ardilla.)

esclera. V. *esclerótica*.

esclerina (**sclerin**).=*Escleroproteína*.

esclerito* (**sclerite**). Pieza exoesquelética de diversos animales, como los artrópodos. (Gr. **skleros**, duro.)

esclero* (**sclere**). Cualquier estructura esquelética pequeña, por ejemplo, una espícula. (Gr. **skleros**, duro.)

esclerobasal (**sclerobasal**). Se dice del eje calcáreo de los alcionarios. (Gr. **skleros**, duro; **basis**, base.)

escleroblastema (**scleroblastema**). Tejido embrionario formativo del esqueleto. (Gr. **skleros**, duro; **blastema**, brote.)

escleroblasto (**scleroblast**). Célula que, en los poríferos, origina las espículas. (Gr. **skleros**, duro; **blastos**, botón.) *Adj. escleroblástico.*

esclerocelo (**sclerocoel**). La porción del celoma que se encuentra dentro de cada esclerótomo. (Gr. **skleros**, duro; **koelos**, cavidad.)

esclerodermo (**escleroderm**). Tegumento endurecido. // Esqueleto coralino. (Gr. **skleros**, duro; **derma**, piel.) *Adj. esclerodérmico.*

escleroide (**scleroid**). Duro, esquelético. (Gr. **skleros**, duro; **eidos**, parecido.)

esclerogenitales (**genitalia**). Las piezas genitales endurecidas, casi siempre externas, de ciertos insectos y otros artrópodos. (Gr. **skleros**, duro;+**genitales**.)

escleroma (**scleroma**). Cada uno de los anillos esclerosados de los insectos. (Gr. **skleros**, duro; **soma**, cuerpo.)

escleromeninge (**scleromeninx**).=*Duramadre*. (Gr. **skleros**, duro;+**meninge**.)

escleroproteína (**scleroproteins**). Grupo heterogéneo de proteínas estructurales fibrosas e insolubles. (Gr. **skleros**, duro;+**proteína**.)

escleroseptó (**scleroseptum**). Tabique radial calizo de las madréporas. (Gr. **skleros**, duro; lat. **septum**, tabiques.)

esclerosis* (**sklerosis**). Endurecimiento de un órgano por aumento anormal de tejido conjuntivo intersticial. (Gr. **skleros**, duro; **-osis**, condición.)

esclerótica (**sklera**). Parte de la túnica fibrosa que da forma al globo ocular, la que es gruesa, resistente y de color blanco. (Gr. **skleros**, duro.)

esclerótico* (**esclerotic**). Que está endurecido. *Escléreo.*

esclerotina (**sclerotin**). Substancia impermeable al agua hallada en la cutícula de los artrópodos. (Gr. **skleros**, duro.)

esclerotizado (**sclerotized**). Endurecido. Relativo a ciertas áreas engrosadas del exoesqueleto de los artrópodos. (Gr. **skleros**, duro.)

esclerótomo (**sclerotome**). Cada uno de las secciones mesénquimatosas procedente de la región ventral de cada somito embrionario de los vertebrados, que rellena espacios alrededor del notocordio y del tubo neural y originará las vértebras. (Gr. **skleros**, duro; **tome**, corte.)

escobeta* (**brush**). Mechón de cerdas que sale en el papo de los pavos viejos. (De **escoba**.)

escobiculado (**escobiculate**). *Granulado*. (Lat. **scobicula**, dim. de **scobis**, serrín.)

escobiforme (**scobiform**). Que tiene aspecto de serrín o de limadura. (Neolat. **scobiformis**, de **scobis**, aserrín.)

escobilla*. V. *escobeta*.

escobinado (**scobinado**). Que tiene superficie áspera, como la lima. (Lat. **scobin**, lima, limadura.)

escolar* (**oilfish**). Pez marino del orden *Perciformes*, familia *Gempylidae*, famoso por su carne delicada. (**Ruvetus pretiosus**).

escoleco- (Del. gr. **skoles**, **escolekos**, gusano, larva de insecto.)

escolecocecidio. Cecidio producido por la acción de larvas de insectos. (Gr. **skolex**, gusano; **cecidio**, galla.)

escolecodonto*. Nombre dado a los dientes faríngeos fósiles de los anélidos. (Gr. **skoles**, gusano.)

escolex* (**scolex**). El extremo anterior de fijación en las tenias, llamado usualmente *cabeza*. (Gr. **skoles**, gusano.) *Adj. escolécido, escolecoide, escoleciforme.*

escólice*. V. *escolex**

escolidio. V. *botrio*.

escoliosis (**scoliosis**). Desviación lateral de la columna vertebral. (Gr. **skoliósis**, doble.)

escolito (**scolite**). Galería de un verme fósil. (Gr. **skolex**, verme; **lithos**, piedra.)

escolo (**scolus**). Un proceso espinoso de algunas larvas de insectos. (Gr. **skolos**, algo puntiagudo, espina.)

escolóforo (**scolophore**). Sensilio o terminación nerviosa del aparato auditivo de los insectos. (Gr. **skolos**, estaca; **phoreys**, portador.)

escolópalo (**scolopale**). La parte vibrátil de un escolóforo, q.v. (Gr. **skolos**, estaca, puntiagudo; **palé**, lucha.)

escolopendra* (**centiped**). = *Ciempiés*. Un miembro de la clase *Chilopoda*. (**Scolopendra morsitans**).

escolopidio (**scolopidium**). V. *escolofóro*.

escopa (**scopa**). La escobilla polínica de las abejas. (Lat. **scopa**, brocha.) *Adj. escopiforme.*

escopeliforme. Se dice del pez del orden *Scopeliformes*.

escopetero* (**bombarder beetle**). Insecto coleóptero europeo de la familia *Carabidae* que expele por el ano una substancia repugnatoria que se volatiliza con una ligera explosión (**Brachinus crepitans**). (Ital. **schipetto**, escopeta.)

escópula (**scopula**). Penacho de cilios en algunos cilióforos. // Penacho de pelos en los tarsos de algunas arañas. (Lat. **scopula**, brochita.) *Adj. escopuliforme, escopulado.*

escorbuto* (**scurvy**). Condición anormal debida a una deficiencia de vitamina C en la dieta. *Adj. escorbútico.*

escorpena* (**scorpaeni**). V. *rascacio*, pez marino.

escorpaminas (**scorpamines**). Nombre general aplicados a los venenos de los escorpiones. (De **escorpión** y **amina**.)

escorpina* V. *rascacio*.

escorpioide* (**scorpioid**). Que pertenece al orden *Scorpionida*.// Que se parece a un escorpión. (Gr. **skorpioeides**.)

escorpión* (**scorpion**). Nombre común a varios miembros de la clase *Scorpionida*. (Gr. **skorpion**, escorpión.)

escotado* (**notched**). Provisto de escotaduras o emarginado. (Gr. **skaut**, orilla.)

escoto (**scoto**). (De. gr. **skotos**, obscuridad.)

escotopsina (**scotopsine**) uno de los productos de la descomposición de la metarrodopsina. (Gr. **skotos**, oscuro.)

escotófilo (**scotophilus**). Que vive en la obscuridad. (Gr. **skotos**, obscuridad; **philos**, amigo.)

escótomo (**scotomo**). El punto ciego del ojo. (Gr. **skotos**, obscuridad.)

escotomorfosis (scotomorphosis). Morfosis debida a la falta de luz. (Gr. skotos, obscuridad; + morfosis.)

escotopía (scotopia). La adaptación del ojo a la obscuridad. (Gr. skotos, obscuro; ops, ojo.) *Adj. escotópico.*

escotoplancton (scotoplancton). Plancton que vive en la zona afótica. (Gr. skotos, obscuridad;+plancton.)

escotopsina (scotopsin). Uno de los productos finales de la metarrodopsina hallada en los bastoncillos de la retina. (Gr. skotos, obscuridad;+opsina.)

escototaxia (skoto-taxis). Escototaxis. Orientación táctica hacia la obscuridad. (Gr. skotos, oscuridad; taxis, movimiento.)

escribano* (whirling beetle). Insecto acuático del orden *Coleoptera*, familia *Gyrinidae*, que nada tortuosamente. // Cuba: ave del orden *Gruiformes*, familia *Rallidae* (Pardirallus maculatus inoplatus). // Cuba; nombre común de las especies de peces osteictios del orden *Beloniformes*, suborden *Exocoetoidei*, familia *Hemirhamphidae*, género *Hemirhamphus*.

escrobícula* (scrobicula). Zona anular de las placas de los equinoideos alrededor del tubérculo central. // Una fosa o depresión. (Lat. scrobis, zanja.) *Adj. escrobiculado, escrobicular.*

escroba (scrobe). Se dice del surco a cada lado del rostro de los coleópteros. (Lat. scrobis, zanja.)

escroto* (scrotum). Bolsa formada por la piel que cubre los testículos. (Lat. scrotus.) *Adj. escrotal.*

escuálidos* (squalides). Grupo de selacios caracterizados por tener cuerpo fusiforme, como el de los tiburones. V. *Squaliformes.* (Gr. squalus, tiburón.)

escualiforme. Se dice del pez condrictio del orden *Squaliformes*.

escualo* (shark). *Tiburón.* (Gr. squalus.)

escudete* (escutcheon). Vocablo que se emplea en vez de escudo, *scutum* o *scutellum*, o de otra estructura parecida. V. *coselete.* (Lat. escutcheon, escudo.)

escudo* (scutum). Pieza esquelética que forma parte del caparazón de muchos animales. // Escama de reptil. // Placa ósea. // Esclerito en el *noto* de los insectos. // Pieza dorsal de las garrapatas. // Espina modificada en la boca de ciertos briozoos. (Lat. scutum.) *Adj. escutiforme. // e. cefálico*, engrosamiento glandular en la probóscide de los hemicordados de la clase *Pterobanchia. // e. gástrico*, placa dura que tapiza parte del estómago en muchos moluscos bivalvos. // *e. maxilar*, superficie ventral del órgano maxilar de ciertos ácaros.

escuerzo* (toad). Sapo. // Bolivia: especie de sapo (Ceratrophys ornatus). (Lat. escorteus, de la piel arrugada.)

esculento (esculent). Comestible. (Lat. esculentus, bueno para comer.)

escurrente (excurrent). Se aplica a conductos y canales en donde hay un movimiento efluyente. (Lat. ex, fuera; currere, correr.)

escutal (scutal). Lo relativo al escudo. (Lat. scutum).

escutelo (scutellum). Escama tarsal de las aves. // Parte posterior del noto de los insectos. // Una estructura delgada, como las escamas, las placas, etc. (Lat. scutellum, escudo pequeño.) *Adj. escutelado, escutelígero.*

escutelación (scutelación). La disposición de las escamas en los tarsos de las aves. (De scutellum, escudito.)

escursó (viper). Especie de víbora común en España (Vipera ammondystes).

escuteliplantar (scuteliplantar). Que tiene los tarsos cubiertos de placas escamosas. (Lat. scutellum, escudito; planta, suela del pie.)

escutífero (scutifero). = *Escutígero.* Que porta una estructura en forma de escudo. (Lat. scutum, escudo; ferre, llevar.)

escutiforme* (scutiform). Que tiene forma de escudo. *Abroquelado.* (Lat. scutum, escudo;+forma.)

escutigeromorfo. Ver *Scutigeromorpha.*

escutípedo (scutiped). Que tiene los pies cubiertos de escamas. (Lat. scutum, escudo; pes, pie.)

esfeniciforme. Se dice del ave del orden *Sphenisciformes.*

esfeno* (spheno). (Del gr. sphen, sphenos, cuña.)

esfenodontes (sphenodon). Grupo de reptiles, la mayor parte extintos, cuya reliquia viviente es la *tuatara* neozelandesa. (Gr. sphenos, cuña; odontosi, diente.)

esfenoides* (sphenoids). Hueso en la base del cráneo de los mamíferos resultante de la fusión de varios huesos. (Gr. sphen, cuña; oides parecido.) *Adj. esfenoidal*.*

esfenoescamoso (sphenosquamosal). Que se refiere a los huesos esfenoides y escamoso.

esfenofrontal (sphenofrontal). Relativo a los huesos esfenoides y frontal.

esfenolaterales (sphenolaterals). Un par de cartílagos dorsales a las trabéculas. (Del hueso esfenoides y lat. latus, lado.)

esfenomandíbular (sphenomandibular). Relativo a los huesos esfenoides y mandibular.

esfenomaxilar (sphenomaxillary). Relativo a los huesos esfenoides y a los maxilares.

esfenopalatino (sphenopalatine). Relativo a los huesos esfenoides y palatinos.

esfenoparietal (sphenoparietal). Relativo a los huesos esfenoides y parietal.

esfenopterigoides (sphenopterigoides). Relativo a los huesos esfenoides y pterigoides.

esfenótico (sphenotic). Hueso postfrontal en muchos peces. (Gr. sphen, cuña; ous, oído.)

esfenoturbinal (sphenoturbinal). Proceso laminar del esfenoides. (Del hueso esfenoides; lat. turbo, vuelta.)

esfera de atracción (atraction sphere). Centrosfera o esfera directriz. V. *centrosoma.*

esferáster (spheraster). Una espícula de muchos rayos. (Gr. sphaira, esfera; aster, estrella.)

esferidio (sphaeridium). Esfera diminuta y lisa de las conchas de los equinoides. (Gr. sphaira, esfera; -idion, dim.)

esferocono* (spherocone). Tipo de concha en ciertos cefalópodos nautiliodes cuya espira recubre por completo a las vueltas anteriores. (Gr. sphaira, esfera; konos, cono.)

esferoidocito (spheroidocyte). Un hemocito de los insectos. (Gr. sphaira, esfero; eidos, en forma; kytos, célula.)

esferoma (spherome). Glóbulo de grasa intracelular. (Gr. sphairomen, hecho, globular.)

esferómero (spheromere). Un segmento de un organismo radiado. (Gr. sphaira, globo; meros, parte.)

esferoplasto (spherosplast). Condriosoma, bioplasto. Unidad hipotética. (Gr. sphaira, esfera; plastos, formado.)

esférula (spherula). Esfera pequeña. (Lat. sphaerula.) *Adj. esferulado.*

esfigmismo. Reacción celular que repercute en la formación de nuevas vacuolas pulsátiles. (Gr. sphygmos, pulso.)

esfigmo (sphygmos). El pulso. (Gr. sphygmos.) *Adj. esfígmico.*

esfigmógrafo. V. *esfigmomanómetro.*

esfigmomanómetro (sphygmomanometer). Instrumento para medir la tensión de la sangre. (Gr. sphygmos, pulso;+ manómetro.)

esfinge* (sphinx). Mariposa de gran tamaño de la familia *Sphingidae* que lleva dibujo obscuro en las alas y en el dorso (Acherontia atropos.)

esfingomielina (sphyngomyelin). Un fosfolípido esencial que ocurre en la vaina de mielina de las fibras nerviosas. (Gr. sphyngo, atar;+mielina.)

esfingosina (sphyngosine). Un compuesto de alcohol aminado abundante en el cerebro. (Gr. sphyngo, atar.)

esfínter* (sphincter). Músculo circular capaz de cerrar un tubo o una abertura. (Lat. sphinggein, atar.) // *e. anal*, músculo que rodea al ano. // *e. cardíaco*, v. *cardias*. // *e. de Oddi*, músculo que rodea la abertura del conducto común biliar. // *e. del colédoco*, v. esfínter de Oddi. // *e. pilórico*,=*píloro*.

esfragio (**sphragium**). Estructura que obtura la bolsa copulatriz de ciertos lepidópteros. (Gr. **sphragis**, sello.)

esguila*. *Esquila, quisquilla*. V. esquila. (Lat. **squilla.**) // V. *ardilla**.

esguín. Cría del salmón.

eslabón perdido (**missing link**). Una expresión para designar el intermedio hipotético entre el hombre y su presunto antropoide ancestral.

eslizón* (**skink**). *Sepedón, lagarto de la familia Escincidae*, de escamas brillantes y patas cortas (**Chalcides ocellatus** de Europa).

esmalte* (**enamel**). Sustancia muy dura que recubre exteriormente la corona de los dientes de los mamíferos. (Franc. antiguo, **esmaillier**, cubrir.)

esmegma (**smegma**). Sustancia sebácea de consistencia grasosa que se acumula bajo el prepucio y alrededor del clítoris.=*Sebum preputiale*. (Gr. **smekma**, ungùento.)

esmerejón* (**pigeon hawk**). Ave rapaz del orden *Falconiformes* de pequeño tamaño (**Falco columbarius**).

esmeralda* (**ocean goby**). Cuba: nombre común de diversas especies de peces osteictios del orden *Perciformes*, suborden *Gobioidei*, familia *Gobiidae*. Ej. *Gobionellus oceanicus*.

Esociformes. Orden de peces osteictios, llamado también *Haplomi*, que comprende los sollos y otros. Las aletas pélvicas y las aletas impares están situadas muy hacia atrás en el cuerpo. (Gr. **esox**, un pez.)

Esocioidei. Suborden de peces osteictios, que incluye los grupos *Haplomi* y *Esociformes*.

esófago* (**gullet, esophagus**). La parte del tubo digestivo que comunica la faringe con el estómago en los vertebrados. // Parte equivalente en los invertebrados. (Gr. **oisophagos.**) *Adj. esofágico.**

esotérico (**esoteric**). Se aplica a lo que se desarrolla o se produce dentro del organismo. (Gr. **esoterikos**, oculto, reservado.)

espacio* (**space**). Medio homogéneo, isótropo, contínuo e ilimitado. // Parte de ese medio. // (Lat. **spatium**, distancia.) // *e. de Fontana*, espacio en el tejido del ángulo del iris, que comunica la cámara anterior del ojo con los senos venenosos de la esclerótica. // *e. endolinfático*, la cavidad del laberinto membranoso del oído interno, llena de linfa. // *e. perivitelino*, espacio entre el huevo fecundado y la membrana de fertilización. // *e. pioaracnoideo*, espacio vascular entre las meninges aracnoides y piamadre. // *e. zonular*, o canal de Petit, que rodea el cristalino del ojo.

espádice* (**spadix**). Rudimiento endodérmico en el desarrollo del manubrio de ciertos celentéreos. (Lat. **spadice**; ramo de palmas.) // Organo copulador de los moluscos cefalópodos del género *Nautilus*.

espadín (**sardine**). Especie de sardina de mares europeos.

espadón. V. emperador, pez.

espalda* (**back**). La parte posterior del cuerpo humano desde los hombros a la cintura. // El dorso en los animales.

espaldar* (**shield**). La parte dorsal del caparazón de los quelonios.

espaldilla* (**scapula**). V. *omóplato, escápula* y *épaulette*.

espanandria (**spanandry**). Escasez de machos. (Gr. **spanos**, escaso; **aner**, macho.)

espaniel (**spaniel**). Raza de perros de raza de pies largos y orejas largas y colgantes. (Ingl. antig. **spanyel**, español.)

esparaván. *Gavilán, corvejón*. (Gr. **sparva.**)

espardeña (**sea cucumber**). Especie de equinodermo holoturioideo de los mares europeos (**Stychopus regalis**).

espasmo* (**spasm**). Contracción involuntaria de los músculos. (Gr. **spasmos**, convulsión.)

espasmonema (**spasmonema**). Organo contráctil de los infusorios, formado por unión de mionemas. (Gr. **spasmos**, convulsión; **nema**, hilo.)

espacticidad (**spasticity**). Condición marcada por rigidez muscular, debida a lesiones en neuronas motoras. (Gr. **spastikos**, relativo a los espasmos.)

espatángido. Erizo de mar del orden *Spatangoidea* q.v.

espátula* (**spatula**). Proceso que sirve para la fijación de ciertas larvas de insectos dípteros. // *e. (spoonbill)*. Ave ciconiforme de la familia *Threskiornithidae* de pico ancho y aplastado.=*Cuchareta* y *sevilla*. (Lat. **spatula, cuchara.**)

espatulado (**spatulate**). Dícese del órgano en forma de cuchara o de espátula. (Lat. **spatula**, dim. de **spate**, cuchillo romo.)

especiación (**speciation**). La formación y evolución de las especies. (Lat. **species**, una clase particular.)

especialización (**specialization**). Cualquier particularidad morfológica de un organismo para una función peculiar.

especie* (**species**). Grupo taxonómico inferior al género, formado por poblaciones fértiles entre sí y que difieren de otros grupos similares con los que no se cruza espontáneamente. (Lat. **species.**) *Adj. específico*. // *e. autóctona*, la que es nativa, no introducida en una región, = *endémica*. // *e. característica*, especie que ocurre en gran número en una comunidad pero sin estar confinada a ella. // *e. climácica*, especie característica de una determinada comunidad que ha llegado a su climax. // *e. codominantes*, dos o más especies igualmente dominantes en un hábitat. // *e. críptica*, raza en vías de constituir una especie diferente. // *e. elemental*, una unida intraespecífica o especie jordaniana. // *e. endémica*, la que es exclusiva de una región. // *e. gemelas* o de apariencia similar, pero que no se cruzan. // *e. incipiente*, especie en activo proceso evolutivo que se distingue mal de las vecinas. // *e. indicadora*, especie típica particular en un terreno geológico o de un hábitat. // *e. inmigrada*, la introducida, no originada en una región. // *e. introducida*, especie llevada por el hombre intencional o accidentalmente a una región en donde no existía previamente. // *e. jordaniana*, una raza o unidad intraespecífica o *jordanón*, un término empleado especialmente en botánica. // *e. marginal*, especie que vive preferentemente en la frontera entre dos comunidades. // *e. polimorfa*, especie que muestra variaciones o mutaciones hereditarias sin formas intermedias. // *e. politípica*, cualquier especie que muestra subespecies geográficas. // *e. tipo*, especie seleccionada como patrón en la descripción de un género o un subgénero.

especie críptica (**cryptic species**). Especie cuyos caracteres diagnósticos no se perciben fácilmente. // Especie gemela.

especie fugitiva (**Fugitive species**). Especie que solo se reproduce suficientemente mientras su alimento es abundante, pero que desaparece localmente cuando este falta, para reaparecer de nuevo por inmigración procedente de otros lugares.

especificidad (**specificity**). La condición de ser específico. La restricción de un parásito a un hospedante particular. (Lat. **species**, especie; **facere**, hacer.)

espécimen tipo (**type specimen**). Ejemplar que ha servido de patrón para la descripción de una especie o una subespecie. V. *holotipo, neotipo, lectotipo, paratipo, sintipo*. También se denomina *ejemplar tipo*.

espectro biogeográfico (**biogeographic spectrum**). Exposición estadística de la distribución de las especies para el análisis de las regiones biogeográficas. (Lat. **spectrum**, apariencia.)

espéculo* (**speculum**). Area de brillo metálico en el ala del ave que se diferencia por el color de las plumas adyacentes. (Lat. **speculum**, espejo.)

espejo*. V. *espéculo*.

espejuelo* (**ergot**). Callosidad córnea en la parte interna de las patas de los caballos. (Lat. **especulum.**)

espeleobio (**espelaeobios**). *Cavernícola*. (Gr. **spelaion**, caverna; **bios**, vida.)

espeleobiología (**speleobiology**). El estudio de la biota subterránea. (Gr. **spelaion**, caverna; **bios**, vida; **logos**, tratado.)

espeleología* (**speleology**). Tratado sobre las cuevas en su aspecto físico y biológico. (Gr. **spelaion**, caverna; **logos**, tratado.) *Adj.* ***espeleológico.***

espelunca* (**cave**). *Caverna.* (Lat. **spelunca.**)

espeología. *Espeleología.*

esperanza*. Insecto del orden *Orthoptera* cuyas alas son anchas y verdes y de aspecto foliáceo. Familia *Tettigoniidae.*

esperma* (**sperm**). *Simiente.* // *Semen.* // Apócope de espermatozoos. V. *espermatozoos.* (Lat. y gr. **sperma**, semilla.) // *Adj.* ***espermático*.*** ***e. de ballena.*** V. *cetina* y *espermaceti.*

espermaceti (**spermaceti**). Substancia de consistencia cérea y color blanco obtenida de la grasa situada en la cabeza del cachalote.

espermaducto (**spermaduct**). *Espermiducto.* Conducto que lleva los espermatozoos. (Lat. **sperma,** y **ducere**, conducir.)

espermario (**spermary**). Testículo de los invertebrados. (Lat. **sperma**, simiente; **ario**, recipiente.)

espermat-, espermato-, (**spermat-**). (Del gr. **sperma**, **spermatos**, simiente, germen, semen.).

espermateca (**spermatheca**). Espermatoteca o receptáculo seminal. Saco en los órganos femeninos de los invertebrados que almacena espermatozoos. (Gr. **sperma**, semilla; **theke**, estuche.)

espermátida (**spermatid**). Célula sexual haploide que precede a la formación del espermatozoo. (Lat. **sperma**, simiente.)

espermatina (**spermatin**). Sustancia contenida en el semen que le da consistencia viscosa. (Lat. **sperma**, simiente.)

espermatizar (**spermatise**).=*Impregnar.*

espermateleosis (**spemateleosis**). El desarrollo del espermatozoo. (Gr. **sperma**, semilla; **teleosis**, terminación.)

espermatoblasto (**spermatoblast**). Célula que engendra espermatozoos. (Gr. **sperma**, simiente; **blastos**, brote.) *Adj.* ***espermatoblástico.***

espermatocisto (**spermatocyst**). Un saco seminal. (Gr. **sperma**, simiente; **kystis**, vejiga.)

espermatocito (**spermatocyte**). Célula que procede del espermatogonio y producirá las espermátidas durante la meyosis. (Gr. **spermat**, simiente; **kytos**, célula.) // ***e. primario***, que en la espermatogénsis sufre la primera división meyotica. // ***e. secundario***, cada una de las dos células haploides resultantes de la primera división meyótica en la espermatogénesis.

espermatocitogénesis (**spermatocytogenesis**). La primera fase en la espermatogénesis. (Gr. **sperma**, semilla; **genesis**, engendramiento.)

espermatóforo (**spermatophore**). Cápsula de material albuminoideo que contiene los espermatozoos. (Gr. **sperma**, simiente; **phoreys**, portador.)

espermatogénesis (**spermatogenesis**). La formación de los espermatozoos partiendo de los espermatoblasto. (Gr. **sperma**, simiente; **genesis**, engendramiento.) *Adj.* ***espermatógeno, espermatogenético.***

espermatogonio (**spermatogonium**). Célula madre o primordial de los espermatozoos. (Gr. **sperma**, simiente; **gonos**, descendiente.) *Espermatogonia* es un galicismo. *Adj.* ***espermatogónico.***

espermatoide (**spermatoid**). Que parece un espermatozoo. // Individuo pequeño de los protozoos coloniales que funcione con gameto femenimo. (Gr. **sperma**, simiente; **oides**, forma, parecido.)

espermatomerito (**spermatomerites**). Gránulo de cromatina del núcleo espermático. (Gr. **sperma**, simiente; **meros**, parte.)

espermatoplasma (**spermatoplasm**). El protoplasma del espermatozoo.

espermatoplasto (**spermatoplast**). Célula sexual masculina. Voz desusada.

espermatosoma (**spermatosome**) =*Espermatozoo.*

espermatoxina (**spermatoxin**). Reacción tóxica esterilizante producida por la inyección de espermatozoos. (Gr. **sperma**, simiente; **toxikon**, veneno.)

espermatozeugma (**spermatozeuma**). Unión de espermatozoos en los vasos deferentes de los insectos. (Gr. **sperma**, simiente; **zeuma**, enlace.)

espermatozoario.*=*Espermatozoo.*

espermatozoide* (**spermatozoon**). Gameto masculino movible de algunas plantas. // Se emplea también como sinónimo de espermatozoo. (De espermatozoo y neolat, **oides**, similar.)

espermatozoo* (**spermatozoon**). El gameto masculino en los animales. (Gr. **sperma**, semilla; **zoon**, animal.) V. *espermatozoide.*

espermiducto. = *Espermaducto.*

espermiductor (**spermiducal**). Lo relativo al espermiducto. // Glándulas asociadas con los conductos espermáticos. (Gr. **sperma**, simiente; lat. **ducere**, conducir.)

espermina (**spermina**). Una substancia que se encuentra en el semen, el páncreas, la levadura. (De **esperma.**)

espermio (**spermium**).=*Espermatozoo.* Nombre obsoleto. (Gr. **sperma.**)

espermiocentro (**spermocentrum**). El centrosoma masculino. (Gr. **sperma**, simiente; **kentron**, centro.)

espermiogénesis (**spermiogenesis**). La última fase de la espermatogénesis, en la que la espermátida se transforma en espermatozoo. (Neolat. **spermium**, semilla; gr. **genesis**, engendramiento.)

espermiola. El espermatozoo de las ranas.

espermismo (**spermism**). Doctrina de algunos animalculistas quienes sostenían que el embrión derivaba del espermatozoo solamente. V. *homúnculo.* (Gr. **sperma.**)

espermoblasto (**spermoblast**).=*Espermatoblasto.*

espermoducto (**spermaduct**). *Espermaducto, espermiducto.* Conducto que lleva espermatozoos. (Gr. **sperma**, simiente; lat. **ducere**, conducir.)

espermogénesis (**spermogenesis**).=*Espermatogénesis.*

espermohistogénesis. Conjunto de procesos celulares que se desarrollan desde la espermátida al espermatozoo. (Gr. **sperma**, simiente; **histos**, tejido; **genesis** origen.)

espermoteca. V. *espermateca.*

espermozeugma.= *Espermatozeugma.*

espícula* (**spicule**). Cada una de las piezas independientes que forman el esqueleto de las esponjas, de los radiolarios y los alcionarios. // El dardo de algunos moluscos pulmonados. // Cuerpo acicular en algunos invertebrados. (Lat. **spicula**, agujilla.) *Adj.* ***espicular, espiculado, espiculífero, espiculiforme.*** // ***e. copuladora***, estructura diminuta y dura situada en bolsas especiales en los machos de los nematodos, quinorrincos y otros vermes.

espiculina (**spiculin**). Un compuesto orgánico hallado en las espículas silíceas de las esponjas. (De **espicula.**)

espigón.=Aguijón de los insectos.

espigote (**spigot**). Hilera de la seda de forma cónica hallada en ciertas arañas. (Lat. **spica**, espiga; **-ote**, aumentativo.)

espina* (**spine**). Cada uno de los apéndices puntiagudos que existen en la superficie del cuerpo. // Estructura puntiaguda. // Apodema medianero en muchos ortópteros. // Espina dorsal. *Adj.* ***espinal*, espinífero, espiniforme, espinoso**** (Lat. **spina.**) // ***e. ambulacral***, fila de espinas en la superficie oral de las estrellas de mar. // *e. esternal*, la proyección anterior del esternón. // ***e. hemal***, espina impar de la parte ventral de la mayoría de las vértebras caudales de los vertebrados inferiores. // ***e. neural***, v. *neuracanto* y *apófosis espinosa.*

espinación (**spination**). La ocurrencia o disposición de las espinas. (Lat. **spina.**)

espinales (**spinalis**). Los músculos que conectan las vértebras. (Lat. **spina.**)

espinazo* (**spine**). Columna vertebral. (Lat. **spina.**)

espinescente (**spinescent**). Se dice de lo que es algo espinoso o tiende a serlo. (Bajo lat. **spinescens**, que se vuelve espinoso.)

espinesternito (**spinesternito**). Esternito con apodema espiniforme. (Lat. **spina**, espina; **sternum**, esternón; **ito**, diminuto.)

espinilla* (**shinbone**). Parte anterior de la canilla o tibia de la pierna. (Dim. de **espinal.**)

espinoblasto (**spinoblast**). Un tipo de estatoblasto espinoso hallado en los briozoos del género *Pectinella.* (Lat. **spina**, espina; gr. **blastos**, formación.)

espinocha* (**stickleback**). Pez fluvial de los arroyos de Europa, que construye sus nidos con hierbas acuáticas. Orden *Gasterosteiformes,* familia *Gasterosteidae* (**Gasterosteus aculeatus**). // Otros peces de la familia.

espinosternón (**spinosternum**). Un esclerito esternal en ciertos insectos. (Lat. **spina**; **sternum**, esternón.)

espinoso* (**stickleback**). V. *espinocha.*

espínula (**spinule**). Espina de pequeña dimensión. (Lat. **spinula.**) *Adj. espinuloso, espinulífero, espinulado.*

espinulación (**spinulation**). La condición de ser espinoso. (Lat. **spinula.**)

espinulescente (**spinulescent**). Que lleva espínulas. // La tendencia a ser espinuloso. (Lat. **spinula**, espina; **escens**, incoactivo.)

espinuloso. Que pertenece al orden de los *Asteroideos.* V. *Spinulosa*, q.v.

espir-, espiro- (**sepir-**). (Del lat. **spira** y del gr. **speira**, espiral, tirabuzón.)

espira* (**spire**). La parte enrollada de la concha de los moluscos gasterópodos y cefalópodos, así como de los foraminíferos. // Estructura enrollada. *Adj. espiroide, espiral*.*

espiración (**expiration**). Acción y efecto de espirar. (Lat. **spiratio.**) *Adj. espirador*.*

espiráculo* (**spiracle**). Estigma de los insectos. // La abertura nasal impar en ciertos anfibios urodelos. // Las aberturas nasales en los cetáceos. // Orificio de la primera abertura branquial en los selacios, en comunicación con las branquias. (Lat. **spiraculum**, respiradero.) // *Adj. espiracular, espiraculado, espiraculiforme.*

espiral interna (**internal spiral**). Cromatina enrollada en espiral en una cromátida simple.

espirales (**spiralia**). Estructuras enrolladas soportadas por las cruras de ciertos braquiópodos. (Lat. **spira.**)

espiramen (**spiramen**). Una perforación junto al orificio de la concha de algunos briozoos. (Lat. **spirare.**)

espirar* (**to breath**). Respirar, tomar aliento, expeler el aire aspirado. (Lat. **spirare.**)

espiraster (**spiraster**). Espícula de esponjas con radios espirales. (Lat. **spira**, espiral; **aster**, estrella.)

espirema (**spirema**). Forma de ovillo que, durante la interfase, adquieren los cromosomas. (Gr. **speirema**, enroscado.)

espiritrompa* (**spiral proboscid**). La trompa espiral de los insectos lepidópteros, formada por la unión de las maxilas acanaladas. (Lat. **spira**, espiral;+**trompa.**)

espirivalvo (**spirivalve**). Un gasterópodo de concha espiral. (Lat. **spira**, espiral; **valva**, valva.)

espirómetro* (**spirometer**). Instrumento para medir la capacidad pulmonar a las personas. (Lat. **spirare**, respirar; gr. **metron**, mensura.)

espironema (**spironeme**). Filamento enrollado hallado en el tallo de ciertos infusorios. (Gr. **speira**, rollo; **nema**, hilo.)

espirotrico. Ciliófоro del orden *Spirotricha.*

espírula (**spirule**). Concha espiral interna de un molusco cefalópodo, decápodos de la familia, *Spirulidae* (**Spirula spirula**).

espiruroideo. Un nematodo del orden *Spiruroidea.*

esplácnico (**splanchnic**). Que se refiere a las vísceras. (Gr. **splangchnon**, víscera, entrañas.)

esplacno-* (**splanchno-**). (Del gr. **splangchnon**, víscera.)

esplacnocelo (**splanchnocoel**). Cada una de las cavidades laterales del embrión. (Gr. **splangchnon**, víscera; **kiolos**, cavidad.)

esplacnocráneo (**splanchnocraneum**). La parte del cráneo formada por piezas derivadas del esqueleto visceral: mandíbula y otros arcos viscerales. (Gr. **splangchnon**, vísceras;+**cráneo.**)

esplacnologıa* (**splanchnology**). Tratado sobre las vísceras. (Gr. **splangchnon**, vísceras; **logos**, tratado.)

esplacnopleura (**splanchnopleure**). Masa de tejidos que, en el mesoblasto embrionario de los invertebrados, tapiza la región visceral del celoma. (Gr. **splangchnun**, víscera; **pleura**, costado.)

esplénico* (**splenic**). Perteneciente al bazo. (Gr. **splen**, bazo.)

esplenio* (**splenius**). Hueso de la mandíbula inferior en anfibios, reptiles y aves. // Músculo del dorso del cuello. // Borde posterior del cuerpo calloso. (Lat. **splenium**, venda.) *Adj. esplenial, esplénico.*

esplenocito (**splenocyte**). Un monocito que se origina en el bazo. (Gr. **splen**, bazo; **kytos**, célula.)

espoleta* (**wishbone**). Horquilla que forman las clavículas de las aves. (De **espolón.**)

espolón* (**spur**). Apófisis córnea y aguzada que tienen algunas aves galliformes en los tarsos. // Estructuras similares en las alas. (De **esporón.**)

espóndil*=*Espóndilo.*

espóndilo* (**spondyl**). *Vértebra.* // Estructura espatuliforme en el interior de la concha de algunos braquiópodos. (Gr. **spondylos**, vértebra.) *Adj. espondíleo.*

espongiario*. Se dice del animal del fílum *Porifera* o *Spongiaria.*

espongícola (**spongicolous**). Que vive en las esponjas. (Lat. **spongia** esponja; **-icola**, habitante.)

espongina (**spongin**). Substancia flexible y suave que forma el esqueleto de las esponjas demospongias. (Lat. **spongia.**)

espongioblasto (**spongioblast**). Célula productora de espongina. (De **espongina** y gr. **blastos**, brote.)

espongiobranquios. Un grupo de moluscos opistrobránquios.

espongiocelo (**spongiocoel**). La cavidad principal en las esponjas o su sistema de cavidades. (Gr. **spongos**, esponja; **koilos**, cavidad.)

espongiocito (**spongiocyte**). Célula muy vacuolada en el tejido esponjoso de las glándulas suprarrenales. (Gr. **spongos**, esponja; **kytos**; **célula.**)

espongiofaro (**spongophare**). La parte superior de las esponjas, que lleva las cámaras flagelíferas. (Gr. **spongos**, esponja; **pharos**, cubierta.)

espongioplasma (**spongioplasm**). La parte reticular del citoplasma. (Gr. **spongos**, esponja; **plasma.**)

esponja (**sponge**). Nombre común a cualquier animal del fílum *Spongiaria* o *Porífera* y en especial, a las esponjas del baño. (Gr. **spongos**, lat. **spongia.**) // *e. calcárea*, v. *Calcispongiae.* // *e. córnea*, v. *Demospongiae.* // *e. silícea*, v. *Hexatinellida* o *Hyalospongiae;* // *e. vítrea*, v. *Hexactinellida* o *Hyalospongiae.*

esponjina.=*Espongina.*

esponjoso* (**spongiose**). De estructura *"sui generis"* abierta o *lagunar. (Lat.* **spongia.**)

espor-, esporo (**sporo**). (Del gr. **spora**, semilla.)

espora* (**spore**). Célula formada por división asexual en los esporozoarios de cuyo desarrollo se forma un individuo nuevo. (Gr. **sporos**, semilla.) *Adj. esporoide.*

esporadino (**sporadin**). Un trofozoito de las gregarinas que se mueve en el intestino del hospedante. (Gr. **sporaden**, dispersado.)

esporo* (**spore**). Espora. // Se aplica especialmente a las esporas vegetales.

esporoblasto (**sporoblast**). Estado en el ciclo vital de los esporozoos que origina los esporozoitos. (Gr. **sporos**, semilla; **blastos**, brote.)

esporocineto (**sporokinete**). Espora movible procedente del oocisto de ciertos hemosporidios. (Gr. **sporos**, esporo; **kinein**, mover.)

esporocito (**sporocyte**). Espora engendrada por esporozoarios. (Gr. **sporos**, semilla; **kytos**, célula.)

esporocistidio (**sporocystid**). Se aplica a los oocistos de los esporozoos cuando se forman esporocistos. (Gr. **sporos**, esporo, semilla, lat. **cista**, caja, cápsula.)

esporogamia (**sporogamy**). La producción de esporas derivadas de los cigotos. (Gr. **sporos**, semilla; **gamos**, boda.)

esporogénesis (**sporogenesis**). La formación de las esporas. (Gr. **sporos**; semilla; **génesis**, origen.)

esporógeno (**sporogeneus**). Que produce esporos. (Gr. **sporos**, simiente; **genos**, engendrar.)

esporogonia (**sporogony**). Estado en los protozoos esporozoarios que comienza con la fusión de los gametos y terminan con la formación de esporozoitos. (Gr. **sporas**, semilla; **gonos**, generación.)

csporonte (**sporont**). Cigoto formado durante el ciclo vital de los esporozoos. // Gamonte o gametocito que se desarrolla en esporoblastos. (Gr. **sporos**, esporo, **on**, siendo.)

esporoplasma (**sporoplasm**). Esporozoito. // Parte central de un esporo. // Ciclo inicial en los esporozoos nidosproridios, de forma amiboide. (Gr. **sporos**, simiento; **plasma**, moldeado.)

esporosaco (**sporosac**). Una estructura formada por una gónada o un zooide degenerado. (Gr. **sporos**, simiente; lat. **saccus**, bolsa.)

esporozoario (**sporozoan**). *Esporozoo*, protozoario del grupo *Sporozoa.*

esporozoide (**sporozoid**). Un esporo movible. *Zoosporo.* (Gr. **sporos**, semilla; **zoon**, animal; **oides**, forma.)

esporozoito (**sporozoite**). Espora liberada a través de la membrana de un esporocisto en los esporozoos. (Gr. **sporos**, espora; **zoon**, animal; **-ito**, diminutivo.)

esporozoo* (**sporozoon**).=*Esporozoario.*

esporulación* (**sporulation**). Fisión múltiple en ciertos protozoos con formación de esporas. (Lat. **sporula**, semilla pequeña.)

espuela* (**spur**). Amér.: *garrón* o *espolón* de las aves.

esprú (**sprue**). Dolencia tropical debida a deficiencia de ácido fólico en la dieta. Diarrea tropical.

espulga bueyes (**cattle egret**). *Reznero; garza bueyera, garza africana.* Especie de garza blanca de Africa y Europa, de donde ha emigrado a la América, que vive asociada con el ganado vacuno (**Bubulcus ibis**).

espumuy (**wild pigeon**). Guatemala: paloma silvestre.

espundia (**leishmaniasis**). Llaga de los caballos. // Leishmaniasis humana de los trópicos de América. producida por el flagelado *Leishmania braziliensis* y trasmitida por moscas del género *Phlebotomus.*

espuria (**spuriae**). V. *álula* o *ala bastarda* de las aves.

espurio* (**spurious**). Adulterado, falso, bastardo. Que parece cierto, pero es morfológicamente falso. (Lat. **spurius**, falso.)

espuripedio (**proleg**). = *arquípodo*, q.v.

esputo* (**sputum**). Lo que se arroja en cada expectoración. Flema. (Lat. **sputum.**)

esquamiforme (**squamiform**). Incorrecto, v. *escamiforme.* (Lat. **squamiformis.**)

esquamoso (**squamose**). Incorrecto, V. *escamoso.*

esqueleto* (**skeleton**). Armazón de piezas duras (huesos, cartílagos, etc.) que sirve de soporte al cuerpo y de inserción a los músculos. *Adj.* ***esquelético***, V. *dermoesqueleto* y *endoesqueleto.* (Gr. **skeletos**, desecado.) // ***e. apendicular***, los huesos que forman las extremidades de los tetrápodos más los de las llamadas cinturas torácica y pélvica. // ***e. axial***, los huesos que forman el cráneo, la columna vertebral, el esternón y las costillas en los tetrápodos. // ***e. cartilaginoso*** endosqueleto formado por cartílagos no osificados, como el de los tiburones. // ***e. dérmico***, dermatoesqueleto, piezas esqueléticas internas formadas en la piel, como las escamas óseas de peces, anfibios fósiles, cocodrilos, quelonios, armadillos. // ***e. óseo***, esqueleto interno de los vertebrados, compuesto de piezas osificadas. // ***e. visceral***, partes esqueléticas que en los peces sirve de sostén a las branquias y mandíbulas y, en las formas superiores, forman parte del cráneo.

esquema* (**sketch**). Gráfica que representa una visión de conjunto. // ***e. cromosómico***, representación gráfica que muestra la posición correlativa de los factores o genes. // ***e. de Wallace***, compendio en forma gráfica de las líneas más significativas de la teoría darwiniana.

esquila* (**squilla**). Crustáceo marino del orden *Stomatopoda* (**Squilla mantis**).

esquinco. V. *Escinco, estinco.*

esquindilesis (**schindilesis**). Articulación en la que el hueso encaja en una ranura de otro, como la de la lámina perpendicular del etmoides en el vómer. (Gr. **schyndylesis**, fragmentar.)

esquirol* (**squirrel**). V. *ardilla.*

esquistocito (**squitoscyte**). Fragmento de un eritrocito. (Gr. **schizein**, hender; **kytos**, célula.)

esquistosoma (**schistosome**). Un miembro del género *Schistosoma*, verme del fílum *Platyhelminthes*, clase *Trematoda*, agente productor de la *esquistosomiasis* (**Schistosoma mansoni**).

esquizo (**schizo**). (Del gr. **schizo**, hender, dividir en dos, disociar.)

esquizocelo (**schizocoel**). Celoma producido por escisión de una banda sólida de mesodermo. (Gr. **schizo**, separar; **kilos**, cavidad.) *Adj.* ***esquizocélico.***

esquizocelomados. V. *Schizocoelomata.*

esquizocineto (**schizokinete**). Estado móvil en *Haemosporidia.* (Gr. **schizein**, dividir; **kinetos**, movimiento.)

esquizodonte (**skizodont**). Tipo de charnela de ciertos moluscos bivalvos. provista de un diente crenulado en la valva izquierda y de dos en la derecha.

esquizogamia (**schizogamy**). División que origina un zooide sexuado y otro asexuado en los briozoos. (Gr. **schizein**, dividir.)

esquizogénesis (**schizogenesis**). Reproducción por fisión. (Gr. **eschizo**, hender; **genesis**, producción, origen.) *Adj.* ***esquizogénico.***

esquizognato (**schizognathous**). Tipo de paladar óseo en el cráneo de las aves que tiene los maxilopalatinos separados y los prevómeres fusionados y puntiagudos anteriormente. (Gr. **schizo**, hendido; **gnathos**, mandíbula.)

esquizogonia (**schizogony**). Multiplicación asexuada de un esquizonte. (Gr. **schizo**, hendido; **gonos**, descendiente.)

esquizogregarina. Un miembro del suborden *Schizogregarinida.*

esquizonto* (**shizont**). Un estado en el ciclo de los esporozoos posterior al de trofozoite que se reproduce por fusión. (Gr. **schizein**, dividir; **onta**, siendo.)

esquizontocito (**schizontocyte**). Fragmento del esquizonte que, a su vez, se divide en merozoitos. (Gr. **schizein**, dividir; **on**, ser; **kytos**, célula.)

esquizopelmo (**schizopelmous**). Que tiene dos tendones flexores en los dedos, como ocurre en ciertas aves. (Gr. **schizein**, dividir; **pelma**, planta del pie.)

esquizópodo. Crustáceo del grupo *Schizopoda* o *Euphasiacea.*

esquizorrino (**schizorhinal**). Que tiene las aberturas nasales externas alargadas y escotadas en el borde. (Gr. **schizein**, dividir; **rhis**, nariz.)

esquizotecal (**schizothecal**). Se dice de la pata del ave que tiene las placas tarsales escamiformes. (Gr. **schizein**, dividir; **theke**, caja.)

esquizozoito (**schizozoite**). Un merozoito derivado del esquizonte. (Gr. **schizein**, dividir; + **zoito**.)

estadio* (**stadium**). Un estado en el desarrollo. // Intervalo entre dos mudas sucesivas de un artrópodo. (Neolat. **stadium**, estación o sitio temporal.)

estadion (**stadium**). Comunidad fija en una charca estancada. (Gr. **stadion**, en el sentido de estabilidad.)

estado amiboide. Fase en el ciclo de algunos protistos en la cual individuos de la fase flagelada pierden sus flagelos reteniendo los cinetosomas. // *e. de resistencia*, formas que afectan diversos organismos, especialmente unicelulares, para sobrevivir condiciones desfavorables ambientales, tales como la desecación. Por ejemplo, el *enquistamiento* y la formación de esporos de *resistencia*. // *e. dinámico*, la condición en que se encuentra un sistema o un taxón en relación con su grado de equilibrio relativo. // *e. estable*, o mantenimiento de la constancia relativa en un sistema biológico. *Homeostasis.*

estafilino* (**staphyline**). Perteneciente a la úvula o campanilla. // Coleóptero de la familia *Staphylinidae*. (Gr. **staphile**, racimo.)

estagnicola (**stagnicolous**). Que vive en aguas estancadas. (Gr. **stagum**, agua estancada; **-icola**, habitante.)

estambre* (**stamen**). Pelo largo en la lana de las ovejas. (Lat. **stamen**, fibra, hilo.)

estampado (**imprinting**). V. *impronta**.

estándar* (**standard**). Patrón, tipo, modelo.

estandarte* (**vane**). La lámina o vexilo de la pluma del ave, formada por el conjunto de las barbas. (Fr. **estandart**.)

estansigénesis (**stansigenesis**). Así llama Huxley a la tendencia a resistir toda innovación evolutiva que no se incorpora armónicamente al sistema ya existente. (Lat. **stans**, de pie; **genesis**, producción.)

estapedio (**stapedius**). Músculo que mueve la punta del *estribo*, huesecillo del oído medio. (Gr. **stapes**, estribo.)

estarna* (**gray partridge**). *Perdiz pardilla*, ave europea mayor que la perdiz común y de color castaño anaranjado (**Perdix perdix**).

estasio (**stasium**). Comunidad de organismos de un charco o estanque. (Gr. **stasis**, estacionario.)

estasiomorfía (**stasimorphy**). Una desviación de la forma debido a un desarrollo detenido. (Gr. **stasis**, parado; **morphe**, forma.)

estasis* (**stasis**). Detención o retardación del movimiento o de un movimiento. (Gr. **stasis**, estacionario.)

estático* (**static**). Perteneciente al reposo o al equilibrio. (Gr. **statikos**, que causa reposo.)

estatoacústico (**stato-acustic**). Que se relaciona con los sentidos del equilibrio y del oído, como el octavo nervio craneal. (Gr. **statos**, de pie;+**auditivo**.)

estatoblasto (**statoblast**). Yema especializada en funículo de los briozoos que se desprende a la muerte del zooide. (Gr. **statos**, parado; **blastos**, yema.)

estatocisto* (**statocyst**). *Estatoblasto.* // Organo del equilibrio en algunos invertebrados. (Gr. **statos**, de pie; **kystos**, quiste.)

estatocito (**statocyte**). Una célula sensorial primitiva. (Gr. **statos**, de pie; **kytos**, célula.)

estatoconio (**statoconia**). Granito de arena de los estatocitos de los anélidos poliquetos, que hace el papel de estatolitos. // Gránulo calizo que cubre las células sensoriales del utrículo y el sáculo y desempeña la misma función que el estatolito. (Gr. **statos**, parado; **konia**, polvo.)

estatolito (**statolith**). Estructura de carbonato de calcio, granos de arena, etc., contenidas en un estacisto, que cambia su posición bajo influencia de la gravedad. (Gr. **statos**, de pie; **lithos**, piedra.)

estatorrabdo (**statorhabd**). Proceso tentacular que porta los estatolitos en ciertas medusas. (Gr. **statos**, estacionario; **rhabdos**, varilla.)

estatorreceptor (**statoreceptor**). Organo o estructura estimulada por la posición y el movimiento del cuerpo. (Gr. **statos**, de pie; + **receptor**.)

estaurio (**staurion**). Punto craneométrico situado en la intersección de las suturas palatina media y transversa. (Gr. **stauros**, cruz.)

estauromedusa. Una medusa del orden *Stauromedusae*, q.v.

estaurospora (**staurospore**). Espora cruciforme. (Gr. **stauros**, cruz; **sporos**, semilla.)

esteapsina (**steapsin**). Una lipasa pancreática. (Gr. **stear**, sebo.)

estearina* (**stearin**). Un componente de muchas grasas animales y vegetales. (Gr. **stear**, sebo.)

esteato (**steato**). (Del gr. **stear**, **steatos**; sebo.)

esteatopigia (**steatopygia**). Rasgo antropológico de ciertas razas, caracterizado por tener las nalgas muy grandes y grasientas. (Gr. **steatos**, grasa; **pyge**, nalgas.)

estefanio, estefanion (**estephanion**). Punto craneométrico situado en el contacto de la sutura coronaria con la cresta temporal superior. (Gr. **stephanos**, corona.)

estefanolito* (**stephanolite**). Corpúsculo calcáreo que recubre el protoplasma de ciertos protozoos cocolitofóridos. (Gr. **stephanos**, corona; **lithos**, piedra.)

esteganópodos. Orden de aves marinas. V. *Pelecaniformes.* (Gr. **steganos**, cubierto; **podos**, pie.)

estegocéfalos (**stegocephalus**). Anfibios fósiles hallados desde el Devoniano al Triásico, llamados también *Laberintodontes.* V. *Stegocephala.* (Gr. **stegos**, cubierta; **kephale**, cabeza.)

estegocrotáfico (**stegocrotaphic**). Cráneo con solo las aberturas nasales y orbitales y los agujeros parietales. (Gr. **stegos**, cubierto; **krotaphos**, los lados de la cara.)

estegomia*. Nombre que se aplicó al mosquito transmisor de la fiebre amarilla, ahora *Aedes aegypti.*

estegosaurio (**stegosaurus**). Reptil dinosaurio ornitisquio, cuyo cuerpo estaba protegido por placas y espinas óseas. V. *Stegosauria.* (Gr. **stegos**, techo; **sauros**, reptil.)

esteleroideos. Denominación que abarca las clases de equinodermos *Asteroidea* y *Ophiuroidea.* (Lat. **stella**, estrella; **oides**, similar.)

estelión* (**gecko**). Salamanquesa, reptil saurio de la familia *Geckonidae*, género *Tarentola.*

estelocitáreo (**stelocyttarous**). Que se refiere a las avispas que hacen panales con vástagos. (Gr. **stele**, pilar; **kytaros**, panal.)

estema* (**stema**). El ojo simple u ocelo. // Mancha parecida a un ojo de las alas de ciertas mariposas. (Lat. **stigma**, mancha.)

esten-, esteno-, (**steno**). (Del gr. stenos, estrecho, apretado.)

estenio, estenión (**stenion**). Punto craniométrico, situado en el extremo del diámetro transverso temporal menor de la cabeza. (Gr. **stenos**, esternón.)

estenobárico (**stenobaric**). Que se adapta a pocas diferencias de presión o actitud. (Gr. stenos, estrecho; **baros**, peso.)

estenobático (**stenobathic**). Que tiene una distribución vertical muy estrecha. (Gr. **stenos**, estrecho; **bathys**, profundo.)

estenobéntico (**stenobenthic**). Organismo bentónico que vive en estrecho margen de profundidad. (Gr. stenos, estrecho; **benthos**, fondo del mar.)

estenocórico (**stenochoric**). De distribución poco amplia. // Que vive en un área de pocos cambios climáticos. (Gr. **stenos**, estrecho; **choros**, lugar.)

estenocardia*. Angina de pecho.

estenófago (**stenophagous**). Que se nutre de poca variedad de alimentos. (Gr. **stenos**, estrecho; **phagein**, comer.)

estenofótico (**stenophotic**). Que vive entre límites estrechos de intensidad luminosa. (Gr. **stenos**, estrecho; **photos**, luz.)

estenogástrico (**stenogastric**). Que tiene abdomen estrecho, como las avispas. (Gr. **stenos**, estrecho; **gaster**, vientre.)

estenogloso (**stenoglossic**). Se dice del molusco gasterópodo del orden *Stenoglossa* o *Neogastropoda.*

estenohígrico (**stenohigric**). Que se adapta a pocas variaciones de humedad. (Gr. **stenos**, estrecho; **hygros**, mojado.)

estenohalino (**stenohalin**). Se dice del organismo que solo vive dentro de límites estrechos de salinidad. (Gr. **stenos**, estrecho; **halinos**, salino.)

estenoico (**stenoic**). Que se adapta a pocas diferencias de habitaciones. (Gr. **stenos**, estrecho; **oikos**, morada.)

estenomórfico (**stenomorphic**). Que es menor que la forma típica debido a una superpoblación. (Gr. **stenos**, estrecha; **morphe**, forma.)

estenonotal (**stenonotal**). Que tiene un tórax muy pequeño. (Gr. **stenos**, estrecho; **noton**, espalda.)

estenotópico (**stenotopic**). V. *estenocórico.*

estenopodio (**stenopodium**). Apéndice largo y delgado de los crustáceos. (Gr. **stenos**, estrecho; **podos**, pie.)

estenoquía (**stenoky**). Amplitud estrecha de condiciones ecológicas toleradas por un animal. (Gr. **stenos**, estrecho; **oikos**, morada.)

estenosis* (**stenosis**). Estrechez, estrechamiento. (Gr. **steno**, estrecho, **estrechar.**)

estenóstomo (**stenostomatous**). De boca estrecha. // Un miembro de la clase de *Briozoarios Stenostomata.*

estenotermo (**stenothermic**). Que puede vivir solamente bajo ligeras variaciones de temperatura. (Gr. **stenos**, estrecho; **therme**, calor.)

estenotrópico (**stenotropic**). Que tiene limitado poder de adaptación a condiciones variables del ambiente. (Gr. **stenos**, estrecho; **trope**, vuelta.)

estenoxibionte (**stenoxybiont**). Organismo que resiste pocas variaciones de la concentración salina del agua. (Gr. **stenos**, estrecho; **ozy**, oxígeno;+**bionte.**)

estenozonal (**stenozonal**). Se dice del organismo que vive restringido a un estrecho margen de cambios de actitud o profundidad. (Gr. **stenos**, estrecho;+**zona.**)

estentorina (**stentorin**). Un pigmento azul en protozoos del género *Stentor.*

estereognóstico (**stereognostic**). Perteneciente a la apreciación del tamaño, la forma y el peso. (Gr. **stereos**, sólido; lat. **gnoscere**, conocer.)

estequiología. V. *biología molecular.*

estercobilina (**stercobilin**). Pigmento fecal (**urobilina**). (Lat. **stercus**, hez fecal;+**bilis.**)

estercoma (**stercome**). Materia fecal de ciertos protozoos de la clase *Sarcodina*. (Lat. **stercus**, estiércol.)

estercomario (**stercomarium**). El sistema de túbulos en los sarcodinos que contienen estercomas. (Lat. **stercus**, estiércol.)

estercoral (**stercoral**). Que se refiere a las heces.

estercorario (**jaeger**). Nombre común de varias aves de mares fríos del orden *Charadriiformes*, familia *Stercorariidae* (**Stercorarius longicaudus**).

estereo* (**stereas**). (Del gr. **stereos**, sólido.)

estereoblástula (**stereoblastula**). Forma larval de los equinoideos incapaz de gastrular. // Blástula con blastocelo relleno. (Gr. **stereos**, sólido.)

estereocilio (**stereocilium**). Cilio recio como el de la tráquea. (Gr. **stereos**, sólido, duro; lat. **cilium**, pestaña.)

estereotropismo (**stereotropism**). Tendencia de algunos organismos a vivir en contacto con objetos sólidos. (Gr. **stereos**, sólido; **trope**, vuelta.)

esternito (**sternite**). Región esternal de cada segmento de los insectos o crustáceos. (Lat. **sternum**, esternón.)

estereogástrula (**stereogastrula**). Larva parenquímula de algunas esponjas. // Gástrula sólida. (Gr. **stereos**, sólido; **gaster**, vientre.)

estereoplasma (**stereoplasm**). La parte más densa del protoplasma. (Gr. **stereos**, sólido; **plasma**, moldeado.)

estereospóndila* (**stereospondyl**). Se dice de la vértebra de ciertos anfibios estegocéfalos formada por una sola pieza maciza. (Gr. **stereos**, sólido; **spondylos**, vértebras.)

estéril* (**steril**). Que no produce. // *Aséptico.* (Lat. **sterilis.**)

esterilidad* (**sterility**). Condición de la infertilidad. // *e. cromosómica*, la que es debida a la falta de homología entre los cromosomas parentales. (Lat. **sterilis.**)

esterilización* (**sterilization**). El proceso de hacer estéril, destruyendo microorganismos o haciéndolos incapaz de reproducirse.

esterilizar* (**sterilize**). Hacer estéril o privar del poder de reproducir. // Liberarse de organismos vivientes. (De **estéril.**)

esterina. V. *esteroide.*

esternebras (**sternebrae**). Los segmentos de esternón. (De **esternón y vértebras.**)

esternelo (**sternellum**). Un esclerito externo en los insectos. (Lat. **sternum**, pecho.)

esternito (**sternite**). El arco ventral de cada anillo de los insectos. (Lat. **sternum**; + **-ite**, diminutivo.)

esterno-. Forma prefija de la voz esternón.

esternobranquial (**sternobranchial**). Vasos que, en ciertos crustáceos, llevan sangre a las branquias. (lat. **sternum**, esternón; **branchia**, agalla.)

esternoclavicular (**sternoclavicular**). Lo que se refiere al esternón y la clavícula. Articulación esternoclavicular.

esternocleidomastoideo (**sternocleidomastoid**). Un músculo que se extiende desde el esternón y la clavícula hasta la apófisis mastoidea del temporal. (Lat. **sternum**, esternón; **kleis**, clavícula;+**mastoidea.**)

esternocostal (**sternocostal**). Que se refiere al esternón y a las costillas. (Lat. **sternum**, esternón; **costa**, costilla.)

esternón (**sternum**). Hueso o conjunto de huesos impares situados en la línea media del tórax y que, generalmente se articulan con las costillas. (Lat. **sternum.**) *Adj. esternal.*

esternopleurito (**sternopleurite**). Esclerito formado por el episternón y el esternón en los insectos. (Gr. **sternon**, esternon; **pleura**, lado.)

esternoescapular (**sternoescapular**). Que se refiere al esternón y a la escápula. (Lat. **sternum**, esternón; **scapula**, omóplato.)

esternoxifoideo (**sternoxiphoid**). Que se refiere al esternón y al xifoides.

estereocinesis (**stereokinesis**). Movimiento en respuesta a un estímulo del contacto. V. *tigmotaxia, estereotaxia.* (Gr. **estereos**, sólido; **kinesis**, movimiento.)

esterol (**sterol**). Un esteroide con un grupo -OH.

esteroide (**steroids**). Cualquiera de los compuestos orgánicos con arquitectura molecular del tipo ciclopentano-fenantreno. Incluyen el colesterol, las hormonas sexuales, las hormonas corticales, las vitaminas D, etc. (Gr. **stereos**, sólido; **ol**, del lat. **oleum**; **gr. eidos**, parecido.)

estérula (**sterula**). Larva libre y sólida de los alcionarios, (Gr. **stereos**, sólido.)

estesis (**aesthesis**). *Sensibilidad.* (Gr. **aiesthesis**, sensación.)

estet- (**stetos-**). (Del gr. **stethos**, pecho.)

esteatocito (**steatocyte**). Célula amiboide que destruye las células adiposas en los insectos. (Gr. **steatos**, de grasa; **kytos**, célula.)

estetasco (**aesthetasc**). Un receptor olfativo situado en las antenas de ciertos crustáceos copépodos. (Gr. **aisthetes**, perceptor; **askein**, ejercitar.)

esteto (**aesthetes**). Estructura microscópica sensible a la luz hallada en la superficie de las placas de algunos moluscos anfineuros. // Organo de los sentidos en ciertos invertebrados. (Gr. **aisthetes**, perceptor.)

estetoscopio (**stethoscope**). Instrumento para escuchar los sonidos del corazón y de otros órganos del cuerpo. (Gr. **sthetos**, el pecho; **scopeo**, ver, examinar.)

esticostégido (**stichostegid**). Dícese de la concha de los foraminíferos formada por cámaras dispuestas en línea recta. (**stichos**, fila; **stegos**, cubierta, techo.)

esticotropismo (**stichotropism**). Conjunto de transformaciones coordinadas entre las células adyacentes de ciertos embriones de vertebrados que ocurren durante la gastrulación. (Gr. **stichos**, fila; **tropos**, mudanza.)

estigma* (**stigma**). Abertura de las tráqueas de los insectos. // Mancha ocular roja de muchos flagelados. // Manchas en la extremidad de las alas de muchos neurópteros. (Gr. **stigma**, señal.)

estilasterino. Se dice del celentéreo hidrocoralino del suborden *Stylasterina*.

estilete (**stylet**). Apéndice pequeño y puntiagudo. // La parte impar de las barrenas de los aguijones de abejas. // Dedo acicular en los quelíceros de ciertos ácaros. (Lat. **stylus**, espiche.)

estilífero (**stylifer**). La porción de los gonopodios de los insectos que lleva el estilo. (Lat. **stylus**, espiche; **ferre**, portar.)

estilo- (**stylo**). Un prefijo empleado en la construcción de palabras que indican una estructura cilíndrica alargada. (Gr. **stylos**, pilar; lat. **stylus**, punzón.)

estilo* (**style**). Proyección calcárea en los hidrozoos del género *Millepora*. // Cerdas abdominales en algunos insectos. // El émbolo de las arañas. // Pequeña proyección en el ángulo de los molares. // Cualquier proceso puntiagudo. (Gr. **stylos**, pilar.) *Adj.* ***estilar, estilado, estilífero***. // ***e. cristalino***, masa translúcida en el estómago de muchos moluscos bivalvos y de algunos gasterópodos que libera enzimas amilolíticas. // ***e. mucoso***, estructura hallada en el ciego ventral de algunos moluscos prosobranquios, relacionada con la trituración de los alimentos.

estilocónico (**styloconic**). Que tiene una punta cónica. // Que lleva un proceso en una base cónica. (Gr. **stylos**, pilar.)

estilofaríngeo (**stylopharyngeus**). Un músculo situado entre la apófisis estiliodes y el lado de la faringe. (Gr. **stylos**, pilar; **pharynx**, faringe.)

estilohial (**stylohyal**). Parte terminal del proceso estiloides del hueso temporal. (Gr. **stylos**, columna;+**hioides**.) *Adj.* ***estilohioidal***.

estiloides* (**styloid**). Semejante a un estilo. Dícese de apófisis largas y delgadas, como la del hueso temporal. (Gr. **stylos**, columna; **lat. oides**, forma.)

estilomandibular (**stylomandibular**.) Que se relaciona con la apófisis estiloides y la mandíbula. (Gr. **stylos**, pilar; lat. **mandibulum**, mandíbula.)

estilomastoideo (**stylomastoid**). Que se refiere a las apófosis estiloides y mastoides. (Gr. **stytlos**, columna;+**mastoides**.)

estilomatóforo (**stylommatophore**). Un miembro del suborden *Stylomatophora*, que comprende los moluscos gasterópodos pulmonados cuyos ojos están en los extremos de los tentáculos.

estilomedusoide (**stylomedusoid**). Se aplica a las medusas con gastrodermis que se quedan en estado estiloide. (Gr. **heteros**, diferente;+**medusa**; neolat. **oides**, parecido.)

estilopización. Inversión sexual provocada en algunos himenópteros parasitados por larvas de insectos del orden *Strepsiptera*. (Gr. del género **Stylops**.)

estilópodo (**stylopod**). Segmento proximal de las extremidades de los tetrápodos, formado por el húmero o por el fémur. (Gr. **stylos**, pilar; **podos**, pie.)

estilopoideo. Un insecto estrepsíptero de la subfamilia *Stylopoidea*.

estilostoma (**stylostome**). Un tubo que se forma en la piel como reacción a la penetración de las quelíceras de un ácaro. (Gr. **stylos**, pilar; **stoma**, boca.)

estimulación* (**stimulation**). El acto de excitar un organismo por influencia externa o interna. (Lat. **stimulare**.)

estímulo* (**stimulus**). Toda acción capaz de provocar una respuesta en un organismo. (Lat. **stimulus**.) *Adj.* ***estimulante****.

estipe* (**stipes**). Pedúnculo del tallo ocular. // Parte distal del protopodito de la primera maxila de los insectos. // En plural, la región anterior al mentón del gnatoquilario. // El rabodosoma de las graptolitas. *Adj.* ***estipiforme***.

estíptico. (**stypic**). *Astringente*. Que activa la coagulación. *Hemostático*. (Lat. **stypticos**, astringente.)

estíquico (**stichic**). Que está dispuesto en una fila paralela al eje mayor. (Gr. **stichos**, fila.)

estirodonte. V. *Stirodonte*.

estirpe* (**stirps**). Vástago, linaje, familia, tronco. // La suma de las gémulas en un óvulo recién fecundado. (Lat. **stirps**, estirpe.)

estivación* (**aestivation**). Estado de sopor o somnolencia en que se encuentran algunos animales durante la estación veraniega o de sequía. (Lat. **aestas** estío.) *Adj.* ***estival, estivar***.

estolón* (**stolon**). Vástago rastrero que origina nuevas plantas. // Por extensión, vástagos en las colonias o cormos de muchos animales. (Lat. **stolon**.)

estoloníter. Se dice del celentéreo del orden *Stolonifera*, q.v.

-estoma (**-stome**). (Del gr. **stoma**, boca; **stomiōn**, boquita.)

estoma* (**stoma**). Parte del tubo alimenticio entre la boca y el esófago en los nematodos. // Abertura en los tabiques mesentéricos de algunos antozoos. (Gr. **stoma**, boca.)

estómago* (**stomach**). Dilatación que, en el tubo digestivo del hombre y de los animales superiores, recibe el alimento masticado y secreta enzimas digestivas, principalmente proteasas. // Cámara de función similar en el sistema digestivo de muchos animales. (Gr. **stomachos**, estómago.) // *Adj. estomacal*. // *e. aboral*, el estómago pilórico de las estrellas de mar. // ***e. cardíaco***, la cámara oral, de gran tamaño, del estómago de las estrellas de mar. // ***e. chupador***, estómago muscular especializado para la succión, como el de las arañas. // ***e. masticador***, v. *molino gástrico*. // ***e. melífero***, el buche de la abeja, empleado en el transporte del néctar. // ***e. pilórico***, la cámara menor o aboral del estómago de las estrellas de mar.

estomato- (**stomato**). Del gr. **stoma**, boca.)

estomatogástrico (**stomatogastric**). Lo que pertenece a la boca y al estómago. // Aplícase a los nervios viscerales de moluscos, anélidos y artrópodos de la parte anterior del tubo digestivo. (Gr. **stoma**, boca; **gaster**, estómago.)

estomatogénesis (**stomatogenesis**). La formación de la boca. (Gr. **stoma**, boca; **genesis**, origen.)

estomatología* (**stomatology**). La parte de la medicina que estudia la boca. (Gr. **stoma**, boca; **logos**, discurso.)

estomatópodo* (**stomatopod**). Se dice del crustáceo que pertenece al orden *Stomatopoda*. V. *galera*.

estomidio (**stomidio**). Abertura en los tentáculos degenerados de los actinarios. (Gr. **stoma**, boca; **-idion**, dim.)

estomocordado. Un animal del fílum *Stomochordata* o *Hemichordata*.

estomocordio (**stomochord**). Cordón celular dorsal que se encuentra en los enteroneustos y que fue considerado como homólogo del notocordio de los cordados. (Gr. **stoma**, boca; **chorde**, cuerda.)

estomodeo (**stomodeum**). Depresión en la extremidad cefálica del embrión, que origina la parte anterior del tubo digestivo. (Gr. **stoma**, boca; **hodaios**, perteneciente a una vía.)

estornino* (**starling**). Ave europea emigrante, común en las ciudades, de color negro con manchas blancas, orden *Passeriformes*, familia *Sturnidae* (**Sturnus vulgaris**).

estrabismo* **(strabismus).** Condición de la vista debido a que los ejes visuales no guardan la debida relación. *Bisquera.* (Gr. **strabos**, distorsionado.)

estradiol **(stradiol).** El estrógeno más común de los cuatro secretados por los folículos ováricos de los mamíferos. Es responsable del mantenimiento y maduración de los órganos sexuales femeninos, la madurez sexual y de las características sexuales secundarias. (Gr. **oistros**, gran deseo.)

estrangulaciones de Ranvier **(Ranvier's nodes).** En las fibras nerviosas mielinadas, las interrupciones que separan la vaina de mielina en secciones o nódulos, algunas veces llamadas *nodos de Ranvier.*

estratificaciones* **(stratifications).** Se refiere a las comunidades biológicas superpuestas situadas a diferentes distancias sobre el suelo. // Gradientes de temperatura muy diferenciados en los cuerpos de agua.

estrato* **(stratum).** En histología, conjunto de capas celulares de la misma clase. (Lat. **stratum.**) *Adj.* ***stratiforme, estratoso.*** // *e.* ***cilíndrico***, capa ectodérmica que rodea la pulpa de las plumas. // *e.* ***compacto,*** capa interna consistente de la dermis de los anfibios. // *e.* ***córneo,*** capa más externa de la piel de los invertebrados terrestres, formada por células muertas. // *e.* ***de Huxley***, un estrato medio de células en la vaina interna de la raíz de los pelos. // *e.* ***de Malpigio***, estrato germinativo, v. *capa de Malpigio.* // *e.* ***espinoso,*** capa de células espinulosas en la epidermis. // *e.* ***esponjoso,*** la parte profunda de la decidua verdadera. La capa externa, poco compacta de la piel de los anfibios. // *e.* ***esqueletógeno,*** estrato mesenquimatoso que, a partir de los metámeros primitivos, forma las vértebras. // *e.* ***fibroso,*** tejido fibroso externo de la cápsula sinovial o articular. // *e.* ***folicular,*** capa de células epiteliales que rodea el óvulo en los folículos de Graaf. // *e.* ***granuloso,*** capa de transición en la piel de los mamíferos, entre las células de la capa de Malpigio y el estrato lúcido de la epidermis. // *e.* ***germinativo,*** v. *capa de Malpigio.* // *e.* ***lúcido,*** capa basal de la epidermis de los mamíferos, que es translúcida y no se tiñe por los colorantes corrientes usados en histología. // *e.* ***óptico,*** la capa nerviosa más interna de la retina. // Capa de neuronas de los tubérculos cuadrigéminos. // *e.* ***reticular,*** la *túnica propia* o de las arterias. // *e.* ***trofógeno,*** el epilimnio de los lagos, que por recibir mayor cantidad de luz es más rico en plancton.

estrella* **(star).** Estructura en forma de estrella. V. *áster. Adj.* ***estelar, estrellado*, esteliforme.***

estrellamar* **(starfish).** *Estrella de mar*, equinodermo en forma de estrella, de la clase *Asteroidea.*

estresíptero. Se dice del insecto del orden *Strepsiptera.*

estreptoneuro. Se dice del molusco de la subclase *Streptoneura.*

estreptoneuria **(streptoneury).** El cruzamiento en 8 de los conectivos nerviosos de los moluscos gasterópodos del orden *Streptoneura.* (Gr. **streptos**, torcido; **neuron**, nervio.)

Estreptophiuriae. Un orden en que se han dividido los equinodermos de la clase *Ophiuroidea.*

estreptostilia **(streptostylia).** Articulación en la que el hueso cuadrado es movible con respecto al escamoso. (Gr. **streptos**, torcido; **stylos**, pilar.) *Adj.* ***estreptostílico.***

estria* **(stria).** Una línea, banda, raya o canal estrecho. (Lat. **stria.**) *Adj.* ***estriado.*** // *e.* ***primitiva,*** dos pliegues primarios embrionarios entre los que se encuentra el surco primitivo.

estriación* **(straition).** Conjunto de rayas, estrías transversales de las fibras musculares esqueléticas. (De **estric.**)

estribo* **(stapes).** Huesecillo del oído medio de los mamíferos, homólogo de la columela de los reptiles y derivado del hiomandibular. (Lat. **strebon**, apoyarse.)

estridos **(oestridae).** Moscas grandes que atacan el ganado, familia *Oestridae.* (Gr. **oistros**, tábano.)

estridulación **(stridulation).** La producción de sonidos estridentes en los insectos por el frote de dos estructuras.

estriga **(striga).** Banda de pelos rígidos. (Lat. **striga**, riel, reborde.) *Adj. estrigoso, estriguloso.*

estrigatoideo. Se dice del verme platelminto trematodo del orden *Strigatoidea.*

estrige*. *Lechuza.* (Lat. **strix**, **strigos**, una lechuza.)

estrígida*. Estrigias. Se dice de las aves del orden *Strigiformes.* (Ind. **strix**, lechuza.)

estrigiforme. Se dice del ave rapaz del orden *Strigiformes.*

estrigilo **(strigilis).** Organo que sirve para limpiar las antenas situado en las patas anteriores de las abejas. (Lat. **strigilis**, almohaza, rasqueta.) *Adj.* ***estrigiloso.***

estriol **(estriol).** Hormona ovárica de propiedades semejantes a la del estradiol, hallada en las orinas de la preñez.

estriola **(striola).** Línea o estría fina. (Lat. **striola**, canalito.) *Adj.* ***estriolado.***

estro* **(oestrus).** Etapa en la ovulación y fecundabilidad en los mamíferos. Ciclo estral. (Gr. **oestrus**, frenesí, locura.) // Mosca que ataca el ganado y sus larvas se desarrollan en el tejido subcutáneo. Familia *Oestridae* (**Hypoderma bovis.**)

estrobilización **(strobilization).** Reproducción por segmentación del cuerpo como los zooides y efiras en los celenterados, los proglótidos en las tenias, etc. (Gr. **strobile**, una cosa torcida, una piña.)

estróbilo* **(strobilus).** Fase fija o polipoide del ciclo vital de los escifozoarios, en la que se forman las efiras por segmentación transversal del polipoide. (Lat. **strobilus**, piña.)

estrógeno **(estrogen).** Nombre común de varias hormonas sexuales femeninas en los vertebrados. (Gr. *oistros*, frenesí.) *Adj.* ***estrogénico.***

estroma* **(stroma).** La trama de tejido conjuntivo de una estructura. (Gr. **stroma**, tapiz).

estromatoporideo. Del orden **Stromatoporida.**

estrombo **(queen conch).** Grupo de moluscos gasterópodos marinos de gran tamaño, de concha hermosamente coloreada y con la abertura volteada (**Strombus gigas**). (Gr. **strombos**, trompa.)

estrombulífero **(strombuliferous).** Que tiene estructura espiral. (Gr. *strombos*, trompa.)

estrombuliforme **(strombuliform).** Que tiene forma espiral. (Gr. **strombos**, trompa.)

estrona **(strone).** Hormona ovárica similar al estradiol.

estróngilo **(strongyle).** Espícula de esponjas con rayos redondeados. (Gr. **strongylos**, redondeado.)

estrongiloideo. V. *Strongyloidea.*

estruación **(estruation).** Se aplica a las alteraciones genitales inducidas en animales de laboratorio por inyección de estrogénos. (De **estro.**)

estruciforme. Ave del orden *Struthioniformes.* V. *Avestruz.*

estrucioideas. V. *Struthioniformes.*

estructura* **(structure).** Distribución y orden de las partes del cuerpo de los organismos. (Lat. **structure.**) // *e.* ***ultracelular***, disposición de las moléculas y de los átomos en el protoplasma celular. // *e.* ***útil,*** una de las bases de la teoría de la selección natural de Darwin, que sostiene la transmisión a los descendientes de las estructuras que son útiles. (Ver **darwinismo.**)

estuario* **(estuary).** Estero. Región donde el río encuentra al mar, diluyendo el agua salada. *Adj.* ***estuarino.***

esturión **(sturgeon).** Pez osteictio del orden *Accipenseriformes,* familia *Accipenseridae,* de los ríos holárticos, del que se obtiene el caviar (**Accipenser sturio**).

et. al. **(et. al.).** Abreviatura de *et. alibi*, expresión latina que significa *en otra parte.* // También es abreviatura de *et. ali*, y otros.

-eta.* Sufijo que indica un tamaño menor.

etc. **(etc.).** Abreviatura de et. cetera, voz latina que significa *y el resto.*

-ete.* Sufijo que en los adjetivos significa de calidad menos notable y en algunos substantivos expresa diminutivo. V. -eta.

etio- (etio-). (Del gr. aitia, causa.)

etiología* (etiology). La ciencia que estudia las causas o el origen de las cosas. // El estudio de las causas de las enfermedades. (Gr. aitia, causa; logos, tratado.)

etiópica* (ethiopian.) Se aplica a una de las grandes regiones zoogeográficas, que comprende el Africa al sur del Sahara, Madagascar, las Islas Mascareñas y parte de Arabia.

etiqueta* (label). En museología, rótulo en donde se escribe el nombre científico de los especímenes, así como datos relacionados con localidades, habitaciones, colectores, etc.

etmoides* (ethmoid). Hueso de la base del cráneo de los mamíferos que es atravesado por los nervios olfativos. (Gr. ethmos, tamiz; eidos, forma.) *Adj.* ***etmoidal.***

etmopalatino (ethmopalatine). Lo que pertenece al etmoides y al palatino. (De etmoides y palatino.)

etmoturbinales (ethmoturbinals). Cartílagos o huesos en las fosas nasales que incrementan el área olfativa. (De etmoides y lat. turbo, vuelta.)

etmovomerino (ethmovomerine). Que pertenece al etmoides y al vómer.

etnografía* (ethnography). La descrpción de las razas humanas. (Gr. ethnos, nación; graphein, escribir.)

etnología (ethnology). La parte de la antropología que estudia comparativamente las razas y los pueblos. (Gr. ethnos, pueblo.) *Adj.* ***etnólogo, etnológico.***

etogametismo (ethogametism). Incompatibilidad gamética. (Gr. aethes, desusado; gametes, esposo.)

etología (ethology). Tratado de las costumbres de los animales. (Gr. ethos, costumbre.) *Adj.* ***etológico.***

etómero (ethomerous). Que tiene el número normal de partes o segmentos. (Gr. ethos, costumbres; *meros*, parte.)

eu-* (eu-). (Del gr. eu, bueno, bien, normal, verdadero, original.)

euáster (euaster). Un *áster* (q.v.) en el que los rayos tienen un centro común. (Gr. *eu*, bien; *aster*, estrella.)

Euarthropoda. Una división de los artrópodos que comprende los de patas bien articuladas, es decir, el fílum *Arthropoda* menos los onicóforos y los tardígrados, que constituyen la división *Malacopoda.*

euartrópodo. Un artrópodo de la división *Euarthropoda.*

euasteroideos (euasteroidea). Una división de equinodermos en la clase, *Asteroidea.*

Eubranchiopoda. Una división de los crustáceos de la subclase *Branchiopoda* que viven en aguas interiores. (Gr. eu-, verdadero; + *Branchiopoda,* q.v.)

Eucarida. Una división de los crustáceos de la subclase *Malacostraca.* Carapacho grande, fusionado, que cubre todo el tórax, ojos pedunculados y branquias torácicas. (Gr. eu, verdadero; cari, caridis, un crustáceo pequeño.)

eucárido. Crustáceo de la subclase *Eucarida.*

eucarión (eukaryon). El núcleo organizado del grupo *Eucaryota.* (Gr.. eu, bueno; karyon, núcleo.)

Eucaryota. Una división en la que se incluyen todos los organismos provistos de núcleos verdaderos o de materia nuclear envuelta en una membrana. (Gr. eu, verdadero; karyon, núcleo.)

eucéfalo (eucephalous). Que tiene cabeza bien desarrollada, como ciertas larvas de insectos. (Gr. eu, bien; kephale, cabeza.)

eucelomado. Un miembro de la división *Eucoelomata.*

Eucelomata. Una sección de metazoos bilaterales que tienen un verdadero celoma generalmente tapizado con capas celulares. (Gr. eu, verdadero; + celoma.)

eucénico (eucoeno). Se dice del miembro de una comunidad incapaz de vivir en otro ambiente. (Gr. eu, bien; koinos, común.)

Eucestoda. Una subclase de *Platelmintos*, de la clase *Cestoidea.* Comprende las verdaderas tenias, de cuerpo acintado, escólex con órganos fijadores y embrión de 6 garfios. (Gr. eu, verdadero;+*Cestoda* o *Cestoidea.)*

eucestodo. Platelminto de la subclase *Eucestoda.*

euciliado. Un protozoo de la subclase *Euciliata.*

Euciliata. Una subclase de protozoos del subfílum *Ciliophora,* clase *Ciliata. Tienen citostoma y 2 ó más núcleos, son* conjugantes, (Gr. eu, bien; cilium, cilio.)

Eucoccidea. Un orden de *Sporoza* en la subclase *Coccidiomorpha.*

Eucoelomata. Conjunto de fílumes que presentan verdadero celoma. (Gr. eu-, verdadero;+celoma.)

eucono (eucone). Que tiene el cono cristalino bien desarrollado. (Gr. eu, bien; konos, cono.)

Eucopepoda. Un orden de crustáceos de la subclase *Copepoda.* Carecen de ojos pares compuestos y tienen la abertura genital en el último segmento torácico. (Gr. eu, verdadero;+Copepoda.)

eucroico (euchroic). Que tiene pigmentación normal. (Gr. eu, bien; chros, color.)

eucromatina (euchromatin). Cromatina que muestra las características de coloración de la mayoría de los complementos cromosómicos. (Gr. eu-, verdadero;+cromatina.)

eudipléurico (eudipleural). Que tiene simetría bilateral. (Gr. eu, bien; di, dos; pleuron, lado.)

eudoxoma (eudoxome). Forma dispersante de los sifonóforos calicofóridos. (Gr. eudorax, glorioso.)

Euechinoidea. Una subclase de equinodermos de la clase *Echinoidea.*

Euentoma. Un grupo o subclase de insectos que comprende los que tienen tubos de Malpigio, genitales externos y tráqueas. (Gr. eu-, verdadero; entomon, insecto.)

eufasia (krill). Crustáceo del grupo *Eufasiacea*, cuyas especies constituyen el alimento principal de las ballenas.

eufótico (euphotic). Que está bien iluminado. // La zona marina desde la superificie hasta 80 m. de profundidad. (Gr. eu, bien; phos, luz.)

eugámico (eugamic). Que está en el período de madurez sexual. (Gr. eu, bien; gamos, boda.)

eugenesia* (eugenics). El mejoramiento de la humanidad alterando su constitución genética por el cruzamiento regulado de los individuos más aceptables. (Gr. eu, bueno; genesis, origen, engendramiento.) *Adj.* ***eugenésico.****

euglenoide (euglenoid). Que parece una *Euglena.* Se aplica a los protozoos que tienen movimiento como el de las especies de dicho género.

Euglenoidina. Un orden de protozoos de la clase *Mastigophora*, subclase *Phytomastigina.* Tienen forma delgada, están provistos de citofaringe junto a la vacuola contráctil. Su nutrición es holofítica y tienen cromatóforos. (Gr. eu, verdadero;+Euglena, género típico.)

Eugnatha. V. *Helminthomorpha.*

Eugregarina. V. *Eugregarinida.*

Eugregarinida. Un orden en la subclase *Gregarinida* que no muestra esquizogonia. (Gr. eu, verdadero; + gregarina.)

euhalino (euhaline). Que solo vive en aguas saladas interiores. (Gr. eu, bien; halinos, salino.)

euhiponeuston (euhyponeuston). Conjunto de organismos que viven normalmente junto a la superficie del agua. (Gr. eu, verdadero; hipo, debajo;+neuston, q.v.)

eulamelibranquio (eulamellibranch). Molusco bivalvo del orden *Eulamellibranchiata*, q.v.

Eulamellibranchiata. Un orden de los moluscos bivalvos que tienen láminas branquiales unidas en forma de W. y músculos aductores de igual tamaño. Comprende la mayoría de los bivalvos. (Gr. eu, verdadero;+Lamellinbranchiata o bivalvia.) = *Eulamellibranchia.*

eulimnético (eulimnetic). Que pertenece al plancton exclusivamente de agua dulce. (Gr. eu, verdadero; limne, lago.)

Eumalacostraca. Una división de los crustáceos malacostráceos. Sin músculos aductores en el carapacho y típicamente con 6 somitos abdominales. (Gr. eu, verdadero;+malacostraca.)

eumelanina (eumelanin). Melanina negra, en constraste con la melanina parda o *feomelanina.*

eumerismo (eumerism). Un agregado de partes similares. (Gr. eu, verdadero; meros, parte.)

eumerogénesis (eumerogenesis). Segmentación en la que las unidades son similares por algún tiempo. // Una forma de segmentación en la que las partes producidas son iguales, pero disímiles posteriormente. (Gr. eu, bien; meros, parte; genesis, origen.)

Eumetazoa. Una división del Reino Animal, que comprende todos los fílumes multicelulares menos el de los Poríferos. (Gr. eu, verdadero; + Metazoa.)

eumitosis (eumitosis). La mitosis normal. V. *paramitosis* y *criptomitosis.* (Gr. eu, buena; + mitosis.) *Adj.* **eumitósico.**

eunuco* (eunuch). Hombre castrado, especialmente el destinado a los serrallos orientales. (Gr. eunouchos, sirviente de una habitación.)

Eupaleodictyoptera. Un orden de insectos fósiles de la subclase *Pterygota.*

eupelágico (eupelagic). Perteneciente al plancton exclusivamente oceánico. (Gr. eu, verdadero; pelagos, océano.)

eupepsia* (eupepsia). Digestión normal. (Gr. eupepsis.) *Adj.* **eupéptida.**

Euphaneridina. Un grupo de peces fósiles de la clase *Agnatha* creado para incluir al primitivo *Jamoytius.* (Gr. eu, bien; phaneros, descubierto.)

Euphausiacea. Un orden de crustáceos malacostráceos marinos de la división *Eucarida.* Apéndices torácicos birrámeos. Comprende el krill. (Gr. eu-, verdadero;+Euphausia, un género típico.)

eupirénico (eupyrene). Aplícase a los espermatozoos normales. (Gr. eu-, verdadero; pyren, núcleo.)

euplancton (euplankton). El plancton que está formado enteramente por organismos de aguas abiertas. (Gr. eu, verdadero;+plancton.)

euplántula. V. *púlvilo.*

euplástico (euplastic). Que se organiza fácilmente formando un tejido. (Gr. eu, bien; plastos, moldeado.)

Euplexoptera. = *Dermaptera,* orden de los Insectos.

euploide (euploid). Un poliploide cuyos cromosomas son múltiplos exactos del número haploide. (Gr. eu, verdadero;+ploide.)

eupotámico (eupotamic). Que pertenece al plancton de las aguas corrientes. (Gr. eu, bien; potamos, río.)

euri- (eury-). (Del gr. eurys, amplio, ancho.)

euricenósico (eurycoenosic). Que está ampliamente distribuido. (Gr. eu, bien; koinos, común.)

eurásico* (eurasic). Perteneciente a la Eurasia.

euribárico (eurybaric). Que se adapta a grandes diferencias de altitud. Eurizónico. (Gr. eu, bien; baros, peso.)

euribático (euribathic). Que se encuentra en gran amplitud de profundidades. (Gr. eurys, amplio; bathys, profundo.)

Eurígamo (eurygamon). Que copula durante el vuelo. (Gr. eurys, bien; gamos, boda.)

euritélico (eurytele). Se aplica a los nematocistos que tienen el extremo dilatado. (Gr. eurys, amplio; tele, lejos.)

euritmia* (eurhytmia). En biología se emplea para indicar las relaciones armónicas en el desarrollo de las diversas partes del organismo. (Gr. eu, bien; rhytmos, ritmo, simetría, regla.)

euritópico (eurytopic). Que puede vivir en gran variedad de condiciones locales ecológicas. (Gr eurys, amplio; topos, lugar.)

eurizónico (euryzonal). Que ocurre en gran variedad de altitudes. (Gr. eurys, amplio;+zona.)

Euryalae. Un orden de equinodermos en la clase *Ophiuroidea,* de brazos ramificados y con el disco y los brazos provistos de tegumento grueso. (Gr. eurys, amplio.)

Euryapsida. Una subclase de la clase *Reptilia* que comprende los fósiles *Protosauria* y *Sauropterygida.*

Eurylaimi. Un suborden de aves del orden *Passeriformes.*

Eurypterida. Un subclase de aracnoides fósiles de la clase *Merostomata* que vivieron en la Era Paleozoica, de forma general de escorpión. (Gr. eurys, ancho; pteridos, ola.)

Eurystomata. Una división de los briozoos que comprende los órdenes *Cheilostomata* y *Ctenostomata* cuya abertura es muy amplia.

eusternón (eusternum). La placa esternal anterior de los insectos. (Gr. eu, verdadero + esternón.)

Euselachii. Un grupo de peces condrictios que incluye las rayas y los tiburones. Tienen las aletas pectorales divididas en tres partes: *pro, meso-,* y *metapterigio,* y varias series de dientes desarrollados en sucesión. (Gr. eu, verdadero; selachos, tiburón.)

Eustaqui, B. Médico italiano por cuyo nombre se conocen el tubo que comunica la faringe con el oído medio y la válvula senoauricular de la vena cava inferior.

eustenodonto (eusthenodonto). Tipo de diente de los peces crosopterigios que cuya ortodentina tiene pliegues complicados. (Gr. eu verdadero;+estenodonto.)

euritermo (eurytherm). Organismo que tolera amplia variación de temperatura. (Gr. eurys, amplio; therme temperatura.)

eustomato (eustomatous). Que tiene una abertura bucal bien distinta. (Gr. eu, bien; stoma, boca.)

Eusuchia. Grupo de reptiles que incluye los verdaderos cocodrilos, es decir: incluyendo los órdenes *Parasuchia* y *Pseudosuchia.* (Gr. eu, verdadero; souchos, cocodrilo.)

eutanasia* (euthanasia). Muerte sin sufrimiento físico. (Gr. eu, bien; thanatos, muerte.)

Eutardigrada. Una división de los tardígrados. Sin apéndices bucales. (Gr. eu, bien;+tardigrada.)

eutáxico (eutaxic). Se dice del ala sin espacio entre las plumas secundarias 4a y 5a. (Gr. eu, bien, original, primitivo; taktikos, relativo, al arreglo.)

eutelegénesis (eutelegenesis). Cría mejorada por inseminación artificial. (Gr. eu, bien, tele, lejos; genesis, descendencia.)

eutelia (eutely). La constancia en el número de núcleos de ciertos animales adultos, como los rotíferos, etc. (Gr. eu, bien; thele, fin.)

euténica (euthenic). Mejoramiento de la humanidad por modificación del ambiente en vez de por selección y herencia. (Gr. euthenein, prosperar.)

euteriano. Se dice del mamífero placentario. V. *Eutheria.*

Eutheria. Una infraclase de mamíferos, llamados también *placentarios* y *monodelfos,* que carecen de huesos marsupiales, tienen vagina simple y feto desarrollado en el útero materno y unido por la placenta a la pared uterina. (Gr. eu, verdadero; ther, bestia, en el sentido de mamífero.)

Euthyneura. Subclase de moluscos gasterópodos que tienen conectivos nerviosos víscerales destorcidos. (Gr. euthys, derecho, enderezado.)

eutícomo (euthycomus). Que tiene el pelo recto. (Gr. euthys, recto; kome, pelo.)

eutineuria (euthyneury). Arreglo secundario del sistema nervioso que, en los moluscos gasterópodos opistobranquios y pulmonados, vuelve a ser simétrico por destorsión o por acortamiento de sus conectivos. (Gr. euthys, verdadero; neurón, nervio.)

eutineuro. Se dice del molusco del grupo *Euthyneura.*

eutrófico (euthrophic). Se aplica a los cuerpos de aguas ricos en nutrientes y en producción primaria. // Que tiene una adecuada nutrición. (Gr. eu, bien; trophe, nutrición.)

euvivíparo (euviviparous). Que nutre al joven dentro del cuerpo materno antes del nacimiento. (Gr. eu verdadero, bien;+vivíparo.)

evaginación (**evagination**). Una proyección externa de la pared de una estructura. (Lat. e, fuera; vagina, vaina.)

evaginar (**evaginate**). Proyectar hacia afuera una estructura *evainada*. Desenvainar. (Lat. e-, fuera; vagina, vaina.) *Adj. evaginado*.

evanescente (**evanescent**). Que se desvanece. (Lat. evanescentis.)

evánido. Evanescente, q.v.

Evanioidea. Una superfamilia de insectos himenópteros eregida para la familia *Evaniidae*, colocada por otros en *Proctotrupoidea*.

Evantognathi. V. *Cyprinoidea*, suborden de *Cypriniformes*.

eversión* (**eversion**). La proyección de una estructura interior hacia fuera. (Lat. evertere, solear.) *Adj. eversible*.

evisceración (**evisceration**). Expulsión refleja de las vísceras en los holoturioideos, cuando son irritados. (Lat. e-, fuera;+ víscera.)

eviscerar* (**eviscerate**). Remover las vísceras de un animal. (Lat. e-, fuera;+víscera.) *Adj. eviscerado*.

evocación (**evocation**). El efecto morfogenético producido por un evocador. (Lat. evocarse, llamar.)

evocador* (**evocator**). Principio morfogenéticamente activo emitido por un organizador, que induce un proceso particular de desarrollo en tejidos cercanos. (Lat. evocator, que recruta.)

evolución* (**evolution**). Acción y efecto de desarrollarse o de transformarse las cosas o los organismos pasando gradualmente de un estado a otro. // Descendencia con variación. (Lat. evolution, evolutionis, desenrrollar.) // *e. accidental*, la que ocurre a consecuencia de una mutación que no parece tener valor adaptativo. // *e. alomorfótica*, la que conduce rápidamente a la especialización. // *e. clandestina*, es la que ocurre en la larva y subsecuentemente forma parte de la composición genética del adulto. // *e. cuántica*, una transición de una forma a otra de modo que las intermedias no persisten por mucho tiempo. // *e. dirigida*, V. *ortogénesis*. // *e. horotélica*, evolución con un sistema moderado. // *e. humana*, desarrollo del hombre. // *e. orgánica*, la teoría de que los seres vivos descienden de otros por una serie de cambios o modificaciones graduantes. // *e. paralela*, v. paralelismo. // *e. regresiva*, aparición de características que se consieran más primitivas. // *e. saltatoria*, la que se supone que proceda a cambios bruscos, saltos. // *e. taquitélitica*, evolución con un ritmo rápido. // originalmente un sinónimo de preformación.

evolucionista (**evolutionist**). Relativo a la evolución. // Partidiario de la doctrina de la evolución.

evolutivo*. Perteneciente a la evolución.

evoluto (**evolute**). Desenvuelto, desplegado. // Dícese de la concha espiral cuyas vueltas no llegan a ponerse en contacto. (Lat. e- fuera de; voluta, vuelta.)

evulsión (**evulsion**). El acto de tirar o de arrancar. (Lat. evulsio, ananear.)

ex- (**ex-**). (Del lat. ectus, llevar fuera.)

exa-. Prefijo empleado incorrectamente en vez de hexa-.

exactina* (**hexatine**). Espícula de esponja de seis radios situados en tres ejes perpendiculares entre sí. (Gr. hexa, seis; lat. radius, radio.)

exactinélido. Se dice del porífero que es miembro del orden *Hexactinellida*.

exalado (**exalate**). *Aptero*, q.v.

exápodos. V. *hexápodos*.

exasperado (**exasperate**). Que es áspero por fuera. // Que tiene puntas agudas. (Lat. ex-;+aspero.)

exaspídeo (**exaspidean**). Que tiene el segmento escutelado anterior de la cubierta tarsal extendido hacia el lado externo del tarso: El inverso de *endaspídeo*.

exarado (**exarate**). *Surcado*. (Lat. ex- fuera; arasticos, arar.) // Tipo de pupa de los insectos que tienen extremidades libres y abdomen movible. (Lat. ex- por fuera;+ surcado.)

exciso (**excise**). *Escotado*. (Lat. escisus, cortado.)

excitabilidad* (**escitability**). *Irritabilidad*.

excitación* (**excitation**). La producción o incrementatación de un estímulo. // Acción y efecto de excitar. (Lat. excitare, levantar.)

exclusivo* (**exclusive**). Que solo se encuentra en una región determinada. (Lat. exclusivus.)

exconjugantes (**exconjugantes**). Se dice de los paramecios que se han separado después de la conjugacion. (Lat. ex, fuera;+conjugación.)

excrecencia* (**excrecence**). Un sobrecrecimiento cutáneo. (Lat. excrescere, crecer.)

excreción* (**excretion**). Cualquier desperdicio metabólico. // El proceso envuelto en la eliminación de las excretas. // El acto de excretar. (Lat. excretus, separado.)

excretar* (**excrete**). Separar y eliminar los catabolitos. (Lat. excretus.)

excretas (**excrets**). Material expulsado, especialmente las heces fecales y los productos nitrogenados del metabolismo. (Lat. excretus.)

excretóforo (**excretophore**). Célula en donde se acumulan substancias catabólicas, como las *células cloragógenas* y los *nefrocitos*.

excretorio* (**excretory**). Dícese de los órganos que sirven para excretar. (De excreta.)

excurvado (**excurved**). Curvado hacia afuera. (Lat. ex-, fuera; curvare, curvar.)

exerto (**exert**). Situado por fuera de una estructura. (Lat. exsertus, echado fuera, descubierto.)

exflagelación (**exflagellation**). Formación del microgameto en ciertos esporozoos. (Gr. ex, fuera;+flageto.)

exfoliación* (**exfoliation**). Desprendimiento de las capas superficiales de una estructura. (Lat. ex-, fuera; folium, hoja.)

exhalación* (**exhalation**). *Espiración*. (Lat. ex, fuera; halo, respira.)

exhalar* (**exhale**). Expeler el aire inspirado. (Lat. ex, fuera; halo, respirar.) *Adj. exhalante.**

exinguinal (**exinguinal**). Que ocurre fuera de las ingles. (Lat. ex-, fuera; inguen, ingle.)

existente* (**exist**). Que vive actualmente. Op. *extinto*. (Lat. existere.)

exito* (**exite**). Lóbulo externo en los apéndices de ciertos crustáceos.

exo-. (Del gr. exo, por fuera.)

exobiología (**exobiology**). Consideración teórica sobre la existencia de vida en otras partes del universo. (Gr. exo, por fuera;+ biología.)

exobiótico (**exobiotic**). Que vive al exterior de un substrato. (Gr. exo, fuera; biotikos, perteneciente a la vida.)

exocardíaco (**exocardiac**). Que está situado por fuera del corazón. (Gr. exo, fuera; + cardiaco.)

exoccipital (**exoccipital**). Hueso situado de cada lado del agujero occipital. (Gr. exo, fuera; + occipital.)

exocelo (**exocele**). Espacio entre los mesenterios secundarios de los antozoarios. (Gr. exo, fuera; kiolos, hueso.) *Adj. exocélico*.

exoceloma (**exocoeloma**). La cavidad extraembrionaria de un embrión. (Gr. exo, fuera; koilos, hueco.)

exocíclico* (**exocyclic**). Se dice de los equinodermos cuyo periprocto no está situado en el sistema apical y de los crinoideos cuya boca está fuera de la periferia del disco (Gr. exo, fuera; kylos, círculo.)

exocitosis (**exocytosis**). La descarga de material celular por un proceso contrario al de endocitosis, q.v. (Gr. exo, fuera;+citosis.)

Exocoetoidea. Un orden de peces osteictios. V. *Beloniforme*.

exocono (exocone). Aplícase a los ojos de los insectos que llevan conos cuticulares. (Gr. exo, fuera; konos, cono.)

exocorion (exochorion). La capa externa gruesa en el corion de un huevo de insecto. (Lat. ex, fuera; chorion, corion.)

exocráneo (exocranium). Los huesos del cráneo de origen dérmico. (Gr. exo, fuera;+kranion.)

exocría (outbreeding.) Cruzamiento entre individuos no relacionados entre sí. (Gr. exo, fuera de;+cría.)

exocrina* (exocrine). Se dice de la glándula que vierte sus productos al exterior por un conducto especial. Op. *endocrina.* (Gr. ex-, fuera de; krinein, separar.)

exocutícula (exocuticle). Capa cuticular gruesa del tegumento de los artrópodos intercalada entre la epicutícula y la endocutícula. (Gr. exo;+cutícula.)

Exocycla. Una subclase de equinodermos equinoideos.=*Exocycloidea.*

Exocycloidea. Una subclase de equionodermos en la clase *Echinoidea.* V. *Irregularia.* (Gr. exo, por fuera; kyklos, círculo, aludiendo a la posición del ano.)

exodermis (exodermis). *Ectodermis.* Una capa muy especializada por debajo de la pilífera. (Gr. exo, fuera; lat. dermis, piel.)

exodermo (exoderm). La capa dérmica de las esponjas. (Gr. exo, fuera; lat. dermis, piel.)

exódico (exodic). *Eferente.* (Gr. exodus, que sale.)

exoenzima (exoenzyme). *Ectoenzima.* Enzima extracelular. (Gr. exo, fuera;+enzima.)

exoesqueleto* (exoskeleton). Esqueleto externo propio de algunos invertebrados: coralarios, artrópodos, moluscos, etc. y ciertos vertebrados, como los quelonios. (Gr. exo, fuera; skeleton, duro.)

exofilaxis (exophylaxis). Protección contra enfermedades por secreciones dérmicas. (Gr. exo, fuera; phylaxis, guardia.) *Adj. exofiláico.*

exoftalmía* (exophthalmus). La proyección de los ojos fuera de su posición normal, como en ciertos casos de bocio. (Gr. ex, fuera; ophthalmos, ojo.) *Adj. exoftálmico*.*

exoftalmos* (exophtalmos). Situación saliente del glóbulo ocular. (Gr. exo, fuera; opthalmos, ojo.) *Exoftalmía. Adj. exoftálmico*.*

exogameto (exogamete). Gameto que se une a otro procedente de otra fuente. (Op. exo, fuera; gametes; boda.)

exogamia (exogamy). Fusión de gametos. Conjugación de gametos de diferentes ancestros. // Matrimonio entre parejas de grupos diferentes. (Lat. exo, fuera; gamos, boda.)

exogástrico (exogastric). Que tiene la concha enrollada hacia la superficie dorsal del cuerpo. (Gr. exo, fuera; gaster, vientre.)

exogástrula (exogastrula). Larva experimental de equinodermos de forma de reloj de arena con el endodermo vuelto hacia afuera. (Gr. exo, fuera;+gástrula.)

exógeno* (exogenous). Que se forma o produce fuera de un órgano o estructura. (Gr. exo, fuera; genos, producción.)

exognatia (exognathia). V. *prognatismo.*

exognatio (exognathion). La porción maxilar de la mandíbula superior. (Gr. exo, fuera; gnathos, mandíbula.)

exomixia, exomixis (exomixis). La unión de gametos derivados de líneas distintas. (Gr. exo, fuera; mixis, mezcla.) Op. *endomixis.*

exonéfrico (exonephric). Que tiene los nefridios abiertos al exterior. (Gr. exo, fuera; nephros, riñón.)

exoparásito (exoparasite). V. *ectoparásito.*

exoplasma (exoplasm). V. *ectoplasma.*

exopodito* (exopodium). Parte del apéndice de los crustáceos que se articula con el lado externo del protopodito. (Gr. exo, fuera; podos, pie; -ido, diminutivo.)

Exopterygota. Grupo que incluye los insectos de metamorfosis incompleta o gradual. Los juveniles, llamados *ninfas*, se parecen a los adultos y las alas se desenvuelven externamente. V. *Hemimetabola.* (Gr. exo, por fuera; pteron, ala.)

exóstosis (exostosis). Excrecencia ósea formada por lesiones. (Gr. exo, fuera; osteon, hueso.)

exoteca* (exotheca). Conjunto de láminas calcáreas que aparecen exteriormente en la base del cáliz de los antozoarios. (Gr. exo, fuera; theke, caja.) *Adj. exotecal*, exotecado.*

exotérico (exoteric). Que se produce o desarrolla fuera del organismo. (exo, por fuera; teros, más allá.)

exótico* (exotic). No nativo, extranjero, extraño. Se aplica a los animales introducidos accidentalmente o intencionalmente. (Gr. exotikos, extranjero.)

exotospora (exotospora). V. *esporozoito.*

exotoxina (exotoxin). Toxina sumamente activa excretada por ciertas bacterias. (Gr. exo, fuera; toxicon, veneno.)

expansión* (expansion). Dilatación de un órgano. // Fenómeno mediante el cual los organismos aumentan su área de dispersión. (Bajo lat. expansio.)

expiración (expiration). La expulsión del aire pulmonar durante la respiración. (Lat. ex, fuera; spirare, respirar hacia afuera.)

explanado (explanate). Que tiene una superficie plana. (Lat. ex, fuera; planare, hacer plano.)

explante (explant). Explantación. Un fragmento de tejido o de órgano utilizado para iniciar un cultivo *in vitro*. (Lat. ex, fiera de; planto, plantar.)

explosiva* (explosive). Se aplica a la evolución rápida con formación de numerosos tipos. // Especiación rápida. (Lat. explosio.)

expresividad (expressivity). La intensidad con que se manifiestan ciertos razgos homócigos para genes recesivos. (Lat. expressus.)

exquistamiento (excystment.) Emergencia de un quiste. (Lat. ex, fuera; kystis, quiste.)

excutelado (excutellate). Sin escutelo. (Lat. ex, fuera;+scutellum.)

exserto (exserted). Empujado hacia afuera. (Lat. exserere, estirar.) *Adj. exsértil.*

extensacuto (extensacutum). Un esclerito en la articulación de la mandíbula de los artrópodos.

extensibilidad. La capacidad que tienen las fibras musculares para distenderse. (Lat. extensio.)

extensor* (extensor). Músculo que extiende un órgano. (Lat. extenus, extender.)

externón (externum). La capa externa de un mitocondrio. (Lat. externus, por fuera.)

extero-. (Del lat. extero, por fuera, al exterior.)

exterorreceptor (exteroceptor). Receptor localizado en el tegumento del animal, (Lat. extero, por fuera + receptor.)

extinto* (extinct). Que no vive actualmente. Fósil. (Lat. extinctus.)

extirpación* (extirpation). La remoción de una parte de un organismo. // La extinción de un organismo en un área dada. (Lat. ex, fuera; stirpatus, desraizado.)

extra- (extra-). (Del gr. extra, por fuera, demás.)

extrabranquial (extrabranquial). Que está por fuera del arco branquial. (Lat. extra, fuera; gr. branchia, agalla.)

extracapsular (extracapsular). Que está fuera de una cápsula. Aplícase a los *ligamentos.* // Protoplasma situado por fuera de la cápsula central en los radiolarios. (Lat. extra, fuera;+cápsula.)

extracelular (extracellular). Que está fuera de una célula. (Lat. extra, fuera;+cellula.)

extracolumela (extracolumella). Parte distal de la columela del oído medio de los reptiles y aves que está en contacto con la membrana del tímpano. (Lat. extra, fuera; + columela.) *Adj. extracolumelar.*

extracto libre de células (cell-free extract). Fluído obtenido rompiendo las células y removiendo las inclusiones y las membranas.

extraembrionario (extraembryonic). Que está situado fuera del embrión propiamente dicho. (Lat. extra, fuera; gr. embryon, feto.)

extraentérico (extraenteric). Que está fuera del tubo digestivo. (Lat. extra, fuera; gr. enteron, intestino.)

extrafoveal (extrafoveal). Que pertenece a la macula lutea que rodea la *fóvea centralis* del ojo. (Lat. extra, fuera; fovea, depresión.)

extrahepático (extrahepatic). Aplícase *conducto cístico*, q.v. (Lat. extra, fuera; gr. hepar, hígado.)

extranuclear (extranuclear). Que se refiere a lo que está fuera del núcleo. (Lat. extra, fuera;+nucleus.)

extraocular (extraocular). Lo que se refiere al exterior del ojo. (Lat. extra, fuera; oculus, ojo.)

extrasifonado* (extraphonate). Se dice del cefalópodo cuyo sifón ocupa una posición periférica con respecto a la concha.

extratropical (extratropical). Que vive fuera de la región intertropical. (Lat. extra, fuera;+tropical.)

extrauterino (extrauterine). Se dice del desarrollo embrionario o embarazo que se realiza fuera el útero, por ejemplo en las trompas de Falopio. (Lat. extra, fuera; uterus, útero.)

extravasar (extravassate). Forzar el paso de un fluído fuera del vaso que lo contiene. (Lat. extra, fuera;+vaso.)

extravascular (extravascular). Que está situado por fuera del vaso sanguíneo. (Lat. extra, fuera;+ vaso.)

extraventricular (extraventricular). Que está fuera del ventrículo. (Lat. extra, fuera;+ventrículo.)

extremidad* (extremity). Parte externa de una cosa. // Cabeza, pies, manos, cola de un animal. (Lat. extremitatis.)

extrínsico* (extrinsic). Que actúa desde afuera. // Extraño. // Que se origina fuera de los límites de una estructura. (Lat. extrinsecus.)

extrofia (extrophy). *Eversión.* (Gr. exo, fuera; strophe, envolvente.)

extroflexión (extroflexion). Modo de formarse los sacos mesodérmicos por separación de la hoja interna, como en *Amphioxus.* (Lat. extra, fuera; flexare, doblar.)

exudación* (exudation). Acción y efecto de exudar. // Salida de un líquido fuera de sus vasos propios. (Lat. exudare.)

exudado (exudate). Material fluido o semifluido que fluye por fuera de una estructura, como el suero, el pus. (Lat. ex, fuera;+sudar.)

exumbrela (exumbrella). *Exumbela.* La parte "dorsal" o superior de las medusas, opuesta a la boca. (Lat. ex, fuera;+umbrella.)

exuvias (exuvial). La muda de la piel, de las conchas, etc., de los animales, (Lat. exuviae, desprenderse.) *Adj. exuvial.*

eyacular* (eyaculate). La emisión de fluido seminal. // Lanzar con rapidez y fuera. (Lat. ejaculare.) *Adj., eyaculatorio.*

F

F_1, F_2, etc. Abreviaturas de primera filial, segunda filial, etc., que expresan generaciones sucesivas a partir de la generación inicial o parental P.

fabela (fabella). Un fibrocartílago pequeño y osificado que se encuentra en el tendón de los músculos gemelos. (Lat. faba, haba.)

fabiana (octopus). Cuba: especie de pulpo de piel lisa, brazos largos y color amarillento (**Octopus briareus**).

Fabre, Jean H. Entomólogo francés. Notable por sus observaciones sobre el instinto de los insectos. (1823-1915)

Fabricius, Johan Christian. Entomólogo danés, discípulo de Linneo, quien estableció una clasificación de los insectos basada en la disposición de las piezas bucales. (1743-1808)

Fabricius, Hieronymus. Anatomista italiano, llamado también *Fabricius de Aguapendente*, uno de los más notables sucesores de Vesalio. Consideró las funciones orgánicas desde un punto de vista comparado, a la vez anatómico y fisiológico. (1537-1619)

facea (lens). El cristalino del ojo. (Gr. **phakos**, lenteja, lente.)

facelo (phacellus). Cada uno de los filamentos gastrovasculares de ciertas medusas. (Gr. **phakelos**, paquete.)

faceta* (facet). Un área lisa y pequeña de un hueso, generalmente para la articulación con otra estructura dura. // La córnea de los omatidios de los ojos compuesto de los artrópodos. (Franc. **facette**, cara pequeña.)

faciación (faciation). Asociación en la que uno o más dominantes han sido reemplazados. (Lat. **facies**, apariencia.)

facial* (facial). Perteneciente al rostro. // El VIIº par de nervios craneales, nervio mixto que, en los peces, se confunde con el auditivo y en los vertebrados superiores inerva los músculos de la cara y parte de los del cuello. // Lo que corresponde a la cara. (Lat. **facialis**, pert. a la cara.)

faciculado (fasciculated). Forma incorrecta de *fasciculado*, q.v.

facies* (facies). La cara. // La apariencia general de un hábitat. // La apariencia ecológica de una asociación, particularmente en lo referente a su denominación numérica. // La superficie de una estructura. // Un tipo de depósito geológico. (Lat. **facies**, cara.)

facilitación* (facilitation). Disminución de la resistencia a un estímulo después de un estímulo previo. // Iniciación o àceleración de un proceso natural. (Lat. **facilis.**)

facilitador (facilitator). Que facilita. // Una substancia (adrenalina, acetilcolina) que, producida en el extremo del axón, estimula un impulso nervioso a través de la sinapsis. (De **facilitar.**)

faco- (phaco). (Del gr. **phakos**, una lenteja; aquí un lente.)

facórero (wart hog). El *jabalí verrugoso* de Africa. V. *facóquero.*

facoide (phacoid). En forma de lente. (Gr. **phakos**, lenteja, lente; **eidos**, parecido.)

facolisina (phacolysin). Una albúmina del cristalino del ojo. (Gr. **phakos**, lente + **lisina.**)

facóquero (wart hog). *Jabalí verrugoso*, especie africana, cuya cara lleva tubérculos gruesos y curvados (**Phacochoerus** *aethiopicus).*

facozimasa (phacozymase). Una enzima del cristalino. (Gr. **phakos**, lente; **zymos**, fermento.)

factor* (factor). El que hace una cosa. // En genética, equivale a un *gen*, // Cualquier agente físico o biológico que da lugar a un resultado. (Lat. **factor**, el que hace una cosa.) // ***f. accesorio***, en la nutrición se aplica principalmente a las vitaminas V. // ***f. actual***, cualquiera de los factores ecológicos que influyen en la distribución de los organismos. // ***f. acumulativo***, v. *genes acumulativos.* // ***f. antianémico***, la vitamina B_{12} *o cobalamina.* // ***f. antiesterilidad***, v. *vitamina E.* // ***f. antihemofílico***, substancia presente en la sangre que, junto con la enzima *tromboplastinogenasa*, es responsable de la conversión del tromboplastinógeno en tromboplastina. // ***f. complementario***, el que determina un carácter en los híbridos de la primera generación que no poseen los padres. // ***f. de crecimiento***, cualquier substancia orgánica mínima necesaria para el crecimiento y la multiplicación de ciertos organismos autotróficos (**Euglena**) sin la cual no pueden subsistir en un medio exclusivamente inorgánico. // ***f. de dispersión***, condición ambiental que afecta la distribución de los animales: el *factor primario* corresponde a la vagilidad del animal o a los vientos, las corrientes, el hombre, etc., y el factor secundario *dirige* la dispersón, la alimentación, el clima, etc. // ***f. eyección***, la hormona exitocina, // ***f. de Warburg***, enzima respiratoria más conocida como oxidasa citocrómica (**citocromo-oxidasa**) // ***f. duplicados***, genes distintos que producen efectos idénticos a otros; pero que no son acumulativos. // ***f. edáfico***, *factor del terreno.* // ***f. epistático***, gen cuya existencia es necesaria para la manifestación fenotípica de un carácter determinado por otro gen, llamado *factor hispostático.* // ***f. entromoderador.***=*vitamina* B_2 o *riboflavina.* // ***f. genético***, *gen.* // ***f. hepático***, v. *vitamina* B_{12}. // ***f. hipostático***, v. *factor epistático.* // ***f. histórico***, cualquiera de las circunstancias ecológicas, geográficas o geológicas que han influido en la distribución de los organismos. // ***f. letal***, el que causa la muerte del cigoto, o el embrión o gen que impide la supervivencia de los organismos. // ***f. limitante***, condición del ambiente que se aproxima o excede al límite de tolerancia de un organismo hacia un factor determinado. // ***f. modificador***, el que cambia a otros factores o a los caracteres que surgen de ellos. (Los hay de intensidad, que refuerzan o debilitan la acción de otros factores o inhibidores y cuya presencia impide el desarrollo de un carácter en la herencia.) // *f. múltiples*, los que en número de dos o más pares de genes afectan acumulativamente un mismo fenotipo, como la estatura del hombre. // *f. N*, un factor o grupo sanguíneo o antígenos hallados en eritrocitos. // *f. Rh*, proteína de la sangre humana y de ciertos monos (entre ellos el *rhesus*, q.v.), cuya presencia en la sangre (**Rh positivo**) es un carácter hereditariamente dominante, mientras que su ausencia (**Rh negativo**) es un carácter recesivo. El matrimonio entre un varón con factor *Rh* positivo y una mujer con factor Rh negativo puede ocasionar el nacimientos de bebitos con eritroblastosis fetal. // *f. subletal*, o gen que en estado homócigo provoca en los organismos una limitada posibilidad de supervivencia (menos de un 50%). // *f. suplementario*, factor en la herencia mendeliana cuyos gen alelo dominante es necesario para la presencia de un carácter. // *f. theta*, *v. hormona tirotrópica.*

factorial* (**factoria**). Perteneciente a los factores genéticos o genes. (Lat. **facere**, hacer.)

facultativo* (**facultative**). Lo que puede hacerse o no, según la facultad de cada uno. // En términos usuales, los médicos, odontólogos, etc. // En biología se aplica a los organismos que, siendo generalmente aeróbios, pueden vivir anaeróbiamente o viceversa. // También se aplica al organismo que vive saprofíticamente, pero puede ser parásito (parásito facultativo). // Cualquier organismo que puede vivir bajo distintas condiciones ambientales. (Lat. **facere**, hacer.)

FAD. Abreviatura de la substancia llamada en inglés *"flavinoadenina dinucleotide"* o *dinucleótico* de *flavina adenina.*

faetón.*. V. *rabijunco.*

fago- (**phago**). (Del gr. **phagos**, comer.)

fagocito* (**fagocyte**). Cualquier célula que destruye bacterias o células dañinas; pero se aplica especialmente a los leucocitos. (Gr. **phago**, comer; **kytos**, célula.) Adj. *fagocítico.*

fagocitólisis (**phagocytolysis**). Destrucción de los fagocitos. (Gr. **phago**, comer; **kytos**, célula; **lysis**, disolución.)

fagocitosis* (**phagocytosis**). La captura y englobamiento citoplásmico de partículas sólidas, por leucocitos y ciertos protozoos. (Gr. **phago**, comer; **citosis**, actividad celular.)

fagólisis (**phagolisis**). Disolución de los fagocitos. (Gr. **phago**, comer; **lysis**, disolución).

fagosoma (**phagosome**). Fusión de lisoma con la vacuola digestiva, en donde se realiza la disgestión del material particulado. (Gr. **phagein**, comer; **soma**, cuerpo.)

fagótrofo (**phagotrophic**). Se dice de un tipo de protozoos holozoicos cuya alimentación es heterótrofa y está caracterizada por la captura e ingestión de partículas sólidas. (Gr. **phago**, comer; **thophe**, nutrición.)

fagozoito (**phagozoite**). Un animal que se alimenta de tejidos desintegrados. (Gr. **phago**, comer.)

faisán (**pheasant**). Ave del orden *Galliformes*, familia *Phasianidae*, del tamaño del gallo, del que se distingue por llevar en vez de cresta carnosa un penacho de plumas. El faisán común es de carne apreciada (**Phasianus colchicus**)- (Lat. **phasianus**.)

faja de Hensen (**Hensen band**). Una banda de fibrillas bajo la superficie de la membrana tectorial de los órganos de Corti.

falange* (**phalange**). Cada uno de los huesos de los dedos (primera, segunda y tercera falange o *falange, falangina* y *falangeta).* (Lat. **phalanx**, falange, cuerpo de ejército.) *Adj. falangiano*.* // *f. ungueal*, el hueso terminal de los dedos, que porta la uña: = *Falangeta.*

falangero* (**phalanger**). *Petauro.* Marsupial frugívoro de Australia (**Petaurus sciurus**).

falangeta* (**terminal phalanx**). La falange terminal o ungueal de los dedos. (Lat. **phalanx**, falange; **-eta**, dim.)

falangio (**harvestman**). *Segador*, arácnido que pertenece al orden *Phalangida* u *Opilionida.* (Lat. **phalangium**.)

falangina* (**middle phalanx**). Es la falange o hueso intermedio de los dedos. (De **falange**, hueso; **ina**, dim.)

falanuc (**falanouc**). Mamífero carnívoro de la familia *Viverridae*. propio de Madagascar (**Eupleres asudoti**).

falaris* (**coot**). *Gallareta*, ave.

faláropo* (**phalarope**). Cualquier ave del orden *Charadriiformes*, familia *Phalaropodidae. Phalaropus fulicarius*, En Europa es muy común.

falc- (**falc-**). (Lat. **falx**, **falcis**, una hoz.)

falcado* (**falcate**). Ganchudo o encorvado como una hoz. (Lat. **falx**, hoz.)

falces (**falces**). Los quelíceros de los arácnidos. // La rotula en linterna de Aristóteles. (Lat. **falx**, una hoz.) *Adj. falciforme.*

falciforme* (**falciform**). Estructura en forma de hoz, como el filamento falciforme del hígado. // Proceso falciforme de los ojos de los peces óseos. // **Plasmodium falciforme**, un agente de la malaria maligna. (Lat. **falx**, hoz; **formis**, forma.)

falcinelo* (**ibis**). Europa: *morito*, ave zancuda del orden *Ciconiiformes*, familia *Threskiornithidae* (**Plegadis falcinellus**). (Ital. **falcinello**.)

falcirrostro* (**falcirostral**). Dícese de las aves que tienen el pico en forma de hoz. (Lat. **falx**, hoz; **rostrum**, pico.)

falcón (**hawk**). Halcón. Cualquier ave del género *Falco.* (Lat. **falco**, halcón.) *Adj. falconero*.*

falconería* (**falconry**). V. *cetrería.*

falconete* (**falconet**). Cualquier de los pequeños halcones asiáticos del género *Microhierax.* (De **falcón**.)

falcónido*. Ave de la familia *Falconidae.*

Falconiformes. Un orden de aves depredadoras, como las águilas, los gavilanes, los halcones, que tienen el pico robusto, encorvado en la punta y con piel desnuda o *cera* en la base. Las mandíbulas de bordes cortantes y los pies tienen garras robustas. Hábitos diurnos. (Lat. **falco**, halcón.)

fálcula (**falcula**). Uña muy encorvada. // La hoz del cerebelo. (Lat. **falcula**, garfio, pequeño.) *Adj. falcular, falculado.*

falena* (**moth**). Mariposa nocturna de la familia *Geometridae* cuyas orugas se llaman agrimensoras por su modo de progresión. (Gr. **phalaina**, una mariposa.)

falo* (**phallus**). Organo viril. // La estructura que forma el pene o el clítoris en el embrión de los mamíferos. // Una parte de los genitales externos de los insectos. // Báculo. (Gr. **phallos**, pene.) *Adj. fálico*.*

falómero (**phallomere**). La valva del pene en los insectos. (Gr. **phallos**, pene; **meros**, una parte.)

falosoma (**phallosome**). Una estructura en las valvas del pene en los insectos culícidos. (Gr. **phallos**, pene; **soma**, cuerpo.)

falsa* (**false**). La acepción usual. // *f. pata*, apéndice abdominal de las larvas de algunos insectos (como los lepidópteros) que, aunque locomotoras, no son homólogas con las patas de los adultos. // *f. costilla*, costilla cuyo cartílago ventral no se une directamente al esternón. // *f. cuerda vocal*, pliegue de la faringe anterior a las cuerdas vocales que no interviene en la producción del sonido. // *f. pelvis*, la *pelvis mayor*, q.v.

falso plancton (**false plancton**). Conjunto de organismos fijos al principio de su vida y libres después.

falx (**falx**). Una estructura en forma de hoz. // *falx cerebri*, un pliegue de la duramadre entre los dos hemisferios cerebrales. (Lat. **falx**, hoz.) *Adj. falcado*, falciforme*.*

Fallopio, G. Anatomista italiano. Ver *tubo* o *trompa de Falopio.*

familia* (**family**). En zoología sistemática, una categoría que incluye los géneros que muestran estructuras similares.

Según las reglas de la nomenclatura zoológica, el nombre latino de la familia debe terminar en *-idae*. (Lat. **familia.**) // Un conjunto de células o estructuras de origen común. // Un grupo de organismos emparentados que viven como una unidad. *Adj. familiar**.

fámulo* **(famulus).** Una cerda sensorial en ciertos ácaros. (Lat. **famulus,** sirviente.)

fadusea **(leatherback turtle).** Puerto Rico, Cuba: *tinglado*, la gran tortuga marina, desprovista de escamas (**Dermochelys coriacea**). (Voz indígena.)

faneca* **(a kind of Cod).** Una especie de bacalao del Mar Cantábrico de carne poco estimada **(Gadus luscus.)**

fáneros* **(phaner-).** (Del gr. **phaneros,** visible.)

fanerocodónico **(phanerocodonic).** Un zooide nadador desprendido de una colonia de hidroides. (Gr. **phaneros,** manifiesto; **kodon,** campaña.)

fanerogloso **(phaenroglossa).** Que tiene la lengua visible. Se aplica a los anfibios anuros provistos de lengua. (Gr. **phaneros,** manifiesto; **glossa,** lengua.)

fango de globigerinas **(globigerina ooze).** Depósito marino caracterizado por una preponderancia de foraminíferos del género *Globigerina*. // *f. de terópodos*, depósito marino de conchas de moluscos del orden *Pteropoda*. //*f. de radiolarios*, depósito submarino de conchas de radiolarios.

faoplacton **(phaoplankton).** El plancton de las capas cercanas a la superficie de las aguas que están mejor iluminadas. (Gr. **phaos,** luz;+**plancton.**)

faosoma **(phaosome).** Estructura fotoceptora hallada en algunas células epidérmicas de los anélidos. (Gr. **phaos,** luz; **soma,** cuerpo.)

faradización **(faradization).** Un método para estimular los músculos y provocar su tetanización. (M. Faraday, físico inglés.)

faraona. **(Guinea hen).** Gallina de Guinea.

fardela* **(shearwater).** Ave marina del orden *Procelariiformes*, género *Puffinus*. //*(petrel) – (Pterodroma.)*

fárfara* **(pellicle).** La película interior en la cáscara de los huevos. // Cualquier película o telilla en el cuerpo de los animales. (Lat. **tartarus.**)

farina* **(farina).** Polvo harinoso de algunos insectos. (Lat. **farina,** harina.)

faringe* **(pharynx).** Cavidad situada inmediatamente por detrás de la boca que, en los mamíferos, comunica con las fosas nasales, el esófago, la laringe y las trompas de Eustaquio. // En algunos protozoos, una cavidad que penetra el citoplasma, desde donde parten los flagelos (Gr. **pharynx,** faringe.) *Adj. faringe**.

faringo- **(pharyngo-).** (Del gr. **pharynx,** branquia.)

faríngeo*. Perteneciente a la faringe.

faringobranquial **(pharyngobranchial).** Perteneciente a la faringe y a las branquias, como ciertos huesos de los peces. (Gr. **pharynx,** faringe; **branchia,** branquia.)

faringopalatino **(pharyngopalatine).** Perteneciente a la faringe y al paladar. (Gr. **pharynx,** faringe; **palatum,** paladar.)

faringotimpánico **(pharyngotympanic).** Perteneciente a la faringe y al tímpano. (Gr. **pharynx,** faringe; lat. **tympanum,** tambor.)

farmacodinámica **(pharmacodynamics).** La ciencia que estudia la acción de las drogas en los organismos. (Gr. **pharmakon,** droga; **dynamis,** fuerza.)

farnaca*. Lebrato o liebre nueva.

faro* **(opossum).** Ver *zarigüeya.*

farolillo* **(comb jelly).** Nombre común para los tenóforos de forma ovoide. V. *Ctenophora.*

farra*. Especie de salmón europeo de carne muy apreciada, que vive principalmente en el lago Ginebra.

farto* **(fartus).** Relleno. // Infarto coronario. (Lat. **fartus,** lleno, hinchado.)

fascia **(fascia).** Una faja o una vaina de tejido conectivo. // Una banda de coloración distinta al resto. (Lat. **fascia,** banda.) // *f. lata*, una ancha vaina de tejido conjuntivo de los músculos del muslo en los mamíferos.

fasciado **(fasciale).** Que está compuesto de haces o paquetes. (Lat. **fasciatus,** envuelto con bandas.)

fascículo* **(fascicle).** Un grupo de tractos nerviosos. // Estructuras que forman haces. (Lat. **fasciculus,** un vendaje estrecho.) *Adj. fasciculado**, *fascicular*. // *f. de Hiss*, haz de tejido muscular peculiar que se extiende desde el nódulo auriculoventricular hasta las paredes ventriculares y que, conjuntamente con los dos nódulos, regula el ritmo cardíaco. // *f. talamomamilar*, paquete de fibras desde el tálamo hasta el cuerpo mamilar. (Gr. **thalamos,** cámara; lat. **manilla,** pezón.)

Fasciola. Género de vermes trematodos parásitos del hombre y otros vertebrados, cuyo ciclo vital requiere un molusco de agua dulce, especialmente de los géneros *Lymnaea* y *Physa*. Ej. *Fasciola hepatica* o *duela del hígado*. (Lat. **fasciola,** banda pequeña.)

fasciola (fasciola). Una estrecha faja coloreada. // Una lámina delgada contínua con el *gyrus supracalloso*. // Una banda ciliada de algunos equinoideos. // *f. anal*, v. *selenizona*. (Lat. **fasciola,** banda estrecha.)

fasciolasis **(fasciolasis).** Enfermedad producida por parasitismo de vermes trematodos del género *Fasciola*.

Fasciolopsis. Un género de trematodos parásitos en el intestino humano, común de Oriente *Fasciolopsis buski*.

fascólomo* **(wombat).** Marsupial australiano. V. *wombat.*

fascolarcto. V. *koala*, marsupial.

fase* **(phase).** Cada uno de los estados que muestra un organismo durante su ciclo vital. // Estado en el ciclo vital de los organismos sexuados que lleva la condición haploide (n) o la diploide (2n). (Gr. **phasis,** de **phaino,** brillar.) // *f. letal efectiva*, estado en el desarrollo en el que un gen letal causa la muerte del organismo.

fásmida **(phasmid).** Papila caudal de los nematodos que lleva poros conectados con la bolsa glandular. (Gr. **phasma,** aparición;+**ida.**)

fásmido **(walking stick).** Insecto ortopteroide del orden *Phasmida*.

fastigiado **(fastigiate).** Se dice de la estructura u organismo de forma piramidal o cónica. // El núcleo rojo del cerebelo. (Lat. **fastigiatus,** que termina agudamente.)

fatiga* **(fatigue).** Un estado de disminución en la capacidad para responder a un estímulo producida después de larga estimulación. (Lat. **fatigo,** cansarse.) // *f. muscular*, inactivación de las fibras musculares por el consumo de las substancias energéticas (principalmente glucógeno y fosfatos órganicos) durante la contracción muscular.

fatne **(phatne).** Alvéolo de un diente. (Gr. **phatne,** pesebre.)

fauces* **(fauces).** El espacio anterior a la faringe. // La faringe, la abertura o boca en los moluscos de concha espiral. (Lat. **fauces,** garganta.) *Adj. faucal**.

fauna* **(fauna).** El conjunto de especies animales que habita una región o área o un período geológico determinado. // Puede referirse a un grupo de animales, como la fauna entomológica antillana. (Lat. **Faunus,** dios de los bosques.) *Adj. fáunico**. // *f. abisal*, la que habita las profundidas marinas. // *f. armónica*, la asociación biológica en estado de equilibrio (Cuénot.) // *f. batipelágica*, la fauna pelágica de aguas profundas. // *f. cavernícola*, conjunto de especies animales que habita las cuevas, cuyo estudio es una parte de la *espeleobiología* o *espeleología*. // *f. edáfica*, un complejo faunístico formado por los animales que viven en el suelo y en el cual excavan galerías. También se llama *edafon*. // *f. hidropétrica*, la fauna de las partículas de agua que corren sobre las piedras. // *f. insular*, la característica faunística de las islas que dependen de su origen y su extensión. Las *islas continentales* tienen una fauna derivada de los continentes vecinos, las *islas oceánicas* albergan especies inmigradas y las *islas separadas* por largo tiempo de los continentes tienen una fauna muy compleja, como la fauna antillana. // *f. litoral*, los animales que habitan la orilla del mar y las aguas bajas junto a la costa. // *f. nerítica*, la fauna litoral hasta los 100 m. // *f. pelágica*, la fauna del océano. // *f. profundal* o *abisal* o de las profundidades. // *f. silvestre*, los animales salvajes de un país o una región.

faunación (faunation). Conjunto de individuos animales de todas las especies de una localidad. Compárese con vegetación. (De fauna.)

fáunula (faunula). El conjunto de animales que caracteriza un área pequeña o región del cuerpo de un organismo. Ej. la fáunula intestinal y la fauna edáfica. (Lat. faunula.)

favéolo (faveolus). *Alveólo. Una pequeña depresión. (Lat.* faveolus, panal de abejas.) *Adj. faveolado.*

favo* (favus). Panal de la colmena (Antig.). (Lat. favus, panal de miel.) *Adj. favoso, faveolado.*

fecal* (fecal). Lo relativo a las heces fecales. (Lat. faex, faeces, sedimento, heces.)

fecundar* (fecundate). V. *fecundizar.*

fecundación* (fertilization). La unión de dos gametos con fusión de sus pronúcleos respectivos. (Gr. fecundatio.) // *f. cruzada*, la unión de un esperma de un individuo con un óvulo de otro (v. autofecundación). //*f. externa*, unión de los gametos masculinos fuera del cuerpo materno que generalmente se lleva a cabo por los organismos acuáticos. // *f. hipodérmica*, tipo de fecundación en la cual los espermatozoos penetran a través de los tegumentos por una perforación realizada por el pene. //*f. interna*, unión de los gametos dentro del cuerpo de la hembra previa copulación.

fecundidad* (fecundity). La capacidad reproductiva de un organismo, individual o específicamente considerado. // En demografía, la capacidad teórica máxima de un individuo o de una población. (Lat. fecunditas.) V. *potencial, biológico* o *biótico.*

fecundizar* (fecundate). Hacer que se produzca o se admita la fecundación, bien sea un terreno o un organismo. V. *fertilizar*. (Lat. fecundatus.)

fecundo* (fecund). Propio para la reproducción. (Lat. fecundare.)

Federley, H. Explicó (1913) la esterilidad en los híbridos como un desarreglo de los cromosomas que ocasiona la desaparición de los lugares (locus) especiales en los pares homólogos de cromosomas.

feedback. Un término inglés, empleado originalmente en ingeniería, que tiene su aplicación en diversos mecanismos biológicos de regulación de funciones (homeostasis). La equivalencia en español sería *retroalimentación*, q.v.

feísmo (phaeism). Melanismo incompleto, como el de algunos insectos. (Gr. phaios, negruzco.)

félido. *Felino.*

felino* (feline). Perteneciente o relacionado con los miembros de la familia de los gatos. (Lat. felis, gato.)

Feloidea. = *Ailuroidea*, una superfamilia del orden *Carnivora* que comprende las familias *Felidae, Hyaenidae* y *Viverridae.*

felpudo* (downy). Se aplica a las especies precoces jóvenes, que al nacer tienen su cuerpo cubierto con un plumón denso, como en el caso del pollo. (De felpa, alem. felbel.)

femenino* (feminine). Que pertene al sexo hembra. (Lat. femininus.)

feminina (feminin). Cotorra, ave.

feminismo* (feminism). La posesión de caracteres femeninos de los individuos masculinos. (Lat. femininus, hembra.)

feminización* (feminize). La adquisición o desarrollo de caracteres femeninos.

fémur* (femur). El hueso del muslo en el hombre y los vertebrados tetrápodos que se articula con el acetábulo de la pelvis y con la tibia. // En los insectos arácnidos y en otros artrópodos, el artejo de las patas que se articula con el trocánter y con la tibia. (Lat. femur, muslo.) *Adj. femoral.*

feneco (fennec). *Fenec.* Una especie de zorra del Africa septentrional de orejas muy largas (Fennecus cerda). (Ar. fenek.)

fenestra* (fenestra).=*Ventana.* Una abertura en un hueso o en un cartílago o entre dos o más huesos. // Cada una de las manchitas pálidas halladas en la cabeza de algunos artrópodos, que pueden representar los ocelos. // Una mancha transparente en cualquier ala opaca de los insectos. (Lat. fenestra, una ventana.) *Adj. fenestrada.* // *f. hipofisial*, v. *ventana hipofisial.*

fengófilo (phengophil). Organismo que prefiere la luz. (Gr. phengos, luz; philos, amigo.)

fengófobo (phengophobe). Organismo que evita la luz. (Gr. phengos, luz; phobos, temor.)

feni- (pheni-). (Del gr. phaino, aparecer.)

fénico* (phenic). Lo relativo a los caracteres de que pueden ser apreciado por nuestros sentidos. (Gr. phaino, mostrar.)

fenicóptero-. V. *flamenco*, ave.

fenilalanina (phenylanine). Un aminoácido esencial al metabolismo humano que se convierte en tirosina en el hígado. Su ausencia está asociado con deficiencias mentales.

fenilquetonuria (phenylketonuria). La presencia del p-hidroxifenilpiruvato en la orina por desarreglo metabólico, que es un carácter hereditario.

fenocontorno (phenocontour). V. *isófano.*

fenocopia* (phenocopy). Un fenotipo debido a la acción del ambiente, semejante al producido por acción génica. (Gr. phaneros, visibles; typos, patrón.)

fenogénesis (phenogenesis). La derivación u origen de un fenotipo. (Gr. phaino, aparecer; genesis, origen.) *Adj. fenogénetico.*

fenología (phenology). El estudio de la correlación entre los fenómenos biológicos periódicos y determinados factores ambientales. (Gr. phainon, aparecer; logos, tratado.) *Adj. fenológico.*

fenoma (phenome). La suma total de todas las características de un organismo. V. *genona.* (Gr. phaneros, visible.)

fenómeno* (phenomenon). Un acontecimiento observable, especialmente si es desusado o muy distintivo. (Gr. phaino, aparecen.)

fenón (phenon). Una muestra de organismos del nivel específico fenotípicamente homogénea. (Gr. phaino, exhibir.)

fenotipo* (phenotype). El tipo sensible de un organismo que es apreciado por nuestros órganos de los sentidos y resultante de la interacción del medio y del genotipo. (Gr. phaino, hacer visible; gr. typo, modelo.) *Adj. fenotípico.*

feocisto (pheocyst). *Núcleo.*

feócreo (phaeochrous). = *Negruzco.* (Gr. phaios, negruzco.)

feócromo (paheochrome).=*Cromófilo.* (Gr. phairos, obscuro; chroma, color.)

feocromoblasto (phaeochromoblast). La célula que se desarrolla en un feocromocito o *célula cromafín.* (Gr. phairos, obscuro; chroma, color; blastos, yema.)

feodariano. Un miembro del taxón *Phaeodaria.*

feodio (phaeodium). Un agregado de alimentos y excretas que forma o gránulos pardos o masas alrededor de la cápsula central en algunos radiolarios. (Gr. phaios, obscuro; eidos, parecido.)

feomelanina (phaeodium). Una melanina de color parduzco. (Gr. phaios, negruzco; melas, negro.)

feral* (feral). Salvaje, sin domesticar, montés. Animal doméstico revertido a la vida salvaje. (Lat. fera, fiera.)

fér-de-lance (fer-de-lance). Una serpiente muy venenosa de la familia *Crotalidae* que habita la América tropical y que ha sido introducida en Martinica y Guadalupe (Bothrops atrox). (Fr. fèr-de-lance, punta de lanza, en alusión a la forma de cabeza.)

fermentación* (fermentation). La descomposición anaeróbica de un compuesto orgánico, como la glucosa, por las enzimas de un organismo viviente. // La utilización metabólica anaerobia de los carbohidratos. (Lat. fermentum.)

fermento* (ferment). Nombre empleado como equivalente de enzima o diastasa para designar las substancias orgánicas catalizadoras de las actividades vitales. Los fermentos son específicos para determinadas substancias sobre la cual actúan. La nomenclatura usual designa los fermentos agregando el sufijo *-asa* a la raíz del substrato sobre el cual actúan. (Lat. fermentum, levadura.) // *f. generativo*, substancia en la sangre necesaria para activar las secreciones de las gónadas.

-fero (-ferous). (Del latín *-fer*, el que a su vez deriva de ferre, llevar.) Se emplea en numerosas voces que indica la portación de una estructura o carácter. // (Del gr. phero, transportar.)

feromona (pheromone).=*Ecterohormona.* Substancia segregada al exterior por glándulas exocrinas que estimula varias fases de la conducta animal como por ejemplo: el reconocimiento entre los individuos de la misma especie. Las hormigas y otros insectos segregan varias feromonas. (Gr. pherein, llevar;+hormona.)

ferón (pheron). La parte que lleva el principio activo en una enzima. (Gr. pherein, llevar.)

ferre* (goshawk). *Azor*, ave de rapiña.

ferreiro. Especie de rana arbórea del Brasil. Familia *Hylidae* (Hyla faber).

ferrina (ferrin). Proteína férrica aislada de los tejidos del hígado. (Lat. ferrum, hierro.)

ferrocito (ferrocyte). Célula que contiene compuestos de hierro, relacionada con la producción de tunicina en las ascidias. (Lat. ferrum, hierro.)

ferrugíneo* (feruginous). Que tiene el color de la herrumbre u óxido de hierro. (Lat. ferrum, hierro.)

fértil* (fertile). Aunque se aplica propiamente a la tierra que produce mucho, en América se emplea también como sinónimo de fecundo. (Lat. fertilis.)

fertilidad* (fertility). La calidad de ser fértil o poder reproducirse. // La reproductividad actual y efectiva de una población. V. *potencial biótico.* (Lat. fertilitas, -atis.) // *f. diferencial.* La medida del éxito de una variación en términos de la capacidad reproductora de un organismo. // *f. efectiva*, probabilidad reproductora.)

fertilización (fertilization). *Fecundación.* Unión de los pronúcleos del macho y la hembra. (Lat. fertilis, fértil.)

fertilizar* (fertilize). Se emplea como sinónimo de fecundar, aunque es objetado. La unión de un gameto masculino (esperma) con uno femenino (óvulo), para formar una célula diploide (el cigoto), capaz de desenvolverse en un nuevo organismo. *Adj. fertilizador.**

fertilizina (fertilizin). Substancia soluble coloidal producida por ciertos huevos y que causa la aglutinación y absorción de los espermatozoides. (Lat. fertilis, fértil.)

festón* (festoon). El margen de ciertas garrapatas, que tiene escotadura rectangulares. // El margen ondulado de las encías que rodea el cuello de los dientes. (Ital. festone, de fiesta.)

fetación* (pregnancy). Desarrollo del feto, preñez. (Lat. foetus, descendiente.)

fetalización (fetalization). Pedomorfosis que permite la conservación de estados ancestrales fetales en el estado adulto de los descendientes. (De feto.)

feto* (fetus). Estado en el desarrollo de un mamífero después que ha completado su morfogénesis embrionaria. (Lat. foetus, descendencia.) *Adj. fetal**. // *f. suctor*, cría de los marsupiales que nace en estado prematuro y experimenta desarrollo ulterior en la bolsa marsupial, en donde se fija a los pezones maternos.

F H P (H P F). Siglas del factor hiperglicémico o *glucagon*, q.v.

fialóporo (phialopore). La abertura en una colonia hija en un flagelado del género *Volvox.* (Gr. phiale, escudilla; poros, canal.)

fiber. *Rata almizclada.* V. *ondatra.*

fibra* (fiber). Toda estructura que tiene forma o aspecto de filamento. *Adj. fibroso*, fibroide*, fibroideo**. // *f. adrenérgica*, fibra simpática postganglionar que produce una substancia similar a la adrenalina o epinefrina. // *f. aferente*, elemento anatómico largo y delgado del sistema nervioso que conduce impulsos a los centros. // *f. colágena*, fibra conjuntiva que se une en haces sin anastomosar y que, por coacción, forma una masa. Se hincha por los ácidos y los álcalos diluidos. // *f. colgante*, v. *fibra zarcillosa.* // *f. colinérgica*, cualquier fibra nerviosa que segrega acetilcolina como neurohumor. // *f. continua*, microtúbulo que conecta los dos polos del complejo mitótico. // *f. de Landolt*, proceso libre de los conos bipolares del ojo en algunos vertebrados. // *f. de Muller*, fibra de neuroglia en la retina. // *f. de Purkinje*, fibra muscular en el haz atrioventricular de gran velocidad de conducción. // *f. de Reinsner*, fibra de función desconocida, que se extiende desde la extremidad posterior del tubo nervioso hasta la comisura posterior del encéfalo medio. // *f. de Sharpey*, grupo de fibras conjuntivas que perfora y mantiene unidas las laminillas periósteas. // *f. de Tomes*, fibras de dentina. // *f. del manto*, fibrilla del huso durante la mitosis. // *f. efectora*, prolongación de neurona motora que conduce el impulso nervioso hacia los músculos, glándulas y otros efectores. // *f. elástica*, fibra de tejido conjuntivo aislada, ramificada y anastomosada que puede formar membrana fenestrada constituida por *elastina.* // *f. fusiforme*, cada una de las fibrillas que forman parte del huso mitótico. // *f. gigante*, fibra nerviosa larga y modificada que se extiende longitudinalmente en algunos invertebrados, como los cefalópodos. // *f. muscular*, es la unidad del músculo estriado, formada por la división repetida de una célula original con desaparición de los tabiques celulares, constituyendo un sincicio. Un conjunto de fibras musculares inervado por una sola fibra nerviosa, se denomina *unidad motora.* // *f. nerviosa*, prolongación de una neurona, generalmente cubierta por una o dos capas; la *vaina de Schwann* que es la más externa y la *vaina de mielina.* Las fibras que carecen de mielina se llaman *amielinadas.* // *f. nerviosa gris*, fibras grises o amarillo-grisáceas desprovistas de mielina, v. *fibra amielinadas.* // *f. nerviosa medulada*, aquella que está envuelta en mielina. // *f. nerviosa amedulada*, o *amielínica*, que carece de mielina, sinónimo de gris, gelatiforme, simpática o de *Lamarck.* // *f. receptora*, prolongación de una neurona sensorial que traslada el impulso nervioso hacia el centro. // *f. reticular*, fibra de tejido conjuntivo que no se reúne en haces, pero se anastomosa en retículos y es resistente a los ácidos y a los álcalis. // *f. tractora*, cada una de las fibras que conecta el centrómero con cada centriolo. // *f. zarcillosa*, v. *fibra cerebelar ramificada.*

fibrilación (fibrillation). La contracción espontánea e independiente de las fibras musculares individuales. (Lat. fiber, fibra.)

fibrilla (fibril). Fibra muy delgada, como las del citoplasma en ciertos protozoos o en las células de espongina. // Una parte componente de una fibra, como las fibrillas musculares. Proyección capilar en las branquias externas de las salamandras. (Lat. fibrilla.) *Adj. fibrilado, fibriloso, fibrilloso, fibrilar.*

fibriloblasto (fibrilloblast). *Un odontoblasto.*

fibrina* (fibrin). Proteína de la sangre que forma gran parte del coágulo y proviene de la acción de la trombina sobre el fibrinógeno. (Lat. fibra, banda.) *Adj. fibrinoso**.

fibrinógeno* (fibrionogen). Proteína de la sangre que, por actividad de la trombina, se transforma en *fibrina* y produce la coagulación. (Lat. fibra, fibra; -geno, producir.)

fibrinoide (fibrinoid). Una substancia homogénea eosinófila con algunas de las propiedades de coloración de la fibrina. (Lat. fibra; oides, similar.)

fibroblasto (fibrolasts). Célula del tejido conectivo que origina las partes fibrosas de los tendones, etc. (Lat. fibra, banda; blastos, formación, brote.)

fibrocartílago (fibrocartilage). Un tipo de cartílago muy resistente cuya matriz está compuesta principalmente de fibras con pocas células. Ocurre en los discos intervertebrales, la sínfisis pubiana, etc. (Lat. fibra;+cartílago.)

fibrocélula (fibrocellula). Fibra muscular lisa de los invertebrados formada por una sola célula con núcleo único central que puede ser fusiforme, acintada o ramificada.

fibrocito (fibrocyte). Una célula de tejido conectivo, también llamada *desmocito.* (Lat. bira; gr. kytos, célula.)

fibroglia (fibroglia). Fibrilla en el citoplasma de los fibroblastos. (De fibra; gr. glea, cola.)

fibroína (fibroin). Uno de los mayores componentes de la seda, consistente en una cadena de péptidos unidos por enlaces de hidrógeno. Forma el eje de los hilos. (Lat. fibra.)

fibroma* (fibroma). Tumor en los tejidos conectivos. (Lat. fibra, fibra; -oma, sufijo que indica tumor.)

fibrospongiario. Se dice de las esponjas cuyo esqueleto está formado únicamente por fibras de espongina. V. *Demospongiae.*

fíbula* (fibula). *Peroné.* En los vertebrados tetrápodos, el hueso externo de la pierna que en el hombre es más delgado que la tibia. (Lat. fibula, hebilla, astilla.) *Adj. **fibular, fibuliforme.***

fidelidad* (fidelity). El grado de limitación de una especie a una habitación determinada. (Lat. fidelitas, fidelidad.)

-fido (-fi). Sufijo que indica una estructura hendida o bífida. (Lat. findere, hender.)

fierásfer (pearl fish). Grupo de peces marinos de cuerpo delgado que viven en comensalismo con las holoturias. Orden *Perciformes,* familia *Carapidae.* (Carapus bermudensis.)

fijación* (fixation). La acción de ciertos músculos que previene la pérdida del equilibrio o de la posición de un órgano. // El proceso de sujeción de un animal de vida libre a un substracto al comienzo de su vida sésil. // Proceso de fijar, q.v. // Ver *imprinting.* (Lat. fixus, fijado.)

fijador (fixative). Agente empleado para fijar las células y los tejidos. (Lat. fixus, de fijo, fijar, asegurar.)

fijar* (fix). En la técnica micrográfica, consolidar matando las células para darles estabilidad a sus orgánulos. Hay fijadores físicos como el calor o la desecación brusca, y fijadores químicos, como los alcoholes, los ácidos ósmicos y crómicos, etc. (Lat. fixus, de figo, fijar, asegurar.)

fijeza de las formas o de las especies. Doctrina biológica opuesta a la de la evolución, que sostiene la invariabilidad de las especies. Fue mantenida por Linneo, Cuvier, etc.

fil- (phil-). Partícula empleada para indicar la inclinación o preferencia de un organismo hacia un hábitat determinado. (Gr. philos, amigo, con afinidad.) // Lo relacionado o parecido a una hoja. (Gr. phyllon, hoja.) // Lo relacionado con la raza estirpe o con el desarrollo. (Gr. phylon, raza.)

filacobiosis (phylacobiosis). Conducta protectiva en ciertas hormigas. (Gr. phylax, guardián; biosis, el acto de vivir.)

filactocarpo (phylactocarp). Modificación de un medusoide de las hidromedusas para la protección de los gonóforos. (Gr. phylaktikos, vigilante; karpos, un fruto.)

filactolemado. Ver. *Phylactolaemata.*

filamento* (filament). Estructura en forma de hilo alargado, como el raquis de los plumones. // El ápice del tubo digestivo del ovario de los insectos. (Neolat. filamentum.) *Adj. **filamentoso****. // ***f. axial***, eje filiforme de la cola de los espermatozoos. // ***f. de Deister***, ver *neurita;* // ***f. espiral***, un hilo espiral en los espermatozoos que envuelve el filamento axial en la parte de la cola cercana al cuello, cuya función es mitocondrial. // ***f. gástrico***, v. ***f. mesentérico.*** // ***f. mesentérico***, cada uno de los engrosamientos ondulados del borde libre de los septos o tabiques mesentéricos en los *antozoos*, que a veces se continúan en filamentos libres llamados *aconcios.* // ***f. polar***, hilillo desenvainable que se encuentra en las cápsulas polares de los prozoos nidosporidios. // ***f. prehensor***, estructura filiforme ramificada y provista de nematocistos hallada a menudo junto a los gastrozoides de los sifonóforos. // v. también *filamento urticante.* // ***f. septal***, v. ***f. mesentérico.*** // ***f. terminal***, apéndice alargado impar en el último segmento anal de los insectos tisanuros. // ***f. urticante***, tubillo filiforme terminado en punta, a veces provistos de garfios, que se encuentran enrollados en el interior de los *nematocistos* de los celenterados y, al proyectarse al exterior, puede introducir un líquido urticante que tiene un principio llamado *hipnotoxina.*

filánder (kangaroo). Nombre originalmente aplicado al canguro por los exploradores holandeses.

filandria*. Verme nematodo parásito en el aparato digestivo de las aves. (Fr. filandre.)

filandro (philander).=*Filander.*

filar* (filar). Propio de la parte fibrilar del citoplasma o mitoma, q.v. (Lat. filum, hilo.)

filaria* (filaria). Uno cualquiera de los vermes nematodos filiformes del orden *Spirurida,* o *Filarioidea,* que parasita el hombre y otros vertebrados y que necesita de un artrópodo como hospedero intermediario. Ej. *Wuchereria bancrofti,* productora de la enfermedad llamada *elefantiasis,* y *Dracunculus medinensis* o lombriz de Guinea, q.v.

filariasis* (filariasis). Enfermedad producida por nematodos del grupos de las *Filarias,* en especial la producida por *Wuchereria bancrofti.*

Filariformes. Ver *Filarioidea.*

Filarioidea. Orden de nematodos. V. *Spirurida.*

filator (filator). Una estructura que forma parte del aparato hilador en las arañas. (Lat. fílum, hilo.)

filembrión (phylembryo). Un estado en el desarrollo de los branquiópodos. (Gr. phyleon, raza; + embrión.)

filete* (fillet). Una banda de materia blanca en el mesencéfalo y en la médula oblongada. (Lat. filum, hilo.)

filético (phyletic). Relacionado con el linaje de un organismo o de una agrupación taxonómica. (Gr. phyletikos, referente a una tribu.)

filial* (filial). Lo perteneciente al hijo. En genética, las generaciones que descienden de la pareja inicial: filial primera, segunda, etc. (Lat. filialis.)

filidio (phyllidium). Un pliegue a los lados del escólex en ciertos cestodos. // Un botridio. (Gr. phyllon, hoja; idion, diminutivo.)

filífero (filiferous). Que porta hilos o filamentos. (Lat. filum, hilo; ferre, llevar.)

filiforme* (filiform). En forma de hilo o hebra. // Antenas filiformes en ciertos insectos. (Lat. filiformes.)

filígero (filigerous). Estructura con crecimientos filiformes o flagelos. (Lat. filum, hilo; gerene,, llevar.)

filo* (phylum).=*Fílum.* Categoría taxonómica por debajo del Reino. // En el sistema filogenético, serie de organismos que se consideran originados unos de los otros a partir de una misma forma fundamental. (Acad.) (Gr. phylon, raza.)

filo- (philo-). (Del gr. philo, phileo, philos, amante, que tiene afinidad hacia algo.) // (Del gr. phylon, *raza, tribu.) // Del gr.* phylo, phyllon, hoja.)

filobiología. (phylobiology). El estudio de la conducta de los organismos en relación con su filogenia. (Gr. phylon, raza, bios, vida; logos, discurso.)

filobotrioideo. V. *Phyllobothrioidea.*

filobranquia (phylobranchia). Branquia compuesta de numerosas laminillas. (Gr. phyllon, hoja; branchia; branquia.)

Filobranchiata. Un orden de moluscos bivalvos caracterizado por la posesión de largas branquias filamentosas independientes, con dos músculos aductores, el anterior a veces ausente. Ostras, mejillones, peregrinas. (Gr. phyllon, hojas; *branchia,* branquia.)

filocárideo. Un crustáceo miembro de la división *Phyllocarida* o *Leptostraca.*

filoefébico (phylephebic). *Filefébico.* El estado adulto en la historia racial. (Gr. phylon, raza; ephebos, un joven.)

filoembrión (phyloembryo). = *filembrión.*

filoeritrina (phylloerythrin). Pigmento rojo derivado de la clorofila, que se encuentra en la bilis de los animales herbívoros. (Gr. phyllon, hoja; erythros, rojo.)

filófago* (phyllophagous). Que se alimenta con hojas y corteza de los árboles. (Gr. phyllon, hoja; phago, comer.)

filogénesis* (phylogenesis). El origen evolutivo de un grupo de organismos. (Gr. phyllon, tribu o estirpe; genesis, origen.) *Adj. filogénico*.*

filogenia* (phylogeny). Rama de la biología que estudia el origen de los grandes taxones o troncos orgánicos. V. *ontogenia.* (Gr. phylon, raza; geneia, consanguinidad.) *Adj. filogenético*.*

filógeno. Parásito que se desarrolla sobre una planta hospedante. (Gr. philos, amante; genos, descendiente.)

filogeróntico (phylogerontic). Estado de envejecimiento o decadencia de una estirpe. (Gr. phylon, raza; geron, anciano.)

filón (phylum). V. *fílum.*

filoneánico (phyloneanic). Estado juvenil en la historia filogenética. (Gr. phylon, raza; neanikos, lleno de juventud.)

filonepiónico (phylonepionic). Estado posterior al embrionario en la historia filogenética. (Gr. phylon, raza; nepios, infante.)

filopatría (philopatry). La tendencia consistente de retornar al lugar de nacimiento o de reproducción aún después de prolongadas ausencias. (Gr. philos, amante;+patria.)

filopluma (filoplume). Tipo de pluma en forma de seta, con las barbas reducidas a un mechón terminal. En algunos no existen barbas. (Lat. filo, hilo.)

filopodio* (phylopodous). Se aplica a los apéndices nadadores de forma de hoja en los crustáceos. (Gr. phyllon, hoja; pous, podos, pies.)

filópodo* (phyllpodium). Un tipo de paseudópodo filamentoso hallado en protozoos sarcodinos. // Grupo de crustáceos cuyos apéndices son foliáceos. V. *Phyllopoda,* (Lat. filum, filamento; gr. pous, podos, pie.)

Filosia. Una subdivisión de los protozoos de la clase Rhizopoda caracterizada por tener seudópodos filamentosos. (Lat. filum, hilo.)

filoso (filose). Se dice del protozoo que tiene seudópodos filamentosos o *filópodos.* // *Afilado.* (Lat. filum, hilo.)

filosofía natural (natural philosophy). El estudio de la naturaleza en su totalidad. // El estudio de los fenómenos que ocurren en los cuerpos que no hacen variar la naturaleza de los mismos.

filosoma (phyllosoma). Larva característica de las langostas de la familia *Palinuridae,* de cuerpo ancho y deprimido con largos apéndices bífidos. (Gr. phyllon, hoja; soma, cuerpo.)

filospondílea (phyllospondylous). Se dice de la vértebra formada a expensas del hipocentro y con el arco neural como un proceso transversal hueco. (Gr. phyllon, una hoja; spondylos, vértebra.)

filotráquea* (phyllotrachea). Repliegue laminar que aumenta la superficie interna de los pulmones traqueales de los arácnidos. (Gr. phyllon, hojas; lat. trachia, tráquea.)

filoxera* (phylloxera). Insecto homóptero oriundo de América que ataca la vid (Phyloxera vastatrix). (Gr. phyllon, hoja; xeros, seco.) *Adj. filoxérico.*

filozoide (phyllozoid). Un medusoide de función protectora. // Un pólipo o hidrófilo de hidromedusas. // Forma laminar protectora en los sifonóforos. (Gr. phyllon, hoja; zoon, animal.)

filtración* (filtration). El acto de filtrarse, como la linfa a través de los capilares. (Lat. philtrum.) // *f. capsular,* proceso realizado en los nefrones mediante el cual pasan a través de las membranas semipermeables de los capilares de los glomérulos los componentes de la sangre de menor tamaño, quedando sin filtrar los elementos figurados y las proteínas. (Gr. philtron, filtro.)

filtro* (philtrum). La depresión en el labio superior bajo el septo de la nariz. (Gr. philtron, filtro.)

fílum (phylum). *Filo*,* q.v. En taxonomía, la categoría zoológica primaria inmediatamente por debajo del reino. Esta palabra viene a ser la traducción literal del neolat. *phylum* (fílum). cuyo plural es *fílumes* y es considerado por Font Quer como barbarismo. (Neologismo latino phylum, derivado del griego phylon.) // Nota: la palabra latina *filum* quiere decir, hilo. // *f. terminale*, filamento delgado que desciende de la extremidad de la médula espinal hasta el extremo del canal medular.

fimbria* (fringe). Estructura a la manera de franja o de orla, como las digitaciones del oviducto o de los sifones de los moluscos. // La prolongación posterior desde fórnix al hipocampus. (Lat. fimbria, extremidad, borde.) *Adj. fimbriado, fimbrilífero.*

fimícola (fimicolous). Que se desarrolla en el estiércol, como las larvas de ciertas moscas y escarabajos. (Lat. fimus, estiércol, barro.)

fimosis* (phymosis). Estrechez del orificio del prepucio. (Gr. phymosis.)

fimosomatoideo. V. *Phymosomatoidea.*

finícola (finicolous). Organismo que vive en el límite del área de dispersión. (Lat. finis, fin; -cola, habitante.)

fino. Puerto Rico: pez marino. V. *oatilibí.*

fiona (phyone). Hormona del lóbulo anterior de la hipófisis que regula el crecimiento. *Hormona del crecimiento, fión, tetelina.* (Gr. phye, crecimiento.)

Finlay, Carlos Juan. Médico y biólogo cubano, descubridor de la transmisión de la fiebre amarilla por el mosquito *Aedes aegypti.* (1833-1915)

FIP (PIF). Siglas del *factor inhibidor de la prolactina,* producido en el hipotálamo, que inhibe la producción de dicha hormona.

firmisternal* (firmisternal). Se dice del anfibio anuro que tiene las dos partes del arco pectoral firmemente unidas. (Lat. firm, firme, robusto; -sternum esternón.)

fisa (physa). La parte redonda en la base de las anémonas de mar excavadoras. (Gr. physa, vejiga.)

fisalia (physalia). V. *navío portugués,* hidrozoario.

Fischer, Emil. Demostró en 1887 los patrones estructurales de las proteínas. Premio Nobel en 1902.

Fisher, R.A. Científico norteamericano. Junto con J.B.S. Haldane, aplicó los cálculos estadísticos a la genética y al estudio de las poblaciones. (1889)

fisi- (fissi-) (Del latín, findo, fissus, hendido; *fissilis*, que tiende a partirse.)

fisicista (physicist). El que sostiene la teoría de que los fenómenos vitales son explicables sobre bases fisicoquímicas. (Gr. physikos, físico.)

físico* (physical). Lo relativo a la organización, estructura y desarrollo del cuerpo. El físico del cuerpo. // (physicist.) Desde el punto de vista biológico, el sostenedor de la teoría del mecanicismo. // (Gr. physis, la naturaleza.)

fisidáctilo (fissidactyl). Se aplica a las aves que tienen dedos separados entre sí. (Lat. fissus, hendido; dactylos, dedo.)

fisidente (fissidentate). Que tiene los dientes hendidos, como los de las arañas. (Lat. fissus, hendido; dens, diente.)

físil (fissile). Estructura que está dividia o que tiene tendencia a dividirse. (Lat. fissilis, lo tendiente a hendirse.)

fisilingüe (fissilingual). Que tiene la lengua hendida. Se aplica a las serpientes y a los saurios de lengua bífida. (Lat. fisis, hender;+lingüe.)

fisio- (physio-). (Del gr. physis, naturaleza.)

fisiogénesis **(physiogenesis).** El desarrollo de las actividades vitales. Viene a ser como la ontogénesis en su aspecto fisiológico. (Gr. **physis**, naturaleza; **genesis**; descendencia.) *Adj.* ***fisiogénico.***

fisiología* **(physiology).** En su sentido lato, es el tratado sobre la naturaleza de las cosas, pero en su sentido actual es el estudio de los fenómenos vitales de los organismos. (Gr. **physis**, naturaleza;+**logos.**) *Adj.* ***fisiológico.****

fisiólogos **(physiologus).** Escritos de la antigüedad en el que se vertía gran parte de la cultura zoológica de la época. V. *Bestiarios.*

fisiometría **(physiometry).** Una medición de las funciones fisiológicas por métodos serológicos. (Gr. **physis**, naturaleza; **metron**, una medida.)

fisión* **(fission).** Un tipo de multiplicación en el que un organismo unicelular se divide en dos partes, cada una de las cuales recibe un contenido completo. (Lat. **fission, -onis.**) // *f.* ***binaria,*** división en los protozoos por la que el individuo se divide en dos mitades, generalmente iguales. // *f.* ***múltiple,*** tipo de multiplicación asexual en los animales por división del cuerpo en tres o más partes; protozoos, anélidos, nemertinos, etc.

fisionomía.*=*Fisonomía.*

fisipalme **(fissipalmate).** Que tiene el pie lobulado o semipalmado, como los somormujos.

fisiparidad **(fissiparity).** Modo de reproducción asexual en el que el organismo se divide en dos partes. (Lat. **fissiparus**, de **fissus**, hendido; **parere**, parir.)

fisípedo **(fissiped).** Dícese del pájaro que tiene pico corto, ancho y hendido. // Una división de los mamíferos del orden Carnívoros, caracterizados por tener los dedos libres y estar provistos de garras, como los perros. Op. *pinnipedos.* (Lat. **fissus**, hendido; **pes**, pie.)

fisirrostro **(fissirostral).** Dícese del ave que tiene el pico corto y hendido. (Lat. **fissus**, hendidura; **rostrum**, pico.)

Fiske, C.H. Bioquímico norteamericano. Uno de los que probaron el papel de la fosfocreatina en la contracción muscular.

fisoclisto **(physoclystous).** Se dice de los peces que tienen la vejiga natatoria sin comunicación con el tubo digestivo. (Gr. **physa**, vejiga; **kleistos**, cerrado.)

físodos **(physodes).** Huecos con floroglucina que se encuentran en el plasma de ciertos *Sarcodina.* (Gr. **physa**, vejiga.)

fisogastria **(physogastry).** Se dice del abdomen de ciertos insectos con excesiva cantidad de grasa y aumento de tamaño. (Gr. **physa**, vejiga; **gaster**, vientre.)

fisoide **(physoid).** Parecido a una vesícula o burbuja, como la concha de algunos moluscos gasterópodos. (Gr. **physa**, vesícula; **-oides**, forma.)

fisonomía* **(physionomy).** Las características o aspecto físico de las personas y otros organismos. // Ciencia de las leyes de la Naturaleza. (Gr. **physonomion.**)

fisópodo. V. *Physopoda.*

fisóstomo* **(physostomous).** Un pez del orden *Physostomi.*

Fissipedia. Un suborden de mamíferos en el orden *Carnivora.* Se distinguen por tener los pies con los dedos separados, en contraste con los del suborden *Pininipedia. (Lat.* **fissus**, hendido; **pes.** pie.)

fístola*. V. *fístula.*

fístula* **(fistula).** Un pasaje anormal que comunica una cavidad orgánica o un absceso con el exterior. (Lat. **fistula**, tubo.) *Adj.* ***fistuloso*, fistular.****

fisura* **(fissure).** Grieta profunda y estrecha o hendidura que divide un órgano en lóbulos o lo separa en áreas distintas. (Lat. **fissura.**) // *Adj.* ***fisural*.*** // *f.* ***anal,*** la hendidura producida en los insectos por escamas que se extienden a cada lado del ano. // *f.* ***branquial,*** hendidura branquial. // *f.* ***coroides,*** fisura que, en los mamíferos, se encuentra en la parte inferior de la cuenca del ojo. // *f.* ***central,*** v. *fisura de Rolando.* // *f.* ***coroidea,*** fisura formada por la vesícula óptica en el embrión de los vertebrados. // *f.* ***de Rolando,*** un pliegue transversal en el cerebro humano que separa un área anterior motora de un área posterior sensorial. // *f.* ***de Silvio,*** un pliegue lateral en el cerebro humano que separa el lóbulo temporal de los lóbulos frontal y parietal. // *f.* ***glaseriana,*** la fisura petrotimpánica. // *f.* ***mediana,*** profunda fisura que separa los hemisferios cerebrales en los mamíferos y que en otros vertebrados se manifiesta solo como un surco bajo. // *f.* ***obturadora,*** la hendidura que separa la parte posterior del pubis, del borde ventral del isquion en las aves. Corresponde al foramen obturador de los mamíferos. // *f.* ***rinal,*** fisura que separa los tractos olfativos de los hemisferios cerebrales.

fisurícola **(fissuricolous).** Se dice del organismo que se encuentra de preferencia en las fisuras de las rocas, como ciertos moluscos terrestres. (Lat. **fissura**, fisura; **-cola**, habitante.)

fito- **(phyto-).** (Del gr. **phyton**, planta.)

fitobiótico **(phytobiotic).** Que vive entre plantas. (Gr. **phyton**, planta; **bios**, vida.)

fitófago* **(phytophagous).** Animal que se alimenta de plantas. (Gr. **phyton**, planta **phagos**, que come.)

fitófilo **(phytophilous).** V. *fitófago.*

fitoflagelado **(phytoflagellate).** Un miembro del grupo *Phyloflagellata* o *Phytomastigophora.*

fitoftirio* **(plant lice).** Insecto parásito de las plantas. Se dice especialmente de los áfidos o pulgones. (Gr. **phyton**, planta; **phtirius**, piojo.)

fitoide **(phytoid).** Que se parece a una planta, como ciertos zooides. (Gr. **phyton**, planta; **eidos**, forma.)

fitomastigino. V. *Phytomastigophora.*

fitomonadino. Se dice de los miembros del grupo de los *Flagelados* llamado por los botánicos *Volvocales.* V. *Phytomonadina.*

fitomórfico **(phytomorphic).** Que tiene aspecto de planta, como ciertos corales. (Gr. **phyton**, planta; **morphe**, forma.)

fitoplancton **(phytoplankton).** El plancton de naturaleza vegetal. En él se incluyen los protozoos fitoflagelados o fitomastiginos. (Gr. **phyton**, planta;+**plancton.**)

fitozoario **(phytozoan).** *Fitozoo.* Un anterozoide o un espermatozoide. // Simbiosis entre un alga y un animal, como ocurre en las hidras. // Se dice de los corales por su aspecto de planta. (Gr. **phyton**, planta; **zoon**, animal.) V. *zoófito.*

flabelicornio **(flabellicorn).** Insecto que tiene las antenas en forma de abanico. (Lat. **flabellum**, abanico; **cornus**, cuerno.)

flabeliforme **(flabelliform).** En forma de abanico. (Lat. **flabellum**, abanico.)

Flabellifera. Una división de los crustáceos isópodos, predominantemente marinos, que tienen la terminación del abdomen en forma de abanico y las placas coxales ventrales. (Lat. **flabellum**, abanico.)

flabelo* **(flabellum).** Estructura en forma de abanico. // El epipodito en algunos crustáceos. // Lóbulo terminal de la glosa de ciertos insectos. // Fibra blanca en el cuerpo calloso. (Lat. **flabellum**, abanico.) // Equivale a *rípido. Adj.* ***flabeliforme*, flabelífero*, flabelado*.***

Flack, M.L. Junto con A. Keith, descubrió en los mamíferos, el papel del nódulo senoauricular en la iniciación de los latidos del corazón. Este nódulo se origina de los tejidos del *seno venoso* de los vertebrados poiquilotermos.

flagelado* **(flagelate).** Que está provisto de flagelos. V. *Flagellata.* // *f.* ***aceticado.*** Flagelado que puede utilizar el ácido acético o los ácidos grasos como fuente de carbono.

flagelispora **(flagellispore).** Espora natante con uno o más flagelos. (Lat. **flabellum**, abanico; **spora**, espora.)

Flagellata. Una división o clase de los organismos unicelulares provistos de núcleo diferenciado y de filamentos protoplásmicos o flagelos. Generalmente tienen plastidios y muchas veces clorofila. Los provistos de clorofila se denominan *fitoflagelados*, y los que carecen de ella y muestran características animales se llaman *zooflagelados*. Por lo general, los primeros se estudian en la botánica y estos en los cursos de zoología, pero muchos libros de zoología incluyen a todos los flagelados, por lo que hemos tratado en este diccionario las dos agrupaciones. (Lat. **flagellum**, látigo.)

flagelo* **(flagellum)**. Un filamento protoplásmico alargado que se mueve a la manera de látigo y constituye el medio de locomoción de los *flagelados*. //flagelo de los coanocitos de la esponja. // Estructura en la base de los quelíceros de los seudoscorpiones. // Parte distal de la antena en ciertos insectos dípteros. // Ciertos espermatozoos. (Lat. **flagellum**, látigo.) *Adj. flagelífero, flegeliforme.*

flagelosis **(flagellosis)**. Enfermedad o infestación debida a ciertos flagelados, como los *tripanosomas*, q.v.

flagélula **(flagellula)**. Una espora flagelada. // Una fase flagelada en el ciclo de los micetozoos. (Lat. **flagellula**, dim. de **flagellum**.)

flagélum **(flagellum)**. V. *flagelo*.

flama* **(flame)**. La llama. *Adj. flamante*, flamífero*.*

flamenco* **(flamingo)**. Ave zancuda de cuello y patas largas, color rosado, del orden *Ciconiiformes*, familia *Phoenicopteridae*. La especie de los trópicos americanos es *Phoenicopterus ruber*.

flavescente **(flavescent)**. Lo que se está poniendo amarillo. // De color amarillo rojizo. (Lat. **flavescere**, amarillear.)

flavinas **(flavins)**. Pigmentos amarillos muy extendidos en los organismos, solubles en agua que, combinados con proteínas actuán como transportadores de electrones.

flavo* **(honey colour)**. De color amarillo rojizo. (Lat. **flavus**.)

flavoproteína **(flovoprotein)**. Substancia transportadora de hidrógeno en la respiración celular, compuesta de una flavina y una proteína.

flato **(flatus)**. Aire u otro gas desarrollado en el interior del cuerpo. (Lat. **flatus**, viento.)

fleb- **(phleb-)**. (Del gr. **phlebs**, **plebos**, vena, vaso sanguíneo.)

flebedesía. V. *flebedesis*.

flebedesis **(phleboedesis)**. La condición de tener la cavidad del sistema circulatorio tan distentida que disminuye espacio del celoma. // El proceso de sustitución del celoma por hemocelo. (Gr. **phlebs**, vena; **oidein**, hincharse.)

flebenterismo **(phlebenterism)**. Condición por la que las ramas del intestino se extienden dentro de otro órganos, como sucede en los brazos de los asteroideos. (Gr. **phlebs**, vena; enteron, intestino.)

flebitis* **(phleb)**. Inflamación de las venas (Gr. **phlebs**, + **-itis**, inflamación.)

flebología **(phlebology)**. Tratado sobre las venas. (Gr. **phlebs**, vena; **logos**, tratado.)

flechado **(sagitate)**. Aflechado o sagitado, q.v. (Der. de **flecha**.)

flegma*. V. *flema*.

flema* **(phlegm)**. Mucosidad. // Un nombre antiguo para un supuesto humor maligno. (Gr. **phlegma**, calor, flema.) *Adj. flemoso.*

Fleming, Sir Alexander. **(1881-1955)**. Bacteriólogo inglés. Descubridor de la penicilina. Premio Nobel 1945.

Flemming, Walther. Microscopista alemán. En 1882 acuñó los términos *cromatina* y *mitosis* para la división celular indirecta e hizo conteos precisos del número de cromosomas en el núcleo. En 1884, junto con Strasburger y Van Beneden, demostró que el número de cromosomas se duplica por división longitudinal durante la mitosis. (1843-1905)

fletán **(halibut)**. Pez osteictio marino boreal, del orden *Pleuronectiformes*. Es de buena carne y fuente de vitamina A. **(Hipoglossus hipoglossus.)**

flexión* **(flexion)**. El acto de doblarse o la condición de estar doblado. (Lat. **flexus**, doblado.) // *f. cefálica*, curvatura ventral del encéfalo en la región del mesencéfalo. // *F. craniana*, curvatura del encéfalo en los reptiles, aves y mamíferos en la vecindad del cerebelo, la cual ocasiona que la parte anterior cubra la posterior. // *f. nucal*, v. *flexión cervical*. // *f. sigmoidal*, una curvatura en doble S del cuello en las aves.

flexor* **(flexor)**. Se dice del músculo que dobla o flexa un miembro. // El bíceps es un músculo flexor del brazo. (Lat. **flexus**, doblado.)

flexuoso* **(flexuous)**. Que se curva ondulosamente. (Lat. **flexus**, doblado.)

flexura **(flexure)**. Una curvatura, especialmente del sistema nervioso. (Lat. **flexus**, curvado.)

FL-HEF **(FSH-RF)**. Siglas del factor liberador de la hormona folículo-estimulante segregado en el hipotálamo.

EL-HL **(L H-RF)**. Siglas del factor estimulador de la hormona luteinizante, segregado por el hipotálamo.

floco **(floccus)**. *Lana*. // El plumón de los pichones de las aves. // El penacho terminal de pelos de la cola de muchos mamíferos. (Lat. **floccus**; vellón de lana.) *Adj. flocoso, flocular.*

floculento **(flocculent)**. Que está cubierto con una substancia de apariencia lanosa. (Lat. **flocuus**, lana.)

flóculo **(floccule)**. Nombre que se aplica a los hemisferios cerebelosos en los vertebrados superiores. // Un penacho de pelos en algunos himenópteros. (Lat. **flocculus**, dim. de **flocus**.)

flojel* **(filoplume)**. El plumón muy fino de algunas aves. (Catalán: **fluixell**; pelillo del paño.)

florero de Venus **(Venus flower basket)**. Especie de esponjas silíceas de figura de larga bocina, de estructura parecida al encaje. Orden *Hexasterophora* **(Euplectella aspergillum)**.

florecilla. V. *floscelo*.

florícola **(floricolous)**. Que vive en las flores. Arañas florícolas. (Lat. **flos**, **floris**, una flor; **-cola**, habitante.)

florícoma **(floricome)**. Una forma ramificada de una espícula hexáster. (Lat. **flos**, flor; **coma**, pelo.)

florrizina **(phlorhizin)**. Glucósido que detiene la reabsorción de la glucosa en los lóbulos renales.

floscelo **(floscelle)**. La disposición de algunas estructuras alrededor de la boca en ciertos equinoideos irregulares de forma de florecilla. (Lat. **flosculus**, florecita.)

Flosculariacea. Rotíferos sésiles o natantes, con la corona circular o lobulada, con circulitos trocales o cingulares y pies sin digitaciones. Machos muy reducidos. (Lat. **flosculus**, florecilla.)

flotador* **(float)**. Lo que flota. // El neumatóforo de los sifonóforos. // Uno de los sacos traqueales en las larvas de los mosquitos. (Lat. **fluctuo**, flotar.)

fluctuación* **(fluctuation)**. Acción y efecto de fluctuar. // *f. continua*, fluctuación que se realiza alrededor de una media única, es decir, que constituye una variación lenta y gradual.

fluido* **(fluid)**. La expresión usual en física. // Un líquido producido en una estructura. // Fluido espermático. (Lat. **fluidus**.) // *f. amniótico*, fluido linfoide que llena la cavidad amniótica en los vertebrados superiores. // *f. celomático*, substancias en solución y suspensión que llenan el celoma o el seudoceloma, cuya función es la transportación de metabolitos. // *f. cerebrospinal*, V. *líquido cefaloraquídeo*.

flujo **(flux)**. Exudación de material a través de una abertura natural. // (Lat. **fluxus**.) // En genética poblacional, el paso de genes de una población a otra. (Lat. **fluxus**.) // *f. menstrual*, v. *menstruación*. // *f. génico*, la dispersión de genes particulares en una sola población o en dos contiguas.

fluorescencia **(fluorescence)**. La emisión de radiaciones por una substancia después de la absorción de una radiación procedente de otra fuente y de diferente longitud de onda. (Lat. **fluo-**; **fluir**; **escensia**, proceso.)

fluoroscopio (fluoroscope). Un instrumento para examinar visualmente las estructuras internas por medio de los rayos X. (Lat. fluo, fluir; gr. skopos; uno que mira.)

fluvial* (fluvial). Organismo que vive en los ríos. (Lat. fluvialis, der. de fluvis, río.)

fluviátil (fluviatile). V. *fluvial.*

fluviomarino (fluviomarine). Organismo que vive tanto en los ríos como en aguas marinas, como el salmón, la anguila, las lizas, etc. (Lat. fluvius, río, una corriente de agua; mare, el mar.)

fluvioterrestre (fluvioterrestrial). Organismo que se encuentra en las aguas dulces y en las márgenes.

FMN. Abreviatura del nombre inglés de la flavoproteína (flavin monocleotide) o *mononucleótido de flavina.*

fobismo (phobotaxis). Reacción de fuga que provocan ciertos estímulos en los organismos móvibles. V. *fugirreacción, fobotaxia.*

fobo- (phobo-). (Partícula derivada del Gr. phobos, pánico, terror.)

fobotáctica (phobotactic). Se dice de un tipo de reacción en el que el organismo invierte su dirección al recibir el estímulo. V. *fugirreacción.*

fobotaxia (phobotaxis). Tactismo negativo por el cual un organismo se dirige a la zona de menor intensidad del estímulo hasta llegar a un punto determinado. (Gr. phobos, terror; taxis, ordenamiento.) *Fobotaxis.*

foca* (seal). Mamífero carnívoro del suborden *Pinnipedia*, especialmente de la familia *Phocidae* (Phoca vitulina).

focena. *Marsopa,* cetáceo.

focomelia (phocomely). Deformación congénita de los brazos, que parecen aletas de foca. (Gr. phoke, una foca; melos, un miembro.)

focha* (coot). *Foja.* Una especie de ave europea ciconiforme de la familia *Rallidae* (Fulica atra), de dedos bordeados por una membrana lobulada, como las gallaretas. (Catalán folxa.)

foja* (coot). V. *focha.*

fólada (pholad). Molusco bivalvo marino perforador de rocas. (Del género Pholas.)

foliáceo* (foliaceous). Que tiene forma de hoja. (Lat. folim, hoja.)

foliculina* (folliculin). Hormona secretada por los folículos de Graaf en el momento de su ruptura. V. *estradiol* y *estrógeno.*

folículo* (follicule). Pequeño saco o conjunto de células de función excretora, como los folículos pilíferos, los folículos ováricos, etc. (Lat. folliculus, saco pequeño.) *Adj. folicular** // *f. atrético,* folículo ovárico en los mamíferos, que se desarrolla parcialmente. // *f. de Graaf,* bolsita celular que incluye cada óvulo en los ovarios de los mamíferos. En el se produce la foliculina y sus restos, después, de expulsado el óvulo, forman los cuerpos amarillos. // *f. de Langerhans,* V. *islotes de Langerhans,* // *f. de Lieberkhun,* diminutas depresiones tubulares en la membrana mucosa del intestino delgado. // *f. linfático,* un agregado de substancias adenoides que se halla principalmente en las superficies mucosas. // *f. ovárico vesicular,* v. *folículos de Graff.* // *f. pilífero,* depresión de la epidermis en los mamíferos, que se hunde en la dermis, en donde se forman los pelos. // *f. primarios,* folículos de Graaf inmaduros.// *f. solitarios,* nódulos linfáticos aislados en el intestino que, cuando están agregados, constituyen las manchas de Peyer. // *f. testiculares,* porciones primarias en el aparato genital de los platelmintos, en donde se producen los espermatozoos y por medio de los vasos deferentes desembocan al exterior. // *f. tiroideo,* sáculos microscópicos cerrados, tapizados por células cuboides y rodeadas por nervios y vasos, que constituyen los organitos de secreción de la *tiroxina* en la glándula tiroides.

foliculoso (folliculose). Que contiene folículos. (Lat. folliculus.)

Folidoforiformes. Un orden de peces fósiles actinopterigios.

folidosis (pholidosis) La disposición de las escamas en animales, como reptiles, peces, etc. (Gr. pholis, escama.)

folidoto. Que pertenece al orden de mamíferos *Pholidota,* q.v.

folio* (folium). Una estructura en forma de hoja. (Lat. folium, hoja.)

foliobranquio (foliobranchiate). Se dice del animal que tiene branquias laminares. (Lat. folium, una hoja; gr. branchion, agalla.)

folíolo (foliole). Apéndice en forma de hojas del télum de los insectos. (Lat. folium, dim. foliolo.)

Folli, C. Anatomista italiano. V. *procesos folianos.*

fonación* (phonation). Emisión de la voz. (Gr. phone, sonido.)

fondo* (fundus). *V. fundus.* // *f. estomacal,* ensanchamiento en la región del cardias del estómago de los mamíferos, en forma de saco formado por la gran curvatura estomacal. (L. fundus.)

fonorreceptor (phonoreceptor). Estructura receptora de las ondas sonoras. (Gr. phone, sonido; lat. receptor.)

Fontana Anatomista italiano. V. *espacio de Fontana.*

fontanela* (fontanel). Un espacio no osificado entre los huesos craneales, especialmente de los infantes. (Lat.dim.-. de fontana.)

fontículo (fonticulus). V. *fontanela.* (Lat. fons, dim. fonticulus, una fuente.)

foramen* (foramen). Orificio como los que atraviesan las conchas de los protozoos foraminíferos. (Lat. foramen, agujero.) // *foramen magnum o agujero occipital,* ver también la voz *agujero. Adj. foramenal.* // *f. de Magendie,* abertura en el medio del techo del ventrículo que lo conecta con el espacio subaracnoide. //*f. de Monro,* abertura que comunica el tercer ventrículo con los ventrículos laterales del cerebro. // *f. dentario,* abertura que comunica al exterior el canal dentario de cada rama mandibular. // *f. de Panizza,* una comunicación entre los arcos aórticos izquierdo y derecho de los reptiles que, al cruzarse en sus bases, permite una mezcla de la sangre oxigenada con la venosa. // *f. de Winslow,* pequeña abertura que pone en comunicación la bolsa del omento con el resto de la cavidad abdominal.//También se llama *foramen epiploico.* // *f. esfenopalatino,* abertura en la superficie lateral del hueso palatino. // *f. estilomastoideo,* abertura pequeña por detrás de la bula mastoidea en los mamíferos. // *f. hipofisial,* v. *ventana hipofisial.* // *f. incisivo,* fisura alargada en el premaxilar de algunos vertebrados. // *f. interparietal,* espacio entre los huesos parietales en *Sphenodon* por donde pasa el órgano parietal en forma de ojo rudimentario. // *f. lácero anterior,* abertura frente al alisfenoides en los mamíferos, que da paso a los nervios craneales // *f. lácero medio.* Una abertura detrás del alisfenoides que deja pasar la arteria carótida. // *f. obturador,* v. *agujero obturador.*// *f. occipital,* = *foramen magnum.* // La abertura posterior en la cabeza de los insectos. // *f. óptico,* abertura craneal junto a las órbitas, que deja pasar el nervio óptico y la abertura oftálmica. // *f. ovale,* una abertura en el corazón fetal que comunica el atrio derecho con el izquierdo eliminando el tránsito de la sangre a través de los pulmones, aún no funcionales. v. *agujero oval o de Botal.* // *f. perietal, foramen pineal,* abertura mediana del cráneo en donde se aloja el órgano pineal. // *f. trióseo,* abertura que en las aves está en el punto de unión de la escápula, la clavícula y el coracoides.

foráneo* (stranger). Lo que no es nativo de una región. (Lat. foraneus, de afuera.)

Forbes, Edwards. Naturalista inglés, que ejerció una profunda influencia en los campos de la botánica, la paleontología y la geología. Realizó el primer intento de dividir el océano en provincias o zonas homeozoicas. (1854-1915)

fórceps* (claspers). Estructura en forma de tenazas o de pinzas. // Las partes terminales divergentes del cuerpo calloso. // Los cercos agarradores en los insectos dermápteros. // Las piezas oponibles de ciertos crustáceos y arácnidos. // Las partes distales oponibles de algunos pedicelarios de los equinodermos. V. *gonopodio* y *pterigopodio. Adj. forcipado, forcipiforme.*

forcícula = *forcípula.*

forcípula* (forceps). Cada uno de las dos mandíbulas, formadas por el primer apéndice torácico en los quilópodos. (Lat. forceps, tenazas.)

Forcipulata. Un orden de asteroideos euasteroideos que tienen las placas marginales inconspicuas y los pedicelarios con piezas cruzadas o forcipuladas. (Lat. forceps, tenazas.)

foresia (phoresia). La dispersión de organismos pequeños, no parásitos, que se adhieren a animales voladores. (Hesse.) (Gr. phoreys, portador.)

fórfice (forfex). Las pinzas anales de algunos insectos, como las tijeretas. (Lat. forfex, tijeras, cizallas.) *Adj. forficiforme, forficado.*

forfícula (earwig). Insecto dermáptero V. *tijereta.*

Forficulina. Un suborden de insectos dermápteros que comprende las tijeretas. (Lat. forficula, tijera pequeña.)

forma* (form). Aspecto de una cosa. Característica de una estructura.// En zoología sistemática, una categoría imprecisa que se interpreta como una variedad recurrente de una especie o subespecie. (Lat. forma.) *Adj. formado.* // *f. acíclica,* un estado en el ciclo vital de algunos crustáceos cladóceros que presentan reproducción exclusivamente partenogenética.// *f. celomiaria,* tipo de estructura muscular en los nematodos, dicha también *forma polimiaria.* // *f. cometa,* aspecto que ofrecen algunos asteroideos después que regeneran los brazos perdidos, con el brazo regenerante mucho mayor que los cuatro regenérados. // *f. macrosférica,* un estado en el cielo vital de los foramníferos politálamos caracterizado por individuos sexuados *(gamontos)* con la cámara central de gran tamaño, los que originan individuos asexuados o *agamontes,* con la cámara central de pequeño tamaño.// *f. meromiaria,* tipo de estructura muscular en los nematodos en el cual se observan solamente dos células por cada masa celular, haciendo un total de ocho. // *f. microsférico,* estado en ciclo vital de los foraminíferos politálamos. V. forma *macrosférica.* // *f. monocíclica,* estado en el ciclo vital de crustáceos cladáceros con un solo período anfigónico anual. // *f. platimiaria,* otro nombre para *forma meromiaria.* // *f. policíclica,* tipo de estructura de crustáceos cladóceros que presenta varios períodos anfigónicos anuales. // *f. polimiaria,* tipo de estructura muscular en los nematodos en la que se encuentra más de dos células en las masas musculares. // *f. rabdito,* tipo de larva en el ciclo vital de algunos nematodos parásitos. // *f. sésil,* organismo que se adhiere al fondo acuático. // *f. transitoria,* la que, en zoología sistemática, constituye un taxón que presenta caracteres intermedios entre dos grupos zoológicos afines.// *f. vágil,* animal que se mueve encima del fondo o en sus proximidades. // *f. vital,* la manera característica de vivir de los animales: reptantes, ramoneadores, corredores, etc.

formación biológica (biotic formation). Conjunto de biocenosis diversas por su composición sistemática, reunidas en un mismo hábitat. Ej. los arrecifes de coral // *f. biótica,* conjunto vital basado en condiciones climáticas capaces de sostener la vida.

formado (formed). Lo que tiene forma.// En zoología se emplea como sinónimo de organizado. (Lat. forma.)

formas de evolución. Estructuras embrionarias o postembrionarias anormales que aparecen por influencia de factores ambientales y alteran la marcha normal del crecimiento.

formativo* (formative). Se dice de la materia viviente en estado de desarrollo. // Lo que es plástico. (Lat. forma.)

Formenkreis. Nombre propuesto por Kleinschmidt en 1900 para los representantes geográficos de especies vecinas. (Alem. formen, forma; Kreis, círculo, o sea, círculo de formas.)

-formes. (Del neolat, forma, figura, apariencia.) Empleado en taxonomía para los vocablos que indican la categoría *orden.*

formicariana (formicarian). Se dice de la planta que atrae hormigas por medio de secreciones azucaradas. (Lat. formica, hormiga.)

formicario (formicarium). El nido de las hormigas. // Nido artificial para el estudio de las hormigas. (Lat. formica, hormiga.) // v. *mirmecófilo.*

Formicoidea. Superfamilia de insectos himenópteros que incluye las hormigas. Tienen antenas geniculadas y abdomen con una constricción o pecíolo. (Lat. formica, hormiga.)

formicología. Mejor es *mirmecología,* q.v.

fórmula* (formula). La expresión simbólica o abreviada de una estructura. (Lat. formula, dim. de forma). // *f. cromosómica,* expresión del número y forma de los cromososmas de una especie. // *f. dental,* manera de expresar el número de dientes (inicisivos, caninos, premolares y molares) en los mamíferos. En el hombre la formula es: (I 2/2 C 1/1 P 2/2 M 3/3) x 2= 32 piezas. //*f. dentaria,* v. *f. dental;*// *f. digital,* una serie de dígitos que se expresa el número de falanges de los dedos en un vertebrado terreste, el primer dígito indica el dedo 1. En el hombre es : 2, 3, 3, 3, 3. // *f. falangíana,* una serie de números que indican el orden de los dedos, 1, 2, 3, 4, 5. // *f. genética,* espresión de los genotipos con letras mayúsculas y minúsculas en pares para cada rasgo. Expresión de los gametos con una sola letra para cada rasgo. // *f. química,* la expresión simbólica de los átomos y los números de cada uno en una molécula que puede ser global o estructural.

fornicado. (fornicate). *Forniciforme.* Estructura cóncava por dentro y convexa por fuera. (Lat. fornicatus, volteado.)

fornículo (fornicutus). Estructura en forma de bóveda. // Una superficie con depresiones abovedadas. (Lat. forniculus, dim de fornix, bóveda.) *Adj. forniculado.*

fornix (fornix). Un receso o espacio abovedado, como el que existe entre la vagina y el cuello del útero. // Una lámina de fibras encorvadas bajo el cuerpo calloso. // El escudo (scutum) de los briozos *queilostomados.* (Lat. fornix, bóveda.) // *f. de Gottsche,* válvula del cerebelo. Una proyección del cerebelo por debajo del techo del mesencéfalo en los peces óseos.

-foro (-phorous). (Del Gr. phoreys, phoreos, portador; phoreo, phero, llevar, phoros, llevando.)

forocito (phorocyte). Célula amiboide hallada en los tunicados del género *Pyrosoma.* (Gr. phoreys, portador; kytos, célula.)

foronídeo (phoronid worm). V. *Phoronidea.*

foronte* (foront). Un estado enquistado que produce el estado trofonte en el ciclo vital de los protozoos holótricos. (Gr. phoreys, un portador.)

forozoide (phorozoid). Yema que se desprende de ciertos tunicados taliáceos portando otras yemas secundarias que regeneran individuos sexuados. (Gr. phoreys, portador.)

forrajear* (to forage). Se emplea para indicar la actividad de los animales que salen en busca de alimento, especialmente aquellos, como las hormigas, que guardan el alimento recogido, (Fr. fourrage.)

fosa* (fossa). Foso o cavidad. // Depresión en forma de trinchera. // Un surco circular en la parte superior de la pared o parapeto de las anémonas de mar. // El mayor de los mamíferos carnívoros de Madagascar. Familia *Viverridae* (Cryptoprocta ferox). (Lat. fossa, zanja.) // *f. del biso,* depresión en la parte posterior en ciertos moluscos, que segrega el biso. // *f. de Kolliker,* foseta situada en el lado izquierdo anterior del cuerpo de los cefalocordados. // *f. glenoidea,* depresión existente entre la escápula y el coracoides en los anfibios. // *f. mandíbular,* depresión de la región escamosa del temporal en los mamíferos, en donde se artícula la mandíbula y el maxilar. // *f. masetérica,* depresión en la cara externa del hueso dentario de la mandíbula de los mamíferos en donde se inserta el masetero. // *f. olfativa,* un órgano olfativo en forma de una depresión en el desarrollo de los vertebrados, que dará origen al conducto nasal. // *f. oval,* una depresión en el tabique interauricular de los mamíferos que marca la posición del foramen oval embrionario. // *f. prelagrimal,* abertura en el cráneo entre la órbita y las aberturas nasales en aves y reptiles. // *f. romboidal,* o *cuarto ventrículo* del encéfalo de los vertebrados recubierta por la coroides, hoja epéndimal y meníngea. // *f. nasal,* espacio comprendido entre el arco del paladar y la base del cráneo, separado de este por el vómer, y comunicada por delante con las aberturas nasales y por detrás con la faringe por medio de las *coanas.* // *f. trocantérica,* una profunda depresión en la superficie media del cuello del fémur.

foseta (fossete). Una zanja pequeña o una depresión pequeña. // La concavidad que sostiene la base de las anténulas en los artrópodos. // Una depresión para el resillo de las conchas bivalvas. // Una depresión en la superficie masticadora de los dientes. Ver *fosita.* // *f. ciliada,* órgano de los sentidos situado en el tegumento de los anélidos. // *f. olfativa,* estructura situada en los ropalios de los celenterados, de función quimiorreceptora. Una depresión dorsal en los cefalocordados que funciona como órgano del olfato. Invaginación embrionaria en los cordados que originará el órgano del olfato. // *f. primitiva,* depresión en el extremo anterior de los pliegues primitivos. // *f. subgenital,* una de las cuatro concavidades en la superficie oral en ciertos escifozoos.

fosfágeno (phosphagen). Un compuesto orgánico fosforado que sirve de almacén de alta energía en los músculos. Hay dos tipos fundamentales de fosfágenos: el *fosfato de creatina,* característico de los vertebrados, los equinodermos y los hemicordados y el *fosfato de arginina,* que se encuentra en los músculos de casi todos los invertebrados. (De fósforo, y gr. genos, producir.)

fosfatasa (phosphatase). Cualquier enzima que regula el metabolismo del ácido fosfórico. (De fosfato, y- asa, que indica enzima.)

fosfeno* (phosfene). Impresión luminosa de la retina debida a estímulos no luminosos. (Gr. phos, luz; phainein, mostrar.)

fosfocreatina (phosphocreatine). Un fosfágeno hallado en los músculos de los vertebrados, que alamacena fosfatos de alta energía.

fosfolípido (phospolipid). Un compuesto del ácido fosfórico.. y un lípido, hallado en las células, especialmente en las del cerebro y la médula espinal.

fosfoproteína (phosphoprotein). Una proteína que contiene ácido fosfórico como grupo prostético. (De fósforo y proteína).

fosfoquinasa (phosphokinase). Enzima que cataliza la *síntesis* de los fosfatos orgánicos.

fosforescencia* (phosphorescence). El resplandor verdoso que emite el fósforo blanco al oxidarse en el aire. // El resplandor emitido por algunas substancias después de haber sido excitadas por ciertas radiaciones. // La luminosidad producida por ciertos animales (cocuyos, dinoflagelados, peces, cefalópodos, etc.) sin producción sensible de calor. (Gr. phosphoros, luminoso; esencia, incoactivo.) V. *luminescencia* y *bioluminescencia.*

fosforilación (phosphorylation). Introducción del radical fosfato en una molécula orgánica. // *f. oxidativa,* la conversión de fósforo inorgánico en fosfatos ricos en energía (ATP) por reacciones de transferencia de electrones en los mitocondrios.

fosforilasa (phosphorylase). Enzima que cataliza la ruptura de moléculas orgánicas, produciendo fosfatos orgánicos.

fosforólisis (phosphorolysis). La combinación y separación reversibles del azúcar y el ácido fosfórico en el metabolismo de los hidratos de carbono. (Gr. phosphoros, fósforo; lysis, disociación.)

fósil* (fossil). Los restos de organismos o de evidencias de su presencia, conservados naturalmente en la tierra. (Lat. fossilis, excavado.) // *f. viviente,* se dice de las especies animales vivientes, cuyos antepasados geológicos han desaparecido casi en su totalidad. Ej. el molusco *Neopilina,* el braquíopodo *Lingula,* el pez *Latimeria,* el reptil *Sphenodon,* etc.

fosita (fossite). Pequeña depresión u hoyuelo. // La excavación que contiene la base de las anténulas en los crustáceos. // Depresión para contener el resilio en los moluscos bivalvos. (Lat. fossa, zanja.) // *f. anal,* invaginación en el embrión de los vertebrados que posteriormente se rompe para formar el ano. // *f. auditiva,* depresión en el ectodermo de los embriones de los vertebrados que marca la situación de la vesícula auditiva futura. // *f. olfatorias,* dos depresiones situadas a los lados de la cabeza en los peces, de función olfativa.

fósula (fossula). Una *fosita.* // Depresión en los corales del grupo *Rugosa.* (Lat. fossula, dim. de fossa.) *Adj. fosulado.* // *f. septal,* un tabique primario que parece estar situado en una depresión en algunos corales fósiles.

fosulita (fossulet). Una depresión larga y muy delgada. (Lat. fossula, dim. de fosa.)

fosvitina (phosvitin). Proteína hallada en la yema del huevo de las aves y de los anfibios.

fot-, V. *foto.*

fótico (photic). Este vocablo se aplica especialmente para designar el estrato superior de las aguas en donde hay suficiente intensidad luminosa para el desarrollo normal de las plantas. V. *disfótico* y *afótico.* (Gr. phos,photos, la luz.)

foto (photo). (Del gr. phos,photos, luz.)

fotoceptor. *Fotorreceptor.* Organo receptor de estímulos luminosos. (Gr. photos, luz; lat. receptor.)

fotocinesis (photokinesis). Movimiento de los estímulos luminosos. (Gr. phos, luz; kinesis, movimiento.) *Adj. fotocinético*.*

fotodinesis (photodinesis). Corriente protoplásmica inducida por la luz. (Gr. phos, luz; dine, remolino.)

fotocito (photocyte). Otro nombre para la célula fotogénica o engendradora de luz. (Gr. phos, luz; kytos, célula.)

fotofeleína (photophelein). = *Luciferina.* (Gr. phos, luz; pheloo, desengañar.)

fotófilo (photophilous). Organismo que requiere abundante luz o que es atraído por la luz. (Gr. photos, luz; philos, amigo.)

fotóforo* (photophore). Organo luminoso de los peces, moluscos, crustáceos, anélidos y tunicados. (Gr. photos, luz; phoreys, un portador.)

fotófobo* (photophobic). Intolerante a la luz. (Gr. phos, luz; phosos, terror.)

fotogénico (photogen). Se dice del órgano o substancia productor de luz. (Gr. phos, luz; genos, producción.)

fotogénesis (photogenesis). V. *biofotogénesis.*

fotogenina (photogenin). V. *luciferasa.*

fotólisis (photolysis). Una de las partes de la fotosíntesis en la que el agua se disocia, el oxígeno se desprende y el hidrógeno se incorpora al NADP bajo la influencia indirecta de la energía solar. (Gr. photos, luz; lysis, descomponer.)

fotolitótrofo (photolithotroph). Dícese de los organismos que manufacturan alimento con la ayuda de la energía luminosa. (Gr. photos, luz; lithos, piedra; trophos, que se alimenta.)

fotomorfosis (photomorphosis). La forma de los animales según es afectada por la luz. (Gr. phos, luz; morphosis, forma.)

fotopatía (photopathy). La agrupación sin orientación axial individual como respuesta a la estimulación por la luz. (Gr. phos, luz; pathos, sentimiento.)

fotoperiodicidad (photoperiodism). Respuesta del organismo a la duración del tiempo a que está expuesto a la luz. (Gr. phos,, luz + periodicidad.)

fotopía (photopia). Adptación del ojo a la luz. (Gr. phos, luz; ops, ojo.) *Adj. fotópico.*

fotoperíodo (**photoperiod**). La duración de la exposición diaria a la luz. // La duración del día que favorece el funcionamiento óptimo de un organismo. (Gr. **photos**, luz; =+ **período.**)

fotoplancton (**photoplankton**). El plancton que se desarrolla en la zona iluminada. (Gr. **photos**, luz; + **plancton.**)

fotopsina (**photopsin**). La fracción proteínica del pigmento de los conos de la retina. La otra fracción es la *yodopsina.* (Gr. **phos,photos**, luz; **opsis**, vista.)

fotorganótrofc (**photoorganotroph**). Organismo que fabrica alimentos con ayuda de la energía luminosa y de substancias orgánicas. (Gr. **photos**, luz; **organon**, orgánico; **trophos**, que se nutre.)

fotorreceptor (**photoreceptor**). Terminación que recibe estímulos luminosos. (Gr. **phos**, luz; lat. **receptor.**)

fotosfera (**photosphere**). Organo luminoso de algunos crustáceos. (Gr. **phos**, luz; **sphaira**, esfera.)

fotosíntesis* (**photosynthesis**). La formación de hidratos de carbono a partir del bióxido de carbono y del agua en las plantas y en los protozoos flagelados que poseen clorofila, en presencia de la luz. (Gr. **phos, photos**, luz; **synthesis**, juntar.)

fototactismo (**phototaxis**). V. *fototaxia. Adj.* ***fototáctico.***

fototaxia,fototaxis (**phototaxis**). Movimiento inducido por estímulos luminosos. *Fototaxismo.* (Gr. **photos**, luz; **taxo**, ordenar.)

fototropismo (**phototropism**).Tropismo en el que la luz es el estímulo principal. (Gr. **photos**, luz; **tropos**, vuelta.)

fótula* (**cockroach**). Antic. Cucaracha voladora. (Lat. **blattela.**)

fótulo* (**queen conch**). En América, caracol marino de gran tamaño usado como trompa (**Strombus gigas**). *Fotuto.*

fotuto* (**queen conch**). Cuba, Puerto Rico, etc. : variante de *botuto:* concha usada como trompa o bocina, especialmente el llamado *cobo* (**Strombus gigas**). (Voz **indígena.**)

fóvea* (**fovea**). Depresión pequeña en un órgano. //***f. central,*** depresión en el centro de la mancha amarilla de la retina, también llamada *fovea centralis* o *punto central,* que no contiene bastoncillo, pero sí conos y es el punto de visión más aguda. (Lat. **fovea**, hoyo.) // *Adj.* ***foveal*.***//***f. dental,*** una faceta de la vértebra que articula con el proceso odontoides del axis. //***f. lateral,*** manchita en el fondo de la retina en las aves rapaces diurnas, situadas lateralmente a la fôvea central. Las aves rapaces nocturnas carecen de fóvea central y solo tienen la laterial. //***f. troclear,*** una escotadura en el hueso frontal para la polea o tróclea del músculo superior oblicuo.

foveola (**foveola**). Una depresión muy pequeña. // Depresión poco profunda en un hueso o en la superficie de una concha. (Lat. **foveola**, dim. de **fovea.**) *Adj.* ***foveolado.*** //***f. óptica,*** cada una de las dos depresiones pequeñas en la placa neural en el embrión de los anfibios, que son primordios de los ojos.

fractura autotómica (**autotomic fracture**). Quebradura de la cola en ciertos reptiles que se realiza siempre en el centro no calcificado de una vértebra, y desde donde regenera la cola perdida. Cuando la fractura no es completa, puede formarse una cola adicional.

fragata* (**frigate bird**). Ave del orden *Pelecaniformes,* familia *Fregatidae,* de vuelo cernido y cola ahorquillada, conocido como *rabihorcado* y en Puerto Rico como *rabijunco* y *tijerilla.* (**Fregata magnificens.**)

fragma (**phragma**). Un tabique. // Un disepimento. (Gr. **phragma**, valla.)

fragmo- (**phragm**). (Del griego **phragmos**, valla, **empalizada.**)

fragmentación* (**fragmentation**). Acción de reducirse a fragmentos o pedazos. //La ruptura de un cromosoma. // Tipo de multiplicación por división del cuerpo en varios trozos. (Lat. **fragmentum.**) *Adj.* ***fragmentario*.***

fragmocítaro (**phragmocyttarous**). Panal que ciertas avispas adhieren a las paredes. (Gr. **phragmos**, valla; **kyttaros**, panal de miel.)

fragmocono (**phragmocone**). Concha cónica de algunos moluscos cefalópodos dividida internamente por tabiques perforados por el *sifúnculo,*q.v. (Gr. **phragmos**, valla; **konos**, cono.)

fragmoplasto (**phragmoplast**). Etapa en forma de cilindro del huso de mitosis. (Gr. **phragmos**, valla; **plastos**, amoldado.)

fragmosis (**phragmosis**). Obturación de un túnel o un nido con una parte especalizada del cuerpo del animal. (Gr. **phragmos**, valla; **soma**, cuerpo.)

-frago. (Del lat. **frangere**, quebrar, destruir.)

frahueso. V. *quebranta huesos,* ave.

frailecillo (**puffin**). España, Ave. del orden *Charadriiformes,* familia *Alcidae,* de pico elevado (**Fratercula artica**). //***f. (plover)*** Cuba: ave del orden *Charadriiformes,* familia *Charadriidae* (**Charadrius vociferus.**)

frambesia (**frambesia**). Una enfermedad parásitaria tropical producida por protozoos flagelados del género *Leishmania* y transmitida por las picaduras de dípteros de la familia *Simulidae.* (Género **Phlebotomus.**) (Fr. **framboise**, **frambuesa.**)

francolín* (**francolín**). Ave eurásica que pertenece al orden *Galliformes,* familia *Phasianidae,* género *Francolinus,* (Ital. **francolino.**)

francolina (**tinamou**). Perú: especie de tinamú ave del orden *Tinamiformes.* (**Tinamotis pentlandii.**)

frase* (**phrase**). En taxonomía, un conjunto de palabras que forman sentido en las descripciones. // ***f. diagnóstico,*** breve descripción que se hacía de las especies en la época prelinneana, antes de emplearse la nomenclatura binominal. (Lat. **phrasis.**)

fraternal* (**fraternal**). Relativo a los hermanos. (Lat. **frater**, hermano.)

fraterno* (**fraternal**). Se dice de los gemelos dicigóticos.

frecuencia * (**frequency**). Veces que se repite un fenómeno o una estructura. // Números de ciclos o vibraciones por segundo (C.P.S.). (Lat. **frequens.**) //***f. génica,*** la presencia relativa de un alelo en una población.

freemartin (**free martin**). Una hembra estéril del ganado vacuno procedente de un parto de gemelos fraternos, en donde el otro gemelo es un macho fértil. (Voz **inglesa.**)

Frenatae. Un suborden de lepidópteros. Tienen espiritrompa, antenas generalmente en masa, ocelos, alas anteriores y posteriores con nervadura diferente y alas posteriores con cerdas (**frenulum o frenillo**) para sujetar las alas anteriores durante el vuelo. (Lat. **frenum**, freno.)

fregilo España: especie de grajo o pico rojo. (Dicc.)

fren. (Prefijo del gr. **phren**, diafragma, también mente, corazón.)

frenal (**frenal**). V. *loreal.*

frenado (**frenate**). Que posee una estructura como un *freno* o un *frenillo.* (Lat. **frenum**, freno.)

frénico (**phrenic**). Perteneciente al diafragma o a su región. Nervio frénico. // El nervio que inerva el diafragma. (Gr. **phren**, diafragma.)

frenico-costal (**frenicocostal**). Relativo al diafragma y a las costillas. // Una estructura entre las pleuras diafragmáticas y las costales. (Gr. **phren**, diafragma; lat. **costa**, costilla.)

frenico-cólico (**phrenicocolic**). Pliegue del peritoneo desde la flexión izquierda del colon hasta el diafragma. (Gr. **phren**, diafragma; **kolon**, intestino grueso.)

frenicolienal (**phrenicolienal**). Ligamento peritoneal que se extiende hasta el bazo y el diafragma. (Gr. **phren**, diafragma, lat. **line**, el bazo.)

frenicopericárdico (**phrenicopericardiac**). Ligamento entre el diafragma y el pericardio. (Gr. **phren**, diafragma; **peri**, alrededor; **kardia**, corazón.)

frenillo* (**frenulum**). Un pliegue en una membrana, como el de la lengua. // Engrosamiento de la subumbrela de algunos escifomedusas. // El freno de los lepidópteros del suborden *Frenate.* (Lat. **frenulum**, dim. de **frenum**, freno.)

freno* (**frenum**). Estructura que restringe el movimiento de una estructura. // Una estructura del ala posterior de los lepidópteros, llamados "frenados" = *Frenulum.* // Un pliegue en el tegumento de los crustáceos cirrípedos. (Lat. **frenum.**) // *f. ovígero,* un pliegue dentro del manto de los cirrípedos en donde los huevos se adhieren por una substancia aglutinante.

frenología* (**phrenology**). Un pretendido estudio de las facultades mentales por la forma del cerebro, que era considerado como un agregado de órganos, a cada uno de los cuales correspondía, una facultad intelectual especial. (Gr. **phren**, la mente; **logos**, discurso.)

frente* (**frons**). La porción anterior de la cabeza. // Porción anterior de la cabeza en los insectos, limitada anteriormente por un surco y posteriormente por el vértice. (Lat. **frons**, frente.) *Adj. frental,* frontal.**

frénulo (**frenulum**). V. *frenillo.*

freza* (**spawn, roe**). Desove de los peces y crustáceos. // Tiempo en que se realiza el desove. // Huevos de los peces. // Tiempo que media entre dos mudas sucesivas del gusano de seda. // Excremento de algunos animales. (Lat. **frictiare.**)

friable* (**friable**). Que se rompe fácilmente en pedazos. (Lat. **friare**, desmenuzar.)

friganoideo (**Phryganea**). V. *Trichoptera.*

frigidorreceptor (**frigidoreceptor**). Receptor del frío en la piel de los mamíferos, llamado también *bulbo de Krause.*

frigófugo (**frigofuge**). Que huye del frío. (Lat. **frigus**, frío; **fugere**, fugarse.)

frimbiado (**marginated**). Bordeado, marginado.

fringílido.* Dícese del pájaro de pico cónico, provisto de dos surcos en los tarsos, como el gorrión. (Lat. **fringilla.**)

frinícidos (**Phrynidae**). *Amblypygi.*

frinósomo. Lagarto de la familia *Iguanidae* de América del Norte de cuerpo deprimido (**Phrynosoma.**)

Frisch, Karl von. En 1948 descubrió el mecanismo por medio del cual las abejas comunican entre sí los conceptos de dirección y distancia.

frontal* (**frontal**). Lo perteneciente a la frente. // Plano o sección a lo largo del cuerpo y perpendicular al plano sagital. // Un par de huesos de membranas situados entre las órbitas oculares y en contacto con los parietales que, en ciertos mamíferos, se sueldan en una sola pieza. // Organo cefálico en los nemertinos. // Un reborde en el prostomio de los anélidos poliquetos. // Superficie para la alimentación en ciertos ciliados. // Ganglios y glándulas en los insectos. // Lo relativo a la frente: arterias, venas, nervios. (Lat. **frons**, frente.)

frontalis (**frontalis**). Parte frontal del músculo del cuero cabelludo o del epicráneo. (Lat. **frons**, frente.)

frontoclípeo (**frontoclypeus**). La frente y el clípeo soldados en ciertos insectos. (Lat. **frons**, frente; **clypeus**, escudo.)

frontoetmoidal (**fronto-ethmoidal**) Se dice de la sutura entre los huesos frontal y la etmoides. (Lat. **frons**, frente; + **etmoides.**)

frontoparietal (**frontoparietal**). Se aplica a un hueso impar formado por la fusión de los frontales y los parietales en el cráneo de los anfibios.// Sutura entre los huesos frontales y parietales. V. *sutura coronaria.*

frontosfenoidal (**frontosphenoidal**). Lo relacionado con el frontal y el esfenoides.

fructícola (**fructicolous**). Que vive en los frutos. (Lat. **fructus**; **-icola**, habitante.)

fructívoro. V. *frugívoro.*

fructosa* (**fructase**). Una hexosa que se encuentra en los frutos (Lat. **fructus** -fruto.)

frugívoro (**frugivorous**). Que se alimenta de frutas. Murciélagos frugívoros. (Lat. **fructus frugis**, fruta; **voro**, devorar.)

frústulo (**frustule**). Brote no ciliado, en forma de plánula de algunos hidrozoos. (Lat. **frustulum**, dim. de **frustum**, un fragmento.) *Frústula* es incorrecto.

frutero. Perú: ave peseriforme de la familia *Thraupidae* (**Piranga flava**). muy perjudicial a las huertas.

FSH. Siglas de la expresión inglesa "follicule stimulating hormone". Ver *hormona estimulante de los folículos.*

fucívoro (**fucivorous**). Se dice del que come algas. (Lat. **fucus**, alga marina; **voro**, devorar.)

fucoxantina (**fucoxanthin.**) Un pigmento de color pardo encontrado en las algas pardas, en las diatomeas y en los dinoflagelados. (Lat. **fucus**, alga marina; gr. **xanthos**, amarillo.)

fuscina (**fuchsin**). Un colorante derivado de la anilina empleado en microscopía, así como medicamento por su acción germicida y parasiticida.

Fuertes, Louis Agassiz. Artista y biólogo americano. Sus pinturas murales y dioramas en el "American Museum of Natural History" son mundialmente famosas. (1874-1929).

fuerza vital (**vital force**). Según los vitalistas, una forma de energía en los seres vivientes diferentes de las fuerzas físicas y químicas. *Elan vital.*

fugaz* (**fugacious**). Organo de duración breve. (Lat. **fugax**, fugitivo.)

fugina, fugotoxina (**fugotoxin**). Substancia tóxica que existe en los peces de los géneros *Diodon, Tetrodon,* etc. (Japonés, **tugu**, nombre de pescado.)

fugirreacción (**avoiding reaction**). Un taxismo negativo que ocasiona la retirada del organismo (Lat. **furgere**, huir.)

fugo (Del latín **fugere**, huir.)

fuina* (**stone marten**). Un especie de mamífero carnívoro europeo llamado también *garduña* (**Martes foibia**).

Fujii, K. Pudo demostrar, (1926) la estructura interna de los cromosomas como filamentos enrollados (**cromonemas**) a lo largo de la matriz de los cromosomas.

fulcro* (**fulcrum**). Un órgano de soporte.// Una placa que soporta las ramas del incus en el aparato masticador de los rotíferos. // Una estructura en la base del rostro de los insectos. // La línea de articulación en los braquiópodos. // Escama espinosa en el radio anterior de ciertos peces ganoideos. (Lat. **fulcrum**, soporte.) *Adj. fulcral.*

fúlica* (**coot**). Gallina de agua, gallareta, polla de agua. // Género de aves gruiformes. (Lat. **fulica**).

fuliginoso* (**fuliginous**). De apariencia negruzca, como manchado por el hollín. (Lat. **fuliginous**, de *fuligo*, hollín.)

fulmar (**fulmar**). Ave marina del orden *Procellariiformes,* familia *Procellariidae* de los mares árticos (**Fulmarus glacialis.**)

fulturas (**fulturae**). Los dos escleritos que soportan la hipofaringe en los miriápodos. (Lat. **fultura**, un soporte.)

fulvo (**fulvous—**). De color amarillo oscuro. (Lat. **fulvus.**)

fumarasa (**fumarase**). Una enzima que convierte el ácido fumárico en ácido málico durante el ciclo de Krebs.

función* (**function**). La actividad normal de un tejido, un órgano o un sistema. (Lat. **function**). *Adj. funcional.**

funciones vitales (**vital functions**). Todas las funciones fisiológicas de las que depende la vida.

fundatriz (**fundatriz**). Hembra partenogenética áptera en los insectos áfidos o pulgones, que engendra otras hembras partenogenéticas, a veces ápteras, llamadas vírgenes. (Lat. **fundator**, fundador.)

fundícola (**fundicolous**). Organismo acuático que vive en el fondo de las aguas. V. *bentónico.* (Lat. **fundus**, el fondo; **-icola**, habitante.)

fundiformes (**fundiforme**). En forma de lazo. // Un ligamento del pene. (Lat. **funda**, rizo; + **forma.**)

fúndulo (**fundulus**). Grupo de peces fluviales del orden *Cyprinodontiformes.* (Lat. **fundus**, fondo.)

fundus (**fundus**). El fondo o base de una estructura hueca, como el *fundus estomacal.* (Lat. **fundus**, fondos.) *Adj. fúndico.* // *f. oculi,* fondo del ojo, superficie posterior e interior del glóbulo ocular vista a través de la pupila.

fungícola (**fungicolous**). Que vive en los hongos. Insectos fungícolas. (Lat. **fungus**, hongo; **-cola**, habitar.)

fungiforme (**fungiform**). Que tiene aspecto de un hongo. // Papilas fungiformes de la lengua. (Lat. **fungus**, hongo;+ **forma.**)

fungoso* *Esponjoso* (Lat. **fungosus.**)

fungívoro (**fungivorous**). Que se alimenta de hongos. (Lat. **fungus**, hongo; **voro**, devorar.)

fungoideo* (**fungoid**). Semejante a un hongo, como ciertas madréporas. (Lat. **fungus**, hongo; **oides**, forma.)

funículo* (**funicle**). Estructura de forma alargada, como una *cuerda.* // Estructura celular en el celoma de los briozoos. // Columnas de la materia blanca en la médula espinal. // La parte delgada de la antena llamada claviforme. *(Lat.* **funiculus**, cordelito.) Adj. ***funiculado, funicular.****

Funk, Casimir. Fisiólogo polaco. Propuso el nombre de vitaminas y probó su papel en el metabolismo humano así como el de las hormonas de la tiroides en la metamorfosis de los renacuajos. (Nacido en 1841.)

furca (**furca**). Apófisis en el entotórax de los insectos. // Organo saltador en los insectos colémbolos. (Lat. **furca**, tenedor, horquilla.) *Adj.* ***furcado.*** // ***f. caudal***, terminación bifurcada del abdomen de los crustáceos branquiópodos.

furcal (**furcal**). Un nervio ramificado del plexo lumbrar. (Lat. **furca**, horqueta.)

furcifero. Que porta un apéndice ramificado, como algunos insectos. (Lat. **furca**, tenedor, horqueta; **ferre**, llevar.)

furcilla (**furcilla**). Estado larval de los crustáceos eufasiáceos. (Lat. **furcilla**, una furca u horqueta.)

furcocercaria. Tipo de *cercaria,* q.v., con la cola bífida, como las del género *Schistosoma.* (De **furca**, horquilla; + **cercaria.**)

furcosternón (**furcasternum**). El esternón bifurcado de muchos insectos. (Lat. **furca**, horquilla; **sternum**, esternón.)

fúrcula (**furcula**). La horquilla o fusión de las dos clavículas de las aves en la línea media. // Un proceso de forma de horquilla. // Un proceso transverso de la faringe embrionaria que origina la epiglotis. // Segmento abdominal que forma el aparato saltador en los colémbolos. (Lat. **furcula**, diminutivo de **furca**, horquilla.)

furfuráceo* (**furfuraceous**). Cubierto con escamas del aspecto del salvado o de caspa. (Lat. **furfur**, salvado.)

fuscescente (**fuscescent**). De color ligeramente pardo. (Lat. **fuscescens, -entis**, de fuccescere, ponerse pardo.)

fuscina (**fuscin**). Un pigmento pardo en el epitelio de la retina. (Lat. **fuscus**, pardo.)

fuscirrostro. Se dice del ave que tiene el pico pardo. (Lat. **fuscus**, pardo; **rostrum**, pico.)

fusco. (Del lat. **fuscus**, fusco, obscuro.)

fusiforme* (**fusiform**). Que tiene forma de huso o está aguzado en ambos extremos. (Lat. **fusus**, huso; + **forma.**)

fusino. V. *fusiforme,* q.v.

fusocelular (**fusocelular**). Lo que pertenece a una célula fusiforme. (Lat. **fusus**, huso; **cellula**, celdilla.)

fúsulas (**fusulae**). Estructuras fusiformes halladas en las hileras,por donde salen los hilillos de seda en las arañas. En español también se dice *hilanderuelas.* (Lat. **fusus**, huso.)

G

gabacha* **(a large pigeon).** Dícese de la paloma grande y calzada. (De **garuch**, que habla mal.)

gabán* **(wood ibis).** Venezuela; especie de cigüeña, ave del orden *Ciconiiformes*, familia *Ciconiidae* **(Mycteria americana)**

gabardán* **(barnacle).** V. *escaramujo.*

gabado*. Cría del ciervo o de la liebre menor de un año. (De gamo.)

gacel.* Macho de la gacela.

gacela* **(gazelle).** Nombre aplicado a varias especies de antílopes africanos de forma esbelta, perteneciente al género *Gazella.* La gacela común **(Gazella dorcas)** vive en los desiertos y la gacela de Grant **(Gazella granti)** en las llanuras fértiles. (Arab. **gazalla.**)

gádidos (gadidae). Familia de peces Gadiformes que comprende los *bacalaos*, las *merluzas* y otras especies afines.

Gadiformes. Un orden de peces óseos, llamado también *Anacantini*, que comprende los bacalaos, las merluzas, etc., que tienen aletas de radios blandos, con las pélvicas en posición yugular y la aleta caudal formada por radios dorsales y anales, sin el hipural extendido. (Gr. **gados**, una clase de peces; lat. **gadus**, bacalao.)

gadinina (gadinin). Tomaína del pescado y de las heces humanas. (**Gadus**, género del bacalao.)

gado (cod fish). *Bacalao*, pez.

galact-, galacto- (galact). (Del gr. **gala, galaktos**, leche.)

galactagogo (galactagogue). Que provoca o aumenta la secreción láctica. (Gr. **galaktos**, leche; **agogos**, que conduce.)

galactana (galactan). Un carbohidrato que produce galactosa por hidrólisis. (**galaktos**, leche.)

galactasa (galactase). Una enzima que madura los quesos. (Gr. **galaktos; -asa, enzima.**)

galáctico* **(galactic).** Perteneciente a la leche. (Gr. **galaktos**, leche.)

galactina (galactin). Nombre poco empleado para la hormona pituitaria *prolactina*, q.v. (Gr. **gala**, leche.)

galactoblasto (galactoblast). Un corpúsculo de colostro en los acinos de las glándulas. (Gr. **galaktos**, leche; **blastos**, formación.)

galactófago* **(galoctophagous).** Que se alimenta de leche. (Gr. **galaktos**, leche; **phago**, comer.)

galactóforo (galoctophorous). *Lactífero.* Que lleva leche. (Gr. **galaktos**, leche; **phoreus** portador.)

galactogogo. V. *galactagogo.*

galactosa* **(galactose).** Una hexosa que se encuentra en la leche. (Gr. **galaktos**, leche.)

galactosemia (galactosemia). Enfermedad hereditaria, debida a un carácter recesivo, que se debe a la incapacidad de convertir la galactosa en glucosa. (Gr. **galaktos**, leche; **haima**, sangre.)

galactosis (galactosis). La producción de leche. (Gr. **galaktos**, leche; **-osis**, condición.)

galactosuria (galactosuria). Presencia de galactosa en la orina. (Gr. **galaktos**, leche; **ouros**, orina.)

galactotrópico (galactotropic). Que estimula la secreción de la leche. Se aplica a la *prolactina.* (Gr. **galaktos**, de la leche; **trope**, una vuelta.)

galafate* **(black oldwife).** Cuba: pez marino del orden *Tetraodontiformes*, familia *Balistidae* **(Melichthys radula).**

gálago (galago). Grupo de prosimios africanos del grupo de los lemúridos, de ojos y orejas enormes, cola muy poblada y de hábitos nocturnos. El género que origina el nombre es *Galago*, al que pertenece el llamado *emán* **(Galago alleni).**

galah (roseate cockatoo). Especie de cacatúa, ave australiana del orden *Psittaciformes* **(Kakatoe roseocapilla).**

Calambos, R. Junto con **D. Griffin** desarrolló el concepto de la ecolocación en los murciélagos. (1945)

galano* **(lemon shark).** *Cuba:* se dice de una especie de tiburón costero *(Mesoprion brevirostris).* // Que está bien adornado. // Se aplica a las reses de pelaje manchado de colores varios.

galapagar*. Sitio abundante en galápagos.

galápago* **(tortoise).** Originalmente el término se restringía a las tortugas de agua dulce, pero ahora se aplica también a las terrestres, especialmente de las de gran tamaño, como las de la Isla Galápagos, la isla Aldabra, (**T. galapagoense, T. gigantea, etc.**) (Arab. **galabug.**)

Galatheidea. Una superfamilia de crustáceos decápodos del suborden *Reptantia*, sección *Anomoura*, que tienen forma de cangrejo, con abdomen simétrico. (Gr. **Galatea**, una ninfa marina.)

Galaxiiformes. Un grupo de peces de agua dulce, afines a los clupeiformes, pero sin aleta adiposa. Algunos de sus especies se encuentran en Australia, Nueva Zelandia y América del Sur. (Gr. **galaxaios**, lechoso.)

galea* **(galea).** Pieza bucal de las maxilas de los insectos situada entre el palpo y la lacinia. (Lat. **galea**, casco.) *Adj. galeado, galeiforme.*

galembo (turkey buzzard, black buzzard). En Venezuela y Colombia: aura, *gallinazo*, q.v.

Galeno*. Médico griego, que vivió posteriormente en Roma y fue uno de los biólogos más notables de la antigüedad clásica. Desarrolló un sistema coherente de fisiología, demostró que las arterias contenían sangre y no aire y diferenció los nervios sensoriales de los motores. Entre sus errores estaba la afirmación que los alimentos digeridos pasaban al hígado y allí se convertían en sangre. (130-210 D.C.)

galeo **(gale).** (Del lat. **galea,** un casco.)

gáleo* **(shark).** *Tiburón, corazón. (*Gr. **galeos,** tiburón.)

galeodo. La llamada tarántula de Egipto, arácnido de gran tamaño, que pertenece al orden *Solpugida.* **(Galeodes** sp.)

galeopiteco **(colugo).** Nombre aplicado a un grupo de mamíferos de la Península Malaya y regiones vecinas, que pertenece al orden *Dermoptera.* (Gr. **galee,** gale, un gato; pithecus, un mono.) V. *caguán.*

galera* **(mantis shrimp).** Especie de crustáceo marino estomatópodo de gran tamaño **(Lyssiosquilla scabricauda)** de carne comestible. // México: una especie de comadreja.

galeriforme **(galeriform).** En forma de gorro. (Lat. **galerum,** gálea, casco.)

galerita* **(crested lark).** Una especie de alondra moñuda llamada también *cogujada* **(Galerita cristata).**

galgo* **(greyhound).** Raza de perro delgado y ágil destinado a la caza de liebres, lobos, así como para las carreras. // *g. ruso*, raza de gran tamaño, color blanco lanudo, empleado en las cacerías de lobos. // *g. irlandés,* la raza de perros de mayor talla, de color gris y pelo rizado, que se empleó para la cacería del lobo.

gálgulo* **(magpie).** Pájaro europeo de cola larga, parecido a la urraca, que también es llamado *rabilargo.* (Lat. **galgulus.)**

galillo **(uvula).** Nombre vulgar de la *úvula.*

galináceo* **(gallinaceous).** Var. de *gallináceo.*

galope **(gallop).** Método de locomoción rápida de la mayoría de los mamíferos cuadrúpedos. En cada tramo tiene durante un momento las cuatro patas en el aire. (Germ. **Wala Kaupam,** saltar bien.)

Galton, Sir Francis. Científico inglés. (1822-1911) V. *ley* o *regla de Galton.*

Galvani, Luigi. Fisiólogo italiano, profesor en Polonia, descubridor de los impulsos eléctricos en los animales. (1737-1798)

galvanotaxia **(galvanotaxis).** *Galvanotaxis*, tactismo estimulado por la corriente eléctrica. También *electrotaxia* e, inexactamente, *galvanomagnetismo.* (Galvani, descubridor de la corriente eléctrica y *taxis*, movimiento.)

galvanotropismo **(galvanotropism).** V. *electrotropismo.*

galziekte **(galziekte).** Una enfermedad del ganado en Africa producida por el protozoo *Trypanosoma theileri.* (Holand. **fiebre biliosa.)**

Gall, Franz Joseph. Fisiólogo alemán, quien enunció la hipótesis de las localizaciones de las funciones en el cerebro. (1758-1828)

galla*.=*Agalla del pez.*

galladura* **(thread of an egg).** Pinta grumosa que se halla en la yema del huevo fecundado. (De **gallo.)**

gallara* **(gill).**=*Agalla del pez.*

gallareta* **(coot, gallinule).** Nombre común de ciertas aves del orden *Ciconiiformes* de la familia *Rallidae*, de pico corto y robusto, que viven cerca del agua en lugares de vegetación abundante **(Fulica americana).** Algunas especies de este grupo reciben el nombre de **gallinetas,** *gallinuelas, pollas de agua, fuchas, fojas,* etc. (De **gallo.)** // *g. chiquita*, Puerto Rico: especie de gallinuela **(Porzana flaviventer).**

gallaretilla **(sora rail).** Puerto Rico: una de las aves de caza que pertenece a la familia *Rallidae* **(Porzana carolina).** // Especie de ave acuática de la familia *Rallidae.*

gallarón* **(little bustard).** V. *sisón, ave europea.*

gallego* **(gull).** Cuba y Puerto Rico: *gaviota*, ave marina del orden *Charadriiformes*, suborden *Larii*, familia *Laridae* **(Larus artricilla).** *g. (may beetle).* // Cuba: insecto coleóptero de la familia *Scarabaeidae. (Phyllophaga,* sp.) // *g. real*, Cuba: especie de gaviota de gran tamaño. Orden *Charadriiformes*, familia *Laridae* **(Larus argentatus).**

galleta **(sole).** Pez osteictio de los mares europeos del orden *Pleuronectiformes,* familia *Soleoidae* **(Solea variegata.)**

galleta de mar **(sand dollar).** Se aplica a los equinodermos de la clase *Echinoidea* que tienen la concha muy deprimida y espinas muy cortas. **(Mellita lata.)**

Galli. Un término más restringido que el de *Galliformes* para designar las especies más parecidas al gallo, como los faisanes, pavos, etc.

gallícola **(gallicolous).** Que vive o produce agallas en las plantas, como ciertos insectos homópteros e himenópteros. (Lat. **galla, agalla, cola, habitante.)**

Galliformes. Orden de aves que comprenden las gallinas, faisanes, pavos, perdices, hoatcines, etc. Tienen el pico corto, plumas con hiporraquis, pies usualmente adaptados para escarbar y correr, polluelos precoces con plumón al nacer. Antiguamente llamado de las *gallináceas.* (Lat. **gallus,** el gallo doméstico.)

gallillo.* V. *galillo.*

gallina* **(hen).** La hembra del gallo doméstico **(Gallus gallus).** *Adj. gallináceo. // g. de agua*, v. *gallareta. // g. de Guinea,* especie africana de pintas negras llamada *Numida meleagris galleata*, que vive en gran parte de Africa y se ha extendido por todo el mundo como ave doméstica. // *g. de mar, un pez del orden Perciformes* del Mediterráneo, con la cabeza casi cúbica y cubierta por una especie de coraza ósea. // *g. de Numidea*, gallina mencionada por los antiguos escritores que no es la gallina de Guinea, sino la *Numidea sabyi. // g. sorda*, v. *chicha.*

gallináceo* **(gallinaceous).** Perteneciente o relativo a la gallina. // V. *Galliformes,* orden de aves.

gallinaza* **(West Indian Common Gallinule).** *Gallinuela*, ave que pertenece a la familia *Rallidae.* // Estiércol de gallina.

gallinazo* **(black buzzard).** Ave de rapiña neotropical de la familia *Cathartidae*, también llamado *zopilote, zamuro, iribú,* y *congo.* // Puerto Rico: gallineta de pico blanco **(Fulica caribaea).**

gallineria* **(flock of hens).** Conjunto de gallinas.

gallineta* **(coot).** Una especie de ave europea del orden *Charadriiformes,* llamada también becada **(Scolopax rusticola),** de forma rechoncha y patas cortas. // Una especie de ave rallidae cosmopólita **(Gallinula chloropus).** V. *chocha, fulica.* // En Sudamérica, *gallina de Guinea.*

gallinuela* **(gallinule).** Especie de aves de ribera del orden *Gruiformes*, familia *Rallidae* **(Rallus longirostris).** // Cuba: *Cuban king rail*, la especie *Rallus elegans ramsdeni. // g. chica*, Puerto Rico: ave de caza que pertenece a la familia *Rallidae* **(Porzana carolina.** // Puerto Rico: ave del orden *Gruiformes* familia *Rallidae.*

gallinula.=*gallinuela.*

gallipato* **(Spanish newt).** Anfibio acuático europeo del orden *Urodela* **(Pleurodelis waltlei).**

gallipava* **(large hen).** Gallina de raza muy grande.

gallipavo* **(turkey).** V. *pavo.*

gallito* **(small cock).** Raza pequeña de gallo. V. también *gallito de roca*, gallito de agua, gallo de agua, *jacana. // g. amarillo*, nombre dado a una de las aves de Puerto Rico, que pertenece a la familia *Rallidae. // g. de agua*, especie de ave neotropical del orden *Charadriiformes* de plumaje de vivos colores, pies con dedos larguísimos y espolones en las alas. Corren sobre las plantas acuáticas de hojas anchas **(Jacana spinosa).** También *aguapeazo.* // Puerto Rico: ave de la familia *Fringillidae.* // Puerto Rico: *gallinuelita*, q.v. // *g. del rey*, v. *budión // g. de las rocas*, ave paseriformes de Venezuela, Colombia y Perú, de color vivo, con una cresta de plumas sobre la cabeza y plumas largas en la rabadilla. Viven en los bosques, en la vecindad de rocas y corrientes, a lo que alude su nombre **(Rupicula rupicula).** // *g. negro*, nombre dado a un ave de Puerto Rico que pertenece a la familia *Rallidae* **(Laterallus jamaicensis).** // Costa Rica: *libélua.*

gallo* **(cock).** El macho del ave doméstica, *Gallus gallus*, que algunos consideran derivado del gallo silvestre indio, *Gallus gallus bankiva.* // Puerto Rico: se aplica a varios peces marinos del orden *Perciformes* de la familia *Holocentridae*, como *Holocentrus ascensionis*. // Cuba: algunas especies de cangrejos de la familia *Calappidae*, como Calappa flammea. // ***g. de chaparral***, que habita principalmente el bioma llamado *chaparral*. // ***g. silvestre***, v. *urogallo*. // ***gallo lira****, ave europea galliforme de la familia *Tetraonidae* de cola en forma de lira (**Lyrurus cubensis**.)

galloxantina (**galloxanthin**). Pigmento carotenoide asociado con los conos de la retina de los gallos. (Lat. **gallus**, gallo; **xanthos**, amarillo.)

galludo* (**dogfish**). Cuba: especie de tiburón pequeño. Orden *Squaliformes*, familia *Squalidae* (**Squalus cubensis**).

gama* (**Pampas deer**). Nombre que dan en Argentina al ciervo de las pampas o *guasuti* (**Blastocerus bezoarticus**).

gámaro. Crustáceo del género *Gammarus*.

gamatio (**gammation**). Una barra angular en los arcos branquiales de los peces del género *Palaeospondylus*. (Gr. **gammation, dim. de gamma**.)

gamba* (**shrimp**). España: se aplica a las especies de crustáceos decápodos marinos de la familia *Penaeidae*. // Ave del orden *Charadriiformes Limosa limosa*, de Europa y el Norte de Asia.

gámbaro* (**shrimp**). Camarón del río.

gambal* (**hock**). V. *corvejón*.

gambusia (**top minow**). Pez marino del orden *Cyprinodontes*, cuyos machos tienen un apéndice o gonópodo en la aleta anal, relacionado con la cópula. Son devoradores de larvas de mosquitos y se emplean para combatir dichos insectos. (De **gambusino**, voz **antillana**.)

gambusino (**top minow**). Cuba: pececillo de agua dulce del orden *Cyprinodontes*, del género *Gambusia*.

gaméchogo (**moustached monkey**). Una especie de mono africano de la familia *Cercopithecidae* de cara azul, manchas blancas como bigotes y patillas doradas (**Cercopithecus cephus**).

gamello*.=*camello*.

gamet- gameto- (**gamet**). (Del gr. **gametes**, que significa esposo, empleado para indicar una idea relacionada con reproducción sexuada.)

gamétido (**gametid**). En los protozoos, la célula producida por gemación de un esporonte y destinada a convertirse en gameto, gameto *femenino* o gameto *masculino*. // *Cinegameto*.

gameto* (**gamete**). Célula reproductora: óvulo o espermatozoo. // Una célula sexual madura o haploide. (Gr. **gametes**, esposo.) *Adj*. ***gametoide; gamético***.

gametoblasto (**gametoblast**). Substancia formativa. // Plasón. (Gr. **gametes**, esposo; **blastos**, yema.)

gametocinético. Lo que estimula la formulación de los gametos. (Gr. **gametes**, esposo; **kinesis**, movimiento.)

gametocito (**gametocyte**). La célula que por meyosis origina los gametos. // Estado en el ciclo esquizogónico de los esporozoos en el que algunos merozoitos se convierten en células aptas para la reproducción sexuada. (Gr. **gametes**, esposo; **kytos**, célula.) // ***g. secundario***, gametocito producido por la primera división en la meyosis.

gametocisto (**gametocyst**). En la reproducción sexual de las gregarinas, un quiste que rodea dos formas asociadas libres. // Quiste que contiene más de un gameto. (Gr. **gametes**; **kystis**, vesícula.)

gametogamia (**gametogamy**). La unión de los gametos.=*Singamia*. (Gametes, esposos; **gamos**, matrimonio.)

gametogénesis (**gametogenesis**). La producción o formación del gameto. (Gr. **gametes**. esposo; **genesis**, origen.) *Adj*.. ***gametogénico*, gametogenético****.

gametogoria. La fase de reproducción sexuada en los esporozoos.

gametogonio (**gametogonium**). Célula diploide que dará origen a los gametos por meyosis (**oogonio, espermatogonio**) Gr. **gametes**, esposa; **gamos**, boda.)

gametoide (**gametoid**). Estructura que se comporta como un gameto (Gr. **gametes**, esposos; **eidos**, forma.)

gamezo* (**young fallow deer**). Gamo pequeño.

-gamia (**gamy**). (Del gr. **gamos**, unión sexual, boda.)

gámico (**gamic**).=Fertilizado.

Gammarida. Un suborden de crustáceos del orden *Amphipoda* cuya cabeza está separada del tórax y los maxilípedos llevan palpos. (Lat. **gammarus**, una especie de crustáceo.)

gamo* (**fallow deer**). Mamífero europeo de la familia de los ciervos, caracterizado por el pelaje pardo moteado de blanco y por los cuernos palmeados. También lo llaman *ciervo dama* o simplemente *dama* (**Dama dama**). En algunos lugares dan este nombre al venado. (Lat. **dama**.)

gamo- (**gam**). (Del gr. **gamos**, matrimonio, unión sexual.)

gamobio (**gamobium**). La generación sexual en la generación alternamente. (Gr. **gamos**, un matrimonio; **bios**, vida.)

gamocisto (**gamocyst**). V. *gametocisto*.

gamodeme (**gamodeme**). Un *deme* que forma una comunidad interfecundable relativamente aislada. (Gr. **gamos**, boda; **demos**, pueblo.)

gamogénesis (**gamogenesis**). = Reproducción sexuada.

gamogonia (**gamogony**). Fase de reproducción sexuada en los esporozoos. (Gr. **gamos**, boda; **gonos**, reproducción.)

gamoide (**gamoid**). De apariencia sexual. (Gr. **gamos**, boda; neolat. **-oides**, parecido.)

gamóneo (**gamoneo**). Secreción de los gametos que actúa sobre el sexo opuesto. (Gr. **gamo**, matrimonio.)

gamonte* (**gamont**). Individuo productor de gametos en el ciclo vital de los esporozoos. (Gr. **gamos**, unión; **-onte**, lo que es.)

gamosemático (**gamosematic**). Perteneciente a la coloración o a la conducta, con la que se ayudan los miembros de una pareja para acercarse mutuamente. (Gr. **gamos**, unión; **semantikos**, indicativo.)

gamotropismo (**gamotropism**). La tendencia de los gametos a acercarse unos a otros. (Gr. **gamos**, unión; **trope**, volviendo.)

gamuno*. Aplícase a la piel del gamo.

gamusino*. España: animal imaginario cuyo nombre se usa para dar bromas a los novatos.

gamuza* (**chamois**). Una especie de antílope muy ágil de las montañas europeas: Pirineos, Alpes, Apeninos, etc., que tiene los cuernos recurvados en las puntas a la manera de ganchos. Su piel constituye la gamuza de peletería (**Rupicapra rupicabra**).

ganado* (**cattle**). Conjunto de animales domésticos, especialmente mamíferos. Ganado lanar, vacuno, caballar, de cerda, etc. // También el conjunto de abejas de una colmena. (De **ganar**.)

ganchillo* (**barbicel**). Cada una de las pequeñas estructuras que une la barbilla de la barba de la pluma con la barbilla opuesta. Mejor nombre es el de *barbicela*, q.v.

gancho* (**hook**). Estructura encorvada, usualmente de naturaleza quitinosa, hallada en varios invertebrados. *Adj*. ***ganchoso****.

ganchudo (**unciform**). El hueso carpiano llamado también *unciforme*, q.v.

gandaya* (**reticulum**). V. *redecilla*.

gandiga.* Despojo de reses.

ganeta*. V. *jineta*.

ganga* (**sandgrouse**). Nombre que se da en España a dos aves del orden *Columbiformes*, familia *Pteroclidae*, parecida a la perdiz por su forma y a las palomas por su pico (**Pterocles alchata**). // América del Sur, la *rancaca*, ave rapaz. // Puerto Rico: ave del orden *Charadriiformes*, familia *Scolopacidae* (**Bartramia longicauda**). // ***g. del desierto***, una especie de ganga del Asia Central (**Syrrhaptes paradoxus**). Cuba: especie de *zarapito* o *zarapico*.

ganglio* **(ganglion).** Nudo o abultamiento que se encuentra en los nervios y en el sistema linfático. (Gr. **ganglión,** hinchazón.) *Adj. ganglioide*, ganglionar*.* // *g. acústico*, nódulo del VIII° nervio craneal acústico. // *g. autónomo*, ganglio del sistema nervioso autonómico. situado al lado de la columna vertebral. // *g. basal*, cada uno de los ganglios nerviosos de la parte inferior del telencéfalo en los vertebrados inferiores. // *g. branquial*, cada uno de los ganglios nerviosos que inervan los brazos de los moluscos cefalópodos. // *g. bucales*, el par de ganglios de la región bucal en los moluscos. // *g. catenario*, ensanchamiento regular del tronco simpático que, en el extremo anterior, se agrupa formando tres grandes *ganglios cervicales.* // *g. caudal*, un ganglio nervioso situado en la cola de los rotíferos, // *g. celíaco*, ganglio del sistema simpático que inerva del tubo digestivo desde el estómago hasta el colon y glándulas accesorias, // *g. cerebral*, situado sobre la faringe en ciertos invertebrados, como los anélidos, los moluscos, los quetognatos, los rotíferos, los artrópodos. En algunos, recibe el nombre de *g. cerebroide*, v.g. *supraesófagico.* // *g. cervicales*, ganglios del sistema autonómico simpático relacionado con las vértebras, de los que hay tres pares: *superior medio* e *inferior.* // *g. ciliar*, situado en el nervio craneal III° u oculomotor // *g. colaterales*, del sistema autonómico, situado en los mesenterios y conectados por medio de los nervios esplácnicos con los ganglios espinales. // *g. de Bider*, un conjunto de células nerviosas en la región del surco aurículoventricular. // *g. de Gasser*, un ganglio del nervio craneal V°, o trigémino, que envía fibras a la columna sensitiva somática de la substancia gris. // *g. de Laumonier*, v. *ganglio carotídeo.* // *g. del mastax*, ganglio nervioso situado en la región masticadora de la faringe de los rotíferos. // *g. esfenopalatino*, un glanglio del nervio craneal VII° o *facial*, que se asocia con la glándula lagrimal y la nasal. // *g. espiral*, ganglio de la rama coclear del nervio craneal o acústico. // *g. estomacal*, un ganglio nervioso formado por la fusión de ganglios abdominales en algunos insectos situado bajo el estómago. // Cada uno del par de ganglios bajo el vientre en los cefalópodos. // *g. estrellado*, el par de ganglios en los cefalópodos situado en los nervios paleales, bajo el manto. // *g. gástrico*, ganglio visceral que inerva el estómago en los moluscos cefalópodos. // *g. geniculado*, situado en el nervio craneal VII° o facial, en la parte basal de su rama hiomandibular. // *g. genital*, un ganglio nervioso que en los moluscos inerva las gónadas. // *g. hemales*, también llamados *hemolinfáticos*, que son estructuras parecidas a los ganglios infáticos, pero en ellas circulan sangre en vez de linfa. Son en general muy pequeños y abundan en el tejido retroperitonial. // *g. hipocerebral*, un par de ganglios bajo el ganglio cerebroide en los insectos. // *g. infraesofágico*, v.g. *subesofáfico.* // *g. intestinal*, ganglio que inerva el tubo digestivo en los moluscos gastrópodos. // *g. lateral*, ganglio en la base del nervio vago de los peces, relacionado con la línea lateral. // *g. lenticular*, v. *ganglio oftálmico.* // *g. linfático*, v. *nódulo linfático.* // *g. mesentérico*, cada uno de los ganglios del sistema simpático de la región lumbar que inervan los riñones, la vejiga y los órganos sexuales. // *g. nervioso*, un grupo o concentración de centrones o cuerpos de neuronas, que actúa como centro de influencia nerviosa. // *g. nodosal*, ganglio muy voluminoso en la base del nervio vago de los mamíferos. situado en posición distal al ganglio yugular. // *g. oftálmico*, pequeño ganglio en la órbita de algunos vertebrados donde la rama oftálmica del nervio trigémino forma anastomosis con el nervio oculomotor. V. *ganglio lenticular.* // *g. óptico*, ganglio del nervio craneal glosofaríngeo de donde parten las fibras que inervan la glándula parótida. // *g. palial*, un par de ganglios. en los moluscos que inerva el complejo palial. // *g. parietal*, ganglio nervioso en la comisura visceral en los moluscos. // *g.pedales*, un par de ganglios nerviosos en posición ventral en los moluscos que inerva el pie. // *g. periférico*, es el que forma conexiones entre el sistema nervioso central y todo el organismo: puede ser espinal y autónomo. // *g. petroso*, ganglio del nervio glosofaríngeo. // *g. pleurales*, un par de ganglios nerviosos en el complejo ganglionar de la cabeza de los moluscos. que se une por conectivos a los ganglios cerebroides y a los ganglios pedales. // *g. pleuroviscerales*, ganglios nerviosos laterales en los moluscos que inervan las vísceras. // *g. prevertebrales*, tres pares de ganglios simpáticos localizados en las regiones torácica y abdominal situados delante de las vértebras, diferentes de los que forman el tronco simpático o ganglios *catenarios.* // *g. radicular dorsal*, ganglio dorsal con relación a la columna vertebral. // *g. retínico*, el ganglio nervioso de la retina. // *g. semilunar*, v. *ganglio de Gasser.* // *g. simpáticos*, los correspondientes al sistema autonómico *toracolumbar* o *simpático.* // *g. subesofágicos*, ganglios situados bajo el esófago en cierto número de invertebrados, tales como anélidos, artrópodos, etc., usualmente unidos a los ganglios supraesofágicos por conectivos o anillos periesofágicos. // *g. subfaríngeos*, v. *ganglios subesofágicos.* // *g. submaxiliar*, un ganglio del nervio craneal VII° o facial que envía fibras a la glándula salival submaxiliar y a la sublingual. // *g. subradular*, un par de ganglios nerviosos en la boca de los moluscos que inerva la rádula. // *g. superosofágico*, v. *g. supraesofágico* y *g. cerebroide.* // *g. superior*, pequeño ganglio del nervio craneal IX° o glosofaríngeo, situado cerca de la médula oblongada. // *g. supraesofágico* o *cerebroide*, ganglio nervioso situado sobre el esófago de invertebrados tales como los braquiópodos. los anélidos, etc. // *g. suprafaríngeos*, V. *supraesofágicos.* // *g. ventral*, uno de los ganglios nerviosos de los quetognatos, situado en la mitad del tronco. // *g. viscerales*, ganglios nerviosos en los moluscos cefalópodos, v. *ganglios branquiales* y *gástricos.* // *g. yugular*, ganglio cerca de la base del nervio vago de los peces que persiste en los vertebrados superiores.

ganglioblasto **(ganglioblast).** La célula madre de un gangliocito. (Gr. **ganglion,** ganglio; **blastos,** yema.)

gangliocito **(gangliocyte).** Una célula ganglionar fuera del sistema nervioso central. (Gr. **ganglion** tumorcillo; **kytos,** célula.)

ganglioneural **(ganglineural).** Se aplica a una serie de ganglios conectados por fibras nerviosas. (Gr. **ganglion,** ganglion; **neuron,** nervio.)

ganglioneurona **(ganglioneuron).** La neurona de un ganglio. (Gr. **ganglion,** ganglio; **neuron,** nervio.)

gangliónico **(ganglionic).** Perteneciente a los ganglios. (Gr. **ganglion,** ganglio.)

ganglioplexo **(ganglioplexus).** Un ganglio difuso. (Gr. **ganglion,** ganglio; lat. **plexo,** entretejido.)

gangliósido **(ganglioside).** Grupo de lípidos complejos hallados en el sistema nervioso. (De **ganglio.**)

ganoblasto **(ganoblast).** V. *ameloblasto.*

Ganocephola.* Un grupo de anfibios laberintodontes de cráneo acorazado que comprende las formas más antiguas. (Gr. **ganos, brillante; kephale,** cabeza.)

ganoide **(ganoid).** Tipo de escamas en los peces óseos que están cubiertas por un esmalte. (Gr. **ganos, ganeos,** lustre, belleza.)

ganoideo* **(ganoid).** Un orden obsoleto de peces óseos que tienen escamas del tipo ganoide, de estructura dura, cubierta por un esmalte llamado *ganoidina.* //Dícese de los peces con escamas ganoides. (Gr. **ganos,** fulgor; **neo-lat. oides,** forma.)

ganoína **(ganoine).** Substancia translúcida, dura y brillante, de origen mesodérmico, que cubre las escamas *ganoides.* (Gr. **gamos,** brillante; **ganoidina.)**

gansarón.* Ganso bravo.

ganso* **(goose, gander).** Ave doméstica del orden *Anseriformes* que muestra muchas razas o variedades descendientes del ganso silvestre *Anser anser.* También se denomina *oca.* // *g. careto* o de frente blanca **(Anser albifrons)** de las regiones subpolares. // *g. de corbata* **(Branta canadensis).**, de la América septentrional, que se reconoce por una banda blanca a través de la garganta. // *g. marino* **(Branta leucopsis),** de la zona boreal de Lurasic, llamado también *branto.* V. *guanana.*

ganta. *Cigüeña,* ave.

gañido* **(yeep).** Aullar del perro y graznar de ciertas aves.

gañote* **(throat).** Nombre familiar para garganta, q.v.

garañon* **(sire).** Asno o caballo que sirve para la reproducción. (De **guarán,** del **germ. wranyo,** caballo padre.)

garapacho* **(carapace).** *Carapacho,* caparazón de las tortugas.

garapito* **(back swimmer).** Insecto homóptero acuático que nada de espalda. Familia *Notonectidae.*

garbón.* Macho de la perdiz.

garceta* **(little heron).** Especie de garza de pequeño tamaño, como la llamada *Leucophoyx garzetta.* // En los ciervos, la punta o rama basal de la cuerna, que está situada en la base de la vara y dirigida hacia delante o hacia adentro.

garcero.* Una especie de halcón.

garcía.* *Zorro, raposa.*

garcilote **(great blue heron).** En Colombia, Cuba y América Central: una especie garza grande, como *Ardea herodias.*

garcilla bueyera **(cattle egret).** Puerto Rico: el *reznero*, garza inmigrante de Africa (**Bubulcus ibis**).

garduña* **(stone marten).** Una especie de marta europea, mamífero carnicero de la familia *Mustelidae*, de piel valiosa (**Martes foina**). (Arab. **gargadum.**)

garduño* **(fox).** Otro nombre para el zorro. // *Garduña.*

garfa* **(claw).** Garra o uña de ciertos animales. (Antig. alemán: **harfan**, agarrar.)

ganguero* **(throat).** Garganta.

garcilla* **(small heron).** España: garza de pequeño tamaño.

garifalte* **(gerfalcon).** V. *gerifalte*, especie de halcón.

garfio* **(clasp).** Prominencia furcada que, en los insectos colémbolos, sujeta la fúrcula. (De **garta**, del. al. **harfan**, agarrar.)

garriba. Especie de culebra venenosa de Asia y Africa septentrional. Pertenece a la familia *Viperidae.* (**Echis carinata.**)

garra* **(claw).** Uña comprimida, encorvada y fuerte del pie de algunos vertebrados: mamíferos, aves, y reptiles, empleada para escarbar, agarrarse al suelo o para desgarrar. (Celta, **garra**, pierna.)

garrapinos. **Herrerillo**, ave.

garrapata* **(tick).** Cualquiera de los arácnidos acarinos de la familia *Ixodidae*, que parasitan externamente varias especies de vertebrados terrestres. Algunas trasmiten enfermedades, como la fiebre moteada de las montañas rocosas del hombre, la fiebre texana del ganado vacuno. La garrapata del perro en Europa, *Ixodes ricinus*, se denomina también *rezno.* La garrapata común de perro en la América es *Rhipicephalus sanguineus.*

garrapatero* **(ani).** Venezuela: ave trepadora que se alimenta de insectos y garrapatas, también conocida por los nombres de *aní* y de *judío* (**Crotophaga ani**). V. también *chiricuare.*

garrido. El grito del loro.

garrobo*. Especie de lagarto venenoso de Honduras y Costa Rica de la familia *Helodermidae,* parecida al *Gila Monster,* que también lo llaman *escorpión* (**Heloderma horridum**). // Macho de la iguana común.

garrón* **(spur).** Espolón de las aves. // Vestigio de los dedos en la pata de los cuadrúpedos. (De **garra.**)

gárrulo* **(garrulous).** Dícese del ave que canta mucho. (Lat. **garrulus.**)

garrullo.* Pavo destinado a ser padre.

Garstan, W. Sostenedor de la teoría del origen de los vertebrados partiendo de las ascidias. (1928)

garza* **(heron).** Un miembro de las aves de la familia *Ardeidae*, orden *Ciconiiformes*, que tiene el pico largo y recto, cuello largo, y dedo medio provisto de borde aserrado a modo de peine. V. *garceta, garcilote* y *garzón.* // ***g. boyera,*** garza blanca del Africa y del sur de Europa que acuden a los terrenos cultivados siguiendo los bueyes y comiendo los insectos que levantan esos animales a su paso. Sus migraciones desconcertantes han llevado dichas aves a la América del Sur, las Antillas y el sur de los Estados Unidos (**Bubulcus ibis**). También se llaman *reznero* y *espulga bueyes.* // ***g. azul***, garza americana de color azul grisáceo familia *Ardeidae.* // ***g. africana***, v. *garcilla bueyera.* // ***g. blanca***, nombre dado a un ave antillana que pertenece a la familia *Ardeidae.* // ***g. real***, ave de la familia *Ardeidae* (**Casmerodius albus**).

garzo* **(bluish).** De color azulado.

garzón* **(American egret).** Ave zancuda del orden *Ciconiiformes* de tamaño mayor que las garzas. Una especie americana común es *Casmerodius albus*, de cuyo plumaje de bodas se escogen los penachos de plumas llamadas "aigrettes". // También se aplica el vocablo para la gran garza *Ardea herodias* v. *garcilote.* // En Venezuela y Colombia: un ave de la familia de las garzas, de pico muy grande.

garzota*. *Garzón*, q.v. // *Guanabá*, q.v.

garullo*. *Pavipollo*, q.v.

gas mostaza **(mustard gas).** Un gas sumamente tóxico que se emplea para inducir mutaciones en experimentos genéticos.

Gaskell, W.H. Fisiólogo inglés. V. *haz de Hiss* o *haz atrio ventricular.*

gaspayo **(Bahamas nighthawk).** Puerto Rico: ave de la familia *Caprimulgidae.* (Voz **indígena.**) V. *querequeté.*

gaster **(gaster).** Estómago, vientre. *Adj.* ***gástrico.****

gasterópodo* **(gastropod).** Que tiene el pie ventral. // Un miembro de la clase *Gastropoda.* (Gr. **gaster**, vientre; **podos**, pie.)

Gasterosteiformes. Orden de peces óseos que tienen la aleta dorsal con radios espinosos o precedidas por 2 espinas libres y la vejiga natatoria cerrada. (=**Thoracostei**= **Solenichthyes**=**Scleroparei**). (Gr. **gaster**, vientre; **osteon**, hueso.)

Gasterostomata. Un suborden de trematodos del orden *Digenea.* (Gr. **gaster**, vientre; **stoma**, abertura, boca.)

gasterornis. Ave de los terrenos terciarios de alas débiles. (Gr. **gaster**, miembro; **ornis**, aves.)

gastr- **(gastr-).** (Del gr. **gaster**, **gasteros**, **gastros** (síncopa de **gasteros**, vientre, estómago.)

gastraeum **(gastraeum).** La región ventral del cuerpo. (Gr. **gaster**, ventral.)

gastrales **(gastralia).** Se dice de las costillas abdominales en algunos vertebrados. // Espículas en las esponjas situadas en la capa celular interna. V. *huesos gastrales.*

gastrea **(gastraea).** El ancestral hipotético de los metazoos, parecido a una *gástrula.* (**Haeckel.**)

gastrina **(gastrin).** Hormona secretada por la región pilórica del estómago de los vertebrados que activa las secreciones digestivas del mismo. (Gr. **gaster**, estómago.)

gastrocelo **(gastrocoel).** La cavidad primitiva del embrión de los metazoos formada por gastrulación. (Gr. **gaster**, estómago; **koilos**, cavidad.) *Arquenteron=hipocelo.= arquenterio).*

gastrocéntrica **(gastrocentrous).** Se dice de las vértebras en las que los basiventrales son pequeños y el centro está formado por los interventrales. (Gr. **gaster**, vientre; **kentron**, centro.)

gastrocisto **(gastrocystis).** V. *blastocisto.*

gastrocnemio **(gastrocnemius).** Nombre de los *músculos gemelos* y el *sóleo* conjuntamente o de los gemelos solamente. (Gr. **gaster**, vientre; **kneme**, pierna.)

gastrocólico **(gastrocolic).** Perteneciente al estómago y el colon, como el gran omento. (Gr. **gaster**, estómago; **kolon**, intestino.)

gastrocutáneo **(gastrocutaneous).** Lo relativo al intestino y a la piel. // Cada uno de los poros que comunican el intestino con el tegumento en los insectos hemípteros. (Gr. **gaster**, estómago; lat. **cutis**, piel.)

gastrodermis **(gastrodermis).** Tejido epitelial que tapiza la cavidad gastrovascular de los celenterados, de función fundamentalmente digestiva. (Gr. **gaster**, estómago, vientre; **dermis**, piel.)

gastrofrénico **(gastrophrenic).** Perteneciente al estómago y al diafragma. (Gr. **gaster**, estómago; **phren**, diafragma.)

gastrogénico (**gastrogenic**). Que se origina en el estómago. (Gr. **gaster**, estómago; **génesis**, origen.)

gastrointestinal* (**gastrointestinal**). Perteneciente al estómago y al intestino. (Gr. **gaster**, estómago; lat. **intestinus**, intestino.)

gastrolienal (**gastrolienal**). V. *gastrosplénico.*

gastrolito (**gastrolith**). Pieza calcárea encontrada en la parte anterior del estómago o proventrículo en los crustáceos. (Gr. **gaster**, estómago; **lithos**, piedra.)

gastrología (**gastrology**). El estudio del estómago y de sus enfermedades. (Gr. **gaster**, estómago; **logos**, tratado.)

gastromeridio. V. *gastrozoide.*

Gastroneuralia. Una división de los metazoos que se caracteriza por tener la cuerda nerviosa ventral. Equivale a *Protostomata.* (Gr. **gaster**,, vientre; **neuro**, nervio.)

gastrófilo. V. *Gastrophilus.*

Gastrophilus. Un género de moscas parásitas en el tubo intestinal de diversos mamíferos, especialmente caballos (**Gastrophilus nasalis, Gastrophilus haemorroidalis**).

Gastropoda. Una clase de moluscos, caracterizada por tener pie ventral, concha generalmente de una pieza, rádula presente; 1-2 pares de tentáculos y triángulo ganglionar bien marcado. Comprende la mayoría de los moluscos univalvos: caracoles, lapas, babosas, etc. tanto marinos como de agua dulce y terrestre. (Gr. **gaster**, vientre; **pous**, pie.)

gastrópodo. V. *Gasteropoda.*

gastróporo (**gastropore**). Abertura en el esqueleto de los hidrocoralinos por donde se proyecta un gastrozoide. (Gr. **gaster**, vientre; **poros**, poro.)

gastrorrafia (**gastrorhaphy**). Método de cierre y evolución del blastóporo en la protostomia y la hiponeuria. (Gr. **gaster**, vientre; **raphe**, una sutura.)

gastrosplénico (**gastrosplenic**). Perteneciente al estómago y al bazo. (Gr. **gaster**, estómago; **splen**, bazo.)

gastrostegito (**gastrostegite**). Cualquiera de las placas ventrales situadas por delante del ano en los ofidios. (Gr. **gaster**, vientre; **stegos**, una cubierta.)

gastrostego. V. *gastrostegito.*

gastroteca (**gastroteca**). La parte de la cubierta pupal del abdomen en los insectos. (Gr. **gaster**, vientre; **teke**, caja.)

gastrotricos. V. *Gastrotricha.*

Gastrotricha. Una clase del fílum *Aschelminthes*, caracterizada por la forma alargada, región ventral plana, superficie espinosa, escamosa o verrugosa, tubo digestivo con faringe muscular, 2 protonefridios, cerebro pequeño y lateral, nervios a ambos lados del cuerpo. Son hermafroditas o solo hembras, con 2 clases de huevos. (Gr. **gaster**, vientre; **thrix**, pelo.)

gastrovascular* (**gastrovascular**). Relativo al estómago y al sistema circulatorio. // Cavidad gastrovascular en los celenterados. (Gr. **gaster**, estómago; lat. **vasculum**, una vasija.)

gastrozoide (**gastrozooid**). Yema lateral que produce individuos no reproductores en los tunicados coloniales. // Pólipo en los celenterados coloniales que tiene solamente función digestiva. (Gr. **gaster**, estómago; **zoon**, animal; **eidos**, forma.)

gástrula (**gastrule**). Estado en el desarrollo embrionario posterior a la blástula y formado a veces por su invaginación. (Gr. **gaster**, estómago.) *Adj.* ***gastrular.***

gastrulación (**gastrulation**). El proceso de formación de la gástrula. (Gr. **gaster**, estómago.)

garial. V. *gavial.*

gata* (**cat**). Hembra del gato. // *g.* (**nurse shark**). Especie de tiburón de dientes muy pequeños y poco agresivo (**Gynglimostoma cirratum**). // *g.* (**caterpillar**) Amér. del Sur: oruga de mariposa.

gateador. V. *agateador*, ave.

gato* (**cat**). El felino doméstico de ese nombre (**Felis catus**). Algunos suponen que el agriotipo de la forma doméstica es el gato africano (**Felis lybica**) o que procede del cruzamiento de este con otras especies. *Adj.* ***gatuno.*** // ***g. dorado*** (**Profelis aurata**) de las selvas de la Guinea. // ***g. montés europeo*** (**Felis sylvestris**) g. barcino en el que se ha querido ver también el origen del gato doméstico. // ***g. barcino***, v. *gato romano.* // ***g. cerval***, especie de lince. // ***g. de algalia***, nombre dado en el comercio al vivérrido *Civettictis civetta* que vive en el Africa tropical y es la especie productora de la substancia llamada *algalia*, en otro tiempo famosa en perfumería. // ***g. de mar***, o pez condrictio del orden *Holocephali*, familia *Chimaeridae* (**Chimaera monstruosa**) v. *conejo del alto.* // ***g. montés***, España: el gato silvestre europeo. de listas transversales (**Felis sylvestris**). // Venez.: *yaguarundi.* // ***g. pajero***, especie de felino que vive desde el Ecuador hasta Patagonia (**Felis pajeros**). // ***g. onza***, v. *ocelote.* // ***g. romano***, variedad de gato doméstico con fajas o listas transversales de color pardo y negro. // ***g. siamés***, raza oriental del gato doméstico de pelaje corto y liso, color pardo claro con extremidades y orejas obscuras y con ojos azules. Son muy inteligentes. // ***g. tigre***, el *ocelote* o cunaguaro.

gaudon*. V. *Alcaudón*, ave.

gaucho. Ave sudamericana del orden *Passeriformes*, familia *Tyrannidae* (**Agriornis microptera**).

gauro (**gaur**). Especie de toro salvaje de la India (**Bibos gaurus**), de gran tamaño y dorso ligeramente giboso.

Gause, G.F. Ecologista norteamericano que formuló la Regla de Gause, q.v., sobre la competencia entre especies cercanas.

gauyata (**goose**). Argent.: especie de ganso llamado también *cauquén* (**Chloephaga melanoptera**).

gavalón (**gray-backed Hawk**). Sudamérica: ave del orden *Falconiformes*, familia, *Accipitridae* (**Leucopternis occidentalis**).

gavia.* V. *gaviota.*

gavial* (**gavial**). *Chavial.* Un miembro de los cocodrilos de la familia *Gavialidae*, caracterizada por el hocico muy alargado que, mirado por encima, parece el mango de un sartén. El *verdadero gavial* o *garial* (**Gavialis gangeticus**), pero el falso gavial (**Tomistoma schlegelis**) vive en los ríos de la Malasia.

Gaviiformes. Orden de aves que comprenden los colimbos. Tienen las patas cortas, situadas muy posteriormente, los dedos con membranas completas, la patela grande y la cola con 18-20 plumas cortas, adaptadas para zambullir. Habitan la parte norte del Hemisferio Septentrional. (**Gavia immer.**)

gavilán* (**hawk**). Nombre aplicado a varias especies de aves falconiformes de tamaño y forma variables, pertenecientes a los géneros *Buteo* y *Accipiter.* // ***g. de ciénaga***, nombre dado a un ave de P.R. que pertenece a la familia *Accipitridae* (**Circus cyaneus**). // ***g. de monte***, v. *guaraguao.* // ***g. sabanero***, nombre dado a un ave de P.R. que pertenece a la familia *Accipitridae* (**Circus cyaneus**).

gavilucho (**hawk**). Colombia: *gavilán.*

gavina* (**sea gull**). Especie de *gaviota* (**Larus ridibundus**).

gavinote*. Pollo de la *gavina.*

gavioideas. Un orden de aves. V. *Gaviiformes.*

gavión. V. *avión*, ave.

gaviota* (**sea gull**). Ave marina del orden *Charadriiformes*, suborden *Larii*, de pico robusto y ganchudo y cola truncada. Las gaviotas son omnívoras y frecuentan bahías y puertos. La especie común en Europa y América del Norte es el *Larus argentatus.* // Puerto Rico y Cuba: *golondrina de mar*, familia *Laridae.* // ***g. boba***, nombre dado a un ave antillana que pertenece a la familia *Laridae* (**Anous stolidus**). // ***g. chica***, nombre dado a un ave antillana que pertenece a la familia *Laridae* (**Sterna antillarum**)). // ***g. real:*** Antilla: ave de la familia *Laridae* de gran tamaño (**Larus argentatus**).

gaviotín* (**tern**). Sudamérica: otro nombre para las *golondrinas de mar*, que en algunos lugares, reciben también el nombre de gaviotas. (Género **Sterna**.)

gaviotita (least tern). Puerto Rico: ave del orden *Charadriiformes*, familia *Laridae* (Sterna albifrons).

gaya*. V. *marica* o *urraca*.

gáyade. Forma juvenil de los insectos ametábolos.

gaval (gaval). La variedad doméstica del toro *gaur*, q.v. (Bos (Bibos) frontalis.)

gayo* (jay). *Grajo*, ave. // Un ave sudamericana del orden *Passeriformes*.

gaza*. *Marica* o *urraca*.

gazapera* (rabbit warren). Madriguera del conejo. (De gazapo, conejo.)

gazapo* (young rabbit). Conejo joven. (Lat. dasypus, conejo de pies vellosos.)

gaznar*. *Graznar*.

gaznate* (throat). V. *garganta, garguero, gañote*.

geco, gecco, gecko, gekko (gecko). Nombre general para cualquier especie de saurio de la familia *Gekkonidae*, algunos de las cuales emiten sonidos que pueden interpretarse como *ge-có*. Reciben también los nombre de *salamanca, chacón, hemidáctilo* y el erróneo de *salamandra*. (Malayo gekok.) // *g. volante*, especie de geco del Archipiélago Malayo que posee expansiones cutáneas que les sirven de paracaídas y por lo que puede dar grandes saltos (Phychozoon homalocephalon). (De gecko, nombre de animal.)

gecónido* Un *geco*, q.v., saurio de la familia Gekkonidae.

gefir-, gefiro- (gephyr). (Del gr. gephyra, puente.)

gefíreos (gefirineos). V. *Gephyrea*.

gefirocerca (gephyrocercal). Se aplica a un tipo de aleta caudal de los peces reducida y sustituida por las partes terminales de las aletas dorsal y anal. (Gr. gephyra; puente o espacio que separa dos filas; kerkos, cola.)

Gegenbaur, Karl. Zoólogo alemán. Enfatizó los conceptos de homología y de evolución. Su obra más notable fue sobre *Anatomía comparada de los vertebrados*. (1826-1903)

gegenpol (gegenpol). El polo del núcleo en reposo que está más lejos del centrosoma. (Alem. polo opuesto.)

gelada (gelada baboon). Especie de mono cinocéfalo de Abisinia, de gran tamaño, larga melena y una calva triangular escarlata en el medio del pecho (Theropithecus gelada).

gelasimo (fiddler crab). El cangrejo de las marismas llamado también *violinista* (Uca-sp.)

gelatina* (gelatin). Una substancia obtenida por hidrólisis parcial de las materias colágenas de la piel, tejido conectivo y huesos de varios animales. (Lat. gelo-, congelar.) *Adj. gelatinoso*, gelatonoide.* // *g. de Wharton*, sustancia gelatinosa del cordón umbilical.

gelatinasa (gelatinase). Una enzima que liquifica la gelatina. (De gelatina, y asa, "enzima.)

Gelatinosa. Una clase del fílum *Porifera*, equivalente a *Demospongiae*. (Lat. gelo, congelar.)

Gelechioidea. Una superfamilia de insectos del orden *Lepidoptera*.

gelificación (gelification). Transformación degenerativa de un tejido que toma aspecto gelatinoso. (Lat. gelo, congelar.)

gem- (gemm). (Del latín gemma, yema, brote.)

gema* (gemma). Yema o botón. (Lat. gemma, yema.)

gemáceo (gemmaceous). Lo perteneciente a los brotes o yemas. (Lat. gemma, yema.)

gemación* (gemmation). El desarollo de una yema o brote. Reproducción asexual por yemas. (Lat. gemma, yema.)

gemelos* (gastrocnemius). Los músculos de las piernas que producen la flexión de la tibia contra el fémur. Se insertan por el tendón de Aquiles, en el calcáneo. // Los humanos nacidos de un mismo parto. (Lat. geminus, gemelos.) // *g. concordantes*, condición en que ambos gemelos exhiben el mismo rasgo. // *g. dicigóticos*, v. *gemelos fraternos*. // *g. eucigótico*, v. *g. idénticos*. // *g. idénticos*, lo que se producen de un solo óvulo fecundado que se divide en dos óvulos independientes. // *g. monocigóticos*, v. *g. idénticos*. // *g. fraternos*, los que proceden de dos o más óvulos distintos fecundados independientemente. // *g. isófanos*, v. *g. idénticos*. // *g. parabióticos*, hermanos "siameses" logrados artificialmente en los animales. // *g. uniovulares*, gemelos idénticos.

gemífero (gemmiferous). De forma de yema. (Lat. gemma, yema;+forma.)

geminación* (gemination). División, partición. (De geminar, duplicar.)

geminado* (geminate). Pareado, *partido*. (Lat. geminus, gemelos.)

géminus. V. *cromosoma bivalentes*. (Lat. geminus, gemelos.)

gemiparidad (gemmiparity). La reproducción de los organismos por medio de yemas. (Lat. gemma;+parir.) *Adj. gemíparo.**

gemsbok (gemsbuck). Una especie de orix, antílope del suroeste de Africa (Oryx gazella).

gémula (gemmule). Yema pequeña. // Nombre dado por Darwin, en su teoría de la *pangénesis*, a supuestos corpúsculos microscópicos vivos segregados por las células, que se acumulaban en las células sexuales y las yemas. Durante el desarrollo dichas gémulas se convertían en las correspondientes células. (Lat. gemmula, yema pequeña.)

gemulación (gemmulation). Formación de gémulas o yemas en la reproducción por gemación. (Lat. gemmula, brote pequeño.)

-gen (gen). (Del gr. *genea, genos*, una raza, clase o descendencia, origen.) *gignesthai, genesthai*, ser producido; nacer, volverse. // *génesis*, creación, existencia, linaje, generación, raza, nacimiento, producción, origen. // (Del lat. genu, geniculu, rodilla.) // (Del gr. genys, mejilla; geneion, barbilla; geneiados, con barba.) // (Del lat. genu, rodilla.)

gen* (gene). Una unidad de herencia que es transmitida de una generación a otra en los gametos y regula el desarrollo de un carácter en el nuevo individuo. // El factor o determinante hereditario, propuesto por Johanssen en 1909 con el nombre de *gen*, alterado más tarde en *gene*. Según Font-Quer, debe emplearse el nombre original y la Academia acepta *gen*. (Gr. genos, geneos, raza, descendencia de la raíz del latín genus.) *Adj. génico*. // *g. inhibidor*, gen que suprime o enmascara los efectos de otros genes. // *g. letal*, factor de herencia que, en estado homócigo, produce la muerte de los descendientes. // *g. acumulativos* o *pares*, independientes de genes, cada uno de los cuales produce un mismo rasgo y, actuando juntos, lo acentúan cuantitativamente. // *g. complementarios*, genes que se completan para la expresión fenotípica de un rasgo. // *g. mayores*, un par de genes que produce efectos alternos pronunciados en contraste con los efectos graduales que producen los factores múltiples. // *g. modificantes*, genes que influyen en la relativa expresión de otro par de alelos. // *g. mutador*, gen que acentúa el grado de mutación de otro gen. // *g. recíprocos*, genes complementarios. // *g. primitivo*, supuesto factor que regula los procesos de desarrollo en los primeros estados embrionarios y podría explicar la llamada recapitulación.

gena (gena). Mejillas. // Partes laterales de la cabeza de los insectos, unida a la frente y el vértice. (Gr. genys, mejilla.) *Adj. genal.**

gene (gene). Forma incorrecta, pero aceptada, de *gen* (Font Quer). (Del inglés gene, del gr. genes, generación.)

Gene, G.G. Zoólogo italiano. V. *órgano de Gene*.

genealogía* (genealogy). Tratado sobre la generación del individuo y de la estirpe. // Serie de ascendentes de un individuo o de un grupo taxonómico. // Linaje. (Gr. genoa, generación; logos, tratado.) *Adj. genealógico.**

genecología (genecology). Estudio de las interacciones genéticas y ecológicas. (De gen y ecología.)

-geneo. (Del gr. genea, origen, nacimiento.)

genepístasis. Variaciones equivalentes en los órganos o estructuras de dos poblaciones aisladas. (De gen y epistasis.)

generación (**generation**). Función fisiológica por la que se reproducen o engendran los organismos. *Adj. generador, generativo, genésico.* // Período de desarrollo que comienza por un tipo de célula germinativa y termina en otra célula germinativa. // *g. alternante*, v. *metagénesis.* // *g. espontánea*, la supuesta producción de seres vivos sin la intervención de otros organismos persistentes o *abiogénesis.* // *g. parental*, en genética, los individuos que se escogen para iniciar los cruzamientos.

generalizado (**generalized**). En biología se emplea el término generalizado para indicar cualquier órgano o estructura que puede ser modificado por simplificación o complicación. Tiene una connotación estructural y evolutiva. Op. *especializado.* (Lat. **generalis.**)

generitipo (**generitype**). La especie tipo de un género. Usase en vez de genotipo, por emplearse este vocablo en genética.

género* (**genus**). Conjunto de organismos que muestran caracteres comunes. // Conjunto de especies similares de presumible común origen. (Lat. **generis**, de **genus**, una raza o generación.) *Adj. genérico.** // *g. tipo* o el escogido patrón de las categorías, familia, superfamilia y subfamilia. Tiene el mismo significado que *genotipo*, q.v., pero el Código Internacional de Nomenclatura Zoológica desaprueba el uso de esa última palabra.

generotipo (**generotype**). La especie tipo de un género. La voz genotipo ha sido rechazada por su empleo previo en genética.

genesiología (**genesiology**). La ciencia que trata de la reproducción. (Gr. **genesis**, origen; **logos**, discurso.)

-génesis (**-genesis**). (Del gr. **genesis**, origen, descendencia, creación, generación, nacimiento, raza, engendramiento, linaje, existencia.)

génesis* (**genesis**). El origen de un organismo, una estructura, una línea evolutiva(Gr. **genesis**, el origen.)

genésico*. Lo relativo a la generación. (Gr. **genesis**, engendramiento.)

genética* (**genetic**). La rama de la biología que estudia los fenómenos de la herencia y las leyes que los gobiernan. (Gr. **geneos**, descendencia; **genetes**, un ancestral. // *g. del desarrollo*, estudio del mecanismo del control génico de los procesos embrionarios. // *g. poblacional*, el estudio de la composición genética de las poblaciones. *Adj. genético.*

geneticista (**geneticist**). Persona versada en la genética. *Genetista.*

genético* (**genetic**). Lo perteneciente o relativo a la génesis. (Lat. **genesis**; gr. **genesis**, origen.)

genetista* (**geneticist**). El que estudia la genética. *Geneticista.*

geni- (**geny**). (Del gr. **genys**, mandíbula.)

genial. V. *geniano.*

-genia (**geny**). (Del gr. **geneia**, **gena**, **geneas**, procedencia, origen, linaje, familia, raza, gente, pueblo, descendencia, prole, generación.) V. *gonia.*

geniano (**genial**). Relativo a la barbilla o mentón. // Relativo a la mejilla. (Gr. **geneion**, barbilla.) // (Del gr. **genys**, maxilar.)

-génico (**-genic**). (Del gr. **genesis**, origen; del neolat, **genic**, originado.)

genículo (**geniculum**). La articulación entre el fémur y la tibia en los mamíferos. // Articulación entre los artejos fémur y tibia en los insectos. (Lat. **genu**, rodilla.) *Adj. geniculado*, genicular.*

genido. V. *gen.*

genilla*. *Antiguo*: pupila de la ojos.

genio- (**genio**). (Del gr. **geneion**, una barbilla, empleado en los términos que se relacionan con la barbilla o mentón.)

genio* (**genys**). V. *genión.*

geniogloso (**genioglossus**). Músculo en la mandíbula de las ranas que protrae la lengua. (Gr. **geneion**, barbilla.)

geniohioideo (**geniohyoid**). Músculo de las ranas que deprime la mandíbula y eleva el hioides. (Gr. **geneion**, barbilla; **hyeoides**, hioides.)

genión (**genion**). *Genio*, punto craniométrico situado en el ápice del tubérculo inferior del mentón.

genit, genito- (**genit-**). (Del lat. **gignere**, **genitum**, producir, prefijo empleado casi siempre en la construcción de términos compuestos.)

genitales (**genitalia**). Los órganos relacionados con la reproducción. // *g. internos.* // Los genitales externos de los artropodos reciben el nombre latino de *genitalia. Adj. genital.* V. también *esclerogenitales.*

genitoanal (**genito-anal**). Perteneciente a la región de los genitales y el ano. (Lat. **gignere**, producir; **anus**, ano.)

genitocrural (**genitocrural**). Perteneciente a la región de los genitales y del muslo. (Lat. **gignere**, producir; **crus**, la pierna.)

genitofemoral (**genitocrural**). *Genitorcrural.*

genitourinario (**genitourinary**). Perteneciente a los sistemas **genital y urinario**. *Urogenital.*

genitoventral (**genitoventral**). Relativo a los genitales y a la región ventral. // Placas en el orden *Acarina*, formada por la fusión de las escleritas ventrales y epiginales. (Gr. **gignere**, producir; **venter**, vientre.)

Gennari, F. Anatomista italiano. V. *Banda de Gennari.*

geno*. Antic. *linaje.*

-geno* (**-geno**). (Del gr. **genos**, **geneos**, **genes**, raza, clase, origen, nacimiento, descendencia.) // (Del gr. **genesthai**, engendrar, producir.)

genoblasto (**genoblast**). Una célula germinal madura. (Gr. **genos**, descendiente; **blastos**, yema.)

genoespecie (**genospecies**). La especie considerada solamente desde el punto de vista genético. (Gr. **genos**, raza; **species**, especie.)

genofenos (**genophenes**). Tipos de reacción del mismo genotipo. V. *pleyotropía.* (Gr. **genos**, descendiente; **phainein** apariencia.)

genoholotipo (**genoholotype**). *Generitipo*, una especie que se escoge como típica del género. (Gr. **genos**, raza; **holos**, completo; **typos** patrón.)

genoma (**genome**). El contenido total de cromosomas del núcleo de un gameto. (Gr. **genos**, descendiente.)

genómero (**genomere**). Una partícula hipotética que, junto con otras, constituirían un gen. (Gr. **genos**, descendientes; **meros**, parte.)

genonema (**genonema**). *Cromonema.* Filamento en donde se consideran situados los genes. (Gr. **genos**, raza; **nema**, hilo.)

genonomía (**genonomy**). El estudio de las leyes que rigen las relaciones de parentesco aplicadas a la clasificación de los organismos. (Gr. **genos**, descendiente; **nomos**, ley.)

genorreitro (**genorheithrum**). La descendencia de los genes en la filogenia. (Gr. **genos**, descendencia; **rheitron**, corriente.)

genosoma (**genosome**). La parte de un cromosoma que porta el *locus* de un gen. (Gr. **genos**, descendiente; **soma**, cuerpo.)

genosintipo (**genosyntype**). Cada una de las especies designadas como típicas de un género. No tienen validez ante el Código de Nomenclatura. (Gr. **genos**, descendiente; **syn**, con; **typos**, patrón.)

genotipo* (**genotype**). En taxonomía se empleó para indicar la especie que sirve de tipo para la creación de un género. // Para evitar confusión con el mismo vocablo empleado en genética, se recomienda el uso de la voz *generitipo.* // En genética se dice de los factores hereditarios del organismo sin tener en cuenta su apariencia externa. Compárese con *fenotipo.* (Gr. **genos**, raza, clase, descendencia.) *Adj. genotípico.*

genovariación (**genovariation**). La mutación en un punto del cromosoma.

gentú V. *pájaro bobo* o *pingüino austral.*

genu (genu). Voz latina que significa rodilla. // El segmento entre el fémur y la tibia de algunos ácaros. // Cualquier articulación o dobladura de un órgano similar a la rodilla. // La extremidad anterior del cuerpo calloso.

genys (genys). La mandíbula. (Gr. genys, quijada.)

geo- (geo). (Del gr. ge, saia, la tierra, el país, el suelo.)

geobionte (geobiont). Un organismo que habita permanentemente en el suelo. (Gr. ge, la tierra; bios, la vida.)

geobiología (geobiology). La biología de los organismos terrestres. (Gr. ge, la tierra; bios, la vida; logos, discurso.)

geobios (geobios). La totalidad de la vida en el *edafón.* (Gr. ge, la tierra; bios, vida.)

geoclín (geocline). Un clin que muestra relaciones geográficas más que ecológicas. (Gr. ge, la tierra;+clin).

Geocorísida. Otro nombre para *Gymnocerata,* insectos.

geoda* (geode). Un espacio linfático dilatado. (Lat. geodes, térreo: piedra preciosa.)

geodinámica (geodynamic). La influencia del suelo sobre los organismos. (Gr. ge, la tierra; dynamic, fuerza.)

geodita. V. *terrícola.*

geófago (geophagous). Que come tierra. (Gr. ge, tierra; phago, comer.)

geoffroyismo (Geoffroyism). La supuesta adaptación del genotipo a las demandas del ambiente. (Del biólogo Geoffroy de Saint Hilaire.)

geófilo (geophilous). Ciempiés de muchos segmentos y numerosas patas, del orden *Geophilomorpha.* Una de las especies más notables en el llamado *ciempiés luminoso* (Geophilus electricus) que segrega una substancia luminescente que recubre su cuerpo. // Que vive en la tierra. (Gr. ge, tierra; philos, amante.)

geofilomorfo. Un artrópodo del orden *Geophilomorpha.*

geografía biológica. V. *biogeografía* y *zoogeografía.*

geomalismo (geomalism). Respuesta a la influencia de la gravitación. // El hábito horizontal. (Gr. ge, tierra; omalos, nivel.)

geómetra (geometrid). *Agrimensora,* oruga de la familia *Geometridae.* (Lat. geometra agrimensor.)

geométridos (geometridal). Una división de los insectos lepidópteros cuyas orugas marchan encorvando el cuerpo y avanzando como mueven las lienzas los agrimensores, por lo que son llamadas orugas *agrimensoras.* (Gr. ge, la tierra; metrón, una medida; lat. geometra, agrimensor.)

geomis (pocket gopher). Roedor americano que construye madrigueras subterráneas (Geomys sp.). (Gr. ge, la tierra; mys, ratón.)

geonemia (geonemy). La distribución geográfica de los organismos. V. *Biogeografía.* V. *corología.* (Gr. ge, la tierra; nemein, habitar.)

Geophilomorpha. Orden de *Chilopoda* que comprende ciempiés de cuerpo muy alargado con 31-181 pares de patas. (Gr. ge, la tierra; philos, amante; morphe, forma.)

Geophyroneura. Una tribu de dípteros en el suborden Orthorrhapha.

geopitecos. Dícese de los monos no trepadores. (Gr. ge, la tierra; pithecus, mono.)

Geosaurios. Grupo de reptiles marinos del Jurásico, perteneciente al suborden *Thalassosuchia.* Es característica la presencia de una cola hipocerca. (Gr. ge, la tierra; sauros, lagarto.)

geotaxia (geotaxis). *Geotaxis, geotaxismo.* Respuesta a la acción de la gravedad. (Gr. ge, tierra; taxis, movimiento.)

geotropismo (geotropism). Tendencia de alguna parte del cuerpo a responder a los estímulos de la gravedad. (Gr. ge, la tierra; trope, un giro.)

Gephyrea. Una clase obsoleta del fílum *Annelida,* que comprendía los actuales fílumes *Sipunculoidea, Priapuloidea* y *Echiuroidea,* (q.v.). (Gr. gephyros, puente.)

guatiní* (Cuban trogon). Cuba: nombre indígena del *Tocororo,* ave.

geratología (geratology). El estudio de la declinación de la vida, tanto de la vejez, como de la extinción de las especies animales. (Gr. geras, vejez; logos, tratado.)

gerbilio (gerbil). Un roedor del suborden *Myomorpha,* parecido al gerbo, de las regiones áridas del norte de Africa. (Fr. gerbille, dim. del árab. jerbo, q.v.)

gerbo. V. *jerbo.*

gerenuc (gerenuc). Especie de antílope o gacela de cuello muy largo que vive desde Abisinia a Tangañica (Lithocranius walleri).

geriatría (geriatry). Parte de la medicina que trata de lo relacionado con la vejez y sus enfermedades. (Gr. geras, vejez.) *Adj. geriátrico.*

gerifalco.=*Gerifalte.*

gerifalte (gyrfalcon). Ave rapaz, especie de halcón grande, muy estimado en cetrería (Falco rusticolus). (Alem. geirfalk, de geer, buitre y falke halcón.)

germ. (Del lat. germen, germinis, un brote, una yema.)

germario (germarium). Gónadas en general. En especial, las gónadas femeninas de los platelmintos. // (Lat. germen, yema.)

germen* (germ). Principio general de los seres organizados. Todo ser viviente procede de un germen. // Un organismo patógeno. // Una espora. // El comienzo del desarrollo de un embrión. (Lat. germen.) (Lat. germen, yema; ducere, conducir.)

germígeno (germigen). V. *germario.*

germinación* (germination). Fenómeno por el cual se desarrolla un organismo desde una espora, un germen o una semilla. (Lat. germen, yema.)

germiniplasma (germoplasm). Según la teoría de Weissman, las células sexuales. Op. a *somaplasma* o *somatoplasma.*

germiplasma. V. *germiniplasma*

germón (albacore). El pez albacora (Germo alalunga), q.v.

germoplasma. V. *germiniplasma.*

germovitelario (germivitellarum). *Germivitelario.* Estructura que, en algunos turbelarios, produce a la vez óvulos y yemas o vitelo. (Lat. germen, brotes; vitellus, yema de huevo.)

-gero (ger). (Del gr. gerere, producir, engendrar.)

Gerontogea (gerontogeal). La región que abarca todo el Viejo Mundo en contraste con la Neogea. (Gr. geron, anciano; ge, la tierra.)

gerontología* (gerontology). Estudio de la senescencia y la senilidad. *Adj. gerontológico.*

gerontomorfosis (gerontomorphosis). Teoría que explica la aparición de los grupos mayores durante la evolución por procesos de *pedomorfosis.* (Gr. gerere, producir;+morfosis.)

gerontopía = *Presbicia*

gerontoxón (gerontoxon). *Arco senil* u opacidad anular en la periféria de la córnea. (Gr. geron, viejo; toxón, arco).

Gesner, Konrad. Naturalista suizo, autor de la famosa *Historia Animalium,* publicada en 5 volúmenes, con más de 3,500 páginas en folio y excelentes ilustraciones de animales reales y fantásticos. (1516-1565)

gestación* (gestation). El desarrollo de un organismo en el útero desde la concepción al nacimiento. (Lat. gestare, llevar.) // *g. abdominal,* desarrollo del óvulo fertilizado en la cavidad abdominal. // *g. ectópica,* desarrollo del óvulo fuera del útero. // *g. tubular,* desarrollo en las trompas. // *g. extra-uterina,* v. *g. ectópica.*

gestágenos (gestagenes). Grupo de hormonas que mantienen la preñez, como la *progesterona.* (Lat. gestare, llevar, gestación; genos, producción.)

Gestalt (Gestalt). El organismo tomado como un todo, de modo que cada individuo o cada parte afecta las otras. // El todo como sistema de integración de fenómenos que constituye una unidad, con propiedades no desarrolladas en sus partes. Término propuesto por los psicólogos Wertheimer, Kohler y *Koffka* que en alemán significa *forma, patrón, configuración.*

gerial. V. *gavial.*

giardiasis (**giardiasis**). *Lambdiasis.* Infestación por el protozoo flagelado parásito del intestino humano (**Giardia lamblia**).

giba* (**hump**). *Corcova, joroba. Adj.* **giboso.**

gíbaro (**feral**). Puerto Rico: campesino. // Cuba: animal doméstico revertido a la vida salvaje o cimarrón. (Voz indígena.) V. *jíbaro.*

giboia (**boa**) Una de las grandes boas americanas (**Constrictor constrictor**). V. *boa constrictora.*

gibón* (**gibbon**). Una cualquiera de las especies de monos antropoides del suroeste de Asia y del Archipiélago Malayo, de cuerpo delgado, sin cola, con extremidades muy largas, hábitos principalmente arbóreos y voz poderosa. (De un dialecto de la India). El gibón común en los parques zoológicos es el llamado de *manos blancas* (**Hylobates lar.**)

gigant-, giganto (**gigant**). (Del gr. **gigas, gigantos**, de gran magnitud, gigante.)

gigante* (**giant**). Que excede mucho en la estructura o que sobresale del tamaño normal. (Lat. **gigas.**) *Adj.* ***gigantesco.****

gigantismo* (**gigantism**). Crecimiento anormal en la estatura o tamaño de un organismo. // Crecimiento excesivo por hiperfunción de la hormona somatotrófica del lóbulo anterior de la pituitaria. (Gr. **gigas**, un gigante.)

gigantocito (**gigantocyte**). Un eritrocito sumamente grande. (Gr. **gigas, gigante; kytos**, célula.)

Gigantopithecus. Un género de hombres fósiles, basado en los grandes molares adquiridos en una farmacia de Hong Kong, posiblemente hallados en cuevas del sur de China. (Gr. **gigas, gigante; pithecos**, mono.)

Gigantostraca. Una subclase de artrópodos fósiles del Ordoviciano y el Permiano, también llamada *Eurypterida*, q.v. (Gr. **gigas, gigante; ostrakos**, concha.)

Gila monster. Un nombre aplicado en Norteamérica a una especie de lagarto venenoso hallado en Arizona y otros estados del Oeste (**Heloderma suspectum**) del mismo género que el llamado *escorpión* y *garrobo* en la América Central. (**Gila**, un río de Arizona.)

gimnétrico (**gymnetrous**). Sin aleta anal. (Gr. **gymnos**, desnudo.)

gimno- (**gymno**). (Del gr. **gymnos**, desnudo o ligeramente cubierto y, por extensión, poco visible u ostensible.)

gimnoario (**gymnoarium**). Ovulo desnudo. // Gónadas no incluidas en las bolsas celomáticas. (Gr. **gymnos**, desnudo; **corion**, huevo pequeño.)

gimboblasto (**gymnoblastic**). V. *Gymnoblastea. Adj.* ***gimnoblástico.***

gimnocéfalos. El nombre se aplica a un grupo de aves sudafricanas Paseriformes de la familia *Cotingidae*, que tienen la cabeza desprovistas de plumas. (Gr. **gymnos**, desnudo; **kephale**, cabeza.)

gimnóceros. V. *Gymnocerata.*

gimnocotélico (**gymnocotelic**). Se aplica a ciertas obreras infértiles en los insectos coloniales que, cuidadas adecuadamente, son capaces de remplazar a las reinas. (Gr. **gymnos**, desnudo; **thelykos**, femenino.)

gimnodonte (**gymnodont**). Dícese de los peces que tienen la mandíbula en forma de pico cortante y desprovisto de piel, como los llamados *loros.* (Gr. **gymnos**, desnudo; **odous**, diente.)

gimnofión. **Anfibio de la subclase** *Apoda* o *Gymnophiona.* (Gr. **gymnos**, desnudo; **ophis**, culebra.)

gimonogénesis (**gymnogenesis**). Desarrollo del huevo sin participación del pronúcleo del espermatozoide. (Gr. **gymnos**, desnudo; **genesis**, origen.)

gimnógeno (**gymnogeneous**). Desnudo al nacer, como los polluelos de ciertas aves. (Gr. **gymnos**, desnudo; **genos**, descendiente.)

gimnógonos. Dícese de los urocordios del grupo de las *Salpas*, cuyos embriones quedan al descubierto en la cavidad cloacal. (Gr. **gymnos**, desnudo.)

gimnolemado. V. *Gymnolaemata.*

gimnopédico (**gymnopedic**). Que nace sin pluma. (Gr. **gymnos**, desnudo; **paidos**, niño.)

gimnoplasma. V. *gimnoplasto.*

gimnoplasto (**gimnoplast**). Protoplasma sin definida formación de pared celular. (Gr. **gymnos**, desnudo; **plastos**, moldeado.)

gimnóptero (**gymnopterous**). Que tiene alas desnudas, sin escamas o pelos. (Gr. **gymnos**, desnudo; **pteron**, alas.)

gimnorquidios (**gymnorchidia**). Los testículos de los anélidos Oligoquetos. (Gr. **gymnos**, desnudo; **orchis**, testículo.)

gimnorrino (**gymnorhinal**). Nariz o cara desnuda. // Dícese de las aves que carecen de plumas en el área que rodea las narices. (Gr. **gymnos**, desnudo; **rhis**, nariz.)

gimnosomas. V. *Gymnosoma.*

gimnóstomo (**gymnostomatous**). Sin peristoma. (Gr. **gymnos**, desnudo; **stoma**, abertura.)

gimnoto* (**electric eel**). Pez fluvial del orden *Cypriniformes*, familia *Electrophoridae* de la cuenca del Amazonas y Orinoco, de aspecto anguiliforme y sin aletas pares ni dorsales, que produce descargas eléctricas de hasta 500 voltios (**Electrophorus electricus**). También se llama *anguila eléctrica.* (Gr. **gymnos**, desnudo; **otos**, el oído.)

gimnuro* (**gymnurus**). Insectívoro de forma de roedor de la región oriental, con el hocico alargado y la cola desnuda. Algunos los incluyen junto a los erizos terrestres. (Gr. **gymnos**, desnudo; **oura**, cola.)

gimnocito (**gymnocyte**). Célula desnuda sin membrana o pared celular. (Gr. **gymnos**, desnudo; **kytos**, célula.)

gin-, gine-, gino, gina (**gyn-**). (**Del gr. gyne, hembra.**)

ginandrismo (**gynandrism**). Mezcla de caracteres femeninos y masculinos en un macho. (Gr. **gyne**, mujer; **andros**, hombre.)

ginandro (**gynander**). *Bisexual.* Que tiene de los dos sexos. (Gr. **gynandros**, de los dos sexos.)

ginandroide (**gynandroid**). Una hembra con características masculinas. (Gr. **gine**, mujer; **andros** hombre; neolat. **oides**, similar.)

ginandromorfismo (**ginandromorphism**). Condición debida a la presencia de cromosomas de los dos sexos en diferentes tejidos del cuerpo, que originan características femeninas y masculinas. (Gr. **gyne**, mujer; **andros**, hombre; **morphe**, forma.) *Adj.* ***ginandromorfo.***

ginandromorfo (**gynandromorph**). Animal cuyo cuerpo presenta partes que pertenecen a sexos diferentes. (Gr. **gyne**, mujer; **andros**, hombre.)

ginasa (**gynase**). Hormona que produce la feminización en un organismo. // Substancia hipotética que se creía dirigía la herencia femenina, opuesta a la andrasa. (Gr. **gyne**, mujer.)

ginatrio (**gynatrium**). La bolsa genital o vestíbulo de ciertos insectos. (Gr. **gyne**, mujer; lat. **atrium**, entrada.)

gina (**gyne**). La hembra fecundada de las hormigas. (Gr. **gyne**, hembra.)

gine- (**gyne-**). (**Del gr. gyne, mujer, esposa, hembra.**)

ginecáner (**gynecaner**). Un tipo de macho de las hormigas, que superficialmente se parece a la hembra. (Gr. **gine**, mujer; **aner**, macho.)

ginecóforo (**gynecaphorus**). Ranura ventral de los machos de los trematodos del género *Schistosoma*, en donde se aloja la hembra. (Gr. **gyne**, hembra; **phoreys**, portador.)

ginecogénesis (**gynecogenesis**). V. *partenogénesis. Adj.* ***ginecogénico.*** V. *seudogamia.*

ginecoide (**gynecoid**). Se dice de la hormiga obrera que pone huevos. (Gr. **gyne**, hembra; neolat. **oides**, forma.)

ginecomastia (**gynecomastia**). La condición de tener mamas funcionales los machos de algunos mamíferos. (Gr. **gyne**, hembra; **mastos**, mama.)

ginecomórfico (**gynecomorphous**). Que tiene forma de hembra. (Gr. **gyne**, hembra; **morphe**, forma.)

ginegameto. V. *Gameto femenino.*

gineta* (**genet**). Mamífero de la familia *Viverridae*. V. *jineta.*

gínico (**gynic**). Relacionado con el sexo femenino. (Gr. **gyne**, hembra.)

gingiv- (**gingiv**). (Del lat. **gingiva**, encía.)

gíngiva.=*Encía.*

gingival* (**gingival**). Relativo a las encías. (Lat. **gingiva**, encía.)

ginglimo (**ginglymus**). Una articulación que permite movimientos en un solo plano, como la del codo. (Gr. **ginglymos**, una articulación.) *Adj.* ***ginglimoide.***

Ginglymodi. Un orden de peces óseos. Ver *Semionotiformes.* (Gr. **ginglymodos**, una articulación.)

ginocórico (**gynechore**). Se aplica a los organismos que se distribuyen por medio de hembras errantes o por emigración de las larvas. (Gr. **gyne**, hembra; **choreo**, espacio.)

ginogamón (**gynogamone**). *Gamón* del sexo femenino.

ginogenina. Una substancia inductora de los caracteres sexuales secundarios, producida en estructuras somáticas. (D'Ancona.)

ginogénesis (**gynogenesis**). Una falsa fecundación en la que el gameto masculino penetra en el óvulo, pero no realiza la unión de los núcleos, de modo que el futuro desarrollo embrionario se debe solamente al óvulo. (Gr, **gyne**, hembra; **genesis**, generación).

ginogonidios (**gynogonidia**). Los gametos femeninos que en algunos flagelados se forman después de repetidas divisiones de los partenogonidios. (Gr. **gyne**, mujer, hembra; **gonidios**, semilla pequeña.)

ginomerogonía (**gynomerogony**). El desarrollo de un fragmento del óvulo separado antes de la fusión con el núcleo masculino. (Gr. **gyne**, hembra; **meros**, parte; **gonos**, generación.)

ginotipo (**gynotype**). El ejemplar tipo de la hembra de una especie. (Gr. **gyne**, hembra; **typos**, patrón.)

gipaeto. V. *quebrantahuesos*, ave. (Gr. **gyps**, halcón, buitre.)

ginopedio (**gynopaedium**). Una asociación primaria compuesta por la madre y sus descendientes, que permanecen reunidos por un período de tiempo. (Gr. **gyne**, hembra; **paidos**, niño.)

gir-, giro-(**gyro**). (Del gr. **gyros**, redondo, circular.)

Giralde, J.A.C.C. Cirujano portugués. V. *órgano de Giralde o paradídimo.*

girencéfalo (**gyrencephalous**). Tipo de cerebro que muestra circunvoluciones. Op. *lisencéfalo.* (Gr. **gyros**, círculo; **enkephalos**, encéfalo.) *Adj.* ***girencéfalico.***

girifalte*. V. *gerifalte*, ave.

girino* (**tadpole**). *Renacuajo.* // Insecto hemíptero de la familia *Gyrinidae.* (Gr. **gyros.**)

girocotilídeos. V. *Gyrocotilidea.*

giros (**gyri**). V. *circumvoluciones.* (Gr. **gyros**, círculo.)

glabela* (**glabella**). El espacio entre las cejas. // La región media de la cabeza de las trilobitas, que está separada de las porciones laterales por dos surcos longitudinales. (Lat. **glabellus**, liso, sin pelo.)

glabro* (**glabrous**). *Calvo*, lampiño, liso. (Lat. **glaber.**) *Adj.* ***glabrado.***

glacial (**glacial**). *Helado.* // Período glacial. (Lat. **glacialis**, helado.)

glacial* (**glacial**). Lo relativo al frío. // Una cualquiera de las épocas geológicas en que descendieron los glaciales, y que gran parte del hemisferio norte estuvo cubierto por los hielos. (Lat. **glacialis**, hielo.)

gladio* (**gladius**). Lámina quitinosa o concha interna de forma de lanza o espada de los calamares.

gladiolo*, **gladíolo*** (**gladiolus**). La porción principal del esternón humano. (Lat. **gladiolus**, espada pequeña.)

glande* (**glans**). Terminación ensachada del pene. (Lat. **glans, glandis**, bellota) // *g. **de los hemicordios***, la probóscide o región anterior del cuerpo que en algunos grupos, como *Balanoglossus*, tiene forma de bellota.

glándula* (**glandula**). Un órgano de excreción o de secreción. (Lat. **glandula.**) *Adj.* ***glandular*, glandífero,* glandígero,* glanduloso,* glandulífero.*** // *g. **accesorios***, porciones separadas de una glándula. Las glándulas relacionadas con los conductos genitales. // *g. **ácida***, una de las glándulas venenosas de ciertos himenópteros. Una de las glándulas laterales de ciertos diplópodos. // *g. **aciniformes***, glándulas pequeñas arracimadas, esféricas, del aparato productor de la seda en los arácnidos. // *g. **adhesivas***, cuyas secreciones permiten adherir el pie de ciertos animales al sustrato. // *g. **adneural***, glándula en los tunicados, ventral al ganglio nervioso, que se considera homóloga a la pituitaria. // *g. **adrenal***, glándula endocrina situada en los mamíferos sobre cada riñón y constituida por una corteza endodérmica y una parte interna ectodérmica o médula de origen nervioso. En los vertebrados inferiores está situada en la parte ventral del riñón. También se llaman *suprarrenal.* // *g. **albuminígera***, glándula relacionada con el aparato sexual femenino de muchos invertebrados, especialmente de los moluscos, que segrega la albúmina de los huevos. // *g. **alcalina***, una de las glándulas que forman el aparato venenoso de las abejas. // *g. **almizclera***, glándula que produce secreciones almizcladas en varios vertebrados: cocodrilos, toro almizclero, ratas almizcleras, etc. // *g. **alveolar***, glándula compuesta de numerosos conductores ramificados que se abren en una cavidad. // *g. **ampollar***, estructura que, en algunos mamíferos, desemboca en la parte posterior del conducto deferente de los testículos. // *g. **anales***, situadas en el ano o en la cloaca, que sirve para la defensa o para la atracción sexual y se deben a una invaginación ectodérmica del proctodeo. // *g. **angulares***, glándulas que se encuentran en los ángulos de la boca, posiblemente homólogas con las glándulas labiales de los reptiles. // *g. **androgénica***, o glándula de los crustáceos malacostráceos localizada al extremo de los vasos deferentes que regula el desarrollo de los testículos y de los caracteres sexuales secundarios. // *g. **antenales***, órganos excretores situados en la base de las antenas de ciertos crustáceos. // *g. **apocrinas***, aquellas en que la secreción se acumula en los extremos distales de las células y se expulsa con un poco de citoplasma, permaneciendo inalterada la mayor parte de este: como las glándulas mamarias, ciertas de la axila, el pubis, etc. // *g. **arracimada***, glándula compuesta y ramificada como racimo de uvas, también llamadas ***racimosa.*** // *g. **bisógenas***, estructuras que segregan los hilos de *biso*, situado en el pie de ciertos moluscos bivalvos, como los mejillones. // *g. **branquial***, una especie de aparato excretor situado en las branquias de ciertos crustáceos. // *g. **bruna***, estructura linfoide anexa al seno axial en los equinodermos. // *g. **bulbouretral***, *v. glándula de Cowper.* // *g. **calcíferas***, situadas a ambos lados del esófago en algunos anélidos. Saco en el oído interno de los anfibios anuros que lleva gránulos de carbonato de calcio. // *g. **caliciforme***, q.v. de *copilla.* // *g. **capsular***, estructura ensanchada en el oviducto de los peces teleósteos en donde se forma la cáscara de los huevos, v. *útero* de las aves. // *g. **cardiaca***, glándulas del estómago que segregan mucina. // *g. **carotídea***, v. *cuerpo carotídeo.* // *g. **ceruminosa***, *glándula tegumentaria* del conducto auditivo externo que segrega el cerumen. // *g. **cloacales***, relacionadas con las funciones de la reproducción, situadas en la cloaca de los anfibios y de algunos otros animales. // *g. **colaterales***, un par de glándulas en el aparato reproductor de las hembras de ciertos insectos, que segregan la envoltura de los huevos. // *g. **coletérica***, estructura del aparato sexual femenino en ciertos insectos, cuyos productos pegan los huevos al soporte seminal. // *g. **conchígera***, glándula en la mitad del oviducto de las aves que forma la cáscara del huevo. Glándulas en varios vermes que segregan la cubierta externa. Glándulas que en el desarrollo de los moluscos gasterópodos forma la concha precozmente. // *g. accesoria*, glándula secretora de mucus situada junto a la abertura genital femenina en muchos gasterópodos. // *g. conglobada*, glándula de función desconocida que se abre en el conducto eyaculador de ciertos insectos. // *g. coroidea*, plexo alrededor del nervio óptico en algunos peces. // *g. coxales*, un par de glándulas cuadrilobuladas en el cefalotórax de los límulos y de otros arácnoideos. Glándulas en la base de las patas en los onicóforos. // *g. crurales*, glándulas en la región ventral de los machos de los anélidos oligoquetos, v.g. coxales. // *g. cutánea*, v. *glándulas tegumentarias*. // *g. de Bartolino*, estructura que se abre en el vestíbulo de las hembras de los mamíferos y segrega una substancia lubricante. // *g. de Blandín*, o glándulas linguales anteriores o de Nuhn. // *g. de Bowman*, glándulas mucosas anexas a los olfatorreceptores. cuyas secreciones disuelven las substancias volátiles que estimulan la olfación. // *g. de Brunner*, glándulas duodenales en el hombre, análogas a las glándulas pilóricas. // *g. de cemento* de los rotíferos, una glándula en la región posterior del cuerpo que produce una secreción pegajosa por medio de la cual se fija temporalmente al substrato. // *g. en copilla* o *caliciforme*, glándula unicelular de estructura muy sencilla. // *g. de Cowper*, glándula situada en la parte posterior de la uretra en los mamíferos, cuyas secreciones ayudan a transferir la esperma. // *g. de Dufour*, glándula que produce feromonas situada en el abdomen de las hormigas. // *g. de Ebner*, pequeñas glándulas en la parte posterior de la lengua. // *g. de Filipi*, glándula accesoria en el aparato sericígeno del gusano de seda. // *g. de Galeati-Lieberkuhn*, son las llamadas *criptas de Lieberkuhn*, q.v., del intestino delgado de los mamíferos. // *g. de Harder*, glándulas que existen en la mayoría de los vertebrados superiores en el ángulo interno del ojo, parecidas a las lagrimales. // *g. de hibernación*, reservas vasculares de tejidos grasos que ocurren en algunos mamíferos hibernantes. // *g. de Jacobson*, glándulas de algunos vertebrados, cuya secreción humedece el epitelio olfativo. // *g. de la muda*, o *glándulas ecdisiales*. // *g. de Leydig*, glándulas voluminosas de los anfibios urodelos adultos, de función no bien conocida. // *g. de Liebers-kuhn*, glándulas tubulares en el intestino, situadas entre las villosidades, v. *criptas de Lieberskuhn*. // *g. de Littré*, pequeñas glándulas asociadas a la uretra de ciertos machos, que son de secreción mucosa o glándula de *Skene* o *parauretral*. // *g. de Lyonet*, un par de glándulas accesorias de las larvas de los lepidópteros, o *glándulas de Filipi*. // *g. de Mehlis*, la llamada glándula conchígera que rodea el cotipo del sistema sexual femenino de los trematodos. // *g. de Meibonio*, glándulas situadas en el borde de los párpados, inmediatamente detrás de las pestañas. // *g. de Moll*, especie de glándula sudorípara situada entre los folículos de las pestañas, o *glándulas ciliares*. // *g. de Montgomery*, las glándulas de la areola de los pezones, prominentes durante la lactancia. // *g. de Morren*, las glándulas linguales anteriores o glándulas de Blandín. // *g. de Pacchionii*, granulaciones halladas en ciertos aracnoides, o *cuerpos de Paccioni*. // *g. de penetración*, glándulas que secretan una enzima histolítica por medio de la cual se valen ciertos insectos para romper tejidos en sus huéspedes. // *g. de secreción* interna, glándula que elabora y secreta hormonas directamente dentro de la sangre. // *g. del seno*, glándulas endocrinas situadas en los tallos oculares de ciertos artrópodos cuya hormona controla la dispersión de los cromatóforos. // *g. de Skene*, situada junto a la uretra de las hembras de mamíferos que corresponden a las prostáticas de los machos.=*g. parauretales*. // *g. de Steno*, glándulas de los mamíferos anexas a cavidad nasal. // *g. de Swamerdam*, glándula que segrega nódulos calcáreos en ambos lados de la columna vertebral en los anfibios. // *g. de Tyson*, glándulas sebáceas del glande del pene. // *g. de Zeis*, pequeñas glándulas sebáceas que se encuentran en los párpados y se abren en los folículos pilosos de las pestañas. // *g. digitiformes* o divertículos ciegos en los selacios. // *g. endocrina*, las que vierten sus secreciones en el sistema circulatorio. // *g. endoepiteliales*, células glandulares aisladas situadas en un epitelio de revestimiento. // *g. exocrinas*, las que vierten sus secreciones al exterior o en cavidades internas, como las salivares, las digestivas, las sudoríparas. // *g. exoepitelial*, células epitelio glandualares reunidas para formar un conjunto glandular. // *g. faciales* o *glándulas olorosas* que se encuentran en la cara de algunos rumiantes, como los ciervos. // *g. faríngea*, glándula mucosa cerca de las coanas de los anfibios. // *g. fúndicas*, que son secretoras de jugo gástrico y se hallan en el fondo del estómago. // *g. fungosa*, o *vesícula seminal* de ciertos insectos. // *g. gasógena*, porción glandular de la vejiga natatoria en los peces. // *g. gástricas*, glándulas digestivas en el estómago de los rotíferos, llamadas también *g. pancreáticas*. Las glándulas que secretan las enzimas digestivas en el estómago de los mamíferos. // *g. genitales*, v. *gónadas*, testículos, ovarios. // *g. germinal*, v. *gónada*. // *g. germino-vitelar* o estructura de algunos rabdocelos formada por una porción fértil y otra estéril, la última sirve de nutrición a la primera. // *g. granulosa* o *de la próstata* de los platelmintos. // *g. halígenas*, estructuras halladas en aves y quelonios marinos, por medio de las cuales se expulsa el exceso de sales del organismo. // *g. harderianas*, situadas en el lado interno del ojo en muchos reptiles, aves y mamíferos. // *g. hedónicas*, situadas en la piel de algunos reptiles que secretan una substancia olorosa en la estación de la reproducción. // *g. gemolinfáticas*, v. *ganglios hemales*. // *g. hipobranquial*, estructura secretora bajo las branquias de algunos gasterópodos que segregan substancias repelentes, como la que proporciona la púrpura del comercio. // *g. holocrinas*, aquellas cuyos productos de secreción se acumulan en el interior de las células, las que mueren y son expulsadas juntamente con la secreción. Por ej.: *gl. sebáceas*. También se llaman *gl. necrobióticas*. // *g. infraorbitales*, un par de glándulas salivares situadas bajo las órbitas de algunos mamíferos. // *g. infundibular*, v. *saccus vasculosus*. // *g. inguinales*, que existen sobre la cara interna de los muslos en los reptiles saurios y se abren por los *poros femorales*. // *g. interdigital*, glándula cutánea situada entre los dígitos medios de las cuatro extremidades en muchos artiodáctilos. // *g. intermaxilar*, glándula mucosa, que en los anfibios terrestres, está situada en el tabique nasal y proporciona las propiedades adhesivas de la lengua. // *g. internasal*, glándula intermaxilar de los anfibios, situada en el tabique nasal. // *g. inter-renales*, estructura epiteliales celomáticas localizadas en la vecindad del aparato genital en los peces, correspondientes a la corteza suprarrenal de los vertebrados superiores. // *g. intestinales*, o secretoras de las enzimas digestivas. // *g. labiales*, glándulas en los labios de ciertos reptiles. La glándula venenosa de las serpientes es homóloga de la parótida de los mamíferos. // *g. lagrimales*, situadas en el hombre en la región superior externa de cada ojo. // *linguales*, tipo de glándula en la lengua de ciertos reptiles. // *g. mamarias*, o estructuras específicas de los mamíferos, activas en las hembras, pero presentes no funcionales en los machos. Se activan durante la preñez por la acción de la prolactina del lóbulo anterior de la hipofisis. // *g. maxilares* órganos excretores de ciertos crustáceos, situados en la base de las maxilas. // *g. merocrinas*, cuyas secreciones no se alteran ni se destruyen durante la secreción y se establece un ciclo continuo de carga y descarga, como las glándulas tegumentarias unicelulares. // *g. metarsal*, glándula alargada en el lado externo de la caña en los venados y otros cérvidos. // *g. molares*, glándulas mucosas bucales de algunos mamíferos herbívoros, como los artiodáctilos, cuya secreción facilitan la deglución de los alimentos vegetales. // *g. mucosas* o *epidérmicas* de los anfibios, que producen una substancia acuosa que mantiene húmeda la piel, // glándulas en el manto y piel de los moluscos gasterópodos que producen una substancia viscosa y brillante sobre la que se arrastran. V. *g. pedales*. // *g. multífidas*, glándulas sexuales hermafroditas en ciertos moluscos gasterópodos pulmonados terrestres, que se muestran muchas digitaciones. // *g. necrobióticas*. V. *g. holocrinas*. // *g. neural*, órgano situado en la región dorsal de los tunicados, entre el sifón incurrente y el escurrente, posiblemente de función endocrina, como la de la hipófisis de los vertebrados. // *g. nidamental accesoria*, glándula en la parte anterior del manto de los calamares que contribuyen a la formación de la cápsula que rodea los huevos. // *g. nidamentales*, estructuras halladas junto a los oviductos de los cefalópodos, que segregan la masa gelatinosa que envuelven los huevos. // *g. nidorianas*, que están situadas en la región anal de numerosas especies de mamíferos carnívoros y comunican a cada animal no solamente un olor específico sino otro individual. // *g. oleígera*, v. *glándula uropigial*. // *g. oleosas*, son las que segregan substancias grasas, como las glándulas sebáceas de la piel de los mamíferos y las tarsales de los párpados. // *g. olorosas*, que se encuentran bajo la piel en diversos animales y tienen por función el reconocimiento de los sexos, el reconocimiento de los individuos de la misma especie o la defensa. Las hay suborbitales, metarsales, dorsales, interdigitales, caudales, anales, etc. // *g. orales*, glándulas de la cavidad oral en los vertebrados terrestres que varían en forma y posición y cuya función es humedecer la boca y comenzar la digestión de los alimentos y que, en algunos casos, son venenosas. // *g. orbitales*, glándulas voluminosas mucosas que vierten en la boca su contenido cerca del último molar superior. // *g. oviductal*, glándulas que segregan substancias en el oviducto, como las que producen la cáscara de los huevos. // *g. palatina*, glándula en la boca de los reptiles que parece ser homóloga a la glándula intermaxiliar de los anfibios. // *g. pancreática*, o *glándula gástrica* de los rotíferos. // *g. paratiroidea*, v. *paratiroides*. // *g. parauretral*, una glándula arracimada de la uretra que es la glándula de Littré o de Skene. // *g. parda*, una estructura glandular en el aparato axil de los crinoideos. // *g. parótidas*, una de las glándulas salivales, situadas por debajo y anteriormente al conducto auditivo externo. // *g. paratoide* o *paratoidea*, glándula venenosa de aspecto verrugoso que tiene ciertos anuros cerca de la membrana del tímpano. // *g. pedal*, situada en el pie de los moluscos gasterópodos. // *g. pedias*, que en la extremidad posterior de los rotíferos sirven para adherirse al substrato. // *g. perianales*, o glándulas sudoríparas modificadas, situadas en el margen del ano. // *g. pericárdicas*, de posible función endocrina, anexas al pericardio en los cefalópodos. // *g. perineales*, o glándulas olorosas situada cerca de la abertura anal en ciertos mamíferos, como las civetas y jinetas. // *g. pilórica*, glándula en el estómago que segrega pepsinógeno. // *g. pineal*, una evaginación de la parte superior del prosencéfalo, posterior al cuerpo parietal, que falta en la mayoría de los vertebrados superiores. V. *cuerpo parietal* y *epífisis*. // *g. pituitaria*, de secreción interna, llamada también *hipófisis*, cuyas secreciones regulan las de las demás glándulas endocrinas, por lo que se ha llamado *glándula maestra del cuerpo*. Consta de tres lóbulos: *anterior*, *medio* y *posterior*, este último formado por tejido nervioso. // *g. plexiforme*, el órgano axial en los equinodermos. // *g. pluricelulares*, o glándulas tegumentarias formadas por invaginaciones del estrato germinativo hacia el interior de la dermis. // *g. preorbital*, que es una glándula cutánea anterior a las órbitas oculares en los ciervos. // *g. prepuciales*, que son las glándulas olorosas de esa región en ciertos roedores. // *g. pririformes* o glándulas sericígenas en forma de pera de ciertos arácnidos. // *g. prostática*, v. *próstata*. // *g. protorácicas*, glándulas endocrinas situadas en el protórax de insectos, que segregan la *ecdisona*, la cual interviene en las mudas o ecdisis. V. *hormona de la muda*. // *g. pseudotiroides*, o estructuras encontradas junto al cartílago tiroides de los anfibios que se consideran homólogas a la paratiroides de los mamíferos. // *g. pterigopodial*, o glándula tegumentaria hallada en los peces, relacionada con los órganos abrochadores o fórceps de ciertas rayas. Su función es poco conocida. // *g. púber*, tejido intersticial de los testes. // *g. rectal*, glándula delgada situada en la unión del intestino con la cloaca en los tiburones a la que se le asigna la función de excretar el exceso de sales en el organismo. // *g. repugnatorias*, que tienen por función repeler a posibles enemigos, como las anales de las mofetas, las coxales de los milípedos, las anales de los escarabajos escopeteros, etc. // *g. retrocerebrales*, dos paredes de masas glandulares, situadas por encima del esófago y cerca de la aorta. // *g. rojas*, estructuras relacionadas con la vejiga natatoria en los peces teleósteos que son capaces de separar el oxígeno, nitrógeno y bióxido de carbono de la sangre y pasarla al interior de la vejiga. // *g. salival abdominal*, una traducción directa del alemán, poco empleada para nombrar el *páncreas*. // *g. salivales* o *salivares*, glándulas digestivas en invertebrados y vertebrados, situadas en la boca o cerca de ella, en donde inician la digestión de los alimentos. En los mamíferos son tres partes: *parótidas*, *submaxilares* y *sublinguales*. // *g. sebáceas*, glándulas epidérmicas en los mamíferos que producen una secreción oleaginosa o sebo que lubrica los pelos y la piel. // *g. sercígenas*, o productoras de hilos de seda, como las del vientre de las arañas, las del gusano de seda. // *g. serosas*, producen una secreción acuosa muy fluída, como las sudoríparas y las apocrinas. // *g. sexuales*, v. *gónadas*, // *g. sin conducto*, o glándulas endocrinas o de secreción interna. // *g. subfaríngea*, estructura de las larvas amocetas de las lampreas, de función incierta, a la que le ha sido dada también el nombre de *endostilo*. // *g. sublinguales*, pequeñas glándulas salivales cuyas diversas partes se abren independientemente entre la mandíbula y la lengua, o glándulas *tarsales*. // *g. submaxilares*, o glándulas salivares situadas en la parte posterior de la mandíbula. // *g. subneural*, pequeña glándula situada bajo el cerebro de los tunicados, o *g. adneural*, // *g. sudoríparas*, o glándulas tubulosas de la epidermis del hombre, el caballo y otros mamíferos que tienen función múltiple: excretora y de regulación térmica. // *g. suprarrenal*, v. *glándula adrenal*. // *g. tarsal*, o glándula cutánea situada en el lado medio de los tarsos, v. *gl. de Meiboneo*. // *g. tegumentarias*, o derivadas de la piel o del tegumento de animales invertebrados: sudoríparas, sebáceas, mucosas, etc. // *g. tiroides*, v. *tiroides*. // *g. tubulosa*, estructura tubular simple y recta o arrollada o ramificada. // *g. tubulosa compuesta*, la que tienen ramificaciones secundarias. // *g. unicelulares*, que son las glándulas más sencillas, formadas por células modificadas, como las glándulas mucosas del tegumento de *peces*, *anfibios*, etc. // *g. uropigial*, o glándula oleaginosa situada en el uropigio de las aves que les sirve para peinar las plumas y darle flexibilidad al pico. // *g. uterinas*, situadas en el endometrio del útero. // *g. venenosas*, situadas en diversas partes del cuerpo en los invertebrados y vertebrados y sirven para la captura de las presas o como defensa, cuyos principios activos pueden ser neurotóxicos o hemolíticos. // *g. ventrales*, órganos excretores situados en la región caudal de ciertos nematodos. // *g. verde*, órgano excretor de ciertos crustáceos malacostráceos. // *g. vesiculosa*, v. *vesícula seminal*. // *g. vestibular*, una de las glándulas lubricantes de la abertura vaginal de ciertos mamíferos.

glaseado* (glossy). Abrillantado, satinado. (Fr. glacé; del lat. glacies, hielo.)

Glaser, J.H. Anatomista suizo. V. *fisura glaseriana*.

glaucescente (glaucescent). Un poco azulado. (Gr. glaucus, azul verdoso; *escente*. incoactivo.)

glauco* (glaucous). De color verde azul, // Un género de moluscos marinos nudibranquios de color azul, desprovistos de conchas. (Lat. glaucus, de color verdeazul.)

glaucotoa (glaucotoe). Un estado larval en los crustáceos decápodos anomuros. (Gr. glaukos, verde azul.)

glayo*. V. *arrendajo*, ave.

glea* (gloea). Secreción pegajosa que excretan algunos protozoarios. (Gr. glia, cola.)

glena* (glenoid cavity). Cavidad baja de un hueso en la cual entra la extremidad articular de otro. (Gr. glene, cavidad.) *Adj. glenoideo**.

glenohumeral (glenohumeral). Perteneciente a la cavidad glenoidea y al húmero. (Gr. glene, depresión; lat. humerus, húmero.)

glenoide (glenoid). Que parece una depresión o hueso. // Cavidad en un hueso en donde encaja otro hueso. (Gr. glene, una cavidad; neolat. oides, forma, parecido.)

glenoideo. V. *glenoide*.

glelo. (Del gr. gloios, goma.)

glia (glia). Término aplicado al tejido conjuntivo del sistema nervioso central. (Gr. glia, cola.) *Adj. glial*.

gliacito (gliacyte). Una célula de *neuroglia*. (Gr. glia, cola; kytos, célula.)

glicemia (**glycemia**). V. *glucemia.*

glicerina* (*glycerin*). Una substancia de consistencia viscosa de 3 carbonos, y 3 grupos OH. Combinada con ácidos grasos constituye los lípidos. (Gr. glykeros, dulce.)

glicerol (**glicerol**). Ver *glicerina.*

glicerofosfato (**glicerophosphate**). Una combinación de una base con glicerina y ácido fosfórico.

glicina* (**glicine**). Uno de los aminoácidos no esenciales, el más sencillo de todos, también llamado *glicocola.*

glico- (**glyco**). (Del gr. glykos.) Ver también las palabras que empiezan con *gluco.*

glicocola (**glycocoll**). V. *glicina.*

glicógeno (**glycogen**). V. *glucógeno.*

glicólisis (**glycolysis**). *Glucólisis.* Descomposición de la glucosa o de glucógeno por el proceso respiratorio. (Gr. glykys, dulce; lyein, descomponer.)

glicopenia (**glicopenia**). Concentración baja anormal de glucosa en la sangre. = *Hipoglicemia,* (Gr. glykys, dulce; penia, pobreza.)

glif- (**glyph**). (Del griego glypho, grabar.)

glio- (**gli**). Del gr. glia, cola, materia glutinosa.)

gliado. Nombre que se le dio al líquido, más o menos viscoso, que forma el protoplasma celular. (Gr. gloia, viscoso.)

gliptodonte* (**glytodont**). Se dice de los mamíferos fósiles del Pleistoceno sudamericano, del orden *Edentata*, provisto de una enorme coraza o caparazón cual un armadillo gigante. (Gr. glyptos, esculpido; odous, diente.)

Glires. Cohorte de mamíferos creado por Linneo para reunir los roedores y rinocerontes, que hoy en día se ha desmembrado en los órdenes *Rodentia* y *Lagomorpha* excluyendo los rinocerontes. (Lat. glis, gliris, ratón o lirón.)

Gliroidea. Una superfamilia de pequeños roedores arborícolas europeos de cola larga y peluda, del suborden *Myomorpha* (Glis, glis). (Lat. glis, gliris, el lirón.)

Glisson, F. Médico inglés. V. *cápsula de Glisson.*

globicéfalo (**pilot whales**). Grupo de cetáceos de la familia de los *Delfinidos*, de cabeza abombada y color negro. Entre las especies se encuentra la llamada *pez piloto, calderón* y *cabeza de olla* del Atlántico (*Globicephalus melas*). (Lat. globus, globo; kephale, cabeza.)

Globidia. Un orden de protozoos en la clase *Sporozoa.* (Lat. globus, blogo; idion, dim.)

globífero. Tipo de pedicelario en los erizos de mar que porta glándulas venenosas en la punta. (Lat. globus, globo; ferre, llevar.)

Globigerina. Un género de foraminíferos pelágicos de cámaras globulosas, muy abundantes en los mares cálidos. Los restos de sus caparazones forman en el fondo marino grandes extensiones de cieno llamado *limo de globigerinas.* (Lat. globulus, globillo; gero, llevar.)

-globina (**-globin**). Término general que se aplica a la porción proteínica de los pigmentos respiratorios.

globo* (**globe**). *Esfera, bola.* (Lat. globus.) *Adj.* ***globoso, globuloso,* globular.****

globulina (**globulin**). Una clase de proteínas del plasma sanguíneo y de los tejidos. // ***g. alfa***, un grupo de proteínas del plasma sanguíneo y de los tejidos. // ***g. alfa***, un grupo de proteínas sanguíneas. // ***g. antihemofílica***, un factor normal en la sangre humana que acelera el tiempo de coagulación. // ***g. gamma***, una globulina del plasma que interviene en el proceso de la inmunidad. // ***g. beta***, grupo de proteínas plásmicas asociadas con la transportación de la trombina y la protombina.

globulino. Un nombre del mismo significado que cloroplasto, ahora no empleado, aunque fue propuesto anteriormente. (Lat. globulos, globillo.)

glóbulo* (**globule**). En citología, un corpúsculo. (Lat. globulus, globo pequeño.) *Adj.* ***globular,* globuloso.**** // ***g. blancos***, v. leucocitos. // ***g. pálido***, la parte lentiforme del cuerpo calloso. // ***g. polar***, blastómero abortado que se produce durante la *meyosis* en el proceso de la oo génesis, // ***g. rojo***, v. *eritrocito.*

globuloso (**globulose**). Esférico. // Un producto de la digestión de las globulinas. (Del globo.)

globus (**globus**). Un globo o esfera. // ***g. major***, la cabeza del *epidídimo.* // ***g. pallidus***, la parte inferior del músculo lenticular. // ***g. minor***, la extremidad distal del epidídimus. (Lat. globus, globo.)

gloea (**gloea**). La secreción adhesiva de algunos protozoos. (Gr. gloia, cola.)

glogiocinesis (**golgiokinesis**). División de los cuerpos de Golgi durante la mitosis. (Error por golgiocinesis.)

Glomerida. Un orden de diplópodos de la subclase *Chilognatha* que se enrollan como una bola. (Lat. glomus, bola.)

Glomeridesmida. Un orden de diplópodos que solamente tienen 12 segmentos y se enroscan en forma de bola. (Lat. glomus glomeris una bola.)

glomérulo* (**glomerulus**). Masa de capilares, especialmente la de los cuerpos de Malpigio de los riñones. // Pequeña aglomeración o agrupación de estructuras. (Lat. glomerulus, una bolilla.) *Adj.* ***glomerular,*** // ***g. carotídeos***, v. *cuerpos carotídeos.* // ***g. de Malpigio***, grupo de capilares sanguíneos dentro de la cápsula de Bowman en los nefrones.

glomo (**glomus**). Reunión de varios glomérulos renales formando uno solo, en los pronefros de los vertebrados inferiores. (Lat. glomo, una bola.) // ***g. carotídeo***, una formación endocrina unida al sistema nervioso visceral situada junto a las carótidas. // ***g. coxígeno***, formación endocrina unida al sistema nervioso visceral y situada junto al coxis.

gloquidio (**glochidium**). Un estado larval en bivalvos de agua dulce de la familia *Unionidae*, caracterizado por tener sus dos conchas cerradas por un músculo aductor y un filamento largo de fijación. Algunas especies se adhieren a peces de agua dulce. (Gr. glochi, glochis, una punta de flecha proyectante.) *Adj.* ***gloquidiado.***

glos- (**gloss-**). (Del gr. glossa, glotta, la lengua.)

glosa (**glossa**). Lengua. // Un par de lóbulos lingüiformes en el medio del labio de ciertos insectos. (Gr. glossa, lengua.) Adj. ***glosal, glosado.***

glosalgia (**glosslgia**). Dolor de lengua. (Gr. glosa, lengua; + algia, dolor.)

glosario (**glossarium**). La glosa puntiaguda de ciertos insectos dípteros. (Gr. glossa, lengua.)

glosis (**glossis**). Lóbulo interno del labio inferior de la boca de los insectos. (Gr. glossa, la lengua.)

glosodinia (**glossodynia**). Dolor de la lengua. (Gr. glossa, lengua; dynia, dolor.)

glosoepiglótico (**glosso-epiglotic**). Lo que pertenece o está relacionado con la lengua y la epiglotis. (Gr. glossa, lengua;+epiglotis.)

glosofágino (**glossophagine**). Que procura el alimento usando la lengua. // Oso hormiguero. (Gr. glossa, lengua; phago, comer.)

glosofaríngeo (**glossopharyngeal**). Lo perteneciente a la lengua y a la faringe. // El IX nervio craneal. (Gr. glossa, lengua; pharynx, faringe.)

glosóforo (**glossophorous**). Lo que lleva una lengua. // Lo relativo a la lengua o a la rádula. (Gr. glossa, lengua; phoreys, portador.)

glosohial (**glossohyal**). El hueso mediano basihial en los peces. // Entogloso. (Gr. glossa, lengua, hyeides, hioides.)

glosología* (**glossology**). El estudio de la lengua. // La parte de la taxonomía dedicada al estudio de los vocablos adecuados para designar los taxones y los conceptos zoológicos. (Gr. glossa, lengua; logos, tratado.)

glosopalatino (**glossopalatine**). Relativo a la lengua y al paladar blando. (Gr. **glossa**, lengua; **lat. palatus**, paladar.)

glosoteca (**glossotheca**). La parte del tegumento que cubre la probóscide en algunas pupas de insectos. (Gr. **glossa**, lengua; gr. **theke**, caja.)

Glossata. V. *Lepidoptera.*

glotis* (**glottis**). La abertura de comunicación entre la faringe y la laringe. // El aparato vocal de la laringe. (Gr. **glotta**, lengua.) *Adj.* ***glótico.****

glotón (**wolverine**). Mamífero carnicero de la familia *Mustelidae* de la región Holártica, de gran tamaño y color negro. Es sumamente feroz, pues ataca aun a los ciervos (Gulo gulo). (Lat. **gulo**, glotón.)

glucagon (**glucagon**). Hormona secretada por las células alfa del páncreas, antagonista de la insulina.

gluc-, gluco- (**glyc-**). (Del griego glykys, dulce; **-asa, enzima.**)

glucemia* (**glucocemia**). Presencia de azúcar en la sangre. (Gr. **glykys**, dulce; **haemia** sangre.)

glúcido (**glucide**). Un azúcar reductor simple, como la glucosa y la pentosa. (Gr. **glykys**, dulce.)

gluco- (**glyco-**). Lo dicho para *glic.*

glucocinasa (**glucokinase**). Una enzima que cataliza la conversión de glucosas en fosfato de glucosa. (Gr. **glykys**, dulce; **-asa**, enzima; **kinesis**, movimiento.)

glucocorticoide (**glucorcorticoid**). Cada una de las hormonas secretadas por la corteza de las glándulas suprarrenales que estimula la conversión de las proteínas a carbohidratos.

glucóforo (**glucophore**). Cualquier molécula que produce la sensación de dulzura. (Gr. **glykys** dulce; **phoreys**, portador.)

glucogenasa (**glucogenase**). Una enzima que cataliza la síntesis del glucógeno en el hígado. (Gr. **glykys**, dulce; **-genesis**, producción; *-asa*, enzima.)

glucogénesis (**glycogenesis**). La producción de azúcar o de glucógeno. (Gr. **glykys**, dulce; **genesis**, producción.) *Adj.* ***glucogenésico.***

glucógeno* (**glycogen**). Un polisacárido de origen animal que se almacena principalmente en el hígado y los músculos y se hidrolisa en glucosa. (Gr. **glykos**, dulce; **geno**, producir.) *Adj.* ***glucogénico.*** // ***g. muscular,*** la reserva de glucógeno de las células musculares, empleado en la fosforilización instantánea durante la contracción muscular.

glucolípidos (**glycolipids**). Lipoides no fosforados. *Glicolípidos.* (Gr. **glykys**, dulce; **lipos**, grasa.)

gluconeogénesis (**glyconeogenesis**). La conversión de grasas y proteínas en glucosa, estimulada por las hormonas adrenocorticoides. (Gr. **glykys**, dulce; **neo**, nuevo; **genesis**, producción.)

glucogenólisis (**glucogenolisis**). La descomposición del glucógeno en glucosa. (De **glicógeno;+lysis**, disolución.)

glucoproteína (**glycoprotein**). Una proteína compuesta cuyo grupo prostético es un carbohidrato, encontrada en secreciones de epitelios y cartílagos. (Gr. **glykys**, dulce;-+**proteína**.)

glucosa* (**glucose**). Una hexosa o monosacárido de fórmula $C_6H_{12}O_6$. // ***g. dextrógira***=*dextrosa.*

glucosamina (**glycosamine**). Un derivado aminado de la glucoproteína. (Gr. **glykys**, dulce;+ **amina**.)

glucosecretorio (**glycosecretory**). Que está relacionado con la formación del glucógeno. (Gr. **glykys**, dulce; **lat. secretus**, separar.)

glucosuria* (**glycosuria**). Presencia anormal excesiva de glucosa en la orina. (Gr. **glykys**, dulce; **ouros**, orina.)

glucolípido (**glucolipid**). Carbohidrato que contiene radicales hidrocarbonados, como los cerebrósidos hallados en el sistema nervioso. (Gr. **glykys**, dulce ;+**lípido**.)

glucólisis* (**glycolysis**). La digestión de los azúcares. // La oxidación de los azúcares en el proceso respiratorio. (Gr. **glykys**, dulce; **lysis**, descomposición.)

glucotrópico (**glycotropic**). Que tiene afinidad para el azúcar. // Que causa hiperglicemia. (Gr. **glykus**, dulce; **trope**, un giro.)

glucosemia (**glycosemia**). Excesiva cantidad de glucosa en la sangre. V. *glucemia.*

gluglutear (**to globe**). El grito de pavo.

glutamina (**glutamine**). Un aminoácido existente en muchas plantas. En el hombre favorece la eliminación de amoníaco.

glutationa (**glutathione**). Un compuesto tripéptido hallado en tejidos de animales y vegetales que actúa como portador de oxígeno. (Lat. **gluten**, cola; gr. **theion**, azufre.)

glúteo* (**gluteus**). La región de las nalgas. (Gr. **gloutos**; neolat. **gluteus**, nalga.) // ***g. crural,*** músculo dorsal en las piernas de las ranas. // ***g. mayor***, un gran músculo de la nalga que al contraerse extiende la pierna.

glutinoso* (**glutinous**). Aglutinante, adhesivo. (Lat. **gluten**, cola.)

gnat- (**gnath**). (Del griego **gnathos**, mandíbula.)

Gnathiidea. Un orden de crustáceos de la subclase *Malacostraca*, superorden *Peracarida*, orden *Isopoda*, cuyo abdomen es mucho más estrecho que el tórax. (Gr. **gnathos**, mandibular.)

Gnathobdellida. Un orden de anélidos hirudíneos, que comprende las sanguijuelas. Sin probóscide, con 3 mandíbulas quitinosas y sangre roja. Incluye la mayoría de las especies de la clase *(Hirudo medicinalis)*. (Gr. **gnathos**, quijada; *bdellos*, sanguijuela.)

Gnathopoda. V. *Arthropoda.*

Gnathostomata. Un subfílum del fílum *Vertebrados* que abarca las especies provistas de mandíbula y generalmente de apéndices pares. Comprende los peces y los tetrápodos. (Gr. **gnathos**, mandíbula; **stoma**, boca.)

Gnathostomulida. Un fílum del reino animal creado recientemente para los vermes planos que tienen piezas bucales. (Gr. **gnathos**, mandíbula; **stoma**, boca.)

gnathidium. Cada rama de la mandíbula inferior. (Gr. **gnathos**, quijada.)

gnático (**gnatic**). Que pertenece a la mandíbula. (Gr. **gnathos**, mandíbula.)

gnatio (**gnathion**). *Gnatión.* El punto inferior de la línea media de la mandíbula. (Gr. **gnathos**.)

gnatismo (**gnathism**). La forma de la mandíbula con referencia al grado de proyección. (Gr. **gnathos**, mandíbula.)

gnatito (**gnathites**). Cada uno de los apéndices bucales de los artrópodos. (Gr. **gnathos**, mandíbula.)

gnato (**gnathos**). Un esclerito de los genitales masculinos de los lepidópteros. (Gr. **gnathos**, mandíbula.)

-gnato (**gnathos-**). (Del gr. **gnathos**, mandíbula.)

gnatobase (**gnathobase**). Estructura en la base de las patas en los límulos que sirve de órgano masticador. // Un proceso masticatorio de los apéndices cercanos a la boca en los crustáceos. (Gr. **gnathos**, mandíbula, base.)

gnatocéfalo (**gnathocephalon**). Región posterior de la cabeza de los artrópodos, integrada por los segmentos mandibular, maxilar y labial. (Gr. **gnathos**, mandíbula; **kephale**, cabeza.)

gnatopodito (**gnathopodite**). Apéndice torácico de los artrópodos que está provisto de quelas. (Gr. **gnathos**, mandíbula; **pous**, podos; -ito, dim.)

gnatoquilario (**gnathochilarium**). Estructura laminar formada por la fusión de las maxilas en ciertos díplodos. (Gr. **gnathos**, la mandíbula; **cheilarion**, labio pequeño.)

gnatosoma (**gnathosome**). La región bucal en los aracnoideos. (Gr. **gnathos**, mandíbula; **soma**, cuerpo.)

gnatostegito (**gnatostegite**). Una placa asociada con las piezas bucales en algunos crustáceos. (Gr. **gnathos**, mandíbula; **stegos**, cubierta.)

gnatóstomo (**gnathostomatous**). Se dice del pez provisto de mandíbulas. V. *Gnathostomata.*

gnatoteca (gnathotheca). La parte córnea de la rama inferior del pico de las aves. (Gr. gnathos, mandíbula; theke, caja, estuche.)

gnatotórax (gnathothorax). La parte del cefalotórax de los crustáceos malacostráceos posterior al protocéfalo. (Gr. gnathos, mandíbula;+thorax.)

gnesiogamia (gnesiogamy). La fecundación entre individuos de la misma especie. (Gr. gnesio, legal; gamos, boda.)

-gnosis (-gnosis). (Del gr. gnosis, conocimiento.) Se emplea en el sentido de reconocimiento.

gnotobiología (gnotobiology). El estudio de organismos bien conocidos que han sido cultivados aisladamente de otras formas de vida libre. (Gr. gnotos, bien conocido;+biología.) *Adj.* gnotobiótico.

gnu (gnu). V. *ñu.* Antílope de la parte Sur de Africa con la apariencia de un caballo pequeño y cabeza de toro.

goa (goa). Especie de gacela de las altiplanicies del Tibet (Gazella picticaudata).

Gobiesociformes. Un orden de peces óseos, llamados también *Xenopterygii,* provistos de un disco adhesivo abdominal, cabeza deprimida, boca amplia y aleta dorsal y anal de radios blandos. Son bentónicos y se adhieren al fondo. (Lat. gobio, un pez de poco valor; esox, un pez hallado en el Rin.)

gobigobi. Una de las aves del paraíso, de bellos reflejos metálicos (Cicinnurus regius).

gobio (goby). Pez fluvial de las regiones templadas de Europa. Orden *Perciformes,* familia *Gobiidae* (Gobius fluviatilis).

Gobioidei. Suborden de *Perciformes.* Comprende los peces teleósteos con cuatro pares de branquias, aletas pélvicas situadas bajo las pectorales y, generalmente, sin vejiga natatoria. También (*Gobiomorphi.*

Goethe, J.W. von. Poeta y biólogo alemán, entre cuyas contribuciones a la biología se encuentran la teoría folial de las flores y la teoría vertebral del cráneo. (1749-1832)

gofer (gopher). Se aplica a varias tortugas terrestres norteamericanas. Familia *Testudinidae* (Gopherus polyphemus).

gogó (loggerhead turtle). Colombia: la tortuga marina llamada también *caguama,* q.v. (Caretta caretta.)

gola* (gullet). Lunar o mancha de color en la garganta de la aves. (Lat. gula, garganta.)

goldfish (gold fish). Vocablo inglés, que se ha extendido entre los aficionados a la cría de peces tropicales, para designar las carpas doradas (Carasius auratus).

Goldschmidt, Richard B. Zoólogo germano-americano, famoso por sus contribuciones a la determinación del sexo, evolución, embriología y genética fisiológica.

golgín* (dolphin). Cetáceo, mejor llamado *delfín,* q.v.

Golgi, Camilo. Médico e histólogo italiano. Junto con C. Benda describió claramente los mitocondrios y el llamado aparato Golgi, q.v. (1843-1926)

golgiosoma (golgiosome). Una formación granular citoplásmica al parecer homóloga del aparato de Golgi. (Golgi; + soma, cuerpo.)

golgiorexis (golgiorhexis). Fragmentación del aparato de *Golgi.* (De Golgi y gr. rhesis, romper.)

goliat (goliath). Una de las mayores especies de insectos coleópteros de la familia *Scarabeidae* del Africa central (Goliathus cacicus).

golilla.* Pluma del cuello del gallo.

golondrina (swallow). Nombre aplicado a varias aves del orden *Passeriformes,* familia *Hirundinidae,* caracterizadas por su pico pequeño, la boca ancha, las patas breves, la cola ahorquillada y el vuelo rápido. Son insectívoras, cazan al vuelo y hacen nidos de barro. La golondrina común en Europa es *Hirundo rustica.* // Pez marino holósteo volador del orden *Dactylopteriformes,* con aletas dactilópteras. V. *pez volador.* // *g. de vientre blanco,* Puerto Rico: ave de la familia *Hirundinidae.* // g. de cuevas, nombre dado a un ave antillana, que pertenece a la familia *Hirundinidae.* // *g. de iglesias* Puerto Rico: nombre dado a un ave antillana, que pertenece a la familia *Hirundinidae.* // g. de mar, se aplica a varias especies de aves del suborden *Lari,* afines a las gaviotas, pero de cola ahorquillada, pico afilado y alas largas. Hay especies notables por sus largas migraciones desde el Atlántico septentrional hasta el Estrecho de Magallanes (Sterna hirundo y Sterna paradisea). En algunos lugares son llamadas también gaviotas. // *g. parda,* nombre dado a un ave del orden *Passeriformes,* familia *Hirundinidae.*

golondrino* (swallow's chicken). Pollo de la golondrina. // *Especie de pez.*

gollete* (throat). Parte superior de la garganta o del cuello. (Lat. gula.) // *g. sifonal,* la proyección de cada tubillo sifonal de los moluscos cefalópodos Nautiloides.

gomfosis (gomphosis). Una articulación en la que un extremo del hueso se adapta a la concavidad de otro. (Gr. gomphos, una maza.)

gomoso* (gummy). Lo perteneciente a la goma. (Lat. gummi, gummosus.)

Gomphotherium. Un género de elefantes del Oligoceno y Plioceno. (Gr. gomphos, una maza, por alusión a la forma de los colmillos; *therion,* bestia.)

gon-, gono- (gon). (Del gr. gonos, gone, progenie, generación; *goneus,* un padre; gonimus, capaz de producir.) // (Neolat. gonas, gonadis, una glándula germinal, una gónada.)

gónada* (gonad). Un órgano reproductivo, testículo u ovario, en el que se forman los espermatozoides o los óvulos. (Gr. gonos, progenie, generación.) *Adj. gonadal.*

gonadina (gonadin). Un principio activo de las glándulas sexuales, que regula los caracteres sexuales secundarios. (Gr. gonos.)

gonadectomía (gonadectomy). *Castración.* (De gónada + gr. tome, un corte.)

gonadoestimulina. Nombre obsoleto aplicado a cualquier hormona estimulante de las células sexuales. V. *gonadotrofina.*

gonadotrófico (gonadotrophic). Que afecta a las gónadas, como ciertas hormonas del lóbulo anterior de la hipófisis. (Gr. gone, nacimiento; trope, vuelta.)

gonadotrofina (gonadotropina). Una hormona producida en el lóbulo anterior de la hipófisis que estimula las gónadas, (Gr. gonos, progenia; trophe, nutrición). // *g. coriónica,* hormona de la placenta que contribuye a mantener la preñez.

gonadotrópico (gonadotropic). *V. Gonadotrófico.*

gonadotropina (gonadotropin). V. *gonadotrofina.* // *g. coriónica,* hormona del corion de la placenta cuya acción es similar a la de la hormona lactogénica producida en la hipófisis.

gonangio (gonangium). Individuo en forma de saco, de paredes transparentes y quitinosas que encierra los órganos reproductores de las colonias de los celenterados hidrozoarios coloniales. (Gr. gono, reproducción; angeion, ánfora, botella.)

gonapofisis (gonapophyses). Saliente quitinoso de las valvas de los gonopodios que interviene en la copulación en los insectos. (Gr. gonos, generación; + apófisis, proyección.)

gonatóceros. Se dice de los insectos que tienen antenas acodadas. (Gr. gonos, ángulo; keras, cuerno.)

gonce* (joint). Articulación de los huesos. (Lat. gomphus.)

Gondwania. Continente hipotético que debió existir durante el Paleozoico, separado del continente Nordatlántico por el Mar de Tethys, y que comprendería la América del Sur, Africa, India peninsular, Australia y Antártica. Se caracteriza por la flora de *Glossoptesis* y por reptiles comunes del Permocarbonífero y del Triásico. = *Gondwana.*

gonecio (gonoecium). El individuo reproductivo de una colonia de briozoos. (Gr. gonos, generación; oikos, casa.)

gónfosis (gonphosis). Articulación consistente en encajarse un hueso en otro como una clavija, error por *gómfosis,* q.v.

-gonia (-gony). (Del gr. goneus, goneos, gono, engendrar, padre, progenitor, ascendiente, abuelo, etc. También del gr. gone, goneus, gonos, gonoy, generación, acción del engendrar, nacimiento, origen, descendencia.) V. *genia.*

gonial (goniale). Un hueso situado en el ángulo posterior de la mandíbula en algunos reptiles. (Gr. gonia, un ángulo.)

gonias (gonia). Células procedentes por multiplicación de las células germinales primordiales o *progonias* y que originan los gametos por meyosis.

gónico (gonic). Perteneciente a las gónadas o a la reproducción. (Gr. gonos, generación.)

gonidial (gonydial). Perteneciente al *gonis* o ángulo mandibular. (Gr. gonys, quijada.)

gonidio (gonydial). Perteneciente al *gonis* o ángulo mandibular. (Gr. gonys, quijada.)

gonidio (gonidium). Célula en las colonias de los mastigóforos fitomonadinos que juntándose a otras, forman masas huecas que se desintegran para formar asexualmente una nueva colonia. (Gr. gonos, progenie; idion, diminutivo.)

gonio- (gon-). (Del gr. gonia, ángulo.)

gonio (gonion). *Gonión,* punto caniométrico, situado en el ángulo posterior de cada rama mandibular. (Gr. gonia, ángulo.)

gonis (gonys). Borde inferior del pico de las aves. (Gr. gonia, ángulo.)

gono- (gono-). (Del gr. gone, gonos, etc., que indica una idea relacionada con la reproducción: generación, ascendencia, engendramiento, nacimiento, origen, descendiente.)

gonoblasto (gonoblast). Una célula reproductora. (Gr. gonos, progenie; blastos, formación.)

gonoblastoide (gonoblastoide). V. *blastostilo.*

gonocálix (gonocalyx). En algunos centípedos, un par de apéndices modificados situados en el mismo somito que la abertura genital. // La campana de un gonóforo medusiforme. (Gr. gono, progenie; calyx, copa.)

gonocelo (gonocoel). Divertículo celomático en donde se encuentra cada ovario. // Cavidad de la vesícula genital o gonostoma contenida en el miocelo de los cefalocordios. (Gr. gono, reproducción; kiolos, cavidad.) La voz *gonocele* es incorrecta. (gonos, generación; *kele*, hinchazón, tumor.)

gonocito (gonocyte). Célula que produce esporocitos en los *dinoflagelados.* // Célula germinal primordial producida durante la meyosis. V. *oocito y espermatocito.* (Gr. gonos, producir; kytos, célula.)

gonocorístico (gonochoristic). Unisexual. (Gr. gono, generación; choristos, separado.)

gonocoxa (gonocoxa). La base del gonopodio de los insectos. (De gonopodio; + lat coxa, cadera.)

gonodendro (gonodendron). Zooide ramificado de algunos sifonóforos. (Gr. gonos, generación; dendron, árbol.)

gonodonto (gonodont). Se dice de los molares propios de los mamíferos insectívoros, cuyas coronas tienen crestas en forma de V y W. (Gr. goneo, ángulo; pous, pie.)

gonoducto (gonoduct). Conducto en muchos invertebrados por donde salen al exterior las células. (Gr. gonos, reproducción; lat. ductus, tubo.) V. *oviducto.*

gonofásica (gonophasic). Se aplica a la partenogénesis generativa haploide. (Gr. gonos,prole; phasis, fase.)

gonóforo (gonophore). Cualquier estructura que lleva las gónadas o conduce las células sexuales, como el oviducto y el espermiducto,=*Gonoducto.* // Yemas sexuales en los pólipos coloniales de los celenterados hidroideos. // Individuos medusoides portadores de las gónadas en las colonias flotantes de los sifonóforos. (Gr. gonos, reproducción; phoreys, portador.)

gonogénesis (gonogenesis). *Gametogénesis.*

gonomería (gonomery). La hipótesis de que los cromosomas paternales y maternales permanecen en grupos separados durante toda la vida celular. (Gr. gonos, progenie; meros, parte.)

gonomonarrenia. Término usado por Ghigi para indicar híbridos estériles por cruzamiento entre la hembra de una especie y el macho de otra, pero no a la inversa. Así el cruce entre gallo común y gallina de Guinea, pero no a la inversa. (Gr. gonos, generación; monos, uno; arren, macho.)

gonomonotelidia. Término que se emplea para indicar que el macho de una especie produce híbridos estériles con la hembra de otra, pero no a la inversa. Ej. el cruce de búfalo y el yak o el bisonte y la vaca. (Gr. gonos, generación; mono, uno; thelys, femenino.).

gononúcleo (gononucleus). Voz obsoleta. V. *macronúcleo.*

gononefrótomo (gononephrotome). Segmento embrionario que contiene los primordios del sistema urogenital. (Gr. gonos, progenie; nephros, riñón; tomos, un corte.)

gonoplasma (gonoplasm). V. *plasma germinal.*

gonopodio (gonopodium). Estructura de los machos de ciertos peces, que sirve para la fecundación interna y está formada por modificaciones de la aleta que facilitan el paso de la esperma durante la cópula. // Apéndices reproductores de los machos de los diplópodos y de algunos insectos. (Gr. gonos, generación; pous, pie.)

gonóporo (gonopore). La abertura de los órganos sexuales en ciertos invertebrados. (Gr. gone, semilla;+poro.)

gonopoyesis (gonopoiesis). La formación de semen. (Gr. gonos, generación; poiesis, creación.)

gonoquema (gonocheme). Un medusoide sexuado en los hidrozooarios. (Gr. gonos, progenie; ochema, soporte.)

Gonorhynchoidea. Un suborden de peces teléosteos del orden *Isospondyli.* (Gr. gonia, ángulo; rhynchos, pico; neolat. oidea, parecido.)

gonosferio (gonosphaerium). Una *oosfera.* (Gr. *gonos*, progenie; sphaira, esfera.)

gonosoma (gonosome). En los animales coloniales, todos los individuos relacionados con la reproducción. (Gr. gonos, progenie; soma, cuerpo.)

gonosomito (gonosomite). El noveno segmento abdominal de los insectos machos. (Gr. gonos, generación; + somito.)

gonospora (gonospore). Una espora producida como consecuencia de la división meyótica. (Gr. gonos, progenie; spora, semilla.)

gonostilo (gonostyle). Un proceso del tallo principal de las colonias de sifonóforos que a veces forma un pólipo sin boca. // Sifón sexual en sifonoforos. // *Blastostilo.* (Gr.gonos, progiene; stylos, columna.)

gonostoma (pearlfish). Pez abisal del orden *Clupeiformes,* familia *Gonostomidae*, provisto de órganos luminosos cerca de los ojos. (Gr. goino, ángulo; stoma, boca.)

gonoteca (gonotheca). Cápsula transparente que cubre una estructura (blastostilo) en donde se forman los gonozoides en los hidrozoos. (Gr. gonos, progenie; theke, caja.)

gonotipo (gonotype). Descendiente inmediato de un ejemplar tipo. (Gr. gonos, progenie; typos, patrón.)

gonotoconto (gonotokont). Célula diploide que por meyosis produce gonios. (Gr. gonos, progenie; tokos, alumbramiento.) V. *auxocito.*

gonótomo (gonotome). Un somito embrionario que contiene el primordio de las gónadas. (Gr. gonos, progenie; tome, cortado.)

gonotrema (gonotrema). Abertura genital de los arácnidos. (Gr. gonos, progenie; trema, perforación.)

gonozoide (gonozooid). Individuo en una colonia polimórfica de celenterados que ejerce las funciones reproductoras. // Individuos en la generación alternante de los tunicados taliáceos de función reproductora. (Gr. gonos, progenie; zoon, animal.)

goral (goral). Se aplica a varias especies de cabras antílopes de las montañas Himalayas, Korea, etc., del género *Nemorhaedus.*

Gordiacea. Una clase del phylum *Aschelmintes,* ahora conocida como *Nematomorpha.* (De Gordius, nudo gordiano.)

gordiáceos. V. *Gordioidea.*

Gordioidea. Un orden de *Nematomorpha.* Especies desprovistos de cerdas natatorias, con pseudocelo lleno de mesénquima y 2 gonadas. Ej. la *lombriz de la crin.* (Géneros **Gordius** y **Paragordius.**)

gorfio (penguin). Especie de pingüino, ave del orden *Sphenisciformes*, que tiene un penacho de plumas en la cabeza. Vive en las islas Malvinas y otras, en el Cabo de Buena Esperzanza, etc. (**Eudyptes chrysolophus**).

gorgojo* (weevil). Cualquier especie de insecto coleóptero de la familia *Curculionidae* que tiene el rostro alargado en forma de hociquillo. Se dice en especial de las especies que devoran granos.

Gorgonacea. Un orden de la clase *Alcyonaria* que incluye los llamados corales y gorgonias, de forma generalmente arborescente y con el esqueleto axial formado por espículas calcáreas o de gorgonina o de ambas clases. Pólipos pequeños. Ej. *coral rojo, abanico de mar.* (Lat. **Gorgo**, nombre de un monstruo hembra de aspecto terrible.)

gorgonia (gorgonine). Substancia orgánica peculiar al esqueleto de ciertos gorgoníaceos. (Del género **Gorgonia.**)

Gorgonopsoidea. Una superfamilia de reptiles primitivos del orden *Therapsida*, del Permiano. (Gr. **Gorgo**, un monstruo terrible; **opsis**, parecido.)

gorila* (gorilla). El mayor de los antropoides (**Gorilla gorilla**), que habita el Africa ecuatorial, y comprende varias subespecies regionales. Color negro, cabeza con cresta occipital pronunciada, estatura más de 65 pulgadas, peso unas 500 libras. Por su corpulencia no es arbóreo y anda principalmente sobre el suelo. Es completamente vegetariano. (Voz **griega** de origen **africano.**)

gorjear* (warbler). Hacer quiebros en el canto de las aves.

gorrín*, gorrino* (pig). Cerdo pequeño.

gorrión* (sparrow). Nombre aplicado a varias especies de aves *Passeriformes*, de la familia *Ploceidae*, de color pardo grisáceo, pico grueso, entre las que se encuentran el *gorrión común* o de las ciudades, que es oriundo de Europa, pero aclimatado en muchas ciudades del mundo (**Passer domesticus**). // *g. negro*, nombre dado a un ave de Puerto Rico que pertenece a la familia *Fringillidae* (Tiaris bicolor); // ***g. chicharra***, nombre dado a un ave de Puerto Rico, que pertenece a la familia *Fringillidae* (Ammodramus savannarum).

gorupo (hen louse). Piojillo de la gallina.

gota* (gutta). Cualquier mancha pequeña coloreada de los insectos y del tegumento de otros animales. (Lat. **guttatus.**)

goteado (guttate). Que lleva gotas, que está manchado por gotas, que se asemeja a gotas. (Lat. **guttatus.**)

Graaf, Regnier de. Anatomista holandés. Describió el folículo ovárico maduro, pero creyó que dicha estructura era un óvulo. (1641-1673)

grácil (gracilis). Delgado, delicado. // Un fascículo en la médula oblongada. // Dos músculos de las patas posteriores de los anfibios, el primero tiene una inserción en la piel del muslo. (Lat. **gracilis**, delgado.)

gracilis major (gracilis major). Un músculo en la parte interna del muslo de las ranas, que aduce y extiende la pierna, o flexiona o extiende la pierna según su posición. // ***g. minor***, un músculo del muslo de las ranas en su borde superior.

gráculo religioso (mynah). V. *mina*, ave.

gradiante* (gradiente). El grado de inclinación. // Cambio en una cantidad variable. (Lat. **gradiens.**) // ***g. axial***, teoría formulada por Chil que pone en relación la intensidad de los procesos regenerativos a diversos niveles con una graduación cefalocaudal. // ***g. de carácter***, v. *clin.* // ***g. metabólico***, las fuerzas externas e internas que ejercen influencias en el desarrollo. // ***g. térmico***, desarmonía en el desarrollo embrionario dependiente de la intesidad de la temperatura.

graduado* (graduated). Que procede o varía por grados paso a paso. // Se dice del rabo del ave que tiene las plumas centrales más largas y las otras sucesiva y gradualmente más cortas. (Lat. **gradatus**, que tiene pasos o escalones.)

-grafía*, grafo (graph). (Del gr. **graphe**, un dibujo, una pintura, una representación por medio de líneas, una descripción; **grapheion**, un estilo, un lápiz.)

gráfico* (graphic). Se dice de un diagrama que expone datos experimentales. (Gr. **graphe**, un dibujo.)

grafiohexaster (graphiohexaster). Una espícula haxaster de largos procesos filamentosos en cuatro de sus radios. (Gr. **graphis**, estilo; **hex**, seis; **aster**, estrella.)

grafiuro (graphiurus). Género de los roedores de aspecto parecido al de los lirones, que vive en la Guinea y regiones africanas cercanas. (Gr. **graphes**, final; **oura**, cola.)

grajilla (small jay). Cuervo europeo más pequeño que el grajo (**Corvus monedula**).

graja* (rook). Especie de cuervo europeo (**Corvus frugilegus**).

grajo* (Hooded Crow). *Corneja.* Una especie de cuervo europeo (**Corvus cornix.**)

gralla (roller). *Carraca.* Ave europea de orden *Coraciiformes*, familia *Coraciidae*, de color azul y dorso castaño.

gramado (grammate). Marcado con líneas o rebordes estrechos. (Gr. **gramme**, línea.)

gramatóforo. Reptil saurio de Australia provistos de dientes caninos en el maxilar y con el dorso cubierto por escamas fuertemente aquilladas. (Gr. **gramme**, una marca o línea; **phoreys**, portador.)

graminícola (graminicolous). Que habita las yerbas o gramas. (Lat. **grammer**, grama; **-icola**, habitante.)

graminívoro (graminivorous). Que se alimenta de hierbas. (Lat. **gramen**, hierba, **grama**; **vorare**, comer.)

grampo (grampus). Nombre aplicado a grandes delfines muy voraces comunes en el Atlántico del norte, especialmente *Grampus griseus* y *Orcinus orca.* (Francés antiguo: **graspeis**; del lat. **crassus piscis**, pez gordo.)

gran* (large). La acepción usual. // Apócope de *grande.* // ***g. barrera***, extensa barrera de arrecifes coralinos que por más de 1,800 kms. de largo se extiende frente a la costa este de Australia y está separada de esta por un estrecho de 30 kms. de ancho. // ***g. bestia***, el gran cérvido holártico llamado *alce*, q.v. // ***g. capricornio***, coleóptero europeo de gran tamaño de la familia *Cerambycidae* (**Cerambyx heros**). // ***g. danés***, una raza de perros de gran talla, intermedio entre los grandes mastines y los galgos. // ***g. duque***, especie de búho europeo de gran tamaño, llamado también *búho real* (**Bubo bubo**).

grana* (grana). Palabra latina, solamente utilizada en plural, que indica las diminutas estructuras de los cloroplastos en donde se encuentran situadas las moléculas de clorofila. El empleo de este vocablo en sustitución del término *gránulo* es innecesario, pero su uso se ha extendido. // Insecto homóptero de la familia *Coccidae*, conocido como *cochinilla de Nopal*, originaria de México, de donde se prepara el colorante llamado *rojo de cochinilla* (**Coccus cacti**).

granelario. (granellarium). El sistema de tubillos que en algunos sarcodinos, contienen los granelos. (Lat. **granulum.**)

granelo (granellae). Cuerpo muy refrigente hallado en algunos sarcodinos, que contiene sulfato de bario. (Lat. **granullum**, granitos.)

granívoro* (granivorous). Que come granos. (Lat. **granum**, grano; **voro**, devorar.)

grano* (pimple). Acepción usual. (Lat. **granum.**) Adj. ***granoso****.

granulación* (granulation). Una eminencia en forma de gránulo. (Lat. **granum.**) // ***g. aracnoides***, lugares por donde la meninge aracnoides penetra la dura madre, a través de los cuales el líquido cefalorraquídeo pasa a la sangre.

gránulo* (granule). Grano pequeño. // Estructura interna de los cloroplastidios en donde se encuentran situadas las moléculas de clorofila. V. *grana.* (Lat. **granulum**, granillo.) *Adj. granular*, granuloso*, granilloso, graniento*, granulado*.* // *g. cromatoides*, gránulos citoplásmicos que se colorean como la cromatina. // g. de Nissl, partículas de nucleoproteínas en el citoplasma de las neuronas no fatigadas. *Tigroides* o cuerpo cromófilos. // g. de Palade, v. *ribosoma* //. *g. I*, granulaciones que aparecen al nivel de los discos I, en las fibras musculares estriadas de los vertebrados. // *g. polar*, v. *centrómero.* // gránulos ricos en RNA en el ooplasma de ciertos huevos de insectos.=*Centrómero* // *g. Q*, gránulos que aparecen de las miofobrillas motoras de los insectos al nivel de los discos Q.

granuloblasto (**granuloblast**). Un granulocito inmaduro. (Lat. **granum**, grano; **blastos**, yema.)

granulocito (**granulocyte**). Tipo de leucocito en el hombre que tiene citoplasma granuloso y núcleo generalmente polimorfo. V. *acidófilo* (=eosinófilo), *basófilo* y *neutrófilo.* (Lat. **granulum**, granito; gr. **kytos**, célula.)

granum (**granum**). (Lat. **granum**, un grano.) V. *grana.*

grapira (**frigate bird**). Sudamer.: V. *rabihorcado*, fragata.

graptolitas (**graptolithes**). Uno de los fósiles de la clase *Graptolithina*, q.v.

Graptolithina. V. *Graptozoa.*

Graptozoa. Clase de celenterados fósiles que existieron en el Permiano superior y el Carbonífero. Animales marinos de tallos huecos, simples o ramificados, conectados por un estolón basal como en los *Rhabdopleura* de los *Hemichordata.* Algunos estiman que las graptólitas pertenecieron a este grupo. (Gr. **graptos**, inscripto; **lithos**, piedra.)

grasas* (**fat**). Lípidos sólidos a la temperatura ordinaria, generalmente hidrogenados. // *g. neutras*, lípidos simples formados por glicéridos de los ácidos palmítico, esteárico y oleíco.

graveolente (**graveolent**). Que tiene un olor fuerte o desagradable. (Lat. **graveolens**, que huele fuerte.)

gravidez* (**pregnancy**). *Preñez, embarazo.* (Gr. Lat. **gravidus.**)

grávido* (**gravid**). Preñado. Cargado de huevos. (Lat. **gravis**, pesado.)

gravígrado (**gravigrade**). Se dice del mamífero caracterizado por tener las extremidades en forma tal que pueden soportar un gran peso, como los grandes desdentados fósiles. (Lat. **gravis**, pesado; **gradior**, comunicar.)

gravirreceptor (**gravireceptor**). V. *propioreceptor.*

graznido* (**crock, caw**). El grito áspero de los cuervos, gansos, grajos, etc.

gregal* (**gregarious**). Que anda junto con otros de su especie, como las reses de un rebaño. (Lat. **grex**, **grey**, rebaño.)

gregaloide (**gregaloid**). Colonias de protozoos de forma indefinida. (Lat. **grex**, rebaño; **oides**, parecido.)

Gregarinida. Un orden de esporozoos telosporidios, cuyos trofozoitos maduros son vermiformes y llegan a tener 16 mm. de largo. Son parásitos extracelulares en artrópodos y otros invertebrados. (Lat. **grex**, **gregarius**, gregario.)

Gregarinidea. V. *Gregarinida.*

gregariniforme (**gregariniform**). En forma de gregarina, q.v.

Gregarinomorpha. Una subclase de *Sporoza*, equivalente al orden *Gregarinida*, q.v.

gregario* (**gregarious**). Aplícase a los animales que viven próximos unos a otros, como en los rebaños. (Lat. **gregarius**, rebaño, multitud.)

gregarismo* (**gregarism**). Tendencia o inclinación de ciertos animales a vivir en sociedad con sus congéneres. (Lat. **grex**, **grey**.) *Adj. gregario.*

grey* (**flock**). Rebaño del ganado menor. (Lat. **grex**, rebaño.)

gresora (**gressorial**). Nombre obsoleto, aplicado a las aves que comprenden el orden *Ciconiiformes.* (Lat. **gressor**, andador.)

grévol (**Hazel hen**). Ave de la región holártica que pertenece a la familia Tetraonidae. (**Tetrastes bonasia.**)

Griffin, D. Desarrolló el concepto de la ecolocación en los murciélagos en colaboración con R. Galambos.

grifo* (**griffin**). Animal fabuloso, mezcla de águila y león. (Lat. **gryphus**, encorvado, encrespado.)

grifón* (**griffon**). Una especie de buitre común en el suroeste de Europa (**Gyps fulvus**). (Lat. **gryphus.**)

grifosauro. V. *Arqueopterix.*

grigallo* (**capercaillie**). *Urogallo*, ave europea del orden *Galliformes*, familia *Tetraonidae* (**Tetrao urogallus**).

grillo* (**cricket**). Nombre común de varios insectos ortópteros de la familia *Gryllidae* cuyas patas posteriores, muy largas, se han adaptado al salto. El frote de ciertas partes duras de sus alas anteriores producen un ruido estridulante generalmente desagradable, pero en algunas especies, como la europea *Acheta campestris*, es grato al oído. Unos grillos comunes en América es el *Acheta assimilis.* // *g. cebollero*, o *grillo topo*, especie de grillo de hábitos cavadores, cuyas patas anteriores están dispuestas para la zapa (**Gryllotalpa gryllotalpa**). Una especie americana, llamada *changa* en Puerto Rico, es *Scapteriscus vicinus.* Familia *Gryllotalpidae.*

grilloblátidos (**grylloblattidal**). Una familia de insectos ápteros del orden *Ortóptera* que viven en la América del Norte y el Japón que para algunos son los más primitivos de los ortópteros. (Lat. **gryllus**, grillo; **blatta**, cucaracha.)

grillotalpa, grillotopo (**mole cricket**). V. *grillo topo, alacrán, cebollero.* y *changa.*

grimal. Crustáceo macruro marino europeo parecido a la langosta (**Nephros norvegicus**).

griócromo (**gryochrome**). Que tiene gránulos coloreados esparcidos. (Gr. **gry**, partícula; **chroma**, color.)

grisboc (**grysbock**). Un antílope de la subfamilia *Neotraginae*, del Africa del sur, de Zambesi a Mozambique (**Rhamphiceros (Nototragus) melanotis**).

grison* (**grison**). Un mamífero carnicero sudamericano de la familia *Mustelidae* parecido al *taira* (**Galictis vittatus**).

grisu* (**skunk**). *Mofeta.* (Fr. **grisou.**)

grivet (**grivet**). Especie pequeña de mono guenón de color grisáceo, que vive en Abisinia y Sudán (**Cercopithecus aethiops**).

groar* (**to croack**). Croar, el grito o canto de las ranas.

Gruiformes. Un orden de aves que comprenden las grullas, gallinuelas, etc., especies zancudas de tamaño grande o mediano cuyas plumas tienen hiporraquis y los polluelos tienen plumón al nacer. Habita pantanos y praderas. (Lat. **grus**, la grulla, género, típico.)

gruinas.* Aves parecidas a las grullas. (Lat. **grus**, grulla.)

gruir* (**to honk**). Gritar de las grullas. (Del lat. **grus**, grulla.)

grulla* (**crane**). Nombre dado a varias especies de aves del orden *Gruiformes*, de pico y patas largos, llamadas también *paludícolas* que antes se unían a las aves gresoras con el nombre de *zancudas.* Hacen sus nidos en el suelo y las crías son nidífugas. (Lat. **gruilla**). En Europa la grulla común es *Grus grus*, mientras que en América del Norte y Antillas es *Grus canadensis.* // *g. coronada*, grulla africana, llamada también *zaira* y *grulla real* (**Balearica pavonina**) que muestra un copete de finas plumas amarillas sobre la cabeza.

grullada.* (**flock of cranes**). Bandada de grullas.

grumo* (**grumus**). Parte de un líquido que se aglutina. // Extremidad del alón del ave. (Lat. **grums.**) *Adj. grumoso*.*

grúmulo (**grumulus**). Organo polar del embrión de los insectos. (Lat. **grumus**, cerrejón.)

gruñido* (**grunt**). La voz del cerdo. // La voz amenazadora del perro. (Lat. **grunire.**)

grupa* (**croup**). El anca o parte posterior y superior de las caballerías. (Alemán, **Kruppa.**)

grupo* (**group**). Pluralidad de seres que forman un conjunto. // *g. colectivo*, un conjunto de especies cuya posición genérica es incierta. // *g. prostético,* cualquier substancia no proteica que está combinada en las moléculas de proteínas. // *g. sanguíneos*, tipos de sangre clasificados por la naturaleza de los antígenos (aglutinógenos) de los eritrocitos y los anticuerpos (aglutininas) del suero. Los tipos más conocidos son *A, B, AB* y *O* // *g. sanguíneos M-N*, dos proteínas presentes en los eritrocitos humanos basados en antígenos que raramente desarrollan anticuerpos en el hombre, pero sí en los conejos.

Grylloblattoidea. Un suborden de insectos ortópteros (o un orden independiente) desprovistos de las alas, con los ojos reducidos, sin ocelos y con cercos largos de 8 artejos. (Del género **Grylloblaltta.**)

guabá* **(tarantula).** Puerto Rico, Cuba: arácnido del orden *Pedipalpida,* suborden *Amblypigi,* de cuerpo aplastado y pedipalpos muy largos (**Géneros Tarantula, Phrynus,** etc.) // Según algunos diccionarios este nombre se aplicaba a las *arañas peludas* (Theraphosidae) q.v. (Nombre taíno.)

guabairo* **(chuck-will's widow).** Cuba y Puerto Rico: ave nocturna, especie de *chotacabras*, del orden *Caprimulgiformes* (**Caprimulgus vociferus**).

guábara. Puerto Rico: especie de crustáceo macruro de agua dulce de la famlia *Atyidae* (**Atya scabra**). (Voz indígena.)

guabina* **(sleeper).** Cuba, Puerto Rico: variante de guarina, pez de río de la familia *Eleotridae* (**Dormitatos maculatus**). (Voz índigena.)

guacaica **(Cuban cuckoo).** Especie de cuco, ave del orden *Cuculiformes,* familia *Cuculidae,* llamada también *arriero* (**Saurothera merlini**) (Voz indígena.)

guacamaya **(green parrotfish).** Cuba: pez marino del orden *Perciformes,* familia *Scaridae* (**Scarus guacamaia**).

guacamayo* **(macao).** Nombre dado a varias especies de papagayos, aves psittaciformes de América tropical, de cola larga, mejillas peladas, vivos colores y, casi siempre, de gran tamaño. Uno de los más comunes en cautividad es el guacamayo rojo (**Ara macao**), llamado *aracanga* en el valle del Amazonas. V. *aracanga, canindé.*

guacarí **(uakari).** Especie de mono sudamericano de la familia *Cebiidae* (**Cacajao calvus**).

guacariga **(hummingbird).** Puerto Rico: especie de colibrí (**Anthracothorax**). (Voz indígena.)

guaco* **(curassow).** Ave neotropical del orden *Galliformes,* familia *Cracidae*, de plumaje negro con vientre blanco (Ortalis sp.). // Costa Rica: ave de rapiña del orden *Falconiformes,* familia *Falconidae* (**Ibicter americanus**). (Nombre indígena.)

guacoa. Especie de paloma sudamericana (**Columba speciosa**).

guachara. Colombia: tortuga de la familia *Chelydridae.* (**Chelydra sapentina**).

guacharaca* **(chachalaca).** Venez.: ave del orden *Galliformes,* familia *Cracidae* (Ortalis ruficauda).=*Chachalaca.* V. también *hoacín.*

guácharo* **(guacharo).** Ave sudamericana (Venezuela, Colombia) del orden *Caprimulgiformes*, de hábitos nocturnos y cavernícolas, que tiene gran cantidad de grasa subcutánea (**Steatornis caripensis**). (Araucano, uachar, caverna.)

guachinango* **(snaper).** Cuba y México: especie de pargo, pez del orden *Perciformes,* familia *Lutjanidae* (**Lutjanus aya**).

guacho* **(sparrow).** Pollo del gorrión.

guagaica **(Puerto Rican cuckoo).** Puerto Rico: variante de *guacaica.* Especie de cuco nativo. Orden *Cuculiformes,* familia *Cuculidae* (**Saurothera vieilloti**).

guaguanche, guaguancho **(sennet).** Pez óseo del orden *Perciformes,* familia *Sphyraenidae*, cercano a la barracuda, pero más pequeño y bueno de comer (**Sphyraena guachanche**).

guaicán* **(remora).** Nombre indígena del pez *pega,* reverso o *rémora,* q.v. (Arahuaco waicán.)

guaicano. Variante de *guaicán.*

guigui* **(taguan).** Roedor de Filipinas. V. *tagúan.*

guairabo* **(night heron).** Chile: ave del orden *Ciconniiformes,* familia *Ardeidae* (**Nycticorax nycticorax.**)

guajá **(heron).** En algunas partes de América, la *garza.*

guajacón* **(top minnow).** Cuba: nombre común de varias especies de peces fluviales del orden *Cyprinodontiformes,* pero en especial de *Gambusia punctata.*

guajil **(yellow grouper).** Puerto Rico: pez marino del orden *Perciformes,* familia *Serranidae*, de carne imputadamente tóxica, llamado en Cuba *arigua* (**Mycteroperca venenosa.**)

guajiro. Puerto Rico: el pez llamado también *guatibere,* q.v.

guajón **(tree frog.)** Puerto Rico: especie de rana de la familia *Leptodactylidae* (**Eleutherodactylus cooki.**)

guala **(coot).** Ave sudamericana del orden *Gruiformes*, familia *Rallidae,* (**Fulica leucoptera**). // Venezuela: *aura,* ave.

guajalote* **gujolote** **(turkey),** Nombre mexicano del pavo común (**Meleagris gallopavo**).

guale* **(black buzzard).** Colomb.: *zopilote.*

gualilla. V. *paca,* roedor.

guamango* **(hawk).** Argentina: *Halcón.*

guamica. Cuba: especie de paloma.

guaminiquinax **(hutía).** Nombre que, según los cronistas de las Indias, daban los indios de Cuba a una especie de roedor y que según Las Casas era similar a la hutia de Santo Domingo o *jutía* (Voz taína.)

guamo* **(queen conch).** Voz indígena antillana aplicada a los grandes caracoles empleados como trompa (**Strombus gigas, Charonia variegata**). También *fotuto y botuto.*

guán **(guan).** Cualquiera de las varias especies de aves galliformes neotropicales de la familia *Cracidae,* aliadas a los hocos, paojíes, etc. (**Penelope sp.**) // *Harpía.*

guanabá* **(night heron).** Nombre aplicado a varias especies de garzas de hábitos nocturnos, como el ave toro (**Botaurus sp.**), la yaboa (**Nycticorax sp**). Voz *indígena.)*

guanábana* **(burrfish).** Cuba: pez marino tropical del orden *Tetrodontiformes,* familia *Diodontidae,* del Atlántico occidental cuyo cuerpo está cubierto de espinas y adquiere forma globosa al llenarse de aire la vejiga natatoria. También *puerco espín.*

guanábano. Puerto Rico: úsase la variante de *guanábana,* q.v.

guanaco* **(guanaco).** Una de las llamas o camélidos de las altiplanicies andinas. Algunos consideran que el guanaco es la variedad salvaje de la llama (**Lama guanicoe**). (Quechua, **wanacu.**)

guanaguanare **(sea tern).** Venezuela: una especie de gaviota (**Phaetusa simplex**).

guanajo* **(turkey).** En América, el pavo común. (Araucano, **Wanasu.**)

guanana* **(snow goose).** Cuba y Puerto Rico: nombre dado a varios gansos silvestres de América del Norte que arriban en el invierno. // *g. blanca*, (**Chen hyperborea**). // *g. azul* (**Chen caerulescens**). (Voz indígena.)

guanaquito **(young guanaco).** Cría del *guanaco.*

guanaro **(Zenaida dove).** Cuba: paloma silvestre, llamada también *sanjuanera* (**Zenaida aurita**). (Nombre indígena antillano.)

guanasa **(guanase).** Una enzima encontrada en el páncreas, timo, adrenales, etc.), que convierte la guanina en xantina. (Der. de **guanina** y **asa**, enzima.)

guanay **(guanay cormorant).** Perú: especie de cuervo marino del orden *Pelecaniformes*, que vive en la costa del Perú, cuyas deyecciones contribuyen a formar un guano (**Phalacrocorax bougainvillii**). (**Kechua, huanum estiércol.**)

guángana **(pecary).** Perú: el *pecarí*, q.v.

guaní **(hummingbird).** Colibrí. (Nombre indígena antillano.)

guanidina **(guanidine).** Una substancia producida por oxidación de la guanina. (Per. **huanu, guano.**)

guanílico **(guanilic).** Acido que produce guanina, encontrado en el páncreas y en el hígado. (Per. **huanu, guano.**)

guanina* **(guanine).** Una purina, que constituye una de las bases de los nucleótidos en el DNA. (**Quechua, huanu,** guano.)

guano* (**guano**). Substancia empleada como abono que se forma por acumulación de deyecciones y restos animales descompuestos. (Quechua, huanu, estiércol.) // *g. del Perú*, el verdadero guano, formado por las deyecciones de una multitud de aves de varias especies que anidan en las costas formando colonias inmensas, como el pelícano, el guanay y el piquero. // *g. de murciélago* o *murcielaguina*, formado en las cuevas por acumulación de excretas y restos de murciélagos y de otros animales cavernícolas.

guanóforo (**guanophore**). Tipo de cromatóforo que lleva cristales de guanina y que da lugar a tintes irisados en la piel de varios animales.=*Iridocito.* (De **guanina**;+ **gr. phoreys**, portador.)

guapaco. Colombia: *guácharo*, ave.

guapena. V. *vaqueta*, pez.

guaqui* (**opossum**). Argentina: especie de *zarigüeya*, q.v.

guará* (**maned wolf**). Mamífero carnicero sudamericano, especie de lobo color rojizo y patas largas V. *aguará guazú*. // Honduras: *guacamayo*, ave. (Dicc.)

guaraibo. Metátesis por *guabairo*, q.v.

guaraguao* (**red-tailed-hawk**). Cuba y Puerto Rico: éspecie de gavilán de la América tropical que también se llama *gavilán colirrojo* (**Buteo jamaicensis**).

guarapacú. V. *peto*, pez.

guardabueyes (**cattle heron**). Nombre vulgar de la *garza bueyera* o *reznero* (**Bubulcus ibis**).

guardacaballos (**ani**) Perú: especie de *aní* o *judío*, ave (**Crotophaga ani**).

guardarrio* (**king fisher**). V. *Martín pescador.*

guardatinaja, guardatinajo (**paca**). El roedor llamado *paca* o *tepezcuintle*, q.v.

guardián (**guard**). La vaina de un fragmocono, q.v. // El rostro de una *belemnita*, q.v.

guareao, guariao* (**limpkin**). *Carrao.* Nombre antillano dado a un ave Ciconiforme, pequeña, de pico encorvado, plumaje bronceado y hábitos nocturnos. que se alimenta de caracoles, insectos, etc. Habita parte de América del Sur y Central y las Antillas (**Aramus guarauna**). (Voz indígena.)

guariba (**howling monkey**). Una de las especies de monos aulladores, q.v., de la cuenca amazónica, de pelaje pardo rojizo en ambos sexos (**Alouatta fusca**).

guarina. V. *Guabina*, q.v.

guaripato. Pollo del gorrión.

guarisapo* (**tadpole**). Chile: *gusarapo, renacuajo.*

guarnigón* (**chicken of partridge**). Pollo de la codorniz europea. (Lat. **coturnice**.)

guaro* (**parrot**). Un loro muy común en Venezuela, Guayanas, Colombia y Amazonas y muy solicitado por su facilidad en hablar (**Amazona amzonica**).

guarro* (**hog**). *Cochino.* (Lat. **vernis**, verraco.) // Ecuador: águila pequeña.

guarubaco. V. *guásabaco, pez.*

guarura (**queen conch**). Venez.: molusco gasterópodo marino, cuya concha de gran tamaño es usada como bocina. Orden *Mesogastropoda*, familia *Strombidae* (**Strombus gigas**).=*Guarrilla.*

guasa*, guaso (**jewfish**). Pez del orden *Perciformes*, familia *Serranidae*, de gran tamaño y boca amplia (**Promicrops itaiara**).

guasábaso (**sleeper**). Cuba: una especie de pez fluvial del orden *Perciformes* familia *Eleotridae* (**Guarina guarina**).

guasábalo (**toad**). Cuba: especie de anfibio anuro de la familia *Bufonidae* que vive en galerías que labran en la tierra (**Bufo empusus**). // Pez fluvial del orden *Cyprinodontiformes*, familia *Cyrpinodontidae* (**Fundulus grandis saguanus**).

guasasa* (**Midges**). Cuba: nombre aplicado a varias especies de moscas pequeñas de la familia *Chloropidae*, género *Hipelates.* En Puerto Rico la llaman *mime.*

guasca. Colombia: serpiente.

guasú birá (**brocket**). Una especie de corzuela sudamericana (**Mazama simplicornis**) de pequeño tamaño. V. *matacán.* // *g. picú*, es el ciervo de los pantanos (**Blastocerus dichotomus**), de la América del Sur. // *g. ti* o *ciervo de las pampas* (**Ozotocerus bezoarticus**).

guati (**thornbird**). Ave sudamericana de la familia *Furnariidae*, parecida a los horneros (**Phacellodomus rufifrons**).

guatíbere. Puerto Rico: pez marino, v. *guatívere.*

guatibirí. Puerto Rico: ave indígena. V. *pitirre.*

guatín. Roedor de Colombia. (Dicc.)

guatiní* (**Cuban trogon**). *Cuba: tocororo*, ave.

guatívere (**coney**). Cuba: pez marino del orden *Perciformes*, familia *Centropomidae* (**Cephalophis fulvus**). (Voz indígena.)

guatusa* (**paca**). El roedor llamado *paca.*

guau. México: tortuga de agua dulce muy mordedora. Familia *Emydae* (**Staurotypus triporcatus**).

guayabito* (**mouse**). Cuba: el ratón doméstico (**Mus musculus**).

guayacán (**fér de lance**). Venezuela: la serpiente venenosa de la familia *Crotalidae* conocida por *fér de lance* en Martinica (**Bothrops atrox**). También *Macagua* y *triga terciopelo.*

guayaba (**goose**). Argent.: especie de ganso (**Chloephaga melanoptera**).

guaymin (**yellow jack**). Puerto Rico: pez marino comestible, llamado también *cibí amarillo* (**Caranx bartholomaei**). (Voz indígena, H.A.)

guazú*, guazubirá*. Especie de corzo de la América meridional de pequeño tamaño.=*Guazutí*, q.v.

guazubirú (**deer**). Argentina: *venado.*

guazupuco (**march deer**). *Guazú picu, guasu picu* o ciervo de los pantános, que vive en Brasil, Uruguay, Paraguay y Argentina (**Blastocerus dichotomus**).

guazutí (**pampas deer**). *Guasú ti.* Ciervo pequeño sudamericano (desde Brasil hasta Patagonia) que vive en los llanos (**Blastocerus bezoarcticus**).

gubarte (**humpback whale**). Especie de ballena de la familia *Balaenopteridae* que está provista de aleta dorsal y lleva numerosas protuberancias en la cabeza y cara. Es la ballena que más desciende a las latitudes tropicales (**Megaptera novaengliae**). También se le llama **ballena jorobada.**

gubernáculo (**gubernaculum**). Estructura que gobierna una función. // Un cordón elástico que conecta el epidídimo con la pared del escroto. // El ligamento mesocárdico. // Un flagelo posterior en ciertos flagelados que actúa como timón. (Lat. **gubernaculum**, timón.) *Adj. gubernacular.*

gubernato. Ave del Brasil y Paraguay que produce un silbido penetrante.

guedeja* (**lion's mane**). Cabellera larga. // Melena de león. *Vedeja.*

güemol* (**guemul**). *Güemal.* Especie de ciervo de Chile y Perú del género *Hippocamelus.* Figura en el escudo de armas de Chile.

güenón (**guenon**). Mono común africano del género *Cercopithecus*, de rabo largo y coloración generalmente verdosa. Una especie ha sido introducida en Santa Lucía, Antillas Menores (**Cercopithecus aethiops**). (**Fr. guenon.**)

guepardo (**cheetah**). El mamífero carnívoro felino llamado *onza, leopardo de caza y chita*, q.v.

guereza (**guereza**). Uno de los monos africanos de la familia *Cercopithecidae*, llamados colectivamente colobos, con pelaje en el que contrastan el negro del cuerpo con los largos pelos blancos de los costados (**Colobus guereza**).

Guérin, A.F.M. Cirujano francés. Ver *glándula parauretral o de Skene.*

guezalé (**toucan**). Una especie grande de tucán de Colombia.

guías nectarios. Marcas en los pétalos de las flores que ayudan a los insectos a encontrar el néctar.

guiba. Pequeño antílope de cuernos largos y retorcidos y pelaje rayado de blanco que viven en el Africa, desde Abisinia hasta El Cabo.

guigo (masked titi monkey). Mono tití del Brasil (**Callicebus pasonatus**).

guigui. Mamífero roedor de Filipinas, del suborden *Sciuriformes*, parecido a las ardillas y con membrana o patagio entre los dos pares de extremidades, que le permite volplanear.

güimo (guinea pig). Nombre dado en Puerto Rico al curiel o *conejillo de Indias* (**Cavia porcellus**).

guincho* (osprey). Cuba y Puerto Rico: especie de gavilán de gran tamaño y hábitos pescadores. También *halcón pescador* (**Pandion haliaetus**). Aguila de mar.

güincho. Variante de *guincho*.

guinea*, guineo (Guinea hen). Ave galliforme africana *Numida meleagris galeata*, de plumaje con motitas negras, que se ha domesticado y es notoria por su desagradable grito. (**Guinea**, región del Africa occiddental.)

guio (boa). Colombia: nombre aplicado a varias serpientes de la familia *Boidae*. V. *anaconda, boa.*

guión*. Ave delantera de las bandadas que van de paso (**De guía.**) // *g. de codornices*, ave europea del orden *Ciconiiformes*, familia *Rallidae* (**Crex crex**).

güiro (Guinea pig). Puerto Rico: ver *güimo*.

güira. Argentina: ave del orden *Cuculiformes* parecida al cuclillo (**Guira guira**).

guitarra (guitar fish). Pez condricto del orden *Rajiformes*, familia *Rhinobatidae* (**Rhinobatos percellens**).

girencéfalo (gyrencphale). Se dice del hemisferio cerebral en los mamíferos provisto de numerosas circunvoluciones, que son muy abundantes en los primates y en los cetáceos. (Gr. **gyros**, giro; **enkephalos**, el cerebro.) *Adj. gyrencefálico.*

gula* (gula). Un esclerito ventral de la cabeza de los insectos, situado entre las genas. // La parte superior de la garganta. // Placa en el peto de los quelonios. // Placa mediana entre las ramas mandíbulares de los peces crosopterigios. (Lat. **gula**, garganta.) *Adj. gular.*

gulamento (gulamentum). Pieza formada por la fusión de la gula y el submentón en los insectos. (Lat. **gula**, garganta; **mentum**, barbilla.)

gulloria (lark). V. *alondra*.

gundis (gundis). Roedor africano aparentemente relacionado con los octodóntidos sudamericanos. Familia *Ctenodactylidae*. Ej. *Ctenodactylus gundi*, de Argelia a Libia.

gunelio. Un pez teleósteo de la familia de los *Blénidos* de cuerpo muy alargado, que habita en los mares fríos de Europa. (Dicc.)

gunga. Nombre africano del antílope llamado también elande, q.v. (**Taurotragus oryx derbyanus.**)

gupi (guppy). Pececillo tropical de agua dulce del orden *Cyprinodontiformes* (**Lebistes reticulatus**) devorador de larvas de mosquitos, que se emplea en la erradicación de dichos insectos, así como para decorar fuentes y peceras. (**Guppy**, zoológo inglés.)

gura* (goura). Paloma de gran tamaño y color azul de la región de Filipinas y Malasia. // *g. Victoria*, paloma del tamaño de la gallina que ostenta una cresta de finas plumas en la cabeza.

guramí (gourami). Se aplica a varios peces de vivos colores de los ríos del Asia sudoriental criados en acuarios caseros. Géneros *Colisa, Trichogaster* y *Trichopsis.*

gurgulio (gurgulio). V. *úvula*.

gurrí (guan). Especie de ave gallinácea de Colombia del género *Penelope*.

gurullón (crane). Colombia: una especie de grulla.

Gurwitsh. Efecto debido a las radiaciones emitidas por ciertos organismos vivos y su captación por otros, que funcionan como detectores.

gusano* (worm). Cualquier animal del grupo de los vermes. // Cualquier invertebrado de cuerpo blando, cilíndrico y alargado. (Lat. **cossanus.**) *Adj. gusanoso*, gusaniento.* // *g. gigante*, nombre dado por algunos al anélido poliqueto de gran tamaño (**Eunice gigantes**). // *g. anillados*, ver los vocablos *lombriz de tierra* y *Anellida*. // *g. cavitarios*, nombre aplicado también a los vermes nematodos, rotíferos, nematomorfos y gastrótricos por tener una cavidad en el cuerpo o seudoceloma. // *g. cilíndricos*, v. *vermes cilíndricos* y, en especial, *Nematoda*. // *g. de luz*, v. larva luminosa de las luciérnagas, insectos de la familia *Lampyridae*. // *g. de Medina*, es el Dranculus medinensis o lombriz de Guinea, nematodo cuyo adulto se desarrolla bajo la piel humana. // *g. de seda*, el estado larval de las mariposas *Bombyx mori*, que proporciona los hilos de seda del comercio. // *g. oligómeros*, nombre empleado por Butchli y Krumbach a los vermes en un tiempo llamados *Moluscoideos*, es decir, los briozoos, foronídeos, al menos durante una fase de la vida larvaria. // *g. parenquimatosos*, nombre aplicado a los vermes platelmintos por su condición de tener los órganos internos incluidos en una masa de tejido parenquimatoso conjuntivo. // *g. planos*, v. *vermes planos* o fílum *Platyhelminthes*. // *g. rojo*, se aplica a varias especies del fílum *Annelida*, clase *Oligochaeta*. // *g. saetero*, una especie cualquiera del fílum *Chaetognata*.

gusarapo* (wriggler). Nombre aplicado a ciertos animalillos vermiformes acuáticos y, en especial, a las larvas de los mosquitos.)

gustatorreceptores. V. *gusto*. Palabra mal escogida.

gusto* (taste). Sentido del gusto. *Adj. gustativo*, gustatorio, gustoso*.*

gutado (guttate). Ver *goteado*. (Lat. **gutta**, gota.)

gutiforme (guttiform). En forma de gota. (Lat. **gutta**, gota;+**forma.**)

gútula (gutula). Una gotilla. // Una mancha en forma de gota pequeña. (Lat. **guttula**, gotilla.) *Adj. gutulado, gutuloso.*

gutural* (guttural). Lo perteneciente a la garganta. (Lat. **guttur**, la garganta.)

gustorreceptor (gustoreceptor). Receptor del gusto, que en los vertebrados constituyen las papilas gustativas, pero en los invertebrados se encuentran en estructuras muy diversas, como las patas anteriores de las langostas y mariposas. (Lat. **gustare**, saborear; **receptio**, recepción, recibir.)

guyata (Andean goose). Perú, Chile, Bolivia, Argentina: ave anseriformes que pertenece a la familia *Anatidae*, grupo de las *Avutardas* (**Chloephaga melanoptera**). En Chile la nombran *cauquén*.

gusarrapa. V. *gusarapo*.

Gymnoblastea. Suborden de *Hydroidea*, también conocido como *Anthomedusae*, q.v. (Gr. **gymnos**, desnudo; **blastos**, formación.)

Gymnocerata. Un suborden de insectos hemípteros caracterizado por las antenas largas, visibles desde arriba, que generalmente tienen 4 artejos. La mayoría es terrestre y de agua dulce. (Gr. **gymnos**, desnudo; **keros**, cuerno.)

Gymnodinida. Una subdivisión de los flagelados del orden *Dinoflagelata*. (Gr. **gymnos**, desnudo; **deinos**, feroz.)

Gymnodontes. Un suborden de peces óseos (=Tetraodontoidea) en el orden de los *Tetraodontiformes* o *Plectognatos*. (Gr. **gymnos**, desnudo; **odous**, diente.)

Gymnoglossa. Un grupo de moluscos gasterópodos desprovistos de rádula (**Eulimidae** y **Pyramidellidae**). (Gr. **gymnos**, desnudo; **glossa**, lengua.)

Gymnolaemata. Una clase de *Bryozoa* caracterizada por el lofóforo circular, sin labio o epistoma, zoecios complejos y hábitos principalmente marinos. Incluye la mayoría de las especies de briozoos vivientes. (Gr. **gymnos**, descubierto; **laimos**, garganta.)

Gymnomera. Un pequeño suborden de crustáceos del orden *Cladocera* sin conchas. (Gr. **gymnos**, desnudo; **meros**, parte.)

Gymnophiona. Un orden de anfibios. V. *Apoda*. (Gr. **gymnos**, desnudo; **ophys**, ofidio.)

Gymnoptera. Término para incluir todos los insectos provistos de alas membranosas. (Gr. **gymnos**, desnudo; **pteron**, ala.)

Gymnosoma. Una división en los moluscos opistobranquios del orden *Pteropoda*, en los que la concha está ausente o muy reducida. (Gr. **gymnos**, desnudo; **soma**, cuerpo.)

Gymnosporidia. V. *Hemosporidia*.

Gymnostomatida. Un orden de cilióforos holotricos desprovistos de cilios adorales. (Gr. **gymnos**, desnudo; **stoma**, abertura o boca.)

gyr- (gyr-). (Del gr. **gyros**, redondo, un círculo.)

Gyrocotilida. Un orden que abarca los cestodos de la subclase *Cestodaria* provistos de una ventosa anterior en forma de copilla y de un órgano posterior de fijación en forma de rosita. (Gr. **gyros**, redondo; **kotyle**, en forma de copa.)

gyrus (gyrus). Una circumvolución cerebral. // Un *giro*. (Lat. **gyrus**, redondo.)

gyttja (gyttja). Nombre escandinavo, con el que se designa la materia orgánica descompuesta que se forma en el fondo de ciertos lagos, procedente de excretas y de pequeños organismos. Equivale al humus o mantillo formado en los suelos.

H

habena (habena). Pedúnculo de la glándula pineal. (Lat. **habena**, rienda, correa, banda, tira.) *Adj.* ***habenal.***

habénula (habenula). Nombre aplicado a ciertas estructuras que tienen forma de rienda o freno. // Estructura en el caracol del oído interno. // Area en el lado dorsomediano del *balano*. (Lat. **habenula**, dim. de **habena**, rienda.) *Adj.* ***habenular.***

haberio*. Conjunto de animales domésticos. (De **haber**.)

habitable* (inhabitable). Un lugar capaz de ser habitado. Es equivalente al concepto de *hábitat, residencia ecológica* o *habitación*.

habitación* (habitat). El lugar en donde habita un animal, o se encuentra una especie. V. *residencia ecológica, hábitat; habitable*. (Lat. **habitatio**).

habitáculo*. El habitáculo de Elton es el *nicho* o *nicho ecológico*; es decir, el conjunto de relaciones que muestra cada especie con el ambiente físico y biótico. // Estructura protectriz fabricada por ciertos animales, como los estuches de los tricópteros. // También se da este nombre al *hábitat* o *habitación*. (Lat. **habitáculo**, habitación pequeña.)

hábitat* (habitat). Vocablo usado originalmente en las descripciones para expresar que una especie habita un determinado lugar. Ej. hábitat, América del Sur. (Del lat. **habitak** del verbo latino **habitare**; es decir, él habita.) // Se emplea también para expresar la habitación ecológica o lugar donde vive una especie. (Apócope de la voz latina *habitatio*, habitación.) V. *habitación* y *habitáculo*.

hábito* (habit). Una respuesta generalmente determinada por experiencias previas del individuo. // Un reflejo condicionado. // Un acto que se ha hecho automático por repetición. // Por disposición. // Conformación externa del cuerpo. (Lat. **habitus**, apariencia, condición.) // ***h. nupcial***, v. *librea nupcial*.

habituación* (habituation). La acción y efecto de habituarse. Adaptación gradual a un estímulo o a un hábito. // Cuando los estímulos se repiten, el organismo se habitúa y los estímulos sucesivos originan respuestas más lentas.

HAC (ACH). Siglas de la hormona cortico-adrenal.

haca*. (jennet). V. *jaca* (Ingl. **hack**.)

hacamari (spectacle bear). El oso de anteojo de los Andes. (Voz quechua.)

haces intersegmentarios. Fibras musculares adyacentes unidas a las vértebras de los anfibios.

HACT (ACTH). V. *hormona adrenocorticotrófica*.

hachudo (anchovy). Cuba: pez marino del orden *Clupeiformes*, familia **Engraulidae** (**Anchoa clupeiodes**).

HAD (ADH). Siglas de la *hormona antidiurética* o *vasopresina*.

hadal (hadal). Zona marina a profundidades mayores de 6,000 metros. Zona ultrabisal. (Gr. **Hades**, el mundo inferior.)

Hadromerina. Un orden de esponjas tetractinélidas, de espículas grandes dispuestas en grupos radiales y sin espongina. También se llama *Astromonaxonellida*. (Gr. **hadros**, grueso; **meros**, parte.)

Hadzi, J. Uno de los sostenedores de la teoría del origen de los metazoos basada en la semejanza de los platelmintos primitivos con los ciliados multinucleares.

Haeckel, Ernest Heinrich. Zoólogo alemán. En 1864 publicó un primer intento de modificar las clasificaciones introduciendo conceptos filogenéticos. En 1887 estableció el concepto de la simetría en la clasificación. En 1866 propuso la hipótesis de que el núcleo trasmitía los caracteres hereditarios. En 1874 propuso la teoría de la *gastrea* que considera que el metazoo ancestral debió ser similar a la gástrula de los animales actuales. (1834-1919).

Haemococcida. V. *Haemosporidia*.

Haemosporidia. Un orden de esporozoos telosporidios, parásitos en la sangre de vertebrados en la fase esquizogonia y en invertebrados en la esporogonia. Tienen cigoto movible que produce esporozoitos. (Gr. **haima**, sangre; **sporos**, espora; **idion**, diminutivo.)

haje (viper). El áspid de Egipto (**Naja haje**).

halabé (halabe). Araña hiladora de gran tamaño que vive en la isla de Madagascar. Familia *Argiopidae*, género *Nephila*.

hal (hal). (Del gr. **hals**, **halos**, sal; **halmiros**, salobre; **hale**, el mar.)

hálara. Telilla interior del huevo de las aves. (Arab. **halhala**, **telasubill.**)

halcón* (falcon). Nombre aplicado a varias aves rapaces falconiformes empleadas antiguamente en cetrería. *Falcón*. (Lat. **falco**.) // ***h. gentil****, v. *neblí*.

halconcito (pigeon hawk). Ave del orden *Falconiformes* de tamaño pequeño que caza palomas (**Falco columbarius**).

halconería (falconry).=Cetrería.

Halcyonellidea. Una superfamilia de briozoos, también llamados *Alcyonidoides* o *Acyonellines*, q.v.

Haldane, J.B.S. Bioquímico inglés. Enunció (1933) la hipótesis de que la vida fue generada de la materia no viviente bajo condiciones que existieron primitivamente y que desde entonces no han sido duplicadas. Los primeros organismos debieron ser heterótrofos y no autótrofos. V. *Urey* and *Miller*.

Haldane, J.S. Fisiólogo inglés, mostró en 1905 (en colaboración con J.G. Priestly) que la concentración del bióxido de carbono en la sangre es el principal regulador del ritmo respiratorio. (1860-1936)

Halecomorphi. Un orden de peces óseos, ahora llamados *Amiiformes.* (Lat. **halec,** arenque; gr. **morphe,** forma.)

Halecóstomos. Peces teleósteos que vivieron desde el Triásico al Cretáceo. (Lat. **halec,** un arenque; gr. **stoma,** boca.)

haleche* **(anchory).** V. *anchoa* y *boquerón.* (Lat. **halex.**)

Hales, Stephen. Médico inglés, el primero en medir la presión arterial. (1677-1761)

hálibut (halibut). *Hipogloso.* Vocablo inglés, con el que se designa un grupo de peces planos o lenguados de los que se extrae un aceite rico en vitaminas A y D.

Halichondrina. Un orden de esponjas hexactinélidas monaxónidas de espículas grandes provistas de 1-2 radios. Con espongina. (Gr. **hals, halos,** el mar; **chondros,** cartílago.)

halibentos. V. *halobentos.*

hálico (halic). Lo que concierne a las comunidades salinas. (Gr. **hals,** el mar.)

halícola (halocolous). Organismo que vive principalmente en ambientes muy salinos, pero puede vivir en agua dulce. (Gr. **hals, halos,** sal; **-icola,** habitante.)

halieto* **(fish hawk).** *Aguila marina,* ave que se alimenta de peces. V. *guincho.* (Gr. **hals, halos,** el mar; **aëtos,** un águila.)

haliéutico*. Lo relativo a la pesca. (Gr. **hals, hale,** el mar; **eutychys,** próspero.)

halinidad (halinity). Un término usado en vez de *clorinidad,* para expresar la salinidad de las aguas, porque los iones halógenos (cloruro, bromuro y ioduro) constituyen el 55% de los sólidos disueltos. (Gr. **hal,** sal.)

halino (haline). Perteneciente o relativo al mar o a la sal. (Gr. **hale,** el mar.)

haliotiviolina. Uno de los bilicromos de la concha de los moluscos del género *Haliotis.*

haliplancton. V. *haloplancton.*

halistéresis (halisteresis). Deficiencia de sales minerales en ciertos órganos, como los huesos. (Gr. **hals,** sal; **hysteros,** retardado.)

hálito* **(halitus).** La expiración del aire. (Lat. **halo,** respirar.)

halitosis (halitosis). Aliento de olor ofensivo. *Bromopnea.* (Lat. **halitus,** un hálito.)

halmirobiocenosis (halmirobiocoenosis). Conjunto de asociaciones de animales y vegetales que habita las aguas salobres. (Gr. **almiros,** salobre.)

halo* **(halo).** Mancha circular, generalmente pálida. (Gr. **halos,** círculo o corona alrededor del Sol o la Luna.)

halo- (halo-). (Del gr. **hals, halo,** sal.)

halobentos (halobenthos). El bentos marino. V. *bentos.* (Gr. **halos,** sal; **benthos,** profundidad marina.)

halobio (halobius). Organismo que vive en aguas saladas. (Gr. **hals,** mar, sal; **bios,** vida.)

halobionte Organismo estenohalino que vive solamente en las aguas de elevado contenido salino. (Gr. **hals,** sal; **bios,** vida; **ontos,** un ser.)

halobíos (halobios). La vida en las aguas marinas. (Gr. **hals, hale,** el mar; **bios,** la vida.)

halocampoides (halokampoides). Estado larval en *Anthozoa* en el que se fija y completa el estado de pólipo. (Gr. **hals,** mar; **kampos,** un animal marino; neolat. **-oides,** parecido.)

halócole (halocole). V. *halícola.*

halófilo* **(halophilous).** Dícese de los animales que habitan preferentemente los lugares salados y salobres. (Gr. **hals,** el mar; **philos,** amigo.) Adj. ***halofílico.***

halófobo (halophobic). Aplícase a las especies que muestran repulsión a las aguas salobres, como los anfibios. (Gr. **halos,** sal; **phobos,** horror.)

halolímnico (halolimnic). Se dice del organismo, originalmente marino, adaptado secundariamente a las aguas dulces. (Gr. **hals,** sal; **limme,** lago.)

halómetro (halometer). *Eritrocitómetro,* q.v.

haloneuston (haloneuston). El *neuston,* de agua salada. (Gr. **hals,** sal;+**neuston,** q.v.)

haloplancton (haloplankton). El plancton de las aguas saladas (Gr. **hals,** sal: + **sauros;** lat. **forma.**)

halóxeno (haloxene). V. *halófobo.* (Gr. **halos,** sal; **xenos,** extranjero.)

Halosauriformes. Un orden que comprende peces abisales anguiliformes fisoclistos provistos de aletas ventrales abdominales. (Gr. **hals,** sal;+ **sauros;** lat. **forma.**)

halterio (halteres). Ala posterior modificada en los insectos dípteros a la manera de balancín, para mantener el equilibrio durante el vuelo. (Gr. **halteres,** balancín o contrapeso usado en los ejercicios gimnásticos.)

háluz (hallux). *Hálux, háluce, halus.* El dedo 1 de los pies posteriores de las extremidades pendáctilas, a menudo más corto que los restantes. (Neolat. **hallux,** el dedo grueso de los pies.)

Hall, M. Describió (1833) su concepto del acto reflejo.

hallacromo (hallachrome). Un pigmento rojo hallado en la piel de anélidos del género *Halla.*

Haller, Albrecht. Uno de los grandes universalistas, quien estudió la irritabilidad y sensibilidad de los tejidos y órganos y relacionó esos fenómenos con el sistema nervioso. (1708-1777)

Hamm, Luding. Biólogo holandés. El primero en observar los espermatozoides en 1677.

hamadría*, hamadríada* **(hamadryas).** Especie de mono cinocéfalo de Egipto **(Papio hamadryas).** (Gr. **hamadryas,** nombre de una ninfa del bosque.)

hamato (hamate). En forma de anzuelo o garfio. También *hamoso* y *hamuloso.* // Hueso del carpo llamado también *unciforme.* (Lat. **hamatus,** der. de **hamus,** garfio, anzuelo.)

hambre* **(hungry).** Sensación producida por estímulos de los receptores viscerales regulada por un centro en el *hipotálamo.*

hamirrostre (hamirostrate). Que tiene el pico ganchudo, como los buitres. (Lat. **hamus,** garfio; **rostrum,** pico.)

hámago (beebread). Substancia alimenticia elaborada por las abejas a base de polen y néctar con la que nutren las ninfas.

hammock (hammock). Nombre que se da en la península de la Florida, Estados Unidos, a un área de suelos maduros que ha tenido alguna protección de los fuegos, permitiendo así el desarrollo de una comunidad climácica. (Sp. **hamaca,** de origen indígena.)

hámster (hamster). Nombre que se aplica a varios roedores cricétidos, entre los cuales el *hamster dorado* se emplea en laboratorios biológicos. Familia *Cricetidae* **(Cricetus cricetus).**

hamo (hamus). *Hámulo,* garfio en el tercer segmento abdominal de los insectos colémbolos, que sujeta la fúrcula u órgano saltador. // Pequeño garfio que une entre sí las barbicelas de las plumas. // Proceso en forma de garfio pequeño en ciertos huesos, como el lagrimal, el hamato o unciforme, etc. // Parte encorvada del *uncus* en los lepidópteros. (Lat. **hamus,** ganchillo.) *Adj.* ***hamular, hamulado, hamuloso, hamoso, hamiforme, hamígero.***

hanuman (hanuman). Mono sagrado de los indúes. Primate de la superfamilia *Cercopithecoidea* **(Semnopithecus entellus). (Hind., el de la quijada.)**

hangul (hangul). El ciervo de Cachemira o *barasinga,* q.v. *Hanglu, hangue* o *honglu* son nombres de Cachemira; el nombre hindú es *Minyamar* **(Cervus hangul).**

Hanstrom, B. Descubrió (1935) los órganos X en los crustáceos, de naturaleza endocrina.

hapálido* **(hapalid).** Se dice de los simios neotropicales provistos de uñas de forma de garra en todos los dedos, con excepción del háluz del pie que tiene uñas planas. Tiene cola larga no prensil. Familia *Hapalidae.* Comprende los llamados "tities". (Del género Hapale.)

Hapaloidia. Un suborden de primates neotropicales que comprende los tities y sus aliados.

haplo- (haplo—. (Del griego, haploos, simple, único, con el que se indica una estructura más sencilla o de menor número de parte que la normal.)

haplo. V. *monosómico.*

haplocarion (haplokarion). Núcleo celular con un número simple de cromosomas. (Gr. haploos, simple; karion, núcleo.)

haplobionte (haplobiont). Organismo en el que la reducción cromosómica se realiza en el cigoto, como ocurre en algas, y en protozoos. // Organismo caracterizado por una sola clase de individuos. *Adj. haplobióntico.* (Gr. haploos, simple; bion, viviente.)

Haplobothrioidea. Un orden de platelmintos de la clase *Cestoda,* de botridios simples. (Gr. haplos, simple; bothrion; holluelo; neolat. -oides, parecido.)

haplócigos (haplozygous). Se dice de los genes de los organismos haploides. =*Hemicígos.* (Gr. haploos, zygo, yugo.)

haplocito (haplocyte). Una célula haploide. (Gr. haploos, simpe; kytos, célula.)

haplodiploide (haplo-diploid). Especie de organismo en los que el macho es haploide y la hembra diploide, como sucede en las abejas. (Gr. haploos, simple; diploos, doble; -eidos, forma.)

Haplodoci. Orden de peces óseos también llamado *Batrachoidiformes,* q.v.

haplodonto (haplodont). Se aplica a los dientes cónicos provistos de una sola cúspide, como los de los cocodrilos. (Gr. haploos, simple; odous, diente.)

haplofase (haplophase). La parte del ciclo vital de un organismo en la que las células reproductoras tienen el número haploide de cromosomas. (Gr. haploos, simple; phasis, aspecto.)

Haplogastra. Uno de los tres subórdenes de coleópteros, según Jeannel. (Gr. haploos, simple; gaster, abdomen.)

haploglobina (haploglobin). Una proteína del plasma. (Gr. haploos, simple;+globina.)

haploide (haploid). Número simple de cromosomas que solamente se halla en las células germinales maduras, y se indica por letra *n.* // Organismo que tiene las células somáticas con el número simple (n) de cromosomas.

haploma (haploma). Dotación cromosómica de un gameto. (Gr. haploos, simple; -omos, conjunto.)

haplometrosis (haplometrosis). V. *monometrosis.*

Haplomi. Un orden de peces óseos, hoy en día reunido con los isospondilos para formar el orden *Clupeidiformes,* q.v. (Gr. haploos, simple; homos, espalda.)

haplomitosis (haplomitosis). División celular en la que las cromospiras no forman cromosomas diferenciales. (Gr. haploos, simple; mitos, filamento.)

haplonte (haplont). Organismo en los que la reducción cromosómica es de tipo cigótico. (Gr. haploos, simple; ontos, ser.) *Adj. haplóntico.*

Haplopoda. Uno de los grupos en que se dividen los crustáceos cladóceros, de cuerpo alargado, con el cuerpo y las patas fuera de carapacho. Este se usa como cámara incubadora. (Gr. haploos, simple; pous, pies.)

haplopía (haplopia). Visión simple o normal, a diferencia de la doble o *diplopía.* (Gr. haploos, simple; ops, vista.)

haploptilo (haploptile). Plumón sin raquis, formado por desarrollo precoz de las barbas. (Gr. haploos, simple; ptilon, pluma.)

Haplosclerida. Orden de esponjas hexactinélidas, con espículas de dos radios, a veces ausentes. Algunas son de agua dulce (Spongilla). (Gr. haploos, simple; skleros, duro.)

haplosis (haplosis). La reducción de los cromosomas durante la meyosis. (Gr. haploos, simple.)

Haplosporidia. Un orden de esporozoos acnidosporidios, de esporos poco numerosos y pequeños en el quiste. (Gr. haploos, simple; sporos, espora; idion, dim.)

haplosporidio. V. *Haplosporidia.*

haplotipo (haplotype). Especie única de un género y, por lo tanto, el generitipo. Se prefiere monotipo, q.v. (Gr. haploos, simple; typos, patrón.)

hapt- (hapt-). (Del gr. hapto, haptum, unir, fijar, alcanzar, tocar.)

háptico (haptic). *Táctil.* (Gr. haptein, tocar.)

haptobentos (haptobenthos). Conjunto de organismos acuáticos que viven adheridos a un substrato. (Gr. hapto, unir, fijar; benthos, profundo.)

haptóforo (haptophore). Cualidades combinadas de una toxina, lisina, opsonina, precipitina o aglutinina. (Gr. hapto, unir; phoreys, un portador.)

haptomónada (haptomonad). Formas fijas en ciertos flagelados parásitos. Op. *nectomónada.* (Gr. hapto, fijar; monas, unidad.)

haptotaxia (haptotaxis). V. *tigmotaxia.*

haptotropismo (haptotropism).Tigmotropismo o movimiento debido al contacto. (Gr. haptos, tocar, tropos, vuelta.)

Hardy, G.H. Biólogo inglés. Simultáneamente con W. Weinberg, expuso la fórmula de la constancia génica de las poblaciones. (1877-1947)

Hardy, W.B. Microscopista inglés. Demostró conclusivamente (1899) que muchas de las estructuras mencionadas en el protoplasma eran debidas a las técnicas de fijación. (1864-1935)

harén* (harem). Un tipo de comportamiento social relacionado con la reproducción, que se aprecia en algunos mamíferos, como las focas y otarias, que establecen un determinado territorio, en donde los machos acorralan un cierto número de hembras. (Arab. harim, algo prohibido.)

harfango (hartgang). El búho de las nieves (Nyctea scandiaca), ave del orden *Strigiformes,* familia *Strigidae,* que vive en el norte de la región holártica.

harmosis (harmosis). Adaptación de un organismo como respuesta a un estímulo. (Gr. harmos, armonioso.)

harmozona (harmozone). Nombre otrora aplicado a una de las hormonas que regulan el crecimiento y la nutrición, en oposición a las llamadas *chalonas.* (Gr. harmozein, arreglar.)

Harpacticoida. Un orden de crustáceos copépodos de cuerpo escasamente estrechado entre los segmentos correspondientes al 4° y 5° par de patas y con antenas birrámeas. Son de aguas marinas, salobres y dulces.

harpactófago (harpactophagous). Depredador. // Que se alimenta de carnes. (Gr. harpakter, un ladrón.)

harpago (harpago). Cada una de las ramas del pequeño par de fórceps del extremo posterior del abdomen en algunos insectos, como los mosquitos. (Gr. harpage, un garfio para sujetar.)

harpe (harpes). Proceso quitinoso situado entre los fórceps de los mosquitos. // El fórceps de los lepidópteros. (Gr. harpe, hoz.)

harpía* (harpy). Ave de rapiña neotropical, especie de águila de gran tamaño, del orden *Falconiformes,* familia *Accipitridae.* Ataca los monos y los venados (Harpia harpya.) También *arpía**. (Gr. harpe, ave de rapiña).

Harrison, Ross Granville. Zoólogo norteamericano, pionero en el cultivo de los tejidos, regeneración nerviosa, etc. (1870-1959)

Harvey, William. Médico y fisiólogo inglés. En 1651 enunció su aforismo "Omne vivum ex ovo." En 1616 demostró la existencia de la circulación sanguínea y estableció la fisiología experimental sobre métodos lógicos (1518-1657)

hastado (hastate). Aplícase a estructuras en forma de lanza o alabarda. (Lat. hastatus, relativo a la lanza.)

hato* (herd). Rebaño de ganado doméstico. // Sitio donde paran los pastores con su ganado. (Gótico, fat, paquete.)

Hatscheck, V. Zoólogo austriaco, descubridor de la *fosita* y del *surco* llamados *de Hatscheck,* remanentes de un nefridio preoral en los cefalocordios.

haustelo (haustellum). Dilatación terminal del aparato lamedor y chupador de ciertos insectos dípteros, como las moscas. (Neolat. haustellum, una bomba; del lat. haurio, absorber.) *Adj. haustelado.*

haustro (haustra). Cualquiera de las bolsas del colon formadas por fibras musculares situadas a 1-2 cms. de distancia. (Neolat. haustrum, una bomba.)

Havers, Clompton. Anatomista inglés. V. canales de Haver's, sistema de Havers y vellos sinoviales. (1650-1702)

haversianos (Harversian canals). Se dice de los canales que atraviesan la matriz de los huesos y llevan los vasos sanguíneos y los nervios.

havo*. *Panal.*

haz* (bundle). Fascículo o hacecillo constituido por estructuras alargadas, como los músculos y los nervios. (Lat. fascis, el manojo.) V. *fascículo.*

Hb. Abreviatura de hemoglobina. // *HbO_2*, oxihemoglobina.

HCH (HGH). Siglas de la *hormona del crecimiento humano* o *somatotrófica.*

HD-H (DHH). Siglas de la *Hormona D-hipotalámica.*

heautotipo. V. *autotipo.*

hecatomérica (hecatomeric). Se dice de la fibra nerviosa que conecta los lados de la médula espinal. (Gr. kekate, que tira lejos; meros, una parte.)

heces (feces). Excrementos. Residuos indigeridos o no absorbidos por el intestino. (Lat. faeces.) // *h. fecales*, deyección, excremento.

HECI (ICEH). Siglas de la hormona estimulante de las células intersticiales, segregada por la adenohipófisis.

hectocótilo (hectocotylus). Brazo modificado de ciertos cefalópodos que a veces se desprende y que sirve para transportar la esperma a la hembra. Fueron confundidos con vermes. (Gr. hekto, cien; kotyle, copa.)

Hederelloidea. Un suborden de briozoos fósiles del orden *Cyclostomata.*

hedrioblasto (hedrioblast). V. *medusoide.*

Hegetoheria. Un suborden de pequeños mamíferos fósiles notoungulados. (Gr. hegetor, conductor, therion bestia.)

Heidelberg. Hombre del Pleistoceno medio, cuyos restos fueron hallados en Mauer, cerca de Heidelberg, Alemania, asociados con huesos de caballos, rinocerontes y elefantes extintos. Mandíbula sin mentón con la rama ascendente muy ancha. Dientes robustos. Sin utensilios asociados.

Heinroth, O. Describió la impresión (imprinting) como un tipo de conducta (1910).

hekiostotermo (hekiostoterm). Organismo viviente en lugares fríos, más allá del límite de los árboles. (Gr. ekei, más allá; therme, calor.)

helcoide (helcoid). Que se parece a una úlcera. (Gr. helkos, una herida o úlcera.)

helcoma (helcoma). *Ulcera.*

helcotropismo (helcotropism). Tendencia a responder al estímulo de la gravedad. Geotropismo es más empleado. // La atracción compulsoria entre las plantas. (Gr. helko, atraer; trepein, volver.)

heleoplancton (heleoplankton). El plancton de los pantanos y de otros depósitos de agua dulce de poca profundidad. (Gr. helos, heleo, pantano.)

helicado (helical). Provisto de estructuras helicoidales. (Lat. helix, hélice.)

hélice* (helix). Pliegue del borde de la oreja humana. // Caracol gasterópodo de concha espiral. (Lat. helix, espiral.) // *Adjs. heliciforme*, helicoide*, helicoidal*.*

helicina (helicine). Espiral. // Muscílago de los caracoles. (Gr. helix, espiral.)

helicocono (helicocone). El tubo espiral que, ensanchado distalmente, forma la concha de la mayoría de las conchas de los gasterópodos. (Gr. helix, hélice; konos, cono.)

Helicoplacoidea. Un orden de equinodermos pelmatozoos fósiles del período Cambriano inferior, que tiene el cáliz fusiforme, plegado espiralmente, sin tallo ni brazos y con los polos oral y aboral en extremidades opuestas. Aparentemente son los equinodermos más antiguos. (Gr. helix, hélice; plakos, placa.)

helicoproteína. Una hemoproteína del color rojo encontrada originalmente en los moluscos del género *Helix*, y más tarde en otras especies de moluscos y en algunos camarones. (Gr. helix, hélice + proteína.)

helicorrubina (helicorrubina). Un pigmento de color rojo hallado en el intestino de algunos gasterópodos pulmonados. (Lat. helix, espiral; ruber, rojo.)

Helicosporida. Un orden de esporozoos acnidosporidios que tienen esporas en forma de barril con un filamento espiral y que parasitan artrópodos. (Gr. helicos, espiral; sporos, espora; -idion, dim.)

helicotrema (helicotrema). Paso que comunica las ramas vestibular y timpánica del caracol del oído interno de los mamíferos. (Gr. helix, caracol; trema, abertura.)

helio- (helio-). (Del gr. helios, el Sol.)

heliófilo (heliophyll). Organismo que requiere sol. V. *fotófilo.* (Gr. helios, sol; philos, amigo.)

Helioflagellata. Un orden poco numeroso de *Sarcodina* cuyas especies poseen uno o más flagelos además de los axópodos. (Gr. helios, como el sol; lat. flagellum, látigo.)

heliófobo (heliophobic). Organismo que rehuye de la luz solar. V. también *fotófobo.* (Gr. helios; sol; phobos, terror.)

heliosis = Insolación.

heliotaxia (heliotaxis). *Fototaxis*, respuesta a la luz solar. V. *fototaxis.*

heliotropismo* (heliotropism). Movimiento de fluxión o cervatura inducido por la luz solar. (Gr. helios, sol; trope, un giro.)

Heliozoa. Un orden de protozoos sarcodinos de forma esférica, provistos de axópodios radiantes y, a veces, de espículas silíceas. (Gr. helios, el Sol;+zoon.) También *Heliozoida.*

heliozoario. (heliozoa). *Heliozoo.* Un miembro del orden *Heliozoa.*

helix (helix). Una espiral. // Un caracol. // El reborde del oído externo. V. *hélice.*

Helmoholtz, Herman von. Físico alemán. Determinó el ritmo del impulso nervioso y formuló la ley de la conservación de la energía. (1821-1894)

helmint (helminth). (Del gr. helmis, helminthos, un gusano.) Se usa especialmente para designar los vermes parásitos.

Helminthes. Nombre obsoleto que incluía todos los grupos de animales vermiformes. (Gr. helmis, verme.)

helmintiasis* (helmintiasis). Enfermedad causada por vermes parásitos. (Gr. helmis, helminthos, un verme; -iasis, condución.)

Helmintidios. Nombre obsoleto.=*Vermidios.*

helminto* (helminth). Nombre colectivo de los parásitos, especialmente intestinales, como la tenia y el áscaris. (Gr. helminthes, gusano.) *Adj. helmíntico*, helmintoideo.*

helmintología* (helminthology). Rama de la zoología que estudia los vermes, especialmente los parásitos. (Gr. helminthes, gusano; +logos.)

Helmintohomorpha. Un superorden de diplópodos quilognatos (=Eugnata=Proterandia). (Gr. helminthes, vermes.) Compárese con *Nematomorpha.*

helobio (helobious). Que vive en los pantanos.*Paludicola.*

helodermo. (Heloderma). Grupo de saurios del sur de los Estados Unidos y de la América Central, de cuerpo y rabo robusto, escamas abultadas, lengua extensible y glándulas venenosas que se abren en la encía externa del labio inferior. Se les conoce como *"Gila Monster"* en los E.U. y *escorpión* y *garrobo* en la América Central. Son los únicos lagartos venenosos que se conocen (Heloderma suspectum).

helopiteco. Se aplica a los mamíferos de cola prensil. (Gr. **helis,** algo retorcido; **pithecus,** mono.)

helotismo (helotism). Un tipo de simbiosis en la que uno de los simbiontes actúa como esclavista. (Gr. **heilotes,** esclavo griego de Helos.)

Helriegel, H. Descubridor del ciclo del nitrógeno a través de plantas y animales.

hem (heme). V. *heme.*

HEM (MSH). Siglas de la hormona *melanocitoestimulante.*

hem- (haerno-). (Del gr. **haima, haimatos,** sangre. Por extensión, el color rojo.)

hemacito (haemocyte). Un corpúsculo sanguíneo.

hemacitómetro (hemacytometer). Un instrumento que permite el cómputo de los varios tipos de células rojas y blancas de la sangre. (Gr. **haima,** sangre; **metron,** medida.)

hemacrimo*. Dícese de los animales que tienen sangre fría, o sea, de temperatura casi igual a la del ambiente. (Gr. **haima,** sangre; **krymos,** frío.)

hemacromo (hemachrome). V. *hematina.*

hemadeno (hemader). V. Glándula de secreción interna. (Gr. **haima,** sangre; **aden, adens,** una glándula.)

hemal (hemal). Lo relativo a la sangre o al aparato circulatorio. // Estructura relacionada o cercana a la aorta dorsal de los vertebrados. V. *costillas hemales.* (Gr. **haima,** sangre.) V. *arco hemal.*

hemamiba (haemamoeba). Protozoo con trofozoito amiboide, parásito en un eritrocito. // V. *leucocito.* (Gr. **haima,** sangre;+**amiba.**)

hemangioblasto (haemangioblast). V. *islotes sanguíneos.*

hemapófisis (haemapophysis). Prolongación ventral de los arcos hemales o basiventrales de los vertebrados. (Gr. **haima,** sangre; **apophysis,** excrecencia.)

hemaspina (haemaspine). La espina hemal o inferior de las vértebras en los peces. (Gr. **haima,**sangre; lat. **spina.**)

hemateína (haematein). Substancia que colorea de pardo la sangre de algunos invertebrados. (Gr. **haima,** sangre.)

hematermo (haematothermal). Que tiene sangre caliente. (Gr. **haima,** sangre; **thermos,** caliente.)

hematíe* (haematid). Glóbulo rojo de la *sangre* o *eritrocito.* (Gr. **haima,** sangre.)

hemático (haematal). Perteneciente a la sangre o al sistema vascular. (Gr. **haima,** sangre.)

hemátide (haematid) = *Hemátido.* Un *eritrocito o hematíe.*

hematímetro (hematimeter). V. *hematocitómetro.*

hematina (hematin). *Heme,* el pigmento de la hemoglobina. (Gr. **haima,** sangre.)

hematobio (haematobic). Organismo que vive en la sangre. (Gr. **haima,** sangre; **bios,** vida.)

hemato (hemato). V. hemo.

hematoblasto (hematoblast). Célula que origina los eritrocitos. (Gr. **haima,** sangre; **blastos,** brote.)

hematocianina (hematocyanin). V. *hemocianina.*

hematocele (hematocele). Tumor producido por infusión de sangre en una cavidad, como en la túnica vaginalis de los testículos. (Gr. **haima,** sangre; **kele,** tumor.)

hematocianina (haematocyanin). V. *hemocianina.*

hematocito (hematocyte). Una célula sanguínea. (Gr. **haima,** sangre; **kytos,** célula.)

hematocitómetro (hemocytometer). Un dispositivo para contar los diferentes corpúsculos sanguíneos. (Gr. **haima,** sangre; **kytos,** célula; **metron,** una medida.)

hematocitozoo (haematocytozoon). Se dice del parásito que vive en los corpúsculos sanguíneos. (Gr. **haima,** sangre; **kytos,** célula; **zoon,** animal.)

hematocoriónico (haematochorionic). Se dice de la placenta en la que el epitelio, el tejido conectivo y los capilares del útero se rompen de manera que la sangre maternal circula en lagunas alrededor de los capilares del feto. (Gr. **haima,** sangre; **chorion,** el corion.)

hematocrial (hematocryal). De sangre fría. V. *poicilotermo.* (Gr. **haima,** sangre; **kyros,** frío.)

hematócrito (hematocrit). Instrumento para la determinación del volumen de los corpúsculos sanguíneos por centrifugación. (Gr. **haima,** sangre; **krinein,** separar.)

hematocromo (hematochrome). Se aplica a diversos pigmentos carotenoides hallados en algas y protistos. (Gr. **haima,** sangre; **kroma,** color.)

hematodoco (haematodocha). Cojinete fibroso situado en el fondo del alvéolo, en donde se apoya el bulbo copulador de los machos de las arañas. (Gr. **haima,** sangre; **dokos,** viga.)

hematófago (haematophagous). Que se alimenta de sangre, como los mosquitos, las sanguijuelas y los murciélagos. (Gr. **haima,** sangre; **phago,** comer.)

hematofilia. V. *hemofilia.*

hemotogénesis (hematogenesis). V. *hematopoyesis.*

hematógeno (hematogenous). Originado en la sangre. (Gr. **haima,** sangre; **geno,** descendencia.)

hematoglobina. V. *hemoglobina.*

hematoidina (haematoidin). Un derivado de la hemoglobina libre de hierro.

hematólisis (haematolysis). V. *hemólisis.*

hematología (hematology). La ciencia que trata del estudio de la sangre. (Gr. **haimatos,** sangre; **logos,** discurso.)

hematoma* (hematome). Tumor de sangre producido por una contusión. (Gr. **haima,** sangre; **oma,** sufijo que indica tumor.)

hematómetro. V. *hematocitómetro.*

hematoporfirina (haematoporphyrin). Un derivado del grupo *heme* sin hierro, producto de la descomposición de la hemoglobina.

hematopoyesis* (hematopoiesis). Formación de los elementos figurados o glóbulos de la sangre. (Gr. **haimatos,** sangre; **poeisis,** producción.) *Adj.* **hematopoyético*.**

hematopsis (hematopsia). Hemorragia ocular.

hematosis* (hematosis). Transformación de la sangre venosa en arterial u oxigenada. // La formación de la sangre. (Gr. **haimatos,** sangre; **-osis,** condición.)

hematosporidios.=*Hemosporidios.*

hematotalasia (red tide). Color rojizo de las aguas marinas por desarrollo excesivo de ciertos dinoflagelados. V. *marea roja.* (Gr. **haima,** sangre; **thalassa,** el mar.)

hematotérmico (hematothermal). *Hemotermo.* De sangre caliente. V. *homeotérmico.*

hematoxilina* (haematoxylin). Un colorante de color rojizo extraído del árbol *Haematoxylon campechensis* empleado en preparaciones histológicas. (Gr. **haima,** sangre; **xilon,** madera.)

hematozoario* (hematozoo). Nombre previamente aplicado a los protozoos esporozoarios parásitos en la sangre, como *Plasmodium.* (Gr. **haimados,** sangre; **zoon,** animal.)

hematuria* (hematuria). Presencia de sangre en la orina. (Gr. **haima,** sangre; **oura,** orina.)

hembra* (female). La acepción usual, animal del sexo femenino. (Lat. **femina.**) *Adj.* **hermbruno*.** //**h. amicticas,** son las que, en los rotíferos, después de haber sufrido una sola división madurativa producen huevos haploides con emisión de un solo glóbulo polar. // **h. micticas,** son las que, en los rotíferos, producen huevos haploides con emisión de glóbulos polares.

heme (heme). *Hem.* Una estructura molecular compleja (un anillo de porfirina) en donde el ion central es el hierro, capaz de sufrir repetidas oxidaciones y reducciones. Es la base de las *hemoglobinas,* las *mioglobinas* y los *citocromos.*

hemélitro (hemelytron). Ala anterior de ciertos insectos, como los heterópteros, que está endurecida solamente en la base V. *élitros.* (Gr. hemi, mitad; elytron, estuche.)

hemera (hemera). La época o tiempo en el cual se depositaron los estratos fosilíferos que constituyen las rocas sedimentarias. (Gr. hemera, día.)

hemeralopía (hemeralopia). Visión normal durante el día, pero incompleta durante la noche. (Gr. hemera, día: ops, el ojo.)

hemerecología (hemerecology). La ecología de los campos cultivados y, por extensión, de las áreas cultivadas por el hombre. (Gr. hemeros, cultivado;+ecología.)

hemeritrina (haemirythrin). Proteína respiratoria de ciertos vermes como los sipuncúlidos, los anélidos, etc. (Gr. haima, sangre; erythros, rojo.)

hemi- (hemi-). (Del gr. hemi, medio, mitad, casi, imperfecto.)

hemiácigos (hemiazygous). Remanente de la vena ácigos izquierda, que se une a la vena ácigos derecha en los mamíferos. // Homólogo de la vena cardinal posterior izquierda de los vertebrados inferiores. (Gr. hemi, mitad; azygos, sin par.)

hemianamórfico (hemianamorphic). Tipo de desarrollo de los miriápodos, en el que la última muda es epimórfica. (Gr. hemi, casi; ana, arriba, hacia atrás otra vez; morphe, forma.)

hemibatial (hemibathyal). El plancton hallado entre las zonas litoral y batihal. (Gr. hemi, medio; bathys, profundidad; bios, vida.)

hemiblástula (hemiblastula). Blástula en la que se desarrolla solamente la mitad por destrucción experimental de uno de los dos primeros blastómeros. (Gr. hemi, mitad;+blástula.)

Hemibranchii. Grupo de peces del orden *Gasterosteiformes* con la boca pequeña, terminal y con los huesos faríngeos y branquiales, pequeños o ausentes. (Gr. hemi, semi; branchia, agallas.)

hemibranquia (hemibranch). Parte de la branquia en los peces que se encuentra en la pared anterior o en la posterior de cada hendidura branquial. (Gr. hemi, mitad; branchia, agalla.)

hemicarion (hemikarion). Núcleo que contiene la mitad del número haploide de cromosomas. (Gr. hemi, mitad; karion, núcleo.) *Adj. hemicariótico.*

hemicéfala (hemicephalous). Término aplicado a ciertas larvas de insectos en la que la cabeza es incompleta posteriormente y está incluida en el protórax. (Gr. hemi, mitad; kephale, una cabeza.)

hemicelulasa (hemicellulase). Una enzima que cataliza la hidrólisis de una hemicelulosa, y que se encuentra en algunos invertebrados y en los hongos. (Gr. hemi, casi;+ celulosa.)

Hemicidaroidea. Un orden de equinodermos de la clase *Echinoidea.*

hemícigo (hemizygous). Lo relativo a la hemicigosidad.

hemicigosidad (hemizygosity). Estado de poseer un gen o un cromosoma impar en una célula normalmente diploide. (Gr. hemi, mitad; zygon, yugo.)

hémico (hemic). Perteneciente a la sangre. (Gr. haima, sangre.)

hemicordado. V. *hemicordio.*

hemicordio (acorn worm). *Hemicordado.* Organismo que pertenece al fílum *Hemichordata.* (Gr. hemi, semi; chorda, cuerda.)

Hemichordata. Un fílum de animales deuterostomados caracterizados por la posesión de una supuesta cuerda dorsal o estomocordio en la región anterior y por tener aberturas branquiales faríngeas y ano terminal. Se les consideró al principio como verdaderos cordados. (Gr. hemi, casi; chorda, cuerda.)

hemicromo (hemichrome). Un producto de la oxidación de la hemoglobina hallado en los bivalvos del género *Anadara.* (Gr. hemi, casi; chroma, color.)

hemidáctilo. V. *salamanquesa.*

hemidiafragma (hemidiaphragm). *Semidiafragma.* Diafragma incompleto en los zoecios de los briozoos del orden *Stenolaemata.*

hemiélitro (hemielytron). V. *hemélitro.*

hemiembrión (hemiembryo). Embrión anormal en el que solo la mitad (en plano sagital) está completa y el resto formado por tejidos degenerados. (Gr. hemi, mitad;+ embrión.)

hemifaceta (demifacet). Una de las dos depresiones halladas en las vértebras torácicas adyacentes y que entre ambas completan la superficie de articulación con la costilla. (Gr. hemi, mitad;+faceta.) // *h. costal,* V. *parapófisis.*

hemifragma (hemiphragm). V. *hemidiafragma.*

hemigamia (hemigamy). La activación de un óvulo por un núcleo masculino sin fusión nuclear. *Semigamia.* (Gr. hemi, mitad; gamos, matrimonio.)

hemigástrula (hemigastrula). Un embrión anormal que solo representa la mitad de la gástrula en un plano sagital. V. *hemiblástula.*

hemignato (hemignathous). Que tiene el pico o las mandíbulas de ramas desiguales. (Gr. hemi, mitad; gnathos, quijada.)

hemiheterocerca (hemiheterocercal). Un tipo de aleta caudal en los peces, intermedia entre la heterocerca y la homocerca, que tiene la extremidad de la columna vertebral doblada hacia arriba dentro del lóbulo superior de la aleta. (Gr. hemi, casi;+*heterocerca.)*

Hemimerina. Suborden de insectos del orden *Dermaptera.* Dipoglossta.

Hemimetabola. Un superorden de insectos, también llamado *Exopterygota,* cuyos estados larvales son ninfas con ojos compuestos que tienen exteriormente los brotes externos de las alas y muestran metamorfosis incompleta. (Gr. hemi, casi; metabole, cambio.)

hemimetábolo (hemimetabolic). Dícese de los insectos que sufren una metamorfosis incompleta. // Ver *Exopterygota.* (Gr. hemi, semi; metabole, cambio.)

hemimórula (hemimorula). Embrión anormal con las células de los polos animal y vegetativo y la cavidad de segmentación, obtenidas por destrucción de uno de los dos primeros bastómeros.

Hemimyaria. V. *Salpida.*

hemíono* (kulan). *Hemión.* Especie de asno salvaje del Asia Central (Equus hemionus). (Gr. hemionus, una mula.)

hemionfálico (hemiomphalic). Con el ombligo parcialmente cubierto por un tapón, como el de la concha de muchos moluscos gasterópodos. (Gr. hemi, semi; omophalos, ombligo.)

hemiparásito (hemiparasite). Un parásito facultativo. *Semiparásito.*

hemipene (hemipenis). Estructura par que funciona como órgano copulador en los saurios y los ofidios. (Gr. hemi, casi; lat., penis.)

hemiplancton (hemiplankton). Organismo que forma parte del plancton solo de una manera temporal. (Gr. hemi, casi;+plancton.)

hemipnéustico (hemipneustic). Se aplica a los insectos acuáticos que tienen un número reducido de estigmas. (Gr. hemi, mitad; casi; pneo, pneustikos, para la respiración.)

hemipo. Un asno salvaje de la Mesopotamia (Hemionus hemippus). (Gr. hemi, casi; hippos, caballo.)

hemipodia. Nombre dado al ave que tiene solo 3 dedos en los pies.

Hemiptera. Orden de insectos de boca chupadora, metamorfosis incompleta, cuatro pares de alas, las anteriores con la mitad anterior más gruesa. Chinches, népidos, etc. V. *hemiélitro.* (Gr. hemi, mitad; ptehon, ala.)

hemipterigoides (hemipterygoid). La parte primera del hueso pterigoides de ciertas aves que, a veces, desaparece o se fusiona con los palatinos.

hemípteros* (**hemipterous**). Insecto chupador del orden *Hemiptera*, q.v.

Hemipteroidea. Un superorden de insectos que abarca los incluidos antes en el orden *Hemiptera*, dividido actualmente en los órdenes *Heteroptera* y *Homoptera*. (De **Hemiptera**;+neolat. **-oidea**, semejante.)

hemisepto (**hemiseptum**). Tabique en los zoecios de los briozoos del orden *Cryptostomata*, localizado cerca de la abertura del zoecio. (Gr. **hemi**, casi; lat. **spetum**, tabique.)

hemisístole (**hemisystole**). La contracción de un solo ventrículo del corazón. (Gr. **hemi**, mitad; **systellein**, contraerse.)

hemisferio* (**hemisphere**). Cada mitad lateral del cerebro o del cerebelo. (Gr. **hemi**, mitad; **sphaira**, esfera.) // ***h. animal***, parte del huevo más rica en citoplasma, en donde se forman blastómeros más pequeños. // ***h. cerebelosos***, las dos regiones laterales y abultadas que forman el cerebelo de los vertebrados. También se denominan los *flocos*. // ***h. cerebrales***, las dos regiones laterales y abultadas que componen el cerebro en los vertebrados, cuya superficie forma la corteza cerebral en los mamíferos. // ***h. vegetativo***, parte del huevo en donde predomina el *deutoplasma* y se desarrollan los bastómeros más grandes, como en los huevos de moluscos y anfibios.

hemisoma (**hemisoma**). La mitad lateral simétrica de un animal de simetría bilateral. (Gr. **hemi**, mitad; **soma**, cuerpo.)

hemiteria (**hemitheria**). Anomalía que no llega a constituir una monstruosidad. (Gr. **hemi**, mitad; **therion**, bestia.)

hemítropo (**hemitropous**). Dícese de los insectos incompletamente adaptados a la polinización, por lo que son de mediano valor en la fecundación de las flores. (Gr. **hemi**, mitad; **tropos**, dirección.)

hemivaina (**demisheat**). Una del par de vainas protectoras del ovipositor de los insectos. (Gr. **hemi**, la mitad;+vaina.)

hemixis (**hemixis**). Fragmentación y reorganización del macronúcleo en los cilióforos sin que intervenga el micronúcleo. (Gr. **hemi**, mitad; **mixis**, mezcla.)

Hemizonida. Un orden extinto de asteriodeos sin boca definida, pero con profundos surcos ambulacrales. (Gr. **hemi**, medio;+zona.)

hemo- (**haema-**). (Del gr. **haima**, sangre.)

hemoblasto. V. *hematoblasto.*

hemocele (**haemocel**). Tumor de sangre. (Gr. **haimos**, sangre; **heke**, tumor.)

hemocelo (**haemocel**). Cavidad en el cuerpo de ciertos animales, distinta del celoma y derivada del blastocelo, por donde circula parcialmente la sangre. (Gr. **haima**, sangre; **kiolos**, cavidad.)

hemacelonia. Dícese de la porción de la cavidad corporal que contiene el corazón primitivo.

hemocianina* (**haemocyanin**). Pigmento circulatorio de color azulado que contiene cobre y se encuentra en ciertos invertebrados, como los crustáceos y los moluscos. (Gr. **haima**, sangre; **kyanoos**, azul obscuro.)

hemocito (**haemocyte**). Célula en el celoma de algunos invertebrados, como los holoturoideos, de forma discoidal, cargada de hemoglobina. // Nombre colectivo para cualquier célula en los humores del cuerpo en ciertos animales. // Célula sanguínea. (Gr. **haima**, sangre; **kytos**, célula.)

hemocitoblasto (**haemocytoblast**). Célula que origina los hemocitos. // Célula promordial. (Gr. **haima**, sangre; **kytos**, célula; **blastos**, germen.)

hemocitólisis (**haemocytolisis**). La destrucción de los glóbulos rojos. *Hemólisis.* (Gr. **haima**, sangre; **kytos**, célula; **lysis**, destrucción.)

hemocitopoyesis (**haemopoiesis**). La formación de células rojas en la sangre. (Gr. **haima**, sangre; **kytos**, célula; **poieos**, hacer.)

hemocitotripsis (**haemocytotrypsis**). Rotura por presión de los eritrocitos. (Gr. **haima**, sangre; **kytos**, célula; **tripsos**, desgastado o golpeado.)

hemoclástico (**hemoclastic**). Que destruye los glóbulos rojos. (Gr. **haima**, sangre; **klastos**, roto.)

hemoconios (**haemoconia**). V. *quilomicrón*. // Fragmentos de glóbulos rojos desintegrados hallados en la sangre. (Gr. **haima**, sangre; **konio**, polvo.)

hemocromatosis (**haemochromatosis**). Un desorden en el metabolismo del hierro con acumulación de pigmentos de hierro en la piel y otros órganos. (Gr. **haima**, sangre; **chroma**, color.)

hemocromo (**hemochrome**). Un pigmento portador de oxígeno en la sangre: hemoglobina, hemieritina, hemocruorina. (Gr. **haima**, sangre; **chroma**, color.)

hemocromógeno (**hemochromogen**). Una cromoproteína producida por reducción de la hemoglobina. (Gr. **haima**, sangre; **chroma**, color.)

hemocromómetro (**hemochromometer**). Un instrumento para determinar el color de la sangre. (Gr. **haima**, sangre; **chroma**, color; **metron**, medida.)

hemocupreína (**hemocuprein**). Compuesto de cobre y proteína hallado en los eritrocitos. (Gr. **haima**, sangre; lat. **cupreus**, de cobre.)

hemodinámica (**hemodynamic**). El estudio de los movimientos de la sangre. (Gr. **haima**, sangre; **dynamos**, fuerza.)

hemoesqueleto (**hemoskeleton**). Concepto del esqueleto fluido, que está constituido por la penetración de sangre, procedente del hemocelo, en el pie de los moluscos y a cuya presión se debe el notable poder de expansión de dicho pie en los gasterópodos. (Gr. **haima**, sangre; + **esqueleto**.)

hemofilia* (**hemophylia**). Enfermedad hereditaria, ligada al sexo, caracterizada por gran disminución de la coagulación sanguínea. (Gr. **haima**, sangre; **philos**, amigo.) Adj. ***hemofílico.****

hemofuscina (**hemofuscin**). Un pigmento sanguíneo amarillo depositado bajo condiciones patológicas. (Gr. **haima**, sangre; lat. **fuscus**, pardo).

hemogénesis (**hemogenesis**). Hematogénesis.

hemoglobina* (**hemoglobin**). Pigmento rojo de la sangre, especie de proteína del grupo *heme* que tiene la propiedad de combinarse fácil y reversiblemente con el oxígeno. En los vertebrados la hemoglobina está casi siempre alojada en los eritrocitos, pero en los invertebrados está disuelta en el plasma. En forma de oxihemoglobina transporta oxígeno a los tejidos del cuerpo. // ***h. fetal***, tipo de hemoglobina que tienen los mamíferos al nacer, que se combina más fácilmente con el oxígeno que la que se forma posnatalmente. // ***h. oxidada***, v. *oxihemoglobina.* // ***h. reducida***, hemoglobina oxígenada, de color rojo azuloso.

hemoglobinuria (**hemoglobinuria**) Presencia de hemoglobina en las orinas. (De **hemoglobina**;+gr. **ouros**, orina.)

hemograma (**hemogram**). La representación del cómputo diferencial de los glóbulos sanguíneos. (Gr. **haima**, sangre; **gramme**, un escrito o marca.)

hemogregarina (**haemogregarin**). Esporozoario del orden *Haemogregarinida*, parásito en la sangre de vertebrados y en el tubo digestivo de invertebrados. (Gr. **haima**, sangre;+**gregarina**.)

hemohistioblasto (**haemohistioblast**). Célula inicial que origina los glóbulos sanguíneos. // *Macrófago.* V. *células primordiales.*

hemoide (**haemoid**). Parecido a la sangre. (Gr. **haima**, sangre; **neolat. oides**, similar.)

hemoleucocito (**hemoleucocyte**). Cualquier glóbulo blanco que circula en la sangre. (Gr. **haima**, sangre; **leucocito**, q.v.)

hemolinfa (**haemolymph**). Líquido orgánico del sistema circulatorio de ciertos invertebrados. (Gr. **haima**, sangre; +**linfa**.)

hemolinforrea (**hemolymphorrhea**). Emisión de gotas de hemolinfa por los segmentos abdominales de algunos insectos que tiene carácter defensivo por su acción irritante. (De hemolinfa; gr. rheo, fluir.)

hemolisina* (hemolysin). Substancia que puede causar la destrucción de los eritrocitos, como el veneno de ciertas serpientes. (Gr. haima, sangre; lysis, disolución.)

hemólisis (hemolysis) Escape de hemoglobina fuera de los eritrocitos por daños en la membrana. // Destrucción de los eritrocitos por solución. (Gr. haima, sangre; lysis, disolución.) *Adj. hemolítico.*

hemolizar (hemolyze). Desintegrar los eritrocitos con liberación de hemoglobina. (Gr. haima, sangre; lysis, disolución.)

hemoplasmodio (haemoplasmodium). Un protozoario parásito sanguíneo. (Gr. haima, sangre; plasma, moldeado.)

hemoplástico (hemoplastic). V. *hemopoyesis.*

hemopoyesis (hemopoiesis). La formación de los elementos figurados de la sangre. *Adj. hemopoyético.* (Gr. haima, sangre; poiesis, creación.)

hemoproteidos (hemoproteids). Nombre aplicado por Stoll a los pigmentos transportadores de oxígeno. (Gr. haima, sangre;+proteidos.)

hemproteína (hemoprotein). Una proteína de la sangre. V. también *hemoproteido.* (Gr. haima, sangre;+proteína.)

hemopsonina (haemopsonin). Una opsonina de los eritrocitos. (Gr. haima, sangre;+opsonina.)

hemoptisis* (hemoptysis). Expectoración de sangre. (Gr. haima, sangre; ptysis, expectorar.)

hemorrea (hemorhea). Hemorragia espontánea. (Gr. haima, sangre; rheo, fluir.)

hemorragia* (hemorhage). Pérdida de sangre. (Gr. haima, sangre; rhagos, desgarrado.)

hemorragina (hemorhagin). Substancia tóxica hallada en el veneno de ciertas serpientes que destruye la célula de los capilares sanguíneos provocando hemorragias. (Gr. haima, sangre; rhagos, desgarrado.)

hemorroida*. *Hemorroide,* q.v.

hemorroide*. (hemorrhoid). Dilatación de la vena del recto. Almorranas. (Gr. haima, sangre; rhein, fluir.) *Adj. hemorroidal*.*

hemoroo* (horned). Ceraste, q.v. Una especie de áspid o víbora cornuda africana.

hemoscopía. Examen de la sangre. (Gr. haima, sangre; skopeo, ver.)

hemosiderina (hemosiderin). Un pigmento amarillento de la sangre que muestra reacciones de hierro. (Gr. haima, sangre; sideros, hierro.)

hemosporidio (hemosporidium). Perteneciente a los esporozoos parásitos de los glóbulos rojos de la sangre. V. *Haemosporidida.*

hemostasis* (haemostasis). Estancamiento de la sangre. *Adj. hemostático*.* (Gr. haima, sangre; stasis, fijación.)

hemotisis. V. *hemoptisis,* que es como debe decirse.

hemotoxina (haemotoxin). Una toxina que ocasiona hemólisis. (Gr. haima, sangre; toxikon, veneno.)

hemotrópico (haemotropic). Lo que afecta la sangre. (Gr. haima, sangre; tropos, un cambio.)

hemozoina *(haemozoin).* Gránulos de pigmentos negros formados por la digestión de la hemoglobina por los parásitos de la malaria (Plasmodium).

hendedura*. *Hendidura.*

hendidura* (fissure). Escotadura, muesca. (Lat. fissum, hender, una fisura.) // *h. branquiales,* abertura que, en la mayoría de los peces, comunica la faringe con el exterior y en cuyos bordes se alinean las branquias. En los vertebrados terrestres existen vestigios de dichas aberturas. // *h. hiomandíbular,* comunicación entre la primera cámara branquial de los peces primitivos con el exterior. V. *espiráculo.* Comunicación de la región faríngea del embrión de los vertebrados. // *h. hipofisaria,* un espacio entre los lóbulos anterior e intermedio de la hipófisis. // *h. palatina,* espacio existente en el techo de la boca en reptiles y aves, a través de la cual se comunican las cavidades bucal y nasal.

henioco. Pez marino tropical del orden *Perciformes,* familia *Chaeto dontidae* (Heniocus acuminatus).

Henle, F.G.L. Anatomista alemán. Ver *asa de Henle, vaina de Henle.*

Hensen, V. Histólogo alemán. V. *célula de Hensen, línea de Hensen, nódulo de Hensen.*

hepa- (hepa). (Del gr. hepar, hepatos, el hígado.)

heparina (heparin). Substancia extraída de varios órganos del cuerpo, que previene la coagulación evitando la conversión de protrombia en trombina. (Gr. hepar, hígado.)

heparinasa (heparinase). Una enzima que cataliza la hidrólisis de la heparina. (Gr. hepar, hígado -asa, enzima.)

hepático* (hepatic). Perteneciente al hígado. (Lat. hepar, hígado; gr. hepatikos.) // *Hepatoide.*

hepatitis. Inflamación del hígado.

hepatina (hepatin). V. *glucógeno.*

hepatocele (hepatocele). Hernia del hígado. (Gr. hepar, hígado; kele, tumor.)

hepatocístico (hepatocystic). Lo perteneciente al hígado y a la vesícula biliar. (Gr. hepar, hígado; kystis, vejiga.)

hepatología (hapatology). Tratado sobre el hígado. (Gr. hepar, hígado; logos tratado.)

hepatopáncreas (hepatopancreas). Glándula digestiva de crustáceos y moluscos con funciones pancreáticas. (Gr. hepar, hígado;+páncreas.)

hepatoportal (hepatoportal). Lo perteneciente o relacionado con la circulación portal. (Gr. hepar, hígado; porta, puerta, pero aquí, la vena porta.)

hept- (hept). (Del gr. hept-, siete.)

Heptanchrias. Un género de tiburones con siete aberturas branquiales. (Gr. hepta, siete; branchia, la agalla de los peces.)

herbario* (rumen). En zoología, la *panza* de los rumiantes.

herbícola (herbiculous). Que vive sobre las plantas herbáceas, como muchos insectos y caracoles. (Lat. herba, hierba; colere, habitar.)

herbívoro* (herbivorous). Animal que se alimenta de hierbas. (Lat. herba, hierba; voros, devorar.)

Herbst, E.F. Anatomista alemán. V. *corpúsculo de Herbst.*

hercogamia (hercogamy). Condición en la que es imposible la auto fertilización en un organismo monoico. (Gr. hercos, barrera; gamos, unión.)

hereditabilidad (heritability). La capacidad de ser transmitido por herencia. // La herencia de una variedad expresada en por ciento de la varianza total del rasgo examinado. (Bajo lat. hereditabilis, lo que puede ser heredado.)

hereditario* (hereditary). Transmisible por herencia. (Lat. hereditas, herencia.)

herencia* (heredity). Posibilidad de transmitir los caracteres de una generación a sus descendientes. // *h. alternativa,* v. *herencia mendeliana, alelomorfismo.* // *h. andrófora,* v. *h. diándrica.* // *h. autosómica,* la transmitida por cromosomas no sexuales o autosomas. // *h. bifactorial,* condicionada por dos pares de alelos distintos. // *h. citoplasmática,* herencia no mendeliana relativa a la duplicación de orgánulos citoplásmicos, como mitocondrios, plastidios, etc. V. *herencia por plasmagenes.* // *h. colateral,* la de los caracteres recesivos que aparecen irregularmente en contraste con los dominantes. // *h. cruzada, aquella en que los hijos heredan las características de las madres y las hijas las paternas.* // *h. cuantitativa, la de los caracteres que se heredan por la acción acumulativa de varios genes situados en cromosomas diversos.* // *h. de los caracteres adquiridos,* teoría propugnada por Lamarck, para explicar su teoría de la evolución, que tiene actualmente muy pocos adeptos. // *h. diagínica,* tipo de herencia ligada al sexo en la que ciertos caracteres se heredan a través de las hembras, como la hemofilia y el daltonismo en el hombre. // *h. diándrica*, herencia ligada al sexo en la que el carácter es transmitido por el masculino y se manifiesta en el femenino. // *h. ginófora*, v. *h. diagínica*. // *h. holándrica*, herencia limitada al sexo masculino por tratarse de un carácter ligado al cromosoma Y, cuando este es el sexo heterogamético. // *h. holocrónica*, la que determina la aparición de los caracteres en la descendencia en la misma época o edad en que se presentaron en los padres. // *h. hologónica* o típica de aquellos caracteres que solamente aparecen en las hembras, como la catarata senil de la mujer. // *h. intermedia*, la que transmite de caracteres que se manifiestan por grados, como la estatura en el hombre. También *herencia mixta*. // *h. ligada al sexo*, caracteres que se heredan ligados a los cromosomas llamados *sexuales*. // *h. limitada por el sexo*, herencia de caracteres cuya expresión fenotípica depende del sexo masculino. // *h. materna*, participación del citoplasma en el mecanismo hereditario, con una mayor influencia del huevo que de los espermatozoos, como la herencia de la pigmentación del embrión del gusano de seda. // *h. mendeliana*, teoría de la transmisión hereditaria enunciado por Gregorio Mendel, que parece ser el modo general de perpetuar los caracteres y es explicada por las llamadas *leyes o reglas la dominancia, de la disyunción y de la independencia*. // *h. mezclada*, aquella en la que los factores de un carácter alelomorfo se mezclan en el heterocigoto para determinar caracteres intermedios. // *h. mixta*, v. *herencia intermedia*. // *h. patroclina*, herencia en la que la descendencia se parece más al padre que a la madre. // *h. plastidial*, caso especial de la herencia citoplásmica en la que los plastidios del citoplasma ovular son los encargados de transmitirse. // *h. sexual*, herencia ligada al sexo. // *h. unisexual*, herencia limitada por el sexo.

hermafrodita* (**hermaphrodite**). Individuo que posee órganos sexuales masculinos y femeninos. (Gr. **Hermes**, mensajero de los dioses; **Aprhodite**, Venus.) // *h. protándrico*, en el que se manifiesta primero la maduración de las células sexuales masculinas. // *h. protogina*, en el que el sexo femenino se manifiesta primero.

hermafroditismo* (**hermaphroditism**). La condición de tener órganos reproductores masculinos y femeninos. V. *hermafrodita*. // *h. autógamo*, v. *hermafroditismo suficiente*. // *h. dicógamo*, v. *herm. insuficiente*. // *h. insuficiente*, cuando no se puede efectuar la autofecundación. // *h. rudimentario*, en el que se desarrolla la gónada de un sexo mientras que la del sexo opuesto permanece rudimentaria. // *h. simultáneo*, en el cual las gónadas masculinas y femeninas maduran al mismo tiempo. // *h. sucesivo*, tipo de hermafroditismo en el cual las gónadas de los sexos maduran en tiempos sucesivos. // *h. suficiente*, el que se puede manifestar por una autofecundación del mismo individuo.

hermafrodito*. Menos usado que *hermafrodita*, q.v.

hermatípicos (**hermatypic**). Se dice de los corales que forman arrecifes y que contienen simbiontes. (Gr. **herma**, arrecife, piedra sumergida.)

Hermelliformia. Un orden de anélidos tubícolas criptocéfalos, de palpos largos y subdivididos soldados al peristomio. (Gr. **herma**, piedra; + **forma**.)

hernia (**hernia**). Tumor producido por la salida total o parcial de víscera a través de la membrana que la encierra. (Lat. **hernia**.)

herpetología* (**herpetology**). Un tratado sobre los reptiles, y por extensión, sobre los anfibios. (Gr. **herpeton**, reptil; +**logía**.) // Herpetólogo.

herpón (**herpon**). Una comundiad de organismos microscópicos que vive en la superficie de substratos blandos del medio acuático. (Gr. **herpetos**, reptil.)

herradura. Se aplica al murciélago pequeño de Europa, Asia y Africa, que está provisto de excrecencias nasales de forma de herradura. Familia *Rhinolopidae* (**Rhinolopus hipposideros**).

herreruelo (**coal tit**). Pájaro insectívoro europeo del orden *Passeriformes*, familia *Paridae* (**Parus ater**). (**De hierro.**)

Hertwig, Oskar. Biólogo alemán. Descubrió la unión del material nuclear de la esperma y el óvulo durante la fertilización (1875). En 1897, indicó la influencia de la yema del huevo en el tipo de segmentación. (1849-1922)

Hertwig, R. Biólogo alemán. Demostró junto con *E. Maupas*, (1899), la significación de la conjugación en los paramecios.

herrerillo (**tit**). España: *ollero*, pájaro insectívoro de la familia *Paridae*, que hace sus nidos de barro en forma de olla. (**Parus, sp.**)

hesperidina (**hesperidin**). La llamada vitamina P, un flavonoide, principio activo de la citrina, que afecta la permeabilidad de los capilares. (Gr. **Hespérides**, de donde viene el nombre botánico de las frutas cítricas.)

Hesperioidea. Una superfamilia de lepidópteros crepusculares, que tienen generalmente la punta de las antenas recurvadas. (Gr. **hesperos**, crepúsculo.)

Hesperornithiformes. Orden de aves no voladoras, provistas de dientes, sin quilla esternal y con alas degeneradas. Del Cretáceo superior. (Gr. **hesperos**, occidente; **ornis**, ave; lat. **forma**.)

Hess, W.R. Descubrió (1948) la localización del impulso instintivo en el hipotálamo.

hestogénico (**histhogenous**). Que está cubierto por plumón al nacer. *Dasipédico*. (Gr. **hesthes**, ropaje.)

HET. Siglas de hormona estimulante de la tiroides u *hormona tirotrófica*.

heter- (**hetero**). (Del gr. **heteros**, otro, diferente.)

heteracanta (**heteracanthous**). Se dice de la aleta dorsal cuyas espinas pueden levantarse o deprimirse a voluntad o moverse lateralmente. (Gr. **heteros**, diferente; **akanthos**, espina.)

hecteractínea (**heteractine**). Que tiene espículas de seis rayos en un plano y un rayo robusto en ángulo recto. (Gr. **heteros**, otro; **aktis**, rayo.)

heterauxesis (**heterauxisis**). Crecimiento irregular o asimétrico de los órganos. // El crecimiento relativo de las partes o *alometría*. // Diferencia entre las formas juveniles y las adultas. (Gr. **heteros**, otro; **auxesis**, crecimiento.)

Heteraxonia. Taxón en el que se incluían los metazoos radiados *Coelenterata* y *Ctenophora*. (Gr. **heteros**, diferente; **axon**, eje.)

Heterocotylea. Un orden que incluye los trematodos que tienen el ciclo vital sin hospedantes intermediarios.= *Monogenea*, q.v. (Gr. **heteros**, distinto; **cotyledon**, cavidad, ventosa.)

heteroaglutinación (**heteroaglutination**). La adhesión de los espermatozoos, uno con otros, por la acción de substancias producidas por los óvulos de otras especies. // La adhesión de los eritrocitos por la acción de la sangre de otro grupo sanguíneo. (Gr. **heteros**, distinto; lat. **glutineus**, como la cola.)

heteroauxina (**heteroauxin**). Especie de auxina encontrada en la orina. (Gr. **heteros**, otro; **auxein**, crecer.)

heteroblástico (**heteroblastic**). Con desarrollo indirecto. (Gr. **heteros**, distinto; **blastos**, brote.)

heterobraquial (**heterobrachial**). Que tiene los cromosomas doblados en dos partes desiguales. (Gr. **heteros**, distinto; **brachis**, brazo.)

Heterocardia. Un grupo de moluscos gasterópodos prosobranquios cuyo corazón tiene una sola aurícula y poseen dos riñones situados a ambos lados del pericardio. Aquí se incluye las *lapas* o *patelas*. (Gr. **heteros**, diferente; **karyon**, núcleo.) *Adj. hetericariótico*.

heterocariosis (**heterokaryosis**). La presencia de dos núcleos genéticamente disímiles en las mismas células. (Gr. **heteros**, otro; **karyon**, núcleo.)

heterocéfalo. Se aplica a una especie de roedor de piel rosada y lampiña que vive en Africa. Familia *Batyergidae* (**Heterocephaus sp.**)

heterocélico (**heterocoelic**). Que tiene las caras de los centros vertebrales curvadas en forma de silla de montar. (Gr. **heteros**, diferente; **koilos**, cavidad.)

heterocelular (heterocellular). Que está compuesto de células de más de un tipo. (Gr. heteros, distinto; lat. cellula.)

Heterocera. Es una clasificación desusada de los lepidópteros, suborden que comprendía las mariposas de antenas filiformes y pectinadas. (Gr. heteros, distinto; kerkos, antena.)

heterocerca* (heterocercal). Se dice del tipo de cola de los peces que tiene dos lóbulos desiguales, quedando el extremo de la columna vertebral en su lóbulo superior. Ej. tiburones. (Gr. heteros, distinto; kerkos, cola.) Adj. *heterocercal.*

heterocercia (heterocercy). La condición de tener cola heterocerca. (Gr. distinto; kerkos, cola.)

heterocigosidad (heterozygosity). Estado de poseer alelos diferentes en relación con su rasgo dado. (Gr. heteros, distinto; zygon, yugo.) Adj. *heterócigo.*

heterocigosis (heterozygosis). V. *heterosis.* Descendencia de dos especies o razas diferentes. (Gr. heteros, distinto; zygon, yugo.)

heterocigoto (heterozygote). Individuo producido por fusión de dos células germinales que contienen genes distintos para un carácter dado. (Gr. heteros, distinto; zygon, yugo.)

heterocinesis (heterokinesis). División cualitativa o diferencial de los núcleos. (Gr. heteros, otro; kineo, moverse.)

heteróclito* (heteroclite). Que se aparta de la forma original. (Gr. heteros, diferente; klinein, inclinar.)

Heterocoela. Un orden de esponjas que tienen cavidades laterales o cámaras flegelíferas además del espongiocelo. (Gr. heteros, distinto; koilos, hueco.)

heteroconto (heterochore). Protisto que tiene flagelos de distinta longitud. (Gr. heteros, diferente; kontos, remo, "flagelo".)

heterocórico (heterochore). Se aplica a las especies que habitan en dos o más comunidades íntimamente relacionadas. (Gr. heteros, distinto; choros, lugar.)

heterocromatina (heterochromatin). La parte de la cromatina que permanece visible en el núcleo durante la interfase. (Gr. heteros, diferente;+cromatina.)

heterocromía (heterochromia). La diferencia en coloración de partes normalmente del mismo color, como la del iris de un par de ojos. (Gr. heteros, distinto; chroma, color.)

heterócromo (heterochromous). Animal que muestra dos fases de color, se aplica especialmente cuando ocurren en el mismo sexo. // Que está diferentemente coloreado. (Gr. heteros, diferente; chroma, color.)

heterocromosomas (heterochromosome). Nombre aplicado a los cromosomas X e Y o *cromosomas sexuales.* (Gr. heteros, distinto;+cromosomas.)

heterocronismo (heterochronism). Una desviación de la secuencia típica en la formación de los órganos. (Gr. heteros, distinto; chromos, tiempo.)

heterocrosis (heterochrosis). Una coloración anormal. (Gr. heteros, otro; chrosis; una coloración.)

Heterocyemida. Un orden de mesozoos diciémidos cuyos adultos tienen cilios por toda la superficie del cuerpo. (Gr. heteros, distinto; kyema, embrión.)

heterodáctilo (heterodactylous). Que tiene los dedos de los pies I y IV dirigidos hacia atrás y los dedos II y III dirigidos hacia adelante. (Gr. heteros, distinto; dactylos, dedo.)

heterodificerca (heterodiphycercal). Aleta caudal, intermedia entre heterocerca y dificerca, con el lóbulo dorsal menos desarrollado que el inferior. (Gr. heteros, otro; +diphycerca, q.v.).

Heterodonta. Un suborden de moluscos bivalvos eulamelibranquiados de charnela típicamente heterodonte, ligamento a menudo externo y sifones más o menos desarrollados. (Gr. heteros, otro; odous, diente.)

heterodonte (heterodont). Que tiene dientes de diferentes clases, como sucede en la mayoría de los mamíferos. (Gr. heteros, diferente; odous, odontos, diente.)

Heterodontiformes. Un orden de peces selacios de cuerpo fusiforme, cinco hendiduras branquiales, dos aletas dorsales cada una con una espina, y aleta anal. (Heteros, distinto; odous, diente.)

heteroepístasis. Variación desigual de los órganos o de parte de los órganos en la evolución de las poblaciones animales. (Gr. heteros, otro;+epistasis, q.v.)

heterófago (heterophagous). Que tiene nutrición heterotrófica. (Gr. heteros, diferente; phageim, comer.)

heterófilo (heterophylous). Un tipo de leucocito que se coloca de distinta manera en las diferentes especies de animales. (Gr. heteros, distinto; philos, amante.)

heterogametismo (heterogametism). La producción de gametos de dos clases. // La condición de tener heterocromosomas desiguales. (Gr. heteros, distinto; +gametos.) *Adj. heterogamético.*

heterogameto (heterogamete). Célula sexual que durante la fecundación se une a otra diferente en tamaño.=*Anisogameto.* (Gr. heteros, distintos;+gameto.)

heterogamia (heterogamy). Alternación de dos formas de reproducción sexual en generaciones sucesivas. // Gametos diferenciados en dos formas distintas. // La fecundación de gametos desiguales. // Activación de dos generaciones sexuales, una de ellas partenogenética. (Gr. heteros, otro; gamos, boda progenie.) *Adj. heterógamo.*

heterogangliado (heterogangliate). Que tiene los ganglios muy distanciados y colocados asimétricamente. (Gr. heteros, otro; ganglion, ganglio.)

Heterogastra. Un suborden en una clasificación de los coleópteros de Jeannel. (Gr. heteros, otro; gaster, vientre.)

heterogénesis (heterogenesis). La aparición de individuos con caracteres distintos a los de descendencia normal; que podrían constituir el origen de una nueva raza. // *Generación espontánea. // Generación alternante.* (Gr. heteros, otro; genesis, origen.) *Adj. heterogenético.*

heterogenia (heterogeny). Alternancia de generaciones partenogenéticas y anfigónicas. // Teoría que admite la producción de un ser viviente por seres de especies distintas de la suya merced a influencias circunstanciales. (Gr. heteros, otro; genesis, origen.) // *Adj. heterogénico.*

heteroginismo (heteroginism). Un término ornitológico con el que se indican las hembras de las especies que muestran una mayor variación geográfica que los machos. // Condición en donde las características taxonómicas están más claramente representadas en las hembras que en los machos. // *Adj. heterógeno.* (Gr. heteros, otro; gine, hembra.)

heterogonía (heterogony). Una alteración de generaciones anfigónicas y partenogenéticas. // Desarrollo diferencial o alométrico. (Gr. heteros, diferente; gonos, progenie.)

Heterogastropoda. Un suborden de moluscos gasterópodos en el orden *Neogastropoda.* (Gr. heteros, otro;+gastropoda.)

Heterognathi. = *Cypriniformes,* orden de peces osteictios.

heteroico (heteroicous). Dícese del parásito que requiere varios hospedantes para completar su ciclo vital. (Gr. heteros, otro; oikos, una casa.)

heterolecito (heterolecital). Se dice del huevo que tiene desigualmente distribuido el vitelo nutritivo. (Gr. heteros, otro; lekitos, yema.)

heterólisis (heterolysis). La desintegración de células o tejidos por agentes exógenos o por enzimas. (Gr. heteros, otro; lysis, desprendimiento.) *Adj. heterolítico.*

heterología (heterology). La correspondencia de partes que tienen un origen diferente o diferentes elementos. Contrario *homología.* // La no correspondencia entre antígenos y un anticuerpo. (Gr. heteros, distinto; logos, relación.) *Adj. heterólogo.*

heteromastigótico (heteromastigote). Que tienen dos tipos diferentes de flagelos. (Gr. heteros, otro; mastigos, látigo.)

heteromedusoide (**heteromedusoid**). Tipo de medusa reducida hallada en ciertos pólipos hidroides, provista de un primordio de subumbrela. (Gr. **heteros**, otro; **medusoide**, q.v.)

Heteromera. =*Tenebrionoidea*, superfamilia de insectos en el orden Coleoptera.

heterómetro* (**heteromerous**). Que tiene partes diferentes: nervios, anillos, etc. (Gr. **heteros**, diferente; **meros**, parte.)

Heterometabola. Una división de la clase *Insecta* que muestra metamorfosis incompleta. V. *Exopterygota.* V. *Hemimetabola.*

heterometabolía (**heterometaboly**). Un tipo de metamorfosis en los insectos caracterizada por estados larvales de náyade o de ninfa. // *Adj.* ***heterometabólico.***

Heteromi. Un orden de peces óseos, a veces conocidos por *Notacanthiformes.* (Gr. **heteros**, diferente; **homos**, hombro.)

heteromiario (**heteromyary**). Se dice de los moluscos bivalvos de la sección *Heteromyaria.* (Gr. **heteros**, otro; **mys**, músculo.)

heteromorfismo (**heteromorphism**). Estado o cualidad de mostrar formas diferentes. (Gr. **heteros**, otro; **morphe**, forma.) *Adj.* ***heteromórfico, heteromorfo.***

Heteromyaria *Heteromiarios.* Una división de la clase *Bivalvia,* caracterizada por la posesión de músculos aductores de tamaño diferente. (Gr. **heteros**, diferente; **mys**, músculo.)

Heteromyota. Un orden de *Echiuroidea,* de la clase *Echiurida,* con el sistema vascular cerrado. Tienen 200-400 nefridios impares. (Gr. **heteros**, otro; **mys**, músculo.)

Heteronemertea, Heteronemertini. Un orden de nemertinos en la clase *Anopla* con el cuerpo formado por tres capas musculares y dermis fibrosa. (Gr. **heteros**, otro;+**nemertinos**.)

heteronereido. V. *heteronereis.*

heteronereis (**heteronereis**). Región posterior sexuada de ciertos poliquetos, que se desprende y nada separadamente hasta la superficie del mar, en donde revienta y libera los gametos. (Gr. **heteros**, diferente; +**Nereis**, un género de poliquetos.)

Heteroneura.=*Frenatae.* Una división en los insectos lepidópteros que se caracteriza por tener las alas desiguales en nervadura. (Gr. **heteros**, otro; **neuron**, nervio.)

heterónomo* (**heteronomous**). Que está sujeto a diferentes leyes de crecimiento o que se ha especializado en diferentes líneas. Ej.: los diferentes segmentos de un insecto. (Gr. **heteros**, distinto; **nomos**, ley.)

heteropartenogénesis. Partenogénesis en la que se alternan generaciones sexuadas y partenogenéticas. (Gr. **heteros**, diferente; +**partenogénesis**.)

heteropelmo (**heteropelmous**). Que tiene bífido el tendón del músculo extensor de los dedos de los pies. (Gr. **heteros**, distinto; lat. **pelma**, la suela del pie.)

Heterophyllidea. *Diphyllidea,* q.v.

heteropicnosis (**heteropycnosis**). Fenómeno de la condensación de la cromatina en una región del cromosoma. (Gr. **heteros**, otro; **pyknosis**, condensación.)

heteroplanogametos (**heteroplanogametes**). Gametos movibles desiguales. (Gr. **heteros**, otro; **planos**, errante; **gametos**, esposo.)

heteroplasma (**heteroplasm**). Plasma de una especie diferente a la de los tejidos cultivados. // Tejido formado en lugares anormales. (Gr. **heteros**, otro;+**plasma**.)

heteroplastia* (**heteroplasty**). El desarrollo de un tejido transplantado procedente de otro individuo diferente. (Gr. **heteros**, distinto; **plasis**, moldeado.) *Adj.* ***heteroplástico.***

heteroploide (**heteroploid**). Un complejo que contiene miembros diploides, euploides y aneuploides, q.v. (Gr. **heteros**, otro; **haplous**, simple.)

heteroploidía (**heteroploidy**). Defecto o duplicación de un cromosoma. (Gr. **heteros**, otro; **haploos**, simple.)

Heteropoda. Una división en los moluscos opistobranquios, de hábitos pelágicos, de concha reducida y pie comprimido en forma de aleta. Ej. *Carinaria.* (Gr. **heteros**, otro; **pous**, pie.)

Heteroptera. Un orden insectos de boca chupadora, metamorfosis incompleta y las alas anteriores en forma de hemélitros. (Gr. **heteros**, otro; **pteron**, ala.) V. *Rhynchota* y *Hemiptera.*

heteróptero* (**heteropterous**). Un miembro cualquiera del orden *Heteroptera,* q.v.

heteroquelia (**heterochel**). Desarrollo desigual de las quelas en ciertas especies de cangrejos como los llamados *violinistas* (Uca sp). (Gr. **heteros**, otro; **chela**, pinza.)

heterosexual (**heterosexual**). Perteneciente al sexo opuesto. (Gr. **heteros**, otro; lat. **sexus**, sexo.)

heterosílide. Región del cuerpo y fase de la vida de ciertos anélidos de la familia de los *Sílidos* similar a la de heteronereis.

heterosinapsis (**heterosynapsis**). Apareamiento de dos cromosomas diferentes. (Gr. **heteros**, otro; **synapsis**, unión.)

heterosis (**heterosis**). Fenómeno de vigor excepcional que se manifiesta al cruzar individuos genotípicamente distintos, como en el cruzamiento del asno con la yegua. También se llama *vigor de los híbridos.* // Fertilización cruzada.

heterosoma (**heterosome**). **Heterocromosoma. Cromosoma** concerniente a la determinación del sexo. (Gr. **heteros**, otro; **soma**, cuerpo.) *Adj.* ***heterosomal.***

Heterosomata. Un orden de peces óseos también llamado *Pleuronectiformes,* que comprende los lenguados, etc. (Gr. **heteros**, otro; **soma**, cuerpo.)

heterósomo (**heterosome**). Se dice de los peces planos del orden *Heterosomata,* q.v.

heteroespecífico (**heterospecific**). Que se refiere a diferentes especies, como las relaciones entre organismos de dos especies. (Gr. **heteros**, diferente; **species**, especie.)

Heterosestelea. Una clase de equinodermos hallados fósiles desde el período Cambriano hasta el Devoniano. (Gr. **heteros**, diferente; **stele**, poste, pilar.)

Heterostigmata. Un orden de quilópodos de la subclase *Anamorpha,* que comprende los *Lithobiomorpha* y los *Gasterostigmomorpha.* (Gr. **heteros**, otro; **stigma**, marca.)

Heterostrachi. Orden de peces extintos de la clase *Agnatha,* cuya armadura está formada por varias placas, carecen de aletas, pero tienen quillas laterales. (Gr. **heteros**, otro; **ostrakon**, concha.)

heterostrofia (**heterostrophy**). La condición de tener ciertas vueltas de la concha enrollada en sentido inverso a lo normal. (Gr. **heteros**, otro; **strophos**, torcido.) *Adj.* ***heterostrófico.***

Heterotardígrada. Un orden de artrópodos de la clase Tardigrada. Tienen uñas separadas, gonoporos preanales y carecen de órganos excretores. (Gr. **heteros**, otro;+**tardígrados**, q.v.)

heterotaxia (**heterotaxis**). *Heterotaxis.* Disposición anormal o poco común de órganos o estructuras. (Gr. **heteros**, otro; **taxis**, arreglo.)

heterotermo (**heterothermo**). Organismo cuya temperatura varía con la del ambiente. También *poicilotermo, poquilotermo* y *ectotermo.* (Gr. **heteros**, otro; **therme**, calor.)

heterotípico (**heterotypic**). Diferente del tipo o condición normal. // Género que contiene especies diferentes no relacionadas. (Gr. **heteros**, otro; **typos**, patrón.)

heterotomía (**heterotomy**). Condición de irregularidad en las partes, como la dicotomía irregular en los crinoideos. (Gr. **heteros**, otro; **tomos**, un corte.)

heterotipia (**heterotopia**). Desplazamiento de una estructura del lugar situado, o de un organismo del lugar habitado o normal. (Gr. **heteros**, otro; **topos**, lugar.)

heterótrico (**heterotrichous**). Que tiene pelos de tamaño o de estructura diferente. (Gr. **heteros**, otro; **trichos**, pelo.)

Heterotricha, Heterotrichida. Un orden de protozoos que tienen el cuerpo cubierto de cilios de varios tamaños y distribuidos desigualmente. Ej. *Stentor.* (Gr. **heteros**, otro; **thrix**, cabello.)

Heterototricina. Un suborden de cilióforos del orden *Heterotricha.* Ej. *Stentor.*

heterotrófico (**heterotrophic**). Se dice de los organismos que se alimentan de otros, o de sus productos y restos. (Gr. **heteros**, otro; **trophe**, nutrición.) *Adj.* ***heterótrofo.***

heteroxeno (**heteroxenous**). Tipo de parasitismo en el que el huésped vive sucesivamente en varios hospederos. (Gr. **heteros**, otro; **xenos**, extraño.)

heterozoecio. V. *heterozoide.*

heterozoide (**heterozoid**). *Heterozooide.* Tipo de zooide en los briozoos polimórficos, modificado para funciones que no son nutritivas.. V. *avicularia, vibraculario, cenozoide, gonozoide.* (Gr. **heteros**, diferente;+**zooide**, q.v.)

Hevesy, George von. Químico húngaro, quien utilizó por vez primera el uso de los isótopos como trazadores de moléculas en seres vivientes. (1885)

hex- (**hexa**). (Del griego **hex**, seis.)

hexacanto (**hexacanth**). Que tiene seis espinas. Aplícase al *embrión hexacanto* u *oncosfera.* (Gr. **hex**, seis; **akantha**, espina.)

hexacantoide (**hexacanthoid**). Según Goran Malmberg, el supuesto ancestro de los vermes trematodos y cestodos. Suposición basada en el estudio de los protonefridios de ambos. (De embrión hexacanto.)

hexacoralario* (**hexacoralli**). Un miembro de la subclase *Hexacorallia,* q.v.

Hexacorallia. Una subclase de antozoos con seis o más radios y uno o dos sifonoglifos. V. *corales blancos* o *madréporas.* (Gr. **hex**, seis; lat. **corallium**, coral.)

hexactina (**hexactinal**). Se dice de la espícula que tiene seis radios iguales dispuestos en ángulo recto. (Gr. **hex**, seis; **aktis**, rayo.) *Adj.* ***hexactinal.***

Hexactinellida. Una clase de espongiarios de espículas silíceas de seis radios, separadas o unidas en una red, algunos de cuyos esqueletos parecen de vidrio. Son exclusivamente marinos. (Gr. **hex**, seis; **aktis**, un radio.)

hexactinia (**hexactinian**). Tipo de zoantarios en el que las membranas del mesenterio están dispuestas en seis pares o múltiplos de seis. (Gr. **hex**, seis; **aktis**, radio, eje.) ***hexactinal.***

hexadactilia (**hexadactyly**). Una condición hereditaria humana de poseer seis dedos en las manos. (Gr. **hex**, seis; **dactylos**, dedo.)

hexámero (**hexamerous**). Que está subdividido en seis partes. Tipo de simetría de algunos celenterados, formada por seis regiones que a veces tienen apariencia hexagonal. (Gr. **hexa**, seis; **meros**, parte.)

Hexanchiforme. Un orden de peces selacios provistos de seis o de siete aberturas branquiales. (Gr. **hex**, seis; **anchi**, junto; lat. **forma**, forma.)

hexaploide (**hexaploid**). Un poliploide que tiene seis veces el número haploide de cromosomas. (Gr. **hexa**, seis; neolat. **-ploide**, de **haplos**, simple y **oides**, parecido.)

Hexapoda. Una clase del fílum de los artrópodos, mejor conocida por *Insecta,* que se caracteriza por tener tres pares de patas torácicas, generalmente uno o dos pares de alas, un par de antenas y el cuerpo dividido en tres secciones bien distinguibles: cabeza, tórax y abdomen. (Gr. **hex**, seis; **pous**, pie.)

hexápodo* (**hexapod**). Un miembro de la clase *Hexapoda* o *Insecta.* // Que tiene seis pies. (Gr. **hexa**, seis; **pous**, pies.)

hexáptero (**hexapterous**). Que tiene seis procesos en forma de ala. (Gr. **hex**, seis; **pteron**, ala.)

hexáster (**hexaster**). Una variedad de espícula hexactina con los radios en forma de estrella de seis radios. (Gr. **hex**, seis; **aster**, estrella.)

Hexasterophora. Un orden de espongiarios hexactinélidos de espículas pequeñas con seis radios, sin anfidiscos y con garfios en la extremidad. Ejemplo: la *regadera* o *búcaro de Venus* (**Euplectella aspergillum**). (Gr. **hex**, seis; **aster**, estrella; **phoreys**, portador.)

hexastíqueo (**hexastichous**). Que tiene las partes dispuestas en seis hileras. (Gr. **hex**, seis; **stichos**, hilera.)

hexicología (**hexicology**). Estudio de los hábitos de los organismos. Bionómica, Hexiología. (Gr. **hexis**, hábito; **logos**, discurso.)

hexiología. V. *hexicología.*

hexoquinasa (**hexokinase**). Una enzima que cataliza la transferencia del fosfato del trifosfato de adenosina a una hexosa.

hexosa (**hexose**). Un azúcar de seis átomos de carbono, como la glucosa, la fructuosa, la galactosa. (Gr. **hex**, seis.)

hexurónico (**hexuronic acid**). V. *ácido ascórbico* o *vitamina C.*

Heymans, Corneille. Fisiólogo belga. En 1927 demostró el papel de la carótida y de los reflejos carotideos en la regulación de la respiración. Premio Nobel. (1892)

HFE. (**FSH**). Siglas de la *hormona folículo estimulante.*

HGT (**GTH**). *Hormonas gonadotróficas.*

hiaco. Rep. Domin.: especie de anfibio anuro arbóreo pequeño de la familia *Leptodactylidae* (**Eleutherodactylus sp.**)

hial-) (**hyal-**). (Del gr. **hyaleos**, transparente, brillante, hialino, vítreo.)

hialino* (**hyaline**). Transparente, como si fuera de cristal. *Diáfano.* (Gr. **hyaleos**, transparente.)

hialógena (**hyalogen**). Se dice de cualquier partícula formada por un proceso secretorio. (Gr. **hyaleos**, transparente; **genes**, produciendo.)

hialogénesis (**hyalogenesis**). El proceso secretorio de las células. (Gr. **hialos**, transparente; **gnesis**, origen.)

hialoideo* (**hyaloid**). Vítreo o transparente. // Se dice de la membrana que envuelve el humor vítreo. (Gr. **hyalos**, transparente, vítreo.)

hialómero. (**hyalomere**). La parte clara y homogénea de las plaquetas sanguíneas. (Gr. **hyalos**, vítreo; **meros**, parte.)

hialomucoide (**hyalomucoid**). Una de las glucoproteínas del humor vítreo. (Gr. **hyalos**, vítreo; lat. **mucus**, moco; gr. **eidos**, parecido.)

hialonema (**glass rope sponge**). Esponja hexatinélida de cuerpo sostenido por un largo pedúnculo vítreo.

hialoplasma* (**hyaloplasm**). Nombre aplicado a la parte indiferenciada del citoplasma. // Ectoplasma o capa periférica del citoplasma. (Gr. **hyaleos**, hialino; **plasma**, plasma.)

hialóptero (**haylopterous**). Que tiene alas transparentes, como las de ciertos insectos. (Gr. **hialeos**, vítreo; **pteron**, alas.)

hialuronidasa (**hyaluronidase**). Enzima secretada por la cabeza de los espermatozoos, que cataliza la desintegración del ácido hialurónico. (De **hialurónico** y **-asa**, enzima.)

hians. Entreabierto. (Lat. **hians**, abierto.)

hiato* (**hiatus**). Un espacio, separación, fisura o abertura natural en una estructura. // La vulva. // Helicotremo. (Lat. **hiatus**, agujero, brecha.)

hibernación* (**hibernation**). Estado de sopor o somnolencia de algunos animales durante la estación invernal desfavorable que muestran actividades metabólicas disminuidas, como la mostrada por ciertos moluscos, insectos, anfibios y mamíferos. (Lat. **hibernus**, invierno.)

hibernáculo (**hibernaculum**). Lugar usado por cualquier vertebrado durante períodos de hibernación. // Por extensión, el lugar ocupado durante los estados de letargo. // Yema especial de invierno de algunos briozoos.(Lat. **hibernus**, invierno.)

hibernal*. *Invernal.* Relativo al invierno.

hibernante (hibernating). El que pasa el invierno en estado de letargo. // *h. obligatorio*, el que hiberna en el invierno aunque la temperatura sea elevada y no lo hace en el verano aunque sea baja experimentalmente la temperatura. (Lat. **hibernus**, invierno.)

hibernar* (hibernate). Pasar el invierno en estado de reposo. (Lat. **hibernus.**)

hibridación* (hybridization). Acto o proceso de cruzar individuos con caracteres diferentes. // Producción de híbridos. (Lat. **hybrida**, un mestizo.) // *h. introgresiva*, v. *introgresión.*

hibridismo (hybridism). Calidad de ser híbrido. (Lat. **hibrida.**)

hibridista (hybridist). Nombre que se aplicó a los criadores de animales por el cruzamiento que hacían de diversas razas obteniendo los llamados *híbridos.* (Lat. **hibrida**, mestizo.)

hibridizar (hybridize). Producir híbridos por cruzamiento. (Lat. **hibrida**, mestizo.)

híbrido* (hybrid). Animal obtenido por el cruzamiento de especies distintas, que generalmente no es fértil. // El resultado del cruzamiento de dos variedades de la misma especie. (Gr. **hybris**, ultraje.) // *h. recíprocos*, descendencia híbrida derivadas del cruce recíproco de padres de diferentes especies.

hicotea*. V. *jicotea*, quelonio.

hidátide* (hydatid). *Hidátida.* Una vesícula llena de un fluido claro que contiene el estado larval enquistado de ciertas tenias. // Vestigios del conducto de Müller que forman apéndices en los testículos (útero masculino). *Adj. hidatídico*, hidático.* // *h. de Morgani*, apéndice de los testículos que constituye vestigios de los conductos de Müller. // *h. sésil*, restos del canal de Müller en los machos de los mamíferos.

hidatidosis (hydatidosis). Enfermedad producida por las larvas hidátidas de la tenia *Echinococcus granulosus* que, en el estado adulto, parasita el intestino del perro. (De **hydatide.**)

hidatígeno (hydatigenous). Que engendra una hidátida. (Gr. **hydatis**, vesícula acuosa; **genes**, producción.)

hidr- (hydr-). (Del gr. **hydor**, agua.)

hidra* (hydra). Culebra marina venenosa de los océanos Indico y Pacífico. Familia *Hydrophiidae.* // Pólipo de agua dulce del género *Hydra* o de sus afines. (Gr. **hydra**, **serpiente acuática.**) // *h. verde*, una especie de hidra de color verde por la presencia de algas simbióticas (**Chlorohydra viridissima.**)

hidrante (hydranth). Pólipo provisto de cavidad gastrovascular en la colonia de hidrozoos. (Gr. **hydor**, agua.)

Hydraria. Un orden de celenterados hidrozoarios que incluye las especies del género **Hydra.** (De **Hydra.**)

hidrario. Una colonia de numerosos individuos de celenterados hidrozoarios. (De **Hydra.**)

hidrartrosis (hydrarthrosis). Acumulación de serosidad en una articulación. (**hydor**, agua; gr. **arthron**, articulación.)

hidrato de carbono (carbohydrate). Compuesto de C, H, O estos dos en la proporción de H_2O. Son compuestos energéticos llamados también *glúcidos* o *carbohidratos*, como la glucosa, la sacarosa, el almidón, etc.

hídrico (hydric). Que se caracteriza por una gran cantidad de humedad. (Gr. **hydor**, agua.)

hidro (hydro). (Del gr. **hydor**, agua.)

hidrobiología* (hydrobiology). El estudio de los organismos que viven en las aguas. El término se aplica con carácter restringido, al estudio de las aguas interiores, como parte de la limnología. (Gr. **hydor**, agua; **+biología**, q.v.)

hidrocaule (hydrocaulis). Tallo o rama en una colonia de hidrozoos. (Gr. **hydor**, agua; gr. **caulos**; lat. **caulis**, tallo de una planta.)

hidrocefalia* (hydrocephaly). Excesiva cantidad de fluido en los ventrículos del cerebro o en los espacios subaracnoideos. (Gr. **hydor**, agua; **kephale**, cabeza.) // *Adj. hidrocéfalo*.*

hidrocele* (hydrocele). Hidropesía del testículo. (Gr. **hydor**, agua; **kele**, tumor.)

hidrocelo* (hydrocoel). Saco ventral que procede del enterocelo de los crinoideos. // Vesícula celomática en la fase inicial larvaria de los equinodermos. (Gr. **hydor**, agua; **koilos**, cavidad.)

hidrocirco (hydrocircus). El anillo hidrovascular que rodea la boca en los equinodermos. (Gr. **hydor**, agua; **kirkos**, círculo.)

hidrociste (hydrocyst). V. *dactilozoide.*

hidrocladio (hydrocladium). Un hidrante ramificado que procede del tallo principal del cenosarco de ciertos celenterados. // Rama secundaria de un hidrocaulio. (De **hidra**;+ gr. **klados**, rama.)

hidroclima (hydroclime). Conjunto de factores del ambiente marino estudiados a largo plazo. (Gr. **hydor**, agua; **klima**, clima.)

hidroclimógrafo (hydroclimograph). Gráfica poligonal en donde se expresan las relaciones entre temperatura y salinidad del agua en los diversos meses del año. (Gr. **hydor**, agua; **klima**, clima; **graphe**, una gráfica.)

hidrocoralario. Un miembro del orden *Hydrocorallina.*

hidrocórico (hydrochoric). Que se dispersa por medio del agua. (Gr. **hydor**, agua; **choreo**, esparcir.) También *hidrócoro.*

hidrocortisona (hydrocortisone). Una hormona de la corteza suprarrenal, que regula el metabolismo de los hidratos de carbono y de las proteínas. V. *cortisona.*

hidroecio (hydroecium). Una cavidad de algunos sifonóforos en la que puede retraerse el tallo contráctil junto con sus cormidios. (Gr. **hydra**; **+oikos**, casa.)

hidroenterocelo (hydroenterocoelus). Cada uno de los sacos mesodérmicos embrionarios de los equinodermos, los que son esbozos de celoma. (Gr. **hydor**, agua; **enteron**, intestino; **koilos**, hueco.)

hidrófano (hydrophanous). Que se hace transparente con el agua o la humedad. (Gr. **hydor**, agua; **phaino**, mostrar.)

hidrofílio (hydrophyllium). Zooide en forma de hojas, de función protectriz, en una colonia de sifonóforos. También se denomina *bráctea.* (Gr. **hydor**, agua; **phyllon**, hoja.)

hidrófilo* (hydrophilous). Coleóptero acuático de cuerpo convexo y brillante. Familia *Hydrophylidae.* (Gr. **hydor**, agua; **philos**, amante.)

hidrofitón (hydrophyton). Conjunto de cenosarco y la hidrorriza en una colonia de hidroides. (De **hydra**; **+phyton**, planta.)

hidróforo (hydrophoric). Se dice del canal en el aparato ambulacral de los equinodermos, llamado *canal de la arena o canal pétreo.* (Gr. **hydrophorus**, portador de agua.)

hidrófugo (hydrofugous). Que se aparta o se protege de la humedad. (Gr. **hydor**, agua; lat. **fugare.**)

hidroide (hydroid). *Hidroideo.* Se dice de los miembros de la clase **Hydrozoa**, fílum *Coelenterata.* // Pólipo semejante a las hidras. (De **Hydra**; **oides**, parecido.)

hidrolasa (hydrolase). Una enzima que cataliza la hidrólisis de las bases sobre las que actúan. // Enzima hidrolítica. (Gr. **hydor**, agua; **-asa**, enzima.)

hidrolinfa (hydrolymph). El líquido que llena el sistema circulatorio de los equinodermos, de composición similar a la del agua marina. (Gr. **hydor**, agua; lat. **limpha**, agua.)

hidrólisis* (hydrolysis). Ruptura de los compuestos mediante el agua. La digestión es un proceso en el que se hidrolizan alimentos. (Gr. **hidros, hydor**, agua; **lysis**, descomposición.)

hidroma* (hydrome). Un tejido conductor de agua. // Un higroma. (Gr. **hydor**, agua; **oma**, tumor.)

hidromedusa* (hydromedusa). La medusa típica de los hidrozoos, provista de un repliegue ecodérmico llamado *velo* 'o *craspedon.* // Tortuga acuática sudamericana de cuello largo. (De Hydra y medusa, q.v.)

hidromeridio **(hydromeridium).** Cada uno de los vástagos de una colonia de hidrozoarios. (Gr. **Hydra;+** gr. **meros,** parte; **-idion,** dim.)

hidropesía* **(dropsy).** Acumulación anormal de fluídos en una parte del cuerpo. (Lat. **hydropisis;** del gr. **hydor,** agua; **ops,** aspecto.)

hidrópila **(hydropyle).** Una región especializada en la cáscara de los huevos de ciertos insectos, a través de la cual puede pasar agua. (Gr. **hydor,** agua; **pyle,** una entrada.)

hidroplancton **(hydroplankton).** Organismos planctónicos que deben su flotación a inclusiones protoplásmicas de densidad inferior a la del agua. (Gr. **hydor,** agua; **plankton,** plancton.)

hidroplánula **(hydroplanula).** Estado larval entre el de plánula y el de actínula en el ciclo vital de los celenterados. (Gr. **hydor,** agua; lat. **planus,** plano.)

hidropólipo **(hydropolip).** El pólipo o generación sedentaria de los hidrozoos, llamado también *pólipo hidroide.* (De **Hydra;+pólipo,** q.v.)

hidróporo **(hydropore).** Uno de los poros de muchos holoturoideos situado en la base de los tentáculos dorsales, que es el equivalente de la madreporita de otros equinodermos. // Una abertura en el hidrocelo derecho de los equinodermos. (Gr. **hydor,** agua; **poros,** abertura.)

hidrorriza **(hydrohiza).** Parte del cenosarco de un pólipo que se extiende sobre el substrato a modo de fijación. (De **hydra,** + gr. **rhiza,** raíz.)

hidrosere **(hydrosere).** Un *sere* que empieza en el agua o cerca de ella y termina en un clímax terrestre. (Gr. **hydor,** agua; lat. **serere,** poner en fila.)

hidrosis **(hydrosis).** Exceso de agua en tejidos u órganos. // Sudoración. (Gr. **hydor,** agua; **-osis,** condición.)

hidrosoma **(hydrosome).** Vástago o estolón tubular de una colonia de sifonóforos, en donde están distribuidos los diversos individuos que la forma. // Estado hidroide en el ciclo vital en los celenterados. (Gr. **hydor** agua; **soma,** cuerpo.)

hidrospira **(hydrospira).** Un sistema de pliegues y poros situados de cada lado de los ambúlacros de los equinodermos extintos de la clase *Blastoidea.* (Gr. **hydor,** agua; lat. **spira,** una espira.)

hidrostasis **(hydrostasis).** Ajuste del cuerpo de un organismo para pasar de un nivel de agua a otro. V. *vejiga natatoria.* (Gr. **hydor,** agua; **stasis,** postura, posición.)

hidrostoma **(hydrostome).** La abertura bucal de los pólipos hidroides. (Gr. **hydor,** agua; **stoma,** boca.)

hidrotaxia **(hydrotaxis).** *Hidrotaxis,* respuesta táctica a la presencia de agua. (De **hydor,** agua; **taxis,** arreglo.)

hidroteca **(hydrotheca).** Revestimiento quitinoso, a modo de campana, alrededor de los pólipos o hidrantes en los hidrozoos. (Gr. **hydor,** agua; **theke,** una caja.)

hidrotermógrafo **(hydrotermograph).** Instrumento que registra temperatura y precipitaciones lluviosas. (Gr. **hydor,** agua; **therme,** calor; **graphos,** dibujar.)

hidrotórax*. Hidropesía del pecho.

hidrotropismo **(hydrotropism).** Tropismo en el que el estímulo es el agua. (Gr. **hydor,** **tropos,** una vuelta.)

hidrotuba **(hydrotuba).** La larva hidroide de una medusa que, por estrobilación, forma larvas segmentadas llamadas escifóstomas, de la que se desprenden las jóvenes medusas o efiras. (Del género **Hydra;** lat. **tuba,** trompeta.)

hidrozoario **(hydrozoan).** *Hidrozoo.* Un celenterado del taxón *Hydrozoa.*

hidroxicobalamina. Vitamina B12.

hidroxiprolina **(hydroxyproline).** Un aminoácido muy poco común.

hídrula **(hidrula).** Un pólipo hipotético, supuesto ancestral de los celenterados. (Del género **hydra.**)

hiel **(bile).** Véase bilis.

hiemal **(hiemal).** Perteneciente al invierno. (Lat. **hiems,** invierno.)

hiena* **(hyena).** Mamífero carnicero de gran tamaño, de la familia *Hyenidae,* cuyo cuerpo es más alto en la grupa. Se alimenta principalmente de carroña y de animales pequeños. La hiena manchada tiene una voz que recuerda una carcajada. (Gr. **hyaina.**) // *h. manchada, Crocutta crocutta.* // *h. rayada,* (Hyaena hyaena). // *h. sudafricana,* también *lobo de tierra,* especie de la familia *Hyenidae,* que es otro carroñero que acude a las ciudades del Africa del sur. **(Proteles cristatus).**

hiemosco. Pequeño rumiante africano de largos caninos. Familia *Tragulidae* **(Hiemoschus aquaticus).**

higadilla* **(liver of birds).** *Higadillo**. Nombre del hígado de las aves. // Se emplea para designar una enfermedad del mismo. (Del **hígado.**)

hígado* **(liver).** La glándula digestiva más voluminosa en los vertebrados. Posee un gran número de funciones, entre las cuales están la formación de la bilis, que saponifica las grasas. (Lat. **iecur,** el hígado.)

higiene* **(hygiene).** Lo relativo a la salud general del cuerpo y a su conservación. (Gr. **hygies,** saludable; **Hygeia,** diosa de la salud.)

Highmore, N. Cirujano inglés. V. *antro de Highmore, cuerpo de Highmore.* (1613-1684)

hígrico **(hygric).** *Húmedo.* Que tiene tolerancia a la humedad. (Gr. **hygros,** húmedo.)

higro **(higro).** (Del gr. **hygros,** húmedo, mojado.)

higroceptor **(hygroceptor).** Receptor que percibe la humedad ambiental. (Gr. **hygros,** mojado; **+receptor.**)

higrocinesis **(hygrokinesis).** Movimiento en respuesta a la humedad. (Gr. **hygros,** humedad; **kinesis,** movimiento.)

higrófano, hidrófano **(hygrophane).** *Hidrófano.* Se dice del órgano o estructura que cambia de color cuando absorbe agua, como el periostraco de algunos moluscos terrestres. (Gr. **hygros,** mojado; **phanaios,** brillante, aparente.)

higrófilo **(hygrophilous).** Que tiene afinidad hacia el agua o que vive en ambiente húmedo. (Gr. **hygros,** mojado; **philos,** amante.)

higroma* **(hygroma).** Un saco, quiste o bolsa llena de fluido. (Gr. **hygros,** mojado; **oma,** tumor.)

higroplasma **(hygroplasm).** La parte más líquida del protoplasma. Nombre obsoleto. (Gr. **hygros,** mojado; **plasma,** moldeado.)

higroscópico* **(hygroscopic).** Que retiene o es sensible a la humedad. (Gr. **hygros,** humedad; **skopeo,** mirar.)

higrotaxia **(hygrotaxis).** *Higrotaxis.* Movimiento táctico debido a la humedad. Higrocinesis. (Gr. **hygros,** humedad; + **taxis.**)

higrotrópico **(Hygrotropic).** Se dice del organismo que vive en la película de agua que cubre la parte de las piedras no sumergidas en el agua. (Gr. **hygros,** agua; **tropos,** una vuelta.)

higuaca **(Puerto Rican parrot).** Puerto Rico: nombre indígena de la cotorra nativa **(Amazona vittata).**

higuana*. V. *iguana.*

hinojo **(knee).** Rodilla. (Lat. **genicullum.**)

hilador* **(filator).** Estructura hiladora de los gusanos de seda. (Lat. **filum,** hilo.)

hilandera*. V. hilera.

hilanderuelas **(spinnerules).** Tubillos que forman cada hilera en las arañas. (Dim. de **hilera,** q.v.) V. *fúsulas.*

hilera* **(spinneret).** Organo que conduce las secreciones séricas en las arañas. *Hilandera.* (Lat. **filum, filare.**)

hilio* **(hilium).** *Hilo.* Depresión o fisura a través de la cual entran en determinados órganos los vasos sanguíneos, los nervios y otras estructuras, como el hilio de los pulmones, los riñones, etc. (Lat. **hilum,** algo muy pequeño.)

hilo- (hylo). (Del gr. hyle, hyla, una madera, un bosque, la materia.)

hilobio (hylobios). Que habita en los bosques. (Gr. hyle, un bosque.) Hilícola.

hilócero. Especie de jabalí que habita las selvas africanas ecuatoriales (Hylochoerus meinertzhagen).

hilófago (hylophagous). Que come madera. // Que destruye productos alimenticios. // (Gr. hyle, madera; phagein, comer.)

hilogamia (hylogamy). La fusión de los gametos. Obsoleto. (Gr. hyle, madera; gamos, bodas.)

hilótomo (hylotomous). Que corta madera. // Que come madera. (Gr. hyle, madera; tomos, un corte.)

hilozoismo (hylozoism). Doctrina según la cual toda materia tiene vida. (Gr. hyle, madera; zoe, vida.)

Hill, Archibald Vivian. Fisiólogo inglés, quien midió en 1926 el calor producido en la conducción del impulso nervioso. (1886-)

himen (hymen). Repliegue membranoso que reduce el orificio vaginal externo de la mujer mientras conserva su integridad. // El ligamento de los moluscos bivalvos. (Gr. hymen, membrana.)

himenóptero* (hymenopterous). Que tiene alas membranosas. V. *Hymenoptera.*

hinchazón cromosómica (cromosomic puff). Abultamiento en los cromosomas que, según se supone, es el asiento para la formación de RNA.

hio-, hioid- (hyoid). (Del griego hyoeides, en forma de Y.)

hiobranquial (hyobranchial). Perteneciente a los arcos hioideos y branquiales. (Gr. hyoeides, + branchia, branquia.)

hiogloso* (hyoglossal). Lo que pertenece al hueso hioides y a la lengua. (Gr. hyoeides + glossa, la lengua.)

hioides* (hyoid). Huesos o serie de huesos que forman parte del arco hioideo en los peces y se reducen en los mamíferos y las aves a una pieza basal con prolongaciones anteriores y posteriores llamados *cuernos.* // Un esclerito que envuelve la faringe en algunos insectos. (Gr. hyoeides, en forma de Y.) // *Adj. hioideo.**

hiomandibular (hyomandibular). Uno de los huesos que forman el segundo arco hioideo en los peces, situado dorsalmente al hueso hioides. Evolutivamente llega a ser la columela de los anfibios y reptiles y el estribo del oído medio en los mamíferos. (Gr. hyoeides Y; lat. mandibulum, mandíbula.)

hiomental (hyomental). Perteneciente al hioides y al mentón. (Gr. hyoeides Y; lat. mentum, mentón.)

hioplastrón (hyoplastron). Escudo córneo del peto de los quelonios, situado por delante del hipoplastrón. // Hueso del esqueleto dérmico en el peto de los quelonios. (Gr. hioides, Y; plastrón; placa pectoral.)

hiosimpléctico (hyosymplecticum). El cartílago primordial del cual proceden el hiomandibular y el simpléctico. (Gr. symplektos, plegado juntamente.)

hiostapes (hyostapes). La parte inferior del primordio columelar que origina parte de la columela en algunos reptiles. (Gr. hioides Y; bajo lat., stapes, estribo.)

hiosternón (hyosternum). V. *hipoplastrón.*

hiostilia (hyostyly). Suspensión craneal en el cual el hueso cuadrado es movible y está suspendido del cráneo por el hiomnadibular y el simpléctico. (Gr. hioides, Y; stylos, columna.) *Adj. hiostílico.*

hipáctil (hypactile). Perteneciente a la zona intermareal que está cubierta por la marea menos de un cuarto del tiempo. (Gr. hypo, por debajo.)

hipandrio (hypandrium). Una placa subgenital formada en el noveno tergito abdominal en los machos de ciertos insectos. Puede portar dos cortos estiletes, como el de las cucarachas. (Gr. hypo, debajo; aner, macho.)

hipantro (hypantrum). Escotadura en las vértebras de ciertos reptiles para su articulación con el hiposfeno. (Gr. hypo, debajo; antron, cueva, cavidad.)

hipapófisis (hypapophysis). Un proceso ventral medianero del centro de las vétebras, presente en los mamíferos en las dos primeras vértebras lumbares. // Una faceta articular adicional en las vértebras anteriores de algunos ofidios. (Gr. hypo, bajo;+apófisis.)

hipaxial (hypaxial). Lo que está por debajo del eje de la columna vertebral. Se aplica a músculos, etc. (Gr. hypo, debajo; axis, eje.)

hipemia (hyphemia). Anemia oligemia o deficiencia de sangre. (Gr. hypo, poco; haima, sangre.)

hiper* (hyper-). (Del gr. hyper, hypeir, que significa encima; más allá, sobre, en exceso, superioridad.)

hiperapófisis (hyperapohysis). Un proceso dorsolateral y posterior en algunas vértebras. (Gr. hyper, sobre;+apófisis q.v.)

hiperbóreo* (hyperborean). Aplícase a las regiones muy septentrionales. (Gr. hyper, sobre; boreas, norte.)

hiperciesis (hypercyesis). Superfetación o fecundación adicional en una hembra de mamíferos ya preñada. (Gr. hyper, sobre; kyesis, concepción.)

hipercinesia* (hyperkinesia). Exceso de irritabilidad nerviosa. // Aumento en la excitación motriz. (Gr. hype, sobre; kinesis, movimiento.)

hipercitogénesis (hypercitogenesis). Multiplicación excesiva y anormal que provoca un aumento del tamaño de los tejidos. (Gr. hyper, sobre; kytos, célula; genesis, origen.)

hipercolesterolemia (hypercholesterolemia). Exceso de colesterol en la sangre. (Gr. hyper, sobre;+cholesterol; gr. haima, sangre.)

hipercoracoides (hypercoracoid). Un hueso superior en la base de las aletas pectorales en los peces. (Gr. hyper, encima;+coracoides.)

hipercromasia (hyperchromasy). Una superabundancia de cromatina en el citoplasma de la célula. (Gr. hyper, en exceso; chroma, color.)

hipercromatosis (hyperchromatosis). Exceso de cromatina en una célula.=*Hipercromasia.*

hiperdactilia (hyperdactyly). Número supernumerario de dígitos en ciertos animales, como los cetáceos, los plesiosaurios, etc. (Gr. hyper, en exceso; daktylos, dedo.)

hiperemia* (hyperemia). Congestión sanguínea de un órgano. (Gr. hyper, exceso; haima, sangre.)

hiperestesia* (hyperesthesia). Sensibilidad exagerada. (Gr. hyper, exceso; aisthesis, sensibilidad.)

hiperfalangia (hyperphalangy). Condición de tener un número mayor de falanges, como ocurre en los delfines y otros mamíferos acuáticos. (Gr. hyper, exceso, +falange.)

hiperfaríngeo (hyperpharyngeal). Que está encima de la faringe. (Gr. hyper, encima; pharynx, faringe.)

hiperfeminización (hyperfeminisation). Condición por la que el macho muestra caracteres femeninos exagerados, causados a veces por una castración parasitaria. (Gr. hyper, sobre;+feminización.)

hipergamesis (hypergamesis). Absorción por la hembra de un exceso de espermatozoos. (Gr. hyper, exceso, sobre; gamos, bodas.)

hiperglicemia (hyperglycemia). Excesiva cantidad de azúcar en la sangre. (Gr. hyper, exceso;+glicemia.)

hiperinsulinismo (hyperinsulinism). Exceso de insulina en la sangre por la hipersecreción pancreática o por dosis excesiva de insulina. (Gr. hyper, exceso;+insulina.)

hipermasculinización (hypermasculinisation). Condición de la hembra masculinizada exageradamente. (Gr. hyper, encima;+masculino.)

hipermastia (hypermastia). Condición de tener mamas supernumerias. // Tamaño excesivo de las mamas. (Gr. hyper, exceso; mastas, mama.)

hipermetabolía (hypermetaboly). Un tipo de metamorfosis complicada que pasa por dos estados de vida quiescente. (Gr. hyper, exceso;+metabolia.)

hipermetamorfosis (hypermetamorphosis). Desarrollo larvario en ciertos insectos en el que suceden varias formas larvarias con dos o más procesos de metamorfosis. (Gr. **hyper**, exceso;+metamorfosis.)

hipermetropía* (hypermetropia). Estado del ojo en el que los rayos paralelos al eje forman su foco detrás de la retina.=*Presbicia*. (Gr. **hyper**, sobre; **metron**, medida.) // *Adj. hipermétrope**.

hipermorfosis (hypermorphosis). El desarrollo de caracteres adicionales en comparación con los ancestrales. (Gr. **hyper**, exceso; **morphosis**, moldeado.)

Hiperoartii. Orden de peces ciclóstomos que tienen la cavidad nasal ciega, 1-2 aletas dorsales, siete pares de aberturas branquiales y faringe respiratoria en forma de saco. También se denominan *Petromyzontes*. Ej. las lampreas. (Gr. **hyper**, encima; **artios**, completo.)

hiperopía (hyperopia). =*Hepermetropía*, q.v.

hiperosmótica (hyperosmotic). Se dice de cualquier solución que tiene mayor concentración de partículas osmóticamente activas que las células. (Gr. **hyper**, encima; **osteon**, hueso; **-osis**, condición.)

Hiperotreta. Orden de peces ciclóstomos que tienen la cavidad nasal en comunicación con la faringe, carecen de aletas dorsales y parecen una sola abertura branquial lateral =Myxina. (Gr. **hyper**, encima; **tretos**, perforado.)

hiperoxia (hyperoxia). Exceso de oxígeno en los tejidos. (Gr. **hyper**, exceso; **-oxia**, de oxígeno.)

hiperparasitismo (hyperparasite.) Un parásito de segundo grado, que es parásito de otro parásito. (Gr. **hyper**; exceso; +parásito.)

hiperparatiroidismo (hyperparathyroidism). Excesiva secreción de la paratormona por la paratiroides, aumentando la concentración de iones de calcio en la sangre y disminuyendo la de fosfatos. (Gr. **hyper**, exceso;+paratiroides, **-ismo**, condición.)

hiperpituitarismo (hyperpituitarism). Excesiva secreción de la pituitaria, *Hiperhipofisismo*. (Gr. **hyper**, exceso; **pituitaria**; **-ismo**, condición.)

hiperplasia* (hyperplasia). Aumento del volumen de los tejidos por multiplicación celular normal. (Gr. **hyper**, exceso; **plasis**, modelar.)

hiperploide (hyperploid). Un *aneuploide*, q.v., con un cromosoma extra. // Estado de una célula con un número mayor de cromosomas que el normal. (Gr. **hyper**, exceso; **phaploos**, simple.)

hiperpnea (hyperpnea). Respiración exagerada con un aumento en el volumen de aire inspirado por unidad de tiempo. (Gr. **hyper**, exceso; **pnois**, la respiración.)

hiperpoliginia (hyperpolygyny). Proporción mucho mayor de hembras que de machos. (Gr. **hyper**, exceso; **poly**, muchos; **gyne**, hembra.)

hipersecreción (hypersecretion). Secreción excesiva. (Gr. **hyper**, exceso;+secreción.)

hipersensibilidad (hypersensibility). Extremada sensibilidad a un parásito. (Gr. **hyper**, exceso;+sensibilidad.) *Adj. hipersensible.*

hiperregeneración (hyper-regeneration). Regeneración múltiple, como la formación de dos o tres patas en lugar de una en los anfibios. (Gr. **hyper**, exceso;+regeneración.)

hipersensitividad (hypersensitivity). Muy sensible a un estímulo. // Ver *alergia*. (Gr. **hyper**, exceso; lat. **sentire**, sentir.)

hiperstrófico (hypertrophic). Se aplica al molusco gasterópodo que tiene genitales dextrorsos, pero con la concha falsamente sinistrorsa, o ultradextrorsa, o viceversa. (Gr. **hiper**, más allá; **strophe**, que da vuelta.)

hipertelia (hypertely). Condición debida al excesivo desarrollo de un órgano que llega a convertirse en perjudicial al individuo. (Gr. **hyper**, exceso; **teleo**, conduzco a un fin.) // Existencia de pezones supernumerarios. // Excesivo tamaño de las mamas. (Gr. **hyper**, exceso; **thele**, pezón.)

hipertensina (hypertensin). Hormona secretada en los riñones, que estimula la vasoconstricción y causa un aumento en la presión sanguínea. (Gr. **hyper**, exceso;+tensión.)

hipertensión* (hypertension). Tensión excesiva. Se aplica especialmente a la presión sanguínea. (Gr. **hyper**, exceso; +tensión.)

hipertireosis (hyperthyreosis). Véase *hipertiroidismo*.

hipertiroidismo (hyperthyroidism). Excesiva producción de tiroxina, uno de cuyos efectos es el bocio exoftálmico. (Gr. **hyper**, en exceso;+tiroidismo.)

hipertonía (hypertonia). Tonicidad excesiva. (Gr. **hyper**, exceso; **tonos**, tono.) *Adj. hipertónico.* *

hipertónica (hypertonic). Se aplica a soluciones de presión osmótica más elevada que la de los fluidos del cuerpo. (Gr. **hyper**, exceso; **tonos**, tensión.)

hipertricosis (hypertrichosis). Incremento patológico del número de pelos, especialmente aplicable a las zonas desprovistas normalmente de ellos. (Gr. **hyper**, exceso; **thrix**, pelo.)

hipertrofia* (hypertrophy). Un incremento en el tamaño de un órgano o una estructura, por crecimiento en el tamaño, nó en el número de las células. (Gr. **hyper**, exceso; **trophe**, alimento.) // *Adj. hipertrófico**. // *h. compensatoria*, crecimiento excesivo que compensa la falta parcial de un órgano o la total de uno de los dos pares de órganos como el crecimiento de uno de los riñones cuando se extirpa el otro.

hiperuricemia (hyperuricemia). Un incremento en el ácido úrico en la sangre. (Gr. **hyper**, exceso; **úrico** (de ácido úrico); gr. **haima**, sangre.)

hiperventilación (hyperventilation). Respiración vigorosa, que acarrea una disminución de la concentración del CO_2 en la sangre y una subsecuente disminución marcada de profundidad de la respiración. (Gr. **hyper**, exceso;+ventilación.)

hípico (hippic). Lo relativo o perteneciente al caballo. (Gr. **hippos**, caballo.)

hipno- (hypno-). (Del gr. **hypnos**, sueño.)

hipnocisto (hypnocyst). Quiste o vesícula en donde se aloja el estado durmiente temporal de un organismo. (Gr. **hypnos**, sueño; **kystos**, vesícula, quiste.)

hipnodia (hipnody). El estado de reposo y resistencia en las formas larvales. (Gr. **hypnodia**, somnolencia.)

hipnogénico (hypnogenic). Que produce sueño. (Gr. **hypnos**, sueño; **genes**, producción.)

hipnosis* (hypnosis). Sueño provocado por medios artificiales. (Gr. **hypnos**, sueño.) *Adj. hipnótico**.

hipnoto (hypnote). Un organismo en estado durmiente. (Gr. **hypnos**, sueño.)

hipnotoxina (hypnotoxin). Substancia tóxica formada en los nematocistos de los celenterados. (Gr. **hypnos**, sueño; **tóxicos**, un veneno.)

hipo- (hypo-). (Del gr. **hypos**, debajo, menos que lo usual, inferioridad.) // (Del gr. **hippos**, caballo.)

hipo* (hiccup). Espasmo súbito del diafragma seguido por un cierre de la glotis. (Gr. **hypo**, inferioridad.)

hipoario (hypoario). Pequeño lóbulo en el encéfalo de algunos peces por debajo de los lóbulos ópticos. (Gr. **hypo**, debajo; **oarion**, huevecillo.)

hipoaxial. V. *hipaxial.*

hipobentos (hypobenthos). La fauna del fondo marino por debajo de los 1000 m. (Gr. **hypo**, debajo; **benthos**, profundidad del mar.)

hipoblasto (hypoblast). Conjunto de células grandes, cargadas de vitelo del primitivo polo vegetativo, que forman la capa interna de la gástrula de anfioxus. // Un nombre alterno para endodermo. (Gr. **hypo**, debajo; **blastos**, formación.) // *Hipoblástico.*

hipobranquial (hypobranchial). Se dice de cada una de las piezas esqueléticas inferiores de los arcos branquiales. // Espacio bajo las branquiales en algunos crustáceos. (Gr. **hypo**, bajo; **branquial**.)

hipobosco (horse tick). Mosca caballar o borriqueña, insecto del orden *Diptera*, familia *Hippoboscidae*. (Gr. hippos, caballos; kamper, encorvado.)

hipocampo* (hippocampus). Parte del rinencéfalo que forma una eminencia en el cuerno inferior del ventrículo lateral. // También *hipocampo mayor*, // *caballito de mar* (Gr. hippos, caballo.) *Adj.* ***hipocámpico***. // ***h. menor***,= *calcar avis*.

hipocentro* (hipocentrum). Elemento óseo adicional en el cuerpo vertebral de muchos vertebrados tetrápodos fósiles. (Gr. hypo, debajo; kentron, centro.)

hipocerca (hypocercal). Tipo de aleta caudal en la que el lóbulo inferior es más largo que el superior y contiene el soporte esquelético mayor. (Gr. hypo, delgado; kerkos, cola.)

hipocerebral (hypocerebral). Lo que está por debajo del cerebro o del encéfalo. // Ganglio del sistema estomatogástrico, unido a los ganglios frontales y ventriculares. (Gr. hypo, debajo; lat. cerebrum, cerebro.)

hipocitogénesis (hypocytogenesis). División celular inferior a la normal. (Gr. hypo, debajo; kytos, célula;+génesis.)

hipocleidio (hypocleidium). La *interclavícula*, q.v. (Gr. hypo, debajo; kleidion, clavícula.)

hipocondría* (hypochondria). Afección nerviosa caracterizada por una habitual ansiedad real o imaginaria. Los antiguos asignaban esa dolencia al *hipocondrio*. (Gr. hypo, debajo; chondros, cartílago.) *Adj.* ***hipocondríaco****.

hipocondrio* (hypochondrium). Nombre de las partes laterales de la región epigástrica, situadas debajo de las costillas. Gr. hipo, debajo;+kondrion.) *Adj.* ***hipocóndrico***.

hipocónido (hypoconoid). Cuarta cúspide en los molares inferiores de ciertos mamíferos, que ocupa la esquina posterior externa. (Gr. hypos, debajo; konos, cono; idion, pequeño.)

hipocono (hypocone). Cuarta cúspide en los molares superiores de algunos mamíferos que ocupa la esquina posterior interna. (Gr. hypos, bajo; konos, cono.)

hipoconúlido (hypoconulid). Una cúspide de los molares inferiores de los mamíferos situada hacia atrás y entre el hipocónulo y el entocónulo. (Gr. hypos, debajo; konos, cono; idion, pequeño.)

hipocónulo (hypoconule). La quinta cúspide de los molares superiores. (Gr. hypo, debajo; konos, cono.)

hipocoracoides (hypocoracoid). Que está por debajo del coracoides, como uno de los huesos situado por debajo de las aletas pectorales en los peces. (Gr. hypo, debajo;+coracoides.)

hipocordio (hypochord). Vástago delgado situado bajo el notocordio de algunos embriones. (Gr. hypo, por debajo; chorde, cuerda.) *Adj.* ***hipocordal***.

Hipócrates. Médico griego, llamado el Gran Padre de la Medicina. Insistió en la importancia del ambiente físico y social en el curso de las enfermedades. (460-377 A.C.)

hipocrepiano (hippocrepian). En forma de herradura. (Gr. hippos, caballo; crepis, zapato.)

hipodáctilo (hypodactylum). La superficie inferior del dedo de las aves. (Gr. hypo, debajo; daktylos, dedo.)

hipodermales (hipodermalia). Espículas de esponjas situadas por debajo de la capa externa celular. (Gr. hypo, debajo; derma, piel.)

hipodermis (hypodermis). La capa celular situada por debajo de la cutícula de los artrópodos. (Gr. hypo, por debajo; +dermis.)

hipodicrótico (hypodicrotic). Que muestra dos elevaciones esfigmográficas arteriales por cada latido del pulso. (Gr. hypo, debajo; di, dos; krotein, latir.)

hipodigmo (hipodigm). Conjunto de ejemplares o muestras que, examinados por un taxónomo, le permite identificarlos con un taxón determinado e inferir la naturaleza de la población de donde provienen. (Gr. hypo, debajo; deigma, muestra.)

hipofamina (hypophamina). V. *oxitocina* y *vasopresina*.

hipofaringe (hypopharynx). Superficie dorsal del labio inferior de los insectos, que constituye el pavimento de la cavidad oral. // El piso posterior de la cámara preoral de los diplópodos. (Gr. hypo, bajo; pharynx, faringe.) *Adj.* ***hipofaríngeo***.

hipófaro (hypopharos). La pared basal de las esponjas del tipo ragón, desprovista de células flageladas. (Gr. hypo, debajo; pharos, una tela.)

hipofisina (hypophysin). Un extracto de la *hipófisis*.

hipófisis* (hypophysis). Glándula de secreción interna situada por debajo del hipotálamo, que regula un gran número de funciones de otras glándulas endocrinas. También *pituitaria*. (Gr. hipos, debajo; physis, crecimiento. // *Adj*. ***hipofisial***.

hipofloide (hypophloidal). Que vive o crece bajo la corteza de las plantas. (Gr. hypo, bajo; phloides, corteza.)

hipofragma (hypophragm). V. *epifragma* y *opérculo*.

hipofunción* (hypofunction). Disminución de la función normal de un órgano. (Gr. hipo, bajo;+función.)

hipogastrio* (hypogastrium). La parte abdominal inferior mediana en el hombre. (Gr. hipo, bajo; gaster, vientre.) // *Adj.* ***hipogástrico***.

hipogastroide (hypogastroid). *V. hipoisquio*.

hipogéneo (hypogenous). Que crece en la superficie inferior de algo. (Gr. hypo, debajo; genes, producido.)

hipogénesis (hypogenesis). Desarrollo sin alternancia de generaciones. (Gr. hypo, debajo; genesis, origen.)

hipogeo* (hypogenous). Relativo a la vida subterránea. // Región hipogea. (Gr. hypos, debajo; ge, la tierra.)

hipogloso* (hypoglossal). Se dice del duodécimo nervio craneal, que se extiende por debajo de la lengua. (Gr. hipo, bajo; glossa, lengua. // *Halibut*, pez del orden *Pleuronectiformes*. (**Hipoglossus hipoglossus**).

hipoglotis (hypoglottis). La parte inferior de la lengua. // Una parte del labio en los insectos. (Gr. hypo, debajo; glotta, lengua.)

hipoglucemia (hypoglicemia). =*Hipoglicemia*.

hipognato (hypognathous). Que tiene la rama inferior de la boca o del pico más saliente que la superior. Aplícase a insectos, peces y aves. (Gr. hypo, bajo; gnathos, la mandíbula.)

hipogrifo* (hippogriff). Animal fabuloso, mitad caballo y mitad grifo. (Gr. hippo, caballo; lat. gryphus, grifo.)

hipohial (hipohyal). Una parte del arco hioideo situada entre el ceratohial y el *basihial*. (Gr. hypo, bajo;+hial.)

hipoinsulinismo (hypoinsulinism). Disminución de la producción de la insulina, con el consiguiente aumento de la glucemia. (Gr. hypo, por debajo;+insulina.)

hipoisquion (hypoischium). Una estructura cartilaginosa u ósea que se extiende hacia atrás desde cada isquión y soporta la cloaca. // Hueso cloacal u *os cloacae*. (Gr. hypo, bajo; ischion, cadera.)

hipolemal (hypolemmal). Que está por debajo del sarcolema de los músculos. (Gr. hypo, bajo; lemma, corteza.)

hipolítico (hypo lithic). Que vive bajo las piedras. (Gr. hypo, por debajo; lithos, piedra.)

hipolimnio (hypolimmion). La masa de agua profunda de los lagos, separada de la superficial o *epilimnio* por el termoclinal. (Gr. hypo, por debajo; limne, estanque.)

hipómanes* (hippomanes). Secreción en la orina de la yegua preñada. (Gr. hippomaes, pasión por los caballos.)

hipomastia (hipomastia). Tamaño anormalmente pequeño de las mamas. (Gr. hypo, bajo; mastos, mama.)

hipómero (hypomere). Una división del mesodermo embrionario que origina el peritoneo, los mesenterios, los músculos involuntarios del tubo digestivo, la mayor parte del sistema reproductor. // La parte lateral encorvada del protórax de los coleópteros. (Gr. hypo, debajo; meros, parte.) Adj. ***hipomeral***.

hipometabolia (hypometaboly). Metamorfosis incompleta con período de inmovilidad ninfal. (Gr. hypo, debajo; +metabolía.)

hipométrope. V. *miope.*

hipomorfo (hypomorph). Un gen que tiene un efecto menor que su alelomorfo. (Gr. hipo, debajo; morphe, forma.) // Que tiene forma de caballo. (Gr. hippos, caballo; morphe, forma.)

hiponeural (hyponeural). *Subneural.* Que está por debajo del sistema nervioso. Se refiere especialmente a los equinodermos. (Gr. hypo, debajo; neuron, nervio.)

Hiponeurianos. Nombre que ha sido aplicado a los invertebrados cuyo sistema nervioso ocupa una posición inferior al tubo digestivo (anélidos, artrópodos, moluscos, etc.) (Gr. hypo, debajo; neuron, nervio.)

hiponeuria (hyponeury). Anomalía en el sistema nervioso central humano, que ocupa una posición bajo el tubo digestivo. (Gr. hypo, debajo; neuron, nervio.)

hiponeuston (hyponeuston). El plancton superficial u organismo que vive inmediatamente por debajo de la superficie del agua. (Gr. hypo, bajo; neustos, capaz de nadar.)

hipónimo (hyponym). Nombre genérico no fundado en una especie tipo. (Gr. hypo, debajo; onymia, nombre.)

hiponiquio (hyponychium). La capa celular epidérmica sobre la que se desliza la uña. (Gr. hypo, debajo; onyx, uña.)

hiponoia (hyponoia). Actividad mental retardada. (Gr. hypo, debajo; nois, espíritu.)

hipónomo (hyponome). El embudo de los cefalópodos, que está situado por debajo de la boca y es un derivado del pie. (Gr. hypo, bajo; nomes, tubería.)

hipoparatipo (hypoparatype). En taxonomía, un ejemplar en el que originalmente se basaba una nueva especie, pero que no ha sido escogido como ejemplar tipo. (Gr. hypo, bajo;+paratipo.)

hipoparatiroidismo (hypoparathyroidism). Deficiencia en la secreción de la paratormona, que da lugar a una baja concentración de iones de calcio en la sangre y un aumento de fosfatos. (Gr. hypo, bajo;+paratiroides; -ismo, condición.)

hipopigio (hypopyge). Conjunto de segmentos terminales del abdomen en los insectos, a menudo modificados por la cópula. (Gr. hypo, debajo; pyge, rabadilla.)

hipopituitarismo (hypopituitarism). Deficiencia en las secreciones de la pituitaria o hipófisis. (Gr. hypo, debajo;+pituitaria; -ismo, condición.)

hipoplaquia (hypoplakia). Una pieza accesoria ventral entre las valvas de ciertos moluscos bivalvos perforadores. (Gr. hypo, debajo; plax, una placa.)

hipoplasia (hypoplasia). Reducción anormal del número de células de un tejido, que origina órganos de menor tamaño que el normal. (Gr. hypo, debajo; plasis, acción de modelar.)

hipoplastrón (hypoplastron). Escudo córneo del peto de los quelonios. // Hueso del peto de los quelonios entre el hipoplastrón y el xifiplastrón. (Gr. hypo, por debajo; fr. plastron, placa pectoral.)

hipopleura (hipopleuron). Un esclerito torácico de los insectos dípteros situado por debajo del metapleura, entre el mesotórax y el metatórax. (Gr. hypo, debajo; pleura, el lado.)

hipoploide (hipoploid). Que tiene un número de cromosomas algo menor que un múltiplo exacto del número haploide. (Gr. hypo, debajo; ploide, simple.) // *Adj.* **hipoploideo.**

hipopnea (hypopnea). Disminución anormal del ritmo respiratorio. (Gr. hypo, debajo; pneo, respirar.)

hipopnéustico (hypopneustic). Se dice del insecto que tiene un número reducido de espiráculos. (Gr. hypo, debajo; pneo, respirar.)

hipopótamo* (hipopotamus). Mamífero artiodáctilo suiforme que vive en ríos de Africa. Tiene la piel espesa, la cabeza muy grande y los pies pequeños. Alcanza unos cuatro metros de largo *(Hippopotamus amphibius).* (Gr. hippos, caballo; potamos, río.) // *h. pigmeo,* una especie de hipopótamo mucho menor y menos acuático que el común, que habita solo el Africa occidental, en Sierra Leona y Liberia (Choeropsis liberiensis).

hipoprocto (hipoproct). Una pieza pequeña medianera que a veces se encuentra bajo el ano en algunos insectos. (Gr. hypo, por debajo; proctos, el ano.)

hipóptero (hypopteron). Grupo de plumas tectrices insertas bajo el brazo y húmero en las alas de las aves. (Gr. hypo, bajo; pteron, ala.)

hipopus (hypopus). Un estado en el desarrollo de los ácaros de la familia *Tyroglyphidae* que aparece cuando las condiciones son desfavorables, y es responsable de la dispersión de la especie. (Gr. hypo, bajo; pous, pie.)

hiporradio (hyporadius). Una barba del *hiporraquis.* (Gr. hypo, bajo; lat. radium, varilla.)

hiporraquis (hyporachis). Plumilla que a veces existe en la base de un surco longitudinal de la cara inferior del raquis de ciertas plumas. (Gr. hypo, bajo; rhachis; espina.)

hiposfenio (hiposphene). Un proceso cuneiforme en el arco neural de las vértebras de ciertos reptiles, que encaja en el hipantro. (Gr. hypo, debajo; sphen, cuña.)

hiposomito (hyposomite). La parte ventral de un segmento o anillo del cuerpo. (Gr. hypo, debajo; soma, cuerpo.)

hiposquelético (hiposkeletal). Que está situado por debajo, o internamente, del esqueleto. (Gr. hypo, debajo; skeletos, duro.)

hipóstasis* (hypostasis). Un sedimento o depósito. // Caracteres recesivos no alelomórficos. (Gr. hypo, debajo; stasis, postura.) // *Adj.* **hipostático.***

hipostego (hypostege). Estructura en los briozoos por debajo del opérculo. (Gr. hypo, bajo; stegos, techo, tapa.)

hipostereoma (hypostereom). Capa interna de las placas o del tegumento de las equinodermas crinoideos. (Gr. hypo, bajo; stereoma, base.)

hipostilo. V. *hiporraquis.*

hipostoma (hypostome). Región cónica en la boca de los pólipos hidroides, en cuya extremidad se encuentra la boca. // Un pliegue que rodea la boca en algunos crustáceos. // El labro en las trilobitas. // Región anteroventral en la cabeza de los insectos. // La parte ventral en la boca de los ixódidos. (Gr. hypos, por debajo; stoma, boca.)

hipostomado (hipostomatous). Que tiene la boca en la parte inferior de la cabeza. V. *Hypostomides.* (Gr. hypo, bajo; stoma, boca.)

hipostraco (hypostracum). Estrato situado en la cara interna de la concha de los moluscos, que forma una estructura prismática y laminar de carbonato de calcio y conquilina. El nácar es una estructura del hipostraco. (Gr. hypo, bajo; ostrakon, concha.)

hipotálamo* (hypothalamus). Región del encéfalo intermedio situada debajo del tálamo, que regula ciertas funciones vitales, predominantemente las que envuelven el sistema nervioso autonómico. (Gr. hypo, por debajo;+tálamo.)

hipotarso (hypotarsus). El calcáneo del pie de las aves. (Gr. hypo, bajo; lat. tarsus, tarso.)

hipotenar (hypotenar). Reborde en la palma de la mano bajo los dedos y en la región ulnar. (Gr. hypo, debajo; thenar, la palma de la mano.)

hipotensión* (hypotension). Baja presión arterial. (Gr. hypo, bajo;+tensión.)

hipoteriano (hypotherian). Primer estado por el que según Huxley, ha pasado la línea filética de cada orden de mamíferos. (Gr. hypo, bajo; theria, bestia.)

hipotermia* (hypothermia). Reducción de la temperatura del cuerpo por debajo de lo normal, que permite conservar por largo tiempo las reservas alimenticias del cuerpo. // Reducción de la temperatura del cuerpo bajo vigilancia médica en ciertos casos de cirugía. (Gr. hypo, bajo; therme, calor.)

hipótesis* (hypothesis). Explicación provisional de un fenómeno aún no comprobada por experiencias. (Gr. hypothesis.) *Adj. hipotético.* // *h. de "la edad y el tiempo"*, propuesta por Willis, que expresa que mientras más vieja sea una especie, mayor será su distribución geográfica. // *h. de Willis*, la mayoría de las especies endémicas son más bien especies jóvenes que antiguos relictos. // *h. del monoclimax*, suposición de que todos los clímax de las comunidades están básicamente determinados por el clima. // *h. policlimácica*, suposición de que en un área climácica pueden existir varios tipos subclimáticos.

hipotimpánico (hypotympanic). Situado bajo el tímpano. (Gr. hypo, bajo;+tímpano.)

hipotipo (hypotype). Un ejemplar descrito o ilustrado para completar la descripción de una especie. V. *plesiotipo.* (Gr. hypo, inferior; typos, patrón.)

hipotiridio (hypothyridium). Tipo de orificio del pedúnculo de los braquiópodos, situado por debajo o en el interior del *deltidio.* (Gr. hypo, por debajo;+tiridio.)

hipotiroidismo (hypothyroidism). Una condición caracterizada por escasa secreción de tiroxina, una de cuyas manifestaciones es el bocio simple y el mixedema. (Gr. hypo, por debajo;+tiroides.)

hipotonía* (hypotonic). Se aplica al fluido que tiene una presión osmótica relativamente baja en relación con otro. // Que tiene un tono muscular inferior al normal. (Gr. hypo, por debajo; tonos, tono.) *Adj. hipotónico*.*

hipotrago (hippotragus). Tipo de rumiante africano con patas largas y cuernos en ambos sexos, como el antílope sable (Hippotragus niger). (Gr. hippos, caballo; tragos, cabra antílope.)

hipotremático (hipotrematic). Se aplica a la barra lateral inferior en la cesta branquial de los peces ciclóstomos. (Gr. hypo, bajo; trema, abertura.)

hipotrocantérico (hypotrochanteric). Situado bajo el trocánter. (Gr. hypo, bajo;+trócanter.)

hipotrico (hipotrichous). Que tiene cilios restringidos principalmente a la superficie inferior. // Que tiene deficiencia de pilosidad. // V. *Hypotrichida.* (Gr. hypo, bajo; thrix, pelo.)

hipotricosis (hypotrichosis). Disminución en el crecimiento del pelo. (Gr. hypo, bajo; thrix, pelo.)

hipotríquido. V. *Hypotrichida.*

hipovalva (hypovalve). Una parte inferior de la envoltura en ciertos dinoflagelados. (Gr. hypo, bajo; lat. valva.)

hipoxantina (hypoxanthine). Substancia nitrogenada encontrada en glándulas y músculos. (Gr. hypo, debajo; xanthos, amarillo.)

hipoxia (hypoxia). Disminución de la cantidad de oxígeno disponible en un tejido. (Gr. hypo, por debajo; -oxi, de oxígeno.)

Hippidea. Una superfamilia de crustáceos anomuros cuyo abdómen es simétrico y está doblado bajo el tórax, el rostro está reducido o ausente, el cefalotórax es cilindráceo y el primer par de patas subquelado. Vive en la zona litoral, en fondos arenosos.

Hippomorpha: Un suborden de mamíferos perisodáctilos que incluye el caballo, el asno, la cebra, el onagro, etc., que tiene el dedo medio (III) de las patas sumamente desarrollado, mientras que los dedos II y IV solamente están representados por metápodos incompletos. Ciertas especies extintas poseían los dedos II y IV. (Gr. hippos, caballo; morphe, forma.)

hippus (hippus). Contracción rítmica y alternada del iris de los ojos. *Atelosis pupilar.*

hipsiloide. V. *upsiloide.*

hipso- (hipso). (Del gr. hypsos, altura.)

hipsocefálico (hypsocephalic). Que tiene un cráneo con el índice cefálico mayor de 75. (Gr. hypsos, alto; kephale, cabeza.)

hipsodonto (hypsodont). Dícese del molar que tiene la corona muy elevada. (Gr. hypsos, alto; odous, diente.)

hipural (hypural). Espina hemal modificada situada en el lóbulo inferior de la cola de ciertos peces. (Gr. hypo, debajo; oura, cola.)

hipurita (Hippurites). Hipurites. Molusco bivalvo fósil del género *Hippurites,* que tiene forma de casco de caballo. (Gr. hippos, caballo; ites, piedra o fosilización.)

hiraceo. Droga de la farmacopea antigua, extraída del excremento de los damanes o hiracoides.

hiracoideo (hyracoid). Vs, Hyracoidea.

hirco* (wild goat). Cabra montés. (lat. hircus, macho cabrío.) *Adj. hircino.*

hircocervo*. Animal fabuloso, compuesto de macho cabrío y ciervo. (Lat. hircus, cabro; cervus, ciervo.)

hirsutismo* (hirsutism, hirsuties). Un crecimiento anormal del pelo. // Condición de tener pelos ásperos y rígidos. (Lat. hirsutus.) // *Adj. hirsuto*.*

hirudina (hirudine). Substancia anticoagulante de la saliva de las sanguijuelas. (Lat. hirudo, sanguijuela.)

Hirudinea. Clase de anélido de cuerpo cilíndrico, caracterizado por la presencia de ventosas en los extremos. Casi todos son parásitos y acuáticos. Ej. la sanguijuela medicinal. (Lat. hirudo, una sanguijuela.)

hirudíneo (hirudinea). Un miembro de la clase *Hirudinea,* q.v.

His, Wiehelm. Zoólogo alemán, inventor del micrótomo y estudioso de los primeros estados embriológicos. (1831-1904)

híspido* (hispid). *Hirsuto.* Que tiene pelos rígidos, ásperos y puntiagudos. (Lat. hispidus.)

hispídulo (hispidulous). Que tiene pelos rígidos, pero cortos. (Lat. hispidulus.)

histamina (histamine). Un producto de la descomposición de la histidina formado en la mayoría de los tejidos que ocasiona la dilatación y permeabilidad de los capilares. (Gr. histos, tejidos;+amina.)

histaminasa (histaminase). Una enzima que inactiva las histaminas. (De histaminar y -osa, enzima).

hister- (hyster-). (Del gr. hysteros, más tarde, por detrás, que viene después.) (Del gr. hustera, el útero o matriz.)

histéresis (hysteresis). Retraso en el proceso de un fenómeno. Retraso en el ajuste de una forma externa a una tensión interna. (Gr. hysteresis, de arribo tardío.) // *h. protoplásmica*, disminución de la dispersión coloidal en los tejidos debido a cambios durante la senectud.

histerogénico (hysterogenic). Que se desarrolla tarde. (Gr. hysteros, tarde; genos, descendiente.)

histerosoma (hysterosome). En los ácaros, la región posterior del cuerpo, que comprende el metapodosoma y el opistosoma. (Gr. hysteros, por detrás; soma, cuerpo.)

histerotelia (hysterotely). La retensión de caracteres larvales en las pupas o imagos de algunos insectos. (Gr. hysteros, después; telos, fin.)

histidina (histidine). Aminoácido que se encuentra en los tejidos. (Gr. histos, tejido.)

histiocito (histiocyte). Una gran célula intersticial fagocítica del tejido retículo-endotelial. // *Clasmatocito* o *macrófago.* // Célula de tejidos somáticos, por oposición a las germinales. (Gr. hystos, tejido; kytos, célula.)

histioide (histioid). Parecido a un tejido. // Aracnoide. Que se desarrolla en los tejidos. (Gr. histos, tejido; eidos, forma.)

histo- (histo-). (Del gr. histos, una tela, un tejido.)

histoblasto (histoblast). Histocito inmaduro. // Formación larval en los insectos que da origen a los órganos en los adultos. V. *discos imaginales.* (Gr. histos, tejido; blastos, germen.)

histoclástico (histoclastic). Que destruye los tejidos. (Gr. histos, tejido; klastos, roto en pedazos.)

histodiferenciación (histodiferenciation). Clase de diferenciación durante el desarrollo embrionario en que se especializan los tejidos. (Gr. histion, tejido;+diferenciación.)

histogénesis (histogenesis). Formación de los tejidos. (Gr. histos, un tejido; genesis, origen.) *Adj.* ***histogénico, histogéneo.***

histofilia* (histophyly). La historia filogenética de un grupo de células. (Gr. histos, tejido; phylon, estirpe.)

histohematina (histohaemation). Un citocromo. (Gr. histos, tejido;+hematina, q.v.)

histólisis (histolysis). Proceso de destrucción de un tejido por disociación de sus partes. (Gr. histos, tejido; lysis, disociación.)

histología* (histology). El estudio microscópico de la forma y estructura de los tejidos orgánicos. (Gr. histos, tejido; logos, tratado.) // *Adj.* ***histológico*.***

histometabasis (histometabasis). Fósil que retiene estructuras detalladas de los tejidos. (Gr. histos, tejido; metabasis, alteración.)

histona (histone). Una de las proteínas, como las globinas, de propiedades básicas. (Gr. histos, tejido; ona.)

histopoyesis (histopoiesis). V. *histogénesis.*

histoquímica (histochemistry). Estudio de los tejidos orgánicos fijando las células por métodos químicos que no destruyen sus actividades enzimáticas. (Gr. histos, tejido;+ química.)

historia natural (natural history). En su sentido amplio, el estudio de la naturaleza; biología, geografía, geología, paleontología. En sentido restringido, la *etología* de los organismos.

histosistema (histosystem). Repetición de unidades morfológicas y funcionales en determinados órganos, como los nefrones de los riñones. (Gr. histos, tejido;+sistema, q.v.)

histoteleosis (histoteleosis). La culminación de la diferenciación funcional de las células. (Gr. histos, tejido; teleios, completo.)

histótomo (histotome). Un instrumento para seccionar tejidos, mejor conocido como *micrótomo.* (Gr. histos, tejido; tome, cortar.)

histotrófico (histotrophic). Lo perteneciente a la formación y reconstrucción de los tejidos. (Gr. histos, tejido; trophos, el que alimenta.)

histótrofo (histotrophic). Se dice de la secreción producida en algunos moluscos, como los gasterópodos del género *Janthina,* para la nutrición de los huevos. (Gr. histos, tejido; trophos, uno que alimenta.)

histozima (histozyme). Una enzima encontrada en riñones de animales. *Hipuricasa.* (Gr. histos, tejido; zyme, levadura.)

histozoico (histozoic). Que vive en los tejidos. Se aplica especialmente a ciertos protozoos parásitos. (Gr. histos, tejido; zoikos, perteneciente a la vida.)

histricoides. V. *Hystricoidea.*

histricomórfico (hystricomorphic). Que pertenece al grupo de roedores llamado *Hystricomorpha.* (Lat. hystrix, puercoespín.)

hiter (hyther). Efecto combinado de la humedad y del aire caliente sobre el organismo. (Contracción de hidro y termo.)

Hjort, H. Oceanógrafo noruego, quien, junto con J. Murray, uno de los dirigentes de la expedición oceanográfica del Michael Sars, demostró que el océano está dividido vertical y horizontalmente en varias clases de ambientes con poblaciones animales características.

HL (LH). Siglas de la hormona lactogénica segregada por la adenohipófisis, que estimula el desarrollo de las células foliculares de los ovarios y los túbulos seminíferos de los testículos y la secreción de la testosterona.

HLT. V. *hormona lactógena.*

hoacín* (hoatzin). *Hoazin, hoactzin.* Ave neotropical del orden *Galliformes,* familia *Opsisthocomidae* (Opisthocomus hoazin).

hocico (muzzle). *Morro.* Parte terminal de la cabeza de los mamíferos, que comprende la boca y la nariz. (De hozar.)

hoco* (curassow). Ave gallinácea americana de la familia *Cracidae.* También *pajuí.*

hocó (tiger heron). Sudamérica: ave del orden *Ciconiiformes,* familia *Ardeidae* (Tigrisoma lineatum).

hocofaisán (curassow). Méx. *hoco,* ave de caza de la familia *Cracidae* (Crax rubra) llamada también *faisán.*

Hoerr, N.L. En colaboración con R.R. Bensley inició el aislamiento y análisis de los mitocondrios. (1934)

Hoerstadius, S. Estableció las bases para la interpretación de la segmentación (1848). (1824-1877)

Hogeboom, G.H. Junto con W.C. Scheneirla y G.E. Palade, pudo separar los mitocondrios de la célula (1948).

hoja* (plate). Lámina o placa. // ***h. dérmica,*** capa celular de la pared del cuerpo en los poríferos, impropiamente llamada *ectodermo.* // ***h. embrionarias,*** V. *hojas germinales.* // ***h. gastral,*** capa celular interna de la pared del cuerpo de los poríferos, impropiamente llamada *endodermo.* // ***h. germinales,*** u *h. blastodérmicas,* capas celulares que constituyen la gástrula. Se prefiere este nombre cuando ya se ha formado el mesodermo. V. *ectodermo, endodermo, mesodermo, epiblasto* e *hipoblasto.* // ***h. parietal,*** capa de tejido que tapiza la parte externa del celoma. // ***h. visceral,*** capa celular que tapiza la parte interna del celoma.

holandría (holandry). La condición de tener un número completo de testículos. (Gr. holos, completo; aner, macho.)

holándrico (holandric). Que se transmite a través de cromosomas Y. (Gr. holos, completo; aner, macho.)

holártica (holarctic). Región zoológica que comprende las regiones neártica y paleártica, es decir: América del Norte, Europa y norte de Asia. (Gr. holos, completo;+ártico.)

holaspídea (holaspidean). Dícese del ave que tiene una simple serie de grandes escamas en el aspecto posterior del tarso-metarso. (Gr. holos, completo; aspis, un escudo.)

Holasteroida. Un orden de equinoideos que tienen los ambúlacros petaloides y los pétalos similares y no hundidos. Del Cretáceo hasta el Reciente. (Gr. holos, entero;+Asteroidea.)

holcodonte (holcodont). Que tiene los dientes situados en un surco largo. (Gr. holkos, surco; odous, diente.)

Holectypoida. Un orden de equinoideos provistos de ambúlacros estrechos en la superficie oral y dientes de la linterna con rebordes laterales. (Gr. holos, completo; ektypos, en relieve.)

holismo (holism). Hipótesis de que solo la coexistencia de todas las partes de un organismo da origen a las manifestaciones de la vida (Haidame). V. *teoría organísmica* o *teoría de la configuración.* (Gr. holos, entero, por completo.)

holo- (holo-). (Del gr. holos, todo entero, por completo.)

holobéntico (holobenthic). Que pasa todo su ciclo vital en el fondo del mar. (Gr. holos, por completo; bethos, fondo.)

holoblástico (holoblastic). Se aplica a un tipo de segmentación en el que el huevo se divide por completo. (Gr. holos, todo; blastos, formación.)

holobranquia (holobranch). Es la branquia completa de los peces o las dos hemibranquias separadas por un tabique interbranquial. (Gr. holos, todo; branchia; branquia.)

holocéfala (holocephalous). Larva de insectos que tiene la cabeza completamente desarrollada. (Gr. holos, completo; kephale, cabeza.)

holocéfalo (holocephalous). Dícese de la costilla que tiene una cabeza. (Gr. holos, todo; kephale, cabeza.)

Holocela. Una división del orden *Alloeocela* que incluye los turbelarios que tienen un tubo digestivo ligeramente lobulado, penis desarmado y las glándulas de vitelo más o menos distintas de los ovarios. (Gr. holos, todo; koilos, cavidad.)

Holoceno (Holocene). Epoca actual o reciente del período cuaternario de la Era Cenozoica, en la que hizo su aparición el hombre. (Gr. **holos**, por completo; **koinos**, común.)

Holocephali. Una subclase de los peces cartilaginosos que se caracteriza por tener soldado el neurocráneo, cinco arcos branquiales cubiertos por una membrana opercular y una sola abertura branquial externa. Comprende las quimeras. (Gr. **holos**, todo, entero; **kephale**, cabeza.)

holocíclico (**holocyclic**). Que posee o que completa generaciones alternativamente bisexuadas y partenogenéticas. (Gr. **holos**, completo; **kyklos**, círculo.)

holocrina (**holocrine**). Aplícase a las glándulas y sus secreciones en las que las células secretoras se desintegran y forman parte de la secreción. (Gr. **holos**, completo; **krinein**, separar.)

holocroico (**holochroal**). Que tiene los ojos con las lentes muy juntas y la córnea continua sobre ellas. (Gr. **holos**, completo; **chros**, junto.)

holoentoblástula (**holeontoblastula**). Una larva anormal en los equinodermos cultivada en soluciones salinas concentradas, en la que el endodermo queda reducido a un simple botón en el polo animal. (Gr. **holos**, completo; **+entoblástula**.)

holoenzima (**holoenzyme**). Una substancia activa formada por combinaciones de una coenzima y una apoenzima. (Gr. **holos**, completo;**+enzima**, q.v.)

holófito (**holophytic**). Organismo que se nutre, como las plantas verdes, sintetizando compuestos orgánicos bajo la influencia de la luz y por medio de los cromatóforos. (Gr. **holos**, completo; **phyton**, planta.) Adj. *holofítico.*

hologametos (**hologametes**). Se dice de los protozoos completamente desarrollados que participan en la conjugación o en la singamia. (Gr. **holos**, completo; **gametos**, boda.) V. *mesogameto.*

hologamia (**hologamy**). Una forma de unión sexual de los protozoos por medio de la cual dos individuos actúan como gametos y se unen para formar un cigoto. // Condición de tener los gametos similares a las células somáticas. (Gr. **holos**, completo; **gamos**, boda.)

hologástrula (**hologastrula**). Gástrula formada por huevos holoblásticos. (Gr. **holos**, completo; **gaster**, estómago.)

hologénesis (**hologenesis**). Hipótesis establecida por Rosa, según la cual la evolución se desarrolla en todos los individuos de una especie en una misma dirección, independientemente de los factores externos, para escindirse luego en dos nuevas especies y así sucesivamente. // Hipótesis de Naegeli, según la cual las especies provienen de centros de formación múltiple. (Gr. **holos**, todo; **genesis**, origen.)

hologínico (**hologynic**). Se aplica a los caracteres trasmitidos por el cromosoma X. (Gr. **holos**, todo; **gyne**, mujer.)

hologanto (**holognathous**). Que tiene las mandíbulas compuestas de una sola pieza. (Gr. **holos**, por completo; **gnathos**, mandíbula.)

Hologonia. Un orden de nematodos en donde las gónadas tienen la zona germinal extendida en toda su longitud. (Gr. **holos**, por completo; **gonos**, generación.)

Holomastigina. Protozoos de forma esférica, provistos de 40 a 50 flagelos distribuidos regularmente en toda la superficie. Poseen nutrición holozoica y amiboide. (Gr. **holos**, por completo; **mastigos**, flagelo.)

holomastigoto (**holomastigote**). Que tiene un solo tipo de flagelados, regularmente esparcidos. (Gr. **holos**, completa; **mastigos**, "flagelo".)

Holometabola. Una división de la clase *Insecta.* V. *Endopterygota.*

holometabolía (**holometaboly**). Tipo de metamorfosis, llamada también completa, en la que el insecto pasa por las fases de larva, pupa e imago. (Gr. **holos**, completo; **metabole**, cambio.) V. *Endopterygota. Adj.* *holometabólico.*

holometabolismo (**holometabolism**). El estado de tener metamorfosis completa. (Gr. **holos**, completo;**+metabolismo**.)

holomorfo (**holomorph**). Término propuesto por Henning para indicar la totalidad de las características que muestra el individuo durante toda su vida. (Gr. **holos**, todo; **morphe**, forma.)

holomorfosis (**holomorphosis**). Tipo de regeneración en la que se sustituye una parte completa. (Gr. **holos**, todo; **morphe**, forma.)

Holomyaria. Taxón que incluye los nematodos que carecen de músculos divididos discretamente. (Gr. **holos**, todo; **mys**, músculo.)

holonefridio (**holonephridium**). V. *meganefridio.*

holonefros (**holonephros**). Organo excretor hipotético de los precursores de los vertebrados, localizado en el lado dorsal de la cavidad del cuerpo, a lo largo del celoma. (Gr. **holos**, completo; **nephros**, riñón.)

holoparásito (**holoparasite**). Se aplica al parásito obligatorio que no puede prescindir de esa manera de vivir. *Parásito obligado.* (Gr. **holos**, completo;**+parásito**.)

holoplancton (**holoplankton**). Plancton propiamente dicho, o sea, el que vive permanentemente flotando en las aguas. (Gr. **holos**, por completo;**+plankton**.) *Adj. holoplanctónico.*

holopnéustica (**holopneustic**). Se dice del tipo de larva en los insectos holometábolos, que respira por todos sus estigmas. (Gr. **holos**, todo; **pneustikos**, que sirve para respirar.)

holóptico (**holoptic**). Que tiene los dos ojos reunidos en el frente. (Gr. **holos**, todo; **ops**, ojo.)

holórrino (**holorrhinal**). Con la nariz provista de un margen posterior redondeado. // Tipo de cráneo de las aves con las aberturas nasales externas de forma oval y con sus bordes posteriores en frente del borde posterior de las premaxilas. (Gr. **holos**, todo; **rhinos**, nariz.)

holosaprófito (**holosaprophyte**). Un saprófito obligatorio. (Gr. **holos**, completo; **sapros**, podrido; **phyton**, planta.)

holósquisis (**holoschisis**). V. *amitosis.* (Gr. **holos**, completo; **schizein**, cortar.)

holoseríceo (**holosericeus**). Completamente cubierto de pelos de lustre sedeño. (Gr. **holos**, todo; bajo lat. **sericeus**, sedoso.)

holosistólico (**holosystolic**). Lo relacionado con la sístole completa. (Gr. **holos**, completo; **systole**, contracción.)

Holosteica. Una subclase de peces que incluye entre otros los órdenes *Ginglymodi* y *Protospondyli.* (Gr. **holos**, completo; **osteom**, hueso.)

Holostei. Un grupo de peces óseos actinopterigios que forma una de las divisiones de los ganoideos y actualmente comprende los órdenes *Amiiformes* y los *Lepisosteiformes.*

holostilia (**holostyly**). Un tipo de suspensión mandibular en el que la barra terigocuadrado-cuadrado se une al cráneo directamente, sin intervenir el arco hioideo. (Gr. **holos**, completo; **stylos**, pilar.)

Holostomata. Una división de los trematodos protostomados que poseen una ventosa oral y un acetábulo. (Gr. **holos**, completo; **stoma**, boca.)

holóstomo (**holostomatous**). Que tiene la abertura o la boca sin escotaduras ni otras interrupciones. (Gr. **holos**, completo; **stoma**, abertura.)

Holothuroidea. Clase de equinodermos de cuerpo generalmente blando y tubular o cilindroide. (Gr. **holothurion**, **holoturia**, una especie de pólipo.)

holotipo (**holotype**). En taxonomía, el ejemplar único designado como tipo de un taxón del grupo especie (especie o subespecie), al momento de su publicación original. (Gr. **holos**, completo; **typos**, patrón.)

holotonía (**holotony**). Espasmo muscular de todo el cuerpo. (Gr. **holos**, completo; **tonos**, tensión.)

holotrico (**holotrichous**). Que tiene pelos en todas partes como ciertos protozoos ciliados. (Gr. **holos**, todos; **thrix**, pelo.)

Holotricha. Un orden de protozoos ciliados, cuyos cilios están distribuido uniformemente por todo el cuerpo, como en *Paramoecium.* (Gr. **holos,** todo; **thrix,** cabello.)

holotrofismo (holotrophism). Tipo de nutrición animal caracterizado por la ingestión de los alimentos. // Nutrición holozoica. (Gr. **holos,** completo; **trophe,** nutrición.) *Adj.* ***holótrofo.***

holoturia* (holothurian). Cohombro de mar. Se dice de las especies de equinodermos, del orden *Holothuroidea,* de aspectos vermiforme. Algunas especies son comestibles y se venden con el nombre de *trepang.*

holotúrido* (holothurian). Se dice del equinodermo de la clase *Holothuroidea.*

holozoica (holozoic). Dícese de la nutrición característica de los animales.=*Holotrófica.* (Gr. **holos,** completo;+**zoon.**)

Holtfreter, J. Embriologista germanoamericano, expositor de la teoría de la naturaleza química de los inductores embriológicos. (1901)

homacanta (homacanth). Tipo de aleta dorsal que tiene espinas simétricas que, cuando se deprimen, se cubren unas a otras completamente. (Gr. **holos,** semejante; **akantho,** una espina.)

homalo- (homalo-). (Del griego **homalos,** liso, regular; **homalotos,** nivelado, equilibrado, regular, uniforme.)

Homalodotherium. Un género de ungulados fósiles sudamericanos del orden *Notungulata* cuyas patas anteriores son más largas que las posteriores y están provistas de garras. (Gr. **homalos,** uniforme; **odous,** diente; **therion,** bestia.)

Homalorhagae. Una de las divisiones mayores del fílum *Kinorhyncha,* cuyos miembros pueden retraer los dos primeros segmentos del cuerpo, pero cierran la abertura con una placa dorsal y tres placas ventrales del tercer segmento. (Gr. **homalos,** liso; **rhagos,** rasgado.)

homarina (homarine). Una de las bases metiladas, encontrada originalmente en los bogavantes (**Homarus**), pero más tarde en varias especies de moluscos. (De género **Homarus.**)

homaxínico (homaxonic). Con ejes iguales. (Gr. **homos,** similar; **axon,** eje.)

hombrera* (epaulette). Proceso aquillado en los brazos orales de los escifozoos. // La primera escama pilosa costal en el ala de los dípteros. // La tégula de los himenópteros. (Fr. **epaulettes,** hombrera.)

hombro* (shoulder). Parte superior del tronco de donde nacen los brazos. (Lat. **humerus.**)

homeo-* (homeo-). (Del gr. **homoios** similar, parecido, común a varios.)

homeomerismo (homoiomerism). La condición de tener los somitos iguales en los animales metaméricos, como en los anélidos. =*Homonomía.* (Gr. **homoios,** parecido; **meros,** segmento.)

homeoplastia (homoiplastio). En zoología experimental significa un trasplante de la misma naturaleza que el hospedante. (Gr. **homoios,** semejante; **plastos,** moldeado.) *Adj.* ***homeoplástico.***

Homeosaurus. Un género de lagartos fósiles del orden *Rhynchocephalia,* del Jurásico, que eran similares a la tuatara (**Sphenodon punctatus**) actual. (Gr. **homoios,** similar; **saurus,** lagarto.)

homeosinapsis (homeosynapsis). V. *homosinapsis.*

homeosis (homoeosis).=*Metamorfosis.* La transformación de un órgano en otro por nutrición. // *Heteromorfosis,* q.v. (Gr. **homoiosis,** semejanza.)

homeosmótico (hosmeosmotic). Organismo cuya concentración salina interna es constante e independiente de la externa. (Gr. **homoios,** parecido; **osmos,** un impulso.)

homeostasis (homeostasis). El mantenimiento del equilibrio de las funciones entre los órganos y sistemas que comprenden el medio interno de un organismo. // El mantenimiento del equilibrio entre los componentes de un ecosistema. (Gr. **homoios,** similar; **stasis,** equilibrio.)

homeostato (homeostat). Portador citoplásmico de la herencia. (Gr. **homoios,** similar; **statos,** posición.)

homeostrófica (homeostrophic). Concha que tiene todas las vueltas enrolladas en el mismo sentido. (Gr. **homoios,** similar; **strophe,** que da vuelta.)

homeotelia (homeotely). Evolución de partes homólogas, pero con semejanzas menos cercanas. (Gr. **homoios,** similar; **telos,** fin.)

homeotermia (homoiothermal). Estado de las aguas marinas en el que la temperatura es uniforme desde la superficie hasta el fondo. (Gr. **homoios,** semejante; **thermos,** caliente.)

homeotermo. Se dice del organismo que tiene temperatura constante con independencia de la ambiental. (Gr. **homoios,** similar; **therme,** calor.)

homeotípica (homeotypic). Se aplica a la segunda división en la meyosis, similar a la mitosis típica. (Gr. **homoios,** similar; **typos,** patrón.)

homeotipo (homeotype).=*Homotipo.* Un ejemplar que ha sido comparado con el tipo y se estima que concuerda con sus caracteres. (Gr. **homoios,** similar; **typos,** una imagen, un tipo.)

homeozoica (homeozoic). Que tiene faunas similares. // Que tiene formas de vida similares. (Gr. **homoios,** similar; **zoon,** animal.)

hominal*. Que pertenece al hombre. (Lat. **homo.**)

Hominidae. Familia del orden de los *Primates* a la que pertenece el hombre actual y los prehistóricos (**Homo sapiens, Homo neandertalensis, Homo erectus**).

homínido (hominid). Se dice de los miembros de la familia *Hominidae,* orden *Primates.* (Del género **Homo.**)

hominoide (hominoid). Parecido al hombre. (Lat. **homo,** hombre; **oides,** parecido.)

Hominoidea. Superfamilia de primates que incluye las familias *Hominidae* (**Homo**) y *Pongidae* (chimpancé, gorila, orangután y gibón). (Lat. **homo,** hombre; **-oidea,** superfamilia.)

homo- (homo). (Del gr. **homos,** común, igual, unido, similar, etc.)

Homo. Género zoológico al que pertenece el hombre (**Homo sapiens**). (Lat. **homo,** hombre.) // ***h. diluvii testis,*** nombre que se dio a restos fósiles considerados por el paleóntologo Scheuzer como las de un hombre ahogado en el diluvio, pero reconocidos más tarde por Cuvier como los de una salamandra gigantesca (**Andrias scheuchzeril**) del Mioceno de Europa. // ***h. erectus capensis,*** variedad de *H. erectus* encontrada en 1949 en Swatkwans, región del Cabo, Africa del Sur, llamada originalmente *Telanthropus.* // ***h. erectus erectus,*** el hombre de Java, originalmente llamado *Anthropopithecus erectus,* una de cuyas variedades ha sido considerada como posible precursora del hombre moderno (**Homo sapiens**). // **h. erectus habilis,** un hominoide, cuyos restos fueron hallados en Oldarai, Tanguani, Africa oriental. // ***h. erectus heilderbegensis,*** una subespecie del Hombre de Java, cuyos restos, hallados en Mauer, Heilderberg, Alemania, se han conocido como "mandíbula de Mauer", llamado también *Palaconthropus.* // ***h. erectus lantianensis*** una supuesta variedad del Hombre de Java encontrada en Lantian, Shensi y China Oriental, en 1963-1964. // ***h. erectus leakeyi,*** subespecie del Hombre de Java encontrada en Argelia, en 1955, Africa del norte, llamada originalmente *Atlanthropus.* // ***h. erectus modjokertensis,*** una subespecie del Hombre de Java encontrada en sudeste de Africa. // ***h. erectus pekinensis,*** orignalmente llamado *Hombre de Pekín* o *Sinanthropus,* es poco diferente del *Hombre de Java.* // ***h. erectus soloensis,*** hombre prehistórico, que vivió en el tercer período interglacial, llamado previamente *Javanthropus.* // ***h. sapiens,*** nombre zoológico que aplicó Linneo al hombre actual. // ***h. sapiens neandertalensis,*** una subespecie o raza humana con el cráneo alargado y mentón ausente. Para algunos no debe ser considerado diferente de *Homo sapiens.* Originalmente encontrado en Neandertal, sus restos se han hallado en varios países europeos.

homoáxico (homoaxial). Organismo en cuyo cuerpo se pueden determinar ejes iguales que se cortan en un centro. (Gr. homoios, similar; axon, eje.)

homoblástico (homoblastic). Que tiene un desarrollo directo originado en las mismas células. (Gr. holos, completo; blastos, brote.)

homobraquial (homobrachial). Que tiene brazos iguales. // Perteneciente al mismo brazo de los cromosomas. (Gr. homos, semejante; lat. brachium, brazo.)

homocelular (homocelular). Que tiene células de una sola clase. (Gr. homos, similar;+lat. cellula.)

homocéntrico (homocentric). Que relaciona los fenómenos naturales con la conducta, tomando el hombre como patrón. V. *antropocéntrico.* (Lat. homo, lo mismo; gr. kentron, el centro de un círculo.)

homocerca* (homocercal). Aleta caudal con lóbulos iguales. (Gr. homos, similar; kerkos, colas.)

homócigo (homozygous). Que tiene alelos idénticos para un carácter dado. (Gr. homos, lo mismo; zygon, yugo.)

homocigosis (homozygosis). *Homocigosidad.* La condición de haber heredado un factor genético de ambos padres y, por lo tanto, la de producir gametos de alelos idénticos para ese factor. (Gr. homo, similar; zygos, yugo, par.) // *Adj. homócigo.*

homocigoto (homozygote). Organismo con caracteres derivados de la unión de gametos que portan genes similares. (Gr. homos, lo mismo; cigoto.)

Homcoela. Un orden de esponjas calcáreas de una sola cavidad o espongocelo. (Gr. homos, lo mismo; koilos, cavidad.)

homocromía (homochromy). Fenómeno de imitación de los colores ambientales en ciertos animales mediante el que pasan inadvertidos en el ambiente. En ocasiones animales inofensivos adquieren la colaboración de animales dañinos o agresivos. (Gr. homos, similar; chroma, color.)

homócromo (homochromous). De un solo color. (Gr. homos, igual; chroma, color.)=*Homocromático.*

homócrono (homochronous). *Homocrónico.* Que ocurre al mismo tiempo o en una misma era geológica. (Gr. homos, lo mismo; chronos, tiempo.)

homodeltidio (homodeltidium). Placa única situada en el área cardinal de los branquiópodos inarticulados, que cierra la abertura o *deltirio.* (Gr. homos, similar; delta, letra griega; -idion, diminutivo.)

homodérmico (homodermic). Que se origina en la misma capa embrionaria. (Gr. homos, igual; derma, piel.)

homodinamia (homodynamy). Homología metamérica, como la de los segmentos de los artrópodos y las vertebras de los vertebrados. // Desarrollo sin estado de reposo. (Gr. homos, similar; dynamos, fuerza.) // *Adj. homodinámico.*

homodonte (homodont). Que tiene todos los dientes de la misma clase, como los de la mayoría de los reptiles, algunos cetáceos, etc. (Gr. homos, similar; odontos, diente.)

homofílico (homophylic). Que se asemeja a otro por comunidad de origen. (Gr. homos, similar; phyle, raza.)

homogameto (homogamete).=*Isogameto.* Se dice de los gametos iguales. *Adj. homogamético.*

homogamia (homogamy). Endogamia debida al aislamiento. (Gr. homos, similar; gamos, boda.)

homoganglionar (homogangliate). Que tiene los ganglios o los anillos nerviosos simétricamente dispuestos. (Gr. homos, similar;+ ganglio.)

homogeneidad* (homogeneity). La distribución regular de los individuos de cada especie en una comunidad o en un área. (Gr. homos, similar; genos, raza.)

homogéneo* (homogeneous). De uniforme calidad, estructura o composición. // Del mismo origen. (Gr. homos, similar; genos, raza.) *Adj. homogenético.*

homogénesis (homogenesis). Reproducción por el mismo proceso en cada generación. Opuesto a *heterogénesis.* (Gr. homos, similar; genesis, origen.)

homogenia (homogeny). La correspondencia de origen entre estructuras homólogas, resultado de descendencia sin variación. (Gr. homos, similar; genesis, origen.)

homógeno (homogenous). Un individuo cualquiera de un grupo que tiene un origen común. (Gr. homos, similar; genos, raza, origen.)

homogentísico (homogentisic). Un ácido que es intermediario normal en el metabolismo de los aminoácidos fenilamina y tirosina, el que es oxidado por una enzima y eventualmente se convierte en $CO2$ y agua. Cuando falta la enzima correspondiente aparece en las orinas y produce una condición patológica llamada *alcaptonuria*, que se hereda por un gen recesivo. (Gr. homos, similar.)

homoglandular (homoglandular). De la misma glándula. (Gr. homos, similar;+glándula.)

homoico. Que ocupa el mismo refugio o el mismo hospedante. (Gr. homos, similar; oikos, casa, hogar.)

homolecítico (homolecithal). Se dice del huevo con deutoplasma escaso y regularmente distribuido. (Gr. homos, los mismos; lekitos, yema de huevo.)

homología* (homology). Semejanza estructural y filogenética de un órgano. // El estudio de las estructuras homólogas. (Gr. homos, igual; logos, discurso.)

homólogo* (homologous). Que tiene la misma relación. // Se aplica a los cromosomas que tienen la misma secuencia de genes. (Gr. homios, similar; logos, relación.)

homomiario. Antiguo taxón de los moluscos bivalvos caracterizado por tener los dos músculos aductores del mismo tamaño. (Gr. homos, similar; mys, músculo.)

homomorfismo (homomorphism). La correspondencia en apariencia externa, pero no en tipo de estructura ni en el origen. // La semejanza entre el joven y el adulto. // Convergencia. // Posesión de pares de cromosomas de la misma forma y tamaño. (Gr. homos, igual; lat. forma.) *Adj. homomórfico.*

homomorfosis (homomorphosis). Regeneración de una estructura semejante a la perdida. (Gr. homos, similar; morfosis, un modelamiento.)

Homoneura.=*Jugatae.* Una división de los insectos lepidópteros que se caracteriza por tener las alas anteriores con nervaduras desiguales a las de los posteriores. (Gr. homos, igual; neuron, nervio.)

homonimia (homonymy). La condición de obedecer a las mismas leyes de desarrollo y crecimiento. Segmentación en elementos similares, como la que muestran los anélidos. // V. *homónimo.* (Gr. homos, lo mismo; onoma, nombre.)

homónimo* (homonym). En taxonomía se dice del taxón que se escribe de igual manera que otro, aunque no significan lo mismo. (Gr. homos, igual; onoma, nombre.)

homoplasia (homoplasty). Similaridad en la apariencia de las estructuras, no debida a un antepasado común. Comprende *convergencia, analogía, mimetismo* y *similaridad al azar.* (Gr. homo, similar; plasis, un modelado.)

homoplasma (homoplasm). Plasma de otro animal de la misma especie empleada como medio de cultivo. (Gr. homos, semejante; plasma, moldeado.) // *Adj. homoplásmico.*

homoplastia* (homplasty). V. *homoplasia, homeoplastia. Adj. homoplástico.*

homoplasto (homoplast). Homoplástido. Un órgano o un organismo formado de plástidos similares. (Gr. homos, similar; plastos, moldeado.)

homopolar (homopolar). Que tiene los dos polos de un eje similares. (Gr. homos, similar; polos, polo.)

Homoptera. Extenso grupo de insectos chupadores, de alas iguales membranosas y metamorfosis incompleta. (Gr. homos, similar; pteron, ala.)

homoptera* (homopterous). Insectos que tienen alas iguales. // Un insecto del orden Homoptera, q.v.

homoquilidio (**homochilidium**). Una pieza de la abertura de los braquiópodos fósiles inarticulados similar al llamado *quilido* en los articulados. (Gr. **homos**, similar; **cheilos**, margen; **-idion**, diminutivo.)

Homosclerophora. Orden de *Porifera.* V. *Carnosa.*

homosinapsis (**homosynapsis**). Apareamiento de dos cromosomas homólogos. (Gr. **homos**, similar; **synapsis**, unión.)

homosómico (**homosomal**). Que ocurre o pertenece a las mismas partes o al mismo cuerpo. (Gr. **homos**, similar; **soma**, cuerpo.)

homotaxis (**homotaxis**). Un conjunto similar o sucesivo de especies o tipos en diferentes regiones o estratos fosilíferos. (Gr. **homos**, semejante; **taxis**, arreglo.) *Adj.* ***homotáxico, homotaxial.***

homotálico (**homothalic**). Hermafrodita suficiente o autofecundable. (Gr. **homos**, común, juntos; **thallos**, una rama o un brote.)

homóteno (**homotene**). Que retiene la forma primitiva. // Que no cambia con la edad. (Gr. **homos**, similar; **teino**, estirar, prolongar.)

homotermo (**homothermous**). V. *homotérmico, homeotermo.*

homotérmico (**homothermal**). Se dice del animal que tiene una temperatura relativamente constante con independencia de la del ambiente, en virtud de mecanismos termorreguladores. (Gr. **homoios**, semejante; **thermos**, calor.)

homotetogenética Un tipo de división asexual de los cilióforos a través de las hileras longitudinales de cilios. (Gr. **homos**, similar; **thetos**, adoptado; **genos**, origen.)

homotipia (**homotypy**). La homología de los órganos en la simetría bilateral. // La condición normal. (Gr. **homos**, lo mismo; **typos**, patrón.) *Adj.* ***homotípico.***

homotípico (**homeotype**). V. *homeotipo.*

homotrico (**hemotrich**). Que tiene pelos todos iguales. (Gr. **homos**, igual; **thrix**, pelo.)

homúnculo* (**homunculus**). Para los animalculistas (espermistas y ovistas), existía en las células sexuales una representación diminuta del feto humano que se desarrollaba después de la fecundación. V. *preformación.* (Lat. **homunculus**, hombrecillo, duendecillo.)

Homunculus. Género de monos platirrinos que aparecieron súbitamente en el Mioceno de Patagonia y pueden ser los más antiguos monos americanos de ese grupo. (Lat. **homunculus**, hombrecillo.)

Hooks, Robert. Microscopista inglés, descubridor de la célula. (1635-1703)

Hoplitosaurus. Uno de los dinosaurios armados del Cretáceo inferior del oeste de América del Norte. (Gr. **hoplites**, fuertemente armado; **sauros**, lagarto, reptil.)

hoplo- (**hoplo-**). (Del gr. **hoplon**, una herramienta, una rama.)

Hoplocarida. Una división de crustáceos malacostráceos cuya cabeza tiene los ojos y las anténulas en los dos somitos anteriores. (Gr. **hoplos**, armado; lat. **caris caridis**, un camarón.)

Hoplonemertini, Hoplonemertea. Un orden de nemertinos enoplos que tienen la probóscide provista de uno o más estiletas y el intestino recto con divertículos pares. (Gr. **hoplos**, armado;+**nemertinos.**)

hopo (**tail**). Rabo o cola de algunos animales, como el zorro. zorro.

Hopkins, Frederick Gowland. Biólogo inglés. Estableció que la falta de algunos aminoácidos esenciales en la dieta causaba síntomas de deficiencia alimenticia. Premio Nobel. (1861-1947)

hopkinsiaxantina (**hopkinsiaxantina**). Un carotenoide hallado en los invertebrados. (Del género **Hopkinsin**, molusco.)

hordeolo (**hordeolum**). Inflamación de una glándula de los párpados. // *Orzuelo.* (Lat. **hordeolus**, un orzuelo.)

horiodimorfismo (**horiodimorphism**). Dimorfismo estacional. (**horios**, en estación; **dis**, dos veces; **morphe**, forma.)

horizonte* (**horizon**). Capa del suelo con caracteres más o menos definidos. // Un depósito caracterizado por especies fósiles definidas en un tiempo definido. (Gr. **horizon.**) *Adj.* ***horizontal.****

horme (**horme**). Conducta intencionada. // Urgencia en las células u organismos. (Gr. **horme**, ímpetu.)

hormesis (**hormesis**). Excitación producida en un organismo por una substancia tóxica empleada en concentraciones bajas. (Gr. **hormaoo**, excitar.)

hormiga* (**ant**). Un miembro de los insectos himenópteros coloniales de la familia *Formicidae,* cuyas castas de hembras infecundadas u obreras son las que corrientemente se conocen. (Lat. **formica.**) // ***h. blanca,*** V. *comején.* // ***h. león***, larva de los insectos neurópteros de la familia *Mymeleonidae* que fabrica depresiones cónicas en la arena, desde donde esperan y capturan otros insectos.

hormiguero* (**ant eater**). Nombre aplicado a varias especies de desdentados neotropicales de la familia *Dasypodidae,* cuya boca carece de dientes; la lengua es muy larga y viscosa y se alimenta de hormigas, termites y otros insectos. También osos hormigueros. // ***h.*** (**ant nest**), nido de las hormigas. (Lat. **formica.**)

hormión (**hormion**). Punto medio de la porción basilar del hueso esfenooccipital. (Gr. **hormos**, cuerda.)

hormón. V. *hormona.*

hormona (**hormone**). Secreción de las glándulas endocrinas. (Galicismo en vez de **hormón.**) // *Adj.* ***hormonal, hormónico.*** (Gr. **hormón**, excitar.) // ***h. adrenocorticotrófica.*** Hormona del lóbulo anterior de la hipófisis que estimula la secreción de los adrenocorticoides. // ***h. aglandular***, hormona producida en órganos que no son glandulares. // ***h. cardíaca***, hormona producida en los cuerpos cardíacos, situados cerca del cerebro de los insectos, que estimulan las glándulas prototoráxica. // ***h. cerebral***, una hormona producida por el dorso del cerebro de los insectos que estimula la glándula prototorácica. // ***h. cetogénica,*** hormona del lóbulo anterior de la hipófisis. // ***h. hipotalámica***, hormona del hipotálamo que estimula la producción de HACT por la hipófisis. // ***h. cromatotrófica,*** hormona del lóbulo intermedio de la hipófisis que causa la expansión de los cromatóforos de los anfibios. // ***h. de crecimiento,*** secreciones de la pituitaria que promueve el crecimiento en los vertebrados. // ***h. de las mudas,*** una hormona o factor iniciador de la muda en los insectos, que es secretada por la glándula ***protocorácica*** o glándula ventral. // ***h. de la ovogénesis***, una hormona secretada por los cuerpos alados en los insectos que es necesaria para la maduración ovular. // ***h. dianetogénica,*** hormona supuestamente secretada por el lóbulo anterior de la hipófisis, cuya acción sería antagónica de la insulina y su hipersecreción pudiera causar diabetes. // ***h. estimulante de las células intersticiales,*** una hormona de la adenohipófisis que, según se ha dicho, estimula las células intersticiales de los testículos además de la hormona luteinizante. // ***h. estrógenas,*** hormonas secretadas por los ovarios que correlacionan las actividades reproductoras de la hembra de los mamíferos. // ***h. folículos estimulante,*** hormona del lóbulo anterior de la hipófisis que estimula producción de estrógenos en los folículos de Graaf de los ovarios en los mamíferos. // ***h. glandular,*** es la secretada por una glándula de secreción interna. // ***h. gonadal,*** hormona que interviene en los fenómenos de la reproducción, producida en las gónadas a diferencia de las gonadotróficas que se producen en la hipófisis. V. *estrógeno, testrosterona, progesterona.* // ***h. gonadotrófica,*** la que activa las gónadas, v. *h. folículo-estimulante* e *hipotalámica-D.* // ***h. inhibidora,*** *v. hormona juvenil.* // ***h. juvenil,*** hormona secretada por los cuerpos alados de los insectos, que inhibe la formación de la cutícula imaginal y provoca el desarrollo de la cutícula larvaria. // ***h. lactógena,*** hormona del lóbulo anterior de la hipófisis, que estimula la secreción de la leche en los mamíferos y la secreción de progesterona. Estimula las glándulas del buche en las palomas. // ***h. luteinizante***, hormona producida en el lóbulo anterior de la hipófisis, que estimula el desarrollo de los cuerpos lúteos de lo oavarios y la actividad de las células intersticiales de los testículos. // ***h. mamotrópicas,*** conjunto de hormonas secretadas por las gónadas y la pituitaria que intervienen en las actividades de las glándulas mamarias: *estradiol, progesterona* y *problactina.* // **h. masculina,** v. *testoterona.* // **h. morfogénica,** substancia emitida por los organizadores primarios del desarrollo. // **h. neurotrópica,** la que influye sobre la actividad nerviosa. // **h. ováricas,** v. *estrógenos, progesterona, estradiol, relaxina.* // **h. paratiroidea,** v. *paratormona.* // **h. placentarias,** hormonas producidas por el corion de la placenta, como la *gonadotropina coriónica.* v. *suero de la yegua preñada, SYP.* // **h. pupal,** hormona segregada por glándulas situadas junto al cerebro de los insectos, que induce la pupación. // **h. sexual,** la producida en las gónadas, como la *testosterona* de los testículos y los *estrógenos* y *progesterona* en los ovarios. // **h. sociales,** v. *feromonas.* // **h. somatotrófica,** hormona del lóbulo anterior de la hipófisis, llamada también hormona del crecimiento, que estimula el crecimiento y, probablemente, las células alfa del páncreas. // **h. tímica,** producida en el timo, que estimula la acción inmunizante de los tejidos linfáticos. También *timina.* // **h. tiroidea,** v. *tiroxina.* // **h. tirotrófica,** hormona del lóbulo anterior de la hipófisis que estimula producción de tiroxina. También *h. tirotrópica.* // **h. tireotropa** o **tirotrópica** v. *h. tirotrófica.* // **h. trófica,** una hormona estimuladora.

hormonopoyesis (**hormonopoiesis**). La producción de hormonas. (Gr. hormon, excitar; poiesis, una creación.)

hormoproteínas (**hormoproteins**). Proteínas o sus derivados secretadas por glándulas endocrinas. (Gr. hormon, excitar; proteion, protos, primero.)

hornero* (**oven bird**). Ave sudamericana de la familia *Furnariidae,* que construye nidos de barro.

horodimorfismo. V. *horiodimorfismo.*

horotélico (**horotelic**). Evolución al ritmo normal. (Gr. hora, hora; telos, el fin.)

horquilla (**fourchete**). La fúrcula o fusión de las clavículas de las aves en la línea media. V. *furcula. (De* **horca.)**

horripilación* (**horripilation**). La erección de los vellos o pelos de la piel produciendo la sensación de la llamada carne de "gallina". (Lat. horridus, de punta; pilus, pelos.) *Adj.* **horripilante.**

hortelano (**Ortolan bunting**). Ave europea del orden *Passeriformes,* familia *Fringillidae,* común en las huertas (**Emberiza hortulana**). También *escribano.*

hortense (**garden**). Lo que es propio de las huertas. (Lat. hortensis, de hortus, huerta.)

hospedador* (**host**). V. *hospedero, hospedante.*

hospedante* (**host**). Hospedador. El que recibe huéspedes. // Animal sobre el que viven parásitos o comensales, algunos llaman *hospedero* al animal que se hospeda. V. *huésped.* // **h. definitivo,** organismo en el cual un parásito *heteroxeno* se produce sexualmente. // **h. intermediario,** organismo en el cual un parásito *heteroxeno* pasa una fase de su ciclo no sexuado.

HPT (**PTH**). Siglas de la hormona de la paratiroides o *parato-hormona,* que estimula el incremento del ion calcio en la sangre y los fluidos extracelulares.

H.T.T. (**T.T.H.**). Siglas de la *hormona tirotrófica,* q.v.

Houssay, Bernardo Alberto. Fisiólogo argentino. Premio Nobel de fisiología. Descubrió la importancia de la pituitaria en el metabolismo de los carbohidratos. (1887)

Howard, H.E. Describió (1920) cómo las aves establecen su territorio y lo defienden de otras de la misma especie.

H.S. (**S.H.**). V. *hormona somatotrófica.*

huaco* (**curassow**). V. *guaco.*

huachache* (**mosquito**). Perú: mosquito.

huácharo (**oil bird**). Perú: V. *guácharo,* ave.

huachinango (**snapper**). Méx.: pez marino del orden *Perciformes,* familia *Lutjanidae* (**Lutjanus colorado**).

huachwa (**Andean goose**). Perú: ave palmípeda, especie de ganso, que vive en los Andes. Orden *Anseriformes,* familia *Anatidae* (**Chloephaga melanoptera**).

huallague (**otter**). Especie de nutria andina (**Lutra felina**).

huanaco (**huanaco**). V. *guanaco.*

huangana. Perú: el pecari de labio blanco (**Tayassu pecari**).

huavá (**tarantula**). Puerto Rico: variante de *guabá,* q.v. (Nombre indígena.)

hubara (**houbara bustard**). Especie de avutarda de Africa del norte y de las Islas Canarias. Orden *Gruiformes,* familia *Otididae* (**Chlamydotis undulata**).

Huber, G.C. Realizó la disección del nefrón, ofreciendo una explicación sobre la estructura y función del riñon. (1865-1934)

huellas dactilares y palmares (**finger prints**). Impresiones obtenidas de dichos órganos humanos, que se mantienen constantes para cada individuo desde el nacimiento y corresponden a las hileras de crestas de fricción de dedos, palmas y plantas,

huemul* (**huemul**). Argentina y Chile: especie de ciervo sudamericano descrito originalmente como un caballo con patas de ciervo (**Hippocamelus antisiensis**). (Voz araucana.)

huerequeque. Perú: especie de ave del orden *Procellariiformes* (**Oedechmus superciliaris**).

huero*. Huevo no fecundado. (Gr. oyrion, estéril.)

huesecillo. V. *huesillo.*

huesillo* (**ossicle**). *Osículo.* Hueso pequeño. Se aplica a los huesos del oído medio. // **h. esclerales o escleróticos,** pequeñas piezas óseas incrustadas en la escerótica del ojo de algunos reptiles y aves, que le proporcionan mayor protección. // **h. auditivos,** pequeños huesos situados en el oído medio que actuán como conductores del sonido entre la membrana del tímpano y la membrana oval. En los anfibios reptiles y aves está formado solo por la columela, remanente del hiomandíbular, pero en los mamíferos consta del martillo, el yunque y el estribo, a veces el *lenticular.* // **h. de Weber,** cadena de cuatro pequeños huesos que comunican la vejiga natatoria de ciertos peces (como las carpas) con el oído interno. Derivan de las cuatro vértebras anteriores y están relacionados con las funciones de la audición y el equilibrio. También *aparato de Weber, sistema de Weber.*

hueso* (**bone**). El material duro, resistente y elástico que forma el esqueleto de los animales, cuya matriz está impregnada de sales calcáreas. (Lat. os.) // **h. acetabular,** un hueso a menudo presente en los mamíferos, que interviene en la formación del acetábulo. // **h. balancín,** V. *prevomer* y *hueso paradójico.* // **h. basales,** unión de varios *pterigióforos* de las aletas de los peces. // **h. cabriales,** huesos en forma de V que se encuentran en el lado ventral de la cola en ciertos reptiles y en algunos mamíferos, como los cetáceos. También huesos upsiloides. // **h. cancelado,** h. esponjoso cuyos vasos no están situados en canales definidos. // **h. carpianos,** serie de huesos pequeños que forman la muñeca en los mamíferos. // **h. cloacal,** v. *hipoisquio,* hueso de los anfibios. V. *urostilo.* // **h. compacto,** región del hueso donde no existe tejido esponjoso o reticular, y carece de médula osea, v. *hueso esponjoso* o *hueso perióstico.* // **h. cotiloide,** v. *hueso acetabular.* // **h. cutáneo,** huesos formados en la piel de algunos vertebrados, como los de los armadillos. // **h. de Bertin,** la delgada cubierta anterior de los senos esfenoidales. // **h. de cartílago,** hueso formado por sustitución de un cartílago preexistente. Es llamado también hueso *endocóndrico.* // **h. de Eysson,** v. *h. de Goethe.* // **h. de jibia,** v. *sepión.* // **h. de la carrera,** hueso de las aves, V. *tarso-metatarso.* // **h. de Goethe**=*h. intermaxiliar.* El *hueso cuadrado* de las aves. // **h. de la jeta,** hueso situado en el hocico del cerdo. // **h. de membrana,** hueso formado por osificación directa del tejido conjuntivo sin pasar por estado de cartílago, llamado *también hueso dérmico.* // **h. de sepia,** v. *sepión.* // **h. dérmico,** huesos formados en la dermis de algunos animales, v. *cutáneos* y *huesos de membrana.* // **h. endocondriales** o **endocóndricos,** v. *huesos de cartílago.* // **h. entotimpánico,** hueso que, en los mamíferos, rodea la cavidad del oído medio. // **h. epihial,** el superior de los huesos que forma el arco hioideo de los vertebrados, que tiende a desaparecer en los vertebrados superiores. // *h. epipúbicos*, v. *huesos marsupiales.* // *h. esponjoso*, región del hueso de aspecto reticular y esponjoso como el *diploe, medio* de los huesos planos y las *epífisis* de los largos, cuyos pequeños espacios están ocupados por un tejido muy vascularizado llamado *médula roja.* // *h. esternocostales*, huesos de las aves que unen las costillas al esternón. // *h. estiliformes*, en los caballos, los huesos atrofiados II y IV. // *h. faríngeos*, piezas de los arcos branquiales en los peces óseos, que por su posición, se denominan *superiores* e *inferiores.* // *h. gastrales*, huesos o costillas dérmicas ventrales encontradas en algunos reptiles y en el ave fósil *Archaeopteryx*, que sugieren un origen a partir de los peces. // *h. grande*, v. *hueso mayor.* // *h. heterotópicos*, huesos formados en lugares donde normalmente solamente existen tejidos conectivos o cartílagos, como en el pene, en el corazón de los bóvidos y cérvidos, en los párpados de los cocodrilos, en el hocico de algunos mamíferos, etc. V. *baculum* o *hueso penial.* // *h. inomimado*, ver *isquion, ilion* y *pubis.* // *h. maleolar*, el peroné atrofiado de ciertos mamíferos ungulados. // *h. marsupiales*, un par de huesos epipúbicos de los monotremas y marsupiales. // *h. maxilares*, un par de huesos del arco superior de la boca, en donde se encuentran las piezas dentales superiores. // *h. mayor*, uno de los huesos centrales en el carpo de los mamíferos. // *h. operculares*, huesos que cubren la cámara branquial en los peces óseos: el *opérculo*, el *preopérculo*, el *subopérculo* y el *interopérculo.* // *h. óticos*, son los derivados de las cápsulas óticas del condrocráneo primitivo: *proótico, opistótico, epiótico*, V. *bula ótica, cápsula auditiva.* // *h. palomo**, v. *cóccix.* // *h. paradójico*, un pequeño hueso en el techo de la boca de los monotremas, considerados como homólogo del prevómer de los reptiles y que desaparece en los demás mamíferos. // *h. penial*, o *h. peniario*, formación ósea en el pene de algunos mamíferos, como en los carnívoros, roedores y primates, llamados también *báculo* (o **báculum**). // *h. pericondriales*, son los formados por osificación directa alrededor de la diáfisis de los huesos largos. // *h. periosteal, tejido óseo depositado en la superificie del hueso después que la caña* ha sido osificada. // *h. perióstico*, otro nombre para el *hueso compacto*, porque deriva de la capa interna del periósteo. // *h. plano*, pequeño hueso en la órbita ocular en los mamíferos situado entre el lagrimal y el frontal. // *h. premaxilares*, huesos en la parte anterior del arco bucal superior, también llamados *intermaxilares*, q.v. // *h. sesamoideo*, osificación formada dentro de los tendones. // *h. sutural*, *v. hueso wormiano.* // *h. tarsianos*, serie de huesos que forman el tarso o tobillo en los vertebrados terrestres. // *h. upsiloideos* o *cabriales*, arcos hemales de la cola de ciertos reptiles y de ciertos mamíferos acuáticos. // *h. wormianos*, huesos irregulares que se alojan entre las suturas craneanas, especialmente en la sutura lamboidea y en la fontanela posterior. También se llaman: *Ossa suturarum, huesos suturales, huesos triquetrales.*

huésped* (**guest**). Persona alojada en casa ajena. // Esta palabra se emplea ambiguamente unas veces para indicar el organismo que da hospedaje a otro, otras para el que se hospeda. A los fines de evitar esa dualidad es recomendable utilizar los términos *hospedero, hospedador** y *hospedante** para el organismo que da albergue a otro y el de *huésped* para el parásito, el comensal, etc.

hueva* (**roe**). Masa que forman los huevecillos de algunos peces. (Lat. **ovum** huevo.)

huevera* (**oviduct**). El oviducto de las aves.

huevo* (**egg**). Cuerpo o célula sexual femenina, especialmente el que tiene cáscara. Viene a ser sinónimo de *óvulo.* Para algunos el vocablo *huevo* debe ser aplicado al óvulo fecundado solamente. (Lat. **ovum.**) // *h. alecítico*, ver *huevo oligolecítico.* // *h. anfigónico*, huevo de los crustáceos cladóceros ya fecundado. // *h. centrolecíticos*, cuya yema se acumula en el centro del huevo, como los de los artrópodos. // *h. cleidoico**, el que, protegido por cubiertas solo toman del exterior el oxígeno, como los de aves e insectos. // *h. compuesto*, v. *huevo exolecítico.* // *h. durable*, huevo invernal de insectos, crustáceos cladóceros y de los rotíferos. // *h. durmiente*, un huevo de los invertebrados destinado a permanecer sin desarrollar por mucho tiempo. // *h. de duración*, huevo que pasa por un período de reposo antes de desarrollarse. // *h. de regulación*, huevo en el que cada uno de los primeros blastómeros formados pueden originar embriones normales,=*totipotente.* // *h. efipial*, huevo del invierno en los crustáceos cladóceros. // *h. endolecítico*. huevo de los turbelarios formado por una célula única. // *h. estival*, v. *huevo subitáneo.* // *h. exolecítico*, huevo de los turbelarios formado por unión de ciertos números de células vitelinas con óvulo. También *huevo compuesto.* // *h. en mosaico*, huevo en donde se pueden apreciar regiones como en un mosaico, cada una de las cuales origina solamente una parte del embrión. // *h. estival*, huevo en los platelmintos turbelarios que se produce en la estación del verano. // *h. holoblástico*, es el de segmentación total. // *h. invernal*, huevo adaptado para resistir las temperaturas hibernales, hallado especialmente en crustáceos cladóceros=*huevo de duración.* // *h. isolecítico*, el que posee cantidades aproximadamente iguales de yema y de vitelo germinativo. v. *huevo oligocítico.* // *h. isotrópico*, huevo sin eje predominante. // *h. meroblástico*, el de segmentación parcial. // *h. mesolecítico*, huevo que, como los de los anfibios, contienen una cantidad moderada de vitelo. // *h. mielolecítico*, huevo que contiene poca cantidad de vitelo, como los de anfioxus. // *h. oligolecítico*, es el provisto de poca yema, como el de los mamíferos. // *h. opsiblástico*, un huevo de Gastrotricha, de cáscara muy gruesa, capaz de resistir condiciones ambientales desfavorables. // *h. partenogenético*, huevo en los crustáceos cladóceros que se desarrolla en la cámara incubadora materna. // *h. polilecítico*, el que tiene mucha cantidad de vitelo como los peces elasmobranquios, reptiles y aves. // *h. regulativo*, huevo en el que el patrón de desarrollo no queda establecido antes de la segmentación. // *h. subitáneo*, huevo partenogenético que inicia rápidamente su desarrollo. // *h. taquiblástico*, huevo de los gastrotricos que incuban entre 12 y 70 horas después de la puesta. // *h. telolecítico*, con vitelo abundante que se acumula en uno de los polos, llamado *vegetativo*, y es más escaso en el polo animal. (Gr. **telos**, final; **lekithos**, yema.)

huía (**huia**). Ave de Nueva Zelandia de notable dimorfismo sexual. El pico de los machos es corto y recto y el de las hembras largo y encorvado. Orden *Passeriformes*, familia *Philesturnidae* (**Heteralochus acutirostris**).

huilota* (**mourning dove**). Méx.: la paloma llamada *rabiche*, en Cuba y Puerto Rico, q.v. (**Zenaidura macroura**).

huillín* (**chilean otter**). Especie de nutria Sudamericana (**Lutra provocax**). *Guillín.* (Voz **araucana.**)

huistora (**turtle**). Hond.: *tortuga.*

huizonte (**snake bird**). Méx.: ave del orden *Pelecaniformes.* V. *marbella.* (Voz **mex.**)

Humboldt, Alexander von. Genio universalista alemán, llamado el Segundo Descubridor de América por sus estudios sobre diversas fases de las ciencias naturales en Sudamérica, Cuba, etc., así como por sus producciones históricas, políticas y artísticas. (1769-1859)

humeral* (**humeral**). Relativo al húmero. // Lo que pertenece a la región de la espalda. // En los insectos, lo perteneciente al ángulo basal anterior del ala. // En los quelonios, una de las placas córneas del plastrón. (Lat. **humerus**, el hueso del brazo, la espalda.)

húmero* (**humerus**). Hueso largo en las extremidades anteriores de los vertebrados tetrápodos, que forma parte del brazo y conecta el hombro con el antebrazo. (Lat. **humerus.**) *Adj.* ***humeral.****

humícola (**humicolous**). Que vive en el *humus.* (Lat. **humus**, suelo; **-icola, habitante.**)

humicida. V. *saprofítico.*

humor* (**humor**). Substancia fluida de los animales metazoarios, como la sangre, la linfa, el fluido extracelular en general. (Lat. **humor.**) // *h. acuoso*, fluido que llena la cámara anterior del ojo entre la córnea y el cristalino. // *h. vítreo*, humor denso y transparente que llena la cavidad del glóbulo ocular por detrás del cristalino.

humoral* (**humoral**). Lo perteneciente a los fluidos del cuerpo, especialmente a los fluidos activos. // Teoría que adscribe la inmunidad a los fluidos del cuerpo. (Lat. **humor**, humedad, líquido.)

humoralismo (**humoralism**). Antigua doctrina que sostiene que todas las enfermedades provienen de alteraciones en los humores del cuerpo. (Lat. **humor**; **-ismo**, colectivo.)

humus* (**humus**). La tierra llamada *vegetal*, formada por detritus orgánicos, animales y vegetales, que ofrecen un ambiente peculiar para un gran número de protistos, plantas y animales. También se llama *mantillo* (Lat. **humus**, tierra.)

húngaro. Cuba: v. *pada*, ave.

Hunter, John. Zoólogo inglés, quien desarrolló el concepto comparativo de los estudios anatómicos, (1728-1793)

Hout, A. Descubridor (1897) de los riñones aglomerulares en los peces.

huracán* (**hurricane**). Vientos violentos de carácter ciclónico (de más de 75 m/h). Tiene gran importancia en la distribución de animales y plantas. (Esp. **huracán**, de una voz caribe.)

huro (**large mouth black bass**). Méx.: *lobina*, pez deportivo de agua dulce norteamericano de la familia *Centrarchidae* (**Micropterus salmoides**).

hurón* (**polecat**). Mamífero carnívoro de la familia de los *Mustélidos*, semejante a la comadreja y a los visones. Se domestica y emplea para la caza de conejos y para la eliminación de los ratones (**Putorius furo**). En algunos lugares dan erróneamente este nombre a las *mangostas*. V. también *turón*, q.v. // *h.* **mayor**, v. *taira*.

huroncito (**ground squirrel**). Ardilla terrera o cavadora provista de manchas en hileras que vive en la meseta central de México (**Citellus mexicanus**).=*Motocle.* // Sudamérica: mamífero carnívoro de la familia *Mustelidae* (**Lyncodon patagonicus**).

hurraca.* urraca. (Lat. **furax**, inclinado a robar.)

husero*. Cuerna recta del gamo de un año. *Vara.* (Lat. **fusus**, huso.)

huso. Especie de esturión, pez osteictio holósteo que alcanza unos 8m. de largo (**Huso huso**). // Estructura de forma de huso. // Organo hilador de las arañas. V. *h. acromático.* conjunto de fibrillas de acromatina que, durante la cariocinesis, se extiende entre las dos esferas atractivas y parece irradiar de los dos cromosomas. // *h.* **muscular**, una estructura fusiforme en los músculos, de naturaleza sensorial, v. *propiorreceptores.* // *h.* **neuromuscular**, un tipo de propiorreceptor formado por terminaciones nerviosas libres.

hutía* (**hutia**). Cuba: mamífero roedor antillano, de la familia *Capromyidae*, de tamaño grande y hábitos arbóreos. Su carne es comestible. República Dominicana: mamífero insectívoro del género *Solenodon* (**S. paradoxus**). V. *almiquí.* (Comúnmente se prefiere la voz **jutía**.)

Hutton, James. Uno de los geólogos ingleses que establecieron la hipótesis del *uniformismo* o *uniformitarianismo;* o sea, la uniformidad de los agentes físicos en todas las edades geológicas. Op. *catastrofismo.* (1726-1797)

Huxley, Julián. Biólogo inglés, uno de los expositores de las nuevas sistemáticas y del concepto del clin en las variaciones evolucionarias. (1939)

Huxley, Thomas H. Médico y zoólogo inglés, uno de los grandes biólogos de su época y de los más notables sostenedores del darwinismo. (1825-1895)

huyuyo (**wood duck**). Cuba: pato criollo de hermoso plumaje que anida en troncos de árboles (**Aix sponsa**).

Hyaenodontidae. Un grupo de mamíferos carnívoros del suborden *Creodonta*, que vivieron en el período Oligoceno. (De **Hyaena**, +**odous**, diente.)

Hyalospongiae. Una clase de espongiarios de esqueleto con espículas hialinas. V. *Hexactinellida.* (Gr. **hyalos**, vítreo+ **esponja**.)

Hydracarina. Una agrupación de ácaros acuáticos que, para algunos, es una familia aparte. (Gr. **hydor**, agua; lat. **acarus**, ácaro.)

Hydrida. Un grupo de equinodermos. V. *Eleuteroblastea.*

Hydrocorallina. Un orden de hidrozoos con pólipos diminutos y dimórficos que parten de un esqueleto calizo macizo. Del Triásico hasta el reciente. (De **Hydra**,+**gr. korallión**, coral.)

Hydroida. Ver *Hydroidea.*

Hydroidea. Un orden de hidrozoos preponderantemente marinos y litorales, que presentan generalmente una alternancia de generaciones, pero a veces solo las generaciones polipoides o medusoides. (Del género **Hydra**;+ **oides**, similar.)

Hydrophiidae. Familia de serpientes marinas venenosas del Océano Pacífico. Son muy agresivas y su veneno es mortal para el hombre. La cola comprimida permite reconocer fácilmente las especies de esta familia. (Gr. **hydor**, agua; **ophis**, serpiente.)

Hydrozoa. Una clase del fílum *Coelenterata*. Sin estomodeo, con la cavidad gastrovascular sin tabiques ni nematocistos, con mesoglea no celular y con medusas craspedotas o con velo. Coloniales o solitarios. (Basada en el género **Hydra**+ **gr. zoon**, animal.)

Hyman, Libbie, H. Zoóloga norteamericana, notable por sus estudios de los invertebrados inferiores. (1890)

Hymenoptera. Orden que contiene insectos provistos de dos pares de alas iguales y membranosas. Boca masticadora o chupadora, metamorfosis completa y hembras con oviscapto. Algunos son coloniales. Ej. *abejas, avispas* y *hormigas.* (Gr. **hymen**, membrana; **ptero**, alas.)

Hymenopteroidea. Un superorden de insectos creado para incluir únicamente el orden *Hymenoptera*, q.v.

Hymenostomatida. Un orden de cilióforos holotricos de cuerpo uniformemente ciliado y boca ventral. Ej. *Paramoecium.* (Gr. **hymen**, membrana; **stoma**, abertura.)

Hyperiidea. Un suborden de crustáceos anfípodos cuya cabeza no está fusionada al segundo segmento torácico, los maxilípedos carecen de palpos, las coxas son pequeñas y los ojos son muy grandes. Son todos marinos y pelágicos. (Gr. **hyper**, superlativo; **oides**, forma.)

Hyperoartii. Un orden de peces de la clase *Agnatha* que comprende las lampreas. V. *Petromyzontiformes.* (Gr. **hyper**, encima; **arthros**, articulación.)

Hypermastiginia. Una división u orden que incluye los zooflagelados que poseen gran número de flagelos y son simbiontes en el intestino de ciertos insectos, como comejenes y cucarachas. (Gr. **hyper**, demasía; **mastigos**, látigo.)

Hyperotreti. Un orden de peces de la clase *Agnatha*, que comprende las myxinas. V. *Myxiniformes.* (Gr. **hyper**, en exceso; **tretos**, perforado.)

Hypertragulus. Un género de artiodáctilos del período Oligoceno de Norte América, relacionado con los tragúlidos de Eurasia. Fueron animales muy comunes y vivían en rebaños numerosos junto a los creodontes, los camellos y los oreodontes. (Gr. **hyper**, encima;+**Tragulus**, género de los chevrotines, actuales.)

Hypochitomorpha. Un suborden de araneidos provistos de 4 pulmones. Incluye las arañas peludas. (Gr. **hypos**, debajo; + género **Chitomorpha**.)

Hypohippos. Un género de caballos extintos que habitaron el Mioceno de Norteamérica. Vivían en bosques y de hábitos ramoneadores. (Gr. **hypos**, debajo; **hippos**, caballo.)

Hyponeuria. *Coelomata.*

Hypostomides. Un orden de peces llamado también *Pegasiformes.* (Gr. **hypos**, debajo; **stoma**, boca.)

Hypotremata. Una división de los selacios, que comprende los *Rajiformes* y los *Torpediformes*, que tienen las aberturas branquiales en la cara ventral del cuerpo. (Gr. **hypos**, bajo; **trema**, abertura.) V. también *Batoidea* y *Rajiformes.*

Hypotrematica. V. *Hypotremata.*

Hypotricha. Una división o suborden de ciliados espirotricos que poseen cirros en la cara ventral del cuerpo. (Gr. hypos, bajo; thrix, cabello.)

Hyracoidea. Orden de mamíferos placentarios plantígrados que están provistos de cuatro dedos con uñas en las extremidades anteriores y tres en las posteriores, cuerpo pequeño y pelo espeso. Carecen de caninos, pero tienen incisivos parecidos a los de los roedores y molares lofoselenodontos. (Género Procavia y Heterohyrax.)

Hyracotherion. Género de pequeños caballos fósiles del Eoceno que habitaron los bosques de Norteamérica y Europa. Tenían unos 30 cms. de alto, cuatro dedos

Hystricoidea. Una superfamilia de roedores histricomorfos que comprende los puercoespines del Viejo Mundo. (De Hystrix, puerco espín.)

Hystricomorpha. Un suborden de mamíferos, del orden *Rodentia*, que comprende los puercoespines, cavias, capibaras, jutías, etc. Para algunos, los histrocomorfos americanos deben pertenecer a un suborden aparte, *Caviomorpha*. Se distingue por las espinas o los pelos rígidos y por el gran agujero preorbitario, con el arco cigomático muy ancho. (Gr. hystrix, un puercoespín.)

I

I. Discos isotrópicos situados en las miofibrillas de los músculos estriados. *Discos I.*

-ia (-ia-). (Del gr. y lat. **-ia**, cualidad o estado.) // Desinencia empleada en taxones zoológicos mayores, como *Reptilia, Amphibia.*

-iasis (-iasis). (Del gr. **-iasis**, sufijo que denota proceso, condición, estado o enfermedad.) Ej. *Amibiasis.*

íbice* (ibex). Especie de cabra de largos cuernos recurvados que habita en los macizos montañosos europeos: los Alpes, los Pirineos, los Apeninos **(Capra pyrenaica)**. (Lat. **ibex**, una especie de cabra.)

íbid (ibid). Abreviatura del adverbio *íbidem,** en el mismo lugar. // Una especie de mono. // Saurio de la familia *Varanidae* de Filipinas. (Lat. **ibidem.**)

ibis* (Ibis). Nombre de varias aves zancudas de pico largo, del orden *Ciconiiformes*, familia *Threskiornithidae. // i. sagrado,* ave venerada por los antiguos egipcios que tiene el plumaje blanco excepto las alas que son negras, el pico encorvado y se alimenta de moluscos fluviales **(Threskiornis aethiopicus)**. (Lat. y gr. **ibis**, ave zancuda.)

-ica (-ic). (Del neolatin. **-ico, -ica, -icum**, empleado para acentuar un carácter.)

icneumón* (ichneumon). *Mangosta africana*, mamífero carnívoro de la familia *Viverridae* **(Herpestes ichneumon)**. // Insecto himenóptero de la familia *Ichneumonidae* parásito de otros insectos. (Gr. **ichneumon**, mangosta y también una avispa.)

-ícola* (-icola). (Del neolatin **-icola**; del lat. **incola**, habitante.) Ej. *gramínícola.*

iconotipo (iconotype). Tipo taxonómico basado en una ilustración. (Gr. **eikon**, imagen; **typos**, patrón.)

Icosteiformes. Un orden de peces óseos abisales del Pacífico septentrional cuya vejiga natatoria carece de comunicación, no tienen radios espinosos, las aletas ventrales son abdominales y el esqueleto es parcialmente cartilaginoso. (Gr. **eikon**, imagen; **osteon**, hueso; lat. **forma**, forma.)

icotea (tortoise). Variante de *jicotea*, q.v., empleado en algunas partes para designar las tortugas del género *Pseudemys.*

icotipo* (icotype). Ejemplar representativo de una especie, empleado para la identificación de otros ejemplares. (Gr. **eikon**, imagen; **typos**, patrón.)

ictericia* (jaundice). Color amarillo que toma la piel, los ojos, los labios, etc., por la presencia de pigmentos bilares en la sangre. (Gr. **ikteros**, ictericia.)

íctero* (icterus). V. *ictericia.*

icti- (ichthyo). (Prefijo derivado del griego ichthys, ichthyos, **ichthyo**, un pez.)

íctico (ichthyc). V. *ictioide.* (Gr. **ichthys**, pez.)

ictiacantotoxina (ichthyacanthotoxin). Veneno segregado por ciertos peces, especialmente por glándulas cercanas a las espinas. (Gr. **ichthys**, pez; **akanthos**, espina; **toxicos**, un veneno.)

ictiocenosis (ichthyocoenosis). Una comunidad de peces. (Gr. **ichthys**, pez; **koinos**, comunidad.)

ictiocola (ichthyocola). Cola de pescado, que se prepara usualmente con la vejiga natatoria del esturión. (Gr. **ichthys**, pez; + cola).

ictiodonto (ichthyodont). Un diente fósil de pez. (Gr. **ichthys**, pez; **odous, odontos**, diente.)

ictiodorulito (ichthyodorulite). Una escama o espina fósil de pez, en especial de la Era Paleozoica. (Gr. **ichthys**, pez; **dory**, lanza; **lithos**, piedra.)

ictiófago* (ichthyophagous). Que se alimenta principalmente de peces. (Gr. ichthys, pez; phago, comer.)

ictioide (ichthyoid). Parecido a los peces. (Gr. **ichthys**, pez; **icthyoeides**, parecido a un pez.)

ictiolito (ichthyolite). El fósil de un pez o de sus partes.(Gr. **ichthys**, pez; **lithos**, piedra.)

ictiología* (ichthyology). Parte de la zoología que estudia los peces. (Gr. **ichthys**, pez; **logos**, discurso, tratado.) *Adj. ictiológico.**

Ictiopsida. Denominación empleada para reunir los peces y los anfibios por carecer de amnios y alantoides, en oposición a *Sauropsida*, en la que se reúnen aves, reptiles y mamíferos. (Gr. **ichthys**, pez; **-opsis**, similar.)

ictiornis (Ichthyornis). Ave del período Jurásico del tamaño de una paloma cuyos dientes están situados en un pico fuerte y largo. (Gr. **ichthys**, pez; **ornis**, un ave.)

ictiosarcotoxina (ichthyosarcotoxin). Toxina que se encuentra en la carne y otros órganos del cuerpo de los peces. Hay varias clases, una de las cuales produce la condición llamada *ciguatera*, q.v. (Gr. **ichthys**, pez; **sarx**, carne; **toxikos** un veneno.)

ictiosaurio (Ichthyosaurus). Reptil de la Era Mesozoica, de cuerpo pisciforme y hocico como el de los delfines. (Gr. **ichthys**, pez; **sauros**, lagarto.)

ictiosauro*.=*Ictiosaurio*, q.v.

ictiosis* (ichthyosis). Condición anormal hereditaria de la piel humana, que se muestra seca, escamosa y obscura. (Gr. **ichthys**, pez; **-osis**, condición, enfermedad.)

ictiotoxina (ichthyotoxin). Nombre colectivo para indicar una cualquiera de las toxinas encontradas en los peces. (Gr. **ichthys**, pez; **toxikos**, un veneno.)

Ichneumonoidea. Una superfamilia de insectos himenópteros de tallo muy estrecho y ovipositor puntiagudo con el cual perforan el cuerpo de otros insectos, en donde depositan sus huevos. (Gr. ichneumon, una especie de mangosta que devora huevos de cocodrilos.)

ichnita (ichnite). Huella fósil de un pie, *ichnolita.* (Gr. ichnos, huella; lithos, piedra.)

Ichthiobdellida. Nombre aplicado a un grupo de sanguijuelas parásitas de peces. (Gr. ichthys, pez; bdella, una sanguijuela.)

Ichthyopsida. Nombre propuesto por Huxley para reunir las clases de los peces y de los anfibios, por carecer de ammios y alantoides. Los reptiles, aves y mamíferos fueron denominados *saurópsidos.* (Gr. ichthys, pez; opsis, aspecto.)

Ichthyopterygia. Orden de reptiles extintos de la Era Mesozoica que comprende los ictiosaurios. (Gr. ichthys, pez; petrygos, ala, aleta.)

Ichthyornithiformes. Orden de aves neornites fósiles del Cretáceo superior. Tienen las clavículas fusionadas, el esternón aquillado, las alas bien desarrolladas y el aspecto de gaviota. (Gr. ichthys, pez; ornis, ave.)

Ichthyostegalia. Grupo de anfibios fósiles, ancestros de los laberintodontes. El cráneo tiene patrón como el de los peces crosopterigios. Vivieron desde el Devoniano hasta el Carbonífero. (Gr. ichthys, pez; stegos, techo.)

Ichthyotoma. Orden de peces cartilaginosos fósiles, con aletas pectorales biseriadas, aletas pélvicas uniseriadas y cola dificerca. De los períodos Carbonífero y Permiano. (Gr. pleura, costado; tome, cortado.)

id (id). Según la teoría de la continuidad del plasma germinal de Weisman, la partícula más pequeña de substancia hereditaria. Apócope de *idioplasma.* Para Freud, un término que expresa los instintos considerados en su totalidad. (Gr. idios, peculiar, distinto.) Ver. *ídem.*

-ida (-ida). Un sufijo empleado por algunos zoólogos para unificar la nomenclatura de los órdenes. Ej. *Foraminiferida.*

-idae (-idae). Sufijo empleado en taxonomía zoológica para indicar el grupo familia, que se forma agregando dicho sufijo a la raíz del género tipo. Ej. del género *Canis*, la familia *Canidae.*

idantes (idant). Unidad hipotética del idioplasma que, según Naegeli, estaría formada por agrupaciones de *idos*, q.v., y podrían identificarse como los cromosomas. (Gr. idios, distinto.)

ídem (idem). Adverbio latino que significa *lo mismo* y se emplea para evitar repeticiones. Se abrevia en *id.*

idéntico* (identical). Progenie que tiene los mismos genes, como los gemelos monocigóticos. (Lat. idem, el mismo.)

identificación* (identification). Determinación de la entidad taxonómica de un individuo. (Lat. idem, lo mismo; ficare, hacer.)

identificador (marker). Un factor de identificación. // Un gen de lugar y acción conocidos que permite determinar la distribución de otros menos conspícuos. (Lat. idem, lo mismo; ficare, hacer.)

ideoglandular (ideoglandular). Actividad glandular inducida por imágenes mentales. (Gr. idein, ver; lat. glándula, bellota pequeña, glándula.)

ideomotor (ideomotor). Movimiento involuntario producido por imágenes mentales. (Gr. idein, ver; lat. moverse, mover.)

ideovascular (ideovascular). Cambios en la circulación producidos por imágenes mentales. (Gr. idein, ver; lat. vasculum, vaso pequeño.)

ides (ides). (Del gr. -ides, terminación patronímica que significa hijo de.) Se emplea en taxonomía para indicar relaciones de un taxón con otro de nombre parecido.

idio- (idio-). (Del gr. idios, propio, peculiar, original, especial, distintivo.)

-idio. (Del griego *-idion*, diminutivo: Ej. *pigidio, plastidio.)*

idiobiología (idiobiology). Ver *autobiología.* (Gr. idios, especial; bios, vida.)

idioblasto (idioblast). Célula que en un tejido difiere por su forma, estructura o función. // Sec. Hertwig una unidad estructural hipotética de la célula. (Gr. idios, propio; blastos, yema, aquí "célula".)

idiocaliptrosoma (idiocalyptrosome). Zona externa de los espermatozoos derivada de la idiosferosoma. (Gr. idios propio; kalyptra, cubierta; soma, cuerpo.)

idiocinesis (idiokinesis). V. *mutación. (Gr.* idios, propio; kinesis, movimiento.)

idiocriptosoma (idiocriptosome). Zona interna de los espermatozoos derivada de la idiosferosoma. (Gr. idios, propio; kryptos, oculto; soma, cuerpo.)

idiocromatina (idiochromatin). La cromatina del micronúcleo. Nombre innecesario. V. *cromatina.* (Gr. idios, propio; chroma, color.)

idiocromidio (idiochromidium). Cromidio generativo en la cromatina. (Gr. idios, distinto; chroma, color.)

idiocromosoma (idiochromosome). Cromosoma sexual. (Gr. idios, peculiar; +cromosoma.) V. *heterocromosoma.*

idioecología (idioecology). *Autecología, q.v.*

idióforo. V. *bióforo.*

idioftartosoma (idiophthartosome). El remanente de un idiosoma. (Gr. idios, distinto; phthartos, transitorio; soma, cuerpo.)

Idiogastra. Un nombre que a veces se ha aplicado al grupo de himenópteros parásitos llamado también *Orissoidea.*

idiograma (idiogram). La expresión gráfica del cariograma. (Gr. idio, propio; gramme, marca.)

idiómero (idiomere). V. cromómero. (Gr. idio-, propio; meros, parte.)

idiomuscular (idiomuscular), La contracción de un músculo denegerado que ha sido artificialmente estimulado. (Gr. idios, peculiar; lat. musculus, músculo.)

idiopatía (idiopathy). Enfermedad de causa desconocida. (Gr. idios, de uno mismo, individual; pathos, sufrimiento, enfermedad.) *Adj. idiopático.*

idioparatipo (idioparatype). Paratipo designado por el propio autor de la especie. *V. autoparatipo.*

idioplasma (idioplasm). Nombre propuesto por Naegeli para indicar el plasma trasmisor de caracteres hereditarios, en contraposición al de *somatoplasma.* Es un término equivalente al de *plasma germinal* propuesto por Weisman. // Parte del citoplasma que se encuentra situado en la concavidad de los cuerpos de Golgi. //La *cromatina.* (Gr. idios, especial; plasma, de protoplasma.) *Adj. idioplasmático.*

idioplasón. V. *idioplasma.* (Gr. idios, peculiar; plasso, modelar.)

idiórgano (idiorgan). El órgano como unidad morfológica. (Gr. -idios, propio; + órgano.)

idiosferosoma (idiosphaerosome). *Acrosoma.* Gránulo central de la *idiosferoteca.* (Gr. idios, distinto; sphaira, globo; soma, cuerpo.)

idiosferoteca (idiosphaerotheca). V. *acroblasto.* (Gr. idios, propio; sphaira, esfera; theke, caja.)

idiosincrasia* (idiosoncracy). Respuesta a un estímulo, alterada sin razones obvias. (Gr. idios, peculiar; syn, juntos; kratos, poder.) *Adj. idiosincrásico.*

idiosoma (idiosome). Un constituyente citoplásmico de los espermatozoos, que se considera homólogo del centrosoma. // Sinónimo de *cromosoma*, q.v. // Un último elemento de la materia viviente. // En los arácnidos del orden *Acarina*, el prosoma más el opistosoma. (Gr. idios, propio; soma, cuerpo.) *Adj. idiosomático.*

idiotermo (idiothermous). =*Homeotermo.* (Gr. idios, propio; thermos, caliente.)

idiotez (idiotism). Trastorno mental caracterizado por la falta congénita de las facultades intelectuales. (idioticus). // *i. amaurótica*, defecto hereditario de los dos primeros años de la niñez que se manifiesta por degeneración de la retina y del sistema nervioso en general. V. *amaurosis.*

idiotipo (**ideotype**). Ejemplar de una especie clasificado por el mismo autor que la describió. // *Generitipo.* (Gr. **idios**, peculiar; **typos**, patrón.)

idiotrófico (**idiothrophic**). Capaz de seleccionar su propia nutrición. (Gr. **idios**, peculiar; **trophon**, alimento.)

idiovariación (**idiovariation**). V. *mutación.*

idiozona (**idiozone**). Una porción separada del plasma durante la espermatogénetesis que llega a formar la cápsula del espermatozoo. (Gr. **idios**, distintos; **zone**, cinturón.)

-ido (**-ide**). Ver *id.*

idos (**idos**). Según Naegeli, el plasma germinal o idioplasma contendría unidades llamadas *determinantes* (que podrían determinar un órgano) subdivididas en partículas o *bióforos* que representarían caracteres aislados. Los determinantes se agruparían en *idos* y estos en *idantes*, que podrían equivaler a los cromosomas.

Idotheoidea. Un suborden de crustáceos en el orden *Isopoda.* (Del género **Idothea.**) (Gr. **Eidothea**, una ninfa marina.)

igana. V. *iguana.*

iguana* (**iguana**). En su sentido estricto, el nombre se aplica a los grandes saurios neotropicales de la familia *Iguanidae*, de los géneros *Iguana* y *Cyclura.* En Puerto Rico este nombre lo usan para los saurios del género *Ameiva* y en Cuba lo aplican a *Cyclura macleayi* y a varias especies del género *Leicocephalus.* En Argentina: el *tegú.* (Esp., del *caribe*, iguana.)

Iguania. Un infraorden de reptiles del suborden *Sauria.* Comprende los iguánidos americanos así como los agámidos y camaleóntidos del antiguo continente. (Esp., del carib., iguana.)

iguánido*. Dícese del reptil del grupo de las iguanas.

iguanodonte* (**Iguanodon**). Reptil dinosaurio del orden *Ornithischia*, del Cretáceo inferior, que alcanzó más de 10 m. de largo. (Esp., caribe, iguana; gr. **odous, odontos**, diente.)

igüedo* (**goat**). Macho cabrío de unos dos años.

ijada* (**flank**). Nombre de los dos espacios situados entre las costillas falsas y las caderas. (Lat. **ilia**, ijares.)

ijar*. V. *ijada.*

ilangurra. (**ilangurra**). Marsupial australiano de rabo prensil, de la familia *Phalangeridae*, que vive en las rocas. (**Wyolda** sp.)

ileo- (**ilio-**). Prefijo latino derivado de la voz *ile=ileum=ilion=ilium*, que puede significar *intestino delgado, ingle, ijar* y *cadera.* Para evitar confusiones usamos el prefijo *íleo-* para lo relacionado con el intestino delgado; mientras que el prefijo *ilio-* lo empleamos especialmente para indicar la región de la cadera o de la ingle.

íleon* (**ileum**). Parte del intestino delgado que, en los mamíferos, se extiende desde el yeyuno hasta el ciego. Algunos prefieren la grafía *íleum*, tanto para esta parte del intestino delgado como para el hueso de la cadera. (Lat. **ileum**, ingle, intestino delgado.)

ileocecal (**ileocaecal**). Lo relativo al íleon y al ciego intestinal, como la válvula ileocecal. (Lat. **ileum**, ingle; **caecum**, ciego.)

ileocolon (**ileocolon**). Porción anterior poco diferenciada del intestino posterior de los artrópodos. (Lat. **ileum**, íleo; **colon**, colon.) *Adj.* **ileocólico.**

íleum. V. *íleon.*

ilia. Sufijo latino que indica plural. Usase en muchos nombres de categorías zoológicas. Ej.: Animalia, Reptilia.

ilíaca (**iliac**). Se aplica a las regiones de la ingle y de la cadera. // Venas y arterias ilíacas. (Lat. **ileum**, ingle.) *Adj.* Relativo al *ilion.*

ilíaco (**ilias**). Músculo en forma de abanico que, en el hombre, se origina en cada fosa ilíaca. (Lat. **ilium,=ileum**, la ingle.)

ilio- (**ilio-**). (Del lat. **ilia**, ijares.) Ver *íleon.*

ílio. V. *ilion.*

iliocaudal (**iliocaudal**). Lo que conecta al íleo con la cola. (Lat. **ilium**, cadera, ijar; **cauda**, cola.)

iliococcígeo (**iliococcygeal**). Músculo de la parte interna de la pelvis que une al ílion con el cóccix. (Lat. **ilium**, pelvis; gr. **kokkyx**, cóccix.)

iliocostalis (**iliocostalis**). Una de las divisiones laterales del músculo erector de la espina dorsal. (Lat. **ilium**, cadera; neolat. **costalis**, perteneciente a las costillas.)

iliofemoral (**iliofemoralis**). Lo que pertenece al *ilion* y al *fémur.*

iliohipogástrico (**iliohypogastric**). Perteneciente al ilion y a la región anterior del abdomen o *hipogastrio.* (Lat. **ilium**, cadera; gr. **hipo**, debajo; **gaster**, estómago.)

ilioinguinal (**ilio -inguinal**). Perteneciente a la región de la cadera y del ingle. (Lat. **ilium**, cadera; **inguen**, ingle.)

ilioisquiático (**ilio-ischiatic**). Se aplica a la abertura entre el ilion y el isquion. (Lat. **ilium**, cadera; gr. **ischion**, cadera.)

iliolumbar (**iliolumbary**). Perteneciente a las regiones del ilion y de las ijadas. (Lat. **ilium**, cadera; **lumbus**, ijada.)

ilion*. Hueso de la cadera que, en los mamíferos, se une al isquion y al pubis para formar el hueso inominado. (Lat. **ilium**, ijar; **ilion**, cadera.)

iliopectineal (**iliopectineal**). Perteneciente al ílion y al pubis. (Lat. **ilium**, cadera; **pecten**, cresta.)

iliopsoas (**iliopsoas**). Nombre colectivo que se aplica a los músculos iliáco y psoas mayor. Ambos se insertan en el trocánter menor del fémur y su contracción flexiona el fémur o el tronco según este o aquel estén inmóviles respecto al otro. (Lat. **ilium**, cadera; **psoa**, músculo de las ingles.)

iliotibial (**iliotibial**) Relativo a las caderas y la tibia. // Músculo en la extremidad inferior del músculo. (Lat. **ilium**, ijar; **tibia**, tibia.)

iliotrocantérico (**iliotrochantericus**). Lo que une al ilion y al trocánter del fémur. (Lat. **ilium**, ijar; cadera, fractura del fémur.)

Iloricata. Grupo de rotíferos desprovistos de loriga o cutícula rígida subdividida en placas. (Lat. **in**, negación; **loricatus**, provisto de una cota de malla.)

ilorigados. V. *Iloricata.*

ima (**ima**). (Lat. lo más inferior.)

imagen*. V. *imago.*

imaginal (**imaginal**). Disco formativo o agente principal del desarrollo de los órganos interiores del imago de los insectos durante la metamorfosis. (De **imago, imagen.**)

imago (**imago**). Insecto perfecto o etapa final de la metamorfosis. (Lat. **imago**, imagen.)

imbibición* (**imbibition**). La absorción o adsorción de un líquido por un sólido o un gel, acompañado por una hinchazón de estos. (Lat. **imbibere**, beber.)

imbricación (**imbrication**). Condición por la que ciertas estructuras próximas llegan a cubrirse por los bordes, como las escamas en peces y reptiles. (Lat. **imbrico**, cubrir con tejas.) *Adj.* **imbricado*.**

imitativo* (**imitative**). Forma, estructura, etc., que asumen los organismos imitando algo, lo que les sirve de protección. (Lat. **imitari**, imitar.)

impala* (**impala**). Antílope africano (**Aepycerus melampus**).

imparidigitados (**imparidigitate**). Término empleado alguna vez para designar los mamíferos que tienen dedos impares, como los perros. Op. *paridigitados.* (Lat. **impar**, impar; **digitus**, dedo.)

impennado (**impennate**). Se aplica a las aves nadadoras de alas rudimentarias, como el alca y el pingüino. (Lat. **im.**, sin; **penna**, ala.)

Impennes. Nombre que ha sido aplicado al superorden de aves de la subclase *Neornithes*, que comprende el orden *Sphenisciformes.*

imperforada (**imperforate**). Se dice de la concha de los moluscos gasterópodos cuando no existe ombligo visible externamente. (Lat. in, (im), no; perforatus, perforado.)

imperforados (imperforata). Grupo de foraminíferos que poseen solamente la abertura principal, sin perforaciones en la concha. (Lat. in, no; perforatus, perforado.)

impervio (impervious). Impermeable. // Narices sin tabique nasal. (Lat. in, no; pervius, pasable.)

implantación* (implantation). La inserción de una sección de un tejido en un nuevo sitio en el cuerpo. // La fijación del embrión en la capa epitelial o endometrio del útero en los mamíferos. // La introducción de material sólido dentro del cuerpo. V. *cono de implantación* o *de origen*. (Lat. in, dentro; plantare, fijar.)

implante (implant). Material artificialmente colocado en un organismo. (Lat. in, dentro; plantare, fijar.)

implexo (implex). El pliegue interior del tegumento en los artrópodos para la inserción de los músculos. (Lat. in, dentro; plexus, plegado.)

implume* (impennate). Que está desprovisto de plumas. (Lat. im, sin.)

importación* (import). Ingestión por introducción del alimento directamente en el citoplasma celular, como en ciertos protozoos. (Lat. importare, llevar a centro.)

impregnación* (impregnation). Fecundación o fertilización del óvulo. (Lat. in, dentro; praegnatus, preñado.)

impregnar* (to impregnate). Introducir partículas de una substancia dentro de otra o dentro de un organismo. // Fecundar o fertilizar el óvulo por un espermatozoo. (Lat. in, dentro; praegnatus, preñar.)

impresa* (impress). Se dice de la sutura de la concha de los moluscos gasterópodos en la que las superficies adyacentes están vueltas hacia adentro. (Lat. impressus, impreso.)

impresión* (impression). Marca o huella que han dejado algunos organismos extintos en determinadas rocas, como huellas del pie, etc. // Marcas que dejan los músculos de los moluscos bivalvos en la cara interna de las conchas. // *Imprinting*. (Lat. impressus, impresión.)

impronta* (imprinting). La fijación o impresión de un acto aprendido poco después del nacimiento. Algunos prefieren la voz *estampado*. (Ital. impronta, der. del lat. impressus, impreso.)

impuber. V. *impúbero*.

impúbero* (immature). Estado prepúber o sexualmente inmaduro. (Lat. impubes, menor de edad.)

impulso* (impulse). Disturbio de funciones propagado por una excitación. // Una urgencia instintiva. (Lat. impulsus.) // *i. cardíaco*, movimiento de la sangre causado por el brusco incremento de la tensión de los ventrículos. // *i. microfónico*, impulso nervioso generado por vibraciones en el caracol del oído interno y llevados por los nervios auditivos. // *i. nervioso*, de naturaleza eléctrica, que se traslada de un parte a otra del cuerpo por medio de las fibras nerviosas.

in- (in-). Prefijo latino empleado generalmente con el significado de *en*. // En bibliografía se usa para indicar un pasaje o un artículo que se ha publicado como parte de una obra mayor. (Lat. in-, forma de -il, -im, -in, que significa dentro, en sobre, contra, hacia.) // Negación.

Inabrasia (Inabresie). Nombre propuesto por Jeannel para designar un bloque continental hipotético gondwaniano que reuniría India, Africa, Madagascar y Brasil, el que desmembró durante el Triásico, permitiendo explicar la distribución de ciertas faunas cálidas mundiales. (Fr. inabresie.)

inactivación (inactivation). Disminución o paralización transitoria de la actividad de un órgano por un agente externo o interno.

Inadunata. Un orden de crinoideos vivientes cuya boca está recubierta por placas. (Lat. in, sin; adunatus, unido.)

-inae. (-inae). Sufijo empleado en taxonomía zoológica para indicar el grupo subfamilia.

inambú (tinamou). V. *tinamú*, ave.

inanición* (inanition). Falta de nutrición apropiada. (Lat. inanitions, de inanis, vacío.)

inapendiculado (inapendiculate). Sin apéndices. (Lat. in, no;+ apendiculado, apéndices.)

inarticulado* (inarticulate). No segmentado. (Lat. in, no;+ articulado.)

Inarticulata. Clase del fílum *Brachipoda*. Tienen las valvas casi iguales, sin charnela o borde articular ni aparato branquial calizo. // Superfílum de invertebrados que contienen los celomados insegmentados. (Lat. in, no;+articulado.)

inasimilable (unassimilable). Incapaz de ser utilizado en la nutrición. (Lat. in, no; assimulo, hacer semejante.)

inaxona (inaxon). Una neurona con el cilindro eje ramificado a cierta distancia. (Lat. in, no; inos, fibra; axon, eje.)

inbreeding (inbreeding).=*Endogamia*. Palabra inglesa, empleada en zootencia para el apareo de individuos estrechamente emparentados. V. *consanguinidad*.

incaico (incaic). Porción persistente del hueso interparietal que se observa en los cráneos de los indios precolombinos del imperio inca.

Incalcarea. Una clase obsoleta del fílum *Porífera* que incluye las esponjas de espículas no calizas. (Lat. in, no; calx, cal.)

incano (grizzle). Que tiene pelo blanco o de apariencia canosa. (Lat. incanus, canoso.)

incertae sedis. Se aplica a la especie u otro taxón de posición dudosa en una clasificación. (Lat. de posición o lugar incierto.)

Incesoras. V. *Coraciiformes*, aves.

incisal (incisal). Cortante. (Lat. incidere, cortar.)

incisivo* (incisive). Cortante. // Pieza dentaria cortante de los mamíferos situada en los premaxilares y en la parte opuesta de las mandíbulas. *Adj.* **incisiforme**. (Lat. incisum, de incidere, cortar.) V. *procesos incisivos*.

inciso* (incised). Estructura con el margen profundamente escotado. // Que está cortado o dividido en partes irregulares. (Lat. incisus, cortado.)

incisorio* (incisor). Adaptado para cortar, como los incisivos de los mamíferos. (lat. incisus, cortado.)

incisura* (incisures). Cortadura. Una escotadura o un corte en una estructura. // Escotadura que separa los hemisferios cerebelosos. (Lat. incisus, cortado.)

inclusión* (inclusion). Se aplica a cualquier corpúsculo no viviente que se encuentra dentro del citoplasma. A menudo se refiere especialmente a materiales de reserva o de excreción. (Lat. inclusio, confinado.)

incola* (inhabitant). Habitante de un lugar. Vocablo poco usado. (Lat. incola, un habitante.)

incompleta* (incomplete). Se dice del tipo de metamorfosis en la que los insectos nacen de forma aproximadamente igual a la de los adultos. (Lat. in, no; completo, completar.)

incongruente* (incongruent). No concordante o adaptable. (Lat. incongruens.)

inconspicuo (inconspicuous). Se dice de la estructura poco aparente. (Lat. inconspicuus, obscuro o ignorado.)

incontinencia* (incontinentia). El pasaje involuntario de una secreción o una descarga natural, como de la orina, del semen, etc. (Lat. in, negativo; continuare, retener.)

incoordinación* (incoordination). Falta de coordinación o irregularidad en los movimientos debido a una deficiencia del control muscular. (Lat. in, no; cum, juntos; ordo, orden.)

incrasado (incrassate). Engrosado. (Lat. incrassare.)

increción (incretion). Secreción interna. (Lat. in, en; cretus, separado.)

incrustación* (incrustation). Fosilización por envoltura en una substancia mineral. (Lat. in, negación; crusta, costra.)

incubación (incubation). Acción de incubar. // Tiempo que transcurre entre la infección por agente y la aparición de los síntomas de la enfermedad que produce. // Período de desarrollo de un huevo hasta la eclosión. (Lat. **incubus**, yacer, estar sobre.)

incubar* (**hatch**). Empollar. Favorecer el desarrollo del huevo durante su fase embrionaria. (Lat. **incubare.**)

incubatorio (**incubatorium**). Bolsa transitoria que se forma en las hembras de los monotremos alrededor de las mamas, en donde depositan el huevo hasta su desarrollo final. (Lat. **incubare**, incubar.)

íncubo* (**incubus**). Estar acostado encima. // Pesadilla. (Lat. **incubus.**)

incudado (**incudate**). En forma de yunque. // Tipo de pieza masticadora del mástax de los rotíferos. (Lat. **incus**, yunque.)

incídeo (**incudal**). Lo relativo al huesillo *yunque.*

incudiforme (**incudado**). En forma de yunque. (Lat. **incus**, yunque;+**forma.**)

incudomaleal (**incudomaleal**). Perteneciente a los huesillos yunque y martillo. (Lat. **incus**, yunque; **malleus**, martillo.)

incudostapedial (**incudostapedial**). Perteneciente a los huesillos yunque y estribo. (Lat. **incus**, yunque; **stapes**, estribo.)

incumbente (**incumbent**). Echado sobre. // Doblado a lo largo de una base, como las alas de ciertos insectos, los pelos y las espinas. (Lat. **incumbere**, acostarse sobre.)

incunábulo (**incunabulum**). *Capullo.* (Lat. **incunabulum.**)

incurrente (**incurrent**). Estructura que lleva una corriente de fluidos hacia dentro, como los poros y canales en los espongiarios. // El sifón inhalante en los moluscos. (Lat. **in. currere**, correr.)

incurvación (**incurvation**). *Encorvamiento.* (Lat. **incurvare**, encorvar.)

incurvado (**incurvate**). Encorvado con la concavidad hacia el lado interno o superior. (Lat. **incurvatus.**)

Incurvarioidea. Una superfamilia de insectos minadores del orden *Lepidoptera.*

incus (**incus**). El huesillo del oído interno de los mamíferos llamado *yunque.* Una pieza del *mástax* de los rotíferos. (Lat. **incus**, yunque.)

indeciduado (**indeciduate**). Dícese del mamífero en el que la parte maternal de la placenta no se desprende después del parto. (Lat. **in**, no; **deciduus**, que se desprende fácilmente.)

indentado (**indented**). Ranurado. Con mellas o ranuras. (Lat. **in**, adentro; **dentatus**, dentado, puntiagudo.)

indeterminado* (**indeterminate**). Indefinido, no clasificado. (Lat. **in**, no; **determinatio**, fin.) *Segmentación indeterminada.*

indiá (**turkey**). Nombre dado también al gallo de Indias o *pavo común.*

Indiana* (**Indian**). Región zoogeográfica llamada también *Oriental.*

indicador* (**indicator**). Se aplica a las especies características de las condiciones ambientales de una región o un habitable. // La especie dominante en un biotopo. // Que indica o sirve para indicar. // Pájaro africano que con sus gritos y movimientos señala la existencia de colmenas silvestres (**Indicator major**). (Lat. **indicatus**, marca.) // ***i. biológico***, organismo que puede utilizarse como indicador de una actividad química o de un estado ambiental.

indicana* (**indican**). Un principio que se encuentra en las orinas y en el sudor por descomposición del triptófano. (De **indicar.**)

índice* (**index**). Razón o fórmula que expresa el valor de una magnitud con respecto a otra. // En biometría, la relación entre una dimensión menor, dividida por la dimensión mayor y multiplicando el cociente por 100. // El segundo dedo de las manos. (Lat. **index**, índice, registro.) // ***i. craneométrico o cefálico***, en antropología, el índice obtenido dividiendo el ancho de la cabeza por su longitud máxima. // ***i. de diversidad***, en una comunidad la relación entre el número de especies y el número de individuos. // ***i. mitósico***, el número de células que de un total de 1,000 simultáneamente están en mitosis. // ***i. morfológico***, relación entre el tronco y las extremidades. // ***i. nasal***, 100 veces el ancho de la nariz dividida por su longitud. // Distancia del *nasio* al margen inferior de la abertura nasal x 1000 dividida por el ancho máximo de la abertura nasal en el cráneo. // ***i. ponderal***, también llamado *coeficiente de nutrición de Heincke*, que está representado por la fórmula $K=\frac{P}{L^3}$ en la que *P* significa el peso de un organismo, *L* su longitud, *K* el índice ponderal que representa un aumento en materia orgánica. // ***i. sacral***, cien veces el ancho del sacro en la base, dividido por la longitud anterior. // ***i. sexual***, razón entre el número de cromosomas y los juegos de autosomas.

indiferenciado (**indiferenciated**). Estructura homogénea que no se ha diversificado. (Lat. **in**, no; **differens**, distinto.)

indiferente* (**indiferent**). Se dice de la coloración y de otros atributos animales que se heredan, pero que no parecen ser útiles ni dañinos, como la colaboración escarlata de algunas especies marinas. (Lat. **in**, no; **differens**, distinto.)

indígena* (**native**). Especie u otro grupo taxonómico nativo de un área o región. Es un término general que incluye los conceptos endémico, autóctono, reliquia. (Lat. **indigenus**, nativo.)

indigestible* (**indigestible**). Susceptible de digestión. (Lat. **in**, no; **digestus**, separado.)

individuación (**individuation**). La formación de unidades funcionales separadas, pero interdependientes, como los zooides de una colonia. // Acción durante el proceso embrionario que provoca el desarrollo ordinario del territorio inducido. (Lat. **individuus.**)

individualidad* (**individuality**). Cualidad particular de una persona o de una cosa. (De **individuo.**) // ***i. bioquímica***, doctrina de que las especies animales difieren tanto bioquímicamente como en apariencia. // ***i. cromosómica***, persistencia o constancia de los cromosomas en forma y número en las fases de la mitosis. (Rabl, Boveri.)

individualismo (**individualism**). Una simbiosis en la que ambos organismos forman un conjunto que parece ser una sola especie, como los líquenes.(De **individuo.**)

individualización (**individuation**). V. *individuación.*

individuo* (**individual**). Un miembro de una población. // Un simple zooide en una colonia de celenterados o briozoos. (Lat. **individuus** indivisible.) Adj. individual. // ***i. de sustitución***. Individuos neoténicos, derivados de los estériles, que ejercen funciones reproductoras en las colonias de termites cuando faltan los individuos fecundos.

indol (**indole**). Un compuesto formado en la putrefacción de las proteínas que contribuye a dar olor característico a las heces. (Contracción de **índigo** y **alcohol.**)

indoxilo (**indoxyl**). Una substancia aceitosa encontrada en las orinas. (De **índigo** y **óxido.**)

indri* (**indri**). Babakoko. El mayor de los lémures vivientes. Orden *Primates.* familia *Indriidae* (**Malgache, indri**).

inducción* (**inducement**). Proceso por el cual una célula o un tejido influye sobre los tejidos de un factor externo. // Descanso en la condición particular por la acción de un factor externo. (Lat. **inducere**, inducir.)

inducir (**to induce**). Excitar, mover una función a un organismo. (Lat. **in** dentro; **ducere**, conducir.) *Adj.* ***inducido.***

inductor* (**inductor**). En el desarrollo embrionario, lo que causa diferenciación en otro tejido. (Lat. **inducere**, conducir, excitar.)

inductura (**inducture**). Capa lisa de la concha secretada por la superficie general del manto de los moluscos gasterópodos que se extiende desde el lado interno de la abertura hasta la región parietal, el labio columelar y, en algunos géneros, sobre una parte o la totalidad de la superficie exterior de la concha. (Lat. **inductura**, cubierta.)

indumento* (**indumentum**). Una cubierta de pelos o de plumas. (Lat. **indumentus**, ropa.)

induración (**induration**). Endurecimiento de los tejidos u órganos. (Lat. **induratio.**)

indurado (**indurate**). Que mantiene adherida la piel mudada. (Lat. **induratus**, endurecido.)

indusio (**indusium**). Una orla de pelos que rodea los estigmas en los insectos. // La funda o envoltura de las larvas de los insectos. // Circunvolución sobre el cuerpo calloso del rinencéfalo. (Lat. **indusium**, túnica.) *Adj.* ***indusiforme.***

inequi-. (Lat. **inaequi-** desigual, que corresponde al griego **aniso-**.)

inequilateral (**inequilateral**). *Inequilátero* o de lados desiguales, como en las valvas de algunos bivalvos. (Lat. **inaequi-**, desigual; **lateralis**, lateral.)

inequilobado (**inequilobate**). Estructura u órgano con lóbulos de tamaño desigual. (Lat. **inaequus**, desigual; **lobus**, lobo.)

Inequipalpia. Una subdivisión de los insectos del orden *Trichoptera* que tienen los palpos desiguales. (Lat. **inaequi-**, desigual;+**palpos.**)

inequipotente (**inequipotent**). Que posee diferentes potencialidades para el desarrollo y diferenciación. (Lat. **in**, dentro; **aequus**, igual; **potencia**, poder, fuerza.)

inequivalvo (**inequivalve**). Se aplica al molusco bivalvo de conchas desiguales. (Lat. **inaequus**, desigual;+**valva.**)

inercia* (**inertness**). Resistencia que ofrece un cuerpo a moverse desde una posición de reposo. (Lat. **inertia**, ineptitud, torpeza.) // ***i. del útero***, lentitud o ausencia de contracciones del útero durante el parto. // ***i. intestinal***, lentitud en la peristalsis.

inerme* (**inermous**). Desarmado, inofensivo, sin espinas. (Lat. **inermis**, desarmado.)

inerte (**inert**). Fisiológicamente inactivo. (Lat. **iners**, inactivo.)

inervación* (**inervation**). Distribución de los nervios en un órgano. // Conjunto de nervios o nervaduras de las alas de los insectos. (Lat. **in**, superposición; **nervus**, nervio.)

infarto (**infarct**). Area de necrosis en una estructura por oclusión de las arterias que la irrigan. (Lat. **infarctus**, relleno.)

infauna (**infaune**). La fauna formada por organismos cavadores en los depósitos submarinos. (Lat. **in**, dentro;+**fauna.**)

infección* (**infection**). Acción y efecto de infectar. // Un estado mórbido causado por la multiplicación de microorganismos patógenos dentro del cuerpo. (Lat. **infectus.**)

infeccioso* (**infectious**). Capaz de comunicar una infección. (Lat. **infectus**, infectado.)

infecundo* (**infecund**). Estéril. (Lat. **in**, negación; **fecundus**, rico, abundante.)

infer-. Prefijo latino que indica posición por debajo de otra estructura, de un eje o de un plano de referencia. // *-infero-*.

inferior* (**inferior**). Estructura situada bajo otra. (Lat. **inferior.**)

inferoanterior (**inferoanterior**). Situado por debajo y hacia el frente. (Lat. **inferos**, inferior; **anterior**, en frente.)

inferobranquiado (**inferobranchiate**). Con branquias por debajo del manto, como en ciertos moluscos. (Lat. **infero**, inferior; gr. **branchia**, branquia.)

inferolateral (**inferolateral**). Por debajo y hacia un lado. (Lat. **infer**, inferior; **latus**, el lado.)

inferomediano (**inferomedian**). Por debajo y hacia el medio. (Lat. **infer**, inferior; **medius**,, el medio.)

inferoposterior (**inferoposterior**). Por debajo y hacia atrás. (Lat. **infer**, inferior;+**posterior.**)

inferradial (**inferradial**). La parte inferior en ciertos radios de crinoideos fósiles. (Lat. **infer**, inferior; **radius**, radio.)

infestación* (**infestation**). Condición de ser invadido un organismo por un parásito, generalmente no bacterial. (Lat. **infesto**, atacar, molestar.)

infiltrar* (**infiltrate**). Introducir lentamente un líquido en una estructura a través de sus poros. (Lat. **in**, dentro; **feltrum**, el fieltro usado para filtrar.)

inflamación* (**inflamation**). Respuesta de un tejido lesionado caracterizada por aumento en la circulación sanguínea, elevación de la temperatura, enrojecimiento, acumulación de leucocitos y dolor. (Lat. **in**, dentro; **flamma**, llama.)

inflexo (**inflexed**). Abruptamente encorvado hacia adentro o hacia el eje. (Lat. **inflectere**, doblar hacia adentro.)

influyente* (**influential**). Especie que en una comunidad no es ecológicamente tan importante como las especies dominantes. (Lat. **influere**, influir.)

infra-. Del latín **infra**, por debajo, empleado en la formación de términos o estructuras que están por debajo de otra.)

infraxilar (**infra-axillary**). Por debajo de las axilas. (Lat. **infra**, por debajo; **axila**, sobaco.)

infrabasal (**infrabasal**). En los equinodermos crinoideos, cada una de las placas radiales que rodean las placas basales de la superficie oral. (Lat. **infra**, por debajo; **basis**, base.)

infrabranquial (**infrabranchial**). Que está por debajo de las branquias, como en los moluscos bivalvos. (Lat. **infra**; bajo; gr. **branchia**, las branquias.)

infracentral (**infracentral**). Por debajo de la columna vertebral. (Lat. **infra**, debajo; **centrum**, centro.)

infraciliadura (**infraciliature**). Conjunto de cinetosomas y cinetodesmas bajo los cilios de los protozoos ciliados, que presumiblemente juegan un papel decisivo en la coordinación y en la diferenciación del organismo durante la reproducción. (Lat. **infra**, debajo; **cilia**, pelos.)

infraclavícula (**infraclavicle**). En algunos peces, un hueso de la cintura pectoral que en otra nomenclatura se denomina *clavícula.* (Lat. **infra**, debajo;+**clavícula.**) *Adj.* ***infraclavicular.***

infracortical (**infracortical**). Por debajo de la corteza. (Lat. **infra**, debajo; **cortex**, corteza.)

infracostal (**infracostal**). Por debajo de las costillas. (Lat. **infra**, debajo; **costa**, costilla.)

infradentario (**infradentary**). Por debajo del hueso dentario. (Lat. **infra**, debajo; **dens**, diente.)

infraespecie (**infraespecies**). Una división taxonómica de la especie, como la subespecie y la variedad. (Lat. **infra**, debajo; **species**, especie.) *Adj.* ***infraespecífico.***

infraepímero (**infraepimere**). En los insectos, la parte inferior de un epímero subdividido. (Lat. **infra**, debajo;+**epimere.**)

infraepisternón (**infraepisternum**). La parte inferior del esternón de un insecto cuando está subdividido. (Lat. **infra**, debajo;+**episternón.**)

infraglenoideo (**infraglenoid**). Por debajo de la cavidad glenoidea. (Lat. **infra**, debajo; gr. **glene**, cavidad.)

infrahioideo (**infrahyoid**). Se aplica a un par de ganglios parietales de los moluscos gasterópodos estreptoneuros que se desplaza para ocupar una posición bajo el intestino. =*Ganglios subintestinales.* (Lat. **infra**, por debajo;+**intestino.**)

infralabial (**infralabial**). Por debajo del labio inferior. (Lat. **infra**, por debajo; **labium**, labio.)

inframarginal (**inframarginal**). Lo que está por debajo de un margen o de una estructura marginal. // Cualquiera de las placas en los asteroideos situadas por debajo del borde de los brazos, en la superficie oral. // Placa del carapacho de las tortugas por debajo de las placas marginales. (Lat. **infra**, debajo; **margo**, margen.)

inframaxilar (**inframaxillary**). Por debajo del hueso maxilar. (Lat. **infra**, debajo;+**maxila.**)

inframeninges (**inframeninges**). Por debajo de las membranas meninges. (Lat. **infra**, debajo; **meninx**, membrana.)

infranasal (**infranasal**). Lo que está bajo la nariz. // Se aplica a un hueso nasal adicional en algunos reptiles teromorfos. (Lat. **infra**, debajo; **nasus**, nariz.)

infraneuston (**infraneuston**). Neuston situado por debajo de la superficie líquida y en contacto con ella. (Lat. **infra**, debajo;+**neuston.**)

infraorbital (**infraorbital**). Por debajo de la órbita ocular. V. *glándula infraorbital.* (Lat. **infra**, debajo;+**órbita**, q.v.)

infraparietal (**infraparietal**). Lo que está debajo de la pared del cuerpo en los animales. (Lat. **infra**, debajo; **paries**, pared.)

infrapatelar (**infrapatellar**). Por debajo de la patela. // Almohadilla de grasa bajo la patela. (Lat. **infra**, debajo;+**patela**, q.v.)

infraproteínas (**infraprotein**). Derivados de proteínas obtenidos por hidrólisis. (Lat. **infra**, debajo;+**proteína**, q.v.)

infrarrostral (**infrarostral**). Por debajo del rostro u hocico. // Cartílago derivado del cartílago de Meckel. // Cartílago por debajo de la boca en los renacuajos. (Lat. **infra**, debajo; **rostrum**, rostro, hocico.)

infrascapular (**infrascapular**). Por debajo del omoplato. (Lat. **infra**, debajo; **scapula**, omóplato.)

infraspinoso (**infraspinatous**). Por debajo de una espina, especialmente la espina dorsal. (Lat. **infra**, debajo; **spina**, espina.) *Adj.* ***infraspinado.***

infrasternal (**infrasternal**). Por debajo del esternón. (Lat. **infra**, debajo; **esternum**, esternón.)

infratemporal (**infratemporal**). Que está debajo del hueso temporal, como la fosa temporal. (Lat. **infra**, debajo; **tempora**, sienes.) V. *arcada infratemporal.*

infratroclar (**infratrochlear**). Por debajo de la *trocla.* // Nervio infratroclear. (Lat. **infra**, debajo; **troclea**, polea.)

infundibulina (**infundibulin**). Un extracto del lóbulo posterior de la pituitaria que ocasiona una disminución de la excreción renal acuosa. V. *vasopresina* u *hormona antidiurética.* (Lat. **infundibulum**, embudo.)

infundíbulo* (**infundibulum**). El tallo de la glándula pituitaria. // Cualquier estructura en forma de embudo. // Divisiones de la pelvis de los riñones. // Ultimas expansiones de los bronquiolos. // El cono arterioso. // El sifón en los cefalópodos. // Cavidad estomacal en ciertos escifozoos. *Adj.* ***infundibular, infundibuliforme*.*** (Lat **infundibulum**, embudo.)

infuscado (**infuscate**). Coloreado de obscuro, como las alas de ciertos insectos y las conchas de algunos moluscos. (Lat. **in**, en; **fuscus**, obscuro.)

Infusoria. Nombre antiguo para la clase de protozoos llamada ahora *Ciliata.* (Lat. **infusorium**, infusorio, que vive en las infusiones.)

infusoriforme (**infusoriform**). Estado en el ciclo vital de los mesozoos producido por los infusorígenos, de forma rómbica, provista de somatodermo ciliado y de algunas células internas. Dan origen a los estados llamados nematógenos. (Lat. **infusorium**, infusorio; **+ forma.**)

infusorígenos (**infusorigen**). Fase del ciclo vital de los mesozoos producidas por los rombógenos, que tienen forma de mórula con uan célula central rodeada por células periféricas. Los infusorígenos son hermafroditas y originan las larvas *infusoriformes*. (Lat. **infusorium**, infusorio; **gr. genos**, descendencia.)

infusorio* (**infusorium**). Microorganismo que se desarrolla en las infusiones de materia orgánica, en las aguas estancadas, etc. // En zoología se tomó como sinónimo de protozoario ciliado. (Lat. **infusorium.**)

ingerir* (**to ingest**). Tomar alimentos. (Lat. **in**, dentro; **gero**, llevar.)

ingesta (**ingesta**). Los alimentos y el agua ingeridos. (Lat. **ingestus**, ingerido; **ingerere**, llevar hacia dentro.)

ingina (**jaw**). La quijada. (Lat. **in**, en; **genae**, mejilla.)

ingiva* (**gums**). Encía. (Lat. **gingiva**, encía.)

ingle* (**groin**). Parte del cuerpo en los mamíferos en que se unen las piernas con el tronco. (Lat. **inguen**, inguina, la ingle.) *Adj.* ***inguinal*, inguinario. ****

ingluvio (**ingluvies**). Una dilatación del esófago de las aves, llamada también *buche.* (Lat. **ingluvies**, buche, garganta, glotonería.) *Adj.* ***ingluvial.***

ingluvitis (**ingluvitis**). Inflamación del buche de las aves. (Lat. **ingluvies**, buche; **-itis**, inflamación.)

Ingolfiellidea. Un suborden de crustáceos isópodos cuya cabeza no está unida al segundo segmento torácico y los segmentos abdominales son distintos.

Ingram, V.M. Biólogo norteamericano que interpretó la naturaleza de las mutaciones estudiando (1956) la diferencia entre la hemoglobina normal y la causante de la anemia HbS.

ingresión (**ingression**). Proceso de gastrulación por migración de células superficiales hacia el interior por un sólo punto (**unipolar**) o por varios (**multipolar**). (Lat. **ingresus**, entrada.)

inguinoabdominal (**inguino-abdominal**). Que pertenece a la región del abdomen y la ingle. (Lat. **inguen**, la ingle;+ **abdomen.**)

inguinocrural (**inguinocrural**). Relativo a la región de la ingle y la pierna. (Lat. **ingeun**, la ingle; **crus**, la pierna.)

ingurgitar* (**ingurgitate**). Engullir, tragar. V. *regurgitar.* (Lat. **in** dentro; **gurgito**, engolfar.)

inhalación* (**inhalation**). V. *inspiración.*

inhibición* (**inhibition**). Depresión o supresión de la función de un órgano. // Cancelación de un impulso nervioso por otro impulso. Contr. *facilitación.* (Lat. **inhibitus**, contener, reprimir.) // ***i. cardíaca***, retardamiento o detención del ritmo cardíaco por estimulación del nervio vago.

inhibidor* (**inhibitor**). Sustancia capaz de inhibir el desarrollo de un organismo o la actividad de una enzima. (Lat. **inhibitorius.**)

inhibina (**inhibina**). Una supuesta hormona testicular antigonadotrópica. (Lat. **inhibere**, restringir.)

inhibitorio* (**inhibitory**). Se aplica al nervio que regula movimiento o una secreción. // *Inhibidor.* (Lat. **inhibere.**)

inia (**inia**). El delfín del Amazonas (**Inia geoffroiensis**).

inicial* (**initial**). Una célula que inicia la diferenciación de los tejidos. Célula primordial. (Lat. **initium**, principio.) *Adj.* ***iniciador.***

inio (**inion**). *Inión*, punto craneométrico situado en el punto más saliente de la protuberancia occipital externa. (Gr. **inion**, occipucio.)

Iniomi. Orden de peces óseos acantopterigios, mejor conocidos como *Myctophiformes*, que comprende los llamados lagartos y los peces linternas de las profundidades marinas. (Gr. **inio**, nuca.)

injerto* (**graft**). En embriología, transplante en el que se unen en *parabiosis* dos embriones casi enteros, o bien se insertan sobre un embrión porciones grandes de otro: una cabeza, medio embrión, etc. Cuando mayor es la parte injertada, mejor es su autonomía funcional. // V. *transplantes de tejidos.* // ***i. autoplástico***, transplante de un tejido de un lugar a otro en el mismo individuo.

in lit., in litt. Abreviatura de *in littera*, voces latinas empleadas en textos biológicos para indicar que la referencia que procede ha sido comunicada por medio de una carta o un manuscrito.

inmaculado* (**inmaculate**). Sin manchas o marcas de otro color. (Lat. **in**, no; **macula**, mancha.)

inmaduro* (**inmature**). Que no ha llegado a la madurez sexual. (Lat. **in**, no; **maturus**, maduro.)

inmarginado (**emarginate**). Sin margen distinto. V. *emarginado.* (Lat. **in**, no; **margo**, borde.)

inmergir* (**to submerge**). Neologismo innecesario por *sumergir.* (Lat. **in**, dentro; **mergo**, sumergirse.)

inmigración* (**inmigration**). La llegada a un nuevo territorio de individuos de una especie o de una población entera. // La incorporación en una población animal de individuos de otra población cercana, como sucede en los cardúmenes de peces. (Lat. **in**, dentro; **migratio**, emigración, marcha, cambio.)

inmobilización (**inmobilization**). Una respuesta de los animales a determinados estímulos por la cual quedan completamente inmóviles, aun cuando se les apriete. Esta rigidez, que imita la muerte, es de gran valor adaptativo. (Lat. **in**, dentro; **mobile**, movible.)

inmune* **(inmune).** Que no es susceptible a una enfermedad. (Lat. **immunis**, libre, exento.)

inmunidad* **(inmunity).** La calidad de ser inmune a una enfermedad producida por un agente patógeno. // ***i. natural***, resistencia obtenida como consecuencia de una enfermedad infecciosa. Puede ser permanente, como la del sarampión, o transitoria como la de la viruela. // ***i. pasiva***, obtenida por la inyección de anticuerpos preparados. Se produce inmediatamente, pero es de corta duración. // ***i. activa***, resistencia de un organismo, natural o adquirido al efecto de condiciones patológicas de una infección natural o artificial por microorganismos o sus productos: // ***i. por edad***, resistencia que muestran los individuos de cierta edad a determinadas infecciones: // ***i. radical***, resistencia que ofrece una especie u otro grupo de organismos a una infección que normalmente afecta a otros grupos afines.

inmunización* **(inmunization).** Proceso de hacerse inmune.

inmunizar* **(inmunize).** Hacer invulnerable a una toxina, generalmente por inyecciones de antitoxinas. (Lat. **immunis**, libre.)

inmunología **(inmunology).** El estudio sobre la habilidad de los organismos para levantar resistencias químicas en su cuerpo a varios tipos de sustancias, tales como bacterias, viruses, polen, etc. (Lat. **inmunis**, libre.)

innato* **(innate).** Carácter que existe desde el nacimiento. // Ideas innatas, comportamiento innato. (Lat. **in**, dentro; **natus**, nacimiento.) V. *hereditario, congénito.*

innidación **(innidation).** La colonización o desarrollo de células de un organismo en otra región de su cuerpo por metástasis. (Lat. **in**, dentro; **nidus**, nido.)

inocito **(inocyte).** Célula alargada del tejido fibroso. (Gr. **is, inos**, fibra; **kytos**, célula.)

inocoma **(inocomma).** Segmento de las fibras musculares estriadas comprendido entre dos líneas Z sucesivas, que presenta a menudo una banda media mas birrefrigente y más coloreable que se llama *banda Q.* (Lat. **in**, dentro; **comma**, fragmento.)

inoculación* **(inoculation).** Acción y efecto de inocular. (Lat. **inoculatio.**)

inocular* **(to inoculate).** Aplicar o introducir en un organismo gérmenes, generalmente patógenos. // Que tiene la inserción de las antenas cerca de los ojos. (Lat. **inoculare.**)

inóculo **(inoculum).** Bacteria, espora, célula empleada para iniciar un cultivo. (Lat. **inoculare**, implantar.)

inofragma **(inophragm).** Diafragma transversal que atraviesa las miofibrillas. Las líneas M y Z que bisectan los discos A y E I. (Gr. **is, inos**, fibra, músculo; **phragma**, división.)

inógeno **(inogen).** Una substancia nitrogenada de los músculos. (Gr. **is, inos**, fibra, músculo; **genos**, engendrar, producir.)

inominado **(innominate).** Organo o estructura sin nombre. // Hueso inominado en la cadera humana, formado por la fusión del ilion, el pubis y el isquio. // Vena inominada o braquiocefálica. // Arteria inominada o braquiocefálica. (Lat. **in**, no; **nomen**, nombre.)

inoperculado* **(inoperculate).** Desprovisto de opérculo. (Lat. **in**, **opérculum**, tapa.)

inoscular **(inosculate).** Intercomunicar, como en los vasos. (Lat. **in**, no; **osculare**, besar.) *Adj. inosculado.*

inosemia **(inosemia).** Exceso de fibrina en la sangre. (Gr. **is, inos**, fibra; **haima**, sangre.)

inosina **(inosine).** Una purina presente en algunas células bajo la forma de inosinarribosa fosfatada. (Gr. **is, inos**, fibra.)

inositol **(inositol).** Vitamina del complejo B, que parece ser responsable de la prevención de la caída del pelo en las ratas y se sintetiza por bacterias intestinales. Se encuentra en músculos, hígado, cerebro y riñones. (Gr. **is, inos**, fibra.)

inotagma **(inotagmata).** Unidad hipotética, uno de los últimos componentes del protoplasma. (Gr. **is, inos**, fibra; **tagma**, arreglo.)

inquilinismo* **(inquilinism).** Variedad de *comensalismo* en la que la convivencia se reduce a la ocupación de un espacio común. (Lat. **inquilinus**, habitante temporero.)

inquilino* **(inquiline).** Un animal que vive en el nido de otro animal o en algún espacio abierto del cuerpo sin causarle daños al hospedero. // Insecto que se desarrolla en las agallas producidas por otras especies con perjuicio de éstas. (Lat. **inquilinus.**)

inrirí **(woodpecker).** Puerto Rico: nombre aborigen del pájaro carpintero nativo. (Nombre indígena H.A.)

insalivar* **(insalivate).** Mezclar los alimentos con saliva. (Lat. **in**, no;+**saliva.**)

inscripciones tendinosas **(inscriptio tendinea).** Remanentes a las miocomas que se han conservado en el músculo recto abdominal, orientadas transversalmente y dividiéndolo en segmentos.

Insecta. Clase del fílum de los artrópodos que comprende especies que tienen el cuerpo dividido en tres regiones, 3 pares de patas, generalmente 1 ó dos pares de alas, un solo par de antenas, casi siempre ojos compuestos. Esta clase también se denomina *Hexapoda.* En el sentido vulgar, la palabra insecto es sinónimo de *sabandija*: araña, alacrán, ciempiés, cucaracha, etc. (Lat. **in**, en; **sectum**, sección.)

insectario* **(insectarium).** Lugar para la cría de insectos. (Lat. **insectum**, insecto; **-arium**, conjunto.)

insecticida* **(insecticide).** Substancia que sirve para destruir insectos. (Lat. **insectus**, insecto; **cid, caedo**, cortar.)

insectilicio* Substancia que atrae los insectos con el propósito de destruirlos. (Lat. **insectum**, insecto; **elicio**, arrojar.)

Insectivora. Orden de mamíferos, el más primitivo de los euterios, del cual, más o menos directamente, parecen derivar los demás mamíferos actuales. Se caracteriza por dentición típica, con piezas agudas y molares tritubérculares, tamaño pequeño, locomoción plantígrada y extremidades casi siempre pentadáctiles. Ej. topo, musaraña, *Solenodon.* (Lat. **insectivorus**, que devora insectos.)

insectívoro* **(insectivorous).** Se dice del organismo que devora insectos como los mamíferos del orden *Insectivora*, las plantas insectivoras. (Lat. **insectivorus.**)

insecto* **(insect).** En el sentido vulgar, sinónimo de *bicho* o *sabandija.* V. *Insecta.* (Lat. **insectum**, en sección.) // ***i. aptero***, que no puede volar, que carece de alas. // ***i. huesped***, un insecto que vive o se reproduce en el nido de otro. // ***i. perfecto***, ver *imago.*

insectología* **(insectology).** Nombre incorrecto por *entomología*, q.v.

inseminación* **(insemination).** La deposición de semen en la vagina. (Lat. **insemino**, der. de **semen, seminis**, semilla.) // ***i. artificial***, introducción artificial en una hembra del semen removido de un macho para iniciar la preñez.

inserción* **(insertion).** Punto de unión de un músculo en un hueso por su extremidad más movible. (Lat. **inserere, insero**, insertar.)

insercional **(insertional).** Translocación en la que un fragmento de un cromosoma se inserta en una ruptura de otro. (Lat. **insertus.**)

insertado* **(inserted).** V. *inserto.*

inserto* **(inserted).** Se dice de lo que ha sido incluido o introducido en otra cosa. (Lat. **inserere**, introducir.)

insesorial **(insessorial).** Adaptado para posar, como los pies de las aves de percha. (Lat. **in**, dentro; **sessor, sessoris**, que está sentado o que es residente.)

instar* **(instar).** Periodo entre dos mudas, o sea, cualquier estado en la secuencia de la metamorfosis en los artrópodos. (Lat. **instar**, formar; **figura**, imagen.)

instinto* **(instinct).** Conducta heredada, bastante inflexible, a menudo compleja, que combina actos reflejos asociados y conduce a un fin particular. (Lat. **instintus**, impulso, inspiración.)

insuflar* **(insufflate).** Introducir soplando un gas, un líquido o una substancia pulverulenta en una cavidad o estructura orgánica. (Lat. **insuflare.**)

ínsula* **(insula).** Pequeña parte de la corteza cerebral bajo la fisura de Silvio. (Lat. insula, una isla.) *Adj. insular.**

insularidad **(insularity).** Efecto de la condición insular sobre los organismos que habitan las islas. Por lo general las islas pequeñas albergan animales de menor talla que los de las especies vecinas continentales, pero hay excepciones, como las *tortugas terrestres* de las islas Galápagos, Reunión y Seycheles, el *Dodo* extinto de la Isla Mauricio, etc.

insulina **(insulin).** Una hormona secretada por las células beta de los islotes de Langerhans del páncreas, cuya deficiencia produce la diabetes dulce. // La insulina activa la transformación de la glucosa en glucógeno. (De insula, isla.)

integración* **(integration).** Funcionamiento ordenado de los distintos órganos. (Lat. integratus, hacer un todo.)

integripaliales **(intergripallial).** Se aplica a las especies de moluscos bivalvos cuyo manto deja en la superficie interna de las conchas una impresión continua. Op. *sinuatopalial.* (Lat. integer, íntegro; pallium, manto.)

integumento* **(integument).** La cubierta de un objeto, una estructura o un organismo. // En general se emplea como sinónimo de *tegumento*, pero este término es restrictivo de los animales. (Lat. integumentum.)

inter- **(inter-).** (Del lat. inter, entre. Preposición inseparable en español y significa entre dos o más cosas.)

interacinoso **(interacinous).** Entre los alveólos de las glándulas recimosas. (Lat. inter-, entre; acinus, uva.)

interalveolar **(interalveolar).** Entre alveólos. (Lat. inter, entre; alveolas, cavidad pequeña.)

interambulacral **(interambulacral).** En los equinodermos, ciertas zonas o bandas llamadas también *interradios*, desprovistas de poros ambulacrales. Alternan con las zonas ambulacrales o radiales. (Lat. inter, entre; ambulacrum, vía.)

interarqueado **(interarcual).** Lo que está en ó dentro de una estructura u órgano arqueado. V. *músculo interarqueal* (Lat. inter, entre; arcus, un arco.)

interarticular **(interticular).** Lo que está situado entre las articulaciones. (Lat. inter, entre; articulus, segmento.)

interatrial **(interatrial).** Tabique que separa los atrios o aurículas en el corazón de los vertebrados tetrápodos. (Lat. inter, entre; atrium, pasillo, sala de entrada, atrio.)

interauricular **(interauricular).** V. *interatrial, septo interauricular* y *septo interbranquial.*

interbandas **(interbands).** Fajas o estrías transversales no coloreables en los cromosomas gigantes. (Lat. inter, entre; + bandas.)

interbraquial **(interbraquial).** Entre los brazos o los rayos. (Lat. inter, entre; brachium, brazo.)

interbranquial **(interbranchial).** Lo que está entre las branquias, como los tabiques entre aberturas branquiales sucesivas. (Lat. inter, entre; branchia, branquias.)

intercalar* **(intercalar).** Insertado entre otros. // Se aplica a las piezas esqueléticas situadas entre los arcos hemales y neurales de los peces, especialmente en los de esqueleto cartilaginoso. Hay intercalares *dorsales* y *ventrales.* // Se aplica a las venas secundarias entre las principales en las alas de los insectos. // Se aplica a las placas en algunos dinoflagelados. V. *discos intercalares.* (Lat. intercalaris.)

intercalario **(intercalarium).** Uno de los huesillos del aparato de Weber de los peces ostariofisios, situado entre el *scaphium* y el *tripus.* (Lat. intercalaris.)

intercambio **(interchange).** Nombre aplicado al fenómeno de sobrecruzamiento o "crossing-over" en los cromosomas homólogos durante la meyosis. // Cambio de materiales y de energía durante los procesos del metabolismo. (Lat. inter, entre;+cambio.)

intercapitular **(intercapitular).** Entre capítulos óseos, como las venas de los dedos. (Lat. inter, entre; capitulum, cabeza.)

intercarotídeo **(intercarotid).** Que está entre las carótidas. (Lat. inter, entre; gr. karotides, la gran arteria del cuello.)

intercarpal **(intercarpal).** Entre los huesos del carpo. (Lat. inter, entre; carpus, muñeca.)

intercartilagíneo **(intercartilaginous).** Entre los cartílagos. (Lat. inter, entre; cartílago cartílago.)

intercastas **(intercastes).** La aparición de caracteres secundarios en algunos termites con motivo de la acción parasitaria de microsporidios. (Silvestri.)

intercavernoso **(intercavernous).** Senos venosos que conectan los senos cavernosos con las venas oftálmicas. (Lat. inter, entre; caverna, caverna.)

intercelular* **(intercellular).** Que existe entre las células, como el fluido intercelular, por oposición a intracelular. (Lat. inter, entre;+celular.)

intercentral **(intercentral).** Entre, o uniendo, dos centros. (Lat. inter, entre; centrum, centro.)

intercentro **(intercentrum).** Pieza ósea en la columna vertebral de algunos reptiles que encaja ventralmente entre centros sucesivos y persiste a veces en la cola, en donde llevan los arcos hemales. // En las vértebras *embolómeras*, q.v., forma el anillo anterior. (Lat. inter, entre;+centro.)

intercinesis **(interkinesis).** Durante la meyosis, el período corto que sigue a la primera telofase. Es similar a la interfase de la mitosis, excepto que no ocurre la replicación del material genético y no se forman nuevas cromátidas. En realidad los cromosomas ya tienen doble cordón cuando empieza la intercinesis. (Lat. inter, entre; gr. kinesis, movimiento.)

intercingular **(intercingular).** Entre el cíngulo de los dinoflagelados. (Lat. inter, entre; cingulo, cinturón.)

interclavícula **(interclavicle).** Hueso de la cintura torácica en los reptiles. V. *interclavícula* y *episternón.* // Placa ósea en el peto de los quelonios llamada también *endoplastrón* y corresponde al *episternón. Adj. interclavicular.* (Lat. inter, entre;+clavícula.)

intercolumnio* **(intercolumnar).** Lo que está entre estructuras de forma columnar, como ciertas fibras musculares abdominales. (Lat. inter, entre; columna, columna.)

interclinoide **(interclinoid).** Lo que une los procesos clinoides. (Lat. inter, entre; gr. kline, lecho.)

intercondiloide **(intercondyloid).** Lo situado entre los cóndilos de un hueso. (Lat. inter, entre; gr. kondylos, abultamiento.)

intercondral **(interchondral).** Estructura entre los cartílagos costales. (Lat. inter, entre; gr. chondros, cartílago.)

intercostal* **(intercostal).** Que está entre las costillas, como venas, nervios y músculos intercostales. (Lat. inter, entre; costa, costilla.)

intercostobraquial **(intercostobrachial).** Rama lateral del segundo nervio intercostal que inerva la parte superior del brazo. (Lat. inter, entre; costa, costilla; brachium, brazo.)

intercotidal **(intercodital).** Entre las mareas iguales. Anglicismo que se ha empleado innecesariamente en vez de *intermareal.* (Lat. inter, entre; ingl. antig. cotidal, al mismo tiempo.)

intercoxal **(intercoxal).** Que está entre las coxas de los artrópodos. (Lat. inter, entre; coxa, cadera.)

intercrescencia **(intercrescense).** Crecimiento mutuo de una estructura con la otra. (Lat. inter, entre; crescere, crecer.)

intercromosómico **(interchromosomal).** Que está entre cromosomas. (Lat. inter, entre; cromosomas.)

intercrural **(intercrural).** Estructura entre las piernas. (Lat. inter, entre; crura, las piernas.)

intercuneiforme **(intercuneiform).** Estructura que conecta los tres huesos cuneiformes del tobillo o tarso. (Lat. inter, entre;+cuneiformes, q.v.)

intercutáneo* **(intercutaneus).** Subcutáneo. (Lat. inter, entre; cutaneus, perteneciente a la piel.)

interdeferencial **(interdeferential).** Lo que se encuentra entre los vasos deferentes de los testículos. (Lat. inter, entre; deferre, llevar afuera.)

interdígito* (**Interdigital**). Lo que se halla entre los dedos, como las membranas de los pies de las aves nadadoras. (Lat. inter, entre; digitus, dedo.)

interdorsal (**interdorsal**). La parte de la vértebra que se forma embriológicamente de la parte dorsal anterior de cada esclerótomo y que, junto con el *interventral*, forma el pleurocentro. (Lat. inter, entre; dorsum, dorso.)

interencéfalo (**between brain**).=*Diencéfalo*. (Lat. inter, entre; enkephalon, encéfalo.)

interescapular (**intercapular**). Entre los omóplatos o escápulas. (Lat. inter, entre; scapula, espalda.)

interesfinctérico (**interephincteric**). Que está entre los esfínteres. (Lat. inter; gr. sphinkter, lo que une apretadamente.)

interespecífico (**interspecific**). Cruzamiento entre especies diferentes. // Lo relativo a dos especies. (Lat. inter, entre; species, especie.)

interespicular (**interspicular**). Lo que se encuentra entre las espículas. (Lat. inter, entre; spiculum, agudo.)

interespinal (**interspinal**). Que está entre los procesos espinosos o entre espinas. // Cada uno de los elementos basales de los terigóforos de los peces. (Lat. inter, entre; spina, espina.)

interespinoso (**interpinous**). V. interespinal.

interesqueleto.=*Endoesqueleto*.

interestapedial (**interstapedial**). Una parte de la columela en el oído medio de vertebrados anfibios, reptiles y aves. (Lat. inter, entre; stapes, estribo.)

interesternal (**intersternal**). Entre partes del esternón. // Se aplica a cada placa intercalada entre los esternitos principales en los miriápodos. (Lat. inter, entre; sternum, esternón.)

interfalangeal (**interphalangeal**). Se dice de la articulación entre falanges sucesivas. (Lat. inter, entre; gr. phalanx, falange.)

interfase (**interphase**). Período entre la telofase y la profase siguiente homeotípica. Llamado también fase de reposo. V. *intercinesis*. (Lat. inter, entre; gr. phasis, aspecto.)

interfecundo (**interfertile**). Se aplica al fenómeno de fecundidad más o menos completa entre animales de especies diferentes, como entre el ganado oriental *Bos indicus* o cebú y el occidental (Bos taurus). (Lat. inter, entre;+ fecundo.)

interfemoral (**interfemoral**). Entre los muslos. (Lat. inter, entre; + femur, fémur.)

interferencia (**interference**). Según Massart, reacción de un organismo a un estímulo cuando éste solamente provoca reacciones cualitativas. (Lat. inter, entre; ferens, de ferre, llevar.)

interfértil (**interfertile**). Capaz de cruzarse. (Lat. inter, entre; fertilis, fecundo.)

interferón (**interferon**). Proteína producida por células animales que impiden la reproducción de los virus que las infestan. (Lat. inter, entre; ferre, llevar.)

interfilamental (**interfilamental**). Que está entre los filamentos branquiales de los moluscos bivalvos. (Lat. inter, entre;+femur, fémur.)

interfilar (**interfilar**). La substancia general del citoplasma, como opuesta al retículo endoplásmico. (Lat. inter, entre; filum, hilo.)

interfrontal (**interfrontal**). Hueso de algunos anfibios entre el frontal y el nasal. (Lat. inter, entre; frons, frente.)

interganglionar (**interganglionic**). Que conecta dos ganglios, como las cuerdas nerviosas ventrales de los artrópodos. (Lat. inter, entre;+ganglio.)

intergemal (**intergemmal**). Entre dos yemas o brotes. (Lat. inter, entre; gemma, yema.)

intergenérico (**intergeneric**). Se aplica a la hibridización entre especies de distinto género. (Lat. inter, entre; genus, género.)

intergenital (**intergenital**). Entre los genitales, como ciertas placas en los equinodermos. (Lat. inter, entre;+genital.)

Interglacial (**interglacial**). Una edad geológica entre dos glaciales, especialmente durante el Pleistoceno. (Lat. inter, entre;+glaciaciones.)

interglobular (**interglobular**). Se aplica a los espacios en la dentina por deficiencia de calcificación. (Lat. inter, entre; globulus, globulillo.)

intergradación (**intergradation**). Cambio gradual en una población a través de una serie continua de formas intermedias. (Lat. inter, entre; gradus, grado.)

intergular (**intergular**). Un escudo de plastrón de los quelonios entre el escudo gular. (Lat. inter, entre; gula, garganta.)

interhial (**interhyal**). En algunos peces, un hueso craneal pequeño situado entre el hiomandibular y el resto del hioides. (Lat. inter, entre; gr. hyoeides, aquí el hueso hioides.)

interlamelar (**interlamellar**). Conexión entre las ramas ascendentes y descendentes de las hemibranquias en los moluscos bivalvos, evitando que se separen. // Espacio entre las laminillas de las filotráqueas en los arácnidos. (Lat. inter, entre; lamella, laminilla.)

interlaminar (**interlaminar**). Lo que une o se encuentra entre estructuras laminares. (Lat. inter, entre; lamina, placa delgada o laminilla.)

interlobar (**interlobar**). Lo que se encuentra entre estructuras lobadas, como los sulcos del cerebro. (Lat. inter, lobus, lobo.)

interlobular (**interlobular**). Lo que se halla entre lobulillos, como los vasos del hígado. (Lat. inter, entre; lobulus, lobulillo.)

interlocular (**interlocular**). Que está entre compartimentos. (Lat. inter, entre; loculus, compartimento.)

interlóculo (**interloculus**). Espacio entre dos compartimientos o lóculos. (Lat. inter, entre; loculus, compartimiento.)

intermandibular (**intermandibular**). Que está entre las ramas de la mandíbula. V. *músculo intermandibular*. // Pieza en la linterna de Aristóteles. (Lat. inter, entre; mandibula, quijada.)

intermareal (**intertidal**). Zona del litoral marino entre los límites de las mareas. Equivale a la voz inglesa *intertidal* y se puede llamar también *intermareas*. Es inaceptable el uso de la voz *intercotidal*, que además de ser anglicismo innecesario tiene un significado distinto. (Lat. inter, entre; mar, maris, el mar.)

intermaxilar (**intermaxilla**). Que está entre las maxilas. // Cada uno de los huesos situados entre los huesos maxilares. que en el hombre se funden con los maxilares. V. *premaxilares*. (Lat. *inter*, entre; *maxila*, quijada.)

intermaxilar. V. *estípite*.

intermediario* (**intermediary**). Hueso del carpo en el embrión de las aves, que en el adulto, se suelda con el radial. // Hospedero que interviene entre otros en el ciclo vital de ciertos parásitos. (Lat. *inter*, entre; *medius*, medio.) // *i. químico*, hormona, como la adrenalina y la acetilcolina, que interviene en la transmisión de los impulsos nerviosos.

intermedio (**intermediate**). Lo que ocurre entre dos estructuras. (Lat. *inter*, entre; *medius*, medio.) Hueso del carpo y del tarso. El primero está situado entre el radial y el ulnar, el segundo se encuentra entre el tibial y el fibular o peroneal. // Disco delgado birrefringente situado en el medio de los discos monorrefringentes de los músculos estriados. V. *discos Z*.

intermesentérico (**intermesenteric**). Estructura entre los mesentérios, como los espacios en la cavidad de las anémonas del mar. (Lat. *inter*, entre; *mesos*, medio; *enteron*, intestino.)

intermiotómica (**intermyotomic**). Vértebra formada por la fusión del segmento craneal de un somito con el caudal del somito anterior. (Lat. *inter*, entre; *mys*, músculo; *tomi*, cortado.)

intermitosis (intermitosis). Período entre dos divisiones celulares (Lat. *inter*, entre;+*mitosis.)*

intermudas (intermolting). Estado en la metamorfosis de los artrópodos después de cada muda. (Lat. *inter*, entre; *mutare*, mudar.)

intermuscular* (intermuscular). Que está entre los músculos o entre las fibras musculares. (Lat. *inter*, entre;+*músculos.)*

internasal (internasal). Que está entre las narices o las fosas nasales. (Lat. *inter*, entre; *nasus*, nariz.)

interneural (interneural). Que está entre los procesos intercalares, arcos o espinas neurales. (Lat. *inter*, entre; *neuron*, nervio.)

interneurona (interneurone). Neurona en los centros modulares, que transmite impulsos de fibras sensoriales a fibras motoras. También se llama *neurona internuncial* y *neurona de asociación*. (Lat. *inter*, entre;+*neurona*, q.v.)

interno* (internal). Lo que está o se produce al interior o cerca del eje mediano. // La región interna o medular de los mitocondrios y del cuerpo de Golgi. (Lat. *internus.)*

internodio* (internodal). Espacio entre dos nudos o articulaciones. (Lat. *inter*, entre; *nodus*, nodus.)

internuncial (internuncial). V. *interneurona.* (Lat. inter. entre; *nuntius*, mensajero.)

interoceptor (interoceptor). *Interorreceptor.* Organo de los sentidos que percibe estímulos en el interior del animal. (Lat. *inter*, entre;+*receptor.)*

interocular (interocular). Lo que está colocado entre los ojos. (Lat. *inter*, entre; *oculus*, ojo.)

interopérculo (interoperculum). Hueso del aparato opercular de los peces óseos, situado por debajo del opérculo y en contacto con el opérculo y el subopérculo. (Lat. *inter*, entre; *operculum*, cubierta, tapa.)

interóptico (interoptic) Que está entre los lóbulos ópticos. (Lat. *inter;* gr. *optikos*, perteneciente a la vista.)

interorbital (interorbital). Que está entre las órbitas oculares. (Lat. *inter*, entre; *orbis*, órbitas.)

interosculante (interosculant). Que está en posesión de caracteres comunes o dos o más grupos específicos. (Lat. inter, entre; osculare, besar.)

interóseo (interosseous). Que está entre dos huesos, como los músculos situados entre los carpales y tarsales. (Lat. *inter*, entre; *os* hueso.)

interpalpebral (interpalpebral). Entre los párpados. (Lat. *inter*, entre; *palpebrae*, los párpados.)

interparietal (interparietal). Hueso en el cráneo de los mamíferos situado posteriormente a los parietales y entre ellos que a veces se une al occipital. // Lo que está entre los huesos parietales. (Lat. *inter*, entre; *paries, parietis*, pared.)

interpeduncular (interpeduncular). Lo que está entre los pedúnculos cerebrales, como la fosa y el ganglio. (Lat. *inter*, entre;+*pedunculus.)*

interpetaloide (interpetaloid). Que está entre las áreas petaloides de ciertos erizos de mar irregulares. (Lat. *inter*, entre; *petalon*, hoja.)

interplacental (interplacental). Que está entre las placentas. (Lat. *inter*, entre; *placenta*,, la placenta.)

interplantación (interplantation). En zoología experimental, el cultivo de una estructura en la cavidad del cuerpo de un animal más viejo. (Lat. *inter*, entre; *planto*, plantar.)

interpleural (interpleural). Entre las pleuras. (Lat. *inter*, entre; *gr.* pleuron, costado.)

interpolar (to interpolate). Hallar un valor estimado entre dos valores dados. (Lat. *inter* entre; gr. *polos*, eje.)

interpúbico (interpubic). Entre razas. // V. *hibridización.* (Lat. *inter*, entre; *radix*, raíz.)

interradio (interradius). En las medusas de los escifozoos, cada uno de los radios de segundo orden que se intercala entre los radios de primer orden y entre los que se intercalan los radios de tercer orden. // En los equinoideos, este nombre se aplica también a los *interambúlacros*, q.v. // Area entre dos radios o brazos. *Adj.* **interradial.**

interramicorne (interramicorn). Se aplica a una pieza en el pico de las aves que forma el *gonys*. (Lat. *inter*, entre; *ramus, cornu*, cuerno.)

interrenal (interrenal). Estructura situada entre los riñones. // Organo endocrino cercano a los riñones que en los vertebrados inferiores es independiente, pero se une a las suprarrenales en los reptiles y en los mamíferos forma la corteza de las glándulas suprarrenales. (Lat. *inter*, entre; *renes*, riñón.)

interrumpido (interrupted). Que tiene solución de continuidad o es muy irregular. (Lat. *inter*, entre; *rumpere*, romper.)

intersegmental (intersegmental). Entre segmentos, como las vértebras, etc. (Lat. *inter*, entre; *segmento*, pieza.)

intersegmentales (intersegmentalia). Escleritos pequeños situados en segmentos adyacentes del cuerpo de los insectos. (Lat. *inter*, entre; *segmentum*, pieza.)

interseptal (interseptal). Que está entre septos o tabiques. (Lat. *inter*, entre; *septum*, cerca o tabique.)

intersexo (intersex). Individuo que muestra caracteres sexuales intermedios entre los dos sexos. No es lo mismo que hermafroditismo. // Anormalidad del carácter sexual debida a un desbalance entre los heterosomas y los autosomas que origina características de ambos sexos. V. *ginandromorfismo. Adj.* ***intersexual.***

interesterilidad (interesterility). La esterilidad entre grupos zoológicos diferentes, como entre las especies. (Lat. *inter*, entre *sterilis*, infructífero.)

interesternal (intersternal). Entre partes del esternón. (Lat. *inter*, entre; *sternum*, esternón.)

intersternito (intersternite). Un esclerito esternal entre los segmentos torácicos de los insectos. (Lat. *inter*, entre; *sternum*, esternón.)

intersticio* (interstice). Espacio, intérvalo, abertura en un tejido o estructura. (Lat. intestice.) *Adj.* ***intersticial*.***

intertemporal (intertemporal). Hueso par formado por la fusión de partes del esfenoides con el alisfenoides. *Dermosfenótico.* (Lat. inter, entre; tempora, sienes.)

intertentacular (intertentacular). Entre tentáculos. (Lat. inter, entre; + tentaculum.)

intertergal (intertegal). Que está entre los tergitos. // Placas intercaladas entre los tergitos principales en los miriápodos. (Lat. inter, entre; tergum, espalda.)

intertergito. Ver *intertergal.*

interterigoides (interpterygoid). Espacio entre las placas palatales de ciertos cordados. (Lat. inter, entre;+terigoides.)

intertidal. Anglicismo innecesario para designar la *zona intermareas*, q.v. (Lat. inter, entre; inglés antiguo, tide, tiempo.)

intertrabécula (intertrabecula). Placa cartilaginosa entre las extremidades anteriores de las trabéculas durante el desarrollo embrionario de algunas aves. (Lat. inter, entre; +trábecula.)

intertrágico (intertragic). Escotadura entre el trago y el antitrago. (Lat. inter, entre; gr. tragos, macho cabrío, aquí, trago.)

intertrocantérico (intertrochanteric). Que está entre una estructura troclear. (Lat. inter, entre; troclea, rueda.)

intertropical (intertropical). Se aplica al organismo que habita la zona situada entre los trópicos. (Lat. inter, entre;+tropical.)

intertubercular (intertubercular). Que está entre los tubérculos de los huesos. (Lat. inter, entre; tuberculum, tubérculo.)

intervaginal (intervaginal). Que está entre vainas. (inter, entre; vagina, vaina.)

intervarietal (intervarietal). Se aplica al cruzamiento entre dos variedades de una especie. (Lat. inter, entre; varius, diverso.)

intervascular (intervascular). Entre los vasos sanguíneos. (Lat. inter, entre; vasculum, vaso pequeño.)

interventral (interventral). Parte de las vértebras que se forma embriológicamente en el lado ventral anterior de cada esclerótomo. V. lo dicho para *interdorsal.* (Lat. inter, entre; venter, vientre.)

interventricular (interventricular). Entre los ventrículos del corazón, como el tabique interventricular, el agujero interventricular, etc. (Lat. inter, entre; ventriculus, vientre pequeño.)

intervertebral (intervertebral). Se aplica a la estructura situada entre dos vértebras contiguas, como los discos o meniscos intervertebrales. (Lat. inter, entre; + vértebra.)

intervilloso (intervillous). Entre los vellos intestinales y placentales. (Lat. inter, intre; villi, pelos.)

interzoecios (interzoecila). Lo que está entre los zoecios. (Lat. inter, entre;+zoecio.)

interzonal (interzonal). Entre dos zonas. // Comunidades con organismos que no se encuentran en ninguna de las zonas adyacentes a ellas. (Lat. inter, entre; zona, cinturón.)

Intestina. Una subdivisión de los vermes de Linneo, que incluía gran número de gusanos intestinales. (Lat. intestina, entrañas.)

intestino* (intestine). Región del aparato digestivo posterior al estómago (en los vertebrados) y termina en el ano. (lat. *intestinus*, entrañas.) *Adj.* ***intestinal.**** // ***i. accesorio***, conducto intestinal de algunos anélidos poliquetos, paralelo al intestino y que se comunica con éste por el extremo anterior y posterior. // ***i. anterior***, la parte del sistema digestivo de los vertebrados formada por la cavidad oral, la faringe, el esófago y el estómago, y lo separa del intestino medio la válvula llamada *píloro.* // ***i. branquial*** o respiratorio, región anterior del intestino en los cefalocordados que está provista de numerosas hendiduras de función respiratoria. // ***i. ciego***, una de las partes del intestino terminal de los vertebrados que, en el hombre, es muy pequeño, pero en otros mamíferos, especialmente en los herbívoros, como el conejo, el caballo, etc., es muy largo e interviene activamente en la digestión. // ***i. delgado***, formado por el duodeno, yeyuno y el íleon. // ***i. digestivo***, región del intestino en los cefalocordados situados a continuación de la faringe branquial que termina en la abertura anal, en cuya región se distingue una media y otra terminal. El intestino medio tiene un divertículo llamado *ciego hepático.* // ***i. grueso***, que, en los mamíferos, corresponde a las partes del intestino terminal llamadas *ciego, colon* y *recto.* // ***i. medio***. la porción media del tubo digestivo en los artrópodos. En los embriones de los vertebrados la parte que da origen al intestino delgado propiamente dicho, que incluye el duodeno, el yeyuno y el íleon. // ***i. posterior***, nombre, que, como el de proctodeo, se aplica en los artrópodos a la región del sistema digestivo que sigue a la parte glandular del mismo. // ***i. preoral***, pequeña bolsa formada en el intestino anterior de los vertebrados. // ***i. terminal***, que, en los vertebrados, comprende el ciego, el colon y el recto y que, en algunos, desemboca en una cloaca.

íntima* (intima). La capa más interna de las tres que forman la pared de un vaso sanguíneo. // La cubierta interna de una espora. (Lat. *intima, intimus,* íntimo, interior.)

intoxicación (intoxication). Estado mórbido debido a la presencia de toxinas. Se aplica especialmente al producido por el alcohol. (Lat. *in*, dentro; gr. *toxikon*, veneno.)

intoxicante* (intoxicant). Se dice de un veneno o agente tóxico. (Lat. *intoxicatus*, intoxicado.)

intra- (intra-). (Del lat. *intra*, por dentro.)

intrabdominal (intrabdominal). Dentro del abdomen. (Lat. *intra*, dentro;+ *abdomen.*

intrabióntico (intrabiontic). Proceso de selección que ocurre en una unidad viviente *(Henderson).* (Lat. *intra*, dentro; gr. *bios*, vida; *on*, el ser.)

intracapsular (intracapsular). Lo situado dentro de una cápsula, especialmente dentro de la cápsula o bolsa articular. (Lat. *intra,* dentro; *capsula*, cajita.)

intracardíaco (intracardiac). Lo mismo que endocardíaco. (Lat. *intra*, dentro; gr. *kardia*, corazón.)

intracartilagíneo (intracartilaginous). Que está por dentro de un cartílago. (Lat. *intra,* dentro;+*cartílago.)*

intracelular (intracellular). Que se encuentra en el interior de la célula. V. *extracelular.* (Lat. intra, dentro;+célula.)

intracerebral (intracerebral). Que está situado en la substancia del cerebro. (Lat. *intra*, dentro; cerebrum, cerebro.)

intracervical (intracervical). Que está situado en el canal del útero. (Lat. intra; cervix, cuello.)

intracístico (intracystic). Que está dentro de la vejiga o dentro de un quiste. (Lat. intra, dentro; gr. kystis, vejiga.)

intracorpuscular (intracorpuscular). Que ocurre dentro de un corpúsculo. (Lat. intra, dentro; corpusculum, corpúsculo.)

intracortical (intracortical). Que está dentro de la corteza de un órgano. (Lat. intra, dentro; cortex, corteza.)

intracraneal (intracranial). Que está dentro del cráneo. (Lat. intra, dentro; gr. kranion, cráneo.)

intracruzamiento (inbreeding). *Endocría.* Cruzamiento dentro de una línea que muestra relaciones de parentesco. V. *consanguineidad.*

intracutáneo (intracutaneous). Que está dentro de la substancia de la piel. (Lat. intra, dentro; cutis, piel.)

intrad (intrad). En dirección hacia adentro.

intradérmico (intradermic). Que está en el espesor de la dermis. (Lat. intra, dentro; derma, piel.)

intradural (intradural). Dentro de la duramadre.

intraespecífico (intraspecific). V. *interespecífico.* Se dice de los fenómenos que ocurren dentro de una especie. // Selección entre los individuos de una especie. (Lat. intra, dentro; species, especie.)

intrafusal (intrafusal). Entre dos estructuras de aspecto fusiforme, como entre las fibras neurotendinosas y neuromusculares. (Lat. intra, dentro; fusus, huso.)

intraepitelial (intra-epithelial). Dentro de un epitelio. (Lat. intra, dentro;+epitelio.)

intragemal (intragemmal). Por dentro de las papilas gustativas. (Lat. intra, dentro; gemma, yema.)

intraglobular (intraglobular). Entre los lóbulos de una estructura, como las venas. (Lat. *intra,* dentro; lóbulus, lóbulo.)

intrahepático (intrahepatic). Situado en la substancia del hígado. (Lat. intra, dentro; hepar, hígado.)

intralamelar (intralamellar). Dentro de una laminilla. (Lat. intra, dentro; lamella, laminilla.)

intralocular (intralocular). Dentro del lugar de una estructura. (Lat. intra, dentro; locus, lugar.)

intramamario (intramammary). Que está situado dentro de las mamas. (Lat. intra, dentro; mamma, mama.)

intramedular (intramedular). Que está situado en la substancia de la médula espinal. (Lat. intra, dentro; medula, médula.)

intramembranoso (intramembranous). Por dentro de una membrana. (Lat. intra, dentro; membrana, película.)

intramural (intramural). Que está dentro de las paredes de un órgano. (Lat. intra, dentro; murus, muro.)

intramuscular (intramuscular). Que está dentro de los músculos. // Hueso que en ciertos peces se extiende de una costilla a otra. (Lat. intra, dentro; musculus, músculo.)

intranuclear (intranuclear). Lo que está dentro del núcleo celular. // Fenómenos intranucleares, como la mitosis intranuclear de algunos protistos. (Lat. intra, dentro; nucleus, núcleo.)

intraocular (intraocular). Que está dentro del globo ocular. (Lat. intra, dentro; oculus, ojo.)

intraparietal (intraparietal). Incluido dentro de un órgano. (Lat. intra, dentro; paries, pared.)

intraperitoneal (intraperitoneal). Que está situado o introducido dentro de la cavidad peritoneal. (Lat. intra, antre; +peritóneo.)

intrapleural (intrapleural). Situado o introducido dentro de la cavidad pleural. (Lat. intra, dentro; pleura, costado.)

intrarterial (intrarterial). Que está dentro de una arteria. (Lat. intra, dentro; arteria, arteria.)

intrasegmental (intrasegmental). Se dice de la vértebra formada de los mismos elementos de un miótomo. (Lat. intra, dentro;+segmentum.)

intraselección (intraselection). La selección llevada a cabo dentro de un órgano. en células aptas para sobrevivir. (Lat. intra, dentro; selectio, escoger.)

intrasexual (intrasexual). La selección entre individuos competitivos del mismo sexo. (Lat. intra, dentro; sexus, sexo.)

intraspicular (intraspicular). Se aplica a las esponjas que tienen las espículas completamente incluidas en espongina. (Lat. intra, dentro;+espícula.)

intratarsal (intratarsal). Se aplica a la articulación situada en la extremidad posterior de algunos reptiles entre las hileras de los huesos del tarso, algunos de los cuales se sueldan con la tibia. (Lat. intra, dentro; tarsus, tobillo.)

intratecal (intratecal). Que está en las membranas meninges o introducido dentro de ellas. (Lat. intra, dentro; gr. theke, caja, envoltura.)

intratimpánico (intratympanic). Lo que está dentro de la cavidad del tímpano. (Lat. intra, dentro; tympanon, tambor.)

intratiroides (intrathyroid). Que está dentro de la glándula tiroides. Se aplica a un cartílago que se encuentra junto al cartílago tiroides durante el desarrollo embrionario. (Lat. intra, dentro;+tiroides.)

intratraqueal (intratracheal). Que está dentro o introducido en la tráquea. (Lat. intra, dentro; trachea, tráquea.)

intratubal (intratubal). Que está situado dentro de un tubo, como los de Falopio. (Lat. intra, dentro; tubus, tubo.)

intrauterino (intrauterine). Situado en el útero o desarrollado dentro de él. (Lat. intra, dentro; uterus, útero.)

intravaginal (intravaginal). Dentro de la vagina. // Contenido dentro de una vaina. (Lat. intra, dentro; vagina, vaina.)

intravenoso* (intravenous). Que está en el interior de una vena. (Lat. intra, dentro; vena, vena.)

intraventricular (intraventricular). Que está dentro de un ventrículo, como los del corazón, del encéfalo, etc. (Lat. intra, dentro; ventriculus, cavidad o vientre pequeño.)

intravesical (intravesical). Que está dentro de la vejiga urinaria. (Lat. intra, dentro; vesica, vejiga.)

intra vitam (intra vitam). Experiencia realizada dentro de células vivas. Colorantes vitales usados en células vivientes. (Lat. intra, dentro; vita, vida.)

intravitelino (intravitelline). Que está dentro de la yema del huevo. (Lat. intra, dentro; vitelum, yema de huevo.)

intrayugular (intrajugular). Que está en medio del cuello o de una estructura suya. (Lat. intra, dentro; jugulum, garganta.)

intrazonal (intrazonal). Lo que está dentro de una zona determinada. (Lat. intra, dentro; zona, zona.)

intrínseco* (intrinsic). Lo que es propio de un órgano o de una estructura. // Músculo intrínseco del útero. (Lat. intrinsecus, hacia dentro.)

intro- (-intro). (Del intro, entrar, recorrer, penetrar.)

introflexión (introflexion). Proceso de gastrulación en los huevos de segmentación total e igual que se caracteriza por la invaginación de un segmento de la blástula. (Lat. intro, entar; flexus, doblado.)

introgresión (introgression). Introducción de uno o varios caracteres en una especie como consecuencia de cruzamientos y recombinaciones. // Introducción de genes de una especie en el patrimonio genético de otra especie. (Lat. introgressus, penetración.)

introito* (introitus). La entrada en una cavidad natural, especialmente la vagina. (Lat. introitus, entrada, comienzo.)

intromitente (intromittent). Estructura adaptada para ser insertada, como los órganos copuladores masculinos. (Lat. intra, entrar; mittere, meter.)

introrso, sa (introrse). Dirigido hacia dentro. (Lat. introrsus, hacia dentro.)

introverso (introvert). Se dice de la porción anterior estrecha y retráctil del cuerpo de algunos vermes, como los sipuncúlidos, que termina en un círculo de tentáculos cortos y flecosos. // En los briozoos el introverso forma un saliente redondeado que se retrae dentro del cuerpo como un dedo de guante. (Lat. intro, entro; verto, girar.)

intrusión* (intrusion). Acción de introducirse. // Introducción entre estructuras. (Lat. intrudere.)

intususcepción* (intussusception). Crecimiento por interposición de moléculas de la misma especie entre las ya existentes. Op. aposición. (Lat. intus, dentro; suscipere, recibir.)

inulina (inulin). Un polisacárido que es polímero de la fructosa, como el almidón lo es de la glucosa. (Lat. inula, el helenio, una planta.)

inuncado (inuncate). Cubierto de pelos armados de púas. (Lat. in, sobre; uncus, garfios.)

invaginación* (invagination). El plegamiento de una capa de tejido para formar una estructura en forma de saco. // Replegamiento de un tejido o una estructura en el interior de otro. (Lat. in, dentro; vagina, vaina.) *Adj. invaginado.* // *i. visceral*, repliegue del ectodermo en la región faríngea de los embriones de los cordados que se pone en contacto con las evaginaciones de la faringe.

inválido* (invalid). Que no tiene fuerza ni vigor. (Lat. invalidus, débil.)

inventario* (inventary). Registro de la composición zoológica de una comunidad o de una extensión territorial determinada. (Lat. inventarium.)

inverna.* *Perú:* apócope de *invernada*.V. *invernación*. (Lat. hiberno, invierno.)

invernación (hibernation). Letargo que ciertos animales asumen en invierno. (Lat. hiens, invierno.)

invernante (hibernating animal). Que inverna.

invernar* (hibernate). Pasar el invierno, sea en climas cálidos, sea en estado de topor o reposo, como hacen los osos y marmotas. (Lat. hibernar, hiberno, pasar el invierno.)

inversión* (inversion). Situación de una estructura o de un órgano en una posición inversa a la normal, como la inversión del útero. // Conversión de un disacárido en los monosacáridos correspondientes. // En genética, la ruptura de una sección de un cromosoma y su reposición en orden invertido. // Intercambio de posición de las capas en los embriones de las esponjas de manera que toda la blástula se evierte a través del blastóporo. (Lat. inverio.) // *i. del sexo*, cambio del sexo en los sapos machos cuando se les extirpan los testículos; los órganos Bidder se transforman en ovarios y los oviductos y úteros, antes rudimentarios, aumentan de tamaño. // *i. pericéntrica* del cromosoma, que incluye el centrómero.

invertasa (invertase). Enzima que descompone la sacarosa en una mezcla de sus componentes, glucosa y fructosa. // La sacarasa es una invertasa. (De invertir.)

invertebrado* (invertebrate). Cualquier animal desprovisto de columna vertebral, desde los protozoos hasta los cefalocordados. (Lat. in, sin; vertebra, vértebra.)

Invertebrata. Antigua división del Reino Animal que comprendía los animales que carecen de vértebras y de cráneo. (Lat. in, no;+vértebra.)

invertina.* V. *invertasa.*

investimento (investiment). *Investidura*, la cubierta de una parte o de todo el organismo. (Lat. in, sobre; vestire, vestir.)

in vitro (in vitro). Cualquier reacción bioquímica o experimento biológico que se realiza fuera de los organismos vivos. Op. *"in vivo"*. (Lat. in, dentro; vitro, vidrio, en alusión a los utensilios de cristal en que se suelen efectuar tales experimentos.)

in vivo (in vivo). Observaciones y experimentos realizados en un organismo vivo. Op. *"in vitro"*. (Lat. in dentro, vivo.)

involución* (involution). Cambio de forma en organismos unicelulares debido a la acción del ambiente que puede revertirse a la forma anormal cuando cesan las condiciones desfavorables. // Enrollamiento de una capa de tejidos por debajo de otra, como en gastrulación por embolia. // Reducción del tamaño de un órgano durante el proceso de maduración. (Lat. involutus, enrrollado.) // *i. del timo*, reducción en el tamaño del timo en el hombre, que empieza a atrofiarse a los quince años aproximadamente.

involucro (involucrum). En los insectos, el *metanoto*. // En algunos hidrozoos, una estructura en forma de copilla en donde pueden retraerse los nematocistos. (Lat. involucrum, envolver, ocultar.)

involuntario* (involuntary). Acto fisiológico realizado fuera de la voluntad, como los movimientos de la peristalsis, los latidos del corazón. (Lat. in, no; voluntas, deseo.)

involuto (involute). Se dice de la concha de los moluscos gasterópodos en la cual la última vuelta envuelve las anteriores. (Lat. involutus, enrrollado.)

inyectar* (to inject). Introducir con un instrumento un líquido en un organismo. (Lat. injectarse.)

iodo (iodine). Barbarismo por *yodo*, q.v.

ionirregulación (ionorregulation). La regulación del equilibrio de los iones disueltos en el organismo. (De ion y regulación.)

ionirregulador (ionoregulator). La regulación del equilibrio de los iones disueltos en el cuerpo. (De ion y regulación.)

ioterio (ioterium). Una glándula venenosa en la ponzoña de los himenópteros.

ipecutiri (Brazilian duck). Urug.: ave del orden *Anseriformes*, familia *Anatidae* (Amazonetta brasiliensis).

ipsilátero (ipsilateral). Lo que está situado al mismo lado. (Lat. ipse, los mismos; latus, lado.)

irara. Ver *taira*, mamífero carnívoro.

irbis (irbis, snow leopard). La *pantera de las nieves* del Asia central (Uncia uncia).

iribú (turkey buzzard). Argent.: *aura, zopilote*. (Voz guaraní.)

iridial (iridial). Perteneciente al iris. // Receso entre la córnea y la superficie anterior del iris. (Lat. iris, arco iris.)

iridiscencia (iridescense). Fenómeno físico de descomposición de la luz en los colores del iris que muestran ciertas superficies orgánicas, como el nácar de los moluscos. (Lat. iris, arco iris;+escente.)

iridocito (iridocyte). Cromatóforo irisado que posee guanina. También se llama *guanóforo*. (Lat. iris, arco iris; gr. kytos, célula.)

iridomotor (iridomotor). Lo que está relacionado con los movimientos del iris. (Lat. iris, arco iris; moverse, mover.)

iridóforo (iridophore). V. *iridocito*. (Lat. iris, arco iris; gr. phoreys, un portador.)

iris* (iris). Disco membranoso muscular pigmentado situado por detrás de la córnea y cuya perforación se denomina la *pupila*. // Cada una de las células pigmentadas que rodea al cono y la retínula del onmatidio. (Lat. iris, arco iris.)

irisado (iridescent). *Iridescente*. Que muestra reflejos como el arco iris. (Lat. iris, arco iris.)

irrigación* (irrigation). Fenómeno de dispersión de la luz que se observa en escamas de ciertos peces debido a los diminutos cristales de guanina que se depositan en las células llamadas *iridocitos* o *guanóforos*. (Lat. iris, arco iris.)

irma (black gloved wallaby). Canguro de la isla de King, Australia (Macropus irma).

irradiación* (irradiation). Empleo de la energía radiante en estudios biológicos: calor, luz, radio, rayos X, etc. (Lat. i (in) *radiatus*, radiante.) // *i. adaptativa*, evolución divergente que, partiendo de un tronco común, se ha adaptado a condiciones ambientales distintas originando grupos peculiares. // *i. aplicada*, acomodación evidente del organismo a las condiciones físicas especiales que le rodean.

Irregularia. Una división de los equinoideos que reúne las especies que tienen la boca y el ano en el lado oral y el ámbito o contorno de forma irregular. (Lat. in, no; regular.)

irritabilidad* (irritability). Propiedad general del protoplasma de reaccionar y responder a los estímulos. (Lat. irritabilitis.)

irritante (irritant). Que irrita. // Cualquier estímulo externo que provoca una respuesta en un organismo viviente. (Lat. irrito, estimular.)

isabelita* (butterfly fish). Cuba: se aplica a varios peces óseos marinos del orden *Perciformes*, familia *Chaetodontidae*, de los géneros *Holocanthus* y *Chaetodon*.

isaga (mandrill). El mono africano llamado *mandril*, q.v.

isard (izard). La *gamuza* q.v., que habita los Pirineos. (Fr. isard.)

isatis (arctic fox). Zorro de las regiones árticas (Alopex lagopus).

isaú* (parasol ant). Especie de hormiga sudamericana cultivadora de hongos. Familia *Attidae* (Atta sexdens). V. *bibijagua*.

isauxesis (isauxesis). El crecimiento de una parte al mismo ritmo de todo el organismo. (Gr. isos, igual; auxesis, crecimiento.)

-isc (-ischo-). (Del gr. ischein - iscus, -a, -um; del gr. iskos que significa diminutivo, retención o supresión.)

iscuria (ischuria). Retención de orina. (Gr. ischein, retención; ourus, orina.)

iskma, iskmoa (cub shark). Especie de tiburón de la familia *Carcharhinidae* (Carcharhinus leucas).

isla (island). Acepciones usuales. // *i. de Reil* (island of Reil), un lóbulo pequeño en el cerebro de los mamíferos, situado al fondo de la fisura de Silvio. // *i. continentales*, las que, según Wallace, se han separado, pero están cerca de los continentes vecinos, como las Islas Británicas, Trinidad, etc., que tienen una fauna y flora similar a la continental. // *i. oceánicas*, las que según Wallace se han formado lejos de los continentes y han permanecido siempre aisladas. Su fauna y flora son bien distintas de las continentales, como las islas Bermudas, las Hawaii. Aquí se incluyen las islas volcánicas y las de origen madrepórico. // *i. sanguínea*, ver *islotes sanguíneos*.

isleño* (islander). Nativo o habitante de una isla. (Lat. insula.)

islilla*. V. *hueso clavicular*. // *Sobaco*.

islote* (islet). Isla pequeña. // *i. sanguíneo*, *hemangioblasto*, porciones del mesodermo en los que se encuentran los eritroblastos primitivos. // *i. principal*, porción del páncreas en ciertos peces que está separada del resto del páncreas. // *i. de Langerhans*, grupo de células aisladas en el páncreas que segregan dos hormonas: *glucagon*, por las células alfa e *insulina* por las células beta.

-ismo (-ism). (Del lat. -ismus, que denota fase, tendencia, doctrina, sistema, etc.) Darwinismo, parasitismo, etc.

iso-. (Del gr. isos, igual en número o en fuerza.)

insoaglutinina (insoagglutinin). Fertilicina o aglutinina de un huevo que reacciona con la esperma de la misma especie. (Gr. isos, igual; lat. agglutinarse, pegar.)

isoaglutinógeno (isohaemagglutinogen). Un antígeno de los eritrocitos que reacciona con la aglutinina (anticuerpo) en el suero de un miembro de la misma especie. (Gr. isos, igual; lat. aglutino, encolar; gr. genos, descendencia.)

isoalelos (**isoalleles**). Diferentes alelos que producen el mismo fenotipo. (Gr. isos, igual; **allelon**, otro.)

isobilateral (**isobilateral**). Forma de simetría bilateral en la que una estructura es divisible bilateralmente por dos planos situados en ángulos rectos. (Gr. **isos**, igual; lat. **bis**, dos veces; **latus**, lado.)

isobranquial (**isobranchial**). Que tiene brazos iguales. // Se aplica al cromosoma que presenta una estrangulación que lo divide en dos porciones iguales. (Lat. **isos**, igual; **brachyalis**, branquial.)

isoca (**caterpillar**). Nombre dado en algunas partes de América del Sur a las larvas u orugas de lepidópteros. (Guaraní, ysoca, de ysó, larva; **carú**, decorador.)

isocerca (**isocercal**). Se aplica al tipo de aleta caudal de los peces que tienen lóbulos secundariamente simétricos. (Gr. **isos**, igual; **socies**, cola.)

isocies (**isocies**). Comunidades que tienen características similares en diferentes partes del globo. (Gr. **isos**, igual;+ **socies**, q.v.)

isocítico (**isocytic**). Estructura que tiene todas las células iguales.

isoclinado (**isocline**). Que tiene la misma inclinación u orientación con respecto a un eje. (Gr. **iso**, igual; **klino**, inclinar.)

isoconto (**isocont**). Se dice del protozoo que viene con varios flagelados o cilios de la misma longitud. // (Gr. **isos**, igual; **kontos**, especie de remo.)

isocórtex (**isocortex**). La parte de la corteza cerebral formada por seis capas de células nerviosas. (Gr. **isos**, igual; lat. **cortex**, corteza.)

Isocrinida. Un suborden de crinoideos vivientes pedunculados. (Gr. **isos**, igual;+**crinoidea**.)

isócromo (**isochromous**). Que está uniformemente coloreado. *Isocromático*. (Gr. **isos**, igual; **chroma**, color.)

isocromosoma (**isochromosome**). Cromosoma que muestra brazos idénticos que parten de un cromómero central. (Gr. **isos**, igual;+**cromosoma**.)

isodáctilo (**isodactylous**). Que tiene dedos iguales. (Gr. **isos**, igual; **dactylos**, dedos.)

isodémicas (**isodemic**). Se dice de la población compuesta de un número igual de individuos. // Líneas que en un mapa representan poblaciones de la misma densidad. (Gr. **isos**, igual; **demos**, población.)

isodiamétrica (**isodiametric**). Estructura que tiene los mismos diámetros. (Gr. **isos**, igual; **metron**, una medida.)

isodinámico (**isodynamic**). De igual poder. Que produce la misma cantidad de energía. (Gr. **isos**, igual; **dynamos**, potencia.)

isodonte (**isodont**). Tipo de dentición en los vertebrados inferiores en el que los dientes son todos iguales o casi iguales. En algunos mamíferos, como los delfines, existe también este tipo de dentario. Se dice igualmente *homodonte*. (Gr. **isos**, igual; **odous**, diente.)

isoenzima.=*Isozima*.

isófago (**isophagous**). Animal que se alimenta de una sola especie o de especies similares. (Gr. **isos**, igual; **phago**, comer.)

isófana. V. *isófeno*.

isófeno (**isophene**). Una línea que en un mapa limita el área correspondiente a la frecuencia de una variante.=Fenocontorno. // Donde ocurren fenómenos iguales. (Gr. **isos**, igual; **phaino**, mostrar.) *Adj.* **isofénico**.

isofótico (**isophotic**). Que está igualmente iluminado por todos los lados. (Gr. **isos**, igual; **photos**, luz.)

isogametos (**isogamete**). Gametos o células sexuales de apariencia idéntica que, por fusión, pueden formar un cigoto. (Gr. **isos**, igual; **gametes**, **gametë**, un esposo.)

isogamia (**isogamy**). Copulación de gametos iguales. (Gr. **isos**, igual; **gamos**, matrimonio, unión sexual.)

isógamos (**isogamous**). De gametos igual. (Gr. **isos**, igual; **gamos**, matrimonio.)

isogenéticos (**isogenetic**). Organismos del mismo origen. (Gr. **isos**, igual; **genesis**, origen.)

isogénico (**isogenic**). V. *homócigo*.

isógeno (**isogenic**). Que se engendra al mismo tiempo. // Se aplica a la reunión de tres o cuatro condrocitos en la matriz de los cartílagos. // De la misma constitución cromosómica. // *Plural*. Línea que en un mapa unen puntos en donde se encuentra la misma frecuencia génica. (Gr. **isos**, igual; **geno**, engendra.)

isogenomático (**isogenomatic**). Que contiene parejas similares de cromosomas. (Gr. **isos**, igual; **genos**, raza.)

isogloso (**isoglossal**). Que tiene la lengua simétrica. (Gr. **isos**, igual; **glossa**, lengua.)

isognato (**isognathous**). Animal con ambas quijadas iguales. (Gr. **isos**, igual; **gnathos**, quijada.)

isogonía (**isogony**). Crecimiento proporcional entre las diversas partes del cuerpo. (Gr. **isos**, igual; **gonos**, progenie.)

isógono (**isogonal**). Estructura que, al ramificarse, forma ángulos iguales. (Gr. **isos**, igual; **gonia**, ángulo.)

isogónico (**isogonic**). La producción de individuos similares de cepas distintas. (Gr. **isos**, igual; **gonos**, progenie.)

isohalina (**isohaline**). Línea que une los puntos de igual concentración salina de los mares. (Gr. **isos**, igual; **hals**, la sal.)

isohemaglutinación (**isohaemagglutination**). Aglutinación de eritrocitos en un individuo cuando se mezcla con el suero normal de otro individuo de la misma especie. (Gr. **isos**, igual; **haima**, sangre; lat. **agglutino**, pegar.)

isohemaglutinina (**isohaemagglutinin**). Una aglutinina capaz de aglutinar los eritrocitos de otros individuos de la misma especie. (Gr. **iso**, igual; **naima**, sangre; lat. **agglutino**, pegar.)

isohemólisis (**isohemolysis**). Hemólisis producida por el suero de un animal de la misma especie. (Gr. **isos**, igual; **haima**, sangre; **lysis**, disolución.)

isoinmunización (**isoimmunization**). Desarrollo de anticuerpos en respuesta a antígenos de la especie. (Gr. **isos**, igual;+**inmunizar**, q.v.)

isolecítico (**isolecithal**). Huevo que tiene los vitelos nutritivos igualmente distribuidos. (Gr. **isos**, igual; **lekitos**, yema de huevo.)

isoleucina (**isoleucine**). Un aminoácido esencial, isómero de la leucina, de reacción neutra. (Gr. **isos**, igual;+**leucina**, q.v.)

isomástigo (**isomastigote**). Protozoo con los flagelos aproximadamente iguales en longitud. (Gr. **isos**, igual; **mastix**, **mastigos**, látigo.)

isomerasa (**isomerse**). Una enzima que interviene en la formación del *isómero* de una substancia. Por ej. la transformación durante la glucólisis de la glucosa 6- fosfato en fructosa 6- fosfato. (De isómero y asa, sufijo que indica enzima.)

isómero* (**isomere**). Compuestos de la misma fórmula molecular, pero con los átomos dispuestos en una estructura diferente. // Insecto que tiene igual número de artejos en los tres pares de patas. (Gr. **isomenes**, igualmente dividido.)

isomerogamia (**isomerogamy**). V. *isogamia*.

isometría (**isometry**). Crecimiento de un órgano al mismo ritmo que el cuerpo entero. Contr.: *alometría*, q.v. (Gr. **isos**, igual; **metron**, una medida.)

isomiario (**isomyaric**). Se dice del molusco bivalvo que tiene dos músculos aductores de igual tamaño. (Gr. **isos**, igual; **mys**, músculo.) // Plural, V. *Isomyaria*.

isomorfismo* (**isomorphism**). La similaridad aparente entre individuos de diferentes especies o razas. (Gr. **isos**, igual; **morphe**, forma.) *Adj.* isomórfico.*

Isomyaria. Moluscos bivalvos que tienen los dos músculos aductores igualmente desarrollados. (Gr. **isos**, igual; **mys**, músculo.)

isónimo (**isonym**). Un nombre olvidado de una especie que ha sido revivido por ser el más antiguo. (Gr. **isos**, igual; **onyma**, nombre.)

isopedina (**isopedin**). Estrato óseo interno de las escamas cosmoides de algunos peces crosopterigios y dípnoos fósiles. (Gr. isos, igual; pedinos, aplastado.)

isopepsina (**isopepsine**). Pepsina alterada por el calor.

isopigo (**isopygous**). Se dice del artrópodo que tiene el pigidio y el cefalón de igual tamaño, como sucede en las trilobitas. (Gr. isos, igual; puge, rabadilla.)

isoplancton (**isoplancton**). Línea que representa en un mapa la distribución de cantidades iguales de plancton o de una especie particular de plancton. (Gr. isos, igual; planktos, errante.)

Isopleura. Un grupo de moluscos gasterópodos de simetría bilateral, actualmente extinto, pero representado por el género *Bellerophon*. Se puede admitir que los moluscos actuales derivan de especies simétricas. (Gr. isos, igual; pleura, el lado.)

isoploide (**isoploid**). Que tiene un número par de cromosomas homólogos en las células somáticas.=*Isiploide*. (Gr. isos, igual; haploos, simple.)

Isopoda. Orden de crustáceos malacostráceos que comprenden las cochinillas de la humedad, de cuerpo usualmente deprimido, abdomen corto, a veces totalmente fusionado. Comprende especies terrestres, fluviales, marinas y algunas son ectoparásitas, principalmente en peces. (Gr. isos, igual; pous, podos, pies.)

isópodo* (**isopodous**). Dícese del animal que tiene las patas de igual tamaño. V. *Isopoda*.

isopógono (**isopogonous**). Se dice de las plumas que tienen las barbas de ambos lados del raquis aproximadamente iguales en longitud. (Gr. isos, igual; pogon, barba.)

isopoliploide (**isopolyploid**). Poliploide que tiene un número par de grupos cromosómicos: tetraploide, octoploide, etc. (Gr. isos, igual; polys, muchos; haplos, simple.)

Isoptera. Orden de insectos que comprende las especies llamadas *hormigas blancas, comejenes* y *termites*. Se caracteriza por el cuerpo blando, tórax ampliamente unido al abdomen, boca masticadora, cercos cortos y metamorfosis gradual. Son sociales y polimórficos: los obreros y soldados son ápteros, estériles, ciegos y blancos; los machos y hembras sexuados y pigmentados, con 2 pares de alas iguales en tamaño y textura. Metamorfosis gradual. (Gr. isos, igual; pteron, alas.)

isoquela (**isochela**). Quela con sus dos ramas aproximadamente iguales. (Gr. isos, igual; chele, garra.)

isorriza (**isorhiza**). Nematocito cuyo tubo secreta una substancia paralisante; pero que no tiene la base ensanchada. (Gr. isos, igual; rhiza, raíz.)

isosmótico. V. *isotónico*.

Isospondyli. Un orden de peces óseos en el que se incluyen las arenques, los salmones, el tarpón, etc. *Haplomi, Clupeiformes*. (Gr. isos, igual; spondylos, vértebra.)

isosporas. (**isospore**). Esporas iguales producidas por esquizogonia. (Gr. isos, igual; spora, simiente.)

isospóreo (**isosporous**). Que produce esporas iguales o *isósporas*. (Gr. isos, igual; spora, simiente.)=*Homosporeo*.

isosporía. Organismos que han seguido el mismo curso migratorio. (Gr. isos, igual; poreia, vía.)

isostrópica. Se dice de la concha de los moluscos gasterópodos, simétrica con respecto a un plano perpendicular al eje de la concha. (Gr. isos, igual, trope, vuelta.)

isótelas (**isotels**). Se dice de las substancias que tienden a producir las mismas características fisiológicas. (Gr. isos, igual; telos, el fin.)

isotelia (**isotely**). V. *homoplasia*.

isotélico (**isotelic**). Lo que tiende a producir el mismo efecto homoplásico. (Gr. isos, igual; telos, el fin.)

isotomía (**isotomy**). Una bifurcación que se repite regularmente, como la de los brazos de los crinoideos. (Gr. isos, igual; termmo, tammo, cortar.)

isotonicidad (**isotonicity**). La tensión normal producida por la excitación de un estímulo. (Gr. isos, igual;, tonos, tensión, tono.)

isotónico (**isotonic**). Que posee presión osomática igual a otra dada. (Gr. isos, igual; tonos, tensión.)

isótopo* (**isotope**). Una de las diferentes formas de un elemento que difieren por el número de neutrones, con propiedad físicas distintas. (Gr. isos, igual; topos, lugar.) // *i. marcados*, isótopos por lo común, radiactivos (trazadores radiactivos) que se introducen en el organismo para seguirles luego el curso durante el metabolismo.

Isotricha. Grupo de protozoos comensales en el tubo digestivo del ganado vacuno; perteneciente al orden *Holotricha*, clase *Ciliata*, subfílum *Ciliophora*. (Gr. isos, igual; trichos, pelo.)

isotrópico (**isotropic**). Estructura que sufre una sola refracción bajo la luz polarizada, como las bandas claras en los músculos estrujados. (Gr. isos, igual; tropos, giro, movimiento.) // Huevo que carece de ejes de simetría predeterminados.

isozimas (**izozyme**). Formas diferentes de proteínas que poseen la misma actividad enzimática. (Gr. isos, igual; zyme, levadura.)

isozoico (**isozoic**). Habitado por formas de vida animal similares. (Gr. isos, igual; zoon, animal.)

isozoide (**isozooid**). Un zooide semejante al de la cepa original. (Gr. isos, igual;+zooide, q.v.)

isquemia (**ischaemia**). Deficiencia de la irrigación sanguínea en un órgano o estructura. (Gr. ischo, restringir, gr. haima, sangre.)

isquion* (**ischium**). Hueso de la cintura pélvica que, junto con el pubis y el ilion, forma la cadera. (Gr. ischion, articulación de la cadera.) *Adj. isquiátrico*.

isquiocapsular (**ischiocapsular**). Un ligamento de la cadera con la cápsula. (Gr. isquion, isquion; lat. capsula, cajita.)

isquiocavernoso (**ischiocavernosus**). Un músculo situado entre la cadera y los cuerpos cavernosos que es erector del pene o del clítoris. (Gr. isquion, cadera; lat. cavus, hueco.)

isquiofemoral (**ischiofemoral**). Lo relacionado con el isquio y el fémur: nervio, venas, etc.

isquioflexor (**ischioflexorius**). Un músculo de la región posterior de la pierna de las salamandras que corresponde al semimembranoso. (Gr. isquion, cadera; lat. flexus, doblar.)

isquiopodito (**ischiopodite**). El segmento proximal de los apéndices locomotores y los maxilípedos en ciertos crustáceos, que se articulan con el basipodito. (Gr. isquion, cadera; podion, dim. de pous, del pie.)

isquiopúbico (**ischiopubic**). Lo relacionado con los huesos isquion y pubis. V. *barra isquipúbica* y *agujero isquipúbico*. (Lat. isquion, cadera; pubis, región púbica.)

isquiopubis (**ischiopubis**). Hueso formado por la fusión del isquion y del pubis. // El hueso isquion en los pterodáctilos. (Gr. isquion, cadera; lat. pubis.)

isquiorrectal (**ischiorectal**). Lo que pertenece al isquion y al recto, como el músculo de ese nombre. (Gr. isquion, cadera; lat. rectus, en referencia al intestino recto.)

isquiuria (**ischuria**). Supresión o retención de la orina. (Gr. ischo, restringir; gr. ouron, orina.)

ístmico (**isthmiatic**). Lo perteneciente a cualquier estructura llamada *istmo*. (Gr. istmos, pasaje.)

istmo*(**isthmus**). Parte estrecha que une dos estructuras más anchas. (Gr. istmos, pasaje estrecho.) // *i. del oviducto*, porción estrecha en el oviducto de las aves en que se depositan, alrededor de la albúmina del huevo, las membranas interna y externa de la cáscara. // *i. del páncreas*, porción estrecha que conecta los lóbulos ventral y dosal del páncreas en los peces cartilaginosos.

isubra (**Asiatic wapiti**). Una subespecie de ciervo que habita el norte de Manchuria (**Cervus canadensis xanthophagus**).

-ita (**-ites**). (Del gr. ites, perteneciente a, de la naturaleza de.) // Se emplea a menudo para indicar minerales o fósiles. Ej. *amonita*.

iter (iter). Pasaje o vía tubular como el del oído medio, cerebro, etc. V. *acueducto de Silvio.* (Lat. iter, pasaje.)

-ites (-ites). (Del gr. -ites, sufijo que denota naturaleza de algo.) V. *itis.* // Del gr. -ites, de naturaleza pétrea.

-itis (-itis). (Del gr. -itis, sufijo que, en la terminología médica, indica inflamación.) Ej. *amigdalitis.*

ivana. V. *iguana*, lagarto.

Ivanov, A.V. Zoólogo ruso, quien reconoció los pogonóforos como un fílum distinto del reino animal en 1957, aunque el grupo era conocido desde 1900.

ixoda (Ixodes). Cualquiera de las especies de garrapatas del género *Ixodes* que parasitan el ganado y transmiten enfermedades. (Gr. ixodes, pegajoso; adherente.)

ixodiasis (ixodiasis). Enfermedad causada por picaduras de garrapatas. (Gr. ixodes, garrapata.)

Ixodidae. Familia de arácnidos del orden *Acarinos* que comprende las garrapatas, algunas de las cuales transmiten enfermedades del hombre y de los animales domésticos. (Gr. ixodea, garrapata.)

Ixodoidea. Una superfamilia de garrapatas que incluye las familias *Ixodidae* y *Argasidae.* (De ixodes, garrapata.)

izoenzima (isoenzyme). Enzima que muestra dos o más fórmulas moleculares. (Gr. isos, igual;+enzima, q.v.)

J

jabado* **(barred).** Dícese del ave de dos o tres colores distintos que forman escamas, como la gallina de Guinea.

jabalí* **(wild boar).** Cerdo salvaje de la familia *Suidae* (Sus scropha) que se considera agriotipo del cerdo doméstico. // Cerdo doméstico que se ha revertido a la vida salvaje. // América: el pecarí. *Adj.* **jabaluno.** // **j. verrugoso,** especie del Africa oriental provista de gruesas protuberancias en la cara (Phacochoerus aethiopicus). (Ar. chobalí, montaraz.)

jabalina* **(female wild boar).** La hembra del jabalí.

jabardillo* **(swarm).** Multitud ruidosa e inquieta de insectos o aves. (De jabardo.)

jabardo* **(small swarm).** Enjambre poco numeroso de abejas. (De jabar, formar enjambre.)

jabato* **(young wild boar).** Cachorro de jabalí.

jabirú (jabiru). V. *yabarí.*

jabón* **(Haitian soapfish).** Cuba: pez marino pequeño de piel muy resbalosa. Orden *Perciformes*, familia *Cantropomidae* (Rypticus saponaceus). (Lat. sapo, jabón.)

jaboti. Especie de tortuga terrestre sudamericana comestible. (Testudo, sp.)

jaca* **(hack).** Caballo de menos de siete cuartas de alzada. // En algunos lugares, caballo castrado. // Gallo viejo. V. *haca* (Ingl. hack, caballo de alquilar.) (De haca.)

jacamara* **(jamacara)** Se aplica a varias especies de aves trepadoras del orden *Piciformes*, familia *Galbulidae*, de los bosques de Sud y Centroamérica. (Géneros Galbula, Jacamerops, etc.)

jácana* **(jacana).** *Gallo de río*, ave zancuda tropical del orden *Charadriiformes*, familia *Jacanidae* (Jacana spinosa).

jacapa* **(tanager).** Ave del orden *Passeriformes*, familia *Thraupidae*. Vive en América Central y meridional. (Tanagra-sp.)

jacaré* **(jacara).** Especie de caimán sudamericano. V. *yacaré.*

jacilla* **(print).** Huella, impresión que deja un objeto en un sedimento y puede conservarse fósil. (Lat. iacilia.)

jaco* **(green turtle).** Cuba: nombre indígena de la tortuga común (Chelonia mydas).

jacobita (white dolphin). Delfín de color blanco que vive en aguas antárticas (Cepholorhynchos commersoni).

Jacobson, L.L. Anatomista danés. V. *cartílago* y *nervio de Jacobson.*

jácome. Cuba: pez marino del orden *Perciformes*, familia *Serranidae* (Prionodes tabacarius).

jadeo* **(pant).** Acción de jadear. Respiración rápida y corta (polipnea) que muestran los perros y otros animales, mediante la cual contribuyen a la regulación térmica del cuerpo. // Respiración difícil. *Acezo.* (De ijadear, mover las ijadas.)

jaguar* **(jaguar).** Gran felino americano, llamado impropiamente *onza* y *tigre* (Panthera onza). (Galicismo por yaguar, que es el nombre correcto, guaraní.)

jaguarite. V. *yaguareté* o yaguar.

jaguarundi (jaguarondi). Yaguarundi, león miquero o *eira*, mamífero carnívoro americano, familia *Felidae*, de color gris, tamaño de un gato grande y patas cortas. La variedad de color rojo recibe el nombre de *eira* (Felis eyra).

jaiba* **(blue crab).** Cuba y Puerto Rico: crustáceo marino nadador del orden *Decapoda*, familia *Portunidae.* Una especie americana *Callinectes sapidus*, es de carne muy apreciada. En Puerto Rico le dicen también *cocolía.*

jajabi (Puerto Rican parakeet). Puerto Rico: periquito nativo ahora extinto. Orden *Psittaciformes*, familia *Psittacidae* (Aratinga chloroptera). (Voz indígena, xaxabi.)

jalea de Wharton (Wharton's jelly). Tejido conjuntivo gelatinoso que rodea los vasos del cordón umbilical. // **j. real,** substancia gelatinosa fabricada por las abejas con la que alimentan las larvas destinadas a ser reinas. Es un producto muy rico en vitaminas.

jalunoridasa (jalunoridase). Enzima que escinde el ácido jalurónico de las muscinas, como la de la corona radiada de los óvulos de los mamíferos.

jallao (margate). Cuba: *ronco blanco*, pez marino del Atlántico tropical. Orden *Perciformes*, familia *Pomadasyidae* (Haemulon album).

jamelgo* **(hack).** Penco. Caballo flaco y desgarbado. (Lat. famellus, hambriento.)

Jamoytius. El más antiguo género conocido de vertebrados, pez de la división *Agnatha*,- hallado en el Siluriano de Inglaterra.

Janssen, Zacharias y Janssen, M. Opticos holandeses, quienes en 1590 manufacturaron el primer microscopio compuesto.

Janssens, F.A. Biólogo holandés. En 1909 observó el entrecruzamiento de los cromosomas durante la meyosis.

jantina* **(janthina).** Cualquiera de los moluscos marinos pelágicos de color violeta, subclase *Prosobranchiata*, familia *Janthinidae.* Las hembras construyen un aparato flotador ovígero. (Gr. ianthos, violeta.)

japuta*. Pez teleósteo comestible del Mediterráneo (Lichia glauca). (Arabe, sabbut.)

japutano*. Bolivia: *filaria*, verme parásito.

jaqueta. V. *píntano*, pez.

jaquetón (man eating shark). Tiburón enorme y voraz de mares abiertos y aguas profundas del Atlántico y Pacífico.

Orden *Lamniformes*, familia *Lamnidae* (Carcharodon carcharias).

jaracalla*. Especie de alondra, ave.

jararacá. V. *jaracassu.*

jaracassu (fer-de-lance). Brasil: culebra venenosa de la familia *Crotalidae* (Bothrox atrox).

jaramullo*. Pececillo nuevo.

jarando* (thrush). Ave de paso en España parecida al zorzal, de carne estimada. Orden *Passeriformes*, familia *Turdidae.*

jarará. V. *yarará*, culebra.

jarea (mullet). Puerto Rico: el pez llamado *lisa.* V. *area.*

jarico (male hicotea). Cuba: el macho de la tortuga fluvial llamada *jicotea* (Pseudemys decussata). (Voz indígena.)

jarrete* Corva de la pierna. // Corvejón de las caballerías. (Franc. jarret, pata.)

jateo (dog). Perro raposero.

jato*. Becerro o ternero.

jauria* (pack). Conjunto de perros que cazan juntos dirigidos por el mismo perrero.

Javanthropus. Nombre propuesto para el hombre fósil de Solo, Java. Ahora se prefiere el nombre *Homo erectus soloensis*. (De Java y gr. anthropos, hombre.)

Jefferson, Thomas. Presidente de los Estados Unidos y estudioso de la naturaleza. Afirmó que los animales de Norteamérica no son menores que sus congéneres europeos y que el clima norteamericano no es más húmedo que el europeo, como se sostenía previamente. (1743-1826).

jején* (sand fly). Cuba: insecto diminuto tropical del orden *Diptera*, familia *Ceratopogonidae* que habita las cercanías de las playas, en donde suelen ser muy molestos (Culicoides furens). En Puerto Rico lo llaman *maje.* (Antill., xexen.)

jelepete (bed bug). Nicaragua: chinche de las camas.

jeníguano (tomtate). Cuba: varias especies de peces marinos del orden *Perciformes*, familia *Pomadasyidae* (Haemulon aureolineatum.)

Jennings, Herberts S. Protozoólogo inglés, mantenedor de la hipótesis de la herencia de los caracteres adquiridos en los protozoos. Publicó importantes trabajos sobre genética, anatomía, conducta, y evolución. (1868-1947.)

Jenofanes. V. *Xenophanes.*

jenofióforos. Grupo de radiolarios. V. *Xenophiophora.*

jerarquía zoológica (zoological rank). Cada uno de los grupos o rangos en que se distribuyen los animales, desde las categorías más inclusivas a las más restringidas (fílum, clase, orden, familia, género y especie, con grupos intermedios que usan los prefijos sub- y supra-). (Gr. hierarches.)

jerbo* (jerboa). Cualquiera de las especies paleárticas de roedores saltadores de patas anteriores muy cortas. Orden *Rodentia*, familia *Dipodidae*. También *dipo* y *gerbo*. (Ar. yerbo).

jeta* (snout). El hocico del cerdo. (Ar. jetam, hocico.)

jiaba*. V. *jaiba*, crustáceo.

jíbaro (feral). Puerto Rico: campesino. // Cuba: dícese del animal doméstico que se ha revertido a la vida montaraz. *Perro jíbaro*. (Nombre indígena.)

jibia* (cuttle fish). Sepia, molusco cefalópodo del orden *Decapoda*, familia *Sepiidae*, de concha interna caliza y carne comestible (Sepia officinalis). (Lat. sepia.)

jibón* (cuttle bone). La concha de la jibia. También *hueso de jibia* y *sepión.* // Ese nombre se da también al *calamar.*

jiboso. Véase *giboso.*

jicote* (wasp). Guatemala: gato montés.

jicotea* (terrapin). *Hicotea*, tortuga de agua dulce antillana de la familia *Testudinidae*, género *Pseudemys.* // En Venezuela, una tortuga de agua dulce de la familia *Chelididae* (Chelys fimbriata). (Nombre caribe.)

jifia* (sword fish). V. *emperador o pez espada.*

jifosuro (xiphosuran). Un miembro de la clase *Xiphosura*, q.v.

jibijagua (parasol ant). Rep. Dominic.: variante de *bibijagua*, hormiga.

jiguagua* (common jack). Pez cosmopolita en los mares templados y tropicales. Orden *Perciformes*, familia *Carangidae* (Caranx hippos). (Voz indígena.)

jiguana. V. *iguana*, saurio.

jilguero* (gold finch). Ave canora europea del orden *Passeriformes*, familia *Fringillidae*, común en cautividad (Carduelis carduelis). // Cualquiera de las especies de aves similares. // Puerto Rico: ave de la familia *Thraupidae* (Tanagra musica).

jimela (jimela). Antílope africano llamado también *topí*, q.v.

jimio.* V. *simio.*

jineta* (genet). Mamífero del orden *Carnivora*, familia *Viverridae*, de Europa, norte de Africa y Asia Menor. La jineta común (Genetta genetta) se domestica fácilmente y remplaza al gato en la caza de ratones. (Ar. charneit.)

jiníguaro (French margate). *Méx.*: pez marino del orden *Perciformes*, familia *Pomadasyidae* (Haemulon melanurum).

jirafa* (giraffe). Mamífero artiodáctilo africano del infraorden *Pecora*, familia *Giraffidae*. Alto 18-20', cuello muy largo y piel con grandes manchas poligonales (Giraffa cameopardalis). (Ar. zaraf, zorafa.)

jird (jird). Roedor saltador del suborden *Myomorpha*, familia *Gerbillidae*, género *Meriones* que habita el Asia y el norte de Africa.

Joblot, L. Uno de los primeros opositores a la teoría de generación espontánea (1718), anticipándose así a Spallanzani.

joco* (jocko). Nombre dado al chimpancé en el Africa occidental. (Congolés, engeco, ncheko.)

jocú (dog snapper). Pez marino del Atlántico occidental, del orden *Perciformes*, familia *Lutjanidae*. Carne buena, pero a veces produce ciguatera (Lutjanus jocu).

joey (joey). Canguro joven, todavía capaz de entrar en la bolsa materna.

Johannsen, W.I. Geneticista holandés. Propuso los términos *gen*, *genotipo*, y *fenotipo* y observó los efectos de la selección en líneas puras.

johannsenón. (De Johannsen.) V. *línea pura.*

Johnston, C. Entomólogo inglés. V. *órgano de Johnston.*

jojene. Rep. Dominic.: *jején*, q.v., insecto díptero.

jojú. Méx.: ave del orden *Strigiformes*, familia *Nyctibiidae* (Nyctibius griseus).

jolocho (sandfish). Puerto Rico: pez marino comestible de los mares antillanos, llamado en Cuba *matejuelo blanco*. Orden *Perciformes*, familia *Malacanthidae* (Malacanthus plumieri).

Jordan, Alexis. Botánico francés, a quien se debe el concepto del llamado *jordanón.* (1814-1897)

Jordan, David Star. Educador y zoólogo norteamericano especializado en la rama de la ictiología. Su obra maestra: *The Fishes of North and Middle America*, en colaboración con B.W. Everman.

jordanón (jordanon). Unidad infraespecífica, de concepto opuesto al de la especie lineana o *linneón*, que equivale a la línea pura de los geneticistas. Término empleado principalmente en botánica. // *j. ecológico*, v. *ecotipo.* // *j. específico.* Forma separable de otras cercanas por ausencia de cruzamientos y por ser suficientemente distinguible como para ser considerada una buena especie si se le encontrare en la naturaleza, aunque por su origen se sabe que es un *jordanón.*

jorge*. *V. abejorro*, insecto coleóptero.

jorobado (lockdown). Cuba: pez plateado de escamas finas y dorso encorvado. Orden *Perciformes*, familia *Carangidae* (Selene vomer). (Arab. huduba, giba.)

josea. V. *lisa*, pez.

jote* (turkey buzzard). Argentina, Chile, Perú: V. *zopilote*, ave.

joturo* (joturo). Cuba: pez de agua dulce de Cuba y Santo Domingo. Orden *Mugiliformes*, familia *Mugilidae* (Joturus pichardi).

joyuyo (wood duck). Pato de la América tropical y subtropical de vistoso plumaje. Orden *Anseriformes*, familia *Anatidae* (Aix sponsa). En Cuba: *huyuyo*.

juanchi*. Guatemala: gato montés.

Juan Chiví (red-eyed vireo). Puerto Rico y Cuba: ave migratoria passeriformes de la familia *Vireonidae* (Vireo altiloquus).

juba*. Melena. *Juanito*. V. *pájaro bobo* o *pingüino austral*. (Lat. juga, jubatus, melena.)

jubo* (snake). Cuba: cualquiera de los ofidios de la familia *Colubridae* y en especial, el mayor, *Alsophis angulifer*, que alcanza 6' de largo. (Voz indígena.)

Juday, Chancey. Biólogo norteamericano, uno de los más destacados limnologistas. (1871-1944)

judío* (ani). Pájaro insectívoro americano de color negro que vive asociado al ganado. Orden *Cuculiformes*, familia *Cuculidae* (Crotophaga ani). También se llama *chanón, aní, garrapatero*. (Hebr. judoeu.)

juey (land crab). Puerto Rico: cangrejo terrestre de gran tamaño y carne comestible. Orden *Decapoda*, familia *Gecarcinidae* (Cardisoma guanhumi). (Nombre indígena.) V. *ajae*.

Jugatae. Suborden de lepidópteros, cuyas especies están provistas de *yugo* en las alas anteriores, carecen de trompa espiral y tienen las nervaduras idénticas en todas las alas. (Lat. jugum, yugo.)

jugo* (juice). Líquido contenido en varias estructuras orgánicas. (Lat. succus, jugo.) *Adj.* ***jugoso****. // ***j. digestivo***, segregado por diversos órganos del aparato digestivo a los efectos de digerir los alimentos. // ***j. gástrico***, el secretado por la mucosa estomacal. // ***j. intestinal***, conjunto de substancias que se encuentran en el intestino, derivadas del estómago, páncreas e intestino. // ***j. nuclear***, substancia fluida que se encuentra entre las mallas filamentosas de la cromatina nuclear, llamada también *cariolinfa*. // ***j. pancreático***, substancias secretadas por el páncreas.

jugum (jugum). *Yugo*, un proceso en las alas de ciertos lepidópteros.

jui (Antillean flycatcher). Puerto Rico: ave de la familia *Tyrannidae* (Myiarchus stolidus). (Voz onomatopéyica.)

juil* (trout). México: especie de trucha.

juina*. V. *garduña*, mamífero. (Fr. fouine.)

Julián Chiví (red-eyed vireo). V. *Juan Chiví*.

juliformes. V. *Juliformia*.

Juliformia. Un grupo de artrópodos de la clase *Diplopoda*, orden *Opisthospermophora*. Cuerpo cilíndrico de más de 40 segmentos, con glándulas repugnatorias. Algunas especies antillanas del género *Cubocricus* son de gran tamaño.

jumento* (jackass). *Asno*. (Lat. jumentum, asno.)

junco (junco). Ave norteamericana del orden *Passeriformes*, familia *Fringillidae* (Junco hyemalis).

Jung, Joachin. Desarrolló términos modernos de taxonomía que fueron empleados más tarde por Ray y Linneo. Introdujo áreas especiales como la ecología, fisiología, morfología y taxonomía. (1587-1657)

jungla (jungle). Selva tupida, especialmente de la India. V. *Chungla*. (*Hind.* jangala, seco, desierto; ingl. jungle, selva impenetrable.)

junta* (joint). Unión de dos o más estructuras o cosas. / Empalme, articulación.

juntura* (joint). Articulación o unión entre dos huesos.

Jurásico* (Jurassic). Segundo período de la Era Mesozoica, en donde abundaron los reptiles, se originaron las aves y comenzaron a diferenciarse los mamíferos. (De las montañas del Jura, Europa central.)

jurel* (horse-eye jack). Pez marino tropical del orden *Perciformes*, familia *Carangidae*, de carne blanca y fina, pero a veces es ciguato (Caranx latus y Caranx ruber). (Gr. sayros; en fr. saurel.)

Jussieu, A.L. Botánico francés, el primero en emplear la categoría llamada *familia* poco después de la publicación de la obra de Linneo.

juta*. Ecuador y Perú: variedad del ganso doméstico.

jute*. Guatemala y Honduras: un molusco fluvial comestible.

jutía* (hutia). Cuba: mamífero roedor arbóreo antillano del orden *Rodentia*, familia *Capromyidae* (Capromys pilorides). Se escribe también *hutía*. (Nombre indígena.) // Santo Domingo: *Solenodon paradoxus*, mamífero del orden *Insectivora*.

juvenil* (juvenile). Estado de un organismo o de una estructura durante las primeras etapas de su desarrollo. (Lat. juvenilis.)

juxta (juxta). Estructura anillada que soporta el *edeago*, q.v. (Lat. junto a.) // ***j. glomerular***, conjunto de células que rodean las arteriolas de los glomérulos renales. // ***j. medular***, porción interna de la zona reticular de las adrenales. // ***j. nuclear***, depósitos en el citoplasma de las células de las paratiroides deficientes en vitamina D.

juxtaepifisario. (De juxta, epífisis). Situado cerca o contiguo a una epífisis.

K

k. Abrev. de *kappa*, q.v. // Abr. de Período Cretáceo. // Abr. de grados Kelvin.

kaama. *Caama*, especie de antílope africano de Angola y Bechuanaland (Alcelaphus caama).

kabaragoya. Especie de saurio de gran tamaño que pertenece a la familia *Varanidae*. y que habita al sur de Asia, Archipiélago Malayo y Filipinas *(Varanus salvator)*.

kagú. Ave del orden *Gruiformes* de la Nueva Caledonia (Rhinochetos jubatus), famosa por sus danzas nupciales.

kaguang. Mamífero del orden *Dermoptera*. Ver *colugo*.

kakapú. Ave del orden *Psittaciformes*. que vive en Nueva Zelandia, de alas atrofiadas y de hábitos terrícolas (Strigops habroptilus).

kakar (kakar). Nombre común a varias especies de pequeños mamíferos artiodáctilos de la familia *Cervidae* que viven al Sur de Asia y parte de Idonesia (Muntiacus muntjak).

kamptozoa. Fílum de animales seudocelomados, conocido también como *Entoprocta*.

kala -azar (kala-azar). Leishmaniasis o fiebre negra, enfermedad producida por un protozoo flagelado del orden *Phytomonadina*, familia *Trypanosomidae* (Leishmania donovani) que produce lesiones en el sistema vascular, el hígado y el bazo.

kalima (kallima). Famosa mariposa de la familia *Nymphalidae* que vive en la India e imita con gran precisión las hojas de ciertos árboles (Callima inachis).

kalong (kalong). La mayor especie de murciélagos. Habita las islas de Indonesia. Orden *Chiroptera*, suborden *Macrochiroptera* (Pteropus vampyrus).

kanchil (kanchil). Rumiante de la familia *Tragulidae*, de tamaño no mayor que el de una liebre, que habita el Asia suroriental y las islas de Indonesia (Tragulus javanicus).

kappa (kappa). Partícula citoplásmica autorreproducible que contiene DNA, hallada en *Paramoecium aurelia*. Induce la producción de la toxina *paramecina* que destruye los paramecios que carecen de la expresada partícula.

karait (krait). Se aplica a las serpientes asiáticas venenosas de la familia *Elapidae*, género *Bungarus*. (Hind. karait.)

kakri (kakri). Nombre de varios ofidios de la región oriental. Género *Zaocys* y *Ptyas*.

karkordilo. Saurio de la familia *Agamidae* (Agama stellis), que vive en Egipto, Asia Menor y algunas islas griegas. Nombre conocido desde los tiempos de Herodoto.

kea. Ave del orden *Strigiformes* de Nueva Zelandia, de hábitos carnívoros. Ataca las ovejas para comer la grasa que rodea los riñones (Nestor notabilis).

Keber, A.F. Zoólogo alemán. V. *órgano de Keber*.

Keith, Arthur. Anatomista inglés, codescubridor (con M.J. Flack) del nódulo seno-auricular (en 1866).

kelp. Se aplica a las grandes algas pardas que forman una biocenosis peculiar en donde habitan varias especies de animales.

Kendall, Edward C. Fisiólogo norteamericano, famoso por sus trabajos sobre las hormonas. Aisló la hormona *cortisona* - Premio Nobel 1950.

Keratosa. Orden de *Poríferos*, de la clase *Demospongiae*, con espongina, pero sin espículas, géneros *Spongia* e *Hippospongia*. (Gr. keratos, cuerno.)

kermes. V. *quermes*, insecto.

kertag. Caballo salvaje de los desiertos de Asia Central (Equus przewalskii).

keu (tinamou). Ave corredora andina del orden *Tinamiformes*, familia *Tinamidae* (Tinamotis pentlandii).

kiang (kiang). Especie de hemiónido de gran tamaño que vive en el norte de la India (Equus kiang).

kik (kik). Especie de gacela del Turkestán chino (Gazella yarkandensis).

kinesis. V. *cinesis*.

King, J.T. V. *Briggs*, R.

kininas (kinines). Grupo de polipéptidos producidos en la sangre o en los tejidos, que dilatan los vasos sanguíneos y ocasionan dolores asociados con inflamación.

kinkajú (kinkajou). *Martucha*, mamífero carnívoro de la familia *Procyonidae* que vive en las Américas Central y del Sur (Potos caudivolvus). (Nombre arbitrario.)

kiboro. Nombre del *hipopótamo* en el lenguaje africano swahilí.

kinómero (kinomere). V. *centrómero*.

Kinorhyncha. Clase del fílum *Aschelminthes*. Animales microscópicos seudocelomados, de hábitos marinos bentónicos, cuerpo anillado, cabeza espinosa y trompa corta retráctil.=Echinodera. (Gr. kyno, perro; rhynchos, trompa.)

Kirchhoff, Gustav Robert. Químico alemán. Demostró la presencia de la acción catalizadora en la digestión del almidón. (1824-1928)

kiriyula. Especie de murciélago de la India cuyas alas están manchadas como una mariposa (Kerivoula picta).

Kite, G. L. Notable por sus estudios sobre la estructura celular empleando micromanipuladores.

kitol (kitol). Provitamina A. Comercialmente se extrae del aceite de hígado de pescados.

kivi (kiwi). Nombre común a un ave de Nueva Zelandia

desprovista de alas, con el pico largo, plumas filiformes y el esternón sin quilla. Orden *Apterygiformes* (**Apteryx australis**). (Voz maorí.)

Klinefelter. Síndrome de una condición genética que produce varones estériles con testículos pequeños sin esperma.

klitio (klition). *Clivus terminalis*, punto craniométrico. V. *clitio* o *clition.*

Knight, Thomas Andrew. Reconoció en 1823 la existencia de la dominancia y la recesividad estudiando la herencia en los guisantes. (1750-1839)

koala (koala). Coala, llamado "oso nativo" australiano, especie de marsupial arbóreo de la familia *Phalangeridae* (**Phascolarctus cinereus-**). (Vocablo australiano.)

kob (cob). Especie de antílope del Africa tropical (**Kobus (Adenota) kob**).

Kofoid, Charles A. Zoólogo norteamericano. Publicó numerosos trabajos sobre plancton, esporozoarios y otros invertebrados marinos. (1865-1947)

kokoi. Nombre supuestamente colombiano que ha sido aplicado para designar una especie de rana empleada por los indios para envenenar sus flechas.

Kolreuter, Joseph Cottlieb. Botánico alemán. Enfatizó la importancia de los insectos en la polinización de las flores y reconoció la existencia de una herencia cuantitativa estudiando los híbridos de ciertas plantas. (1733-1800)

Koller, G. Fisiólogo norteamericano. Descubrió en 1928 el papel que juegan las hormonas secretadas por los tallos oculares de los crustáceos en los cambios de coloración.

Kölliker, Rudolf Albert von. Histólogo suizo. Escribió el primer texto de histología: *Handbuch der Gewebelehre des Menschen*, que es una de las mayores contribuciones a esa disciplina. En 1861 publicó el primer texto sobre embriología. (1817-1905)

komma. V. *comma.*

kongoni. Antílope africano de gran talla (**Alcelaphus cokei**).

kookaburra. Gran ave australiana parecida al martin pescador. Orden *Coraciiformes*, familia *Alcedinidae.*

Koptkin, P. Principal expositor del concepto de la ayuda mutua como factor de supervivencia en el proceso evolucionario.

kori. Ave africana del orden *Ciconiiformes* (**Eudopotis kori**), que gusta de las gomas que destilan varias especies de acacias.

Kornberg, A. Bioquímico alemán. Premio Nobel por su labor al sintetizar un material parecido al DNA.

körnchenkugeln. Fagocitos de la sangre de los insectos en estado pupal ensanchados por la acumulación de restos de tejidos. (Voz alemana.)

korrigum. Especie de antílope africano que habita desde el Senegal hasta el Sudán y Abisinia (**Damaliscus korrigum**).

kouri. Raza bovina de la región del Lago Tchad que tiene enormes cuernos huecos que almacenan agua y grasas.

Kowaleuwksy, Alexander. Zoólogo ruso. Demostró que los tunicados eran cordados, basándose en el estudio de la embriología de aquellos y de los cefalocordados. Halló que en el desarrollo de los invertebrados también existen capas germinales. (1840-1901)

Kozlowskl, R. Paleontólogo. En 1938 expuso la tesis de que los fósiles llamados graptolitas están relacionados con los hermicordados más que con los celenterados y los briozoarios.

Kramer, G. Ornitólogo. Descubridor de la orientación de ciertas aves por los cambios de posición del sol (1952).

Krause, Karl. F.T. Anatomista alemán (1797-1868). V. *glándulas de Krause.*

Krause, W.J.F. Anatomista alemán (1838-1910). V. *membrana de Krause, corpúsculos de Krause.*

Krebs, H.A., Bioquímico inglés. Demostró la serie de reacciones de la fase aeróbica de la respiración celular, llamada *ciclo de Krebs.* Premio Nobel (1910).

kril (krill). Crustáceo marino del orden *Euphasiacea*, familia *Euphasiacidae* (**Euphasia gigantea**) que es uno de los alimentos principales de las ballenas. (Nombre escandinavo.)

Krogh, August. Fisiólogo danés, notable por sus trabajos sobre la respiración, la circulación y la osmorregulación. Premio Nobel. (1874-1949)

kuaroku (kwaroku). Especie de ciervo moteado de la isla de Formosa *(Cervus taioanus).*

kudú (koodoo). Cualquiera de las dos especies de grandes antílopes africanos de cuernos retorcidos que habitan el Africa desde el Sahara hasta el Cabo (**Strepsicerus strepsicerus**).

kuikipu. V. *huilota.*

kulán (kuldor). Nombre nativo del *hemión* común de Mongolia (**Equus hemionus**), llamado también *chigetai.*

Kuhne, W. Bioquímico alemán. En 1878 acuñó el término *enzima*, para evitar la confusión del antiguo vocablo *fermento*, que se había empleado ya para ciertos microorganismos y para las secreciones de función catalizadora.

Küpffer, Karl W. von. Anatomista alemán (1829-1902). V. *células de Küpffer.*

Kuprey (kouprey). Una especie de toro salvaje de gran tamaño descubierto en Indochina hace unos veinticinco años (**Bibos sauveli**).

Kurtoidei. Un suborden de peces del orden *Perciformes.*

kusimanse (kusimanse). Especie de mangosta del Africa occidental que pertenece a la familia *Herpestidae* (**Crossarchus obscurus**).

kwashiorkor. Grave desorden nutricional producido por dietas deficientes en ciertos aminoácidos, cual ocurre en personas (especialmente niños) que subsisten con cereales pobres en lisina. (Niño rojo, en el lenguaje de Costa de Oro.)

L

labanco V. *lebanco*, especie de pato.

lábaro* (labrum). V. *labro*.

labelo (labellum). Expansión terminal de la trompa de las moscas, perforada por numerosos tubillos que desembocan en la faringe y le permiten chupar los alimentos. // Lóbulo pequeño situado por debajo del labio de los insectos. (Lat. labellum, labio pequeño.) *Adj.* **labelado***.

laberinto* (labyrinth). El oído interno en los vertebrados. (Gr. labyrinthos.) *Adj.* **laberintiforme, laberíntico***. // *l. óseo*, la excavación en la región temporal del cráneo en donde se aloja el laberinto membranoso o verdadero oído interno. // *l. carotídeo*, v. *bulbo carotídeo*. // *l. membranoso*, estructura delicada y compleja que se encuentra en el laberinto óseo y está formada por una serie de tubos y cavidades tapizada por un epitelio de origen ectodérmico, llena de un líquido, la endolinfa, y constituida por varias partes: el utrículo, el sáculo, los canales semicirculares y la lagena que en los mamíferos viene a ser el caracol. // *l. óseo*, serie de espacios o cavidades del hueso temporal en donde se encuentra alojado el oído interno de los vertebrados y está tapizada por el *laberinto membranoso*. Entre este y la pared ósea, se encuentra la *perilinfa*, que es en realidad líquido cefalorraquídeo.

laberintodonte (labyrinthodont). Que tiene dientes con pliegues tortuosos en la corona. // Un miembro del grupo *Labyrinthodontia*. (Gr. labyrinthos, laberinto; odous, diente.)

labfermento (rennin). V. *caseasa, cuajo*.

labi- (labi–. (Del lat. labium, labio.)

Labiata. Una división o subfílum de los artrópodos que incluye los insectos, milípedos y centípedos, y se caracteriza por la presencia de un solo par de antenas y por tener un labio inferior o *labium*, a lo que alude el nombre del grupo.

labidóforo (labidophorous). Que posee quelas u otros órganos en forma de tenazas. (Lat. labium, labio; gr. phoreys, portador.)

Labidognatha. Un suborden de *Araneidos* que comprende la mayoría de las arañas las que se caracterizan por tener generalmente dos pulmones además de tráqueas y porque las maxilas se mueven lateralmente. (Gr. labis, labidos, un par de fórceps; gnathos, mandíbula.)

labiolo (labiellum). Una pieza bucal en los miriápodos. (Lat. labium.)

lábil* (labile). Frágil, débil. // Que cambia rápidamente. (Lat. labilis, resbaladizo.)

labilidad* (lability). Inestabilidad. (Lat. labilis.)

labio* (lip). Parte exterior de la boca que cubre los dientes. // Cualquier estructura formada por dos partes movibles que puedan cerrar una abertura. // *l. labium*, pieza impar inferior en la boca de los insectos. La parte inferior de la abertura en los moluscos gasterópodos. (Lat. labium). // *l. cerebral*, cada uno de los márgenes de los hemisferios cerebrales que imbrican el cuerpo calloso. // *l. columelar*, el labio interno de la abertura de la concha en los moluscos gasterópodos // *l. dorsal*, la parte del borde del blastóporo en algunos animales (anfibios), que corresponde al futuro lado dorsal en el adulto y tiene propiedades organizadoras. // *l. glenoideo*, un borde de fibricartílago alrededor del margen de la cavidad glenoidea y del acetábulo. // *l. leporino*, deformidad congénita caracterizada por la división del labio superior, a veces acompañada con la del paladar. // *l. majora*, v. *labio mayor*. // *l. mayores*, cada uno de los dos pliegues cutáneos externos que, en la mujer y en algunos monos, forman los bordes de la abertura del vestíbulo. // *l. menor*, cada uno de los dos pliegues cutáneos internos situados en el borde de la abertura vestibular del sistema reproductor femenino de los primates.

labiodental* (labiodental). Perteneciente a los labios y a los dientes. // La superficie labial de los dientes. (Lat. labium, labio; dens, diente.)

labiosternito (labiosternite). Un área situada entre los palpígeros de la cabeza de los insectos. (Lat. labium, labio; sternum, esternón.)

labiostipes (labiostipes). Una parte de la base del labio en los insectos. (Lat. labium, labio; stipes, tallo.) Se puede traducir como *tallo labial*.

labipalpo (labiopalp). V. *palpo labial*.

labirinto*. Ant. *laberinto*.

labirintidonte. V. *laberintidonte*.

laboratorio* (laboratory). Oficina en la que se realizan trabajos científicos, especialmente experimentales. (Lat. labor.)

labro* (labrum). Pieza bucal impar del lado superior de la boca de los insectos. // La parte exterior de la abertura en la concha de los moluscos gasterópodos. (Lat. labrum, labio.) *Adj.* **labral**.

labrocito (labrocyte). V. *mast cella* y *célula nutricia*.

Labyrinthodontia. Superorden de anfibios fósiles de la subclase *Apsidospondyli*. Estaban provistos de cola con las patas del mismo tamaño, el cráneo y la mejilla cubiertos de placas óseas, a veces con escamas ventrales imbricadas, con escamas dorsales y con dientes cuyos pliegues de esmalte son muy complicados. También se llaman *Stegocephalia*. Del Devoniano al Triásico. (Gr. labyrinthos, laberinto; odous, odonto, diente.)

Labyrinthulida. Orden de protozoos de la subclase *Rhizopoda*. Los seudópodos son poco obvios y mediante ellos se deslizan sobre bandas de una mucosidad que segregan. (Gr. labyrinthos, laberinto; neolat. -ullus, diminutivo.)

laca* (lacquer). Substancia resinosa de color pardo depositada en ciertos árboles del sur de Asia por determinados insectos de la familia *Lacciferidae*. La composición de laca depende de las especies de árboles atacados y de los distintos insectos (Laccifer lacce). (Hindost. lakh persa; lak, lacre.) *Adj. lacado**.

laceración* (laceration). Traumatismo provocado por desgarramientos o traumas. (Lat. laceratus, cortado.) *Adj. lacerado**.

lacertídeos (lacertillia). Se dice de los saurios de la familia *Lacertidae*, que tiene por tipo el lagarto europeo (Lacerta). (Gr. lacerta, lagarto.)

lacerto* (lizard). Antig. *lagarto*. (Lat. lacerta.) *Adj. lacertiforme.*

Lacertilia. Un suborden de reptiles escamosos, mejor conocida por *Sauria*. // *Lacertilia vera*, nombre aplicado a los saurios, con excepción de los camaleones, por tener estos la lengua larga, carecer de clavículas y mostrar diversas modificaciones en el cráneo.

lacertus fibrosus. Una banda de aponeurosis que se extiende desde el tendón del biceps hasta la aponeurosis del antebrazo.

lacina (lacinia). Error por *lacinia*, q.v.

lacinia* (lacinia). // Estructura cortada en segmentos irregulares y estrechos. // Una división interna del endopodito o stipes de la maxila en los insectos. // Una extensión del margen posterior de un proglótido sobre la base del siguiente. (Lat. lacinia, falda, fleco.) *Adj. laciniado,* laciniforme. // l. mobilis*, una estructura movible en la mandíbula de ciertos crustáceos, que no es homóloga a la lacinia de los insectos, que está en las maxilas.

lacínula (lacinula). Lacinia pequeña. *Adj. lacinulado.*

lacón* (picnic). Brazuelo del puerco. (Voz gallega.)

lacre. Cuba:saco o cubierta protectora que se forma alrededor de la esperma depositada por el macho de la langosta en la superficie ventral del pereión de la hembra. (De laca.)

lacri- (lacri-). (Del latín lachryma, lágrima.)

lacrima* (tear). Ant. *lágrima*. (Lat. lachryma.) *Adj. lacrimal**.

lacrimación* (lacrimation). Ant. *lagrimeo*. (Lat. lachrimatio.)

lacrimasa (lacrimase). Una enzima obtenida de las lágrimas. (Lat. lachryma, lágrima; -asa, enzima.)

lacrimógeno (lacrimogenous). Que ocasiona lagrimeo. (Lat. lachryma, lágrima; gr. gennao, engendrar.)

lacrimonasal (lacrimonasal). Perteneciente a los huesos lacrimal y nasal. // Conducto lacrimonasal. (Lat. lachryma, lágrima; nasus, nariz.)

lacrimoso*. Que tiene lágrimas.

lact- (lact-). (Del lat. lac, leche; lacteus, lechoso.)

lactación* (lactation). V. *lactancia*.

lactalasa (lactalase). Una enzima que cambia la glucosa en ácido láctico. (Lat. lac, leche; -asa, enzima.)

lactagogo (lactagogue). V. *galactagogo*.

lactalbumina (lactalbumen). Albúmina que ocurre en la leche.

lactancia* (lactation). La formación de leche en las glándulas mamarias. // Tiempo que dura el amamantamiento de los mamíferos. (Lat. lac, leche.) *Adj. lácteo*, lacteado.**

lactar* (to suckle). Amamantar, criar. (Lat. lacteus.)

lactasa* (lactase). Enzima intestinal que digiere la lactosa o azúcar de leche. (Lat. lactous, leche; -asa, enzima.)

lactato* (lactate). Sal o éster del ácido láctico.

lacteales (lacteals). Los *vasos quilíferos* o conductos linfáticos de las vellosidades intestinales, por donde se absorben las grasas digeridas. (Lat. lac, leche.)

lactescente* (lactescent). Que segrega o que comienza a tener leche. // De aspecto de leche. (Lat. lactescens.)

lacticemia (lacticemia). Presencia de ácido láctico en la sangre. (Lat. lac, leche; haima, sangre.)

lacticinio*. (milk food). Alimento derivado de la leche. *Adj. lacticinoso**.

lactífero* (lactiferous). Lo que conduce leche, como los *vasos lactíferos*. (Lat. lac, leche; ferre, llevar.) También *galactóforo*.

lactífico (lactiferus). Que produce leche. (Lat. lac, leche; ficere, hacer.)

lactígeno (lactigenous). Lo que produce leche, V. *galactógeno*.

lactina* (lactin). V. *galactosa*.

lactívoro (lactivorous). Que se alimenta de leche. (Lat. lac, leche; voros, devorar.)

lactobiosa.=*Lactosa*.

lactocromo (lactochrome). Un compuesto nitrogenado coloreado hallado en la leche. Lactoflavina. (Lat. lac, leche; gr. chroma, color.)

lactoflavina (lactoflavin). La vitamina llamada también *riboflavina*. (Lat. lac, leche; flavus, amarillo.)

lactogénico (lactogenic). Lo que estimula la secreción de la leche. V. *hormona lactogénica*.

lacto globulina (lactoglobulin). *Lactalbúmina*. Proteína específica de leche, insoluble en agua. (Lat. lac, leche;+globulina.)

lactolasa (lactolase). Una enzima que cataliza la producción de ácido láctico. (Lat. lac, leche; -asa, enzima.)

lactona (lactone). Una substancia aromática del ácido láctico. (Lat. lac, leche.)

lactoproteido (lactoproteid). Cualquier proteína de la leche. (Lat. lac, leche;+proteína.)

lactosa* (lactose). Disacárido presente en la leche. (Lat. lac, leche; -asa, enzima.)

lactosuria (lactosuria). Presencia de lactosa en las orinas. (Lat. lac, leche; gr. ouros, orina.)

lactotoxina (lactotoxin). Una toxina encontrada en la leche. (Lat. lac, leche; toxina, veneno.)

lacunoma (lacunome). Estructura de las células puestas de manifiesto por Corti, probablemente idéntica con el llamado *retículo endoplásmico* (Lat. lacuna, laguna; -oma, hinchazón.)

lacunorrugoso (lacunorugose). Superficie con surcos profundos y hoyuelos. (Lat. lacuna; cavidad; rugosus, arrugado.)

lacúnula (lacunula). *Lagunilla*. (Lat. lacunula, pequeña laguna.)

lacus. (Lat. lago.) // *l. lacrimalis*, un espacio triangular en el canto interno del ojo, entre los dos párpados.

lacustre* (lacustrine). Que vive en los lagos. // Que tiene su habitación en los lagos. // Pueblos lacustres. // *Lacustrino*. (Lat. lacustris, de lacus, lago.)

lacha* (anchoy). Se aplica a varias especies de sardinas, peces osteictios de la familia *Clupeidae* (Brevoortia patronus).

ladilla* (crab louse). Especie de piojo, insecto del orden *Anoplura* que vive en el pubis (Pthirius pubis).

lado preaxial (pre-axial side). Lado de un miembro o una estructura correspondiente al dedo 1, o sea, al radio o a la tibia. // *l. postaxial*, el lado posterior de un miembro.

ladrería (cysticercosis). V. *cisticercosis*.

lagachina (chiton). Nombre común a varios moluscos marinos del orden *Poliplacophora*, familia *Chitonidae* (Chiton squamosus).

lagarta* (gypsy moth). Oruga del insecto lepidóptero, de la familia *Lymanthriidae*, muy destructivo para los árboles, que muestran una notable adaptación al color de los troncos (Lymanthria dispar). // Hembra del lagarto. (Lat. lacerta.)

lagartija (lizard). Nombre común de varios saurios de pequeño tamaño. En España: *Lacerta muralis*. //Cuba: diversas especies de la familia *Anolidae* (Anolis sagrae).

lagartijero* (lizard-huntrung). Que se alimenta de lagartijos, como el cernícalo o falcón (Falco sparverius).

lagartijo* (lizard). Macho de la lagartija. // *Puerto Rico*: lagarto pequeño. //=*Lagartija*. (Lat. lacertus, lagarta.)

lagarto* (lizard). Reptil del orden *Squamata*, suborden *Sauria*. // En algunos lugares es sinónimo de *caimán*. // osteictios de la familia *Clupeidae* (Brevoortia patronus). familia *Synodontidae* (Synodus foectens). (Lat. lacerta.)

lagena (lagena). Botella de cuello largo. // Estructura formada por una prolongación ventral del sáculo, en el oído interno en algunos vertebrados, que es la precursora del caracol de los mamíferos. (Lat. **lagena**, botella.) *Adj.* ***lageniforme.***

lagénula (lagenula). Extremidad ensanchada de la cóclea rudimentaria en algunos reptiles. (Lat. **lagenula**, botella pequeña.)

lago. (Del gr. **lagos**, una liebre.)

lagomorfos. Orden de mamíferos. V. *Lagomorpha.*

Lagomorpha. Un orden de mamíferos roedores separado del orden *Rodentia.* Comprende liebres, pikas y conejos y se caracteriza por la posesión de cuatro incisivos superiores en vez de dos. Se llaman también *Duplicidentata.* (Gr. **lagos**, liebre; **morphe**, forma.)

lagepo*. V. *lagópodo.*

lagópodo (ptarmigan). Ave parecida a la perdiz, de color blanco, que vive en las regiones templadas, provista de plumas en los pies. Familia *Tetraonidae* (**Lagopus lagopus**). // Que tiene los pies peludos, como las liebres, y, por extensión, se aplica a los de los pies plumosos. (Gr. **lagos**, liebre; lat. **pedos**, pie.)

lágrima* (tear). Líquido acuoso segregado por las glándulas lagrimales que humedece y limpia la superficie del glóbulo ocular y nutre la córnea. // Estructura de forma oblongada, como una lágrima. (Lat. **lacryma.**) *Adj.* ***lagrimoso*.***

lagrimal* (lachrymal). Se aplica a cada uno de los huesos de membrana del cráneo de los vertebrados terrestres, situados en el borde anterior de las órbitas oculares. (Lat. **lachryma.**)

lagrimar* (to weep). Verter lágrimas, llorar.

laguna* (lacuna). Espacios llenos de sangre entre los órganos y tejidos de ciertos animales. // Espacios en que están confinadas las células o grupos celulares en ciertos tipos de cartílagos, como el hialino. (Lat. **lacus**, lago.) *Adj.* ***lagunar, lagunoso, lacunero, lacunario.*** // ***l. absorbente***, ramificación del sistema hemal de los equinodermos alrededor de los ciegos gástricos. // ***l. trofoblástica***, espacio en la parte trofoblástica de la placenta de los mamíferos, lleno de sangre materna. // ***l. ósea***, pequeños espacios de los huesos ocupada por los osteoblastos.

lalo- (lalo-). Prefijo latino que significa especialmente *balbuceo,* empleado para describir desórdenes de la expresión oral.

lama* (shine). Cieno blando y pegajoso que se halla en algunos lugares del fondo del mar, de los ríos o de las charcas.. (Lat. **lama.**) *Adj.* ***lamoso*.***

Lamarck, Juan Bautista Antonio de Monet, Caballero de. Biólogo francés. Uno de los primeros mantenedores de las teorías de la evolución, basada en la hipótesis del uso y desuso de los órganos y de la herencia de los caracteres adquiridos. Creador del término *biología,* y pionero en enunciar la teoría celular (1808). A él se debe el desarrollo de la zoología y paleontología de los invertebrados. Su obra biológica mas conocida fue la *Filosofía zoológica.* (1744-1829)

lamarmaquiano (lamarckian). El que sostiene las teorías evolucionistas enunciadas por Lamarck.

lamarquismo (lamarckism). Teoría sostenida por Lamarck de que la evolución se debe a la herencia de los caracteres adquiridos.

lamarckismo (lamarckism). V. *lamarquismo.*

lambda (lambda). Oncena letra del alfabeto griego. // Punto craneométrico situado en la unión entre las suturas lamboidea y sagital.

lambdoide (lambdoid). En forma de lambda. // La sutura craneal entre los huesos occipital y parietales.

Lambl,Wilhelm Dusa. (1824-1893) Médico bohemio. V. *Lamblia, lambiasis.*

Lamblia. Nombre previamente empleado para el género de protozoos parásitos, *Giardia,* q.v.

lambliasis (lambliasis). V. *giardiasis.*

lamedor* (licker). Lo relativo a la acción de lamer. (Lat. **lambo.**)

lamela (lamella). V. *laminilla.* (Lat. **lamella**, lámina delgada.) *Adj.* ***lamelar.***

lameli - (lamelli-). (Del lat. **lamella**, diminutivo de lámina.)

Lamellibranchia.=*Lamellibranchiata.*

Lamellibranchiata. Clase de moluscos de concha bivalva y branquias laminares. V. *Bivalvia, Pelecypoda, Acephala,* (Lat. **lamella**, laminilla; gr. **branchia**, branquia.)

lamelibranquio* (lamellibranchiate). Molusco de la clase *Lamellibranchia.* o *Bivalvia,* q.v.

lamelicornio (lamellicorn). Se dice del insecto coleóptero cuyas antenas portan laminillas en la extremidad. (Lat. **lamella**, laminilla; **cornu**, un cuerno.)

lamelirrostro (lamellirostral). Ave acuática que tiene el pico provisto de laminillas en los bordes, como el ganso. (Lat. **lamella**, laminilla; **rostrum**, pico.) V. *Anseriformes.*

lamia* (whitelip shark). Pez condrictio, especie de tiburón que vive en ambos lados del Atlántico (**Pterolamiops longimanus**).

lámina* (lamina). Parte plana y delaga de una estructura. (Lat. **lamina**, plano.) Ver también *laminilla*, *Adj.* ***laminar, * laminoso*.*** // ***l. basal,*** membrana delgada en la superficie interna de un tejido, como la lámina coriocapilar. // ***l. branquial,*** v. *laminilla branquial.* // ***l. coriocapilar.***, el plexo capilar que constituye la lámina interna de la coroides. // ***l. cribosa,*** parte del etmoides que cierra la cavidad craneal, constituida por una placa acribillada por perforaciones, por donde pasa el nervio ofativo: = *Placa cribosa.* // ***l. de hueso,*** las que, en forma concéntrica y superpuesta rodean a los conductos de Havers. // ***l. dental,*** un surco longitudinal a lo largo e la mandíbula en donde se desarrollan los gérmenes de los dientes. // ***l. espiral,*** que separa las rampas del caracol de los mamíferos. // ***l. fusca,*** capa pigmentada de tejido conectivo que tapiza la esclerótica. // ***l. germinal,*** una capa de células prematuramente diferenciadas. // ***l. órbito-nasal,*** v. *lámina papirácea* // ***l. perpendicular,*** placa cartiliginosa del mesetmoides que separa las fosas nasales izquierda y derecha y cuya porción posterior es una lámina perpendicular ósea. V. *tabiques nasales.* // ***l. propia,*** capa de tejido conjuntivo situada por debajo de la mucosa musçular en el tubo digestivo de los mamíferos. // ***l. reticular,*** estructura reticular que se extiende sobre la cara externa de los órganos de Corti en el oído de los mamíferos. // ***l. supracoroidea,*** capa externa de la coroides en el ojo de los vertebrados. // ***l. terminal,*** región anterior del tubo neural en la que se localiza la comisura anterior, que conecta las regiones olfatorias de las dos mitades del cerebro. // ***l. vasculosa,*** capa externa de la coroides situada por debajo de la membrana supracoroidea. // ***l. vertebral,*** placa ósea que forma la bóveda del arco neural de las vértebras. // ***l. vibrátil,*** paleta natatoria de los tenóforos, formada por series de cilios movibles. // ***l. vítrea,*** v. *lámina basal.*

laminación (lamellation) Formación de placas delgadas. // Disposición laminar de células nerviosas de la corteza cerebral. (Lat. **lamino.**)

laminariana (laminarian). Se dice de la zona marina entre 2 y 10 brazas, en donde se desarrollan las algas pardas llamadas laminarias.

laminilla (lamella). Diminutivo de *lámina.* // ***l. branquial,*** prolongación epitelial de paredes delgadas y muy vascularizadas, cuyo conjunto compone las branquias. // ***l. intersticial,*** depósito óseo irregular que queda entre los sistemas de Havers y representa antiguos sistemas que han sido destruidos durante los procesos del desarrollo del huevo. ***l. ovárica,*** estructura en donde se desarrollan los huevos de los cirrípedos, que forman una masa adherida al manto. // ***l. subsagital,*** laminilla vibrátil en los tenóforos colocada a los lados del plano sagital. // ***l. subtentacular,*** la laminilla vibrátil de los tenóforos, situada bajo los tentáculos, // ***l. vibrátil,*** v. *paletas natatorias* de los tenóforos, formadas por cilios reunidos en series transversales.

laminiplantar (laminiplantar). Palabra que se emplea para describir el tarso de algunas aves, escamoso por delante y liso por detrás. (Lat. **lamina**, lámina; + **plantar.**)

Lamiformes. Un orden de peces condrictios que para algunos es un suborden de los *Selacios.* Tienen aleta anal y vértebras asterospóndilas. También ha sido llamado *Galeodea.* (Gr. **lamma,** un pez **depredador;** + **forma.**)

lampalagua (anaconda). El boa de agua o *anaconda,* q. v.

lámpara de mar. V. *linterna de mar.*

lamparosa (moonfish). Venez. y Puerto Rico: pez marino de carne exquisita, que habita aguas someras, orden *Perciformes,* familia *Carangidae* (**Vomer setapinnis**).

lamparón* (lampas). Una de las membranas mucosas palatales situada por detrás del incisivo superior de los caballos. (Gr. **lampas,** una lámpara.)

lampiño (hairless) Desprovisto de pelos.

lampirídos (lampyrid). Una familia de insectos coleópteros que incluye las especies luminosas llamadas *luciérnagas.* (Gr. **lampas,** lámpara; **pyr,** fuego.)

lamprea* (lamprey). Pez ciclóstomo de aguas templadas, de forma cilíndrica y algo comprimida, parásito en otros peces. Su carne es estimada. (Lat. **lampreta.**)

Lampridiformes,. Orden de peces óseos fisoclistos con aletas sin verdaderas espinas. Las aletas ventrales son torácicas y los maxilares son protráctiles.

lampuga* Pez marino europeo del orden *Perciformes,* familia *Stromoteidae,* cuya carne es comestible, pero poco apreciada (**Stromathus fiatola**).

lana* (wool). Pelo de ovejas, etc. (Lat. **lana.**) *Adj.* ***lanado*, lanífero*, lanoso*, lanudo*, lanuginoso*.***

lanceado* (lanceolate). *Lanceolado*.* En forma de lanza. (Lat. **lanceatus.**).

lanceta* (lancer). Instrumento de cirugía con la extremidad en forma de punta de lanza. // Un par de estructuras junto al aguijón de los himenópteros. // *Pez lanceta.* (Lat. **lancea,** lanzar.) *Adj.* ***lancetiforme*** // ***l. oral,*** estructura oral dura utilizada por ciertos nemátodos para perforar las células de las plantas hospedantes.

lancilla (lancelet). Cualquier especie del fílum *Cephalochordata* (**Branchiostoma lanceolatum**). (Dim. de **lanza.**)

lancurdia* (Small trout). Trucha pequeña.

lande* V. *glande.*

Landolt, Edmundo. Oftalmólogo francés (1846-1925). *V. fibras de Landolt.*

landrilla.* Larva de ciertos dípteros que se fija en las fosas nasales de diversos animales.

Landsteiner, Karl. Biólogo norteamericano, descubridor de los grupos sanguíneos y del factor RH. Premio Nobel. (1868-1943).

lanero*. Carnicero, que despedaza. (Lat. **laniarius,** carnicero.)

lanfedrina (lanfedrine). Substancia anticoagulante de las glándulas salivares de las lampreas, que facilita la salida de la sangre de los peces parasitados.

Langerhans, Paul. Anatomista alemán. Descubridor de los *islotes* o *folículos de Langerhans.* (1847-1888)

langosta* (locust). Cualquier insecto ortóptero del grupo de los saltamontes. Algunas especies son plagas migratorias que se reúnen en bandadas enormes. Fam. *Locustidae.* // *l.* **(spiny lobster.)** Especie de crustáceo decápodo macruro, de cuerpo espinoso, desprovisto de quelas, que pertenece a la familia *Panuliridae* (**Panulirus argus**). V. *bogavante.*

langostino (shrimp). España: camarón marino (**Penaeus caramote**). // Venez: especie de camarón marino comestible, familia *Penaeidae* (**Penaeus schmittti**). // Cuba: camarón del río, de la familia *Palaemonidae* (**Macrobrachium carcinus**) (Dim. de **langosta.**)

langostón* (green grasshopper). Saltamontes de color verde.

langur (langur). Nombre aplicado a varias especies de monos de la super-familia *Cercopithecoidea,* del género *Presbytis,* en donde se encuentra el *hanuman* o mono sagrado de la India.

laniar, laniario (laniary). Que está adaptado para desgarrar, como los caninos de los carniceros. (Lat. **laniare,** desgarrar.)

Lankester, Ray. Zoólogo inglés. En 1877, junto con Haeckel, esbozó las líneas generales de la clasificación zoólogica actual. (1847-1929).

lanolina* (lanolin). Una grasa no saturada obtenida de la lana del carnero. (De **lana.**)

lanosidad* (soft wool). Pelo suave. (Lat. **lanositas.**)

lantanina. V. *linina.* (Gr. **lanthano, pasar inadvertido.**)

lanugo* (lanugo). Pelaje fino que cubre el cuerpo de los mamíferos en ciertos estados de su vida fetal y solamente falta en la zona plantar de las extremidades. (Lat. **lanugo,** vello.)

lapa* (limpet). Cualquier molusco gasterópodo marino del orden *Archaeogastropoda,* familias *Patellidae* y *Acamaeidae.* // Venez.: el roedor llamado *paca.* q.v. // *Puerto Rico:* caracol, babosa. (Lat. **lappa.**)

laparo- (laparo-). Prefijo empleado para indicar una incisión en la cavidad abdominal. (Gr. **lapara,** los flancos.)

lapidícola (lapidicolous). Organismo que vive o se cría sobre las piedras. (Lat. **lapis,** la piedra; neolat. *-icola,* habitante.)

lapilus (lapilus). Otolito o concreción del *utrículo,* q.v. V. *sagitta..* (Lat. *lapillus,* piedra.)

lapsus calami* (lapsus calami). En taxonomía, un error de escritura, especialmente si es ortográfico. (Cf.error y enmienda.) (Lat. **lapsus,** un desliz; **calami,** de la pluma; es decir, de la escritura.)

Lari. Una división de las aves, previamente considerada como un orden y ahora como una familia (**Laridae**) en el orden *Charadriiformes.* Son aves acuáticas zambullidoras de alas largas y buenas voladoras, con pies palmeados, pico comprimido y a menudo uncinado en el ápice. Comprende las gaviotas y las golondrinas de mar. (Lat. **larus,** gaviota.)

lardo* (lard). Grasa o unto de los animales. (Lat. **lardus,** grasa del cerdo.)

Lariformes. V. *lari.*

laring - (larry-) (Del gr. **larynx,** laringe.)

laringe* (larynx). Parte del tubo respiratorio anterior a la tráquea posterior y a faringe, donde se encuentran en los mamíferos las cuerdas vocales. (Gr. **larynx,** laringe.) *Adj.* ***laríngeo. ****

laringitis* (laryngitis). Inflamación de la laringe. (Gr. **larynx,** laringe; **-itis,** inflamación.)

laringofaringe (laringopharynx). Parte de la faringe entre el paladar y el esófago. (Gr. **larynx,** laringe; **pharynx,** faringe.)

laringoscopio* (laringoscope). Un aparato para examinar la laringe. (Gr. **larynx,** laringe; **skopeo,** ver.)

laringotraqueal (laringothracheal). Perteneciente a la laringe y a la tráquea. (Gr. **larynx,** laringe; **trachia,** tráquea.)

larmiero (larmier). *Saco lagrimal,* (Gr. **larme,** lágrima.)

larva* (larva). Cualquiera de las fases postembrionarias de un animal antes de la forma adulta. (Lat. **larva,** máscara.) *Adj.* ***larval*, larvado*.*** Ver los siguientes tipos de larvas, así como los que se citan por su nombre especial: *actinula, auricularia, braquilaria, bipinnaria, cirpis, dipleurula, glaucotoe, plánula, gloquidio, metazoea, misis, nauplio, pluteo, protapsis, protozoea, tornaria, trocófora, veliger, zoea,* etc. // ***l. acéfala,*** tipo larval de algunos dípteros, en donde los esbozos de la cabeza están invaginados en el tórax. // ***l. ápoda,*** característica de los insectos dípteros y de algunos coleópteros y lepidópteros. Está desprovistos de apéndices. // ***l. asticota,*** ver *larva acéfala.* // ***l. campodeiforme*** de algunos insectos, que solamente tienen apéndices torácicos y se asemejan frecuentemente a los insectos tisanuros. // ***l. cercaria,*** larva de los vermes trematodos dístomos, provista de una cola movible. // ***l. ciclopódica,*** larva de insectos, cuyo abdomen está indiviso o parcialmente segmentado y cuyos apéndices torácicos rudimentarios, como la de algunos himenópteros. // *l. cidípide*, característica de los tenóforos, a cuyas formas inferiores se parece. // *l. cistideana*, estado juvenil en los crinoideos. // *l. coarctada*, estado de reposo en el ciclo larval de los coleópteros de la familia *Meloidae*. // *l. cola de ratón*, propia de las moscas del género *Eristalis*, caracterizada por su forma cilíndrica y un largo apéndice caudal. // *l. criptonisciana*, típica de los crustáceos del orden *Isopoda*. // *l. de Desor*, uno de los tipos larvales de los nememertinos, parecida a la larva pilidio, que se desarrolla dentro del huevo. // *l. de Gotte*, que se observa en turbelarios y es parecida a la de Müller, pero con solo cuatro lóbulos ciliados. // *l. de Lovén*, característica de los anélidos marinos, llamada también *trocófora*. // *l. de Müller*, estado larval nadador de los turbelarios, provista de 8 glóbulos ectodérmicos ciliados y sin abertura anal. // *l. dolioforme*, larva en forma de tonel propia de los holoturioideos, que tiene forma ovoidea y numerosas bandas ciliares paralelas transversales. // *l. eruciforme* de ciertos insectos provista de apéndices abdominales con función respiratoria (en megalópteros) o locomotora (en lepidópteros). // *l. esquizópoda* de ciertos crustáceos, que se asemeja a los adultos del género *Mysis* por tener exopoditos y endopoditos en todas las apéndices torácicas. // *l. estrongiloide*, estado en el ciclo de algunos nematodos parásitos que posee faringe cilíndrica. // *l. eucéfala* que posee ojos y antenas y cuyas mandíbulas se mueven horizontalmente. // *l. filariforme*, forma larval de muchos nematodos, de cuerpo largo. // *l. fundadora*, de los insectos homópteros de la familia *Phylloxeridae*, que nace en la primavera y produce agallas en las vides. // *l. galícola*, larva de los insectos homópteros filoxéridos que descienden de las larvas fundadoras y originan agallas. // *l. hemicéfala*, tipo larval de algunos insectos dípteros, provista de ojos y antenas en donde las mandíbulas están remplazadas por garfios movibles verticalmente. // *l. hexacanta*, *oncosfera* o estado larval de los cestodos, provista de tres pares de ganchos y a veces revestida de una cutícula. En algunos casos es ciliada y se denomina *coracidio*. // *l. infusoriforme*, o estado del ciclo de algunos mesozoos, originada por los infusorígenos, que tienen forma rómbica, un somatodermo ciliado y algunas células internas. // *l. licófora*, estado en el ciclo de algunos vermes cestodarios provistos de una región anterior con cilios vibrátiles y cinco pares de garfios posteriores. // *l. melolontiforme*, larva de los insectos coleópteros escarabeidos, llamada también *gusano blanco*. Cuerpo desnudo y grueso, el abdomen arqueado, sin ojos ni antenas, patas reducidas y boca masticadora. // *l. olgopódica*, larva de insectos con poco apéndice. v. *larva campodeiforme*. // *l. polipódica*, v. *larva eruciforme*. // *l. protopódica*, v. *larva ciclopódica*. // *l. rabditoide, estado larval en algunos* nematodos parásitos que tiene faringe piriforme. // *l. radicícola*, larva de los insectos homópteros de la familia *Phylloxeridae* que vive en las raíces de las vides. Cualquier larva que se críe en las raíces de las plantas. // *l. sifonante*, la etapa de pólipo escifistoma durante el ciclo vital de *Aurelia*. // *l. tardigradiforme*, larva primaria en los linguatúlidos o pentastómidos provista de un aparato perforante anterior y dos pares de apéndices con garfios. // *l. trilobitiforme*, estado larval en los artrópodos xifosuros, que muestra semejante externa con los artrópodos fósiles de la clase *Trilobites*. // *l. trocófora*, larva en forma de peonza de los anélidos poliquetos, provista de cinturas ciliadas. // *l. velígera*, larva típica de los moluscos cuando la trocófora ya ha desarrollado el velo. // *l. zoea*, larva de los crustáceos podoftalmos, semejantes a la protozoea.

Larvacea. Grupo de tunicados pelágicos en los que la forma adulta se asemeja a los estados larvales. Para algunos es un caso de *neotenia*. =Appendicularia.

larvícola (**larvicolous**). Que vive en el cuerpo de las larvas. (De **larva**; + neolat, **-icola**, habitante.)

larvicida (**larvicide**). Agente destructivo para las larvas. (De **"larva"** + lat. **occido**, matar.)

larvina (**larvina**). Una larva de insecto, especialmente de los dípteros. (De **larva**.)

larvíparo (**larviparous**). Que produce una progenie en estado larval. (De **larva**, + lat. **parere**, producir.)

larvívoro (**larvivorous**). Que se alimenta de larvas. (De **larva**; + lat. **vorare**, devorar.)

lárvula (**larvula**). Larva pequeña. (Lat. **larvilla**.)

lasión* (**lasion**). Una colección de organismos aglomerados en un substrato, pero mutuamente independientes.

lasípodo* Que tiene pies velludos. (Gr. **lasios**, velludo; lat. **pes**, pie.)

lataz (**sea otter**). Nutria marina del Pacífico norteamericano, de pelaje muy fino (**Enhydra lutrio**)

latebra* (**latebra**). Escondrijo. // Masa bulbosa de vitelo blanco en el centro de la yema de los huevos de las aves. (Lat. **latebra**, un escondite.) *Adj.* ***latebroso*, latebrícola.***

latebrícola (**latebricole**). Que vive en huecos. (Lat. **latebra**, escondrijo; **colere**, habitar.)

latencia (**latency**). Período de incubación de un microbio. // Período latente en un fenómeno. (Lat. **latens**, escondido.)

latente* (**latent**). Estado de vida durmiente o de desarrollo suspendido, pero capaz de reanudar la vida activa. (Lat. **latens**, escondido.)

later- (**later-**). (Del lat. **latus**, **lateris**, lado o costado.)

laterad (**laterad**). *Lateralizado*. Que está en dirección hacia el aspecto lateral de un órgano o del cuerpo entero. (Lat. **latus**, lado; **ad**, hacia.)

lateral* (**lateral**). Situado al lado de una estructura o de un eje de simetría. (Lat. **lateralis**.)

laterales (**lateralia**). Se aplica a placas laterales en los cirípedos. (Lat. **latus**, lado.)

lateralis (**lateralis**). Se aplica a una rama del quinto nervio craneal de los peces, que inverva la *línea lateral*.

laterígrado (**laterigrade**). Que camina lateralmente, como los cangrejos. (Lat. **later**, lado; **gradior**, caminar.)

laterocraneal (**laterocranium**). El lado de la cabeza en los insectos, que comprende las genas y postgenas. (Lat. **latus**, lado; **cranium**, cráneo.)

laterosensorial (**laterosensory**). Se aplica al sistema lateral o línea lateral en los peces. (Lat. **latus**, lado; **sensus**, sentido.)

laterosfenoides (**laterosphenoid**). Un par de huesos de cartílago situados de cada lado del cráneo, entre el borde de los huesos *frontal* y *proótico*. (Lat. **latus**, lado;+**esfenoides.**)

laterotergito (**laterotergite**). Pequeño esclerito situado junto al tergo de los segmentos abdominales de algunos crustáceos e insectos. (Lat. **latus**, lado; **tergum**, espalda.)

lati- (**lati**). (Del lat. **latus**, ancho.)

latido* (**beat**). Pulsación del corazón.

Latigastra. Una subclase de arácnidos que tienen el mesosoma ampliamente unido al prosoma, como los opiliones, los escorpiones, los ácaros y los seudoescorpiones. (Lat. **late**, anchamente; gr. **gaster**, vientre.)

latimeria. Pez marino celacanto descubierto al sudeste de Africa en 1938, que constituye una reliquia o representante viviente de los peces crosopterigios, que se creían exintos hace 70 millones de años. (Dedicado a su descubridor, el profesor **Latimer.**)

latinizar* (**latinize**). En la nomenclatura zoológica, dar forma latina a las palabras de otro lenguaje. Ej. la palabra griega *hippopotamos* se latiniza en *hippopotamus*.

latiplantar (**latiplantar**). Que tiene redondeada la superficie posterior de los tarsos. (Lat. **latus**, ancho; **planta**, la suela del pie.)

latissimus (**latissimus**). Nombre de varios músculos anchos como el *lattisimus dorsi*. (Lat. **latissimus**, muy ancho.) // *l. dorsal*, un músculo apendicular dorsal ancho cuya contracción mueve el brazo.

latirrostro (**latirostral**). Que tiene un pico ancho. (Lat. **latus**, ancho; **rostrum**, pico.)

laucha* (**mouse**). Argent. y Chile: *ratón*.

laúd* (**leatherback**). Nombre aplicado a la mayor de las

tortugas marinas, *Dermochelys coriacea*, por su parecido al instrumento musical de dicho nombre. V. *Tinglado.*

laura **(turkey buzzard).** Puerto Rico: el *aur tiñosa,* ave. **(Cathartes).**

Laurasia. Continente que se supone existió al norte del Mar de Tethys, comprendiendo la Laurentia y la Angaria.

Laurentia. Otro nombre para el área paleogeográfica del período Carbonífero, llamada *Continente Noratlántico*, que abarcaba la actual América del Norte y noroeste de Europa.

lavanco*. España: *pato bravío.* (Dicc.)

lavandera* **(wagtail).** Nombre aplicado a varias avecillas europeas del orden *Passeriformes*, familia *Motacillidae*, de cuerpo frágil y cola larga que agitan mucho **(Motacilla alba).**

lavapiés. Ave marina de la familia *Hydrobatidae*, orden *Procelariiformes* **(Oceanodroma leucorhoa).**

Laverania. Nombre genérico empleado para designar hemosporidios causante del paludismo. Se estima que es un sinónimo de *Plasmodium.* (Dedicado al parasitólogo francés *Laverán*, estudioso del ciclo del **Plasmodium.**)

Lavoisier, Antoine Laurent. Químico francés descubridor del ázoe o nitrógeno. Fórmulo en 1780 la Ley de la Conservación de la Materia. Estableció la analogía entre combustión y respiración y suministró la clave para comprender las bases químicas de la respiración por análisis cuantitativos. (1743-1794)

Lawrence, Ernest Orlando. Físico norteamericano, inventor del ciclotrón en 1930, que ha permitido fabricar radioisótopos artificiales empleados en investigaciones de fisiología y bioquímica. (1901-1958)

laxo **(lax).** Desprendido, flojo, suelto. // *Laya de mar* o *trepang,* q.v.

Leakey, Louis, S.B. Antropólogo inglés, descubridor de varios primates subhumanos en el Africa Oriental **(Proconsul y Kenyapithecus)**, así como del subhumano *Zinjanthropus.*

lebanco **(bald pate).** Cuba: especie de pato norteamericano migratorio de color grisáceo y cabeza blanca **(Mareca americana).**

leberidocito **(liberidocyte).** Célula con glucógeno, que se forma de los leucocitos, hallada en la sangre de los arácnidos. (Gr. **leberis**, exuvia; **kytos**, célula.)

lebisa **(sting ray).** *Sabina.* Pez marino selacio de cuerpo redondeado y cola larga provista de una gran espina basal. Orden *Squaliformes*, familia *Trygonidae* **(Himantara schmardae).**

lebranche, lebrancho **(fantail mullet).** *Liza*, lisa, pez marino catádromo. Orden *Mugiliformes.* familia *Mugilidae* **(Mugil liza).**

lebrato***(young hare).** Liebre nueva.

lebratón*. Lebrato grande.

lebrel* **(whippet).** Raza de perros adiestrada para cazar liebres. Es un galicismo para designar el galgo.

lebrón* **(large hare).** Una liebre grande.

lebruno* Relativo a la liebre.

Lecanicefaloidea. Un orden de platelmintos cestodos, caracterizados por la presencia de cuatro acetábulos, que viven en el intestino de peces selácios. (Gr. **lekane**, platillo; **kephale**, cabeza; **oides**, simular.)

lecitina **(lecithin).** Un fosfolípido que se encuentra principalmente en la yema de la mayoría de los huevos. (Gr. **lekithos**, yema de huevo.)

lecito- **(lecith-).** (Del gr. **lekithos**, yema de huevo.)

lecito. Vitelo nutritivo o yema de huevo.

lecitoblasto **(lecitoblast).** Blastómero de un huevo segmentado que contiene yema. (Gr. **lekitos**, yema; **blastos**, formación.)

lecitocelo **(lecithocoel).** Cavidad interna del trofoblasto de los mamíferos en la cual se encuentra el botón embrionario. (Gr. **lekithos**, yema de huevo; **koylos**, huevo.)

lecitoproteína **(lecithoprotein).** Compuestos formados por proteínas y lecitinas.

lecriodonte Que tiene los dientes terigoideos y vomerinos formando hileras transversales. // Anfibio urodelo de la familia *Ambystomidae.* (Gr. **lechrios**, atravesado; **odous**, diente.)

lectoalotipo **(lectoallotype).** En taxonomía, un ejemplar del sexo opuesto al de un lectotipo, escogido subsecuentemente a la descripción original entre los ejemplares originales. (Gr. **lektos**, escogido; **allos**, otro; **typos**, patrón.)

lectoholotipo **(lectoparatype).** Sintipo que ha sido escogido subsecuentmente como paratipo. (Lat. **lecto**, escoger;+ **paratipo.**)

lectotipo **(lectotype).** Un sintipo que ha sido seleccionado subsequentemente a la publicación de la descripción original y designado en una publicación para servir como el *tipo* u *holotipo.* (Gr. **lektos**, seleccionado;+ **tipo.**)

lecha* **(milt).** *Líquido seminal de los peces.* // *Las gónadas* masculinas en los peces. (De **leche.**)

lechal* **(sucking).** Dícese del animal que aun mama. (De **leche.**)

lechazo* **(sucking lamb).** Cordero lechal. (De **leche.**)

leche* **(milk).** La acepción usual. // *l. de brujas.* Secreción de las mamas que a veces se produce en los recién nacidos. // *l. de paloma*, substancia nutritiva vertida en el buche de las palomas y que se producen en ciertas áreas del mismo, denominadas *glándulas del buche.* // *l. uterina*, substancia secretada por glándulas uterinas que nutren el embrión durante la primera fase de su desarrollo, después de la implantación hasta que comienza a alimentarse por la placenta.

lechecillas* **(sweatbread).** Tipo de cabrito, cordero, ternera, etc. // Entrañas del animal. (Dim. de **leche.**)

lechigada* **(litter).** Camada o cría de un mismo parto. (De **lechiga**, cama.)

lechiguana* Argent. y Bolivia: especie de avispa melera **(Nectarina mellifica).**

lecho de la uña. Tejido de la parte superior de la extremidad de los dedos, en donde está adherida la uña.

lechón* **(sucking pig).** Cochinillo que todavía mama. (De **leche.**)

lechuza* **(barn owl).** Ave nocturna estrigiforme, de amplia distribución universal **(Tyto alba).** // P. Rico: el gavilán llamado *guaraguao.*

lechwe **(lechwa).** Nombre de varias especies de antílopes de las zonas pantanosas de Okaranygo, Angola **(Hydrotragus lechwe).**

Leeuwenhoek, Anton van. Pañero y fabricante de lentes holandés, descubridor de los microorganismos: protozoos, bacterias, espermatozoos, etc. (1632-1723)

leg. Abreviatura de la voz latina *legere*, recoger, colectar, que se escribe en los rótulos de museos antes o después del nombre de quien recogió los ejemplares.

légamo **(ooze).** Depósito fangoso submarino. // (De celt. **légamo.**) // *l. de diatomeas*, fango submarino formado principalmente por esas algas. // *l. de foraminíferos*, fango submarino formado por conchas del orden. // *l. de radiolarios*, fango o submarino formado por conchas de ese grupo de protozoos.

legionaria* **(army ant).** Se aplica a varias especies de hormigas carnívoras nómadas neotropicales del género *Eciton.* Viven en nidos temporarios formados entrelazándose unas con otras.

leio- **(leio-).** (Del gr. **leios**, liso.)

Leishman, Sir William. Médico inglés. (1865-1926) V. *leischmaniasis.*

leishmaniasis* **(leishmaniasis).** Enfermedad producida por protozoos párasitos del género *Leishmania.*

lejabin (leather jack). Méx.: pez marino osteicito del orden *Perciformes*, familia *Carangidae* (Oligoplites saurinus). V. *zapatero*.

lek (lek). Territorio donde acuden ciertos animales para realizar el cortejo y la cópula. (Del sueco, juego.)

-lema (lemma). (Del griego, lemma, cubierta, vaina, cáscara, hollejo.)

lemmingo (lemming). Nombre aplicado a un grupo de roedores de la familia *Muridae* que viven en Europa y Asia septentrionales que realizan emigraciones masivas periódicas hacia el mar, algunas con resultados suicidas. (Voz noruega.)

lemnisco (lemniscus). Cada una de las dos estructuras en forma de clava situadas en la base de la trompa de los vermes acantocéfalos, que han sido interpretadas como receptáculos para el líquido de la cavidad de la trompa. *Fascículo*, y *haz* de fibras blancas en la superficie externa de los pedúnculos cerebrales. // *Disco intervertebral*. (Lat. lemniscos, banda.)

lemnoblasto (lemnoblast). *Lemnocito primitivo*.

lemnocito (lemnocyte). Una célula que se desarrolla y transforma en *neurilemna*. (Gr. lemma, corteza, vaina; kytos, célula.)

lémur* (lemur). Nombre genérico de los primates prosimios llamados comúnmente *makies*. (Lat. lemures fantasma.) // ***l. volador***, nombre vulgar aplicado a los representantes del género *Cynocephalus*, mamífero del orden *Dermoptera*. V. *Colugo*.

Lemuria. Continente hipotético que debió ocupar el actual Océano Indico lo que permitiría explicar las relaciones entre las faunas de Madagascar, la India y el Archipiélago Indomalayo. (Alude a la presencia de los lémures vivientes en dichas áreas.)

Lemuriformes. Infraorden del orden *Primates*. V. *prosimio* y *lemuroideo*. Tienen las órbitas oculares laterales y el segundo dedo posterior con garra. Comprende solamente los lémures de Madagascar.

Lemuroidea. Primates arbóreos, llamados también *prosimios*, que viven en Africa, Madagascar y Asia meridional. Tienen dentadura similar a la de los insectívoros, órbitas incompletamente cerradas y los ojos grandes, y el segundo dedo del pie siempre tiene forma de garra. (Lat. lemures, fantasma.)

lengua* (tongue) En los vertebrados, un órgano bucal móvil, usualmente carnoso, protráctil y alargado, que interviene en la gustación, la deglución y la fonación. // Por extensión, otros órganos bucales en los invertebrados, situados en la base de la boca, que interviene en la prensión y trituración de los alimentos. (Lat. lingua.) *Adj.* ***lingual****.

lenguado* (flounder). Nombre común de varias especies de peces marinos comestibles del orden *Pleuronectiformes*, de cuerpo deprimido, con los ojos situados, en el mismo lado del cuerpo. En las Antillas: *Bothus lunatus*. (De provincial: lenguatge; del lat. linguaticum, de lengua.)

lengüeta (small tongue). Lengua pequeña. // *Epiglotis*. // Cualquier estructura similar a una lengua pequeña, como la situada en la faringe de algunos tunicados. (Galicismo por lengüita, del fr. languette, lengua pequeña.)

lenítico (lenitic). Perteneciente o relativo a los lagos. (Gr. lenos, lago.)

lente* (lens). Estructura de forma lenticular o biconvexa, como el cristalino de los ojos. (Lat. lens, lentis, lenteja.) // *Adj.* ***lenticulado****, ***lenticular.**** // ***l. cristalino***, cuerpo transparente situado inmediatamente detrás del iris, que concentra los rayos de luz en la retina.

léntico (lentic). Síncopa de *lenítico*, q.v.

lenticular* (lenticular) La punta del yunque articulada con el estribo, que a menudo osifica y forma un hueso independiente. (Lat. lens, lenteja.)

lentiginoso (lentiginose). Estructura con manchitas pequeñas, como en ciertas conchas de los moluscos gasterópodos. (Lat. lentigo, lunar, peca.)

lentigo* (lentigo). Una clase de lunar o peca, a veces maligna. (Lat. lentigo.) *Adj.* ***lentiginoso.****

letanero. Argent.: el pájaro *carpintero*.

león* (lion). Mamífero del orden de los *Carnívoros*, de gran tamaño, color *sui generis*, que vive en las praderas africanas y en una reducida extensión de Gir. India. En época prehistórica se encontraba también en el sureste de Europa (Felis (Panthera, Leo)). // ***l. americano***, v. *puma*. // ***l. marino***, se aplica a varias especies de focas de la familia *Otariidae* (Zaliphus californianus). // ***l. miquero***, felino americano, más conocido por *eirá*.

leoncito (lion marmoset). Mono americano muy pequeño de la familia *Callithricidae* que tiene melena dorada (Leontocebus rosalia).

leónica*. Se dice de la vena *ranina*, situada en la base de la lengua.

leopardo* (leopard). Mamífero carnicero, del Africa y la región Oriental en donde se le llama *pantera*. Es de gran tamaño y de coloración rojiza con manchas negras. (Felis (Panthera) pardus). // ***l. de caza***, v *guepardo* y *chita*. // ***l. marino***, gran foca de los mares Antárticos cuyo pelage está manchado pardo. Familia *Phocidae* (Hydrurga, sp.).

leotrópico (laeotropic). Inclinado, encorvado o en espiral de derecha a izquierda. (Gr. laios, izquierda; tropikos, movimiento.)

Lepadomorpha. Suborden de crustáceos cirrípedos de orden *Thoracica* provisto de un pedúnculo, como los *percebes*.

lepídico. Perteneciente a las escamas o hecho de escamas. (Gr. lepis, escama.)

lepido- (lepido-). (Del gr. lepis, lepidos, una escama, envoltura.)

Lepidocentroida. Un orden de equinoideos regulares abisales de concha flexible, compuesta de placas separadas, las ambulacrales cruzan el peristoma hasta el borde de la boca. (Gr lepidos, escama; kentron, centro.)

lepidomorio (lepidomorium). Escama pequeña con base ósea y corona cónica de dentina, a veces cubierta con esmalte, hallada en ciertos peces condrictios. (Gr. lepis, escama; morion, una pieza o parte.)

Lepidoptera. Orden de insectos provistos de cuatro alas cubiertas de escamas, boca chupadora con espiritrompa y metamorfosis completa u holometabólica. Las larvas tienen generalmente forma de oruga y la pupa a veces es de tipo crisálida. (Gr. lepis, escamas; pteron, ala.)

lepidóptero* (butterfly). *Mariposa*. En plural, el orden *Lepidoptera*.

Lepidosauria. Infraclase de los reptiles que incluye los órdenes *Squamata*, *Rhynchocephalia* y el extinto *Eusuchia*. (Gr. lepidos, escama; sauros, lagarto, reptil.)

lepidosirena* (lepidosiren). El *loalach*, pez pulmonado del orden *Lepidosireniformes* del Río Amazonas (Lepidosiren). (Gr. lepidos, escama; lat. sirena, ninfa.)

Lepidosireniformes. Un orden de peces óseos dípnoos anguiliformes, de aletas pares reducidas y pulmón bilobulado, con especies en Sudamérica y en Africa. (Gr. lepidos, escama; lat. siren, ninfa marina.)

lepidosis (lepidosis). La disposición de las escamas en los animales. // Erupción escamosa. (Gr. lepis, escama.)

Lepidostei. V. *Lepidosteiformes* y *Semionitiformes*.

Lepidosteiformes. Nombre también aplicado a los peces óseos *Semionitiformes*. (Gr. lepis, escama; osteos, hueso; lat. forma.)

lepidosteoide (lepidosteoid). Se dice de la escama ganoidea desprovista de cosmina. (Gr. lepis, escama; osteon, huevo; eidos, forma.)

lepidota (garpike). Pez con escamas ganoideas. V. *manjuarí*. (Gr. lepidotas, escamudo.)

lepidótricos (lepidotricha). Los radios de las aletas impares en los peces óseos. V. *ceratotricos*. (Gr lepis, escama; thrix, pelo.)

lepisma* **(silver fish).** Insecto del orden de los *Tisanuros* desprovistos de alas, cuyo cuerpo está cubierto de escamas de color plateado. Roe papeles, cueros, azúcar (**Lepisma saccharina**). (Gr. **lepisma**, escama.)

lepóride. El híbrido de conejo y liebre. (Lat. **lepus** liebre; **oides** forma.)

leporino* **(leporine)** De forma de liebre o relacionado con las liebres. V. *labio leporino.* (Lat. **lepus**, liebre.)

lepospóndilo (lepospondilous). Que tiene vértebras anficélicas. // Un miembro del taxón *Lepospondyli.* (Gr. **lepis**, envoltura; **spondylos**, vértebra.)

Lepospondyli. Subclase que reúne los anfibios cuyas vértebras tienen los centros formados por osificación directa alrededor del notocordio, sin haber sido precedidos de cartílago. Comprende varios fósiles así como los urodelos y ápodos actuales.

lepotriquia (lepothrix). Condición de tener pelos escamosos en algunos lugares. // Una condición anormal en el hombre. (Gr. **lepos**, hollejo; **spondylos** vértebra.)

lepto- (lepto-). (Del gr. **leptos**, delgado, fino, pequeño, débil.) // (Del griego, **leptes**, uno que acepta o que da.) // (Del neolat. **leptus**, sólido; firme.)

lepto (leptus). Una forma larval en los ácaros provista de tres pares de patas. (Gr. **leptos**, pequeño.)

Leptocardia. Nombre que también se le aplica a los cefalocordados por la presencia de largos vasos contráctiles. V. *Cephalochordata.* (Gr. **leptos**, pequeno, alargado; **kardia**, corazón.)

leptocardio. Perteneciente al subfílum *Leptocardia.*.

leptocéfalo (leptocephalous). Que tiene cabeza alargada. // Se aplica a la larva de la anguila. (Gr. **leptos**, alargado; **kephale**, cabeza.)

leptocefalia. V. *dolicocefalia.*

leptocerco (leptocercal). Que tiene una cola alargada. (Gr. **leptos**, alargado; **kerkos**, cola.)

leptodáctilo (leptodactylous). Que tiene los dedos largos, como los de anfibios anuros de la familia *Leptodactylidae.*

leptodermo (leptodermatous). Que tiene piel delgada. (Gr. **leptos**, delgado; **derma**, piel.)

Leptomedusae. Suborden de celenterados hidroideos provistos de hidrotecas y con los gonóforos situados en gonotecas. Las gónadas están en los canales radiales de las medusas. Ej. *Obelia.* (Gr. **leptos**, delgado;+ **medusa.**)

leptomeninge (leptomeninges). Las membranas pio-aracnoides. (Gr. **leptos**, delgado; **meninx**, membrana.)

leptomónada (leptomonad). Un estado en el desarrollo del flagelado parásito *Leishmania*, que tiene un flagelo situado en uno de los extremos. (Gr. **leptos**, alargado;+ **monada.**)

leptonema (leptonema). Hilo de cromonema en el estado leptoteno. (Gr. **leptos**, alargado; **nema**, hilo.)

leptopelio (leptopel). Conjunto de partículas orgánicas finamente divididas y suspendidas en un depósito natural de agua. (Gr. **leptos**, delgado.)

leptorrino* **(leptorhine).** De nariz alargada, con un índice nasal por debajo de 48. (Gr. **leptos**, alargado; **rhino**, nariz.)

leptosómico (leptosoma). Que tiene el cuerpo alto y delgado. (Gr. **leptos**, alargado; **soma**, cuerpo.)

Leptostraca. Un orden de crustáceos malacostráceos filocáridos de rostro móvil y caparazón bivalvo que recubre los segmentos torácicos. (Gr. **leptos**, alargado; **ostrakon**, concha.)

leptoteno (leptotene). Estado durante la primera división de maduración de las células sexuales, en donde se hacen visibles los cromosomas. (Gr. **leptos**, delgado.)

leptotriquia (leptotrichy). Delgadez o finura del pelo. (Gr. **leptos**, delgado; **thirx**, cabello.)

Lernaeopodoida. Orden de crustáceos copépodos de segmentación reducida, parásitos en peces, a los cuales se adhieren por las segundas maxilas. (Gr. **lerna**, pantano habitado por la Hydra; **podos**, pie; **oides**, similar.)

lestrobiosis. Se aplica al pillaje entre las hormigas. (Gr. **lestris**, pirático; **biosis**, forma de vida.)

letal* **(lethal).** Que ocasiona la muerte. // Fatal o mortífero. // Factor hereditario que hace no viable el embrión. (Lat. **letum**, la muerte.)

letargo* **(lethargy).** Topor invernal. Forma especial de hibernación que se aplica solamente a los mamíferos y designa una suspensión de la facultad de termorregulación, con transferencia de la homotermia a la heterotermia, tal como sucede en los osos, las marmotas, los lirones, etc. (Lat. **lethargus.**) *Adj.* ***letárgico.*** *

leuceína (leuceina). Un aminoácido. V. *leucina.*

leucemia* **(leukemia).** Enfermedad debida a un aumento excesivo del número de leucocitos en la sangre humana, de característica cancerosa. (De **leucocito** y gr. **haima**, sangre.)

leucina (leucine). Uno de los aminoácidos, que se encuentra en el jugo pancreático y en varios tejidos animales y algunas plantas.

leucisco (roach). Pez europeo de aguas dulces (**Leuciscus vulgaris**).

leucismo (leucism). Condición de tener un pelaje o plumaje blanco, pero con la piel y los ojos del color normal. (Gr. **leukos**, blanco.)

leucita (leucite). Un término empleado para designar los órganulos incoloros y las inclusiones celulares. (Gr. **leukos**, blanco.)

Leuckart, Rudolph. Médico alemán, fundador de la parasitología. Junto con A. P. Thomas, demostró en 1883, el ciclo evolutivo de la duela del hígado o *Fasciola hepática.* (1822-1898)

leuco- (leuco-). (Del gr. **leukos**, brillante, claro, transparente, límpido; blanco, con el que se indica preferentemente la falta de color.)

leucoblasto (leucoblast). Célula que origina los *leucocitos.* (Gr. **leukos**, blanco; **blastos**, brote.)

Leucocettida. Un orden de esponjas calcáreas con estructura leuconoide y membrana dérmica. (Del tipo **leuconoide.**)

leucocito* **(leucocyte).** Glóbulo o corpúsculo blanco de la sangre. (Gr. **leukos**, blanco; **kytos**; célula.)

leucocitogénesis (leucocytogenesis). Formación de leucocitos. (De **leucocito**;+gr. **genesis**, origen.)

leucocitólisis (leukocytolysis). La destrucción de leucocitos en la sangre. (De **leucocito**;+ **gr. lysis**, destrucción.)

leucocitopenia (leucocytopenia). V. *leucopenia*

leucocitosis* **(leucocytosis).** Un incremento en el número de leucocitos en la sangre. (De **leucocito**; **y-osis**, condición.)

leucocituria (leucocyturia). Presencia de leucocitos en la orina. (De **leucocito**;+ **gr.** ouros, orina.)

leucóforo. V. *iridocito.*

leuconoide (leuconoid). El más complejo de los tres tipos o grados de las esponjas. El agua penetra por canales inhalantes hasta las cámaras flageladas, de las que pasa por canales escurrentes a la cavidad *paragástrica* o *espongiocelo.* (Gr. **leucon**, blanco.)

leucón (leucon). Aunque esta grafía es incorrecta por *leuconoide*, se ha generalizado su empleo.

leucopsina (leucposin). El blanco visual, formando en la retina por la acción de la luz sobre la púrpura visual. (Gr. **cocitos** y **gr. penia**, pobreza.)

leucoplasto (leukoplastid). =*Leucoplastidio.* Plastidio blanco o incoloro, sin pigmentos, en donde se acumulan hidratos de carbono insolubles, típico de las plantas y de algunos protistos. (Gr. **leukos**, claro, límpido, blanco; **plastes**, modelador.)

leucopoyesis (leucopoiesis). La formación de glóbulos blancos o leucocitos. (Gr. **leukos**, blanco; **poiesis**, una producción.)

leucopsina (leucopsin). El blanco visual, formado en la retina por la acción de la luz sobre la púrpura visual. (Gr. **leucos**, blanco; **opsis**, vista.)

leucopterina (leucopterin). Un pigmento blanco de las alas de algunos insectos lepidópteros. (Gr. **leukos**, blanco; **pteron**, ala.)

leucosina (leucosin). Un carbohidrato polisacárido que se acumula en ciertos protozoos y que no muestra las reacciones químicas del almidón. (Gr. **leukos**, blanco, transparente.)

leucotriquia (leucothrichia). Emblanquecimiento del pelo. (Gr. **leukos**, blanco; **thrix**, pelo.)

Levan, A. Colaborador de J.H. Fijó en la determinación del número de cromosomas en las células humanas, (46 en vez de 48, número previamente aceptado).

levator* (levator). *Elevador.* V. *músculo elevador.* (Lat. **levare**, levantar.)

levigado (levigate). Que tiene la superficie lisa. (Lat. **levigatus.**)

levigar* (to levigate). Lavar, alisar. (Lat. **levigare**, alisar.)

levirrostro* (levirostral). Dícese de las aves trepadoras cuyo pico es de gran tamaño y poco peso. (Lat. **laevus**, liso.)

levisa. V. *lebisa.*

levo- (levo-). (Del lat. **laevus**, izquierdo.)

levulosa (levulose). Otro nombre para la fructosa. (Neol. lat. de **laevus**, izquierdo.)

Lewis, E.R. Geneticista que estableció en 1951 el concepto de los *seudoalelos.*

ley* (law). Condición necesaria que se deriva de la naturaleza de las cosas. // En el método científico lógico, una teoría cuya aplicación se extiende a casos no previstos y tiene un carácter de universalidad. // Muchas de las llamadas "leyes" en biología son generalizaciones que, por el gran número de sus excepciones, son simples "reglas", como las llamadas leyes de Mendel. V. *regla.* // ***l. biogenética***, propuesta por E. Haeckel: La ontogenia recapitula la filogenia de los animales, v. *teoría de la recapitulación.* // ***l. de Allen***, paralelismo entre los gradientes ambientales y el tamaño de los apéndices. Ej. orejas largas en mamíferos de países cálidos y cortas en las zonas frías. // ***l. de Bergmann***, paralelismo entre gradientes ambientales y el tamaño de los vertebrados homotérmicos. // ***l. de Dzierzon***, el sexo de algunos insectos himenópteros y homópteros, el de los rotíferos, etc., depende de que el óvulo sea fecundado (produce sexos femeninos) o no (origina individuos masculinos). // ***l. de Fechner***, generalización dudosa que establece que la sensación aumenta como el logaritmo de la intensidad del estímulo. // ***l. Galtón***, relativa a la herencia, v. *ley de la regresión filial* y *ley de la herencia ancestral.* // ***l. de Gause***, que establece que dos especies de iguales requerimientos ecológicos no viven en el mismo hábitat. // ***l. de Gloger***, un ambiente frío y seco tiende a producir variedades de pelo o de plumas más pálidas que las de otros ambientes. // ***l. de Krogh:*** el ritmo de los procesos biológicos está directamente correlacionado con la temperatura. // ***l. de Knight-Darwin***, que postula: la naturaleza aborrece la autofecundación. // ***l. de la desarmonía:*** el logaritmo de la longitud de un órgano en un animal es proporcional al logaritmo de la dimensión de todo el animal. // ***l. de la dominancia***, o primera de las llamadas "leyes" de Mendel: los caracteres dependen de pares de factores: uno dominante que prevalece y se manifiesta en los híbridos de la primera generación y otro, llamado *recesivo*, que permanece latente y no se expresa en la primera generación. // ***l. de la homonimia***, en taxonomía, todo nombre que es un homónimo más reciente de un nombre utilizable debe ser rechazado y remplazado: Artículo 53 del *Código Internacional de la Nomenclatura Zoológica.* // ***l. de la herencia ancestral***, que se expone como sigue: los individuos no sólo heredan caracteres de sus padres, sino de todos los ascendientes, en medida decreciente para las generaciones más lejanas, es decir: 1/2 de los padres; 1/4 de los abuelos; 1/8 de los bisabuelos, etc. // ***l. de prioridad***, el artículo 23 del *Código de la Nomenclatura Zoológica* dice: "el nombre válido de un taxón es el nombre más antiguo utilizable que le ha sido aplicado, siempre que el nombre en cuestión no sea invalidado por una disposición del presente Código o no haya sido suprimido por la Comisión Internacional de la Nomenclatura Zoológica". // ***l. de la regresión filial***, principio postulado por Galton: los hijos de los progenitores cuyo carácter se aparta de la *moda* de la curva Galton, tienden a volver a tener carácter modal. // ***l. de la segregación***, v. *ley de la disyunción.* // *l. de la uniformidad de los híbridos*, otra manera de enunciar la primera ley de Mendel, debido a que por la dominancia de un carácter se manifiesta con exclusión total o parcial el carácter opuesto. // ***l. del desarrollo embrionario***, generalización establecida por Von Baer: 1. los caracteres aparecen de los más generales a los menos generales, 2. el animal durante su desarrollo se aparta progresivamente de las formas de otros animales, 3. los estados iniciales en el desarrollo animal son como los estados iniciales de otro animal, no como los adultos de estos animales. // ***l. del mínimo o de Liebig***, la vida de los organismos está condicionada por el factor ambiental que más se acerque al límite mínimo de tolerancia. // ***l. de los capilares***, el volumen de los fluidos que salen de los capilares atravesando sus paredes, es equilibrado por el de los fluidos que penetran en esos vasos. // ***l. del todo o nada:*** en los tejidos irritables, músculos y nervios la respuesta a un estímulo ocurre en su máximo si el estímulo llega al umbral, o no ocurre en los absoluto si está bajo este. // ***l. de Mendel***, reglas establecidas por Mendel para explicar cómo se transmiten y se distribuyen los caracteres en dos descendientes, reglas que tienen muchas excepciones, pero han sido la base de los estudios genéticos. V. *ley de la uniformidad de los híbridos, ley de la dominancia* y *ley de la disyunción o segreción.* // ***l. de Müller:*** los esqueletos silíceos y de sulfatos de stroncio de los radiolarios están formados por agujas diversamente orientadas. // Los impulsos en los diferentes nervios son iguales, excepto por variaciones menores. // ***l. de Murphy***, el pico de las aves que viven en las islas es mayor que el de las mismas especies que habitan los continentes. // ***Ley de Nysten:*** el rigor mortis afecta primero los músculos de la masticación, luego los de la cara y cuello, después los del tronco y los brazos y, por último, los de las piernas y pies. // ***l. de Rensch:*** en los climas fríos, las razas de aves tienen medidas mayores y los mamíferos mayor número de hijos que las de los climas cálidos. // ***l. de Savigny:*** en los artrópodos, a cada somito (metámero o segmento) le acompaña un par de apéndices. // ***l. de Weber-Fechner;*** para que una sensación aumente en proporción aritmética, el estímulo debe aumentar en progresión geométrica. // ***l. de Woff***, los cambios en la forma y función de los huesos son asistidos por cambios definidos en su estructura interna. // ***l. geográfica:*** generalizaciones que ponen de manifiesto el paralelismo entre factores ambientales, tales como temperatura y humedad, y caracteres afectados, originando gradientes o series denominados clines por J. Huxley. ***l. de Dyar;*** que expresa que el incremento en el ancho de la cápsula cefálica de las orugas de mariposas corresponde a una progresión geométrica entre 1.1 a 1.9. // ***l. de von-Baer:*** el desarrollo de los organismos procede de lo general a lo especial.

Leydi, Joseph. Anatomista y naturalista norteamericano. Demostró la presencia de trichina en el cerdo y de la uncinaria en el gato. (1823-1891).

Leyding, Franz von. Anatomista alemán. V. *conductos de Leyding; célula de Leyding; cilindros de Leyding.* (1821-1908)

LH. Siglas de la *hormona luteinizante.*

lía* (heces). *Heces.*

Lias, Liásico (Liassic.) El estrato inferior más importante del Jurásico europeo. Contiene fósiles marinos y estuarinos. (Fr. ant. **liosis**, una clase de caliza.)

Libby, Willard F. Científico norteamericano, quien desarrolló en 1949 la técnica para la determinación de la edad de los fósiles empleando el radiocarbono C14. (1908-)

libélula* (dragon fly). Insecto del orden *Odonata.* (Lat. **libellulus**, librillo, por la disposición de las alas de algunas especies.)

Libelluloidea. Es una clasificación de los insectos, una agrupación que incluye el orden *Odonata.*

librea nupcial (nuptial habitus). Los caracteres sexuales secundarios transitorios que aparecen en machos o hembras de ciertos animales en la época de la reproducción. También se llama *hábito nupcial.*

librillo*. V. *libro.*

libro* (many plies). El tercer estómago en los rumiantes (falta en los camellos), que es una pequeña cámara provista con pliegues longitudinales en sus paredes. A esta parte llega el alimento después de rumiado y luego pasa al cuajar. // Estructura formada por varias láminas. (Lat. **liber**, libro.) // *l.* ***branquial,*** una branquia de los límulos compuesta de laminillas juxtapuestas como las hojas de un libro. // *l.* ***pulmonar,*** órgano de respiración en los arácnidos, formado por laminillas situadas en una bolsa abierta al exterior por un poro.

libuza (sting ray). Puerto Rico y Rep. Dominic.: variante de *lebiza, pez selacio parecido a la raya.* Orden *Rajiformes,* familia *Trygonidae* (**Himantura schmardae**).

licaón (hunting dog). Especie de perro salvaje africano de color negro con manchas blancas (**Lycaon pictus**).

licosa (lycosa). Nombre de un grupo de arañas no tejedoras a las cuales se les acusa de producir por su picada convulsiones nerviosas llamadas *tarantelas.* V. *tarántula.*

lichnidiato (lychnidiate). Fosforescente, luminoso. (Gr. **lychnidios**, lámpara pequeña.)

Lichnophorina. Un suborden de ciliados heterotricos cuyo cuerpo, muy modificado está provisto de un área tigmotáctica. (Gr. **lichnidio**, lámpara pequeña; **phoreys**, un portador.)

Lieberkühn, J.N. Anatomista alemás. V. *criptas o glándulas de Lieberkühn.*

Liebig, Justus von. Fue uno de los primeros en acentuar que los procesos vitales pueden explicarse en términos físicos y químicos. Se le acredita la fundación de la bioquímica. (1803-1873)

liebratón* (young hare). Liebre joven. (**De liebre**).

liebre* (hare). Mamífero lagomorfo parecido al conejo, pero con cuatro incisivos superiores, orejas muy largas. Los hijos nacen con los ojos abiertos. (Lat. **lepus**, liebre.) // Molusco marino opistobranquio, desnudo, provisto de cuatro tentáculos cefálicos auriformes. *Adj.* ***lebruno,* leporino.**** // *l.* ***patagónica,*** V. *mará.*

lien (lien). V. *bazo.* (Lat. **lien, liensis**, bazo.) *Adj.* ***lienal.***

liénculo (lienculus). Un bazo accesorio pequeño. (Lat. **lien**, bazo.)

liendre* (nit). Los huevecillos de los piojos humanos. (Lat. **lens, lendis**.)

lienogástrico (lienogastric). Perteneciente al bazo y al estómago. (Lat. **lien**, bazo; **gaster**, estómago.)

lienorrenal (lienorenal). Lo perteneciente al bazo y al riñón.

ligadura*. V. ligamiento*. Acción y efecto de ligar, de unir o atar. (Lat. **ligatura**.)

ligado (linked). Unido. Se aplica a los caracteres adscritos a los heterosomas o cromosomas sexuales.

ligamento* (ligament). Acción y efecto de ligar. // Tejidos conjuntivos fibrosos y elásticos que entre sí une huesos y otros tejidos. // Estructura elástica que une las valvas en los moluscos bivalvos e interviene en su movimiento. (Lat. **ligamentum**, banda.) *Adj.* ***ligamentoso.*** // *l.* ***amarillo,*** ligamento elástico de color amarillo que conecta las láminas de las vértebras inmediatas. // *l.* ***anulares*** ligamentos transversales del dorso de las muñecas y tobillos humanos. // *l.* ***capsular,*** que rodea el área articular entre dos huesos largos. // *l.* ***carpal,*** situado alrededor de las muñecas en el hombre. // *l.* ***conoide,*** uno de los fascículos del ligamento coracoclavicular. // *l.* ***charnelar,*** banda rústica de fibras de conquiolina de la charnela de los moluscos bivalvos que mantiene unida las valvas. // *l.* ***de Poupart,*** o *ligamento ingüinal.* // *l.* ***de Treitz,*** suspensor del duodeno en los mamíferos. // *l.* ***etmopalatino,*** un par de ligamentos que conectan el palotocuadrado con el etmoides en los peces osteictios. // *l.* ***falciforme,*** pliegue peritoneal que une el hígado al diafragma en los vertebrados superiores. // *l.* ***gastrohepático,*** epiplón menor. // *l.* ***inguinal,*** cordón formado por tejidos conectivo y muscular liso que ata el testículo a la región anal en los mamíferos. // *l.* ***nucal,*** que en los cuadrúpedos ayuda a sostener la cabeza. // *l.* ***redondo,*** cordón fibroso en el hígado, que es el remanente de la vena umbilical no funcional. Ligamento que une la cabeza del fémur con el acetábulo. Una de las estructuras que conectan el útero a la pared de la pelvis. // *l.* ***rotular,*** que se extiende desde la rótula hasta la tibia. // *l.* ***suspensorio,*** fibras radicales que se insertan en la cápsula lenticular y tienen por función mantener en posición el cristalino.

ligamentum flavum. V. *ligamento amarillo.*

ligamiento* (linkage). La acción y efecto de ligar. // En genética, asociación de genes situados en el mismo cromosoma. // *l.* ***sexual,*** un caso de ligamiento que ocurre cuando el gen que produce un fenotipo está en un heterocromosoma.

ligazón* (bond). Enlace de una cosa con otra.= *Ligamiento.* (Lat. **ligatio**, unión.)

lignícola (lignicolous). Que se cría en las maderas o en los árboles. (Lat. **lignum**, madera.)

lignívoro (lignivorous). Que se alimenta de madera. (Lat. **lignum**, madera, **voros**, devorar.)

ligófilo (ligophilous)s, Que prefiere la sombra o la obscuridad. (**Gr. lygeaois**, sombra; **philos**, amigo.)

lígula* (ligula). Parte distal del labio en los insectos, compuesta de un par de lóbulos internos (**glosa**) y un par de lóbulos externos (**paraglosa**). // En las abejas forma una probóscide tubular. // *Epiglotis.* // Una faja de materia blanca en el techo del cuarto ventrículo del encéfalo. // Lóbulos del parapodio en los anélidos. // *Adj.* ***liguliforme,*** (Lat. **ligula**, lengüita.)

lija* (file fish). Pez condrictio marino selacio, especie de tiburón de piel áspera empleada para pulir metales (**Scyllum catulus**). // *Cuba:* pez marino del orden *Tetrodontiformes,* familia *Balistidae* (**Alutera schoepfii**). // *l.* ***trompa,*** Cuba: pez marino de hocico alargado. Orden *Perciformes,* familia *Balistidae* (**Alutera scripta**).

Lillie, F.R. Fisiólogo canadiense, estableció el papel de fertilizina en la fecundación de los óvulos. (1870-1947)

limacela (limacel). Concha vestigial y oculta de los moluscos terrestres de la familia *Limacidae.* (Galicismo del fr. **limacelle**, del lat. **limax**.)

limaciforme. Se aplica a las larvas de forma de babosa. (Lat. **limax**, babosa, **+forma**.)

limaco* (land slug). Expresión en lengua española del *Limax,* género de moluscos terrestres de concha atrofiada. (Lat. **limax**, babosa.)

Limacomorpha. Orden de diplópodos con el cuerpo provistos de 22 somitos. Gonópodos masculinos formados por 1-2 pares de apéndices en el último segmento. También *Glomeridesmida.* (Lat. **limax**.)

limaza* (land slug).= *Babosa, limaco,* molusco gasterópodo terrestre sin concha externa. (Lat. **limax**, slug.)

limazo*. V. *viscosidad* o *babosa.* (Lat. **limus**, lado.)

limbo* (limbus). Cualquier borde que se distingue por el color o la estructura. // En los mamíferos la parte colgante de la lámina espiral en el caracol del oído interno. // El lóbulo cerebral que incluye las circumvoluciones hipocampal y cingulada. (Lat. **limbus**, limbo.)

limen* (threshold). Umbral. (Lat. **limen**.) *Adj.* ***liminal.*** // *l.* ***nasi,*** límite entre el vestíbulo nasal y la cavidad nasal.

limícola (limocolous). Que vive en el fango. (Lat. **limus**, lodo; neolat. **-icola**, habitante.)

Limicolae. Una división del orden de aves que incluye los pluviales, etc. V. *Charadriiformes.*

Limícola. Una división de los anélidos oligoquetos, cuyas especies viven en el fondo fangoso de las aguas dulces. (Lat. **limus**, limo, lodo.) Ver también *Limicolae.*

límite* (**limit**). Fin o término de una acción o de una estructura. // *l. de acción genética*, límite superior a partir del cual no aumente el efecto fenotípico aunque aumente la cantidad de los genes. (Lat. **limes**, límite, término.)

limitrófico (**limitrophic**). Lo perteneciente a la nutrición o la regula. (Lat. **limos**, hambre; **trophe**, nutrición.)

limívoro (**limivorous**). Que devora limo, como ciertos animales acuáticos. (Lat. **limus**, limo; **vorare**, devorar.)

limneo. Nombre dado en ecología a los organismos fijos en el fondo de las aguas dulces. (Lat. **limnaeus**, del gr. **limne**, lago, estanque.)

limneta. Organismo que vive en las aguas dulces estancadas. (Gr. **limnetes**, el que vive en los pantanos.) *Adj. limnético.*

límnico. =*Limnético, limneta.*

limnio (**limnium**). Una comunidad lacustre.

limno- (**limno-**). (Del gr. **limne**, lago o pantano.)

limnobio (**limnobious**). Organismo que se desarrolla en las aguas dulces. (Gr. **limne**, lago; **bios**, vida.)

Limnobiología (**limnobiology**). El estudio de los organismos que habitan las aguas estancadas. // En sentido amplio, el estudio de la vida en las aguas dulces. (Gr. **limne**, lago;+ **biología**.)

limnocrena (**limnocrene**). Fuente de agua que forma un estanque. (Gr. **limne**, lago; neolat. **crena**, escotadura.)

limnodio (**limnodium**). La comunidad en un lago. // *Adj. limnódico.*

limnódromo (**limnodromous**). Se aplica a los peces que se mueven libremente en los lagos. (Gr. **limne**, lago; **dromos**, curso.)

limnófilo (**limnophilous**). Lo que es propio de los lagos o pantanos. V. *palustre.* (Gr. **limne**, lago; **philos**, amante, amigo.)

limnología (**limnology**). Ciencia que estudia las aguas dulces, incluyendo los organismos que las habitan. (Gr. **limne**, lagos; **logos**, discurso.)

Limnomedusae. Un subroden de celentéreos del orden *Hydroidea*, cuyos pólipos son sésiles y tienen canales radiales ramificados, y las medusas tienen estatocistos. (Gr. **limne**, lago;+**medusa**.)

limnoplancton (**limnoplankton**). Plancton de las aguas dulces. (Gr. **limne**, lago;+ **plancton**.)

Limnoria. Género de crustáceos marinos perforadores de maderos, pertenecientes al orden de los *Isópodos*, que ocasionan grandes perjuicios a las construcciones marinas. (Gr. **limne**, pantano, laguna.)

limnosere (**limnosere**). Sere que comienza en un lago. (Gr. **limne**, lago;+**sere**.)

limosis (**limosis**). Hambre anormal. (Gr. **limos**, hambre.)

limpiantenas (**antenna cleaner**). Estructura de las patas de las abejas formado por el velo y la escotadura semicircular de la tibia. (Lat. **antenna**, verga.)

limpiacasas* (**gecko**). Venez: *salamanquesa*, especie de *geco*, lagarto de hábitos caseros. Familia *Geckonidae* (**Hemidactylus**).

límulo (**horseshoe crab**). Artrópodo aracnoideo marino primitivo de forma semicircular por delante y con la extremidad posterior o telson larga y puntiaguda. Se llama también *cacerola* (**Limulus polyphemus**). (Lat. **limus**, limo.)

linaje* (**lineage**). *Raza.* Origen o estirpe de un carácter. // Condición de una cosa. // Ascendencia o descendencia de cualquier organismo. (Lat. **línea**; ingl. **lineage**.) // *l. celular*, patrón ancestral de los tejidos y órganos, interpretado por la secuencia de las células a partir del cigoto. // *l. puro*, ver línea pura.

lince* (**lynx**). Mamífero felino bastante parecido al gato, cuyas orejas terminan en dos pinceles de pelos. (**Lynx rufus**). (Lat. **lynx**, lince.)

línea* (**line**). Una faja, estría o marca estrecha. // Una estructura estrecha. *Adj. lineal*, linear*.* // *l. alba*, banda blanca debida al encuentro de las aponeurosis de los músculos oblicuos externos en la línea media del abdomen desde el apéndice xifoides hasta la sínfisis del púbis. // *l. argéntica*, fibrilla del aparato neuromotor de los ciliados, así llamada porque se pone de manifiesto con impregnaciones de plata. // *l. áspera*, reborde prominente de la parte posterior del fémur humano. // *l. blanca*, v. *línea alba.* // *l. de Amici-Krause*, v. *línea Z.* // *l. de crecimiento*, que se observaron en las escamas tenoides y cicloides de los peces, correspondientes al crecimiento de las mismas, y en muchas especies, su número es un índice del crecimiento anual del pez. // *l. de Doble*, disco Z o telofragma en las fibras musculares estriadas. // *l. de echazón*, una línea de detritos y echazón del mar que queda en la playa al retirarse la marca. // *l. regresión*, una línea que muestra cuanto debe esperarse que varíe un factor con cada unidad de incremento en otro correlacionado. // *l. de Wallace*, línea imaginaria que separa las regiones zoogeográficas australiana y oriental, que pasa entre Bali y Lombock y entre Célebes y Borneo y se extiende al este hasta Filipinas. // *l. de Weber*, línea imaginaria que separa faunas preponderantemente indo-malayas de las principalmente papuanas. // *l. dorsal*, relieve de las subcutículas en los nematodos que separa las dos masas musculares dorsales. // *l. de Hensen*, línea H, línea que corre a lo largo del centro de los discos isotrópicos de los músculos estriados. Mesofragma o línea M. // *l. ectental*, donde se unen el ectodermo y el endodermo de las gástrula. // *l. germinal*, la raya o estría germinal que en el embrión de los huevos telolecíticos corresponde al blastóporo. // *l. lateral*, banda de tejido conjuntivo de cada lado del cuerpo de los nematodos en donde se encuentran los conductos excretores. // Faja estrecha situada a ambos lados del cuerpo en los peces y renacuajos de anfibios, formada por una serie de pequeños poros comunicados con un conducto longitudinal situado bajo las escamas, en donde hay órganos sensoriales que perciben las vibraciones del agua. // *l. M*, estructura que atraviesa la *banda Q* de las fibrillas musculares estriadas y se le considera semejante a la *línea Z.* // *l. negra*, faja pigmentada que se observa en la línea media del abdomen durante la preñez. // *l. palial*, impresión que deja el manto de los moluscos bivalvos en la cara interna de las valvas. // *l. primitiva*, dos dobleces embrionarios entre los cuales descansa la invaginación primitiva. // *l. pura*, conjunto de descendientes de un solo individuo autofecundado o *clon.* // *Conjunto* de descendientes de un par de individuos homocitóticos que tiene el mismo patrimonio hereditario, llamado *johansenon* por Massart. // *l. ventral*, relieve de la subcutícula en los nematodos que separa las masas musculares ventrales. // *l. Z*, estría transversal en las fibrillas musculares estriadas que se inserta en la periferia del sarcolema y atraviesa miofibrillas del sarcoplasma.

linela (**linella**). Cada uno de los filamentos lisos de ciertos sarcodinos que sujetan las *xenofias.* (Lat. **linella**, línea final.)

lineolado (**lineolate**). Marcado con líneas muy finas, coloreadas o incisas. (Lat. **lineolatus**.)

linfa* (**lymph**). Fluido amarillento o incoloro que llena los vasos linfáticos y los espacios intercelulares, provisto de glóbulos blancos, pero no de eritrocitos. (Lat. **lympha**, agua clara.) *Adj. linfático*, linfoide*.*

linfangitis* (**lymphangitis**). Inflamación de los vasos linfáticos.

linfoblasto (**lymphoblast**). Célula en los ganglios linfáticos, precursor de los linfocitos. (De **linfa** + gr. **blastos**, formación, célula.)

linfocito* (**lymphocyte**). Clase de leucocito agrunulocito de núcleo grande que no lleva a cabo *fagocitosis*, pero participa en la formación de *anticuerpos.* (Lat. **lympha**, agua; gr. **kytos**, célula.)

linfocitosis (**lymphocytosis**). Aumento del número de leucocitos en la sangre debido a ciertas infecciones. (De **linfocito**; y-**osis**, condición.)

linfocitotoxina (**lymphocytotoxin**). Una toxina que destruye los linfocitos. (De **linfocito** + **toxina**.)

linfógeno (**lymphogeneous**). Productor de linfa. *Linfogéneo.* (Lat. **lympha**, linfa; **genos** engendrar.)

linfoidocito (**lymphoidocyte**). Nombre poco usado en vez de *hemocitoblasto,* q.v.

linfomielocito (**lymphomyelocyte**). Un mieloblasto. (Lat. **lympha**;+ **miclocito.**)

linfomonocito (**lymphomonocyte**). *Monocito.* Una clase de leucitos agranulocitos de gran tamaño. (Lat. **lympha**, linfa;+ **monocito.**)

linfopenia (**lymphopenia**). Disminución de los linfocitos en la sangre. (De **linfa + penia**, pobreza.)

linfoplasma (**lymphoplasm**). V. *espongioplasma.*

linfopoyesis (**lymphopoiesis**). El desarrollo de los linfocitos o del tejido linfático. (Lat. **lympha**, linfa; gr. **poiesis**, una creación.)

lingual* Perteneciente a la lengua. (Lat. **lingua**, lengua.)

Linguatulida. Un subfilum de los artrópodos de cuerpo vermiforme segmentados y parásitos. V. *Pentastomida.* (Lat. **lingua**, lengua.)

lingüiforme (**lingüiform**). En forma de lengua. (Lat. **lingua**, lengua; **forma**, forma.)

Língula. Organo en forma de lengüeta. Género de branquiópodos inarticulados que, por haber persistido desde la Era Primaria, se considera como fósiles vivientes. // Un lóbulo anterior del cerebelo. // Lengüilla. // Organo en forma de lengüeta en el último somito abdominal de los insectos aleuroideos. *Adj.* ***linguliforme.*** (Lat. **lingula**, lengua pequeña.)

Lingulida. Un orden en el Phylum Brachipoda representado por varios géneros fósiles y solo dos vivientes: *Lingula* y *Glottidia.*

linilla (**linin**). Nombre, ahora en desuso, aplicado al retículo nuclear, que se forma durante la técnica de la cromatina. (Gr. **linon**, filamento.)

lininoplasto (**lininoplast**). V. **plasmosoma.**

linkage. Voz inglesa, equivalente a *enlace* o *ligamiento.* // ***l. autosómico***, ligamento de grupos de genes en el mismo autosoma.

Linnaeus, Carolus. Médico y naturalista sueco. Aunque fue principalmente botánico, en la obra Systema Naturae, extendió su sistema de clasificación a la zoología y, a pesar de que dicho sistema era de carácter rígido, tuvo el mérito de ofrecer reglas para la nomenclatura que fueron el punto de partida de la usada actualmente. (1707-1778) *Adj.* ***linneano.***

linneon (**linneon**). En taxonomía, el concepto de la especie, constituída por entidades menores. V. *especie colectiva* o *politípica.* (De **Linnaeus.**)

linoma (**linome**). Retículo nuclear. V. *linina.*

linsango (**linsang**). Mamífero carnívoro asiático de la familia *Viverridae* (**Prionodon gracilis**).

linterna de Aristóteles (**Aristotle's lantern**). Aparato masticador de los equinoideos, formado por unas 20 piezas de las cuales las 5 mandíbulas forman la parte empleada en la masticación. // ***l. de mar***, una traducción del inglés "shell lamps" nombre que les dan en ese idioma a las conchas de braquiópodos. Más apropiado sería *lámpara de mar,* por el parecido con las lámparas antiguas de aceite con agujero para la mecha.

lio-. (Del gr. **leios**, liso; del gr. **lysis**, leyo, desprender, aflojar.)

liocitosis (**lyocytosis**). Histólisis de los tejidos por enzimas extracelulares, como sucede durante la metamorfosis de los insectos. (Gr. **lyo**, desprender.)

liócromo (**lyochrome**). Un pigmento celular soluble en agua y sensible a la luz. (Gr. **lyo**, desprender.)

liófilo (**lyophil**). Que atrae los líquidos. (Gr. **lyein**, aflojar; **philos**, amante.)

liófobo (**lyophobe**). Repelente a los líquidos. (Gr. **lyeon**, aflojar; **phobos**, miedo.)

liotrico (**leiotrichous**). Que tiene el pelo liso. (Gr. **leio**, liso; **thrix**, cabello.)

lipasa (**lipase**). Enzima contenida en el jugo pancreático que desdobla las grasas en glicerol y ácidos grasos. (Gr. **lipos**, grasa.) // ***l. gástrica***, un enzima que cataliza la hidrólisis de los lípidos, que ha sido hallada a veces en el estómago.

lípido (**lipid**). Nombre propuesto para un conjunto heterogéneo de substancias orgánicas que incluye *grasas, ceras, fosfolípidos, esteroles,* etc. (Gr. **lipos**, grasa.) // ***l. celular***, lípidos que intervienen en la formación del citoplasma. // ***l. complejo***, también llamados *lipoide,* que contiene C,H, O, y además N y a veces P. V. *fosfolípidos* y *glucolípidos.* // ***l. de depósitos***, substancia de reserva en el citoplasma. // ***l. simple***, substancia ternaria formada por grasas neutras, que dan origen a estados coloidales.

lipidosis (**lipidosis**). Un disturbio en el metabolismo de las grasas. (Gr. **lipos**, grasa; **-osis**, condición.)

lipina (**lipine**). Grasa que contiene nitrógeno y, a menudo, fósforo (**fosfolipina**) o azufre. Ej. *lecitina.* (Gr. **liparotes**, gordura.)

lipo-. (**lipo—**). (Del gr. **lipos**, grasa.) // (Del griego **leipo**, faltar, caerse, retirarse.)

lipoblasto (**lipoblast**). Una célula de tejido conjuntivo que se desarrolla en célula grasa. (Gr. **lipos**, grasa; **blastos**, brote.)

lipocito (**lipocyte**). Una célula adiposa. (Gr. **lipos**, grasa; **kytos**, célula.)

lipoclástico (**lipoclastic**). Que descompone las grasas. (Gr. **lipos**, grasa; **klastos**, roto.)

lipocondrio (**lipochondrium**). Gránulo lipoide de los cuerpos de Golgi. (Gr. **lipos**, grasa; **chrondros**, grano.)

lipocroico (**lipochroic**). Que tiene pigmentos dentro de gotitas de aceite. (Gr. **lipos**, grasa; **chros**, color.)

lipocromo (**lipochrome**). Nombre que ha sido aplicado a los carotenoides por tener características de los lípidos y por poseer colores variables del amarillo al violeta. (Gr. **lipos**, grasa; **chroma**, color.)

lipóforo (**lipophore**). Célula errante originada en la cresta neural del embrión, que contiene un lipocromo. (Gr. **lipos**, grasa; **phoreys**, un portador.)

lipofuscina (**lipofuscin**). Un pigmento pardo amarillento que se encuentra en el citoplasma de algunas células nerviosas. (Gr. **lipos**, grasa; lat. **fuscus**, obscuro.)

lipogastria (**lipogastry**). Desaparición temporal de la cavidad gástrica o de la paragástrica en algunos animales. (Gr. **leipo**, faltar; **gaster**, estómago.)

lipógeno (**lipogeneous**). Lo que forma o produce grasa. (Gr. **lipos**, grasa; **genos**, producir.)

lipohumor (**lipohumour**). Una substancia soluble en grasas, producida por los nervios, que actúa sobre los cromatóforos. (Gr. **lipos**, grasa; lat. **humor**, humedad, fluído.)

lipoico (**lipoic**). Compuesto derivado de un ácido graso, con un doble enlace SH. Interviene como aceptor de hidrógeno en el *ciclo de krebs.*

lipoideo* (**lipoide**). Se dice de la substancia de la naturaleza de las grasas también llamadas *lípido complejo.* (Gr. **lipos**, grasa.) // ***l. fosforados***, v. fosfilípidos. // ***l. no fosforado***, v. *glucolípido.*

lipólisis (**lipolysis**). Proceso de digestión de los lípidos por el que se descomponen en glicerol y ácidos grasos. (Gr. **lipos**, grasa; **lysis**, descomposición.)

lipoma* (**lipoma**). Tumor de grasa. (Gr. **lipos**, grasa; **-oma**, tumor.)

lipomerismo (**lipomerism**). Desaparición del metamerismo por crecimiento o desarreglo de los somitos. (Gr. **leipestai**, lo que falta; **meros**, partes.)

lipomicrón (**lipomicron**). Pequeña partícula de lípidos. También *quilomicrón.* (Gr. **lipos**, grasa; **mikron**, pequeño.)

lipopalingenesia (**lipopalingenesis**). La omisión de algunos estados en la filogenia. (Gr. **leipo**, faltar; **palin**, de nuevo; **genesis**, descendencia.)

lipopenia (lipopenia). Dismunución de la cantidad de lípidos en la sangre. (Gr. lipos, grasa; paina, disminución.)

lipoproteína (lipoprotein). Una proteína conjugada con la fracción unida a un lípido.

Lipoptera. V. *Mallophaga.*

liposis (liposis). Formación de gránulos de grasa en la célula. (Gr. lipos, grasa; -osis, condición.)

liposoluble (liposoluble). Que es soluble en grasa, como las vitaminas A, D, E y K.

lipostomia (lipostomy). Desaparición temporal de la boca o del ósculo en algunos animales. (Gr. lípido.faltar; stoma, boca.)

Lipothyphla. Un suborden del orden *Insectivora* que comprende la mayoría de las especies vivientes y fósiles. Carecen de ciego y los molares tienen cúspides en V o en W. (Gr. leipo, ausente; typhlops, ciego.)

Lipotimia* (lipothymia). Pérdida súbita y pasajera del sentido y del movimiento. (Gr. leipo, ausente; thymos, timo.)

lipotrópico (lipotropic). Lo que influye en el metabolismo de las grasas. (Gr. lipos, grasa, trope, vuelta.)

lipoxantina (lipoxanthin). V. *lipocromo.*

lipoxeno (lipoxeneous). Parásito que deja el huésped antes de completar su desarrollo. (Gr. leipo, faltar; xenos, extranjero.)

lipuria (lipuria). Presencia de lípidos en las orinas. (Gr. lipos, grasa; ouros, orina.)

líquido* (liquid). La acepción usual. // *l. cefalorraquídeo,* líquido similar al plasma que recorre el canal medular, los espacios entre la piamadre y la aracnoides, los ventrículos encefálicos y se continúa en la perilinfa del oído interno. // *l. celomático*, fluido contenido en las cavidades o sacos celomáticos de los segmentos en los anélidos y en los espacios celómicos de otros animales. // *l. celómico,* v. *líquido celomático* // *l. exuvial,* fluido excretado por la epidermis de los artrópodos, que disuelve la cutícula durante las mudas por la acción de las enzimas proteasa y quitinasa. // *l. folicular*, líquido semiviscoso que llena la cavidad o *antro* de los folículos ováricos. // *l. sinovial*, fluido viscoso y pegajoso que llena la cavidad de las bolsas sinoviales o articulares.

lira* (lyra). Una estructura en forma de lira, como en ciertos huesos; // Una depresión triangular estriada en el lado inferior del *fórnix*. (Lat. lira, surco.) *Adj. lirado*, liriforme.*

liria* (bird lime). Substancia pegajosa usada para atrapar aves.

lirio de mar (sea lily). Crinoideo sin tallo.

lirón* (dormouse). Pequeño roedor silvestre, parecido al ratón frugívoro, que entra en un estado de sopor durante el invierno. (Lat. glis, gliris, roedor.)

lis- (lys-). (Del gr. lysis, liseos, soltura, liberación, solución, disolución o ideas afines.) // (Del gr. lissos, liso.)

lisa* (mullet). *Mujol.* Nombre común de varios peces marinos catádromos. Orden *Mugiliformes,* familia *Mugilidae* (Mugil cephaus). // *l. francesa,* Cuba: pez del orden *Clupeiformes*, familia *Elopsidae* (Elops saurus). // *l. (skink).* Colombia: especie de lagarto de la familia *Scinccidae* (Mabouya mabouya).

lisactínico (lyssactinic). Estrella mar cuyos podios están limitados a la mitad inferior en vez de contiuados en las placas apicales. (Gr. lisso, liso; atkis, un radion.)

lisemia (lysemia). Desintegración de la sangre. (Gr. lysis, disolución; haima, sangre.)

lisencéfalo (lissencephalon). Se dice los mamíferos cuyos hemisferios cerebrales tienen escasas o ningunas circunvoluciones, como los insectívoros, los quirópteros, los desdentados y los roedores. Op. *girencéfalo.* (Gr. lisso, liso; enkephalos, el cerebro.)

liseta* (fantail mullet). Cuba: especie de lisa, pez de la familia *Mugilidae* (Mugil trichedon). // Joven de la lisa o *plateado* (Mugil curema).

lisigénico (lysigenous). *Lisigenético.* Se aplica a las cavidades formadas en los tejidos por degeneración celular. (Gr. lysis, solución; genesis, producción.)

lisina* (lysin). Una clase de substancia producida por los espermatozoos que disuelve la membrana protectora del huevo y permite su penetración. // Una substancia capaz de producir lisis de células. // Uno de los aminoácidos esenciales. (Gr. lysis, disolución.)

lisis (lysis). Destrucción de células o tejidos por disolución de sus elementos. (Gr. lysis, descomposición, disolución.)

lisoflagelado (lissoflagellate). Que tiene los flagelados sin collar en la base. (Gr. lisso, liso; lat. flagelum, flagelo.)

lisogénesis (lysogenesis). La acción de las lisinas. (Gr. lysis, solución; genesis, origen.) *Adj. lisógeno.*

lisosoma (lysosome). Estructura celular en donde se produce enzimas para la digestión de proteínas. (Gr. lysis, disolución; soma, cuerpo.)

lisozima (lisozyme). Una enzima encontrada en varios tejidos animales y en algunos microbios con propiedades micolíticas y bactericidas. (Gr. lysis, disolución; zyme, levadura.)

Lissamphibia. Subclase de los anfibios que comprende las especies vivientes. Tienen un número reducido de huesos dérmicos craneales y postcraneales. La piel es lisa, húmeda y, casi siempre sin escamas.

lista* (strip). Señal larga estrecha de coloración distinta del resto. (Alem. lista.) *Adj. listado** (=rayado).

lit-, lito-. (litho-). (Del gr. lithos, piedra.)

lita (lytta). *Landrilla,* especialmente la del perro. // V. *lytta.*

Lithobiomorpha. Orden de miriápodos de tamaño medio y provisto de numerosos ojos. (Gr. lithos, piedra; bios, vida; morphe, forma.)

litiasis* (lithiasis). Formación de concreciones en las cavidades de algunos órganos: *litiasis biliar, litiasis renal,* etc. (Gr. lithiasis, del gr. lithos, piedra.)

lítico* (lithic). Perteneciente o relativo a la piedra. (Gr. lithos, piedra.)

litita (lithite). Concreción calcárea. V. *estatolito.* (Gr. lithos, piedra.)

litobiomorfos. V. *Lithobiomorpha.*

litocisto (lithocyst). V. *estatocisto.*

litocito (lithocyte). Célula única que funciona como estatoblasto. // Cualquiera de las células que cubren los estatocisto. (Gr. lithos, piedra; kytos, célula.)

litodesma (lithodesma). Una pieza o valva accesoria cerca del umbón en los bivalvos que tienen *cartílago* o *resilium.* (Gr. lithos, piedra; desma, banda.)

litódomo (lithodomous). Molusco bivalvo, cercano a los mejillones, que perfora las puedras en donde se aloja. (Gr. lithos, piedras; domos, casa.)

litófago* (lithophagous). Dícese del animal que roe las piedras, como ciertos moluscos de la clase de los bivalvos. (Gr. lithos, piedra; phago, comer.)

litófilo (lithopilous). Término ecológico aplicado a los organismos que se fijan en fondos rocosos. (Gr. lithos, piedras; philos, amigo.)

litógeno (lithogeneous). Se dice de los organismos que, como los corales, construyen rocas. (Gr. lithos, piedra; genos, producir.)

litón (lython). Conjunto de substancias disueltas en el agua que sirven de alimento a organismos acuáticos. (Gr. lytos, soluble.)

Litopterna. Orden de mamíferos euterios que vivieron del Paleoceno al Pleistoceno, en América del Sur. Aspecto de ungulados que alcanzaron el tamaño de un camello. Dedos posteriores 1 ó 3, con pezuñas, incisivos superiores presentes y molares bien desarrollados, con pliegues de esmalte. (Gr. litos, simple; pterna, talón.)

litor-. (Del lat. littoralis, que significa la orilla del mar.)

litoral* (litoral). Lo relativo a la costa marina. // La región ecológica marina entre las mareas. // Zona de aguas someras, para algunos llega hasta 200 m. (Lat. litoralis.)

litorina (periwinkle). Cualquier especie de molusco gasterópodo marino de la familia *Littorinidae*, casi siempre comestible. En España lo llaman *bígaro*.

litosere (lithosere). Una sucesión que se desarrolla en la superficie de las rocas. (Gr. lithos, piedra;+ sere.)

litosfera* (lithosphere). Las capas sólidas de la corteza terrestre. (Gr. lithos, piedra, roca; sphaira, esfera.)

litótomo (lithotomous). Que perfora las piedras, como ciertos moluscos bivalvos. (Gr. lithos, piedra; tome, una sección.)

litt. (litt.). Abreviatura de *littera*, carta. Cuando se escribe *in litt.* se entiende que se refiere a una comunicación particular que no estaba publicada.

Littré, Alexis. Cirujano francés (1658-1726). V. *glándulas de Littré.*

lituado (lituate). Furcado y con las puntas recurvadas. (Lat. lituus, trompeta con la extremidad encorvada.)

lívido* (livid). De coloración pardo purpúreo o azuloso. // Mancha en la piel de color azulado. (Lat. lividus.)

liza. V. *lisa**.

loalach (lung fish). Pez pulmonado sudamericano del orden *Dipnoi*. V. *lepidosirena*.

loasis (loaiasis). Infestasión con el nematodo *Loa loa*.

lobado* (lobed). Lobulado, que está dividido en lóbulos. (Bajo lat. lobus, lóbulo.)

Loboata. Una subdivisión de los tenóforos tentaculados que se caracteriza por tener el cuerpo comprimido en el plano tentacular y ensanchado en el sagital.

lobato* (wolf cub). El cachorro del lobo. (Lat. lupus.) // *Adj. lobito, lobezno.*

lobina* (large mouth black bass). Puerto Rico, pez fluvial norteamericano introducido en varias partes de América. Orden *Clupeiformes*, familia *Centrarchiae*. (Micropterus salmoides). // *Róbalo*, pez;

lobo* (wolf). Mamífero carnívoro parecido al perro del que se supone fue su agriotipo. // Cualquier proyección redondeada de un órgano, pero se prefiere *lóbulo*. (Lat. lupus, bajo lat. lobus, del gr. lobos.) *Adj. lupino*, lupiforme*, loboso*, lobero**. // l. marsupial, especie de marsupial de aspecto y costumbre de lobo, hoy en día restringido a la isla de Tasmania. Es un caso de radiación adaptativa en el orden de los *Marsupiales*.

lobito (wolf cub). Cachorro del lobo. // *l. (lizard)*. Colombia: se aplica a varias especies de saurios de género y familia distintas.

lobópodo (lobopodium) Tipo de seudópodo de los sarcodinos de forma gruesa y lobada. *Lobopodio* es solamente el diminutivo de *lobópodo*. (Gr. lobos, pous, pie.)

Lobosa. Orden de *Protozoos*. =*Amoebina*.

lóbulo* (lobe). Parte redondeada y a veces saliente de algunos órganos. *Adj. lobulado*, lobuloso**. // *l. anterior*, otro nombre para la *adenohipófisis*, o parte anterior de la pituitaria. // *l. auricular*, prolongación situada en ambos lados del metencéfalo de ciertos peces, con centros de equilibrio, que forma parte del cerebelo. Se llaman también *cuerpos restiformes*. // *l. del manto*, cada una de las hojas dorsal y ventral del manto en los moluscos bivalvos. // *l. frontal*, la parte anterior de cada hemisferio cerebral, separada por la fisura de Silvio. // *l. hepático*, cada una de las pequeñas masas de tejido hepático que están centradas sobre una venilla, que es una raíz de la vena hepática. // *l. intermedio*, región intermedia de la hipófisis o pituitaria, cuya función en algunos vertebrados está relacionada con los cambios de color en la piel. // *l. mamario*, masa pequeña en las glándulas activas, integradas por numerosos alveolos formados por células secretoras. // *l. marginal*, proyección periférica de cada lado de las tentaculocistos de muchas medusas. // *l. occipital*, region posterior del cerebro en los mamíferos. // *l. olfatorio* o *rinéncefalo*, prolongación del extremo anterior de cada hemisferio cerebral, que establece contacto con la parte posterior del aparato olfatorio. // *l. óptico*, cada una de las dos prominencias del mesencéfalo de los vertebrados inferiores (tubérculos bigéminos) que son centros del sentido de la vista. En los vertebrados inferiores contienen cavidades o *ventrículos ópticos*. Los lóbulos ópticos se transforman en cuatro prominencias de los ofidios y los mamíferos, llamadas *tubérculos cuadrigéminos* y en estos últimos no perciben sensaciones visuales. // *l. oral*, expansión en ambos lados del hemisferio inferior en los tenóforos del grupo de los *lobados*.= Brazo oral. // *l. parietal*, cada una de las regiones supero-laterales del cerebro en los mamíferos. // *l. posterior*, otro nombre para la *neurohipófisis* o región posterior de la pituitaria. // *l. piriforme*, porción lateral de la corteza olfatoria en los tetrápodos. // *l. renal*, cada una de las divisiones redondeadas de los metanefros en los mamíferos que, en algunas especies, se conservan durante toda la vida, pero que en la mayoría desaparecen en el adulto. // *l. temporal*, cada una de las regiones laterales del cerebro en los mamíferos.

localidad típica (type locality). Localidad o área de donde proviene el holotipo, lectotipo o neotipo de un grupo taxonómico.=*Topotipo* o *locotipo*.

loc. cit. Abreviatura de las voces latinas *locus citado*, o sea, el lugar citado de una referencia bibliográfica.

loc. tip. Abreviatura de *localidad típica* y de *locotipo*, q.v.

locelo (locellus). Un pequeño compartimiento en un ovario. (Lat. locus, lugar.)

lociación (lociation). Variaciones locales en la composición específica de una faciación. (Lat. locus, lugar.)

loco* (barnacle rock shell). Chile: molusco marino gasterópodo de la familia Thaididae (Choncolepas concholepas). // Como ablativo de la voz latina *locus* se emplea en taxonomía para indicar "por el lugar" o "según el lugar". (Lat. locus, lugar.)

locomoción* (locomotion). La acción de trasladarse un organismo de un lugar a otro. (Lat. locus, lugar y motio, movimiento.)

locotipo (locotype). Ejemplar procedente de la localidad típica. Mejor es *topotipo*.

lóculo (locule). Pequeña cámara o cavidad, como las de ciertos celenterados y formaminíferos. (Lat. loculus, lugar pequeño.) *Adj. locular.*

locus (locus). La posición hipotética de un gen en un cromosoma. (Lat. locus, lugar.) Plural *loci*.

locusta (locust, lobster). En latín *langosta*, que se refiere tanto al insecto ortóptero como al crustáceo.

Lucustoidea. Una división del orden de los insectos *ortópteros* que comprende los saltamontes, langosta, etc., de la familia *Acrididae* (antes Locustidae). La cabeza tiene ojos grandes, antenas cortas, tarsos de tres artejos y patas posteriores con grandes fémures. (Lat. locusta, langosta.)

locustoideos. V. *Pocustoidea*.

locha* (loach). Cualquiera de los peces fluviales osteictios del orden *Cypriniformes*, familia *Cobitidae*, que habita Eurasia y Africa. (Del inglés loach.)

loche (deer). *Locha*. // *Colombia:* especie de venado de pelo rojizo y lustroso.

lodix (lodix). Un esclerito ventral situado en el séptimo segmento abdominal en los insectos lepidópteros, que cubre la placa genital. (Lat. lodix, manta.)

lodra*. *Nutria*, mamífero.

Loeb, Jacques. Biólogo germano-americano. Iniciador de los estudios sobre génesis artificial en huevos de erizo de mar. (1859-1924)

Loewi, Otto. Fisiólogo germano-americano. Aisló en 1921 el neurohumor acetilcolina. (1873-1961)

lofiiformes. V. *Lophiiformes*, orden de peces.

lopo (lopho). (Del gr. lophos, cresta, mechón, penacho, copete.)

lofio. Eminencia o reborde entre dos surcos de la superficie ventricular del cerebro. // Pez del orden *Lophiiformes* (Lophius piscatorius). (Gr. **lophos**, cresta.)

lofobranquio*. Pez que pertenece al orden *Lophobranchia*, q.v.

lofocerco (lophocercal). Que tiene la cola en forma de cresta y sin radios. (Gr. **lophos**, cresta; **kerkos**, cola.)

lofocito (lophocyte). Célula amboide alargada, que lleva su penacho de fibras de espongina. (Gr. **lophos**, cresta.)

lofodonto (lophodont). Tipo de molar en los mamíferos caracterizado por una sucesión de crestas transversales (Gr. **lophos**, cresta; **odous**, diente.)

lofófilo (lophophilus). Que habita en las lomas. (Gr. **lophos**, cresta; **philos**, amante.)

lofóforo (lophophore). Estructura o pliegue que porta los tentáculos en ciertos números de invertebrados, como los briozoos, los pterobranquios, etc. En los lofóforos se exitenden las cavidades celomáticas. // Especie de faisán de las Himalayas. (Gr. **lophos**, cabellera, penacho, cresta; **phoros**, un portador.) *Adj. lofororado.*

Lofogastrida. Un orden de crustáceos marinos en la subclase Mysidacea que tienen fusionados los somitos abdominales 6 y 7. (Gr. **lophos**, cresta; **gaster**, abdomen.)

lofópodos. V. *Lophopoda*, orden de *Bryozoa*.

lofoselenodonto (lophoselenodont). Se dice del molar con cresta en forma de media luna. (Gr. **lophos**, cresta; **selene**, luna; **odous**, diente.)

lofósteo (lophosteon). Quilla ósea externa, como la del esternón de las aves carinadas. (Gr. **lophos**, cresta; **osteon**, óseo.)

lofotrico (lophotrichous). Organismo con los flagelos o penachos formando un solo grupo en la superficie. (Gr. **lophos**, penacho; **thrix**, pelo.)

-logía* (-logy). (Del gr. **logos**, locución, razón, explicación.) Se usa para denotar discurso, tratado, ciencia, etc.

logo- (logo-). (Del griego **logos**, lego, narrar, referir.) Empleado en el sentido de discurso, doctrina, ciencia.

logomachia (logomachy). Se emplea en taxonomía para designar el empleo exagerado de argumentos, en vez de conceptos sobre nombres taxonómicos. (Gr. **logos**, palabra; **-machia**; der. de **-machos**, pelea.)

logotipo (logotype). En taxonomía, un generitipo por designación subsecuente; no originalmente designado. (Lat. **logos**, palabra; gr. **typos**, patrón.)

Lohmann, K. Bioquímico alemán, descubridor del trifosfato de adenosina. (1898)

loica*. Chile: pájaro parecido al estornino, que se domestica fácilmente, orden *Passeriformes*, familia *Icteridas* (Pesites militaris). Voz *araucana*.

loina. España: pez de agua dulce que tiene el borde del labio inferior cartilaginoso (**Chondrostoma nasus**).

Loligo. Un género de moluscos cefalópodos al cual pertenecen los calamares comestibles.

loma* (loma). Una franja membranosa que forma una orla alrededor de una abertura. // Una orla de los dedos de las aves. (Gr. **loma**, orla.)

lomastoma (lomastome). Que tiene un margen o labio recurvado o reflejado. (Gr. **loma**, orla; **stoma**, boca.)

lombriz* (worm). Nombre que se aplica indistintamente a diversas clases de gusanos, pero debe aplicarse más correctamente a los gusanos anillados. V. fílum *Annelida*. La *lombriz intestinal* es el *Ascaris lumbricoides*, y la lombriz solitaria pertenece al género *Taenia*. (Lat. **lumbricus**.) *Adj. lumbrical, lumbricoide, lumbriciforme.* // *l. de Guinea*, un nematodo africano del orden *Spirurida* cuyo adulto parasita el tejido subcutáneo, pero sus estados intermediarios viven en copépodos (**Dracunculus medinensis**).

longimano. Que tiene las manos largas. (Lat. **longus**, largo; **manus**, mano.)

loncón* (reticulum). *Chile:* el bonete del estómago de los rumiantes. (Voz araucana.)

longevidad (longevity). Largo de vida. // Período de vida. (Lat. **longevitas**.) *Adj. longevo.*

longi-. (Del latín **longus**, largo.)

longicolis (longicollous). Que tiene el cuello largo. (Lat. **longus**, largo; **collus**, cuello.)

longicornio (longicorn). Insecto de antenas largas, especialmente del orden de los Celeópteros, familia *Cerambycidae*.

longipenne (longipennate). Se dice del ave que tiene las plumas remeras largas. (Lat. **longus**, largo; **penna**, pluma.)

longirrostro (longirostral). De pico largo. (Lat. **longus**, largo; **rostrum**, pico.)

longisección (longisection). Sección longitudinal o a lo largo del eje longitudinal. (Lat. **longus**, largo; **section**, sección.)

lingispino (longispinous). De espinas largas. Este vocablo se emplea mucho en la nomenclatura de las conchas. (Lat. **longispinus**.)

longitud* (longitud). Distancia entre dos puntos o dos extremidades. V. *distancia basialveolar, d. basinasal, d. focal.* (Lat. **longitudo**.)

longorón (piddock). *Fólade.* Cualquiera de las especies de moluscos bivalvos de la familia *Pholadidae*. // *Cuba:* molusco bivalvo comestible de la familia *Pholadidae* (**Cyrtopleura costata**).

Loomis, W.F. Biólogo norteamericano, que descubrió en 1954 la diferenciación sexual en *Hydra*, por medio del bióxido de carbono. (1914-)

Lophiiformes. Orden de peces óseos con la veija natatoria cerrada y con el primer radio de la aleta dorsal filamentoso y situado sobre la cabeza. Aletas ventrales yugulares y pectorales pedunculadas. Ej. el pescador (**Lophius piscatorius**). También *Pediculati*.

Lophioidea. Un suborden de peces óseos del orden *Lophiiformes*, que comprende los peces llamados *pescadores* (**Lophius**).

Lophobranquia. Grupo de peces óseos, hoy en día incluidos en los *Signatiformes*.

Lophophorata. Un término usado para designar los grupos animales con lofóforos: *Phoronidea, Ectoprocta, Brachiopoda.*

Lophopoda. Un orden de briozoos que tienen los tentáculos en un *lofóforo*, de forma de herradura y están provistos de epistoma. Mejor conocido como *Phylactolaemata*.

Lophotiformes. Otro nombre para el grupo de peces llamado *Taeniosomiformes*.

loquios* (lochia). Descarga normal de la vagina después del parto. (Gr. **locheia**, parto.)

lora* (parrot fish). Pez marino llamado también *viejalora*, perteneciente a la familia *Scaridae* (**Scarus coeruleus**). // Hembra del loro.

loral (loreal). Situado en el *lorum* o brida o perteneciente a él. (Lat. **lorum**, brida.)

lorcha*. V. **boquerón**.

lordosis* (lordosis). Curvatura anormal en la parte inferior de la columna vertebral. (Gr. **lordois**.)

Lorenz, K. Biólogo austríaco. Junto con N. Timbergen, estableció la teoría de que los patrones de la *conducta instintiva* regulan el comportamiento innato. (1931)

loreto. *Cuba:* pez osteictio marino antillano, del orden *Perciformes*, familia *Centropomidae* (**Gramma loreto**).

lori. V. *lorisiformes*.

lorica (lorica). V. *loriga*.

Loricata. Otro nombre para el suborden de mamíferos del orden *Edentada*, que comprende los armadillos. V. *dasipódidos* y *Xenarthra*. // Nombre aplicado también a los reptiles del orden *Crocodilia*. // Clase de moluscos provistos de concha de ocho piezas. v. *Polyplacophora.* // Una división del fílum *Rotífera.* (Lat. **lorica**, corazado.)

Loricati. Un orden de peces óseos, considerado por algunos como una familia o suborden. Comprende los rascacios (**Scorpaena, sp.**) y peces voladores (**Trigla**). Es llamado también *Scleroparei.* (Lat. **lorica**, coraza.)

loriga* (**lorica**). Cubierta o envoltura protectora de varias especies animales. // Carapacho de las tortugas. // Dorso de los cocodrilos. // Cutícula rígida de ciertos rotíferos. (Lat. **lorica**, armadura o coraza.) *Adj. lorigado*.*

Lorisiformes. Infraorden del orden *Primates.* Cara corta, los ojos grandes y las órbitas dirigidas hacia delante y viven en el Africa Ecuatorial y desde el sur de Africa hasta Filipinas. (Neolat. **loris**, del holandés **loeris**, bobalicón, de la voz **indiana** "saco tímido".)

loro* (**parrot**). Papagallo de plumaje vistoso. // América: diversas especies de papagayos del género *Amazona.* // *l. loro* (**parrofish**). *Cuba:* nombre común a varios peces marinos litorales de colores vivos. Orden *Perciformes,* familia *Scaridae* (**Scarus colestinus**).

lorum (**lorum**) *Brida, correa.* // Placa cuticular en forma de V que soporta el labio alargado de las abejas. // Placa dorsal que protege el pedículo en las arañas. // Región anterior del ojo en reptiles y aves. (Lat. **lorum**, una brida larga.) *Adj. loriforme, loreal.*

lota* (**burbot**). Pez de agua dulce de la región holártica, con barbillas (**Lutalota**). (Lat. **barba.**)

lótico (**lotic**). Que se relaciona con el agua corriente (ríos, arroyos). // Que habita en las aguas corrientes. (Lat. **lotum**, que corre sobre.)

loxodonto (**loxodont**). Se aplica al tipo de molar en los mamíferos caracterizado por las crestas transversales, más separadas en el centro, formando rombos muy alargados como los molares de los elefantes africanos. (Gr. **loxos**, torcido, inclinado;+**odontos.**)

Loubatiere, R. Histiólogo francés, quién como O.R. Tuzet y M. Pavans de Ceccatty, descubrió la presencia en las esponjas de células aparentemente nerviosas.

Louis, A. Cirujano francés. V. *ángulo de Ludovici* o *ángulo esternal.*

lox, loxo-. (Del griego **loxos**, oblículo.)

LTH. Hormonas luteotróficas. V. *luteotrofina. HLT.*

L.H. Hormona **lactogénica.** También *H.L.*

lubigante* (**lobster**). *Bogavante, crustáceo.*

lubina* (**bass, snook**). *Lobina, róbalo.* Cualquiera de diversas especies de peces, como el *róbalo,* el pez fluvial norteamericano llamado *large mouthed black bass* (**Micropterus salmoides**). (De **lupus**, lobo.)

lúbrico* (**lubricous**). Resbaladizo, escurrizo, como por ejemplo las conchas muy lisas y brillantes de algunos moluscos. (Lat. **lubricus.**)

lucerna*. *Luciérnaga,* insecto.

Lucernariida. Un orden de celenterados escifozoarios que existen solo en la forma pólipo, con aspecto de lámpara o de campana, viven fijos sobre algas flotantes en mares templados y fríos. Ver *Stauromedusae.* (Lat. **lucerna**, lámpara.)

luci-. (Del latín **lux**, **lucis**, la luz.)

luci. Puerto Rico: especie de geco o salamanquesa (**Mabuya sloani**). Culebrilla de cuatro patas: *Celestus plei.*

Luciae. Orden de *Tunicados.* V. *Pyrosomida.*

lúcido* (**lucid**). Se emplea en el sentido de una estructura nítida o brillante. (Lat. **lucidus**, **brillante.**)

luciérnaga* (**fire bug**). Insecto celeóptero de la familia *Lampyridae,* con órganos luminosos situados en la extremidad del abdomen. Color de luminosidad y el ritmo de los destellos son caracteres específicos. (Lat. **lux**, **luz.**)

luciferasa (**luciferase**). Enzima de los órganos luminosos de los animales que, activando la oxidación de la proteína luciferina, provoca la emisión de luz tenue de baja temperatura. (Lat. **lux**, luz; **ferre**, llevar.)

luciferina (**luciferin**). Substancia de naturaleza proteica que, al oxidarse por la activación de la enzima luciferasa, origina la emisión de luz en organismos vivientes, como luciérnagas, crustáceos, peces, etc. (Lat. **lux**, luz; **ferre**, llevar.)

lucífugo* (**lucifugal**). Organismo que evita la luz o que muestra una fototaxia negativa. (Lat. **lux**, luz; **fugere**, huir.)

lucilo* (**top minnow**). *Cuba:* especie de *guajacón,* q.v.

lucio* (**luce, pike**). Pez óseo holártico fluvial del orden *Clupeiformes,* familia *Clupeidae* (**Esox lucius**). (Lat. **lucius.**)

lucíola* (**fire bug**).=*Luciérnaga.*

lución* (**blind worm**). Especie de lagarto de la familia *Anguidae,* de aspecto de culebra y con lustre brillante (**Anguis fragilis**)

lucipetalo (**lucipetal**). Que requiere luz. // = *Fotófilo.* (Lat. **lux**, luz; **petere**, buscar.)

Lucrecio. Poeta romano. Ofreció una explicación evolutiva del origen de los organismos en su poema *De Rerum Naturae* (99-55 A.C.)

lucha biológica (**biological control**). Manera de combatir a organismos dañinos empleando sus enemigos naturales. // *l. por la existencia,* premisa mantenida por Darwin, basándose en que los animales se multiplican en mayor proporción que los medios de subsistencia y se establece una competencia en la cual sobreviven los mejores adaptados al ambiente.

ludría*. V. *nutria,* mamífero.

Ludwin, Karl. Fisiólogo alemán, quien pudo demostrar la teoría de la excreción renal a través de los corpúsculos de Malpigio de los riñones. (1816-1895)

lúgano* (**siskin**). Ave del orden *Passeriformes,* del tamaño de un jilguero, que imita el canto de otros pájaros (**Carduelis spinus**).

lumbar* (**lumbar**). Lo relativo o perteneciente a los lomos. (Lat. **lumbi**, los lomos.)

lumbocostal (**lumbocostal**). Lo perteneciente a las ijadas y a las costillas. (Lat. **lumbus**, ijada; **costa**, costilla.)

lumbosacral (**lumbosacral**). Perteneciente a la ijada y al sacro, como el ligamento lumbosacral. (Lat. **lumbus**, ijada; **sacrum**, sacro.)

lumiaco* (**land slug**). Babosa o caracol terrestre.

luminescencia. V. *luminiscencia, bioluminescencia.*

luminescente. V. *luminiscente, bioluminescente.*

luminífero (**luminiferous**). Que da luz. V. *luminescente.* (Lat. **luminifer.**)

luminirreceptor. Estructura sensible a la luz. //=*Fotorreceptor.* // Las manchas estigmáticas de muchos flagelados. (Lat. **lumen**, luz; **receptor.**)

luminiscencia* (**luminescence**). Luminosidad débil, especialmente intermitente. // Emisión de luz a consecuencia de una reacción química intracelular. (Neol. lat. **luminescentia**, der. de **luminescere.**)

luminiscente* (**luminescent**). Lo que produce luz a baja temperatura, sin estar incandescente. (Lat. **luminescens**, der. de **luminescere.**) V. *fosforescente.*

luminorreceptor. V. *luminirreceptor.*

luminoso* (**luminous**). **Que despide luz.** (Lat. **lumen**, luz.)

lumirrodipsina (**lumirhodopsine**). El primer producto de la transportación de la rodopsina bajo la influencia de la luz. (Lat. **lumen**, la luz; +**rodopsina.**)

luminorrodopsina (**lumirodopsine**). Substancia de color rojo anaranjado que se porduce transitoriamente como resultado de la acción de la luz sobre la rodopsina. (Lat. **lumen**, luz; gr. **rhodon**, rosa; **opsis**, vista.)

lumisterol (lumistecol). Un isómero del ergosterol.

lumper (lumper). Término aplicado a quienes en taxonomía tienden a unir taxones relacionados en un solo taxón. También a quienes tienden a rebajar la categoría de los taxones, por ej. de familia a subfamilia. (Ing. **lump**, terrón; **to lump**, reunir un número de cosas.)

lunado* (lunate). V. *semilunar.*

lunar* (lunar). Lo relacionado con la luna. V. *periodicidad lunar.* // *Lunado.* (Lat. **luna.**)

luneta* (lunette). Párpado inferior transparente de los ofidios. Galicismo por *lunita.* (Fr. **lunettes**, anteojos.)

lúnula* (crescent demilune). Estructura en forma de media luna. // Un esclerito de algunos insectos dípteros situado sobre la base de las antenas. // La parte blanca y opaca de las uñas humanas cerca de la raíz. (Lat. **lunula**, lunita.) // Célula semilunar serosa en las glándulas salivares. (Lat. **lunula**, lunita.) *Adj.* ***lúnular*, lunilla*.*** // ***l. frontal,*** área semilunar sobre la base de las antenas en los dípteros. // ***l. de Heidenhain,*** *V. l. de Giannuzci.* // *l. de Giannuzzi,* masa celular semilunar en las membrana basal de las glándulas mucosas. ***l. gris.*** V. *creciente gris.*

lunulilla* (lunulet). Peuqeña lúnula. (Lat. **lunula.**)

lupa* (hand lens). Galicismo por lente. Se emplea mucho para designar los lentes de aumento o microscopios simples. // (Gr. **loupe**, de loba.)

lupino* (luteous). Relativo a los lobos. (Lat. **lupus**, lobo.)

lúrido (luridus). De color amarillo pálido de lodo. (Lat. **luridus**, amarillo, pálido.)

lusus (lusus). Estructura que discrepa de las normales solo como una variación individual. // ***lusus naturae.*** En un tiempo así se nombraban las mutaciones y los fósiles. (Lat. **lusus**, juego.)

lut-. Prefijo para indicar lo relacionado con el lodo o con un amarillo fangoso o dorado. (Lat. **lutus**, **luteus**; **fango**, amarillo.)

lúrea*. *Oropéndula*, ave.

luteína (lutein). Pigmento amarillo de los lipocromos de la yema del huevo y de los cuerpos amarillos del ovario. //=*Progesterona.* // ***Xantofila.*** *Adj.* ***luteínico.***

luteinisación (luteinisation). La formación de los cuerpos amarillos del ovario. (Lat. **luteus**, amarillo naranja.)

lúteo* (luteous). De color amarillo, como el lodo. // Lo relacionado con el lodo. // De color amarillo dorado. (Lat. **lutum, lutus**, lodo; fangoso, amarillo dorado.)

luteotrófico (luteotrophic). Lo que estimula formación de los cuerpos luteos. V. *Hormona luteotrófica.*

luteotrofina (luteotrophin). Una hormona del lóbulo anterior de la hipósfisis que sirve principalmente para mantener los cuerpos amarillos durante los primeros estados de preñez. (Lat. **luteo**, amarillo; gr. **trophe**, alimento.)

lutra* (otter). V. *nutria.* (Lat. **lutra.**)

lutria (otter). V. *nutria.*

lutrícola (lutricolous). Habitante del cieno. (Lat. **lutus**, cieno.)

luz* (lumen). *Lumen.* // El calibre de un vaso conductor de fluidos o de un órgano tubular. // *merluza.* (Lat. **lux, lucis.**) // ***l. fría,*** se dice de la luz emitida por los organismos bioluminescentes, que irradia poco calor.

luxación (luxation). *Dislocación.* (Lat. **luxo**, luxatio.)

Lyell, Charles. Geólogo inglés, que estableció los conceptos modernos de la geología en su famoso libro *The Principle of Geology*, desacreditando la teoría del catastrofismo y mostrando las correlaciones entre eras geológicas pasadas y las recientes (1797-1875)

Lymnaea. Molusco gastrópodo de agua dulce de espira alargada que actúa como hospedero intermediaro de la duela del hígado o *Fasciola* hepatica.

Lyomeri, Lyomerida. Orden de peces óseos. V. *Sarcophraryngiformes.*

Lyonet, Pierre. Naturalista franco-holandés. Notable por sus estudios sobre la garrapata del carnero. (1707-1789)

Lyopomi. Un orden de peces osteictios equivalente e Notacanthiformes.

Lysenko. Biólogo ruso, quien trató de revivir el lamarquismo basándose en experimentos del agrónomo Mitchurin. Esos experimentos no han podido ser comprobados en el mundo occidental y conclusiones parecen haber sido desechadas.

lyssa. (lyssa). V. *lytta.*

Lyssacinosida. Un orden de espongiarios de la subclase Hexasterophora en los que las megascleras son generalmente libres.

listrosaurio (lystrosaurio). Reptil mesozoico de apariencia de hipopótamo, hallado en Africa del Sur, en Asia y recientemente, en la Antártica. Se le considera como un indicio de la existencia del gran continente Gondwania. (Gr. **lystrosis**, **Saurus**, lagarto.)

lytta. (lyssa). Una masa muscular vermiforme, con grasa y cartílago, situada por debajo de la lengua de mamíferos carnívoros. // Un género de insectos coleópteros al que pertenecen las cantáridas. // El cartílago lingual de los perros se le llamó *lytta* por creérsele culpable de la rabia. (Gr. **lytta**, furia, rabia, locura.)

LL

llaca* Mamífero marsupial de Argentina y Chile. Familia *Didelphidae.* Cola ensanchada por un depósito de grasa (**Marmosa elegans**). (Voz araucana.)

llama* (**llama**). Rumiante doméstico de Bolivia y Perú de la familia *Camelidae.* Se aprovecha la piel, lana, leche y carne, además de servir como bestia de carga (**Lama glama**). // En sentido colectivo, cualquier especie de camélido sudamericano. (Voz quechua.) V. *llama, guanaco, alpaca* y *vicuña.*

llamingo. V. *llama.*

llampuga. Otro nombre aplicado al pez llamado también dorado (**Coryphaena hippurus.**)

llocada*. huevos puestos por una gallina llueca o clueca.

llocántaro*. V. *bogavante,* crustáceo.

lloco. *Chile:* caballo de mala calidad.

lloica*. *Chile: loica.* Una especie de trupial (**Trupialis militaris**). (Voz araucana.)

llorosa (**Puerto Rican Tanager**). Puerto Rico: ave endémica. Orden *Passeriformes,* familia *Thraupidae* (**Nesospingus speculiferus**).

llubina*. V. *lobina, robalo.*

llueca*. Gallina clueca.

lluvial*. Ant. por pluvial.

M

mabre. Especie de *pajel,* pez marino europeo (**Pagellus mamyrus**).

mbuni. El avestruz africano en lenguaje swahilí.

mabiche. Puerto Rico: "mosquito muy pequeño que frecuenta la orilla del mar" (Hernández Aquino). (Nombre indígena.)

mabuya (mabuya). Cualquier especie de saurio de la familia *Scincidae,* género *Mabuya.* (Voz **antillana.**)

macá (pied -billed grebe). *Zampulín.* Nombre que dan en América del Sur a una especie de somormujo, ave del orden *Podicipediformes* (**Podilymbus major**).

macabí (bonefish). Pez óseo comestible del orden *Clupeiformes,* cosmopolita en mares tropicales (**Albula vulpes**).

macabel (boa). Colombia: serpiente de la familia *Boidae* (**Epicrates cencharia**).

macacito (least grebe). Especie de somormujo sudamericano, ave del orden *Podicipediformes,* familia *Podicipedidae* (**Podiceps (dominicus.**)

macaco* (macaque). Nombre portugués que significa mono, ahora restringido a las especies asiáticas del género *Macaca.* // ***m. inglés***, nombre que dan en Brasil a una especie de mono llamado también uácari (**Cacajao rubicundus**).

macagua* (fer de lance). Venezuela: serpiente muy venenosa de la familia *Viperidae* (**Bothrox atrox**), que en Martinica llaman "fer de lance". // Ave rapaz diurna sudamericana del orden *Falconiformes* (**Herpetotheres cachinnans**). (Voz **caribe.**)

MaCallum, A.B. Químico canadiense, quien reconoció en 1904 la similaridad entre las sales de los fluidos de los vertebrados y las del agua de mar. (1885-)

macaón. Mariposa europea muy común de gran tamaño (**Papilio machaon**).

macarela (cero, Spanish mackerel). Nombre dado en varias partes de América a la caballa y a otros peces de la familia *Scombridae* (**Scomberomeorus sp.**).

macaurel* (boa constrictor). Venezuela: boa constrictora (**Constrictor constrictor**), serpiente de la familia *Boidae.*

macaz (paca). V. *paca,* roedor.

maceración* (maceration). El ablandamiento de tejidos orgánicos por inhibición en agua. (Lat. **macer,** flaco.)

macerar* (macerate). Desgastar o separar partes de tejidos o de órganos. // Ablandar por digestión u otros medios. (Lat. **macerare,** ablandar.)

Macleod, John J. Richard. Fisiólogo inglés, uno de los descubridores de la insulina. Premio Nobel en 1923. (1876-1935)

maco (zebra cowrie). Nombre dado en Cuba a los cauríes, especies de moluscos gasterópodos marinos de la familia *Cypraeidae* y, en especial, a *Cypraea zebra.*

macolota (tinamou). Ave sudamericana del orden *Tinamiformes* (**Tinamus major**).

macomirido. V. *macopólipo.*

macón*. Panal sin miel y reseco. // *Propóleos.*

macopólipo (machopolyp). Tipo de pólipos en algunos hydrozoarios marinos, especializado en la protección y captura de alimentos. (Gr. **mache,** lucha; **pólipo.**)

macozoide. V. *macopólipo.*

Macracanthorhynchus. Un género de vermes parásitos pertenecientes al fílum *Acanthocephala. M. hirudinaceous* parasita el intestino del cerdo doméstico.

macraner (macraner). Un macho de hormiga de tamaño muy grande. (Gr. **makros,** grande; **aner,** macho.)

macro- (macro-). (Del gr. **makros,** largo, profundo, ancho, prolongado, grande.)

macrobiosis (macrobiosis). =*Longevidad.* (Gr. **makros,** grande; **bios,** vida; **-osis,** incremento.) *Adj.* ***macrobiótico.***

macrobiótica (macrobiotic). Arte de prolongar la vida por medios higiénicos. (Gr. **makros,** grande; **biotike,** relativo a la vida.)

macroblasto (macroblast). Una célula o corpúsculo rojo anormalmente grande. // Un normoblasto juvenil. (Gr. **makros,** grande; **blastos,** yema.)

macrobranquio (macrobranch). Se aplica al animal acuático de branquias grandes. (Gr. **makros,** grande; **branchia,** branquia.)

macrocefalia (macrocephaly). Calidad de tener la cabeza grande. // En los humanos, el que tiene una capacidad mayor de 1450 cc. *Adj.* ***macrocéfalo*.***

macrocentrosoma (macrocentrosome). El centrosoma con su gránulo central. (Gr. **makros,** grande; **+centrosoma.**)

macrocitasa (macrocytase). La enzima de los macrófagos o células endoteliales. (Gr. **makros,** grande; **kytos,** célula; **-asa,** enzima.)

macrocito (macrocyte). La mayor entre dos formas dimórficas unicelulares. // Un eritrocito de tipo grande. (Gr. **makros,** grande; **kytos,** célula.)

macrocnémico (macrocnemic). Zoantario que tienen el sexto protocnema mesentérico completo. (Gr. **makros,** grande; **kneme,** la rodilla.)

macroconjugante (macroconjugant). El mayor de los individuos que realiza la conjugación en los protozoos ciliados del género *Vorticella.* (Gr. **makros,** grande; lat. **conjugare,** unir.)

Macrochites. Una división de Aves. V. *Micropodiformes.* (Gr. **makros,** grande; **cheir,** mano, "ala".)

macrodáctilo (macrodactylous). Que tiene dedos largos. (Gr. makros, grande; dactylos, dedo.)

Macrodasyoidea. Uno de los órdenes en que algunos zoólogos dividen los gastrotricos. Son hermafroditas y carecen de protonefridios. (De Macrodasys, un género de gastrotricos, y -oides, parecido.)

macrodonte (macrodont). Que tiene dientes largos. (Gr. makros, grande; odous, diente.)

Macrodrili. Un grupo de anélidos oligoquetos acuáticos y terrestres que, como la lombriz de tierra, tienen muchos segmentos y carecen de ojos. (Gr. makros, grande; drilos, un gusano.)

macroelementos (macro-elements). Elementos requeridos en grandes cantidades en la nutrición = *Macronutrientes.* (Gr. makros, grande; +nutrientes.)

macroepibéntico (macroepibenthic). Organismo grande que forma parte del bentos de las aguas someras. (Gr. makros; epi, sobre; benthos, fondo).

Macroergate (macroergate). Hormiga obrera gigante. (Gr. makros, grande; ergates, un obrero.)

macroevolución (macroevolution). Proceso de diferenciación de las unidades taxonómicas superiores, nombre establecido especialmente por los que sostienen la existencia de procesos diferentes para ellas. (Font Quer) (Gr. makros, grande; +evolución.)

macrófago (macrophagous). Fagocito móvil que se encuentra en varios tejidos de los vertebrados. (Gr. makros, grande; phago, comer).

Macrofrenatae. Una división del orden *Lepidoptera.* V. *Macrolepidoptera.* (Gr. makros, grande; +frenatae.)

macroftalmo (macrophthalmic). De ojos grandes. Se aplica especialmente a ciertos crustáceos decápodos de ojos pedunculados muy grandes. (Gr. makros, grande; ophthalmos, ojo.)

macrogameto (macrogamete). El heterogameto de mayor tamaño, que generalmente se considera como femenino. (Gr. makros, grande; gameto.)

macrogametocito (macrogametocyte). El gametocito mayor o femenino, producto de la transformación de un trofozoito, en el ciclo sexual de los hemosporidios. (Gr. makros, grande; +gametocito.)

macrogamia (macrogamy). Conjugación entre individuos adultos de una especie. *Hologamia.* (Gr. makros, grande; gamos, boda.)

macrogina (macrogyne). Se dice de las hembras desusadamente grandes. (Gr. makros, grande; gyne, hembra.)

macroglosia (macroglossia). Hipertrofia de la lengua. (Gr. makros, grande; glossa, lengua.)

macrognático (macrognathic). Con mandíbulas especialmente desarrolladas. (Gr. makros, grande; gnathos, mandíbulas.)

Macrolepidópteros. Una división descriptiva de los lepidópteros, sin valor sistemático. (Gr. makros, grande; + lepidópteros.)

macroleucocito (macroleucocyte). Un leucocito cromófilo grande. (Gr. makros, grande; +leucocito.)

macrómeros (macromere). Células grandes, cargadas de vitelos y próximas al polo vegetativo en los huevos oligolecíticos o merolecíticos y mesolecíticos. (Gr. makros, grande; meros, parte.)

macromerozoito (macromerozoite). Una de las divisiones de un macrosquizonte de los esporozoarios. (Gr. makros, grande; +merozoito.)

macromesenterio (macromesentery). Uno de los grandes mesenterios completos en los antozoos. (Gr. makros, grande; +mesenterio.)

macromielón (macromyelon). La médula oblongada. (Gr. makros, grande; myelos, la médula.)

macromitosoma (macromitosome). El paranúcleo de algunas células. (Gr. makros, grande; +mitosoma.)

macromolécula (macromolecule). Una gran molécula formada por enlace de unidades pequeñas, como los polisacáridos y las proteínas. (Gr. makros, grande; +molécula.)

macromutación (macromutation). Una mutación que puede ocasionar la aparición de una nueve especie. V. *macroevolución.* (Gr. makros, grande; +mutación.)

macronoto (macronotal). Que tiene un tórax grande, como el de las reinas de las hormigas. (Gr. makros, grande; noton, espalda.)

macronte (macront). La mayor de las células formadas después de la esquizogonia en los neosporidos. (Gr. makros, grande; on, ser.)

macronúcleo (macronucleus). El mayor de los núcleos de los cilióforos, o núcleo vegetativo. (Gr. makros, grande; lat. nucleus, núcleo.)

macronucleocito (macronucleocyte). Leucocito con un núcleo relativamente grande. Un leucocito cromófilo en los insectos. (Gr. makros, grande, +nucleocito.)

macronutrientes (macronutrients). Minerales requeridos en grandes cantidades en la nutrición, como el calcio, el fósforo, el cloro, el azufre, el potasio, el sodio, el magnesio, el hierro.

Macropetalichthyida. Una subclase de peces fósiles de la clase *Placodermi.* (Gr. macros, grande; petalos, plano; ichtys, peces + ida.)

macropigio (macropygium). Dícese de las trilobitas de pigidio grande. (Gr. macros, grande; pyge, grupa, nalgas.)

macropirénico (macropyrenic). Se aplica a células con un núcleo mayor que el promedio en su clase. (Gr. makros, grande; pyren, núcleo.)

macroplacoide (macroplacoid). Pieza cuticular hallada en la faringe de los tardígrados. (Gr. makros, grande; plax, placa; neolat. oides, forma.)

macroplancton (macroplankton). El plancton formado por organismos de tamaño grande, entre 5-50 cm. (Gr. macros, grande; + plancton.)

macropleuston (macropleuston). El *pleuston* de dimensiones grandes. (Gr. makros, grande; pleustikos, listo para navegar.)

macrópodo (macropodous). Que tiene los pies grandes. (Gr. makros, grande; pous, podos, pie.)

macróptero (macropterous). De alas grandes. Se aplica principalmente a ciertos insectos, como las hormigas y los termes. (Gr. makros, grande; pteron, ala.)

macroqueta macrochaeta). Cerda grande, como las de algunos insectos. (Gr. makros, grande; chaeta, cerda.)

Macrosceliodea. Una superfamilia de mamíferos insectívoros africanos de boca prolongada a modo de breve trompa, por lo que se llaman *musarañas elefantes.* (Gr. makros, grande; skelos, pierna.)

macroscópico* (macroscopic). Visible a simple vista. (Gr. makros, grande; skopein, examinar.)

macrosepto (macroseptum). Un tabique primario de los antozoarios. (Gr. makros, grande; lat. septum, tabique.)

macrosférica (macrosphaeric). Fase sexuada de ciertas especies de foraminíferos en las que la cámara inicial de la concha es grande. (Gr. makros, grande; sphaira, esfera.)

macrosifón (macrosiphon). El gran sifón interno de ciertos cefalópodos. (Gr. makros, grande; siphon, tubo.)

macrosmático (macrosmatic). Dícese del mamífero de elevada sensibilidad olfatoria, que tiene los cornetes nasales muy desarrollados, como los perros. (Gr. makros, grande; osme, olor.)

macrosoma (macrosome). Un cuerpo alveolar o granular en el citoplasma. (Gr. makros, grande; soma, cuerpo.)

macrosomía (macrosomia). *Gigantismo.* (Gr. makros, grande; soma, cuerpo.)

macroespecie (macrospecies). La especie linneana, en contraposición con la *especie jordaniana* o microspecie. (Gr. makros, grande; species, especie.) (Font Quer.)

macrosplánenico (macrosplanchnic). De cuerpo grande y

extremidades cortas. (Gr. **makros**, grande; **splanknon**, vísceras.)

macrosporo (**macrospore**). Un gran esporo o gameto en los protozoos de la clase *Sarcodina.* (Gr. **makros**, grande; **sporos**, semilla.)

macrosporozoito (**macrosporozoite**). El mayor de los esporozoitos endógenos en *Sporozoa.* (Gr. **makros**, grande; **sporos**, semilla; **zoon**, animal.)

macrosquizogonia (**macroschizogony**). Método de reproducción de las macrosquizontes. (Gr. **makros**, grande; **schizein**, segmentar; **gene**, generación.)

macrosquizonte (**macroschizont**). Un estado en los hemosporidios que se origina en un esporozoito y da lugar a un macrosametozoito. (Gr. **makros**, grande; **schizein**, dividir, **-onte**, ser.)

macrosteta (**macrosthete**). Organo sensorial de tamaño grande en los moluscos anfineuros. (Gr. **makros**, grande; **aisthetes**, perceptor.)

macróstomo (**merostomatous**). Que tiene la boca grande. (Gr. **makros**, grande; **stoma**, boca.)

Macrostomida. Un orden de turbelarios que a menudo forman cadenas de hasta 18 zooides. También se denomina *Rhabdocoela.* (Gr. **makros**, grande; **stoma**, boca.)

macroterios (**macrotheria**). Grupo de mamíferos perisodáctilos fósiles del Mioceno superior. (Gr. **makros**, grandes; **therion**, bestia.)

macrotipo (**macrotype**). En los antozoos, una distribución de los mesenterios con mayor número de macromesenterios que los normales. (Gr. **makros**, grande; **typos**, patrón.)

macrotricos (**macrotricha**). Las sedas mayores del cuerpo y las alas de los insectos. (Gr. **makros**, grande; **thrix**, pelo.)

Macrura. Uno de los subórdenes en que se divide la sección *Reptantia* de los crustáceos decápodos. Se caracteriza por el largo y movible abdomen. Langosta, camarones, bogavantes. (Gr. **makros**, grande; **oura**, cola.)

Macruriformes. Un orden de peces óseos abisales con filamentos caudales muy largos y con la aleta caudal unida a la dorsal y a la anal. (Taxón basado en el género Macrurus.) V. *Gadiiformes.* (Gr. **makros**, grande; **oura**, cola.)

macruro* (**macrure**). *Macrúrico.* Que tiene la cola larga. // Un miembro de los crustáceos decápodos de la subclase *Macruros* o *Macrura.* // Un grupo de peces de aguas profundas, con la cola prolongada. (Gr. **makros**, grande; **oura**, cola.)

macuba.* España: insecto coleóptero de olor aromático, de la familia *Cerambycidae,* cuyas larvas son nocivas a los árboles (**Aromia moschata**).

macuco (**tinamou**). Sudamérica: nombre común de varias especies de aves del orden *Tinamiformes* (**Tinamus tao**).

mácula* (**macula**). Un punto o mancha coloreada o una depresión en una estructura. (Lat. **macula**, mancha.) *Adj. maculado, maculífero, maculoso*.* // *m. acústica*, la terminación del nervio acústico en el sáculo y el utrículo. // *m. cribosa*, área perforada en el vestíbulo del oído que da paso al nervio auditivo. // *m. germinativa*, el área germinal de un óvulo. // *m. lutea*, la mancha amarilla de la retina o punto de visión más clara. // *m. neglecta*, pequeña área sensorial del utrículo del oído de algunos vertebrados inferiores.

macurí (**tripletail**). Puerto Rico: pez marino comestible del orden *Perciformes,* familia *Lobotidae,* llamado en Cuba *biajaca de la mar* (**Lobotes surinamensis**). (Voz indígena.)

macha* Chile: molusco marino comestible bivalvo (**Mesodesma donacium**).

machango (**capuchin**). Una especie de mono sudamericano del grupo de los *Capuchinos.* Familia *Cebidae* (**Cebus nigrovittatus**).

machete* (**cutlassfish**). Venez.: pez del orden *Perciformes,* suborden *Trichiuroidei,* familia *Trichiuridae* (**Trichiurus lepturus**). En Cuba lo llaman *sable.*

machín* (**capuchin**). Nombre que se aplica a los monos americanos del género *Cebus.* V. *caís* y *capuchino.*

macho* (**male**). Un individuo del sexo que produce espermatozoos. // Mulo. // *lisa,* pez. (lat. **mas**, macho.) // *m. complementario*, machos pequeños o degenerados que viven adheridos a las hembras. // *m. enano*, un individuo diminuto del sexo masculino en varias clases de animales, a veces portado por la hembra.

machuelo* (**thread herring**). Pez óseo marino del orden *Clupeiformes,* familia *Clupeidae* (**Opisthonema oglinum**) de las aguas someras desde Maine al Brasil.

madido (**madid**). Húmedo, mojado. (Lat. **madidus**, húmedo.)

maduca (**dik-diks**). Grupo de antílopes africanos, de la subfamilia *Madochinae,* de escaso tamaño, que incluye los llamados *dikdik.*

madrecilla* (**ovary of birds**). El oviducto y ovario de las aves. (De **madre**.)

madreperla* (**mother of pearls**). Nombre que se aplica a las conchas perleras del género *Pinctada,* así como al nácar fino de dichas especies. (De **madre** y **perla**.)

madrépora* (**madrepore**). Coral blanco. V. *madreporaria.* Un miembro del orden *Madreporaria. Adj. madrepórico.* (De **madre** y gr. **poros**, piedra porosa.)

Madreporaria. Un orden de antozoos de la subclase *Zoantharia* que comprende los corales blancos o madréporas. Exoesqueleto calcáreo y compacto, con pólipos numerosos y diminutos, componentes de los arrecifes coralinos. Habitan los mares tropicales, desde el Precambriano hasta el reciente. También *Scleractinia.*

madreporita (**madreporite**). Una pieza u osículo criboso en la superficie de los equinodermos que comunica con el exterior el sistema acuífero ambulacral. (De **madrépora**; **-ita**, dim.)

madrigado* (Dícese del macho de ciertos animales que ya ha apadreado. (Lat. **matrix**, de **mater**, madre.)

madriguera* (**den**). Guarida o lugar en donde habitan o se refugian ciertos animales. (Lat. **matricaria**, de **matter**, madre.)

maduración* (**maturation**). Las últimas divisiones en la formación de las células sexuales. (Lat.**maturus**, maduro.)

maduro* (**mature**). Completamente desarrollado. Tiene una connotación principalmente sexual. (Lat. **maturus**.)

Maeterlinck, Maurice. Literato belga, que escribió sobre varios temas de biología: *La inteligencia de las flores, La vida de las abejas, La vida de las hormigas, La vida de los termes.* (1862-1949)

magdalena (**snake**). Cuba: jubito, especie de culebra pequeña de color negro por encima y blanco por debajo. Familia *Colubridae* (**Dromicus (Arrhyton) andraeae**).

Magendie, Francois. Fisiólogo francés. Junto con Ch. Bell descubrió las funciones de las raíces dorsales y ventrales de los nervios espinales. (1783-1855)

magma* (**magma**). Una suspensión de partículas finamente divididas en pequeña cantidad de agua. (Gr. **magma**, parte exprimida.)

mágnum (**magnum**). El hueso del carpo llamado *mayor* o *capitatum.*

Magnus, Albertus. Religioso de la orden dominica, alemán de origen, interesado en biología, física y geología y especializado en taxonomía de las plantas. Trato de armonizar las ideas de Aristóteles con los hechos observados. Escribió un tratado *On Animals*, con comentarios sobre Aristóteles. (1206-1280)

Magnus, Olaus. Naturalista sueco del siglo XVI. Escribió una historia natural, con narraciones fantásticas.

mago (**tarsier**). Especie de primate del suborden de los *Prosimios,* infraorden *Tarsiformes* (**Tarsius syrichtus**).

magote (**Barbary ape**). Especie de mono del norte de Africa y de Gibraltar (**Macaca sylvana**). También los llaman *mona.*

maguari (**maguari stork**). Una especie de cigüeña de la América del Sur (**Euxenura maguari**).

maguayo. Serpiente en el idioma arahuaco (Hernández Aquino).

magüeto (Heifer). Res vacuna de menos de tres años, que aún no ha parido.

maha (bear monkey). Especie de mono de la familia *Cercopithecidae* de las montañas de Ceylán (**Pithecus senex monticola**).

maias (orang-utan). Nombre vernáculo del mono antropomorfo denominado *orangután* (**Pongo pygmaeus**).

maibá (Indian tapir). El tapir asiático (**Tapirus indicus**).

maicero (pintail). Otro nombre para el pato jergón o rabudo europeo (**Anas acuta**).

maimón (monkey). Mico, mono (Turco, **maimún**, mono.) Puerto Rico: pato pescuecilargo.

maiosis V *meyosis.*

majá (Cuban boa). Cuba: especie de boa de gran tamaño que alcanza más de cuatro metros de largo (**Epicrates angulifer**). // Puerto Rico: culebrón, especie de boa (**Epicrates inornatus**).

majá de mar (sea eel). Cuba: especie de morena, pez de aspecto de culebra, familia *Ophichtyidae* (**Ophicanthus gomesii**).

majal — Banco de peces.

maje (sand fly). Puerto Rico: especies de insectos dípteros diminutos que frecuentan las playas y marismas y dan picadas muy molestas (**Culicoides furens**). *Jejen.* // Según Hernández Aquino, el nombre se le aplica al díptero de la familia *Simulidae* que se cría en corrientes de aguas dulce (**Simulium haematopotun**), especie llamada en Cuba *rodador.* (Voz **indígena.**)

maki (lemur). Nombre vernáculo para diversas especies de primates prosimios de la superfamilia *Lemuroidea* (**Lemur cata**).

mako. V. *dientuso,* tiburón.

mala* (mala). La mejilla. // Parte de la maxila de los miriápodos. // Parte exterior de la mandíbula en las aves. (Lat. **mala**, mejilla.) *Adj.* ***malar.****

Malakichthyes. V. *Icosteiformes.* Un orden de peces marinos que viven en el Océano Pacífico, de esqueleto pobremente desarrollado y aletas medianeras largas. (Gr. **malakos,** blando; **ichthys,** pez.)

malaco- (malaco). (Del gr. **malakos,** blanco.) Se emplea especialmente en relación con los moluscos, que fueron originalmente llamados *Malakia* por Aristóteles.

Malacocotylea. Un taxón de la clase *Nematoda.* V. *Digenea.*

malacodermo (malacoderm). Con la piel blanda. // Dícese de ciertos insectos coleópteros que tienen el tegumento blando y cuyos élitros no cubren el abdomen. (Gr. **malakos,** blando; **derma,** piel.)

malacófilo (malacophilous). Se aplica especialmente al vegetal que es polinizado frecuentemente, pero de manera accidental, por ciertas especies de moluscos. (Gr. **malakos,** blando; **philos,** amigo.)

malacoide (malacoid). De aspecto blando o muscilaginoso. (Gr. **malakos,** blando; **oides,** parecido.)

malacología* (malacology). La parte de la zoología que trata del estudio de los moluscos. (Gr. **malakos,** blando y convencionalmente, molusco.) *Adj.* ***malacológico.***

Malacopoda. Una antigua agrupación zoológica en la que se reunían los onicóforos, tardígrados y linguatúlidos. (Gr. **malakos,** blando; **podos,** pie.)

malacopterigio* (malacopterygium). Se dice de los peces que tienen los radios de las aletas blandos. Previamente designó así un taxón de los peces óseos, subdivididos a su vez en *m. abdominales, m. ápodos, m. yugulares.*

Malacopterygii. Un orden de peces.=*Clupeiformes.* (Gr. **malakos,** blando; **pteron,** aleta.)

malacorrino (malacorhinal). De pico blando y membranoso, como el de ciertas aves anseriformes. (Gr. **malakos,** blando; **rhine,** nariz.)

Malacostraca. Una subclase de crustáceos, típicamente provisto de ocho segmentos torácicos y seis abdominales, todos los cuales llevan apéndices y generalmente tienen un carapacho que cubre la cabeza y el tórax. (Gr. **malakos,** blando; **ostrakos,** concha.)

malacostráceo (malacostracan). Un miembro de los crustáceos de la subclase *Malacostraca.*

Malacotylea. Nombre aplicado a los trematodos dístomos parásitos de vertebrados superiores que están provistos de dos ventosas blandas. (Gr. **malakos,** blando; **kotyle,** en forma de taza.)

malacozoario.* Nombre general con el que se designan los animales de cuerpo blando, como los moluscos. (Gr. **malakos,** blando; **zoon,** animal, **-ario,** conjunto.)

Malapterurus. Un género de peces fluviales africanos siluroideos que emiten descargas eléctricas. (Gr. **malakos,** blando; **oura,** cola; **pteron,** aleta.)

malamute. Dícese de una casta de perros de trineo oriunda de Alaska.

malar* (malar). El hueso malar, cigomático o yugal. (Lat. **mala,** mejilla.)

malaria (malaria). Paludismo, enfermedad febril producida por esporozoos del género *Plasmodium* y transmitida por mosquitos del género *Anopheles* y sus afines. (Ital. **malaria,** mal aire.)

malarmat. Pez marino del Mediterráneo, del orden *Perciforme,* provisto de placas óseas y rostro bifurcado (**Peristedium cataphractum**).

malaxación (malaxation). Comprensión o ablandamiento del alimento por las mandíbulas de ciertos insectos. *Masticación.* (Gr. **malaxis,** ablandamiento; **malassein,** ablandar.)

malbruck (malbrouck monkey). Una especie de mono verde, familia *Cercopithecidae,* que vive en el Congo y Angola (**Cercopithecus cynosurus**).

mal de Chagas (Chaga's disease). Una enfermedad de la zona tropical de América del Sur, fatal para los niños, producida por el flagelo *Trypanosoma cruzi* y transmitida por varios insectos hemípteros de gran tamaño, de la familia *Reduviidae* (**Triatoma, sp.**). (De **Carlos Chagas.**)

maleado (malleate). En forma de martillo. Amartillado. Se aplica a un solo tipo de aparato masticador en los rotíferos. *Maleiforme.* (Lat. **mellaeus,** martillo; literalmente, **amartillado.**)

malear (malleus). Lo pertinente o relativo al martillo, uno de los huesillos del oído medio. (Lat. **maleus,** martillo.)

malela (malella). Proceso distal del artejo deutomolar de ciertos miriápodos. (Bajo lat. **malella,** dim. de **mala,** maxilar.)

maléolo* (malleolus). Cualquiera de las prominencias redondeadas situadas a cada lado del tobillo. Apéndice en las patas posteriores de *Solpugida.* (Lat. **malleolus,** martillo pequeño.) *Adj.* ***maleolar*.***

maleorrámeo (maleoramate). Un tipo de mastax de los rotíferos. (Lat. **malleus,** martillo; **ramus,** rama.)

malformación (malformation). Irregularidad en el desarrollo embrionario que origina condiciones anormales, unas hereditarias y otras inducidas por factores ambientales.

malgache (malgasy). Una subregión zoogeográfica que comprende Madagascar y las Islas Mascareñas. (**De Madagascar.**)

mali (pygmy hipopotamus). Nombre vernáculo del hipopótamo enano de Liberia (**Choeropsis liberiensis**).

malacorion (mallachorion). El corion primitivo en los mamíferos. (Gr. **mallos,** lana; **chorion,** piel.)

malófago (mallophagous). Un insecto del orden *Mallophaga.*

Malpighi, Marcello. Microscopista italiano. Describió la circulación en los capilares y realizó estudios sobre el gusano de seda. (1628-1694) V. *glomérulo de Malpigio, túbulos de Malpigio, capa de Malpigio.*

maltasa (maltase). Una enzima que cataliza la hidrólisis de la maltosa. (Ing. **malt;** germ. **malz.**)

maltosa* (maltose). Un disacárido que se encuentra principalmente en la malta y se produce por hidrólisis de los almidones. (Ingl. **malt**; germ. **malz**.)

Malthus, Thomas Robert. Economista y sociólogo inglés, iniciador de los estudios sobre la población humana. En su obra más conocida: *An Essay on the Principle of Population* (1798), indicaba que la población humana crece en proporción geométrica mientras que los alimentos lo hacen en proporción aritmética. (1766-1834)

malvasia (white headed duck). Especie de pato europeo de la familia *Anatidae* (**Oxyura leucocephala**).

malvis (malvis). Véase *tordo.*

mallangongo (platypus). Nombre vernáculo del monotrema australiano *Ornithorhynchus paradoxus.*

mallei (mallei). Nombre que se le da a las piezas laterales del mastax de los rotíferos. (Lat. **malleus**, martillo.)

malleus (malleus). V. *martillo*, un huesillo del oído.

Mallophaga. Un orden de insectos ápteros ectoparásitos en aves y mamíferos. Boca masticadora, cuerpo deprimido, con antenas, tórax y patas cortas. (Gr. **mallos**, lana; **phago**, comer.)

mama* (mamma). El órgano de las glándulas productoras de leche en los mamíferos. (Lat. **mamma.**) *Adj.* ***mamario, mamiforme*.***

mamalogía (mammalogy). Palabra híbrida que significa etimológicamente el estudio de las mamas, pero aceptado convencionalmente como el estudio de los mamíferos. V. *mastozoología.* (Lat. **mamma**, mama; gr. **logos**.)

mamba (mamba). Serpiente africana altamente venenosa perteneciente al género *Dendroaspis*, familia *Viperidae.*

mamboreta (praying mantis). Sudamérica: nombre guaraní aplicado a un insecto ortóptero de la familia *Mantidae* (**Coptopteryx argentina**).

mamelón* (mammelon). Una estructura abultada. (Lat. **mamilla**, pezón.) *Adj.* ***mamelonado.****

mami (Japanese badger). Especie de tejón, mamífero carnicero de la familia *Mustelidae* (**Meles anakuma**), que vive en Japón.

mamífero* (mammal). Vertebrado de la clase *Mammalia.* (Lat. **mamma**, mama; **ferre**, llevar.)

mamila (mammilla). Teta de la hembra, exceptuando el pezón. // Tetilla del hombre. (Lat. **mamilla.**) *Adj.* ***mamilar*.***

mamilla (mammilla). V. *pezón. Adj.* ***mamillado.***

Mammalia. Clase que incluye aquellos vertebrados caracterizados por la posesión de mamas y de pelos verdaderos ectodérmicos. (Lat. **mamma.**)

mamut* (mammuth). Un grupo de elefantes extintos, de distribución circumpolar, que vivió a fines del Pleistoceno. La especie mejor conocida es el *Mammuthus primigenius*, contemporáneo del hombre primitivo. (Ruso, **mammot**, elefante.)

maná* (honeydew). Secreción azucarada de ciertas plantas. // Secreciones azucaradas producidas por glándulas anales de algunos insectos, como los áfidos o pulgones. (Del **maná** bíblico)

manada* (herd). Una asociación frecuentemente transitoria de individuos de la misma especie. // ***m. (pack).*** Reunión de animales predadores, destinada principalmente a la cacería de sus presas. Por ej. *manada de lobos.* // *Rebaño. (Lat.* **minari**, conducir ganado.)

managuaco. Animal que está manchado de blanco en el hocico y las patas.

manaquín (manakin). Se aplica a un grupo de aves neotropicales *Passeriformes* de pequeña talla cuyos machos ejecutan danzas prenupciales. Género *Manacus*, familia *Pipridae.*

manatí* (manatee). Nombre aplicado a las especies de sirenios de Africa y de la América tropical de la familia *Trichechidae.* La especie antillana es *Trichechus manatus* (**Caribe manatoui**).

manca (manca). Un estado en ciclo vital de algunos crustáceos que salen del huevo en forma de postlarva.

mancola (tinamou). Ave del orden *Tinamiformes* de la América Central (**Tinamus major**).

mancha* (spot). Señal que una cosa hace en el cuerpo. // Agregado de organismos marinos de una misma especie, como las sardinas. Se confunde este término con el de *cardúmen.* (Lat. **macula.**) // ***m. acústicas***, áreas receptoras del sentido del equilibrio. La *mácula utriculi*, está situada en el utrículo y otra, *macula sacculi*, en el sáculo. En los vertebrados con lagena (aves y reptiles) existe la *macula lagenae.* // ***m. amarilla***, v. *mácula lutea.* // ***m. ciega***, v. *punto ciego.* // ***m. de Peyer***, parches de tejidos linfoides en la mucosa intestinal. // ***m. germinativas***, nombre aplicado a los nucleolos de la célula-huevo. // ***m. ocular***, fotorreceptor constituido por un área pigmentada que absorbe luz y estimula al organismo.

manchego. V. *biajaiba*, pez.

manchette (manchette). Banda temporal en torno al cuello de un espermatozoo. (Voz **francesa**.)

mandí. Argentina, especie de bagre, pez de carne muy apreciada. (Voz **guaraní**.)

mandíbula* (mandible). La quijada o rama inferior y movible del arco bucal de los vertebrados. // Cada uno de los pares de apéndices bucales de los artrópodos dispuestos esencialmente para masticar. (Lat. **mandíbula**, quijada.) *Adj.* ***mandibular.***

Mandibulata. Un subfílum de los artrópodos llamados también *Antennata.* Cuerpo dividido en dos o tres partes, con uno o dos pares de antenas, un par de mandíbulas, respiración por branquias o tráqueas y excreción por tubos de Malpigio. Crustáceos, insectos y miriápodos. (Lat. **mandibula.**)

mandril* (mandril). Especie de mono africano que tiene la cara de color rojo y azul de tamaño grande, del grupo de los *Cinocéfalos*, familia *Cercopithecidae* (**Mandrillus sphinx**). (Voz de Guinea.)

manducar* (to eat). Comer. (Lat. **maducare**, mascar.) *Adj.* ***manducatorio.***

mangabey (mangabey). Mono asiático de gran tamaño de la familia *Cercopithecidae*, género *Cercocebus.*

mango* (manubrium). V. *manubrio.* // ***de cuchillo*** **(razor clam)**, nombre aplicado a varias especies de moluscos bivalvos de la familia *Solenidae* que tienen forma estrecha y alargada. (**Solen ensis**). V. *muergo, navaja.*

mangosta* (mongoose). Nombre que se aplica indistintamente a varias especies de mamíferos carnívoros africanos y asiáticos de la familia *Herpestidae* (o **Viverridae**), erróneamente confundidos con los hurones. Una especie asiática introducida en las Antillas, *Herpestes auropunctatus*, constituye una de las plagas más destructivas para las crías de las aves y para la fauna nativa. (**India, mangus.**)

manguarí. Error por *manjuarí.*

manguruyú*. Pez óseo sudamericano de agua dulce, del orden *Cypriniformes*, familia *Siluridae.* Una especie, el manguruyú de Argentina, es de gran tamaño (**Paulicea lutkeni**). (Voz **guaraní**.)

manicato (manicate). Que está cubierto de pelos enredados o de escamas. (Lat. **manicatus**, con mangas largas.)

manigordo (ocelot). En Venezuela y algunos lugares de América Central, el ocelote, mamífero carnívoro de la familia *Felidae* (**Felis pardalis**).

manjúa (striped anchovy). Cuba: pequeño pez marino comestible de la región antillana que vive en manchas junto a la costa. Orden *Clupeiformes*, familia *Engraulidae.* Algunas de las especies que reciben este nombre son *Anchoa hepsetus, Anchoa lamprotaenia* y *Anchoviella perfasciata.* En Puerto Rico: *mijúa.* (Del fr. **manger**, comer.)

manjuarí (Cuban alligator gar). Pez óseo de las aguas dulces de Cuba. Orden *Semionitiformes*, familia *Lepidosteidae* (**Atractostes tristaechus**).

mano* (hand). Parte terminal de las extremidades superiores y anteriores de los vertebrados. (Lat. **manus**, mano.)

manosamina (manosamine). Un glucósido que entra en la constitución de la quitina de los invertebrados.

Manson, Patrick. Médico inglés. Descubrió que ciertos mosquitos portaban el nematodo *Filaria,* agente de la elefantiasis. Sugirió (1894) a Sir Ronald Ross que la malaria pudiera ser transmitida por mosquitos. (1844-1922)

manta* **(devilfish).** Pez cartilaginoso marino, selacio de gran tamaño del orden *Rajiformes,* familia *Molbulidae,* que frecuenta los mares cálidos (**Manta birostris**).

mantarraya **(stingray).** Méx.: especie de pez condrictio de la familia *Trygonidae* (**Urobatis helleri**).

mantícora. Animal fabuloso citado por Plinio, que tenía cuerpo de león, rostro humano y cola de alacrán.

mántido **(prying mantis).** Cualquier especie de insecto de la familia *Mantidae,* como las llamadas *religiosas, prega-deu, Santa Teresa,* etc.

mantillo* **(humus).** *Humus,* capa superior del suelo, formada por descomposición de materia orgánica, que contiene una microfauna peculiar.

manto* **(mantle).** La corteza del cerebro o *palio.* // El tegumento de los moluscos que rodea la masa visceral. // La cubierta celular del cuerpo de los tunicado que segrega una cápsula resistente o túnica. // Plumas escapulares y coberteras de las alas. (Lat. **mantellum,** cubierta.)

Mantoidea, Mantodea. Un suborden u orden de insectos ortopteroides de alas largas heterónomas, las anteriores coriáceas, boca masticadora, patas anteriores depredadoras y metamorfosis incompleta. Abundan en los países cálidos. (Gr. **mantis,** género, tipo; **oides,** parecido.)

manual* **(manual).** Perteneciente a las manos. // Una pluma de las alas de las aves. // Una remigia primaria. (De **mano.**)

manubrio **(manubrium).** El mango o manija de un instrumento. // La parte superior del esternón. // La parte inferior del martillo del oído. // Estructura de forma cilíndrica. (Lat. **manus,** la mano.)

manul **(Palla's cat).** Especie de gato montés del Tibet, Mongolia y Transcaspia=*Gato de Pallas* (**Felis manul**).

manus **(manus).** La mano. // Colectivamente, el carpo, los metacarpos y los dígitos. // La uña y otros apéndices prensiles de los artrópodos. (Lat. **manus.**)

manzana de Adán **(Adam's apple).** Proyección del cartílago tiroides en la parte ventral del cuello en los hombres.= *Nuez de Adán.*

mapa* **(map).** La acepción común. // ***m. cromosómico,*** esquema que muestra la distancia linear relativa entre los genes de los cromosomas en un organismo. // ***m. de pronóstico,*** indicación de la determinación en el estado de la blástula del destino probable de cada célula. // ***m. genético,*** mapa citogenético.

mapache* **(racoon).** Especie de osito lavador, carnívoro, de la familia *Procyonidae,* de Norte y Centro América (**Procyon lotor**).

mapaná, mapanare* **(fer de lance).** Colombia, Venez.: *macagua,* serpiente muy venenosa de la América del Sur, de la familia *Crotalidae* (**Bothrops atrox**).

maparra. V. *garrapata.*

mapiro **(spotted sleeper).** Puerto Rico: *guabina,* pez.

mapo **(spotted sleeper).** Cuba y Puerto Rico: pez óseo fluvial hallado también desde Carolina del Norte hasta Brasil. Orden *Perciformes,* suborden *Gobioidei* y familia *Eleotridae.* También *guabina* (**Dormitator maculatus**).

maporro **(mud eel).** Pez óseo de agua dulce de la América tropical. Orden *Symbranchiformes,* familia *Symbranchidae* (**Symbranchus marmoratus**). También *anguila ciega, chimbolo* y *miso.*

mapurite* **(shunk).** Se aplica a varias especie de carnívoros americanos de la familia *Mustelidae,* llamados también *mofetas, chigües, zorrinos, zorrillos,* que se caracterizan por la emisión de substancias de olor nauseabundo, secretadas en glándulas pararectales. *Mapurito.* V. *mofeta.*

maquisapa **(spider monkey).** Perú: especie de mono araña que vive en la cuenca amazónica (**Ateles, sp.**).

mará **(mara).** Liebre patagónica, especie de mamífero de aspecto de liebre, del orden *Rodentia,* familia *Caviidae,* de la República Argentina (**Dolichotis australis**). También *liebre patagónica.*

marabú* **(marabous).** Nombre dado a varias especies de grandes aves africanas del orden *Ciconiformes,* familia *Ciconiidae.* El marabú común (**Leptotilos crumeniferus**) es una especie carroñera. (Arab. **marbut,** santo, ermitaño.)

maracaná* **(macaw)** En Argentina, se aplica a varias especies de guacamayos del género *Ara.*

maracaya*. *Trigrillo,* q.v.

maral **(maral).** Una variedad grande del ciervo eurásico que habita desde el Caúcaso hasta Asia Menor (**Cervus elephus maral**).

marbella **(snake bird).** Ave americana del orden *Pelecaniformes,* familia *Anhingidae* (**Anhinga anhinga**). *Viguá, víbora, pato, aguja.*

marcapasos **(pace maker).** El nódulo senocuricular del corazón de los mamíferos, encargado de regular el ritmo cardíaco de las contracciones.

marcial **(martial).** Relativo a la guerra. // Relativo al hierro o que contiene hierro. (Lat. **martialis,** de Marte.)

marea roja **(red tide).** Enrojecimiento ocasional de las aguas marinas litorales por una superpoblación de dinoflagelados, que desprenden substancias tóxicas para varios animales.

mareal **(tidal).** Lo relativo a las mareas. (Lat. **maris,** el mar.)

mareca **(American widgeon).** Especie de pato (**Mareca americana**). (Tupi, **marreca.**)

marfil* **(ivory).** La dentina o parte gruesa del diente, rodeada por el esmalte y atravesada por el canal radicular. El marfil del comercio, procede de las defensas de los elefantes y, en menor escala, de los dientes de las morsas.

margarita* **(pearl).** Perla. // Caracol del género *Cypraea,* llamado también *caurí* y *maco.* (Gr. **margarita,** perla.) *Adj.* ***margatitáceo.***

margate **(margatefish).** Pez marino de los trópicos americanos llamados también *jallao* y *ronco blanco.* Orden *Perciformes,* familia *Liognathidae* (**Haemulon album**).

margay **(margay).** Mamífero carnívoro neotropical de la familia *Felidae,* parecido al ocelote, llamado también *tigrillo* (**Felis tigrinus**).

margen vertical. Límite entre la frente y el occipucio en los insectos pertenecientes al orden *Díptera.*

marginal* **(marginal).** Perteneciente al margen. Placa ósea del borde del espaldar de los quelonios. // Placa que forma los bordes de los brazos en asteroides. // Lóbulo de los lados de la concha en amonitas. // Espícula alrededor del ósculo en ciertas esponjas. (Lat. **marginis,** borde.)

marginirrostro **(marginorrostral).** Lo que se refiere al margen del pico de las aves. (Lat. **margo,** borde; **rostrum,** pico.)

marguay. V. *Margay.*

margen* **(margen).** Borde de una estructura. (Lat. **margo, marginis,** borde.) *Adj.* ***marginado.*** // ***m. costal,*** el borde anterior del ala de los insectos.

mariano. Cuba: pez marino litoral del orden *Perciformes,* familia *Holocentridae.* (**Holocentrus marianus**).

maribu. Especie de avispa sudamericana. (Dict.)

marica* **(marica gaselle).** Especie de gacela de la Arabia central (**Gazella marica**). // ***m. (mapgie),*** ave paseriforme europea de la familia *Corvidae,* también llamada *urraca.* (**Pica pica.**)

Maricola. Un grupo de turbelarios ciliados marinos del orden *Tricladia.* (Lat. **mare,** mare; **-icola,** habitante.)

marícola. Que vive en los mares. (Lat. **mare,** mares.)

marikina. Argent.: especie de mono.

marimonda **(spider monkey).** Especie de mono araña de los bosques de Venezuela, Colombia y Perú. Familia *Cebidae* (**Ateles belzebuth**).

marino* **(marine).** Perteneciente al mar. (Lat. **marinus.**)

marión*. *Esternón*, pez.

mariposa* (**butterfly**). Cualquier especie de insecto del orden *Lepidópteros*, especialmente del grupo de los diurnos o ropalóceros. // Cualquiera de los peces tropicales de colorido vario y brillante y de grandes aletas. // Varias especies de aves passeriformes de la familia *Fringillidae* (**Passerina iris**). // Se aplica a varias especies de peces marinos del orden *Perciformes* especialmente el opah (**Lampris regius**) y a varios de la familia *Chaetodontidae*, llamados también *isabelitas* (**Chaetodon y Holocanthus**). // Cuba: una especie de murciélago de la familia *Natalidae*, que se supone es la especie más pequeña del orden (**Nyctiellus lepidus**).

mariquina. V. *marikiná*, mono.

mariquita* (**ladybug**). Nombre dado en España a diversas especies de insectos coleópteros de la familia *Coccinellidae*, como *Coccinella septempunctata*. // ***m. (yellow shouldered blackbird)***, Puerto Rico: ave de la familia *Icteridae* (**Agelaius xanthomus**).

marisco* (**shellfish**). Invertebrado marino, nombre especialmente aplicado a los moluscos y crustáceos comestibles. (Lat. **maris**.)

marisma (**salt marsh**). Terreno bajo y pantanoso a orillas del mar. (De **mar**.)

marita (**marita**). Un helminto adulto. (Lat. **maritus**, cónyuge). *Adj.* ***marital***.

marjor (**markhor**). Especie de cabra salvaje de cuernos retorcidos que vive en el Asia central (**Capra falconieri**).

marlín (**marlin**). V. *aguja*.

marmoreado (**marmorate**). *Marmóreo*. Que tiene vetas como el mármol. (Lat. **marmor**, mármol.) Marmorado.

marmosa* (**mouse-opossum**). Zarigüeya pequeña del tamaño del ratón. Orden *Marsupialia*, familia *Didelphidae* (**Marmosa sp.**)

marmosete* (**marmoset**). Mono pequeño sudamericano de la familia *Hapalidae*. V. *tití*. (Galicismo de marmouset, chiquitín.)

marmota* (**woodchuck**). Mamífero del orden *Rodentia*, de tamaño grande, perteneciente a la familia *Sciuridae*, que habita las zonas templadas. La especie neártica es *Marmota marmota*. (Gr. **marmotte**, marmota.)

marrajo (**sixgill cowshark**). Cuba: especie de tiburón cosmopolita de seis aberturas branquiales. Orden *Hexanchiformes*, familia *Hexanchidae* (**Hexanchus griseus**). *Cañabota*. // España: especie de tiburón de la familia *Lammidae*.

marsopa* (**porpoise**). Especie de mamífero del orden *Cetacea*, familia *Delphinidae*, de los océanos Atlántico y Pacífico septentrionales (**Phocaena phocaena**).

Marsipobranchii. Un nombre alterno para la clase de vertebrados llamada *Cyclostomata*, q.v. (Gr. **marsipos**, bolsa; **brankia**, branquia.)

marsipobranquios. V. *Marsipobranchia*.

marsopla*. V. *marsopa*.

marsupial* (**marsupial**). Mamífero que tiene bolsa abdominal o marsupio.

Marsupialia. Un orden de Mamíferos cuyas hembras están provistas de bolsa o marsupio en donde se crían los recién nacidos y tienen dos úteros, como los canguros, zarigüeyas, etc. También *Didelpha*. (Lat. **marsupium**, bolsa.)

marsupio (**marsupium**). Saco o bolsa. // La bolsa incubadora de los canguros y otros marsupiales. // Cavidad branquial en los bivalvos. (Lat. **marsupium**, bolsa.)

Marsupiocarnívora. Un taxón en el orden *Marsupialia* propuesto para reunir los polidáctilos y los poliprotodontes.

marta* (**marten**). Se aplica a varios mamíferos carnívoros de la familia *Mustelidae* de la región holártica (**Martes martes**). V. *cebellina*. // ***m. cebellina***, especie propia de las regiones septentrionales de Eurasia (**Marta zebellina**).

martillo* (**malleus**). Hueso del oído medio en los mamíferos que está en contacto con la membrana del tímpano. Equivale al angular de la mandíbula de los demás vertebrados. (Lat. **malleus**, martillo.) // *Pez martillo* o *cornuda*, q.v.

martina. Pez del Mediterráneo del orden *Anguilliformes*, familia *Ophidiidae*, cuya carne es comestible (**Ophidium barbatum**).

martín de río. V. *martín pescador*.

martineta (**tinamou**). Especie de ave *Tinamiformes* que habita las pampas (**Eudromia elegans**). // Uruguay. (**Rhynchotus rufescens**).

martinete* (**night heron**). España: ave del orden *Ciconiiformes*, familia *Ardeidae*, de hábitos nocturnos. La especie *Nycticorax nycticorax* es de distribución cosmopolita. // Puerto Rico: ave zancuda del orden *Ciconiiformes*, familia *Ardeidae* (**Butorides virescens**). // Cuba: ave del orden *Ciconiiformes*, familia *Rallidae* (**Rallus longirostris**).

martinetito (**least bittern**). Puerto Rico: garcita pequeña de amplia distribución en Norte y Centroamércia (**Ixobrychus exilis**).

martín pescador* (**kingfisher**). Con este nombre se designan varias especies de aves coraciiformes de la familia *Alcedinidae*. Una especie americana es *Megaceryle alcyon*. // ***m. (many-eyed frogfish)***, Cuba: un pez marino del orden *Lophiiformes*, familia *Antennariidae* que se entierra en el fango para acechar las presas (**Antennarius multioecelatus**).

martucha (**kinkajou**). Carnívoro neotropical de la familia *Procyonidae* (**Potos flavus**). *Kinkajou*.

marrueco*. Carnero padre. (Lat. **mas, maris**, macho.)

masa bucal (**buccal mass**). Masa densa tejida que rodea la parte anterior del tubo digestivo en la mayoría de los moluscos. // ***m. intermedia*** la comisura media o materia gris que conecta los tálamos a través del tercer ventrículo.

masaguán. Puerto Rico: el pez llamado *mapiro*, q.v.

masasuga (**massasauga**). Nombre dado a varias especies de serpientes venenosas americanas llamadas *cascabelas*, de la familia *Crotalidae*, género *Sistrurus*.

mascada* (**cud**). *Rumia*. Mascadura, porción de alimentos que los rumiantes devuelven a la boca para completar sus masticación. (De mascar.)

máscara* (**mask**). Parte inferior del aparato masticador de las larvas acuáticas de los insectos del orden *Odonata*. (Fr. **masque**.)

masculación (**masculation**). El desarrollo de los caracteres masculinos. (Lat. **masculus**, masculino.)

masculino* (**masculine**). Que tiene órganos para fecundar. // Lo que es propio del macho. (Lat. **masculus**, masculino.)

masetero* (**maseter**). Músculo elevador de la mandíbula. (Gr. **maseter**, masticador.)

masivo* (**massive**). Pesado, compacto, voluminoso. Ej. núcleo deficiente en jugo nuclear. (Lat. **massa**, masa.)

maslo* (**root of the tail**). Tronco de la cola en los mamíferos.

Masson, P. Zoólogo italiano. En 1877 probó que el mosquito era necesario hospedante en el ciclo de la filaria *Wuchereria bancrofti* y sirve de vector o trasmisor.

Mastacembeliformes. Orden de peces óseos de agua dulce. Cuerpo anguiliforme, con las aberturas nasales tubulares en el extremo del hocico. Africa y S.E. de Asia. (Basado en el género **Mastacembulus**.)

mastax (**mastax**). Un aparato masticador en la faringe de los rotíferos. (Lat. **masticare**.) // ***m. maleado***, el especializado para el desmenuzamiento horizontal del alimento. // ***m. maleorramado***, de dientes grandes propios para la rotura gruesa del alimento. // ***m. cardado***, especializado para la succión y desvanecimiento. // ***m. incudado***, que tiene trofos prensiles. // ***m. ramificado***, especializado para triturar alimentos. // ***m. virgado***, mastax en algunos rotíferos usado para chupar fluidos de las plantas.

mast cell. *Labrocito, mastzelle*.

mastel*. V. maslo.

masticación (**mastication**). El proceso de masticar los alimentos para reducirlos o fragmentos deglutibles. (Lat. **masticare.**)

masticador* **(masticator).** Se aplica a los animales o a las estructuras que reducen el alimento a fragmentos, cortándolos o aplastándolos con los dientes. (Lat. **masticare.**)

mastidio **(mastidion).** Protuberancia en forma de pezón en el *paturón* de algunas arañas. (Gr. **mastos,** mama; *-idio,* diminutivo.)

mastigo- **(mastigo-).** (Del gr. **mastis,** mastigos, látigo.) *Mastigophora.*

Mastigamoeba. Un género de flagelados de cuerpo amiboide, provisto de un flagelo retráctil, que muestra afinidades entre las clases *Mastigophora* y *Sarcodina.*

mastigio **(mastigium).** Organo anal telescópico hallado en algunas orugas de mariposas, presumiblemente de función repugnatoria. (Gr. **mastigios;** látigo pequeño.)

mastigobranquia **(mastigobranchia).** No se trata de una branquia, sino de una lámina que parte del epipodito de algunos crustáceos y se extiende entre las branquias. Tiene por función limpiar las branquias. (Gr. **mastix,** látigo; **branchia,** branquia.)

mastigóforo **(mastigophore).** Cualquier miembro del fílum *Protozoa,* clase *Mastigophora.* (Gr. **mastigos,** látigo; **phoreys,** portador.)

mastigonema **(mastigonema).** Cada uno de los filamentos locomotores de los flagelados y ciliados. (Gr. **mastigos,** látigo; **trema,** agujero.)

mastigona **(mastigona).** Un estado larval en los crustáceos de las familias *Penacidae* y *Sergestidae,* después del estado zoea o misis. (Gr. **mastigos,** látigo; **pous,** pie.)

mastigópodo **(mastigoped).** *Mastigoto.* Un protozoo provisto de flagelados. (Gr. **mastigos,** látigo; **pous,** pie.)

Mastigophora. Una clase del fílum *Protozoa* caracterizada por la posesión de flagelados como órganos de locomoción. V. *Flagellata.* (Gr. **mastix, mastigos,** un látigo; **phoreys,** portador.)

mastigosoma **(mastigosome).**=*Blefaroplasto.*

mastigoto **(mastigote).** Provisto de uno o más flagelos. (Gr. **mastigos,** látigo; neolat. **-ota,** que tiene.)

mastín* **(mastiff).** Dícese del perro de cuerpo robusto y pecho ancho, patas recias y pelo largo. // *m. (mastiff bat).* Especie de murciélago de rostro ancho, de la familia *Molossidae* **(Eumops glaucinus).** (Lat. **mansuetinus,** de **mamsuetus,** domesticado.)

masto- **(masto-).** (Del gr. mastos, mama.)

masto*. Animal macho.

mastoccipital **(masto-occipital).** Perteneciente a los huesos occipital y al proceso de mastoideo del temporal. (Gr. **mastos,** mama; lat. **occiput,** occipucio.)

mastocito **(mastocito).** Labrocito, mastzelle, célula cebada.

mástil **(palus).** Estructura en forma de estaca. // Parte del ástil o raquis de la pluma en cuyos costados nacen las barbas (Del franc. **mastil;** del germ. **mast.**)

mastodonte* **(mastodon).** Nombre aplicado a varios mamíferos proboscídios que existieron desde el Oligoceno al Pleistoceno. Tenían molares bunodontos y poseían dos grandes defensas en los maxilares y, generalmente, otras dos en la mandíbula. (Gr. **mastos,** mama; **odontos,** diente.)

mastoideo **(mastoid).** V. *mastoides.*

mastoideoescamoso **(mastoideosquamosus).** Perteneciente a la región escamosa y mastoidea del temporal. (Gr. **mastos,** mama; lat. **squama,** escama.)

mastoides* **(mastoid).** Dícese del apófisis del hueso temporal situada detrás de la oreja. // De forma de pezón. (Gr. **mastos,** mama; **eidos,** en forma de.)

mastología **(mastology).** El estudio de las mamas. (Gr. **mastos,** mamia; **logos,** tratado.)

mastozoario **(mastozoan).** Se dice del animal que tiene mamas. // Mamífero. (Gr. **mastos,** mama; zoon, animal.)

mastozoología **(mastozoology).** La parte de la zoología que estudia los mamíferos. Según Cabrera, este término debe usarse en vez de *mamalogía* porque esta es una voz híbrida que significa literalmente estudio de las mamas. (Gr. **mastos,** mama; **zoon,** animal; **logos,** estudio.)

mastzelle **(mast cell).** *Célula nutricia.* Célula grande amiboidea basófila de los tejidos conjuntivos, posiblemente relacionados con la deposición de las grasas. (Alemán **mast,** engordar; **zell, célula.**) V. *basicito, labrocito, mastocito.*

matacaballos. Colombia: serpiente de gran tamaño de la familia *Colubridae,* útil porque destruye los roedores de las casas de campo **(Chironius carinatus).** // Venezuela: boa.

matacán* **(brocket).** Pequeña corzuela sudamericana. Orden *Artiodactyla,* familia *Cervidae* **(Mazama simplicornis).** También la llaman *guasú birá.*

matajudío*. V. *mújol,* pez.

mataco **(armadillo).** Especie de *armadillo* común en Argentina **(Tolypeutes matacus).**

matamata **(matamata).** Sudamérica: especie de tortuga carnívora de agua dulce. Orden *Chelonia,* familia *Chelydidae* **(Phrynops fimbriata).** // En Venezuela es llamada *caripatúa* y *jicotea.*

matamico **(caracara).** Especie de ave sudamericana falconiforme de la familia *Falconidae* **(Phalcoboenus carunculatus).**

matapiojos*. Colomb. y Chile: *libélula.*

matatoro **(fer de lance).** Nicaragua: fer de lance, serpiente venenosa de la familia *Crotalidae* **(Bothrops atrox).**

matejuelo **(squirrelfish).** Cualquiera de los peces óseos comestibles del orden *Perciformes,* familia *Holocentridae,* género *Holocentrus.*

materia* **(matter).** Lo que tiene peso y ocupa un espacio. // La substancia que compone los objetos físicos. (Lat. **materia.**) // *m. gris,* la corteza cerebral. El interior de la médula espinal. // *m. blanca,* el interior del encéfalo, compuesto por fibras mielinadas. // La parte externa de la médula espinal.

materialismo* **(materialism).** Doctrina filosófica que admite solo la materia y niega la espiritualidad del alma. V. *mecanicismo.*

mato **(teju).** Venezuela; se aplica a diversas especies de saurios de la familia *Teidae,* especialmente de los géneros *Tupinambis* y *Ameiva.* El mato común es *Ameiva ameiva.* V. *tegú.*

matriz* **(matrix).** El útero. // Una estructura generatriz. // Substancia fundamental entre la que se encuentran las células de ciertos tejidos, como los conjuntivos. // El lugar donde se genera algo. // El material en donde se encuentran alojados los fósiles. (Lat. **matrix,** útero.)

matroclinal **(matroclinal).** Tipo de herencia en la que los descendientes se parecen especialmente a la madre. (Lat. **mater,** madre; gr. **clino,** inclinarse.)

maubeca **(plover).** Puerto Rico: especie de pluvial, ave del orden *Charadriiformes,* familia *Charadriidae.* (Voz indígena.)

maullido* **(meow).** La voz del gato. **(Onamat.)**

Maupas, E. Simultáneamente que R. Hertwig, demostró el significado de la conjugación en los paramecios (1899).

Maupertius, P.M. Filósofo francés. En 1745 especuló sobre el papel de las variaciones y de la selección en la evolución orgánica. (1698-1759)

maxila **(maxilla).** Segundo par de apéndices bucales en los artrópodos. // Mandíbula o quijada en los vertebrados. (Lat. **maxilla,** quijada.) Adj. *maxilífero, maxiliforme.*

maxilar* **(maxillary).** Se dice de cada uno del par de huesos que forman la parte superior del arco bucal en los vertebrados. (Lat. **maxilla.**)

maxilípedo **(maxiliped).** Uno de los tres pares de apéndices en los crustáceos decápodos, situados posteriormente a las maxilas. (Lat. **maxila,** maxila; **pes,** pie.)

maxilodental (maxillodental). Que pertenece a las quijadas y a los dientes. (Lat. **maxilla,** quijada; **dens,** diente.)

maxilolabial (maxilolabial). Que pertenece a la maxila y al labio de algunos arácnidos. (Lat. **maxilla,** quijada; **labium,** labio.)

maxiloalveonasal. Dícese del músculo oblicuo que mueve las alas de la nariz.

maxilomandibular (maxillomandibular). El arco formado por los maxilares y la mandíbula en los peces primitivos. // Perteneciente a la maxila y a la mandíbula. (Lat. **maxilla,** maxilar; **mandibulum,** quijada.)

maxilopalpebral. Dícese del músculo orbicular de los párpados.

maxiloturbinal (maxilloturbinal). Se aplica a los cornetes o conchas inferiores en la cavidad nasal de los mamíferos, homólogos en los reptiles. (Lat. **maxilla,** quijada; **turbo,** vuelta.)

maxílula (maxillula). Pieza bucal en algunos insectos formada por la fusión de la glosa con la hipofaringe. El primer par de maxilas en ciertos crustáceos. (Lat. **maxilla,** quijada;

maye. Rep. Domic.: *roedor,* q.v.

mayido* (meow). *Maullido,* voz del gato.

mayo, mayito (Cuban blackbird). Cuba: ave del orden *Passeriformes* familia *Icteridae,* de color negro con mancha amarilla en el hombro de cada ala (**Agelaius humeralis.**)

mayuato (racoon). Especie de osito lavador, carnívoro de la familia *Procyonidae* (**Procyon cancrivorus.**) // V. *coati.*

mazico (mazic). Placental. (Gr. **maza,** bizcocho.)

mbaguarí (maguari stork). especie de cigüeña sudamericana. Orden *Ciconiiformes,* familia *Ciconiidae* (**Euxenura maguari**). También *tuyango.*

mbaracayá. Especie de gato montés de Argentina.

mbicuré (Southamerican opossum). Nombre de una especie de zarigüeya sudamericana (**Didelphis azarae**). (Del guaraní, mbicura, hediondo.)

mborebí (tapir). Una especie de tapir sudamericano (**Tapirus terrestris**), también llamado *danta o anta.* (Nombre guaraní.)

McClean, D. Descubridor de la enzima hialuronidasa en la esperma de los mamíferos. (1942)

McClung, C.E. Geneticista norteamericano. Descubrió los cromosomas en los saltamontes y sugirió su posible significación en la determinación del sexo. (1870-1946)

McCollum, E.V. Fisiólogo norteamericano, descubridor (1917) de la vitamina A.

McElroy, William D. Bioquímico norteamericano. Notable por sus trabajos sobre bioluminescencia. (1917-)

meaja* (tread of an egg). La *miaja* del huevo o *galladura.*

meandriforme (meandriform). De forma tortuosa. (Gr. **miandros,** un enrrollado; lat. **forma.**)

Meantes. Un suborden de anfibios del orden *Caudata* que comprende los sirénidos. Las larvas son permanentes y muestran pocas características de los adultos. Sin párpados ni patas posteriores, pero con branquias persistentes. Del Pleistoceno al reciente. También *Trachystomata.*

meato* (meatus). La abertura de un conducto. // Un conducto, pasaje, tubo. (Lat. **meatus.**) // ***m. auditivo,*** v. *conducto auditivo.*

meauca*. España: especie de *gaviota.* (Onomat.)

mecanicismo* (mechanism). Doctrina de que la vida de los organismos puede explicarse en términos de leyes físicas. (Gr.**mechane,** una máquina.)

mecanismo aislante (isolating mechanism). Adapatación que impide el flujo de genes entre poblaciones. (Gr. **mechane,** una máquina.)

mecanorreceptor (mechanoreceptor). Receptor que percibe estímulos mecánicos, como las del tacto, la presión, el oído y el equilibrio.

Meckel, Juan Federico. Anatomista alemán. En 1821 apuntó que los embriones de los animales superiores pasan por estados que se asemejan a los animales inferiores. (1781-1833)

meconio* (meconium). Excremento de los niños recién nacidos que es una materia muscilaginosa de color verde obscuro hallado en el intestino del feto viable, mezcla de secreciones intestinales y de líquido alantoideo tragado. (Lat. **meconium.**)

Mecoptera. Un orden de insectos, a veces grandes, que tienen antenas y patas largas, boca masticadora, pico proyectado hacia abajo, cuatro alas largas y membranosas y machos con el abdomen encorvado como el de los escorpiones. Del Permiano al reciente. (Gr. **mekos,** largo, alto; **pteron,** ala.)

Mecopteroidea. Un superorden de insectos holometábolos que comprende los órdenes *Mecoptera, Trichoptera, Lepidoptera* y *Diptera.*

mediad (mediad). Hacia o cerca del plano medio. (Gr. **mesos,** medio; lat. **ad,** hacia.)

mediador* (mediator). Que media. // Se aplica a la célula nerviosa que establece relación entre un receptor y un efector. (Lat. **medius.**)

medial (medial). Situado entre dos estructuras o en medio de algo. (Lat. **medialis.**)

mediana (media). Se dice de la nervadura central del ala de los insectos entre la radial y la cubital. (Lat. **medius,** el medio.)

mediano* (median). Que está situado en el plano que divide bilateralmente un organismo o un área de ese plano. (**Lat. medius.**)

mediastino* (mediastinum). Espacio irregular en medio del tórax, comprendido entre las pleuras, que divide el tórax en dos partes laterales se encuentran el corazón, el esófago, la aorta, etc. (Lat. mediastimus.) *Adj.* ***mediastinal.*** // ***m. testicular,*** un tabique incompleto en los testículos, o cuerpo de Highmore.

médico* (blue surgeon). V. *barbero,* pez marino antillano.

medio* (medium). El ambiente en que vive un organismo; o sea, el conjunto de factores naturales (físicos y biológicos) que caracterizan un lugar determinado e influyen en las actividades vitales de los seres que habitan. También se dice *medio ambiente* o simplemente *ambiente.* // Substancia en el que se cultivan tejidos, microbios, etc. (Lat. **medium,** el medio.) // ***m. ambiente,*** v. *medio* y *ambiente.* // ***m. de cultivo,*** preparación empleada para el crecimiento de organismos, especialmente microbios. // ***m. interno,*** v. *ambiente interno.* // ***m. mínimo,*** un medio que contiene justamente las substancias esenciales para el crecimiento de un organismo en particular y que no pueden ser sintetizadas por este.

medio peso (Puerto Rican Tody). Puerto Rico; avecilla de color verde en el dorso y garganta roja. Orden *Coraciiformes,* familia **Todidae** (**Todus mexicanus**).

mediocubital (mediocubital). Una de las venas transversales de las alas de los insectos, situada entre la cubital y la mediana posterior. (Lat. **medius,** medio; **cubitalis,** del codo.)

mediodorsal (mediodorsal). Lo referente a la línea media dorsal de un organismo. (Lat. **medius, medio; dorsum,** espalda.)

medioventral (medioventral). En la línea media ventral. (Lat. **medius,** medio; **venter,** vientre.)

medrar* (to thrive). Crecer, tener incremento un organismo. (Lat. **meliolare,** mejorar, acrecentar.)

medregal (amberjack). Cuba: V. *coronado,* pez marino. // Puerto Rico: *cojinúa,* pez marino.

médula* medula* (medulla). Parte interior de consistencia blanda de algunas estructuras y de algunos protistos, como los heliozoarios. (Lat. **medulla,** tuétano.) *Adj.* ***medular*, meduloso*.*** // ***m. adrenal,*** la masa interna de las glándulas suprarrenales, que es de naturaleza nerviosa y segrega las hormonas *adrenalina* y la *noradrenalina.* // ***m. amarilla,*** estructura blanda en el interior del canal medular de los huesos largos, vulgarmente llamada *tuétano.* // **m. blanca,** v. *m. amarilla.* // **m. capilar,** región central de los pelos de los mamíferos. // **m. espinal,** parte del sistema nervioso central de los vertebrados que forma una cuerda atravesada por un canal y que se extiende dorsalmente a lo largo de la columna vertebral. // **m. oblongada,** porción posterior del encéfalo que se continúa con la médula espinal. Es el *bulbo raquídeo.* // **m. renal,** una masa del riñón situada bajo la corteza. // **m. roja,** hallada en las epífisis de los huesos largos y en el interior de los huesos planos, de naturaleza retículoendotedial, en donde se originan los eritrocitos y gran parte de los leucocitos. // **m. suprarrenal,** v. *m. adrenal.* // **m. terminal del órgano X,** una masa secretoria en los pedúnculos oculares de los crustáceos que, probablemente, es la más importante fuente de hormonas de dichos órganos.

medularina. Hormona que, según Wischi, se produce en la médula de las gónadas aún indiferenciadas y poseen acción masculinizante.

meduliblasto (medilliblast). Célula del tejido nervioso embrionario que da origen al neuroblasto. (Gr. **medulla;** médula; gr. **blastos,** germen.)

medulífuga. Se aplica a las neuronas motoras, porque conducen el impulso nervioso desde la médula a la periferia. (Lat. **medulla,** medula; **fugio,** huir.)

medusa* (medusa). *Aguamar.*. Estado o fase de vida libre, usualmente de forma de sombrilla, que ocurre en el ciclo de muchos celenterados. (Gr. **mitol, Medousa,** hija de **Phorcus.**) *Adj.* **medusiforme.**

medusocongestina. Substancia tóxica que se obtiene de las medusas.

medusoide (medusoid). Yema pedunculada que se desarrolla en las colonias de algunos pólipos hidrozoarios en vez de la medusa. (Gr. **medousa;** neolat. **-oides,** parecido.)

medusoma (medusome). El estado medusoide en el ciclo del hidrozoario *Obelia.* (Gr. **medousa,** medusa; **soma,** cuerpo.)

meerkat (meerkat). Peculiar especie de mangosta terrera del Africa del Sur de la familia *Viverridae* (**Suricata suricata**).

mefítico* (mephitic). *Apestoso.* (Lat. **mephitis,** mal olor.) olor.)

mega* (mega-). (Del gr. **megas, megale,** grande; **megistos, megista,** el mas grande.)

megacariocito (megakaryocyte). Una gran célula sanguínea con núcleo polilobular que se supone origina las plaquetas. (Gr. **megas,** grande; **karyon,** núcleo; **kytos,** célula.)

megacefálico (megacephalic). Que tiene la cabeza sumamente grande, con una capacidad craneal de más de 1450 c.c. (Gr. **megas,** grande; **kephale,** cabeza.)

megácero (megacerous). Que tiene cuernos muy grandes, como los grandes alces del Pleistoceno. (Gr. **megas,** grande; **keras,** cuerno.)

megaclón (megaclon). Espícula de ciertas esponjas, de forma alargada y muy ramificada. (Gr. **megas,** grande; **klon,** una rama.)

megacromosoma (megachromosome). Cromosoma gigante de las glándulas salivares de muchos insectos dípteros. // Grandes cromosomas que forman un anillo alrededor de los de tamaño normal en muchos protozoos ciliados. (Gr. **megas,** grande; **+cromosoma.**)

Megachiroptera. Un suborden de *Chiroptera,* que comprende murciélagos de gran tamaño, llamados también *frugívoros,* como los paneques y zorros voladores de Africa y Asia, Australia, etc. Duermen en los árboles cabeza abajo y con las alas dobladas alrededor del cuerpo. (Gr. **megas,** grande; **cheiron,** mano.)

Megadrili. Un orden de anélidos de la clase *Oligochaeta.* Viven en aguas dulces, carecen de ojos y tienen muchos segmentos. (Gr. **megas,** grande; **drilos,** un gusano.)

megagameto (megagamete). V. *macrogameto.*

megagametocito (megagametocyte). La célula que origina un megagameto en los esporozoarios. (Gr. **megas,** grande; **lekitos,** yema.)

megagametogénesis (megagametogenesis). La formación de los megagametos o de los óvulos. (Gr. **megas,** grande; **gametos,** boda; **genesis,** origen.)

megalecítico (megalolecithal). Que contienen mucha yema, como los huevos telolecíticos. (Gr. **megas,** grande; **lekithos,** yema.)

Megalobatrachus japonicus. La salamandra gigante del Japón y China. Una especie fósil similar dio origen a la fantástica descripción del *Homo diluvii testis,* q.v.

megaloblasto (megaloblast). Un eritroblasto de gran tamaño. (Gr. **megalos,** grande; **blastos,** germen.)

megalocéfalo* (megalocephalous). Megacefálico.

megalolecítico.=*Megalecítico.*

Megalonychoidea. Una subfamilia de grandes desdentados fósiles originarios de Sudamérica que se extendieron hasta la América del Norte en el Pleistoceno. (De **Megalonyx,** un género de desdentados del Pleistoceno norteamericano.)

megalopa (megalops). Estado larval en los crustáceos braquiuros, que precede al estado adulto. El carapacho, los apéndices torácicos y el abdomen tienen ya la forma de cangrejo. (Gr. **megalos,** grande; **ops,** ojo.) *Adj.* **megalópico.**

megaloplancton (megaloplankton). V. *megaplancton.*

megalópodo (megalopus). Que tiene los pies grandes como ciertos cuadrúpedos. (Gr. **megalos,** grande; **podos,** pie.)

megalóporo (megalopore). Perforación en las placas dorsales de los moluscos poliplacóforos en donde se encuentran las *megalostetas.* (Gr. **megalos,** grande; **poros,** canal.)

Megaloptera. Un orden o suborden de insectos neurópteros de tamaño mediano a grande, largas antenas, alas grandes y larvas acuáticas carnívoras. (Gr. **megalos,** grande; **pteron,** alas.)

megalosaurio* (megalosaur). V. *Megalosauriodea.*

Megalosaurioidea. Una superfamilia de reptiles mesozoicos, dinosaurios del orden *Saurischia,* de dientes comprimidos. (Gr. **megalos,** grande; **sauros,** reptil; **oides,** forma de.)

megalosférica (megalospheric). Se aplica a una de las formas que afectan ciertos foraminíferos, cuya cámara inicial es grande, que alterna con las formas de cámara inicial pequeña o *microsférica.* (Gr. **megalos,** grande; **sphaira,** esfuerzo.)

megalosteta (megalaestethe). Terminación nerviosa gigante hallada en algunos moluscos, principalmente en los quitones. (Gr. **megalos,** grande; **aistethes,** perceptor.)

megamérico (megalomeric). Que tiene relativamente partes muy grandes. (Gr. **megas,** grande; **meros,** parte.)

megámero (megamere). *Macrómero.*

megamórfico (megamorphic). Se dice del período histórico de la taxonomía en el que las clasificaciones se basaban en la morfología externa. (Gr. **megas,** grande; **morphe,** forma.)

meganefridio (meganephridium). El tipo normal de nefridio u *holonefridio,* órgano de excreción en los anélidos oligoquetos. V. *micronefridio.* (Gr. **megas,** grande; **nefros,** riñón; **idion,** diminutivo.)

Meganeura. Un género de insectos fósiles paleozoicos del orden *Protodonata* con especies cuyas alas alcanzaron 750 mm. de envergadura. (Gr. **mega,** grande; **neuron,** nervio, cuerda.)

Meganisoptera. Un orden de insectos odonatos fósiles. (Gr. **megas,** grande; **+ anisoptera,** q.v.)

Meganthropus paleojavanicus. Un artrópodo fósil descubierto en Java.

meganúcleo (meganucleus). V. *macronúcleo.*

megaplancton (megaplankton). Plancton formado por organismos de grandes dimensiones. Macroplancton de 50 mm. (Gr. **megas**, grande; + **plancton.**)

megapódido (**megapode**). Cualquiera de las aves gallináceas de la familia *Megapodidae.* (Gr. **megas**, grande; **pous**, pie.)

Megarhinus. Un género de grandes y vistosos mosquitos que acuden a las flores, cuyas larvas son animalívoras (**Megarhinus portoricensis**). (Gr. **megas**, grande; **rhinnos**, trompa.)

megasclera (**megasklera**). Espícula grande de ciertas esponjas cuyo conjunto forma su principal soporte esquelético. (Gr. **megas**, grande; **skleros**, duro.)

Megascolécidos. Grupo de lombrices de tierra de Australia, que alcanzan más de 3m. de largo. (Gr. **megas**, grande; **scolex**, gusano.)

Megasocoptera. Un orden de insectos en el superorden *Paleodictyoptera.* (Gr. **megas**, grande; **+pscoptera**, q.v.)

megasférica (**megaspheric**). V. *megalosférica.*

megasoma (**megasome**). V. *macrosoma.*

megaterio* (**megathere**). Nombre aplicado a los grandes perezosos o desdentados extintos del Cuaternario sudamericano. (Gr. **megas**, grande; **therion**, bestia.)

megazoide (**megazooid**). El mayor de los zooides que proceden de una división binaria. (Gr. **megas**, grande; **zoon**, animal; **eidos**, en forma de.)

megazoosporo (**megazoospore**). Un gran zoosporo de la reproducción de los radiolarios. (Gr. **megas**, grande; **zoon**, animal; **sporos**, semilla.)

meharí (**arabian camel**). Raza de camello apropiada para la carrera, utilizada en Argelia (**Camelus dromedarius**). (Nombre árabe.)

Meibom, Heinrich. Anatomista alemán (1638-1700). V. *glándula de Meibonio.*

meio- (**meio-**). (Del gr. **meioo**, disminuir, minorar, **meion**, menor; lat. **meio-**. Algunos prefieren **mio-**: **miosis**, **Mioceno**. Fon Quer emplea **meyo**: **meyosis.**)

meiocito (**meiocyte**). Una célula en el proceso de meyosis. (De **meiosis**; **kytos**, célula.)

meiofauna (**meiofauna**). La fauna diminuta de la superficie del fondo de las aguas. // Se emplea ahora para designar el bentos y fiton de tamaño submicroscópico y el intersticial. (Gr. **meion**, menor; **fauna.**)

meiogénico (**meiogenic**). Que promueve la división nuclear. (Gr. **meion**, menor; **gyros**, círculo.)

meiolecítico (**meiolecithal**). Que tiene poco vitelo, como los huevos homolecíticos o isolecíticos. (Gr. **meion**, menor; **lekithos**, yema.)

meiomería (**meiomeria**). La condición de tener menor número de partes que la normal en un organismo. (Gr. **meion**, menor; **meros**, parte.)

meiosis (**meiosis**). Proceso en la formación de los gametos por el que el número diploide de cromosomas se reduce a la mitad. Algunos prefieren *meyosis.* La voz *miosis* es empleada a menudo, pero este vocablo se ha usado previamente para una condición anormal de contracción permanente del iris. (Gr. **meion**, menor; **-oisis**, condición.) *Adj.* meiótico. También *meyosis.*

Meissner, George. Histólogo alemán (1829-1903). V. *corpúsculo de Meissner.*

mejilla (**cheek**). Cada uno de los lados más o menos prominentes del rostro humano, bajo los ojos. // La región equivalente en otros mamíferos. // *Gena.* (Lat. **maxilla.**)

mejillón (**mussel**). Molusco bivalvo comestible de la familia *Mytilidae, Mytilus edulis,* que es objeto de cría artificial llamada *mitilicultura.* Hay mejillones en muchas partes del mundo. En las Antillas son comestibles varias especies del género *Brachydontes.* (Del gall. **mejillón**, der. del lat. **mytilus**, una almeja.)

mel- (**mell-**). (Del gr. **meli**; lat. **mel**, miel.)

melan- (**melan-**). (Del gr. **melas**, **melanos**, negro.)

melanina* (**melanin**). Un pigmento que se encuentra normalmente en la piel, las adrenales, ciertas glándulas, la piamadre, la coroides, etc. (Gr. **melanos**, negro.)

melaniridosoma (**melaniridosome**). Un cromatóforo con melanóforos e iridocitos. (Gr. **melas**, negro; **iris**, iris; **soma**, cuerpo.)

melanismo (**melanism**). Obscurecimiento de la coloración normal por depósito de melanina en la superficie de los tejidos. (Gr. **melas**, negro.) *Adj.* *melánico.* // *m. industrial,* la formación por selección natural de variedades obscuras de una especie por adaptación a un ambiente modificado por residuos industriales, constituyendo un caso de semejanza protectora. Ej. la mariposa nocturna *Biston betularia,* de color claro en los bosques naturales y muy obscura en los árboles de las ciudades, ennegrecidos por el humo.

melanoblasto (**melanoblast**). Una célula, originada en la cresta neural que se desarrolla en un melanóforo. (Gr. **melanos**, negro; **blastos**, brote.)

melanocito (**melanocyte**). Variedad de cromatóforo con pigmentos de la melanina. (Gr. **melanos**, negro; **kytos**, célula.)

melanóforo* (**melanophore**). Cromatóforo que contiene pigmentos negros o pardos. *Melanocito.* (Gr. **melas**, negro; **phoreys**, portador.)

melanogénesis (**melanogenesis**). La formación de melanina. (Gr. **melanos**, negro; **genesis**, origen.)

melanosis* (**melanosis**). Una condición caracterizada por depósitos obscuros en la piel.

melanosoma (**melanosoma**). Area pigmentada obscura en algunos dinoflagelados. (Gr. **melanos**, negro; **soma**, cuerpo.)

melanótico (**melanotic**). Que tiene pigmentos negros muy desarrollados. (Gr. **melanos**, negro.)

melanuria* (**melanuria**). Enfermedad que se manifiesta por el color negro de la orina.

melatonina (**melatonin**). Especie de hormona de la glándula pineal de los anfibios, que interviene en los cambios de coloración de la piel, contrayendo los melanóforos. (Gr. **melas**, negro; **tonos**, tensión.)

méleo (**honey**). Parecido a la miel. (Lat. **melleus.**)

melgacho*. V. *lija,* pez selacio.

melífago (**melliphagous**). Que se alimenta de miel. (Gr. **meli**, miel; **phago**,comer.)

melífero* (**melliferous**). Que lleva o produce miel. (Lat. **mel**, miel; **ferre**, llevar.)

melísugo (**mellisugent**). Que chupa la miel. (Lat. **mel**, miel; **sugo**, chupar.)

melitófilo. Aplícase a las plantas polinizadas por las abejas. (Lat. **melitta**, abeja; **-filo**, amigo.)

melívoro (**mellivorous**). V. *melífago.*

melófago (**sheep tick**). Especie de insecto díptero que parasita las ovejas. Familia Hippoboscidae (**Melophagus ovinus**).

melolonta* (**cockchafer**). Insecto del orden *Coleoptera,* familia *Scarabaeidae* (**Melolontha vulgaris**). (Gr. **melolonthe**, escarabajo.)

melón (**melon**). Masa de tejido graso situada por delante de la abertura nasal en los cetáceos del suborden *Odontoceti.* // (Lat. **melo**, **meloris.**) // *m. (badger).* V. *tejón, meloncillo.* (Lat. **meles**, tejón.)

meloncillo* (**mongoose**). *Ichneumón.* Especie de mangosta, mamífero carnívoro, que habita España. Familia *Viverridae* (**Herpestes ichneumon**).

Melonechinoida. Un orden de equinoideos del período Carbonífero. (Gr. **melon**, melón; **+echinoidea.**)

melonhue (**top shell**). *Chile.* Nombre aplicado a los moluscos marinos de la clase *Gastropoda,* género *Trochus.* (Arauc.)

melsa*. *Bazo, víscera.*

melurso (**honey bear**). El oso malayo u oso bezudo (**Melursus ursinus**). (Lat. **mel**, miel; **ursus**, oso.)

melva.* Pez parecido al bonito. (Dicc.)

mellizos (twins). *Gemelos.* Nacido con uno o más hermanos en un mismo parto. (Lat. **gemellus.**)

membrana (membrane). Una capa delgada de tejidos que cubre la superficie de estructuras u órganos. (Lat. **membrana.**) *Adj.* ***membranáceo*, membranoso.**** // ***m. adoral,*** doble membrana formada por cilios soldados en la región del citostoma en muchos protozoarios ciliados. // ***m. alar,*** membrana de las aves que se extiende desde el codo hasta la mano y en donde se insertan las plumas remeras primarias y secundarias. // ***m. anal,*** una placa celular que separa el arquenterio embrionario del proctodeo. // ***m. axilar,*** membrana alar que se extiende desde el codo de las aves hasta el flanco posterior. // ***m. basal,*** una capa conjuntiva acelular que se encuentra bajo el tejido epitelial, llamada también *membrana basilar* y *basilema.* // ***m. basilar,*** membrana de la rampa media en el caracol del oído interno, que separa la endolinfa de la perilinfa de la rampa timpánica. // ***m. branquióstega,*** tejido que se extiende desde el opérculo hasta la pared del cuerpo en los peces, que actúa como válvula reguladora del agua que sale a la cavidad branquial. // ***m. citoplásmica,*** membrana de permeabilidad selectiva que envuelve el contenido celular y lo separa del ambiente, y está formada por moléculas de proteínas y de lípidos. Es llamada también *m. plásmica* o *plasmática.* // ***m. de Bowman,*** la membrana elástica anterior de la córnea. // ***m. de Bruch,*** la capa basal interna de la coroides. // ***m. de Corti,*** la membrana tectoria que cubre los órganos de Corti en el caracol del oído interno. // **m. de Dehove,** tejido situado entre la túnica propia y el epitelio de las tráqueas, bronquios e intestinos. // ***m. de Descement,*** la parte posterior de la línea elástica de la córnea. // ***m. de fecundación,*** la membrana primaria del óvulo, formada después de la entrada del espermatozoo. // ***m. de Jacob,*** la capa de conos y bastoncillos de la retina. // ***m. de Nassmyth,*** cutícula dental o membrana transparente que cubre el esmalte en los dientes de los mamíferos. // ***m. de Reissner,*** membrana que separa la rampa vestibular de la coclear en el oído interno. // ***m. de Schrapnell,*** una parte flexible y pequeña de la membrana timpánica. // ***m. elástica,*** la capa o túnica interna de los vasos sanguíneos, que envuelve el notocordio. // ***m. embrionaria,*** una de la serie de membranas que envuelven y protegen el embrión de los reptiles, aves y mamíferos: ammios, corion y alantoides. // ***m. fetale,*** v. *m. extraembrionaria.* // ***m. hemostática,*** una membrana que atraviesa la unión entre el trocánter y el fémur durante la autotomía del apéndice en algunos artrópodos. // ***m. interdigital,*** región tegumentaria especializada que se extiende entre los dedos de los pies en ciertas aves, como las palmípedas, en los cocodrilos, en el ornitorrinco, etc. // ***m, medular,*** tapiz de la cavidad de los huesos largos o *endósteo.* // ***m. mucosa,*** la que tapiza los conductos y cavidades que se abren al exterior y consta de una capa superficial epitelial y de otra de tejido conjuntivo que se llama *lámina propia.* // ***m. nictitante,*** membrana delicada situada en el ángulo interno del ojo por debajo del párpado inferior y que en algunos vertebrados constituye un tercer párpado movible. En ciertos animales se llama membrana *clinotante* y en el hombre constituye una estructura rudimentaria denominada *pliegue semilunar.* // ***m. nuclear,*** membrana de doble capa que cubre el núcleo y lo separa del citoplasma. // ***m. ondulante,*** una membrana protoplásmica que se extiende como una aleta en algunos protozoos, especialmente flagelados. // ***m. oral,*** o placa de tejido que separa el *arquenterio* del estomodeo, en el desarrollo embrionario. // ***m. ovular,*** capa de tejido consistente que tapiza la cáscara del huevo. // ***m. periodontal*** o periósteo alveolar. // ***m. peritrófica*** o formación característica de los insectos y otros artrópodos, que rodea al bolo alimenticio. // ***m. plasmática*** o *m. plásmica, v. m. citoplásmica.* // ***m. posterior,*** v. *m. axilar;* ***m. proninfal,*** cubierta embrionaria de las ninfas en ciertos insectos. // ***m. semilunar,*** pliegue de la piel a través de la unión de los bronquios en la siringe de las aves. // ***m. serosa,*** tejido que tapiza endotelios y mesotelios y produce humores acuosos. // ***m. sinovial,*** tejido conjuntivo denso que rodea la cavidad sinovial o articular entre los huesos adyacentes. // ***m. tectoria,*** estructura que cubre los órganos de Corti. // ***m. terciarias,*** son las que se depositan alrededor del huevo después que ha salido del ovario y a menudo constituyen la cáscara del mismo. // ***m. testácea,*** la más externa de las membranas que envuelve el huevo de las aves inmediatamente por debajo del cascarón. Consta de dos láminas, entre las cuales existe una cámara de aire en el polo obtuso del huevo. // ***m. timpánica,*** estructura membranosa que separa el oído externo del medio en los mamíferos o que obtura el oído medio en los vertebrados que carecen del externo. Comúnmente se denomina simplemente *tímpano.* // ***m. ondulante,*** hoja delgada y transparente formada por fusión de muchos cilios en ciertos protozoos y que puede servir de orgánulo de locomoción. // ***m. undulante,*** v. *ondulante.* // ***m. vacuolar,*** membrana protoplásmica que envuelve las vacuolas y las separa del citoplasma. // ***m. vestibular,*** v. *m. de Reissner.* // ***m. vitelina,*** la que envuelve la yema de los huevos telocíticos y queda a su vez cubierta por la albúmina o blanco del huevo.

membranela (membranella). Conjunto de cilios que, en los protozoarios, forman una estructura más gruesa o robusta. (Lat. **membrana, membrana; -ella, dimin.**)

membránula (membranella). Conjunto de cilios que, en los protozoos, forma una estructura más extensa y gruesa. // Porción de ala de los insectos situada cerca del ángulo anal. = **Membranela.** (Lat. **membranella,** dim, de **membrana.**)

membre. (Del lat. **-membris, de membrum,** miembro.)

membrón (membron). Concepto empleado para describir la estabilización de un operón RNA.

memiso. Cuba: V. *catibo,* ofidio.

memoria orgánica (organic memory). Expresión con la que se indica la retención por el protoplasma de los efectos de estímulos o experiencias pasadas.=*Memoria celular.*

Menton, M. Junto con L. Michaelis formuló (1913) las relaciones entre las enzimas y los substractos correspondientes.

mena. El pez europeo llamado *picarel.*

menadiona (menadione). Componente de la Vitamina K.

menacme (menacme). El período de la vida de la mujer marcado por actividad menstrual. (Gr. **men,** mes; **+akme.**)

menarque (menarche). El comienzo del ciclo menstrual en la niña, usualmente entre los 12-15 años. (Gr. **men,** mes; **arch-,** primero, en tiempo.)

Mendel, Johanes Gregor. Monje austríaco, quien en 1866, dio a conocer los resultados de sus estudios sobre la herencia de ciertos caracteres en guisantes de jardín y estableció las primeras "leyes" de la genética. (1822-1884)

mendeliano (mendelian). Perteneciente o relativo a Mendel o al mendelismo V. *J. Mendel.*

mendelismo* (mendelism). Teoría o conjunto de reglas formuladas por Mendel con respecto a la herencia. V. *reglas* o *leyes de Mendel.* (De Mendel y el suf. **-ismo,** estado o condición.)

mendelizar (mendelize). Cruzar entre sí híbridos heterocigotos en generaciones sucesivas, segregándolos de acuerdo con las reglas de Mendel. (De **Mendel** q.v.)

meninge* (meninges). Cada una de las tres membranas que envuelven el encéfalo y la médula espinal. V. *duramadre, piamadre* y *aracnoides.* (Gr. **meningos,** membranoso.) *Adj.* ***meníngeo*.*** // ***m. fibrosa,*** =*duramadre.* // ***m. primitiva,*** membrana única que, en los peces, envuelve estrechamente el encéfalo y la médula espinal. // ***m. secundaria,*** membrana pigmentada que, en los anfibios, representan la duramadre. // ***m. vasculosa,***=*piamadre.*

meningina (meningina). Piamadre y cara cerebral de la aracnoides consideradas como una sola membrana.= *Leptomeninge, meninge tenuis.*

meningocito (meningocyte). Un fagocito del espacio subaracnoidal. (Gr. **meninx,** membrana; **kytos,** célula.)

meningosis (meningosis). Fijación de los huesos por medio de membranas. (Gr. **meninx,** membrana; **osis,** condición.)

meningospinal (meningospinal). Que pertenece a las meninges espinales. (Gr. **meninx,** membrana; lat. **spina.**)

menisco* **(meniscus).** V. *disco intervertebral.* // Disco en los corpúsculos tactiles. (Gr. **meniskos,** luna pequeña.) *Adj.* ***meniscoidal.***

Menognatha. Nombre colectivo para los insectos que están provistos de mandíbulas tanto en estado adulto como en los estados larvales. (Gr. **meno,** durar; **gnathos,** mandíbula.)

menopausia* **(menopause).** El período en el que cesa la menstruación. (Gr. **men,** mes; **pausis,** cesación.)

Menorhyncha. Nombre aplicado a los insectos machos provistos de boca chupadora tanto en estado adulto como en los larvales. (Gr. **meno,** durar; **rhynchos,** pico.)

menorragia*. Menstruación excesiva.

menotaxia (menotaxis). Movimiento compensatorio que mantiene el cuerpo en una posición determinada. (Gr. **menein,** permanecer; **taxis,** disposición.)

Menotyphla. Un suborden obsoleto de insectívoros en el que habían sido incluídos los tupaioideos (ahora en los Primates), la superfamilia *Macroscelidoeidea* y los (fósiles) *Lepiticoidea.* Se caracteriza por el ciego bien desarrollado y los molares con las cúspides en W. (Gr. **meno,** permanecer; **typhlos,** ciego.)

mensa (mensa). La superficie de masticación de la dentadura. (Lat. **mensa,** mesa.)

mensaje* **(message).** Ordenación molecular que, en el interior de la célula, un sistema bioquímico induce sobre otro. (Academia.)

mensajero (messenger). Una fila de RNA (mRNA) sintetizada en el núcleo con DNA como molde y que emigra al citoplasma, donde se asocia a los ribosomas. (Lat. **missagium.**)

menses (menses). Menstruación, catamenia. (Lat. **menses,** meses.)

menstruación* **(menstruation).** El desprendimiento de la membrana que tapiza el útero de la mujer con emisión de sangre, al comienzo del ciclo menstrual, una vez cada ciclo lunar. (Lat. **menstrualis,** mensual.)

menstruo*. Acción de menstruar. *Adj.* ***menstrual*, menstruoso*.***

mensura* **(measure).** *Medida.* // La medición de una estructura. (Lat. **mensura.**)

mental* **(mental).** Perteneciente a la mente. // Perteneciente o relativo al mentón. // Músculo que arruga la piel de la barbilla. // Perteneciente a las actividades síquicas. (Lat. **mens,** mente; lat. **mentum,** mentón.)

mento. Mentón. (Lat. **mentum.**)

mentomeckelino (Mentomeckelian). Se dice de la parte anterior del cartílago de Meckel o punta de la mandíbula de los anfibios. (Lat. **mentum,** barbilla.)

mentón* **(mentum).** *Barbilla.* Esclerita distal típica del labio de los insectos. // Proyección bajo la boca en algunos moluscos. // Parte media del gnatoquilario en los diplópodos. (Lat. **mentum,** barbilla.)

menudillo* **(fetlock).** Borde posterior, provisto de pelos largos, situado en la articulación de la caña con el pie en las caballerías. Porción de las vísceras de los animales comestibles. // La articulación entre la caña y la cuartilla. (Dim. de **menudo.**)

Menurae. Un suborden de aves del orden *Passeriformes* que comprende las llamadas *aves lira.*

meñique (little finger). El dedo menor o quinto de las manos. (Lat. **minimus.**)

meollo (brain). La masa encefálica. (Lat. **medulla.**)

meraspis (meraspis). Estado larval en las trilobitas en el que el pigidio se localiza por detrás del cefalón. (Gr. **meros,** parte; **aspis,** un escudo.)

mergánsar (merganser). V. mergo.

mergo (merganser). Cuervo marino. Ave palmípeda de pico dentado que se alimenta de peces. Orden *Pelecaniformes,* familia *Phalacrocoracidae.* (Lat. **mergo,**zambullirse.)

mérgulo (little auk). Pequeña ave ártica buceadora del orden *Charadriiformes,* familia *Alcidae* **(Plautus alle).**

-mería (-mery). (Del gr. **meros,** parte.) Sufijo empleado para formar términos como *metamería.*

mericismo (merycism). Contracción del estómago que ocasiona la regurgitación de los alimentos, como durante la rumia. (Gr. **meryx,** un rumiante.)

mericología (merycology). Tratado sobre la rumia. // Tratado sobre los rumiantes. (Gr. **meryx,** un rumiante; **logos,** tratado.)

meridios Partes similares de los pólipos hidrarios. (Gr. **meros,** parte; **-idion.** dim.)

Mering, Joseph Von. Junto con O. Minkowski, realizó los experimentos clásicos sobre los efectos de la remoción del páncreas (1889).

merino* **(merino).** Raza de carneros originaria de España, de lana fina. (Lat. **maiorinus, algo mayor,** carnero **mayor.**)

merismo (merism). V. *metamerismo.* // División en segmentos. *Adj.* ***merismático.***

merisis (merisis). Aumento en tamaño debido a la división celular. (Gr. **meris,** división.)

merist- (merist-). (Del gr. **meristos,** divisible.)

merístico (meristic). Divisible, segmentado. Aplícase a los caracteres discontinuos, por ej. el número de escamas o de espinas en los peces.

Merkel, Friedrich S. Anatomista alemán (1845-1919). V. *disco o corpúsculo de Merkel.*

merla* **(merle).** V. *mirlo.*

merlán, merlango (European whiting). Pez europeo del orden *Gadiformes,* familia *Gadidae* **(Merlangus merlangus).** También *pescadilla.*

merlín* **(merlin).** Un halcón europeo **(Falco columbarius).** (Holandés, **meerling.**)

merlo*. *m. mirlo,* ave. // *Zorzal marino,* pez.

merluza* **(hake).** Pez marino comestible europeo cercano al bacalao. Orden *Gadiformes,* familia *Merlucidae* **(Merlucius merlucius).** // Cuba: pez del orden *Perciformes,* suborden *Scombroidei,* familia *Scombridae,* también llamado *caballa* o *chub mackerel* **(Scomber japonicus).**

merma (little tuna). V. *comevíveras,* especie de *bonito.*

mermi- (mermi-). (Del gr. **mermis, mermitos,** una cuerda.) Se aplica a los vermes cilíndricos o nematodos.

mermitaner (mermithaner). Macho de hormiga parasitado por vermes del grupo *Mermis.* (Gr. **mermis,** cuerda; **aner,** macho.)

mermitergate (mermithergate). Hormiga obrera alterada por estar parasitada por nematodos mermitoides. (Gr. **mermis** cordón; **ergetes,** un obrero.)

Mermithoidea. Un orden de *Nematoda.* V. *Dorylaimina.*

mermitogina (mermithogyne). Una hembra de hormiga parasitada por Mermis. (Gr. **mermis,** cordón; **gyne,** hembra.)

mero (meros). Apócope del *meropodito.* // España: pez marino altamente apreciado por su carne, orden *Perciformes,* familia *Serranidae* **(Epinephelus gigas).** // Antillas: varias especies de peces de la familia Serranidae, como *Epinephelus morio o cherna americana* y *Ephinephelus nigritus o mero de lo alto.*

mero- (mero-). (De. gr. **meros,** una parte.)

meroandria (meroandry). La condición de tener un número reducido de testículos, como la de los anélidos oligoquetos. (Gr. **meros** parte; **aner,** macho.) *Adj.* ***meroándrico.***

meroblástico (meroblastic). Huevo que sufre una segmentación parcial. (Gr. **meros;** parte; **blastos,** germen.)

meroblasto (meroblast). Estado intermedio entre el esquizonte y merozoito en algunos sporozos. (Gr. **meros,** parte; **blastos,** yema.)

merocerito (merocerite). El cuarto segmento en las antenas de los crustáceos. (Gr. **meros,** parte; **keras,** cuerno, antena.)

merocito (**merocyte**). Núcleo en la parte no segmentada de un embrión meroblástico. // Esquizonte. // Uno de los muchos núcleos formados por división del núcleo extra en la esperma de algunos reptiles, aves y selacios. (Gr. **meros**, parte; **kytos**, célula.)

merocrino (**merocrine**). Aplícase a la glándula que descarga sus productos de secreción, manteniéndose intacta. (Gr. **meros**, parte; **krinein**, separar.)

merogamia (**merogamy**). V. *microgamia.*

merogametos (**merogametes**). En los protozoos, los gametos que se forman por división de una célula madre, en oposición a los *hologametos*, que se forman de la célula completa, sin dividir. (Gr. **macros**, parte; **gametos**, esposo.)

merogástrula (**merogastrula**). La gástrula producida por un huevo meroblástico. (Gr. **meros**, parte; **+gástrula**.)

merogénesis. *Segmentación.*

merogenia (**merogeny-**). V. *merogonía.*

merognatito (**merognathite**). El cuarto segmento de las piezas bucales en los crustáceos. (Gr. **meros**, parte; **gnathos**, quijada.)

merogonía (**merogony**). La fecundación de un óvulo sin núcleo con el subsiguiente desarrollo de un individuo. (Gr. **meros**, parte; **gone**, generación.) // ***m. bastarda***, androgénesis.

meroístico (**meroistic**). Se aplica a los ovarios de los insectos que contienen células nutritivas. (Gr. **meros**, parte; **oon**, huevo.)

meroma (**merome**). Un segmento del cuerpo o somito. (Gr. **meros**, parte; **omos**, similar.)

meromiario (**meromyarium**). Se aplica al nematodo que solo tiene de 2 a 5 músculos en cada campo muscular. (Gr. **meros**, poco; **mys**, músculo.)

meromixis (**meromixis**). Ocurrencia de recombinaciones de genes en ausencia de gametos y de fertilización en los protozoos. (Gr. **meros**, poco; **myxis**, mezcla.)

meromorfosis (**meromorphosis**). Regeneración en la que la parte formada es menor que la perdida. (Gr. **meros**, parte; **morphosis**, modelado.)

meron (**meron**). La parte posterior de la coxa en los insectos. // Un esclerito entre la coxa media y posterior. (Gr. **merox**, parte; **on**, ser.)

meronefridio (**meronephridium**). Un tipo de nefridio múltiple muy modificado situado en cada segmento y formado por la división del cordón embrionario. (Gr. **meros**, división; **+nefridio**.)

meronte (**meront**). Un estado producido por segmentación o esquizogonia. (Gr. **meros**, parte; **ontos**, ser.)

meroplancton (**meroplankton**). Conjunto de organismos que forman parte del plancton durante una parte de su ciclo vital. (Gr. **meros**, parte;**+plancton**.)

meropodito (**meropodite**). El segundo de los cinco segmentos de las patas en los crustáceos decápodos. (Gr. **meros**, parte; **pous**, pie.)

merosoma (**merosome**). Un segmento del cuerpo o somito. (Gr. **meros**, parte; **soma**, cuerpo.)

merospermia (**merospermy**). Acción simplemente activadora de ciertos espermatozoides cuyo pronúcleo no participa en la constitución de los núcleos de las células hijas. (Gr. **meros**, parte; **sperma**, simiente.)

merosténico (**merosthenic**). Que tiene las extremidades muy desarrolladas. (Gr. **meros**, muslo; **sthenos**, robusto.)

merosómico (**merosomatous**). Se aplica a los zooides de los ascidiáceos que tienen el cuerpo dividido en dos regiones: tórax y abdomen. (Gr. **meros**, parte; **soma**, cuerpo.)

merostomas. V. *merostomatas.*

Merostomata. Una clase del fílum *Arthropoda*, sección *Chelicerata*, que comprende muchas especies fósiles paleozoicas y las pocas vivientes del género *Limulus*. Cefalotórax con ojos compuestos, anchamente unido al abdomen y no segmentado, abdomen con 5-6 pares de apéndices branquiados y terminado en un telson ensiforme. (Gr. **meros**, parte; **stoma**, boca.)

merotipo (**merotype**). La parte de un organismo de propagación únicamente asexual sobre la que se ha basado el tipo taxonómico. (Gr. **meros**, parte; **typos**, patrón.)

merotomía (**merotomy**). *Merosomía.* La segmentación del cuerpo o de una estructura. (Gr. **meros**, parte; **temnein**, cortar.)

Merozoa. Grupo de cestodos provistos de muchos proglótidos por detrás del excólex. Nombre dado por oposición al de *Menozoa*, q.v.

merozoito (**merozoite**). En los esporozoarios, la forma juvenil producida por fragmentación del esquizonte. (Gr. **meros**, parte; **zoon**, animal; **-ito**, diminutivo.)

merozoo (**merozoon**). Un fragmento de un animal unicelular que contiene parte del macronúcleo. (Gr. **meros**, parte; **zoon**, animal.)

Merriam, C. Hart. Biólogo norteamericano. Estableció (1894) el concepto de las zonas bióticas de la América del Norte. (1855-1942)

Mery, Jean. Anatomista francés (1645-1722). V. *La glándula bulbouretral.*

Merycoidodontoidea. Una superfamilia de artiodáctilos fósiles que vivieron desde el Eoceno al Plioceno en la América del Norte. Se denominan también *Oreodontes.* (Gr. **meryx**, un rumiante; **odous**, diente, **-oidea**, superfamilia.)

Merychippus. Género de caballos fósiles del Mioceno que tienen los dedos laterales muy reducidos. Se considera que originaron los caballos actuales. (Gr. **meryx**, rumiante; **hippos**, caballo.)

mesadenia (**mesadenia**). Glándula accesoria en las vesículas seminales de algunos insectos. (Gr. **mesos**, medio; **adenos**, una glándula.)

mesameboide (**mesamoeboid**). Se aplica a las células nucleadas que dan origen a los corpúsculos de la sangre. (Gr. **mesos**, medio; **amoibe**, un cambio; **eidos**, parecido.)

mesanepímero (**mesanepimeron**). Un esclerito situado sobre el epímero y bajo la base del ala en los insectos dípteros. (Gr. **meros**, medio; **ana**, arriba; **meros**, muslo.)

mesaticefálico (**mesaticephalic**). En antropología, el que tiene el cráneo entre dolicocéfalo y braquicefálico. Indice cefálico de 75-80. (Gr. **mesatos**, medio; **kephale**, cabeza.)

Mesaxonia. Un superorden de mamíferos que comprende el orden único, *Perissodactyla.* El eje de las extremidades pasa por el dedo medio o III de los pies. Caballos, tapires, rinocerontes. (Gr. **mesos**, medio; **axon**, eje).

mesaxónico (**mesaxonic**). Con el eje de las patas pasando por el dedo medio del pie. (Gr. **mesos**, medio; **axon**, eje.)

mesectodermo (**mesectoderm**). La estría primitiva del embrión antes de la distinción del mesodermo y el ectodermo. // Cada una de las porciones del mesénquima en ciertos peces. (Gr. **mesos**, medio; **+ectodermo**.)

mesenbrión (**mesembryon**). *Blástula.* (Gr. **mesos**, medio; **embryon**, embrión.)

mesencéfalo (**mesencephalon**). El encéfalo medio en los vertebrados, que comprende los lóbulos o los tubérculos cuadrigéminos. (Gr. **mesos**, medio; **enkephalos**, encéfalo.)

mesencelo (**mesencoel**). Un celoma formado a expensas de células mesodérmicas que se distribuyen alrededor de la cavidad primitiva. (Gr. **mesos**, medio; **koilos**, hueco.)

mesendodermo (**mesendoderm**). Conjunto de células situadas posteriormente al labio del blastóporo y parcialmente envaginada con el endodermo. (Gr. **mesos**, medio; **+endodermo**.)

mesénquima (**mesenchyme**). Una masa esponjosa del mesodermo no epitelial que origina el tejido conjuntivo. // Pared intermedia de las esponjas, entre el epitelio dérmico y el epitelio gástrico. (Gr. **mesos**, medio; **enchyma**, infusión.) // ***m. pericordal***, parte del mesénquima situado entre los arcualios cartilaginosos y el notocordio que da lugar a la mayor parte del cuerpo vertebral.

mesenterio* **(mesentery).** Un pliegue del peritoneo que une el intestino con la pared posterior del cuerpo. // Cualquier membrana o tabique en la cavidad del cuerpo. V. *mesenteron.* (Gr. mesos, el medio; enteron, intestino.) *Adj.* **mesentérico*.** // **m.** ***de los antozoarios,*** repliegue de los tejidos mesodérmicos que atraviesan el celoma. // ***m. directrices,*** los pares dorsales y ventrales en los mesenterios de los *zoantarios,* excluyendo los pares de directrices dorsales y ventrales.

mesenteriolo (mesenteriole). Pliegue mesentérico que retiene el apéndice vermiforme. (Lat. mesenteriolus, dim. de mesenterium.)

mesenteron (mesenteron). *Mesenterón.* La parte de la cavidad primitiva del embrión que origina el tubo digestivo, los pulmones, el hígado y el páncreas. // La parte central de la cavidad gastrovascular en los antozoos. V. *mesenterios, (Gr.* mesos, medio; enteron, intestino.)

mesentodermo (mesentoderm). V. *mesendodermo.*

mesepímero (mesepimeron). El epímero del mesotórax en los insectos. (Gr. mesos, medio; epi, sobre; meros, muslo.)

mesepisternón (mesepisternon). El mesoespisternón o esclerito situado bajo el espiráculo anterior en los dípteros. (Gr. mesos, medio; epi, arriba; sternon, pecho.)

mesepitelio (mesepithelium). V. *mesotelio.*

meseraico*. *Mesentérico.*

mesetmoides (mesethmoid). Porción intermedia en el etmoides de los vertebrados tetrápodos. (Gr. mesos, medio; +etmoides.)

mesiad (mesiad). Hacia el medio.

mesial (mesial). Que tiene una porción media o mediana. (Gr. mesos, el medio.)

Mesichthyes. Un orden de peces de radios blandos y aletas pélvicas en posición abdominal. Algunos los consideran como una división del orden *Clupeiformes.* (Gr. meso, medio; ichthys, pez.)

meso- (meso-). (Del gr. mesos, el medio, intermedio, la mitad.)

Mesoammonoidea. Un suborden de los moluscos cafalópodos del orden *Ammonoidea.*

mesoapéndice (mesoappendix). El mesenterio del apéndice vermiforme. V. *Mesenteriolo.*

mesoario (messoarion). V. *mesovario.*

mesoblasto (mesoblast). El mesodermo embrionario. //El núcleo de la célula según Agassiz. (Gr. mesos, el medio; blastos, yema.)

mesobentos (mesobenthos). Conjunto de organismos del fondo marino que viven a profundidades entre 100 y 500 brazas. (Gr. mesos, medio; benthos, profundidad.)

mesobranquio (mesobranchial). Mesobranquiano. Se aplica al anélido que tiene branquias situadas en la región media del cuerpo. // Lo relacionado con las branquias medias de los crustáceos. (Gr. mesos, medio; blastos, yema.)

mesobronquio (mesobronchus). La parte de los bronquios que queda dentro del pulmón. (Gr. mesos, en medio; branchos, bronquio.)

mesocardio (mesocardium). Hoja del mesenterio que suspende el corazón embrionario. (Gr. mesos, medio; kardia, corazón.)

mesocatepímero (mesokatepimeron). Esclerito posterior al mesosternón de los insectos dípteros. (Gr. mesos, medio; kata, hacia abajo; epi, sobre; meros, muslo.)

mesocatepisternón (mesokatepisternon). Un esclerito entre la base del ala y la parte inferior del mesotórax en los insectos dípteros. (Gr. mesos, medio; kata, hacia abajo; epi, sobre; +sternón.)

mesocefalia*. Calidad de mesocéfalo.

mesocéfalo (mesocephalic). Que tiene una capacidad craneal media o sea 1350 o 1450 c.c. Mesaticéfalo. // El mesencéfalo, q.v. (Gr. mesos, medio; kephale, cabeza.) *Adj.* **mesocefálico.**

mesocelo (mesocoel). La porción anterior del cuarto ventrículo del encéfalo. // La parte posterior del celoma. // El celoma del lofóforo en *Phoronidea, Ectoprocta* y *Brachiopoda.* // La segunda de las partes del celoma de los moluscos. // Ventrículo óptico. // Parte del acueducto que se extiende hasta los lóbulos ópticos de los vertebrados inferiores. (Gr. mesos, el medio; koilos, cavidad.)

mesocéntrico (mesocentrous). En el medio. // Se aplica a la osificación cuyo origen está situado en el medio de la estructura. (Gr. mesos, medio; kentron, centro.)

mesocercaria (mesocercaria). Estado de los trematodos del género *Alaria* que se encuentra en el segundo hospedante intermediario. (Gr. mesos, el medio + cercaria.)

mesocerebro (mesocerebrum). V. *deuterocerebro.*

mesociego (mesocaecum). La parte del mesenterio conectado al ciego. (Gr. mesos, medio; lat. caecum, ciego.)

mesocólico (mesocolic). Lo relativo a la región media del colon. (Gr. mesos, el medio; kolon, intestino grueso.)

mesocolon (mesocolon). Repliegue mesentérico que retiene el colon. (Gr. mesos, medio; kolon, intestino grueso.)

mesocondrio (mesochondrium). La matriz del cartílago hialino. (Gr. mesos, medio; chondros, cartílago.)

mesocoracoideo (mesocoracoid). Se aplica al hueso situado en la parte media del arco coracoideo de ciertos peces. (Gr. mesos, el medio; +coracoides.)

mesodermo (mesoderm). La capa intermedia embrionaria situada entre el ecotodermo y el endodermo. (Gr. mesos, medio; derma, piel.) *Adj.* **mesodérmico.**

mesodeo (mesodaeum). Parte media del tubo digestivo, cuyo epitelio es de origen mesodérmico. (Gr. mesos, medio; neolat. deum, dividido, vía.)

mesodonte (mesodont). Que tiene un diente en el medio de otros dos. (Gr. mesos, medio; odous, diente.)

mesoduodeno (mesoduodenum). La parte del mesenterio que soporta el duodeno. (Gr. mesos, en medio; +duodeno.)

mesoectodérmico (meso-ectodermal). V. *ectomesodérmico.*

mesoepisternón (meso-episternum). V. *mesepisternón.*

mesoescápula (mesoscapula). La espina del omóplato u escápula. (Gr. mesos, medio; scapula, escápula.)

mesófilo (mesophil). Organismo que vive bajo condiciones moderadas de la humedad atmosférica. (Gr. mesos, medio; philos, amante.)

mesofragma (mesophragma). Diafragma mesotorácico de ciertos insectos. Término obsoleto para la línea de M de las fibras musculares estriadas. (Gr. mesos, medio; phragma, valla.)

mesofrio (mesophry). Una pieza en la glabela de las trilobitas. (Gr. mesos, medio; ophrys, ceja.)

mesofurca (mesofurca). La furca del mesotórax de los insectos. (Gr. mesos, medio; lat. furca, horquilla.)

Mesogastropoda. Orden de moluscos gasterópodos prosobranquios cuyas branquias son pectinadas. =*Pectinibranchia.* (Gr. mesos, en el medio; +Gastropoda).

mesoglea (mesoglea). Capa gelatinosa entre el ectodermo y el mesodermo de los celentéreos. (Gr. mesos, en el medio; glia, cola.)

mesómero (mesomere). Capa muscular entre el epímero y el hipómero de los vertebrados. (Gr. mesos, en el medio; meros, parte.)

mesonefros (mesonephros). = *Mesonefrón.* Tipo de estructura renal de los vertebrados, persistente en los adultos de peces y anfibios y en el embrión de los demás. (Gr. mesos, el medio; nephros, riñón.)

mesosoma (mesosoma). La parte anterior del abdomen de ciertos artrópodos. // La sección media del cuerpo en algunos invertebrados. (Gr. mesos, medio; soma, cuerpo.)

mesorquio (mesorchium). El mesenterio de los testículos embrionarios en los vertebrados. (Gr. mesos, medio; orchis, testículo.)

Mesotardigrada. Un orden de artrópodos del fílum (o clase)

Tardigrada en el que se combinan caracteres de los equinoscoideos y los eutardígrados. (Gr. mesos, en el medio; +Tardigrada.)

mesotelio (mesothelium). El tejido plano que tapiza las cavidades celomáticas). (Gr. mesos, el medio; koilos, hueco.)

mesoventral (mesoventral). Que está en la región media del cuerpo. (Gr. mesos, medio; lat. venter, vientre.)

Mesozoa. Un fílum de animales vermiformes parásitos en cefalópodos y otros invertebrados marinos, considerados por algunos zoólogos como platelmintos o tenóforos degenerados. Su cuerpo está formado por una o pocas células externas, y su ciclo vital es complicado. (Gr. mesos, en medio; zoon, animal.)

mesozoario (mesozoan). *Mesozoo,* un animal del fílum *Mesozoa.*

Mesozoica (Mesozoic). Era geológica secundaria, entre la Paleozoica y la Cenozoica, de una duración de 120 millones de años. Por la abundancia de reptiles se le llama la Edad de los Reptiles. (Gr. mesos, en el medio; zoon, animal, vida.)

mesteño* (mustang). Nombre aplicado en México al caballo revertido a la vida salvaje, llamado *cimarrón* en Cuba y Santo Domingo y *bagual* en Argentina.

mestizo* (mongre). Híbrido formado por el cruzamiento de dos razas o variedades diferentes. (Lat. miscere, mezclar.)

met (met). Una unidad para medir el metabolismo en función de la cantidad de calor producida por un individuo en reposo, o sea, 50 Cal. por m2 de superficie, por hora. (De metabolismo.)

meta-* (meta-). Del gr. meta, junto a, en compañía de, entre, después, detrás, posterior.)

metabase (metabasis).Una transición o cambio. (Gr. metabasis, alteración.)

metabasipodito (metabasipodite). Un segmento distal adicional en el basipodito de algunos crustáceos. (Gr. meta, detrás; +basipodito.)

metabiosis (metabiosis). La dependencia de un organismo de otro precedente que ha influido en el ambiente. (Gr. meta, después; biosis, manera de vivir.)

Metabola. Un taxón en la clase de los insectos que incluye aquellos que muestran metamorfosis. V. *hemimetabolia, holometabolia* y *paurometabolia.* (Gr. metabole, cambiar.)

metabolía (metaboly). Deformaciones del cuerpo que sirven para la locomoción en muchos protozoos, como los del género *Euglena.* (Gr. metabole, cambio.)

metabolina (metabolin). Un producto del metabolismo. *Metabolito.* (Gr. meta, después; metabole, cambio de forma.)

metabolismo* (metabolism). La suma total de los procesos físicos y químicos que convierten compuestos más simples en materia organizada viviente y viceversa. (Gr. metabole, cambio.) // *m. basal,* la cantidad de energía necesaria para mantener vivo un organismo que, en un hombre adulto joven, es unos 1600 cal. diarias. // *m. constructivo* o anabolismo, que forma materia viviente *m. destructivo* o *catabolismo,* que revierte moléculas complejas en compuestos más simples, cediendo energía.

metabolito (metabolite). Cualquier substancia producto del metabolismo. (Gr. metabole, cambio; lithos, piedra.)

metábolo (metabolic). Se dice del animal que muestra durante su vida cambios de forma o metamorfosis. (Gr. metabole, cambio de forma.)

metabranquial (metabranchial). Que está en la región posterior de las branquias. (Gr. meta, detrás; branchia, branquia.)

metacarpiano* (metacarpal). Que pertenece al metacarpo. // Se aplica a cada uno de los huesos que forman el metacarpo o palma de las manos, o región similar en otros vertebrados. *Metacárpeo.* (Gr. meta, después; lat. carpus, muñeca.)

metacarpo* (metacarpus). La parte proximal de las manos en los vertebrados terrestres formada fundamentalmente por cinco huesos. (Gr. meta, después; +carpo.) *Adj. metacarpiano, metacarpal.*

metacelo (metacoel). La porción anterior del cuarto ventrículo del encéfalo. // La parte posterior del celoma en los moluscos. (Gr. meta, después; koilos, cavidad.)

metacéntrico (metacentric). Se aplica a los cromosomas que tienen el centrómero en el centro o cerca de él. (Gr. meta, junto; kentron, centro.)

metacercaria (metacercaria). El estado larval final de muchos trematodos en la que la cercaria pierde la cola, se fija y enquista en objetos sumergidos. (Gr. meta, más allá; +cercaria.)

metacerebro (metacerebrum). *=Tritocerebro.* La parte posterior del cerebro en los crustáceos y los insectos, formado por la fusión de los ganglios del tercer somito. (Gr. meta, detrás; +cerebro.)

metacestodo (metacestode). Estado enquistado en un cestodo, después del cisticerco. (Gr. meta, después; +cestodo.)

metacíclico (metacyclic). Se aplica a la forma final infecciosa de un parásito. (Gr. meta, después; kyklos,ciclo.)

metacinesis (metakinesis). *Metafase.* Fase en la mitosis y la meyosis en la que se incian los movimientos de los cromosomas a la formación de la placa ecuatorial. (Gr. meta, después; kinesis, acción de moverse.)

metacnemio (metacneme). Mesenterio secundario de muchos celenterados antozoarios. (Gr. meta, después; cneme, rodilla, borde.)

metacónido (metaconid). La cúspide lingual anterior de un molar inferior en los mamíferos. (Gr. meta, detrás; konos, cono.)

metacono (metacone). La cúspide externa de los molares superiores de los mamíferos. (Gr. meta, detrás; +cono.)

metacoracoides (metacoracoid). La parte posterior del hueso coracoides. (Gr. meta, detrás; +coracoides.)

metacroico (metachroic). Que cambia de color. (Gr. meta, cambio; chros, color.)

metacromatismo (metachromatism). Cambio de color que sufren algunos animales según la edad y por condiciones patógenas. (Gr. meta, después; chroma, color; -ismo, condición.) *Adj. metacromático.*

metacromio (metacromion). Una pequeña proyección de la escápula de los mamíferos en su extremo más estrecho. (Gr. meta, después; akromion, la punta de la escápula.)

metacrónico (metachronic). Se aplica al movimiento sucesivo de los cilios de una fila que originan una onda de progresión. (Gr. meta, después; kronos, tiempo.)

metacrosis (metachrosis). Cambio de color, como los de la piel de ciertas ranas, reptiles, peces, etc. (Gr. meta, cambio; chrosis, una coloración.)

metadiscoidal (metadiscoidal). Se aplica al tipo de placenta que al principio es difusa y luego discoidal, como la de los primates. (Gr. meta, después, diskos, disco; eidos, forma.)

metaepisternón. *=Metepisternón.*

metafase (metaphase). Un estado en la mitosis en la que los cromosomas se colocan en el plano ecuatorial y se dividen longitudinalmente. (Gr. meta, después; +phasis.)

metafémina (metafemale). *Superhembra.* Un estado intersexual caracterizado por un fenotipo femenino, cuya constitución genética es de un doble juego de autosomas y 3 cromosomas X. (Gr. meta, después; femina, hembra.)

metafragma (metaphragm). Membrana que separa la cavidad torácica de la abdominal en los insectos. (Gr. meta, detrás; phragmos, tabique.)

metagastrio (metagaster). El conducto intestinal permanente del embrión humano. (Gr. meta, detrás; gaster, estómago.) *Adj. metagástrico.*

metagástrea (metagastraea). Un organismo pequeño, ciliado, con boca, gastrocelo y órganos de los sentidos aborales, que origina una medusa traquilina. (Gr. meta, más allá; +gastrea.)

metagénesis (**metagenesis**). Generación alternante. (Gr. **meta**, después; **genesis**, generación.) *Adj. metagenésico.*

metaginia (**metagyny**). *Protandria*, q.v.

metagnato (**metagnathous**). Que tiene las puntas de las mandíbulas cruzadas. // Insecto que tiene boca masticadora en estado larval y chupadora en adulto. (Gr. **meta**, después; **gnathos**, quijada.)

metahembra (**metafemale**). V. *superhembra, metafémina.*

metagástrula (**metagastrula**). Gástrula que difiere del tipo normal.

metahemoglobina (**metahaemoglobin**). Una forma de hemoglobina inducida por ciertos agentes e incapaz de funcionar en la respiración. (Gr. **meta**, después; **+hemoglobina**.)

metalambda (**metalambda**). Punto craniométrico.

metaléptico (**metaleptic**). V. *sinérgico.* (Gr. **metalepsis**, asociación.)

metálico* (**metallic**). Se aplica a la coloración de los organismos, que tienen brillo iridescente. (Gr. **metallon**, mina.)

metalimio (**metalimion**). *Termoclinal, mesolimio*, capa discontinua en lagos. (Gr. **meta**, después; **limne**, lago.)

metalofo (**metaloph**). La cresta posterior de un molar. (Gr. **meta**, detrás; **lophos**, cresta.)

metaloproteína (**metalloprotein**). Proteína conjugada en la que átomos metálicos forman parte integral de su estructura. (Gr. **metallon**, metal; **+proteína**.)

metamacho (**metamale**). V. *supermacho.*

metamería. V. *metamerismo.*

metamerismo (**metamerism**). La repetición serial de partes o de órganos en el cuerpo de un organismo, como los anillos de la lombriz de tierra. (Gr. **meta**, después; **meros**, parte.) *Adj. metamérico.*

metamerización. Aquella en que los segmentos están diferenciados en regiones exteriormente. // *m. homónoma*, aquella en la que todos los segmentos sucesivos del cuerpo son semejantes.

metamerizado (**metamerised**). Dícese de los animales que tienen el cuerpo dividido en segmentos o metámeros como los anélidos y los artrópodos. (Gr. **meta**, después; **meros**, parte.)

metámero (**metamere**). Cada uno de los segmentos o porciones de una serie de estructuras homólogas situados uno a continuación de los otros, como los anillos de un anélido. // Segmento primitivo o protovértebra. (Gr. **meta**, después; **meros**, parte.)

metamielocito. Estado final en la diferenciación de un *mielocito.* (Gr. **meta**, después; **+mielocito**.)

metamitosis (**metamitosis**). Un tipo de mitosis en la que intervienen el citoplasma y núcleo. (Gr. **meta**, después; **+mitosis**.)

Metamonadina. Un orden de protozoos flagelados zoomastiginos que reúne los órdenes *Polymastigina e Hypermastigina.* (Gr. **meta**, después; **+monadina**.)

metamorfismo* (**metamorphism**). V. *metamorfosis.*

metamorfosis* (**metamorfosis**). Cambio de estructura o de forma durante el desarrollo de un organismo, muy notable en los artrópodos y equinodermos. (Gr. **meta**, cambio; **morphosis**, acción de plasmar.) // *m. directa*, v. *paurametabolia.* // *m. gradual*, cambio de forma en los insectos primitivos en los que las alas se desarrollan gradualmente, y se llama también *simple o parcial*, así como *m. incompleta.* // *m. necrótica*, un tipo de cambios larvales en el cual determinadas estructuras se reabsorben progresivamente como en larvas de equinodermos. // *m. primitiva*, v. *ametabolía.*

metanauplio (**metanauplius**). Estado larval siguiente al de nauplio en copépodos y otros crustáceos. En él aumentan en tamaño y adquieren nuevos apéndices. (Gr. **meta**, después; **+núcleo**.)

metanefridio (**metanephridium**). Un tipo de nefridio, característico de los anélidos, con un nefrostoma abierto interiormente y un nefridióporo abierto al exterior. (Gr. **meta**, después; **+nefridio**.)

metanefromixis (**metanephromyxis**). Una unión del metanefrido en el celomoducto. (Gr. **meta**, después; **+nefromixis**.)

metanefros (**metanephros**). Metanefrón. El riñón permanente en los vertebrados terrestres, desarrollado después del mesonefros y en posición posterior a estos. (Gr. **meta**, posterior; **nephros**, riñón.)

Metanemertini. Un taxón del fílum *Nemertina* con probóscide larga y armada con estiletes. (Gr. **meta**, después; **+nemertina**.)

metanoto (**metanotum**). Región dorsal del metatórax de los insectos. (Gr. **meta**, después; **notos**, espalda.)

metanúcleo (**metanucleus**). Núcleo del huevo fecundado en curso de maduración. (Gr. **meta**, después; **+núcleo**.)

metaplasia (**metaplasia**). Cambio de forma de un tejido hacia una condición anormal. (Gr. **meta**, cambio; **plasis**, un modelado.)

metapalsis (**metapalsis**). El período de madurez en la vida de un individuo. (Gr. **meta**, después; **plasis**, un molde.)

metaplasma (**metaplasma**). Estructuras o substancias inanimadas incluidas temporalmente en el citoplasma. (Gr. **meta**, después; **+plasma**.)

metapleura (**metapleure**). Pliegue ventral longitudinal de los cefalocordados. (Gr. **meta**, detrás; **pleura**, lado.) *Adj. metapleural.*

metapleuron (**metapleuron**). La porción lateral del metatórax de los insectos. (Gr. **meta**, detrás; **pleura**, costado.)

metaplexo (**metaplexus**). El plexo coroides del cuarto ventrículo del encéfalo. (Gr. **meta**, detrás; **+plexo**.)

metapneústico (**metapneustic**.) Se aplica a los insectos que tienen estigmas respiratorios solamente en la parte posterior del abdomen. (Gr. **meta**, detrás; **pne**, respirar.)

metapodio (**metapodium**). Metápodo. Tramo medio en las extremidades o autópodo de los tetrápodos que comprende los huesos metacarpianos o los metatarsianos. (Gr. **meta**, después, **podos**, pie.) *Adj. metapodial.*

metapófisis (**metapophysis**). Proyecciones dorsolaterales de las vértebras lumbares en los mamíferos. // Apófisis mamilares. (Gr. **meta**, detrás; **+apófisis**.)

metáporo (**metapore**). V. *foramen de Magendie.*

metapterigio (**metapterigium**). Parte posterior de los cartílagos basales en las aletas pectorales de los peces seláceos. (Gr. **meta**, después; **pterigio**, aleta.)

metapterigoideos (**metapterygoid**). Un par de huesos de cartílago que forman la rama superior de la quijada. (Gr. **meta**, detrás; **pteryx**, ala; **eidos**, forma.)

metarrodopsina (**metarhodopsin**). Un estado de color anaranjado intermediario en el ciclo de transformaciones que sufre el pigmento rodopsina por acción de la luz. (Gr. **meta**, después; **+rodopsina**.)

metascutelo (**metascutellum**). El escutelo del metatórax en los insectos. (Gr. **meta**, detrás; **+escutelo**.)

metascudo (**metascutum**). El escudo del metatórax en los insectos. (Gr. **meta**, detrás; lat. **scutum**, escudo.)

metasícula (**metasicula**). Una pieza del exoesqueleto de las graptolitas. (Gr. **meta**, detras; lat. **sicula**, daga pequeña.)

metasomito (**metasomite**). El anillo posterior de los somitos de los miriápodos diplodeos. (Gr. **meta**, después; **+somitos**.)

metasindesis (**metasyndesis**). V. *telosindesis.*

metasoma (**metasoma**). La parte posterior del cuerpo en los aracnoideos y los crustáceos. // La parte posterior del cuerpo en algunos moluscos. // La tercera región posteriro del cuerpo de los deutorostomados. (Gr. **meta**, detrás; **soma**, cuerpos.)

metástasis* (**metastasis**). Desviación de la posición normal de un órgano. // Transporte de células o fragmentos de tejidos de una parte del cuerpo a otra. // Transportación de fragmentos de un cáncer a nuevos sitios en el cuerpo. (Gr. meta, después; stasis, posterior.)

metasténico (metasthenic). Que tiene la parte posterior del cuerpo bien desarrollada. (Gr. meta, detrás; sthenos, fuerza.)

metasternito (metasternite). Una pieza formada por la fusión de los esternitos situados entre las bases de las patas posteriores en los escorpiones. (Gr. meta, detrás; +esternito.)

metasternón (metasternum). Parte posterior del esternón de los tetrápodos que termina en los mamíferos en el cartílago xifoides. // La parte ventral del metatórax en los insectos. (Gr. meta, detras; sternum, esternón.)

metastigmado (metastigmate). Que tiene los estigmas o las aberturas traqueales en la parte posterior del cuerpo. (Gr. meta, detrás; +estigma.)

Metastigmata. Un suborden de Acarina que comprende las garrapatas. Se emplea más frecuentemente el nombre *Ixodides.* (Gr. meta, posterior; +estigma.)

metastilo (metastyle). Residuo del protocono en ciertos mamíferos actuales: insectívoros y ungulados. (Gr. meta, detrás; stylos, pilar.)

metastoma (metastoma). La pieza o labio inferior de la boca en los crustáceos. // La hipofaringe de los miriápodos, (Gr. meta, después; stoma, boca.)

metastructura (metastructure). La organización microscópica del organismo. (Gr. meta, después; + estructura.)

metatálamo (metathalamus). Los cuerpos geniculados del telencéfalo. (Gr. meta, detrás; thalamos, cámara.)

metatarso* (metatarsus). Cada uno de los huesos de las extremidades posteriores de los tetrápodos que forman la región del tobillo. // El metápodo de las extremidades posteriores. (Gr. meta, después; tarsos, tarso.) Adj. *metatarsiano**.

metatelelia (metathelelia). Metamorfosis relacionada con un crecimiento continuo de las larvas de algunos insectos. (Gr. metathelos, cambiante: telos, fin.)

metatelia (metathetely). V. *histerotelia.*

Metatheria. Una de las tres infraclases en que se dividen los mamíferos vivientes de la subclase *Theria.* Comprende un solo orden: *Marsupialia.* (Gr. meta, después; therion, bestia.)

metatimpánico (metatympanic). Un elemento del hueso timpánico. =*Entotimpánico.* (Gr. meta, detrás; +tímpano.)

metatipo (metatype). *Idiotipo.* Un topotipo de la misma población que el holotipo. (Gr. meta, después; typos, patrón.)

metatórax (metathorax). El segmento posterior o tercero del tórax de los insectos. (Gr. meta, después; +tórax.)

metatroco (metatroch). La corona ciliar posterior de la larva trocófora en los anélidos. (Gr. meta, detrás; trochos, rueda.)

metatrocófora (metatrochophore). Un estado larval posterior a la trocófora en ciertos anélidos el cual se alarga y comienza la metamerización. (Gr. meta, después; + trocófora.)

metatrófico (metatrophic). Que se nutre tanto de materia orgánica como de otros compuestos del carbono. (Gr. meta, después; trophe, nutrimiento.)

metaxeno (metaxenous). Organismo que parasita diversos hospedantes. *Heteroico.* (Gr. meta, después; xenos, extranjero, hospedante.)

Metazoa. Una de las divisones primarias del reino animal, que incluye los organismos multicelulares. Algunos separan los poríferos de los metazoos bajo el nombre de *Parazoa.* (Gr. meta, después; zoon, animal.)

metazoario (metazoa). Cualquier animal del grupo *Metazoa,* q.v.

metazoea (metazoea). Estado larvario posterior a la *zoea* que se transforma en megalopa en los crustáceos decápodos. (Gr. meta, después; +zoea.)

metazoo* (metazoon). V. *metazoario.*

Metchnikoff, Elie. Fisiólogo ruso, quien reconoció el papel de la fagocitosis como medio de combatir las infecciones microbianas. Premio Nobel en 1908. (1845-1916)

metaecdisis (metaecdisis). El período que sucede inmediatamente después de cada muda en los artrópodos, mientras se endurece la nueva cutícula. (Gr. meta, después; neolat. ecdysis, quitarse la ropa.)

metembrión (metembrión). V. *gástrula.*

metencéfalo (metencephalon). Parte anterior del encéfalo posterior o rombencéfalo de los vertebrados, que incluye el cerebro y el puente de Varolio. (Gr. meta, después; +encéfalo.)

metenteron (metenteron). La cámara intermesentérica de ciertos celenterados. (Gr. meta, detrás; enteron, intestino.)

metepímero (metepimeron). El epímero del metatórax de los insectos. (Gr. meta, detrás; +epímero.)

metepipodito (metepipodite). Epipodito situado en los coxopoditos de los crustáceos. (Gr. meta, detrás; +epipodito.)

metepisternón (metepisternon). El episternón del metatórax en los insectos. (Gr. meta, detrás; +episternón.)

metilamina (methylamine). Una ptomaína gaseosa formada principalmente en la descomposición de peces.

metionina (methionine). Un aminoácido esencial en el metabolismo humano.

método* (method). Una manera de proceder o de hacer algo ordenada y sistemáticamente. // Un arreglo o disposición ordenada. (Gr. methodus.)

metoecio (metoecious). Organismo con dos hospedantes. (Gr. meta, después; oikos, casa.)

metodología* (methodology). La ciencia que trata de los principios o métodos en la investigación científica. (método,+ gr. logos, tratado.)

metónimo (metonym). Un nombre aplicado posteriormente a otro para el mismo taxón. Es lo mismo que *homónimo junior.* (Gr. meta, después; onyma, nombre.)

metopa* (metope). La parte media de la frente. La porción central de la frente en los crustáceos. (Gr. metopon, frente.) *Adj. metópico.*

metopio (metopion). *Metopión.* Punto craneométrico, situado en el medio de la frente entre las prominencias frontales. (Gr. metopon, frente.)

metopón (metopon). Porción anterior del lóbulo frontal del cerebro.

metoquia (metochy). La relación entre un huésped no parásito y el hospedante. (Gr. metoche, compartiendo.)

metorito (meadow mice). Méx.: especie de ratón campestre (Microtus mexicanus).

metósteo (metosteon). Una parte osificada en el esternón de las aves. (Gr. meta, detrás; osteon, hueso.)

metótico (metotic). Por detrás del oído. Se aplica a los somitos de la cabeza en el embrión de los vertebrados. V. *proótico.*

metovo (metovum). Un huevo rodeado de material nutritivo. (Gr. meta, después; lat. ovum, huevo.)

metra (metra). El útero. (Gr. metra, la matriz.)

metratermo (metraterm). Parte terminal del conducto ovovitelino en ciertos trematodos, armados con garfios y provistos de una musculatura especial. (Gr. metra, útero; terma, terminal.)

metro-* (metro-). (Del gr. metron, una medida.)

metrocito (metrocyte). Una célula madre. (Gr. metér, una madre; kytos, célula.)

metrón (metron). El individuo considerado desde el punto de vista morfológico. Op. *bión,* q.v. (Gr. metros, medida.)

metrorragia* (metrorhagia). Hemorragia del útero. (Gr. metra, matriz; rhagos, roto.)

Meyerhof, Otto. Bioquímico alemán, quien descubrió la formación de ácido láctico durante la contracción muscular. (1884-1951)

meyo. Ver *meio-*.

meyosis. V. *meiosis.*. // Período de una enfermedad en que se observa una disminución de la intensidad de los síntomas.

Miacoidea. Una superfamilia de mamíferos carnívoros del suborden *Fissipedia* que fueron antepasados de los actuales. Del Paleoceno y el Eoceno.

Miani, K. Parasitólogo japonés. Junto con M. Susuki expuso el ciclo vital de *Schistosoma japonicum.*

miario (myarian). Relativo a los músculos. Se aplica a la clasificación de los animales basada en la musculatura. (Gr. mys, músculo; lat. -ario, en relación con.)

mias. V. *orangután.*

miasis (myasis). Una enfermedad producida por larvas de moscas. (Gr. myia, una mosca.)

miastor (miastor). Grupo de moscas notables por su reproducción partenogenética y pedogenética. Sus larvas producen miasis. (Gr. myia, una mosca.)

micetocito (mycetocyte). Célula especializada de ciertos insectos, en simbiosis con microbios. (Gr. mycetes, hongo; kyton, célula.)

micela (micelle). Unidad hipotética de materia viviente, suceptible de crecimiento y división. // Cantidad mínima de substancia que posee todas las propiedades físicas del cuerpo. // Partícula dispersa de una solución coloidal. Bioplasto, gémula, pangén, plastídula. (Neolat. micella, dim. de mica, miga.)

micetófago (mycetophagous). Que se alimenta de hongos. (Gr. mycetes, hongo; phagein, comer.)

micetófilo (mycetophilous). Que vive o se encuentra en los hongos como ciertos insectos dípteros. (Gr. mycetes, hongo; philos, amigo.)

micetozoario (mycetozoa). Micetozoo. Un organismo protisto del grupo *Myxomicetes* o *Mycetozoa.* (Gr. mycetes, hongo; zoarion, animáculo.)

mico* (monkey). *Mono,* en especial los pequeños como los tities. // Colombia: mono capuchino *(Cebus capucinus).* (Voz cumanagota.)

micozoocecidio. Zoecidio en cuyo interior se encuentran micelios de hongos. (De mycetes, hongo; +zoocecidio.)

micra* (micra). *Micrón.* Una unidad de mensura lineal equivalente a 1/1000 de mm. Ahora se emplea *micrómetro.* (Gr. micra, adj., muy pequeño.)

micráner (micraner). Una hormiga macho excepcionalmente pequeña. (Gr. mikros, pequeño; aner, macho.)

micrergate (micrergate). Una hormiga obrera enana. (Gr. micros, pequeño; ergates, obrero.)

micro-* (micro-). (Del gr. mikros, pequeño, microbio, microscópico.)

microaerófilo (micro-aerophiles). Organismo que requiere poca concentración de oxígeno. (Gr. mikros, poco; +aerófilo.)

microambiente. V. *microclima.*

microanatomía (microanatomy). La parte de la morfología que estudia las estructuras que son visibles solamente bajo el microscopio: *histología* y *citología.* (Gr. mikros, pequeño; +anatomía.)

microbio (microbe). Un organismo de tamaño diminuto, especialmente unicelular, invisible a simple vista. Se aplica principalmente a las bacterias. (Gr. mikros, pequeño; bios, vida.)

microbiofagia (microbiophagy). La destrucción de microbios por los fagocitos. (De microbio; gr. phagos, comer.)

microbiología (microbiology). El estudio de los microbios. (Gr. mikros, pequeña; bios, vida; logos, discurso.)

microbiosis. Infeccón microbiana.

microbiota (microbiota). Conjunto de microrganismos de un habitáculo o una región. (Gr. mikros, pequeño; bionar, vivir.)

microbismo. V. *microbiosis.*

microblasto (microblast). Un eritoblasto inmaduro o menor que los normales. (Gr. mikros, pequeño; blastos, yema.)

microcefalia* (microcephaly). Calidad de microcéfalo.

microcéfalo* (microcephalous). Dícese de las personas de cabeza mucho más pequeña de lo normal en la especie, menor de 1350 c.c. (Gr. mikros, pequeño; kephale, cabeza.) *Adj. microcefálico.*

microcentro (microcentrum). V. *centrosoma.*

microcentrosoma (microcentrosome). *Centríolo.*

microcerca (microcercal). Se dice de la cola breve o vestigial. (Gr. mikros, pequeño; kerkos, cola.)

microcirugía (microsurgery). La disección o cirugía de células y tejidos vivos empleando instrumentos muy pequeños y el micromanipulador. (Gr. mikros, pequeño; +cirugía.)

microcisto (microcyst). Enquistamiento de la fase mixoflagelado en el ciclo de los micetozoarios. (Gr. mikros, pequeño; kystis, vejiga.)

microcito (microcyte). Célula pequeña. //Glóbulo rojo atrofiado o degenerado. (Gr. mikros, pequeño; kytos, célula.)

microclima (microclimate). Las condiciones climáticas inmediatas que afectan un microhábitat. (Gr. mikros, pequeño; +clima.)

microconjugante (microconjugant). El menor de los individuos que efectúan la conjugación en los protozoos ciliados del género *Vorticella.* (Gr. mikros, pequeño; lat. conjujare, unir.)

Microcoryphia. Un nombre alterno para el suborden *Archaeognatha,* en los insectos del orden *Thysanura.*

microcromosoma (microchromosome). Un cromosoma más pequeño que los normales del núcleo, Cromosoma M. Op. *cromosomas gigantes.* (Gr. mikros, pequeño; +cromosoma.)

microcrustáceo. V. *Entomostraca.*

microcuerpo. V. *perixosoma.*

Microcyprini. Un orden de peces.=*Cyprinodontiformes.*

Microchiroptera. Un suborden del orden *Chiroptera* que incluye murciélagos que son generalmente pequeños e insectívoros. (Gr. mikros, pequeño; +chiroptera.)

Microdrilli. Un grupo de oligoquetos acuáticos de pocos segmentos y con ojos diminutos situados en el prostomio.

microendemismo (microendemism). La presencia de una variante endémica escasamente diferenciada de la que se estima normal. (Gr. micros; +endemismo.)

microespecie (microspecies). La especie jordaniana o jordanón. (Gr. mikros, pequeño; +especie.)

microesteta (microasthete). *Microporo.* Terminación nerviosa táctil, hallada especialmente en los moluscos poliplacóforos. (Gr. mikros, pequeño; aisthetes, perceptor.)

microevolución (microevolution). La evolución que puede ser detectada en el período de duración de la vida humana. Término empleado principalmente por los que creen que la *microevolución* es un proceso diferente de la *macroevolución.* (Margalef.) (Gr. mikros, pequeño; +evolución.)

microfagia (microphagy). Método de alimentación de ciertos animales acuáticos que se reduce a la captura de organismos diminutos con la consecuente reducción o desaparición del mecanismo masticador. (Gr. mikros, pequeño; phagein, comer.) *Adj. micrófago.*

micrófago (microphagic). Que se alimenta de partículas pequeñas. *Leucocito neutrófilo.* (Gr. mikros, pequeño; phagein, comer.)

microfilamento (microfilament). Filamento citoplásmico fino, presumiblemente proteico, que a menudo se encuentra en las células. (Gr. mikros, pequeño; +filamento.)

microfilaria (microfilaria). Las larvas de los nematodos de la familia *Filariidae*, especialmente de *Wuchereria bancrofti*, agente causante de la elefantiasis. (Gr. mikros, pequeño; +filaria.)

microfósil (microfossil). Fósil de pequeño tamaño que se estudia con el microscopio. (Gr. mikros, pequeño; +fósil.)

Microfrenatae. Término que incluye los pequeños lepidópteros de la sección *Frenatae*. =*Microlepidoptera*.

microftálmico (microphthalmic). Que tiene ojos anormalmente pequeños. En el hombre es un carácter recesivo. (Gr. mikros, pequeño; ophthalmos, vista.)

microgameto (microgamete). El gameto más pequeño en los casos de heterogamia. (Gr. mikros, pequeño; + gameto.)

microgametoblasto (microgametoblast). Un estado en el ciclo de algunos esporozoarios intermedio entre microgametocito y microgameto. (Gr. blastos, germen.)

microgametocito (microgametocyte). El gametocito menor o masculino en el ciclo sexual de los hemosporidios. (Gr. mikros, pequeño; +gametocito.)

microgametogénesis (microgametogenesis). El desarrollo de los microgametos o espermatozoos. (Microgameto; +gr. genesis, origen.)

microgamia (microgamy). La unión entre los individuos más pequeños producidos en los foraminíferos. (Gr. mikros, pequeño; gamos, boda.)

microgina (microgyne). Una hormiga hembra enana. (Gr. mikros, pequeño; gyne, hembra.)

microglia (microglia). Una de las células que forman parte de la estructura adventicia del sistema nervioso central. (Gr. mikros, pequeño; glia, cola.)

microgloso (Black cockatoo). Cacatúa negra de Australia y Nueva Guinea (Calyptorhynchus, sp.).

micrografía (micrography). Una reproducción permanente de un objeto pequeño, especialmente si es visto a través del microscopio. V. *fotomicrografía.* (Gr. mikron, pequeño; graphe, un dibujo.)

microhábitat (microhabitat). V. *nicho.*

microhenadio (microhenad). Una partícula suficientemente pequeña para pasar por los filtros. (Gr. mikros, pequeño; henas, unidad.)

microlecito (microlecithal). Que contiene poca yema. (Gr. mikron, pequeño; lekitos, yema.)

microleucoblasto (microleucoblast). Un *mieloblasto,* q.v.

microleucocito (microleucocyte). Un amibocito pequeño. (Gr. mikros, pequeño; +leucocito.)

micromanipulación (micromanipulation). Método de estudio de los tejidos vivos por medio de técnicas delicadas de disección, empleando agujas finas y un dispositivo mecánico adaptado al microscopio llamado *micromanipulador.*

micromelia (micromelia). Condición de tener una o varias extremidades del tamaño anormalmente pequeño. (Gr. mikros, pequeño; melos, un miembro.)

micrómero (micromere). Célula de tamaño pequeño cercana al polo animal que se forma durante la segmentación de los huevos meiolecitos y mesolecitos. (Gr. mieros, pequeño; meros, parte.)

micromerozoito (micromerozoite). Célula que, en los hemosporidios, da lugar al gametocito. (Gr. mikros, pequeño; +merozoito.)

micrómetro (micrometer). Unidad de magnitud lineal, llamada comúnmente *micrón.* Se representa por μm y equivale a 0.001 m.m. Por analogía con *metro, centímetro* y *milímetro.*

micromiófila (micromyophilous). Se dice de la planta cuyos colores atraen insectos pequeños (generalmente dípteros) mediante los que se realiza la polinización. (Gr. mikros, pequeño; myia, mosca; phylos, amigo.)

micromorfo (micromorph). Se aplica a los taxones de rango inferior a la subespecie. Sin valor nomenclatorial según las reglas. (Gr. mikros, pequeño; morphe, forma.)

micromórfico (micromorphic). Se dice del período en la historia de la taxonomía, desde 1700 hasta 1860, en el que las clasificaciones se extienden al estudio microscópico de los organismos. (Gr. mikros, pequeño; morphe, forma.)

micromutación (micromutation). Ligera mutación que, sumada a otras, puede resultar en la formación de una nueva subespecie o especie. (Gr. mikros, pequeño; + mutación.)

micrón* (micron). Una unidad de mensura lineal, equivalente a 1/1000 de mm. El plural es *micrones*, También puede decirse *micra,* plural *micras.* Ahora se emplea *micrómetro.* (Gr. mikron, muy pequeño.)

micronefridio (micronephridium). Nefridio diminuto que ocurre en gran número en algunos anélidos oligoquetos. Ej. en el género *Megascolides.*

micronisco (micronisus). Un estado larval parasitario de ciertos isópodos. (Gr. mikron, pequeño; +onisco, un isópodo.)

micronte (micront). Una célula que, derivada por esquizogonia, produce un microgameto. (Gr. mikros, pequeño; on, ser.)

micronúcleo (micronucleus). El menor de los núcleos en los cilióforos, que rige la reproducción. // El nucléolo. (Gr. mikros, pequeño; lat. nucleus, núcleo.)

micronucleocito (micronucleocyte). Célula que tiene un núcleo pequeño para su clase. (Gr. mikros, pequeño; +nucleocito.)

micronutriente (micro-nutrient). Sustancia necesaria para la vida en pequeñas cantidades. V. *elementos trazas.*

microorganismo* (microrganism). *Microbio.* Un organismo, animal o vegetal de tamaño diminuto, especialmente si es invisible a simple vista. (Gr. mikron, pequeño; +organismo.)

micropaleontología (micropaleontology). La parte de la paleontología que estudia los microfósiles. (Gr. mikros, pequeño; +paleontología.)

microparásito (microparasite). Un parásito microscópico. (Gr. mikros, pequeño; +parásito.)

micropigio (micropygium). Nombre dado a las trilobitas de pigidio pequeño en relación con el escudo cefálico. (Gr. mikros, pequeño; pyge, ancas, nalgas.)

micrópila (micropyle). Una abertura a través de la cual penetra el espermatozoo en el óvulo. (Gr. mikros, pequeño; pyle, una entrada.)

micrópilo. V. *micrópila.*

micropirénico (micropyrenic). Con núcleo desusadamente pequeño para la especie. (Gr. mikros, pequeño; pyrene, núcleo.)

microplacoide (microplacoid). Pieza endurecida de la musculatura faríngea de ciertos tardígrados. (Gr. mikros, pequeño; placa, placa; -oides, similar.)

microplancton (microplankton). Plancton formado por organismos de un tamaño entre 50-500 micrones. (Gr. mikros, pequeño; +plankton.)

Micropodiformes. Orden de aves. V. *Apodiformes.*

micrópodo (micropodous). Que tiene un pie pequeño o rudimentario. (Gr. mikros, pequeño; pous, pie.)

micróporo (micropore). Poro situado en el dorso de la concha de algunos moluscos anfineuros, que contiene terminaciones sensoriales. //Túbulo conductor de la cera en ciertos insectos coccidos. (Gr. mikros, pequeño; poros, canal.)

micropterismo (micropterism). La posesión de alas de tamaño sumamente pequeño para la especie. (Gr. micros, pequeño; pteron, ala.)

micróptero (micropterous). De alas pequeñas. Op. *macróptero.* (Gr. mikros, pequeño; pteron, ala.)

microqueta (microchaeta). Una cerda pequeña en el cuerpo de los insectos. (Gr. mikros, pequeño; chaeta, pelo.)

microrganismo. V. *Microorganismo.*

microrrabdito (microrhabdus). Espícula diminuta monaxónica. (Gr. mikros, pequeño; rhabdos, varilla.)

Microsauria. Un orden de anfibios fósiles de la subclase *Leopospondylia,* que comprende especies pequeñas del Palaeozoico superior. (Gr. mikros, pequeño; sauros, lagarto.)

microsclera (microsclere). Espícula diminuta de esponjas situadas en la parte superficial de su esqueleto. (Gr. mikros, pequeño; skleros, duro.)

microscópico* (microscopic). Que es visible solamente a simple vista conel microscopio óptico, es decir: aproximadamente entre 0.1 y 100 micrones de diámetro. (Gr. mikros, pequeño; skopeo, mirar.)

Microsclerophora. Orden del fílum *Porifera.* V. *Carnosa.*

microsepto (micropseptum). Un tabique incompleto en algunos antozoarios. (Gr. mikros, pequeño; lat. septum, tabique.)

microsere (microsere). Serie de sucesión en las comunidades de un microhabitáculo. (Gr. mikros, pequeño; +seres.)

microsfera (microsphere). Cámara inicial o embrionaria en ciertos foraminíferos que tienen el resto de la concha relativamente grande. (Gr. mikros, pequeño; sphaira, esfera.) *Adj. microsférico.*

microsmático (microsmatic). Dícese de los mamíferos de órganos olfativos reducidos, como los primates. (Gr. mikros, pequeño; osme, olor, olfato.)

microsoma (microsome). Un corpúsculo diminuto en el citoplasma.=*Ribosoma,* (Gr. mikros, pequeño; soma, cuerpo.)

Microsporidia. Un orden de *Sporozoa,* de la subclase *Cnidosporidia.* Esporos con una cápsula polar. Parásitos intracelulares de peces y algunos invertebrados. (Gr. micros, pequeño; sporos, semilla.)

microspora (microspore). El más pequeño de los dos tipos de esporas que se originan en ciertos protozoos. (Gr. mikros, pequeño; sporos, semilla.)

microsquizogonia (microschizogony). Esquizogonia que produce pequeños merozoitos. (Gr. mikros, pequeño; +esquizogonia.)

microsquizonte (microschizont). El esquizonte masculino en algunos protozoarios. (Gr. mikros, schizein, onte, ser.)

microstetas (micresthetes). Esteta pequeña hallado en los moluscos de la clase *Polyplacophora.*

microsucesión (microsuccession). Término empleado por Margalef para indicar sucesiones secundarias que siguen a la acumulación de material muerto, excrementos, cadáveres, etc. (Gr. mikros, pequeño; +sucesión.)

microtaxonomía (microtaxonomy). La clasificación y nomenclatura de unidades menores que la especie. Término desusado. (Gr. mikros, pequeño; +taxonomía.)

Microthelyphonida. V. *Palpigradi.*

micrótomo* (microtome). Instrumento para hacer secciones delgadas de estructuras orgánicas. (Gr. mikros, pequeño; tomos, una sección.)

microtórax (microthorax). Región membranosa entre la cabeza y el tórax de los insectos, a veces considerada como un segmento aparte, y es llamado *cerviz* o *cuello.* (Gr. mikros, pequeño; thorax, tórax.)

micrótricos (microtrichia). Pequeños pelos fijos en las alas de ciertos insectos. (Gr. mikros, pequeño; thrix, trichos, pelo.)

microtúbulos (microtubuli). Tubos ultramicroscópicos (50 Å de diámetro) que, partiendo de los túbulos de los centriolos y cinetosomas, se continúan en el citoplasma. // Idem que forma el huso acromático. (Gr. mikros, pequeño; zyme, levadura.)

microvellos (microvilli). Proyecciones microscópicas que se proyectan fuera de la superficie de las células epiteliales. (Gr. mikros, pequeño; lat. villus, vello.)

microzoario. V. *microzoo.*

microzoo (microzoon). Animalillo microscópico. (Gr. micron, pequeño; zoon, animal.)

microzoospora (microzoospore). Una anisospora pequeña de los radiolarios. (Gr. mikros, pequeño; +zoospora.)

mictérico (mycteric). Lo perteneciente a las fosas nasales. (Gr. mycter, la nariz, el hocico.)

míctico (mictic). Se aplica a los huevos de otoño e invierno de algunos rotíferos que, fecundados, producen machos, y no fecundados producen hembras. (Gr. mixis, el acto de mezclar.)

mictón (micton). Un híbrido interespecífico estéril. (Gr. miktos, mezclado; on, ser.)

micuré. Parag.: *zarigüeya.*

micturición (micturition). V. *micción.*

Michaelis, L. Formuló en colaboración con M. Menton, la relación enzima-substrato.

micho (cat). Gato. (De *mizo.)*

michurinismo (michurinism). Principio de herencia sostenido por el agricultor ruso Michurin que sostiene que la dominancia puede ser regulada por el ambiente.

miel- (myel-). (Del gr. myelos, médula o tuétano de los huesos.) A menudo tomado como sinónimo de *médula espinal.*

mielencéfalo (myelencephalon). Parte caudal del encéfalo posterior o rombencéfalo que comprende la médula oblongada o bulbo raquídeo y la parte inferior del cuarto ventrículo. (Gr. myelos, médula; +encéfalo.)

mielga (dog-fish). Una especie de tiburón con fuerte espina delante de la aleta dorsal (Squalus acanthias) muy empleado en disecciones de anatomía comparada y zoología. // Cuba: *galludo.*

mielina (myelin). Substancia lipoide blanda de color blanqueado que rodea las fibras nerviosas llamadas *mielinadas.* (Gr. myelos, médula.) *Adj. mielínico.*

mielinación (myelination). La adquisición de una capa de mielina. (Gr. myelos, médula.)

mieloblasto (myeloblast). Término que ha sido empleado para las fases iniciales de varios corpúsculos sanguíneos. (Gr. myelos, médula; blastos, germen.)

mielobraquio (myelobrachium). V. *restibraquio.*

mielocele (myelocele). Espina bífida con protuberancia de la médula. (Gr. myelos, médula; kele, tumor, hinchazón.)

mielocelo (myelocoel). El canal central de la médula espinal. // Región caudal del cuarto ventrículo que se continúa en la médula espinal. (Gr. myelos, médula; koilos, cavidad.)

mielocito (myelocyte). Una célula de la substancia gris del sistema nervioso. // Célula en la médula ósea que origina leucocitos polimorfos. (Gr. myelos, médula; kytos, célula.)

mielogénesis. Desarrollo del sistema nervioso. (Gr. myelos, médula; genesis, origen.)

mieloico (myeloic). Perteneciente a la médula ósea. (Gr. myelos, médula.)

mieloide (myeloid). Que se parece a la médula ósea. (Gr. myelos, médula; neolat. oides, parecido.)

mielómero (myelomere). Un segmento de la cuerda nerviosa espinal. (Gr. myelos, médula; meros, parte.)

mielón (myelon). La médula espinal en los vertebrados. (Gr. myelos, médula.)

mieloplaca (myeloplax). *Megalocariocito.*

mieloplasto (myeloplast). Un leucocito de la médula ósea. (Gr. myelos, médula; plastos, moldeado.)

mielopoyesis (mielopoiesis). La formación de células en la médula ósea. (Gr. myelos, médula; poiesis, una creación.)

mielospongio (myelospongium). Espongioblasto que origina la neuroglia. (Gr. myelos, médula; spongos, esponja.)

miembro* (member). Cualquiera de las extremidades del cuerpo articulada con el tronco. // *m. viril,* el pene. // *m. pentadáctilo,* extremidad provista de cinco dedos dispuestos para caminar.

mientérico (myenteric). Se aplica a un plexo nervioso que regula el movimiento del recto, o *plexo de Auerbach.* // (Gr. mys, músculo; enteron, intestino.)

mienterón (myenteron). La capa muscular del tubo intestinal. (Gr. mys, músculo; enteron, intestino.)

Miescher, F. Aisló ácidos nucleicos procedentes de células del pus (1870). Descubrió en 1897 que DNA es un constituyente de los cromosomas.

Miescher, Johan. Patólogo suizo (1811-1887). V. *tubos de Rainey.*

migración* (migration). El cambio de hábitat de algunos animales de acuerdo con las estaciones, el clima, la abundancia de alimentos. Ej. aves, cetáceos, renos, murciélagos, etc. (Lat. migrare, tranferir.) *Emigración.*

migrador. Que emigra.

migrante. Organismo que emigra. (Lat. migrante, errante.)

migratorio* (migratory). Que va de un lugar a otro. // Lo perteneciente a las migraciones. (Lat. migrans, errante.)

mihi. Término, ya en desuso en zoología sistemática, por medio del cual los autores indicaban que el nombre empleado en un taxón había sido propuesto por él. (Lat. mihi, dativo de ego, a o para mí.)

migale (tarantula). Gran especie de araña *Avicularidae* de América del Sur (Avicularia avicularia). V. *araña peluda.*

mijúa (anchovy). Puerto Rico: pececillo marino costero que nada en manchas numerosas. También *minjúa* (Anchoa *lamprotaenia*). V. *manjúa.*

milano (kite). Aves Falconiformes de la familia *Falconidae*, de cola ahorquillada. La especie europea es el *Milvus milvus.* // *Azor.* ave. // *Nauclero.* // *Elanoides forficatus.* (Lat. milus, por milvus.)

milépora (millepore). Polípero pétreo cuya superficie tiene una multitud de poros. Clase Hydrozoa, *orden* Hydrocoralina, q.v. (Lat. mille, mil; porus, pasadizo.)

miliar (miliary). De apariencia granular. (Lat. milium, granos de millo.)

milieu (environment). Voz francesa que se ha generalizado para indicar sea el ambiente, sea el medio interior de un organismo. (Fr. milieu, medio.)

milieu interieur (milieu interieur). Concepto fundamental de la fisiología establecido por Claudio Bernard. Expresa que lor organismos vivientes existen en un medio interior acuoso que baña los tejidos y proporciona el vehículo para el intercambio de los metabolitos.(Del francés, literalmente, medio interior.)

milípedo (milliped). Un miembro de una clase de *Arthropoda.* V. *Diplopoda.*

Milne-Edwards, Alphonse. Naturalista francés, famoso por sus trabajos sobre mamíferos y crustáceos y por su Memoria sobre aves fósiles. (1835-1900)

milo*. V. miloca.

miloca*. Un ave europea del orden *Strigiformes* parecida al mochuelo. // *Lombriz de tierra.*

milodonte (mylodont). Cualquiera del grupo de grandes desdentados fósiles sudamericanos cercanos a los megaterios que vivieron contemporáneamente con el aborigen. (Gr. mylos, molino.)

milohioideo (mylohyoid). Relativo al hioides y a la mandíbula. // Músculo de la mandíbula de las ranas que levanta el piso de la boca durante la respiración y la deglución. (Gr. mylos, molino; +hyoides.)

miloideo. Perteneciente o relativo a los molares.

milpies* (milliped). Un miembro de la clase *Diplopoda*, en el fílum *Artropoda.* // Cochinilla de humedad. (De mil y pie.)

milú (Pere David deer). Un raro ciervo de la China, mamífero artiodáctilo de la familia *Cervidae* (Elaphurus davidianus), también *ciervo del Padre David.*

Miller, H. Paleontólogo inglés que señaló la presencia de vertebrados inferiores en terrenos del período Devoniano en Inglaterra.

Miller, S. Bioquímico norteamericano. Demostró (1953) junto con H. Urey, la síntesis en el laboratorio de ciertos aminoácidos partiendo de vapor de agua, metano e hidrógeno, por la acción de descargas eléctricas.

mime (gnat). Puerto Rico: insecto díptero que suele volar en enjambres y son molestos por meterse por los oídos y la nariz. En Cuba lo llaman *guasasa* (Hippelates flavipes). // También se aplica a los insectos dípteros de la familia *Simuliidae.*

mimético* (mimetic). Lo relacionado con el mimetismo. (Gr. mimetikos.)

mimetismo* (mimicry). Semejanza de un organismo a otro organismo o a una estructura o un objeto. (Gr. mimeomai, imitar.) *Adj.* ***mimético.**** // ***m. agresivo,*** un tipo de mimetismo en el que el imitador no es reconocible como depredador por sus presas. // *m. batesiano,* la imitación de la apariencia de una especie de sabor desagradable (modelo) por una especie no protegida por su sabor (mímico). // ***m. mulleriano,*** la adquisición de apariencia similar en dos o más especies de sabor desagradable para sus depredadores. En este tipo de mimetismo cada especie es a la vez modelo y mímico.

mímico* (mimic). *Imitador.* V. *mimetismo.*

mimicrismo (mimicry). Un anglicismo que significa *mimetismo.*

mimotipo (mimotype). Organismo que asemeja a otro sin tener el mismo genotipo. (Gr. mimetos, imitación; typos, patrón).

mina (mynah). Cualquiera de varias aves pesseriformes asiáticas de la familia *Sturnidae,* géneros *Acridotheres* y *Eulabes,* algunas de las cuales aprenden a repetir palabras. (Hind. maina, estornino.)

mineralocorticoides. Un grupo de hormonas producidas en la corteza suprarrenal que regulan el metabolismo del sodio y potasio y la reabsorción del sodio y el cloro por los túbulos renales.

mingo*. V. *lija,* pez. (Aféresis de Domingo.)

mink. V. *visón.*

Minkowski, Oskar. Médico lituano. Con J. Mering realizó los clásicos experimentos sobre los efectos de la pancreotomía.(1858-1931)

mino (fathead minnow). Puerto Rico: pez fluvial introducido, orden *Cypriniformes,* familia *Cyprinidae* (Pimephales promelas).

minoca* (earthworm). Lombriz de tierra. (Lat. meina, mina.)

minotauro (minotaurus). En la mitología cretense, un ser medio toro y medio hombre, que se alimentaba de carne humana, nacido de los amores de Pasifae, reina de Creta con un toro blanco.

minus (minus). (Lat. menos.)

minosa*. V. *minoca,* lombriz.

mio- (myo-). (Del gr. mys, genit, myos, un ratón.)// (Del. gr. mys, músculo.) // (Del gr. myia, una mosca.) // (Del gr. meion, disminuir.)

mioalbumina (myoalbumin). Un tipo de albúmina muscular. (Gr. mys, músculo; +albúmina.)

mioblasto (myoblast). Una célula embrionaria de la que se originará una fibra muscular. (Gr. mys, músculo; blastos, yema.)

miocardio* (myocardium). La pared muscular del corazón, formada por tejido muscular cardíaco. (Gr. mys, músculo; kardia, corazón.)

miocelo (myocoel). La porción del celoma situada dentro de los miótomos. (Gr. mys, músculo; koylos, cavidad.)

Mioceno (Miocene). Epoca del período terciario de la era Cenozoica, entre el Plioceno y el Oligoceno. Duró unos 13 millones de años y se caracterizó por la abundancia y variedad de mamíferos. (Gr. meion, menos; kainos, reciente.)

miocito (myocyte). Una célula contráctil.// Capa ectoplasmica contráctil en ciertas gregarinas.// Célula contráctil junto a los poros en los espongiarios. (Gr. mys, músculo; kytos, célula.)

miocoma (myocomma). *Miosepto.*

miocromo (myochrome). Cualquier pigmento muscular. (Gr. mys, músculo; chroma, color.)

miodinamia (myodinamy). Fuerza muscular. (Gr. mys, músculo; dynamis, fuerza.) *Adj. miodinámico.*

miódomo (myodome). Cámara que contiene los músculos oculares en algunos peces. (Gr. mys, músculo; domos, cámara.)

mioepicardio (mioepicardium). Una capa de tejido destinada a formar el epicardio y las paredes musculares del corazón. (Gr. mys, músculo; + epicardio.) *Adj. mioepicárdiaco.*

mioepitelial (myoepithelial). Se aplica a las células epiteliales de ciertos metazoos inferiores, que constituyen esbozos primitivos de elementos musculares. (Gr. mys, músculo; + epitelio.)

miófano (myophan). V. *mionema.*

miofibrillas (myofibrillae). Fibras microscópicas contráctiles compuestas de miosina y actina cuyo conjunto forman las fibras musculares. (Gr. mys, músculo; lat. fibrilla.)

miofilamento (myofilament). Cualquiera de las dos clases de hilos que forman las miofibrillas. Los mayores o primarios consisten en moléculas de *miosina* mientras que los menores o secundarios están formados por *actina.* (Gr. mys, músculo; +filamento.)

miófilo (myophilus). Con afinidad hacia las moscas y por extensión a otros insectos, como las plantas atrapamoscas. (Gr. myia, mosca; -filo; amigo.)

mióforo (myophore). Estructura para la inserción de un músculo. (Gr. mys, músculo; phoreys, portador.)

miofrisco (myophrisk). Mionema. Anillo contráctil en la base de las espinas de ciertos radiolarios. (Gr. mys, músculo; phris, rizo.)

miogénesis (myogenesis). La formación de fibras musculares durante el desarrollo embrionario. (Gr. mys, músculo; genesis, origen.) Adj. *miogénico.*

mioglobina (myoglobin). Proteína de las fibras musculares que interviene en los procesos respiratorios. (Gr. mys, músculo; +globulina.)

mioglobulina (myoglobulin). Globulina de los músculos. (Gr. mys, músculo; + globulina.)

miogloso. Dícese del músculo que sirve para mover la lengua hacia arriba. (Gr. mys, músculo; glossa, lengua.)

miografía* Parte de la anatomía que estudia los músculos. (Gr. mys, músculo; graphe, marcar.)

miógrafo (myograph). Aparato que registra las contracciones musculares después de haberlas amplificado. (Gr. mys, músculo; graphe, marcar.)

miohematina (myohaematin). Un citocromo o pigmento del tejido muscular. (Gr. mys, músculo; haima, sangre.)

Miohippus. Género de caballos fósiles del Oligoceno que estaban provistos de tres dedos. (De Mioceno; +hippos, caballo.)

mioide (myoid). Que parece un músculo. (Gr. mys, músculo; oides, similar.)

miolema * (myolemma). V. *sarcolema.*

miología* (myology). La parte de la anatomía que estudia los músculos y sus estructuras accesorias (Gr. mys, músculo; logos, discurso.)

miómero (myomere). Un segmento muscular embrionario. (Gr. mys, músculo; meros, parte.)

miometrio (myometrium). La gruesa capa media muscular del útero, formada por fibras lisas. (Gr. mys, músculo; metra, el útero.) *Adj. miometrial.*

miomorfos, V. *Myomorpha.* (Gr. mys, ratón; morphe, forma.)

mión (myon). Unidad muscular, formada por un paquete de fibras musculares inervadas por una sola neurona. (Gr. mys, músculo.)

miona (myone). La fibra muscular como unidad de contracción. (Gr. yon, parte muscular.)

mionema (myonema). Fibrilla contráctil en el citoplasma de los protozoos. // Célula nerviosa motora. (Gr. mys, músculo; nema, hilo.)

mioneural (myoneural). Neuromuscular, neuromial.

miopía *(myopia). Un defecto de la visión por el que los objetos solo se ven distintamente cuando están cerca de los ojos. Se debe a que la imagen se forma por delante de la retina y se corrige usando lentes cóncavos. (Gr. myo, cerrar; ops, ojo.)

mioplasma (myoplasm), La porción contráctil de una fibra muscular. (Gr. mys músculo;+ plasma.)

miopolar (myopolar) Lo que concierne a la polaridad muscular. (Gr. mys, músculo; polos, polo.)

miopótamo (coypu). Roedor de los ríos de la América tropical. V. *coipo,* coipú (Myocastor coypus).

mioproteína (myoprotein). Una proteína del tejido muscular. (Gr. mys. músculo;+ proteínas.)

miosepto (myoseptum). Tabique de tejido conjuntivo que se encuentra entre los miótomos, y se extiende desde la columna vertebral hasta la dermis.

Miocoma. (Gr. mys, músculo; lat. septum, tabique.)

miosina (myosin). Una proteína soluble encontrada en los músculos que, en combinación con la proteína *actina,* funciona en la contracción y relajamiento muscular. (Gr. mys, músculo.)

miosis (myosis). Contracción permanente de la pupila. // Una enfermedad del iris. (Gr. mys, músculo; —osis, condición.) // meiosis, o meyosis.

miotasis (myotasis). Tensión o tonacidad muscular. (Gr. mys, músculo; tasis, tensión) *Adj. miotático.*

miótomo (myotomo). Un instrumento para cortar secciones musculares. *Micrótomo.* // La porción dorsal media de un somito. (Gr. mys, músculo; + tomé.)

miotonía (myotonis) .Tensión muscular. (Gr. mys, músculo; tonos, tènsión.)

miquero*. V. *eirá,* mamífero.

miracidio (miracidium). Un estado larval de vida libre en el ciclo de las duelas o trematodos que se desarrolla del huevo y penetra en el molusco hospedante. (Gr. meirakidion, un joven.)

mirasol (snowy egret). Nombre dado en América meridional a la pequeña garza blanca (Leucophoyx thula) y también a la garcita *Ixobrychus exilis.*

miriápodo (myriapod). Cualquier miembro de las clases *Chilopoda, Diplopoda,Symphila* o *Pauropoda.* En plural, anteriormente, una clase de artrópodos llamada *Myriapoda.* (Gr. myrias, diez mil; podos, pie.)

mirikiná (night monkey). Especie de monito nocturno de Paraguay y la Argentina, familia *Cebidae* (Aotus trivirgatus).

miringa (myringa). *Meringe,* membrana timpánica. (Gr. merinx, membrana.)

Miriópodo* V. miriápodo.

Miripannati. Un orden de peces óseos.

mirlo (blackbird). Ave común europea del orden *Passeriformes,* familia *Turdidae,* de color negro con pico amarillo. (Turdus merula). (Lat. merulus.)

mirmeco– (myrmeco—). (Del gr. myrmex, mirmekos, hormiga.)

mirmecobrónico (myrmecobronic). Que provee alimento a las hormigas. (Gr. myrme, hormiga; broma, alimento.)

mirmecocleptia (myrmecoclepty). La condición de robar en los nidos de hormigas por ciertos huéspedes. (Gr. myrmex, hormiga; clepsis, robo.)

mirmecocoro (myrmecochorus). Que es dispersado por las hormigas. (Gr. myrmex, hormiga; choreo dispersar.)

mirmecódomo (myrmecodome). Vegetal que aloja hormigas en algunas estructuras o cavidades. (Gr. myrmex, hormiga; dome, casa.)

mirmecófago (myrmecophagous). Que se alimenta de hormigas. (Gr. myrmekos hormiga; phagein, comer.)

mirmecófilo (myrmecophilous). Que se acerca o vive en nidos de las hormigas como huésped, parásito o carroñero. (Gr. myrmex, hormiga; philos, amigo.)

mirmecófito (myrmecophyte). Dícese del vegetal que vive en simbiosis con hormigas. (Gr. myrmekos, hormiga; phyton, planta.)

mirmecófobo (myrmecophobic). Que repele las hormigas como ciertas plantas. (Gr. myrmex, hormiga; phobos, pánico.)

mirmecoleón (myrmecoleo). Animal fabuloso, definido así por Flaubert: "león por delante, hormiga por detrás y con las pudendas al revés".

mirmecología (myrmecology). El estudio de las hormigas. (Gr. myrmex, hormiga; logos, discurso.)

mirmecoxeno (myrmecoxen). Insecto hospedado en nidos de hormigas que son tolerados y, a veces, cuidados por ellas. (Gr. myrme, hormiga; xenos, extraño.)

miscegenación (miscegenation). Cruzamiento entre razas y variedades de una especie. (Lat. miscere, mezclar; genus, raza.)

miseraico. V. *mesentérico.*

miso. V. *maporro.*

misogamia (misogamy). Aislamiento reproductor. Contrario al apareamiento. (Gr. misein, odiar; gamos, boda.)

Misisipiano ((Mississippian). Un período de la Era Paleozoica en América del Norte equivalente al carbonífero inferior. (De Río Mississippi.)

misis (mysis). Larva de los crustáceos superiores, provista de apéndices torácicos birrámeos. (Gr. mysis, cerrar los ojos o los labios.)

mistacial (mystacial). Relativo al engrosamiento de la piel en ambos lados del hocico. // Lo referente a las vibrisas. (Gr. mystax. bigote.)

místaco (mystax). Un penacho de cerdas o sedas sobre boca de ciertos dípteros. (Gr. mystax, bigote.)

misto. V. *chipú.*

mitham (gayal). Nombre que dan en Assam al bovino llamado *gayal.*

mitilicultura (mytiliculture). La cría artificial de los mejillones. (De Mytilus, género de los mejillones.)

mitiloide (mytoliod). En forma de almeja o de mejillón. (Gr. mytilos, almeja; + mejillón.)

mitilotoxina (mytilotoxine). Un principio tóxico encontrado en los mejillones. Moluscos bivalvos del género *Mytilus.* (Gr. mytilo, mejillón; toxikos, toxina.)

mito– (mito—). (Del gr. mitos, cordón, filamento.) *Mitocondrino, mitosis.*

mito (long-tailed tit). Avecilla europea de plumaje obscuro, blancuzco y rosado y cola larga. Orden *Passeriformes,* familia *Paridae* (Aegithalos caudatus).

mitocondria (mitochondria). Es forma incorrecta de *mitocondrios.*

mitocondrio (mitochondrion). Orgánulo o estructura microscópica con doble membrana envolvente y crestas internas que son el asiento de la respiración celular y también de síntesis de proteínas. (Gr. mitos, hilo; kondrion, dim. de grano.) V. *lisosoma.*

mitogenésico (mitogenesic). Que provoca o interviene en los fenómenos relativos a la mitosis. (Gr. mitos, hilo; genesis, origen.) *Adj. mitogenético.*

mitoma (mitome). La masa filamentosa que, según la teoría filar del plasma, envuelve el resto del citoplasma. (Gr. mitos, filamentoso.)

mitoplasma (mitoplasm). *Mitoma.*

mitosina (mitosin). Supuesta hormona producida durante la mitosis.

mitosis* (mitosis). División celular característica de las células somáticas que da lugar a dos células hijas con el mismo número de cromosomas y de la misma clase que la célula madre. (Gr. mitos, hilo.) *Adj. mitótica.*

mitosoma (mitosome). Un cuerpo formado en los espermatocitos que eventualmente conecta la parte media con la cola del espermatozoo. (Gr. mitos, hilos; soma, cuerpo.)

mitospora (mitospore). Especie formada por división mitótica procedente de la forma adulta. (De mito, apócope de mitosis, y gr. spora, semilla.) // *m. haploide,* que procede de adulto haploide; *m. diplocela,* que procede de un adulto diploide.

mitosquisis (mitoschisis). *Mitosis.*

mitra* (miter). La acepción usual. // *m. (uropygium).* La rabadilla de las aves. (Gr. mitra, mitra, banda que adorna la cabeza.) *Adj. mitral*.*

mitral* (mitral). La válvula bicúspide del corazón de los mamíferos. (Gr. mitra, una gorra, algo que cubre la cabeza.)

mitraria (mitraria). Un tipo de larva trocófora que se encuentra en algunos anélidos poliquetos marinos. (Lat. mitra, banda de la cabeza.)

mitriforme (mitriform). En forma de mitra. Aplícase a ciertas conchas de moluscos de forma alargada. (Gr. mitra, mitra; + forma.)

mitú (curassow). Muitú, ave del orden *Galliformes,* familia *Cracidae,* hallada en Brasil, Paraguay, Bolivia y Argentina (Crax fasciolata).

mítulo*. = *Mejillón.*

mix-, mixo-. Del gr. myxa, mucus, lama, viscosidad. // Del gr. mixo-, mezclar.)

mixedema (myxedema). Una condición de la piel caracterizada por un depósito anormal de mucina, usualmente asociada a una hipofunción de la tiroides. (Gr. myxa, mucus; + edema.)

mixina (hagfish). Pez de la división *Agnatha,* clase *Cyclostomata,* familia *Myxinidae,* parásito en otros peces (Myxine glutinosa).

mixine. V. *mixina.*

mixipterigio (mixipterigium). Organo copulador formado por las aletas ventrales especializadas de ciertos elasmobranquios = *Pterigópodo.* (Gr. mixis, mexcla; pteron, aleta.)

mixis (mixiś). Conjugación celular. Fecundación. (Gr. mixis, mexcla.)

mixocito (myxocyte). Una célula del tejido mucoso. (Gr. myxa, lama, mucus; kytos, célula.)

mixocromosoma (mixochromosome). El cromosoma formado por la unión de un par durante la sinapsis. = *Cigosoma.* (Gr. mixis, mezcla; + cromosoma.)

mixoflagelado (mixoflagellate). El estado flagelado en el ciclo vital de los micetozoarios, que siguen al estado amiboide. (Gr. mixis, mezcla; +flagelado.)

mixoide (myxoid). Parecido al *mucus.* (Gr. myxa, mucus, neolat. oides, parecido.)

mixonefridio (myxonephridium). Un tipo de nefridio que ejerce funciones excretoras y genitales. (Gr. mixis, mezcla; +nefridio.)

mixoploidía (mixoploidy). La condición de tener diferente número de cromosomas en el mismo individuo, como sucede en las *quimeras* y en los *mosaicos.* (Gr. mixis; mezcla; haploos, simple; eidos, forma.) *Adj. mixoploide.*

mixópodo (mixopodia). Rizópodo anastomosado de ciertos sarcodinos. // Fase primitiva amébula de los protistos del género *Plasmodium.* (Gr. myxos. mezcla; pous, podio.)

mixospongiarios. V. *Myxospongida.*

mixosporangio (myxosporangium). Una estructura con esporos hallada en los mixomicetos. (Gr. myxa, lama; sporos, angenion, vaso.)

mixosporo (myxospore). Un esporo de los mixomicetos. (Gr. myxa, lama; sporos, simiente.)

mixote (mixote). *Cigoso.*

mixotrófico (myxotrophic). Se aplica a los protistos que muestran dos o más tipos de nutrición: holofítica y saprozoica; holozoica y parasítica, etc. (Gr. mixo, mezcla; trophe, nutrición.)

mizorrinco (myzorhynchus).. Ventosa con pedúnculo central que parte de los botrios de algunas tenias. (Gr. myzein, chupar.)

mnémica (mnemic). Teoría que atribuye los fenómenos hereditarios a una especie de memoria latente en las generaciones pasadas. (Gr. mneme, memoria.)

mnemotaxis (mnemotaxis). Movimiento dirigido por estímulos de memoria, como el del retorno al nido. (Gr. mneme, memoria; taxis, arreglo.)

moa (moa). Ave extinta de gran tamaño, especie de avestruz del orden *Dinornithiformes,* que habitó Nueva Zelandia hasta épocas históricas (Dinornis, sp.).

mocasín* (moccasin). Nombre aplicado a varias serpientes norteamericanas muy venenosas de la familia Viperidae, subfamilia *Crotalinae* (Ancistrodon piscivorus). (Voz de los indios algonquinos.)

mocejón* = *Mejillón.*

moco* (mucus). Humor espeso y pegajoso que segrega las membranas mucosas. (Lat. mucus.)

mocoso (lemur). Especie de primate del suborden *Lemuroidea,* común en Madagascar (Lemur catta).

mochuelo (little owl). Nombre colectivo de varias especies de aves del orden *Strigiformes,* familia *Strigidae,* La especie común europea, simbólica de Minerva en la antigüedad clásica, es *Athene noctua.*

modelo* (model). En los casos de mimetismo, la especie nociva que es imitada por otra inocua. (Ital. modello, del lat. modulus, molde.)

moderador* (moderator). Que modera. // Banda muscular que impide la distensión excesiva del ventrículo derecho, como ocurre en algunos mamíferos. (Lat. moderator.)

modificación *(modification). Una variación causada por factores no genéticos. (Lat. modis, medida.) *Adj.* ***modificador,**** // ***m. Daver,*** un cambio inducido por el ambiente que persiste por varias generaciones, pero eventualmente revierte al tipo original.

modificadores (modifiers). Se dice de los genes que afectan la expresión fenotípica de los genes de otro lócus.

modiolo (modiolus). El eje central del caracol del oído interno. // Las fibras musculares situadas al ángulo de la boca. // Especie de mejillón. (Lat. modiolus, nave de una rueda de molino.)

modora *Una enfermedad de las ovejas debida a la localización en el cerebro de cisticercos de la tenia *Coenurus cerebralis.*

modulación *(modulation). La diferenciación de las células durante el desarrollo definitvo de los tejidos. (Lat. modulatus, medido.)

modulador *(modulator). Inductor fisiológico que brinda características peculiares a una región determinada. (Lat modulatus, medido.)

Moeritheroidea. Un suborden de mamíferos proboscídios que fueron los ancestrales de los demás del orden. Vivieron en el Eoceno de Egipto. (Del género Moeritherium.)

mofeta *(skunk). Mamífero americano de la familia *Mustelidae* que lanza un líquido hediondo por glándulas anales (Mephitis mephitis). Lat. mephitis, mal olor.)

moharra. V. *mojarra,* pez. // Murciélago neotropical de gran tamaño llamado también *falso vampiro* (Phyllostomus hastatus).

mogote*. La cuerna de los ciervos desde que comienza a nacer hasta que tiene un palmo de largo. (Vasco: muga, mojón.)

Mohl, Hugo von. Biólogo alemán. Extendió el nombre de protoplasma para aplicarlo a toda la materia viviente e hizo estudios extensos sobre el mismo. (1805-1872).

mohor (mhorr). Una de las gacelas de Africa del norte. (Gazella dama mhorr).

mohuy (hutía). Especie de roedor citado por los cronistas de las Indias parecido a las jutías, pero que no ha sido posible identificar. (Voz indígena.)

mojarra* (mojarra). Se aplica a varias especies de peces pequeños litorales comestibles que se encuentran desde el Atlántico occidental hasta Brasil. Orden *Perciformes* familia *Liognathidae.* Es común la especie *Eucinostomus gula.* (De moharra).

moko. Roedor sudamericano. V. *kerodon.*

molar (molar). Lo relacionado con las muelas. // También las piezas dentarias posteriores situadas por detrás de los premolares. (Lat. mola, piedra de molino.) //***m. umodonto,*** molar con cúspides y crestas transversales. // ***m. bunoselenodonto,*** molar con mezcla de cúspides y crestas semilunares. // ***m. carnicero,*** que en los mamíferos del orden *Carnívora* es el último premolar superior y el primer molar inferior, ambos adaptados para desgarrar. // ***m. lofodonto,*** molar con crestas transversales. // ***m. multituberculado,*** el que tiene numerosas cúspides, como los de ciertos mamíferos fósiles llamados *Aloterios.* // ***m. polisecodonto,*** que tiene numerosas crestas transversales, como el de los elefantes. // ***m. secodonto,*** molar con la corona cortante. // ***m. selenodonto,*** molar con crestas semilunares.

molde *(mold). Testimonio de fósiles formados por endurecimiento del material que rodeaba el organismo enterrado y subsecuente descomposición y eliminación de éste. A veces el molde se llena de material mineral y forma un vaciado.// ***m.*** (template). El molde macromolecular, para la síntesis de una macromolécula. // ***m.*** *RNA,* mensajero RNA.

molificar* (mollify). Ablandar, suavizar. (Lat. mollis, blando; facere, hacer.)

moloc (moloch). Especie de saurio australiano de la familia *Agamidae* (Moloch horridus).

Molpadonia. Una orden de equinodermos de la clase *Holothuroidea.* Tienen tentáculos pequeños, podios en forma de pápulas anales y árbol respiratorio. (Gr. Malpodia, nombre femenino.)

molusco *(mollusk). Un miembro del fílum *Mollusca,* q.v.

moluscoide (mollusoid). Que parece un molusco. (Lat. molluscus, blando; gr. eidos, parecido.)

molleja *(gizzard). En los insectos, el estómago masticador, situado después del buche y antes del intestino medio.// En las aves, el estómago muscular, de paredes más o menos gruesas, especialmente reforzadas en las especies granívoras. (Lat. mola muela.)

mollera* (pate). La parte superior de la cabeza. (Lat. mollis, blando.)

Mollusca. Uno de los grandes fílumes del Reino Animal. El cuerpo es blando, a menudo cubierto por una concha calcárea de 1, 2 u 8 piezas y constituído por un pie y una masa visceral. Poseen generalmente una lengüeta masticadora especial llamada *rádula.* (Lat. molluscus, blando.)

momoto (momot). Se aplica a varias especies de pájaros fisirrostros de la América tropical (de México a Argentina) del orden *Coraciiformes,* familia *Momotidae,* usualmente de color verde y de cola muy larga (Momotus momota). Venezuela; *uriki.* (Mexicano, momot.)

mona* (female monkey). Hembra del mono. // Una especie del mono africano muy hermoso, de la familia *Cercopithecidae* (Cercopithecus mona).// La especie de mono del norte de Africa y de Gibraltar (Macaca sylvana).

monacántido (monacanthid). Que tiene espina o una sola hilera de espinas. (Gr. monos, solo; akantha, espina.)

monácmico (monacmic). Se dice del plancton que muestra una sola fase anual de florecimiento. (Gr. monos, uno; acme, el punto más alto de una actividad o fuerza.)

monactinélida (monactinellid). Que tiene un solo radio. // Que contiene espículas uniaxiales solamente. // Un miembro del orden *Monactinellida.* (Gr. monos, simple; aktis, rayo.).

monactínica (monactinal). Que tiene un solo radio Espícula monactina. (Gr. monos, uno; aktis, radio.)

mónada *(monad). Unidad orgánica u organismo microscópico muy simple. (Gr. monas monadis, der. del gr. monos, monados, solo, único.) *Adj.* ***monadiforme.***

monodelfo *(monodelphic). Que tiene un solo útero. // Un mamífero de la división *Monodelphia=Placenteria=Eutheria.* =Monodélfico.

Monodelphia. Antigua subclase que incluía los mamíferos que tienen un solo útero, llamados también *placentarios* y *euterios.* (Gr. monos, uno; delphys, matriz.)

monadología* Teoría de las mónadas, q.v. (De monada, logos, tratado.)

monamniótico (monamniotic). Que tiene un solo amnios, como los gemelos uniovulares, (Gr. monos, uno; amnion, amnios.)

monarca* (monarch). Mariposa americana de la familia *Nymphalidae* (Danaus plexippus), de sabor desagradable para los pájaros, cuya coloración es imitada por la mariposa llamada *vicerrey* (Basilarchia archipus).

monáster (monaster). Aster único en ciertos casos de mitosis. (Monos, solo; aster, estrella.)

monaxial (monaxial). Monáxico. Se aplica a las formas orgánicas de un solo eje o de simetría radiada. (Gr. monos, uno; axis, eje.).

monaxona (monaxon). Espícula de esponjas con un solo eje. // Una célula nerviosa con un solo cilindro. (Gr. monos, único; axon, eje.) *Adj.* ***monaxónico.***

Monaxonida. Una clase de poríferos de la clase *Demospongiae.* Las espículas son silíceas monaxónicas, pero algunos son de espongina. Las más comunes de las esponjas. Algunas viven en aguas dulces. (Gr. monos, solo; axon, eje.)

Mondino de Luzzi. Anatomista de Bolonia que señala el comienzo del estudio de la anatomía por disección de cuerpos humanos. (1270-1326)

mónera *Un microorganismo del taxón *Monera.*

Monera. Taxón creado por Haeckel para los organismos con células rudimentarias sin núcleo diferenciado, como las bacterias. (Gr. moneres, simple.)

monérgico (monergic), Que tiene una sola enérgida o una sola célula nucleada. (Gr. monos, uno; energes, activo.)

monestro (monoestrous). Que tiene un solo estro en cada estación de cría. (Gr. monos, uno; oistros, un deseo intenso.)

mongolismo* (mongolism). Una malformación congénita con anormalidades en la cara, los párpados, la lengua, etc., y con gran retardo en el desarrollo de facultades físicas y mentales. Células diploides con 47 cromosomas en vez de 46. (Mongólica, raza de pueblos asiáticos con el pliegue palpebral.)

Monhysterina, Monhysteroidea. Un suborden de nematodos del orden *Chromadorida.* La válvula esófagointestinal no trirradiada ni deprimida. Sin dientes o con 1, 2 ó 6 dientecillos. Viven en aguas saladas y marinas. (Tomado del género Monhystera.)

monilicorne (monilicorn). Se aplica a la antena de aspecto acollarado de los insectos. (Gr. monile, collar; lat. cornus, cuerno, "antena".)

moniliforme (moniliform). Que tiene forma de collar o rosario. V. *monilicorne.* (Neolat. moniliforme, der. de monile, collar.)

monimostílico (monimostylic). Se aplica a los cráneos de reptiles que tienen el hueso cuadrado fijado al escamoso y los maxilares inmovibles. Ej. cocodrilos, *Sphenodon.* (Gr. monimos, fijos; stylos, columna.)

monismo *(monism). La doctrina de que hay una substancia o principio último que no es materia, ni espíritu, sino la base única de ambos.// Concepción unitaria del universo. (Gr. monos, único.)

monitor* (monitor). Nombre aplicado a muchas especies de saurios de la familia *Varanidae* que viven en Africa, Asia y Oceanía. V. *dragón.*

mono* (monkey). Nombre vulgar que abarca cualquier especie de primate del suborden *Simios* o *Anthropoidea.* (Turco, mainón.) // ***m. antropomorfo*** o ***antropoideo***, se dice de los más parecidos al hombre y se incluyen en las familias *Pongidae* e *Hylobatidae: chimpancé, gorila, gibón* y *orangután.* // ***m. araña,*** cualquier especie de mono neotropical de la familia *Cebidae,* género *Ateles.* // ***m. de berbería,*** v. *mona.* // ***m. verde,*** mono pequeño de Abisinia, familia *Cercopithecidae* (Cercopithecus aethiops). // ***m.*** (brown hind) V. *enjambre,* pez.

monobasal (monobasal). De una sola base. Se aplica al aparato apical de los equinodermos, formado por una sola placa.

monoblasto (monoblast). Célula que se transforma en monocito, como sucede con algunas del bazo. (Gr. monos, uno; blastos, brote,)

monocardio (monocardian). Monocárdico, que tiene una sola aurícula y un solo ventrículo. (Gr. monos, uno; kardia, corazón).

monocarion (monokaryon). Núcleo con un solo centriolo. (Gr. monos, uno, karyon núcleo.)

monocelular (monocellular). Voz híbrida. Es mejor *unicelular.*

monocéntrico (monocentric). Que tiene o es derivado de un solo centro.// Que tiene un solo centrómero. (Gr. monos, unos; kentron, centro.)

monocerco (monocercous). Se dice del protozoo que tiene un solo flagelo. (Gr. monos, simple; kerkos, cola.)

monoceronte,* monocerote*. El unicornio de las fábulas. (Gr. monos, uno; keraos, cornudo.)

monoceros (monocerous). Que tiene un solo cuerno. (Gr. monos, uno; kerus, cornudo.)

monocíclico (monocyclic). Se aplica al cáliz de los crinoideos cuando solo tienen un ciclo de placas basales. (Gr. monos, uno; kyklos, ciclo.)

monocigocrótafo (monozygocrotaph). Tipo de cráneo en los reptiles con una sola ventana temporal, como en las lagartijas. (Gr. monos, uno; zygos, unido; krotaphos, el lado de la cara.)

monocigótico (monozygotic) Que se desarrolla de un solo óvulo fecundado. *Monócigo unicelular.* (Gr. monos, uno; + cigoto.)

monociliado (monociliated). = *Uniflagelado.*

monocístico (monocystic). Con un solo estado de enquistamiento. (Gr. monos, uno; kystis, saco.)

monocito (monocyte). Un tipo de fagocito de gran tamaño hallado en ciertos vertebrados. // Célula grande de la sangre de algunos invertebrados.// Organismos unicelulares provistos de un solo núcleo. (Gr. monos, uno; kytos, célula.)

monocondíleo (monocondylar). Que tiene un solo cóndilo occipital, como las aves y los reptiles. (Gr. monos, uno; kondylos, cóndilo.)

monoconto (monokont). Uniflagelado. (Gr. monos, uno; kontos, un vástago.)

monocoriónico (monochorionic). Que tiene un solo corion, como los gemelos uniovulares. (Gr. monos, ínico; chorion, corion.)

monocrépida (monocrepid). Una espícula megasclera formada por depósito de sílice en un espículo monaxial. (Gr. monos, uno; krepis, fundación.)

monóculo* (monocule). De un solo ojo. Se aplica a un grupo de crustáceos copépodos que poseen un solo ojo situado en la línea media de la cabeza. (Gr. monos, uno; lat. oculus, ojo.)

monadáctilo (monadactylous). Que tiene un solo dedo o una sola garra. (Gr. monos, uno; dactylos, dedo).

monodésmico (monodesmic) Con un solo enlace. Aplícase a ciertas escamas placoideas. (Gr. monos, uno; desma, banda, enlace.)

monodonte (monodont). Que tiene un solo diente. Se aplica a los cetáceos llamados *narvales* cuyos machos tienen un diente muy desarrollado en forma de larga defensa. (Gr. monos, uno; odous, diente.)

monofactorial (monofactorial) = *Unifactorial.*

monófago (monophagous). Que se alimenta de una sola clase de substancia. (Gr. monos, uno; phagein, comer.)

monofásico (monophasic). En el género *Trypanosoma,* las especies que carecen del estado activo. (Gr. monos, uno; phasis, apariencia.)

monofilético (monophyletic) Se emplea en la filogenia para indicar que una rama biológica procede de una sola línea o forma fundamental primitiva. Es sinónimo de *rama filética homogénea.* (Gr. monos, uno; phyletikos, referente a un mismo linaje.)

monofiodonte (monophyodont). Se dice de los mamíferos que tinen un solo tipo de dentición, que dura toda la vida, como los cetáceos, monotremas y desdentados. (Gr. monos, solo; phyein, producir; odous, diente.)

monogamia (monogamy). Calidad de monógamo. (Lat. monogamia.)

monógamo *(monogamous). Animal que se aparea con un solo consorte. (Gr. monos, uno; gamos, boda.)

monoganglionar (monoganglionic). Que tiene un solo ganglio. (Gr. monos, uno; ganglion, tumor pequeño.)

monogástrico (monogastric). Que tiene un solo estómago, a diferencia de los rumiantes que tienen varios. // Músculo de un solo vientre (Gr. monos, uno; gaster, estómago.)

Monogenea. Un orden de la clase *Trematoda.* Ventosa oral débil, posterior con disco adhesivo y con garfios. Dos poros excretores. Sin hospedantes intermediarios. (Gr. monos, uno; genos, descendiente.)

monogénesis (monogenesis). Multiplicación asexual. // Producción de descendientes de un solo sexo. // Origen de una forma en un lugar o período. // Generación directa, sin alteración.// Doctrina de la descendencia de todos los seres vivientes de un solo organismo ancestral. (Gr. monos, uno; genesis, descendencia.) =*Monogenoidea.*

monogenia (monogeny). La producción de descendientes de un solo sexo. (Gr. monos, genos, sexo.) *Adj. monogénico, monogéneo.*

monogenismo (monogenism)* Doctrina antropológica según la cual todas las razas humanas descienden de un tipo primitivo. (Gr. monos, uno; genos, origen.)

monogenómico (monogenomic). Que tiene una sola dotación de cromosomas. (Gr. monos, uno; + genoma.)

monógino (monogynous). Que se aparea con una sola hembra. (Gr. monos, uno; gyne, hembra.)

Monogononta. Un orden de rotíferos. Tienen dos antenas laterales y un ovario. Machos presentes, pero degenerados. Incluye la mayoría de las especies. (Gr. monos, uno; gonos, sexo, ontos, ser.)

monogonopórico (monogonoporous). Que tiene una sola abertura genital para los órganos masculinos y femeninos. (Gr. monos, uno; gonos, sexo, poroso, poro.)

monografía* (monography). Tratado sobre un punto determinado o concreto. Estudio lo más exhaustivo que sea posible, de una estructura, un sistema, un grupo taxonómico, etc. (Gr. monos, uno; graphe, escribir.)

monoheterotermia (monoheterothermy). Tipo de hibernación de los mamíferos en el que la temperatura desciende muy cerca de la ambiental, como ocurre en ciertos murciélagos. (Gr. monos, solo; + heterotermia.)

monohibridismo (monohibridism), Cruzamiento entre individuos en los que solo se estudia un par de caracteres alelomorfos. (Gr. monos, uno; lat. hybrida, híbrido.) *Adj. monohibrido.*

monoico* (monoecious). Se dice del organismo en que los dos sexos están representados en el mismo individuo. (Gr. monos, uno; oikos, casa.)

monolocular (monolocular). De una cámara. Palabra híbrida, es mejor *unilocular.* (Gr. monos, uno; lat. oculus, ojo.)

monolofo (monolophous).Con una sola cresta. Se aplica a ciertas espículas con un rayo furcado. (Gr. monos, uno; lophos, cresta.)

monomastigoto (monosmastigote). Que tiene un solo flagelo. (Gr. monos, uno; mastix, látigo.)

monómero (monomere). Formado por un solo segmento. // Una unidad molecular simple que puede unirse con otras similares para formar un polímero. La glucosa es un monómero de almidón. (Gr. monos, uno; meros, parte.) *Adj. monomérico.*

monomerosomado (monomerosamatous). Que tiene los segmentos del cuerpo fusionados. (Gr. monos, uno; meros, parte; soma, cuerpo.)

monometrosis (monometrosis). La fundación de una colonia por una sola hembra, como hacen las abejas. (Gr. monos, uno; meter, madre.)

monomial (monomial). Voz híbrida en desuso. V. *uninomial.* (Gr. monos, uno;lat. nomen, nombre.)

monomiario (monomyaric). Que tiene un solo músculo. // Un miembro de los moluscos de la clase *Bivalva* que tienen un solo músculo aductor. // En plural como categoría taxonómica, está en desuso. (Gr. monos, uno; mys, músculo, -ario, relacionado.)

monomíctido (monomict). Se dice del lago sin termoclinal, en donde hay una sola mezcla de aguas. (Gr. monos, uno; mictos, mezcla.)

monomórfico (monomorphic). Que tiene una sola forma. // Que se desarrolla con escaso cambio de forma. (Gr. monos, uno; morphe, forma.)

mononeurónico (moneuronic). Inervado por un solo nervio. (Gr. monos, uno; neuron, nervio.)

monónino (mononym). Nombre de un taxón consistente en un solo término. // Nombre de un género monotípico. (Gr. monos, uno; onyma, nombre.)

mononte (monont). Estado en el ciclo vital de los esporozoos de dos hospedantes. // Un organismo que se reproduce sin conjugación. (Gr. monos, uno; ontos, un ser.)

mononuclear (mononuclear). Con un solo núcleo. Mejor es *uninuclear.* (Gr. monos, uno; lat. nucleus, núcleo.)

mononucleosis (mononucleosis). Una enfermedad infecciosa caracterizada por un gran número de monocitos en la sangre humana. (Gr. monos, uno; lat. nucleus, núcleo; osis, condición.)

Monopisthocotylea. Un taxón de platelmintos del orden Monogenea. Con un sólo cotiledón en el extremo posterior del cuerpo. (Gr. monos, uno; opisthios, posterior; cotylos, cotiledón.)

Monoplacophora. Una clase de moluscos abisales primitivos. Tienen el cuerpo oval, concha univalva, dos ventrículos, con cinco o seis pares de branquias, seis pares de nefridios y seis pares de músculos. Se creían extintos desde el Devoniano, pero fueron encontrados viviendo en aguas del Océano Pacífico en 1952. (Gr. monos, uno; plax, placa; phoreys, portador.)

monoplácula (monoplacula). Plácula de una sola capa celular. (Gr. monos, uno; plax, placa.)

monoplástico (monoplastic). Organismo que tiene una sola forma (Gr. monos, uno; plastos, moldeado.)

monoploide (monoploid). *Haploide.*

monoplonte (monoplont). V. *haplonte.*

mononeumona (monopneumona). Grupo de peces pulmonados de un solo pulmón, como los *Ceratodus* australianos. (Gr. monos, uno; pneuma, aire, resfriado, pulmón.)

monópodo (monopodal). Que tiene un solo pie o una sola estructura de soporte. // Con un solo seudópodo. (Gr. monos, uno; pous, pie.)

monopolar. V. *unipolar.*

Monoprionida. Un orden de la clase *Graptolithes* caracterizado por la posesión uniseriada de las tecas. (Gr. monos, uno; prion, sierra.)

Monopylea. Suborden de radiolarios cuya cápsula interna está perforada por un solo poro. (Gr. monos; uno; pyle, entrada.)

Monopylaria. Un orden de radiolarios, también llamado *Nassellaria*, en donde los poros de la cápsula central están localizados en una sola región en la placa porosa. (Gr. monos, uno; pyle, entrada.)

Monorhina. La clase de los peces mejor conocida por *Cyclostomata.* (Gr. monos, uno; rhinos, narices.)

monorquídeo (monorchic). Que tiene un solo testículo. (Gr. mono, uno; orchis, testículo.)

monorrino (monorhinal). Que tiene una sola nariz, como en los peces ciclóstomos. (Gr. monos, uno; rhinos, una nariz.)

monosacárido (monosaccharide). Un azúcar simple: glucosa fructuosa, galactosa. (Gr. monos, uno; + sacarido.)

monosa. = Monosacárido.

monosexual. Voz híbrida, es mejor *unisexual.*

monosia (monosy). La separación de partes normalmente fusionadas. (Gr. monos, solo.)

monosifónico (monosiphonic). Con un solo sifón. // Hidromedusa con los tubos del hidrocaule distintos uno de otros. (Gr. monos, uno; siphon, tubo.)

monosimétrico (monosymmetrical). Con un solo plano de simetría. // Simetría bilateral, // *Cigomórfico.* (Gr. monos uno; + simetria.)

monosoma (monosome) Heterocromosoma impar. (Gr. monos,

monosómico (monosomic). Que tiene una dotación de cromosomas diploides menos un cromosoma. (Fórmula 2 n-1.) (Gr. monos, uno; soma, cuerpo.)

monospermia (monospermy). La condición de que un solo espermatozoo atraviesa la membrana exterior del óvulo. (Gr. monos, uno; sperma, esperma.)

monospondíleo (monospondylic). Se aplica a las vértebras sin intercentro. (Gr. monos, uno; spondylos, vértebra.)

monostíqueo (monostiqueous). Dispuesto a un solo lado de un eje. (Gr. monos, uno; stichos, hilera.)

Monostylifera. Un suborden de nemertinos del orden *Hoplonemertina.* Con un solo estilete en la probóscide. (Gr. monos, uno; Stylos, varilla;lat. ferre, llevar.)

monotípico (monotypic). Que tiene un solo tipo. // Unidad taxonómica basada en un solo taxón del rango inferior. (Gr. monos, uno; typos, patrón.)

monotalámico (monothalamous). Se aplica a foraminíferos de agua dulce con una sola cámara y con seudópodos no ramificados. (Gr. monos, uno; thalamos, habitación.)

monotecal (monothecal). Que tiene una sola cámara.= *Unilocular.* (Gr. monos, uno; theke, caja.)

monotélico (monothelous). La hembra que se aparea con un solo macho. (Gr. monos, uno; thelys, hembra.)

monotipo (monotype). En taxonomía, el ejemplar único en que se basa la descripción de una especie o la especie única en que se basa un género. (Gr. monos, uno; typos, patrón.)

Monotocardia. Orden de moluscos gasterópodos que tienen una sola aurícula y una sola branquia. También *Pectinibranchia.* (Gr.monos, uno; kardia, corazón.)

monotoco (monotocous). Que produce un solo hijo a la vez. (Gr. monos, uno; tokos, descendiente.) = *Uníparo.*

monótono. Se aplica al plancton en el que una sola especie constituye por lo menos el 90% del total. (Gr. monotonos.)

monotrema*. Un individuo del orden *Monotremata.*

Monotremata. Un orden de mamíferos que se caracteriza por tener una sola abertura para los sistemas digestivo y urogenital, poner huevos y tener un pico córneo y sin dientes que recuerda el de las aves. También *Monodelphia* y *Prototheria.* (Gr. monos, uno; trema, agujero.)

monotrico (monotrichous). Que tiene un solo flagelo. (Gr. monos, uno; thrix, pelo.)

monotroca (monotrochal). Se aplica a las larvas trocóforas que tienen solamente la prototroca. // Que tiene un trocanter de una sola pieza, como muchos himenópteros. (Gr. monos, uno; trochos, rueda.)

monotrófico (monotrophic). Que subsiste de una sola clase de alimentos.(Gr. monos, uno; trophe, nutrimiento.)

Monotrysia. En una clasificación, un suborden de insectos del orden *Lepidoptera* V. *Jugata.*

monovalente (monovalent). Voz híbrida. Mejor es *univalente.* (Gr. monos, uno;lat. valens.)

monovoltino (monovoltine). =*Univoltino.*

monoxeno (monoxenous). Aplícase a los organismos que necesitan de un solo hospedante para completar un ciclo vital. (Gr. monos, uno; xenos, huésped.)

Monozoa. Una subclase de platelmintos de la clase *Cestoda,* También llamada *Cestodaria.* (Gr. monos, uno; zoon, animal, en este caso, un segmento del cuerpo.)

monozoico (monozoic). Que produce un solo esporozoito. (Gr. monos. solo; zoon, animal.)

Monro, Alexander. Anatomista escocés. V. *formanen de Monro.* (1697-1767)

Monstriolloida. Un orden de crustáceos de la subclase *Copepoda.* Carecen de antenas y de piezas bucales. Larvas viven en anélidos poliquetos. (Del género Monstrilla.)

monstruo de Gila (Gila monster). Una especie de saurio venenoso de la familia *Helodermatidae* (**Heloderma suspectum**) que habita el suroeste de los Estados Unidos. Una traducción literal del nombre inglés, basado en la localidad *Gila* en Arizona). V. escorpión.

monstruosidad* (monstrosity). Desorden de la proporción que deben tener las cosas según lo que se estima normal. // Deformidad o anomalía en un órgano o estructura animal. (Lat. mostruosus.) *Adj.* *monstruoso**.

mons pubis. V. *mons veneris.*

mons veneris (mons veneris). Una prominencia redondeada que se halla en el punto inferior del abdomen de la mujer (En lat. monte de Venus.)

montaraz* (wild). Que anda en los montes o se cría en ellos. *Agreste.* (Lat. mons, monte.)

Monte de Venus. V. *mons veneris.*

montés* (wild), Que crece o se cría en los montes. *Montano.*

Montgomery, William. F. Médico irlandés. V. *glándulas de Montgomery.* (1797-1859).

Montgomery, T.H. Geneticista norteamericano. Reconoció la presencia de la sinapsis de los cromosomas homólogos. (1873-1912)

montícola (monticolous). Que se cría o vive en las montañas. (Lat. montis, monte; -icola, habitante.)

montículo *(monticulus). Parte media superior del cerebelo. (Lat. monticulus, dimin. de mons,, monte.)

montuno* (wild). Montaraz. // Perteneciente al monte.

montuoso* (wild). Perteneciente o relativo a los montes.

montura* (mount). Cabalgadura. // Montaje de un ejemplar zoológico.

mórbido * (morbid). Que padece u ocasiona una enfermedad. // Un enfermo. (Lat. morbus, enfermedad.)

morciguillo.* Murciélago. (De murciego, del lat. mur, muris, ratón y caecus, ciego.

mordicante* Que mordica. // Todo animal que muerde, roe o come poco a poco, causando molestia. (Lat. mordere.)

mordihuí *. *Muerdihuye,* hormiga.

mores (mores). Grupo de organismos con los mismos hábitos, habitáculos y reacciones con el ambiente. (Lat. mos, moris, costumbre.)

morena (moray). Nombre aplicado a varias especies de peces óseos marinos del orden *Anguiliformes,* familia *Muraenidae* (Muraena helena), del Mediterráneo. En América una especie grande, la morena verde (Gymnothorax funebris,) es tóxica.

morfalaxia (morphallaxis). Regeneración. // Formación de nuevo organismo de una parte de los padres. // Transformación de una parte en otra. (Gr. morphe, forma; allaxis, entrecruzado.)

morfo (morfo butterfly). Uno cualquiera de los insectos sudamericanos lepidópteros, del género *Morpho*, que alcanza gran tamaño y muestra colores vistosos. La especie brasiliana (Morpho hercules) llega a 16 cm. de envergadura. También se llaman emperadores.

morfo- (morpho-). (Del gr. morphe, forma, contorno; morphosis, un modelado.) *Morfología, metamorfosis.*

morfogénesis (morphogenesis). Los fenómenos relativos a la diferenciación o cambios en las formas en un organismo, así como a la evolución de las estructuras. (Gr. morphe, forma; genesis, origen.) *Adj.* *morfogenético, mortogénico.*

morfogenia (morphogeny). = *Morfogénesis.*

morfógeno (morphogen). Que produce o modifica una forma (Gr. morphe, forma; genaein, producir.)

morfología* (morphology). En la zoología, el estudio de las formas y las estructuras orgánicas. (Gr morphe, forma; logia, tratado.) *Adj. morfológicos.// m. comparada*, el estudio de las semejanzas y diferencias de las estructuras animales.

morfón (morphon). El individuo considerado como unidad morfológica. (Gr. morphon, dar forma.)

morfoplancton (morphoplankton). Conjunto de organismos planctónicos que no tienen más medios de suspensión que la forma de su cuerpo. (Margalef.) (Gr. morphe, forma; + plancton.)

morfoplasia (morphoplasy). La potencialidad formativa de un organismo en estado de crecimiento. (Gr. morphe, forma; plasein, moldear.)

morfoplasma (morphoplasm). Retículo protoplásmico. // Protoplasma formativo. (Gr. morphe, forma; plasma, formación.)

morfos (morphs). Las variantes individuales o formas genéticas que constituyen el polimorfismo. (Gr. morphe, forma.)

morfosis (morphosis). Estado de equilibrio anatómico debido a la influencia de factores conocidos. (Gr. morfosis, acción de plasmar.) (Font Quer.) // La manera de desarrollarse un individuo. *Adj. morfótico.*

morfotipo (morphotype). El ejemplar tipo de una de las formas de una especie polimórfica. (Gr. morphe, forma; typos, patrón.)

Morgagni, G.B. Anatomista italiano (1682-1771). V. *columnas de Morgagni* e *hidátidas de Morgagni.*

Morgan C. Lloyd. Fisiólogo inglés. Enunció el concepto de que la conducta animal no debe interpretarse en términos antropocéntricos sino en el de simples procesos nerviosos. (1852-1936)

Morgan, Thomas Hunt. Geneticista norteamericano. Sus estudios sobre la mosca *Drosophila* le permitió establecer la teoría génica de la herencia y de la herencia ligada al sexo. En 1927 probó el incremento en la tasa de las mutaciones por métodos experimentales. Premio Nobel. (1866-1945)

morganio (morgan unit). Una unidad hipotética que mide la distancia entre los genes de un cromosoma. Un morgan mide 100% de entrecruzamiento, estando los genes en los extremos del cromosoma. (T.H. Morgan.)

morín.V. *guasabaco*, pez.

morito* (glossy ibis). Especie de *ibis*, ave europea del orden *Ciconiiformes*, familia *Threskiornithidae*, de plumaje negro con reflejos cúpreos (Plegadis falcinellus). (De moro.)

mormiromastos (mormiromasts). Electrorreceptores situados en la línea lateral de los peces dulceacuícolas africanos del género *Mormyrio.*

mormope (bat). Una especie de murciélago antillano de la familia *Phylllostomidae* cuya cara parece una máscara grotesca (Mormoops blainvillei).

Mormyrida. Un orden de peces óseos de agua dulce que incluye los peces eléctricos africanos. (Gr. Moymyrus, un pez mencionado por Aristóteles.)

morpio (morpion). Ladilla.

Morren, C.F.A. Zoólogo belga. V. glándulas de Morren.

morrocoy*morrocoyo* (land tortoise). Venez. y Cuba: tortuga terrestre sudamericana de la familia *Testudinidae.* Nombre aplicado especialmente a *Geochelone denticulata.* (Voz cumanagota.)

morrúa (morhua). V. bacalao, pez.

morrudo* (thick-lipped). *Hocicudo*, bezudo.

morsa (walrus). Aplícase a cualquiera de los grandes mamíferos del orden *Carnivora*, suborden *Pinnipedia*, familia *Odobenidae*, de los mares septentrionales. (La morsa común del Atlántico del norte y Artico en *Odobaena rosmarus.*

mortalidad (mortality). La frecuencia de muertes en una población. (Lat. mortuus.) // *m. perinatal*, la mortalidad de los infantes entre la 28 semanas de gestación y la primera semana de nacido. // *m. compensatoria*, la que regula la densidad de una población debido a la competencia alimenticia alrededor de una abundancia media.

morueco* (ram). Carnero padre. (Lat. más, maris, macho.)

mórula (morula). Primer estado del desarrollo del embrión que toma la forma de una mora pequeña. (Lat. morula, dim. de morus, mora.)

morulación (morulation). La formación del estado de mórula por segmentación. (Lat. morum, mora.)

morulita (morulit). El *nucléolo.* (De mórula.)

Moruloide. Nombre dado por Hartman al fílum *Mesozoa*, q.v. (De mórula.)

ms. (ms). Abreviatura de *manuscrito.*

mosa (moose). El *alce* americano. Anglicismo innecesario.

mosaico* (mosaic). En genética, un híbrido en el que los caracteres aparecen contrapuestos como las piezas de un mosaico.// En embriología, un tipo de huevo que muestra áreas definidas que formarán tejidos y órganos particulares.// Tipo de ojo compuesto en los artrópodos, en los que cada unidad u omatidio da la imagen de una fracción del objeto. (Bajo lat. mosaicus.)

Mosasaurios. Un grupo de saurios fósiles marinos del período Cretáceo que llegaron alcanzar unos 7 m. de largo. (Mosa, un río de Alemania; sauros, lagarto.)

mosca* (fly). Insecto díptero de la familia *Muscidae.* La mosca común es (Musca domestica). / Por extensión, cualquier insecto díptero de aspecto como la mosca doméstica. (Lat. musca.) // *m. borriquera*, díptero de la familia *Hippoboscidae*, cuyos adultos son hematófagos transmisores de la tripanosomiasis. Las larvas se desarrollan en el cuerpo materno y nacen en estado de ninfa. // *m. del Mediterráneo, una especie de díptero muy destructiva para las frutas, que se ha vuelto cosmopolita* (Ceratitis capitata). //*m. escorpión*, una traducción literal del insecto del orden *Mecoptera*, conocido por los ingleses como "scorpion fly".//*m. española.* v. *cantárida.*

moscarda* (fleshfly). Nombre dado en España a las moscas de la familia *Sarcophagidae*, que pone sus huevos en determinadas especies de animales (Sarcophaga carnaria). // Cresa o huevecillo de abeja. (De mosca.)

moscardino (dormous). Roedor de la familia *Gliridae*, de rabo corto (Muscardinus avellanarius).

moscardón* (maggot). Larva de las moscas. = *Cresa, queresa, querocha, saltón.* // *m.* (hornet). Avispa. // *m.* (botfly). Mosca que parasita el ganado (Casterophilus sp.)

moscareta* (flycatcher). Nombre que se le da a diversas aves paseriformes de la familia *Muscicapidae.* También se llaman papamoscas por sus hábitos alimenticios (Muscicapa striata). (Lat. musca.)

moscarrón. En algunas partes de América el *moscardón.*

mosco*. V. *moscón, mosquito.*

moscón Mosca grande, especialmente las de la familia

Sarcophagidae, que producen miasis en algunos vertebrados. // En Puerto Rico: *mosco*.

mosquitero (warbler). Nombre común de varias especies de aves paseriformes de la familia *Sylvidae* y género *Phylloscopus*.

mosquito (mosquito). Un insecto díptero chupador de la familia *Culicidae*." En plural los primeros estados larvales de los insectos ortópteros de la familia *Locustidae*, como las langostas. // Cualquier especie de mosca de pequeño tamaño.

motocle. Méx.: roedor llamado *huroncito*, q.v.

moteado (spotted) Salpicado de motas.

motilidad (motility). La habilidad para moverse. (Lat. motus.) *Adj. mótil.*

motoneurona (motoneuron). Una neurona motora. (Lat. moverse, mover; gr. neuron, nervio.)

motor* (motor). Lo perteneciente al movimiento. // Un músculo, un nervio o un centro que afecta al movimiento. (Lat. motor, a mover.)

motorio (motorium). Concentración de fibrillas citoplásmicas y de gránulos basales en la región de la citofaringe de muchos protozoos cilióforos. // Un nervio motor. (Lat. moverse, mover.)

movimiento* (movement). La acción de moverse o de cambiar de posición o de lugar. (Lat. movere, mover.) // *m. amiboide*, extensión irregular en dirección cambiante de extensiones citoplásmicas llamadas *pseudópodos amebas, fogocitos*, etc. // *m. browmiano*, movimiento vibratorio pasivo de partículas finas en suspensión debido al choque de las moléculas.

mozambique (Puerto Rican Grackle). Puerto Rico: ave paseriforme de color negro de la familia *Icteridae* (Quiscalus niger).

mua muitu (African hunting dog). Nombre swahalí del perro de caza o *licaón*, q.v.

muca (opossum). Perú, especie de zarigüeya. Mamífero del orden *Marsupialia*, familia *Didelphidae* (Didelphus azarae).

múcaro (owl). Puerto Rico: se aplica a varias aves del orden *Strigiformes*, familia *Strigidae* y en especial *Asio flammeus y Otus nudipes.*

mucífero (mucifer). Que produce moco. (Lat. mucus, moco; ferre, lleva.)

muciforme* Que parece *mucus.* (Lat. mucus, forma.)

mucífero V. mucinógeno.

mucina (mucin). El principal constituyente del *mucus.* (Lat. mucus.)

mucinasa (musinase). Una enzima que actúa sobre la mucina. (Lat. mucus, moco; y -asa, enzima.)

mucinógeno (mucigen). Una substancia que produce mucina en las glándulas mucosas. (Lat. mucus,, mocus; gr. -genon, que produce.)

mucilaginoso (mucilaginous). Pegajoso o adhesivo. (Lat. mucilagonosus.)

mucíparo (muciparous) Que produce *mucus.* (Lat mucus, narere, *parir.*)

mucoide (mucoid) Lo perteneciente o producido por *mucus.* (Lat. mucus; neolat. oides, parecido.)

mucoidina. Envoltura externa del hilo de gusano de seda.

mucoproteina (mucoprotein). Uno de los compuestos de proteínas y carbohidratos conjugados. (Lat. mucus, moco; + proteína.)

mucoso* (mucosa). Semejante al moco. // Fem. Una *membrana mucosa*, q.v. (Lat. muccosus, lleno de mucus.) // *m. muscular*, delgada capa de músculos lisos en la base de la mucosa del tubo digestivo de los vertebrados. // *m. vaginal*, vaina de mucosa que envuelve los tendones que se deslizan en los surcos óseos.

mucoseroso (mucoserous). Se aplica a una secreción de *mucus* y suero. (Lat. mucus, moco; serum, sereno.)

mucrón (mucro). Punta corta y poco aguda en la extremidad de un órgano. (Lat. mucro, punto.) *Adj. mucronado.**

mucrónulo (mucronule). Un mucrón o punta muy pequeña. (Lat. mucro, punta aguda.)

muculento (muculent). *Mucilaginoso*, parecido al moco. (Lat. mucus.)

mucus (mucus). *Moco.* La secreción de una membrana mucosa, compuesta de mucina y de varias sales y cuerpos celulares. (Lat. mucus.) Adj. *muculento..*

muela (back tooth). Nombre comúnmente usado para indicar, indistintamente los dientes posteriores a los caninos: molar y premolares. (Lat. mola, muela de molino.) // *m. carnicera*, el último premolar superior y el primer molar inferior, generalmente de mayor tamaño y de bordes cortantes. También se llama *muela lacerante.*

muerdihuye (a kind of ant). Cuba: se aplica a las hormigas que en cuanto pican se van a todo correr, especialmente a las del género *Pseudomyrma.*

muérgano* muergo*. Desusado, *navaja*, molusco bivalvo.

muerte* (death). La cesación irreversible de las actividades vitales y la ruptura de estructuras del protoplasma. (Lat. mortis.)

muestra* (sample). Parte o porción extraída de un conjunto por métodos que permite ser considerada como representativa del mismo, (Academia.)

muflón (mouflon). Especie de carnero salvaje de las islas de Córcega y Cerdeña, considerada como posible agriotipo del ganado ovino doméstico. *Musmon* (Ovis musimon). Es un galicismo. V. musmón.

muga* (spawn). *Desove* de los peces. // Fecundación en los peces y anfibios. (De mugai.)

mugar. Desovar.

muguer (mugger). Nombre dado en la India al cocodrilo de agua dulce (Crocodylus palustris).

mugido* (bellow). El grito del toro y otras bestias.

mugil (mullet). V. *mújol.*

Mugiliformes. Un orden de peces osteictios que comprende las lizas, barracudas, etc.

Mugilioidei. Un suborden de peces del orden *Mugiliformes* que comprende las lisas, etc. La cabeza es roma y la boca tiene escasos dientes. (Lat. mugil, un pez.)

mugor* Mucosidad.

muishond (striped weasel). Mamífero africano de hábitos similares a los de las mofetas americanas. Familia *Mustelidae* (Ictonyx striatus).

muharra. V. *mojarra.*

muiti. V. *mitu.*

mújol (mullet). España: la especie de lisa cosmopolita muy estimada por su carne (Mugil cephalus).

mula* (mule). El híbrido del asno y la yegua, generalmente estéril y, cuando cría la mula, la progenie es mula si el padre es asno y caballo, si el padre es caballo. // El cruce de caballo y burra se llama *burdégano.* (Lat. mula.)

Mulder, J. Químico alemán. Estableció en 1839 el concepto de la naturaleza de las proteínas, nombre propuesto por él por considerarla de primaria importancia en la estructura de la materia viviente.

muleto* (young mule). Mulo de poca edad o cerril. (Dim. de mulo.)

mulilla* (eleven banded armandillo). V. armadillo.

mulita (armadillo). Especie de armadillo de las pampas (Dasypus hibridus).

multi* (multi—). Del lat. multus, multi, mucho.)

multiangular (multiangular). Que tiene muchos ángulos o esquinas. // El hueso llamado *gran multiangular* o *trapezio.* // El hueso multiangular menor o trapezoide. (Lat. multis, muchos; +ageolar.)

multiarticulado **(multiarticulate).** Que tiene juntas o articulaciones. (Lat. mutli, muchos; + articular.)

multicámero **(multicamarete).** = *Multilocular.*

multicarinado **(multicarinate).** Que tiene muchas quillas o rebordes. (Lat. multi, muchos; carina, quilla.)

multicelular **(multicellular).** Compuesto de muchas células. También *pluricelular.* (Lat. multi, muchos; + célula.

multicelularidad **(multicellurality).** La tendencia de ciertos protistas a formar asociaciones de muchas células. (Lat. multi, muchos.)

multicentral **(multicentral).** Con más de un centro de origen o de desarrollo. (Lat. multi, muchos, centrum, centro.)

multiciliado **(multiciliate).** Que tiene muchos cilios. (Lat. multi, muchos; cilium, pestaña.)

multicípite **(multicipital).** Que tiene muchas ramas o muchas cabezas que parten de un lugar. (Lat. multi, muchos; caput, cabeza.)

multicostilliado **(multicostate).** Con muchas costillas, venas, nervios o rebordes, (Lat. multi, muchos; costa, costilla.)

multicúspide **(multicuspid).** Que tiene muchas cúspides, como ciertos tipos de molares. (Lat. multi, muchos; cuspis, punta.)

multidentado **(multidentate).** Con muchos dientes. (Lat. multi, muchos; dens, diente.)

multidigitado **(multidigitate).** Con muchos dedos. (Lat.multi, muchos; digitus, dedo.)

multifactorial **(multifactorial).** Aplíquese a la herencia regulada por un número de genes o herencia poligénica. (Lat. multi, muchos; + factorial.)

multífido **(multifid).** Músculo entre el sacro y la columna vertebral que hace girar a esta. (Lat. multi, muchos; findo, dividir.)

multiflagelado **(multiflagellate).** Provisto de muchos flagelados. *Polimastigoto.* (Gr. multi, muchos; flagellum, látigo.)

multiforme **(multiform)** = *Polimorfo.*

multiganglionar **(multiganglionate).** Con muchos ganglios. (Lat. multi, muchos; gr. ganglion, tumor pequeño.)

multigiro **(multigyrate).** *Tortuoso.*

multilaminado **(multilaminate).** Que está compuesto de muchas láminas. (Lat. multi, muchos; lamina, placa.)

multilobulado **(multilobate).** Que tiene muchos lóbulos. (Lat. multi, muchos; lobulus, lóbulo.)

multilocular **(multilocular).** Que tiene muchos lóculos o compartimientos como muchos formaniníferos. (Lat. multi, muchos; loculus, lugar pequeño.)

multinodal **(multinodal).** Con muchos nudos o abultamientos (Lat. multi, muchos; nodus, nudo.)

multinomial **(multinomial).** Que lleva varios nombres. Tipo de nomenclatura que lleva más de tres nombres. (Lat. multi, muchos, nomen, nombre.)

multinuclear **(multinucleate).** Que tiene muchos núcleos. (Lat. multi, muchos; nucleus, núcleo.)

multinucléolo **(multinucleolate).** Que tiene muchos nucléolos. (Lat. multi, muchos; +nucléolo.)

multilocular **(multilocular).** Que tiene muchos lóculos o multi, muchos; oculus, ojo.)

multípara **(multiparous).** Dícese de las hembras de los mamíferos que tiene varios hijos en un solo parto. (Lat. multi, muchos; + parir.)

multiplicación **(multiplication).** La acción y el efecto de aumentar en número las células o los organismos. (Lat. multiplicatio.) // *m. endógena,* formación de esporos.

multipolar **(multipolar).** Que tiene muchos polos o procesos. // Neurona con muchos procesos dendríticos. (Lat. multi, muchos; + polos.)

multíporo **(multiporous).** Que tiene muchos poros. (Lat. multi, muchos; gr. poros, pasaje.)

multirradiado **(multiradiate).** Con muchos radios o rayos. (Lat. multi, muchos; radius, radio.)

multiseptado **(multiseptate).** Que tiene muchos tabiques. (Lat. multi, muchos; septum, tabique.)

multispiral **(multispiral).** Que tiene muchas vueltas o espiras. Se aplica a conchas y opérculos de moluscos gasterópodos. (Lat. multi, muchos; + espira.)

multisulcado **(multisulcate)..** Que tiene muchos surcos, como las conchas de algunos moluscos. (Gr. multi, muchos; sulcus, surco.)

multitentaculado **(multitentaculate).** Que tiene muchos tentáculos. (Lat. multi, muchos; tentaculum, tentáculo.)

multituberculado **(multituberculate).** Se dice de cualquier especie del orden *Multituberculata.* // Aplícase a los molares provistos de muchas cúspides. (Lat. multi, muchos; + tuberculado.)

multitubercularidad **(multituberculy).** Teoría de que los molares se han derivado por la fusión de muchos tubérculos aislados. (Lat. multus, mucho; + tubérculo.)

Multituberculata. Orden de mamíferos extintos de la subclase *Allotheria* que tiene los molares con la corona provistas de múltiples cúspides y carecen de caninos. (Gr. multi, mucho; + tubérculo.)

multivalente **(multivalent).** Aplícase a la asociación de tres o más cromosomas en la meyosis. (Lat. multivalens.)

multivalvo **(multivalve).** Que tiene concha de muchas valvas, como los moluscos de la clase *Amphineura* o *Polyplacophora* y los crustáceos cirrípedos. (Lat. multi, muchos; valva, puerta.)

multivincular **(multivincular).** Que tiene muchas uniones. Aplícase a la charnela de ciertos moluscos bivalvos provistos de muchos ligamentos. (Lat. multi, muchos; vinculum, grillete.)

multivoltino **(multivoltine).** Que tiene dos o más generaciones en un año o en una estación reproductiva. (Lat. multi, muchos; ital, volta, una vuelta.)

Müller, Fritz. Biólogo alemán, uno de los primeros proponentes de que la ontogenia repite la filogenia. (1821-1897)

Müller, H. Zoólogo alemán. Estudió las larvas ciliadas de los anélidos poliquetos.

Müller, Henrich. Anatomista alemán. V. *fibras de Müller y eminencia de Müller*

Müller, Herman J. Geneticista norteamericano, estudió la acción de los rayos X como inductor de mutaciones. Premio Nobel en 1946. (1890—)

Müller, Johannes Peter. Fisiólogo alemán. Propuso la teoría de que estímulos diferentes que actúan sobre un tipo de nervio dado producen los mismos efectos. (1801-1858)

Müller, Otto Friedrich. Zoólogo danés. Uno de los primeros especialistas en el estudio de los invertebrados. (1730-1784)

mullo **(red mullet).** El pez llamado *salmonete* (Mullus sp.). (Lat. mullus, una clase de pez.)

muniana **(mojarra).** Puerto Rico: un nombre alterno para los peces de la familia *Gerridae* llamados también *mojarras,* q.v. (Eucinostomus sp.)

muntiaco **(muntijac).** Pequeño ciervo de las Indias Orientales (Muntiacus muntjak).

mural ***(mural).** Perteneciente a una pared, como la pared celular. // Tejido formado por una sola capa de células. (Lat. muralis, perteneciente a la pared.)

muralla ***(wall).** Placas o valvas de los crustáceos cirrípedos que, reunidas, rodean el cuerpo. // Lámina externa que limita el cáliz de los políperos. // Reborde saliente interior situado alrededor del área de los erizos de mar. (Lat. muralis.)

murceguillo* **(bat).** V. *murciélago.*

murciélago* **(bat).** *Murciélago.*

murciélago ***(bat).** Cualquier miembro del orden *Chiroptera.* Algunas de las especies tienen nombres especiales. V.

panique, kirivula, mormope, orejudo, vampiro, etc. (Castellano antiguo, mur ciego, ratón ciego.) // (Lat. mus, ratón; caecus, ciego.) // **(flying gurnard).** Un pez de ambos lados del Atlántico, llamado también *volador.* Orden *Dactylopteriformes,* familia *Dactylopteridae* **(Dactylopterus volitans).**

murcielaguina* **(bat guano).** Estiércol y restos de murciélagos que se acumulan en las cuevas que estos habitan. Constituye un abono orgánico. (De **murciélago.**)

murecillo* **(muscle).** *Músculo.*

murema* **(morray).** El pez llamado también *morena,* q.v.

murexina **(murexine).** Una de las substancias secretada por la glándula hipobranquial de los moluscos gasterópodos marinos de la familia *Muricidae,* que es uno de los componentes de la púrpura. (De **Murex.**)

murgón*. Cría de salmón.

muriama. Puerto Rico: V. *mojarra,* pez.

muricado **(muricated).** Que tiene pinchos, espinas o agujeros. (Lat. **muricatus.**)

murice* **(murex).** Un molusco del género *Murex.* V. *Cañadilla.*

muriciforme. De forma de *múrice,* q.v.

muriculado **(muriculate).** Provisto de espinas o púas pequeñas. (Lat. **muriculatus.**)

muriforme **(muriform).** De forma de ratón. (Lat. **mur, muris,** ratón; +**forma.**)

murino **(murine).** Perteneciente o parecido a un ratón, rata o roedor. (Lat. **mus,** ratón.)

Muroidea. Una superfamilia de mamíferos del orden *Rodentia.* suborden *Myomorpha,* que comprende las ratas, ratones, lemingos, etc.

Murray, J. Oceanógrafo inglés. Llevó a cabo en 1910, junto con J. Hjort, la expedición oceanográfica del Michael Sars, que investigó los mares profundos del Atlántico del norte y demostró la existencia de diferentes zonas ambientales horizontales y verticales.

muruk **(cassowary).** Especie de ave casuariformes de Australia y Nueva Guinea **(Casuarius bennettii.)**

Mus. Género de mamíferos del orden *Rodentia,* familia *Muridae,* que comprende los ratones y, entre ellos, el ratón casero **(Mus musculus).** (Lat. **mus,** ratón.)

musango **(palm civet).** Se aplica a varios mamíferos carnívoros del suroeste de Asia, de la familia *Viverridae* **(Paradoxurus hermaphroditus).**

musaraña **(shrew).** *Musgaño.* Cualquiera de los mamíferos del orden *Insectívora,* familia *Soricidae,* de amplia distribución geográfica. La musaraña común en España es *Crocidura russula.* En Sudamérica: la musaraña andina **(Cryptosis equatoris).** // m. gigante, v. *potamogale.*

Musca. Un género de dípteros entre los que se encuentra la mosca común de las casas, *Musca domestica,* portadora de los gérmenes de varias enfermedades.

muscardino **(dormouse).** Pequeño roedor eurásico de la familia *Gliridae* **(Apodemus sylvaticus).** cercano a los lirones. // Ratón campestre europeo de la familia *Gliridae* **(Muscardinus avellanarius).**

muscaria **(flycatcher).** El ave moscareta.

muscicapa **(flycatcher).** Nombre común de varias especies de aves de la familia *Muscicapidae.*

múscido **(muscid).** Cualquier insecto díptero que pertenece a la familia *Muscidae.* (Lat. **musca,** mosca.)

musco*. V. *desmán, musgaño.* (Persa, **musk;** lat. **mucus,** almizcle.)

muscularis **(muscularis).** Lo relativo al músculo y especialmente a las láminas musculares. // ***Túnica muscularis.*** La capa principal de músculos que rodea la submucosa del tubo intestinal. (Lat. **musculus.**)

musculatura* **(musculature).** Conjunto y disposición de los músculos del cuerpo o de una región determinada. V. también músculo. (Lat. **musculus.**) // ***m. dérmica,*** conjunto de los músculos tegumentarios de los amniotas, que se insertan en la piel y se originan en una parte del esqueleto o en el mismo tegumento. // ***m. epaxial,*** conjunto de músculos dorsales del tronco de los vertebrados.

músculo* **(muscle).** Un órgano que al contraerse ocasiona el movimiento de un órgano u otra estructura. (Lat. **musculus,** un músculo.) Los diferentes músculos pueden encontrarse a continuación, citados como un adjetivo siguiendo el nombre músculo o bien pueden hallarse bajo un adjetivo, como *masetero esternocleidomastoides,* etc. // ***m. (finback).*** El *gubarte, Adj.* ***muscular*, musculoso*.*** // ***m. abductor,*** el que aleja una estructura de otra o del medio del cuerpo, como el tríceps, que extiende el antebrazo, separándolo del brazo. // ***m. alario,*** uno de la serie de músculos pequeños triangulares insertados en el pericardio en los insectos, que originan las contracciones del corazón. // ***m. antagonista,*** músculo que da lugar a movimientos contrarios en un determinado órgano, como el bíceps y el tríceps con respecto al movimiento del antebrazo. // ***m. anular,*** el que forma una capa circular en torno a una estructura, especialmente del tubo digestivo. // ***m. apendicular,*** cualquier músculo derivado de los miótomos que están asociados con las extremidades, y adquiere preponderancia en los tetrápodos. // ***m. arciformes,*** serie de músculos curvados insertados bajo la epidermis en los gusanos de tierra, junto al surco seminal. // ***m. axial,*** músculo derivado de los miótomos y confinado a la pared del cuerpo. Los axiales tienen mayor importancia en los peces, pues son responsables de su locomoción. // ***m. bipennado,*** cuyas fibras se extienden oblicuamente a cada lado del tendón. // ***m. branquial,*** músculo estriado de la región branquial de los vertebrados acuáticos, homólogo de los músculos lisos del tubo disgestivo, ***m. cardíaco,*** el músculo del corazón, cuyas fibras tienen estriaciones tranversas. // ***m. ciliar,*** cada uno de los músculos intrínsecos del ojo en los vertebrados que alternan la forma del cristalino e interviene en la acomodación. // ***m. columelar,*** músculo robusto de los moluscos gasterópodos que une al animal a la columnilla. // ***m. coronario,*** bandas de fibras musculares poderosas que rodean el margen subumbrelar de las medusas de los escifozoarios. // ***m. constrictores,*** los que contraen una parte o constriñen distintas partes, que cuando rodean una abertura, se llama *esfínteres.* // ***m. cremáster,*** músculo del escroto que se continúa con el oblicuo interno, // ***m. cucullar,*** músculo homólogo del trapecio en los tetrápodos inferiores // ***m. de Grampton,*** músculo radial en el ojo de las aves que ejerce funciones de acomodación. // ***m. de Müller,*** músculo plano a través de la fisura orbital inferior. Un músculo plano de los párpados. // ***m. de*** *Santorini* o *músculos risorios,* q.v., que se extiende desde los maseteros hasta las comisuras labiales. // ***m. depresor,*** el que hace descender una parte. // ***m. dilatador,*** fibras musculares involuntarias ectodérmicas del iris cuya contracción dilata la pupila. // ***m. elevador,*** el que hace subir una parte, como el masetero que eleva la mandíbula. // ***m. epiaxial,*** cada uno de los que se encuentran situados dorsalmente a los centros de las vértebras. // ***m. epaxónicos,*** que ocupan la región dorsal de los músculos de cada miótomo. // ***m. epicraneal,*** músculo ancho y plano en el tope de la cabeza. // ***m. esquelético,*** es el que forma la mayor parte de la musculatura del organismo de los vertebrados y queda bajo la acción del sistema nervioso cerebral. Se denomina también. ***m. esquelético*** y ***voluntario.*** // ***m. extensor,*** el que tiende a extender un miembro o sus partes. Su antagonista es el flexor. // ***m. extrínseco,*** el que mueve la totalidad de un miembro o de un órgano. // ***m. facial,*** v. ***mímico.*** // m. flexor, el que tiende a doblar una extremidad sobre la otra. Su antagonista es el músculo extensor. // ***m. genohioideo,*** músculo derivado de la porción anterior del recto abdominal, // ***m. hipaxónico,*** región ventral de los músculos de cada miótomo. // ***m. hipaxial,*** músculo que deriva de los miótomos y se encuentra sobre el tabique lateral. // ***m. horripilante,*** pequeño músculo involuntario que se extiende desde la base de los pelos hasta la dermis y su contracción provoca la erección de los cuales. // ***m. interbranquial,*** musculo que está situado en los pliegues tegumentarios entre las aberturas branquiales de los peces cartilaginosos. //. ***m. intermandibular,*** una lámina delgada de fibras musculares que conecta ambas ramas de la mandíbula y que lleva fibras que provienen del hioides y de los músculos mandibulares. // *m. interarcual*, músculo pequeño de los arcos branquiales de los peces que se extiende desde el hueso faringobranquial hasta la base del equibranquial. // *m. intrínseco*, el que tiene sus puntos de inserción en el propio esqueleto de una extremidad o en el interior de un órgano. // *m. involuntario*, v. *m. liso*. // *m. liso*, el que forma el tejido contráctil de las vísceras, conductos, vasos y cavidades. Se llama también *visceral* e *involuntario*. // *m. longitudinal*, cualquier capa muscular cuyas fibras se extienden a lo largo. // *m. milohioideo*, músculo en la mandíbula de los mamíferos que se origina en los intermandibulares de los vertebrados inferiores. // *m. mímicos*, son los músculos de la expresión facial, derivado de músculo esfínter del cuello propio de los reptiles y aves. // *m. multífidos*, músculos que se alojan a cada lado de las apófisis espinosas de los mamíferos. // *m. oblicuos*, series de músculos hipaxiales situados en las partes lateral de vertebrados inferiores, también los músculos extrínsecos de los ojos. // *m. occipital*, un músculo ancho y plano en la parte posterior del cráneo. // *m. oclusor*, cada uno de los músculos que cierran las valvas de los branquiópodos. // *m. oculares*, cada uno de los seis músculos que mueven el ojo de los vertebrados, o *músculos intrínsicos* del ojo. // *m. orbicular*, músculo subcutáneo de ciertos mamíferos, como el erizo, que está orientado circularmente en el dorso. // *m. papilares*, músculos que, en el corazón de los mamíferos, están insertados en las cuerdas tendinosas y mueven las válvulas auriculo-ventriculares. // *m. parietal*, v. *m. somáticos*. // *m. patagiales*, músculos dérmicos del patagio o membrana alar en las aves, que la distienden, // *m. pectinados*, bandas musculares que surcan la superficie interna de los apéndices auriculares del corazón de los mamíferos. // *m. pilomotoros*, son los músculos horripilantes o erectores de los pelos. // *m. pronadores*, los que hacen girar un órgano hacia atrás o hacia abajo. // *m. recto*, uno de los estratos musculares de la pared carnosa alrededor de la cavidad visceral en los vertebrados. // *Músculo* que mueve las órbitas oculares. // *m. rotator*, el que hace girar una parte sobre un eje. v. *m. pronadores y supinadores*. // *m. serratos*, músculos que se extienden desde las costillas posteriores hasta la superficie interna de las escápulas o a las vértebras torácicas. // *m. siringeales*, músculos de la siringe de las aves, cuyas contracciones son responsable de la diversidad de sonidos que producen. // *m. somáticos*, son los derivados de los miótomos y pueden ser axiales y apendiculares. // *m. supinador*, el que hace girar un órgano hacia delante y arriba. // *m. unipennado*, músculo cuyas fibras están dispuestas oblicuamente en un solo lado del cerebro. // *m. visceral*, v. *m. involuntario*. // *m. voluntario*. V. *m. estriado*.

musculocutáneo (**musculocutaneous**). Lo que pertenece a los músculos de la piel. (Lat. **musculus**, músculo; **cutis**, piel.)

museo* (**museum**). En su sentido biológico, lugar destinado para el estudio y exhibición de los objetos relativos a las ciencias naturales. (Lat. **museum**, gr. **mouseion**, templo dedicado a las musas.)

museografía (**museography**). Estudio sobre la construcción, organización y administración de los museos. (De museo y **graphe**, describir.)

musgaño* (**shrew**). Especie de musaraña europea, q.v. (**Crocidura russula**). (De **musgo**.)

muslo* (**thigh**). Parte de la pierna humana desde el cuadril o la juntura de las caderas hasta la rodilla.

musión* (**mouflon**). Muflón, q.v. //Híbrido de carnero y cabra. (Lat. **musmo**.)

musola (**smooth dogfish**). Especie de tiburón del Mar Mediterráneo de tamaño pequeño y dientes pequeños de la familia *Carcharhinidae* (Mustelus vulgaris).

musquelungue (**musquelungue**). Pez de los grandes lagos norteamericanos de la familia *Essocidae* (**Esox nobilator**).

musuraña (**mussurana**). Serpiente de la familia *Culubridae*, sección de las opistoglifas, que habita los trópicos americanos desde México hasta Brasil (**Pseudoboa cloelia**).

mustak (**moustached monkey**). Mono del Africa occidental, especie de cercopiteco de cara azul y labios blancos (**Cercopithecus cefa**).

mustela* (**weassel**). *Comadreja*. // *m.* (*dog shark*). *Musola*, especie de tiburón pequeño de la familia *Carcharhinidae* (**Mustelus vulgaris**).

muta (**pack of hounds**). Jauría o cuadrilla de perros.

Mutabilia. Un orden de anfibios de la subclase Urodela, cuyos adultos carecen de branquias y respiran por pulmones, aunque sus hábitos son a menudo acuáticos. Ej. *Ambystoma* o *axolote*. (Lat. **mutabilis**, cambiante.)

mutabilidad* (**mutability**). Acción y efecto de mudar. // La propiedad de los genes de modificarse y producir variaciones bruscas. // La calidad de ser mudable. (Lat. **mutabilis**.)

mutación* (**mutation**). En genética, cambio brusco hereditario en el genotipo. (Lat. **mutatio**.) // m. adaptativa, cambio inducido por adaptación al ambiente. // *m. génica*, cambio hereditario que reside en un simple *locus* del cromosoma. // *m. melánica*, mutante que se caracteriza por un color negro anormal. // *m. puntiforme* traducción equívoca, v. *mutación génica*. // m. precisa, *v. m. génica*. // *m. recurrente*, una mutación que ocurre con relativa frecuencia en una población.

mutacionígero (**mutationiger**). Agente capaz de producir alguna mutación. (Lat. **mutationiger**.)

mutafaciente (**mutafacient**). Que induce una mutación. (Lat **mutare**, mutar; **facere**, hacer.)

mutagénesis (**mutagenesis**). La indución de una mutación. (Lat **mutal**, mudar; **genesis**, origen.)

mutágeno (**mutagen**). Un agente que induce una mutación, como los rayos X, el gas mostaza. *Adj. mutagénico*.

mutante (**mutant**). Aplícase al individuo que muestra un carácter genotípico diferente al de sus padres. // Gene que ha sufrido una mutación.

mutar (**mutate**). Mudar de caracteres. // Provocar una mutación. (Lat. **mutare**.)

mutasa (**mutase**). Una enzima que produce una reorganización de las moléculas de su base.

mutatis mutandi (**mutatis mutandi**). Expresión latina que significa: con los cambios necesarios, o cambiando lo que se debe cambiar.

Mútica. Un orden de *Mamíferos* creado por Linneo para incluir los cetácoes, por carecer de pelos. (Lat. **mutica**, sin pelos.)

mútico. Liso, desprovisto de pelos o de puntas. (Lat. **muticus**, sin barbas o sin pelos.)

mutilación* (**mutilation**). La pérdida de una estructura. // *Amputación*. (Lat. **mutilus**.)

mútilo * (**mutilated**). *Mutilado*. // Que carecen de estructuras defensivas. (Lat. **mutilus**, mutilado.)

Mutis, José Celestino. Médico y naturalista español, destacado en Bogotá, Colombia. A él se debe el desarrollo de la botánica y la astronomía en Colombia. (1732-1808)

mutón (**muton**). La más pequeña fracción de un cromonosma que, cuando alterada, origina una mutación. (Lat. **mutatus**, cambiando; **-on**.)

mutualismo (**mutualism**). Asociación entre organismos de especies diferentes que se benefician mutuamente. (Lat. **mutus**, mutuo.)

mutualista. Cada uno de los organismos de una asociación de mutuo beneficio.

myon (**black colobus**). Mono de la costa occidental de Africa, de la familia *Cercopithecidae*, cuya piel se ha empleado en peletería (**Colobus satanas**).

Mycetozoa. Un orden de protozoos de la clase *Sarcodina* que incluye los hongos lamosos en el que la fase vegetativa es multinucleada y llega a alcanzar varios centímetros de largo. Se incluyen ahora en el fílum de los *Protistos* con el nombre de *Myxomycetes*. (Gr. **myketos**, hongo; **zoon**, animal.)

Myctophiformes. Un orden de peces actinopterigios de mares profundos, provistos de órganos luminosos, con un largo premaxilar y sin vejiga natatoria o con esta llena de grasa. También se denomina *Iniomi* y *Scopeliformes.* (Del género **Myctophum.**)

Mygalomorphae. Un suborden de arañas. V. *Orthogantha.* (De **Mygale**, un género de araña.)

Myodocopa. Un orden de crustáceos de la subclase *Ostracoda* que tienen el carapacho escotado y la segunda antena ensanchada en la base y empleada en la natación. (Gr. **mys**, músculo; **kope**, remo).

Myomorpha. Un suborden de *Rodentia* que comprende los ratones, lemingos, jerbos, etc. Poseen el agujero preorbital alargado y ensanchado para dar paso a la rama media del masetero. (Gr. **mys**, ratón; **morphe**, forma.)

Myopsida. Grupo de cefalópodos natantes cuyos ojos tienen córneas bien desarrolladas. Calamares, sepias. (Gr. **mys**, ratón; **opsis**, vista.)

Myriapoda. Una clase de artrópodos que se caracteriza por un par de antenas, respiración traqueal, cuerpo dividido en cabeza y tronco y muchos pares de patas. Actualmente se ha fragmentado en las clases *Chilopoda* y *Diplopoda.* (Gr. **myrias**, el número 10,000; **pous**, pie.)

Myrientomata. En algunas clasificaciones, una clase de *Arthropoda* que comprende el orden de *Protura*, usualmente incluido en la clase *Insecta.* (Gr. **myrias**, 10,000; **entoma**, insecto.)

Myrmecophagoidea. Una superfamilia de mamíferos del orden *Edentata*, que comprende los llamados osos hormigueros de la América tropical. (Gr. **myrme**, hormiga; **phago**, comer.)

Mysidacea. Un orden de crustáceos malacostráceos cuyo carapacho cubre gran parte del tórax y los urópodos forman un abanico caudal. Casi todos marinos. (Del griego **Mysis.**)

Mystacocarida. Una clase de crustáceos primitivos, de tamaño microscópico, de cuerpo cilíndrico, antenas largas, cuatro ocelos, tórax de 4 segmentos y excreción antenal y maxilar. (Gr. **mystakos**, bigotes; lat. **caridis**, un cangrejo.)

Mysticeti, Mystacoceti. Un suborden de cetáceos. Boca sin dientes, pero con placas de "ballenas" en la parte superior de la boca. Comprende las verdaderas ballenas. Su principal alimento es el crustáceo esquizópodo llamado *kril.* (Gr. **mystax,mystakos**, labio superior, bigote.)

Myxini. Orden de peces. V. *Myxiniformes.*

Myxiniformes, Myxinoida. Un orden de peces marinos de la clase *Cyclostomata.* Boca terminal con 4 pares de tentáculos, sin embudo bucal, con el saco nasal junto al extremo de la cabeza, los ojos bajo la piel y los poros branquiales en número de 1 a 10 pares, parásitos en otros peces. (Del género **Myxine.**)

Myxodectoidea. Una superfamilia de mamíferos insectívoros aberrantes extintos.

Myxofita.= *Mycetozoa.*

Myxomycetes V. *Mycetozoa.*

Myxomycophyta. Nombre alterno para el grupo de *Mycetozoa*, empleado principalmente por los que los incluyen en el fílum de los *Hongos.* V. *Mycetozoa.*

Myzorhynchus. Un género de mosquitos, algunas de cuyas especies son vectores de los parásitos de la malaria. (Gr. **myzo**, chupar; **rhynchos**, pico.)

Myxospongida. Un orden de poríferos de la subclase *Tetraxinellida* que tienen espículas de 4 rayos o sin ellas. Sin espongina. En aguas someras. (Gr. **myxs**, mucus, lama; lat. **spongia**, esponja.)

Myxosporidia. Un orden de protozoos de la clase *Sporozoa* que viven parásitos en cavidades orgánicas. (Gr. **myxa**, lama; + **esporas.**)

Myzomia. Un género de mosquitos que contiene especies transmisoras del agente de la malaria. (Gr. **myzo**, chupar; **myia**, una mosca.)

Myzostomata. Un grupo de vermes chupadores del fílum *Annelida* cuyas especies parasitan equinodermos. Para unos es una clase aparte, para otros una familia de anélidos poliquetos. (Gr. **myzo**, chupar; **stoma**, boca.)

N

N. Símbolo del número haploide de cromosomas: Las células somáticas tienen un número doble y se representa por 2 N o número diploide. // Abreviatura de *nomen*, q.v., usada en taxonomía.

nácar* (nacre). Substancia del hipostraco de ciertos moluscos, especialmente bivalvos, formada por capas laminares de aragonito y de conquiolina, que dispersan la luz y dan lugar a un brillo peculiar irisado. (Persa, nigar, ornato; ár. nacará.) *Adj. nacarado *, nacáreo *, nacarino **

nacarón. *Nácar de inferior calidad.

nacatete* Méx.: Gallo que aún no ha echado la pluma.

nacer* (born). Adquirir existencia en el mundo.// Salir del vientre materno el animal vivíparo o del huevo el animal ovíparo. // Salir el pelo o pluma en el cuerpo del animal. (Lat. nascere.)

naca -naca (coral snake). Perú: especie de serpiente coral, ofidio de la familia *Elapidae* muy venenoso (Micrurus sp.).

nacimiento (birth). Acción de nacer. Lugar o tiempo en que nace o se origina algo.// Salir el animal del claustro materno.// Salir el vello, pelo o pluma en el cuerpo del animal. (Lat. nascere, comienzo.)

nacra (pen shell). Molusco marino bivalvo del orden *Filibranchiata,* familia *Pinnidae.* Las valvas son grandes, frágiles, triangulares con delgada capa nacarada. Su carne es comestible (Pinna muricata). (De nácar.)

nacurutú (horned owl). Urug.: especie de búho, ave del orden *Strigiformes,* familia *Strigidae* (Bubo virginianus)

nacre* (nacre). = Nácar.

NAD. (N.A.D.). Abreviatura del dinucleótido de la nicotinamida adenina previamente llamada DPN.

nadadera* (fin). Un galicismo por *aleta,* un órgano natatorio.

nadante* (natant). *Natátil.* Que nada. (Lat. natare, nadar.)

NADH. (NADH). NAD reducido.

nadiok (long-beaked echidna). Especie de mamífero monotrema de Nueva Guinea de hocico encorvado (Zaglossus bruijni). (Voz nativa).

NADP. Abreviatura del dinucleótido de la nicotinamida o adenina fosfatada, TRN.

naga el bahar (dugong). Nombre que dan los árabes al *dugongo.* (camella de mar).

nagana (nagana). Enfermedad del sueño que afecta principalmente a los rumiantes en Africa, producida por el flagelado *Trypanosoma brucei.*

nahur (bhard). V. *Bharal.*

naja* (naja). Ofidio venenoso de las regiones africanas y asiáticas. Comprende las cobras y mambas. (Sánscrito, naga; neol. naja, una serpiente.)

nambi. Amér. se dice del caballo que tiene orejas caídas.

nanger. Especie de gacela del Senegal (Gazella dama permista).

nanismo (dwarfism). Condición patológica provocada por insuficiencia en la secreción del lóbulo anterior de la glándula pituitaria. (Lat. nanus, un enano; -ismo, relacionado con.)

nanómetro (namometer). Unidad de longitud equivalente a 0.001 micrómetro. Se representa por *nm.* (Gr. nanos, enano; metron, medida.)

nanoide (nanoid). De estatura enana. (Gr. nanos, enano; eidos, forma.)

nannuk (polar bear). Nombre que dan los esquimales al oso polar (Thalarctos maritimus).

nanoplancton (nanoplankton). Parte del plancton formado por los organismos más pequeños, que pueden escapar a través de redes con mallas de 0.04 a 0.05 mm. (Gr. nanos, enano; + plancton.)

napu (napu). Cualquiera de las especies orientales de rumiantes del género *Tragulus.*

narco (narco). (Del gr. narke, estupor, entumecimiento.)

Narcobatoidei. Una subdivisión del orden *Rajiformes* en los peces selacios, que incluye los torpedos y otras especies afines que dan descargas eléctricas. (Gr. narke, estupor; batoidea, un nombre sinónimo de Rajiformes.)

naranja de mar (sea orange). Nombre dado a las esponjas marinas del orden *Demospongiae,* género *Tethya,* que tienen la forma, el tamaño y el color de una naranja madura.

Narcomedusae. Un suborden de celenterados traquilinos cuyas medusas tienen el margen festonado por las bases de los tentáculos. (Gr. narke, estupor; lat. Medusa, hija de Phoreus, madre de Pegaso.)

narcosis* (narcosis). Estado de inconsciencia o estupor producido por una droga. (Gr. narke, estupor.) *Adj. narcótico*.*

nares* (nares). Aberturas nasales: las externas que son las *ventanas o narices* (pl.) y las *internas o coanas.* (Lat. nares, narices.)

narices* (nostrils). Tomado en plural se refiere a las aberturas o ventanas nasales. (L. nares.) //*n. anteriores,* los agujeros nasales. // *n. posteriores,* las *coanas* o ventanas que comunican las fosas nasales con la faringe.

naricornio (naricorn). Una escama u otra estructura córnea en la nariz. V. *rinoceronte.*// La parte terminal córnea del pico de las aves tubinares o procelariformes. (Lat. nares, narices; cornu, cuerpo.)

naris. Singular de *nares.*, q.v.

nariz* **(nose).** Organo olfativo de los vertebrados tetrápodos, que consiste en dos conductos (las fosas nasales) tapizado por una membrana mucosa. (Lat. **naris.**) *Adj. **nariforme.***

narval* **(narwhal).** Cetáceo de los mares árticos que posee un diente delantero izquierdo prolongado en forma de defensa que alcanza hasta tres metros de largo *Monodon menoceros.* (Sueco o dan., **narhval.**)

nasal* **(nasal).** Perteneciente a la nariz. // Cada uno de los dos huesos de membrana de la parte anterior del cráneo de los vertebrados, que reviste la cavidad nasal. (Lat. **nasus,** nariz.)

nasalis (nasalis). V. *músculo nasal o compresor de la nariz.* (Lat. **nasus.**)

násico (proboscis monkey). Mono de la isla de Borneo cuyo macho muestra una nariz muy larga, ancha y colgante (**Nasalis larvatus**). (Lat. **nasus,** nariz.)

Nasmyth, Alexander. Dentista escocés (m. 1847). V. *membrana de Nasmyth.*

naso* **(nasus).** Nariz grande. // Estructura en la cabeza de los insectos. V. *clípeo.*

naso– (naso—) (Del lat. **nasus,** nariz.)

nasoantral (nasoantral). Perteneciente a la nariz y a la cavidad maxilar. (Lat. **nasus,** nariz; **antrum,** cavidad.)

nasobucal (nasobucal). Pertenciente a la nariz y a la cavidad bucal. (Lat. **nasus,** nariz; **antrum,** cavidad.)

nasofaringe (nasopharynx). Espacio entre la cavidad nasal y la faringe. (Lat. **nasus,** nariz; gr. **pharynx,** la faringe.) *Adj. **nasofaríngeo.*** *

nasofrontal* **(nasofrontal).** Perteneciente a la nariz y al hueso frontal. (Lat. **nasus,** nariz; **frons,** frente.)

nasolabial (nasolabial). Perteneciente a la nariz y al labio. Músculo, canal, etc. (Lat. **nasus,** nariz; **labium,** labio.)

nasolagrimal (nasolacrimal). Relativo a la nariz y al saco lagrimal. // (Lat. **nasus,** nariz; + **lagrimal.**)

nasomaxilar (nasomaxillary). Lo relativo a la nariz y al maxilar. (Lat. **nasus,** nariz; **maxilla,** quijada.)

nasoóptico (naso-optic). Lo relacionado con la nariz y la vista. // Canal entre el hueso nasal y los procesos maxilares. (Lat. **nasus,** nariz; gr. **optikos,** relativo a la vista.)

nasopalatino (nasopalatine). Lo perteneciente a la nariz y al paladar. Nasopalatal. (Lat. **nasus,** nariz; **palatus,** paladar.)

nasoturbinal (nasoturbinal). Lo relacionado con la nariz y los huesos turbinales o cornetes nasales. (Lat. **nasus,** nariz; **turbo,** vueltas.)

nasudo* **(nasute).** Que tiene un rostro prolongado como nariz Aplícase a ciertos grupos de termites. (Lat. **nasus.**)

Nasselaria. Un suborden de radiolarios provistos de esqueleto silíceo monaxónico y de una cápsula interna perforada y con un solo poro. También se llaman *Monopilea.* (Lat. **nassa,** una red de pescar.)

natal* **(natal).** Perteneciente o relativo al nacimiento. (Lat. **natalis.**) // Lo perteneciente a las nalgas. (Lat. **natis,** nalga, rabadilla.)

natalidad* **(natality).** Es la tasa de nacimiento en una población y se expresa como el promedio de nacimientos por mil de población por año. (Lat. **natalis,** natal, nacimiento.)

natátil* **(natant).** Que flota o nada. // Crustáceo decápodo del grupo *Natantia.* (Lat. **natantis,** que nada.)

natante (natant). Que flota o nada. (Lat. **natans.**)

Natantia. Un suborden de crustáceos decápodos que son totalmente nadadores. (Lat. **natantis,** que nada.)

natatorio* **(natatorid).** Lo relativo a la natación. // Lo que nada. (Lat. **nato,** nadar.)

nates (nates). Las nalgas. (Lat. **natis,** nalga, rabadilla.) *Adj. **natiforme.***

nativo* **(native).** Lo que es autóctono o indígena de una región. // Que no es introducido por el hombre. // Este nombre es muy general e incluye otros términos, como *endémico* y *relicto.* (Lat. **nativus.**)

nátrices. V. nadadores. (Lat. **natrices.**)

natriferina (natriferine). Una hormona que regula el transporte del sodio a través de la piel de las ranas. (Lat. **natrium,** sodio; **ferre,** llevar.)

natura* **(nature).** La naturaleza. // La suma total de los caracteres que se han heredado. (Lat. **natura.**) // Los órganos genitales.

natural* **(natural).** Perteneciente a la naturaleza o conforme a la calidad o propiedad de las cosas.

naturalismo* **(naturalism).** Doctrina filosófica que tiende a atribuir todo a la naturaleza como primer principio. (Lat. **natura.**)

naturalista* **(naturalist).** Persona que estudia la historia natural. // El concepto de estudios de la naturaleza ha sido substituido por el de las diversas especialidades de la biología. (Lat. **natura.**)

nauclero (nautilus). Véase *nautilo* (**nautilus**).

naucóride *Chinche de agua.* Hemíptero acuático de la familia *Naucoridae.*

nauplio (nauplius). Primer estado larval de muchos crustáceos, provisto de tres pares de apéndices y un ojo único. (Gr. **nauplius,** un marisco.) *Adj. **naupliforme.***

naut-,nauto-. (De. Gr. **nautes, navegante.**)

nautilo* **(nautilus).** Grupo de cefalópodos tetrabranquios, nautiloides, cuyas especies están provistas de concha en espiral anacarada dividida en compartimientos, el último de los cuales está ocupado por el animal. Hay menos de media docena de especies vivientes, todas en el Indo-Pacífico. (Gr. **nautilos,** navegante.) *Adj. **nautiliforme.***

Nautiloidea. Un suborden de cefalópodos tetrabranquiados, representados actualmente por *Nautilus,* q.v., pero con más de 2,500 especies extintas desde el Cámbrico al reciente. (Gr. **nautilos,** navegante.)

nauyaca (rattle snake). Mex.: se aplica a varias especies de serpientes venenosas de la familia *Crotalidae,* que carecen de cascabel. // *n. real,* especie muy venenosa (**Bothrops atrox**).

navaja. V. *abadeja,* pez.

navicular* **(navicular).** En forma de bote. // ***n. escafoides*** o hueso del carpo y del tarso, no necesariamente homólogo en los diversos animales. (Lat. **navicula,** diminutivo de **navis,** nave.)

navio portugués (man-o-war). Colonia flotante de sifonóforos provista de un gran flotador en forma de esquife (**Physalia physalis**).

náyade* **(naiad).** Un estado ninfal de los insectos hemimetabólicos de vida acuática, como en las libélulas. // Almeja de agua dulce de la familia *Unionidae.* (Gr. **naias,** ninfa acuática.)

neala (neala). Una expansión grande en el área yugal de las alas anteriores en los insectos neópteros. (Gr. **neos,** nuevo; lat. **ala.**)

nealogía (nealogy). El estudio de los animales juveniles. (Gr. **neales,** juventud; **logos,** tratado.)

nealotipo (neallotype). Alotipo designado con posterioridad a la descripción original (Lat. **neo,** nuevo + **alotipo.**)

Neandertal (Neanderthal). Hombre fósil del Pleistoceno de Europa y Asia. Capacidad craneana entre 1300 a 1600 c.c.; mandíbula saliente y arcos superciliares robustos. **(Homo sapiens neanderthalensis).**

neánico (neanic). Se dice del período de adolescencia en el ciclo vital de un individuo o especie. // Cada uno de los estados sucesivos en los insectos de metamorfosis incompleta. (Gr. **neanikos,** juventud.)

Neártica (Nearctic). Región zoogeográfica que comprende Groenlandia, la América del Norte y las altiplanicies mexicanas. Tiene grandes relaciones con la región paleártica, ambas se conocen con el nombre de *región holártica.* (Gr. **neos,** nuevo, **arktos,** un oso, región del Norte.)

Nebaliacea. Un orden de crustáceos malacostráceos marinos de carapacho bivalvo, que ha existido desde el Cambriano hasta el reciente. (Neolat. **Nebalia**, un nombre propio.)

nebenkern (**nebenkern**). Voz alemana que significa junto al núcleo. V. *paranúcleo.*

Nebenköper (**nebenköper**). Un orgánulo rodeado por gotas de lípidos hallado en el polo posterior de algunos dinoflagelados. como *Piridinium.* (Alem. **nebe**, junto; **köpper**, cuerpo.)

nebí* (**peregrine falcon**). V. *neblí.*

neblí* (**peregrine falcon**). El halcón peregrino, ave rapaz diurna migratoria y cosmopolita otrora empleado en cetrería. Orden *Falconiformes,* familia *Falconidae* (**Falco peregrinus**). (Arab. **labli.**)

Necator. Un género de nematodos parásitos en el intestino humano que provocan la enfermedad conocida como *uncinariasis* (**N. americanus.**) (Bajo lat. **necator**, asesino.)

necatoriasis (**necatoriasis**). =*Uncinariasis.* La infectación de una persona por nematodos del género *Necator.* (De **necator**, q.v.; **-asis**, condición.)

necro- (**necro-**). (Del Gr. **nekros**, cadáver, la muerte; **nekrosis**, que está matando; gr. **nekrotes**, un estado de muerte.)

necrobiosis (**necrobiosis**). Las actividades celulares que ocurren después de la muerte de un organismo. (Gr. **nekros**, la muerte; **biosis**, el acto de vivir.)

necrocitosis (**necrocytosis**). La muerte de la células. (Gr. **nekros**, la muerte; **kytos**, célula.)

necrófago (**necrophagous**). Que se alimenta de animales muertos. (Gr. **nekron**, muerte; **phago**, comer.)

necrófilo (**necrophilous**). V. *necrófago.*

necrofórico (**necrophoric**). Tejido que contiene células muertas. (Gr. **nekros**, cadáver; **phoreus**, un portador.)

necróforo* (**necrophorous**). Enterrador. Nombre de varias especies de insectos coleópteros europeos que entierran animales muertos para depositar en ellos sus huevos (**Necrophorus germanicus**).

necrógeno (**necrogenous**). Que vive o se desarrolla en cadáveres. (Gr. **nekros**, muerte; **genos**, descendiente.)

necrohormona (**necrohormone**). Cada una de las substancias que se extraen de células muertas, capaces de inducir la multiplicación celular o, en otros casos, matar las células. (Gr. **nekros**, cadáver; + **hormona.**)

necroparásito (**necroparasite**). Un organismo que vive en los tejidos muertos de otro. (Gr. **nekros**, muerto; + **parásito.**)

necropsia (**necropsy**). = *Autopsia.* (Gr. **nekros**, cadáver; **opsis**, ver.)

necrosis* (**necrosis**). Gangrena de una parte de los tejidos del organismo. (Gr. **nekrosis**, mortificación.) *Adj.* ***necrótico.***

néctar* (**nectar**). El jugo azucarado de las flores que liban los insectos, los que por sus viajes de flor en flor las fecundizan. (Gr. **nektar**, néctar.) *Adj.* ***nectario*, nectarino.****

nectargo* (**nectary**). Un órgano de una planta donde se almacena el néctar. (Gr. **nektar.**)

nectarívoro (**nectarivorous**). Que se alimenta del néctar de las flores, como las abejas. (Gr. **nektar.**)

necto - (**necto-**). (Del gr. **nektos**, **nekton**, nadando; **nekter**, un nadador.)

nectocáliz (**nectocalyx**). Un medusoide de los sifonóforos adaptado para la natación. (Gr. **nekter** un nadador; **kalyx**, cáliz.)

nectocisto (**nectocyst**). La cavidad de un nectocáliz. (Gr. **nektos**, nadando; **kystis**, una vejiga.)

nectóforo (**nectophore**). = *Nectocáliz.*

nectomónada (**nectomanad**). Una forma libre de algunos flagelados parásitos. (Gr. **nektos**, nadando; **monas**, simple, una unidad.)

nectópodo (**nectopod**). Un apéndice adaptado para la natación. (Gr. **nektos**, que nada; **pous**, **podos**, pie.)

nectoqueta (**nectochaeta**). Tipo de larva natante de algunos anélidos poliquetos. Tienen tres pares de parápodos y anillos ciliados. (Gr. **nektos**, que nada; **chaeta**, pelo.)

nectosoma (**nectosome**). La parte superior o nadadora de un sifonóforo. (Gr. **nektos**, que nada; **soma**, cuerpo.)

necton (**necton**). Nombre colectivo aplicado a todos los animales que nadan activamente. (Gr. **nektos**, que nada.)

Nectonematoidea. Un orden de vermes nematomorfos provistos de dos hileras de cerdas natatorias, seudoceloma sin mesénquima y una sola gónada. (Gr. **nektos**, nadando; **nematos**, hilo; neolat. **oidea**, parecido.)

nectotrocha (**nectotroch**). La larva *nectoqueta.*

nectozoide (**nectozooid**). V. *nectocálix.*

Nectrida. Un orden de anfibios lepospóndilos extintos que existieron del Carbonífero al Permiano, provistos de una cola que tiene los procesos neurales y hemales de las vértebras expandidos. (Gr. **nektris**, nadadora; **idia**, dim.)

necturo (**mud puppy**). Salamandra acuática. (Gr. **nekton**, que nada.)

Needham, Turberville. Médico inglés. Uno de los paladines de la teoría de la generación espontánea basada en sus experimentos sobre la generación, composición y descomposición de la materia animal y vegetal. Su opositor en esa época fue *Lazzaro Spallanzani* (1713-1781).

neencéfalo (**neoencephalon**). V. *neoencéfalo.*

nefelopía (**nephelopia**). Defecto visual por enturbamiento de la córnea. (Gr. **nephelos**, una nube, **ops.**)

nefoplancton (**nephoplankton**). El plancton que vive a profundidades entre 35 y 50 metros. (Gr. **knephas**, penumbra, obscuridad, **planktos**, errante.)

nefr-, nefro- (**nephr-**). (Del griego **nephros**, los riñones.)

néfrico (**nephric**). Nefrítico. Lo relativo a los riñones, (Gr. **nephros**, riñón.)

nefridio* (**nephridium**). Organo excretor tubular que existe en los moluscos, anélidos, artrópodos y otros invertebrados. (Gr. **nephros**, riñón; **idion**, diminutivo.) *Adj.* ***nefridial*** // ***n. de Hatschek,*** un nefridio anterior dorsal en cefalocordados.

nefridioblasto (**nephridioblast**). Cada una de las células del embrión que origina el nefridio. (Gr. **nephros**, riñón; **idion**, dim.; **blastos**, brote.)

nefridióporo (**nephridiopore**). La abertura externa de un nefridio. (Gr. **nephros**, riñón; **idion**; diminutivo; **poros**, pasaje.)

nefridiostoma (**nephridiostome**). La abertura ciliada interna de un nefridio. (Gr. **nephros**, riñón; **stoma**, abertura.)

nefrítico* (**nephritic**). Renal. // Relativo a los riñones. (Gr. **nephros**, riñón.)

nefroblasto (**nephroblast**). = *Nefridioblasto.*

nefrocelo (**nephrocoele**). La cavidad celomática de cada nefrótomo. (Gr. **nephros**, riñón; **koilos**, cavidad.)

nefrocito (**nephrocyte**). Célula de las esponjas e insectos que funciona como riñón de acumulación. // Célula de ciertos tunicados que acumulan desperdicios en áreas especiales. // Un amibocito de los equinodermos. // (Gr. **nephros**, riñón; **kytos**, célula.)

nefrodínico (**nephrodinic**). Que tiene un solo conducto para las funciones excretoras y genitales. (Gr. **nephros**, riñón; **hodis**, labor.)

nefrogonoducto (**nephrogonoduct**). Un solo conducto excretor y genital. (Gr. **nephros**, riñón; lat. **ducere**, conducir.)

nefroide (**nephroid**). Parecido a un riñón. Mejor es *reniforme.*

nefrolítico (**nephrolytic**). Lo que puede tener una acción destructiva para los riñones. (Gr. **nephros**, riñón; **lysis**, un aflojamiento.)

nefrolito. Cálculo renal. (Gr. **nephros**, riñón; **lithos**, piedra.)

nefrómero (**nephromere**). V. *nefrótomo.*

nefromixio (**nephromixium**). Unidad excretora de ciertos anélidos poliquetos, compuesta de un nefridio solenocítico y un conducto que se extiende desde el celoma hasta el túbulo del gonoducto. (Gr. **nephros**, riñón; **mixis**, mezclando.)

nefrón (nephron). *Nefrona, túbulo renal.* La unidad estructural y funcional del riñón de los vertebrados. Cada riñón humano consta de 1 millón de nefrones. V. *túbulos renales.* (Gr. **nephros**, riñón.)

nefróporo (nephropore). Un *nefridióporo,* q.v.

nefros (nephros). Un riñón. (Gr. **nephros**, riñón.)

nefrostoma (nephrostome). Entrada ciliada, a menudo en forma de embudo en la cavidad celómica de un nefridio. (Gr. **nephros**, riñón; **stoma**, boca.)

nefrótomo (nephrotome). Parte del mesodermo embrionario en los vertebrados, dispuesto segmentariamente, que origina los túbulos renales. (Gr. **nephros**, riñón; **tomos**, una sección.)

negreta (scoter). Méx.: nombre común a dos especies de patos marinos, de la costa del Pacífico (**Melanitta deglandi** y **Melanitta nigra**).

negrito (Cuban Bullfinch). Cuba: ave del orden *Passeriformes,* familia *Fringillidae* (Melopyrrha nigra).

neidioplancton (neidioplankton). Organismo planctónico provisto de órganos nadadores. (Gr. **neidos**, débil; + **plankton.**)

negrón (scoter). Nombre común de varias especie de patos marítimos europeos del género *Melanitta.*

nekton (nekton). V. *necton.*

nema* (nema). Una proyección filiforme en el ápice de las graptolitas. (Gr. **nema**, hilo.)

nemaspermo (nemasperm). Nombre aplicado al espermatozoo provisto de cola. (Gr. **nema**, hilo; **sperma**, semilla, semen.)

nemata. V. Nematoda

Nemathelminthes. Un nombre previamente empleado para el fílum *Nematoda* y afines. (Gr. **nema**, hilo; **helmins**, una lombriz.)

nematelminto (nemathelminth). V. *Nemathelminthes.*

nemato- (nemato-) (Del griego **nema**, **nematos**, hilo.)

nematoblasto (nematoblast). Célula de la epidermis de los celenterados, especializada para la formación de una cápsula interna (**nemastocisto**) que puede disparar un hilo hueco de naturaleza ofensiva y defensiva. (Gr. **nema**, hilo; **blastos**, formación.)

nematocito. = *nematoblasto.*

nematocecido Agalla formada por un nematodo.

nematocáliz (nematocalyx). Un pólipo defensivo de los hidrozoos que lleva nematocistos. (Gr. **nema**, hilo, **calix**, copa.)

Nematocera. Una división de los dípteros del suborden *Orthorrapha* de largas antenas (6-39 segmentos), en donde se incluyen los mosquitos. (Gr. **nema**, hilo; **keras**, un cuerno antena.)

nematócero. Se dice del insecto díptero del suborden *Nematocera.*

nematocenosis (nematocoenosis). Una población estable de nematodos. (**nematodo** + **lat. occido**, **matar.**)

nematocida (nematocide). Una substancia que destruye nematodos. (nematodo + lat. occido, matar.)

nematocisto* (nematocyst). Bulbo o cápsula interna del nematoblasto, provisto de un filamento hueco que puede descargarse y paralizar con sus venenos los organismos que le sirven de alimento o que le pueden ser dañinos. (Gr. **nema**, **kystos**, vejiga.) *Cinocisto.*

Nematocystida. Una clase de esporozoo. V. *Cnidosporidia,* (Gr. **nema**, hilo; **kystos**, vejiga; **-ida**, sufijo neolat. con el que terminan los nombres de varias categorías zoológicas.)

Nematoda. Una clase del filum *Aschelmithes* (para algunos zoólogos es un fílum aparte) que incluye vermes redondeados de cuerpo delgado, cubierto por una cutícula, sin segmentación ni cilios, sin trompa ni músculos circulares, con tubo digestivo completo, con seudoceloma, machos con cloacas y dos espículas. De gran importancia en parasitología animal y vegetal. (Gr. **nena**, un hilo.)

nematodiasis (nematodiasis). Infestación por nematodos. *(Nematodo; —iasis,* proceso, condición mórbida.)

nematodo (nematode). Cualquier miembro del fílum *Nematoda,* q.v.

nematóforo (nematophore). Tipo de pólipo de las colonias polimorfas de los hidroideos, de función defensiva, compuesto por un eje provisto de numerosos nematoblastos. (Gr. **nema**, **phoreys**, **un portador.**)

nematógeno (nematogen). Estado asexuado en el ciclo vital de algunos mesozoos, que originan los rombígenos. (Gr. nema, hilo; genos, "descendiente".)

Nematognathi. Un grupo de peces, llamados también *siluroideos,* que tienen boca sin dientes y rodeada de barbas sensoriales filamentosas. (Gr. nema, hilo; **quijadas.**)

Nematoida. V. *Nematoda.*

nematoide (nematoid). En forma de hilo. Mejor *filiforme.*

nematología (nematology). El estudio de los nematodos. Contracción de nematodología. (Gr. **nema**; **logos**, **discurso.**)

nematomorfo (nematomorph). V. *Nematomorpha.*

Nematomorpha. Una clase del fílum *Aschelminthes* compuesto por vermes de cuerpo filiforme, con la extremidad anterior roma, cutícula opaca, cavidad del cuerpo llena de células, sexos separados, larvas parásitas en insectos y adultos de vida libre acuática. *Culebritas de la crin.* (Gr. nematos, hilo; (**nematoda**); morphe, forma.

Nematophora. Un orden de diplópodos helmintomorfos.

Nematorhyncha. = *Gastrotricha.*

nematosfera (nematosphere). La terminación ensanchada del tentáculo en algunas anémonas de mar. (Gr. nema, hilo; sphaira, globo.)

nematozoide (nematozooid). Zooide defensivo en hidrozoos. (Gr. nema, hilo, zoon, un animal.)

nematosis (nematosis). Infestación por nematodos. (De nematodo y -osis, condición.)

Nemertea (ribbon worm). V. *Nemertinea.*

Nemertinea. Un fílum de vermes planos llamado también *Rhynchocoela* o *Nemertea,* de cuerpo plano sin segmentar (con sistema circulatorio) con proboscide o trompa reversible y tubo digestivo completo. (Nemertes, una de las Nereidas.)

nemertino (nemertian). Cualquier miembro del fílum *Nemertinea.*

némico (nemic). Perteneciente a los nematodos. (Gr. nema, hilo.)

nemidio. V. *cnemidio.*

nemis. V. *cnemis.*

Nemocera. V. *Nematocera.*

nemoral (nemoralis). Que vive en los bosques. (Lat. **nemis**, bosque.)

nemorícola (nemoricolous). Que habita en los bosques. (Lat. nemus, bosque; neolat. -cola, habitante.)

nemoroso (nemorose). Relativo a los bosques. // Habitante de los bosques. También *nemorícola,* q.v. (Lat. nemorosus, selvático.)

nene (nene). Especie de ganso de Hawaii *(Branta sandvicensis).*

neo- (neo-). (Del griego neos, nuevo.)

neoalotipo (neoallotype). En sistemática, el ejemplar tipo de sexo diferente al de la descripción original de la especie. (Gr. neos, nuevo; + alotipo.)

neobiogenesis (neobiogenesis). Teoría que sostiene que la vida puede haber surgido varias veces y que puede aparecer de nuevo. (Gr. neos, nuevo; +biogenesis.)

neoblasto (neoblast). Célula poco diferenciada que puede formar el primordio de tejidos regenerados. (Gr. neos, nuevo; blastos, brote, yema.)

Neoceno (Neocene). División del período Terciario que comprende el Mioceno y el Plioceno. (Gr. neos, nuevo; kainos, reciente.)

neocerebelo (neocerebellum). La parte más recientemente desarrollada del cerebro, como los hemisferios cerebelosos. (Gr. neos, nuevo; + cerebelo.)

neocortex (neocortex). =*Neopalio.*

neodarwinismo (neo-Darwinism). Una doctrina post-darwiniana que sostiene la evolución por selección natural de fenotipos preadaptados, debido a genes mutantes. (Gr. neos, nuevo; + darwinismo.)

neoencéfalo (neoencephalon). V. *telencéfalo.* (Gr. neos, nuevo; enkephalos, encéfalo.)

neoepigénesis (neoepigenesis). Doctrina que supone la posibilidad de que durante la ontogenia aumente las peculiaridades del organismo que han sido establecidas en los gametos. (Gr. neos, nuevo; + epigénesis.)

neoevolución (neoevolution). Doctrina que sostiene que en las células germinales se hallan en estado potencial todas las características del organismo, las cuales no se modifican durante la ontogenia. (Gr. neos, nuevo; + evolución.)

neoformación (neoformation). Cualquier estructura u órgano que se ha formado o aparecido sin que se adviertan sus relaciones con los antepasados. Ej. el ojo de los vertebrados en relación con el de los invertebrados. (Gr. neos, nuevo; +formación.)

neógamo (neogamous). Protozoo que muestra gametocitos precoces. (Gr. neos, nuevo; gamos, bodas.)

Neogastropoda. Un orden de gasterópodos prosonbranquios, llamado también *Estenoglosos.* Tienen un sistema nervioso concentrado, una sola branquia con filamentos en una sola hilera, una sola aurícula en el corazón y un nefridio. Borde de la concha con una escotadura sifonal. Algunas especies son venenosas por su mordedura. Del *Ordoviciano* al reciente (Gr. neos, nuevo; + gastropoda.)

Neogea (Neogea). La región zoogeográfica que se llama también *neotropical,* q.v. (Gr. neos, nuevo; ge, gaia, la tierra.)

neogénesis (neogenesis). La formación o regeneración de nuevos tejidos. (Gr. neos, nuevo; genesis, origen.)

Neogeno (neogene). La parte superior del período Terciario. Abarca las épocas Mioceno, Plioceno y Pleistoceno. (Gr. neos, nuevo; genos, producir.)

Neognathae. Un superorden de aves recientes desprovistas de dientes, con el esternón aquillado, alas bien desarrolladas, cola corta y pigostilo presente. (Ge. neos, nuevo; gnathos, quijada.)

neognato (neognathous). Un miembro del superorden de aves *Neognathae.*

Neogregarinida. Un orden de *Esporozoarios* en la clase *Gregarinida,* que son parásitos de los insectos. (Gr. neo, nuevo; +Gregarinida.)

neolamarquismo (neo-Lamarkism). Doctrina lamarquista en las que se hacen intervenir los adelantos de la biología y pretende explicar por acción directa el origen de las especies o de las estructuras. V. *mitchurinismo.* (Gr. neos, nuevo, + lamarquismo.)

Neolítico (neolithic). Epoca prehistórica en la que el hombre de la Edad de Piedra fabricó implementos de piedra pulimentada. (Gr. neos, nuevo; lithos, piedra.)

neomaltusianismo (neomalthusianism). La doctrina de que la población humana puede ser regulada y aumentado su nivel de vida, controlando la natalidad. (Gr. neos, nuevo; + maltusianismo.)

neomendelismo (neomendelism). Doctrina sobre la herencia en la que se han integrado las reglas de Mendel con los nuevos descubrimientos de la genética, como la epistasia, la herencia ligada al sexo, el ligamento, el entrecruzamiento, la citogenética, etc. (Gr. neos, nuevo; + mendelismo.)

Neomenoidea. Un orden de moluscos de la clase *Aplacophora.* V. *Neomeniomorpha.*

Neomeniomorpha. Un orden de moluscos aplacóforos o selenogastros en el que el pie está reducido a un borde ventral y el manto envuelve por completo al animal, la boca es anterior, la cloaca está en el extremo posterior y las branquias secundarias están en la cavidad cloacal. Sin concha, pero el manto tiene espículas espaciadas. (Del género Neomenia, el género típico, y gr. morphe, forma.)

neometabólica (neometabolism). Se dice del tipo de metamorfosis incompleta de los insectos.

neomórfico (neomorphic). Se dice del órgano o estructura que ha aparecido sin derivarse de otra similar. = Formación nueva. (Gr. neos, nuevo; morphe, forma.)

neomorfosis (neomorphosis). Una regeneración en la cual aparecen estructuras diferentes. (Gr. neos, nuevo; morphosis, lo formado.) *Adj. neomorfo.*

neonato (neonatal). Recién nacido. (Gr. neos, nuevo; lat. natus, nacido.)

neoniquio (neonuchium). Una envoltura que cubre cada uña durante el estado embrionario de los mamíferos unguiculados. // Estructura similar, pero más córnea, en las garras de las aves antes de nacer. (Gr. neos, nuevo; onyx, uña.)

neontología (neontology). El estudio de los organismos vivientes. Término en oposición al de *peleontología.* (Gr. neo, nuevo; ontos, el ser; logos, discurso.)

neopalio (neopallium). Capa externa de substancia gris del cerebro de los vertebrados que empieza a aparecer en algunos reptiles y forma toda la corteza cerebral de los mamíferos. (Gr. neos, nuevo; lat. pallium, manto.)

Neopilina. Un género de moluscos marinos, abisales, primitivos, seudometamerizados, de la clase *Monoplacophora,* relacionados con el tronco ancestral que originó los anélidos. (Gr. neos, nuevo; Pilina, un género de moluscos fósiles.)

neoplasma (neoplasm). Un crecimiento anormal, como un tumor. (Gr. neos, nuevo, plasma, formado.)

Neoptera. Una subclase de insectos que se distinguen por tener las alas dobladas durante el reposo. (Gr. neos, reciente, nuevo; pteron, alas.)

neopterigio (neopterigium). Un miembro de la subclase *Neopterygi.* (Gr. neos, nuevo; pteron, ala.)

Neopterygi. En una clasificación, una subclase formada por la unión de los grupos *Teleostei* y *Holostei.* (Gr. neos, nuevo; pteron, aleta.)

neóptilo (neoptile). Pluma embrionaria y juvenil de las aves, que es distinta de las de los adultos. (Gr. neos, nuevo, ptilon, pluma.)

Neorhabdocoela. Un orden de turbelarios, usualmente incoloros o con zooclorelas verdes, con faringe bulbosa y 2 protonefridios. Acuáticos, pero algunos son parásitos. (Gr. neos, nuevo; rhabdos, varilla; koilos, cavidad.)

Neornithes. Las aves verdaderas, con metacarpos soldados, cola con menos de 14 vértebras, comprimida, y esternón aquillado o plano. Del Cretáceo al reciente. (Gr. neos, nuevo; ornis, ave.)

neosóptilo (neossoptile). V. *neóptilo.*

Neosporidia. Subclase de esporozoarios. V. *Cnidosporidia.* (Gr. neos, nuevos; spora, semilla.)

neosporidio. V. *Neosporidia.*

neosternón (neosternum). Tipo de esternón encontrado en los amniotas, que algunos suponen se origina por fusión de los extremos ventrales de algunas de las costillas anteriores. (Gr. neos, nuevo; sternum esternón.)

neostriatum (neostriatum). La parte más recientemente desarrollada del cuerpo estriado. (Gr. neos, nuevo; lat. striatum, estriado.)

neotálamo (neothalamus). La parte más lateral del tálamo. (Gr. neos, nuevo; thalamos, cámara.)

neotenia (neoteny). La condición de tener un estado larval

sexualmente maduro. // Paidomorfosis producida por retardación del desarrollo somático. (Gr. **neos**, nuevo; **teinein**, extendido.)

neotenina (**neotenin**). Hormona segregada por los cuerpos alados de los insectos, que inhibe el desarrollo de las características adultas en insectos jóvenes: = *Hormona juvenil.* (Gr. **neos**, nuevo; **teinein**, extender.)

neotipo (**neotype**). En taxonomía zoológica, un tipo seleccionado posteriormente a la descripción por no existir el tipo original. (Gr. **neos**, nuevo; **typos**, patrón.)

Neotremata. Un orden de braquiópodos inarticulados en los que el pedúnculo emerge por una escotadura de la valva ventral solamente. Del Cambriano al reciente. (Gr. **neos**, nuevo; **trema, trematos**, un agujero.)

Neotropical (**Neotropical**). Se dice de la región zoogeográfica de los trópicos americanos que se extiende desde las tierras calientes de México hasta la Patagonia, incluyendo las Antillas, (Gr. **neos**, reciente (Nuevo Mundo); **tropikos, tropical.**) = *Neotropica*

neovitamina A (**neovitamin A**). Isómero natural de la vitamina A, hallada en aceites de hígado de pescado.

neovitalismo (**neovitalism**). Una doctrina vitalista que, reformada, admite que una parte de los fenómenos vitales no puede ser explicada por las leyes físicas conocidas. V. *vitalismo.*

Neozoico (**Neozoic**). Se dice del período geológico desde el fin del Mesozoico hasta la era actual. (Gr. **neos**, reciente; **zoe**, la vida.)

Nephropsidea. Un grupo de crustáceos decápodos de carapacho cilíndrico con largas quelas. (De **Nephrops**, el género tipo.)

nepiología (**nepiology**). El estudio de los primeros estados de la infancia. (Gr. **nepios**, un infante.)

nepiónico (**nepionic**) El estado inmediatamente posterior al embrión. // Las vueltas de una concha que suceden a los estados embrionarios. // Una fase en el desarrollo de la evolución. (Gr. **nepios**, infante.)

nepionotipo (**nepionotype**). El tipo de una especie basado en un estado larval. (Gr. **nepios**, infante, **typos**, patrón.)

nepote* (**nepote**). Cualquier descendiente de la generación F_1. (Lat. **nepos, nepotis**, descendiente, sobrino.)

Nereidiformia. Un orden de anélidos poliquetos. (Gr. **nereis**, ninfa, Nereida; **forma**, forma.)

nerita* (**nerite**). Nombre dado a varias especie de moluscos gasterópodos marinos litorales de la familia *Neritidae.* (Gr. **nerites**, un marisco.)

nerítico (**neritic**). Lo relacionado con el litoral. // Una zona pelágica que comprende el agua abierta situada sobre la plataforma submarina. (Gr. **nerites**, un dios marino.)

neritopelágico (**neritopelagic**). Los organismos que viven sobre la plataforma submarina. (Gr. **Nereis**, una Nereida, **zona litoral; pelagos, el mar.**)

neroplancton (**neritoplankton**). El plancton nerítico o cercano a las orillas. (Gr. **Nereos**, padre de las nereidas; + **plancton.**)

nerviación * (**nerviation**). = *Nervadura.*

nervado (**nervate**). *Nérveo.* Que tiene nervios. (Lat. **nervus.**)

nervadura* (**nervure**). *Nervación.* Conjunto de los tubillos que refuerzan las alas de los insectos, denominados también *venas* y *nervios,* // Nervatura. (Lat. **nervus.**) // *N.* ***cruzada,*** cada una de las nervaduras conspicuamente transversales que, en los insectos, unen las nervaduras principales de las alas. // *n.* ***distal,*** nervadura que rodea la celda central o discal del ala de ciertos insectos.

nerviducto (**nerviduct**). Un pasaje para los nervios en huesos y cartílagos. (Lat. **nervus**, nervio, **ducere**, conducir.)

nervimoción. Movimiento que los estímulos producen en los sentidos y que son transmitidos al cerebro. (Lat. **nervus**, nervio; + **motor.**) *Adj.* ***nervimotor.***

nervi nervorum (**nervi nervorum**). Fibras nerviosas ramificadas con las extremidades en los epineuros. (Lat. **nervio de los nervios.**)

nervio* (**nerve**). Un haz de fibras nerviosas fuera del sistema nervioso central. (Lat. **nervus**, nervio.) *Adj.* ***nervoso*, nervudo*, nérveo*, nervioso* nerval*, neural.*** // *n.* ***abducente,*** v. *nervio abductor.* // *n.* ***abductor,*** nervio craneal VI°, de fibras motoras somáticas y con algunas propiorreceptoras que sale de la parte ventral de la médula oblongada e inerva el músculo recto interno de los ojos. // *n.* ***accesorio*** espinal, nervio craneal XI°, que solo existe en los vertebrados amniotas y es en realidad una raíz posterior del vago. Se compone de una porción craneal derivada de fibras motoras posteriores al vago y de una porción espinal // *n.* ***aceladores,*** fibras nerviosas del sistema simpático, originadas en los centros aceleradores de la médula oblongada y de la médula espinal, que inerva el corazón. // *n.* ***acústico,*** nervio *auditivo.* // *n.* ***anterior,*** nervio craneal, llamado también *terminal,* que existe en los vertebrados, menos en los ciclóstomos y las aves, y es un nervio sensorial pequeño que se extiende desde el cerebro hasta la cavidad nasal, pero no es olfatorio. // *n.* ***auditivo,*** nervio craneal VIII°, puramente sensorial que recibe impulsos procedente del oído interno y en los vertebrados superiores tiene una *rama vestibular* y una rama *coclear.* // *n.* ***autónomo,*** perteneciente al sistema nervioso autonómico periférico, que envía impulsos a los músculos lisos y a las glándulas de todo el organismo, así como a los músculos cardíacos. // *n.* ***branquial,*** cada uno de los nervios craneales que originalmente inervaban la región branquial con fibras sensoriales y motoras. (v°, VII° IX° X°). // *n.* ***branquiovisceral,*** que en los anfibios es la parte principal del nervio vago, cuyas fibras están distribuídas por la piel de la región del oído. // *n.* ***cardíaco,*** cada uno de los pares de nervios que inervan los cuerpos alados y los cuerpos cardíacos de los insectos. // *n.* ***ciático,*** uno de los nervios lumbares que inervan las extremidades posteriores. // *n.* ***coclear,*** v. *nervio acústico.* // *n.* ***craneal,*** cada uno de los pares de nervios, sensoriales y motores o mixtos, que se encuentran protegidos en el cráneo y parten del encéfalo. En los anamnios, solamente hay 10 nervios craneales, el último o X° es el vago, pero en los amniotas hay dos más. // *n.* ***de Jacobson,*** rama timpánica del nervio glosofaríngeo. // *n.* ***de Lancisi,*** estrías longitudinales en la superficie superior del cuerpo calloso. // *n.* ***de cuerda timpánica,*** una rama del nervio facial que pasa a través del oído medio. // *n.* ***de la línea lateral,*** dos nervios de los peces y los anfibios acuáticos, asociados con el nervio acústico que parten de la médula: uno anterior y otro posterior al nervio acústico. // *n.* ***aferente,*** que conduce impulsos desde el encéfalo y la médula espinal, como los nervios motores. // *n.* ***espinales,*** pares de nervios que parten de la médula espinal a cada lado del cuerpo. Cada uno de los cuales tienen una raíz dorsal sensorial y una ventral motora que se unen a corta distancia de la médula, menos en anfioxos y lampreas. Los nervios reciben los nombres de las regiones de la columna vertebral: *cervicales, torácicos, lumbares, sacros* y *coccígeos* o *caudales.* // *n.* ***espinoccipitales,*** v. *nervio hipobranquial.* // *n.* ***esplácnicos,*** tres grandes nervios simpáticos torácicos que inervan los plexos viscerales. // *n.* ***estomatogástricos,*** ramificaciones nerviosas del instestino de los anélidos. // *n.* ***facial,*** nervio craneal VII° propio del espiráculo en los peces, pero que en los mamíferos se extiende sobre la cara y parte de la cabeza. Contiene fibras sensoriales y motoras. // *n.* ***glosofaríngeo,*** nervio craneal IX°, principalmente sensorial, correspondiente en los peces al nervio de la primera abertura branquial típica, pero que en los tetrápodos recibe fibras procedentes de las papilas linguales y a otros receptores de la faringe. // *n.* ***hiomandibular,*** una rama del nervio facial que representa la porción postremática de un nervio branquial del arco hioideo. // *n.* ***hipobranquial,*** que en los vertebrados inferiores representa el hipogloso de los amniotas y está formado por la reunión de dos o tres nervios espinocipitales. // *n.* ***hipogloso,*** nervio craneal XII° que existe solamente en los amniotas, se inicia en la médula oblongada e inerva los músculos intrínsecos de la lengua y otros músculos bajo la mandíbula. En los peces, está representado por el *nervio hipobranquial.* // *n.* ***infraorbital,*** una rama bucal del nervio facial en los peces // *n.*

intercostal, cada uno de los que inervan los músculos del mismo nombre. // *n. lateral*, nervio de los vertebrados inferiores, sensitivo y somático, que sale del vago y recorre todo el largo del cuerpo por debajo del canal lateral. // *n. mandibular*, v. *nervio trigémino*. // *n. marginales*, un par de nervios que flanquean los nervios radiales en los equinoideos. // *n. maxilar*, v. *nervio trigémino*. // *m. mixtos*, los que contienen fibras sensoriales y motoras. // *n. motor*, le formado por fibras motoras. // *n. neumogástrico*, v. *nervio vago*. // *n. oculomotor*, nervio craneal III que inerva cuatro de los seis músculos oculares: oblícuo inferior, recto superior, recto inferior y recto interno = *nervio ocular común*. Sus fibras parten de la cara ventral del mesencéfalo.// *n. oftálmico superficial*, una rama del nervio facial en los peces. // *n. olfativo*, nervio craneal I°, cuyas fibras sensoriales parten de la nariz y van hasta el cerebro y una rama de este nervio se distribuye por el órgano de Jacobson cuando existe esta estructura. // *n. óptico*, nervio craneal II°, meramente sensorial, que se extiende desde las células ganglionares de la retina y después de cruzarse en X, forma el quiasma óptico y se dirige hacia el mesencéfalo. En los mamíferos se dirige, en relevo, hacia áreas especiales de los hemisferios cerebrales.// *n. palial*, cada uno de los dos nervios que, en los moluscos, inervan el manto.// *n. parasimpáticos*, los nervios que llevan a cabo funciones opuestas a las de los nervios simpáticos, siendo los principales los de la rama visceral del nervio vago y algunos de los espinales eferentes de la región sacral. // *n. patético*, v. *nervio troclear*, // *n. pélvicos*, nervios que inervan el intestino grueso, la vejiga, etc. // *n. poplíteo*, nervio tibial interno o medio. // *n. próotico*, nervio anterior o terminal.// *n. profundo*, llamado también *oftálmico profundo*, recibe sensaciones de la región del hocico en los vertebrados inferiores, v. *nervio trigémino*. // *n. radial*, uno de los cinco nervios que irradian del anillo nervioso en los equinodermos. Nervio que parte del plexo branquial e inerva el brazo.// *n. raquídeos*, los cervicales, dorsales, lumbares, sacros y coccígenos, que nacen de la médula espinal.// *n. secretorio*, el que estimula las actividades secretoras de las glándulas.// *n. sensorial*, nervio aferente transmisor de sensaciones.// *n. simpáticos*, los nervios de los moluscos que salen de los ganglios bucales.// *n. suboccipital*, pequeño nervio motor entre los cóndilos occipitales de los anfibios que, posiblemente, representa el hipogloso de los vertebrados superiores.// *n. terminal*, v. *nervio anterior*. // *n. trigémino*, conjunto de los nervios craneales VI°, V2,°, V3°, que en los mamíferos, es un nervio grueso que surge de la cara lateral del extremo anterior de la médula oblongada. Su rama V1° llamada oftálmica, es un nervio independiente en los vertebrados inferiores llamado el *nervio profundo* u *oftálmico profundo*, que originalmente era un nervio branquial. La rama V2° se llama *maxilar* y la V3° se llama *mandibular*. // *n. troclear*, nervio craneal IV°, de fibras motoras, que parten del lado dorsal del mesencéfalo y llegan al músculo superior oblicuo del ojo. // *n. vago*, que es el nervio craneal comunmente llamado X°, que es el mayor y más versátil de los nervios craneales, forma parte del sistema parasimpático y la mayoría de sus fibras son motoras. Controla funciones vitales como el ritmo cardíaco, movimientos respiratorios y peristálticos, parte de la médula oblongada y está ligado al *accesorio espinal*. // *n. vestibular*, v. *nervio acústico*, // *n. visceral*, cada uno de los nervios que parten de los ganglios viscerales en los moluscos. // En los vertebrados son los nervios del sistema simpático que inervan las vísceras.

nérvula (**nervule**). Rama de la porción terminal de la membrana del ala de los insectos. (Lat. **nervelus**, dim. de **nervus**.)

nervura (**nervure**). Ver *nervadura*. (Fr. **nervure**.)

nervuración (**nervuration**), f. *Nervadura*, q.v.

nesiota (**nesiota**). = *Insular*. (Gr. **nesiotes**.)

nesóptilo (**nessoptile**). El plumón que forma el plumaje natal de las aves juveniles. V. *teleóptilo*.

netina (**nettina**). Mamífero carnívoro de Berbería de secreciones repugnatorías. Familia *Mustelidae* (**Poecilictis vaillanti**).

neuma* (**pneuma**). *Pulmón*. // Para los antiguos, la esencia vital que purifica la sangre en la respiración. *Adj. neumático*.

neumat-, neumato-. (**pneuma**). (Del. gr. **pneuma penumatos**, aire, aliento.)

neumaticidad (**neumaticity**). Condición de tener cavidades llenas de aire. (Gr. **pneuma**, aire.) *Adj. neumatizado*.

neumático (**pneumatic**). Perteneciente al aire. // Aplícase a los huesos de las aves que son huecos y están comunicados con los sacos aéreos. (Gr. **pneuma**, aire.)

neumatocisto (**pneumatocyst**). La vejiga natatoria de los peces. (Gr. **pneuma**;**kystis**, vejiga.)

neumatóforo (**neumatophore**). Que es portador de aire.// Bolsa aerífera que sirve de flotador en algunos sifonóforos. (Gr. **neumatos**, aire; **phoreys**, portador.)

neumatópilo (**neumatopyle**). Poro o neumatóforo que abre hacia el exterior en ciertos *Siphonophora*. (Gr. **pneuma**, aire; **pyle**, portón.)

neumogástrico (**pneumogastric**). Describe el décimo nervio craneal vago que suple la laringe, faringe, pulmones, corazón y vísceras. (Gr. **pneuma**, aire; **gaster**, estómago.)

neumónico* (**pneumonic**). Relativo al pulmón. (Gr. **pneuma**, aire.)

neumóporo (**pneumopore**). La abertura respiratoria de los moluscos gasterópodos pulmonados. (Gr. **pneo**, **respirar**; **poros**, poro.)

neumostoma (**pneumostome**). Abertura de la cavidad pulmonar del manto de los moluscos gasterópodos pulmonados. (Gr. **pneuma**, aire; **taxis**, arreglo.)

neumotórax* (**pneumothorax**). Presencia de aire u otros gases en la cavidad pleural. (Gr. **pneuma**, **aire**; **thorax**, **pecho**.)

neuracanto (**neuracanth**). Elemento impar en el arco neural de la columna vertebral que al soldarse con los basidorsales, forma el arco neural que rodea el tubo nervioso. (Gr. **neuron**, nervio; **akanthos**, espina.)

neuración. V. *nervadura*.

neurad (**neurad**). Hacia el eje nervioso central. (Gr. **neuron**, nervio; **ad**. contra, hacia.)

neural (**neural**). Lo que es propio o se relaciona con los nervios. (Gr. **neuron**, nervio.)

neuráxico (**neuraxis**). Se dice del eje cerebrospinal. (Gr. **neuron**, **nervio**; lat. **axis**, eje.)

neuraxón (**neuraxon**). El cilindro-eje o axona de una neurona. (Gr. **neuron**, nervio; **axon**, eje.)

neurentérico (**neurenteric**). Perteneciente al neurocelo y a la cavidad intestinal. (Gr. **neuron**, nervio; **enteron**, intestino.)

neurispina. V. *neuracanto o espina neural, Neurapófisis*.

néurico (**neuric**). Mejor es *neural*, q.v.

neurilema (**neurilemma**). Vaina del tejido conectivo que envuelve las fibras nerviosas. También *vaina de Schwann*. (Gr. **neuron**, nervio; **lemma**, piel, membrana.)

neurinema (**neurorema**). Fibrilla citoplásmica hallada en algunos protozoos, a la que se la atribuye la condición y coordinación de impulsos sensoriales y motores. También *neurófanas y neuronemas*. (Gr. **neuron**, nervio; **nema**, hilo.)

neurita* (**neurite**). Prolongación en una neurona o *fibra nerviosa*. (Gr. **neuron**, nervio.)

neuro- (**neuro-**). (Del griego **neuron**, nervio.)Aplícase al sistema nervioso y a las nervaduras de las alas de insectos.

neuroapófisis (**neuroapohysis**). El proceso espinoso de una vértebra. (Gr. **neuron**, nervio; **apo**, desde; **phyein**, crecer.)

neurobiotaxia (**neurobiotaxis**). *Neurobiotaxis*, un proceso evolucionario por el que los centros de las neuronas tienden a desplazarse hacia la frente de los impulsos. (Gr. **neuron**, nervio; **bion**, vida; **taxis**, movimiento.)

neuroblasto (**neuroblast**). Célula epitelial embrionaria de la que deriva la célula nerviosa. (Gr. neuron, nervio; blastos, formación.)

neurocelo (neurocele). La cavidad del sistema nervioso central. (Gr. neuron, nervio; koilos, cavidad.)

neurocentral (neurocentral). Relacionado con las regiones neural y ventral de las vértebras. (Gr. neuron, nervio; + central.)

neurocirros (neuro cirri). Los *cirros* del neuropodio de los anélidos poliquetos. (Gr. neuron, nervio; lat. cirrus, fleco, rizo.)

neurocito (neurocite). La célula nerviosa o *neurona.* (Gr. neuron, nervio; kytos, célula.)

neurocitolisina (neurocytolisin). El veneno de cierta culebra que causa la desintegración de las neuronas. (Gr. neuron, nervio; kytos, célula; lysis, desintegración.)

neurocitón (neurocyton). El cuerpo o centro de una neurona. // Un citón. (Gr. neuron, nervio; kytos, célula.)

neurocordio (neurochord). V. *fibra gigante.*

neurocráneo (neurocranium). Parte del cráneo que rodea y protege al encéfalo. También se llama *caja encefálica.* (Gr. neuron, nervio; + cráneo.)

neurocrina (neurocrine). Se aplica a la función secretora de las neuronas. // La substancia que producen las neuronas. (Gr. neuron, nervio; krinein, separan.)

neurodendrita (neurodendron). Una *dendrita.* (Gr. neuron, nervio; dendron, un árbol.)

neuroectodermo (neuroectoderm). Area en la capa ectodérmica embrionaria de donde se deriva el sistema nervioso en los vertebrados. (Gr. neuron, nervio; +ectodermo.)

neuroepitelio* (neuro-epitelium). Una especialización del epitelio que recibe y transmite impulsos. (Gr. neuron, nervio; +epitelio.)

neuroesqueleto* (neuroskeleton). Neurosqueleto. Estructura que protege el sistema nervioso. (Gr. neuron, nervio; + esqueleto.)

neurófago (neurophags). Fagocito que destruye células nerviosas en la ancianidad. (Gr. neuron, nervio; phago, comer.)

neurófana (neurophan). V. *neurilema.*

neurófanas (neurophan). Fibrillas no contráctiles o "vías" nerviosas intracelulares. (Gr. neuron, nervio; phaneron, aparecer.)

neurofibrilla (neurofibril). Hilillo delicado que se observa en el citoplasma de las neuronas. (Gr. neuron, nervio; + fibrilla.)

neurogénesis (neurogenesis). La formación del sistema nervioso durante el desarrollo embrionario. (Gr. neuron, nervio; genesis, origen.) *Adj. neurogénico.*

neuroglandular (neuroglandular). Lo relativo a ambas estructuras (nerviosa y glandular) o que tiene ambas funciones. (Gr. neuron, nervio; lat. glandula.)

neuroglia* (neuroglia). Diversos componentes del sistema nervioso central que les sirven de apoyo o protección. Se suponen que intervienen en los impulsos electroquímicos y en las informaciones recibidas por el sistema nervioso. (Gr. neuron, nervio; glia, cola.)

neurohipófisis (neurohypophysis). Región posterior de la hipófisis que se origina a partir del infundíbulo, como una evaginación ventral del diencéfalo embrionario. (Gr. neuron, nervio; + hipófisis.)

neurohumor (neurohumor). Hormona o substancia producida en las terminaciones de las fibras nerviosas motoras. (acetilcolina, noradrenalina) que intervienen en la trasmisión del impulso nervioso, en los cambios de coloración en ciertos animales, en el crecimiento, la metamorfosis. (Gr. neuron, nervio; + humor,) *Adj. neurohumonal.*

neurolema (neurolemma). V. *neurilema.*

neurolinfa (neurolymph). El fluido cerebrospinal. (Gr. neuron, nervio; + lympha.)

neurología* (neurology). La ciencia que estudia el sistema nervioso. (Gr. neuron, nervio; logos, tratado. *Adj. neurólogo.*

neuromasto (neuromast). Organo receptor del sistema sensorial de la línea lateral en peces y anfibios acuáticos que tienen conexiones con las ramas sensitivas de algunos nervios craneales. (Gr. neuron, nervio; mastos, mama, pero aquí "abultamiento".)

neuromería (neuromery). Aspecto segmentario que tiene el sistema nervioso durante el desarrollo. (Gr. neuron, nervio; meros, parte.)

neurómero (neuromere). Segmento que aparece en el tubo neural de los cordados y constituye el primer signo de metamerización. // Ganglio segmentario en los anélidos y los artrópodos. (Gr. neuron, nervio; meros, segmentos.)

nidario. V. *Cnidaría.*

neuromotor (neuromotor). Sistema de orgánulos relacionados con el movimiento de los organismos ciliados y flagelados. // Lo que pertenece a los impulsos nerviosos eferentes o motores. (Gr. neuron, nervio; lat. motor.)

neuromuscular (neuromuscular). Lo perteneciente a los nervios y a los músculos. (Gr. neuron, nervio; mys, músculo.)

neurón. V. *neurona.*

neurona* (neuron). La célula nerviosa, formada por un centro o cuerpo celular y prolongaciones protoplásmicas llamadas dendritas y axona o cilindro eje. (Gr. neuron, nervio.) // *n. aferente,* = *neurona sensorial.* // *n. ajustadora, que une dos neuronas. V. n. de asociación.* // *n. asociativa,* V. *n. de asociación.* // *n. bipolar,* que tiene dos fibras. // *n. de asociación,* célula nerviosa de las columnas ventrales de la médula espinal y del encéfalo cuyas dendritas forman sinapsis con las fibras aferentes y sus axonas con las eferentes. // *n. excitadora,* neurona que directamente excita un músculo, una glándula, etc. // *n. internuncial = neurona de asociación* // *n. medulípeta,* v. *neurona sensorial.* // *n. motora,* llamada también *eferente,* que conduce impulsos nerviosos desde los centros nerviosos hasta los efectores. // *n. motora periférica,* la vía final común de los impulsos motores cuyo axón termina en músculos esqueléticos. // *n. multipolar,* una neurona con dos o más dendritas ramificadas y una axona. // *n. olfatoria,* neurona bipolar aislada y localizada en el epitelio olfatorio. // *n. sensorial,* la unidad estructural de un nervio sensitivo. // *n. unipolar,* que tiene una sola fibra.

neuronema (neuroneme). V. *neurinema.*

neurópilo (neuropile). Célula nerviosa de la parte ventral del cuerpo de los artrópodos que se entrecruza con otras. (Gr. neuron, nervio; lat. pilus, pelo.)

neuroplasma (neuroplasm). La porción no diferenciada del plasma de una neurona. (Gr. neuron, plasma; forma, moldeado.)

neuróporo (neuropore). Abertura en el extremo anterior del tubo neural embrionario. (Gr. neuron, nervio; porus, poro.)

Neuroptera. Un orden de insectos de metamorfosis completa, provistos de largas antenas, boca masticadora y dos pares de alas membranosas con numerosas venas cruzadas, que están plegadas sobre el abdomen durante el reposo. Larvas fusiformes y carnívoras. Del Permiano al reciente. (Gr. neuron, nervio; pteron, ala.)

neuróptero* (neuropterous). Que tiene alas con las nervaduras reticuladas. V. *Neuroptera.* (Gr. neuron, nervio; pteron, alas.)

Neuropteroidea. Una agrupación o superorden en los insectos que se caracterizan por tener los dos pares de alas similares y metamorfosis completa, como en el orden Neuroptera. (De Neuroptera; gr. oidea, similares.)

neuroqueratina. (neurokeratin). Una substancia parecida a la queratina hallada en el sistema nervioso. (Gr. neuron, nervio; keras, cuerno.)

neurosinapsis (neurosynapse). V. *sinapsis.*

neurosoma (neurosome). Mitocondrio de las neuronas. (Gr. neuron, nervio; soma, cuerpo.)

neurosqueleto (**neuroskeleton**). V. *neuroesqueleto.* // *Adj. neuroesquelético.*

neurotendinoso (**neurotendinous**). Lo relativo a los nervios y los tendones. // (Gr. **nueron**, nervio; lat. **tendo**, estirar.)

neurótomo. =*Neurómero.*

neurotoxina (**neurotoxin**). Una toxina con gran afinidad para las células nerviosas, como la de los venenos de ciertas serpientes. (Gr. **neuron**, nervio; **toxikos**, veneno.)

neurotrófico (**neurotrophic**). Lo que nutre el sistema nervioso. (Gr. **neuron**, nervio; **trophos**, el que alimenta.)

neurotropismo (**neurotropism**). Una afinidad hacia los tejidos nerviosos durante el desarrolo embrionario. (Gr. **neuron**, nervio; **tropos**, un giro.) *Adj. neurotrópico.*

neurotúbulo (**neurotubulus**). Estructura delicada observada en las axonas con el microscopio electrónico. (Gr. **neuron**, nervio; + **túbulo**.)

néurula (**neurula**). Primer estado en la formación de los órganos, caracterizado por la aparición del tubo neural, inducido por la presencia del notocordio. (Gr. **nueron**, nervio; **-ula**, dim.) *Adj. neurulación.*

neuston (**neuston**). Conjunto de organismos diminutos que viven en contacto con la película superficial del agua.(Gr. **neustes**. nadador.)

neutralismo (**neutralism**). Una asociación entre diferentes especies en la que no hay interacción apreciable. (Lat. **neuter**, neutro.)

neutro (**neuter**). Sin sexo. Hormigas obreras o hembras estériles. (Lat. **neuter**.)

neutrocito (**neutrocyte**). Un leucocito neutrófilo. (Lat. **neuter**, nervio; gr. **lytos**, célula.)

neutrófilo (**neutrophil**). Con afinidad para las substancias de reacción neutra. V. *leucocitos neutrófilos.* (Lat. **neuter**, neutro; gr. **philos**, con afinidad para.)

nevatilla* Ave europea del orden *Passeriformes*, familia *Motacillidae* (**Motacilla flava**).

Newman, HoratioH. Zoólogo norteamericano, el primero en el estudio de la genética humana. (1875-1957).

Newport, George. Fisiólogo inglés. Descubrió la penetración del huevo de la rana por el espermatozoo, pero que, aparentemente, no vio su significado. (1803-1897)

n.g. (**n.g.**). Abreviatura de *nuevo género.* V. *género nuevo.*

neguí (**gorilla**). Nombre que se le da al gorila en la Guinea.

niacina (**niacin**). Acido nicotínico. Una de las vitaminas esenciales, llamada también *ácido nicotínico* o *vitamina antipelágrica.* Es esencial para el crecimiento y para la formación de células sanguíneas e interviene en el metabolismo. Abundan en las hojas verdes, levadura, yema de huevos, etc.

Nicander. Médico griego. El padre de la toxicología. (185-135 A.C.)

nicotinamida (**nicotinamide**). Un derivado del ácido nicotínico o *niacina*, que es uno de los componentes de los aceptores de hidrógeno, como el NAD y NADP. Es una vitamina llamada también P.P.

nictálope (**nyctalopic**). Dícese del que ve mejor de noche que de día. (Lat. **nyctalopia**.)

nictalopía *(**nyctalopia**). Ceguera nocturna. (Gr. **nyktos**, noche; **ops**, vista.)

nicti-, nicto- (**nyct**). (Del gr. **nyktos**, noche.)

nictibio (**great potoo**). *Uruatu*, especie de ave grande sudamericana del orden *Caprimulgiformes*, familia *Nyctibiidae* (**Nyctibius grandis**). =

nictimeral (**nyctimeral**). Ciclo fisiológico que tiene relación con la sucesión de día y noche. (Gr. **nyx, nyctos**, noche; **hemera**, el día.)

nictipelágico (**nyctipelagic**). Organismo que asciende a la superficie del mar durante la noche. (Gr. **nykteus**, nocturno; **pelagos**, el mar.)

nictitante* (**nictitant**). El tercer párpado de los reptiles, aves y de algunos mamíferos. V. *membrana nictitante y cuerpo clinotante.* (Lat **nictitare**, guiñar el ojo.)

nicho ecológico (**niche**). La actitud o función fisiológica de un organismo en su ambiente ecológico. (Ital. **nicchio**, concavidad en una pared para colocar adornos.) V. *habitáculo.*

nida. V. *cnidas, nematocisto.*

nidación (**nidation**). *Implantación.* // Desarrollo de las mucosas internas entre dos períodos menstruales. (De **nida**.)

nidada (**clutch**). El conjunto de los huevos puestos por un ave en un tiempo. // Los pajarillos de un nido. (Lat. **nidus**.)

nidario (**cnidarian**). *Cnidario.* Un miembro del fílum o subfílum *Cnidaria*, (Gr. **cnide**, origen.)

nidícola (**nidicolous**). Las aves que viven en el nido por algún tiempo después de nacidas. (Lat. **nidus**, nido; neolat. **-icola**, habitante.)

nidificación (**nidification**)). Construcción de abrigos protectores para los huevos o las crías, acto característicos de la mayoría de las aves, de muchos insectos y de algunos mamíferos, moluscos, etc. (Lat. **nidus**, nido; **fic, facio**, hacer.)

nidífuga (**nidiphogous**). Ave que abandona el nido al poco tiempo de nacida. (Lat. **nidus**, nido; **fugio**, escapar.) = *Altrices.*

nidioplancton. *Neidioplancton.*

nido- (**cnido-**). (Del griego **knide**, ortiga. // (Del latín **nidus**, nido).

nido* (**nidus**). Todos los receptáculos para huevos puestos por las aves. *Adj. nidamental.*

nidoblasto (**cnidoblast**). v. *nematoblasto.* (Gr. **knide**, ortiga; **blastos**, brote.)

nidocilio (**cnidocil**). Proyección protoplásmica de los nematoblastos que al contacto estimula la descarga del nematocisto, q.v. (Gr. **knide**, ortiga; lat. **cilium**, pestaña.)

nidocisto (**nematocyst**). *Nematocisto.* Cápsula urticante de los nidoblastos de los celenterados que lleva un filamento espiral y a veces un líquido tóxico. (Gr. **knide**, ortiga; **kystis**, vesícula.) *Cnidocisto.*

nidóforo. V. *cnidóforo.*

nidópodo V. *cnidópodo.*

nidorrago. V. *cnidorrago.*

nidosaco. V. *cnidosaco.*

nidosporidio. V. *cnidosporidio.*

nidulante (**nidulant**). Que está encajado en un nido o embebido en una substancia pulposa. (Lat. **nidus**.)

nidus (**nidus**). Nido. // Una depresión en una estructura parecida a un nido.// Células en el intestino medio. (Lat. **nidus**.) // *n. hirudinal*, una fosa en el cerebelo.

nieba (**tree-hyrax**). Especie de mamífero africano de Fernando Po, Africa ecuatorial, del orden *Hyracoidea* (**Dendrohyrax dorsalis**).

nigrescente (**nigrescent**). *Negruzco.*

nigua* (**chigoe**). Insecto sifonáptero, especie de pulga cuya hembra se introduce bajo la piel y allí crece abultándose y provocando serias infecciones (**Tunga penetrans**).

nilgo (**nilgai**). *Nilgó.* Antílope indiano (**Boselaphus tragocamelus**).

ninfa* (**nymph**). Estado en la metamorfosis de los insectos hemimetabólicos de vida terrestre. // Cada uno de los labios menores de la vulva. // Los bordes de la concha en los moluscos bivalvos en donde se encuentran insertados los ligamentos. *Adj. ninfal.* (Gr. **nymphe**, novia.)

ninfíparo. Se dice del insecto que "pone" la progenie en estado ninfal. (De **ninfa** y lat. **parere**, parir.)

ninfocrisálida (**nymphochrysalis**). Un estado de reposo entre los estados larvales y ninfal de algunos ácaros. (De **ninfa** y **crisálida**.)

ninfófana (**nymphophan**). Estado quiescente entre la larva parásita y la activa de los ácaros hidracarinos. (Gr. nymphe, ninfa; phaino, mostrar.)

ninfosis (nymphosis). El proceso de transformación de una larva de insectos en una ninfa o una pupa. (Gr. nymphe, ninfa,una novia.)

nioto* (small shark). *Cazón.* Tiburón pequeño.

Nippoteaenidia. Un orden de cestoideos de pequeño tamaño, sin escólex y con una ventosa terminal. (Nippon, Japón.)

Nissl, F. Neurólogo alemán. V. *gránulos de Nissl.* (1860-1919).

nistagmo (nystagmus). Una oscilación rítmica del glóbulo ocular observada en ciertas enfermedades y después de una torción rápida del cuerpo. (Gr. mystagmos, cabecear.)

nisus (nisus). Un esfuerzo o tendencia. // Contracción muscular durante la puesta de los huevos, el parto, etc.// La urgencia procreativa en ciertas épocas del año. (Lat. nisus, esfuerzo.) // *n. formativus,* la tendencia a la reproducción. (Lat. nisus, esfuerzo; formare, formar.)

nítido (nitid). Estructura con la superficie lisa, se aplica especialmente si es brillosa. (Lat. nitidus, brillante.)

nitrocobalamina La *vitamina B 12c.*

nivel de saturación (carrying capacity). Equilibrio en el desarrollo de una población fluctuante que depende de factores bióticos.

nobis (nobis). Término latino empleado a veces por los taxónomos para indicar que ellos son los autores del nombre del taxón a que se refieren. (Lat. nobis, de mi.)

nocioceptivo (nociceptive). Estímulo que tiende a dañar los tejidos o producir dolor. (Lat. noceo, dañar; ceptus, recubrir.)

no-conjugación (non-conjunction). Falta de acoplamiento durante la metafase en la meyosis.

noct- (Del lat. nox, noctis, noche.)

noctiluca* (noctiluca). Dinoflagelado marino bioluminescente. Ej. *Noctiluca milaris.* (Lat. noctis, noche; lucere, brillante.)

noctiluciente (noctilucent). Que emplea luz por las noches, como las luciérnagas, las noctílucas. *Fosforescente.* (Lat. noctis, noche; lucere, brillar.) *Adj. noctíluco.*

noctilucina (noctilucin). Substancia nitrogenada que al oxidarse produce en ciertos animales el fenómeno de la fosforescencia.V. *Luciferina.* (Lat. noctis, noche; lucere, brillar.)

noctívago (noctivagous). Que tiene su vida activa por las noches, como los murciélagos. (Lat. noctis, noche; vago, errante.)

nodátil V. *articulación nodatil.*

Noctuoidea. Una superfamilia de insectos lepidópteros que comprende numerosas especies nocturnas. (Lat. noctis, noche.)

nocturno* (nocturnal). Se dice de un animal activo durante la noche, como los murciélagos. (Lat. nocturnus.)

nodiak (nodiak). Mamífero de Nueva Guinea del orden *Monotrema,* de hábitos cavadores y formicívoros (Zaglossu bruijnii).

no-disyunción (non-disyunction). Traslación de dos cromáticos hacia el mismo polo durante la mitosis o de dos cromosomas acoplados hacia un solo polo durante la meyosis.

nodo* (node). Nudo, unión o abultamiento.// V. *nódulo* y *nudo.* // Una indentación que aparece cerca del medio del margen anterior en las alas de los insectos del orden *Odonata.// Adj. nodoso, nodal, nodial.*

nodriza* (nurse). En los insectos sociales polimórficos, una obrera cuya principal ocupación es la alimentación de las larvas. (Lat. nutrix, que nutre.)

nódulo* (nodule). Pequeña concreción o nodosidad. En anatomía se prefiere a veces el empleo del vocablo *nódulo* a las voces *nodo* y *nudo.* (Lat. nodulus, dim. de nodo.) *Adj. noduloso, nodular, nodulífero // n. aurículo-ventricular,* una masa de fibras musculares atípicas en la pared de la aurícula derecha, del corazón, que actúa como regulador de los latidos cardíacos. // *n. calcáreo,* V. *glándulas de Swammerdan. // n. de Hensen,* v. *nódulo primitivo. // n. de Ranvier,* abultamiento en la vaina de mielina de las fibras nerviosas mielinadas debido a constricciones o interrupciones en ella. // *n. de Tawara,* v. *nódulo atrioventricular* o *aurículo-ventricular. // n. esplénicos,* los corpúsculos esplénicos o de *Malpigio. // n. linfático,* estructura en el curso de los vasos linfáticos principales formada por tejidos linfoides, en donde son removidos los cuerpos extraños, como bacterias.// *n. primitivo,* área en donde se forma la estría en los embriones. *Nódulo de Hensen.// n. sinoauricular,* un haz de fibras musculares atípicas, resto del seno venoso de los vertebrados inferiores, incorporado en la pared de la aurícula, en donde se originan los latidos del corazón. También se llama *marcapasos.*

nómada* (nomad). Que tiene una vida errante, como las tribus en los monos. (Gr. nomas, nomados.)

nomadismo. El carácter de ser nómada.

nombre científico (scientific name). Conjunto de términos latinos o latinizados con los que se designan en zoología los animales, de acuerdo con las reglas del Código Internacional de Nomenclatura: el primer término designa el género, el segundo la especie y el tercero, si se emplea, señala la subespecie.// *n. común,* nombre vernáculo aplicado a los organismos. A veces se emplea para diversas especies, como langosta (insecto) o langosta (crustáceo) y, en ocasiones, se dan diversos nombres a la misma especie en el mismo país, como zorra raposa, vulpeja, empleados en España para el carnívoro *Vulpes vulpes.// n. vernáculo,* nombre vulgar local de un animal.

no-medulada. V. *amielinada.*

nomen (nomen). Palabra latina que significa nombre, empleada en esa forma en la taxonomía, y se abrevia en *nom* y *n.//n. conservadum,* nombre científico que se ha conservado por decisión de un Congreso Internacional de Zoología a pesar de no tener prioridad de acuerdo con las reglas. (Abr. nom. cons). // *n. dubium,* nombre dudoso o de significado incierto. (Abr. *nom. dub.//* n. inquirendum, que está bajo investigación de la Comisión Internacional de Nomenclatura.// *n. novum,* expresión que se agrega a continuación del nombre de un taxón para indicar que se le da un *nombre nuevo* por considerar que el nombre que llevaba no es mantenible de acuerdo con el código de nomenclatura.// *n. nudum,* nombre científico que se ha propuesto sin una descripción apropiada o faltando a las reglas internacionales de la nomenclatura. (Abrev. nom. nud.) // *n. oblitum,* nombre olvidado, es decir no empleado (por más de 50 años) en la literatura zoológica. // *n. obsoletum,* nombre en desuso por más de cincuenta años y que no sería conveniente utilizarlo aunque le pudiera corresponder por estricta aplicación de las reglas.

n. ilegítimo. El de un taxón que no se ajusta a las reglas de la nomenclatura zoológica. // *n. rejectum,* el que ha sido rechazado por la comisión de la nomenclatura zoológica.

nomenclator* (nomenclator). V. *nomenclador.*

nomenclador* (nomenclator). En biología sistemática, se emplea como catálogo de nombres técnicos, a veces acompañado de referencias bibliográficas, sinonimias, distribución geográfica. (Lat. nemunclator, el que anunciaba los nombres de los visitantes de una morada.)

nomenclatura* (nomenclature). Sistema para nombrar los organismos. Es *binominal* para las especies y *trinominal* para las subespecies. (Lat. nomen, nombre; calare, nombrar.) // *n. binaria,* término que se aplica a la nomenclatura que da a cada ser dos nombres. // *n. binominal* o *binomial,* sistema de nombrar que usa nombres genéricos y específicos. // *n. linneana,* nomenclatura de los organismos propuesta por Linneo que ha sido el fundamento de la *nomenclatura binomial* actual.

no-mielinada. Fibra nerviosa desprovista de la vaina de mielina. Mejor *amielinada.*

nomogénesis (nomogenesis). Doctrina sustentadora de que el desarrollo del individuo y la evolución están regidos por leyes intrínsecas del desarrollo y no por la influencia ambiental. (Gr. **nomos,** regla; **genesis,** desarrollo.)

non (non). Palabra latina que significa no, empleada en taxonomía para indicar que al nombre de un taxón le corresponde a determinado autor y no a otro. Ej. *X. albus,* Linneo, non Cuvier.

noosfera (nooesphere). La parte de la tierra que contiene los organismos que han sufrido la influencia humana. (Gr. **noos,** la mente; **sphaira,** un globo.)

noradrenalina (noradrenaline). Una hormona de la médula suprarrenal de propiedades similares a la de la adrenalina.

norepinefrina (norepinephrine). V. *noradrenalina.*

norma* (norm). Procedimiento a seguir. // Aspecto de un órgano tomado desde distintos puntos. // n.frontal, o anterior del cráneo; ***n. dorsal*** u occipital; ***n. lateral,*** etc.

normoblasto (normoblast). Glóbulo rojo inmaduro y todavía nucleado. (Lat. **norma,** regla; gr. **blastos,** brote.)

normocito (normocyte). Eritrocito completamente desarrollado. (Lat. **norma;** regla; gr. **kytos,** célula.)

norleucina (norleucine). Aminoácido poco común.

noso- (noso-). (Del gr. **nosos,** enfermedad.)

nosogénico (nesogenic). Lo que causa una enfermedad. (Gr. **nosos,** enfermedad; **genos,** descendencia.)

Nosopsyllus. Un género de pulga transmisor del tifus murino y de la peste bubónica. (Gr. **nosos,** enfermedad; **psyllos,** pulga.)

nostrilas (nostrils). = *Orificios nasales.* Anglicismo objetable. V. *narices, ventanas nasales, nares.*

notal (notal). Lo perteneciente al dorso. (Gr. **noto,** espalda.)

Notacanthiformes. Un orden de peces óseos, llamados también *Heteromi,* de cuerpo delgado, cola larga, aletas espinosas y sin aleta caudal. De mares profundos. (Gr. **noton,** espalda; **akanthos,** espina; **lat. forma.**)

Notaspidea. Un orden de moluscos opistobranquios, cuya concha es generalmente interna, sin parápodos ni escudo gástrico, pero a veces con espinas quitinosas. Tienen una sola branquia y la rádula carece de saco radular. (Lat. **nor-,** no; gr. **aspis, aspidos,** un escudo.)

notatus (notate). Manchado o marcado con líneas. (Lat. **notatus.**)

Notidanoidea. Comprende selacios vivientes más primitivos, caracterizados por la posesión de 6 a 7 pares de hendiduras branquiales. V. *Hexanchiformes.* (Gr. **notidanus,** que tiene aleta dorsal puntiaguda.)

noto- (noto-). Del griego *noton,* espalda. // Del lat. **not-,** negación. (Del Gr. **notos,** sur.)

noto (notum). Término aplicado para cada una de las placas dorsales torácicas de los insectos. *Tergum.* (Gr. **noton,** espalda.)

notocéfalon (notocephalon). Un escudo dorsal en las patas de algunos acarinos, (Gr. **notum,** espalda; **kephale,** cabeza.)

notocirro (notocirrus). Cada uno de los cirros del notopodio de los anélidos poliquetos. (Gr. **noton,** espalda; **lat. cirrus,** fleco, rizo.)

notoclín (notoclíne). La serie de caracteres o formas que se producen al cruzar especies diferentes. = *Clin híbrido.* (Gr. **nothos,** ilegítimo; **klinein,** inclinado.)

notocorda (notochord). V. *notocordio.*

notocordio (notochord). El vástago axial elástico situado por debajo del cordón nervioso en el embrión de los cordados y que persiste en el adulto de muchos. Este sostén es substituido por las vértebras en la mayor parte de los craniados. (Gr. **noton,** espalda; **chorde,** cuerda.) *Adj.* ***notocordal.***

notocordo. V. *notocordio.*

Notodelphyoidea. Un orden de crustáceos copépodos con la articulación del cuerpo entre el 4° y el 5° segmento torácico de los machos y entre el 1ro y el 2do. en las hembras.

notogáster (notogaster). Escudo dorsal posterior en acarinos. (Gr. **noton,** espalda; **gaster,** vientre.)

Notogea (Notogea). Se dice de la región zoogeográfica que comprende Australia, Nueva Zelandia, Nueva Guinea y las islas al sur de la *línea de Wallace.* (Gr. **notos,** sur.)

notogénesis (notogenesis). Desarrollo del notocordio. (Gr. **noton,** espalda; **genesis,** origen.)

notonecto (notonecta). Organismo que nada con la espalda hacia abajo. (Gr. **notos,** espalda; **nekter,** un nadador.)

Notoneuralia. Una división general de los animales metazoarios, basada en el destino del bastóporo embrionario, que en esta división ocupara una posición posterior. También *Deuterosteromata,* q.v.

notopleura (notopleura). Esclerito torácico que, en ciertos insectos, está situado por encima de la mesopleura. (Gr. **notos,** dorso; **pleura,** lado.)

notopodio (notopodium). El lóbulo dorsal de los parápodos de los anélidos poliquetos. (Gr. **noton,** espalda; **pous, podos,** pie.)

Notoptera. Un grupo de insectos ortopteroides. V. *Grylloblattoidea.* (Lat. **not,** sin; **pterom,** ala.)

Notopteroidea. Una suborden de peces óseos para los que aceptan orden *Isospóndilos* (Gr. **notos,** espalda; **pteron,** aleta; neolat. oidea, parecido.)

notosaurios. Reptiles triásicos del grupo de los plesiosaurios, de miembros alargados y adaptados para moverse en la tierra lo mismo que en el agua. (Gr. **notos,** espalda. **sauros,** reptil.)

Notostigmata. Un orden de acarinos llamado también *Onychopalpida.* (Gr. **notos,** espalda; **lat. stigma;** mancha.)

Notostigmatophora. Una subclase en el fílum *Chilopoda* que se distingue por tener estigmas dorsales. (Gr. **notos,** dorso; **stigma,** estigma; **phoreus,** portador.)

Notostracea. Un orden de crustáceos branquiópodos de carapacho bajo y oval provisto de 35-70 pares de apéndices en el tronco y tiene los ojos sentados. (Gr. notos, espalda; **ostrakon,** una concha.)

Notoungulata. Un orden de mamíferos *euterios* fósiles encontrados desde el Paleoceno hasta el Pleistoceno, principalmente en América del Sur, del tamaño de un conejo hasta unos 6 m. de largo. Eran digitígrados, algunos con garras y otros con pezuñas. (Gr. **noton,** espalda; **ungulata,** ungulados.)

nototenia (nototaenia). Método de evolución del blastóporo debido a la deuterostomía y epineuria. (Gr. **noto,** dorso; **neuron,** nervio.)

nova, novus (novus). Palabra latina que significa *nueva, nuevo,* empleado en la proposición de grupos nuevos. *Nova species, nova subspecies, novus genus, novus subgenus.* Se prefiere invertir los términos y decir *species nova, genus novus.* Las abreviaturas son *nov.* y, a veces, simplemente *n.* ; pero ésta no es recomendable.

no viable. Incapaz de desarrollarse normalmente y de sobrevivir al parto.

novillo* (steer). Toro de 2 ó 3 años.

nuca* (nucha). Parte superior de la cerviz. = *Cogote.* (Ar. **nujaa,** médula espinal.)

nucal (nuchal). Lo que pertenece a la nuca, como el *ligamento nucal* de los tetrápodos que contribuye a sostener la cabeza en posición horizontal. // Dos órganos en el prostomio de los quetópodos. // Placa anterior del carapacho de los quelonios. // Flexura en la médula oblongada. // Un hueso impar en el cráneo de los peces cartilaginosos. (Lat. **nuch,** nuca.)

nucívoro (nucivorous). Que se alimenta de nueces. (Lat. **nux,** nuez; **vorare,** devorar.)

nucleación (nucleation). La formación del núcleo.

nucleasa (nuclease). Enzima que digiere los ácidos nucléicos, como la ribunucleasa y la desoxirribonucleasa. (Núcleo -asa, enzima.)

nucleína (**nuclein**). Sustancia encontrada en el núcleo celular por F. Mierchner en 1869, ahora reconocida como ácido desoxirribonucléico. ADN. (De. **núcleo.**)

núcleo *(**Nucleus**). Orgánulo diferenciado en el interior de la célula, provisto de cromatina y de DNA que interviene en las funciones reproductivas y metabólicas de la célula. // Centro alrededor del cual se forman los anillos de las escamas. // La protoconcha de los moluscos. // Masa de materia gris en el sistema nervioso central. (Lat. **nucleus,** contracción de **nux, nucis,** una nuez, almendra,) *Adj.* ***nuclear*, nucleado, nucleario*,*** // ***n. ambiguo,*** célula en la médula oblongada de la cual se originan las fibras motoras de los nervios glosofaríngeo, vago y espinal accesorio. // ***n. basal,*** región gris del cuerpo estriado en el cerebro de los vertebrados. // ***n. de Luya,*** el llamado *cuerpo subtalámico* del hipotálamo. // ***n. de Pander,*** área blanca por debajo del núcleo del huevo de ave sin fecundar. // ***n. de segmentación,*** el núcleo del cigoto. // ***n. espermático,*** *pronúcleo masculino.* // ***n. germinal,*** un núcleo de esperma o de óvulo. // ***n. ovular,*** pronúcleo femenino. // ***n. polinérgido,*** núcleo con varios juegos de cromosomas formados por mitosis, pero sin ruptura de la membrana nuclear. // ***n. pulposo,*** región interna de los discos intervertebrales en donde subsisten remanentes del notocordio. Generalmente se emplea la expresión latina: **nucleus pulposus.** // ***n. umbrelar,*** masa de células ectodérmicas en el ápice de las yemas medusoides de los Hidrozoos. // ***n. vegetativo,*** *macronúcleo, meganúcleo, trofonúcleo.*

nucleogénesis (**nucleogenesis**). La formación del núcleo. (Lat. **nucleus,** núcleo. gr. **génesis,** origen.)

nucleografía (**nucleography**). Dícese de los métodos que se emplean con el microscopio para la observación de los núcleos. Los datos se representan por gráficas, fotocopias y dibujos. (De **núcleo** + gr. **graphe,** inscribir.)

nucleohialoplasma (**nucleohyaloplasm**). El *jugo nuclear.*

nucleolillo (**nucleolinus**). Una parte más refrigente en el interior de algunos nucleólos. (Dim. de nucléolo.)

nucleolino (**nucleolinus**). Corpúsculo en el interior del núcleo que se tiñe intensamente. (Lat. **nucleolus,** dim. de **nucleus.**)

nucleólisis (**nucleolyzis**). Cariólisis. La supuesta disolución del núcleo durante la mitosis. (Lat. **nucleus,** núcleo; gr. **lysis,** desintegración.)

Nucleolitoidea. Un orden de equinodermos que incluye los equinoideos que tienen los ambúlacros aborales petaloideos y pétalos similares con poros desiguales. Del Jurásico al reciente. (Lat. **nux,** núcleo; gr. **lithos,** piedra; neolat. **oides,** parecido.)

nucléolo* (**nucleolus**). Corpúsculo o corpúsculos ovales en el interior del núcleo, con RNA, que aparentemente interviene en la síntesis y el metabolismo de las proteínas. (Lat. **nucleolus,** *Adj.* ***nucleolar.***

neucleolonema Retículo de fibrillas densas en el nucléolo. (Lat. **nucleus,** núcleo; **nema,** hilo.)

nucleoma (**nucleome**). El conjunto de la materia nuclear de una célula. (Lat. **nucleus,** núcleo;. **-oma,** tumor, crecimiento.)

nucleomicrosoma (**nucleomicrosome**). Los gránulos de cromatina nuclear. (**Núcleo + microsoma.**)

nucleoplasma (**nucleoplasm**). Lo mismo que *cariolinfa* o jugo nuclear. (Lat. **nucleus,** núcleo; gr. **plasma,** formado.) *Adj.* ***nucleoplasmático.***

nucleoprotamina. Un ácido nucléico o combinado con una proteína encontrado en la esperma de los peces.

nucleoproteína (**nucleo-protein**). Un complejo molecular de ácido nucléico y una proteína. (Lat. **nucleus,** núcleo; gr. **protein,** primero.)

nucleoquilema (**nucleochylema**). Término obsoleto = Jugo nuclear o *cariolinfa.* (Lat. **nucleus,** núcleo; gr. **chylos,** jugo.)

nucleósido (**nucleoside**). Azúcar (pentosa), combinada con una base nitrogenada.

nucleotidasa (**nucleotidase**). Enzima que cataliza la hidrólisis de los necleótidos en ácido fosfórico y nucleósidos. (De **nucleolidos** y **-asa,** enzima.)

nucleótido (**nucleotide**). Uno de los componentes moleculares en los ácidos nucléicos, formado por la unión de un grupo fosfórico una azúcar de 5 carbonos (**ribosa** o **desoxirribosa**) y una *purina* (**adenina** o **guanina**), o una *pirimidina* (**cistina, tiamina** o **uracilo.**)

nuco* (**owl**). Chile: ave de rapiña nocturna, semejante al mochuelo. (Mapuche, **nucu,** ave de mal agüero.)

nuche (**botfly**). Colombia: larva de los insectos dípteros que se introducen bajo la piel de los animales. Familia *Oestridae.*

Nuda. Una clase del fílum *Ctenophora.* Desprovistos de tentáculos, con el cuerpo en forma de dedal, boca ancha y faringe grande.

Nudibranchia. Un orden de moluscos *opistranquios* desprovistos de concha y de branquias verdaderas en el estado adulto. Respiración por medio de branquias secundarias alrededor del ano, o en hileras dorsales, o bajo el borde del manto. (Lat. **nudus,** desnudo; gr. **branchia,** las branquias.)

nudibranquiado (**nudibranch**). Que tiene las branquias desnudas. V. *Nudibranchia.*

nudibranquio (**nudibranch**). V. *Nudibranchia.*

nudicaude (**nudicaudate**). Con la cola desnuda o no cubierta por pelos ni escamas. (Lat. **nudus,** desnudo; **cauda,** cola.)

nudillo* (**nuckle**). La articulación de los dedos. // Nudo o nodo pequeño. // *Artejo,* q.v. (Lat. **nodus.**)

nudo* (**node**). Abultamiento en ciertas estructuras. // Desnudo. (Lat. **nodus,** nudo de atadura.) // *Adj.* ***nudoso*.*** // ***n. de Hensen,*** pequeña elevación al extremo de la línea primitiva del embrión del pollo. // ***n. embrionario,*** masa celular interna de la vesícula blastodérmica. // ***n. gordiano,*** el entrelazamiento que llevan a efecto algunos nematomorfos durante la cópula, de donde viene el nombre genérico *Gordius* que reciben algunas especies. // ***n. nervioso,*** *ganglio nervioso.* // ***n. primitivo,*** V. *nudo de Hensen* // ***n. reticulado,*** V. *cariosomas.*

nudosidad (**nodosity**). Pequeños abultamientos que se pueden formar en el cuerpo. (Lat. **nodositas.**)

nuez de Adán (**Adam's Apple**). Protuberancia en el cuello del hombre formada por el cartílago tiroides. // ***n. marina,*** una espeficie del fílum *Ctenophora* de forma ovoidea y sin tentáculos. (**Beroe, sp.**)

Nuhan, A. Anatomista alemán. (1814-1889) V. *glándula de Nuhan.*

nulisómico (**nullosomic**). Que carece de los dos miembros de un par de cromosomas. (Lat. **nullus,** nulo; **-soma,** cuerpo.)

numbat (**numbat**). Raro marsupial australiano de pequeño tamaño (**Myrmecobius sp.**)

número diploide (**diploid number**). Que tiene un conjunto doble de cromosomas. (Gr. **diploos,** doble; **eido,** forma.) // ***n. modal,*** v. *número típico.* // ***n. típico,*** el número más frecuente de cromosomas en un grupo animal.

numulación (**numulation**). La tendencia de los eritrocitos a unirse formando grupos como pilas de monedas. (Lat. **nummus,** moneda.)

numulita* (**numulites**). Foraminífero fósil del período Cretáceo, de forma lenticular y de unos 30 cms. (Lat. **nummus,** moneda, en alusión a su forma.) *Adj.* ***numulítico.***

nupcial* (**nuptial**). Perteneciente a las bodas. // Plumaje nupcial de ciertas aves. (Lat. **nupcialis.**)

nutra* (**otter**). V. *nutria.*

nutante (**nodding**). Que se inclina hacia la horizontal. (Lat. **nutans.**)

nutramina (**nutramin**). Palabra obsoleta. V. *vitamina.*

nutria* (**otter**). Mamífero carnívoro de la familia *Mustelidae* de hábito acuático (**Lutura lutra**). // ***n. marina,*** especie (**Enhydras lutus**). // Argent.: el roedor *coypo.* // En peletería, la llamada piel de nutria es generalmente la del *coypo.* //Vene: el mamífero de la familia *Mustelidae* (Pteroneura basiliensis).

nutrición *(nutrition). La entrada de alimentos en el organismo, su metabolismo y eliminación de excreciones. (Lat. nutrio, alimentar.) *Adj.* ***nutricio**** // *n.* ***autótrofa,*** proceso mediante el cual un organismo fabrica su propio alimento a partir de compuestos inorgánicos, como las plantas verdes. // *n.* ***fagotrófica,*** tipo de nutrición animal u holozoica, mediante la cual los alimentos se adquieren exclusivamente comiendo. // *n.* ***embriotrófica,*** pasaje del material nutritivo de corriente materna a la del feto a través de la placenta. // *n.* ***heterotrófica,*** todo tipo de nutrición que no es la autotrófica. // *n.* ***heterótrofa,*** v. *n. heterotrófica.* // *n. histotrófica,* = *n.* ***embriotrófica.*** // *n.* ***holofítica,*** nutrición fotosintética, es decir, a partir de CO_2 del aire y de los compuestos minerales, como las plantas que tienen clorofila. v. *función clorofiliana.* // *n.* ***holozoica,*** nutrición que requiere alimentos orgánicos complejos que se adquieren por ingestión, como los animales. // *n.* ***saprofítica,*** que se alimenta de materia orgánica en descomposición. // *n.* ***saprozoica,*** la que ocurre en los organismos animales que se alimentan de substancias orgánicas, las que adquieren por absorción. (Gr. sapros, descompuesto; zoon, animal.)

nutricismo (nutricism). Asociaciones en el que el beneficio está solamente en uno de los miembros. (Lat. nutrix, nodriza.)

nutriente (nutrient). Que brinda nutrición. Cualquiera de las substancias empleadas en el metabolismo, lo mismo las inorgánicas como orgánicas. (Lat. nutrire, nutrir.)

nutrilito (nutrilites). Voz obsoleta. V. *vitamina.*

nutrimiento* (nutrient). Nutrición, alimento. Principios nutritivos de los alimentos. (Lat. nutriens.) *Adj.* ***nutrimentífero.***

nutri* (nourish). Alimentar. (Lat. nutrire.)

nutritivo *(nutritive). Alimenticio, nutricio. (Lat. nutrire.)

nutriz* (nurse). En una asociación simbiótica, la parte que es parásita y que, por lo tanto, nutre a la otra. (Lat. nutrix, la nodriza.)

Nutal, George H. Biólogo norteamericano. Empleó desde 1904 las técnicas serológicas para determinar las relaciones filogenéticas entre los animales. (1862-1937)

Nymphaloidea. Una gran superfamilia de lepidópteros que comprende las especies cuyas patas anteriores son muy pequeñas.

Nymphonomorpha. Un orden de picnogónidos de la clase *Colossendeomorpha.*

Ñ

ñacanina* **Argent:** *Víbora.* (Dic.)

ñacundá **(night hawk).** Un ave sudamericana del orden *Caprimulgiformes*, familia *Caprimulgidae* **(Podager nacunda).**

ñacurutú* Especie de lechuza de América. Ave sudamericana, orden *Strigiformes*, familia *Strigidae.*

ñandú* **Rea,** avestruz americano. Carecen de pigostilo y de cola. Brasil, Argentina y Chile: orden *Rheiformes*, familia *Rheidae.* // ***n. petizo,*** Especie de ñandú, llamado también *choique moro.* Patagonia, los Andes hasta Bolivia **(Pterocnemia pennata).**

ñenguere. Especie de alcavarán o martinete, ave del orden *Ciconiiformes*, familia *Ardeidae* **(Butorides, sp.)**

ñú* **(gnu).** Nombre común de varias especies de antílopes africanos de cuerpo esbelto como el de los caballos y cabeza como la del búfalo. // ***n. azul*** **(Gorgon taurinus)** del Africa oriental. // ***n. coliblanco*** **(Connochaetes gnous).** del Africa del Sur.

O

oario (oarium). Ovario.

oatilibí (ladyfish). Puerto Rico: pez marino comestible llamado en Cuba *perro colorado.* Orden *Perciformes,* familia *Labridae* **(Bodianus rufus).** (Caribe **ouatelivi.**)

oayán (African linsang). Mamífero carnívoro de la familia *Viverridae,* parecido a la jineta, de la Guinea Española **(Poina richardsoni).**

ob- (ob-). (Del latín **ob-**, que indica antes, hacia, frente, contra, encima, inverso, etc.)

obcomprimido (obcompressed). Deprimido en dirección vertical o dorsoventral en ciertos casos. (Lat. **ob,** hacia; **comprimere,** comprimir.)

obcónico (obconic). De forma cónica, pero con la parte más ancha hacia arriba. // Se aplica a ciertas conchas de moluscos. (Lat. ob, inverso, cónico.)

obelio (obleion). Obelion, punto creaneométrico situado en la sutura sagital entre los agujeros parietales. (Gr. **obelos,** espetón)

obesidad* (obesity). Excesiva acumulación de grasa en el cuerpo. (Lat. obesus, gordo.)

óbico (obex). Una capa triangular de materia gris en el techo del cuarto ventrículo. // Una barrera. (Lat. **obex**, obstáculo.)

obimbricado (obimbricate). Se aplica a las escamas regularmente imbricadas cuyas extremidades que sobrecubren están dobladas hacia abajo. (Lat. **ob**, inverso; **imbrex**, teja.)

obispo* (spotted stingray). Cuba: pez condrictio. Orden *Rajiformes*, familia *Mylobatidae* **(Aetobatus narinari).**

obispillo* (rump). La rabadilla de las aves.

obíubí (night monkey). Venezuela: mono de color negro que duerme de día, familia *Cebidae* **(Nictipithecus).**

oblicuo* (oblique). Estructura colocada en una dirección inclinada con respecto a un eje de comparación. V. *músculo oblicuo.* (Lat. **obliquus.**)

obligado* (obligate). Organismo que está compelido a un método determinado de vida. // Parásito obligado. // *Obligatorio.* (Lat. **obligatus.**)

obliteración* (obliteration). Remoción o erradicación completa. (Lat. **oblitteratus**, borrado.)

obliterar* (obliterate). Obstruir o cerrar un conducto o cavidad. (Lat. **obliterare.**) // *Adj.* ***obliterado.***

oblongo* (oblong). Una estructura que es mucho más larga que ancha. *Médula oblonga.* (Lat. **ob**, hacia; **longus**, largo.)

obnubilación (obnubilation). Trastorno encefálico que hace borrosa la visión. *Ofuscamiento.* (Lat. **ob.** hacia; **nubis**, nube.)

obovado (obovate). Obovoide. En forma de huevo con la parte más estrecha hacia abajo. Ciertas conchas de moluscos. (Lat. **ob,** inverso; **ovado,** como huevo.)

obrera (worker). En los insectos sociales, como las abejas, las hormigas y los termites, las hembras ápteras y estériles que realizan labores variadas, pero no se reproducen.

obsolescencia (obsolescens). Se dice de la reducción gradual y desaparición de una especie. // La reducción gradual de un proceso fisiológico. // Una porción borrosa de una estructura animal. (Lat. **obsolescere, desgastarse.**)

obsoleto* (obsolete). *Anticuado.* // Lo que desaparece o se hace menos distinto. // Estructura orgánica que está en vías de desaparición. // En taxonomía, el nombre científico que, por haber sido olvidado o poco usado, debe ser desechado. *Nomen oblitus.* (Lat. **obsoletus,** viejo.)

obstetricia* (obstetrics). Parte de la medicina que trata de partos. (Lat. **obstetrix,** partera.)

obsubulado (obsubulate). Inversamente aguzado o puntiagudo hacia la base. (Lat. **ob.** inverso; **subula,** lezna.)

obtecto (obtect). *Cubierto.* // Se aplica a las pupas de insectos que tienen las alas adheridas al cuerpo. (Lat. **obtectus,** cerrado.)

obturador* (obturator). Estructura que tapa u obtura un agujero o una cavidad. V. *foramen* o *agujero obturador.* (neolat, **obturator.**)

obtusilingüe (obtusilingual). De lengua corta y roma. (Lat. **obtusus,** romo; **lingua,** lengua.)

obtuso* (obtuse). Estructura que forma un ángulo obtuso. Los ápices de ciertas conchas de moluscos. (Lat. **obtusus.**)

obvolvente (obvolvent). Doblado hacia abajo y hacia adentro, como las alas de ciertos insectos. *Envolvente.* (Lat. **obvolvere,** envolver.)

oca* (goose). Ansar o ganso. // Méx.: una especie de ganso silvestre **(Anser albifrons).**

Ocam, William of. Filósofo inglés del siglo XIV, quien estableció el "principio de la parsimonia" o de que: "las entidades no deben multiplicarse más de lo necesario". Que no deben postularse más causas de un fenómeno que las requeridas para explicarlo, es un dogma básico de la ciencia.

ocapi. (okapi). V. *okapi.*

occipital* (occipital). Lo relacionado con el occipucio. // Lóbulo posterior del cerebro. // Hueso posterior del cráneo. // Cada uno de los huesos de cartílagos que forman la región posterior del cráneo: un *basioccipital:* dos *oxocipitales* y un *supraoccipital.* En los mamíferos, esos huesos se sueldan formando uno solo. (Lat. **occiput,** cogote.) // ***o. laterales,*** huesos de la región *occipital* o *exoccipitales.*

occipitoatlántico (occipito-atlantic). Lo relativo al occipital y al atlas. // Membrana entre el foramen magnum y el atlas de los mamíferos. (Lat. **occiput**, occipucio; **Atlas**, un titán, "el atlas".)

occipitoaxial (occipito-axial). Lo relativo al occipital y al axis. (Lat. **occiput**, occipucio y **axis**, la segunda vértebra cervical.)

occipitofrontal (occipitofrontal). Lo relativo al occipucio y al frontal. // El arco longitudinal del cráneo. // La calota craneana. (Lat. **occiput**, occipucio; **frons**, frente.)

occipucio* (occiput). Parte posterior de la cabeza correspondiente al cogote. // El espacio entre los ojos compuestos y la parte posterior de la cabeza de los insectos. // Punto craniométrico, llamado también *metalambda.* (Lat. **occiput**, cogote.)

oceánico* (oceanic). Lo pertenciente al mar abierto, en contraposición a lo nerítico, que generalmente se refiere a profundidades mayores de 200 metros. (Gr. **okeanus**, el océano, un gran río que envolvía la Tierra según Homero.)

Oceaniana. Región zoogeográfica que comprende las islas del Océano Pacífico central y austral.

oceanio (oceanium). Una comunidad oceánica. (Gr. **okeanus.**)

océano* (ocean). Las grandes masas de agua que cubren la mayor parte de la Tierra. (Gr. **okeanus.**)

oceanocórico (oceanochoric). Organismo que se dispersa por medio de corrientes marinas. como muchas especies litorales cuyas larvas son pelágicas. (Gr. **okeanus**; **choreo**, dispersarse.)

oceanófilo (oceanophilous). Se aplica a los organismos que viven en el océano. (Gr. **okeanus**; **philos**, amante.)

oceanografía* (oceanography). Ciencia que trata de la descripción de los mares. En el sentido restringido abarca la parte física de ese estudio u *oceanografía física.* (Gr. **okeanos**, océano; **graphe**, descripción.) *Adj.* ***oceanográfico*.***

oceanología (oceanology). Ciencia que abarca el estudio integral de los mares: físico, biológico y geológico, tanto teórico como aplicado. (Gr. **okeanos**, océano; **logos**, discurso.)

ocelación (ocellation). Ojo pequeño. // Ojo simple de los insectos invertebrados. (Lat. **ocellus**, **oceli**, ojito.) Adj. ***ocelar, ocelado.****

ocelo (ocellus). Ojo simple de los invertebrados, constituido por un fotorreceptor y varias células pigmentarias. (Lat. **ocellus**, dim. de ojo.)

ocelote* (ocelot). Nombre vulgar aplicado al felino americano llamado *Felis pardalis,* que tiene un metro de largo, cuerpo esbelto y pelaje suave y brillante con dibujos de varios matices, es comestible y se alimenta de aves y mamíferos pequeños. (Lat. **ocellus**, dim. de **oculus**, ojo.)

ocena* (ozena). Enfermedad de las fosas nasales, caracterizada por descargas de olor fétido. (Gr. **ozaina**, hedor.)

oclusión* (occlusion). El acto de cerrar o el estado de estar cerrado. (Lat. **occlusus**, cerrado.)

oclusor* (occlusor), Lo que pertenece a la oclusión. // Un músculo que cierra una tapa u opérculo movible. (Lat. **occuludere**, cerrar.) *Adj.* ***oclusivo****

ocozoal* (rattle snake). *Méxi.: cascabela.*

ocr–, Ocro–. (ochro—). (Del gr. **okros**, pálido; **okha**. amarillo.)

ocreado (ocreate). Se dice de las aves que tienen los tarsos con una cubierta sin dividir. (Lat. **ocrea**, una polaina.)

ocróforo (ochrophore). Un pigmento amarillo en ciertas células. // *Iridióforo.* (Gr. **ochros**, amarillo, pálido, **phoreys**, portante.)

oct–, octo–, octa— (oct —). (Del griego **okto**, o del latín **octo**, ocho.)

octámero (octamerous). Lo que está dispuesto en ocho partes, como en ciertos alcionarios. (Gr. **okto**, ocho; **meros**, parte.)

octante* (octant). Cada una de las ocho células resultantes de la divisiôn del huevo. (Gr. **okto**, ocho.)

Octobrachia. Nombre propuesto para sustituir el de *Octopoda,* un suborden de moluscos cefalópodos del orden *Dibranchia.* (Gr. **okto**, ocho; gr. **branchion**, brazo.)

octocoralario* Que pertenece al orden *Octocorallia.* Corales en los que los pólipos tienen ocho tentáculos y ocho tabiques o septos. (Gr. **octo**, ocho; **korallion**, coral.) También *Alcyonaria,* q.v.

Octocorallia. V. *Alcyonaria.*

octodonte (octodont). V. *Degu.* (Gr. **okto**, ocho; **odous**, diente.)

octópodo* (octopod). Organismo con ocho patas. // Especialmente el pulpo. *V. (Gr.* **okto**, ocho; gr. **pous**, pie.)

Octopoda. Suborden de los cefalópodos del orden *Dibranchia.* No tienen concha interna y ocho brazos alrededor de la cabeza, como los pulpos y los argonautas. Han existido desde el Cretáceo. (Gr. **octo**, ocho; **pous**, **podos**, pie.)

octorradiado (octoradiate). Que tiene ocho radios o brazos, como ciertos celenterados. (Lat. **octo**, ocho; **radius**, rayo.)

octozoico (octozoic). Se aplica a las esporas de las gregarinas, que se dividen en ocho esporozoitos. (Gr. **okto**, ocho; **zoon**, animal.)

ocul– (ocul—). (Del latín **oculus**, ojo.)

ocular* (ocular). Que se relaciona con los ojos. // Nombre aplicado a las placas radiales de la región dorsal en los equinoideos por la supuesta función visual de sus puntos terminales. (Lat. **oculus.**)

oculofrontal (ocullofrontal). Lo relativo a la región del ojo y la frente. (Gr. **oculus**, ojo; **frons**, frente.)

oculomotor (oculomotor). Que mueve o induce el movimiento de los ojos, como músculos, nervios y ganglios. // El tercer nervio cranial (Lat. **oculus**, ojo; **movere**, mover.)

oculonasal (oculonasal). Lo perteneciente al ojo y a la nariz. // Conducto oculonasal. (Lat. **oculus**, ojo; **nasus**, nariz.)

Oculosida. Un orden de Protozoos en la clase *Radiolaria* cuyos poros están restringidos a ciertas partes de la cápsula.

oculus (eye). El ojo. *Adj.* ***ocular*, oculífero, oculígero.***

ochotona (pika), Roedor de la región holártica, orden *Lagomorpha,* familia *Ochotonidae.*

–oda. (Del griego **—odea**, que expresa la idea de algo parecido, como **sarcoda**. parecido a **sarx**, la carne.)

Oddi, Ruggiero. Anatomista italiano. V. *esfínter de Oddi.*

Odum, Eugene P. Ecólogo norteamericano, quien ha estimulado investigaciones en la ecología de las poblaciones, productividad y flujo de energía, (1918-).

Odonata. Un orden de insectos llamados vulgarmente libélulas, de cuerpo largo, a menudo brillantemente coloreado, con boca masticadora, ojos prominentes, dos pares de alas membranosas de nervadura compleja, abdómen delgado. Adultos y larvas depredadoras. Se originaron en el Permiano. (Gr. **odous**, diente.)

odonato. Un miembro del orden *Odonata.*

Odonatópteros. Orden de insectos. V. *Odonata.*

–odont–* (odont—). (Del gr. **odous**, **odontos**, diente.)

odontoblasto (odontoblast). Célula que tapiza la cavidad de la pulpa dentaria. (Gr. **odontos**, dientes; **blastos**, brote.)

odontobotrio (odontobothrion). El alvelo dentario. (Gr. **odontos**, diente: **bothrion**, depresión.)

Odontoceti. Suborden del orden Cetacea que incluye las especies provistas de dientes, como los cachalotes y los delfines. (Gr. **odontos**, diente; **ketos**, una ballena.)

odontoceto*. Cetáceo del suborden *Odontoceti.*

odontoclasto (odontoclast). Una de las grandes células multinucleadas que absorben la base de los dientes de leche en los niños. (Gr. **odontos**, diente; **klastos**, roto en pedazos.)

odontóforo (**odontophore**). El aparato radular en los moluscos, formado por la rádula, la placa basal y los músculos que la mueven. (Gr. **odontos**, diente; **phoreys**, portador.)

odontogenia (**odontogeny**). El origen y desarrollo de los dientes, (Gr. **odontos**, diente; **génesis**, origen.)

odontoglosas. Nombre que ha sido aplicado a las aves de la familia *Phoenicpteridae*, que comprende los flamencos. (Gr. **odous**, diente; **glossa**, lengua.)

Odontognathae. Una superorden de aves de la subclase *Neornites*, caracterizado por la posesión de dientes, esternón sin quilla y alas especializadas para la natación (**Hesperonis**). En el Cretáceo superior del Nuevo Mundo. (Gr. **odontos**, diente; **gnathos**, la mandíbula.)

odontoide (**odontoid**). Estructura parecida a un diente. V. *apófisis odontoides*. (Gr. **odous**, **odontos**, un diente, **eidos**, similar.)

Odontalcae. Aves marinas fósiles dentadas del período Cretáceo. V. *Odontognathae*. (Gr. **odontos**, diente; **+alca**.)

odontología* (**odontology**). Parte de la anatomía que estudia los dientes, en especial los humanos. (Gr. **odous**, **odontos**, diente; + **logos**.) *Adj.* ***odontológico***.

odontoplasto (**odontoplast**). Célula que forma la dentina. // Célula que forma los dientes de la rádula. (Gr. **odontos**, diente; **plastos**, moldeado.)

odontorrinco (**odontorhynch**). Término equivalente al de *lamelirrostro*. // Se aplica al ave con el pico deprimido y provisto de laminillas. (Gr. **odontos**, diente; **rhynchos**, pico.)

odontosis (**odontosis**). Lo mismo que dentición // V. *odontogenia*. (Gr. **odontos**, diente.)

odontostilo (**odontostylus**). Un tipo de estilo o diente, altamente modificado, de la cavidad bucal de los nematodos parásitos de plantas. (Gr. **odontos**, diente; **stylos**, pilar.)

odontostomado (**odontostomatous**). Que tiene la boca o las mandíbulas provista de dientes. (Gr. **odontos**, diente; **stoma**, boca.)

Odontosmatida. Orden de protozoos ciliados cuyos cilios orales tienen ocho mebranelas. (Gr. **odontos**, diente; **stoma**, boca; neolat. **-ida**, partícula que indica un grupo zoológico superior a la superfamilia.)

odoríforo (**odoriphrous**). Que produce o difunde olor, especialmente un olor fragante. (Lat. **odor**, olor; gr. **phoreys**, portador.)

oecio. V. *ooecio*.

Oegopsida. Un suborden de cefalópodos decápodos caracterizado por tener un amplio orificio en la falsa córnea del ojo. Desde el Triásico hasta el reciente. Aquí se encuentran formas actuales muy comunes. (Gr. **oigo**, abierto.)

oficinal* (**officinal**). Dícese de el producto que se vende en las oficinas de farmacias, como la esponja común *Spongia officinalis*. (Lat. **officinalis**, oficina.)

ofidismo (**ophidism**). Envenenamiento producido por la picadura de serpientes venenosas.

ofidio* (**ophidium**). Serpiente. V. *Ophidia*.

ofiocéfala (**ophiocephalus**). Se aplica al estado larval *pluteus* de los equinoideos, (Gr. **ophis**, serpiente; **kephale**, cabeza.)

ofioplúteo (**ophiopluteus**). Tipo de larva *pluteus*, característica de los ofiuroideos, usualmente con brazos muy largos. (Contracción de **ofiuroideos** y de **pluteos**).

ofiotoxina (**ophiotoxin**). Veneno encontrado en la ponzoña de las cobras.

ofiuroide (**ophiuroid**). Que tiene parecido con una serpiente, como los brazos de los equinodermos ofiuroideos. (Gr. **ophis**, serpiente; neolat, **—oides**, similar.)

ofiuroideo (**ophiuroidea**). V. *Ophiuroidea* y *Ophiurae*.

ofiuro (**ophiuroid**). Una especie cualquiera del grupo *Ophiurae* en los equinodermos. (Gr. **ophis**, serpiente.)

ofrio (**ophryon**).*Ofrión*, , punto craneométrico situado en el centro del diámetro frontal mínimo. (Gr. **ophrys**, **ceja**.)

oftalm–* (**ophthalm**). Oftalmo. (Del griego, **ophtalmos**, ojo.)

oftalmía* (**ophthalmia**). Inflamación del ojo o de las partes adyacentes. (Gr. **opthalmos**, ojo.)

oftálmico* (**ophthalmic**). Pertenecientes al ojo. Situado cerca o dentro del ojo. // Nervio oftálmico. (Gr. **opthalmos**, ojo.)

oftalmóforo (**ophthalmophore**). V. *omatóforo*.

oftalmología* (**ophthalmology**). Parte de la patología que trata de las enfermedades de los ojos. (Gr. **ophthalmos**, ojo; **logos**, tratato.) *Adj.* ***oftalmológico***.

oftalmópodo (**ophthalmopod**). El tallo ocular de los crustáceos decápodos. (Gr. **opthalmos**, ojo, **podos**, pie.).

oftalmoscopio *(**ophthalmoscope**). Un instrumento para observar el interior del ojo. (Gr. **ophthalmos**, ojo; **skopeo**, ver.)

oicesis (**oecesis**). *ecesis*.

-oico (**oecius**). (Del gr. **oikos**, una casa.)

oicoide (**oecoid**). Ver. *ecoide*.

oicología (**oecology**). Seg. Font Quer es una forma incorrecta de *ecología*.

oicoplasto (**oikoplast**). Célula glandular en el ectodermo de los tunicados larváceos que segrega la cápsula en donde viven. (Gr. **oikos**, la casa; **plastos**, moldeado.)

oicosito (**oikosite**) *Ecosito*. Un comensal o un parásito permanente fijo al hospedero. (Gr. oikos, **una casa**; **sitos**, alimentos.)

-oide* (**oid**). (Del griego, **oeides**, neolat. **—oide**, que indica semejanza, forma, parecido.)

-oideo (**-oidea**). Del gr. **-oideos**, lat. **-oideus**, que significa forma o tipo de. // (Del gr. **oidea**, neolat. **-oidea**, es un sufijo que se emplea para la creación de nombres de superfamilias como: **Feloidea**.)

oído* (**ear**). Organo que percibe las sensaciones auditivas que en los vertebrados está asociado con el sentido del equilibrio. En los mamíferos consta de oído externo, medio e interno, pero en los peces, solamente existe el *interno*, y en los anfibios, reptiles y algunas aves, solamente el *medio* y el *interno*. (Gr. **ous**, oído; lat. **auditus**.) // ***o. externo***, en los mamíferos comprende el *pabellón* o *pinna* y el *conducto auditivo* externo. // ***o. interno***, en los mamíferos comprende el *caracol* o *cóclea* (percepción del sonido) y los canales *semicirculares*, sáculo y el *utrículo* que son órganos del equilibrio. En los reptiles y anfibios no existe el caracol, pero sí una *lagena*, que es antepasado de aquel. En las aves el caracol es rudimentario. // ***o. medio***, no existe en los peces. En los anfibios, reptiles y aves solamente contiene un huesecillo, la *columela*, que se transformará en el estribo en los mamíferos. Estos tienen, martillo y el yunque. Existe un cartílago, el *lenticular*, que a veces se osifica.

Oigopsida. Ver *Oegopsida*.

ojera* (**rings under the eyes**). Mancha lívida alrededor de la base del párpado inferior.

ojam (**gray hound**). V.galgo.

ojanco (**mahogany snapper**). Cuba: especie de pargo. (**Lutjanus mahogany**).

ojo* (**eye**). Organo de la vista, formado esencialmente por una vesícula o cámara cerrada, con una parte anterior, transparente que da acceso a la luz, y en el interior un medio refrigente que hace converger los rayos en una zona sensible (retina) donde se forma la imagen. (Lat. **oculus**.) // ***o acónico***, omatidio en los ojos compuestos de los insectos, desprovistos de conos cristalinos.// ***o. caliciforme***, aquel cuyas células receptoras se encuentran en una fosa profunda con abertura estrecha, como por ejemplo, el del *Nautilus*. //***o. cerebral***, mancha en posición media en la extremidad anterior de la médula de los cefalocordados que se interpreta como un ojo.// ***o compuesto***, característico de los artrópodos y constituidos por numerosos elementos llamados *omatidios*, provistos de medios dióptricos, como las córneas y los *conos cristalinos* y estructuras *sensitivas* o *retínulas.* Asimismo hay una capa pigmentaria que aísla los diversos omatidios.// **o. dérmico,** situados en los tegumentos.// **o. en barra,** mutación en los ojos de las moscas *Drosophila* en la que están reducidos a una banda vertical.// **o. epifisario.** v. ojo pineal. // **o. eucónico,** omatidios en los ojos compuestos en los cuales el cono cristalino es producido por la parte central de las células de esa región. // **o. evertido,** que tiene las terminaciones sensitivas de las células fotorreceptores dirigidas hacia la luz, como el de la mayoría de los moluscos.// **o fosulado,** órgano visual en el que el conjunto de células visuales está unido en una depresión tegumentaria, como los moluscos patélidos. // **o. invertido,** que tiene las terminaciones sensitivas de las células fotorreceptoras dirigidas en posición opuesta a donde viene la luz, como sucede en los ojos de las planarias, los bivalvos pectínidos y los vertebrados.// **o. lenticulado,** ojo con un medio refrigente que funciona como un lente (el cristialino) que concentra los rayos luminosos sobre el fondo, como los ojos de los cefalópodos y los vertebrados.// **o. naupliano,** ojo impar, rojizo, en forma de X que resulta de la coalescencia de tres ocelos, como los de los entomostráceos del género *Nauplius.* // **o. parapineal,** un órgano parecido al ojo pineal situado en el techo del talamencéfalo de cierto vertebrado. // **o parietal,** evaginación del diencéfalo en ciertos vertebrados: ciclóstomos, anfibios y rincocéfalos, que a veces sobresale de la bóveda craneal, pasando por el *foramen interparietal* y tiene el aspecto de un ojo parietal que en algunos vertebrados inferiores constituye uno ojo poco diferenciado, y persiste en la llamada glándula pineal de los vertebrados superiores.// **o. seudocónico,** omatidios de los ojos compuestos de los insectos en los cuales el cono cristalino es producido por las mismas células.// **o. simple,** ojo de los artrópodos en el que puede distinguir una córnea y células retiniarias. y se llaman también *ocelo.* // **o. subdérmico** o *hipodérmico,* que está situado por debajo de los tegumentos.// **o. telescópico,** muy característico de los peces abisales, en los que el glóbulo ocular está muy alargado y apropiado para ver de cerca. El nombre hace alusión a la forma, no a las propiedades visuales.

ojón, ojudo. Cuba: V. *catalufa,* pez.

okapí. (okapi). Especie de jiráfido descubierta en el Congo en 1900. que forma transición entre la jirafa actual y las de la época Terciaria. Con rayas en las patas que son parecidas a la de las cebras. (Lenguaje del Africa central.)

Oken, Lorenz. Anatomista alemán, fue uno de los pioneros de la anatomía comparada, pero su base teórica que era tipológica sostenía el principio del arquetipo. (1777-1851).

-ole (ole-). (Del latín oleum, aceite.)

oleaginoso* (oleaginous). = *Aceitoso.* (Lat. **oleaginous.**)

olecráneo. V. *olécranon.*

olécranon* (olecrannon). El codo. // Proceso del radio de los mamíferos que se proyecta hacia atrás del húmero y sirve de punto de inserción a músculos extensores del antebrazo. (Gr. **olekranon,** codo.)

oleífero* (oeliferous). Que contiene aceite, como ciertas glándulas. (Lat. **oleifer.**)

oleína* (olein). Substancia que entra en la composición de ciertos lípidos. (Lat. **oleum,** aceite.)

oleocisto (oleocyst). Un divertículo en el nectocáliz de las colonias de sifonóforos. (Lat. **oleum,** aceite; **kystis,** una vejiga.)

olfacción* (olfaction). La acción de oler. (Lat. **olfacere,** oler.)

olfato* (scent). Sensación y percepción inducidas en las células olfatorías por moléculas de substancias olorosas. (Lat. **olfactus,** olfato.) // *Adj.* **olfativo, olfatorio.**

olfatorreceptor (olfatoreceptor). Estructura que recibe los olores.

oligacanto (oligacanthous). Que tiene pocas espinas. (Gr. **oligos,** poco; **akantha,** espina.)

oligo– (oligo-) (Del griego **oligos,** poco, para indicar algo que está en menor número que de ordinario.) *Oligoqueto,* que tiene pocas cerdas.

Oligobranchipoda. Una división en los crustáceos de la subclase *Branchipoda.* (Gr. **oligos,** poco; **branchia,** branquia; **pous,** pie.)

Oligoceno* (Oligocene). Epoca de la Era Cenozoica entre el Eoceno y el Mioceno. Duró unos 10 millones de años y se caracterizó por gran desarrollo de los mamíferos. (Gr. **oligos,** poco; **kanos,** reciente,nuevo.)

Oligochaeta. Una clase del fílum *Annelida* que contiene especies monoicas provista de segmentación externa e interna prominentes, sin cabeza ni parápodos y con setas en cada segmento, (Gr. **oligos,** poco; neolatín, **chaeta,** seta.)

oligodendrocito (oligodendrocyte). Célula de neuroglia con escaso citoplasma, (Gr. **oligos,** poco; + **dendrocito.**)

oligodendroglia (oligodendroglia). Pequeña célula de dendroglia que ocurre más frecuentemente en la materia blanca. No contiene fibras ni pseudópodos. *Oligoglia.* (Gr. **oligos,** pocos; + **dendroglia.,** q.v.).

oligodinámico (oligodynamic). Substancia que, empleada en muy pequeñas cantidades, desarrolla una acción fisiológica intensa. (Gr. **oligos,** poco; **dynamis,** fuerza.)

oligodonte (oligodont). Que tiene pocos dientes y muy separados (Gr. **oligos,** poco; **odous,** diente.)

Oligoentoma. Sublcase que reúne los insectos que poseen solamente seis segmentos abdominales y carecen de tubos de Malpigio y de genitales externos. (Gr. **oligos.** pocos; **entoma,** segmentos.)

oligófago (oligophagous). Animal que se alimenta de pocas clases de substancias. Se aplica principalmente a los insectos que parasitan solo una planta determinada. (Gr. **oligos,** pocos; **phagein,** comer.)

oligofilético (oligophyletic). Estirpe híbrida que deriva de pocos progenitores. (Gr. **oligos,** pocos; **filético,** de fílum, estirpe.)

oligogénico (oligogenic). Carácter que está determinado por un número reducido de genes. (Gr. **oligos,** poco; **genos,** descendencia.)

oligógiro. V. *paucispiral.* (Gr. **oligos,** poco; **gyros,** vuelta.)

oligoglia (oligoglia), V. *oligodendroglia.*

oligohalobio (oligohalobius). Organismo que está adaptado a vivir en aguas de baja salinidad. (Gr. **oligos,** poco; + **halobio,** que vive en aguas saladas.)

oligolecítico (oligolecithal). Que tiene poco vitelo. V. *óvulo oligolecítico.* (Gr. **oligos,** pocos; **lekithos,** la yema de un huevo.)

oligoléctico (oligolectic). Que selecciona unos pocos.// Nombre aplicado a las abejas que solo escogen un grupo restingido de flores para tomar el néctar. (Gr. **oligo,** poco; **lektos,** escoger.)

Oligomera. En una clasificación, un subfílum que incluye los vermes que solamente tienen una o dos divisiones celómicas. (Gr. **oligos,** poco; **meros,** parte.)

oligómero (oligomerous). Se aplica a las partes que están en menor número que de ordinario. (Gr. **oligos,** pocos; **meros,** parte.)

oligonéfrico (oligonephrous). Aplícase a los insectos que tienen pocos tubos de Malpigio. (Gr. **oligos,** poco; **nephros,** riñón.)

Oligoneópteros. Una división o superorden de insectos que comprende los coleópteros, neurópteros, mecópteros, sifonápteros e himenópteros.

oligoneura. Se dice del ala de los insectos que tiene pocas nervaduras. (Gr. **oligos,** poco; **neuron,** nervio.)

oligopireno (oligopyrene). Se dice del espermatozoo que tiene un número de cromosomas menor que el normal. (Gr. **oligo,** poco; **pyrene,** núcleo.)

oligópodo (oligopod). Que tienen pocas patas. // Insectos que han perdido los apéndices de su fase polípoda. (Gr. **oligo,** poco; **podos,** pies.)

oligopnéustico (**oligopneustic**). Que tiene un número reducido de espiráculos, como ocurre en ciertos insectos. (Gr. **oligos**, poco; **peno**, respirar.)

oligosacárido (**oligosacharid**). Un carbohidrato formado por pocas unidades monosacáridas como la sacarosa. (Gr. **oligos**, pocos; **+sacárido.**)

oligospermia (**oligospermy**). Disminución del número promedio de espermatozoos en una eyaculación. (Gr. **oligo**: poco; **sperma**, semilla.)

oligospórico (**oligosporous**). Que produce o tiene pocas esporas. (Gr. **oligos**, poco; **sporos**, semilla, "esporo".)

oligosapróbico (**oligosaprobic**). Que viven en un hábitat con un mínimo de substancia orgánica en descomposición.

oligotérmico (**oligothermic**). Que tolera temperaturas relativamente bajas (Gr. **oligos**, poco; **therme**, calor.)

oligotoco (**oligotokous**). Organismo que produce pocos individuos cada vez. (Gr. **oligos**, poco; **tokos**, producir, partir.)

oligotrico Un protozoo del orden *Oligotrichida*, q.v.

Oligotrichida. Orden de protozoos ciliados provistos de escasos cilios, pero con membranelas prominentes en la boca. Ej, *Spirostomum.* (Gr. **oligos**, poco; **thrix**, pelos.)

oligótrofo (**oligotrophic**). Medio de escaso material alimenticio. (Gr. **oligos**, pocos; **trophe**, nutrición.)

oligotrópico (**oligotropic**). Se aplica a las abejas que visitan un número restringido de plantas. (Gr. **oligos**, poco; **tropos**, vuelta.)

oliguria (**oliguria**). Una disminución anormal de la cantidad de orina. (Gr. **oligo**, poco; **ourus**, orina.)

olilepa (**unicorn-fish**). Cuba: v. *lija trompa*, pez.

olim (**olim**). Abreviatura latina que significa *en otro tiempo, generalmente, previamente.* Se emplea en los escritos para indicar una opinión anterior que ya no se sostiene.

olingo (**olingo**). Especie de mamífero neotropical carnívoro de la familia *Procyonidae*, parecido al kinkajou, pero con el rabo no prensil (**Basaricyon**).

olisterozona (**olistherozone**). Regiones de un cromosoma en donde no separan completamente las cromátidas. (Gr. **olistheros**, resbaloso; **zona**, cinturón.)

oliva* (**oliva**). Una prominencia en la médula oblongada de los vertebrados superiores correspondientes a la banda ondulada de materia gris (**núcleo olivario**) en el cerebro. // Lechuza. // (Lat. *oliva*, aceituna.) *Adj.* ***olivario.***

olivarda* Ave de presa europea parecida al neblí, pero de menor tamaño y de plumaje amarillo verdoso.

Oliver G. En colaboración con E.A. Sharpey-Schaefer descubrió en 1894 el efecto de una hormona extraída de las glándulas suprarrenales en la contracción de los vasos sanguíneos y los músculos.

olivo. Puerto Rico: el pez llamado *cetí, tetí* y *sirajo.*

olm (**olm**). Salamandra europea de la familia *Proteidae* (**Proteus anguinus**).

olomina* (**top minow**). Costa Rica: pececillo de agua dulce del orden *Cyprinodontes*, familia *Poeciliidae* (**Poecilia sp.**). Ver *Gambusino, Guajacón.*

olopodo* Costa Rica: especie de mochuelo de gran tamaño que abunda en la costa del Pacífico. Orden *Strigiformes.* (**Dicc.**)

oma (**ommatidium**). V. *omatidio.*

-oma (**-oma**). (Del gr. **-oma**, **-omatos.**) Se emplea para indicar hinchazón, tumor u otro estado patológico similar. // También expresa el concepto de colectivo o de generalización de conceptos.

omacromos (**omachromes**). V. *omatocromos.*

omaso* (**omasum**). Nombre aplicado al tercer estómago de los rumiantes, llamado también *salterio, libro* o *librillo.* (Lat. **omasum**, panza.)

omáteo (**ommateum**). Un ojo compuesto. (Gr. **ommation**, pequeño ojo.)

omatidio (**ommatidium**). Cada una de las unidades visuales del ojo compuesto de los Artrópodos. (Gr. **omma**, ojo; +dim. **idion.**)

omatocromos (**ommatochromes**). Los pigmentos oculares. (Gr. **omma**, ojo; **chroma**, color.)

omatóforo (**ommatophore**). El segmento o tallo movible que porta los ojos en los crustáceos. (Gr. **omma**, ojo; **phoreys**, portador.)

omatoides (**ommatoids**). Dos o cuatro manchas blancas que se observan en el último segmento del opistosoma de los pedipalpos. (Gr. **omma**, ojo; **-oides**, parecido.)

ombligo* (**navel**). Cicatriz que se forma en el vientre después de desprendido el cordón umbilical. // En anatomía, para los vocablos derivados de la voz *ombligo* se emplea el término griego *omphalos.* // Orificio en los extremos inferior y superior del cañón o calamo de las plumas de las aves. (Lat. **umbilicus.**)

omento* (**omentum**). Un repliegue mesentérico que soporta el estómago y se extiende desde el estómago a los órganos adyacentes. // ***o. mayor***, un pliegue que desde la curvatura grande del estómago, envuelve el colon transverso. // ***o. menor***, un pliegue desde la curvatura menor del estómago hasta la fisura tranversal del hígado. (Lat. **omentum**, la piel grasienta.) *Adj.* ***omental.***

ommis cellula e cellula. Aforismo de Virchow significativo de que toda célula procede de otra célula.

omnívoro* (**omnivorous**). Animal que incluye alimentos vegetales y animales en su dieta. (Lat. **omnis**, todo; **voros**, devorar.)

omo-. (Del gr. **omos**, espalda.)

omohioideo (**omohyoid**) Lo perteneciente a la espalda y al hioides. // Músculo omohioideo. (Gr. **omos**, **espalda**; **+hioides.**)

omohideo (**omoideum**). El hueso terigoideo de las aves. (Gr. **omos**, la espalda).

omóplato* (**scapula**). La escápula de los mamíferos. (Gr. **omos**, la espalda; **platys**, plano.)

omosternón (**omosternum**). Una pieza en el esternón de los anfibios situada por delante de la unión de las clavículas. (Gr. **omos**, la espalda; **sternon**, esternón.)

onagadori. Variedad del gallo doméstico que se cria en Kochi, Japón, cuya cola tiene plumas que alcanzan hasta 6 m. de largo.

onagro* (**omager**). Variedad de *hemión* o asno salvaje de Persia. (Gr. **onos**, asno; **agrios**, silvestre.)

oncejo*. V. *vencejo.*

oncita* (**opossum**). Amér.: *comadreja, zarigüeya.*

onco- (**onco-**). (Del gr. **onkos**, **abultamiento**, **tumor.**)

oncocercosis (**onchocerciasis-**). Infección producida por vermes del género *Onchocerca.*

oncología* (**onchology**). Tratado sobre los tumores. (Gr. **onkos**, tumor; **logos** tratado.)

Oncopoda. Un fílum propuesto provisionalmente para incluir los grupos zoológicos *Onychophora, Tardigrada* y *Pentastomida.* (Gr. **onkos**, abultamiento; **pous**, pie.)

oncosfera (**oncosphere**). Una fase embrionaria en el ciclo vital de las tenias, constituida por una cápsula quitinoide en la que se encuentra el llamado *embrión hexacanto.* (Gr. **onkos**, tubérculo; **sphaira**, esfera pequeña.)

ondas encefálicas (**cephalic waves**). Actividades eléctricas del encáfalo que pueden registrarse con el aparato llamado *electroencefalógrafo.* // **o. pulsátil**, onda de presión arterial creciente que comienza en las arterias.

ondatra (**muskrat**). Roedor acuático de origen norteamericano, llamado también *rata almizclera* (**Ondatra zibethica**).

ondulacion* (**ondulation**). Modo de locomoción por el cual, un animal avanza mediante ondulaciones del cuerpo en series sucesivas que se mueven hacia la parte posterior del cuerpo, como en ciertos peces, salamandras, sanguijuelas, etc.

ondulópodo (ondulopodium). Nombre aplicado al cilio y al flagelo cuando realiza movimientos ondulatorios. (Lat. **undula**, una onda; gr. **podos**, pie.)

onfalo* (umbilicus). (Del gr. **omphalos**, ombligo.) *Adj. **onfálico, onfaloide.***

onfalogénesis El desarrollo de la vesícula umbilical y del cordón umbilical. (Gr. **omphalos**, ombligo; **génesis** producción.)

onfalomesentérico (omphalomesenteric). Lo que pertence al ombligo y al mesentérico, como las venas y arterias de ese nombre. (Gr. **omphalos**, ombligo; + **mesenterio.**)

onico. (Del gr. **onyx, onychos**, una uña o garra.)

onicóforos. V. *Onychopora.*

onicogénico (onychogenic). Lo que produce o forma una uña. (Gr. **onychos**, una uña; **génesis**, produciendo.)

onicopálpido. Un miembro del orden *Onychopalpida.*

Onchocerca. Un género de nematodos filaroideos que parasitan al hombre. (Gr. **onkos**, protuberancia; **kerkos**, cola.)

oniquio (onychium). El *púlvilo* de las patas de los insectos. // En algunas arañas, una extensión del tarso entre las uñas. (Gr. **onyx**, uña.)

onisco (oniscus). Crustáceo malacostráceo de concha blanda. Orden *Isópoda.*

Oniscoidea. Un suborden de crustáceos isópodos, generalmente anfibios o terrestres, que comprenden las llamadas *cochinillas de humedad.* La parte ventral del cuerpo está parcialmente consolidada por expansiones de las coxas torácicas y las antenas son a veces vestigiales. (Voz tomada del género **Oniscus**, del gr. **onos, oniskos**, asno; **oides**, forma.)

Oniscomorpha. Orden de diplópodos. (Gr. del género **Oniscus** y **morphe**, forma; parecido a los crustáceos del género **Oniscus.**)

onocrótalo* (white pelican). *Pelícano,* especialmente el pelícano blanco.

onomalogía. V. *onomatología.*

onomatología (onomatology). Tratado sobre los nombres empleados en la nomemclatura. (Gr. **onoma, onomatos**, nombre; **logos**, discurso.)

onto - (onto-). (Del gr. **on,ontos**, el ser.) // (Latín **ens, entis**, y significa el que es, el ser.) Se emplea como sufijo en ciertas formas variándolo en *onte.*

ontociclo (ontocycle). Un proceso evolutivo en el cual estados posteriores tienden a producir formas parecidas a los estados iniciales. (Gr. **on**, el ser; **kyklos**, círculo.)

onomatóforo (onomatophote). Nombre propuesto por G.G. Simpson para sustituir el vocablo *tipo* empleado en taxonomía. (Gr. **onoma**, nombre; **phoreys**, portador.)

ontogénica* (ontogenesis). *Ontogénesis.* La serie de transformaciones sufridas por el individuo desde el cigoto hasta el ser perfecto. (Gr. **on, ontos**, el ser; **génesis**, origen.)// *Adj. **ontogénico.***

onufina. Un compuesto orgánico encontrado en los anélidos que se endurece con el agua y le da consistencia a los tubos membranosos que fabrican. (Del género **Onuphis.**)

Onychopalpida. Un suborden de arácnicos acarinos, provistos de 2 a 4 pares de estigmas laterales, pedipalpos con uñas reducidas, labio con un órgano parecido a la escofina. Son depredadores. También han sido nombrados *Notostigmata y Tetrastigmata.*

Onychophora. Un subfilum de artrópodos (o un filum independiente) de organismos eruciformes, de cuerpo delgado, hasta de 200 mm. de largo. Extremidad anterior con ojos prominentes, antenas cortas, pápulas orales romas, cuerpo sin segmentar, con 14-44 pares de patas gruesas y cortas. Terrestres en lugares húmedos. Se originaron en el Cambriano. (Gr. **onychos**, uña; **podos**, pie.)

onyco- (onycho). (Del gr. **onys**, uña.)

Onychopoda. Tribu de crustáceos cladóceros de agua dulce. (Gr. **onychos**, uña, **pous**, pie.)

onza* (cheetah). Ver *chita, guepardo, leopardo* de caza. También se han llamado onza al *yaguar* y al *leopardo de las nieves.* // Venez. el *ocelote* o manigordo.

oo- (oo-). (Del griego **oon**, huevo.)

ocapogamia (ocapogan). Partenogénesis somática o diploide. (Gr. **oon**, huevo; **apo**, hacia afuera; **gamos**, matrimonio.)

oocecidio (oocecidium). Agalla producida en vegetales por la puesta de un insecto. (Gr. **oocecidio**, agalla.)

oocélula. V. *ovicélula.*

oocinesis (ookinesis). Los estados mióticos en el desarrollo del óvulo. (Gr. **oon**, huevo; **kinesis**, movimiento.)

oocineto (ookinete). En ciertos protozoos esporozoarios, el estado vermiforme producido del cigoto. (Gr. **oon**, huevo; **kinesis**, movimiento.)

oocitina (oocytin). Substancia producida por los esporozoos, que afecta los óvulos de la misma especie. (Gr. **oon**, huevo; **kytos**, "célula".)

oocito (oocyte). El auxocito de la hembra, que origina el óvulo. (Gr. **oon**, huevo; **kytos**, célula.)) // ***o. primario,*** la célula que, en la ontogénesis, comienza la primera división meyótica a paritr del oognonio. // ***o. secundario,*** la mayor de las dos células haploides que resulta de la primera división meyótica del oocito primario.

oocisto (oocyst). Cigoto enquistado en Protozoa. (Gr. **oon**, huevo; **kystis**, quiste.)

ooecio (ooecium). *Ooecia.* Zooide de los briozoarios en forma de cápsula especializado para guardar el huevo y el embrión. V. *ovicela.* (Gr. **oon**, huevo; **oikos**, casa.)

oóforo (oophore). *Ovario.* (Gr. **oon**, huevo; **phoreys**, llevar.)

oogameto (oogamte). Gameto femenino de los esporozoos. (Gr, **oon**, huevo; + **gametos.**)

oogamia (oogamy). Fusión sexual en la que los gametos opuestos son desiguales. El gameto femenino u óvulo es el inmóvil, mientras que el masculino o esperma es el móvil. (Gr. **oon**, huevo; **gamos**, bodas.)

oógamo (oogamous). Que tienen gametos sexualmente diferentes. (Gr. **oon**, huevo; + **gametos.**)

oogénesis (oogensis). El proceso de formación de células haploides femeninas u óvulos. (Gr. **oon**, huevo; **génesis**, origen.)

ooglea (ooglia). Cemento de los huevos. (Gr. **oon**, huevo; **gloia**, cola.)

oogonia (oogony). Diferenciación de la célula gonial que origina los oocitos de primer orden. (Gr. **oon**, huevo; **-gonia**, progenial.)

oogonio (oogonium). La célula madre de los gametos femeninos u óvulos. (Gr. **oon**, huevo; **gonos**, progenia.)

ooide (ooid). En forma de huevo, oval. (Gr. **oon**, huevo; **eidos**, forma)

oolema (oolemma). La membrana vitelina de un huevo. // la zona pelúcida. (Gr. **oon**, huevo; **cáscara**, hollejo.)

oología (oology). El estudio de los huevos, especialmente de las aves. (Gr. **oon**, huevo; **logos**, discurso.)

ooplasma (ooplasm). El citoplasma del huevo. (Gr. **oon**, huevo; **plasma**, moldeado.)

ooplasto (ooplast). Un óvulo sin fertilizar. Una oosfera. (Gr. **oon**, huevo; **plastos**, formado.)

oópodo (oopod). Una de las piezas que componen un ovipositor. (Gr. **oon**, huevo; **pous, podos**, pie.)

ooporfirina (ooporphyrin). Pigmento hallado en la cáscara de los huevos de aves. También se llama *hematoporfirina.* (Gr. **oon**, huevo; **porhryra**, púrpura.)

ooquiste (oocyst). *Oocisto.*

ooper. V. *mapo*, pez.

oosfera* (oosphere). El óvulo antes de la fecundación. Equivale a un gameto femenino. (Gr. **oon**,. huevo; **sphaira**, esfera.)

oospermo (oosperm). El óvulo fecundado o cigoto. (Gr. **oon**, huevo; **sperma**, semilla.)

oospora (oospore). El cigoto u óvulo fecundado. El cigoto enquistado. (Gr. **oon**, huevo; **sporos**, semilla.)

oostegito (oostegite). Estructura aplanada que, en los crustáceos cumáceos, forma una bolsa incubatriz. (Gr. **oon**, huevo; **stege**, techo.)

oostegópodo (oostegopod). Un oostegito portador de apéndices. (Gr. **oon**, huevo; **steges**, cubierta; **pous**, pie.)

ooteca* (ootheca). Una cápsula que contiene huevos, como la de ciertos insectos y moluscos. (Gr. **oon**, huevo; **theke**, caja.)

oótida (ootid). La célula producida por una división meyótica del cigoto secundario. (Gr. **oon**, huevo; **-idion**, dimin.)

ootipo (ootype). En los platelmintos, una región engrosada del oviducto en la cercanía de la glándula conchígera. Está bien desarrollada en *Fasciola.* (Gr. **oon**, huevo; **tipo**, molde.)

ootoco (ootocous). V. *ovíparo.*

ootocoide (ootocoid). Dar a luz la progenie insuficientemente desarrollada, completándose el crecimiento en la bolsa marsupial. (Gr. **oon**, huevo; **tokos**, parir; **eidos**, parecido.)

oozoide (oozoid). Un zooide o unidad del organismo colonial que se desarrolla desde un huevo, a diferencia de los *blastozooides* que se producen de brotes o yemas. (Gr. **oon**, huevo; **+zooide.**)

oozoito (oozoite). Progenitor asexuado de algunos tunicados. (Gr. **oon**, huevo; **zoon**, animal.)

opah. V. *mariposa,* pez.

Opalinata. V. *Opalinida.*

Opalinida. Una clase de protozoos provistos de muchos orgánulos oblicuos en la superficie del cuerpo, con citostoma ausente y dos o más núcleos, sin conjugación. Parásitos y de vida libre. Ej. *Opalina,* (Lat. medio, **opalinus**, de **opalus**, ópalo.)

ópalo* (opal). Sílice hidratada, que forma una de las substancias esqueléticas halladas en ciertos organismos marinos; *silicoflagelados, radiolarios,* etc. (Lat. **opalus.**)

Oparin, A.I. Bioquímico ruso. Junto con J.B.S. Haldane, enunció (1933) la teoría del origen heterotrófico de la vida (1894).

op. cit., (op cit). Abreviatura de *opere citato,* expresión usada en citas bibliográficas para indicar "en la obra citada".

opérculo* (operculum). Cada una de las piezas de la cubierta ósea de las branquias de los peces.// La cubierta que abarca la abertura en ciertos moluscos gasterópodos. // Las piezas o tapas de las aberturas genitales en los escorpiones. (Lat. **operculo**, tapa.) *Adj.* ***operculado, opercular*, operculífero.***

operón (operon). Conjunto de genes "estructurales" que, según la hipótesis de Jacob-Monod, actúan bajo el control de genes reguladores para producir los mensajeros RNA.

Ophidia. Suborden de reptiles del orden de los escamosos llamados también *Serpentes,* q.v.(Gr. **ophidion**, dim. de **ophis.**, serpiente.)

Ophiocephaliformes. Un orden de peces óseos fisoclistos con aletas ventrales subabdominales, sin radios espinosos, con órganos respiratorios suprabranquiales y con escamas cicloideas. (Gr. **ohis**, serpiente; **+ephale**, una cabeza; lat. **forma.**)

Ophiocistoidea. Clase de equinodermos de forma discoidal, cubiertos por placas, excepto en la boca. Fósiles durante el Ordoviciano y el Devoniano. (Gr. **ophis**, serpiente; **kystos**, huevo; **oidea**, parecido.)

Ophiurae. Orden de equinodermos ofiuroideos de brazos no ramificados que no pueden retorcerse hacia la boca y con el disco y los brazos usualmente cubiertos por placas. Del Cretáceo hasta el reciente. Son las llamadas *estrellas serpientes o quebradizas.* (Gr. **ophis**, serpiente.)

Ophiurida. Un orden de equinodermos en la subclase *Ophiuroidea* cuyas vértebras se articulan por cóndilos-acetábulos.

Ophiuroidea. Subclase de equinodermos con el cuerpo formado por un disco central y cinco brazos delgados y flexibles. Podios sin ventosas en dos hileras. Sin pedicelarios, sin ciego, sin ano y con madreporita aboral. De vida libre y muy activos. (Gr. **ophis**, serpientes; **oides**, parecido.)

opilión (harvestman). Un individuo del orden *Opilionida.*

Opilionida. Orden de arácnidos también llamados *Phalangida,* q.v. (Lat. **opilio**, pastor.)

opistaptor (opisthaptor). Un órgano de fijación de algunos trematodos, consistente en un disco grande provisto de ventosa y garfios menores. (Gr. **opisthe**, detrás; **hapto**, fijar.)

Opisthandria. Una subclase de milípedos que incluye las especies que tienen gnatoquilario y carecen de apéndices en la columna. Los últimos pares de patas modificados en gonópodos. (Gr. **opisthe**, detrás; **andros**, varón, un macho.)

Opisthobranchia. Subclase de moluscos gasterópodos de concha reducida o ausente con las aberturas de la cavidad del manto posterior y generalmente con una aurícula. Una branquia en posición posterior, a veces substituida por branquias secundarias. Monoicos. Del Carbonífero hasta el reciente. (Gr. **opisthe**, puesto; **koilos**, hueco.)

Opisthocoela. Una subdivisión en el orden *Anura* de los anfibios que comprende los que tienen vértebras opistocélicas. (Gr. **opisthe**, opuesto; **koilos**, hueco.)

Opisthocomiformes. Un orden de aves creado para el *hoacín,* q.v.

Opisthoglypha. Grupo de serpientes que incluye las especies que tienen algunos dientes maxilares posteriores acanalados por delante para la conducción del veneno. No son seriamente peligrosas para el hombre. (Gr. **opistho**, por detrás; **glyphe**, un tallado.)

Opisthogoneata. Clase de artrópodos llamada también *Chilopoda.* (Gr. **opisthe**, opuesto; **gonos**, reproducción.)

Opisthomi. Orden de peces osteictios de la subclase *Actinosterigios,* de cuerpo anguiliforme, *llamado también* Mastacembeliformes. (Gr. **opisthe**, opuesto.)

Opisthopora. Un orden de anélidos oligoquetos, de hábitos terrestres, con largos gonoductos masculinos y con gonóporos situados a cierta distancia por detrás de los segmentos masculinos. (Gr. **opisthe**; lat. **poros**, pasaje.)

Opisthorchida. Orden de trematodos digéneos, con los conductos excretores en la cola y sin estiletes. Los testículos son posteriores. (Gr. **opishte**, opuesto; **orchis**, testículo.)

Opisthorchis. Un género de trematodos parásitos del hombre. O. *sinensis.* (Gr. **opisthe**, posterior; **orchis**, un testículo.)

Opisthospermophora. Orden de diplópodos. V. *Juliformia.* (Gr. **opisthe**, opuesto; **sperma**, simiente; **phoreus**, un portador.)

opistio (opisthion). *Opistión.* Punto craneométrico situado al medio del margen posterior del *foramen magnum.* (Gr. **opisthe**, detrás.)

opistobranquio (opistobranch). Un molusco de la clase *Opistobranchia*

opistocélico (opisthocoelus). Que es cóncavo por detrás, como los centros de algunas vértebras de anfibios. (Gr. **opisthe**, opuesto; **koilos**, hueco.)

opistocirto (opisthocyrt). Arqueado hacia atrás con respecto a la dirección de las líneas de crecimiento en las conchas de ciertos moluscos. (Gr. **opisthe**, opuesto; **kyrtos**, arqueado.)

opistoclinado (opisthocline). Que está inclinado hacia atrás con respecto a las líneas de crecimiento. Se aplica a las conchas de los moluscos. También *retrocurrente y retractivo.* (Gr. **opisthe.**, opuesto; **cline**, inclinado.)

opistoconto. Organismo que se mueve por un flagelo impulsor situado en la parte posterior. (Gr. **opisthe**, detrás; **kontos**, remo.)

opistodético (opisthodetic). Se dice de la estructura que está situada por detrás del umbo o pico en los moluscos bivalvos. (Gr. **opisthe**, detrás; **detos**, unido.)

opistogénesis (opistogenesis). El desarrollo de los segmentos del cuerpo comenzando de atrás a adelante. (Gr. **opisthe,** detrás; **génesis,** origen.)

opistogloso (opisthoglossal). Que tiene la lengua insertada anteriormente y libre posteriormente, como la de ciertas ranas. (Gr. **opisthe,** opuesto; **glossa,** lengua.)

opistognato (opisthognathous). Que tiene mandíbulas recesivas o fugitivas. (Gr. **opisthe,** opuesto; **gnathos,** mandíbula.)

opistogoneado (opistogoneate). Que tiene las aberturas sexuales en la parte posterior del cuerpo. V. *Opisthogoneata.*

Opistómero (ophistomere). Un somito posterior en los artrópodos. (Gr. **opisthe,** opuesto; **meros,** segmento.)

opistonefros (opisthonephros). Un tipo de riñón embrionario en el que se encuentran túbulos del mesonefros y del metanefros. (Gr. **opisthe,** detrás, **nephros,** el riñón.)

opistosoma (opisthosome). Grupo de segmentos situado posteriormente al útlimo par de patas en los acarinos. // En los arácnidos y trilobitas el abdomen en general está compuesto del mesosoma y el metasoma, (Gr. **opisthe,** detrás; **soma,** cuerpo.)

opistótico (opisthotic). Por detrás de la región del oído. // Un hueso en el cráneo de algunos reptiles, posterior a las fosas temporales, que se fusiona con el exocipital. (Gr. **ophiste,** por detrás; **otos,** el oído.)

opistura (opisthure). La punta de la columna vertebral que se proyecta en la cola. (Gr. **opisthe,** detrás; **oura,** cola.)

opófilo (opophilus). Que nutre de la savia. (Gr. **opos,** jugo vegetal; **philos,** amante.)

oponente (opponens). Un músculo que, al contraerse, asiste a la oposición de los dígitos. (Lat. **opponens,** opositor.)

oportunismo* (oportunism). La adaptación de un organismo **a los factores más apremiantes del ambiente. (De** oportuno.)

oposígena (oposigenes). Estructura que se forma o se hace funcional después del nacimiento. (Gr. **opse,** tarde; **genes,** nacido.)

opoterapia* (opotherapy). Empleo terapéutico de extractos de órganos animales. Organoterapia. (Gr. **opos,** jugo; **therapeutikos,** tratamiento médico.)

opsina (opsin). La parte proteínica de la rodopsina, después que la luz incide sobre los bastoncillos de la retina. (Gr. **ops,** ojo.)

-opsis (opsis). (Del griego **opsis,** aspecto, apariencia, etc.)

opsonina (opsonin). Un anticuerpo que facilita a los fagocitos la destrucción de bacterias. *Bacteriotropina.* (Gr. **opsonein,** proveer.) *Adj.* ***opsónico.***

óptica* (optic). Parte de la física que estudia los fenómenos de la luz y de la visión. (Gr. **optikos,** de la vista.) *Adj.* ***óptico.***

opticociliario (opticociliary). Lo perteneciente al ojo y a los nervios ciliares. (Gr. **optikos,** vista; lat. **cilium,** pestaña.)

opticón (opticon). La masa medular interna del lóbulo óptico en los insectos. (Gr. **optikos,** relacionado con la vista.)

opticopupilario (opticopupillary). Lo relativo a la pupila del ojo. (Gr. **optikos,** vista; lat. **pupilla,** pupila.)

óptimo* (optimun). El mejor, lo más adecuado. Se emplea a menudo para indicar un factor ambiental en su intensidad más apropiada para la vida de un organismo. (Lat. **optimus.**)

optoblasto (optoblast). Una célula nerviosa de la capa ganglionar de la retina. (Gr. **optikos,** vista; **koilos,** hueco.)

optocelo (optocoel). Cavidad presente en los lóbulos ópticos de algunos vertebrados que se abre en el interior del acueducto de Silvio, (Gr. **opsis,** vista; **koilos,** cavidad.)

optograma (optogram). La imagen retinal. (Gr. **optikos,** vista; **gramma,** letra, dibujo.)

optómetra (optometrist). Especialista en optometría. (Gr. **opsis,** visión; **metron,** medida).

orabassú (titi monkey). Mono tití del bajo Amazonas, familia *Cebidae* **(Callicelus molochi).**

or- (or-). (De lat. **os, oris,** la boca.)

-orad (orad). Hacia la boca o hacia la región oral. (Lat. **os, oris,** la boca; **ad,** hacia.)

oral* (oral). Lo relativo a la boca. // Estructura relacionada con la boca. // La superficie en donde está situada la boca en los equinodermos. (Lat. **os,oris,** la boca.)

orangután* (orangutan). Uno de los cuatro primates antropoides, que vive en Borneo y Sumatra. Se caracteriza por sus largos brazos, pelaje rojizo. Los machos adultos poseen grandes repliegues en la cara **(Pongo pymaeus).**

ora serrata. (ora serrata). Borde irregular de la retina en el ojo de los vertebrados que termina bruscamente en el cuerpo ciliar. (Lat. **os, oris, pl. ora,** bocas, aberturas, bordes; **serratus,** aserrado.)

orbe* (orb). Pez marino del orden de los *Plectognatos,* que tiene el cuerpo cubierto de espinas. (Lat. **orbis,** redondo.)

orbicular* (orbicular). Redondo o circular. // Un músculo que rodea una abertura. (Lat. **orbicularis,** circular.)

orbicularis oris (orbicularis oris). Músculo que rodea la boca. Cierra la boca y aprieta los labios. // ***o. oculi,*** músculo que rodea los parpados, cierra los párpados y arruga la frente.

órbita* (orbit). La cavidad del cráneo en donde se encuentra el ojo. (Gr. **oribs,** círculo.) *Adj.* ***orbital.****

orbital* (orbitale). En craniometría, el punto más abajo del borde inferior de la órbita izquierda. (Lat. **orbita.**)

orbitomalar (orbitamalar). Lo perteneciente a la órbita y al hueso malar o yugal. (Lat. **orbita,** la órbita; **mala,** carrillo.)

orbitonasal (orbitonasal). Lo que pertenece a la órbita y a la región nasal. (Lat. **orbita,** circuito; **nasus,** nariz.)

orbitosfenoides (orbithosphenoid). Un par de huesos de cartílago situados a cada lado del cráneo. En los mamíferos, cada uno está en contacto con el presfenoides, el alisfenoides y el frontal. (En referencia a la órbita y al hueso esfenoides.)

orca* (killer whale). Cetáceo sumamente voraz de los mares fríos. Familia *Delphinidae* **(Orcinus orca).**

orden* (order). Una de las grandes categorías taxonómicas, entre la clase y la familia. Esta formada por un grupo de familias relacionadas morfológicamente. Se estima que también lo están filogenéticamente. (Lat. **ordo,** arreglo.)

Ordoviciano (Ordovician). *Ordovicio.* Período de la Era Paleozoica entre el Cambriano y el Siluriano. Duró 70 millones de años y se caracterizó por el predominio de invertebrados marinos, especialmente trilobitas, corales y moluscos, así como por la aparición de vertebrados primitivos. La superficie de la Tierra estuvo en gran parte cubierta por el mar. **(Ordovices,** una antigua tribu británica en la frontera Welsh.)

oreas orca. V. *canna.*

oreino (mountainer). *Montañez.* Organismo que se cría en las montañas. (Gr. **oreinos,** montañés.)

oreja* (ear). En los mamíferos, la parte del oído externo que forma el pabellón. Las otras partes del oído externo son el conducto auditivo externo y la concha. // (Lat. **oricha.**) // ***o. de mar,*** V. *abalón.*

orejudo* (big eared). Que tiene las orejas grandes. España: murciélago provisto de largo pabellón de la oreja, que es casi del tamaño del tronco **(Plecotus auritus).** // Cuba: especie de murciélago de largas orejas **(Macrotus waterhousei minor).** // V. *fenec.*

óreo- (or-). **(Del gr. oros, oreos,** montaña.) Ver también *oros.*

oreófilo (oreophilous). Organismo que prefiere habitar en las montañas, como las cabras monteses **(Oreammos sp.)** (Gr. **oros,** montaña; **philos,** amigo.)

oreotrago. Antílope africano que vive desde el Cabo de Buena Esperanza hasta Abisinia y Nigeria **(Oreotragus oreotragus).**

organicina (organizine). Principio hormonal hallado en el "cerebro" de los platelmintos.

orgánico* **(organic).** Dícese de los seres vivientes. (Gr. organon, instrumento.)

organificar **(organific).** La formación de substancias orgánicas a partir de cuerpos inorgánicos, como lo efectúan los organismos autotróficos.// Que produce un organismo. (De orgánico.)

organísmico **(organismic).** Se aplica a los factores que influyen en mantener el organismo como unidad integral. *(Doctrina organísmica.* (Gr. organon, instrumento.)

organismo* **(organism).** Conjunto de partes organizadas. // Una planta, animal o protisto, que funcionan como una unidad. (Gr. organon, instrumento.) // ***o. incumbente,*** organismo microscópico que se adhiere a la superficie sumergida de barcos, pilotes, etc. // Organismo obstructor o dañino.

organito **(organell).** Dim. de *órgano.* V. *orgánulo.*

organización* **(organization).** Lo que exhibe características de organismos o se comporta como un organismo. Ej. tejidos cultivados. (Gr. organon, instrumento.)

organizador* **(organizer).** Cualquier parte del embrión que influye sobre otrá parte y dirige sus diferenciaciones morfológicas. (Gr. organon.) // ***o. de Spemann,*** una substancia química, derivada de ácidos nucléicos, que se produce en los primeros estados de un embrión e induce especialización de las células primitivas para la formación de un tejido particular. // ***o. nucleolar,*** la partícula o gen que origina el nucléolo. // ***o. primario,*** o labio superior del blastóporo, primer centro de organización que ocurre en el desarrollo embrionario. // ***o. secundario,*** cualquier estructura embrionaria que adquiere facultad organizadora por haber recibido la acción inductiva de un organizador primario.

órgano* **(organ).** Un grupo de tejidos y estructuras que realizan una función específica. (Gr. organon, instrumento.) *Adj.* ***organoide, orgánico.*** // ***o acuífero,*** v. *árbol respiratorio* de los holoturoideos. // ***o. adamantino,*** formación embrionaria en forma de cúpula derivada de las crestas embrionarias, en el que se desarrolla la pulpa y la dentina. //***o. adrenales,*** v. *glándulas adrenales.* // ***o. análogos,*** estructuras que llevan a cabo una misma función aunque no sean similares en estructura ni por su origen. V. *analogía, convergencia, homoplasia.* // ***o. apical,*** estructura sensorial estática situada en el polo aboral en los tenóforos, constituida por una fosita ciliada en la que hay un aglomerado de estatolitos que se apoyan sobre 4 penachos de cilios. // ***o. arborescente,*** el aparato respiratorio en algunos holoturoideos, compuesto de sacos ramificados que parten del recto y periódicamente se llenan y vacían de agua. Organo accesorio de la respiración de ciertos peces, formado por hojas branquiales muy ramificadas llenas de aire. // ***o. auditivo,*** estructura que detecta determinadas vibraciones del ambiente. En los vertebrados incluye los receptores del equilibrio. // ***o. axial,*** una estructura glandular del conducto axial o canal pétreo en el aparato acuífero de los equinodermos. // ***o. celular,*** V. *orgánulo.* // ***o. cerebrales,*** tubos ciliados pares que, en los nemertinos constituyen órganos quimiorreceptores. // ***o. convergentes,*** v. *órganos homólogos.* // ***o. copulador,*** especie de esclerito modificado o apéndice relacionado con la copulación, v. *gonópodos, esclero genitales* (=genitales externos, oviscapto). // ***o. cordotonales,*** estructura en los insectos de naturaleza acústica o estatorreceptoras que se encuentra situada en los segmentos torácicos y abdominales y en los apéndices. Los órganos cordotonales están constituidos por escolóporos unidos a los tegumentos. // ***o. cribiformes,*** filas de pliegues tegumentarios situados entre ciertas placas de algunas estreallas de mar. // ***o. cromatógeno,*** cuerpo pigmentado axial en ciertos equinodermos. // ***o. cuvierianos,*** estructuras de defensa de los holoturoideos, consistente en numerosos tubos cubiertos de una substancia pegajosa que cuando el animal es irritado la arroja con violencia. // ***o. de asociación,*** correlación y coordinación que transmiten, recogen y elaboran los estímulos que procede de los receptores y los trasladan a los efectores. // ***o. de Berlese,*** o glándula del homocelo abdominal de los insectos del género *Cimex.* // ***o. de Bidder,*** estructura en los testículos de los sapos machos que, bajo determinadas condiciones, puede desarrollarse en un verdadero ovario. // ***o. de Bojanus,*** riñón de los moluscos formado por metanefridios modificados, que parten de la cavidad pericardia y desembocan en la cavidad palial. // ***o. de Corti,*** una serie de estructuras paralelas situadas en la rampa coclear del oído interno de los mamíferos, que constituyen los fonorreceptores. // ***o. de Cuvier,*** v. *órgano cuvierano.* // ***o. de Gene,*** glándula cefálica que, en los ixódidos, secreta una substancia que induce la transformación de los huevos. // ***o. de Giraldi,*** v. *paradídimo.* // ***o. de Golgi,*** v. *corpúsculo de Golgmazzoni.* // ***o. de Graber,*** estructura, al parecer sensorial, que se encuentra en las larvas de los tábanos. // ***o. de Haller,*** un quimiorreceptor de las garrapatas. // ***o. de Jacobson,*** un órgano olfativo accesorio en el techo de la boca que existe en algunos vertebrados. // ***o. de Johnston,*** estructura sensorial situada en el segundo segmento antenal de los insectos, que se supone tenga función auditiva. // ***o. de Jordán,*** v. *quetosema.* // ***o. de Keber,*** la glándula pericárdica de los bivalvos. // ***o. de Leyding,*** estructura diminuta que ocurren en las antenas de algunos artrópodos, probablemente de función olfativa. // ***o. de Meyer,*** un área de papilas circunvaladas de cada lado de la parte posterior de la lengua. // ***o. de Muller,*** *órgano rotario.* // Conjunto de fonorreceptores de los insectos. // ***o. de Nasonoff,*** una glándula abdominal de las abejas que emite una feromona de reconocimiento que les ayuda al retorno a la colmena. // ***o. de Rosenmuller,*** el epoóforo o restos del mesonefros anterior situados junto al hilio del ovario. // ***o. de Siebold,*** un órgano fenorreceptor en las tibias anteriores de los insectos Tetigónidos. // ***o. de Stewart,*** formado por cinco vesículas del celoma, cerca de la linterna de Aristóteles, que actúan como branquias internas en algunos equinodermos. // ***o. de Tomosvary,*** fositas sensoriales situadas en la base de las antenas o atrás de cada estigma de los sínfilos, la mayoría de los diplópodos y en algunos quilópodos. // ***o. de Ribaga,*** abertura en el abdomen que conduce al órgano de Berlese en los chinches del género *Cimex.* // ***o. de Valencienres,*** una estructura de forma laminar en el aparato sexual femenino de los nautilus. // ***o. de Weber,*** v. *aparato de Weber,* v. *útero masculino, simus poccularius.* // ***o. de Zuckerkandl,*** grandes ganglios que se encuentran al final de la vida fetal y por breve tiempo después del nacimiento, en el sitio del origen de la arteria mesentérica inferior. // ***o. del esmalte,*** v. *órgano adamantino.* // ***o. de los sentidos,*** estructura que contiene la parte sensible a un estímulo determinado. // ***o. difusos,*** elementos dispersos en el cuerpo de los insectos de funciones mal conocidas, v. *células pericardiales, enocitos* y *cuerpos grasos.* // ***o. efectores,*** los que realizan alguna acción o trabajo por la excitación de una fibra nerviosa efectora, como los músculos, las glándulas, etc. // ***o. eléctricos,*** estructura musculares muy modificadas en ciertos peces que producen descarga eléctrica. En la anguila eléctrica sudamericana la descarga puede llegar a unos 600 voltios, v. *anguila eléctrica, torpedo, barbo eléctrico.* // ***o. equilibrador,*** nombre aplicado a la *vejiga natatoria* de los peces que, además de su función respiratoria accesoria, tiene a veces otra de carácter hidrostático. // ***o. espiracular,*** estructura en los espiráculos de los selácios que se considera homóloga de la línea lateral. // ***o. espiral,*** órgano de Corti. // ***o. estáticos,*** v. *estatocistos.* // ***o. estridulantes,*** series de dientecillos situados en las alas o en las patas de ciertos insectos mediante cuya frotación se producen sonidos, como el "canto" de los grillos. // ***o. fagocitarios,*** complejo celulares en la cavidad del cuerpo de los nematodos que pueden acumular substancias de reservas. // ***o. frontal,*** que, en los quilópodos, es una estructura de funciones sensitivas mal conocidas, y en los crustáceos, el *órgano nucal.* // ***o. genitales,*** o aparato genital. // ***o. hematopoyéticos,*** diversos órganos y estructuras que, bien en el embrión o en el adulto, funcionan como formadores de sangre: el saco vitelino, el bazo, el hígado, el timo, los ganglios linfáticos y la médula ósea. // ***o. hidrostático,*** v. *vejiga natatoria.* // ***o. homólogos,***los que tienen semejanza estructural y de origen, *v. homología.* // ***o. infundibular,*** surco ciliado en la parte anterior del tubo nervioso en los cefalocordados que se considera homólogo del saco vasculoso de los peces. // ***o. internefridial,*** una estructura considerada como de secreción, hallada en algunos sipuncúlidos. // ***o. de intertentacular,*** abertura celomática por la que pueden salir al exterior los productos de excreción en ciertos briozoos. // *o. intromitente,* órgano copulador masculino encargado de transferir la esperma dentro del tracto genital femenino. // *o. laterales,* fositas consideradas de función olfativa que se encuentran en la cara ventral de los anélidos mizostómidos alternando con los parápodos. //*o. linfoideos,* diversas estructuras que forman parte del sistema linfático, como el *timo,* las *amígdalas,* etc. // *o. liriformes,* aberturas estrechas en grupos de 10-30 hallados en los cuerpos de las arañas y de algunos otros, recubiertas de una cutícula delgada, a las que llegan fibras sensoriales a las que se les atribuye funciones olfativas. // *o. luminescente,* estructura que emite luz en ciertos animales, como en los anélidos, celenterados, moluscos, artrópodos, urocordados y peces. V. *fotoporos, luciferina* y *luciferasa.* // *o. maxilar,* estructura ventral anterior en algunos ácaros. // *o. miocordotonal,* propiorreceptores en el tercer segmento de cada pata en los crustáceos. // *o. motores terminales,* ramificaciones del extremo de las axonas en los músculos estriados, también llamada *placa terminal.* // *o. músculo-tendíneo,* una clase de propiorreceptor responsable de la coordinación de la contracción muscular. // *o. neoténicos,* estructuras que son funcionales en estado embrionario o larval y persisten en los adultos, atrofiadas o funcionales, como las branquias externas en peces y anfibios. V. *neotenia.* // *o. neurohemal,* una estructura formada por un grupo de terminaciones nerviosas en relación estrecha con ciertos vasos sanguíneos, probablemente de función neurosecretora. // *o. nucal,* estructura sensorial de las larvas de algunos crustáceos, inervada por dos ganglios supraesofágicos y de función incierta. // Fosita glandular en el prostomio de ciertos poliquetos. // *o. olfativos,* los que se encuentran en el fondo de pequeñas depresiones en forma de copillas de las antenas de los artrópodos. // *o. palpal,* pedipalpo modificado en los machos de las arañas. // *o. parapineal,* v. *órgano parietal.* // *o. paratimpánico,* estructura que se considera homóloga de la línea lateral de los peces. // *o. parietal,* v. *ojo parietal* y *epífisis.* // *o. pineal,* estructura que se desarrolla en la región posterior del conjunto que se llama *epífisis.* // *o. piriforme,* una glándula sexual accesoria en algunos turbelarios. // *o. plastidógeno,* el órgano axial de los equinodermos. // *o. polar,* la agrupación de células caudales en el embrión joven de los insectos. // *o. poral,* la estructura, presente en los désmidos, que rodea el canal de excreción // *o. pseudostigmático,* estructura sensorial prominente de cada lado del cefalotórax de ciertos ácaros. // *o. pulsátiles,* regiones pulsátiles de ciertas antenas de los insectos. // *o. renales,* un par de estructuras derivadas del mesonefros en los anfibios provistas de nefrostomas. // *o. respiratorios,* los encargados de dicha función. // *o. rotatorio,* un anillo ciliado de los rotíferos que arrastra los alimentos a la boca. Estructura en el embudo bucal de los cefalocordados provista de cilios cuyos movimientos contribuyen a la captura de los alimentos. // *o. segmentarios,* nombre aplicado a los nefridios de los anélidos porque normalmente existe un par de cada segmento. // *o. sexuales primarios,* v. *testículos.* // *o. sexuales accesorios,* las diversas estructuras que, además de los ovarios y testículos, están relacionada con la reproducción. // *o. simbióticos,* estructura que, en muchos insectos, contienen hongos simbióticos considerados como productores de enzimas y de vitaminas. // *o. terminal,* terminación funcional receptora de una fibra nerviosa en un tejido. // *o. timpánico,* órgano sonoro de los insectos llamados *cigarras,* formado por un timbal, en donde vibra una placa quitinosa, v. *tímpano.* // *o. vestigiales,* los que fueron funcionales en los animales antepasados de una especie, pero que se han reducido o no son funcionales actualmente. // *o. vibrátil,* un pabellón ciliado que se abre en la cavida faríngea de los urocordios, probablemente de función quimioceptora. // *o. vocal,* estructura de los anfibios situada en la laringe, mediante la cual pueden emitir sonido acompañada a veces por un órgano resonador formado por la mucosa faríngea. // *o. vomeronasal,* v. *órgano de Jacobson.* // *o. x.* grupo de células neurosecretoras situadas en los tallos oculares de los crustáceos decápodos, cuya función relacionada con la muda y cuyos complementos son la *glándula del seno* y el *organo Y.* // *o. Y.,* componente neurosecretor relacionado con el órgano X, situado en los segmentos antenales o maxilares de los crustáceos decápodos, cuyas hormonas intervienen en los procesos de la muda. Las secreciones de este órgano son inhibidas por los órganos X.

órgano de mar **(organ-pipe coral).** Celentéreo marino de la clase *Anthozoa,* orden *Alcyonaria,* formado por largos tubos calizos de color rojo **(Tubipora musica).**

organofilia **(organophyly).** La filogenia de los órganos. Cf. *organogénesis.* (Gr. **organon,** instrumento; **phyle, phylon,** una tribu.)

organogenia* **(organogeney).** El origen y desarrollo de los órganos de los animales. (Gr. **organon,** instrumento; **genio,** origen.) ≐ *Organogénesis.*

organografía* **(organography).** La parte de la biología que describe los órganos de los animales o de las plantas. (Gr. **organon,** instrumento; **graphè,** inscribir.) Adj. *organográfico.*

organoléptico* **(organoleptic).** Lo que es capaz de ser recibido por los sentidos o que afecta al organismo entero. (Gr. **organon,** instrumento; **lambano,** tomar; aprender.)

organología* **(organology).** El estudio científico de los órganos de animales o de las plantas. (Gr. **organon,** órgano; **logos,** tratado.)

organonimia **(organonymy).** La nomenclatura anatómica. (Gr. **organon,** instrumento; onyma, **nombre.**)

organon = *Organo.* // *o. spirale.* V. *órgano de Corti.*

organonomía **(organonomy).** Las leyes que tratan de la vida o de los organismos vivientes. Es la biología teórica. (Gr. **organon,** instrumento; **nomos,** ley.)

organoplástico **(organoplastic).** Lo que puede formar un órgano. (Gr. **organon** órgano; **plasson,** moldear.)

organotípico **(organotipic).** Crecimiento regulado somáticamente. (Gr. **organon** órgano; **typos,** patrón).

organotrófico **(organotrophic).** Lo perteneciente a la nutrición de los órganos. (Gr. **organon,** instrumento; **trophos,** uno que se alimenta.)

orgánulo* **(orgunule).** *Organito, organelo.* Parte especializada de un organismo unicelular que realiza una función específica y que se comporta como el órgano de un metazoo. // *o. aploplásmicos,* que se originan en el citoplasma, pero sin constituir formaciones vivientes, como las estructuras esqueléticas. // *o. autónomo,* los que se originan por división de estructuras equivalente en la célula madre, como el núcleo, el centríolo, etc. // *o. euplásmicos,* que se originan por diferenciación de citoplasma conservando el carácter de constituyentes vitales, como las vacuolas, el retículo endoplásmico, la membrana, etc.

orgasmo* **(orgasm).** El clímax o crisis de la excitación sexual. (Gr. **orgasmos,** orgao, hincharse.)

Oribatei **(Oribaeoidea).** Superfamilia de ácaros no parásitos, llamada *ácaros escarabajos.*

Oribí **(oribi).** V. *oribu.*

oribu **(oribu).** Pequeño antílope africano que vive desde sur del Sahara hasta Zambesi **(Ourebia ourebia).**

oricteropo. V. *Tubulidentata.* (Gr. **orykter,** un excavador; **podos,** pie.)

oríctica **(oryctic).** = *Paleontología.* El estudio de los fósiles. (Gr. **oryktos,** excavado.)

orictología **(oryctology).** Término desusado. V. *Paleontología.* (Gr. **oryktos,** excavado, fósil; **logos,** discurso.) *Adj. orictológico.*

oricú. Buitre africano de gran tamaño, orden *Falconiformes,* familia *Accipitridae* **(Togos tracheliotus).**

orientación *(orientation). En biología, el cambio de posición de una parte de un órgano en relación con el todo. // Cambio de posición de un organismo en relación con el tiempo y el espacio. (Lat. **oriens,** sol naciente.)

oriental* **(oriental).** Región zoogeográfica primaria que comprende el sur de Asia, desde el este del Golfo Pérsico, la India al sur de Himalaya, el sur de la China, la Malasia y la Indonesia, hacia el norte y el oeste de la línea de Wallace. (Lat. **oriens**, sol naciente.)

orificio* (**orifice**). Sinónimo de *boca*, abertura, agujero. Ver también *foramen*. (Lat. **orificium**.) // ***o. nasales***, aberturas que comunican con el exterior las cavidades nasales, generalmente pares, pero en los cetáceos única a veces y constituye el espiráculo. En algunos mamíferos acuáticos está cerrado por una válvula. // ***o. nasales posteriores***, abertura de las fosas nasales en la faringe. V. *coanas*. // ***o. uretral externo***, es la abertura exterior de la uretra V. *meato uretral* o *urinario*. // ***o. urogenital***, abertura por la que se comunica con el exterior la papila urogenital de los peces ciclóstomos.

origen* (**origin**). El punto de unión de un músculo a la estructura esquelética que es la parte menos movible y, generalmente, la más próxima. (Lat. **origio**, origen.) // ***o. de las especies***, la obra cumbre de Charles Darwin, publicada en 1859, cuya enorme documentación le permitió elaborar su teoría de la evolución por medio de la selección natural.

orina* (**urine**). Producto excretorio de los vertebrados y de muchos invertebrados formado en los riñones y en otras estructuras. En aves y reptiles es sólido o semisólido. (Lat. **orina**.)

-orio (**-orius**). (Del lat. **orius, -a, -um.**) Agregado a un sustantivo denota lugar de origen, o reunión o instrumento dedicado a un propósito, como laboratorio. Agregado a un adjetivo denota "que tiene la función o el efecto de", como *ilusorio*.

oriol (**oriole**). *Oropéndola*. (Lat. **aureolus**, dorado.)

oríporo (**turkey vulture**). Venz.: *aura tiñosa*, ave.

orix (**oryx**). Antílope africano de cuerno recto y muy largo. (**Oryx tao**).

orla* (**tringle**). Orilla adornada. // Estructura que bordea otra. (Lat. **orla**) // Revestimiento cuticular en los tejidos tegumentarios de ciertos invertebrados en la que originan los exoesqueletos. // ***o. estriada***, un borde de cilios en ciertas células epiteliales intestinales en los vertebrados. // ***o. haversianas***, ver *vellos sinoviales*.

ornamentación *(**ornamentation**). V. *ornamento*.

ornamento* (**ornament**). Relieve en la superficie como el de la concha en los moluscos. V. *escultura*. (Lat. **ornamentum**.)

ornis (**ornis**). La fauna aviar de una región. (Gr. **ornis**, un ave; **kopros**, heces.)

ornito— (**ornitho—**). (Del griego **ornis**, **ornithos**, ave.)

Ornithischia. Orden de reptiles dinosaurios con el isquion y el pubis divergentes. (Gr. **ornis**, ave; **ischion**, cadera.) Jurásico y Cretáceo.

Ornitodelphia. =*Monotremata*. (Gr. **ornis**, ave; **delphys**, la útero.)

Ornithopoda. Suborden de grandes reptiles fósiles herbívoros del orden *Ornithischia*, de actitud bípeda. Pies posteriores con tres dedos. Del Cretáceo. (Gr. **ornis**, ave, **pous**, pie.)

Ornithoscelida. Nombre también aplicado a los dinosaurios. (Gr. **ornis**, ave; **skelis**, pierna.)

orniticnita (**ornithichnite**). Huellas fósiles dejadas por aves. (Gr. ave; **ichos**, **huella**.)

ornítico (**ornitic**). Lo pertenciente a las aves. (Gr. **ornis**, un ave.)

ornitina (**ornithina**). Un compuesto que interviene en la conversión de amoníaco a urea, encontrado originalmente en las aves. (Gr. **ornis**, ave.)

ornitocropo (**onithocropros**). El excermento de las aves. (Gr. **ornis**, un ave; **kopros**, heces.)

ornitodelfo*. V. *Ornitodelphia*.

Ornithodelphia. = *Monotremata*. Gr. **ornis**, ave; **delphys**, la matriz.).

ornitofilia (**ornithophily**). La polinización de flores por las aves. (Gr. **ornis**, ave; **philos**, amante.) *Adj*. ***ornitófilo***.

Ornitogea (**Ornithogea**). La región zoológica que comprende Nueva Zelandia y la Polinesia, basada en la distribución de las aves. (Gr. **ornis**, ave; **gaia**, la tierra.)

ornitología* (**ornithology**). Parte de la zoología que se ocupa del estudio de las aves. (Gr. **ornis**, ave; **logos**, discurso.) *Adj*. ***ornitológico***.*

ornitólogo* (**ornithologist**). El que se dedica al estudio de las aves. (Gr. **ornis**, pájaro; **logos**, estudio.)

ornitorrinco* (**duckbill platypus**). Mamífero monotrema ovíparo de hábitos acuáticos, hocico córneo y aplanado, como el pico de un pato, cola larga y pies con membranas interdigitales. (Gr. **ornis**, ave; **rhynchos**, pico.)

oro– (**oro —**). (Del lat. **os, oris**, la boca.)

oroanal (**oroanal**). Abertura que, en algunos organismos de tubo digestivo incompleto, les sirve de boca y de ano. (Lat. **os, oris**, la boca; **anus**, el ano.)

orofaringe (**oropharynx**). La parte de la faringe situada por detrás de la boca y la lengua, distinguiéndose de la nasofaringe. (Lat. **os**, la boca; **pharynx**, gaznate, faringe.)

orográfico* (**orographic**). Lo relativo a la orografía, especialmente en lo referente a los factores ecológicos determinados por el relieve del suelo. (De **orografía**).

oronasal (**oronasal**). Lo perteneciente o que está conectado con la boca y la nariz. (Lat. **os, oris**, la boca; **nasus**, la nariz.)

oropéndola* (**oriole**). Hermoso pájaro europeo del orden *Passeriformes*, familia *Oriolidae*. Hace nidos colgantes. (**Oriolus oriolus**). (Lat. **aer**, aire; **pendeo**, colgante.) // Las oropéndolas americanas pertenecen a la familia *Icteridae* (**Icterus galbula**).

oroquítico (**orchitic**). Lo perteneciente a los testículos. (Gr. **orchis**, testículo.)

orroide (**orrhoid**). *Seroso*. (Gr. **orros**, suero; neolat. **-oides**, similar.)

orrología (**orrohology**). El estudio científico de los sueros, (Gr. **orros**, suero.)

ortaxial (**orthaxial**). Que tiene un eje recto en el cuerpo, como la columna vertebral. (Lat. **orthos**, recto; lat. **axis**, eje.)

ortega* (**black-bellied grouse**). Ave del orden *Columbiformes*, familia *Pteroclidae* parecida a la *ganga* que habita España y el norte de Africa. (**Pterocles orientalis**).

orteto (**ortet**). El progenitor único de un *clon*. (Lat. **ortus**, origen.)

Orthognatha. Un suborden de araneidos, caracterizado por tener los quelíceros horizontales. También es llamado *Mygalomorpha*. Comprende las arañas peludas. (Gr. **orthos** recto; **gnathos**, mandíbula.)

Orthonectida. Clase de mesozoos, cuyas formas sexuales son menores de 1mm. de largo y tienen el cuerpo dividido en anillos. // Una masa interna de células. (Gr. **orthos**, recto; **nektos**, nadando.)

Orthopoda. Otro nombre para los dinosaurios del orden *Ornitischia*, q.v. (Gr. **orthos**, recto; **podos**, pie.)

Orthoptera. Un orden de insectos masticadores provistos de alas anteriores o *tegminas* apergaminadas y con venas, y alas posteriores membranosas, anchas y con muchas venas, que pliegan como un abanico. Abdomen con cercos. Comprende, cucarachas, grillos, saltamontes, etc. Del Carbonífero al reciente. (Gr. **orthos**, recto; **pteron**, ala.)

Orthopteroidea. En alguna clasificación, el orden *Orthoptera* es elevado a una categoría superior agregándole el de los *diplogosos*. (De **ortópteros** y **eidos**, parecido.)

Orthorrapha. Un suborden de insectos dípteros desprovistos de lúnula frontal sobre las antenas cuyas pupas son desnudas y salen de la envoltura pupal por una abertura dorsal en forma de T. (Gr. **orthos**, recto; **raphê**, una sutura o costura.)

orto– * (**—ortho**). (Del griego **orthos**, recto; directo.)

ortoceras (**orthoceras**). Cefalópodos de concha larga, multiestriada que remata en punta o tienen muchas cámaras. (Gr. **orthos**, recto; **keras**, cuerno.)

ortocinesis **(orthokinesis).** Una variación en la velocidad de un organismo provocada por un estímulo que origina su agresión o su dispersión. (Gr. **orthos,** recto; **kinesis,** movimiento.)

ortocromático **(orthochromatic).** Grandes eritrocitos con filamentos nucleares hacia la membrana nuclear. // Del mismo color que el tinte. (Gr. **orthos,** recto; **chroma,** color.)

ortodoxo* **(orthodox).** Ideas o doctrinas seguidas en el sentido original en que fueron expuestas. Contr. *heterodoxo.* (Lat. **ortodoxus; gr. ortodoxeo.**)

ortogamia **(orthogamy).** V. *autogamia.* // Las relaciones normales entre el macho y la hembra. (Gr. **orthos,** recto; **gamos,** boda.)

Ortogénesis **(Orthogenesis)** Teoría según la cual los seres vivos evolucionarían a lo largo del tiempo en líneas definidas en el sentido de un "perfeccionamiento" gradual de las especies. (Gr. **orthos,** recto; **genesis,** origen.)

ortognato **(orthognathus).** Que tiene la mandíbula no muy proyectada hacia adelante y con el ángulo facial casi recto. (Gr. **orthos,** recto; **gnathos,** mandíbula.)

ortógrado **(orthograde).** Que camina en dos pies, con la columna vertebral recta, como en el hombre y, en menor grado, los monos antropoides, (Gr. **orthos,** recto; **lat.** gradior, caminar.)

ortopedia* **(orthopedia).** Arte de corregir o evitar las deformidades del cuerpo humano. (Gr. **ortho,** recto; **pedion,** plano.) *Adj. ortopédico.*

ortoplastocito **(orthoplastocyte).** Plaqueta sanguínea normal. (Gr. **orthos,** recto; + **plastocito** = plaqueta.)

ortoploide **(orthoploid).** Célula con un número par de cromosomas. (Gr. **orthos,** recto; **haploos,** simple; **eidos,** parecido.)

ortóptero* **(orthopterous).** Que tiene las alas rectas. V. *Orthoptera.* (Gr. **orthos,** recto; **pteron,** ala.)

Ortopteroides. Un superorden de insectos heterometabólicos que comprende los órdenes *Plecópteros, Fasmidios, Ortópteros y Embiópteros.*

ortorradial **(orthoradial).** Tipo de segmentación en el que las líneas de segmentación están dispuestas sistemáticamente en relación con el eje principal del óvulo. (Gr. **ortho—** recto; **radius,** radio.)

ortorrafo. Insecto díptero de la sección *Orthorhapha.*

ortoselección **(orthoselection).** Modificación evolutiva resultante de la eliminación de todas las líneas laterales de variación durante los procesos selectivos. (Gr. **orthos,** recto; + **selección.**)

ortosimpático **(orthosympathetic).** El sistema de nervios conocidos como *simpático* o *gran simpático.* (Gr. **orthos,** recto; + **simpático.**)

ortosomático **(orthosomatic).** Organismo que tiene el cuerpo rectilíneo, como el de ciertas lombrices. (Gr. **orthos,** recto; **somatikos,** del cuerpo.)

ortospiral **(orthospiral).** Se aplica a las cromâtidas paralelas que se enganchan en cada vuelta. (Gr. **orthos,** recto; **opéira,** vuelta.)

ortostico **(orthostichous).** Se dice del tipo de aletas primitivas que tienen todos los radios paralelos entre sí, como la de los tiburones fósiles del género *Cladoselache,* (Gr. **orthos,** rećto; **stichos,** hilera.)

ortostiquia **(orthostichy).** Una serie de escamas orientadas en línea vertical. (Gr. **orthos,** recto; **stichos,** hilera.)

ortostrófica **(orthostrophic).** Se dice de la concha de moluscos enrollada de una manera normal. V. *hipertrófico.* (Gr. **orthos,** recto; **strophe,** dar vuelta.)

ortotipo **(orthotype).** El tipo del género escogido originalmente, o sea, tipo por designación original. (Gr. **orthos,** recto; **typos,** patrón.)

ortotrieno **(ortotriaene).** Una espícula triena con las ramas dirigidas hacia afuera, en ángulo recto con el eje. (Gr. **orthos,** recto; **triaina,** tridente.)

oruga* **(caterpillar).** Larva de los insectos lepidópteros y de algunos himenópteros caracterizada por el largo abdomen provisto de apéndices carnosos locomotores, (Lat. **orucus.**)

os- **(os-).** (Del lat. **os, ossis,** hueso.) // (Del lat. **os, oris,** la boca. // o. calcis el hueso calcáneo o fibular. // ***o. cloacae,*** una continuación de cada isquion para sostener la cloaca en ciertos reptiles, también llamados *hueso hipoisquio* // ***os. coccygis,*** el *coccyx* o el *urostilo.* // ***os. cordis,*** hueso irregular hallado en el corazón de los cérvidos y los bóvidos. // ***os. falciformis,*** hueso falciforme en el aparato cavador de las patas de los topos. // ***os. palpebrae,*** placa ósea interna en el párpado de los cocodrilos. // ***os. penis,*** un hueso que soporta el penis en algunos mamíferos, como los perros, v. *hueso penial.* // ***os. planum,*** las porciones laterales del etmoides de los mamíferos cubierta por los maxilares // ***os. uteri,*** la abertura del cuello utrerino en la vagina. (Lat. **os,** boca, **uterus.**)

—osa **(ose—).** Sufijo que se emplea comúnmente para indicar hidratos de carbono; glucosa, sacarosa, hexosa, etc.

osamenta* **(skeleton).** Conjunto de huesos de un animal. (Gr. **skeleton,** seco, duro.)

Osborn, Henry Fairfield. Paleontólogo norteamericano, expositor del concepto de la radiación adaptativa y de la evolución de los proboscídios. (**1857-1935**).

oscilógrafo* **(oscilograph).** Un instrumento que registra movimientos oscilatorios muy empleado con experiencias de fisiología. (lat. **oscilare, gr. graphè,** descripción, dibujo.)

oscino* **(oscine).** Se dice de ave canora o de la que pertenece al grupo **Oscines,**

oscilar **(oscilate).** *Bostezo.* Abrir la boca. (Lat. **oscitare,** bostezar.)

osculante **(osculant).** Muy adherente. // Que tiene caracteres intermediarios entre dos taxones. (Lat. **osculans,** besándose.)

ósculo* **(osculum).** Abertura exhalante en las esponjas. (Lat. **osculum,** diminutivo de boca.) *Adj. **oscular.***

oseína **(ossein).** Una substancia colágena que forma el constituyente principal de los huesos. De su hidrólisis, se obtiene la glucosamina. (Lat. **osseus,** hueso.)

óseo* **(osseous).** Lo que está compuesto o se asemeja al hueso. (Lat. **osseus,** óseo.)

oseoalbuminoide =*Oseína.*

osera* **(bear's den)** Guarida del oso.

osezno* **(bear cub).** Cachorro del oso. = *Esbardo.* *

osezuelo* . (Dim. de hueso.)

osfradio **(osphradium).** Un órgano de los sentidos de algunos moluscos acuáticos, que consiste generalmente en una porción de tejido epitelial columnar invervado por la comisura visceral. Se le suponía función olfativa, pero se cree que está relacionado con la suspensión de partículas que se acercan a las branquias. (Gr. **osphradio,** olor fuerte.)

osfresiología **(osphresiology).** La ciencia que estudia los olores y el sentido del olfato. (Gr. **osphresis,** el sentido del olfato; **logos,** discurso.)

osfresis **(osphresis).** El sentido del olfato. (Gr. **osphresis.**)

osícono **(ossicono).** El hueso o cuerno de los rumiantes. (Lat. **os,** hueso; **conus,** cono.)

osículo **(oscicle).** Huesecillo, como los del oído medio en los vertebrados. // Las piezas del molino gástrico de los crustáceos. // Las piezas esqueléticas en los equinodermos. // Un *litodesma.* // Un *biso* calcificado. *Adj. **osicular.*** //***o. ambulacral*** pieza dérmica en las estrellas de mar situada en el techo de cada surco ambulacral. // ***o. auditivos,*** los huesecillos del oído medio de los vertebrados. V. *martillo, yunque y estribo.* // ***o. branquiales,*** una hilera de piezas calcáreas en cada brazo de los crinoideos. // ***o. de Weber,*** v. aparato de Weber. // ***o. escleróticos,*** anillo de huesecillos alrededor de la esclerótica de las aves // osículo en la parte posterior del molino gástrico de los crustáceos. // ***o. prepilórico,*** engrosamento calcáreo del estómago de los crustáceos, entre las cámaras cardiaca y pilórica. // *o. urocárdico,* una de las piezas del molino gástrico de los crustáceos decápodos.

osificación* (ossification). La transformación de cartílagos o de membranas en huesos. En el primer caso los cartílagos o son destruídos por las *condroclastos* y el hueso es depositado por los *osteoblastos*. En el segundo (osificación intramembranosa) el hueso remplaza el tejido conectivo. // *o. endocondrial,* la formación de hueso desde el cartílago. // *o. pericondrial,* proceso inicial en la transformación de un cartílago al hueso por el que se forma una lámina calcárea bajo el pericondrio antes de que la osificación principal ocurra en el centro del hueso. (Gr. peri, alrededor; chondros, cartílago.)

osificar (ossify). La acción de cambiar un tejido en un hueso. (Lat. os, hueso. facere, hacer.)

osiforme (osiform). En forma de hueso, o de estructura como la del hueso. (Lat. ossiformis.)

-osis (-osis). (Del gr. -osis, es empleado para indicar enfermedad o incremento en producción o simplemente un estado: *Saracosis, acidosis.)*

osífrago* = *Quebrantahuesos,* ave.

osito lavador (raccoon). V. *mapache y mayuato*

osmeterio (osmeterium). Un saco bifurcado que exhala un olor desagradable que se proyecta por una hendidura en el primer segmento torácico de las mariposas papiliónidas. (Gr. osme, olfato; teros, guardián.)

ósmico (osmic). Lo relativo al sentido del olfato. (Gr. osme, olfato.)

osmila. Substancia olorosa. (Gr. osme, olor.)

osmiófilo (osmiophil). Estructura que se tiñe fácilmente con ácido ósmico. (Gr. osme, olor.)

osmo – (osmo —) (Del gr. osme, olor, oler.) // Del griego osmos, empujar, impulso.)

osmoconformador. Estructura de los celenterados capaz de tomar o eliminar sales para equilibrar la salinidad externa. (Gr. osmos, impulso; lat, conformo, arreglar, conformar.)

osmorreceptor (osmoreceptor). Receptor localizado en el hipotálamo que reacciona a los cambios de presión osmótica de la sangre. (Gr. osme, olor.)

osmorregulación (osmoregulation). Mecanismo por el cual los organismos regulan la presión interna osmótica. (Gr. osmo, oler; + regulación.)

osmosio (osmosium). La región del intestino en los nematodos comunicada con los vasos demanianos, (Gr. osmos, olor.)

ósmosis* (osmosis). Difusión de un solvente a través de una membrana semipermeable, como la de las células. (Gr. osmos, que empuja.) *Adj. osmótico.*

osmotaxia (osmotaxis). Osmotaxis. Un movimiento provocado en los organismos por la acción de una concentración molecular, sin tener en cuenta su naturaleza química. V. *quimotaxia.* (Gr. osmos, impulso; taxis, movimiento.)

osmótrofo. Se dice del organismo que se nutre solamente de substancias disueltas, que absorbe a través de su membrana celular. (Gr. osmos, impulso; trophe, alimento.

—oso (—ose). (Del lat. osus, forma adjetivos, que expresan la idea de abundancia.)

oso* (bear). Nombre aplicado a diversas especies de mamíferos carnívoros de la familia *Ursidae, Adj. osero*, osezno*, osuno*.* // o. polar u *oso blanco; (Thalarctos marinus).* // *o. pardo.* (Ursus arctos). // *o. gris* (Ursus horribilis) del oeste de Norteamérica. // *o. negro,* de América del Norte (Ursus americanus). // *o. de anteojos* u *oso andino* (Tremarctos ornatus). // *o. malayo* (Helarctos malayanus).

ososo* (osseous). Perteneciente al hueso. // Que tiene hueso. Se prefieren las voces *óseo* y *huesudo.*

osqueo – (oscheo—). (Del gr. ocheon, escroto.)

osqueocele (oscheocele). Hernia escrotal.

ossa triquetra. V. *huesos wormianos.*

Ostariophysi. Un orden de peces óseos llamados también *Cypriniformes.* (Gr. ostarion, huesecillo; physis, vejiga.)

Ostariophysida. = *Ostoriophysi.*

osteictio. V. *Osteichthyes.*

Osteichthyes. Clase de vertebrados que incluye los peces de esqueleto más o menos osificado con la boca terminal, las branquias cubiertas por opérculos y las escamas de tipo cicloidea, ctenoidea y romboidea. (Gr. osteon, hueso; ichthys, pez.)

osteína (ossein). V. *oseína.* (Gr. osteon, hueso.)

osteitis* (osteitis). Inflamación de los huesos. (Gr. osteon, hueso; itis, inflamación.)

osteo* (osteo). (Del gr. osteon, hueso.)

osteoclasto (osteoclast). Célula gigante, encargada de la destrucción de las partes viejas de los huesos, que se deriva de la médula embrionaria. (Gr. osteon, hueso; klastos, roto en pedazos.))

osteocoma (osteocoma). *Vértebra.* // Un segmento de la columna vertebral. // *Osteómero.* (Gr. osteon, hueso; komma, un fragmento.)

osteocondral (osteochondral). Estructura que consiste de hueso y cartílago. (Gr. osteon, hueso; chondros, cartílago.

osteocráneo (osteocranium). La caja craneal ósea que remplaza al condrocráneo en los vertebrados superiores. (Gr. (osteon, hueso; + cráneo.

osteodentina (osteodentine). Una clase de dentina que se aproxima a una estructura ósea. (Gr. osteon, hueso; lat. dens, diente.)

osteodermis (osteodermis). Un tipo de dermis más o menos osificados. (Gr. osteon, hueso; derma, piel.)

osteodermo (osteoderm). Cada una de las placas óseas situadas bajo ciertas escamas epidérmicas de los cocodrilos. (Gr. osteon, hueso; derma, piel.)

osteogénesis (osteogenesis). El desarrollo y origen del hueso. (Gr. osteon hueso; génesis, origen.) *Adj. osteogenético.*

Osteoglossoidea. Grupo de grandes peces tropicales de agua dulce que tiene el cuerpo cubierto por grandes escamas. (Gr. osteon, hueso; glossa, la lengua; eidos, parecido.)

osteolépida (osteolepid). Se dice de la escama ósea de ciertos peces llamada también *cosmoide.* (Gr. osteon, hueso; lepis, escama.)

Osteolepidiformes. Un orden de peces fósiles crosopterigios provistos de cabeza normal, cráneo óseo, dientes premaxilares y maxilares, ojo pineal y cola heterocerca. Del Devoniano al Carbonífero =*Rhipidista.* (Gr, osteon, hueso; lepis, escama.)

osteolito* (osteolite). Hueso fósil.

osteología* (osteology). La parte de la anatomía que se ocupa del estudio de los huesos. (Gr. osteon, hueso; logos, discurso.) *Adj. osteológico**

osteoma (osteoma). Tumor de naturaleza ósea, (Gr. osteon, hueso; —oma, terminación que denota tumor.)

osteomolacia* (osteomalacia). Un desorden sistemático de los huesos por dismineralización. (Gr. osteon, hueso; malakia blando.)

osteómero (osteomero). Un segmento de la columna vertebral en formación. *Osteocoma.* (Gr. osteon, hueso; meros, parte.)

osteomielítis (osteomyelitis). Inflamación simultánea del hueso y de la médula ósea. (Gr. osteon, hueso; myelo, médula; -itis, inflamación.)

osteón (osteon). Unidad estructural ósea que comprende un canal de Havers con sus laminillas correspondientes. (Gr. osteon, un hueso.)

osteoplástico (osteoplastic). Lo que forma huesos. (Gr. osteon, hueso; plastos, moldeado.)

osteoporosis (osteoporosis). El desarrollo de una estructura porosa en un hueso por reabsorción. (Gr. osteon, hueso; poros, pasaje.)

osteoscudo (osteoscute). *Osteoscuto.* Una osificación plana dérmica como la del esqueleto dérmico de los armadillos. V. *osteodermos.* (Gr. osteon, hueso; acutum, escudo.)

Osteostraci. Peces fósiles primitivos. V. *Ostracordermata.* (Gr. osteon, hueso; ostrakon, una concha.)

osteotomía (osteotomy). Resección de un hueso. (Gr. osteon, hueso; temno, disección.)

ostia*. *Ostra,* (Lat, ostres.)

ostial* (ostial). Relativo a la ostra. // Paraje en que se crían o pescan ostras perleras. (De ostia, ostra.)

ostíolo (ostiole). Abertura pequeña de un conducto que generalmente se puede cerrar por una válvula o músculo circular. // Agujerillo en el corazón de algunos artrópodos. // Agujerillo inhalante en las esponjas. *Adj.* ***ostiolar, ostial, ostiado.***

ostión (oyster). V. *ostra.*

ostium (ostium). Cualquier abertura en forma de boca. // *o. vaginae, o. tympanicum, o. pharyngeum,* etc. V. *orificio, abertura.* (Lat. ostium, boca, puerta.)

ostra* (oyster). Molusco bivalvo comestible del orden *Filibranchiata* (Crassostrea rizophorae). (Lat. ostrea.) *Adj.* ***ostrífero // o. perlera,*** molusco bivalvo del género *Pinctada* y sus afines, cuyas conchas tienen la superficie interna o hipostraco formada por capas muy finas de nácar. En el manto se desarrollan las perlas finas o concreciones debidas a la irritación producida por las larvas miracidios de un trematodo que en estado adulto parasita un pez, (Pinctada margaritífera.) *P. máxima y P. radiata* (del Caribe) son ejemplos de ostras perleras.

ostraco (ostraco). Capa intermedia de la concha de los moluscos o concha verdadera formada por una substancia orgánica llamada *conquiolina* y por prismas de carbonato de calcio perpendiculares a la superficie. (Gr. ostrakon, una concha, un cuerpo.)

ostraco- (ostraco). (Del gr. ostrakon, una concha.)

Ostracoda. Una subclase de crustáceos diminutos, de carapacho bivalvo y comprimido, que cubre un cuerpo pobremente segmentado con solo dos pares de apéndices en el tronco. Son marinos y de agua dulce. Desde el Ordoviciano. (Gr. ostrakon, concha; -oda, parecido.)

Ostracodermi. Peces agnatos fósiles primitivos de cuerpo pequeño y deprimido, cabeza a menudo cubierta por un escudo óseo, cuerpo con placas o espinas provistos de 1-2 aberturas nasales, 2 ojos y un ojo pineal, 2-10 pares de bolsas branquiales 1-6 pares de aberturas, corazón de dos cámaras. Del Silúrico al Devóniano. También *Cephalaspidea.* (Gr. ostrakon, una concha; derma, piel.)

ostrácodo. Un crustáceo del orden *Ostracoda.*

ostral* (oyster bed). Criadero de ostras.

ostrero* (ovyster catcher). Ave de ribera del orden *Charadriiformes,* familia *Haematopodidae,* que se alimenta de ostras y otros moluscos marinos (Haematopus palliatus). // *Adj.* Lugar donde se crían ostras.

Ostrícola* (ostricolous). Perteneciente o relativo a la cría de ostras. // Que vive sobre las ostras. (De ostra; e -icola, habitante.)

ostricultura* (ostriculture). La ténica de criar ostras. (De ostra y cultura.)

ostro*. Cualquiera de los moluscos cuya tinta servía para extraer la púrpura.

ostrón.* España: ostra de concha gruesa y menos apreciada que la *Ostraea edulis,* llamada también ostra portuguesa. (Gryphaea angulata).

osudo* (osseous) = *Huesudo.*

ot-, oti-, oto- (ot-). (Del gr. ous, otos, el oído.)

otalgía* (otalgia). Dolor de oídos. (Gr. ous, oído; algos, dolor.)

otario (otaria). Una especie de foca de la familia *Otariidae* que vive en el Pacífico (Zalophus californianus.)

ótico (otic). Perteneciente al oído o a la cápsula auditiva. // Uno de los huesos de cartílago de la cápsula auditiva. (Gr. otos, oído.)

otidio. (otidium). El estatocisto de los moluscos. (Gr. ous, otos, oído; odión, diminutivo.)

otitis* (otitis). Inflamación del oído. (Gr. ous, oído; -itis, inflamación.)

oto*. Lechuza grande. Anutillo. (Lat. aotus, búho.)

otoción (Delande's fox). Especie de zorra de las regiones áridas del Africa oriental provista de largas orejas. Familia *Canidae* (Otocion megalotis).

otoccipital (oto-occipital). Un hueso formado por la fusión del *opistótico* y el *exoccipital.*

oto*. Lechuza grande. Anutillo. (Lat. otus, búho.)

otocisto* (otocyst). Cápsula sensorial de muchos vertebrados que contiene otolitos y sedas sensoriales. = *Estatocisto.* (Gr. otos, oído; kystos, quiste.)

otoconio (otoconium). Cada una de las numerosas concreciones que sustituyen a la concreción grande y única u otolito en el otocisto de algunos moluscos. // Concreciones en las manchas acústicas del oído interno en los vertebrados. (Gr. otos, oído.)

otocripta (otocrypt). Una invaginación abierta del tegumento del pie de algunos moluscos. (Gr. otos, el oído; kryptos, escondido.)

otodentina (otodentine). Dentina atravesada por numerosos túbulos dentinales. (Gr. oto, oído; lat,. dens, diente.)

otoganglio (otoganglion). V. *ganglio de Arnold o ganglio auricular.*

otolito* (otolith). Concreción calcárea del oído interno de los vertebrados y del órgano auditivo de algunos invertebrados, como los crustáceos. *Su función es la del equilibrio. // Estatolito.* (Gr. otos, oído.)

otología* (otology). Parte de la patología que estudia las enfermedades del oído.

otólogo* (otologist). Médico especializado en el oído. (Gr. ous, oído; logos, estudio.)

otoporpas (otoporpae). Bandas de nidoblastos en la exumbrela de las hidromedusas. (Gr. otos, oído; porpe, un broche.)

otosalpinx (otosalpinx). La trompa de Eustaquio. (Gr. oto, oído; salpinx, trompa.)

otorongo. Perú: el *yaguar* (Panthera onza).

otoscopia* (otoscopy). Exploración del oído. (Gr. ous, oído; skopos, vigilante.)

otoscopio* (otoscope). Un instrumento para examinar el oído. (Gr. otos, oído; skopeo, ver.)

otosteón (otosteon). Un osículo auditivo. (Gr. otos, oído; osteón, hueso.)

oular. Serpiente arbórea de color verde, no venenosa que se cría en la Malasia. Familia *Dendrophidae* (Dicc.)

ov- (ov-). (Del latín ovum; der.del gr. oon, huevo.)

ovada* Dícese del ave que tiene ya formados los huevos en el oviducto. // Aovado, ovalado. (Lat. ovum, huevo.)

ovalbúmina (ovalbumin). Albúmina de la clara de los huevos. (Lat. ovum, huevo; + albúmina.)

óvalo (oval). En figura o con contorno de óvalo. *Adj.* ***oval*,*** ovalado*

ovar* (to lay eggs). *Aovar, desovar.* Poner huevos las aves. (Lat. ovum, huevo.)

ovario* (ovary). Organo en que se forman las células sexuales femeninas u óvulos. (Lat. ovarious.) *Adj.* ***ovariano, ovarico.* // o. natatorio,*** grupo de huevos de los vermes acantocéfalos desprendidos del ovario y alojados en la cavidad del cuerpo.

ovariolo (ovariole). Cada uno de los tubos ováricos o ramas de los ovarios característico de los insectos. (Lat. ovariolo, dim, de ovario. // ***o. acrotrófilo,*** tipo de ovariolos de algunos insectos en el que las células nutritivas se encuentran solamente en su ápice. //***o.***

panístico, ovariolo de algunos insectos, que segrega un fluído nutricio para los huevos.

ovariotestis (ovotestis). V. *ovotestis.*

ovariotomía (ovariotomy). Extirpación de uno o ambos ovarios. (Lat. **ovarious,** huevo; **tome,** corte.)

ovas* (roe) V. *huevas.*

oveja* (ewe). La hembra del carnero **(Ovis aries).**

ovénquima (ovenchyma). Una especie de tejido conectivo formado por células ovoides. (Lat. **ovum,** huevo; gr. **enchyma,** una infusión.)

overa* (oviduct). Sitio donde se forman los huevos en las aves. (Lat. **ovum,** huevo.)

ovicapto (ovicapt). Estructura muscular del sistema sexual femenino de ciertos platelmintos que impulsa los huevos desde el ovario al oviducto. (Lat. **ovum,** huevo; **captus,** capturado.)Compárese con *oviscapto.*

ovicápsula (ovicapsule). Una cápsula ovígera. V. *ooteca.* (Lat. **ovum,** huevo; **capsula,** cajita.)

ovicelda (ovicell). Dilatación de un oecio de los briozoarios que sirve de cámara incubadora. (Lat. **ovum,** huevo; **cella,** celda.)

ovicelario. V. *ovicelda.*

ovicida (ovicide). Cualquier substancia que destruye los huevos, especialmente los de los insectos. (Lat. **ovum,** huevo; **cid,** raíz de cortar.)

oviducto* (oviduct). Tubo por el cual se conducen los óvulos del ovario al útero. // En los vertebrados es un remanente del conducto o canal de Muller. (Lat. **ovum,** huevo; **duco,** conducir.)

ovífero (oviferous). Que lleva huevos. (Lat. **ovifer.**)

oviforme (oviform). En forma de huevo. (Lat. **ovum, forma.**)

ovígero (oviger). Se aplica al apéndice modificado de los picnogónidos que lleva los huevos. (Lat. **ovum,** huevo; **gero,** portar.)

ovino*(ovine). Se dice del ganado lanar u ovejuno. (Lat. **ovis,** carnero.)

oviparidad (oviparity). La condición de ser ovíparo. (Lat. **ovum,** huevo: **parere,** producir.)

ovíparo* (oviparous). Que pone huevos que se incuban fuera del cuerpo de la madre. (Lat. **ovum,** huevo; **pario,** producir.)

ovíporo (ovipore). La abertura genital externa femenina de muchos individuos. (Lat. **ovum,** huevo; **porus,** canal)

oviposición (oviposition). Acto de poner huevo. (Lat. **ovum,** huevo; **positus,** poner.)

ovipositor (ovipositor). = *Oviscapto.* Una estructura de las hembras de muchos insectos adaptada para la puesta de los huevos. // Estructura tubular que se extiende por fuera de la abertura genital de los peces. (Lat. **ovum,** huevo; **positor,** construir, depositar.)

ovirruptor (egg tooth). Estructura que en el estado final del desarrollo dentro del huevo de las aves y de otros animales rompe la câscara. (Lat. **ovum,** huevo; **ruptere,** romper.)

ovisaco (ovisac). Una cápsula ovígera o un receptáculo. // Folículo de Graaf. (Lat. **ovus,** huevo; **saccus,** saco.)

oviscapto* (oviscapte). El ovipositor en los insectos. // Papila formada por la fusión de los dos oviductos en algunos peces. (Lat. **ovum,** huevo; **captus,** capturado.)

ovismo (ovism). Antigua doctrina que sostenía que los individuos de generaciones sucesivas están contenidos, completamente formados, dentro del huevo del organismo maternal. (Gr. **-ismo,** un estado, condición o doctrina.) V. *homúnculo* y *espermismo.*

ovista (ovist). El partidiario de la doctrina del *ovismo.*

oviyector (ovijector). Parte del oviducto que, en ciertos invertebrados, expele el huevo. (Lat. **ovum,** huevo; **ejectum,** arrojar.)

ovo-. (Del latín **ovum,** huevo.) **Es equivalente al griego** *oon.*

ovocelo (ovocoel). Los gonocelos del ovario. (Lat. **ovum,** huevo; gr. **koilos,** hueco.)

ovium (ovium). Ovulo maduro. (Lat. **ovum.**)

ovocentro (ovocentrum). El centrosoma de los óvulos durante la fecundación. (Lat. **ovum,** huevo; **+ centro.**)

ovociste (ovocyst). V. *oociste.*

ovocito (ovocyte). V. *oocito.*

ovogamia (ovogamy). V. *oogamia.*

ovogénesis (ovogenesis). Lo mismo que oogénesis, pero es una palabra híbrida, (Lat. **ovum,** gr. **genesis.**)

ovoide*, ovoideo* (ovoid), *Aovado.* (Lat. **ovum,** huevo; **-oide,** forma.)

ovolema (ovolemma). Ver *zona pelúcida.*

ovomucina (ovomucina). Un mucoide de la clara del huevo de las aves. (Lat. **ovum,** huevo; **mucus,** moco.)

Ovomucoid (ovomucoide). V. *ovomucina.*

ovoplasma (ovoplasm) *Ooplasma.*

ovotestis (ovotestis). La glándula sexual hermofrodita de algunos moluscos gasterópodos. (Lat. **ovum,** huevo; **testis,** testículo.)

ovoverdina (ovoverdin). Substancia de color verde hallada en los huevos del bogavante. // Especie de cromoproteína que por ebullición produce un carotenoide; la *astaxantina.*

Ovovivíparo* (ovoviviparous). Hembra cuyos huevos se incuban dentro de su cuerpo. (Lat. **ovum,** huevo; **vivo,** vivo; **parere,** producir.)

ovulación* (ovulation). Descarga de los óvulos del ovario, los que generalmente pasan al oviducto. (Lat. **ovum,** huevo.) *Adj. ovulatorio.* *

ovulista (ovulist). V. *ovista.*

óvulo* (ovum). La célula sexual femenina de número haploide de cromosomas. (Lat. **ovum,** huevo.) *Adj. ovular, ovulífero.*

ovum (ovum). V. óvulo. (Lat. **ovum,** huevo.)

Owen, Ricahard. Anatomista inglés. Se dio a conocer principalmente en el campo de la anatomía comparada, siendo un expositor de los conceptos de homología y analogía. En 1835 descubrió el organismo causante de la triquinosis. (1804-1892)

oxalatos* (oxalate). Sales del ácido oxálico que se depositan en ciertos tejidos, como los del manto de algunos moluscos, y que se encuentran a veces en las orinas. (Gr. **oxys,** agudo, **ácido.**)

oxea (oxea). Una espícula de esponjas de forma de bastoncillo y puntiaguda en ambos extremos (Gr. **oxys,** agudo.)

oxeota (oxeota). Espícula parecida a una oxea, pero de forma de simple bastoncillo. (Gr. **oxys,** agudo.)

oxi- (oxy-). (Del griego oxys, agudo, rápido, ácido.) Empleado en muchos compuestos orgánicos, así como para indicar estructuras agudas y funciones que se realizan rápidamente, como *oxitocina.*

oxiaster (oxyaster). Espícula de esponjas de forma estrellada, con radios puntiagudos. (Gr. **oxys,** agudo; **aster,** estrella.)

oxiobiosis (oxybiosis). Lo mismo que *aerobiosis.*

oxiclorocruorina (oxychlorocurorin). Un compuesto formado por la oxidación de la clorocruorina. // Pigmento respiratorio en algunos invertebrados.

oxicromatina (oxychromatin). Nombre ya en desuso con que se designaba la parte del núcleo que se colorea con tintes ácidos, como el nucléolo. (Gr. **oxys,** agudo; **chroma,** color.)

oxicrinina (oxykrinin). V. *secretina,* hormona.

oxidáctilo (oxydactyl). Que tiene dedos muy aguzados. (Gr. **oxys,** agudo; **dactylos,** dedo.)

oxidasa (oxidase). Enzima que induce oxidaciones a partir del oxígeno del aire. (Gr. **oxis,** oxidación **-asa,** sufijo que indica una enzima.) // *o. citocrómica,* enzima necesaria para la producción del citrocromo.

oxidiactio (**oxydiact**). Que tiene tres radios, dos de ellos completamente desarrollados. (Gr. **oxys**, agudo; **di**, dos; **aktis**, radios.)

oxífilo (**oxyphil**). Palabra que ha sido empleada en vez de acidófilo. (Gr. **oxys**, ácido y **phyle**, con afinidad.)

oxigenófilo Que ama el oxígeno. (De **oxígeno**; **philos**, amigo de.)

oxigeófilo (**oxygeophilus**). Que vive en el humus. (Gr. **oxi** ácido; **ge**, la tierra; **philos**, amigo de.)

oxignato (**oxygnathous**). Organismo que tiene las mandíbulas puntiagudas. (Gr. **oxys**, agudo; **gnathos**, mandíbulas.)

oxihemocianina (**oxyhaemocyanin**). Substancia formada por la oxidación de la hemocianina, pigmento respiratorio encontrado en artrópodos y moluscos. (Gr. **oxys**, agudo; oxígeno; **haima**, sangre; **hyanos**, azul.)

oxihemoglobina (**oxyhemoglobine**). El principal vehículo de la transportación del oxígeno en la sangre de los vertebrados. HbO_2.

oxihexactina (**oxyhexaster**). Una espícula del tipo *hexactina*, con radios aguzados (Gr. **oxys**, agudo; **+hexactina**.)

oxihexáster (**oxyhexaster**). Un tipo de espícula de esponja similar al hexáster, pero con los radios puntiagudos. (Gr. **oxys**, agudo, **+ hexáster**.)

oxiluciferina (**oxyluciferin**). Substancia que se forma por la oxidación de la luciferina en los órganos fotogénicos, actuando como catalizador la luciferasa. (Gr. **oxys**, agudo; lat. **lux**, luz; **ferre**, llevar.)

oxipetril (**oxypetrile**). Que pertenece a las comunidades de las rocas ácidas.(Gr. **oxy**, ácido; **petra**, piedra.)

oxitaxis (**oxytaxis**). *Oxistaxis*. Tendencia de ciertos organismos a ser atraídos por el oxígeno. (Gr. **oxys**, agudo, oxígeno; **taxis**, arreglo.)

oxitilota (**oxytylote**). Una espícula de esponjas, recta y puntiaguda en una punta y abultada en la otra. (Gr. **oxys**, agudo; **tylos**, abultado.)

oxitócico (**oxytocic**). Lo que estimula la contracción uterina. (Gr. **oxy**, agudo; **tokos**, nacimiento; **oxytokos**, parto.)

oxitocina (**oxytocin**). Hormona del lóbulo posterior de la hipófisis que estimula la contracción de los músculos lisos, especialmente los del útero durante el parto. (Gr. **oxy**, agudo, rápido, **tokos**, parto, nacimiento, o sea parto rápido.)

oxiuriasis (**oxiuriasis**). Infección causada, por los nematodos del género *Oxyuris*.

oxiuro* (**pinworm**). Verme nematodo parásito en el intestino recto humano (**Enterobius vermicularis**).

oxocio (**oxocium**). Una comunidad en un pantano con mucho humus. (**Oxys**, ácido.)

oxyaenoidea. Superfamilia de mamíferos carnívoros en el suborden *Creodonta*.

Oxymonadina. Orden de flagelados zoomastiginos provistos de 4 o más flagelos. Son principalmente parásitos. Ej. *Giardia*. (Gr. **oxys**, agudo; **monada**, simple.)

Oxyrhyncha. Grupo de cangrejos marinos que tienen el cuerpo aproximadamente triangular y carapacho estrechado por delante que forma un seudorrostro. (Gr. **oxys**, agudo; **rhynchos**, pico.)

Oxystomata. Grupo de cangrejos marinos que tienen cuerpo de forma de caja y, a menudo, tiene quelas aplanadas y colocadas frente a la cara. (Gr. **oxys**, agudo; **stoma**, boca.)

Oxyroidea. Un orden de nematodos de pequeño tamaño, desprovistos de papilas cervicales, que tiene la faringe con bulbo posterior y la parte terminal del tracto reproductivo femenino muy musculoso. (Gr. **oxy**, agudo; **oura**, cola; **eidos**, forma.)

oyam (**galago**). Especie de gálago o de lémur de la Guinea. Orden *Primates*, superfamilia *Lorisoidea*, familia *Galagidae* (**Hemigalago demidotti**).

ozema. V. *rinitis*.

P

P (P). En genética, símbolo de la generación parental progenitora de la generación F_1

pabellón* (pavilion). Ensanche cónico en que termina un órgano. (Del franc. **pavillon.**) // *p. de la oreja**, expansión del oído externo de los mamíferos sostenida por cartílagos. // *p. de la trompa*, expansión del oviducto en la cavidad parenteral de los mamíferos.

paca* (paca). Mamífero neotropical histricomorfo del orden *Rodentia*, domesticable y de carne estimada. Familia *Caviidae* **(Cuniculus paca).** // llama, q.v. (Voz **quechua, paco,** rojizo.)

pacaraná (pacarana). Raro roedor hallado en los Andes de Perú, Colombia y Ecuador. Orden *Rodentia*, familia *Dinomyidae* **(Dinomys branicki).**

pacassa (forest buffaloe) El búfalo enano africano **(Syncerus nanus.)**

paco (alpaca). Ver *alpaca.*

pacú* (pacu)' Argent.: pez fluvial de gran tamaño y muy estimado por su carne. (Diccion.)

Pacchioni, Antonio. Anatomista italiano. (1665-1726) V. *cuerpos de Pacchioni.*

pachita. Ver *pajuil,* ave.

pachón* (basset hound). Raza de perros rastreadores de patas cortas. (De **pacho.**)

pada (Java sparrow). Ave paseriforme de la familia *Ploceidae.* de plumaje gris y pico rojo, muy común en jaulas. En Cuba lo llaman *húngaro* **(Padda oryzivora).**

paed.- (paed-). Ver también *ped, pedo, paido.* (Del gr. **pais,** niño.)

Paenungulata. Un superorden de mamíferos *Eutheria* que comprende los órdenes *Sirenia* y *Proboscidea.* (Gr. **paen,** casi; **+ ungulado.**)

pagel* (porgy). Pez marino comestible del orden *Perciformes,* de lomo rojizo. Familia *Sparidae* **(Pagellus erytrinus).** (Catal. **pagell.**)

págalo (skua). Se aplica a varias aves marinas rapaces del Atlántico del norte. Orden *Charadriiformes,* familia *Stercorariidae* **(Stercorarius skua).**

pegaza (tern). Se aplica a varias especies de golondrinas de mar europeas. Familia *Laridae* **(Gelochelidon nilotica).**

paghí, pagí*. Nombre araucano del *puma,* q.v.

pagrina (pagrina). *Besugo,* pez que tiene una serie sencilla de dientes cónicos al frente y muchos otros a los lados. Los besugos son carnívoros y habitan las aguas cálidas.

pagro* (porgy). Pez marino teleósteo, orden *Perciformes,* familia *Sparidae* **(Pagus vulgaris).**

paguala (angelfish). Cuba y Puerto Rico: pez marino, conocido también por *isabelita* y *chivirita.* Orden *Perciformes,* familia *Ephippidae* **(Chaetodipterus faber).**

Paguroidea. Superfamilia de crustáceos decápodos anomuros que comprende los llamados *ermitaños* o *paguros.*

paguro* (hermit crab). *Ermitaño,* crustáceo.

pahmi (ferret-badger). Tejón del sur de la China y la India de hábitos arbóreos. Familia *Mustelidae* **(Helictis moschata).**

paiche. Perú: el gran pez fluvial de la cuenca amazónica llamado también *arapaima* **(Arapaima gigas).**

paidogamia (paedogamy). *Apogamia.* Tipo de reproducción sexual en los heliozoos. (Gr. **paidos,** niños; **gamos,** boda.)

paidogénesis (paedogenesis). *Pedogénesis.* Tipo de partenogénesis larval, hallada especialmente en los insectos. (Gr. **paidos,** joven; **génesis,** origen.)

paidología (paidology). *Pedología.* El estudio de la niñez. (Gr. **pais,** niño; **logos,** tratado.)

paidomesoblasto (paedomesoblasto). Porción del mesoblasto primitivo destinado a formar estructuras larvales transitorias, (Gr. **paidos,** niño; **mesos,** medios; **blastos,** brote.)

paidomórfico (paedomorfic). Se aplica a una estructura primitiva o embrionaria que aparece en animales actuales o adultos. (Gr. **paidos,** niño; **morphe,** forma.)

paidomorfosis (paedomorfosis). = *Pedomorfosis.* La retención de caracteres ancestrales en estados ontogenéticos posteriores. (Gr. **paidos,** niño; **+ morfosis).** *Adj.* ***paidomórfico = pedomórfico.***

paidonix (paidonyx). Uña rudimentaria.

paiño (Wilson's petrel). // Ave del orden *Procellariiformes,* familia **Hydrobatidae (Oceanites oceanicus).**

pájara* (partridge hen). Pájaro. // La hembra de la perdiz.

pajarel* (redpoll). V. pardillo, ave. ***pajarilla**** **(spleen).** Bazo., más particularmente del cerdo. (De **pájara.**)

pajarito (common halfbeak). Cuba: pez marino litoral del orden *Beloniformes,* familia *Hemiramphidae,* llamado también *escribano* **(Hyporhamphus unifasciatus).**

pájaro* (bird). Nombre genérico que comprende todas las especies de aves, pero especialmente las pequeñas. // Nombre común a las aves del orden *Passeriformes* (Lat. **passer.**) // ***p. bobo,*** v. *boba, pinguino // p. niño, v. pinguino.*

pajatuela. (pajatuella). Especie de garrapata **(Ornithodorus tholozani)** de California del Sur y de México que parasita al hombre y a otros mamíferos.

pajel* *Pagel,* pez

paku (paku). Especie de kudu antílope africano **(Adenota versoni).**

pajuil (**black chachalaca**). Méx.: ave de caza del orden *Galliformes* (**Penelopina nigra**) *Pachita.*

pala* (**impala**). El *impala,* antílope africano de mediano tamaño (**Aepyceros melamphus**).

paladar* (**palate**). Tabique que separa la cavidad bucal de las fosas nasales en los vertebrados. // Epifaringe de los insectos. (Lat. **palatus**, paladar). *Adj.* ***paladial*****.* // *p. blando,* v. *velo del paladar.* // *p. duro,* la parte anterior del paladar secundario, reforzada por huesos. // *p. secundario,* prolongaciones óseas planas que, en los reptiles y mamíferos, separa las cavidades nasal y bucal.

Palade, George Emile. Descubridor de los corpúsculos intracelulares llamados de *palade.* (1903- .)

Palaecanthocephala. Clase del fílum *Acanthocephala.* Son parásitos en peces y anfibios. (Gr. **palaios**, antiguo, + **acanthocephala.**)

Palaedictyoptera. Un orden de insectos primitivos de los períodos Carbonífero y Permiano. (Gr. **palaios**, antiguo; + **dictioptera.**)

Palaeognathae. Un superorden de aves en la subclase *Neornithes,* que incluye los avestruces y especies afines. (Gr. **palaios**, antiguo; **gnathos**, mandíbula.)

Palaeonemertes, Palaeonemertina. Orden en el fílum *Nemertina.* (Gr. **palaios**, antiguo, primitivo; + **nemertes.**)

Palaeoasteroidea. Una división de la clase *Asteroidea* que comprende solo especies fósiles. (Gr. **palaios**, antiguo; + **asteroidea.**)

Palaenodonta. Un suborden de mamíferos desdentados primitivos en el orden *Edentata.* (Gr. **palaios**, antiguo; **odontos**, diente.)

Palaeopterygii. Un suborden de peces óseos primitivos como los esturiones, etc. (Gr. **palaios**, antiguo; **pteron**, ala, aleta.)

Palaeospondylia. Un grupo de peces extintos placodermos. (Gr. **palaios**, antiguo; **spondylos**, vértebra.)

Palaeotremata. Un orden de branquiópodos extintos en la clase *Articulata.* (Gr. **palaios**, antiguo; **trema**, agujero.)

palama (**palama**). Membranas de los dedos de aves acuáticas. (Gr. **palame**, palma de la mano.)

palameda* (**screamer**). *Anhima cornuta,* ave. V. *palamédidos, chaja.*

palamédidos (**palamedeidae**). Familia de aves sudamericanas. Esta familia, que incluye el *chaja,* recibe el nombre de *Anhimidae.* Están relacionados con los patos y gansos. (Gr. **palame**, palma de la mano.)

palatal* (**palatal**). Relativo al paladar.

palatino* (**palatine**). Hueso perteneciente al primer arco visceral o mandibular de los vertebrados, que se articula con los nasales y pterigoideos. (Gr. **palatos** paladar.)

palatocuadrado (**palatocuadrate**). Cartílago del arco mandibular en los peces condríctios que ocupa posición dorsal, opuesta al cartílago de Meckel. (De los huesos **palatino** y **cuadrado.**)

palatofaríngeo (**palatopharyngeal**). Perteneciente a la región del paladar y la faringe. (Gr. **palatos**, paladar; **pharynx**, faringe.)

palatonasal (**palatonasal**). Perteneciente al paladar y a la nariz. (Lat. **palatum**, paladar; **nasus**, nariz.)

palatopterigocuadrado (**palatopterygoquadrate**) = *Palatocuadrado.*

palatopterigoideo (**palatopterygoid**). Perteneciente al paladar y al hueso pterigoides. (Lat. **palatus**, paladar; + **pterigoides.**)

paleártica (**palearctic**). Una de las seis regiones biogeográficas, que incluye casi toda la Eurasia. (Gr. **palaios**, antiguo; **arctos**, norte.)

paleo- (**paleo-**). (Del gr. **palaios**, antiguo.) // (De forma o tipo antiguo o extinto.)

paleoantropología (**palaeonthropology**). Parte de la paleontología que estudia los fósiles humanos. (Gr. **palaios**, antiguo; **anthropos**, hombre.)

paleobiogeografía* (**palaeobiogeography**). Parte de la paleontología que estudia la distribución pasada en los organismos. (Gr. **palaios**, antiguo; + **biogeografía.**)

paleobiología* (**palaeobiology**). Parte de la biología que estudia los seres prehistóricos. (Gr. **palaios**, antiguo; + **biología.**)

Paleoceno (**Paleocene**). Primera época de la Era Terciaria, que se extiende hasta el Eoceno.

paleocráneo (**palaeocranium**). Tipo de cráneo. // Estado en el desarrollo del cráneo que no se extiende más allá del nervio vago. (Gr. **palaios**, antiguo; **kranion**, cráneo.)

paleoecología* (**palaeocology—**). Parte de la paleontología que estudia las relaciones entre los organismos extintos y su ambiente. (Gr. **palaios**, antiguo; + **ecología.**)

paleoencéfalo (**palae-encephalon**). Encéfalo segmentario primitivo. (Gr. **palaios**, antiguo; **enkephalos**, cerebro.)

paleoendemismo (**palaeoendemism**). Superviviente de una forma antigua que previamente ocupaba una gran extensión geográfica, pero que ha restringido su área. // *Relicto endémico.*

paleoetología* (**palaeothology**). Parte de la paleontología que estudia el género de vida de los organismos extintos. (Gr. **palaios**, antiguo; + **etologia.**)

Paleogea (**palaeogaea**). Región faunística que incluye Europa, Asia, Africa y Australia. (Gr. **palaios**, antiguo; **ge**, la tierra.)

paleogénesis (**palaeogenesis**). Doctrina que afirma que la ontogenia recapitula la filogenia. // La tendencia que muestran los patrones primitivos de desarrollo de estabilizarse en la serie sucesiva de descendientes. (Gr. **palaios**, antiguo; **génesis**, origen.) *Adj.* ***paleogenético.***

paleogenética (**palaeogenetics**). Genética aplicada a la paleontología.// Interpretación genética de fósiles. (Gr. **palaios**, viejo, antiguo; **génesis**, nacimiento, descendencia.)

paleogenético (**palaeogenetic**). Se aplica a las características atávicas bien desarrolladas. // Que carece de características embrionarias. (Gr. **palaios**, viejo; antiguo; **génesis**, nacimiento, descendencia.)

Paleogeno (**paleogene**). Se aplica al conjunto de períodos terciarios inferiores: el Paleoceno, el Eoceno y el Oligoceno. (Gr. **palaios**, viejo;antiguo, **genos**, edad.) V.*Neogeno.*

paleoicnología* (**palaeoichnology**). Parte de la paleontología que estudia las huellas y pistas fósiles. (Gr. **palaios**, antiguo; **ichnos**, huella.)

Paleolaurentiana (**palaeolaurentian**). La Era Arqueozoica.

Paleolítica* (**palaeolithic**). Perteneciente a la época prehistórica de la piedra tallada antes del cultivo de las plantas. Desde hace unos 500,000 años hasta 10,000. (Gr. **palaios**, antiguo; **lithos**, piedra.)

paleometabolía (**palaeometaboly**). Tipo primitivo de metamorfosis incompleta. (Gr. **palaios**, antiguo; + **metabolía.**)

Palaeoniscoidea. Un orden de peces óseos extintos del superorden *Chondrostei.* (Gr. **palaios**, antiguo; **oniscus**, un pez marino; **oides**, parecido.)

paleontografía* (**palaeontography**). Descripción de los seres orgánicos extintos cuyos restos se encuentran fósiles. (Gr. **palaios**, antiguo; **ontos**, ser; **grapho**, describir.)

paleontología* (**palaentology**). Ciencia que estudia los organismos que han vivido en la tierra con anterioridad a la época actual. (Gr. **palaios**, antiguo; **ontos**, ser; **logos**, discurso.)

paleontólogo* (**palaeontologist**). Hombre de ciencia que se dedica al estudio de la paleontología. (De **paleontología.**)

paleopalio (**palaeopallim**). Banda de tejido nervioso a los lados de los hemisferios cerebrales. (Gr. **palaios**, primitivo; **pallium** corteza,cerebral.)

Paleopterygii. Peces óseos primitivos, con escamas ganoides espesas y aletas pares del tipo actinopterigio modificado. (Gr. **palaios**, viejo; **pteron**, ala.)

Paleoptera. Subclase o grupo de insectos *Pterygota* que comprende los órdenes *Ephemeroptera, Odonata* y tres más extintos. (Gr. **palaios,** antiguo; **pteron,** ala.)

Paleostraca. = *Merostomata.*

paleotálamo (palaeothalamus). Porción más primitiva del tálamo.

paleoterio* (palaeotherium). Mamífero perisodáctilo del período Oligoceno. Antepasado del caballo. (Gr. **palaios,** antiguo; **therion,** bestia.)

paleotropical (palaeotropical). Perteneciente a los países intertropicales del Mundo Antiguo. (Gr. **palaios,** antiguo; **+tropical.**)

Paleozoico (palaeozoic). Era geológica que precede a la Mesozoica. Incluye períodos desde el Cambriano hasta el Permiano. Predominaban las formas de vida acuáticas. (Gr. **palaios,** viejo antiguo; **zoon,** ser viviente, un animal.)

paleozología* (paleozoology). Parte de la paleontología que estudia los fósiles animales. (Gr. **palaios,** antiguo; + **zoología.**)

palestesia (pallesthesis). Sensación vibratoria. (Gr. **pallein,** sacudir; temblor; **aisthesis,** sensación.)

paleta* (palette). Tarso de las patas anteriores de ciertos coleópteros. // Placas calizas adicionales en ciertos moluscos bivalvos, como los teredos. // (Fr. **palette;** lat. **palus,** estaca.) // ***p. natatorias,*** órganos de locomoción de los tenóforos. V. *laminillas vibrátiles.*

paletilla*. V. *omóplato* y *escápula.*

paleto. V. *gamo, cérvido.*

palial (pallial). Aplícase al manto de los moluscos y branquiópodos. Cavidad palial. (Lat. **pallium,** manto.)

paliforme (paliform). En forma de estaca o palo. (Lat. **palus,** estaca; **forma,** forma.)

palinal (palinal). De atrás a delante, como el movimiento de la mandíbula en los elefantes. (Gr. **palin,** inversamente.)

palingenesia* (palingenesis). Metamorfosis brusca. // Reaparición de caracteres ancestrales. // Recapitulación. (Gr. **palin,** de nuevo; **genesis,** origen.) *Adj.* ***palingenésico.***

Palinura. Una sección de los crustáceos decápodos macruros que incluye las langostas. (Del género **Palinurus.**)

palio* (pallium). La corteza de los hemisferios cerebrales con la capa de materia blanca. // El manto de los moluscos y braquiópodos. (Lat. **pallium,** prenda exterior, manto.) *Adj.* ***palial.***

paliopedal (palliopedal). Perteneciente al manto y al pie en los moluscos. (Lat. **pallium;** pes, pie.)

paliovisceral (palliovisceral). Que está relacionado con el manto y las vísceras. Aplícase a un nervio de los moluscos.

palma* (palm). Parte inferior y algo cóncava de la mano. *Adj.* ***palmar*, palmado *, palmeado *.***

palmereta (palmorn). Se aplica a varios anélidos marinos poliquetos sedentarios que viven en tubos rectos y poseen un penacho de branquias que forman delicadas plumitas. (Gr. **Spirogliphus spallanizani.**) (De *palma.*)

palmarios (palmaria). Los branquiales terciarios en los crinoideos. (Lat. **palmaris,** pert, a la mano.)

palmeado* (palmate). Dícese de aquellos animales que tienen los dedos unidos por una membrana.

palmeda (palmella). Estado semicolonial en algunos flagelados fitomastiginos.

palmestesia (palmesthesia). Sensación vibrátil. Lo mismo que palaestesia. (Gr. **palmos,** temblar; **aisthesis,** sensación.)

palmígrado (palmigrade). Lo mismo que *plantígrado,* q.v.

palmípedo* (palmiped). Ave que tiene los dedos palmeados. Dícese de aves adaptadas a la natación mediante una membrana interdigital que les sirve de remo.

palmitina (palmitin). Una grasa que se encuentra en la leche, el tejido adiposo y el aceite de palma. (De **palma**).

pálmula (palmula). Proceso entre las uñas de los tarsos de los insectos (Lat. **palmula,** dim. de **palma.**)

palo* (palus). *Mástil.* Estructura en forma de estaca. (Lat. **palus,** estaca.)

palolo (palolo worm). Poliqueto que tiene la época de la fecundación en el tercer cuarto de la luna entre junio y julio, en las Antillas. (Voz **polinesia.**)

paloma* (pigeon). Ave doméstica del orden *Columbiformes,* familia *Columbidae.* // Nombre común, muchas especies silvestre de dicha familia. (Lat. **columba.**) *Adj.* ***palomera, palomero.*** // ***p. cabeciblanca,*** Cuba y Puerto Rico: nombre dado a un ave que pertenece a la familia *Columbidae* **(Columba leucocephala).** // ***p. collarina,*** Puerto Rico: un ave que pertenece a la familia *Columbidae* **(Streptopelia sp.).** // ***p. jamaiquina,*** Puerto Rico: ave que pertenece a la familia *Columbidae* **(Columba caribaea).** // ***p. perdiz,*** ave de Puerto Rico, ave que pertenece a la familia *Columbidae* **(Starnoenas sp.)** // ***p. rubia,*** Puerto Rico: ave que pertenece a la familia *Columbidae.* // ***p. sabanera,*** nombre dado a un ave de Puerto Rico que pertenece a la familia *Columbidae* **(Columba inornata).** // ***p. turca,*** Puerto Rico, ave que pertenece a la familia *Columbidae* **(Columba squamosa).**

palometa (palometa). Pez marino tropical, semejante al pámpano. Orden *Perciformes,* familia *Serranidae* **(Trachinotus glacicus).** // Japuta, pez. // Puerto Rico. ave que pertenece a la familia *Laridae* **(Sterna dougallii).**

palomilla* (moth). Mariposa muy pequeña. (De **paloma.**)

palomino* (palomin). Polluelo de la paloma silvestre. // Tipo de pelaje de los caballos cuyo color es dorado claro con la nariz y la cola blanca. (De **paloma**).

palpáculo (palpacle). El tentáculo que existe en el dactilozoide de los sifonóforos. (Lat. **palpare.**)

pálpebra* (eye lid). = *Párpado.* (Lat. **palpebra.**) *Adj.* ***palpebral.***

Palpicornia. =*Hydrophiloidea.* Insecta: Coleoptera.

palpífero (palpifer). Esclerito pequeño que porta el palpo maxilar de los insectos. (Lat. **palpum, palpo; ferre,** portar.)

palpígero (palpiger). Esclerito que lleva el palpo labial en los insectos. (Lat. **palpum,** palpo; **gerere,** llevar.)

Palpigradi. Orden de arácnidos diminutos. Palpos en forma de pata. (Lat. **palpum,** palpo; **gradior,** andar.)

palpimácula (palpimacule). Area sensorial en los palpos labiales de ciertos insectos. (Lat. **palpum,** palpo; **macula,** mancha.)

palpitación* (palpitation). Acción y efecto de palpitar. (Lat. **palpitalio.**)

palpo* (palp). Cada uno de los apéndices articulados que poseen los artrópodos alrededor de la boca. (Lat. **palpum.**) *Adj.* ***palpiforme.*** // ***p. labial,*** estructura lobular situada junto a la boca en ciertos moluscos. Apéndice en el labio de los insectos. // ***p. mandibulares,*** palpos de las mandíbulas de algunos crustáceos y otros artrópodos. // ***p. maxilar,*** apéndice segmentado típico de la maxila en los insectos.

palpocilio (palpocil). Filamento rígido de las células sensoriales de las hidromedusas. (Lat. **palpum,** palpo; **cilium,** pestaña.)

palpón (palpon). Hidrocisto o dactilozooide de los sifonóforos. (Lat. **palpare,** tocar.)

palpulo (palpulus). Un palpo pequeño. (Lat. **palpare,** tocar.)

palúdico* (paludicole). = *Palustre.*

Paludicola. Una división de los turbelarios tricladios.

paludícola* (paludicole). Que vive en terrenos bajos, lagunas y pantanos. (Lat. **palus, paludis, pantano; -icola, habitante.**)

paludismo* (malaria). V. *malaria.*

pálulo (palule). Proceso o estructura calcárea de algunos corales. (Lat. **palus,** estaca.)

palumbario* **(merlin).** Especie de halcón que caza palomas. Ave falconiformes, familia *Falconidae* **(Falco columbarius).** (De **palumbus**, paloma.)

palustre* **(palustrine)** Perteneciente a la laguna o pantano. (Lat. **palustris.**) = *Paludícola.*

palla (impala). El antílope *impala.*

Pallas, Peter Simón. Naturalista y explorador alemán. Realizó viajes en la Rusia asiática y contribuyó a la clasificación de los moluscos. (1741-1811)

pama*. Especie de cobra de la familia *Elapidae.* (Dicc.)

pámpano* **(pompano).** Pez marino tropical del orden *Perciformes,* familia *Carangidae* **(Trachinotus carolina).** // Salpa. (Lat. **pampinus.**)

pamperito de rabo cuadrado (Wilson's petrel). Puerto Rico: ave marina que pertenece a la familia *Hydrobatidae.* //*p. de rabo ahorquillado.* Puerto Rico: ave marina que pertenece a la familia *Hydrobatidae.*

pampero* **(Audubon's shearwater).** Ave marina del orden *Procellariiformes* **(Puffinus lherminieri).**

pampiniforme (pampiniform). En forma de rizo o zarcillo. (Lat. **pampinus**, rizo; + **forma.**)

pamprodáctilo (pamprodactylos). Que tiene todos los dedos dirigidos hacia delante. (Gr. **pan**, todo; **pro**, en frente; **daktylos**, dedo.)

pan-* **(pan-).** (Del gr.**pan, pantos**, todo, entero.)// *Pan de abejas.* Sustancia de color atabacado y sabor amargo en que se convierte el polen de las flores que almacenan las abejas para su alimento. En Puerto Rico se aplica este nombre al *panal de abejas.*

pana. Perú: el pez fluvial llamado *caribe* o *piraña.* // *abalón,* q.v.

panal* **(honey comb).** Conjunto de celdillas de cera que las abejas forman en la colmena. (De **pan.**)

Pancarida. Un superorden de crustáceos que comprende el orden *Thermosbaenacea.*

pancrocimina (pancreozymin). Hormona secretada por la mucosa duodenal que regula la secreción del jugo pancreático (De **páncreas** y gr. **zyme**, fermento)

páncreas* **(pancreas).** Glándula de secreción externa e interna que segrega jugo pancreático, insulina, etc. (Gr. **pankreas**, de **pan**, todo; **kreas**, carne.) Adj. *pancreático*, pancrático*.*

pancreatina (pancreatin). Mezcla soluble de las enzimas obtenidas del páncreas de los animales que se emplea para suplir la insuficiencia pancreática. (Gr. **pankreas**, páncreas; **pan**, todo; **kreas**, carne.)

pancreatrófico (pancreatrophic). Aplícase a una hormona prepituitaria que incrementa la producción de insulina. (De **páncreas** y gr. **trophe**, nutrición.)

pancreozimina. V. *Secretina.*

panda (panda). Especie de carnívoro de la familia *Procyonidae,* subfamilia *Ailurinae,* del tamaño de un gato. Habita las grandes alturas desde Nepal hasta el Himalayas oriental, Assam y Yunnan **(Ailurus flugens).** //*p. gigante,* llamado simplemente *panda,* es el raro y famoso carnívoro de la familia *Procyonidae* del tamaño de un oso, que vive en las montañas del Tibet oriental y suroeste de China **(Ailuropoda melanoleuca). (Nombre nepalés.)**

pandaca (pendaka). Dominuto pez fluvial de las Filipinas, de no más de 10 mm. en estado adulto. Orden *Bleniformes* **(Género Pandaka).**

pandemia* **(pandemy).** Enfermedad que ocurre casi simultáneamente o se extiende a muchas partes del mundo. (Gr. **pan**, todo; **demos**, pueblo.) *Adj. pandémico.*

Pander, Christian Heinrich. Embriólogo ruso. Describió el origen de las tres capas germinales en el embrión del pollo. (1794-1865)

pandiónido (pandionidae). Aguila marina, ave falconiforme grande, parecida al halcón, que se encuentra en muchas partes del mundo. V. *guincho.* (Gr. **Pandion**, rey de Atenas.)

panduriforme (panduriform). Que tiene forma de violín. Se aplica a ciertas conchas de moluscos. (Lat. **pandure**, instrumento de cuerda inventado por Pan; + **forma.**)

pangamia (pangamy). Apareamiento al azar. (Gr. **pan; gamos**, boda.) *Adj. pangámico.*

pangén (pangen). Unidad hipotética hereditaria del idioplasma.

pangénesis (pangenesis). Teoría darwiniana según la cual, la herencia es debida a partículas **(gémulas)** que, expelidas por las células, llegan a las células sexuales, las que contienen gémulas de todas partes del organismo. (Gr. **pan**, todo; **génesis**, origen.)

panglosia (panglossia). Locuacidad, verbosidad.

pangolín* **(pangolin).** Mamífero del orden *Pholidota,* familia *Manidae,* de Africa y Asia **(Manis pentadactyla).** (malayo, *panggulin,* rodillo.)

panículo* **(panniculus).** Capa o acumulación de tejidos. (Lat. dim. de **pannus**, paño.) *Adj. panicular.* //*p. adiposo,* capa dérmica profunda de tejido adiposo que juega un papel en la regulación de la temperatura. // *p. carnoso,* capa muscular subcutánea.

panique (flying fox). Gran murciélago macroquiróptero de la Oceanía cuyas alas alcanzan casi un metro de envergadura. Es comestible **(Pteropus edulis).**

Panizza, Bartolomeo. Anatomista italiano (1785-1867).

panmixia (panmixy). La condición que ocurre en una población local cuando el cruzamiento se realiza completamente al azar. (Gr. **pan**, todo; **miktos**, mezclado.) *Adj. panmícto.*

panoístico (panoistic). Que pertenece al ovariolo de un insecto desprovisto de células nutritivas. (Gr. **pan**, todo; neol. **-oistico**, que se refiere al huevo.)

panorpa (scorpion fly). Insecto del orden *Mecoptera.* El macho tiene al final del abdomen un garfio parecido al del escorpión. (Gr. **pan**, todo; **orpon**, gancho.)

Panorpatae. V. *Mecoptera.*

panspermia* **(panspermy).** Doctrina que sostiene la difusión por todas partes de los gérmenes de seres orgánicos, que no se desarrollan hasta encontrar circunstancias favorables para ello. (Gr. **panspermia**, mezcla de gérmenes de todas especies.) *Panspermatismo.*

pansporoblasto (pansporoblast). Grupo celular en los neosporidios que produce esporas. (Gr. **pan**, todo; **sporos**, simiente; **blastos**, formación.)

pantalásico (panthalassic). Que vive en aguas neríticas y oceánicas. (Gr. **pan**, todo; **thalassa**, el mar.)

pantera* **(panther).** El gran felino llamado también *leopardo.* Este último nombre se emplea para las variedades africanas y el de *pantera* para los asiáticos **(Felis pardus).** (Gr. **panther**, de **pan**, todo; **therion**, fiera.)

panto- (panto-). (Del gr. **pantos**, todo, totalmente.)

Pantodonta. Un orden de grandes mamíferos ungulados del Paleoceno y el Eoceno. (Gr. **pantos**, todo; **odontos**, diente.)

pantófago. = *Ommívoro.*

Pantolestoidea. Una superfamilia de mamíferos en el orden *Insectívora.*

Pantopoda. V. *Pycnogonidia.*

pantostomático (pantostomatic). Capaz de ingerir alimento por cualquier parte de su superficie, como los organismos ameboideos. // Que pertenece al grupo *Pantostomatida.* (Gr. **pantos**, todo; **stoma**, boca.)

Pantostomatida. V. *Rhizomastigina.*

Pantotheria. Orden de la clase *Mammalia* que comprende especies pequeñas que vivieron en el Jurásico y Cretáceo de Inglaterra y Norteamérica. (Gr. **pantos**, todo; **therion**, fiera.)

pantropical (pantropical). Que se encuentra en los países intertropicales del mundo (Gr. **pantos**, todo; + **tropical.**)

pantrópico (pantropic). Aplícase a lo que invade diferentes tejidos. (Gr. **pan**, todo; **tropikos**, vuelta, cambio.)

panza* (paunch). Primer estómago de los rumiantes. (Lat. **pantex**, panza.)

panzoótico (panzootic). Se dice de una epizootia ampliamente extendida. (Gr. **pan**, todo; **zoon**, animal.)

pañera. V. *guabina*, pez.

papada* (dewlap). Piel colgante en el lado ventral del cuello en los mamíferos. // El pliegue gular de ciertos saurios.

papafigo* (golden oriole). Ave europea del orden *Passeriformes*, familia *Oriolidae*. V. *oropéndola*. (De papar y figo, hijo.)

papagayo* (parrot). Ave trepadora africana del orden *Psittaciformes*, familia *Psittacidae*, de color gris. Es bien hablado (**Psittacus erythracus**). // Nombre común de varias aves de dicha familia.// *Guácharo*, ave. // *Guacamayo*. // Puerto Rico: V. *medio peso*, ave. (Ar. babagá.)

papahigo. V. *papafigo*, ave.

papamoscas* (flycatcher). Pájaro insectívoro europeo del orden *Passeriformes*, familia *Tyrannidae* (**Muscicapa albicollis**).

paparra. V. *garrapata*.

papavientos. V. *chotacabras*, ave.

papífero (papiferous). Que lleva o tiene plumón. (Lat. **pappus**, plumón; **ferre**, llevar.)

papila* (papilla). Cada una de las prominencias cónicas formadas sobre la piel y la lengua, etc. (Lat. **papilla**, pezón.) *Adj. papilar*,papiliforme, papiloso.* //*p. acústica*, un área de epitelio sensorial del oído interno. la lengua y el caracol sea en los reptiles, aves y mamíferos. //*p. anal*, prominencia en la que se encuentra el ano de algunos animales, como los cefalópodos. // *p. basilar*, área adicional sensorial en la lengua de los anfibios. // *p. calciforme*, cada una de la serie de papilas de la base de la lengua dispuestas en forma de V. // *p. cefálicas*, halladas en la cabeza de ciertos nematodos. // *p. circunvaladas*, papilas gustativas en la lengua de los mamíferos, en forma de saliente rodeado de una depresión circular.// *p. dérmicas*, finos relieves de la piel, más prominentes en las palmas y suelas de manos y pies, debido a proyecciones de la dermis dentro de la epidermis, cuya distribución es diferente en cada individuo. // Estructuras en la piel de las aves que forman los primordios de las plumas . // *p. duodenal*, pequeña elevación en el duodeno en donde se abre el conducto común o colédoco así como el pancreático. //*p. fijadora*, papilas glandulares en el extremo anterior de ciertas larvas de tunicados, por medio de la que se fijan. //*p. filiformes*, papilas de la lengua que terminan en procesos delgados. // *p. foliáceas*, papilas linguales en algunos mamíferos. // *p. foliadas*, papilas anchas y laminares situadas en la base de la lengua. //*p. fungiformes*, estructuras en forma de setas que se encuentran diseminadas por toda la superficie de la lengua. // *p. linguales*, papilas de forma y disposición variable en la lengua de los vertebrados, relacionadas con la percepción de los sabores. //*p. pilosa*, una intrusión en forma de copa de la dermis en el folículo piloso, irrigada por vasos sanguíneos. // *p. segmentaria* cada una de las papilas sensitivas situada en el primer anillo de cada segmento en los anélidos hirudíneos. Manchas pigmentarias de las sanguijuelas que permiten distinguir los verdaderos segmentos de las subdivisiones entre ellos. //*p. táctil*, una clase de papila sensitiva en los anélidos. // *p. urinaria*, pequeña elevación en donde se encuentra el seno urinario en la hembra de los peces.// *p. urogenital*, pequeña elevación en la cloaca de los peces, en cuyo ápice se abre el seno urogenital.

papilionáceo* (papilionaceous). Parecido a una mariposa. (Lat. **papilio**, mariposa.)

Papilionoidea. Un grupo de insectos lepidópteros. V. *Rhopalocera*.

papilla amphibiorum (papilla amphibiorum). Estructura sensorial auditiva en el sáculo de los anfibios.

papilla real. V. *jalea real*.

papilón* *Zambo.*, mono americano.

papiráceo (papyraceous). Que tiene estructura de papiro. (Lat. **papyrus**, papiro.)

papo* (dewlap). *Papada.* // Pliegue gular de ciertos lagartos. // Buche de las aves.

pápula (papula). Una elevación pequeña y algo puntiaguda de la piel. (Lat.**papula**, pústula.) Cualquier protuberancia tegumentaria. // Branquias dérmicas en los asteroideos. (Lat. **papula**).

paqui- (pachy-). (Del gr. **pachys**, grueso, espeso.)

paquidermia (pachydermia). Engrosamiento patológico de la piel.

paquidermo* (pachyderm). De piel gruesa. En plural, nombre desusado para los mamíferos herbívoros de piel gruesa, especialmente los suidos y los hipopotámidos. (Gr. **pachys**, espeso; **derma**, piel.)

paquidonta* (pachydont). Se dice de la charnela de la concha de los moluscos bivalvos, cuando tienen pocos dientes, pero muy desarrollados. (Gr. **pachys**, espeso; **odous**, diente.)

paquidonte. Bivalvo que tiene charnela paquidonta.

paquimeninge (pachymeninx). V. *dura mater*.

paquinema (pachynema). Hilo de cromosoma en el estado paquíteno. (Gr. **pachys**, grueso; **nema**, hilo.)

paquinesis (pachynesis). La acción de engrosarse. (Gr. **pachynesis**, engrosamiento.)

paquiteno (pachytene). En la profase meyótica, estado en el que el filamento cromático se engruesa mucho. (Gr. **pachys**, grueso; **teino**, extender.)

para-* (para-). (Del **para**, junto,a un lado.)

-para. (Del lat. **parere**, parir,producir.)

Paracanthopterygii. Una división en los peces teleósteos que incluye los bacalos y sus afines.

parabasal (parabasal). Situado junto a la base. // Cuerpos parabasales de ciertos protozoos. (Gr. **para**, a un lado; + **basal**.)

parabiosis (parabiosis). La condición de estar unidos de nacimiento, como la de los hermanos "siameses". // La suspensión temporal de una función vital.// La vida comunal de dos o más especies. (Gr. **para**, al lado; **biosis**, manera de vivir.) *Adj. parabiótico.*

parablasto (parablast). La yema de un huevo meroblasto. // La porción del mesoblasto que origina la sangre y los vasos sanguíneos. (Gr. **para**, junto; **blasto**, brote.) *Adj. parablástico.*

parabranquia (parabranchia). El osfradio de los moluscos. (Gr. **para**, al lado; **branchia**, agalla.)

parabronquio (parabronch). Bronquio de diámetro pequeño que parte de los bronquios secundarios de las aves. (Gr. **para**, al lado; **bronchion**, bronquios.)

paracana (paracana). Mamífero de los andes peruvianos del orden *Rodentia*, familia Dinomyidae (**Dinomys branickii**).

paracardíaco (paracardial). Relativo al cardias o cuello del estómago. (Gr. **para**, al lado; **kardia**, estómago.)

paracaseína (paracasein). Caseína formada por la acción del cuajo estomacal sobre la leche. (Gr. **para**, al lado; + **caseína**.)

paracelo (paracoel). Ventrículo o cavidad lateral en el cerebro. (Gr. **para**, al lado; **koilos**, hueco.)

paracéntrico (paracentral). Situado cerca del centro. // Del mismo lado del centrómero. (Gr. **para**. al lado;lat, **centrum**.)

paracicú. V. *arapaima*.

paracimbio (paracymbium). Placa accesoria del *cimbio* de las arañas. (Gr. **para**, al lado; **kymbion**, bote pequeño.)

paracmé (paracme). La fase en el desarrollo de una raza en la que su vigor está en declinación. (Gr. **parakme**, comienzo de la senectud.)

paracito (**paracyte**). Célula modificada impulsada por los tejidos embrionarios adentro de la yema, como sucede en ciertos insectos. (Gr. **para**, al lado; **kytos**, célula.)

paracitoide (**paracytoid**). Pedazo pequeño de cromatina que se desprende del núcleo embionario en algunas células y se localiza en la sangre en algunos insectos. (Gr. **para**, al lado; **kytos**, célula; **eidos**, forma.)

paraclípeo (**paraclypeus**). Un esclerito adyacente al clípeo de los insectos. (Gr. **para**, junto; **+clípeo**.)

paracondiloideo (**paracondyloid**). Proceso occipital de cada lado de los cóndilos de los mamíferos. (Gr. **para**, al lado; **kondylos**, cóndilo.)

paracónido* (**paraconid**). Cúspide anterior interna de los molares inferiores trituberculados de los mamíferos. (Gr. **para**, al lado; **konos**, diente; **-ido**, diminutivo.)

paracono (**paracone**). Cúspide anterior externa de los molares superiores trituberculados de los mamíferos. (Gr. **para**, al lado; **konos**, diente.)

paracordal (**parachordal**). Cada uno del par de cartílagos formados en el condrocráneo embrionario que están situados lateralmente al extremo anterior del notocordio. (Gr. **para**, al lado; **chorde**, cuerda.)

paraconoide (**paraconoid**). Cúspide anterointerna de un molar inferior. (Gr. **para**, junto; **+ conoide**.)

paracromatina (**parachromatin**). *Acromatina, linina.* Substancia que forma las fibras del huso durante la mitosis. (Gr. **para**, al lado; **+ cromatina**.)

paracrosis (**parachrosis**). Condición de cambiar el color. (Gr. **para**, al lado; **chros**, color.)

Paractinopoda. Orden de *Holothuroidea. = Synaptida.*

paracuadrado (**paraquadrate**). El hueso cuadradoyugal en los reptiles. // El hueso escamoso. (Gr. **para**, al lado; **+ hueso cuadrado**.)

paradema (**parademe**). Apodema secundaria en el borde de un esclerito. (Gr. **para**, al lado; **demas**, cuerpo.)

paraderma, paradermo (**paraderm**). Membrana que envuelve las ninfas de los dípteros de la familia *Muscidae.* (Gr. **para**, al lado; **derma**, piel.)

paradesmo (**paradesmus**). Conexión secundaria entre los centríolos durante la mitosis de los flagelados. (Gr. **para**, al lado; **desmos**, enlace.)

paradídimo (**paradidymis**). Pequeño tubo contorneado situado sobre el epidídimo, remanente de los cuerpos de Wolff, (Gr. **para**, al lado; **didymos**, testículo.)

Paradisoidae. Grupo que incluye las aves del Paraíso y de enramada de Australia y Nueva Guinea. Son de colores brillantes y tienen el rabo con dos filamentos.

paradoxuro (**palm civet**). *Musango.* Mamífero carnicero arbóreo de la región oriental. (**Paradoxurus sp.**)

paraesofágico (**para-oesophageal**). Que está junto al esófago. Aplícase a ciertos nervios de los insectos. (Gr. **para**, al lado; **+ esófago**.)

parafaciales (**parafacialia**). Partes estrechas en la cabeza de los dípteros junto a los ojos. (Gr. **para**, junto; lat. **facies**, cara.)

parafíbula (**parafibula**). Estructura accesoria externa a la fíbula en algunos saurios y marsupiales. (Gr. **para**, al lado; **+ fibula**.)

paráfisis (**paraphysis**). Proceso no nervioso en el epitálamo de los peces anfibios y reptiles. // En los cecidios, engrosamiento junto al borde del pigidio. (Gr. **para**, al lado; **physis**, crecimiento.)

paraflagelo (**paraflagellum**). Un flagelo accesorio o diminuto. (Gr. **para**, al lado; **+ flagelo**.)

paraflóculo (**paraflocculus**). Lóbulo cerebral lateral a los flóculos en algunos mamíferos. (Gr. **para**, al lado; lat. **floccos**, flecos.)

parafrons (**parafrons**). V. *parafrontales.*

parafrontales (**parafrontals**). La continuación de las mejillas entre los ojos y la sutura frontal en los insectos. (Gr. **para**, al lado;lat. **frons**, frente.)

paraganglio (**paraganglion**). Dícese de las masas de tejidos cromafines hallados entre los riñones y a lo largo de la cavidad dorsal en los vertebrados inferiores. (Gr. **para**, al lado; **+ ganglios**.)

paragastrio (**paragaster**). V. *espongiocelo. Adj.* ***paragástrico.***

paragástrula (**paragastrula**). Gástrula que, en muchas esponjas, se forma por invaginación de la anfiblástula. (Gr. **para**, al lado; **+ gástrula**.)

paragénesis (**paragenesis**). Fertilidad de los híbridos con las especies parentales, pero no entre sí. (Gr. **para**, al lado; **génesis**, descendencia.)

parageusia (**parageusia**). Pérdida del sentido del gusto. (Gr. **para**, cerca; **geusis**, gusto.)

paraglenal (**paraglenal**). V. *hipercoracoides.*

paragloso (**paraglossum**). La parte anterior del hioides de las aves que soporta la lengua. // Cada uno de los lóbulos laterales del labio de ciertos insectos. (Gr. **para**, al lado; **glossa**, lengua.)

paraglotis. Cada uno de los dos lóbulos externos del segundo par de maxilas de los insectos. (Gr. **para**, al lado; **glotis**.)

paraglucógeno (**paraglycogen**). Polisacárido de reserva de muchos protozoos ciliados. (Gr. **para**, al lado; **+ glucógeno**.)

paragnato (**paragnathous**). Que tiene mandíbulas de la misma longitud, como ciertas aves. (Gr. **para**, al lado; **gnathos**, mandíbula.)

paragnatos (**paragnatha**). Cada uno de los apéndices no articulados de las maxilas de ciertos artrópodos. (Gr. **para**, al lado; **gnathos**, mandíbula.)

Paragonimus westermani. La duela del pulmón en el hombre cuyos hospedantes intermedios son peces, moluscos y crustáceos de agua dulce.

paragula (**paragula**). Región al lado de la gula en los insectos. (Gr. **para**, al lado; **+ gula**.)

parahipófisis (**parahypophysis**). Estructura vestigial situada bajo la pituitaria. (Gr. **para**, junto a; **+ hipófisis**.)

parahomología (**parhomology**). Semejanza estructural aparente. (Gr. **para**, al lado; **+ homología**.)

parahormona (**parahormone**). Substancia que actúa como hormona, pero que es producida por las células ordinarias. (Gr. **para**, al lado; **+ hormona**.)

paralción. = *Martín Pescador*, ave.

paralectotipo (**paralectotype**). Espécimen de una serie que se ha utilizado para dar a conocer una especie, pero luego se designa como paratipo. (Gr. **para**, al lado; **lektos**, escoger.)

paralelismo* (**parallelism**). La adquisición independiente de caracteres similares en linajes evolutivos relacionados. (De **paralelo**.)

paralimnio (**paralimnion**). El lecho o la orilla de los lagos. (Gr. **para**, al lado; **limne**, lago.) *Adj.* ***paralímico.***

paralinina (**paralinin**). Substancia básica nuclear. (Gr. **para**, al lado; **lino**, hilo.)

paralisina. V. *aglutinina.*

paraluteína (**paralutein**). Célula lútea epiteloide folicular. (Gr. **para**, al lado; lat. **luteus**, amarillo.)

paramastigoto (**paramastigote**). Que tiene un flagelo largo principal y otro pequeño accesorio. (Gr. **para**, al lado; **mastix**, látigo.)

paramastoides (**paramastoid**). Estructura que está al lado de la apófisis mastoidea. (Gr. **para**, al lado; **+ mastoides**.)

paramecina (**paramecin**). Substancia tóxica producida en *Paramoecium aurelia.*

paramecio (**paramoecium**). Protozoario ciliado de forma de zapatilla, común en aguas estancadas. (Gr. **paramekes, para,** al lado; **mekes,** largo.) // *p.asesino,* estirpe de *Paramoecium* que libera una substancia llamada *paramecina,* letal para otras estirpes de la misma especie. V. *kappa.*

parámero (paramere). La mitad de un somito en los animales de simetría bilateral. // Cada uno del par de lóbulos externos del pene en ciertos insectos. (Gr. **para,** al lado; **meros,** parte,)

paramesonéfrico (paramesonephric). V. *conductos de Muller.* (Gr. **para,** al lado; + **mesonefros.**)

parametrio (parametrium). Tejido fibroso que rodea el útero. (Gr. **para,** al lado; **metra,** matriz.)

paramilo (paramylum). Polisacárido hallado en ciertos protozoos holofíticos. (Gr . **para,** al lado; **amylon,** almidón.)

paramiosina (paramyosin). Una proteína de los músculos no estriados. (Gr. **para,** al lado; **mys,** músculo.)

paramítomo (paramitome). Substancia interfilar del protoplasma. (Gr. **para,** al lado; **mitos,** hilo.)

paramitosis (paramitosis). Tipo de mitosis en los protozoos que no forma la fase equatorial. (Gr. **para,** al lado; + **mitosis.**)

paramorfo (paramorph). Una variedad. // Una forma inducida por el ambiente sin cambios genéticos. (Gr. **para, al lado; morphe,**forma.)

paramutación (paramutation). Mutación en la que un alelo cambia permanentemente su alelo opuesto. (Gr. **para,** al lado; + **mutación.**)

paranasal (paranasal). Los senos maxilares, frontales, etmoidales, esfenoidales y palatinos. (Gr. **para,** al lado; + **nasal.**)

paranefros (paranephros). Un cuerpo adrenal. (Gr. **para,** al lado; **nephros,** riñón.) *Adj.* ***paranéfrico.***

paranefrocito (paranephrocyte). V. *atrocito,* q.v.

Paraneoptera. Una división de Insecta en la subclase *Pterigota* que comprende las órdenes *Corrodentia, Mallophaga, Anoplura, Thysanoptera* y *Hemiptera.*

Paraneuroptera. V. *Odonata.*

paranoto (paranotum). Expansión lateral en el noto de un artrópodo. (Gr. **para,** al lado; + **noto.**)

parapineal (parapineal). Estructura semejante a la pineal, pero de conexión nerviosa con la comisura posterior. Su función es desconocida (Gr. **para,** junto a; + **pineal**).

paranúcleo (paranucleus). Un micronúcleo. // Un mitocondrio. (Gr. **para,** al lado; + **núcleo.**)

paranucleína (paranuclein). La substancia del nucléolo. = *Pirenina.* (Gr. **para,** cerca; +*nucleína.*)

paranúcleo (paranucleus). Núcleo accesorio o pequeña masa de cromatina situada cerca de él. (Gr. **para,** cerca; + **núcleo.**)

paranucleólo (paranucleolus). Partícula basófila diminuta situada muy cerca del nucléolo. (Gr. **para,** junto; + **nucléolo.**)

paraoóforo (paraoophoron). Vestigios de los cuerpos de Wolff en las hembras de ciertos mamíferos. (Gr. **para,** junto; + **oóforo.**)

paraovario. =*Epoóforo,* Remanente del mesonefros embrionario, junto al ovario. (Gr. **para,** al lado; +**ovario.**)

parapátrida (parapatric). Se dice de la especie que vive junto a otra en la zona de contacto de sus respectivas áreas de distribución. (Gr. **para,** al lado; + **patria.**)

parapeto (parapet). Un pliegue circular de la pared del cuerpo bajo el borde del disco en los antozoarios. (Gr. **para,** al lado; lat. **pectus,** pecho.)

parápilo (parapyle). Cada una de las aberturas accesorias en ciertos radiolarios. (Gr. **para,** al lado; **pylon,** entrada.)

paraplancton (paraplankton). Conjunto de planctontes parásitos.

paraplasma (paraplasm). Conjunto de substancias pasivas, de reserva o destinadas a ser excretadas. (Gr. **para,** al lado; + **plasma.**)

parapleurón (parapleuron). El pleurón torácico de algunos coleópteros. (Gr. **para,** al lado; + **pleurón.**)

paraplexo (paraplexus). Plexo coroides de cada ventrículo lateral. (Gr. **para,** al lado; + **plexo.**)

parapófisis (parapophysis). Cada una de dos proyecciones laterales del centro vertebral. (Gr. **para,** al lado; + **apófisis.**)

parapodio. V. *parápodo.*

parápodo (parapodium). Expansión o aleta lateral del pie en algunos moluscos gasterópodos opistobranquios. // Apéndice segmentario en los poliquetos. // (Gr. **para,** al lado; **podos,** pie.)

parapolar (parapolar). Al lado de un polo. // Las primeras dos células en el tronco de ciertos mesozoos. (Gr. **para,** al lado; + **polar.**)

paraprocto (paraproct). Una placa a cada lado del ano en ciertos diplópodos e insectos. (Gr. **para,** el lado; + **proktos,** ano.)

parapróstata (paraprostate). La glándula bulbouretral. // La glándula superior de Cowper. (Gr. **para,** al lado; + **próstata.**)

Parapsida. Un grupo de reptiles cuyo cráneo tiene una sola ventana temporal, o sea del tipo parápsido, q.v. (Gr. **para,** al lado; **apsis,** arco.)

parápsido (parapsid). Tipo de cráneo de los reptiles cuya fosa temporal está situada por encima del hueso escamoso y bajo el temporal. (Gr. **para,** al lado; **apsis,** arco.)

parapsis (parapsis). La porción lateral del mesonoto. (Gr. **para,** al lado; **apsis,** arco.) *Adj.* ***parapsidal.***

paráptero (parapteron). Grupo de plumas tectrices del húmero de las aves. // La escápula, hombro o tégula del mesotórax de los insectos. (Gr. **para,** al lado; **pteron,** aleta.)

pararrectal (pararectal). Que está junto al recto. (Gr. **para,** el lado; lat. **rectus,** intestino recto.)

Pararthropoda. Un grupo zoológico de afinidades inciertas, en el que se reunieron los onicóforos, los tardígrados y los linguatúlidos o pentastómidos. (Gr. **para,** junto; + **arthropoda.**)

parasema (paraseme). Apariencia que en un animal tiende a engañar o a desviar la agresión de un enemigo. (Gr. **para,** al lado; **sema,** señal.) *Adj.* ***parasemático.***

paraseptal (paraseptal). Aplícase al cartílago que incluye el órgano vomeronasal. (Gr. **para,** al lado; **septum,** tabique.)

parasexual (parasexual). Lo que se refiere a una recombinación genética sin meyosis. (Gr. **para,** al lado; lat. **sexus,** sexo.)

parasfenoides* (parasphenoid). Hueso del cráneo situado entre los huesos vomerianos y los basioccipitales. (Gr. **para,** al lado; + **esfenoides.**)

parasimbiosis (parasymbiosis). Relación más o menos íntima entre varios organismos sin beneficiarse ni perjudicarse unos a otros. (Gr. **para,** al lado; **symbionai,** vivir con.)

parasimpático (parasympathetic). Parte del sistema autonómico cuyos centros están en el encéfalo y la parte posterior de la médula espinal. (Gr. **para,** al lado; + **sympathes.**)

parasinapsis (parasynapsis). V. *parasíndesis.*

parasíndesis (parasyndesis). Síndesis en que los cromososmas homólogos se aparean a lo largo. (Gr. **para,** al lado; **syndesis.** atadura.) *Adj.* ***parasindético.***

Parasitica. Una división en el orden *Hymenoptera* que incluye cuatro superfamilias del taxón *Apocrita,* la mayoría parásita.

parasítismo* (parasitism). Asociación biológica en el que un simbionte se beneficia y el otro se perjudica. (Gr. **para,** al lado; **sitos,** comer.) // *p.* ***facultativo,*** tipo de parasitismo en el que la especie parásita puede vivir también independientemente. // *p.* ***larvario,*** cuando ocurre en las etapas larvales y no en la adulta, como las larvas de las moscas de la familia *Oestridae.* // *p.* ***obligado,*** cuando el parásito no puede vivir independientemente del hospedante. // *p. permanente*, cuando dura toda la vida del parásito. // *p. termporal*, el que se limita a una parte de la vida.

parásito* (**parasite**). *Parásito.* Dícese del organismo que se alimenta a costa de las substancias orgánicas contenidas en otro ser vivo. (Gr. **parásitos**, de **para**, al lado; **sitos**, comida.) *Adj. parasitario*, parasítico. // p. estenoxeno*, que parasitan un reducido número de hospedantes. // *p. eurixeno*, que parasita una gran variedad de especies hospedantes. // *P. heteroxeno*, que parasita varias especies de hospedantes durante su ciclo vital.

parasitoide (**parasitoid**). Un organismo alternativamente parásito y de vida libre. (Gr. **parasitos, eidos**, forma.)

Parasitoidea. Una superfamilia de ácaros del orden *Acarina.* (Del género **Parasitus.**)

parasitología (**parasitology**). Tratado sobre los parásitos. (De **parásito** y **logos**, tratado.)

parasitótropo (**parasitotrophic**). Que tiene afinidad para los parásitos.

parasternales (**paraternalia**). Costillas abdominales o gastrales.(Gr. **para**, al lado; **sternon**, esternón.)

parasternón (**parasternum**). Prolongación posterior del esternón en *Sphenodon*, algunos saurios y los cocodrilos. (Gr. **para**, junto; + **esternón.**)

parastilo* (**parastyle**). Cúspide periférica anterior externa de los molares trituberculares superiores de los mamíferos. (Gr. **para**, al lado, **stylos**, pilar.)

parastipes (**parastipes**). La subgalea o esclerito interno del estipe de los insectos. (Gr. **para**, al lado; lat. **stipes**, estaca.)

Parasuchia. Grupo de grandes cocodrilos del período Triásico. (Gr. **para**, cerca; **suchus**, cocodrilo.)

paratelia (**parately**). Evolución resultante en semejanzas superficiales, pero que no están relacionadas filogenéticamente. (Gr. **para**, junto; **telos**, fin.)

paratenón (**paratenon**). Tejido adiposo situado entre un tendón y su vaina. (Gr. **para**, junto; **tenon**, tendón.)

paratestículos (**paratestis**). Cuerpos amarillos grasos de ciertos moluscos machos que regulan su apariencia nupcial. (Gr. **para**, al lado; lat. **testis**, testículo.)

paratimpánico (**paratympanic**). Dorsal a la cavidad timpánica. Se aplica a un órgano pequeño cerca del tímpano en algunas aves. (Gr. **para**, al lado; **tympanon**, tímpano.)

paratipo* (**paratype**). Ejemplar o ejemplares que se utilizan simultáneamente con el tipo (holotipo) en la descripción de una especie. (Gr. **para**, junto; **typos**, patrón.)

paratirina (**parathyrin**). Secreción de la glándula paratiroides que regula el metabolismo del fósforo y el calcio. (Gr. **para**, al lado; **thyreos**, escudo.)

paratiroides* (**parathyroides**). Dícese de las glándulas de secreción interna situadas junto a la tiroides. (Gr. **para**, al lado; + **tiroides.**)

paratoides (**paratoid**). Aplícase a una doble fila de glándulas situadas a lo largo del dorso de ciertas salamandras. (Gr. **para**, al lado; **tome**, corte).

paratomía (**paratomy**). Reproducción por fisión y regeneración en ciertos anélidos. (Gr. **para**, al lado; **tome**, corte.)

paratomio (**paratomium**). Lados del pico de las aves entre el tomio y el culmen. (Gr. **para**, al lado; + **tomio.**)

paratónico (**paratonic**). Que estimula o retarda. (Gr. **para**, al lado; **tonos**, tensión.)

paratormona (**parathormone**). Hormonas de las glándulas paratiroides que regulan el metabolismo del fósforo y el calcio. = *Paratirina.* (Contracción de **paratiroides** y **hormona.**)

paratrófico (**paratrophic**). Que se nutre del hospedante. (Gr. **para**, al lado; **trophe**, nutrición.)

paravertebral (**paravertebral**). Que está a lo largo del espinazo. (Gr. **para**, al lado; + **vértebra.**)

paravesical (**paravesical**). Que está al lado de la vesícula. (Gr. **para**, al lado; + **vesical.**)

paraxial (**paraxial**). Que está a lo largo de un eje, como de la columna vertebral. (Gr. **para**, al lado; **axis**, eje.)

Paraxonia. Un superorden de mamíferos que incluye el orden *Artiodactyla.* (Gr. **para**, al lado; **axon**, eje.)

paraxónico (**paraxonic**). Que tiene un eje al lado del eje principal.// Con un eje entre los dedos III° IV°, como en los artiodáctilos. (Gr. **para**, al lado; **axon**, eje.)

paraxónida (**paraxonid**). Tipo de extremidad característica de los mamíferos del orden *Artiodactyla*, en la que el eje de la extremidad pasa entre los dedos III° y IV°. (Gr. **para**, cerca; **axis**, eje.)

Parazoa. Una subdivisión de los metazoos que incluye un solo fílum: *Porifera.* Se caracteriza por poseer tejidos incipientes y carecer de boca, de tracto digestivo y de órganos. (Gr. **para**, al lado; **zoon**, animal.)

parazoo (**parazoon**). Parazoario. Un miembro del fílum *Porífera* o *Parazoa.* // Un parásito animal. (Gr. **para**, al lado; **zoon**, animal.)

parche (**butterfly fish**). Cuba:pez marino litoral (**Chaetodon capistratus.**) (Franc. **parche.**)

pardal* (**linnet**). Una especie de gorrión silvestre común en Europa. // *p. (leopard).* El leopardo.// *p. (swallow).* = Golondrina. (De **pardo.**)

pardela (**shearwater**). Ave marina del orden *Procellariiformes* (**Puffinus griseus**). (De **pardo.**)

paridigitigrado. Dícese del animal que apoya al andar en el suelo un número par de dedos. (Gr. **par**, par; lat. **digit**, dedo; **gradion**, camina.)

pardillo* (**linnet**). Pájaro europeo del orden *Passeriformes*, familia *Fringillidae* (**Acanthis cannabina**).

pardo*. V. *leopardo.*

pareja real (**royal pair**). La pareja de individuos perfectamente reproductores que funda una nueva colonia en los termites.

parencéfalo (**parencephalon**). Cada uno de los dos hemisferios cerebrales. (Gr. **para**, al lado; **enkephalos**, **encéfalo.**)

Parenchymata. Nombre desusado que incluía todos los fílumes de animales acelomados. (De **parénquima.**)

parénquima* (**parenchyma**). // Masa esponjosa de células vacuoladas de los animales inferiores. // *Celénquima* (**parenchyma**, substancia de los órganos.) *Adj. parenquimatoso*.*

parenquimales (**parenchymalia**). Las espículas de parénquima de las esponjas hexactinélidas. (De **parénquima.**)

parenquímula (**parenchymula**). Estado larval de los poríferos, de forma sólida posterior a la blástula y anterior a la larva olinto. (De **parenquima** y **-ula**, dim.)

parental* (**parental**). Lo relativo a los padres o a los parientes. (Lat. **parens.**)

parenteral (**parenteral**). Lo que está entre el tubo digestivo y la pared del cuerpo. (Gr. **para**, junto; **enteron** tubo digestivo.)

parentesco* (**kindred**). Vínculo. Dícese de los grupos de seres cuando cada uno de ellos está relacionado por matrimonio o por herencia con los demás.// Se aplica a los animales del mismo linaje. (Lat. **parens.**)

paretmoides (**parethmoid**). Hueso *etmoides* (**ethmoid**) lateral. =*Ectoetmoides.* (Gr. **para**, al lado; **ethmos**, colador; **eidos**, forma).

pargo* (**snapper**). América y Africa: se aplica a varias especies de peces marinos comestibles del orden *Perciformes*, familia *Lutjanidae* (Lutjanus analis). // Europa: se aplica a peces marinos del orden *Perciformes*, de la familia *Sparidae* (**Sparus**, sp.; **Pagrus** sp.).

paries (**paries**). La pared de una estructura hueca. (Lat. **paries**, pared.)

parietal (**parietal**). Huesos craneales de los vertebrados situados entre los frontales y el occipital. // *Adj.* que forma parte de la pared de una estructura. (Lat. **paries, pared.**)

parietobasilar (**parietobasilar**). Se aplica a los músculos situados entre el disco basal y la parte inferior de la pared del cuerpo en algunas anémonas marinas. (Lat. **paries, pared.**)

parietoccipital (**parieto-occipital**). Se aplica a la fisura entre los lóbulos occipitales y parietales del cerebro. (Lat. **paries, pared; + occipital.**)

parietofrontal (**parietofrontal**). Hueso en los peces dípneos que ocupa el lugar de los parietales y frontales. (Lat. **paries, pared; + frontal.**)

paro (**tit**). Nombre común de varios pajarillos europeos del orden *Passeriformes*, familia *Paridae*, género *Parus.*

parietomastoideo (**parietomastoid**). Que conecta al parietal con el mastoides. (De **hueso parietal y el mastoideo.**)

parietotemporal (**parietotemporal**). Referente a las regiones parietal y temporal.

parietovaginal (**parietovaginal**). Aplícase a un tipo de ligamento de los moluscos bivalvos, insertado en las ninfas de la concha. (Lat. **par, igual; vinculum, unión.**)

parlama (**green turtle**). La tortuga marina llamada también *jaco* y tortuga verde (**Chelonia mydas**).

paroccipital (**paroccipital**). Aplícase a un proceso de los occipitales. (Gr. **para, al lado; + occipital.**)

paroccipucio (**parocciput**). Engrosamiento del occipucio en los insectos, donde se articulan los escleritos del cuello. (Gr. **para, al lado; +occipucio.**)

parolfatorio (**parolfatory**). Un área junto al órgano olfativo del rinencéfalo. (Gr. **para. cerca; lat. olfatorius.**)

paroniquios (**paronychia**). Cerdas en el púlvilo de los insectos. (Gr. **para, junto; onyx, uña.**)

parosteosis (**parosteosis**). Formación ósea anormal en tractos fibrosos. (Gr. **para, al lado; osteon, hueso.**)

parótico (**parotic**). Proceso que, en los lagartos, se forma por fusión del occipital y el opistótico. (Gr. **para, al lado; otos, oído.**)

parótida* (**Parotid glands**). Cada una de las dos glándulas salivales situadas debajo del oído. (Gr. **parotis, de para, junto; otos, oído.**)

paratoide (**parotoid**). Se aplica al ensanchamiento externo en forma de glándula que aparece de cada lado de la cabeza en algunos anfibios. En algunos casos segrega una sustancia venenosa. (Gr. **parotida + oides, forma.**)

parovario (**parovarium**). Colección de túbulos pequeños que se localizan anteriormente al ovario. // Epoóforo, restos del mesonefros embrionario. (Gr. **para, al lado; lat. ovarium, ovario.**)

párpado* (**eye lid**). La acepción usual.

pars (**pars**). Vocablo latino empleado en ciertas estructuras anatómicas. // (Lat. **pars, parte.**) // ***p. amorpha,*** corpúsculos esféricos granulosos en el nucléolo. // ***p. intercerebralis,*** región mediana en el cerebro de los insectos.// ***p. tuberalis,*** estructura de la hipófisis que, en realidad, es una modificación del lóbulo anterior.

partenita (**parthenita**). Cada uno de los estados no sexuados (**esporocisto, redia y cercaria**) del ciclo de las duelas. (Gr. **parthenos, virgen.**)

parteno- (**partheno-**). (Del gr. **parthenos, virgen.**)

partenoapogamia (**parthenapogamy**). Partenogénesis diploide. (Gr. **parthenos, virgen; + apogamia.**)

partenocariogamia (**parthenokariogamy**). Fusión de dos núcleos haploides femeninos. (Gr. **parthenos, virgen; + cariogamia.**)

partenogamia (**parthenogamy**). La unión de dos núcleos producidos en el mismo gameto. (Gr. **parthenos, virgen; gamos, boda.**)

partenogénesis* (**parthenogenesis**). El desarrollo de un huevo no fecundado. (Gr. **parthenos, virgen; génesis, origen.**) *Adj.* ***partenogenético.*** // ***p. accidental,*** que ocurre cuando una especie, normalmente anfígona, produce huevo que se desarrolla partenogenéticamente. // ***p. anomíctica,*** cuando los óvulos experimentan una sola división madurativa. // ***p. arrenotoca,*** cuando los huevos producen siempre individuos masculinos. // ***p. artificial,*** reproducción unisexual estimulada por medios artificiales. / ***p. automíctica,*** cuando los dos núcleos derivados de la primera división del huevo se conjugan entre sí. // ***p. cíclico,*** v. *heterogomia.* // ***p. constante,*** v. *obligatoria,* // ***p. diploide,*** v. *apomíctica.*// ***p. experimental,*** la que realiza por métodos de laboratorio para interpretar el proceso de la fecundación. // ***p. facultativa,*** que ocurre cuando los huevos se pueden desarrollar sin fecundación o con ella.// ***p. geográfica,*** que ocurre en algunas razas geográfica de una especie, como en el crustáceo *Artemia salina.* // ***p. haploide,*** en la que los huevos no fecundados y las células derivadas de él son haploides, como en los zánganos de las abejas. // ***p. obligatoria,*** cuando los huevos se desarrollan necesariamente sin la posibilidad de ser fecundados. //***p. paidogenética,*** la que ocurre en formas larvales. // ***p.*** *poliploide,* raza partenogenética en *Artemia salina* y en otros crustáceos filópofos, cuya variación es función de la salinidad. // ***p. rudimentaria,*** que ocurre por activación del huevo no fecundado y produce rudimientos de embrión // ***p. telitoca,*** cuando en ella se originan individuos exclusivamente femeninos.

partenogonidio (**parthenogonidia**). Zooide de una colonia de protozoos que tiene función reproductiva sexual. (Gr. **parthenos, virgen; gaonos, progenitor.**)

partenología (**parthenology**). Estudio médico de la virginidad. (Gr. **partheno virgen; logos, tratado.**)

partenomixis (**parthenomixis**). V. *partenogamia.*

partenoesperma (**parthenosperm**). Espermatozoide desarrollado sin fecundación pero semejante a un cigoto. (Gr. **parthenos, virgen; sperma, semilla.**)

partenospora (**parthenospore**). Espora que se desarrolla directamente del gameto sin conjugación. = Acigospora. (Gr.**parthenos, virgen; sporos, semilla.**)

partenoto (**parthenote**). Un organismo haploide producido por partenogénesis. (Gr. **parthenos, virgen.**)

partícula (**particle**). En biología, un sinónimo de corpúsculo o de estructura submicroscópica. (Lat. **particula.**) //***p. de atracción,*** = *centriolo* // ***p. kappa,*** gránulos citoplásmicos que producen substancias letales en los paramecios.

parto* (**parturition**). La acción de dar a luz. (Lat. **partus.**)

paru (**angelfish**). Pez marino tropical de la familia *Chaetodontidae* (**Pomacanthus paru**).

parumbilical (**parumbilical**). Que está al lado del ombligo, como vasos sanguíneos, nervios, etc. (Gr. **para, al lado; lat. umbilicus.**)

parvo (**parvous**). Estado larval en los crustáceos decápodos de la sección *Caridea,* que sigue a la zoea. (Lat. **parvus, pequeño.**)

pasango (**wild goat**). Cabra silvestre de Irán, Cáucaso, Asia Menor, Creta y Artimilo (**Capra hircus o C.aegagrus**).

pasarríos (**basilisk**). Venez.: v. *basilisco,* especie de lagarto.

paseriforme (**passeriform**). Ave del orden *Passeriformes,* q.v.

paserino (**passerine**). Que pertenece a los pájaros del orden *Passeriformes.*

Passeriformes. Orden de aves. Pies anisodáctilos, halux largo. (Lat. **passer, gorrión; + forma.**)

Passeres. Suborden de aves canoras *Paseriformes.* V. *Oscines.*

Pasteur, Louis, Químico y bacteriólogo francés, conocido por sus investigaciones sobre la hidrofobia, la fermentación, el ántrax, la vacunación, etc. (1822-1895)

pastinaca* (**sting ray**). Pez europeo condrictio del orden *Rajiformes,* familia *Trygonidae* (**Trygon pastinaca**). (Lat. **pastinaca.**)

pastor. V. *pastorcillo,* pez.

pastorcillo (**man-o-war fish**). Pez cosmopolita que vive

asociado con las fisalias. Orden *Perciformes*, familia *Nomeidae* (Nomeus gronovii).

pastoreo (grazing). Palabra empleada en ecología para indicar la acción y efecto de los animales que se alimentan de fitoplancton. (De pastor.)

pata (drake). Pie y pierna de los animales. // La hembra del pato. // *p. de cabra*, Cuba: molusco bivalvo comestible de la familia *Arcidae* (Arca zebra). // *p. maxilares*, v. *maxilípedos*.

patagio (patagium). Expansión membranosa alar de las aves, murciélagos, ardillas voladoras, dermópteros, etc. // Procesos laterales torácicos en muchos insectos. (Lat. patagium borde.) *Adj. patagial.*

patán (streaked mojarra). Puerto Rico: pez marino. V. *patao*.

patao* (streaked mojarra). Cuba: pez marino comestible de color plateado con fajas pardas en los costados. Orden *Perciformes*, familia *Liognathidae* (Eugerres brasilianus). (Voz *indígena.*)

patela (patella). *Rótula*. // Segmento entre el fémur y la tibia en *Pycnogonidia*. // Cuarto segmento de la pata de una araña. // *Lapa*, molusco. (Lat. patella, dim. de patina, plato.) *Adj. patelar, pateliforme.*

patélula (patellula). Segmento modificado en los tarsos anteriores de los coleópteros ditíscidos. (Lat. dim. de patela.)

Patellaca. Grupo de moluscos gasterópodos prosobranquios del orden *Archaegastropoda*, que comprende las verdaderas lapas. (Lat. patella, plato pequeño.)

pateliforme (pateliform). En forma de platillo. (Lat. patella, platillo; + forma.)

patente (patent). Abierto. (Lat. patens, abierto.)

patético* (pathetic). En biologia se aplica al nervio troclear y al músculo oblícuo superior del ojo. (Gr. pathethikos, sensible.)

-patía (-pathy). (Del gr. pathos, enfermedad.)

patialbillo. V. *jineta*, carnívoro.

patín* (petrel). Petrel. Ave marina del orden *Procellariiformes*.

patina (patina). Círculo de placas en el cáliz de los crinoideos. (Lat. patina, disco.)

pato- (patho-). (Del gr. pathos, enfermedad.)

pato (duck). Ave palmípeda del orden *Anseriformes*, familia *Anatidae*. La especie doméstica es derivada del mallard (Anas platyrhynchos). (Onomat de pat.) // *p. criollo*, especie doméstica de origen sudamericano (Cairina moschata).

patogénesis (pathogenesis). Desarrollo de un organismo patógeno. (Gr. pathos, enfermedad; génesis, origen.)

patogenia. Parte de la patología que trata del origen y desarrollo de las enfermedades. (Gr. pathos, enfermedad; genos, origen.) *Adj. patogénico.* *

patógeno* (pathogen). Se dice de cualquier organismo productor de enfermedades. (Gr. pathos, dolencia; geno, engendrar.)

patología* (pathology). Parte de la medicina que trata del estudio de las enfermedades. (Gr. pathos, enfermedad; logos, tratado.) *Adj. patológico.* *

patriclíneo (patriclinous). Aplícase a los descendientes que se parecen más al padre que a la madre. (Lat. pater, padre; gr. klinein, inclinar.)

patrimonio genético (gene pool). La suma total de los genes de una población. = *Caudal génico.*

patrogénesis. (patrogenesis). = *efebogénesis* = *androgénesis.* Desarrollo del huevo enucleado inducido por fusión con un espermatozoo. (Lat. pater, padre; genesis, origen).

patrón* (pattern). Un arreglo específico de cosas o estructuras. (De patrono.) // *p. axial*, disposición de las estructuras en relación con un eje definido. // *p. papilar*, la distribución de las papilas de los dedos y palmas de la mano.

patronímico* (patronymic). En sistemática, un nombre científico dedicado o basado en el nombre de una o más personas. (Lat. patronymicus.)

pátulo (patulous). Abierto ampliamente. (Lat. patulus, abierto, extendido.)

paturón (paturon). Artejo basal en el quelícero de las arañas, usado para aplastar. (Gr. patein, hallar; oura, detrás.)

paucilocular (paucilocular). Que contiene o está compuesto de pocas y pequeñas cavidades o lóculos. (Lat. pauci, pocos; loculus, comportamiento.)

paucispiral (paucispiral). Que tiene pocas vueltas. (Lat. pauci, pocos; spira, vuelta.)

paují* (cashew bird or Curassow). Se aplica a varias aves sudamericanas del orden *Galliformes*, familia *Cracidae*, domesticables y de buena carne (Mitu mitu). Guaco. (Voz quechua.)

paujul. V. *paují*, ave.

Pauling, Linus. Bioquímico norteamericano. Demostró que la formación de proteínas en los animales está regulada por los genes. Premio Nobel. (1901-   )

paulospora (palospore). Estado de reposo en el desarrollo de un quiste. (Gr. paula, reposo; sporos, simiente.)

pauraque (goatsucker). Especie de ave neotropical del orden *Caprimulgiformes* cercana a las chotacabras *(Nyctidromus albicollis).*

paurometabolía (paurometaboly). Metamorfosis incompleta en donde el estado de ninfa se asemeja al adulto. (Gr. paruos, breve; metabole, cambio.)

Pauropoda. Una clase pequeña de artrópodos miriápodos. (Gr. pauros, pequeño; podos, pie.)

pavada. Manada de pavos.

pava de monte (Dusky-legged guan). Uruguay: ave galliforme, familia *Cracidae* (Penelope obscura.)

Pavans de Geccatty, M. Histiólogo francés quien, en colaboración con *O.R. Tuzet* y *R. Loubatiere* descubrió en las esponjas células aparentemente nerviosas.

pavezno = *Pavipollo*, pollo del pavo.

pavimento* (pavement).. Una estructura formada por unidades compactas. (Lat. pavimentum.) *Adj. pavimentoso.*

paviota* = *Gaviota*, ave.

pavipollo* (young turkey). Pollo de pavo.

Pavlov, Ivan Petrovitch. Fisiólogo y psicólogo ruso, famoso por sus estudios sobre los reflejos condicionados y la fisiología de la digestión. Premio Nobel en 1904. (1849-1936)

pavo* (turkey). Especie de ave gallinácea americana domesticable de gran tamaño. Orden *Galliformes*, familia *Meleagrididae* (Meleagris gallopavo). // *p. real*, especie de ave gallinacea de vistoso plumaje, oriunda de Asia. Orden *Galliformes*, familia *Phasianidae* (Pavo cristatus). // *p. del Congo*, única especie africana de pavo, Afropavus congensis). (Lat. pavus, pavo real.)

pavón* (horned guan). Méx.: especie de ave galliformes, familia *Cracidae* parecido al guan (Oreophasis derbianus). // *p.* (peacock butterfly). Mariposa de colores vivos (Saturnia pavonia). (Lat. pavonis.) V. *pavo real.*

paxila (paxilla). Conjunto de espinas modificadas de algunas estrellas de mar, que forma una placa calcárea con espículas exteriores. (Lat. paxillus, clavija.) *Ad. paxilar.*

Pearl, Raymond. Biólogo americano, estudioso de la estadística poblacional humana. (1879-1940).

peba (armadillo). Armadillo de nueve bandas, de amplia distribución en América (Dasypus novemcinctus).

pebrina (pebrine). Grave enfermedad parasitaria del gusano de seda producida por el esporozoo *Nosema bombycis.*

pécari (pecary). Especie de jabalí salvaje neotropical de la familia *Tayassuidae* (Tayassu tayassu). (Del franc. pecari, y este de baquira.)

peca (freckle). El concepto usual. La tendencia a tener pecas es un carácter mendeliano. *Adj. pecoso.*

peces cartilaginosos (chondrichtyan). Se dice de los peces de la clase *Chondrichthyes.*

pecilandria (poikilandria). Dimorfismo sexual con presencia de varios tipos de machos en la misma especie. (Gr. poikilos, abigarrado; aner, macho.)

pecilo-* (Del gr. poikilos, de varios colores, abigarrado.)

pecilogenia (poecilogeny). Tipo de dimorfismo larval en ciertos dípteros. (Gr. poikilos, varios; genia, generación.)

pecilogonia (poikilogony). Polimorfismo sexual con la presencia de formas distintas de hembras en una serie. (Gr. poikilos, abigarrado; gyne hembra.)

peciolo* (petiole). Cualquier pedúnculo, como la conexión toracoabdominal de las arañas, hormigas, avispas, etc. (Lat. petiolus, pedúnculo de la hoja.) *Adj. peciolado.**

pecina* (fish pond). Estanque donde se crían peces. (De pez.)

Pecora. Una orden de mamíferos establecido por Linneo para incluir los cérvidos, los bóvidos y las jirafas.

pécora* (head of sheep). Res o cabeza de ganado lanar. (Lat. pecora, oveja.)

pecten* (pecten). *Peine.* // Estructura en los insectos formada por setas dispuestas en fila. // Estructura en forma de peine en los ojos de muchas aves y reptiles. // Fila de espículas en los tubos respiratorios de los gusarapos. // Apéndices, sensoriales ventrales en escorpiones. // Género de moluscos bivalvos, ver *peregrina.* (Lat. pecten, *peine.) Adj. pectiniforme*, pectíneo*.*

pectina (pectin). Hemicelulosa. // El pecten o peine de los escorpiones. (Gr. pektos, congelado.)
(Gr. pektos, congelado.)

pectin- (pectin-). (Del lat. pecten, peine,)

pectinelas (pectinellae). Membránulas pectiniformes que forman el espiral ciliado de los infusorios. (Lat. pectinella, penecito.)

pectíneo *(pectineal). Un proceso del pubis de las aves. // Se aplica a un borde en el fémur. // Músculo del muslo que hace girar el fémur. (Lat. pecten, peine.)

pectini-* (pectini-). (Lat. pectinis, peine.)

Pectinibranchia Pectinibranchiata. = Mesogastropoda. Otro nombre para el grupo de moluscos gasterópodos llamado *Monotocardia* que tienen las branquias en forma de peine. (Lat. pecten, peine; gr. brankia.)

pectinibranquio*. Que tiene branquias en forma de peine. V. *Pectinibranchiata.*

pecto (pectus). La fusión del pleurón y el esternón de los artrópodos. (Lat. pectus, pecho.)

Pectobothridia. Subclase del *Platelmintos* en la clase *Trematoda.*

pectón (pecton). Bentos formados por organismos adheridos íntimamente a la superficie del sustrato. (Gr. pekton, coagulado.)

Pectopera. Orden de insectos. V. *Ephemeroptera.*

pectoral* (pectoral). Lo relacionado con el pecho. // Cada uno de los músculos del pecho, llamado *p. mayor* y *p. menor.* (Lat. pectoralis.)

pectus. (Lat. pecho o tórax).

pechiazul (bluethroat). Ave europea paseriforme de la famlia *Turdidae.* El pecho del macho tiene vivo color azul (Cyanosylvia svecica).

pechina (coquina). España: molusco bivalvo de la familia *Donacidae* (Donax trunculus). (Lat. pecten.) V. *peregrina, coquina, chipichipi.*

pechina (pecten). España: se aplica a varias especies de moluscos bivalvos de la familia *Pectinidae.* V. *venera, peregrina, volondeira.*

pechirrojo. V. *pardillo,* ave.

pecho* (breast). La parte esternal frontal del tórax en el hombre. // Las mamas. (Lat. pectus.)

pedal* (pedal). Lo relativo al pie. V. *podial.* (Gr. pous, podos, pie.)

pedesis. Movimiento browniano.

pedétidos (pedetiade). Liebres saltarinas de patas largas de Africa del Sur (Pedetes cafer). (Lat. pes, pie.)

pedi- (pedi-). (Del lat. pes, pedis, el pie.)

pedicelarios (pedicellaria). Estructuras en forma de pinzas halladas en la superficie de los equinodermos. (Lat. pedicellus, pie pequeño.)

pedicelo* (pedicel). Pedúnculo pequeño. // Uno o dos segmentos abdominales basales en las hormigas. // Segundo segmento en las antenas. (Lat. pedicellus.) *Adj. pedicelado.* // *p. ambulacral,* v. *podio.* // *p. óptico,* vástago cartilaginoso que, en los peces condrictios, sirve de apoyo al globo ocular.

Pediculati. Orden de peces óseos. V. *Lophiiformes.*

pediculicida. Que mata o destruye los piojos. (Pediculus sp).

pedículo* (pediculus). *Pedúnculo.* Pieza en forma de pie pequeño. // *Pezón.* (Lat. pediculus, dim. de pes, pie.) *Adj. pediculado, pedicular.*

pediculosis* (pediculosis). Enfermedad de la piel producida por los piojos. (Lat. pediculus, piojo.)

Pediculus. Género al cual pertenece el piojo humano común. *(Pediculus humanus).*

pediforme (pediform). Que tiene forma de pie. (Lat. pes, pie; forma.)

pedífero (pediforous). Que tiene patas. Pedunculado. (Lat. pes, pie, pata; ferre, que lleva.)

pedígero (pedigerous). Se aplica a la sección del cuerpo que lleva apéndices. (Lat. pes, pie; gero,, llevar.)

pedigrí* (pedigree). Genealogía de un animal. // Diagrama o tabla que expone la historia ancestral de un individuo. (Del francés: pied de grue; lat. pes, pedis, pie; grus, grulla.)

Pedinoida. Un orden de equinodermos *Diadematáceos* que poseen espinas sólidas o concha rígida.

pediocerebral (pediocerebral). Aplícase a los conectivos nerviosos que, en los moluscos, unen los ganglios cerebrales con los pedales.

Pedipalpida. Orden de arácnidos, cuyos palpos son tan alargados como sus patas. (Lat. pes, pie; palpus, palpo.)

pedipalpo* (pedipalpo). Cada uno de un par de apéndices cefálicos en los artrópodos quelicerados. (Lat. pes, pedis, pie; palpus, palpo.)

pedo- (paedo-). (Del gr. pais, paidos, niño, infante.) // (Del gr. pedon, suelo, tierra.)

pedogamia (pedogamy). Autogamia. Tipo de reproducción de algunos protozoarios en la que los gametos se forman después de múltiples divisiones del núcleo. (Gr. pais, paidos, niños; gamos, unión.)

pedogénesis (pedogenesis). = *Paidogénesis.* // Reproducción partenogenética de un organismo que no ha alcanzado el estado adulto. (Gr. pais, paidos, niño, génesis, origen.) *Adj.* Ver también *neotenia.*

pedología (pedology). Ciencia del suelo. V. *edafología.* (Gr. pedon, suelo; logos, estudio.)

pedomórfico (paedomorphic). *Paidomórfico.* Se aplica a estructuras embrionarias o primitivas que aparecen en algunos animales. (Gr. pais, niño; morphe, forma.)

pedónico (pedomic). Organismo que vive en el fondo de un lago. (Gr. peden, suelo.)

pedorrera* (Cuban toddy). Cuba: avecilla del orden *Coraciiformes,* familia *Todidae,* color verde, que anida en los barrancos = *Cartacuba* (Todus multicolor). (De pedorro.)

pedúnculo* (peduncle). Organo de fijación de numerosos organismos sésiles. // Estructura columnar de soporte. (Bajo lat. pedunculus.) *Adj. pedunculado, peduncular.* // *p.caudal*, la región del encéfalo de los peces situada al fin de la aleta anal y el principio de la caudal. // *p. cerebelosos*, tres juegos de conectivos que unen el cerebelo con el mesencéfalo. // *p. cerebrales* o *crura cerebri*, tractos de fibras nerviosas que conectan el cerebro con la parte ventral del mesencéfalo. // *p. hipofisiario*, pendúnculo que une la hipófisis al diencéfalo. // *p. infundibular*, v. *p. hipófisiario*. // *p. nasohipofisiario*, pedúnculo que, en las primeras fases del desarrollo embrionario de los ciclóstomos, aparece en relación con la fosa olfativa. // *p. vertebral*, cada una de las porciones laterales del arco neural de las vértebras típicas de los mamíferos. // *p. vitelino*, esturctura embionaria que comunica el tubo digestivo con el vitelo.

pega*. V. *guaicán* y *rémora*. // *p. (magpie)*. V. *urraca, marica, alcaudón.*

pegador. Cuba: v. *rémora*, pez.

Pegasiformes. Orden de pequeños peces osteictios de los mares tropicales del Viejo Mundo.

peine* (comb). Estructura parecida a un peine, como los ctenidios, las pectinas, etc. (Lat. pecton.) // *p. antenal*, estructura en las tarsas anteriores de las abejas con la que limpia las antenas, // *p. polínico*, brocha polínica.

peje* (fish). *Pez. p. palo*, Cuba: *bacalao*, pez // *p. puerco*, v. *cochino*, pez. // *p. sapo*, v. *pejesapo.*

pejebuey. *Manatí*, mamífero.

pejemuller* (manatee). V. *manatí.*

pejepalo* (smoked codfish). Abadejo sin aplastar y curado al humo.

pejerrey* (heardhead). Cuba: pez marino del orden *Beloniformes*, familia *Hemirhamphidae* (Chirodus atherinoides). // Cuba: *p. (atherine)*, pez marino del orden *Mugiliformes*, familia *Atherinadae* (Atherinomorus microps). // España: pez marino de la familia *Atherinidae* (Atherina presbyter).

pejesapo *(angler). Pez marino del orden *Lophiiformes*, familia *Lophiidae*, de cabeza enorme (Lophius piscatorius). *Pescador, sapo marino.*

pelágico* (pelagic). Perteneciente al piélago. //Dícese de los animales y plantas que flotan o nadan en el mar. Op. bentónico. (Gr. pelagos, océano.)

pelagio (pelagium). Una comunidad marina superficial. (Gr. pelagos, el mar.)

Pelagothurida. Grupo de equinodermos holoturoideos de hábitos pelágicos, con tentáculos ensanchados y natatorios. (Gr. pelagos, el mar; +holothuria.)

pelagra* (pellagra). Enfermedad con manifestaciones cutáneas, digestivas y nerviosas producidas por deficiencias de ciertas vitaminas (niacina). (Lat pellis, piel gr. agron, acción de coger.) *Adj. pelagroso**.

pelaje (pelage). La totalidad de los pelos de un mamífero. (Lat. pilosus.)

pelea (gray shebook). Especie de antílope africano de la subfamilia *Reduncinae* (Pelea capreolus).

Pelecaniformes. Orden de aves acuáticas. Tienen los pies con todos los dedos unidos por membranas, como los pelícanos, cormoranes, etc. = *Steganopoda*. (Del gr. Pelecanus.)

pelecípodo (pelecypod). Un miembro de la clase *Pelecypoda*. V. *Bivalvia*. (Gr. pelekos, hacha; pous, pie.)

Pelecypoda. = V. *Bivalvia*.

pelechar*. Echar los animales pelos o pluma.

pelícano* (pelican). Nombre de varias aves acuáticas palmípedas del orden *Pelecaniformes*, familia *Pelecanidae*. (Pelecanus occidentalis, de América). (Lat. pelecanus; gr. pelekan.)

pelicosaurio. Un miembro del orden *Pelycosauria*.

película* (pelicle.) Epidermis. // Membrana flexible o rígida que recubre el protoplasto de ciertos flagelados, como en *Euglena*. (Lat. pellicula, dim. de pellis, pie.) *Adj. pelicular**.

pelma (pelma). La planta del pie. (Gr. pelma, suela, planta del pie.)

Pelmatozoa. Subclase del fílum *Echinodermata* que comprende especies sésiles, como los lirios de mar. Fósiles desde el Cámbrico. (Gr. pelma, planta del pie, zoon, animal.)

pelo* (hair). La acepción usual. (Lat. pilus, pelo.) *Adj. peloso*, peludo**. // *p. conoideos*, pelos táctiles agrupados en las antenas y otros apéndices de los artrópodos. // *p. claviformes*, pelos con un ensanchamiento junto al apice que después se desprende. // *p. gustativo*, diminuto cilio situado en la extremidad distal de cada célula gustativa, que se prolonga hasta el poro gustativo o abertura del botón gustativo.

pelófilo (pelophilous). Que tiene afinidad por los fondos barrosos. (De pelos, arcilla; phylos, amigo.)

peloglea (pelogea). Cualquier partícula adherida a objetos y organismos acuáticos. (Gr. pelos, arcilla; glia, cola.)

pelúcido (pellucid). Transparente o translúcido. (Lat. pellucidus.)

peludo* (hairy). Que tiene mucho pelo. // Especie de armadillo sudamericano de seis bandas (Euphractes villosus).

pelusa* (pile). Despectivo de pelo. // Crecimiento espeso de pelos cortos que, en ciertos coleópteros, atrapan burbujas de aire.

pelvis* (pelvis). Huesos que forman la cintura posterior o pelviana de los tetrápodos y que, en las aves y mamíferos, se sueldan entre sí. (Lat. pelvis, jofaina.) *Adj. pélvico, pelviano.** // *p. renal*, cavidad en el riñón que comunica los cálices renales con el uréter.

penacho (tuft). Grupo de plumas que tienen ciertas aves en la cabeza. // Lo que tiene figura parecida al penacho. // (Lat. penna, pluma.) // *p. caudal*. grupo de cilios largos en la extremidad posterior de los paramecios y otros ciliados.

pelvisternón (pelvisternum). *Epipubis*. hueso del púbis de los marsupiales. (Lat. pelvis, pelvo; sternum, esternón.)

Pelycosauria. Un suborden de réptiles primitivos del Permiano, con carácter que los aproximan a los estegocéfalos.

pella* (pellet). Manteca de cerdo. // Masa de forma redondeada. (Lat. pila.)

pena*. V. *penna*. Cada una de las plumas mayores del ave. *Adj. penacho, peniforme.*

Penaeidea. Suborden o sección de crustáceos en la sección *Natantia*. Camarones con tres primeros pares de patas queladas. (Gr. Peneus, padre de Daphne.)

pene* (penis). Organo copulador que contiene la porción terminal del espermiducto. (Lat. penis.) *Adj. penial, peniano.*

Penetración* (penetrance). Indice de la proporción de individuos heterócigos para un gen dominante, u homócigos para un gen recesivo, que muestra el fenotipo correspondiente, estudiado bajo condiciones específicas. (De penetrar.)

penicilo (penicillus). Estructura en forma de pincel o penacho. (Lat. penicillus, pincel.) *Adj. penicilado.*

Penicillata. V. *Polyxenida*.

Peniculina. Un suborden de ciliados del orden *Hymenostomatida*. (Lat. penniculus, dim. de penna, pluma.)

penículo (penniculus). Conjunto de filas de gránulos basales de la citofaringe de los protozoos ciliados. (Lat. dim. de penna.)

peniqué (gecko). Cuba: *salmanquesa*, especie de geco grande (Tarentola americana).

penna (penna). Cada una de las plumas mayores del ave. (Lat. penna pluma.) *Adj. pennaceo*, penniforme, pennado.*

pennátula (pennatula). Las *plumas marinas*, celentéreos del orden *Pennatulacea*, subclase *Alcyonaria*, clase *Anthozoa*. (Lat. penna.)

Pennatulacea. Orden de alcionario de la clase *Anthozoa* que comprende las llamadas *plumas de mar.* (Lat. penna, pluma.)

pénnulo (pennulum). Eje central de las barbicelas de la pluma del ave. (Lat. penna, pluma.)

pensil* (pensile). Pendiente. Aplícase a algunos nidos de aves. (Lat. pensilis, colgante.)

Pensilvaniano (Pennsylvanian). La primera época del período Carbonífero. *Pensilvánico.* (Del estado de Pennsylvania.)

penta- (penta-). (Del gr. penta, que significa cinco.)

pentacíclico (pentacyclic). Que está organizado en cinco espirales. (Gr. penta, cinco; kylos, círculo.)

pentacrinoide (pentacrinoid). Estado larval de algunos crinoideos. (De pentacrinos; neolat, oides, forma.)

pentactíneo (pentactinal.). Que tiene cinco radios. (Gr. penta, cinco; aktis, rayo.) *Pentactinal.*

pentácula (pentacula). Estado con cinco tentáculos en el ciclo de ciertos equinodermos. (Gr. penta, cinco; lat. aculeus, espina.)

pentadáctilo* (pentadactyl). Que tiene cinco dedos. (Gr. penta, cinco; dactylos, dedo.)

pentáfido (pentafid). Arreglado en cinco divisiones o lóbulos. (Gr. penta, cinco; lat. findere, abrirse.)

pentágono nervioso. Un anillo nervioso de cinco lados situados alrededor de la boca en los equinodermos.

pentámero* (pentamerous). Dícese de las estructuras orgánicas formadas por cinco partes. (Gr. penta, cinco; meros, partes.)

pentaploide (pentaploid). Que consta de cinco pares de cromosomas, o sea, cinco veces el número de cromosomas haploides. (Gr. penta, cinco; haploos, simple; eidos, forma.)

pentasternón (pentasternum). El esternito del quinto segmento del prosoma en algunos ácaros. (Gr. penta, cinco; sternon, esternón.)

Pentastomida. V. *Linguatulida.*

Pentazonia. Un superorden de diplópodos de la subclase *Chilognatha.* = *Opisthandria.* (Gr. penta, cinco; + zona.)

pepitona (ark shell). Venez.: molusco bivalvo del orden *Filibranchia,* familia *Arcidae* (Arca occidentalis.)

pepsina* (pepsin). Enzima formada en el estómago de los animales por acción del pepsisnógeno y del ácido clorhídrico que hidroliza las proteínas a proteosas y peptonas. Es segregada por la mucosa del estómago y es el principio más importante del jugo gástrico. (Gr. pepsis, digestión.)

pepsinógeno (pepsinogen). El cimógeno que secreta la mucosa gástrica y que, una vez activado, se convierte en pepsina. (Gr. pepsin, digestión; gennaein, producir.)

péptico* (peptic). Que pertenece a la digestión. (Gr. pepsis, digestión.)

peptidasa (peptidase). Enzima que cataliza los péptidos y libera los aminoácidos. (De peptidio; y -asa, enzima.)

péptido* (peptide). Un compuesto formado por dos o más aminoácidos. (Lat. pepticus, capaz de digerir.)

peptona* (peptone). Substancia que resulta de la descomposición incompleta de las proteínas por acción de las enzimas digestivas. (Gr. pepton, cocido.)

peptonefridio (peptonephridium). Cada uno de los nefridios anteriores que en algunos anélidos oligoquetos funciona como glándula digestiva. (Gr. pepsis, digestión; nephros, riñón; -idio, diminuto.)

pequén* (pigmy owl). Chile: ave rapaz pequeña del orden *Strigiformes* (Speotyto cunicularia). (Araucano, pequen.)

pequinés (pekingese). Perro pequeño, de pelo largo y hocico corto. (De Pekín).

per–* (per-). (Del lat. per, a través, durante, por completo.) En general aumenta la significación de una voz.

Peracarida. Una subdivisión de los crustáceos de la división *Eumalacostraca.* (Gr. per, bolsa; caridis, crustáceo.)

peramélidos (rat-bandicoots). Marsupiales insectívoros de madriguera que habitan en Australia, Taasmania y Nueva Guinea (Perameles nasuta).

perca* (perch). Nombre de varios peces fluviales del orden *Perciformes,* familia *Percidae* (Perca flavescens). (Lat. perca.)

percebe* (goose barnacle). Crustáceo cirrípodo europeo que se cría en las rocas y es comestible. (Polliceps cornucopia). (Lat. polliceps.)

Percesoces. Suborden de peces, llamados también Mugiloidea, que incluye las lisas, barracudas, etc.

Perciformes. Orden de peces de forma de perca, con aletas dorsales espinosas muy bien desarrolladas y con aletas pelvianas en la posición torácicas. Incluye muchas especies marinas y de agua dulce. (Lat. perca.)

percnosoma (percnosoma). Gránulo de un androcito profusamente teñido que posiblemente es un cuerpo cromatoide accesorio. (Gr. perknos, obscuro; soma, cuerpo.)

Percoidei. Un suborden de peces osteictios en el orden *Perciformes.* Comprende las verdaderas percas.

Percomorphi. = *Percomorphida.* Un gran orden de peces, V. *Perciformes.*

percurrente (percurrent). Que se extiende a lo largo. (Lat. percurrens.)

percha* (roost). Lugar donde acuden las aves a reposar o dormir. // *Perca..* (Fr. perche, lat. pertua.)

perchada* (roost). Conjunto de aves posadas en ramas o perchas. (De percha.)

percherón* (draft horse). Raza de caballo de gran corpulencia a propósito para tiro pesado. (Fr. Perche, antigua provincia de Francia.)

perdiguero* (pointer). Dícese del animal que caza perdices. // Perro perdiguero. (De perdiz.)

perdigón* . Pollo de perdiz. // *p. (cockle).* España: molusco bivalvo comestible de la familia *Cardiidae* (Cardium edule). Cuba: molusco bivalvo de la familia *Cardiidae* (Tachycardium maricatum). // Cuba: v. *sabanero,* ave.

perdigona de agua (long-tailed duck). V. *havelda,* ave.

perdiz (partridge). Nombre de varias especies de aves del orden *Galliformes, familia* Phasianidae. *de carne estimada y buena caza* (Perdix rufa). (Gr. perdix.) *p. blanca,* ave holártica del orden *Galliformes,* familia *Phasianidae,* cuyos pies están cubiertos de plumas. // Cuba: especie de paloma salvaje de cabeza azul y hábitos terrícolas (Starnoenas cyanocephala). // *p. uri,* nombre de varias especies de aves sudamericanas del género *Odontophorus.*

peregrina* (scallop). Venera. Concha bivalva de la familia *Pectinidae,* especialmente la especie europea *Pecten jacobaeus,* que era emblema de los peregrinos que iban a Santiago de Compostela, España. (Lat. peregrinus.)

peregrino* (peregrine). El halcón peregrino (Falco peregrinus anatum).

pereión* (pereion). Cefalotórax de los crustáceos decápodos. (Gr. pereion, el que transporta.)

perionito (pereionite). Cada uno de los segmentos que forman el pereión de los crustáceos. (De perión; + ito, dim.)

pereiópodo (periopod). Extremidad torácica de los crustáceos *malacrostráceos* que tiene función locomotora. (Gr. perion, transportar; pous, pie.)

Perennibranchiata. Orden que comprende los anfibios urodelos cuyas branquias persisten toda la vida. (Gr. (perenne, permanente; branchia, branquia.)

perennibranquiado (perennibranchiata). Que tiene branquias persistentes, (De perenne, y branquia.)

pereión (perion). El *tórax* de los crustáceos.

perergato (perergate). V. *plerergato.* (Gr. per, demás; ergates, obrero.)

pereza* (sloth). Venez.: V. *perezoso*, mamífero. // *p. (spotted filefish).* Cuba: pez marino de la familia *Balistidae* (Alutera punctata).

perezoso* (sloth). Mamífero americano arbóreo del orden *Edentata*, familia *Bradypodidae*, notable por la lentitud de sus movimientos (Bradypus didactylus).

perforado (perforate). Se aplica a lo que tiene poros, como los corales, los foraminíferos. (Lat. perforare, taladrar.)

perforador* (perforator). Proceso o protuberancia hallado en algunos espermatozoides, parecido a la punta de una lanza, cuya función es perforante. (Lat. perforare, taladrar.)

perfusión (perfusion). En biología, el pasaje de un fluido a través de alguna estructura. (Lat. per, a través; fusion, emanación.)

peri- (peri-). (Del gr. peri, alrededor, cerca, muy, más allá.)

perianal (perianal). Que está cerca o rodea el ano. (Gr. peri-, alrededor; lat. anus.)

periblasto (periblast). Capa externa de blastodisco del embrión de las aves. // El blastodermo del embrión de los insectos. (Gr. peri, alrededor; blastos, germen.) *Adj. perioblástico.*

periblástula (periblastula). Blástula resultante de una segmentación periblástica. (Gr. peri, alrededor; blastos, germen.)

peribranquial (peribranquial). Que está alrededor de la branquia. (Gr. peri, alrededor; branchia, branquia.)

peribulbar (peribulbar). Que rodea el lóbulo ocular. (Gr. peri, alrededor; lat. bulbus, bulbo.)

pericapilar (pericapillary). Se aplica a las células en contacto con la superficie externa de los capilares. (Gr. peri, alrededor; + capilar.)

pericardio* (pericardium). Bolsa que envuelve el corazón *Adj. pericárdico.* // *p. peritoneal,* que comunica el pericardio con la cavidad perivísceral en los peces cartilagíneos.

pericelular (pericellular). Que rodea una célula. (Gr. peri, alrededor; lat. célula.)

pericarion (perikaryon). La porción de la neurona que rodea el núcleo. (Gr. peri, alrededor; karyon, núcleo.)

pericéntrico (pericentric). Alrededor del centro. (Gr. peri, alrededor; kentron, centro.)

pericito (perycyte). Un macrófago de la membrana adventicia de los vasos sanguíneos. (De peri, alrededor; kytos, célula.) *Adj. pericitial.*

perico* (parrot). Nombre de varias aves trepadoras del orden *Psittaciformes*, generalmente verdes, que se domestican fácilmente. // *p. (lizard)* Cuba: especie de lagarto de la familia Iguanidae. V. *caguayo*. (De Pero, Pedro.) // *p. ligero,* v. *perezoso*.

pericondrio (perichondrium). Membrana fibrosa que envuelve los cartílagos y forma nuevos tejidos cartilagíneos. (Gr. peri, alrededor; chondros, cartílago.) *Adj. pericondrial.*

pericordio (perichordal sheath). Vaina que rodea el notocordio del embrión y luego forma cartílago y hueso. (Gr. peri, alrededor; chorde, cuerda.) *Adj. pericordal.*

pericoroidal (pericoroidal). Que rodea la coroides. (Gr. peri, alrededor; + coroides.)

pericote* *Argentina:* gran roedor campestre (Phyllotes tucumanus).

pericráneo* (pericranium). Nombre que recibe la membrana fibrosa o *periósteo* que recubre exteriormente los huesos del cráneo. (Gr. peri, alrededor; kranion, cráneo.)

pericromo (perichrome). La condición en la que los cuerpos Nissl están arreglados cerca de la periferia del centro de la célula nerviosa. (Gr. peri, alrededor; chroma, color.)

peridental (peridental). V. *periodontal.*

peridermo (periderm). La capa germiniana de la piel de los vertebrados. // El perisarco de los hidroideos. (Gr. peri, junto; derma, piel.)

peridesmio (peridismium). Tejido que rodea un ligamento. (Gr. peri, alrededor; dermos, banda.)

peridídimos (perididymis). V. *túnica albugínea.*

Peridineas. Orden de *Mastigophora*. V. *Dinoflagellata.*

peridural (peridural). Que rodea la dura madre. // Se aplica a un espacio perimeníngeo en su última etapa del desarrollo. (Gr. peri, fuera; lat. dura, duramadre).

perienterón (perienteron). Cavidad que rodea al enterón (Gr. peri, alrededor; enteron, intestino.) *Adj. perientérico.*

periesofágico (periessophageal). Que rodea el esófago. (De peri, alrededor; + esófago.)

periespiracular (perispiracular). Que rodea el espiráculo. // Glándula que secreta aceite hallada en ciertas larvas de insectos acuáticos. (Gr. peri, alrededor; lat. spiraculum, respiradero.)

perifaríngeo (peripharyngeal). Que rodea el esófago. Se aplica a nervios, bandas, etc. (Gr. peri, alrededor; pharynx, faringe.)

periferia* (periphery). Término de una figura. // Espacio que rodea un núcleo cualquiera. // *Adj. periférico.* *

perifibrilar (perifibrillar). Condición presente cuando algo rodea una fibrilla. Puede aplicarse a las substancias que rodean las neurofibrillas. (Gr. peri, alrededor; lat. fibrilla, fibra pequeña.)

perifiton (periphyton). Aufwuchs.// Conjunto de organismos sumergidos en un ambiente acuático.// Conjunto de organismos en la superficie de plantas acuáticas. (Gr. peri, alrededor; phyton, planta.)

periganglíónico (periganglíónic). Que rodea un ganglio. (De peri, alrededor; + ganglio.)

perigastrio (perigastrium). La cavidad celómica. (De peri, alrededor; gaster, vientre.) *Adj. perigástrico.*

perigástrula (perigastrula). La gástrula que se forma por segmentación superficial. (De peri, alrededor; + gástrula.)

perigénesis (perigenesis). Teoría de la herencia promulgada por Haeckel según la cual las células somáticas son alteradas por el ambiente externo y el medio interior, y las modificaciones pasan a las células sexuales, permitiendo la herencia de los caracteres. (Gr. peri, por fuera; genesis, origen).

perígeno (perigenous). *Perigenal.* Describe la condición presente cuando hay crecimiento a todos lados de un organismo o estructura. (Gr. peri, alrededor; genos, que produce.)

perigonadial (perigonadial). Que rodea las gónadas. (De peri, alrededor; + gónadas.)

perihemal (perihaemal). Lo relativo al sistema vascular sanguíneo de canales y espacios de los equinodermos. (Gr. peri, alrededor; haima, sangre.)

perilinfa (perilymph). Linfa entre el laberinto membranoso y el laberinto óseo. (Gr. peri, por fuera; + linfa.)

perimeningeal (perimenigeal). Espacio entre el endorraquis y la meninge primitiva. (Gr. peri, alrededor; + meninge.)

perimetrio (perimetrium). La cubierta peritoneal del útero. (De peri, alrededor; metra, matriz.)

perimisio (perimysium). Vaina de tejido conjuntivo entre los paquetes de fibras musculares. (Gr. peri, alrededor; mys, músculo.)

perinefros (perinephrium). Tejido adiposo y conectivo que cubre el riñón. (Gr. peri, alrededor; nephros, riñón.)

perinema (perinemata). Los mitocondrios en ciertas células de tejido conectivo. (Gr. peri, alrededor; nema, hilo.)

perineo* (perinaeum). Región comprendida entre el ano y los órganos sexuales. (Gr. perinaion.) *Adj. perineal.* *

perineurio (perineurium). Capa de tejido conjuntivo fibroso que rodea los haces de neuronas en un nervio. (Gr. peri, alrededor; neuron, nervio.) *Adj. perineural.*

perineústico (peripneustic). El sistema respiratorio de los insectos en el cual los espiráculos laterales ocurren en todos los segmentos del abdomen. (Gr. peri, alrededor; neustikos, que sirve para respirar.)

perinoto (perinoton). El cinturón que rodea las valvas de los moluscos poliplacóforos. (Gr. peri, alrededor; noton, espalda.)

periocular (periocular). Que rodea el lóbulo ocular dentro de la cavidad orbital. (Gr. peri, alrededor;lat. oculus, ojo.)

período*, (period). Una de las subdivisiones mayores de cada época geológica. // Espacio de tiempo que incluye toda la duración de una cosa. // Menstruación. (Lat. periodus.) *Adj. periódico*.* // *p. de relajamiento,* período en el que la excitación desaparece después de suprimido el estímulo, como por ejemplo, después de la contracción muscular. (Lat. relaxare, aflojar.) // *p. latente,* tiempo que transcurre entre la aplicación de un estímulo y la primera respuesta detectable. En el estudio del sistema nervioso se emplea también el término *tiempo de reacción.* // *p. menstrual,* v. *menstruación.*// *p. pupal,* período de desarrollo entre la pupa y la eclosión. //*p. refractario,* período después de la exitación en el que la repetición de un estímulo no produce respuesta.

periodicidad* (periodism). Sucesión regular, en tiempo dado, de ciertos fenómenos vitales. (De período.)

periodontal (periodonta). Que cubre o rodea un diente. (De peri, alrededor; odous, diente.)

perioftalmo (mud skipper). Pez óseo de las costas del Océano Indico, que tiene ojos abultados y aletas musculares, por medio de las cuales puede andar fuera del agua. (Gr. peri, alrededor; ophthalmos, ojo.)

perioplo (periople). La capa delgada del casco de los equinos. (De peri-, alrededor; ople, casco.)

perióptico (perioptic). Se dice de la zona de los lóbulos ópticos de los insectos. (De peri, alrededor; opsia, vista.)

periorbital (periorbital). Que rodea la órbita del ojo. (Gr. peri, alrededor; lat. orbis, cuenca del ojo.)

periostio* (periosteum). Membrana fibrosa adherida a los huesos, que sirve para su nutrición y renovación. (Lat. periosteum.)

periostraco (periostracum). Capa quitinosa externa en la concha de los moluscos. (Gr. peri, alrededor; ostrakon, concha.)

periótico (periotic). Cápsula compacta ósea que incluye parte del laberinto en los mamíferos. (Gr. peri, alrededor; otos, oído.)

peripato* (peripatus). Un miembro del fílum (o clase) *Onychophora.* (Gr. peripatos, el que ambula.)

perípilo (peripyle). Nombre para la abertura adicional al astrópilo de la cápsula central en algunos radiolarios. (Gr. peri, alrededor; pyle, entrada.)

periplaneta. = *Cucaracha.*

periplasto (periplast). La parte periférica de origen protoplásmico, de los protistos y células libres. (De peri, alrededor; plastos, moldeado.)

peripneústico (peripneustic). Aplícase al insecto con espiráculos funcionales. (Gr. peri, alrededor; pneo, respirar.)

peripodial (peripodial). Se dice de la membrana que cubre los botones de las alas en los insectos. (De peri, alrededor; pous, pie.)

periportal (periportal). Se refiere a la fisura transversal del hígado y puede aplicarse al tejido conectivo que separa los lóbulos y forma parte de la cápsula hepatobiliar de Glisson. (Gr. peri, alrededor; lat. porta, puerta.)

periprocto* (periproct). Región que circunda la abertura anal de ciertos animales como los equinodermos. (Gr. peri, alrededor; proctos, ano.)

Peripylea. Grupo de radiolarios que tienen la cápsula central perforada por poros regularmente espaciados. *Spumellaria.* (Gr. peri, alrededor; pyle, puerta.)

periquito* (parakeet). Nombre de varias especies de aves pequeñas psitaciformes, generalmente de cola larga. // *p. de amor,* una de las diversas especies del g. *Agapornis,* que se crían en cautividad.// *p. de Australia,* especie domesticada, con numerosas variedades que aprenden a imitar voces humanas (Melopsittacus undulatus).

perisarco (perisarc). La cubierta gruesa externa de los hidrozoos. (De peri, alrededor; sarx, carne.)

perisclerótico (periscleral). Que está por fuera de la esclerótida. (De peri, alrededor; scleros, duro.)

Perischoechinoidea. Una subclase de equinodermos de la clase *Echinoidea,* generalmente parásitos, de espinas gruesas. (Gr. peri, alrededor; Echinoidea.)

perisfera (perisphere). La región externa de la centrosfera. (De peri, alrededor; sphaira, bola.)

perisístole (perisystole). El intervalo que ocurre entre diástole y sístole del corazón. (Gr. peri, alrededor; systole, junto.)

perisodáctilo* (perissodactyl). Un miembro del orden *Perissodactyla.*

Perissodactyla. Un orden de mamíferos del grupo *Eutheria.* Incluye caballos, asnos, cebras, onagros, etc. (Gr. peryssos, impar; dactylos, dedo.)

perisoma (perisoma). Una pared. // El tegumento de los equinodermos. (De peri, alrededor; soma, cuerpo.)

perispiracular (perispiracular). *Periespiracular.*

peristalsis* (peristalsis). Movimiento de contracción que hacen los intestinos para impulsar los materiales de la digestión. (Gr. peristalsis.) *Adj. peristáltico.**

perístasis (peristasis). El ambiente externo e interno, vital para un genotipo particular. (De peri, alrededor; stasis, postura.) Adj. *peristático.*

peristecio (peristethium). El mesosternón en los insectos. (De peri, alrededor; stethos, pecho.)

peristigmático. = *Perispiracular.*

perístole (peristole). Contracción peristáltica. // La capacidad de la pared estomacal de sujetar el contenido de la ingestión. (Gr. peristole.)

peristoma* (peristome). Región circundante a la boca de ciertos animales. Borde de la abertura en la concha de los moluscos gasterópodos. (Gr. peri, alrededor; stoma, boca.)

peristomio (peristomium). V. *peristoma.*

peritelio (perithelium). El tejido conectivo asociado con los capilares. (Gr. peri, alrededor; thele, pezón, aquí tejido epitelial.)

peritoneo* (peritoneum). Membrana serosa que reviste la cavidad abdominal y envuelve las vísceras. (Lat: peritoneum.) *Adj. peritoneal*.*// *p. visceral,* capa serosa que rodea casi completamente las partes del tubo digestivo que se encuentran en el celoma.

peritrema (peritreme). El margen de la abertura de las conchas. // Una pequeña placa perforada por un espiráculo de los insectos y garrapatas. (Gr. peri, alrededor; trema, abertura.)

peritrico (peritrichous). Un protozoario ciliado del orden *Peritricha.*

Peritricha, Peritrichida. Un orden de protozoos ciliados provistos de un disco ciliado. (Gr. peri, alrededor; trix, pelo.) V. *Chonotrichida.*

peritroca (perithroch). Larva con una banda ciliada periférica. (Gr. peri, alrededor; trochos, rueda.)

peritrófico (peritrophic). Que está alrededor del alimento. // Aplícase a la membrana del intestino medio en los insectos. (Gr. peri, alrededor; trophe, alimento.)

periuretral (periurethral). Que rodea la uretra. (Gr. peri, alrededor; + urethra.)

perivascular (perivascular). Que rodea el cilindro vascular. (Gr. peri, alrededor; lat. vasculum, pequeño vaso.)

perivisceral (perivisceral). Que rodea las vísceras. (Gr. peri, alrededor; lat. viscera, entrañas.)

perivitelino (perivitelline). Que rodea la yema del huevo. // Se aplica al espacio entre el huevo y la zona pelúcida. (Gr. peri, alrededor; lat. vitellus, yema del huevo.)

perixosoma (perixosome). Cada uno de los corpúsculos microscópicos citoplásmicos íntimamente relacionados con el retículo endoplásmico y de funciones metabólicas, como la degradación de las purinas. (Gr. peri, alrededor; soma, cuerpo.)

Perkin, William Henry. Químico inglés. Descrubrió los tintes de anilina, lo que hizo posible la coloración diferencial de varias partes de la célula. (1838-1907)

Perkins, E.B. Fisiólogo norteamericano. Descubrió que los tallos oculares de los crustáceos regulan los cambios de color del exoesqueleto.

perla* (pearl). Concreción nacarada que suele formarse en el interior de ciertos bivalvos como respuesta a la introducción de un agente externo, generalmente un miracidio. // *p.* (Cuban crocodyle): cocodrilo de agua dulce (Crocodylus rhombifer). *(Lat.* pirula.) *Adj. perlero,* perlado,* perlino.**

Perlaria. Orden de insectos. V. *Plecoptera.*

perlario (stone fly). Se aplica a los miembros del orden *Plecoptera* o *Perlaria.*

perloidea. Una división de insectos de la clase Pterygota. Incluye solo el orden *Plecoptera.*

perlón (gurnard). Pez osteictio del orden *Perciformes,* familia *Triglidae* de los mares europeos que pertenece al grupo de los llamados *rubios voladores.*

permeabilidad* (permeability). Biol.: la relativa propiedad en las células y membranas de transmitir fluidos y sustancias disueltas. (Lat. permeabilis, penetrable.)

permeable* (pervious). = *Perforado.* (Lat pervius, pasable.)

permeante (permeant). Animal que se traslada libremente de una comunidad a otra. (Lat. permeare, penetrar.)

Permiano (Permian). Período geológico superior al Carbonífero y antes de la Era Secundaria.

Pérmico* (Permian). V. *Permiano.*

perna* (tree oyster). Molusco bivalvo de los mares tropicales. Orden *Filibranchiata,* familia *Isognomidae,* género *Isognomon.* (Lat. perna, pierna.)

pernicote* (femur). Hueso del pernil o fémur. (De pierna)

Peromedusae. Orden de *Scyphozoa.* V. *Coronatae.*

peronato (peronate). Cubierto de lana. (Lat. peronatus, con botas de cuero.)

peroné* (fibula). Hueso interno del zeugópodo de las extremidades posteriores en los tetrápodos, paralelo a la tibia. *Fíbula.* (Gr. perone, cosa puntiaguda.)

peroneartrosis (peronarthrosis). Articulación cuyas superficies son convexas en una parte y cóncavas en otra. (Gr. perone; +arthrosis.)

peroneo (peroneus). Músculo junto al peroné que flexa el pie. V. *peroné, peroneotibial* (peroneotibial). Lo relativo a la región de la fíbula y la tibia. (Gr. perone, peroné; lat. tibia, tibia.)

peronio (peronium). Uno de los tractos epidérmicos engrosados de las traquimedusas. (Gr. perone, algo puntiagudo.)

perópodo (peropod). Que tiene extremidades rudimentarias. (Gr. peros, defectuoso; pous, pie.)

perosis (perosis). Formación ósea defectuosa o anómala. // Deformidad ósea por deficiencia de colina y manganeso en los pollos. (Lat. peros, defectuoso, os, hueso.)

peroral (peroral). Membranela formada por concrecencia de una fila de cilios en ciertos infusorios. (Lat. per, a través; +oral.)

peroxidasa (peroxidase). Enzima que cataliza la oxidación de un compuesto orgánico. (Lat. per, a través; gr. oxys, de oxígeno + asa, enzima.)

peroxisoma (peroxisoma). Partícula observada en el citoplasma de algunas células, que contiene enzimas del grupo de las peroxidasa, como uricasa, catalasa, oxidasa, etc. (Lat. per, a través; agudo, "oxígeno"; soma, cuerpo.)

perradial (peradial). Aplícase a los órganos que en las medusas indican la línea en donde se encuentran las gónadas. (Lat. per, a través; radius, rayo.)

perradio (perradius). Unos de los cuatro radios primarios en los celenterados. (lat. per, a través; radius, radio.)

perrezno* (puppy). Perrillo, cachorro de perro.

perro* (dog.) Mamífero doméstico carnívoro de la familia *Canidae* (Canis familiaris). (Probable de origen pre-romano). *Adj. perruno.** // *p. zampopo.* V. *geco.*

perseveración (perseveration). Persistencia de la respuesta después de haber cesado el estímulo. (Lat. persevero, persistir.)

persistente* (persistent). Que persiste. // Se aplica a la estructura que persiste en estado adulto, pero que debiera desaparecer durante el estado larval. (Lat. persistere.)

persona* (person). Un individuo o un zooide de una colonia. (Lat. persona.)

pertuso (pertusate). Agujerado, perforado en el ápice. (lLat. pertusus, atravesado.)

pervalvar (pervalvar). Que divide una valva longitudinalmente. (Lat. per, a través; + valva.)

pescada*. *Merlusa,* pez.

pescadilla*. Cría de la merluza. // *Merlango.*

pescado* (fish). Pez, especialmente si es comestible, sacado del agua. (Lat. piscatus.) Adj. *pescadero*, pescador.**

pescadora (auk). V. *alca,* ave.

pescuezo* (neck). *Cuello.* Parte del cuerpo desde la nuca hasta el tronco. (Lat. post., después; coca, cabeza.)

pesquería* (fishery). Ejercicio u oficio del pescador. Trato o ejercicio de los pescadores.// Acción de pescar. (Lat. piscatorius, del pescar.)

pestaña* (eye lash). Cada uno de los pelos que hay en los bordes de los párpados. (Lat. paestanus.) *Adj. pestañoso.**

pésulo (pessulus). Esqueleto interno en la siringe de algunas aves, de forma de varilla. (Lat. pessulus, perro.)

pesuña. *Pezuña,* q.v.

pesuño (hoof). Cada uno de los dedos cubiertos con su uña de los animales de pie hendido. (lLat. pes, pedis, el pie; ungula, uña.)

pétalo* (petal). En los equinoideos, cada una de las áreas ambulacrales de forma de hoja o pétalo. (Gr. petalon, hoja.) *Adj. petaloideo, petaliforme.*

petasma (petasma). Genitales externos masculinos en ciertos crustáceos macruros. (Gr. petasma, algo extendido.)

Petiolata. Un suborden de himenópteros.= *Apocrita.*

petirrojo* (robin). Ave europea paseriformes de la familia *Turdidae* (Erithacus rubecula). // Norteamérica: ave de la misma familia, de hábitos migratorios (Turdus migratorius).

peto* (plastron). Porción ventral del caparazón de los quelonios, formado generalmente por cuatro huesos pares y uno impar. (Lat. petus, pecho. // *p. (wahoo).* Cuba y Puerto Rico: pez de curso, que arriba en el invierno, de carne muy fina. Orden *Perciformes,* familia *Cybidae* (Acanthocybium solandri).

petrel* (petrel). Nombre de varias aves marinas palmípedas del orden *Procelariiformes* que pueden volar a grandes distancias de la tierra. // Ave de las tempestades. (Lat. petrus, por alusión a San Pedro andando sobre las aguas.)

pétreo* (petreous). Muy duro, parecido a la piedra. (Lat. petreus.)

petri- (petri-). (Del lat. petra, piedra.)

petrícola (petricolous). Que vive en las rocas. = *Rúpicola.* (Lat. petra-, roca; -icola, habitante.)

petrifacto* (petrifact). Nombre que antiguamente se daba a los fósiles. (Lat. petra, piedra; facere, hacer.)

petrificación* (petrification). Acción y efecto de transportar un cuerpo orgánico en mineral. (Lat. petra, piedra; facere, hacer.) *Adj. petrífico.**

petroccipital (petroccipital). Relativo al occipital y a la región petrosa del temporal. (Gr. petros, piedra; lat. occiput, occipucio.)

petrófilo (petrophilous). Que vive sobre o entre las piedras. (Gr. petros, piedra; phylein, amar.)

petrohioideo (petrohyoid). Relativo al hioides y a la porción petrosa del temporal. (Gr. petros, piedra; + hyoides.)

petromastoide. Que se refiere al proceso mastoide y la porción petrosa del temporal. (Gr. petros, piedra; mastos, pecho; eidos, forma.)

petromizonte (lamprey). *Lamprea,* pez ciclóstomo del orden *Petromyzontiformes.*

Petromyzontiformes, Petromyzontia, Petromyzontes. Orden de peces de la clase *Cyclostomata* que carecen de mandíbulas, como las lampreas y las mixinas. (Gr. petra, piedra; myzo, chupar.)

petroscamoso (petrosquamosal). Relativo a los huesos petroso y escamoso.

petrosfenoidal (petrosphenoidal). Se refiere a la parte esfenoidal y pétrea del temporal. (Gr. petros, piedra; sphen, cuña; eidos, forma.)

petroso* (petrosal). Un hueso compacto. // El hueso ótico de los peces. // El hueso perótico. // Proceso esfenoidal. (Gr. petros, piedra.)

petrotimpánico (petrotympanic). Se refiere a la porción timpánica y pétrea del temporal. (Gr. petros, piedra; tympanon, tambor.)

Petrunkevitch, Alexander. Zoólogo rusoamericano. Especialista en aracnología.

Peyer, Johan,. Anatomista suizo. (1653-1712)

pez* (fish). Vertebrado acuático, sin amnios ni alantoides, cuyo cuerpo es fusiforme o pisciforme. Se aplica a los miembros de las clases vivientes *Cylostomata, Chondrichthyes* y *Osteichthyes.* (Lat. piscis, pez.) // ***p. óseo,*** V. *Osteichthyes* y *osteictios.* // ***p. acorazado,*** V. *Ostracoderma* y *Placoderma.* // ***p. bruja*** (hag fish), v. *mixina.* // ***p. dama,*** Cuba: especie de tiburón gigante de mares tropicales que tiene dientes dimuntos y dorso con rayas y motas blancas. Orden *Hexanchiformes,* familia *Rhineodontidae* (Rhineodon typus). // ***p. de pluma,*** v. *bajonado.* // ***p. lanceta,*** o *lancilla,* una cualquiera de las especies de cefalocordios, cuya forma recuerda la de una lanceta. // ***p. martillo,*** tiburón cuyos ojos están situados en expansiones laterales de la cabeza (Sphyrna zygaena). // ***p. sierra,*** grupo de tiburones de rostro prolongado provisto de dientes laterales. Orden *Squaliformes,* familia *Pristidae* (Pristis pectinatus).

pezón* (nipple). Botoncito que sobresale de los pechos. Tetas de las hembras de los mamíferos. (Lat. petiolus, con el sufijo -on.) *Adj. **pezonado.***

pezuña* (hoof). Conjunto de los pesuños de una misma pata de los mamíferos artiodáctilos. (De pesuña.)

Pfitzner, W. Propuso en 1882, que gránulos discretos o cromóneros forman cada cromosoma.

Pflüger, Frederich W. Fisiólogo alemán, colaborador de K. Ludwing en estudios sobre el intercambio de gases en la sangre (1829-1910).

Phaeodaria. Un suborden de radiolarios, llamados también tripíleos, que tienen esqueleto silíceo homoaxónico y cápsula interna perforada por una abertura principal y dos laterales. (Gr. phaios, obscuro.)

Phalangeroidea. Una superfamilia de marsupiales australianos que incluye canguros, koalas y falangéridos.

Phalangida. Un orden de la clase *Arachnida* = *Opilionida.*

Phalosthetiformes. Un orden de peces actinopterigios que tienen aletas pares uniseriadas. Son de pequeño tamaño y los machos están provistos de un órgano copulador situado por debajo de la cabeza. (Gr. phallos, falo; stechos, pecho; lat. forma.)

phallus (phallus). = *Pene. V. falo.* (Gr. phallos, el pene.)

Phanerocephala. Una subclase de anélidos poliquetos con el prostomio libre. (Gr. phaneros, libre; kephale, cabeza.)

Phaneroglossa. Una división de anfibios anuros provistos de lengua. (Gr. phaneros, libre; glossa, lengua.)

Phanerozonia. Un orden de equinodermos en la clase *Asteroidea.* Ej. *Luidia senegalensis.* (Gr. phaneros, libre; + zona.—)

Pharetronida. Un orden de *Poríferos* en la clase *Calcarea* que tiene estructura leuconoide. (Gr. pharetra, carcaj.)

Pharingobdellidae. Una divsión de los anélidos hirudíneos que poseen una faringe muy larga y carecen de mandíbulas. (Gr. pharyngos, faringe; bdella, sanguijuela.)

Phasmidia. Una subclase de *Nematoda.* =*Secernentea.*

philtrum (philtrum). Filtro. // La depresión del labio superior humano bajo el tabique nasal. (Gr. philtron, filtro.)

Phlebobranchiata. Tunicados ascidiáceos que no presentan una división marcada entre el tórax y el abdomen y tienen el saco branquial provisto de vasos longitudinales internos. (Gr. phlebs, phlebos, una vena.)

Phoenicopteriformes. Para algunos, un orden de aves que comprende los flamencos; pero la mayoría de los ornitólogos estima que forman solo una familia *Phoenicopteridae,* en el orden *Ciconiiformes.* (Gr. phoinix, escarlata; pteron, ala + forma.)

Pholidophoroidea. Un orden de peces osteictios holósteos. (Gr. pholis, escama; phoreys, portador; neolat. oidea, en forma de.)

Pholidota. Un pequeño orden de mamíferos desdentados del Africa y del sureste de Asia que están cubiertos de grandes escamas imbricadas, V. *pangolín.* (Gr. pholis, escama.)

Phoronidea. Fílum que comprende animales marinos vermiformes, sedentarios y tubículas. Tienen el tubo digestivo en forma de U, un sistema circulatorio cerrado, dos protonefridios y larva *actinotroca.* (Gr. Phoronis, hija de Inachos.)

Phragmophora. Una división que comprende los cefalópodos que poseen una concha calcárea interna. (Gr. phragmos, valla; phoreys, portador.)

Phreatoicidea. Un suborden de crustáceos del orden *Isopoda* que poseen segmentos abdominales no coalescentes. (Gr. phrear, una cisterna, un pozo.)

Phryganoidea. Orden de *Insectos.* =*Trichoptera.*

Phrynicida. Suborden de Arácnidos del orden *Pedipalpia.* =*Amblypigi.*

Phthiraptera. Orden obsoleto de insectos que contenía los piojos ahora alojados en los órdenes *Anoplura* y *Mallophaga.* (Gr. pthei, piojo.)

Phthirius. Género de piojos, una de cuyas especies, *Phthirius pubis,* infesta los pelos púbicos. (Gr. pheir, piojo.)

Phylactolaemata. Una clase en el fílum *Bryozoa,* cuyos lofóforos tienen forma de herradura. Casi todos son fluviales. (Gr. phylakticos, guardia; laimos, garganta.)

Phyllobothrioidea. = *Tetraphyllidae,* cestodo.

Phyllocarida. Una división de crustáceos malacostráceos. V. *Leptostraca.* (Gr. phyllon, hoja;lat. caris, una especie de camarón.)

Phyllopoda. Una división de los crustáceos. V. *Eubranchiopoda.*

Phyllospondyli. Un orden de anfibios extintos estegocéfalos. (Gr. phylllon, hoja; spondylos, vértebra.)

Phymosomatoida. Un orden de equinoideos en la subclase *Euchionoidea,* casi todos fósiles desde el Eoceno.

Physophora. Subdivisión de los celenterados coloniales del orden *Siphonophora,* que poseen neumatóforos. (Gr. physis, vejiga; phoreys, portador.)

Physophorida. =*Chondrophore.* Suborden de celentéreos de la clase *Siphonophora,* cuyas especies tiene neumatóforos. (Gr. physa, vejiga; phoreys, portador.)

Physopoda. Orden de insectos. = *Thysanoptera.*

Physostomi. Pequeño orden de peces creado para los que

tienen comunicación entre el tubo digestivo y la vejiga natatoria. (Gr. physa, vejiga; stoma, boca.)

Phytoflagellata. = *Phytomastigophora.*

Phytomastigina. = *Phytomastigophora.*

Phytomastigophora. Una división que incluye los protozoos de la clase de los flagelados o mastigóforos que poseen nutrición autotróficas, como los dinoflagelados, los euglenoides, etc.= *Phytomastigina.*

Phytomonadina. Un orden de la clase Mastigophora de gran afinidad con las algas. (Gr. phytos, planta; + monada.)

Phytosauria. Un suborden de reptiles extintos del orden *Thecondontia,* de aspecto de cocodrilo. (Gr. phyton, una criatura; sauros, reptil.)

piamadre* **(pia mater).** Membrana meninge delgada que cubre el sistema nervioso central en los mamíferos. (Lat. madre tierna.)

piamater*. V. *piamadre.*

piara* **(herd of swine).** Manada de cerdos. // Por extensión, conjunto de yeguas, mulas y, antiguamente, de ovejas.

pica* **(magpie).** = *Urraca.*

picaflor. = *Colibrí,* ave.

picamaderos* **(woodpecker).** V. *carpintero,* ave.

picapinos (woodpecker). España: especie de pájaro carpintero o *pico* (Dendrocopos major).

picarro* = *picamadera.*

picarúa*. = *Becada,* ave.

pica y huye* **(a kind of ant).** V. *Muerdehuye, hormiga.*

picaza*. V. *urraca.*

picazo* **(piebald).** Un animal, especialmente un caballo, con manchas de blanco y negro o de otros colores. (De picaza, urraca.)

píceo (piceous). Que es de color negro o casi negro. (lat. piceus.)

Pici. Un orden de aves. = *Piciformes.*

piciformes (piciform). Aves del orden *Piciformes.*

Piciformes. Orden de aves trepadoras que comprende los carpinteros, los tucanes, etc. (Lat. picus, carpintero.)

picnosis (pycnosis). Proceso de degeneración nuclear que progresivamente experimenta el núcleo. (Gr. pyknos, sólido; -osis, condición). *Adj.* ***picnótico.***

pico (beak). Parte saliente de la cabeza de las aves y de los quelonios. // Parte puntiaguda que sobresale del cuerpo. // p. (woodpecker). v. *carpintero* (pájaro.) // Venez.: *tucán.* // Chile: especie de percebe, crustáceo cirrípedo. // ***p. cruzado,*** pájaro de la familia de los *Fringílidos,* de mandíbula cruzada que habita en los pinares. Su nombre completo es *pico cruzado de los pinares* o *piquituerto.*

picofeo (toucan). Colombia: *tucán,* ave.

picogordo (hawfinch). Ave paseriformes europea de la familia *Fringillidae* de pico muy grande (Coccothraustes cocothraustes).

picozapato (shoebill). Ave africana del orden *Ciconiiformes,* familia *Balaenicipitidae,* de pico grande y ancho, a la manera de zapato (Balaeniceps rex).

picotijera. Especie de *gaviota.* V. *rayador.*

picuda* **(barracuda).** Cuba: pez marino litoral del orden *Mugiliformes,* familia *Sphyraenidae,* que a menudo contrae *ciguatera,* q.v. (Sphyraena barracuda). (De pico.)

picudilla* **(small barracuda).** Cuba y Puerto Rico: pez parecido a la picuda, pero de mucho menos tamaño que habita las costas del Atlántico tropical (Sphyraena picudilla) (De picuda, pez.)

picudo* **(beaked).** Que tiene pico. // ***p. (weewill).*** Cuba: *gorgojo,* insecto q.v.

pichichi (tree duck). Méx.: ave anseriforme de la familia *Anatidae* (Dendrocygna autumnalis).

pichicil. V. *pichichi.*

pichihuén Chile: pez osteictio de la familia *Sciaenidae* muy estimado por su carne (Umbrina ophiocephala).

pichirro. Perú: especie de gorrión (Zonotrichia capensis).

pichihuile. Ver *pichichi.*

pichisanga. V. *pichorro.*

pichón* **(squab).** Pollo de la paloma casera. // Por extensión pollo de las aves nidícolas. (Fr. pigeon.) // ***p. prieto,*** Puerto Rico, ave de la familia *Icteridae.* V. *mozambique.*

pie* **(foot).** En los mamíferos y otros tetrápodos, el acrópodo de las extremidades posteriores. // Organo musculoso de los moluscos que utilizan para desplazarse. // En los braquiópodos, prolongación del cuerpo destinada a la fijación. // En los equinodermos, los podios o pies ambulacrales. (Lat. pes, pie.) // ***p. ambulacral*** o ***podios,*** cada uno de los órganos del sistema ambulacral en los equinodermos empleados en la locomoción, la sensación, la respiración y la captura de los alimentos. // ***p. cefálico,*** la región combinada de la cabeza y el pie en algunos moluscos, como los cefalópodos. // ***p. tubular,*** v. *podio* o *pie ambulacral.*

piedra figurada (fossil). Nombre con que antiguamente se conocían los fósiles. // ***p. renal*** (kidney stone), v. *cálculo renal.*

piel* **(skin).** Membrana o tegumento exterior que cubre el cuerpo del hombre y de los animales. (Lat. pellis.)

pichi-pichi Puerto Rico: crustáceo decápodo de la familia *Hippidae* (Hippa cubensis y Emerita portoricensis).

pierna* **(leg).** Parte del animal que está entre el pie y la rodilla. // En los cuadrúpedos y las aves, el muslo. (Lat. perna.)

pieza* **(piece).** La acepción usual. // ***p. bucal,*** cada uno de los apéndices que rodean la boca en los artrópodos, modificada para obtener y procesar el alimento. // ***p. terminal,*** el extremo del flagelado de los espermatozoos.

pigal* **(pygal).** Relativo a la parte posterior de la espalda. // Placa ósea impar del espaldar de los quelonios, situada detrás de la neural. (Gr. pyge, rabadilla.)

pigargo* **(white-tailed eagle).** Especie de águila europea pescadora muy corpulenta (Haliaetus albicilla). (Gr. pyge, trasero; argos, blanco.)

pigidio* **(pygidium).** Extremo posterior del cuerpo de diversos artrópodos. (Gr. pygidion, rabadilla pequeña.) *Adj.* **pigidial.**

pigmentación (pigmentation). La disposición de la materia colorante en el organismo. (Lat. pingere, pintar.)

pigmento* **(pigment).** Materia colorante de las substancias organizadas. (Lat. pigmentum.) *Adj.* ***pigmentario*.*** // ***p. respiratorios,*** los que, como la hemoglobina se encargan de fijar el oxígeno. // ***p. sanguíneo,*** v. *pigmentos respiratorios.*

pigocordio (pygochord). Un reborde ventral en el tubo digestivo de ciertos hemicordios. (Gr. pyge, rabadilla; chorde, cuerda.)

pigópodas. Aves del orden Pygopoda = *Colymbiformes* = Podicipediformes.

pigópodo (pygopod). El décimo segmento anal de algunos insectos. (Gr. pyge, rabadilla; pous, pie.)

pigostilo (pygostyle). Grupo de vértebras terminales que, en las aves, se fusionan en un solo hueso. (Gr. pyge, rabadilla; stylos, pilar.)

pijía (Lesser Yellowlegs). Méx.: ave de caza del orden *Charadriformes,* familia *Scolopacidae* (Totanus flavipes.)

pijiji. Ver *pichichi.*

pisota*. Cría de la merluza.

pika (pika). Nombre de varios pequeños roedores *Lagomorpha,* familia *Ochotonidae.* Vive en el oeste de América del Norte, suroeste de Europa y norte de Asia (Ochotona sp. (Siberia, pika.)

pilae antoticae (pilae antoticae). Un par de pilares cartilagí neos que parten de los huesos paracordales y se unen a los orbitales. (Lat. pila, pilar.)

pilangio (pylangium). Porción proximal del tronco arterial de las ranas. (Gr. pyle, entrada; angeion, vaso.)

pilar* (pillar). Cualquier estructura en forma de pilastra o de columna. Repliegue columnar en las conchas de los moluscos bivalvos. (Lat. pila, pilar.)

píleo* (pileum). Parte superior de la cabeza del pájaro. (Lat. pileus, gorro.)

pilidio (pilidium). Larva característica de muchos nemertinos. (Gr. pilidion, gorro pequeño.)

pilífero (pilifer). Que lleva pelos. // Pequeño esclerito de cada lado del clípeo en los lepidópteros. (Lat. pilus, pelo; ferre, llevar.)

piliforme (piliform). Que parece pelo. (Lat. pilus, pelo; forma, forma.)

pilocarpina (pilocarpine). Droga que estimula las terminaciones nerviosas parasimpáticas. (De pilocarpus; del gr. pelos, gorro; karpos, fruto.)

pilocito (pylocyte). Una variedad de *porocito*, q.v. (Gr. pyle, portada; kytos, célula.)

piloma (pylome). Una abertura que, en ciertos sarcodinos, permite la emisión de pseudópodos. (Gr. pyloma, entrada.)

pilomotor (pilomotor). Que se refiere a los folículos pilígeros (Lat. pilus, cabello; movere, mover.)

píloro* (pylorus). Abertura posterior del estómago de los tetrápodos. (Lat. pylorus, portero.) *Adj. pilórico.*

Pilosa. Suborden de mamíferos en el orden *Edentata* que comprende los perezosos y hormigueros. (Lat. pilodus, peludo.)

pilosidad. Cualidad de piloso.

pilosis (pilosis). Excesivo crecimiento de pelos (Lat. pilosus, peludo.)

piloso* (hairy). *Peludo.* // Se dice de un perezoso, mamífero desdentado de la sección *Pilosa.* (Lat. pilosus.)

piloto (pilot fish). Pez marino cosmopolita que sigue las embarcaciones y forma asociaciones con los tiburones. Orden *Perciformes* (Naucrates ductor).

Pilsbry, Henry A. Malacólogo norteamericano. El más notable especialista de este siglo en el estudio de los moluscos. (1862-1957)

pimpín*. *Aguzanieves,* ave.

pina.* V. *pinna.*

pinacocito (pinacocyte). Célula estructural básica en la pared externa de las esponjas. (Gr. pinax, pinkos, una plancha o loza; kytos, célula.)

pinalero. V. *pinatero,* cuervo.

pinatero*. Cuba: especie de *cao* o *cuervo* (Corvus leucognaphalus).

Pincus, G.G. Biólogo norteamericano. Provocó la partogénesis artificial en conejos (1902-).

pinçhe (pinche). Pequeño tití, mono centroamericano de la familia *Callitricidae.* (Gen. **Oedipomidas.**) // Colombia: gorrión.

pineal* (pineal). Que tiene forma de piña o cono. // Se dice de cada una de las estructuras del epitálamo, glándula o saco de la parte superior del encéfalo intermedio de los vertebrados. (Lat. pineus, cono del pino.)

pinguin (leech). V. *Sanguijuela.*

pingüino *(penguin). Pájaro bobo, ave marina austral del orden *Sphenisciformes.* (Gr. Spheniscus y afines). (Fr. pingouin.) // Originalmente el nombre se aplicó solamente a las alcas boreales.

pinna (pinna). Aurícula o pabellón del oído externo. // El ala o la pluma del ave. // La aleta del pez. // Molusco bivalvo del género *Pinna.* (Lat. pinna, pluma.) *Adj. pinnado, pinniforme.*

pinnaglobina (pinnaglobulin). Pigmento pardo en los bivalvos del género *Pinna,* que tiene manganeso en lugar de cobre.

pinnatípedo (pinnatiped). Que tiene los dedos de las patas lobuladas, condición presente en algunas aves. (Lat. pinna, ala; pes, pie.)

pinniforme (pinniform). En forma de pluma o de ala. (Lat. pinna, pluma; alas, forma.)

Pinnipedia. Un suborden de mamíferos marinos del orden *Carnivora,* que para algunos es un orden aparte. Comprende las focas, otarias y morsas. Tienen las extremidades posteriores dirigidas hacia atrás y unidas al extremo posterior del cuerpo. (Lat. pinna, ala; pes, pie.)

pinnípedo. V. *Pinnipedia.*

pínnula (pinnule). *Pínula**, cada uno de los apéndices que protege los brazos de los equinodermos crinoides. (Lat. pinna, pluma.) *Adj. pinnular.*

pinocito (pinocyte). Una célula que engolfa gotas. // *Macrófago* que absorbe y digiere los líquidos de los tejidos. (Gr. pino, beber; kytos, célula.)

pinocitosis (pinocytosis). Engolfamiento de partículas fluídas dentro de la célula. (Gr. pino, beber; citosis, actividad celular.)

pinosoma (pinosome). Partícula engolfada por pinocitosis envuelta en una membrana. (Gr. pino, beber; soma, cuerpo.)

pintada* (Spanish mackerel) Cuba: pez marino del orden *Perciformes,* familia *Scombridae.* // *p. (Guinea hen)* V Gallina de Guinea.

pintadina (mother of pearl). La madreperla común u ostra perlera (Pintada margaritifera).

pintado.* Cuba: V. *píntano,* pez.

pintadillo. *Jilguero,* ave canora.

píntano (Sargeant major). Cuba: pez marino del orden *Perciformes,* familia *Pomacentridae* (Abudelduf saxatilis).

pintarroja* (dogfish). Especie de tiburón (Scyllum canicula). // V. *Pija.*

pínula* V. *pínnula.*

pínulo (pinulus). Una espícula parecida al pino, por el desarrollo de espinitas en los radios. (Lat. pinulus, pino pequeño.)

pínuca* Chile: Marisco marino comestible.

pinza* (pincers). Organo prensil de forma de tenazas en el extremo de ciertos apéndices de algunos artrópodos. // *p. (claspers).* Apéndices caudales de los machos de algunos insectos copuladores. (Fr. pince.)

pinzón* (chaffiinch). Especie de ave paseriformes europea de la familia *Fringillidae* (Fringilla coelebs).

pio. Dícese del caballo blanco con manchas de otro color.

piogénica* (pyogenesis). La formación de pus. (Gr. pyon, pus; gennaein, producir.) *Adj. piogénico.*

piojillo* (bird louse). Piojo de las aves. Insecto de los órdenes *Mallophaga* y *Anoplura.* (Dim. de piojo.)

piojo* (louse). Insecto de los órdenes *Anoplura* y *Mallophaga,* parasito sobre los mamíferos. // V. *macabí,* pez. (Lat. pediculus.) *Adj. piojento**, *piojoso**. // *p. de mar,* crustáceo del orden *Isopoda,* parásito sobre vertebrados acuáticos. // *p. de ballena,* crustáceo edrioftalmo. (Cyamus mysticeti). // *p. de la madera,* v. *termites,* insecto. // *p. de los libros,* insecto del orden *Pscoptera* (Atropos divinatorium).

pión. Especie de loro de la América del Sur.

piojuelo* (plant lice). V. *pulgón.* (Dim. de piojo.)

pique. Perú: V. *nigua,* pulga.

piquero. Chile y Perú: ave palmípeda del orden *Pelecaniformes,* especie de la que procede gran parte del guano. (Sula variegata).

pipistrelo (bat). Murciélago pequeño de la familia *Vespertilio-*

nidae (**Pipistrellus pipistrellus**). (Ital. **pipistrello**, murciélago.)

pipo* (**lesser spotted woodpecker**). Especie de pájaro carpintero europeo (**Dendrocopos minor**). (Gr. **pipo**, carpintero, ave.)

pipiola* México: abeja muy pequeña.

piquituerto* (**crossbill**). Ave europea paseriforme de la familia *Fringillidae,* cuyo pico está cruzado en la punta (**Loxia leucoptera**).

piramidal* (**pyramidal**). Hueso del carpo de los mamíferos situado entre el lunar y el pisiforme. // Músculo de la parte inferior del vientre.

pirámide* (**pyramid**). Estructura cónica, eminencia, protuberancia, etc. (Lat. **pyramis**.) *Adj.* ***piramidal****. // ***p. de Elton,*** exposición de las relaciones numéricas entre los organismos de una comunidad expresada en término de individuos. La base de la pirámide muestra los organismos productores autotróficos y el ápice los carnívoros. // ***p. de Lalquette,*** lóbulo medio de la glándula tiroides. // ***p. de la médula oblongada.*** // ***p. de los números,*** "Los animales en la base de una cadena alimenticia son relativamente abundantes, mientras que los del extremo son relativamente poco numerosos y hay un decrecimiento progresivo entre los dos extremos" (Elton). // ***p. de Malpigio,*** las pirámides medulares de los riñones. // ***p. renales,*** estructuras cónicas formadas por grupos de tubos colectores en sus partes distales. // ***p. vital,*** v. *p. de Elton.*

piranga (**scarlet tanager**). Ave del orden *Passeriformes,* familia *Thraupidae* (**Piranga olivacea**).

piraña (**piranha**). *Piraya.* Pez carnicero de las aguas del Orinoco, Amazonas, etc. V. *Caribe.*

piraustra* Mariposilla que los antiguos suponían que vivía en el fuego. (Gr. **pyraustres**, que arde en el fuego.)

pirenina (**pyrenin**). La substancia del nucléolo = *Paranuclína.* (Gr. **pyren**, hueso de semilla, "núcleo".)

pireno- (**pyreno-**). Hueso de semilla y, por extensión, *núcleo.* Del gr. **pyren, pyrenos**, hueso de las frutas.

pirenóforo (**pyrenophere**). Parte del citoplasma que contiene el núcleo. (Gr. **pyren**, núcleo; **phoreys**, portador.)

pirenoide (**pyrenoid**). Una proteína en ciertos flagelados que sirve de centro de formación de almidón. (Gr. **pyren**, núcleo; **eidos**, forma.)

pirético (**pyretic**). Que aumenta la producción de calor. (Gr. **pyretos**, fiebre.)

piridoxina (**pyridoxine**). Vitamina B_6.

piriforme* (**pyriform**). Que tiene forma de pera. // Músculo que se origina en el espinazo y se inserta en la cabeza del fémur, al que hace rotar. (Lat. **pyrum**, pera; **+forma**.)

pirimidinas (**pyrimidine**). Bases nitrogenadas que entran en la composición de ácidos nucleicos: *citosina, timina, uracilo.*

pirincho (**ani**). Urg.: ave americana del orden *Cuculiformes,* familia *Cuculidae* (**Crotophaga ani**). V. *judío.* // Especie de urraca de color gris con alas negruzcas.

piro* (**pyro**). Del gr. **pyr, pyros**, fuego).

Piroplasma, Piroplasmidea. Subclase que incluye protozoos parásitos de los eritrocitos de los vertebrados que producen enfermedades, como la fiebre tejana del ganado bovino. (Lat. **pirum**, pera; **+ plasma**.)

Piroplasmida. Un orden de protozoos sarcodinos en la subclase *Piroplasma,* q.v. (Lat. **pirum**, pera; **+ plasma**.)

piróforo* V. *cocuyo,* insecto.

piroterio. Un miembro del orden *Pyrotheria,* q.v.

piruculú. Especie de mono saki sudamericano de color negro y nariz blanca. Familia *Cebidae* (**Chiropotes albinasus**).

piscatorio. Lo relativo a la pesca o a los pescadores. (Lat. **piscatorius**.)

Pisces. Clase del Reino Animal establecida por Linneo que está formada por vertebrados acuáticos fusiformes, ahora agrupados en tres clases: *Cyclostomata Chondrichthyes* y *Osteichthyes.* V. *pez.*

pisceptología. Tratado sobre el arte de la pesca. (Lat. **pisces**, pez; **-ceptor**, capturador; **logos**, tratado.)

pisci- (**pisci-**). (Del lat. **piscis**, pez.)

piscícola (**piscicolus**). Que vive en los peces como ciertos parásitos. (Lat. **piscis**, pez, neolat. **-icola**, habitante.)

piscicultura* (**pisciculture**). Técnica para repoblar de peces las aguas. (Lat. **piscis**, pez; **cultura**, cultivo.)

pisciforme* (**pisciform**). Que tiene forma de pez alargado, comprimido y fusiforme. (Lat. **piscis**, pez. y **forma**.)

piscífago. Que se alimenta de peces. (Lat. **piscis**, pez; gr. **phago**, comer.)

piscino (**piscine**). Lo que pertenece a los peces. (Lat. **piscis**, pez.)

piscívoro (**piscivorous**). Que come peces. = *Ictiófogo. (Lat.* **piscis**, pez; **vorare**, devorar.)

pisiforme* (**pisiform**). Hueso del carpo de forma de guisante. (Lat. **pisum**, guisante.)

pisometacarpiano (**pisometacarpal**). Aplícase al ligamento entre el hueso pisiforme y los metacarpianos. (Lat. **pisum**, guisante; + **metacarpo**.)

pisote (**coati**). V. *coati,* mamífero.

pisounciforme (**pisohamate**). Se aplica al ligamento entre los huesos pisiforme y unciforme. (Lat. **pisum**, guisante; **hamus**, garfio.)

pista* (**track**). Rastro que deja un animal al pasar que puede conservarse fósil. (Lat. **piso**, pisar.)

pitecántropo* (**pitecanthropus**). El hombre fósil de Java, previamente denominado *Pithecantropus erectus* y ahora Homo erectus. *(Gr.* **pithekos**, mono; **antropos**, hombre.)

piteco- (**pitheco-**). (Del gr. **pithekos**, mono.)

pitecoide* (**pithecoid**). Que tiene forma de mono. (Gr. **pithecos**, mono.)

pitirre* (**kingbird**). Cuba y Puerto Rico: ave paseriforme insectívora muy agresiva (**Tryannus dominicensis**). (Voz onomatopéyica.) // ***p. de agua,*** Puerto Rico: ave que pertenece a la familia *Laridae* (**Chlidonias niger.**) // ***p. de Mangle,*** Puerto Rico: ave de la familia *Alcedinidae.* Martin pescador.

pito* (**woopecker**). España: especie de pájaro carpintero (**Picus viridis**).

pitocina (**pitocin**). Nombre de marca registrada para la hormona *oxitocina.*

pitón* (**python**). Se aplica a varias especies de serpientes constrictoras de gran tamaño que viven en Africa y Asia, similares a las boas de América. Familia *Pythonidae* género *Python.* (Gr. **python**, dragón.)

pitorra* V. *Chochaperdiz.* (Gr. **pita**, **gallina**).

pitpit*. Ave paseriforme, familia *Motacillidae* (Voz onomatopéyica.)

pitresina (**pitressin**). Marca farmacéutica registrada de la hormana *vasopresina.*

pituicito. (**pituicyte**). Célula ramificada del lóbulo posterior de la pituitaria. (De **pituitaria** + **kytos**, célula.)

pituita* (**mucus**). *Moco. Adj.* ***pituitario****.

pituitaria (**pituitary**). La glándula hipófisis. // Membrana que reviste la cavidad de las fosas nasales. (Lat. **pituitarius**, que secreta flema.) // ***p. anterior,*** el lóbulo anterior de la hipófisis o pituitaria, derivado de la bolsa o saco de Rathke. // ***p. intermedia,*** lóbulo intermedio de la hipófisis. // ***p. posterior,*** el lóbulo posterior de la hipófisis.

pituitrina (**pituitrin**). Extracto comercial del lóbulo posterio de la pituitaria.

pizpita (**wag tail**). Nombre común de varias aves paseriformes de la familia *Parulidae.* Puerto Rico: ave perteneciente a la familia *Parulidae.*

pisote. V. *coatí,* mamífero carnívoro.

placa* (**plate**). *Lámina.* // Pieza esquelética que forma e caparazón de muchos animales. (Holandés **plack**, disco; gr plax.) *Adj.* **placoide, placoidal.** // **p. ambulacral,** cada una de las placas a través de las cuales pasan los podios de los equinodermos. // **p. anal,** membrana que cierra la abertura anal del embrión en los vertebrados superiores. // La placa posterior del peto en las tortugas. // La placa preanal en los ofidios. // **p. apical,** placa ciliada sensitiva en la larva trocófora de los anélidos arquianélidos. // **p. auditiva,** espesamiento ectodérmico en el embrión de los vertebrados que da origen a la fosita auditiva. // **p. branquial,** lámina gruesa de cada lado de la región anterior del embrión de los anfibios destinada a ser una branquia. // **p. basal,** la base del neurocráneo en los peces ciclóstomos formada por unión de los paracordales y las trabéculas. La placa de dentina en las escamas placoides. // Lámina caliza del esqueleto de los antozoos de la que parten los septos o tabiques verticales. Cada una de las cinco placas del sistema apical en los equinoideos. // **p. basilar,** v. *gnathoquilario.* // **p. central,** osículo en el centro del disco de los crinoideos pedunculados. // **p. cloacal,** una lámina de ectodermo y endodermo que cubre el intestino posterior en los embriones de vertebrados. // **p. córneas,** o grupo de dientes epidérmicos en los ornitorrincos que desaparecen durante la vida embrionaria. // **p. costales,** serie de placas dorsalaterales pares de las tortugas. // **p. coxal,** expansión de las coxas posteriores de ciertos coleópteros acuáticos. v. *espímero.* // **p. cribiforme,** la *lámina cribosa* o la porción del etmoides perforada que da paso a los nervios olfativo. // **p. cutánea,** v. *dermátomo:* // **p. dérmicas,** piezas óseas dérmicas halladas bajo las escamas del carapacho de los reptiles. // **p. ecuatorial,** formada por el conjunto de cromosomas que durante la metafase de la cariocinesis se disponen en corona alrededor del hueso acromático. // **p. eléctrica,** cada uno de los discos aplicados uno sobre otro que forman las columnas de los órganos electróforos de los peces. // **p. epifisiaria,** resto de un área cartilagionosa entre la epífisis y la diáfisis de los huesos largos. // **p. estapedial,** // **p. epifisiaria,** resto de un área cartilaginosa entre la epífisis y la diáfisis de los huesos largos. // **p. estapedial,** tapón cartilaginoso y óseo, derivado del hiomandibular, que encaja en la ventana oval del oído interno de ciertos peces. // **p. esternal,** pieza esquelética relacionada con el coracoides y la cintura esocapular en ciertos anfibios urodelos. // **p. etmoidal,** barra transversal condrocráneal formada por la fusión de los extremidos anteriores de las trabéculas. // **p. genital,** v. *p. basal,* de los equinoideos // **p. interambulacral,** cada una de la doble serie de placas situadas entre las zonas ambulacrales de los equinoideos. // **p. intercalar,** o *placa neutral,* que representa el interdorsal de las vértebras de los peces cartilaginosos. // **p. lateral.** o mesodermo ventral de los embriones de los vertebrados en el que aparece el celoma perivisceral y forma el peritoneo. // **p. madrepórica,** v. *madreporita,* // **p. marginal,** cada una de la serie de placas en el borde del carapacho de las tortugas. // **p. medular,** cada una de las formaciones de células extodérmicas que bordean el blastóporo del embrión. La placa neural o rudimento del sistema nervioso. // **p. motriz,** terminación de la fibra nerviosa al entrar en contacto con las fibras musculares. // **p. muscular.** v. *miótomo.* // **p. neural** o **dorsal** del embrión de los vertebrados. // **p. nucal,** pequeña placa en el margen anterior del carapacho de algunas tortugas. // **p. oral,** membrana que separa originalmente el estomodeo embrionario del resto del tubo digestivo. // **p. ósea,** cualquier estructura aplanada de constitución ósea. // **p. paracordal,** v. *paracordales.* // **p. de Peyer,** nódulo de tejido linfoide en la región del ilion y, a veces, del yeyuno y del duodeno. // **p. pigal,** placa impar dorsal posterior en los quelonios. // **p. pódica,** placa ventral lateral en el 10° segmento anal de los insectos del orden *Odonata.* // **p. polar,** cada una de las dos áreas ciliadas en el aparato del equilibrio en ciertos celenterados. // **p. polínica,** v. *cestillo polínico.* // p. postnerural, placa posterior neural en el espaldar de las tortugas. // **p. primitiva,** el fondo del surco primitivo. // **p. radial,** cada una de las cinco placas del sistema apical de los equinoideos, situadas en los radios y entre las placabasales. // **p. sanguínea,** cuerpo protoplásmico diminuto y amiboide que se encuentra en la sangre. // **p. sifonal,** una placa calcárea conectada con el sifón de algunos moluscos llamados también *sifonoplaca.* // **p. terminal,** cada una de las expansiones ramificadas del nervio motor en una placa muscular. // **p. ventral,** engrosamiento ventral del blastodermo en muchos embriones de artrópodos. // Cada una de las placas óseas que, en el espaldar de las tortugas, se une a las vértebras.

placenta* (**placenta**). Estructura esponjosa vascular, formada por la unión intrincada de las membranas fetales y uterinas, que permite un intercambio nutritivo y respiratorio entre el feto y la madre. (Lat. **placenta**, torta.) *Adj.* **placentario.* placental.** // **p. alantoidea,** placenta formada principalmente a expensas de las alantoides, como la de muchos mamíferos. // **p. corioalantoidea,** placenta, formada por la fusión de gran parte del corion con el alantoides. // **p. cotiledonaria,** en la que los tejidos del corión están esparcidos con regularidad en grupos de vellosidades. // **p. difusa,** la que tiene las vellosidades uniformemente repartidas como la de los caballos y cetáceos. // **p. discoidal,** placenta con una o dos áreas de vellosidades, como la de la mujer. // **p. metadiscoidal,** el tipo de placenta propio de los primates, al principio difusa y luego discoidal. Las verdaderas placentas discoidales son las de los insectívoros, murciélagos y roedores. // **p. múltiple,** v.*p. cotiledonaria,* // **p. vitelina,** la que se forma en muchos reptiles vivíparos debido a sus relaciones con el saco vitelino. // **p. zonal,** que tiene las vellosidades en una banda anular, como en los perros.

placentación* (**placentation**). Manera de formarse, disponerse y estructurarse la placenta en los mamíferos.

Placentalia. División de la clase *Mammalia* equivalente a *Eutheria.*

placentario. Mamífero con placenta.

placentígero (**placentigerous**) = *Placentario.*

placo- (**placo-**). (Del gr. **plax, plakos,** placa, tableta.)

placocromático (**placochromatic**). Que tiene los cromatóforos dispuestos en placas. (Gr. **plax,** placa; **chroma, color.**)

placoda (**placode**). Engrosamiento ectodérmico localizado en algunos embriones de vertebrados. (Gr. **plax,** placa; **eidos,** forma.)

Placodermi. Clase de vertebrados acuáticos pisciformes paleozoicos que tenían el cuerpo cubierto de placas óseas dérmicas. (Gr. **plax, plakos,** placa; **derma, piel.**)

placodermo. Pez de la clase *Placodermi.*

Placodontes. Reptiles del período Triásico que tenían dientes triturantes. (Gr. **plax,** placa; **odous, diente.**)

Placophora. V. *Polyphacophora,* clase de moluscos.

placoide (**placoid**). = *Placoidea.* Tipo de escama de los peces selácios, formada por una placa basal y un dentículo cónico cubierto de esmalte. (Gr. **plax,** placa.)

plácula (**placula**). Placa pequeña. // Blástula aplanada de los urocordados. (Gr. **plax,** placa.)

plagio - (**plagio-**). (Del gr. **plagios,** oblicuo, de lado.)

plagiodonte (**plagiodont**). Que tiene los dientes oblícuamente situados, como algunas serpientes. (Gr. **plagios,** oblícuo; **odous,** diente.)

plagiopatagio (**plagiopatagium**). Una extensión de la membrana alar que en los murciélagos llega hasta los pies. (Gr. **plagios,** al lado; **patagium,** borde.)

Plagiorchidida. Un suborden de *Trematoda,* en la subclase *Monogenea.* (Gr. **plagio,** de lado; **orchis,** testículo.)

Plagiostoma. Orden de peces condrictios selacios de boca ventral y semicircular. Comprende los tiburones y las rayas. (Gr. **plagios,** oblicuo; **stoma,** boca.)

plagióstomo*. V. *Selacio* y *plagiostoma.*

Plagiotrema. V. *Squamata,* reptil.

plagiotremo. Dícese del reptil que tiene el orificio cloacal en sentido transversal, como los saurios y ofidios. (Gr. **plagio,** de lado; **trema,** agujero.)

plagiotrópico (**plagiotropous**). Que está inclinado oblicuamente. *Plagiótropo.* (Gr. **plagios,** oblicuo; **tropos,** una vuelta.)

plágula (**plagula**). Placa ventral en el pedículo de las arañas. (Lat. **plagula, cortina.**)

planaria (**planarian**). Turbelario de agua dulce empleado en experiencias de biología cuyo cuerpo es plano y de forma de hoja. (Lat. **planus, llano.**)

planctógeno (**planktogenic**). Se dice de los sedimentos marinos de origen predominantemente planctónicos. (Gr. **plankton, plancton; genos, productor.**)

plancton* (**plankton**). Conjunto de organismos que viven en suspensión en las aguas. (Gr. **planktos, errante.**) *Adj.* ***planctónico.*** // *p.* ***adventicio,*** conjunto de organismos encontrados fortuitamente junto al plancton normal de un lugar.

planctonte (**plankter**). Cualquier organismo componente del plancton. (Gr. **plankton.**)

Planctosphaeroidea. Una clase en el fílum *Hemichordata* establecida para incluir ciertas especies de las que solo se conocen los estados larvales peculiares. (Gr. **plankton,** y **sphaira, esfera.**)

planea (**planaca**). V. *blastea.*

planetismo (**planetism**). La condición que ocurre en ciertos animales de pasar por estados movibles o de enjambre. (Gr. **planetes, errante.**)

planetón (**planeton**). Una especie migratoria. (Gr. **planetes, errante.**)

planidio (**planidium**). Larva migratoria de ciertos insectos. (Gr. **planos, errante; -idion, dim.**)

planiforme (**planiform**). Que tiene la superficie casi plana. (Lat. **planus nivelado, + forma.**)

Planipennia, Planipennes. Un suborden de insectos en el orden *Neuroptera.*

plano (**planum**). Un área o estructura plana. // Ciertos huesos craneales. (Lat. **planus, plano.**) // *p. frontal,* plano a través del cuerpo de un animal bilateral que separa una mitad dorsal de otra ventral. // *p.* ***sagital,*** un plano que separa el animal en mitades izquierda y derecha.

planoblasto (**planobast**). Individuo hidroideo de vida libre. (Gr. **planos, errante; blastos, formación.**)

planocito (**planocyte**). Una célula errante. (Gr. **planos, errante; kytos, célula.**)

planocigoto (**planozygote**). Un cigoto móvil. (Gr. **planos, errante; zygotes, enyugado.**)

planogameto (**planogamete**) Un gameto móvil. (Gr. **planos, vagar**).

planonte (**planont**). Cualquier esporo o gameto móvil. // El estado inicial en *Neosporidia.* (Gr. **planos, errante; on, siendo.**)

planosoma (**planosome**). Cromosoma supernumerario debido a la no disyunción del cromosoma homólogo durante la meyosis. (Gr. **planos, errante; soma, cuerpo.**)

planosporas (**planospores**). Esporas móviles o zoosporas. (Gr. **planaos, errante; sporos, semilla.**)

planta* (**plant, planta**). La acepción botánica. // La suela del pie. //Primer segmento tarsal de los insectos. (Lat. **planus, planta.**) *Adj.* ***plantar*.*** // *p.* ***carnívora,*** especie de planta que se ha especializado en la captura y digestión de insectos y otros artrópodos. // *p.* ***insectívora,*** v. *planta carnívora.*

plantar (**plantaris**). Músculo que, en los mamíferos, extiende el pie y flexiona la pierna. (Lat. **planta, suela.**)

plantígrado* (**plantigrade**). Animal que al andar apoya en el suelo todo el pie. (Lat. **planta, suela del pie; gradus, marcha.**)

plántula (**plantula**). Almohadilla adhesiva pulviliforme del tarso de algunos insectos. (Lat. **plantula, suela pequeña.**)

plánula (**planule**). Estado larval inicial en los celenterados. (Lat. **dim. de planus, plano.**) *Adj.* ***planuloide.***

planúlea (**planulaea**). Organismo hipotético supuesto ancestral de los celenterados y tenóforos. (Lat. **planus, plano.**)

Planuloidea. V. *Mesozoa.*

plaquea (**plakea**). Estado en el ciclo de los protozoos volvocales formado por células agregadas que forman una esfera hueca.

plaqueta* (**platelet**). Corpúsculo sanguíneo muy pequeño, irregular y transparente, que interviene en la coagulación sanguínea. = *Trombocito.* (De **placa.**)

plasma* (**plasm**). Parte líquida de la sangre y de la linfa, sin considerar los corpúsculos. // Aféresis de *protoplasma.* (Gr. **plasma, moldeado, formación.**) *Adj.* ***plasmático.**** // *p.* ***germinal,*** célula germinal de un organismo, a diferencia de la somática.

plasmacito (**plasmacyte**). *Célula plasmática,* de forma redondeada, con núcleo excéntrico que contiene manchas de cromatina. Es producida de anticuerpos.

plasmagel (**plasmagel**). Estado del *gel* en el coloide protoplásmico.

plasmagén (**plasmagen**). Unidad o partícula citoplásmica a la que se le atribuye la transmisión de caracteres hereditarios. (De **plasma,** y **gen.**)

plasmalema (**plasmalemma**). *Membrana plásmica.* (De **plasma** y **lemma, membrana.**)

plasmasa. =*Trombina.*

plasmasol (**plasmasol**). Estado sol del coloide protoplásmico.

plasmato. (Del gr. **plasma, plasmatos,** con el significado de **plasma.**)

plasmatogén. V. *plasmógeno.*

plasmatorrexis. Ruptura de una célula por presión osmática interna. // último término de la degeneración celular, en el que desaparece la membrana celular. (Gr. **plasma, rhexis, ruptura.**)

plásmido (**plasmid**). Determinante hereditario extranuclear. (De **plasma.**)

plasmina (**plasmin**). Enzima o peptidosa que se encuentra en el plasma de la sangre y que disuelve la fibrina. (Gr. **plasma, formada.**)

plasmocito (**plasmocyte**). V. *leucocito.*

plasmodesmo (**plasmodesmata**). Hilillo citoplásmico entre células adyacentes. (Gr. **plasma, forma; desma, unión.**)

plasmodiéresis. V. *citocinesis.*

plasmodio (**plasmodium**). Reunión de masas amiboides sin fusión nuclear. // Una masa multinucleada de protoplasma sin paredes celulares. // *Sincitio.* (Gr. **plasma, forma; formado; eidos, parecido.**) *Adj.* ***plasmodial.***

plasmoditrofoblasto (**plasmoditrophoblast**). La parte del trofoblasto que está en contacto con la pared uterina. (Gr. **plasma, formado; + trofoblasto.**)

Plasmodroma. Un subfílum de *Protozoa* formado por especies que poseen seudópodos, flagelos o carecen de medios de locomoción. (Gr. **plasma, formado; dromos, carrera.**)

plasmófago (**plasmophagous**). Que se alimenta de protoplasma. (Gr. **plasma, formado; phagaein, comer.**)

plasmóforo (**plasmophore**). V. *telofragma, disco Z.*

plasmogamia (**plasmogamy**). La fusión de los citoplasmas de los gametos en la singamia. (Gr. **plasma, formado; gamos, unión.**)

plasmogenia (**plasmogeny**). Ciencia que trata del origen de la vida. (De **plasma,** y **genos, origen.**)

plasmógeno (**plasmogen**). *Bioplasma,* supuesta parte esencial del protoplasma.

plasmólisis (**plasmolysis**). Contracción del citoplasma por pérdida de agua al estar en una solución hipertónica. (Gr. **plasma, forma; lysis, aflojamiento.**)

plasmomitos (**plasmomites**). Fibrillas citoplásmicas diminutas (Gr. **plasma, formado; mitos, hilo.**)

plasmón (**plasmon**). Sistema hipotético de unidades hereditarias citoplásmicas (Gr. **plasma, formado; on, ser.**)

plasmonema (**plasmonema**). Hilos protoplásmicos en

conexión con los plástidos (Gr. **plasma**, formado; **nema**, hilo.)

plasmoquina (**plasmochin**). Droga antimalaria que actúa principalmente sobre los gametocitos del plasmodio. (De **plasma**, formado; + **quina**.)

plasmosoma (**plasmosome**). El nucléolo verdadero, unidad fundamental del protoplasma. (Gr. **plasma**, formado; **soma**; cuerpo.)

plasmotisis (**plasmoptysis**). Ruptura de una célula por presión osmótica interior mayor que la externa. (Gr. **plasma**, formado; **ptysis**, expectoración.)

plasmotomía (**plasmotomy**). División de un protozoo multinucleado en dos o tres masas multinucleadas sin efectuar mitosis. (Gr. **plasma**, formado; **tome**, corte.)

plasmotrofoblasto. V. *plasmotrofodermo*.

plasmotrofodermo (**plasmotrophoderm**). La capa exterior de tejido sincitial en el embrión humano. (Gr. **plasma**, formado; **trophe**, nutrición; **derma**, piel.)

plasoma (**plasome**). Una unidad hipotética. (Síncopa del **plasmatosoma**). (Del gr. **plasma**, formación; **soma**, cuerpo.)

plasón (**plasson**). Substancia formativa que puede originar elementos celulares. // Protoplasma hipotético, forma elemental de vida. (Gr. **plassein**, formar.)

plástico (**plastic**). Capaz de mostrar rápidas alteraciones morfológicas, fisiológicas o evolutivas. (Gr. **plastos**, formado.)

plastidio (**plastidium**). *Plástido*, Un orgánulo especializado de la célula. (Dim. de **plastes**, un moldador; **-idion**, dim.)

plastídula (**plastidule**). Unidad hipotética menor del protoplasma.

plastina (**plastin**). Proteína del núcleo celular. // Una substancia que se encuentra en el retículo de las células. (Gr. **plastos**, formado.)

plastiosoma. V. *mitocondrio*.

-plasto. (Del gr. **plastos**, formado, moldeado.)

plasto* (**plastid**). Cada uno de ciertos orgánulos que se encuentran en las células. (Gr. **pastos**, moldeado.)

plastocito. = *Plaqueta* sanguínea.

plastocondrio. V. *mitocondrio*.

plastoconto (**plastokont**). V. *condrioconto*, *mitocondrio*.

plastodinamia (**plastodynamia**). Supuesta fuerza formativa. (Gr. **plastos**, formado; **dynamis**, fuerza.)

plastoespecie (**plastospecies**). Poblaciones separadas de otras morfológica y fisiológicamente, pero que ocasionalmente pueden cruzarse. (Gr. **blastos**, moldeado; **species**, especie.)

plastogamia (**plastogamy**). Unión de varios elementos o de protozoos sin fusión nuclear. (Gr. **plastos**, formado; **gamos**, boda.)

plastogenes (**plastogenes**). Factores citoplásmicos que determinan la formación de los plastidios. (Gr. **plastos**, formado; **genaein**, producir.)

plastólisis (**plastolysis**). Disolución de los mitocondrios. (Gr. **plastos**, formado; **lysis**, perder.)

plastómero (**plastomero**). Condriómero. // Un *citómero*. (Gr. **plastos**, formado; **meros**, parte.)

plastorrexis (**plastorhexis**). La ruptura de los mitocondrios en gránulos. (Gr. **plastos**, formado; **rhexis**, ruptura.)

plastosoma (**plastosome**). V. *endosoma*, *condriosoma*.

plastotipo (**plastotype**). Una reproducción o réplica del ejemplar tipo por molde y vaciado. (Gr. **plastos**, moldeado; **typos**, patrón.)

plastrón* (**plastron**). El peto de los quelonios. // Conjunto de placas especiales que, en los equinoideos espatangoides, aparecen en el interradio posterior. (Fr. **plastron**, plastrón.) Galicismo por *pechera*. (Lat. **pechen**.) *Adj.* ***plastral***.

plataforma continental (**continental shelf**). La región submarina entre la zona intermareal y una profundidad de 200m.

plateado* (**white mullet**). Cuba: v. *lisa* (**Mugil curema**).

platelminto* (**platyhelminth**). Un miembro del fílum *Platyhelminthes*.

platibásico (**platybasic**). Que tiene la base plana. // Condrocráneo primitivo con amplia ventana hipofisial.

platicélica* (**platycoelic**). Se dice de la vértebra cuyo centro tiene caras planas. También *acelia* y *anfiplana*. (Gr. **platys**, plano; **koilos**, cavidad.)

platidáctilo (**platydactyl**). Que tiene los dedos planos. (Gr. **platys**, plano; **daktylos**, dedo.)

platihelminto. V. *platelminto*.

platihiérico (**platyhieric**). Que tiene un índice sacro sobre 100. (Gr. **platys**, plano; **hieros**, sagrado, hueso sacro.)

platija* (**plaice**). Nombre aplicado a varias especies de peces del orden *Pleuronectiformes* parecidos a los lenguados (**Pleuronectes platessa**). (Lat. **platassa**.)

platimiario (**platymyarian**). Se dice de los nematodos cuyas fibras musculares están inmediatamente bajo la epidermis. (Gr. **platys**, plano; **mys**, músculo.)

platipo (**platypus**). El monotrema australiano llamado *ornitorrinco*, q.v. (Lat. **platys**, plano; **pous**, pie.)

platípodo. Que tiene los pies planos.

platirrinco. Que tiene ancho el pico o el hocico. (Gr. **platys**, ancho; **rhynchos**, pico.)

platirrino* (**platyrhine**). Que tiene la nariz ancha. (Gr. **platys**, ancho; **rhis**, nariz.)// *V. Platyrhina*, grupo de monos que comprende las especies americanas.

platirrostro. V. *platirrinco*.

platisma (**platysma**). Un músculo grande muy delgado del cuello, que se extiende desde el pectoral hasta la mandíbula. (Gr. **platys**, plano.)

Platerr, F. Iniciador de la parasitología al descubrir la tenia *Diphyllobothium latum*.

platusa*. V. *platija*.

Platyasterida. Un orden de asteroideos en la subclase *Somasteroidea*.

Platycopa. Orden de crustáceos de la subclase *Ostracoda*. (Gr. **platys**, plano; + **copa**.)

Platyctena. Un orden de *Ctenophora* en la clase *Tentaculata*. (Gr. **patys**, plano; **ctenos**, peine.)

Platyhelminthes. Un fílum de vermes acelomados que comprende los gusanos planos: planarias, tenias, duelas. (Gr. **platys**, plano; **helminthes**, gusano.)

Platymiaria. Un taxón de nematodos formado por especies que tienen la zona fibrilar restringida a la base. (Gr. **platys**, plano; **myx**, músculo.)

Platyrhina. Una división o infraorden de mamíferos del orden *Primates* que comprende los del nuevo continente. Con tabique nasal ancho. (Gr. **platys**, plano; **rhinos**, nariz.)

Platystomoides. Una división de *Coleoptera*. V. *Anthriboidea*.

playantes (**Antillean killdeer**). Nombre dado a un ave zancuda *Charadriiformes* de Puerto Rico que pertenece a la familia *Charadriidae* (**Charadrius vociferus**).

playerito gracioso (**semipalmated sandpiper**). Nombre dado a un ave de Puerto Rico que pertenece a la familia *Scolopacidae* (**Ereunetes pusillus**).

playero (**sandpiper**). Nombre común a varias especies de aves de ribera del orden *Charadriiformes*, familia *Charadriidae*. V. *Zarapito*, *zarapico*.

Plecoptera. Un orden de insectos, algo primitivo, que comprende especies de metamorfosis incompleta y cuatro alas membranosas. (Gr. **plectos**, plegado; **pteron**, ala.)

plecóptero (**stone fly**). V. *Plecoptera*.

Plectognathi, Plectognathia. Orden de peces tropicales que incluye los peces erizos, etc., caracterizados por tener los maxilares fijos. (Gr. **plektos**, unido; **gnathos**, mandíbula.)

plectognato.* Pez del orden *Plectognathi*, q.v.

plectonefridio (plectonephridium). Nefridio de un tipo difuso de ciertos oligoquetos. (Gr. plektos, torcido; nephros, riñón.)

plectro (plectrum). Columela de los anfibios. // La úvula. / El martillo del oído. // La lengua. (Lat. plectrum, púa.)

plegado (plicate). Que tiene muchos pliegues a manera de abanico. (Lat. plicare, plegar.)

plegetropismo (plegetropism). Movimiento debido a redistribución de partículas en el protoplasma en respuesta a cambios de velocidad. (Gr. plege, choque; trope, vuelta.)

pleiotropía (pleiotropy). Efectos múltiples de un factor genético simple. (Gr. pleion, más; trope, vuelta.) *Adj. pleiotrópico.*

pleioxenia (pleioxeny). La característica de ciertos parásitos de invadir varios hospendantes. (Gr. pleion, más; xenos, extraño.) *Adj. pleioxénico.*

pleisto- (pleisto-). (Del gr. pleitos, el más, máximo.)

Pleistoceno (Pleistocene). Epoca geológica reciente, que abarca los últimos 1.5-2 millones de años. (Gr. pleistos, el más; koinos, reciente.)

pleo- (pleo-). (Del gr. pleon, pleos, pleion, mayor, más numeroso.)

pleocitosis (pleocytosis). Presencia anormalmente elevada de células en cualquier parte del organismo. (Gr. pleon, más, kytos, célula.)

pleocroico (pleochroic). Que tiene varios colores. (Gr. pleon, más; chros, color.)

pleocromático (pleochromatic). Que exhibe diferentes colores bajo distintas condiciones fisiológicas. (Gr. pleon, más; chroma, color.)

pleófago (pleophagous). Que se alimenta de varios huéspedes. (Gr. pleon, más; phagein, comer.)

pleofilético (pleophiletic). Que se origina de varias líneas de descendencia. (Gr. pleon, más; phylon, raza.)

pleometrosis (pleometrosis). Fundación de una colonia por más de una hembra. (Gr. pleon, más; meter, madre.)

pleomórfico (pleomorphic). Que tiene más de una forma. (Gr. pleon, más; morphe, forma.)

pleomorfismo (pleomorphism). Polimorfismo durante estados sucesivos del ciclo vital (Gr. pleo,pleion, mas; morphe, forma).

pleón* (pleon). La región abdominal del cuerpo de los crustáceos decápodos. // Conjunto de organismos microscópicos suspendidos en la superficie de las aguas. (Gr. pleo, nadar.)

pleópodo (pleopod). Apéndice nadador del abdomen o pleón de los crustáceos. (Gr. pleo, nadar; pus, pie.)

pleotropía (pleiotropy). = *Pleiotropía.*

plerergato (plerergate). Hormiga obrera cuyo abdomen está distendido por acumulación de alimentos. (Gr. pleros, lleno; ergates, obrero.)

plerocerco (plerocercus). Larva típica de los platelmintos de la clase *Cestoda.* (Gr. pleros, lleno; kerkos, cola.)

plerocercoide (plerocercoid). Larva vermiforme en el ciclo vital de ciertas tenias. (Gr. pleros, lleno; kerkos, cola; eidos, forma.)

plerocestoide (plerocestoid). Estado enquistado, sin sexo, de un cestodo. *Plerocercoide.* (Gr. pleros, lleno; kestos, cinta, "tenia"; eidos, forma.)

plesio-* (-plesio). (Del gr. plesios, cerca, vecino, casi.).

plesiobiótico (plesiobiotic). La condición de vivir en proximidad. Por ejemplo, ciertas hormigas de diferentes especies que viven juntas o que fabrican sus nidos cercanos. (Gr. plesios, cerca; bioticos, relacionado a la vida.)

plesiometacarpiano (plesiometacarpal). La condición de conservar los elementos metacarpianos, como sucede en muchos cérvidos. (Gr. plesios, cerca; + metacarpiano.)

plesiomorfo (plesiomorphous). Que tiene forma similar. // Que tiene un carácter primitivo. (Gr. plesios, cerca; morphe, forma.)

Plesopora. Un orden de anélidos de la clase *Oligochaeta* cuyas especies frecuentemente son comensales en invertebrados marinos. (Gr. plesios, cerca; poros, canal.)

Plesiosaurio, Plesiosauro*. Terminado en *-saurio* por analogía con *dinosaurio.** Reptil marino de la Era Secundaria, de cabeza pequeña y cuello largo. (Gr. plesiso, próximo; sauros, lagarto.)

plesiotipo (plesiotype). Ejemplar relacionado con el tipo, pero de otra localidad. // Un ejemplar de la serie en que se basa la descripción original de un taxón que se toma como base para otra descripción. // Ejemplar considerado idéntico al holotipo o paratipo por otra persona que no fue el autor original. (Gr. plesios, cerca; typos, patrón.)

plesobiótico (plesobiotic). Se aplica a los organismos que viven aproximados unos de otros. (Gr. plesios, cerca; biosis, modo de vida.)

pleura* (pleura). Cada uno de las dos membranas serosas que recubren las paredes de la cavidad toráxica. // *Adj. pleural.** // Parte lateral de los segmentos torácicos en varios artrópodos. (Gr. pleura, lado, costilla.) *Adj. pleural // p. parietal,* v. *pleura.*

Pleuracanthodii. Orden de peces condrictios que vivieron desde el Devoniano hasta el Triásico. (De pleuracanthus.)

pleurales (pleuralia). Espículas defensivas esparcidas por la superficie del cuerpo. (Gr. pleura, lado.)

pleurapófisis (pleurapophysis). Prolongaciones laterales de las vértebras con las que se han fusionado las costillas. (Gr. pleura, lado; apo, desde; physis, crecimiento.)

pleuretmoide (pleurethmoid). Nombre que recibe el complejo etmoide y prefrontal de algunos peces. (Gr. pleura, lado; ethmos, cedazo; eidos, forma.)

pleurita. V. *pleurito.*

pleurito (pleurite). Un esclerito del pleurón.(Gr. pleura, lado.)

pleurobranquia (pleurobranch). Branquia lateral en los crustáceos malacostráceos. (Gr. pleuron, lado; branchia, branquia.)

pleuroccipital*. V. *Exoccipital.*

pleurocentro (pleurocentrum). Cada una de las dos piezas laterales que forman las vértebras de ciertos anfibios. (Gr. pleura, lado; kentron, centro.)

pleurocerebral (pleurocerebral). Relativo a los ganglios pleurales y cerebrales en los moluscos. (Gr. pleura, lado; lat. cerebrum, cerebro.)

Pleurocoela. Un orden en los moluscos gasterópodos de la subclase *Opisthobranchia* (Gr. pleura, lado; koilos, cavidad.)

Pleurodira. Pequeña superfamilia de tortugas cuyo cuello se pliega lateralmente. (Gr. pleura, lado.)

pleurodonto (pleurodont). Se dice del diente que está adherido al lado interno de las mandíbulas. (Gr. pleura, lado.)

pleuroesternal (pleuroesternal). Lo que se refiere o pertenece al pleurón y el esternón. (Gr. pleura, lado; sternon, pecho.)

pleuroetmoide (pleuroetmoid). Fusión del ectoetmoides y el prefrontal en algunos peces. (Gr. pleura, lado; + etmoides.)

pleurógeno (pleurogenous). Que se origina o crece de lado a lado. (Gr. pleura, lado; gonos, órgano sexual.)

Pleurogona,. Orden de tunicados en la clase *Ascidiaces* que incluye especies muy comunes: *Molgula, Bothryllus.* (Gr. pleura, lado; gonos, órgano sexual.)

pleurón (pleuron). Placa lateral de cada lado de un somito en los artrópodos. (Gr. pleura, lado.)

Pleuronectida. V. *Pleuronectiformes.*

Pleuronectiformes. Un orden de peces osteictios que comprende los lenguados. =*Heterosomata.* (Gr. pleuron, lado; nectos, nada; forma, forma.)

pleuronecto* (pleuronectid). Dícese de ciertos peces de figura aplanada que nadan de costado y tienen los ojos del mismo lado. // *Platija.* (Gr. pleuron, lado; nekton, que nada.)

pleuroperitoneo (pleuroperitoneum). Nombre que reciben la pleura y el peritoneo combinados, que forman la membrana que tapiza el celoma de los animales sin diafragma. (Gr. pleura, lado; periteinein, extenderse alrededor.)

pleuropodial (pleuropedal). Relativo a los ganglios pleurales y pédicos en los moluscos. (Gr. pleura, lado; pous, pie.)

pleuropodio (pleuropodium). Proceso glandular lateral en el abdomen embrionario de algunos insectos. // Cada uno del par de lóbulos paliales de los moluscos del género *Aplysia.* (Gr. pleura, lado; + podito.)

pleuropterygii. V. *Cladoselachii.*

pleurorraquidia (pleurorachidian). Se dice del tipo de aletá de los peces que tiene los radios insertados en un solo lado del raquis. (Gr. pleurón, lado; rachis, espina dorsal.)

pleurosfenoides. V. *esfenolateral.*

pleuróstеo (pleurosteon). Proceso lateral del esternón en las aves jóvenes. (Gr. pleura, lado; osteon, hueso.)

pleurosternal (pleurosternal). Que conecta el pleurón con el esternón en los insectos. (Gr. pleurón, lado; sternon, pecho.)

Pleurostigmophora. Una división de la clase *Centipeda* que comprende las especies que tienen estigmas laterales. (Gr. pleura, lado; stigma, estigma; phoreus, portador.)

Pleurotremata. V. *Squaliformes.*

pleurovisceral (pleurovisceral). Relativo a los ganglios pleurales y viscerales de los moluscos. (Gr. pleura, lado; lat. víscera, intestino.)

pleustón (pleuston). Una comunidad de organismos microscópicos planctónicos superficiales. (Gr. pleustón, listo para navegar.)

plexidonto (plexidont). Forma complicada de dientes de ciertos mamíferos, adoptados a funciones diversas. Op. *haplodonto.* (Lat. plexus; gr. odous, diente.)

plexo* (plexus). Red formada por entrelazamiento de fibras nerviosas, venas o vasos linfáticos. (Gr. plexus, tejido.) *Adj. **plexiforme** // **p. admirable,*** red de nervios y vasos sanguíneos en las extremidades embrionarias de los vertebrados. // ***p. branquial,*** una red de nervios espinales que inervan las extremidades anteriores de los vertebrados. // ***p. cefálico,*** centro nervioso en el escólex de las tenias. // ***p. celíaco,*** v. *plexo solar.* // ***p. cerebral,*** centro nervioso central en la parte anterior del cuerpo de los tremátodos. // ***p. cervicobranquial,*** plexo para cada extremidad anterior en los tetrápodos inferiores. // ***p. ciático,*** conexiones de varios nervios espinales antes de entrar en las extremidades posteriores de los tetrápodos. // ***p. coroides,*** tejido epitelial no nervioso en el techo de los ventrículos encefálicos, que nutre el encéfalo y segrega el líquido cefaloraquídeo. // ***p. coroides anterior,*** membrana vascular muy delgada y vascularizada que cubre el techo del diencéfalo. // ***p. de Auerbach,*** plexo de fibras nerviosas autonómicas localizadas entre las capas musculares del intestino. // ***p. de Meissner,*** capa de fibras nerviosas en la submucosa del estómago y de los intestinos. // ***p. de Remak,*** v. *plexo de Meissner.* // ***p. lumbosacro,*** plexo para cada extremidad posterior en los vertebrados inferiores. // ***p. mientérico,*** *plexo de Auberbach.* // ***p. nervioso,*** red o entrecruzamiento de nervios. // ***p. pelviano,*** v. *plexo ciático.* // ***p. perientérico,*** red capilar alrededor del intestino como en los anélidos oligoquetos. // ***p. pudendo,*** parte pubiana del plexo lumbosacro de las aves. // ***p. sacro,*** red de nervios de la que parte del ciático. // ***p. solar,*** red de nervios y ganglios simpáticos, situada por detras del estomago.

pley-, pleyo-, (Del gr. pleion, más numeroso.)

plica. (Del lat. plicare, plegar.) // Un pliegue. *Adj.* ***pliciforme.***

pliegue* (fold). Doblez, especie de surco o desigualdad en que una cosa flexible deja de estar lisa. // De *plegar.* // ***p. aleta,*** repliegue continuo tegumentario hipotético que pudo haber dado origen a las aletas de los peces. // ***p. amniótico,*** repliegue que se forma alrededor del embrión de los vertebrados que origina el amnios y la serosa. // ***p. anmiótico cefálico,*** pliege blastodérmico semilunar situado frente a la cabeza del embrión, como ocurre en las aves. // ***p. amniótico caudal,*** pliege blastodérmico posterior del botón caudal del embrión de las aves. // ***p. anular,*** válvulas conniventes, // ***p. cefálico,*** un pliegue del blastodermo que se encorva por debajo y limita la extremidad del embrión amniota. El espacio incluído por el pliegue forma el comienzo del tubo digestivo. // ***p. circular,*** cada uno de los pliegues transversales del intestino delgado. // ***p. epicántico,*** v. *epicanto, pliegue mongólico.* // ***p. epipleural,*** cada uno del par de pliegues tegumentarios, que en los cefalocordados, forman el piso del atrio. // ***p. genital,*** pliegue en el abdomen de ciertas arañas que cubre el poro genital. // ***p. infundibular,*** repliegue de la pared del pulmón de las ranas que se divide en alveólos // ***p. metapleural,*** repliegue en ambos lados de la superficie ventral lateral de los cefalocordados. // ***p. mongólico,*** un pliegue de la piel que se extiende del párpado superior sobre la esquina interna del ojo y es típico de las razas mongoloides. Es un carácter dominante. // ***p. neural,*** pliegue del ectodermo situado a lo largo de ambos lados de la placa neural que se observa en el desarrollo inicial del sistema nervioso central. // ***p. semilunar,*** pequeño repliegue en el ángulo interno o lagrimal del ojo humano y de otros mamíferos que representan el vestigio de la membrana nictitante o tercer párpado de aves y mamíferos. En las caballerías recibe el nombre de órgano *clinotante.* // ***p. palatino,*** repliegue a cada lado de la cavidad que no se une en la línea media. // ***p. semilunares*** o pliegues transversos internos del colon. // ***p. sinovial,*** cada uno de los pliegues en la superficie interna de la cápsula sinovial. ***p. transversales,*** son los que se encuentran en el epitelio del recto. // ***p. turbinal,*** v. *cornetes nasales.*

pleyotropía. Mejor que *pleiotropía,* q.v.

Plinio el Viejo o *Cayo Plinio Secumdum.* Naturalista romano. Escribió la obra enciclopédica *Historia natural,* en 37 volúmenes. (23-79 AD.)

plio- (plio-). (Del gr. pleion, mayor, más.)

Plioceno* (Pliocene). Epoca geológica de la Era Terciaria entre el Oligoceno y el Pleistoceno. (Gr. pleion, más.)

-ploide (-ploid). (Neolat. *-ploid,* simple sufijo empleado en genética para indicar una variación del número normal cromosómico. (Del gr. -ploos, pliegue; oides, en forma de.)

ploidía (ploidy). Adición o disminución de la dotación normal o diploide de cromosomas.

Ploima. Orden en el filum *Rotífera,* en la clase *Monogononta.* (Gr. ploimos, marinero.)

pluma* (feather). La acepción usual. // Pieza esquelética foliácea o concha interna de los cefalópodos dibranquios. (lat. pluma.) *Adj.* ***plumado*, plumoso*,*** plúmeo*, ***plumífero.*** // ***p. acicular,*** pluma sin desarrollar, emergiendo de la epidermis. // ***p. córnea,*** concha interna, puntiaguda y córnea de un calamar u otro cefalópodo similar. // ***p. cubital,*** cada una de las plumas remeras secundarias inserta en el cúbito. // ***p. de mar, especie*** de celentéreo de la clase *Anthozoa,* orden *Alcyonaria,* que forma colonias carnosas y plumosas flotantes (Pennatula phosphorea). // ***p. de perfil*** o *de contorno,* plumas externas de la cabeza, cuello, cuerpo y apéndices de las aves incluyendo las plumas de vuelo. // ***p. primaria,*** una de las plumas de vuelo remeras pegadas a la mano del ala del ave. // ***p. remera,*** v. *remiges.*

plumaje* (plumage). Conjunto de plumas de un ave. (Lat. pluma) // ***p. juvenil,*** las primeras plumas verdaderas, que brotan después del plumón en las aves. // ***p. nupcial,*** plumaje brillante especial que adquieren ciertas aves en la estación de la cría.

plumazón* (plumage). =*Plumaje.*

plumero (feather-duster worm). Nombre común aplicable a

las especies de anélidos poliquetos marinos tubículas de la familia *Serpulidae.* (En alusión a los tentáculos plumosos.)

plúmbeo* **(plumbeous).** Que tiene color plomizo. (Lat. **plumbeus,** plomo.)

plumícoma **(plumicome).** Espícula con penachos en forma de pluma. (Lat. **pluma,** pluma; **coma,** pelo.)

plumicorne **(plumicorn).** Penacho de plumas de la cabeza de ciertas aves. (lat. **pluma,** pluma; **cornu,** cuerno.)

plumilla. *Hiporraquis, plumilla accesoria* o segunda pluma, generalmente vestigial, que nace de la parte ventral del astil o raquis de la pluma principal. (Dim. de **pluma.**)

plumión*. V. *plumón.*

plumípedo **(plumiped).** Ave con pies plumosos. (Lat. **pluma, pes,** pie.)

plumón* **(down feather).** Cada una de las pequeñas plumas suaves que cubre todo el cuerpo de las aves. *Plúmula.* (De **pluma.**) *Adj.* **plumoso*.**

plúmula **(plumule).** Plumón de los pichones de las aves nidícolas que persiste en algunos adultos. // Surcos delicados en el acueducto de Silvio. (Lat. dim. de **pluma.**)

pluri- **(pluri-).** (Del lat. **plus, pluris,** más, pluralidad.)

pluricelular* **(multicelular).** *Multicelular.* Formado por más de una célula. (Lat. **pluris,** más; + **célula.**)

pluridentado. Que tiene varios dientes. // Se aplica a los quelíceros de ciertas arañas armados con dientes. (Lat. **pluri,** más; **dens,** diente.)

plurinucleado **(plurinuclear).** Que tiene varios núcleos. (Lat. **pluri,** más; + **núcleos.**)

pluripolar **(pluripolar).** *Multipolar,* que tiene muchos polos. (Lat. **pluri,** más; **polos,** polo.)

pluripotente **(pluripotent).** Aplícase a un tejido embrionario que ofrece varias oportunidades de desarrollo. (Lat. **pluri,** más; **potens,** capaz.)

pluriseptado **(pluriseptate).** Que tiene tabiques múltiples. (Lat. **plus,** más; **septum,** tabique.)

pluriserial **(pluriserial).** Que está dispuesto en dos o más filas. (Lat. **plus,** más; **series,** fila.)

pluristraficado **(pluristratose).** Dispuesto en cierto número de capas. (Lat. **pluris,** más; **stratum,** capa.)

plurivalente **(plurivalent).** Aplícase al hilo de cromatina con dos o más cromosomas. (Lat. **pluri,** más; **valere,** que vale.)

plurívoro **(plurivorous).** V. *omnívoro.*

plúteo* **(pluteus).** Larva típica en los equinodermos. (Lat. **pluteus,** banqueta.)

pluvia* **(rain).** Anticuado; *lluvia. Adj.* **pluvial.** *

pluvial* **(pluvial*).** Especie de ave del orden *Charadriiformes,* // *Adj.* Lo relativo a la lluvia. (Lat. **pluvialis.**)

pluviselva **(rainy forest).** Bosque lluvioso de exuberante vegetación que alberga una fauna peculiar y abundante. (Lat. **pluvia,** lluvia; + **selva.**)

-pnea*. (Del gr. **pneo,** respirar.)

población* **(population).** Grupo de individuos de una misma especie que habita un área geográfica determinada. (Lat. **populus,** pueblo.) // *p.* ***mendeliana,*** grupo de individuos que tiene un carácter que se comporta hereditariamente siguiendo las reglas de Mendel. // *p.* ***panmíxica,*** una gran población de una especie cuyos individuos se cruzan al azar. // *p.* ***genética,*** =*deme.*

pocoyo* **(goatsucker).** Nicaragua: ave nocturna muy común que suele vérsele al borde de los caminos. Orden *Caprimulgiformes.* (Dicc.)

poculiforme **(poculiform)** En forma de copa. (Lat. **poculum,** copa; + **forma.**)

podenco* Raza de perros de cacería parecidos al galgo, pero de orejas erectas.

pódeo **(podeon).** Parte delgada del abdomen de ciertos himenópteros. entre el propódeo y el metapódeo. (Gr. **pous,** pie.)

podecio **(podetium).** Elevación parecida a un tallo. (Lat. **podecium.**)

pódice **(podex).** La rabadilla. // La región anal. // El pigidio. (Lat. **podex,** ano.)

pódico **(podical).** Lo que se refiere a la región anal. (Lat. **podex,** rabadilla.)

Podicipediformes. Orden de aves. Distribución cosmopolita. Comprende los somormujos, etc. (Del género **Podiceps).**

podio **(podius).** El pie ambulacral de los equinodermos. (Gr. **podion,** pie pequeño.) // Cualquier estructura en forma de pie.

-podio. (Del gr. **podion,** pie.)

podito **(podite).** *Podómero.* // Un segmento cualquiera de los apéndices de los artrópodos. // El apéndice locomotor en los crustáceos. (Gr. **podos,** pie.)

podo- **(podo-)** (Del gr. **pous,podos,** el pie.)

podobranquia **(podobranchia).** Branquia de los coxopoditos de los crustáceos. (Gr. **pous; branchia,** branquia.)

podocisto **(podicyst).** Quiste quitinoso en el disco de algunas larvas escifistomas. (Gr. **podos,** pie; **kystos,** quiste.)

podocisto **(podocyst).** Célula plana que, en los insectos lleva crecimientos puntiagudos. (Gr. **pous,** pie; **kystos,** célula. // Célula del tipo cirtocito que se encuentra en los glomérulos de los riñones de los vertebrados.

podocono **(podocone).** Masa cónica de protoplasma que conecta la parte central de la cápsula con el disco en ciertos radiolarios. (Gr. **pous,** pie; **konos,** cono.)

Podocopa. Un orden de crústaceos de la subclase *Ostracoda,* casi todos de agua dulce. (Gr. **podos,** pie; **cope,** remo.)

pododermo **(pododerm).** Capa dérmica de la pezuña dentro de la capa córnea. (Gr. **pous,** pie; **derma,** piel.)

podoftalmito **(podophthalmite).** El segmento más distal en el tallo ocular de los crustáceos. (Gr. **podos,** pie; **ophthalmos,** ojo.)

podoftalmo. Un miembro del taxón *Podophthalma,* q.v.

Podogona. Un orden de pequeños arácnidos ciegos tropicales. Cefalotórax cubierto por un pequeño escudo movible, abodomen con 6 segmentos. (Gr. **pous, podos,** pie; **gonos,** generación.) -*Rincinules.*

podómero **(podomere).** *Podito.* Cada uno de los segmentos del apéndice locomotor de los crustáceos. (Gr. **pous,** pie; **meros,** parte.)

Podophthalma. Orden de crustáceos de ojos pedunculados. (Gr. **podos,** pie; **ophthalmos,** ojo.)

podosoma **(podosoma).** La parte del cuerpo en los arácnidos que lleva los cuatro pares de patas. (Gr. **pous,** pie; **soma,** cuerpo.)

podoteca **(podotheca).** Una cubierta de los pies en reptiles y aves. (Gr. **pous,** pie; **theke,** caja.)

podozoario. Dícese de aquellos animales en cuya clasificación entra como dato importante el número de pies, como los crustáceos, insectos, arácnidos, etc. (Gr. **podos,** pie; **zoon,** animal; **ario,** conjunto.)

Poebioidea. Grupo aberrante de vermes marinos considerados a veces como fílum aparte o como una división de *Echiuroidea* o de *Polychaeta.*

poe. Ave neozelandesa de la familia *Meliphagidae* (**Prosthemadera,** sp.).

Poey, Felipe. Naturalista cubano, colaborador de Cuvier, uno de los destacados en la América. Su obra más notable, parcialmente inédita, es la *Ictiología cubana.* (1799-1891)

Poecilosclerinae. Grupo de esponjas de la clase *Demospongiae,* orden *Monaxonida.* (Gr. **poikilos,** varios; **sclera,** "espícula".)

pogonio **(pogonion).** *Pogonión.* punto craneométrico situado en la parte más prominente del mentón. (Gr. **pogonion,** barbilla.)

Pogonophora. Fílum de gusanos marinos deuterostomados

provistos de numerosos tentáculos. (Gr. pogon, barba; phoreys, portador.)

poicilocito (poikilocyte). Eritrocito de forma distorsionada. (Gr. poikilos, varios; kytos, célula.)

poicilogonia (poikilogony). Variación durante el proceso embrionario debido a factores ambientales. (Gr. poikilos, varios; gone, generación.)

poicilosmóstico (poikilosmostic). Condición debida cuando la presión osmótica interna varía de acuerdo con la del medio que lo rodea. (Gr. poikilos varios; osmos, impulso.)

poiciloterrno (poikilothermous). Dícese de los animales llamados de sangre fría o de temperatura variable. *Ectotermo.* (Gr. poikilos, varios; therme, calor.) =*Poicilotérmico.*

polar (polar). Relativo al polo. // En la región terminal de un eje. (Lat. polaris.)

polaridad (polarity). La tendencia de una estructura orgánica de retener su orientación original. (Gr. polos.)

polarización (polarization). En biología, la disposición de las cargas positiva y negativa en ambos lados de una membrana celular. (Lat. polaris, polar.)

platuca (flying squirrel). Especie de ardilla del norte de Europa (Sciuropterus russicus).

pólex (pollex). V. *pólice.*

poli-* (poly-). (Del gr. polys, muchos.)

poliandria (polyandry). Condición de aparearse con más de un macho en ciertas épocas. (Gr. poly-, muchos; anel, andros, macho.) *Adj. poliándrico.*

poliaxona (polyaxon). Espícula multirradiada de ciertas esponjas. // Neurona con varias axonas. (Gr. polys, muchos; axon; radio.)

poliblasto (polyblast). Un histiocito. (Gr. poly, muchos; blastos, formación.) *Adj. poliblástico.*

policariocito (polykariocyte). Célula gigante con muchos núcleos. (Gr. polys, núcleo; + cariocito.)

policarion (polykaryon). Un núcleo con más de un nucléolo. (Gr. poly, muchos; karyon, núcleo.) *Adj. policárico.*

policarpio (polycarp*). Gónada situada en la superficie interna del manto de algunas ascidias. (Gr. polys, mucho; karpos, fruto.)

pólice* (pollex). El dedo pulgar en las extremidades anteriores de los vertebrados. (Lat. pollex, dedo pulgar.)

policéntrico (polycentric). Con varios centros de crecimiento. (Gr. polys, muchos; kentron, centro.)

policerco (polycercous). Que tiene muchas colas. // Se aplica a los cisticercos que desarrollan varios quistes, cada uno con su escólex. (Gr. polys, muchos; kekkos, cola.)

policíclico (polycyclic). Que tiene muchas estructuras redondeadas. (Gr. polys, muchos; kyklos, círculo.)

policístico. V. *multinuclear.*

policitemia (polycythemia). Superproducción de eritrocitos. (Gr. polys, muchos; kytos, célula; haima, sangre.)

policladio (polyclad). Un miembro del grupo *Polycladia* en los turbelarios. V. *Polycladia.* (Gr. polys, muchos; clados, ramas.)

policonto (polykont) = *Multiflagelado.* (Gr. polys, mucho; kontos, poste.)

policromasia (polychromasy). Coloración múltiple. (Gr. polys, muchos; chroma, color.)

policromatocito (polychromatocyte). Una célula sanguínea que se desarrolla de un normablasto y se convierte en un eritrocito maduro. (Gr. polys, muchos; chroma, color; kytos, célula.)

policrotismo (polycrotism). Condición de tener varias elevaciones secundarias en la curva del pulso. (Gr. polys, muchos; krotos, golpe, pulsación.)

polidactilia (polydactyly). La presencia de un número mayor de dedos que el normal. (Gr. polys, muchos; dactylos, dedo.) *Adj. polidáctilo.*

polidesmia (polydesmy). Formación simultánea de dos o más escifistomas. (Gr. polys, muchos; desma, unión.) *Adj. polidésmico.*

polidomio (polydomous). Que habita varios nichos simultáneamente, como ocurre con ciertas especies de hormigas. (Gr. polys, muchos; domos, casa.)

poliembrionía (polyembryony). La formación de embriones múltiples procedentes de un solo cigoto. (Gr. polys, muchos; embryon, feto.) *Adj. poliembriónico.*

polienérgico (polyenergic). Aplícase al núcleo que tiene dos o más centriolos. (Gr. polys, mucho; energos, activo.)

poliestro (polyestrous). Que tiene más de un ciclo estral por año. (Gr. polys, muchos; oestrus, estro.)

polifagia (polyphagia). Que tiene hambre incesante o "hambre canina". // Que come mucho. (Gr. polyphagon, voraz.)

polífago* (polyphagous). Que come gran variedad de alimentos. = *Eurífago.*

polifaringia (polypharyngy). Condición de algunas planarias caracterizada por tener varias faringes. (Gr. polys, muchos; + faringe.)

polifenismo (polyphenism). La ocurrencia en una misma población de varios fenotipos que no se deben a diferencias genéticas. (Gr. polys, muchos; phaneros, visible.)

polifilético (polyphyletic). Dícese de un grupo biológico cuyos miembros derivan, según se cree, de varias formas originales. (Gr. polys, muchos; phylon, raza.)

polifiodonte (polyphyodont). Que tiene muchos juegos sucesivos de dientes durante la vida. (Gr. polys, muchos; odous, diente.)

poligamia* (polygamy). Estado o calidad del animal que se aparea con varias hembras. (Gr. polygamia.) *Adj. polígamo.**

poligenes (polygenes). Sistema de genes que juntos regulan cuantitativamente un solo carácter. (Gr. polys, mucho; + genes.) *Adj. poligénico.*

poligénesis (polygenesis). El origen de un tipo similar en más de un lugar. // Estructura de organismos que deriva de más de una fuente. (Gr. polys, mucho; genesis, origen.) *Adj. poligenético.*

poligenia (polygeny). La intervención de poligenes en un carácter.

poliginía (polygyny). Apareamiento de un macho con varias hembras, Ej. focas. (Gr. polys, muchos, gyne, hembra.)

poligenista (polygenist). Antigua teoría de que las razas humanas son especies separadas. (Gr. polys, muchos; gene, producir.)

poligonéutico (polygoneutic). Que tiene más de una cría en una misma estación. (Gr. polys, muchos; goneuein, progenia.)

polihíbrido (polyhybrid). Híbrido heterócigo para muchos genes. (Gr. polys, muchos; hybrida, sato..)

polilecítico (polylecithal). Que contiene mucha yema. (Gr. polys, muchos; lekithos, yema.)

polilépido (polylepidous). Que tiene muchas escamas. (Gr. polys, mucho; lepis, escama.)

polilla* (moth). Las verdaderas polillas son mariposas nocturnas de la familia *Tineidae*, cuyas larvas atacan pieles, granos, etc. (Tinea granuella). // Cuba: insecto del orden *Thysanura* (Acrothelsa collaris) // Puerto Rico: comején (Cryptotermes brevis). // *p. de mar*, v. *broma, teredo* y *tereza.*

polimastigoto (polymastigote). Que tiene flagelos dispuestos en forma de penacho. (Gr. poly, muchos; mastix, látigo.)

polimastismo (polymastism). La posesión de un número de mamas mayor que el normal. (Gr. polys, muchos; mastos, mamas.)

polimegalia (polymegaly). La condición de poseer varios tipos de espermatozoos. *Dimegalia.* (Gr. polys, muchos; megalos, grande.)

polimeniscos (polymeniscous). Que tiene muchos lentes, como los ojos compuestos de los artrópodos. (Gr. polys, muchos; meniskos, luna pequeña.)

polímero (polymerous). Integrado por varias partes. (Gr. polys, muchos; meros, parte.)

polimorfismo* (polymorphism). La existencia de dos o más clases de individuos genéticamente distintos en la misma población. (Gr. polys, muchos; morphe, forma.) *Adj. polimorfo.**

polimorfocito (polymorphocyte). V. *leucocito neutrófilo.*

polimorfonuclear (polymorphonuclear). Leucocito granulocito de núcleo multipartido. (Gr. polys, muchos; morphe, forma.) (Lat. núcleo.)

Polinemiformes. Orden de peces marinos osteictios tropicales.

polineuritis* (polyneuritis). Inflamación general de varios nervios, a veces por deficiencia de tiamina. (Gr. polys, mucho; neurón, nervio; -itis, inflamación.)

polinización* (pollination). Tranferencia de polen de la antera al estigma. (De polen.) *Adj. polinizador.*

polinucleado (polynucleate). *Multinucleado.* (Gr. polys, mucho; lat. nucleus, núcleo.) = *Polinuclear.*

poliplasma (polioplasm). *Espongioplasma.* (Gr. polios, gris; plasma, formación.)

polipéptido (polypeptide). Un polímero formado por aminoácidos unidos por enlaces péptidos. (Gr. polys, mucho; + péptido.)

poliperito*. Cáliz o esqueleto de cada pólipo de los celentéreos. *Polipero,coralito, coral.* (De polípero;-ito, dim.)

polípero* (polyparium). Esqueleto de los celentéreos, especialmente de los coralarios. (Lat. polypus, pólipo.)

polípido (polipid). Cada uno de los pólipos de una colonia de hidrozoos. // *Adj.* Se dice de la masa viviente de un briozoo. (Gr. polypous, "pólipo"; -idion, dim.) =*Polipoide.*

polípito. V. *polípido.*

poliplacodonto (polyplacodont). Se dice del diente de los peces crosopterigios que tiene pliegues de ortodentina simples. (Gr. polys, muchos; plax, placa; odous, dientes.)

poliplanético (polyplanetic). Que tiene varias fases móviles. (Gr. polys, muchos, planetes errante.)

poliplástico (polyplastic). Que puede asumir muchas formas. (Gr. polys, muchos; plastos, formado.)

poliploidía (polyploidy). La condición de tener un número de cromosomas múltiple del número haploide. (Gr. polys, muchos; + ploidia.) *Adj. poliploide.*

poliploidógeno (polyploidogen). Cualquier substancia que propicia de poliploidías. (De poliploide; + genos, producción.)

polipnea (polypnea). Respiración muy rápida. (Gr. polys, muchos; pnein, respirar.) // *p. térmica,* nombre aplicado por Richet al método de regulación térmica llamado vulgarmente *jadeo.*

polipnéustico (polyneustic). Que tiene muchos poros espiraculares. (Gr. polys, muchos; pnein, respirar.)

pólipo* (polyp). Forma fina de los celenterados. // *Pulpo,* molusco. (Lat. polypus, muchos pies.) *Adj. polipoide.*

polípodo (polypod). Estado embrionario inicial en algunos insectos provistos de muchos apéndices. (Gr. polys, muchos; podos, pie.)

poliprotodonte (polyprotodon). Se aplica al marsupial que tienen de cuatro a cinco incisivos a los lados de la quijada superior y uno o dos menos en la quijada inferior. Desinencia *-donte* por analogía con *mastodonte.* (Gr. polys, muchos; prontos, primero; odous, diente.)

polipomedusa. V. *hidromedusa.*

políptero (polypterus). Se dice de los peces holósteos primitivos del cuerpo largo y cilíndrico con muchas aletas. (Ver biquir.) (Gr. polys, muchos; pteron, ala.)

poliqueto (polychaeta). Que pertenece a la clase *Polychaeta.*

polirribosoma (polyribosoma). *Polisoma.* Una molécula de ARNm, en contacto con varios ribosomas, encargada de la síntesis de una cadena de polipéptidos. (Gr. polys, muchos; +ribosoma.)

polisacárido (polysaccharid). Un carbohidrato formado por la polimerización de varios monosacáridos: *glucógeno, almidon.*

polisifónico (polysiphonic). Aplícase al tallo de hidromedusas, formado por varios hidrantes reunidos. (Gr. polys, muchos; siphon, tubo.)

polisimétrico (polysimetrical). Que es divisible por varios planos en diversas porciones de simetría bilaterial. (Gr. polys, muchos; symetria, proporción adecuada.)

polisoma (polysome). Grupo de ribosomas unidos por moléculas de RNA mensajero. (Gr. polys, muchos; soma, cuerpo.) // *Polirribosoma.* // *Adj. polisómico.*

polisomatía (polysomaty). Condición de poliploidía en células somáticas. (Gr. polys, muchos; soma, cuerpo.)

polisómero (polysomer). Cada una de una serie de partes, todas iguales unas a las otras. (Gr. polys, mucho; -isos, igual; meros, parte.)

polisomía (polysomy). La condición de tener muchos segmentos. (Gr. polys, muchos; soma, cuerpo.) *Adj. polisómico.*

polispermia (polyspermy). La penetración simultánea de varios espermatozoos en un óvulo. (Gr. polys, muchos; sperma, simiento.)

polispondilia (polyspondyly). Disposición del espinazo de algunos selácios, que muestra varias vértebras por metámero. (Gr. polys, muchos; spondylos, vértebra.)

polisporocístido (polysporocystid). Que tiene muchos esporocistos en un oocisto, como en *Sporozoa.* (Gr. polys, muchos; + esporocisto.)

polistico (polystichous). Que está dispuesto en numerosas filas. (Gr. polys, muchos; stichos, fila.)

polistomado (polystomatus). Que tiene muchos poros, bocas, aberturas o ventosas. (Gr. polys, muchos; stoma, abertura.)

polistomio (polystomium). Cada uno de los poros que constituyen el protostoma de ciertas medusas. (Gr. polys, muchos; stoma, boca.)

politálamo (polythalamous). *Politalámico.* Que tiene muchas cámaras. (Gr. polys, muchos; thalamos, cámara.)

politelia (polythelia). La condición de tener pezones supernumerarios. (Gr. polys, muchos; thele, pezón.)

politérmico (polythermic). Que tolera temperaturas relativamente elevadas. (gr. polys, muchos, therme, calor.)

politenis (polyteny). La replicación en la interfase del cromosoma para producir un cromosoma gigante. (Gr. polys, muchos; taenia, cinta.) *Adj. politena.*

politípico (polytipic). Se dice del taxón que contiene varias categorías subordinarias inmediatas. Ej. una especie con varias subespecies. (Gr. polys, muchos; typos, patrón.)

politoco (polytocous). *Prolífico.* Que produce varias crías en un parto. (Gr. polys, muchos; tokos, descendiente.)

politomía (polytomy). Tipo de división múltiple en ciertos protozoos. (Gr. polys, muchos; tome, cortado.)

politópico (polytopic) Que se origina u ocurre en varios lugares. (Gr. polys, muchos; topos, lugar.)

politrico (politrichous). Que tiene el cuerpo cubierto por numerosos cilios o pelos. // Que pertenece al taxón *Polytricha.* (Gr. polys, muchos; thrix, cabello.)

politrócula (polytrochula). Tipo de larva trocófora de algunos anélidos poliquetos provista de crunas ciliadas adicionales. (Gr. polys, muchos; trochula, dim. de rueda.)

politrófico (politrophic). Que adquiere su alimento de más de una substancia. // Parásito que vive sobre hospedantes diferentes. (Gr. polys, muchos, trophe, nutrimento.)

poliuria (polyuria). Formación excesiva de orina. (Gr. polys, muchos; -ouros, orina.)

polivalvo* V. *multivalvo.*

polivoltino (polyvoltine). Que produce varias crías en una estación. (Gr. polys, muchos; ital. volta, tiempo.)

polizoario (polyzoarium). El esqueleto de una colonia de briozoos. (Gr. polys, muchos; zoon, animal; -ario, conjunto.)

polizoico (polizoic). Que tiene muchos animales. Aplícase a una colonia de muchos zooides. // Espora con muchos esporozoitos. (Gr. polys, muchos; Zoon, animal.)

polizoide (polyzooid). Un individuo de una colonia de briozoos. (Gr. polys, muchos; zoon, animal; -ario, conjunto.)

polo* (polo). Punto que ocupa los extremos del eje de una célula, embrión, estructura, etc. (Gr. polos, polo.) // ***p. animal***, el punto o polo opuesto al de la abertura bucal o polo oral. // ***p. animal***, la porción del cigoto que contiene poco vitelo. // La porción del cigoto y del embrión que contiene células pequeñas con poco vitelo. Opuesto a *polo vegetal.* V. *citopigio.* // ***p. apical***, v. *polo aboral.* // ***p. oral***, el polo en donde está situada la boca donde debió estar normalmente. // ***p. vegetativo***, una de las regiones del embrión de muchos animales, cuyas células son ricas en yema. // La porción del cigoto rica en vitelo.

polocito (polocyte). Glóbulo polar abortivo resultante del proceso de la ovogénesis. (Gr. polos, polo, kytos, célula.)

polotroco (polytrochal). Que tiene varios círculos de cilios. (Gr. polys, muchos; trochos, rueda.)

polución* (pollution). Con referencia al ambiente, su contaminación o impurificación. // Emisión de semen. (Lat. pollutus, de polluere, manchar, profanar.)

Polycistidea. Una división de los esporozoos del orden *Gregarinida* = *Cephalina.* (Gr. polys, muchos; kystis, vejiga.)

Polycladia. Un orden de platelmintos en la clase *Turbellaria.* Habita el intestino de muchas ranas. (Gr. polys, muchas; clados, ramas.)

Polychaeta. Una de las clases del fílum *Annelida*, cuyos miembros tienen parápodos, y su larva es del tipo trocófora. (Gr. polys, muchos; chaeta, seda.)

Polydesmoidea. Orden de miriapodos de la clase *Diplopoda.* Tienen de 19-22 somitos. (Gr. polys, muchos; desmos, unión.)

Polymastigina. Un orden de flagelados que tienen 3 ó más flagelados, la mayoría parásitos. (Gr. polys, muchos; mastigios, látigo.)

Polymera. En una clasificación de los vermes, un taxón equivalente al Fílum Annelida. (Gr. polys, muchos; meros, parte.)

Polvmvaria. Taxón usado para los nematodos que tiene muchas células musculares, en cada cuadrante. (Gr. polys, muchos; mys, músculo.)

Polynemoidea. Un pequeño suborden de peces en el orden *Perciformes.* (Gr. polys, muchos; + nemoidea.)

Polyneoptera Grupo en que se han reunido los insectos de los superórdenes *Blattopteroida, Orthopteroidea* y *Dermaopteroidea.* (Gr. polys, muchos; + neoptera.)

Poliopisthocotylea. Subclase de platelmintos en la clase *Monogenea.* (Gr. polys, muchos; opisthos, opuestos, cotyle, copilla.)

Polyphaga. Suborden de insectos del orden *Coleoptera.* (Gr. polys, muchos; phagein, comer.)

Polyplacophora. Una clase de moluscos que comprende los quitones o chitones. Concha de 8 piezas. (Gr. polys, muchos; plax, placa; phoreys, portador.)

Polyprotodonta. Suborden de mamíferos del orden *Marsupialia*, que están provistos de más de dos incisivos en cada mandíbula. (Gr. polys, muchos; protos, primero; odous, diente.)

Polypteriformes. Un orden de peces osteictios en la subclase *Actinopterygii*, que incluye los *biquires.* = *Cladistia.*

Polypterini. =*Polypteriformes.*

Polystomatoidea. Orden de *Turbellaria* en la subclase *Polypisthocotylea.* (Gr. polys, muchos; opistho, detrás; stoma, boca.)

Polystilifera. Un suborden de *Nemertinea* de la clase *Enopla.* (Gr. polys, muchos; stylos, pilar; phoreus, llavar.)

Polythalamia. Foraminíferos marinos cuya concha tiene varias cámaras. (Gr. polys, muchos; thalamus, cámara.)

Polytrichida. Protozoo de la clase *Ciliophora* que tiene cilios uniformes en toda la superficie del cuerpo. (Gr. polys, muchos; thrix, pelo.)

Polyzoa. V. *Bryozoa.*

polla* (pullet). Gallina nueva antes de poner, (De pollo.) // ***p. (coot)***. El ave conocido como gallareta, q.v. // ***p. de agua***, ave de la familia *Rallidae*, especie de gallareta (Gallinula chloropus).

pollada* (hatch). Conjunto de pollos que de una vez sacan las aves.

pollino* (ass). Asno joven y cerril. (Lat. pullinus, pollo.)

pollo* (chicken). Cría que sacan de cada huevo las aves. (Lat. pullus.) *Adj.* ***pollero.*** Dim. *polluelo, pollita.* // ***p. de mangle***, (clapper rail) Puerto Rico, ave del orden *Gruiformes*, familia *Rallidae* (Rallus longirostris caribaeus). // ***p. de montaña***, especie de rana comestible de la isla Dominica, de la familia *Leptodactylidae* (Leptodactylus fallax).

polluela (crake). Nombre común de varias especies de aves europeas de la familia *Rallidae*, género *Porzana* (Porzana porzana).

pompón* (black margate). Cuba: pez marino del orden *Perciformes*, familia *Pomadasyidae* (Anisotremus surinamensis).

pómulo* (cheek bone). Hueso de la cara en los mamíferos, equivalente al yugal, que forma el arco cigomático. // La región externa de la cara sobre el yugal. (Lat. pomulum, dim. de pomun, fruta.)

pomun Adami (pomum Adami). V. *nuez de Adán.*

poncha (tinamous). Sudamérica: ave del orden *Tinamiformes* (Tinamous sp.)

ponderal (ponderal). Se aplica al crecimiento mediante aumento en el peso. (Lat. ponderare, pesar.)

pongo*. V. *orangután.* (Voz malaya.)

poni (pony). Caballo pequeño. Es notable el llamado *Shetland pony.* (Voz inglesa.)

ponógeno (ponogen). Material de desecho metabólico producido por el ejercicio muscular. (Gr. ponos, fatiga; geno, producir.)

pons (pons). Voz latina que significa puente, empleada en varias estructuras. // ***p. Varoli***, ver *puente de Varolio.*

pontículo (ponticulus). Reborde vertical del cartílago auricular. (Lat. ponticulus, puente pequeño.)

ponzoña*. Veneno, especialmente el líquido tóxico segregado por serpientes, escorpiones, etc.

porcachón* (hog). = *Puerco.*

porcatus (porcatus). Que está provisto de cresta. (Lat. porcatus.)

porcipelo (bristle). Cerda fuerte y aguda del puerco. (Lat. porcus, puerco + pelo.)

porfirina (porphyrin). Uno de los compuestos orgánicos de cuatro núcleos pirrólicos asociados con ciertos metales, como el hierro y el magnesio. Ej. *hemoglobina, clorofila, citocromo.*

porfiróforo (porphyrophere). Una célula que tiene pigmentos purpúreos. (Gr. porphyra, púrpura; opsis, vista.)

porfiropsina (porphyropsin). Pigmento en los bastoncillos de la retina de peces y anfibios. (Gr. porphyra, púrpura; + opsina.)

Porífera. El fílum de animales multicelulares que comprende las esponjas. Cuerpo atravesado por canales, algunos con células flageladas o coanocitos. = *Parazoa, Spongiaria, Enanthiozoa.* (Lat. porus, poro; ferre, llevar.)

porífero (sponge). Perteneciente al fílum *Porífera.*

porio (porion). *Porión.* Punto craniométrico situado en el punto más lateral del techo del meato auditivo externo. (Gr. poros. pasaje.)

poro* (pore). Orificio o perforación en una membrana u órgano. (Lat. porus; gr. poros.) *Adj. porífero, poroso.* // *p. abdominal* cada una de las aberturas diminutas que comunican el celoma con la cloaca en los peces, algunos reptiles y anfibios. // *p. acuífero,* abertura ciliada diminuta en el disco del *crinoideo* del género *Antedon.* // *p. ambulacral,* acada uno de los canales a través de los cuales se proyectan los podios de los erizos de mar. // *p. anal,* abertura anal diminuta de ciertos invertebrados, por ejemplo: tenóforos y asteroideos. // *p. cutáneo* o poro de la piel, cada uno de los orificios diminutos por los que se abren al exterior las glándulas sudoríperas. // *p. dorsales,* comunicaciones entre el celoma de las lombrices de tierra y el exterior. // *p. excretor,* cualquier abertura que permite verter al exterior los productos del sistema excretor en los invertebrados. // *p. exhalante,* el que comunica las cámaras flagelíferas de las esponjas con el espongiocelo o con el exterior. // *p. femoral,* cada una de las estructuras que se encuentran en la cara interna de los muslos de los machos de ciertos saurios y que están rellenas de corpúsculos amarillentos. // *p. frontal,* el poro de la glándula de ciertos insectos. // *p. genital,* cada uno de los orificios que comunican el seno urogenital con el celoma en los peces ciclóstomos. // *p. gustativo,* cada una de las pequeñas depresiones en forma de fosita que se encuentran en la lengua de los mamíferos y en su interior se prolongan los pelos gustativos. // *p. natal,* poro uterino de los vermes trematodos y cestodos y de las redias. // *p. inhalante,* perforación de los porocitos en las esponjas. // *p. nefridial,* el que comunica el nefridio con el exterior en ciertos invertebrados. // *p. urinario,* abertura que comunica con el exterior un protenefridio, v. *nefridióporo.* // *p. urogenital,* orificio o abertura común por medio de la cual comunican al exterior los conductos excretores y genitales.

Porocephalida. Una clase de Linguatulida. El poro genital es anterior en el macho. (Gr. poros, canal; kephale, cabeza.)

porocito (porocyte). Célula tubular de las esponjas cuya abertura externa constituye el poro. (Lat. porus, pasaje; kytos, célula.)

poroide (poroid). Depresión diminuta en las tecas de los dinoflagelados. (Gr. poros, cajal; eidos, forma.)

porrecto (porrect). = *Extendido.*

porrón* (scaup). Nombre común de varias especies de patos europeos del género *Aythya* (Aythya marila). (Del árab. burun, cántaro,)

porta* (porta). Dícese de la parte del órgano por donde penetran vasos y nervios. *Adj. portal.* // *p. renal,* sistema de circulación de algunos vertebrados por donde una parte de la sangre venosa de la región posterior pasa por los riñones. // *p. hepática,* se dice de la vena que lleva al hígado sangre procedente de las venas mesentéricas.

portador* (carrier). Individuo que puede albergar un organismo patógeno y es capaz de transmitirlo, a veces sin mostrar síntomas de la enfermedad. (De portar).

portainjertos. Se dice del organismo que recibe un transplante de tejidos. *Hospedante.*

Porter, K.R. Descubrió en 1953 la estructura del retículo endoplásmico empleando el microscopio electrónico.

portuno. V. *jaiba.*

Portunoidea. Una superfamilia de los crustáceos decápodos braquiuros que incluye las jaibas, etc. (Del género Portunus.)

posante* (perching bird). Que se posa. Dícese principalmente de las aves del orden *Passeriformes.* (De posar.)

pospierna* (thigh). El muslo de las caballerías. (Gr. post, detrás; + pierna.)

post- (post-). (Lat. post, detrás, después.)

postabdomen (postabdomen). Extremo posterior del cuerpo en los crustáceos cladóceros, encorvable ventralmente. // Metasoma de los escorpiones. (Lat. post, detrás, + abdomen.)

postanal (postanal). Que está situado detrás del ano. (Lat. post, detrás; anus, ano.)

postantenal (postantennal). Que está situado detrás de las antenas. (Lat. post, detrás; + antennal.)

postantenas (postantennae). Un par de apéndices embrionarios de ciertos insectos, supuestamente homólogos con el segundo par de antenas de los crustáceos. (Lat. post, detrás; atennae, antenas.)

postarticular (postarticular). Posterior al proceso subangular, detrás de la articulación con el cuadrado. (Lat. post, después; articulus, unión.)

postaxial (postaxial). Que está en el lado posterior de un eje. (Lat. post, detrás; axis, eje.)

postbacilar (postbacillary). Que tiene núcleos detrás de la zona senatorial de las células retinales. (Lat. post, después; bacillum, bastoncillo.)

postbranquial (postbranchial). Que está por detrás de las aberturas branquiales. (Lat. post, detrás; + branquial.)

postcardinal (postcardinal). Colocado posteriormente al corazón. Vena postcardinal. (Lat. post, detrás; +cardinal.)

postcava (post cava). =*Vena cava posterior.* (Lat. post, detrás; + cava.)

postcentral (postcentral). Que está por detrás de un centro. (Lat. post, detrás; +centro.) *Adj. postcentral.*

postcigapófisis (postzygapohysis). Cigapósis posterior de las vértebras. (Lat. post, posterior; + cigapófisis.)

post-cíngular (postcingular). Posterior al cíngulo. (Lat. post, después; cingulum, cinturón.)

postclavícula (postclavicle). Hueso de la cintura escapular de los peces óseos, estegocéfalos y reptiles. (Lat. post, detrás; + clavícula.)

postcleitro (post-cleitrhrum). Un hueso de membrana entre el cleitro y el supracleitro de los peces osteictios. (Lat. post, detrás; + cleithrum.)

postclímax (postclimax). Formación climácica contigua producida por un clima diferente. (Lat. post, después; + clímax.)

postclípeo (postclypeus). La parte posterior del clípeo de los insectos. (Lat. post, destrás; + clípeo.)

postcliteliano (postclitellian). Situado detrás del clitelo. (Lat. post, después, + clitelo.)

postcliviano (postclivian). Se refiere a la fisura que queda detrás del clivo del cerebro. (Lat. post, después, clivas, loma.)

postcolon (postcolon). Parte del intestino entre el colon y el recto de ciertos ácaros. (Lat. post, después; +colon.)

postcornal (postcornual). Se refiere a las glándulas situadas detrás de los cuernos. (Lat. post, después; cornu, cuerno.)

poscraneal (postcranial). Area posterior a la región de la cabeza, (Lat. post, después. lat. cranium, cráneo.)

postdiluviano* Posterior al diluvio universal. (Lat. post, después; + diluvio.)

postecdisis (postecdisis). Fase terminal de la muda de los crustáceos, en la que se endurece la cutícula. (Lat. post, después; ecdisis, mudar.)

postembrionario (postembryonic). El estado después del embrionario. (Lat. post, después; embryon, feto.)

post-temporal (post-temporal). Que está detrás del hueso temporal. (Lat. post, detrás; +temporal.)

posterior* (posterior). Que pertenece al extremo de un organismo o de una estructura. V. *Caudal.* En el hombre, la espalda. (Lat. posterior.)

postero- (**postero-**). (**Del lat. posterus, siguiente**).

posterolateral (**posterolateral**). Que está situado posteriormente y hacia un lado. (Lat. **posterus**, siguiente; **latus**, lado.

posteromedial (**posteromedial**). Situado posterior y medianamente. (Lat. **posterus**, siguiente; **medius**, medio.)

postescutelo (**postescutellum**). Esclerito situado detrás del escutelo de los insectos. (Lat. **post**, detrás; + **escutelo**.)

postesfenoides (**postsphenoid**). La parte posterior del esfenoides. (Lat. **post**, detrás; + **esfenoides**.).

postesofágico (**postesophageal**). Aplícase a la comisura del tritocerebro de los insectos. (Lat. **post**, detrás, gr. **oisophagos**, esófago.)

postesternelo (**poststernellum**). Porción posterior del esternito de los insectos. (Lat. **post**, detrás, **sternellum**, esternón pequeño.)

postesternito (**poststernite**). El esternito posterior en los insectos. (Lat. **post**, detrás; + **esternito**.)

postestro (**post-oestrus**). La fase sexual de los mamíferos que sigue el estro. (Lat. **post**, después, + **estro**.)

postflagelado (**postflagellate**). Una forma de tripanosomas, intermedia entre el estado flagelado y el enquistado. (Lat. **post**, detrás; **flagellum**, látigo.)

postfragma (**postphragma**). Un tabique desarrollado en el postnoto de los insectos. (Lat. **post**, después; gr. **phragma**, valla.)

postfrontal (**posfrons**). La porción de la frente de los insectos posterior a la línea basal antenal //. Hueso del cráneo de los peces y estegocéfalos situado detrás del frontal. (Lat. **post**, detrás; **cranium**, cráneo.)

postfurca (**postfurca**). Una furca esternal posterior de un insecto. (Lat. **post**, detrás; + **furca**.)

postganglional (**postganglionic**). Aplícase a las fibras nerviosas autonómicas que salen de los ganglios. (Lat. **post**, detrás; **ganglion**, ganglio.)

postgenal (**postegenal**). La parte posterior de la gena o mejilla de un insecto. (Lat. **post**, detrás; **gena**, mejilla.)

postglenoidea. (**postglenoid**). Que está detrás de la fosa glenoidea. (Lat. **post**, detrás; **glene**, cuenca, alveólo.)

posthepático (**posthepatic**). Parte del canal alimenticio desde el hígado hasta el final. (Lat. **post**, después; gr. **hepar**, hígado.)

post-heterocinesis (**postheterokinesis**). Lo que ocurre en la meyosis cuando los heterocromosomas pasan sin dividirse al mismo polo en la segunda división del espermatocito. (Lat. **después** gr. **heteros**, otro; **kineisis**, movimiento.)

póstico (**posticous**). Que está en la superficie externa o posterior. (Lat. **posticus**, por detrás.)

postisquio (**postischium**). Proceso en la parte posterior del esquion de algunos reptiles. (Lat. **post**, detrás; gr. **ischion**, cadera.)

postlabro (**postlabrum**). Parte posterior del labro de un insecto. (Lat. **post**, detrás; +**labrum**, labro.)

postlarval (**postlarval**). Se dice del estado siguiente al larval de los peces, marcado por rasgos distintos de los juveniles. (Lat. **post**, detrás; + **larva**.)

postmentón (**postmentum**). La mayor parte de la porción basal del mentón de los insectos. (Lat. **post**, detrás; **mentum**, menton.)

postmínimo (**postminimus**). Un dígito adicional rudimentario en anfibios y mamíferos. (Lat. **post**, después; **minimus**, el menor.)

postmitótico (**postmitotic**). Estado en la vida de la célula de la mitosis hasta la muerte. (Lat. **post**, después; + **mitosis**.)

postmorten (**postmorten**). Lo que ocurre inmediatamente después de la muerte. (Lat. **post**, después; **mortus**, muerte.)

postneural (**postneural**). La región *pigal*. // Placa posterior del carapacho de los quelonios. (Lat. **post**, detrás; + **neural**.)

postnodular (**postnodular**). Se refiere a la fisura del cerebro entre el nódulo y la *língula* (Lat. **post**, después; **nodulus**, nódulo pequeño.)

postnoto V. *postescutelo*.

postoral (**postoral**). Que está detrás de la boca. (Lat. **post**, detrás; **os**, **oris**, la boca.)

postorbital* (**postorbital**). Hueso del cráneo de los vertebrados situado detrás de las órbitas. (Lat. **post**, detrás; +**órbita**.)

postótico (**postotic**). Que está por detrás del oído. (Lat. **post**, detrás; gr. **our**, **otis**, oido.)

postparietales (**postparietals**). Un par de huesos en el borde posterior del techo craneal de los tetrápodos. (Lat. **post**, detrás; + **parietales**.)

postpatagio (**postpatagium**). Pliegue de la piel que en las aves se extiende entre el ala y el tronco. (Lat. **post**, detrás; + **patagio**.)

postpermanente (**post-permanent**). Se refiere a las trazas de una dentición que sucede a la permanente. (Lat. **post**, después; + **permanente**.)

pospiramidal (**postpyramidal**). Se refiere a la fisura cerebral detrás de las pirámides, (Lat. **post**, después; + **pirámides**.)

postpituitaria (**postpituitary**). Lo que pertenece o es secretado por el lóbulo posterior de la glándula pituitaria. (Lat. **post**, después; + **pituitaria**.)

postpubis (**postpubis**). Proceso ventral óseo de la cintura pélvica de algunos reptiles saurópsidos. (Lat. **post**, detrás; +**pubis**.) *Adj. postpúbico.*

postremático (**post-trematic**). Posterior a las aberturas branquiales. *Postbranquial.* (Lat. **post**, detrás; **trema**, agujero.)

post-retinal (**post-retinal**). Que está detrás de la retina. (Lat. **post**, detrás; + **retina**.)

postsegmental (**postsegmental**). Posterior a los somitos. (Lat. **post**, detrás; + **segmento**.)

postemporal (**post-temporal**). Describe la posición detrás del hueso temporal. (Lat. **post**, después; +**temporal**.)

postura (**clutch of eggs**). =*Postura.* Conjunto de huevos depositados por un ave o por un insecto. (Lat. **positura**.)

potámico* (**potamic**). Dícese de todo lo relacionado con el río. (Gr. **potamos**, río.)

potamobentos (**potamobenthos**). Los organismos que viven en fondo de los ríos. (Gr. **potamos**, río. **benthos**, profundo, fondo.)

potamócero (**crush pig**). Nombre aplicado a varias especies de jabalíes africanos y malgaches que habitan los bosques húmedos. Familia *Suidae* (**Potamocheorus koiropotamus**).

potamódromo (**potamodromus**). Pez que nada arriba y abajo de los ríos. (Gr. **potamos**, río; **dromos**, carrera.)

potamógalo (**otter-shrew**). Mamífero anfibio del orden *Insectivora* que vive en el Africa occidental. Es de hábitos acuáticos y tiene aspecto de nutria. Familia *Potamogalidae* (**Potamogale velox**).

potamología (**potamology**). El estudio integral de los ríos. (Gr. **potamos**, río. **logos**, tratado.)

potamoplancton (**potamoplankton**). El plancton de las corrientes de agua. (Gr. **potamos**, río; + **plancton**.)

potamótoco. *Anádromo*, q.v.

potencial* (**potencial**). Que está en estado latente. (Lat. **potens**, poderoso.) // *p. biótico*, un estimado de la tasa máxima de aumento poblacional en una especie animal. // *p. de acción*, magnitud de un cambio eléctrico momentáneo y localizado entre el exterior y el interior de una membrana celular. // *p. de la membrana*, potencial eléctrico a través de la membrana celular debido a la diferencia en concentración y motilidad de ciertos iones en ambos lados. // *potencial evolutivo* (**evolutionary potential**). La modificación y adaptación de una especie como respuesta a catástrofes ecológicas. =*Plasticidad evolutiva.*

poto (potto). Mamífero del orden *Primates*, suborden *Lemuroidea*, que vive en la parte occidental de Africa (Perodictius potto.)

potoro (rat kangaroo). Marsupial australiano de la familia *Macropodidae*, de pequeño tamaño, que habita en agujeros (Potorous tridactylus).

potoyunco (diving petrel). Sudamérica: ave austral del orden *Procellariiformes*, familia *Pelecanoididae* (Pelecanoides garnotii).

potranca* (mase). Yegua que no pasa de tres años.

potro* (colt). Caballo menor de 4 1/2 años.

poucha (Tinamou). Venez: ave del orden *Tinamiformes*, familia *Tinamidae* (Crypturellus soui).

-poyesis (-poiesis). Sufijo empleado para indicar la producción de algo. (Gr. poieo, hacer; producir; poiesis, una producción o creación.)

pratense (pratal). Relativo a los prados. (Lat. pratum, prado.)

pratícola (pratincola). Que vive en el prado. (Lat. praticola.)

pre- (prae-). (Del lat. prae, antes, prioridad.)

preabdomen* (preabdomen). Parte anterior ensanchada del abdomen de los escorpiones y los gigantostráceos. (Lat. prae, antes; + abdomen.)

preadaptación (preadaptation). Predisposición constitucional de un organismo para fijarse en un ambiente distinto. // Un nuevo carácter proveniente de una mutación que viene a ser útil después de un cambio ambiental. (Lat. prae, antes; ad, a; aptere, fijarse.)

preanal (preanal). Anterior al ano. // Aleta preanal. (Lat. prae, antes; + anal.)

preantena (preantenna). Apéndice movible sensorial en el primer segmento de los onicóforos, que desaparece en los otros artrópodos. (Lat. prae, antes; + antena.) Adj. *preantenal*.

prearticular (prearticular). Hueso dérmico en la superficie mediana de la mandíbula de los tetrápodos primitivos. (Lat. prae, antes; articular, hueso.)

preauricular (preauricular). Aplícase a la superficie auricular del hueso de la cadera. (Lat. prae, antes; aurícula; orejilla.)

preaxial (preaxial). Que está por delante de un eje. (Lat. prae, antes; axis, eje.)

prebacilar (prebacillary). Que tiene el núcleo alejado distalmente de la zona sensorial en las células retinales. (Lat. prae, antes; bacillum, bastoncillo.)

prebasilar (prebasilare). Esclerito transversal entre el mentón del gnatoquilario y el primer esternito de ciertos diplópodos. (Lat. prae, antes; basis, base.)

Precámbrico V. *Precambriano*.

Precambriano (Precambrian). Se dice del período geológico anterior al Cambriano, poco fosilífero, que terminó hace 600 millones de años.

precapilar (precapillary). Aplícase a las arteriolas con capa muscular incompleta. (Lat. prae, antes; capilar, vaso.)

precara (precara). Una cara anterior. (Lat. prae, antes;+ cara.)

precartílago (precartilage). Tipo de cartílago que precede a la formación de otros. (Lat. prae, antes; + cartílago.)

precentro (precentrum). La porción anterior del centro de las vértebras de algunos vertebrados inferiores. (Lat. prae, antes; centrum, centro.) *Adj. precentral*.

precigapófisis (prezygapophysis). La apófisis articular anterior o cigapófisis de las vértebras. (Lat. prae, antes; + cigapophysis.)

precingular (precingular). Anterior al cíngulo. (Lat. prae, antes; cingulum, cinturón.)

precipitina (precipitin). Un anticuerpo producido por inmunización capaz de precipitar determinadas substancias protéicas. (De precipitar.)

precístico (precystic). Relativo a los estados intermediarios entre el trofozoito y el quiste maduro en los esporozoos. (De prae, antes; gr. kystis, vejiga.)

preclavícula (preclavia). Un componente de la cintura torácica en algunos vertebrados. (Lat. prae, antes; +clavícula.)

preclímax (preclimax). Formación climácica más apartada del óptimo en relación con otra. (Lat. prae, antes; + clímax.)

preclival (preclival). Se aplica a una fisura que está frente al clivus del cerebelo. (Lat. prae, antes; + clivus.)

preconcha (preconcha). La concha o cornete anterior de las fosas nasales de las aves. (Lat. prae, antes; + concha.)

precoracoides (precoracoid). Hueso o parte ventral de la cintura torácica en anfibios, reptiles y monotremas. (Lat. prae, antes; + coracoides.)

precordado (prechordate). Animal de un grupo inmediatamente anterior al de los cordados. V. *Hemichordata* y *Pogonophora*. (Lat. prae, antes; + cordado.)

precordal (prechordal). Que está por delante del notocordio o de la médula espinal. (Lat. prae, antes; chorde, cuerda.)

precordial* (precordial). Dícese de la región del pecho que corresponde al corazón. (Lat. prae, antes; cor, corazón.)

precostal (precostal). Por delante de una costilla. //Aplícase a un espolón corto situado en la base del ala posterior de los lepidópteros. (Lat. prae, antes; costa, costilla.)

precoxa (precoxa). Segmento basal pequeño que precede al coxopodito en ciertos crustáceos. (De prae, antes; + coxa.)

precoxopodito (precoxopodite). La pieza basal del simpodito de los artrópodos. (Lat. prae, antes; +coxopodito.)

precoz* (precocial). Se dice del ave que nace cubierta por plumas y se muestra activa inmediatamente. // Se dice del mamífero, como las liebres, cubierto de pelo y con ojos abiertos al nacer y capaz de moverse. (Lat. praeco.)

precrural (precrural). Que está en la parte anterior de la pierna. (Lat. prae, antes; crus, pierna.)

precúneo (praecuneus). La superficie media del lóbulo parietal del cerebro. (Lat. prae, antes; + cúneo.)

precursora* (precursor). Una substancia que precede a otra en una cadena metábolica. (Lat. prae, antes; cursor, carrera.)

predación (predation). Relación entre un animal que mata y devora y la víctima. (Lat. praedatio, pillaje.) Mejor es *depredación*.

predator* (predator). Animal que se alimenta de presas capturadas por él mismo. (Lat. predator.) *Adj. predatorio*.

predelineación (predelineation). Teoría de la localización germinal en el huevo. (Lat. prae, antes; delinear, trazar.)

predentario (predentary). Un hueso que los dinosaurios tienen en la punta de la mandíbula. (Lat. prae, antes; + dentario.)

Predentata. V. *Ornithischia*.

predentina (predentin). Substancia que se transforma en dentina. (Lat. prae, antes; + dentina.)

predicador (praying mantis). Insecto ortóptero de la familia *Mantidae*, también llamado *Santa Teresa* (Mantis religiosa.).

predigital (predigital). Pluma primaria del ala conectada con la falange distal. (Lat. prae, antes; digitus, dedo.)

predorsal* (predorsal). Indica carácter o situación anterior al espinazo. (Lat. prae, antes; dorsum, dorso.)

pre-epistoma (pre-epistome). Placa que cubre la porción basal del epistoma de ciertos arácnidos. (Lat. prae, antes; + epistoma.)

pre-escudo (prescutum). El esclerito anterior al mesonoto o al metanoto de los insectos. (Lat. prae, pre; + escudo.)

pre-esfenoides (presphenoid). Hueso de la región orbitaria del cráneo del los vertebrados. (Lat. prae, antes; + esfenoides.)

pre-espermátida (prespermatid). Espermatocito secundario. (Lat. prae, antes; + espermátido.)

pre-esternal (praesternal). Se refiere a la escotadura yugal en el borde superior del esternón. (Lat. prae, antes; sternum, hueso del pecho.)

prefaringe (prepharynx). Estructura de la boca en los insectos o *hipófaringe*, q.v. (Lat. prae, antes; gr. pharynx, faringe.)

prefémur (prefemur). Pequeño segmento anterior al fémur en ciempiés y otros artrópodos terrestres. (Lat. prae, antes; fémur, muslo.)

preferéndum (preferendum). El área de un gradiente ecológico "escogida" por un organismo móvil. (Lat preferir.) Terminación como *referéndum*.

preflagelado (preflagellate.). Un estado en los tripanosomas intermedio entre el quiste y el flagelado. (Lat. prae, antes; + flagelo.)

preformación (preformation). Doctrina obsoleta según la cual los organismos están presentes como entidades (homúnculo) en el huevo o el espermatozoo desde el principio del desarrollo. Op. *epigénesis*. (Lat. prae, antes; + formación.)

prefragma (prephragma). Un diafragma formado en el noto de los insectos. (Lat. prae, antes;gr. phragma, valla.)

prefrontal (prefrontal). Hueso del cráneo de los vertebrados, situado delante de los frontales. (Lat. prae, antes,; frons, frente.)

prega-Deu (praying mantis). Nombre de varias especies de insectos mantoideos de la familia *Mantidae: Santateresa predicator*. En Europa, *Mantis religiosa*. (Catalán, ruega a Dios.)

preganglionar (preganglionic). Aplícase a la fibra mielinada que parte de la médula espinal. (Lat. prae, antes; ganglion, hinchazón.)

pregenital (pregenital). Que está situado anteriormente a la abertura genital. (Lat. prae, antes; + genital.)

preglobulina (preglobulin). Una proteína de los leucocitos. (Lat. prae, antes; + globulina.)

prehalterio (prehalter). La escámula de los dípteros. (Lat. prae, antes; gr. halter, balancín.)

prehaluz (prehallux). = *Prehalux*. El *calcar* o estructura en forma de espuela de los anfibios anuros. (De prae, antes; + haluz.)

prehepático (prehepatic). Se aplica a la parte del aparato digestivo anterior del hígado. (Lat. prae, antes; hepar, hígado.)

pre-heterocinesis (preheterokinesis). Lo que ocurre en la meyosis cuando los heterocromosomas pasan sin dividirse al polo durante la primera división del espermatocito. (Lat. prae, antes; gr. heteros, otro; kinesis, movimiento.)

prehioideo (prehyoid). Se refiere a una hendidura entre la mandíbula y las partes ventrales del arcohioideo. (Lat. prae, antes; + hyoides.)

prehipófisis (prehypophysis). Lóbulo anterior de la hipófisis. (Lat. prae, antes; + hipófisis.)

preinterparietal (preinterparietal). Uno de los dos centros de osificación del supraoccipital. (Lat. prae, antes; +interparietal.)

preisquiopodito. V. *metabasipodito*.

preláctica (prelacteal). Se aplica a una dentición que puede ocurrir antes de los dientes de leche. (Lat. prae, antes; lac, leche.)

prelocalización (prelocalization). Teoría de que ciertas partes del óvulo están predestinadas a convertirse en determinados órganos o partes. (Lat. prae, antes; + localización.) // *Preadaptación* (Lat. prae, antes; locus; lugar).

premandibular (premandibular). Que está situado antes de la mandíbula. (Gr. prae, antes; + mandíbula.)

prematuro* (premature). Que nace, ocurre o madura muy pronto. (Lat. prematurus.)

premaxilar* (premaxilla). Hueso del cráneo, situado delante o entre los maxilares. = *Intermaxilar*. (Lat. prae, antes; + maxilar.)

premediano (premedian). Anterior a la parte media del cuerpo o de una estructura. (Lat. prae, antes; medius, medio.)

prementón (prementum). Esclerito tranversal adherido al extremo distal del *mentón*. (De prae, antes; + mentón.)

premetamorfosis (premetamorphosis). Primer período en la metamorfosis de los anfibios, caracterizado por el lento crecimiento de los miembros posteriores. (Lat. prae, antes; + metamorfosis.)

premioblasto (premyoblast). Célula embriónica vagamente diferenciada que dará origen al mioblasto. (Lat. prae, antes; + mioblasto.)

premolar* (premolar). Diente de los mamíferos situado entre el canino y los molares. (Lat. prae, antes; + molar.)

premuda (premolt). Estado anterior a la muda en los artrópodos, en el que se acumulan reservas de glucógeno y de sales. (lat. prae, antes; + muda.)

prenasal (prenasal). Hueso del rostro que se forma frente al mesetmoides de ciertos cráneos. (Lat. prae, antes; + nasal.)

prenatal* (prenatal). Que ocurre antes del nacimiento. (Lat. prae, antes; + natal.)

prensil* (prehensil). Que sirve para asir, Cola prensil. (Lat. prehendere.)

prensora* (prehensile). Dícese del ave de pies prensores. // Antiguo orden de aves. V. *Psittaciformes*.

preñez (pregnant). = *Gravidez* (Lat. praegnatio.)

preoccipital (praeocipital). Una indentación frente a la parte posterior de los hemisferios cerebrales. (Lat. prae, antes; + occipital.)

preocular (preocular). Que está situado antes del ojo. (Lat. prae, antes; oculus, ojo.)

preopérculo (preopercle). Hueso de membrana de los peces osteictios, situado en frente del opérculo. (Lat. prae, antes; operculum, tapa.) Adj. *preopercular*.

preoral (preoral). Que está situado en frente de la boca. (Lat. prae, antes; os, oris, la boca.)

preorbital (preorbital). Que está antes de la órbita. Aplícase a huesos, glándulas, agujeros, etc. (Lat. prae, antes; orbita, órbita ocular.)

preparietal (preparietal). Un hueso situado por delante de los parietales. (Lat. prae, antes; + parietal.)

prepatagio (prepatagium). La membrana alar entre el brazo y el antebrazo de las aves y murciélagos. (Lat. prae, antes; + patagio.)

prepatelar (prepatellar). Que está por delante de la rótula. // Se aplica a la bolsa situada entre la patela y la piel. (Lat. prae, antes; patella, rótula.)

prepenna (prepenna). *Prepluma,Prepena*. El plumón de las aves nidícolas, al que suceden las plumas. (Lat. prae, antes; penna, pluma.)

prepilórico (prepyloric). Se aplica al osículo que pende del osículo fibroso gástrico de los crustáceos. (Lat. prae, antes; pyloros, portero.)

prepiramidal (prepyramidal). Que está en frente de una estructura piramidal. (Lat. prae, antes; + piramidal.)

prepituitaria (prepituitary). Lóbulo anterior de la hipófisis. (Lat. prae, antes; + pituitaria.)

preplacental (preplacental). Que ocurre antes de la formación de la placenta. (Lat prae, antes; + placenta.)

prepluma (prepenna). *Prepenna*. Plumón o pluma que tiene el ave al nacer, que es remplazada por las plumas de contorno cuando el ave es adulto. (Lat prae, antes; penna, pluma.)

preplúmula (preplúmula). *Prepluma*.

prepotencia* (prepotency). La capacidad de uno de los padres de transmitir más características que el otro. (Lat. prae, antes; potens, poderoso.) *Adj. prepotente.* *

prepuberal (prepuberal). Que es anterior al pubis. (Lat. prae, antes; pubes, maduro.)

prepubertal (**prepubertal**). Se refiere a la edad antes de la pubertad. (Lat. **prae**, antes; **pubertos**, etapa adulta.)

prepubis (**prepubis**). Huesos marsupiales o prepúbicos. (Lat. **prae**, antes; + **pubis.**) *Adj.* ***prepúbico.***

prepucio* (**praeputium**). Parte del tegumento del pene que deja la superficie en el cuello y cubre el glande. (Lat. **praeputium**, prepucio.) *Adj.* ***prepucial.***

prepólice (**prepollex**). Dígito supernumerario de algunos anfibios y reptiles. (Lat. **prae**, antes; **pollex**, pulgar.)

prepupa (**prepupa**). Estado quiescente de los insectos con hipermetamorfosis. (Lat. **prae**, antes; +**pupa.**) *Adj.* ***prepupal.***

prerrotulino (**prepatellino**). Que está situado delante de la rótula. *Prepatelar.*

presa* (**pray**). Cualquier animal que es capturado y devorado por otro animal. (Lat. **prehendere.**)

presbicia* (**presbyopia**). Defecto de la visión por pérdida de la elasticidad del cristalino, que aparece con la edad. (Gr. **presbyta**, **presbys**, anciano.) *Adj.* ***présbita,*** * ***présbite.*** *

presbiopía. V. *presbicia.*

presegmental (**presegmental**). Que es anterior a los segmentos del cuerpo. (Lat. **prae**, antes; **segmentum**, segmento.)

prequeliceral (**precheliceral**). Que está por delante de las quelíceras. (Lat. **prae**,antes; + **quelicero.**)

preservación (**preservation**). Protección de la naturaleza y sus recursos evitando su disturbación o contaminación por el hombre. V. *conservación.*

presfenoides (**presphenoid**). Hueso ventral anterior del cráneo de los mamíferos. (Lat. **prae**, antes; + **esfenoides.**)

presináptico (**presynaptic**). Que está antes de la sinapsis de las axonas de las neuronas. (Lat. **prae**, antes; **synapsis**; unión.)

presión (**presure**). La definición usual. (Lat. **presura.**) // ***p. de selección,*** de la selección natural el alterar la composición genética de una población en una serie de generaciones. // ***p. diastólica,*** la presión sanguínea en su punto más bajo, usualmente de 80 mm. de mercurio en el hombre. // ***p. intratóracica,*** presión dentro de la cavidad pleural, algo menor que la atmosférica. // ***p. sistólica,*** presión cutinal máxima en la arteria radial. Unos 120 mm. de Hg.

presirrostro (**presirostral**). Dícese del ave que tiene el pico comprimido como los frailecillos. (Lat. **pressu**, comprimido; + **rostro.**)

presociación (**presociation**). Un grupo subordinado de animales que viven entre las plantas dominantes de un asocies. (Lat. **prae**, antes; + **socies.**)

presoma (**presoma**). Porción anterior musculosa de la larva de los nematodos. // La parte anterior del cuerpo de los invertebrados que carecen de cabeza definida. (Lat. **prae**, antes; **soma**, cuerpo.)

prespermátida (**prespermatid**). Un espermatocito secundario. (Lat. **prae**, antes; + **espermátida.**)

presor (**presor**). Se dice de lo que causa aumento en la presión arterial. (Lat. **pressare**, presionar.)

presternón (**presternum**). La parte anterior del esternón en los vertebrados. // Porción anterior estrecha del esternón de los artrópodos. (De **prae**, antes; + **esternón.**) *Adj.* ***presternal.***

prestomio (**prestomium**). Una abertura en forma de boca frente a la verdadera boca en ciertos insectos. (Lat. **prae**, antes; gr. **stoma**, boca.)

presumptivo* (**presumptive**). Que puede presumir.// Tejido embrionario de la diferenciación. que se presume originará una estructura. (Lat. **praesumptivus.**)

pretarso (**pretarsus**). Segmento terminal de las patas de los miriápodos que porta las uñas. (Lat. **prae**, delante; **tarsus**, tarso.)

pretrematico (**pretrematic**). Prebranquial, prespiracular. (Lat. **prae**, antes; gr. **trema**, agujero.)

pretrocántino (**pretrocanntin**). -*Subcoxa.* (Lat. **prae**, antes, gr. **trochanter.**)

prevénulas (**prevenules**). Los pequeños vasos que conducen sangre de los capilares a las venas. (Lat. **prae**, antes; vénula; vena pequeña.)

prevertebrados (**prevertebrates**). V. *protocordados.*

prevertebral (**prevertebral**). Que se refiere a la parte superior del espinazo. (Lat. **prae**, antes; + **vértebra.**)

previtamina. V. *provitamina.*

prevómer (**prevomer**). Hueso anterior al pterigoides en algunos vertebrados.// Vómer en los vertebrados excepto en los mamíferos. (Lat. **prae**, antes; + **vómer.**)

Priapulida. Pequeño grupo de gusanos marinos seudocelomados considerados como una clase de *Aschelminthes* o un fílum aparte. (Gr. **priapos**, dios griego del poder procreativo.)

Priapuloidea. V. *Priapulida.*

Priestly, J.G. Fisiólogo inglés. V. *Haldane,* J.S.

Priestly, Joseph. Químico inglés, descubridor del oxígeno en 1774, contribuyó al conocimiento del papel de la respiración en plantas y animales. (1783-1804).

Primario* (**primary**). El primero, principal, original. // La Era Paleozoica. (Lat. **primus**, primero.)

primado. V. *primate.*

primate* (**primate**). Mamífero del orden *Primates.* (Lat. **primatus**. del primer rango.)

Primates. Orden de mamíferos que comprende el hombre y los monos. (Lat. **primas**, del primer rango.)

primavera (**avocet**). España: v. *avoceta,* ave. // Cuba: ave, especie de chotacabras del orden *Caprimulgiformes,* familia *Caprimulgidae* (**Caprimulgus carolinensis**). // ***p. (sphinx moth)*** Cuba: especie de insecto lepidóptero de la familia *Sphingidae* que ataca el tabaco (**Protoparce sexta**).

primaxila (**primaxil**). Cada uno de los primeros brazos axilares de los crinideos. (Lat. **primus**, primero; **axilla**, sobaco.)

primer (**first**). Apócope de primero. // ***p. cuerpo polar,*** célula formada durante la primera división meyótica de la oogénesis, con núcleo haploide y poco citoplasma. // ***p. ventrículo,*** cavidad de la parte izquierda del telencéfalo.// ***primera antena.*** = *Anténula.* par anterior de antenas en la cabeza de los crustáceos. // ***p. maxilla,*** apéndice en la cabeza de los crustáceos y milípedos usado para la alimentación.

primibraquial (**primibrachial**). Primer artejo del brazo en los crustáceos. (Lat. **primus**, primero; **brachium**, brazo.)

primibranquios (**primibranchs**). Todos los brazos incluyendo el primer axilar en los crinoides. (Lat. **primus**, primero; **branchia**, brazos.)

primina (**primine**). El integumento externo de un óvulo. (Lat. **primus**, primero.)

primípara* (**primiparous**). Que pare o pone huevos por primera vez. **Primeriza.** (lat. **primus**, primeros; **parere**. parir.)

primitivo* (**primitive**). Que tiene origen antiguo. // Que se conforma con un patrón original ancestral. (Lat. **primitivus**, original.)

primordio (**primordium**). = *Anlage.* Estado de un órgano que empieza a formarse. // Forma original. // *Adj.* ***primordial.*** * (Lat. **primordium**).

principio* (**principle**). Primer instante del ser de una cosa.// Cualquier cosa que entra en la composición de un cuerpo. // Ley en el sentido científico.// ***p. de Allee,*** cada población animal tiene una densidad óptima en un habitáculo particular. // ***p. de la exclusión,*** la regla según la cual, dos especies no pueden existir en la misma localidad si tienen los mismos requerimientos ecológicos.

priodonte (**priodont**). Que está dentado. (Gr. **prion**, sierra; **odous**, diente.)

Prionodesmacea. Uno de los tres órdenes de los moluscos bivalvos establecido por Dall, que comprende las *ostras, mejillones, arcas,* etc. (Gr. **prion**, sierra; **odous**, diente).

prionodonte*. Especie de armadillo de gran tamaño. (Gr. **prion**, sierra; **odous**, diente.) = *Tatú carreta* (**Priodontes giganteus**).

priste* (**sawfish**). *Pez sierra*. Pez selacio provisto de una prolongación muy grande y dentada de la rama superior de la quijada. (Lat. **pristis**, monstruo, marino.)

pro-* (**pro-**). Del lat. *pro*, por una vez, de delante, continuidad, impulso, negación.)

proaves (**proavian**). Nombre dado a la reconstrucción hipotética de un ave ancestral primitiva. (Lat. **pro**, antes; + **aves**.)

proacrosoma (**proacrosome**). Estructura de la espermátida que se transforma en el acrosoma. (Gr. **pro**, antes; + **acrosoma**.)

proamnios (**proamnion**). Area del blastodermo frente a la cabeza embrionaria en los vertebrados superiores. (De **pro**, antes; + **amnios**.)

proandría (**proandry**). Meroandría en la que se retiene solamente la parte anterior del testículo. (Gr. **pro**, antes; **aner**, macho.)

Proanura. Orden de anfibios extintos. (De **pro**, antes; + **anura**.)

proatlas (**proatlas**). Un arco neural extra, anterior a la vértebra atlas, en muchos reptiles. (De **pro**, antes; + **atlas**.)

probasipodito (**probasipodite**). El segmento más proximal de las dos que componen el basipodito en ciertos crustáceos. (Gr. **pro**, antes; + **basipodite**.)

probóscide* (**proboscid**). Aparato en forma de trompa. (Lat. **proboscis**, trompa.)

Proboscidactyla. V. *Limnomedusa*.

Proboscidea. Orden de mamíferos que comprende los elefantes, los mamut y los mastodontes. (Lat. **proboscis**, trompa.)

proboscidio* (**proboscidean**). Que tiene trompa, // Mamífero del orden *Proboscidea*.

probotón (**probud**). Botón larval en el estolón de ciertos urocordados que se mueve por pseudópodos hacia los cadóforos. (Gr. **pro**, antes; +**botón**.)

procariocito (**prokaryocyte**). Un prorrubrocito. (Gr. **pro**, antes + **cariocito**.)

procartílago (**procartilage**). Primer estado en el desarrollo del cartílago. (De **pro**, anterior; + **cartílago**.)

procaseasa (**renninogeno**). Una proenzima del jugo gástrico que convierte la caseína en caseasa. (Gr. **pro**, anterior; + **caseasa**.)

procéfalo (**procephalon**). La parte de la cabeza en los insectos. formada por los segmentos premandibulares. (Gr. **pro**, anterior; **kephale**, cabeza.)

procélico* (**procoelous**). Se dice de la vértebra que es cóncava en su cara anterior y plana en la posterior. (Gr. **pro**, anterior; **koilos**, hueco.)

Procellariiformes: Orden de aves marinas, buenas voladoras, de narices tubulares, como los albatroses aves de San Pedro, petreles, etc. (Lat. **procella**, tempestad.)

procercoide (**procercoid**). Estado larval de la tenia *Diphyllobothrium latum*, que vive en el interior del cuerpo de un copépodo. (Gr. **pro**, antes; lat. **cercoide**.)

procerebro (**procerebrum**). = *Arquicerebro*. El ganglio del primer somito más el ganglio anterior en los artrópodos. (De **pro**, anterior; **cerebrum**, cerebro.)

procero (**procerus**). Músculo piramidal de la nariz. (Gr. **pro**, antes; **keras**, cuerno.)

procesionaria. Nombre común de varias especies de orugas de mariposas que andan unas tras otra como en procesión. (**Thaumatopea pytiocampa**).

proceso* (**process**.) Proyección de un hueso o de una estructura dura. (Lat. **processus**). V. también *apófisis*. // ***p. articular***, cualquier proceso que interviene en una articulación como las cigapófisis de las vértebras. // ***p. basal***, proyección ósea por la que la mandíbula superior se suspende del techo del neurocráneo durante el desarrollo de este en los tetrápodos. // ***p. ciliar***, pliege radial en la superficie interna del cuerpo ciliar. // ***p. coronoide***, expansión ascendente de la parte posterior de cada rama mandíbular, donde se inserta gran parte de la musculatura de la quijada. // ***p. coracoides***, rudimento del coracoides soldado a la escápula en los mamíferos. // ***p. digestivo***, conjunto de fenómenos que ocurren en la boca, el estómago y los intestinos, a los que está sujeto el alimento en el aparato digestivo. // ***p. escapular***, prolongación alargada de la barra coracoides en la cintura escapular de los tiburones. // ***p. espinoso***, proceso mediano, superior de cada vértebra. // ***p. falciforme***, estructura en el ojo de los peces óseos que se aplica a la cara posterior del cristalino por la *campánula de Haller*. // ***p. foliano***, proceso anterior del martillo, huecillo del oído. // ***p. paramastoideo***, cada una de las prolongaciones del occipital a cada lado del *foramen magnun*. // ***p. morfogénetico***, proceso por medio del cual se forman las hojas germinales y se diferencian los órganos o *morfogénesis*. // ***p. odontoides***. apófisis odontoides. // ***p. paroccipital*** o *proceso parótico*. // ***p. parótico***, proceso de cada lado de la parte posterior del cráneo en los reptiles // ***p. pectinal***, un proceso dirigido hacia adelante en algunas aves primitivas y en el embrión de otras. // ***p. pleural***, proceso óseo que une las costillas de las tortugas. // ***p. pterigoideo***, v. *apófisis pterigoides*. // ***p. transverso***, v. *apófisis transversa* o *parapófisis*. // ***p. uncinado***, v. *apófisis uncinada*. // ***p. mastoideo***, proyección mamiliforme inferior de la porción mastoidea del hueso temporal humano.

procimógeno (**prozymogen**). Precursor del cimógeno activado por secretina. (Gr. **pro**, antes; **zyme**, levadura, fermento; **genes**, produciendo.)

Prococcidea. Orden de Sporozoa, en la subclase Coccidiomorpha.

Procoela. Un orden de anfibios en la subclase *Salientia*.// *Vértebra procélica*, q.v.

procoracoides* (**procoracoid**). Hueso de la cintura escapular de algunos vertebrados primitivos, situado delante del coracoides. = *Precoracoides*. // Proceso anterior a la fase glenoidea en los urodelos. (Gr. **pro**, antes; + **coracoides**.)

procordado* (**prochordate**). Animal del grupo Prochordata o de los primeros cordados. V. *Urochordata* y *Cephalochordata*. *precordados*. (Gr. **pro**, antes; + **chordata**.)

precordal. Que está situado o que ocurre delante del notocordio.

procorion (**prochorion**). Substancia albuminoide del huevo de los mamíferos cuando descienden por el oviducto. (De **pro**, antes; **chorion**, corión.)

procótilo (**procotyle**). Un platelminto de la clase *Cestoda*, orden *Procotyla*.

procrear* (**procreate**). Producir o generar descendientes. (Lat. **procreatus**.)

Procreodi. V. *Arctocyonoidea*, grupo de mamíferos extintos.

procricoides (**procricoid**). Se aplica a las dos estructuras junto a los cartílagos cricoides de las aves. (Gr. **pro**, antes; + **cricoides**.)

procripsis (**procrypsis**). Cualquier característica que tiende a ocultar o hacer un animal menos visible en su ambiente. (Gr. **pro**, antes; **kryptos**, escondido.) Adj. ***procríptico***.

procromatina (**prochromatin**). Substancia del plasmosoma: *pseudocromatina; paranucleina*. (Gr. **pro**, antes; **chroma**, color.)

procromosoma (**prochromosome**). Masa discreta de cromatina. (Gr. **pro**, antes; + **cromosoma**.)

procrúscula (**procruscula**). Un par de crecimientos locomotores en la mitad posterior de las redias. (Gr. **pro**, antes; **crustula**, dim de crus, pierna.)

proct- (**proct-**). (Del gr. **proktos**, ano.)

proctal (**proctal**). Anal. (Gr. **proktos**, ano.)

proctígero (**proctiger**). Porción anal de los apéndices terminales de los insectos dípteros. (Gr. **procktos**, ano; lat. **gerere**, portar.)

proctodeo (proctodeum). Invaginación del embrión que luego origina el ano, la cloaca y, en los artrópodos, el intestino posterior. (Gr. proktos, ano; hodos, camino.)

protodona (protodone). Una hormona aparentemente segregada por el proctodeo de los insectos, que termina la diapausa. (De proctodeos.)

proctología (proctology). Rama de la medicina que trata de la rama terminal del tubo digestivo. (Gr. proctos, ano; logos, tratado.)

Proctotrupoidea. Superfamilia de himenópteros del suborden *Apócrita*. V. *Sphecoidea*.

proctum (proctodaeum). Proctodeo, porción terminal del tubo digestivo. (Gr. proktos, ano; + recto.)

procumbente (procumbent). Postrado. (Lat. pro, adelante; cumbens, descansado, hacia abajo.)

procutícula (procuticula). La cutícula incolora de los insectos compuesta de proteína y quitina, antes de su diferenciación en endocutícula y exocutícula. (Gr. pro, antes; cutícula, piel externa y fina.)

Prochordata. Categoría desusada que incluye los urocordados y los cefalocordados y, previamente, también los hemicordados. (Gr. pro, anterior; + chordata.)

prodeltidio (prodeltidium). Una placa que se convierte en el *deltidio* de los braquiópodos. (Gr. pro, antes; + deltidio.)

prodentina (prodentin). Una capa que cubre los dientes antes de la formación de la dentina. (Gr. pro, antes; + dentina.)

prodromo (prodromus). Obra que se publica a modo de avance. // Proceso preliminar, indicación y síntoma. (Lat. prodromus.)

producción (production). Materia organizada que se forma en un tiempo determinado en un espacio limitado. (Lat. productivo.) *Productividad: p. anual*, la cantidad total de materia orgánica formada durante un año por un organismo o grupo de organismos.

productividad (productivity). = *Producibilidad*. La capacidad del ambiente para soportar organismos. // Tasa de utilización de la energía o de formación de protoplasma por los organismos. (Lat. producer.) // *p. biológica*, la cantidad de protoplasma producida por unidad de tiempo en un área. // *p. secundaria*, la cantidad total de protoplasma heterotrófico producida por unidad de tiempo en un hábitat específico.

producto terminal. (end product). Un compuesto que es el producto final en una cadena de reacciones metabólicas.

productor* (producer). Un organismo capaz de sintetizar compuestos orgánicos partiendo de substancias inorgánicas. (Lat. producere.)

proecdisis (proecdysis). Un período de preparación para la muda en los crustáceos decápodos. (Gr. pro, antes; + ecdysis, muda.)

proembrión (proembryo). Estructura embrionaria que precede al verdadero embrión. (Lat. pro, antes; + embrión.)

proenzima (proenzyme). Cimógeno. (Gr.pro, antes; + enzima.)

proepímero (proepimeron). El epímero del protórax en los insectos. // El lóbulo frontal, posterior en los dípteros. (De pro, antes; + epímero.)

proepipodito (proepipodite). Un epipodito en la precoxa de ciertos crustáceos. (Gr. pro, antes; + epipodito.)

proeritroblasto (proerythroblast). Un eritroblasto joven. (Gr. pro, antes; + eritroblasto.)

proeritrocito (proerithrocyte). Un eritrocito inmaduro. (Gr. pro, anterior; + eritrocito.)

proescápula (proscapula). = *Clavícula*. (Gr. pro, antes; scapula, omóplato.)

proescólex (proscolex). = *Proescólice*. Quiste con cavidad llena de fluido en el desarrollo de las tenias. (Gr. pro, antes; escolex.)

proestemado (prostemmate). Se refiere al órgano o estructura anteocular en algunos colémbolos cuya función es dudosa. (Gr. pro, antes; stemma, guirnalda.)

proestro (proestrus). Período de mucha actividad folicular antes del estro en los mamíferos. (Gr. pro, antes; + estro.)

proetmoides (proethmoid). Un hueso craneal de los peces teleósteos. (Gr. pro, antes; +etmoides.)

profase (prophase). Estado en la mitosis durante el cual el centríoolo se divide y se separa y el nucléolo y la membrana nuclear se desintegran. Cada cromosoma se divide en dos partes separadas llamadas cromátidas. (Gr. pro, anterior; phasis, apariencia.)

profundal (profundal). Se aplica a las estructuras situadas bien adentro. Aplícase a arterias y venas. (Lat. profundus.)

progamia (progamy). Fenómeno relativo a los óvulos que, antes de ser fucundado, presenta características según el sexo que han de determinar.(De. pro, antes; gamos, unión sexual.) *Adj. progámico.*

progastrina (progastrin). Substancia precursora de la secreción gástrica. (Gr. pro, antes; gaster, estómago.)

progénesis (progenesis). La maduración de los gametos antes del desarrollo final del cuerpo. (Gr. pro, antes; génesis, origen.)

progenitor (progenitor). Un ancestral directo. (Lat. progenitor.)

progeotropismo (progeotropism). Geotropismo positivo. (Gr. pro, para; ge, tierra; trope, vuelta.)

progestacional (progestation). Se aplica a la fase del estro durante la actividad del cuerpo amarillo. (Gr. pro, antes; gestare, gestar.)

progesterona (progesterone). Una hormona segregada por el cuerpo amarillo y la placenta que mantiene la preñez. (Gr. pro, antes; + gestación.)

progestina- *Progesterona.*

proglotis (proglottis). Cada uno de los segmentos de una tenia. Se han usado también los términos *proglotido, proglótide, proglótido.* (Gr. pro, anterior; glottis, lengua.)

prognatismo* (prognathism). Proyección de la cara hacia adelante con respecto al cráneo. // Mandíbula sobresaliente. (Gr. pro, antes; gnathos, mandíbula.) *Adj. prognato.* *

progne* V. *golondrina.*

prognosis* (prognosis). Conocimiento previo del curso de una enfermedad. *Pronóstico,* (Gr. prognosis.)

progonal (progonal). Se refiere a la parte anterior de la protuberancia genital. (Gr. pro, antes; gonos, generación.)

progoneado (progoneate). Que tiene la abertura genital en posición anterior. (Gr. prom, antes; gone, generación.)

prohaluz (prehallux). V. *prehaluz.*

prohaptor (prohaptor). Organo de fijación glandular y musculoso, en los trematodos. (Gr. pro, anterior; haptan, unir.)

prohemocito (prohaemocyte). Una célula que se transforma en un hemocito. (Gr. pro,anterior; + hemocito.)

prohidrotropismo (prohydrotropism). Hidrotropismo positivo. (Gr. pro, para; hydor, agua; trope, vuelta.)

prolabio (prolabium). Parte media del labio superior. (Lat. pro, antes; + labia.)

prolactina (prolactin). Una hormona lactogénica del lóbulo posterior de la hipófisis. (Gr. pro, anterior; lac, leche.)

prolán (prolan). Hormona similar a las sexuales del lóbulo anterior de la hipófisis, hallada en la orina de la mujer embarazada.- Hormona *coriónica.*

prolapso* (prolapsus). Caída o descenso de un órgano. (Lat. prolapsus.)

prolarva (sac fry). Pez recién nacido que aún se nutre del saco vitelino. (De pro, anterior; + larva.)

prole inepta. V. *altriciales.*

proléptico (proleptic). V. *precoz.*

proleucocito (**proleucocyte**). Un leucocito basófilo, pequeño y de núcleo grande, en los insectos. (Lat. **pro**, anterior;+ **leucocito.**)

proliferación* (**proliferation**). Multiplicación de formas similares, especialmente células. (Lat. **proles**, hijos; **ferre**, llevar.) Adj. *prolífero*, proliferante*, prolífico.* *

prolina* (**proline**). Un aminoácido, metabolito del ciclo de la ornitina.

prolinfocito (**prolymphocyte**). Linfocito inmaduro. (Gr. **pro**, antes; + **linfocito.**)

prolóculo (**proloculus**). Primera cámara microsférica en los foraminíferos politalámicos. (Gr. **pro**, delante; antes; lat. **loculus**, cámara.)

promegaloblasto (**promegaloblast**). Célula que se transforma en un megaloblasto, (Gr. **pro**, antes; + **megaloblasto.**)

prometafase (**prometaphase**). Estado entre la profase y la metafase. (Gr. **pro**, antes; + **metafase.**)

prometamorfosis (**prometamorphosis**). Estado en la metamorfosis de los anfibios en el que desarparece el tubo anal y se reabsorbe el espiráculo. (Gr. **pro**, antes; +**metamorfosis.**)

promielocito (**promyelocyte**). Estado inicial en la diferenciación de un mielocito. (Gr. **pro**, antes; + **mielocito.**)

prominencia laríngea (**Adam's apple**). Proyección del cartílago tiroides situada en frente del cuello. V. *nuez de Adán.*

promiscuidad (**promiscuousness**). En las aves, una condición rara de apareamiento indiscriminado. (Lat. **promiscuus**, indiscriminado.)

promitosis (**promitosis**). Tipo de mitosis en el que se dividen los cromosomas sin ruptura de la membrana nuclear. (Gr. **pro**, anterior; + **mitosis.**

promonocito (**promonocyte**). Célula que se desarrolla en un monocito. (Gr. **pro**, antes; + **monocito.**)

promontorio *(**promontory**). Prominencia o proyección de una estructura. (Gr. **pro**, antes; lat. **mons**, montaña.)

promorfología (**promorfology**). La parte de la morfología animal que trata de definir los tipos de organización y los planes arquitectónicos según los cuales están constituidos los distintos grupos. (Gr. **pro**, antes; **morphe**, forma; **logos**, discurso.)

promotor* (**promotor**). Un músculo protractor. (Lat. **promoverse.**)

promúscide (**promuscide**). La trompa de los hemípteros. (Lat. **promuscis**, trompa.)

pronación* (**pronation**). Rotación de la mano con la palma hacia abajo, presentando el dorso de ella. (Lat. **pronus**, muy inclinado.) *Adj. pronador, prono.*

pronefros* (**pronephros**). Tipo primitivo de riñón en los vertebrados, persistente solo en los adultos de algunos ciclóstomos y de otros peces. (Gr. **pro**, anterior; **nephros**, riñón.) *Adj. pronéfrico.*

pronéustico (**propneustic**). Se dice del insecto que solo tiene espiráculos protorácicos para la respiración. (Gr. **pro**, antes; **pnein**, respirar.)

proninfa (**pronymph**). El primer estado ninfal de algunos insectos ortópteros y odonatos. (Gr. **pro**, antes; lat. **nympha**, nayade, Nereida.)

pronógrado (**pronograde**). Que tiene el cuerpo en posición horizontal y camina de dicha manera. Dícese de los cuadrúpedos. (lat. **pronus**, inclinado hacia delante; **grandos**, andar.)

pronormocito (**pronormocyte**). V. *proeritrocito.*

pronoto (**pronotum**). Esclerito dorsal en protórax de los insectos. (Gr. **pro**, anterior; **notum**, espalda.)

pronúcleo (**pronucleus**). El núcleo haploide de un gameto. (Gr. **pro**, antes; + **núcleo.**) // ***p. masculino***, el núcleo del espermatozoo. // ***p. femenino***, el núcleo del óvulo.

proótico (**prootic**). Hueso anterior de la cápsula ótica de algunos vertebrados. (Gr. **pro**, antes; **ous**, oído.)

proótida. Oocito de segundo orden. (Gr. **pro**, antes; **ootida**, óvulo antes de desarrollar.)

prono (**prone**). Lo que se relaciona con la porción del cuerpo en decúbito abdominal. (Lat. **pronus.**)

proostraco (**proostracum**). La pluma o concha córnea de los calamares y belemnitas. (Gr. **pro**, antes; **ostrakon**, concha.)

propagación (**propagation**). La multiplicación de una especie. (Lat. **propago**, aumentar; **propagare.**) *Adj. propagativo.*

propágulo (**propagulum**). Se aplica a la forma pequeña rodeada por espículas, que, en ciertas esponjas, sirve para su propagación asexual. V. *gémulas.* (Lat. **propagulum**, brote.)

pro parte. Expresión latina empleada en taxonomía. que significa *en parte,*.

propatagio (**propatagium**). V. *prepatagio.*

propigidio (**propygidium**). Tergito anterior al pigidio. (Gr. **pro**, anterior; + **pigidio.**)

propiogénico (**propriogenic**). Organo que es al mismo tiempo receptor y efector. (Lat. **proprius**, uno mismo; **genus**, clase.)

propiorreceptor (**propioceptor**). Receptor interno que recibe informaciones sobre posición del cuerpo, sus movimientos, etc. (Lat. **proprius**, uno mismo; **capere**, tomar.)

propiospinal (**propriospinal**). Que pertenece completamente a la médula espinal. (Lat. **proprius**, propio; + **spinal.**)

propleurón (**propleuron**). Porción lateral del protórax de los insectos. (Gr. **pro**, antes; **pleura**, lado.)

propodeo (**propodeum**). Un segmento abdominal en frente del pecíolo o *podeo* de los himenópteros. (Gr. **pro**, antes; **pous**, pie.)

propodio (**propodium**). La parte anterior y pequeña del pie de los moluscos. // **Protopodito**, q.v. (Gr. **pro**, antes; **pous**, pie.)

propodito (**propodite**). V. *protopodito.*

propodosoma (**propodosoma**). La región de los acarinos que lleva los dos primeros pares de patas. (Gr. **pro**, antes; **pous**, pie; **soma**, cuerpo.)

propoleos* (**propolis**). Substancia cérea con la que las abejas cubren la colmena. (Gr. **pro**, antes; **polis**, ciudad.)

propons (**propons**). Las alas del puente de Varolio o bandas de materia blanca bajo este. (Gr. **pro**, antes; lat. **pons**, puente.)

proporción sexual (**sex ratio**). Relación entre el número de machos y hembras en una población.

propterigio (**propterygium**). Vástago robusto en la base de las aletas pectorales de los condrictios. // Pieza esquelética basal de la aleta pectoral de ciertos peces osteictios articulada con el supracleitro. (Gr. **pro**, antes; **pteron**, ala, aleta.)

proquimosina (**prorennin**). Substancia segregada por las paredes intestinales que se transforma en la enzima quimosina. (Gr. **pro**, anterior; + **quimosina.**)

proral (**proral**). De delante hacia atrás. (Gr. **pror**, proa.)

prorso (**prorsal**). V. *anterior.* (Lat. **prorsus**, por delante.)

prorrubricito (**prorubricyte**). Un eritroblasto. (Gr. **pro**, antes; lat. **ruber**, rojo;gr. **kytos**, célula.)

prosecretina (**prosecretin**). La substancia precursora de la secretina. (Gr. **pro**, anterior; + **secretina.**)

Proselacia. Una división de la clase *Osteichthyes* que comprende peces paleozoicos con caracteres de los placodermos. (Gr. **pro**, primero; **selachos**, tiburón.)

prosencefalización (**prosencephalization**). El incremento de la complejidad de la corteza cerebral en el curso de la evolución. (Gr. **pro**, anterior; **enkephalos**, cerebro.)

prosencéfalo (**prosencephalon**). La región anterior del encéfalo embrionario, que se divide en telencéfalo y diencéfalo. (Gr. **pro**, anterior; **enkephalos**, cerebro.)

prosenquima (**prosenchyma**). Tejido fibroso de los animales. (Gr. **pros**, hacia; **enchymos**, lleno de jugo.)

prosetmoides (**prosethmoid**). El hueso craneal anterior de los teleósteos. (Gr. **pros**, cerca; + **etmoides**.)

prosifón* (**prosiphon**). Cordón calcificado de la protoconcha de las amonitas. // Túbulo en los bordes del manto de algunos moluscos. (Gr. **pro**, antes; **siphon**, tubo.) *Adj.* ***prosifonado.***

Prosimia*. Un grupo de orden *Primates* que, hoy en día desmembrado en otros cuatro, comprende los simios inferiores. (Gr. **pro**, delante; **simia**, mono.)

prosimio. Un individuo del grupo *Prosimia.*

Prosobranchiata. *Prosobranchia.* Una de las tres subclases de la clase *Gastropoda.* Las branquias están por delante del corazón. (Gr. **prosos**, por delantes; **branchia**, branquia.)

prosobranquio (**prosobranch**). Que pertenece a la subclase *Prosobranchiata.*

prosocelo (**prosocoel**). La cavidad del prosencéfalo embrionario. (Gr. **prosos**, por delante; **enkepalos**, cerebro, encéfalo.)

prósodo (**prosodus**). Un canalículo entre la cámara y el canal incurrente en algunas esponjas. (Gr. **pro**, antes; **soma**, cuerpo.)

prosoma (**prosoma**). La región anterior al cuerpo en ciertos artrópodos. (Gr. **pro**, delante; **soma**, cuerpo.)

prosópilo (**prosopyle**). Poro del porocito de las esponjas simples. // Abertura que comunica los canales incurrentes con los radiales. (Gr. **prosos**, por delante; **pyle**, entrada.)

prosópora (**prosopora**). Forma juvenil en insectos de metamorfosis incompleta. (Gr. **prosopon**, máscara.)

Prosopygia. Taxón, poco empleado, que incluye los grupos zoológicos que tienen el ano anterior. (De **prosos**, por delante; **pyge**, rabadilla.)

Prosostomata. Conjunto de familias de trematodos digenéticos cuya boca está en la parte anterior. (Gr. **prosos**, por delante; **stoma**, boca.)

prospermátida (**prospermatid**). Espermatocito de segundo orden. (Gr. **pro**, anterior; + **espermátida**.)

prostaglandina (**prostaglandin**). Compuesto derivado de ácidos grasos esenciales que se encuentran en grandes cantidades en el semen y afecta los sistemas nervioso, circulatorio y reproductor, así como el metabolismo. (De **próstata** y **glándula**.)

próstata* (**prostate**). Glándula que tienen los machos de los mamíferos junto al cuello de la vejiga y que segrega parte del semen. (Gr. **prostates**, estar delante.) *Adj.* ***prostático.***

prosteca (**prostheca**). Lóbulo mandibular interno de ciertos coleópteros. (Gr. **prosos**, por delante; **theke**, caja.)

prostemado (**prostemmate**). Una estructura anteocular de algunos insectos colémbolos. (Gr. **pro**, delante; **stemma**, guirnalda.)

prosternón (**prosternum**). Placa ventral en el protórax de los insectos. (Gr. **pro**, delante; + **esternón**.)

prostético (**prosthetic**). Se aplica a la parte no proteica de una proteína conjugada. (Gr. **prosthetos**, añadido.)

Prostigmata. Suborden del orden *Acarina.* V. *Trombidiformes.*

prostio (**prosthion**). Punto craniométrico situado en el punto medio del arco alveolar superior. (Gr. **prosthios**, delantero.)

prostómero (**prosthomere**). El somito preoral o más anterior. (Gr. **prosthen**, delante; **meros**, parte.)

prostomio (**prostomium**). Segmento preoral en los anélidos. (Gr. **pro**, delante; **stoma**, boca.)

prostraco (**prostracon.**). Parte anterior, ensanchada en forma de espátula, de la concha de las belemnitas. (Gr. **pro**, delante; **ostrakos**, concha.)

protamina (**protamine**). Una proteína simple que abunda especialmente en los peces. (Gr. **protos**, primero; + **animal**.)

protandría (**protandry**). *Protrandrismo.* La maduración de los órganos masculinos antes que los femeninos en los hermafroditas. // La aparición de los machos antes de las hembras en la estación de la cría. (Gr. **protos**, primeros; **aner**, **andros**, *macho.*) *Adj.* ***protándrico.***

protarso (**protarsus**). Pretarso. Tarso del primer par de patas en los insectos. (Gr. **pro**, delante; **tarsus**, tarso.)

protaspis (**protaspis**). Estado larvario de las trilobitas que solo tiene escudo cefálico. (Gr. **pro**, delante; **aspis**, escudo.)

Protaxonia. Un taxón obsoleto que incluía poríferos, celenterados y tenóforos. (Gr. **protos**, primero; **axon**, eje.)

proteasa (**protease**). Enzima que actua sobre los péptidos y los degrada a aminoácidos. (Gr. **proteión**, primero; **-asa**, "enzima").

protégulo (**protegulum**). Concha embrionaria de los braquiópodos. (Gr **pro**, delante; **tegulum**, cubierta.)

Proteida. Un suborden de anfibios del orden *Caudata* en donde se encuentran los axolotes.

proteido (**proteid**). Término vago que se refiere a cualquier subtancia albuminosa. (Gr. **proteion**, primero; **eidos**, forma.)

proteína* (**protein**). Sustancia orgánica resultante de polimerización de aminoácidos. (Gr. **protein**, primero.) *Adj.* ***proteico*.*** // ***p. completa,*** cualquier proteina que contiene los aminoácidos esenciales para el requerimiento nutritivo de un animal particular. // ***p. conjugada,*** proteína cuya molécula contiene otro material además de aminoácidos. // ***p. extraña,*** término usado en inmunología para denotar una proteína ajena al animal que se usa para la experimentación. // ***p. plásmica,*** una de las proteínas disueltas en el plasma que son responsables de la retención de los fluídos en los vasos por ósmosis. // ***p. simple,*** que carece de grupo prostético.

proteinasa (**proteinase**).- *Proteasa.*

proteinoide (**proteinoid**). Un biopolímero de aminoácidos, no antigénico, con un peso molecular hasta 10,000.

proteismo (**proteism**). La aptitud para cambiar de forma. (Gr. **Proteus**, un dios marino.)

proteles (**aard wolf**). Mamífero carnicero de la familia *Hyaenidae* que vive en Africa (**Proteles cristata**).

protentomon (**protentomon**). Un arquetipo hipotético de los insectos. (Gr. **protos**, primero; **entomon**, insecto.)

Proteocephala, Protecephaloidea. Orden de *Cestoda,* en la subclase *Eucestoda.*

Proteocephaloidea. Un orden en los platelmitnos cestodos de la subclase *Cestodaria.* (Gr. **protos**, primero; **kephale**, cabeza; **oides**, forma.)

Proteoclástico (**proteoclastic**). Que digiere las proteínas. -*Proteolítico.* (De **proteína**, gr. **klanoo**, romper.)

proteolisina (**proteolysin**). Una substancia que produce proteólisis. (De **proteína**, **lysis**, aflojamiento.)

proteólisis (**proteolysis**). Reacción enzimática que rebaja las proteínas a proteosas, a peptonas y aminoácidos. (De **proteina**; **lysis**, **aflojamiento**.) *Adj.* ***proteolítico.***

Proteomyxa. Un orden de *Sarcodina* de la subclase *Actinopoda.* Carecen de concha.

proteosa (**proteose**). Primer producto de división como resultado de la hidrólisis de una proteína. Derivado secundario de la proteína.

Protephemeroptera. Insectos fósiles del período Permiano que tienen afinidad con los de los órdenes *Ephemeroptera* y *Protodonta.* (Gr. **protos**, primero; +**ephemeropter**.)

Proterandria. V. *Helminthomorpha.*

prótero- (**protero-**). (del gr. **proteros**, el primero, el más avanzado.)

protero (**proter**). El organismo resultante de la división transversal de un protozoo. (Gr. **proteros**, primero.)

proterogénesis (**proterogenesis**). Presagio de formas posteriores, hallado en formas anteriores. (Gr. **protens**, hacia delante; **génesis**, origen.)

proteroginia (proterogyny). Un tipo de hermafroditismo en el que maduran primero los gametos femeninos. (Gr. proteos, primer; gyne, hembra.) *Adj. proterogénico.*

proteroglifo (proteroglyph). Se aplica a las culebras del grupo *Proteroglypha.*

Proteroglypha. Nombre dado a los ofidios provistos de dientes venenosos en frente de los maxilares superiores: víboras, cascabelas, corales, serpientes de mar. (Gr. proteros, delante; glypho, gravar.)

proterosoma (proterosoma). Región del cuerpo en los ácaros que comprende el *gnatosoma* y el *prodosoma.* (Gr. proteros, primero; soma, cuerpo.)

proterotipo (proterotype). Un tipo primario: *holotipo, paratipo, sintipo.* (Gr. protero, primero; typos, patrón.)

Proterozoica (Proterozoic). Subdivisión de la Era Precambriana en la que aparecen fósiles de invertebrados primitivos. (Gr. proteros, por delante; zoon, animal.)

prótesis* (prothesis). Procedimiento quirúrgico por el que se substituye un órgano o estructura perdida. (Lat. prothesis, colocar delante.) *Adj. prostético.*

protetelia (prothetely). La manifestación de caracteres pupales o imaginales en la larva de los insectos. (Gr. prothein, correr hacia adelante; telos, terminación.)

Protheria. Subclase de mamíferos que comprende el orden *Monotremata* viviente y otros órdenes fósiles. (Gr. protos, primero; therion, bestia.)

protialosoma (prothyalosome). El área que rodea la mancha germinal en la vesícula germinal. (Gr. protos, primero; hyalos, cristal; soma, cuerpo.)

prótido (protide). Término que abarca los aminoácidos naturales y las substancias que los producen. (De proteína.)

protista. Forma errónea de protisto tomada del plural *protista.*

protisto (protist). Organismo del reino *Protista,* q.v.

Protista. División del reino animal en la que se incluyen, según los criterios: (1) los organismos unicelulares no diferenciables en plantas y animales. (2) Todos los organismos unicelulares. (3) los organismos unicelulares más los hongos, algas, bacterias y aún, las esponjas. (Gr. protiston, primerísimo.)

protistología (protistology). Parte de la biología que estudia los *protistos* (De protista y logos, tratado.)

proto-* (proto-). (Del gr. protos, primero.)

protobiología (protobiology). El estudio de los microrgánismos microscópicos. (Gr. protos, primero; +biología.)

protobionte (probiont). Un *protista.* (Gr. protos, primero; bion, viviente.)

protoblasto (problast). Una célula sin membrana. // El primer estado de un embrión. (Gr. protos, primero; blastos, yema).

Protoblatoptera. Orden de insectos fósiles paleozoicos. (Gr. protos, primero; blatta, cucaracha; pteron, ala.)

Protobranchia. Protobranchiata. V. *Prosobranchia.*

protocariocinesis. V. *promitosis.*

protocarion (protokaryon). Núcleo simple o primitivo. (Gr. protos, karyon, núcleo.)

protocéfalo (protocephalon). La parte cefálica de los crustáceos malacostráceos. (Gr. protos, delante; kephale, cabeza.) *Adj. protocefálico.*

protocelo (prtocoel). La cavidad celomática de los hemicordados que se encuentra en el protosoma. // La cavidad de los lofoforados. (Gr. protos, primero; +celoma.)

Protocephaloidea. Un orden de platelmintos en la clase *Cestoda.* Parásitos en vertebrados poicilotermos. (Gr. protos, delante; kephale, cabeza; oidea, parecido.)

protocerca (protocercal). Se dice de las aletas caudales que están divididas en dos lóbulos iguales. (Gr. protos, primeros; kerkos, rabo.)

protocerebro (protocerebrum). Ganglio del primer somito en los artrópodos. (Gr. proto, primero; cerebrum, cerebro.)

protocigoto (protozygote). Un cigoto que tiene un carácter dominante. (Gr. protos, primero; + cigoto.)

Protociliata. Subclase de protozoos en la clase *Ciliata.* V. *Opalinida.* (Gr. protos, primero; cilium cilio.)

protocnemos (protocnemes). Mesenterios primarios de muchos antozoos. (Gr. protos, primero; kneme, rayos de una rueda.)

Protocoelomata. Taxón obsoleto que contenía el fílum *Ctenophora,* y se suponía el eslabón entre celenterados y celomados. (Gr. protos, primero;+ celomados.)

Protocoleoptera. Insectos fósiles que se suponen antepasados de los órdenes *Coleoptera* y *Strepsiptera.* (Gr. protos, primero; + coleóptera.)

protoconcha (protoconch). La concha segregada por el embrión de los moluscos. (Gr. protos, primero; conche, concha.)

protocónido* (protoconide). Cúspide anterior externa de los molares inferiores de los mamíferos. (Gr. protos, primero; konos, cono; -ido, diminutivo.)

protocono* (protocone). Cúspide anterior interna de los molares superiores de los mamíferos. (Gr. protos, primero; konos, cono.)

protocooperación (protocooperation). Un tipo de simbiosis en el que las partes pueden vivir separadamente. (Gr. protos, primero; + cooperación.)

protocordado. = *Procordado.* V. *Prochordata.*

protocórmico (protocormic). Se aplica a lo que pertenece al tronco primario en el embrión de un insecto. (Gr. protos, primero; kormos, tronco.)

protocráneo (protocranium). Parte posterior del epicráneo del insecto. (Gr. protos, primero; lat. cranium, cráneo.)

Protochordata. V. *Prochordata.*

Protochula. Ancestro supuesto de *Protostomia,* q.v.

Protodonata. Orden de insectos fósiles precursores del actual orden *Odonata.*

Protodonto (protodont). Diente primitivo simple, cónico, de una sola cúspide, (Gr. protos, primer; odous, diente.)

protoecio (protecium). Las dos valvas de la larva de los briozoos. (Gr. protos, primero; oikos, casa.)

protoembrión (protembryo). Primeros estados de segmentación del cigoto antes de la blástula. (Gr. protos, primero; + embrión.)

protoentomon (protentomon). El arquetipo hipotético de los insectos. (Gr. protos, primero; entomon, insecto.)

protoesternón (protesternum). Esclerito o segmento queliceral en el prosoma de *Acarina.* (Gr. protos, primero; + esternón.)

protofibrilla (protofibrils). Hilo diminuto entre las fibrillas microscópicas en los tejidos conectivos. (Lat. fibrilla.)

protogén (protogene). Un alelo dominante. (Gr. protos, primero, genos, descendiente.)

protogénesis (protogenesis). Primer estado embrionario, incluyendo el arquenterio. (Gr. protos, primero; génesis, origen.) *Adj. protogénico.)*

protoginia (protogyny). La formación de óvulos funcionales antes de los espermatozoides en animales hermafroditas. (Gr. proto, primero; + gyne, hembra.) *Adj. protoginio.*

protogonia (protogonia). Cada una de las células germinales primordiales antes de multiplicarse en el primer proceso de la gametogénesis. (Gr. protos, primero; gones, generación.)

Protogyrodactyloidea. Orden de *Turbellaria* de la clase *Monogenea.*

protohema (protehaem). V. *hematina.*

Protohymenoptera. Insectos fósiles de los períodos Primario y Jurasico, parecido a las avispas. (Gr. protos, primero; + hymenoptera.)

protolofo (**protoloph**). Cresta transversal anterior en los molares superiores. (Gr. **protos**, primero; **lophos**, cresta.)

protomala (**protomala**). La mandíbula de los miriápodos. (Gr. **protos**, lat. **mala**, mejilla.)

Protomastigida. Un orden de protozoos zoomastigóforos que incluye el género *Trypanosoma*, de importancia médica.

protomerito (**protomerite**). La parte anterior del cuerpo de algunas gregarinas. (De **protos**, primero; **meros**, parte.)

protomito (**protomite**). Etapa entre el tomonte y el tomito del ciclo de vida en los ciliados holotricos. (Gr. **protos**, temprano. **tome**, corte; **mitos**, hilo).

protomitosis (**protomitosis**). Mitosis primitiva propia de algunos protistas. (Gr. **protos**, primero; **mitos**, hilo.)

Protomonadina. Orden de protozoos en la clase Mastigophora que son casi todos parásitos. *Trypanosoma.* (Gr. **protos**, primero; +**monada.**)

protomonto (**protomont**). Etapa transitoria en el ciclo de vida de los ciliados del orden *Holotricha* que ocurre entre el trofonte y el tomonte cuando el núcleo central está condensado. (Gr. **protos**, primero; **tome**, corte; **onto**, ser.)

protomórfico (**protomorfic**). Formado primeramente. *Primordial.* (Gr. **protos**, primero; **morphe**, forma.)

Protonemertea. V. *Palaenonemertea.*

Protomyxa. V. *Myceiozoa.*

protonefridio (**protonephridium**). Nefridio formado por un conducto, un nefridióporo y una célula terminal o *cirtocito* (**solenocito o célula flamígera**) embebido en el mesénquima o en el endodermo. (Gr. **protos**, primero; +**nefridio.**)

protonefromixo (**protonephromixium**). Un protonefridio con abertura hacia el conducto del celoma. (Gr. **protos**, primero; **nefros**, riñón. **mixis**, mezclando.)

protoneurona (**proteneuron**). Célula nerviosa primitiva que conecta un receptor con un efector. // Célula ganglionar unipolar. // Célula nerviosa de los celentéreos. (Gr. **protos**, **primer**; **neuron**, nervio.)

protoninfa (**protonymph**). El primer instar de ciertos ácaros. (Gr. **protos**, primeros; + **ninfa.**)

protoninfón (**protoninfon**). Larva de los picnogónidos que representa el cefalón de adultos. (Gr. **protos**, primero; + **ninfón.**)

protopático (**protopathic**). Se aplica al sistema de nervios relativos a las sensaciones de dolor y de calor intenso. (Gr. **protos**, primero; **pathos**, sensación.)

protopepsis (**protepepsy**). La alteración que sufre el alimento en el estómago. (Gr. **protos**, primero; **pepsis**, digestión.)

Protoperlaria. Grupo de insectos fósiles antepasados de los actuales plecópteros. (Gr. **protos**, primero; + **perlaria.**)

protoplasma (**protoplasm**). La substancia fundamental situada entre las membranas plásmicas, en el núcleo y el citoplasma de la célula. No tienen significado bioquímico. (Gr. **protos**, primero; **plasma**, formación.) *Adj.* ***protoplásmico.***

protoplasto (**protoplast**). Contenido protoplásmico total de la célula. // Una célula. //El individuo hipotético primitivo o uno de un supuesto primer par. (Gr. **proto**, primero; **plastos**, moldeado.)

protopodito* (**protopodite**). Segmento basal de los apéndices birrámeos de los crustáceos. (Gr. **protos**, primero; **podito** pie pequeño.)

protópodo (**protopode**). Se dice del primer estado embrionario, provisto de patas, de algunos insectos. // Cada uno de los protopoditos anteriores de los crustáceos. (Gr. **protos**, primero; **pous**, **podos**, pie.)

protoporfirina (**protoporphyrin**). La porfirina libre de hierro hallada en la sangre y en el pigmento del cascarón del huevo de los pájaros. (Gr. **protos**, primero; + **porfirina.**)

protóptero (**protopterus**). Un dípneo de los ríos y pantanos del Africa central y occidental. (Gr. **protos**, primero; **pteron**, ala, aleta.)

protóptilo (**protoptile**). Prepluma primaria a la que sucede el mesóptilo. (Gr. **protos**, primero; **ptilon**, pluma.)

protórax* (**prothorax**). El segmento torácico anterior en los artrópodos. (Gr. **pro**, anterior; + **tórax.**) *Adj.* ***protorácico.***

Protorthoptera. Orden de insectos fósiles de la Era Paleozoica, supuestos ancestros de los órdenes *Orthoptera* y *Coleoptera.* (Gr. **protos**, primero; + **Orthoptera.**)

Protosauria. Orden de reptiles extintos, abundante en el periodo Permiano. (Gr. **protos**, primero; **sauros**, lagarto.)

protoscolex. = *Proescolex.*

protosoma (**protosoma**). La parte anterior del cuerpo. (Gr. **protos**, primero; **soma**, cuerpo.)

Protospondyli. Orden de peces osteictios que incluye el pez carnívoro *Amia calva.* (Gr. **protos**, primero; **spondylos**, vértebra.)

protosternón (**protosternum**). Esternito del segmento queliceral del prosoma en los ácaros. (Gr. **protos**, primero; + **sternón.**)

protostigmas (**protostigmata**). Las dos primeras hendiduras branquiales embrionarias. (Gr. **protos**, primero, **stigma**, marca.)

protostilia (**protostyly**). Condición de tener la mandíbula conectada con el cráneo por el extremo dorsal del arco. (Gr. **protos**, primero; **stylos**, columna.) *Adj.* ***protostílico.***

Protostoma (**protostoma**). La región media de la cápsula bucal en los nematodos. // El *blastóporo.* (Gr. **protos**, primero; **stoma**, boca.)

Protostomata. V. *Prosostomia.*

Protostomia. Una subdivisión de Bilateria. Boca formada a expensas del blastóporo. (Gr. **protos**, primero; **stoma**, boca.)

prototeca (**protatheca**). La primera formación esquelética del embrión de un coralario. (Gr. **protos**, primero; **theke**, caja.)

prototerio (**prototherian**). Mamíferos del grupo *Prototheria.* (Gr. **protos**, primero; **therion**, bestia.)

Prototheria. Una subclase de mamíferos primitivos que incluye los monotremas. *Monotremata.* (Gr. **protos**, primero; **theria**, bestia.)

prototipo* (**prototype**). La especie tipo original. // Una forma ancestral. (Gr. **protos**, primero; **typos**, modelo.)

Prototracheata. = *Onychophora.*

Prototremata. Orden de braquiópodos en la clase Articulata. (Gr. **protos**, primero; **trema**, agujero.)

prototrico (**protothrix**). Fosita sensorial de los peces y anfibios primitivos. (Gr. **protos**, primero; **thrix**, pelo.)

prototroca (**prototroch**). Anillo ciliado preoral en una larva trocósfera. (Gr. **protos**, **primer**; **trochos**, rueda.)

prototrófico (**prototrophic**). Que se nutre de una sola manera o solo de materia inorgánica. (Gr. **protos**, primero, **trophe**, nutrimento.)

protovértebra (**protovertebra**). Segmento mesodérmico primitivo en el embrión. (Gr. **protos**, primero; + **vértebra.**)

Protozoa. Un subreino o fílum que contiene los animales de una sola célula. (Gr. **protos**, primero; **zoon**, animal.)

protozoario* (**protozoan**). Protozoo. (Gr. **protos**, primero; **zoarion**, animalillo.) // *p.* ***apoplástido***, individuo incoloro de un grupo de protozoos que ordinariamente están coloreados.

protozoea (**protozoaea**). Un estado larval temprano de los camarones y crustáceos similares. (Gr. **protos**, primero; + **zoea.**)

protozoide. = *Espermatozoo*, zoospermo.

protozoo* (**protozoa**). Dícese de los miembros del fílum Protozoa, q.v.

protozoología (**protozoology**). La parte de la zoología que trata de los protozoos. (Gr. **protos**, primero; **zoon**, animal; **logos**, tratado.) *Adj.* ***protozoológico.***

protozoosis (protozoosis). Enfermedad producida por protozoarios.

protráctil* (protractile). Dícese de la lengua que puede proyectarse fuera de la boca. (Lat. protractum.)

protractor (protractor). Que mueve hacia delante. // Se aplica al músculo de los braquiópodos que mueve una valva sobre otra. (Gr. pro, delante; lat. tracto, traer hacia fuera.)

protraqueado (protraqueado).- *Prototraqueado.* V. *Onychophora.* (Gr. pro, primero; + traqueado.)

Protremata. V. *Prototremata.*

protrócula (protrochula). Larva ciliada de ciertos turbelarios policladios. (Gr. proto, primero; trochula, dim. de trochos, rueda.)

protrófico V. *Prototrófico.*

protrombasa (protrombase). V. *protrombina.*

protrombina. Proteína del plasma sanguíneo que se transforma en trombina en presencia de iones de calcio. (Gr. pro, antes; +trombina.)

protuberancia* (protuberance). Una proyección redondeada. (Bajo latín, protuberans, hinchazón.) // *p. anular,* v. *puente de Varolio.* // *p. escrotales,* v. *escroto.* // *p. lateral,* cada una de las expansiones a ambos lados en los peces ostracodermos que pueden interpretarse como rudimento de extremidades torácicas.

Protungulata. Superorden de mamíferos euterios que incluye los ungulados ancestrales extintos, así como los recientes tubulidentados.

Protura. Un orden de insectos ápteros primitivos sin antenas, ojos ni metamorfosis. (Gr. protos, primero; oura, cola.)

proventrículo (proventriculus). Parte anterior digestiva del estómago de las aves. // La molleja de los insectos. // En los anélidos, el buche, anterior a la molleja. (Gr. pro, anterior; lat. ventriculus, dim. de vientre.)

provincia zoogeográfica (zoogeographical province). Subdivisión de una región zoogeográfica.

provínculo (provinculum). La charnela primitiva en los moluscos bivalvos. (Gr. pro, antes; vinculum, unión.)

provitamina (provitamin). La precursora de una vitamina. (Gr. pro, antes; vitamina.) v. *caroteno.*

proximal* (proximal). Hacia o cerca del lugar de fijación de una estructura o apéndice. (Lat. proximus.)

proximorreceptor (proximoreceptor). Un receptor que responde solo a estímulos cercanos. (Lat.proximus, próximo; recipere, recibir.)

proyección (projection). Se refiere a los estímulos que reciben las terminaciones sensoriales por medio de las proyecciones de las fibras nerviosas. (Gr. pro, adelante; jacere, tirar.)

prozimógeno (prozymogen). El precursor de una enzima. (Gr. pro, anterior; + zyme, levadura.)

prozonito (prozonite). El anillo anterior de un diplozonito. (Gr. pro, antes; + zonito.)

pruinoso (pruinose). Que está cubierto con partículas blancas. (Lat. pruina, escarcha.)

psalterio (psalterium). *Salterio.* El tercer estómago de los rumiantes, llamado también libro y *librillo.*

psamo (psammo-). (Del gr. psammos, arena.)

psamófilo (psammophilous). Que vive en lugares arenosos. (Gr. psammos, arena; philos, amante.)

psamóforo (psammofore). Fila de pelos en la cabeza de ciertas hormigas con la que remueven los granos de arena. (Gr. psammos, arena; phoreys, portador.)

psamolitoral (psammolitoral). Faja litoral habitable cerca de un lago o río. (Gr. psammos, arena; + litoral.)

psamon (psammos). Comunidad de organismos acuáticos que vive en los intersticios de la arena. (Gr. psammos, arena.)

Pselaphogntha. Orden o subclase de la clase *Diplopoda,* q.v. (Gr. pselaphao, sentir; gnathos, mandíbula.)

pseudo* (pseudo-). (Del gr. pseudes, falsedad.) Ver también *seudo.*

Pseudocoelomata. Una división de *Prostostomia* cuya cavidad del cuerpo no está tapizada por peritoneo. (Gr. pseudes, falso; + celoma.)

Pseudocreodi. V. *Oxyaenoidea.*

Pseudoechinoidea. V. *Bothriocidaroidea.*

Pseudoneuroptera. Nombre obsoleto. = *Odonata* = *Paraneuroptera.*

Pseudophyllidea. Orden de platemintos en la subclase *Cestoda.* Escolex con botridios. Ej. *Dibothriocephalus latus.* (Gr. pseudes, falso; + Phyllidea.)

Pseudoptera. Un orden de insecto, ahora desusado, que incluía los cóccidos. (Gr. pseudes, falso; pteron; ala.)

pseudosacra (pseudosacral). Se dice de la vértebra sacra que no está soldada al ilion. (Gr. pseudes, falso; + sacral.)

Pseudosuchia. Cocodrilos extintos del período Triásico de grandes órbitas y dientes solo en la parte anterior. (Gr. pseudes, falso; souchos, cocodrilo.)

psico- (psicho-). Del gr. *psyche,* espíritu, aliento, mente. Ver. sico-

psicofísica (psychophysics). El estudio de las relaciones entre los estímulos físicos y las sensaciones. (Gr. psyche, mente; physikos, físico.)

psicofisiología (psychophysiology). La fisiología en relación con los procesos mentales. (Gr. psyche, mente; physis, naturaleza; logos, tratado.)

psicogenético (psychogenetic). *Sicogénico.* Perteneciente al desarrollo mental. (Gr. psyche, la mente; génesis, origen.)

psicosomático (psychosomatic). *Sicosomático.* Que muestra relaciones entre los procesos mentales y el cuerpo humano. (Gr. psyche, la mente; soma, cuerpo.)

Psicozoica (psychozoic). *Sicozoica.* La era geológica en la que ha predominado el hombre. (Gr. psyche, la mente; + zoica.)

psitácidos (psittacine). Dícese de las aves trepadoras del orden *Psittaciformes,* como las cotorras, papagayos, etc. // Familia que forman dichas aves. (Gr. psittakios, papagayo.)

Psittaci. Orden de aves. = *Psittaciformes.*

Psittaciformes. Orden de aves trepadoras. Pico encorvado, pies cigodáctilos. Papagayos, pericos, etc. (Gr. psittakos, papagayo; + forma.)

psitacosis (psittacosis). *Ornitosis.* Enfermedad viral transmitida por loros y otras aves. (Gr. psittakos, papagayo.)

psoas (psoas). Músculos que se originan en las vértebras torácicas y lumbares y se insertan en el fémur. (Gr. psoas, ijada.)

Psocida. Orden de insectos. =*Psocoptera* = *Corrodentia.*

psócido (psocid). Insecto del orden *Corrodentia* o *Psocoptera.*

Psocoidea. Un superorden de insectos de la subclase *Pterygota.* Comprende los órdenes *Psocoptera, Mallophaga,* y *Anoplura.*

Psocomorpha. Un suborden de insectos en el orden *Psocoptera.*

Psocoptera. Orden de insectos que comprende los llamados piojos de los libros. (Gr. psoche, moler.)

Psychoidea. V. *Zygaenoidea.*

Psychozoa. Reino taxonómico propuesto por Haeckel para incluir en él solamente el género humano por sus actividades psíquicas. (Gr. psyche, mente; zoon, animal.)

ptarmigán (ptarmigan). Ave holártica del orden *Galliformes,* (Lagopus mutus). (Lat. turmadran.)

ptarmo (ptarmus). Estornudo. (Gr. ptarmos.)

PTC (PTC). Siglas de Phenylthiocarbimide (Feniltiocaraimida.)

pteralio (pteralium). V. *teralio.*

Pteranodon. Reptil volador del Cretáceo superior de Norte América provisto de enorme pico córneo con una cresta ósea. (Gr. **pteron**, ala; **odous**, diente.)

pteranodonte* V. *Pteranodon.*

Pteraspidomorpha. Subclase de peces de la clase *Agnatha.* Carecen de fosas nasales. (Gr. **pteron**, ala; **áspidos**, escudo; **morphe**, forma.)

pterergato (pterergate). V. *terergato.*

Pterichthyes. Una subclase de peces fósiles de la clase *Placodermi* del período Devoniano.- *Antiarchi.* (Gr. **pteron**, ala; **ichthyes**, pez.)

Pterichthyomorphi. Orden de peces fósiles. V. *Antiarchia.*

pteridina. V. *teridina.*

pterigio (pterygium). V. *terigio.*

pterigióforo. V. *terigióforo.*

pterigobranquio. V. *terigobranquio.*

pterigocuadrado. V. *terigocuadrado.*

pterigoda (pterygoda). V. *terigoda.*

pterigoespinoso. V. *terigoespinoso.*

pterigóforo (pterygophore). V. *terigórofo.*

pterigoideo (pterygoid). V. terigoideo.

pterigoides (pterigoid). V. *apófisis terigoides.*

pterigomandibular. V. *terigomandibular.*

pterigomaxilar. V. *terigomaxilar.*

pterigopalatino. V. *terigopalatino.*

pterigópodo. V. *terigópodo.*

pterilias (pterylia). V. *terilios*

pterilografía. V. *terilografía.*

pterilosis. V. *terilosis.*

pterinas. V. *terina.*

pterio (pterion). Punto cranométrico situado en la unión del parietal, el frontal y el alisfenoides. (Gr. **pteron**, ala.)

ptero-, (ptero-) (Del gr. **pteron**, ala.)

Pterobranchia, Pterobranchiata. Clase del fílum *Hemichordata.* Comprende pequeños gusanos marinos abisales *tubículas.* (Gr. **pteron**, alas; **branchia**, branquia.)

pterobranquio. V. *terobranquio.*

pterocardiaco. V. *terocardiaco.*

pterodáctilo* **(pterodactyl).** *Terodáctilo.* Reptil volador del Jurásico europeo, de enormes mandíbulas dentadas y cráneo reducido. (Gr. **pteron**, ala; **dactylos**, dedo.)

pteroide (pteroid). Que parece un ala. (Gr. **pteron**, ala; **eidos**, forma.)

Pteromedusae. Suborden de celenterados del orden *Trachylina* con 9 lóbulos nadadores. (Gr. **pteron**, ala; + **medusa**.)

pteromorfas. V. *teromorfas.*

pteropaidas. V. *teropaidas.*

pterópego V. *terópego.*

pteropleurito. V. *teropleurito.*

Pteropoda. Suborden de moluscos de la subclase *Opistobranchiata* cuyos pies tienen expansiones laterales como aletas. (Gr. **pteron**, ala; **pous**, pie.)

pterópodo (pteropod). V. *terópodo.*

Pterosauria. Orden de reptiles tecodontes adaptados al vuelo. Vivieron desde el Triásico hasta el Cretáceo superior. (Gr. **pteron**, ala; **sauros**, lagarto.)

pterosaurio* V. *Pterosauria.*

pterorostigma (pterostigma). *Terostigma.* Mancha obscura en el margen del ala de los insectos odonatos y de algunas abjeas y avispas. (Gr. **pteron**, ala; **stigma**, señal.)

pterota (pterote). = *Alado*, q.v.

pteroteca, V. *teroteca.*

pterótico. V. *terotórax.*

pterotórax. V. *terotórax.*

Pterygogenea. Subclase que incluye los insectos que poseen alas o que las han perdido secundariamente. (Gr. **pteron**, ala.)

Pterygota. Subclase de insectos. V. *Pterygogenea.*

ptialina (ptyalin). V. *tialina.*

ptialismo (ptyalism). V. *tialismo.*

ptilino (ptilinum). V. *tilino.*

ptilopédico. V. *tilopédico.*

ptilosis. V. tilosis.

Ptilota. V. *Pterygota.*

ptomaina (ptomaine). V. *tomaina.*

ptosis (ptosis). Caída del párpado superior. (Gr. **ptosis**, una caída.)

Ptychobranchia. Un orden de urocordados ascidiáceos provistos de tentáculos ramificados. (Gr. **ptychos**, pliegue; **branchia**, branquia.)

Ptychodactilaria. Suborden de celenterados en el orden *Actinaria.* (Gr. **ptichos**, de pliegue.)

púa* **(spine).** Proyección estiliforme y rígida que se articula sobre las placas de los equinodermos. // *Espina.* (De **puya**.)

pubertad* **(puberty).** El comienzo de la madurez sexual, especialmente en los seres humanos. (lat. **pubertus**, adulto.)

puberulento (puberulent). Que está cubierto por plumón o por pelos. (Lat. **pubes**, adulto.)

pubes* **(pubes).** *Pubis.* La región púbica. (Lat. **pubes**.)

pubescencia (pubescence). La calidad de tener pelos tenues que cubren ciertos animales, como los insectos. (Lat. **pubescere**.) *Adj.* ***pubescente.****

puboisquion (puboischium). Hueso formado por el pubis y el isquion fundidos llevando el acetábulo y el ilión de cada lado. (Lat. **pubes**, adulto; gr. **ischion**, cadera.)

pubis* **(pubis).** *Pubes.* Parte inferior del vientre que en la especie humana se cubre de vello en la pubertad. // Hueso que en los mamíferos se une al ilion y al isquion para formar el inominado. // Hueso ventral de la cintura pélvica de los tetrápodos. (lat. **pubis**.) *Adj.* ***pubiano*, pubico.***

pudendo* **(pudenda).** *Indecente.* V. *partes pudendas.* (lat. **pudendus**.) *Adj.* ***pudendal.***

pudiano (Spanish hogfish). Cuba: V. *perro colorado,* pez.

pudú* **(pudu).** Chile: el menor de los cérvidos americanos. Hay dos especies en el oeste de Sudamérica (**Pudu pudu**).

puentes citoplásmicos (cytoplasmic bridges). Hilos de citoplasma que conecta los individuos contiguos en una colonia de protozoarios. // ***p. de Gartner,*** v. *haz de Hiss.* // ***p. de Varolio,*** masa de fibras en la superficie ventral del encéfalo, por delante de la médula oblongada. // ***p. intercelulares,*** fibras de protoplasma que atraviesan la pared de la célula.

puerca* **(sow).** Hembra del puerco. // Cochinilla. (Lat. **porca**.)

puerco* **(hog).** V. *cerdo, jabalí, verraco* y *marsopa.* (Lat. **porcus**.) // ***p. del río,*** *v. capibara, roedor.* // ***p. espín,*** un roedor grande que tiene su cuerpo cubierto de crines o púas fuertes. // Cuba: v. *erizo,* pez. // ***p. marino,*** v. *delfín.*

puérula (puerula). Estado larval posterior al de *filosoma* en el desarrollo de los crustáceos decápodos de la familia *Scyllaridae.* (Lat. **puer**, niña.)

puerperio (puerperium). Período que se extiende desde la terminación del parto hasta la completa involución del útero. (lat. **puer**, niño; **parere**, parir.)

pufino (shearwater). Ave marina del orden *Procellariiformes,* familia *Procellariidae,* llamada también *pardela* (**Puffinus griseus**).

puku (puku). Especie de antílope sudafricano (Kobus (Adenota) vardoni).

pulga* (flea). Cualquiera de los insectos del orden *Siphonaptera*, parásitos del hombre, otros mamíferos y aves. (Lat. pulica, pulex.) *Adj. pulgoso**, *pulguero*. // *p. de agua*, crustáceo del orden *Amphipoda*. // Se aplica también a los crustáceos del orden *Cladocera*, como los del género *Daphnia*. // *p. de mar*, se aplica a las especies marinas de crustáceos del orden *Amphipoda*, por su cuerpo estrecho, adaptado para el salto (Gammarus sp.)

pulgar* (thumb, polex). *Pólice*. Primer dedo o interno de la mano de los tetrápodos. (Lat. polex, pulgar.)

pulgón* (aphid). Insecto del orden *Homoptera*, familia *Aphidide*, parásito en las plantas. (De pulga.)

pulmo- (pulmo-). (Del lat. pulmo, un pulmón.)

pulmobranquia (pulmobranchia). El saco pulmonar de los arácnidos. (Gr. pulmo, pulmón; branchia, agalla.)

pulmocutáneo (pulmocutaneous). Aplícase al sexto par de arcos aórticos en los anfibios que suple sangre a los pulmones y la piel. (Lat. pulmo, pulmón; cutis, piel.)

pulmogástrico (pulmogastric). Relativo a los pulmones y al estómago. (Lat. pulmo, pulmón; gr. gaster, estómago.)

pulmón* (lung). Organo de la respiración del hombre y de los vertebrados. Organo respiratorio en los moluscos gasterópodos pulmonados. *Adj. pulmonar**,*pulmonado**. // *p. acuífero*, aparato respiratorio de los moluscos marinos de la clase *Scaphopoda*. // El árbol respiratorio de las holoturias. // *p. traquial*, parte de la tráquea que, en algunos reptiles, se dilata y adquiere funciones pulmonares.

pulmonado (pulmonate). Que tiene pulmones. // Molusco gasterópodo que respira por medio de sacos pulmonares. //Que pertenece a la clase *Pulmonata*. (Neolat. pulmonatus.)

Pulmonata. Una de las tres subclases en que se divide la clase *Gastropoda*. Respiración por pulmones. Comprende caracoles terrestres y de agua dulce. (Lat. pulmones.)

pulpa* (pulp). Parte mollar de las carnes. // *p. dental*, tejido blando que ocupa la cavidad y canales de los dientes. // *p. dérmica*, interior mesenquimatoso provisto de vasos sanguíneos.

pulpejo* (soft flesh of fingers). Las yemas de los dedos de los vertebrados terrestres, formadas por reunión de las papilas epidérmicas. (Lat. pulpa, carne.)

pulpo (octopus). Molusco cefalópodo dibranquiado provisto de 8 brazos, familia *Octopidae* (Octopus vulgaris). (Lat. polypus, muchos pies.)

pulsación* (pulsation). *Pulso*, latido de una arteria. (Lat. pulsus, golpe.)

pulselo (pulsellum). Flagelo en el extremo posterior de ciertos protozoos. (Lat. pulsare, batir.)

pulso* (pulse). Pulsación, latido intermitente de las arterias. (Lat. pulsus.)

puma* (cougar). Mamífero carnívoro americano de gran tamaño de la familia *Felidae*, llamado *león americano*. (Felis concolor). (Voz quichua.)

pulverulento(* (pulverulent). Cubierto de polvo. (Lat. pulverulentus, empolvado.)

pulvilo (pulvillus). El último segmento en la pata en un insecto. (Lat. pulvinus, cojín.) // Almohadilla u otra estructura entre las uñas de los tarsos en los insectos. *Adj. pulvilar, pulviliforme.*

pulvínulo (pulvinulus). Estructura en forma de almohadilla entre las uñas del segmento terminal de larvas en los insectos. (Lat. pulvinulus, almohada.)

pulvipluma (powder down). Plumón especial que se deshace en la puntas, como en las garzas y papagayos.

Punnet, Reginald Crundall. Geneticista inglés. Contribuyó al conocimiento de "linkage" o ligamiento génico.

puntiforme (punctiform). Que tiene la apariencia de un punto. (Lat. punctun, punto; forma, forma.)

punto* (punctum). Un punto, mancha, orificio o depresión diminuta. (Lat. punctum.) *Adj. puntado, puntiforme, punticulado*. // *p. ciego*, región de la retina desprovista de bastoncillos y conos que corresponde al lugar de entrada del nervio óptico. // *p. de compensación*, la profundidad en la que la fotosíntesis del fitoplancton equilibra la respiración y descomposición de todo el plancton. // *p. de Darwin*, pequeña hinchazón que ocurre cerca de la parte de arriba del pabellón de la oreja humana. // *p. de Dobie*, *v. discos A.* // *p. de Schüffner*, puntitos que se ven en los eritrocitos con *Plasmodium*. // *p. lagrimales*, puntos donde los conductos lagrimales reciben las secreciones de las glándulas lagrimales. // *p. letal*, la temperatura por encima o por debajo de la cual no puede existir un organismo. // *p. receptivo*, el tubérculo de concepción o punto en las superficie del óvulo por donde penetra el espermatozoo. // *p. térmico*, cualquier zona de la piel donde se sienten impresiones térmicas. // *p. termosensible*, cada una de las áreas de la piel sensitiva al calor por la presencia de ciertas terminaciones nerviosas.

puntuación* (punctuation). Perforación en la concha de ciertos braquiópodos. (lat. punctus, galicismo por punteadura.)

puntura (puncture). Una pequeña depresión redondeada. (Lat. punctura.)

puncha* (fine spine). Espina de punta muy delgada. (Lat. puncta.)

punzante (pungent). Que punza. (Lat. punctiare.)

pupa* (pupa—). Estado poslarval, usualmente quiescente, en el desarrollo de los insectos holometábolos. (Lat. pupa, muñeca, doncella.) *Adj. pupal, pupiforme, popoide*. // *p. coartada*, semipupa, un estado larval en ciertos dípteros. // *p. liberal*, pupa libre con tegumento blando, mandíbulas funcionales y apéndices móviles. // *p. obtecta*, pupa con tegumento duro, sin mandíbulas y con apéndices inmóviles.

pupación (pupatio). Estado en la metamorfosis de los insectos marcada por la eversión de los discos imaginales. (Lat. pupa.)

pupar (pupate). Pasar al estado pupal. (Lat. pupa, muñeca.)

pupario (puparium). La cubierta de las pupas coartadas de ciertos insectos. (Lat. pupa, muñeca.)

pupila* (pupil). Abertura contráctil del iris que permite el paso de la luz. (Lat. pupilla.) *Adj. pupilar**.

pupilado (pupillate). Que tiene un punto central de coloración diferente. (Lat. pupilla, pupila del ojo.)

Pupipara. Una de las divisiones en el suborden *Cyclorrapha* en los insectos dípteros. (Lat. pupa, muñeca; parere, parir.)

pupíparo (pupiparous). Se dice de las hembras de insectos que paren larvas en condiciones de formar pupas, (Lat. pupa, muñeca; parere, parir.)

pupívoro. Que se alimenta de pupas de insectos. (De pupa y lat. voros, devorar.)

puposo. V. *pustuloso*.

puraque (southern guitar fish). V. *guitarra*, pez.

purga de mar (red tide). España: coloración rojiza de las aguas marinas debida a la presencia de ciertos dinoflagelados. *V. marea roja.*

purinas* (purine). Derivado básico de la que aparece durante el metabolismo de plantas y animales.

Purkinje, T.E. Fisiólogo, histólogo y embriólogo checo. (El primero en usar el término protoplasma. (1787-1869)

púrpura* (rock shell). Se aplica a varios moluscos gasterópodos marinos del orden *Mesogastropoda*, familias *Purpiridae* o *Muricidae*, de donde se extrae un colorante de dicho nombre. En América *Thais haemastoma*. (Lat. purpura.) *Adj. purpúreo**, *purpurino*.** // *p. retiniana*, = *púrpura visual* = *rodopsina*. // *p. visual*,.v. *rodopsina*.

pústula* (pustule). Postilla.Prominencia parecida a una postilla. (Lat. pustule, ampolla.)

púsula (pusule). Vacuola no contráctil de los dinoflagelados. (Lat. pustula, ampolla.)

putamen (putamen). Membrana de la cáscara del huevo de las aves. (Lat. putamen, cáscara de nuez.)

putilla (plover). Puerto Rico: nombre común de varias especies de aves charadriiformes de la familia *Charadriidae*, también llamadas *frailecillos* (Charadrius wilsonia).

putrefacción* (putrefaction). Descomposición de proteínas por microbios, con producción de substancias malolientes: sulfídrilos, mercaptanos, etc. (Lat. putrefactio.) *Adj. putrefactivo*, putrescible,* putrefacto*, pútrido.*

Pycnodontoidea. Un orden de peces fósiles osteictios actinopterigios en el superorden *Holostei.* (Gr. pychnnos, compacto; odous, diente; oidea, forma.)

pututo. Perú: caracol marino de gran tamaño usado como trompeta (Strombus peruvianus). = *Botuto* y *fotuto.*

Pycnogonida. Clase en el fílum *Arthropoda* que incluye las llamadas "arañas" marinas, cuyo cuerpo es delgado y las patas muy largas. =*Pantopoda.* (Gr. pychnos, compacto; gone, sexo.)

Pycnogonomorpha. Orden de artrópodos de la clase *Pycnogonida.* (Gr. pychnos compacto; gonos, sexo; morphe, forma.)

Pyralidoidea. Una superfamilia de insectos lepidópteros nocturnos de antenas plumosas. (Del género **Pyralis.**)

Pyramidellacea. Una superfamilia de moluscos marinos gasterópodos opistobranquios. (Del género *Pyramidella.*)

Pyrosomida. Orden de tunicados coloniales tubulares de la clase *Thaliacea.* Algunos son fosforescentes. (Del género Pyrosoma; del gr. pyros, fuego; soma, cuerpo.)

Pyrotheria. Orden de mamíferos ungulados del Terciario inferior de Patagonia con aspecto parecido a los proboscidios. (Gr. pyros, fuego; therion, bestia.)

Pythonomorpha. Suborden de reptiles marinos del orden *Lepidosauria* que vivieron en el Cretáceo superior. (Gr. *python,* dragón; *morphe,* forma.)

Q

Quatrefages de Breau, Juan L. Naturalista y antropólogo francés, defensor de la teoría unitaria del origen del nombre. (1810-1892)

quebrantahuesos* **(bearded vulture).** Ave rapaz europea de gran tamaño, del orden *Falconiformes,* familia *Aegypiidae* **(Gypaetus barbatus).**

quechol. (flamingo). Méx.: **flamenco, ave.**

queico. Ver *keu,* ave.

queilo- (cheil-). (Del gr. **cheilos, labio, borde o margen.**)

queilosis* **(cheilosis).** Ulceración de la comisura labial por deficiencia de riboflavina. (Gr. cheilos, labio.)

queiro-. V. *quiro-.*

quejo*. V. *quijada,* mandíbula.

quejón* **(plant cutter).** Ave sudamericana del orden *Passeriformes,* familia *Phytotomidae* **(Phytotoma rutila).** (De quejar.)

quela* **(chela).** Especie de pinzas en que terminan ciertos apéndices de los artrópodos. (Gr. chele, garra, pinzas.) *Adj. quelado,quelífero, queliforme.*

quelea. Bello pájaro tejedor muy sociable, de color rojo, que vive en el Africa tropical en donde forma bandadas integradas por multitud de individuos. Orden *Passeriformes,* familia *Ploceidae* **(Quelea quelea).**

quelicerado. Que pertenece al subfílum *Chelicerata* en los artrópodos.

quelíceros* **(chelicerae).** Apéndices preorales de los artrópodos del subfílum *Chelicerata.* (Gr. chele, garra,pinza; keras, cuerno.)

quelípedo (cheliped). Apéndice postoral que lleva quelas, especialmente el de ciertos crustáceos decápodos. (Gr. chele, garra; pous, pie.)

quelóforos (chelophores). Primer par de apéndices en los artrópodos de los *Psycnogonida.* (Gr. **chele, garra; phoreys,** portador.)

quelonétido. Que pertenece al orden *Chelonetida* o *Pseudoscorpionida.*

quelonio* **(chelonian).** Que pertenece a la clase *Reptilia,* orden *Chelonia. // Tortuga.* (Gr. **chelone, tortuga.**)

quelracho. V. *mora,* pez selácio.

queltehue* **(Chilean flamingo).** El flamenco de Chile **(Phoenicopterus chilensis).** Orden *Ciconiiformes,* familia *Phoenicopteridae.* (Voz **araucana.**)

quemí*. Roedor de gran tamaño que habitó la isla de La Española hasta la conquista. Orden *Rodentia,* suborden *Hystricomorpha,* familia *Echimidae.* **(Quemisia gravis).**

quemo-. V. *quimo-.*

quera*. Insecto que roe la madera. *Carcoma.*

queradio (cheradium). La comunidad de un banco de arena. (Gr. **cherados, cieno, grano.**) *Adj. queradiófilo.*

queratina* **(keratin).** Proteína de naturaleza córnea que constituye el componente principal de las escamas, plumas, pelos, cuernos, etc. de los vertebrados. (Gr. keratine, córnea.)

queratis (keratitis). Inflamación de la córnea. (Gr. **keratos,** cuerno; **-itis, inflamación.**) Síncopa por *queratitis.*

queratinasa (keratinase). Enzima que digiere la queratina.

queratos (kerata). V. *cornículos.*

querato-. (Del gr. **keras, keratos, cuerno.**)

queratomalacia (keratomalacia). Ablandamiento de la córnea. (Gr. **keratos, cuerno; malakos, blando.**)

queratosis (keratosis). Engrosamiento anormal de la piel, carácter mendeliano dominante. (Gr. **keras,** cuerno; **-osis,** condición.)

querencia*. Tendencia de ciertos animales a volver al sitio en que se han criado o a un lugar determinado V. *filopatría.* (De **querer**).

querequeté (Cuban night hawk). Cuba y Puerto Rico: ave crepuscular del orden *Caprimulgiformes,* familia *Caprimulgidae* **(Chordeiles minor).** (Voz onomatopéyica.)

queresa* **(maggot).** *Cresa.* Larva de mosca. *Moscardón. // q. (scale insect).* Puerto Rico: insecto de la familia *Coccidae.*

quermes* **(kermes).** Especie de cochinilla, insecto del orden *Homoptera,* familia *Coccidae,* que produce agallas de color de grana. (Arab. **quirmiz, grana.**)

quernétido. Arácnido que pertenece al orden *Chernetida* o *Pseudoscorpionida.*

quernetos*. V. *quernétidos.*

querocha*. V. *huevo* o *larva de insectos.* // Huevo de la abeja. // *Cresa.*

querrequerre. Venez.: hermosa ave del orden *Passeriformes,* familia *Corvidae* **(Cyanocorax yncas).**

quet-, queto-. (Del gr. **chaite, penacho, melena, cerda.**)

queta (chaeta). Especie de seda o cerda inserta aisladamente, o reunida con otras, formando penachos, especialmente en los anélidos poliquetos. (Gr. **chaite, cerda.**)

Quetelet, L.A.J. Científico belga. Demostró la importancia del análisis estadístico en los estudios biológicos. (1796-1874)

quetognato (arrow worm). Que pertenece al fílum *Chaetognatha.* (Gr. **chaite, cerda; gnathos, mandíbula.**)

quetonoideo, Que pertenece al orden *Chaetonoidea.*

quetoplancton (chaetoplancton). Plancton diminuto, formado por especies provistas de crecimientos espinosos que aumentan su capacidad de flotación. (Gr. chaite, cerda; plankton, errante.)

quetópodo (chaetopod). Que pertenece al antiguo taxón *Chaetopoda*, que comprendía los anélidos actuales arquianélidos, poliquetos y oligoquetos, además de los mizostómidos. (Gr. chaite; pous, pie.)

quetosemas (chaetosema). Cerdas sensoriales situadas en la cabeza de ciertos lepidópteros. (Gr. chaite, cerda; sema, señal.)

quetotaxia (chaetotaxy). La distribución de las cerdas en un organismo. (Gr. chaite, cerda; taxis, arreglo.)

quetzal* (quetzal). Preciosa ave neotropical del orden *Trogoniformes*. Es el ave nacional de Guatemala (Pharomachrus mocinos). (Azt. quetzalli, pluma hermosa, de quetzaltototl.)

quias- (chias-). (Del gr. chiastos, cruzado, a modo de aspa.)

quiasma (chiasma). Entrecurzamiento de estructuras. (Gr. chiasma, en figura de aspas o de letras X.) // *q. cromosómico*, cruzamiento de cromosomas en la fase diplotena de las tétradas. // *q. óptico*, cruzamiento de las dos mitades basales de los nervios ópticos. *Adj. quiasmático.*

quiasmatipia, quiasmatotipia (chiamatipy). Teoría genética del intercambio de genes durante el chiasma. (Gr. chiasma, en figura de X.)

quiastineuria,quiastoneuria (chiastoneury). Condición producida por el cruzamiento de los conectivos nerviosos, en forma de 8, en los moluscos gasterópodos del grupo *Streptoneuria*. (Gr. chiastos, cruzado; neuron, nervio.)

quid pro quo. El principio de que ningún contrato es válido si no beneficia a ambas partes tiene aplicación biológica, en el sentido de que ciertos procesos adaptativos resultan beneficiosos para las especies concernidas. Ej. las flores y los insectos que liban en aquellas. (Lat. algo por algo.)

quiescencia (quiescense). Cesación temporal de una actividad vital. V. *diapausa*. (Lat. quiescere, quedarse quieto.)

quiescente (quiescent). En estado de reposo. (Lat. quiscere, descansar.)

quietro-*. Chile: *perrucho*.

quietud* (dormance). Período de inactividad o de animación suspendida (desecación, enquistamiento, estivación, hibernación, inanición). (Lat. quietudo.)

quijada* (jaw). Cada una de las mandíbulas de los vertebrados en donde están implantados los dientes. (Lat. capsa, caja.)

quijal*,quijar.* *Quijada*. // Muela de la boca.

-quil-, quilo-. (Del gr. chylos, jugo.)

quilario (chilarium). Cada una de las estructuras de forma de plaquita situadas por detrás de la boca en los artrópodos de la clase *Xiphosoura*. (Gr. cheilos, labio; -dion, dim.)

quilema. Jugo. (Gr. chylos, jugo.) *Adj. quilemático.*

quilidio (chilidium). Placa en la concha de los braquiópodos, que cubre la fisura deltidial. (Gr. cheilos, labio; -idion, dim.)

quilífero* (chyliferous). Nombre de los vasos linfáticos que penetran en los vellos intestinales y reciben el quilo.// Estómago glandular del intestino medio en los insectos. (Gr. chylos; lat. ferre, llevar.)

quilificación. La formación del quilo. *Adj. quilífico.*

quilo*. Linfa que contiene los productos de la digestión de las grasas. (Gr. chylos, jugo.) *Adj. quiláceo.*

quilocisto. Receptáculo del quilo o *cisterna chyli*, q.v. (Gr. chylos, jugo; kystis, vejiga.)

quilognato*. Se dice del artrópodo que pertenece a la división *Chilognatha* de la clase *Myriapoda:* V. *Diplopoda*. // Que tiene el labio hendido o leporino. (Gr. cheilos, labio; gnathos, quijada.)

quilomicrones (chylomicrons). Partículas diminutas de grasa suspendidas en el plasma sanguineo, especialmente después de la digestión. (Gr. chylos, jugo; micros, pequeño.)

quilópodo (chilopod). Que pertenece a la clase *Chilopoda*. // *Ciempiés*. (Gr. cheilos, labio; pous, pie.)

quilopoyesis (chylopoiesis). La producción del quilo o *quilificación*. (Gr. chylos, jugo; poiesis, hacer.)

quilostoma (cheilostome). La región anterior de la cápsula bucal de los nematodos. (Gr. cheilos, pinza; stoma, boca.)

quilóstomo. Que pertenece a la clase *Cheilostomata*.

quilla* (keel). Placa impar de la concha de los crustáceos cirrípedos.// Lámina perpendicular del esternón de las aves. // Cualquier estructura de forma de quilla o carina. (Al. quiel.) // *q. medular*, el rudimiento del sistema nervioso central de ciertos vertebrados primitivos.

quimbolo-. Cuba: V. *catibo*, especie de culebra acuática.

quimera* (chimera). Monstruo obtenido al injertar en un embrión porciones de otro ejemplar de la misma especie o de una especie distinta. (Gr. quimaira, monstruo bíblico.)// Pez marino condrictio del grupo *Holocephali* (Chimaera monstruosa). *Adj. quimérico.*

quimeriforme. De forma de quimera. // Que pertenece al taxón *Chimaeriformes*.

químico (chemical). Lo relativo a la química o a lo obtenido por procesos químicos. // *q. (chemist)*. El que estudia o practica la química.

quimificación (chymification). La producción del quimo, *q.v.* (Gr. chymos, jugo; lat. facere, hacer.)

quimificar. Convertir el alimento en quimo. (Gr. chymos.)

quimio- (chemo). (Del gr. chymos, jugo.) // Se aplica a lo relacionado con la química // (gr. chemikos, una infusión.)

quimioautotrófico. V. *quimosintético*.

quimioceptor. V. quimiorreceptorr.

quimiocinesis. *Cinesis*, debida a estímulos químicos. (Gr. chymos, jugo; + cinesis.)

quimiodiferenciación (chemodifferentiation). Según Huxley, el punto invisible de decisión que anuncia y controla la diferenciación de los órganos del embrión.

quimiófobo. Organismo con quimiotaxia negativa. (Gr. chymos, jugo; phobos, miedo.)

quimioluminescencia. Luz que se produce por una reacción química. V. *bioluminescencia*. (Gr. chymos, jugo; + luminescencia.)

quimionastia (chemonasty). Respuesta a un estímulo químico difuso. (Gr. chymos, jugo; nastos, apretado.)

quimiorreceptor (chemoreceptor). Receptor que percibe estímulos de naturaleza química. (Gr. chymos, jugo; lat. recipere, recibir.)

quimiorreflejo (chemoreflex). Acto reflejo estimulado por un agente químico. (Gr. chymos, jugo; lat. reflectere, doblar hacia atrás.)

quimiosíntesis (chemosyntesis). Formación de compuestos químicos en el organismo. (Gr. chymos, jugo; synthesis, composición.) *Adj. quimosintético.*

quimiostato (chemostat). Organo que interviene en el equilibrio químico del organismo. (Gr. chymos, jugo; statos, posición.)

quimiotaxia (chemotaxis). *Quimiotaxis* Tactismo que se realiza por estímulos de naturaleza química. (Gr. chymos, jugo; taxo, ordenar.)

quimioterapia* (chemotherapy). Método curativo o profiláctivo de las enfermedades infecciosas por medio de productos químicos. (Gr. chemikos, química; + terapia.)

quimnonófilo. Organismo que crece o se desarrolla mejor durante el invierno. (Gr. cheimon, invierno; phylos, amante.)

quimnopelágico (**chimnopelagic**). Perteneciente al plancton que se desarrolla solamente en el invierno. (Gr. **cheimon**, invierno; **pelagos**, océano.)

quimo* (**chyme**). Jugo resultante de la digestión. (Gr. **chymos**, jugo.)

quimógrafo (**kymograph**). Instrumento para registrar actividades fisiológicas pulsátiles en una gráfica que traza sobre un tambor. (Gr. **kymatos**, onda; **grapho**, trazar.)

quimosina* (**rennnin**). Enzima del estómago de los mamíferos que hace insoluble la caseína de la lecha. = *Cuajo, labfermento, caseasa.*

quimotripsina (**chemotrypsin**). Enzima pancreática que contribuye a la digestión de las proteínas, reduciéndolas a polipéptidos. (Gr. **chymos**, jugo; + **tripsina**.)

quimotripsinógeno (**chemotrypsinogen**). Substancia que se tranforma en quimotripsina por acción de la enteroquinasa. (De **quimotripsina** + gr. **geno**, producir.)

quimotrófico (**chemotrophic**). Que deriva su nutrición sin intervención de luz. (Gr. **chymos**, jugo; **trophe**, nutrición.)

quimotropismo (**chemotropism**). Movimiento debido a estímulos químicos. (Gr. **chymos**, jugo; **trope**, volver.) *Adj.* ***quimotrópico.***

quinario* (**quinary**). Dispuesto en grupos de cinco. Aplícase a los equinodermos. (Lat. **quini**.)

quinasa (**kinase**). Substancia que actúa sobre una diastasa activándola. (Gr. **kinesis**, movimiento.)

quincunce. Disposición que muestran ciertas estructuras, cuatro de las cuales están en los ángulos de un cuadrado y la quinta en el centro, como en las siembras al tresbolillo. (Lat. quincuctialis.) *Adj.* ***quincuncial.***

quinona (**quinone**). Un aceptador de hidrógeno empleado en experimentos bioquímicos.

quinoplasma (**kinoplasm**). La substancia de las esferas directrices. (Gr. **kinein**, mover; **plasma**, modelar.)

quinquecúspide (**quinquecuspid**). Se aplica a los dientes que tienen cinco puntas o cúspides. (Lat. **quinque**, cinco; + **cúspide**.)

quinorrinco. Que pertenece al fílum *Kinorhyncha* o *Echinodera.*

quinquelobulado (**quinquelobate**). Que tiene cinco lóbulos, como los ambúlacros de los equinoideos clipeasteroideos. (Lat. **quinque**, cinco; + **lóbulo**.)

quinquetubercular. V. *quinquecúspide.*

quintocubital (**quintocubital**). Dícese del ave que tiene una quinta pluma cubital. Op. *aquintocubital.*

quinto ventrículo. V. *seudocelo.*

quionófilo. Que tiene preferencia por vivir en la nieve. (Gr. **chion**, nieve; **philos**, amigo.) Op. *quionófobo.*

quiridio (**chiridium**). Cualqiera de los miembros pares de los vertebrados terrestres. V. *ictiopterigio.* (Gr. **cheir**, mano.)

quironecto* (**water opossum**). Mamífero marsupial acuático sudamericano de la familia *Didelphidae* de hábitos nadadores (**Chironectes minimus**).

quirónomo (**chironomous**). Insecto del orden *Diptera,* familia *Chironomidae.*

quiropatagio (**cheiropatagium**). Región del ala de los murciélagos sostenida por los dedos. (Gr. **cheir**, mano; lat. **patagium**, borde.)

quiropterigio (**cheiropterygium**). Se dice del miembro pentadáctilo, como el de los tetrápodos. (Gr. **cheri**, mano; **pteryx**, ala.)

quiróptero* (**chiropteran**). Que pertenece al orden *Chiroptera // Murciélago.*

quiropterofilia. V. *quirotepterógama.*

quiropterógama. Se dice de las flores fecundadas por murciélagos. (De **quiroptero** y **gamos**, boda.)

quirotipo (**chirotype**). El tipo de una especie que ha sido designado solamente por nombre manuscrito. No tiene valor nomenclatorial. (Gr. **cheir**, mano; **typos**, patrón.)

quirquincho* (**armadillo**). *Argentina:* nombre común de varias especies de armadillos, mamíferos del orden *Edentata,* familia *Dasypodidae.* V. *armadillo.*

quiscal (**grackle**). V. *totí, mozambique.*

quisquidí (**Puerto Rican vireo**). Puerto Rico: avecilla del orden *Passeriformes,* familia *Vireonidae* (**Vireo latimeri**). (Nombre **onomatopéyico**.)

quisquilla* (**prawn**). Nombre común de varias especies de camarones pequeños, crustáceos macruros de la familia *Palaemonidae,* etc.(Lat, **quisquilia**, menudencias.) V. también *galera.* (Lat. *quisquila,* menudencias.)

quiste* (**cyst**). Estructura resitente que se forma alrededor de ciertos organismos unicelulares. // Saco lleno de una substancia fluida o semisólida. (Gr. **kystis**, vejiga.) // ***q. hidático,*** el estado *cenuro* de la tenia *Echinococcus granulosus.*

quitina (**chitin**). Polisacárido de consistencia córnea, que impregna ampliamente el exoesqueleto de los artrópodos y de muchos otros invertebrados. (Gr. **chiton**, túnica.) *Adj.* ***quitinoide, quitinoso*.***

quitinasa (**chitinase**). Enzima que digiere la quitina hallada en moluscos gasterópodos, en hongos, etc. (De **quitina** y **-asa**, sufijo que indica enzima.)

quitón. (**chiton**). Nombre común de los moluscos de la clase *Polyplacophora = Amphineura.* En algunas Antillas es común especie *Acanthopleura granulada.* que vive en el litoral marino rocoso. (Gr. **chitón**, túnica.)

quiyá. Especie de roedor sudamericano llamado también *coypo.*

q.v. Siglas de la expresión latina, *quod vide,* que significa *véase.*

R

R. Abreviatura de rötgenio //. Unidad de exposición a dosis de rayos X o de radiaciones gamma.

raad (raad). El pez trueno o barbo eléctrico africano. Orden *Ostariophysi*, familia *Malapteruridae* **(Malapterurus electricus).**

raba* (cod's roe). Huevo de bacalao empleado como cebo. // *Tentáculo.* (Fr. **rabes,** huevos de los peces.)

rabadilla(* (rump, croup). La punta inferior de la espina dorsal. // En las aves la extremidad movible de la columna vertebral en donde están las plumas de la cola. (Neolat. **crissum,** parte de atrás de pájaros.)

rabdi- (rhabdi-). (Del gr. **rhabdion,** varilla pequeña, bastón; **rhabdos,** varilla.)

rabdión (rhabdion). Cualquiera de las placas duras en la cavidad bucal de muchos nematodos. (Gr. **rhabdos,** varilla.)

rabdita (rhabditis). Larva de algunos nematodos. (Gr. **rhabdos,** varilla.)

rabditiforme (rhabditiform). Que tiene forma de rabdito. // Nematodo con esófago corto, recto y con bulbo doble. (Gr. **rhabdos,** varilla;lat. **forma,** forma.)

rabdito (rhabdite). Estructura ectodérmica de ciertos turbelarios que tiene forma de bastoncillo e interviene en la formación de excreciones viscosas. (Gr. **rhabdos,** varilla.) *Adj.* **rabditoide.**

rabdocrépido (rhabdocrepid). Desmas con **crepis uniaxiales.** (Gr. **rhabdos,** varilla; **krepis,** zapatilla.)

rabdocelos. V. *Rhabdocoela,* turbelarios.

rabdocito (rhabdocyte). Leucocito polimorfonuclear cuyo núcleo tiene forma de banda. (Gr. **rhabdos,** bastón; **kytos,** célula.)

rabdoide (rhabdoid). Se aplica a la estructura en forma de bastoncillo. (Gr. **rhabdos,** varilla; **eidos,** forma).

rabdolito (rhabdolith). Plaquita perforada por un canal que se encuentra en la concha de los cocolitofóridos. (Gr. **rhabdos,** bastón; **lithos,** piedra.)

rabdología* (rhabdology). Estudio de las fibras musculares estriadas. (Gr. **rhabdos,** varilla.)

rabdoma (rhabdome). Una reunión de rabdómeros. (Gr. **rhabdos,** varilla; **soma,** cuerpo.)

rabdómero (rhabdomere). Célula en la retínula de los artrópodos que muestra una formación cuticular central. (Gr. **rhabdos,** varilla; **meros,** una parte.)

rabdón (rhabdon). Una espícula en forma de varilla. (Gr. **rhabdos,** varilla.)

rabdópodo (rhabdopod). Una de las piezas de los fórceps de ciertos insectos machos. (Gr. **rhabdos,** varilla; **pous, podos,**pie.)

rabdosfera (rhabdosphere). Agregado de rabdolitos hallado en el cieno calcáreo de mares profundos. (Gr. **rhabdos,** varilla; **spahaira,** esfera.)

rabdosoma (rhabdosome). Una inclusión en forma de varilla en las células de algunos dinoflagelados. (Gr. **rhabdos,** bastón; **soma** cuerpo.)

rabiche (mourning dove). Nombre dado en Cuba y Puerto Rico a un ave, especie de tórtola o paloma de cola larga, familia *Columbidae* **(Zenaidura macroura).**

rabihorcado* (magnificent frigate-bird). Ave marina llamada también *fragata* y *tijerilla.* Orden *Pelecaniformes,* familia *Fregatidae* **(Fregata magnificens).**

rabijunco (tropic bird). Cuba y Puerto Rico: ave marina de fuerte vuelo y cola con 2 plumas muy largas. Orden *Pelecaniformes,* familia *Phaethontidae* **(Phaethon lepturus).** // P.R. nombre local del ave *fragata* o *rabihorcado* (Fregata magnificens).

rabilargo* (opossum). Venez.: *zarigüeya.* // **r. (magpie).** España: ave paseriforme de la familia *Corvidae,* de alas azules y cabeza negra **(Cyanopica cyanus).**

rabirrubia (yellowtail). *Cuba:* El pez osteictio comestible llamado *colirrubia,* del orden *Perciformes,* familia *Lutjanidae* **(Ocyurus chrysurus).**

racóforo Anfibio anuro del Africa y región Oriental con las extrremidades palmeadas propias para servir de paracaídas. Familia *Polypedatidae* **(Polypedatis pardalis).**

Rabl, Karl. Geneticista, estableció en 1885 el concepto de la individualidad de los cromosomas en todos los estados del ciclo celular. (1853-1917)

rabo de junco*. *Rabijunco,* ave.

raboa (blenny). Pez marino europeo de cuerpo cilíndrico y sin escamas. Familia *Blennidae* **(Blennius tentacularis).**

racemoso (racemose). Que tiene racimos o forma racimos. Glándula racimosa. (Lat. **racemus,** racimo de uvas.)

Rachiglossa. Una subdivisión de moluscos pulmonados del suborden *Mesogastropoda.* (Gr. **rachis,** raquis; **glossa;** lengua.)

Rachitomi. Orden de anfibios fósiles laberintodontes de los períodos Carbonífero y Pérmico, que algunos han supuesto que originaron los anuros (Salientia) y urodelos actuales. Se caracterizan por tener los intercentros de las vértebras mejor desarrollados que los pleurocentros. Ej. *Euryops.* Algunos prefieren llamarlos *Temnnospondilios.* (Gr. **rachis,** una espina dorsal; **tomos,** una sección.)

rad- (rad-). (Del latín, **radix,** raíz.)

rad (rad). Una unidad de radiación igual a la absorción de 100 ergios por gramo de tejido. (Abreviatura de radiación.)

radiación* (radiation). Evolución en muchas formas diferentes con adaptaciones distintas procedentes de un mismo antepasado. // Lo que se extiende en muchas direcciones desde un centro. // La emisión de energía radiante. // *r. adaptiva,* v. *irradiación adaptiva;* // *r. mitogenética,* supuesta radiación de los tejidos en proliferación, la sangre, etc., que, según Gurwitsch, estimulaba la mitosis.

radiactivo* (radiactive). Desintegrado con emisión de partícula *alfa* o *beta de rayos gamma. Adj. radiactividad.*

radiado* (radiate). Con simetria radial. // Ligamento que conecta la cabeza de una costilla con dos vértebras. // Ver *Radiata.* (Lat. **radius,** rayo.)

radiales (radialia). Rayos cartilagíneos delgados en las aletas pares de los peces condrictios. (Lat, **radius,** radio.)

radial* (radial). Lo que tiene simetría radial o lo que pertenece a los radios. // Un hueso del carpo en línea con el radio. (Lat. **radius,** rayo.)

radiante * (radiant). Que emite rayos. // Un grupo de organismos dispersado de su centro original. (Lat. **radians,** radiante.)

Radiata. Taxón en los metazoos que se distingue por la posesión de simetría radial primaria y secundaria. Comprende actualmente los celenterados y los tenóforos, pero anteriormente incluía también a los equinodermos. (lat. **radius, radiatus.**)

radiata * La corona radiada del óvulo de los mamíferos.

radicado* (radicate). *Arraizado,* fijo al substratum. (Lat **radix,** raíz.)

radical* (radical). Relativo a la raíz. (Lat. **radix,** raíz.)

radicante (radicant). Aplica al organismo sésil. (Lat. **radicare,** echar raíces.)

radicícola* (radicicole). Que vive en las raíces, como el insecto homóptero llamado *Phylloxera.* (Lat. **radix,** raíz; **-iocola,** habitante.)

radiciforme (radiciform). En forma de raíz. (lLat. **radix,** raíz; **forma,** parecido.)

radicívoro (radicivorous). Animal que come raíces. (Lat. **radix,** raíz; **voro,** devorar.)

radícula* (radicule). Una de las ramas más pequeñas de un vaso o de un nervio. (Lat. **dim.** de **radix.**) *Adj. radicular.*

radio* (radius). Hueso del antebrazo de los tetrápodos, paralelo al cúbito y en articulación movible con el húmero. El radio gira alrededor del cúbito en los movimientos de pronación del antebrazo. // Rayo. // Una estructura radial. // Cada una de las varillas duras que sostienen las aletas de los peces. (Lat. **radius,** rayo.)

radioautógrafo (radioautography). Imagen fotográfica que muestra la localización de sustancia radiactiva en los tejidos.

radiobicipital (radiobicipital). Lo que pertenece al radio y al bíceps.

radiobiología (radiobiology). La ciencia que estudia los efectos de las radiaciones en las células de organismos vivos.

radiocarbono (radiocarbon). Un isótopo radiactivo del carbono (C14) que se usa en investigaciones fisiológicas y en diagnósticos. // Se emplea como un medio de determinar la edad de muchas substancias y artículos manufacturados, especialmente en investigaciones arqueológicas. V. *carbono radiactivo.*

radiocúbito (radioulna). Hueso formado por la fusión del cúbito y del radio en los antebrazos de la ranas. (Lat. **radius,** radio; **cubitus,** codo.) *Adj. radiocubital.*

radioecología (radioecology). Estudio de la ecología con especial referencia a los efectos de las radiaciones en las comunidades. (lat. **radius,** radio; gr. **oeikos,** morada.)

radiofósforo (radiophosphorus). Un isótopo radiactivo del fósforo que se ha estado usando en el tratamiento del cáncer, condiciones malignas de la piel y deficiencias circulatorias. V. *fósforo radiactivo.* (Gr. **phosphoros,** luminoso.)

Radiolaria, Radiolarida. Orden que comprende protozoos sarcodinos que tienen el citoplasma separado o en dos partes por una cápsula interna porosa de quitina. Usualmente tienen un esqueleto externo con espículas radiales. (Lat. **radius,** radio.)

radiolario* (radiolarium). Que pertenece al orden *Radiolarida.*

radiolo (radiole). Nombre aplicado a las espinas de los equinodermos o erizos de mar. (lat. **radiolus,** dim. de **radius,** rayo o espina.)

radiología* (radiology). Examen del cuerpo por los rayos X.

radiorresistencia (radioresistent). La resistencia relativa de las células, tejidos, órganos y organismos a la acción dañina de las radiaciones

radiosodio (radiosodium). V. *sodio radiactivo.*

radiotrazador (radiotracer). V. *trazador radiactivo.*

radioulna (radioulna). V. *radiocúbito.*

rádix (radix). La raíz o punto de origen de un órgano o una estructura. (Lat. **radix.**) *r. aortae,* o base de la aorta.

rádula* (radula). Lengüeta dentada, de función raedora, situada en la base de la faringe de la mayoría de los moluscos. El número, la forma y la disposición de los dientecillos que la forman se emplean mucho en la clasificación, especialmente como carácter para separar las familias. (Lat. **radula,** raspador o escofina.) V. *odontóforo.*

rafe* (raphe). Sutura o soldadura de dos estructuras. // Línea de soldadura de la invaginación de la vesícula cardíaca en el embrión de los cordados. // Línea de ruptura de las pupas de ciertos dípteros. // Línea en el perineo, el escroto y la médula oblongada. (Gr. **raphe,** costura o sutura.)

rafel (gurnard). Pez marino europeo volador. Orden *Perciformes,* familia Triglidae (**Trigla lucerna**).

-ragia (-rhagia). (Del gr. **rhax, rhagos,** desgarrar.)

ragoa (goa). V. *goa,* gacela del Tibet.

ragón (rhagon). Tipo de organización en los poríferos en el que los coanocitos están concentrados en *cámaras,* llamadas flagelíferas, que se comunican con el exterior por *canales incurrentes* y con el espongiocelo por *canales escurrentes.* = *Leucón.* (Gr. **rhas,rhagos,** una baya.)

ragonoide. Mejor que *ragón,* q.v.

Rainey, George. Morfologista inglés, descubridor de los *corpúsculos de Rainey* y de los *tubos de Rainey.* (1801-1884)

raíz* (root). La parte de una estructura que se hunde en otro tejido, como la raíz de un diente, de un pelo, de la uña, etc. // Parte de un órgano que procede de otra estructura, como las raíces de la aorta en los peces, las raíces de los nervios espinales. (Lat. **radix, radicis,** una raíz.) // *r. anterior* o ventral de los nervios espinales. // *r.dorsal,* trayecto de cada nervio espinal sensorial al llegar a la médula. // *r. motora,* breve trayecto de los nervios ventrales espinales al dejar la médula antes de unirse con su correspondiente raíz dorsal o sensorial. // *r. posterior,* v. *r. nerviosa dorsal.* // *r. sensitiva,* v. *r. dorsal,* // *r. ventral,* v. *r. motora.*

Rajii, Rajida. V. *Rajiformes.*

Rajiformes. Orden de peces cartilagíneos de la subclase de los selácios, de cuerpo deprimido y de hábitos bentónicos. También han sido llamadas *Batoidea* e *Hypotremata.* (Lat. **raia,** un pez plano.)

Ralliformes, Nombre dado que ha sido propuesto para el orden de aves zancudas también conocido por *Gruiformes,* q.v.

rama* (branch). Prolongaciones laterales de una estructura orgánica, como las de los nervios, los corales. (Lat. **ramus,** rama.) // *Adj. ramado, ramiforme, ramificado* // *r.*

abdominal, v. *rama caudal, furca.* // ***r. caudal***, v. *furca caudal.* // ***r. comunicante***, fibra nerviosa que parte de los nervios espinales y llega a los troncos viscerales. // Rama visceral que produce de los nervios craneales. // ***r. taxonómica***, una categoría o taxón intermedio entre reino y fílum.

Ramapithecus. Género de Primates antropomorfos que existieron en el Mioceno y Plioceno Inferior de Africa y la India hace unos 12 ó 14 millones de años y pudieron ser los antepasados de los homínidos. *Kenyapithecus* (De **Rama**, diosa Hindú.)

ramero* Especie de halcón.

ramilla*. V. *garduña.*

ramiro* (**ram**). Carnero.

Ramón y Cajal, Santiago. Histólogo y médico español, especialista en la histología del sistema nervioso y propulsor de la técnica de coloración con nitrato de plata. Premio Nobel 1906. (1854-1934).

ramonear* (**browsing**). El pacer de ciertos animales hervívoros las hojas y ramos de los árboles. (De ramón, aumentativo de ramo; del lat. **ramus.**)

rampa* (**ramp**). Una banda inclinada en la superficie de la concha de los gasterópodos que en algunas especies forma la parte adapical de las vueltas. (Ger. **rampe**, plano inclinado.) // ***r. coclear***, parte media del caracol en el oído interno de los mamíferos, en donde se encuentran los *órganos de Corti.* // ***r. timpánica***, uno de los conductos del caracol en el oído interno de los mamíferos que comunica con la ventana redonda. // ***r. vestibular***, división del caracol en el oído interno de los mamíferos que comunica con el vestíbulo.

rámulo (**ramulus**). V. *hidrocladio.*

ramus (**ramus**). Rama o crecimiento de una estructura. // Cada una de las dos partes de la mandíbula o quijada. // Una parte del mástax de los rotíferos. (Lat. **ramus**, rama.)

rana* (**frog**). Cualquiera de las especies de anfibios anuros o saltadores. // En especial, las especies de anuros de la familia *Ranidae*, del grupo *Diplasiocoela*, que poseen dientes en los maxilares. (Lat. **rana.**) // ***r. toro***, especie de gran tamaño y carne estimada, oriunda de Norteamérica, pero introducida en Cuba y Puerto Rico (Rana catesbeiana). // ***r. voladora***, especie de la familia Polypedatidae que tiene los dedos unidos por amplias membranas que la capacitan para el volplaneo. V. *racóforo.*

ranacuajo* (**tadpole**). V. *renacuajo.*

randún (**hummingbird**). Pájaro mosca. V. *colibrí.*

rancro* (**frog breeder**). Terreno en que se crían muchas ranas.

ranfo- (**rhamp**). (Del gr. **rhamphos**, pico.)

ranfoide (**ramphoid**). En forma de pico. (Gr. **rhamphos**, pico.)

ranfoteca (**rhamphotheca**). Las dos vainas córneas que forman el pico de las aves. (Gr. **rhamphos**, un pico; **theke**, una caja o envoltura.)

rangífero* (**reindeer**). V. *reno, rengífero.*

rango* (**rank**). En taxonomía, cada una de las categorías de clasificación. Las rangos principales son: fílum, clase, orden, familia, género y especie, a las cuales se agregan categorías intermedias empleando los prefijos *sub* y *super*, como subfílum, superorden, subespecie. (**Neologismo** por jerarquía.)

ranilla* (**fong**). Parte blanda media del casco de los caballos entre los dos pulpejos. (Lat. **rana.**)

ranina* Se dice de la arteria o de la vena de la parte inferior de la lengua.

ranino (**ranine**). Lo que pertence o está situado por debajo de la lengua. // Lo perteneciente a una rana. (Lat. **rana.**)

ranívoro (**ranivorus**). Que devora ranas, como por ejemplo, ciertas culebras del género *Alsophis.* (Lat. **rana**, + **voro**, devorar.)

rano* En algunas partes, macho de la rana.

ránula* (**ranula**). Tumor blando bajo la lengua. (Lat. **ranula**, ranilla.) ***r. aurículo-ventricular***, contracción entre las cámaras superiores e inferiores del corazón. // ***r. oral***, la depresión que tiene el paramecio cerca de la boca. *Adj.* ***ranular.***

Ranvier, Luis A. Histólogo francés. Realizó clásicas investigaciones acerca de los tejidos muscular y nervioso. (1835-1922). Ver *nódulos de Ranvier.*

raño* Pez marino del orden *Perciformes*, También *trucha de mar.* (Lat. **araneus.**) (Diccion.)

rapaz* (**rapax**). Nombre aplicado a los animales de rapiña, especialmente las aves. // ***r. diurna***, se aplica a las aves del orden *Falconiformes.* // ***r. nocturna***. cualquier ave del orden *Strigiformes.* (Lat. **rapax**, tomar con violencia.)

rape* Pez pescador. *Pejesapo.*

Raphidioidea. Suborden de insectos neurópteros llamados *moscas serpientes*, que tiene el protórax largo, el ovipositor largo y delgado y las nervaduras sin ramificar junto al borde. Son depredadores de otros insectos. (Gr. **raphis**, aguja; neolat. **-oides**, forma.)

rapiña* (**prey**). Ver *rapaz*

raposa* (**fox**). *Zorra. Adj.* ***raposino*, raposuno*, raposero.**** (De rabo.)

raposo*. *Zorro.*

raptor* (**raptorial**). El que comete un robo. // El que depreda.. (Lat. **raptor**, robador, ladrón.) *Adj.* ***raptorial.****

raqueta* (**racket**)' Organo sensorial situado en las patas posteriores de los arácnidos del orden de los solífugos. (Fr. **raquettes.**)

raqui- (**rachi-**). (Del gr. **rachis**, espinazo.)

raquídeo *(**rhachidium**). Perteneciente al raquis. (Lat. **rhachidium**, dim. de **rachis.**)

raquiglosa (**rhachiglossate**). Tipo de rádula de los moluscos en el que las series de dientes están formadas por un diente central y otro lateral multidentado de cada lado. (Gr. **rachis**, espina dorsal; **glossa**, la lengua.)

raquila (**rachilla**). Un raquis pequeño. (Gr. **rachis**, espina dorsal; **-ila**, dim.)

raquióstico (**rachiostichous**). Que está provisto de una sucesión de somátidos que forman el eje esquelético de las aletas en los peces dípneos. (Gr. **raquis**, espinazo; **stichos**, hilera.)

raquidontes (**rachiodont**). Grupo de culebras oófagas que poseen apófisis en las vértebras torácicas anteriores que funcionan como dientes. (Gr. **rachis**, espinazo; **odontos**, diente.)

raquión (**rachion**). El borde del mar, en donde ocurre la mayor turbulencia por acción de las olas.

raquis* (**rachis**). El espinazo. // La estructura media en la lámina de las plumas. // La elevación mediana del opistosoma de las trilobitas. (Gr. **rachis**, la espina dorsal o eje.) *Adj.* ***raquial, raquiforme, raquídeo.***

raquitismo* (**rickets**). Condición deficiente de los huesos, caracterizada por su resblandecimiento y curvatura, atribuída a una descalcificación debida al bajo contenido de vitamina D o calciferol en la dieta. (Lat. **raquis**, espina dorsal.)

rara* (**rare**) (Chile: ave del orden *Passeriformes* de pico grueso y dentado (**Phytotoma rara**). Voz onomatopéyica.)

raro* (**strange moray**). Cuba: especie de pez morena antillano desprovista de aletas. Orden *Anguiliformes*, familia *Muraenidae* (**Channomuraena vittata**).

rascacio* (**poison grouper**). Pez marino venenoso del Atlántico tropical. Orden *Perciformes*, familia *Scorpaenidae* (**Scorpaena plumieri**).

rascón* (**water rail**). Ave ciconiforme europea, familia *Rallidae* (**Rallus aquaticus.**)

Rasmussen, Howard. Fisiólogo norteamericano. En 1957 con sus colaboradores de la Institución Rockefeller, pudo aislar e identificar la hormona de la paratiroides o *paratormona.*

rasorio (**rasorial**). Que araña la tierra para alimentarse, como las gallinas. (Lat. **rasus,** raspar; neolat. **rasores,** arañadores.)

raspador* (**grater**). Un dentículo de los anélidos del género *Eunice.* (De **raspar.**)

Raspail, F.V. Ideó varios ensayos para determinar el contenido de los tejidos animales y vegetales. Puede considerarse como uno de los precursores de la bioquímica. (1794-1876).

rasse (**rasse**). Pequeño mamífero carnívoro de Ceilán, India, Java, etc., de la familia *Viverridae* (**Viverricula indica**).

Rassenkreis. Término propuesto por B. Rensch en 1929 en sustitución al de *Formenkreis* de Kleinschmidt (1900) para las especie politípicas. (Alem. **circulo de razas**).

rastelo* (**rastellum**). Serie de dientecillos de los quelíceros de algunos arácnidos. (Lat. **rastellus,** rastrillo.)

rastrillo* (**rake**). Conjunto de sedas recurvadas en los bordes del *saco polínico* situadas en los tarsos de las patas posteriores de la abeja. // ***r. branquial,*** prolongaciones de los aros branquiales cuya función es detener la entrada de alimento en las hendiduras branquiales.

rata* (**rat**). El mayor de los roedores domésticos cosmopolitas. Hay dos especies comunes: la rata negra (**Rattus rattus**) hoy en día restringida generalmente a los campos, y la rata parda o gris (**Rattus norvegicus**) que es común en las ciudades, especialmente en las cloacas, almacenes, muelles, así como en los barcos. La variedad *albina* se emplea en investigaciones fisiológicas genéticas y de comportamiento animal. (Alem. **ant, ratta.**) // ***r. (rate),*** la parte proporcional o razón de cosas o fenómenos con relación a otra tomada como unidad de comparación. Por ej. el corazón latía a la rata de 70 pulsaciones por minuto. (Lat. **rata,** ritmo, razón, proporción, tasa, índice, velocidad.)

rataria (**rataria**). Segundo estado larval, de forma de reloj de arena, de los sifonóforos del género *Velella.*

ratel (**honey badger**). Pequeño mamífero africano parecido a los tejones, de la familia *Mustelidae* (**Mellivora capensis**).

Rathke, Martín. Anatomista alemán. V. *saco de Rathke.* (1703-1860)

rátida (**ratite**). Ave corredora cuyo esternón carece de quilla. V. *Ratitae.*

rátile. V. *Ratitae.*

Ratitae, Ratites. En la clasificación de las aves de Merrem y de Huxley, una división que comprendía grandes especies corredoras, no voladoras y sin quilla en el esternón. Aquí se incluían los *avestruces, reas, ñandúes* y *casoares* vivientes, más algunas otras especies extintas en épocas históricas, como el *ave roc* de Madagascar. (Lat. **ratis,** una embarcación de fondo plano.)

ratón* (**mouse**). El ratoncito común de las casas, de dispersión cosmopolita (**Mus musculus**). Animal de laboratorio empleado en gran escala en investigaciones fisiológicas, patológicas, etc.

ratona* (**wren**). Ave paseriforme de la familia *Troglodytidae* (**Troglodytes solstitialis**).

ratonero (**buzzard**). España: nombre común de varias especies de aves rapaces falconiformes del género *Buteo* (**Buteo buteo**).

ratufa (**giant squirrel**). Nombre común de varias especies de grandes ardillas de la región oriental que tienen penachos en las orejas (**Ratufa indica**).

Rau, P. y N. Dieron a conocer el empleo de utensilios por ciertas avispas solitarias del género *Ammophila,* las cuales cierran sus nidos con piedrecillas. Estos estudios fueron iniciados por *G.W. Pekham.*

Rauber, Augusto A. Anatomista estonio. V. *capa* o *célula de Rauber.* (1845-1907)

Ravius, J.J. Anatomista holandés, descubridor de la estructura denominada *proceso* o *apófisis* de *Ravius* (proceso de Foli) situada en posición anterior al martillo del oído.

Ray, John. Naturalista inglés, expositor de uno de los primeros conceptos sobre la especie y el género y la variedad y también fue iniciador del empleo de las claves dicotómicas. (1627-1705)

raya* (**ray**). Nombre común de varias especies de peces comestibles condrictios del orden *Squaliformes,* familia *Trygonidae* (**Dasyatis sayi**). // ***r. primitiva,*** línea que se encuentra en el medio de la parte trasera del embrión. // Estría primitiva.

raya -águila (**eagle ray**). Perú: pez selacio del orden *Rajiformes,* familia *Myliobatidae* (**Myliobatis sp.**)

rayadillo (**assasin bug**). Cuba: insecto del orden *Hemíptera,* familia *Reduviidae* que da fuertes picadas (**Rasahus biguttatus**).

rayado* (**yellow eye snapper**). *Puerto Rico:* pez marino litoral, comestible. Orden *Perciformes,* familia *Lutjanidae* (**Lutjanus synagris.**) *Biajaiba.*

rayador* (**black skimmer**). Améri. meridional. la especie de gaviota llamada también *picotijera* (**Rhynchops nigra**).

rayo* (**ray**). Una línea que representa la dirección en la cual la luz se desplaza y que es normal a la onda. // Partícula esquelética que soporta la aleta en los peces. // Un sector de un animal de simetría radial. // Las palabras *rayo* y *radio* se emplean a veces indistintamente en zoología. (Lat. **radius,** radio.) // ***r. dérmico,*** v. *dermotriquios.* // ***r. M.,*** rayo mitogenético, rayo de las células vivas que supuestamente inducen la mitosis.

rayuelo (**snipe**). *Agachadiza, becada.*

raza* (**race**). Descendiente del mismo linaje. // Cualquier variedad que se perpetúa por herencia. // En zoología se prefiere emplear el término *raza* para las variedades obtenidas por selección artificial en los animales domésticos. // ***r. citológica,*** que es la basada en caracteres ofrecidos por la estructura cromosómica, como las variedades diploides y tetraploides de una misma especie. // ***r. cromosómica,*** raza de organismos que difieren por el número o el juego de cromosomas. // ***r. diferenciada,*** nombre aplicado a ciertas especies de razas en donde, desde la metamorfosis, se define la sexualidad. // ***r. ecológica,*** población que se distingue por caracteres dependientes de la influencia del medio. // ***r. edáfica,*** una raza o población afectada por las condiciones del terreno. // ***r. fisiológica,*** variedad de una especie o subespecie que se distingue solamente por caracteres de su fisiología. // ***r. geográfica,*** v. *subespecie.* // ***r. indiferenciada.*** es aquella cuyo sexo se manifiesta tardíamente y por algún tiempo muestra un estado intersexual. // ***r. local,*** una población formada por organismos que viven en una localidad particular, la que difiere por algunos caracteres de los más típicos. Se integra con el concepto de *raza geográfica* o *subespecie.*

razón sexual (**sex ratio**). La proporción relativa de machos y hembras de una edad específica en una población.

RBC. Siglas de las palabras inglesas *"red blood cells."* V. *eritrocitos* o *glóbulos rojos.*

RBE. Abreviatura de **"relative biological effectiveness"** o *efectividad biológica relativa.*

re- (**re-**). Prefijo latino que significa atrás, de nuevo, contra.

rea (**rhea**). V. *ñandú,* avestruz americano.

reacción* (**reaction**). Acción recíproca entre dos o más cuerpos. (Lat. **reactio** acción en sentido contrario, // ***r. antígeno-anticuerpo,*** cualquier reacción que ocurre entre un antígeno y el anticuerpo. Puede producir reacciones de sensibilidad o alérgicas. // ***r. de fecundación,*** cambios físicos que sufre el óvulo después de ser fecundado, como la hidratación, el aumento de viscosidad o de permeabilidad, etc. // ***r. endotérmica,*** una reacción química en la que se absorbe el calor. // ***r. reversible,*** un sistema de reacciones químicas en donde los reactantes y sus productos son interconvertibles y tienden a llegar a un punto de equilibrio. Casi todas las reacciones químicas son reversibles en algún grado. // ***r. tópica,*** v. *topotaxia.*

reactividad del protoplasma (**responsiveness of protoplasm**). Comportamiento del protoplasma ante los estímulos. = *Reacción.*

reagéneo (reagin). *Reagina*, anticuerpo producido por antígeno de una alergia (o alergenos). Estos anticuerpos son tan poco numerosos que los alergenos pueden escapar su destrucción en los fluidos del cuerpo y entrar en las células. (Del lat. re- atrás; + alergenos.)

reajuste (readjust). Ajustar de nuevo. Redisponer. // *r. cromosómico*, alteración en la estructura de los cromosomas o mutación estructural.

realengo* (wild animal). Dícese del animal que no tiene dueño. (De real.)

Reamour, Renato Antonie de. Físico y naturalista francés. Escribió seis volúmenes sobre la historia natural de los insectos. Estudió además la regeneración en los crustáceos y la digestión de las aves. (1683-1757)

rebaño* (herd). Hato grande de ganado, especialmente del lanar. (Port. rebancho.)

rebeco* (chamois). V. *gamuza*.

reborde nefrogénico (nephrogenic ridge). V. *Cresta nefrogénica*.

rebudio*. Ronquido del jabalí.

rebramo. Bramido conque los cérvidos responden al bramido de otro de su especie (De bramar).

recapitulación* (recapitulation). Teoría sostenida por Haeckel de que los organismos, durante su desarrollo (ontogenia) tienden a recapitular los estados por los que han pasado sus antecesores (filogenia). Esta modificación de la hipótesis sostenida anteriormente por von Baer no es aceptable a la luz de la embriología. V. *ley biogenética de von Baer.* (Lat. recapitulo, volver de nuevo a los puntos principales.)

recela*. Caballo que se usa para recelar a las yeguas.

recental*. Se dice del cordero o ternero que todavía no ha pastado. (Lat. recens, reciente.)

receptáculo* (receptaculum). Estructura o un órgano que es repositorio de algunas substancias. (Lat. receptaculum, vaso.) *Adj. receptacular.* // *r. del quilo*, una dilatación del linfático izquierdo que recibe el quilo intestinal o *cysterna* o *receptaculum chyli.* // *r. óptico*, la parte anterior del cerebro que se convierte en el ojo. // *r. ovulígero*, un saco en el interior de las lombrices de tierra en donde se recogen los óvulos. // *r. seminal*, recipiente en el aparato sexual femenino que guarda los espermatozoos después de la cópula para ser utilizados posteriormente en la fecundación del óvulo. No confundir con *vesícula seminal* que es un órgano del aparato sexual masculino. V. *espermateca.*

receptividad* (receptivity). La capacidad de recibir los estímulos al ser excitados los órganos receptores. (Lat. receptum, recipere.)

receptor* (receptor). Terminación nerviosa libre o estructura especializada capaz de percibir estímulos ambientales y transformarlos en impulsos nerviosos sensoriales. // Parte de una célula que funciona como un anticuerpo. (Lat. receptor.) // *r. basicónico*, un órgano sensorial en los insectos consistente en un pequeño cono cuya base está en contacto con una fibra nerviosa. // *r. campaniforme*, órgano del sentido quimiorreceptor en los insectos, de forma de campana. // *r. de contacto*, un receptor en la piel. // *r. placoide*, órgano sensorial en las antenas de algunos insectos. // *r. universal*, el que tiene el grupo sanguíneo AB.

recesividad (recessivity). La impotencia de un gen para expresarse en el fenotipo. (Lat. recessus, retirada.) *Recesivo.*

recesivo* (recessive). Lo que recede, retrocede o es capaz de ceder. // Lo que tiende a desaparecer. // En genética se aplica al gen o a cierto carácter que solamente se expresa cuando los alelos son homócigos. (Lat. recedere, recedo, retroceder.)

receso* (recess). Una indentación o escotadura en una estructura. // *r. faringe* o fosa en la faringe media a cada lado de las trompas de Eustaquio. // *r. esfenoetmoidal*, un surco por detrás de la raíz del hueso nasal. (Lat. recessus, retirado.)

reciente* (recent). Lo que acaba de suceder. // Epoca geológica actual, que es caracterizada por el predominio del hombre, después de la última glaciación. Tiene una duración de unos 20,000 años. (Lat. recens.) V. *holoceno* y *cuaternario.*

Reck, H. Descubridor en 1913 de los depósitos fósiles Olduval en el Africa oriental, entre los que se encontraban caballos con tres dedos y ungulados con garras en las patas (Calicoterios).

recombinación (recombination). En genética, la formación de nuevos genotipos en la progenie debida a la distribución independiente de los genes durante la gametogénesis y, en especial, por el entrecruzamiento. (De recombinar, volver a combinarse.)

recombinante (recombinant). Una nueva célula o nuevo individuo que resulta de una recombinación genética.

recomendación* (recommendation). En el código de la nomenclatura zoológica, la recomendación es una disposición cuyo cumplimiento no es obligatorio, pero se establece para tratar de uniformar la nomenclatura.

recón (recon). Unidad genética de recombinación que, según algunos afirman, puede tener lugar entre dos nucleótidos cualesquiera y puede tener el largo de un nucleótido. (Abrev. de recombinación.) // La menor unidad de DNA capaz de recombinación.

reconocimiento* (survey). Examen general y preliminar de una región para lograr obtener un aspecto de su fauna. // Examen de los caracteres de un animal para lograr su posición taxonómica. (Lat. re, de nuevo; + conocimiento.)

reconstrucción* (reconstruction). La reconstrucción de una estructura o de un órgano u organismo basándose en series de secciones. (Lat. re, de nuevo; + construcción.)

recorvado (recurved). Según Font-Quer es un término equivalente al de *recurvado.*

recostado* (recumbent). Se dice que una cosa se inclina sobre otra, como los pelos sobre el tegumento. (Lat. re, de nuevo; y costa, costado.)

recova* (pack of hounds). = *Jauría.*

recrudescencia* (recrudescence). El nuevo incremento que puede tomar una enfermedad. (Lat. recrudescere.)

recrutamiento (recruitment). Una activación adicional de neuronas motoras que ocasiona un incremento en los reflejos. // La incorporación de peces en un cardumen procedente de otra población. (Lat. recescere.)

rectigradación* (rectigradation). Tendencia evolucionaria que se manifiesta como si la evolución procediera de línea recta. V. *ortogénesis.* (Lat. rectus, recto; gradato, paso a paso.)

rectígrado (rectigrade). Se aplica a la actitud o tipo de lomoción de algunos animales de gran talla que tienen las extremidades rectas, como los elefantes. (Lat. rectus, recto; grador, caminar.)

rectirrostro (rectorostral). Con el pico recto. (Lat. rectus, recto; rostrum, pico.)

rectivenoso (rectivenous). Que tiene venas rectas. (Lat. rectus, recto; + venas.)

recto* (rectum). Porción terminal del tubo digestivo, generalmente ensanchada, que termina en el ano. (Lat. rectus,.) *Adj. rectal.*

rectogenital* (rectogenital). Que está relacionado con el recto y los órganos genitales. (Lat. rectus, recto; + genital.)

rectos (rectus). Músculos alargados de forma rectilínea. V. *rectos abdominales, rectos femorales, rectos oculares.* // *r. abdominales*, músculos situados a ambos lados de la línea media o línea alba del abdomen en los vertebrados tetrápodos, que se extienden desde el esternón hasta el pubis. // *r. femorales*, músculos de la pierna que forman parte del *cuadriceps femoris* de los mamíferos y se extiende desde el ilion hasta el tendón común que se inserta en la tibia. // *r. ocular*, cada uno de los cuatro músculos extrínsecos de las órbitas oculares.

rectoserial **(rectoserial).** Lo que está dispuesto en hileras verticales. (Lat. **rectus,** recto; **series,** hilera.)

rectouterino **(recto-uterine).** Se aplica a los ligamentos posteriores del útero. (Lat. **rectus,** recto; **uterus,** útero.)

rectovesical **(rectovesical).** Lo relativo al recto y la vejiga urinaria. (Lat. **rectus,** recto; **vesica,** vejiga.)

rectrices **(tail feathers).** Plumas del rabo excluyendo las cobijas. (Lat. **rectus,** recto.)

recua* **(drove).** Conjunto de animales de carga que sirve para trabajar. (Ar. **rakuba,** cabalgata.)

recumbente **(recumbent).** Acostado*, recostado. (Lat. **recumbens.**)

recurrencia* **(recurrence).** La aparición de formas más o menos afines a otras alejadas en tiempo o en espacio. V. *atavismo.* (Lat. **recurrentia, recurrere,** volver corriendo.)

recurrente* **(recurrent).** Lo que vuelve a su origen o que ocurre de nuevo. (Lat. **re,** atrás; **currere,** correr.)

recurvado **(recurved).** Organo o estructura curvada, con la convexidad hacia fuera, como los brazos de los crinoideos. (Lat. **recurvatus.**)

recurvirrostro **(recurvirrostral).** Que tiene el pico encorvado hacia arriba, como el de las aves llamadas *avocetas* **(Recurvirostra americana).** (Lat. **recurvus,** recurvado; **rostrum,** pico.)

red **(network).** *Malla.* En anatomía, estructuras de fibras delgadas que se entrecruzan a intervalos uniformes. (Lat. **retis,** red.) // *r. nerviosa,* un entrecruzamiento de células nerviosas sin formar centros ni ganglios, como el de algunos celenterados.

redaño* **(caul).** La membrana amniótica o bolsa de las aguas. // Mesenterio. (De red.)

Redi, Francisco*. Biólogo italiano, impugnador de la teoría de la generación espontánea. V. *redia.* (1616-1695)

redia* **(redia).** Un estado del ciclo vital de las duelas y otros trematodos digenéticos, que se produce en el estado esporocisto y origina numerosas cercarias. (De **Redi,** q.v.)

redecilla* **(reticulum).** Segunda parte del estómago de los rumiantes, también llamado **bonete.** (Lat. **reticulum,** dim. de red.)

reducción* **(reduction).** La acción de reducir. // El estado de estar reducido o disminuído. // En química, la reacción opuesta a la de oxidación. // La simplificación de las estructuras en la filogénesis. // La diviisión del número de cromosomas en la meyosis. (Lat. **reducere,** conducir hacia atrás.) // ***r. cigótica,*** la reducción del número de cromosomas llevada a efecto en el cigoto y no en la gametogénesis, en algunos coccidios y gregarinas. // ***r. cromática,*** mecanismo en un tipo de división celular llamado meyosis por el cual las células sexuales (haploides) contienen la mitad del número de cromosomas que las células somáticas, asegurando así al formarse el cigoto, la constancia del número de cromosomas diploides característico de cada especie. // ***r. cromosómica,*** v. *reducción cromática.* // ***r. yótica,*** reducción cromática.

reduccionismo **(reductionism).** Doctrina impugnable de que los fenómenos complejos pueden ser explicados reduciéndolos a sus partes componentes más pequeñas. **(Mayr.)**

reductasa **(reductasa).** Una enzima responsable por una reducción en una reacción redox.

reductor* **(reductor).** Substancia o agente que ocasiona la reducción o ganancia de electrones en otra. // Organismo que en ciclo de la materia, transforma la materia orgánica en formas inorgánicas. (Lat. **reducere,** hacer volver.)

redunca **(redunca)** Se aplica a varios antílopes de las llanuras africanas **(Redunca redunca.)**

redundancia* **(redundancy).** Genet. La repetición linear de una secuencia de DNA. Se aplica corrientemente a una serie repetida de cistrones. (Lat. **re,** de nuevo; **undo,** ondear.)

reduplicación* **(reduplication).** La repetición de un segmento cromosómico en el mismo complejo cromosómico de una célula. (Lat. **re.** de nuevo; **+ duplicación.**)

redúvido **(reduviid).** Huevo de insectos con la micrópila protegida por una estructura a manera de cobertizo. (Lat. **reduvia,** respigón.)

reduvio* Insecto del orden *Hemiptera,* de pico encorvado que suele dar fuertes picadas. (De **Reduvius,** género de insectos.)

Reed, Walter. Médico de la misión sanitaria norteamericana en Cuba, quien pudo comprobar experimentalmente la certeza de la teoría del médico cubano *Carlos Finlay,* sobre la transmisión de la fiebre amarilla por el mosquito casero ahora llamado *Aedes aegyptii.* (1854-1902)

remplazo. = V. *renovación*

reflejo* **(reflex).** Unidad de acción del sistema nervioso, que consiste en la percepción del estímulo, su interpretación por un centro nervioso y la ejecución de la respuesta. (Lat. **reflectere,** volver hacia atrás.) // ***r. abdominal,*** la contracción de los músculos de la pared abdominal cuando se estimula la piel de los lados del vientre. // ***r. aliado,*** v. *reflejo encadenado.* // ***r. asociativo,*** tipo de reflejo que no necesita de la repetición de un mismo acto, sino resulta de un aprendizaje en que el animal recuerda una serie de experiencias pasadas llamadas *engramas.* // ***r. de Bainbridge,*** reflejo que aumenta el ritmo cardíaco cuando aumenta la cantidad de sangre en la aurícula derecha. // ***r. condicionado,*** respuesta a un estímulo subordinado a otro estímulo independiente, lo que presupone un aprendizaje. Este tipo de reflejo fue estudiado primeramente por Pavlov. // ***r. encadenados*** o serie de reflejos en la que la respuesta de uno sirve de estímulo al acto siguiente. // ***r. rotular,*** reflejo simple que provoca la extensión de la pierna relajada cuando se golpea el tendón de la rótula. // ***r. tendinal,*** contracción de los músculos por un pequeño golpe en sus tendones.

reflexo **(reflected).** Se dice del borde del peristoma de la concha de los moluscos gasterópodos cuando se dobla hacia atrás. También se dice peristoma reflejado o encorvado. (Lat. **reflexus.** encorvado.)

refractado **(refracted).** Doblado hacia atrás en ángulo agudo. (Lat. **re,** atrás. **frangere,** romper.)

refractario* **(refractary).** Que no responde. V. *período refractario.* (Lat. **refractarius,** obstinado.)

refuerzo* **(reenforcement).** Intensificación de un acto reflejo por el mismo acto. (Lat. **re,** de nuevo; **+ forzar.**)

refugio* **(refuge).** Localidad aislada, sin modificar, rodeada de áreas sumamente alteradas geológica y ambientalmente que alberga especies desaparecidas en otros lugares.

regeneración* **(regeneration).** La capacidad de un organismo para formar partes nuevas o desarrollar nuevos tejidos después de lesiones o amputaciones. *Adj.* ***regenerador.**** (Lat. **re,** de nuevo, **genus, generis,** generar.) // ***r. fisiológica,*** es la que se efectúa normal y automáticamente después de una fragmentación o amputación espontánea, como hacen las lagartijas al eliminar la cola cuando se les toma por ella. v. *autotomía.* // ***r. múltiple,*** capacidad de ciertos órganos de algunos animales de formarse después de sucesivas amputaciones sin perder su poder de regeneración.

región* **(region).** Una parte del cuerpo. // En los estudios zoogeográficos, una de las grandes divisiones terrestres basadas en la coexistencia de ciertos grupos faunísticos, principlamente aves y mamíferos. (Lat. **regionis.**) *Adj.* ***regional*.*** // ***r. abdominal,*** una cualquiera de las nueve áreas en que se divide el abdomen de los mamíferos por líneas verticales y transversales: epigástrica; hipocóndrica (2) inguinal (2), hipogástrica; lumbar (2); umbilical. // ***r. biogeográfica,*** área terrestre en la que la fauna y la flora muestran caracteres unitarios. // ***r. etiópica,*** una de las seis regiones zoogeográficas del mundo que comprenden Africa, Arabia del sur y región paleártica. // ***r. faunística,*** un área caracterizada por la presencia de un grupo o grupos de animales peculiares. // ***r faunísticas marinas,*** las regiones marinas no se pueden comparar con las terrestres porque su distribución es más uniforme y depende principalmente de la influencia de los factores ambientales. Colosi, fundándose en aspectos de geología y paleontología, define las regiones ártica, noratlántica, caribe, mediterránea, indopacífica y antártica. // *r. malar,* el lado de la cabeza de las aves desde el lado inferior del pico hasta el ángulo de la mandíbula o quijada =*mejilla* // *r. nerítica,* que comprende las aguas marinas litorales // *r. pineal,* región del encéfalo que origina los órganos pineal y parapineal. // *r. somática,* se dice de cada una de las divisiones del cuerpo de los animales que se emplean como norma de comparación para poder referir la posición de los diversos órganos, como por ejemplo; las regiones *caudal, torácica, lumbar, cervical, occipital, temporal, frontal, parietal, ocular,* etc. // *r. zoogeográfica,* una cualquiera de las grandes divisiones geográficas basadas en la distribución actual de grupos de animales. Entre las regiones más aceptadas se encuentran las de Sclater-Wallace-Lydecker basadas en la distribución de los mamíferos y las aves: *paleártica, neotropical, etiópica, oriental* y *australiana.* Existen *regiones de transición* que muestran características faunísticas intermedias entre dos de ellas, como la *sonorana,* entre la neotropical y la subregión neártica, la *mediterránea,* entre la europea y la etiópica; la *walacea,* entre la oriental y la australiana.

regla* (**rule**). Precepto o principio en las artes y las ciencias. // En la nomenclatura zoológica, cada una de las disposiciones cuyo cumplimiento es obligatorio a los fines de unificar la nomenclatura. Las reglas tienen un carácter retroactivo cuando no se especifica lo contrario. (Lat. **regula,** precepto.) // *r. de Allen,* establece esta regla que las aves y los mamíferos de las regiones frías tienen extremidades más cortas, lo que ha sido comprobada experimentalmente en ratones criados bajo diferentes temperaturas, que muestran orejas mayores cuando la temperatura ha sido más elevada. // *r. de Bergman,* se define como: "las especies o subespecies cercanas de animales endotérmicos (homeotermos) como las aves y los mamíferos son de mayor tamaño en las partes más frías de su área de dispersión y menores en las áreas más cálidas. // *r. de Cope,* doctrina que acentúa que la tendencia de aumentar en tamaño es muy común en la mayoría de los tipos adaptatativos. // *r. de Dollo,* doctrina de que la evolución es irreversible. // *r. de Gause,* hipótesis de que dos especies con los mismos requerimientos ecológicos no pueden ocupar indefinidamente el mismo nicho ecológico. // *r de Gloger,* aseveración de que la mayoría de las especies de aves y mamíferos del hemisferio norte tienen coloraciones más claras que las subespecies correspondientes que viven en climas más húmedos, aunque el color claro está también asociado con el ambiente desértico. Temperatura y humedad son los factores que operan el color del pelaje. // *r. de Dyar,* afirmación de que, en el crecimiento de los artrópodos, la relación entre los pesos sucesivos después de cada muda es casi constante. Lo mismo puede decirse del tamaño. // *r. de Hertwig,* o de que el núcleo celular tiende a colocarse en el centro de su esfera de acción // *r. de Jordan* principio de que especies o subespecies íntimamente relacionadas no suelen ocupar idénticas regiones, sino lugares cercanos separados por alguna barrera geográfica. // *r. de Naudin,* la primera generación híbrida es uniforme y las generaciones sucesivas retornan a los progenitores. // *r. nomenclatura zoológica,* v. *Código de la nomenclatura zoológica.* // *r. de Przbram,* esta regla establece que el peso del cuerpo en los artrópodos se duplica después de cada muda.

regresivo* (**regressives**). Forma o estructura de una especie viviente que se parece a la de sus antepasados extintos. (De **regreso.**)

regresión* (**regression**). La acción de volver hacia atrás. // En genética la correlación entre los rasgos de los padres y de su descendencia. (Lat. **regresio.**) // *r. filial,* tendencia que muestra la descendencia con caracteres extremos, a revertir a los caracteres promedios.

regulación* (**regulation**). El poder de modificar el desarrollo embrionario desde el huevo o los primeros blastómeros. (Lat. **regula,** regla.). V. *huevos de regulación* y *huevos en mosaico.*

reguladores* (**regulator**). Lo que regula. // Según la hipótesis de Jacob y Monod, se llaman genes *reguladores* los que producen substancias que, combinándose con los genes estructurales, regulan su actividad y por lo tanto la clase de proteínas producidas. // Gen cuya función primaria es regular el ritmo de la síntesis de los productos debidos a genes distintos. (Lat. **regula,** regla.)

regular* (**regular**). Lo que está sometido a reglas. // Simetría regular en equinodermos. (Lat. **regula,** regla.)

Regularia. Orden de equinoideos con el ano y la boca en posición central y con cinco antímeros igualmente desarrollados. Poseen linterna de Aristóteles. (Lat. **regularis.**)

régulo. El pájaro llamado *reyezuelo.* // *Basilisco,* animal fabuloso. (Lat. **regulus,** rey.)

regurgitación (**regurgitation**). Devolver a la boca un alimento que ha sido tragado. En los rumiantes es un proceso normal de la digestión. // El flujo sanguíneo en dirección opuesta como resultado de una enfermedad valvular o regurgitación aórtica. (Lat. **re,** de nuevo; **gurgitatus;** inundado.)

reida, reiforme, rhea. Especie que pertenece al grupo zoológico Rheiformes, que comprende los avestruces sudamericanos.

reimpreso (**reprint**). Una reproducción impresa de material previamente publicado.

reina* (**queen**). Hembra fértil de las colonias de abejas y de comejenes. La condición de hembra fecundable en las abejas se adquiere por una alimentación especial que contiene la llamada *jalea real.* (Lat. **regina,** reina.)

reinita (**Puerto Rican honeycreeper**). Puerto Rico: ave del orden *Passeriformes,* familia *Coerebidae* (**Coereba flaveola**). // Puerto Rico; se aplica a varias especies de aves pequeñas de la familia **Parulidae.**

reino* (**kingdom**). Cada una de las tres grandes divisiones de la historia natural clásica: reino vegetal, reino animal y reino mineral, a las que habría que agregar otros que han sido aceptados actualmente, como el reino de los *Protistos.* //*r. zoogeográficos,* áreas terrestres o marinas que presentan una fauna uniforme. División del globo terráqueo con respecto a su fauna.

reintegración* (**reintegration**). La restauración o regeneración de las partes perdidas o lastimadas. (Lat. **redintegratio,** acción y efecto de reintegrar, completar de nuevo, restablecer.)

Reissner, Ernesto. Fisiólogo alemán. En su nombre se nombró la *membrana vestibular.* **(1824-1878)**

rejuvenescencia (**rejuvenescence**). La conversión de una célula o de su contenido en otras diferentes y más activas. // Renovación de partes viejas o lesionadas. (Lat. **re,** de nuevo; **juvenesco,** crecer, joven.)

rejuvenecimiento* (**rejuvenescence**). Remozamiento, acción y efecto de rejuvenecer.

relación* (**relation**). Acción y efecto de referir o referirse. (Lat. **relatio,** informe.) *Adj. relacional.* // *r. interespecíficas.* Entre las asociaciones de diversas especies se encuentra la *simbiosis* y la *biocenosis.* // *r. intraespecífica,* la que existe entre individuos de la misma especie que forman las colonias y otras asociaciones animales, como la pareja, la familia, el rebaño, la manada, la colonia. // *r. núcleo-citoplasma,* relación de tamaño entre el núcleo y el citoplasma a la que se le ha atribuido importancia en la regulación de las actividades celulares.

relajador *(**laxator**). Se dice del músculo que afloja o relaja una estructura sin cambiar la posición relativa del eje de esta. (Lat. **relaxo,** aflojar.)

relaxina (**relaxin**). Hormona producida por los ovarios que relaja los ligamentos pélvicos durante el parto. (Lat. **relaxatio,** relajamiento, separación.)

relictendemismo. Endemismo que puede considerarse de tipo reliquial. (Font Quer.)

relicto* (**relict**). Se dice del organismo que sobrevive localmente después de la extinción de sus congéneres que vivían en otros lugares. (Lat. **relictus,** abandonado.) // *r geográfico o r. filogenético,* v. *reliquia.*

reliquia* (**relic**). Especie superviviente de una línea filogenética antigua, muy reducida. Ej. *Sphenodon, Latimeria, Okapi, Nautilus* = *Relicto filogenético.* (Lat. **reliquiae.**) (Lat. **reliqual.**)

relocación (**relocation**). Transposición de un segmento cromosómico a otro lugar del mismo cromosoma. (Lat. **re,** de nuevo; **locare,** colocar.)

reloj biológico (**biological clock**). Actividad rítmica de ciertos organismos, que parece estar regulada por un mecanismo innato sincronizado con algún factor ambiental externo. // Algunos sostienen que ciertos factores externos son reguladores del ritmo metabólico interno y otros creen que los factores externos solamente modifican el ritmo básico interior. V. *ritmo circadiano* // *r. radiactivo,* un método para determinar la edad de las rocas basado en la desintegración del uranio 238 y su paso a plomo 206 y en el estimado de la proporción de ambos elementos de la roca estudiada.

Remak, Robert. Anatomista alemán que describió por vez primera la división celular directa. V. *nódulos de Remak.* // Las fibras amielinadas del simpático llevan también su nombre. (1815-1865).

remera (**remiges**). Cada una de las pennas o grandes plumas de las alas que están insertadas en el margen inferior de la mano y del antebrazo. Las primeras se llaman primarias y varían de 9-12, las del antebrazo se llaman secundarias y su número puede variar de 9 a 40. (Lat. **remus,** un remo.)

rémige* (**remex**). Se dice de cada una de las plumas grandes del ala. Pluma remera. (Lat. **remus,** remo.) Plural *rémiges, remigias.*

remigio (**remigium**). Parte del ala de los insectos que recibe el impacto del aire durante el vuelo, es decir desde las nervaduras cubitales hacia adelante. (Lat. **remus,** remo.)

remípedo* (**remiped**). Que tiene los pies adaptados para la natación, a la manera de remos. // Crustáceo decápodo de la familia *Hippidae.* V. *pichupichu.* (Lat. **remus,** remo; **pes, pedis.**)

remo* (**limb**). Brazo o pierna de los animales tetrápodos. (Lat. **remus.**)

remol. Especie de rodaballo, q.v., más pequeño que el típico (**Scophtalmus rhombus**).

rémora* (**remora**). Pez marino, notable por la singular aleta dorsal anterior modificada en órganos adherentes que lo fijan a otros peces y a las tortugas (**Remora remora**). También lo llaman *guaicán* o *pez pega.*

remotor (**retractor**). Un músculo retractor. Es palabra poco usada. (Lat. **removere,** mover hacia atrás.)

ren- Prefijo empleado en palabras que expresan lo relacionado con los riñones. (lat. **ren,** riñón; pl. **renes,** los riñones.)

renacuajo* (**tadpole**). Estado larval acuático de los anfibios de respiración branquial. (Dim. de **rana.**)

renal* (**renal**). Lo perteneciente al riñón o lo que está relacionado con él. //Estado larval de los tunicados. (Lat. **ren,** riñón.)

rencoso* *Renoco, ciclán.* Se aplica al animal que tiene un testículo adentro y otro afuera. (Lat. **ren, renis,** riñón.)

rendajo*. V. *arrendajo.*

rene* (**kidney**). *Riñón,* q.v.

renegrido (**cowbird**). Se aplica a varias especies de aves paseriformes americanas de color negro brillante, de la familia *Icteridae,* que parasitan otras aves y al poner sus huevos en los nidos de éstas hacen que los empollen.

renete (**renette**). Cada una de las glándulas que constituyen el sistema excretor de algunos nematodos. (Lat. **ren;** pl. **renes,** riñón.)

renil. *Oveja renil* o castrada.

rengífero (**reindeer**). *Reno.*

renículo (**reniculus**). Lóbulo renal, que incluye las papilas, pirámides y parte de la corteza. // En ciertos animales, como la vaca, el oso, los cetáceos, etc., los renículos están separados y forman un tipo de riñón llamado *lobulado.* (Lat. **reniculus,** dim. de **ren,** riñón.)

reniforme (**reniform**). Que tiene forma de riñón, (lat. **rennes,** riñón, **forma.**)

renina (**renin**). Una enzima producida por los riñones que interviene en la regulación de la presión sanguínea. (Lat. **ren,** riñón.)

rennina (**rennin**). V. *cuajo, quimasa, labfermento.*

reniportal (**reniportal**). Perteneciente al sistema de la *vena porta renal.*

reno* (**reindeer**). Mamífero rumiante de la familia *Cervidae* que vive en la región paleártica (**Rangifer tarandus**). V. *caribú.*

renopericárdico (**renopericardial**). Se aplica a un canal ciliado que comunica el riñón y el pericardio en algunos moluscos. (Lat. **ren,** riñón;gr. **kardia,** corazón.)

renovación* (**turnover**). El desplazamiento dinámico de átomos en un tejido sin un cambio total en su número. // En ecología, la cantidad de una substancia que es remplazada en un organismo o en una población por unidad de tiempo. // Número de moléculas de un substracto transformadas en un minuto por una sola molécula de enzima.

rénulo, renúnculo (**renunculus**). V. *renículo.*

reo-. (Del griego **rheo,** que indica fluir, y de **rheos,** que indica una corriente.)

reobase (**rheobase**). El estímulo eléctrico liminal que puede ocasionar una respuesta. (Gr. **rheo,** fluir; **basis,** terreno, base.) *Adj. reobásico.*

reófilo (**rheophilous**). Organismo que se cría en aguas de corrientes rápidas, como ciertos peces y algunos tipos ecológicos de moluscos, (Gr. **rheo,** fluir; **phylos,** amigo.)

reogameon (**rheogameon**). Sinónimo de *rassenkreis* o especie politípica. (Gr. **rheo,** fluir; **gamos,** matrimonio.)

reomorfosis (**rheomorphosis**). Forma adquirida por la acción de las corrientes de agua. Ej. moluscos fluviales de la familia *Ancylidae* que adquieren forma deprimida en las aguas de corrientes rápidas. (Gr. **rheo,** fluir, + **morfosis.**)

reoplancton (**rheoplankton**). El plancton característico de las aguas corrientes. También *potomoplancton.* (Gr. **rheo,** fluir; + **plancton.**)

reorreceptores (**rheoreceptors**). Células especializadas para la detección de corrientes de agua, como las de la línea lateral de los peces. (Gr. **rheo,** fluir; lat. **receptor.**)

reorganización* (**reorganization**). Organizar de nuevo. // Fenómeno de reformación de los órganos comunes a las larvas y los imagos durante la metamorfosis de los insectos. // Término empleado por H. V. Wilson, para el fenómeno de reconstrucción corporal observado en las esponjas después de desmenuzado su cuerpo en pequeños fragmentos. (Lat. **re,** + **organización.**)

reotactismo (**reotakism**). V. *reotaxia. Adj. reotáctico.*

reotaxia (**rheotaxis**). Movimiento de taxia o tactismo, estimulado por una corriente de agua. (Gr. **rheo,** fluir; **taxis,** arreglo = **reotaxis.**)

rep (**rep**). Una unidad de radiación equivalente a la absorción de 93 ergios por gramo de tejido. (Abrev. de **Roentgen-equivalent-physical.**)

reparación* (**repair**). Fenómeno de regeneración superficial de un órgano o de una estructura. Se repara una herida, se regenera una estructura. (Lat. **reparo,** adquirir de nuevo.)

repelente* (**repelent**). Substancia que repele mosquitos y otros insectos. (lLat. **repellere,** rechazar.)

repetición embrionaria (**embrionic repetition**). Paralelismo que se observa en el desarrollo del embrión de todos los organismos y especialmente en el de los vertebrados.

repleta* (**repletes**). Se dice de la casta fisiológica de ciertas hormigas que se alimentan de néctar, cuyo estómago se dialata enormemente y se comporta como un verdadero almacén de alimentos (**Myrmecocystis hortideorum** de Arizona, E.U.)

replicato (**replicate**). Doblado sobre sí mismo. (Lat. **replicare,** plegar.)

replicátil (replicatile). Se aplica a la ala de los insectos que se dobla hacia atrás durante el reposo. (Lat. replicare, plegar hacia atrás.)

represor* (repressor). Que reprime. *Genet.* La asociación de un represor y un operador inhibe la síntesis del mensajero. // Substancia que modifica o suprime la acción sintética de las enzimas en el proceso embriológico, reaccionan con las substancias reguladoras y hacen que estas interrumpan la acción de los *operones.* (Lat. reprimere, reprimir.)

reposo* (dormancy). Período de inactividad o de animación suspendida (desecación, enquistamiento, inacción, estivación, hibernación).

reproducción* (reproduction). La acción y efecto de la prepetuación de las formas orgánicas en las generaciones. (Lat. re, de nuevo.) *Adj. reproductor,* reproductivo.** //*r. agámica,* es la reproducción asexual, como la mitosis, llamada también *escisión,* la *gemación* o reproducción por yemas, la división múltiple o politomía, la fragmentación, etc. // *r. alternante,* tipo de ciclo vital en algunos organismo en donde se alternan generaciones diploide y haploide que se reproducen asexual y sexualmente. // Se denomina también *metagénesis.* Ej. Las formas medusoides y polipoides en ciertos celenterados. // *r. asexual,* v. *reproducción agámica.* // *r. esporogónica,* tipo de *reproducción sexuada* o agámica en muchos protozoos esporozoarios en la que después de la unión de gametos se forman estados de duración, las *esporas,* que entran en la fase de multiplicación después de un período de reposo. // *r. esquizogónica,* tipo de reproducción asexual en los esporozoos que es más extensa que la esporogónica y en ella se forman los estados de su ciclo vital llamados *merozoitos.* // *r. gámica,* tipo de reproducción en la que intervienen las células sexuales o *gametos,* los que pueden ser iguales o *isogametos* y desiguales o *heterogametos.* En los heterogametos, el gameto móvil y de escaso citoplasma se le denomina *gameto masculino,* mientras que el estático y de mayor cantidad de citoplasma se llama *gameto femenino.* La *partenogénesis* o reproducción de la hembra sin el concurso del gameto masculino es un tipo de reproducción sexual. // *r. sexual,* v. *reproducción gámica.* // *r. vegetativa,* es la que se caracteriza porque los nuevos individuos de un organismo metazoo se originan directamente de tejidos somáticos y va acompañada en general de procesos de regeneración.

reptación (crawling). Medio de locomoción en el cual el cuerpo roza el suelo, aprovechándose la fricción para hacer palanca. Es propia de las culebras, ciertos vermes, algunos anfibios, las orugas, etc. (Lat. repto, arrastrarse.)

Reptantia. Un grupo de crustáceos decápodos caracterizados por tener cuerpo más o menos deprimido, con el primer par de patas generalmente de forma de quelípedos y con los pleópodos no adaptados especialmente para la natación (Lat. reptantis, raptador.)

reptar* (creep). Andar arrastrándose, como ciertos reptiles. (Lat. reptilis.) *Adj. reptador, reptante.*

reptil* (crawler). Animal de la clase *Reptilia,* q.v. (Lat. reptilis.)

Reptilia. Una clase que comprende los vertebrados que tienen el tegumento escamoso, temperatura variable, arcos aórticos derecho e izquierdo, ventrículo parcialmente dividido, un solo cóndilo occipital, mandíbula articulada con el cráneo por intermedio del hueso cuadrado, doce nervios craneales, respiración pulmonar y miembros pentadáctilos. Comprende las especies recientes llamadas tortugas, lagartos, culebras, cocodrilos, etc. (Lat. reptum, arrastrarse.)

Reptiliomorpha. Una división de los vertebrados tetrápodos. Tienen los huesos posparietales muy reducidos y son amniotas y alantoideos. Comprende los reptiles, los mamíferos y las aves. (Lat. reptiles + morhpe, forma.)

reptiloide (reptiloid). Que se parece a un reptil o que tiene características de reptil. (Lat. reptilis, arratrarse.)

repugnatorio (repugnatorial). Se dice del órgano o estructura que sirve para la defensa o la ofensiva, como las glándulas mal olientes de las mofetas. (Lat. repugnare, repugnar.)

repulsión* (repulsion). En genética se denomina repulsión de los genes cuando los mutados no se localizan en un mismo cromosoma sino en los homólogos. (Font Queer.)(Lat. repulsio, acción de repulsar.)

republicano (Weaver). Ave africana paseriforme que forma grandes bandadas y construye nidos comunales de hasta mas de 800 individuos. Fam. *Ploceidae* (Philetairus socius).

RES. Siglas de las palabras inglesas "reticuloendothelial system". V. *sistema retículo-endotelial.*

res* (cattle). Animal cuadrúpedo de algunas especies domésticas, en especial el ganado vacuno. (Lat. pecus.)

rescaza* (scorpena). Escorpena, rascacio, pez. (De rascasio.)

reserva* (reserve). Substancia que se acumula en el organismo para ser utilizada eventualmente en el metabolismo, como el glicógeno y los lípidos, que son substancias de reserva en los animales. // *r. alcalina,* la cantidad relativa de substancias amortiguadoras en la sangre que son capaces de neutralizar los ácidos. // *r. de genes,* v. *patrimonio génico.* La totalidad de los genes de una población.

reservorio (reservoir). Especie de vacuola en ciertos protistos que comunica con el exterior y en donde vierten su contenido varias vacuolas contráctiles. // Organo de reserva. // Hospedante en el que el huésped no lo afecta y constituye un verdadero almacén de parásitos. Según Font Quer este galicismo puede evitarse empleando las voces *cámara, receptáculo, recipiente* (Fr. reservoir.)

resbalosa (hagfish). *Mixina, anguila resbalosa, lamprea resbalosa.* Pez de la clase *Cyclostomata,* orden *Myxiniformes* (Myxine glutinosa).

residencia* (residence). Término ecológico propuesto en vez de estación y de hábitat. Este último muy empleado en habla inglesa, es un apócope de habitatio y un tiempo del verbo *habitare.* Los términos *habitable, habitáculo,* también han sido sugeridos como sustitutos españoles.

resilífero (resilipher). Proyección en la concha del molusco bivalvo que lleva *resilio.* (Lat. resilire, saltar hacia atrás.)

resilio (resilium). Estructura elástica de conquiolina que se extiende entre los márgenes de las conchas de ciertos bivalvos y separa las valvas como un resorte cuando cesa la contracción muscular. (Lat. resil, reculada.)

resistencia* (resistance). El grado de susceptibilidad que tienen los organismos animales a contraer una enfermedad parasitaria o de limitar los perjuicios producidos. La resistencia puede ser congénita o adquirida naturalmente o artificialmente (Lat. resistentia.) V. *forma o estados de resistencia.* // *r. ambiental,* restricciones impuestas por el ambiente al incremento numérico de una especie. // *r. periférica,* estado de relajamiento y constricción de los vasos sanguíneos // *r. vital,* propiedad del organismo a oponer resistencia a las enfermedades.

resistente* (resistent). Que no es fácilmente atacado por un parásito o por una enfermedad. (Lat. resistens.)

reso (rhesus). Mono macaco asiático de la familia *Cercopithecidae* empleado en experimentos de serología, psicología animal, etc. (Macaca mulatta). (Del nombre obsoleto Macaca rhesus.)

resorción* (resorption). Absorber de nuevo una sustancia- // Una función de los túbulos renales. // La remoción de parte de la concha de los moluscos por acción del animal mismo. (Lat. re, hacia atrás; resorbere, resorber.)

respe*. Lengua de la culebra o víbora.

respingar* (buck). Sacudirse y gruñir la bestia. // Saltar bruscamente formando un arco, como lo hacen ciertos antílopes.

respiración* (respiration). Acción de respirar. // La obtención de oxígeno del ambiente y la expulsión de bióxido de carbono. // La oxidación de determinados alimentos para la obtención de la energía acumulada en ellos. (Lat. respirare.) *r. abdominal,* la fracción de la respiración producida por el movimiento diafragmal. // *r. acuática,* tipo de aparato respiratorio envaginado, generalmente en forma de branquias. // *r. aérea,* tipo de aparato respiratorio invaginado y protegido dentro del cuerpo, como los pulmones, las tráqueas y las filo tráqueas. // *r. aerobia*, tipo de respiración celular en la que es necesaria la presencia de oxígeno para que se realicen las reacciones energéticas. En muchas células existen fases de respiración aerobia y anaerobia. // *r. anaerobia*, tipo o fase de la respiración celular que se realiza sin la acción directa del oxígeno, como en la llamada *fermentación*. // *r. branquial*, tipo de respiración acuática. V. *branquia*. // *r. bucofaríngea*, la que se efectúa a través de las mucosas bucales y faríngeas. // *r.celular*, conjunto de reacciones energéticas que se llevan a cabo en el seno de las células que, para algunos, es la verdadera respiración. // *r. cloacal*, intercambio gaseoso entre el agua ambiental y las paredes vascularizadas de la cloaca de ciertos quelonios y holoturoideos. // *r. cutánea*, intercambio respiratorio a través de la piel o de la cutícula que puede existir en ciertos invertebrados como los anélidos y en vertebrados acuáticos, como los anfibios. // *r. externa*, intercambio de gases entre el ambiente y la sangre, el cual ocurre durante el resuello o ventilación pulmonar. // *r. hemipnéustica*, tipo de respiración larval con uno o más espiráculos cerrados. // *r. interna*, es la que realiza un intercambio de gases entre la sangre y los tejidos, y se llama también respiración tisular o celular. // *r. intestinal*, la que se efectúa a lo largo del tubo digestivo de ciertos peces, como la locha. // *r. pulmonar*, v. *respiración externa*;//*r. rectal*, v. *r. cloacal* //*r. torácica*, se dice a los movimientos respiratorios de la pared del pecho.

respirante* **(respiring)**. Que respira. En el sentido bioquími-co, la célula o las estructuras celulares que son asiento de la respiración celular.

respiratorio* **(respiratory)**. Lo que interviene en la respiración, como el aparato respiratorio, las enzimas respiratorias, etc.

respuesta* **(response)**. La reacción de una parte de un organismo o del organismo entero debida a un cambio ambiental o estímulo. (Lat. **responsum**, respuesta.)

restibraquio **(restribrachium)**. El pedúnculo o cuerno cerebeloso inferior. (Lat. **restis**, soga; gr. **brachion**, brazo.)

restiforme **(restiform)**. En forma de soga. (Lat. **restis**, soga.) V. *cuerpos restiformes*.

restinga* **(sand bank)**, **(shoal)**. Punta o banco de arena o piedra en el mar a poca profundidad, un hábitat en donde se crían numerosos organismos. (Voz **portuguesa.**)

resuelllo* **(breathing)**. Inspiración y espiración alternadas.

resupinado **(resupinate)**. Cualquier órgano o estructura invertido con respecto a su posición normal, usualmente en un giro de 180°. Ej. las conchas resupinadas de algunos braquiópodos. (Lat. **resupinatus**, vuelto hacia arriba.)

rete **(rete)**. Una estructura reticular. (Lat. **rete**, red.) *Adj. retiforme*. // *r. malpighii*, el estrato más interno de la epidermis, llamado también estrato mucoso o germinativo. (Lat. **rete**, red + **Malpigio**, q.v.). // *r. mirabile*, red de capilares que se encuentra en el curso de una arteriola o una vena. Ejemplo es el glomérulo renal o la red de vasos en la vejiga natatoria de los peces. (Lat. **rete**, red; **mirabile**, admirable) // *r. mucosum*, V. *rete Malpighii*. //*r. ovarii*, el homólogo femenino de la rete testis, que es vestigial en el adulto. // *r. testis*, reticulación formada en el mediastino de los testículos. (Lat. **rete**, **testis**, + testículo.)

rético **(rhaetic)**. Se dice de los fósiles encontrados en margas y calizas, entre el Triásico y el Jurásico inferior de Retia. (Lat. **Rhaetia**, región entre el Tirol y Grisson.)

retiiculina **(reticulin)**. Una substancia colágena(escleroproteína) fosforada que ocurre en la trama conjuntiva de los tejidos linfáticos. (Lat. **reticulum**; redecilla.)

retículo* **(reticulum)**. Tejido en forma de red o redecilla como los formados por nervios o vasos sanguíneos. // El segundo estómago de los rumiantes llamado *bonete*. // *Adj. reticular*, reticulado, reticuloso*. (Lat. **reticulum**, dim. de **rete**, red.) //*r. endoplásmico*, sistema complejo de membranas que forman una reticulación en el citoplasma presente en todas las células y que se manifiesta como tubos alargados o vesículas redondeadas, y a veces está cubierto por los ribosomas //*r. endotelial*, célula de varios órganos que funcionan como fagocitos en la producción de anticuerpos. V. *sistema retículo endotelial*. (Gr. **endon**, dentro; **thelys**, hembra.) // *r. estrellado*, la pulpa del esmalte en los primordios dentales.

reticulocito **(reticulocyte)**. Una variedad de eritrocito de apariencia granular, más numerosa en los jóvenes que en los adultos, asi como después de una hemorragia. (Lat. **reticulum**; gr. **kytos**, hueco.) // Un estado en el desarrollo de un eritrocito.

reticulopodio **(reticulopodium)**. Seudópodo de forma de red ramificada. (Lat. **reticulum**, redecilla; **podium**, pie pequeño.)

retina* **(retin)**. Capa celular del fondo del ojo en donde se encuentran las células receptoras de los estímulos luminosos. (Lat. **ret**, red.) // *Adj. retinal, retiniano* //*r. invertida*, disposición en los ojos de los vertebrados por la cual las terminaciones sensibles se encuentran opuestas al punto de entrada de la luz, de manera que esta tiene que atravesar las células sensoriales antes de llegar a la extremidad sensible.

retináculo **(retinaculum)**. Estructura de los insectos colémbolos formada por apéndices del tercer segmento abdominal que sirve para sujetar la *furca* durante el reposo. // En los cirrípedos un proceso curvo que retiene los sacos ovígeros. // Banda que mantiene en su lugar una estructura. (Lat. **retinaculum**, una banda, un fijador.) //*r. tendinum*, los ligamentos anulares de la muñeca y el codo.

retinal **(retinal)**. Relativo a la retina. // Un aldehído de la vitamina A, que ocurre en los conos y bastoncillos de la retina.

retinela **(retinella)**. Que tiene una red muy fina. (Lat. **retinella**, dim.de **rete**.)

retineno **(retinene)**. Fracción en que se descompone la púrpura visual o *rodopsina* por la acción de la luz. El retineno se transforma en vitamina A que luego regenera la púrpura visual. (De **retina**.)

retinervado **(retinerved)**. Estructura que lleva nervios o venas reticuladas. (Lat. **rete**, red, + **nervus**.)

retinoblasto **(retinoblasts)**. Célula del epitelio de la retina. (Lat. **rete**, red; gr. **blastos**, brote.)

retinóforo **(retinophore)**. Una de las vitrelas de los omatidios. (Lat. **retina**, retina; **phoreys**, portador.)

retinol **(retinol)**. Vitamina A.

retínula **(retinula)**. Capa fotorreceptora de los omatidios, de los ojos compuestos de los artrópodos. (Lat. **med. retinula**, dim. de **retina**.)

retisolución **(retisolution)**. La disolución de los cuerpos de Golgi. (Lat. **rete**, red; **solutio**, solución.)

retispersión **(retispersion)**. La dispersión de los cuerpos de Golgi. (Lat. **rete**,red ; + **dispersio**.)

retr- **(retr-)**. (Lat. **retro**, hacia atrás.)

retracción* **(retraction)**. El acto o la condición de retraer. (Lat. **retrahere**, retraer.)

retrácil* **(retractile)**. Capaz de retraerse, como las uñas de los felinos. (Lat. **retrahere**, retraer.)

retractiva **(retractive)**. Se dice de la estria u otra escultura en la concha de los moluscos que está inclinada hacia atrás en relación con las líneas de crecimiento. (Lat. **retrahere**, retraer.)

retractor **(retractor)**. Lo que contrae. // Músculo que retrae la estructura a la que está conectado. (Lat. **retrahere**, mover hacia atrás.)

retral **(retral)**. Hacía atrás. Posteriormente. (Lat. **retro**, hacia atrás.)

retraso **(retardation)**. Demora en el desarrollo ontogénico de manera que un carácter aparece más tarde en la descendencia que lo que ha ocurrido en sus antepasados.

retro- **(retro-)**. (Del latín retro que indica retroceso, vuelta hacia atras, lo que está por detrás, lo que es posterior.)

retroalimentación **(feed back)**. Influencia del resultado de un proceso de tal manera que regula el funcionamiento de dicho proceso. *Homeostasis.* (Lat. **retro**, hacia atrás; + alimentación.)

retrobulbar (**retrobulbar**). Lo que está por detrás del glóbulo ocular o del bulbo raquídeo. (Lat. **retro**, por detrás; **bulbus**, bulbo.)

retrocecal (**retrocaecal**). Por detrás del intestino ciego. (Lat. **retro**, detrás; **caecus**, ciego.)

retrocerebral (**retrocerebral**). Situado por detrás del cerebro. // Glándulas retrocerebrales en rotíferos. (Lat. **retro**, detrás; **cerebrum**, cerebro.)

retrocervical (**retrocervical**). Que está por detrás del cuello del útero. (Lat. **retro**, detrás, **cervix**, cuello.)

retrocólico (**retrocolic**). Por detrás del colon. (Lat. **retro**, detrás;gr. **kollon**, colon.)

retrocolis (**retrocollis**). Lo que pertenece a la parte posterior del cuello. // Tortícolis espasmódica. (Lat. **retro**, hacia atrás; **collis**, cuello.)

retrocruce (**back cross**). Ver retrocruzamiento

retrocruzamiento (**back cross**). Es el experimento sencillo, llamado también *cruzamiento de ensayo*, que se efectúa cruzando un organismo de un rasgo dominante con otro rasgo recesivo, para comprobar si el carácter dominante es en forma homóciga o heteróciga. // Cruzamiento entre F_1 heterócigo y uno de los individuos P_1. (Lat. **retro**, hacia atrás; + **cruzamiento.**)

retrocurrente (**retrocurrent**) V. *opistoclinado.*

retrocurvado (**retrocurved**). V. *recurvado.*

retrofaríngeo (**retropharyngeal**). Que está por detrás de la faringe, como los ganglios linfáticos. (Lat. **retro**, detrás; gr. **pharynx**, faringe.)

retrofacto (**retrofract**). Doblado hacia atrás en un cierto ángulo. (Lat. **retro**, detrás; **fractus**, roto.)

retrogaseriano (**retrogasserian**). Por detrás del ganglio de Gasser. (Lat. retro, detrás; + **Gasser.**)

retrógrado (**retrograde**). Que va hacia atrás. // El que retrasa su propio curso. (Lat. **retro**, detrás; **gradus**, paso.) V. *cruzamiento retrógrado.*

retrografía (**retrography**). La escritura en espejo. (Lat. **retro**, hacia atrás; **graphein**, escribir.)

retrogresión (**retrogression**). Paso de un estado de organización a otro de grado inferior, individual o filogenético. (Lat. **retro**, hacia atrás; **gressum**, marcha.) *Adj. retrogresivo.*

retrohíbrido (**retrohybrid**) . El individuo resultante de un cruzamiento retrógrado. (Lat. **retro**, detrás; + **hybrid.**)

retroinsular (**retroinsular**). Que está por detrás de la *ínsula de Redi*, q.v. (Lat. **retro**, detrás; **ínsula**, isla.)

retrolaberintino (**retrolabyrinthine**). Por detrás del laberinto del oído. (Lat. **retro**, detrás; **labyrinthus**, laberinto.)

retrolingual (**retrolingual**). Que está por detrás de la lengua. (Lat. **retro**, detrás; **lingua**, lengua.)

retromastoideo (**retromastoid**). Que está por detrás del proceso mastoideo del temporal. (Lat. **retro**, detrás; + **mastoides.**)

retromorfosis (**retromorphosis**). Reversión a una forma más primitiva. // Catabolismo. (Lat. **retro**, hacia atrás; **morphe**, forma.)

retroperitoneal (**retroperitoneal**). Situado por detrás del peritoneo y por delante de la columna vertebral. (Lat. **retro**, hacia atrás; + **peritoneo.**)

retroplasia (**retroplasia**). Cambio de una célula a un tipo anterior o más primitivo. (Lat. **retro**; de atrás; **plasis**, moldeado.)

retropúbico (**retropubic**). Por detrás de la sínfisis pubiana. (Lat. **retro**, detrás; **pubes**, región púbica.)

retropulsión (**retropulsion**). Locomoción hacia atrás, como la de los calamares. (Lat. **retro**, hacia atrás; **pulsus**, empujón.)

retrorso (**retrorse**). Curvado hacia atrás. (Lat. **retrorsus**, hacia atrás.)

retroserrado (**retroserrate**). Se dice de la estructura que tiene dientes vueltos hacia atrás. También runcinado. (Lat. **retro**, hacia atrás; **serra**, sierra.)

retroserrulado (**retroserrulate**). Con dientes pequeños dirigidos hacia atrás. (Lat. **retro**, detrás; **serrula**, sierra pequeña.)

retrouterino (**retro-uterine**). Por detrás del útero. (Lat. **retro**, detrás; **uterus**, útero.)

retroversión (**retroversion**). Desviación hacia atrás de estructuras u órganos del cuerpo. (Lat. **retro**, hacia atrás; **verto**, volver.). // *Adj. retrovertido, retroverso*.*

retuso (**retuse**). De forma obtusa y con una escotadura en el medio, como la concha de algunos moluscos. (Lat. **retusus**, romo.)

revejente (**revehent**). Que es llevado hacia atrás, como los vasos revejentes del sistema porta renal. (Lat. **revehens**, lo que se lleva hacia atrás.)

reversibilidad (**reversibility**). V. *reacción reversible.*

reversible* (**reversible**). Que puede regresar al punto de partida. Apl. a reacción reversible. (Lat. **reversus.**)

reversión* (**reversion**). La aparición de rasgos ancestrales que no se presentaron en las generaciones anteriores inmediatas. // Atavismo. (Lat. **re**, detrás; **verto**, volver.) // *r. sexual*, el cambio de sexo funcional al otro sexo funcional.

reversionario (**reversionary**). Que tiene características atávicas. (Lat. **reversio**, vuelto hacia atrás.)

reverso* (**remora**). El pez *remora*, q.v. (Lat. **reversus.**)

revertido (**revert**). Que ha vuelto a su estado primitivo. (Lat. **revertere**, volver hacia atrás.)

reviviscencia (**revivescence**). Fenómeno de recuperación de las actividades vitales que muestran algunos animales, como los rotíferos y los tardígrados, después de haber pasado por un estado de vida latente y más o menos desecado cuando se restauran las condiciones ambientales apropiadas. (Lat. **re**, de nuevo; **vivescens**, volver activo.)

revolución geológica (**geological revolution**). Disturbio entre las eras geológicas que ha elevado o sumergido grandes regiones de la Tierra y hecho cambiar la distribución de los organismos, provocando la extinción de algunos grupos.

revolvente. V. *envolvente.*

revuelvepiedras* (**turnstone**). Ave zancuda comestible de América y Europa del orden *Charadriiformes*, familia *Charadriidae*, que acostumbra a virar las piedras en busca de animalitos (**Arenaria interpres**).

rexígeno (**rexigenous**). La formación de una ruptura o el resultado de ella. (Gr. **rhexis**, ruptura; **geno**, producir.)

rexis (**rhexis**). Fragmentación de cromosomas ocasionada por causas físicas. // La ruptura de un órgano. (Gr. **rhexis**, una ruptura.)

rey (**king**). Macho alado y sexualmente maduro de los termites.

reyezuelo* (**kinglet**). Avecilla europea del orden *Passeriformes*, familia *Regulidae* (**Regulus regulus**).

rezmilla*. V. *garduña.*

reznero (**cattle egret**). La garza boyera, espulga bueyes o garza migratoria (**Bubulcus ibis**). (De **rezno**, **garrapata.**)

rezno* (**tick**). La garrapata común del perro en Europa (**Ixodes ricinus**).// Larva del estro o moscardón, la cual se desarrolla en el estómago de los rumiantes y caballerias. (Lat. **ricinus**, **garrapata.**)

Rh. Abreviatura de *rhesus.* Ver factor *Rh.*

Rhabdiasida. Orden de nematodos lisos, sin faringe bulbosa, en los que alternan estados hermafroditas partenogenéticos y parásitos, con estados bisexuales libres. Vienen a ser un sinónimo de *Rhabditida.*

Rhabditida, Rhabditidea. Orden que incluye los nematodos de la subclase *Secernentea,* con el esófago compuesto de 3 regiones. Se consideran varios subórdenes, elevados por algunos nematólogos a la categoría de órdenes. (Gr. **Rhabdos,** varilla.)

Rhabditina. Suborden de nematodos del orden del *Rabdítidos* que estan provistos de una vagina corta y transversa, sin estilete. Son saprófagos o parásitos de plantas y animales. (**Strongyloides stercoralis.**)

Rhabdocoelida. Un orden de turbelarios pequeños acuáticos de hábitos carnívoros, con un intestino de forma sacular. (Gr. **rhabdos,** varilla; + **koilos.**)= *Macrotomida.*

Rhabdopleurida. Orden de hemicordados coloniales. terobranquios, provistos de 2 lofóforos y sin hendiduras branquiales. (Gr. **rhabdos,** varilla; **pleura,** lado.)

Rhachitoma. Orden de anfibios laberintodontes de los períodos Carbonífero y Pérmico, en donde fueron los dominantes. Tienen los intercentros de las vértebras grandes y cuneiformes y los pleurocentros pequeños e intercalados entre aquellos. (Gr. **rhachis,** espinazo; **tome,** cortado.)

Rhegnopteri. = *Polynemoidea.* Un suborden de peces del orden *Perciformes.*

Rheiformes. Orden de aves sudamericanas corredoras, sin quilla en el esternón y con alas rudimentarias ineptas para el vuelo. Se asemejan a los *avestruces africanos,* pero tienen tres dedos en los pies. También se denominan *avestruces americanos.* (Gr. **Rhea, hija de Urano.**)

Rhenanida. Subclase de peces fósiles placodermos que poseen amplias aletas pectorales y el cuerpo tiene forma intermedia entre tiburones y rayas. (De la **Rhenania.**)

rhesus. Nombre que ha sido vulgarizado para indicar cualquiera de las especies de monos catarrinos asiáticos que se emplean en experiencias de fisiología y de psicología animal. Hay dos especies que se incluyen en ese nombre: *Macaca mulatta* (anteriormente **Macaca rhesus**) y **Macaca irus.**

Rhinoceratoidea. Superfamilia de mamíferos en el suborden Ceratomorpha que incluye los rinocerontes. (Gr. **rhinos,** nariz; **keras,** cuerno; **-oidea,** sufijo que indica superfamilia).

Rhipidistia. Un suborden de peces coanictios del orden Crossopterygii. (Gr. **rhipidion,** abanico; **stichos,** hilera.)

Rhipidoglossa. Taxón en los gasterópodos prosobranquios, cuya rádula tiene dientes marginales de forma de abanico. (Gr. **rhipidion,** abanico; **glossa,** lengua.)

Rhipíptera. = *Strepsiptera,* q.v.

Rhizocephala. Orden de crustáceos cirrípedos desprovistos de concha, apéndices e intestino, con el cuerpo en forma de bolsa y con rizoides absorbentes que penetran en los tejidos del hospedero, en donde a veces producen su castración. Ej. *Sacculina.* (Gr. **rhiza,** raíz; **kephale,** cabeza.)

Rhizomastigida. Orden en los mastigóforos zoomastiginos provistos de uno o de varios flagelos y de varios pseudópodos. Son parásitos de anfibios y aves. *Histomonas meleagris* es agente de una enfermedad de las aves domésticas. (Gr. **rhiza,** raíz; **mastigos,** látigo.)

Rhizopoda. Una clase de protozoos. V. *Sarcodina.*

Rhizostoma. Un suborden de escifozoos. Escifomedusas que carecen de tentáculos y tienen los brazos del manubrio subdivididos en ramas numerosas de aspecto rizoide y fusionadas entre sí, de modo que la abertura oral queda dividida en numerosas aberturas pequeñas. (Gr. **rhiza,** raíz; **stoma,** boca.)

Rhizota. En una clasificación de los rotíferos, un orden que se caracteriza porque los individuos tienen hábitos sésiles y se fijan por la cola. (Gr. **rhiza,** raíz.)

Rhombozoa. Una clase del fílum *Mesozoa* llamada también *Dicyemida,* (Gr. **rhombos,** rombo.)

Rhopalocera. Suborden de insectos lepidópteros diurnos que se caracteriza por tener las antenas terminadas en maza, la boca chupadora, la falta de ocelos y la desigualdad de las alas. (Gr. **rhopalos,** maza; **keras,** cuerno.)

Rhophoptera. =*Siphonaptera,* orden desusado de insectos.

Rhyncophora. Nombre en desuso dado a una división del orden *Coleoptera* que comprendía los gorgojos. (Gr. **rhynchos,** pico; **phoreys,** portador.)

Rhyncopthirina. Suborden de insectos del orden *Phthiraptera* que comprende los piojos de elefantes. (Gr. **rhynchos,** pico; **phthirios,** piojo.)

rhyncho- (Del griego **rhynchos,** que significa pico, trompa, probóscide, nariz, etc.)

Rhynchobdellae. Un orden de anélidos hirudíneos provistos de trompa. Muchas especies habitan las aguas dulces y algunos parasitan caracoles, gusanos y peces de agua dulce. (Gr. **rhynchos,** trompa; **bdella,** sanguijuela.)

Rhynchocephalida, Rhynchocephalia. Reptiles primitivos diapsidos. de vértebras bicóncavas, cuadrado inmovible, ojo parietal bastante bien desarrollado, ano transversal y sin hemipenis. Una sola especie viviente, la tuatara o *Sphenodon punctatus,* de Nueva Zelandia, considerada como una de las reliquias fósiles vivientes. (Gr. **rhynchos,** pico u hocico; **kephale,** cabeza.)

Rhynchocoela. Un fílum zoológico, mejor conocido por el nombre de *Nemertina.* (Gr. **rhynchos,** pico; **koilos,** cavidad.)

Rhynchonelloidea. Un suborden de braquiópodos articulados neotrematos. (Derivado del género **Rhynchonella.**)

Rhynchota. Un superorden que abarca insectos que se caracterizan por tener un aparato bucal, chupador llamado rostro, formado por el labio inferior acanalado que contiene mandíbulas en forma de estilete (Gr. **rhynchos,** pico.)

riacófilo (rhyacophilus). Que vive en los torrentes. (Gr. **rhyax,** arroyo; **philos,** amante.)

ribazón. V. *arribazón.*

ribereño* (riverine). Perteneciente a la ribera o que habita en ella.

Ribinow, C.R. En 1944 descubrió la presencia de materia nuclear en las bacterias, lo que ha dado gran impulso a la genética moderna, especialmente en lo referente a las mutaciones.

riboflavina. (riboflavin). Es la vitamina llamada B_2 que interviene en el ciclo aeróbico de la respiración celular como aceptor de hidrógeno.

ribonucleasa (ribonuclease). Una enzima que digiere el ácido ribonucleico.

ribótidos (ribotide). Cualquiera de los diferentes nucleótidos que forman los ácidos nucléicos con las bases uracil, adenina, guanina, citosina. (De **ribosa.**)

ribosa (ribose). Una pentosa que forma parte de los nuclótidos de los ácidos nucléicos.

ribosoma (ribosome). Orgánulo citoplásmico en forma de gránulos diminutivos que contienen RNA y parecen ser centros de síntesis de proteínas. También *microsomas.* (De **ribo,** contracción de ribosoma, y **soma,** cuerpo.)

Ricinulei. Pequeño orden de arácnidos tropicales, conocido también por *Podogona.*

Ricketts, Howard T. Investigador norteamericano, que pudo aislar en 1909 de la sangre de ciertas garrapatas el organismo asociado con la enfermedad humana llamada "fiebre de las Montañas Rocallosas. Hoy en día a esos agentes se les denomina *Rickettsias.* (1871-1910)

rictus* (gape). Contracción de los labios que da a la boca el aspecto de la risa. // El ángulo posterior de la boca. // Abertura de la boca de las aves. (Lat. **rictus,** boca entreabierta.) *Adj.* ***rictal.***

Richards, A.N. Fisiólogo norteamericano. Realizó en 1921 el primer análisis del filtrado de los glomérulos de los riñones.

rigidez cadavérica (rigor mortis). Este estado de rigidez que se establece después de la muerte es explicado por la teoría de la contracción muscular de Szent-Györyi, porque las moléculas de ATP se destruyen después de la muerte, pero las moléculas de actomiosina no se recobran y no hay relajamiento muscular.

rigor* (rigor). Estado de rigidez por el que pasan algunos animales como consecuencia de un *shock* brusco y es resultado de una acción refleja, como el que muestran las *zarigüeyas* y algunos insectos. (Lat. **rigor**, rigidez.) // *r. mortis*, V. *rigidez cadavérica.*

rigosis (rhigosis). Sensación de frío. (Gr. **rhigos**, frío.)

rima* (fissure). Una fisura o hendidura estrecha. (Lat. **rima.**) *Adj. rimato, rimoso.*

rímula (rimula). Grieta pequeña. // La hendidura de la concha de algunos moluscos gasterópodos. Ej. el género *Rimula.* (Lat. dim. de rima, fisura pequeña.) *Adj. rimuloso.*

rinal (rhinal). Se aplica a la fisura cerebral que separa cada hemisferio del rinencéfalo. // Lo perteneciente a la nariz, *nasal.* (Gr. **rhis**, nariz.)

rinario (rhinarium). La parte desnuda del hocico de los mamíferos. // Una parte del naso de los insectos. (Gr. **rhis**, una nariz.)

rinco- (rhyncho-). (Del gr. **rhynchos**, pico, hocico, trompa, etc., y se emplea para indicar una estructura saliente en la parte anterior del cuerpo.)

rincocelo (rhynchocoel). Cavidad donde se aloja la trompa de los nemertinos. (Gr. **rhynchos**, trompa; **koilos**, cavidad.)

rincoceloma (rhynchocoel). V. *rincocelo.*

rincocéfalo (rhynchocephalian). Se dice de los reptiles del orden *Rhynchocephalia.* (Gr. **rhynchos**, trompa **koylos**, cavidad.)

rincodeo (rhynchodeum). La parte de la trompa de los nemertinos situada en frente del ganglio cerebroide. (Gr. **rhynchos**, trompa; **odos**, vía.)

rincodonte (rhynchodon). Que tiene pico dentado. (Gr. **rynchos**, pico; **odous**, **odontos**, diente.)

rincóforo (rhynchophorous). Que está provisto de un pico. (Gr. **rhynchos**, pico; **phoreys**, portador.)

rincópsido (skimmer). Ave palmípeda americana del orden *Charadriiformes*, de mandíbulas desiguales (**Rhynchops nigra**).

rincostoma (rhynchostome). El poro terminal anterior de los nemertinos, a través del cual se evierte la trompa. (Gr. **rhynchos**, trompa; **stoma**, boca.)

rincotes. V. *Rhynchota.*

rinencéfalo (rhinencephalon). Parte del encéfalo que comprende los lóbulos olfativos, que están especialmente desarrollados en los peces selacios y son centros de correlación olfatoria. (Gr. **rhis**, **rhinos**, una nariz; **enkephalos**, el cerebro.)

rinestesia (rhinesthesia). Sentido del olfato. (Gr. **rhis**, nariz; **aisthesis**, sensación.)

Ringer, Sidney. Fisiólogo inglés. En 1895 descubrió que el equilibrio entre los iones sodio, potasio y calcio es condición indispensable para la acción normal de los músculos del corazón. (1835-1910)

ringalo (ringhales). Cobra escupidora de Africa de la familia *Elapidae* (**Hemachatus sp.**)

rinio (rhinion). *Rinión*, punto craniométrico, situado en el extremo inferior de la sutura entre los huesos nasales. (Gr. **rhis**, tubo.)

rino- (rhino-) (Del griego, **rhis**, **rhinos**, nariz, y por extensión, olfato.)

rinocaña (rhinocanna). Tubo nasal. (Gr. **rhinos**, nariz.)

rinocaule (rhinocaul). La región estrecha del cerebro que lleva el lóbulo olfativo. // El pedúnculo olfativo. (Gr. **rhis**, nariz; **koilos**, hueco.)

rinocelo (rhinocoel). La cavidad del *rinencéfalo*, q.v. (Gr. **rhis,rhinos**, una nariz; **koilos**, cavidad.)

rinoceronte* (rhinoceros). Mamífero perisodáctilo, herbívoro, que tiene uno o más cuernos sobre la nariz. Familia *Rhinocerotidae*, géneros *Rhinoceros*, *Diceros*, etc. (Gr. **rhinos**, nariz; **keras**, cuerno.)

rinofaringe (rhinopharynx). V. *nasofaringe.*

rinóforo (rhynophore). Un órgano olfativo de los moluscos, generalmente situado en los tentáculos, formado por una fosita de paredes plegadas. (Gr. **rhis**, **rhinos**, una nariz; **phoreys**, portador.)

rinolalia (rhinolalia). Cualidad de la palabra debida a defectos en los pasajes nasales. (Gr. **rhis**, nariz; **-lalia**, prefijo que indica defecto en la dicción.)

rinología* (rhinology). El estudio de los órganos nasales y sus enfermedades. (Gr. **rhine**, nariz; **logos**, tratado.)

rinopiteco (rhinopithecus). Mono de China, de nariz corta. Orden *Primates*, familia *Cercopithecidae* (**Rhinopithecus roxellanae**).

rinostigma. Especie de mono cercopiteco africano que muestra una faja blanca que recorre longitudinalmente la nariz (**Cercopithecus hamlyni**).

rinoteca (rhinotheca). El estuche córneo que envuelve la rama superior del pico de las aves. (Gr. **rhis**, rhinos, una nariz; **theke**, un estuche.)

riñón *(kidney). Cada uno de los dos cuerpos que segregan la orina, situados en la región lumbar, uno a cada lado de la columna vertebral. // Un órgano excretor. (Lat. **ren**, **renes**, riñón.) // *r. algomerulado*, riñón propio de algunos peces osteictios que carece de glomérulos. // *r. acumulativo*, células situadas en las raíces de las branquias y en las láminas branquiales de ciertos crustáceos macruros, que acumulan productos de excreción eliminados durante las mudas. // *r. arquinéfrico*, v. *arquinefros*. // *r. cefálico*, v. *pronefros.* // *r. mesonéfrico*, v. *mesonéfros.* // *r. metanéfrico*, v. *metanefros.* // *r. opistonéfrico*, v. *opistonefros.* // *r. pronéfrico*, v. *pronefros.*

ripario (riparian). *Ripícola.* Que vive o se cria en las riberas, como la golondrina llamada *riparia.* (Lat. **rhiparia**, orilla o banco de un río.)

ripidiato (ripidate). En forma de abanico. (Gr. **rhipis**, **rhipidos**, abanico.)

ripidio (ripidium). Colonia de zooides en forma de abanico, como los de la gorgonia llamada *abanico de mar.* (Gr. **rhipis**, abanico.)

ripidistio. Se dice del pez del orden *Rhipidistia.*

ripidoglosa (rhipidoglossate). Tipo de rádula de los moluscos que se caracteriza porque las series de dientes tienen uno central o *raquídeo*, un pequeño número de laterales y numerosos marginales. (Gr. **ripis**, abanico; **glossa**, lengua.) V. *Rhipidglossa.)*

ripófago (rypophagus). Que se alimenta de inmundicias. (Gr. **rhyparos**, sucio.)

riptogloso (rhiptoglossate). Nombre que se le ha aplicado a los camaelones: por la propiedad de extender la lengua con gran rapidez. (Gr. **ripto**, tiro; **glossa**, lengua.)

risorio (risorius). Músculo que se extiende desde el masetero hasta la comisura labial, cuya contracción provoca una expresión de risa. (Lat. **risus**, risa.)

ritidoma (rhytidome). El conjunto de tejidos muertos de los troncos, ramas y raíces de los árboles. Es una habitación moluscos diminutos, etc. (Gr. **rhytidome**, de **rhytis**, arrugar.)

ritidosis (rhytidosis). Un arrugamiento, como el que a veces ocurre en la córnea. (Gr. **rhytis**, arruga.)

ritino (sea cow). Especie de mamífero, del orden *Sirenia*, que habitó los ríos de Siberia y el Mar de Behring y las Islas Aleutinas (**Rhytina stelleri**).

ritmo* (rhythm). Modificación periódica y cíclica de una función o de comportamiento animal. // Idem de una comunidad biótica. (Gr. **ritmos**, ritmo.) *Adj. rítmico* //

r.cardíaco, las pulsaciones periódicas del corazón. // *r. circadiano,* actividad orgánica que se repite más o menos diariamente. // *r. evolucionario o rapidez con que ha* ocurrido un proceso evolucionario, v. *taquilético, braditélico* y *horotélico.* // *r. miogénico,* rápida vibración en los músculos de alas de los insectos que se origina dentro del músculo. // *r.neurogénico,* el ritmo de los impulsos nerviosos que, en los insectos, comprende el batir de las alas. // *r. uraniano.,* v. *r. trienal,* ciclo vital de algunos insectos escarabeidos que dura tres años. También se le ha dado el nombre de ritmo *uraniano. r. nictimeral* **(diel periodicity).** Ritmo diario en el cambio de actividades que depende de la iluminación. =*periodicidad nictimeral.*

ritroceno **(rhithrocoen).** El sistema ecológico de las aguas superficiales. (Gr. **reithron,** corriente; **koinos,** común.)

Rivinus, Augusto Q. Anatomista alemán, cuyo nombre llevan algunas estructuras, como las glándulas sublinguales. (1652-1723)

rivoso **(rivose).** Se dice de lo que está marcado por surcos irregularmente sinuosos. *Rivuloso.* (Lat. **rivus,** una corriente de agua.)

rivular **(rivularis).** Que crece junto a los cursos del agua. (Lat. **rivulus,** dim. de **rivus,** corriente de agua, río.)

rizo- **(rhizo).** (Del griego **rhiza,** raíz.) Puede emplearse como sufijo, pero en ambos casos indica una estructura u órgano de aspecto de raíz, o ramificado como una raíz.

rizocaule **(rhizocaul).** *Rizocaulo.* La hidrorriza o estolón rastrero de las colonias de hidroides. (Gr. **rhiza,** raíz; lat. **caulis,** tallo.)

rizocéfalo **(rhizocephalous).** Crustáceo cirrípedo del taxón *Rhizocephala.* (Gr. **rhiza,** raíz; **kephale,** cabeza.)

rizófago* **(rhizophagous).** Animal que se alimenta de raices de las plantas. (Gr. **rhiza,** raíz; **phagein,** comer.)

rizoflagelados **(rhizoflagellate).** Nombre que ha sido propuesto, pero sin mucha aceptación, para reunir en una sola agrupación ciertos amebinos, los flegelados y los foraminíferos. (Gr. **rhiza,** raíz; + **flagelados.**)

rizoide **(rhizoid).** Estructura en forma de raíz, como los tentáculos de las medusas rizóstomas. (Lat. **rhiza,** raíz.)

rizomito. V. *rizostilo*

rizomorfo **(rhizomorphic).** Estructura de forma de raíz. (Gr. **rhiza,** raíz; **morphe,** forma.)

rizoplasto **(rizoplast).** Fibrilla citoplásmica que une determinados orgánulos relacionados con el movimiento de los flagelados. (Gr. **rhiza,** raíz; **plastos,** modelado.)

rizópodo* **(rhizopod).** Pseudópodo que muestra tendencia a ramificarse y anastomosarse. // Un miembro de la clase *Rhizopoda.* (Gr. **rhiza,** raíz; **podos,** pie.)

rizostilo **(rhizostyle).** Fibra citoplásmica que une el corpúsculo basal con el núcleo o sus cercanías. (Gr. **rhiza,** raíz; **stylos,** pilar.) V. *rizoplasto.*

roano* **(roan).** Dícese del caballo cuyo pelo está mezclado de blanco, gris y bayo. (Lat. **ravidianus,** rojo oscuro, rojo gris.) *Ruano**.

robaliza* **(female snook).** La hembra del róbalo.

róbalo*, robalo **(snook).** Uno de los varios peces marinos antillanos del orden *Perciformes,* familia *Centropomidae* **(Centropomus undecimalis). (Port. elobarro).**

robezo* **(chamois).** El rumiante llamado *gamuza.*

rocín* **(hack).** Caballo de mala traza. // Caballo de trabajo. (Ar. **russan,** caballo pequeño.)

roc **(rock).** Ave citada por Marco Polo. Se supone sea una especie gigante del orden *Aepyornithiformes,* que vivió en Madagascar **(Aepyornis sp.)**

rococo* **(toad).** Argentina: especie de sapo de gran tamaño **(Bufo paracnemis).**

rocho.* Ave fabulosa de gran fuerza y tamaño.

rodaballo* **(flounder turbot).** Pez marino del orden *Pleuronectiformes,* que es una especie de lenguado **(Scophtalmus maximus). (Lat. rotabulum).**

rodador* **(black fly).** Cuba: insecto díptero hematófago que habita los bosques y da picadas ardientes. Familia *Simulidae* **(Simulium sp.)** El nombre se debe a que cuando se llena de sangre, rueda y cae al suelo.

Rodentia. Orden de mamíferos placentados ungüiculados que tienen los incisivos dispuestos para roer (en número 2) en forma de cincel, con un diastema entre los externos y los premolares. Comprenden los ratones, ardillas, castores, puercoespines, cavias, etc. Ver también *Lagomorpha.*

rodilla* **(knee).** Región de la pierna formada por la rótula y la articulación del fémur con la tibia. (Lat. **rotella,** dim de **rota,** rueda.)

rodo- **(rhodo).** (Del gr. **rhodon,** una rosa.)

rodocito **(rhodocyte).** V. *eritrocito.*

rodófano **(rhodophane).** Substancia aceitosa y rojiza que se encuentra en los conos de la retina de las aves y peces. (Gr. **rhodon,** rosa; rojo; **phaino,** mostrar.)

rodogénesis **(rhodogenesis).** Regeneración de la rodopsina después de su blanqueamiento por la luz. (Gr. **rhodon,** rojo, **génesis,** origen.)

rodopsina **(rhodopsin).** Pigmento de los bastoncillos de la retina, también llamado *púrpura visual,* que está formado por el complejo de una proteína propia, la *opsina,* del *aldehido de la vitamina A,* llamado *retineno.* Es el pigmento fotosensitivo responsable de la visión nocturna, y expuesta a la luz se descolora y descompone en opsina y retineno, recibiendo entonces el nombre de amarillo visual. La vitamina A, forma alcohólica, contribuye a regenerar la rodopsina.

roedor* **(rodent).** Animal que roe. V. *Rodentia* y *Lagomorpha.*

Roentgen, Wilhem Konrad. Físico alemán, descubridor de los rayos X en 1895, cuya aplicación a la biología ha permitido llevar a cabo muchos avances en la anatomía y la fisiología. (1845-1923)

roer* **(to gnaw).** Cortar menudamente con los dientes una cosa dura, como lo hacen los ratones. (Lat. **rodere,** roer.)

rojo visual **(visual red).** Un pigmento retinal encontrado principalmente en el pez fluvial tenca.

Rolando, Luigi. Anatomista italiano. V. *fisura de Rolando.* (1773-1831)

rolita **(Ground dove).** *Puerto Rico*: Tortolita que pertenece a la familia *Columbidae* **(Columbigallina passerina).**

rolón **(mourning dove).** *Puerto Rico:* especie de tórtola, ave Columbiforme de la famila *Columbidae* **(Zenaidura macroura.)**

romaguera **(ray).** Pez condrictio, especie de raya de mares europeos **(Raja batis).**

rollo **(rouleau).** V. *rouleau.*

rombencéfalo **(rhombencephalon).** Región posterior de la vesícula encefálica primitiva que origina el *cerebelo, el puente de Varolio* y la *médula oblongada.* (Gr. **rhombus,** rombo; **en,** dentro; **kephale,** cabeza; **enkephalos,** cerebro.)

rómbico **(rhombic).** Lo que muestra la figura de un rombo, como las placas de algunos dinoflagelados. (Gr. **rhombos.**)

rombocelo **(rhombocoele).** La expansión terminal del canal de la columna vertebral. (Gr. **rhombon,** rombo; **koilos,** cavidad.)

rombógenos **(rhombogene).** Individuos asexuados de los mesozoos diciémidos, que producen asexualmente los *infusorígenos,* que son formas sexuales. (Gr. **rhombos,** rombo; **genos,** producir.)

romboide* **(rhomboid).** Que tiene forma de rombo, como ciertas escamas, senos, ligamentos, etc. //. Músculo que conecta la escápula con la columna vertebral. (Gr. **rhombos,** rombo.) // *r. de Micholis,* un área romboidal en la cara posterior de la pelvis.

romboideo-oval **(rhomboid-ovate).** Que tiene una forma intermedia entre romboide y ovalada.

rompemar **(skimmer).** Venez.: *pico tijera, rayador,* ave marina del orden *Charadriiformes,* familia *Rynchopidae* **(Rynchops nigra).**

roncadele (**garganey**). Especie de cerceta, pato europeo (**Anas querquedula**).

roncador* (**umbrina**). Pez del Atlántico americano, del orden *Perciformes*, familia *Sciaenidae* (**Umbrina coroides**).

ronco* (**grunt**). Antillas: nombre común de varios peces marinos litorales. de voz ronca. Orden *Perciformes*, familia *Pomadasyidae* (**Haemulon parra**).

Rondelet, Guillaume. Naturalista francés, autor de una de las primeras obras ilustradas sobre animales marinos, *De piscibus marinis*, publicada en 1554, que incluía diversas clases de animales del Mediterráneo y la primera ilustración de un invertebrado disectado: el ofiuroideo *Gorgonocephalus*. (1507-1566)

ronsaco (**capybara**). Perú: V. *capibara*, roedor.

ropalio (**ropalium**). Organo sensorial marginal o clava sensitiva de los escifozoos, que contiene estatocistos y, en algunos casos, células sensoriales, una foseta olfativa y ocelos visuales. (Gr. **ropalon**, **maza o clava**.)

ropalócero. Que pertenece al grupo *Rhopalocera*, q.v.

roquero (**Rock trush**). Nombre que se aplica a varias avecillas europeas del orden *Passeriformes*, familia *Turdidae*, genero *Monticola*.

roqués. Variedad del halcón común eruopeo, de color negro.

rorcual* (**rorqual**). Ballena de gran tamaño, con pliegues ventrales y aleta dorsal. Familia *Balaenopteridae*. V. también *gubarte*. (**Balaenoptera, sp.**) (Norug. **roirkual.**)

rosario* (**rosary**). Estructura que se asemeja al collar de cuentas. (Lat. **rosarium**, conjunto de rosas.)

Rosenmuller, Juan C. Anatomista alemán, descubridor del paraovario, órgano de la mujer análogo al paradidimo del hombre. V. *epioófero*. (1771-1820)

roseta* (**rosette**). Un grupo de blastómeros que rodea la cruz característica del hueyo de segmentación espiral. // Estructura de forma de rosa. // Organo que sirve para la fijación de los vermes platelmintos cestodos. // Un remolino de pelos en el pelaje. // Un grupo de canales espiraculares en los insectos acuáticos. // Un gran embudo ciliado procedente del receptáculo espermífero de los gusanos de tierra. // Círculo de células ciliadas u órgano de excreción de los tenóforos. (Galicismo por rosita.) (Lat. rossella, rosita.)

rosmaro* (**walruss**). Especie de *morsa* atlántica del orden *Carnivora*, familia *Odobaenide*. (**Odobaenus rosmarus**).

rosoral (**rosorial**). Lo relacionado con el acto de raer. (Lat. **rosus**, raído.)

Ross, Ronald. Médico inglés, que pudo probar en 1897 que el agente causante de la malaria era un protozoo del género *Plasmodium*. Premio Nobel para el año 1902. (1857-1932)

rostelo (**rostellum**). Círculo de garfios situados en una elevación del escólex o "cabeza" de las tenias. // Proceso en forma de pico. // Piezas bucales de ciertos insectos. (Lat. **rostellum**, dim. de rostrum, pico.) *Adj.* **rosteliforme.**

rostro* (**rostrum**). Pico. // Hocico o prolongación similar anterior de la cabeza. // Pieza en el *capítulo* de los cirrípedos. // Prominencia en el *sepión* de las sepias. // Región prenasal. // Prolongación posterior de la extremidad anterior del cuerpo calloso. *Adj.* **rostral,* rostrado,***. // ***r. basisferoidal***, astilla saliente del basisfenoides en algunos reptiles, que remplaza el presfenoides en el suelo del cráneo.

róstrulo (**rostrulum**). *Rostelo*. Un pequeño rostro. (Lat. **rostrulum**, un pico pequeño.) *Adj.* **rostrulado.**

rosular (**rosular**). Dispuesto en forma de rosetas. // Rosulado. (Lat. **rosulatus**, de rosa.)

rotado (**rotate**). Que tiene forma de rueda. *Rotiforme*. (Lat. rota, rueda.)

rotatorio (**rotator**). Nombre que se aplica al músculo que hace rotar un miembro sobre su eje. (Lat. **rotator.**) // ***r. spinae***, cualquiera de los músculos situados a cada lado de la vértebras torácicas, desde una apófisis tranversal hacia la vértebra inmediata superior.

Rotatoria. Ver. *Rotífera*.

rotenona (**rotenone**). Un insecticida obtenido de plantas leguminosas del género *Derris* y otros afines. Se emplea mucho para la pesca en aguas bajas, pues los peces matados con la rotenona no son tóxicos.

Rotífera. Un fílum de animales acuáticos microscópicos y seudocelomados del grupo *Aschelminthes*. Tienen un órgano en forma de rueda, así como faringe con mandíbulas y pronefridios con células flamígeras. (Lat. **rota**, rueda; **ferre**, llevar.)

rotífero* (**rotifer**). Un miembro del fílum *Rotífera*.

rótula* (**rotula**). Hueso de la rodilla de los mamíferos, llamado también *patela*. // Cada uno de los osículos dirigidos radialmente en cada una de las cinco series de piezas de la linterna de Aristóteles de los erizos de mar. (Lat. **rótula**, ruedecilla.) *Adj.* **rotular*, rotuliano***.

Rotulina. Suborden de equinoideos en el orden *Clypeasteroidea*. (Lat. **rotula**, ruedecilla.)

Rouget, Charles. Fisiólogo francés. V. *células de Rouget*. (1824-1904)

Roughton, F.J.W. Descubridor de la enzima anhidrasa carbónica, que se encuentra en los eritrocitos y juega un papel importante en los procesos respiratorios.

rouleau (**rouleau**). Un agregado de glóbulos rojos que asemeja una pila de monedas. (Fr. **ruleau**, rollo.) Rollo.

Roux, Wilhelm. Biólogo alemán. En 1883 propuso la hipótesis, sin poder confirmarla, de que los cromosomas regulan la herencia. Asimismo en 1885, fue expositor de la teoría del desarrollo en mosaico. (1850-1924)

Rowan, William. Zoólogo canadiense. Pudo determinar en 1925 el efecto del largo del día en el tamaño de las gónadas y en el comportamiento migratorio en las aves.

rubefaciente* (**rubefacient**). Un agente que provoca el enrojecimiento de la piel. (Lat. **ruber**, rojo; **facere**, hacer.)

rubescente* (**rubescens**). De color rojizo. (Lat. **rubescenes**, que tira a rojo.)

rubeta* (**peeper**). Rana de zarzal o rana de San Antonio, anfibio del orden *Anura*, familia *Hylidae*, que vive en las zarzas (**Hyla arborea**).

rubiginoso (**rubigineous**). De color de la herrumbre. (Lat. **rubiginosis**, herrumbre.)

rubio volador (**gurnard**). Cuba: pez marino del orden *Perciformes*, familia *Triglidae* capaz de volplanear (**Prionotus rubio**).

Rubner, Max. Químico alemán. El primero en llevar a cabo medidas precisas para determinar el valor calorífico de los alimentos.

rubri- (**rubri-**). (Del latín **ruber**, rojo.)

rubriblasto (**rubriblast**). Un eritrocito inmaduro o proeritroblasto. (Lat. **ruber**, rojo; gr. **blastos**, germen.)

rubricito (**rubricite**). Un eritrocito policromatófilo. (Lat. **ruber**, rojo; gr, **kytos**, célula.)

rubrospinal (**rubrospinal**). Cada uno de los tractos descendientes de los axones del núcleo rojo que se extiende a lo largo de las columnas ventrolaterales de la médula espinal. (Lat. **ruber**, rojo; **spina**, espina.)

rucio (**ass**). *Asno*.

rucho (**donkey**). Rucio, pollino o asno juvenil. (De **rucio**.)

ruderal (**ruderal**). Se dice del organismo que vive o se cría en desperdicios, tales como escombros, ruinas, piedras junto a los caminos, etc. (Lat. **rudus, ruderis**, ruinas, desperdicios.)

rudimentación (**rudimentation**). El proceso de adaptación de un órgano que, por la falta de uso, queda en estado rudimentario. (Lat. **rudimentario, rudimentación.**)

rudimento* (**rudiment**). Organo o estructura incompletamente desarrollada o que no tiene función V. *vestigial*. (Lat. **rudimentum**, en estado rudo.) // El estudio de los órganos rudimentarios es de gran importancia en la filogenia porque permite establecer afinidades que de otra manera serian dificiles reconocer. // *Adj.* ***rudimentario.***

rudistas **(rudistids).** Moluscos fósiles de la clase Bivalvia que formaron arrecifes durante el período *Cretácico* en el mar de Tethys. (Lat. **rudis,** ruedo, tosco.)

rueda* **(wheel).** Osículo circular en los holoturioideos. // La corona de los rotíferos. (Lat. **rota,** rueda.)

ruequilla **(colulus).** Pequeño cono situado entre las hilanderas anteriores de las arañas. (Lat. **colus,** rueca.)

rufescente **(rufescent).** De color algo rojizo o que se vuelve rojizo. Término empleado en descripciones taxonómicas (Lat. **rufescens.**)

Ruffini, A. Anatomista italiano, descubridor de las estructuras llamadas en su honor *corpúsculos de* Ruffini. (1864-1929)

rufinismo **(rufinism).** Pigmentación rojiza de la piel por la falta de determinados pigmentos obscuros. (Lat. **rufus,** rojizo.)

rufino **(rufine).** Pigmento de color rojo en las glándulas mucosas de algunos moluscos pulmonados terrestres. (Lat. rufus, rojizo.)

Rufo de Efeso. Médico griego que escribió el tratado de anatomía más completo de la antigüedad. (Siglo II a. de J.C.)

ruga* **(ruga).** Pliegue o arruga que se forma en ciertos órganos, como en el estómago vacío y en la vagina. (Lat. **ruga.**)

rugido* **(roar).** Bramar del león y otras fieras. (Lat. **rugire.**)

ruginoso* **(rusty).** Mohoso. De color de orín. (Lat. **ruga.**)

rugir* **(roar).** La brama del león y otras fieras. (Lat. **rugire,** rugir.)

Rugosa. Grupo de antozoos fósiles del Paleozoico. V. *Tetracorallia.*

rugosidad* **(rugosity).** La calidad de estar arrugado. *Adj.* ***rugoso*.*** (Lat. ruga, arruga.)

ruguloso **(rugulose).** Ligeramente arrugado. (Lat. **rugula,** dim. de ruga, arruga.)

ruiseñor* **(nightingale).** Ave canora europea del orden *Passeriformes,* familia *Turdidae,* **(Luscinia luscinia).** // Cuba: ave de la familia *Mimidae* **(Myiadestes elizabeth).** // Puerto Rico: el sinsonte, ave paseriformes **(Mimus polyglottos).**

rubul. Ave tropical del orden *Galliformes* cuyo macho tiene un penacho de plumas en la parte posterior de la cabeza.

runcho* **(opossum).** Colombia: especie de zarigüeya.

rumen* **(rumen).** La panza o primera cavidad estomacal en los rumiantes y cetáceos, que es derivada del esófago y en ella los alimentos sufren una fermentación por microorganismos simbióticos. (Lat. **rumigare,** rumiar.)

rumia* **(rumination).** Acción y efecto de rumiar. // El alimento regurjitado que se vuelve a ensalivar y masticar por los rumiantes. (Lat. **rumigare,** rumiar.) *Adj.* ***ruminado.***

rumiadura* **(rumination).** V. *rumia.*

rumiante **(rumiant).** Mamífero herbívoro que rumia. V. *Ruminantia.*

rumiar **(ruminante).** Acción y efecto de masticar la *rumia* o alimento regurjitado. (Lat. **rumineal,** rumiar.)

ruminado **(ruminate).** Lo que ha sido rumiado. (Lat. **ruminatus,** ruminado.)

Ruminantia. Suborden de artiodáctilos, caracterizado por los pies provistos de pezuñas pares y por rumiar los alimentos. (Lat. **rumigare,** rumiar.)

runcinado **(runcinate).** Lo mismo que *retroserrado,* pero el término es más usado en botánica. (Lat. **runcina,** plano; neolat. *runcinatus,* con divisiones apuntando hacia la base.)

rungo* **(young pig).** Cerdo de menos de un año. (Onomatopéyico.)

Runi, Carlo. Anatomista italiano del siglo XVI. famoso por la precisión con que realizó estudios sobre la anatomía del caballo.

runun. Chile: ave del orden *Passeriformes* **(Hymenops perspicillata).**

rupestre* **(rupestrine).** Perteneciente a las rocas o relativo a las rocas. (Lat. **rupestris,** rupestre.)

rupicabra* **(chamois).** V. *gamuza.* (Lat. **rupes,** roca; **capra,** cabra.)

rupícola **(rupicolous).** Que habita en las rocas o peñascos. (Lat. **rupis,** rocas; **-cola,** habitante.)

ruptil **(ruptile).** Que se rompe irregularmente. Organo que se rompe por sí mismo. // En ciertos moluscos gasterópodos la punta de la concha, que se desprende sola. (Lat. **ruptus,** romper.)

ruptura* **(rupture).** Rotura. Separar aparte, como en la hernia. (Lat. **ruptus,** romper.)

rusa **(sambar).** Ciervo pequeño de las Indias Orientales **(Cervus (Rusa) unicolor).** V. = *Sambar.*

Ruska, Ernst. Desarrolló el primer microscopio electrónico en 1931 en colaboración con Max Knoll.

ruta aérea **(flyway).** Rutas geográficas que siguen ciertas aves migratorias.

rutilismo. V. *rufinismo.* (Lat. **rutilus,** rojo.)

S

sábalo* **(shad).** *Alosa.* Pez osteictio marino, anádromo, del orden *Clupeiformes,* familia *Clupeidae* **(Alosa alosa).** // *s. (tarpon),* Cuba: *tarpón,* pez marino de gran tamaño, de pesca deportiva. Orden *Clupeiformes,* familia *Megalopidae* **(Megalops atlantica).** // Perú: pez fluvial, (Dicc.).(Ar. **sábal** o **sabil.**)

sabana* **(savannah).** Llanura tropical herbácea con árboles o arbustos esparcidos cuyo clima tiene una estación seca. (Voz **caribe**).

sabandija* **(bug, vermin).** Cualquier reptil pequeño, insecto o araña. // *s. (gecko)* Cuba: especie de saurio de la familia *Geckonidae* **(Sphaerodactylus scaber).**

sabandijuela*. Dim. de *sabandija.*

sabanero*. Lo que es propio de una sabana o tiene relación con ella. Ave. sabanera. // *s. (meadow lark).* Cuba: ave del orden *Passeriformes,* familia *Icteridae* (Sturnella magna).

sabejo* *Perro sabueso.*

sabela* **(sabella).** Gusano anélido poliqueto marino sedentario del grupo Sabelliformes.

Sabelliformes. Un grupo de anélidos tubícolas que tienen los palpos grandes, subdivididos, muy vascularizados, de funciones respiratorias y sensoriales. Ver *Sedentaria.*

sabina*. Pez condrictio antillano. V. *lebisa.*

sable* **(sable).** Antílope africano de cuernos largos muy encorvados hacia atrás. **(Hippotragus sp.)** // Cuba: *s. (ribbon fish),* pez marino de aspecto ensiforme y color plateado. Orden *Perciformes,* familia *Trichiuridae* **(Trichiurus lepturis).**

Saboga. Ver sábalo

sabosa. V. *alosa* o *sábalo,* pez.

sabueso* **(hound).** Perro de caza, que se guía principalmente por el olfato.

sabulino, sabuloso **(arenaceus).** *Arenoso.* (Lat. **sabulum,** arena.)

saburra* **(saburra).** Secreción mucosa espesa de las paredes del sistema digestivo, que cubre la lengua. (Lat. **saburra,** lastre.)

sacabera*. *Salamandra,* anfibio.

sacarasa **(saccharase).** Sucrasa, enzima que digiere la sacarosa, desdoblándola en dos hexosas, (Gr. **sakcharon,** azúcar; **-asa,** "enzima".)

sacarosa **(saccharose).** *Sucrosa* o azúcar común de caña o remolacha, que es un disacárido. (Gr. **sakcharon,** azúcar.)

sacarosuria **(saccharosuria).** Presencia de sacarosa en la orina. (Gr. **saccharum,** azúcar; **ouron,** orina.)

sacciformes **(sacciform).** En forma de saco. (Lat. **sacciformis.**)

Saccopharyngiformes. Orden de peces de profundidad de aspecto de anguila que carecen de aletas pélvicas y tienen la boca muy grande. (Lat. **saccus,** saco; gr. **pharynx,** garganta; lat. **forma.**)

Sacculina. Género de crustáceos cirrípedos, parásitos sobre cangrejos, que origina en estos un tipo de castración llamada *parasitaria.* (Lat. **sacculus,** saco.)

saccus **(saccus).** *Saco.* El nombre latino es usado en algunas estructuras. // *Saccus lacrimalis.* // El noveno esternito abdominal de algunos machos. (Lat. **saccus,** *saco.)* // *Adj. saccífero, sacciforme.*

saco* **(saccus).** Receptáculo abierto en un solo lado que forman muchas clases de estructuras orgánicas. (Lat. **saccus,** saco.) // *s. adhesivo,* bolsa en el extremo posterior de las larvas de los briozoarios. // *s. aerífero,* los sacos llenos del aire que las aves comunican con los bronquios y los huesos huecos y se extienden por el cuello, el tórax y la cavidad abdominal, formando los llamados sacos *cervicales, claviculares, pretorácicos, postorácicos* y *abdominales.* // En los mamíferos cada una de las bolsillas pulmonares en donde se encuentran los alveolos pulmonares. // En los insectos, cada una de las bolsillas dependientes de las tráqueas, de paredes muy delgadas. // *s. amniótico,* la bolsa formada por el *amnion,* que envuelve el embrión de los reptiles, aves y mamíferos. // *s. anal,* bolsa comunicada con el recto o con el ano en algunos invertebrados. En los equiuroideos, funcionan como órganos excretores. // *s. branquial,* o cada una de las bolsas invaginadas en la pared del cuerpo en los hemicordados que comunican al exterior por los poros branquiales. // *s. calcáreo,* cada uno de los divertículos del conducto endolinfático de los anfibios saltadores, que se extienden hasta la cavidad pleuroperitoneal y poseen concreciones calcáreas. // *s. celómico,* cada una de las segmentaciones del mesodermo tapizada por las hojas epiteliales llamadas parietal y visceral. // *s. compensatorio,* saco membranoso que, en los briozos, se abre junto a la abertura bucal y contribuye a mantener constante el volumen del organismo. // *s. copulador,* saco bulboso en el aparato sexual femenino de los turbelarios que recibe la esperma durante la cópula. // *s. cremastérico,* bolsa que envuelve los testículos, inmediatamente por ,dentro del escroto, en algunos mamíferos. // *s. de cal,* v. *glándulas de Swammerdam.* // *s. del dardo,* bolsa en la vagina de los gasterópodos pulmonados que contiene una pieza calcárea o dardo que se dispara durante la cópula contra la piel de la pareja. // *s. de Needham,* bolsa terminal en el conducto espermático en ciertos cefalópodos, como las sepias. //*s. de Ruthke,* un divertículo bucal en el desarrollo de los vertebrados que marca el comienzo de la formación de la hipófisis. // *s. de Saefftigen*, bolsa del aparato sexual masculino en acantocéfalos que por contracción ejectan fluidos en la vagina. // *s. de tinta*, bolsa de un fluido pardo obscuro situado en el lado ventral de los calamares y otros cefalópodos. // *s, dernomuscular*, la pared del cuerpo de los anélidos. // *s. endolinfático*, ampolla en el extremo del conducto endolinfático del oido interno. // *s. eyaculador*, órgano que bombea fluido seminal desde el vaso deferente hasta el pene. // *s. gástrico*, uno de los cuatro ensanchamientos de la cavidad gastrovascular de las medusas. // *s. gular*, especie de pliegue o bolsa de la garganta de algunos lagartos, más conspicuo en los machos. // *s. hipofisial*, una cavidad en el encéfalo de algunos vertebrados que representa el conducto que originalmente comunicaba la hipófisis con la boca. // *s. incubatriz*, una cavidad o bolsa en donde los huevos pueden ser depositados e incubados. // *s. lagrimal*, bolsilla que recibe las secreciones de las glándulas lagrimales y de la glándula de Harder y que comunica con la cavidad nasal por medio del conducto nasolagrimal, o *saco conjuntival*. // *s. linfáticos*, espacios que se encuentran bajo la piel de los anfibios entre sus líneas de unión con los músculos. Son en números de trece y de ellos parten los vasos linfáticos. También se llaman *senos linfáticos*. // *s. mesodérmico*, cualquiera de las cavidades mesodérmicas en los anélidos, equinodermos, cefalocordados, v. *saco celómico*. // *s. músculo-cutáneo*, bolsa constituída por la pared del cuerpo de los moluscos, anélidos y otros vermes que constituye el órgano locomotor principal. // *s. olfativo*, en los peces cartilaginosos cualquiera de las dos fosetas que se abren sobre el hocico inmediatamente por delante de la boca, y sin comunicación con la cavidad bucal. En los peces óseos están menos desarrollados y se abren por encima del hocico // *s. pineal*, vesícula terminal de la *epífisis* en *Sphenodon*. // *s. pilórico*, bolsa de cinco lóbulos sobre el estómago en los equinodermos. // *s. pleural*, o *cavidad pleural*. // *s. pulmonar*, la cavidad del manto en los moluscos. // *s. radular*, invaginación de la mucosa del piso de la faringe, que porta el órgano de masticación o *rádula* en los moluscos. // *s. setígero*, bolsa en donde se alojan penachos de setas en los parapodios de los anélidos poliquetos. // *s. terminal*, porción vestigial del celoma en las glándulas exceretoras de los crustáceos. // *s. vasculoso*, evaginación del diencéfalo de los peces muy vascularizada. // *s. ventral*, una de las bolsillas ventrales en algunos pedipálpidos y palpígrados que funcionan como órganos respiratorios. // *s. visceral*, abultamiento dorsal de los moluscos que contienen las vísceras y que a veces está arrollado en espiral. // *s. vitelino*, bolsa que contiene el vitelo o vena en los embriones de reptiles y aves, y constituye la *vesícula umbilical* en el embrión de los mamíferos. // *s. vocal*, órgano muy dilatable y resonador de los machos de ciertos anfibios que se forma a expensas de la mucosa faríngea.

Sacoglossa. Un orden de moluscos gasterópodos de la subclase *Opisthobranchia*. Rádula modificada por sus hábitos herbívoros suctores. Algunos tienen concha primitiva espiral, otros desnudos.

sacre*. España: ave del orden *Falconiformes*, muy parecida al halcón común y al gerifalte, pero de color pardo terroso (**Falco cherrug.**)

sacro* (**sacrum**). Se aplica al hueso que forma la extremidad de la columna vertebral, que se articula con la cintura pélvica y está formado generalmente por varias vértebras soldadas. (Lat. **os sacrum**, hueso llamado sagrado por emplearse en ceremonias religiosas.)

sacrocaudal (**sacrocaudal**). Perteneciente a las regiones sacra y caudal. (Lat. **sacer**, sagrado; **cauda**, cola.)

sacrococcígea (**sacrococcygeal**). Perteneciente a las regiones sacra y cocígea. (Lat. **sacer**, sagrado; + **cocix**, cuero.)

sacroilíaco (**sacro-iliac**). Perteneciente al sacro y al ílium. (Lat. **sacer**, sagrado; **ilia**, flancos.)

sacrolumbar (**sacrolumbar**). Perteneciente al sacro y a la región lumbar. (Lat. **sacer**, sagrado; **lumbus**, ijada.)

sacrospinal (**sacrospinal**). Perteneciente a la región sacra y a la espina dorsal. (Lat. **sacer**, sagrado; **spina**, espinazo.)

sacrovertebral (**sacrovertebral**). Lo que pertenece al sacro y a las vértebras. (Lat. **sacer**, sagrado; + **vertebral**.)

Sactosomatidea. Clase del fílum *Echiuroidea*, en la que no existen ni trompa, ni setas ni sacos anales. Todas las especies conocidas son abisales. (Gr. **saxtos**, relleno; **stoma**, boca.)

sáculo (**sacculus**). Un saco pequeño. *Adj. saculado*. (Lat. **sacculus**, bolsilla).) // Pequeña esfera llena de gránulos en el tegumento de los surcos radiales de los crinoideos, que pueden ser material de reserva. // Bolsa del oído interno de los vertebrados, lleno de endolinfa, revestida de epitelio ciliado y provisto de otolitos de carbonato de calcio. Se le asigna una función en el equilibrio corporal. // *Adj. saculado, sacular.* // *s. endolinfático*, en los vertebrados terrestres, una modificación del conducto endolinfático de los peces.

sacharaca. Perú: v. *tapir americano*.

safán. V. *damán*.

safena* (**saphaena**). Se dice de la vena gruesa superficial de la parte interna de la pierna. (Gr. **saphenes**, claramente.)

safío* (**sharptail eel**). Cuba: nombre dado a varias especies de peces marinos parecidos al congrio, del orden *Anguilliformes*, familia *Ophichthidae* (**Myrichthys acuminatus**).

saga (**river goby**). Puerto Rico y Cuba; pez fluvial, especie de guabina pequeña comestible. También *guabina hoyera* (**Chonophorus taiasica**). (**Voz indígena.**)

sagita* (**saggita**). Un otolito alargado situado en el sáculo de los peces óseos. (Lat. **sagitta**, flecha.) // Valvas genitales internas en ciertos insectos himenópteros. // Estructura en forma de saeta. // *Adj. sagitado.*

sagital* (**sagittal**). Lo que tiene forma de saeta. // Lo que pertenece al plano medio anteroposterior de un animal de simetría bilateral. // La sutura entre los huesos parietales. (Lat. **sagitta**, flecha.)

sagitocisto (**sagittocyst**). Una cápsula o quiste en los turbelarios que contiene una sola aguja. (Lat. **sagitta**, saeta; **kystos**, vesícula.)

Sagitoideos. Un taxón equivalente a *Chaetognatha*.

sagrinado (**shagreen**). Se aplica a una superficie cubierta por numerosos granitos que tienen aspecto de piel granillosa. (Turco, **caghri**, piel curtida;fr. **chagrin**; ing. **shagreen**.)

saguaipé* (**liver fluke**). Argent.: verme trematodo parásito del higado o *duela del hígado* (**Fasciola hepatica**).

saguinos (**tamarins**). Especies de pequeños monos sudamericanos de la familia *Callithricidae* (**Leontocebus rosalia**).

sahumio. V. *chichico* o *tamarín*.

sai. Ave sudamericana del orden *Passeriformes*, familia *Thraupidae* (**Thraupis sauaca**). // Mono capuchino, q.v.

saiga (**saiga**). Especie de antílope, propio de la Europa oriental y del Asia occidental, de nariz convexa (**Saiga tartarica**).

saimirí (**squirrel monkey**). Pequeño mono sudamericano de cola larga no prensil, llamado también *tarezo* y *frailecillo*. (**Saimiri sciurea**).

sain*. Grosura de un animal. // Grasa de la sardina. (Del lat. **saginum**.)

saino* (**pecary**). V. *pécari*.

Saint-Hilaire, Geoffroy. Biólogo francés. Uno de los sostenedores del evolucionismo lamarckiano y opositor de Cuvier. (1772-1844).

saiyán. V. *viverrícula*, mamífero.

sajino (**collared pecary**). V. *pécari de collar*.

saki (**saki**). Cualquier de los monos brasileños comedores de hojas de los géneros *Pithecia* y *Chiropotes*.

sakin (**sakin**). El *íbex* del Asia Central (**Capra sibirica**).

salamanca. Cuba: *geco, lagartija*.

salamandra* (**salamander**). Cualquier anfibio del orden *Caudata*, y en especial, del género *Salamandra*. *s. (gecko)* Puerto Rico: *gecko, salamanquesa*. *Adj. salamandrino**. (Gr. **salamandra**.) // *s. gigante*, especie de China y Japón *Megalobatrachus japonicus*.

salamandria*. V. *salamanquesa*

salamandrina. Salamandra europea (**Salamandrina perspicillata**).

Salamandroidea. Suborden de anfibios del orden *Urodelos,* provistos de extensiones dentadas del prevómer a lo largo del parasfenoides. (**Salamandra** y **-oides,** parecido.)

salamanqueja* (**gecko**). Colombia; Ecuador, Perú: *salamanquesa,* lagartija de la familia *Geckonidae.*

salamanquesa* (**gecko**). Especie de saurio de la familia *Geckonidae* de la región mediterránea (**Tarentola mauritanica**). //Cuba: *dormilona* (**Tarentola americana**).

salamanquina*. Chile: *lagartija.*

salamanquita (**gecko**). Cuba: nombre común de varias especies de saurios de la familia *Geckonidae* (**Sphaerodactylus elegans**).

salangana* (**swift**). Especie de vencejo del Archipiélago Malayo, cuyos nidos son utilizados por orientales para hacer sopa (**Collocalia esculenta**).

salchicha (**dachshund**). Una raza de perros alemanes de patas cortas y cuerpo largo, empleado originalmente para la caza del tejón. (Alemán, **dachs,** tejón; **hund,** perro.)

salema*. Pez marino americano. V. *sarco.* // Pez llamado *salpa.*

Salenioidea. Un orden de equinodermos en la clase *Echinoidea* cuyo ano está fuera del centro en el periprocto.

sales biliares (**bile salts**). Substancias en solución en la bilis que intervienen en el proceso de emulsificación de las grasas.

salícola (**holophilous**). Se dice del organismo que vive en los suelos y aguas salinos. V. *halófilo.* (Lat. **sal, salis; -cola,** habitante.)

Salientia. Orden que incluye los anfibios lisanfibios que poseen dos pares de extremidades dispuestas para el salto y carecen de cola.= *Anura. (Lat.* **salientium,** que salta.)

saliva* (**saliva**). Secreción de las glándulas bucales del hombre y de otros animales, que contiene generalmente enzimas digestivas. V. *tialina.* (Lat. **saliva.**) // *Adj.* ***salival.****

salivar* (**to salivate**). Producir saliva. (Lat. **salivare.**)

salivario (**salivarium**). Lugar en la cavidad de algunos insectos en donde se abren las glándulas salivales. (Lat. **saliva.**)

salmón (**salmon**). Nombre dado a varias especies de peces marinos anádromos, de carne codiciada. Orden *Clupeiformes,* familia *Salmonidae.* En Europa (**Salmo salar**). (Lat. **salmo.**)

salmonete* (**goatfish**). Cuba: nombre dado a varios peces marinos comestibles, del orden *Perciformes* familia *Mullidae,* que tienen barbillas mandibulares (**Pseudopeneus maculatus**). // Pez marino europeo del orden *Perciformes,* con barbillas (**Mullus barbatus**). (De. **salmón.**)

salmónido. Cualquier pez de la familia de los salmones.

Salmonoidei. Taxón a veces usado para incluir algunas familias de peces del orden *Clupeiformes.*

Salmopercae. Un pequeño orden de peces osteictios. = *Percopsiformes.*

Salmopercida. = *Salmopercae.*

salobre* (**brackish**). Que está cargado de sal. // Se aplica a las aguas marinas diluidas por agua dulce, o viceversa, como estuarios, bahías, etc.

salpa* (**salp**). Un tunicado del orden *Salpida.* // Un pez marino europeo del orden *Perciformes.* (Lat. **salpa.**)

Salpida. Un orden de tunicados de la clase *Thaliacea* que comprende especies de cuerpo cilíndrico y transparente que llevan por debajo bandas musculares incompletas y por arriba otras convergentes. Tienen una sola abertura branquial y carecen de estados larvales. (Lat. **salpa,** un animal marino.)

sálpido Tunicado del orden *Salpida.*

salping- (**salping-**). Vocablo que hace referencia a las trompas de Eustaquio y de Falopio. (Del gr. **salpinx, salpingos,** trompeta.)

salpingopalatino (**salpingopalatine**). Lo relativo a la trompa de Eustaquio y al paladar. (Gr. **salpinx,** trompa; + **palatine.**)

salpingotomía (**salpingotomy**). Esterilización de una hembra cortando los oviductos o trompas. (Gr. **salpinx,** trompa; **torne,** una tajada.)

salsugíneo (**salsugineous**). Que crece en lugares inundados por aguas saladas o salobres. (Lat. **salsus,** salado.)

saltación* (**saltation**). Término genético más conocido por *mutación.* (De **saltar.**)

saltadores (**anuran**). Los anfibios del orden *Salientia.* // Los organismos saltadores. // Los mecanismos para el salto. (Lat. **saltare,** saltar.)

saltagatos* (**grass hopper**). Colomb.: *saltamonte.*

saltahojas (**leaf hopper**). Insecto saltador del orden *Homoptera,* familia *Cicadellidae,* que vive en los árboles. (Lat. **salto,** brinco; **folium,** hoja.)

saltamontes* (**grasshopper**). Nombre común de varias especies de insectos ortópteros saltadores del orden *Orthoptera,* familias *Acrydidae* y *Tettigonidae.*

saltante (**saltant**). Forma o variante de una especie que se ha formado súbitamente y que difiere de la típica por caracteres morfológicos o fisiológicos. V. *mutante.* (Lat. **saetus**).

saltaprados (**grasshopper**). = *Saltamontes.*

saltaré*. *Saltamontes.*

saltarrocas (**kilspringer**). Mamífero del orden Artiodactyla, familia Bovidae, especie de antílope de pequeño tamaño que vive en regiones montañosas de Africa. (**Oreotragus oreotragus.**)

saltarrostro*. *Salamanquesa.*

Saltatoria. Grupo de familias de insectos ortópteros que saltan.

saltatorio (**saltatorial**). Adaptado para saltar. (Lat. **saltare,** saltar.)

saltarín* (**snapping shrimp**). Que salta. // Cuba: especie de crustáceo, de la familia *Alphaeidae,* que da saltos.

salterio* (**psalterium**). El librillo u *omaso* del estómago de los rumiantes. (Lat. **psalterium,** libro del antiguo Testamento).

saltigallo*. *Saltamontes,* insecto.

saltígrado* *(saltigrade).* Organismo que se mueve dando saltos, como ciertos insectos y arañas. (Lat. **saltare,** saltar; **gradus,** paso.)

saltón* (**maggot**). Larva de las moscas que ovipositan en el jamón. // Coleóptero de la familia *Scarabaeidae* (**Melolontha vulgaris**).

salvaje (**savage**). Animal que vive en la selva o se comporta como tal. Se usa vulgarmente con una connotación de ferocidad. (Der. de selvático, salvaje, del lat. **silva,** selva.)

sama* (**lane snapper**). Pez marino tropical, conocido también por *biajaiba* y *rayado.*

samarugo, Pececillo nuevo. // Renacuajo de la rana.

sambar (**sambar**). Ciervo asiático (**Rusa unicolor**).

samuro* (**turkey buzzard**). Colomb. y Venez: *zamuro, aura, zopilote.*

samo-. Ver las voces que empiezan por *psamo.* (Gr. **psammos** arena.)

samón (**psammon**). *Psamón,* conjunto de organismos que viven en la arena. (Gr. **psammos,** arena de playa.)

sambuco. Puerto Rico: especie de juey o cangrejo.

San Bernardo (**Saint Bernard**). Una raza de perros grandes, lanudos, de cabeza masiva, empleados en los hospicios de San Bernardo, en los Alpes, para ayudar a los viajeros perdidos en la nieve.

sangre* (**blood**). Fluido que circula por los vasos de muchos animales. En el hombre está formado por el plasma y los elementos figurados. (Lat. **sanguis**, sangre.) // *s. arterial*, la que va del corazón a los tejidos corporales, que después de oxigenarse en los pulmones se ditribuye por todo el organismo. // *s. desfibrinada*, sangre de la cual se ha eliminado la fibrina por agitación vigorosa. // *s. venosa*, la cargada de bióxido de carbono, que corre hacia el corazón.

sangui- (**sangui-**). (Del lat. **sanguis**, sangre.)

sanguícola (**sanguicolous**). Que habita en la sangre. (Lat. **sanguis**, sangre; **cola**, habitar.)

sanchina* (**tick**). = Garrapata.

sanguífero (**sanguiferous**). Que porta sangre, como las venas. (Lat. **sanguis**, sangre; **ferre**, llevar.)

sanguificación (**sanguificient**). La formación de la sangre. (Lat. **sanguis**, sangre; **facere**, hacer.)

sanguijuela* (**leech**). Anélido acuático de la clase *Hirudinacea*, empleado antiguamente para sangrías (**Hirudo medicinalis**).

sanguimotor (**sanguimotor**). Lo perteneciente a la circulación o movimiento de la sangre. (Lat. **sanguis**, sangre; **movere**, mover.)

sanguíneo* (**sanguineous**). De abundante sangre.

sanguineopoyético (**sanguinopioetic**). Que forma sangre. (Lat. **sanguis**, sangre; + **poiesis**.)

sanguinoso*. Que participa de la naturaleza de la sangre.

sanguisuela* Sanguijuela.

sanguívoro (**sanguivorous**). Organismo que se nutre de sangre. (Lat. **sanguis**, sangre; **vorare**, devorar.)

sanguja*. *Sanguijuela.*

sanidaster (**sanidaster**). Espícula de forma cilíndrica con espinas espaciadas. (Gr. **sanidion**, entrepaño; **aster**, estrella.)

sanjuanera* (**Zenaida dove**). Cuba: especie de paloma silvestre (**Zenaida zenaida**).

San Pedrito (**Puerto Rican tody**). Puerto Rico: nombre dado a un ave de la familia *Todidae* (**Todus mexicanus**).

santanica (**an ant**). Cuba: una especie de hormiga diminuta de color pardo claro. (**Wassmannia aureopunctata**).

Santa Teresa (**praying mantis**). Español: insecto ortóptero mantoideo. Familia *Mantidae* (**Mantis religiosa**).

Santorini, Giovani D. Anatomista italiano. V. *cartílagos, conducto* y *músculos de Santorini.* (1681-1737)

sapedon (**spitting viper**). Víbora escupidora del Africa del Sur (**Hemachatus hemachatus**).

sapenco* (**landsnail**). Caracol terrestre del orden *Pulmonata*, familia *Helicidae* (**Cepaea nemoralis.**)

sapillo (**ranula**). *Ránula.* Tumor bajo la lengua de los mamíferos.

sapo* (**toad**). Cualquier especie de anfibios del orden *Anura*, familia *Bufonidae*//*s. (toadfish)*. Pez marino litoral de la región antillana. Orden *Batrachoidiformes*, familia *Batrachoididae* (**Opsanus beta**). // *s. de Surinam*, especie de rana sudamericana cuyo macho deposita la esperma sobre la piel de la hembra, y los renacuajos se desarrollan en alveolos cutáneos (**Pipa surinamensis**).

sapro- (**sapro-**). (Del gr. **sapros**, podrido.)

saprobio (**saprobe**). *Sapróbico.* Que vive o se desarrolla sobre organismos muertos o sobre substancias orgánicas. *Saprobionte.* (Gr. **sapros**, podrido; **bios**, vida.)

saprobiosis (**saprobiosis**). Todo lo concerniente a los organismos saprobios. (De **saprobio** y **-osis**, estado o proceso.) *Adj. saprobiótico.*

saprobizar. Impurificar el agua con detritus orgánicos para favorecer el desarrollo de organismos saprobios. (**Margalef.**)

saprófago (**saprophage**). Organismo que se alimenta de substancias en descomposición. (Gr. **sapros**, podrido; **phago**, comer.)Es equivalente a *saprobio* y *saprobionte*.

saprófilo (**saprophilous**). Saprófago. Que vive en la materia muerta. (Gr. **sapros**, podrido; **phylos**, amante.)

saprofito* (**saprophyte**). Organismo que subsiste de sustancias vegetales en descomposición. // Vegetal que se nutre de substancias orgánicas. (Gr. **sapros**, podrido; **phyton**, planta.)

saprógeno (**saprogenic**). Lo que produce la putrefacción, como las bacterias y los hongos. (Gr. **sapros**, podrido; **geno, genao**, producir.)

sapropélico (**sapropelic**). Se dice de un tipo de sedimentación en el fondo de aguas pobres en oxígeno, caracterizado por la producción de ácido sulfrídico. (**Margalef.**) (Gr. **sapros**, podrido; **pelos**, cieno.)

saprophytetum. Término sugerido por H. del Villar para indicar la suma de formas orgánicas que viven sobre materias en descomposición. (Gr. **sapros**, podrido; **phyton**, planta.)

saproplancton (**saproplankton**). El plancton formado por especies saprobias. (Gr. **sapros**, podrido; + **plancton.**

saprozoico (**saprozoic**). Organismo que se alimenta de substancias animales en descomposición. (Gr. **sapros**, podrido; **zoon**, animal.)

saquito. Voz empleada en lugar de *sáculo.*

saraguate* (**howling monkey**). Amér. Central: especie de mono aullador. *Araguato.*

sarapico*. V. *zarapico* y *zarapito.*

saramagullón (**Antillean pied-billed grebe**). Cuba: *zaramagullón*, ave palmípeda del orden *Podicipediformes*, familia *Podicipedidae*, (**Podilymbus podiceps**).

sarc- (**sarc-**). (Del gr. **sarx, sarcos**, carne.)

Sarcénquima (**sarcenchyma**). Forma de parénquima en las esponjas que tiene muchas células granulares y matriz gelatinosa reducida. (Gr. **sarx**, carne; **engchyma**, infusión.)

sarcoblasto (**sarcoblast**). Elemento muscular de los artrópodos que adquiere facultad regenerativa. (Gr. **sarx**, carne; **blastos**, formación.)

sarcocele*. Tumor del testículo. (Gr. **sarcos**, sangre; **kete**, tumor.)

sarcocistina (**sarcocystin**). Substancia tóxica producida por los esporozoarios sarcosporidios. (Gr. **sarx**, carne, **kystis**, vejiga.)

sarcocisto (**sarcocyst**). Quiste multicamerado de los protozoos sarcosporidios. (Gr. **sarx**, carne;**hystis**, quiste, vejiga.)

Sarcocystis. Un género de protozoos sarcosporidios que parasitan los músculos de aves y mamíferos. (Gr. **sarx**, carne; **kystis**, vejiga.)

sarcoda (**sarcoda**). Nombre propuesto por el biólogo francés Félis Dujardin 1835, para la materia viviente, posteriormente nombrada *protoplasma* por Purkinje. // El cuerpo protoplásmico de los protistas. (Gr. **sarx**, carne.)

Sarcodario. = *Rizópoda* o *Sarcodina.*

sarcódico (**sarcodic**). Que se parece o pertenece al protoplasma. (De **sarcoda.**)

sarcodictio (**sarcodictyum**). La segunda zona protoplásmica de los radiolarios, de estructura reticular. (De **sarcoda** y **gr. diction**, red.)

Sarcodina. Clase de protozoos que tienen seudópodos como órganos de prensión. (Gr. **sarx**, carne; **sarcoda**, protoplasma.)

sarcófago (**sarcophagous**). Que se alimenta de carne. (Gr. **sarx**, carne; **phago**, comer.)

sarcófilo (**sarcophilous**). Que vive en las carnes de los animales. (Gr. **sarcos**, carne; **philos**, amigo.) Marsupial carnicero de Tasmania (**Sarcophilus urcinus.**)

sarcogénico (**sarcogenic**). Lo que forma carne. (Gr. **sarx**, carne; **genesis**, origen.)

sarcoglia (**sarcoglia**). Substancia interfibrilar de los músculos. (Gr. **sarx**, carne; **glia**, cola.)

sarcoide (**sarcoid**). *Carnoso.* (Gr. **sarx**, carne; **eidos**, forma.)

sarcolema* (**sarcolema**). Vaina de tejido conjuntivo que envuelve las fibras musculares. (Gr. **sarx**, carne; **lemma**, piel.)

sarcólisis (**sarcolysis**). Desintegración de los tejidos vivos. (Gr. **sarx**, carne; **lysis**, disolver.)

sarcolito (**sarcolyte**). Un fragmento muscular que sufre fagocitosis o se desintegra durante el desarrollo. // Una célula miodea. // Un cálculo en un tejido blando. (Gr. **sarx**, carne; **lithos**, piedra.)

sarcología V. *miología.*

sarcoma* (**sarcoma**). Tumor derivado del mesénquima, a menudo maligno. (Gr. **sarcos**, carne; **-oma**, tumor.)

Sarcomastigophora. Un subfílum de protozoos cuyos órganos de locomoción son los seudópodos o los flagelos (De **Sarcodina** y **Mastigophora**.)

sarcomatriz (**sarcomatrix**). La cuarta zona térmica de los radiolarios, en donde se realiza la digestión. (Gr. **sarx**, carne; **matrix**, matriz.)

sarcómero (**sarcomere**). Cada segmento de las fibrillas musculares. También **comma**. (Gr. **sarx**, carne; **meros**, parte.)

sarcoplasma (**sarcoplasm**). El citoplasma de los músculos estriados. // La substancia intersticial de las fibrillas del tejido muscular. (Gr. **sarx**, carne; **plasma**, moldeado.) *Adj.* ***sarcoplásmico.***

sarcopoyesis (**sarcopoiesis**). Producción de tejido muscular.

Sarcopterygii. Nombre que se le aplica también a la subclase de peces llamada *Choanichthyes,* por tener intrusiones musculares y óseas en las aletas lobuladas, (Gr. **sarcos**, carne; **pteron**, ala, aleta.)

Sarcoptes. Género de ácaros desprovistos de tráqueas, parásitos de la piel del hombre y otros mamíferos, que producen la enfermedad contagiosa llamada *sarna.* En el hombre *Sarcoptes scabiei.*

Sarcoptiformes. Un suborden que incluye arácnidos acarinos que carecen de estigmas o tienen las tráqueas abiertas en varias partes del cuerpo y quelíceros masticadores. Aquí se encuentran los diversos ácaros productores de la sarna. (**Sarcoptes**, sarna; + **forma**.)

sarcosepto (**sarcoseptum**). Cada uno de los tabiques mesentéricos de la cavidad gastrovascular de los celenterados antozoos. (sarx, carne; lat. **septum**, tabique.)

sarcosis (**sarcosis**). Condición por la cual ciertos tejidos adquieren consistencia carnosa o muestran un desarrollo anormal de carne. (Gr. **sarcosis**, abundancia de carne.

sarcoso (**fleshy**). Se dice del tejido muscular. (Gr. **sarx**, carne.)

sarcosoma (**sarcosoma**). Todas las formaciones granulares distribuídas irregularmente entre las miofibrillas de los insectos. // La porción blanda del cuerpo. // Mitocondrio de las células musculares. (Gr. **sarx**, carne; **soma**, cuerpo.)

Sarcosporidia. Un orden de protozoos esporozoos con esporos numerosos dentro de quistes grandes. Parasitan principalmente músculos de mamíferos y aves. (Gr. **sarx**, carne; **sporos**, cuerpo.)

sarcosporidiosis (**sarcosporidiosis**). Infección de sarcosporidios.

sarcostilo (**sarcostyle**). Cada una de las fibrillas de la fibra muscular de los insectos, de forma columnar. // Miofibrilla. // Una columna de los dactilozoides. (Gr. **sarx**, carne; **stylos**, columna.)

sarcoteca (**sarcotheca**). La vaina del sarcostilo de un hidrozoo. (Gr. **sarx**, carne; **theke**, caja.)

sarda* (**whale**). La ballena del Atlántico del norte (**Eubalaena glacialis**). // El pez *caballa.* // Pececillo de río. (Lat. **sarda**.)

sardina* (**sardine**). Cualquiera de varias especies de peces pequeños comerciales del orden *Clupeiformes,* familia *Clupeidae.* Europa: (**Sardina pilchardus**). Antillas: (**Harengula humeralis**).

sardineta* (**small sardine**). Sardina pequeña.

sargazo* (**sargasso**) Las algas feofíceas flotantes, llamadas *sargazos,* forman una comunidad oceánica en la cual se encuentran especies de animales adaptadas a la vida pelágica y al habitáculo que le ofrecen las algas, en donde muestran numerosas manifestaciones de mimetismo y homocromia. (Port. **sargaso**.)

sargo.* (**brim**). Cuba: pez marino del orden *Perciformes,* familia *Sciaenidae* (**Archosargus rhomboidalis**). Europa: pez marino de color plateado con fajas, orden *Perciformes* (**Sargus rondeleti**).

saria*. Argent.: *chuna,* ave. (Voz guaraní.)

sariana*. Argent.: Ave zancuda de color rojo. (Voz guaraní.)

sarna* (**mange**). Una enfermedad de la piel del hombre y otros vertebrados terrestres producida por ácaros del grupo de los aradores. La sarna común del hombre es producida por **Sarcoptes scabiei**). // (Voz **española antigua**.) Adj. ***sarnoso*.*** // ***s. folicular,*** producida por un ácaro de aspecto de gusanillo (**Demodex folliculorum**) que parasita los folículos pilíferos.

saro (**South American otter**). Especie de nutria gigante del Brasil. Orden *Carnivora,* familia *Mustelidae* (**Pteronura brasiliensis**).

sarotro (**sarothrum**). El segmento tarsal ensanchado y piloso de las abejas, también llamado *escobilla polínica.* (Gr. **sarothron**, escoba.)

sartorio* (**sartorius**). Músculo del muslo de los vertebrados tetrápodos, insertado en la parte superior de la tibia, que tiene su origen en diversas partes del ílium y del pubis según los grupos animales. (Lat. sarte, sastre.)

sasabí (**sassaby**). Antílope africano, parecido al caama, de los llanos del Río Orange y de Tangañica (**Damaliscus lunatus**).

satandera*. *Comadreja.*

satélite* (**satelite**). Porción terminal de un cromosoma parcialmente aislado. // Célula muy apretada a otras. // El segundo del par de individuos de la seudoconjugación de los gregarínidos. // Dícese de la vena que sigue el curso de una arteria. (Lat. **satelles**, soldado de la guardia de un príncipe.) *Adj.* ***satelitífero.***

sato* (**mongrel**). Animal doméstico en donde ha habido cruzamiento de distintas razas, Se aplica especialmente al perro y al gato.

Sauer F. Ornitólogo. Sostenedor de la teoría de que ciertas aves son capaces de usar las estrellas como guías durante sus migraciones,

saur- (**saur-**). (Del gr. **sauros**, lagarto.) Por extensión, reptil.

Sauria. Un suborden de reptiles del orden *Squamata* que comprende los lagartos comunes. El cuerpo generalmente tiene cuatro extremidades, las mandíbulas están unidas anteriormente y los párpados son casi siempre movibles. (Gr. **sauros**, lagarto y, por extensión, reptil.)

Sauriasis. V. *ictiosis.*

Saurichthyformes. Un orden de peces fósiles actinopterigios. (Gr. **saurios**, lagarto; **ichtyes**, pez; lat. **forma**.)

saurio* (**saurian**). Reptil del orden *Sauria.* // Se dice de lo que parece un lagarto o una parte de él. (Gr. **sauros**, lagarto.) Adj. ***sauriano, saurioide.***

sauripelvianos. Orden de reptiles fósiles. V. *Saurischia.*

Saurischia. Un orden de reptiles fósiles, de la infraclase *Archosauria,* que comprende los dinosaurios de caderas típicamente reptilianas, es decir, con el isquion y el pubis divergentes. (Gr. **sauros**, lagarto; **ischion**, cadera.)

saurócoro. Nombre aplicado a los vegetales que son diseminados por reptiles. (Gr. **sauros**, lagarto; **choreo**, cambiar de lugar, extenderse.)

saurofidios. Grupo zoológico que reúne los saurios con los ofidios. = *Squamata.*

Sauroglidia. Antic.: Ver *Squamata.*

saurognato (saurognathous). Tipo de pico de las aves, cuyos vómeres son delgados y cilíndricos y los maxilopalatinos se extienden escasamente hacia adentro de los maxilares, como la boca de los saurios. (Gr. **sauros**, lagarto; **gnathos**, quijada.)

sauromorfos (sauromorph). Se dice de los reptiles cuya estructura ósea es similar a la de los lagartos, en oposición a los *teromorfos*, que se parece a la de los mamíferos. V. *sauropsida.*

Sauropoda. Suborden que comprende los grandes dinosaurios del orden *Saurischia* que vivieron en el Jurásico. Ej. Brontosaurios. (Gr. **sauros**, lagarto; **pous**, pie.)

Sauropsida. Denominación muy poco aceptada, para tratar colectivamente a los reptiles y a las aves. por la gran afinidad entre ambas clases. (Gr. **sauros**, lagarto; **opsis**, apariencia.)

saurópsido. Reptil de la división *Sauropsida.*

Sauropterygia. Orden de reptiles fósiles de la subclase *Euryapsida* que comprende principalmente los plesiosaurios, de largo cuello y extremidades remeras. Vivieron desde el Triásico hasta el Cretáceo. (Gr. **sauros**, lagarto; **pteron**, ala, aleta.)

Saururae. Una división de la clase *Aves* que comprende especies fósiles mesozoicas de cola larga y plumas dispuestas perpendicularmente a las vértebras caudales. Ej. *Archaeopteryx*. (Gr. **sauros**, *lagarto;* **-oura**, cola.)

Saussure, Nicolás Teodoro de. Botánico suizo, quien encontró que el agua era necesaria para la producción fotosintética de la materia orgánica. (1787-1845)

saxátil* (saxatile). Que vive entre las rocas, como algunas especies de moluscos terrestres. (Lat. **saxatilis.**)

saxícavo (saxicavous). Organismo horadador de rocas, como algunos moluscos bivalvos, (Lat. **saxum**, roca, **cavus**, hueco.)

saxícola (saxicolous). Se dice del animal que vive sobre piedras, como muchos moluscos terrestres. (Lat. **saxum**, roca; **colere**, **habitar.**)

sayama* (snake). Ecuador: *culebra.*

sc., sci. Abreviatura de ciencia usada principalmente en las bibliografías. La segunda es preferible.

sc., scil. Abreviatura de la voz, *scilicet*, con la cual se indica que la definición de una palabra de una oración o de una referencia se ha aclarado anteriormente. (Lat. contracción de **scire licit**, que significa el saber es permitido.)

Scaphopoda. Clase que incluye moluscos marinos que tienen la concha en forma de colmillo de elefante y el pie cónico como bota de montar o aquillado, y que carecen de branquias. (Gr. **skaphe**, barco; **pous**, pie.)

Scarabaeoidea. Una superfamilia de insectos coleópteros polífagos de antenas lamelicornes, como los escarabajos. (Lat. **scarabus.**)

Schistosoma. Género de parásitos trematodos de la sangre. Esquistosoma.

Sciuroidea. Una superfamilia de mamíferos del orden *Rodentia*, suborden *Sciuromorpha*. Comprende las ardillas, castores, etc. (Lat. **sciurus**, ardilla.)

Sciuromorpha. Suborden de roedores que tienen el arco cigomático delgado y formado principalmente por el yugal. La tibia y el peroné están separados. (Lat. **sciurus**, ardilla; **morphe**, forma.)

Sclaater, P.I. Biólogo inglés, iniciador (1858) del estudio de las regiones zoogeográficas.

Scleractinia. V. *Madreporaria.*

Sclerodermi. Orden de peces. V. *Balistoidea.*

Scleroparei, Scleropareida. Suborden de peces del orden *Scorpaeniformes.*

Sclerospongiae. Una clase de esponjas cuyo esqueleto es de carbonato de calcio, con espículas silíceas monaxónicas. (Gr. **skleros**, duro; **spongas**. esponja).

Scolecida. Un taxón que comprende los filumes *Platyhelminthes, Rotífera, Nematoda, Acanthocephala* y *Nemertinea.* (Gr. **scolex**, gusano.)

Scoleciformia. Un orden que incluye anélidos poliquetos sin parápodos. (Gr. **scolex**, gusano.)

Scolopendromorpha. Orden de artrópodos de la clase *Chilopoda* que tienen de 21-23 pares de patas. (Lat. **scolopendra**, ciempiés; **gr. morphe**, forma.)

Scolytoidea. Una superfamilia de coleópteros que contiene los llamados gorgojos de la corteza de los árboles. (Neolat. **scolytus**, mutilado; **oidea**, forma.)

Scombrescoidea. Un suborden de peces osteictios en el orden *Synentognathi* o *Beloniformes*, q.v.

Scombresoces. = *Beloniformes.*

Scombroidei. Un suborden de peces osteictios del orden *Perciformes.* Incluye los atunes, bonitos, sierras, etc. (Gr. **scomber**, atún.)

Scombroidea. Una superfamilia de peces en el suborden *Scombroidei.* (Gr. **scomber**, atún.)

Scopeliformes. Orden de peces óseos, generalmente pequeños, con aletas de radios blandos, casi siempre sin vejiga natatoria, a veces con fotoporos y con una pequeña aleta dorsal adiposa. Casi todos viven en grandes profundidades. (Gr. **scopelos**, promontorio.)

Scorpaenoidea. Un suborden de peces osteictios que incluye los *rascacios*, (Del gr. **Scorpaena.**)

Scorpionida. Orden de arácnidos de cuerpo alargado, cefalotórax compacto y abdomen largo terminado en un aguijón agudo y venenoso. Los pedipalpos son grandes y con pinzadas robustas. (Lat. **Scorpio**, escorpión; o **alacrán.**)

scut-. (Del latín **scutum**, escudo.)

Scutellina. Un suborden de equinoideos del superorden *Gnathostomata.* (Lat. **scutellus, dim de scutum**, escudo.)

Scutigeromorpha. Orden que incluye aquellos artrópodos de la clase *Chilopoda* que poseen de 31 a 181 pares de patas y tienen cuerpo delgado. (Del género **Scutigera**; gr. **morphe**, forma.)

Scyphomedusae. Clase de celentéreos, llamada también *Scyphozoa.*

Scyphozoa. Clase de celentéros que comprende las *medusas* o *aguas malas.* Las medusas son de forma acampanada, con simetría tetrarradiada, mesoglea gruesa y sin velo ni estomodeo. (Gr. **skyphos**, copa.)

sched (sched). Abreviatura de la voz latina *scheda* o *schedula*, Cuando se escribe un nombre científico y se agrega *in sched*, se quiere decir que el nombre del referido taxón ha sido tomado de una etiqueta de museo y no de la literatura. (Lat. **scheda**, dim. **schedule**, etiqueta, rótulo.)

Schindylerioidea. Un suborden de peces en el orden *Perciformes*, que comprende peces oceánicos pequeños y transparentes.

Schistosoma. Género de platelmintos trematodos del orden *Digenea*, que, en estado adulto, parasitan el hombre, localizándose especialmente en las venas de los tractos urinarios y digestivos. Los machos tienen el cuerpo acanalado. *S. japonicum, S. haematobium* y *S. mansoni.* (Gr. **schizein** hendir; **soma** cuerpo.

Schizocephala. V. *Polyxenida.*

Schizocoela. Grupo de filumes de mesodermo esquizocélico. (Gr. **schizein**, dividir; **koilos**, cavidad.)

Schizodonta. Un orden de los moluscos de la clase *Bivalvia*, de charnela esquizodonte. (Gr. **schizein**, dividir; **odous**, diente.)

Schizogregarinina. Un suborden de esporozoos de la subclase *Telesporidia.*

Schizomida. Orden de arácnidos. V. **Uropygi.**

Schizophora. Una división de los insectos dípteros del suborden *Cyclorrapha*, que muestran una sutura alrededor de la base de las antenas. (Gr. **zchizein**, hendir; **phoereus**, portador.)

Schleiden, M.J. Botánico alemán quien, en 1838, avanzó la tesis de que las células eran las unidades estructurales de las plantas, generalización que había sido presentada antes por Lamarck y Dutrochet. (1810-1882)

Schneider, Anton. Descubrió algunos aspectos de la división celular y dio a conocer estructuras que más tarde fueron nombradas cromosomas. (1873)

Schneirla, W.C. Ver *Hogeboom, G.M.*

Schultze, Max. Histólogo alemán. Dio a conocer las comunicaciones protoplásmicas entre las células y descubrió los conos y los bastoncillos de la retina. (1825-1874)

Schwann, Theodor. Zoólogo alemán. En 1839 estableció en el reino animal la llamada teoría celular, tesis sostenida el año anterior por Schleiden para el reino vegetal. (1810-1882)

sebo* **(tallow).** Lípido, sólido secretado por glándulas acinosas y holocrinas de los mamíferos que consiste de grasas saturadas, colesterina. (Lat. **sebum**, sebo.) // *Adj.* ***sebáceo*, seboso*, sebífero.*** // ***s. prepucial,*** secreción blanca y pastosa del collar del prepucio. V. *esmegma.*

seboro*. Boliv. cangrejo de agua dulce.

seborrea* **(seborrhea).** Excesiva producción de sebo. (Lat. **sebum**, sebo; gr. **rheo**, fluir.)

Sebum palpebrale - *Legaña*

Sebum praeputiale. V. *esmegma.*

sec. **(sec.)** Abreviatura de *secundum*, voz latina que significa siguiendo, segundo, seguir.

sección* **(section).** En taxonomía, una categoría zoológica que se ha considerado conveniente para agrupar organismos entre dos taxones más convencionales. Ej. entre tribu y subfamilia o entre género y especie. // En anatomía, lo que se ha cortado o seccionado, especialmente los cortes delgados de tejidos para microscopía. (Lat. **sectio, sectionis**, cortadura.) // ***s. transversal,*** sección a través de un órgano o de un eje longitudinal.

secernente **(secernent).** Que segrega. (Lat. **secernens**, que separa.)

Secernentea. Subclase de nematodos que poseen fásmidos, con los ánfidos en forma de poros y el sistema excretor con canales laterales. También se han llamado *Phasmidia.*

Secodonto **(secodont).** Molar o premolar comprimido transversalmente, a menudo con dientes agudos y en general dispuesto para cortar. Ej. los premolares de los mamíferos carniceros. (Lat. **secare**, cortar; gr, **odous**, diente.)

secreción* **(secretion).** Substancia producida por glándulas determinadas, que ofrece alguna utilidad al organismo. // Proceso de la producción de esas substancias. (Lat. **secre, secretionis**, acción de separar.) // ***s. cutánea,*** materia secretada por glándulas tegumentarias, de funciones varias, como la de expulsión de productos catabólicos, la protección, el mantenimiento de la flexibilidad de la piel, etc. // ***s. de cera,*** en forma de escamas aplastadas, producidas por las áreas glandulares que tienen las abejas debajo del abdomen. // ***s. filosa,*** la que da lugar a la formación de los hilos y las telas en los arácnidos, gusanos de seda, etc. // ***s. láctea,*** producto nutritivo de las glándulas mamarias de los mamíferos. // ***s. mucosa,*** tipo de secreción tegumentaria que se manifiesta principalmente en los moluscos, los anfibios y los peces. // ***s. odorífera,*** substancia de tipo defensivo (en las mofetas) o de atracción sexual (en los insectos, ciertos mamíferos). // ***s. sebácea,*** que mantiene flexible la piel y los pelos en los mamíferos. // ***s. sudorípara,*** v. *sudor.* // ***s. venenosa,*** producciones de tipo defensivo de peces, arácnidos, reptiles, anfibios, moluscos, etc.

secreta* **(secreta).** Cualquier secreción o conjunto de secreciones. (Lat. **secretum**, separado.)

secretagogo **(secretagogue).** Cualquier substancia que, en los alimentos, estimula las secreciones estomacales. (Lat. **secretus**, separar; gr. **agogos**, que guía.)

secretar* **(secrete).** Producir y expeler substancias por glándulas. (Lat. **secernere**, segregar.)

secretario* **(secretary bird).** Ave rapaz africana del orden *Falconiformes*, familia *Sagittariidae*, que se alimenta de varios vertebrados, incluyendo culebras (**Sagittarius serpentarius**).

secreticia **(secretitious).** Se dice de la substancia producida por secreción. (Lat. **secernere**, separar.)

secretífero **(secretipher).** Estructura que contiene alguna secreción. (Lat. **secretifer.**)

secretina **(secretin).** Hormona secretada por el duodeno, que activa la producción del jugo pancreático. (Lat. **secernere**, separar.)

secretorio **(secretory).** Que secreta. // Que está relacionado con la secreción. (Lat. **secernere**, separar.)

secretinasa **(secretinasa).** Enzima de fluidos orgánicos que inactiva la secretina.

sectado. V. *Secto.*

séctil **(sectile).** Lo que se puede dividir o cortarse en fragmentos pequeños. (Lat. **sectilis**, fácil de cortar.)

-secto. (Del lat. **sectus**, de **secare**, cortado.)

sector. La acepción usual. (Lat. **sector**, **sectoris**. // ***s. ambulacral,*** cada una de las cinco fajas, provistas generalmente de podios, que extienden desde el polo oral al polo aboral de los equinodermos. Se llaman también *sector radial.* // ***s. interambulacral,*** cada faja que se extiende desde el polo oral al polo aboral en los equinodermos alternando con los sectores ambulacrales. También interradial. // ***s. radial,*** una de las venas del ala del insecto. V. *sector ambulacral.*

sectorial **(sectorial).** Se dice de la estructura adaptada para cortar. (Lat. **sectus**, cortado.)

secuestro **(sequestrum).** Porción necrosada de un hueso que permanece enclavada en el tejido sano. (Lat. **sequestrum**, desprendido.)

secundario* **(secondary).** Lo que es segundo en importancia o en posición. // Cada pluma remera del ala de las aves inserta entre el carpo y el codo. // El ala posterior del insecto. // La Era Secundaria o Mesozoica. (Lat. **secunduns**, segundo.)

secundinas* **(afterbirth).** Placenta y otras membranas fetales que envuelven el feto y se expulsan después del parto. (Lat. **secundus**, segundo.)

secundum **(secundum).** Palabra latina empleada en zoología sistemática, especialmente bajo la abreviatura *sec.*, para indicar que una referencia o clasificación se hace bajo la autoridad del autor citado. Ej. *Helix gilva*, sec. Torre. (Lat. **secundum**, según.)

securiforme. V. *falciforme.*

seda* **(silk).** Hilo fino, lustroso y flexible, producto de algunos animales, como el gusano de seda. // Ver *cerda.* (Lat. **ser, seris**, seda.) *Adj.* ***sedoso*, sedeño, sérico.***

Sedentaria. Orden que incluye los anélidos de la clase *Polychaeta* que viven generalmente en tubos o túneles, tienen el prostomio indistinguible, la faringe sin mandíbulas y los parapodos desiguales. (Lat. **sedentaria**, sedentario.)

sedentario* **(sedentary).** Organismo fijo o que no se mueve con libertad. // Animal de hábitos no migratorios. (Lat. **sedentaria**, de **sedeo**, sentarse.)

sedimento* **(sediment).** Materia que se deposita en el fondo después de estar suspendida en un líquido. // La sedimentación marina de épocas geológicas forma terrenos a menudo ricos en fósiles. (Lat. **sedimentum.**)

sedis incertae. V. *incertae sedis.*

Seessel, Albert. Embriólogo norteamericano, por quien ha sido nombrada la *bolsa de Seessel.* (1850-1910)

segallo*. Cabrito de menos de un año.

segmentación* **(segmentation).** La división en partes de un órgano o estructura. // La división o segmentación del huevo en donde las primeras células o *blastómeros* presenta modalidades diversas que son características de muchos grupos animales. (Lat. **segmentum.**) // *s. alternante,* v. *segmentación espiral.* // *s. asimétrica,* es la división típica de los tenóforos, en donde los blastómeros se distribuyen sin relación con planos de simetría. // *s dexiotrópica,* tipo de segmentación espiral que se realiza en el sentido de las agujas de un reloj. // *s. determinada,* aquella en la que el huevo fecundado del tipo mosaico, se definen áreas que determinarán las futuras estructuras particulares. // *s. discoidal,* tipo de división que ocurre en los huevos de aves, reptiles, peces, cefalópodos, etc. en donde solamente se divide una porción pequeña del huevo, en la parte donde predomina el citoplasma, mientras que el resto de la yema no se divide. // *s. espiral,* un tipo de división característica de los huevos de los anélidos y de la mayoría de los moluscos, en donde los primeros blastómeros se dividen oblicuamente siguiendo una forma helicoidad. // *s. homónoma,* la semejanza relativa de los somitos o segmentos corporales, como los de la lombriz de tierra. // *s. indeterminada,* estado de segmentación en el que los blastómeros no predeterminan el destino de los tejidos a formarse. // *s. parcial,* división del huevo en la cual solamente se divide la parte más rica en citoplasma. // *s. predeterminada,* un tipo de división del huevo en la que los esbozos de la formación de las hojas blastodérmicas puede reconocerse a partir de los primeros estados de la segmentación. En este caso los blastómeros se denominan *teloblastos.* // *s. radial,* división típica de los huevos de los equinodermos en la que los primeros blastómeros se distribuyen en sectores que irradian el centro. // *s. superficial,* tipo de división propia de los huevos centrolecitos, como los de los insectos, en la que los blastómeros se sitúan en la superficie. // *s. total,* es la propia de los huevos holoblásticos que se segmentan totalmente. Puede ser *igual,* si los blastómeros son similares, y *desigual,* si se forman blastómeros más pequeños (micrómeros) en el hemisferio animal y más grandes (macrómeros) en el hemisferio vegetativo.

segmentado* (**segmented**). Dícese del animal cuyo cuerpo consta de partes o segmentos dispuestos en serie lineal. *Articulado.* (Lat. **segmentum.**)

segmento* (**segment**). Una parte de un todo. // Una de las partes del cuerpo de los apéndices en los animales metamerizados. // Una parte debida a la división del huevo. // Cualquier porción de un cromosoma. (Lat. **segmentum, pieza.**) *Adj. segmental.* // *s. craneales,* los segmentos que forman la cabeza en el embrión de los vertebrados // *s. nucal,* o región media o collar en los hemicordios terobranquios, que porta ventralmente la boca y dorsalmente dos largos brazos que forman el lofóforo, los que tienen de quince a veinte pares de tentáculos ciliados. // *s. premandibular,* el primer segmento de la cabeza del embrión de los vertebrados. // *s. prequeliceral* o *segmento preantenal,* que se encuentra antes de los órganos indicados. // *s primordial,* v. *somito.*

segregación (**segregation**). La separación natural de parte de una población que impide o dificulta el flujo génico entre ambas. // La separación de los cromosomas homólogos durante la meyosis. (Lat. **segregatio, separación.**)

segregar* (**segregate**). La acción de separar una cosa de otra. // La separación de los alelos. // La separación de un taxón o grupo de taxones para formar otro taxón. (Lat. **segregare.**)

segundo -a* (**second**). Que sigue inmediatamente a otro. (Lat. **secundus**). // *s. antenas,* o par posterior de antenas típicas de los crustáceos. // *s. división de maduración,* v. *segunda división meyótica.* // *s. división meyótica,,* segunda división que ocurre en las meyosis. // *s. maxilas,* el último par de apéndices bucales en los crustáceos o el segundo par de apéndices bucales en los quilópodos. // *s. glóbulo polar,* célula pequeña, no funcional, resultante de la segunda división meyótica de un oocito. // *s. ventrículo,* la cavidad del hemisferio cerebral derecho.

Seisonidea. Un orden que comprende los rotíferos desprovistos de antenas y cuyos machos están completamente desarrollados. (Gr. **seison, un vaso de arcilla.**)

selacio* (**selachian**). Pez de la subclase *Selachii* que incluye las rayas y los tiburones. (Gr. **selachos, tiburón.**)

Selachii, Squaliformes. Subclase de peces cartilaginosos casi todos marinos provistos de aberturas branquiales separadas de un espiráculo detrás de cada ojo y de cloaca. (Gr. **selachos, tiburón.**)

Selachoidei. = *Selachii* V. también *Squaliformes.*

seladango (**seladang**). Nombre malayo del mamífero bovino llamado *gaur.*

selaquina (**selachine**). Neurohumor de los peces selacios que produce blanqueamiento de la piel. (Gr. **selachos, tiburón.**)

selección* (**selection**). En biología, la elección de individuos que portan determinadas cualidades. Puede ser *natural,* y *artificial.* (Lat. **selectio.**) // *s. artificial,* elección de los individuos reproductores más apropiados para mantener los caracteres que representan una variedad o una raza de los animales domésticos. // *s. natural,* doctrina darwiniana de la evolución, la cual sostiene que la naturaleza selecciona los individuos mejor dotados de caracteres ventajosos en la *lucha por la existencia,* v. *teoría de la evolución.* // *s. sexual,* otra hipótesis darwiniana, colateral a la teoría de la selección natural, la cual afirma que determinados caracteres como el color, el canto, etc., se conservan por la selección que hacen las hembras de los machos mejor dotados de esos atributos durante la época de la cría.

selenizona (**selenizone**). Una banda de líneas o cordoncillos de crecimiento de forma semilunar hallado en las conchas y generada por una escotadura estrecha, que es característica de los moluscos gasterópodos dibranquiados. Corresponde al *fasciolo anal.* (Gr. **selene, luna; zone, cinturón.**)

selenodonte. Que tiene molares de tipo selenodonto.

selenodonto (**selenodonto**). Se dice del molar con crestas semilunares en la superficie de desgaste, como sucede en las muelas de los rumiantes. (Gr. **selene, luna.**)

Selenodontia. Una división en los mamíferos del orden *Artiodáctilos,* llamados también *Ruminantia.* (Gr. **selene, luna, odous, diente.**)

selenoide (**selenoid**). Una estructura de forma semilunar. (Gr. **selene, luna; eidos, forma.**)

selenosis (**white spots on nails**). Manchita en las uñas, generalmente semilunares. (Gr. **selene, luna; -oisis, condición.**)

selenotropismo (**selenotropism**). Movimiento o tendencia a moverse hacia la luz de la luna. (Gr. **selene, luna; trope, vuelta.**)

selva* (**selva, forest**). Bosque extenso. // Bosque lluvioso tropical. (Lat. **silva.**) // *Adj. selvático*, selvoso*, silvoso*, silva*.)*

Selye, Hous. Neurólogo austriaco. Formuló el concepto del síndrome de tensión (**Stress syndrome**). (n. 1907)

Semaostomae. Un suborden que incluye los celentéreos escifozoarios del orden *Discomedusae,* cuya boca es central con los ángulos prolongados en 4 lóbulos, y poseen tentáculos. (Gr. **sema, señal; stoma, boca.**)

semático (**sematic**). Lo relativo a las señales o marcas que ofrecen los animales para su reconocimiento intraespecífico, o para delatar su presencia como una admonición a posibles enemigos. V. los vocablos, *señales, colores, olores, reconocimiento* y *admonitorio.* (Gr. **sema, sematos, signo, marca.**)

semen* (**semen**). Líquido más o menos espeso que es una mezcla de espermatozoos y del fluído seminal, y está compuesto de secreciones de las vesículas seminales, la próstata y las glándulas de Cowper. (Lat. **semen, semilla.**) *Adj. seminal.* *

semental* (**stallion**). Un caballo u otro animal adulto empleado para apadrear. (Lat. **semen, simiente.**)

semi-* (**semi-**). (Del latino **semi**, parcialmente, empleado para indicar casi, la mitad, parcialmente, etc.)

semiacuático (**semiaquatic**). Organismo que vive cerca del agua y, a veces dentro del agua. (Lat. **semi, casi; + acuático.**)

semibandas I (**I bands**). Dos bandas terminales, menos refrigentes y menos coloreables que las bandas Q, de las fibras musculares estriadas de los artrópodos y los vertebrados.

semicaude (**semicaudate**). Que está provisto de una cola rudimentaria. (Lat. **semi**, mitad; **cauda**, cola.)

semicigodáctilo (**semizygodactyl**). Se dice del ave que tiene el cuarto dedo de los pies reversible y puede dirigirlo a voluntad hacia atrás o hacia delante. (Lat. **semi**, casi; gr. **zygos**, yugo; **dactylos**, dedo.)

semicompleta (**semicomplete**). *Incompleta*. V. *metamorfosis incompleta*. (Lat. **semi**, casi; + **completa**.)

semidiafragma. V. *hemidiafragma*.

semidominancia (**semidominance**). La producción de un fenotipo intermedio en individuos heterócigos para el gen correspondiente. (Lat. **semi**, mitad; + **dominancia**.)

semiespecie (**semiespecies**). Cualquiera de las especies alopátridas que forman una superespecie (**Mayr**). (Lat. **semi**, casi; + **especie**.) // Población que ha completado su parte en el proceso de la especiación (**Lorkovic**). // El intercambio de genes es posible entre las semiespecies.

semiesterilidad (**semiesterility**). Situación por la que la mitad o más de todos los cigotos no es viable. (Lat. **semi**, casi; + **esterilidad**.)

semigamia (**semigamy**). V. *hemigamia*.

semiletal (**semilethal**). *Subletal*. Lo que no es completamente letal, como los genes que producen una mortalidad de 50% o que permiten la supervivencia de los individuos hasta que la reproducción se haya efectuado. (Lat. **semi**, casi; **lethalis**, letal.)

semiluna (**demilune**). *Lúnula*.. Estructura en forma de media luna. *Adj*. *semilunar*. // *s. gris*, o *lúnula gris*, cambio en forma de luna en cuarto creciente que se nota en el óvulo al entrar el espermatozoide en el hemisferior pigmentado o animal del huevo. // *s. de Gianuzzi*, *lúnula de Gianuzzi* o *de Heidenhaim*, corpúsculos de forma semilunar hallados en algunas glándulas salivales.

semimembranoso (**semimembranous**). Un músculo del muslo de los vertebrados tetrápodos provisto de un tendón deprimido en su punto de inserción con el isquion. (Lat. **semi**, mitad; **membrana**, piel.)

semimetamorfosis (**semimetamorphosis**). V. *metamorfosis incompleta*, (Lat. **semi**, medio; gr. **metamprphosis**, transformación.)

seminal (**seminal**). Perteneciente al semen o al fluido seminal. (Lat. **semen**, semilla.)

seminífero* (**seminiferous**). Lo que produce o conduce el semen. (Lat. **semen**, semilla; ferre, llevar.)

semininfa (**seminymph**). Un estado en la metamorfosis de los insectos que se parece al de las ninfas en la metamorfosis completa. (Lat. **semi**, mitad; + **ninfa**.)

seminíparo. V. *seminífero*.

seminología (**seminology**). El estudio científico del semen. (Lat. **semen**, semilla; gr. **logos**, tratados.)

semiología* (**semiology**). El estudio de los signos de las enfermedades. (Gr. **sema**, señal; **logos**, tratado.) *Sintomatología*.

Semionotiformes. Orden de peces óseos de cuerpo largo, escamas ganoideas, aleta caudal corta y heterocerca, vértebras sólidas y dientes robustos. También se ha denominado *Ginglymodi*.

semiorbicular (**semiorbicular**). Equivalente a casi redondeado. (Lat. **semi**, casi; **orbis**, círculo.)

semiótica. V. *semiología*.

semiovípara (**semioviparous**). Que da luz animales imperfectamente desarrollados, como los marsupiales. (Lat. **semi**, casi; + **ovíparo**.)

semiovoide (**semiovoid**). Casi en forma de huevo. (Lat. **semi**, casi; **ovum**, huevo; **oides**, forma.)

semipalmado (**semipalmate**). Se aplica al tipo de pie de las aves en donde las membranas interdigitales de los tres dedos frontales se extiende solamente en una corta extensión de sus largos dedos. (Lat. **semi**, mitad; **palma**, palma de la mano.)

semipalmípedo (**semipalmiped**). Semipalmado.

semiparásito (**semiparasite**). Un parásito que obtiene del hospedero solamente una parte de su alimento. (Lat. **semi**, mitad; **parásitos**, que come junto a otro.)

semipenniforme (**semipenniform**). Se aplica a la estructura que muestra cierta semejanza con una pluma. (Lat. **semi**, casi; **penna**, pluma.)

semipermeable (**semipermeable**). Se dice de la membrana que permite el paso de ciertas moléculas solamente. (Lat. **semi**, parcialmente; **per**, a través; **permeo**, pasar.)

semiplacenta (**semiplacenta**). Un tipo de placenta no decidua en donde solamente se expulsa la placenta fetal. (Lat. **semi**, mitad; + **placenta**.)

semiplantígrado (**semiplantigrade**). Indistintamente plantígrado. (Lat. **semi**, casi; + **plantígrado**.)

semipluma (**semipluma**). Pluma de ave cuyas barbas no están unidas entre sí. (Lat. **semi**, casi; + **pluma**.)

semipupa (**semipupa**). Estado larval durante la metamorfosis de ciertos insectos. V. *pupa*.

semirrecóndito (**semirecondite**). Lo que está casi escondido. (Lat. **semi**, casi; **recondere**, ocultar.)

semirreptante (**semireptant**). Nombre que se aplica a ciertos tetrápodos inferiores que parcialmente tocan el suelo con la superficie ventral del cuerpo. (Lat. **semi**, casi; **repto**, arrastrarse.)

semisagitado (**semisagitate**). Que tiene la forma de la mitad de una punta de flecha. (Lat. **semi**, medio; **sagitta**, flecha.)

semisaprofito (**semisaprophyte**). Saprofito que, por tener clorofila, adquiere parte de su alimento por fotosíntesis. Ej. algunos flagelados. (Gr. **semi**, casi; + **saprófito**.)

semispinal (**semispinalis**). Uno cualquiera de los tres músculos erectores de la espina dorsal: capitis, cervicis y thoracis. (Lat. **semi**, casi; **spinalis**, columna vertebral.)

semistreptostílico (**semistreptostylic**). Que tiene una articulación ligeramente movible entre el cuadrado y el escamoso. (Lat. **semi**, casi; gr. **streptos**, fácilmente dobable; **stylos**, pilar.)

semitendinoso (**semitendinous**). Un músculo de la pierna de los vertebrados tetrápodos compuesto en parte de tendón que se extiende desde el isquion hasta la tibia. (Lat. **semi**, casi; **tendón**, tendón.)

semnopiteco* (**langur**). Género de monos asiáticos de cuerpo delgado y rabo largo. Familia, *Cercopithecidae* (**Semnopithecus sp.**)

senescencia (**senescence**). La acción y el efecto de envejecer un organismo. // Se dice que una especie es senescente cuando tiene poca vitalidad y muestra escasa capacidad para poblar nuevos territorios. (**Margalef**). (Lat. **senescere**, envejecer.) *Adj*. *senescente*.

senescencia racial. La proposición de que tanto los linajes como los individuos pasan por estados que los conducen inevitablemente a su extinción.

senil* (**senility**). Perteneciente a la vejez. (Lat. **semilla**.)

seno* (**senus**). Cavidad de un hueso. V. *senos frontales*, etc. // Ensanchamiento de un vaso sanguíneo, como el *seno venoso*. // Espacio entre los órganos en los organismos de circulación abiertos. V. *lagunas*. (Lat. **sinus**, hueco, **pliegue**.) // *s. abdominal*, laguna sanguínea de los tunicados que se continúa dorsalmente por detrás del corazón. // *s. aerífero*, cavidad en los huesos frontal, esfenoides, etmoides y maxilar que comunica con las fosas nasales. // *s. anal*, vesícula del hemocelo de los equinodermos que se encuentran en el hemisferio aboral. // *s. axial*, bolsa celomática que rodea el órgano axial de los equinoideos, asteroideos y ofluriodeos, // *s. branquicárdico*, espacio en el cefalotórax de ciertos crustáceos que recibe la sangre de las branquias y la lleva al seno pericárdico. // *s. cardinal, anterior* V. *vena cardinal*, // *s. celomático*, uno cualquiera de los senos vasculares de algunos anélidos hirudíneos: *dorsal*, *lateral* ventral. // *s. coronario*, ensanchamiento venoso que recoge las venas coronarias del corazón de los mamíferos y que es un remanente del conducto de Cuvier de los vertebrados inferiores. // *s. craneal,* V. *seno sanguíneo.* // *s. de Monro,* formado por las venas cardinales posteriores, muy dilatadas, de los peces cartilaginosos. // *s. de Valsalva,* dilatación de la arteria pulmonar y de la aorta, frente a las valvas semilunares, pulmonares y aórticas, // *s. epineurales,* porción del celoma de los equinodermos situada sobre los nervios radiales. // *s. esfenoidal,* cavidad en la parte anterior del esfenoides comunicada con las fosas nasales. // *s. esternal,* gran laguna sanguínea en la parte ventral del cuerpo de los crustáceos, con paredes más o menos individualizadas, que contiene parte del sistema nervioso. // *s. etmoidales,* espacios o celdas en el etmoides. // *s. frontales,* cavidad en el hueso frontal comunicada con las fosas nasales, // *s. genital,* espacio celomático que envuelve las gónadas. // *s. hepático,* seno o vena ensanchada que lleva la sangre del hígado al corazón de los peces. V. *seno venoso.* // *s. hiponeural,* porción del celoma de los equinodermos situado por debajo de los nervios radiales. // *s. intestinal,* vaso sanguíneo de los cefalocordios, formado por la confluencia de las venas caudal y cardinal posterior derecha alrededor del intestino. // *s. linfáticos,* espacios llenos de linfa entre la piel y los músculos de las ranas y otros animales. V. *sacos linfáticos.* // *s. marginal,* conducto de la cavidad gastrovascular de los escifozoarios situado en la periferia de la umbrela. // *s. maxilar,* cavidad en los huesos maxilares comunicada con las fosas nasales. // *s. medioventral,* laguna sanguínea que, en los tunicados, se extiende ventralmente por delante del corazón. // *s. palial,* parte del celoma de los braquiópodos que se continúa por los bordes del manto. Sinuosidad en la línea palial de la concha de muchos bivalvos. Prolongación del celoma en el manto de los braquiópodos. // *s. pericárdico,* cavidad pericárdica o espacio que rodea el corazón de los crustáceos, limitado externamente por el pericardio. // *s. perineural,* porción del hemocelo de los crustáceos que envuelve el sistema nervioso. // *s. peristonal,* especie de vesícula del somatocelo de los equinodermos que se encuentra en el hemisferio oral. // *s. perivisceral,* porción del hemocelo en los crustáceos que envuelve el tubo digestivo. // *s. romboidal,* dilatación de la médula espinal en la región lumbosacral, ocupada por un tejido glucogénico. La parte posterior del canal medular en el embrión de los vertebrados. // *s. sanguíneo,* conducto venoso dentro del cráneo, también llamado *cerebral* o *craneal,* // *s. vascular,* estructura amplia del aparato circulatorio, con paredes delgadas, que se encuentra en diversos vertebrados, como el *seno venoso.* // *s. urogenital,* estructura en donde desembocan conjuntamente los uréteres y los gonoductos en ciertos vertebrados y que origina la uretra de los mamíferos. // *s. venoso,* una dilatación venosa en los cefalocordios que recoge la sangre de los conductos de Cuvier y del cual parte el tronco arterial o arteria branquial. // Una región del corazón de los peces, los anfibios y reptiles inmediatamente antes de la aurícula y comunicada con ella por válvulas sinoauriculares.

senopía. V. *gerontopía, presbicia.*

sensación* (**sensation**). Impresión debida a impulsos que llegan a los centros nervioso por fibras nerviosas aferentes. // La operación o función de los sentidos. (Lat. **sensus,** sentido.)

sensibilidad (**sensibility**). La capacidad para percibir o sentir. (Lat. **sensibilitus.**) *Adj. sensible.*

sensibilizar* (**sensibility**). Hacer sensible de nuevo un organismo o un estímulo. // Hacer un organismo sensitivo a la acción de un antígeno. (Lat. **sensibilitis.**)

sensífero (**sensiferous**). Estructura que recibe o trasmite impresiones sensoriales. (Lat. **sensus,** sentido; ferre, llevar.)

sensilios (**sensilla**). Pequeñas formaciones sensoriales ectodérmicas de los artrópodos. (Lat. **sensus,** sentido.) // *s. campaniformes,* receptores sensoriales en forma de campana en ciertas áreas del tegumento de los insectos.

sensitivo* (**sensitive**). Que es capaz de sentir un estímulo y reaccionar ante él. (Lat. **sensus,** sentido.)

senso (**White lipped pecari**). Méx.: el pécari de labios blancos. (**Tayasu pecari.**)

sensomotor (**sensomotor**). Se aplica a la red fibrilar de algunos protozoos, que está provista de un centro llamado motorio al que se le atribuyen funciones conductoras. // Nervio que es motor y sensitivo. V. *aparato neuromotor.*

sensorial* (**sensorial**). Perteneciente a los sentidos o al sensorio. (Lat. **sensus,** sentido.)

sensorio* (**sensorium**). Cualquier centro nervioso sensorial. // Lo que está conectado a los sentidos. // Lo relativo a la sensibilidad. // El sitio supuesto de la sensación en la materia gris del cerebro. // El centro de todas las sensaciones. (Lat. **sensus,** sentido.)

sensoriomotor (**sensoriomotor**). *Sensomotor.*

sensus (**sensus**). En el sentido de. . . // Este vocablo latino se abrevia a menudo en *s.* o *sensus.* // *s. latior,* expresión usada en taxonomia con la que se quiere expresar que un taxón determinado se toma en el sentido más amplio. // *s. strictus,* expresión con la que se expresa que el taxón que se considera en el sentido restringido.

sentado* (**sessile**). V. sésil.

sentido* (**sense**). La propiedad por la cual se perciben las propiedades y condiciones de las cosas. // Aparato receptor de los estímulos exteriores. (Lat. **sensus,** sentido.) // *s. químico,* nombre que se aplica colectivamente a los sentidos del olfato y del gusto.)

señal* (**sign**). Cada una de las marcas u otras características que poseen los individuos de una especie que les permite ser reconocidos por otros de la misma especie. Unas veces sirve para el apareamiento, otras para la advertencia del peligro y en ocasiones, las señales son admonitorias para librarse de especies enemigas. V. *coloración admonitoria.* (Lat. **signum.**)

separado (**separate**). Se dice del órgano (u otra estructura) que se desliga de otro. // *s. (reprint).* En bibliografía, los opúsculos que se imprimen aparte con algún artículo de una revista o una obra. Creemos, con Font- Quer-, innecesaria la voz *separata,* usualmente empleada tanto para el singular como el plural, y preferimos el uso de la voz *separado.* (Lat. **separatum.**)

separata* (**reprint**). V. *separado.*

sepe* *Comején,* insecto.

sepedón* (**glass snake**). *Culebrilla de cristal,* V. *lución, eslizón.*

sepia* (**sepia**). Pigmento de color pardo obtenido de las secreciones o *tinta* de varias especies de cefalópodos del género *Sepia.* (Gr. **serpis,** sepia, jibia.)

sepiapterina (**sepiapterin**). Un pterirdina que comunica color amarillo a las moscas *Drosophila.* (De **sepia** y **pteridina.**)

Septioidea. Orden de moluscos de la clase Cephalopoda que tienen ojos bien desarrollados, concha interna y aletas separadas. (Del género **sepia.**)

sepión (**sepio**). La concha caliza interna de las jibias o sepias. también llamada *hueso de jibia.* (Gr. **sepion,** hueso de sepia.)

sepsis (**sepsis**). Infección debida a organismos patógenos. (Gr. **sepsis,** putrifacción.) *Ad. séptico.*

septado (**septate**). Tabicado, que tiene tabiques o septos. Que está dividido en partes. (Lat. **septum, septatus,** tabículo.)

Septibranquia. Un orden de moluscos bivalvos cuyas branquias están reducidas a un tabique transversal. (Lat. **septum,** tabique, **branquias,** branquias.)

septi- (**septi-**). (Del lat. **septum,** partición, tubicación.)

septículo (**septiculum**). Diminutivo de septo o tabique. (Lat. **septiculum.**)

septífero (**septiferous**). Que lleva tabiques. (Lat. **septifer.**) (Lat. **septifer.**)

septo (**septum**). Tabique o división que separa dos cavidades o tejidos, como en el corazón, en la nariz, en los corales, en los nautilus. (Lat. **septum**, tabique, valla.) *Adj.* ***septado.*** // ***s. aórtico,*** tabique longitudinal, ligeramente helicoide que divide el tronco aórtico de los anfibios en dos ramas arteriales que formarán los arcos aórticos: izquierdo y derecho. // ***s. interauricular,*** tabique que separa la aurícula derecha de la izquierda en los anfibios, reptiles, aves y mamíferos. // ***s. interbranquial,*** tabique que en los peces separa cada abertura branquial de la inmediata y está sostenido por un arco branquial óseo o cartilaginoso. // ***s. interorbital,*** tabique entre las órbitas oculares de las aves, formado por los alisfenoides, parasfenoides y orbitosfenoides. // ***s. interventricular,*** tabique que separa los ventrículos. // ***s. lúcido,*** cualquiera de las paredes internas de los hemisferios cerebrales, entre el *cuerpo calloso* y el *fornix.* También se llama *septum pellucidum.* // ***s. mesentérico,*** tabique que cruza la cavidad mesentérica de los celenterados antozoos. // ***s. nasal,*** tabique óseo entre las cavidades nasales. // ***s. transversal*** o *diafragma fetal,* que separa el corazón del celoma en los tiburones. Reborde dentro de las ámpulas de los canales semicirculares.

septomaxilar (**septomaxillary**). Se aplica a un huesito que se encuentra en los maxilares de anfibios, reptiles y algunas aves.. (Lat. **septum**, maxila.)

séptulo (**septulum**). Un septo o tabique pequeño. Un tabique secundario. (Lat. **septulo**, dim. de **septo**, tabique.)

septum. V. *septo,* tabique.

serafin de platanar (**little ant eater.**) Una especie de mamífero hormiguero neotropical, del orden *Edentata,* familia *Myrmecophagidae.* (**Cyclopes didactylus**).

serao. Mamífero rumiante, especie de antílope de la Malasia, de cuerpo semejante al de la cabra, pero de cuernos muy cortos.

sere (**sere**). Cualquier estado en una sucesión ecológica entre el presere virginal y el clímax. (Lat. **sero**, unido.) // *Adj.* ***seral.***

Serena*. Ninfa marina. Colón llamó *serenas* a los manatíes que divisó en los mares de Cuba.

serendipia (**serendipity**). Investigación correcta que aún fracasada en el logro de sus objetivos primarios, consigue otros resultados más importantes que los perseguidos. (De la princesa Serendip.)

Seriata. Un orden de vermes Platelmintos acuáticos en la clase *Turbellaria* provistos de intestino lobulado y faringe con pliegues. (De **serie**.)

sérico (**sericate**). Cubierto por los pelos sedosos muy apretados, V. *sedoso,* (Lat. **sericus**, sedoso.)

sericina (**sericin**). Substancia que envuelve el eje de fibroína de los hilos de seda del gusano de seda, *Bombyx mori.* (Lat. **sericus**, sedoso.)

sericterio (**sericterious**). Cada una de las glándulas sericíparas que, en ciertos insectos, están situadas de cada lado de las salivales. (Lat. **sericus**, sedoso.)

sericultura* (**sericulture**). Industria de la producción de la seda. *Sericultura.* (Lat. **sericum**, seda; **cultura**, cultivo.)

serie* (**series**). Conjunto de estructuras no relacionadas que se suceden unas después de la otra. // Categoría taxonómica que se pueden colocar entre otras secciones. // Una serie de especies. (Lat. **series.**) *Adj.* ***serial*.***

seriema (**seriema**). Uruguay: *chuña,* ave sudamericana del orden *Gruiformes,* familia *Cariamidae.* (**Cariama cristata.**)

serífico (**serific**). Producto de seda. (Lat. **serium**, seda.)

serina (**serine**). Un aminoácido natural. De *sericina,* albumonoide extraído de la seda.

sero (**serum**). (Del lat. **serum**. suero.) *Adj.* ***seroso*.***

seroalbúmina (**sero-albumina**). Proteína del suero sanguíneo.

serocimogénico (**serozymogenic**). Se aplica a las células de los alveólos serosos cuando contienen cimógenos. (Lat. **serum**. suero; + **cimógeno.**)

serodiagnóstico (**serodiagnosis**). Diagnóstico de las enfermedades por el estudio de los sueros. // Análisis de las relaciones entre los organismos basado en que existen semejanzas y diferencias bioquímicas en los seres lo mismo que morfológicas. (Lat. **serum**, suero; + **diagnóstico.**)

seroglobulina (**seroglobuline**). Una proteína del suero sanguíneo. V. *globulina.*

serología* (**serology**). El estudio de los sueros en general y de los anticuerpos en particular. (Lat. **serum**, suero; parte acuosa; **-logia.**)

serosa (**serosa**). Cualquier membrana de naturaleza serosa. // Membrana externa protectora que envuelve el embrión en los artrópodos. // El peritoneo visceral. // La capa externa de la envoltura amniótica en el embrión de los vertebrados. (Lat. **serum**, suero.)

serosidad* (**serosity**). Fluido animal acuoso. // Lo que es seroso. (De **seroso.**) *Adj.* ***seroso*.***

serótino* (**serotinous**). *Serotino..* Aplícase al animal activo en las últimas horas de la tarde. (Lat. **serotinus**, tarde.)

serotonina (**serotinin**). Un compuesto vaso constrictor hallado en las plaquetas sanguíneas y en las células cerebrales. (Lat. **serum**, suero; gr. **tonos**, tensión.)

serou (**serow**). Un antílope del Asia oriental, parecido al *goral* (**Capricornis** sp). (**Nombre nátivo.**)

serozima (**serozyme**). Un sinónimo de trombinógeno o protrombina. (Lat. **serum**, suero; gr. **zyme**, levadura.)

serpentario* (**serpentarium**). Recinto para la exhibición y cría de reptiles, especialmente los destinados a la extracción del veneno para la preparación de sueros. // Ave africana que se alimenta de serpientes, también llamada *secretario.* (Lat. **serpentarium.**)

Serpentes. Un suborden de reptiles del orden *Squamata* que comprende especies que carecen de extremidades, de oído externo, de esternón y de vesícula urinaria, y las mandíbulas no están soldadas anteriormente. Se denomina también *Ophidia.* (Lat. **serpentes.**)

Serphoidea. Grupo de insectos himenópteros. V. *Proctotrupoidea.*

serpiente* (**snake**). Ofidio, culebra. Cualquier miembro del suborden *Ophidia,* en el orden *Squamata.* (Lat. **serpentes.**) *Adj.* ***serpentino.**** // ***s. marina,*** cualquiera de las especies de ofidios venenosos marinos tropicales (excepto el Atlántico) de la familia *Hydrophiidae.*

serpentígero* Que lleva o tiene serpientes. (Lat. **serpens**, serpiente; **gerere**, llevar.)

sérpula (**serpula**). Verme tubícula marino delgado del fílum *Annelida.* (Lat. **serpula**, serpiente pequeña.)

serpulita (**serpulite**). Tubo fosilizado de ciertos anélidos poliquetos. (Lat. **serpula**, género de anélidos; gr. **lithos**, piedra.)

serrado* (**serrate**). Dícese de la estructura que tiene dientes como la sierra. (Lat. **serratus.**)

serrano (**mountainier**). Que habita o se cría en la sierra. // Pez marino europeo de la familia *Serranidae* (**Serranus scriba.**) (Español, sierra, montaña, lat. **serra**, sierra.)

serratiforme (**serratiform**). **Estructura en forma de sierra. (Lat. serra, sierra; forma apariencia.)**

serrátil*. Como la sierra.

serratirrostro (**serratirrostral**). Se dice del ave que tiene pico denticulado. (Lat. **serra**, sierra; **rostrum**, pico.)

serreta*(**serrate**). Se dice del músculo u otra estructura que tiene dientes como una sierra. (Lat. **serra**, sierra.) // ***s. mayor,*** músculo que se extiende desde las costillas superiores hasta la escápula. También *serratus magnus.*

serratulado (**serratulate**). Se dice de la estructura con dientes finos. (Lat. **serrula**, sierra pequeña.)

serrata* (**merganser**). Se dice de varias aves anseriformes de la familia *Anatidae* de pico delgado y ganchudo.) (**Lophodytes cucullatus** en América).

serricorne. Dícese de los insectos coleópteros que tienen antenas largas y dentadas de forma de sierra como los cocuyos. (Lat. **serra**, sierra; **cornu**, cuerno, "antena".)

serrífero (serriferous). Estructura que tiene una parte en forma de sierra. (Lat. **serra**, sierra; **ferre**, llevar.)

serriforme (serriform). En forma de sierra. (Lat. **serra**, sierra; + forma.)

serrino*. Perteneciente a la sierra.

serrípedo (serriped). Que tiene pies con muchas escotaduras. (Lat. **serra**, sierra; **pes**, pies.)

serrucho*. Cuba: pez marino, V. *sierra.*

sérrula (serrula). Reborde pectiniforme de los quelíceros de algunos arácnidos. (Lat. **serrula**, sierrita.)

serrulación (serrulaction). Estructura que tiene una pequeña escotadura o que está muy finamente serrada. (Lat. **serrula**, pequeña sierra.) *Adj.* ***serrulado.***

Sertoli, Enrico. Histólogo italiano, descubridor de las células testiculares que llevan su nombre. V. *células de Sertoli.* (1842-1910)

serum. Galicismo por *suero.*

serval (serval). Felino salvaje africano de patas largas. Familia *Felidae* (Felis capensis).

Servetus, Michael. Teólogo y médico español. Estableció la proposición de la circulación de la sangre entre el corazón y los pulmones. (1511-1553).

sesamoideo* (sesamoid). Se aplica a los huesillos formados por osificación de ciertos tendones, el más notable de los cuales es la patela o rótula. (Gr. **sesamon**, sésamo; **eidos**, forma.) *Adj.* ***sesamoidal.***

sesí* (blackfin snapper). Puerto Rico y Cuba: pez marino del grupo de los pargos. Orden *Perciformes,* familia *Lutjanidae* (**Lutjanus buccanella**).

sésil* (sessile). Que está sentado directamente en el sustrato, sin soporte. // Estacionario. // Cualquier órgano u organismo que carece de pie o soporte. (Lat. **sesilis**, de sedere, sentarse.)

sesiloblasto (sesiloblast). Estatoblasto sésil en las paredes de los zooides de briozoa. (Lat. **sessilis**, sésil; **blastos**, brote formación.)

Sessiliventres. Una subdivisión de los insectos del orden Hymenoptera que tienen el abdomen sésil. (Lat. **sessilis**, sésil, **venter**, vientre.)

seso *(brain). V. *cerebro.* (Lat. **sensus**, sentado.)

Sessilia. Suborden de protozoos de la clase *Ciliata,* en el orden *Peritrichida.* (Lat. **sedere**, sentado.)

seston (seston). Todos los cuerpos, vivientes o no, que flotan o nadan en las aguas. // *Microplancton* retenido por redes muy finas. (Gr. **setho**, cribar.)

seta* (seta). *Cerda, seda.* Pelo algo rígido que muestran ciertos animales. (Lat. **seta**, cerda o crin. // *Adj.* ***setáceo, setífero, setiforme, setígero, setoso.*** // ***s. penial,*** estructura par quitinoide en el ano de los nematodos.

setí. Puerto Rico: estado juvenil del pez llamado *Chupapiedras* u *Olivo.* (**Sycidium plumieri.**)

setirrostro (setirostral). Se dice del pico de ave provisto de cerdas. (Lat. **seta**, cerda; **rostrum**, pico.)

setobranquia (setobranchia). Penacho de setas unidas a las branquias de algunos crustáceos decápodos. (Lat. **seta**, seda; gr. **branchia**, branquia.)

sétula (setula). Seta muy fina. (Lat. **setula**, dim de **seta**.)

seu (seu). Conjunción latina que se emplea en descripciones sistemáticas para indicar *o* o *sea.* (Lat. **seu.**)

seudo-* (pseudo-). (Del gr. **pseudes**, falso, supuesto.) Ver también los vocablos que comiencen por *pseudo.*

seudoacrórrago (pseudoacrorhagus). Estructura de ciertos *actiniarios* que parece un *acrorrago,* pero que tiene nematocitos ectodérmicos ordinarios. (Gr. **pseudes**, falso; + acrorrago.)

seudoacuático (pseudoaquatic). Que se desarrolla en la tierra húmeda. (Gr. **pseudes**, falso, lat. **agua**, agua.)

seudoadulto (pseudoimago). La etapa entre la pupa y el insecto adulto en la metamorfosis de ciertos insectos. (Gr. **pseudes**, falso; lat. **imago**, imagen.)

seudoalelos (pseudoalleles). Genes que se comportan como alelos, pero que pueden separarse durante entrecruzamiento. (Gr. **pseudes**, falso, + **alelos.**)

seudoambúlacro (pseudoambulacrum). Pieza lanceolada que tiene placas laterales de adhesión y placas cubridoras en los equinodermos de la clase *Plastoidea.* (Gr. **pseudes**, falso; lat. **ambulacrum**, calle, paseo.)

seudoaposemático (pseudoaposematic). Se dice de la imitación de la forma o del color de una especie por otra que tiene mecanismos defensivos. (Gr. **pseudes**, falso, **apo** encima, **seima**, señal.)

seudoarticulación (pseudoarticulation). Surco con apariencia de articulación de los apéndices de los artrópodos. (Gr. **pseudes**, falso; + articulación.)

seudoblefaroplasto (pseudoblepharoplast). Concentración de cromosomas junto al centríolo en la esperma de ciertos insectos. (Gr. **pseudes**, falso; + **blefaroplasto.**)

seudobranquia (pseudobrancha). Branquia externa en ciertos moluscos, en contraste con la verdadera branquia o tenidio (Gr. **pseudes**, falso; + **branquia.**)

seudocelo (pseudocoel). *Pseudoceloma.* La cavidad principal, o celomática del cuerpo de los nematodos, rotíferos y otros invertebrados. // La cavidad entre las dos láminas del septo o tabique lúcido, llamada también *ventrículo.* (Gr. **pseudes**, falso; **koylos**, cavidad.)

seudocelomados (pseudocoelomate). Una de las divisiones que hace Hyman de los protostomados que carecen de celoma verdadero y tienen la cavidad llamada *seudoceloma,* como los nematodos. *Pseudocoelomata.* (Gr. **pseudes**, falso; **koylos**, cavidad.)

seudocéntrico (pseudocentrous). Vértebra compuesta de dos pares de *arcualios* unidos lateralmente. (Gr. **pseudes**, falso; lat. **centrum**, centro.)

seudociesis (pseudocyesis). Preñez aparente de origen psicosomático. (Gr. **pseudes**, falso; cyesis, preñez.)

seudocilio (pseudocilium). Una estructura que parece un cilio, pero que no tiene función ciliar, (Gr. *pseudes,* falso; lat. **cilium**, cilio.)

seudocolonia (pseudocolony). Grupo de protozoos unidos por tallos o material muerto, pero sin comunicación protoplásmica. Ej. *Vorticella.* (Gr. **pseudes**, falso; + **colonia.**)

seudoconcha (pseudoconcha). Una estructura dentrás de la verdadera concha en los cocodrilos. (Gr. **pseudes**, falso; **konche**, concha.)

seodoconjugación (pseudoconjugation). Unión temporal de dos esporozoarios sin verdadera fusión. (Gr. **pseudes**, falso; + **conjugación.**)

seudocono (pseudocone). Tipo de ojo compuesto de los insectos, con los conos llenos de un fluido gelatinoso. (Gr. **pseudes**, falso; **konos**, cone.)

seudocorazón (pseudoheart). *Seudocardio..* El órgano axial de los equinodermos. // Los corazones laterales en los anélidos. (Gr. **pseudes**, falso; + **corazón.**)

seudocostado (pseudocostate). Insecto que tiene la nervadura marginal del ala unida a otra. (Gr. **pseudes**, falso; lat. **costa**, costilla.)

seudocromatina (pseudochromatin). V. *procromatina.*

seudóculo (pseudoculus). Un área oval de cada lado de la cabeza en los artrópodos de la clase *Pauropoda.* (Gr. **pseudes**, falso; lat. **oculus**, ojo.)

seudodeltidio (pseudodeltidium). Una placa que obtura la fisura deltidial de ciertos braquiópodos. (Gr. **pseudes**, falso; + **deltidio.**

seudodermo (pseudoderm). Tipo de epidermis de ciertas esponjas compactas. (Gr. **pseudes**, falso; derma, piel.)

seudodominancia (pseudodominance). Expresión de un rasgo recesivo por falta anormal del alelo dominante correspondiente. (Gr. **pseudes**, falso; + **dominancia.**)

seudodonte (pseudodont). Que tiene falsos dientes, que posee dientes córneos. (Gr. **pseudes**, falso; **odous**, diente.)

seudoescólice (pseudoscolex). Proglótidos anteriores modificados de ciertos cestodos cuando no existe el escólice verdadero. (Gr. **pseudes**, falso; **skolex**, gusano.)

seudofilídeo. Verme que pertenece al orden *Pseudophyllidea*.

seudoescorpión. V. *Pseudoscorpionida*, un orden de artrópodos de la clase *Arachnida*.

seudogamia (pseudogamy). *Pseudomixis*. El desarrollo partenogenético de un huevo después de estimulado por un espermatozoo, pero sin que exista fusión con el pronúcleo masculino. (Gr. **pseudes**, falso; **gamos**, boda.)

seudogastrio (pseudogaster). Una cavidad gástrica aparente en ciertas esponjas. (Gr. **pseudes**, falso; **gaster**, estómago.)

seudogástrula (seudogastrula). El estado siconoide de ciertas esponjas en el que los arqueocitos se encuentran rodeados por las células flageladas. (Gr. **pseudes**, falso; + **gástrula**.)

seudogina (pseudogyne). Una hormiga obrera cuyos caracteres torácicos son de reina. (Gr. **pseudes**, falso; **gyne**, hembra.)

seudobranquia (pseudobranch). Branquia falsa o accesoria de algunos peces, situada junto al borde del opérculo. (Gr. **pseudes**, falso; + **branquia**.)

seudohemal (pseudohaemal). Aplícase al sistema vascular de los equinodermos. (Gr. **pseudes**, falso; **haima**, sangre.)

seudohermafroditismo (pseudohermaphroditism). Condición anormal de tener las gónadas de un sexo y los caracteres sexuales secundarios del otro. (Gr. **pseudes**, falso; + **hermafroditismo**.) *Ad*. ***seudohermafrodita***.

seudoholóptico (pseudholoptic). Aplícase a los ojos de ciertos dípteros, intermedios entre *holópticos* y *dicópticos*. (Gr. **pseudes**, falso; **holos**, completo; **optikos**, relacionado con la vista.)

seudohuevo (pseudovum). V. *infusorígeno* y *seudoovo*.

seudoibaco (pseudoibacus). Estado postlarval en el ciclo de los crustáceos macruros de la superfamilia *Scyllaridae*. (Gr. **pseudes**, falso. **Ibacos**, género de crustáceos.)

seudoimago. V. *subimago*.

seudomanubrio (pseudomanubrium). El manubrio de ciertas medusas traquilinas que es una continuación de la subumbrella. (Gr. **pseudes**, falso; lat. **manubrium**.)

seudomitótico (pseudomitotic). V. *diasquístico*.

seudometamerismo (pseudometamerism). Segmentación serial aparente, como la de los platelmintos. (Gr. **pseudes**, falso; + **metamerismo**.)

seudomixis (seudomyxis). Fusión nuclear, no sexual, que conduce a la formación de un embrión. (Gr. **pseudos**, falso; **mixis**, mezcla.)

seudomonocíclico (pseudomonociclic). Se refiere a los equinodermos crinoideos que carecen de infrabasales en la etapa adulta, las que están presentes en estado juvenil. (Gr. **pseudes**, falsos; **monos**, solo, **kiklos**, círculo.)

seudomorfo (pseudomorph). Estructura con forma indefinida. (Gr. **pseudes**, falso; **morphe**, forma.)

seudonavicela (pseudonavicella). Pequeño esporo en forma de barco en *Sporozoa*. (Gr. **pseudes**, falso; **navicella**, embarcación pequeña.)

seudoneuróptero. Un insecto del orden obsoleto *Pseudoneuroptera*. Clasificación desusada. (Gr. **pseudes**, falso; + **neuróptero**.)

seudonuclerina. V. *paranuclerina*.

seudoniquio (pseudonychium). Estructura situada entre las uñas de los insectos. (Gr. **pseudes**, falso; **onyx**, uña.)

seudonoto (pseudonotum). Postnoto o *postescutelo*. (Gr. **pseudes**, falso; **noton**, espalda.)

seudonucléolos (pseudonucleoli). Gránulos en el retículo nuclear. (Gr. **pseudes**, falso; + **nucléolo**.)

seudoocelos (pseudocellus). Uno de los órganos de los sentidos esparcidos en el cuerpo de los insectos. (Gr. **pseudes**, falso; lat. **ocellus**, ojillo.) V. también *seudocelo*.

seudoovo (pseudoovum). Huevo partenogenético. (Gr. **pseudes**, falso; **ovum**, huevo.)

seudopalio (pseudopallium). Collar en forma de embudo que rodea la trompa y parte de la concha en los moluscos gasterópodos parásitos del grupo *Stylifera*. (Gr. **pseudes**, falso; + **palio**.)

seudoparásito. Que tiene la apariencia de un parásito. (Gr. **pseudes**, falso; + **parásito**.)

seudopene (pseudopenis). Porción evertida del conducto deferente masculino en algunos anélidos oligoquetos. (Gr. **pseudes**, falso; lat. **penis**, pene.)

seudopérculo (pseudoperculum). Cualquier estructura que parece un opérculo. (Gr. **pseudes**, falso; lat. **operculum**, tapa.)

seudoplasmodio (pseudoplasmodium). Agrupación de numerosas amébulas que, en ciertos micetozoos, se fusionan sin perder sus membranas. (Gr. **pseudes**, falso; + **plasmodio**.)

seudopodiospora (pseudopodiospore). Una amébula o una espora que se mueve por pseudópodos. (De **pseudópodio** y **espora**.)

seudópodo *(pseudopodium). *Pseudópodo*. Extensión temporal de citoplasma en las amebas, amibocitos, etc., que actúa como orgánulo de locomoción y alimentación. (Gr. **pseudes**, falso; **pous**, pie.) // ***s. propulsores***, pseudópodos posteriores que, en algunos neosporidios, sirve para moverlos hacia adelante.

seudóporo (pseudopore). Orificio pequeño situado entre los tubos y el sistema de canales de las esponjas. (Gr. **pseudes**, falso; **poros**, canal.

seudopreñez (pseudopregnancy). Condición en la que se desarrollan ciertos órganos, simulando preñez, a pesar de no haber habido fecundación. (Gr. **pseudes**, falso; + **preñez**).

seudopupa (pseudopupa). Estado quiescente entre dos instares en ciertos insectos. (Gr. **pseudes**, falso; + **pupa**.)

seudoquiste (pseudocyst). Masa residual que, al romperse, libera las esporas de los esporozoos. (Gr. **pseudes**, falso, **kystis**, vejiga.)

seudoquitina (seudochitin). Membrana que rodea la cápsula central en los radiolarios. (Gr. **pseudes**, falso; + **quitina**.)

seudorrabdito (pseudrohabdito). Masa granular producida por células glandulares en los platelmintos del grupo *Phadocoelida*. (Gr. **pseudes**, falso; + **rabdito**.)

seudorreducción (pseudo-reduction). La división preliminar de la cromatina que procede a la formación de tétradas y reducción durante maduración. (Gr. **pseudes**, falso; + **reducción**.)

seudorrumiadura (pseudorumination). Reingestión de los alimentos incompletamente digeridos. (Gr. **pseudes**, falso; + **rumiadura**.)

seudosacro (pseudosacral). Que tiene las vértebras sacras unidas a la pelvis por procesos transversales en vez de por costillas sacras. (Gr. **pseudes**, lat. **sacer**, sagrado.)

seudoscólex (pseudoscolex). V. *seudoescólice*. (Gr. **pseudes**, falso; + **scolex**.)

seudoscorpión = *Pseudoescorpión*, q.v. *Pseudoescorpionida*.

seudósculo (pseudosculum). La abertura externa del pseudogastrio, q.v. (Gr. **pseudes**, falso; lat. **osculum**, boca pequeña.)

seudosésil (pseudosessile). Insecto con peciolo abdominal muy corto. (Gr. **pseudes**, falso; lat. **sedere**, sentarse.)

seudosemático (pseudosematic). Que tiene coloraciones como las del mimetismo, la coloración protectora, etc. (Gr. **pseudes**, falso; **sema**, señal.)

seudostigma (seudostigma). Foseta o copilla en el tegumento, como las de las setas de los acarinos. (Gr. **pseudes**, falso; **stigma**, marca.)

seudostoma (pseudostoma). Una abertura bucal temporal (Gr. **pseudes**, falso; **stoma**, boca.)

seudotráquea (**pseudotrachea**). Falsa tráquea. // En algunos dípteros, estrías en las labelas, con las que raspan el alimento. // Organo respiratorio traqueal en los exopoditos de los isópodos terrestres. (Gr. **pseudes**, falso; + **tráquea.**)

seudovario (**pseudovarium**). Un ovario que produce pseudóvulo. (Gr. **pseudes**, falso; + **ovario.**)

seudovelo (**pseudovelum**). Estrecho reborde en el margen interno de ciertas medusas. (Gr. **pseudes**, falso; + **velo.**)

seudovellos V. *vellos uterinos.*

seudovitelo (**pseudovitellus**). Estructura celular en los insectos áfidos que sustituye a los tubos de Malpigio. (Gr. **pseudes**, falso; **vitellus**, yema de huevo.)

seudóvulo (**pseudovum**). Ovulo que puede desarrollarse sin fertilizarse; óvulo partenogénico. (Gr. **pseudes**, falso; lat. **ovum.**, huevo.)

seudounipolar (**pseudo-unipolar**). Se refiere a la célula nerviosa unipolar con axones en forma de T o Y, que están formados por la fusión parcial de los axones de células originalmente bipolares. (Gr. **pseudes**, falso; lat. **unus**, uno; **polus**, polo.)

seudozoea (**pseudozoea**). Estado larval en *Stomatopoda*, parecido al de zoea. (Gr. **pseudes**, falso; + **zoea.**)

sevilla (**roseate spoonbill**). Cuba: ave del orden *Ciconiiformes*, familia *Threskiornithidae* de color rosado y pico espatulado. (**Ajaia ajaja.**)

Seymouriamorpha. Un suborden de reptiles cotilosaurios que comprende especies que existieron desde el período Pensilvaniano hasta el Triásico. Se considera el más primitivo de todos y hasta ha sido colocado entre los anfibios laberintodontes. (**Seymouria**, ciudad de Seymour, Texas; (Gr. **morphe**, forma.)

sexaje (**sex determination**). Determinación de los sexos en la pisicultura y avicultura. (Lat. **sexus**, sexo.)

sexo (**sex**). Conjunto de estructuras y funciones primarias y secundarias destinadas a la reproducción, las que permite colocar organismos en la categoría de macho o hembra. // En genética se emplea la voz inglesa *sex en los casos de herencia, sex controlled, sex linked, sex limited.* (Lat. **sexus***, sexo.) *Adj.* ***sexual.***

sexología (**sexology**). Parte de la biología que estudia el sexo.

sextidigitado (**sexdigitate**). Provisto de seis dedos en las manos o en los pies. (Lat. **sex**, seis; **digitus**, dedo.)

sexuado*. Dícese del organismo que tiene los órganos sexuales bien desarrollados.

sexualidad* (**sexuality**). Conjunto de las características que permiten distinguir a un organismo por su sexo. (Lat. **sexus**, sexo.)

sexualización El proceso de sexualizar o definir su sexo un organismo. // El sexo puede quedar determinado antes de la fecundación, durante la fecundación o después de la fecundación. *Adj.* ***sexualizado.***

sexúpara (**sexuparous**). Se dice de un tipo de hembras vírgenes de los pulgones que, en el otoño, producen hembras y machos alados (**partenogénesis deuterotoca.**) // Tipo de hembras de los rotíferos, que partenogenéticamente, produce formas sexuadas. (Lat. **sexus**, sexo, **pario**, producir.)

s.g. (**sub. gen.**) Abreviaturas de la categoría taxonómica *subgénero.* (Lat. **sugenes,**)

shapo (**urial**). Una raza grande del *urial* u oveja salvaje del Asia central (**Ovis vignei.**)

Sharp, R. Notable por el descubrimiento del aparato neuromotor de los ciliados en 1914.

Sharpey, William. Anatomista inglés. V. *fibras de Sharpey.* (1802-1880)

Shelford, Víctor E. Ecólogo norteamericano, quien realizó numerosas contribuciones a la ecología sucesional, bioecología, ecología acuática, etc. (n. 1877).

Sherrington, Charles Scott. Fisiólogo inglés, demostró en 1897 la función de la sinapsis entre las neuronas. Premio Nobel en 1932, (1867-1952)

shou (**shou**). Especie de *barasingha* o ciervo del Tibet y Bután (**Cervus wallichi.**)

Shrapnell, Henry L. Anatomista inglés. V. *membrana de Shrapnell*, (1761-1841)

Shull, G.H.. Biólogo norteamericano, quien pudo probar la existencia del llamado *vigor de híbrido* en los cruzamientos del maíz.

shushupe. Perú: la *cascabela muda*, especie de ofidio muy venenoso. Familia *Crotalidae* (**Lachesis muta.**)

si- Prefijo empleado en vez de *sin-* en voces que empiezan con *s.* (Del gr. **syn**, con.) Ej. *sistema.*

sialadeno (**sialeden**). Una glándula salival. (Gr. **sialon**, saliva; **aden**, glándula.)

sialogogo (**sialogogue**). Lo que estimula la producción de la saliva. (Gr. **sialon**, saliva; **agogos**, conducción.)

siálico (**sialic**). *Sialoide.* Perteneciente a la saliva. (Gr. **sialon**, saliva.)

sialismo (**sialismus**). Salivación exagerada. (Gr. **sialon**, saliva.)

siamango (**siamang**). La especie de gibón de mayor tamaño. Tiene color negro y membranas entre los dedos II y III. Habita en Sumatra y la península Malaya (**Symphalangus syndactylus**). (Malayo, **amag**, negros.)

sibling . Expresión inglesa, empleada para indicar las llamadas *especies gemelas.* (Ingl. **sibling**, hermano.)

sic.* (**sic.**) Palabra latina que significa *así*. Se usa para expresar que una cita o un error está transcrito tal cual aparece en el original.

sicigia*. (**syzygy**). Se dice de la unión de dos o más individuos de los esporozoos gregarínidos, que forman una cadena. // La sutura de dos brazos en algunos crinoideos. // La unión de fragmentos de cromosomas durante la meyosis. (Gr. **syn**, con; **zygon**, yugo.)

sicócola (**siccocolous**). = *Xerófilo.* (Lat. **siccus**, seco; **incola**, habitante.)

sicofísica (**psychophysics**). V. *psicofísica.*

sicioide (**sicoid**). Que tiene forma de frasco. (Gr. **sikyos**, frasco; **eidos**, forma.)

sicoma. *Verruga.* Tumor en forma de higo, (Gr. **sycon**, higo; **oma**, hinchazón.)

sicón (**psychon**). Sinapsis entre una neurona y la que le sigue. (Gr. **psyche**, mente.) // V. *siconoide.*

siconoide (**sycon**). Tipo de sistema de canales en las esponjas. (Gr. **sycon**, higo.)

sicosomático (**psychosomatic**). *Psicosomático*, que muestra relaciones entre los procesos mentales y el cuerpo humano. (Gr. **psyche**, la mente; **soma**, cuerpo.)

sicozoica (**psychozoic**). V. *Psicozoica.*

sicrófilo (**psycrophil**). Que vive a temperatura relativamente baja, menor de 20°C. (Gr. **psychros**, frío, **philein**, amar.)

sícula (**sicula**). Una estructura pequeña en forma de daga situada al final de un graptolites. (Lat. **sicula**, daga pequeña.

siderocito (**siderocyte**). Un eritrocito con el hierro no ligado a la hemoglobina. (Gr. **sideros**, hierro; **kytos**, célula.)

siderófilo (**siderophil**). Organismo que prospera en presencia de hierro en el ambiente. Tejido que se colorea con tintes que contienen hierro. (Gr. **sideros**, hierro; **phylos**, amigo.)

siderótrofo (**siderotrophic**). Se dice del medio acuático cuya característica biológica más importante es la presencia de una cantidad considerable de hierro. (Gr. **sideros**, hierro; **trophe**, alimento.)

sideroxeno (**sideroxenous**). Organismo que excepcionalmente se encuentra en aguas siderótrofas. (Gr. **sideros**, hierro; **xenos**, extranjero.)

siera (**fly**). Puerto Rico: mosca en lenguaje indígena.

sierra* (Spanish mackerel). *Carite.* Nombre aplicado a algunas especies de peces marinos comestibles del orden *Perciformes,* familia *Scombridae* (Scomberomorus maculatus.)

sietecueros* (land slug). Puerto Rico, Venez.: nombre dado a varias especies de moluscos gasterópodos terrestres pulmonados, desprovistos de concha. Orden *Systellamotophora,* familia *Vaginulidae* (Veronicella occidentalis).

sifaka (sifaka). Nombre dado a varios prosimios lemuroides de Madagascar. (Propithecus diadema).

sifilete- Ave del paraíso que vive en Nueva Guinea, cuya cabeza adornan seis plumas muy finas. (Dicc.)

sifón* (siphon). Tubo alargado y ciliado que se extiende desde el esófago hasta el principio del instestino en los equinoideos. // Embudo muscular por debajo del cuello en los cefalópodos. // Tubo formado por el manto en los moluscos bivalvos y gasterópodos que permite la entrada o salida del agua. (Gr. siphon, tubo). *Adj. sifonado, sifonal,* // *s. anal,* estructura tubular en los moluscos bivalvos por donde sale al exterior el agua de las branquias, // *s. atrial,* tubo de salida del agua que ha pasado por la cavidad atrial en los tunicados. // *s. branquial,* sifón incurrente o *s. inhalante* de las ascidias, por donde penetran el agua y los alimentos. Estructura tubular en los moluscos bivalvos por donde penetra el agua que baña las branquias. // *s. bucal,* estructura tubular de la boca de algunos tunicados. // *s. cloacal,* estructura que comunica con el exterior la cámara atrial cloacal de los tunicados. // *s. escurrente,* sifón exhalante. // *s. exhalante* o *s. cloacal,* estructura por donde sale al exterior el agua que proviene de la faringe branquial en los tunicados. // *s. incurrente,* v. *sifón branquial* // *s. inhalante,* v. *s. branquial.*

sifonáptero. Insecto del orden *Siphonaptera,* que comprende las pulgas.

sifoneta (siphonet). Tubo o cuernecillo de los pulgones o áfidos, que segrega una sustancia azucarada. (Gr. siphon, tubo.)

sifonio (siphonium). Un tubo membranoso que en los cocodrilos comunica los espacios aéreos del hueso cuadrado con los del hueso articular. (Gr. siphon, tubo.) // *Adj. sifonial.*

sifonóforo (siphonophore). Se dice del animal del orden *Siphonophora.*

sifonoglifo (siphonoglyph). Surco ciliado situado a los lados del estomodeo de los antozoarios. (Gr. siphon, sifón; tubo; glyphe, tallado, acanalado.)

sifonoplaquia (siphonoplax). La placa calcárea conectada con el sifón de ciertos moluscos. (Gr. siphon, tubo; plax, placa.) V. *placa sifonal.*

sifonóstomo (siphonostomous). Que tiene una escotadura en el peristoma de la concha de los gasterópodos, que aloja una prolongación tubular o sifón del manto. *Sifonostomado.* (Gr. siphon, tubo; stoma, boca.)

sifonozoide (siphonozooid). En las colonias de algunos celenterados alcionarios, un pequeño pólipo modificado para impulsar agua en los canales. (Gr. siphon, tubo; + zooide.)

sifonorrino (siphonorhinal). Organismo provisto de narices tubulares. (Gr. siphon, tubo; rhinos, nariz.)

sifosis. Curvatura de la columna vertebral.

Sifunculados. Nombre en desuso para el orden de insectos llamado *Anoplura.*

sifúnculo (siphuncle). Cuerda espiral que comunica las cámaras de los cefalópodos nautiloides con el animal, (Lat. sifunculo, dim. de sifón.) // *Adj. sifuncular, sifunculado.*

Siganoidei. V. *Teuthioidea.*

sigala (Spanish lobster). Especie de crustáceo europeo macruro de cuerpo deprimido (Scylarus arctus).

sigma* (sigma). Espícula de esponjas en forma de C. (Gr. sigma.)

sigmaspira (sigmaspire). Una subdivisión en los Poríferos de la clase Demospongiae que están provistos de espículas en forma de C o de sigma. (Gr. sigma; phorey, portador.)

Sigmatosclerophora. Un suborden de *Porifera,* de la clase *Demospongiae,* orden *Tetraxonida.*

sigmoide, sigmoidal (sigmoid). Una estructura encorvada como la letra griega *sigma* (arterias, venas, colón). (Gr. sigma, ese; eidos, forma.)

signo* Ver *símbolo.*

sigua* (West Indian top shell). *Cigua.* Molusco gasterópodo marino comestible de la familia *Trochidae,* cuya concha de forma de trompa tiene color negro y blanco. (Cittarium pica).

siguana. Puerto Rico: iguana.

siguapa* (siguapa). Cuba: ave rapaz del orden *Strigiformes* familia *Strigidae* (Asio stygius.)

sijú (pyamy owl). Cuba: ave del orden *Strigiformes,* familia *Strigidae,* especie de búho muy pequeño. (Glaucidium siju).

sika (sika). Especie de ciervo moteado del Japón. Otras especies habitan el norte de China. (Sika nippon.)

silgao (a crayfish). Puerto Rico: crustáceo fluvial, especie de camarón, de la familia *Palaemonidae* (Macrobrachium acanthurus).

silguero* V. *jilguero.*

silepsis (sillepsis). = *Embarazo.*

silicoblasto (siliocoblast). Célula que en ciertos poríferos forma la espícula silícea. (Lat. silex, sílice, blastos, brote.)

silicua* (siliqua). Una estructura en forma de vaina, como la *siliqua olivae* del cerebelo de los mamíferos. (Lat. silicua, vaina.)

Siliocoflagellida. Una agrupación taxonómica que incluye los mastigóforos holofíticos que tienen concha silícea. (Lat. silex, sílice; + flagelados.)

Siluriano* (Silurian). *Silúrico*.* Período de la Era Paleozoica caracterizado por el comienzo de la diversificación de los peces y por la abundancia de equinodermos, moluscos y artrópodos marinos. (Lat. silures, los habitantes preceltas de Gales.)

Silúrico*. V. *Siluriano.*

Siluriformes, Siluroidei. *Nematognathi.* En algunas clasificaciones un orden o suborden que comprende los peces óseos que están provistos de barbas alrededor de la boca. Ahora es una división del orden *Cypriniformes.* (Gr. Silurus, un pez grande de agua dulce.)

siluro* (sheat fish). Pez teleósteo fluvial europeo de barbillas largas. Orden *Cypriniformes,* familia *Siluridae* (Silurus glanis).

silvático* (sylvan).- *Silvestre.* (Lat. silvático.)

silvestre* (sylvestral). Lo relativo a la selva. // Animal que vive en la selva. (Lat. sylvestris.)

silviana (sylvian). Estructura nombrada en honor al anatomista *F. Sylvius* o *Silvio.* Ej: la fisura lateral del cerebro.

silvícola* (silvestral). *Silvestre.* Organismo que vive o se cría en la selva. (Lat. silvicola, habitante de la selva.)

silvicapra. Antílope africano (Sylvicapra grimma.)

Silvio, Francisco. Anatomista y fisiólogo francés, mejor conocido por *Silvius.* (1614-1672)

silla turca (sella turcica). *Fosa pituitaria.* Depresión en la superficie del esfenoides que aloja la hipófisis. Estructura transversal formada por la unión de los apodemas en algunos crustáceos decápodos. (Lat. sella; silla; turcicus, turco.)

silliforme (sellaeform). Que tiene forma de silla de montar. (Lat. sella, silla; + forma.)

sim- (sym-). (Del griego syn.) Se emplea antes de palabras que empiezan con *m* o *p.* Ver *sin.* Ej: *simbiosis.*

simbionte* (symbiont). Cada uno de los organismos que forman una asociación simbiótica, en especial los de una asociación mutualista. (Gr. symbiontes, acción de vivir en común). // *s. obligado,* un organismo que depende de otro para su existencia.

simbiósico. Según Font-Quer es una forma incorrecta de escribir *simbiótico*, q.v.

simbiosis* **(symbiosis).** Interrelaciones de dos especies diferentes, que viven juntas. Incluye el *mutualismo*, el *comensalismo*, el *parasitismo*, etc. En algunos casos se emplea en el sentido restringido para indicar una asociación mutualista. (Gr. **symbiosis**, vida en común.) *Adj.* ***simbiótico.*** // ***s. disyuntiva,*** una simbiosis mutualista sin comunicación directa entre los participantes.

simbiota (symbiote). = *Simbiote.* V. *simbionte.*

simbiotismo. V. *simbiosis.*

símbolo* **(symbol).** Letras, figuras o números que, convencionalmente, expresan algo específico. (Gr. **symbolon.**)

♂	♀	☿	ψ	□	O	P	F	X,Y
1	2	3	4	5	6	7	8	9

// 1. Signo del sexo masculino. 2. Iden del sexo femenino. 3. Obrera hembra o macho infecundo en los insectos sociales. 4. Soldado en los insectos sociales. 5. El varón en genética y genealogía. 6. Hembra en genética y genealogía. 7. Generación parental. 8. Generación filial. 9. Heterocromosomas..

simbolia. La facultad de reconocer la naturaleza de los objetos mediante el sentido del tacto. (De **símbolo.**)

simbranquiforme. Pez osteictio del orden *Symbranchiformes.*

simetría* **(symmetry).** Disposición adecuada de partes similares o equivalentes de un organismo en relación, por lo menos, con un plano de referencia. (Gr. **syn**, con; **metron**, medida.) *Adj.* ***simétrico*.*** // ***s. bilateral,*** disposición de las estructuras orgánicas similares en ambos lados del plano *sagital.* // ***s. birradial,*** una combinación de la simetría radial y la bilateral. // ***s. esférica,*** un tipo de simetría en la que un organismo, principalmente unicelular, puede dividirse en un número infinito de partes equivalentes en relación con planos que pasan por el centro. // ***s. radial*** disposición de las estructuras o partes orgánicas equivalentes en relación con varios planos que pasan por el eje antero-posterior del animal. Las partes resultantes se denominan *antímeros.* // ***s. universal,*** o ***s. esférica.***

simetrodonte. Mamífero fósil del Orden *Symmetrodonta.*

Simiae. V. *Simioidea* y *Anthropoidea.*

similar* **(similar).** Se dice de la estructura que muestra semejanza o analogía con otra. (Lat. **similis.**)

simio* **(monkey).** *Mono.* (Lat. **simius**, mono.) // *Adj.* ***simiano.***

Simioidea. Un suborden de los primates, ahora llamado *Anthropoidea*, caracterizado por el cráneo voluminoso y la reducción de la cara, por las órbitas separadas de la fosa temporal, por el cerebro grande con lóbulos olfativos poco desarrollados y regiones visuales muy desarrolladas. (Lat. **simio**, mono.)

simpático* **(sympathetic).** La parte del sistema nervioso autonómico que inerva las vísceras y está relacionado con la sección toracolumbar de la médula espinal. *El gran simpático.* (Gr. **syn**, con; **pathos**, sensitivo.)

simpatina (sympathin). Substancia secretada por los axones del sistema simpático que parece ser idéntica a la adrenalina. (Gr. **syn** con; **pathos**, sensación.)

simpatoblasto (sympathoblast). Célula que se desarrolla en una neurona o en un ganglio simpático. (Gr. **syn**, con; **pathos**, sensación; **blastos**, brote.)

simpatría (sympatry). La condición de ocupar el mismo lugar dos o más especies. (Gr. **syn**, junto + **patria.**)

simpátrida (sympatric). Se dice de dos o más especies que habitan la misma área geográfica. (Gr. **syn**, con + **patria.**)

simpelmos (sympelmous). Que tiene los tendones palmares unidos antes de llegar a los dedos. (Gr. **syn**, con; **pelma**, suela.)

simplasto (symplast). Estructura multinucleada formada por fragmentación nuclear de una *enérgida.* // Un *cenocito.* (Gr. **syn**, con; **plastos**, moldeado.) *Adj.* ***simplástico.***

simpléctico (symplectic). Un hueso del cráneo de los peces óseos que se une al *cuadrado* y al *hiomandibular.* (Gr. **symplektos**, con pliegues.)

símplex (simplex). Se dice del que tiene un gen dominante en la poliploidía. (lat. **simplex**, simple.)

Simplicidentata. Un suborden del antiguo orden de los roedores, caracterizado por la posesión de dos incisivos solamente en el premaxilar. Hoy día este grupo se denomina orden *Rodentia.* (Lat. **simplex**, simplicis; **simple, dentatus**, dentado.) *Adj.* ***simplicidentado.***

simpodito (sympodite). El *protopodito.*

simulación (simulation). Acto por el que un organismo asume estructuras o actitudes de otros, como en el *mimetismo* y la *homocromía.* (Lat. **simulare**, simular.)

simúlido (simulium). Un miembro de la familia de insectos dípteros *Simulidae*, de pequeño tamaño y de alas cortas y anchas. Sus larvas son acuáticas y los adultos suelen volar en enjambres, picando al hombre y los animales domésticos y pudiendo transmitir enfermedades. (Lat. **símulo**, imitar.)

simungo (simung). Nutria asiática. Orden *Carnívora*, familia *Mustelidae* (**Lutrogale**, sp.)

sin- (syn). Preposición inseparable que significa con, junto, unido. Equivalente al prefijo latino *con-.* (Gr. **syn, con**, junto.) Se cambia en *sim.* antes de *b* y *p* y se reduce a *si* antes de *m* y *s.*

sinangio (synangium). La porción anterior del tronco arterial. (Gr. **syn**, con; **angeion**, dim. de **angos**, jarra.)

sinaporio (synaporium). Una asociación animal formada por condiciones ambientales desfavorables. (Gr. **syn**, con; **aporia**, necesidad.)

sinaposemático (synaposematic). Conjunto de organismos que poseen en común una coloración admonitoria. (Gr. **syn**, con; + **aposemático.**)

sinapsia. V. *sinapsis.*

sinápsido (sinapsid). Tipo de cráneo en los reptiles provisto de una sola fosa o ventana temporal, situada bajo el arco postórbito-escamoso. (Gr. **syn**, junto; **apsis**, arco.)

sinapsis (synapsis). Punto de continuidad entre los extremos de dos fibras nerviosas: un axón y una dendrita. // Apariamiento axial de dos cromosomas homólogos durante la profase de la división meyótica. (Gr. **syn**, junto; **apsis**, arco, nudo.) *Adj.* ***sináptico.***

sinapomorfosis (synapomorphics). Se dice de las formaciones homólogas cuya identidad queda asegurada por varias estructuras correspondientes que cumplen una función de manera peculiar. (Gr. **syn**, un; + **apomorfosis.**)

sinápticos (synaptychus). Aptucos cuyas placas pares están unidas permanentemente. (Gr. **syn**, junto; **pthyche**, placa.)

sinapteno (synaptene). El estado zigoteno en la meyosis. (Gr. **synapsis**, unión; **tainia**, banda.)

sinaptícula (synapticula). Bastoncillo que une los septos de una estructuras tabicada. // Conectivo transversal que une los tabiques branquiales con las lengüetas branquiales en la faringe en los cefalocordios. (Gr. **syn**, con; **aptus**, conectado.)

sinartrosis* **(synarthrosis).** Articulación en la que las superficies articulares de los huesos están en contacto, unidas por un tejido conectivo, pero sin mostrar movimientos apreciables. (Gr. **syn**, con; **arthron**, unión; **arthrosis**, articulación.)

Sinascidiae. En una clasificación de los tunicados, se denominan las asicidias llamadas *compuestas* cuyas colonias tienen una cloaca común. V. *orden Pleurogona.* (Gr. **syn**, junto. **ascidion**, bolsa de cuero.)

sincárido. Un miembro de la división de crustáceos eumalacostráceos que carecen de carapacho, llamada *Syncarida.*

sincarion (synkaryon). *Sincarionte.* Un cigoto resultante de la fusión de un pronúcleo emigrante con un pronúcleo estacionario en ciertos protozoos cilióforos. // El doble núcleo de ciertos ciliados. (Gr. **syn**, junto; **karyon**, núcleo.) *Adj.* ***sincariótico.***

sincariocito (**synkariocyte**). El *huevo*, q.v.

sinceloma (**synceloma**). Las cavidades celómicas consideradas en conjunto: pleural, cardiaca, peritoneal y túnica vaginal, (Gr. **syn**, con; + celoma.)

sincerebro (**syncerebrum**). Complejo ganglionar supraesofágico o cerebro de los artrópodos, que consta de tres regiones: *protocerebro*, *deutocerebro* y *tritocerebro*. (Gr. **syn**, con; lat. **cerebrum**.)

sincianosis (**syncyanosis**), Simbiosis entre un flagelado incoloro o una ameba y un cierto número de células autótrofas (cianocloridinas). (Font Quer.) (Gr. **syn**, **cianeos**, azul.)

sincicio (**syncytium**). *Sincitio.* Estructura protoplásmica multinucleada, formada por células unidas sin membranas de separación. (Gr. **sin**, con; **kytos**, célula.) // ***s. perilecítico*** o *vitelino*, algunos núcleos que no están en cuerpos celulares delimitados, hallados en la periferia de la masa indivisa de las yemas en casos de segmentación parcial.

sincipucio (**sinciput**). La parte supero-anterior de la cabeza. Op. *occipucio.* (Lat. **semi**, mitad, **caput**, cabeza.) // *Adj.* ***sencipital.*** V. *bregma.*

sincitio (**syncytium**). V. *sincicio.*

sincondrosis (**synchondrosis**). Un tipo de sinartrosis en la que la unión de dos huesos se lleva a cabo por cartílagos hialinos. (Gr. **syn**, con; **chondros**, cartílago.)

síncoro V. *especie polimorfa.*

sincorología (**sinchorology**). Estudio sobre la distribución de las asociaciones de organismos. // La distribución geográfica de las asociaciones y comunidades. (Gr. **syn**, con; **choros**, lugar, región.)

sincraneado (**syncraniate**). Un tipo de cráneo que tiene algunas vértebras fusionadas. (Gr. **syn**, con; **kranion**, cráneo.)

sincranteriano (**syncranterian**). Que no tiene diastema entre los dientes. (Gr. **syn**, con; **kranteres**, muela del juicio.)

sincríptico (**sincriptic**). Un animal que muestra semejanza con otro debido a una común adaptación al ambiente. (Gr. **syn**, con; **kryptos**, oculto.)

sincrónico (**synchronic**). Lo que es contemporáneo o que ocurre al mismo tiempo. (Gr. **syn**, con; **chronos**, tiempo.)

sindactilismo (**syndactylism**) La fusión parcial o total de dos o más dedos. (Gr. **syn**, con; **daktylos**, dedo.)

sindáctilo* (**syndactyl**). Se dice del ave que tiene los dedos anteriores unidos en la base, como en el orden *Coraciiformes.* (Gr. **syn**, junto; **dactylos**, dedo.)

sindesis (**syndesis**). La fusión de cromosomas homólogos durante la meyosis. (Gr. **syndesis**, reuniendo.)

sindesmología (**syndesmology**). Parte de la anatomía que estudia los tendones y los ligamentos. (Gr. **syndesmos**, ligamento; **logos**, discurso.)

sindesmosis (**syndesmosis**). Una clase de sinartrosis en la que los huesos quedan unidos por un tejido fibroso. (Gr. **syndesmos**, ligamento.)

síndrome *(**syndrome**). Un conjunto de síntomas y signos que caracteriza una enfermedad y se presentan siempre juntos. (Gr. **syn**, junto; **dromos**, una carrera.)

sindrome de Klinefelter (**Klinefelter's syndrome**). Un macho con xxy heterocromosomas y caracteres sexuales poco acentuados.

síndrome de Turner (**Turner's syndrome**). Una hembra con xo heterocromosoma y caracteres sexuales poco acentuados.

sinecatrano (**synechatran**). Un huésped extraño en una sociedad de insectos sociales que provoca una marcada y mutua hostilidad. (Gr. **syn**, con; **echathros**, odiado.)

sinecio (**synoecium**). La asociación entre ciertos animales y los nidos de otros animales. (Gr. **syn**, junto; **oikos**, casa.)

sinecología (**synecology**). El estudio de las comunidades animales y vegetales. (Gr. **syn**, con; **oikos**, habitación.)

sinegeografía (**sinegeography**). El estudio de las áreas de distribución de las comunidades o aspecto geográfico de la sinecología. (Contracción de **sinecología** y **geografía**.)

sinéresis* (**syneresis**). La contracción de un gel con expulsión de líquido. // La contracción de un coágulo sanguíneo con expulsación de suero. (Gr. **syn**, con; **ereidein**, apretar; **ereisis**, empujar.)

sinergia* (**sinergy**). La acción combinada de varios factores para producir un efecto. (Gr. **synergeia**, cooperación.) // *Adj.* ***sinérgico*.***

sinesia (**synhesia**). Una asociación secundaria formada bajo el estímulo de la reproducción, como la de los anélidos marinos poliquetos llamados *paldos.*

sinesma. Un *enjambre.* q.v. (Gr. **syn**, con; **hesmos**, enjambre.)

sinestesia* (**synesthesis**). La concurrencia de una sensación determinada con una sensación característica de otro sentido. (Gr. **syn**, con; **aisthesis**, sensación.)

sinestrorso. V. *sinistrorso.*

sinetogametismo (**synethogametism**). La capacidad de los gametos para fusionarse por existir compatibilidad entre ellos. (Gr. **synethes**, bien adaptado; + **gametismo.**)

sinfagia (**symphagia**). Una asociación formada junto a una fuente de alimento. (Gr. **syn**, con; **phagon**, comer.)

sinfalangismo (**symphalangism**). La condición de tener las falanges de los dedos rígidas. Carácter mendeliano dominante. (Gr. **syn**, conjunto; **phalanx**, falange.)

sinfilia (**symphily**). Comensalismo con mutuo afecto. (Gr. **syn**, con; **philein**, amar.)

sínfilo (**simphile**) Se dice del huésped de las colonias de hormigas y termites criado por los miembros de esas comunidades. (Gr. **syn**, con; **philos**, amar.) // Ver *Symphila.*

sinfisio (**symphysium**). *Sinfisión.* Punto craniométrico situado en el medio de la **sínfisis mandibular.** (Gr. **symphysis.**)

sínfisis* (**symphysis**). La unión entre dos estructuras. // Una articulación fija. (Gr. **symphysis**, que crece junto.) *Adj.* ***sinfisial*.*** // ***s. isquiática***, unión de los huesos isquiones por un ligamento, como ocurre en los lagartos. // ***s. púbica***, el plano de la unión de las dos mitades de la cintura pelviana en los mamíferos, los reptiles y las aves.

sinforesis (**symphoresis**). Acercamiento colectivo de células hacia una región. (Gr. **symphoresis**, reuniendo.)

singameo (**syngameon**). Población cuyos componentes habitualmente se aparean y son naturalmente interfecundados. (Definición de la especie según Lotsy.) (Gr. **syn**, junto a; **gameo**, llevar al matrimonio.)

singamético (**syngametic**). Se dice de la unión de células morfológicamente similares. V. ***isogamico.*** (Gr. **syn**, con; **gametes**, esposo.)

singamia (**syngamy**). Reproducción sexual, // Fusión de gametos. (Gr. **syn**, con; **gamos**, matrimonio.) // *Adj.* ***singámico.***

singapán (**tarsier**). Nombre filipino del primate prosimio llamado también *mago* (**Tarsius spectrus.**)

singén (**syngen**). Nombre equivalente al de *variedad*, usado en la genética de los protozoarios. (Gr. **syn**, con; **+gen.**)

singénesis (**syngenesis**). Reproducción sexual. // Doctrina que sostiene el origen simultáneo de los gérmenes de todos los seres humanos, pasados, presentes y futuros, (Gr. **syn**, con; **genesis**, descendencia.) *Adj.* ***singenético*** (incorrecto), ***singenésico*, singenesio.***

singenésico* (**syngenetic**). Que desciende de los mismos ancestros. //Que se reproduce sexualmente. (Gr. **syn**, con; **genesis**, descendencia.)

singino (**syngynous**). V. *epigino.*

singnatos (**syngnathus**). Las mandíbulas pares de los equinodermos asteroideos. // Que tiene las mandíbulas unidas en forma de tubos. // Peces del orden *Syngnathiformes.* (Gr. **syn**, con; **gnathos**, quijada.)

singónico (**syngonic**). La producción de gametos masculinos y femeninos en la misma gónada. (Gr. syn, con; gones, generación.)

singonio (syngonium). Tipo de hermafroditismo en los vermes nematodos desarrollado secundariamente en las hembras. (Gr. syn, junto; gones, sexo.)

sinhueso*. La *lengua.*

sinistrorsa (sinistrorse). Que se mueve hacia la izquierda. // Se dice de la concha de los moluscos gasterópodos que tiene las vueltas de la espina girando de derecha a izquierda. (Lat. sinister, mano izquierda.)

sinistrórsum*. Voz latina que indica hacia la izquierda.

sinicesis (synizesis). Contracción de la pupila. // Fase contraída del núcleo durante la sinapsis. (Gr. synizesis, sedimiento, contracción.) *Adj. sinicético.*

sinoatrial V. *sinoauricular.*

sinoauricular (sino-auricular). Lo relativo al seno venoso y a la aurícula. Ver *nodo* o *nudo sinoauricular* o *sinoatrial* y *marcapasos.* (Lat. sinus, golfo; + auricular.

sinomimia* (synonymy). En taxonomía la relación de nombres que se han empleado para designar el mismo taxón. El nombre aceptado de acuerdo con las reglas de la nomenclatura se llama *sinónimo senior,* y cualquiera de los demás (generalmente más reciente) se denomina *sinónimo junior.* (Gr. synonymos).

sinónimo* (synonym). En zoología sistemática, cada uno de los nombres aplicados al mismo taxón. En igualdad de condiciones se emplea el nombre más antiguo. (Gr. synonymon.)

sinoqueto (sinokete). Un huésped tolerado en una colonia. (Gr. syn, con; oiketes, habitante.)

sinostosis, sinosteosis ((synosteosis). Unión entre dos huesos en la que no se observa la sutura. // *Anquilosis.* (Gr. syn, junto; osteon, hueso.)

sinovia* (synovia). Fluído de las bolsas sinoviales, que sirve de lubricante a las articulaciones. (Neolat. sinovia.) *Adj. sinovial*.*

sinovíparos (synoviparous). Que segrega la sinovia. (Gr. syn, con; lat. ovum, huevo; parere, producir.)

sinpodito (sympodium). El protopodito de los crustáceos. (Gr. syn, con; pous, pie.)

sinqueimadio (syncheimadia). Sociedad formada por animales que pasan el invierno juntos. (Gr. syn, con; cheimadio, habitación de invierno.)

sinsacro (synsacrum). Complejo óseo del esqueleto axial de las aves formado por la fusión de algunas vértebras torácicas posteriores (las vértebras lumbares, las sacras y las caudales anteriores), con los huesos de la cintura pélvica. (Gr. syn, junto; sacro, hueso.)

sintagma (syngtagmata). Grupo de segmentos o unidades en el cuerpo que forman regiones bien definidas, como las del cuerpo del insecto. (Gr. syn, con; tagma, cuerpo.)

sinsonte* (mocking bird). Nombre dado en varias partes de América a las aves del orden *Passeriformes,* familia *Mimidae,* que imitan canto de otras aves. (Mimus polyglottos). Méx.: *censontle.*

sinstigmo (synstigma). V. *sintagma*

sintecnia (syntechnic). La semejanza entre organismos no relacionados directamente, debido al ambiente. // *Convergencia.* (Gr. syn, con; techne, habilidad.) *Adj. sintécnico.*

sintenosis (syntenosis). Una articulación tendinosa. (Gr. syn, con; tenon, tendón.)

síntesis* (synthesis). La unión de partes pequeñas en un todo mayor. (Gr. syn, con; thesis, un arreglo o colocación.)

sintipo (syntype). En taxonomía, cualquier ejemplar de la serie en que se ha basado la descripción de una especie, cuando no ha sido designado el holotipo. (Gr. syn, con; typos, patrón.)

síntoma* (sympton). Signo que revela una enfermedad. (Gr. sympton.) *Adj. sintomático.*

sintórax (synthorax). En los insectos, la fusión del mesotórax con el metatórax. (Gr. syn, con; + thorax.)

sintrofoblasto (syntrophoblast). Un sincicio trofoblástico. (Gr. syn, con; trophein, nutrir; blastos, brote.)

sintrópico (syntropic). Estructuras dispuestas en la misma dirección que las costillas. (Gr. syn, junto; trope, giro.)

sinuado* (sinuous). *Sinuoso*.* Que da vueltas. (Lat. sinus, curva.)

sinupalial (sinupalliate). Dícese del molusco bivalvo en cuyas valvas la línea palial o del manto presenta una curvatura o seno producida por la impresión de los sifones. (Lat. sinus, curva; pallium, manto.)

sinus poccularius (sinus poccularius). V. *útero masculino.* (Lat. sinus, seno, pocculus, copa.)

sinusia (synusia). Comunidad de especies en un biotipo que muestran exigencias ecológicas uniformes. (Gr. synousia, existencia en común.)

sinusoides (sinusoid). Vasos muy finos que se encuentran en el bazo, el hígado, las suprarrenales y la médula roja de los huesos. El calibre es irregular, y la cubierta es incompleta y conectan arteriolas y venas, así como estas últimas entre sí. (Lat. sinus, doblado; gr. eidos, forma.)

siphon (siphon). V. *sifón.* Estructura tubular o sifonal que se encuentra en varios animales. (Gr. siphon, tubo.)

Siphonaptera. Orden de insectos ápteros, de cuerpo comprimido, piezas bucales chupadoras y patas dispuestas para el salto. Comprende las pulgas, niguas, etc. (Gr. siphon, sifón; a, sin; pteron, ala.)

Siphonophora. Orden de celenterados hidrozoarios, que forman colonias nadadores con pólipos diferenciados sustentados por un flotador. (Gr. siphon, tubo; phoreys, portador.)

Siphonopoda. V. *Cephalopoda.*

Siphunculata. Orden de insectos chupadores o piojos. = *Anoplura.*

sipia* V. *Jibia* o *sepia.*

sipunculado (peanut worm). Se dice del miembro del fílum *Sipunculoidea.*

Sipunculoidea. Fílum que comprende vermes marinos litorales, provistos de una trompa introvertible, boca rodeada de tentáculos, intestino retorcido, encorvado en U, con el ano cerca de la boca, sin aparato circulatorio verdadero. (Lat. sipunculus, diminutivo de siphon, tubo.)

sirajo (goby). *Cuba:* y *Puerto Rico:* pez fluvial del orden *Perciformes,* familia *Gobiidae* (Sicydium plumieri). Al joven lo llaman *cetí* y *tetí.*

Sirenia. Orden de mamíferos herbívoros acuáticos estuarinos, de cuerpo fusiforme, sin extremidades posteriores, cola horizontal, mamas pectorales y hocico corto con labios carnosos. Comprende los manatíes y dugongos. (Gr. seiren, sirena.)

sirenio (sea cow). Un miembro del orden *Sirenia.*

Sirenoidei. Orden de peces osteictios que incluye las especies modernas de los peces pulmonados. V. *Dipnoi.*

siringe* (syrinx). Organo vocal de las aves situado en la base de la tráquea y que puede derivar tanto de la tráquea como de los bronquios. (Gr. syrinx, tubo.)

siringio (syringium). Estructura tubular que en algunos insectos sirve para expeler substancias repelentes. (Gr. syrinx, tubo.)

siringógrado (syringograde). Que se mueve a saltos por una alternativa expulsión y obtención de agua a través de los sifones, como hacen los calamares. (Gr. syrinx, tubo; lat. gradus, paso.)

sirtis (syrtis). La comunidad de una barra seca de arena. (Gr. syrtos, arrastrado por una corriente.)

sisarcosis (syssarcosis). La unión de huesos por un músculo. (Gr. sys, syn; con; sarx, carne.)

sisí (porkfish). Cuba: el pez marino llamado también *Catalineta,* q.v.

sisón* (little bustard). Especie de avutarda pequeña de Europa y Asia central (Otis tetrax).

sismastesia (**seismasthesis**). La percepción de vibraciones mecánicas. (Gr. **seismos**, una agitación; **asithesis**, percepción.)

sismonástico (**seismonastic**). Resultado o perteneciente a estímulos producidos por choques o vibraciones. (Gr. **seismos**, agitación; **nastos**, apretado.)

sissorrexia (**sissorexia**). Dícese de la tendencia del bazo a acumular células sanguíneas.

sistáltico (**systaltic**). Pulsátil, como los latidos del corazón. (Gr. **systaltikos**, contráctil.)

sistema* (**system**). Conjunto de principios sobre una materia. // En zoología, un conjunto de órganos o de estructuras que realizan una función. // Manera de analizar los caracteres que se emplean en una clasificación. (Gr. **systema**, reunir un todo compuesto.) // ***s. aboral***, sistema nervioso situado en la región opuesta a la boca en equinodermos, especialmente en los crinoideos. // ***s. acuífero ambulacral***, aparato locomotor en equinodermos, formado por la madreporita, el canal pétreo o de la arena, el canal peribucal, los canales radiales y los podios o pedicelos ambulacrales. // ***s. acústico*** lateral, conjunto de órganos y estructuras en los peces que comprende la *línea lateral*, el *laberinto*, el *utrículo*, *el sáculo*, *los conductos semicirculares* y *la lagena*, a veces comunicado al exterior por el *conducto endolinfático*. // ***s. ambulacral***, v. *sistema acuífero ambulacral*. // ***s. apical***, ver *sistema aboral* en equinodermos. // ***s. arterial***, parte del sistema circulatorio que comprende las arterias, arteriolas y metarteriolas. Estos vasos llevan sangre procedente de los ventrículos. // ***s. artificial***, clasificación taxonómica basada en un solo carácter o en caracteres diferenciales escogidos arbitrariamente. // ***s. autónomo***, conjunto de nervios ganglios que funcionan con cierta autonomía del sistema nervioso central, que comprende el *sistema simpático* u *ortosimpático* y el *sistema parasimpático*. // ***s. circulatorio abierto***, aparato circulatorio de los insectos y miriápodos, provisto de vasos y lagunas. // ***s. coronario***, las arterias y venas que suplen sangre a las paredes musculares del corazón en los vertebrados. La arteria coronaria va desde la aorta debajo de la válvula semilunar, y sus venas coronarias desembocan atrás, dentro de la aurícula derecha. // ***s. digestivo***, son todas las estructuras con sus glándulas anexas, encargadas de digerir alimento y abarcan, desde el *s. intracelular* de los organismos más simples, pasando por el *s. gastrovascular* de *Hydra*, hasta el aparato digestivo de los metazoos. // ***s. ecológico cerrado***, término empleado en astronáutica pasa un sistema sellado autosuficiente, como la cabina de la nave espacial, que permite un metabolismo normal. // ***s. ectoneural***, la parte principal del sistema nervioso en los equinodermos, inmediatamente bajo el tegumento. // ***s. endocrino***, conjunto de las glándulas endocrinas de un organismo. // ***s. endoneural***, parte interna del sistema nervioso en los equinodermos. // ***s. estomatogástrico***, parte del sistema nervioso de los anélidos poliquetos, de los artrópodos y de los cefalópodos, que inerva el tubo digestivo. // ***s. fibrilar*** o *sistema neuromotor*. // ***s. hemal***, en los equinodermos, un sistema de lagunas sin paredes propias que se adosa a los órganos correspondientes del aparato ambulacral y envía ramificaciones a los ciegos gástricos. // ***s. lateral***, un aparato sensorial en los peces constituido por un canal de cada lado del cuerpo, que se abre a través de sendas ámpulas, por debajo de las escamas plácoideas en los peces cartilaginosos y a través de las escamas de los óseos. En el fondo de las ámpulas se encuentran células sensoriales o *neuromastos*. Srive de orientación del cuerpo en relación con la presión y corrientes. // ***s. linfático***, conjunto de vasos y de otros órganos separados del sistema circulatorio sanguíneo, que llevan la *linfa*. Comprende los *vasos linfáticos*, los *vasos quilíferos*, los *nódulos* o *ganglios linfáticos*, el *timo*, las *amígdalas* y los *senos del bazo*. // ***s. natural***, clasificación taxonómica basada en un número suficiente de caracteres para que pueda representar las afinidades entre los grupos tratados. // ***s. nervioso***, conjunto de nervios, centros, tejidos y ganglios nerviosos. // ***s. nervioso autonomo***, parte del sistema nervioso independiente del central, que comprende el simpático y el parasimpático, de acción antagónica. // ***s. nervioso central***, concentración del sistema nervioso por formación de cuerdas nerviosas longitudinales por un incremento en la complejidad de las vías nerviosas, por intercalación de neuronas de asociación por separación de células que realizan diferentes funciones y por especialización de la parte anterior de las cuerdas nerviosas que forman un encéfalo dominante. En los vertebrados es tubular y está formado por el *encéfalo* y la *médula espinal;* en los invertebrados queda formado por la especialización de *ganglios supraesofágicos*, *collar esofágico* y *cadena ganglionar ventral*. // ***s. nervioso epidérmico***, parte del sistema nervioso que en los equinodermos comprende el anillo oral y cinco nervios radiales. // ***s. nervioso escalonado***, que consta de dos cuerdas nerviosas ventrales paralelas, unidas entre sí por comisuras entre los ganglios. // ***s. nervioso intero-efectivo***, nombre aplicado por el fisiólogo Annon al sistema nervioso autonómico. // ***s. nervioso periférico***, conjunto de neuronas receptoras sensoriales o aferrentes, de conducción centrífuga. Consta de *nervios craneales*, *nervios espinales*, y los *nervios* y *ganglios viscerales*. // ***s. nervioso reticular*** o ***difuso***, es el de los celentéreos, constituido por una red de células estrelladas similares y anastomasadas entre sí. // *s. nervioso simpático*, sistema nervioso toráco lumbar de la vida orgánica. // ***s. nervioso somático***, comprende los nervios y ganglios cerebrales y espinales, así como el sistema nervioso periférico no visceral. // ***s. nervioso superficial***, conjunto de nervios característicos de los equinodermos, subepitelial y acompañado de senos. Consta de un anillo nervioso peribucal del que parten nervios radiales que se ramifican. // ***s. nervioso visceral*** que en los artrópodos une parte del sistema nervioso que inerva al tubo digestivo y el corazón. En los vertebrados, es el *sistema automático*. // ***s. neuromotor***, *el conjunto de* los gránulos basales de los cilios y de sus fibrillas conectantes en ciertos protozoos. // ***s. oral***, sistema nervioso profundo que rodea la región bucal en equinodermos. // ***s. pineal***, el órgano parietal y sus estructuras asociadas; saco pineal, nervios y tallo, órgano parapineal, epífisis. // ***s. porta hepático***, complejo venoso que lleva sangre procedente del tubo digestivo al hígado en donde se capilariza. Existe en los cefalocordados y en todos los vertebrados. // ***s. porta renal***, un complejo de venas que lleva sangre de la parte posterior del cuerpo a los riñones en los peces, anfibios, reptiles y aves, pero no existe en los mamíferos. // ***s. portal***, grupo de venas que drenan una región y luego vierten sangre a otro órgano en vez de ir directamente al corazón. V. *porta hepática* y *porta renal*. // ***s. renoportal***, v. *sistema porta renal*. // ***s. retículo-endotelial***, una parte de los tejidos conjuntivos, la médula roja de los huesos, los senos linfáticos, el hígado, etc. Estos tejidos son capaces de englobar pequeñas partículas, como gránulos de substancias colorantes. Se llama también *retículo-histocitario*. // ***s. sensorial***, todos los órganos, tejidos y células asociados con la recepción de los estímulos. // ***s. seudohemal***, un sistema de senos en los equinodermos que está formado por el *seno axial*, que rodea el canal pétreo, un *anillo aboral* en relación con el seno axial y los senos genitales, un *anillo oral* sobre el anillo acuífero y *senos radiales* paralelos a los canales radiales ambulacrales. Ese sistema contiene un líquido provisto de amibocitos y productos orgánicos. // ***s. venoso***, parte del sistema circulatorio de los vertebrados que comprende las venas y las venillas o vénulas. Este sistema lleva sangre a las aurículas. // ***s. visceral*** o *sistema autonómico* de los vertebrados. // En los artrópodos, el conjunto de nervios que inervan el sistema digestivo. // El sistema estomatogástrico.

sistemática* (**systematic**). La parte de la biología que se ocupa de las clasificaciones. (Gr. **systema**.)

sistemático* (**systematic**). Lo que pertenece a un sistema orgánico. // Lo perteneciente a la biología sistemática. // Un todo organizado. (Gr. **systema**.)

sistémico (**systemic**). Lo que pertenece o afecta el sistema corporal en general. (De **sistema**.)

sístole* (**systole**). Período de contracción del corazón. Hay sístole auricular y sístole ventricular. // Movimiento de una vacuola contráctil por el cual arroja al exterior su contenido. (Gr. **systole**, contracción.)

sitatunga (**sitatunga**). Especie de antílope africano de terrenos pantanosos. Habita en Zambia, Senegambia, Camerón y Congo (**Tragelaphus spekei**).

sitóforo (**sitophore**). Estructura de la hipofaringe de los insectos entre los brazos del *suspensorio*. (Gr. **sitos**, alimento; **pherein**, portar.)

sitología (**sitology**). La ciencia de la nutrición, la dieta o la alimentación. = *Dietética*. (Gr. **sitos**, alimento; **logos**, discurso.)

sitotoxina (**sitotoxin**). Intoxicación por alimentos impropios. (Gr. **sitos**, alimento; **toxikon**, veneno.)

sitotropismo (**sitotropism**). Flexión o movimiento hacia la dirección de un alimento. (Gr. **sitos**, alimento; **trope**, giro.)

Skinner, B.F. Psicólogo norteamericano, quien en 1938, desarrolló las técnicas para medir el efecto de la motivación. (1904 -)

s.l. (**s.l.**). Siglas de las palabras latinas *sensu latior* o sentido amplio, con las que se quiere indicar que una expresión se utiliza en su más amplia acepción.

Smith, William.. Geólogo inglés, estableció en 1839 la correlación existente entre ciertos tipos de fósiles y los estratos geológicos. (1769-1839)

Snodgrass, R.E. Entomólogo norteamericano notable por sus estudios sobre morfología de los insectos. (1875-1962)

sobaco* (**armpit**). La axila. // ***s. (triggerfish)***. Cuba: nombre común de varias especies de peces marinos litorales del orden *Tetrodontiformes*, familia *Balistidae* (**Canthidermis sobaco**). *Adj.* ***sobacuno****.

sobrecama* (**boa**). Ecuador: especie de boa.

sobreceja* (**supercilia**). Parte de la frente inmediata a las cejas.

sobrecruzamiento (**crossing over**). = *Entrecruzamiento*. Proceso por el cual dos cromátidas de cromosomas homólogos cambian entre sí segmentos y genes correspondientes.

sobrehueso*. *Exostosis*, tumor óseo.

soc. (**soc.**) Abreviatura de la palabra *sociedad*, empleada en las referencias bibliográficas. (Lat. **societas.**)

sociabilidad* (**sociability**). La facultad de ser sociable. // La manera como se agrupan las especies animales en una asociación. (Lat. **socialis.**)

sociedad* (**society**). V. *sociedades animales*. (**Lat. societas.**) // ***s. animales***, agrupaciones de animales formadas por instinto, que lleva a relaciones de conveniencia, sin la unión de los individuos por materia somática o "*cormus*", // ***s. anual***, tipo de asociación colectivista que dura solamente un año, o una estación, como la de ciertas avispas y abejorros. // ***s. cerrada***, un agregado de individuos de la misma especie que no acepta individuos adicionales. // ***s. colectivista***, agrupación en la que los individuos desarrollan actividades diversas en función de las necesidades de la comunidad, como por ejemplo, los insectos sociables; abejas, hormigas, comejenes, avispas, // ***s. familiar***, agrupación formada por un macho y un cierto número de hembras, como la de los rumiantes, las focas, etc. Según su organización reciben nombres especiales: *rebaño, serrallo*, etc. // ***s. individualista***, agrupación de animales, casi siempre temporal, en las que cada individuo procura sus necesidades vitales. // ***s. permanente***, v. *sociedad colectivista*.

socies (**socies**). Una sociedad seral característica de una comunidad en desarrollo. (Lat. **socius**, un compañero.)

sociología* (**sociology**). En zoología, el estudio del origen, desarrollo, organización e interrelaciones de los grupos específicos. (Lat. **societas**, **sociedad**; gr. **logos**, tratado.)

Sócrates. Filósofo griego, quien insistió en la definición y la honestidad en las ciencias, pero se oponía a la investigación. (469-399 A.C.)

soche. Colombia: especie de ciervo, llamado también *loche* y *guazú birá* (**Mazama guazoubira.**)

sodio radiactivo (**radioactive sodium**). Un isótopo radiactivo del sodio, empleado para evaluar la condición del fluido extracelular.

soisola (**tinamou**). Venz.: especie de ave rátida del orden *Tinamiformes* (**Crypturellus noctivagus.**)

solar* (**solar**). Se dice de la estructura provista de ramas o extensiones que irradian de una parte central. (Lat. **sol.**)

soldado* (**soldier**). Casta en algunos insectos sociales, como los comejenes y las hormigas, que se caracterizan por el gran desarrollo de la cabeza. En las hormigas son hembras imperfectas, pero en los comejenes los soldados pueden ser hembras y machos estériles. // Cuba: v. *matejuelo*, pez.

soleiformes (**soleaform**). Se dice de los organismos en forma de sandalia, como los protozoos del género *Paramecium*. (Lat. **solea**, sandalia; +**forma.**)

Solenichthyes, Solenichthyda. Orden de peces de hocico tubular, hoy en día reunidos en el orden *Gasterosteiformes*, familia *Syngnathidae*. (Gr. **solen**, canal, tubo; **ichthves**, pez.)

solenictio. Dícese del pez del orden *Solenichthyes*. (Gr. **solen**, canal; **ichthyes**, pez.)

solenidio (**solenidion**). Seta o cerda de punta roma asociada con células sensoriales en las patas de algunos ácaros. (Gr. **solen**, tubo; **eidos**, forma.).

solenamina (**solenamine**). Agente tóxico hallado en el veneno de las hormigas del género *Solenopsis*. (**Hormigas bravas.**)

solenios (**solenia**). Divertículos o canales de la cavidad general de las colonias de zooides en los celenterados. (Gr. **solen**, canal.)

solenocito (**solenocyte**). Célula excretora de los protonefridios, provista de una proyección tubular y un flagelo dentro del tubo. Se encuentran en algunos poliquetos, troquelmintos y cefalocordados. (Gr. **solen**, **tubo**; **kyton**, célula.)

Solenodon. Un género de insectívoros peculiar a las Antillas Mayores de gran interés por sus relaciones filogenéticas con grupos fósiles de la América del Norte. (Gr. **solen**, canal; **odus**, diente.)

solenodóntido. V. *Solenodon*.

Solenogaster. Una subclase de moluscos anfineuros desprovistos de concha y con la superficie ventral acanalada. Otros prefieren el nombre de *Aplacophora* y lo consideran como clase aparte. (Gr. **solen**, **tubo**; canal; **gaster**, vientre.)

solenogastro. Molusco de la subclase *Solenogaster*.

Solenoglypha. Nombre aplicado a las culebras que poseen dientes acanalados que se inclinan hacia atrás cuando no están en uso. (Gr. **solen**, **tubo**; canal; **glyphe**, esculpido.)

solea (**sole**). Nombre aplicado a varias especies de peces marinos del grupo de los lenguados que tienen el borde preopercular oculto por la piel. Orden de *Pleuronectiformes* familia *Soleidae* (**Solea sp.**)

sóleo* (**soleus**). Músculo de la pantorrilla situado por debajo de los gemelos. (**Lat. solea, suela; planta del pie.**)

sólido (**solid**). Aplícase a los órganos y estructuras que tienen consistencia maciza, sin espacios huecos. (Lat. **solidus.**)

Solifugae. Orden de arácnidos, también llamado *Solpugida*, q.v. (Lat. **solífuga**, que huye del sol.)

solípedo* (**soliped**). Nombre anteriormente aplicado a los équidos actuales porque apoyan sus extremidades solamente en el dedo III, teniendo los dedos II, IV y V atrofiados. V. *Perissodactyla*. (Lat. **solipes**, solipedis.)

solitaria* (**taenia**). *Tenia*. Verme platelminto que parasita el intestino humano, especialmente del género *Taenia: T. solium* y *T. saginata*.

solitario* (**solitary**). Se dice del animal que vive solo, en oposición al que forma agregados coloniales. Se aplica en especial a los que pertenecen a taxones que comúnmente son coloniales. Ej. *corales solitarios*. (Lat. **solitarius.**) // ***s. (Puerto Rican crow)***. Puerto Rico: cuervo (**Corvus pumilis**). // Ave europea de la familia *Turdidae* (**Monticola solitarius**).

solibio (**Cuban oriole**). Cuba: ave del orden *Passeriformes*, familia *Icteridae*, de plumaje negro con el hombro amarillo.

solpuga. Arácnido del orden *Solpugida.*

Solpugida. Orden de arácnidos provistos de un cefalotórax de 6 segmentos y de quelíceros engrosados con dos segmentos y con quelas. (Neolat. **solpuga**, que huye del sol.)

sollo (**pike**). *Lucio.* pez fluvial osteictio, orden *Clupeiformes*, familia *Esocidae* (**Esox lucius.**)

soma* (**soma**). La totalidad de la materia corporal de un organismo, constituida por células de la vida vegetativa, en oposición a las células germinales. // Cuerpo que incluye la cabeza y el tronco, sin las extremidades. (Gr. **soma**, el cuerpo en oposición al espíritu.) // *Adj.* ***somático.***

somación (**somation**). Variación no hereditaria. // Carácter adquirido durante el curso de la vida de un organismo que no se trasmite a la descendencia. (Neolat. **somatio.**)

somáctidos (**somactide**). Soportes endoesqueléticos de los radios de las aletas dérmicas. (Gr. **soma**, cuerpo; **aktis**, radios.)

somaplasma (**somaplasm**). V. *somatoplasma.*

Somasteroidea. Una subclase de equinodermos asteroideos cuyos miembros carecen de anillo esquelético alrededor de la boca. (Gr. **soma**, cuerpo; **+asteroides.**)

somastesia (**somaesthesis**). Sensación producida por estímulos recibidos por tangorreceptores. (Gr. **soma**, cuerpo; **aisthesis**, sensación.) // *Adj.* ***somastético.***

somato- (**somato-**). (Del gr. **soma**, cuerpo.)

somatoblasto (**somatoblast**). Nombre aplicado al blastómero de los primeros estados embrionarios, el cual origina el mesodermo. (Gr. **soma**, cuerpo; **blastos**, brote.)

somatocelo (**somatocoel**). Cada uno de los pares de vesículas celomáticas de las larvas de equinodermos, que van a formar el verdadero celoma en los adultos; el seno peristomal y el seno anal. (Gr. **soma**, cuerpo; **koilos**, cavidad.)

somatoceptor (**somatoceptor**). Receptor de estímulos procedentes de la musculatura somática.

somatocisto (**somatocyst**). Cavidad llena de aire de los neumatóforos de los sifonóforos. (Gr. **soma**, cuerpo; **derma**, piel.)

somatodermo (**somatoderm**). En los mesozoos, las células externas. (Gr. **soma**, cuerpo; **derma**, piel.)

somatogamia (**somatogamy**). V. *Seudogamia.*

somatogénesis (**somatogenesis**). La multiplicación por medio de células somáticas. (Gr. **soma**, cuerpo; **genesis**, origen.)

somatogénico (**somantogenic**). Estructura que proviene de las células somáticas. // Variación debida a estímulos externos, como la del pelaje invernal de ciertos mamíferos. (Gr. **soma**, cuerpo; **gennaein**, producir.)

somatología (**somatology**). Ciencia que estudia el cuerpo desde los puntos de vista anatómico y fisiológico. (Gr. **soma**, cuerpo; **+logía.**)

somátomo (**somatome**). Un somito o segmento corporal. (Gr. **soma**, cuerpo; **tome**, cortante.)

somatoplasma (**somatoplasm**). Para August Weisman, este nombre incluye todos los tejidos animales, con excepción de las células sexuales que constituyen el *plasma germinal.* (Gr. **soma**, cuerpo; **plasma**, molde.) *Adj.* ***somatoplasmático.***

somatoplasto (**somatoplast**). Las células del *soma*, especialmente las que no se dividen. (Gr. **soma**, cuerpo; **plastos**, moldeado.)

somatopleura (**somatopleure**). Hoja embrionaria que tapiza la región parietal del celoma. (Gr. **soma**, cuerpo; **pleura**, lado.) *Adj.* ***somatopleural.***

somatotipo (**somatotype**). Tipo o configuración del cuerpo humano basado en determinadas mediciones. (Gr. **soma**, cuerpo; **typos**, patrón.)

somatotrófico (**somatotrophic**). Lo que estimula la nutrición y el crecimiento. // Hormona somatotrófica. V. *somatotrofina.* (Gr. **soma**, cuerpo; **trophe**, **nutrimiento.**)

somatotrofina (**somatotrofin**). Hormona del crecimiento, producida en los adenohipófisis, que promueve el crecimiento somático, especialmente esquelético. (Gr. **soma**, cuerpo; **trophe**, **nutrimiento.**)

somatrópico. V. *somatotrófico.*

sombra sanguínea (**shadow blood**). Un estromo incoloro en los eritrocitos.

somito (**somite**). Parte de una serie de segmentos o estructuras homólogas del cuerpo. // Un *metámero.* (Gr. **soma**, cuerpo.) // ***s. mesodérmicos***, masas de mesodermos dispuestas en dos series de cada lado del notocordio en los embriones de vertebrados, cada una de las cuales forma un miótomo. // ***s. preorales***, los tres primeros segmentos en el embrión de un artrópodo.

somni- (**somni-**). (Del lat. **somnus**, sueño.)

somorgujo* (**loon, diver, grebe**). = *Somormujo.* Ave marina del orden *Gaviiformes*, familia *Gaviidae.* // Nombre común de varias especies de aves del orden *Podicipediformes*, familia *Podicipedidae* (Podiceps ruficollis). (Gavia arctica.) (Lat. **submergulius.**)

somormujo.*=*Somorgujo.*

sónico (**sonic**). Perteneciente al sonido. (Lat. **sonare**, sonar.)

Sonnenborn, T.M. Geneticista norteamericano. En 1943 pudo demostrar que ciertas estructuras del citoplasma de los paramecios (**plasmagenes**) son instrumentos en la transmisión de rasgos de generación a generación. En 1937 descubrió los tipos de apareamiento en el género *Paramecium.* (1905-).

sora* (**sora rail**). Ave zancuda pequeña del orden *Gruiformes*, familia *Rallidae* (**Porzana carolina**). (**Nombre antillano.**)

soricina (**soricine**). Que tiene parecido con las musarañas; (Lat. **saricinus.**)

sorda. =*Becada, agachadiza.*

sordilla*. Ave paseriforme parecida a la alondra. (Dicc.)

sorción (**sortion**). Término general para indicar los procesos de *absorción, adsorción* y *persorción.* (Lat. **sorbere.**)

Soricoidea. Una subdivisión del orden de mamíferos insectívoros que reúne las familias *Talpidae* y *Soricidae.* (Lat. **sorex**, musaraña.)

sorito. Formación o yema interna de las esponjas de la clase *Hexactinellida*, parecida a las gémulas de las esponjas de agua dulce de la familia *Spongillidae.*

sorospermas (**psorosperms**). Las etapas enquistadas resistentes de *Sporozoa.* (Gr. **psora**, sarna; **sperma**, semilla.)

sostenedor. El *cremáster* de los insectos lepidópteros. (Lat. **sostinere**, sostener.)

sotuto*. Boliv.: =*Nigua.*

souma (**souma**). Enfermedad de los bóvidos y équidos producida por *Trypanosoma sp.* y trasmitida por moscas del género *Glossina* o por los tábanos.

sp. (**sp.**). Abreviatura de la voz latina *species.*

Spallanzani, Lázaro. Investigador italiano quien, en 1767, realizó experimentos que asestaron un rudo golpe a la teoría de que los gérmenes se formaban espontáneamente en caldos orgánicos. (1729-1799)

Spatangoida. Orden de equinodermos que tienen los ambúlacros de la superficie aboral petaloides, los pétalos disímiles y hundidos, la concha rígida irregular y carecen de linterna. (Gr. **spatagnes**, una clase de erizo de mar.)

Spathebothridia. Orden de platelmintos cestoideos con el escólex sin verdaderos botridios o ventosas; cuerpo sin proglótidos. Parásitos en peces marinos. (Gr. **spathe**, hoja ancha; **bothros**, zanja.)

spec. indet. (**spec. indet.**). Especie indeterminada.

spec. inq. (**spec. inq.**). Abreviatura de *especie inquirenda*, o sea, especie de *status* dudoso.

spec. nov. (**spec. nov.**) Abreviatura de especies nova, en las descripciones taxonómicas. = *sp. nov.*

Spelaeogriphacea. Un orden de crustáceos primitivos del grupo *Peracarida*, de hábitos cavernícolas.

Spemann, Hans. Desarrolló la doctrina de que ciertas partes específicas del embrión actúan como *organizadores*, regulando el desarrollo de otras partes. Premio Nobel en 1935. (1869-1941)

Sphenacodontia. Suborden de reptiles sinápsidos carnívoros del orden *Pelycosauria*, del período Permiano de Norteamérica, Europa y Africa, provistos de una dentición muy especializada que muestra grandes dientes afilados en los premaxilares. (Gr. **sphen**, cuña; **odous**, diente.)

Sphenisciformes. Orden de aves no voladoras, que tienen las extremidades anteriores en forma de remos y las plumas escamosas. Comprende los pingüinos del Hemisferio Sur.

Sphinctozoa. Un orden de esponjas fósiles de la clase *Calcispongiae*. Cavidad atrial con tabiques transversales.

Spigel, Adrian van den. Anatomista flamenco, descubridor del lóbulo caudal del hígado o *lóbulo spigeliano*. (1578-1625)

Spinulosa. Orden de equinodermos asteroideos que tienen las placas marginales pequeñas y pocos pedicelarios. (Lat. **spinula**, espinita.)

Spiriferacea. Un suborden de braquiópodos en el orden *Telotremata*. Esqueleto apofisiario helicopegmato.

Spirobolida. Un orden de *Diplopoda*, subclase *Chilognatha*, superorden *Helminthomorpha*. (Del género **Spirobolus**.)

Spirostreptida. *Orden de* Diplopoda, subclase *Chilognatha*, en el superorden *Helminthomorpha*. (Gr. **speira**, vuelta; **streptos**, torcido.)

Spirotricha. Subclase de protozoarios cilióforos que tienen los cilios adorales esparcidos y conspicuos y muchas membranelas dirigidas de derecha a izquierda. (Gr. **speira**, vuelta; **trix**, pelo.)

Spirotrichida. Un orden en los protozoos de la clase *Ciliata*.

Spirurida. Orden de nematodos de la subclase *Secernetea*. El esófago es de dos regiones, una anterior muscular y otra posterior glandular. Los adultos parasitan tejidos de vertebrados. (Gr. **speira**, espira.)

Spirurina. Un suborden de nematodos en el orden *Spirurida*.

sp. nov. (**sp. nov.**). Abreviaturas de *species nova*, palabras que se agregan a la descripción de una especie que se estima nueva para la ciencia.

Spongiaria. Filum que incluye las esponjas. V. *Porifera*. (Gr. **spongios**, esponja.)

Spongiida. =*Porífera*.

Sporozoa. Clase de protozoarios que carecen de orgánulos locomotores y de vacuolas contráctiles. Todos son parásitos y se reproducen por esporas. (Gr. **sporos**, semilla; **zoon**, animal.)

sport. Voz inglesa empleada anteriormente por los criadores de animales para indicar las variantes súbitas o mutaciones.

Spumellarida. Un suborden del orden *Radiolorida*. Simetría radiada, forma generalmente esférica y espículas radiales.

Squali. V. *Squaliformes*, orden de peces condrictios.

Squaloidea. Superfamilia de tiburones del orden *Squaliformes*.

Squaliformes. Orden de peces cartilagíneos de cuerpo fusiforme, cola heterocerca y aberturas branquiales laterales en número de 5-7. *Pleurotremata*. (Lat. **squalus**, pez marino o tiburón.)

Squamata. Orden de reptiles que abarca espeoies provistos de escamas epidérmicas córneas, con el hueso cuadrado movible, vértebras generalmente procélicas y órgano copulador o hemipenis doble y protráctil. (Lagartos y culebras.) (Lat. **squama**, escama.)

Stahl, Agustín. Médico y naturalista puertorriqueño. Puede decirse que fue el iniciador de los estudios de la flora y fauna puertorriqueñas. (1842-1917)

Stahl, Jorge Ernesto. Médico y químico alemán, fundador del sistema filosófico llamado *animismo* y de la teoría del flogisto. (1660-1734)

Stanley, Wendell Meredith. Bioquímico americano. Notable por sus trabajos en la estructura submicroscópica de las proteínas. Premio Nobel. (1904-   )

Stannius, Herman F. Biólogo alemán. Demostró la independencia de los ritmos atrial y ventricular de la rana, y sostuvo que el seno venoso es el marcapasos de los latidos cardíacos. (1803-1833)

stat. nov. (**stat. nov.**). Abreviatura de la expresión *status novus*, con la que se quiere decir que un taxón ha cambiado de rango. Por ej. una subespecie elevada a la categoría de especie o viceversa. Se emplea principalmente en botánica.

Stauromedusae. Orden de celenterados escifozoarios de forma de copa, que tienen hábitos sedentarios y se adhieren a las algas marinas.

Steenson, Nils. (**Nicolaus Steno**). Sacerdote y científico danés. Fue investigador de las glándulas y del sistema muscular y pionero en la paleontología. (1638-1686)

Steganopoda. Orden de aves marinas que tienen el dedo posterior unido a los anteriores por una membrana. Ver *Pelecaniformes*. (Gr. **steganous**, pies cubierto por una membrana.)

Stegocephalia. Una división de los anfibios apsidospóndilos fósiles provistos de cola y de patas, con el cráneo y las mejillas cubiertas por placas óseas. Algunos prefieren el nombre de *Labyrinthodontia*. (Gr. **stegos**, techo; **kephale**, cabeza.)

Stegomya. Género de insectos dípteros culícidos, una de cuyas especies, *Stegomya fasciata*, es agente transmisor del virus de la fiebre amarilla. Este nombre ha sido substituido por el de *Aedes aegypti*. (Gr. **stego**, cubierta; **mya**, una mosca.)

Stegosauria. Un suborden de dinosaurios del orden *Ornithischia*, provistos de una armadura externa. Del Jurásico y el Cretáceo. (Gr. **stegos**, techo, **sauros**, lagarto, reptil.)

Stegoselachii. Un orden de peces placodermos del período Devoniano de forma parecida a tiburones y rayas, pero con placas dérmicas en la parte anterior del cuerpo. (Gr. **stegos**, techos, **selachos**, tiburón.)

Stelmatopoda. Un orden de *Briozoos*. = *Gymnoleamata*.

Stelleroidea. Una clase de equinodermos que abarca *Asteroidea* y *Ophiuroidea* (Lat. **stella**, estrella.)

Stemmiulida. Un orden de *Diplopoda*, subclase *Chilognatha*.

Stenoglossa. Un orden de moluscos prosobranquios, también llamado *Neogastropoda*.

Stenolaemata. Una clase de briozoarios de lofóforo circular, zooides en un saco membranoso y zoecio cilíndrico y calizo. (Gr. **stenos**, estrecho; **laemos**, garganta.) Ver *Stenostomata*.

Stenostomata. Orden de briozoarios de la clase *Gymnolaemata*, de lofóforo circular, cuyos zoecios son tabulares, calizos y sin opérculos y los embriones están en ovicelas grandes. (Gr. **stenos**, estrecho; **stoma**, boca.)

Stensen, Niels. Anatomista danés, profesor de la Universidad de Padua, quien reconoció en los fósiles los restos de animales que vivieron en épocas pasadas. (1638-1686)

Stensio, E.A. Paleontólogo cuya evaluación de los peces paleozoicos le permitió afirmar (1927) que las lampreas y las mixinas son los descendientes vivientes de los ostracodermos.

Stereornithes. Grupo poco natural de grandes aves del Terciario sudamericano. (Gr. **stereos**, sólido; **ornithes**, ave.)

Stern, C.H. Geneticista germano-americano. Pudo demostrar el intercambio de genes durante el *cruzamiento de los cromosomas* en las moscas del género *Drosophila* (1902-   )

Sternorhyncha. Suborden de insectos del orden *Homoptera*, cuyo rostro parece salir del tórax, las antenas largas, sin sedas y los tarsos de 1-2 segmentos.

Sternoxia. V.*Elateroidea.*

stipes (stipes). El segundo artejo en las mandíbulas de crustáceos e insectos. // El tallo de los ojos pedunculados de los crustáceos. (Lat. **stipes**, tronco.) = *estipes.*

Stirodonta. Orden de equinoideos regulares provistos de concha rígida con branquias externas y dientes aquillados. (Gr. **stiros**, barrena; **odous**, diente.)

Stolidobranchiata. Un orden de *Tunicata* de la clase *Ascidiacea.*

Stolonifera. Orden de celenterados antozoarios cuyos pólipos parten de un estolón común y cuyo esqueleto a veces forma tubos. (Lat. **stola**, vástago; **ferre**, llevar.)

Stomatopoda. Orden de crustáceos malacostráceos marinos que tienen el primer par de apéndices locomotores de tipo prensor, similar a los de los insectos mántidos. (Gr. **stoma**, boca; **pous**, pie.)

Stomiatoidea. Un usborden de peces osteictios en el orden *Clupeoidea.*

Stomochordata. Un fílum de precordados usualmente llamado *Hemichordata.* (Gr. **stoma**, boca; **chorde**, cuerda.)

Strasburger, Eduardo. Botánico alemán. Describió la división miótica en las plantas. distinguió entre el protoplasma nuclear y el citoplásmico y nombró los términos *profase, metafase* y *anafase* en la división mitósica. (1884-1912)

Strepsiptera. Orden que incluye insectos diminutos de metatórax ancho, aparato bucal masticador, machos con alas posteriores de forma de abanico, alas anteriores reducidas a balancines y hembras sin antenas, ojos, alas, ni patas. Son parásitos en otros insectos. (Gr. **strepsis**, volteado; **pteron**, alas.)

Streptastrosclerophora. Un suborden de esponjas del orden *Tetraxonida.*

Streptoneura. Subclase de moluscos gasterópodos que muestran una torsión visceral de 180 grados. Ver *Prosobranchia.* (Gr. **streptos**, flexible, torcido; **neuron**, nervio.)

Strigatoidea. Un orden de platelmintos trematodos cuyas cercarias carecen de bifurcación caudal y los miracidios tienen un par de células flamígeras. Ej. *Fasciola hepatica.* (Lat. **striga**, estría.)

Strigiformes. Orden de aves rapaces nocturnas de cabeza voluminosa, ojos grandes y dirigidos hacia adelante, abertura auditiva grande, pico corto y patas con garras. *Lechuza*, mochuelos y búhos. (Gr. **strix**, mochuelo.)

Stromateodei. Un suborden de peces osteictios en el orden *Perciformes.*

Stromatoporida. Un grupo de fósiles hallados desde el Cambriano hasta el Cretáceo, cuyos restos forman arrecifes calcáreos. Probablemente son hidrozoarios. (Gr. **stroma**, lecho; **poros**, canal.)

Strogylina. Un suborden de nematodos que, en algunas clasificaciones, es equivalente al orden *Strongyloidea.*

Stronglyloidea. Un orden de nenatodos parásitos provistos de labios simples, faringe sin bulbo, hembras con un oviyector y machos generalmente con una bolsa copuladora reforzada con 13 rayos musculares. Para algunos es solamente un suborden del orden *Rhabditida.* (Gr. **strongylos**, bien redondeado.)

Struthioniformes. Orden de aves de gran tamaño, no voladoras, con el esternón plano, con sínfisis púbica y solo dos dedos en las patas. Incluye los avestruces.

Sturtevant, A.H. Geneticista norteamericano. Demostró en 1913, la importancia del uso del porcentaje de los entrecruzamientos en la preparación de los mapas cromosómicos. (1891)

Stylophora. Una subclase de equinodermos fósiles en el subfílum Homalozoa desprovistos de brazos pero con tallo. (Gr. **stylos** columna; **phoreys**, portador.)

Stylasterina. Un suborden de celenterados hidrocoralinos de dactilozoides sólidos y sin tentáculos. (Gr. **stylos**, pilar; **aster**, estrella.)

Stylomatophora. Suborden de moluscos gasterópodos del orden *Pulmonata.* Llevan los ojos en el extremo de los tentáculos mayores. (Gr. **stylos**, pilar; **omma**, ojos, **phocus**, portador.)

Stygocaridea. Orden de Crustáceos en el superorden *Syncaridea*, provistos de furea. (Gr. **stygos**, el mundo inferior; + **Caridea.**)

Stylopoidea. Una división de insectos del orden *Strepsiptera* que contiene parásitos de otros insectos. (Gr. **stylops.**)

sub- (sub-). Prefijo usado en la composición de palabras que significan: por debajo, casi, parecido, desviado de una forma o patrón típico. (Lat. **sub**, por debajo.) En taxonomía se emplea para nombrar categorías intermedias, como suborden, subfamilia, etc.

subancóneo (subanconeus). Pequeño músculo que se extiende desde el extremo del húmero hasta el codo humano. (Lat. **sub**, debajo; Gr. **ankon**, codo.)

subalpina (subalpin). Se aplica a la zona montañosa por debajo de la alpina.

subapical (subapical). Casi en el ápice de una estructura. (Lat. **sub**, bajo; **apex**, ápice.)

subaracnoideo (subarachnoid). Se dice del espacio entre las *meninges* aracnoides y piamadre que está lleno de líquido cerebro espinal. (Lat. **sub**, bajo; +**aracnoides.**)

subarcual. Se aplica a cualquiera de los músculos de las áreas branquiales de los peces. (Lat. **sub**, bajo; **arcus**, arco.)

subarqueado (subarcuate). Una fosa situada en el canal semicircular superior en los infantes. (Lat. **sub**, bajo; **arcus**, arco.)

subatrial (subatrial). Por debajo del atrio en los cefalocordados. (Lat. **sub**, bajo; **atrium**, pasillo, salón.)

subauricular (subauricular). Lo que está por debajo de la oreja. (Lat. **sub**, bajo; **auricula**, oreja.)

subaxilar (subaxillary). Lo que está por debajo de la axila. (Lat. **sub**, bajo; **axilla**, sobaco.)

sub-basal (sub-basal). Estructura situada cerca de la base. (Lat. **sub**, bajo; **basis**, base.)

sub-branquial* (sub-branchial). Lo que está por debajo de las branquias. (Lat. **sub**, bajo; **branchia**, branquia.)

sub-bronquial (sub-bronchial). Estructura situada por debajo de los bronquios. (Lat. **sub**, bajo; **bronchos**, bronquio.)

sub-calcáreo (subcalcareous). Casi de naturaleza calcárea. (Lat. **sub**, casi; **calx**, cal.)

subcalcarino (subcalcarine). Bajo la fisura calcarina del cerebro. (Lat. **sub**, bajo; **calcar**, espolón.)

subcalloso (subcallosal). Por debajo del cuerpo calloso. (Lat. **sub**, bajo; **callos**, callo.)

subcampanulado (subcampanulate). Casi en forma de campana. (Lat. **sub**, bajo; **callos**, callo.)

subcapsular (subcapsular). Por debajo o por dentro de una cápsula. // Casi en forma de cápsula. (Lat. **sub**, bajo; +**cápsula.**)

subcardinales (subcardinal). Se aplica a las venas situadas entre los mesonefros. (Lat. **sub**, bajo; **cardo**, **bisagra.**)

subcarinado (subcarinate). Lo que tiene forma algo carinada o aquillada. (Lat. **sub**, bajo; **carina**, quilla.)

subcartilagíneo (subcartilagineous). Parcialmente cartilagíneo. (Lat. **sub**, casi;+**cartílago.**)

subcaudado (subcaudate). *Subcaudal.* Que tiene un proceso parecido a una cola. (Lat. **sub**, bajo; **cauda**, cola).

subcelular (subcellular). Estructura interna de las células. (Lat. **sub**, bajo; **celular**, célula.)

subcentral (subcentral). Lo que está situado casi en el centro de una estructura. (Lat. **sub**, bajo; **centrum**, centro.)

subcigomático (subzygomatic). Que está por debajo del hueso cigomático. (Lat. **sub**, bajo; gr. **zygon**, yugo.)

subcíngulo (subcingulum). La parte labial inferior del cíngulo en los rotíferos. (Lat. **sub**, bajo; **cingulum**, ceñidor.)

subclase* (**subclass**). Categoría taxonómica entre la clase y el orden.

subclavado (**subclavate**). Ligeramente en forma de clava. (Lat. **sub**, bajo; **clavus**, masa, clavo.) =*Subclaviforme.*

subclavia* (**subclavian**). Se aplica a la estructura que pasa por debajo de la clavícula, como la arteria o la vena subclavia. (Lat. **sub**, bajo; **+clavícula.**)

subclímax (**subclimax**). El estado de una sucesión inmediatamente antes del clímax. // Una comunidad que aún no ha alcanzado el estado de clímax por impedírselo algún factor ambiental. (Lat. **sub**, bajo; **+clímax.**) V. *proclímax.*

subcoracoidal (**subcoracoid**). Que está por debajo del hueso coracoides. (Lat. **sub**, bajo; **+coracoides.**)

subcordado (**subcordate**). *Subcordiforme.* Casi en forma de corazón. (Lat. **sub**, bajo; **cor, cordis**, corazón.)

subcordal (**subchordal**). Por debajo del notocordio. (Lat. **sub**, bajo; **chorda**, cuerda. En este caso notocordio.)

subcórneo (**subcorneous**). Lo que está por debajo de la capa córnea de la piel. Lo que es de consistencia casi córnea. (Lat. **sub**, bajo; **cornu**, cuerno.)

subcortical (**subcortical**). Por debajo de la corteza. (Lat. **sub**, bajo; **cortex**, corteza.)

subcosta (**subcosta**). Una de las nervaduras primarias de las alas de los insectos, inmediatamente bajo la llamada *costa*, q.v. (Lat. **sub**, bajos; **+costa.**)

subcostal (**subcostal**). Estructuras situadas por debajo de las costillas. (Lat. **sub**, bajo; **costa**, una costilla.)

subcoxa (**subcoxa**). Segmento en la pata de los artrópodos situado inmediatamente antes de la coxa. También *precoxa.* (Lat. **sub**, bajo; **coxa**, cadera.)

subcrenada (**subcrenate**). Se dice de la estructura con escotaduras redondeadas. (Lat. **sub**, bajo; **crena**, escotadura.)

subcrural (**subcrural**). Se dice del músculo que se extiende desde la parte inferior del fémur a la rodilla. (Lat. **sub**, bajo; **crus**, pierna.)

subcúbico (**subcubical**). De forma casi cúbica, como ciertas células de la glándula tiroides. (Lat. **sub**, bajo; **cubus**, cubo.)

subcultivo (**subculture**). Un cultivo hecho con la muestra de un cultivo que se transfiere a un medio fresco. (Lat. **sub**, bajo; **+ cultivo.**)

subcutáneo* (**subcutaneous**). Situado inmediatamente bajo la piel. (Lat. **sub**, bajo; **cutis**, piel.)

subcuticular (**subcuticular**). Se dice de la capa epitelial o sincitial situada por debajo de la cutícula de los nematodos. // Lo que está por debajo de la epidermis. (Lat. **sub**, bajo; **cutícula**, epidermis.)

subcutis (**subcutis**). El tejido conjuntivo por debajo del corion o dermis. (Lat. **sub**, bajo; **cutis**, piel.)

subdentado (**subdentate**). Ligeramente dentado o denticulado. (Lat. **sub**, bajo; **dens**, diente.)

subdérmico (**subdermal**). Por debajo de la piel o dermis. (Lat. **sub**, bajo; gr. **derma**, piel.)

subdominante (**subdominant**). Se dice de la especie que ejerce un cierto grado de dominancia en una comunidad, pero de menor importancia que las dominantes. (Lat. **sub**, por debajo; **+dominante.**)

subdorsal (**subdorsal**). Estructura situada casi en la superficie dorsal de un organismo. (Lat. **sub**, bajo; **dorsum**, espalda.)

subdural (**subdural**). Se dice del espacio entre la duramadre y la aracnoides en el sistema nervioso central, que contiene una pequeña porción del líquido. (Lat. **sub**, bajo; **durus**, duro.)

subepicárdico (**subepicardial**). Por debajo del epicardio. (Lat. **sub**, bajo; gr. **epi**, encima, **kardia**, corazón.)

subepidérmico (**subepidermal**). Se dice de lo que está por debajo de la epidermis. En algunos casi es sinónimo de *hipodermis.* (Lat. **sub**, bajo; **+epidermis.**) *Adj.* ***subepidérmico.***

subepiglótico (**subepiglottic**). Por debajo de la epiglotis. (Lat. **sub**, bajo; **glotta**, lengua.)

subepitelial (**subepithelial**). Por debajo de un epitelio. // Casi un epitelio. V. *membrana de Débove.* (Lat. **sub**, bajo; **+epitelio.**)

subesofágico (**sub-esophageal**). Se dice de la estructura situada por debajo del esófago. (Lat. **sub**, bajo; gr. **oisophagos**, esófago.)

subespatulado (**subspatulate**). Estructura que tiene casi forma de cuchara. (Lat. **sub**, casi; **spatula**, cuchara.)

subespecie (**subspecies**). En taxonomía se aplica este nombre a las variedades geográficas o ecológicas dentro de una especie. Por lo general muestran diferencias morfológicas o fisiológicas, están separadas espacialmente y se pueden cruzar con las otras subespecies de la misma especie.

subespinoso (**subspinous**). Estructura que parece una espina. (Lat. **sub**, casi; **spina**, espina.)

subesternal (**substernal**). Que está bajo el esternón. (Lat. **sub**, bajo; **sternum**, esternón.)

subfamilia (**subfamily**). Categoría taxonómica entre la familia y el género. En zoología las subfamilias terminan en *-inae.*

subfaríngeo (**subpharyngeal**). Lo que se encuentra por debajo de la garganta. (Lat. **sub**, bajo; **pharynx**, faringe.)

subfílum (**subphylum**). Categoría taxonómica entre el fílum y la clase.

subfósil (**subfossil**). Organismo que se encuentra imperfectamente fosilizado o que se encuentra en terrenos holocénicos. (Lat. **sub**, bajo; **fossilis**, excavado.)

subfrénico (**subphrenic**). Lo que está por debajo del diafragma. (Lat. **sub**, bajo; gr. **phren**, **diafragma.**)

subfusiforme (**subfusiform**). De forma casi fusiforme. (Lat. **sub**, casi; **fusus**, huso.)

subgálea (**subgalea**). Un esclerito interno del estipes de los insectos. (Lat. **sub**, bajo; **galea**, casco.)

subgenal (**subgenal**). Lo que está situado por debajo de las mejillas en los insectos. (Lat. **sub**, por debajo; **gena**, **mejilla.**)

subgénero (**subgenus**). Una categoría taxonómica entre la especie y el género. Está sujeto a las mismas reglas de nomenclatura que el género. (Lat. **sub**, bajo; **genus**, género.)

subgeniculado (**subgeniculate**). Lo que está ligeramente doblado. (Lat. **sub**, casi; **geniculum**, pequeña rodilla.)

subgenital (**subgenital**). Por debajo de los órganos genitales, como por ej.: las bolsas genitales de los escifozoarios. (Lat. **sub**, bajo; **genital**, genital.)

subgerminal (**subgerminal**). Por debajo del disco germinal. (Lat. **sub**, bajo; **germen**, brote.)

subglenoideo (**subglenoid**). Lo que está por debajo de una cavidad glenoidea. (Lat. **sub**, bajo; **+glenoideo.**)

subharpal (**subharpal**). Estructura situada por debajo del harpa en los insectos. (Lat. **sub**, bajo; **harpe**, hoz o garfio.)

subhialoide (**subhyaloid**). Que está por debajo de la membrana hialoidea o fosa de los ojos. (Lat. **sub**, bajo; gr. **hyaleos**, hialino, vítreo; **eidos**, forma.)

subhioideo (**subhyoidean**). Que está por debajo del hueso hioides. (Lat. **sub**, bajo; **+hioides.**)

Subholósteos. Grupo de peces del período Triásico que muestran un estado de organización intermediario entre las formas primitivas de condrósteos y los holósteos más modernos. (Lat. **sub**, casi; **holos**, por completo, **osteon**, hueso.)

subículo (**subiculum**). Una parte del hipocampo. // Un reborde óseo que rodea la abertura oval en el oído medio. (Lat. **subiculus**, capa inferior.)

subimago (**subimago**). La última fase larvaria en los insectos efemerópteros que tiene alas y después de una nueva muda se transforma en el imago. (Lat. **sub**, casi; **imago**, imagen.)

subinguinal (**subinguinal**). Situado por debajo del plano de la terminación de la vena safena mayor. (Lat. **sub**, bajo; **inguen, inguina**, ingle.)

sublaríngeo (**sublaryngeal**). Que está situado por debajo de la laringe. (Lat. **sub**, bajo; +**laringe.**)

sublenticular (**sublenticular**). Se dice de la estructura que casi tiene forma de lente. (Lat. **sub**, bajo; **lentícula**, lente pequeño.)

subletal (**sublethal**). Se dice del gen o factor que ocasiona una disminución de la vitalidad del organismo. // Gen que produce una mortalidad de menos de 50%. (Lat. **sub**, bajo; **lethal**, mortal.)

subliminal (**subliminal**). Estímulo inmediatamente inferior al necesario para producir una respuesta. (Lat. **sub**, bajo; **limen**, umbral.) V. *subumbral.*

sublingua (**sublingua**). Un pliegue carnoso bajo la lengua en los marsupiales y lemuroideos. (Lat. **sub**, por debajo; **lingua**, lengua.) *Adj.* ***sublingual.***

sublitoral (**sublittoral**). Que está cerca de la orilla del mar. // Perteneciente a la zona entre 50 y 200 m. de profundidad. (Lat. **sub**, por debajo; +**litoral.**)

sublobular (**sublobular**). Estructura situada bajo los lóbulos en un órgano, como los del hígado. (Lat. **sub**, bajo; neolatín **lobulus**, lobulillo.)

sublocular (**sublocular**). Lo que tiene aspecto de célula o de compartimiento. (Lat. **sub**, bajo; **loculus**, compartimiento.)

submandíbular (**submandibular**). Se dice de la estructura situada por debajo de la mandíbula. Ej. las glándulas submaxilares o, más propiamente, glándulas submandibulares. (Lat. **sub**, bajo; + **mandíbula.**)

submarginado (**submarginate**). *Submarginal.* Se dice de la estructura que bordea un margen. (Lat. **sub**, casi; **margo**, margen.)

submaxila (**submaxilla**). La mandíbula o quijada. (Lat. **sub**, inferior; **maxilla**, quijada.)

submaxilar* (**submaxillary**). Que está situado por debajo de la mandíbula. (Lat. **sub**, casi; **maxilla**, quijada.)

submediano (**submedian**). Estructura situada junto al medio del cuerpo. (Lat. **sub**, sub; **medius**, medio.)

submentón (**submentum**). Una de las piezas bucales de los insectos masticadores formada por la unión de las dos piezas del segundo par de maxilas. (Lat. **sub**, bajo; **mentum**, barbilla.)

submentoniano (**submental**). Que está por debajo de la barbilla o del mentón. (Lat. **sub**, bajo; +**mentón.**)

submucosa (**submucosa**). Un estrato conjuntivo situado entre el epitelio mucoso y la túnica muscular del tubo digestivo. // Cualquier tejido situado por debajo de una membrana mucosa. (Lat. **sub**, por debajo; **mucus**, moco.)

subnasal (**subnasal**). Por debajo de la nariz. (Lat. **sub**, bajo; **nasus**, nariz.)

subneural (**subneural**). Por debajo de una estructura nerviosa. (Lat. **sub**, debajo; gr. **neuron**, nervio.)

subnotocordial (**subnotochordal**). Que está situado por debajo del notocordio. // En algunos cordados, un vástago esquelético situado por debajo del verdadero notocordio. V. *hipocordio.* (Lat. **sub**, bajo; gr. **noton**, espalda; **chorde**, cuerda.)

suboccipital (**suboccipital**). Se dice de la estructura situada bajo los huesos occipitales. (Lat. **sub**, bajo; **occiput**, occipucio.)

suboccipucio (**subocciput**). La región situada bajo el forámen del cuello de los insectos. (Lat. **sub**, bajo; **occiput**, occipucio.)

subocular (**subocular**). Un arco cartilaginoso que, en el cráneo de los peces ciclóstomos, soporta el glóbulo ocular. // Lo que está por debajo del ojo. (Lat. **sub**, bajo; **oculus**, ojo.)

subopérculo (**suboperculum**). Uno de los huesos operculares de los peces, que está situado inmediatamente debajo del llamado opérculo y en contacto con el interopérculo. (Lat. **sub**, bajo; +**opérculo.**) *Adj.* ***subopercular.***

subóptico (**suboptic**). Lo que está por debajo del ojo. (Lat. **sub**, bajo; **optikos**, relacionado con la vista.)

suboral (**suboral**). Lo situado debajo de la boca o cerca de ella. (Lat. **sub**, bajo; **os, oris**, la boca.)

suborbital (**suborbital**). Lo que está debajo de las órbitas oculares. Hueso de membrana que está bajo cada ojo en algunos peces. (Lat. **sub**, bajo; **orbis**, círculo, órbita.)

suborden* (**suborder**). Categoría taxonómica entre el orden y la familia.

subovado (**subovate**). =*Suboval.* Casi de forma oval. (Lat. **sub**, bajo; **ovum**, huevo.)

subparietal (**subparietal**). Se dice de la estructura situada por debajo de los huesos parietales. (Lat. **sub**, bajo; +**parietal.**)

subpectinado (**subpectinate**). Estructura casi en forma de peine. (Lat. **sub**, casi; **pecten**, peine.)

subpericárdico (**subpericardic**). Por debajo del pericardio. (Lat. **sub**, bajo; +**pericardio.**)

subperitoneal (**subperitoneal**). El tejido que se encuentra inmediatamente debajo del peritoneo. (Lat. **sub**, bajo; +**peritoneo.**)

subpial (**subpial**). Que está por debajo de la piamadre. (Lat. **sub**, bajo; +**piamadre.**)

subplantígrado. V. *digitiplantígrado.*

subpleural (**subpleural**). Por dentro de la lámina interna de la pared torácica. (Lat. **sub**, bajo; gr. **pleura**, lado.)

subpúbico (**subpubic**). Por debajo de la región púbica. (Lat. **sub**, bajo; +**púbico.**)

subpulmonar (**subpulmonary**). Bajo los pulmones. (Lat. **sub**, bajo; **pulmo**, pulmón.)

subquela (**subchela**). Quela prensil que se dobla sobre el segmento anterior, como la de algunos crustáceos. (Lat. **sub**, sub; gr. **chele**, garra.) *Adj.* ***subquelado.***

subqueliceral (**subcheliceral**). Estructura situada por debajo de los quelíceros. (Lat. **sub**, bajo; **chele**, quelas; **keras**, cuerno.)

subradicado (**subradicate**). Que tiene una pequeña extensión dirigida hacia abajo. (Lat. **sub**, bajo; **radicare**, radicar.)

subradio (**subradius**). Un radio de cuarto orden en los animales de simetría radial que se encuentra entre el *adradio* y el *perradio* o entre el *adradio* y el *interradio.* (Lat. **sub**, bajo; +**radio.**) Adj. ***subradial.***

subradular (**subradular**). Lo que está por debajo de la rádula o lengüeta raspadora de los moluscos. (Lat. **sub**, bajo; +**rádula.**)

subreniforme (**subreniform**). Ligeramente de la forma del riñón. (Lat. **sub**, bajo; **renes**, riñón.)

subretinal (**subretinal**). Que está delante de la retina. (Lat. **sub**, bajo; +**retina.**)

subrostral (**subrostral**). Que está por debajo del pico o rostro. (Lat. **sub**, bajo; **rostrum**, pico.)

subsacro (**subrostral**). Lo que está por debajo del hueso sacro. (Lat. **sub**, bajo; +**sacro.**)

subsartorial (**subsartorial**). Se dice de la estructura situada por debajo del músculo *sartorio.* (Lat. **sub**, debajo; +**sartorio.**)

subscapular* (**subscapular**). Por debajo del homóplato o escápula. (Lat. **sub**, bajo; **scapula**, homóplato.)

subsclerótica (**subsclerotic**). Se dice de la estructura que está por debajo de la esclerótica o entre esta y la coroides. (Lat. **sub**, bajo; gr. **skleros**, esclerótida.)

subescutal (**subscutal**). Lo que está bajo un escudo de los artrópodos. (Lat. **sub**, bajo; **escutum**, escudo.)

subsegmento (**subsegment**). Una división secundaria en el segmento de un apéndice. (Lat. **sub**, bajo; **segmentum**, segmento.)

subserosa (**subserosa**). Membrana u otra estructura situada por debajo de una serosa. (Lat. **sub**, bajo; +**serosa.**)

subserrado (**subserrate**). Lo que está ligeramente serrado o escotado. (Lat. **sub**, bajo; **serra**, sierra.)

subsésil (subsessile). Casi sésil o con tallo muy breve. (Lat. **sub**, bajo; **sedere**, sentarse.)

subspecie. V. *subespecie.*

substancia* (substance). En biología, la clase de materia que forma una estructura orgánica. (Lat. **substantia**, substancia.) // ***s. admantina,*** el esmalte de los dientes. // ***s. blanca,*** regiones de color blanco del sistema nervioso central, cuyo color se debe principalmente a la presencia de fibras nerviosas. // ***s. cromidial,*** constituyente celular también llamado *ergatoplasma.* // ***s. de Golgi,*** V. *cuerpos de Golgi,* // ***s. ebúrnea,*** la dentina. // ***s. esponjosa,*** el tejido entrecruzado del interior de los huesos. // ***s. gelatinosa,*** materia gelatinosa de la neuroglia en la médula espinal. // ***s. gris,*** tejido del sistema nervioso central formado principalmente por centros de neuronas y fibras amielinadas que está situado en el interior de la médula espinal y en la corteza cerebral. // ***s. mutagénica,*** nombre aplicado a diversas sustancias que pueden inducir mutaciones, como la iperita, el uretano, el acenafteno, etc. // ***s. negra,*** capa de color gris en el mesencéfalo. // ***s. organogénicas*** que se supone existen en determinados huevos, y son formadoras de órganos, las que si se altera su disposición por centrifugación determinan un desarrollo irregular. // ***s. ósea.*** otro nombre para el cemento de los dientes o *crusta petrosa.* // ***s. paraplásmica,*** un constituyente celular derivado del metabolismo como el almidón, el glucógeno, etc., o simplemente *paraplasma.* // ***s. reticular,*** estructura lateral y anterior de carácter reticular en la médula oblongada. // ***s. tigroide,*** granulación del cuerpo celular o *cuerpo* de *Nissl* o *substancia cromófila,* formada por ARN. // ***s. W.,*** una hormona pituitaria que induce la contracción de los cromatóforos.

substenctaculum lienal. Un pliegue peritoneal que soporta el bazo. // ***s. tali,*** proyección del calcáneo que soporta la articulación media para el tobillo.

substrato* (substrate). El lugar en donde se fija un animal sedentario. // La substancia sobre la cual actúa una enzima. // Lo que forma la parte esencial de un ser. // Terreno o fondo sobre el que se implantan organismos sésiles. (Lat. **sub**, bajo; **stratum**, capa.)

subtálamo (subthalamus). Una masa de materia gris situada bajo el tálamo en el encéfalo de los mamíferos. (Lat. **sub**, **thalamos**, lecho.) El *hipotálamo,* q.v.)

subtectal (subtectal). Por debajo del tectum del encéfalo, como el hueso alisfenoides del cráneo de los peces. (Lat. **sub**, bajo; **tectum**, techo.)

subterráneo (subterranean). Lo que existe, vive u opera bajo tierra. (Lat. **subterraneus.**)

subtípica (subtypical). Lo que aparta de un tipo o patrón determinado. (Lat. **sub**, bajo; **typus**, imagen o patrón.)

subtipo. Cada uno de los grupos taxonómicos en que se dividen los tipos. Término desusado. (Lat. **sub**, por debajo; **typos**, patrón.)

subtorácico (subthoracic). Que está cerca del plano torácico. (Lat, **sub**, bajo; **thorax**, tórax.)

subtrapezoidal (subtrapezoidal). Estructura de forma parecida a la de un trapezoide. (Lat.**sub** bajo; gr. **trapezion**, trapecio; **oides**, parecido.)

subtribu (subtribe). Categoría taxonómica inferior a la *tribu* y superior al género. Debe terminar en el sufijo *-ini.*

subtruncado (subtruncate). Estructura casi truncada o terminada abruptamente. (Lat. **sub**, casi; **truncatus**, truncado.)

subulado (subulate). Estructura estrecha y terminada agudamente. **Aleznado.** (Lat. **subula**, lezna, punzón.)

subumbonal (subumbonal). Por delante o por debajo del umbo de una concha bivalva. (Lat. **sub**, bajo; **umbos**, umbón.)

subumbral (subumbral). Inferior o por debajo del estímulo umbral. (Lat. **sub**, bajo; **+umbral.**)

subumbrela (subumbrella). La superficie interna o inferior de la umbrela de las medusas de los celenterados. (Lat. **sub**, bajo **umbrella**, sombrilla.)

subuncinado (subuncinate). Estructura casi en forma de uña o de garfio. (Lat. **sub**, bajo; **uncus**, gancho.)

subunco (subuncus). Uno del par de piezas accesorias en el *trofo* de ciertos rotíferos. (Lat. **sub**, bajo; **uncus**, gancho.)

subungular (subungular). Lo que está por debajo de una uña o pezuña. (Lat. **sub**, bajo; **unguis**, uña.)

subunguis (subunguis). La pieza o placa ventral de una uña o garra. (Lat. **sub**, bajo; **unguis**, uña.)

subungulado (subungulate). Se dice del mamífero del grupo *Subungulata.*

Subungulata. Una división antigua de los mamíferos que incluye los proboscídios y los hiracoideos. (Lat. **sub**, casi; **ungula**, pezuña.)

subvertebral (subvertebral). Estructura situada por debajo o por delante de la columna vertebral. (Lat. **sub**, bajo; **+vértebra.**)

subvital (subvital). Organismo con vitalidad deficiente. // Genes que causan una mortalidad de más de 50 por ciento. (Lat. **sub**, bajo; **+vital.**)

subyugal (subjugal). Que está por debajo del hueso malar o cigomático. (Lat. **sub**, bajo; **jugum**, yugo.)

subyugular (sub-jugular). Por debajo o más atrás del cuello. (Lat. **sub**, bajo; **jugulum**, hueso clavicular.)

subzonal (subzonal). Se aplica a las células internas en la zona radiada del huevo. (Lat. **sub**, bajo; **zona**, cinturón.)

succiso (succise). = *Abrupto.* (Lat. **succissus**, cortado.)

succus (succus). *Jugo.* (Lat. **succus**, jugo.)

sucesión* (succesion). Secuencia de determinados hechos o funciones que se suceden geológica, estacional, ecológica o cronológicamente, etc. // El retraso de algunos cromosomas durante la anafase en la meyosis. (Lat. **succesio**, sucesión.) // ***s. ecológica,*** cambios progresivos y ordenados en la composición de una comunidad desde su colonización hasta el clímax. // ***s. secundaria,*** una sucesión ecológica que ha sido interrumpida por algún accidente, como un fuego, inundación, etc.

sucrasa (sucrase). = *Sacarasa.* Fermento intestinal que digiere la sucrosa o sacarosa.

sucrosa (sucrose). V. *sacarosa.*

suctor (suctorial). Que chupa. // Un miembro de la orden *Suctorida* de los protozoarios ciliados.

Suctoria. Orden de insectos. V. *Siphonaptera.*

Suctorida. Orden de protozoos cilióforos con cilios natantes en estado juvenil y sin cilios y fijos en el estado adulto.=*Acinetida.* (Lat. **suctum**, chupado.)

suctorio (suctorial). Se dice de las prolongaciones o tentáculos chupadores de los cilióforos suctores. (Lat. **suctum**, chupado.)

suculento* (succulent). Se dice de lo que es jugoso. (Lat. **succulentus.**)

suche. Perú: pez de grandes barbas bucales del Lago Titicaca. Es muy oleaginoso y apreciado por su carne. Orden *Ostariophysi,* familia *Pygidiidae* (**Pygidium rivulatum**).

sudar* (to sweat). La secreción del sudor por los poros de la piel. (Lat. **sudare.**)

sudor* (sweat). La excreción de las glándulas sudoríparas. (Lat. **sudor.**) *Adj.* ***sudorífero, sudoríparo.***

sudoración (sudation). El proceso de sudar. // Descarga de substancias acuosas a través de poros. (Lat. **sudatio**, sudoración.)

suela* (sole). Parte ventral de las uñas de los vertebrados. // Músculo de la pierna de forma aplastada, situado bajo los *gemelos.* V. *sóleo.*

suero* (serum). Plasma sanguíneo separado de las células sanguíneas y del fibrinógeno. // **(whey).** Un fluido acuoso, como el suero del queso. (Lat. **serum**, una parte acuosa.) // ***s. de la yegua preñada,*** hormona hallada en el suero de las yeguas en gestación que presenta propiedades similares a la de la *hormona folículo estimulante.*

suflaminal (suflaminal). Que tiene una forma inflada. (Lat. **sufflamen**, explotar.)

sugente (suctorial). V. *suctorio.* (Lat. **sugo**, chupar.)

Suida, Suina. Una infraorden del suborden *Suiformes* de los artiodáctilos que comprende los cerdos, jabalíes y pécaris. (Lat. **sus**, cerdo.)

suido*. Dícese del mamífero artiodáctilo del grupo *Suida,* q.v.

Suiformes. Suborden de mamíferos artiodáctilos no rumiadores, de piel espesa, pelos escasos y molares *bumodontos.* Comprende los cerdos e hipopótamos. Se llaman también *Bunodontia.* (Lat. **sus** cerdo; **forma**, apariencia.)

suimanga (sun bird). Nombre de varios pajarillos africanos, de largo y encorvado pico y vivos colores. También se llaman *pájaros del sol.*

suindá*. Argent.: especie de lechuza de color pardo claro. (Dicc.)

suirirí (flycatcher). Ave sudamericana del orden *Passeriformes,* familia *Tyrannidae* (**Suiriri suiriri.**)

sula*. Pescado pequeño, de color plateado. // *Boba,* ave.

sulcación (sulcation). La formación de elevaciones y surcos. (Lat. **sulcatio**, aradura.)

sulco* (sulcus). Antic., v. *surco. Adj.* ***sulcado, sulciforme.***

súlculo (sulculus). Pequeño surco. (Lat. **sulculus.**)

sulcus (sulcus). *Surco.* Cavidad estrecha y alargada, como las que existen en huesos, el corazón, la lengua, etc. El surco del flagelo longitudinal de los dinoflagelados (El surco del estomodeo en los antozoos. (Lat. **sulcus**, surco.)

sumación (summation). La acción simultánea o sucesiva de estímulos subumbrales, que logra producir una respuesta. (Lat. **summa**, punto culminante.)

sumergida (immersed). Se dice de las vueltas iniciales de algunas conchas de moluscos, que se hunden dentro de las vueltas que le siguen. (De **sumergir.**)

Summer, James. Bioquímico norteamericano. Investigó el aislamiento de las enzimas. Premio Nobel. (Nac. 1887-)

Suni (suni). Pequeño antílope del Africa oriental (**Nesotragus moschatus**).

sunsún. Cuba: *colibrí.* V. *zunzún.*

super- (super-). (Del latín **super**, que significa sobre, mayor que, más allá, preeminencia.)

supercarpal (supercarpal). Se dice del hueso carpal superior. // Lo que está sobre los carpos. (Lat. **super**, sobre; **carpus**, muñeca.)

superciliar* (superciliar). Situado encima de los ojos. (Lat. **supercilium**, ceja.) = *Supraorbital.*

supercilio (supercilium). *Sobreceja.* (Lat. **supercilia**, ceja.)

superclase (superclass). Categoría taxonómica entre la clase y el subfílum.

supercostal (supercostal). Lo que está situado sobre las costillas. (Lat. **super**, sobre; **costa**, **costilla.**)

superespecie (superspecies). Conjunto de poblaciones alopátidas suficientemente distintas para ser consideradas cada una como especie diferente. (**Mayr.**) Son las *Artenkreiss de Rensch.*

superfamilia (superfamily). Categoría taxonómica entre la familia y el suborden. Los nombres de las superfamilias terminan en *-oidea.*

superfetación (superfoetation). La fecundación sucesiva de dos o más óvulos de diferentes períodos estrales en el mismo útero. // Nueva concepción que sobreviene durante la preñez. V. *hipercresis.* (Lat. **super**, sobre; **+feto.**)

superficial* (superficial). En la superficie del cuerpo o de un órgano o cerca de ellos. (Lat. **super**, sobre; **facies**, cara.)

superficie ambulacral. El área externa en las estrellas de mar que lleva los ambúlacros. // ***s. oral,*** de los equinodermos o área en donde está la boca.

supergén (supergene). Grupo de genes que actúan para producir un rasgo como si fueran uno sólo. (Lat. **super**, sobre; + **gen.**)

superglotis (superglottal). Lo que está sobre la glotis. (Lat. **super**, sobre; **glotta**, lengua.)

superhembra (superfemale).=*Metahembra.* Una anomalía de la meyosis en las moscas del género *Drosophila* por la que se desarrollan ejemplares con 2 juegos de autosomas y 3 cromosomas X, con características fenotípicas de mayor exageración hacia la feminidad. (Lat. **super**, sobre; **+hembra.**)

superior* (superior). Lo que está en una población más elevada. // Lo que crece o se forma sobre otra estructura. // Lo que excede en tamaño o en calidad. // En anatomía humana, lo que está en dirección hacia arriba. (Lat. **superior**, por arriba.)

superlengua (superlingual). *Paragnato.* Otro nombre para las piezas bucales de los insectos llamadas también *maxílulas.* (Lat. **super**, sobre; **lingua**, lengua.)

supermacho (supermale). *Metamacho.* Una anomalía de la meyosis en moscas *Drosophila* por la que se desarrollan individuos con fórmula cromosómica: 2 juegos de autosomas y 1 cromosoma X, de características fenotípicas con exageración de la masculinidad. (Lat. **super**, sobre; **+macho.**)

supernatante (supernatant). Que flota en la superficie. (Lat. **super**, sobre; **natare**, nadar.)

superorden (superoder). En taxonomía, una categoría superior al orden e inferior a la subclase.

superorganismo (superorganism). Una colonia o asociación animal interdependiente de sus diversas castas e individuos, considerada como un organismo. Ej. la *colmena.* (Lat. **super**, superior; **+organismo.**)

superparasitismo (superparasitism). Dícese de la infestación con más parásitos de lo que el hospedero puede soportar. (Lat. **super**, sobre, **dermasía**; **+parasitismo.**)

superparásito (superparasite). Un parásito de otro parásito. V. *hiperparásito.*

superposición (superposition). Tipo de imagen formada en los ojos compuesto de los artrópodos. V. *imagen en mosaico.*

supersacro (supersacral). Lo que está sobre el hueso *sacro.* (Lat. **super**, sobre; **sacrum**, el hueso sacro.)

supersónico* (supersonic). Vibraciones sonoras de mayor frecuencia que las audibles por el oído humano. (Lat. **super**, sobre; **sonare**, sonar.)

supinación* (supination). Actitud de un órgano para tomar la posición superior o frontal. // Volver la mano hacia el frente o hacia arriba. // Acostado con la cara hacia arriba. (Lat. **supinus**, doblado hacia atrás.) *Adj.* ***supinado.***

supinador (supinator). Se dice del músculo empleado en la supinación como el *supinador largo* y el *supinador breve.* (Lat. **supinus**, doblado hacia atrás.)

supino (supine). Que está tendido sobre el dorso. (Lat. **supinus.**)

suplementario (supplemental). Organo o estructura adicional o supernumeraria.

supra-* (supra-). (Del lat. **supra**, que indica encima, más allá, y se emplea frecuentemente con el mismo significado que **super.**)

supra-acromial (supra-acromial). Que está sobre el *acromion.*

supra-anal (supra-anal). Lo que está sobre el ano. // La placa supra-anal del pigidio de los insectos. (Lat. **supra**, encima; **anus**, ano.)

supra-angular (supra-angular). Hueso de la mandíbula en los reptiles situado sobre el angular y en contacto con el articular. (Lat. **supra**, sobre; **+angular.**)

supra-auricular (supra-auricular). Estructura situada sobre las orejas. (Lat. **supra**, sobre; **auris**, oreja.)

suprabranquial (suprabranchial). Sobre las branquias. (Lat. **supra**, encima; **branchia**, branquia.)

suprabucal (suprabuccal). Que está sobre la boca. (Lat. **supra**, sobre; **bucca**, boca.)

supracalloso (supracallosal). Sobre el cuerpo calloso del cerebro. (Lat. **supra,** sobre; **callosus,** duro.)

supracaudal (supracaudal). Lo que está sobre el rabo o sobre la región caudal. (Lat. **supra,** sobre; **cauda,** cola.)

supracelular (supracellular). Estructura originada en la célula y superpuesta a ella. (Lat. **supra,** sobre; **+cerebro.**)

supracerebral (supracerebral). Sobre el cerebro, especialmente en los insectos. (Lat. **supra,** sobre; **+cerebro.**)

supra cit. (supra cit.). Abreviatura de la expresión latina *supra citato* que indica, en las referencias bibliográficas, que la obra ha sido citada anteriormente.

supraclavicular* (supraclavicular). Hueso de la cintura escapular de los peces óseos que está sobre la clavícula y está unido al postemporal. // Lo que está sobre las clavículas. (Lat. **supra,** sobre; **+clavícula.**)

supracleitro (supracleithrum). La pieza esquelética superior de la cintura pectoral en el esqueleto de los peces. También ha sido llamada *supraclavícula.* (Lat. **supra,** sobre; gr. **kleithron,** clavícula.)

supracondilar (supracondylar). Lo que se encuentra sobre un cóndilo. (Lat. **supra,** sobre; gr. **kondylos,** protuberancia de una articulación.)

supracoracoideo (supracoracoideus). Músculo situado sobre el hueso coracoides de los reptiles, que persiste en el embrión de algunos mamíferos marsupiales. (Gr. **supra,** sobre; **+ coracoides.**)

supracostal (supracostal). Lo que está sobre o externamente a las costillas. (Lat. **supra,** sobre; **costa,** costilla.)

supracraneal (supracranial). Lo que está sobre el cráneo. (Lat. **supra,** sobre; **kranion,** cráneo.)

supradorsal (supradorsal). Lo que está en la espalda o sobre la superficie dorsal de un organismo. (Lat. **supra,** sobre; **dorsum,** espalda.)

supra-episternón (supra-episternum). Pieza situada sobre el episternón de algunos insectos. (Lat. **supra,** sobre; **+ escápula.**) *Adj.* ***supraescapular.***

supraescápula (suprascapular). Hueso o cartílago de la cintura escapular de los anfibios y reptiles situado sobre el *homóplato* o *escápula.* // (Lat. **supra,** sobre; **+escápula.**) *Adj.* ***supraescapular.***

supraesfenoidal (suprasphenoid). Sobre el esfenoides. (Lat. **supra,** sobre; **+esfenoides.**)

supraesofágico (supraoessophageal). Parte del sistema nervioso central de los insectos formado por una masa ganglionar, llamada también *cerebroide,* dividida en tres partes: *proto, deuto* y *tritocerebro.* // Lo que está sobre el esófago. (Lat. **supra,** sobre; **+esófago.**)

supraespecie. V. *superespecie.*

supraesternal (supraesternal). Sobre el esternón. (Lat. **supra,** sobre; **sternum,** esternón.)

supra-etmoides (supra-etmoid). Hueso en el cráneo de los peces situado entre los nasales. (Lat. **supra,** sobre; **+etmoides.**)

suprafaríngeo (suprapharyngeal). Sobre la faringe. // Un hueso sobre la faringe de los peces. (Lat. **supra,** sobre; **+faringe.**)

supraglenoideo (supraglenoid). Sobre la cavidad glenoidea. (Lat. **supra,** sobre; gr. **glene,** cuenca; **oides,** parecido.)

suprahioideo (suprahyoid). Una estructura sobre el hueso hioides. (Lat. **supra,** sobre; **+hioides.**)

supraintestinal (supraintestinal). Ganglio en los moluscos gasterópodos estreptoneuros situado por encima del intestino. Su posición se origina por rotación del ganglio parietal derecho. (Lat. **supra,** sobre; **+intestinal.**)

supralabial (supralabial). Se dice de la estructura situada sobre los labios de los insectos, como las escamas. (Lat. **supra,** sobre; **labium,** labio.)

supralitoral (supralitoral). Zona de la orilla del mar inmediatamente situada sobre el límite de las mareas altas. (Lat. **supra,** sobre; **+ litoral.**)

supraloral (supraloral). Sobre la región loral de las aves y reptiles. (Lat. **supra,** sobre; **lorum,** brida.) V. *brida.*

supramareal (supratidal). V. *Supralitoral.*

supramaxilar (supramaxilar). Lo que está sobre el maxilar superior. (Lat. **supra,** sobre; **maxilla,** quijada.)

supramareas (supratidal). V. *supra litoral.*

supranasal (supranasal). Estructura situada sobre la nariz o sobre el hueso nasal. (Lat. **supra,** sobre; **nasus,** nariz.)

supraneuston (supraneuston). Neuston que se encuentra sobre la superficie. (Font Quer.) (Lat. **supra,** sobre; **neuston,** capaz de nadar.)

supraoccipital (supraoccipital). Hueso en los vertebrados tetrápodos que forma la parte superior de la región craneal posterior y que tiende a soldarse en los mamíferos con los exoccipitales y el basioccipital. (Lat. **supra,** sobre; **+ occipital.**)

supraocular (supraocular). Se dice de la estructura o región situada sobre los ojos, y en especial, de las escamas de ciertos reptiles. (Lat. **supra,** sobre; **oculus,** ojo.)

supraorbital (supraorbital). Un hueso en el cráneo de ciertos peces situado sobre las órbitas oculares. // Lo que se encuentra sobre las órbitas. (Lat. **supra,** sobre; **+ orbital.**)

suprapatelar (suprapatellar). Sobre la rótula o patela. Bolsa entre la patela y el fémur. (Lat. **supra,** sobre; **+patela.**)

suprapericárdico. V. *ultimobranquial.*

suprapigial (suprapygeal). Lo que está sobre los huesos del uropigio. (Lat. **supra,** sobre; **pyge,** rabadilla.)

suprapúbico (suprapubic). Lo que está sobre los huesos púbicos o sobre la región púbica. (Lat **supra,** sobre; **+púbico.**)

suprarrostral (suprarostral). Se dice de la placa anterior a la trabécula en el cráneo de los anfibios. (Lat. **supra,** sobre; **rostrum,** pico.)

suprarrenales* (suprarenal glands). Que está situado sobre los riñones. Cada una de las glándulas de secreción interna que forman una cápsula situada sobre cada riñón de los mamíferos. // En los peces, los *órganos suprarrenales* o *cromafines.* (Lat. **supra,** sobre; **renes,** riñón.)

suprarrenina (suprarenin). Epinefrina sintética, adrenalina sintética. (Lat. **supra,** sobre; **renes,** riñones.)

supraseptal (supraseptal). Se dice de cada una de las placas que divergen desde el septo interorbital. (Lat. **supra,** sobre; **septum,** tabique.)

suprasfenoides (suprasphenoid). Un hueso de membrana del craneo de los peces situado dorsalmente al *esfenoides.* (Lat. **supra,** sobre; **+esfenoides.**)

supraspina*. Fosa alta de la escápula. (Lat. **supra,** sobre; **+espina.**)

supraspinado (supraspinatous). Se aplica a uno de los músculos de la espalda humana insertado en el gran trocánter del húmero. // La fosa escapular en donde se origina el músculo supraspinado. (Lat. **supra,** sobre; **spina,** espina.)

supraspinal (supraspinal). Sobre la columna vertebral o espina dorsal. Sobre la cuerda nerviosa ventral en los insectos. (Lat. **supra,** sobre; **spina,** espina.)

suprastapedio (suprastapedial). La parte de la columela del oído medio, homóloga con el estribo de los mamíferos. (Lat. **supra,** sobre; **stapes,** estribo.)

supratemporal (supratemporal). Hueso del cráneo en los reptiles situado sobre el *temporal,* también llamado *escamoso. (Lat.* **supra,** sobre; **tempora,** sienes.)

suprastigmal (suprastigmal). Se dice de una estructura sobre el estigma de los insectos. (Lat. **supra,** sobre; **stigma,** marca.)

supratimpánico (supratympanic). Lo que está sobre la membrana del tímpano. (Lat. **supra,** sobre; **tympanum,** tímpano.)

supratonsilar (supratonsillar). Se aplica a la estructura situada en la masa de la tónsila. (Lat. **supra,** sobre; **+tonsila.**)

supratorácica (**suprathoracic**). Estructura sobre la región del tórax. (Lat. **supra**, sobre; +**tórax**.)

supratroclear (**supratrochlear**). Se aplica a una estructura situada sobre una superficie de articulación troclear. (Lat. **supra**, sobre; **trochlea**, polea.)

supresión (**supression**). Acción de suprimir. // La estructura que no se desarrolla. // Obturando una secreción. (Lat. **supressio**, echar hacia atrás.)

supresor* (**supressor**). Que suprime. // Gen que anula la acción fenotípica de otro gen. (Lat. **supressio**, echar hacia atrás.)

sura* (**sura**). *Pantorrilla.* (Lat. **sura**.) *Adj.* ***sural****.

surco* (**sulcus**). *Sulco.* Depresión estrecha, larga y profunda en una estructura, especialmente en la corteza cerebral. (Lat. **sulcus**.) *Adj.* ***surcado***. // ***s. alimenticio***, depresión en el borde ventral de las láminas branquiales de los bivalvos, que interviene en el movimiento de las partículas alimenticias. // ***s. ambulacral***, depresión en los brazos de los *crinoideos* revestida de epitelio ciliado. // Canal en la parte inferior de los brazos de los asteroideos por donde se extienden los pies ambulacrales. // ***s. branquial***, surco ciliado ventral en la faringe de *Cephalochordata*. // ***s. cervical***, depresión transversal en el cefalotórax de los crustáceos macruros que separa la región anterior o cefálica de la posterior o torácica; // ***s. ciliado***, el endostilo de los urocordados y cefalocordados. // ***s. ecuatorial***, división en el ecuador del huevo segmentante. // ***s. epifaríngeo***, surco glandular ciliado en el techo de la faringe de los cefalocordados. // ***s. hiperbranquial***, canal dorsal medio de la faringe de los cefalocordados tapizado por células ectodérmicas. // ***s. hipobranquial***, depresión en la parte ventral de la faringe de los cefalocordados. V. *endostilo*. // ***s. latitudinal***, depresión alrededor del huevo segmentado sobre el surco ecuatorial. // ***s. medular***, canal en la superficie de la placa medular del embrión que origina el neurocelo. // ***s. meridional***, surco longitudinal que se extiende de polo a polo en el huevo segmentado. // ***s. notocordal***, surco hallado en la porción ventral del notocordio en ciertos embriones. // ***s. oral***, surco poco profundo situado en la superficie oral o inferior de los ciliados del género *Paramecium* // ***s. palial***, canal entre el pie y el manto de los poliplacóforos.

suré. Perú: larva de un insecto coleóptero, de la familia *Curculionidae*, que vive en el tronco de ciertas palmas. Se come frita o cocida. (Dicc.)

surí* (**rhea**). V. *ñandú*, avestruz americano.

suricata (**meerkat**). Especie de mangosta de forma delgada y hocico prolongado del Africa del Sur (**Suricata suricata**). (**surikat, macaco**.)

surilho. Mofeta neotropical de rayas blancas que vive en casi toda la América Central y el Sur (**Conepatus mesoleucas**).

surra (**surra**). Enfermedad del ganado producida por una especie de flagelado (**Trypanosoma evansi**).

surucúa (**trogon**). Uruguay: ave sudamericana del orden *Trogoniformes*, familia *Trogonidae* (**Trogon surrucura**). V. *tocoro*.

surucucú (**bushmaster**). *Cascabela muda.* Serpiente venenosa sudamericana de la familia *Crotalidae*, sin cascabel (**Lachesis muta**).

suscepto (**suscept**). Organismo susceptible de contraer enfermedad. Especie que alberga un virus. (Lat. **suscipere**, padecer.)

suslik (**souslik**). Nombre común de varios mamíferos del orden *Rodentia*, que vivieron al nordeste de Europa. Son parecidos a las ardillas terreras de Norteamérica (**Citellus citellus**).

suspensión* (**suspension**). El acto de suspender. // El estado de estar suspendido. (Bajo latín, **suspensio**.) // ***s. anfistílica***, por la que el esplacnocráneo se une por un proceso maxilar y el hiomandibular, como la de los selácios primitivos: // ***s. autostílica***, en la que el maxilar está unido al cráneo por tres procesos sin intervención del *hiomandibular*. // ***s. hiostílica***, aquella en que el terigocuadrado queda unido al cráneo únicamente por el hiomandibular y por ligamentos, como en la mayoría de los selacios y en los peces óseos.

suspensorio* (**suspensory**). La parte superior del arco hioideo. // La estructura suspensoria de la hipofaringe. // El soporte esquelético de los gonopodios. // Perteneciente o que sirve para la suspensión. (Lat. **suspendere**, colgar.)

sustancia. V. *substancia*.

sustentacular (**sustentacular**). Tejido u otra estructura que sirve de soporte. (Lat. **sustentaculum**, soporte.)

susu (**Gangetic dolphin**). El delfín del Ganges. Familia *Platanistidae* (**Platanista gangetica**).

Susuki, M. Colaborador con *K. Miani* en el descubrimiento del ciclo de la duela de la sangre *Schistosoma japonicum*, en 1909.

sutro (**teal**). Perú: especie de cerceta, ave del orden *Anseriformes*, familia *Anatidae* (**Anas flavirostris**).

Sutton, W.S. Geneticista norteamericano. Estableció pruebas de que la afirmación de Mendel de que los factores hereditarios ocurrían en pares, está de acuerdo con la observación de que las células somáticas contienen dos cromosomas de cada clase, los cuales se separan durante la meyosis. (1876-1916).

sutura* (**suture**). La línea que une dos estructuras inmóviles // La línea de unión entre las escleritas en los artrópodos. // La línea que une las vueltas de espira en los moluscos gasterópodos. // La línea que delimita las vueltas en las amonitas. // La línea que marca las uniones de huesos en sinartrosis. (Lat. **sutura**.) *Adj.* ***sutural***.

Syedberg, Theodor. Desarrolló en 1938 el empleo de la ultracentrífuga, empleada en el estudio de partículas coloidales. Premio Nobel en química en 1926. (N. 1884)

Swammerdam, Jan. Naturalista holandés. Descubridor de los eritrocitos. (1637-1680)

Syconosa. Orden de esponjas *Heterocela*. (Gr. **sycon**, higo.)

Sygnathiformes. Un orden de peces óseos que incluye los caballitos de mar, ahora incluido bajo el nombre de *Gasterosteiformes*. (Gr. **syn**, junto: **gnathos**, mandíbula.)

Sylvius, Francisco. Anatomista francés. Señaló la importancia de la saliva y el jugo pancreático en la digestión V. *Silvio*. (1614-1672)

Symbranchiformes. Orden de peces óseos de forma de anguila, con las aletas anal y dorsal sin radios, sin aletas pectorales y con las aberturas branquiales fusionadas formando una abertura única ventral. (Gr. **syn**, junto; **branchia**, branquia.)

Symbranchii, Symbranchida. V. *Symbranchiformes*.

Symmetrodonta. Orden de mamíferos fósiles del Jurásico superior, caracterizado por tener la corona de los molares inferiores en forma de V. Están relacionados aparentemente con los pantoterios. (Gr. **syn**, con; **metron**, medida; **odous**, diente.)

Symphyla. Clase de artrópodos terrestres mandibulados, de menos de 6 mm. de largo, de color blanco, sin ojos, con un par de antenas y 12 pares de patas. (Gr. **syn**, junto; **phylum**, raza.)

Symphypleona. Un suborden de insectos colémbolos de cuerpo globoso. (Gr. **symphylo**, pegar; **pleon**, abdomen.)

Synapsida, Synaptosauria. Subclase de reptiles que poseen en el cráneo una abertura inferior temporal por detrás del ojo, bordeada encima por el postorbital y el escamoso. Cráneo con la abertura supra o infratemporal unidas en una sola. (Gr. **synapsis**, unión.)

Synaptera. V. *Thysanura*.

Synaptida. Un orden de equinodermos holoturoideos, ahora llamados *Apoda*. (Gr. **syn**, junto.)

Syncarida. Una división de los crustáceos malacostráceos que se caracteriza por la falta de carapacho. (Gr. **syn**, con; **karis**, karidis, una especie de camarón.)

Syndactyla. V. *Diprotodonta*.

Synentognathi. Orden de peces óseos ahora nombrados *Beloniformes*.

Syne typo (syne typo). Voces con las que se indica en taxonomía que un taxón ha sido propuesto sin indicación de *tipo.*

Sygnathiformes. Orden de peces que comprende los *Solenichthyes.*

SYP. Ver suero en la yegua preñada.

Systema Naturae. La obra clásica de Linneo en la biología sistemática. La edición décima, publicada en 1758, se considera como el punto de partida de la nomenclatura zoológica.

Szent-Gyoryi, Albert von. Bioquímico húngaro, quien demostró el papel de la miosina, la actina y el TPA en la contracción muscular.

Szynnanski, J.S. Demostró en 1981 que los animales tienen alguna manera de medir el tiempo sin referencia a ciclos de luz o de temperatura. Sus estudios han sido la base de lo que se llama el *reloj biológico.*

T

taba* **(ankle-bone).** El tobillo o hueso astrágalo. //También el calcáneo.

tábano* **(horse fly).** Nombre común de varias especies de insectos dípteros de la familia *Tabanidae* **(Tabanus sp),** que sirve de vectores de microrganismos patógenos. (Lat. **tabanus,** mosca de caballo.)

tabarrera* **(hornet nest).** Avispero, nido de avispas. // *Moscón.* (De **tabarra.**)

tabarro*. Avispa grande. // Tábano. (Voces cruzadas de **tábano** y **gabarro.**)

tabatiere anatomique (tabatiere anatomique). Depresión que se forma en el lado radial de la muñeca entre el dedo índice y el dedo pulgar cuando este está extendido. En ella ponían el rapé los aficcionados a aspirarlo. (Fr. **literalmente, tabaquera anatómica.**)

tabique* **(septum).** Pared que separa dos estructuras. (Arabe **tasbik,** pared de ladrillo.)) // ***t. interauricular,*** que separa las aurículas. // ***t. primario,*** V. *mesenterio primario.*

tabes* **(tabes).** Agotamiento o consumción progresiva. (Lat. **tabes,** corrupción.)

tabla* **(table).** // Cada una de las láminas de hueso compacto separadas por el diploe en los huesos del cráneo. // Lista o catálogo de cosas expuestas por orden sucesivo o relacionados entre sí. (Lat. **tabula.**)

tabón* *Filip:* ave zancuda marítima de color negro. Familia *Megapodiidae.*

tábula (tabula). En ciertos corales, un tabique horizontal que separa por completo la parte inferior de la hidroteca *o zooteca.* // *Tabla,* capa externa de algunos huesos planos y compactos, como los del cráneo. // Ver *disepimento.* (Lat. **tabula,** tablilla.)

tabular* **(tabular).** Aplanado como una tabla. // Lo concerniente a una tábula. // Un hueso par del cráneo de ciertos vertebrados situado sobre la cápsula óptica. (Lat. **tabulario.**)

Tabulata. Un taxón en los *celenterados* fósiles cuyos individuos forman colonias tabulares con tabiques transversales. Desde el Ordoviciano hasta el Permiano. (Lat. **tabula,** tablilla.)

taca* **(barnacle rock shell).** Chile: molusco gasterópodo marino comestible. Tiene una concha casi redonda. Familia *Thaididae* **(Concholepas concholepas).**

taclobo* **(Giant clam).** Bivalvo gigante del Océano Pacífico, que llega a pesar más de 400 libras **(Tridacna gigas).**

taco- (tacho-). Partícula que se emplea como prefijo en palabras que expresan lo relativo a la rapidez. (Gr. **tachys,** rápido.)

tacografía (tachography). El registro de los movimientos y la velocidad de la corriente sanguínea. (Gr. **tachys,** rápido; **grapho,** escribir.)

tactismo* **(taxis).** Desplazamiento de un organismo en la misma dirección o en contra del origen del estímulo. Este término es equivalente al de *taxis.* (Gr. **taktos,** arreglado, ordenado.)

tacto* **(touch).** En los invertebrados, el sentido del tacto está en las antenas, tentáculos, pelos, etc. En los vertebrados está principalmente en la piel, en terminaciones nerviosas libres y en corpúsculos especializados. (Lat. **tactus.**) *Adj.* ***táctil.****

tactómetro (tactometer). Aparato para medir la sensibilidad del tacto. (Lat. **tactus,** tacto; gr. **metron,** medida.)

tactor- (tactor). Estructura terminal del sentido del tacto. (Lat. **tactus,** tacto.)

tacuacín (opossum). *Zarigüeya.*

tacuache* **(opossum).** Méx: el mamífero del orden Marsupialia llamado también *zarigüeya,* q.v. // En Cuba dicho nombre se extendió erróneamente al insectívoro mejor conocido como *almiquí* **(Solenodon cubanus).**

tacuazín (opossum). Méx.: *zarigüeya.*

tacurú* **(an ant).** Argent.: especie de hormiga pequeña. (Dicc.)

táchiro. (goshawk). Ave rapaz, del orden *Falconiformes,* llamada también *azor africano.* Familia *Accipitridae* (Accipiter tachiro).

Taenia. Género de platelmintos cestoideos que parasitan al hombre . **(T. saginata, T. solium).** Hay otros géneros afines. (Gr. **tainia, cinta.**)

Taeniodonta. Orden de mamíferos del Paleoceno y Eoceno cuyo nombre alude a la posesión de dientes provistos de bandas de esmalte. (Gr. **tainia,** cinta; **odous,** diente.)

Taenioglossa. Suborden de moluscos gasterópodos de concha espiral provistos de una sola branquia pectinada y de una rádula acintada con dientes pequeños dispuestos en series de siete. (Gr. **tainia,** cinta; **glossa,** lengua.)

Taenioidea. Nombre, ahora poco empleado, para el orden *Cyclophillidea,* subclase *Eucestoda,* clase *Cestoda,* del fílum *Platyhelminthes;* (Lat **tainia,** cinta.)

Taeniosomi. Peces de forma acintada con la aleta dorsal extendida desde la cabeza hasta la extremidad de la cola.. Son de mares profundos. (Gr. **tainia,** cinta; **soma,** cuerpo, V. *Lophotiformes.*

tafocenosis. Restos de organismos procedentes de distintos lugares alejados que se encuentran luego reunidos como en un cementerio. (Margalef.) *Tanatocenosis.* (Gr. **taphos,** sepulcro, coinoo, reunir, en común.) (Fr. **tafon.**)

tagma (tagmata). Conjunto de segmentos en el cuerpo de los artrópodos que forman una región definida, como la cabeza, el tórax o el abdomen en los insectos. El proceso de formación de las regiones es la *tagmatización.* (Gr. **tagma**, cuerpo.)

tagmosis (tagmosis). La fusión de varios segmentos de un animal metamérico para formar una región definida. (Gr. **tagma**, cuerpo.)

tagmatosis. V. *tagmosis.*

tagogo (flamingo). Venez.: *flamenco.*

tagua* (coot). Chile: ave del orden *Gruiformes*, familia *Rallidae* (**Fulica, sp.**). (Dicc.)

taguán* (flying squirrel). *Guiguí.* Ardilla voladora de la región oriental (**Petaurista philippensis**).

taiga (taiga). Bioma o zona del habitable terrestre caracterizada por largos inviernos helados y bosques de coníferas. Se encuentra inmediatamente por debajo de la tundra. (Voz **rusa.**)

taipán (taipan). Ofidio venenoso que vive en Australia, de la familia *Elapidae*, que alcanza más de 3 m. de largo (**Oxyuranus scutellatus**).

taira (tayra). Especie de carnívoro neotropical, de la familia *Mustelidae*, de color negro (**Tayra barbara**).

taintetú (pecary). Nombre que dan en Sudamérica al pécari de collar (**Tayassu tajacus**).

tajá (woodpecker).** Cuba: ave trepadora, especie de pájaro carpintero de color verde (**Xiphidiopicus percussus**)

tajasu (collared pecari). Pécari de collar.

tajugo* V. *tejón.*

takin (takin). Rumiante grande, parecido a los bueyes y a las cabras, de las Himalayas y Assam (**Budorcas taxicolor**).

tálam- (thalam-). (Del gr. **thalamos**, receptáculo, lecho.)

talamencéfalo (thalamencephalon). V. *diencéfalo.* (Gr. **thalamos**, cámara; + **encéfalo.**)

Talamia. Orden de protozoos del subfílum *Sarcomastigophora*, clase *Rhizopoda.* (Gr. **thalamos**, cámara.)

tálamo* (thalamus). Porción lateral del diencéfalo de los vertebrados, (Gr. **thalamos**, lecho nupcial, cámara. // ***t. ópticos***, v. *tálamo.*

talapoin (pigmy guenon). Pequeño mono del Africa occidental de color verde amarillento, familia *Cercopithecidae* **Cercopithecus (Miopithecus)** talapoin.

talasemia (thalassemia). Un tipo de anemia infantil debido a la ausencia de un gen autosómico. Común en los pueblos mediterráneos. (Gr. **thalassos**, Mar Mediterráneo; + **anemia.**)

talasémidas. Tortugas fósiles del período Jurásico.

talásico (thalassic). Organismo marino que no se adpata a las aguas dulces. (Gr. **thalassa**, el mar.)

talasoide (thalassoid). Organismo seudomarino. // Organismo de agua dulce que se parece a los marinos. // Especies de agua dulce que fueron originalmente de hábitos marinos. (Gr. **thalassa**, mar; **eidos**, forma.)

talasoplancton (thalassoplankton). Plancton marino. (Gr. **thalassa**, mar; **plankton**, errante.)

talasocoro Se dice del pez que vive en las aguas dulces, pero que desciende al mar para desovar. Es sinónimo de *catádromo.* (Gr. **thalassa**, mar; **tokos**, nacimiento.)

talegallo* Ave de la Oceanía, del orden *Galliformes.*

taliáceo. Un miembro de la clase *Thaliacea* de los tunicados.

talipomanus (talipomanus). Mano en forma de maza. (Gr. **talys**, abultamiento.)

talocalcáneo (talocalcaneal). Lo que pertenece al talón y al calcáneo, como los ligamentos, articulaciones, etc. (Lat. **talus**, tobillo; **calcáneo**, calcañar.)

talocrural (talocrural). Lo que pertenece al tobillo y a los huesos de la tibia. (Lat. **talus**, tobillo; **crus**, la pierna.)

talón* (talus). Parte posterior del pie o calcañar. // Garras afiladas y encorvadas como la de las aves de rapiña. // Extensión posterior de ciertos molares superiores de los mamíferos. (Lat. **talus**, tobillo, talón.)

talónido (talonid). Proyección posterior en ciertos molares inferiores de los mamíferos. (Gr. **talonido**, dim. de **talón.**)

talpa* (mole). *Talparia.* // V. *topo.* (Lat. **talpa**, topo.)

talparia.* Absceso en el tegumento de la cabeza. (De **talpa**, topo.)

talposis (thalposis). Sensación anormal de calor. (Gr. **thalpos**, calor.)

taltuza* (Pocket gopher). Costa Rica: Mamífero roedor centroamericano minador, de la familia *Geomyidae* (**Geomys heterodus**).

taludín (cayman). Caimán.

talus (talus). Voz latina que significa el hueso *astrálago.* // Tobillo, // Calcáneo.

tallo* (stem). ***t. cerebral***, el conjunto del mesencéfalo, el puente y la médula oblongada. // ***t. del cuerpo***, una banda mesodérmica que conecta el extremo caudal del embrión con el corion. // ***t. del encéfalo***, parte del encéfalo formada principalmente por sus regiones inferiores hasta la médula oblongada. Tallo cerebral. // ***t. ocular***, vástagos que portan los ojos compuestos en los crustáceos decápodos. // ***t. encefálico***, el encéfalo con exclusión del cerebro y el cerebelo // ***t. labial***, v. *labiostipes.* // ***t. neural***, el *infundibulum* o *neurohipófisis.* // ***t. óptico***, parte cilíndrica alargada que concecta la vesícula óptica con el diencéfalo.

tamalodonto (chthamalodont). Molar de corona baja. V. *braquidonto.* (Gr. **chthamalos**, bajo; cerca del suelo; **odontos**, diente.)

tamandúa* (anteater). Especie de oso hormiguero sudamericano. Orden *Edentata*, familia *Dasypodidae* (**Tamandua tetradactyla**). (Voz **guaraní.**)

tamanoválvido (tamanovalvid). Nombre aplicado a las conchas bivalvas de los moluscos gasterópodos de la familia *Berthelinidae* y sus afines. (Del género **Tamanovalva.**)

tamaño efectivo poblacional. Número promedio de individuos que contribuyen con sus genes a las generaciones siguientes.

tamarao* (anoa). V. *anoa.* (Voz **malaya.**)

Tamarino (tamarin). Cualquiera de los monitos sudamericanos, de la familia *Callithricidae*, género *Callithrix* y sus afines. (Voz **caribe.**)

tamaru (tamaru). Búfalo pequeño de Filipinas (**Bubalus mindorensis**).

tambicha. Especie de hormiga carnívora. (Dicc.)

tambor. Pez tropical. V. *tamboril.*

tamboril* (puffer). *Cuba:* pez marino de aguas costeras, que se infla fácilmente. Orden *Tetrodontiformes*, familia *Tetrodontidae* (**Lagocephalus laevigatus**).

tambrit (platypus). Nombre que dan en Tasmania al *ornitorrinco*, q.v.

tamin. Ciervo de la India, Birmania e Indochina.

Tamseley, A.G. En 1935 propuso el término y el concepto del ecosistema.

tana (tupaia). Especie de tupaya, prosimio de Borneo. Orden *Primates*, familia *Tupaidae* (**Tupaiz tana**).

tanagra (tanager). Ave sudamericana, del orden *Passeriformes*, familia *Thraupidae* (**Tanagra musica**).

Tanaidacea. Orden de crustáceos de la subclase *Malacostraca.* Son diminutos, marinos, abisales y tienen el segundo apéndice torácico provisto de pinzas.

tanamá. Puerto Rico: nombre indígena de la mariposa. (Hernández Aquino).

tanatocenosis (thanatocoennosis). Masa formada por organismos muertos o secreciones. (Gr. **thanatos**, muerto; **koinos**, reunión.)

tanatocresis (tanatochresis). El empleo de cadáveres, secreciones y deyecciones de un animal por otros organismos (Gr. **thanatos**, la muerte; **chresis**, uso, utilidad.)

tanatoide (**thanatoid**). Venenoso, mortal. Que se asemeja a la muerte. (Gr. **thanatos**, muerte.)

tanatología (**thanatology**). Estudio teórico sobre la muerte. (Gr. **thanatos**, muerte; **logos**, discurso.)

tanatosis (**thanatosis**). Acto de fingir la muerte, como hacen las zarigüeyas y algunos insectos. (Gr. **thanatos**, la muerte.; **-osis**, estado.)

tangalunga (**tangalunga**). Una especie de civeta, canívoro de la Península Malaya, de la familia *Viverridae* (**Viverra tangalunga**).

tángara, tangará (**tanager**). V. *tanagra*.

tang barbero. V. *barbero*, pez.

tangorreceptor (**tangoreceptor**). Receptor capaz de percibir pequeñas variaciones de presión. (Lat. **tangere**, tocar; + **receptor.**)

tanilobo Tipo de prostomio de algunos anélidos que se extiende hasta el primer somito. (Gr. **tanaos**, extraño; **lobos**, lóbulo.)

tántalo* (**wood ibis**). Especie de ave zancuda americana del orden *Ciconiiformes*, familia *Ciconiidae* (**Mycteria americana**).

tanyikati (**white lipped pecary**). Nombre centroamericano del pécari de labio blanco (**Tayassu tajacu**).

tapacamino (**goatsucker**). Argent.: ave del orden *Caprimulgiformes*.

tapaculo* (**tapaculo**). Sudamérica: se aplica a las aves del orden *Passeriformes*, familia *Rhinocryptidae*. // *Cuba:* se aplica a varias especies de *lenguados*, y en especial, a *Achirus inscriptus*.

tapadera* (**operculum**). Término vulgar con el que se designa el opérculo de los peces.

tapayaryés (**spiny toad**). Méx.: lagarto de la familia Iguanidae que vive en el sur desde los Estados Unidos de América hasta Guatemala. Tiene el cuerpo deprimido y cubiertos de espinas. (**Phrynosoma cornutum**).

tapeinocefalia (**tapeinocephaly**). Aplastamiento o depresión del cráneo humano. (Gr. **tapeinos**, base.)

tapete* (**tapetum**). Estructura reflejante de los ojos de algunos insectos nocturnos. // Capa reflectora en la coroides de los ojos de ciertos vertebrados. // Fibras en el cuerpo calloso del cerebro de los vertebrados. (Lat. **tapetum**, tapiz). // ***t. lúcido***, un revestimiento de la retina, poco pigmentado, que refleja los rayos luminosos y se encuentra principalmente en los ojos de los felinos. // ***t. negro***, revestimiento externo pigmentado de la retina.

tapeti (**mara**). Argent.: la liebre patagónica, especie de mamíferos del orden *Rodentia*, parecido al conejo V. *mará*.

Tapinocephaloidea. Una superfamilia de reptiles extintos en el orden *Therapsida*, del período Permiano.

tapir* (**tapir**). Mamífero del orden *Perissodactyla*, familia *Tapiridae*, de las regiones neotropical y oriental, se reconoce por su cuerpo robusto y trompa pequeña y encorvada (**Tapirus terrestris**). (**Guaraní, tapiir.**)

Tapiroidea. Una superfamilia de mamíferos del orden *Perissodactyla*, que comprende los tapires.

tapón* (**plug**). ***t. vaginal***, secreción coagulada de las glándulas de Cowper, que en los roedores y murciélagos obtura la vaina e impide el escape prematuro del semen. // ***t. vitelino***, porción del vitelo del huevo de la rana que obtura el blastóporo antes de que se complete la gastrulación. (Lat. **tapón**; **vitellus**, yema.)

taqui-(tachy-) (Del gr. **tachys**, rápido.) Empleado para indicar aceleramiento de una función orgánica.

taquiauxesis (**tachyauxesis**). Crecimiento de una parte del cuerpo más rápidamente que el resto. (Gr. **tachys**, aprisa; **auxesis**, crecimiento.)

taquicardia* (**tachycardia**). Frecuencia excesiva del ritmo cardiaco. (Gr. **tachys**, rápido; **kardia**, corazón.)

taquifagia (**tachyphagia**). Comer con excesiva rapidez. (Gr. **tachys**, **phagein**, comer.)

taquifilaxia (**tachyphylaxis**). Pérdida o reducción de la sensibilidad a un agente. // Tolerancia por el uso repetido de un agente. (Gr. **tachys**, rápido; **phylaxis**, protección.)

taquigénesis (**tachygenesis**). Se dice del desarrollo abreviado en el que se suprimen uno o más estados. (Gr. **tachys**, rápido; **genesis**, origen).

taquígeno (**tachygen**). Se dice de la estructura que se ha originado bruscamente por evolución. (Gr. **tachys**, rápido; **gennaein**, producir.)

taquilalia (**tachylalia**). Hablar muy rápido. (Gr. **tachys**, rápido; **lalo**, hablar.)

taquín* (**anklebone**). Tobillo. (De taco.)

taquipnea (**tachypnea**). Respiración agitada. (Gr. **tachys**, rápido; **pneo**, respirar).

taquisterol (**tachysterol**). Isómero del ergosterol producido por irradiación del colesterol. (Gr.. **tachys**, rápido; + **sterol.**)

taquitélica (**tachytelic**). Se dice de la evolución realizada a un ritmo más rápido que la normal. V. *braditélica*. (Gr. **tachys**, rápido; **telos**, completo.)

tar (**tar**). Cada uno de los rumiantes de Himalaya, de aspecto de cabra, pero con cuernos muy cortos (**Hemitragus hylocrinus**).

tara* Venez.: *langostón*, insecto ortóptero. // Colomb.: una culebra venenosa. (Dicc.)

tarabilla (**stonechat**). Ave europea del orden *Passeriformes*, familia *Turdidae* (**Saxicola torquata**).

taraco. Cangrejo, voz anticuada.

tarando* (**reindeer**). V. *reno*. (Lat. **tarandus**, reno.)

tarantela. V. *tarantismo*

tarantismo (**tarantella**). *Terantela*, supuesta enfermedad producida por la picadura de la araña de la familia *Lycosidae* (**Lycosa tarentula**).

tarántula* (**tarantula**). Especie de araña, de la familia *Lycosidae*, cuya picadura era considerada antiguamente causante de la llamada *tarantela*. // En América reciben este nombre las especies llamadas *arañas peludas* (**Eurypelma spinicrus**). // En E.U. los pedipálpidos del género *Tarantula*. (Lat. **tarantula.**)

tarasca.*. Animal fabuloso. // Puerca grande y vieja. (Fr. **tarasque.**)

taraza* (**taredo**). V. *broma*, molusco bivalvo perforante. // *Polilla*, mariposa. (De **tarazar**, destrozar.)

Tardigrada. Un fílum (o subfílum de *Arthropoda)* que abarca especies diminutas de cuerpo no segmentado con cuatro pares de patas y sin antenas. (Lat. **tardus** lento; **gradior**, camino.)

tardígrado* (**tardigrade**). Dícese del animal que camina con lentitud. // Animal de la clase *Tardigrada*. (Lat. **tardus**, lento; **gradior**, camino.)

targo. V. *oricú*, buitre.

tarotaro (**ibis**). Venez: ave americana del orden *Ciconiiformes*, familia *Threskiornithidae* (**Cercibis oxycerca**). = *Bandurria tarotaro*.

tarpán (**tarpan**). El caballo salvaje de las estepas europeas que pudo originar el caballo actual (**Equus caballus gemelini**).

tarpón (**tarpon**). V. *sábalo* (**Megalops atlanticus**).

tarro* (**shelduck**). Ave europea del orden *Anseriformes*, familia *Anatidae* (**Tadorna tadorna**).

tarsiano (**tarsal**). Lo relativo al tarso. // Cualquiera de los huesos que constituyen el tobillo o *tarso* de los vertebrados terrestres. (Lat. **tarsus.**)

tarsiero (**tarsier**). Un miembro del infraorden *Tarsiformes*, orden de los *Primates* (**Tarsius tarsier**).

tarsio (**tarsier**). V. *tarsiero*.

Tarsioidea. Suborden de primates prosimios. Tienen el 2do. y 3er. dedo de los pies provistos de uñas, los ojos salientes y las orejas largas. (Gr. **tarse.**). También *Tarsiformes*.

tarsípedo (honey mouse). *Marsupial australiano* de la familia *Phalangeridae* (Tarsipes rostratus).

tarso* (tarsus). El segmento terminal de la pata de los insectos y arácnidos. // El tobillo de los vertebrados. // Lámina alargada de tejido conjuntivo que contribuye al sostenimiento de los párpados. (Gr. tarsos, superficie ancha; suela.) // *Adj. tarsal.*

tarsómeros (tarsomeres). Cada una de las piezas que forman el dactilopodito de las arañas. V. *basitarsos* y *telotarsos.* (Gr. tarsos, suelo; meros, parte.)

tarso-metatarso (tarsometatarsus). Hueso único de la pierna de las aves formado por la fusión del *tarso* y el *metatarso.* V. *tarso* y *metatarso.*

tartarín (hamadryas baboon). El *babuino sagrado* o *hamadryas,* de las costas del Mar Rojo. Mono cinocéfalo de la familia *Cercopithecidae* (Papio hamadryas).

tartaruga (turtle). Nombre dado a ciertas tortugas sudamericanas de la familia *Pelomedusidae* (Podocnesis sp.). (Ital. tartaruga, tortuga.)

taruga* (guemal). Ecuad. y Perú: cualquiera de las especies de ciervos andinos (Hippocamelus bisulcus).

taruka. Perú: V. *taruga.* *

tasa de nacimiento (birth rate). V. *natalidad.* // *t. de mutación,* la frecuencia relativa de las mutaciones en una especie. La tasa es cero en ciertos tipos poco variables o persistentes. // *t. de producción,* cantidad total de protoplasma producido por unidad de población, por unidad de tiempo en un hábitat determinado. // *t. metabólica basal,* el ritmo metabólico de un organismo en reposo expresado como por ciento de la cantidad de calor producida por metro cuadrado de la superficie del cuerpo (determinada por la estatura y el peso), por unidad de tiempo.

Tashiro, S. Fisiólogo japonés, probó en 1913 la actividad metabólica en el impulso nervioso. (1883-1963)

tasugo* (badger). V. *tejón,* mamífero carnívoro.

tetabro* (pecary). Colombia: *pecarí,* mamífero.

tatacoa (caecilian). Colombia: cualquier especie de anfibio del orden *Apoda,* familia *Caecilidae* (Caecilia caribaea). // Especie de saurio sin patas de la familia *Amphisbaenidae* (Amphisbaena camura.)

tatagua* (moth). Cuba: gran mariposa nocturna de la familia *Noctuidae* (Erebus odora) también llamada *bruja.*

tatouay (armadillo). Especie de armadillo sudamericano (Cabassous unicinctus).

tatú* (armadillo). Argent.: voz genérica que se aplica a varias especies de *armadillos.*

tatuasú (giant armadillo). El armadillo gigante (Priodontes giganteus).

tatuejo = *Armadillo.*

tatusia. = *Armadillo.*

Tatum, Edward Lawrie. Bioquímico norteamericano. Descubrió que la formación de una enzima es gobernada por un solo gen. Junto con G.B. Beadle, demostró la existencia de mutaciones bioquímicas en 1941. (Nac. 1909-)

tauidio (tauidion). Parte del piso del cráneo de los peces paleospóndilos. (Gr. tau, T; idion, débil.)

taumatropía (thaumatropy). Supuesta transformación de un tejido en otro. (Gr. thauma, maravilla; tropos, vuelta.)

tauoca (driver ant). Especie de hormiga legionaria de la América tropical. Orden *Hymenoptera,* familia *Formicidae* (Eciton hamatum).

taurec. V. *tenrec,* mamífero insectívoro.

taurodonto (taurodont). Se dice del diente que tiene la cavidad de la pulpa muy grande y las raíces reducidas. (Lat. taurus, toro; odontos, diente).

taurina (taurine). Un principio hallado en la bilis.

taurino* Perteneciente al toro.

tautaco (ibis). Venez.: ave americana del orden *Ciconiiformes,* familia *Threskiornithidae,* parecido al ibis (Theristicus caudatus).

tauteo*. Gañido del zorro.

tauto- (tauto-). (Del gr. tauto, lo mismo.)

tautología* (tautology). Círculo vicioso o argumento circular. (Gr. tauto, lo mismo; logos, discurso.) *Adj. tautológico.*

tautomérica (tautomeric). Se dice de la neurona cuyas neuritas llegan a la materia blanca del mismo lado de la médula espinal. (Gr. tauto, lo mismo; meros, parte.)

tautónimo (tautonym). Se dice del nombre científico de un animal en el que se repiten el nombre genérico y el específico, idéntica o virtualmente. Ej. *Gallus gallus.* (Gr. tauto, lo mismo; onyma, nombre.)

tautotipo (tautotype). En taxonomía, la selección de las especies tipo de un género en virtud de ser tautónomo. (Gr. tauto, lo mismo; typos, patrón.)

Tawara, K. Sunau. Patólogo japonés. V. *nodo atrioventricular.* (Nac. 1873-)

taxeópodo (taxeopodous). Se dice del mamífero que tiene los huesos tarsales proximales y distales formando una línea recta paralela al eje del miembro. (Gr. taxis, arreglo; pous, pie.)

taxi-* (taxi-). (Del gr. taxis, orden, colocación.)

taxia, taxis (taxis). Respuesta de un animal a un estímulo, innata, obligada, dirigida e invariable. (Gr. taxis, arreglo.) También se dice *taxismo* y *tactismo.*

taxidermia* (taxidermy). El arte de preparar las pieles de los animales dándoles aspecto viviente. (Gr. taxis, arreglo; derma, piel.) *Adj. taxidérmico.**

taxidermista* (taxidermist). El que practica la taxidermia.

taxinomía. = *taxonomía** (Gr. taxis, arreglo).

Taxodonta. En ciertas clasificaciones, un orden de moluscos de la clase *Bivalvia* caracterizado por la posesión de numerosos dientes similarea en la charnela. (Gr. taxis, arreglo; odous, diente.)

taxología (taxology). V. *taxonomía.*

taxón (taxon). Cualquier grupo taxonómico suficientemente distinto de otros para poder colocarlo en una categoría zoológica. (Gr. taxis, arreglo.)

taxon dubium (taxon dubium). Una población de dudosa posición taxonómica, por ejemplo: si se duda que el taxón sea una especie o una subespecie.

taxonomía* (taxonomy). Estudio de los principios y métodos en que se deben basar la clasificación de los organismos para llegar en lo posible a una clasificación fundada en sus relaciones filogenéticas naturales. (Gr. taxoo, arreglar; nomos, ley.) // *Adj. taxonómico.*** // *t. numérica,* un método de estudios taxonómicos que aplica los conceptos de Adanson de caracteres unitarios de igual peso y el análisis estadístico multivariado.

taxonomista (taxonomist). = *Taxónomo.* El que practica la taxonomía. (Gr. taxis, arreglo; nomos, regla.)

taya. Culebra venenosa americana.

t.c. Siglas de *tomo citado.* (En bibliografía.)

t.d.s. (t.s.d.). Siglas de la expresión *tipo por designación subsecuente.* (En taxonomía.)

teca* (theca). Cubierta o vaina que envuelve un órgano. // La vaina de un tendón. // Las paredes del cáliz de los corales. (Gr. theke, caja.) *Adj. tecado, tecal.*

tecacisto (thecacyst). Envoltura que rodea grupos de espermatozoos. V. *espermatóforo.* (Gr. theke, cápsula; kystis, vejiga.)

tecado (thecata). Se dice del pólipo de los celenterados cuyo perisarco se continúa alrededor del hidrante. (Gr. theke, caja.)

tecamaeba (thecamoeba). Grupo de sarcodinos del orden *Amoebina* provistos de caparazón. (Gr. theke, estuche, amoeba, amiba.)

-tecnia* (-techny). (Del gr. tekne, arte,) Este sufijo se emplea para indicar una técnica.

técnica* **(technic).** Método, procedimiento, recurso que sirve a una ciencia. // Manera de ejecutar un experimento o manipulación. (Gr. **techne,** arte; **habilidad.**)

tecnocito **(teknocyte).** Metagranulocito juvenil. (Gr. **teknon,** niño; **kylos,** célula.)

teco- **(theco-).** (Del gr. **theke,** vaina,, caja o cápsula.)

tecodontes **(thecodont).** Vertebrados que tienen los dientes implantados en alveólos separados. Se aplica especialmente a ciertos reptiles, como los cocodrilos. (Gr. **theke,** caja; **odous,** diente.)

tecoideos. Equinodermos fósiles parecidos a los crinoideos, pero sin tallo ni brazos. (Gr. **theke,** caja; **-oides,** forma.)

tecol*. Méx.: gusano que se cría en el maguey. (Dicc.)

tecolote* **(owl).** Méx.: *búho.* **(Bubo virginianus.)**

Tectibranchia. Orden de moluscos gasterópodos, de la subclase *Opistobranquia,* de cabeza grande y generalmente con manto, concha y tenidio. La concha está cubierta por pliegues del manto o del pie. (Lat. **tectum,** techo; gr. **branchia,** branquia.)

tectina **(tectine).** Sustancia orgánica similar a la quitina en el esqueleto de algunos protozoos testáceos. También *Seudoquitina.* (Lat. **tectum,** techo; cubierta.)

tecto **(tectum).** Cubierta o estrucura de cubierta. // Parte superior del mesencéfalo. // La pared dorsal del *capítulo* de los acarinos. (Lat. **tectus,** cubierta.) *Adj. tectal.*

tectología **(tectology).** Parte de la biología que considera los organismos como un conjunto de morfologías, en contraste de las unidades fisiológicas o individuos. (Gr. **tekton,** constructor; **logos,** discurso.)

tectorio **(tectorial).** Lo que cubre. // La membrana que cubre el organo de Corti. // El conjunto de las cobijas o plumas de cubierta de las aves. // (Lat. **tectorium,** cubierta.)

tectospondílico **(tectospondylic).** Que tiene vértebras provistas de varios anillos concéntricos calcificados. // Que pertenece a los selacios tectospondylios. (Lat. **tectus,** cubierto; gr. **spondylos,** vértebra.)

Tectospondyli. V. *Squaloidea,* un suborden de peces esqualiformes.

tectostraco **(tectostracum).** Cubierta cerosa del exoesqueleto de *Acarina.* (Lat. **tectum,** cubierta; gr. **ostrakon,** concha.)

tectotipo **(tectotype).** Sección o preparación microscópica que ha servido para la descripción de una especie. (Gr. **techne,** arte, técnica; **typos,** patrón.)

tectrices **(tectrices).** Las cobijas o plumas que recubren el cuerpo, así como la base de las plumas remeras y timoneras. (Lat. **tectus,** cubierta.)

techo óptico **(optic tectum).** Parte dorsal del mesencéfalo, que recibe las fibras del nervio óptico.

tegmen* **(tegmen).** Cubierta. V. *tegmina* y *élitro.* // *t. craneal,* la cubierta del condrocráneo.

tegmento **(tegmentum).** La capa superior o dorsal de las valvas en la concha de los moluscos anfineuros. // Una masa reticular del mesencéfalo de los vertebrados. V. *núcleo rojo.* (Lat. **tegmen,** cubierta.)

tegmina **(tegmina).** Membrana que cubre la extremidad del cáliz de los crinoideos. // El techo craneal de peces y anfibios. // El noveno tergito abdominal de los insectos machos. // El ala anterior de los insectos ortópteros y órdenes cercanos. // Placa ósea que cubre la cavidad timpánica. (Lat. **tegmen,** cubierta.)

tégula **(tegula).** Uno de los segmentos articulares en el ala de los insectos. // Pequeño esclerito en el mesotórax de los insectos sobre la articulación de las alas. // Alula en la base de los insectos dípteros. (Lat. **tegula,** teja.) *Adj. tegular.**.

tegumen **(tegumen).** V. *tegmina.*

tegumento* **(integument).** Membrana o tejido que envuelve a un órgano o el cuerpo de los animales. V. *integumento.* (Lat. **tegumentum.**) // *Adj. tegumentario**.

tegúmero **(tegumere).** El tegumento que cubre un segmento del cuerpo de un animal anillado. (Lat. **tegmen,** cubierta; **meros,** parte.)

tejido* **(tissue).** Conjunto de células que tienen la misma estructura y realizan la misma función. (Lat. **texo,** tejer.) // *t. accesorio,* es el que realiza funciones adicionales necesarias para dicho órgano, mientras que el tejido principal lleva a cabo las específicas de dicho órgano. // *t. adiposo,* tejido formado por células redondeadas con paredes delgadas. cargadas de gotitas de lípidos que a veces se unen formando glóbulos mayores. // *t. alveolar,* una variedad muy común de tejido conjuntivo que rodea la mayoría de los órganos y actúa como relleno entre los músculos y la piel, y contiene fibras colágenas y amarillas. // *t. botrioidal,* un tipo especial de tejido nmesenquimatoso que se ha encontrado en el cuerpo de las sánguijuelas. // *t. cartilaginoso,* tejido conectivo con una matriz elástica y resistente formada por una substancia llamada *condrina,* secretada por un número reducido de células redondeadas. V. *cartílago hialino, cartílago elástico* y *fibrocartílago.* // *t. cicatrizal,** tejido fibrilar de nueva formación que acerca y cierrra las heridas. // *t. condroide,* tejido conjuntivo de escasa matriz y células vesiculadas, hallado principalmente en insectos. // *t. conectivo.* V. *tejido conjuntivo.* // *t. conjuntivo areolar,* tejido de sostén (adenoideo, adiposo, elástico, óseo y cartaliginoso). // *t. conjuntivo,* que sirve de soporte o de unión. Derivas del mesénquima embrionario y las células que los forman están espaciadas por una sustancia llamada *matriz,* de naturaleza muy diversa. // *t. conjuntivo elástico* cuyas fibras son rectas y ramificadas o dobladas. Unen la piel a los músculos, otros tejidos entre sí y los músculos de los vasos sanguíneos. // *T. conjuntivo gelatinoso,* v. *t. gelatinoso.* // *t. contráctil,* v. *tejido muscular.* // *t. cordoide,* tejido propio del notocordio formado por células muy vesiculadas y turgentes. // *t. cromafín,* tejido que tiñe rápidamente y que contiene mucha cromatina. // *t. determinado,* tejido embrionario capaz de formar una sola clase de tejido u órgano. // *t. elástico,* el tejido principal de los tendones, compuestos en gran parte de elastina. // *t. epitelial,* está formado por células prismáticas, a veces *planas,* a veces *cuboides* y *columnares.* Unas veces está formado por una sola capa o *unistraficado,* otras por varias superpuestas, o *multistraficado.* // *t. eréctil,* tejido que contiene espacios venosos que se distienden cuando aumenta el flujo sanguíneo. // *t. fibroso,* tejido conectivo formado por células espaciadas y con los espacios intercelulares ocupados por fibrillas delicadas. La matriz de fibras blancas está formada por una sustancia colágena y ocurre en los tendones y alrededor de músculos y nervios. // *t. fundamental,* v. *parénquima conjuntivo.* // *t. gelatinoso,* tipo de tejido conjuntivo con los espacios intercelulares llenos de una matriz gelatinosa, como el del cordón umbilical. // *t. glandular,* una variedad de tejido epitelial especializada para la secreción de determinadas sustancias. // *t. granular,* tejido vascular que se forma durante la cicatrización de una herida. // *t. linfoide,* tipo de tejido que contiene linfocitos y linfoblastos, hallado en los intersticios de los nódulos linfáticos. // *t. mesenquimatoso,* tejido embrionario también llamado *mesénquima,* que originan los tejidos conjuntivos. v. *mesénquima.* // *t. muscular,* o tejido contráctil formado por células delgadas que contiene fibrillas diminutas o miofibrillas. // *t. muscular cardiaco,* el propio del corazón, cuyas fibras son de contracción involuntaria, estriadas y poseen numerosos núcleos centrales. // *t. muscular estriado,* que recibe también el nombre de *voluntario* o *esquelético,* está relacionado con la locomoción. Las fibras son estriadas transversalmente y contienen numerosos núcleos periféricos. // *t. muscular liso,* que se denomina también involuntario y visceral. Las fibras no están estriadas y tiene un solo núcleo en posición central. // *t. nefrogénico,* en una región estrecha en el mesodermo, ventral o lateral de los somitos, en donde se forman los riñones y sus conductos. // *t. nervioso,* formado por células nerviosas (neuronas) y por células de sostén (neuroglias y nicroglias). // *t. óseo,* que ocurre solamente en los peces óseos y en los vertebrados terrestres y no tiene parecido con las estructuras calizas de los invertebrados. Las células, *osteocitos,* son ramificadas y la matriz es una sustancia colágena llamada *osteína,* impregnada de substancias inorgánicas, como el fosfato tricálcico. // *t. osteoide*, que carece de células y es propio del esqueleto de los peces óseos. // *t. permanente*, aquel tejido compuesto por células que han completado su período de crecimiento y, por lo tanto, cambia muy poco hasta que muere. // *t. principal*, que en cada órgano realiza una función específica, mientras que otros, llamados *accesorios*, desempeñan funciones particulares suplementarias en dicho órgano. // *T. reticular*, variedad de tejido conectivo formado por una red de células unidas por fibras protoplásmicas, entre las que existen otros tipos de células. Forma la armazón de los ganglios linfáticos, de la médula roja, del bazo y de otros órganos, v. *sistema retículo endotelial*. // *t. sanguíneo*, considerado como una especie de tejido conjuntivo por el origen de sus células, por tener substancia intercelular y por su función de comunicación. V. *sangre*, // *t. tendinoso*, v. *tendón*. // *t. trofoconjuntivo*, nombre aplicado por Raffini a los tejidos conjuntivos por su función trófica, además de la conectiva, // *t. vesicular*, v. *tejido condroide*.

tejón* (**badger**). Mamífero carnívoro de la familia *Mustelidae*, de cuerpo robusto y patas cortas. La especie europea es *Meles meles*, // En México llaman *tejón* al prociónido llamado también *pisote*. // *t. de Australia*, v. *uombat*. // *t. de Laponia*, v. *glotón*.

tela* (**tela**). Un tejido animal parecido a una tela. (Lat. **tela.**) // *t. coroidea*, altamente vascularizada cubierta por células ependimales que se encuentran en el techo del tercero y cuarto ventrículo del encéfalo y en ciertas porciones de cada ventrículo lateral.

telagón (**teledu**). Mamífero carnívoro de hábitos nocturnos que vive en Indonesia. Familia *Mustelidae* (**Midaus javanensis**).

telalgia (**telalgia**). Dícese del dolor percibido en una parte alejada de la condición que lo produce. (Gr. **tele**, lejos; **algos**, dolor.) *Dolor referido*.

telamón (**telamon**). Placa curva de quitina que se encuentra en las paredes laterales de la cloaca de los nematodos machos. (Gr. **telamon**, pieza de soporte.)

telaraña* (**cobweb**). Tela de hilos de seda que forman las arañas y en especial, las telas de arañas caseras. *Adj.* *telarañoso*.

tele-* (**tele-**). (Del gr. **tele**, lejos.)

teleceptor (**telereceptor**). Un órgano de los sentidos que percibe estímulos originados a distancia. = *Telerreceptor*. (Gr. **tele**, lejos; lat. **capere**, tomar.

teledú (**teledu**). V. *telagón*.

telefase (**telephase**). Cuarta etapa de la división mitótica. (Gr. **teleios**, finalizar, fin; **fasis**, fase.) = *Telofase*.

teléforo (**teleophore**). Organismo o estructura que tienen pezones o proyecciones similares. (Gr. **thele**, teta; **pherein**, llevar.)

telegámico (**telegamic**). Se dice de los machos que atraen a las hembras a distancia. (Gr. **tele**, lejos; **gamos**, matrimonio.)

telegénesis (**telegenesis**). Inseminación artificial. (Gr. **tele**, lejano; **genesis**, descendencia.)

telegonía (**telegony**). Doctrina que sostenía la influencia del macho después del apareamiento, sobre las crías obtenidas por la misma hembra por un aparamiento posterior con otro macho. (Gr. **tele**, lejos; **gonos**, reproducción.)

telemetacarpal (**telemetacarpal**). Se dice del mamífero que tiene solo la parte distal de los metacarpales, como en algunos grupos de ciervos. (Gr. **tele**, lejos; **meta**, después, **karpos**, muñeca.)

telemorfo (**telemorphic**). Que se forma a distancia. // *Substancia telemorfa*, // *Hormona*. // *Adj.* *telemórfico*.

telencéfalo (**telecenphalon**). Región anterior del encéfalo de los vertebrados o encéfalo anterior. (Gr. **tele**, lejano; final; **enkephalos**, encéfalo.)

teleo- (**teleo-**). (Del gr. **teleos**, completo, perfecto, final, terminal, adulto, en evolución.)

teleoconcha (**teleoconcha**). Toda la concha de un molusco gasterópodo con excepción de la *protoconcha*. (Gr. **teleos**, completo; gr. **konche.**)

teleocrisálida (**teleochrysalis**). Estado ninfal anterior a las formas adultas de algunos ácaros, (Gr. **teleios**, completo; **chrysalis**, **chrysos**, oro, crisálida.)

teleodonte (**teleodont**). Que tiene un gran desarrollo de dientes o mandíbulas, como ocurre en algunos insectos coleópteros. (Gr. **teleos**, completo; **odous**, diente.)

teleóforo (**teleophore**). La *gonoteca* de los *celenterados hydrozoos*. (Gr. **teleos**, final; **pherein**, llevar.)

teleología* (**teleology**). Una doctrina de las causas finales o de que los hechos naturales ocurren de acuerdo con un plan previamente ordenado. (Gr. **teleos**, final; **logos**, discurso.) *Adj.* *teleológico*.

teleóptilo (**teleoptile**). Pluma característica del ave adulta. (Gr. **teleos**, final; **ptilon**, pluma.)

teleosis (**teleosis**). Doctrina del desarrollo o evolución finalista o de propósito. (Gr. **teleosis**, terminación.)

Teleostei. Superorden de los peces *Osteichthyes* en el cual los huesos están completamente osificados, las escamas son cicloides y tenoides, pero nunca ganoides. Aquí se incluyen casi todas las especies de peces. (Gr. **teleos**, completo, perfecto; **osteon**, hueso.)

Teleosteica, = *Teleostei*, orden de peces óseos.

teleósteo* (**teleost**). Dícese del pez de esqueleto completamente osificado. // Cualquier pez del superorden *Teleostei*. (Gr. **teleos**, completo; **osteon**, hueso.)

Teleostomi. Clase de peces también conocida como *Osteichthyes*.

teleóstomo. Cualquier miembro de la clase *Teleostomi*. (Gr. **teleos**, completo, **stoma**, boca.)

telescopiforme (**telescopiform**). Que tiene segmentos que se introducen unos dentro de otros. (Gr. **tele**, lejos; **skopein**, mirar.)

telesistólico (**telesystolic**). Perteneciente a la última fase de la sístole. (Gr. **telos**, fin; **systole**, contracción.)

Telestacea. Orden del fílum *Coelenterata*, clase *Anthozoa*, subclase *Alcyonaria*, cuyas colonias tienen tallos (pólipos axiales) que portan pólipos laterales. (Gr. **tele**, lejos.)

teli- (**thely-**). (Del gr. **thelys**, hembra; femenino, **theleia**, hembra.)

teliblasto (**thelysblast**). Una célula sexual femenina madura. (Gr. **thelys**, hembra; **blasto**, germen.)

telicariótico (**thelycariotic**). Que posee solamente el pronúcleo femenino. (Gr. **thelys**, hembra; **karyon**, nuez, núcleo.)

télico (**thelycum**). Genitales externos femeninos de ciertos crustáceos macruros. (Gr. **thelys**, delicado, hembra.)

teligénico (**thelygenic**). Que produce solamente descendientes hembras. También *telitoco*. (Gr. **thelys**, hembra; **genes**, produciendo.)

telina* (**telline**). *Estroma*. // *Tellerina*, almeja, molusco bivalvo marino y en especial los de la familia *Tellinidae*. (Gr. **telline**, almeja.)

teliplasma (**thelyplasm**). Plasma femenino, (Gr. **thelys**, hembra; lat. **plasma**,, **molde.**)

telitoquia (**thelytoky**). Tipo de partenogénesis en el que solamente se producen individuos femeninos. (Gr. **thelys**, hembra; **tokos**, progenie.)

telo- (**telo-**). (Del gr. **telos**, final, término, lejos)

telobiosis (**telobiosis**). En la biología experimental, la unión de dos individuos de manera que asegure una mezcla de la sangre y otros fluidos del cuerpo. (Gr. **telos**, completo; + **biosis**, método de vida.)

teloblasto (**teloblast**). Estado en el desarrollo de los esporozoarios neosporidios. // Una célula de gran tamaño que produce células menores en los embriones de anélidos y de moluscos. (Gr. **telo**, final; **blastos**, yema.)

telocelo (**telocoele**). Cavidad o ventrículo del telencéfalo. (Gr. **telos**, final; **koilos**, cavidad.)

telocinesis (**telokinesis**). Estado de la mitosis en donde se regeneran los núcleos hijos. (Gr. **telos**, final; **kinesis**, movimiento.)

telodendron (**telodendron**). Las ramas terminales de una axona. (Gr. **telos**, final; **dendron**, árbol.)

telofase (**telophase**). Estado final de la mitosis en el cual se forman dos núcleos y que generalmente va acompañado de división del citoplasma. (Gr. **telos**, final; **phasis**, fase.)

telofémur (**telofemur**). El segmento distal del fémur de ciertos arácnidos. (Gr. **telos**, final; **femur**, pierna.)

telofragma (**telophragma**). Estrías transversales de las fibras musculares estriadas que atraviesan las miofibrillas. Se llaman también *Z* o *de Amici-Krause.* (Gr. **telos**, final; **phragma**, valla.)

telógena (**telogen**). Fase de reposo en el crecimiento del pelo durante la cual se desprende del folículo. (Gr. **telos**, fin; **génesis**, descendencia.)

Telogonia, Un orden de vermes de la clase *Nematoda.* (Gr. **telos**, final; **gonos**, reproducir.)

telolecito (**telolecithal**). Tipo de huevo que está provisto de una gran cantidad de vitelo que está acumulado en la mitad vegetativa. (Gr. **tele**, lejos; **lekitos**, yema.)

telolema (**telolemma**). La cubierta de las placas motoras terminales (Gr. **telos**, final; **lemma**, membrana.)

telómero (**telomere**). La extremidad del cromosoma, que tiene propiedades especiales, una de las cuales es la de haberse unido con su homólogo. // Uno de los dos cromómeros terminales de un cromosoma. (Gr. **telos**, final; **meros**, parte)

telomítico (**telomitic**). Se dice de los cromosomas con centrómeros terminales. (Gr. **telos**, final; **mitos**, hilo.)

telorreceptor (**teloreceptor**). Sentido que, como el de los ojos, provee información de los estímulos que se originan a distancia. (Gr. **tele**, lejos; + **receptor**.)

telosinapsis (**telosynapsis**). Unión por sus extremos de un par de cromosomas homólogos. *Telosíntesis.* (Gr. **tele**, lejos; + **sinapsis**.)

Telosporea. Clase de *esporozoarios,* cuyos trofozoitos dejan de existir cuando se forman las esporas, las cuales carecen de cápsulas polares. (Gr. **telos**, final; **sporos**, espora.)

telostoma (**telostome**). La región terminal de la cápsula nucal en los nematodos. (Gr. **telos**, final; **stoma**, boca.)

telotarso (**telotarsus**). El tarso del dactilopodito de las arañas. (Gr. **telos**, final; + **tarsus**.)

telotaxia (**telotaxis**). *Telotaxis,* Movimiento de un organismo en el sentido del eje estímulo-organismo. (Gr. **tele**, lejos; **taxis**, arreglo.)

telotoxia (**telotoxy**). Emisión de substancias que pueden ser útiles o perjudiciales a otros organismos. (Gr. **telos**, final; **toxicos**, veneno.)

Telotremata. Grupo de braquiópodos *Testicardinidos* con la concha convexa y el animal fijo por el pedúnculo. (Gr. **tele**, lejos, **trema**, perforación.)

telotroco (**telotrocha**). Penacho de cilios en las larvas trocóforas situado en posición opuesta a la boca o preanalmente. (Gr. **tele**, lejos, **trochos**, rueda.)

telson* (**telson**). Pieza terminal del abdomen de los artrópodos, que no se cuenta como segmento. // (Garfio caudal de los escorpiones. // El periprocto de los insectos. (Gr. **telson**, final, límite o frontera.)

telum (**telum**). Ultimo segmento abdominal en los insectos. (Gr. **telos**, el fin.)

tellerina (**clam**). *Telina,* especie de almeja de la familia *Tellinidae.*

tellina* (**clam**). V. *telina.*

temazate (**brochet deer**). México: Especie de corzo pequeño (**Mazama americana**).

tembladera *(**maid torpedo**). *Tremielga,* pez torpedo. *Cuba:* pez condrictio que produce descargas eléctricas, Orden *Squaliformes,* familia *Trygonidae* (Urolophus jamaicensis, Narcine brasiliensis). // *t. (electric eel)-* Venez.: la llamada *anguila eléctrica,* pez del Orinoco y el Amazonas, que produce intensas descargas eléctricas. Orden *Gymnotiformes* (**Electrophorus eléctricus**).

temblador* (**electric eel**). El pez *gimnoto,* q.v.

Temmocephaloidea. Para algunos zoólogos es una clase y para otros un orden de *Platelmintos,* de pequeño tamaño y de faringe muscular, con 4 a 12 tentáculos anteriores. (Gr. **temmno**, cortar; **kephale**, cabeza; **oides**, similar.)

Temnopleurida. Un orden de equinodermos de la clase *Echinoidea,* subclase *Euechinoidea.*

Temnospondyli. Anfibios laberintiformes del período Devoniano al período Triásico, supuestos ancestros de los reptiles.

temnospóndilos (**temnospondylous**). Que tiene las vértebras formadas por partes articulares. V. *Temnospondyli.* (Gr. **temno**, cortar, **spondylos**, vértebra.)

temperatura* (**temperature**). Grado de calor en los cuerpos. (Lat. **temperatus**, moderado.) // ***t. animal,*** la temperatura de un animal depende del equilibrio entre el ritmo de la producción de calor y el de la pérdida del mismo. La pérdida de calor depende del área total de la superficie externa y de la naturaleza de ella, por la que mientras más voluminoso es el animal, menor es la pérdida de calor en proporción al tamaño. // ***t. variable,*** la relación variante existente entre la temperatura, el medio ambiente y la economía de ciertos animales.

templa* (**temple**). *Sien.* Parte de la cabeza entre la frente, la oreja y la mejilla. (Lat. **tempora**, sienes.)

temporal* (**temporal**). Hueso de cartílago del cráneo de los vertebrados correspondiente a la región del oído, que está formado por la unión del petroso y el escamoso. // Uno de los músculos aductores de la mandíbula. (Lat. **temporalis**.)

temporomandibular (**temporomandibular**). Lo perteneciente al temporal y a la mandíbula. (Lat. **tempora**, sienes; **mandíbula**, quijada.)

temporomaxilar (**temporomaxilar**). Lo perteneciente al temporal y al maxilar, como por ejemplo, una vena, (Lat. **tempora**, sienes; **maxila**, quijada.)

ten- (**cten-**). (Del gr. ctenos, peine.) Ver también los vocablos que empiezan por *cten.*

tenacuile. Méx.: saurio venenoso de la familia Helodermatidae, parecido al "Gila monster", pero de color más oscuro. También lo llaman *escorpión.* (**Heloderma horridum.**)

tenáculo* (**tenaculum**). Instrumento en forma de gancho empleado para separar y sujetar estructuras en las disecciones. // Regiones del ectodermo de las anémonas de mar modificadas para la adhesión de granos de arena. // Fibras que se extienden desde las órbitas oculares hasta el cráneo en ciertos peces óseos. // Un fórceps en el tercer segmento abdominal de los insectos colémbolos. (Lat. **tenaculum**; **de tenes**, tener.)

tenal (**thenal**). *Tenial.* Perteneciente a la palma de la mano. (Gr. **thenar**, la palma de la mano o la suela del pie.)

tenar (**thenar**). Se dice de una eminencia del lado exterior de la palma de las manos. // La palma de la mano. (Gr. **thenar**, la palma de la mano.)

tenario. V. *Ctenophora.*

tenaza* (**forceps**). Estructura en forma de tijeras en el extremo posterior de algunos insectos. (Lat. **tenacis**, de tener.)

tenca* (**tench**). Pez europeo de agua dulce del orden *Cypriniformes,* familia *Cyprinidae* (**Tinca tinca**). (Lat. **tinca.**) // Argent.: Especie de *alondra.*

tencua (**hare lipped**). Que tiene el labio leporino.

tendón* (**tendon**). Bandas de tejido conectivo no elástico que une los músculos con otras estructuras, que generalmente son los huesos. (Lat. **tendo**, **tenso**.) *Adj.* ***tendinoso*.*** // ***t. auriculoventriculares,*** cuerdas que están adheridas a los bordes de las las válvulas mitral y tricúspide del corazón.

// *t. cordiforme,* la aponeurosis central del diafragma humano. // *t. de Aquiles,* tendón que inserta el músculo gastrocnemius o gemelos con el calcáneo.

Tenebrionoidea. Una superfamilia de coleópteros polífagos. (Gr. **tenebrio,** amante de la obscuridad.)

tenia*. (**Tape worm**). Nombre que se aplica a cualquiera de las especies de *Platelmintos,* de la clase *Cestoda,* especialmente las que parasitan el intestino humano. // Estructura anatómica en forma de cinta. // *Adj. teniano, tenoide, teniforme,* (Gr. **tainía,** cinta o banda.)

teniasis (**taeniasis**). Enfermedad producida por vermes parásitos del género *Taenia* y sus afines que en el estado adulto viven en el intestino y en el estado larval pueden enquistarse en las carnes y otros órganos. (De **tenia**; + **osis,** enfermedad.)

tenicida (**taeniacide**). Medicamento eficaz para la expulsión de las tenias. (Gr. **tainia,** tenia)

tenífugo* Medicamento usado para la expulsón de las tenias. (De **tenia**; lat. **fugare,** ahuyentar.)

tenidio (**taenidium**). Engrosamiento de la *endotráquea* que distiende la tráquea. // Reborde espiral de la capa quitinosa de las tráqueas y traqueolas de los insectos. // Branquias de los moluscos. (Gr. **tainia,** cinta; **-idion** diminutivo.)

tenioglosa (**taenioglossa**). Tipo de rádula en moluscos gasterópodos que tiene siete hileras de dientes, uno central, dos laterales y uno marginal de cada lado. (Gr. **tainia,** cinta; **glossa,** lengua.)

teniolas (**taenioles**). Reborde acintado en el espongiocelo de las esponjas del género *Scypha..* (Lat. **taeniola,** cinta pequena.)

teno- (**cteno-**). Del griego **cteis,** peine.

tenobranquio (**ctenobranch**). Molusco gasterópodo que tiene las laminillas respiratorias dispuestas en un solo lado de los *tenidios.* V. *Ctenobranchis.* (Gr. **cteis,** peine; **brankia,** branquia.)

tenocisto (**ctenocyst**). *Ctenocisto.* Organo de los sentidos aboral en los tenóforos. (Gr. **cteis,** peine; **kystis,** vesícula.)

tenofibrillas (**tenofibrils**). Fibras muy delicadas que conectan las células epiteliales. (Lat. **tenere,** sujetar; + **fibrilla.**)

tenóforo (**comb jelly**). Cualquier miembro del fílum *Ctenophora.*

tenoglosos. Grupo de moluscos gasterópodos prosobranquios que tienen la rádula estrecha. (Gr. **stenos,** estrecho; **glossa,** lengua.)

tenoide (**ctenoid**) *Ctenoide.* Que tiene márgenes en forma de peine. (Gr. **cteis,** peine; **eidos,** forma.)

tenontología (**tenontology**). El estudio de los tendones. (Gr. **tenonto,** tendón; **logos;** discurso.)

tenóporo. V. *ctenóporo.*

tenorreceptor (**tenoreceptor**). Un propiorreceptor situado en los tendones que es estimulado por las contracciones musculares. (Gr. **tenon,** tendón; lat. **recipere,** recibir.)

tenóstomos (**ctenostomata**). Suborden de briozoos del orden *Gymnolaemata,* con los zoocios tubulares y la abertura obturable por una membrana con pliegues. (Gr. **cteis,** peine; **stoma,** boca.)

tenreco (**tenrec**). Se aplica a cualquiera de los mamíferos insectívoros de Madagascar, de la familia *Tenrecidae* (**Centetes ecaudatus**). *(Voz Malgache, tandraka.)* (**Fr. tenrec.**)

Tenrecoidea. Una superfamilia de mamíferos insectívoros, de Madagascar, de tamaño grande, morfológicamente relacionados con los solenodóntidos de las Antillas. (Fr. **tenrec,** un insectívoro de Madagascar.)

tensor (**tensor**). Músculo que tensa o hace más rígida una estructura. (Lat. **tensum,** tira.) // *t. de la fascia lata,* músculo que pone tensa la envoltura o aponeurosis de los músculos de la pierna y se extiende desde la cresta ilíaca hasta el tracto iliotibial. // *t, del tímpano,*

tentaculado. Un miembro de la clase *Tentaculata.*

Tentaculata. Clase del fílum *Ctenophora,* que se caracteriza por la posesión de tentáculos. // Nombre aplicado a los briozoos, los foronídeos y los braquiópodos por tener de común la posesión de tentáculos orales. (Lat. **tento,** tocar.)

tentáculo* (**tentacle**). Un apéndice alargado y flexible, casi siempre situado junto a la boca. // En los protozoos, los seudópodos. // En los celenterados, los apéndices que portan nidocilios. // En los cirrípedos, los apéndices torácicos y cirros. // En los gasterópodos, los procesos cefálicos o cuernecillos. // En los cefalópodos los brazos. // En los peces, las barbillas, etc. (Lat. **tentaculum.**) *Adj. tentaculado, tentaculífero, tentaculiformes,* // *t. dendríticos,* tentáculos muy ramificados, como los de algunos holoturoideos. // *t. gástricos,* V. *filamentos gástricos.* // *t. peristomiales,* tentáculos sensoriales en el peristomio de los anélidos poliquetos. // *t. prostomiales,* tentáculos sensoriales en el prostomio de los poliquetos.

tentaculocisto (**tentacalocyst**). Organo de los sentidos situados a lo largo del margen de las medusas. V. *ropalios.* (Lat. **tentaculum,** tentáculo.)

tentaculozoide (**tentaculozooide**). Individuo o zooide en una colonia de celenterados de forma alargada y cargados de nidocilios o cápsulas urticantes. (Lat. **tentaculum,** tentáculo; + **zooide.**)

tenteenelaire* (**humming bird**). Argentina: colibrí.

Tenthredinoidea. Una superfamilia de insectos del orden *Hymenoptera.* Tienen el ovipositor grande y deprimido.

tentilo (**tentilum**). Ramificación de los tentáculos de los sifonóforos. (Lat. **tento,** tocar.)

tentorio (**tentorium**). Pliegue transversal de la duramadre en el cerebelo y el cerebro en los mamíferos. // Un soporte quitinoso de los ganglios cerebroide de los insectos. (Lat. **tentorium,** tienda.)

tenuirrostro* (**tenuirostrum**). Se dice del paserino que tiene el pico delgado y generalmente encorvado, apropiado para una alimentación a base del néctar de las flores. Antiguamente, una subdivisión del orden *Passeriformes.* (Lat. **tenis,** delgado; **rostrum,** pico.)

teoría* (**theory**). Fase final del método científico en la cual se confirma por medio de la experimentación una hipótesis tentativa. (Gr. **theorein,** mirar a.) // *t. celular,* doctrina de que las células son las unidades estructurales y funcionales de los organismos, afirmando que todos los organismos están formados por células o productos celulares. Esta teoría ha sido acreditada (1839) a M.J. Schleiden y T. Schwann, aunque otros, como Lamarck (1809) y Mirbel (1808-1809), la esbozaron anteriormente. Parece ser que A. Bacón (1212-1294) llamó "célula" a los elementos constitutivos de los organismos. // V. *teoría organísmica.* // *t. colonial,* doctrina mantenida por Haeckel que sostiene el origen de los metazoos partiendo de flagelados coloniales, como el *Volvox.* // *t. cosmozoica,* doctrina sobre el origen de la vida, que sostiene la inmigración de los primeros seres vivos desde otros astros, transportados tal vez por los meteoritos. Sus primeros sostenedores fueron Richter, Arrhenius y Lipman. También ha sido llamada *teoría de la panspermia.* // *t. cromosómica,* doctrina que muestra evidencia de que los caracteres hereditarios dependen de factores que se encuentran en los cromosomas. Esta interpretación proporciona un apoyo sustancial a los postulados de Mendel. Entre sus sostenedores se pueden citar a Strasburger, Correns, Boveri, Sutton, etc. // *t. de Berlese:* La forma y complejidad de una larva de insecto queda determinada en el momento de la eclosión." // *t. de Dzierzon:* "Los machos de las abejas son producidos por óvulos sin fecundar." // *t. de Haeckel,* que postula la gástrula como el antecesor de todos los animales multicelulares. // *t. de Wegener,* que sostiene la migración de los continentes en contraposición sobre la fijeza de las masas continentales. Esta hipótesis, desechada al principio, está siendo revivida actualmente con evidencias nuevas. Tiene una gran importancia en los estudios zoogeográficos porque ofrece algunas explicaciones. // *t. de Weissman,* v. *teoría de la continuidad del plasma germinal.* // *t. de la alteración,* v.

teoría de la membrana. // **t. *de la configuración,*** doctrina propuesta por Kohler sobre la concepción del organismo, v. *teoría organística.* // **t. *de la continuidad del plasma o línea germinal,*** doctrina mantenida originalmente por Weismann, que sostiene cómo las células germinales se originan siempre de otras germinales y nunca de las células somáticas, que son siempre generadas por aquellas. Las primeras constituyen una línea celular que se conserva a través de generaciones, las segundas se extinguen con el individuo. Esta teoría rechaza la herencia de caracteres adquiridos. // **t. *de la duplicidad,*** doctrina de Max Schultze sobre la dualidad del ojo, que puede ser considerado como una combinación de dos órganos de los sentidos, formados por los conos y los bastoncillos, // **t. *de la evolución,*** doctrina que, desde diferentes ángulos, han tratado de probar la variación de las especies y su procedencia de organismos ancestrales comunes. V. *lamarckismo, darwinismo, teoría de la selección natural, neodarwinismo* y *neolamarckismo.* // **t. *de la gastrea,*** proposición de que la sucesión de los estados embrionarios diploblásticos y triploblásticos tiene valor filogenético y que los celenterados primitivos, considerados como organismos de dos hojas (gastrea), evolucionaron hacia los otros metazoos triploblasterios. Fue Haeckel el iniciador de esta doctrina a la que, actualmente, no se le da tanta significación. // **t. *de la membrana,*** doctrina de que el impulso transmitido por las fibras nerviosas y otra células se debe a la despolarización de la membrana celular debido a un aumento en la permeabilidad de la membrana a los iones. // **t. *de la mutación,*** sustentada por Hugo de Vries, v *mutación.* // **t. *de la pangénesis,*** doctrina formulada por Darwin para explicar la transmisión de los caracteres hereditarios, la cual sostiene que en todos los tejidos existen partículas llamadas *gémulas,* portadoras de los caracteres, que estarían representadas en las células sexuales. // **t. *de la panspermia,*** v. *teoría cosmozoica.* // **t. *de la preformación,*** doctrina que supone que en cada huevo de un animal hay un adulto en miniatura y que solo es necesaria la nutrición para desarrollarlo a sus formas perfectas, // **t. *de la quiamastipia,*** afirmación de que, durante los cruzamientos cromosómicos llamados quiasmas, pueden ocurrir intercambios de fragmentos cromosómicos o de genes. // **t. *de la recapitulación,*** doctrina expuesta por Haeckel, que sostiene que la ontogenia recapitula o resume las etapas de la filogenia. // **t. *de la trocófora,*** que sostiene, según Hatschek y Kleinenberg, que algunos de los más importantes grupos animales, como los anélidos, los moluscos, los nemertinos, etc., tienen un origen común, en formas ancestrales representadas actualmente por las larvas de tipo trocófora. // **t. *del choque,*** esta doctrina fue establecida por Tinoféeff-Ressovsky, quien sostiene que las mutaciones pueden ser provocadas por radiaciones de onda corta y por el aporte de cuantos de energía procedente del exterior. // **t. *del equilibrio sexual,*** que expresa que si el número de descendientes de una población es muy grande, el número de machos será aproximadamente igual al de las hembras. // **t. *de los anélidos,*** o ***anelidiana,*** teoría sobre el origen de los cordados, *(Semper y Dohrn)* que los hace derivar de anélidos modificados. // **t. *de los arácnidos aracnidiana,*** una proposición filogenética enunciada por Gaskell y sostenida por Patten, que hace derivar los vertebrados de los arácnidos euriptéridos paleozoicos. // **t. *de los cataclismos*** o ***catastrofismo,*** doctrina formulada por Cuvier, d'Orbigny y otros biólogos del siglo XIX, quienes sostienen que grandes cataclismos geológicos destruyeron las faunas existentes en ciertos períodos y, posteriormente, se crearon otras faunas nuevas. Esta modalidad del creacionismo es una teoría opuesta a la de la evolución. // **t. *de los determinantes,*** según la cual, las partículas que determinan los caracteres hereditarios estarían en el cigoto y durante la segmentación del huevo y la diferenciación sub-siguiente, se irían repartiendo en las células somáticas. // **t. *de los equinodermos o equinodermiana,*** doctrina filogenética que pretende derivar los cordados primitivos de los equinodermos, basándose en similaridades morfológicas y fisiológicas entre sus larvas. // **t. *germinal,*** v. *biogénesis.* // **t. *micromerísmica,*** *concepto de* que en los más pequeños constituyentes de los organismos (células, *núcleos, genes, mitocondrios, etc.) hay que* buscar la base de las manifestaciones vitales, v. *teoría celular.* // **t. *nemertínica,*** doctrina filogenética de Hubretch, que cree derivar los cordados de los nemertinos. // **t. *naturalística,*** doctrina que sostiene el origen de la vida por una adecuada y fortuita asociación de substancias químicas y de un ambiente adecuado. // **t. *organísmica,*** doctrina que afirma la integridad total del organismo como originadora de las manifestaciones vitales. Esta concepción totalitaria del organismo coincide con el *holismo* de Haldane y Meyer y con la teoría de la *configuración de Köhler.* // **t. *postdarwiniana,*** v. *neodarwinismo,* // **t. *postlamarckiana,*** v. *neolomarckismo.* // **t. *de Hatschek,*** v. *t. de la trocófora.* // **t. *del gonocelo:*** el celoma proviene del epitelio interno de las gónadas. // **t. *del nefrocelo,*** el celoma ancestral es la expansión terminal del nefridio.

tepeizcuinte* **(spotted cavy).** Méx.: el roedor llamado *paca* **(Cuniculus paca).** (Méx.: **tepete,** monte; **itzcuintli,** perro.)

tepemechin*. México y Costa Rica: pecesillo comestible de agua dulce que vive donde hay cascadas. (Méx.: **tepete,** monte; **michin,** pez.) (Dicc.)

tepocate (tadpole). *Renacuajo.*

terafosa. Grupo de arácnidos que comprenden las arañas peludas, cuyos quelíceros tienen movimiento de delante atrás, del orden *Theraphosae.*

teratógeno (teratógen). Que engendra mal las formaciones congénitas. (Gr. **teras,** monstruo; **geno,** origen.)

teratología* **(teratology).** Rama de la embriología que estudia las monstruosidades o anomalías que ocurren en los organismos. (Gr. **teras,** monstruo; maravilla.) *Adj.* ***teratológico*.***

teratoma (teratoma). Tumor mixto que aparece en los ovarios de los mamíferos, considerados por algunos como casos de partenogénesis. (Gr. **teras,** maravilla, monstruo; **oma,** tumor.)

teraza. V. *teredo,* molusco.

terciana* **(malaria).** V. *paludismo.*

terciarias (tertiaries). Plumas de las alas situadas sobre el húmero. V. *escapulares.*

Terciario* **(tertiary).** Período de la Era Cenozoica que duró unos 70 millones de años, desde el Paleoceno al Plioceno. Se caracterizó por el gran desarrollo de los mamíferos. (Lat. **tertius,** tercero.)

Terebelliformia. Orden de anélidos poliquetos sedentarios. V. *Sedentaria.* (De **Terebella,** género tipo del grupo.) (Lat. **terebella,** barrenilla; + **forma.**)

terebra (terebra). Otro nombre para el oviscapto u ovipositor de ciertos insectos himenópteros. (Lat. **terebra,** barrena.)

Terebrantia. Suborden en el orden de los insectos tisanópteros que están provistos de un ovipositor en forma de barrena en vez de aguijón. (Lat. **terebra,** barrera.)

terebratorio (terebratorium). La punta protráctil de los miracidios. (Lat. **terebra,** perforador;y orio.)

terebrátula.* Grupo de braquiópodos, recientes y fósiles **(Terebratula cubensis).**

Terebratuloidea. Un suborden en la clase *Articulata,* del fílum *Brachiopoda.* (Del género **Terebratula.**)

Terebrothrioidea. Un orden de *Cestoda,* en la subclase *Tetradesmida.*

terecay. Venez.: especie de tortuga del orden *Testudinata* **(Podocnemis expansa).**

teredo* **(teredo).** Bivalvo marino perforador de las tablazones de los barcos y de los pilotes. También *carcoma, broma,* etc. **(Teredo navalis).**

teredon*. V. *teredo.*

terergate (pterergate). Hormiga obrera provista de alas vestigiales. (Gr. **pter,** ala; **ergates,** obrero.)

teres (teres). El ligamento redondo del hígado. // Los músculos teres mayor y menor del húmero y la escápula. (Lat. **teres,** redondeado.)

tergal (**tergal**). Que pertenece a la región dorsal. (Lat. **tergum**, espalda.)

tergo (**tergum**). Placa dorsal de los segmentos de los artrópodos. También se dice *tergito* y noto o *notum*. (Lat. **tergum**, espalda.)

tergosternal (**tergosternal**). Cada uno de los músculos que conectan los tergitos con sus correspondientes esternitos en los insectos. (Lat. **tergum**; espalda; **sternum**, esternón.)

teri-,tero- (**ther-**). (Del griego **ther**, bestia salvaje.)

teria. V. *Theria.*

teridina (**pteridine**). Un pigmento amarillo, blanco y rojo, aislado originalmente en las alas de las mariposas. (Gr **pteron**, ala.)

terig- (**pteryg-**). (Del gr. **pteryx**, **pterygos**, ala.)

terigio (**pterygium**). Miembro generalizado de los tetrápodos. // Lóbulo en la base de las alas en los lepidópteros. // Cutícula en la base de la uñas. // Estructura aliforme formada por engrosamiento de la conjuntiva que se extiende sobre parte de la córnea. (Gr. **pterigion**, ala pequeña.) *Adj.* ***terigial.***

terigióforo (**pterygiophore**). Cada uno de los nódulos que se articulan en la base de ciertas aletas de los peces. (Gr. **pteron**, aleta; **phorus**, portador.)

terigobranquiado (**pterygobranchiata**). Que tiene branquias esparcidas, como las de ciertos crustáceos. (Gr. **pteryx**, ala; **branchia**, branquias.)

terigocuadrado (**pterygoquadrate**). La mitad dorsal del arco mandibular en ciertos peces. (Gr. **pteryx**, aleta; **cuadrado**, hueso cartílago.)

terigoda (**pterygoda**). La *tégula* de ciertos insectos. (Gr. **pteryx**, ala; **eidos**, forma.)

terigoides (**pterigoid**). *Terigoideos.* Cada uno de los huesos que forman la base del cráneo en los vertebrados inferiores. // Una apófisis del esfenoides. // Músculo que, en los mamíferos, se extienden desde la base del cráneo hasta la rama mandibular. (Gr. **pteryx**, ala; **oides**, forma.)

terigomandibular (**pterigomandibular**). Perteneciente al pterigoideo y a la mandíbula. (Gr. **pteryx**, ala; lat. **mandibulum**, quijada.)

terigomaxilar (**pterigomaxillary**). Que pertenece a la maxila y al proceso pterigoideo del esfenoides. (Gr. **pteryx**, ala; **maxila**, quijada.)

terigopalatino (**pterigopalatine**). Perteneciente al pterigoides y al palatino. (Gr. **pteryx**, ala; + **palatino**.)

terigopodio (**pterigopodial**). *Terigópodo.* Pie comprimido en forma de aleta propio de los moluscos gasterópodos del orden *Heteropoda.* // La aleta anal modificada de los machos de los peces selacios, usada como órgano intromitente. (Gr. **pteron**, ala; **pous**, pie.) *Adj.* ***terigopodial.***

terigospinoso (**pterygospinous**). Que pertenece a los procesos pterigoide y espinoso del esfenoides. (Gr. **pteryx**, ala;lat. **spina**, espina.)

terilios (**pteryla**). Areas de la piel de las aves que llevan insertas las pennas o plumas de cobija. (Gr. **pteron**, ala; + **pluma**.)

terilografía (**pterylography**). Descripción de la disposición de las plumas en las aves. (Gr. **pteron**, ala; **graphos**, algo escrito.)

terilosis (**pterylosis**). La distribución de las pterilias y apterias en las aves. (Gr. **pteron**, pluma; **-osis**, condición.)

terinas (**pterine**). Pigmento de las alas de las mariposas relacionado con el ácido úrico. (Gr. **pteron**, ala.)

terio. Se dice del mamífero de la subclase *Theria,* q.v.

teriodontes V. *Theriodonta.*

termes* (**termite**). *Comején,* carcoma, taraza.

terminación nerviosa (**nerve end**). La porción distal de las neuronas.

terminal* (**terminal**). Se dice de un nervio craneal que termina en la mucosa nasal. // El quiasma formado en la punta de una cromátida. // Un gene al final de un telómero. (Lat. **terminus**, fin.)

terminalización (**terminalisation**). Movimiento del quiasma hacia el extremo de los cromosomas durante los estados diploteno y diakinesis, (Lat. **terminus**, fin.)

terminología zoológica (**zoological terminology**). El conjunto de términos empleados en la zoología, sus orígenes y significados.

termite* (**termite**). *Carcoma, taraza, termes, comején.* Un miembro del orden *Isoptera,* en la clase de los insectos.

termitario. v. *termitero.*

termitero* (**termitarium**). Montículo o nido de los termes. (Lat. **termes**, **comején**.)

termitófilo, termitóxeno (**termitophilous**). Organismo que vive en los termitarios de los termes o comejenes. (**Termites**, comején; gr. **philein**, amar.)

termo- (**thermo**). (Del gr. **therme**, calor; **thermos**, cálido, caliente.)

termoceptor (**thermoceptor**). *Termorreceptor.* Receptor orgánico de estímulos técnicos. (Gr. **therme**, calor; lat. **receptor**.)

termoclinal (**thermocline**). *Termoclina.* Capa de agua relativamente estrecha que separa una zona superior más caliente, mejor iluminada y de mayor circulación, de una zona inferior en donde el agua es más fría, menos iluminada y de circulación más *lenta.* (Gr. **therme**, calor; **klinein**, desviar.)

termoestable (**thermostabile**). Que no se altera por el calor. (Gr. **therme**, calor; + **estable**.)

termoestesia (**termosthesia**). Sensibilidad al calor. (Gr. **therme**, calor.)

termófilo (**thermophil**). Que vive en lugares o países cálidos. (Gr. **therme**, calor; **philos**, amante.)

termogénesis (**termogenesis**). Producción de calor por el organismo. (Gr. **therme**, calor; **genesis**, origen.)

termolábil (**thermolabile**). Que es susceptible de cambiar o de ser destruido por el calor. (Gr. **therme**, calor; lat. **labilis**, destructible.)

termólisis (**thermolysis**). Pérdida del calor del cuerpo. // Descomposición debida al calor. (Gr. **therme**, calor; **lysis**, disociación.)

termona (**termone**). Substancia que en los protozoos interviene en la determinación del sexo. (Gr. **termon**, límite.)

termopolipnea (**thermopolypnea**). Respiración rápida debida al calor. (Gr. **therme**, calor; **polys**, muchos; **pnein**, respirar).

termorreceptor. V. *termoceptor.*

termorregulación (**thermoregulation**). Mecanismo de las aves y los mamíferos que mantiene una temperatura corporal relativamente constante. (Gr. **therme**, calor + **regulación**.)

termosbenáceos. V. *Thermosbenacea.*

termocospica (**thermoscopic**). Se dice de la estructura adaptada para la percepción del calor, como la de ciertos órganos de los cefalópodos y de las serpientes. (Gr. **therme**, calor; **skopein**, mirar.)

termotaxia (**thermotaxis**). *Termotaxis.* Movimiento dirigido de un animal debido a un estímulo térmico. (Gr. **therme**, calor, **taxis**, ordenación.) *Adj.* ***termotáxico, termotáctico.***

termotropismo (**thermotropism**). Movimiento o crecimiento en curvatura debido a la acción del calor. (Gr. **therme** + **tropos**, dar vuelta.)

ternera marina (**sea cow**). V. *dugongo, manatí.*

ternero* (**calf**). Cría de la vaca. *Becerro*, choto,* jato*.* (De **tierno**.)

ternilla* (**gristle**). Nombre vernáculo para el cartílago.

tero* (**lapwing**). Argent.: *teruteru,* nombre que se aplica a varias especies de aves zancudas sudamericanas del orden *Charadriiformes,* familia *Charadriidae* (**Vanellus chilensis**). (**Onomatopéyico**.)

terobranquio (pterobranchial). Que tiene branquias plumosas, como las de ciertos crustáceos. // V. *Petrobranchia.* (Gr. **pteron,** ala; **branchia,** branquia.)

terocardiaco (pterocardiac). Se aplica a vesículos recurvados del molino gástrico de los crustáceos. (Gr. **pteron,** ala; **kardia,** estómago)

terodáctilo (pterodactylus). V. *pterodáctilo.*

teroide. V. *pteroide.*

teromorfas (pteromorphae). Se dice de los salientes del notogastrio en los lados de ciertos ácaros. (Gr. **pteron,** ala; **morphe,** forme.)

teromorfo (theromorph). Que tiene el aspecto de fiera. Se dice de los reptiles de aspecto de mamíferos. (Gr. **theron,** fiera, bestia; **morphe,** forma.)

teropaidas (pteropaedes). Se dice de las aves que pueden volar desde recién nacidas. (Gr. **pteron,** ala; **pais,** niño.)

terópego (pteropegan). Un alveólo para inserción de las alas de los insectos. (Gr. **pteron,** ala; **pege,** fuente.)

teropleurito (pteropleurite). Esclerito situado junto a la inserción de las alas de los dípteros. (Gr.**pteron,** ala; **pleura,** lado.)

terópodo (pteropodium). Se dice del pie con membrana alar, como el de algunos murciélagos. // Un lóbulo de forma alada en el mesopodio de los moluscos del **taxón** *Pteropoda.* // Un molusco del **taxón** *Pteropoda.* (Gr. **pteron,** ala; **pous,** pie.) *Adj. pteropodial.*

terópsidos. V. *Therapsida,* reptiles paleozoicos.

teroteca (pterotheca). Porción de la cubierta pupal que cubre las alas de un insecto. (Gr. **pteron,** ala; **theke,** caja.)

terotórax (pterothorax). Los dos segmentos torácicos de los insectos que portan alas. (Gr. **pteron,** ala; + **thorax.**)

terrera. V. *alondra,* ave.

terrapene (box turtle). Nombre de varias tortugas terrestres americanas cuyas partes anteriores y posteriores del peto se mueven como bisagras y encierran las patas y la cabeza en una especie de caja. (Del género **Terrapene.**)

terrerilla (short-toed lark). Ave del orden *Passeriformes,* familia *Alaudidae* (**Calandrella cinerea**).

terreruela. V. *tererilla,* ave.

terrero * (earthy). Perteneciente o relativo a la tierra. (Lat. **terrarius.**)

terrestre* (terrestrial). Organismo que vive sobre la tierra o bajo la superficie. (Lat. **terra,** tierra.)

Terricola. Orden de anélidos oligoquetos que viven en la tierra húmeda. (Lat. **terra,** tierra,; **-icola,** habitante.)

terrícola* (terricolous). Que se desarrolla en la tierra. (Lat. **terra,** tierra; **colere,** habitar.)

terriero (terrier). Dícese de una raza de perros de talla mediana o pequeña que se ha utilizado para la caza de animales de madriguera. (Ingl. **terrier**; fr. **terrier;** lat. **terra.**)

territorialismo (territorialism). El área. // La defensa de un área por un animal, generalmente contra miembros de la misma especie. (Del lat. **terra,** tierra.)

territorio* (territory). Un área defendida por un animal durante la estación o de la cría. // Un área que llena los requisitos para la alimentación de un animal o de una población. (Lat. **territorium.**)

terutere (ibis). *Corocoro, coco.* Ave sudamericana del orden *Ciconiiformes,* familia *Threskiornithidae* (**Eudocimus albus**). V. *coco.*

teselado* (tesselated). Marcado con manchas dispuestas en cuadros, como tablero de ajedrez. (Lat. **tesselatus.**)

tésera (tesserae). Prisma de carbonato de calcio que se precipita durante la calcificación de los cartílagos. // Las áreas del retículo endoplásmico que lleva su juego de enzimas. (Lat. **tessera,** trozos cuadrados.)

tesocito (thesocyte). Célula en donde se acumula gran cantidad de material de reserva. (Gr. **thesis,** depósito; **kytos,** células.)

test (test). Anglicismo innecesario por *prueba* o *ensayo.*

testa* (test). Cabeza. // Concha o cubierta endurecida. // Cubierta de algunos óvulos formada por varias capas de células. // Exoesqueleto. // Cubierta de un órgano. (Lat. **testa,** concha.) *Adj. testáceo.*

Testacea, Testacida. Orden de protozoos sarcodinos, principalmente de agua dulce, provistos de una concha formada por una cámara constituida por granos de arena aglutinados. (Lat. **testa,** concha.)

testáceo* (testaceous). Que está cubierto de una concha como la de ciertos moluscos. (Lat. **testaceus.**)

teste* (testes). *Testículo.* Argent.: grano que sale en los dedos de las manos. (Lat. **testis,** testículo.)

Testicardines. Una clase del fílum *Brachiopoda* con las valvas articuladas y con el lofóforo sostenido por un soporte esquelético. También se denomina *Articulata.*

testibraquio (testibrachium). Pedúnculo cerebeloso superior.

testicondo (testicond). Nombre que se les da a las especies de mamíferos cuyos testículos permanecen en la cavidad abdominal. (Lat. **testis,** testigo; **absocondus,** oculto.)

testículo* (testis). *Teste*.* Organo productor de espermatozoos. (Lat. **testis,** testigo.) // *Adj. testicular*.*

testosterona (testosterone). Hormona testicular. (Lat. **testis,** testículo; gr. **stear,** sebo.)

Testudinata. Orden de la clase *Reptilia* que comprende las tortugas o quelonios, caracterizada por tener un ancho cuerpo protegido por una caja formada por un escudo o carapacho dorsal y un peto ventral, ambos cubiertos por escamas y placas córneas. También se emplea el nombre de *Chelonia,* que es preferido por muchos.

testudíneo*. Que es propio de la tortuga o parecido a ella. (Lat. **testudo,** tortuga.)

Testudines. Orden de reptiles. V. *Chelonia.*

testudo* (testudo). *Tortuga, galápago.* (Lat. **testudo.**)

testuz* (nucha). En algunos animales, la frente, pero en otros la nuca. (De **testa.**)

teta* (teat). Organo glanduloso que segrega la leche en las hembras de los mamíferos. (Germ. **titte.**)

tetania* (tetany). Estado de contracción muscular continuada y total, también llamado *tétano.* // Enfermedad producida por hipofunción de la paratiroides. (Lat. **tetanus;** gr. **tetanos,** rígido, tieso, firme.) *Adj. tetaniforme.*

tetanismo* (tetanism). Persistente hipertonicidad muscular. (Gr. **tetanos,** estirar.)

tetanizar* (to tetanize). Causar la contracción tetánica de un músculo. (Gr. **tetanos,** estirado.)

tétano* (tetanus). Contracción sostenida de un músculo, a veces producida experimentalmente, por acción de estímulos rápidos y sucesivos que fusionan las reacciones musculares individuales. (Gr. **tetanus,** rígido.) // *Adj. tetanoide, tetánico.**

tetartocono (tetartocone). Cúspide posterior interna de un premolar superior.

tetartocónido (tetartoconid). Cúspide posterior interna de un premolar inferior.

tetelina (tethelin). Nombre antiguo para el principio extraído de la pituitaria, que interviene en el crecimiento. V. *hormona tirotrófica.* (Gr. **tethelos,** hinchazón.)

Tethys (Tethys). Antiguo océano que se produjo entre la Laurasia y la Gondwania al separarse la Pangea.

tetilla* (nipple). Pezón de las mamas. // Rudimento de las mamas en los machos.

tetón*. Cochinillo que aún mama.

tetología. V. *ctenología.*

tetoplancton (thetoplankton). Bentos errante o *herpón.* (Gr. **thetos,** posado; + **plancton.**)

tetosoma. V. *ctetosoma.*

tetra- (tetra-). (Del gr. *tetra,* cuatro.)

Tetrabranchiata. Una subclase de moluscos de la clase *Cephalopoda.* Se distingue por tener dos pares de branquias o tenidios, concha externa y sistema circulatorio abierto. (Gr. **tetra,** cuatro; **branchia,** branquia.)

tetrabranquio (**tetrabranchiate**). Que tiene cuatro branquias. // Molusco que pertenece a la subclase *Tetrabranchiata,* de la clase *Cephalopoda.* Ej. los nautilos. (Gr. **tetra,** cuatro; **branchia,** branquia.)

tetrabranquial*. Dícese del molusco de la clase de los *Tetrabranquiados.*

tetráceros (**tetraceros**). Que está provisto de cuatro cuernos. // Género de antílope de la India que tiene cuatro cuernos. (Gen. **Tetraceros**). (Gr. **tetra,** cuatro; **keras,** cuerno.)

tetracito (**tetracyte**). Una de las cuatro células hijas que se forman durante la meyosis. (Gr. **tetra,** cuatro; **kytos,** célula.)

tetracoralarios. V. *Tetracorallia.*

Tetracorallia. Un orden de celenterados fósiles afines a los de la clase de los zoantarios y cercanos a los hexacoralarios, pero con cuatro tabiques radiales. También se llaman *rugosos* (**Rugosa**). (Gr. **tetra,** cuatro; lat. **corallia.**)

Tetracotylidea. Orden de platelmintos cestoideos, llamados preferentemente *Tetraphyllidea,* q.v. (Gr. **tetra,** cuatro; **cotyle,** copilla.)

tetracotilo (**tetracotyle**). Fase en el ciclo vital de ciertos platelmintos trematodos, posterior a la cercaria, caracterizada por la posesión de 4 ventosas. (Gr. **tetras,** cuatro; **cotyle,** copilla.)

Tetractinellida. Un orden de esponjas, de la clase *Demospongia,* provistas de espículas de cuatro radios o de un solo radio. (Gr. **tetra,** cuatro; **aktis,** rayo.)

tetractinia. V. *tetraxona.*

tétrada (**tetrada**). Conjunto de cuatro cromátidas, resultado del apareamiento y división de cromosomas homólogos. // Conjunto de cuatro células derivadas de una sola. (Gr. **tetra,** cuatro.)

tetradáctilo (**tetradactyl**). Provisto de cuatro dedos. (Gr. **tetra,** cuatro; **dactylio,** dedo.)

Tetradesmida. Una subclase de platelmintos en la clase *Cestoda.*

tetragénico (**tetragenic**). Se dice del carácter regulado por cuatro genes, (Gr. **tetra,** cuatro; **genos,** descendencia.)

tetrágono (**tetragonal**). Se dice del órgano o estructura que tiene cuatro ángulos. // Simetría cuaternaria. (Gr. **tetra** cuatro; **gonia,** ángulo.)

Tetrahymenina. Un suborden de protozoos ciliados en la subclase *Hymenostomata,* orden *Hymenostomatida.* (Gr. **tetra,** cuatro; **hymen,** membrana.)

tetralofa (**tetralophous**). Se dice de la espícula de cuatro radios, con crestas o ramificados. (Gr. **tetra,** cuatro; **lophos,** cresta.)

tetralofodonto (**tetralophodont**). Molar de los mamíferos que tiene cuatro crestas. (Gr. **tetra,** cuatro; **lophos,** cresta; **odous,** diente.)

tetrámero* (**tetramerous**). Que tiene cuatro partes, o con las partes o segmentos dispuestos en múltiples de cuatro. // Dícese de los insectos coleópteros que tienen cuatro artejos en los tarsos. (Gr. **tetra,** cuatro; **meros,** parte.)

tetrámita (**tetramite**). En la división meyótica, una tétrada formada por cuatro cromátidas antes de la diacinesis. (Gr. **tetra,** cuatro; **mitos,** un hilo.)

tetranucleótido (**tetranucleotides**). Unidad formada por cuatro nucleótidos, cuyos polímeros forman ácidos nucleicos. Ver *nucleótidos.* (Gr. **tetra,** cuatro; + **nucleótidos.**)

tetrao (**grouse**). Gallinácea de la familia *Tetraonidae,* como el faisán, la perdiz, el urogallo, (Gr. **tetraon,** gallo.)

Tetraodontiformes, Tetradontiformes. Orden de peces de mandíbula corta y robusta, con dientes incisivos que forman un pico de bordes cortantes. (Gr. **tetra,** cuatro; **odous,** diente; lat. **forma.**)

Tetraphyllidea. Orden de platelmintos de la clase *Cestoda,* con el escólex provisto de cuatro botridios, a menudo con ganchos. (Gr. **tetra,** cuatro; **phyllidion,** hojita.) También *Tetracotylidea.*

tetrapirrol (**tetrapyrol**). Molécula formada por cuatro unidades de pirrol, cada una unida a un anillo de cinco grupos de carbonos. La hemoglobina y la clorofila contienen tetrapirroles. (Gr. **tetra,** cuatro.)

tetraploide (**tetraploid**). Célula con cuatro veces el número de cromosomas que el haploide normal. (Gr. **tetra,** cuatro; **haploos,** simple.)

Tetrapneupmonida. Grupo del suborden *Araneida* que posee dos pares de sacos pulmonares. También *Theraphosidea.* (Gr. **tetra,** cuatro; **pneumón,** pulmón.)

Tetrapoda. División del subfílum *Vertebrata,* que comprende los animales terrestres provistos de cuatro extremidades: anfibios, reptiles, aves y mamíferos. // Cualquier animal de cuatro patas. (Gr. **tetra,** cuatro; **pous,** pie.)

tetrapodia (**tetrapody**). Se dice de la aparición de las extremidades pares en los vertebrados terrestres primitivos. (Gr. **tetra,** cuatro; **pous,** pie.)

Tetrapodilida. Acaros fitoparásitos que determinan la formación de agallas. (Gr. **tetra,** cuatro; **pous,** pie.)

tetrápodo (**tetrapod**). Cualquier miembro del taxón *Tetrapoda.* (Gr. **tetra,** cuatro; **pous,** pie.)

Tetrapterigia. Nombre que se les aplica a los vertebrados acuáticos que, como los peces, tienen dos pares de aletas. Este nombre es equivalente al de *tetráptero.* (Gr. **tetra,** cuatro; **pteron,** ala.)

tetráptero (**tetrapterous**). Que tiene cuatro alas. Ver *Tetrapterigia.* (Gr. **tetra,** cuatro; **pteron,** ala.)

Tetrarhynchoidea. V. *Trypanorhyncha.*

tetrartognato (**tetratognathous**). Que tiene las piezas bucales formadas en el cuarto segmento de la cabeza. (Gr. **tetra,** cuatro; **gnathos,** mandíbula.)

tetraselenodonto (**tetraselenodont**). Molar provisto de cuatro crestas semilunares. (Gr. **tetra,** cuatro; **selene,** luna; **odous,** diente.)

tetrasoma (**tetrasoma**). Reunión de cuatro cromososmas de un mismo tipo. (Gr. **tetra,** cuatro; **soma,** cuerpo.) // *Adj.* ***tetrasómico.***

tetrasporocístido (**tetrasporocystid**). Oocisto de un esporozoario con cuatro esporocistos. (Gr. **tetra,** cuatro; **sporos,** semilla; **kytis,** vejiga.)

tetráster (**tetraster**). Figura que se forma en el núcleo debido a la polispermia. (Gr. **tetra,** cuatro; **aster,** estrella.)

tetrasternón (**tetrasternum**). Esternito del cuarto segmento del prosoma en los acarinos. (Gr. **tetra,** cuatro; **sternon,** esternón.)

Tetrastigmata. Suborden de acarinos. V. *Onychopalpida.*

tetraxonia (**tetraxon**). Espícula de esponja con cuatro radios. (Gr. **tetra,** cuatro; **axon,** eje.) También *tetractinia.*

tetrazoico (**tetrazoic**). En los esporozoarios, esporas con cuatro esporozoitos. (Gr. **tetra,** cuatro; **zoon,** animal.)

tetrazooide (**tetrazooid**). Uno cualquier de los cuatro zooides que se desarrollan en el estolón de algunos urocordados. (Gr. **tetra,** cuatro; **zoon,** animal; **-eidos,** parecido.)

tetuán* Cuba: insecto coleóptero de la familia *Curculionidae,* de color rojo y azul, que es una plaga en las batatas (**Cylas formicarius**).

Teuthidoidea. Un suborden de peces osteictios en el orden *Perciformes.* (Gr. **teuthis,** calamar; **eidos,** forma.)

Teuthoidea. Orden de moluscos cefalópodos sin rostro y con el fragmocono rudimentario o ausente. La concha es interna y modificada en forma de pluma. (Gr. **teuthis,** calamar.)

teralio (**pteralium**). Esclerito situado en la base de las alas de los insectos. (Gr. **pteron,** ala.)

textura* (**texture**). Un tejido. (Lat. **texture.**)

teyú* **(teju).** Lagarto neotropical de la familia *Teidae*, llamado también *iguana* **(Tupinambis teguixin).**

Thalassinidea. Una superfamilia de camarones marinos cavadores en los que el primer par de patas forma quelas asimétricas. (Gr. **thalassa**, el Mar Mediterráneo.)

Thalattosauria. Reptiles parecidos a los plesiosaurios del período Triásico, con extremidades en forma de remos. (Gr. **thalatta, el mar; sauros,** reptil.)

Thalattosuchia. Reptiles extintos del período Jurásico, de aspecto de cocodrilos y adaptados a la vida acuática. (Gr. **thalatta,** el mar; **souchos, cocodrilo.**)

Thaliacea. Clase de los tunicados o urochordados, en donde los adultos carecen de notocordio y de cola, están provistos de túnica permanente y tienen bandas circulares de músculos. A menudo forman cadenas de individuos.

thamin **(thamin).** Una especie de ciervo de Birmania **(Cervus thamain).**

Thebesius, G. Anatomista germano, por cuyo nombre se ha nombrado la *válvula de Thebesius*, q.v.

Thecanephria. Un orden en el fílum *Pogonophora* o *Brachiata.* (Gr. **theke,** caja; **nephros,** riñón.)

Thecata. Orden de celenterados de la clase *Hydrozoa.* Calyptoblastea = Leptomedusae.

Thecideoidea. Un suborden de *Branchiopoda*, en la clase *Articulata.*

Thecodontia. Reptiles del período Jurásico de los que irradiaron las aves y casi todos los reptiles actuales. (Gr. **theke,** caja; **odous,** diente.)

Thecogonia. Suborden de urocordados, de la clase *Thaliacea*, orden *Salpida.* Embrión cubierto por una envoltura de incubación en la cavidad cloacal. (Gr. **theke,** caja; **gonos,** reproducción.)

Thecophora. Es una clasificación de los quelonios, un orden caracterizado por la presencia de escudo o carapacho y por tener las vértebras torácicas y las costillas soldadas a él. (Gr. **theke,** caja; **phoreys,** portador.)

Thecostraca. Nombre alterno para el grupo de crustáceos llamado *Cirripedia.*

Thecosomata. Orden de moluscos opistobranquios cuyo cuerpo está cubierto parcialmente por una concha (Gr. **theke,** caja; **soma,** cuerpo.)

Thelyphonida. Un suborden de *Pedidalpida.* V. *Uropygi.*

Therapsida. Orden de grandes reptiles de la clase *Synapsida*, que tenían forma de bestia, algunos de los que originaron los mamíferos. Existieron desde el Permiano hasta el Triásico. (Gr. **therion,** bestia.)

Theria. Subclase de la clase *Mammalia* que comprende los marsupiales y los placentarios. (Gr. **therion,** bestia.)

Theriodonta. Reptiles terrestres de gran talla que existieron en el Permiano y en el Triásico, con dientes diferenciados en incisivos, caninos y molares, y que, por otros caracteres, muestran una transición morfológica hacia los mamíferos. (Gr. **therion,** bestia; **odous,** diente.)

Thermobaenacea. Orden de crustáceos de la subclase *Malacostracea*, en donde no hay distinción perceptible entre tórax y abdomen. Habitan aguas termales. (Gr. **therme,** calor.)

Therocephalia. Reptiles del período Permiano que tienen afinidades con los ancestros de los mamíferos y aparentemente, más primitivos que los cinodontes del período Triásico. (Gr. **therion,** bestia; **kephale,** cabeza.)

Theromorpha. Reptiles extintos, V. *Therapsida.*

Thigmotrichida. Orden de protozoos ciliióforos, de la subclase *Holotricha*, que tienen un penacho de cilios anteriores. Parásitos en moluscos. (Gr. **thigma,**tacto; **thrix,** pelos.)

Thomas, A.P. Codescubridor, con Rudolph Leuckart, del ciclo evolutivo de *Fasciola hepatica.*

Thoracica. Un orden de *Arthropoda* de la subclase *Cirripedia*, provisto de manto y de seis pares de apéndices torácicos. (Gr. **thorax.**)

Thoracosteiformes. Un orden de peces óseos.=*Gasterostoidea.*

Thoracostraca. Grupo de crustáceos malacostráceos de la división *Peracarida*, nombre que ahora no se emplea mucho. (Gr. **thorax,** tórax; **ostrakos,** caparazón.)

Thysanoptera. Orden de insectos pequeños de boca lacerante y chupadora, provistos generalmente de dos pares de alas estrechas con bordes cubiertos de pelos finos. Comprende los llamados *thrips.* = *Physopoda.* (Gr. **thysanos,** penacho; **pteron,** alas.)

Thysanura. Orden de insectos ápteros de cuerpo deprimido con apéndices estiliformes y ojos pequeños o ausentes. Se les llama comúnmente polillas, *lepismas, trazas.* (Gr. **thysanos,** pincel; **oura,** cola.)

Tialina* **(ptyalin).** Una enzima producida por las glándulas salivares que actúa sobre los almidones. También es llamada *amilasa salival.* (Gr. **ptyalon,** saliva.)

tialismo* **(ptyalism).** Secreción excesiva de tialina.

tiamina **(tiamine).** Miembro del complejo vitamínico B. que fue el primero en ser separado del resto. V. *vitamina B1.* El pirofosfato de tiamina es una coenzima que interviene en la descarboxilación metabólica.

tibi **(tern).** Perú: especie de golondrina de mar. Orden *Charadriiformes*, familia *Laridae* **(Sterna.)**

tibia* **(tibia).** El mayor de los huesos de la pierna en los vertebrados, entre la rodilla y el tobillo. En los insectos, el segmento de las patas situado entre el fémur y el tarso. (Lat **tibia,** flauta, canilla.) *Adj.* ***tibial.***

tibioperoné **(tibia-fibula).** El hueso de la pierna de las ranas, formado por la fusión de la tibia y el peroné.

tibiofibular **(tibiofibular).** Lo que pertenece a la tibia y al peroné o fíbula. (Lat. **tibia,** tibia; + **fíbula.**)

tibiotarso **(tibio-tarsus).** Hueso de la pierna de las aves formado por la fusión de la tibia y de parte del tarso, de manera que la articulación se encuentra en la mitad del tarso.

tiburón* **(shark).** Cualquier especie de pez condrictio del orden *Squaliformes* familia *Squalidae*, de cuerpo fusiforme y de proverbial voracidad **(Galeocerdo arcticus).** (Voz **antillana.**) // ***t. blanco***, v. *jaquetón*, // ***t. ballena***, v. *pez dama.*

tico- **(tycho-).** (Del gr. **tyche,** fortuna, azar, oportunismo.)

ticoceno **(tychocoen).** Los miembros de una comunidad que aprovechan diferentes condiciones ambientales. (Gr. **tyche,** oportunismo, accidental; **koinos,** común.)

ticolimnético **(tycholimnetic).** Organismo que se adhiere temporalmente al fondo de los lagos y otras veces flota. (Gr. **tyche,** accidente; **limne,** lago.)

ticopa. V. *burro* y *viejo*, pez.

ticoplancton **(tychoplankton).** Plancton formado por organismos procedentes de otras agrupaciones. (Gr. **tyche,** accidental; + **plancton.**)

ticopotámico **(tychopotamic).** Organismo que vive solamente en aguas interiores. (Gr. **tyche,** accidental; **potamos,** río.)

tipcpolonga **(tipcpolonga).** Nombre de una serpiente venenosa de la región oriental **(Daboca elegans).**

Tiedmann, F. Anatomista alemán. V. *vesículas* o *cuerpos de Tiedmann.* (1781-1861)

tiempo*. Acepción usual. (Lat.**tempus.**) // ***T. de coagulación***, el que transcurre desde la toma de una muestra de sangre hasta la aparición de los primeros signos de la coagulación, que ocurre normalmente entre 3-4 minutos en el hombre. // ***t. de presentación***, la duración mínima necesaria de un estímulo para producir una respuesta.

tierna **(inmature).** = *Inmaduro.* Se dice del estado del tegumento de las ninfas de insectos recién formados. (Lat. **tener,** tierno.)

tiflo- **(typhlo-).** Partícula empleada para designar lo relacionado con el ciego intestinal o con la ceguera. (Gr. **typhlos,** ciego.)

tiflosolen **(typhlosole).** Un pliegue dorsal en la pared intestinal interna que se proyecta en algunos *anélidos* y otros invertebrados. (Gr. **typhlops,** ciego; **solen,** canal.)

tigana (**sunbird**). Venezuela: ave del orden *Gruiformes*, familia *Eurypygidae* (**Eurypyga helias**) de un hermoso plumaje gris, amarillo, verde, negro, blanco y pardo que extiende la cola como el pavo real.

tigmo- (**thigmo-**). (Del gr. **thigma**, contacto.)

tigmocito (**thigmocyte**). Célula que en la sangre de los insectos interviene en una rápida coagulación después de una fractura. (Gr. **thigma**, tacto; **kytos**, célula.) // Corpúsculo que se desintegra al ponerse en contacto con otras substancias, como los *trombocitos*. (Gr. **thigma**, tacto; **kytos**, célula.)

tigmotaxia (**thigmotaxis**). *Tigmotaxis*. Movimiento tâctico estimulado por contacto. (Gr. **thygme**, tacto; **taxis**, arreglo.) *Adj.* ***tigmotáctico.***

tigmotrico. Protozoo del orden *Thigmotrichida*.

tigmotropismo (**thigmotropism**). Movimiento o curvatura estimulada por un contacto. (Gr. **thigma**, tacto.)

tigra* (**female jaguar**). En América, la hembra del tigre asiático y del jaguar. // Venez.: especie de culebra venenosa (**Bothrops medusa**). (De *tigre*.) // ***t. de mariposa***, Venez.: culebra venenosa, V. *barriga morada*.

tigre* (**tiger**). En su sentido prístino, el gran felino rayado asiático (**Panthera tigris**). // En América, el *jaguar*. (Lat. **tigris**.)

tigrillo* (**tiger cat**). Especie de mamífero carnívoro americano, de la familia *Felidae*, parecido al ocelote (**Felis tigrinus**).

tigrita. Venez.: serpiente venenosa (**Bothrops pifanoi**).

tigroide (**tigroid**). Se dice de los cuerpos o gránulos de sustancia coloreable de las neuronas, llamados también *gránulos de Nissl*. (Gr. **tigroeides**, manchado.)

tigrólisis (**tigrolysis**). La destrucción de los gránulos tigroides o de Nissl. (Gr. **tigroeides**; **lysis**, disolución.)

tigua (**West Indian least grebe**). Puerto Rico: ave que pertenece a la familia *Podicipedidae* (**Podiceps dominicus dominicus**).

tijereta* (**earwig**). Un miembro de los insectos del orden *Dermaptera*, familia *Forficulidae*, notable por sus pinzas caudales (**Forficula auricularia**). // Sudamérica: ave del orden *Passeriformes*, familia *Tyrannidae* (**Muscivora tyrannus**). // Ave marina del orden *Charadriiformes*, de pico comprimido de ramas desiguales. V. *picotijera*. (De **tijera**.)

tijerilla (**frigate bird**). *Tijerita*. // Puerto Rico: el ave marina llamada *fragata* o *rabihorcado* (**Fregata magnificens**).

tijuy (**ani**). *Aní*, q.v.

tilacino (**Tasmanian wolf**). Lobo marsupial de Tasmania. Familia *Dasyuridae* (**Thylacinus cynocephalus**).

tilagino. V. *tilacino*.

tilapia (**tylapia**). Nombre vulgarizado del pez fluvial africano del género *Tylapia*, introducido en Cuba, Puerto Rico y muchas otras partes del mundo.

tilohexactina (**thylhexactine**). Espícula de seis radios que terminan en bultos. (Gr. **tylos**, callo; **hexa**, seis; **atkis**, radio.)

tilino (**ptilinum**). Organo inflable que en ciertos dípteros se evierte a través de la sutura frontal de la pupa durante la eclosión del adulto procedente. (Gr. **ptilon**, pluma.)

tilo (**tylus**). Protuberancia en la mitad de la cabeza en algunos insectos hemípteros. (Gr. **tylos**, bulto.)

tiloma (**tyloma**). Callo o callosidad. (Gr. **tylos**, nudo; **oma**, tumor.)

tilopédico (**ptilopaedic**). Que está cubierto con plumas al nacer. (Gr. **ptilon**, pluma; **país**, niño.)

tilópodo. Mamífero del suborden *Tylopoda*.

tilosis (**tylosis**). El desarrollo de células irregulares en una cavidad. // Callosidad. // La suma total de las plumas de las aves. V. *pterilos*. (Gr. **tyle**, abultamiento; gr. **ptilon**, pluma.) *Adj.* ***tilótico.***

tilostilo (**tylostyle**). Espícula abultada en una punta y aguzada. (Gr. **tylotos**, abultado.)

tilotoxea (**tylotoxea**). Espícula del tipo tilota con una punta dirigida hacia dentro de la esponja. (Gr. **tylos**, abultamiento; **oxys**, aguzado.)

Tillodontia. Un grupo de mamíferos fósiles de gran talla, que vivieron en el Paleoceno, con incisivos como los de los desdentados, molares parecidos a los de los insectívoros y garras robustas. (Gr. **tillo**, desgarrar; **odous**, diente.)

tímalo* (**gray ling**). Pez europeo parecido al salmón, pero de color más oscuro y aleta dorsal muy larga (**Thymallus vulgaris**).

timbal* (**tymbal**). Organo productor de sonido de las cigarras, constituido por una membrana que vibra por contracciones musculares. (Gr. **timbale**, tambor de forma hemisférica; del latín, **tympanum**.)

Timbergen, N. Promulgó, junto con K. Lorenz (1931), la teoría del comportamiento instintivo.

timbre (**timbre**). Calidad musical de un tono o sonido. Difiere por el número de armónicos que acompañan al sonido principal. (Franc. **timbre**.)

timidina (**thymidine**). El desoxirribósido de la timina.

timina (**thymine**). Una de las bases llamadas *pirimidinas*, que, unida a una pentosa, forma uno de los nucleósidos del ácido desoxirribonucléico. Abreviada en T. // **Hormona del timo.**

timo* (**thymus**). Estructura del sistema linfático de casi todos los vertebrados jóvenes y de muchos adultos, localizada entre la parte inferior del cuello y la superior del abdomen. Además de una función linfática parece tener la de glándula hormonal. // *Tímalo*, pez. (Gr. **thymos**, timo.) *Adj.* ***tímico.***

timocito (**thymocyte**). Linfocito pequeño de la corteza del timo. (Gr. **thymos**, timo; **kytos**, célula.)

Timofeef- Ressosvsky, N.L. Genetista ruso. En 1915 descubrió el mecanismo de la mutación génica estudiando el impacto de electrones de alta energía en diversos organismos.

timonera (**tectrix**). Pluma de la cola de las aves insertada en las últimas vértebras caudales. (De **timón**.)

timonero*. V. *basilisco*, lagarto.

timonucléico (**thymonucleic**). El ácido *desoxirribonucléico*, así llamado originalmente porque se extrajo del timo. V. *timo* y *ácidos nucleicos*.

timovidina (**thymovidin**). Hormona del timo de las aves que interviene en la formación de la concha y la albúmina del huevo. (Gr. **thymus**, timo; lat. **ovum**, huevo.)

tímpano* (**tympanum**). El oído medio. // Cualquier membrana vibrátil que interviene en la recepción acústica. // La membrana timpánica en el oído humano que separa el oído externo del medio. // Estructura en forma de tambor. // En los insectos la membrana externa de los órganos cordotonales. // En las aves, el saco resonante de la siringe. (Gr. **tympanon**, tambor.) // *Adj.* ***timpánico.***

timpanohial (**tympanohial**). Parte del hueso hioides incluído en el petromastoideo. (Gr. **tympanon**, tímpano; +**hyoeides**.)

Tinamiformes. Orden de aves neotropicales de alas cortas y cola muy breve, esternón aquillado, pico corto y pies terminados por 3 ó 4 dedos libres. *Crypturi*. Comprende los *tinamúes*, o *inamúes*.

tímano. V. *tinamú*.

tinamú (**tinamou**). Ave del orden *Tinamiformes*.

tindalización* (**Tyndalization**). Sinónimo de esterilización por calentamiento intermitente. (De **John Tyndall**.)

tindío (**gull**). Perú: especie de gaviota.

Tineoidea. Una superfamilia de insectos lepidópteros, en donde se incluyen las polillas que atacan granos y pieles. (Del género **Tinea**.)

tinge (**big black owl**). Especie de búho grande.

tinoide (phthinoid). Débil, subdesarrollado, marchito. (Gr. **phthisthai**, marchitarse; **eidos**, forma.)

tinta* **(ink).** Líquido segregado por glándulas especiales de las sepias, calamares y otros cefalópodos cuya eyección sirve de medio defensivo, así como para inmobilizar ciertas presas. (Lat. **tincta.**)

Tintinnida. Orden de protozoos cilióforos de la subclase *Holotricha,* que tienen el cuerpo incluído en una cubierta en forma de vaso y poseen membranelas plumosas. Son marinos y pelágicos.

tintorera* **(shark).** Nombre aplicado a diversas especies de tiburones, en especial a *Prionarce glauca.* // Hembra del tiburón. Venez.: el tiburón tigre o alecrín (**Galeocerdo arcticus**). // Cuba: *aura tiñosa,* ave. // Perú: la gaviota boba (**Anous stolidus**).

tiñosa* **(black jack).** Cuba: pez osteictio del orden *Perciformes,* familia *Carangidae,* de carne toxica (**Caranx lugubris**). // Ver *aura tiñosa,* ave.

tio-uracilo (thio-uracil). Sustancia que inhibe la secreción de tiroxina. En los anfibios detiene la metamorfosis. (Gr. **theion**, azufre; **+uracilo.**)

típico* **(typic).** Lo que tiene los caracteres esenciales de una categoría taxonómica, de una estructura o de una condición. (Gr. **typos**, patrón.)

tipo* **(type).** Modelo, ejemplar, patrón. En la clasificación de Cuvier, los tipos eran las grandes divisiones del reino animal o "embranchements", equivalentes a los fílumes actuales; pero sin connotación filogenética. // Patrón o arquetipo de un grupo de organismos. // Ejemplar que se toma como representativo de una especie cuando se describe como nueva. La especie sobre la cual se basa un género. El género sobre el cual se fundamenta una familia. (Gr. **typos**, patrón, modelo.) *Adj.* ***típico****. // ***t. abraxas,*** patrón de determinación del sexo que se manifiesta en una mariposita del género *Abraxas,* con heterosomas ZZ y ZW. // ***t. de reacción.*** V. *fenotipo.* // ***t. Drosophila,*** patrón de determinación sexual que se manifiesta, en la mosca *Drosophila,* en los heterosomas XX y XY. // ***t. nupcial,*** se dice de dos o más formas fisiológicas o genéticas que se conjugan en pares con cada otra, lo que ocurre especialmente en protozoos ciliados. // ***t. diversiforme,*** lo que representa variedad en estructura. // ***t. persistente,*** aquel cuyos rasgos perduran sin alterar ni su estructura ni su función. // ***t. suplementario,*** en taxonomía algunos tipos no esenciales, como el *hipotipo* y el *plesiotipo.*

tipogénesis (typogenesis). En el proceso evolutivo, una frase explosiva de rápida formación de tipos. (Gr. **typos**, patrón; **genesis**, descendencia.)

tipólisis (typolysis). Estado de envejecimiento filogenético que precede a la extinción de un tipo. (Gr. **typos**, patrón; **lysis**, aflojando.)

tipología* **(typology).** El estudio de los tipos, especialmente los constitucionales. // La hipótesis de que los miembros de una población son réplicas de un tipo hipotético, desestimando toda variación. (Gr. **typos**, patrón; **logos**, tratado.)

tiponimia (typonymy). En taxonomía, un nombre creado sobre el ejemplar tipo. (Gr. **typos**, patrón, **onyma**, nombre.)

tipónimo (typonym). Nombre que tiene prioridad según las reglas de la nomenclatura, basado en el mismo tipo que el nombre en uso corriente. (Gr. **typos**, patrón; **onyma**, **onoma**, un nombre.)

tipostasis (typostasis). Fase estática en la evolución, caracterizada por la suspensión de la aparición de nuevos tipos. (Gr. **typos**, patrón; **stasis**, detención.)

típula* **(crane fly).** Un insecto del orden *Díptera,* familia *Tipulidae,* parecido a los mosquitos por su forma general, pero con antenas cortas y hábitos antófilos. (Lat. **tipula**, una araña acuática.)

tiramina (tyramine). Hormona de algunos cefalópodos, vecina a la adrenalina, que interviene en la contracción de los cromatóforos. Eleva la presión arterial. También se produce por alteración de la tirosina. V. *betaina.* (Gr. **tyros**, queso; **+amina.**)

tirano. V. *pitirre,* ave.

tiranosaurio (tyranosaurus). Se aplica a los grandes dinosaurios carnívoros del Cretáceo Superior de la América del Norte, de actitud bípeda. (Lat. **tyrannus**, tirano; **saurio**, lagarto).

tirápteros. V. *Phthiraptera.*

tiriasis (phthiriasis). Infestación por piojos de la especie *Phthirius pubis.* (Gr. **phtyrius**, piojo; **-asis**, condición.)

tirídio (thyridium). Area pequeña en las alas de algunos insectos, transparente y desprovista de pelos. (Gr. **thyra**, puerta; **-idio**, diminutivo.)

tirocalcitonina (thyrocalcitonin). Hormona, probablemente segregada por la paratiroides, que es antagónica de la parathormona y deprime el nivel del calcio en la sangre.

tiroglobulina (tirglobulin). Proteína secretada por la glándula tiroides, cuyo principio activo es el aminoácido llamado *tiroxina.* (Gr. **thyra**, puerta; **+globulina.**)

tirogloso (thyroglossal). Se dice del conducto embrionario entre la tiroides y la lengua. (Gr. **thyra**, puerta; **glossa**, lengua.)

tirohial (thyrohyal). El cuerno mayor del hueso hioides. (Gr. **thyra**, puerta; **+hioides.**)

tirohioideo (thyrohyoid). Cada uno de los cuernos posteriores del hueso hioides. (Gr. **thyra**, puerta; **+ hioides.**)

tiroides* **(thyroid).** Un par de glándulas de secreción internas situadas en el cuello, unidas entre sí por una conexión o *istmo* situado por delante de la tráquea. // También hay arterias, venas y cartílagos de este nombre. (Gr. **thyra**, puerta, escudo; **eidos**, forma.) *Adj.* ***tiroideo****.

tiroidina (thyroidine). Extracto de la glándula tiroides.

tiroidinasa (thyroidinase). Enzima oxidante de tejidos animales y vegetales que transforma la tirosina en melanina y otros pigmentos. (De **tiroina** y **-asa**, sufijo que indica enzima.)

tirosina (tyrosine). Uno de los 20 aminoácidos comunes, precursor de la noradrenalina.

tirotóxico (thyrotoxic). Estado o condición causada por excesiva secreción de la hormona tiroxina. (De **tiroides**, y gr. **toxicon**, veneno.)

tirotrófico (thyrotrophic). Que estimula la función de las glándulas tiroides. *Tirotropina.* (Gr. **thyra**, puerta; **trophe**, alimento.)

tirotrópica (tyrotropic). Se dice de la hormona de la hipófisis, también llamada *tirotropina.* // Propiedad del protoplasma de pasar reversiblemente del estado sol al de gel. V. *tirotrófico.* (De **tiroides** y **trophe**, alimentación.)

tirotropina (thyrotropin). Hormona del lóbulo anterior de la hipófisis que estimula las secreciones de la tiroides. (Gr. **thyra**, puerta; **tropos**, dar vuelta.)

tiroxina* **(thyroxine).** Hormona secretada por la glándula tiroides que interviene en el metabolismo general, en el crecimiento, etc. Es el principio activo *tiroglobulina.* (Gr. **thyra**, puerta; **oxys**, agudo.)

tiroyodina (thyroiodine). Una de las sustancias extraídas de la tiroides, que contiene yodo. (De **tiroides** y **yodo.**)

tisandria (phthisaner). Pupa de la hormiga macho parasitada por una larva *Orasema.* (Gr. **phthisis**, consumirse; **aner**, **andros**, macho.)

tisanóptero. Insecto del orden *Thysanoptera,* q.v.

Tisanopteroides. En algunas clasificaciones, una agrupación que comprende el orden de los tisanópteros (**Thysanoptera**). (De **tisanópteros**, gr. **oides**, parecido.)

tisanuriformes (thysanuriform). Larva de algunos insectos que tiene el aspecto de tisanuros. *Campodeiformes.*

tisanuro* **(thysanur).** Insecto del orden *Thysanura.*

tisergata (phtisergate). Se dice de la pupa obrera de hormiga parasitada por una larva *Orasema.* (Gr. **phthisis**, **phthinos**, consumirse; **ergates**, obrero.)

tisógina (phthisogyne). Pupa de hembra de hormiga parasitada por larvas de *Orasema.* (Gr. phthisis, consumir; gyne, hembra.)

tisular. Perteneciente al tejido. Es un galicismo por *hístico.* (Fr. **tissulaire.**)

titanosaurio (titanosaur). Uno de los mayores dinosaurios, hallado en el Mesozoico de Patagonia. (Gr. **Titan,** el gigante; saurio.)

títere* (killdeer). Cuba: v. *zarapico,* ave del orden *Charadriiformes* **(Charadrius vociferus).**

tití* (marmoset). Nombre que se aplica a un grupo de monos americanos de la familia *Hapalidae* **(Hapale jachus).** (Onomatop. del **aymará,** gato pequeño.)

titiribí (cardinal). *Cardenal,* ave Passeriforme americana.

tiuque* (caracara). Argent.: ave rapaz de pico grande, orden *Falconiformes,* familia *Falconidae* (Dicc.).

Tjio, J.H. Junto con A. Levan pudo probar en 1956 que los núcleos de las células diploides humanas tienen 46 cromosomas y no 48, como se afirmaba previamente.

tlacuache*. Méx.: V. *Zarigüeya.*

tlalcoyote (badger). Méx.: el *tejón* **(Taxidia taxus).**

tobillo* (ankle). Protuberancia formada por la tibia y el peroné en el lugar donde la pierna se une al pie. (Lat. **tubellus, dim.** de **tuber,** joroba.)

toboba*. Costa Rica: especie de víbora. **(Brothrops nasuta).**

tocandeira (large ant). Una gran especie de hormiga del Brasil, que alcanza 25 mm. de largo. **(Dinoponera grandis).**

tocay. Especie de mono chillón de Colombia. (Dicc.)

toco- (toco-). (Del gr. **tokos,** nacimiento, parto, alude al acto de parir o de originar. (Gr. **tokos,** nacimiento.)

tococito (tococyte). Célula reproductiva de las esponjas. (Gr. **tokos,** nacimiento; **kytos,** células.)

tococo (flamingo). Venez.: *flamenco,* ave.

tocoferol (tocopherol). Conjunto de sustancias conocidas genéricamente como Vitamina E: *alfa, beta* y *gamma.* (Gr. **tokos,** parto.)

tocología* (tocology). *Obstetricia.* Parte de la medicina que trata de la gestación, parto y pauperio. (Lat. **tokos,** nacimiento, parto; **logos,** discurso.)

tocororo* (Cuban trogon). Cuba: ave trepadora de hermosos colores y vuelo lento. Orden *Trogoniformes,* familia *Trogonidae* **(Priotelus temnurus).** (Onomatopéyico.)

tocostoma (tocostome). La abertura genital femenina de ciertos invertebrados. (Gr. **tocos,** nacimiento; **stoma,** boca, abertura.)

tocotoco (flamingo). Venezuela: el *flamenco* **(Phoenicopterus ruber).**

toche* (armadillo). Especie de tatú o armadillo común que vive desde Argentina a los Estados Unidos **(Dasypus novemcinctus).** // Ave del orden Passeriformes de Colombia y Venezuela. (Dicc.)

tofo (tophus). Depósito de urato de calcio en el tejido subcutáneo, en la cercanía de una articulación. // Cálculo salival. (Lat. **tophus,** tufa.)

tojosita (Cuban ground dove). Cuba: *tojosa,* especie de tórtola o paloma silvestre de tamaño pequeño **(Culumbigallina passerina).**

tokay (Burmese gecko). Lagarto de la familia *Geckonidae* del sudeste de Asia. V. *toquei.*

tolerancia* (tolerance). Límite, máximo y mínimo de cada factor ambiental, dentro de los cuales una especie puede vivir normalmente. (Lat. **tolerantia.**)

tolobojo* (booby). Guatemala: pájaro bobo **(Sula sp.).**

tolla*. *Mielga,* pez.

tollo* (spotted dog-fish). Cazón, *mielga.* Especie de tiburón. // Perú: especie de tiburón de dientes pequeños **(Mustellus abbotti).**

tomaína* (ptomaine). Substancia generalmente tóxica derivada de tejidos en putrefacción. (Gr. **ptoma,** cadáver.)

tomeguín* (Cuban grassquit). Cuba: avecilla del orden *Passeriformes,* familia *Fringillidae,* de canto armonioso **(Tiaris canora).**

tomento* (tomentum). Una red de finos vasos que se encuentra en la piamadre y en la corteza cerebral. (Lat. **tomentum,** relleno de un cojín.)

tomentoso* (tomentose). Que está cubierto en pelos lanudos. (Lat. **tomentun,** estopa) Ver *tomento.*

Tomes, John. Odontólogo inglés. V. *fibras de Tomes* y *capa granular de Tomes.* (1836-1895)

-tomía (-tomy). (Del gr. **tomos,** una sección o tajada.)

tominejo (a humming bird). Pájaro mosca, *colibrí.*

tomio (tomium). El borde cortante del pico de las aves. (Gr. **tome,** cortante.)

tomita (tomite). Un estado de vida libre en el ciclo vital de los protozoos holotricos. (Gr. **tome,** cortante; **mitos,** hilo.)

-tomo (tome). (Del gr. **tome,** sección, segmento, corte.)

tomonte (tomont). Estado en el ciclo vital de los protozoos holotricos cuando el cuerpo se divide dentro de un quiste. (Gr. **tome,** segmento.)

tonicidad* (tonicity). Grado de tensión de los órganos del cuerpo vivo. // Grado de presión osmótica que presentan las células en relación con la del ambiente. V. *isotonicidad, hipotonicidad, hipertonicidad.*

tonina* (dolphin). *Delfín.* Se aplica a varias especies de cetáceos, especialmente a *Delphinus delphys.* // *Atún.* (Gr. **thynus,** atún.)

tono* (tonus). Acción o energía de un organismo animal o de una de sus partes, como la de un nervio o músculo. // Frecuencia de la vibración sonora. // Cualidad de un color. (Gr. **tonos,** tono.)

tonofibrilla (tonofibril). *Fibrilla* muy fina de las células epiteliales. (Gr. **tonos,** tensión; lat. **fibrilla.**)

tonómetro (tonometer). Un instrumento para medir la tensión de un órgano. (Gr. **tonos,** estirando; **metron,** medida.)

tonorreceptor (tonoreceptor). Célula receptora en el oído interno de la mayoría de los vertebrados terrestres. Organos de Corti. (Gr. **tonos,** estirando; lat. **receptor,** que recibe.)

tónsila* (tonsil). Amígdalas, cada una de las masas de tejido linfático situadas en la membrana mucosa a los lados de la faringe. Hay tónsilas palatinas, faríngeas y linguales. (Lat. **tonsilla.**) // *Adj.* ***tonsilar*.***

topi (topi). *Jimela,* especie de antílope del este de Africa. **(Damaliscus kormigen).**

topillo (burrowing mole). Especie de roedor de hábitos cavadores de la región holártica **(Pitymys ibericus).**

topo- (topo-). (Del gr. **topos,** lugar.)

topoclín (topocline). Un clin que se extiende por distancia sumamente grande. (Gr. **topos,** lugar; **+clin.**)

topo* (mole). Cada uno de los mamíferos insectívoros cavadores de hábitos subterráneos, a veces ciegos, de la familia *Talpidae* **(Talpa europea).** // *t. de mar,* verme anélido marino de la clase *Polychaeta,* de aspecto fusiforme y cubierto de largas setas **(Aphrodite aculeata).**

topodeme (topodeme). Parte de una población limitada en área específica. Prácticamente idéntico con el deme. (Gr. **topos,** lugar; **+ deme.**)

topografía* (topography). Descripción especial de una región o de una parte del cuerpo de un organismo. (Gr. **topos,** lugar. **grapho,** escribir.)

topónimo (toponym). El nombre de un lugar. // El nombre que indica el lugar de origen de un organismo. (Gr. **topos,** lugar; **onyma,** nombre.)

topoquímico (topochemical). Se aplica a la aparición de olores relacionados con huellas o lugares, como sucede en las hormigas. (Gr. **topos,** lugar; **chemeia,** transmutación.)

topotaxia (topotaxis). *Topotaxis.* Movimiento obligado y dirigido de un animal en relación con un lugar. (Gr. topos, lugar; taxis, orden.) *Adj. topotáctico.*

topotipo (topotype). Ejemplar recogido en la misma localidad en la que se encontró el tipo de la especie. (Gr. topos, lugar; typos, tipo.)

toquei, tokay (Burmese gecko). Lagartijo de la familia *Geckonidae,* que vive en la región oriental y frecuenta las habitaciones. Su grito le ha valido el nombre *tokay.* Alcanza unos 35 cms. de largo y posee bandas transversales rojizas (Gecko gecko). V. tokay. (Onomat.)

tora (tora). Antílope de la región del Nilo, Abisinia y Somalilandia (Alcelaphus tora).

torácico* (thoracic). Lo que pertenece a la región del tórax o está relacionado con el tórax. (Gr. thorax, pecho.)

torácicolumbar (thoracolumbar). *Toracolumbar.* Lo relacionado con el tórax y el lomo, como, por ejemplo, el sistema nervioso simpático. (Gr. thoras, tórax; lat. lumbus, ijar, o lomo.)

toraco-* (thoraco-). (Del gr. thorax, coraza, tórax.)

toracógrafo (thoracograph). Un dispositivo para registrar los movimientos del tórax. (Gr. thorax, pecho; grapho, escribir.)

toracolumbar. V. *toracicolumbar.*

toracópodo (thoracopod). Cualquier apéndice torácico de los crustáceos malacostráceos. (Gr. thorax, pecho; pous, pie.)

toracostráceo. Un miembro de la agrupación de crustáceos malacostráceos llamada *Thoracostraca.*

tórax* *(thorax).* Una de las grandes divisiones del cuerpo de los animales, situada inmediatamente detrás de la cabeza. (Gr. thorax.) *Adj. torácico.* *

torcaz* (pigeon). Se dice de una especie de paloma silvestre europea (Columba palumbus).

torcaza* (wild pigeon). América: paloma torcaz o silvestre. Ej. *t. cabeciblanca* (Columba leucocephala). (Lat. torquis, collar.)

torcecuello* (wryneck). Ave trepadora europea. Orden *Piciformes,* familia *Picidae* (Jynx torquilla).

torcular (torcular). Punto en que se unen los senos venosos occipitales de la duramadre. (Lat. torcula, prensa de vino.)

tordito (little thrush). Nombre aplicado a varios pájaros e insectos.

tordela*. Tordo de gran tamaño. (Dicc.)

tordo* (thrush). Ave europea canora del orden *Paaseriformes,* familia *Turdidae* (Turdus sp.) // Se aplica también a otras especies afines de la familia. // *Zorzal.*

torillo (hemipode). Ave europea del orden *Galliformes,* familia *Turnicidae,* parecida a la perdiz (Turnix sylvatica).

torito* (horned trunk fish). Especie de pez marino del orden *Tetrodontiformes,* familia *Ostracidae,* que tiene dos espinas cefálicas a la manera de cuernos (Lactophrys quadricornis). *t. (Ground pigeon).* Cuba: ave del orden *Columbiformes, familia* Columbidae. (Geotrygon montana.)

torma (torma). Engrosamiento en la unión del labro con el clípeo de los insectos. (Gr. tormos, cuenca, alveólo.)

tormógena (tormogen). Se dice de la célula que secreta el alvéolo de las sedas en los insectos. (Gr. tormos, alevéolo; genos, produciendo.)

tornada (tornate). Se dice de la espícula que tiene los radios engrosados en las puntas. (Lat. tornare, volverse.)

tornaria (tornaria). Estado larval de algunos *hemicordados* del subfílum *Enteropneusta.* (Lat. tornus, torno,buril.)

toro* (bull). El macho del ganado vacuno. // *t. (torus).* eminencia, abultamiento como los de las palmas y plantas, así como los que se encuentran bajo los dedos, que actúan como almohadillas. Hay toros plantares, hipoplantares, digitales e interdigitales. // Reborde que porta uncinos en los anélidos poliquetos. // Pedicelos en los dípteros. // *t. almizclado,* especie de bovino ártico de poca alzada y pelo largo (Ovibos moschatus). (Lat. torus, hinchazón.) *Adj. toroso*.* V. *tórulo.*

Torpediniformes. En una clasificación zoológica, un orden de peces cartilaginosos, entre los que se encuentran los torpedos.

torpedo* (torpedo). Pez marino condrictio del orden *Rajiformes,* familia *Torpedinidae,* que emite descargas eléctricas (Torpedo nobiliana). (Lat. torpedo.)

tórpido* En fisiología se dice de lo que reacciona con dificultad. (De torpe.)

torpor* (torpor). Condición que ocurre en algunos animales ectotérmicos durante la hibernación, en la cual su temperatura desciende con relación a la del ambiente. (De torpe.)

torrentícola (torrenticolous). Animal que vive en las corrientes rápidas como las de los ríos de montaña. (Lat. torrens, torrente; -icola, habitante.)

tórsalo.* Améri. Central; gusano parásito del hombre. (Diccion.)

torsión* (torsion). Acción y efecto de torcer. // Encorvamiento primario de las larvas de los moluscos, por el cual la cavidad palial cambia su posición posterior por otra anterior. La torsión secundaria consiste en el encorvamiento espiral del animal y de su concha. (Lat. torquere, torcer.)

torso* (trunk of body). El cuerpo humano con exclusión de la cabeza y las extremidades. (Lat. torsus.)

tortícona (torticone). Concha espiralmente torcida. (Lat. tortilis, torcido; conus, cono.)

tortolita (Puerto Rican ground dove). Puerto Rico: *rolita,* ave que pertenece a la familia *Columbidae* (Columbigallina passerina).

tórtola* (dove). Grupo de aves parecidas a las palomas, pero algo más pequeñas (Streptopelia turtur). // *t. (Zenaida Dove)*, Puerto Rico: especie de paloma silvestre (Zenaida aurita). // *t. doméstica* (turtle dove), (Streptopelia decaocto).

tortuga* (turtle). Nombre común de cualquier especie de quelonio, tanto terrestre como acuático. V. *galápago, carey, caguama, tinglado, morrocoy,* etc. La tortuga más apreciada por su carne es la tortuga verde (Chelonia mydas).

tortuguete. Nombre común a varios crustáceos del orden *Notostraca* de los géneros *Apus* y *Triops* que muestran aspecto de tortuga. (Apus cancriformis.)

tórulo (torulus). Cordoncillo. // El alvéolo donde se insertan las antenas de los insectos. V. *antenífero.* (Lat. torulus, pequeña hinchazón.) *Adj. toruloide.* V. *moriliforme.*

torzuelo* (male hawk). Halcón macho.

tósigo (poison). Ponzoña, veneno. (Lat. toxicum.)

tosis (ptosis). Ver *ptosis.*

totí* (blackbird). Cuba ave del orden *Passeriformes,* familia *Icteridae,* de color negro lustroso (Quiscalus niger). Voz caribe.)

totipalmado (totipalmate). Se dice del pie de las aves acuáticas que tiene los dedos totalmente unidos por membranas. (Lat. totus, entero; palmeado, q.v.)

Totipalmas. Nombre obsoleto que se le aplicó a las aves del orden *Palecaniformes* por tener los cuatro dedos de los pies reunidos por una membrana. (Lat. totus, todo; palma, palma de la mano.

totipotente (totipotent). Se dice del huevo de regulación en el que la isotropía se mantiene por más tiempo, o sea, los blastómeros pueden separarse y formar embriones completos. (Lat. totus, todo; potens, poderosa.)

totolaca (Limpkin). Méx.: ave guiformes, familia *Aramidae* (Aramus guarauna).

totolate* (birdlice). Costa Rica: piojillo de las aves.

totovía (wood lark). Especie de alondra europea pequeña, familia *Alaudidae* (Lullula arborea).

toxalbúmina (toxalbumen). Cualquiera de las substancias

albuminoides, mal definidas químicamente, que pueden provocar anticuerpos.

toxemia (toxemia). Envenenamiento por absorción en la sangre de sustancias tóxicas producidas por microbios. (Gr. toxicon, veneno de las flechas.)

toxispira (toxaspira). Espícula de esponja torcida en forma de S. (Gr. toxon, arco; lat. spira.)

toxicidad* (toxicity). Calidad, naturaleza o virulencia de un veneno. (Gr. toxikon, veneno.)

tóxico* (toxic). Venenoso o de la naturaleza del veneno. (Gr. toxikon, veneno.)

toxicología (toxicology). El estudio de la naturaleza y los efectos de los venenos. (Lat. toxis, veneno.) *Adj. toxicológico.* *

toxífero (toxiferous). Que lleva veneno o que produce veneno. (Gr. toxikon; lat. ferre, llevar.)

toxígeno (toxigenic). Que produce veneno. (Gr. toxicon, veneno; -genes, produciendo.)

toxigloso, toxogloso (toxiglossate). Se dice de ciertos moluscos cuyas rádulas tienen un solo diente a cada lado. Esos dientes están acanalados y conducen el veneno de glándulas salivares modificadas. (Gr. toxicon, venenoso; toxon, arco,; glossa, lengua.)

toxina* (toxin). Producto del metabolismo de un organismo que resulta venenoso para otro organismo cuando se le introduce en su cuerpo y puede estimular la formación de anticuerpos. (Gr. tokikon, venenoso.)

toxisterol (toxisterol). Un isómero tóxico del ergosterol. (Gr. toxikon, veneno; + esterol.)

toxófora (toxophores). Se dice de las propiedades tóxicas de las moléculas de las toxinas. (Gr. toxikon, veneno; pñerein, llevar.)

toxoide (toxoid). Toxina que ha sido destoxicada, pero que es capaz de estimular la formación de anticuerpos. (Gr. toxikon, veneno; oides, parecido.)

toxón (toxon). Una espícula en forma de arco. (Gr. toxon, arco.)

Toxoplasmea. Una clase de esporozoos parásitos en células musculares, nerviosas y leucocitos. (Gr. toxicon, veneno; plasma, formación.)

toxoplasmosis (toxoplasmosis). Una infección con el protozoo *Toxoplasma.*

TPN. Siglas del nucleótido de la trifosfopiridina, un aceptor de hidrógeno en el metabolismo celular. Su forma hidrogenada es TPNH. Ver NAD y NADH. También se llama *coenzima II.*

tr. (tr.) Abreviatura usada en la correción de pruebas para trasponer una letra o línea.

trabante* (trabant). Que traba. // Se dice del segmento cromosómico separado del resto. (Alem. trabant, satélite.)V. *satélite.*

trabécula (trabecula). Cada uno del par de cartílagos curvos que se forman por delante de los paracordales y que, soldándose a otros, forman la placa basal del neurocráneo. // Una banda o placa de tejido conjuntivo que soporta la armazón de un órgano. (Lat. trabecula, viga pequeña.) *Adj. trabecular.*

trabs (trabs). Partícula usada en compuestos que aluden a una estructura en forma de viga. // *cuerpo calloso.* (Lat. trabs, viga.) // *t. cerebril,* V. *cuerpo calloso.*

tracomedusa. V. *Trachymedusae.*

tracaya (an acuatic turtle). Tortuga acuática.

tractelo (tractellum). El flagelo anterior de los mastigóforos que propulsa el organismo hacia delante. (Lat. traho, tirar.)

tracto* (tractus). Espacio entre dos lugares. // una región más larga que ancha. Una región o área considerada en su conjunto, como el tracto genital. // Un paquete de fibras nerviosas. (Lat. tractum, traer.) // *t. alares,* fajas cubiertas por plumas o pterilias situadas sobre las alas. // *t. espinomedular,* tracto nervioso que trasmite impulsos desde la médula espinal hasta la médula oblongada. // *t. genital,* conjunto de estructuras que constituyen los organos sexuales masculinos en las aves. // *t. espinales,* grupos de neuronas de asociación de la médula espinal. Hay tractos espinales *ascendentes* o *aferentes* y tractos *descendentes* o *eferentes.* // *t. olfativo.* Paquetes de nervios que se extienden desde el bulbo olfativo hasta el lóbulo olfativo temporal de la corteza cerebral. // *t. urinario,* vías urinarias.

Tracheata. Una agrupación de los artrópodos que incluye las clases provistas de aparato respiratorio traqueal (como insectos, miriápodos, etc.). (De tráquea.)

Trachylina. Orden de celenterados de la clase *Hydrozoa,* en los que no se conoce la fase pólipo sedentario y las medusas se desarrollan directamente del huevo. (Gr. trachys, áspero.)

Trachymedusae. Suborden de celenterados del orden *Trachylina,* en los que las medusas tienen el margen liso y las gónadas están situadas en los canales radiales. (Gr. trachys, áspero; medusa.)

Trachystomata. V. *Meantes.*

tragavenado* (boa). Colombia: y Venezuela: boa de gran tamaño, capaz de alimentarse de venados (Constrictor constrictor.)

trago* (tragus). Lóbulo de la base interna del pabellón de la oreja, poco desarrollado en el hombre, pero muy largo en algunos murciélagos. (Gr. tragos, cabra.)

tragopán (tragopan). Especie de faisán del Himalaya. Familia *Phasianidae* (Tragopan satyra).

Traguloidea. Una superfamilia de mamíferos en el orden *Artiodactyla,* suborden *Ruminantia.*

trans-* (trans-) (Del gr. trans, a través, más allá, del otro lado.)

transcortina (transcortin). Proteína específica que está ligada en el plasma a ciertas hormonas esteroides.

transaminación (transamination). Proceso metabólico por el cual residuos de la desaminación de los aminoácidos vuelven a reaminarse y se convierten de nuevo en aminoácidos. (Lat. trans, más allá; + aminación.)

trascripción* (transcription). La formación de un mensajero DNA procedente de un molde de DNA.

transducción (transduction). Transferencia de material genético de una bacteria a otra por medio de un virus. (Lat. trans, a través; ductere, conducir.)

transductor (transductor). Estructura orgánica que modifica o sustituye los impulsos recibidos por otra. Los órganos de los sentidos son transductores. (Lat. trans, a travės cambio; ductere, conducir.)

transección (transection). Operación que consiste en el análisis cuantitativo de los organismos que viven en una sección continua y estrecha de una localidad. (Lat. trans, a través; sectio, cortar.)

transeptado (transeptate). Lo que posee tabiques transversales. (Lat. trans, a través; septum, tabique.)

transferasa (transferase). Una enzima que cataliza el intercambio de grupos funcionales entre los compuestos. (De transferir y -asa, enzima.)

transformación*.-V. *transformismo.*

transformismo* (transformism). Doctrina, opuesta a la de la fijeza de las especies, que sostiene la evolución es una forma específica a otra. La transformación es una modalidad de la evolución, pero puede haber evolución sin transformación. //Cambio en la forma, como la metamorfosis de los artrópodos. // Metabolismo o cambio en las sustancias químicas. (Lat. transformar.)

transgeneración (transgenation). *Variación génica.*

transicional (transitional). Se dice del epitelio de la vejiga urinaria y del útero, que se renueve procedente de la capa celular más profunda. (Lat. transire, ir a través.)

transiliente (transilient). Se dice de la fibra nerviosa que conecta circunvoluciones cerebrales no inmediatas. (Lat. transilere, saltar.)

translocación (**translocation**). El cambio de posición de un órgano. // Transferencia de una porción de un cromosoma hacia otra parte del mismo o de otro cromosoma. También *traslación*. (Lat. **trans**, al otro lado; **local**, colocar.)

transmediano (**transmedian**). Lo que cruza o va más allá de un plano medio. (Lat. **trans**, del otro lado; **medius**, el medio.)

transmisión* (**transmission**). Acción de transmitir. // ***t. directa***, que se produce por parásitos que cumplen su ciclo vital en un solo hospedero y la trasmisión de un hospedero a otro se realiza directamente, v. *monoxenos*. // ***t. indirecta***, la producida por parásitos que cumplen su ciclo vital en dos o más especies de hospederos, v. *heteroxenos* // ***t. neuroidea***, la transmisión de una excitación por una célula que no es una neurona.

transmisor* (**transmitter**). Se dice del hospedero que albergando parásitos y una vez recuperados de la enfermedad, conservan algunos capaces de infestar nuevos hospederos. (Lat. **transmittere**.)

transmutación* (**transmutation**). Teoría de que una especie puede proceder de otra por cambio rápido. // (Lat. **transmutare**.) *Adj.* ***transmutativo****.

transpalatino (**transpalatine**). Un hueso del cráneo de los cocodrilos que conecta el *yugal* y el *maxilar* con el *terigoideo*. (Lat. **trans**, a través; **palatino**, un hueso cranial.)

transpinales (**transpinalis**). Los músculos que conectan los procesos transversales de las vértebras. (Lat. **trans**, a través; **spina**, espina.)

transpiración* (**transpiration**). Excreción en forma de vapor. (Lat. **trans**, a través; **spirare**, respirar.)

transportador de electrones (**electron carrier**). Una enzima capaz de aceptar o ceder electrones reversiblemente.

transporte activo. Paso de solutos a través de una membrana en contra del gradiente de concentración utilizando energía proporcionada por la célula.

transudado (**transudate**). Cualquier sustancia que atraviesa los poros de una membrana. (Lat. **trans**, al otro lado; **sudare**, sudar.)

transversal* (**transversal**). Escultura en la concha de los moluscos gasterópodos que cruza la dirección del crecimiento del helicocono. // Estructura que está situada a través de dos estructuras o entre ellas. // Hueso del cráneo de los reptiles entre el pterigoideo y el jugal y el maxilar. // Lo que se extiende a través entre los órganos: músculos, arterias, ligamentos, etc. // El colon transverso. (Lat. **transversus**, a través.)

transversión (**transversion**). Una mutación causada por la substitución de una purina por una pirimidina en DNA o RNA. (Lat. **transversus**, vuelto a través.)

transverso abdominal (**transversus abdominis**). Músculo del abdomen que se extiende desde la línea media hasta el ilion y los cartílagos costales. Asiste en los movimientos de expiración.

transplantación, trasplante (**transplantation**). Método empleado en la embriología experimental que consiste en la transportación de esbozos embrionarios en lugar diferente, bien en el mismo individuo ***(t. autoplástica)*** o en otro de la misma especie ***(t. homoplástica)*** o en una especie diferente ***(t.heteroplástica)***.

trapeciforme (**trapeziform**). En forma de trapecio. (Gr. **trapezion**, tablilla; lat. **forma**, figura, forma.)

trapecio* (**trapezium**). Uno de los músculos de la región dorsal del cuerpo humano de forma aplanada y subtriangular, que mueve el omóplato o escápula. // Una estructura de la médula oblongada de los mamíferos por detrás del puente de Varolio. // Uno de los huesos del carpo entre el escafoides y el pulgar. (Gr. **trapeza**, mesa.)

trapezoide* (**trapezoid**). Uno de los huesos del carpo entre el escafoides y el segundo dígito. (Gr. **trapezoeides**, en forma de trapecio.)

trapia. Nombre araucano del puma.

tráquea (**trachea**). Conducto que, en los vertebrados terrestres, lleva aire a los pulmones. // En los insectos y otros artrópodos, cada uno de los tubillos del sistema respiratorio. (Lat. **tracheia**; gr. **tracheia**, arteria.) *Adj.* ***traqueal***.

traquearteria*. La tráquea de los vertebrados tetrápodos. (Gr. **tracheia arteria**, arteria aspera.)

traquelado (**trachelate**). En forma de cuello. (Gr. **trachelos**, cuello.)

traquelosoma (**trachelosome**). Región postcefálica del cuerpo de ciertos anélidos hirudíneos, mucho más estrecha que el resto. (Gr. **trachelos**, cuello; **soma**, cuerpo.)

traquénquima (**trachenchyma**). El tejido vascular de la tráquea. (Gr. **tracheia**, tráquea; **enchyma**, infusión.)

traqueobranquial (**tracheobranchial**). Perteneciente a la tráquea y los bronquios. Especialmente a la *siringe* de las aves. (Lat. **tracheia**, tráquea; **bronchos**, bronquio.)

traquéola (**traqueole**). Cada una de las ramificaciones finales de las tráqueas de los insectos. (Gr. **tracheia**, tráquea; **-ola**, diminutivo.)

traquigloso (**trachyglossate**). Que está provisto de una lengua áspera, adaptada para raspar. (Gr. **trachys**, áspero; **glossa**, lengua.)

tras- (**trans-**). (Del lat. **trans**, después de, a continuación de, detrás de.)

trascendentalismo (**transcendentalism**). En biología, la doctrina de que la forma antecede a la función, en oposición a la teleología. (De **trascender**).

trasplantar (**transplant**). Mover o injertar un tejido de una parte a otra del mismo individuo o de otro. (Bajo lat. **transplantare**.)

trasplante. = *Transplantación*. // ***t. autoplástico***. V. *injerto autoplástico*.

trauma* (**trauma**). Herida o lastimadura, generalmente producida por un acto violento. Se extiende al trauma psicológico. (Gr. **trauma**, una herida.) // *Adj.* ***traumático****.

traumataxia (**traumataxia**). Movimiento causado por lesiones. (Gr. **trauma**, lesión; **taxis**, arreglo.)

traza* (**silverfish**). Cuba: insecto áptero del orden *Thysanura*, que vive entre papeles y telas (**Acrothelsa collaris**).

trazador radiactivo (**radioactive tracer**). Isótopo que se introduce en un organismo para seguir su curso y estudiar la distribución y desplazamiento de los átomos que entran en la composición de la materia viviente. V. *isótopos marcados*.

trefocito (**trephocyte**). Un celomocito que, en los invertebrados, transporta determinadas substancias. // Célula que nutre a otras. (Gr. **trepho**, criar; **kytos**, célula.)

trefona (**trephone**). Biocatalizador que se forma al romperse las células de los tejidos cultivados estimulando su división. (Gr. **trephein**, nutrir.)

trehalosa (**trehalose**). Un disacárido hallado en la hemolinfa de ciertos insectos cuya hidrólisis produce glucosa. (Persa, **trehala**.)

trema- (**trema-**). (Del gr. **trema**, hueco, cavidad.)

trema (**trema**). Agujero. V. *vulva*. // Cada una de las aberturas branquiales microscópicas de la faringe de los urocordados. (Gr. **trema**, agujero.)

tremático (**trematic**). Lo relativo a las aberturas branquiales de los peces. (Gr. **trema**, agujero.)

Trematoda. Clase del fílum *Platyhelmintes*. Tiene el cuerpo indiviso con cutícula, dos o más ventosas de fijación y boca generalmente anterior. Todas las especies son parásitas y a menudo necesitan de dos o más hospederos intermediarios, uno de los cuales es un molusco. Ej. *Schistosoma mansoni*. (Gr. **trema**, agujero.)

trematodo (**trematode**). Un miembro de la clase *Trematoda*. (Gr. **trema**, agujero.)

trematología (**tremmatology**). La ciencia de la crianza de animales y plantas domésticas. (Gr. **thremma**, crianza; **logos**, discurso.).

Trematosauria. Grupo de reptiles del período Triásico en el orden *Temnospondyli.*

tremba. V. *blanquillo,* pez.

Trembley, Abraham. Naturalista suizo, notable por sus estudios sobre los celenterados de agua dulce. (1700-1784)

tremeloide (**tremelloid**). Lo que tiene la apariencia de la gelatina. (Lat. **tremere**, temblar.)

tremielga* (**torpedo**). Pez condrictio del orden *Torpediformes,* parecido a las rayas, que emite descargas eléctricas (**Torpedo marmoratus**). (Lat. **tremere, temblar.**)

tremocisto (**tremocyst**). La porción externa de la pared calcárea en los zoecios de los briozoos. (Lat. **tremere**, temblar; **kystos**, quiste.)

treonina (**threonine**). Un aminoácido esencial en la dieta humana.

Trepadoras. Grupo de aves que tienen los dedos de las patas dispuestos para trepar, hoy en día desmembrado en los órdenes *Cuculiformes, Piciformes* y *Psittaciformes.*

trepajuncos (**marsh warbler**). *Arandillo o carricero,* pájaro. (Dicc.)(De **trepar** y **juncos.**)

trepang (**trepang**). Especie de cohombro o pepino de mar de la región oriental (**Holothuria edulis**) con el que se prepara un plato muy apreciado en esa región (Malayo **tripang**).

trepatroncos (**blue titmouse**). Herrerillo, ave europea del orden Passeriformes, familia Paridae (**Parus caeruleus**).

Trepostomata. Orden extinto del fílum *Bryozoa,* clase *Stenolaemata,* que tienen los zoecios dividido en dos partes y provistos de opérculos. Fósiles desde el Ordoviciano hasta el Permiano. (Gr. **trepo**, volver, **stoma**, boca.)

treppe (**treppe**). Voz alemana que significa escalera, con la que se señala el escalonamiento de la contracción muscular producido por repetidos estímulos.

trepsología (**threpsology**). El estudio científico de la nutrición. (Gr. **threpsis**, nutrición; **logos**, tratado.)

tri- (**tri-**). Prefijo que indica tres veces, o tres divisiones, o partes de una estructura. (Lat. **tri**, tres; gr. **tria**, tres.)

triactinal (**triactinal**). Se aplica a las espículas de tres radios. (Gr. **tria**, tres; **aktis**, rayo).

triangular* (**triangularis**). Músculo que se extiende desde la mandíbula al labio inferior. // Músculo entre la parte dorsal del esternón y los cartílagos costales. (Lat. **triangularis**, con tres ángulos.)

triarticulado (**triarticulate**). Que tiene tres segmentos. (Lat. **tri**, tres; **articulus**, unión.)

Triásico* (**Triasic**). Período más antiguo de la Era Mesozoica en el cual aparecieron los mamíferos ovíparos y se extinguieron los anfibios primitivos. (Gr. **trias**, conjunto de tres, por tener tres formaciones.)

triaster (**triaster**). En la división celular, una figura de tres masas debida a una mitosis tripolar, como en las cancerosas. (Gr. **tria**, tres, **aster**, estrella.)

Triatoma. Género de insectos hemípteros que contiene especies vectoras de *Trypanosoma cruzi,* productoras de la *enfermedad de Chagas.* (Gr. **tria**, tres; **tome**, división.)

triaxonia (**triaxonia**). Espícula de esponjas provista de tres ejes o radios. (Gr. **tria**, tres; **axon**, eje.)

Triaxonida. Clase de los poríferos con espículas de tres ejes o *hexactinas.* También se llaman *Hexactinellida* y *Hyalospongiae.* (Gr. **tria**, tres; **axis**, eje.)

triboloide (**tribolod**). Organismo o estructura cuya superficie es espinulosa. (Gr. **tribolos**, erizo.)

triboluminescencia (**triboluminescence**). Luminosidad producida por fricción. (Gr. **tribein**, frotar; lat. **luminescere**, producir luz.)

tribosfénico (**tribosphenic**). Se dice de la distribución en forma de triángulo de las cúspides de los molares de los mamíferos primitivos. (Gr. **tria**, tres; **sphenos**, cuña, triángulo.)

tribu* (**tribe**). En taxonomía, una subdivisión del taxón familia, a menudo por debajo de la subfamilia. Terminan en *-ini.* (Lat. **tribus**, tribu.)

tricahue (**green parrot**). Chile especie de papagayo o loro de gran tamaño, de color verde.

tríceps* (**triceps**). Músculo exterior del brazo, antagonista del bíceps, que tiene tres inserciones, llamado también *t. braquial.* (Lat. **tri**, tres; **caput**, cabeza.) / *Adj.* ***tricipital.*** // ***t. sural,*** músculo de la pierna que levanta el pie y flexa la pierna y está formado por el ***gastrocnemius*** o ***gemelos*** y el *sóleo.*

tricípite* (**tricipital**). Que tiene tres cabezas. (Lat. **tri**, tres; **caput**, cabeza.)

Tricladia. Un orden de vermes platelmintos turbelarios que tienen la cavidad digestiva con tres ramas. (Gr. **tria**, tres; **klados**, rama.)

tricladio. Turbelario del orden *Tricladia.*

trico- (**tricho-**). (Del gr. **thrix**, pelo.)

tricobezoar. Concreción o bezoar formado de pelos, hallados en el estómago o los intestinos. (Gr. **thrix**, pelo; + **bezoar.**)

tricobotrio (**trichobothrium**). Protuberancia de forma cónica situada a cada lado del segmento anal de algunos miriápodos. // Pelo sensorial vibrátil en ciertas arañas. (Gr. **thrix**, pelo; **bothros**, fosita.)

tricobranquia (**trichobranchia**). Branquia de ciertos crustáceos formada por filamentos sin ramificar. (Gr. **thrix**, pelo; + **branchia.**)

tricocéfalo (**trichocepalus**). Nematodo parásito en el intestino del hombre que chupa la sangre y provoca por sus toxinas un estado de anemia. El cuerpo es cilíndrico y muy alargado en la parte anterior. (Gr. **trichos**, pelo; **kephale**, cabeza.)

tricocisto (**trichocyst**). Estructura diminuta u orgánulo de los protozoos ciliados que se proyecta hacia afuera cuando es excitada. (Gr. **thrix**, pelo; **kystis**, vesícula.)

tricóforo (**tricophore**). Capsulilla que lleva una cerda o pelo. (Gr. **thrix**, pelo; **phoreys**, portador.)

tricógena (**trichogen**). Se dice de cada una de las células de los insectos que segregan la cutícula de los pelos. (Gr. **thrix**, pelo; **genea**, nacimiento.)

tricohialina (**trichohyalin**). Una substancia clara de los folículos pilíferos. (Gr. **thrix**, pelo; **hyalos**, vidrio, transparente.)

tricoide (**trichoid**). Parecido a un pelo. (Gr. **thrix**, pelo; neolat. **oides**, forma parecido.)

tricología (**trichology**). El estudio de los pelos. (Gr. **thrix**, pelo; **logos**, discurso.)

tricomonas (**trichomonas**). Protozoo flagelado que vive parásito en ciertas cavidades naturales y produce infecciones. (Gr. **thrix**, pelo; **flagelo**; **monas**, organismo elemental.)

Triconodonta. Orden de mamíferos fósiles, de los períodos Triásico y Jurásico, que tienen molares triconodontos.

tricoma. Estructura filamentosa o parecida al pelo. (Gr. **thrix**, pelo; **-oma**, abultamiento.)

triconodonto (**triconodont**). Se dice del diente de los mamíferos primitivos que presenta tres cúspides: una central principal, otra por delante de esta y otra por detrás. (Gr. **tria**, tres; **konos**, cono; **odous**, diente.)

tricóporo (**trichopore**). Orificio cuticular por donde emerge la parte distal de las células tricógenas, (Gr. **trichos**, pelo; **poros**, canal.)

tricóptero. Cualquier insecto del orden *Trichoptera.*

tricorne (**three horned**). Que tiene tres cuernos. (Lat. **tri**, tres; **cornus**, cuerno.)

tricosiderina (**trichosiderin**). Pigmento de color rojo, con hierro, hallado en el cabello humano de color rojo. (Gr. **thrix**, pelo; **sideros**, hierro.)

tricosis (**trichosis**). La distribución de los pelos en un animal. Crecimiento anormal de pelos o *hipertricosis.* (Gr. **thrix**, pelo; **-osis**, condición.)

tricroico (**trichroic**). Estructura que muestra tres colores distintos cuando se mira desde diferentes ángulos. (Gr. **tria**, tres; **chros**, color.)

tricromático (**trichromatic**). Relativo a tres colores. // Capaz de percibir tres colores primarios. (Gr. **tris**, tres; **chroma**, color.)

tricrótico (**tricrotic**). Con tres latidos en el pulso arterial. (Gr. **tria**, tres; **krotein**, latir.)

tricrural (**tricrural**). Provisto de tres ramas. (Lat. **tris**, tres; **crus**, pierna.)

tricuriasis (**trichuriasis**). Enfermedad parasitaria debida al verme nematodo llamado comúnmente *tricocéfalo* (**Trichuris trichura**).

tricuroideo. Cualquier nematodo del orden *Trichuroidea*.

tricúspide* (**tricuspid**). Que tiene tres puntas o cúspides. V. *válvula tricúspide*. (Lat. **tri**, tres; **cuspis**, punta.)

Trichinelloidea. Orden de *Nematoda*.Cuerpo dividido en una región anterior o esofágica y otra posterior. *T. spiralis*, es productora de la enfermedad trichinosis. (De **Trichinella**, género de la especie.)

tricho- (**tricho-**). (Del gr. **thrix**, **trichos**, pelo, flagelo.)

Trichomonadina. Orden de protozoos zooflagelados provistos de 4.6 flagelos, un axostilo y a menudo una membrana ondulante. Hay especies que parasitan ciertas cavidades del hombre. (Gr. **thrix**, pelo; **monas**, organismo elemental.)

Trichomonas. Género de protozoos, del orden *Trichomonadina* que contiene especies parásitas del hombre. (Gr. **trix**, pelo; **monas**, organismo elemental.)

Trichoptera. Orden de insectos de boca rudimentaria, antenas largas y alas membranosas. Las alas del cuerpo están cubiertas de pelos, a veces escamiformes. (Gr. **thrix**, pelo; **pteron**, ala.)

Trichostomadida. Orden de protozoos cilióforos, de la subclase *Holotricha*, que tienen cilios vestibulares, pero carecen de cilios bucales. En el intestino de varios animales. (Gr. **thirx**, pelo; **stoma**, boca.)

Trichostomida. V. *Trichostomadida*.

Trichurata. Suborden de nematodos del orden *Enoplida*. Ahora algunos prefieren el nombre *Dorylaimina*. (De **Trichuris**, género tipo.) (Gr. **trichos**, cerdas; **oura**, cola.)

Trichuridea. Una clase de *Nematoda* sin labios y con faringe delgada. (Gr. **thrix**,hilo; **oides**, parecido.)

Trichuroidea. Orden o suborden de *Nematoda*. V. *Enoplida*.

tridacna (**tridacna**). Molusco bivalvo de los mares Indico y Pacífico cuya concha suele alcanzar un tamaño de 60 a 1 20 cms. (**Tridacna gigas**)

tridáctilo (**tridactyl**). Lo que tiene tres dedos. // Pedicelarios de ciertos equinoideos provistos de "mandíbulas" dentadas y a veces venenosas. (Gr. **tria**, tres; **dactylos**, dedos.)

tridentada (**tridental**). Estructura que muestra tres divisiones dentiformes. (Lat. **tridens**, de tres dientes.)

triena (**triena**). Espícula de las esponjas en forma de tridente. (Gr. **triaina**, tridente.)

triestearina (**triestearine**). Una de las grasas comunes en las dietas. Es una grasa saturada que lleva tres moléculas de ácido esteárico.

trifacial (**trifacial**). Otro nombre para el trigémino o quinto nervio craneal. (Lat. **tres**, **fascia**, banda.)

trífido (**trifid**). *Trifurcado*. // Estructura provista de tres ramas. (Lat. **trifidus**, trifurcado.)

triflagelado (**triflagellate**) **Organismo provisto de tres flagelos** (Lat. **tris**, tres; **flagellum**, látigo.)

trifoliado (**trifoliate**). Que tiene lóbulos de forma de hojas. // Pedicelario de algunos equinoideos que tiene tres hojas anchas. (Lat. **tri**, tres; **folia**, hoja.)

trifosfato de adenosina (**adenosine triphosphate**). TPA. Substancia presente en todas las células que interviene en la respiración celular como portadora de alto contenido de energía.

trigamma (**trigamma**). Tres venas en las alas de los lepidópteros que forman una horquilla de tres puntas. (Gr. **tria**, tres; + **gamma**.)

trigémino (**trigeminal**). Se aplica al quinto nervio craneal, el mayor de todos, que tiene fibras motoras y sensoriales en tres ramas: *oftalmica*, *maxilar* y *mandibular*. (Lat. **tri**, tres; **geminus**, gemelos.)

trigenérico (**trigeneric**). Híbrido que deriva de tres géneros o estirpes. (Lat. **tri**, tres; **genus**, raza.)

trigénica (**trigenic**). Una estructura o condición regulada por tres genes. (Gr. **tria**, tres; **genos**, descendencia.)

trigla* (**gurnard**). *Trilla*. Pez europeo del orden *Perciformes*, familia *Triglidae* (**Trygla** sp.)

triglicéridos (**triglycerides**). Un éster de ácidos grasos y glicerol. Es uno de los productos intermedios en el metabolismo de las grasas. (Lat. **tris**, tres; + **glicéridos**.)

trigónido (**trigonid**). Triángulo formado por las cúspides de molares superiores. // Un espacio pequeño triangular entre ciertas estructuras. // Un proceso posterior del talón formando un hueso llamado *trígono* o *triangular*. (Gr. **trigonon**, triángulo.)

trigonocéfalo (**trigonocephalon**). Grupo de serpientes muy venenosas de la familia de las víboras, propias de Asia y Africa. (Gr. **trigonon**, triángulo; **kephale**, cabeza.)

triguero (**corn bunting**). Ave europea granívora del orden *Passeriformes*, familia *Fringillidae* (**Emberiza calandra**).

triheterocigoto (**triheterozygote**). Organismo que es heterocigoto para tres genes. (Gr. **tria**, tres; **zygotos**, unidos, juntos.)

trilinoleína (**trilinoleine**). Una de las grasas no saturadas que son necesarias en la dieta.

Trilobita. Subfílum del fílum *Artropoda* cuyos miembros existieron en los mares desde el Cambriano hasta el Permiano.El carapacho está dividido en tres lóbulos por dos surcos longitudinales y todos los segmentos llevan apéndices birrámeos. (Lat. **tri**, tres; **lobus**, lóbulo.)

trilobita. Un miembro del subfílum *Trilobita* = *trilobites**

Trilobitomorpha. V. *Trilobita*.

trilobulado*.Que tiene tres lóbulos.

trílofa (**trilophous**). Se dice de la espícula de esponjas que está provista de tres radios ramificados. (Gr. **tria**, tres; **lophos**, cresta.)

trilofodonto (**trilophodont**). Se dice del molar con tres crestas de esmalte. (Gr. **tria**, tres;**lophos**, cresta; **odous**, diente.)

trilla*. V. *rubio*, pez.

trimetamería (**trimetamery**). División del cuerpo de ciertos animales en tres regiones, como en los fílumes *Hemichordata*, *Pogonophora*, etc. (Gr. **tria**, tres; **metamero**, q.v.)

trimorfismo (**trimorphism**). La existencia de tres formas distintas o tres estructuras diferentes en el ciclo vital de algunos organismos. (Gr. **tria**, tres; **morphe**, forma.)

Trimyaria. Grupo del fílum *Nemertina* cuyas especies están provistas de tres capas musculares en la pared del cuerpo. (Gr. **tria**, tres; **mys**, músculo.)

trinado* (**to warble**). Gorjeo de las aves. (De **trinar**.)

trinomial (**trinomial**). Nomenclatura zoológica en la que se emplea tres nombres: uno para el género, otro para la especie y un tercero para la subespecie. (Lat. **tri**, tres; **nomen**, nombre.)

Trinominal. Mejor que *Trinomial*.

trinomio* (**trinomial**). En la sistemática zoológica, la designación del nombre de las subespecies v. *Trinomial*. (Lat. **tres**; + **nomen**.)

triodo* (**triod**). Una espícula de esponjas de tres radios o triactinal. (Gr. **triodos**, empalme de tres cambios.)

Trionychoidea. Grupo de reptiles quelonios del orden *Thecophora*, de cuerpo oval, piel lisa y coriácea, cabeza larga, hocico tubular y solo 3 dedos con uñas. (Gr. **tris**, tres; **onych**- uña; **eidos**, forma.)

triosa (**triose**). Azúcar de tres átomos de carbono. El fosfato de triosa o aldehído fosfoglicérico interviene en el ciclo de la glicólisis.

trióseo (**triosseum**) Abertura que existe entre los tres huesos coracoides, clavícula y escápula. (Lat. **tris,** tres; **os,** hueso.)

tripa* (**gut**). Intestino o parte de él. (Del cimbro, **tripa.**)

tripanomónadas. V. *chritidia.*

tripanosomiasis (**trypanosomiasis**). Enfermedad producida por protozoarios flagelados del género *Trypanosoma.* V. *enfermedad del sueño.*

tripeptidasa. (**tripeptidasa**). Una de las enzimas producidas en el intestino delgado que hidroliza los tripéptidos en un dipéptido y un aminoácido.

Triplilea. División del orden *Radiolarida* en la que el esqueleto es silíceo y homoaxónico y la cápsula está perforada por tres aberturas. (Gr. **tria,** tres; **pyle,** entrada.) También *Phaeodaria.*

triplete (**triplet**). Una unidad compuesta de tres bases sucesivas en DNA y RNA. (Gr. **triploos,** triple.) Terminado en *e,* por analogía con *duplete**.

Triploblastica. Una sección que incluye los fílumes que tienen tres hojas blastodérmicas. Todos los mesozoos menos *Porifera, Coelenterata* y *Ctenophora.* (Gr. **triploos,** tres veces; **blastos,** formación.)

triploblástico (**triploblastic**). Animal cuyos tejidos y órganos derivan de tres capas germinales *ectodermo, endodermo* y *mesodermo.* (Gr. **triplos,** tres veces.)

triploide (**triploid**). Que tiene tres veces el número haploide de cromosomas. (Gr. **triplos,** triple; + **ploide.**)

triplóstico (**triplostichous**). Estructura dispuesta en tres hileras. // Ojos que tiene tres capas de células retinales. (Gr. *triploos,* triplicado; *stichos,* hilera.)

trípoca. Especie de pato silvestre americano. (Dicc.)

trípode* (**tripod**). Espícula en forma de banquillo de tres pies. (Gr. **tria,** tres; **pous,** pie.)

tripolar (**tripolar**). Que tiene tres polos. // División celular anormal con los cromosomas orientados hacia tres polos. (Gr. **tria,** tres; **polos,** eje.)

trips (**thrips**). Un miembro del orden *Thysanoptera.* (Gr. **thrips,** gusano.)

tripsina (**trypsin**). Enzima producida en el páncreas en forma de tripsinógeno, pero que actúa en el intestino delgado sobre las proteínas. (Gr. **tryein,** amasar; **pepsis,** digerir.)

tripsinógeno (**trypsinogen**). Sustancia secretada por el páncreas que es convertida en tripsina por la acción de la enzima intestinal llamada *enteroquinasa.* (Gr. **tryein,** amasar; **geno,** producir.)

triptófano (**tryptophan**). Uno de los aminoácidos esenciales en la dieta humana.

tripton (**tripton**). La parte del *seston* formada por partículas no vivientes. (Gr. **triptos,** golpeado.)

tripus (**tripus**). Tercer hueso del aparato u órgano de Weber de los peces *Ostariophysi,* que se apoya en la vejiga natatoria. (Gr. **tripous,** trípode.)

triquina* (**trichin**). Nombre del nematodo parásito que produce la triquinosis (**Trichinella spiralis**).

triquinosis* (**trichinosis**). Enfermedad humana producida por el verme nematodo **Trichinella spiralis.**

triquito (**trichites**). Tipo de espícula de las esponjas. // Partícula cilíndrica rígida en la cubierta de algunos protozoos cilióforos. (Gr. **trichos,** pelo.)

trirradial (**triradial**). Estructura que tiene tres ramas que parten de un centro. (Lat. **tri,** tres; **radius,** rayos.)

trismo* (**trismos**). Contracción violenta de los maxilares. (Gr. **trismos,** chirrido.)

trisomía (**trisomy**). Condición de tener tres cromosomas homólogos como resultado de la no disyunción de uno de ellos. Comparar con *monosomía.* (Gr. **tria,** tres; **soma,** cuerpo.) *Adj. trisómico.*

tritanopía (**tritanopia**). Un tipo de ceguera para los colores, en la que no se perciben las radiaciones azules.

tritibial (**tritibial**). Uno de los huesos que, en el embrión de las aves, forma la primera hilera de los tarsianos y que en el adulto está formado por la unión del central con el talón. (Lat. **tri,** tres; **tibial,** de la tibia.)

tritoblasto (**tritoblast**). La generación en los esporozoos neosporidios que origina los teloblastos. (Gr. **tritos,** el tercero; **blasto,** formación.)

tritocerebro (**tritocerebrum**). Los ganglios del tercer somito de insectos y crustáceos que forman parte del cerebro. (Gr. **tritos,** el tercero; + **cerebro.**) = *Metacerebro.*

tritocono (**tritocone**). La cúspide central de los premolares de los mamíferos. (Gr. **tritos,** tercero; **konos,** cono.)

tritognato (**tritognathous**). Se dice del artrópodo que tiene las mandíbulas en el tercer segmento de la cabeza. (Gr. **tritus,** tercero; **gnathos,** mandíbula.)

tritón* (**triton**). Cada uno de los anfibios urodelos de la familia *Tritonidae* de cola comprimida. // Cada uno de los moluscos gasterópodos marinos del género *Septa.* // = *Caracola.* (Trion, dios marino.)

tritoninfa (**tritonympha**). Una fase del desarrollo o instar de los arácnidos ácaros. (Gr. **tritos,** tercero; **nymphe,** ninfas, crisálida.)

tritor (**tritor**). La superficie trituradora de los molares. (Lat. **tritor,** triturante.)

tritosoma (**tritosoma**). El esternito del tercer segmento del prosoma de los ácaros. (Gr. **tritos,** tercero; **sternon,** pecho.)

tritozoide (**tritozooid**). Un zooide de la tercera generación (Gr. **tritós,** tercero; **zoon,** animal.)

tritubercular (**tritubercular**). Un molar con tres cúspides formando un triángulo o *trígono.* // Teoría sobre el desarrollo de la cúspide de los molares. (Lat. *tri,* tres; *tuberculum,* tubérculo.)

Trituberculata. Orden de mamíferos extintos del período Jurásico de pequeño tamaño. Los molares que pueden llegar hasta 7, son del tipo tritubercular. Pertenece a la clase *Pantotheria,* pero algunos prefieren usar este mismo nombre para dicho orden. (Gr. **treia,** tres; **tuber,** tubérculo, hinchazón, cúspide.)

triungulina (**triungulina**). Larva de ciertos insectos, como los coleópteros de la familia *Meloidae,* de tipo campodeiforme, provista de tres uñas. (Lat. **tri,** tres; **ungula,** uña;)

trivalente (**trivalent**). Unión de tres cromosomas por el quiasma, entre el diploteno y la metafase, durante la meyosis. (Lat. **tri,** tres; **valere,** que vale.)

trivio (**trivium**). Los tres brazos de una estrella de mar opuestos a los dos brazos que rodean la madrepororita, los que constituyen el *bivio.* (Lat. **trivium,** tres vías.)

triyodotironina (**triiodotyronina**). Una de las hormonas secretadas por la tiroides. Tiene un átomo de yodo menos que la tiroxina, pero actúa de la misma manera.

trizoico (**trizoic**). Espora de protozoos esporozoarios que contiene tres esporozoitos. (Gr. **tria,** tres; **zoon,** animal.)

trocánter* (**trochanter**). Cada uno de los procesos grandes de los huesos, como el trocánter mayor y el trocánter menor del fémur. // Segmento de la pata de los insectos situado junto a la coxa. // En algunos artrópodos, el *basipodito,* (Gr. **trochanter,** la parte redondeada del fémur.)

trocantina (**trochantin**). = *Trocantelo.* Un esclerito situado en la base de las coxas de los insectos. // Esclerito en la articulación de la mandíbula de los insectos. (Gr. **trochanter,** superficie articular del fémur o trocanter menor.)

trocla* (**trochlea**). Estructura en forma de polea de ciertos huesos. (Gr. **trochilla,** polea.)

troclear (**trochlea**). El cuarto nervio craneal o patético, de naturaleza motora. Inerva el músculo superior oblicuo de cada ojo. (Gr. **trochilia,** polea.)

trocoblasto (**trocoblast**). Región del huevo que se convertirá en las ruedas ciliadas de las larvas trocóforas. (Gr. **trochos**, rueda; **blastos**, brotes.)

trocófera. V. *trocófora.*

trocófora (**trocophore**). = *Trocófera.* Larva marina, pelágica, con bandas ciliadas transversales, característica de animales esquizocelomados. (Gr. **trochos**, rueda; **sphaira**, globo.)

trocoide* (**trochoid**). En forma de rueda, como la articulación entre el proceso odontoides del axis y el atlas, (Gr. **trochos**, rueda; **eidos**, parecido.)

trocósfera (**trochosphere**). Incorrecto por *trocófora.*

trocozoo (**trochozoon**). Larva ciliada hipotética que pudo dar origen a los moluscos, briozoarios, anélidos y rotíferos, los cuales pasan por el estado de *trocófora* .(Gr. **trochos**, rueda; **zoon**, animal.)

Troctomorpha. Suborden de insectos del orden *Psocoptera* entre los que se encuentran especies destructoras de libros y colecciones de historia natural, alimentos, etc. (Gr. **troctos**, roedor; **morphe**, forma.)

Trochelmintha. Un fílum del reino animal propuesto por Hammarsten para incluir a los grupos *Rotíferos, Gastrotricos* y *Quinorrincos,* basado en ciertas semejanzas larvales y en la ciliación de la superficie del cuerpo. Ahora se les consideran como clases del fílum *Aschelminthes* o como fílumes independientes. (Gr. **trochos**, rueda, **helmis**, gusano.)

Trochosphaeridia. Un grupo de rotíferos de cuerpo globular, sin cola y con el disco trocal representado por una rueda ciliada en el medio. (Gr. **trochos**, rueda; **spaira**, esfera.)

trof- (**troph**). (Del gr. **trophe**, alimento; **trophein**, nutrimento.)

trofalaxis (**trophallaxis**). Intercambio alimenticio entre diferentes organismos. Como entre adultos y crías en las hormigas. (Gr. **trophe**, alimento; **allaxis**, intercambio.)

trofamnio (**trophamnion**). Cubierta protoplásmica que rodea el embrión de ciertos huevos de insectos himenópteros. (Gr. **trophe**, ,alimento; **amnion**, amnio, membrana embrionaria.)

trofema (**trophema**). La sangre nutricia de la mucosa uterina. (Gr. **trophe**, nutrimento; **haima**, sangre.)

-trofia (**-trophy**). (Del gr. **trophe**, nutrimento.)

trófico (**trophic**). Lo perteneciente a la nutrición. (Gr. **trophikos**.)

trofidio (**trophidium**). El primer estado larval de algunas especies de hormigas. (Gr. **trophe**, alimento; **idion**, diminutivo.)

trofífero (**trophifer**). Parte de la cabeza de los insectos en donde se encuentran las piezas bucales. (Gr. **trophe**, nutrimento; **phero**, llevar.)

trófico (**trophi**). Las piezas bucales de los insectos. // El mecanismo masticatorio de los rotíferos. (Gr. **trophe**, nutrimento.)

trofismo (**trophism**). Lo relativo a la nutrición y especialmente a la abundancia de la vida y la productividad de una masa acuosa. Ej. *trofismo lacustre.* (Gr. **trophein**, nutrimento.)

trofo- (**troph**). (Del gr. **trophos**, que nutre, que alimenta; **trophe**, alimento.)

trofoblasto (**trophoblast**). Conjunto de células externas en la blástula de los mamíferos. También se llama *trofodermo.* (Gr. **trophe**, alimento.) // *t.* **onfaloideo,** la parte del trofoblasto en los mamíferos que está en el lado umbilical del embrión y puede formar una placenta temporal.

trofocito (**trophocyte**). Célula que forma material nutritivo. // Célula de los cuerpos grasos de los insectos. (Gr. **trophe**, nutrimento; **kytos**, célula.)

trofocromatina (**trophocromatin**). Según un concepto desusado, una clase de cromatina que regula las funciones vegetativas. (Gr. **trophe**, alimento; + **chromatina**.)

trofocromo (**trophochrome**). Célula provista de gránulos que dan reacción coloreante de mucus. (Gr. **trophe**, nutrimento; **chroma**, color.)

trofodermo (**trophoderm**). V *trofoblastos.* // Capa externa del corion. Trofoectodermo con una capa celular mesodérmica. (Gr. **trophe**, alimento; **derma**, piel.)

trofodisco (**trophodisc**). Gonóforo femenino de ciertas especies de hidrozoarios. (Gr. **trophe**, alimento; **discos**, placa.)

trofoectodermo (**trophectoderm**). V. *trofoblasto.* (Gr. **trophe**, alimento. **amnion**, amnio.)

trofóforo (**trophophore**), Un agregado celular que en las esponjas origina las gémulas. (Gr. **trophe**, alimento; **phoreys**, portador.)

trofología (**trophology**). La ciencia de la nutrición. Palabra de poco uso. (Gr. **trophe**, alimento; **logos**, discurso.)

trofonemas (**trophonemata**). Nombre que se le aplica a las vellocidades intestinales. // Vellosidad uterina de algunos vertebrados inferiores. (Gr. **trophe**, alimento; **nema**, hilo.)

trofonto (**trophont**). Estado de crecimiento de los protozoos holotricos. (Gr. **trophe**, alimento; **on**, su.)

trofoneurosis (**tropheneurosis**). Afección nerviosa causada por perturbaciones tróficas. (Gr. **trophe**, nutrimento; + **neurosis**.)

trofonúcleo (**trophonucleus**). En algunos protozoos ciliados, el núcleo más grande que regula las funciones metabólicas y de crecimiento. (Gr. **trophe**, alimento + **núcleo**.) V. *macronúcleo.*

trofoplasma (**trophoplasm**). La parte del protoplasma que según se cree, ejerce las funciones nutritivas de la célula. (Gr. **trophe**, alimento; **plasma**, moldeado.)

trofoplasto (**trophoplast**). Una célula, aunque carezca de núcleo. // Un *plastidio.* (Gr. **trophe**, alimento, **plastos**, moldeado.)

trofososma (**trophosome**). Conjunto de zooides que en una colonia de hidroides intervienen en la nutrición. (Gr. **trophe**, alimento; **soma**, cuerpo.)

trofospongia (**trophospongia**). Capa vascular esponjosa entre la pared uterina y el trofoblasto. // Canalillo ocupado por ramificaciones de las neuroglias. (Gr. **trophe**, alimento; **spongia**, esponja.)

trofotaxia (**trophotaxis**). *Trofotaxis.* Respuesta a estímulos que pueden servir de alimento. (Gr. **trophe**, alimento; **taxis**, arreglo.)

trofotenias (**trophotaeniae**). Procesos rectales para la absorción de nutrimentos de los fluídos de los ovarios de algunos peces. (Gr. **trophe**, alimento; **taenia**, cinta.)

trofotilaxia (**trophotylaxis**). Bolsa alimenticia de las larvas de ciertas hormigas de la subfamilia *Pseudomyrminae.* (Gr. **trophe**, alimento; **tylis**, hinchazón.)

trofotropismo (**trophotropism**). Tropismo relacionado con la alimentación. (Gr. **trophe**, alimentación; **trope**, vuelta.)

trofozoito (**trophozoite**). Estado en el ciclo vital de los esporozoarios que está nutriéndose activamente. (Gr. **trophein**, nutrirse; **zoon**, animal; **-ite**, diminutivo.)

trofozooide (**trophozooid**). Zooide nutritivo de las colonias de urocordados. (Gr. **trophe**, alimento; **zoon**, animal; **oides**, forma.)

Trogiomorpha. Un suborden de insectos del orden *Psocoptera.*

troglobio (**troglobious**). Animal cavernícola que tiene que vivir forzosamente en ese hábitat. (Gr. **troglos**, caverna; **bion**, viviente.)

troglodita* (**troglodyte**). El hombre de las cavernas. = *Cavernícola,* (Gr. **troglodytes**.) *Adj.* ***troglodítico****.

troglófilo (**troglophilous**). Animal que vivie y se reproduce tanto en el interior como fuera de las cavernas. (Gr. **troglos**, caverna; **xenos**, extranjero.)

trogones. V. *Trogoniformes.*

Trogoniformes. Orden de aves exclusivo de la América, en donde se incluyen los trogones y los quetzales. Tienen el pico corto y fuerte, los pies pequeños y débiles y el plumaje de colores brillantes. (De **Trogon**, el género tipo de la familia, del gr. **trogo**, roer.)

trombasa (**trombase**). Otro nombre para *trombina*, q.v.

Trombidiiformes. Suborden de *Artrópodos*, del orden *Acarina*, que están provistos de un solo par de estigmas junto a la boca, o sin ellos. Los quelíceros modificados para la perforación. (De **Trombidium.**)

trombidio (**red mites**). Acaro cuyas larvas pueden parasitar al hombre y a varios animales (**Trombidion, Trombicula,** etc.)

Trombidiodea. Una superfamilia de ácaros en la suborden *Trombidiiformes.*

trombina (**thrombin**). Sustancia que interviene en la coagulación sanguínea. Se deriva de la protrombina y a su vez convierte el fibrinógeno en fibrina. (Gr. **thrombos,** coágulo.)

trombo* (**trombus**). Coágulo sanguíneo formado en el sistema circulatorio. (Gr. **thrombos,** coágulo.)

trombocito* (**trombocyte**). Plaqueta de la sangre de los mamíferos. // En los vertebrados, célula fusiforme y nucleada que interviene en la coagulación. (Gr. **thrombos,** coágulo; **kytos,** hueco, célula.)

trombocitopenia (**trombocytopenia**). Número anormalmente pequeño de trombocitos. (De **trombocito;** gr. **pania,** pobreza.)

trombógeno (**trombogen**). V. *protrombina.* (Gr. **thrombos, coágulo; -genes,** produciendo.)

trombólisis (**trombolysis**). Destrucción de los trombos.

tromboplastidio (**tromboplastid**). Una plaqueta sanguínea. (Gr. **thrombos,** coágulos; **blastos, moldeado.**)

tromboplastina (**tromboplastin**). V. *Tromboquinasa.* También *trombozima* y *citozima.*

tromboquinasa (**trombokinase**). Enzima liberada por las plaquetas en el proceso de la coagulación, que transforma la protrombina en trombina en presencia de iones de calcio y de factores anticoagulantes. También tromboplastina. (Gr. **trombos,** coágulo; **kinein,** movimiento.)

trombosis* (**trombosis**). Formación de coágulos. // Coagulación de la sangre en un vaso sanguíneo. (Gr. **thrombos,** coágulo.) // ***t. coronaria,*** detención del flujo sanguíneo en las arterias por un coágulo sanguíneo.

trombozima (**thrombozyme**). = *Tromboquinasa,* q.v. (Gr. **thrombos, coágulo; zyme, levadura.**)

trompa* (**proboscis**). *Corneta, tubo.* Estructura u órgano de la boca o la nariz de ciertos animales que se emplea generalmente como órgano de prensión o succión. Ej. trompa de los nemertinos, los hemicordados, los elefantes, los moluscos, los tapires, los lepidópteros, etc. // Cuba: *lija-trompa,* pez del orden *Tetrodontiformes,* familia, *Balistidae* (**Alutera scripta**).V. *probóscide.* (Fr. **trompe.**) ***t. de Eustaquio,*** tubo que comunica el oído medio de los mamíferos con la parte posterior de la faringe y proviene de la modificación de la abertura branquial correspondiente al arco hioideo, que en los peces constituye el *espiráculo.* // ***t. de Falopio,*** oviducto de los mamíferos o conducto ciliado que se extiende desde el ovario hasta el útero. La fecundación del óvulo se efectúa en las trompas.

trompetero* (**buccinator**). Músculo de las mejillas. V. *bucinador.* // ***t. (trumpet fish).*** Cuba: pez osteictio del orden *Syngnathiformes,* familia *Fistulariidae* (**Fistularia tabacaria.**)

tronco* (**troncus**). El tallo principal de un árbol. // El cuerpo sin la cabeza y las extremidades. // La parte principal de un nervio o un vaso. (Lat. **truncus,**) // ***t. arterial,*** una estructura robusta en el corazón de los anfibios que se dirige hacia adelante desde la base del ventrículo, // ***t. braquiocéfalico,*** gruesa arteria, que en las aves parte del arco aórtico y va a ramificarse en las que llevan sangre a la cabeza y a las alas. // ***t. cerebral,*** el encéfalo primitivo, de forma lineal que se pliega en el adulto de los tetrápodos. // ***t. pedio,*** cada uno de los conectivos nerviosos que inerva el pie de los moluscos anfineuros. // ***t. simpático,*** la doble cadena de ganglios que forman el sistema simpático o toracolumbar. // ***t. traqueal,*** cada una de las dos gruesas tráqueas de los insectos situadas a derecha e izquierda del tubo digestivo. // ***t. transversal*** también llamado *conducto de Cuvier,* que recoge la sangre de las venas cardinales y la conduce al seno venoso en los peces y anfibios. // ***t. viscero-palial,*** un par de conectivos laterales que inervan las vísceras y el manto de los moluscos de la clase *Amphineura.*

troncal* Perteneciente o relativo al tronco.

tropeico (**tropeic**). = *Aquillado.* (Gr. **tropis,** quilla.)

tropía. V. *tropismo.*

tropibásico (**tropibasic**). Tipo de condrocráneo en el que las trabéculas están unidas en la línea media.

tropical* (**tropical**). Lo relativo a los trópicos.

trópico* (**tropic**). En biología, lo que se relaciona con el crecimiento o con la producción de secreciones. Ej. *hormona tirotrópica.* (Gr. **tropikos** dar vuelta.)

tropina (**tropine**). V. *opsonina.*

tropismo* (**tropism**). Movimientos de flexión en el reino vegetal, debidos principalmente a un crecimiento diferencial, como respuesta a estímulos externos. Ej. *geotropismo, heliotropismo, quimiotropismo.* Hay una escuela que acepta también tropismos en el reino animal. (Gr. **trope,** dar vuelta.)

tropitrábico. V. *tropibásico.*

tropocolágeno (**tropocollagen**). Cadena de polipéptidos en forma soluble hallada en los fibroblastos. (Gr. **tropos,** giro; + **colágeno.**)

tropomiosina (**tropomyosin**). Una de las proteínas de las fibrillas musculares. (Gr. **tropos,** giro; + **miosina.**)

troponina (**troponin**). Proteína hallada en los filamentos delgados de los músculos estriados que inhibe la contracción en ausencia de calcio. (Gr. **tropos,** vuelta.)

tropotaxia (**tropotaxis**). *Tropotaxis.* Según Kühn, este nombre expresa las respuestas obligadas de un determinado estímulo. (Gr. **tropos,** giro; **taxis,** orden.)

troquiforme (**trochiform**). En forma de rueda o con una estructura en forma de rueda. // Que lleva una rueda. //Concha de los moluscos gasterópodos de forma cónica con lados planos y base bastante plana, como la de las especies del género *Trochus.* (Gr. **trochos,** rueda.)

troquilo* (**humming bird**). V. *colibrí.* (Gr. **trochilos.**)

troquita (**trochite**). Segmento deprimido del tallo de los equinodermos crinoides. (Gr. **trochos,** rueda.)

trufa (**nose**) Rinario. La parte desnuda del hocico del perro. (Lat. **truffa, tuber,** tubérculo.)

trucha* (**trout**). Pez fluvial de carne muy estimada, propio de los ríos y lagos fríos. Orden *Clupeiformes,* familia *Salmonidae* (**Salmo fario**). (Lat. **tructa;** gr. **troktes,** trucha.) // Cuba: el pez norteamericano introducido (**Micropterus salmoides**). // Cuba: ver *dajao,* pez.

truche (**antillean pearly-eyed trasher**). Puerto Rico; ave del orden *Passeriformes,* familia *Mimidae* (**Margarops fuscatus**).

truncada* (**truncate**). Se dice de la estructura cuya extremidad termina cual si la hubieran cortado. (Lat. **truncatus,** cortado.)

trunco* (**truncate**). Truncado, cortado, mutilado. (Lat. **truncus,** cortado.)

trupial* (**troupial**). *Turpial.* Se aplica a varias especies de aves del orden *Passeriformes,* familia *Icteridae* y, en especial, a las de colores brillantes: rojo, amarillo y negro (**Icterus icterus**). (Francés **troupiales,** der. de **troupe,** tropa.)

Tryblidiacea. Un orden de moluscos de la clase *Monoplacophora.* Casi todos son fósiles, excepto *Neopilina,* q.v.

Trypanorhyncha. Orden de *Platyhelminthes,* de la clase *Cestoda,* con el escólice de cuatro botridios y cuatro prosbóscides protráctiles espinosos (Gr. **trypano,** taladro; **rhynchos,** trompa.) *Tetrarhynchoidea.*

Trypanosoma. Género de protozoos flagelados parásitos de la sangre del hombre y otros mamíferos. Se transmiten por las moscas y otros insectos. En el hombre producen la enfermedad del sueño y en los animales la nagana, la surra, etc. (Gr. **trypanon**, taladro; **soma**, cuerpo.)

Trypylaea. V. *Phaedaria.*

tsaine (tsaine). Nombre burmés del *bantín.* especie de búfalo asiático.

Tschermack, Erik. Geneticista austriaco, uno de los redescubridores de las reglas genéticas de Mendel. Los otros fueron Correns, alemán, y de Vries, holandés.

tsetsé (tsetse fly). Se aplica a varias especies de moscas africanas del género *Glossina*, trasmisoras de la enfermedad del sueño. (Nombre nativo.)

tuatara (tuatara). *Tuatera.* Reptil de Nueva Zelandia, única reliquia viviente del orden *Rhynchocephalia* (**Sphenodon punctatus**).

tuba* (tuba). Organo en forma de trompeta. V. *trompa de Eustaquio, trompa de Falopio*, etc. (Lat. **tuba**, trompa.)

túber (tuber). Protuberancia redondeada. (Lat. **tuber.**) // ***t. cinereun***, estructura de la región ventral del diencéfalo que también se llama *tubérculo ceniciento.* // ***t. vermis***, parte superior del vermis del cerebelo.

tubérculo* (tubercle). Pequeña elevación redondeada de un hueso o de otra estructura animal. // Una cúspide dentaria. (Lat. **tuberculum**, diminutivo de **tuber**, hinchazón.) *Adj.* ***tuberculoso****. // ***t. acústico***, prominencia en la parte dorsal de la médula oblongada en la cual corren el séptimo, octavo y noveno nervios craneales que son los componentes sensoriales aferentes conocidos como el sistema acústico-lateral. // ***t. bigéminos***, nombre equivalente al de *lóbulos ópticos* del mesencéfalo, y que se encuentran desde los peces hasta las aves. // ***t. cuadrigéminos***, dos pares de proyecciones redondeadas del tectum del mesencéfalo que sirven de centro de relevo para los reflejos visuales y auditivos. // ***t. mamilares***, procesos en las vértebras torácicas posteriores. // ***t. sectorial***, tipo de molar de los mamíferos en donde aparece, en el lado posterior, un saliente llamado *talón* en los molares superiores y *talonido*, en los inferiores.

tuberosidad* (tuberosity). Elevación ósea redondeada y ancha más elevada que un tubérculo. (Lat. **tuberositas**, una hinchazón.) //*Adj.* ***tuberoso****.

tubícula* (tubicolous). Que habita en un tubo. (Lat. **tubus**, **-icola**; habitante.)

tubicorne (tubicorn). Que está provisto de cuernos huecos. Es preferible a *caviforme.* (Lat. **tubus**, tubo; **cornu**, cuerno.)

tubifaciente (tubifacient). Que fabrica tubos, como ciertos vermes. (Lat. **tubus**, tubo; **fecere**, hacer.)

tubilingüe (tubilingual). Organismo que tiene la lengua de forma tubular. (Lat. **tubus**, tubo; **lingua**, lengua.)

Tubinares. Orden de aves marinas. = *Procelariiformes.*

tubinario. Ave del orden *Tubinares.*

tubípara (tubiparious). Glándula cuya secreción fabrica el tubo en que habitan ciertos vermes. (Lat. **tubus**, tubo; **parere**, engendrar.)

tubo* (tube). Estructura de sección generalmente circular que conduce substancias de una parte a otra del organismo o entre éste y el ambiente. V. *túbulos.* (Lat. **tubus**, tubería.) *Adj.* ***tubuliforme.*** // ***t. acuífero***, tubo ciliado ramificado conectado con el anillo acuífero y el celoma en equinodermos. // Cada uno de los canales branquiales de los moluscos bivalvos que llevan el agua hacia las branquias. // ***t. colector***, cada una de las estructuras que recogen las orinas producidas en los tubos renales y las vierten en la pelvis renal. // ***t. de Gartner***, restos del canal de Wolf, situado junto a la vagina de los mamíferos. // ***t. digestivo***, la parte conductora del sistema digestivo. // ***t. de Falopio***, la porción posterior del oviducto en los mamíferos, = *oviducto.* // ***t. de Malpigio***, órganos excretores de insectos, arácnidos y miriápodos, que desembocan en comienzo del intestino posterior. // ***t. de Miescher***, cuerpos alargados formados por quistes de *esporozoarios sarcosporidios* en los músculos de los mamíferos, aves y reptiles, que contienen numerosas esporas falciformes llamadas *corpúsculo de Rainey.* // ***t. germinal***, tubo corto y filamentoso producido por un esporo germinativo. // ***t. hidróforos***, hallados en los equinodermos crinoideos o los conductos del aparato vascular, que se abren independientemente en la pared de cáliz por no tener placa madrepórica. // ***t. intertentacular***, abertura ciliada entre el celoma y el lofóforo en *Bryozoa.* // ***t. nasales***, v. *Tubinares*, // ***t. neural***, un pliegue hueco, paralelo al eje mayor del cuerpo, formado por invaginación de la *placa neural* del embrión de los vertebrados. // ***t. ovíferos***, los que forman los ovarios en la mayoría de los insectos. // ***t. pardos***, nombre que se aplica a los nefridios de *Sipunculoidea.* // ***t. de Rainey***, sacos alargados que se encuentran enquistados en los músculos esqueléticos que corresponden a los estados adultos de los sarcosporidios. // ***t. respiratorio***, órgano o divertículo faríngeo de los peces ciclóstomos, desde donde el agua se distribuye a los sacos branquiales. // ***t. seminíferos*** estructuras de los testículos de los vertebrados en donde se forman los espermatozoos. // ***t. seminíparos = t. seminíferos.*** // ***t. uriníferos***, estructuras primitivas del *mesonefros*, en donde se filtra la orina, también llamadas *nefrostomas.* // ***t. ventral***, apéndices abdominales de los insectos del orden *Colembola.* que se unen formando un tubo. // ***t. viscoso***, vaina de naturaleza adhesiva que producen los anélidos terrestres durante el apareamiento y que rodea las ootecas. // ***t. timpánico***, una invaginación entre el primer y tercer arco visceral de la que se derivan la cavidad timpánica y la *trompa de Eustaquio.*

Tubulidentata. Orden de mamíferos placentarios desdentados africanos que comprende una sola especie: el llamado *cerdo hormiguero* (**Orycteropus afer**). (Lat. **tubulus**, túbulo; **dens**, diente.)

Tubulifera. Suborden de insectos del orden *Thysanoptera*, cuyas hembras carecen de ovipositor. (Lat. **tubulus**, túbulo; **ferre**, llevar.)

túbulo (tubule). Diminutivo de *tubo.* Ovipositor cilíndrico de los insectos. // *Adj.* ***tubular****, ***tubuloso****, ***tubuliforme****. // ***t. anal***, órgano excretor de los equiuroideos, formado por varios embudos ciliados que se abren en la cavidad celomática y desembocan en la parte terminal del intestino. Es llamado también *vesícula anal.* // ***t. colectores***, v. tubo colector. // ***t. contorneados***, parte retorcida de las nefronas o túbulos renales de los riñones de tipo metanefros. Hay túbulos *contorneados proximales* y *túbulos contorneados distales.* // ***t. convolutos***, v. *t. contorneados.* // ***t. foraminal***, pequeño tubo que se proyecta en algunas gémulas de esponjas. // ***t. ováricos***, estructuras de forma cónica que forman los ovarios de muchos insectos llamadas también *ovariolos.* // ***t. rectos***, pequeños tubos que comunican los túbulos seminíferos con la *rete testis.* // ***t. renales***, unidades anatómicas y funcionales del riñón, formadas por la cápsula de Bowman, los túbulos contorneados proximales y distales y el asa de Henle. También se denominan *nefronas.* // ***t. retorcidos.*** V. *túbulos contorneados.*

tucán* (toucan). Nombre de diversas aves neotropicales del orden *Piciformes*, familia *Ramphastidae*, caracterizadas por su enorme pico (**Ramphastos toco**).

tuco* *Cocuyo*, q.v. // Perú: especie de *búho.*

tucotuco (tuco-tuco). Roedor cavador de la Patagonia, de la familia *Octodontidae* (**Ctenomys magellancius.**)

tucúquere Especie de búho chileno muy grande. (Dicc.)

tucura (locust). Argent. y Parag.: *langosta*, insecto ortóptero. Familia *Acrididae* (**Dicroplus maculipennis.**)

tucuxi (Amazonas dolphin). Delfín del Amazonas y sus afluentes (**Sotalia fluviatilis**), también llamado *pirayaguará.*

tucunare*. Pez fluvial comestible de la cuenca amazónica, de la familia Cichlidae que alcanza buen tamaño (**Cichla ocellaris**).

tuétano* (marrow). Médula ósea.

tui (parakeet). *Argent:* loro pequeño o periquito. (**Guaraní.**) (Dicc.)

tujuy (Gallinule). Puerto Rico: ave del orden *Gruiformes* también llamada *gallareta negra* (**Gallinula chloropus**).

tular (tuler). El híbrido entre el camello bactriano macho y el camello dromedario hembra. Los machos son estériles.

tumefacción* (tumefaction). = *Hinchazón.* (Lat. **tumefactus.**) *Adj.* ***tumefacto****.

túmido* (tumid). Hinchado, túrgido. (Lat. **tumidus.**)

tumor* (tumour). Hinchazón o incremento anormal de una estructura o tejido. Se aplica especialmente al producido por condiciones patológicas. (Lat. **tumor.**)

tuna (tuna fish). Anglicismo innecesario por *atún.* (Esp. **atún**; árabe, **tun.**)

tunco* (swine). Hond. y Méx.: *cerdo.*

tundra* (tundra). Tierra helada entre la zona polar y el *taiga,* caracterizada por el largo invierno, ausencia de árboles y breve estación de crecimiento vegetal. (Voz **finlandesa.**)

tunduco. Roedor histricomorfo que vive en Chile. Familia *Octodontidae* (**Acontaemys fuscus.**)

túnel de Corti. Conducto espiral de forma triangular entre pilares de Corti y la membrana basilar del caracol. (**Corti, A.**, histólogo italiano.)

túngaro (a kind of toad). Nicaragua: especie de rana de la familia *Leptodactylidae* (**Eupemphix pustulosa**). (Voz onomatopéyica.)

túnica* (tunica). Envoltura de un órgano o de un organismo. // La concha de los tunicados. (Lat. **tunica**, vestido; cubierta.) // ***t. albugínea,*** la cápsula fibrosa que envuelve los testículos de los mamíferos // ***t. esplácnica,*** la capa interna del mesodermo, o sea, lo que cubre las vísceras. // ***t. externa,*** capa exterior de los vasos sanguíneos compuesta de tejidos conjuntivos fibroelásticos. // ***t. íntima,*** capa interna de los vasos sanguíneos, compuesta de una capa lisa de tejidos endoteliales. // ***t. media,*** capa intermedia de los vasos sanguíneos compuesta principalmente de tejidos musculares lisos y tejidos elásticos. // ***t. muscular,*** estrato del tubo digestivo formado por fibras lisas circulares y longitudinales situado inmediatamente por debajo de la serosa. // ***t. propia,*** membrana acelular adherida a la superficie del germario y del velario en los ovarios de los insectos. // ***t. somática,*** la que, uniéndose al ectodermo, forma las paredes del cuerpo. // ***t. vaginal,*** capa serosa que cubre la túnica albugínea de los testículos de los mamíferos.

tunicado* (tunicate). Ver *Tunicata.*

Tunicata. Subfílum de cordados del grupo *Acrania* que tienen el notocordio y el tubo neural reducido a la cola, y el cuerpo cubierto por una *túnica* compuesta por un polisacarido llamado *tunicina,* parecido a la celulosa. (Lat. **tunica.**) = *Urochordata.*

tunicina (tunicine). Sustancia que se forma en la túnica o cubierta de los tunicados, similar a la celulosa de los vegetales. (Lat. **tunica.**)

tunícula (tunicle). Un tegumento tenue. (Lat. **tunicula**, capa pequeña.)

tupario. V. *tupaya.**

tupaya* (tupaia). Mamífero de Filipinas, India, Birmania, Indonesia, del orden *Primates,* suborden *Tupaioidea* (**Tupaia tana**).

Tupaioidea. Un suborden de *Primates,* hoy clasificados en el infraorden *Lemuriformes,* pero previamente considerados como *Insectívoros* primitivos. Son de pequeño tamaño, aspecto de ardilla, con todos los dedos posteriores provistos de garras y la cola con pelaje espeso. (**Tupaia,** nombre malayo.)

tuqueque (gecko). Venez.: reptil del suborden *Sauria,* familia *Geckonidae* (**Thecadactylus rapicauda**).

tuqueco (gecko). Colombia: lagarto de la familia *Geckonidae* (**Hemidactylus brooki**).

tur (tur). Especie de cabra salvaje europea (**Capra caucasica**).

turacina (turacin). Sustancia de color rojo, soluble en agua, que pigmenta las plumas de ciertas aves africanas de la familia *Musophagidae* (**De turaco,** ave africana.)

tupinamba. Especie de lagarto sudamericano de la familia *Teidae* (**Tupinambis taquixin**).

turaco* (touraco). Ave africana que come bananas. Orden *Passeriformes,* familia *Musophagidae* (**Touraco**).

turacoverdina (turacoverdin). Pigmento de color verde de ciertas aves africanas *Musophagidae.* (**Turaco, verde.**)

turbaco. Colombia: serpiente venenosa de la familia *Crotalidae* (**Bothrops lansbergi**).

Turbellaria. Clase del fílum *Platyheminthes,* que comprende gusanos planos de vida libre, sin cutícula. (Lat. **turba,** disturbancia.)

turbelario (turbellarian). Un verme de la clase *Turbellaria,* q.v.

turbiedad* (turbidity). Calidad de turbio. Se aplica a la transparencia del agua en hidroecología. (De **turbio.**)

turbinado (turbinate). V. *turbiniforme.*

turbinal (turbinal). Cada uno de los huesos de la cavidad nasal, de forma enrollada, situados a cada lado de ella, que están formados a expensas de los huesos maxilares, etmoidales y palatinos. // *Cornetes.* (Lat. **turbo,** remolino.)

turbiniforme (turbiniform). Concha de los moluscos gasterópodos, que tiene la espira ampliamente cónica y la base convexa. Es un término mejor que *turbinado.* (Lat. **turbo,** remolino, pero en este caso, las conchas del género **Turbo.**)

turgencia* (turgor). El estado de estar hinchado o lleno. (Lat. **turgido.**) *Adj.* ***turgescente, túrgido.***

turgescencia (turgescence). El proceso de la distensión o turgencia. *Adj.* ***turgescente.***

turma*. Testículo.

turón* (polecat). V. *hurón* (**Putorius putorius**).

turpial* (troupial). *Trupial.* Ave neotropical del orden *Passeriformes,* familia *Icteridae,* de bello plumaje y canto muy agradable (**Icterus icterus**)

turriculado (turriculate). Que tiene vueltas alargadas, en espiral. Se aplica a la concha de los moluscos gasterópodos que tiene espira agudamente cónica y compuesta de numerosas vueltas bastante planas. (Lat. **turricula,** torrecilla.)

tursión (bottle nosed). Delfín o tonina de aguas tropicales y templadas, frecuente en mares y estuarios americanos. Es una de las especies que se ven adiestrados en los acuarios (**Tursiops truncatus**).

tusor (tusor). Seda que se obtiene de la mariposa de Mongolia (**Anthera pernyi**).

tusón* (colt). Potro de menos de dos años. (Lat. **tusón,** vellón de la oreja.)

tutacusilla (night monkey). Especie de mono nocturno que vive en Ecuador. Familia *Cebidae* (**Aotus trivirgatus**).

tutamen (tutamen). Estructura protectora, como los párpados. (Lat. **tutamen,** protección.)

tutamono (kinkajou). V. *martucha* o *kinkajou,* mamífero.

tutapixco. Ecuador: especie de murciélago (**Phyllostoma,** sp.).

tuteque. Colombia: especie de lagarto de la familia *Iguanidae,* del género *Tropidurus torquatus.*

tutú*. Argent.: ave de rapiña, del tamaño del halcón, con el pico curvo y fuerte. Orden *Falconiformes.*

tuyango (Southamerican stork). V. *maguari.* Especie de cigüeña sudamericana (**Euxenura maguari**).

tuyuyú (wood ibis). Especie de cigüeña americana (**Mycteria americana**).

tuza (pocket goffer). Se aplica a varias especies de roedores cavadores que tienen bolsas externas en las mejillas. Familia *Geomyidae.* (**Thonomys bottae.**)

Tuzer, O.R. Histólogo francés. En colaboración con R. Loubatiere y M. Pavans de Ceccatty, descubrió células aparentemente nerviosas en las esponjas.

twiga. La *jirafa* en lenguaje swahilí.

Tylenchina. Suborden de nematodos de la subclase *Phasmidea*, orden *Rhabditida*, provistos de 6-8 labios, o sin ellos, con estilete y conductores excretores de un solo lado. Parásitos de insectos y de vegetales. (De **Tylenchus**, género, tipo.)

Tylopoda. Suborden de mamíferos artiodáctilos sin cuernos, con la planta de los pies callosa, los caninos robustos y los molares selenodontos, como los camellos, llamas, etc. (Gr. tylos, callo; pous, pie.)

typus (type). V. *tipo*.

Tyranni. Suborden de aves *Paseriformes*. (De **Tyrannus**, generitipo de la familia típica.)

Tiranosaurio. Dinosaurio carnívoro de enorme tamaño. (Lat. tyrannus, déspota; gr. sauros, lagarto.)

Tyson, Edward. Anatomista inglés. V. *glándulas de Tyson*. (1649—1708)

tzetzé (tzetze). V. *tsetsé*.

tzoniztac (tayra). Méx.: V. *taira*, mamífero.

U

uácari (uacari monkey). Mono sudamericano de la familia *Cebidae*, de cara rojiza sin pelos **(Cacajao rubicundus).**

uálabi (walaby). Canguro australiano de tamaño pequeño. Familia *Macropodidae* **(Macropus ruficollis).**

uanderú (wanderoo). Mono de Ceilán, familia *Cercopithecidae* **(Pithecus senex).**

uápiti (wapiti). Ciervo norteamericano. Familia *Cervidae* **(Cervus canadensis).**

uaral (desert monitor). Lagarto de los desiertos del norte de Africa. Familia *Varanidae* **(Varanus griseus).**

uau -uau (gibbon). El gibón ceniciento de Java **(Hylobates leusiscus).**

ubicuo* (ubiquitous). Que ocurre en muchos lugares (Lat. **ubique**, dondequiera.)

ubiquinona (ubiquinone). Coenzima Q, un aceptor de hidrógeno en el ciclo de Krebs. (Lat. **ubique**, dondequiera.)

ubre* (udder). *Mamas.* (Lat. **uber**, ubre.)

ucamari (spectacled bear). El oso andino u oso de anteojos **(Tremarctos ornatus).**

Udonelloidea. Un orden del fílum *Platyhelminthes*, clase *Trematoda.* (Gr. **oudon**, zapato; **eidos**, forma.)

Uintatheira. Orden de grandes mamíferos cornudos del Paleoceno y Eoceno. V. *Dinocerata.* (Uinta, montañas en el noroeste del estado de Utah, EE.UU., (gr. **ther**, bestia.)

ula (gum). *Encía.* (Gr. **oula**, encía.) // *Adj.* ***ulético.*** V. *gingival.*

úlcera* (ulcer). Alteración local en la superficie de un órgano debida a necrosis o a desprendimiento celular. (Lat. **úlcera.**) *Adj.* ***ulceroso*, ulcerativo*.***

ulcoate*. Una serpiente venenosa. (Dicc.)

uliginoso* (uliginous).=*Pantanoso.* (Lat. **uliginosus**, cenagoso.)

ulitis (ulitis). Inflamación de las encías. (Gr. **oula**, encía; **-itis**, inflamación.)

ulna (ulna). *Cúbito.* Hueso en el antebrazo de los tetrápodos. (Lat. **ulna**, codo.)

ulnar (ulnar). Hueso del carpo situado frente a la ulna. (Lat. **ulna**, codo.)

ulnocarpal (ulnocarpal). Que pertenece a la ulna y al carpo. *Cubito-carpal.* (Lat. **ulna**, codo; **carpus**, muñeca.)

ulnorradial (ulnoradial). Que pertenece a la ulna y al radio. =*Cubitorradial.* (Lat. **ulna**, codo; **radius**, radio.)

-ulo (ule). (Lat. **ule**, pequeño.) Sufijo con el que se quiere expresar algo pequeño o ligero.

uloide (uloid). Que parece una cicatriz. (Gr. **oule**, cicatriz; **eidos**, forma.)

ulona (ulone). La parte carnosa de la boca de los insectos. (Gr. **oula**, encía.)

ulosis.=*Cicatrización. Adj.* ***ulótico.***

ulótrico (ulotrichous). Que posee pelo rizado o lanoso. (Gr. **oulos**, lanoso; **thrix**, pelo.)

ultimobranquial (ultimobranchial). Glándula de función desconocida del quinto o último par de sacos branquiales del embrión de los vertebrados. (Lat. **ultimus**, último; **branchia**, agalla.)

ultra* (ultra). (Del lat. **ultra**, más allá.)

ultradextrorsa (ultradextral). Se aplica a los moluscos gasterópodos cuya concha es sinistrorsa, pero el animal es dextrorso. V. *hipertrófico.* (Lat. **ultra**, más allá; **dexter**, en el lado derecho.)

ultrasinistrorsa (ultrasinistral). Se aplica a los moluscos gasterópodos de concha dextrorsa, pero con el animal sinistrorso. V. *hipertrófico.* (Lat. **ultra**, ultra; **sinister**, del lado izquierdo.)

ultracentrífuga (ultracentrifuge). Instrumento desarrollado por T. Svedberg, que permite separar partículas de la célula por su densidad relativa. (Lat. **ultra**, ultra; **+centrífuga.**)

ultramicrobio (ultramicrobe). Antiguo término ahora sustituido por el de *virus.* (Lat. **ultra**, ultra; **+microbio.**)

ultramicroscopio* (ultramicroscope). Instrumento ideado por Siedentrof y Zsignondy, cuya iluminación lateral permite apreciar sobre un campo oscuro, partículas más pequeñas que con el microscopio común. (Lat. **ultra**, ultra; **+microscópico.**)

ultrasónica (ultrasonic). Se dice de la vibración inaudible para el hombre (más de 20,000 cps.). Ej. las que emplean murciélagos y guácharos para guiarse en la obscuridad. (Lat. **ultra**, ultra; **+sónico.**)

úlula*. V. *autillo.* (Lat. **ulula**, autillo.)

ulular* (ululate). Dar gritos o alaridos como un búho. (Lat. **ululare**, grito del búho.)

umbela* (umbella). Agrupación de ciertos pólipos que parte de un centro común, formando grupos discoidales o encorvados.// Parte de la medusa que tiene forma de sombrilla. (Lat. **umbella**, quitasol.) *Adj.* ***umbelífero*.***

umbélula (umbellule) Umbela pequeña. (Lat. **umbellula**, dim. de **umbella.**)

umbilicus (navel). *Ombligo.*// Estructura de forma de ombligo situada alrededor del eje de la concha en los moluscos gasterópodos.// Abertura en el cálamo de la pluma del ave. (Lat. **umbilicus.**) *Adj.* ***umbilicado*, umbilical.***

umbo (umbo). Prominencia en forma de pico de la concha

de los moluscos bivalvos. (Lat. **umbo**, escudo, nodo.) *Adj.* ***umbonado, umbiniforme.***

umbráculo* **(umbraculum).** En zoología, estructura en forma de sombrilla.// Orla pigmentada en el iris de ciertos mamíferos. // Apéndice pupilar en los anfibios. (Lat. **umbraculum**, lugar sombreado.)

umbral* **(threshold).** Nivel de excitación que debe ser excedido para que produzca un efecto. (Lat. **umbra**, sombra, protección.)// ***u. cromático,*** estímulo mínimo capaz de producir la sensación de color.// ***u. de extinción,*** el número mínimo de una especie que puede sobrevivir en un hábitat.// ***u. renal,*** concentración mínima de una substancia en la sangre, suficiente para que aparezca en la orina.

umbratícola (umbraticolous). Que habita en lugares sombreados. (Lat. **umbra**, sombra; **-icola**, que habita.)

umbrático* **(umbraticous).** Perteneciente o relativo a la sombra. (Lat. **umbraticus.**)

umbrina. Cuba: V. *roncador,* pez.

umbrela. V. *umbela.*

uningkabob (musk ox). Nombre dado por los esquimales al toro *almizclado* **(Ovibos moschatus).**

unau (sloth). Perezoso de dos uñas de la América tropical **(Cholepus hoffmanii).** (Nombre indígena.)

unciforme* **(unciform).** Estructura en forma de garfio.// Proceso del hueso etmoides.// Hueso del carpo o *hamatus.* // Proceso de las costillas de las aves. (Lat. **uncus**, garfio o anzuelo; **forma**, figura, forma.)

uncinariasis (uncinariasis). Parasitismo debido a la presencia de vermes nematodos de los géneros *Necator* y *Ancylostoma. =Ancilostomasis.*

uncinado (uncinate). V. *unciforme.*

uncino (uncinus). Una estructura con dientecillos encorvados, como las setas de los anélidos y los dientecillos de la rádula de algunos gasterópodos. (Lat. **uncinus**, garfio.) *Adj.* ***unciniforme.***

uncus (uncus). Extremidad anterior de la circunvolución del hipocampo del cerebro, que se curva hacia arriba en forma de gancho. // Cabeza encorvada del martillo de los rotíferos. // Proceso en el noveno segmento abdominal en los machos de las mariposas. // Cualquier estructura encorvada como un garfio. (Lat. **uncus**, anzuelo.)

undoso* **(undose).** Que se mueve haciendo ondas. (Lat. **undosus**, de **unda**, onda.)

undulante* **(undulating).** Que undula, participio del verbo *undular.* (Lat. **undula**, dim. de **unda**, onda.)

unguicorne (unguicorn). Que tiene uña córnea, *Dertroteca,* q.v. (Lat. **unguis**, uña; **corneus**, de cuerno.)

unguícola (unguicolous). Tipo de uña propia del hombre y de los monos, de carácter laminar y con la suela reducida. (Lat. **unguicola**, dim. de **uña.**)

unguiculado* **(unguiculate).** Que está provisto de garras. // Un miembro de la división *Unguiculata* en los mamíferos. (Lat. **unguiculus**, uña o garra pequeña.)

Unguiculata. Una división de la clase *Mammalia,* que incluye los mamíferos que tienen garras, como los roedores, los carnívoros, los insectívoros. (Lat. **unguiculus**, uña pequeña.)

unguis* **(unguis).** Garfio tarsal en los insectos. // Huesecillo de la parte anterior de cada una de las órbitas que tiene forma de uña. (Lat. **unguis**, garra o zarpa.) *Adj.* ***unguífero, ungual.***

unguitractor (unguitractor). Placa mediana en el pretarso de los insectos donde se insertan los músculos que mueven la uña. (Lat. **unguis**, garra; **trabo**, traer.)

ungula (ungula). Casco o pezuña. (Lat. **ungula**, pezuña.)

ungulado* **(ungulate).** Que tiene pezuña. // Que pertenece a la división *Ungulata.*

ungular* **(ungular).** Que pertenece a la uña.

Ungulata. División de la clase *Mammalia* que comprende los mamíferos provistos de pezuñas, órdenes *Artiodactyla* y *Perissodactyla.*

ungulígrado (unguligrade). Que camina apoyándose en los cascos o pezuñas. (Lat. **ungula**, pezuña; **grados**, caminar.)

uni- (uni-). (Del lat. **unus**, uno, solo.)

uniaxial (uniaxial). Que tiene un solo eje de simetría. (Lat. **unus**, uno; **axis**, eje.)

uniactinia (uniactine). Espícula de un solo rayo. (Lat. **unus**, uno; gr. **aktis**, rayo.)

unibranquiado (unibranchiate). Que tiene una sola branquia. (Lat. **unus**, uno; **+branquia.**)

unicapsular (unicapsular). Que tiene una sola cápsula. (Lat. **unus**, uno; **cápsula**, cajita.)

unicelular* **(unicellular).** Organismo que tiene una sola célula. (Lat. **unus**, uno; **cellula**, célula.)

uniciliado (uniciliate). Que tiene un solo cilio. (Lat. **unus**, uno; **cilium**, pestaña.)

unicípite (unicipital). Que tiene un solo punto de inserción o una sola articulación. (Lat. **unus**, uno; **caput**, cabeza.)

unicornio* **(unicorn).** Que tiene un solo cuerno o una sola espina. // Animal fabuloso, especie de caballo con un cuerno en la frente. // *Narval.* (Lat. **unus**, uno; **cornu**, cuerno.)

uniacostillado (unicostate). Que tiene una sola costilla prominente. (Lat. **unus**, uno; **costa**, costilla.)

unicúspide (unicuspid). Que está provisto de una sola cúspide, como los dientes caninos. (Lat. **unus**, uno; **cuspis**, punta.)

unidáctilo (unidactyl). Que tiene un solo dedo. *Monodáctilo.* (Lat. **unus**, uno; gr. **daktylos**, dedo.)

unidad* **(unity).** Singularidad en número o calidad. // ***u. biológica,*** cualquier estructura que pueda llevar a cabo una función biológica especial. Ej.: un gen, una viroprotenía. // ***u. hipotética,*** cualquier componente último del protoplasma: pangén, gémula, gen, micela., etc. (Lat. **unitas**, unidad.) // ***u. motora,*** una fibra nerviosa motora asociada a un grupo de fibras musculares.

uniembrionario (uniembryonary). Que tiene un solo embrión. (Lat. **unus**, uno; gr. **embryon**, feto.)

unifacial (unifacial). Que tiene una sola cara o superficie principal. (Lat. **unus**, uno; **facies**, cara.)

unifactorial (unifactorial). Lo que regula un solo gen. (Nombre obsoleto) = Monogenético. (Lat. **unus**, uno; **facere**, hacer.)

uniflagelado (uniflagellate). Que posee un solo flagelo. (Lat. **unus**, uno; **flagellum**, látigo.)

uniforado (uniforate). Que está perforado por un solo agujero. (Lat. **unus**, uno; **foratus**, perforado.)

uniformismo (uniformitarianism). Doctrina que sostiene la semejanza entre las fuerzas actuales y las que actuaron en épocas geológicas pasadas. Op. *catastrofismo.* (Lat. **unus**, uno; **forma**, forma.)

unigémino (unigeminal). Se aplica a la disposición de los pares de poros de ciertos equinoideos en una sola hilera. (Lat. **unus**, uno; **geminus**, gemelo.)

unigénesis (unigenesis). *Monogénesis.* (Lat. **unus**, uno; gr. **gene**, origen.)

unihumoral (unihumoral). Se aplica al cromatóforo activado por una sola secreción humoral. (Lat. **unus**, uno; **humor**, fluido.)

unilaminado (unilaminate). Que tiene una sola capa. *Uniestratificado.* (Lat. **unus**, uno; **lamina**, capa.)

unilateral (unilateral). Que tiene un solo lado. (Lat. **unus**, uno; **latus**, lado.)

unilocular (unilocular). Que tiene una sola cámara. (Lat. **unus**, uno; **loculus**, cámara.)

unimucronado (unimucronate). Que tiene una sola punta aguda o mucrón. (Lat. **unus**, uno; **mucron**, puntiagudo.)

uninucleado (uninucleate). Que tiene un solo núcleo. (Lat. **unus**, uno; **nucleus**, núcleo.)

unión (**union**). Acción y efecto de unir. // *u. mioneural,* o punto donde las fibras nerviosas terminales están en contacto con las fibras musculares. // *u. urogenital,* unión entre el testículo y los canalículos del mesonefros.

uniovular (**uniovular**). *Monocigótico.* Que tiene un solo huevo. Se aplica a los gemelos. (Lat. **unus,** uno; **ovum,** huevo.)

uniparental (**uniparental**). Población compuesta de organismos que proceden de un solo progenitor y muestran patrón idéntico. Sus cambios se deben a mutaciones. Op. *biparental.* (Lat. **unus,** uno; **parens,** progenitor.)

uníparo (**uniparous**). Que pare un solo hijo a la vez. (Lat. **unus,** uno; **parere,** producir.)

unípedo (**uniped**). De un solo pie. (Lat. **unus,** uno; **pedis,** pie.)

unipolar (**unipolar**). Se aplica a neuronas con un solo proceso. (Lat. **unus,** uno; **polos,** polo.)

unipotente (**unipotent.**) Se dice de la célula que por división producen células de una sola clase. Op. *totipotente.* (Lat. **unus,** uno; **potens,** poderoso.)

unirradiado (**uniradiate**). De un solo rayo. (Lat. **unus,** uno; **radius,** rayo.)

unirrámeo (**uniramous**). Que tiene una sola rama. Aplícase a la antena de los crustáceos que tiene una sola rama. (Lat. **unus,** uno; **ramus,** rama.)=*Unirramoso.*

uniseptado (**uniseptate**). Que tiene un solo tabique. (Lat. **unus,** uno; **septum,** valla.)

uniserial (**uniserial**). Que está dispuesto en una sola serie o fila. (Lat. **unus,** uno; **series,** serie.)

uniserrado (**uniserrate**). Que tiene un borde provisto de una hilera de dientecillos, como una sierra. (Lat. **unus,** uno; **serra,** sierra.)

uniserrulado (**uniserrulate**). Que tiene un borde provisto de una fila de dientecillos. (Lat. **unus,** uno; **serrula,** sierrilla.)

unisetoso (**unisetose**). Provisto de una sola seta o cerda. (Lat. **unus,** uno; **seta,** cerda.)

unisexual (**unisexual**). Que tiene un solo sexo. Op. *bisexual,* o *hermafrodita.* (Lat. **unus,** uno; **sexus,** sexo.)

unispiral (**unispiral**). Que tiene una sola espira. (Lat. **unus,** uno; **spira,** espira.)

unitivo. V. *tejido conectivo.*

unistratificado (**unistratose**). Se aplica al tejido con una sola capa de células. (Lat. **unus,** uno; **stratum,** capa.)

univalente (**univalent**). Se dice del cromosoma impar. (Lat. **unus,** uno; **valere,** fuerte.)

Univalvia. Clase de moluscos que comprende especies cuya concha es de una sola pieza. Equivale a *Gastropoda.* (Lat. **unus,** uno; **valva,** valva.)

univalvo* (**univalve**). Molusco de la clase *Univalvia.* Concha de una sola pieza. (Lat. **unus,** uno; **valva,** valva.)

univoltino (**univoltine**). Que tiene un solo grupo de descendientes en cada estación fría. Ej. *gusano de seda.* (Lat. **unus,** uno; **ital.,** **volta,** tiempo.)

unívoro (**univorous**). Que come una sola clase de alimentos. (Lat. **unus,** uni; **vorare,** devorar.)

unko (**Sumatran gibbon**). El gibón de Sumatra y los estados malayos (**Hylobates agilis**).

uno (**two fold sloth**). V. *Unaú.*

uña (**nail**). Parte córnea que protege la punta de los dedos en su parte superior. // Garra de algunos animales. // Pezuña o casco. // Extremo del pico de las aves. (Lat. **unguis,** uña; **ungula,** pezuña.) V. *unguícola, zarpa, garra, zócalo.* // *u. laminar,* uña de los primates, llamada también *unguícula* y *uña regular.*

uombat (**wombat**). Marsupial australiano herbívoro de la familia *Phascolomidae* (**Phascolomys mitchelli**).

upsiloide (**upsiloid**). *Upsiliforme.* Que tiene estructura en forma de letra Y. (Gr. **upsilon,** letra Y; **oides,** similar.)

upupa* (**hoopoes**). Ave europea del orden *Coraciiformes,* familia *Upupidae. Abubilla* (**Upupa epops**).

ura* (**bot fly**). Insecto del orden *Diptera* de la América tropical que produce un tipo de miasis humana. Familia *Oestridae* (**Dermatobia hominis**).

uracilo (**uracil**). Una base de pirimidina que forma parte de un nucleótido en el RNA.

uraco (**urachus**). Parte superior del pedículo de la alantoides. (Gr. **ouron,** orina; **echein,** tener.)

uracto. Australia: especie de águila de gran tamaño (**Urooetus audax**).

uracho* (**urachus**). Ligamento medio del corazón umbilical. // Canal que en el feto de algunos mamíferos conecta la vejiga con el alantoides.

urajear (**rook**). Dar su voz al grajo o el cuervo.

urano- (**urano-**). (Del gr. **ouranos,** ciclo.) Se emplea para denotar el firmamente así como el cielo de la boca.

Uranoides. Una superfamilia de insectos lepidópteros tropicales provistos de alas de colores usualmente metálicos. (Del género **Urania.**) (Gr. **ouranos,** firmamento.)

uranoscopio (**stargazer**). Nombre que se da a varios peces marinos que tienen los ojos situados muy alto en la cabeza como mirando hacia el cielo. Familia *Uranoscopidae* (**Uranoscopus occidentalis**). (Gr. **ouranos,** firmamento; **skopeo,** examinar.)

uranosquisis (**uranoschisis**). Fisura o hendidura congénita del paladar o cielo de la boca. (Gr. **uranos,** cielo; **schisma,** hendidura.)

urato* (**urate**). Una sal derivada del ácido úrico. (Gr. **ouron,** orina.)

urcéolo (**urceolous**). Estructura en forma de urna. // Tubo externo en ciertos rotíferos. (Lat. **urcelous,** jarra pequeña.) *Adj.* ***urceolado.***

urea* (**urea**). Dicarbamida, substancia formada durante la desaminación de las proteínas que se encuentra en la sangre y en las orinas. Fue sintetizada por Wohler en 1827. (Gr. **ouron,** orina.)

ureasa (**ureasa**). Enzima que cataliza la descomposición de la urea en amoníaco. (Gr. **ouron,** orina; **asa,** enzima.)

ureido (**ureido**). Compuesto derivado de la urea. (Gr. **ouron,** orina.)

uremia* (**uremia**). Exceso de urea en la sangre. (Gr. **ouron,** orina; **haima,** sangre.) *Adj.* ***urémico.****

urente* (**urent**). Urticante, ardiente. (Lat. **urens,** quemazón.)

ureotelia (**ureotely**). La eliminación de nitrógeno en forma de urea. (Gr. **ouron,** orina; **telos,** término.) *Adj.* ***uricotélico.*** V. *uricotélico* y *amoniotélico.*

uréter (**ureter**). Conducto que comunica el riñón con la vejiga. También *uréter secundario.* (Gr. **oureter,** uréter.) // *u. primario,* conducto embrionario que se denomina comúnmente *conducto de Wolff.*

uretera*. V. *uretra.*

uretra* (**urethra**). Tubo que conduce la orina desde la vejiga al exterior y que, en los machos, conduce también el semen. (Gr. **uorethra de ouron,** orina.) *Adj.* ***uretral.****

uretritis* (**urethritis**). Inflamación de la mucosa uretral. (Gr. **ourethra de ouron,** orina.)

Urey, Harold. Bioquímico norteamericano, descubridor del hidrógeno pesado. Sintetizó aminoácidos, primordios de la materia viviente. (1893-)

uría (**murre**). Ave boreal parecida al *alca.* Orden *Charadriiformes,* familia *Alcidae* (**Uria aalge**).

urial (**urial**). Especie de carnero salvaje del Asia Central y Siberia cuyo cuerpo tiene sección triangular (**Ovis vignei**).

uricasa (**uricase**). Enzima hepática y renal que activa la oxidación del ácido úrico. (Gr. **ouron,** orina; **-asa,** enzima.)

úrico (**uric**). Relativo al ácido úrico.

uricolítico (**uricolytic**). Se dice de la substancia que descompone el ácido úrico. (Gr. **ouron**, orina; **lyen**, descomponer.)

uricotélica (**uricotelyc**). La eliminación de nitrógeno en las orinas en forma de ácido úrico, (en mamíferos, reptiles, aves, insectos, etc.) (Gr. **ouron**, orina; **telos**, fin.)

uridina (**uridine**). Un nucleósido formado por uracilo y ribosa. (Gr. **ouron**, orina.)

urín (**urin**). Raza grande del *urial*, que vive en el Asia central y en el Tibet.

urinal*. Que pertenece a la orina. (Lat. **urinalis**.)

urinario* (**urinary**). Perteneciente a la orina, riñones, vejiga, etc. // *Urinal*. (Gr. **ouron**, orina.)

urinífero (**uriniferous**). Que lleva orina, como los tubos renales. (Lat. **urina**, orina; **ferre**, llevar.)=*Uriníparo*.

urito (**urite**). Segmento abdominal en los artrópodos. // Cirro anal en los poliquetos. (Gr. **oura**, cola.)

urna* (**urn**). Agregado celular, hallado en el fluido celómico de los sipuncúlidos. // Estructura en forma de urna. (Lat. **urna**, cántaro.)

uro-* (**uro-**). (Del gr. **ouron**, orina.) // (Del gr. **oura**, cola.)

uro* (**auroche**). El *auroch* o toro salvaje europeo, nombre que también se ha aplicado al bisonte europeo o *wisent*. (Lat. **uru**, el toro salvaje.)

urobilina (**urobilin**). Pigmento pardo de la bilis que colorea la orina humana. (Gr. **ouron**, orina; lat. **bilis**.)

urobilinógeno (**uribilinogen**). Compuesto incoloro producido en el intestino por reducción de la urobilina. (Gr. **ouron**, orina; lat. **bilis**; gr. **génesis**, origen.)

urocelo (**urocoel**). El órgano de excreción de algunos moluscos que comunica el celoma con el exterior. (Gr. **ouron**, orina; **koilos**, cavidad.)

urocistitis (**urocystitis**). Inflamación de la vejiga. (Gr. **ouron**, orina; **kystis**, vejiga.)

urocisto (**uorcyst**). Vejiga *urinaria*. Nombre obsoleto. (Gr. **ouron**, orina; **kystis**, vejiga.)

urocordio (**urochord**). El notocordio que está limitado a la región caudal. (Gr. **ouron**, orina; **chorda**, cuerda.) *Adj.* =*urocordado*.

urocromo (**urochrome**). Substancia amarillenta que comunica el color normal de la orina. (Gr. **ouron**, orina; **chroma**, color.)

Urochordata. Subfílum del fílum *Chordata*, tienen el notocordio restringido a la cola.— *Tunicata*. (Gr. **oura**, cola; **chorde**, una cuerda.)

Urodela. Subclase en la clase *Anfibia* que comprende las salamandras, axolotes, etc., llamado también *Caudata*. Cola persistente en el adulto. (Gr. **oura**, cola.)

urodelo (**urodelous**). Un miembro de la subclase *urodela*, q.v.

Urodelomorpha. Una división de los vertebrados tetrápodos, que tiene por tipos los urodelos. (Gr. **oura**, cola; **morphe**, forma.)

urodeo (**urodaeum**). La región de la cloaca que recibe el conducto urinario. (Gr. **ouron**, orina; **odaios**, vía.)

urodinia (**urodynia**). Dolor sentido al orinar. (Gr. **ouron**, orina; **odyne**, dolor.)

urofán (**urophan**). Substancia ingerida que se expulsa sin cambiar en la orina. (Gr. **ouron**, orina; **phainein**, mostrar.)

urófisis (**urophysis**). Organo neurohemal situado en la región posterior de la médula espinal de los peces óseos, cuyas hormonas son osmoreguladoras. (Gr. **oura**, cola; **physis**, vejiga.)

urogallo* (**capercaillie grouse**). Ave del orden *Galliformes*, familia *Tetraonidae*, que lanza gritos semejantes al mugido de un toro (**Tetrao urogallus**). (Lat. **uru**, toro salvaje; **+gallo**.)

urogástrico (**urogastric**). Relativo a la parte posterior gástrica de algunos crustáceos. (Gr. **ouron**, orina; **gaster**, estómago.)

urogenital (**urogenital**) Perteneciente a los sistemas excretor y reproductor. (Gr. **ouron**, orina; **+genital**.)

urógeno (**urogenous**). Que produce orina. (Gr. **ouron**, orina; **genos**, producir.)

urohial (**urohyal**). Se dice del hueso posterior a la cópula del hioides. (Gr. **oura**, cola; **hyoeides**, en forma Y.)

urohipófisis (**urohypophysis**). Sistema neurohumoral situado en el extremo posterior del sistema nervioso en los peces óseos. (Gr. **oura**, cola; **+ hipófisis**.)

urolito (**urolith**). Un cálculo en la vejiga. (Gr. **ouron**, orina; **lithos**, piedra.) *Adj.* ***urolítico***.

urología* (**urology**). El estudio del aparato urinario. (Gr. **ouron**, orina; **logos**, tratado.) *Adj.* ***urológico***. *

urólogo* (**urologist**). Médico especialista en urología.

uroluteína (**urolutein**). Un pigmento amarillo de la orina. (Gr. **ouron**, orina; lat. **luteus**, amarillo.)

uromelanina (**uromelanine**). Un pigmento negro hallado en la orina, producto de descomposición de urocromo. (Gr. **ouron**, orina; **melas**, negro.)

urómero (**uromere**). V. *urito*.

uromorfo (**uromorphic**). Que tiene forma de cola. (Gr. **oura**, cola; **morphe**, forma.)

uronema (**uroneme**). Estructura con aspecto de cola en algunos protozoos. (Gr. **oura**, cola; **nema**, hilo.)

uropatagio (**uropatagium**). Membrana alar que, en los murciélagos, se extiende desde las patas hasta la cola. // La placa pódica de ciertos insectos. (Gr. **oura**, cola; **patagium**, borde, ala.)

uropenia (**uropeny**). Secreción urinaria deficiente. (Gr. **ouron**, orina; **penia**, necesitado, disminución.)

uropigio (**uropigium**). Rabadilla, obispillo. Estructura de las aves que lleva las plumas caudales. (Gr. **oura**, cola; **pyge**, rabadilla.) *Adj.* ***uropigial***.

uropilita (**ground dove**). Paloma pequeña sudamericana. Orden *Columbiformes*, familia *Columbidae* (**Columbigallina picui**).

uróplato. Reptil de la familia **Geckonidae**, de cola ensanchada lateralmente que vive en Madagascar (**Uroplatus**).

uropilórico (**urophyloric**). Lo relativo a la región posterior del estómago en los crustáceos. (Gr. **oura**, cola; **pyle**, puerta.)

urópodo (**uropod**). Cada uno de los apéndices abdominales en los crustáceos inmediatamente anteriores al telsón. (Gr. **oura**, cola; **pous**, pie.)

uroporfirina (**uroporphyrin**). Un pigmento rojizo, resultante del metabolismo de la hemoglobina. (Gr. **ouron**, orina; **porhyra**, púrpura.)

uróporo (**uropore**). Abertura del aparato excretor en los arácnidos del orden *Acarina*. (Gr. **ouron**, orina; **poros**, pasaje.)

uropoyesis (**uropoiesis**). La formación de la orina. (Gr. **ouron**, orina; **poiesis**, producción.)

uropsamo (**uropsamus**). Gravilla de la orina. (Gr. **ouron**, orina; **psammos**, arena.)

uropterina (**uropterin**). Pigmento amarillo que se encuentra en trazas en la orina normal. V. *xantopterina*. (Gr. **ouron**, orina; **pteron**, ala.)

Uropygi. Suborden de arácnidos del orden *Pedipalpi* que tienen el terminado en un flagelo delgado. Incluye los *vinagrillos*. (Gr. **oura**, cola; **pyge**, rabadilla.)

urorrubina (**urorubin**). Pigmento rojizo que se encuentra en la orina, resultante del metabolismo de la hemoglobina. (Gr. **ouron**, orina; lat. **ruber**, rojo.)

urosacro (**urosacral**). Se dice de lo que pertenece a las regiones sacra y caudal de la columna vertebral. (Gr. **oura**, cola; **sacro**, sagrado, el hueso sacro.)

uroscopia (**uroscopy**). Examen de la orina como medio de diagnóstico. (Gr. **ouron**, orina; **skopeos**, observar.)

urosoma (**urosome**). La región caudal en los vertebrados acuáticos. // La parte posterior del abdomen en ciertos artrópodos. (Gr. **oura**, cola; **soma**, cuerpo.)

urostegito. V. *urostego.*

urostego (**urostege**). Cualquiera de las placas ventrales en la cola de las serpientes. (Gr. **oura**, cola; **stege**, techo.)

urosténico (**urosthenic**). Que tiene la cola adaptada para la propulsión. (Gr. **oura**, cola; **osteon**, hueso.)

urosternito (**urosternite**). Placa ventral en el abdomen de los artrópodos. (Gr. **oura**, cola; **sternon**, pecho.)

urostilo (**urostyle**). Hueso cilíndrico situado en la parte posterior de la columna vertebral de los anfibios anuros. // *Hueso hipurial* de los peces. (Gr. **oura**, cola; **stylos**, pilar.)

uroxantina (**uroxanthin**). Pigmento amarillo en la orina humana. (Gr. **ouron**, orina; **xanthos**, amarillo.)

urpila* (**ground dove**). Sudamérica: paloma pequeña (**Columbigallina picui**). (Quichua, **urpi.**)

urraca* (**magpie**). También *marica.* Ave del orden *Passeriformes,* familia *Corvidae,* famosa por la costumbre de esconder en su nido objetos diversos e imitar voces (**Pica pica**). (Onomatop. de su canto, urrac.)

úrsidos. Que pertenece a la familia de los osos.

ursón (**urson**). Especie de puercoespín norteamericano. Orden *Rodentia,* suborden *Hystricomorpha,* familia *Erethizontidae* (**Erethizon dorsatum**).

urticante (**urticant**). Que irrita, urente, en referencia a los cnidoblastos de los celenterados. (Lat. **urticus**, ortiga.)

urubú* (**Lesser yellow-headed vulture**). Especie de aura sudamericana (**Cathartes burrovianus**). // Puerto Rico: por error se dio este nombre al *aura.* (Voz **guaraní.**)

urubitinga (**vulture**). Nombre dado en Sudamérica a ciertas aves rapaces del orden *Falconiformes,* familia *Cathartidae,* parecidas al aura (**Cathartes b. urubutinga**).

urutaú (**potoos**). Ave sudamericana del orden *Caprimulgiformes,* familia *Nyctibiidae,* de grito triste (**Nyctibius griseus**).

usa (**deer**). Especie de ciervo de las Filipinas (**Rusa philippinus**).

usámico (**mantis**). Argent.: un insecto del orden *Orthoptera,* familia *Mantidae* (**Stagmatoptera hyaloptera**).

uso y desuso (**use and disuse**). Premisa del lamarquismo, que establece la dependencia de los órganos a su función y la herencia de los caracteres que han sido modificados por su uso.

útero* (**uterus, womb**). La matriz u órgano de gestión de los mamíferos. // En los invertebrados, la región posterior del conducto genital. // En los platelmintos, un conducto donde se almacenan los huevos y se desarrollan los jóvenes. (Lat. **uterus**, matriz.) *Adj. uterino.* // *u. bicorne,* fusionado por una extensión mayor que en el útero bipartido. // *u. bipartido,* el resultante de la fusión de los dos úteros por la extremidad distal, con un conducto común con la vagina. // *u. marsupial,* el útero que se continúa en una vagina independientemente del otro. // *u. de los monotremas,* conductor que se abre independientemente en el seno urogenital, igual que en las aves. // *u. doble,* cada uno de los cuales entra separadamente en la vagina *(uterus duplex).* // *u. masculino,* vestigio del conducto de Müller, que permanece incluído en la próstata y se abre en la uretra (= **utrículo prostático** = **sinus pocularis** = **órgano de Weber**). // *u. simple,* fusión completa de los dos úteros.

uteroabdominal (**uteroabdominal**). Que pertenece a las regiones uterina y abdominal. (Lat. **uterus**, útero; **+abdomen.**)

uterosacra (**uterosacral**). Perteneciente a las regiones uterina y sacra. =*Sacrogenital.* (Lat. **uterus**, útero; **+sacro.**)

uterovaginal (**uterovaginal**). Que pertenece al útero y a la vagina. (Lat. **uterus**, útero; **+vagina.**)

utrero* (**bull or helfer**). Novillo de dos o tres años.

utrículo (**utricle**). Organo o estructura en forma de saco pequeño. Región en el oído medio que porta los otolitos y forma parte del sentido del equilibrio. (Lat. **utriculus**, bolsilla.) *Adj. utricular.* // *u. prostático,* v. *útero masculino.*

utriforme (**utriform**). En forma de vejiga, pero con una ligera constricción. (Lat. **uter**, bolsa de cuero; **+forma.**)

úvea* (**uvea**). Túnica media del ojo formada por la coroides, el cuerpo ciliar y el iris de los mamíferos. =*Pars iridica retinae.* (Lat. **uva**, uva.)

uveta (**uveta**). Unión de los vasos demanianos de los nematodos, donde el conducto pasa al exterior. (Lat. **uva**, uva.)

uviforme (**uviform**). Que tiene forma de uva. (Lat. **uva**, uva; **forma**, forma.)

úvula* (**uvula**). Proceso carnoso que pende del velo del paladar, también llamado *galillo* y *campanilla.* // Parte inferior del *vermis* del cerebelo. // Pequeña elevación en la vejiga urinaria producida por la próstata. (Lat. **uvula**, uvita.) *Adj. uvular.*

V

vaca* **(cow).** La acepción vulgar. (Lat. **vacca.**) // Cuba: se aplica a varias especies de pequeños peces marinos coloreados del orden *Perciformes,* familia *Serranidae* **(Hypolectrus unicolor).** // Cuba: molusco gasterópodo marino litoral de la subclase *Opisthobranchia,* familia *Aplysiidae* **(Aplysia sp.).** *Adj.* ***vacuno.**** // *v. marina,* v. *manatí* y *dugón.*

vaco* **(ox).**=*Buey.*

vacuidad* **(vacuity).** La calidad de vacuo, vacío. // ***v. etmoidal,*** espacio entre los huesos lagrimal, nasal y frontal en los rumiantes de la familia *Cervidae.* // ***v. interterigoidea,*** espacio entre los huesos terigoideos de ciertos tetrápodos. // ***v. temporal,*** cada uno de los espacios de la región temporal en los reptiles.

vacuola **(vacuole).** Galicismo que ha sustituido al vocablo *vacuolo.* (Fr. vacuole). // ***v. contráctil,*** orgánulo que, en algunos protozoos, permite mantener el equilibrio osmótico interno..*Adj.* ***vacuolar.*** // ***v. autotrófica,*** la que en las células eucarióticas, degrada partículas de su protoplasma. // ***v. digestiva,*** orgánulo que realiza los procesos digestivos de ciertos protistos. // ***v. nutritiva,*** *v. digestiva.* // ***v. palpitante,*** *v. contráctil.* // ***v. pulsátil,*** *v. contráctil.*

Vacuolaria. Grupo de protozoos de agua dulce del orden *Chloromonadina* que tienen vacuola contráctil muy compleja. (Lat. **vacuolaria.**)

vacuolarios. Ver *Vacuolaria.*

vacuolización **(vacuolization).** El proceso de la formación de vacuola. Formación de gotitas refringentes en las células envejecidas. (De **vacuola.**)

vacuolo. V. *vacuola.*

vacuoma **(vacuome).** Conjunto de vacuolas de una célula. Se aplica especialmente a las de los vegetales y los protistos. (Lat. **vacus,** vacío.)

vacuna **(vaccine).** Preparación o material biológico usado como inoculación preventiva. (De **vaca.**)

vágil **(vagil).** Que se mueve libremente o que es capaz de migrar. (Lat. **vagus,** errante.)

vagilidad **(vagility).** La capacidad de ser vágil. // Potencialidad migratoria de ciertos organismos. (Lat. **vagus,** errante.)

vagina* **(vaginal).** Cualquier tubo en forma de vaina. // La porción terminal del aparato sexual femenino que, en los mamíferos, se extiende desde el útero hasta la vulva. (Lat. **vagina,** vagina.) *Adj.* ***vaginal*.*** V. *lateral,* cada uno de los dos tubos vaginales independientes en el seno urogenital.

vaginervoso **(vaginervous).** Que tiene venas irregularmente ramificadas. (Lat. **vagus,** errante; **nervus,** nervio.)

vaginipennado. Que tiene plumas envueltas en una vaina. (Lat. **vagina,** vaina; **penna,** pluma.)

vaginícola **(vaginicolous).** Que vive en una vaina fabricada por ellos, como ciertos crustáceos anélidos y ciliados. (Lat. **vagina,** vaina; **-icola,** habitante.)

vagínula **(vaginula).** Vaina pequeña. (Lat. **vaginula.**)

vagitus uterinus. Vagido y gemido del bebito en el útero materno, poco antes de nacer. (Lat. **vagidus,** vagido, gemido.)

vago* **(vagus).** Décimo nervio craneal de los vertebrados **(Neumogástrico).** Inerva el corazón, las vísceras y, en ciertos gurpos, la laringe, las branquias, la línea lateral, etc. (Lat. **vagus,** errante, difuso.)

vagosimpático **(vagosympatic).** Lo relativo al vago y a los nervios simpáticos cervicales.

vagotonía* **(vagotony).** Predominio funcional o elevada actividad del nervio vago. (Lat. **vagus;** gr. **tonos,** tensión.) *Adj.* ***vagotónico.***

vagusstoff. Término germánico, acuñado por Otto Lowei in 1922, para la sustancia que permite la trasmisión del impulso nervioso entre la neurita y la placa neural del músculo.

vaina* **(sheath).** Envoltura de una estructura u órgano. // *Adj.* ***vagina**** // ***V. de Henle*** = *perineuro.* // ***v. de Mauthvier,*** capa líquida transparente que se encuentra por debajo de la vaina de mielina. // ***v. de Neumann,*** cubierta que rodea los canalículos dentales. // ***v. de Schwann.***=*neurilema. v.* ***elástica,*** envoltura externa del notocordio. // ***v. epitelial,*** cubierta elástica que envuelve los germarios y vitelarios. // ***v. fibrosa,*** envoltura interna del notocordio de tejido fibroso. // ***v. medular,*** v. *mielínica.* // ***v. de mielina,*** envoltura no celular de ciertas fibras nerviosas compuesta de lípidos, que está interrumpida por las estrangulaciones de Ranvier. // ***v. mitocondrial,*** envoltura con mitocondrios que envuelve el cuello del espermatozoo. // ***v. peritonal,*** red de fibras musculares que sujetan los ovariolos de los insectos. // ***v. medular***=*v. de mielina.* // ***v. proboscideal,*** vaina muscular que rodea la trompa en los nemertinos. // ***v. proninfal,*** cubierta delgada que rodea el estado ninfal de algunas libélulas.

valencia* **(valence).** La disposición numérica de los cromosomas: univalentes, bivalentes, etc. // ***v. ecológica*** o amplitud de los factores ambientales dentro de lo que es capaz de vivir un organismo. (Lat. **valens,** robusto, fuerte.)

Valenciennes, A. Zoólogo francés. Colaborador de Cuvier en estudios ictiológicos y malacológicos. V. *órgano de Valenciennes.*

valina **(valine).** Un aminoácido de estructura relativamente simple.

valva* **(valve).** Cada una de las piezas que comprende la concha de los moluscos, los braquiópodos, los cirrípedos, etc. // Cada pieza del ovipositor de los insectos. (Lat.

valva, hojas de una puerta). *Adj.* ***valval, valvar.*** // ***v. nepiónica,*** parte de la concha de un molusco bivalvo que rodea el umbo.

valvado (valvate). Que tiene pliegue en forma de valva. // Estructura que tiene valvas o funciona como tales. // Que está articulado por los bordes como las almejas.

Valvata. Grupo de equinodermos de la clase *Asteroidea* con pedicelarios valvados o alveolares. (Lat. **valva,** puerta.)

Valvífera. Grupo de crustáceos marinos del orden *Isopoda*, con placas coxales. (Lat. **valva,** placa; **ferre,** portar.)

valvífero. Ver *Valvífera.*

válvula* (valve). Estructura orgánica que regula el paso de determinadas materias. // Proceso en el cerebro de los peces. *Adj.* ***valvular.**** // ***v. aórtica,*** estructura en la base de la aorta que impide el retroceso de la sangre. // ***v. aurículo -ventricular,*** estructura que separa la aurícula de su ventrículo. // ***v. bicúspide,*** la que separa el ventrículo izquierdo de su aurícula. // ***v. cardíaca*** la que separa el estomodeo del mesenterón en los insectos. // ***v. coclear,=v. espiral.*** // ***v. connivente,*** cada uno de los pliegues de la mucosa duodenal y yeyunal. // ***v. de Eustaquio,*** restos de la válvula sinoauricular en la vena cava inferior de algunos mamíferos. // ***v. de Heister,*** estructura espiral en el cuello de la vesícula biliar. // ***v. de Kerkring,*** o grandes repliegues transversales en el intestino delgado de los mamíferos. // ***v. del cerebelo.****=v. de Eustaquio.* // ***v. de Thebesius*** o válvula en el seno coronario del atrio derecho. // ***v. de Veiussens,*** o capa de materia blanca que se extiende en los pedúnculos cerebrales. // ***v. espiral,*** repliegue helicoidal en el intestino de algunos peces elasmobranquios, ganoides y dípneos. // Estructura heliocoidal en el tronco arterial de ciertos anfibios. // ***v. ileocecal,*** que separa la terminación del íleo con el ciego del intestino grueso. // ***v. mitral****=v. biscúspide.* // ***v. sinoauricular,*** que separa el seno venoso del atrio en los peces. // ***v. tricúspide,*** que separa la aurícula del ventrículo derecho. // ***v. nasal,*** cada una de las cubiertas de las fositas olfatorias de los peces. // ***v. oval,*** cada una de las dos láminas en la boca de ciertos peces. // ***v. paradójica,*** o válvula a la entrada de cada arco sistémico en los anfibios. // ***v. pilórica.****=esfínter pilórico,* píloro. // ***v. sigmoidea,*** cada una de las válvulas entre el ventrículo y la arteria correspondiente. // ***v. semilunar-*** *v. sigmoidea.*

valvulado (valvulate). Se aplica al pedicelario que posee ramas más anchas que largas.

vallado.* Estructura circundada por un cerco en forma de valla. (Lat. **valla.**)

vallécula (vallecula). Ranura o depresión pequeña, como la fisura longitudinal del cerebelo. (Lat. **vallecula,** valle pequeño.)

vampiro* (vampire). Murciélago americano de la familia *Desmodontidae,* chupador de sangre y transmisor de la rabia **(Desmodus rotundus).** // Murciélago del género *Vampirus.* // Pez condrictio batoideo **(Ceratoptera vampyrus).**

vanadocito (vanadocyte). Célula sanguínea verdosa de la sangre de las ascidias que contiene vanadio. (De vanadio y **kytos,** célula.)

Van Beneden, Pierre Joseph. Parasitólogo belga. (1809-1894)

vana (vane). Parte distal de la pluma, formada por las barbas y barbillas enganchadas. = *Vexilo, estandarte, lámina.*

Van Leeuwenhoek, A. Pañero y fabricante de lentes holandés. Puede acreditársele el descubrimiento de los microorganismos. (1632-1723)

vano (vannus). Lóbulo posterior de las alas anteriores de algunos insectos, en forma de abanico. (Lat. **vannus,** abanico para aventar granos.)

vánula. Conjunto de barbillas de una pluma de ave.

vaqueta* (ribbonfish). Cuba: varias especies de peces marinos del orden *Perciformes,* familia *Sciaenidae* **(Equetus lanceolatus).**

vaquita. *Venez.: chapín,* pez.

var (var). Abreviatura del vocablo *variedad* en el sentido taxonómico. (Lat. **varietas.**)

váquiro. V. *pécari.*

vara*. La rama larga, dirigida hacia atrás, de la cuerna de los ciervos. (Lat. **vara,** travesaño.)

varano (monitor). Saurio de la familia *Varanidae.* V. *monitor.*

vari* (vari). Especie de lémur (de Madagascar). Orden *Primates,* familia *Lemuridae* **(Lemur variegatus).** // Chile: ave de rapiña diurna.

variabilidad* (variability). Concepto básico en la taxonomía, la genética y la evolución. // ***v. analógica,*** repetición generalizada de las disposiciones morfológicas y anatómicas. // ***v. individual,*** diferencias cualitativas o cuantitativas manifestadas en los individuos de una población.

variación (variation). Lo que difiere del tipo por característísticas definidas. (Lat. **variare.**) // ***v. analógica,*** repetición generalizada de estructuras morfológicas. // ***v. cíclica*** o fluctuación periódica de la abundancia de individuos en una localidad. // ***v. discontinua*** *=mutación.* // ***v. continua,*** en la que los individuos de una serie defieren por grados pequeños. // ***v. germinal,*** debida a modificaciones en las células germinales. // ***v. merística,*** que envuelve el número o la disposición de las partes de un organismo. // ***v. substantiva*** o cambio en la constitución de una substancia.

variante* (varient). Individuo que, dentro de una especie, se distingue por algún carácter que lo distingue del tipo. (Lat. **varians,** cambiante.)

várice* (varix). Dilatación permanente de un vaso linfático, arterial o venoso, que forma remansos sanguíneos. // Reborde grueso de la concha de los moluscos gasterópodos. (Lat. **varix.**) *Adj.* ***varicoso.****

varicocele* (varicocele). Tumor por dilatación de las venas del escroto. (Lat. **varix,** várice; gr. **kēlē,** tumor.)

variedad*(variety). Término impreciso con el que se expresa cualquier diferencia individual, no necesariamente hereditaria. // ***v. ecológica,*** producida por acción ambiental, no hereditaria. // ***v. geográfica,*** v. *subespecie.*

variegado (variegated) Marcado con diferentes colores.= *Abigarrado.*

variola (variole). Depresión diminuta que se observa en el tegumento de algunos insectos. V. *foveola.* (Lat. **varius.**)

varraco. Macho del cerdo. *Verraco.*

vasa vassorum (vasa vassorum). Vasos sanguíneos que nutren las arterias y venas mayores. (Lat. literalmente los **vasos de los vasos.**)

vascularizar (vascularize). Llevar vasos sanguíneos a los órganos, en donde se subdividen en arteriolas y capilares.

vásculo (vasculum). Vaso sanguíneo muy pequeño. (Lat. **vasculum,** vasito.) *Adj.* ***vascular*, vasculoso*.***

vasifactivo, vasificativo. Lo que forma nuevos vasos. (Lat. **vaso,** vaso; **facere,** hacer.)

vasiformativo. V. *vasifactivo.*

vaso* (vase). Conducto, canal o tubo pequeño, por el que corre un fluido. (Lat. **vaso,** vaso.) *Adj.* ***vasal, vasiforme.*** // ***v. branquial,*** ver *arco aórtico.* // ***v. acuífero,*** conducto que recoge los metabolitos del parenquima de los vermes platelmintos, v. *célula flamígera* y *protonefridio.* // ***v. aferente,*** o vaso linfático que entra en los ganglios linfáticos. // ***v. eferente,*** conducto en que se continúa cada tubo seminífero y se abre en el epidídimo. // ***v. deferente,*** conducto destinado a llevar al interior, directa o indirectamente, las células sexuales masculinas. // ***v. de Malpigio,*** cada uno de los tubos de excreción en los tardígrados. (V. **de tubos de Malpigio**). // ***v. lateral,*** cada uno de, los conductillos sanguíneos de los anélidos, que recorren el cuerpo a ambos lados del cordón nervioso. // ***v. láteroneural,*** *= v. lateral.* // ***v. linfático*** o conductor de la linfa en el sistema linfático,*=vena linfática.* // ***v. quilífero,*** **(lateral),** conducto linfático en el interior de las vellosidades intestinales, donde se absorbe el quilo intestinal. // ***v. sanguíneo*** o tubo en donde corre la sangre. // ***v. subneural,*** situado por debajo de la cuerda nerviosa de los anélidos.

vasoconstrictor. Se aplica principalmente a los nervios del sistema automático que provocan la constricción de las arterias. (Lat. **vaso**, vaso; **constringo**, constreñir.)

vasodentina (vasodentine). Una clase de dentina que está atravesada por vasos sanguíneos. (Lat. **vas**, vaso; **dens**, diente.)

vasodepresión (vasodepresion). Colapso de los vasos por un agente que deprime la circulación. *Adj.* ***vasodepresor.***

vasodilatación (vasodilatation). Aumento en el diámetro de los vasos sanguíneos por la acción de un agente llamado *vasodilatador. Adj.* ***vasodilatador.*** Se aplica a nervios del sistema autonómico.

vasoganglio (vas ganglion). Un plexo de vasos que en los peces representa una branquia del arco hioideo. (Lat. **vas**, vaso; gr. **ganglion**, nervio.)

vasohipertónico. = *Vasoconstrictor.*

vasohinhibidor. (vaso-inhibitor).=*Vasodilatador.*

vasohipotónico.=*Vasodilatador.*

vasomoción (vasomotion). Cambio en el diámetro de un vaso sanguíneo. (Lat. **vas**, vaso; **movere**, mover.)

vasomotor (vasomotor). Que puede causar la dilatación o constricción de las arterias. (Lat. **vas**, vaso; **movere**, mover.)

vasopresina (vasopressin). Hormona prehipofisiaria que produce la contracción de las pequeñas arterias y aumenta la presión arterial. (Lat. **vas**, **pressus**, presión.)=*Hipofamina, pitresina, hormona antidiurética.*

vasotomía (vasotomy). El corte de un vaso. // Esterilización de un macho cortando el espermiducto o el vaso deferente de cada testículo. (Lat. **vas**, vaso; gr. **tome**, cortar.)

vástago* (descendent). Descendiente de otro individuo.

vasotrófico (vasotrophic). Lo que afecta la nutrición de un órgano por disminución del calibre de los vasos sanguíneos. (Lat. **vas**, vaso; gr. **trophe**, nutrimiento.)

vasto.* Cada una de tres ramas que forman el músculo cuadriceps del muslo humano: *v. interno, v. externo* y *v. intermedio.* (Lat. **vastus**, grandísimo.)

Vater, A. Anatomista alemán, V. *ámpula de Vater.*

Vauquelin, Louis Nicolás. Biólogo francés, descubridor del pigmento caroteno, importante en la formación de la vitamina A.

vau-vau. V. *uau-uau, gibón.*

vecinismo (vicinism). Tendencia a la variación por influencia de formas cercanas. (Lat. **vicinus**, vecino.)

vector* (vector). Organismo que disemina una enfermedad, como el mosquito que trasmite la malaria. (Lat. **vector**, portador.)

vegetalización. Facultad que tienen los blastómeros cercanos al polo vegetativo, una vez aislados, de formar embriones completos, con acentuado desarrollo del esqueleto y del arquenterio. Opuesto *animalización.*

vegetativo* (vegetative). Se aplica a lo que se produce por medio de yemas o por fragmentación. // El sistema nervioso autonómico. (Lat. **vegetare.**)

vegetariano (vegetarian). Persona o animal con régimen alimenticio desprovisto de carne.

veguero. Cuba: insecto lepidóptero de la familia *Sphingidae*, cuyas orugas atacan el tabaco **(Manduca sexta.)**

velamen*. Una membrana estandarte o tegumento alar, como la de la vulva de los hotentotes. (Lat. **velum**, vela, un velo.)

velario (velarium). El borde de la subumbrela, doblado hacia adentro, de las *Cubomedusae.* // El margen de la subumbrela. (Lat. **velum**, velo.)

velero (sail-fish). El pez llamado también *aguja voladora* **(Histiophorus americanus).** // ***v. portugués,*** v. *fisalia*, celentéreo.

velígera (veliger). Estado larval en muchos moluscos que sigue al de trocófora y se caracteriza por un velo sinuoso bordeado de cilios locomotores. (Lat. **velum**, velo; **gerer**, llevar.)

velo* (velum). Cualquier estructura a la que se aplica la acepción usual. // Repliegue ectodérmico que presentan las médulas en los hidrozoos en el borde de la umbrela. // Membrana en la cavidad bucal de *Cephalochordata.* // Estructura ciliada de las larvas velígeras. // Membrana oral en ciertos ciliados. (Lat. **velum**, velo.) // ***v. del paladar,*** parte posterior del paladar secundario, que carece de apoyo óseo=*paladar blando.* // ***v. medular*** =*válvula de Vieussens.* // ***v. palatino.***=*v. del paladar.* // ***v. transverso,*** membrana vascular formada por intrusión de la piamadre a través del encéfalo.

velutino (velutine).=Aterciopelado, *adj.* Que está cubierto de pelos cortos y erectos. (Lat. **vellutum**, aterciopelado.)

vellocino* (fleece). Toda la lana junta de un carnero u oveja. (De vellón.)

vellocidad (hairiness). Estructura que posee muchos vellos. (Lat. **villus**, pelo lanudo.) *Adj.* ***velloso, velludo.*** // ***v. coriónica,*** digitaciones diminutas en el corion o membrana fetal. // ***v. intestinales,*** procesos diminutos de la mucosa intestinal que contienen vasos capilares y quilíferos, v. *trofonemas.*

vellón (fleece). La lana del carnero que se esquila. // Larva del ganado lanar. (Lat. **vellus**, vello.)

vena* (vein). En general, vaso que contiene sangre que fluye hacia el corazón. (Lat. **vena.**) *Adj.* ***venoso*.*** // ***v. abdominal,*** cada una de las dos venas del vientre de los peces condrictios, reducida a una sola en los anfibios y reptiles. // ***v. ácigos,*** cada una de las venas que proceden de la transformación de las venas cardinales posteriores en los peces dípnoos y los anfibios. // ***v. antebranquial,*** vena superficial del antebrazo que se une a la basílica. // ***v. basílica,*** una de las venas gruesas superficiales en el antebrazo. // ***v. cardíaca,*** cada una de las venas que se unen en el seno cardíaco. // ***v. cardinal,*** cada una de las venas o senos que se unen en los conductos de Cuvier en algunos de los vertebrados inferiores. // ***v. cardinal anterior,*** cada una de las dos venas que, desde los cefalocordados hasta los peces, recogen sangre de la parte anterior del cuerpo. // ***v. cardinal posterior,*** cada una de las dos venas posteriores del cuerpo en *Cephalochordata* y en los peces, que se abren en los conductores de Cuvier. // ***v. cava anterior,*** cada una de las dos venas que, desde los peces dípnoos hasta los mamíferos recogen la sangre de la parte anterior del cuerpo, formando gradualmente las venas yugulares internas. // ***v. cava posterior,*** vena que, en los tetrápodos, equivale a las venas cardinales posteriores. // ***v. cefálica,*** vaso superficial de la parte externa del brazo que se une a la subclavia. // ***v. central,*** venilla en el centro de un lóbulo hepático. // ***v. cubital,*** vena profunda del antebrazo que se extiende desde la palma hasta la branquial. Ver *nervadura cubital.* // ***v. cutánea,*** cada una de las venas que, en los anfibios llevan sangre oxigenada de la piel del tronco. hasta la subclavia. // ***v. de Galeno,*** gran vena cerebral interna. // ***v. de Jacobson,*** cada una de las ramas de la vena caudal en los peces condrictios. // ***v. discal,*** ver *nervadura discal.* // ***v. epigástrica,*** vena que, en las aves, corresponde a la vena abdominal de los reptiles y anfibios. // ***v. facial,*** cada una de las venas superficiales de la cara que son tributarias de las yugulares internas. // ***v. femoral,*** vena profunda del muslo, que recibe la poplítea, las tibiales y la ilíaca externa. // ***v. frontal,*** cada una de las venas superficiales que se extienden a ambos lados de la frente. // ***v. gastroentérica,*** la que drena el estómago y los intestinos. // ***v. hepática,*** un grueso vaso que conduce a la vena cava inferior la sangre que procede del hígado y que, en los peces y anfibios, es doble. // ***v. ilíaca,*** cada una de las dos venas que recogen la sangre de las extremidades posteriores y desembocan en la ilíaca común: ***v. i. externa*** y ***v. i. interna.*** // ***v. inominada,*** o tronco venoso que reúne, de cada lado del cuerpo, las venas yugulares. // ***v. melífera,*** pliegue entre el buche y el estómago de la abeja doméstica, que evita que la miel pase al estómago. // ***v. mesentérica,*** cada una de las venas que, en los anfibios y reptiles, parten de la femoral y se unen a la vena abdominal. // ***v. peroneal,*** vena profunda de la parte externa de la pierna. // *v. poplítea*, vaso profundo situado en la corva, que se une a la safena. // *v. porta hepática*, que recoge la sangre procedente de las venas mesentéricas y la conduce al hígado. // *v. porta renal*, que en los anfibios y reptiles, recibe la sangre de la parte posterior del cuerpo y la lleva a los riñones. // *v. pulmonar*, cualquiera de las gruesas venas que llevan sangre oxigenada desde los pulmones hasta la aurícula izquierda. En los invertebrados, llevan sangre del aparato respiratorio al pericardio. // *v. radial*, vaso profundo del antebrazo que se extiende desde la palma hasta la vena branquial. // *v. renal*, vaso que, de cada riñón, lleva sangre a la vena cava posterior. // *v. safena mayor*, vena superficial de los miembros posteriores en la parte medial de la pierna. // *v. safena menor*, que recorre la pierna de los mamíferos desde el pie hasta la vena poplítea por la parte posterior de la pierna. // *v. subclavia*, que pasa por debajo de la clavícula y desemboca en la inominada. // *v. subintestinal*, vaso impar que recoge la sangre de las venas intestinales en los peces condrictios y que, en los cefalocordados, equivale a la vena porta de los vertebrados. // *v. temporal*, cada una de las venas superficiales y profundas que son tributarias de la yugular externa. // *v. tibial*, cada una de las dos venas profundas de la pierna, *anterior* y *posterior*, que se extiende desde el pie hasta la vena femoral, v. *ulnar.=cubital.* // *v. umbilical*, que se extiende desde la placenta hasta la vena cava inferior. // *v. vertebral*, parte cefálica de cada una de las venas cardinales posteriores que, en las aves, se encuentran junto a la columna vertebral. // *v. vitelina*=v. *onfalomesentérica.* // *v. yugular*, v. *yugular.*

venación. Disposición de las venas o nervuras de las alas. Mejor es *nervadura.* (Lat. **vena.**)

venado* (**deer**). *Ciervo.* // Res de caza mayor. *Amér.:* ciervo del género *Odocoileus.* (**O. virginianus**). (Lat. **venatus**, caza.)

venadura. V. *nervadura.*

vencejo* (**swift**). Se aplica a varias especies de aves diurnas insectívoras parecidas a la golondrina, pero del orden *Apodiformes*, familia *Apodidae* (En América, **Streptoprogne zonaris**).

veneno* (**venom**). Substancia tóxica segregada por las glándulas de ciertos animales, como las culebras, escorpiones, etc. // Substancia tóxica en los órganos de ciertos animales, que los hacen impropios para el consumo. (Lat. **venenum.**) *Adj. venenoso.*

venera* (**scallops**). Se aplica a varios moluscos bivalvos de la familia *Pectinidae*, usada como emblema por los peregrinos que iban a Santiago de Compostela (**Pecten jacobaeus**). (Lat. **veneris**, concha de Venus.)

venilla*.=*Vénula.*

veniplexo. V. *plexo venoso.*

venomina (**venomin**). Substancia aislada de la ponzoña de algunas culebras de la familia *Viperidae.*

ventana*. *Abertura, fenestra.* (Lat. **ventus**, viento.) // *v. coclear*- v. *redonda.* // *v. hipofisial*, espacio en la base del cráneo, en donde se acomoda la pituitaria. // *v. nasal*, la abertura o fosa nasal. // *v. oval*, agujero que limita el oído medio con la rama vestibular. // *v. redonda*, agujero que separa el oído medio de la rampa timpánica. // *v. vestibular*=*v. oval.* // *v. nasal*, cada uno de los agujeros o ventanas nasales.

ventilación (**ventilation**). Movimiento forzado del aire en los órganos respiratorios. // *v. pulmonar*, v. *traqueal.* (Lat. **ventus.**)

ventiladoras. Abejas que, en las colmenas, agitan las alas manteniendo la circulación del aire.

ventorrilla(**tree frog**). Cuba: nombre común de varias especies de ranitas de la familia *Leptodactylidae*, género *Eleutherodactylus.* También *campanilla.*

ventosa* (**sucker**). Organo suctor por medio del cual se fijan las estructuras de ciertos animales, como los brazos de los pulpos, los escólices de las tenias.=*Acetábulo.* (Lat. **ventus.**)

ventrad (**ventrad**). Hacia el vientre o hacia la superficie ventro-abdominal. (Lat. **venter**, vientre; **ad**, hacia.)

ventral* (**ventral**). Se dice de la posición de una estructura en relación con el plano frontal y el vientre, o el aparato digestivo. (Lat. **venter**, vientre.)

ventrales (**ventralia**). Término colectivo para los elementos que forman la parte ventral de una vértebra que se fusionan en el estado adulto.

ventrianal (**ventrianal**). Placa formada por los escleritos ventrales y anales de ciertos ácaros. (Lat. **venter**, vientre; **+anus.**)

ventrito. V. *esternito.*

ventrica*. Vientre de los pescados.

ventrículo* (**ventricle**). Estómago. // Cavidad del corazón que impulsa la sangre a los diversos órganos. // El estómago quilífero o mesodeo de los insectos. // La molleja de las aves. (Lat. **ventriculus**, dim. de **venter.**) *Adj. ventriculado, ventricular.* // *v. derecho*, cavidad del corazón separada de la aurícula derecha por la válvula tricúspide, que impulsa la sangre a los pulmones. // *v. cerebrales*, cavidades en el encéfalo producidas por ensanchamientos del tubo neural. //*v. izquierdo*, cavidad del corazón, separada del atrio izquierdo por la válvula mitral que impulsa la sangre oxigenada a los diversos órganos. // *v. lateral*, cada uno de los dos ventrículos del telencéfalo, se denomina I y II. // *v. lumbar*, ensanchamiento del canal medular en las aves, o *seno romboidal.* // *v. succenturiado*, o verdadero estómago de las aves.

ventricoso (**ventricose**). Que está hinchado en el medio, como las conchas de ciertos moluscos. *Ventrudo.*

ventrodorsal (**ventrodorsal**). Se aplica a las estructuras que se extienden desde el vientre hasta el dorso.

ventrolateral (**ventrolateral**). Que está a los lados de la región ventral. (Lat. **venter**, vientre; **latus**, lado.)

ventrón*. Túnica muscular del estómago de los rumiantes y de la cual se hace el guiso de callo. (De **vientre.**)

verdero. España: v. *berberecho.*

vénula (**venule**). Vena de pequeño diámetro que conduce la sangre desde los capilares a las venas. // Venillas o nervaduras de las alas de los insectos. (Lat. **venula**, venilla.) *Adj. venuloso.*

venus (**Venus shell**). Se aplica a diversos moluscos marinos bivalvos, cuya concha es sólida y provista generalmente de surcos concéntricos. Orden *Eulamellibranchiata*, familia *Veneridae* (**Venus mercenaria**).

veraespecie (**veraspecies**). Se aplica a una especie cuando se desea indicar que no es ni subespecie ni superespecie. (Lat. **verus**, real; **+especie.**)

verdecillo (**greenfinch orserin**). Especie de pájaro silvestre parecido al canario (**Serinus serinus**). V. *chamariz.*

verderón*. Ave paseriforme europea. (**Carduelis chloris.**)

verdigón*. España: almeja de color verde. (Dicc.).

verga* (**verge**). Miembro genital de los mamíferos. // Estructura masculina intromitente de los moluscos gasterópodos. (Lat. **virga.**)

Verhultz, P.F. Biólogo belga. A él se le debe la teoría del crecimiento poblacional. (1804-1849).

verme* (**worm**). Nombre impreciso aplicado a los animales de cuerpo blando. // Sinónimo de gusano. (Lat. **vermis**, gusano.) *Adj. vermiculado, vermiforme,* vermicular.** // *v. hidático*, V. *quiste hidático.*

Vermes. Taxón obsoleto empleado por Linneo para indicar la mayoría de los animales de cuerpo vermiformes.

vermiculación (**vermiculation**). Movimiento peristáltico. (Lat. **vermis.**)

vermículo (**vermiculus**). Gusanillo. // Fase movible en ciertos protozoos. (Lat. **vermiculus**, verme pequeño.)

Vermidea. Nombre zoológico obsoleto. En él se incluían los briozoos, los foronídeos y los braquiópodos.

vermífugo* (vermifuge). Substancia empleada para combatir vermes intestinales. (Lat. vermes, gusano; fugere, huir.)

Vermilingües. Un grupo de mamíferos del orden *Edentata* que comprendía los osos hormigueros sudamericanos, que tienen lengua larga y movible. (Lat. vermis o verme; lingua, lengua.)

vermis (vermis). Faja central anillada del cerebelo. (Lat. vermis, gusano.)

vernáculo* (vernacular). Nombre local de un organismo, opuesto al nombre científico. (Lat. vernaculus, indígeno.)

vernación. Acto de mudar la piel de los ofidios. (Lat. vernatio.)

vernicoso (vernicose). Que tiene apariencia barnizada. (Lat. vernix, barniz.)

vernix caseosa (vernix caseosa). Secreción que cubre la piel del feto al segundo mes. (Lat. vernix, barniz; caseus, queso.)

verraco* (boar). Macho del cerdo doméstico. (Lat. verres.) // Puerto Rico: especie de hormiga de grandes mandibulares y picadura dolorosa (Odontomachus haematoda insularis).

verrón*. V. *verraco.*

verruca (wart). Una proyección en forma de verruga. // Una protuberancia cuticular en el tegumento de los insectos. (Lat. verruca, verruga.) *Adj. verruciforme, verrugoso.*

verrucomorfos. V. *Verrucomorpha.*

Verrucomorpha. Un orden de crustáceos cirrípedos de tallo corto. (Lat. verruca, verruga; gr. morphe, forma.)

verruga* (wart). Excrescencia de la piel. // Abultamiento en la concha de algunos moluscos. (Lat. verruca.) *Adj. verrugoso.**

verrugato (croaker). *Cuba:* pez marino del orden *Perciformes,* familia *Sciaenidae* (Micropogon undulatus). // Pez del Mediterráneo (Umbrina cirrosa). Familia *Sciaenidae.*

versátil* (versatile). Que se mueve libremente, como el dedo posterior de ciertas aves. (Lat. versatilis.)

versicolor (versicolor). Que tiene diversos colores. // Que cambia de color con la edad. (Lat. diversus, diverso; +color.)

vértebra (vertebra). Segmento óseo independiente de la columna vertebral. // Un osículo en el brazo de los ofiuroideos. (Lat. vértebra, articulación.) *Adj. vertebral*.* // *v. anficélica,* la que tiene el centro cóncavo anterior y posteriormente. // *v. acélica*=*anfiplana.* // *v. anfiplana,* la del centro plano en ambas caras. // *v. asteropóndila,* la que muestra en el centro láminas radiales calcificadas. // *v. cervical,* la que corresponde al cuello. // *v. ciclospóndila,* la que presenta un solo anillo calcificado. // *v. cordal,* la que está estrangulada y perforada, para dar paso al notocordio. // *v. diplospóndila,* tipo de embolómera, vértebra con doble centro de algunos anfibios. // *v. lumbar,* la que corresponde a la región del lomo. // *v. opistocélica,* la que tiene el centro cóncavo posteriormente y plano por delante. // *v. pericordal,* la que se forma y queda fuera del notocordio. // *v. procélica,* la que es cóncava por delante y plana por detrás. // *v. promines,* la más prominente de las vértebras cervicales en los mamíferos. // *v. selliforme,* la que muestra una concavidad transversal como las del cuello de las aves. // *v. tectospóndila,* v. *afinélica,* que en los selácios muestra anillos concéntricos calcificados.

vertebrados* (vertebrate). *Vertebrata* y *Craniata.*

vertebración. División de una estructura en partes que parecen vértebras.

Vertebrata. Un subfílum del fílum *Chordata* caracterizado por la posesión de un endoesqueleto con cráneo y columna vertebral.- *Craniata.*

vértice*. Apice o punta de una estructura o de un organismo. // Extremidad o umbo de una concha de un bivalvo. // La parte superior de la cabeza humana. Región de la cabeza de los insectos situada entre los ojos compuestos. (Lat. vertex, cima, cumbre.)

verticilo* (verticil). Conjunto de estructuras dispuestas alrededor de un vástago plano. (Lat. verticillus, dispuesto en remolino.) *Adj. verticilado*.*

veromontánum (veromontanum). Saliente en el interior de la uretra que tiene elevaciones pequeñas. // *Cresta uretral.* (Lat. veru, javalina, espetón; montanum, montañoso.)

Vesalius, Andreas. Anatomista belga.. Su obra *De Humani Corporis Fábrica* representa el punto de partida de la anatomía humana moderna. (1514-1564)

vesica (vesica). La vejiga urinaria. // Una vejiga. (Lat. vesica, vejiga.) *Adj. vesical*.* // *v. fellea*=*vesícula biliar.*

vesícula* (vesicle). Vejiga o bolsa pequeña. (Lat. vesicula, vejiguilla.) Cavidad pequeña que contiene un fluido. // Una de las tres cavidades primarias del encéfalo. // *Adj. vesicular*, vesiculoso, vesiculiforme.* // *v. alantoidea,* vejiga urinaria formada a expensas de la cloaca, homóloga del alantoides de los vertebrados superiores. // *v. ambulacral,* bolsitas de los podios de los equinodermos. // *v. anal,* uno de los dos tubos excretores de los equiuroideos. // Bolsa anal de algunos quelonios. // *v. auditiva,* u órgano auditivo de los peces que percibe variaciones del equilibrio. // *v. biliar,* sacro piriforme en donde se acumula la bilis. En el hombre se encuentra en la superficie inferior del hígado. Algunos vertebrados carecen de ella. // *v. blastodérmica,* esfera hueca en los primeros estados en el desarrollo del huevo. // *v. branquial,* cada una de las bolsitas diseminadas en la cara aboral de las estrellas de mar, de papel respiratorio y excretor. // *v. cardioperiférica,* dilatación contráctil en el prosoma de los hemicordados. // *v. cerebral,* región anterior, ligeramente ensanchada, de la cuerda dorsal de los cefalocordios. cada uno de los tres ensanchamientos del encéfalo embrionario. // *v. coxal,* cada una de las bolsitas metamerizadas de los onicóforos, de función supuestamente respiratoria. // *v. cristalina,* invaginación que, en la embriogénsis del ojo de los vertebrados, va a formar el cristalino. // *v. cromosómica,*=*cariómero.* // *v. de Poli,* cada una de las estructuras vesiculosas situadas junto al anillo acuífero en los equinodermos. // *v. de Savi,* órgano sensorial del tegumento en la cabeza de ciertos selácios. // *v. de Swammerdan,* espérmateca de los moluscos gasterópodos. // *v. de Tiedman,* cuerpos vesiculares en el cuello de las vesículas de Poli. // *v. encéfalica,* ensanchamiento primario de la médula espinal durante el desarrollo de los vertebrados. // *v. germinal* nombre antic. dado al núcleo de algunos óvulos maduros antes de la expulsión de los glóbulos polares. // *v. lateral,* ventrículos cerebrales I y II. // *v. marginal,* cada uno de los estatocistos de la medusa. // *v. óptica,* divertículo del cerebro primitivo en el que se forman los ojos. // *v. parietal,* dilatación distal del tallo pineal. // *v. pericárdica,* bolsilla celómica que rodea el corazón de los urocordados. // *v. prostática,* útero masculino u órgano de Weber. // *v. pulsátil,* vejiguilla que, en los rotíferos, recibe las excreciones de las células flamígeras. // *v. seminal,* órgano del aparato sexual masculino que recoge la esperma antes de la eyaculación. // *v. umbilical,* bolsilla a que se reduce el saco vetelino en el .desarrollo del embrión de los mamíferos. // *v. vitelina,* bolsa que, en las aves, envuelve todo el vitelo.

vesiculasa (vesiculasa). Enzima secretada por la próstata que coagula el contenido de las vesículas seminales.

Vesiculata. Orden de *Hydrozoa*=*Calyptoblates*=*Leptomedusae.*

veso. Especie de *hurón.*

vespa (wasp). Avispa. *Adj. vespiforme, vespoide.*

vespertino (vespertine). Crepuscular. Animal que es activo durante el crepúsculo. (Lat. vesperus, de la tarde.)

vespiario (vespiary). Nido de una colonia de avispa. (Lat. vespa, avispa; -ario, conjunto.)

véspido (vespid). Cualquier insecto de la familia de las avispas. (Lat. vespa, avispa.)

Vespoidea. Superfamilia de insectos del orden *Hymenoptera* que comprende las avispas, solitarias y sociales. (Lat. vespa, avispa; -oidea, parecido.)

Vestibulata. Nombre aplicado a los protozoos con citofaringe y generalmente con una membrana ondulante. *Hymnosomata.* (Lat. vestibulum.)

vestíbulo* (vestibule). Parte del oído interno que se encuentra entre el caracol y los canales semicirculares. Para otros abarca los canales semicirculares, el sáculo y el urtrículo. // Depresión en el citoplasma en la faringe de los protozoos. // Espacio entre los tentáculos de los briozoos. // Espacio entre la vulva y la vagina. // La cámara posterior de la cloaca de las aves. (Lat. vestibulum.) *Adj. vestibular*.* // *v. oral,* espacio que, en los mamíferos, existe entre los labios y las mandíbulas.

vestidura* (indumentum). Cubierta del cuerpo de algunos animales, como el pelaje, las plumas o las escamas. (Lat. vestis, vestido.)

vestigio* (vestige). Organo atrofiado o no funcional. // Organo remanente de estructuras que funcionaron en organismos ancestrales. Ej. *apéndice vermiforme. Adj. vestigial*.*

v. et. Abreviatura de *vide etiam,* véase también, frase empleada en citaciones bibliográficas.

veterinaria* (veterinary). Ciencia médica que estudia y trata las enfermedades de los animales domésticos. (Lat. veterinus, lo que pertence al ganado, bestia de carga.)

veterano* (weaver finch). Puerto Rico: ave africana introducida del orden *Passeriformes,* familía *Ploceidae* (Estrilda melpoda).

vexilo (vexillum). El estandarte de la pluma del ave. *Adj. vexilar.*

v.g. Abreviatura de verbigracia (Lat. verbi gratia.)

vía* (via). Camino, canal. (Lat. via.) // *Adj. vial, viable.* // *v. de asociación,* conjunto de neuronas que se intercalan entre las neuronas sensoriales y motoras. // *v. genital,* cada uno de los conductos que evacuan los productos sexuales. // *v. respiratoria,* cada uno de los vasos conductores del aire en el sistema respiratorio.

viajaca. *Cuba:* pez fluvial comestible del orden *Perciformes,* familia *Cichlidae* (Cichlasoma tetracantha).

viatícola (viatica). Que vive a lo largo de los caminos. (Lat. viaticus, de la vía.)

víbora (viper). Cada una de las culebras venenosas de la familia *Viperidae* (Viper, sp.). (Lat. viper.) // Cuba: especie de ofidio de escamas pulidas y ojos diminutos, llamado también *culebrita ciega* (Typhlops lumbricalis). *Adj. viborezno, vipéreo, viperino.* // *v. de mar,* raro pez marino del orden *Clupeiformes,* familia *Chauliodontidae* (Chauliodus sloani).

viborezno*. Cría de la víbora.

vibraculario (vibracularium). Zooide modificado para fines defensivos de ciertos briozoos, en forma de látigo vibrátil. (Lat. vibrare, vibrar.)

vibráculo V. *vibraculario*

vibrátil.=*Oscilante.*

vibrisa (vibrisa). Pelo rígido táctil que llevan los mamíferos en los lados del hocico y cerca de los ojos. // Cerdas rígidas cerca de los lados del epistoma de algunos dípteros. // Plumas sin estandarte que llevan ciertas aves junto a la boca. (Lat. vibro, sacudir.)

vibrotropismo (vibrotopism). Respuesta a los estímulos vibratorios. (Lat. vibro; gr. trophē, giro.)

vicariación (vicariation). La presencia de especies relacionadas que están separadas geográficamente o ecológicamente. (Lat. vicarius, sustituto.) *Adj. vicario*, vicariante.*

vice. En vez de. (Lat. vice, de vicis, vez.)

Vicq d'Azyr, Félix. Médico y anatomista francés. Se especializó en la anatomía comparada de los vertebrados. (1748-1794)

vicuña (vicuña). Camélido salvaje de los Andes de Perú, Bolivia, sur de Ecuador y San Juan, Argentina, muy apreciado por su vellón (Vicugna vicugna). (Quechua, vucunna.)

vida* (life). No hay definición que satisfaga. // "Conjunto de características que establece la diferencia entre los seres organizados y la materia inorgánica". (Lat. vital.)

vida latente. Estado en el que los organismos suspenden o disminuyen su metabolismo y sus actividades. (Lat. latens, latente, oculto.)

vide. Véase, término latino empleado en bibliografía.

vidiano. Nervio del sistema autonómico que une parte de la cadena simpática con el ganglio esfenopalatino.

vieja* (parrofish). *Cuba:* varias especies de peces marinos litorales de colores vivos. Orden *Perciformes,* familia *Scaridae.* (Sparisoma-chiropterum).

viejalora (parrofish). Cuba: pez marino del orden *Perciformes,* familia *Scaridae* (Scarus coeruleus).

viejita. Venez.: especie de culebra, v. *tigra.*

viejo. Cuba: el pez llamado *burro.* // Cuba: crustáceo decápodo macruro de agua dulce de la familia *Atyidae* (Atyas scabra.)

vientre* (abdomen). Cavidad del cuerpo en los vertebrados en donde están los intestinos y algunas otras vísceras. // Protuberancia o hinchazón medianera. // Parte inferior del cuerpo de los insectos. *Adj. ventral*, ventricoso.*

viequera (white crowned pigeon). *Puerto Rico:* especie de paloma silvestre (Columba leucocephala).

Viesussens, R. Anatomista francés. Descubrió las válvulas que llevan su nombre. (1641-1715)

vigor híbrido (hybrid vigor). V. *heterosis.*

viguá (cormorant). Especie de cormorán o cuervo marino neotropical. Orden *Pelecaniformes,* familia *Phalacrocoracidae* (Phalacrocorax olivaceus).

vilano*.=*Milano,* ave.

villiforme (villiform). Que tiene apariencia aterciopelada. (Lat. villus, vello; +forma.)

villiquinina (villikinin). Hormona intestinal que estimula la contracción rítmica de las vellosidades intestinales. (Lat. villus, vello; +kinina.)

vinagrillo*, vinagrón* (whip scorpion). Arácnido del orden *Pedipalpida,* suborden *Uropygi,* que expele olor a vinagre (Mastigoproctus giganteus).

vínculo* (vinculum). Lazo, atadura. // Región esternal en el abdomen de los lepidópteros. // Banda que une los dos tendones del pie de las aves. // Banda tendinosa delgada. // (Lat. vinculum, enlace.) *Adj. vincular*.*

vinchuca*, vinchuga. Sudamericano: especie de chinche de monte, insecto hemíptero de la familia *Reduviidae* (Triatoma infestants), trasmisor de la enfermedad de Chagas.

virgalis. Osículo interambulacral de los brazos de los equinodermos asteroideos del orden *Platysteroidea.*

Virchow, Rodolfo. Médico alemán. Fundador de la patología celular. A él se debe el aforismo "omnes cellula e cellula". (1821-1902)

violeta visual (iodopsin).=*Yodopsina.* Substancia que se encuentra en los conos de la retina e interviene en la visión de los colores. // V. *púrpura visual.*

vion. Nombre africano aplicado a los pequeños rumiantes de la familia *Tragulidae.*

viosterol. Ergosterol irradiado. *Vitamina* D_2.

virescente (virescent). Que se torna verde. (Lat. viresco, verdear.)

virgado (virgate). Que tiene forma de bastón o varilla. Rayado. (Lat. virga, vara.)

virgen* (virgin). Hembra que nunca ha sido fecundada. // Hembra partenogenética en los pulgones. (Lat. virgo.) *Adj. virginal.*

virgo. *Himen,* q.v.

vírgula*. Vara pequeña. // Organo par en la ventosa oral de algunos trematodos. // Eje de las graptolitas. (Lat. virgula, bastoncillo.) *Adj. virgulado, virguliforme.*

virilismo (**virilism**). Desarrollo prematuro e hipertrofiado de los órganos genitales en el varón, debido a trastornos en la corteza suprarrenal. (Lat. **virilis**, perteneciente al varón.)

virulencia* (**virulency**). La acción de un virus. // La condición de ser violento o enérgico. (Lat. **virus**, veneno.) // *Adj.* ***virulento.****

viscacha. V. *vizcacha.*

víscera* (**viscera**). Intestino. // Cada uno de los órganos que se encuentran en la cavidad abdominal y torácica. (Lat. **viscera.**) *Adj.* ***visceral.****

visceromotor (**visceromotor**). Se dice del nervio que lleva impulsos motores a las vísceras. (Lat. **viscera; movere**, mover.)

viscerocranio (**viscerocraneum**). Las mandíbulas y los arcos branquiales o viscerales de algunos vertebrados. *Neurocráneo.*

visco. Substancia pegajosa secretada por un par de papilas orales en los onicóforos. (Lat. **viscum**, liga, viscosidad.)

visión* (**vision**). Percepción por medio del sentido de la vista, de colores, forma, movimiento. (Lat. **visio.**) // *v.* ***binocular***, propiedad de superponer las imágenes producidas por el par de ojos del hombre y otros primates en una percepción única. // *v.* ***cromática***, o visión de los colores, en la que actúan como receptores los conos e interviene la yodopsina. // *v.* ***en mosaico***, o visión por aposición. // *v.* ***esteroscópica***, característica de los primates (v. *binocular*). // *v.* ***periférica***, debida a un área de visión menos precisa alrededor del centro del ojo. // *v.* ***por aposición***, típica de los ojos compuestos de los artrópodos, en el que cada elemento u omatidio produce una imagen parcial e independiente. // *v.* ***por superposición***, o típica de ciertos artrópodos nocturnos, en donde los omatidios cercanos dan imágenes que se superponen parcialmente, reforzando la luminosidad. // *v.* ***por yuxtaposición*** (=v. por aposición).

visón (**mink**). Mamífero carnívoro de la familia *Mustelidae*, muy estimado por su pelaje (**Mustela vison**).

vista*. La facultad de ver por percepción de las impresiones luminosas recibidas en la retina y conducidas al cerebro por los nervios ópticos. (Lat. **vistus.**)

visual (**visual**). Que pertenece a la visión o o a la vista.

vital. Que pertenece a la vida. (Lat. **vita**, vida.)

vitalidad (**vitality**). La calidad de tener vida. // Actividad de los seres vivientes.

vitalismo* (**vitalism**). Doctrina que interpreta los fenómenos vitales por fuerzas diferentes a las que ocurren en los cuerpos no vivientes, que son llamadas "fuerzas vitales", especie de entelequia. *Adj.* ***vitalista****.

vitámero (**vitamere**). Substancia que tiene estructura y propiedades fisiológicas similares a las de las vitaminas naturales. (Lat. **vita**, vida; gr. **meros**, parte.)

vitamina* (**vitamin**). Nombre colectivo para una serie de substancias orgánicas relacionadas químicamente que son necesarias en cantidades muy pequeñas para el funcionamiento normal de un organismo. // *v. A.* Se encuentra en mantequilla, huevos, aceite de pescado, etc. Su deficiencia puede producir ceguera nocturna. // *v. B.* complejo de substancias que suelen encontrarse juntas en los mismos alimentos, pero que tienen funciones fisiológicas diferentes: biotina, niacina, etc. // *v.* B_1=*tiamina*, coenzima en el metabolismo de los azúcares, cuya deficiencia ocasiona polineuritis y beriberi. // *v.* B_2=*riboflavina*, coenzima en varios compuestos del metabolismo, su deficiencia produce queilosis y dermatitis. // *v.* B_6 o *piridoxina*, interviene en el metabolismo de aminoácidos. // *v.* B_{12} o cobalamina, factor en el crecimiento y en la producción de hemoglobina. // *v. Bc*=ácido fólico. // *v. Bt*=*carnitina*. // *v. C*, o *ácido ascórbico*, su deficiencia produce escorbuto. // *v. D*, regula el metabolismo del calcio y del fósforo, y su deficiencia produce raquitismo óseo (D1, D2 y D3). // *v. E* o *alfa tocoferol*, su deficiencia produce deterioro muscular y detención del embarazo en las ratas. // *v. F.* nombre desusado que se empleó para algunos ácidos grasos como el *ácido linoleico*. // *v. G*= *v.* B_2. // *v. H.*=*biotina*, // *v. K*, o anticoagulante, activa la producción de protrombina. // *v. L.*=*ácido fólico*. // *v. P.* especie de flavína. // *v. P-P*=*niacina*.

vitazima (**vitazime**). Enzima que tiene una vitamina como coenzima. (Lat. **vita**; gr. **zyme**, levadura.)

vitela.*=*Ternera.*

vitelario (**vitelarium**). Glándula donde se forma el vitelo en algunos animales. (Lat. **vitellus**, yema de huevo.) //*v.* ***germinal***, un órgano en los platelmintos, que produce óvulos y vitelo.

vitelina* (**vitelin**). Una fosfoproteína principal hallada en el vitelo o yema del huevo. V. *membrana vitelina.* (Lat. **vitellus**, yema del huevo.)

vitelo (**yolk**). Sustancia nutritiva que rodea el óvulo de la mayoría de los animales. // La yema del huevo de las aves. (Lat. **vitellus**, yema del huevo.) *Adj.* ***vitelino****.

viteloducto (**viteloduct**). Canal que conduce el vitelo desde la glándula vitelógena al oviducto. // Canal albuminífero. (Lat. **vitellus**, yema de huevo; **ductus**, conducto.)

vitelófago (**vitelophague**). Célula que, en los artrópodos, consume vitelo y juega parte en la formación del hipoblasto. (Lat. **vitellus**, yema de huevo; gr. **phagein**, comer.)

vitelogénesis (**vitelogenesis**). La formación del vitelo o yema del huevo. (Lat. **vitellus**, yema; **gignere**, engendrar.) *Adj.* ***vitelógeno.***

viteloluteína. Pigmento amarillo de la yema del huevo. (Lat. **vitellus**, yema; **luteus**, amarillo.)

vitelorrubina (**vitelorubin**). Pigmento rojo de la yema del huevo. (Lat. **vitellus**, yema; **ruber**, rojo.)

vitelosa. Substancia formada por la digestión del vitelo.

vitrela (**vitrella**). Cada una de las células que segregan el cono cristalino de los omatidios de los artrópodos. (Lat. **vitrum**, vidrio.)

vítreo* (**vitreous**). Hialino, transparente. // Que tiene la condición del vidrio. (Lat. **vitreus.**)

vitreodentina. V. *vitrinodentina.*

vitrificación*. Condición debida a la congelación rápida de tejidos, que a veces pueden reanudar sus actividades después de descongelados. (Lat. **vitreum**, vítreo; **facere**, hacer.)

vitrina (**vitreous humor**). El humor vítreo del ojo. (Lat. **vitrio**, vidrio.)

vitrinodentina (**vitrinodentin**). Sustancia muy dura parecida a la dentina que forma el esmalte de las escamas placoideas de los peces condrictios. (Lat. **vitro**, vidrio; **dens**, diente.) diente.)

vitulomarino. V. *becerro marino* o *foca.*

viuda* (**black-necked stilt**). Puerto Rico: ave del orden *Charadriiformes* (**Himantopus mexicanus**). // *v.* ***negra***, especie de araña negra de abdomen globoso y lustroso, con una mancha rojiza y ventral de forma de reloj de arena, cuya picadura es altamente venenosa (**Latrodectus mactans**).

viudita*. Mono del Brasil de la familia *Cebidae* (**Callicebus torquatus**).

vivario (**vivarium**). Lugar en donde se conservan o crían animales vivos pequeños, especialmente para estudios científicos.

vivero*. Estanque donde se crían peces. // Embarcación en donde se dejan peces vivos hasta llegar a tierra. (Lat. **vivarium.**)

vivar* (**fish nursery**). Criadero de peces. // Lugar donde se crían conejos. (Lat. **vivarius.**)

viverrícula. *Rasce.* Pequeño mamífero asiático del orden *Carnívora*, familia *Viverridae* (**Vivericula indica.**)

vividifusión. Filtración de la sangre en aparatos diseñados para remover sustancias ordinariamente separadas en los riñones. // Riñón artificial. (Lat. **vivus**, vino; **diffusus**, difuso.)

vivificación (**vivification**). Dar vida o animar. // Fenómeno por el cual ciertas substancias proteicas, tomadas por las células, muestran algunas propiedades del protoplasma viviente. (Lat. **vivificare.**)

vivijagua*. V. *bibijagua*, hormiga.

viviparidad (**viviparity**). Proceso por el que las hembras de ciertos animales dan a luz hijos lo suficientemente desarrollados. Ej.: los mamíferos. Op. *oviparidad.* (Lat. **vivus + parere;** producir.) *Adj.* ***vivíparo****.

vivisección (**vivisection**). Disección de animales vivos, especialmente si se realiza sin anestesia. (Lat. **vivus**, vivo; **sectare**, cortar.) *Adj.* ***vivisector****.

viz. Abreviatura de la voz latina *videlicet,* que significa, es claro, sin duda, naturalmente, por supuesto.

vizcacha* (**viscacha**). Roedor sudamericano de lana fina. Orden *Rodentia,* familia *Chinchillidae* (**Lagostoma trichidactylus**).

vizcachera. Madriguera subterránea de la vizcacha.

vocal* (**vocal**). Lo que pertenece a la emisión de sonido o a las cuerdas que los producen. (Lat. **vox**, voz.)

Vogt, Karl. Naturalista alemán. Uno de los primeros darwinistas. Descubridor del ciclo de la *Taenia solium.* (1817-1898)

vol. Abreviatura de *volumen,* tomo, etc., empleado en bibliografía.

volador.* Venez.: pez marino de anchas aletas pectorales. Orden *Dactylopteriformes.* Ver *murciélago,* pez.

volandeira. España: molusco bivalvo de la familia *Pectinidae.* V. *peregrina, concha de peregrinos, venera.* etc.

volante* (**volant animal**). Que pertenece al vuelo. // Capaz de volar.

volantin. *Cuba:* pez marino. Ver *segundo* (**Caranx fasciatus**).

volar* (**fly**). Tiene la significación usual. // Lo que pertenece a la palma de la mano o a la suela del pie. (Lat. **vola**, palma de la mano.)

Volkmann, A.W. Fisiólogo alemán. V. *canales de Volkmann.* (1800-1877).

voltinismo. Que pertenece al ritmo de las estaciones anuales, y en especial, al ritmo reproductor. (Ital. **volta**, tiempo.) *Adj.* ***voltino.***

voluntario* (**voluntary**). Lo que nace de la voluntad o que está regulado por la voluntad. V. *músculo voluntario.*

volución (**volution**). Una vuelta completa del helícono de la concha de un molusco gasterópodo. (Lat. **volvere**, dar vuelta.)

volutino (**volutin**). Se dice del grano de proteína con alto contenido en fosfatos hallado en las células de muchos invertebrados.

Volvocida. = *Phytomonadida.* Orden de Protozoos en la clase *Mastigophora* subclase *Phytomastigophorea,* que son solitarios o coloniales, a veces con membrana de celulosa, con 2 ó 4 flagelos, sin citostoma ni citofaringe, a veces con cromatóforos verdes. (Del género **Volvox**).

vólvulo* (**volvulus**). Torsión de un asa intestinal que causa obstrucción. (Lat. **volvo**, rodar.)

volvulosis. Infestación por el verme cestodo, *Onchocerca volvulus,* que produce quistes fibrosos en la piel. (Lat. **volva**, tegumento; **-osis**, enfermedad.)

vómer* (**vomer**). Hueso craneal, que en el hombre ocupa la parte posterior de las fosas nasales. // En los anfibios es un hueso par que no parece ser homólogo del así denominado en otros vertebrados. (Lat. **vomer**, reja de arado.) *Adj.* ***vomerino.****

vómero. (Del lat. **vomer**, reja de arado, hueso vómer.)

vomeronasal (**vomeronasal**). Que se refiere a la región del vómer y a la cavidad nasal. (Lat. **vomer**, vomer; **nasus**, nariz.)

vomeropalatino (**vomeropalatine**). Hueso formado por la unión del vómer y el palatino en algunos peces y anfibios. (Lat. **vomer**, vómer; **palatum**, placa.)

vómito* (**vomit**). Expulsión brusca del contenido estomacal por contracción de los músculos y relajamiento del cardias. (Lat. **vomere**, vomitar.) // *Adj.* ***vómico*, vomitador*, vomitivo*, vomitorio****.

von Baer, Karl E. Biólogo alemán, fundador de la embriología moderna y expositor de una de las doctrinas de la recapitulación. (1792-1896)

von Frisch, Karl. Biólogo alemán. Descubridor de un sistema de lenguaje en las abejas expresado por danzas. (1886-)

von Haller, Albrecht. Fisiólogo suizo. Hizo descubrimientos básicos sobre la irritabilidad muscular. (1708-1777)

von Mohl, Hugo. Microscopista alemán. Acuñó el término protoplasma y enunció el concepto de que éste existe en todas las células. (1805-1872)

von Siebold, Karl T.E. Zoólogo alemán. Realizó importantes descubrimientos en la anatomía de los invertebrados y en la parasitología. Enfatizó la naturaleza unicelular de los protozoos. (1804-1885)

von Kölliker, Albert. Histólogo suizo-alemán. Estableció la histología como una ciencia aparte. (1817-1905)

voraz* (**bigeye snapper**). *Cuba:* pez marino del orden *Perciformes* de la familia *Lutjanidae* (**Pristipomoides macrophthalmus**).

vormela*. Mamífero carnívoro parecido al hurón de la familia *Mustelidae.* (Al. **wormlein.**)

vórtice* (**vortex**). Disposición que adoptan ciertas estructuras alrededor de un centro. (Lat. **vortex.**)

voz. Sonido que el aire expelido de los pulmones produce al pasar por la laringe. (Lat. **vox.**)

vuelo* (**flight**). Acción de volar que, en los animales vivientes, la efectúan solamente los insectos, las aves y los murciélagos. El vuelo pasivo o volplaneo lo pueden realizar ciertos roedores, marsupiales y dermópteros. *Adj.* ***volátil.*** // *v.* ***nupcial,*** o vuelo de las reinas vírgenes de las abejas y hormigas en busca del apareamiento.

vuelvepiedras (**turnstone**). Ave holártica del orden *Charadriiformes,* familia *Charadriidae* (**Arenaria interpres**).

vulpecula* (**fox**). *Zorra, vulpeja, Adj.* ***vulpino.***

vulturido. Dícese de los buitres, aves rapaces, diurnas carroñeras del orden *Falconiformes,* familia *Cathartidae.* Tienen el cuerpo macizo, la cabeza desnuda y el cuello largo. (Lat. **vueter**, buitre.)

vulturino (**vulturine**). Que se refiere al buitre. (Lat. **vultur**, buitre.)

vulva* (**vulve**). Conjunto de órganos femeninos externos. // La abertura femenina o gonóporo de los vermes nematodos. (Lat. **vulva.**) *Adj.* ***vulval.***

vulvo. (Del lat. **vulva.**)

vulvouretral (**vulvourethreal**). Lo que se refiere a la vulva y a la uretra.

vulvovaginal (**vulvovaginal**). Lo que refiere a la vulva y a la vagina.

W

W. Símbolo del *heterosoma* o *cromosoma* sexual hallado en los animales **(aves, lepidópteros)**, cuyas hembras son de sexo heterogámico y es determinante femenino.

Wagner, Maurice. Biólogo alemán. Autor de la *teoría de la segregación* o *separación* para explicar la formación de variedades. (1813-1887)

Wald, George. Bioquímico norteamericano. Estudió la química de la visión y probó que la vitamina A es parte de la púrpura visual o rodopsina. Premio Nobel. (N. 1906-)

Wallace, Alfred Rusell. Biólogo inglés. Expuso en 1859, al mismo tiempo que Darwin, una teoría de la evolución basada en la selección natural. Estableció un concepto para la demarcación de las regiones zoogeográficas. **(1823-1913)**

Wallacea (Wallacea). Región zoogeográfica de transición entre las regiones oriental y australiana. Comprende las islas Célebes, Lombock, Flores, Timor, Sumba y otras.

Waller, Augustus Volney. Fisiólogo franco-británico. Descubrió la función del núcleo en la regeneración de las neuronas. (1816-1870)

wápiti (wapite). *Uápiti,* **mamífero rumiante de América del** Norte, familia *Cervidae* **(Cervus canadensis.)**

Warburg, Otto. Fisiólogo alemán. Descubrió la enzima respiratoria oxidasa citocrómica e ideó aparatos para medir el ritmo metabólico. Premio Nobel en 1931. (1883-1970)

Watson-Crick. Modelo de la distribución de los átomos en el DNA.

Watson, James Deney. Descubridor, en colaboración con Francis Crick, de la disposición de los átomos en la molécula de DNA. Premio Nobel 1962. (N. en 1928-)

Weinberg, W. Biólogo alemán. Simultáneamente que el matemático inglés G.H. Hardy, expuso la fórmula poblacional que se conoce con el nombre de *ley de Hardy-Weinberg.*

Weber, Maurice. Zoólogo holandés. V. *órgano de Weber* o *útero masculino.*

Wegener, Alfred. Geofísico alemán, propulsor de la teoría de la migración de los continentes. (1880-1930)

Weinrich, O.H. Zoólogo norteamericano, notable por sus contribuciones a la protozoología médica.

Weismann, August F.L. Biólogo alemán. Enunció la teoría de la continuidad del plasma germinal y la separación de las células somáticas de las germinales. Expresó que los caracteres adquiridos no se heredan y que solo se trasmiten los cambios que afectan el plasma germinal. (1834-1914)

weismanismo (weismannism). Concepto neodarwinista de Weismann, opuesto al lamarckismo.

Wharton, Thomas. Anatomista inglés. V. *jalea de Wharton* y *conducto de Wharton.* (1657-1673)

Wheeler, William M. Entomólogo norteamericano. Uno de los estudiosos de la conducta en los insectos sociales. Creador del concepto de *trofalaxis.* (1865-1937)

White, E.I. Paleontólogo. En 1946 informó el descubrimiento de cordados primitivos intermediarios entre cefalocordios y ostracodermos.

Whitehead, Alfred North. Fisiólogo inglés, quien defendió las relaciones de la investigación científica con las actividades estéticas y éticas. Su obra notable: *Science and Philosophy.* (1861-1947)

Wiedersheim, Robert. Zoólogo alemán, reconocido por sus estudios sobre la anatomía de los vertebrados. (1848-1923).

Weiner, A.S. Biólogo norteamericano, descubridor, junto con Karl Lansteiner, del factor Rh. (1907-)

Wilson, Edmund Beecher. Zoólogo norteamericano, conocido por sus trabajos en citología, embriología, herencia y morfología. (1856-1939)

William de Ocam. Escolástico. Expositor del principio de la lógica formal llamado "Navaja de Ocam" o "Ley de la Parsimonia", aplicable a las ciencias naturales. (--1357)

Winklee, H.E. Estableció (1916) el concepto de la heteroploidía.

Winslow, J.B. Anatomista inglés. V. *foramen* o *agujero de Winslow.*

wisent (wisent). El bisonte europeo (Bison bonasus).

witzizil (cayman). México: una especie de caimán **(Caiman fuscus).**

Wöhler, Frederich. Químico alemán. Logró la síntesis de la urea en (1828). experimento que destruyó la creencia de que los cuerpos orgánicos solo podrían producirse por fuerzas peculiares a los seres vivientes. (1800-1882)

Wohlfahrtia. Género de moscas de la familia *Sarcophagidae.* Una de las especies produce miasis humana.

Woldeyer. Acuñó el término *cromosoma* para desginar los filamentos nucleares ya conocidos.

Wolff, Gasper Friedrich. Anatomista y embriólogo alemán, propulsor de la teoría de la epigénesis, oponiéndose a la de la preformación. V. *conducto, crestas* y *cuerpos de Wolff.* (1733-1794)

wombat (wombat). *Uombat,* nombre dado a tres marsupiales australianos herbívoros de gran tamaño y hábitos cavadores. Familia *Phascolomyidae* **(Phascolomys ursinus).**

Woodruff, Lorande L. Biólogo norteamericano, investigador en el campo de los protozoos. (1879-1947)

Woolner, Thomas. Escultor británico. En su honor ha sido llamado la protuberancia de la oreja humana *tubérculo de Woolner.* (1826-1872) V. *punta de Darwin.*

Wright, Sewall. Geneticista inglés, expositor de la teoría del deslizamiento o deriva de los genes como factor de evolución. (1889)

Wuchereria. Género de nematodos al que pertenece la especie productora de la elefantiasis (Wuchereria bancrofti).

Wormius, Olays. Anatomista holandés. Los huesos suturales del cráneo han sido llamados en su honor *huesos wormianos.* (1588-1654)

X

xant-. V. *xanto.*

xanteína (xanthein). Substancia amarilla soluble en agua que se encuentra en ciertas células. (Gr. **xanthos**, amarillo.)

xantelasma (xanthelasma). Afección de la piel caracterizada por la aparición de placas amarillas prominentes. (Gr. **xanthos**, amarillo; **elasma**, placa delgada.)

xántico (xanthic). De color amarillo. // Lo que pertenece a la xantina.

xantina (xanthine). Purina que se encuentra en los músculos, hígado, bazo, orina y en ciertas plantas. (Gr. **xanthos**, amarillo.)

xantismo (xanthism). Mutación que origina pelaje amarillo en los mamíferos y plumaje de dicho color en las aves. El color amarillo del ratón es un carácter letal. (Gr. **xanthos**, amarillo.)

xanto- (xantho-). (Del gr. **xanthos**, amarillo.) Prefijo empleado en palabras que indican pigmentos o estructuras de ese color.

xantocroismo. Condición en la que desaparecen los pigmentos de la piel menos los amarillos. (Gr. **xanthos.**)

xantodérmico (xanthodermic). Que tiene la piel amarilla. (Gr. **xanthos**, amarillo; **derma**, piel.)

xantodonte Que tiene dientes amarillos, como algunos roedores. (Gr. **xanthos**, amarillo; **odous**, diente.)

xantofila (xanthophyll). Pigmento carotenoide amarillo común en las plantas y en algunos protozoos. (Gr. **xanthos**, amarillo; **phylon**, hoja.)

xantófora (xanthophora). Célula tegumentaria amarilla. // Cromatóforo amarillo, también llamado *lipóforo.* (Gr. **phoreus**, portador.)

xantoplastidio (xanthoplast). Cromatóforo amarillo de algunos fitoflagelados. (Gr. **xanthos**, amarillo; **plastos**, formado.)

xantopsia (xanthopsia). Condición de la vista por la cual los objetos parecen amarillos. (Gr. **xanthos**, amarillo; **opsis**, apariencia.)

xantopsina (xanthopsin). Amarillo visual. // Pigmento amarillo de la retícula de ciertos insectos. (Gr. **xanthos**, amarillo; **opsis**, aspecto.)

xantopterina (xanthopterine). Pigmento amarillo hallado en las alas de ciertas mariposas y avispas. Parece ser idéntico a la uropterina de las orinas humanas. (Gr. **xanthos**, amarillo; **pteron**, ala.)

xantosoma (xanthosome.) Gránulo excretor de color amarillo hallado en los foraminíferos. (Gr. **xanthos**, amarillo; **soma**, cuerpo.)

xareo*. Pez de aguas tropicales de grandes aletas pectorales. Orden *Perciformes.*

xaxabí. Puerto Rico: periquito o cotorra pequeña. (Voz antillana.) V. *jajabí.*

xaxal. Rep. Dom.: periquito indígena. Orden *Psittaciformes*, familia *Psittacidae* (**Aratinga chloroptera**).

Xenacanthi. V. *Xenacanthiformes.*

Xenacanthiformes. Orden de peces cartilagíneos. Aleta dorsal muy extendida y escotada cerca de la cola. En aguas dulce del Devónico hasta el Triásico. También *Pleuracanthodii.* (Gr. **xenos**, extraño; **akantha**, espina; **lat. forma.**)

Xenarthra. Nombre alterno para los mamíferos del orden *Edentata*, q.v., en alusión al extraño tipo de apófisis vertebrales. (Gr. **xenos**, extraño; **arthron**, unión.)

xenártrico (xenarthral). Se dice de las vértebras dorsolumbares con facetas articulares adicionales. (Gr. **xenos**, extraño; **arthron**, unión.)

xeno (xeno). (Del gr. **xenos**, extraño.)

xenobiosis (xenobiosis). Hospitalidad de algunas hormigas hacia otros animales. (Gr. **xenos**, extraño; **biosis**, medio de vida.)

Xenófanes. Filósofo griego. Reconoció en los fósiles los restos de animales que existieron, como evidencia de que los mares habían cubierto la Tierra. (Siglo VI A.C.)

xenofia (xenophya). Cuerpo extraño depositado en algunos protozoos o que forma la concha en otros. (Gr. **xenos**, extraño; **phyo**, crecer.)

xenófobo (xenophobe). Organismo que se aparta de otros de su especie. (Gr. **xenos**, extraño; **phobos**, horror.)

xenogamia (xenogamy). Fecundación cruzada con gametos de distintos orígenes. (Gr. **xenos**, extraño; **gamos**, boda.)

xenogénesis (xenogenesis). Generación expontánea. // Heterogénesis. (Gr. **xenos**, extraño; **génesis**, origen.)

xenógeno (xenogenous). Que se origina fuera del organismo. Exógeno. (Gr. **xenos**, extraño; **genos**, origen.)

xenoico (xenoeic). Que vive en las conchas vacías de otros organismos, como los crustáceos ermitaños. (Gr. **xenos**, extraño; **oikos**, casa.)

xenología (xenology). El estudio de los hospendantes en relación con el ciclo vital de los parásitos. (Gr. **xenos**, extraño; **logos**, discurso.)

xenomixis. Unión de gametos de linajes diferentes. // Exomisis. (Gr. **xenos**, extraño; **mixis**, mezcla.)

xenomorfosis. V. *Hetemorfosis.* . (Gr. **xenos**, extraño; **morfosis**, formar.)

xenoparásito (xenoparasite). Parásito que ataca un hospedante que no es el habitual. (Gr. **xeno**, extraño; **+parásito.**)

xenoplástico (xenoplastic). Injerto realizado en un hospedante diferente. Heteroplástico. (Gr. **xenos**, extraño; **plastos**, formado.)

Xenopneusta. Orden de equinodermos. // Sin sistema vascular, pero con el fluido celómatico provisto de corpúsculos rojos con hemoglobina. (Gr. **xenos**, extraño; **pheo**, respiración.)

Xenopterygii. Orden de peces óseos. V. *Gobiesociforme.* (Gr. **xenos**, extraño; **pteron**, ala.)

Xenopsilla. Género de pulgas cuyas especies trasmiten la peste bubónica. (Gr. **xenos**, extraño; **psylla**, pulga.)

Xenopus. Género de sapos (**Amphibia : Anura**), cuyas especies se emplean en la determinación de la preñez. (Gr. **xenos**, extraño; **pous**, pie.)

Xenungulata. Un orden de mamíferos extintos que comprende grandes especies de ungulados de forma de tapir que vivieron en el Paleoceno de Argentina. (Gr. **xenos**, extraño; + **ungulados.**)

xerántico (**xerantic**). Que se está secando. (Gr. **xeransis**, desecado.)

xerárgico (**xerarch**). Se aplica a organismos que van de habitáculos secos a otros más húmedos. (Gr. **xenos**, seco; **arche**, comienzo.)

xero (**xero**). (Del gr. **xeros**, seco.)

xerófago (**xerophagus**). Que se alimenta de substancias secas. (Gr. **xeros**, seco; **phagos**, comer.)

xerófobo (**xerophobus**). Que no tolera condiciones ambientales de sequedad. (Gr. **xeros**, seco; **phobos**, horror.)

xeromórfico (**xeromorphic**). Se aplica a una estructura relacionada con un ambiente seco. (Gr. **xeros**, seco; **morphe**, forma.)

xeroftalmía* (**xerophthalmia**). Enfermedad de la conjuntiva debido a deficiencia en vitamina A. Se caracteriza por endurecimiento de dicha estructura. (Gr. **xeros**, seco; **ophtahlamos**, el ojo.)

xerosere (**xerosere**). Un *sere*, q.v., que empieza en un sitio seco y termina en la comunidad terrestre característica del clima y la geografía regional. (Gr. **xeros**, seco; +**sere.**)

xerosis (**xerosis**). Modificación en un órgano por multiplicación generalizada del tejido conjuntivo. // Sequedad anormal de la piel. (Gr. **xeros**, seco; **therme**, calor.)

xerotérmico (**xerotherm**). Que es tolerante a condiciones de vida seca con temperatura elevada. (Gr. **xeros**, seco; **therme**, calor.)

xexén. (Voz **indígena.**) V. *jején.*

xfuch. (**spider monkey**). Méx.: especie de mono araña. Familia *Cebidae* (**Ateles geoffroyi yucatanensis**). Vive desde México a Panamá.

xif- (Del gr. **xiphos**, espada.)

xifihumeral (**xiphihumeralis**). Que se extiende desde el cartílago xifoides hasta el húmero. (Gr. **xiphos**, espada; **humerus**, húmero.)

xifiplastrón (**xiphiplastron**). La cuarta placa lateral en el plastrón de los quelonios. (Gr. **xiphos**, espada; **plastrón**, esternón.)

xifisternón* (**xiphisternum**). Segmento posterior del proceso ensiforme del esternón. También *metasternón.* (Gr. **xiphos**, espada, lat. **sternum.**)

xifo*- (**xipho-**). (Del gr. **xiphos**, espada.) Se aplica en muchos casos al proceso ensiforme del esternón o *xifisternón.*

xifoides - Extremidad inferior del esternón de los mamíferos (Gr. xiphos, espada, vides, formar.)

xifoideo* (**xiphoid, xifoides**). Que tiene forma de espada. *Ensiforme,* q.v. (Gr. **xiphos**, espada; **oides**, similar.)

xifosuros. V. *Xiphosura.*

xilo* (**xylo**). (Del gr. **xylon**, madera.)

xilófago* (**xilophagous**). Organismo que se alimenta de madera. (Gr. **xylos**, madera; **phagos**, comer.)

xilófilo (**xilophilous**). Organismo que vive o se estaciona en la madera. (Gr. **xylon**, madera; **philein**, amigo.)

Xiphosura. Subclase de *artrópodos merostomáceos* que incluye el género viviente *Limulus,* así como muchos grupos extintos desde la Era Paleozoica. Cefalotórax con carapacho, abdomen de segmentos fusionados, telson largo y espinoso. Larva típica, llamada *trilobita* por su parecido con los trilobites. (Gr. **xiphos**, espada; **oura**, cola.)

xurel. (Voz **indígena.**) V. *jurel,* pez.

Y

Y. Símbolo de uno de los heterosomas de ciertos animales, como los mamíferos.

yabirú (jabiru). Sudamer.: ave del orden *Ciconiiformes*, familia *Ciconiidae*, especie de cigüeña **(Jabiru mycteria).**

yabuti. Tortuga terrestre sudamericana. Orden *Chelonia*, familia *Testudinidae* **(Testudo denticulata).**

yaboa (night heron). Puerto Rico: nombre de varias especies de garzas nocturnas, aves del orden *Ciconiiformes*, familia *Ardeidae* **(Nycticorax nycticorax).**

yac* (jack). Buey del Tibet. Rumiante doméstico de las altiplanicies de Tibet y de Ladak. Familia *Bovidae* **(Poëphagus grunniens).** (Tibet. **gyag.**)

yacabó*. Pájaro insectívoro sudamericano tenido por mal agüero.

yacamará. V. *jacamará.*

yacaratinga. Uno de los nombres del caimán común sudamericano **(Caiman crocodilus).**

yacaré* (jacare). Varias especies de cocodrilos sudamericanos de la familia *Crocodylidae* **(Caiman crocodilus).**

yacimiento* (bed). Lugar donde se encuentra naturalmente las rocas, los minerales y los fósiles en los terrenos sedimentarios.

yaco (parrot). El papagayo gris de Guinea, que es uno de los mejores habladores. Familia *Psittacidae* **(Psittacus erithacus).**

yacú (dusky-pegged guan). Ave sudamericana. Orden *Galliformes*, familia *Cracidae* **(Penelope obscura).**

yacumará. Perú: el *anaconda* o *boa acuática.*

yaguar* (jaguar). Gran felino americano que habita desde Patagonia a Norteamérica y es parecido al leopardo. Familia *Felidae* **(Panthera onza).** Incorrectamente se dice *jaguar*, que es un galicismo (Tupi-guaraní, **yaguara.**)

yaguareté*. V. *yaguar.*

yaguarundí* (jaguarondi). V. *eirá*, mamífero.

yaguasa* (tree duck). Cuba y Puerto Rico: ave del orden *Anseriformes*, familia *Anatidae*, de hábitos arbóreos **(Dendrocygna arborea).** = *Yaguaza.*

yaguiré. Especie de mofeta sudamericana. Orden *Carnivora*, familia *Mustelidae* **(Conepatus suffocans).**

yak. V. *yac.*

yalurodinasa. V. *jaluronidasa.*

yapó (Water opossum). *Yapok.* Pequeña zarigüeya neotropical de hábitos acuáticos. Orden *Marsupialia*, familia *Didelphidae* **(Chironectes minimus).**

yaque. V. *yac.*

yarará*. Sudamér.: nombre común de varias especies de culebras venenosas de la familia *Viperidae.* (Géneros **Lachesis** y **Bothrops.**) V. *surucurú.*

yeco* (cormorant). Chile: *cormorán* o cuervo marino, *corúa.*

yegua* (mare). La hembra del caballo, // Puerto Rico: ave del orden *Ciconiiformes*, familia *Rallidae* **(Rallus longirostris).** (Lat. **equa.**)

yeguada* (herd of horses). Manada de ganado caballar. (De **yegua.**)

yegüeté (stilt). Puerto Rico: ave del orden *Charadriiformes*, familia *Recurvirostridae.*

yema* (bud). Estructura para la reproudcción asexual en forma de brotes o renuevos en esponjas, celentéreos, etc. A veces quedan adheridos formando colonias con un substrato común o cormo. // (Lat. **gemma**, yema.) // ***y. abdominal***, brote en la región posterior de los tunicados ascidiáceos. // ***y. amarilla***, parte amarilla o vitelo del huevo de las aves. // ***y. blanca***, estratos de color blanco alternados con la yema amarilla de los huevos de ave. // ***y. de huevo*** = *y. amarilla.* // ***y. de los dedos***, extremidad inferior de los dedos opuesta a la uña. // ***y. epicárdica***, proceso superior en la blastogénesis de los tunicados ascidiáceos. // ***y. esofágica*** = *y. torácica.* // ***y. epitelial***, epitelio que circunda el saco vitelino. // ***y. medusoide***, medusa que, en ciertos pólipos, no se desarrolla completamente y queda aherida a los gonóforos en forma de yema. // ***y. mesoblástica*** = *y. epicárdica.* // ***y. peribranquial*** = *yema epicárdica.* // ***y. esofágica*** = *y. torácica.* // ***y. sexuada***, v. *gonóforo* // ***y. torácica***, brote anterior en el tronco de los tunicados de la clase *Ascidiacea.*

yeque (puffer). Venez.: pez marino del orden *Tetraodontiformes*, familia *Diodontidae*, que se infla extraordinariamente **(Cheilicthys testudineus).**

yeyuno* (jejunum). Parte del intestino delgado que, en los mamíferos, comunica el duodeno con el íleon (Lat. **jejunus**, vacío, flaco.)

yina (gorilla). Nombre congolés del gorila.

yodo-* (iodo-). (Del gr. **ioides**, violeta.) Se emplea para formar voces que indiquen relación con el elemento yodo.

yodofílico (iodophilic). Que se colorea de obscuro en una solución de yodo. (Gr. **ioides**, violeta; **philos**, amante.)

yodoglobulina (iodoglobulin). Un principio derivado de la glándula tiroides. (De **yodo** + **globulina.**)

yodopsina. V. *violeta visual.*

yodotireoglobulina (iodotireoglobulin). Un compuesto de yodotirina de la tiroides.

yodotirina (iodotyrin). Un compuesto yodado de la tiroides.

Young, L.Z. Demostró en 1936 la presencia de fibras nerviosas gigantes en los calamares formadas por la fusión de las axonas de muchas neuronas.

yu-ana. Oviedo, el historiador de las Indias, empleó esta grafía para designar los grandes lagartos neotropicales mejor llamados *iguanas.*

yubarta*. Especie de ballena. V. *gubarte.*

yug- (Del lat. **yugum**, yugo, par, pareja, banco para remeros, cresta o cima de montaña.)

yugado (jugate). Que está dispuesto por parejas. // Lepidóptero del suborden *Jugatae.* (Lat. **jugum**, pareja.)

yugal (jugal). El hueso malar, situado entre el maxilar y el escamoso.

yugícola Que habita o se cría en las cumbres de las montañas. V. *altícola.* (Neolat. **jugícola** de **jugum**, cima; **-icola**, habitante.)

yugo* (jugum). Comisura transversal, que une las dos cruras del esqueleto apofisiario de algunos braquiópodos. // Proceso en las alas de los lepidópteros del orden *Jugatae.* (Lat. **jugum**, yugo.) *Adj.* **yugal**.

yugular (jugulars). Se dice de las grandes venas del cuello. // Lo perteneciente a la garganta. (Lat. **jugum**, cuello, garganta.)

yugulares. Se aplica a los peces que tienen las aletas pélvicas en posición yugular. V. *Blenniformes.*

yúgulo (jugulum). El *yugo* de los insectos. (Lat. **jugullum**, clavícula.)

yui. Anfibio del orden Anura, familia Leptodactylidae, que vive en el Gran Chaco de América del Sur. (**Leptpdactylus chaquensis.**)

yungla (jungle). En la India, grandes áreas con vegetación espesa y alta. (Ingl. **jungle**, españolizado también en **jungla.**)*

yunque (incus). Huesecillo del oído medio situado entre el martillo y el estribo que deriva del hueso cuadrado.

yupatía (opossum). Nombre aplicable a los roedores suramericanos de la familia *Didelphidae* parecidos a la zarigüeya, pero con el aspecto de rata grande. (**Metachirus nudicaudatus.**)

yuré (dove). Costa Rica: paloma silvestre, muy pequeña.

yuta. Costa Rica: especie de babosa o molusco terrestre. (Diccion.)

yutu. Perú:especie de *tinamú,* ave sudamericana del orden *Tinamiformes,* familia *Tinamidae* (**Nothoprocta ornata**).

yuxtaposición* (juxtaposition). Acción de juxtaponer. Crecimiento propio de los minerales, en oposición a *intususcepción,* que es el característico de los seres vivos. (Lat. **juxta**, junto; **positio**, posición.)

Z

Z- *Disco Z.* Membrana delgada que atraviesa las fibrillas de los músculos estriados. *Membrana de Krause.* // Cromosoma sexual cuando el sexo femenino es heterocigótico.

zacatuche. Méx.: especie de liebre, mamífero del orden *Lagomorpha*, familia *Leporidae* (**Remerolagus diazi.**)

zaga (**river goby**). Pez fluvial neotropical del orden *Perciformes*, familia *Gobidae* (**Chonophorus tiasica**).

zaguti (**zagouti**). V. *agutí.*

zaida* (**crown crane**). Especie de grulla africana de moño amarillo erectil - Orden Gruiformes. (**Balearica pavonina.**) = grulla real y grulla coronada.

zaino*. Caballo de color castaño, sin manchas. // Tono de color obscuro. (Ar. **assam.**)

Zalambdodontes. División del orden *Insectivora*. Molares con crestas en forma de V. *oblicua.* (Gr. **za**, muy; **lambda**, letra ele; **odous**, diente.)

zamarra* (**sheepskin**). Piel de carnero. (Ar. **cammor**, pelliza.)

zambo. Mono araña. (**Ateles sp.**)

zambullidor (**West Indian least grebe**). *Somormujo.* Puerto Rico: aves de la familia *Podicipedidae.* V. *tigua*, zaramago.

zamburriña (**scallop**). España: *venera* o *pelegrina*, molusco bivalvo.

zampullín* (**grebe**). Ave zambullidora europea o *somormujo.* Orden *Podicipediformes*, familia *Podicipedidae* (**Podiceps**).

zamuro* (**turkey vulture**). Colomb. y Venez.: *aura tiñosa.*

zángano* (**drone**). El macho de la abeja doméstica, que es partenogenético y haploide.

zancuda* (**wading bird**). Dícese de las aves vadeadoras que tienen los tarsos largos.

zancudo* (**mosquito**). V *mosquito.* //z. (**black necked stilt**), Cuba y Puerto Rico: ave del orden *Charadriiformes* (**Himantopus mexicanus**).

zapa* (**shark**). V. *lija*, especie de tiburón. // Piel de tiburón.

zapatero* (**leatherjack**). Nombre común de varias especies de peces marinos neotropicales del orden *Perciformes*, familia *Carangidae* (**Oligoplites saurus**).

zapo*. Gusano de seda que no hila capullo.

zaraguate (**howling monkey**). Guatemala: el mono aullador o araguato. (**Allouata palliata**).

zaramago (**Antillean grebe, Pied-billed grebe**). Puerto Rico: especie de somormujo, ave de la familia *Podicipedidae* (**Podilymbus podiceps**).

zaramagullón (**Antillean grebe, Pied-billed grebe**). Cuba: *somormujo.* V. *zaramago.*

zarapico* (**willet**). Ave zancuda del orden *Charadriiformes*, familia *Scolopacidae* (**Catoptrophorus semipalmatus**).

zarapito *(**curlew**). Se aplica a varias aves europeas de pico largo y curvado, orden *Charadriiformes*, familia *Scolopacidae* (**Numenius arquata**).

zarigüeya* (**opossum**). Mamífero marsupial americano de la familia *Didelphidae* (**Didelphis virginianus**).

zarpa* (**paw**). Se aplica a la mano cuyos dedos terminan en garras. *Adj. zarposo.**

zebra*. V. *cebra*, equino.

zensontlatole (**mocking bird**). V. *sinsonte, cenzontle.*

Zeiformes. Orden de peces osteictios que carecen de orbitosfenoides y poseen la aleta dorsal espinosa y la pélvica con una espina. = *Zeomorphi.* = *Zeoidea.*

Zeorhombi, Zeorhombiformes. Orden de peces osteictios de cuerpo comprimido, entre los que se encuentran los lenguados. (Gr. **Zeus**, Júpiter; **rhombus**, rombo.)

zeran (**zeren**). Especie de gacela de Mongolia y el Asia central (**Procapra gutturosa**).

Zernike, Frits. Físico holandés, inventor del microscopio de fase. Premio Nobel. (**1888**).

zeug.- (Del gr. **zeugos**, par, unido.)

Zeuglodontes. Suborden de mamíferos del orden *Cetacea*, que habitaron el Eoceno y el Oligoceno. = *Archaeoceti.* (Gr. **zeugos**, par; **odous**, diente.)

Zeugobranchia, Zeugobranchiata. Grupo de moluscos prosobranquios del orden *Archaeogastropoda.* que poseen un par de tenidios = *Zybobranchia.* (Gr. **zeugos**, par; + **branquia.**)

Zeugópodo (**zeugopod**). Segmento medio de las extremidades en los tetrápodos. En el hombre comprende el brazo y el antebrazo. V.*estilopodio* y *autopodio.* (Gr. **zeugos**, unido; **pous**, pie.)

zigapófisis. V. *cigapófisis.*

zigo- (Del gr. **zygon**, yugo,pareja.) Estamos de acuerdo con Font Quer en que las palabras de origen griego que se escriben con zeta deben conservar dicha letra en castellano; pero se ha generalizado de tal manera el uso de la grafía *cigo-*, que nos parece conveniente conservarla.

zigoteno. V. *cigoteno*

zigoto. V. *cigoto.*

zima (**zyme**). = *Fermento.* (Gr. **zyme**, fermento.)

zimógeno (**zymogen**). = *Cimógeno.* Cualquier substancia que se transforma en enzima debido a cambios internos. (Gr. **zyme**, fermento; **genos**, formar.)

Zinjanthropus. Género de hominoides del Pleistoceno de Tangañica, Africa del Sur, que existió hace un millón y medio de años. Fabricaron instrumentos, pero su capacidad craneana era solo de 600cc. (Ar. **zinj**, Africa oriental; gr. **anthropos**, hombre.)

Zinn, Johann G. Anatomista alemán, quien descubrió la estructura ocular denominada *zónula de Zinn o ciliar.* (1727-1759)

Zo (zó). Cruzamiento entre el yac y la vaca.

zo-. (Del gr. **zoon**, animal.)

zoa-. (Del gr. **zoon**, animal) Se emplea como sufijo para indicar ciertos taxones superiores, como *Protozoa.*

zoantario (zoantharian). Un miembro de la subclase *Zoantharia.*

zoantela (zoantella). Tipo de larva de zoantídeos con bandas transversales ciliadas (Gr. **zoon**, animal; **anthos**, flor.)

Zoantharia. Subclase de celenterados en la clase *Anthozoa.* Incluye los corales blancos, las gorgonias, los corales azules, las anémonas de mar, etc. (Gr. **zoon**, animal; **anthos**, flor.) = *Hexacorallia.*

Zoanthidea. Un orden en la subclase *Zoantharia.* Carecen de esqueleto y de disco basal. (Gr. **zoon**, animal; **anthos**, flor.)

zoantídeo. Un miembro del orden *Zoanthidea.*

zoantina (zoanthina). Tipo de larva en los zoantídeos con fajas longitudinales de músculos. (Gr. **zoon**, animal; **anthos**, flor.)

zoantropía* (zoanthropy). Estado mental en el que el individuo se cree convertido en un animal. (Gr. **zoon**, animal; **anthropos**, hombre.)

zoario (zoarium). Conjunto de individuos en una colonia animal, como la de los briozoos. (Gr. **zoon**, animal; **arium**, reunión.)

zobo- *Dzo*, q.v.

zócalo* (hoof). Uña de los ungulados, que es corta, con la placa curvada y la suela robusta. Alude a la parte baja de un edificio.

zocayo (titi monkey). *Saguin,* mono americano de la familia *Cebidae* (Callicebus moloch).

zoe, zoea (zoëa). Un estado larval temprano en ciertos crustáceos decápodos. (Gr. **zoe**, vida.) *Adj.* ***zoeforme.***

zoecio (zooecium). *Zooecio.* Cámara que incluye un zooide nutritivo en los briozoos. (Gr. **zoon**, animal; **oikos**, casa.) *Adj.* ***zoecial.***

zoético (zoetic). Perteneciente a la vida. (Gr. **zoe**, vida.)

zoico (zoic). Que se refiere a los restos animales o sus productos. (Gr. **zoikos**, pert. a la vida.)

zoide (zoid). Esporozoito formado por división de los esporoblastos de los hemosporidios. // *Meridio.* // (Gr. **zoon**, animal; **eidos**, forma.)

zoodinámica (zoodynamic). Obsoleto- *fisiología animal.* (Gr. **zoon**, animal; **dynamis**, fuerza.)

zoidiofilia. Relaciones entre animales y plantas en lo referente a la fecundación.- *Zodiogamia.* (Gr. **zoidion**, animalillo.) *Adj.* ***zoidiófilo.***

zoidióforo (zoidiophore). Esporoblasto formado por división de los oocitos en los hemosporidios. (Gr. **zoidion**, animalito; **phoreys**, portador.)

zoidiógama (zoidiogame). Se dice la planta fecundada por animales tales como murciélagos, moluscos, insectos. (Gr. **zoidion**, animalitos; **gamos**, boda.)

zompopo* (parasol ant.). Nicaragua: hormiga cortadora de hojas del género *Atta.* V. *bibijagua.*

-zoito (-zoite). Sufijo con el que se quiere indicar un animal producido por fisión. (Gr. **zoon**, animal; **-ito**, dim.)

zona* (zone). Faja o banda limitada por caracteres o circunstancias particulares: geográficas, ecológicas, geológicas, anatómicas, etc. (Gr. **zone**; lat. **zona**, faja.) *Adj.* ***zonal.*** // *z. A.* Una faja ancha obscura en cada sarcómero de las fibras musculares estriadas. // *z.* ***abizal,*** región marina desde los 2000 m. de profundidad hasta los 6000 m. // *z.* ***aboral.*** Faja en la región opuesta a la boca en los equinoideos. // *z.* ***adoral,*** fila de membranelas en el borde del peristoma de muchos ciliados. // *z.* ***afótica,*** porción de las aguas demasiado profunda para permitir la fotosíntesis. // *z.* ***arqueada,*** parte interna de la membrana basilar del órgano de Corti. // *z.* ***batial,*** región marina desde el borde de la plataforma hasta unos 2000 m. // *z.* ***ambulacral,*** faja en la concha de los equinoideos que lleva los poros ambulacrales. // *z.* ***climática,*** área de la superficie de la tierra con organismos peculiares debido a diferencias de clima. // *z.* ***de altitud,*** zona climática debido a la elevación. // *z.* ***de latitud,*** zona climática correspondiente a los parelelos geográficos. // *z.* ***extratecal,*** la parte de una colonia coralina que sobrecubre las tecas de un pólipo. // *z.* ***fasciculata,*** células columnares de la corteza suprarrenal por debajo de la zona glomerulosa. // *z.* ***fotosintética,*** extracto acuoso entre la superficie y la línea de compensación. // *z.* ***glomerulosa,*** grupo de células que forman la capa externa de la corteza suprarrenal // *z.* ***granulosa,*** zona granular alrededor de los folículos de Graaf (V. **disco prolífero**). // *z.H.* parte de las fibras musculares estríadas en el medio de cada Zona A. *z.* ***hadal*** región marina situada por debajo de los 6000 m. *z.* ***intermareal,*** la región litoral entre los límites de las mareas o *z. entremareas.* // *z.* ***marginal,*** anillo que se observa entre el polo o hemisferio animal y el vegetativo de ciertas blástulas. // *z.* ***interambulacrales,*** bandas en los equinoideos entre las zonas ambulacrales. // *z.* ***litoral,*** zona marítima entre las mareas, o según otros hasta el límite de la luz intensa. // *z.* ***nerítica,*** región de aguas someras sobre la plataforma. // *z.* ***orbicular,*** conjunto de fibras circulares que rodea la cápsula articular de la cadera. // *z.* ***pectinada,*** división exterior de la membrana basilar del caracol en el oído medio interno. // *z.* ***pelágica,*** región del mar abierto, afuera de la zona nerítica. // *z.* ***pelúcida,*** capa o membrana transparente que envuelve el folículo de Graaf. // *z.* ***radiada,*** envoltura interna del huevo de los anélidos poliquetos. // *z.* ***reticulada,*** capa interior de la corteza suprarrenal // *z.* ***submareal,*** desde la marea baja hasta unos 50 m. de profundidad. // *z.* ***vital,*** un bioma o subdivisión del bioma en fajas de temperatura, de distribución, de comunidades. // *z. x.* región transitoria en la parte interior de la corteza suprarrenal.

zonación (zonation). La distribución de organismos en zonas o fajas locales. (De **zona.**)

zonado (zonate). Que tiene zonas concéntricas. // Marcado con anillos. (De **zona.**)

zonalidad (zonality). La distribución por zonas.

zonaria (zonary). Tipo de placentación que tiene los vellos dispuestos en bandas o cinturones, como en los carnívoros. (Gr. **zone**, zona.)

zonchiche* (turkey buzard). *Aura*, q.v.

zoniciliado (zonociliate). Que tiene bandas ciliadas, como las larvas de ciertos anélidos. (Gr. **zone**, zona; lat. **cilium**, pestaña.)

zoniforme (zoniphorm). *Zonoide.* En forma de zona. (Gr. **zone**, zona; lat. **forma.**)

zonilimnético (zonilimnetic). Que pertenece a la zona limnética. (Gr. **zone**, zona; **limne**, estanque.)

zoniplacental. Mamífero que muestra placenta zonaria. (Gr. **zone**, zona; + **placenta.**)

zonito (zonite). Cada uno de los segmentos de los artrópodos de la clase *Diplopoda.* (Gr. **zone**, cinturón.)

zónula (zonule). Zona pequeña. (L. **zonula.**) // *z.* ***ciliar,*** membrana hialoidea que forma el ligamento suspensorio del cristalino.

zoo (zoo). Abreviatura de parque zoológico. (**Anglicismo.**)

-zoo*. (Del gr. **zoon**, animal.)

zooamilo (zooamylon). Alimento de reserva en el citoplasma de algunos animales. V. *paramilo, paraglucógeno.* (Gr. **zoon**, animal; **amylon**, almidón.)

zooantela (zooanthella). Flagelado del orden *Cryptomonadina.* simbiótico con protozoos y metazoos. V. *zooxantela, zooclorela* y *zoocianela.* (Gr. **zoon**, animal; **anthos**, flor.)

zooapocrisis. Respuesta de los animales a las variaciones ambientales. (Gr. **zoon**, animal; **apocrisis**, respuesta.)

zoobentos (zoobenthos). Fauna bentónica de los mares y aguas dulces. (Gr. **zoon**, animal; **benthos**, fondo del mar.)

zoobiología (zoobiology). *Zoología* en sus aspectos morfológicos, fisiológicos y ecológicos.

zoobiosis (zoobiosis). Asociación en la que un vegetal vive sobre un animal. (Gr. **zoon**, animal; **biosis**, forma de vida.) *Adj.* ***zoobiótico.***

zooblasto (zooblast). *Obsoleto.* = *Célula animal.*

zoocaule (zoocaulon). V. *zoodendrio.* (Gr. **zoon**, animal; **kaulos**, tallo.)

zoocecidio (zoocecidium). Agalla producida por parásitos animales, insectos, ácaros, nematodos, etc. (Gr. **zoon**, animal; **cecidio**, agalla.)

zoocianela (zoocyanella). Alga cianela que vive en simbiosis con protozoos. Es un concepto ecológico, no sistemático. (Font Quer.) (Gr. **zoon**, animal; + **cianela.**)

zoocisto (zoocyst). Quiste de protozoario.

zoocitio (zoocytium). Matriz común de ciertos infusorios, gelatinosa y a veces ramificada. (Gr. **zoon**, animal; **kytos**, célula.)

zooclorela (zochlorella). Alga unicelular verde que vive en simbiosis con algunos animales: protozoos, celenterados, etc. (Gr. **zoon**, animal; + **clorela.**)

zoocoría (zoochory). Se dice de la dispersión de organismos por los animales. (Gr. **zoon**, animal; **choreo**, dispersión.)

zoodendrio (zoodendrium). Tallo ramificado de ciertos ciliados. (Gr. zoon, animal; **gr. dendron**, árbol.)

zoodinámica (zoodynamics). Fisiología animal. Voz obsoleta.

zoodomacio (zoodomatia). Refugio formado por la planta en donde un animal se protege y beneficia. (Gr. **zoon**, animal; **domos**, casa.)

zooecio (zooecium). = *Zoecio.*

zooeritrina (zooerythrin). Pigmento carentenoide rojizo, encontrado en las plumas de algunas aves y en otras estructuras. (Gr. zoon, animal; **erythros**, rojo.)

zooesteroles. Esteroles de origen animal, como el colesterol. (Gr. zoon, animal; +**esterol.**)

zoófago* (zoophagous). Organismo que se alimenta de animales. (Gr. zoon, animal; **phago**, comer.)

zooferina (zoopherin). Factor nutricional X, relacionado con la vitamina B_{12} o eritrotina. (Gr. zoon, animal; **phoreus**, portador.)

zoófilo (zoophilous). Se aplica a las plantas con flores adaptadas para ser polinizadas por insectos. (Gr. **zoon**, animal; **philos**, amante.)

zoófito* (zoophyte). Se dice del animal sésil parecido a una planta, como ocurre en celenterados, briozoos, etc. (Gr. zoon, animal; **phyton**, planta.)

zoofitolito. *Zoófito fósil.* Voz obsoleta.

Zoophyta. Taxón anticuado en el que se reunían los animales sésiles: celenterados, espongiarios, tunicados, briozoos, etc. (Gr. **zoon**, animal; **phyton**, planta.)

zooflagelados. V. *Zooflagellata.*

Zooflagellata. Clase de Protozoos, subfílum *Sarcomastigohora* que tiene nutrición típicamente animal. Casi todos parásitos = *Zoomastigina.* (Gr. **zoon**, animal; lat. **flagellum**, látigo.)

zoófobo (zoophobic). Que rehúye o es rechazado por un animal. (Gr. zoon, animal; **phobos**, miedo.)

zooftirio. Piojo de los animales. V. *Anoplura* y *Mallophaga.* (Gr. zoon, animal; **phtir**, piojo.)

zoofulvina (zoofulvin). Pigmento amarillo hallado en las plumas de ciertas aves. (Gr. **zoon**, animal; **fulvus**, amarillo.)

zoogameto (zoogamete). Un gameto movible. (Gr. **zoon**, animal; +**gameto.**)

zoogamia (zoogamy). Reproducción sexual en los animales. (Gr. zoon, animal; **gamos**, boda.)

zoogénesis (zoogenesis). El origen de los animales. (Gr. **zoon**, animal; **génesis**, descendencia.)

zoogenia. Parte de la zoología que trata del desarrollo progresivo de los animales y de sus órganos. (Gr. **zoon**, animal; **genios**, descendencia.)

zoógeno (zoogenous). Producido por animales. (Gr. **zoon**, animal; **genos**, origen.)

zoogeografía (zoogeography). Rama de la zoología que trata de la distribución actual de los animales y de las causas que la han producido. (Gr. **zoon**, animal; +**geografía.**)

zoogonía V. *zoogenia.*

zoografía (zoography). Término en desuso. El estudio de la descripción y clasificación de los animales. V. *taxonomía y zoología sistemática.* *Adj.* ***zoográfico*.*** (Gr. **zoon**, animal; **graphē**, descripción.)

zooide (zoid). Cada uno de los individuos de una colonia de briozoos. // Extremidad posterior no sexuada de algunos poliquetos. (Gr. **zoon**, animal; neolat.; **oides**, forma, parecido.)

zoolagnia (zoolagny). Atracción sexual hacia los animales. (Gr. **zoon**, animal; **lagnos**, lascivo.)

zoolapto (zoolapton). Organismo transportado en el exterior de un animal. (Gr. **zoon**, animal; **lapto**, tocar.)

zoolatría*. Adoración hacia los animales. (Gr. zoon, **animal**; **latreia**; adoración.)

zoolito (zoolith). Parte petrificada de un animal. (Gr. **zoon**, animal; **lithos**, piedra.)

zoología* (zoology). Parte de la biología que estudia los diversos aspectos de los animales. (Gr. **zoon**, animal; **logos**, tratado.) // *Adj.* ***zoólogo*, zoológico*.*** // ***z. médica,*** estudio de los animales que afectan la salud humana. // ***z. sistemática,*** la clasificación, descripción y nomenclatura de los animales.

zooma (zoome). Los animales considerados en su conjunto como una unidad ecológica. (Gr. **zoon**, animal.)

Zoomastigina. Clase de Protozoos = *Zoomastigophorea* o *Zooflagellata.* (Gr. **zoon**, animal; **mastigos**, látigo.)

Zoomastigophorea. = *Zooflagellata.*

zoomelanina (zoomelanin). Un pigmento negro en las plumas de las aves. (Gr. **zoon**, animal; **melanos**, negro.)

zoomorfismo* (zoomorphism). Metamorfosis en los animales. (Gr. zoon, animal; **morfismo**, relativo a la forma.)

zoomorfosis (zoomorphosis). Cambios producidos por la acción de los animales, como las agallas de las plantas. (Gr. zoon, animal; **morfosis**; dar forma.)

zoón (zoon). Organismo que se ha desarrollado procedente de un huevo. // Individuo de una colonia animal. (Gr. **zoon**, animal.) Voz obsoleta.

zooneritrina (zoonerytrin). Pigmento lipocrómico rojo hallado en varios animales. (Gr. **zoon**, animal; **erythros**, rojo.)

zoonecrófago. Se dice del animal que se alimenta de cadáveres. (Gr. zoon, animal: **nekros**, cadáver; **phagein**, comer.)

zoonito (zoonite). Segmento del cuerpo de un animal articulado. V. *zonito, somito.* (Gr. **zoon.**)

zoonimia (zoonymy). Conjunto de los nombres científicos aplicados a los animales. // Los nombres vernáculos de los animales. (Gr. zoon, animal; **onyma**, nombre.)

Zoonomía (Zoonomy). Poema de Erasmo Darwin, en el que expone ideas sobre la evolución y el origen de la vida. // *Zoobiología.* // Las leyes que regulan la vida animal. (Gr. **zoon**, animal; **nomos**, ley.)

zoonosis (zoonosis). Se dice de las enfermedades de los animales, especialmente la que se trasmite al hombre. (Gr. **zoon**, animal; **nosos**, enfermedad.)

zooparásito (zooparasite). Un parásito animal. (Gr. **zoon**, animal; +**parásito.**)

zooperia (zoopery). Dícese de la experimentación con los animales. (Gr. zoon, animal.)

Zoophyta. Taxón antiguo en el que se reunían los animales sésiles: espongiarios celentéreos, tunicados, etc. (Gr. **zoon,** animal; **phyton,** planta.)

zooplancton (zooplankton). Plancton de naturaleza animal. (Gr. **zoon,** animal; **plankton,** errante.)

zooplasma (zooplasm). Toda la substancia viviente que depende de otros organismos para su nutrición. (Gr. **zoon,** animal; **plasma,** moldeado.)

zooquiste.=*Esporocisto.*

zoosaprófago (zoosaprophagous). Animal que se alimenta de animales en descomposición. (Gr. **zoon,** animal; **sapros,** descompuesto; **phagein,** comer.)

zoosis (zoosis). Enfermedad producida por animales. (Gr. **zoon,** animal; **-osis,** condición.)

zoospermo.* *Espermatozoo.* (Gr. **zoon,** animal; **sperma,** simiente.)

zoospora* (zoospore).=*Zoosporo.* Espora movible por flagelos o pseudópodos. (Gr. **zoon,** animal; **spora,** semilla.)

zoosterol (zoosterol). Esterol de origen animal.

zoosuccívoro (zoosuccivorous). Se dice del animal que se alimenta de la sangre o de los humores de otros animales. (Gr. **zoon,** animal; lat **succivorous,** que chupa jugos.)

zootaxia (zootaxy). La clasificación de los animales. (Gr. **zoon,** animal; **taxis,** arreglo.)

zootecio.=*Zoocitio.* (Gr. **zoon,** animal; **theke,** caja.)

zootecnia* (zootechnics). Ciencia aplicada a la cría de los animales domésticos. (Gr. **zoon,** animal; **techne,** arte.) *Adj. zootécnico.**

zootipo (zootype). El tipo representativo de un animal. Desusado. (Gr. **zoon,** animal; **typos,** patrón.)

Zootoconta. Término propuesto por Aristóteles para los animales vivíparos. (Gr. **zoon,** animal; **tokos,** nacimiento; **ontos,** ser.)

zootomía* (zootomy). La disección de los animales. // Anatomía comparada. (Gr. **zoon,** animal; **tennein,** cortar.) *Adj. zootómico.*

zoótomo (zoothome). Se dice de cualquier grupo de organismos que vive en los corales. (Gr. **zoon,** animal; **thomos,** montón.)

zootoxina (zootoxin). Toxina de origen animal. (Gr. **zoon,** animal; **toxikon,** veneno.)

zootrófico (zootrophic). Lo concerniente a la nutrición de los animales. // Que tiene nutrición de tipo animal holozoica. (Gr. **zoon,** animal; **trephein,** nutrirse.)

zooxantina (zooxantin). Pigmento carotenoide amarillo, frecuente en los vertebrados. (Gr. **zoon,** animal; **xanthos,** amarillo.)

zooxantela (zooxanthella). Flagelado que vive en simbiosis con algunas células de animales: radiolarios, madreporarios. (Gr. **zoon,** animal; **xanthos,** amarillo.)

zopilote* (black vulture). Ave del orden *Falconiformes,* familia *Cathartidae,* que se alimenta de carroña. Distribución neotropical **(Coragyps atratus).** (Méx.: **zopilotl.**) V. *aura, gallinazo.*

zoquendo (crocodile). Cuba: especie de cocodrilo de agua dulce **(Crocodylus rhombifer).**

Zoraptera. Orden en la clase *Insecta* que incluye pequeñas especies depredadoras y carroñeras. (Gr. **zoros,** puros; **apterygos,** sin alas.)

zorra* (vixen). La hembra del *zorro.*

zorrilla (striped weasel). Mamífero carnicero africano mal oliente como las mofetas. Familia *Mustelidae* **(Zorrilla striata).**

zorrillo* (skunk).=*Mofeta.*

zorrino (shunk). Argent.: *mofeta* **(Conepatus chinga).**

zorro* (fox). Mamíferos carniceros de la familia *Canidae* de cola poblada y pupilas verticales **(Vulpes vulpes).** // En América se aplica también este nombre a géneros diferentes y a miembros de la familia *Procyonidae.* // *z. (reynard).* Macho de la zorra. // *z. espín,* México, el *coendú* o puerco espín centroamericano **(Coendu mexicanus).** // *z. plateado* **(silver fox),** variedad del zorro rojo común que tiene el pelo negro con puntas blancas **(Vulpes fulvus).**

zorzal* (trush). Nombre común de varias especies de aves del orden *Passeriformes,* familia *Turdide.* En las Antillas es común la especie *Mimocichla plumbea.*

Zsigmondy, Richard. Químico alemán. Estudioso de las partículas coloidales del protoplasma. Premio Nobel. (1865-1929)

Zuckerland E. Anatomista austríaco. V. *cuerpos de Zuckerland.* (1849-1910)

zumaya*. Nombre dado a varias especies de aves: autillo, alcavarán, chotacabra.

zumbador (humming bird). *Colibrí.* V. *zunzún, picaflor,* etc., aves de la familia *Trochilidae.*

zumbadorcito (Antillean crested humming bird). Puerto Rico: especie de colibrí crestado **(Orthorrhyncus cristatus).**

zunzún* (humming bird). Cuba: nombre común a las especies de colibríes. (Onomatopéyico.)

zunzuncito. Cuba: especie de colibrí. Orden *Apodiformes,* familia *Trochilidae.* Probablemente el ave más pequeña que se conoce **(Mellisuga helenae.)**

zurita (stock dove). Especie de paloma silvestre europea. Orden *Columbiformes,* familia *Columbidae* **(Columba oenas).**

zuro (pigeon). Paloma silvestre europea. (Onomatopéyico **zur.**)

zurriaga (pearl fish). España: nombre aplicado a los peces marinos osteictios de forma de cinta, comensal en el tubo digestivo de ciertos holoturoideos. Orden *Perciformes,* familia *Carapidae.* **(Carapus imberbis.)**

zurubí* (Surubi). Pez fluvial sudamericano. **(Pseudoplatysma coruscans).**

zygo- (zygo-). (Del gr. **zygon,** par, yugo.)

Zyganoidea. Superfamilia de insectos del orden *Lepidoptera.*

Zygobranchia, Zygobranchiata. División o grupo de los moluscos gasterópodos=*Zeugobranchia.* (Gr. **zygon,** par; **+branquia.**)

Zygophiurae. Orden de equinodermos en la clase *Ophiuroidea* cuyos brazos no están ramificados. (Gr. **zygon,** par; **ophiurae,** un grupo de equinodermos.)

Zygoptera. Un suborden que abarca los insectos del orden *Odonata* que están provistos de cuatro alas similares. (Gr. **zygon,** yugo; **pteron,** ala.)

Zygoneura. Taxón que incluye todos los metazoos de simetría bilateral menos *Ambulacralia* y *Chordonia.*= *Protostostomia.* (Gr. **zygon,** par; **neura,** nervio.)

SUPLEMENTO

Los vocablos que se relacionan a continuación representan términos que no fueron incluidos en el texto, pero además se citan otros para agregar sea una nueva acepción, sea una redescripción a la luz de los adelantos en la biología.

Acaridida. Orden de Nematodos en la clase *Secernentea* o *Phasmidia*. Labios usualmente tres, grandes, o seis, pequeños, o ninguno. A veces con dos mandíbulas. Ala caudal sin músculos ni radios. Parásitos en vertebrados, moluscos e insectos. (**Ascaris lumbricoides.**)

Accipensiformes. Un orden de peces osteictios en la subclase Actinopterygii, infraclase *Chondrostei*. Cinco filas de gruesas escamas ganoideas óseas; sin dientes, esqueleto cartilagíneo, vértebras sin centro. (De **Accipenser**, esturión)

Acochilidiacea. Acochilidida. Orden de moluscos en la clase Gastropoda, subclase *Opisthobranchia*. Especies diminutas de la zona intersticial provistas de una masa visceral mucho mayor que el pie.

Acrothoracica. Un orden de crustáceos en la subclase *Cirripedia*. Son perforadores, con manto presente y disco quitinoso fijador. (Gr. **akros**, punta; **thoracica**, del **tórax.**)

Actinulida. Orden de celenterados intersticiales en la clase Hydrozoa. Hidrozoos diminutos, solitarios, ciliados y con pólipos monomórficos con desarrollo directo.

Adapendonta. Un orden de moluscos en la clase *Bivalvia*, subclase *Lamellibranchia*. Conchas entreabiertas de ligamento débil y manto fusionado. Son perforadores de substratos sólidos. Comprende las bromas y especies afines. Ej.: *Teredo, Bankia.*

Albayalde. Pequeña hormiga de color amarillo sumamente agresiva y de picar ardiente (**Wasmannia auropunctata**)'

Allotheria. Una infraclase de mamíferos fósiles en la subclase Prototheria que vivieron del Jurásico al Eoceno. (Gr. **allos**, otro; **theria**, "mamífero").

Amiiformes. Un orden de peces osteictios en la subclase *Actinopterygii*, infraclase *Holostei*. Aleta dorsal larga, cola de apariencia homocerca, pero de esqueleto heterocerco. Escamas cicloideas. Desde el Jurásico. (**Amia calva**, de Norteamérica).

Ammonoidea. Subclase de moluscos fósiles del Silúrico al Cretáceo. Comprende las *amonitas*, de concha externa, tabicada y con líneas suturales irregulares. (De **Ammon**, dios egipcio de cuernos de carnero).

Apteryges. Apterygiformes. Orden o suborden de aves en la subclase *Neornithes*, superorden *Neognathae*. Comprende los *kiwies* de Nueva Zelandia. Sin alas, pico largo con aberturas nasales en el extremo y plumaje piliforme. (Gr. **a-**, sin; **pteron**, ala.)

Araeoscelida. Protosauria. Un orden de pequeños reptiles fósiles del Permiano al Triásico. (Ej.: **Protorpsaurus.**)

Araneida. = *Araneae*. Incluye las arañas.

Ascothoracica. Un orden de crustáceos en la subclase *Cirripedia*. Son parásitos de equinodermos y eorales. Tubo digestivo con ramas en el manto. (Gr. **akos**, manto; + **thoracica, de tórax.**)

Astropotheria. Un orden de mamíferos fósiles del Paleoceno y Mioceno de América del Sur, de la subclase *Theria*, infraclase *Eutheria*. Sin incisivos superiores, pero con molares y caninos grandes. (Gr. **astropos**, relámpago; **theria**, "mamífero".)

Astomatida. Un orden de protozoos, subfílum *Ciliophora*, clase *Ciliata*. Sin boca; con cilios por todo el cuerpo. Principalmente parásitos en anélidos. (Gr. **a-**, sin; **stoma**, boca.)

Astromonaxonellida. V. *Hadromerida*, Porífera.

Athalamida. Un orden de protozoos en el subfílum *Sarcomastigophora*, clase *Sarcodina*. Seudópodos delicados del tipo reticulopodo. (Gr. **a-**, sin; **thalamos**, cámara.)

Australopithecus. Género de antropoides fósiles del Pleistoceno de Africa, que vivieron hace millones de años, capaces de tallar guijarros. (Lat. **auster, austri**, el Sur.; gr. **pithecus**, mono.).

azulejo (**blue shark**). Tiburón cosmopolita de gran tamaño. Orden Lamniformes, familia Carcharhinidae (**Squalus glaucus**)

Bicosoecida. Un orden de protozoos en la subclase *Zoomastigophora*. Sin cromatóforos. Con dos flagelos uno de los cuales fija el animal y el otro es libre.

burgo (**Motmot**). Ave americana de la región Neotropical, del orden *Coraciiformes*, familia *Momotidae* (Momotus momota).

Bursovaginoidea. Un orden de vermes planos en el fílum *Gnathostomulida*. Sistema reproductor con bolsa y pene. Cuerpo corto y robusto. (Lat. **bursa**, bolsa; **vagina**, vagina; **-oidea**, terminación en taxonomía.)

cacomistle (**cacomistle**). Nombre común a varias especies de mamíferos del orden Carnivora, familia Procyonidae, que habitan América Central y Norteamérica. Son de pequeño tamaño, cuerpo delgado y cola larga y pelaje largo y blando. (**Basarycion astutus.**)

Caloneurodea. Un orden de insectos extintos que vivieron del Permiano al Pensilvaniano. (Gr. **kalos**, hermoso; **neuron**, nervio; **eidos**, forma.)

candirú. Se aplica a varias especies de peces de agua dulce que viven desde Argentina hasta Panamá. También se denominan *Chupas* Familia *Pygidiidae*. Algunas especies, como las del género Vandellia parasitan otros peces.

Caryophillída. Un orden de platelmintos de la clase Cestoda, subclase Cestodaria. Escólice mal definido, sin ventosas ni botridios. Una sola serie de órganos reproductores. Parásitos en agua dulce. (Gr. **karion,** núez; **phyllidion,** hojuela.)

casquitos (marsh turtles). México: Tortuga de la familia *Kinosternidae* que vive en terrenos pantanosos desde México hasta Argentina. (**Kinosternus scorpioides.**)

Catarhini. = *Cercopithecoidea.* Monos del antiguo Continente.

Catenulida. Un orden de vermes en el fílum Platyhelminthes, clase *Turbellaria.* Tamaño pequeño, simples o en cadenas filiformes; faringe simple, intestino sin devertículos; un solo protonefridio. Viven en agua dulce. (Lat. **catena,** cadena.)

Caudoforeata — Clase en el fílum molusco creada recientemente separándola de la clase *Aplacophora* — carecen de surco ventral.

Clitellata. Nombre propuesto para reunir las clases de anélidos *Oligochaeta* e *Hirudinea,* por la posesión de clitelo, sistema sexual hermafrodita, ausencia de parápodos y de penachos de setas. (De clitelo).

creciente gris (gray crescent). En el desarrollo del huevo de las ranas, la parte de forma semilunar y color grisáceo que originará el organizador primario del embrión. (**Creciente,** que tiene la forma de la luna en su cuarto creciente).

Crinozoa. Un subfílum en el fílum Echinodermata. Boca y ano en la superficie superior; cuerpo en un esqueleto calciforme. Fijos por un tallo o por la superficie aboral. Comprende los lirios y palmas de mar. (Gr. **krinon,** lirio; **zoon,** animal.)

Crustacea. Clase de artrópodos. Cabeza con cinco segmentos fusionados, dos pares de antenas, un par de mandíbulas y dos pares de maxilas. Generalmente con un carapacho dorsal, a menudo con la cabeza y el tórax fusionados. Respiración branquial. (Lat. **crusta,** costra.)

Cumulata. = Prolecithophora, orden de Turbelarios.

Clupeiformes. Orden de peces osteictios en la subclase *Actinopterygii,* superorden *Clupeomorpha.* Aletas sin radios espinosos, las pélvicas en posición abdominal: vejiga natatoria con un conducto faríngeo, (Lat. **clupea, sardina;** + **forma.**)

Cnidosporea. V. *Cnidosporidia.*

Cyprinodontoidea. = *Cyprinodontiformes. Microciprini.* Peces.

Chalastogastra. Grupo de insectos del orden Hymenoptera cuyo abdomen es sésil o sentado. = *Sessiliventres.* (Gr. **chalao,** relajar; **gaster,** vientre.)

chichica. Marsupial arbóreo que vive en la parte tropical de América. (**Chironectes murinus.**)

Chilognatha. Una subclase de artrópodo en la clase *Diplopoda* provistos de tegumento endurecido, cerdas simples y a veces con glándulas repugnatorias. (Gr. **cheilos,** labio; **podos,** pie.)

chilla. V. culpeo, mamífero.

chiru (chiru). Mamífero del orden *Artiodactyla,* familia *Bovidae* que vive en el Tibet hasta los 2,000 m. de altura (**Panthalops hodgsoni.**)

Chlamydoselachiformes. Orden de peces condrictios en la subclase *Elasmobranchii.* (Gr. **Chlamys,** manto; **selache,** tiburón.)

choler (Southern guitarfish). Pez condrictio del orden *Rajiformes,* familia *Rhinobatoidae,* llamado también *guitarra.* (**Rhinobatus porcellens.**)

Choristida. Un orden de Porifera en la clase *Demospongiae,* subclase *Tetractinellida,* con espículas grandes y pequeñas. Ej. *Geodia.*

Chordonia. Un nombre equivalente al de *Chordata.*

chupa. V. *candirú,* pez fluvial suramericano.

chupapiedras (Sírajo goby). Puerto Rico: pez fluvial del orden Perciformes, familia *Gobiidae* que se adhiere a las piedras por las aletas pectorales. El jóven recibe el nombre de setí. (**Sicydium plumieri.**)

churi. Puerto Rico: Especie de anfibio del orden *Anura,* familia *Leptodactylidae* (**Eleutherodactylus antillensis.**)

Chusinga (four-horned antilope). Especie de antílope, mamífero del orden *Artiodactyla,* familia *Bovidae,* que vive en la India y es llamado también *cuadricornio* porque los machos llevan dos pares de cuernos. (**Tetraceros quadricornis).**

Dactylochirota. Un orden de equinodermos en la clase *Holothuroidea.* Tienen los tentáculos simples y el cuerpo envuelto en una cubierta flexible. (Gr. **dactylos,** dedo; **cheir,** mano.) (**Sphaerothuria.**)

Deuterostomia. = *Deuterostoma.* Una división de los metazoos. Segmentación radial e indeterminada. La boca no se forma a expensas del blastóporo de la larva, sino en la región opuesta. (Gr. **deuteros,** secundario; **stoma,** boca.)

Diaphanopteroidea. Un orden de insectos que vivieron entre los períodos Pérmico y Pensilvaniano. (Gr. **dia,** a través; **phaino,** mostrar; **pteron** ala; **eidos,** forma).

Dictyoceratida. Un orden del fílum *Porifera,* clase *Demospongiae,* subclase *Keratosa* que comprende las esponjas cuyo esqueleto está formado por fibras de espongina, sin espículas. Incluye las esponjas de baño. (**Euspongia officinalis.**)

Dinoflagellata. Un orden de protozoos en el subfílum *Sarcomastigophora,* clase *Mastigophora,* subclase *Phytomastigophorea,* Cuerpo a menudo con una armadura de celulosa, con dos flagelos y cromatóforos pardos, amarillos o verdes. Algunas especies son luminosas y otras causan las mareas rojas. (**Pyrodinium bahamense.**) = *Dinoflagellida.*

Ebriida. Un orden de protozoos en el subfílum *Sarcomastigophora,* suclase *Phytomastigophorea.* Poseen esqueleto interno silíceo, dos flagelos y carecen de cromatóforos. Casi todos fósiles.

ecdisiotropina (ecdysiotropin). Hormona secretada por el cerebro de ciertos insectos que activa las glándulas ecdisiales induciendo la transformación de las pupas en ímagos. (De ecdisis + tropina.)

Echinostomida. Un orden de platelmintos en la clase *Trematoda.* Las larvas cercarias sin bifuracación en la cola. Miracidio con dos protonefridios. Incluye las duelas del hígado. (**Fasciola hepatica.**)

Echiura. Fílum del reino animal que incluye unas 100 especies de vermes marinos de cuerpo cilindráceo y blando, con una trompa anterior. Tubo intestinal largo y de muchas vueltas. Algunos con espinas en la región anal. (Gr. **echinus,** erizo; **oura,** cola.)

Echiuroidea. = *Echiurida.* Clase en el fílum *Echiura,* con los caracteres del fílum.

Echiuroinea. Orden del fílum *Echiura,* clase *Echiurida.* Poseen sistemas sanguíneo vascular y generalmente con uno o dos pares de nefridios.

Elopiformes. Un orden de peces osteictios, infraclase *Teleostei,* división *Taenipaedia.* Tienen tamaño entre grandes y medianos, viven en agua salada. Incluye los tarpones o "sábados" de pesca deportiva (**Tarpon atlanticus).**

Eocrínoidea. Una clase de equinodermos en el subfílum *Crinozoa.* Cálix con tallo; brazos sin ramificar. Vivieron desde el Cámbrico hasta el Ordoviciano. (Gr. **eos,** la aurora, "antiguo"; + **crinoideos).**

estroma (stroma). Tejido conjuntivo esponjoso que forma la estructura o armadura de ciertos órganos. (Neolat., del **gr. stroma,** cubrecama, colchón).

Euteleostei. Una división en los peces osteictios, subclase *Actinopterygii* que comprende la mayoría de las especies de la citada subclase. (Gr. **eu,** verdadero + **Teleostei.**)

Filospermoidea. Un orden en el fílum *Gnathostomulida.* Sistema reproductor sin vagina, bolsa ni pene, cuerpo alargado. (Lat. fílum, hilo; gr. sperma, semilla, "espermatozoo", eidos, parecido.)

Fissipedia. Un suborden de mamíferos en el orden *Carnivora.* Los dedos de las extremidades están separados, con uñas y sin formar remos. (Lat. fissus, hendido; pedus, pie).

Foraminiferida. Un orden de protozoos en el fílum Sarcomastigophora, clase Sarcodina. Pseudópodos delgados, ramificados y pegajosos. Concha calcárea, quitinosa o de material adherido, con uno o más agujeros. Tamaño de 0.01 a 190 mm. de largo. Casi todos marinos. Desde el Cámbrico.

G_1, G_2. La primera y la tercera subfase en que se divide la interfase. La subfase se denomina S.

Glosselytroidea. Un orden de insectos extintos que vivieron en el período Pérmico.

Haplotaxiada. Orden de anélidos en la clase *Oligochaeta.* Los gonóporos masculinos pasan a través de uno o dos tabiques. (Gr. **haplos**, simple; **taxys**, arreglo).

hélice-alfa (**alpha-helix**). Estructura helicoidal regular dextrorsa que es la configuración estable de muchas cadenas de polipéptidos.

hemoflagelado (**haemoflagellate**). Se dice del flagelado pará sito en la sangre. (Gr. **haima**, sangre; + **flagelado**)'

hemoparásito (**haemoparasite**). Parásito en la sangre de los vertebrados.

hemul. Especie de cérvido andino de tamaño pequeño y cuernas pequeñas y bifurcadas (**Hippocamelus antisensis**). = *Tauruca.*

herbario (rumen). La panza o primer "estómago" de los rumiantes, q.v. (Del Lat. herba, yerbal).

Heterocholorida. Un orden de protozoos en el subfílum *Sarcomastigophora,* clase *Mastigophora,* subclase *Phytomastigophorea.* Poseen una pared celular silícea y dos flagelos desiguales. (Gr. **heteros**, diferente; **chloros**, verde).

Holocoela. = *Prolecitophora.* = *Cumulata.* Verme de la clase *Turbellaria.*

Homalozoa. Un subfílum del fílum Echinodermata. Comprende formas extintas sin simetría radial aparente. Del Cámbrico hasta el Devónico.

Homoiostela. Una clase de equinodermos en el subfílum *Homalozoa.* Tienen tallo y brazos. (Gr. **homoio**, parecido; **stela**, pilar.)

Homostela. Una clase de equinodermos en el subfílum *Homalozoa.* Tallos presentes, brazos ausentes. (Gr. **homos**, igual; **stela**, pilar)

hormiguilla. Puerto Rico: hormiga pequeña que vive en galerías en los cafetos donde ocasiona agallas y protege diversas especies de cóccidos (**Myrmelachista ramulorum.**)

Ichthyosauria. Un orden de grandes reptiles marinos que vivieron en la era Mesozoica. Subclase *Ichthyopterigia.* = *Ictiosaurios.*

Ixodides. = *Metastigmata.* Suborden de Acarinos en la clase *Arachnida.* Comprende las garrapatas.

jolocho. V. *chupapiedras,* pez.

kermes (**kermes**). Se aplica a los insectos del orden *Homoptera,* familia *Coccidae* de la región Mediterránea de cuyos cuerpos secos se prepara un colorante rojo (**Kermes ilices.**) (Del árabe, **quirmiz**, cochinilla.)

Labidognatha. = Araneomorpha. Suborden del orden *Aranea* en la clase *Arachnida*— Tienen los quelíceros diaxiales y generalmente un solo par de sacos pulmonares.

Lecithoepitheliata. Un orden de platelmintos en la clase Turbellaria. Especies diminutas que viven en aguas dulces y marinas. Sin glándulas vitelógenas, Faringe simple. (Gr. **lekitos**, yemas de huevo; + **epitelio**).

Lepidopleurida. Un orden de moluscos en la clase *Polyplacophora.* Las valvas de la concha carecen de placas de inserción o a estas le faltan los dientes de inserción. (Gr. **lepis**, escama; **leura**, el lado.)

Lissamphibia. Subclase de anfibios que comprende los órdenes *Anura, (Salientia), Urodela* y *Gymnophiona* (**Apoda**). (Gr. **lissa**, lisso; + **anfibios**).

Litopterna. Un orden de mamíferos ungulados en la subclase *Theria,* infraclase *Eutheria.* Con incisivos superiores, pies posteriores con 1 - 3 dedos. Vivieron desde el Paleoceno al Pleistoceno de Suramérica. (Gr. **lito**, liso).

Lumbricoidea. Un orden de anélidos en la clase *Oligochaeta.* Aberturas de los testículos en el mismo segmento que éstos. El clitelo abarca los gonóporos masculinos y femeninos.

macrofauna (**macrofauna**). Fauna ampliamente distribuída. // Fauna de un macrohábitat. (Gr. **markros**, **grande**; + **fauna**).

malfirí. V. *guaraguao,* gavilán

mamella. Apéndice carnoso que cuelga del cuello de algunos mamíferos, como las cabras. (**De mama**)

maná (Honey=dew). Secreción azucarada que producen ciertas plantas.//Secreción azucarada que producen ciertos insectos del orden Homoptera, como los pulgones, que sirven de alimento a otros insectos (Del **maná bíblico**).

margarita (trivia). Nombre común a varias especies de moluscos marinos de la clase *Gastropoda,* subclase *Prosobranchiata,* familia Cypraeidae. Se parecen a los cauríes, pero la concha tiene surcos transversales. (**Trivia pediculus**, de las Antillas.)

matuco (three banded armadillo). Especie de armadillo sudamericano (mamífero del orden Edentata) que se enrolla por completo (**Tolypeutes conurus**).

Megasecoptera. Un orden de insectos extintos que vivieron en el Permiano y Pensilvaniano.

melanismo industrial (**industrial melanism**). Se aplica a la presencia de formas obscuras por adaptación a un ambiente ennegrecido por contaminaciones industriales.

Mesogastropoda. Orden de moluscos en la clase *Gastropoda,* subclase *Prosobranchiata.* Sistema nervioso no concentrato; branquias con una sola hilera de filamentos; corazón con un solo atrio; un solo nefridio. Concha sin canal sifonal. Rádula con 7 dientes en cada serie. Desde el Ordoviciano. = a *Pectinibranchia* y *Monotocardia* en el sentido restringido.

mesoglea (**mesoglea**). Capa gelatinosa situada entre el ectodermo y el gastrodermo de los celentéreos. (Gr. **mesos**, el medio, **glia**, cola.)

Mesosauria. Pequeños reptiles acuáticos de la subclase *Anaspida* que vivieron en el Pérmico inferior. (Gr. **mesos**, medio; **sauros**, reptil).

Microsporea. Una clase de protozoos en el subfílum *Cnidospora.* Esporas de tamaño pequeño. (Gr. **mikros**, pequeño; + **espora**.)

Miomoptera. Un orden de insectos extintos que vivieron en el período Pérmico.

Monilogastrida. Un orden de anélidos en la clase *Oligochaeta.* El gonóporo masculino está en el segmento posterior al de los testículos. (Lat. **monile**, collar de cuentas; gr. **gaster**, estómago.)

mos (**mos**). Comunidad de dos o más especies que viven en "amistad", pero sin mutua dependencia (Lat. **mos, moris**, costumbre.)

Myxosporea. Una clase de protozoos en el subfílum *Cnidospora.* Los esporos se originan de varios núcleos.

Myxosporida. Un orden de protozoos en el subfílum *Cnidospora,* clase *Myxosporea.* Esporos grandes y bivalvos, con 1-4 filamentos polares. Parásitos en vertebrados.

nivel de saturación (**saturation level**). Se dice del equilibrio o densidad máxima de una población a que llega dependiendo del potencial biótico de la especie y de la resistencia ambiental.

Nuculacea. Un orden de moluscos en la clase *Bivalvia,* subclase *Protobranquia.* Sin sifones. La trompa es un crecimiento de los palpos labiales.

Octocorallia. Alcyonaria coloniales. Una subclase de celentéreos en la clase *Anthozoa.* Con tentáculos provistos de ramillas pinnadas, con ocho tabiques completos y un solo solenoglifo. Con endosqueleto blando. (Lat. **octus,** ocho. + corales).

odontóforo. Estructura cartilagínea que sirve de sostén a la rádula de los moluscos. // Para algunos, la membrana quitinosa que porta los dientes de la rádula. (Gr. **odontos,** diente; **phoreys,** portador.)

olingo (olingo). Nombre común de algunas especies de mamíferos del orden *Carnivora,* familia *Procyonidae,* de pequeño tamaño, cuerpo alargado, cola no prensil, cabeza globosa y patas cortas. El olingo leonado habita Ecuador, Perú y Venezuela. (**Basaricyon gabbii.**)

Opalinida. Un orden de protozoos parásitos del subfílum *Sarcomastigophora,* clase *Opalinata* (= **Protociliata**). Poseen muchos cilios en filas oblicuas. Sin citostoma. Núcleos de dos a muchos. Reproducción sexual por gametos flagelados. (Del género **Opalina.**)

Opiliones. = **Opilionida.** = **Phalangida.** Un orden de artrópodos en el subfílum *Chelicerata,* clase *Arachnida.* Cuerpo corto, con el cefolotórax ampliamente unido al abdomen. Patas largas y delicadas, con 7 segmentos. Sin sacos pulmonares. Se conocen con el nombre de segadores. (Lat. **opilio,** pastor; neolat. **opiliones.**)

Orthognatha. Un suborden de arácnidos en el orden *Araneae.* Quelíceros horizontales. Dos pares de sacos pulmonares. Comprende las llamadas arañas peludas. (Gr. **orthos,** recto; **gnathos,** mandíbulas.)

Ornithodelphia. Una infraclase de mamíferos en la subclase *Prototheria* que comprende un solo orden: *Monotremata.* Utero y vagina dobles. (Gr. **ornithes,** aves; delphys, el útero.)

Ostariophysi. // Taxón de peces *osteictios* caracterizado por la posesión de la cadena de huesillos conocida como aparato de Weber, que comunica la vejiga natatoria con el oido interno. (Gr. **ostario,** huesecillo; **physalis,** vejiga.)

Osteoglossomorpha. = *Osteoglossoida,* peces.

Paracanthopterygii. Un superorden de peces en la división *Eutelostei,* subclase *Acanthopterygii.* Especies robustas, generalmente marinas, de hábitos carnívoros, con las aletas pélvicas bien anteriores. (Gr. **para,** cerca de **Acanthopterygii.**)

Palaeodictyoptera. Un orden de insectos extintos que vivieron en el período Pérmico y en el Pensilvánico.

Paracrinoidea. Una clase de equinodermos en el subfílum *Crinozoa.* El cáliz tiene numerosas placas que no están dispuestas en series. Del período Ordoviciano. (Gr. **para,** el lado, cerca de; + **Crinoidea.**)

parasitoide (parasitoid). Se aplica a los animales que, como ciertos insectos, depositan sus huevos en larvas, pupas o adultos de otros insectos y sus larvas consumen al hospedante. (De **parásito** y gr. **eidos,** "parecido".)

Pedipalpia. = *Pedipalpida,* orden de arácnidos.

peje vaca (basking shark). Enorme tiburón de hábitos pelágicos que alcanza 16m. de largo. Se alimenta de organismos pequeños. Orden *Squaliformes,* familia *Lamnidae* (**Cetorhinidae**). También llamado elefante de mar (**Cetorhinus máximus.**)

Peritrichia. Subclase de protozoos en el subfílum *Ciliophora.* Cilios adorales que empiezan a la izquierda del peristoma. (Gr. **peri,** alrededor; **trichos,** pestaña, cilio.)

Peritrichida. Un orden de protozoos en la subclase *Peritrichia.* Los caracteres de dicha subclase.

Phytomastigina. = *Phytomastigiphorea.*

plumero (serpula). Nombre común a las especies de anélidos marinos tubícolas de la clase *Polychaeta,* subclase *Sedentaria,* familia *Serpulidae.*

precipitina precipitin). Substancia formada en ciertos sueros sanguíneos capaz de precipitar las albúminas.

Prolecithophora. = Holocoela. = *Cumulata.* Orden de vermes marinos platelmintos, clase *Turbellaria.* Especies acuáticas con glándulas vitelógenas e intestino simple (Gr. **pro,** delante; **lekitos,** yema de huevo o vitelo; **phoreys,** portador.)

Protacanthopterygii. Un superorden de peces osteictios, en la subclase *Acanthopterygii,* división *Euteleostei.* Especies depredadoras, delgadas, sin radios espinosos; aletas pélvicas en posición abdominal; aletas adiposas presentes. (Gr. **protos,** primero; + **Acanthopterygii.**)

Protelytroptea. Un orden de insectos extintos que vivieron en el período Pérmico.

Proteorosauria. Orden de reptiles fósiles en la subclase *Synapsida.* = *Araeoscelidia,* q.v. (Gr. **proteros,** por delante, anterior; **sauros,** lagarto.)

Protobranchiata. Una subclase de moluscos en la clase *Bivalvia.* Branquias con un eje central que porta dos filas de filamentos cortos. Con dos músculos aductores. (Gr. **protos,** primero; + **Branchiata.**)

Protodonata. Un orden de insectos extintos que vivieron en los períodos Pérmico y Pensilvaniano.

Protorthoptera. Un orden de insectos extintos, que vivieron en los períodos Pérmico y Pensilvánico, ancestros de los ortópteros actuales.

Pseudoscorpionida. = *Chernetida,* orden de arácnidos, llamados falsos escorpiones.

regeneración epimórfica (epimorphic regeneration). La que solo regenera una parte del individuo, como por ejemplo, un miembro.

regeneración morfaláxica (morphalaxic regeneration). La que puede regenerar una gran parte o la totalidad del individuo.

Retortamonadina. Un orden de protozoos en el subfílum *Sarcomastigophora,* clase *Mastigophora,* subclase *Zoomastigophorea.* Especies parásitas con 1-4 flagelos, uno cerca del area ventral junto al citostoma. (Lat. **retorqueo,** volteado hacia atras; **monas, monadis,** simple, una unidad.)

Rhizomastigida. Orden de protozoos en el subfílum *Sarcomastigophora,* clase *Mastigophora,* subclase *Zoomastigophorea.* Poseen uno o más flagelos y un número variable de seudópodos. De vida libre y algunos parásitos. (**Histomonas meleagris.**)

S. Símbolo con el que se representa la segunda etapa de la interfase de la mitosis. La primera y la tercer se representan por G_1 y G_2.

saiyan (rasse). Mamífero del orden *Carnivora,* familia *Viverridae* que vive en la India. (**Viverricula indica.**)

subradular (subradular). Se aplica a la estructura situada bajo la rádula de los moluscos, que tiene función quimiorreceptora.

Symphita. Suborden de insectos en el orden *Hymenoptera.* = *Chalastrogastra,* q.v. Abdomen ampliamente unido al tórax. Larvas eruciformes que se alimentan de plantas. (Gr. **sym,** con; **phyton,** planta.)

tampán (tampan). Especie de garrapata ciega del Africa del Sur. (**Ornithodorus moubata.**)

teleonímico (teleonomic). Proceso en los seres vivos que se realiza siguiendo un programa. (Gr. **teleos,** fin; **nomos,** orden.)

tero tero. Ave sudamericana del orden *Charadriiformes,* familia *Charadriidae.* (**Vanellus chilensis.**)

tortuguete (tadpole shrimp). Nombre común a varias especies de crustáceos en el orden Notostraca, aplicado especialmente a los de los géneros *Apus* y *Triops,* cuyo cuerpo muestra aspecto de tortuga. (**Apus cancriformis,** de Europa.)

trematodo (trematode). Un miembro de la clase Trematoda.

troponina (troponina). *Tropomiodina,* una proteína hallada en los músculos estriados que inhibe la contracción en ausencia de calcio. (Gr. **tropos**, vuelta.)

tunduco. Roedor histricomorfo de la familia Octodontidae que vive en las dos vertientes de los Andes meridionales. **(Aconoemys fuscus.)**

vaquita. Puerto Rico y Rep. Dominic.: Insecto del orden *Coleoptera*, familia *Curculionidae* cuyas larvas y adultos se alimentan de gran variedad de plantas cultivadas. Es de color negro con rayas longitudinales amarillas. **(Diaprepes abbreviatus.)**

vinagreras (sea hares). España: moluscos marinos de la clase *Gastropoda*, subclase *Opisthobranchiata*, orden *Tectibranchia*, familia *Aplysiidae*, también denominados liebres de mar por los largos tentáculos que parecen orejas de liebre. **(Aplysia protea.)**

yupatí (opossum). Se aplica a varios marsupiales neotropicales de la familia *Didelphidae*, parecidos a la zarigueya, pero de aspecto de rata. **(Metachirus nudicaudatus.)**

GLOSARIO

Vocabulario Ingles — Español

aardvark	oricteropo
aardwolf	proteles
abactinal	abactinal
abalone	abalón, abulón
abapical	abapical
abaxial	abaxial
abdomen	abdomen
abducens	abducente
abduct	abducir
abduction	abducción
abductor	abductor
aberrant	aberrante
abient	abiente
abiocoen	abioceno
abiogenesis	abiogénesis
abiology	abiología
abioseston	abioseston
abiosis	abiosis
abiotic	abiótico
abism	abismo
ablactation	ablactación
ablation	ablación
ablepsia	ablepsia
abneural	abneural
abomasum	abomaso, cuajar
aboral	aboral
aborigine	aborigen
abortion	aborto
abporal	abporal
abranchiate	abranquio
abrasion	abrasión
abscess	absceso
absorption	absorción
absorb	absorber
abyssal	abisal, abismal
acaleph	acálefo
acanthela	acantela
acanthin	acantina
acanthion	acantio
acanthocephalous	acantocéfalo
acanthocyst	acantocisto
acanthodium	acantodio
acanthoid	acantoide
acanthophore	acantóforo
acanthopore	acantóporo
acanthopterygian	acantopterigio
acanthosphenote	acantosfenota
acanthosome	acantosoma
acanthostyle	acantostilo
acanthozooid	acantozoide
acapnia	acapnia
acariasis	acariasis, acarosis
acarid	acárido
acarocecidium	acarocecidio
acarology	acarología
acarophily	acarofilia
acarophytosis	acarofitosis
acarus	ácaro
acatalase	acatalasa
acaudal	acaude
accelerator	acelerador
acceptant	aceptante
accesory	accesorio
acclimatation	aclimatación
acclimate	aclimatar
accomodation	acomodación
acclimatize	aclimatarse
accretion	acreción
acelular	acelular
acentric	acéntrico
acephalous	acéfalo
aceptor	aceptor, aceptador
acerate	acerado
acerose	aceroso
acervate	acervado
acervuline	acervulino
acetabulum	acetábulo
acetonuria	acetonuria
acetylcholine	acetilcolina
acetylcholinesterase	acetilcolinesterasa
achaetous	áqueto
acheiropodia	aqueiropodia
Achiles tendon	tendón de Aquiles
achlamydate	aclámide, aclamideo
achloropsia	acloropsia
achlorhidria	aclorhidria
achondroplasia	acondroplasia
achordate	acordado, acordio
achroacyte	acroacito
achroglobin	acroglobina
achroic	acroico
achromasie	acromasia
achromatic	acromático
achromatine	acromatina
achromatopsia	acromatopsia
achromic	acrómico
achromite	acrómito
aciculum	acículo
acid	ácido
acidemia	acidemia
acidic	acídico
acidity	acidez
acidophil	acidófilo
acidosis	acidosis
aciduric	acidúrico
aciform	aciforme
acinesia	acinesia
acinus	ácino
acme	acmé
acne	acné
acoeloides	aceloides
acoelomate	acelomado
acoelus	acelo, acélico
acondylous	acóndilo
acone	ácono
acontium	acontio, aconcio
acorn worm	hemicordado, hemicordio
acoustic	acústico
acouchi	acuchí
acral	acral
acraspedote	acráspeda, acraspedota
acribellate	acribelado
acridid	acrídido
acroblast	acroblasto
acrocentric	acrocéntrico
acrocephalia	acrocefalia
acrochordal	acrocordal
acrocoracoid	acrocoracoides
acrocyst	acrocisto
acrodont	acrodonte

acrodyny	acrodinia
acromegaly	acromegalia
acromio-clavicular	acromioclavicular
acromion	acromio
acron	acrón
acronym	acrónimo
acropodium	acrópodo
acrorhagus	acrorrago
acroscopic	acroscópico
acrosoma	acrosoma
acroteric	acrotérico
acrothrophic	acrotrófico
actic	áctico
actinal	actinal
actine	actina
actinenchyma	actinénquima
actinia	actinia
actiniform	actiniforme
actinobiology	actinobiología
actinoblast	actinoblasto
actinobranch	actinobranquia
actinocephalus	actinocéfalo
actinochitin	actinoquitina
actinodrome	actinódromo
actinoid	actinoide
actinology	actinología
actinomere	actinómero
actininomorphic	actinomorfo
actinomycin D	aetinomicina D
actinopharynx	actinofaringe
actinophore	actinóforo
actinopterigian	actinopterigio
actinosiphonate	actinosifonado
actinost	actinósteo
actinostome	actinostoma
actinotrichia	actinotricos
actininotrocha	actinotroca
actinula	actínula
actinozoa	actinozoario, actinozoo
activator	activador
actomyosine	actomiosina
aculeus	acúleo
acumen	acumen
acuminulate	acuminulado
acuspidate	acúspide
acute	agudo
adactylus	adáctilo
adamantine	adamantino
adamantoblast	adamantoblasto
adambulacral	adambulacral
Adam's apple	nuez de Adán
adapical	adapical
adaptation	adaptación
adaptiogenesis	adaptiogénesis
adaxial	adaxial
addax	adax
adduction	aducción
adductor	aductor
adecticous	adéctico
adelocodonic	adelocodónico
adelomorphic	adelomórfico
adelphogamy	adelfogamia
adelphophagy	adelfofagia
adenase	adenasa
adendroglia	adendroglia
adeniform	adeniforme
adenilic	adenílico
adenine	adenina
adenoblast	adenoblasto
adenocyte	adenocito
adenocheiri	adenoquiros
adenochrome	adenocromo
adenohypophysis	adenohipófisis
adenoid	adenoide
adenology	adenología
adenome	adenoma
adenose	adenoso
adenosine	adenosina
adephagy	adefagia
adermin	adermina
adesmy	adesmia
adetopneustic	adetopnéustico
adfrontal	adfrontal
adherence	adherencia
adherent	adherente
adhesive	adhesivo
adiaphoresis	adiaforesis
adient	adiente
adipoblast	adipoblasto
adipocere	adipócero
adipocyte	adipocito
adipoid	adipoide
adipoleucyte	adipoleucito
adipolysis	adipólisis

adipose	adiposo
adipsia	adipsia
adiposis	adiposis
adit	ádito
adjacent	adyacente
adjuvant	adyuvante
adlacrimal	adlagrimal
ad. lib.	ad. lib.
admedial	admedial
adminicle	adminículo
adnasal	adnasal
adnate	adnado, adnato
adnephrine	adnefrina
adnexa	anexa
adolescaria	adolescaria
adoral	adoral
adradial	adradial
adradius	adradio
adrectal	adrectal
adrenal	adrenal
adrenaline	adrenalina
adrenergic	adrenérgico
adrenine	adrenina
adrenocortical	adrenocortical
adrostral	adrostral
adsorb	adsorber
adsorption	adsorción
adult	adulto
adultoid	adultoide
aduncate	adunco
adventitius	adventicio
aedeagus	edeago
aegithognathous	egitognato
aepyornis	epiornis
aerobe	aerobio
aerobic	aeróbico
aerobiology	aerobiología
aerobiotic	aerícola
aerocyst	aerocisto
aerophobia	aerofobia
aerophobic	aerófobo
aeroplankton	aeroplancton
aerostat	aeróstato
aerostatic	aerostático
aerotaxis	aerotaxia
aerotherapeutics	aeroterapéutica
aeruginous	eruginoso, erugíneo
aesthesis	estesis
aesthetasc	estetasco
aesthetes	esteto
aestivation	estivación
afferent	aferente
affinity	afinidad
afghan	afgano
aflagellar	aflagelado
aphrodisiac	afrodisíaco
afterbirth	secundinas
aftershaft	hiporraquis
agameon	agameon
agamete	agameto
agamic	ágamo
agammaglobuline-mia	agamaglobulinemia
agamobium	agamobio
agamogenesis	agamogénesis
agamogony	agamogonia
agamont	agamonte
agamospecies	agamoespecie
agamous	ágamo
agamy	agamia
agastric	agástrico
agenesis	agenesia, esterilidad
agglutinate	aglutinar
agglutination	aglutinación
agglutinin	aglutinina
agglutinogen	aglutinógeno
aging	envejecimiento
aglomerular	aglomerular
aggregate	agregado
aggregation	agregación
aggression	agresión
aglossate	agloso
aglypha	aglifos
agminated	agminado
agnathostomatous	agnatóstomo
agnosia	agnosia
agonist	agonista
agony	agonía
agouti	agutí, acutí
agranulocyte	agranulocito
agranular	agranular
agranulocitosis	agranulocitosis
agrestal	agreste
agriotype	agriotipo

ai ai	perezoso
aigialium	aigialio
aigrette	egreta
aileron	alerón
akariota	acarion, acariota
akariocyte	acariocito
alanine	alanina
alarima	alarima
alate	alado
albacore	albacora
albatross	albatrós
albescens	albescente
albinism	albinismo
albino	albino
albuginea	albugínea
albumen	albumen
albumin	albúmina
albuminometer	albuminómetro
albuminoid	albuminoide
albuminous	albuminoso
albuminuria	albuminuria
alcoholase	alcoholasa
alcoholemia	alcoholemia
aldolase	aldolasa
aldose	aldosa
aldosterone	aldosterona
alecithal	alecito
alepidote	alepídota
aletocyte	aletocito
alexin	alexina
algesia	algesia
algesis	algesis
algicolous	algícola
aliform	aliforme
alima	alima
alimentary	alimenticio
alimentation	alimentación
alinotum	alinoto
alisphenoid	alisfenoides
alitrunk	alitronco
alivincular	alivincular
alkalemia	alcalemia
alkalinity	alcalinidad
alkalosis	alcalosis
alkapton	alcaptón
alkaptonuria	alcaptonuria
allantochorion	alantocorion
allantois	alantoides
allele	alelo
allelism	alelismo
allelocatalysis	alelocatálisis
allergen	alergeno
allergy	alergia
alligator	aligátor
allobiosis	alobiosis
allochore	alócoro
allocrypt	alocríptico
allocheiral	alóquiro
allochroic	alocroico
allochromous	alócromo
allochronic	alócrono
allochtonous	alóctono
allogamous	alógamo
allogamia	alogamia
allogene	alogén
allogenic	alogénico
allogony	allogonia
alloiogenesis	aloiogénesis
allokinesis	alocinesis
allometry	alometría
allomorphosis	alomorfosis
alloparalectotype	aloparalectotipo
allopatric	alopátrida
allopelagic	alopelágico
allophore	alóforo
alloplasm	aloplasma
alloplast	aloplasto
allopolyploidy	alopoliploidía
alloscutum	aloscudo
allosematic	alosemático
allosome	alósomo
allostoses	alóstosis
allosynapsis	alosinapsis
allosyndesis	alosíndesis
allotetraploid	alotetraploide
allotherm	alotermo
allotrophic	alótrofo
allotropic	alotrópico
allotype	alotipo
allozooid	alozoide
allozygote	alocigoto
aloin	aloína
alopecia	alopecía
alpaca	alpaca, paco

alpine	alpino
altrices	altrices
alula	álula
alutaceous	alutáceo
alveolation	alveolación
alveolar	alveolar
alveolus	alvéolo
alveus	álveo
amacrine	amacro, amacrino
amaurosis	amaurosis
amber	ámbar
amberjack	coronado
ambidextrous	ambidextro
ambiens	ambiens
ambilateral	ambilateral
ambisexual	ambisexual
ambit	ámbito
ambital	ambital
amblyopia	ambliopía
amblypoda	amblípodo
amboceptor	amboceptor
ambon	ambón
ambrosia	ambrosía
ambulacral	ambulacral
ambulacrous	ambúlacro
ambulatory	ambulatorio
amebiasis	amebiasis, amibiasis
amebocyte	amebocito, amibocito
amebula	amébula
ameiosis	ameyosis
ameloblast	ameloblasto
amenorrhea	amenorrea
amensalism	amensalismo
American widgeon	mareca
American osprey	guincho
American redstart	candelilla, candelita
American tapir	beorí
ameristic	amerístico
ametabolic	ametabólico
ametamorphic	ametamórfico
ametoecius	ametoico
ametropia	ametropía
amicronucleate	amicronucleado
amictic	amíctico
amictogenesis	amictogénesis
amino acid	aminoácido
aminopolipeptidase	aminopolipeptidasa
aminopterine	aminopterina
amitosis	amitosis
ammocoetes	amoceta
ammochaeta	amoqueta
ammonia	amoníaco
ammoniotelic	amoniotélico
ammonite	amonita
amnicolous	amnícola
amnion	amnios
amniote	amniota
amniotic	amniótico
amoeba	ameba, amiba
amoebadiastase	amebadiastasa
amoebic	amébico
amoebism	amebismo
amoebocyte	amebocito, amibocito
amoeboid	ameboide, amiboide
amorphism	amorfismo
amorphous	amorfo
amphiclexis	anficlexis
amphiapomictic	anfiopomíctico
amphiarthrosis	anfiartrosis
amphiaster	anfiáster
amphibia	anfibio
amphibiotic	anfibiótico
amphibious	anfibio
amphiblastic	anfiblástico
amphiblastula	anfiblástula
amphibolous	anfibólico
amphicoelous	anficelo, anficélico
amphicondylous	anficondíleo
amphicone	anficono
amphicyte	anficito
amphidelphic	anfidélfico
amphidetic	anfidético
amphidial	anfidial
amphid	ánfido
amphidiploid	anfidiploide
amphidisc	anfidisco
amphigastrula	anfigástrula
amphigenesis	anfigénesis
amphigenic	anfigénico
amphigony	anfigonia
amphilepsis	anfilepsis
amphimictic	anfimíctico
amphimixis	anfimixis
amphimorula	anfimórula

amphineuran	anfineuro
amphineustic	anfinéustico
amphinucleolous	anfinucléolo
amphinucleus	anfinúcleo
amphiont	anfionte
amphioxus	anfioxo
amphyplatyan	anfiplático
amphiploid	anfiploidía
amphipod	anfípodo
amphisbaena	anfisbena
amphirhinal	anfirrino
amphistomous	anfístomo
amphistylic	anfistílico
amphitene	anfiteno
amphitoky	anfitoquia
amphitriaene	anfitriena
amphitrocha	anfitroca
amphipyrenin	anfipirenina
amphocyte	anfocito
amplexus	amplexo
amplification	amplificación
ampulla	ampolla, ámpula
ampullula	ampúlula, ampollita
amputate	amputar
amyelinic	amielinado
amylase	amilasa
amyloclastic	amiloclástico
amylolysis	amilólisis
amylopsin	amilopsina
amylose	amilosa
amylosis	amilosis
amylum	amilo
anabas	anabás
anabiosis	anabiosis
anableps	anablepo
anabolism	anabolismo
anabolite	anabolito
anacanthous	anacánteo
anaconda	anaconda
anachronous	anacrónico
anadromous	anádromo
anaerobe	anaerobio
anaerobiosis	anaerobiosis
anagenesis	anagénesis
anageotropism	anageotropismo
analeptic	analéptico
analgesia	analgesia
analogous	análogo
analogy	analogía
analytic	analítico
anamniote	anamniota
anamniotic	anamniótico
anamorpha	anamorfa
anamorphic	anamórfico
anamorphosis	anamorfosis
anangian	anangiano
anaphase	anafase
anaphylaxis	anafilaxia
anaplasia	anaplasia
anapleurite	anapleurito
anapophysis	anapófisis
anapsid	anápsida
anarthrous	anártreo, anartro
anaschistic	anasquístico
anastomosis	anastomosis
anatomist	anatomista
anatomy	anatomía
anatoxin	anatoxina
anastral	anastral
anatrepsis	anatrepsia
anatriaene	anatriena
anaxial	anaxial
anaxon	anaxón
ancestral	ancestral
ancestrula	ancéstrula
anchoveta	anchoveta
anchovy	anchoa, boquerón
anchoy	lacha
ancipital	ancipital, ancípite
ancon	ancóneo, ancón
ancylostomiasis	ancilostomiasis
Andean goose	guyata
andrase	andrasa
andric	ándrico
andrin	andrina
androconia	androconios
androcyte	androcito
androgamon	androgamona
androgen	andrógeno
androgenesis	androgénesis
androginous	andrógino
android	androide
andrologia	andróforo
androsome	androsoma

androsterone	androsterona
androtype	androtipo
anebous	anebo
anehaemin	anemina
anelectrotonus	anelectrótono
anemestic	aneméstico
anemochory	anemocoria
anemoplankton	anemoplanctón
anemone	anémona
anemotaxis	anemotaxia
anencephaly	anencefalia
anenterous	anentérico
anesthesia	anestesia
aneucentric	aneucéntrico
aneuploid	aneuplodía
aneurine	aneurina
aneurism	aneurisma
aneuronic	aneurónico
anfractuosity	anfractuosidad
Angaria	Angaria
angelfish	chivirita
angel shark	angelote
angina	angina
angioblast	angioblasto
angiocholitis	angiocolitis
angiogenesis	angiogénesis
angiography	angiografía
angiology	angiología
angistomatous	angiostomo
angiotensin	angiotensina
angiotensinogen	angiotensinógeno
angler	pejesapo, batraco
angular	angular
angulosplenial	angulosplénico
angustirostrate	angustirrostro
anhidrosis	anhidrosis
anholocyclic	anholocíclico
ani	aní, judío
ania	ania
anidian	anidiano
animalcule	animálculo
animalculist	animalculista
animalization	animalización
animism	animismo
aniridia	aniridia
anisocercal	anisocerca
anisodactylous	anisodáctilo
anisodont	anisodonte
anisogamete	anisogameto
anisogamous	anisógamo
anisogamy	anisogamia
anisognathous	anisognato
anisomerogamy	anisomerogamia
anisomerous	anisómero
anisomorphic	anisomórfico
anisomyarian	anisomiario
anisopleural	anisopleuro
anisoploid	anisoploide
anisopogonous	anisopógono
anisopterous	anisóptero
anisochela	anisoquela
anisospora	anisospora
anisotropia	anisotropía
ankle	tobillo
ankle-bone	taba, taquín
ankyloproglyphi	anquiloproglifos
ankylosaurus	anquilosaurio
ankylosis	anquilosis
ankylostomiasis	anquilostomiasis
ankystroid	ancistroide
anlage	ánlage
annectent	anectente
annelid	anélido
annellus	anillete
annex	anexo, anejo
annexed	anexado
annual	anual
annular	anular
annulus	ánulo
anoa	tamarao, anoa
anoestrus	anestro
anomalodont	anomalodonte
anomaly	anomalía
anomouran	anomuro
anonym	anónimo
anopheles	anofeles
anophthalmia	anoftalmía
anoploura	anopluro
anorganology	anorganología
anorthogenesis	anortogénesis
anosmatic	anosmático
anosmia	anosmia
anexemia	anoxemia
anoxia	anoxia

anoxybiotic	anoxibiótico
anserine	anserino
ant	hormiga
antagonism	antagonismo
antagonist	antagonista
antambulacral	antambulacral
antapex	antiápice
Antarctogea	Antarctogea
ant eater	hormiguero
anteclypeus	anteclípeo
antecosta	antecosta
antecubital	antecubital
antediluvian	antediluviano
antedorsal	antedorsal
antefrons	antefrente
antefurca	antefurca
antelabrum	antelabro
antelope	antílope
antenna	antena
antenna cleaner	limpia-antenas
antenna comb	peine antenal
antennifer	antenífero
antennule	anténula
anterior	anterior
anterolateral	anterolateral
anterosternite	anterosternito
anthocodium	antocodio
anthogenesis	antogénesis
anthomedusa	antomedusa
anthophagous	antófago
anthophilous	antófilo
anthozoan	antozoario
anthropogenesis	antropogénesis
anthropoic	antropoico
anthropoid	antropoide
anthropologist	antropólogo
anthropology	antropología
anthropometry	antropometría
anthropomorphism	antropomorfismo
anthropopithecus	antropopiteco
anthropotomy	antropotomía
anthropozoic	antropozoico
antiae	copete
anti-ambulacral	antiambulacral
anti-apical	antiapical
antibiosis	antibiosis
antibiotic	antibiótico
antiblastic	antiblástico
antibody	anticuerpo
antibranchial	antibranquial
anticoagulin	anticoagulina
anticodon	anticodón
anticryptic	anticríptico
anticubital	anticubital
antidiuretic	antidiurético
antidote	antídoto
antidromic	antidrómico
antiemetic	antiemético
antidromic	antidrómico
anti-enzyme	antienzima
antiescorbutic	antiescorbútico
antifertilizin	antifertilicina
antigen	antígeno
antigeny	antigenia
antiglobulin	antiglobulina
antihelix	antihélice
antihelmintic	antihelmíntico
antihemophilic	antihemofílico
antihistamine	antihistamina
antihormone	antihormona
antilobium	trago
antilysin	antilisina
Antillean	antillano
antimere	antímero
antimetabolite	antimetabolito
antimorphic	antimórfico
antineuritic	antineurítico
antipepsin	antipepsina
antiperistalsis	antiperistalsis
antiperistaltic	antiperistáltico
antiprostate	antipróstata
antiprothrombin	antiprotrombina
antirachitic	antirraquítico
antiserum	antisuero
antisiphonal	antisifonal
antispadix	antispádice
antisquama	antiscama
antistyle	antistilo
antitegula	antitégula
antithetic	antitético
antithrombin	antitrombina
antitoxin	antitoxina
antitragus	antitrago
antitrochanter	antitrocánter
antitropic	antitrópico
antitropin	antitropina
antivenin	antiveneno
antivitamin	antivitamina
antler	asta (de ciervo)
antlia	espiritrompa
antorbital	anteorbital
antrorse	antrorso
antrum	antro
ants shrike	batara
anuran	anuro
anuria	anuria
anus	ano
aorta	aorta
aortitis	aortitis
aoudad	arruz
apathetic	apático
ape	antropomorfo
aperture	apertura
apex	ápice
aphasia	afasia
aphid	áfido, pulgón
aphodus	áfodo
aphotic	afótico
aphta	afta
apiary	apiario
apical	apical
apicotransverse	apicotransversal
apiculate	apiculado
apiculus	apículo
apituitarism	apituitarismo
aplanogamete	aplanogameto
aplasia	aplasia
apnea	apnea
apneustic	apnéustico
apobiotic	apobiótico
apocentric	apocéntrico
apochlorosis	apoclorosis
apocyte	apocito
apodous	ápodo
apodema	apodema
apoderma	apoderma
apodia	apodia
apoenzyme	apoenzima
apogamy	apogamia
apolar	apolar
apolegamic	apolegámico
apomeiosis	apomeyosis
apomictic	apomíctico
apomixis	apomixis
aponeurosis	aponeurosis
apophysiary	apofisiario
apophysis	apófisis
apoplasmodial	apoplasmodial
apoplexy	apoplejía
apopyle	apópilo
aporine	aporino
aporrhysa	aporrisa
aposematic	aposemático
aposema	aposema
apostaxis	apostaxis
apothelian	apotelio
apotype	apotipo
apparatus	aparato
appendage	apéndice, miembro
appendicularia	apendicularia
appendix	apéndice vermicular
apposition	aposición
aproterodont	aproterodonte
apterus	áptero
apterygial	apterigial
apterygotous	apterigoto
apteryx	aptérix
aptychus	áptico
apyrenic	apirénico
aquaculture	acuacultura
aquarium	acuario
aqueduct	acueducto
aqueous	acuoso
aquicolous	acuícola
aquiculture	acuicultura
aquiline	aquilino
arachnactis	aracnactis
arachnid	arácnido
arachnidium	aracnidio
arachnoides	aracnoides
arapaima	arapaima
arbacioid	arbacioide
arborescens	arborescente
arboricolous	arborícola
arborization	arborización
arboroid	arboroide
arcade	arcada
archaeocyte	arqueocito

archaeology	arqueología
archaeopalium	arqueopalio
archaeopteryx	arqueoptérix
archaeostomatous	arqueóstomo
Archaeozoic	Arqueozoica
archallaxis	arcalaxis
archebiosis	arquebiosis
archecentric	arquecéntrico
archedyctium	arquedictio
archencephalon	arquencéfalo
archenteron	arquenterio
archetype	arquetipo
archiamphiaster	arquianfiáster
archibenthic	arquibéntico
archibenthos	arquibentos
archiblast	arquiblasto
archiblastic	arquiblástico
archiblastula	arquiblástula
archicerebrum	arquicerebro
archicoel	arquicelo
archigastrula	arquigástrula
archigenesis	arquigénesis
archigony	arquigonia
archinephridium	arquinefridio
archinephros	arquinefros
archipallium	arquipalio
archiplasm	arquiplasma
archipterygium	arquipterigio
archisternum	arquisternón
architomy	arquitomía
archoplasm	arcoplasma
arciferous	arcífero
arciform	arciforme
arcocentrous	arcocéntrico
arcocentrum	arcocentro
arctic fox	isatis
Arctogea	Arctogea
arcual	arcual
arcualia	arcuales, arcualios
arculus	árculo
Archaean	Arqueana
area	área
arenaceous	arenáceo
arenicolous	arenícola
areola	aréola
areolation	areolación
areology	areología
argali	argalí
argen	batitú
argentaffin	argentafin
argenteal	argénteo
argenteous	argénteo
arginase	arginasa
arginine	arginina
argonaut	argonauta
argyrophil	argirófilo
argyrosome	argirosoma
arista	arista
aristogenesis	aristogénesis
aristogenic	aristogénico
Aristotle's lantern	linterna de Aristóteles
ark shell	pepitona, arca
arkyochrome	arquiocrómico
arm	brazo
armadillo	armadillo
armature	armadura
armpit	sobaco
army ant	hormiga legionaria
arolium	arolio
aromorph	aromorfo
aromorphosis	aromorfosis
arrhenotoky	arrenotoquia
arrhenoplasm	arrenoplasma
arrhostia	arrostia
arrhytmia	arritmia
arrow worm	quetognato
artenkreis	artenkreis
arteriole	arteriola
arteriology	arteriología
arteriosclerosis	arteriosclerosis
arterio-venular	arteriovenular
artery	arteria
arthralgia	artralgia
arthritis	artritis
arthrobranchial	artrobranquial
arthrodia	artrodia
arthrodial	artrodial
arthrology	artrología
arthromere	artrómero
arthropod	artrópodo
arthropterous	artróptero
arthrosis	artrosis
arthrostracous	artrostraceo
arctic	ártico

articulamentum	articulamento
articular	articular
articulated	articulado
articulation	articulación
artiodactyl	artiodáctilo
aruco	aruco
arvensis	arvense
arytaenoid	aritenoides
ascariasis	ascariasis
ascarid	ascáride
ascidian	ascidia
ascidicolous	ascidícola
ascites	ascitis
ascon	asconoide
asemic	asémico
asepsis	asepsia
aseptado	aseptado
aseptic	aséptico
asexual	asexual
ashy	ceniciento, cinéreo
Asiatic chipmunk	burunduc
asiphonate	asifonado
asociation	asociación
asparagine	asparragina
aspect	aspecto
aspection	aspección
asperate	áspero
asperity	aspereza
asperulate	aspérulo
asp	áspid, áspide
asphyxia	asfixia
aspondylous	aspóndilo
asporocystid	asporocístido
ass	asno
assimilation	asimilación
astacene	astaceno
astasia	astasia
astacus	ástaco
astaxanthine	astaxantina
asthenodont	astenodonte
aster	áster
asterion	asterio
asterisk	asterisco
asternal	asternal
asteroid	asteroideo
asterospondylous	asterospóndilo
asthenia	astenia
asthenic	asténico
asthenobiosis	astenobiosis
asthma	asma
astichous	ástico
astigmatism	astigmatismo
astigmatous	astigmatizado
astogeny	astogenia
astomatous	ástomo
astragalus	astrágalo
astrakham	astracán
astral	astral
astroblast	astroblasto
astrocentro	astrocentro
astrology	astrología
astroplankton	astroplancton
astropodia	astropodios
astropyle	astrópilo
astrosclereid	astroscIereida
astrosphere	astrosfera
asymmetry	asimetría
asynapsis	asinapsis
asystole	asistolia
atavism	atavismo
ataxia	ataxia
atelectasis	atelectasia
atelia	atelia
ateliosis	ateliosis
atelomitic	atelomítico
atheccate	áteco
atherine	pejerrey
atherosclerosis	aterosclerosis
athrocyte	atrocito
athrocytosis	atrocitosis
atlas	atlas
atmobiosis	atmobiosis
atocia	atocia
atoke	atoca
atokous	átoco
atoll	atolón
atony	atonía
atopy	atopia
atractoid	atractoide
atresia	atresia
atrial	atrial
atrichic	átrico
atriococelomic	atriocelómico
atriopore	atrióporo

atrium	atrio
atrocal	átroco
atrophy	atrofia
attenuate	atenuar
attenuated	atenuado
atypical	atípico
auct.	auct., autor
audiometer	audiómetro
audiometry	audiometría
audition	audición
Audubon's shearwater	pampero
aufwuchs	aufwuchs
augmenter	aumentador
auk	alca
aulodont	aulodonte
aulostomatous	aulóstomo
aural	aural
auricle	aurícula
auricular	auricular
auricularia	auricularia
auriculo ventricular	auriculo-ventricular
auroch	uro
autacoid	autacoide
autarticular	autarticular
authophagous	autófago
autoantibiosis	autoantibiosis
autobiology	autobiología
autoblast	autoblasto
autocatalysis	autocatálisis
autocoid	autocoide
autocyst	autocisto
autochorology	autocorología
autochthonous	autóctono
autodermalia	autodermales
autodigestión	autodigestión
autodont	autodonte
autoecious	autoico
autoecology	autoecología
autogamy	autogamia
autogenesis	autogénesis
autogenous	autógeno
autogony	autogonia
autohemorrhagy	autohemorragia
autoheteroploid	autoheteroploide
autoinfection	autoinfección
autointoxication	autointoxicación
autolysis	autólisis
autonarcosis	autonarcosis
autonomous	autónomo
autopalatine	autopalatino
autoparasite	autoparásito
autophagy	autofagia
autophya	autofia
autoplasma	autoplasma
autoplasty	autoplastia
autoploidy	autoploidía
autopodium	autópodo
autopolyploidy	autopoliploidía
autopore	autóporo
autopotamic	autopotámico
autopsy	autopsia
autoradiography	autorradiografía
autoskeleton	autoesqueleto
autosome	autosoma
autospasy	autospasia
autosterlility	autoesterilidad
autostoses	autóstosis
autostylic	autostílico
autosynapsis	autosinapsis
autosyndesis	autosíndesis
autosynthesis	autosíntesis
autotetraploidy	autotetraploidía
autotheca	autoteca
autotomy	autotomía
autotrasplantation	autotrasplante
autotriploidy	autotriploidía
autotrophic	autótrofo
autozooid	autozoide
autoxenous	autoxénico
auxesis	auxesis
auxilia	auxiliares
auxocyte	auxocito
auxology	auxología
auxospireme	auxospirema
avahi	avahi
aviary	aviario
avicula	avícula
avicularium	aviculario
avicularia	avicularios
aviculoid	aviculoide
aviculture	avicultura
avidine	avidina
avifauna	avifauna

avitaminosis	avitaminosis
avocet	avoceta
axenic	axénico
axial	axial, axil
axilemma	axilema
axilla	axila
axioplasma	axioplasma
axis	eje
axoblast	axoblasto
axocoele	axocelo
axodendritic	axodendrítico
axolotl	axolote, ajolote
axon	axón, cilindro-eje
axoneme	axonema
axonost	axonósteo
axoplasm	axoplasma
axoplast	axoplasto
axopodium	axópodo
axosomatic	axosomático
axostyle	axostilo
aye-aye	ayeaye
axoic	axoico
azygobranchiate	acigobranquio
azygoid	acigoide
azygomatous	acigomático
azygomelous	acigomélico
azygos	ácigos
azygosis	acigosis
azygote	acigoto
azygous	ácigo
azymic	acímico
babakoto	babacoto
babirussa	babirusa
baboon	babuino, cinocéfalo
baccinoid	baccinoide
baccivorous	baccívoro
bacillary	bacilar
bacilliform	baciliforme
baculiform	baculiforme
back	dorso, espalda
back cross	retrocruce
back tooth	muela
Bactrian	bactriano
baculum	báculo
badger	tejón
bagre	bagre
Bahama parrotfish	budión, bullón
bailer	bailer
balao	balajú
balance	balance, equilibrio
balancers	balancines
balanoide	balanoide
balanus	balano, bálano
bald eagle	águila calva
baldpate	pato cabeciblanco
baleen	barbas de la ballena
baluchitherium	baluquiterio
bandicoot	bandicut
bank swallow	golondrina parda
band-wing night jar	dormilón
banting	bantíngo, bantín
bar	barra
baresthesia	barestesia
barb	barba
Barbary ape	magote, mona
baleri	baleri
barbate	barbado
barbicel	barbicela, ganchillo
barbule	barbilla, bárbula
barn	barnio
barnacle	barnacla, escaramujo
barn owl	lechuza
baroceptor	baroceptor
barophilous	barófilo
baroque pearl	barrueco
barotaxis	barotaxia
barracuda	barracuda
barramunde	barramunda
barred	jabado
barrier	barrera
basal	basal
basialar	basialar
basiapophysis	basiapófisis
basibranchial	basibranquial
basic	básico
basiconic	basicónico
basicoxite	basicoxito
basicromatine	basicromatina
basidorsal	basidorsal
basifemur	basifémur
basihial	basihial
basilabium	basilabio
basilar	basilar
basilemma	basilema

basilic	basílica
basilingual	basilingual, basilingüe
basilisk	basilisco
basimandibular	basimandibular
basimaxila	basimaxila
basioocipital	basiocipital
basion	basio, basión
basiophthalmite	basioftalmito
basiosteum	basiósteo
basiotic	basiótico
basipharynx	basifaringe
basiphil	basífilo
basipodite	basipodito
basipodium	basipodo
basiproboscis	basíprobóscide
basipterigoid	basipterigoides
basipterygium	basipterigio
basicopic	basiscópico
basisphenoid	basisfenoides
basisterum	basisternon
basistyle	basistilo
basitarsus	basitarso
basitemporal	basitemporal
basiventral	basiventral
basivertebral	basivertebral
basocyte	basocito
basonym	basónimo
basoplasm	basoplasma
bass	lubina, lobina
basset hound	pachón
bastard	bastardo
bat	murciélago
batfish	pez diablo
bathmotrophic	batmotrópico
bathyaesthesia	batiestesia
bathyal	batial
bathybius	batibio
bathylmnetic	batilimnético
bathymetric	batimétrico
bathyopsis	batiopsia
bathysmal	batismal
batoid	batoideo
batonette	bastoncillo
batracian	batracio
batracin	batracina
batypelagic	batipelágico
bay	bayo
bdelloide	bdeloide
beagle	sabueso
beach flea	saltarín (anfípodo)
beak	pico
bear	oso
bear cat	binturongo
bear cub	osezno
bearded vulture	quebrantahuesos
bear monkey	maha
beast	bestia
beat	latido
beaver	castor
beche de mer	trepang, laya de mar
bed	yacimiento
bed bug	chinche
bee	abeja
beebread	hámago
beehive	colmena
beestings	calostro
beetle	escarabajo
behavior	conducta
behemoth	behemoth
beira	baira, beira
beisa	beisa
belemnites	belemnita
belemnoid	belemnoide
bellow	mugido, berrido
belly	abdomen, vientre
belonoide	belonoide
belted kingfisher	martín pescador
benthic	béntico
benthohyponeuston	bentohiponeuston
benthoplancton	bentoplancton
benthopotamous	bentopotámico
benthos	benthos
benthonic	bentónico
beriberi	beriberi
bestiary	bestiario
betaine	betaína
between brain	interencéfalo
bewuchs	bewuchs
bezoar	bezoar
bharal	bharal
biacuminate	biacuminado
bialate	bialar
biangulate	biangular
biarticulated	biarticulado

biaural	biaural
biauriculate	biauriculado
biaxial	biaxial
bicarinate	bicarinado
bicaudate	bicaude
bicellular	bicelular
bicentric	bicéntrico
bicephalous	bicéfalo
biceps	bíceps
bichir	biquir
bicigomorph	bicigomorfo
bicipital	bicípite
bicolligate	bicoligado
bicolor	bicolor
biconjugate	biconjugado
biconvex	biconvexo
bicornute	bicorne
bicuspid	bicúspide
bicyclic	bicíclico
bidental	bidente
bidenticulate	bidenticulado
biennial	bienal
bifactorial	bifactorial
bifid	bífido
biflabellate	biflabelado
biflex	biflexo
biforous	bíforo
bifurcate	bifurcado
big-eared	orejudo
bigeminal	bigeminal
bigeminus	bigémino
bigener	bigéner
bigeneric	bigenérico
bigeye	catalufa
bijugate	biyugado
bilamellar	bilamelar, bilaminar
bilaminar	bilaminar
bilateral	bilateral, bilátero
bile	bilis, hiel
bilharzia	bilharzia
bilharziasis	bilharziasis
biliation	biliación
biliary	biliar
bilification	bilificación
bilifulvin	bilifulvina
bilifuscine	bilifuscina
biligenesis	biligénesis
bilineurine	bilineurina
bilipurpurin	bilipurpurina
bilirubin	bilirrubina
biliverdin	biliverdina
billygoat	cabrón, chivo
bilobate	bilobado, bílobo
bilobular	bilobular
bilocellate	bilocelado
bilocular	bilocular
bilofodont	bilofodonto
bimaculate	bimaculado
bimanous	bímano
bimarginate	bimarginado
bimastic	bimástico
binary	binario
binaural	binaural
binocular	binocular
binomial	binomial
binomialism	binomialismo
binturong	binturongo
binuclear	binuclear
bioassay	bioensayo
bioblast	bioblasto
biocatalyst	biocatalizador
biocenotic	biocenótico
biocharacter	biocarácter
biochemistry	bioquímica
bioclime	bioclima
biocoenology	biocenología
biocoenosis	biocenosis
biocore	biocoro
biocrome	biocromo
biocycle	biociclo
biocyte	biocito
biodemography	biodemografía
biodynamic	biodinámica
bioecology	bioecología
bioelectricity	bioelectricidad
bioenergetic	bioenergética
bioenergy	bioenergía
bioethic	bioética
bioflavonoides	bioflavonoides
biogenous	biógeno
biogene	biogén
biogenetic	biogenético
biogenesis	biogénesis
biogenous	biógeno

biogeny	biogenia
biogeochemistry	biogeoquímica
biogeography	biogeografía
biolith	biolito
biological	biológico
biologist	biólogo
biology	biología
bioluminescence	bioluminescencia
biolysis	biólisis
biolytic	biolítico
biomass	biomasa
biome	bioma
biomecanic	biomecánica
biometeorology	biometeorología
biometry	biometría
biomineralogy	biomineralogía
bion	bion
biomolecule	biomolécula
biomutation	biomutación
bionic	biónica
bionomics	bionomía
bionomy	bionomía
bionosis	bionosis
biont	bionte
biontic	bióntico
biontology	biontología
biophagous	biófago
biophilous	biófilo
biophore	bióforo
biophotogenesis	biofotogénesis
biophysics	biofísica
bioplasm	bioplasma
bioplasmatic	bioplasmático
bioplasson	bioplasón
bioplast	bioplasto
bioplastic	bioplástico
biopoiesis	biopoyesis
biophore	bióforo
biophysiology	biofisiología
biopsy	biopsia
biorgan	biórgano
bios	bios
bioserie	bioserie
biosis	biosis
biosysteme	biosistema
biosystematic	biosistemática
biosociology	biosociología
biosomas	biosomas
biosphere	biosfera
biostatic	biostática
biota	biota
biotaxis	biotaxia, biotaxis
biotherapy	bioterapia
biothrophic	biótrofo
biotic	biótica
biotin	biotina
biotomy	biotomía
biotope	biotopo
biotypology	biotipología
bipalium	bipalio
biparietal	biparietal
biparous	bíparo
bipartition	bipartición
bipectinate	bipectinado
biped	bípedo
bipennate	bipennado
bipinnaria	bipinnaria
biplane	biplano
biplicate	biplegado
bipocillus	bipocilo
bipolary	bipolaridad
biporous	biporoso
biporus	bíporo
biradiate	birradiado
biramous	birrámeo
bird	ave
bird lime	liria
bird louse	piojillo
birefringence	birrefringencia
birostrate	birrostre
birth	nacimiento
birth rate	tasa de nacimiento
biseptate	bisepto, bitabicado
biserial	biserial
biseriate	biseriado
biserrate	biserrado
bisexual	bisexual
bisimetric	bisimétrico
bisimetry	bisimetría
bison	bisonte
bistephanic	bistefánico
bistratose	bistratificado
bisulcate	bisulco
bitemporal	bitemporal
bitheca	biteca
bittern	alcaraván, martinete
bittersweet	castañuela, clica
bivalent	bivalente
bivalve	bivalvo
biventral	biventral
bivium	bivio
bivioltine	bivoltino
blaubok	blauboc
black ape	cinopiteco
black bass	lobina
black bear	baribal, oso negro
black bird	totí, acasanate, mozambique
black buzzard	gallinazo
black chachalaca	pajuil
black colobus	mvon
black conger eel	negrilla
blackfin snapper	sesí
black fish	calderón, piloto
black fly	rodador
black gloved wallaby	irma
black howling monkey	carayá
black jack	tiñosa
black lemur	akomba
black margate	pompón
black necked stilt	cigüeñuela, zancudo, viuda
black oldwife	galafate
black owl	tinge
black rail	gallito negro
black skimmer	rayador
black whiskered vireo	Juan Chiví
bladder	vejiga, vesícula
bladder worm	cisticerco
blaner	castor
blastea	blastea
blastelasma	blastelasma
blastem	blastema
blastematic	blastemático
blastic	blástico
blastocheme	blastoquema
blastochyle	blastoquilo
blastocist	blastocisto
blastocoel	blastocelo
blastocone	blastocono
blastocyst	blastocisto
blastocyte	blastocito
blastoderm	blastodermo
blastodisc	blastodisco
blastogen	blastógeno
blastogenesis	blastogénesis
blastogenic	blastogénico
blastokinesis	blastocinesis
blastomere	blastómero
blastoneuropore	blastoneuróporo
blastophore	blastóforo
blastophthoria	blastoftoria
blastopore	blastóporo
blastosphere	blastosfera
blastostyle	blastostilo
blastovariation	blastovariación
blastozoite	blastozoito
blastozooid	blastozoide
blastula	blástula
blastulation	blastulación
bleed	desangrar
bleat	balido
blennoid	blenoide
blenny	blenio
blepharal	blefaral, blefárico
blepharitis	blefaritis
blepharoplast	blefaroplasto
blesbok	blesboc
blesmol	blesmol
blind worm	lución
blind spot	punto ciego
blister	ampula, ampolla
blister beetle	cantárida
blood	sangre
blood gills	branquias sanguíneas
bloodhound	sabueso
blowhole	espiráculo
blubber	larda
blubber-lip	bezo
blue crab	jaiba, cocolía
blue gill	chopa
blue grosbeak	azulejo
bluejay	arrendajo
blue marlin	castero, aguja
blue titmouse	trepatroncos
bluethroat	pechiazul

bluish	garzo
boa	boa
boar	jabalí, verraco
boback	bobac
bob cat	lince
bobolink	chambergo
bobwhite	codorniz
body cavity	cavidad esplácnica
bolus	bolo
bombarder beetle	escopetero
bombicol	bombícola
bond	enlace, ligadura
bone	hueso
bonefish	banano, macabí
bongo	bongo
bonito	bonito
bontebok	bonteboc
booby	bubia, bubi, boba
booted	calzado
borborygmus	borborigmo
boreal	boreal
borealpine	borealpino
boring	terebrante
born	nacer
borzoi	borzoi
bonteguagga	bontecuaga
botfly	moscardón
bothridium	botridio
bothrionic	botriónico
bothrium	botrio
bothryose	botrioso
botryoidal	botrioidal
bottle tit	alionín, chamarón
botuliform	botuliforme
bouto	boutu
bouton	botón
bovid	bóvido
bovine	bovino
brace	bracear
brachelytrous	braquelitro
branchial	branquial
brachialis	braquial
brachiate	braquiado
brachiation	braquiación
brachicerous	braquícero
brachidia	braquidios
brachidont	braquidonte
brachiferous	braquífero
brachiocephalic	braquiocefálico
brachiocubital	braquicubital
brachiolaria	braquiolaria
brachiole	braquíolo
brachiorachidian	braquiorraquídeo
brachioradial	braquiorradial
brachium	braquio
brachycephalic	braquicéfalo
brachycephaly	braquicefalia
brachycerous	braquícero
brachycheily	braquiqueilia
brachydactyly	braquidactilia
brachydactyle	braquidáctilo
brachyourous	braquiuro
brachyphalangia	braquifalangia
brachypleural	braquipleural
brachypodous	braquípodo
brachypterism	braquipterismo
brachystomatous	braquístomo
brachypterous	braquíptero
brachyuric	braquiúrico
brachyury	braquiuria
brackish	salobre
bract	bráctea
bradyauxesis	bradiauxesis
bradygenesis	bradigénesis
bradytely	braditelia
bragat	chuchareta
Brahma	cebú
brain	seso, encéfalo
brain case	caja craneana
branch	rama
branchia	branquia
branchiate	branquiado
branchicardiac	branquicardíaco
branchicolous	branquícola
branchiferous	branquífero
branchiform	branquiforme
branchihyal	branquihial
branchiocephalic	branquicefálico
branchiole	branquiola
branchiomere	branquiómero
branchiomeric	branquiómerico
branchiopallial	branquiopalial
branchiostege	branquióstego
branchiostome	branquióstomo
branchireme	branquirremo
branchispina	branquispina
branquiform	branquiforme
brasmology	brasmología
breast	pecho
breeding population	población interfecunda
breath	resollar
breathing	resuello
bregma	bregma
brephic	bréfico
brevicaudate	brevicaude
brevilingual	brevilingüe
breviped	brevípedo
brevipennate	brevipenne
brevirostrate	brevirrostre
brevispine	brevispino
brevissimus oculi	brevissimus oculi
bridled tern	gaviota monja
brim	sargo
briozoan	briozoario
bristle	cerda
bristle-tail	tisanuro
brit	cálano
brittle star	ofiuro, estrella frágil
broccate	brocada
brocket	guasú birá, corzuela
bradytelic	braditélico
brolga	brolga
bronchiole	bronquiolo
bronchiovesicular	bronquiovesicular
bronchitis	bronquitis
bronchopneumonia	bronconeumonía
bronchopulmonary	bronquiopulmonar
bronchorragia	broncorrea
bronchotracheal	bronquiotraqueal
bronchovesicular	broncovesicular
bronchus	bronquio
bronco	bronco
brontosaurus	brontosaurio
brood	camada, cría
brotula	brótula
brown booby	pájaro bobo, boba
browsing	ramoneo
bruang	bruango
brush	escobeta
brush-tailed porcupine	alterudo
bryozoan	briozoario
bubal	búbalo, alcelafo
bubo	bubón
buccal	bucal
buccinator	bucinador
buccolabial	bucolabial
buccolingual	bucolingual
buccopharyngeal	bucofaríngeo
buck	buco, ciervo, conejo
buconasal	buconasal
bud	brote
budding	gemación
bufagina	bufagina
buffalo	búfalo, bisonte
buffalo bird	garrapatero
buffalo bug	dermesto
buffalo gnat	rodador
bufflehead	porrón, pato pinto
bufidin	bufidina
bufo	bufo
bufonin	bufonina
bufotein	bufoteína
bufotenein	bufoteneína
bufotoxine	bufotoxina
bug	bicharraco, chinche
bulb	bulbo
bulbiform	bulbiforme
bulbil	bulbilo
bulbocavernosus	bulbocavernoso
bulboid	bulboide
bulbonuclear	bulbonuclear
bulbo-urethral	bulbouretral
bulbous	bulboso
bulbul	bulbo
bulimy	bulimia
bull	toro, cornúpeta
bulla	bula, burbuja
bullate	bulado
bullfinch	jilguero, camachuelo
bull frog	rana toro
bulliform	buliforme
bull snake	boa
bumble bee	abejorro

bundle	haz
bunodont	bunodonto
bunoid	bunoide
bunolophodont	bunolofodonto
bunoselenodont	bunoselenodonto
bunting	verderón pintado
buprestid	bupresto
burbot	lota
Burmese gecko	tokay, chacón
burrowing	cavador, zapador
burrowing vole	topillo
bursa	bolsa
bursiculary	bursicular
bursicule	bursícula
bushbaby	galago
bushmaster	surucucú, caima
bustard	avutarda
butcher bird	desollador
butterfly	mariposa
butterfly fish	mariposa, isabelita
buttocks	nalgas
butyrinasa	butirinasa
buzzard	gavilán, buitre, aura
byssal	bisal
bysiferous	bisífero
byssogenous	bisógeno
byssoid	bisoide
byssus	biso
cabassou	cabasú
cachexia	caquexia
cacogenesis	cacogénesis
cacomistle	cacomixtle
cadaver	cadáver
caddis fly	frigánea
caducous	caduco
caecilian	cecilia, tatacoa
caecum	ciego
Caenogea	Cenogea
caisson	caisson
calamistrum	calamistro
calander	calandria
calao	cálao
calcaneous	calcáneo
calcar	calcar, espolón
calcareous	calcáreo
calcariform	calcariforme
calcarine	calcarino
calcic	cálcico
calcicole	calcícola
calciferol	calciferol
calcification	calcificación
calcific	calcífico
calciphile	calcífilo
calcitonin	calcitonina
calcoblast	calcoblasto
calcospherite	calcosferita
calf	becerro, ternero
caliciform	caliciforme
calicophilous	calicófilo
californian	californiano
calipee	calipé
callose	calloso
callosity	callosidad
callus	callo
caloricity	caloricidad
calorigenic	calorigénico
calotte	calota
calvarium	calvario
calyculus	calículo
calymma	calima
calypter	calíptero
calyptoblastic	caliptoblástico
calyptobranchiate	caliptobranquio
calyptopis	caliptopis
calyptrate	caliptrado
calyx	cáliz
Cambrian	Cambriano
camelid	camélido
camelopard	camelopardal, jirafa
camel	camello
cameration	cameración
camerostome	camerostoma
camouflage	camuflage
campiniform	campiniforme
campanula	campánula
campodeiform	campodeiforme
camptotrichial	camptótrico
canal	canal
canaliculli	canalículos
cancellate	cancelado
cancer	cáncer, cangrejo
cancerous	canceriforme
cancrisocial	cancrisocial
cancroide	concroideo
candelabrum	candelabro
canine	canino
cannibal	caníbal
cannibalism	canibalismo
cannon bone	canilla, caña
canon	cañon
canopy	dosel
canthal	cantal
cantharidin	cantaridina
cantharis	cantárida
canthus	canto
capacity	capacidad
capercaille	grigallo
capilar	capilar
capillaceous	capiláceo
capillarity	capilaridad
capitate	capitado
capitellids	capitélidos
capitellum	capítulo
capon	capón
capricornus	capricornio
caprification	caprificación
cap-shell	cápulo
capsule	cápsula
captacula	captáculos
capuchin monkey	capuchino
caput	cabeza
capybara	capibara
caraboid	caraboide
caracara	caracara
carapace	carapacho
caracul	caracul
carbaminohemoglobin	carbaminohemoglobina
carbohydrases	carbohidrasas
carbohydrate	hidrato de carbono
carbonic anhidrase	anhidrasas carbónica
carboniferous	carbonífero
carboxipeptidases	carboxipeptidasas
carboxylase	carboxilasa
carbuncle	carbunco
carcajou	carcajú
carchesium	carchesio
carcionogen	carcionógeno
carcionology	carcionología
cardelle	cardela
cardiac	cardíaco
cardialgia	cardialgia
cardias	cardias
cardinal	cardenal
cardioblasto	cardioblasto
cardiobranchial	cardiobranquial
cardiography	cardiografía
cardiologist	cardiólogo
cardiotoxin	cardiotoxina
carditis	carditis
cardo	cardo
caribou	caribú
caridioid	caridioide
caries	caries
carinal	carenal
carinate	aquillado
carnification	carnificación
carnivorous	carnívoro
carnosine	carnosina
carotenase	carotenasa
carotene	caroteno
carotenoids	carotenoides
carotid artery	carótida
carotid arch	cayado de la carótida
carp	carpa
carpals	carpo
carpocerite	carpocerito
carpometacarpus	carpometacarpo
carpophagous	carpófago
carpopodite	carpopodito
carrier	portador
carrion	carroña
carrying capacity	nivel de saturación
cartilage	cartílago
cartilagineus	cartilagíneo
caruncle	carúncula
caryolite	cariolito
caryomite	cariómito
casein	caseína
caseinogen	caseinógeno
cashew bird	paují
cassideous	casídeo
cassowary	casuario
cast	muda
caste	casta
castings	cagarrutas
castor	castor

castoreum	castóreo
castration	castración, emasculación
cat	gato, felino
cata	cata
catabolism	catabolismo
catabolite	catabolito
catachomata	catacómatos
catadont	catadonte
catadrome	catádromo
catalase	catalasa
catalepsy	catalepsia
catalysis	catálisis
catamenia	catamenia
catamount	puma, lince
catastrophism	catastrofismo
catelectrotonus	catelectrótono
catenular	catenular
cataphoresis	cataforesis
cataphylaxis	catafilaxia
cataplasia	cataplasia
caterpillar	oruga
catfish	barbo, glano
cathartic	catártico
cathepsine	catepsina
catheter	catéter
cattalo	cátalo
cattle	ganado vacuno, res
cattle egret	garcilla bueyera, reznero
cauda	cauda
caudal	caudal
caudifemoralis	caudifemoralis
caudihemal	caudihemal
caudineural	caudineural
caudostyle	caudostilo
caul	redaño
caulome	cauloma
causalism	causalismo
caustic	cáustico
cave	cueva
cavernicolous	cavernícola
cavernous	cavernoso
caviar	caviar
cavicorn	cavicornio
cavy	cavia
caw	graznido
cayman	caimán
cecidogen	cecidógeno
celime	celima
cell	celda, célula
cellular	celulado
cellulase	celulasa
cellulitis	celulitis
cellulose	celulosa
celolith	celolito
celomopore	celomóporo
cement	cemento
cementocyte	cementocito
cenote	cenote
cenozoic	cenozoico
centers	centros
centimorgan	centimorgan
centiped	escolopendra, ciempiés
centipede	centípedo
central	central
centric	céntrico
centrifugal	centrífugo
centriole	centríolo
centripetal	centrípeto
centrogen	centrogen
centrogona	centrogona
centrolecithal	centrolecito
centromere	centrómero
centron	centrón
centrophormium	centriformio
centroplasm	centroplasma
centrosome	centrosoma
centrosphere	centrosfera
centrum	centro
cephalalgia	cefalalgia
cephalic	cefálico
cephalic waves	ondas encefálicas
cephalin	cefalina
cephalion	cefalión
cephalo	céfalo
cephalochord	cefalocordio
cephalocons	cefalocono
cephalometer	cefalómetro
cephalon	cefalón
cephalont	cefalonte, cefalón
cephalopod	cefalópodo
cephalopodium	cefalopodio
cephalopsin	cefalopsina
cephalorhachidean	cefalorraquídeo
cephalosoma	cefalosoma
cephalostegite	cefalostegito
cepholostyle	cefalostilo
cephalotheca	cefaloteca
cephalothorax	cefalotórax
cephalotroch	cefalotroco
cephalula	cefálula
cephus	cefo
ceptor	ceptor
ceraceous	ceráceo
ceral	ceral
cerata	queras, ceratas
ceratine	ceratina
ceratobranquial	cerotobranquial
ceratohyal	ceratohial
ceratoid	ceratoide
ceratotheca	ceratoteca
ceratotrichia	ceratotricos
cercal	cercal
cercaria	cercaria
cerci	cercos
cercid	cércido
cercoid	cercoide
cercopod	cercópodo
cere	cera
cerebellum	cerebelo
cerebral	cerebral
cerebriform	cerebriforme
cerebrifugal	cerebrífugo
cerebroid	cerebroide
cerebropedal	cerebropédico
cerebrose	cerebroso
cerebroside	cerebrósido
cerebrospinal	cerebrospinal
cerebrovisceral	cerebrovisceral
cerebrum	cerebro
cereous	céreo
ceripherous	cerífero
cerinula	cerínula
cerodecyte	cerodecito
ceroma	ceroma
cero	macarela
ceraster	ceráster, víbora cornuda
cereous	céreo
cerumen	cerumen
ceruloplasmin	ceruloplasmina
cervical	cervical
cervicum	cérvico
cervix	cerviz
cervus	gamo, dama
cespitose	cespitoso
cestode	cestodo
cetace	cetáceo
cetalith	cetalito
chachalaca	chachalaca
chaeta	queta
chaetoplancton	quetoplancton
chaetopod	quetópodo
chaetosema	quetosema
chaetotaxy	quetotaxia
chaffinch	pinzón
Chaga's disease	mal de Chagas
chain reflexes	reflejos encadenados
chalaza	cálazo, chalaza
chalone	chalona
chamaleon	camaleón
chamois	rebeco, gamuza
chank	chanc
chava	trucha
character	carácter
characteristic	característico
chasmatoplasm	casmatoplasma
cheek	carrillo, mejilla
cheek bone	pómulo
cheekpouch	abazón
cheetah	guepardo, onza
cheilosis	queilosis
chelostome	queilostoma
cheiropatagium	quiropatagio
chela	quela
chelicerae	quelíceros
cheliped	quelípedo
chelonian	quelonio
chelophores	quelóforos
chemodiferentiation	quimiodiferenciación
chemonasty	quimonastia
chemoreceptor	quimiorreceptor
chemoreflex	quimiorreflejo
chemostat	quimiostato
chemosyntesis	quimiosíntesis
chemotactic	quimiotáctico
chemotaxis	quimiotaxia
chemotrophic	quimiotrófico

chemotrophism	quimiotropismo
chemotrypsin	quimiotripsina
chemotrypsinogen	quimotripsinógeno
cheradium	queradio
chevrotain	chevrotín
chiasma	quiasma
chiasmatipy	quiasmatipia
chiastoneury	quiastoneuria
chichak	chichac
chicken	pollo
chigoe	nigua
chilarium	quilario
Chilean flamingo	queltehué
Chilean otter	huillín
chilidium	quilidio
chilopod	quilópodo
chilopodiasis	quilopodiasis
chimera	quimera
chimnopelagic	quimnopelágico
chinchilla	chinchilla
chiridium	quiridio
chironomous	quirónomo
chiropteran	quiróptero
chirotype	quirotipo
chitin	quitina
chitinase	quitinasa
chiton	lagachina, quitón
chlamydate	clamidado
chlamydiospores	clamidisporas
chloragen	clorágeno
chloragocyte	cloragocito
chloragosome	cloragosoma
chloride cell	clorocito
chlorocruorine	clorocruorina
chlorophore	cloróforo
chlorophyl	clorofila
chloroplast	cloroplasto
chlorostatolith	clorostatolito
choanae	coanas
choanocyte	coanocito
choanoflagellate	coanoflagelado
choanoid	coanoide
choanosome	coanosoma
cholangiole	colangiola
cholecyst	colecisto
cholecystokinin	colecistoquinina
choledoc	colédoco
choleic	coleico
cholephaein	colefeína
cholerythrin	coleritrina
cholesterol	colesterol
choline	colina
cholochrome	colocromo
chondroskeleton	condroesqueleto
chondric	cóndrico
chondrification	condrificación
chondrigen	condrígeno
chondrin	condrina
chondrio	condrio
chondriocont	condrioconto
chondriokinesis	condriocinesis
chondriome	condrioma
chondriomere	condriómero
chondriomite	condriomito
chondrion	condrión
chondrioplast	condrioplasto
chondriosome	condriosoma
chondriosphere	condriosfera
chondroblast	condroblasto
chondroclast	condroclasto
chondrocranium	condocráneo
chondrocyte	condrocito
chondrodistrophy	condrodistrofia
chondrogenesis	condrogénesis
chondroid	condroide
chondrology	condrología
chondroma	condroma
chondrophore	condróforo
chondrosternal	condrosternal
chondrichtian	condrictio
chongo	chongo
chord	cuerda
chordacentric	cordacéntrico
chordal	cordal
chordomesoderm	cordomesodermo
chordotonal	cordotonal
choriocapillaris	cordiocapilar
chorion	corion
chorionic	coriónico
chorioretinal	coriorretinal
choroid	coroides
choroidal	coroidal
chorology	corología
choromorph	coromorfo
choronomic	coronómico
chorotype	corotipo
chough	chova
chromaffin	cromafín
chromaphil	cromáfilo
chromasil	cromasia
chromatic	cromático
chromatid	cromátida
chromatin	cromatina
chromatocyte	cromatocito
chromatolysis	cromatólisis
chromatophill	cromatófilo
chromatophore	cromatóforo
chromatophoric	cromatofórico
chromatophoro-trophin	cromatoforo-trofina
chromatoplasm	cromatoplasma
chromatosis	cromatosis
chromatosome	cromatosoma
chromatosphere	cromatosfera
chromatospherite	cromatosferita
chromidia	cromidios
chromidiogamy	cromidiogamia
chromidiosome	cromidiosoma
chromiole	cromiolo
chromo	cromo
chromoblast	cromoblasto
chromocentre	cromocentro
chromocyte	cromocito
chromogen	cromógeno
chromogenesis	cromogénesis
chromolemma	cromolema
chromolipid	cromolípido
chromomere	cromómero
chromoneme	cromonema
chromophil	cromófilo
chromophobe	cromófobo
chromoplast	cromoplasto, cromo-plastidio
chromoprotein	cromoproteína
chromosome	cromosoma
chromosomin	cromosomina
chronaxie, chronaxy	cronaxia
chronic	crónico
chronocline	cronoclín
chronotopic	cronotópico
chathalamodont	tamalodonte
chuck will's widow	guabairo
chukar	chukar
chyle	quilo
chyliferous	quilífero
chylomicron	quilomicrón
chylopoiesis	quilopoyesis
chyme	quimo
chymification	quimificación
cibarium	cibario
cicada	cigarra, chicharra
cicatricle	cicatrícula
ciliograde	ciliógrado
ciliolum	ciliolo
cilium	cilio
cinclides	cinclidios
cinerea	cinerea
cingulum	cíngulo
ciquatera	ciguatera
circadian	circadiano
circinate	circinado
circulation	circulación
circumboreal	circumboreal
circumcise	circuncidar
circumduction	circunducción
circumesophageal	circunesofágico
circumflex	circunflejo
circumfluente	circunfluente
circumgenital	circumgenital
circumpolar	circumpolar
circumpulpar	circumpulpar
circumvallation	circunvalación
circumvascular	circunvascular
circumvallate	circunvalado
cirral	cirral
cirratus	cirrado
cirriped	cirrípedo
cirrose	cirroso
cirrus	cirro
cisterna	cisterna
cistron	cistrón
cisure	cisura
citidine	citidina
citigrad	citígrado
citopharynx	citofaringe
citostome	citostoma
citrin	citrina
citruline	citrulina

civet cat	civeta
cladodont	cladodonte
cladogenesis	cladogénesis
cladogram	cladograma
cladophorous	cladóforo
cladose	cladoso
cladus	clado
clam	almeja
clan	clan
clandestine	clandestino
clasmatoblast	clasmatoblasto
clasmatocyte	clasmatocito
clasp	broche, abrazo
claspers	fórceps, gonapófisis gonopodio, pterigópodo
class	clase
classical	clásico
clathrate	clatrado
claustrum	claustro
clavate	claviforme
clave	clava
clavicularium	claviculario
clavola	clávola
clavotrapezius	clavotrapecio
clavula	clávulos
clavus	clavo
claw	garra
cleavage	segmentación
cleidoic	cleidoico
cleidomastoid	cleidomastoideo
cleithrum	cleitro
cleptoparasitism	cleptoparasitismo
climacterium	climaterio
climate	clima
climatype	climatipo
climax	clímax
climograph	climógrafo
cline	clin, clina
clinoid	clinoide
clinology	clinología
clisere	clisere
clitellum	clitelo
clition	clitio
clitoris	clítoris
clivaje	segmentación
clivus	clivo
cloaca	cloaca
clotting	coagulación
clone	clon, clono
clonus	clonus, clono
clot	coágulo
cub-shark	iskma
clustered	arracimado
clutch	nidada
clypeate	clipeiforme
clypeole	clipéolo
clypeo-labral	clipeolabral
clypeus	clípeo
cnemidium	cnemidio
cnemis	cnemis
cnidarian	cnidario, nidario
cnidoblast	nidoblasto
cnidocyst	cnidocisto
cnidocil	cnidocilo
cnidophore	cnidóforo
cnidopod	cnidópodo
cnidorhagus	cnidorrago
cnidosac	cnidosaco
coactate	coactado
coaction	coacción
coadaptation	coadaptación
coagulin	coagulina
coagulocyte	coagulocito
coalescence	coalescence
coarctate	coarctado
coati	coatí
coaptation	coaptación
cobalamine	cobalamina
cobego	cobego, colugo
cobra	cobra
cobweb	telaraña
coccyx	cóxis
cock	gallo
cockateel	cacatillo
cockatoo	cacatúa
cockchafer	escarabajo, abejorro
cockle	berberecho
cockroach	cucaracha
cocoon	capullo
cod	abadejo, bacalao,
codon	codón
cod's roe	raba
coecilian	ceciliá
coelarium	celario
coelacanth	celacanto
coelenterates	celentéreos
coelelminth	celelminto
coelenchyma	coelénquima
coelenteron	celenterón, celenteron
coeliac	celíaco
coeloblast	celoblasto
coeloblastula	celoblástula
coelodont	celodonto
coelogastrula	celogástrula
coelom	celoma
coelomate	celomado
coelomatic	celomático
coelomesoblast	celomesoblástico
coelomic	celómico
coelomocoela	celomecelos
coelomocytes	celomocitos
coelomoduct	celomoducto
coelomostome	celomostoma
coelothelium	celotelio
coelozoic	celozoico
coenenchyma	cenénquima
coenesthesia	cenestesia
coenobium	cenobio
coenoblast	cenoblasto
coenocyte	cenocito
coenozygote	cenocigoto
coenoecium	cenoecio
coenogenesis	cenogénesis
coenogamete	cenogameto
coenosarc	cenosarco
coenosis	cenosis
coenosite	cenosito
coenospecies	cenoespecie
coenotrope	cenótropo
coenozoic	cenozoico
coenurus	cenuro
coenzyme	coenzima
coffin bone	falange del caballo
colchicine	colquicina
colepyrrin	colepirrina
colic	cólico
colinearity	colinearidad
colitis	colitis
collagen	colágeno
collagenase	colagenasa
collapse	colapso
collar	collar
collared	acollarado
collarette	collarete
collenchyme	colénquima
collencyte	colenocito
colleterium	coleterio
colliculus	colículo
colloblast	coloblasto
colloid	coloide
collophore	colóforo
colobo	colobo
colon	colon
colony	colonia
color blindness	daltonismo
colostrum	colostro
colt	potro
colugo	corbego, colugo
colulus	rueca
columella	columela, columnilla
column	columna
comatulid	comátula
comb	peine, cresta
comb jelly	tenóforo, farolillo
comedo	comedón
comes	compañero
comissure	comisura
comma	coma
commensal	comensal
commensalism	comensalismo
common egret	garza real
common jack	jiguagua
common mallard	pato inglés
common ponfret	castañola
common snipe	becacina, becacín
community	comunidad
comparium	compario
compass	compás
competence	competencia
complement	complemento
complementary	complementario
complex	complejo
complicant	complicante
complicate	complicado
compressible	compresible
compressor	compresor
comunalism	comunalismo
comunication	comunicación

concentric	concéntrico
conceptive	conceptivo
concha	concha
conchae	cornetes
conchiferous	conchífero
conchiform	conquiforme
conchiolin	conquiolina
conchology	conchología, conquiología
conchule	conchula
concolorate	concolor
concomitant	concomitante
concrescense	concrescencia
concrete	concreto
conduction	conducción
conductor	conductor
condyl	cóndilo
condyloid	condiloide
congo eel	congo snake, anfiumo
confluence	confluencia
congeneric	congenérico
congenital	congénito
conger eel	congrio
congestin	congestina
congestion	congestión
conglobate	conglobado
conglomerate	conglomerado
congregation	congregación
conidium	conidio
conidiophore	conidióforo
conirrostral	conirrostre
conivalve	conivalvo
conjugant	conjugante
conjugation	conjugación
conjuncture	coyuntura
conjunctiva	conjuntiva
conjunctivitis	conjuntivitis
coniform	coniforme
connective	conectivo
connexivium	conexivio
connivent	connivente
conodont	conodonto
conoid	conoideo
conotheca	conoteca
consanguinity	consanguinidad
consensus	consenso
conservation	conservación
consocialism	consociación
consocies	consocies
consors	consorcio
consortes	consorte
conspecies	conespecie
consperse	consperso
constitutive	constitutivo
constricted	constricto
constriction	constricción
constrictor	constrictor
consumers	consumidores
contagion	contagio
contamination	contaminación
contingency	contingencia
continuity	continuidad
continuum	continuo
contour	contorno
contraception	contracepción
contracted	contracto
contractil	contráctil
contractility	contractilidad
contracting	contractina
contraction	contracción
contracture	contractura
contradeciduate	contradecidua
contranatant	contranatante
control	control
conulid	conúlido
conule	cónulo
convection	convección
convergence	convergencia
convergent	convergente
convivum	convivio
convolution	circunvolución
convolute	convoluta
convoluted	convoluto
convulsion	convulsión
cony	damán
co-ordinate	coordinado
coot	fúlica, focha
copepod	copépodo
copepodid	copepódido
cophia	cofia
copperhead	cabeza cobriza
coprobiont	coprobionte
coprodeum	coprodeo
coprolite	coprolito
coprophagous	coprófago
coprophagy	coprofagia
coprophilous	coprófilo
coproporphyrin	coproporfirina
coprozoic	coprozoico
coprozoite	coprozoito
copulant bulb	bulbo copular
copularium	copulario
copulate	copular
copulation	copulación
coquina	coquina
coracidium	coracidio
coraciformes	coraciformes
coracirostral	coracirrostre
coracoarcual	coracoarcual
coracobrachialis	coracobraquial
coracoid	coracoides
coral	coral
coral snake	coralillo
coraline	coralina
corallite	coralito
corbel	corbelo
corbula	córbula
corculum	córculo
cord	cuerda
cordiform	cordiforme
cordilo	cordilo
cordovan	cordobán
corelation	correlación
coriaceous	coriáceo
corticostriate	corticostriado
cormidium	cormidio
cormophylogeny	cormofilogenia
cormorant	cormorán
cornus	corno
cornarium	cornario
cornea	córnea
corneoscute	corneoscudo
corneus	córneo
cornicle	cornículo
corniculate	corniculado
cornification	cornificación
corniform	corniforme
cornucopia	cornucopia
cornule	córnulo
cornute	cornudo
coronal	coronal
coronary	coronaria
coronoid	coronoide
cornula	corónula
corpora	cuerpos
corpora alata	cuerpos alados
corpuscle	corpúsculo
corrugator	corrugador
corselet	corselete, coselete
cortex	corteza, córtex
corticalization	corticalización
corticicolous	corticícola
corticoid	corticoide
corticospinal	corticospinal
corticosterone	corticosterona
corticotrophin	corticotrofina
cortin	cortina
cortinate	cortinado
cortisol	cortisol
cortisone	cortisona
coruscation	coruscación
corvine	córvido
coryphodont	corifodonto
corysterium	coristerio
coscinoid	coscinoide
cosmine	cosmina
cosmoid	cosmoide
cosmogony	cosmogonía
cosmopolitan	cosmopolita
costa	costa
costalia	costales
costoscapular	costoscapular
coterie	camarilla
coterominous	coterminal
cottonmouth	mocasín
cotyle	cotilo
cotyledon	cotiledón
cotyloid	cotiloide
cotylophorus	cotilóforo
cotylosaur	cotilosaurio
cotype	cotipo
coucang	cucán
cougar	puma
countershading	contrasombreo
coupled	acoplado
coupling	acoplamiento
covariation	covariación
cover	cubierta

covey	banda, nidada
covi	covi
cow	vaca
cowrie	caurí
coxa	coxa
coxal	coxal
coxite	coxito
coxocerite	coxocerito
coxopleurite	coxopleurito
coxopodite	coxopodito
coxosternum	coxosternón
coyote	coyote
coypu	coipo
cozymase	cozimasa
crab	cámbaro, cangrejo
crab louse	ladilla
cramps	calambres
crane	grulla, grullón
crane fly	típula
craniad	cranead
cranial	craneal
cranidium	cranidio
cranihaemal	cranihemal
cranineural	cranineural
craniology	craniología
craniometer	craniómetro
craniometry	craniometría
cranium	cráneo
cranterian	cranteriano
crasis	crasis
craspedodromous	craspedódromo
craspedum	craspedón, craspedo
craw	buche
craw-fish	ástaco, camarón
crawler	reptil
creatine	creatina
creatinine	creatinina
creationism	creacionismo
creep	reptar
cremaster	cremáster
crena	crena
crenate	crenado
crenation	crenación
crenicolous	crenícola
crenium	crenio
crenocyte	crenocito
crenulado	crenulate
crepitation	crepitación
crepuscular	crepúscular
crescent	creciente, lúnula
crested caracara	colite
crested lark	galerita
Cretaceous	Cretáceo, Cretácico
cretin	cretino
cretinism	cretinismo
cribellum	cribelo
cribose	acribillado
cricket	grillo
cricoid	cricoide
crinoide	crinoideo
crinology	crinología
crinogenic	crinogénico
crionome	crionoma
crista	cresta
croak	croar, graznar
croaker	verrugato
crochets	croches
crocodyle	cocodrilo
Cro-Magnon	Cro-Magnón
cromophanes	cromófano
cromosomic puff	hinchazón cromosómica
crop	buche
cross	cruce, cruzamiento
crossbill	piquituerto
crossing over	sobre- o entrecruzamiento
crossopterygian	crosopterigio
croup	anca, grupa
crow	corneja, cuervo, graznar
cruciform	cruciforme
crunk	gruir
crumen	crumen
crumena	crumena
cruor	crúor, sangre
cruorin	cruorina
crura	crura
crurococcigeus	crurococcígeo
cruropegmático	cruropegmático
crus	pierna
crusta	costra
crustacean	crustáceo
crymophil	crimófilo
crymnion	crimio
cryogenics	criogenesia
cryophil	criófilo
cryophylactic	criofiláctico
cryoplankton	crioplancton
crypsis	cripsis
crypta	cripta
cryptic	cripto
cryptocyst	criptociste
cryptodont	criptodonte
cryptoflagellate	criptoflagelado
cryptogene	criptógeno
cryptohaplomitosis	criptohaplomitosis
cryptohibrid	criptohíbrido
cryptomedusoid	criptomedusoide
cryptomere	criptómere
cryptomitosis	criptomitosis
cryptomonadine	criptomonadino
cryptoneurous	criptoneuro
cryptoptile	criptóptilo
cryptorchid	criptorquídeo
cryptorhetic	criptorrético
cryptozoic	criptozoico
cryptozoite	criptozoito
crystal	cristal
crystalline	cristalino
ctenarian	ctenario, tenario
ctene	peines
ctenidium	ctenidio, tenidio
ctenobranch	tenobranquio
ctenocyst	ctenocisto
ctenoid	ctenoide, tenoide
ctenophoral	ctenóforo, tenóforo
ctenostomata	tenóstomos
ctetosome	ctetosoma
cub	cachorro
cubital	cubital
cuboid	cuboide
cubonavicular	cubonavicular
cucullatus	cuculado
cucullus	cúculo
cuckoo	cuclillo, cuco
cud	cuajada, mascada, rumia
cuiller	cucharilla
cuirass	coraza
culmen	culmen
culture	cultura
cultellus	cultelo
cultch	cama
cumulus	cúmulo
cuneiform	cuneiforme
cuneus	cúneo
cuniculus	cunículo
cunnuaru	cunuarú
cup	copa, copilla
cupleoid	cupleoide
cupula	cúpula
curare	curare
curassow	hoco, guaco
curator	conservador, curador
cursorial	celerípedo, cursor
curvidont	curvidonto
cuscus	cuscus
cuticle	cutícula
cuticuline	cuticulina
cutlassfish	machete, sable
cuttle bone	jibión
cuttle fish	jibia, sepia
cyanic	ciánico
cyanolabe	cianolabeo
cyanophil	cianófilo
cyanopsin	cianopsina
cyanosis	cianosis
cyathozooid	ciatozooide
cybernetics	cibernética
cycle	ciclo
cyclic	cíclico
cyclocoelic	ciclocélico
cyclogeny	ciclogenia
cycloid	cicloide
cyclomery	ciclomería
cyclomorial	ciclomorial
cyclomorphosis	ciclomorfosis
cycloneurian	cicloneuro
cyclopean	ciclópeo
cyclophorase	cicloforasa
cyclopia	ciclopía
cyclops	cíclopes
cyclosis	ciclosis
cyclospondylous	ciclospondíleo
cyclostome	cilóstomo
cyddipe	cidípide
cyesis	ciesis
cymba	cimba
cymbiform	cimbiforme
cymbio	cimbio
cymotrichous	cimótrico

cynodonts	cinodontes
cynomorph	cinomorfo
cynoplasm	cinoplasma
cynopodous	cinópodo
cypris	cipris
cyrtopia	cirtopía
cyst	quiste, cisto
cystein	cisteína
cystenchyma	cisténquima
cystencyte	cistenocito
cysticercoid	cisticercoide
cysticercosis	cistecercosis
cysticolous	cistícola
cystid	cístido
cystina	cistina
cystitis	cistitis
cystoarian	cistoario
cystoblastema	cistoblastema
cystocyte	cistocito
cystoflagellate	cistoflagelado
cystogenous	cistógeno
cystoid	cistoide
cystolith	cistolito
cyston	cistón
cystozooid	cistozoide
cytasa	citasa
cytaster	citáster
cytes	citos
cytobiotaxis	citobiotaxis
cytoblast	citoblasto
cytoblastema	citoblastema
cytocafasines	citocafasinas
cytocentrum	citocentro
cytochorism	citocorismo
cytochoric	citocroico
cytochylema	citoquilema
cytoclesis	citoclesis
cytochromus	citocromo
cytococcus	citococo
cytocyst	citocisto
cytode	citoda
cytoderm	citoderma
cytodiaeresis	citodiéresis
cytogamy	citogamia
cytogene	citogén
cytogenesis	citogénesis
cytogenetic	citogenética
cytogenic	citógenico
cytogenous	citógeno
cytoglobin	citoglobina
cytohyaloplasm	citohialoplasma
cytokinesis	citocinesis
cytolisine	citolisisna
cytology	citología
cytolymph	citolinfa
cytolysis	citólisis
cytome	citoma
cytomembrane	citomembrana
cytomere	citómero
cytometry	citometría
cytomicrosome	citomicrosoma
cytomorfosis	citomorfosis
cytomitome	citomitoma
cytomorfosis	citomorfosis
cytomyxis	citomixis
cyton	citón
cytopenia	citopenia
cytopharynx	citofaringe
cytophil	citófilo
cytoplasm	citoplasma
cytoplastid	citoplasto
cytoproct	citoprocto
cytopyge	citopigio, citopigo
cytosine	citosina
cytosis	citosis
cytotaxis	citotaxia
cytothesis	citotesis
cytotoxin	citotoxina
cytotrophoblast	citotrofoblasto
cytotrophoderm	citotrofodermo
cytotropism	citotropismo
cytozoic	citozoico
cytozyme	citozima
cytula	cítula
dab	dab, lenguado
dabchick	somormujo, zaramago
daboia	daboia
dachshund	salchicha (perro)
dacryocyst	dacriocisto
dacryoid	dacrioide
dacryon	dacrio, dacrión
dactylar	dactilar
dactylognathite	dactilognatito
dactylopatagium	dactilopatagio

dactylophore	dactilóforo
dactylopodite	dactilopodito
dactylopterous	dactilóptero
dactyloscopy	dactiloscopia
dactylozoid	dactilozoide
daddy-longlegs	opilión, segador
dailei	barramunda
daigety	bandicut
daman	damán
damsel fly	libélula
dandruff	caspa
danta	danta, tapir
dart	dardo
dartos	darto
darwinist	darwinista, darvinista
dasy	dasi, hyrax
dasypaedes	dasipedes
dasyure	dasiuro
data	datos
date mussel	almeja dátil
datum	dato
daw	daw
dealate	dealar
deaminase	desaminasa
deamination	desaminación
decalcify	descalcificar
decapod	decápodo
decapodiform	decapodiforme
decarboxylation	descarboxilación
decarboxylase	decarboxilasa
decerebration	descerebración
decibel	decibelio
decidua	decidua
decidous	deciduo
decimorgan	decimorganio
declivis	declive
decolate	descolado
decomposition	descomposición
decticous	déctico
decubitus	decúbito
decumbent	decumbente
decussated	decuso
decussation	decusación
dedifferentiation	dediferenciación
deer	cérvido
defassa	defasa
defecation	defecación
deferent	deferente
defibrination	desfibrinación
deficiency	deficiencia
definitive	definitivo
deflect	deflexo
defoliation	defoliación
deform	deforme
degeneration	degeneración
deglution	deglución
degu	degu
dehiscence	dehiscencia
dehydrase	deshidrasa
dehydroandrosterone	deshidroandosterona
dehydrocholesterol	deshidrocolesterol
dehydrocorticosterone	deshidrocorticosterona
dehydrogenase	deshidrogenasa
dehydrogenation	deshidrogenación
dehydrosis	deshidrosis
deinopore	deinóporo
deirids	deiridas
dejection	deyección
delamination	delaminación
Delandel's fox	otoción
delection	deleción, supresión
deliquescency	delicuescencia
delitescence	delitescencia
delomorphic	delomórfico
delphic	délfico
delthyrium	deltirio
deltoid	deltoideo, deltoides
demanian	demaniano
deme	deme
demersal	demersal
demifacet	demifaceta
demilune	semiluna, lúnula
demineralization	desmineralización
demisheath	demivaina
demodex	demódex
demography	demografía
demoid	demoide
den	madriguera
denatant	desnatante
denaturation	desnaturalización
dendricolous	dendrícola
dendriform	dendriforme

dendrite	dendrita
dendrocoelid	dendrocélido
dendrodont	dendrodonto
dendrofilous	dendrófilos
Dendrogea	Dendrogea
dendrogram	dendrograma
dendroid	dendroide
dendrolagos	dendrolago
dendrolimneta	dendrolimneta
dendrolimnophilus	dendrolimnófilo
dendrolimnoxenus	dendrolimnoxeno
dendromorfic	dendromorfo
dendron	dendrón
denervation	denervación
dengue	dengue
denitrification	desnitrificación
dental	dental
dentary	dentario
dental	dental
dentate	dentado
denticle	dentículo
denticine	denticina
denticulation	denticulación
dentine	dentina
dentirrostral	dentirrostre
dentition	dentición
denutrición	desnutrición
deoxycorticosterone	dexoxicorticosterona
deoxyribonuclease	desoxirribonucleasa
deoxyribose	desoxirribosa
deoxyribotid	desoxirribótico
depauperation	depauperación
dependence	dependencia
depigmentation	depigmentación
deplanate	deplanado
deplasmolysis	deplasmólisis
depressant	deprimente
depressed	deprimido
depressomotor	depresomotor
depressor	depresor
depula	dépula
deric	dérico
devilfish	pulpo, manta
derma	dermis
dermalis	dermales
dermarticulare	dermarticular
dermatitis	dermatitis
dermatocranium	dermatocráneo
dermatogen	dermatógeno
dermatoglyphy	dermatoglifia
dermatoid	dermatoide
dermatology	dermatología
dermatome	dermátomo
dermatophyal	dermatófito
dermatoplasm	dermatoplasma
dermatoplast	dermatoplasto
dermatopsy	dermatopsia
dermatosis	dermatosis
dermatoskeleton	dermatoesqueleto
dermatozoon	dermatozoo
dermentoglossum	dermentogloso
dermestid	dermesto
dermethmoid	dermetmoides
dermis	dermis
dermoblast	dermoblasto
dermoccipital	dermoccipital
dermocranium	dermocráneo
dermomyotome	dermomiótomo
dermopharyngeal	dermofaríngeo
dermosclerites	dermoscleritos
dermoskeleton	dermoesqueleto
dermo-ossification	dermosificación
dermotismo	dermotismo
dermotrichia	dermotriquios
dermozoon	dermozoo
derotreme	derotrema
dertrotheca	dertroteca
dertrum	dertro
decarboxylasa	descarboxilasa
descendent	descendiente
descomposers	descompositores
descompound	descompuesto
desconjugation	desconjugación
descorticate	descortezar
description	descripción
desegmentation	desegmentación
deserticolous	desertícola
desert monitor	uara
desinence	desinencia
desinergate	desinergate
desintoxicate	desintoxicar
desma	desma
desmactinic	desmactínico
desman	desmán
desmergate	desmergate
desmochondrium	desmocondrio
desmocranium	desmocráneo
desmocyte	desmocito
desmognathous	desmognato
desmology	desmología
desmones	desmonas
desmosis	desmosis
desor	desor
desquamation	descamación
desynapsis	desinapsis
determinat	determinante
determinate	determinado
determination	determinación
detorsión	destorsión
detoxication	destoxicación
detritus	detrito
detrivorous	detrívoro
detrusor	detrusor
dewclaw	espolón, falsa pesuña
deuterocerebrum	deuterocerebro
deuterocoel	deuterocelo
deuterocone	deuterocono
deuterogenesis	deuterogénesis
deuteroplasm	deuteroplasma
deuteroproteose	deuteroproteosa
deuterostome	deuterostoma
deuterotoky	deutorotoquia
deuterotype	deuterotipo
deuterozoic	deuterozoico
deuterozooid	deuterozooide
deutohyalosome	deutohialosoma
deutolecite	deutolecito
deutomalar	deutomalar
deutomerite	deutomerito
deutonephros	deutonefros
deutonymph	deutoninfa
deutoplasm	deutoplasma
deutoplasmogenesis	deutoplasmogénesis
deutoscolex	deutoscólice
deutosomes	deutosomas
deutosternum	deutosternón
deutovum	deutovo
development	desarrollo
desviation	desviación
Devonian	Devoniano, Devónico
dewlap	papada, pliegue gular, gaita
dexiocardia	dexiocardia
dexiotropic	desiotrópico
dextral	dextral, dextro
dextran	dextrán
dextrorse	dextrorso
dhole	dhole
diabetes	diabetes
diabetogenic	diabetogénico
diade	díada
diadromus	diádromo
diagnosis	diagnosis
diagnostic	diagnóstico
diagram	diagrama
diagraph	diágrafo
diakinesis	diacinesis, diaquinesis
dialyneury	dialineuria
dialisis	diálisis
diamond	diamante
diancistron	diancistrón
diapause	diapausa
diapedesis	diapédesis
diaphanous	diáfano
diaphoresis	diaforesis
diaphragm	diafragma
diaphysis	diáfisis
diaplexus	diaplexo
diapophysis	diapófisis
diarthric	diártrico
diarthrosis	diartrosis
diaschistic	diasquístico
diaspore	diáspora
diastase	diastasa
diastataxic	diastatáxico
diastem	diastema
diaster	diáster
diastole	diástole
diastolic	diastólico
diastrophy	diastrofia
diatela	diatela
diathesis	diátesis
diatom	diatomea
diatropism	diatropismo
diaxone	diaxona
diazone	diazona

dibasic	dibásico
dibitang	dibitan
diblastula	diblástula
dibrachial	dibraquial
dicaryocyte	dicariocito
dicellate	dicelado
dicentral	dicentral
dicentric	dicéntrico
dicerous	dícero
dichocephalous	dicocéfalo
dichogamy	dicogamia
dichoptic	dicóptico
dichotomy	dicotomía
dichroic	dícroo
dichromatic	dicromático
dichromatism	dicromatismo
dicoelus	dícelo
dicondylian	dicondíleo
dicranterian	dicranteriano
dicyclic	dicíclico
dictiosome	dictiosoma
dicumarol	dicumarina, dicumarol
didactyl	didáctico
didactylous	didáctilo
didelphic	didélfico
didymous	dídimo
diecdysis	diecdisis
diel	diel
diencephalon	diencéfalo
dieresis	diéresis
dietetics	dietética
differentation	diferenciación
diffluence	difluencia
diffluent	difluente
diffuse	difuso
diffusion	difusión
digametic	digamético
digastric	digástrico
digenesis	digénesis
digenetic	digenético
digenic	digénico
digenoporous	digenóporo
digestion	digestión
digestive	digestivo
digitiform	digitiforme
digitigrade	digitigrado
digitiplantigrade	digiplantígrado
digitule	digítulo
diglyphic	diglífico
digoneutic	digonéutico
digonic	digónico
digonoporous	digonóporo
diheterotermal	diheterotermo
dihybrid	dihíbrido
dihybridism	dihibridismo
dihydrotachysterol	dihidrotaquisterol
diiodotirosine	diyodotirosina
dik-dik	dic-dic, maduqua
dikont	diconto
dilated	dilatado
dilatador	dilatador
dilemma	dilema
dilophous	dilófico
diluvial	diluvial
dimastigote	dimastigoto
dimegaly	dimegalia
dimerous	dímero
dimidiate	dimidiado
dimorphic	dimórfico
dimorphism	dimorfismo
dimyaric	dimiárico
dinergate	dinergate
dineuronic	dineurónico
dingo	dingo
dinoflagellata	dinoflagelados
dinomic	dinómico
dinornis	dinornis
dinosaur	dinosaurio
dinothere	dinoterio
dinucleotid	dinucleótido
diocoel	diocelo
diodon	diodonte
dioestrus	diestro
dioic	dioico
dionychous	diónico, dioniquio
dioptric	dióptrico
diorchic	diórquico
dipeptid	dipéptido
dipeptidase	dipeptidasa
diphasic	difásico
diphycercal	dificerca
diphygenetic	difigenético
diphyletic	difilético
diplarthrous	diplártrico

diplasia	diplasia
dipleural	dipleural
dipleurula	dipléurula
diplobiont	diplobionte
diplobiontic	diplobióntico
diploblastic	diploblástico
diplocardiac	diplocardiaco
diplochromosome	diplocromosoma
diplocyte	diplocito
diplodocus	diplodoco
diploe	diploe
diplogangliate	diplogangliado
diplogenesis	diplogénesis
diplohaplontic	diplohaplóntico
diploic	diploico
diploid	diploide
diploidy	diploidía
diplokaryon	diplocarion
diplonema	diplonema
diplonephridium	diplonefridio
diplont	diplonte
diplophase	diplofase
diplophenotipic	diplofenotípico
diplopia	diplopia
diploplacula	diploplácula
diplopores	diplóporos
diploptile	diplóptilo
diplosis	diplosis
diplosome	diplosoma
diplosomite	diplosomito
diplosphene	diplosfeno
diplospondylic	diplospondílico
diplostichous	diplostíqueo
diplotene	diplóteno
diplozoic	diplozoico
dipnoan	dípneo
diporpa	diporpa
dipterocecidium	dipterocecidio
dipterologist	dipterólogo
dipterous	díptero
directives	directivos
dirhinic	dirrino
disacharase	disacarasa
disacharides	disacáridos
discal	discal
disciform	disciforme
disclimax	disclímax
discoblastic	discoblático
discoblástula	discoblástula
discotasters	discotáster
discodactylous	discodáctilo
discoglossus	discogloso
discohexaster	discohexáster
discoid	discoide
discoidal	discoidal
discontinuity	discontinuidad
disconula	discónula
discoplacenta	discoplacenta
discoplasm	discoplasma
discordant	discordante
discorhabd	discorrabdito
discrete	discreto
disk	disco
disjunction	disyunción
disospondily	disospondilia
dispepsy	dispepsia
dispermy	dispermia
dispersion	dispersión
disporocystid	disporocistidio
dissect	disecar
dissector	disector
dissemination	diseminación
dissepiment	disepimento
dissoconch	disoconcha
dissogeny	disogenia
dissogony	disogonia
distad	distad
distal	distal
distalia	distales
distance	distancia
disteleology	disteleología
distipharynx	distifaringe
distiproboscis	distiprobóscide
dististyle	ditistilo
distoceptor	distorreceptor
distomun	dístomo
distomy	distomia
distribution	distribución
ditokous	dítoco
diuresis	diuresis
diuretic	diurético
diurnal	diurno
divaricate	divaricado
divaricators	divaricadores

divergence	divergencia
diverticulum	divertículo
diving petrel	potoyunco
division	división
dixohexactine	dixohexactina
dizoic	dizoico
dizygotic	dicigótico
dobson fly	coridalis
docoglossate	docogloso
dodo	dodo, dronte
doe	cierva, coneja, cabra
dog	perro
dogfish	cabrudo, galludo, mielga
dog snapper	jocú
dolabriform	dolabriforme
dolichocephaly	dolicocefalia
dolichohieric	dolicohiérico
doliform	doliforme
doliolaria	doliolaria
dolphin	delfín, tonina, dorado
domestication	domesticación
dominance	dominancia
dominant	dominante
donkey	asno, burro
donor	donante
dopa	dopa
dorilaner	doriláner
dormancy	letargo, reposo
dormant	durmiente
dormouse	moscardino, lirón
dorsad	dorsad
dorsal	dorsal
dorsalia	dorsales
dorsiflexion	dorsiflexión
dorsigrade	dorsígrado
dorsilateral	dorsilateral
dorsimeson	dorsimeson
dorsispinal	dorsispinal
dorsiventral	dorsiventral
dorsocentral	dorsocentral
dorsolumbar	dorsolumbar
dorsoumbonal	dorsoumbonal
dorsoventral	dorsoventral
dorsulum	dórsulo
dorsum	dorso
doryphora	dorífera
dose	dosis
dotation	dotación
doublure	doublure
dove	tórtola
down feather	plumón
downy	felpudo, lanuginoso
dracunculosis	dracunculosis
draft horse	caballo de tiro
dragon	dragón
dragon fly	libélula
drake	pato
drepanoid	drepanoide
drift line	echazón de mar
drill	dril
diver ant	hormiga legionaria
dromaeognathous	dromeognato
dromedary	dromedario
drometropic	drometrópico
drone	zángano
drongo	drongo
dropsy	hidropesía
drosophila	drosófila
drove	recua
drumstick	baqueta
duck	ánade, pato
duck-bill	ornitorrinco
duct	conducto
ductulus	dúctulo
dugong	dugón, dugongo
duiker	duiker
dule	bandada de palomas
dulosis	dulosis
dung beetle	escarabajo pelotero
duodenum	duodeno
duplex	dúplex, doble
duplication	duplicación
duplicature	duplicadura
duplicident	duplicidentado
duplicity	duplicidad
dura	dura
dura mater	duramadre
durine	durina
dwarfish	enanismo
dwelling	habitación
dynamic	dinámico
dynamoneura	dinamoneura
dynamoplastic	dinamoplástico
dysarthria	disartría
dyschromatopsia	discromatopsia
dysentery	disentería
dysfunction	disfunción
dysgenesis	disgénesis
dysmenorrea	dismenorrea
dysmerism	dismerismo
dysmerogenesis	dismorogénesis
dysmnesis	disnesia
dysosmia	disosmia
dyspepsia	dispepsia
dysphagia	disfagia
dysphonia	disfonía
dysphoria	disforia
dysphotic	disfótico
dysphasia	disphasia
dysploid	disploide
dyspnea	disnea
dystention	distensión
dystrophy	distrofia
dysuria	disuria
dyticon	diticón
eagle	águila
eagle owl	búho real
eaglet	aguilucho
ear	oreja, oído
earwig	tijereta
ecad	ecad, ecado
ecalcarate	ecalcarado
ecardinal	ecardinal
ecarinate	ecarinado
ecaudate	ecaude
ecchymosis	equímosis
ecdemic	ecdémico
ecderon	ecderón
ecdysis	ecdisis
ecdysome	ecdisoma
ecesis	ecésis
echidna	equidna
echinate	equinado
echinenone	equinenona
echinochrome	equinocromo
echinococcus	equinococo
echinoderm	equinodermo
echinoid	equinoide
echinopeadium	equinopedio
echinopluteus	equinoplúteo
echinulate	equinulado
echo-location	ecolocación
eclosion	eclosión
ecobiotic	ecobiótico
ecoclimate	ecoclima
ecocline	ecoclín
ecodeme	ecodeme
ecophenotype	ecofenotipo
ecogenesis	ecogénesis
ecology	ecología
ecophene	ecofeno
ecospecies	ecoespecies
ecostate	ecostillado
ecosystem	ecosistema
ecotone	ecotono
ecotype	ecotipo
ecronic	ecrónico
ecsome	ecsoma
ectadenia	ectadeno
ectamnion	ectamnios
ectangial	ectangial
ectasia	extasia
ectepicondyle	ectepicóndilo
ecteroceptor	ecteroceptor
ectethmoid	ectetmoides
ecthoraeum	ectóreo
ectobatic	ectobático
ectoblast	ectoblasto
ectobronchus	ectobronquio
ectochondrostosis	ectocondróstosis
ectochoane	ectocoana
ectocoelic	ectocélico
ectocone	ectocono
ectocotyle	ectocotíleo
ectocranial	ectocraneal
ectocrine	ectocrina
ectochroic	ectocroico
ectocyst	ectocisto
ectoderm	ectodermo
ectoenzyme	ectoenzima
ectogenesis	ectogénesis
ectogenous	ectogénico
ectoglia	ectoglia
ectolecithal	ectolecítico
ectomesoblast	ectomesoblasto
ectomesoderm	ectomesodermo
ectoneural	ectoneural
ectopatagium	ectopatagio

ectoparasite	ectoparásito
ectoplasm	ectoplasma
ectopterygoid	ectopterigoides
ectoptygma	ectoptigma
ectopy	ectopia
ectoretina	ectorretina
ectosarc	ectosarco
ectosite	ectosito
ectosome	ectosoma
ectostosis	ectóstosis
ectostracum	ectostraco
ectotheca	ectoteca
ectotherm	ectotermo
ectotrachea	ectotráquea
ectotroph	ectotrófico
ectoturbinal	ectoturbinal
ectozoon	ectozoo, ectozoario
ecumene	ecúmeno
edaphic	edáfico
edaphology	edafología
edaphon	edafon
edaphonecton	edafonecton
edema	edema
edentate	edentado, desdentado
edentulous	edéntulo
edmi	edmi
edominat	edominante
edriophthalmous	edrioftalmo
eel	ánguila
eelworn	anguílula
effect	efecto
effector	efector
efferent	eferente
eft	efeta
egesta	egesta
eggestion	egestión
egg	huevo
eggtooth	ovirruptor
egyptian vulture	alimoche
eider	éider
eiderdown	edredón
eiloid	eiloide
elaeoblast	eleoblasto
elaeocyte	eleocito
elaeodochon	eleodoco
elaioplancton	eleoplancton
elaioplast	eleoplastidio
elaphocaris	elafocaris
eland	elande, alce africano
elasmobranch	elasmobranquio
elasticae	elásticas
elastin	elastina
elater	elaterio
elateroid	elateroide
elbow	codo
electosome	electosoma
electric catfish	barbo eléctrico
electric eel	gimnoto
electroblast	electroblasto
electrocardiogram	electrocardiograma
electroencephalo-gram	electroencefalo-grama
electrolemma	electrolema
electrolysis	electrólisis
electromyogram	electromiograma
electrophoreis	electroforesis
electroplax	electroplaca
electrotonus	electrotono
electrotropism	electrotropismo
electrotaxis	electrotaxia
element	elemento
elephant	elefante
elephantiasis	elefantiasis
eleutherodactyl	eleuterodáctilo
elevated	elevado
elevator	elevador
elf-owl	búho duende
elitroid	elitroide
elk	alce, uápiti
elongate	alargado
ellipsoid	elipsoide
ellitoral	elitoral
elver	angula
elytrum	élitro
emarginate	inmarginado, emarginado
emascullation	emasculación
embalm	embalsamar
embolism	embolia
embolium	embolio
embolomerous	embolómero
embolus	émbolo
embriology	embriología
embriotrophy	embriotrofía
embryo	embrión
embryogen	embriogenia
embryogenesis	embriogénesis
embryonary	embrionario
embryonomy	embrionomía
embryony	embrionía
embryotectonics	embriotectónica
embryotroph	embriótrofo
emeicytosis	emeiocitosis
emendation	enmienda
emeritrin	emeritrina
emerged	emergido
emeu	emú
emia	emia
emigration	emigración
eminence	eminencia
emissary	emisario
emmenine	emenina
emmetropia	emetropía
empennate	empenado
emphysema	enfisema
empirical	empírico
empodium	empodio
empyema	empiema
emu	emú
emulsine	emulsina
emulsification	emulsionar
emulsion	emulsión
enamel	esmalte
enantiobiosis	enanciobiosis
enarthrosis	enartrosis
encephalization	encefalización
encephalocoel	encefalocelo
encephalomer	encefalómero
encephalon	encéfalo
encephalospinal	encefalospinal
enchylema	enquilema
encretion	encreción
encyst	enquistar
encystment	enquistamiento
end bulb	bulbo terminal
endamoeba	endameba
endaspidean	endaspídeo
endemism	endemismo
enderon	enderon
endisis	endisis
endite	endito
endobatic	endobático
endobenthos	endobentos
endoblast	endoblasto
endocarditis	endocarditis
endocardium	endocardio
endocellular	endocelular
endochondral	endocondral
endochorion	endocorion
endochrome	endocromo
endochylous	endoquileo
endocoellous	endocelo
endocone	endocono
endocranium	endocráneo
endocrine	endocrino
endocrinology	endocrinología
endocuticle	endocutícula
endocyclic	endocíclico
endocyst	endocisto
endocytosis	endocitosis
endoderm	endodermo
endoenzyme	endoenzima
endoeskeleton	endoesqueleto
endogenesis	endogénesis
endogenous	endógeno
endogeny	endogenia
endognath	endognato
endognathion	endognatio
endolabium	endolabio
endolaryngeal	endolaríngeo
endolymph	endolinfa
endolysin	endolisina
endolysis	endólisis
endomere	endómero
endomesoderm	endomesodermo
endometrium	endometrio
endomitosis	endomitosis
endomixis	endomixis
endomysium	endomisio
endoneurium	endoneurio
endoparasite	endoparásito
endophallous	endófalo
endophragm	endofragma
endophyllous	endófilo
endoplasm	endoplasma
endoplast	endoplasto
endoplastule	endoplástulo
endopleurite	endopleurito
endopod	endópodo

endopodite	endopodito
endopodium	endopodio
endopolyploidy	endopoliploidía
endoradiosonde	endorradiosonda
endoral	endoral
endorhaquis	endorraquis
endosarc	endosarco
endosclerite	endosclerito
endoscope	endoscopio
endosiphon	endosifón
endosiphonate	endosifonado
endosiphuncle	endosifúnculo
endosite	endosito
endoskeleton	endoesqueleto
endosmosis	endósmosis
endosome	endosoma
endosternite	endosternito
endosteum	endósteo
endostosis	endóstosis
endostracum	endostraco
endostyle	endóstilo
endotergite	endotergito
endotheca	endoteca
endotheliocyte	endoteliocito
endothelium	endotelio
endotherm	endotermo
endothorax	endotórax
endotrachea	endotráquea
endotrophic	endotrófico
endoturbine	endoturbinal
endozoico	endozoico
endozoochore	endozoócoro
endozoophyte	endozoófito
endysis	endisis
energid	enérgida
energy	energía
engramma	engrama
enolase	enolasa
ensiform	ensiforme
ental	ental
entellus	entelo
entepicondylar	entepicondilar
enteric	entérico
enterobiasis	enterobiasis
enteroblast	enteroblástico
enteroceptores	enteroceptores
enterocoel	enterocelo
enterocoelomate	enterocelomado
enterocrinin	enterocrinina
enteroderm	enterodermo
enterodeum	enterodeo
enterogastrone	enterogastrona
enterokinase	enteroquinasa
enteromyasis	enteromiasis
enteron	enteron
enteronephric	enteronéfrico
enteronephridium	enteronefridio
enteropneusta	enteropneustos
enteroprocto	enteroprocto
enterosimpathetic	enterosimpático
enterostoma	enterostoma
enterozoa	enterozoarios
enterozoon	enterozoo
enthelechy	entelequia
enthelic	entélico
entoangial	entoangial
entobronchus	entobronquio
entochondrite	entocondrito
entochondrostosis	entocondróstosis
entocoel	entocelo
entocondyle	entocóndilo
entoconid	entocónido
entocuneiform	entocuneiforme
entocyemate	entociemado
entogastric	entogástrico
entoglossum	entogloso
entomocecidium	entomocecidio
entomorphic	entomórfico
entomogamy	entomogamia
entomogenous	entomógeno
entomology	entomología
entomophagous	entomófago
entomophily	entomofilia
entomophyte	entomófito
entomostracan	entomostráceo
entomo-urochrome	entomo-urocromo
entoparasito	entoparásito
entoplastron	endoplastrón
entopterigoid	entopterigoides
entoretina	entorretina
entosternite	entosternito
entosternum	entosternón
entothorax	entotórax
entoturbinals	entoturbinales
entotympanic	entotimpánico
entozoic	entozooico
entozoon	entozoo
entrails	entrañas
entrochite	entroquito
enucleated	enucleado
environment	ambiente
enzootic	enzootia
enzyme	enzima
Eocene	Eoceno
Eogea	Eogea
eolic	eólico
eosinophil	eosinófilo
Eozoic	Eozoica
epacme	epacme
epactal	epactal
epactile	epáctil
epalpate	epalpado
epapillate	epapilado
epapophysis	epapófisis
eparterial	epiarterial
epaulette	hombrera
epedaphic	epedáfico
epencephalon	epencéfalo
ependym	epéndimo
ephapse	efapse
epharmosis	efarmosis
ephebe	efebo
ephemera	efímera
ephippium	efipio
ephyra	efira
ephyrule	efírula
epibenthos	epibentos
epibiont	epibionte
epibiota	epibiota
epiblast	epiblasto
epiboly	epibolia
epibranchial	epibranquial
epicanthus	epicanto
epicardium	epicardio
epicentral	epicentral
epicerebral	epicerebral
epichondrosis	epicondrosis
epichordal	epicordal
epiclysile	epiclísilo
epicnemis	epicnemis
epicoel	epicelo
epicome	epicomo
epicoracoids	epicoracoides
epicoxite	epicoxito
epicranium	epicráneo
epicrine	epicrina
epicroic	epicroico
epicuticle	epicutícula
epicyemato	epiciemado
epicyst	epicisto
epicyte	epicito
epidemes	epidemas
epidemiology	epidemiología
epidemy	epidemia
epidermis	epidermis
epididymis	epidídimo
epidural	epidural
epifauna	epifauna
epigamic	epigámico
epigamous	epígamo
epigastrium	epigastrio
epigeal	epigeo
epigenesis	epigénesis
epigenetics	epigenética
epigenotype	epigonotipo
epiglottis	epiglotis
epignathous	epignato
epigynum	epigino
epiktesis	epictesis
epilabrum	epilabro
epilemmal	epilemal
epilimnion	epilimnio
epilittoral	epilitoral
epimandibular	epimandibular
epimeletic	epimelético
epimembranal	epimembranal
epimere	epimerito
epimorfosis	epimorfosis
epimorpha	epimorfa
epimorphic	epimórfico
epimyocardium	epimiocardio
epimysium	epimisio
epinephrin	epinefrina
epinephros	epinefro
epineural	epineural
epineurium	epineurio
epineurous	epineureo
epinotum	epinoto

epioohore	epioóforo
epioption	epióptico
epiorganism	epiorganismo
epiostracum	epiostraco
epiotic	epiótico
epiparasite	epiparásito
epipelagic	epipelágico
epiphragm	epifragma
epiphysis	epífisis
epiphyton	epifiton
epiplankton	epiplancton
epiplastron	epiplastrón
epipleura	epipleura
epiploon	epiplón
epipodite	epipodito
epipodium	epipodio
epiprecoracoid	epiprecoracoides
epiproct	epiprocto
epipterygoid	epipterigoides
epipubis	epipubis
epirrhysa	epirrisos
episclera	episclera
episematic	episemático
episeme	episema
episkeletal	episquelético
episome	episoma
epistasis	epístasis
epistasy	epistasia
epistaxis	epistaxis
epistellar	epistelar
episternite	episternito
episternum	episternón
epistome	epistoma
epistropheus	epistrófeo
epithalamus	epitálamo
epitheca	epiteca
epithelial	epitelial
epithelium	epitelio
epithem	epitemo
epithet	epíteto
epitoke	epitoca
epitoky	epitoquia
epitrichium	epitriquio
epitrochleoan-coneal	epitroclancóneo
epitroclea	epitrocla
epitympanic	epitimpánico
epityphlon	epitiflón
epivalve	epivalva
epixyleus	epixíleo
epizoarious	epizoario
epizoic	epizoico
epizoito	epizoito
epizoochore	epizoócoro
eplicate	desplegado
epoch	época
eponychium	eponiquio
eponym	epónimo
epulosis	epulosis
epycondile	epicóndilo
equicellular	equicelular
equilateral	equilátero
equilenine	equilenina
equilibrium	equilibrio
equine	équido, equino
equipotent	equipotente
equitant	equitante
equivalent	equivalente
equivalve	equivalvo
erectele	eréctil
erection	erección
erector	erector
eremian	eremiano
eremium	eremio
eremochaetous	eremoquético
eremophilus	eremófilo
erepsin	erepsina
erethism	eretismo
ergastico	ergástico
ergatandromorph	ergatandromorfo
ergatandrous	ergatandrio
ergate	ergato
ergatogyne	ergatogina
ergatoid	ergatoide
ergatoplasm	ergastoplasma
ergology	ergología
ergones	ergonas
ergonomy	ergonomía
ergoplasm	ergoplasma
ergosterol	ergosterol
ergot	garrón, espejuelo
erichthoidina	erictoidina
erichtus	ericto
eridesm	eridesmo
erinaceous	erináceo
erineum	erineo
ericomus	eriócomo
ermine	armiño
erosion	erosión
ersaeome	erseomo
eruciform	eruciforme
erucivorous	erucívoro
euruptive	euruptivo
erythema	eritema
erythrism	eritrismo
erythroblastosis	eritroblastosis
erythroblast	eritroblasto
erytrocyte	eritrocito
erythrocruorian	eritrocruorina
erythrodextrin	eritrodextrina
erythrophore	eritróforo
erythrophilous	eritrófilo
erythroplastid	eritoplastídeo
erythropsin	eritropsina
erythropoiesis	eritropoyesis
erythropoietin	eritropoyetina
erythrotin	eritrotina
esculent	esculento
escutcheon	escudete, escudo
esophagus	esófago
esoteric	esotérico
espelaeobios	espeleobio
estriol	estriol
estrogen	estrógeno
estrone	estrona
estuary	estuario
et. al.	et. al.
Ethiopian	Etiópica
ethmoid	etmoides
ethmopalatine	etmopalatino
ethomoturbinals	etmoturbinales
ethnography	etnografía
ethnology	etnología
ethogametism	etogametismo
ethology	etología
ethomerous	etómero
etiology	etiología
etmovomerino	etmovomerino
euaster	euáster
euasteroidea	euasteroideos
eucephalous	eucéfalo
euchroic	eucroico
euchromatin	eucromatina
eucoen	eucénico
eucone	eucono
eudipleural	eudipleural
eudotrine	eudotrino
eudoxide	eudoxida
eugamic	eugámico
eugenics	eugenesia
euglenoid	euglenoide
euhaline	euhalino
euhyponeuston	euhiponeuston
eukaryon	eucarión
eulimnetic	eulimnético
eumelanin	eumelanina
eumerism	eumerismo
eumerogenesis	eumerogénesis
eumitosis	eumitosis
eunuch	eunuco
eupelagic	eupelágico
eupepsia	eupepsia
euphotic	eufótico
euplankton	euplancton
euplastic	euplástico
euploid	euploide
eupotamic	eupotámico
eupyrene	eupirénico
eurasic	eurásico
eurisome	eurísomo
European vole	arvícola
eurybaric	euribárico
eurybathic	euribático
eurybenthic	euribéntico
eurychore	eurícoro
eurycoenosic	euricenósico
euryhaline	eurihalino
euryhygric	eurihígrico
euryionic	euriónico
euryoecious	eurioico
euryoky	eurioquia
euryphagous	eurífago
euryphotic	eurifótico
eurypilous	euripíleo
eurysternon	euristernón
eurythermous	euritermo
eurytopic	euritópico
euryzonal	eurizónico

eusthenodont	eustenodonto
eustomatous	eústomo
eutaxic	eutáxico
eutelegenesis	eutelegénesis
eutely	eutelia
euthanasia	eutanasia
euthenics	euténica
eutheria	euterios
euthycomous	eutícomo
euthyneury	eutineuria
euthrophic	eutrófico
evagination	evaginación
evaginate	evaginar
evanescent	evanescente
evergreen	sempervirente
eversion	eversión
eviscerate	eviscerar
evisceration	evisceración
euviviparous	euvivíparo
evocation	evocación
evocator	evocador
evolute	evoluto
evolution	evolución
evolutionist	evolucionista
evulsion	evulsión
ewe	oveja
exalate	exalado
exasperate	exasperado
exaspidean	exaspideano
exarate	exarado
excise	exciso
excitability	excitabilidad
excitation	excitación
exconjugant	exconjugante
excrescense	excrescencia
excreta	excretas
excretion	excreción
excretophore	excretóforo
excurrent	escurrente
excurved	excurvado
excystment	exquistamiento
exert	exerto
exflagellation	exflagelación
exfoliation	exfoliación
exhalation	exhalación
exhale	exhalar
exinguinal	exinguinal
exist	existente
exit	pasaje, salida
exobiology	exobiología
exobiotic	exobiótico
exocardiac	exocardiaco
exoccipital	exoccipital
exocele	exocele
exochorion	exocorion
exocoeloma	exoceloma
exocone	exocono
exocranium	exocráneo
exocrine	exocrina
exocuticle	exocutícula
exocytosis	exocitosis
exoderm	exodermo
exodermis	exodermis
exodic	exódico
exoenzyme	exoenzima
exogamete	exogameto
exogamy	exogamia
exogastric	exogástrico
exogastrula	exogástrula
exogenous	exógeno
exognathion	exognatio
exomixis	exomixis
exonephric	exonéfrico
exoparasite	exoparásito
exophtalmos	exoftalmos
exophthalmia	exoftalmía
exophylaxis	exofilaxis
exoplasm	exoplasma
exopodite	exopodito
exopodium	exopodio
exoskeleton	exoesqueleto
exostosis	exóstosis
exoteric	exotérico
exotheca	exoteca
exotospore	exotóspora
exotoxin	exotoxina
expansion	expansión
expantin	expantina
expiration	espiración
explanate	explanado
explant	explante
explosive	explosiva
expressivity	expresividad
exculptate	esculpido
excutellate	excutelado
exserted	exserto
extensor	extensor
exteroceptor	exteroceptor
extinct	extinto
extinction	extinción
extirpation	extirpación
extrabranchial	extrabranquial
extracapsular	extracapsular
extracellular	extracelular
extracolumella	extracolumela
extract	extracto
extraembryonic	extraembrionario
extraenteric	extraentérico
extraforeal	extraforeal
extrahepatic	extrahepático
extranuclear	extranuclear
extraocular	extraocular
extrasiphonate	extrasifonado
extratropical	extratropical
extrauterine	extrauterino
extravasate	extravasar
extravascular	extravascular
extraventricular	extraventricular
extremity	extremidad
extrinsic	extrínseco
extroflexión	extroflexión
extrophy	extrofia
extrovert	extrovertido
exudate	exudado
exudation	exudación
exumbrella	exumbrela
exuvial	exuvial
eyaculate	eyacular
eye	oculus, ojo
eyebrow	ceja
eye brush	brochas oculares
eye lash	pestaña
eye lid	párpado
eyetooth	colmillo, canino
eye spot	mancha ocular
eyra	eira
eyrie	aguilera
fabella	fabela
face	cara
facet	faceta
facial	facial
faciation	faciación
facies	facies
facilitation	facilitación
facilitator	facilitator
factor	factor
factorial	factorial
facultative	facultativo
fagocyte	fagocito
falanouc	falanuc
falcate	falcado
falces	falces
falciform	falciforme
falcirostral	falcirrostre
falcon	halcón, falcón
falconet	falconete
falconry	cetrería, falconería
falcula	fálcula
fallow deer	gamo
false	falso
falx	falx
family	familia
famulus	fámulo
fang	colmillo, canino
fanning	abaniqueo
fan shell	peregrina
fantail mullet	lebrancho, liseta
fanworm	palmareta, plumero
farctus	farto
farina	farina
fascia	fascia
fasciated	fasciado
fascicle	fascículo
fasciculated	fasciculado
fasciola	fasciola
fasciolasis	fasciolasis
fastigiate	fastigiado
fatigue	fatiga
fat	grasa
fauces	fauces
fauna	fauna
faunula	fáunula
faveolus	favéolo
fawn	cervato
feather	pluma
feathery	plumoso
fecal	fecal
feces	heces

fecund	fecundo
fecundate	fecundar, fecundizar
feed back	retroalimentación
feline	felino
female	hembra
feminine	femenina
feminize	feminizar
femoral	femoral
femur	fémur
fenestra	ventana, fenestra
fennec	feneco
feral	feral, montaraz
fér-de-lance	fér-de-lance, jaracassu
ferment	fermento
fermentation	fermentación
ferret	hurón
ferret-badger	pahmi
ferrin	ferrina
ferrocyte	ferrocito
ferruginous	ferrugíneo, ferruginoso
fertile	fértil
fertility	fertilidad
fertilization	fecundación, fertilización
fertilize	fertilizar, fecundar
fertilizin	fertilicina
festoon	festón
fetalization	fetalización
fetlock	cerneja, menudillo
fetus	feto
fiber	fibra
fibril	fibrilla
fibrillation	fibrilación
fibrilloblast	fibrilloblasto
fibrin	fibrina
fibrinogen	fibrinógeno
fibrinoid	fibrinoide
fibroblast	fibroblasto
fibrocartilage	fibrocartílago
fibrocellular	fibrocelular
fibrocyte	fibrocito
fibroglia	fibroglia
fibroin	fibroína
fibroma	fibroma
fibula	fíbula, peroné
fiddler crab	gelasimo, barrilete
field	campo
filament	filamento
filamentous	filamentoso
filar	filar
filaria	filaria
filariasis	filariasis
filator	hilador
file fish	lija, alútero
filial	filial
filiferous	filífero
fillet	filete
filoplume	filopluma, flojel
filopodium	filópodo
filose	filoso
filtration	filtración
fimicolous	fimícola
fin	aleta
finch	pinzón, fringílido
finger	dedo
finger-footed	cisípedo
fingerling	alevín, alevino
fire beetle	cocuyo
fire bug	luciérnaga
firefly	luciérnaga, lucióla
firmisternal	firmisternal
fish	pez
fish nursery	vivar, vivero
fish pond	pecina
fishery	pesquería
fish hawk	halieto, guincho
fissidentate	fisidente
fissile	físil
fissilingual	fisilingüe
fission	fisión, fisiparidad
fissipalmate	fisipalme
fissiped	fisípedo
fissirostral	fisirrostre
fissure	fisura, rima
fissuricolous	fisurícola
fistula	fístula
fitch	burón
fitness	aptitud
fix	fijar
fixation	fijación
fixarine	fijador
flabellate	flabelado
flabellicorn	flabelicorne
flabelliform	flabeliforme
flabellum	flabelo
flagellispore	flagelispora
flagellosis	flagelosis
flagellula	flagélula
flagellum	flagelo
flame cell	célula flamígera
flamingo	flamenco
flank	ijada, costado
flatfish	lenguado, rodaballo
flavescent	flavescente
flavin	flavina
flavoprotein	flavoproteína
flea	pulga
fledge	emplumar
fleece	vellón
flesh	carne
fleshy	carnoso
flexion	flexión
flexor	flexor
flexuous	flexuoso
flexure	flexura
flight	vuelo
flipper	remo (de cetáceos y focas)
float	flotador
flocule	flóculo
flocculent	floculento
flocus	floco
flock	bandada, grey
floricolous	florícola
floricome	florícoma
floscelle	floscelo
flounder	platija, pleuronecto
fluctation	fluctación
fluid	fluido
fluke	duela
fluorescence	fluorescencia
fluoroscope	fluoroscopio
flutter	aleteo
fluvial	fluvial
fluviatile	fluviátil
flux	flujo
fly	mosca, díptero
flycatcher	moscareta, papamoscas
flying fox	panique
fliying gurnard	murciélago (pez)
flying lemur	caguán, cobego
flying phalanger	acróbata
foliaceous	foliáceo
foliculine	foliculina
foliobranchiate	foliobranquio
follicle	folículo
fontanel	fontanela
food	alimento
food vacuole	vacuola alimenticia
foot	pie
foramen	foramen
foraminifer	foraminífero
forceps	fórceps
forearm	antebrazo, brazuelo
forehead	frente
foramen	foramen, agujero
forelock	copete
foreneck	garganta
forfex	tenazas, fónfice
form	forma
formative	formativa
formenkreis	formenkreis
formicarian	formicariano
formicarium	formicario
formula	fórmula
fornicated	arqueado
foront	foronte
fossa	binturongo, fosa
fossette	foseta
fossil	fósil
fossite	fosita
fossorial	cavador, zapador
fossula	fósula
fossulet	fosulita
fourchete	horquilla
fovea	fóvea
foveola	foveola
fowl	ave gallinácea
fox	raposa, zorra
fox shark	pez zorro
fragmentation	fragmentación
frambesia	frambesia
frenate	frenado
francolin	francolín
fraternal	fraternal, fraterno
freckles	pecas
freemartin	freemartin
French margate	jiníguano
frenulum	frenillo
frenum	freno
friable	friable

frigate bird	fragata, rabihorcado
frigofuge	frigófugo
fringe	orla. fimbria. borde
fringing reef	arrecifes marginales
frog	rana, ranilla
frogmouth	batracóstomo
frons	frente
frontal	frontal
frontalis	frontalis
frontoclypeus	frontoclípeo
fronto-ethmoidal	frontoetmoidal
frontoparietal	frontoparietal
frontosphenoidal	frontosfenoidal
fructose	fructosa
frugivorous	frugívoro
fry	pececillo o anfibio juvenil
fuchsin	fucsina
fucivorous	fucívoro
fucoxanthin	fucoxantina
fulcrum	fulcro
fuliginous	fuliginoso
fulturae	fulturas
fulvous	fulvo
fumarase	fumarasa
function	función
functional	funcional
fundatrix	fundatriz
fundiform	fundiforme
fundus	fondo, fundus
fundulus	fúndulo
fungiform	fungiforme
fungivorous	fungívoro
fungoid	fungoide
funicle	funículo
funnel	embudo
furca	furca
furcasternum	furcosternón
furcate	furcado
furciferous	furcífero
furcilla	furcilla
furcula	fúrcula
fursula	fúrsula
fuscin	fuscina
fusiform	fusiforme
fusocelular	fusocelular
fusula	fúsula, hilanderuela
galactagogue	galactagogo
galactan	galactana
galactase	galactasa
galatic	galáctico
galactin	galactina
galactoblast	galactoblasto
galactose	galactosa
galactosis	galactosis
galactosuria	galactosuria
galago	gálago, emán
galactotropic	galactotrópico
galea	galea
galeriform	galeriforme
gall	agalla
gall bladder	vesícula biliar
gallicolous	gallícola
gallinaceous	gallináceo
gallinule	gallinuela, focha
galloxanthin	galloxantina
gallstone	cálculo biliar
galactophagous	galactófago
galactophorous	galactoforo
galvanotaxis	galvanotaxia
galvanotropism	galvanotropismo
game	caza
game cock	gallo de lidia
game fish	pez deportivo
gamete	gameta, gameto
gametid	gamétido
gametoblast	gametoblasto
gametocyst	gametocisto
gametocyte	gametocito
gametogamy	gametogamia
gametogenesis	gametogénesis
gametogonium	gametogonio
gamobium	gamobio
gamocyst	gamocisto
gamodeme	gamodeme
gamogenesis	gamogénesis
gamogony	gamogonia
gamoid	gamoide
gamones	gamonas
gamont	gamonte
gamosematic	gamosemático
gamotropism	gamotropismo
gander	ganso
Gangetic dolphin	susu
ganglioblast	ganglioblasto
gangliocyte	gangliocito
ganglion	ganglio
ganglioneural	ganglioneural
ganglioneuron	ganglioneurona
ganglionic	gangliónico
ganglioside	gangliósido
ganglioplexus	ganglioplexo
gannet	boba, planga
ganoblast	ganoblasto
ganoid	ganoide, ganoideo
ganoine	ganoína
gape	rictus, embocadura
gapeworm	gusano rojo
garial	garial, gavial
garpike	lepidoto, pez aguja
gaster	gaster
gastrea	gastrea
gastreum	gástreo
gastralia	gastrales
gastric	gástrico
gastrin	gastrina
gastrocentrous	gastrocentrico
gastrocnemius	gastrocnemio, gemelos
gastrocoel	gastrocelo
gastrocolic	gastrocólico
gastrocutaneous	gastrocutáneo
gastrocyst	gastrocisto
gastrodermis	gastrodermis
gastrogenic	gastrogénico
gastrointestinal	gastrointestinal
gastrolienal	gastrolienal
gastrolith	gastrolito
gastrology	gastrología
gastromeridium	gastromeridio
gastrophrenic	gastrofrénico
gastropod	gasterópodo, gastrópodo
gastropore	gastróporo
gastrorhaphy	gastrorrafia
gastrosplenic	gastrosplénico
gastrostegite	gastrostegito
gastrovascular	gastrovascular
gastrozooid	gastrozoide
gastrulation	gastrulación
gastrule	gástrula
gaur	gauro
gavial	gavial
gayal	gayal
gazelle	gacela
gecko	salmanquesa, geco
geld	castrar
gegenpol	gegenpol
gelada baboon	gelada
gelatin	gelatina
gelatinase	gelatinasa
gelding	animal castrado
geminate	geminado
gemma	yema, gema
gemmaceous	gemáceo
gemmation	gemación
gemmiform	gemiforme
gemmiparity	gemiparidad
gemmulation	gemulación
gemmule	gémula
gemmiferous	gemífero
gemsbok	órix
gena	gena
gene	gen
genealogy	genealogía
genecology	genoecología
gene pool	patrimonio genético
generalised	generalizado
generation	generación
generic	genérico
generitype	generitipo
genesiology	genesiología
genesis	genesis
genet	gineta, jineta
genetic	genética, genético
geneticist	geneticista
genetic drift	deriva genética
genetist	geneticista
geniculum	genículo
genioglossal	geniogloso
genitalia	genitales
genito-anal	genitoanal
genitocrural	genitocrural, genitofemoral
genitourinary	genitourinario
genitoventral	genitoventral
genoblast	genoblasto
genoholotype	genoholotipo
genome	ganoma
genomere	genómero
genomena	genomena
genonomy	genonomía

genophenes	genofenos
genosome	genosoma
genospecies	genoespecie
genosyntype	genosintipo
genotype	genotipo
genovariation	genovariacion
genus	género
genys	mejilla
geobiology	geobiología
geobiont	geobionte
geobio	geobio
geological time table	calendario geológico
geomalism	geomalismo
geometrid	geométrida
geonemy	geonemia
geophagous	geófago
geophilous	geófilo
geotaxis	geotaxia
geotropism	geotropismo
gephyrea	gefíreos
gephyrocercal	gefirocerca
geratology	geratología
gerbil	gerbilio
gerenuc	gerenuc
gerfalcon	gerifalte, gerifalco
geriatric	geriátrico
germ	germen
germ stalk	estolón
germarium	germario
germiduct	germiducto
germigen	germígeno
germination	germinación
germivitellarium	germivitelario
germiparity	germiparidad
gerontology	gerontología
gerontomorphosis	gerontomorfosis
gestalt	gestalt
gestation	gestación
giant armadillo	tatuasú
giant squirrel	ratufa
giardiasis	giardiasis
gibbon	gibón
gigantism	gigantismo
gigantocyte	gigantocito
Gila monster	monstruo de Gila
gill	branquia, agalla
gill-head	dorada
gill raker	rastrillo branquial
gingiva	encía
gingival	gingival
ginglymus	ginglimo
ginotype	ginotipo
giplure	giplura
giraffe	jirafa
girdle	cinturón
gizzard	molleja
glabella	glabela
glabrous	glabro
glacial	glacial
gladiolus	gladiolo
gladius	gladio
gland	glándula
glans	glande
glaucescent	glaucescente
glaucotoe	glaucotoa
glaucous	glauco
glenohumeral	glenohumeral
glenoid cavity	glena
glenoide	glenoide, glenoideo
glia	glía
gliacyte	gliacito
glicine	glicina
globe	globo
globule	globulo
globulin	globulina
globulose	globuloso
globus	globus, globo
glochidium	gloquidio
gloea	glea, gloea
glomerulus	glomérulo
glomus	glomo
glossa	glosa
glossarium	glosario
glossis	glosis
glossology	glosología
glossodynia	glosodinia
gloseo-epiglotic	glosoepiglótico
glossohyal	glosohial
glossopalatine	glosopalatino
glossophagine	glosofágino
glossopharyngeal	glosofaríngeo
glossophorous	glosóforo
glossotheca	glosoteca
glossy	glaseado
glottis	glotis
glucagon	glucagon
glucase	glucasa
glucide	glúcido
glucogenase	glucogenasa
glucokinase	glucocinasa
glucophore	glucóforo
glucocorticoid	glucocorticoide
glucose	glucosa
glutaeus	glúteo
glutamine	glutamina
glutathione	glutationa
glutinant	aglutinante
glutinous	glutinoso
glycemia	glucemia
glycerin	glicerina
glycerol	glicerol
glycerophosphate	glicerofosfato
glycocoll	glicocola
glycogen	glucógeno
glycogenesis	glucogénesis
glycogenolysis	glucogenólisis
glycolipid	glucolípido
glycolysis	glucólisis
glyconeogenesis	gluconeogénesis
glycopenia	glucopenia
glycoprotein	glucoproteína
glycosamine	glucosamina
glycosecretory	glucosecretorio
glycosemia	glucosemia
glycosuria	glucosuria
glycotropic	glucotrópico
glyptodont	gliptodonte
gnat	díptero pequeño
gnathic	gnático
gnathion	gnatio, gnatión
gnathism	gnatismo
gnathites	gnatitos
gnathobase	gnatobase
gnathocephalous	gnatocéfalo
gnathochilarius	gnatoquilario
gnathopodite	gnatopodito
gnathosome	gnatosoma
gnathostegite	gnatostegito
gnathostomatous	gnatóstomo
gnathotheca	gnatoteca
gnathothorax	gnatotórax
gnesiogamy	gnesiogamia
gnotobiology	gnotobiología
gnu	ñu
goa	rogoa, goa
goat	cabra, cabro
goatfish	salmonete
goat footed	caprípedo
goatsucker	chotacabras
gobblet	copilla
gobblet cell	célula caliciforme
goble	gluglutear
goggler	chicharro
goiter	bocio
goitred gazelle	ahú
gold finch	jilguero
golden oriole	papafijo
goldfish	carpa dorada
golgiokinesis	golgiocinesia
golgiosome	golgiosoma
gomphosis	gomfosis
gonad	gónada
gonadectomy	gonadectomía
gonadin	gonadina
gonadotrophic	gonadotrófico
gonadotrophic	gonadotrópico
gonadotropin	gonadotropina
gonal	gonal
gonangium	gonangio
gonapophyses	gonapófisis
gond	gond
gonglydia	gonglidios
gonial	gonial
gonic	gónico
gonidium	gonidio
gonion	gonio, gonión
gonoblast	gonoblasto
gonoblastoide	gonoblastoide
gonocalyx	gonocáliz
gonocheme	gonoquema
gonochoristic	gonocorístico
gonocoel	gonocelo
gonocele	gonocele
gonocoxa	gonocoxa
gonocyte	gonocito
gonodendron	gonodendro
gonodont	gonodonte

gonoduct	gonoducto
gonoecium	gonecio
gonogenesis	gonogénesis
gonomery	gonomería
gononephrotome	gononefrótomo
gononucleus	gononúcleo
gonophasic	gonofásica
gonophore	gonóforo
gonoplasm	gonoplasma
gonopodium	gonopodio
gonopore	gonóporo
gonosome	gonosoma
gonosphaerium	gonosferio
gonospore	gonospora
gonotheca	gonoteca
gonotokont	gonotoconto
gonotome	gonótomo
gonotrema	gonotrema
gnonstyle	gonostilo
gonotype	gonotipo
gonozooid	gonozoide
gonydial	gonidial
gopher	gófer
goose	oca, ganso, ánsar
goose barnacle	anatifa, barnacla
goral	goral
gorgonine	gorgonina
gorilla	gorila
goshawk	azor
gouge	cubia
gourami	guramí
gracilis	gracil
grackle	chinchiguao, mozambique
gradient	gradiente
graft	injerto
graminicolous	graminícola
graminivorous	gramínívoro
grammete	gramado
grampus	grampos, orca
grana	grana, granos
granellae	granelos
granellarium	granelario
granivorous	granívoro
granulation	granualción
granule	gránulo
granulocyte	granulocito
granum	grano
graphic	gráfica
graphiohexaster	grafiohexáter
graphiurus	grafiuro
graptolithes	graptolita
grassquit	tomeguín, gorrión
grass-hopper	saltamontes, cigarrón
grater	raspador
gravid	grávido
gravigrad	gravígrado
gravitation	gravitación
gravivorous	gravívoro
gray bustard	avutarda
gray crescent	lúnula gris
grayhound	galgo
graylag	ganso silvestre
graylin	tímalo
gray mullet	mujol
gray roebok	pelea
gray snapper	dientón, caballerote
grazing	pastoreo
great blue heron	garcilote, garzón
grebe	somormujo, zaramago
greenfinch	chamariz, verdecillo
green parrotfish	guacamaya
green turtle	tortuga verde, jaco
gregaloid	gregario, gregal
gregarine	gregarina
gregariniform	gregariniforme
gregarious	gregario
gregarism	gregarismo
gressorial	gresor
grey fox	zorra gris
greyhound	galgo
griffin	grifo
grindhral	calderón
grison	grisón
gristle	cartílago, termilla
gribble	incano
grivet	grivet
groin	ingle
groove	muesca, surco
grossbeak	degollado
group	grupo
grouper	cherna
grouse	tetrao, urogallo
grouse locust	tetigonia
grub	gusano
grumous	grumoso, agrumado
grumulus	grúmulo
grunt	gruñido, ronco
gryochrome	griocromo
guacharo	guácharo
guan	guan
guanaco	guanaco
guanase	guanasa
guanidine	guanidina
guanine	guanina
guano	guano
guanophore	guanóforo
guanylic	guanílico
guard hairs	capa
guard polip	nematóforo
gubernaculum	gubernáculo
guemal	güemol, taruga
guenon	güenon
guepard	guepardo, onza
guereza	guereza
guest	huésped
guillemot	uria
guinea hen	faraona, guinea
guinea pig	conejillo de Indias
guitar fish	angelote, guitarra
gula	gula
gulamentum	gulamento
gull	gaviota
gullet	esófago
gulper	engullidor
gummy	gomoso
gums	encía, ula
gundis	gundis
guppy	gupi
gurnard	rubio volador, trigla
gustoreceptor	gustorreceptor
gut	tripa, entraña
gutta	gota
guttate	goteado
guttiform	gutiforme
guttula	gútula
guttural	gutural
gymnetrous	gimnétrico
gymnoarium	gimnoario
gymnoblastic	gimnoblástico
gymnocotylic	gimnocotílico
gymnocyte	gimnocito
gymnodont	gimnodonte
gymnogenous	gimnogéno
gymnopedic	gimnopédico
gymnoplasto	gimnoplastó
gymnopterous	gimnóptero
gymnorhinal	gimnorrino
gymnospore	gimnospora
gymnostomatous	gimnóstomo
gymnurus	gimnuro
gynaecomorphous	ginecomórfico
gynander	ginandro
gynandrism	ginandrismo
gynandroid	ginandroide
gynandromorph	ginandromorfo
gynandromorphism	ginandromorfismo
gynase	ginasa
gynatrium	ginatrio
gynecaner	ginecáner
gynechore	ginocórico
gynecogenesis	ginecogénesis
gynecoid	ginecoide
gynecomastia	ginecomastia
gynic	gínico
gynogamone	ginogmona
gynogenesis	ginogénesis
gynogenine	ginogenina
gynogonidion	ginogonidio
gynomerogony	ginomerogonia
gynopaedium	ginopedio
gypsy moth	lagarta
gyrencephalous	girencéfalo
gyrus	giro, circumvolución
gyttja	gyttja
habena	babena
habenula	habénula
habit	hábito
habitat	hábitat
habituation	habituación
hack	rocín, jaca
hacke	fice
hadal	hadal
haddock	eglefino
haemal	hemal
haem—. v. también hem—	
haemamoeba	hemameba, hemamiba
haemangioblast	hemangioblasto
haemapophysis	hemapófisis

haematal	hemático
haematein	hemateína
haematid	hematíe, hemátida
haemotobic	hematóbico
haematoblast	hematoblasto
haematocyanin	hematocianina
haematolysis	hematólisis
haematometer	hematómetro
haematophagous	hematófago
haematothermal	hematermo
haematoxylin	hematoxilina
haemerythrin	hemeritrina
haemochromatosis	hemocromatosis
haemoclastic	hemoclástico
haemoconia	hemoconios
haemocyte	hemocito, hematocito
haemocytoblast	hemocitoblasto
haemocytolysis	hemocitólisis
haemocytopoiesis	hemocitopoyesis
haemogregarin	hemogregarina
haemohistioblast	hemohistioblasto
haemoid	hemoide
haemoplasmodium	hemoplasmodio
haemopsonin	hemopsonina
haemostasis	hemostasis
haemotoxin	hemotoxina
haemotropic	hemotrópico
haemozoin	hemozoína
hagfish	mixina, pez brujo
hair	pelo, cabello
hairball	tricobezoar
hairless	lampiño
hairness	vellosidad
hairy	peludo
Haitian soapfish	jabón
halcyon	martín pescador
halibut	hipogloso
halic	hálico
halicolous	halícola
haline	halino
halinity	halinidad
halisteresis	halistéresis
halitosis	halitosis
halitus	hálito
hallachrome	halacromo
hallux	hálux, háluce
halobious	halobio
halolimnic	halolímnico
halometer	halómetro
halophilous	halófilo, halícola
haloplankton	haloplancton
haloxene	haloxeno
halteres	halterio
ham	corva
hamadryad	hamadríade
hamatum	hamato
hamete	hameto
hamirostrate	hamirrostre
hammerhead	cornuda, pez martillo
hamster	hámster, criceto
hamus	hámulo
hand	mano
handle	asa, mango
hangul	hangul
hank	busardo, guamango
hanuman	hanuman
hapalids	hapálidos
haplobiont	haplobionte
haplocyte	haplocito
haplo-diploid	haplodiploide
haplodont	haplodonto
haploglobin	haploglobina
haploid	haploide
haploma	haploma
haplometrosis	haplometrosis
haplomitosis	haplomitosis
haplont	haplonte
haplophase	haplofase
haploptile	haplóptilo
haplosis	haplosis
haplotype	haplotipo
haplozygous	haplócigo
haptic	háptico
haptobenthos	haptobentos
haptomonad	haptomónada
haptophore	háptoforo
haptotropism	haptotropismo
hare	liebre
harelipped	boquineto
harem	harén
harfang	harfango
harmosis	harmosis
harmozone	harmozona
harpago	harpago
harpes	harpe
harpy	harpía, arpía
hartebeest	alcelafo, bubal
harvestman	opilión, segador
hastate	hastato
hatch	incubar, pollada
hatchery	criadero
hastellum	haustelo
haustra	haustro
hawk	halcón, falcón
hawksbill turtle	carey
hazel-grouse	ortega
head	cabeza
headless	acéfalo
heart	corazón
heart beat	latido
heart shapped	acorazonado
hecatomeric	hecatomérico
hectocotylus	hectocótilo
hedgehog	erizo
hedrioblast	hedrioblasto
heel	calcañal
he goat	cabrón
heifer	novilla
helcoid	helcoide
helcotropism	helcotropismo
helcoplankton	helcoplancton
helical	helicado
helicine	helicina
helicocone	helicocono
helicorrubina	helicorrubina
helicotrema	helicotrema
heliophobic	heliófobo
heliophyll	heliófilo
heliotaxis	heliotaxia, heliotaxis
heliotropism	heliotropismo
heliozoa	heliozoario, heliozoo
helix	hélice
helminth	helminto
helminthology	helmintología
helminthiasis	helmintiasis
helobious	helobio
heloderma	helodermo, gila monster
hellbender	salamandra

hem— v. también haem—

hemachrome	hemacromo
hemacytometer	hemacitómetro
hemaglutinin	hemaglutinina
hematimeter	hematímetro
hematin	hematina
hematocele	hematocele
hematochrome	hematocromo
hematocrit	hematócrito
hematocryal	hematocrial
hematocyte	hematocito
hematogenesis	hematogénesis
hematogenous	hematógeno
hematology	hematología
hematoma	hematona
hematopoiesis	hematopoyesis
hematosis	hematosis
hematothermal	hematotérmico
hematozoor	hematozoario
hematuria	hematuria
heme	hem, heme
hemelytron	hemélitro
hemera	hemera
hemeralopia	hemeralopía
hemerecology	hemeroecología
hemiacygous	hemiácigos
hemibathyal	hemibatial
hemiblastula	hemiblástula
hemibranch	hemibranquia
hemic	hémico
hemicephalous	hemicéfalo
hemicellulase	hemicelulasa
hemichordate	hemicordado, hemicordio
hemichrom	hemicromo
hemidiaphragm	hemidiafragma
hemielytron	hemiélitro
hemiembryo	hemiembrión
hemigamy	hemigamia
hemigastrula	hemigástrula
hemignathous	hemignato
hemiheterocercal	hemiheterocerca
hemikarion	hemicarion
hemimetabolic	hemimetábolo
hemimorule	hemimórula
hemiomphalic	hemiomfálico
hemiparasite	hemiparásito
hemiphragm	hemifragma
hemiplankton	hemiplancton
hemiplegia	hemiplejía
hemipneustic	hemipneústico

hemipterous	hemíptero
hemipterygoid	hemipterigoides
hemiseptum	hemisepto
hemisphere	hemisferio
hemisoma	hemisoma
hemisystole	hemisístole
hemitropous	hemítropo
hemixis	hemixis
hemizygosity	hemicigocidad
hemizygous	hemícigo
hemochrome	hemocromo
hemochromogen	hemocromógeno
hemocrometer	hemocromómetro
hemocoel	hemocelo
hemocuprein	hemocupreína
hemocyanin	hemocianina
hemocytometer	hematocitómetro
hemocytotripsis	hemocitotripsis
hemodynamic	hemodinámica
hemofuscin	hemofuscina
hemogenesis	hemogénesis
hemoglobin	hemoglobina
hemoglobinuria	hemoglobinuria
hemogram	hemograma
hemoleucocyte	hemoleucocito
hemolymphorrhea	hemolinforrea
hemolysin	hemolisina
hemolysis	hemólisis
hemolyze	hemolizar
hemoparasite	hemoparásito
hemophylia	hemofilia
hemoplastic	hemoplástico
hemopoiesis	hemopoyesis
hemoproteids	hemopoteidos
hemoprotein	hemoprotêína
hemoptysis	hemoptisis
hemorhea	hemorrea
hemorrhage	hemorragia
hemorphagin	hemorfagina
hemorrhoid	hemorroides
hemosiderin	hemosiderina
hemosporidian	hemosporidio
hen	gallina
hen louse	piojillo
heparin	heparina
heparinase	heparimasa
hepatic	hepático
hapatin	hepatina
hepatocele	hepatocele
hepatocystic	hepatocístico
hepatology	hepatología
hepatopancreas	hepatopáncreas
hepatoportal	hepatoportal
hemipenis	hemipene
herbicolous	herbícola
herbivorous	herbívoro
hercogamy	hercogamia
herd	rebaño, manada
heredity	herencia
heritability	hereditabilidad
hermaphrodite	hermafrodita
hermaphroditism	hermafrodistismo
hermatypic	hermatípico
hermit crab	ermitaño, paguro
hernia	hernia
heron	garza, árdea
herpes	herpe, herpes
herpetology	herpetología
herpon	herpón
herring	arenque
herring gull	gaviota
herperidin	hesperidina
hesthogenous	hestogéneo
heteracanthous	heteracanto
heteractine	heteractinia
heterauxesis	heterauxesis
heteroagglutination	heteroaglutinación
heteroauxin	heteroauxina
heteroblastic	heteroblástico
heterobrachial	heterobraquial
heterocelular	heterocelular
heterocercal	heterocerca
heterocercy	heterocercía
heterochely	heteroquelia
heterochore	heterocórico
heterochromatin	heterocromatina
heterochromaty	heterocromacia
heterochromia	heterocromía
heterochromosome	heterocromosoma
heterochromous	heterócromo
heterochronism	heterocronismo
heteroclite	heteróclito
heterocoelic	heterocélico

heterocont	heteroconto
heterodactylous	heterodáctilo
heterodiphycercal	hetérodificerca
heterodont	heterodonte
heterogametism	heterogametismo
heterogameto	heterogameto
heterogamy	heterogamia
heterogangliate	heterogangliado
heterogenesis	heterogénesis
heterogeny	heterogenia
heterogony	heterogonia
heterogynous	heterogino
heteroicous	heteroico
heterokaryon	heterocarion
heterokaryosis	heterocariosis
heterokinesis	heterocinesis
heterolecital	heterolecito
heterology	heterología
heterolysis	heterólisis
heteromastigote	heteromastigoto
heteromedusoid	heteromedusoide
heteromerous	heterómero
heterometaboly	heterometabolia
heteromiary	hetermiario
heteromorphism	heteromorfismo
heteromorphosis	heteromorfosis
heteronereis	heteronereis
heteronomous	heterónomo
heteropelmous	heteropélmico
heterophylous	heterófilo
heteroplanogametes	heteroplanogametos
heteroplasm	heteroplasma
heteroplasty	heteroplasia
heteroploid	heteroploide
heteroploidy	heteroploidía
heteropterous	heteróptero
heteropycnosis	heteropicnosis
heterosexual	heterosexual
hetrosis	heterosis
heterosome	heterosoma
heterospecific	heterospecífico
heterostrophy	heterostrofia
heterosynapsis	heterosinapsis
heterotaxis	heterotaxia
heterotherm	heterotermo
heterotomy	heterotomía
heterotopia	heterotopia
heterotrichous	heterotrico
heterotrophic	heterotrófico
heterotypic	heterotípico
heteroxenous	heteroxeno
heterozoid	heterozoide
heterozygosis	heterocigosis
heterozygotes	heterocigoto
heterozygous	heterócigo
hexacanth	hexacanto
hexactinal	hexatina
hexactine	hexactinal
hexactinian	hexactinia
hexadactyly	hexadactilia
hexamerous	hexámero
hexaploid	hexaploide
hexapterous	hexáptero
hexaster	hexáster
hexastichous	hexastíqueo
hexicology	hexicología
hexokinase	hexocinasa
hexose	hexosa
hiatus	hiato
hibernaculum	hibernáculo
hibernal	hibernal
hibernate	invernar
hibernating	hibernante
hibernation	hibernación
hiccup	hipo
hide	cuero, piel
hiemal	hiemal
hilum	hilio
hind	cierva
hinge	charnela, bisagra
hinny	burdégano, burreño
hip	cadera
hip-bone	cía
hipodermalia	hipodermales
hipoglottis	hipoglotis
hipohyal	hipohial
hipomastia	hipomastia
hipopleuron	hipopleura
hiposkeletal	hiposquelético
hipotrematic	hipotremático
hipotrichous	hipotrico
hippic	hípico
hippocampus	hipocampo

hippomanes	hipómanes
hippocrepian	hipocrepiano
hippogriff	hipogrifo
hippopotamus	hipopótamo
hippus	hippus
hirsute	hirsuto
hirsutism	hirsutismo
hirudine	hirudina
hirudinea	hirudíneo
hispid	híspido
hispidulous	hispídulo
histamine	histamina
histaminase	histaminasa
histiocyte	histiocito
histidine	histidina
histioid	histioide
histoblast	histoblasto
histochemistry	histoquímica
histoclastic	histoclástico
histodiferentiation	histodiferenciación
histogenesis	histogénesis
histohaematin	histohematina
histology	histología
histolysis	histólisis
histometabasis	histometabasis
histone	histona
histophyly	histofilia
histoteleosis	histoteleosis
histosystem	histosistema
histotome	histótomo
histotrophic	histotrófico
histozoic	histozoico
histozyme	histozima
hoary	canoso
hoatzin	hoacín
hock	corvejon
hog	puerco, cerdo
hog fish	baila
holandric	holándrico
holandry	holandria
holartic	holártico
holaspidean	holaspideano
holaspis	holaspis
holcodont	holcodonte
holism	holismo
holobenthic	holobéntico
holoblastic	holoblástico
holobranch	holobranquia
Holocene	Holoceno
holocephalous	holecéfalo
holochroal	holocroico
holocrine	holocrina
holocyclic	holocíclico
holoentoblastula	holoentoblástula
holoenzyme	holoenzima
hologametes	hologametos
hologamy	hologamia
hologastrula	hologástrula
hologenesis	hologénesis
holognathous	holognato
hologynic	hologínico
holomastigote	holmastigoto
holometabolism	holometabolismo
holometaboly	holometabolía
holomorph	holomorfo
holomorphosis	holomorfosis
holonephridium	holonefridio
holonephros	holonefros
holoparasite	holoparásito
holophytic	holófito
holoplankton	holoplancton
holopneustic	holopneústico
holoptic	holóptico
holorhinal	holorrino
holosaprohyte	holosaprófito
holoschisis	holosquisis
holosericeous	holoseríceo
holostomatous	holóstomo
holostyly	holostilia
holosystolic	holosistólico
holothuroidea	holoturoideo
holotony	holotonía
holotrichous	holotrico
holotrophism	holotrofismo
holothurian	holoturia
holotype	holotipo
holozoic	holozoico
homacanth	homacanto
homarina	homarina
homeiomerism	homeomerismo
homeoiplastic	homeoplástico
homeoplasy	homeoplasia
homeostasis	homeostasis
homeostat	homeostato
homeostrophic	homeostrófico
homeosynapsis	hemeosinapsis
homeotely	homeotelia
homeothermal	homeotermia
homeotype	homeotipo, homotipo
homeotypic	homeotípico
homeozoic	homeozoica
hominid	homínido
hominoid	hominoide
homoblastic	homoblástico
homobrachial	homobraquial
homocelular	homocelular
homocentric	homocéntrico
homocercal	homocerca
homochilidium	homoquilidio
homochromous	homocromo
homochromy	homocromía
homodeltidium	homdeltidio
homodermic	homodérmico
homodont	homodonte
homodynamy	homodinamia
homoeosis	homeosis
homogamete	homogameto
homogamy	homogamia
homogangliate	homogangliado
homgeneity	homogeneidad
homogenesis	homogénesis
homogenous	homogéneo
homogentisic	homogentísico
homogeny	homogenia
homoglandular	homoglandular
homolecithal	homolecítico
homologous	homólogo
homology	homología
homomorphism	homomorfismo
homorphosis	homorfosis
homonym	homónino
homonymy	homoninia
homophylic	homofílico
homoplasm	homoplasma
homoplast	homoplasto
homoplasty	homoplasia, homoplastía
homopolar	homopolar
homopterous	homóptero
homosomal	homosómico
homosynapsis	homosinapsis
homotaxis	homotaxis
homothalic	homotálico
homothermal	homotérmico
homotypy	homotipia
homozygosis	homocigosis
homozygosity	homocigosidad
homozygote	homocigoto
homozygous	homócigo
homunculus	homúnculo
honey	miel
honey badger	ratel
honey bear	aswoli, melurso
honeybee	abeja doméstica
honey comb	panal
honeycreeper	reinita
honey guide	ave indicadora
honey stopper	válvula melífera
hood	capilla
hoof	pezuña, casco
hook	gancho
hooked	falciforme, ganchudo
hookworm	uncinaria
hoolack	gibón
hoopoe	abubilla, upupa
hordeolum	hordeolo
horiodimorphism	horiodimorfismo
horizon	horizonte
horme	horme
hormesis	hormesis
hormone	hormona
hormonopoiesis	hormonopoyesis
hormoproteins	hormoproteínas
horn	cuerno
hornbill	cálao
horned guan	pavón
horned trunk fish	torito
horned toad	tapaya
horned viper	armodita, hemorroo
hornet	avispón
hornet nest	avispero
horotelic	horotélico
horripilation	horripilación
horse	caballo
horse-eye jack	jurel
horse fly	tábano
horseshoe crab	bayoneta, cacerola
horse tick	hipobosco
host	hospedero, hospedante

hound	sabueso
howler	aullador
howling monkey	aullador, araguato
huanaco	huanaco
huemul	huemul
hum	abejorreo
humpback whale	gubarte
humeral	humeral
humerus	húmero
humicolous	humícola
himidity	humedad
hummingbird	colibrí, zumbador
humor	humor
humoral	humoral
humoralism	humoralismo
humus	humus, mantillo
hutia	hutía, jutía
hyaline	hialino
hyalogen	hialógeno
hyalogenesis	hialogénesis
hyaloid	hialoide
hyalomucoid	hialomucoide
hyaloplasm	hialoplasma
hyalopterous	hialóptero
hyaluronidase	hialuronidasa
hybrid	híbrido
hybridism	hibridez
hibridization	hibridación, hibridización
hydatid	hidátida
hydatidosis	hidatidosis
hydatigenous	hidatígeno
hydra	hidra
hydranth	hidrante
hydrarthrosis	hidrartrosis
hydric	hídrico
hydratuba	hidratuba
hydrobiology	hidrobiología
hydrocaulus	hidrocaule
hydrocephaly	hidrocefalia
hydrochoric	hidrocórico
hydrocircus	hidrocirco
hydrocladium	hidrocladio
hydroclime	hidroclima
hydroclimograph	hidroclimógrafo
hydroecium	hidroecio
hydrocoel	hidrocelo
hydrocortisone	hidrocortisona
hydrocyst	hidrocisto
hydroenterocoelus	hidroenterocelo
hydrorhiza	hidrorriza
hydroid	hidroide
hydrolase	hidrolasa
hydrolymph	hidrolinfa
hydrolysis	hidrólisis
hydrome	hidroma
hydromedusa	hidromedusa
hydromeridium	hidromeridio
hydrophanous	hidrófano
hydrophoric	hidróforo
hydrophyllium	hidrófilo
hydroplankton	hidroplancton
hydroplanula	hidroplánula
hydropolip	hidropólipo
hidropore	hidróporo
hydropyle	hidrópila
hydrorriza	hidrorriza
hydrosere	hidrosere, hidroserie
hydrosis	hidrosis
hydrosome	hidrosoma
hydrospira	hidrospira
hydrostasis	hidrostasis
hydrostome	hidrostoma
hydrotaxis	hidrotaxia
hydrotheca	hidroteca
hydrotropism	hidrotropismo
hydroxycobalamin	hidroxicobalamina
hydroxyproline	hidroxiprolina
hydrozoan	hidrozoario
hydrula	hídrula
hyena	hiena
hygiene	higiene
hygrometric	higrométrico
hygric	hígrico
hygrokinesis	higrocinesis
hygroma	higroma
hygrophilous	higrófilo
hygroplasm	higroplasma
hygroscopic	higroscópico
hygrotaxis	higrotaxis
hygrotropic	higrotrópico
hylogamy	hilogamía
hylophagous	hilófago
hylotomous	hilótomo
hymen	himen

hymenopterous	himenóptero
hyobranchial	hiobranquial
hyoglossal	hiogloso
hyoid	hioides
hyomandibular	hiomandibular
hiomental	himental
hyostapes	hiostapes
hyosternum	hiosternón
hyostyly	hiostilia
hyosymplecticum	hiosimpléctico
hypactile	hipáctil
hypandrium	hipandrio
hypantrum	hipantro
hypapophysis	hipapófisis, hipoapófisis
hypaxial	hipaxial
hyperapohysis	hiperapófisis
hyperborean	hiperbóreo
hypercholesterolemy	hipercolesterolemia
hyperchromasy	hipercromasia
hyperchromatosis	hipercromatosis
hypercoracoid	hipercoracoides
hypercyesis	hiperciesis
hyperdactyly	hiperdactilia
hyperemia	hiperemia
hyperfeminisation	hiperfeminización
hypergamesis	hipergamesis
hyperglycemia	hiperglucemia
hyperinsulinism	hiperinsulinismo
hyperkinesia	hipercinesia
hypermasculinisation	hipermaculinización
hypermastia	hipermastia
hypermetamorphosis	hipermetamorfosis
hypermetropia	hipermetropía
hypermorfosis	hipermorfosis
hyperopia	hiperopía
hyperosmotic	hiperosmótico
hyperostosis	hiperóstosis
hyperoxia	hiperoxia
hyperparasite	hiperparásito
hyperparathyroidism	hiperparatiroidismo
hyperphalangy	hiperfalangia
hyperpharyngeal	hiperfaríngeo
hyperpituitarism	hiperpituitarismo
hyperplasia	hiperplasia
hyperploid	hiperploide
hyperploidy	hiperploidía
hyperpnea	hipernea
hyperpolyginy	hiperpologinia
hyper-regeneration	hiperregeneración
hypersecretion	hipersecreción
hypersensibility	hipersensibilidad
hypersensitivity	hipersensitividad
hypersthesia	hiperestesia
hyperstrophic	hiperstrófico
hypertely	hipertelia
hypertensin	hipertensina
hypertension	hipertensión
hyperthyreosis	hipertireosis
hyperthyroidism	hipertiroidismo
hypertonia	hipertonía
hypertonic	hipertónico
hypertrichosis	hipertricosis
hypertrophy	hipertrofia
hyperuricemia	hiperuricemia
hyperventilation	hiperventilación
hyphemia	hifemia
hypnocyst	hipnocisto
hypnody	hipnodia
hypnogenic	hipnogénico
hypnosis	hipnosis
hypnote	hipnoto
hypnotoxin	hipnotoxina
hypoario	hipoario
hypobenthos	hipobentos
hypoblast	hipoblasto
hypobranchial	hipobranquial
hypocentrum	hipocentro
hypocercal	hipocerca
hypocerebral	hipocerebral
hypochondria	hipocondrios
hypochondrium	hipocondrio
hypochord	hipocordio
hypocleidium	hipocleidio
hypocone	hipocono
hypoconid	hipocónido
hypoconule	hipocónulo
hypoconulid	hipoconúlido
hypocoracoid	hipocoracoides
hypotogenesis	hipotogénesis

hypodactylum	hipodáctilo
hypodermis	hipodermis
hypodicrotic	hipodicrótico
hypodigm	hipodigmo
hypogastrium	hipogastrio
hypogastroid	hipogastroide
hypogenesis	hipogénesis
hypogenous	hipogéneo
hypoglicemia	hipoglicemia
hypoglossal	hipogloso
hypognathous	hipognato
hypopharynx	hipofaringe
hypoinsulinism	hipoinsulinismo
hypoischium	hipoisquion
hypolemmal	hipolemal
hypolimnion	hipolimnio
hypolithic	hipolítico
hypomere	hipómero
hypomorph	hipomorfo
hyponeural	hiponeural
hyponeury	hiponeuria
hyponeuston	hiponeuston
hyponoia	hiponoia
hyponome	hipónomo
hyponychium	hiponiquio
hyponym	hipónimo
hypoparathyroi-dism	hipoparatiroi-dismo
hyporaratype	hipoparatipo
hypophamina	hipofamina
hypopharos	hipófaros
hypophragm	hipofragma
hypophysin	hipofisina
hypophysis	hipófisis
hypopituitarism	hipopituitarismo
hypoplakia	hipoplaquia
hypoplasia	hipoplasia
hypoplastron	hipoplastrón
hypoploid	hipoploide
hypoploidal	hipoploidal
hypopnea	hipopnea
hypopneustic	hipopnéustico
hypoproct	hipoprocto
hypopteron	hipóptero
hypopus	hipopus
hypopyge	hipopigio
hyporachis	hiporraquis
hyporadius	hiporradio
hyposomite	hiposomito
hyposphene	hiposfenio
hypostasis	hipostasis
hypostege	hipostego
hypostereom	hipostereoma
hypostomatous	hipostomado
hypostome	hipostoma
hypostracum	hipostraco
hypotarsus	hipotarso
hypotensión	hipotensión
hypothalamus	hipotálamo
hypothenar	hipotenar
hypothermia	hipotermia
hypothesis	hipótesis
hypothyridium	hipotiridio
hypothyroidism	hipotiroidismo
hypotype	hipotipo
hypotrichosis	hipotricosis
hypotrochanteric	hipotrocantérico
hypotympanic	hipotimpánico
hyppotragus	hipotrago
hypovalve	hipovalva
hypoxanthine	hipoxantina
hypoxia	hipoxia
hypsocephalic	hipsocefálico
hypsodont	hipsodonto
hypural	hipural
hyracoid	hiracoideo
hysteresis	histéresis
hysterogenic	histerogénico
hysterosome	hysterosoma
hysterotely	histerotelia
hysterograph	hidrotermógrafo
hystricomorph	histricomorfo
I bands	semibandas I
ibex	íbice
ibidem	íbidem
ibis	ibis, falcinelo
ichneumon	icneumón
ichnite	ichnita
ichthyocoenosis	ictiocenosis
ichthyocola	ictiocola
ichthyodont	ictiodonte
ichthyodorulite	ictiodorulita
ichthyoeides	ictioide
ichthyolite	ictiólito

ichthyology	ictiología
ichthyophagus	ictiófago
ichthyosarcotoxin	ictiosarcotoxina
ichthyosaurus	ictiosaurio
ichthyosis	ictiosis
ichthyotoxin	ictiotoxina
iconotype	iconotipo
icotype	icotipo
icterus	íctero
idem	ídem
identical	idéntico
identification	identificación
ideoglandular	ideoglandular
ideomotor	ideomotor
ideothermous	hidiotermo
ideotype	idiotipo
ideovascular	idiovascular
idiobiology	idiobiología
idioblast	idioblasto
idiocalyptrosome	idiocaliptrosoma
idiochromatin	idiocromatina
idiochromosome	idiocromosoma
idiocryptosome	idiocriptosoma
ideoecology	idioecología
idiogram	idiograma
idiokinesis	idiocinesis
idiomere	idiómero
idiomuscular	idiomuscular
idioparatype	ideoparatipo
idiopathy	idiopatía
idiophthartosome	idioftartosoma
idioplasm	idioplasma
idioplasson	idioplasón
idiorgan	idiórgano
idiosphaerosome	idiosferosoma
idiosphaerotheca	idiosferoteca
idiosoma	idiosoma
idiosyncrasy	idiosincrasia
idiothrophic	idiotrófico
idiovariation	idiovariación
idiozome	idiozoma
idmi	edmi
iguana	iguana
ileocaecal	ileocecal
ileocolic	ileocólico
ileocolon	ileocolon
ileum	íleon
iliac	ilíaco
iliocaudal	iliocaudal
iliococcygeal	iliococcígeo
iliocostalis	iliocostal
iliofemoralis	iliofemoral
iliohypogastric	iliohipogástrico
ilio-inguinal	ilioinguinal
iliolumbar	iliolumbar
iliopectineal	iliopectíneo
iliopsoas	iliopsoas
ilioschidiactic	iliosquidiático
iliotibial	iliotibial
iliotrochantericus	iliotrocantérico
ilium	ilion
imaginal	imaginal
imago	imago
imbibition	imbibición
imbricated	imbricado
imbrication	imbricación
imitative	imitativo
immaculate	inmaculado
immature	inmaduro
immigration	inmigración
immune	inmune
immunity	inmunidad
impala	pala, impala
imparidigitate	imparidigitado
impennate	impenne, implume
imperforate	imperforado
impervous	impervio
implant	implante
implantation	implantación
implex	implexo
impregnation	impregnación
impress	impreso
impression	impresión
imprinting	impronta, estampado
impulse	impulso
inactivation	inactivación
inanition	inanición
inappendiculate	inapendiculado
inarticulate	inarticulado
inaxon	inaxona
inbreeding	endogamia
incertae sedis	incertae sedis
incised	inciso
incisive	incisivo

incisor	incisor
incisures	incisuras
inclusion	inclusión
incomplete	incompleto
incongruent	incongruente
incospicuous	inconspicuo
incontinentia	incontinencia
incoordination	incoordinación
incrassate	engrosado
incretion	increción
incrustation	incrustación
incubation	incubación
incubatorium	incubatorio
incubus	íncubo
incudate	incudiforme, incudato
incudomaleal	incudomaleal
incudostapedial	incudostapedial
incumbente	incumbente
incunabulum	incunábulo
incurrent	incurrente
incurvate	incurvado
incurvation	incurvación
incus	incus, yunque
indeciduate	indeciduo
indented	indentado
indeterminate	indeterminado
index	índice
indicana	indicana
indicator	indicator
indifferentiated	indiferenciado
indifferent	indiferente
indigenation	indigenación
indigenous	indígeno
indigestible	indigestible
individual	individuo
individualism	individualismo
individuality	individualidad
individualization	individualización
individuation	individuación
indole	indol
indoxyl	indoxilo
indri	indri
inducement	inductor
induction	inducción
inductor	inductor
inducture	inductura
indumentum	indumento, vestidura
indurate	indurado
induratus	endurecido
indusium	túnica, indusio
inequilateral	inequilatero
inequilobate	inequilobado
inequipotent	inequipotente
inequivalve	inequivalvo
inermous	inerme
inert	inerte
inertness	inercia
inervation	inervación
infarct	infarto
infauna	infauna
infectious	infeccioso
infection	infección
infecund	infecundo
inferoanterior	inferoanterior
inferobranchiate	inferobranquio
inferolateral	inferolateral
inferomedian	inferomediano
inferoposterior	inferoposterior
inferradial	inferradial
infertility	infertilidad
infestation	infestación
infiltrate	infiltrar
inflamation	inflamación
inflexed	inflexo
influential	influente
infra-axilary	infraaxilar
infrabasal	infrabasal
infrabranchial	infrabranquial
infracentral	infracentral
infraciliature	infraciliadura
infraclavicle	infraclavícula
infracortical	infracortical
infracostal	infracostal
infradentary	infradentario
infraepimere	infraepímero
infraepisternon	infraepisternón
infraglenoid	infraglenoideo
infrahyoid	infrahioideo
infraintestinal	infraintestinal
infralabial	infralabial
inframarginal	inframarginal
inframaxilary	inframaxilar
inframenynx	inframeníngeas
infranasal	infranasal
infraneuston	infraneuston
infraorbital	infraorbital
infrapatellar	infrapatelar
infraparietal	infraparietal
infraprotein	infraproteína
infrarostral	infrarrostral
infrascapular	infrascapular
infraspecies	infraespecies
infraspinatous	infraspinoso
infrastapedial	infrastapedial
infratemporal	infratemporal
infrasternal	infrasternal
infratrochlear	infratroclear
infundibular	infundibuliforme
infundibulin	infundibulina
infundibulum	infundíbulo
infuscate	infuscado
infusoriform	infusoriforme
infusorigen	infusorígeno
infusorian	infusorio
ingest	ingerir
ingestion	ingestion
ingluvies	ingluvies
ingluvitis	ingluvitis
ingression	ingresión
inguino-abdominal	inguinoabdominal
inguinocrural	inguinocrural
ingurgitate	ingurgitar
inhabitable	inhabitable
inhabitant	habitante
inhalation	inhalación
inheritance	herencia
inhibin	inhibina
inhibition	inhibición
inhibitor	inhibidor
inhibitory	inhibitorio
inia	inia
inion	inio, inión
initial	inicial
inject	inyectar
ink	tinta
in litt	in litt.
inmaculate	inmaculado
inmersed	inmergida
inmobilization	inmobilización
inmunice	inmunizar
inmunization	inmunización
inmunology	inmunología
innate	innato
inner ear	oído interno
innervation	inervación
innidiation	innidación
innominate	inominado
inocomma	inocoma
inoculate	inocular
inoculation	inoculación
inoculum	inóculo
inocyte	inocito
inogen	inógeno
inoperculate	inoperculado
inophragma	inofragma
inorganic	inorgánico
inosculate	inoscular
inosemia	inosemia
inosine	inosina
inositor	inositol
inotagmata	inotagmata
inquiline	inquilino
inquilinism	inquilinismo
insalivate	insalivar
insalivation	insalivación
insect	insecto
insectarium	insectario
insecticide	insecticida
insectivorous	insectívoro
insectology	insectología
insemination	inseminación
insert	insertar
insertion	inserción
insertional	insercional
insistent	insistente
insolation	insolación
inspiration	inspiración
instar	instar, estadio
instinct	instinto
insufflate	insuflar
insula	ínsula, isla
insularity	insularidad
insulin	insulina
integration	integración
integripallial	integripalial
integument	tegumento, integumento
interacinous	interacinoso
intealveolar	interalveolar

interambulacral	interambulacral
interarcual	interarcual
interatrial	interatrial
interauricular	interauricular
interbands	interbandas
interbrachial	interbraquial
interbranchial	interbranquial
interbreed	hibridizar
intercalar	intercalar
intercalarium	intercalario
intercapitular	intercapitular
intercapular	intercapular
intercarotid	intercarotídeo
intercarpal	intercarpal
intercartilaginous	intercartilagíneo
intercavernous	intercavernoso
intercellular	intercelular
intercentral	intercentral
intercentrum	intercentro
interchange	intercambio
interchrondal	intercondral
interchromosomic	intercromosómico
intercingular	intercingular
interclavicle	interclavícula
interclavicular	interclavicular
interclinoid	interclinoide
intercolumnar	intercolumnar
intercondyloid	intercondiloide
intercostal	intercostal
intercostobrachial	intercostobraquial
intercoxal	intercoxal
intercrecescence	intercrescencia
intercrural	intercrural
intercuneiform	intercuneiforme
intercutaneus	intercutáneo
interdeferential	interdeferencial
interdigital	interdigital
interdorsal	interdorsal
interfemoral	interfemoral
interference	interferencia
interfertile	interfértil, interfecundo
interfilamentar	interfilamental
interfrontal	interfrontral
interganglionic	interganglionar
intergemal	intergemal
intergeneric	intergenérico
intergenital	intergenital
interglacial	interglacial
interglobular	interglobular
intergradation	intergradación
intergular	intergular
interhyal	interhial
interkinesis	intercinesis
interlaminar	interlaminar
interlobar	interlobar
interlobular	interlobular
interlocular	interlocular
interloculus	interlóculo
intermandibular	intermandibular
intermaxillar	intermaxila
intermediary	intermediario
intermediate	intermedio
intermedin	intermedina
intermesenteric	intermesentérico
intermitotic	intermitótico
intermode	intermodal
intermolting	intermuda
intermuscular	intermuscular
intermytomic	intermitómico
internal	interno
internasal	internasal
interneural	interneural
interneuron	interneurona
internodal	internodal
internode	internódulo
internuncial	internuncial
interoceptor	interorreceptor
interoperculum	interopérculo
interocular	interocular
interoptic	interóptico
interorbital	interorbital
interosculant	interosculante
interosseous	interóseo
interpalpebral	interpalpebral
interparietal	interparietal
interpeduncular	interpeduncular
interpetaloid	interpetaloide
interphalangeal	interfalangeal
interphase	interfase
interplacental	interplacental
interplantation	interplantación
interpleural	interpleural
interpleurite	interpleurito
interpubic	interpúbico
interradius	interradio
interramicorn	interramicorne
interranal	interranal
interrupted	interrumpido
intersegmental	intersegmental
intersegmentalia	intersegmentales
interseptal	interseptal
intersex	intersexo
interspecific	interespecífico
intersphincteric	interesfinctérico
interspicular	interespicular
interspinal	interespinal
interspinous	interespinoso
intersterility	interesterilidad
intersternal	interesternal
intersternite	interesternito
interstice	intersticio
interstitial	intersticial
intertemporal	intertemporal
intertentacular	intertentacular
intertergal	intertergal
intertesticular	intertesticular
intertidal	intermareal
interdigital	interdígito
intertrabecula	intertrabécula
intertragic	intertrágico
intertrochanteric	intertrocantérico
intertrochlar	intertroclear
intertropical	intertropical
intertubercular	intertubercular
intervaginal	intervaginal
intervarietal	intervarietal
intervascular	intervascular
interventral	interventral
interventricular	interventricular
intervertebral	intervertebral
intervillous	intervelloso
interzoecial	interzoecial
interzonal	interzonal
intestine	intestino
intrabiontic	intrabióntico
intrabulbar	intrabulbar
intracapsular	intracapsular
intracardiac	intracardiaco
intracartilaginous	intracartilagíneo
intracellular	intracelular
intracerebral	intracerebral
intracervical	intracervical
intracorpuscular	intracorpuscular
intracortical	intracortical
intracranial	intracraneal
intracutaneous	intracutaneous
intracystic	intracystic
intradermis	intradermis
intra-epithelial	intra-epitelial
intraspecific	intraspecific
intrafusal	intrafusal
intragemmal	intragemmal
intraglobular	intraglobular
intrahepatic	intrahepatic
intralamellar	intralaminar
intralocular	intralocular
intramammary	intramamario
intramedular	intramedular
intramembranous	intramembranoso
intramuscular	intramuscular
intranuclear	intranuclear
intraocular	intraocular
intraparietal	intraparietal
intraperitoneal	intraperitoneal
intrapleural	intrapleural
intrarterial	intrarterial
intrasegmental	intrasegmental
intraselection	intraselección
intrasexual	intrasexual
intraspicular	intraspicular
intratarsal	intratarsal
intratecal	intratecal
intrathyroid	intratiroides
intracheal	intraqueal
intratympanic	intratimpánico
intrauterine	intrauterino
intravaginal	intravaginal
intravenous	intravenoso
intraventricular	intraventricular
intravesical	intravesical
intravitelline	intravitelino
intra vitam	intra vitam
intrayugular	intrayugular
intrazonal	intrazonal
intrinsic	intrínseco
introflexión	introflexión
introgression	introgresión
intromittent	intromitente

introrse	introrso
introvert	introverso
intrusion	intrusión
intrusive	intrusivo
intussusception	intususcepción
inulin	inulina
inuncate	inuncado
invaginate	invaginado
invagination	invaginación
invalid	inválido
inventory	inventario
inversion	inversión
invertase	invertasa
invertebrate	invertebrado
investiment	investidura
involucrum	involucro
involuntary	involuntario
involute	involuto
involution	involución
iodine	yodo
iodophilic	yodofilia
iodotiroglobulin	yodotiroglobulina
iodoterium	yodoterio
iodotyrin	yodotirina
ipsilateral	ipsilateral
iridal	iridal
iridescent	irisado, iridescente
iridocyte	iridocito
iridomotor	iridomotor
iridophore	iridóforo
iris	iris
iradiation	irradiación
irritability	irritabilidad
irritant	irritante
isauxesis	isauxesis
ischaemia	isquemia
ischial	isquiático
ischiocapsular	isquicapsular
ischiocavernous	isquiocavernoso
ischiofemoral	isquiofemoral
ischioflexorius	isquioflexorio
ischiopodite	isquiopodito
ischiopubic	isquiopúbico
ischiopubis	isquipubis
ischiorectal	isquiorrectal
ischium	isquion
islander	isleño
islet	islote
isoaglutinin	isoaglutinina
isoalleles	isoalelos
isobilateral	isobilateral
isobranchial	isobranquial
isocercal	isocerca
isochela	isoquela
isochromosome	isocromosoma
isochromous	isócromo
isocies	isocies
isocline	isoclin
isocont	isoconto
isocortex	isocórtex
isodactylous	isodáctilo
isodemic	isodémica
isodiametric	isodiamétrico
isodont	isodonte
isodynamic	isodinámico
isoenzyme	isoenzima
isogamete	isogameto
isógamous	isógamo
isogamy	isogamia
isogenes	isógenos
isogenetic	isogenético
isogenic	isogénico
isogenomatic	isogenomático
isoglossal	isogloso
isognathous	isognato
isogonal	isógono
isogonic	isogónico
isohemaglutinogen	isohemaglutinogeno
isohalines	isohalinas
isohemagglutination	isohemaglutinación
isohemaglutinin	isohemaglutinina
isohemolysis	isohemólisis
isoinmunization	isoinmunización
isolated	aislado
isolation	aislamiento
isolecite	isolecito
isoleucin	isoleucina
isomastigote	isosmátigote
isomerase	isomerasa
isomere	isómero
isomerogamy	isomerogamia
isometry	isometría
isomorphic	isomórfico
isomorphism	isomorfismo
isomyaric	isomiario
isonym	isónimo
isopedin	isopedina
isopepsina	isopepsina
isophagous	isófago
isophene	isofeno
isophotic	isofótico
isoplankton	isoplancton
isoploid	isoploide
isopodous	isópodo
isopogonous	isopógono
isopolyploid	isopoliploide
isopygous	isópigo
isorhiza	isorriza
isosmotic	isosmótico
isosporous	isospóreo
isotelic	isotélico
isotels	isotelas
isotely	isotelia
isotherm	isotermo
isothermic	isotérmico
isotomy	isotomía
isotonic	isotónico
isotonicity	isotonicidad
isotope	isótopo
isotype	isotipo
isoenzima	isoenzima
isozoic	isozoico
isozòoid	isozoide
isthmiatic	ístmico
isthmus	istmo
itch mite	arador
iter	íter
ivory	marfil
ixodiasis	ixodiasis
izard	isard
jabiru	yabirú
jacamar	jacamará, tocuso
jacana	jacana, gallito de agua
jacare	jacaré, yacaré
jaeger	estercorario
jackal	chacal
jackass	jumento, asno
jackdon	grajo
jack rabbit	liebre americana
jaguar	yaguar, jaguar
jaguarondi	jaguarundi, yaguarundi
jalunoridase	jalunoridasa
janthina	jantina
Japanese badger	mami
jaundice	ictericia
javeline	pécari
jaw	quijada, mandíbula
jay	gayo
jay bird	arrendajo
jejunum	yeyuno
jelly fish	medusa, aguamala
jelly of Wharton	jalea de Wharton
jennet	haca, jaca
jenny	burra
jerboa	jerbo
jewfish	guasa
jigger	nigua
jimela	jimela
jird	jird, gerbilio
jocko	jocó
joey	canguro joven
joint	junta, articulación
joint cavity	bolsa sinovial
jolthead porgy	bajonado
jordanon	jordanón
joturo	joturo
journal	revista
juice	jugo
jugal	yugal
jugate	yugado
jugular	yugular
jugum	yugo
jumper	saltador
junco	junco
jungle	yungla, jungla
jungle fowl	bankiva
Jurassic	Jurásico
juvenile	juvenil
juxta	juxta
juxtaposition	juxtaposición
kakri	kakri
kalymnocito	calimnocito
kangaroo	canguro
kappa	kappa
karakul	caracul
karyaster	cariáster
karyenchyma	cariénquima
karyoclasis	carioclases

karyogram	cariograma
karyolymph	cariolinfa
karyolysis	cariólisis
karyokinesis	cariocinesis
karyology	cariología
karyomere	cariómero
karyomicrosome	cariomicrosoma
karyomitosis	cariomitosis
karyomyxis	cariomixis, cariomixia
karyon	carión
karyonide	cariónido
karyoplasm	carioplasma
karyoplast	carioplasto
karyosome	cariosoma
karyosphere	cariosfera
karyota	cariota
karyotheca	carioteca
karyotin	cariotina
karyotype	cariotipo
kataplexy	cataplexia
katarobic	catarόbico
katydid	esperanza
keel	quilla, carena
kephaletron	cefaletrón
keratin	queratina
keratinase	queratinasa
keratitis	queratitis
keratomalacia	queratomalacia
keratosis	queratosis
kermes	quermes
kerodon	cui, cuy
kestrel	cernícalo
ketonuria	cetonuria
kid	cabrito, chivo
kidney shaped	reniforme
killer whale	orca
killer particles	partículas letales
killifish	guajacón, gambusino
kinase	cinasa, quinasa
kindred	parentesco
kinesis	cinesis
kinesthesis	cinestesia
kinetia	cinecia
kinetic	cinético
kinetin	cinetina
kinetochore	cinetocoro
kinetodesma	cinetodesma
kinetonucleus	cinetonúcleo
kinetoplast	cinetoplasto
kinetoproglyph	cinetoproglifo
kinetosome	cinetosoma
king conch	casis, quinconque
king crow	drongo
kingdom	reino
kingfisher	martín pescador, alción
kinkajou	martucha, kinkajú
kinlet	reyezuelo
kinomere	quinómero, centrómero
kinoplasm	quinoplasma
kinosphaera	quinosfera
kite	milano
kitol	kitol
kiwi	kivi, kiwi
klition	klitio
knee	rodilla
koala	coala, koala
kob	cob
kolione	coliona
kookaburra	cocaburra
koodoo	cudú, kudú
kouprey	cuprey, kiprey
krait	karait
krill	eufasia, kril
kulan	hemíono
kymograph	quimógrafo
kyphosis	cifosis
kudu	cudú, kudú
label	etiqueta, rótulo
labellum	labelo
labium major	labio mayor
labium minor	labio menor
labidophorus	labidóforo
labiellum	labielo
labile	lábil
lability	labilidad
labiodental	labiodental
labiopalp	labiopalpo
labiosternite	labiosternito
labiostipes	labiostipe
labium	labio
laboratory	laboratorio
labrocyte	labrocito
labrum	lábaro, labro
labyrinth	laberinto

labyrinthodont	laberintodonte
laceration	laceración
lachrymal	lagrimal
lacinia	lacina, lacinia
lacinula	lacínula
lacquer	laca
lacrimase	lacrimasa
lacrimation	lagrimeo
lacrimogen	lacrimógeno
lacrimonasal	lacrimonasal
lactagogue	lactagogo
lactalase	lactalasa
lactalbumin	lactalbúmina
lactase	lactasa
lactate	lactato
lactation	lactancia
lacteal	quilífero
lactescent	lactescente
lacticemia	lacticemia
lactíferous	lactífero
lactígenous	lactígeno
lactin	lactina
lactivorous	lactívoro
lactochrome	lactocromo
lactoflavin	lactoflavina
lactogenic	lactogénico
lactoglobulin	lactoglobulina
lactolase	lactolasa
lactone	lactona
lactoproteid	lactoproteido
lactose	lactosa
lactosuria	lactosuria
lactotoxin	lactotoxina
lacuna	laguna
lacunome	lacunoma
lacunorrugose	lacunorrugoso
lacunula	lacúnula
lacustrine	lacustre
ladybug	mariquita
ladyfish	macabí
lagena	lagena
lagénula	lagénula
lagomorph	lagomorfo
lamarckian	lamarquiano
lamarckism	lamarquismo
lamb	borrego
lambda	lambda
lamboid	lamboide
lambliasis	lambliasis
lamella	laminilla
lamellated	laminado
lamellation	laminación
lamellibranchiate	lamelibranquio
lamellicorn	lamelicorne
lamellirostral	lamelirrostre
lamia	lamia
lamina	lámina
laminiplantar	laminioplantar
lampas	lamparón
lamprey	lamprea
lampshell	braquiópodo
lampyrid	lampírido
lancelet	lancilla
lanceolate	lanceado
lancet	lanceta
land crab	ajaes, juey, cangrejo terrestre
land slug	babosa, limaco, limaza
land tortoise	morrocoy
lane snapper	biajaiba, sama
langur	semnopiteco, langur
laniary	laniar, laniario
lanolin	lanolina
lanugo	lanugo
lapidicolous	lapidícola
lapillus	lápilus
lapsus calami	lapsus calami
lapwing	ave fría
lard	lardo, manteca
largemouth black bass	lobina, huro
laringopharynx	laringofaringe
laringoscope	laringoscopio
laringotracheal	laringotraqueal
lark	alondra
larmier	larmiero
larva	larva
larvicide	larvicida
larvina	larvina
larviparous	larvíparo
larvivorous	larvívoro
larvula	lárvula
laryngitis	laringitis
larynx	laringe

lasion	lasión
latebra	latebra
latebrícole	latebrícola
latency	latencia
latent	latente
laterad	laterad
lateral	lateral
lateral fold	repliegue lateral
lateralia	laterales
lateralis	lateral
laterigrade	laterígrado
laterocranium	laterocráneo
latero-sensory	laterosensorial
laterosphenoid	laterosfenoides
laterotergite	laterotergito
latiplantar	latiplantar
latirostral	latirrostre
latissimus	latíssimus
laughing gull	gaviota, gallego
law	ley
lax	laxo
laxator	relajador
leaf butterfly	mariposa hoja seca
leaf hopper	salta hojas
least bittern	martinetito
least grebe	macacito, tigua
least tern	gaviotita chica
leatherback	laúd, tinglado
leather jack	zapatero
lecithalbumin	lecitalbúmina
lecithelles	lecitelos
lecithin	lecitina
lecithoblast	lecitoblasto
lecithocoel	lecitocelo
lecithoprotein	lecitproteína
lectoallotype	lectoalotipo
lectoholotype	lectoholotipo
lectoparatype	lectoparatipo
lectotype	lectotipo
leech	sanguijuela
leg	pierna
legionary ant	hormiga legionaria
leiothricus	leiotricoso
leiotropic	leiotrópico
leishmaniasis	leishmaniasis, espundia
lemming	lemingo
lemmocyte	lemmocito
lemniscus	lemnisco
lemnoblast	lemnoblasto
lemon shark	galano
lemur	lémur, maki
lenitic	lenítico
lens	lente
lentic	léntico
lenticular	lenticular
lentiginose	lentiginoso
lentigo	lentigo
leopard	leopardo
leotropic	leotrópico
lepidoid	lepidroide
lepidoptera	lepidópteros
lepidormorium	lepidormorio
lepidosiren	caramurú, lepidosirena
lepidosis	lepidosis
lepidosteoid	lepidosteoide
lepidosteus	lepidostco, manjuarí
lepidotrichia	lepidótricos
lepisma	lepisma, tarasa
leporine	leporino
lepospondilous	lepospóndilo
lepothrichy	lepotriquia
leptocephalous	leptocéfalo
leptocercal	leptocerca
leptodactylous	leptodáctilo
leptodermatous	leptodermatoso
leptomeninges	leptomeninges
leptomonad	leptomónada
leptonema	leptonema
leptopel	leptopelio
leptorhine	leptorrino
leptorhinism	leptorrinia
leptosoma	leptosoma
leptotene	leptoteno
leptotrichy	leptotriquia
leptus	leptus
lethal	letal
lethargy	letargo
leuceine	leuceína
leucine	leucina
leucism	leucismo
leucoblast	leucoblasto
leucocyte	leucocito
leucocytogenesis	leucocitogénesis
leucocytopenia	leucocitopenia
leucocytosis	leucocitosis
leucocyturia	leucocituria
leucoma	álbigo, leucoma
leucon	leucón
leuconoid	leuconoide
leucopoiesis	leucopoyesis
leucopsin	leucopsina
leucopterin	leucopterina
leucosin	leucosina
leucothrichy	leucotriquia
leukemia	leucemia
leukocytolysis	leucocitólisis
leukopenia	leucopenia
leucoplastid	leucoplasto
levator	elevador
levigate	levigado
levirostral	levirrostre
levulose	levulosa
libellula	libélula
licker	lamedor
lienculus	liénculo
lienogastric	lienogástrico
lienorenal	lienorrenal
lientery	lientería
ligament	ligamento
lignicolous	lignícola
lignivorous	lignívoro
lignophilous	lignófilo
ligula	lígula
limacel	limacela
limb	miembro
limbus	limbo
limicolous	limícola
limit	límite
limitrophic	limitrófico
limnivorous	limnívoro
limnium	limnio
limnetic	limnético
limnobiology	limnobiología
limnobious	limnobio
limnodium	limnodio
limnodromous	limnódromo
limnology	limnología
limnophilous	limnófilo
limnoplankton	limnoplancton
limnosere	limnosere
limosis	limosis
limpet	lapa
limpkin	carrao, guareao
liar	madriguera
line	línea
linea alba	línea blanca
lineage	linaje
linellae	linelas
lineolate	lineolado
lingual goit	bocio lingual
linguiform	lingüiforme
linguella	língula
linin	linina
lininoplast	lininoplasto
linkage	enlace, ligadura
linneon	linneon
linnet	pardal, cardelina
linsang	linsango
lion	león
lion marmoset	acarima
lip	labio
lipase	lipasa
lipid	lípido
lipidosis	lipidosis
lipine	lipina
lipoblast	lipoblasto
lipochondria	lipocondrio
lipocroic	lipocroico
lipochrome	lipocromo
lipoclastic	lipoclástico
lipocyte	lipocito
lipofuscin	lipofuscina
lipogastry	lipogastria
lipogeneous	lipógeno
lipohumor	lipohumor
lipoic	lipoico
lipoid	lipoide
lipolysis	lipólisis
lipoma	lipoma
lipomerism	lipomerismo
lipomicron	lipomicrón
lipopalingenesis	lipopalingenesia
lipopenia	lipopenia
lipophanerosis	lipofanerosis
lipophore	lipóforo
lipoprotein	lipoproteína
liposis	liposis
liposoluble	liposoluble

lipostomy	lipostomia
lipothymia	lipotimia
lipotropic	lipotrópico
lipoxantine	lipoxantina
lipoxeneous	lipoxeno
lipuria	lipuria
liquid	líquido
lisozyme	lisozima
lissencephalon	lisencéfalo
lissoflagellate	lisoflagelado
lithiasis	litiasis
lithic	lítico
lithite	litita
lithocyst	litocisto
lithodesma	litodesma
lithodomus	litódomo
lithogenous	litógeno
lithophagous	litófago
lithophilous	litófilo
lithosere	litosere
lithosfyle	litósfilo
lithosfere	litosfera
lithotomus	litótomo
litoral	litoral
little auk	mérgulo
little bustard	gallarón
little tuna	comevíveres, bonito
litter	camada, lechigada
lituate	lituado
liver	hígado
liver fluke	duela del hígado
livid	lívido
living	vivo, viviente
lizard	lagartija, lagarto
lizard fish	pez lagarto
llama	llama
loach	locha
loaiasis	loaiasis
lobe	lóbulo
lobed	lobado
lobopodium	lobópodo
lobster	bogavante, crabajo
lobulate	lobulado
locellus	locelo
lochia	loquia
lociation	lociación
lockdown	jorobado
locomotion	locomoción
locotype	locotipo
locule	lóculo
locust	langosta (insecto), saltamontes
locustidae	locústidos
lodix	lódix
loggerhead	caguama
logomachy	logomachia
logotype	logotipo
lomastome	lomástomo
long beaked echidna	nadiok
longevity	longevidad
longicorn	longicornio
longipennate	longipenne
longirostral	longirrostre
longisection	longisección
longispinous	longispino
longitude	longitud
long tailed macaque	cinomolgo
long tailed tit	mito
loon	somormujo
lophobranchiate	lofobranquio
lophocercal	lofocerca
lophodont	lofodonte
lophophilus	lofófilo
lophophore	lofóforo
lophoselenodont	lofoselenodonto
lophosteon	lofósteo
lophitrichous	lofótrico
lordosis	lordosis
loreal	loral
lorica	loriga
loroit	oropéndola
lorum	brida
lotic	lótico
louse	cáncamo, piojo
loxodont	loxodonte
lubricous	lúbrico
lucid	lúcido
luciferase	luciferasa
luciferin	luciferina
lucifugal	lucifugala
lucipetal	lucipetal
luciphilous	lucífilo
lugworm	arenícola
lumbar	lumbar
lumbocostal	lumbocostal
lumbosacral	lumbosacral
lumbrical	lumbrical
lumen	lumen, luz
liminescence	luminescencia
luminescent	luminescente
luminiferous	luminífero
luminiscence	luminiscencia
luminous	luminoso
lumirhodopsin	lumirrodopsina
lumisterol	lumisterol
lumper	agrupador
lunar	lunar
lunate	lunado
lunette	luneta
lung	pulmón, bofè
lungfish	caramurú, dipneusto
lunulet	lunulita
luridus	lúrido
lusus	lusus, fuego
luteinisation	luteinización
luteous	lupino, lúteo
luteosterone	luteosterona
luteotrophic	luteotrófico
luteotrophin	luteotrofina
luth	laúd, tinglado
lutein	luteína
luxation	luxación
lycosa	licosa
lychnidiate	licnidiato
lymph	linfa
lymphangitis	linfangitis
lymphoblast	linfoblasto
lymphocyte	linfocito
lymphocytosis	linfocitosis
lymphocitotoxin	linfocitotoxina
lymphogeneous	linfógeno
lymphoidocyte	linfoidocito
lymphomonocyte	linfomonocito
lymphomyelocyte	linfomielocito
lymphopenia	linfopenia
lymphoplasm	linfoplasma
lymphopoiesis	linfopoyesis
lynx	lince
lyochrome	liócromo
lyocytosis	liocitosis
lyophil	liófilo
lyophobe	liófobo
lyra	lira
lysemia	lisemia
lysigenous	lisígeno
lysin	lisina
lysis	lisis
lysogenesis	lisogénesis
lysosome	lisosoma
lyssa	lyssa, lytta, lita
lyssactinic	lisactínico
lython	litón
lytta	lita, lytta
mabuya	mabuya
macaque	macaco
macaw	ara, guacamayo
macerate	macerar
maceration	maceración
machopolyp	macopólipo
mackerel	carite, caballa
macraner	macroáner
macrergate	macroergate
macrobiosis	macrobiosis
macrobiotic	macrobiótico
macroblast	macroblasto
macrocentrosome	macrocentrosoma
macrocephalous	macrocéfalo
macrochaeta	macroqueta
macrocnemic	macrocnémico
macroconjugant	macroconjugante
macrocytase	macrocitasa
macrocyte	macrocito
macrodactylous	macrodáctilo
macrodont	macrodonte
macroelements	macroelementos
macroepibenthic	macroepibéntico
macroevolution	macroevolución
macrogamete	macrogameto
macrogametocyte	macrogametocito
macrogamy	macrogamia
macroglia	macroglia
macroglossia	macroglosia
macroglossate	macrogloso
macrognathic	macrognato
macrogyne	macrógine
macroleucocyte	macroleucocito
macromere	macrómero
macromerozoite	macromerozoito
macromesentery	macromesenterio

macromitosome	macromitosoma
macromolecule	macromolécula
macromutation	macromutación
macromyelon	macromielón
macronotal	macronotal
macront	macronte
macronucleocyte	macronucleocito
macronucleous	macronucléolo
macronutrient	macronutriente
macrophthalmic	macroftálmico
macropygium	macropigio
macropyrenic	macropirénico
macroplacoid	macroplacoide
macroplankton	macroplancton
macropodous	macrópodo
macropterous	macróptero
macroschizogony	macrosquizogonia
macroschizont	macrosquizonte
macroscopic	macroscópico
macroseptum	macrosepto
macrosiphon	macrosifón
macrosmatic	macrosmático
macrosome	macrosoma
macrosomia	macrosomia
macrospecies	macroespecie
macrosphaeric	macrosférico
macrosplanchnic	macrosplácnico
macrospore	macrospora
macrosporozoite	macrósporozoito
macrotheria	macroterio
macrotrichi	macrotricos
macrotype	macrotipo
macruran	macruro
macrurous	macruro
macula	mácula
madrepore	madrépora
madreporite	madreporita
maggot	cresa, queresa
magma	magma
magpie	pica, urraca
maguari	maguari
maid	tembladera
mako	dentudo
mala	mala
malacoderm	malacodermo
malacoid	malacoide
malacologist	malacólogo
malacophilous	malacófilo
malacostracon	malacostráceo
Malagasy	Malgache
malar	malar
malaria	malaria, paludismo
malaxation	malaxación
male	macho
malella	malela
maleoramate	maleorrámeo
malformation	malformación
mallachorion	malacorion
malleate	maleado, amartillado
malleolus	maléolo
malleus	martillo
mallophagous	malófago
malnutrition	desnutrición
maltase	maltasa
maltose	maltosa
malvis	malvis, tordo
mamba	mamba
mamma	mama
mammal	mamífero
mammalogy	mamalogía, mastozoología
mammilla	mamila, mamilla
mammuth	mamut
manakin	manaquín
manatee	manatí
manca	manca
mandible	mandíbula
mandrill	isaga, mandril
mane	cabellera, melena
man eating shark	jaquetón
maned wolf	aguará, aguaraguazú
mangabey	mangabey
mange	sarna
manicate	manicato
manna	maná
man-o-war bird	rabihorcado, fragata
man-o-war fish	pastorcillo
manosamine	manosamina
mantis	mántide, Santa Teresa
mantis shrimp	galera
mantle	manto
manual	manual
manubrium	manubrio
manul	manul
manus	mano
manyplies	librillo, libro
mara	mará
marabou	marabú
maral	maral
mare	yegua
margate	jallao
margatefish	jallao
margay	margay
margen	margen
marginal	marginal
marginirostral	marginirrostre
marica gazelle	marica
marine	marino
marita	marita
markhor	bedén, markor
marlin	aguja, marlín
marmorate	marmóreo
marmoset	tití, marmoseta
marmot	babac, marmota
marrow	tuétano
marsh deer	blastócero, guazapuco
marsh barrier	arpella
marsh hawk	gavilán de ciénaga
marsupium	marsupio
marten	marta
martial	marcial
masculine	masculino
maseter	masetero
mask	máscara
mason bee	abeja alfarera
masseter	masetero
massive	masivo
mast cell	basicito, labrocito
mast zellen	basicito
mastax	mástax
mastication	masticación
masticator	masticador
mastidion	mastidio
mastiff	mastín
mastigium	mastigio
mastigobranchia	mastigobranquia
mastigona	mastigona
mastigonema	mastigónema
mastigophore	mastigóforo
mastigopod	mastigópodo
mastigote	mastigoto
mastodon	mastodonte
mastoid	mastoideo, mastoides
mastoideosquamosus	mastoideoescamoso
mastology	mastología
masto-occipital	mastoccipital
mastozoan	mastozoario
mastozoology	mastozoología
matamata	matamata
mate	aparear
materialism	materialismo
matrix	matriz
matroclinal	matroclinal
maturation	maduración
mature	maduro
maverick	animal mostrengo o realengo
maxilla	maxila
maxillary	maxilar
maxilliped	maxilípedo
maxillodental	maxilodental
maxillolabial	maxilolabial
maxillomandibular	maxilomandibular
maxilloturbinal	maxiloturbinal
maxillula	maxílula
mayfly	cachicata, efímera
mazic	mázico
meatus	meato
mechanism	mecanismo
mechanoreceptor	mecanorreceptor
meconium	meconio
media	media
mediad	mediad
medial	medial
mediator	mediador
mediocubital	mediocubital
mediodorsal	mediodorsal
medioventral	medioventral
medulla	médula
medulliblast	meduloblasto
medusa	medusa
medusoide	medusoide
medusome	medusoma
meerkat	suricata
megacephalic	megacéfalo
megachromosome	megacromosoma
megaclon	megaclón
megagamete	megagameto
megakariocite	megacariocito

megaloblast	megaloblasto
megalolecithal	megalecítico
megameric	megamérico
megalopa, megalops	megalopa
megalopore	megalóporo
megalospheric	megalosférico
megalostethe	megalosteta
megamere	megámero
megamorphic	megamórfico
meganephridium	meganefridio
meganucleus	meganúcleo
megaplankton	megaplancton
megapode	megapódido
megaspheric	megasférico
megasklera	megasclera
megasome	megasoma
megathere	megaterio
megazooid	megazoide
megazoospore	megazoosporo
megaloplankton	megaloplancton
meiocyte	meiocito, meyocito
meiogenic	meiogénico
meiolecithal	meiolecítico
meiomeria	meiomería
meiosis	meiosis, meyosis
melaniridosome	melaniridosoma
melanism	melanismo
melanoblast	melanoblasto
melanocyte	melanocito
melanogenesis	melanogénesis
melanosoma	melanosoma
melanotic	melanótico
melanophore	melanóforo
melatonin	melatonina
melliferous	melífero
melliphagous	melífago
mellisugent	melísugo
melon	melón, tejón
member	miembro
membron	membrón
membrane	membrana
membranella	membranilla
membranula	membránula
menacme	menacme
menarche	menarque
mendelian	mendeliano
mendelize	mendelizar
mendelism	mendelismo
meninges	meninges
meningocyte	meningocito
meningospinal	meningospinal
meningosis	meningosis
meniscus	menisco
menopause	menopausia
menotaxis	menotaxia
mensa	mensa
menses	menses
mensure	mensura
menstruation	menstruación
mental	mental
mentum	mentón
mephitic	mefítico
meridional	meridional
merapsis	merapsis
merganser	mergo, mergansar
merino	merino
merisis	merisis
merism	merismo
merle	merla, mirlo
mermithaner	mernitáner
meroandry	meroandria
meroblast	meroblasto
meroblastic	meroblástico
merocerite	merocerito
merocrine	merocrina
merocyte	merocito
merogastrula	merogástrula
merogamete	merogameto
merogamy	merogamia
merogeney	merogenia
merognathite	merognatito
merogony	merogonia
meroistic	meroístico
merome	meroma
meromixis	meromixis
meromorphosis	meromorfosis
meromyarian	meromiario
meron	merón
meronephridium	meronefridio
meront	meronte
meroplankton	meroplancton
meropodite	meropodito
merosome	merosoma
merospermy	merospermia
merosomatous	merosómico
merosthenic	merosténico
merotomy	merotomía
merotype	merotipo
merozoite	merozoito
merozoon	merozoo
merus	meropodito
merycism	mericismo
merycology	mericología
mesadenia	mesadenia
mesamoeboid	mesameboide
mesanepimeron	mesanepímero
mesaticephalic	mesaticéfalo
mesaxonic	mesaxónico
mesembryo	mesembrión
mesencephalon	mesencéfalo
mesenchyma	mesénquima
mesencoel	mesencelo
mesendoderm	mesendodermo
mesepisternon	mesepisternón
mesenteriole	mesenteriolo
mesentery	mesenterio
mesentoderm	mesentodermo
mesepimeron	mesepímero
mesepithelium	mesepitelio
mesethmoid	mesetmoides
mesiad	mesiad
mesial	mesial
mesoappendix	mesoapéndice
mesobenthos	mesobentos
mesoblast	mesoblasto
mesoblastic	mesoblástico
mesobranchial	mesobranquio
mesobronchus	mesobronquio
mesocardium	mesocardio
mesocatepisternon	mesocatepisternón
mesocentrous	mesocéntrico
mesocephalic	mesocéfalo
mesochondrium	mesocondrio
mesocoel	mesocelo
mesocoracoid	mesocoracoides
mesodaeum	mesodeo
mesoderm	mesodermo
mesodont	mesodonte
mesoduodenum	mesoduodeno
mesoectodermal	mesoectodérmico
mesofurca	mesofurca
mesogaster	mesogastrio
mesoglea	mesoglea
mesoglia	mesoglia
mesognathion	mesognatio
mesognathous	mesognato
mesohepar	mesohépar
mesocatepimeron	mesocatepímero
mesolamella	mesolamela
mesolecithal	mesolecito
mesolimnium	mesolimnio
mesology	mesología
mesomere	mesómero
mesometrium	mesometrio
mesomitosis	mesomitosis
mesomorph	mesomorfo
mesomyodian	mesomiodiano
meson	mesón
mesonephridium	mesonefridio
mesonephros	mesonefros
mesonotum	mesonoto
mesoparapteron	mesoparáptero
mesopelagic	mesopelágico
mesophil	mesófilo
mesophragm	mesofragma
mesophry	mesofrio
mesoplankton	mesoplancton
mesoplast	mesoplasto
mesoplastron	mesoplastrón
mesopleurite	mesopleurito
mesopodium	mesopodio
mesopostscutellum	mesopostescutelo
mesopraescutum	mesoprescuto
mesopterygium	mesopterigio
mesoptile	mesoptilo
mesorchium	mesorquio
mesorectum	mesorrecto
mesorhinal	mesorrino
mesorhinium	mesorrinio
mesosalpinx	mesosalpinx
mesosaprobio	mesosaprobio
mesoscapula	mesoescápula
mesoscutellum	mesoscutelo
mesoscutum	mesoscuto
mesosome	mesosoma
mesosternebra	mesosternebra
mesosternon	mesosternón
mesostethium	mesostetio

mesotarsus	mesotarso
mesostylus	mesostilo
mesotergum	mesotergo
mesothelium	mesotelio
mesothorax	mesotórax
mesotriaene	mesotrieno
mesotic	mesótico
mesotroch	mesotroco
mesotrophic	mesotrófico
mesotropic	mesotrópico
mesotympanic	mesotimpánico
mesostylus	mesostilo
mesovarium	mesovario
mesoventral	mesoventral
mesozoan	mesozoario
mesozoic	mesozoico
message	mensaje
messenger	mensajero
metabasis	metabase
metabasipodite	metabasipodito
metabiosis	metabiosis
metabolin	metabolina, metabolito
metabolism	metabolismo
metabolite	metabolito
metaboly	metabolia
metabranchial	metabranquial
metacarpal	metacarpiano
metacarpus	metacarpo
metacentric	metacéntrico
metacercaria	metacercaria
metacerebrum	metacerebro
metacestode	metacestodo
metachromatism	metacromatismo
metachronic	metacrónico
metachrosis	metacrosis
metacinesis	metacinesis
metacneme	metacnemio
metacoel	metacelo
metaconid	metacónido
metacone	metacono
metaconule	metacónulo
metacoracoid	metacoracoide
metacroic	metacroico
metacromion	metacromio
metacyclic	metacíclico
metadiscoidal	metadiscoidal
metafemale	metafémina, superhembra
metaecdisis	mataecdisis
metagaster	metagastrio
metagastrea	metagastrea
metagenesis	metagénesis
metagnathous	metagnato
metagyny	metaginia
metahaemoglobine	metahemoglobina
metalambda	metalambda
metaleptic	metaléptico
metalimmion	metalimnio
metallic	metálico
metaloph	metalofo
metaloprotein	metaloproteína
metamale	supermacho
metamere	metámero
metamerised	metamerizado
metamerism	metamería, metamerismo
metamitosis	metamitosis
metamorphosis	metamorfosis
metamorphism	metamorfismo
metamyelocyte	metamielocito
metanauplius	metanauplio
metanephridium	metanefridio
metanephromyxis	metanefromixis
metanephros	metanefros
metanotum	metanoto
metaphase	metafase
metaphragm	metafragma
metaplasia	metaplasia
metaplasis	metaplasis
metapleure	metapleura
metapleuron	metapleurón
metapneustic	metapneústico
metapodium	metápodo
metapophysis	metapófisis
metapore	metáporo
metapterigium	metapterigio
metapterygoid	metapterigoide
metarhodopsina	metarrodopsina
metascutellum	metascutelo
metascutum	metascuto
metasicula	metasícula
metastasis	metástasis
metasternite	metasternito
metasternum	metasternón
metastheric	metastérico
metastigmate	metastigmado
metastoma	metastoma
metastomium	metastomio
metastructure	metastructura
metastyle	metastilo
metasyndesis	metasindesis
metatarsus	metatarso
metatarse	metatarsiano
metathalamus	metatálamo
metathetely	metatetelia
metathorax	metatórax
metatroch	metatroco
metatrophic	metatrófico
metatympanic	metatimpánico
metatype	metatipo
metazoan	metazoo, metazoario
metaxenous	metaxeno
metecdisis	metecdisis
metembryo	metembrión
metencephalon	metencéfalo
metenteron	metenterón
metepimeron	metepímero
metepisternun	metepisternón
methionine	metionina
methylamina	metilamina
metoecious	metoecio
metopion	metopio
metope	metopa
metochy	metoquia
metovum	metaovo
metosteon	metósteo
metotic	metótico
metra	metra
metraterm	metraterma
metrocyte	metrocito
metron	metrón
mohr	mohor
miastor	miastor
michurinism	michurinismo
micra	micra
micraner	microaner
micrergate	microergate
micro-aerophile	microaerófilo
microanatomy	microanatomía
microbe	microbio
microbicide	microbicida
microbiology	microbiología
microbiologist	microbiólogo
microbiography	microbiografía
microbiota	microbiota
microblast	microblasto
microcephalous	microcéfalo
microcentrum	microcentro
microcercal	microcercal
microchaeta	microqueta
microchromosome	microcromosoma
microclima	microclima
microconjugant	microconjugante
microcosm	microcosmo
microendemism	microendemismo
microesthete	microesteta
microevolution	microevolución
microfossil	microfósil
microgamete	microgameto
microgametoblast	microgametoblasto
microgametocyte	microgametocito
microgametogenesis	microgametogénesis
microgamy	microgamia
microglia	microglia
micrografía	micrografía
microgine	microgine
microhabitat	microhábitat
microhenad	microhenadio
microlecithal	microlecítico
microleucoblast	microleucoblasto
microleucocyte	microleucocito
micromanipulation	micromanipulación
micromelia	micromelia
micromere	micrómero
micromerozoite	micromerozoito
micrometer	micrómetro
micromielocito	micromielocito
micromorphic	micromórfico
micromutation	micromutación
micromyophilous	micromiofilo
micron	micrón
micronephridium	micronefridio
microniscus	micronisco
micronucleocyte	micronucleocito
micronucleus	micronúcleo
micro-nutrient	micronutriente
microorganism	microorganismo
micropaleontology	micropaleontología
microphagic	micrófago
microphthalmic	microftálmico

microplacoid	microplacoide
microplankton	microplancton
micropodous	micrópodo
micropore	micróporo
micropterism	micropterismo
micropterous	micróptero
micropyle	micrópilo, micrópila
micropyrenic	micropirénico
microrhabdit	microrrabdito
microschizont	microsquizonte
microschizogony	microsquizogonia
microsclere	microsclera
microscopic	microscopico
microsere	microsere
microseptum	microsepto
microspecies	microespecie
microsphere	microsfera
microspore	microspora
microsomatic	microsomático
microsome	microsoma
microsthete	microsteta
microstomatous	micróstomo
microstomun	microstomo
microsuccession	microsucesión
microsurgery	microcirugía
microtaxonomy	microtaxonomía
microthorax	microtórax
microtome	micrótomo
microtrichia	microtricos
microtubuli	microtúbulos
microzoon	microzoo
microzoospore	microzoospora
microzyme	microzima
mictic	míctico
micton	mictón
micturition	micción
mid brain	mesencéfalo
middle ear	oído medio
middle phalanx	falangina
mielocoel	mielocelo
migration	migración
migrator	migratorio
miliary	miliar
millipede	milpiés, milípedo
millepore	milépora
milt	lecha
mimetic	mimético
mimic	mímico
mimicry	mimetismo
mineralocorticoid	mineralocorticoide
minim	mínimo
mink	visón
minotaurus	minotauro
minus	menos
miocardium	miocardio
Miocene	Mioceno
miracidium	miracidio
miscegenation	miscegenación
misogamy	misogamia
missing link	eslabón perdido
Mississippian	Misisipiano
mite	ácaro
mitosis	mitosis
mitochondria	mitocondrios
mitochondrium	mitocondrio
mitogenetic	mitogenético
mitome	mitoma
mitoschisis	mitosquisis, mitosis
mitosis	mitosis
mitosome	mitosoma
mitospora	mitospora
mitral	mitral
mitraria	mitraria
mixipterigium	mixipterigio
mixochromosome	mixocromosoma
mixoflagellate	mixoflagelado
mixoploidy	mixoploidía
mixopodium	mixopodio
mixote	mixote
mixotrophic	mixotrófico
mnemotaxis	mnemotaxia
moa	moa, dinornis
mocassin	mocasín, canul
mocking bird	sinsonte, ruiseñor
model	modelo
moderator	moderador
modification	modificación
modiolus	modiolo
modulation	modulación
modulator	modulador
mojarra	mojarra
molar	molar
mold	molde
mole	talpa, topo
mole cricket	changa, grillotopo
moloch	moloc
mobilify	molificar, ablandar
mollusc	molusco
molluscoid	moluscoide
momot	momoto
monacanthid	monacántido
monacantinal	monacantinal
monactinellid	monactinélida
monad	mónada
monamniotic	monamiótico
monarch	monarca
monaster	monáster
monaxial	monaxial
monaxon	monaxona
monergic	monérgico
mongolism	mongolismo
mongoose	mangosta
mongrel	sato, mestizo
monilicorn	monilicorne
moniliform	arrosariado, moniliforme
monimostylic	monimostílico
monism	monismo
monitor	monitor, varano
monkey	mono, simio
monobasal	monobasal
monoblast	monoblasto
monocardian	monocárdico
monocellular	monocelular
monocentric	monocéntrico
monocercous	monocerco
monoceros	monoceronte
monocereus	monoceros
monochorionic	monocoriónico
monochromatic	monocromático
monociliated	monociliado
monocondylic	monocondíleo
monokont	monoconto
monocrepid	monocrépido
monocule	monóculo
monocyclic	monocíclico
monocystic	monocístico
monocyte	monocito
monodactylous	monodáctilo
monodesmic	monodésmico
monodont	monodonte
monoecius	monoico
monoestrous	monestro
monofactorial	monofactorial
monogamous	monógamo
monoganglionic	monoganglionar
monogastric	monogástrico
monogeneous	monógeno
monogenesis	monogénesis
monogeny	monogenia
monogonoporous	monogonopórico
monography	monografía
monogynous	monógino
monohybrid	monohíbrido
monohybridism	monohibridismo
monokaryon	monocarion
monolophous	monolofo
monocular	monocular
monomastigote	monomastigoto
monomere	monómero
monomerosomatous	monomerosomado
monometrosis	monometrosis
monomial	monomial
monomorphic	monomórfico
monomyaric	monomiario
mononeuronic	mononeurónico
monont	mononte
mononuclear	mononuclear
mononucleosis	mononucleosis
mononym	monónimo
monophasic	monofásico
monophagous	monófago
monophyletic	monofiletico
monophydont	monofiodonte
monoplacula	monoplácula
monoplastic	monoplástico
monoploid	monoploide
monoplont	monoplonte
monopneumona	monopneumona
monopodal	monópodo
monorchic	monórquido
monorefringent	monorrefringente
monorhinal	monorrino
monosaccharid	monosacárido
monosy	monosia
monosiphonic	monosifónico
monosymmetrical	monosimétrico
monosom	monosoma
monosonic	monosónico

monospermy	monospermia
monospondylic	monospondíleo
monothalamous	monotalámico
monothecal	monotecal
monothelious	monotélico
monostichous	monóstico
monotocous	monótoco
monotrichous	monótrico
monotrochal	monótroco
monotrophic	monotrófico, monótrofo
monotype	monotipo
monotypic	monotípico
monovalent	monovalente
monovoltine	monovoltino
monoxenous	monóxeno
monozoic	monozoico
monozygotic	monocigótico
monstrosity	monstruosidad
mos veneris	mons veneris, monte de Venus
montano	montano
monticolous	montícola
moose	alce, ante
moray	morena
morbid	mórbido
mores	mores
morgan unit	morganio
morphallaxis	morfalaxis
morphogenia	morfogenia
morphogenesis	morfogénesis
morphology	morfología
morphom	morfón
morphoplancton	morfoplancton
morphoplasm	morfoplasma
morphoplasy	morfoplasia
morphosis	morfosis
morphotype	morfotipo
mortality	mortalidad
morula	mórula
morulation	morulación
morulit	morulita
mosaic	mosaico
ms.	ms.
mosquito	mosquito
motile	móvil
moth	falena, polilla, alevilla
mother of pearls	madreperla
motility	motilidad
motoneuron	motoneurona
motor	motor
motorium	motorio
mouflon	muflón, musmón
mount	caballería, montura
mountain beaver	castor montés
mountain lion	puma
mountaineer	serrano, montañez
mourning dove	huilota, rabiche, rola
mouse	ratón
mouse opposum	marmosa
moustached monkey	gamechogo
mouth	boca
movement	movimiento
mucin	mucina
mucinase	mucinasa
mucigen	mucinógeno
mucilaginous	mucilaginoso
muciparous	mucíparo
mucoid	mucoide
mucoprotein	mucoproteína
mucosa	mucosa
mucoserous	mucoseroso
mucro	mucrón
mucronule	mucrónulo
muculent	muculento
mucus	moco, mucus
mud eel	maporro
mud skipper	perioftalmo
mud puppy	necturo
mugger	mugger, muguer
mule deer	bura
mullet	múgil, lisa, céfalo
mullfish	amia
multangular	multangular
multiarticulate	multiarticulado
multicamerate	multicámero
multicamerinate	multicamerinado
multicentral	multicentral
multiciliate	multiciliado
multicipital	multicípite
multicostate	multiacostillado
multicuspid	multicúspide
multidigitate	multidigitado
multidentale	multidentado
multifactorial	multifactorial
multiflagellate	multiflagelado
multiganglionate	multiganglionado
multigyrate	multigiro
multilobate	multilobular
multilocular	multilocular
multinodal	multinodal
multinominal	multinomial
multinucleate	multinuclear
multinucleolate	multinucleolado
multiocular	multiocular
multiparous	multíparo
multipolar	multipolar
multiporous	multíporo
multiradiate	multirradiado
multiseptate	multiseptado
multispiral	multispiral
multisulcate	multisulcado
multitentaculate	multitentaculado
multitubercularity	multitubercularidad
multivalent	multivalente
multivalve	multivalvo
multivincular	multivincular
multivoltine	multivoltino
muntjac	muntiaco
mural	mural
muricated	muricado
muricid	abrajín, conchil
murine	murino
murre	uria, arao
muscid	múscido
muscularis	muscular
musculature	musculatura
musculocutaneus	musculocutáneo
muscle	músculo
museography	museografía
museum	museo
musk	almizcle
musk deer	almizclero
musk ox	almizclado (buey)
mussel	mejillón
moustache monkey	muskat
mustang	mesteño
mutability	mutabilidad
mutafacient	mutafaciente
mutagen	mutágeno
mutant	mutante
mutase	mutasa
mutate	mutar
mutation	mutación
mutilated	mútilo
mutilation	mutilación
muton	mutón
mutualism	mutualismo
muzzle	hocico
myasis	miasis
myarian	miario
mycetocyte	micetocito
mycetophagous	micetofago
mycetophilous	micetófilo
mycetozoa	micetozoario
mycteric	mictérico
myelencephalon	mielencéfalo
myelin	mielina
myelination	mielinación
myeloblast	mieloblasto
myelobrachium	mielobraquio
myelocele	mielocele
myelocoel	mielocelo
myeloic	mieloico
myeloid	mieloide
myelomere	mielómero
myelon	mielón
myeloplast	mieloplasto
myeloplax	mieloplaca
myelopoiesis	mielopoyesis
myelospongium	mielospongio
myenteron	mientéreo
myenteric	mientérico
mylodont	milodonte
mylohyoid	milohiodeo
mynah	mina, maina
myoalbumin	mioalbúmina
myoblast	mioblasto
myocardium	miocardio
myochrome	miocromo
myocoel	miocelo
myocomma	miocoma
myocyte	miocito
myodinamy	miocinamia
myodome	miodomo
myoepicardium	mioepicardio
myoepithelial	mioepitelial
myopia	miopía

myofibrillae	miofibrillas
myofilament	miofilamento
myogenesis	miogénesis
myoglobin	mioglobina
myoglobulin	mioglobulina
myograph	miógrafo
myohaematin	miohematina
myoid	mioide
myolemma	miolema
myology	miología
myomere	miómero
myone	miona
myoneme	mionema
myoneural	mioneural
myophan	miófano
myophilous	miófilo
myophore	mióforo
myophrisk	miofrisco
myoplasm	mioplasma
myopolar	miopolar
myoprotein	mioproteína
myoseptum	miosepto
myosin	miosina
myosis	miosis
myotasis	miotasis
myotome	miótomo
myotonia	miotonía
myriapod	miriápodo
myrmecobromic	mirmecrobrómico
myrmecochorus	mirmecócoro
myrmecoclepty	mirmecocleptia
myrmecodome	mirmecódomo
myrmecoleo	hormiga león
myrmecology	mirmecología
myrmecphagous	mirmecófago
myrmecophilous	mirmecófilo
myrmecophobic	mirmecófobo
myrmecophyte	mirmecófito
mystacial	mistacial
mystax	místaco
mytiliculture	mitilicultura
mytiloid	mitiloide
mytilotoxine	mitilotoxina
myxamaeba	mixamiba, mixameba
myxedema	mixedema
myxine	mixina
myxocyte	mixocito
myxoid	mixoide
myxonephridium	mixonefridio
myxosporangium	mixosporangio
myxospore	mixospora
nacre	nacar
nacreous	anacarado
naegleria	naegleria
nagana	nagana
naiad	náyade
nail	uña
naja	naja
naked	desnudo
nanoid	nanoide
nanoplankton	nanoplancton
nape	nuca
napu	napu
narcosis	narcosis
nares	nares, aberturas nasales
naricorn	naricornio
narwhal	narval
nasal	nasal
nasalis	nasalis
nasute	nasudo
nasio	nasio, nasión
nasoantral	nasoantral
nasobucal	nasobucal
nasofrontal	nasofrontal
nasolabial	nasolabial
nasolacrimal	nasolagrimal
nasomaxillary	nasomaxilar
naso-optic	nasoóptico
nasopalatine	nasopalatino
nasopharynx	nasofaringe
nasoturbinal	nasoturbinal
nasus	naso, nariz
natal	natal
natality	natalidad
natant	nadante, natátil
natatorial	natatorio
natatory	natatorio
nates	nates, nalgas
native	indígena, nativo
natriferine	natriferina
naturalism	naturalismo
naturalist	naturalista
naturalize	naturalizar
nature	natura

nauplius	nauplio
nautilus	nautilo
navel	ombligo
navicular	navicular
neala	neoala
neanic	neánico
nearctic	neártico
nebenkern	nebenkern
nebenkörper	nebenkörper
necatoriasis	necatoriasis
neck	cuello
necrobiosis	necrobiosis
necrocystosis	necrocistosis
necrogenous	necrógeno
necrohormone	necrohormona
necroparasite	necroparásito
necrophagous	necrófago
necrophilous	necrófilo
necrophoric	necrofórico
necrophorus	necróforo
necropsy	necropsia
necrosis	necrosis
nectar	néctar
nectarivorous	nectarívoro
nectary	nectáreo, nectarino
netocalyx	netocáliz
netocyst	netocisto
nectochaeta	nectoqueta
nectomonad	nectomónada
nectonema	nectonema
nectophore	nectóforo
nectopod	nectópodo
nectosome	nectosoma
nectozooid	nectozoide
needle-shaped	acicular
neidioplankton	neidioplancton
nekton	necton
nema	nematodo
nematoblast	nematoblasto
nematocalyx	nematocaliz
nematocide	nematocida
nematocine	nematocina
nematocyst	nematocisto, nidocisto
nematodiasis	nematodiasis
nematode	nematodo
nematogen	nematógeno
nematoid	nematoide
nematology	nematología
nematomorph	nematomorfo
nematophore	nematóforo
nematosphere	nematosfera
nematozooid	nematozoide
nemertian	nemertino
nemic	némico
nemine	nemina
nemoralis	nemoral
nemoricolous	nemorícola
nemorose	nemoroso
nene	nene
neoholotype	neoholotipo
neoblast	neoblasto
Neocene	Neoceno
neocerebellum	neocerebelo
neocortex	neocórtex
neodarwinism	neodarwinismo
neoencephalon	neoencéfalo
neoepigenesis	neoepigénesis
neoevolution	neoevolución
neoformation	neoformación
neogamous	neógamo
Neogea	Neogea
Neogene	Neogeno
neogenesis	neogénesis
neognath	neognato
neolamarckism	neolamarquismo
neolithic	neolítico
neology	neología
neomalthusianism	neomaltusianismo
neomendelism	neomendelismo
neometabol	neometábola
neomorphosis	neomorfosis
neonatal	neonatal
neonemia	neonemia
neonychium	neoniquio
neopallium	neopalio
neoplasm	neoplasma
neoptile	neóptilo
neopterigium	neopterigio
neossoptile	nesosóptilo
neosternum	neosternón
neostriatum	neostriatum
neoteinia	neotenia
neotenin	neotenina
neoteny	neotenia

neothalamus	neotálamo
neotoma	neotoma
Neotropical	neotropical
neotype	neotipo
neovitalism	neovitalismo
Neozoic	Neozoico
nepa	nepa, alacrán de agua
nephoplankton	nefoplancton
nephridioblast	nefridioblasto
nephridiopore	nefridióporo
nephridiostome	nefridiostoma
nephridium	nefridio
nephritic	nefrítico
nephroblast	nefroblasto
nephrocoelo	nefrocelo
nephrocyte	nefrocito
nephrodinic	nefrodínico
nephrogonoduct	nefrogonoducto
nephroid	nefroide
nephrolitic	nefrolítico
nephromere	nefrómero
nephromixium	nefromixio
nephron	nefrona, túbulo renal
nephropore	nefróporo
nephrostome	nefrostoma
nephrotome	nefrótomo
nepiology	nepiología
nepionic	nepiónico
nepionotype	nepionotipo
nepote	nepote
neritic	nerítico
neritopelagic	neritopelágico
neritoplankton	neritoplancton
nervate	nervado
nervation	nervación, nervadura
nerve	nervio
nervi nervorum	nervi nervorum
nerviduct	nerviducto
nervule	nérvula
nervuration	nervuración
nervure	nervadura, nervura
nesiota	nesiota, insular
nessoptile	neosóptilo
nettine	netina
neumatophore	neumatóforo
neumogastric	neumogastrico
neuracanth	neuracanto
neurad	neurad
neural	neural
neuraxis	neuráxico
neuraxon	neuraxón
neurenteric	neurentérico
neuric	néurico
neurilemma	neurilema
neurinema	neurinema
neurite	neurita
neurobiotaxis	neurobiotaxis
neuroblast	neuroblasto
neurocentral	neurocentral
neurocite	neurocito
neurochord	neurocordio
neurocoele	neurocelo
neurocrine	neurocrina
neurocranium	neurocráneo
neurocytolysis	neurocitólisis
neurocyton	neurocitón
neurodendron	neurodendrita
neuroectoderm	neuroectodermo
neuro-epithelium	neuroepitellio
neurofibril	neurofibrilla
neurogenesis	neurogénesis
neuroglandular	neuroglandular
neuroglia	neuroglia
neurohumor	neurohumor
neurohypophysis	neurohipófisis
neurokeratin	neuroqueratina
neurology	neurología
neurolymph	neurolinfa
neuromast	neuromasto
neuromere	neurómero
neuromery	neuromería
neuromotor	neuromotor
neuromuscular	neuromuscular
neuron	neurona, neurón
neurone	neurona, neurón
neuroapophysis	neuroapofisis
neurophags	neurófagos
neurophan	neurófano
neuropile	neurópilo
neuroplasm	neurplasma
neuropodium	neurópodo
neuropore	neuroporo
neuropterous	neuróptero
neuroskeleton	neuroesqueleto
neurosome	neurosoma
neurosynapse	neurosinapsis
neurotendinous	neurotendinoso
neurotoxin	neurotoxina
neurotrophic	neurotrófico
neurotropism	neurotropismo
neurotubulus	neurotúbulo
neurula	néurula
neuston	neuston
neutralism	neutralismo
neutrocyte	neutrocito
neutrophil	neutrofilo
newt	tritón (anfibio)
niacin	niacina
niche	nicho ecológico
nicotinamide	nicotinamida
nictitant	nictitante
nidation	nidación
nidicolous	nidícola
nidifugous	nidífugo
nidulant	nidulante
nidus	nido, nidus
night heron	guanabá, yaboa
night hawk	chotacabras, querequeté
nighingale	ruiseñor
night monkey	marikina
nigrescent	nigrescente
nilgai	nilgo
nipple	tetilla
nippotaenia	nipotenia
nisus	nisus, esfuerzo
nit	liendre
nitid	nítido
nobis	nobis
nociceptive	nociceptivo
noctiluca	noctíluca
noctilucin	noctilucina
nocturnal	nocturno
noctivagous	noctívago
node	nudo
nodosity	nudosidad
nodule	nódulo
nodus	nodo
nomad	nómada
nomen	nomen
nomenclator	nomenclador, nomenclátor
nomenclature	nomenclatura
nomogenesis	nomogénesis
non	no
non-conjunction	no conjunción
non-disyunction	no disyunción
noosphere	noosfera
noradrenaline	noradrenalina
norepinephrine	norepinefrina
norleucine	norleucina
norm	norma
normoblast	normoblasto
normocyte	normocito
nose	nariz
nosogenic	nosogénico
nostrils	aberturas nasales
notal	notal
notate,	noteado
notched	escotado
nothocline	notoclín
notocephalon	notocefalón
notochord	notocordio
notocirrus	notocirro
notogaster	notogáster, notogastrio
notogea	notogea
notogenesis	notogénesis
notonectal	notonecto
notoplana	notoplana
notopodium	notopodio
nototaenia	nototenia
notostraca	notostracos
notum	noto, dorso
nourish	nutrir
novum	nuevo
nucha	testuz, nuca
nuchal	nucal
nucivorous	nucívoro
nuckle	nudillo
nuclease	nucleasa
nucleation	nucleación
nucleic	nucléico
nuclein	nucleína
nucleochilemma	nucleoquilema
nucleoenchime	nucleoenquima
nucleogenesis	nucleogénesis
nucleohyaloplasm	nucleohialoplasma
nucleolinus	nucleolillo, nucleolino
nucleolus	nucléolo
nucleolysis	nucleólisis

nucleomicrosome	nucleomicrosoma
nucleoplasm	nucleoplasma
nucleoprotein	nucleoproteína
nucleoside	nucleósido
nucleótide	nucleótido
nucleous	núcleo
nudibranch	nudibranquio
nudicaudate	nudicaude
nullosomic	nulisómico
numbat	numbat
nummulation	numulación
nummulites	numulita
nuptial	nupcial
nurse	nodriza
nurse shark	gata
nutramin	nutramina
nutria	nutria
nutricism	nutricismo
nutrient	nutriente, nutrimento
nutrilites	nutrilitos
nutrition	nutrición
nutritive	nutritivo
nyctalopia	nictalopía
nyctipelagic	nictipelágico
nymph	ninfa
nymphochrisalis	ninfocrisálida
nymphophan	ninfófano
nymphosis	ninfosis
nymphula	nínfula
nystagmus	nistagmo
oarium	oario, ovario
obconic	obcónico
obcompressed	obcomprimido
obelion	obelio, obelión
obesity	obesidad, adiposis
obex	óbex
obimbricate	obimbricado
obligate	obligado
oblique	oblicuo
obliterate	obliterar
obliteration	obliteración
oblong	oblongado, oblongo
obnubilation	obnubilación
obovate	obovado
obsolescence	obsolescencia
obsolete	obsolete
obstetrics	obstetricia
obsubulate	obsubulado
obtect	obtecto, tapado
obturator	obturador
obtuse	obtuso
obtusilingual	obtusilingüe
obvolvent	obvolvente
oca	oca, ánsar, ganso
occipital	occipital
occipito-atlantal	occipitoatlántico
occipito-axial	occipitoaxial
occipitofrontal	occipitofrontal
occiput	occipucio, colodrillo
occlusion	oclusión
occlusor	oclusor
ocean	océano
ocean goby	esmeralda
ocean whitefish	blanquillo
oceanography	oceanografía
oceanic	oceánico
oceanium	oceanio
oceanochoric	oceanocórico
oceanology	oceanología
oceanophilous	oceanófilo
ocelot	ocelote
ocellated	ocelación
ocellation	ocelado
ocellus	ocele
ochrophore	ocróforo
ocreate	ocreado
octamerous	octámero
octant	octante
octodont	octodonte
octopod	octópodo
octopus	pulpo
octoradiate	octorradiado
octozoic	octozoico
ocular	ocular
oculofrontal	oculofrontal
oculomotor	oculomotor
oculonasal	oculonasal
odonata	odonato
odontoblast	odontoblasto
odontobothrion	odontobotrio
odontoclast	odontoclasto
odontogeny	odontogenia
odontoid	odontoide
odontologist	odontólogo
odontology	odontología
odontophore	odontóforo
odontoplast	odontoplasto
odontorhynch	odontorrinco
odontosis	odontosis
odontostomatous	odontostomado
odontostylous	odontostilo
odoripherous	odorífero
oecad	ecad
oecoid	oicoide
oecology	ecología
oenocyte	enocito
oenocytoid	enocitoide
oestrus	estro
officinal	oficinal
offspring	prole
oikoplast	oicoplasto
oikosite	oicosito
okapi	ocapi, okapí
oleaginous	oleaginoso
olecranon	olécranon, olecranon
olein	oleína
oleocyst	oleocisto
oleiferous	oleífero
olfaction	olfacción
olfactory	olfatorio
oligacanthous	oligacanto
Oligocene	Oligoceno
oligodendrocyte	oligodendrocito
oligodendroglia	oligodendroglía
oligodynamic	oligodinámico
oligogenic	oligogénico
oligoglia	oligoglia
oligohalobios	oligohalobio
oligolecithal	oligolecítico
oligolectic	oligoléctico
oligomerous	oligómero
oligonephrous	oligonéfrico
oligophagous	oligófago
oligophyletic	oligofilético
oligopneustic	oligopnéustico
oligopod	oligópodo
oligopyrene	oligopirene
oligosaprobic	oligosapróbico
oligospermy	oligospermia
oligosporous	oligospórico
oligothermic	oligotérmico
oligotokous	oligótoco
oligotrophic	oligótrofo
oligotropic	oligotrópico
oliguria	oliguria
olim	olim
olingo	olingo
olistherozones	olisterozonas
oliva	oliva
omachromes	omacromos
omasum	omaso
omentum	omento
ommateum	omáteo
ommatidium	omatidio
ommatochromes	omatocromos
ommatoids	omatoides
ommatophore	omatóforo
omnivorous	omnívoro
omohyoid	omoioide
omoideum	omoideo
omoplate	omoplato, omóplato
omosternum	omosternón
omphaloid	onfaloide
omphalomesenteric	onfalomesentérico
onager	onagro
onchocerciasis	oncocercosis
onchology	oncología
oncosphere	oncosfera
ondulation	ondulación
ondulopod	ondulópodo
oniscus	onisco
onomatology	onomatología
ontocycle	ontociclo
ontogenesis	ontogénesis
ontogeny	ontogenia
onychium	oniquio
onichogenic	onicogénico
ooapogamy	ooapogamia
oocecidium	ooecidio
oocyst	oocisto
oocyte	oocito
oocytin	oocitina
ooecium	ooecio
oogamete	oogameto
oogamous	oógamo
oogamy	oogamia
oogenesis	oogénesis
oogloea	ooglea

oogonium	oogonio
oogony	oogonia
ooid	ooide
ookinesis	oocinesis
ookinete	oocineto
oology	oología
oophore	oóforo
ooplasm	ooplasma
ooplast	ooplasto
oopod	oópodo
ooporphirin	ooporfirina
oosperm	oospermo
oosphere	oosfera
oospore	oospora
oostegite	oostegito
oostegopod	oostegópodo
ootheca	ooteca
ootid	oótida
ootocoid	ootocoide
ootocous	oótoco
ootype	ootipo
oozoid	oozoide
oozoite	oozoito
opal	ópalo
operculum	opérculo
operon	operón
ophiocephalous	ofiocéfalo
ophidium	ofidio
ophiopluteus	ofioplúteo
ophistomere	opistómero
ophiuroid	ofiuro, ofiuroide
ophiuroidea	ofiuroideos
ophyron	ofrio, ofrión
ophthalmia	oftalmia
ophthalmic	oftálmico
ophthalmologist	oftalmólogo
ophthalmology	oftalmología
ophthalmoscope	oftalmoscopio
opistaptor	opistaptor
opisthion	opistio, opistión
opisthocoelus	opistocélico
opisthocline	opistoclinado
ophisthocyst	opistocisto
opisthodetic	opistodético
opistogenesis	opistogénesis
opisthoglossal	opistogloso
opisthognathous	opistognato
opisthogoneate	opistogoneado
opisthohaptor	opistohaptor
opisthonephros	opistonefros
opisthosoma	opistosoma
opisthotic	opistótico
opisthure	opistura
oponnens	oponente
oportunism	oportunismo
opossum	tacuaché, zarigüeya
opotherapy	opoterapia
opsigenes	oposígenas
opsin	opsina
opsonin	opsonina
opthalmophore	oftalmóforo
opthalmopod	oftalmópodo
optic	óptica
opticocilliary	opticociliario
opticon	opticon
optimum	óptimo
optoblast	optoblasto
optocoel	optocelo
optogram	optograma
optometrist	optómetra
opticopupillary	opticopupilario
orad	orad
oral	oral
oral hood	capuchón oral
orang-utan	mias, orangután
ora serrate	ora serrata
orb	orbe
orbicular	orbicular
orbicularis oris	orbicular bucal
orbiculate	orbiculado
orbit	órbita
orbitale	orbital
orbithosphenoid	orbitosfenoides
orbitomalar	orbitomalar
orbitonasal	orbitonasal
order	orden
Ordovician	Ordoviciano, Ordovícico
oreophilous	oreófilo
organ	órgano
organellae	orgánulos, organitos
organic	orgánico
organicism	organicismo
organific	organífico
organism	organismo
organismic	organísmico
organization	organización
organizer	organizador
organizine	organizina
organogeny	organogenia
organography	organografía
organoleptic	organoléptico
organology	organología
organonomy	organonomía
organophyly	organofilia
organoplastic	organoplástico
organotypic	organotípico
organothrophic	organotrófico
organule	orgánulo
orgasm	orgasmo
oribi	oribi
oriental	oriental
oriental bud	boton de oriente
orientation	orientación
orifice	orificio
origin	origen
orine	orina
oriole	oropéndola, oriol
ornament	ornamento
ornamentation	ornamentación
ornis	ornis
ornithichnite	orniticnita
ornithina	ornitina
ornithocopros	ornitocopro
Ornithogea	Ornitogea
ornithologist	ornitólogo
ornithology	ornitología
ornithomancy	ornitomancia
ornithophily	ornitofilia
ornitic	ornítico
oroanal	oroanal
orographic	orográfico
oronasal	oronasal
oropharynx	orofaringe
orrhoid	orroide
orrhology	orrología
ortet	orteto
orthaxial	ortaxial
orthoceras	ortoceras
orthochromatic	ortocromático
orthoclin	ortoclinado
orthodox	ortodoxo
orthogamy	ortogamia
orthogenesis	ortogénesis
orthognathism	ortognatismo
orthognathous	ortognato
ortograde	ortógrado
orthokinesis	ortocinesis
orthopedia	ortopedia
orthoploid	ortoploide
orthopterous	ortóptero
orthoradial	ortorradial
orthoselection	ortoselección
orthosomatic	ortosomático
orthospiral	ortospiral
orthostichous	ortóstico
orthostichy	ortostiquia
orthostrophic	ortostrófico
orthosympathetic	ortosimpático
orthotype	ortotipo
ortotriaene	ortotrieno
oryctic	oríctico
oryctology	orictología
oscilate	oscilar
oscine	oscino
osculant	osculante
osculum	ósculo
osmeterium	osmeterio
osmic	ósmico
osmiophil	osmiófilo
osmoregulation	osmorregulación
osmosis	osmosis, ósmosis
osmosium	osmosio
osmotaxis	osmotaxia
osphradium	osfradio
osphresiology	osfresiología
osphresis	osfresis
osprey	águila marina, guincho
ossein	oseína, osteína
osseous	óseo
ossicle	huesecillo, osículo
occisone	osícono
ossification	osificación
ossify	osificar
osteitis	osteítis
osteoblast	osteoblasto
osteochondral	osteocondral
osteoclast	osteoclasto
osteocomma	osteocoma

osteocranium	osteocráneo
osteocyte	osteocito
osteodentine	osteodentina
osteodermis	osteodermis
osteogenesis	osteogénesis
osteoid	osteoide
osteolite	osteolito
osteology	osteología
osteoma	osteoma
osteomalacia	osteomalacia
osteomere	osteómero
osteomyelitis	osteomielitis
osteon	osteón
osteoplastic	osteoplástico
osteoplasty	osteoplastia
osteoporosis	osteoporosis
osteoscute	osteoscudo
osteotomy	osteotomía
ostial	ostial
ostiole	ostíolo
ostium	entrada
ostrich	avestruz
ostricolous	ostrícola
ostriculture	ostricultura
otalgia	otalgia
otaria	otaria
otic	ótico
otidium	otidio
otitis	otitis
otoconium	otoconio
otocrypt	otocripta
otocyst	otocisto
otodentin	otodentina
otoganglio	otoganglio
otolith	otolito
otologist	otólogo
oto-occipital	otoccipital
otorhinolaryngology	otorrinolaringología
otoporpae	otoporpas
otosalpinx	otosalpinx
otoscope	otoscopio
otoscopy	otoscopía
otosteon	otosteón
otter	nutria
ou	ou
outbreeding	exocria
oval	óvalo, ovalado
ovalbumin	ovalbúmina
ovarioles	tubos ovíferos, ovariolos
ovariotomy	ovariotomía
ovaritis	ovaritis
ovary	ovario
ovate	ovalado
oven bird	hornero
ovenchyma	ovénquima
overlap	imbricar, solapar
ovicapsule	ovicápsula
ovicell	ovicelda
ovicide	ovicida
oviduct	oviducto
oviferous	ovífero
oviform	oviforme
ovijector	oviyector
ovine	ovino
oviparity	oviparidad
oviparous	ovíparo
oviposit	ovipositar
oviposition	oviposición
ovipositor	ovipositor
ovisac	ovisaco
oviscapte	oviscapto
ovism	ovismo
ovist	ovista
ovocentrum	ovocentro
ovocel	ovocelo
ovocyst	ovocisto
ovocyte	ovocito
ovogamy	ovogamia
ovogenesis	ovogénesis
ovoid	ovoide, aovado
ovolemma	ovolema, ovilema
ovomucina	ovomucina
ovomucoid	ovomucoide
ovoplasm	ovoplasma
ovotestis	ovotestis, ovitestis
ovoverdin	ovoverdina
ovoviviparous	ovovivíparo
ovulation	ovulación
ovulist	ovulista
ovum	óvulo, ovum
owl	mochuelo, búho, lechuza
ox	buey
oxea	oxea
oxeote	oxeota
oxiaster	oxyaster
oxodium	oxodio
oxobiosis	oxibiosis
oxychlorocruorin	oxiclorocruorina
oxychromatin	oxicromatina
oxydactyl	oxidáctilo
oxydiactic	oxidiáctico
oxigen debt	deuda o débito de oxígeno
oxigeophilus	oxigeófilo
oxignathous	oxignato
oxyhaemocianin	oxihemocianina
oxyhemoglobina	oxihemoglobina
oxyhexactine	oxihexactina
oxyhexaster	oxihexáster
oxyluciferin	oxiluciferina
oxypetrile	oxipetril
oxyphil	oxífilo
oxytaxis	oxitaxis
oxytocic	oxitócico
oxytocin	oxitocina
oxytylote	oxitilota
oxyuriasis	oxiuriasis
oyster	ostión, ostra
oyster bed	ostral
oyster catcner	ostrero, caracolero
ozena	ocena, ozena
paca	paca, guadatinajo
pacarana	pacaraná
pace maker	marcapasos
pachyderm	paquidermo
pachydont	paquidonte
pachymeninx	paquimeninge
pachynema	paquinema
pack	manada, jauría
pack horse	bestia de carga
pacu	pacú
pad	almohadilla
paedogamy	paidogamia, pedogamia
paedogenesis	paidogénesis, pedogénesis
paedomesoblasto	paidomesoblasto
paedomorfic	paidomórfico, pedomórfico
pagrina	pagrina
pairing	apareamiento
palaearctic	paleártico
palaebiology	paleobiología
palaeoanthropology	paleoantropología
Palaeocene	Paleoceno
palaeocerebellum	paleocerebelo
palaeocranium	paleocráneo
palaeo-encephalon	palaeoencéfalo
palaeoendemism	paleoendemismo
Palaeogea	Paleogea
palaeogene	paleogene
palaeogenesis	paleogénesis
palaeogenetics	paleogenética
palaeometaboly	paleometabolia
palaeonemertine	paleonemertino
palaentology	paleontología
Palaeozoic	Paleozoico
palaeozoology	paleozoología
palama	palama
palatal	palatal
palate	paladar
palatine	palatino
palatoglossal	palatogloso
palatonasal	palatonasal
palatopharyngeal	palatofaríngeo
palatopterygoid	palatopterigoideo
palatopterygoquadrate	palatopterygocuadrado
palatoquadrate	palatocuadrado
Palearctic	Paleártica
paleobiogeography	paleobiogeografía
paleobiology	paleobiología
Paleocene	Paleoceno
paleoecology	paleoecología
paleoethology	paleoetología
Paleogene	Paleogeno
paleolithic	paleolítico
paleontologist	paleontólogo
paleontology	paleontología
paleotherium	paleoterio
Paleozoic	Paleozoico
palette	paleta
paliform	paliforme
palinal	palinal
palingenesis	palingenesia
palingenetic	palingenético
palisade	palizada
pallaesthesia	palestesia
Palla's cat	manul
pallial	palial

palliopedal	paliopedial
pallioviscera	paliovisceral
pallium	palio
palm	palma
palm civet	musango
palm civet (African)	civeta
palmaesthesia	palmestesia
palmarial	palmario
palmate	palmado
palmella	palmela
palmigrade	palmígrado
palmiped	palmípedo
palmitin	palmitina
palmula	pálmula
palolo worm	palolo
palometa	palometa
palomio	palomio
palp	palpo
palpacle	palpáculo
palpifer	palpífero
palpiform	palpiforme
palpiger	palpígero
palpinacula	palinácula
palpon	palpón
palpocil	palpocilio
palpulus	pálpulo
paludicole	palpinácula
palule	pálulo
palus	mástil, estaca, palo
palustrine	palustre
pampas deer	guazuti
pampiniform	pampiniforme
pamprodactyl	pamprodáctilo
pancreas	páncreas
panda	panda
pandaka	pandaca
pandemic	pandémico
pandemy	pandemia
pandionid	pandionido
panduriform	panduriforme
pangamy	pangamia
pangen	pangén
pangenesis	pangénesis
pangolin	pangolín, atadillo
panmixy	panmixis
panniculus	panículo
panoistic	panoístico
panspermy	panspermia
pansporoblast	pansporoblasto
pant	jadear
panthalassic	pantalásico
panther	pantera
panting	azeso, jadeo
pantostomatic	pantostomático
panthropic	pantrópico
pantropical	pantropical
panzootic	panzoótico
papilla	papila
papilliform	papiliforme
pappiferous	papífero
papule	pápula
papyraceous	papiráceo
parabasal	parabasal
parabiosis	parabiosis
parablast	parablasto
parabranchia	parabranquia
parabronch	parabronquio
paracana	paracaná
paracardial	paracárdiaco
paracasein	paracaseína
paracentral	paracéntrico
parachordal	paracordal
parachromatin	paracromatina
parachrosis	paracrosis
paracme	paracmé
paracoel	paracelo
paracondyloid	paracondiloide
paracone	paracono
paracomid	paracónido
paracymbium	paracimbio
paracytoid	paracitoide
parademe	parademe
paraderm	paraderma
paradesmus	paradesmo
paradidymis	paradídimo
parafacialia	parafaciales
parafibula	parafíbula
paraflagelum	paraflagelo
paraflocculus	paraflóculo
parafrons	parafrons
parafrontal	parafrontal
paragaster	paragastrio
paragastrula	paragástrula
paragenesis	paragénesis
paraglenal	paraglenal
paraglobulin	paraglobulina
paraglossum	paragloso
paraglycogen	paraglucógeno
paragnathous	paragnato
paragula	parágula
paragynous	paragino
parahormone	parahormna
parahypophysis	parahipófisis
paralectotype	paralectotipo
paralimnic	paralímnico
paralinin	paralinina
paralutein	paraluteína
paramastigote	paramastigoto
paramastoid	paramastoideo
paramecium	paramecio
paramete	parámero
paramesonephric	paramesonéfrico
parametrium	parametrio
paramitome	paramítomo
paramitosis	paramitosis
paramoecium	paramecio
paramorph	paramorfo
paramutation	paramutación
paramylum	paramilo
paramyosin	paramiosina
paranasal	paranasal
paranephrocyte	parenefrocito
paranephros	paranefros
paranotum	paranoto
paranucelus	paranúcelo
paranuclein	paranucleína
paranucleus	panúcleo
paraoessophageal	paraesofágico
paraoophoron	paraoóforo
parapatric	parapátrida
parapet	parapeto
paraphysis	paráfisis
parapineal	parapineal
paraplankton	paraplancton
paraplasm	paraplasma
parapleuron	parapleurón
parapodia	parápodos
parapodium	parapodio
parapolar	parapolar
parapophysis	parapófisis
paraproct	paraprocto
paraprostate	paraprostata
parapsid	parápsido
parapsis	parapsis
parapteron	paráptero
parapyle	parápilo
paraquadrate	paracuadrado
pararectal	pararrectal
parasematic	parasemático
paraseme	parasema
paraseptal	paraseptal
parasexual	parasexual
parasite	parásito
parasitic	parasítico
parasitism	parasitismo
parasitoid	parasitoide
parasitology	parasitología
parasol ant	bibijagua, isaú
parasphenoid	parasfenoides
parasternon	parasternón
parastipes	parastipe
parastyle	parastilo
parasymbiosis	parasimbiosis
parasympathetic	parasimpatico
parasynapsis	parasínapsis
parasyndesis	parasíndesis
parately	paratelia
paratestis	paratestículo
parathormone	paratormona
parathrophic	paratrófico
parathyroid	paratiroidea
paratoid	paratoide
paratomium	paratomio
paratomy	paratomía
paratonic	paratónico
paratrophic	paratrófico
paratympanic	paratimpánico
paratype	paratipo
paratyroides	paratiroides
paravertebral	paravertebral
paravesical	paravesical
paraxial	paraxial
paraxon	paraxónico
paraxonid	paraxónida
parazoon	parazoo
parencephalon	parencéfalo
parenchyma	parénquina
parenchymalia	parenquimales

parenchymula	parenquímula
parental	parental
parenteral	parenteral
parethmoid	paretmoides
parhomology	parhomología
paries	paries, pared
parietal	parietal
parietofrontal	parietofrontal
parietobasilar	parietobasilar
parietomastoid	parietomastoides
parieto-occipital	parietoccipital
parietotemporal	parietotemporal
parietovaginal	parietovaginal
parivincular	parivincular
paroccipital	paroccipital
parocciput	paroccipucio
parolfatory	parolfatorio
paronychia	paroníquios
parosteal	parósteo
parosteosis	parosteosis
parotic	parótico
parotid	parótida
parotoid	parotoidea
parovarium	parovario
parrakeet	periquito
parrot	loro, papagayo
parotfish	vieja, loro
pars	parte
parthenoapogamy	partenoapogamia
parthenita	partenita
parthenogamy	partenogamia
parthenogenesis	partenogénesis
parthenogonidia	partenogonídeo
parthenokariogamy	partenocariogamia
parthenomixis	partenomixis
parthenosperm	partenosperma
parthenospore	partenospora
parthenote	partenoto
particle	partícula
partridge	perdiz
partridge hen	pájara
partule	partula
parturition	parto
parumbilical	parumbilical
parvos	parvo
passeriform	paseriforme
passerine	paserino
pastern	cuartilla
patagium	patagio
pate	mollera
patella	rótula, patela
patelliform	pateliforme
patellula	patélula
patent	patente
pathetic	patético
pathogen	patógeno
pathogenesis	patogénesis
pathogenic	patogénico
pathology	patología
patina	patina
patroclinous	patroclíneo
patronymic	patronímico
pattern	patrón
patulous	pátulo
paturon	paturón
paucilocular	paucilocular
paucispiral	pausispiral
paulospore	paulospora
paunch	panza
paurometabolism	paurometabolismo
pavement	pavimento
pavilon	pabellón
paxilla	paxila
peacockfish	budión
peanut worm	sipunculado
pearl	perla
pebrine	pebrina
pecary	báquira, pécari
pecten	pecten
pectinata	pectinado
pectineal	pectíneo
pectinella	pectinela
pectinibranchiata	pectinibranquio
pectiniforme	pectiniforme
pekton	pectón
pectoral	pectoral
pectus	pecto
pedal	pedal, pédico
pedal ganglion	ganglio pédico
pedetidae	pedétidos
pedicel	pedicelo
pedicellaria	pedicelario
pedicellate	pedicelado
pedicle	pedículo
pediculosis	pediculosis
pediculus	pedículo
pediferous	pedífero
pediform	pediforme
pedigerous	pedígero
pedigree	pedigrí
pedipalpo	pedipalpo
pedogenesis	pedogénesis
pedogenic	pedogénico
pedology	pedología
pedonic	pedónico
peduncle	pedúnculo
pedunculate	pedunculado
peeper	rebeta
pekingese	pekinés
pelage	pelaje
pelagic	pelágico
pelagium	pelagio
pelecaniformes	pelicaniformes
pelecypod	pelecípodo
pelicle	película
pellagra	pelagra
pellet	pelotilla, cagarruta
pellicle	binza, farfara
pelliculate	peliculado
pellucid	pelúcido
pelma	pelma
pelmatozoa	pelmatozoarios
peloglea	peloglea
pelophilous	pelófilo
pelvis	pelvis
pelvisternum	pelvisternón
pelzeln's gazelle	gacela dhero
pen	pluma
peduncle	pedúnculo
penetrance	penetrancia
penguin	gorfio, pingüino
penial	peneal
penicillate	penicilado
penicillus	penicilio
penis	pene
penna	pena, penna
pennaceous	pennáceo
pennate	pennado
pennatula	pennátula
Pensylvanian	Pensilvaniano, Pensilvánico
pennulum	pénulo
pensile	pensil
pentacyclic	pentacíclico
pentacrinoid	pentacrinoide
pentactinal	pentactíneo
pentacula	pentácula
pentadactyl	pentadáctilo
pentafid	pentáfido
pentamer	pentámero
pentaploid	pentaploide
pentasternum	pentasternón
pepsin	pepsina
pepsinogen	pepsinógeno
peptic	péptico
peptidase	peptidasa
peptide	péptido
peptone	peptona
peptonephridium	peptonefridio
peradial	perradial
peradius	perradio
perception	percepción
perch	perca
perching bird	ave posante
percnosome	percnosoma
percurrent	percurrente
Pere David's deer	milú
peregrine falcon	neblí
pereion	pereión
pereiopod	pereiópodo
perennation	perennación
perennial	perenne
perennibranchiate	perennibranquio
perergate	perergato
perforate	perforado
perforator	perforador
perforatorium	perforatorio
perfusion	perfusión
perhydrase	perhidrasa
perianal	perianal
periblast	periblasto
periblastic	periblástico
periblastula	periblástula
periblem	periblema
peribranchial	peribranquial
peribulbar	peribulbar
pericapillary	pericapilar
pericardial	pericardíaco
pericardium	pericardio
pericellular	pericelular
pericentric	pericéntrico

perichaectine	periquetina
perichondral	pericondral
perichondrium	pericondrio
perichordal	pericordal
perichrome	pericromo
pericitial	pericitial
pericranium	pericráneo
pericyte	pericito
peridental	peridental
periderm	peridermo
perididymis	peridímos
peridural	peridural
perienteric	perientérico
perienteron	perienterón, perienterio
periessophageal	periesofágico
perifibrillar	perifibrilar
periganglionic	perigangliónico
perigastrium	perigastrio
perigastrule	perigástrula
perigenesis	perigénesis
perigenous	perígeno
perigonadial	perigonadial
perihaemal	perihemal
perikaryon	pericarion
perilymph	perilinfa
perimeningeal	perimenigeal
perimetrium	perimetrio
perimysium	perimisio
perineal	perineal
perinaeum	perineo
perinemata	perinema, perinemato
perinephrium	perinefros
perineural	perineural
perineurium	perineurio
perineuronal	perineuronal
perinoton	perinoto
periocular	periocular
period	período
periodicity	periocidad
periodontal	periodontal
perioesophageal	periesofágico
periople	perioplo
perioptico	periótico
periorbital	periorbital
periosteum	periósteo
periostracum	periostraco
periotic	periótico
peripatus	peripato
peripharyngeal	perifaríngeo
peripheral	periférico
periphery	periferia
periphyton	perifiton
periplast	periplasto
peripneustic	perinéustico
peripodial	peripodial
periportal	periportal
periproct	periprocto
peripyle	peripilo
perisarc	perisarco
periscleral	perisclerótica
perisome	perisoma
perisphere	perisfera
perisoma	perisoma
perispiracular	perispiracular
perissodactyl	perisodáctilo
peristalsis	peristalsis
peristasis	peristasis
peristethium	peristecio
peristole	perístole
peristome	peristoma
peristomium	peristomio
perisystole	perisístole
perithelium	peritelio
peritoneum	peritoneo
peritreme	peritrema
peritrichous	peritrico
peritroch	peritroco
peritrochium	peritroquio
peritrophic	peritrófico
periurethral	periurethral
perivascular	perivascular
perivisceral	perivisceral
perivitelline	perivitelino
periwinkle	bígaro
perizonium	perizonio
permeability	permeabilidad
permeant	permeante
Permian	Permiano, Pérmico
peronate	peronato
peroneal	peroneal
peroneotibial	peroneotibial
peronium	peronio
peropod	perópodo
peroral	peroral
perosis	perosis
peroxidase	peroxidasa
peroxisome	peroxisoma
perradial	per-radial
perseveration	perseveración
persistent	persistente
perspiration	perspiración, sudor
pertusate	pertuso
pervalvar	pervalvar
pervious	permeable
pes	pie
pessulus	pesulus, pésulo
petal	pétalo
petasma	petasma
petiole	pecíolo
petrel	damero, petrel
petricolous	petrícola
petrifact	petrifacto
petrification	petrificación
petroccipital	petroccipital
petromastoid	petromastoide, petromastoideo
petro-occipital	petroccipital
petrophilous	petrófilo
petrosal	petroso
petrosphenoidal	petrosfenoidal
petrosquamosal	petroscamoso
petrotympanic	petrotimpánico
petrous	pétreo
phacea	fácea
phacella	facelos
phacocyst	facocisto
phacoid	facoide
phacolysin	facolisina
phacozymase	facozimasa
phaeism	feísmo
phaeochrome	feocromo
phaeochromoblasto	faeocromoblasto
phaeochrous	feócreo
phaeocyst	feocisto
phaeodium	feodio
phaeomelanin	feomelanina
phagocyte	fagocito
phagocytic	fagocítico
phagocytolysis	fagocitólisis
phagocytosis	fagocitosis
phagolysis	fagólisis
phagosome	fagosoma
phagozoite	fagozoito
phalange	falange
phalangette	falangeta
phalanger	falangero
phalarope	falárope
phallic	fálico
phallomere	falómero
phallosome	falosoma
phallus	falo
phalochrome	falocromo
phanerocodonic	phanerocodónico
phaneroglossa	fanerogloso
phaoplankton	faoplancton
phaosome	faosoma
pharadization	faradización
pharmacophore	farmacóforo
pharmacodynamic	farmacodinámica
pharyngeal	faríngeo
pharyngobranchial	faringobranquial
pharyngopalatine	faringopalatino
pharyngotympanic	faringotimpánico
pharynx	faringe
phase	fase
phatne	fatne
pheasant	faisán
phengophil	fengófilo
phengophobe	fengófobo
phengophobia	fengofobia
phenic	fénico
phenocontour	fenocontorno
phenocopy	fenocopia
phenogenesis	fenogénesis
phenology	fenología
phenomenon	fenómeno
phenotype	fenotipo
phenylamine	fenilanina
phenylketonuria	fenilquetonuria
pheromone	feromona
pheron	ferón
phialopore	fialíporo
philander	filandro
philogen	filógeno
philogenic	filogénico
philtrum	filtro
phlebenterism	flebenterismo
phleboedesis	flebedesis
phlegm	flema

phlorhizin	florizina
phobotactic	fobotáctico
phobotaxis	fobotaxia, fobotaxis
phonation	fonación
phonoreceptor	fonorreceptor
phoresia	foresia
phorocyte	forocito
phoront	foronte
phorozoon	forozoo
phosphagen	fosfágeno
phosphatase	fosfatasa
phosphene	fosfeno
phosphokinase	fosfoquinasa
phospholipid	fosfolípido
phosphoprotein	fosfoproteína
phosphorescence	fosforescencia
phosphorescent	fosforescente
phosphorylase	fosforilasa
phosphorylation	fosforilación
photic	fótico
photism	fotismo
photoceptor	fotoceptor
photodinesis	fotodínesis
photogen	fotógeno
photokinesis	fotocinesis
photolithotroph	fotolitótrofo
photolysis	fotólisis
photomorphosis	fotomorfosis
photoorganotroph	fotorganótrofo
photopathy	fotopatía
photoperceptor	fotoperceptor
photoperiod	fotoperíodo
photoperiodism	fotoperiodicidad
photophelein	fotofeleína
photophilous	fotófilo
photophobic	fotofóbico
photophore	fotóforo
photopia	fotopía
photopsin	fotopsina
photoreceptor	fotorreceptor
photospheres	fotosfera
photosynthesis	fotosíntesis
phototaxis	fototaxia, fototaxis
phototropism	fototropismo
phragmocone	fragmocono
phragmocyttarous	fragmocítaro
phragmoplast	fragmoplasto
phragmosis	fragmosis
phragmosome	fragmosoma
phrase	frase
phrenic	frénico
phrenicocolic	frenicocólico
phrenicocostal	frenicocostal
phrenicolic	frenicólico
phrenicolineal	frenicolineal
phrenicopericardiac	frenicopericardíaco
phrenicocostal	frenicocostal
phrenology	frenología
phthinoid	tinoide
phthiriasis	tiriasis
phthisaner	tisaner
phthisis	tisis
phthisogyne	tisógino
phyla	filumes
phylacobiosis	filacobiosis
phylactocarp	filactocarpo
phylephibic	filefíbico
phyletic	filético
phyllidium	filídeo
phyllobranchia	filibranquia
phylloerythrin	filoeritrina
phyllophagous	filófago
phyllopodium	filópodo
phyllosoma	filosoma
phyllospondylous	filospondíleo
phyllotrachea	filotráquea
phylloxera	filóxera
phyllozoid	filozoide
phylobiology	filobiología
phylobranchia	filobranquia
phylogenesis	filogénesis
phylogenetic	filogenético
phylogeny	filogenia
phylogerontic	filogeróntico
phyloneanic	filoneánico
phylonepionic	filonepiónico
phylum	fílum, filo
phyone	fiona
physalia	fisalia
physical	físico
physician	médico
physicist	físico
physiogenesis	fisiogénesis
physiogenic	fisiogénico
physiologus	fisiólogo
physiology	fisiología
physiometry	fisiometría
physionomy	fisionomía
physoclystous	fisoclisto
physodes	físodos
physogastry	fisogastria
physoid	fisoide
physostomus	fisóstomo
phytobiotic	fitobiótico
phytoflagellate	fitoflagelado
phytoid	fitoide
phytomorphic	fitomórfico
phytophagous	fitófago
phytophilous	fitófilo
phytoplankton	fitoplacton
phytozoo	fitozoo
pia mater	piamadre
piceous	píceo
pichiciego	pichiciego
piddock	longorón
piece	pieza, pedazo
pig	lechón, gorrino
pigeon	paloma, torcaza
pigeon hawk	esmerejón
pigeon milk	cebique
pigment	pigmento
pigmentation	pigmentación
pigmy	pigmeo
pika	pika, pica
pike	sollo, lucio
pile	pelusa
pileum	píleo
pilidium	pilidio
pilifer	pilífero
piliform	piliforme
pill bug	cochinillo de humedad
pilocarpine	pilocarpina
pilomotor	pilomotor
pilose	piloso
pilot fish	piloto
pilot whale	globicéfalo, calderón
pimple	grano
pinacocyte	pinacocito
pincers	pinzas
pinche	tití, pinche
pineal	pineal
pinna	pina, pinna
pinnaglobulin	pinnaglobulina
pinnatiped	pinnatípedo
pinniform	pinniforme
pinniped	pinnípedo
pinnule	pínula
pinnulary	pinular
pinocyte	pinocito
pinocytosis	pinocitosis
pintail	pato pescuecilargo
pinulus	pínulo
pinworm	oxiuro
pioneer	colonizador
piping plover	playero melódico
piranha	piraña, caribe
piriform	piriforme
piscicolous	piscícola
pisciculture	piscicultura
pisciform	pisciforme
piscine	piscino
piscivorous	piscívoro
pisiform	pisiforme
pisohamate	pisounciforme
pisometacarpal	pisometacarpiano
pithecoid	pitecoide
pitocin	pitocina
pitressin	pitresina
pituicyte	pituicito
pituitary	pituitaria
pituitrin	pituitrina
placenta	placenta
placental	placental
placentate	placentario
placentation	placentación
placentiferous	placentífero
placentigerous	placentígero
placochromatic	placocromático
placode	placoda, plácodo
placoid	placoide
placula	plácula
plagiopatagium	plagiopatagio
plagiotropus	plagiótropo
plagula	plágula
plaice	platija
plakea	plaquea
planaea	planea, blástea
planarian	planaria

planetism	planetismo
planidium	planidio
planiform	planiforme
plankter	planctonte
planktogenic	plantógeno
plankton	plancton
planoblast	planoblasto
planocyte	planocito
planont	planonte, planonto
planosome	planosoma
planospore	planospora
planozygote	planocigoto
plant lice	pulgón, fitoftirio
plantaris	plantar
plantcutter	quejón
plantigrade	plantígrado
plantula	plántula
planulaea	planúlea
planula	plánula
planum	plano
plaque	disco
plasma	plasma
plasmagel	plasmagel
plasmagen	plasmógeno
plasmalemma	plasmalema
plasmasol	plasmasol
plasmid	plásmido
plasmin	plasmina
plasmocyte	plasmocito
plasmodesmata	plasmodesmos
plasmodial	plasmodial
plasmoditrophoblast	plasmoditrofoblasto
plasmodium	plasmodio
plasmogamy	plasmogamia
plasmogen	plasmógeno
plasmolysis	plasmólisis
plasmomites	plasmomitos
plasmon	plasmón
plasmonema	plasmonema
plasmophagous	plasmófago
plasmophore	plasmóforo
plasmophthisis	plasmotisis
plasmosome	plasmosoma
plasmotic	plasmótico
plasmotomy	plasmotomía
plasmotrophoderm	plasmotrofodermo
plasome	plasoma
plasson	plasón
plastic	plástico
plastid	plastido, plasto
plastidium	plastidio
plastin	plastina
plastodynamia	plastodinamia
plastogamy	plastogamia
plastogenes	plastogenes
plastokont	plastoconto
plastolysis	plastólisis
plastomere	plastómero
plastorhexis	plastorrexis
plastospecies	plastoespecie
plastotype	plastotipo
plastral	plastral
plastron	plastrón, peto
plate	hoja, placa
platelet	plaqueta
platybasic	platibásico
platycoelic	platicélico
platydactyl	platidáctilo
platyhelminth	platelminto
platyhieric	platihiérico
platymyarian	platimiario
platypus	platipo, ornitorrinco
platyrhine	platirrino
platysma	platisma
plectonephridium	plectonefridio
plectrum	plectro
plegetropism	plegetropismo
pleiotropy	pleiotropía
pleioxenous	pleioxeno
pleioxeny	pleioxenia
Pleistocene	Pleistoceno
pleochroic	pleocroico
pleochromatic	pleocromático
pleometrosis	pleometrosis
pleomorphic	pleomórfico
pleon	pleón
pleophagous	pleófago
pleophiletic	pleofilético
pleopod	pleópodo
plerergate	plerergate
plerocercoid	plerocercoide
plerocercus	plerocerco
plerocestoid	plerocestoide
plesiobiotic	plesiobiótico

plesiometacarpal	plesiometacarpiano
plesiomorphous	plesiomorfo
plesiosaur	plesiosaurio
plesiotype	plesiotipo
pleura	pleura
pleural	pleural
pleuralia	pleurales
pleurapophysis	pleurapófisis
pleurergate	pleuregate
pleurethmoid	pleuretomoide, pleuroetmoides
pleurite	pleurito
pleurobranchia	pleurobranquia
pleurocentrum	pleurocentro
pleurocerebral	pleurocerebral
pleurodont	pleurodonte
pleurogenous	pleurogéneo
pleuron	pleurón
pleuronected	pleuronéctido
pleuropedal	pleuropédico
pleuroperitoneum	pleuroperitoneo
pleuropodite	pleuropodito
pleuropodium	pleuropodio
pleurosteon	pleurósteo
pleurosternal	pleurosternal
pleurovisceral	pleurovisceral
pleuston	pleuston
plexidont	plexidonte
plexiform	plexiforme
plexus	plexo
plica	pliegue
plicate	plegado
Pliocene	Plioceno
plough-share	vómer
plover	frailecillo, chorlito
plug	tapón
plumage	plumaje
plumbeous	plúmbeo
plume	pluma
plumicome	plumícomo
plumigerous	plumífero
plumiped	plumípedo
plumose	plumoso
plumula	plúmula
plurinuclear	plurinuclear
pluripolar	pluripolar
pluripotent	pluripotente
pluriseptate	pluriseptado
pluristratose	pluristratificado
pluriserial	pluriserial
plurivalent	plurivalente
plurivorous	plurívoro
pluteus	plúteo
pluvial	pluvial
pneuma	neuma
pneumatic	neumático
pneumaticity	neumaticidad
pneumatised	neumatisado
pneumatocyst	neumatocisto
pneumatophore	neumatóforo
pneumatopyle	neumatópilo
pneumagastric	neumogástrico
pneumonic	neumónico
pneumostome	neumostoma
pneumotaxis	neumotaxia
pneumothorax	neumotórax
pocket gopher	geomis
poculiform	poculiforme
podeom	pódeo
podetium	podetio
podex	pódice
podeon	podeo
podical	pódico, podical
podite	podito
podius	podio
podobranchia	podobranquia
podobranchial	podobranquio
podocone	podocono
podocyst	podocisto
podocyte	podocito
pododerm	pododermo
podomere	podómero
podophtalmite	podoftalmito
podosoma	podosma
podotheca	podoteca
poecilogeny	pecilogenia
pogonion	pogonio
poikilandria	pecilandria
poikilothermal	poiquilotermo, poicilotermo
poikilocyte	poiquilocito, poicilocito
poikilogony	pecilogonia
poikilosmotic	poicilosmótico
point mutation	mutación puntiforme
pointer	braco, perdiguero

poison	tósigo, veneno
poison grouper	rascacio
polar	polar
polar bear	nannuk, oso polar
polarity	polaridad
polarization	polarización
pole	polo
polecat	hurón, turón
poliandry	poliandria
policysts	polocito
polikont	policonto
polioplasm	polioplasma
polispermy	polispermia
polistichous	polístico
polizoarium	polizoario
pollard	descornado
pollen basket	cestillos, corbícula
pollex	pólice
pollen comb	peinilla polímica
pollination	polinización
pollution	polución
polocyte	polocito
polyandry	poliandria
polyaxon	poliaxona
polyblast	poliblasto
polycarp	policarpo
polycentric	policéntrico
polycereous	polícero
polychaeta	poliquetos
polychromasy	policromasia
polychromatocyte	policromatocito
polyciclic	policíclico
polyclad	policlado
polycrotism	policrotismo
polycystid	policístido
polycythemia	policitemia
polydactyl	polidáctilo
polydactyly	polidactilia
polydesmy	polidesmia
polydomus	polídomo
polyembryony	poliembrionía
polyenergid	polienérgido
polyestrous	poliestro
polygamous	polígamo
polygamy	poligamia
polygenes	poligenes
polygenesis	poligénesis
polygeny	poligenia
polygoneutic	poligonéutico
polygyny	poliginia
polyhybrid	polihíbrido
polykariocyte	policariocito
polykarion	policarion
polykont	policonto
polylecithal	polilecítico
polylepidous	polilépido
polymastigote	polimastigoto
polymastism	polimastismo
polymegaly	polimegalia
polymeniscous	polimenisco
polymerous	polímero
polymorfism	polimorfismo
polymorphocyte	polimorfocito
polymorphonuclear	polimorfonuclear
polyneuritis	polineuritis
polynucleate	polinucleado
polyp	pólipo
polyparium	polipario
polypeptide	polipéptido
polyphagous	polífago
polyphagy	polifagia
polypharyngy	polifaringia
polyphenism	polifenismo
polyphyletic	polifilético
polyphyodont	polifiodonte
polypid	polípido
polyplanetic	poliplanético
polyplacodont	poliplacodonte
polyplastic	poliplástico
polyploidogen	poliploidógeno
polyploidy	poliploidia
polypnea	polipnea
polypneustic	polipnéustico
polypod	polípodo
polypoid	polipoide
polyprotodont	poliprotodonte
polypterus	polípteros
polyribosoma	polirribosoma
polysaccharid	polisacárido
polysymmetrical	polisimétrico
polysiphonic	polisifónico
polysome	polisoma
polysomic	polisómico
polysomitic	polisomítico

polysomy	polisomia
polyspondyly	polispondilia
polysporocystid	polisporocístido
polystomatous	poliestomado
polystomium	polistomio
polysymmetrical	polisimétrico
polytene	politeno
polyteny	politenia
polythalamous	politálamo
polythermic	politérmico
polytine	politeno
polytocous	politoco
polytomy	politomía
polytopic	politópico
politrichous	politrico
polytrochal	politrocô
polytrochula	politrócula
polytrophic	politrófico
polytropic	politrópico
polytipic	politípico
polyuria	poliuria
polyvoltine	polivoltino
polyzoarium	polizoario
polyzoic	polizoico
polyzooid	polizoide
pompano	pámpano
pompetta	bombita
pomun adami	nuez de Adán
ponderal	ponderal
ponogen	ponógeno
pons varoli	puente de Varolio
ponticulus	pontículo
pony	poni, caballo, potro
poodle	caniche
pool	fondo común, patrimonio
poplitial	poplíteo
population	población
population biology	biología poblacional
population ecology	ecología poblacional
population dynamic	dinámica poblacional
population genetic	genética poblacional
porcatus	aristado
porcellanous	aporcelanado
porcupine	puerco espín
pore	poro
poriferous	porífero
poriforme	poriforme
porion	porio, porión
porkfish	catalineta, sisí
porgy	pagro
porocyte	porocito
poroid	poroide
porose	poroso
porphyrin	porfirina
porphyrophore	porfiróforo
porphyropsin	porfiropsina
porpoise	marsopa
porrect	porrecto
porta	porta
portal	portal
portal vein	vena porta
Portuguese man-of-war	carabela
postabdomen	postabdomen
postanal	postanal
postantennal	postantenal
postarticular	postarticular
postaxial	postaxial
postbacillary	postbacilar
postbranchial	postbranquial
postcardinal	postcardinal
postcava	postcava
postcentral	postcentral
postcerebral	postcerebral
posclitellian	postcliteliano
postcingular	postcingular
postclavicle	postclavicular
post-cleithrum	postcleitro
postclimax	postclímax
postclipeus	postclípeo
postclitellian	postcliteliano
postclival	postclival
postclypeus	postclípeo
postcolon	postcolon
postcorneal	postcorneal
postcranial	postacraneal
postecdisis	postecdisis
postembryonic	postembrionario
posterior	posterior
posterolateral	posterolateral
posteromidial	posteromedial
postescutellum	postescutelo
postesfenoides	postesfenoides
postesophageal	postesofágico
postflagellate	postflagelado

postfrons	postfrons
postfrontal	postfrontal
postfurca	postfurca
postaganglionic	postaganglionar
postgenal	postgenal
postglenoid	postglenoidea
posthepatic	posthepático
postheterokinesis	postherocinesis
postischium	postisquion
posticous	póstico
postlabrum	postlabro
postlarval	postlarval
postmentum	postmentón
postminimus	postmínimo
postmitotic	postmitótico
post morten	post morten
postesophageal	postesofágico
postneural	postneural
postnodular	postnodular
postnotum	postnoto
post-oestrum	postestro
postoral	postoral
postorbital	postorbital
postotic	postótico
postpalatal	postpalatal
postparietal	postparietal
postpatagium	postpatagio
postpermanent	postpermanente
postphragma	postfragma
postpituitary	postpituitaria
postpubic	postpúbico
postpubis	postpubis
postpyramidal	postpiramidal
postcutellum	postescutelo
postsegmental	postsegmental
postsphenoide	postesfenoides
poststernellum	postesternelo
poststernite	postesternito
post-temporal	postemporal
post-trematic	postremático
postretinal	postretinal
postzygapophysis	postcigapófisis
potamadromous	potamodromo
potamic	potámico
potamobenthos	potamobentos
potamology	potamología
potamoplankton	potamoplancton
potential	potencial
potoos	urutaú
pouch	bolsa
poult	pavipollo, pollo
poykilothermal	poicilotermo
praeabdomen	preabdomen
praeaxial	preaxial
praebacillary	prebacilar
praecentrum	precentro
praecoces	precoces
praeconcha	preconcha
praecostal	precostal
praecoz	precoz
praecoxa	precoxa
praecrural	precrural
praecuneus	precúneo
praeoccipital	preoccipital
praeputial	prepucial
praeputium	prepucio
praeoral	preoral
praesphenoid	presfenoides
praesternal	presternal
praetarsus	pretarso
prairie chicken	cupido
pratal	pratense
pratincole	patrícola
prawn	langostín, quisquilla
pray	presa
praying mantis	Santa Teresa, predicador
preabdomen	preabdomen
preadaptation	preadaptación
preanal	preanal
preantenna	preantena
prearticular	prearticular
preauricular	preauricular
preaxial	preaxial
prebacillary	prebacilar
prebasilar	prebasilar
Precambrian	Precámbrico, Precambriano
precapillary	precapilar
precartilage	precartílago
precava	precava
precentral	precentral
precentrum	precentro
precistic	precístico
precheliceral	prequeliceral
prechordal	precordio
prechordate	precordado
precingular	precingular
precipitin	precipitina
preclavia	preclavícula, preclavia
preclimax	preclímax
preclival	preclival
precoracoid	precoracoides
precordial	precordial
precoxa	precoxa
precursor	precursor
precystic	precístico
predacious	predator
predation	depredación
predator	rapaz, depredador
predelineation	predelineación
predentary	predentario
predentin	predentina
predigital	predigital
preen	acicalamiento
pre-epistoma	pre-epistoma
prefemur	prefémur
preferendum	preferéndum
preflagellate	preflagelado
preformation	preformación
prefrontal	prefrontal
preganglionic	preganglionar
pregnancy	gravidez, preñez
pregenital	pregenital
preglobulin	preglobulina
pregnant	grávida
prehallux	prehálux, prehálucе
prehalterio	prehalterio
prehensil	prensil
preheterokinesis	preheterocinesis
prehyoid	prehioideo
prehypophysis	prehipófisis
preinterparietal	preinterparietal
prelacteal	prelacteal, preláctico
prelocalization	prelocalización
premandibular	premandibular
premature	prematuro
premaxilla	premaxila
premaxillary	premaxilar
premedian	premediano
prementum	prementón
premetamorphosis	premetamorfosis
premolar	premolar
premolt	premuda
premyoblast	premioblasto
prenasal	prenasal
prenatal	prenatal
preocular	preocular
preopercular	preopercular
preoperculum	preopérculo
preoral	preoral
preorbital	preorbital
preparietal	preparietal
prepatagium	prepatagio
prepatellar	prepatelar
prepenna	prepluma, prepenna
prepharynx	prefaringe
prephragma	prefragma
prepituitary	prepituitaria
preplacental	preplacental
preplumula	preplúmula
prepollex	prepólice
prepotency	prepotencia
prepuberal	prepuberal
prepubertal	prepubertal
prepubis	prepubis
prepupa	prepupa
prepyloric	prepilórico
prepyramidal	prepiramidal
precheliceral	prequeliceral
presbyopia	presbicia
prescutum	prescudo
presegmental	presegmental
preservation	preservación
presinaptic	presináptico
presoma	presoma
prespermatid	prespermátida
presphenoid	presfenoides
pressirostral	presirrostre
pressor	presor
presure	presión
presternal	presternal
presternum	presternón
prestomium	prestomio
presumptive	presumptivo
presynaptic	presináptico
pretarsus	pretarso
pretrematic	pretremático
pretrochantin	pretrocántino
prevenules	prevénulas

prevertebral	prevertebral
prevertebrates	prevertebrados
previtamin	previtamina
prevomer	prevómer
prey	rapiña
prezygapophysis	precigapófisis
prickle cells	células espinosas
pride	familia de leones
primary	primario
primate	primate
primaxil	primaxila
primibranchial	primibranquial
primibranchs	primibranquias
primine	primina, primino
primiparous	primípara
primitive	primitivo
primitive streak	raya primitiva, línea primitiva
primordial	primordial
primordium	primordio
principle	principio
print	jacilla, impresión
prionodont	prionodonte
prismatic	prismático
proacrosome	proacrosoma
proamnion	proamnios
proandry	proandria
proatlas	proatlas
proavis	proave
probasipodite	probasipodito
proboscidiform	proboscidiforme
proboscis	trompa, probóscide
proboscis monkey	násico
probud	probotón
procartilage	procartílago
procephalon	procefalón
procercoid	procercoides,
procerebrum	procerebro
procerus	procero
process	proceso
prochordate	procordado
prochorion	procorion
prochromosome	procromosoma
procliger	proclígero
procoelous	procélico
procoracoid	procoracoides
procotyla	procótilo
procreate	procrear
procricoid	procricoides
procruscular	procruscular
procrypsis	procripsis
procyptic	procríptico
proctal	proctal
proctiger	proctígero
proctodeum	proctodeo
proctològy	proctología
procumbent	procumbente
procutícula	procutícula
procymogen	procimógeno
prodeltidium	prodeltidio
prodentin	prodentina
prodrome	pródromo
production	producción
productivity	productividad
proembryo	proembriónario
proepimeron	proepimeron
proepipodite	proepipodito
proepubic	prepúbco
proerithrocyte	proeritrocito
proerythroblast	proeritroblasto
proestrus	proestro
proesthmoid	proetmoides
proesternum	proesternón
profunda	profunda
profundal	profundal
propupe	propupa
progamy	progamia
progastrin	progastrina
progenesis	progénesis
progenitor	progenitor
progeotropism	progeotropismo
progestational	progestacional
progesterone	progesterona
proglottid	proglotis, proglótido
prognathism	prognatismo
prognathous	prognatismo
progonal	progonal
progoneate	progoneado
prohaemocyte	prohemocito
prohydrotropism	prohidrotropismo
projection	proyección
prokaryocite	procariocito
prolabium	prolabio
prolactin	prolactina
prolan	prolán
prolapsus	prolapso
proleg	protopodio
proleptic	proléptico
proleucocyte	proleucocito
proliferate	proliferar
proliferation	proliferación
proliferous	prolífero
prolification	prolificación
proline	prolina
proloculus	prolóculo
protonephridial	protonefridial
prolymphocyte	prolinfocito
promegaloblast	promegaloblasto
prometamorfosis	prometamorfosis
prometaphase	prometafase
promiscuus	promiscuo
promiscuousness	promiscuidad
promitosis	promitosis
promonocyte	promonocito
promontory	promontorio
promorphology	promorfología
promotor	promotor
promuscis	promuscisde
promyelocyte	promielocito
pronation	pronación
pronephric	pronéfrico
pronephros	pronefros
prong horn antilope	berrendo
proneustic	pronéustico
pronograde	pronógrado
pronormocyte	pronormocito
pronotum	pronoto
pronucleus	pronúcleo
pronymph	proninfa
pro-oestrum	proestro
prootic	proótico
propagation	propagación
propagulum	propágulo
propatagium	propatagio
prophase	profase
prophlogistic	proflogístico
propleuron	propleurón
propneustic	pronéustico
propodeum	propodeo
propodite	propodito
propodium	propodio
propodosoma	propodosoma
propolis	propóleos
propons	propons
proprioception	propiorrecepción
proprioceptor	propiorreceptor
propriogenic	propiogénico
propriospinal	propioespinal
propterygium	proterigio
propupa	propupa
propygidium	propigidio
proral	proral
prorennin	proquimosina
prorubricyte	prorrubricito
proscapula	proescápula
proscolex	proescólice
prosecretin	prosecretina
prosencephalization	prosencefalización
prosencephalon	prosencéfalo
prosetmoid	prosetmoide
prosiphon	prosifón
prosocoel	prosocelo
prosodetic	prosodético
prosodus	prosodo
prosoma	prosoma
prosopyle	prosópilo
prospermatid	prospermátida
prospora	prospora
prostate	próstata
prostatic	prostático
prostemmate	prostemado
prosternum	prosternón
prostheca	proteca
prosthetic	prostético
prosthion	prostio
prosthomere	prostómero
prostomiate	prostomiado
prostomium	prostomio
prostracon	prostraco
protamine	protamina
protandrism	protandrismo
protandrous	protándrico
protandry	protandria
protarsus	protarso
protaspis	protaspis
protease	proteasa
protection	protección
protegulum	protégulo
proteid	proteído

protein	proteína
proteinase	proteinasa
proteinoid	proteinoide
proteism	proteísmo
protembryo	protoembrión
protentomon	protentomon
proteoclastic	proteoclástico
proteolysin	proteolisina
proteolysis	proteólisis
proteolytic	proteolítico
proteose	proteosa
Proterozoic	Proterozoico
proter	prótero
proterogenesis	proterogénesis
proteroglyph	proteroglifo
proterogyny	proteroginia
proterosoma	proterosoma
proterotype	proterotipo
proterozoic	proterozoico
prothesis	prótesis
prothetely	protetelia
prothoracic	protorácico
prothorax	protórax
prothrombin	protrombina
prothyalosome	protialosoma
protide	prótido
protist	protisto
protistology	protistología
protobiology	protobiología
protobiont	protobionte
protocephalic	protocefálico
protocephalon	protocéfalo
protocercal	protocerca
protocerebrum	protocerebro
protocneme	protocnemo
protocoel	protocelo
protoconch	protoconcha
protocone	protocono
protoconid	protocónido
protoconule	protocónulo
protocooperation	protocooperación
protocormic	protocórmico
protocranium	protocráneo
protodont	protodonte
protoecium	protoecio
protofibril	protofibrilla
protogene	protogén
protogenesis	protogénesis
protogenic	protogénico
protogynous	protogino
protogyny	protoginia
protohaem	protohema, hematina
protokaryon	protocarion
protoloph	protolofo
protomala	protomala, protomal
protoembryo	protoembrión
protomerite	protomérito
protomite	protomito
protomitosis	protomitosis
protomont	protomonte
protomorphic	protomórfico
protonephridium	protonefridio
protonephromixium	protonefromixio
protoneuron	protoneurona
protontomon	protoentomon
protopepsia	protopepsia
protopatic	protopático
protophobic	protofóbico
protophyta	protofita
protoplasm	protoplasma
protoplasmic	protoplásmico
protoplast	protoplasto
protopod	protópodo
protopodite	protopodito
protoporphyrin	protoporfirina
protopterus	protóptero
protoptile	protóptilo
protosoma	protosoma
protosis	protosis
protosternum	protosternón
protostigmata	protostigma
protostoma	protostoma
protostyly	protostilia
prototheca	prototeca
prototherian	prototerio
protothrix	prototrico
prototroch	prototroco
prototrophic	prototrófico
prototype	prototipo
protovertebra	protovértebra
protovertebral	protovertebral
protozoaea	protozoea
protozoan	protozoo, protozoario
protozoology	protozoología
protozygote	protocigoto
protractile	protráctil
protactor	protractor
protrochula	protrócula
protrusion	protrusión
protuberance	protuberancia
proventricolus	proventrículo
provinculum	provínculo
provitamin	provitamina
proximal	proximal
proximoceptor	proximo-rreceptor
prozonite	prozonito
prozymogen	procimógeno,
pruinose	pruinoso
psalterium	salterio
psammolitoral	psamolitoral
psammon	psamón
psammophore	psamóforo
pseudambulacrum	seudambúlacro
pseudhoemal	suedohemal
pseudholoptic	seudoholóptico
pseudimago	seudoimago
pseudoacuatic	pseudoacuático
pseudoacrorhagus	seudoacrorrago
pseudoalleles	seudoalelos
pseudoambulacrum	seudoambúlacro
pseudoaposematic	seudoaposemático
pseudoaquatic	seudoacuático
pseudoarticulation	seudoarticulación
pseudoblepharoplast	seudoblefaroplasto
pseudobrachium	pseudobraquio
pseudobranch	seudobranquia
pseudocellus	pseudocelo
pseudocentrous	seudocéntrico
pseudochitin	seudoquitina
pseudochromatin	seudocromatina
pseudocilium	seudócilio
pseudocoel	seudocelo
pseudocoelomate	seudocelomado
pseudoscolex	seudoescólice
pseudocolony	seudocolonia
pseudoconch	seudoconcha
pseudocone	seudocono
pseudoconjugation	seudoconjugación
pseudocostate	seudoacostillado
pseudoculus	seudóculo
pseudocyesis	seudociesis
pseudocyst	seudocisto
pseudodeltodium	pseudodeltidio
pseudoderm	seudodermo
pseudodominance	seudodominancia
pseudodont	seudodonte
pseudoepisematic	seudoepisemático
pseudogamy	seudogamia
pseudogaster	seudogastrio
pseudogastrula	seudogástrula
pseudogyne	seudogina
pseudohaemal	seudohemal
pseudoheart	seudocorazón
pseudohermaphroditism	seudohermafroditismo
pseudoibacus	seudoibaco
pseudomanubrium	seudomanubrio
pseudometamerism	seudometamerismo
pseudomitotic	seudomitótico
pseudomixis	seudomixis
pseudomonocyclic	pseudomonocíclico
pseudomorph	seudomorfo
pseudomatum	pseudomato
pseudonavicella	seudonavicela
pseudonotum	seudonoto
pseudonucleoli	seudonucléolos
pseudonychium	seudoniquio
pseudo-osculum	pseudo-ósculo
pseudopallium	seudopalio
pseudopenis	seudopene
pseudoperculum	pseudoperculo
pseudoplasmodium	pseudoplasmodio
pseudopod	pseudópodo
pseudopodiospore	seudopodiospora
pseudopodium	seudópodo
pseudopore	seudóporo
pseudopregnancy	seudopreñez
pseudopupa	seudopupa
pseudoraphe	seudorrafe
pseudo-reduction	seudorreducción
pseudoreductor	pseudorreductor
pseudorhabdites	seudorrabdito
pseudoritellus	seudoritelo
pseudorumination	pseudorrumia
pseudosacral	seudosacral, pseudosacro
pseudoscolex	seudoscólice

pseudosculum	seudósculo
pseudosematic	seudosemático
pseudosessile	seudosésil
pseudostigma	seudostigma
pseudostoma	seudostoma
pseudotrachea	seudotráquea
pseudo-unipolar	seudounipolar
pseudovarium	seudovario
pseudovelum	seudovelo
pseudovitellus	pseudovitelo
pseudovum	seudoovo
psoas	psoas
psocid	psócido
psorosperms	sorospermas
psychogenetic	psicogenético
psychogenic	psicogénico
psychophil	psicófilo
psychophysics	psicofísica
psychophysiology	psicofisiología
psychosomatic	psicosomático
psychozoic	psicozoico
psychrophil	psicrófilo
ptarmigan	lagópodo, ptarmigán
ptarnos	ptarno
ptenergado	tenegado
pteralium	teralio
pteregate	teregato
pteridine	teridina
pterigoids	terigoideos
pterigomandibular	terigomandibular
pterigomaxillary	terigomaxilar
pterigopalatine	terigopalatino
pterion	pterio, pterión
pterins	terinas, pterinas
pterobranchial	terobranquio
pterocardiac	terocardíaco, terocardiaco
pterodactyl	pterodáctilo
pteroid	pteroide
pteromorph	teromorfa
pteropaedes	teropaidas
pteropegan	terópego
pteropleurite	pteropleurito
pteropod	terópodo
pteropodium	teropodio
pterostigma	terostigma
pterote	terota
pterotheca	teroteca
ptherothorax	terotórax
pterotic	terótico
pterygiophore	terigióforo
pterygium	terigio
pterygobranchiate	terigobranquio
pterygoda	terigoda
pterygoid	terigoides
pterygomandibular	terygomandibular
pterygomaxillary	terigomaxilar
pterygopalatine	terigopalatino
pterygopod	terigópodo
pterygoquadrate	terigocuadrado
pterygospinous	terigospinoso
pterylae	terilas
pterylia	terilios
pterylography	terilografía
pterylosis	terilosis
ptilinum	tilino
ptilopaedic	tilopédico
ptilosis	tilosis
ptomaine	tomaina
ptosiss	ptosis, tosis
ptyalin	tialina
ptyalism	tialismo
puberulent	puberulento
pubes	pubes
pubescence	pubescencia
pubic	púbico
pubioischium	pubioisquion
pubis	pubis
pudenda	pudendas
puerula	puérula
puerperium	puerperio
puff	bulto - hinchazón
puffer	tamboril
pug	carlín
pullet	polla
pulmobranchia	pulmobranquia
pulmocutaneous	pulmocutáneo
pulmogastric	pulmogástrico
pulmonary	pulmonar
pulmonate	pulmonado
pulse	pulso
pulsellum	pulselo
pulverulent	pulverulento
pulvillar	pulvilar
pulvilliform	pulviliforme
pulvillus	pulvilo
pulvinate	pulvinado
pulvinoid	pulvinoide
punctate	puntillado
puncticulate	punteado
puncture	puntura, concavidad
pungent	punzante
punctiform	puntiforme
pupa	pupa, crisálida
pupal	pupal
puparium	pupario
pupiform	pupiforme
pupil	pupila
pupillary	pupilar
pupoid	pupoide
puppy	perrezno, cachorro
purines	purinas
purple gallinule	gallareta azul
purple shell	cañadilla
pustale	pústula
putrefaction	putrefacción
pycnosis	picnosis
pycnotic	picnótico
pygal	pigal
pygidium	pigidio
pygmy hippopotamus	mali
pygochord	pigocordio
pygostyle	pogostilo
pylangium	pilangio
pylocyte	pilocito
pyloma	piloma
pylorus	píloro
pyogenesis	piogénesis
pyogenic	piogénicos
pyramid	pirámide
pyrenin	pirenina
pyrenoid	pirenoide
pyrenophore	pirenóforo
pyretic	pirético
pyridoxine	piridoxina
pyriform	piriforme
pyrimidin	pirimidina
python	pitón
quadrate	cuadrado
quadratojugal	cuadradoyugal
quadriceps	cuadríceps
quadritubercular	cuadritubercular
quadrulos	cuádrulo
quadrumanous	cuadrúmano, cuadrumano
quadruped	cuadrúpedo
quagga	cuaga
quaha	cuajá
Quaternary	Cuaternario
queen	reina (de abejas, hormigas)
queen cells	celdillas reales
queen conch	carruncho, cobo
quetzal	quetzal
quiescence	quiescencia
quill	cálamo, cañón
quill feather	penna
quinary	quinario
quinine	quinina
quinone	quinona
quinquelobate	quinquelobado
raad	raad
rabbit	conejo
rabdocrepid	rabdocrépido
race	raza
racemose	racimoso
rachilla	ráquila
rachiodont	raquiodonte
rachion	raquión
rachiostichous	raquióstico
rachis	raquis
rachitomi	raquítomos
racket	raqueta
racoon	mapache
radial	radial
radiant	radiante
radiate	radiado
radiation	radiación
radical	radical
radicant	radicante
radicate	radicado
radicicolous	radicícola
radiciform	radiciforme
radicivorous	radicívoro
radicule	radícula
radioactivity	radiactividad
radioautograph	radioautógrafo
radiobicipital	radiobicipital
radiobiology	radiobiología
radiocarbon	radiocarbono
radioecology	radioecología

radiolarian	radiolario
radiole	radiolo
radiology	radiología
radiophosphorou:	radiofósforo
radioresistent	radiorresistente
radiosodium	radiosodio
radiotracer	radiotrazador
radioulna	radiocúbito
radius	radio
radix	raíz
radula	rádula
rail	rascón, chiricote
rails	rálidos
rainy forest	pluviselva
rake	rastrillo
ram	marueco, carnero
rami communicantes	ramas comunicantes
ramphoid	ranfoide
ramus	ramus, rama
range	recorrido, amplitud
ranine	ranino
ranivorous	ranívoro
rank	rango
ranula	ránula
Ranvier's nodes	estrangulaciones o nódulos de Ranvier
rapacius, rapax	rapaz
raphe	rafe
raptorial	raptor
rasorial	rasor, escarbador
rasse	raza
rastellum	rastelo
rat	rata
rat-bandicoots	peramélidos
ratfish	conejo de mar, quimera
ratite	rátita
rat kangaroo	potoro
rattle snake	cascabela, crótalo
ray	rayo, raya
raven	cuervo
razorback	puerco cimarrón, rorcual
reaction	reacción
readjust	reajuste
reagin	reagino
realm	dominio
recapitulation	recapitulación
reccessive	recesivo
recent	reciente
receptaculum	receptáculo
receptivity	receptividad
receptor	receptor
recess	receso
recessivity	recesividad
recombinant	recombinante
recombination	recombinación
recrudescence	recrudescencia
recruit	recrutamiento
rectigrade	rectígrado
rectigradiation	rectigradación
rectivenous	rectivenoso
rectogenital	rectogenital
rectorostral	rectirrostre
recto-uterine	rectouterino
rectovesical	rectovesical
rectum	recto (intestino)
rectus	recto (músculo)
recumbent	recumbente
recurrence	recurrencia
recurrent	recurrente
recurved	recurvado
recurvirostral	recurvirrostre
redear sunfish	caracolera
red-eyed-vireo	Julián Chiví, Juan Chiví
red gurnard	bermejuela
red ibis	corocoro
red mite	abuje, abuse, arañuela
red mullet	mullo
redpoll	pajarel, pardillo
red siskin	dominiquito
red smellet	esarcho
red-tailed hawk	guaraguao
red tide	hematotalasia, marea roja
red footed booby	boba blanca
reddish egret	garza roja
redia	redia
redstart	candelilla, candelita
reductasa	reductasa
reduction	reducción
reductionism	reductionismo
reductor	reductor
redundancy	redundancia
reduplication	reduplicación
reduvid	redúvido
reenforcement	refuerzo
reflex	reflejo
refracted	refractado
refractory	refractorio
refuge	refugio
regeneration	regeneración
region	región
regression	regresión
regressive	regresivo
regular	regular
regulation	regulacion
regulator	regulador
regurgitation	regurgitación
reindeer	rengífero, reno
reintegration	reintegración
rejuvenescence	rejuvenecimiento
relation	relación
relatin	relaxina
relic	reliquia
relict	relicto
relocation	relocacion
remiges	remiges, remeras
remigium	remigio
remiped	remípedo
remix	rémige
remora	rémora, guaicán
renal	renal
renette	renette
reniculus	renículo
reniform	reniforme
reniportal	reniportal
rennet	cuajo
rennin	caseasa, quimosima
renninnogen	procaseasa
renopericardical	renopericárdico
reorganization	reorganización
repair	reparación
repelent	repelente
repletes	repletas
replicate	replicado
replicatile	replicátil
repressor	represor
reprint	reimpreso
reproduction	reproducción
reptiloid	reptiloide
repugnatorial	repugnatorio
repulsion	repulsión
reserve	reserva
reservoir	reservorio, depósito
residence	residencia
resilipher	resilífero
reisitance	resistencia
resorption	resorción
respiration	respiración
respiratory	respiratorio
respiring	respirante
response	respuesta
restibrachium	restibranquio
restiform	restiforme
resupinate	resupinado
rete	red
reticulate	reticulado
reticulin	reticulina
reticulocyte	reticulocito
reticulum	retículo, bonete
retina	retina
retinaculum	retináculo
retinella	retinela
retinene	retineno
retinerved	retinervado
retinoblast	retinoblasto
retinol	retinol
retinophore	retinóforo
retinula	retínula
retisolution	retisolución
retispersión	retispersión
retractile	retráctil
retractive	retractivo
retractor	retractor, remotor
retral	retral
retrobulbar	retrobulbar
retrocaecal	retrocecal
retrocerebral	retrocerebral
retrocervical	retrocervical
retrocolic	retrocólico
retrocollis	retrocolis
retrocurrent	retrocurrente
retrocurved	retrocurvado
retrofract	retrofracto
retrogasserian	retrogaseriano
retrograde	retrógrado
retrography	retrografía
retrogression	retrogresión
retrohybrid	retrohíbrido

retroinsular	retroinsular
retrolabyrinthine	retrolaberintino
retrolental	retrolenticular
retrolingual	retrolingual
retromastoid	retromastoide
retromorphosis	retromorfosis
retroperitoneal	retroperitoneal
retropharyngeal	retrofaríngeo
retroposition	retroposición
retropubic	retropúbico
retropulsion	retropulsión
retrorse	retrorso
retroserrate	retroserrado
retroserrulate	retroserrulado
retrouterine	retrouterino
retroversion	retroversión
retuse	retuso
revehent	revejente
reversibility	reversibilidad
reversible	reversible
reversion	reversión
reversionary	reversionario
revert	revertido
revivescence	reviviscencia
rexigenous	rexígeno
rhabdion	rabdión
rabdito	rabditiforme
rhabdocrepid	rabdocrépido
rhabdoid	rabdoide
rhabdology	rabdología
rhabdome	rabdoma
rhabdomere	rabdómero
rhabdon	rabdón
rhabdopod	rabdópodo
rhabdosome	rabdosoma
rhabdosphere	rabdosfera
rhachidium	raquidio
rhachiglossate	raquigloso
rhaetic	raético
rhagon	ragón
rhamphotheca	ranfoteca
rhea	rea, ñandú
rheaogameon	reogámeon
rheomorphosis	reomorfosis
rheophilous	reófilo
rheoplankton	reoplancton
rheoreceptor	reorreceptor
rheotaxis	reotaxis
rhesus	reso, rhesus, bandar
rhigosis	rigosis
rhinal	rinal
rhinarium	rinario
rhinencephalon	rinencéfalo
rhinestesia	rinestesia
rhinion	rinio, rinión
rhinocanna	rinocana
rithrocoen	ritroceno
rhinoceros	rinoceronte, abada
rhinocoel	rinocelo
rhinocaul	rinocaule
rhinolalia	rinolalia
rhinology	rinología
rhinophore	rinóforo
rhinopithecus	rinopiteco
rhinotheca	rinoteca
rhipidoglossate	ripidogloso
rhiptoglossate	riptogloso
rhizocaulus	rizocaule
rhizocephalous	rizocéfalo
rhizocyte	rizocito
rhizoflagellate	rizoflagelado
rhizoid	rizoide
rhizomorphic	rizomorfo
rhizophagous	rizófago
rhizopod	rizópodo
rhizopodium	rizopodio
rhizostyle	rozostilo
rhodogenesis	rodogénesis
rhodophane	rodófano
rhodopsin	rodopsina
rhombencephalon	rombecéfalo
rhombic	rómbico
rhombocoel	rombocelo
rhombogene	rombógeno
rhomboid	romboide
rhomboid-ovate	romboideoval
rhynchocoel	rincocelo
rhynchodaeum	rincodeo
rhyncodon	rincodonte
rhyncophorous	rincóforo
rhyncostome	rincostoma
rhynopharynx	rinofaringe
rhythm	ritmo
rhytidome	ritidoma
rhytidosis	ritidosis
rib	costilla
ribbed	acostillado
ribbon	banda, cinta
ribbonfish	vaquera
ribbon worm	nemertino
riboflavin	riboflavina
ribotide	ribótido
ribonuclease	ribonucleasa
ribose	ribosa
ribosome	ribosoma
ribs	costillar
rickets	raquitismo
rictus	rictus
rigor	rigor
rigor mortis	rigidez cadavérica
rimula	rímula
ringed plover	chorlitejo
ringhals	ringhals
ring dove	tórtola
riparian	ripario, ribereño
ripidiate	ripidiado
ripidium	ripidio
risorius	risorio
riverine	rebereño
rivose	rivoso
rivularis	rivular
rivulose	rivuloso
rizoplast	rizoplasto
roach	leucisco, cucaracha
roar	rugido
robin	petirrojo
rock dove	paloma zurita
rock shell	conchil
rod	bastoncillo, varilla
rodent	roedor
roe	ovas, hueva
roebuck	corzo
roller	carraca
rockery	cetario
root	raíz
ropalia	ropalios
rorqual	rorqual
rosary	rosario
roseate spoonhill	cuchareta, sevilla
rossette	roseta
rosorial	rosodial
rosular	rosular
rostellar	rostelar
rostellum	rostelo
rostrullum	róstrulo
rostrum	rostrum
rotate	rotador
rotary	rotario
rotenone	rotenona
rotifer	rotífero
rouleau	rollo
round worm	nematodo
royal jelly	jalea real
royal tern	gaviota real
rubby snapper	cachucho
rubefacient	rubefaciente
rubescence	rubescente
rubiginous	rubigonoso
rubriblast	rubriblasto
rubricyte	rubricito
rubrospinal	rubrospinal
ruderal	ruderal
rudiment	rudimento
rudimentary	rudimentario
rudimentation	rudimentación
ruffed grouse	bonasa
rufine	rufino
rufinism	rufinismo
ruga	arruga
rugose	rugosidad
rugulose	ruguloso
rule	regla
ruling reptiles	reptiles dominantes
rumen	panza, rumen
rumiant	rumiante
ruminate	rumiar
rumination	rumia, rumiadura
rump	anca, obispillo, rabadilla
runcinate	runcinado
runner	cibí, chibi
rupestrine	rupestre
rupicolous	rupícola
ruptile	rúptil
rupture	ruptura, hernia
rusty	ruginoso
rut	celo
sabella	sabela
sable	sable, cebellina

sable fish	sable
saccharase	sacarasa
saccharosuria	sacarosuria
sacciform	sacciforme
sacculina	saculina
saculus	sáculo, bolsillo
saccus	saco, bolso
sacrocaudal	sacrocaudal
sacrococcygeal	sacrococcígeo
sacro-iliac	sacroilíaco
sacrolumbar	sacrolumbar
sacrospinal	sacrospinal
sacrovertebral	sacrovertebral
sacrum	sacro
sagitate	flechado
sagittal	sagital
sagittocyst	sagitocisto
saiga	saiga
sailfish	aguja voladora, velero
saki	saki
saki monkey	caxiú
sakin	sakín
salamander	salamandra
saliva	saliva
salivarium	salivario
salmon	salmón
salp	salpa
salpingopalatine	salpingopalatino
salpingotomy	salpingotcmía
salsuginous	salsugíneo
saltant	saltante
saltation	saltación
saltatorial	saltatorio
saltigrade	saltígrado
sambar	rusa, sambar
sample	muestra
snake	serpiente, culebra
sand-pig badger	balisaurio
sand fish	jolocho
sand fly	maje, jején
sandpiper	zarapito
sanguicolous	sanguícola
sanguifacient	sanguinifaciente
sanguiferous	sanguífero
sanguimotor	sanguimotor
sanguineous	sanguíneo
sanguipopoietic	sanguinopoyético
sanguivorous	sanguívoro
sanidaster	sanidáster
saphena	safena
saprobe	saprobio
saprobiont	saprobionte
saprobiosis	saprobiosis
saprogenic	saprógeno
sapropelic	sapropélico
saprophage	saprófago
saprophilous	saprófilo
saprophyte	saprófito
saproplankton	saproplancton
saprozoic	saprozoico
sarcenchyma	sarcénquima
sarcoblast	sarcoblasto
sarcocyst	sarcocisto
sarcocystin	sarcocistina
sarcode	sarcoda,
sarcodic	sarcódico
sarcodictyum	sarcodictio
sarcogenic	sarcogénico
sarcoid	sarcoide
sarcolemma	sarcolema
sarcolyte	sarcolito
sarcoma	sarcoma
sarcomatrix	sarcomatriz
sarcomere	sarcómero
sarcophagous	sarcófago
sarcophilous	sarcófilo
sarcoplasm	sarcoplasma
sarcoseptum	sarcosepto
sarcosis	sarcosis
sarcosoma	sarcosoma
sarcosporidiosis	sarcosporidiosis
sarcostyle	sarcostilo
sarcotheca	sarcoteca
sardine	sardina
sargasso	sargazo
sarothrum	sarotro
sartorius	sartorio
sassaby	sasabi
satelite	satélite
saurian	saurio
saurognathous	saurognato
saxatile	saxatil
saxicavous	saxicavo
saxicolous	saxícola
sawfish	priste, pez sierra
scaberulous	escarabriúsculo
scabies	escabiosis
scabrid	escabroso, escábrido
scala	escala
scale	escama
scale insect	guagua, quereza
scalene	escaleno
scallop	venera, peregrina
scalpel	bisturí, escalpelo
scalpella	escalpelos
scalpriform	escalpriforme
scalprum	escalpro, cincel
scaly	escamoso
scaly-tail	anomaluro
scansorial	escansor
scape	escapo
scaphitoid	escafitoide
scaphium	escafio
scaphocephalous	escafocéfalo
scaphocerite	escafocerito
scaphognatite	escafognatito
escaphoide	escafoides
scapholunar	escafolunar
scaphopod	escafópodo
scapula	escápula, espaldilla
scar	cicatriz, escara
scarab	escarabajo
scarabaeiform	escarabeiforme
scarious	escarioso
scatophagous	escatófago
scatophil	escatófilo
scaup	porrón
scavenger	basurero, carroñero
scent	olfato
schindilesis	esquindilesis
schistocyte	esquistocito
schistosome	esquistosoma
schistosomiasis	esquistosomiasis
schizocoel	esquizocelo
schizodont	esquizodonte
schizogamy	esquizogamia
schizogenesis	esquizogénesis
schizognathous	esquizognato
schizogony	esquizogonia
schizokinete	esquizocineto
schizont	esquizonte
schizontocyte	esquizontocito
schizopelmous	esquisopelmeo
schizorhinal	esquizorrino
schizothecal	esquizotecal
schistosoma	esquistosoma
schizozoite	esquizozoito
school	cardumen, banco
school master	cají
sciatic	ciático
science	ciencia
scion	vástago
scissiparity	escisiparidad
sciuroid	esciuroide
sclera	esclerótica
sclerin	esclerina
sclerite	esclerito
sclerobase	esclerobase
scleroblast	escleroblasto
scleroblastema	escleroblastema
sclerocoel	esclerocelo
scleroid	escleroide
scleromeninx	escleromeninge
scleroprotein	escleroproteína
scleroseptum	esclerosepto
sclerotic	esclerótico
sclerotin	esclerotina
sclerotized	esclerotizado
sclerotome	esclerótomo
scobiculate	escobiculado
scobiform	escobiforme
scobinado	escobinado
scolex	escólex, escólice
scoliosis	escoliosis
scolite	escolito
scolopale	escolópalo
scolopendra	escolopendra
scolophore	escolóforo
scolopidium	escolopidio
scolus	escolo
scopa	escopa
scops owl	buharro
scopula	escópila
scorpaenid	escorpena, rascacio
scorpioid	escorpioide
scorpion	alacrán, escorpión
scorpion fly	panorpa
scoter	negreta

scotoma	escotoma
scotomorphosis	escotomorfosis
scotophilus	escotófilo
scotopia	escotopía
scotoplankton	escotoplancton
scotopsin	escotopsina
screamer	palameda, anhima
scrobe	escrobo
scrobicula	escrobícula
scrotus	escroto
scurvy	escorbuto
scutal	escutal
scutelación	escutelación
scuteliplantar	escuteliplantar
scutellum	escutelo
scutiform	escutiforme
scutigera	correndera
scutifero	escutífero
scutiped	escutípedo
scutum	escudo
scyphistoma	escifistoma
scyphoid	escifoide
scyphomedusa	escifomedusa
scyphozoan	escifozoario
scyphula	escífula
sea anemone	anémona de mar
sea bream	besugo
sea catfish	bagre, barbo de mar
sea cow	dugongo, manatí
sea cucumber	balate, cohombro de mar
sea devil	manta
sea dog	foca
sea duck	pato marino
sea eagle	guincho, águila marina
sea eel	congrio
sea fan	abanico de mar
sea fox	zorro de mar
sea gull	gaviota
sea lily	lirio de mar, comátula
sea lion	león marino, otaria
sea mouse	topo marino
sea otter	nutria marina, lataz
sea viper	víbora de mar (pez)
seal	foca
seborrhea	seborrea
secernente	secernente
secodont	secodonto
second	segundo
secreta	secreta
secretagogue	secretagogo
secretary bird	secretario
secrete	secretar
secretin	secretina
secretion	secreción
secretitious	secreticio
secretory	secretorio
sectile	séctil
section	sección
sectorial	sectorial
secundary	secundario
secundum	secúndum
sedentary	sedentario
sediment	sedimento
seed	semilla
segmentation	segmentación
segregate	segregar
segregation	segregación
seismasthesia	sismastesia
seismonastic	sismonástico
selachian	selacio
selachine	selaquino
seladang	seladango
selection	selección
selenizone	selenizona
selenodont	selenodonto
selenoid	selenoid
selenotropism	selenotropismo
self fertilization	autofecundación
self-incompatibility	autoincompatibilidad
sella turcica	silla turca
sellaeform	selliforme
sematic	semático
semen	semen
segment	artículo, artejo, segmento
semiaquatic	semiacuático
smicaudate	semicaude
semicircular	semicircular
semicomplete	semicompleto
semidominance	semidominancia
semigamy	semigamia
semilethal	semiletal
semilunar	semilunar
semimembranous	semimembranoso
semimetamorphosis	semimetamorfosis
seminal	seminal
seminiferous	seminífero
seminology	seminología
semiology	semiología
semiorbicular	semiorbicular
semioviparous	semiovíparo
semiovoid	semiovoide
semipalmate	semipalmado
semiparasite	semiparásito
semipenniform	semipenniforme
semipermeable	semipermeable
semiplacenta	semiplacenta
semiplantigrade	semiplantígrado
semipluma	semipluma
semipupa	semipupa
semirecondite	semirrecóndito
semireptant	semirreptante
semisagittate	semisagitado
semisaprophyte	semisaprófito
semispecies	semiespecie
semispinalis	semispinal
semisterility	semiesterilidad
semistreptostylic	semistreptostílico
semitendinous	semitendinoso
semizygodactyl	semicigodáctilo
senescence	senescencia
senility	senilidad
senner	guaguanche
sensation	sensación
sense	sentido
sensibility	sensibilidad
sensiferous	sensífero
sensilla	sensilios
sensitive	sensitivo
sensomotor	sensomotor
sensor	sensor
sensorial	sensorial
sensorium	sensorio
sensus	sensus
separate	separado
sepia	sepia
sepiapterin	sepiapterina
sepion	sepión
sepsis	sepsis
septate	septado
septiculum	septículo
septiferous	septífero
septomaxillary	septomacilar
septulum	séptulo
septum	tabique, septo
sequestrum	secuestro
sere	sere
serendipity	serendipia
sergeantfish	peje palo, cobia
sergeant major	píntano
sericate	sericino
series	serie
serific	serífico
serine	serina
serodiagnosis	serodiagnosis
seroglobulina	seroglobulina
serology	serología
serosa	serosa
serosity	serosidad
serotinous	serotino
serotinin	serotinina
serous	seroso
serow	serow
serozyme	serozima
serozymogenic	serocimogénico
serpentarium	serpentario
serpulite	serpulita
serrate	serrado, dentado
serratiform	serratiforme
serratirrostral	serratirrostre
serratulate	serratulado
serriferous	serrífero
serriform	serriforme
serriped	serrípedo
serrula	sérrula
serum	suero
serval	serval
sesamoid	sesamoide
sessile	sésil
sessoblast	sesoblasto
seston	seston
set	dotación, juego
seta	seta, seda, cerda
setirostral	setirrostro
setobranchia	setobranquia
setula	sétula
sewellel	castor montés
sex	sexo
sexdigitate	sexdigitado

sexuality	sexualidad
sexuparous	sexúparo
sixgill cowshark	cabañota, cañabota
shad	sábalo, alosa
shagreen	chagrín
shake	bicha
shark	tiburón
sharp	afilado, agudo
sharptail eel	safío
shearwater	fardela, pardela, pufino
sheath	vaina
sheep	borrego, carnero
sheepskin	badana, zamarra
sheep tick	melófago
shelldrake	catarana
shell	cáscara, concha
shellfish	marisco
shield	espaldar, escudo
shoebill	picozapato
shin	espinilla
shock	choque
shou	shou
shoulder	hombro
shoveller	pato cuchareta
shrew	musaraña, musgaño
shrike	alcaudón
shrimp	camarón
sialaden	sialadeno
sialagogue	sialagogo
sialica	siálico
sialism	sialismo
siamang	siamango
sic	así
sikle cell	célula falciforme
sicoccolous	sicócola
sicula	sícula
sicyoid	sicioide
siderocyte	siderocito
siderophil	sideróf ilo
siderotrophic	siderótrofo
sideroxenous	sideroxeno
sieve	criba
sifaka	sifaka
sigma	sigma
sigmaspire	sigmaspira
sigmoid	sigmoide, sigmoidal
sign	señal
sika	sika
silicoblast	silicoblasto
siliqua	silicua
silk	seda
silky	sedoso, sedeño
Silurian	Siluriano, Silúrico
silurus	bagre
silverfish	taraza, lepisma
silver fox	zorra plateada
simian	simio, simiano
similar	afín, similar
simphile	sínfilo
simplex	simple
simpodite	simpodito
simulation	simulación
simung	simungo
sinciput	sincipucio
sincryptic	sincríptico
singamy	singamia
singing quail	chivizcoyo
sinistrorse	sinistrorso
sinokete	sinoqueto
sinostosis	sinostosis, sinóstosis
sinous	sinuoso
sinupalliate	sinupaleal
sinus	seno
sinusoids	sinusoides
sinus poccularius	sinus pocularius
siphon	sifón
siphonet	sifonete
siphonium	sifonio
siphonoglyph	sifonoglifo
siphophore	sifonóforo
siphonoplax	sifonoplaca
siphonostomous	sifonóstomo
siphonozoid	sifonozoide
siphorhinal	sifonorrino
siphuncle	sifúnculo
sire	garañón
sirena	sirena,, manatí
sitatunga	sitatunga
sitology	sitología
sitophore	sitóforo
sitotoxin	sitoxina
sitotropism	sitotropismo
skeleton	esqueleto, osamenta
skimmer	picotijera, rayador

skin	piel, cutis
skink	escinco, eslizón
sklera	esclerótica
sklerosis	esclerosis
skoto-taxis	escototaxia
skull	calavera, cráneo
skunk	grisú, mofeta, zorrillo
skylark	alondra
slider	jicotea
slug	babosa
sloth	perezoso
sloth bear	oso bezudo
small jay	grajilla
smegma	esmegma
smoked goatfish	pejepalo
smooth dogfish	boca dulce
snail	caracol
snake	culebra, serpiente
snake bird	anhinga, marbella
snapper	pargo, huachinnago
snapping shrimp	saltarín
snipe	agachadiza, agachona
snook	róbalo, lubina
snout	jeta
soar	remonte
sociability	sociabilidad
socies	socies
society	sociedad
Soemmerring's gazelle	aoul
soft wool	lanosidad
solar	solar
soldier	soldado
sole	solea, suela
soleaform	soleiformes
solefish	pedas, lenguado
solenia	solenios
solenidion	solenidio
solenocyte	solenocito
solenodon	almiquí, aire
soleus	sóleo
solid	sólido
soliped	solípedo
solitary	solitario
soma	soma
somatic	somático
somactids	somáctidos
somaesthesis	somestesis
somaplasm	somatoplasma
somatoblast	somatoblasto
somatocoel	somatocelo
somatocyst	somatocisto
somatogamy	somatogamia
somatogenesis	somatogénesis
somatogenic	somatogénico
somatome	somátomo
somatoplasm	somatoplasma
somatopleure	somatopleura
somatotrofin	somatotrofina
somatotrophic	somatotrófico
somatotype	somatotipo
somite	somito
sonic	sónico
song birds	aves canoras
sora rail	gallaretilla, gallinuelita
soricine	soricino
sortion	sorción
sorrel horse	alazán
South American Otter	saro
sow	puerca
space	espacio
spadix	espádice
spanandry	espanandria
Spanish flag	bandera española
Spanish hogfish	perro colorado
Spanish newt	gallipato
spanogamy	espanogamia
sparrow	gorrión
sparrow hawk	baharí, cernícalo
spasm	espasmo
spasmonema	espasmonema
spasticidy	espasticidad
spat	ostra juvenil
spatulated	espatulado
spawn	desove
spay	castrar las hembras
specialization	especialización
speciation	especiación
species	especies
specificity	especificidad
spectacled bear	ucamari
spectrum	espectro
speculum	espéculo
speleology	espeleología
speleobiology	espeleobiología

sperm	espermotozoo
spermaduct	espermiducto
spermary	espermario
spermateleosis	espermateleosis
spermatheca	espermateca
spermatic	espermático
spermatid	espermátida
spermatin	espermatina
spermatise	espermatizar
spermatoblast	espermatoblasto
spermatocyst	espermatocisto
spermatocyte	espermatocito
spermatocytogenesis	espermatocitogénesis
spermatogenesis	espermatogénesis
spermatogonium	espermatogonio
spermatoid	espermatoide
spermatomerites	espermatomerito
spermatophore	espermatóforo
spermatoplasm	espermatoplasma
spermatosome	espermatosoma
spermatoxin	espermatoxina
spermatozeugma	espermatozeugma
spermatozoon	espermatozoide
spermiducal	espermiductor
spermine	espermina
spermiogenesis	espermiogénesis
spermism	espermismo
spermium	espermio
spermòblast	espermioblasto
spermocentrum	espermiocentro
spermotheca	espermoteca
sperm whale	cachalote
sphaeridium	esferidio
sphenetmoides	esfenetmoides
sphenoids	esfenoides
sphenofrontal	esfenofrontal
sphenolaterals	esfenolaterales
sphenomandibular	esfenomandibular
sphenomaxillary	esfenomaxilar
sphenopalatine	esfenopalatino
sphenoparietal	esfenoparietal
sphenopterigoides	esfenopterigoides
sphenosquamosal	esfenoescamoso
sphenotic	esfenótico
sphenoturbinal	esfenoturbinal
spheraster	esferaster
spherocone	esferocono
spheroidocyte	esferoidocito
spherome	esferoma
spheromere	esferómero
spheroplasto	esferoplasto
spherula	esférula
sphincter	esfínter
sphragis	esfragio
sphygmomanometer	esfigmomanómetro
sphyngomyelin	esfingomielina
sphingosine	esfingosina
spicule	espícula
spiculin	espiculina
spider	araña
spider crab	centoya (cangrejo)
spider monkey	coaíta, mono araña
spigot	espigote
spinalis	espinales
spination	espinación
spindle	huso
spindle shaped	fusiforme
spine	espina, espinazo
spinescent	espinescente
spinisternite	espinisternito
spinneret	hilera
spinnerule	hilanderuela
spinoblast	espinoblasto
spinosternum	espinosternón
spinulation	espinulación
spinule	espínula
spinulescence	espinulescencia
spiny anteater	equidna
spiny	erizado
spiny crab	apancora
spiny lobster	langosta (crustáceo)
spiracle	espiráculo
spiral proboscid	espiritrompa
spiralia	espirales
spiramen	espiramen
spiraster	espiraster
spire	espira
spireme	espirema
spirivalve	espirivalvo
spirometer	espirómetro
spironeme	espironema
spirule	espírula
splanchnic	esplácnico
splanchnocoel	esplacnócelo

splancnopleure	esplacnopleura
splancnocraneum	esplacnocráneo
spleen	bazo, pajarilla
splenius	esplenio
splint bone	fíbula, peroné
splenocyte	esplenocito
splitters	divisores, disgregadores
spondyl	espóndilo
sponge	esponja
spongicolous	esponjícola
spongin	esponjina, espongina
spongioblast	esponjioblasto
spongiocoel	esponjiocelo
spongiocyte	esponjiocito
spongioplasm	esponjioplasma
spongiose	esponjoso
spongophare	esponjiofare
spoon bill	sevilla, espátula
sporadin	esporadino
spore	espora, esporo
sporokinete	esporocineto
sporoblast	esporoblasto
sporocyst	esporocisto
sporocystid	esporocistidio
sporocyte	esporocito
sporoduct	esporoducto
esporogony	esporogonia
sporogenesis	esprogénesis
sporogeneus	sporogéneo
sporogomy	esporogomia
sporont	esporonte
sporoplasm	esporoplasma
sporosac	esporosaco
sporozoid	esporozoide
sporozoite	esporozoito
sporozoon	esporozoario, esporozoo
sporulation	esporulación
spot	mancha
spotted	moteado
spotted cavy	tepezcuintle, paca
spotted dog-fish	tollo
spotted jew-fish	guasa
spotted sleeper	mapo
spotted stingray	chucho, obispo
springtail	colémbolo
sprue	esprú
spur	espolón, espuela
spuriae	espurías
spurious	espurio
sputum	esputo
squab	pichón
squalides	escuálidos
squama	escama
squamation	escamación
squamiferous	escamífero
squamiform	escamiforme
squamose	escamoso
squamula	escámula
squid	calamar, chopo
squilla	esquila, galera
squirrel	ardilla
squirrel monkey	saimirí
stag	ciervo
stag beetle	ciervo volante
stagnicolous	estagnícola
stallion	semental
stamen	estambre
standard	estándar
stapedius	estapedio
stapes	estribo
staphyline	estafilino
star	estrella
starfish	estrellamar
stargazer	uranoscopio
starling	estornino
stasis	estasis, stasis
stasimorphy	estasiomorfia
stasium	estasio
static	estático
stato-acústico	estatoacústico
statoblast	estatoblasto
statoconia	estatoconios
statocyst	estatocisto
statocyte	estatocito
statolith	estatolito
statoreceptor	estatorreceptor
statorhabd	estatorrabdito
staurospore	estaurospora
steapsin	esteapsina
stearin	estearina
steatocyte	esteatocito
steatopygia	esteatopigia
stechiology	estequiologia
steer	novillo

stem cell	célula primordial
stem reptile	reptil primordial o troncal
stegocephalus	estegocéfalo
stelocyttarous	estelocitáreo
stem	tallo
stemma	estema
stenobaric	estenobárico
stenobathic	estenobático
stenochronic	estenocórico
stenogastric	estenogästrico
stenoglossic	estenogloso
stenohaline	estenohalino
stenohygric	estenohígrico
stenoico	estenoico
stenoky	estenoquía
stenomorphic	estenomórfico
stenonotal	estenonotal
stenophagous	estenófago
stenophotic	estenofótico
stenopodium	estenopodito
stenosis	estenosis
stenostomatous	estenóstomo
stenothermic	estenotérmico
stenotopic	estenotópico
stenotropic	estenotrópico
stenoxybiont	estenoxibionte
stenozonal	estenozonal
stentorin	estentorina
stephanolite	estefanolito
stercobilin	estercobilina
stercomarium	estercomario
stercome	estercoma
stercoral	estercoral
stereoblastula	estereoblástula
stereognóstico	estereognóstico
stereogastrula	estereogástrula
stereokinesis	esterocinesis
stereoplasm	estereoplasma
stereospondyl	estereospóndilo
stereotropism	estereotropismo
sterile	estéril
sterility	esterilidad
sterlization	esterilización
sterliza	esterliza
sternebrae	esternebras
sternellum	esternelo
sternite	esternito
sternobranchial	esternobranquial
sternoclavicular	esternoclavicular
sternocostal	esternocostal
sternokleidomastoid	esternocleidomastoideo
sternopleurite	esternopleurito
sternoscapular	esternoescapular
sternoxiphoid	esternoxifoideo
sternum	esternón
steroid	esteroide
sterol	esterol
sterula	estérula
stethoscope	estetoscopio
stichic	estíquico
stickleback	gasterósteo, espinoso
stiffle	babilla, rodilla del caballo
stigma	estigma
stillborn	nonato
stilt	cachiporra, cigüeñuela
stimulation	estimulación
stimulus	estímulo
sting	aguijón
sting ray	lebisa, mantarraya
stinging coral	milépora
stipes	estipe, estipo
stirpe	estirpe
stock	tronco
stolon	estolón
stomach	estómago
stomatogastric	estomatogástrico
stomatology	estomatología
stomatopod	estomatópodo
stomidium	estomidio
stomochord	estomocordio
stomodaeum	estomodeo
stone marten	garduña
stoneflies	pleçópteros
stork	altacoya, cigüena
storm petrel	paíño
stradiol	estradiol
strange moray	raro
stranger	foráneo
stratifications	estratificaciones
strain	cepa
stratum	estrato
streaked	mojarra, patao
streptostylia	estreptostilia
stria	estría
striated	estriado
stridulation	estridulación
striga	estriga
strigilis	estrígilo
striola	estriola
strip	lista
striped anchovy	manjúa
striped tuny	bonito
striped weasel	muishond
strobilization	estrobilización, estrobilación
strobilus	estroma
strobuliferous	estrombulífero
strombuliform	estrombuliforme
strone	estrona
strongyle	estrónilo
structure	estructura
sturgeon	esturión
sty	orzuelo
stygian owl	siguapa
style	estilo
stylet	estilete
stylifer	estilífero
styloconic	estilocónico
stylohyal	estilohial
styloid	estiloides
stylomandibular	estilomandibular
stylomastoid	estilomastoideo
stylommatophore	estilimatóforo
stylopharyngeos	estilofaríngeo
stylopod	estilópodo
stylostome	estilostoma
stypic	estípico
subalpin	subalpina
subanconeus	subancóneo
subapical	subapical
subarachnoid	subaracnoides
subarcuate	subarqueado
subauricular	subauricular
subatrial	subatrial
subaxilary	subaxilar
sub-branchial	subranquial
sub-basal	sub-basal
subcalcareous	subcalcáreo
subcalcarine	subcalcarino
subcallosal	subcalloso
subcampanulate	subcampanulado
subcapsular	subcapsular
subcardinal	subcardinal
subcarinate	subcarinado
subcartilagineous	subccartilagíneo
subcaudal	subcaudal
subcaudate	subcaudado
subcellular	subcelular
subcentral	subcentral
subchela	subquela
subcheliceral	subqueliceral
subchordal	subcordal
subcingulum	subcíngulo
subclass	subclase
subclavate	subclavado
subclavian	subclavia
subclimax	subclímax
subcoracoid	subcoracoides
subcordate	subcordado
subcortical	subcortical
subcostal	subcostal
subcoxa	subcoxa
subcrenate	subcrenado
subcrural	subcrural
subcubital	subcúbico
subculture	subcultivo
subcutaneous	subcutáneo
subcuticular	subcuticular
subcutis	subcutis
subdermal	subdérmico
subdominant	subdominante
subdorsal	subdorsal
subdural	subdural
subepicardial	subepicárdico
subepidermal	subepidérmico
subepiglottic	subepiglótico
subepithelial	subepitelial
subfamily	subfamilia
subfossil	subfósil
subfusiform	subfusiforme
subgalea	subgalea
sub. gen.	sub. gen
subgeniculate	subgeniculado
subgenital	subgenital
subgenus	subgénero
subgerminal	subgerminal
subglenoid	subglenoideo
subglosal	subgloso
subharpal	subharpal

subthalamus	subtálamo
subhyaloid	subhialoide
subhyoid	subhioides
subiculum	subículo
subimago	subimago
subinguinal	subinguinal
subjugal	subyugal
subjugular	subyugular
sublaryngeal	sublaríngeo
sublenticular	sublenticular
sublethal	subletal
subliminal	subliminal
sublingua	sublingua
sublittoral	sublitoral
sublocular	sublocular
submandibular	submandibular
submarginal	submarginal
submarginate	submarginado
submaxilla	submaxila
submaxillary	submaxilar
submedian	submediano
submental	submentoniano
submentum	submentón
submucosa	submucosa
subnasal	subnasal
subneural	subneural
subnotochordal	subnotocordal
suboccipital	suboccipital
subocciput	suboccipucio
subocular	subocular
sub-oesophageal	subesofágico
suboperculum	subopérculo
suboptic	subóptico
suboral	suboral
suborbital	suborbital
suborder	suborden
subovate	subovado
subparietal	subparietal
subpectinate	subpectinado
subpericardic	subpericárdico
subperitoneal	subperitoneal
subpharyngeal	subfaríngeo
subphrenic	subfrénico
subphylum	subfílum, subfilo
subpial	subpial
subpleural	subpleural
subpubic	subpúbico
subradicate	subradicado
subradius	subradio
subradular	subradular
subreniform	subreniforme
subretinal	subretinal
subrostral	subrostral
subsacral	subsacro
subsartorial	subsartorial
subscapular	subscapular
subsclerotic	subesclerótica
subscutal	subscutal
subsegment	subsegmento
subserosa	subserosa
subserrate	subserrado
subsessile	subsésil
subspecies	subespecie
subspinous	subespinoso
subspatulate	subspatulado
substance	substancia
substernal	substernal
substrate	substrato
subtecal	subtecal
subterranean	subterráneo
subthoracic	subtorácico
subtrapezoidal	subtrapezoidal
subtribe	subtribu
subtruncate	subtruncado
subtypical	subtípico
subulate	subulado
subumbonal	subumbonal
subumbral	subumbral
subumbrella	subumbrela
subuncinate	subuncinado
subuncus	subunco
subungis	subunguis
subungual	subungual
subungulate	subungulado
subvertebral	subvertebral
subvital	subvital
subzonal	subzonal
subzygomatic	subcigomático
succession	sucesión
succise	succiso
succulent	suculento
succus	jugo
sucker	ventosa
suckling pig	lechón
sucrase	sacarasa
sucrose	sacarosa
suctorial	suctor, sugente
sudation	sudoración
sugar	azúcar
sulcation	sulcación
sulculus	súlculo
sulcus	sulco, surco
sumatran gibbon	unko
summation	sumación
sunbird	tigana
suni	suni
supercarpal	supercarpal
supercilia	superceja
superciliar	superciliar
supercilium	supercilio
superclass	superclase
supercostal	supercostal
superfamily	superfamilia
superfemale	superhembra
superficial	superficial
superfoetation	superfetación
superglottal	superglotis
superior	superior
superlingual	superlingual
supermale	supermacho
supernatant	supernatante
superorder	superorden
superorganism	superorganismo
superparasite	superparásito
superposition	superposición
supersacral	supersacro
superspecies	superespecie
supersonic	supersónico
supination	supinación
supinator	supinador
supplemental	suplementario
supra-acromial	supracromial
supra-anal	supranal
supra-angular	suprangular
supra-auricular	subprauricular
suprabranchial	suprabranquial
suprabuccal	suprabucal
supracallosal	supracalloso
supracaudal	supracaudal
supracellular	supracelular
supracerebral	supracerebral
suprachoroid	supracoroides
supra cit.	supra cit.
supraclavicular	supraclavicular
supracleithrum	supracleitro
supracondylar	supracondilar
supracostal	supracostal
supracranial	supracraneal
supradorsal	supradorsal
supra-episternum	supraepisternón
supra-ethmoid	supraetmoides
supraoesophageal	supraesofágico
supraglenoid	supraglenoideo
suprahyoid	suprahioideo
supraintestinal	supraintestinal
supralabial	supralabial
supralitoral	supralitoral
supraloral	supraloreal
supramaxilar	supramaxilar
suprameatal	suprameatal
supranasal	supranasal
supraoccipital	supraoccipital
supraocular	supraocular
supraorbital	supraorbital
suprapatellar	suprapatelar
suprapharyngeal	suprafaringeo
suprapneuston	supraneuston
suprapubic	suprapúbico
suprapygal	suprapigial
suprarenal glands	suprarrenales
suprascapular	supraescapular
supraseptal	supraseptal
suprasphenoid	suprasfenoides
supraspinal	supraspinal
supraspinatous	supraspinado
suprastapedial	suprastapedio
suprasternal	suprasternal
suprastigmal	suprastigmal
supratemporal	supratemporal
suprathoracic	supratorácico
supratidal	supramareal
supratonsillar	supratonsilar
supratrochlear	supratroclear
supratympanic	supratimpánico
supression	supresión
supressor	supresor
sural	sural
surcate	surcado

surgeonfish	barbero
surinam toad	cucurú
surra	surra
survey	reconocimiento
suscept	suscepto
suspension	suspensión
suspensor	suspensor
suspensory	suspensorio
sustentacular	sustentacular
suture	sutura
swallow	golondrina
swamp deer	brasinga
swan	cisne
swarm	enjambre, jabardillo
sweat	sudor
sweatbread	lechecillas
sweat glands	glándulas sudoríparas
swift	vencejo, salangana
swim bladder	vejiga natatoria
swine	marrano, cerdo
swordfish	emperador, gáleo
sword tailed	colisable
sycon	siconoide, sicón
sylvan	selvático
sylvestral	silvestre
sylvian	silviano
symbiont	simbionte
symbiont	simbionte
symbiosis	simbiosis
symbol	símbolo
symmetry	simetría
sympathetic	simpático
sympathin	simpatina
sympathoblast	simpatoblasto
sympatric	simpátrida
symphagia	sinfagia
symphalangism	sinfalangismo
symphily	sinfilia
symphoresis	sinforesis
symphysion	sinfisio
symphysis	sínfisis
symplast	simplasto
symplectic	simpléctico
sympodite	simpodito
sympodium	simpodio
symptom	síntoma
synangium	sinangio
synapse	sinapsis
synapomorphic	sinapomórfico
synaporium	sinaporion
synaposematic	sinaposemático
synapsid	sinapsidio
synapsis	sinapsis
synaptene	sinapteno
synapticula	sinaptícula
synaptychus	sináptico
synarthrosis	sinartrosis
syncerebrum	sincerebro
syncheimadia	sinquimadio
synchondrosis	sincondrosis
synchorology	sincorología
synchronic	sincrónico
syncraniate	sincraneano
syncranterian	sincranteriano
syncyanosis	sincianosis
syncytium	sincitio, sincicio
syndactyl	sindáctilo
syndactylism	sindactilismo
syndesis	síndesis
syndesmology	sindesmología
syndesmosis	sindesmosis
syndrome	síndrome
synechtran	sinectrano
synecology	sinecología
syneresis	sinéresis
synesthesia	sinestesia
synethogametism	sinetogametismo
syne typo	sin tipo
synergy	sinergia
syngametic	singamético
syngen	singén
syngenesis	singénesis
syngenetic	singenético
syngnaths	singnatos
syngonic	singónico
syngonium	singonio
syngynous	singino
synhesia	sinesia
synnesma	sinesma
synizesis	sinízesis
synkaryon	sincarion
synkariocyte	sincariócito
synoecium	sinecio
synonym, synonymous	sinónimo

synonymy	sinonimia
synovia	sinovia
synoviparous	sinovíparo
synpelmous	simpélmico
synsacrum	sinsacro
syntagmata	sintagmas
syntechnic	sintécnico
syntenosis	síntenosis
synthorax	sintórax
syntrophoblast	sintrofoblasto
syntropic	sintrópico
syntype	sintipo
synusia	sinusia
syringium	siringio
syringograde	siringógrado
syrinx	siringe
syrtis	sirtis
syssarcosis	sisarcosis
systaltic	sistáltico
system	sistema
systematic	sistemática,
systemic	sistémico
systole	sístole
syzygy	sicigia
tabby	barcino
tabes	tabes
tabid	tábido
table	tabla
tabula	tábula, tabililla
tabular	tabular
tachography	tacografía
tachyauxesis	taquiauxesis
tachycardia	taquicardia
tachygen	taquígeno
tachygenesis	taquigénesis
tachylalia	taquilalia
tachyphagia	taquifagia
tachyphilaxis	taquifilaxia
tachipnea	taquipnea
tachisterol	taquisterol
tactor	tactor
tactometer	tactómetro
tadpole	renacuajo
taenia	tenia, solitaria
taeniacide	tenicida
taeniafuge	tenífugo
taeniasis	teniasis
taenidium	tenidio
taeniglossa	teniglosa
taenioles	teniolas
tagmata	tagmas
taguan	guigui
taiga	taiga, taigá
tail	cola, rabo
tailfeathers	rectrices, timoneras
takin	budorcas
talapoin	talapoin
talipomanus	talipómano
tallow	sebo
talocalcaneal	talocalcáneo
talocrural	talocrural
talonid	talónido
talus	talón
tamanovalvid	tamanoválvido
tamaru	tamarú
tamarin	tamarín
tanager	tanagra, tángara
tangalunga	tangalunga
tangoreceptor	tangorreceptor
tantalum	tántalo
tape worm	tenia, solitaria
tapeinocephaly	tapeinocefalia
tapetum	tapete, tapiz
taphon	tafón
tapir	tapir, danta
tar	tar
tarantella	tarantismo
tarantula	guabá, tarántula
tardigrade	tardígrado
tarpan	tarpán
tarpon	tarpón
tarsal	tarsiano
tarsier	tarsero, mago
tarsomeres	tarsómero
tarsus	tarso
Tasmanian wolf	tilacino
Tasmanian devil	sarcófilo
taste	gusto
taste bud	botón gustativo
tauidion	tauidio
taurine	taurino
tautology	tautología
tautomeric	tautomérico
tautonnym	tautónimo

tautotype	tautotipo
tawny owl	cárabo, concón
taxa	taxones
taxidermist	taxidermista
taxidermy	taxidermia
taxis	tactismo, taxia, taxis, taxismo
taxology	taxología
taxon	taxón
taxonomist	taxonomista, taxónomo
taxonomy	taxonomía
tayra	taira
teal	cerceta
tear	lágrima
teat	teta
technic	técnica
tectine	tectina
tectology	tectología
tectorial	tectorio
tectospondylic	tectospondílico
tectotype	tectotipo
tectrices	tectrices
teeth	dientes
tegmen	tegmen
tegmentum	tegmento
tegmina	tegmina
tegula	tégula
tegumen	tegumen
tegumere	tegúmero
teju	teyu
tela	tela
telamon	télamo
teledu	teledu
telegamic	telegámico
telegenesis	telegénesis
telegony	telegonía
telemetacarpal	telemetacarpal
telencephalon	telencéfalo
teleochrysalis	teleocrisálida
teleoconcha	teleoconcha
teleodont	teleodonte
teleology	teleología
teleophore	teléforo, teleóforo
teleoptile	teleóptilo
teleosis	teleosis
teleost	teleósteo
teleostomic	teleóstomo
telescopiform	telescopiforme
teleceptor	teleceptor
telesystolic	telesistólico
telethmoid	teletmoides
telline	telina, tellerina
teloblast	teloblasto
telocentric	telocéntrico
telocoel	telocelo
telodendron	telodendron
telofemur	telefémur
telogen	telógena
telokinesis	telocinesis
telolecithal	telolecito
telolemma	telolema
telomere	telómero
telomitic	telomítico
telophase	telofase
telophragma	telofragma
teloreceptor	telorreceptor
telostom	telostoma
telosynapsis	telosinapsis
telotarsus	telotarso
telotaxis	telotaxia
telotoxy	telotoxia
telotrocha	telotroco
telson	telson
telum	telum, telo
temnospondylous	temnospondíleo
temporal	temporal
temperature	temperatura
template	molde
temporomandibular	temporomandibular
temporomaxilar	temporomaxilar
tenaculum	tenáculo
tench	tenca
tendon	tendón
tenofibrils	tenofibrillas
tenontology	tenontología
tenoreceptor	tenorreceptor
tenotomy	tenotomía
tenpounder	chiro
tenrec	tenreco
tensor	tensor
tentacle	tentáculo
tentacular	tentacular
tentaculate	tentaculado
tentaculocyst	tentaculocisto
tentaculozooide	tentaculozoide
tentillum	tentilo
tentorium	tentorio
tenuirostrum	tenuirrotre
teobroma	teobroma
teratogne	teratógeno
teratology	teratología
teratomas	teratomas
tercel	terzuelo, halcón macho
terebra	terebra
terebratorium	terebratorio
teredo	broma, teredo
teres	teres
tergite	terguito
tergosternal	tergosternal
tergum	tergo
terminal	terminal
terminalization	terminalización
termite	termite, comején
termitophilous	termitófilo
termogénesis	termogénesis
termones	termonas
termosthesia	termostesia
tern	gaviotín, charrán, gaviota
terogtisma	pterogtisma
terrapene	terrapene
terrapin	jicotea
terrestrial	terrestre
terricolous	terrícola
terrier	terrero
territorialism	territorialismo
territory	territorio
tertiaries	terciarias
Tertiary	Terciario
tesselated	teselado
tesserae	téseras
test	testa, concha
testaceous	testáceo
testes	testículos
testicle	testículo
testicond	testicondo
testis	testículo
testosterone	testosterona
testostracum	testostraco
tetatanize	tetanizar
tetanism	tetanismo
tetanus	tétano
tetany	tetania
tethelin	tetelina
tetrabranchiate	tetrabranquio
tetraceros	tetráceros
tetracotyle	tetracotilo
tetracyte	tetracito
tetrada	tétrada
tetradactyl	tetradáctilo
tetragenic	tetragénico
tegragonal	tetragonal
tetralogy	tetralogía
tetralophous	tetralofo
tetramerous	tetrámero
tetramite	tetrámita
tetranucleotides	tetranucleótidos
tetraploid	tetraploide
tetrapod	tetrápodo
tetrapterous	tetráptero
tetrapyrrol	tetrapirrol
tetraselenodont	tetraselenodonte
tetrasome	tetrasoma
tetrasporocystid	tetrasporocístido
tetraster	tetráster
tetrasternum	tetrasternón
tetrarthognatous	tetrartognato
tetraxon	tetraxonia
tetrazoic	tetrazoico
tetrazooid	tetrazoide
tetter	herpes, eczema
tectum	tecto
textura	textura
thalamencephalon	talamencéfalo
thalamus	tálamo
thalassemia	talasemia
thalassic	talásico
thalassicolous	talasícola
thalassin	talasina
thalassoid	talasoide
thalassoplancton	talasoplancton
thalposis	talposis
thanatology	tanatología
thanatosis	tanatosis
thanotoid	tanatoide
theca	saco, cápsula
thecacyst	tecacisto
thecamoeba	tecameba
thecodont	tecodonte
thetoplankton	tetoplancton

thelyblast	teliblasto
thelycariotic	telicariótico
thelycum	télico
thelygenic	teligénico
thelyplasm	teliplasma
thelytoky	telitoquia
thenal	tenal
thenar	tenar
theratology	teratología
thermoceptor	termoceptor
thermocline	termoclinal
thermolabile	termolábil
thermolysis	termólisis
thermophil	termófilo
thermopolynea	termopolipnea
thermoscopic	termoscopio
thermostabile	termostable
thermotaxis	termotaxia
thermotropism	termotropismo
theromorph	teromorfo
thesocyte	tesocito
thiamine	tiamina
thicklippe	morrudo
thigh	muslo
thigmocyte	tigmocito
thigmoleptic	tigmoléptico
thigmotaxis	tigmotaxia
thigmotropism	tigmotropismo
thio-uracil	tio-uracilo
thoracentesis	toracentesis
thoracic	torácico
thoracograph	toracógrafo
thoracolumbar	toracolumbar
thoracoplasty	toracoplastia
thoracopod	toracópodo
thorax	tórax
thread herring	machuelo
three banded armadillo	apar
three horned	tricorne
threonine	treonina
threshold	limen, umbral
thrips	trips
throat	garganta
thrombin	trombina
thrombocyte	trombocito
thrombogen	trobógeno
thrombophlebitis	tromboflebitis
thrombokinase	trombocinasa
thrombus	trombo
thrombosis	trombosis
throwback	reversión
thrush	tordo, zorzal
thumb	pulgar
thylhexactine	tilhexactina
thymalus	tímalo
thymidine	timidina
thymine	timina
thymocyte	timocito
thymonucleic	timonucleico
thymovidin	timovidina
thymus	timo
thyridium	tiridio
thyrocalcitonin	tirocalcitonina
thyroglossal	tirogloso
thyrohyal	tirohial
thyrohyoid	tirohioideo
thyroid	tiroides
thyroidine	tiroidina, tiroyodina
thyroiditis	tiroiditis
thyroidictomy	tiroidictomía
thyrotoxic	tirotóxico
thyrotrophic	tirotrófico
thyrotropin	tirotropina
thyroxine	tiroxina
thysanur	tisanuro
thysanuriform	tisanuriforme
tialina	tialina
tiamine	tiamina
tibia	tibia
tibia-tarsus	tibiotarso
tibia-fibula	tibioperoné
tibiofibular	tibiofibular
tick	garrapata, rezno
tidal	mareal
tiger	tigre
tiger beetle	cicindela
tiger cat	tigrillo, cunaguaro
tiger heron	hocó
tiger shark	alecrín
tigon	tigon
tigress	tigra
tigroid	tigroide
tigrolysis	tigrólisis
tilly bones	huesos hiperosteósicos

timonera	timonera
tine	candil
tinamou	inabú, tinamu
tipula	típula
tiroglobulin	tiroglobulina
tissue	tejido
tit	paro
titanosaur	titanosaurio
titi monkey	zocayo, tití
toad	sapo, escuerzo
toadfish	peje sapo
tococyte	tococito
tocology	tocología
tocopherol	tocoferol
tocostome	tocostoma
tokey	chacón
tomentose	tomentoso
tomentum	tomento
tomite	tomita
tomium	tomio
tomont	tomonte
tomtate	jeníguano
tonicity	tonicidad
tongue	lengua
tonofibril	tonofibrilla
tonometer	tonómetro
tonoreceptor	tonorreceptor
tonsil	amígdala, tónsila
tonsillar	tonsilar
tonus	tono
top minnow	guajacón, gambusino
top shell	burgado, sigua
topi	topi
topochemical	topoquímico
topodeme	topodeme
topography	topografía
toponym	toponimia
topotaxis	topotaxia
topotype	topotipo
tooth	diente
toral	toral
torcular	torcular
torma	torma
tormogen	tormógeno
tornate	tornado
tornaria	tornaria
torpedo	tembladera, torpedo, tremielga
torrenticolous	torrentícola
torsión	torsión
torticone	tortícono
tortoise	tortuga terrestre
torulus	tórulo
totipalmate	topipalme
totipotent	totipotente
toucan	tucán
touch	tacto
touraco	turaco
toxalbumen	toxalbúmina
toxemia	toxemia
toxaspire	toxaspira
toxic	tóxico
toxicity	toxicidad
toxicology	toxicología
toxiferous	toxífero
toxigenic	toxígeno
toxiglossate	toxigloso, toxogloso
toxin	toxina
toxisterol	toxisterol
toxoid	toxoide
toxon	toxón
toxophores	toxóforas
toxoplasmosis	toxoplasmosis
trabant	trabante
trabecula	trabécula
trabs	trabs
trachea	tráquea
trachelate	traquelado
trachelosome	traquelosoma
trachenchyma	traquénquima
tracheobranchial	traqueobranquial
trachoma	tracoma
trachyglossate	traquigloso
tractellum	tractelo
tractus	tracto
tradigrade	tradígrado
tragopan	tragopán
tragus	trago
tract	pista, huella
transamination	transaminación
transcription	transcripción
transduction	transducción
transductor	transductor
transection	transección
transeptate	transeptado

transferarse	transferasa
transformism	transformismo
transgenation	transgenación
transilient	transiliente
transitional	transicional
translocation	translocación
transmedian	transmediano
transmitter	transmisor
transmutation	transmutación
transpalatino	transpalatino
transpinalis	transpinales
transpiration	transpiración
transplant	transplantar
transplantation	transplante
transudate	trasudado
transverse	transversal
transversion	transversión
trapeziform	trapeciforme
trapezium	trapecio
trapezoide	trapezoide
traqueole	traquéola, traqueola
trauma	trauma
traumatic	traumático
traumotaxia	traumotaxia
tree duck	pichichi, yaguaza, chiriría
tree frog	rana arborícola, hila
tree-hyrax	nieba
tree oyster	perna, baya
tree shrew	tupaia , tupaya
trema	trema
tremalloid	tremaloide
trematic	tremático
tremócyst	tremocisto
trepang	balate, trepang
trephocyte	trefocito
trephones	trefonas
tree porcupine	coandú
treppe	treppe
triactinal	triactinal
triangularis	triangular
triarticulate	triarticulado
Triassic	Triásico
triaster	triáster
triaxonia	triaxonia
tribe	tribu
triboloid	triboloide
triboluminescence	triboluminescencia
tribospheric	tribosférico
tricephalo	tricéfalo
triceps	triceps
trichin	triquina
trichites	triquitos
trichobothrium	tricobotrio
trichobranchia	tricobranquia
trichocephalus	tricocéfalo
trichocyst	tricocisto
tríchogen	tricógeno
trichohyalin	tricohialina
trichoid	tricoid
trichology	tricología
trichomonas	tricomonas
trichosiderin	tricosiderina
trichosis	tricosis
trichuriasis	tricuriasis
trichroic	tricroico
trichromatic	tricromático
tricipital	tricípite
triconodont	triconodonte
tricophore	tricóforo
tricrotic	tricrótico
tricrural	tricrural
tricuspid	tricúspide
tridacna	tridacna
tridactyl	tridáctilo
tridental	tridentado
triena	triena
triestearine	triestearina
trifacial	trifacial
trifid	trífido
triflagellate	triflagelado
trift	copete
trigamma	trigama
trigeminal	trigémico
trigenic	trigénica
trigerfish	pez cochino, sobaco
trigonid	trigónido
trigonocephalon	trigonocéfalo
trigonum	trígono
triheterozygote	triheterocigoto
trilinoleine	trilinoleina
trilobites	trilobitas
trilophodont	trilofodonte
trilophous	trílofa
trimerous	trímero
trimetamery	trimetamería
trimorphism	trimorfismo
trinomial	trinomio
troid	tríodo
triiodotyrosine	triyodotirosina
triose	trióseo
triosseum	trióseo
tripletail	macurí
tripeptidasa	tripeptidasa
triplet	triplete
tripoblast	tripoblasto
triplobastic	triploblástico
triploid	triploide
tripod	trípode
tripolar	tripolar
trips	trips
tripsin	tripsina
tripton	tripton
tripus	tripus
triradial	trirradial
trismus	trismo
trisomic	trisómico
trisomy	trisomía
tritanopia	tritanopía
tritibial	tritibial
tritoblast	tritoblasto
tritocerebrum	tritocerebro
tritocone	tritocono
tritognathous	tritognato
triton	tritón
tritonympha	tritoninfa
triton shell	caracola
tritor	tritor
tritosoma	tritosoma
tritozooid	tritozoide
tritubercular	tribubercular
triungulin	triungulina
trivalent	trivalente
trivalvo	trivalvo
trivium	trivio
trizoic	trizoico
trocophore	trocófora
trochanter	trocánter
trochantin	trocantina
trochiform	troquiforme
trochite	troquita
trochlea	tróclea
trochlear	troclear
trochoblast	trocoblasto
trochoid	trocoide
trochozoon	trocozoo
trochus	troco
troglobiont	troglobio
troglodyte	troglodita
troglophilous	troglófilo
trogloxenous	trogloxeno
trogoderma	trogoderma
trogon	surucúa, trogon
trophoneurosis	trofoneurosis
trombase	trombasa
trombocyte	trombocito
trombocytopenia	trombocitopenia
tromboplastid	tromboplástidio
tromboplastin	tromboplastina
trombozyme	trombozima
tropeic	tropeico
trophallaxis	trofalaxia
trophamnion	trofamnion
trophectoderm	trofoectodermo
trophema	trofema
trophi	trofos
trophic	trófico
trophidium	trofidio
trophifer	trofífero
trophism	trofismo
trophoblast	trofoblasto
trophochrome	trofocromo
trophocromatin	trofocromatina
trophocyte	trofocito
trophoderm	trofodermo
trophodisc	trofodisco
trophology	trofología
trophonemata	trofonemas
trophoneurosis	trofoneurosis
trophonucleus	trofonúcleo
trophont	trofonte
trophoplasm	trofoplsma
trophoplast	trofoplasto
trophosome	trofosoma
trophospongia	trofospongia
trophotaeniae	trofotenias
trophotaxis	trofotaxia
trophotylaxis	trofotilaxia
trophotropism	trofotropismo

trophozoite	trofozoito
trophozooid	trofozoide
tropibasic	tropibásico
tropic	trópico
tropic bird	rabijunco
tropical	tropical
tropine	tropina
tropism	tropismo
tropocollagen	tropocolágeno
tropotaxis	tropotaxia
troupial	trupial turpial
trumpeter	agamí, jacamín
trout	trucha, juil
trumpet shell	botuto, fotuto
truncate	truncado, trunco
trunk	tronco
trunkfish	chapin, pez cofre
trunk of body	torso
trypanosomiasis	tripanosomiasis
trypsinogen	tripsinógeno
tryptophan	triptófano
trypsin	tripsina
tsaine	bantengo
tsetse fly	tsetsé
tuatara	tuatara
tuba	tuba
tube	tubo
tube feet	podios
tuber	túber
tubercle	tubérculo
tuberculin	tuberculina
tubicolous	tubícula
tubicorn	tubicorne
tubifacient	tubifaciente
tubilingual	tubilingüe
tubiparous	tubíparo
tubule	túbulo
tuco-tuco	tucotuco, tucaquere
tuft	penacho, mechón, copete
tuler	tular
tumefaction	tumefacción
tumid	túmido
tunica	túnica
tunicate	tunicado
tunicine	tunicina
tunicle	tunícula
tunna	atún
tupaia	tupaya
turacin	turacina
turaeoverdin	turacoverdina
turbellarian	turbelario
turbinate	turbinado
turbinal	turbinal
turbiniform	turbiniforme
turgor	turgencia
turgescence	turgescencia
turkey	guajolote, pavo
turkey buzzard	aura, zonchiche
turkey vulture	aura
turnover	renovación, remplazo
turnstones	vuelvepiedras
turreted	turriculada
turriculate	turricalado
turtle	galápago, tortuga
tusks	defensa
tusk shell	colmillito, dentalio
tusor	tusor
tutamen	tutamen
twins	mellizos
two toed sloth	unau, perezoso
tychocoen	ticoceno
tycholimnetic	ticolimnético
tychoplankton	ticoplancton
tychopotamic	ticopotámico
tylapia	tilapia
tylosis	tilosis
tylostyle	tilostilo
tylote	tiloto
tylotoxea	tilotoxea
tylus	tilo
tymbal	timbal
tympanic	timpánico
tympanohial	timpanohial
tympanum	tímpano
tyndalization	tindalización
type	tipo
type locality	localidad típica
type specimen	ejemplar tipo
typic	típico
typhosole	tiflosolen
typogenesis	tipogénesis
typolysis	tipólisis
typonymy	tiponimia
typostasis	tipostasis
tyramine	tiramina
tyranosaurs	tiranosaurio
tyrotropic	tirotrópico
twitch	contorsión
tzetze	tzetsé
uacari monkey	uácari
ubiquinone	ubiquinona
ubiquitous	ubicuo
udder	ubre
ulcer	úlcera
ulcerate	ulcerado
ulceration	ulceración
ulcerative	ulcerante, ulcerativo
ulcerous	ulceroso
uliginous	uliginoso
ulitis	ulitis
ulna	cúbito, ulna
ulnar	ulnar
ulnocarpal	ulnocarpal
ulnoradial	ulnorradial
uloid	uloideo
ulone	ulona
ulotrichous	ulotrico
ultimobranchial	ultimobranquial
ultracentrifuge	ultracentrífuga
ultramicrobe	ultramicrobio
ultramicroscope	ultramicroscopio
ultrasinistral	ultrasinistrorso
ultrasonic	ultrasónico
ululate	ulular
umbella	umbela
umbellule	umbélula
umbilical	umbilical
umbo	umbo
umbraculum	umbráculo
umbraticolous	umbratícola
umbraticous	umbrático
umbrella	umbrela
umbrella bird	danto
umbrina	roncador
unassimilable	inasimilable
unciform	ganchudo, unciforme
uncinariasis	uncinariasis
uncinus	uncino
uncus	uncus
underfur	borra
undose	undoso
undulating	undulante
ungicolous	unguícola
ungicorn	ungicorne
ungiculate	unguiculado
unguis	unguis
unguitractor	unguitractor
ungula	úngula
ungular	ungular
ungulate	ungulado
unguligrade	ungulígrado
uniactine	uniactina
uniaxial	uniaxial
unibranchiate	unibranquio
unicapsular	unicapsular
unicellular	unicelular
uniciliate	uniciliado
unicipital	unicípite
unicorn	unicornio
unicostate	uniacostillado
unicuspid	unicúspide
unidactyl	unidáctilo
uniembryonary	uniembrionario
unifacial	unifacial
unifactorial	unifactorial
uniflagellate	uniflagelado
uniforate	uniforado
uniformitarianism	uniformismo
unigerminal	unigémico
unigenesis	unigénesis
unihumoral	unihumoral
unilaminate	unilaminado
unilateral	unilateral
unilocular	unilocular
unimucronate	unimucronado
uninucleate	uninucleado
union	unión
uniovular	uniovular
uniparental	uniparental
uniparous	uníparo
uniped	unípede, unípodo
unipolar	unipolar
unipotent	unipotente
uniradiate	unirradiado
uniramous	unirrámeo
uniseptate	uniseptado
uniserial	uniserial
uniserrate	uniserrado

uniserrulate	uniserrulado
unisetose	unisetoso
unisexual	unisexual
unispiral	unispiral
unistratose	unistratificado
unity	unidad
univalent	univalente
univalve	univalvo
univoltine	univoltino
univorous	unívoro
upsiloid	upsiloide
upupa	upupa
urachus	uraco
uracil	uracilo
uraemia	uremia
uranoscopus	uranoscopio
urate	urato
urcelous	urceólo
urea	urea
urease	ureasa
ureide	ureido
urent	urente
ureotelic	ureotélico
ureter	uréter
urethra	uretra
urethritis	uretritis
uretic	urético
urial	shapo, urial
uric	úrico
uricase	uricasa
uricolytic	uricolítico
uricotelic	uricotélico
uridine	uridina
urin	urín, shapo
urinary	urinal, urinario
urine	orina
uriniferous	urinífero
urite	urito
urn	urna
urobilin	urobilina
urobilogen	urobilinógeno,
urochord	urocordio
urochrome	urocromo
urocoel	urocelo
urocyst	urocisto
urocystitis	urocistitis
urodaeum	urodeo
urodynia	urodinia
urogastric	urogástrico
urogenital	urogenital
urogenous	urógeno
urohyal	urohial
urohypophysis	urohipófisis
uroleptus	urolepto
urolith	urolito
urology	urología
urologist	urólogo
urolutein	uroluteína
uromelanin	uromelanina
uromere	urómero
urometer	urómetro
uromorphic	uromorfo
uronema	uronema
uropatagium	uropatagio
uropeny	uropenia
urophan	urófano
urophysis	urofisis
uropod	urópodo
uropore	uróporo
uropoiesis	uropoyesis
uroporphyrin	uroporfirina
uropsammus	uropsamo
uropterin	uropterina
uropygium	uropigio
uropyloric	uropilórico
urorubin	urorrubina
urosacral	urosacro
uroscopy	uroscopia
urosome	urosoma
urostege	uróstego
urosteon	uròsteo
urosternite	urosternito
urosthenic	urostémico
urostyle	urostilo
uroxanthin	uroxantina
ursine	ursino
ursón	ursón
urticant	urticante
urticaria	urticaria
uteroabdominal	uteroabdominal
uterosacral	uterosacro
uterovaginal	uterovaginal
uterus	útero
utricle	utrículo
utriculus	utrículo
utriform	utriforme
uvea	úvea
uveta	uveta
uviform	uviforme
uviparous	uvíparo
uvula	úvula, galillo
uvular	uvular
vacuole	vacuola
vacuolization	vacuolización
vacuome	vacuoma
vagil	vágil
vagility	vagilidad
vagina	vagina
vaginervose	vaginervoso
vaginicolous	vaginícola
vaginipennate	vaginipennado
vaginula	vagínula
vagosympatic	vagosimpático
vagotonia	vagotonía
vagus	vago
valence	valencia
valine	valina
vallecula	vallécula
valvate	valvado
valve	valva, válvula
valvulate	valvulado
vampire	vampiro
vanadocyte	vanadocito
vane	vana
var	var.
vari	vari
variability	variabilidad
variant	variante
variation	variación
varicocele	varicocele
variety	variedad
variegated	abigarrado
varix	várice
vascularize	vascularizar
vasculum	vásculo
vas deferens	vaso deferente
vase	vaso
vasoconstrictor	vasoconstrictor
vasodentine	vasodentina
vasodepression	vasodepresión
vasodilatation	vasodilatación
vasoganglion	vasoganglio
vasomotion	vasomoción
vasomotor	vasomotor
vasopressin	vasopresina
vasopressor	vasopresor
vasotomy	vasotomía
vasotrophic	vasotrófico
vassel	vaso
vector	vector
vegetalization	vegetalización
vegetal pole	polo vegetativo
vegetarian	vegetariano
vein	vena
velarium	velario
velum	velo
velutine	velutino
velvet	correal, terciopelo
venin	veneno
venous	venoso
vent	ano, orificio
ventilation	ventilación
ventral	ventral
ventralia	ventrales
ventrianal	ventrianal
ventricle	ventrículo
ventricose	ventricoso
ventrodorsal	ventrodorsal
ventrolateral	ventrolateral
venule	vénula, venilla
Venus girdle	cinturón de Venus
Venus watering pot	regadera de Venus
verge	verga
vermiculate	vermiculado
vermicular	vermicular
vermiculation	vermiculación
vermiculus	vermículo
vermifuge	vermífugo
vermillon snapper	cotorro
vermin	alimaña
vermis	vermis, verme
vernacular	vernáculo
vernicose	vernicoso
vernix caseosa	vérnix caseosa
veromontanum	veromontánum
versatil	versatil
versicolor	versicolor
vertebra	vértebra

vertebrate	vertebrado
vertical	vertical
verticil	verticilo
vesica	vesica, vejiga
vesicle	vesícula, vejiguilla
vesiculasa	vesiculasa
vespertine	vespertino
vespiary	vespiario
vespid	véspido
vestibule	vestíbulo
vestige	vestigio
veterinary	veterinario
via	vía
viatical	viatícola
vibracularium	vibraculario
vibrissa	vibrisa
vibrotropism	vibrotropismo
vicariation	vicariación
vicinism	vicinismo
vicuna	vicuña
vinculum	vínculo
vinegarroon	vinagrón
viper	víbora
vireo	bienteveo
virescent	virescente
virgate	virgado
virgin	virgen
virilism	virilismo
virulency	virulencia
viscacha	vizcacha
viscera	víscera
vicerocraneum	viscerocráneo
visceromotor	visceromotor
vision	visión
visual	visual
vital	vital
vitalism	vitalismo
vitality	vitalidad
vitamers	vitámeros
vitamin	vitamina
vitazime	vitazima
vitelarium	vitelario
vitelline	vitelino
viteloduct	viteloducto
vitelogenesis	vitelogénesis
vitelophage	vitelófago
vitelorubin	vitelorrubina
vitellus	vitelo
vitrella	vitrela
vitrous	vítreo
vitrinodentin	vitrinodentina
vivarium	vivario
vivary	vívero
viverra	civeta
vivification	vivificación
viviparity	viviparidad
viviparous	vivíparo
vivisection	vivisección
vixen	zorra
vocal	vocal
voluntary	voluntario
volutin	volutino
vomer	vómer
vomeronasal	vomeronasal
vomeropalatine	vomeropalatino
vomit	vómito
vortex	vórtice
vulture	buitre
vulturine	vulturino
vulva	vulva
vulvourethral	vulvouretral
vulvovaginal	vulvovaginal
wading bird	zancuda
wagtail	aguzanieves
wahoo	peto
walking stick	fásmido
wall	pared, muralla
wallaby	uálabi
Wallacea	Walacea
walrus	morsa
wanderoo	uanderú
wapiti	uápiti
warbler	bijirita, gorjear, reinita
warren	conejera
wart	verruga
wart hog	focóquero
wasp	avispa
water buffalo	carabao
water opossum	yapó
water spider	alguacilillo
water turkey	marbella
wattle	carúncula (de ave)
wean	destetar
weasel	comadreja
weaver finch	veterano, diablito
weevil	gorgojo
West Indian grebe	zaramagullón
wether	carnero llano
whale	ballena
whale shark	pez dama, tiburón ballena
Wharton's jelly	jalea de Wharton
wheatear	collaebe
whelk	caracola
wheel	rueda
wheep	cachorro
whippet	lebrel
wheeze	jadeo
whip scorpion	vinagrillo, vinagrón
whip worm	tricocéfalo
whirlbone	rótula
whirling beetle	escribano
white ibis	coco blanco
white lipped pecari	senso
white-nosed monkey	avoem
white of eggs	albura, clara de huevo
white pelican	onocrótalo
white-tailed eagle	pigargo
white whale	beluga
white-winged dove	cubanita, aliblanca
wild	salvaje, montañez, realengo
wild boar	jabalí
wildcat	gato montés, lince
wildgoat	hirco
wild pigeon	paloma torcaz
willer	chorlo, zarapico, playero
willikina	williquina
Wilson's Plover	corredor, playero
wing	ala
winglet	álula
wing stroke	aletazo
wingy	alada
wisent	bizonte europeo
wish bone	espoleta
witch milk	leche de brujas
withers	cruz
wolf	lobo
wolf cub	lobato
wolfhound	galgo lobino, borzoi
wolverine	glotón
wombat	uombat
woodchuck	marmota
woodcock	coalla, becada, chocha
wood duck	huyuyo
wood frog	calamite
wood ibis	tántalo, cayama
wood lice	carcoma
woodpecker	carpintero, picamaderas
wood thrush	zorzal migratorio
wool	lana
woolly monkey	barrigudo
worker	obrero
worm	lombriz, gusano
wormian	wormiano
wrasse	doncella
wren	chochín
wringler	gusarapo
wrinkled	arrugado
wryneck	torcecuello
xanthein	xanteínal
xanthelasma	xantelasma
xanthic	xántico
xanthine	xantina
xanthism	xantinismo
xanthodermic	xantodérmico
xanthophore	xantóforo
xanthophyll	xantofila
xanthoplast	xantoplastidio
xanthopsia	xanthopsia
xanthopsin	xantopsina
xanrhopterine	xantopterina
xanthosome	xantosoma
xenarthral	xenártrico
xenobiosis	xenobiosis
xenogamy	xenogamia
xenogenesis	xenogénesis
xenogenous	xenógeno
xenoecic	xenoico
xenology	xenología
xenomisis	xenomisis
xenoparasite	xenoparásito
xenophya	xenofia
xenophore	xenóforo
xenoplastic	xenoplástico
xerantic	xerántico
xeromorphic	xeromorfo
xerophagous	xerófago
xerophobous	xerófobo
xerophthalmia	xeroftalmía

xerosere	xeroserie
xerosis	xerosis
xerothermic	xerotérmico
xilophagous	xilófago
xiphihumeralis	xifihumeral
xiphiplastron	xifiplastrón
xiphisternum	xifisternón
xiphoid	xifoides
xiphosuran	jifosuro, xifosuro
yak	yac
yacara	yacará
yearling	añojo
yeast	levadura
yellow rail	gallito amarillo gallinuelita
yellow eye snapper	rayado, chillo
yellow-faced grassquit	chamorro, tomeguín gorrión
yellow grouper	arigua
yellow hammer	verderón
yellow-headed caracara	chimachimá
yellow jacket	avispa, avispón
yellow legs	caballero
yellow spot	mácula lútea
yellow tail	rabirrubia, colirrubia
yellow warbler	canario de mangle
yellow yolk	yema amarilla
yolk	yema, vítelo
yolk epithelium	epitelio vitelino
yolk epicardia	epicardio vitelino
yolk plug	tapón vitelino
yuxtaposition	yuxtaposición
zaguoti	zagutí
zebra	cebra
zebra cowrie	maco
zebu	zebu, cebú
zein	zeina
zeren	zerán
zeuglodont	zeuglodonte
zeugopod	zeugópodo
zo	zo
zoantharian	zoantario
zoanthella	zoantela
zoanthina	zoantina
zoanthropy	zoantropía
zoarium	zoario
zobo	dzo
zoëa	zoe, zoea
zoetic	zoético
zoico	zoico
zoid	zooide
zoidiophorous	zoidioforo
zoidiogame	zoidiógamo
zonation	zonación
zonate	zonado
zonality	zonalidad
zonary	zonaria
zone	zona
zonilimnetic	zonilimnético
zoniform	zoniforme
zonite	zonito
zonociliate	zoniciliado
zonule	zónula
zoo	zoo, parque zoológico
zooanthellae	zooantelas
zoobenthos	zoobentos
zoobiology	zoobiología
zoobiosis	zoobiosis
zooblast	zooblasto
zoocaule	zoocaule
zoocecidium	zoocecidio
zoochlorella	zooclorela
zoochore	zoócoro
zoocoenocyte	zoocenocito
zoocyanella	zoocianela
zoocytium	zoocitio
zoodomatia	zoodomacio
zoodynamics	zoodinámica
zooecium	zooecio
zooerythrin	zooeritrina
zoofulvin	zoofulvina
zoogamete	zoogameto
zoogamy	zoogamia
zoogenesis	zoogénesis
zoogenous	zoogeno
zoogeography	zoogeografía
zoography	zoografía
zooide	zooide
zoolapton	zoolapto
zoolith	zoolito
zoology	zoología
zoome	zooma
zoomelanin	zoomelanina
zoomorphosis	zoomorfósis
zooamylon	zooamilo
zoon	zoón
zoonerytrin	zooneritrina
zoonito	zoonito
zoonomy	zoonomía
zoonosis	zoonosis
zoonymy	zoonimia
zooparasite	zooparásito
zoophage	zoófago
zoopherin	zooferina
zoophilous	zoófilo
zoophobic	zoófobo
zoophyte	zoófito
zooplankton	zooplancton
zooplasm	zooplasma
zoopsychology	zoopsicología
zoosis	zoosis
zoospore	zoospora
zootaxy	zootaxia
zootechnics	zootecnia
zoothermopsis	zootermopis
zoothome	zoótomo
zootomy	zootomía
zootoxin	zootoxina
zootrophic	zootrófico
zootype	zootipo
zooxanthela	zooxantela
zooxantin	zooxantina
zygantrum	cigantro
zygaphophysis	cigapófisis
zygobranchial	cigobranchial
zygodactyl	zigodáctilo
zygodactyly	cigodactilia
zygodont	cigodonte
zygoid	cigoide
zygoma	cigoma
zygomatic	cigomático
zygomelous	cigómelos
zygomite	cigomito
zygomorphic	cigomorfo
zygon	cigón
zygoneury	cigoneuria
zygophase	cigofase
zygopleural	cigopleural
zygosis	cigosis
zygosoma	cigosoma
zygosphene	cigósfena
zygospore	cigospora
zygotoblast	cigotoblasto
zygote	cigoto
zygotene	cigoteno
zygotomere	cigotómero
zygotonucleus	cigotonúcleo
zymase	cimasa
zymin	cimina
zymocont	cimoconto
zymocyte	cimocito
zymo-eccitor	cimoeccitante
zymogen	cimógeno
zymogenesis	cimogénesis
zymohydrolysis	cimohidrólisis
zymolysis	cimólisis
zymoprotein	cimoproteína
zymosis	cimosis
zymosthecnic	cimostécnica

BIBLIOGRAFIA

Abbad y Lasierra, Fray Iñigo. 1959. *Historia geográfica, civil y natural de la isla de San Juan Bautista de Puerto Rico.* Ediciones Universidad de Puerto Rico, CXXVII, 320 p. mapas.

Aberchrombie, M., C.J. Hickman and M.L. Johnson. 1954. *A Dictionary of Biology.* Penguin Reference Books. Harmondsworth, Middlesex 250 p.

Alvarez del Toro. 1960. *Los reptiles de Chiapas.* Tuxtla Gutiérrez. Chiapa, México. 204 p. ilustr.

American College Dictionary. 1963. Randon House. XXIX, 1444 p.

D'Ancona, Humberto. 1960. *Tratado de Zoología.* Versión española. 2 Vols. Edit. Labor, S.A. Barcelona. XVI, 1054 p. ilustr.

Arilio, L. Blas. 1970. *Atlas de zoología (Vertebrados)* 3a. Edición. Ediciones Jover, Barcelona. 42 Pl.

Bagué, Jaime. 1950. *Glossario de biología animal.* Almanaque Agrícola de Puerto Rico para años 1948-1950. 309 p.

Biaggi, Virgilio. 1974. *Las aves de Puerto Rico.* Editorial Universitaria, P. R. XII, 373 p.

Barnes, Robert O. 1963. *Invertebrate Zoology.* W. Saunders Company, Philadelphia. XIV, 632 p. ilustr.

Blackwelder, Richard E. 1967. *Taxonomy.* John Wiley & Sons, Inc., New York, XIV, 698 p.

Borror, Donald I. 1966. *Dictionary of Words Roots and Combining Forms,* National Press Books. Palo Alto, California V, 134 p.

Brooks, Stewart M. 1962. *Integrated Basic Science.* C.V. Mosby Company, St. Louis Mo. 508 p., ilustr.

Brown, Roland Wilbur. 1956. *Composition of Scientific Words.* Reese Press, Baltimore, Md.

Buide, Mario S. 1967. *Lista de los anfibios y reptiles de Cuba.* Torreira (n.s.):1: 60 p.

Cabrera, Angel. 1922. *Manual de mastozoología,* Manuales Gallach CXX. Calpe, Barcelona. 440, 12 p. ilustr.

Cabrera, Angel. 1954. *Zoología pintoresca.* Sopena, S.A. Barcelona 678 p. ilustr.

Cabrera, Angel. 1960. *Mamíferos sudamericanos.* 2nd Edit. Edear.

Carpenter, J. Richard. 1962. *An Ecological Glossary.* Hafner Publishing Company, New York. X, 306 p., XII apéndices.

Castellanos, Isidoro. 1959. *Elementos de zoología.* Octava edición. Editorial Minerva. Habana. XII, 300 p. ilustr.

Carlson, Anton I., Víctor Johnson y H. Mead Cavert. 1961. *The Machinery of the Body*. The University of Chicago Press. XX, 752 p., ilustr.

Cendrero, Luis. 1971. *Zoología Hispanoamericana.* Invertebrados. Edit. Porría México. XXI, 1155, p. Vertebrados, 1972. XVIII, 1160 p.

Colbert, Edwin H. 1961. *Evolution of the Vertebrates.* Science Editions, Inc. New York. VII, 480, ilustr.

Colbert, Edwin H. 1965. *The Age of Reptiles.* W.W. Norton Company, Inc. 228 p. ilustr.

Curtis, Helena. 1967. *Biology.* Worth Publishers, Inc. New York. XVII, 854 p. ilustr.

Darlington, Philip J. 1957. *Zoogeography.* John Willey & Sons, Inc., New York. XIV, 676 p.

Dorland's Pocket Medical Dictionary. 1968. 21st. Edition. W.B. Saunders Co. Philadephia. XI, 698 p.

Diccionario de la lengua española. Edic. XIX, 1970. Real Academia Española. Madrid. XXX, 1424 p.

Diccionario de sinónimos Vox. 1965. Bibliograf. S.A. Barcelona. XIII; 344 p.

Diccionario enciclopédico del Perú, Ilustrado. 1966-1967. Edit. Mejía Boca, Lima. 3 Vols. Vol. 1. 358 p.; V. 2 1:606 p.: 3:934 p.

Diccionario etimológico académico. 1968. Edit. Mayfe., S.A. Bilbao. 616 p.

Diccionario general ilustrado de la lengua española. Vox. Segunda Edición. Bibliograf. S.A. Barcelona. XXXIX, 1815 p. ilustr.

Diccionario manual latino-español. Sopena. Nueva Edición. 1972. 670 p.

Diccionario médico-biológico University. 1966. Editorial Interamericana, S.A. México. XXXIV; 1501 p.

Duarte Bello, P.P. y R.J. Buesa. *Catálogo de los peces cubanos.* 1973 Univ. Habana. Ser. 8. (3-5). Tres Part. 255, 177, 117, XXVIII pag.

Eaton Jr., Theodore H. 1970. *Evolution.* W.W. Norton & Co., Inc., New York. XII: 270 p., ilustr.

Echauri, Eustaquio. 1963. *Diccionario Manual latino-español.* Edic. Spes. S.A. Barcelona. 830 p.

Erdman, Donald S. 1967. *Inland Game Fishes of Puerto Rico.* Departamento de Agricultura de Puerto Rico. 88 p., 1 mapa; ilustr.

Font Quer. P. 1965. *Diccionario de botánica.* Editorial Labor XXIX; 1244 p.

Fuset Tubiá, T. 1954. *Manual de zoología.* Editorial Borch. Barcelona XX, 768 p.; ilustr.

Gainero, Alonso y Tanis A. Rose. 1959. *Texto de zoología general.* Fundación Eugenio Mendoza, Caracas. 274 p., ilustr.

Garrido, O.H. y F. García Motana. 1975. *Catálogos de las aves de Cuba.* Acad. Cienc. Cuba. 150 p.

Ginés, Hno. y R. Margalef, edit. 1967. *Ecología marina.* Fundación La Salle. Caracas. VII, 712 p., ilustr.

Gould, S.T. 1977. *Ontogeny and Phylogeny.* Harvard Univ. Press. XIV, 501 p.

Gray, Peter. 1967. *The Dictionary of the Biological Sciences.* Reinhold, New York. XIV, 602 p.

Gray, Peter. 1972. *Student Dictionary of Biology.* Van Nostrand, N.Y. VI, 194 p.

Hardin, Garrett. 1961. *Biology. Its Principles and Implications.* 2nd. Ed. W.H. Freeman and Co., San Francisco, California.

Haro Vera A. de. 1968. *Atlas de zoología (Invertebrados)* 34ra. Ed. Ediciones Jove, S.A. Barcelona, 40 p.

Henderson, I.F. and W.D. Henderson. 1965. *A Dictionary of Biological Terms.* 8 edit. XV, 640 p.

Hernández Aquino, Luis. 1969. *Diccionario de voces indígenas de Puerto Rico.* Edit. Vasco-Americana. Bilbao, España, 359 p.

Hickman, Cleveland P. 1961. *Integrated Principles of Zoology.* Fourth edition. C.V. Mosby Co., St. Louis. VIII, 976 p.

Iaeger, Edmond C. 1966. *A Source-book of Biological Names and Terms.* Charles C. Thomas, III. XXV, 323 p. ilustr.

Juliá, Joaquín. 19. *Vocabulario de ciencias naturales.* 5a. edición, 224 p. Edit. Jover, España

Keeton, William T. 1967. *Biological Science.* W. Norton & Co., Inc. X 955 p.

Kimball, John K. 1971. *Biología.* Traducción de la 2da. edición inglés. Fondo Educativo Interamerican. S.A. Bufalo. 762 p.

King, Barry G. and Mary Jones Showers. 1963. *Human Anatomy and Physiology.* W.B. Saunders Co., Philadelphia. XIV, 470 p., ilustr.

King, Robert C. 1968. *A Dictionary of Genetics.* Oxford University Press. London. 292 p.

Lacoste, A. y R. Salanon. 1973.*Biogeografía.* Oikos-tau. 271 p.

Lapedes, D.N., Editor. 1974. *McGraw-Hill Dictionary of Scientific and Technical Terms.* McGraw-Hill. New York, XV, 1634, Ap. 26 p.

Leftwich A.W. 1967. *A Dictionary of Zoology.* Van Nostrand Co., Inc. New York. VII, 319 p.

Lozano Rey, Luis. 1931. *Los vertebrados terrestres.* Colección Labor, Barcelona. 200 p. 12 pl.

Martin, E.A. *A Dictionary of Life Sciences.* 1976. Pica Press, New York. 374 p.

Mayr, Ernst. 1963. *Animal Species and Evolution.* Harvard University Press. XIV, 797 p.

Mayr, Ernst. 1969. *Principles of Systematic Zoology.* 2nd. Ed. McGraw Hill, Inc. XII, 428 p.

Mayr, Ernst. 1970. *Populations, Species, and Evolution,* Harvard Univ. Press. XV, 453 p.

Mayr, Ernst. 1976. *Evolution and the Diversity of Life.* Harvard Univ. Press. IX, 721 p.

Medical Etymology. 1961. Reimpreso del Stedman's Dictionary. Williams and Wilking Co. XV-XVI p.

Meglitsch, Paul A. *Invertebrate Zoology.* Oxford University Press. New York. XX, 962 p., ilustr.

Melander, Axel L. 1937. *Source Book of Biological Terms.* The College of the City of New York. V, 157 p.

Méndez, E. 1969. *Una breve introducción a las aves de Panamá.* Edición Privada. Panamá. 57 p.

Meyer de Schauensee, R. 1964. *The Birds of Colombia.* Livingston Publishing Co., Pennsylvania. XVI, 430 p., ilustr.

Nason, Alvin. 1968. *Biología.* Traducción del Textbook of Modern Biology. Editorial Limusa. Willey. S.A. México. 726 p. ilustr.

Nuevo diccionario Velázquez revisado. 1966. Español e Inglés. Follett Publishing Co. Chicago, New York. 778 p.

Odum, Eugene P. 1959. *Fundamentals of Ecology.* W.B. Saunders Co., Philadelphia. XVIII, 546 p., ilustr.

Olrog, Claes Chr. 1968. *Las aves sudamericanas.* Universidad de Tucumán, Argentina. 506 p: 61 pl.

Orians, Gordon H. 1969. *The Study of Life.* Allyn and Baion, Inc. Boston. X, 842 p.

Orr, Robert T. 1966. *Vertebrate Biology.* W. B. Saunders, Co., Philadephia. XII, 483 p., ilustr.

Pabón, José M. y Eustaquio Echauri Martínez. 1964. *Diccionario griego-español.* Bibliograf, S.A. XIII, 633 p.

Parenti, Umberto. 1973. *Diccionario de zoología.* Editorial Teide, S.A. Barcelona. 244 p., mapas.

Pennak, Robert W. 1964. *Collegial Dictionary of Zoology.* The Ronald Press Co., New York. VI, 583 p.

Pérez Farfante, Isabel. 1950. *Nueva zoología.* Publicaciones Cultural. S.A. Habana. 436 p.

Peters, James A. 1964. *Dictionary of Herpetology.* Hafner Publishing Co. New York. X, 392 p., ilustr.

Rivero, Juan A. 1978. *Los Anfibios y Reptiles de Puerto Rico.* Edit. Univ. de Puerto Rico. 148 p. ilust.

Quintanilla, R.H. y C.P. Fraga., 1969. *Glosario de Términos Entomológicos.* Edit. Univ. Buenos Aires, X, 106 p.

Rohl, Eduardo. 1956. *Fauna descriptiva de Venezuela — Vertebrados.* Nuevas Gráficas, S.A. Madrid. XXVI, 516, ilustr.

Romer, Alfred Sherwood. 1965. *The Vertebrate Body.* W.B. Saunders Co. Philadelphia. VI, 475 p. ilustr.

Rothschild, Lord. 1961. *A Classification of Living Animals.* John Willey and Sons, Inc., New York. VIII, 106 p.

Ruiz Torres, Francisco. 1965. *Diccionario inglés-español y español-inglés de medicina.* 3ra. edición. Edit. Alhambra, S.A. 714 p.

Sanderson Ivan. 196-. *Living Mammals of the World.* Hanover House. New York. 303 p. ilustr; color pl.

Sieglie, George A. and John D. Weaver. 1968. *Glosario de términos geológicos.* Colegio de Agricultura, Universidad de Puerto Rico. 84 p.

Silvernale, Max N. 1968. *Zoología.* Edición española. Edit. Continental. México, 672 p. ilustr.

Simpson, George Gaylord. 1961. *Principles of animal taxonomy.* Columbia University Press, New York. XII, 247 p., ilustr.

Simpson, George G. 1965. *Life.* 2nd Ed. Hartcount, Brace & World, Inc. New York. XVIII, 870 p., ilustr.

Sokal, Robert R. and Peter H.A. Sneath. 1963. *Principles of Numerical Taxonomy.* W.H. Freeman & Co. XVI, 359 p.

Spek, G.E. 1966. *Diccionario científico ilustrado.* Editors Press Service, Inc., New York VII, 374 p., ilustr.

Storer, T.I., R.L. Usinger, R.C. Stebbins and J.W. Nybakin 1975. *Zoología General* 5a. Edición McGraw-Hill Book Co. N.U. IX, 900 p.

Tejera, Emiliano. 1951. *Palabras indígenas de la isla de Santo Domingo.* Editorial Caribe, Ciudad Trujillo, R.P. XII, 512 p.

The American College Dictionary. 1963. Random House, New York. XXIV; 1444 p., ilustr.

Traupman, John C. 1969. *The New College Latin English Dictionary.* 6th Edition. The Bantam Language Library, N.Y. V; 502 p.

Tweney, C.F. and L.E.C. Hughes. 1962. *Chamber's Technical Dictionary.* Third Ed. The MacMillan Co., New York. VIII, 1028 p.

Udvardi, M.D.F. 1969. *Dynamic Zoogeography.* Van Nostrand, N.Y. XVIII, 445 p.

Villee, Claude A. 1974. *Biología.* 6th Ed. W.B. Saunders Co., Philadelphia. XVIII, 820 p., ilustr.

Villee, Claude A., Warren F. Walker, Jr. and Frederick E. Smith. 1970. *Zoología general.* Versión española de la 3ra. Ed., W. Saunders Co., Philadelphia. XX, 834 p.

Villenueve, F. 1972. *Zoología.* Montaner y Simon, S.A. Barcelona. 336 p.

Webster - 1980 New World Dictionary of the American language - Second College Edition XXXV, 1692 p.

Weichert, Charles K. 1966. *Elementos de anatomía de los cordados.* Versión española. Segunda edición. McGraw-Hill Book Co., Inc. 510 p.

Weisz, Paul B. 1969. *La ciencia de la vida.* 1ra. Ed. española por Antonio Prevosti, T.L. Mensua y Griselda Rubio. Ediciones Omega, Madrid. VII, 853 p. ilustr.

Wender, Leo. 1948. *Animal Encyclopedia.* London: George Allenand Unwin, Ltd. 266 p., ilustr.

Williams, Edwin B. 1957. *Spanish and English Dictionary.* Henry Holt and Co., N.Y. X, 621; 605 p.

Woods, Rovert S. 1944. *The Natuaralist's Lexicon.* Abbey Earden Press. Pasadena, Calif. XVI, 282 p.

Yowcey, Pilt. 1946. *Introduction to Biological Latin and Greek.* Bios. Vol. 15(1) — 24 p.

Young, J.T. 1966. *The Life of Vertebrates.* 2nd. Ed. Oxford University Press. London. XVI, 820 p.